COMPLÉMENT

DU

DICTIONNAIRE

DES

ARTS ET MANUFACTURES

PAR M. CH. LABOULAYE

ANCIEN ÉLÈVE DE L'ÉCOLE POLYTECHNIQUE, CENSEUR DE LA SOCIÉTÉ D'ENCOURAGEMENT POUR L'INDUSTRIE NATIONALE
MEMBRE DU JURY INTERNATIONAL DES EXPOSITIONS DE 1862 ET 1867, ETC.

AVEC LE CONCOURS DE PLUSIEURS SAVANTS ET INGÉNIEURS

J. GAGNIET DEL. A. PEGARD SC.

SCIENCE ART

PARIS

LIBRAIRIE DU DICTIONNAIRE DES ARTS ET MANUFACTURES

rue Madame, 40

1872

COMPLÉMENT DU DICTIONNAIRE

DES

ARTS ET MANUFACTURES

Paris. — Imprimerie VIÉVILLE et CAPIOMONT, 6, rue des Poitevins.

INTRODUCTION.

Nous devons commencer ce Complément, comme le Dictionnaire, en rappelant l'importance capitale des sciences pour la production industrielle, afin de ne jamais laisser oublier ce qui fait la noblesse comme la valeur du travail humain : la subordination de la matière à l'esprit.

La culture d'un art, aussi bien que celle d'une science, est un travail intellectuel exigeant une méthode pour être pratiquée avec quelque supériorité, et pour pouvoir augmenter les connaissances acquises par l'analyse de tout résultat nouveau.

La vulgarisation d'une semblable méthode dans les ateliers est la principale source du véritable progrès industriel, la condition essentielle d'améliorations incessantes. Or, comme c'est dans les sciences qu'elle s'établit d'une manière nécessaire en quelque sorte; comme ce sont elles qui apprennent à s'élever du connu à l'inconnu, rien ne peut plus contribuer à enseigner aux producteurs les bonnes méthodes intellectuelles, en même temps que leur fournir de bien précieux renseignements, que l'analyse des procédés de fabrication ramenés à des principes scientifiques, que l'exposition claire de la théorie de chaque fabrication considérée comme une application des sciences physiques, théorie à laquelle tous les progrès de la pratique viennent nécessairement se rattacher comme à un centre commun. C'est là le but le plus élevé que l'on puisse se proposer en écrivant sur l'industrie, et surtout dans un travail qui comprend l'ensemble de la technologie. C'est fondre dans un même ensemble les travaux des savants et des praticiens, en même temps avec quelque avantage pour la science et un immense profit pour la pratique, qui apprend à utiliser toutes les découvertes de la science.

Mais de là ne résulte pas qu'en présence des grands progrès de l'industrie le rôle des savants soit de descendre dans les ateliers, d'abandonner les études spéculatives pour ne s'occuper que des applications. Leur rôle est plus important; il consiste à créer, à accroître les connaissances dont les applications ont tant d'utilité, à élever à un niveau, sans cesse plus élevé, les efforts des producteurs. C'est la science qui fait grandir l'industrie; celle-ci applique les découvertes, mais ne les fait pas et même ne les utilise pas complétement en général; en outre, elle reste étrangère aux progrès réalisés dans l'ordre immatériel, dans la philosophie de la science. Nous ne pourrions, à cet égard, nous expliquer avec l'autorité de l'illustre Biot, qui, dans les derniers jours d'une vie toute consacrée à la science, a combattu avec toute l'autorité justement acquise par tant de travaux, une erreur trop commune de nos jours, un oubli trop fréquent du rôle du savant.

Nous extrayons le passage ci-après d'un article publié par lui dans le *Journal des savants* sur le *Commercium epistolicum J. Collins et aliorum de analysi promota*, publication curieuse relative au plus grand progrès des sciences modernes, à la découverte du calcul infinitésimal. Ce passage renferme des conseils qui ont autant d'à-propos que d'utilité.

« Depuis cinquante ans, les sciences physiques et chimiques ont rempli le monde de leurs merveilles. La navigation à vapeur, la télégraphie électrique, l'éclairage au gaz et celui qu'on obtient par la lumière éblouissante de l'électricité, les rayons solaires devenus des instruments de dessin, d'impression, de gravure, cent autres miracles humains que j'oublie, ont frappé les peuples d'une immense et universelle admiration. Alors la foule irréfléchie, ignorante des causes, n'a plus vu des sciences que leurs résultats; et, comme le sauvage, elle aurait volontiers trouvé bon que l'on coupât l'arbre pour avoir le fruit. Allez donc lui parler d'études antérieures, des théories physiques, chimiques, qui, longtemps élaborées dans le silence du cabinet, ont donné naissance à ces prodiges! Vantez-lui aussi les mathématiques, ces racines génératrices de toutes les sciences positives; elle ne s'arrêtera pas à vous écouter. A quoi bon des théoriciens? Lagrange, Laplace ont-ils créé des usines ou des industries? Voilà ce qu'il faut! Elle ne veut que jouir. Pour elle le résultat est tout; elle ignore les antécédents et les dédaigne. Gardons-nous, tous tant que nous sommes qui cultivons les sciences, de nous laisser troubler à ce bruit des exigences populaires. Poursuivons avec une invariable persévérance notre patient travail d'exploration sans les écouter. Continuons à étudier la nature dans ses secrets intimes, à découvrir, mesurer, calculer les forces qu'elle met en œuvre, nullement préoccupés des applications profitables qu'on en pourra faire. Elle viendront toujours à leur temps, comme conséquences. Surtout, que nos leçons et notre exemple dirigent et entretiennent constamment la jeunesse studieuse dans ces vues élevées. C'est la condition de son développement et de tout progrès à venir. Car si pour le motif étroit de la préparer de bonne heure aux applications pratiques on la jetait prématurément dans le mécanisme des faits matériels, sans l'avoir d'abord instruite des lois abstraites qui les régissent et des théories générales qui les rassemblent, lui ôtant même le goût ainsi que la volonté de s'en instruire, on arrêterait, on enchaînerait pour toujours l'essor de son intelligence, et l'on verrait bientôt s'éteindre en elle ce feu, cette vivacité de perception, d'imagination, qui est une des qualités les plus brillantes et les plus distinctives de l'esprit français. *Quod Deus avertat!* »

Cette exclusion de la science pure par l'esprit utilitaire contre laquelle cherchait avec si grande raison à réagir le savant Biot, si elle est à craindre pour les sciences les plus abstraites, pour les sciences mathématiques pures et appliquées à divers ordres de connaissances, est bien moins à redouter pour la partie des sciences comprises généralement sous le nom de *philosophie naturelle*, dont les progrès se traduisent immédiatement en résultats pratiques, et excitent le vif intérêt des hommes qui apprécient le moins la pure théorie, mais qui sont forcés d'y reconnaître la source de moyens assurés de succès.

La philosophie naturelle qui comprend toutes les sciences physiques, toutes celles qui traitent des phénomènes de la nature, est, on peut dire, moderne sous sa forme actuelle. Son renouvellement date véritablement de Bacon et de Galilée, et les nouvelles méthodes ont trouvé dans Newton leur plus éminent interprète. Pendant tout le moyen âge et jusqu'au mouvement de rénovation, de confiance en soi de l'esprit humain qui s'est manifesté lors de la Réforme, à une époque si fertile en grands efforts intellectuels, le monde était considéré comme se maintenant par l'effet du hasard pour les uns, par l'intervention incessante de la volonté divine pour les autres. Ce ne fut guère qu'à partir de cette époque que, secouant le joug de la doctrine scolastique, l'esprit humain reprit la tradition des grands génies de l'antiquité; ce sont surtout les éminents philosophes du dix-septième siècle, Descartes et Leibnitz notamment, qui démontrèrent que le monde se maintenait par le jeu de forces obéissant à des lois parfaitement déterminées. Si quelques esprits s'étaient, dans plusieurs directions, élevés dans l'antiquité à cette notion de loi, c'était sans en faire un point de départ pour des recherches variées à l'infini. Ce n'est que depuis qu'elle est devenue prédominante que s'est construit l'immense édifice des sciences de la nature, qui ont permis le développement de la civilisation moderne, au point de vue matériel. Le nombre, l'étendue de ces sciences dont plusieurs, la chimie notamment, sont entièrement nouvelles, a prouvé toute la vérité de cet important principe.

C'est parce qu'il existe des lois, que la méthode expérimentale qui consiste à produire un phénomène en faisant varier un ou plusieurs éléments de son existence, permet d'obtenir la relation de cet élément avec le phénomène pour tous les cas possibles. Ce sont ces lois bien établies, dont les mathématiques permettent de tirer toutes les conséquences même les plus éloignées, qui constituent la masse des connaissances qui forme la plus véritable richesse que nous puissions transmettre aux générations futures. Découvrant un horizon immense, elles importent plus encore que les accumulations de travail déjà faites, qui sont cependant si considérables, et contribuent si utilement à l'amélioration du sort de l'humanité. C'est en effet par centaines de milliards qu'il faudrait évaluer celles-ci; nous le prouverons facilement en disant que tout récemment une dépense de plus de cinquante milliards a été faite par les nations civilisées pour la construction des chemins de fer, pour transformer merveilleusement les conditions de la locomotion !

Quant aux rapports de la théorie et de la pratique, on peut affirmer qu'il n'est plus douteux aujourd'hui, pour aucun bon esprit, que les sciences ne fournissent la base la plus solide du perfectionnement des procédés industriels, du succès des personnes qui s'y attachent (indépendamment, bien entendu, de la manière dont elles satisfont aux conditions commerciales, de leur adresse dans l'achat et la vente, ce qui se rapporte à la manière de tirer parti du produit industriel, mais nullement à sa création). Le présent ouvrage, en montrant les relations de chaque instant de la théorie et de la pratique, en constatant la continuité des sciences de la nature et des procédés industriels, renferme une foule de démonstrations de cette vérité qui apparaît dans l'analyse de chaque industrie.

Ce que nous disons des sciences, relativement aux procédés techniques de la fabrication, est également vrai des beaux-arts, relativement à la forme, à l'ornementation des objets devant servir à notre usage, et qui, par suite, doivent être en rapport intime avec le goût, avec l'état des esprits, le cours des idées des consommateurs. C'est une loi certaine qu'aux époques où la civilisation a été la plus brillante, les objets usuels ont pris une apparence qui en a fait des objets d'art pour les modernes. Qu'y a-t-il de plus précieux aujourd'hui que les vestiges de l'art grec, non pas seulement les temples, les statues, mais encore les monnaies, les poteries, etc. ?

Nous réunissons dans le travail qui termine cet ouvrage les principes les plus certains qui régissent les questions d'art industriel, et de même que nous avons pu conclure d'une manière incontestable au développement des sciences pour grandir la technique de l'industrie, nous y établissons, avec non moins de certitude, la nécessité de la culture des beaux-arts, de l'accroissement et de la vulgarisation de leurs œuvres, pour accroître la valeur de la plupart des produits fabriqués. La puissance des moyens de production n'est nullement un obstacle à ce qu'on puisse revoir le siècle de Périclès; ils n'éloignent nullement de la perfection, tout en fournissant le moyen de supprimer, par l'utilisation des puissances naturelles, le travail inintelligent, l'esclavage qui déshonorait les cités grecques, et en même temps de mettre à la portée de l'humanité tout entière les produits les meilleurs et les plus élégants.

On n'aime vraiment l'industrie que quand on sent dans ses œuvres des manifestations de l'art ou de la science; celui qui n'est préoccupé trop exclusivement que des bénéfices qu'elle procure est bien près d'y renoncer et de l'abandonner pour la spéculation. Inspiré par l'amour du progrès, le travail développe les facultés de celui qui s'y livre. Combien pourrait-on citer à notre époque de fabricants devenus de véritables savants, connaissant mieux que quiconque ce qui est du domaine de leur travail; de véritables artistes pour les objets qu'ils savent si bien inventer et transformer chaque jour!

Je n'entrerai pas ici dans plus de détails, ne voulant pas donner trop de développements à cette introduction qui ferait double emploi avec celle placée en tête du Dictionnaire, et je ne reviendrai pas sur les principes, les méthodes que j'ai cherché à analyser dans cette dernière. Il me paraît utile, toutefois, pour compléter mon premier travail, d'exposer avec quelques détails une loi peu connue encore, vaguement admise jusqu'ici dans la science comme conséquence du grand principe sur lequel repose l'édifice des sciences physiques, et dont on n'a nullement tiré les fécondes conséquences qui doivent résulter de son application.

Bien des lois que nous admettons comme la meilleure manière d'expliquer les phénomènes, dans un état donné de la science, n'ont de valeur que momentanément; il n'en est pas de même de celles qui, simples et étant l'expression directe de faits certains, sans prétendre révéler la nature intime des forces naturelles dont la conception change avec chaque progrès que nous faisons dans la connaissance de la nature, suffisent à expliquer un monde de faits. La conquête de semblables principes est la plus belle que l'on puisse tenter, et il nous paraît juste de mettre à ce rang élevé la loi dont nous voulons parler.

Avant d'en traiter, nous rappellerons que nous avons établi, en traitant de la physique, que la réduction à la mécanique, c'est-à-dire à la science du mouvement, est en physique le dernier progrès possible; qu'en dernière analyse il n'y a qu'étendue et mouvement, comme l'a proclamé Descartes, dont la puissante synthèse domine de nouveau la science, et que c'est à ramener à ces premières notions, les plus simples, les plus abstraites que nous puissions concevoir, les lois des phénomènes du monde matériel, que nous devons nous appliquer. Nous avons pris pour exemple les sons produits par les vibrations des corps; celles-ci étant connues et quant à leur rapidité et quant à leur amplitude, la théorie de la production des sons est complète et il n'y a rien de plus à découvrir sur ce sujet. C'est cette réduction à la mécanique de l'ensemble des faits physiques, qui paraît pouvoir être accomplie par l'établissement de la corrélation des forces qui produisent les grands phénomènes de la nature, du grand et important principe que je définis : le principe de la permanence du travail dans l'univers, autre expression et généralisation du principe établi dans la mécanique, de la conservation des forces vives.

DE LA PERMANENCE DU TRAVAIL DANS L'UNIVERS.

Chacune des modifications de la matière, a fort bien dit Senarmont, un des hommes de notre siècle qui ont vu de plus haut les phénomènes physiques, a été longtemps considérée comme l'effet d'une cause particulière, capable de mettre en jeu certaines forces qui lui étaient exclusivement propres. Un examen plus approfondi permit bientôt de reconnaître que cette conception de différents agents spécifiques et hétérogènes n'a au fond qu'une seule et unique raison, c'est que la perception de ces différents ordres de phénomènes s'opère, en général, par des organes différents, et qu'en s'adressant plus spécialement à chacun de nos sens, ils excitent nécessairement des sensations spéciales. L'hétérogénéité apparente pourrait bien être alors moins dans la nature même de l'agent physique que dans les fonctions de l'*instrument physiologique* qui en recueille les effets et les transforme en sensations; de sorte qu'en transportant, par une fausse attribution, les dissemblances de l'effet à la cause, on aurait en réalité classé les phénomènes médiateurs par lesquels nous avons conscience des modifications de la matière plutôt que l'essence même des modifications qui ont provoqué ces phénomènes médiateurs.

Cette homogénéité des puissances naturelles a été posée comme un axiome par Descartes; il la fait résulter de l'analyse de l'intelligence humaine. « Ayant premièrement considéré, dit-il, « toutes les notions claires et distinctes qui « peuvent être dans notre entendement touchant « les choses matérielles, et n'en ayant pas « trouvé d'autres, sinon celles que nous avons « des figures, des grandeurs et des mouvements, et des règles suivant lesquelles ces « choses peuvent être diversifiées l'une par « l'autre, lesquelles règles sont les principes de « la géométrie et des mécaniques, j'ai jugé « qu'il fallait nécessairement que toute la con- « naissance que les hommes peuvent avoir de la « nature fût tirée de cela seul, parce que toutes « les autres notions que nous avons des choses « sensibles étant confuses et obscures, ne peu- « vent servir à nous donner la connaissance « d'aucune chose hors de nous, mais plutôt la « peuvent empêcher. »

Le principe posé si hardiment par Descartes et que l'école purement expérimentale qui règne aujourd'hui n'oserait établir ainsi *à priori*, se vérifie chaque jour plus complétement par tout progrès des sciences. La matière et le mouvement sont de plus en plus reconnus comme les seuls éléments du monde matériel, mais on peut aller plus loin, et reconnaître qu'ils ne se créent ni se détruisent, que leur quantité est invariable dans l'Univers.

Pour la matière, c'est une vérité démontrée par la chimie. *Rien ne se perd, rien ne se crée,* est le principe sur lequel Lavoisier a fait reposer l'édifice de la science; c'est parce qu'il est vrai que la balance permet de retrouver tous les éléments des combinaisons et décompositions de tout genre.

Cette grande vérité qui, introduite dans les sciences, a permis d'élever, avec une rapidité inouïe, un admirable édifice qui en a montré l'exactitude et la portée, appelait un complément plus important encore au point de vue de la philosophie des sciences, de la nature des forces; l'extension du principe de la conservation des forces vives démontré en mécanique comme vrai dans ses applications à des systèmes particuliers, à l'ensemble de l'Univers; conception à laquelle la constance des phénomènes astronomiques donne, *à priori*, un haut degré de probabilité.

Descartes avait aussi entrevu cette importante vérité, que l'on doit définir la *permanence du travail dans l'univers*. « Je tiens, écri- « vait-il, dans une lettre datée du 1er avril 1648, « qu'il y a une certaine quantité de mouvement « dans toute matière créée qui n'augmente ni ne « diminue jamais. » Leibnitz s'éleva contre le principe émis par Descartes, ou plutôt précisa et formula d'une manière plus complète la vérité qui n'était qu'imparfaitement énoncée dans le passage ci-dessus. Il démontra par de nombreux exemples que le principe de Descartes ne se vérifiait pas toujours, et établit que ce n'était pas la *quantité de mouvement* qui demeure constante dans l'univers, mais la quantité à laquelle Leibnitz donna, à l'état d'activité, le nom de *force vive*, et que nous rencontrons le plus souvent sous une forme particulière que nous nommons *quantité de travail*.

Montgolfier, l'inventeur des aérostats, posa en principe vers 1800, à l'imitation de Descartes, la permanence des mouvements. De cette aperception incomplète d'une notion exacte, il fit une application extrêmement remarquable dans un très-ingénieux appareil à l'invention duquel les principes reçus alors dans la science ne l'eussent sûrement pas conduit, et dont Bossut nia la possibilité à l'origine, au bélier hydraulique.

Faire remonter l'eau, par sa propre action, à un niveau supérieur à celui d'où elle tombe, était un problème qui paraissait insoluble ; c'est cependant ce qui se passe dans le bélier de Montgolfier, dans lequel l'eau, mise en mouvement dans un tuyau, entraîne un boulet qui ferme momentanément l'orifice de sortie, et le mouvement de l'eau ne pouvant être instantanément anéanti, produit le seul effet qui est resté possible ; l'eau soulève une soupape chargée d'une haute colonne d'eau et à chaque fois y fait passer une fraction du liquide en mouvement.

Malgré cette curieuse expérience, il est bien évident que si l'idée de Montgolfier contient une part de vérité, elle n'est pas toute la vérité, car nous voyons dans mille circonstances le mouvement s'anéantir sans laisser de traces. Ce n'est pas le mouvement qui persiste, en présence de résistances, c'est le travail réel ou *virtuel* de la force ; c'est, dans le bélier, la force vive de l'eau en mouvement.

Définissons bien le travail mécanique. Lorsqu'une force produit un mouvement, elle engendre, en exerçant son action d'une manière continue sur un corps résistant, un effet qui doit évidemment s'évaluer par la répétition d'une pression, par le produit de cet effort et du chemin qu'il fait parcourir à son point d'application. C'est là le *travail*, l'unité complète dont l'introduction dans la science mécanique a été un immense progrès, d'une très-grande valeur logique, que Coriolis, Navier et surtout Poncelet ont bien fait apprécier par leurs beaux travaux. Elle a débarrassé la science de bien des difficultés, de bien des obscurités qu'y avait introduites l'abus des considérations statiques, se rapportant à l'état d'équilibre, qui tendaient à remplacer les forces par des lignes, la mécanique par la géométrie.

Nous avons analysé dans l'Introduction (*mécanique appliquée*), la notion du travail des forces, le moyen de le mesurer en partant de la force dont nous connaissons le mieux les effets, de la pesanteur. Nous avons vu qu'on pouvait toujours assimiler l'effet d'une force au soulèvement d'un poids, et par suite exprimer son travail par des poids élevés à une hauteur déterminée, ou par une hauteur à laquelle on a élevé un poids déterminé. Si on multiplie le poids par la hauteur, on a, sous la forme la plus concise, l'expression numérique de l'effet produit, le *travail*, exprimé en kilogrammes élevés à 1 mètre, ou en kilogrammètres en adoptant une unité de travail.

Il est facile, par l'examen de phénomènes dans lesquels le mouvement disparaît, de voir que le travail des forces en jeu n'est pas détruit, mais seulement transmis, et qu'un travail moteur ne peut disparaître qu'autant qu'il a produit un travail résistant égal, quand il a pu prendre naissance, ou bien qu'il est resté emmagasiné, prêt à se manifester, s'il n'en est pas ainsi, si les résistances sont insurmontables.

Toutefois, on ne peut jamais retrouver la totalité du travail dépensé pour produire un effet donné ; une partie dans la mécanique terrestre disparaît toujours, sous diverses formes, celle de frottement notamment ; c'est de là que résulte l'impossibilité du mouvement perpétuel. Le principe de la permanence du travail mécanique semblerait donc inadmissible, si l'on ne remarquait que lorsque ces déficits se produisent, on voit généralement apparaître de la chaleur. Ainsi, dans les frottements des axes de rotation, dans l'emploi des outils, des scies, des vrilles, etc., toujours il y a échauffement. On sait que les sauvages des forêts américaines se procurent du feu en frottant deux morceaux de bois l'un sur l'autre, et que bien souvent on a essayé de produire industriellement de la chaleur par le frottement.

Équivalence du travail mécanique et de la chaleur. — Lorsque toutes les idées que nous nous faisons du travail des forces, d'après tous les faits de la science, nous portent à penser qu'il ne peut s'anéantir de lui-même ; lorsque nous voyons les corps célestes obéir, sans variation aucune, aux forces qui les sollicitent, nous devons croire à la permanence du travail. Il est donc nécessaire de conclure que dans les cas où un déficit se produit et un échauffement apparaît, il doit y avoir équivalence entre le travail qui disparaît et la chaleur qui apparaît. Tel est en effet le principe qui a été posé nettement en 1842 par le docteur Mayer d'Heilbronn. En établissant entre les deux phénomènes les relations de cause à effet, il formula le principe que les deux quantités devaient varier l'une proportionnellement à l'autre. C'est sous la forme d'équivalence de ces deux quantités que cette nouvelle notion s'est introduite récemment dans la science.

Déjà, dans un admirable travail publié dès 1824, S. Carnot (*Réflexions sur la puissance motrice du feu*), cherchant à analyser le mode d'action de la chaleur pour engendrer un travail mécanique à l'aide de la machine à vapeur, avait formulé une grande partie de la vérité, en montrant que le mouvement perpétuel était une conséquence nécessaire des idées qui régnaient alors, qui faisaient considérer le travail qui peut être produit par la chaleur comme variant avec les divers corps auxquels elle est communiquée. On ne rendit pas justice à cet esprit éminent et cependant les principes qu'il a posés restent la base de la théorie de la production du travail mécanique par la chaleur, surtout celui que le travail théorique produit ne dépend pas de la nature du corps chauffé, mais seulement de la chaleur employée, que celle-ci est la seule cause du travail dans la production duquel n'intervient le corps échauffé que comme intermédiaire. De là se déduisait naturellement la mesure d'un *maximum* de travail que pouvait produire la chaleur, base solide pour la théorie de la machine à vapeur. C'était bien approcher de la notion d'équivalence formulée de nos jours.

Pour approfondir les relations de la chaleur et du travail mécanique, il faut comparer des unités complètes, et on ne pouvait arriver à reconnaître la vérité par l'expérience, si on ne tenait compte que de forces, de tensions ou de températures seulement. On a dû constituer une unité de chaleur adéquate à celle de travail, définir exactement la quantité de chaleur. On a adopté à cet effet pour unité la calorie, la quantité qui échauffe un kilog. d'eau d'un degré, qui ne dépend pas plus de la température que le travail mécanique de la vitesse, c'est-à-dire qui est dégagée de la considération des phénomènes secondaires, ne changeant pas seuls la valeur de l'unité complète formée du produit de plusieurs quantités.

Ceci établi, si l'on interroge les faits, on reconnaît expérimentalement la disparition, la consommation de chaleur dans la machine à vapeur, en *proportion* du travail produit; aussi bien que la production de la chaleur dans tous les cas d'emploi du travail mécanique, et cela en *proportion* de ce qui disparaît comme travail; ce qui démontre incontestablement une certaine homogénéité entre des quantités susceptibles de se transformer l'une dans l'autre et permet de conclure la généralité de la loi d'équivalence.

Établir que la conversion de travail en chaleur et réciproquement est soumise à la loi constante d'équivalence, est surtout affaire de logique. C'est ainsi qu'on ne peut pas démontrer expérimentalement l'impossibilité du mouvement perpétuel, et qu'il faut que l'esprit tire de l'étude d'un nombre limité de mouvements et surtout du raisonnement, la certitude qu'il ne pourra jamais être réalisé, que toutes les résistances ne pourront jamais être annulées. La démonstration de S. Carnot (Voy. CALORIE) que la chaleur engendrant du mouvement, on arrive directement au mouvement perpétuel si on admet que le travail engendré par une quantité de chaleur complétement utilisée n'est pas une quantité constante, peut varier avec le corps auquel elle serait communiquée, est du seul genre possible; car comme on ne peut faire sur tous les corps de la nature l'expérience qui prouverait la vérité de cette proposition, et que l'action de la chaleur n'est pas toujours aisément mesurable, il faut se contenter d'une démonstration par l'absurde d'une vérité que l'expérience confirme.

La chaleur n'agit pas sur les solides et les liquides comme sur un gaz parfait; outre le travail qui surmonte les résistances extérieures, une autre quantité est employée, pour ces deux autres états physiques, à modifier l'état de réunion des molécules. Cette dernière partie est dans les solides une partie importante de travail produit; elle est même la totalité à la température où le corps se fond, où toute cohésion entre les molécules qui constituent le corps solide disparaît. On sait qu'alors il faut consommer pour le fondre une quantité considérable de chaleur qui est dite chaleur latente; cas anciennement connu et très-remarquable de la conversion d'une quantité considérable de chaleur en travail.

Dans ce qui précède, nous avons eu surtout en vue la production du travail par la chaleur; la proposition inverse, ou la constance du rapport du travail à la chaleur produite, le renversement de la proposition ci-dessus, ne peut être davantage contestée; c'est au fond la même proposition.

Ce n'est que dans ces dernières années que la valeur du rapport entre la chaleur et le travail produit, de ce qu'on nomme l'équivalent mécanique de la chaleur, a été déterminée par le calcul et par l'expérimentation. Nous consacrons plus loin un article aux expériences qui ont servi à la préciser. M. Joule avait obtenu par diverses méthodes le nombre 424, mais nos expériences nous permettent de considérer comme plus exact le nombre 370, moindre de $\frac{1}{10}$ que le précédent, c'est-à-dire que la quantité de chaleur qui peut élever d'un degré la température d'un kilogramme d'eau peut engendrer un travail mécanique mesuré par un poids de 370 kilogrammes élevé à un mètre.

On peut dire de même que $\frac{1}{370}$ est l'équivalent calorifique du travail, c'est-à-dire qu'un kilogrammètre peut produire une quantité de chaleur égale à $\frac{1}{370}$ de calorie.

La métamorphose de la chaleur en travail et réciproquement exige pour s'effectuer des conditions déterminées. Elles peuvent en principe se résumer en disant qu'il faut que le travail soit employé à mettre en jeu les forces qui s'exercent sur les molécules d'un corps individuellement, pour produire de la chaleur. D'une autre part, pour qu'une quantité de chaleur se transforme en travail, il faut qu'elle produise une dilatation, c'est-à-dire que la chaleur soit dirigée d'un corps plus chaud sur un corps moins chaud; d'où cette règle capitale pour la théorie de toute machine mue à l'aide de la chaleur, qu'il ne se fasse, dans les corps employés pour communiquer le travail, aucun changement de température qui ne corresponde à un changement utilisé de volume. Il faut encore que cette dilatation rencontre une résistance, des obstacles mobiles, afin qu'il y ait travail produit; autrement il n'y a pas de métamorphose, la chaleur reste chaleur. C'est ce qui explique pourquoi une masse d'air se refroidit quand elle se détend en surmontant une pression, en produisant un travail, tandis que la température ne change pas s'il n'y a pas de travail mécanique engendré, si l'air augmente de volume en se rendant dans un vase clos à parois inextensibles. C'est ce que M. Joule a démontré par une expérience directe restée à bon droit célèbre, qui prouve en même temps que la chaleur dans un gaz est nécessairement une force vive moléculaire. C'est la question sur laquelle nous allons nous arrêter maintenant.

Nature de la chaleur. — Lavoisier, étudiant la chaleur qui apparaît dans les combustions, avant que la machine à vapeur n'eût établi un lien solide entre les phénomènes de chaleur et ceux de la production de travail mécanique par celle-ci, formula la théorie du calorique, fluide impondérable se combinant comme un corps quelconque avec les molécules pondérables des corps, dont la quantité contenue dans un corps déterminait la température. Laplace professa toujours, sans hésitation, la théorie du calorique dont il était en partie l'auteur, et son influence la fit régner en France plus longtemps que dans les autres pays.

Quelle théorie faisait disparaître celle du calorique? Surtout celle, assez mal formulée alors, qui consiste à considérer la chaleur dans les corps comme identique avec un mouvement vibratoire de leurs derniers éléments. Si on ouvre le *Traité de physique* de l'abbé Nollet, très-apprécié dans le siècle dernier et paru en 1748, on y lit : « Après une étude de deux ou trois mille « ans, après les méditations des Descartes, des « Newton, des Malebranche, après les observa- « tions et les expériences des Boyle, des Boer- « have, des Réaumur, des Lémery, etc., nous « en sommes encore à savoir définitivement : si « le feu est une substance simple, inaltérable, « destinée à produire par sa présence ou par son « action la chaleur, ou bien si son essence con- « siste dans le mouvement seul..... »

En effet, Descartes avait dit dans ses *Principes* :

« C'est une telle agitation des petites parties « des corps terrestres qu'on nomme encore la « chaleur, soit qu'elle ait été excitée par la lu- « mière du soleil, soit par quelque autre cause. » Plus complétement encore, Newton définit la chaleur un petit mouvement vibratoire susceptible d'être communiqué par les vibrations de l'éther.

L'impossibilité de soutenir l'existence du calorique fut démontrée par Rumford, qui produisit des quantités indéfinies de chaleur en frottant indéfiniment deux corps l'un sur l'autre, ce qui dans la théorie du calorique faisait de ces corps des sources *inépuisables* de calorique, c'est-à-dire concluait à une impossibilité. Davy répéta cette expérience sous une forme saisissante, en montrant que deux morceaux de glace, frottés l'un sur l'autre dans une enceinte maintenue à basse température, fondaient bientôt.

Ces expériences et un grand nombre de cas variés de transformation de chaleur en travail ou inversement, ne permettent plus de conserver aucun doute sur l'homogénéité des forces vives mécaniques et de la chaleur, et conduisent à cette conclusion nécessaire :

Que la chaleur dans les corps est un mouvement vibratoire des atomes qui les composent (vibratoire puisque la position du centre de gravité ne varie pas) et que la métamorphose de la chaleur en travail mécanique n'est qu'une communication des forces vives du mouvement vibratoire, leur changement en mouvement de masse. L'inverse ou le changement de mouvement total d'un corps en mouvement vibratoire de ses molécules, a lieu dans la production de chaleur par travail mécanique.

L'explication de la conversion de la chaleur en travail résulte tout naturellement de cette conception de la nature de la chaleur, et vient la confirmer. Ainsi dans la machine à vapeur, les molécules de la vapeur ayant une grande vitesse de vibration, perdent partie de leur vitesse, de leur force vive, en choquant contre le piston en mouvement, en le poussant et produisant un travail précisément égal à cette perte. (Voy. AIR CHAUD, MACHINES A VAPEUR.)

Cette conception de la chaleur la fait évidemment rentrer dans le domaine de la mécanique, et le principe général de la conservation des forces vives vient s'appliquer aux phénomènes calorifiques comme aux phénomènes mécaniques, ou plutôt cette conception de la nature de la chaleur est le résultat nécessaire de la vérité et de la généralité du principe de la conservation des forces vives.

Observons que le résultat direct de ceci est que les éléments des corps sont dans un état constant de vibration, qu'il doit en résulter une tout autre manière de concevoir leur constitution dans un état dynamique, tout différent de celui statique qu'on leur suppose à un premier examen; nous verrons que cette manière d'être se prête parfaitement à l'analyse des phénomènes calorifiques. (Voy. GAZ, LIQUIDES, SOLIDES.)

Actions physiques autres que la chaleur. — Les phénomènes de travail mécanique et de chaleur ne sont pas les seuls que nous rencontrions dans la nature ; il en est d'autres que nous rapportons à la lumière, à l'électricité, au magnétisme, aux forces d'affinité chimique, aux forces de cohésion·

Ces phénomènes, perçus par nos divers sens, dont les apparences sont très-différentes, nous paraissent d'espèce particulière, ce qui a conduit les physiciens à admettre l'existence d'agents spéciaux. Mais une étude plus attentive nous permet de constater que les effets caractéristiques dont nous parlons ont des relations intimes avec ceux de la chaleur, qu'ils apparaissent souvent simultanément, par l'effet des mêmes causes, ce qui conduit à établir qu'ils ne diffèrent pas essentiellement : c'est ainsi que des réactions chimiques engendrent à la fois de la chaleur et de la lumière; qu'il en est de même des courants électriques; inversement que de la chaleur engendre de l'électricité, etc.

Dans l'état actuel des sciences, nous ne pouvons considérer de semblables faits comme secondaires; nous devons reconnaître qu'ils sont dus à une corrélation intime qui existe entre leurs causes; à une similitude de nature qui rend la métamorphose possible d'un effet d'une espèce en un effet d'une autre espèce, suivant une loi d'équivalence. Nous allons faire voir que toutes ces manifestations se ramènent à une incontestable unité, et qu'étant démontrée l'équivalence du travail mécanique et de la chaleur, il en résulte, sans aucun doute, la nature mécanique des diverses forces qui causent les phénomènes du monde matériel et la permanence du travail qu'elles accomplissent dans l'univers.

Lumière. — Les beaux travaux des physiciens modernes, de Fresnel surtout, ont mis à l'abri de toute discussion la nature de la lumière formulée par Huyghens, mais abandonnée par la plupart des savants après les grands travaux de Newton, qui ne l'admettait pas. Les plus fertiles conséquences, l'explication des phénomènes les plus complexes sont résultés de l'établissement de la théorie qui attribue la lumière aux vibrations de l'éther. Telle doit être également la chaleur en dehors des corps, d'après la conception de la chaleur dans les corps comme due aux mouvements vibratoires de leurs derniers éléments, qui mettent nécessairement en mouvement l'éther qui leur est adhérent, comme le prouvent les phénomènes qui ne peuvent être expliqués que par cette adhérence. Et, en effet, les expériences de Melloni ont démontré l'identité absolue de la lumière et de la chaleur rayonnante. Même loi de propagation, de réflexion, de réfraction, etc. Les vibrations lumineuses propagent constamment de la chaleur, et les vibrations calorifiques deviennent lumineuses quand elles acquièrent une intensité suffisante. On ne peut donc échapper à cette conclusion que la lumière n'est qu'une seconde perception, à l'aide du sens de la vue, des vibrations calorifiques, quand elles acquièrent une très-grande vitesse.

Électricité. — L'électricité peut produire à volonté du travail mécanique, ou de la chaleur, ou des décompositions chimiques. Elle-même est produite par une action chimique, par l'oxydation du zinc le plus souvent.

Le progrès des sciences a conduit récemment à établir d'une manière très-satisfaisante l'équivalence de la chaleur et de l'électricité, et par suite du travail mécanique qui ne peut évidemment différer de celui qui correspond à la chaleur équivalente à l'électricité dégagée. (Voir Équivalent de l'électricité.) L'expérience a fait reconnaître que pour un même poids de zinc oxydé, par suite pour une même quantité d'électricité nécessairement proportionnelle à la quantité de zinc, la chaleur dégagée, tant dans l'intérieur d'une pile que dans un fil métallique qui en réunit les deux pôles, était une quantité constante. Cela est vrai, quelle que soit la nature de ce fil, sa section ou sa longueur, et par suite l'élévation de sa température.

D'un autre côté on sait effectuer la production de l'électricité à l'aide du travail mécanique, la transformation réciproque des deux quantités, dans des conditions se rapprochant de plus en plus du maximum.

Nul doute, par suite, sur le principe d'équivalence de l'électricité et de la chaleur; il ne reste plus, pour formuler le chiffre qui la représente, qu'à bien définir l'unité complète d'électricité, qui paraît s'exprimer d'une manière satisfaisante pour le fil possédant l'unité de résistance, par le produit de l'intensité du courant (mesuré par la déviation d'un galvanomètre) par la durée de l'action.

L'équivalence ne doit pas faire conclure une identité actuelle, sans analyse d'éléments particuliers, d'une métamorphose possible. Ainsi, bien que les manifestations de l'électricité soient accompagnées le plus souvent de phénomènes ignés, il faut les considérer seulement comme susceptibles de prendre la même nature. Celle-ci n'est pas plus ignée que celle du marteau dont les coups répétés échauffent un morceau de métal. La foudre ne descend des nuages, en rayons lumineux, que parce qu'une grande partie de sa puissance de travail est métamorphosée en chaleur par la résistance de l'air; elle n'embrase que les corps qui s'opposent à sa marche, cette résistance étant, comme l'expérience le prouve, la condition du dégagement de la chaleur, et épargne au contraire les corps qui se laissent facilement traverser. C'est précisément là le principe du paratonnerre.

La notion d'équivalence de la chaleur et de l'électricité qui, par suite de sa facile transformation en lumière, doit être rapprochée de la chaleur rayonnante, d'une vibration de l'éther adhérant aux molécules, ne permet pas d'admettre l'existence d'un fluide, d'une substance électrique spécifique, car l'existence d'une telle substance est incompatible avec le fait de la métamorphose de l'électricité en chaleur et en force mécanique.

Avec la substance électrique, tombe également la substance magnétique, la science ayant établi l'identité des phénomènes magnétiques et des courants électriques. L'expérience de M. Foucault, dans laquelle on arrête, avec des électro-aimants, la rotation d'un disque, est un exemple frappant de la conversion des courants électriques en travail. Ainsi l'empire des impondérables touche à sa fin ; et la science se débarrasse chaque jour de ces agents mystérieux multiples, qu'on douait de propriétés nouvelles chaque fois qu'il se présentait un phénomène nouveau à expliquer.

Cohésion. — Disons maintenant quelques mots des relations de la chaleur avec les phénomènes de travail intérieur attribué aux forces d'attraction inter-moléculaire. (Remarquons ici une fâcheuse lacune de la science, la nécessité d'admettre que tout se passe comme si des forces d'attraction agissaient entre les éléments de la matière, comme si ceux-ci étaient doués d'une propriété incompatible avec l'idée que nous nous faisons de la matière, essentiellement inerte, sans qu'on puisse expliquer encore aujourd'hui d'une manière satisfaisante les causes vraies des phénomènes). Ces forces moléculaires entre éléments différents, donnent tous les composés qu'étudie la chimie ; entre éléments semblables les corps rendus résistants par la cohésion de leurs molécules.

Occupons-nous d'abord de ce dernier cas.

Les cohésions des corps peuvent être détruites soit par le travail mécanique, soit par la chaleur, soit même être modifiées par l'électricité. Mesurées, directement par le travail mécanique qui peut les détruire dans les expériences de rupture, indirectement par la chaleur latente de fusion des corps solides, la loi d'équivalence de la chaleur et du travail mécanique résulte de la possibilité de produire la rupture soit par l'une soit par l'autre cause, ce qui implique bien une nature semblable de celles-ci.

Au point de vue de la permanence générale du travail, les cohésions des solides apparaissent comme constituant un immense magasin de travail résistant, leur formation ayant fait dégager une quantité de chaleur équivalente, qui remplit probablement un rôle de régulateur universel de la chaleur dans l'univers. C'est ainsi qu'aux pôles de la terre une grande quantité de chaleur sera absorbée dans certains cas pour fondre la glace, et l'absorption de cette chaleur latente ne causera aucun changement de température, bien que sa quantité soit très-considérable comme le travail des cohésions détruites. Inversement la solidification d'une masse liquide dégagera une quantité de chaleur correspondant à une quantité de travail considérable.

Le rôle que nous attribuons ici aux liquides et aux solides comme régulateurs de chaleur est également vrai, et à un plus haut degré encore, des gaz et des vapeurs, dont la formation entraîne l'absorption de grandes quantités de chaleur (par l'évaporation produite à la surface des mers notamment) que dégage leur liquéfaction.

Combinaisons chimiques. — La notion d'équivalence du travail mécanique ou de la chaleur avec le travail de cohésion entre les atomes similaires d'un corps, dû à l'effet des forces d'attraction, s'applique évidemment de tout point aux cohésions entre atomes différents, opérées par l'action de la force tout à fait semblable à l'attraction dite affinité, pour tous les composés qu'étudie le chimiste. La notion de métamorphose du travail en chaleur combinée avec le principe de permanence, permet de retrouver sous ses diverses manifestations le travail qui ne disparaît pas plus qu'il ne peut naître seul. S'il ne paraît pas de corps solide en masse dans beaucoup de combinaisons chimiques, les atômes des éléments n'en ont pas moins été réunis semblablement ; il n'y a pas moins eu de même *travail engendré par les forces d'attraction.* Il en résulte, comme on sait, production de chaleur, de vibrations calorifiques ; donc inversement, les combinaisons chimiques ne peuvent être détruites que par des quantités de chaleur ou d'électricité équivalentes à cette quantité de travail capable de rompre les cohésions atomiques.

Ces effets inverses de combinaison et de décomposition se produisent incessamment dans la nature, et, malgré la grandeur des actions, l'effet final peut être nul et tout-à-fait dans le sens de la notion de permanence que nous cherchons à établir ici, indépendamment de toute métamorphose.

J'ai essayé de montrer (Voy. PRODUCTION DE LA CHALEUR) comment, en partant de ces principes et connaissant la valeur de l'équivalent mécanique de la chaleur, on pouvait aux rapports en poids seuls connus aujourd'hui, aux équivalents chimiques des corps qui se combinent, ajouter la mesure du travail des forces qui effectuent la combinaison, c'est-à-dire déterminer les équivalents mécaniques des corps, les quantités de travail nécessaires pour séparer les atômes combinés ensemble, un des plus beaux progrès que la science puisse accomplir.

D'où ce résultat, nécessaire d'après le point de départ, mais à signaler ici, que la considération des équivalents mécaniques non-seulement ramène la chimie à la mécanique et par suite doit lui donner sa forme définitive, mais encore conduit nécessairement à la mesure de la chaleur produite quand l'équivalent mécanique du composé est une fois connu. La chaleur dégagée lors de la formation de ce corps est égale à celle qui sera consommée par sa destruction.

L'analyse du travail des forces chimiques nous fournissant la loi de la production de la chaleur, nous donne en même temps la solution de questions relatives au travail mécanique; car ce sont les forces d'attraction mises en jeu dans les combinaisons chimiques qui produisent la chaleur utilisée dans les machines à vapeur et à air, l'électricité dans les appareils électro-magnétiques. Nous pouvons montrer l'utilité et la fréquente utilisation des principes théoriques pour faire prévoir la limite des résultats qu'on peut espérer.

Dans les machines à vapeur, chaque gramme de charbon converti en acide carbonique par action chimique produit 8 calories soit $8 \times 370 = 2960$ kil. mètres de travail mécanique possible, si toute la chaleur se métamorphose en travail, par exemple produit de la vapeur dont l'action est supposée parfaite, dont la détente est complète. Moins la machine remplit cette condition, plus l'effet reste au-dessous du maximum indiqué par le calcul. La différence est en général très-grande, mais eu égard aux difficultés de la question, les résultats déjà obtenus font de la machine à vapeur une des plus belles œuvres du génie de l'homme.

Dans une machine électro-magnétique, la force motrice a sa source dans l'oxydation du zinc de la pile. Le courant électrique qui en résulte se métamorphose partie en chaleur, par suite de la résistance opposée par le conducteur, partie en travail. Le calorique produit par l'oxydation d'un gramme de zinc, par la voie sèche, produit d'après Dulong 5 calories et un travail égal à celui de cette chaleur doit pouvoir résulter de l'action d'une machine parfaite, utilisant l'électricité produite par l'oxydation d'un gramme de zinc par voie humide (en supposant utilisée la chaleur qu'emporte l'hydrogène qui se dégage). Si cette chaleur était entièrement transformée en travail, si le courant électrique produisait un travail équivalent à l'aide de machines électro-magnétiques supposées absolument parfaites, il devrait être égal à $5 \times 370 = 1850$ kil. mètres.

Corps vivants. — Dans la revue générale que nous faisons ici des forces qui agissent sur la matière, nous devons dire un mot du travail que produisent ces merveilleuses machines que nous appelons corps vivants. Il est incontestable que c'est des forces chimiques, actives dans les phénomènes de la respiration et de la digestion, que provient le travail qu'ils produisent, la chaleur apparaissant dans les animaux en quantité très-considérable et en raison de leur alimentation.

On peut déjà conclure de la perfection de l'appareil de combustion des corps vivants que l'organisme animal, même abstraction faite des fins nombreuses et *sui generis* qui sont dans sa nature, et à ne considérer que l'emploi économique de sa force de travail, est une machine bien plus parfaite que celles inventées par le génie de l'homme. Cela est vrai, à la fois, quant à la variété infinie des mouvements possibles avec toutes les variations désirées de vitesse, de pression que règle la volonté, mais aussi eu égard à la meilleure utilisation des éléments des actions chimiques, à la perfection des appareils où s'effectue notamment la combustion du carbone et de l'hydrogène des aliments, qui produit toute la quantité de chaleur ou de travail qu'elle peut faire naître d'après la théorie.

Ce que nous disons ici des animaux est vrai pour les végétaux, notamment pour les forces chimiques actives dans la germination et le développement des végétaux. Il s'y fait une consommation abondante de la chaleur provenant du soleil, nécessaire à leur existence, par exemple à la décomposition de l'acide carbonique par les feuilles. Aussi y a-t-il dans les végétaux création incessante de composés, accroissement rapide par cohésion entre molécules semblables et différentes, résultat direct de ce que le mouvement, la production de travail leur est interdit. Aussi fournissent-ils les moyens d'alimentation au règne animal.

Résumé. — En résumé, l'équivalence et la métamorphose des forces, conséquence et preuve du principe de la permanence du travail des puissances qui agissent sur la matière, fait considérer la nature comme un établissement bien ordonné, muni d'une somme fixe de travail qui se manifeste sous des formes différentes. Si dans un phénomène il y a déficit apparent de travail, nous sommes certains de retrouver sous une autre forme l'équivalent de ce déficit. Ainsi, si deux corps se rencontrent et qu'après le choc la somme des forces vives, le travail emmagasiné dans le corps en mouvement, exprimé en fonction de sa vitesse et de sa masse, paraisse moindre qu'auparavant, c'est qu'une partie a été employée à déformer le corps, à en rapprocher les molécules ou à produire de la chaleur.

Si malgré leur action constante, les locomotives de nos chemins de fer ne produisent pas une vitesse sans cesse croissante de la charge, c'est qu'on retrouve dans le mouvement imprimé à l'air choqué, dans le mouvement oscillatoire des voitures, dans les vibrations acoustiques qu'indique le bruit produit par le train, dans la chaleur des essieux et des supports, l'équivalent du travail disparu. C'est ainsi que tant qu'un mouvement a lieu dans le vide, tout le travail reste dans le corps mis en mouvement; mais l'entrée dans un milieu résistant a pour résultat une déperdition immédiate, et un dégagement de chaleur résultant de la compression. Une résistance opposée à un mouvement très-rapide peut échauffer le corps mû jusqu'à l'incandescence, ce qui suffit pour expliquer l'apparence ignée des masses météoriques tombant de l'espace dans l'atmosphère terrestre.

Ainsi donc les résistances qui forment obstacle au mouvement, le frottement et la résistance des milieux, ne peuvent plus être considérés comme des principes destructeurs. Ils n'anéantissent pas le travail qui est, soit simplement communiqué à d'autres corps, soit métamorphosé en chaleur, et cette métamorphose joue un grand rôle.

En général, tout travail moteur est engendré par un corps qui n'a emmagasiné cette quantité de travail qu'en consommant une égale quantité de travail résistant; de même tout corps chaud a emprunté sa chaleur à un premier corps avant de la céder à un second. La principale source de production de chaleur dans la nature étant celle qui provient du travail des actions moléculaires, on peut dire que tout travail vient originairement de la chaleur ou de quelque action équivalente, et inversement que toute chaleur vient d'un travail; ou mieux, que la chaleur est, dans l'univers, l'ensemble des forces vives des molécules et le travail mécanique, la consommation de semblables forces vives pour produire des mouvements de masse.

Les phénomènes qui se passent à la surface de la terre se trouvant expliqués, reliés entre eux, comme il vient d'être dit, si l'on veut aller plus loin et se demander si la stabilité due à des transformations diverses, mais non à des changements, créations ou destructions de puissance, s'étend à l'univers entier, ce qui précède, et surtout la non-variation des mouvements astronomiques semble démontrer l'affirmative d'une manière très satisfaisante; il est difficile d'en trouver d'autres preuves plus complètes dans l'état actuel de la science.

C'est surtout l'immensité de l'action solaire qui, produisant les évaporations qui donnent naissance aux nuages et causent les changements de densité de l'atmosphère, en un mot tous les grands faits du domaine de la météorologie (faits qui se traduisent en travail des courants atmosphériques, des chutes d'eau), paraîtrait pouvoir faire considérer comme variable la quantité de chaleur et de travail à la surface de la terre. Mais il est bien probable que nous nous préoccupons ici de faits secondaires, ce qui nous empêche d'apprécier les faits généraux. Si une portion de la terre s'échauffe le jour, une autre se refroidit la nuit; si elle reçoit plus de chaleur qu'elle n'en perd dans une saison, le contraire lui arrivera dans une autre, et le résultat général d'un mouvement complet de la terre dans son orbite sera constant, dépendant uniquement de la température de l'espace et des distances au soleil, qui, comparées à des périodes convenables, restent les mêmes.

La grande difficulté, qui n'est pas levée pour prouver la stabilité absolue de l'univers, c'est la démonstration de la persistance nécessaire du grand foyer de chaleur, du soleil. Dans notre manière habituelle de considérer la production de la chaleur, la persistance de cet immense foyer, son alimentation indéfinie semble inexplicable, d'autant plus que nous ne pouvons constater de variations. Il y a là un grand fait à expliquer, ce que permettront les progrès à venir de la science, dont les horizons vont sans cesse en s'agrandissant. Une ingénieuse théorie due à Mayer et précisée par M. Thompson, explique l'alimentation du foyer solaire par des astéroïdes qui, entraînés par son attraction, s'y précipitent avec une vitesse énorme, et par suite en produisant une très-grande quantité de chaleur. Indépendamment de cette explication des faits, la production de la chaleur et de la lumière par les courants électriques et magnétiques, fait entrevoir une des formes du retour possible à sa source, de la chaleur envoyée par le soleil à la terre. Quelle que soit cette forme, on peut dire que la loi d'équivalence permet d'établir *à priori* la permanence de la lumière et de la chaleur solaire.

Les périodes géologiques prouvent toutefois, lorsque l'on considère des périodes de temps extrêmement considérables, que la stabilité que nous admettons pour l'univers entier n'a pas toujours existé pour notre système solaire. Il s'agit là de phénomènes cosmiques d'un ordre particulier, de la formation de notre planète à une époque où l'état du système de notre soleil et des planètes, était autre sans doute que celui que nous connaissons, mais nous devons penser que même alors, dans l'univers tout entier, la somme des forces vives n'a pas varié. En tous cas depuis que notre système astronomique est parvenu à un état de parfaite stabilité, les changements sont sur la terre, ou nuls, ou complétement insensibles pour une longue suite de générations.

La notion de permanence du travail des forces et la loi d'équivalence des divers modes de leurs manifestations; vérification scientifique complémentaire de la conception purement mécanique de l'univers formulée par le génie de Descartes, nous procure sur le plan des mondes une vue aussi profonde que précise, une vérité capitale pouvant servir de base à l'édifice que les travaux des savants permettent d'élever. Elle ne peut manquer de donner une forme nouvelle et une impulsion féconde aux sciences de la nature et de nous rendre maîtres de vérités fécondes pour le progrès de l'humanité.

COMPLÉMENT DU DICTIONNAIRE

DES

ARTS ET MANUFACTURES.

A

ABAQUE. — Les Grecs et les Romains comptaient souvent au moyen de cailloux ou de jetons, qu'on plaçait sur une table divisée en colonnes verticales, qu'on nommait *abax* en grec, et *abacus* en latin. Ce système revient à celui du *boulier*, représenté fig. 3301, analogue à celui qu'emploient encore aujourd'hui les Russes et les Chinois, ces derniers notamment depuis l'antiquité la plus reculée, pour opérer les calculs les plus simples. L'aspect de la figure suffit pour faire comprendre l'emploi des boules, représentant les chiffres des nombres, qui glissent sur des tringles qui les traversent.

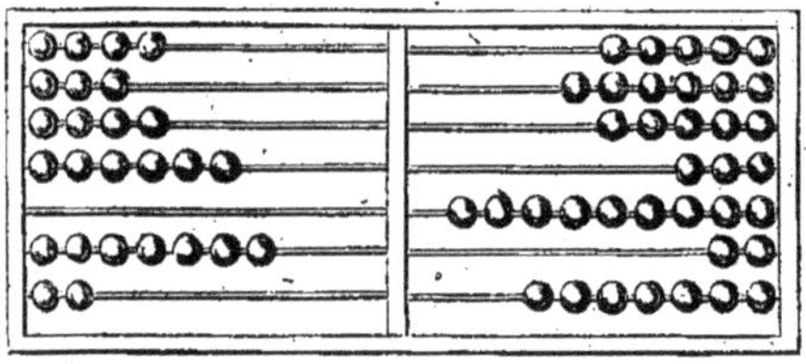

Fig. 3301.

Chaque ligne représentant les unités, dizaines, centaines, on écrit un nombre en repoussant vers la gauche, dans chaque colonne, le nombre d'unités de chaque espèce qui composent ce nombre. Ainsi, dans la disposition de la figure, le nombre écrit est 2706434. On effectuera une addition d'un nombre quelconque avec un nombre figuré de la sorte, en cherchant à l'écrire à la suite du premier en commençant par les unités simples, c'est-à-dire en ajoutant ensemble les unités de même ordre et reportant les retenues d'une colonne à la suivante, absolument comme dans les procédés ordinaires de l'addition.

La soustraction se fera de même avec la plus grande facilité.

En rendant en quelque sorte sensible le détail des opérations, l'abaque est utile pour commencer à apprendre le calcul aux enfants. Aussi est-il adopté avec succès dans les écoles primaires.

BATONS DE NÉPER. — L'illustre inventeur des logarithmes a combiné un système curieux décrit dans sa *Rhabdologie*, consistant en une mobilisation des colonnes de la table de Pythagore, qui donne de suite le produit d'un nombre par un chiffre quelconque, en faisant toucher en quelque sorte les produits d'un chiffre par un chiffre, comme le boulier le fait pour les unités. Ainsi imaginons des cylindres portant gravées sur leurs surfaces dix colonnes portant les dix chiffres horizontalement, et leurs multiples par 0, 1, 2, 3,...9 verticalement, on ne pourra écrire un nombre à la première ligne, en ramenant en avant les chiffres qui le constituent, sans que chaque tranche horizontale représente les produits de chacun de ces chiffres par les neuf premiers nombres, et ne donne par suite les nombres dont l'addition formera le produit total en les lisant sur les lignes convenables. Le seul soin à prendre consiste, pour les produits de la table de Pythagore qui renferment deux chiffres, d'ajouter les chiffres appartenant aux mêmes unités (placés obliquement sur les bâtons), avant de les écrire. Ainsi, dans la disposition de la figure 3302, on a, dans chaque ligne horizontale, le produit de 1296 par 1, 2, 3, 4.... Le produit par 6, par exemple, sera 6 + 1, 2 + 5, 4 + 3, 6, ou 7776.

Fig. 3302.

On comprend facilement comment l'emploi de cet instrument peut faciliter le calcul, en réduisant la multiplication à des additions d'une grande simplicité.

La division se fera de même. Écrivant en haut le diviseur, on lit sur les bâtons le nombre qui se rapproche le plus du nombre formé par les chiffres du dividende, pris sur la gauche en nombre égal à celui du diviseur. Le numéro de la tranche sera le chiffre du quotient. Soit à diviser 7353 par 129, nous trouvons en face de 5, qui sera le premier chiffre du quotient, 645 qui, retranché de 735, donne 90. Opérant de même pour 903, nous trouvons ce nombre à la septième colonne, 7 est donc le deuxième chiffre, et 57 le quotient.

La figure 3302 représente les bâtons carrés, tels que les construisait Néper, et qu'il suffit d'apporter l'un à côté de l'autre pour obtenir un nombre quelconque à la première ligne horizontale, et par suite les multiples de ce nombre aux autres lignes.

ABAQUE DE M. PICCARD (de Lausanne). — M. Piccard a proposé un abaque d'une grande simplicité, fondé sur les propriétés des triangles semblables, qui paraît susceptible de recevoir d'utiles applications (fig. 3303).

Considérons dans triangles semblables tels que ADE et ABC (un D étant placé à côté du chiffre 5 sur la ligne AB), nous aurons la proportion

AD : DE :: AB : BC.

Si nous faisons AB = 10 par exemple, nous aurons

$$AD \times BC = DE \times 10,$$

ou comme BG = DE

$$AD \times BC = BG \times 10.$$

Ce résultat permet de construire un abaque pouvant à 100, pourvu qu'on ait soin de déterminer, mentalement, quel doit être le chiffre des unités du produit. Ainsi, pour avoir le produit de 97 par 86, on détermine le chiffre 2 des unités, et l'instrument, par sa lecture, donnera avec certitude le chiffre des dizaines, des centaines et des mille, soit le nombre 8340 qui devient 8342 par l'adjonction du chiffre 2 des unités. Mais si

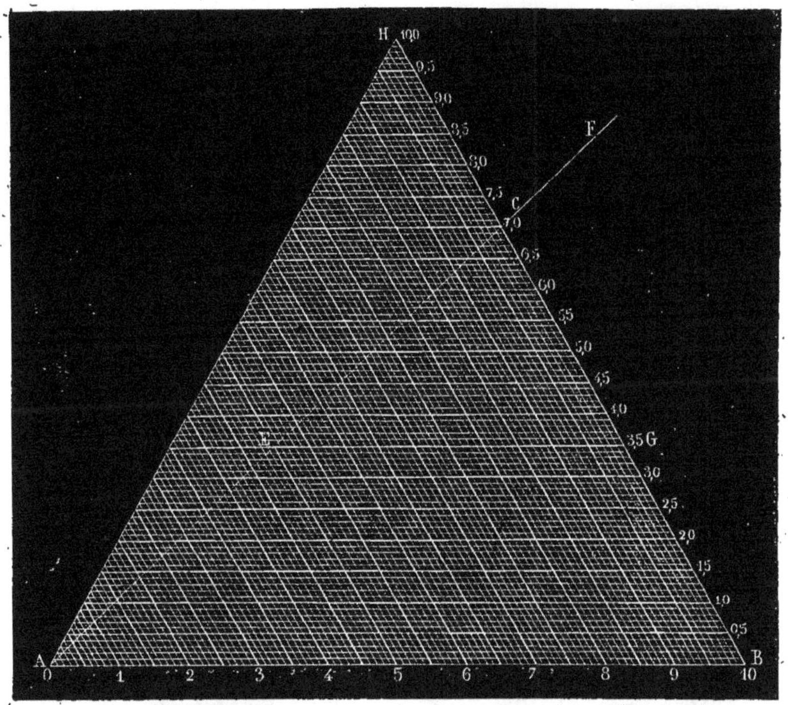

Fig. 3303.

servir à opérer numériquement la multiplication et la division et à calculer graphiquement avec le compas, sans aucun calcul, la surface des figures planes qui auraient été décomposées en triangles ou en rectangles.

Construction. — Prenez un triangle quelconque, le triangle équilatéral de préférence ; divisez les côtés en 100 parties égales : menez des parallèles entrecoupées par des lignes plus fortes, de 5 en 5, pour reposer la vue ; placez les chiffres de 1 à 10, de A en B ; placez les chiffres de 0,5 à 10,0 de B en H ; placez enfin au point A comme pivot, un fil fin, ou le tranchant d'une règle mobile autour de ce point, AF.

De la multiplication. — Pour obtenir le produit de deux facteurs inférieurs à 10, par exemple 5 × 7, placez la ligne AF sur l'un des facteurs, par exemple sur 7 en C ; prenez le facteur 5 en D. Remontez la parallèle DE passant en D jusqu'à sa rencontre avec AF en E ; suivez l'autre parallèle EG, le nombre 3,5 en G, multiplié par 10 donnera 35 pour résultat de 5 × 7. On aura de même à première vue les divers multiples de 7, par tous les nombres qui, marqués sur AB, sont le point de départ de toutes les parallèles à BH qui rencontrent AF.

En donnant aux côtés du triangle une longueur de 3 décimètres environ, on pourra obtenir exactement les produits inférieurs à 10,000, de deux facteurs inférieurs

l'on voulait obtenir exactement le produit inférieur à un million de deux facteurs inférieurs au nombre 1000, les côtés du triangle devraient atteindre à peu près 4 mètres de longueur. L'exactitude de cet instrument est donc fort limitée, mais il n'en est pas moins précieux, pouvant donner facilement et simplement des résultats approchés suffisants dans nombre de cas.

De la division. — Pour obtenir le quotient d'un nombre inférieur à 100, par un diviseur inférieur à 10, ce quotient devant aussi être inférieur à 10, par exemple 35 divisé par 7 : placez la ligne AF sur le diviseur 7 en C ; prenez le dividende 35 en G (produit du diviseur et du quotient qui doit être multiplié par 10) et suivez la ligne GE jusqu'à sa rencontre avec la ligne AF en E ; suivez la parallèle ED, le chiffre 5 en D indiquera le quotient cherché.

Dans la position actuelle de la ligne AF passant par le diviseur 7 en C, on peut obtenir de même les quotients par 7 de tous les nombres inférieurs à 70, ces quotients devant être inférieurs à 10.

Du calcul des surfaces en général. — Si l'on veut calculer l'aire d'une figure décomposée en triangles, sans opérer aucun calcul numérique, il faudra diviser la ligne BH des produits en 50 parties égales au lieu de 100. Puis, portant la hauteur du triangle sur BH, de B en C, par exemple, et la base sur AB, de A en D, par exemple, la ligne DE représentera graphiquement la surface du premier triangle, et on en porte la valeur sur la ligne BH, servant d'échelle, au point G. On obtiendra de même la surface des autres triangles au moyen d'autres lignes qui, réunies bout à bout sur la ligne BH servant d'échelle, conduiront à la valeur de l'aire totale de la figure cherchée, en opérant graphiquement, sans avoir fait aucun calcul numérique.

Abaque de M. Lalanne. — M. L. Lalanne, ingénieur des ponts et chaussées, a construit un tableau graphique, auquel il a donné également le nom d'Abaque, qui offre des propriétés curieuses. Il consiste dans un tableau rectangulaire, fig. 3304, dont les côtés à angles droits sont divisés en longueurs proportionnelles aux logarithmes des nombres 1, 2, 4, 5, 6, 7, 8, 9, 10. Il est clair que par l'emploi des lignes parallèles aux côtés, menées par les points de division, et celui des lignes à 45° passant par les points d'intersection des premières, pour revenir lire le chiffre marqué sur un des côtés (ce qui fournit l'addition des deux longueurs tracées sur les côtés du tableau), on trouvera les points correspondants à la somme des logarithmes et par suite aux produits des deux nombres lus sur les deux lignes on peut faire avec son aide, et à simple vue, des calculs assez compliqués (Voir Calculer [machine a]). Mais, de plus, il a sur la règle certains avantages. Ainsi une ligne inclinée à 1 sur 1, d'un angle à l'autre du carré (en partant du point marqué 1), donnera, en suivant l'oblique passant par un nombre jusqu'au point de rencontre de cette ligne, le nombre dont la racine carrée se trouvera au point de départ de la verticale passant par ce même point. Inversement cette ligne conduira au carré d'un nombre qui se trouvera en suivant l'oblique qui passe par le point de rencontre de la ligne des carrés avec la verticale du nombre dont on part.

On trouvera de même les racines cubiques à l'aide d'une ligne inclinée sur 2 de hauteur pour 1 de base; les racines cinquièmes à l'aide des lignes inclinées à 1 de base pour 4 de hauteur; le volume de la sphère à l'aide d'une ligne parallèle à celle des cubes tracée à une distance de l'origine égale au log. de $\frac{4}{3}\pi$. Nous renvoyons pour les détails du maniement de cet Abaque, et la discussion de l'ordre des unités considérées dans les calculs, quand on opère sur des nombres de plusieurs

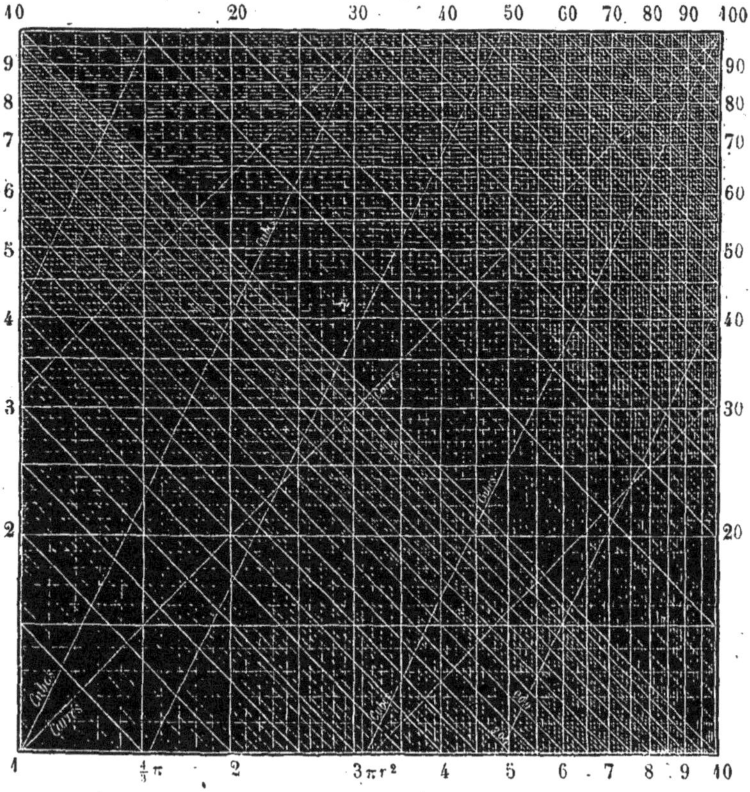

Fig. 3304.

extérieures. Inversement la division de 6 par 2 s'obtiendra en suivant l'oblique 6 jusqu'à la rencontre de l'horizontale 2, le chiffre 3 correspondant à la verticale passant par le point de rencontre sera le quotient.

On voit que cet Abaque possède les propriétés de la règle à calcul, et qu'en considérant les chiffres latéraux comme appartenant à des unités d'un ordre élevé, chiffres, à l'instruction spéciale publiée par l'auteur.

M. Lalanne a remarqué que les résultats ainsi obtenus appartenaient à une théorie générale de géométrie à laquelle il a donné le nom d'*anamorphique*, et dont plusieurs applications importantes avaient déjà été faites, et peuvent se faire chaque jour dans l'industrie; la plus célèbre notamment est celle faite aux cartes marines, connue sous le nom de Projection de Mercator. (Voir NAVIGATION.) Nous entrerons dans quelques détails à cet égard.

Depuis Descartes on sait qu'une courbe est propre à représenter les relations entre deux quantités variables (Voir *Introduction*), et cette vue de génie a permis de remplacer les tableaux représentant les relations de deux quantités liées entre elles, par des courbes.

De même une table numérique à double entrée représente un grand nombre de cas particuliers de la loi suivant laquelle une quantité variable dépend de deux autres, et on est conduit naturellement, par analogie avec le cas précédent, à l'idée de la remplacer par une surface courbe pour représenter la dépendance mutuelle qui existe entre trois quantités variables, la loi même qui réunit les trois quantités.

Or, comme nous l'avons vu en parlant du nivellement (Voy. NIVELLEMENT), le moyen de représenter sur un plan une surface courbe consiste à projeter riables que donne l'équation à trois variables de la surface, lorsqu'on donne une certaine valeur à la variable représentant l'ordonnée perpendiculaire au plan de projection.

Tout ceci n'est que le résultat des principes fondamentaux de la géométrie analytique. Mais ce qui appartient à l'ordre de conception que nous étudions ici, c'est ce que nous appellerons la *Graduation des coordonnées*, qui fournit le moyen de remplacer dans nombre de cas des tables à double entrée par des constructions graphiques très-simples.

Les courbes dont nous avons parlé plus haut sont représentées par certaines équations, qui supposent en général que les axes des coordonnées sont divisés en longueurs égales correspondant aux nombres 1, 2, 3, etc. Mais si on gradue les coordonnées suivant une loi déterminée, les nouvelles coordonnées x', y', d'un point seront dans un rapport connu, avec les coordonnées ordinaires x, y ; autrement dit x' sera une fonction de

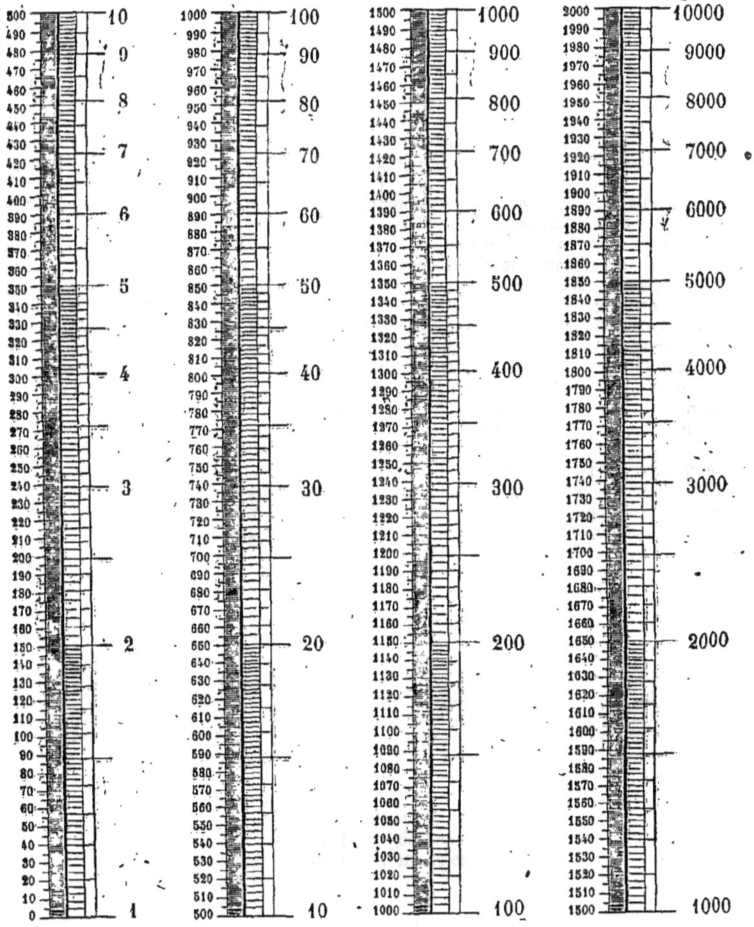

Fig. 3305.

sur ce plan les courbes successives qui sont les intersections de la surface par des plans parallèles au plan de projection, et à indiquer par une cote leur distance à ce plan.

Ces courbes représentent des équations à deux va- x ; y', une fonction de y. Si donc dans l'équation on remplace x et y par leurs valeurs en x' et y', on aura une nouvelle équation de courbe, et si la graduation est déterminée convenablement, une courbe plus simple que celle obtenue d'abord.

Ce résultat est surtout important lorsqu'il permet de remplacer des courbes par des lignes droites dont l'espacement varie.

C'est ce que l'on obtient, dans le cas remarquable par ses nombreuses applications pratiques où il s'agit du produit d'x et d'y, en prenant les logarithmes des nombres au lieu de ceux-ci ; tel est le cas de l'abaque décrit ci-dessus. En effet, si nous considérons l'équation qui indique le produit de deux nombres $z = x\,y$, on sait que cette équation représente une surface dite hyperboloïde à une nappe, dont les différentes intersections seraient difficiles à tracer. Mais si l'on remplace ces quantités par leurs logarithmes, si on pose :

$$x' = \text{Log } x,\ y' = \text{Log } y, \text{ on aura Log } z = x' + y'.$$

Or, on sait que l'équation $x + y = a$, représente une ligne inclinée à 45° sur les axes des coordonnées. Toutes les lignes de niveau de la surface, dont l'équation est $z = x\,y$ deviendront donc des lignes droites parallèles entre elles et inclinées à 45° sur les axes des coordonnées, par le fait seul que les axes auront été gradués suivant les logarithmes des nombres naturels, au lieu d'être divisés en parties égales.

Les graduations suivant les logarithmes sont celles qui présentent le plus de cas d'applications en permettant de construire des abaques qui se rapportent aux produits de plusieurs quantités. On a pu ainsi construire des abaques pour le poids des fers, le calcul des intérêts, la conversion des numéros des fils anglais en numéros français, etc.

M. Lalanne a appliqué le principe de la graduation des coordonnées à l'exécution de tableaux ne renfermant que des lignes droites, pour l'évaluation du calcul des déblais et remblais pour la construction des chemins de fer. (Voir *Annales des ponts et chaussées, année* 1846.)

Échelle logarithmique. Tous les moyens d'employer les divisions logarithmiques, tant la règle à calcul opérant par glissement de la coulisse que l'Abaque ci-dessus, se réduisent à des moyens d'ajouter des longueurs déterminées, ou d'en soustraire une d'une autre. Ils s'appliquent mal aux calculs des nombres de plusieurs chiffres, notamment pour déterminer le nombre de chiffres d'un produit ou d'un quotient, suivant l'ordre des unités qu'on a fait représenter par les divisions de l'échelle. Cette difficulté, dans le cas de calculs assez simples (pour ceux compliqués, des tables de logarithmes seront toujours préférées) peut être évitée par la disposition représentée ci-contre, consistant en plusieurs lignes égales divisées d'un côté en longueurs logarithmiques et de l'autre en parties égales; avec son aide toutes les opérations dans lesquelles on considère des nombres très-considérables peuvent être effectuées facilement.

Il est facile de montrer par quelques exemples la simplicité de cette application des logarithmes, et par suite l'utilité de la disposition que je propose (fig. 3305). Elle est basée sur l'égalité des divisions logarithmiques comprises entre les diverses puissances de la base, puisque pour les nombres 1, 10, 100, 1000. . . . .
les logarithmes sont 0, 1, 2, 3. . . . .

La multiplication et la division se réduisent à l'addition et à la soustraction des nombres placés à gauche, l'élévation à une puissance ou l'extraction d'une racine à une multiplication ou à une division simple par l'exposant de la puissance. Soit à élever 98 au carré, la division placée en face de 98 est marquée 996, qui, multiplié par 2, donne 1992, qui répond à 9600 faible; la valeur réelle est 9604, qu'il était bien aisé d'obtenir rigoureusement en calculant le chiffre des unités.

Mais c'est surtout pour l'extraction des racines d'un ordre élevé, ce qui ramène le résultat vers le zéro de l'échelle, dans la partie où les lectures sont les plus faciles, les longueurs étant plus grandes, que l'application de cette disposition est assez intéressante; ainsi soit par exemple à extraire la racine 5e de 9,000. Le chiffre des divisions de gauche correspondant à 9,000 sera sensiblement 1978,5 dont le 5e est 395,7. Cette division nous reporte à une division qui tombe entre 6,1 et 6,2 et fournit à vue environ 6,17 ou 6,18. Le premier nombre élevé à la 5e puissance donne 8911, le second 9013. On a donc toute l'exactitude qui peut être obtenue par l'emploi de semblables échelles, et cela avec une grande facilité, même pour des opérations très-compliquées.

Dans cet article, nous n'avons voulu traiter que des systèmes propres à aider à l'exécution des calculs à l'aide de mouvements très-simples. Nous renvoyons à l'article consacré aux machines à Calculer, l'emploi fait des ressources de la Cinématique, pour atteindre plus complétement le but.

ACCUMULATEUR. Voy. Presses hydrauliques et air comprimé.

ACETYLÈNE. C^4H^2. Gaz le moins hydrogéné de la série des hydrogènes carbonés, qui méconnu longtemps, joue un grand rôle dans toutes les combustions incomplètes des gaz carbonés, où il apparaît généralement. Il se rencontre dans le gaz d'éclairage, et M. Berthelot a montré qu'il se formait directement par le passage de l'arc électrique entre deux pointes de charbon placées dans l'hydrogène. Il le prépare en faisant passer de la vapeur d'éther, d'alcool ou d'esprit de bois à travers un tube chauffé au rouge. On obtient ainsi un mélange de gaz que l'on fait passer à travers une solution ammoniacale de chlorure de cuivre ; il se forme un précipité rouge qui, décomposé par l'acide hydrochlorique, fournit l'acétylène pur.

ACIER. Nous consignerons ici une observation intéressante du capitaine Caron, auteur de beaux travaux sur l'acier, qui rend compte d'une apparence particulière que ce corps présente souvent.

L'acier fondu, dans un creuset en terre réfractaire et abandonné à un refroidissement lent, est toujours rempli de bulles. On connaît l'acier poule, qui est désigné par ce phénomène. Rien de semblable ne se présente pour le fer. M. Caron pensant que cela était dû à la décomposition par le charbon de l'acier du silicate de fer qui se forme au contact de la silice des creusets et de l'oxyde de fer formé par l'atmosphère oxydante du foyer, fit pour le prouver, l'expérience suivante :

Deux morceaux d'acier provenant de la même barre ont été placés, l'un dans un creuset de terre réfractaire, l'autre dans un creuset taillé dans un morceau de chaux vive ; ces deux creusets, munis de leur couvercle, ont été placés chacun dans un creuset en terre, en ayant soin de les isoler du creuset enveloppe par une substance infusible. Ils ont été ensuite chauffés successivement dans le même fourneau à vent, autant que possible à la même température. Après quatre heures de chauffe, les creusets refroidis ont été cassés ; l'acier était parfaitement fondu dans les deux cas ; le creuset en terre réfractaire contenait un culot criblé de bulles ; le creuset en chaux renfermait, au contraire, un culot exempt de soufflures. La vérification était donc complète.

Il serait donc désirable que l'on cherchât à substituer les matières réfractaires calcaires aux matières réfractaires siliceuses dans le travail de l'acier.

AGRAFES. Les agrafes constituent un accessoire de toilette, un moyen de réunir et séparer à volonté les parties des vêtements, qui étant consommées en quantités très-considérables devaient fournir la base d'une fabrication mécanique à l'aide de machines. C'est un problème qui a été admirablement résolu par M. Gingembre, avec de petites machines, inspirées par les machines à pointes, qui sont des chefs-d'œuvre de mécanisme automatique.

Jusqu'en 1843 on ne connaissait que trois manières de faire les agrafes: l'agrafe ronde, l'agrafe plate du bout et l'agrafe entièrement plate. Toutes les trois offraient de grandes difficultés dans leur exécution; la main-d'œuvre était très-longue et très-fatigante pour l'ouvrier, ne lui procurait que des salaires insuffisants, et cependant le prix des agrafes était relativement très-élevé. L'agrafe ronde, la plus facile à produire et la plus répandue dans le commerce, avait une forme sans élégance, et n'offrait pas toutes les garanties de solidité. L'agrafe plate du bout, plus généralement en usage dans le midi de la France et en Espagne, offrait des difficultés plus sérieuses encore, comme travail à la main, car elle devait subir trois opérations : la coupe droite, le redressage pour aplatir le bout et le recourbage du crochet. L'agrafe entièrement plate exigeait les mêmes opérations, avec la différence que l'action du battage, qui s'effectuait sur toute la longueur de l'agrafe, écrouissait le fil, le rendait cassant et ne donnait qu'un mauvais produit.

C'est M. Gingembre qui a opéré une heureuse révolution dans cette industrie, en parvenant à livrer avec bénéfice ses produits à 60 et 80 pour cent au-dessous des prix anciens. La fabrication mécanique de l'agrafe plate, découpée dans une feuille de laiton, était relativement facile; aussi, a-t-elle été réussie par plusieurs inventeurs. Mais l'honneur d'avoir fabriqué mécaniquement celle formée avec le fil de laiton replié appartient entièrement à M. Gingembre.

Dès 1843, il a construit une machine admirable; cette machine réduit toutes les opérations que nous avons énoncées plus haut à une seule, et tout en donnant des produits supérieurs dont l'exécution est irréprochable, elle offre l'avantage de supprimer tout déchet, toute cassure à la courbure du crochet, parce qu'elle a résolu le problème de ne frapper l'agrafe qu'après que l'agrafe même est formée. Ainsi, le bec du crochet, le corps et les deux anneaux reçoivent seuls l'écrouissage, tandis que le fil ne s'aplatit pas à la courbure et conserve toute sa force.

La machine de M. Gingembre et les nouveaux procédés d'argenture mis en œuvre par lui, ont créé une nouvelle branche d'industrie, dont les produits, appropriés aux besoins et aux habitudes des différents peuples, se répandent dans toutes les parties du monde. Cette ingénieuse machine exécute, avec la régularité la plus parfaite et en une seule passe, toutes les opérations qu'un fil de cuivre doit subir pour se transformer en agrafes; elle saisit le fil, l'entraîne, le redresse, le coupe, le double, forme les yeux, replie le crochet, le pousse sous le marteau qui doit l'aplatir, le frappe, et le chasse pour faire place à celui qui le suit. MM. Gingembre et Damiron possèdent actuellement quatre-vingts machines commandées par la vapeur, et dont chacune fait de 80 à 200 agrafes à la minute, suivant ses dimensions : elles produisent ensemble 8 à 900 kilogrammes d'agrafes par jour. De 2 francs et plus, le prix de façon d'un kilogramme d'agrafes a été réduit à 5 ou 6 centimes en moyenne.

AIMANT. (*ang.* loadstone, *all.* magnet). L'antiquité connaissait une pierre qui a la propriété d'attirer le fer à distance. Ce minerai est un oxyde de fer (fig. 3306).

Le fer en contact avec l'aimant jouit des mêmes propriétés que celui-ci, mais cette action cesse avec le contact. Au contraire, une aiguille ou un barreau d'acier conserve l'aimantation qui lui a été communiquée par contact.

L'attraction d'un barreau aimanté s'exerce par des centres d'action dits pôles, placés sur les extrémités et quelquefois plus nombreux, mais toujours en nombre pair et placés à égale distance du centre. On le reconnaît facilement en plaçant ce barreau dans de la limaille de fer qui s'y attache, les grands axes des petites paillettes de fer se dirigeant vers les pôles, fig. 3307.

Fig. 3306.

Un morceau d'acier aimanté possède aussi, comme la pierre d'aimant, la faculté de communiquer sa vertu magnétique à un autre barreau; il suffit, pour obtenir ce résultat, de frotter dans toute sa longueur, et toujours dans le même sens, contre l'un des pôles de l'aimant, le barreau qu'on veut aimanter.

Les barreaux sont ordinairement prismatiques; on leur donne quelquefois la forme d'un fer à cheval pour rapprocher les deux pôles; si l'on veut accroître les effets on en superpose plusieurs les uns sur les autres. Ils sont alors capables d'attirer de grandes masses de fer et de supporter des poids de 25 ou 50 kilogr. sans qu'un poids aussi considérable puisse détacher de leurs pôles le fer qui y est adhérent, fig. 3308.

Fig. 3307.

Fig. 3308.

Les propriétés de l'aimant sont utilisées dans l'industrie, en outre de l'application capitale de la boussole à la navigation. Nous avons décrit à l'article Aiguilles, l'ingénieux emploi fait de masques en acier aimanté pour empêcher la poussière de fer des aiguiseries de pénétrer jusqu'aux organes respiratoires des ouvriers.

La science a donné un moyen tout différent de ceux autrefois connus, pour produire des aimants, qui a un immense intérêt en ce qu'il a donné la clef des phénomènes si obscurs du magnétisme. Si l'on enroule un fil métallique en hélice et que l'on place un barreau d'acier dans l'axe de cette hélice, en faisant passer dans le fil une forte décharge électrique, le barreau sera parfaitement aimanté. C'est sur cette belle expérience d'Arago, qu'Ampère a fondé sa célèbre théorie de magnétisme terrestre, adoptée universellement aujourd'hui par tout le monde savant.

Cette propriété des courants électriques d'aimanter les barres d'acier, s'applique également au fer doux, seulement l'aimantation n'est que temporaire et cesse avec le courant. Avec une longueur suffisante de fil (couvert de soie) enroulé autour du fer et des courants, de piles énergiques, on a pu faire porter jusqu'à 4,000 kilog. à un barreau de fer doux. On appelle *électro-aimants* ces aimants temporaires pour les distinguer des aimants d'acier permanents.

Dans plusieurs articles de cet ouvrage, et notamment à l'article TÉLÉGRAPHIE, on décrit les nombreuses applications des électro-aimants comme moyen de transmettre instantanément un travail, à une grande distance, et de multiplier les indications avec une rapidité qui n'est limitée que par le temps qu'exige le fer doux pour acquérir et perdre son aimantation, durée presque nulle quand le métal est parfaitement pur.

Un élégant petit appareil construit par M. Froment, que nous représentons figure 3309, montre combien cette

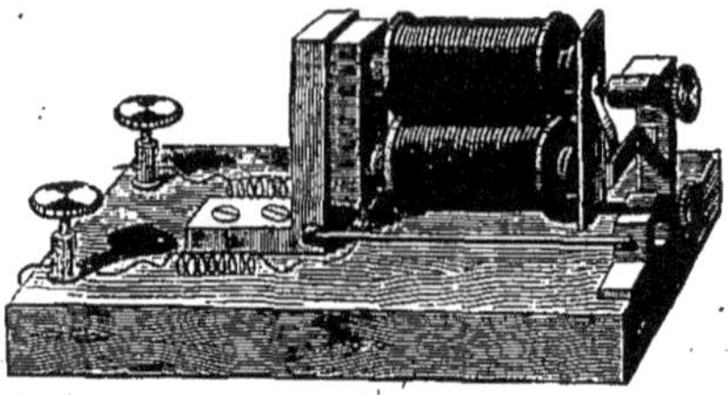

Fig. 3309.

durée est petite. Il consiste en un petit électro-aimant dont l'armature, qui se compose d'une plaque de fer très-légère, peut osciller entre les pôles d'une part, et un arrêt d'autre part, contre lequel un ressort tend à le faire appuyer. Un courant électrique introduit dans l'appareil passe par la plaque de fer et son arrêt, de telle façon que le circuit soit interrompu dès que les deux pièces se séparent. Cet effet se produit de lui-même en interposant dans le circuit le fil qui entoure l'électro-aimant, car celui-ci attire alors la plaque de fer doux qui, en se séparant de son arrêt, interrompt le passage du courant; aussitôt l'aimantation cesse, la lame de fer, poussée par le ressort, retourne frapper l'arrêt et fermer de nouveau le circuit; nouvelle aimantation, nouvelle interruption du circuit et ainsi de suite avec une rapidité qu'on est maître de régler et qui peut atteindre plusieurs milliers de battements par seconde. En tournant les vis qui servent à régler l'amplitude de la vibration et la force du ressort, on fait rendre à l'instrument tous les sons de l'échelle musicale, ce qui permet d'en déduire le nombre de vibrations.

AIR CHAUD (MACHINES A). La combinaison de machines à feu fonctionnant par l'échauffement de gaz, dans le but d'obtenir des machines plus économiques que les machines à vapeur d'eau, a été dans ces dernières années l'objet des travaux de nombre d'inventeurs. Encouragée par des corps savants, tentée par des ingénieurs distingués, elle n'a cependant pu aboutir à rien d'important, et l'expérience semble indiquer que les principes dont on partait étaient ou faux, ou mal appliqués.

Une théorie exacte des machines à gaz chauffés est donc un *desideratum* de l'industrie, ce qui nous engage à la formuler ici, sans craindre un appareil scientifique un peu exagéré pour un ouvrage où les théories mathématiques ne se révèlent, en général, que par leurs applications.

Et d'abord nous remarquerons que gaz chauffés ou air chaud, c'est ici la même chose, les dilatations des gaz simples et leurs chaleurs spécifiques à égalité de volume étant égales, un même travail répond, pour tous, à une même quantité de chaleur. La substitution d'un gaz simple à un autre, n'a donc nul intérêt au point de vue de l'économie de la chaleur.

Pour les gaz autres que les gaz simples, la démonstration de Carnot (Voy. CALORIE) prouve qu'il ne peut y avoir avantage dans une semblable substitution s'il s'agit d'un gaz parfait; et s'il se produit des actions intermoléculaires, une chaleur spécifique différente de celle des gaz simples, n'est pas une cause qui puisse faire donner la préférence à un gaz composé, l'action directe pourrait paraître avantageuse que la détente de ce gaz produisant un plus rapide refroidissement, une plus rapide diminution de pression et par suite de travail, il y aura compensation. C'est ce qui se vérifie pour un cas où les effets intermoléculaires sont très-considérables, pour les vapeurs saturées, comme nous l'avons dit à GAZ LIQUÉFIÉS.

Comment l'échauffement des gaz engendre du travail. — La chaleur, dans les corps, étant une force vive atomique et leur échauffement un accroissement de vitesse du mouvement vibratoire de leurs molécules, mouvement qui, seul, est à considérer dans l'état gazeux (Voy. GAZ), la production du travail mécanique par les gaz est un phénomène simple. Il consiste dans la communication des forces vives des atomes (qui étant dus à des mouvements alternatifs, ne déplaçant pas le centre de gravité des atomes presque infiniment petits, ne sont perçus que comme chaleur) à des masses finies, à leur conversion en forces vives mécaniques. Il est impossible de comprendre autrement la production de celles-ci par l'action, sur un corps qui se met en mouvement, de corps en repos, et lorsque l'effet produit est une force vive, que celle-ci n'existât pas antérieurement.

Ainsi donc, les atomes gazeux venant choquer les parois d'une capacité qui les renferme, un cylindre par exemple, dans l'intérieur duquel glisse un piston mobile, elles rebondiront sans changement de vitesse, et par conséquent de température, sur les parties fixes, mais avec une vitesse différente lorsqu'elles rencontreront la paroi mobile, variation qui sera en raison de cette vitesse, et dont le signe dépendra du sens du mouvement. Si le piston s'éloigne du fonds du cylindre, il y a diminution de vitesse du mouvement vibratoire et par suite de forces vives moléculaires, c'est-à-dire consommation de chaleur en même temps que production de travail mécanique; si le piston se rapproche du fonds du cylindre, il y a échauffement du gaz, production de chaleur et consommation de travail mécanique.

Étudions maintenant comment les effets mécaniques de l'échauffement des gaz se transmettent aux mécanismes qui permettent de les utiliser.

Nous disons à *Chaleurs spécifiques* comment c étant la chaleur spécifique sous pression, c' celle à volume constant, celle de l'échauffement de l'unité de poids des molécules gazeuses, p la pression, Δv l'augmentation de volume, on avait pour chaque degré d'échauffement :

$$c = c' + p\,\Delta v.$$

L'accroissement élémentaire dv sous la pression p est directement utilisable, c'est un travail extérieur directement transmissible à la paroi de la capacité qui renferme les gaz. C'est à cause de la grandeur du terme pdv pour les gaz et les vapeurs, tandis qu'il est très-petit pour les solides et les liquides, que les corps à l'état gazeux peuvent seuls être aisément employés pour l'établissement des machines à feu. Les gaz sont aussi les seuls corps pour lesquels on connaît, sous forme analytique, les relations entre p et v permettant d'intégrer pdv, et par suite d'analyser complétement les phénomènes, de mesurer les effets produits en chaque instant.

Passons en revue les divers moyens d'utiliser l'échauffement des gaz pour produire du travail.

1° *Action directe. — Travail produit par l'échauffement d'un gaz dont la pression reste constante.* — La pression restant constante, la valeur de pdv se réduit à $p\,(v_2 - v_1)$, le gaz passant du volume v_1 au volume v_2, t_1 et t_2 étant les températures correspondantes, la quantité de chaleur communiquée au gaz est $c\,(t_2 - t_1)$ et on a :

$$c\,(t_2 - t_1) = c'\,(t_2 - t_1) + \mathrm{A}\,p\,(v_2 - v_1)$$

$\frac{1}{\mathrm{A}}$ étant l'équivalent mécanique de la chaleur.

La quantité de chaleur utilisée est :

$$\mathrm{A}\,p\,(v_2 - v_1) = (c - c')\,(t_2 - t_1).$$

Le rapport de la quantité de chaleur qui peut être

utilisée en se servant de cet accroissement de volume est donc à celle communiquée au gaz dans le rapport de

$$\frac{c - c'}{c} = \frac{1}{3}$$

pour l'air et les gaz simples. Un semblable coefficient théorique qui montre que tout système de machines fondé sur une semblable utilisation sacrifie d'abord, avant tout déchet, toute résistance passive, 2/3 de la chaleur (et on reconnaîtra que bien des machines tentées sont dans ces conditions) ne peut conduire qu'à de très-mauvais rendements pratiques.

2° *Action de détente. — Travail produit par la détente d'un gaz dont la température demeure constante.* Nous prenons ce cas particulier pour lequel nous savons calculer $p\,d\,v$, puisque la loi de Mariotte s'applique aux relations qui existent entre les volumes et les pressions, qu'il en résulte une expression de forme logarithmique qui est l'expression analytique de cette loi, que la courbe des pressions est une branche d'hyperbole.

Le travail produit étant $\int p dv$ et ayant $p_1 v_1 = p_2 v_2$

ou

$$p = \frac{p_1 v_1}{v}$$

on a

$$F = p_1 v_1 \int \frac{d v}{v} = p_1 v_1 \text{ Log hyp. } \frac{v_2}{v_1},$$

et la quantité de chaleur correspondante, qu'il faut communiquer au gaz pour qu'il ne refroidisse pas en se détendant est

$$Q = A F = A\, p_1 v_1 \text{ Log hyp. } \frac{v_2}{v_1}.$$

Pour qu'un semblable mode d'opérer soit possible, il faut que le gaz soit amené d'abord à une pression supérieure à la pression ambiante, qui forme résistance; l'action ne peut avoir lieu qu'autant que le gaz a été amené à avoir une semblable pression. Or, ce ne peut être seulement par une dépense antérieure de travail, car une action de compression, inversement identique à celle de la détente, dégage une quantité de chaleur égale à celle que consommerait la détente à température constante (en enlevant la chaleur à mesure qu'elle se dégage). Les deux effets successifs étant égaux et de signes opposés; il n'y a pas de résultat utile à obtenir en opérant ainsi.

Il est donc plus naturel, pour produire du travail au moyen de la chaleur par détente, de chauffer l'air sous volume constant, puis après l'avoir détendu, en lui fournissant de la chaleur pour que sa température reste constante, recommencer sur une nouvelle quantité de gaz, ou agir sur le même en utilisant le travail produit par son refroidissement, et le ramenant au volume primitif sans le laisser s'échauffer. Les conditions à remplir pour obtenir le maximum du travail utilisable dans de semblables conditions, sont celles que nous avons déjà analysées et qui constituent le cycle de Carnot que nous allons étudier; nous pouvons maintenant calculer les effets produits dans ses diverses périodes successives.

3° *Cycle de Carnot.* — Nous avons vu art. CALORIE que le cycle de Carnot consistait en deux opérations de détente ou compression, à température constante et deux opérations semblables, à température variable, de manière qu'il n'y ait jamais perte de chaleur ou variation de température sans travail, par le contact des corps à des températures différentes. Les deux premières nous donneront pour les quantités de chaleur consommées ou dégagées :

Dans le premier cas le volume de l'air passant de v à v_1 par détente

$$q = A v p \text{ Log hyp. } \frac{v_1}{v}.$$

Dans le second cas le volume passant de v_2 à v_3 par compression

$$q_1 = A v_2 p_2 \text{ Log hyp. } \frac{v_2}{v_3}.$$

Or pour un même poids de gaz passant de t à t_1, et inversement par la détente ou la compression, sans communication de chaleur extérieure, les quantités de chaleur comme de travail qui correspondent aux deux dernières opérations sont égales, et de signe contraire, se détruisent. Elles n'ont pas, par suite, d'utilité dans la pratique, pour des machines à air chaud.

Les courbes du petit quadrilatère figuré à l'article CALORIE sont les mêmes deux à deux, et les courbes hyperboliques de la détente, peu inclinées sur l'axe des abscisses, peuvent être considérées comme parallèles pour des différences de température qui ne sont pas très-grandes, et alors on tire des triangles semblables, si $v_1 = mv$, qu'on peut poser $v_2 = mv_3$. (Si les différences sont très-grandes, il est facile de voir que le rapport des volumes pour la compression devient plus grand que celui des volumes pour la détente, la partie à soustraire est prise trop faible dans le calcul ci-après, et, par suite, l'emploi de la formule à laquelle nous allons arriver donne des résultats trop grands.)

Posant donc $\frac{v_1}{v} = \frac{v_2}{v_3}$, la chaleur dépensée est alors :

$$q - q_1 = A (vp - v_2 p_2) \text{ Log. hyp. } \frac{v_1}{v}.$$

La combinaison de la loi de Mariotte et de Gay-Lussac donne d'ailleurs la relation constante :

$$\frac{v_0\ p_0}{a + t_0} = \frac{v\ p}{a + t}, a \text{ étant } \frac{1}{\alpha} = 273, \alpha \text{ coefficient}$$

de dilatation des gaz.

Posant $\frac{v_0\ p_0}{a + t_0} = R$, on a $v p = R (a + t)$;

et par suite l'expression ci-dessus, pour laquelle $v p$ répond à la température t, et $v_2\ p_2$ à la température t_1 devient

$$q - q_1 = A R (t - t_1) \text{ Log. hyp. } \frac{v_1}{v}$$

et le rapport de la quantité utilisée à celle communiquée aux gaz pour les amener à une température supérieure à celle des corps ambiants est :

$$\frac{q - q_1}{q} = \frac{t - t_1}{a + t}.$$

On voit qu'il s'en faut de beaucoup que la disposition du cycle de Carnot réponde à l'utilisation de la chaleur totale, et que le coefficient d'utilisation théorique ne se rapproche de l'unité que si la différence $t - t_1$ est très-grande. Ainsi, pour

$$t = 300° \text{ et } t_1 = 0, \frac{t - t_1}{a + t} = \frac{300}{273 + 300} = \frac{300}{573},$$

il n'atteint pas $\frac{1}{2}$. Pour qu'il fût égal à 1, il faudrait que l'on eût $t_1 = -273°$, limite toute théorique qui suppose qu'un gaz qui se dilate de $\frac{1}{273}$ aux températures ordinaires conservera le même coefficient de dilatation à des températures aussi basses, que le gaz disparaîtra en quelque sorte à $-273°$. La réalité est bien éloignée d'une semblable hypothèse.

4° *Cas général.* — Ce n'est pas seulement dans les deux cas qui viennent d'être examinés que l'on peut obtenir l'intégrale de $p\,d\,v$ et par suite se rendre compte de l'effet utile des machines à air chaud. Il est possible d'obtenir une relation algébrique simple entre le volume et la pression d'un gaz qui varie de volume en produisant un travail par sa détente, sans recevoir de chaleur extérieure, d'où peut se déduire la théorie générale des machines à air chaud. Voyons d'abord à établir cette formule.

Formule de Poisson. — Poisson et Laplace sont arrivés pour un gaz qui se détend à la formule :

$p v^\gamma =$ Constante, en posant $\gamma = \frac{c}{c'}$. Bien qu'ils ne considérassent pas la production de travail comme causant une consommation de chaleur, et que par suite les raisonnements qui les ont conduits à cette formule aient pu difficilement être à l'abri de toute critique, cependant la formule est exacte et s'établit directement en partant des principes fondamentaux de la théorie mécanique de la chaleur.

En effet, nous savons que la combinaison des lois de Mariotte et de Gay-Lussac est exprimée par l'équation entre p, v et t :

$$vp = R(a + t). \quad (1)$$

Le travail élémentaire dT pour une détente répondant à un accroissement de volume dv est donc :

$$dT = p\,dv = R(a+t)\frac{dv}{v}. \quad (2)$$

Pour intégrer cette expression, il suffit d'une autre équation entre plusieurs de ces trois quantités, c'est ce que donne le principe fondamental de la théorie mécanique de la chaleur. En effet le travail T n'étant que de la chaleur interne du corps qui se convertit en travail mécanique, et $\frac{1}{A}$ étant l'équivalent mécanique de la chaleur, on a :

$$AT = c'(t - t_1) \text{ ou } A\,dT = -c'\,dt. \quad (3)$$

Éliminant dT entre ces deux équations, il vient :

$$-\frac{c'\,dt}{A} = R(a+t)\frac{dv}{v} \text{ ou } -\frac{c'}{AR}\frac{dt}{a+t} = \frac{dv}{v},$$

et en intégrant

$$-\frac{c'}{AR}\text{Log}\frac{a+t_1}{a+t_0} = \text{Log}\frac{v_1}{v_0},$$

ou

$$\left(\frac{a+t_1}{a+t_0}\right)^{-\frac{c'}{AR}} = \frac{v_1}{v_0}. \quad (4)$$

On a vu que $\frac{a+t_1}{a+t_0} = \frac{v_1 p_1}{v_0 p_0}$ d'après (1) et aussi que

$$c - c' = A\,v_0\,p_0\,a = A\frac{v_0\,p_0}{a} = AR, \text{ pour } t = 0.$$

L'expression (4) revient donc à

$\left(\frac{v_1 p_1}{v_0 p_0}\right)^{-\frac{c'}{c-c'}} = \frac{v_1}{v_0}$ et enfin en faisant disparaître l'exposant négatif

$$\frac{v_1 p_1}{v_0 p_0} = \left(\frac{v_0}{v_1}\right)^{\frac{c-c'}{c}}$$

$$\text{ou } \frac{p_1}{p_0} = \left(\frac{v_0}{v_1}\right)^{\frac{c-c'+1}{c}} = \left(\frac{v_0}{v_1}\right)^{\frac{c}{c'}}. \quad (5)$$

C'est bien la formule de Laplace et Poisson

$$p\,v^{\frac{c}{c'}} = \text{Constante}.$$

Pour les gaz parfaits qui ont même chaleur spécifique à volume égal, pour l'air (Voy. CHALEURS SPÉCIFIQUES, *Loi de Dulong*) $c' = 3\,AR$ et $c - c' = AR$; par suite $\frac{c}{c'} = \frac{4}{3}$ et la formule devant $p\,v^{\frac{4}{3}} =$ Constante.

Il est facile de voir que la pression diminue plus rapidement que ne l'indique la loi de Mariotte. Ainsi, avec celle-ci, en partant de $p = 1$ et $v = 1$ pour les valeurs de v : 1, 2, 3, 4.... 10, les valeurs de p sont 1, 1/2, 1/3, 1/4.... 1/10, pour la loi de Mariotte et pour celle de Poisson 1, 1/2.52, 1/4.33, 1/6.4 .... 1/46.4.

Travail produit par l'action de l'air chaud, sans réchauffement extérieur, par consommation de chaleur interne. — La relation à laquelle nous sommes arrivés, permet d'intégrer l'expression différentielle $dT = p\,dv$ en donnant le moyen d'éliminer $p = \frac{p_0 v_0^{\frac{4}{3}}}{v^{\frac{4}{3}}}$

On a ainsi :

$$T = \int_{v_0}^{v_1} p\,dv = p_0 v_0^{\frac{4}{3}} \int_{v_0}^{v_1} \frac{dv}{v^{\frac{4}{3}}}$$

$$= 3\,p_0\,v_0^{1,33}\left(\frac{1}{\sqrt[3]{v_0}} - \frac{1}{\sqrt[3]{v_1}}\right) \quad (6)$$

La quantité de chaleur consommée est :

$$AT = c'(t_0 - t_1) = 3\,AR(t_0 - t_1).$$

Comme d'ailleurs $p_0 v_0 = R(a + t_0)$, d'où on peut tirer p_0, il vient pour $v_0 = 1$:

$$AT = 3AR(t_0 - t_1) = 3\,AR(a + t_0)\left(\frac{1}{\sqrt[3]{v_0}} - \frac{1}{\sqrt[3]{v_1}}\right)$$

et

$$t_0 - t_1 = (a + t_0)\left(1 - \sqrt[3]{\frac{v_0}{v_1}}\right) \quad (7)$$

Nous ne pouvons pas conclure de là un coefficient d'utilisation d'une machine, car il ne suffit pas de connaître la quantité de chaleur consommée, de savoir qu'elle est parfaitement et complétement utilisée; il faut encore déterminer les limites entre lesquelles la machine peut fonctionner dans le milieu ambiant, pour que le gaz s'y trouve à une pression plus grande que celle de l'air extérieur. C'est là l'obstacle à une utilisation complète par détente, pour faire croître le volume, car la pression devient bientôt trop faible pour être utilisée pratiquement.

Sans revenir sur le cas d'une compression préalable de l'air qui ne donne que des résultats illusoires, que la restitution, tout au plus, du travail dépensé pour la compression; si on a échauffé le gaz à volume constant, de $c'(t_0 - t_2)$ pour l'amener à une température t_0 suffisamment élevée, t_2 étant la température ambiante, le coefficient d'utilisation sur $\frac{t_0 - t_1}{t_0 - t_2}$, en comparant l'utilisation pratique à l'utilisation théorique complète (et non $\frac{t_0 - t_1}{a + t_0}$ comme on le professe à tort), coefficient qui sera toujours bien moindre que l'unité, puisque t_1 devra être bien supérieur à t_2 pour que la détente soit possible, pour que la pression ne soit pas inférieure à la pression de l'atmosphère. En faisant le calcul pour un cas particulier, on le verra facilement.

Soit $t_2 = 0$, $t_0 = 300°$, $p_0 v_0^{\frac{4}{3}} = 10330 \times 1 + \left(\frac{300}{273}\right)$ pour 1 m³, ou 21681 km et la limite de la valeur de v_1 pour atteindre la limite de la pression atmosphérique sera donné par $21684 = 10330\, v_1^{\frac{4}{3}} = 2,1$, ou $v_1 = 1,75$.

On en déduit $t_0 - t_1 = 573\left(1 - \left(\frac{1}{1,75}\right)^{0,33}\right)$ $= 573\left(1 + \frac{1}{1,20}\right) = 573\,(1 - 0,8) = 114,6$. Le rapport cherché est donc $\frac{114}{300}$, peu supérieur à $1/3$, dont on s'écarte peu pour des valeurs de t_0 plus élevées même que celles qu'on peut obtenir pratiquement, et qui est la valeur de $\frac{c - c'}{c'} = A \int \frac{p\,dv}{c'}$, du rapport de la chaleur qui répond au travail produit par action directe, par la dilatation lors de l'échauffement. à celle nécessaire pour produire celui-ci à volume constant, pour obtenir la pression initiale; ce qui prouve que le travail utile dû à la détente est très-faible. La dilatation avec réchauffement du cycle de Carnot, répond, on le voit, à la meilleure condition d'utilisation de la chaleur pour la production du travail.

Résumé. — Nous pouvons maintenant procéder au calcul à l'aide des formules qui viennent d'être établies, des diverses machines à air chaud, des inventions nouvelles, dans les divers cas de la pratique, pouvant calculer les effets mécaniques et calorifiques qui se produisent dans chaque cas déterminé. Nous venons en effet de voir comment on calcule le travail produit quand le gaz se détend sans communication de chaleur extérieure. S'il recevait de la chaleur en un moment quelconque, il est évident que le travail produit pourrait être calculé en évaluant l'action directe comme (1°), puis supposant la détente effectuée à température constante (2°), puis enfin sans communication de chaleur extérieure (3°) ; l'état final et initial du gaz seraient les mêmes dans les deux cas et par suite aussi le travail engendré comme la chaleur consommée, par ces actions également continues, sans chute de température. Ce mode d'analyse des phénomènes rend facile des calculs autrement très-difficiles et évite bien des erreurs dans l'appréciation d'inventions nouvelles.

DES DIVERS SYSTÈMES DE MACHINES A AIR CHAUD.

L'étude théorique qui précède montre clairement combien était erronée la base théorique sur laquelle on faisait reposer la prétendue supériorité de la machine à air chaud sur la machine à vapeur, au point de vue de l'économie du combustible, idée qui a déterminé bien des inventeurs à s'occuper de ce genre de machines. Si à cause de l'état gazeux de l'air et de sa faible chaleur spécifique, on peut en accroître la pression au moyen d'une faible quantité de chaleur ; par contre, on ne peut produire de travail par détente sans que la pression diminue rapidement, et par suite qu'elle ne devienne bientôt trop faible pour que la production du travail puisse continuer d'avoir lieu avant que la majeure partie de la chaleur communiquée au gaz soit utilisée. Si la vapeur coûte plus de chaleur, comparativement aux gaz, par contre la détente n'en fait pas baisser la pression avec la même rapidité, à cause de la grande quantité de chaleur dégagée par les parties qui se condensent, et il résulte un avantage de ce qui était considéré comme un inconvénient, la possibilité d'utiliser, au moyen de la détente prolongée, une plus grande partie de la quantité de chaleur incorporée. La supériorité des machines à vapeur sur les machines à air chaud résulte manifestement de cet élément, comme nous le montrerons à l'article MACHINES A VAPEUR. Pour le moment, passons en revue les différents systèmes de machines à air chaud qui ont été tentés, et les applications utiles qu'on leur a trouvées dans quelques circonstances spéciales. Nous possédons maintenant les éléments suffisants pour calculer les effets produits par l'échauffement de l'air, soit avant, soit pendant qu'il engendre un travail mécanique.

1° MACHINES dont la disposition se rapproche du cycle de Carnot..

Machine de Stirling. — Cette machine, la première machine à air chaud sérieusement étudiée, a été construite en 1826. Elle a été analysée, avec beaucoup de soin, par M. Verdet, auquel nous empruntons la description qui suit.

Dans cette machine, l'air est d'abord chauffé sous volume constant, puis dilaté à température constante; ramené à sa température primitive en conservant son nouveau volume, et enfin ramené à son volume initial par compression, sans changement de température. La dilatation s'opérant à une température, et par conséquent à une pression plus élevée que la compression, le travail, engendré par la première, est supérieur au travail absorbé par la seconde, et l'excès peut recevoir une application extérieure.

Représentons ces phénomènes successifs par une construction géométrique. Représentons, par l'abcisse OA, le volume v_0 de l'unité de poids d'air, à la température t_0, et par l'ordonnée AM, la pression correspondante p_0. L'air est d'abord porté, sans que son volume augmente, de la température t_0 à la température t_1, ce qui exige qu'on lui communique une quantité de chaleur égale à $c'(t_1 - t_0)$, c' étant la chaleur spécifique de l'air à volume constant. Dans cette opération, la pression augmente et devient égale à p_1, c'est-à-dire sur la figure à l'ordonnée AP; mais le volume restant invariable, aucun travail n'est effectué. Il faut seulement que la pression exercée sur le piston mobile, dans la capacité remplie par l'air chaud, croisse de p_0 à p_1, pour la maintenir immobile. Ensuite la charge sur le piston étant graduellement diminuée, l'air se détend sans changer de température, et passe du volume v_0 au volume v_1, représenté par l'abcisse OB. La température restant constante par communication d'une quantité de chaleur convenable, le volume de l'air varie en raison inverse de sa pression, et l'arc d'hyperbole équilatère PQ représente la loi de la variation; l'ordonnée BQ mesure la pression finale.

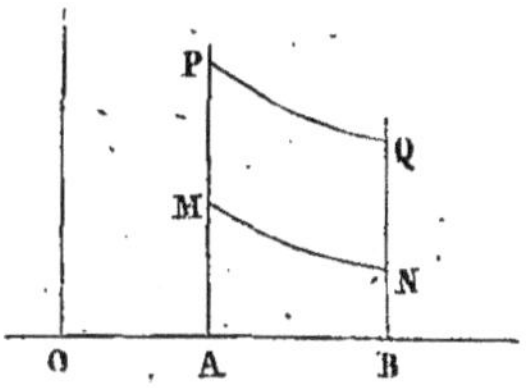

Fig. 3310.

Un travail extérieur est effectué, qui, sur la figure, est évidemment représenté par l'aire APQB, compris entre l'arc d'hyperbole, l'axe des abcisses et les deux ordonnées AP et BQ. Mais en même temps, pour empêcher le refroidissement que la dilatation tend à produire, il faut communiquer à l'air une quantité de chaleur q, dont l'équivalent mécanique est précisément le travail extérieur que l'aire APQB représente. Dans une troisième opération, on ramène le gaz à la température initiale t_0, sans que le volume varie. La pression se réduit ainsi de BQ à BN, sans dépense ni production de travail, et on enlève à l'air une quantité de chaleur exprimable encore par $c'(t_1 - t_0)$, la chaleur spécifique de l'air, sous volume constant, étant indépendante de sa densité..

Enfin, dans une quatrième et dernière période, on comprime le gaz, en le maintenant à la température t_0, jusqu'à ce que son volume ait repris la valeur v_0. Pour cela, une dépense de travail et une soustraction de chaleur sont nécessaires. L'arc d'hyperbole NM représentant encore la relation mutuelle du volume et de la pression, puisque la température est invariable, l'aire AMBN est l'expression de la dépense de travail; la chaleur dégagée q' a précisément cette dépense pour équivalent mécanique.

En définitive, dans les deux premières opérations, le gaz reçoit du foyer une quantité de chaleur égale à $c'(t_1 - t_0) + q$, et développe une quantité de travail extérieur, représentée géométriquement par la surface APQB. Dans les deux opérations suivantes, le gaz abandonne une quantité de chaleur égale à $c'(t_1 - t_0) + q'$, et exige la dépense d'une quantité de travail, représentée géométriquement par la surface AMNB. Il y a donc à la fois consommation d'une quantité de chaleur $q - q'$, création d'une quantité de travail disponible, représentée par l'aire MPQN, différence de APQB et de AMNB, et, en apparence, au moins, transport de la quantité de chaleur $c'(t_1 - t_0) + q'$ d'un corps chaud à un corps plus froid. La dépense utile de chaleur est donc simplement $q - q'$, tandis que la dépense utile totale semble être $c'(t_1 - t_0) + q$, et la dépense inutile $c'(t_1 - t_0) + q'$.

Mais avec un peu d'attention, il est facile de voir que cette dernière partie de la conclusion n'est pas exacte, et que la seule quantité q' est inutilement dépensée et perdue à jamais pour l'entretien de la puissance motrice de la machine. En effet, la quantité de chaleur $c'(t_1 - t_0)$ que le gaz abandonne dans la troisième période de l'expérience, lorsqu'il se refroidit de t_1 à t_0 sans changer de volume, peut être employée tout entière à partir de la température t_0 à la température t_1; une autre masse de gaz égale à l'unité de poids, qui se trouve ainsi préparée à développer du travail par sa dilatation à température constante, et quand cette deuxième masse se refroidit à son tour, la chaleur qu'elle abandonne peut ramener de t_0 à t_1 la température de la première masse, et ainsi de suite. Par cette disposition, la quantité de chaleur $c'(t_1 - t_0)$ ne fait que voyager de l'une à l'autre des deux masses de gaz nécessaires au jeu continu de la machine, et comme on peut concevoir une machine parfaite où ces voyages incessants s'opèrent sans déperdition, cette quantité ne fait réellement pas partie de la dépense calorifique, utile ou inutile. Elle se retrouve disponible tout entière à toute époque. Il en est autrement de la quantité q' que le gaz abandonne lorsqu'il est comprimé à température constante; accumulée en totalité dans un appareil réfrigérant à la température t_0, elle ne peut plus servir à échauffer le gaz au-dessus de cette température, ni à maintenir sa température égale à t_1 pendant la période de dilatation. On est en droit de dire qu'elle est dépensée en pure perte, tandis que la quantité $q - q'$ se transforme en travail utile. $\frac{q - q'}{q}$ est donc le rapport de la dépense calorifique utile à la dépense totale, le coefficient d'utilisation.

Pour retrouver pratiquement la chaleur $c'(t_1 - t_0)$, Stirling fit la curieuse invention du régénérateur.

Le gaz se refroidit dans la machine à air de t_0 à t_1, en traversant les interstices d'un corps poreux et conducteur, et dépose successivement les diverses portions de la chaleur qu'il contient sur les diverses couches du corps. Si le corps poreux est d'abord à la température t_0, il est évident que toutes ses couches prendront, par le passage du gaz, des températures supérieures à t_0, bien qu'inférieures à t_1, à l'exception de la dernière, qui conservera la température initiale si l'épaisseur du corps est suffisante. Par conséquent, lorsqu'on y fera passer en sens inverse une deuxième masse de gaz à la température t_0, elle s'y échauffera graduellement, et arrivera dans le cylindre de la machine avec une température plus élevée que t_0, de façon que, pour l'élever à la température t_1, il ne faudra pas la même quantité de chaleur que pour la première masse. Lorsque après avoir travaillé dans la machine elle s'échappera à son tour, cette deuxième masse trouvera toutes les couches du corps poreux à des températures plus élevées que t_0, sauf la dernière, et par conséquent les portera en définitive à des températures plus élevées que ne l'avait fait la première masse. Il suit de là que la troisième masse qui pénétrera dans l'appareil au troisième coup de piston arrivera au cylindre avec une température plus élevée que la deuxième, et ces phénomènes successifs se reproduisant sans cesse, la différence entre la température t_1 et la première couche du corps poreux ira toujours en s'atténuant. La quantité de chaleur qu'il faudra emprunter au foyer avant chaque coup de piston, pour amener l'air rigoureusement à la température t_1, sera donc pareillement décroissante. En théorie, ces divers décroissements n'ont pas de limite, et la machine s'approche indéfiniment de l'état considéré ci-dessus, où la quantité de chaleur $c'(t_1 - t_0)$ est tour à tour abandonnée et reprise par le gaz, sans déperdition aucune. Dans la pratique, une certaine fraction de cette quantité doit toujours être remplacée, à chaque coup de piston, aux dépens de la chaleur du foyer; mais en théorie, il suffit que l'air le traverse de bas en haut pour se refroidir, et de haut en bas pour retrouver sa température initiale.

Le corps poreux qui restitue sans cesse à la machine la chaleur dépensée à faire varier la température du gaz sans produire de travail a reçu le nom de *régénérateur de chaleur*. On a construit le régénérateur de bien des manières différentes : tantôt on s'est servi d'un système de tiges de verre pressées les unes contre les autres, tantôt de toiles métalliques superposées. Le verre et les matières analogues manquent de conductibilité, et ne remplissent pas l'office auquel on les destine. Les plaques métalliques perforées, employées par Stirling, conviennent beaucoup mieux, mais se détruisent rapidement sous l'influence oxydante de l'air chaud.

Calcul des quantités de chaleur. — Les quantités q et q' sont faciles à évaluer, puisqu'elles ont respectivement pour équivalents mécaniques les quantités de travail représentées géométriquement par les surfaces APQB et AMNB. L'équivalent mécanique de la chaleur étant $\frac{1}{A}$, on a donc :

$$\frac{q}{A} = \text{surf. APQB}, \quad \frac{q'}{A} = \text{surf. AMNB},$$

et $$\frac{q - q'}{q} = \frac{\text{surf. APQB} - \text{surf. AMNB}}{\text{surf. APQB}}.$$

Or, puisqu'il s'agit d'une machine où les détentes ont lieu à température constante, on a :

$$\text{surf. APQB} = p_1 v_0 \log. \frac{v_1}{v_0};$$

$$\text{surf. AMNB} = p_0 v_0 \log. \frac{v_1}{v_0}.$$

Comme d'ailleurs p_1 et p_0 sont les pressions d'une même masse de gaz sous le volume v_1 et v_0 aux deux températures t_1 et t_0, on a :

$$vp = R(a + t) = \text{constante; d'où, enfin :}$$

$$\frac{p_1}{p_0} = \frac{a + t_1}{a + t_0} \quad \text{et} \quad \frac{q - q'}{q} = \frac{p_1 - p_0}{p_1} = \frac{t_1 - t_0}{a + t_1};$$

comme nous l'avons trouvé pour le cycle de Carnot, dont cette machine ne diffère que par les détentes et compressions sans chaleur extérieure, qui se détruisent comme il a été dit. Cette formule permet de calculer immédiatement le coefficient économique *théorique* d'une machine de ce système, pourvu qu'on connaisse les températures extrêmes entre-lesquelles elle fonctionne.

Faisons le calcul pour une machine à air de ce genre, travaillant dans les mêmes limites de température que les machines à vapeur les plus usitées, ce qui suppose un échauffement et un refroidissement plus rapides qu'on ne peut l'obtenir dans de semblables machines. Soit $t_1 = 146$, $t_0 = 34$, $a = 273$, la formule donne $\frac{112}{419}$, un peu moins de $\frac{2}{7}$, un peu plus du tiers.

Il y aurait après cela à déduire pour obtenir le travail utile les résistances de toute nature, notamment les frottements des pistons de grande dimension, qui sont nécessités par les faibles pressions pratiquement possibles et la petite vitesse des pistons, les pertes de chaleur par rayonnement, et surtout par action incomplète du régénérateur, etc. Aussi, dans la pratique, cette machine n'a pas pu fonctionner utilement, donner des résultats de quelque valeur.

2 — Machines a air chaud d'Ericson. — La grande machine à air chaud d'Éricson, qui a si vivement attiré l'attention publique en 1849, qui a été exécutée sur une grande échelle en Amérique, en réunissant toutes les conditions de succès que donnait la confiance généralement partagée, que l'on tenait une grande découverte, a été finalement abandonnée. Nous reproduirons ici la description qui nous arriva d'Amérique à l'apparition de cette machine; elle était faite avec l'enthousiasme de personnes qui croyaient assister à un grand progrès, et elle mérite d'être conservée dans l'histoire des inventions, malgré son peu de valeur au point de vue de la science.

L'exagération des résultats qui étaient annoncés, était bien évidente, et comme nous le disions dès l'origine, ce n'était rien moins que l'annonce du mouvement perpétuel, ou tout au moins un renversement de tous les rapports connus de cause à effet entre la chaleur et le travail mécanique qu'elle peut engendrer.

« La machine d'Éricson, disait le *New-York Daily Tribune*, se compose de quatre cylindres. Deux, de 72 pouces de diamètre chacun, sont placés l'un à côté de l'autre et portent, chacun aussi, un cylindre beaucoup plus petit. Dans chaque cylindre court un piston qui le clôt hermétiquement. Les quatre pistons sont réunis deux à deux de façon à se mouvoir exactement ensemble dans chaque paire de cylindres superposés. Sous chaque cylindre inférieur existe un fourneau, mais il n'en existe pas d'autres, comme il n'est besoin ni de chaudières, ni d'eau. Le cylindre inférieur, le plus grand, s'appelle le cylindre d'action (*working cylinder*), et l'autre cylindre alimentaire (*supply cylinder*). Quand le piston descend dans le cylindre alimentaire, des soupapes placées à son sommet s'ouvrent, et il se remplit d'air froid; quand au contraire il remonte, les soupapes se ferment, et l'air, qui ne peut plus s'échapper par le chemin qu'il a suivi pour entrer, passe par une autre série de soupapes dans un réservoir d'où il faut qu'il arrive au cylindre d'action pour forcer le piston à remonter. Lorsqu'il sort du réservoir pour remplir cette fonction, il traverse le régénérateur, appareil que nous décrirons tout à l'heure, où il est chauffé à environ 450 degrés Fahrenheit (215 degrés centigrades), et reçoit encore, en entrant dans le cylindre d'action, un supplément de calorique du feu qui est entretenu au-dessous de ce cylindre.

Nous avons dit que le cylindre d'action a un diamètre plus grand que celui du cylindre alimentaire. Supposons par exemple que son volume soit double, il en résultera que la quantité d'air froid fournie par le cylindre alimentaire ne remplira que la moitié de l'autre. Mais nous avons dit que pour y arriver il passait par un régénérateur, et nous admettons encore qu'en entrant dans le cylindre d'action il est chauffé à environ 480 degrés. Or, à cette température l'air atmosphérique double son volume. Donc la quantité d'air atmosphérique qui était contenue dans le cylindre alimentaire est devenue capable de remplir un cylindre double de grandeur, et c'est avec cette propriété qu'il entre dans le cylindre d'action. Nous supposerons encore que la surface du piston de ce cylindre soit de 1,000 pouces carrés et celle du cylindre alimentaire de 500 pouces seulement; l'air pèse sur ce dernier avec une force de pression que nous estimerons à 11 livres par pouce carré, soit d'un poids total de 5,500 livres; mais, quand il est échauffé, le même air pèse sur la surface du piston inférieur avec une force égale par pouce carré, ou, en d'autres termes, comme il est double de volume, avec une force totale de 11,000 livres. Il y a donc production d'une force qui, après avoir soulevé le poids du piston supérieur, laisse un surplus de 5,500 livres si nous ne tenons pas compte des frottements. Cette différence, ce surplus, représente la force d'action de la machine, et l'on comprendra facilement qu'après un premier coup de piston elle pourra continuer à fonctionner aussi longtemps qu'on fournira au cylindre d'action une chaleur suffisante pour dilater l'air à la proportion voulue, car aussi longtemps que les proportions ne sont pas dérangées entre les surfaces des deux pistons, et qu'on peut faire peser sur chacun d'eux une force égale par pouce carré, aussi longtemps le piston du plus grand cylindre fera mouvoir celui du plus petit, de même qu'un poids de deux livres placé dans le plateau d'une balance fait monter l'autre plateau, si l'on n'y a mis qu'un poids d'une livre. Tel est au fond le mode d'action de la machine calorique.

« La partie la plus curieuse de cette machine, c'est l'appareil appelé régénérateur par M. Éricson. On sait que dans la machine à vapeur la puissance résulte de la chaleur dépensée pour produire la vapeur dans les cylindres, et que cette vapeur est anéantie par la condensation aussitôt après avoir agi sur le piston. Or, si au lieu de se perdre ainsi, le calorique employé à produire la vapeur pouvait être renvoyé aux fourneaux, et utilisé de nouveau à chauffer les chaudières, il ne serait plus besoin, une fois la pression obtenue, que de très-peu de combustible, juste ce qu'il en faudrait pour remplacer le calorique perdu par le rayonnement. Eh bien, c'est cette condition de retour et de l'emploi presque indéfini du calorique que le régénérateur est destiné à accomplir. Il se compose d'une série de disques en toile métallique, placés l'un à côté de l'autre sur une épaisseur d'environ un pied. L'air est dirigé à travers les innombrables conduits formés par les intersections de tous les fils qui composent les disques avant d'arriver au cylindre d'action. Dans ce passage il est divisé en masses extrêmement petites, les molécules elles-mêmes entrent toutes en contact avec le métal qui forme le tissu des disques. Supposons en outre, comme d'ailleurs il arrive dans la réalité, que l'extrémité du régénérateur qui touche au cylindre d'action est chauffée à une température élevée : avant d'entrer dans le cylindre, l'air traverse cette substance échauffée, et dans ce passage il prend, comme le thermomètre l'accuse, environ 450 degrés de calorique sur les 480 qui sont nécessaires pour doubler son volume par la dilatation. Les 30 degrés qui manquent sont fournis par le feu que l'on entretient sous le cylindre. L'air est dilaté, il force le piston à monter; puis, quand ce résultat est obtenu, des soupapes s'ouvrent, l'air emprisonné et chauffé à 480 degrés sort du cylindre et passe dans le régénérateur qu'il doit traverser avant d'abandonner la machine. Nous avons dit que l'extrémité de l'appareil voisine du cylindre est chauffée à une certaine température; il faut ajouter que l'autre extrémité reste froide sous l'action de l'air que lui envoie dans cette direction chaque coup de cylindre alimentaire. D'un autre côté, à mesure que l'air qui arrive du cylindre d'action traverse le régénérateur, les fils du tissu métallique absorbent si énergiquement son calorique, qu'il en a été presque complétement privé, à 30 degrés près, lorsqu'il abandonne le régénérateur. En d'autres termes, l'air, avant d'entrer dans le cylindre d'action, reçoit du régénérateur une somme de calorique d'environ 450 degrés, et il ne sort du cylindre que pour aller restituer au régénérateur le calorique qu'il lui avait emprunté, et cela indéfiniment, les feux entretenus sous les cylindres n'étant appelés qu'à fournir les 30 degrés dont nous avons parlé, qu'à remplacer les pertes produites par le rayonnement.

« Le régénérateur attaché à la machine de 60 chevaux, que nous avons étudiée en détail, mesure à l'intérieur 26 pouces de haut sur autant de large. Chacun des disques métalliques qui le composent représente une surface de 676 pouces, et son tissu métallique contient 10 mailles par pouce. Chaque pouce superficiel contient donc 100 mailles qui, multipliées par 676, donnent un total de 67,000 mailles par chaque disque, et comme ils sont au nombre de 200, il s'ensuit que le régénérateur contient 13 millions 520,000 mailles; et comme il existe autant de petits espaces entre les disques qu'il y a de mailles, le nombre des cellules à travers lesquelles l'air se distribue est de plus de 27 millions. Par suite encore, il est évident que chacune des molécules dont se compose le volume de l'air est mise, lorsqu'elle traverse le régénérateur, en contact immédiat avec une surface métallique qui le chauffe et le refroidit alternativement. L'étendue de cette surface, quand on essaye de la calculer, surprend l'imagination. La longueur du fil employé dans chaque disque est de 3,140 pieds, et par conséquent, dans le régénérateur tout entier, de 228,000 pieds, soit 41 milles et demi; et cependant le régénérateur, qui présente cette vaste surface à la production du calorique, n'est qu'un solide de 2 pieds cubes.

« Ce merveilleux moyen de produire et de reprendre le calorique constitue une des découvertes les plus remarquables qui aient été faites dans les sciences physiques. L'auteur avait depuis longtemps reconnu, et c'est la base sur laquelle se fonde la propriété la plus extraordinaire de la machine calorique, que l'air atmosphérique et les autres gaz permanents peuvent, en traversant une distance de 6 pouces seulement, et dans l'intervalle d'un cinquantième de seconde, acquérir ou perdre une température de plus de 100 degrés. Il a le premier découvert cette merveilleuse propriété du calorique, sans laquelle l'air atmosphérique ne pouvait pas être employé comme puissance motrice. Cela se comprend aisément. A moins d'être dilaté par la chaleur, l'air ne peut exercer aucune action sur le piston; et s'il fallait beaucoup de temps pour obtenir cette dilatation, le mouvement du piston en serait rendu si lent qu'il serait impossible d'en tirer parti. Mais le capitaine Ericson a démontré que la chaleur peut se communiquer à l'air atmosphérique et la dilatation s'obtenir avec une rapidité presque électrique, et qu'il est par conséquent éminemment capable d'imprimer la plus grande rapidité à toute espèce de machine. »

Comparativement à la machine de Stirling, complétement oubliée à l'époque où Ericson inventa la sienne, qui conservait les avantages du régénérateur, cette dernière paraît économiser le travail de compression q', nécessaire pour ramener l'air froid à son volume primitif, en puisant dans l'atmosphère de nouvelles quantités d'air à chaque pulsation du piston, celle-ci nous offrant un réservoir indéfini, à température et à pression sensiblement constante.

Mais pour que la chaleur puisse agir sur une masse d'air un peu notable, il faut pour agir sur de l'air comprimé, ce qui entraîne la dépense d'un travail d'alimentation, la consommation d'un travail résistant considérable, qui est loin d'être équivalent à une quantité de valeur moindre que q'. En effet, tandis que, pour la machine à vapeur (et c'est là une des causes de sa supériorité sur la machine à air), le travail d'alimentation est minime, à cause de la grande densité relative de la vapeur liquéfiée, de l'eau à introduire dans la chaudière, densité qui est 1700 fois celle de la vapeur à la pression de l'atmosphère, dans la machine dont nous parlons; l'air froid doit être emmagasiné dans un réservoir sous une pression suffisante pour déterminer son envoi dans le cylindre travaillant, en traversant le régénérateur sous un volume qui, dans la pratique, atteint plus de moitié de celui du volume de l'air chauffé, et par suite de ce seul chef, indépendamment des résistances passives considérables auxquelles il donne lieu, consomme déjà un travail résistant d'environ moitié du travail utile. Ainsi, si l'air est chauffé à 200° centigrades (au delà, les huiles se volatilisent, les toiles se brûlent), son volume deviendra, par son passage à travers le régénérateur $(1 + 0{,}00366 \times 200) = 1{,}73$; le travail brut étant 1,73, le travail nécessaire pour l'alimentation sera voisin de 1, c'est-à-dire en appliquant un coefficient de réduction au travail brut, semblable à celui qu'il faut appliquer au rendement théorique de toutes les machines, que la machine pourra, dans la pratique, au plus se mouvoir elle-même, mais ne saurait produire un travail utile de quelque valeur pour surmonter des résistances extérieures.

Après ce qui a été dit plus haut sur la machine Stirling, ceci suffit pour faire comprendre comment la machine Ericson ne pouvait réussir; aussi, après bien des essais, l'habile ingénieur a-t-il dû y renoncer complétement; il a utilisé l'expérience qu'il avait chèrement acquise, pour combiner une petite machine dans laquelle il fait faire l'alimentation d'air par la pression atmosphérique, renonçant au régénérateur et aux résultats merveilleux qui avaient été annoncés.

NOUVELLE MACHINE A AIR CHAUD D'ERICSON, DITE *Domestic Engine*. — Dans cette machine l'inventeur n'a plus cherché à obtenir une grande économie de combustible, mais seulement une machine facilement applicable dans toute circonstance, n'exigeant pas d'eau ni de chaudière. La petite industrie de New-York paraît lui avoir fait un accueil favorable, et elle est aujourd'hui, dit-on, assez fréquemment employée en Amérique.

Je n'entrerai pas ici dans de longs détails sur cette machine, sur laquelle M. Tresca a fait des expériences très-complètes. Il a trouvé une consommation de 4k,13 de coke par cheval et par heure, c'est-à-dire près de trois fois celle d'une bonne machine à vapeur.

Cette machine, qui est une espèce de calorifère alimenté par une soufflerie intérieure, se compose essentiellement de deux pistons qui se meuvent dans un corps de pompe. Le piston extérieur, dit piston moteur, est muni de soupapes d'aspiration par lesquelles l'air extérieur entre dans l'espace compris entre les deux pistons, toutes les fois que la pression, dans cet espace, s'abaisse au-dessous de la pression atmosphérique. Quant au piston alimentaire terminé en forme de cloche semblable à celle qui entoure le foyer, il augmente la pression de cet air lorsqu'il se rapproche du foyer, et le force à venir au contact de ses parois chaudes.

On voit donc que, par des mouvements relatifs convenables des deux pistons, on pourra 1° introduire rapidement de l'air froid presque aussitôt que se sera ouvert l'orifice d'échappement qui donne issue à l'air qui vient de travailler; 2° le chauffer et augmenter sa pression, ce qui fera naître un travail moteur.

C'est par une ingénieuse combinaison de bielles, par leur emploi sous des inclinaisons convenables, que sont obtenus ces mouvements relatifs d'emprisonnement brusque et de sortie de l'air, mouvements curieux à étudier au point de vue mécanique.

Au point de vue physique, la mesure des températures montre que les 5/6 de la chaleur produite sont emportés par les gaz, ce qui rend bien compte de la grande consommation de combustible. La pression maximum ne dépasse pas 1at,75, et c'est cet accroissement de pression, permettant un accroissement de volume utile, qui produit du travail.

A peine admissible pour de petites forces, quand on utilise l'air qu'elle chauffe, qu'on l'emploie comme calorifère, cette machine, avec son volume relativement grand, ses grandes vitesses, les chocs des soupapes, etc., n'est pas exécutable sur une grande dimension pour fournir un travail un peu considérable.

On a continué en Amérique les recherches dans une voie qui ne peut, théoriquement, conduire à des résultats réellement économiques, en se plaçant seulement au point de vue du bon marché de l'établissement de semblables machines, qui n'ont pas besoin de chaudières comme les petites machines à vapeur, surtout pour mettre en mouvement des machines à coudre.

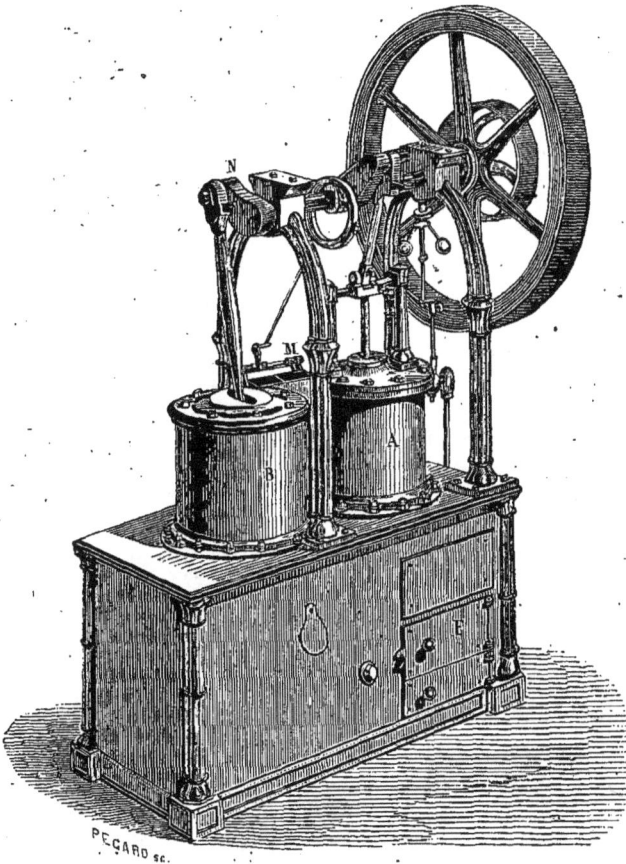

La figure 3311 montre la machine de Wilcox, qui est intermédiaire en quelque sorte entre les deux machines d'Ericson. Elle se compose simplement d'un soubassement formant fourneau, sur lequel sont établis deux cylindres verticaux A et B. Le premier cylindre A est directement placé au-dessus du foyer F, et c'est dans sa chambre inférieure que l'air est porté à la plus haute température. Cet air est d'abord aspiré, à la température ordinaire, dans la chambre supérieure de ce cylindre, comprimé un peu pendant le mouvement de retour du piston, puis chassé par lui au travers d'un robinet M de distribution et à travers des canaux remplis de feuilles métalliques, au contact desquelles il se réchauffe, dans le bas du cylindre à simple effet B, chargé d'utiliser une partie seulement de la chaleur perdue du foyer. Enfin cet air arrive dans le fond du cylindre A, où il développe le plus grand travail moteur avant de s'échapper à travers les feuilles métalliques chargées de le dépouiller de la plus grande partie de son calorique, avant qu'il ne se perde dans l'atmosphère.

Quant aux organes de transmission, ils ressemblent beaucoup à ceux d'une machine verticale à deux cylindres; l'arbre moteur horizontal est coudé pour recevoir l'action de la bielle motrice, et il porte à son extrémité une autre manivelle N, au bouton de laquelle est assemblée la tige articulée du piston B. Un modérateur à boules agit d'ailleurs à la manière ordinaire pour faciliter ou entraver, suivant qu'il en est besoin, l'introduction de l'air, sur lequel la chaleur doit développer son action motrice.

Fig. 3311.

Cet appareil fonctionne avec régularité; il a, comme toutes les machines à air chaud, un volume exagéré par rapport au travail qu'il développe. M. Wilcox assure qu'il ne dépense pas plus de 3 à 4 kilogrammes par force de cheval et par heure.

3. — MACHINES A GAZ CHAUFFÉS A L'INTÉRIEUR DES ORGANES MOTEURS. — La grande quantité de chaleur produite dans un foyer, qui est perdue dans le chauffage d'une chaudière, qui ne pénètre pas à l'intérieur de celle-ci, et la difficulté de chauffer rapidement l'air mauvais conducteur de la chaleur, ont souvent fait songer à effectuer la combustion à l'intérieur du cylindre moteur, ou du moins dans des capacités fermées communiquant avec lui, dans l'espoir d'utiliser ainsi la totalité de la chaleur. En général, l'avantage que l'on poursuit ne peut être obtenu qu'à l'aide d'une dépense nouvelle, qui entraîne la consommation d'une fraction notable du travail produit, à savoir celle nécessaire pour alimenter d'air un réservoir fermé, dans l'intérieur duquel la pression est élevée, est celle du piston moteur.

Emploi du charbon. — A l'inconvénient dont il vient d'être parlé, on doit joindre, quand on emploie le charbon, des difficultés assez graves dans la pratique, notamment, celle de se débarrasser des cendres et d'éviter l'action destructive de l'air, porté à une température très-élevée, sur les pièces métalliques.

MACHINE PASCAL. — La machine Pascal, combinée pour utiliser la puissance motrice des gaz de la combustion produits dans un foyer fermé, alimenté par une soufflerie, a été bientôt transformée par cet inventeur en une machine simultanément à air et à vapeur, que nous avons décrite à BATEAU A VAPEUR.

L'expérience a montré qu'une très-grande partie du travail moteur, produit dans cette machine, servait à alimenter la soufflerie, de telle sorte que le travail utile était insignifiant.

MACHINE BELOU. — On est resté, dans cette machine, dans la voie des machines à air, et de grands efforts de tout genre on été faits pour atteindre au succès dans lequel l'inventeur et les intéressés avaient grande foi.

C'est en mélangeant de l'air froid aux produits de la combustion, qu'on s'est débarrassé des dangers de destruction des pièces métalliques par l'air trop chaud, et qu'on a pu continuer à lubréfier le piston à l'eau de savon, condition indispensable d'un bon fonctionnement.

Nous pouvons entrer dans quelques détails précis sur cette machine, grâce à une série d'expériences faites par M. Tresca, sur une machine de 100 chevaux de ce système, qui a marché quelque temps à la papeterie de Cusset (Allier).

L'air comprimé, à près de 2 atmosphères, par une soufflerie, est chassé par un foyer clos, partie à travers le combustible et partie directement au cylindre; le mélange d'air chaud et froid se fait avant leur entrée dans celui-ci. La pression y est égale à 1 atm. 68.

Le cylindre moteur a un diamètre de $1^{m},40$, et son piston une course de $1^{m},50$. Le cylindre alimentaire a un diamètre de 1 mètre, et son piston a la même course que le précédent.

Les deux cylindres sont à double effet.

Le combustible est distribué mécaniquement, et tombe sur une planchette en fer qui, par ses diverses inclinaisons, l'étend sur toute la grille.

Une chambre est ménagée un peu au delà du foyer, pour recevoir les cendres et les poussières du charbon, entraînées par la vitesse du courant d'air.

L'air chaud, après avoir agi sur le piston, est rejeté dans l'atmosphère; par suite la limite d'utilisation, sauf une faible détente, seule possible en l'absence de condenseur, comme la pratique l'a montré, est :

$(c - c')\, t = A \int p\, d\, v$, c'est-à-dire ne peut dépasser *théoriquement* 1/3 du maximum possible, indépendamment de toutes les résistances.

Le travail de l'air a été trouvé de 119 chev. vap. 74; mais celui indiqué sur le piston de la soufflerie de 80 chev. 62. La différence, ou 39 chev. 20, soit 30 chevaux au plus sur l'arbre moteur, conduit à une consommation de 1,33 kil. de houille par cheval et par heure, c'est-à-dire une consommation aussi faible que les bonnes machines à vapeur à détente que l'on construit aujourd'hui, mais au moyen d'une machine bien plus volumineuse, plus coûteuse par suite, et dont l'usure serait rapide. C'est toutefois la machine à air qui a fourni les résultats les plus avantageux constatés jusqu'ici.

Machines employant un autre combustible que le charbon. — Si le charbon est le combustible économique par excellence, il n'est toutefois pas certain qu'un combustible plus coûteux ne pût lui être préférable, dans son emploi à l'intérieur d'un cylindre; il suffirait pour cela que ce dernier pût être employé dans des conditions de perfection telles que le meilleur emploi compensât la différence de prix. La question d'économie journalière n'est d'ailleurs pas toujours la seule dont on ait à se préoccuper exclusivement dans l'industrie; la simplicité, la facilité d'emploi, l'économie dans les dépenses de premier établissement, par exemple, peuvent faire préférer dans certains cas, la solution la plus coûteuse.

MACHINE NIEPCE. Nous citerons ici un curieux essai fait vers 1810 par Niepce, un des inventeurs du daguerréotype, de l'emploi d'une poudre combustible très-fine, dans le cylindre d'une machine qu'il nomma *Pyréolophore*. Nous extrayons ce qui suit du rapport fait par Carnot à l'Institut sur cette machine.

« C'était un cylindre muni d'un piston, où l'air atmosphérique était introduit à la pression ordinaire. L'on y projetait une matière très-combustible, réduite à un grand état de ténuité, et qui restait un moment en suspension dans l'air, puis on y mettait le feu. L'inflammation y produisait le même effet que si le fluide eût été un mélange d'air et de gaz combustible, d'air et d'hydrogène carboné, par exemple; il y avait une sorte d'explosion et une dilatation subite du fluide élastique, dilatation que l'on mettait à profit en la faisant agir tout entière contre le piston. Celui-ci prenait un mouvement d'une amplitude quelconque, et la puissance motrice se trouvait ainsi réalisée. Rien n'empêchait ensuite de renouveler l'air et de recommencer une opération semblable à la première.

« Cette machine, fort ingénieuse et intéressante, surtout pour la nouveauté de son principe, péchait par un point capital. La matière dont on faisait usage comme combustible (c'était la poussière de lycopode, employée à produire des flammes sur les théâtres) était trop chère pour que son avantage ne disparût pas par cette cause; et malheureusement il était difficile d'employer un combustible de prix modéré, car il fallait un corps en poudre très-fine, dont l'inflammation fût prompte, facile à propager, et laissât peu ou point de cendres. »

Machines à gaz hydrogène.

MACHINE LENOIR. — Carnot, dans la description ci-dessus, sentait bien que la vraie solution était dans l'emploi de gaz combustibles, mais il n'osait s'y arrêter à cause du danger, de l'absence de toute mesure connue des phénomènes d'explosion, et de la difficulté de produire à volonté l'inflammation, au moyen d'un corps enflammé.

M. Lenoir, l'inventeur de la machine dont nous voulons parler, a eu le mérite de juger que l'explosion ne produisait d'effets qu'en raison de la quantité de chaleur dégagée, et communiqué à l'air au milieu duquel elle se produisait, par suite qu'elle pouvait être maîtrisée; en second lieu, qu'il possédait dans l'électricité, et surtout dans les machines de Rumkorf et de Clarke, un moyen facile de produire une étincelle, et par suite l'inflammation du gaz lors d'une position déterminée du piston.

La machine Lenoir consiste dans un cylindre recevant à chaque extrémité un tuyau amenant du gaz d'éclairage, et fermé par un tiroir qui laisse sortir du gaz au moment où le piston commence à s'éloigner de l'extrémité voisine. De l'air arrive par un tuyau plus gros dans la proportion de 10 à 1 par rapport à celui qui amène le gaz. Quand une quantité suffisante est entrée, les tiroirs sont fermés; et une étincelle provoquée par un appareil de Rumkorf, dans un fil isolé qui traverse le fond du cylindre, vient déterminer l'inflammation et l'explosion génératrice de chaleur. De là, production de travail mécanique, par suite de l'accroissement de température, et par suite de pression de l'air, de l'acide carbonique et de la vapeur d'eau formée. En faisant varier l'arrivée du gaz d'éclairage au moyen d'un robinet, on augmente à volonté l'explosion, ce qui montre bien qu'on est maître de la diriger, de la régler à volonté.

Des actions alternatives sur les deux faces du cylindre se répétant, produisent une machine fonctionnant avec régularité et susceptible de tous les mêmes emplois que la machine à vapeur, à laquelle elle ressemble extérieurement, comme le montre la fig. 3312.

Décrivons-la avec quelques détails.

Une bielle *b* articulée sur la tête de la tige *p* du

piston mobile dans le cylindre c, transmet l'action de ce piston au volant V. Le gaz d'éclairage arrive par un tuyau T (garni d'une poche en caoutchouc R faisant régulateur de pression) au tiroir D mû par la bielle *t*, conduite par un excentrique. De ce tiroir il passe alternativement sur chacune des faces du piston. Mais, en outre de la lumière par laquelle s'opère l'introduction du gaz dans le tiroir D, d'autres lumières, pratiquées au milieu de ce même tiroir, permettent l'entrée de l'air aspiré par le mouvement du piston. C'est lorsque ces lumières sont fermées qu'un commutateur guidé par la tige du piston, vient déterminer le passage d'une étincelle entre deux pointes placées vers le fonds du cylindre, en les faisant communiquer avec un appareil de Rumkorf B chargé par une pile de 2 ou 3 éléments Bunsen.

Après la combustion, les gaz sortent par le tiroir et

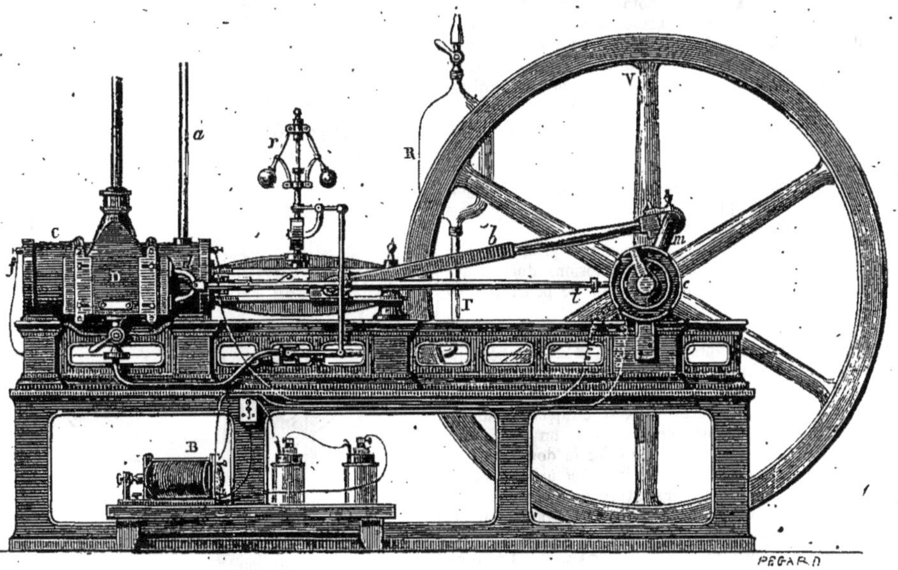

Fig. 3312.

un tuyau, et pour empêcher que la température trop élevée ne porte les parois du cylindre à un degré de chaleur qui rende tout graissage impossible (il a toujours besoin d'être fréquemment renouvelé), on amène par le tuyau *a* de l'eau qui circule autour du cylindre, dans une double enveloppe.

Cette déperdition de chaleur aussi bien que l'élévation de température des produits gazeux qui s'échappent par le tuyau U, montrent de suite qu'au point de vue d'une économie absolue, cette machine ne saurait lutter avec la machine à vapeur, d'autant plus que les points de départ sont trop différents; c'est ce qu'il est facile d'établir en évaluant les quantités de chaleur, élément principal à considérer. La combustion d'un mètre cube de gaz d'éclairage dégage par mètre cube 12,000 calories d'après Dulong, soit 17,000 calories par kilogramme. Il coûte à Paris 30 centimes le mètre, soit 43 centimes le kil. En supposant ce prix élevé, une usine spéciale pour la production du gaz, grevée de frais généraux, le fera revenir toujours à plus de 20 ou 25 centimes, soit environ 10 centimes pour 7,500 calories que peut produire un kil. de houille coûtant 2 ou 3 centimes. Il faudrait une utilisation bien complète pour compenser l'infériorité d'un semblable point de départ, ce que ne paraît guère indiquer l'observation ci-dessus.

Les observations dynamométriques de M. Tresca lui ont permis de constater une consommation de 2,740 litres de gaz d'éclairage par cheval et par heure et montrent que les 2/3 de leur chaleur sont emportés par l'eau qui maintient le cylindre à une température qui ne soit pas trop élevée. L'indicateur donne des courbes fort curieuses, montrant que la pression s'abaisse presque immédiatement après l'explosion, presque aussi rapidement qu'elle s'élève, c'est-à-dire qu'il se produit un choc brusque, et qu'il n'a pas de détente sensible.

Il y aurait avantage, croyons-nous, à modifier quelque peu l'action du piston qui ne saurait être continue comme dans une machine à vapeur, car il est soumis à une action considérable en un moment très-court, celui de l'explosion. Il est douteux que la vitesse qu'il a alors, dans la disposition actuelle, soit celle qui répond au maximum de travail, ou plutôt le contraire est certain et il y aurait avantage à satisfaire à cette condition par un organe de transmission convenable.

Malgré le prix élevé du cheval vapeur et les soins qu'exige cette machine, l'entretien de la pile notamment, la facilité de mettre en mouvement le mécanisme dans toute ville où on a le gaz courant à sa disposition, en ouvrant simplement un robinet, la rendent précieuse. On compte que le travail revient à 1 franc par cheval et par heure, ce qui est bien meilleur marché que le travail du tourneur de roue, auquel il faut avoir recours dans les cas nombreux où l'on ne peut établir les fourneaux, chaudières, etc., de la machine à vapeur.

Un mérite à noter de l'invention de M. Lenoir est d'avoir employé le minimum du gaz nécessaire pour déterminer une explosion et une production de chaleur se répartissant dans une masse maximum (la même que celle que nous indiquons ci-après pour une machine de même nature), et par suite produisant la température la moins élevée possible.

Machine Hugon. — M. Hugon a tenté longtemps, dans l'idée d'éviter un choc, d'établir des machines à gaz dans lesquelles l'explosion mettait en mouvement une colonne liquide; mais il a dû y renoncer pour établir une machine d'un usage plus commode. Il les a donc transformées et il construit des machines à gaz analogues à la précédente, mais qui diffèrent toutefois du moteur Lenoir par des particularités essentielles. Le cylindre est à double effet, et alimenté par un mélange d'air et de gaz fait à l'avance pour chaque cylindre, dans une sorte de soufflet cylindrique, placé à l'arrière de la machine. Le mélange formé de 1 partie de gaz d'éclairage pour 13,5 parties d'air, proportions reconnues des plus avantageuses, se distribue dans le cylindre moteur au moyen d'un tiroir, et l'inflammation se produit directement par des becs de gaz installés dans deux petites cavités ménagées au bas du tiroir, et qui viennent, à un moment donné, en communication avec les lumières des cylindres remplis de gaz; chaque bec tour à tour pénètre allumé dans l'intérieur de la boîte, allume le mélange, s'éteint par l'agitation que l'inflammation produit, sort et est rallumé par un bec fixe situé à l'extérieur; ce mode d'inflammation du gaz est bien plus sûr que l'emploi de l'étincelle d'induction, mais exige une dépense assez notable de gaz à une pression élevée. Soumise par M. Tresca à un travail soutenu pendant plus de cinq heures, la machine a fonctionné régulièrement; les inflammations se sont succédé sans qu'on ait pu remarquer d'interruption; elle a fourni un travail effectif de 2,07 chevaux au frein, et a consommé tant dans le cylindre que pour l'allumage 2,00 m. cubes de gaz d'éclairage par cheval et par heure; c'est à peu près la consommation du moteur Lenoir. M. Tresca pense que la machine de M. Hugon est plus sûrement applicable que la précédente pour les puissances un peu plus grandes, car ni l'une ni l'autre ne sont propres à être établies sur une très-grande échelle et par suite pour utiliser des explosions dues à des quantités de gaz considérables, qu'on ne pourrait plus maîtriser.

Les courbes tracées à l'indicateur à chaque pulsation, marquent une pression de 3,78 atmosphères à l'instant du maximum et indiquent une détente analogue à celle de la machine à vapeur, ce qui est dû à l'heureuse idée qu'a eue M. Hugon, d'injecter dans le cylindre, à l'aide d'une petite pompe, un peu d'eau aussitôt après l'explosion, ce qui offre le double avantage de procurer une détente utile, grâce à l'eau vaporisée, et de diminuer la température du cylindre, toujours bien élevée dans les machines à gaz, pour un bon graissage du piston.

Machines atmosphériques à gaz. — La première machine à gaz qui ait été tentée l'a été en Angleterre, dès 1824, par M. Brown, d'après les principes formulés auparavant par M. Cecil (de Cambrige). C'était une machine atmosphérique, directement employée à l'élévation de l'eau. Elle consistait (Voy. Explosion), dans sa forme primitive, en un cylindre muni de deux soupapes, celle du bas communiquant avec un bassin. Le gaz étant introduit dans le cylindre plein d'air, l'explosion était produite par l'introduction d'un bec de gaz enflammé. Au moment de l'explosion, une grande partie de l'air dilaté s'échappait par la soupape placée à la partie supérieure, puis le refroidissement de l'air et la condensation de l'eau produite par l'explosion, par l'action de l'eau placée au bas du cylindre, déterminaient une diminution de pression à l'intérieur. La pression atmosphérique extérieure élevait de l'eau dans le cylindre, d'où elle se déversait dans un bassin supérieur, et l'opération recommençait.

On s'intéressa beaucoup à cette machine en Angleterre, et bien des personnes pensaient qu'elle était appelée à remplacer la machine à vapeur. On était encore à une époque assez voisine de la transformation de la pompe à feu, pour admettre qu'on pouvait avec avantage diriger l'eau élevée sur une roue hydraulique pour les divers emplois mécaniques. Nul besoin de montrer combien ces espérances étaient peu fondées, mais à une époque où la théorie était moins avancée, on comprend qu'on se soit beaucoup intéressé à ces machines que l'on a construites, ainsi que nous venons de le dire, sans obtenir de résultats pratiques.

Ce n'est que pour de petits moteurs que les facilités d'installation peuvent faire adopter les machines à gaz, qui, en supposant qu'on pût les amener à utiliser la chaleur aussi bien que la machine à vapeur, produiront toujours cette chaleur avec une combustible bien plus coûteux que la houille. Nous avons déjà décrit deux systèmes; la fig. 3312 représente un troisième qui

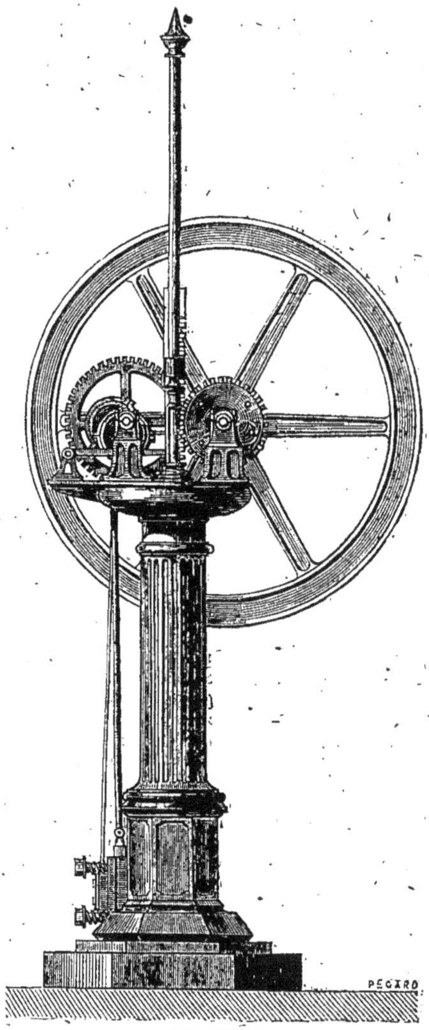

Fig. 3312.

figurait à l'Exposition de 1867 et qui est fondé sur les principes de la machine de Brown; elle est atmosphérique. Nous voulons parler de la machine de MM. Otto et Compagnie, de Cologne.

La colonne qui en forme la masse principale n'est autre chose qu'un long cylindre; dans la partie inférieure se trouve le tiroir et sur la colonne sont les pièces destinées à la mise en mouvement.

Le dessus de la colonne sert de plaque de fondation au système de transformation du mouvement rectiligne de la tige du piston en mouvement circulaire continu. Cette tige du piston est munie d'une crémaillère que guident deux longues et minces colonnes placées en face l'une de l'autre aux bords diamétralement opposés du chapiteau. Ces guides sont liés ensemble dans le haut par une traverse. Une autre traverse fixée à la crémaillère glisse le long des guides.

La crémaillère engrène avec une roue montée sur l'arbre du volant; cette roue est munie intérieurement d'une roue à rochet qui la laisse folle lorsque la crémaillère monte et la fixe lorsqu'elle descend. Sur le même arbre est une roue qui engrène sur une autre portée par l'arbre des excentriques.

Les excentriques, au nombre de deux, ne sont pas calés sur l'arbre. Le plus éloigné porte la barre qui met le tiroir en mouvement, et l'anneau de l'autre est fixé à un petit levier qui oscille autour de son point d'appui, lequel est situé sur une console fixée au chapiteau. Ces deux excentriques, liés ensemble, tournent en même temps. Sur l'arbre est fixée une roue à rochet et une ancre qui forment un système semblable à celui des échappements à ancre que l'on emploie en horlogerie. Le centre d'oscillation de l'ancre est un point fixe de l'excentrique en contact avec la roue à rochet. Quand un des becs de l'ancre pénètre dans les dents, il est entraîné ainsi que les excentriques dans la rotation de la roue. Un levier placé côte à côte et de la même façon que le levier de l'excentrique, est pressé par un ressort de bas en haut sous l'ancre et force cette dernière à se désengrener et par suite à s'arrêter, ainsi que les excentriques. Le levier est prolongé jusque derrière la crémaillère. Lorsque cette dernière arrive tout près du bas de sa course, un talon, dont elle est munie, s'appuie sur l'extrémité du levier et lui fait lâcher l'ancre. Pendant que l'excentrique fait sa révolution, le levier est remonté et après une révolution il arrête de nouveau le mouvement.

Ainsi les excentriques ne sont en mouvement que pendant le temps très-limité qu'emploie le piston pour décrire le bas de sa course.

D'après ce qui précède, on voit que le mouvement du tiroir est intermittent.

Dans la première partie du mouvement du tiroir, la lumière d'exhaustion laisse échapper les résultats de la combustion, ensuite le mélange d'air et de gaz s'introduit. Enfin une lumière spéciale, dans laquelle existe un conduit de gaz qu'enflamme un bec extérieur, est rapidement mise en contact avec l'intérieur et enflamme le mélange.

L'explosion repousse le piston avec une grande rapidité et le fait monter dans la colonne aussi haut que la force expansive des gaz le pousse; cette hauteur est très-variable. La condensation qui a lieu détermine la raréfaction, et la crémaillère descendant donne une impulsion au volant. Arrivé à environ 20 centimètres de l'extrémité de sa course, il y a équilibre entre la pression de l'atmosphère et celle des gaz renfermés; le piston n'en continue pas moins à s'abaisser, la force acquise du volant lui fait continuer sa course et le fait même remonter à 12 centimètres environ avant qu'une nouvelle explosion ait lieu.

On obtient ainsi la double utilisation des deux modes d'action du gaz à la fois, comme dans la machine Lenoir et dans la machine Brown, c'est-à-dire de la force vive produite par l'explosion et du vide produit par la condensation de l'eau l'action de la pression atmosphérique. Par cette combinaison, la consommation est réduite à 1 mèt. 20 ou 1 mèt. 30 par cheval-vapeur, résultat remarquable et qui le serait bien davantage si on parvenait à une construction plus acceptable pour des puissances un peu considérables, si on remédiait au mauvais fonctionnement de cette machine, à l'irrégularité de sa marche qui résulte surtout de ce que, pendant près de la moitié du temps d'une oscillation, le mouvement n'a lieu qu'en vertu de la vitesse acquise.

Des machines a air chaud. — De l'étude détaillée à laquelle nous venons de nous livrer, il résulte clairement que pour les puissantes machines des manufactures, la machine à vapeur présente une incontestable supériorité sur les machines à air chaud, qui au total utilisent la puissance motrice de la chaleur de la même manière, c'est-à-dire les effets de pression et de détente de la masse gazeuse chauffée, mais dans des conditions d'utilisation bien inférieures à celles des machines à vapeur.

On peut conclure de la théorie que la voie des améliorations serait de chercher une disposition qui fournit des résultats analogues à ceux que procure l'emploi des enveloppes, c'est-à-dire de fournir pendant le travail du gaz, de la chaleur qui est complétement utilisée pour le réchauffement pendant la détente, comme on le suppose dans le cycle de Carnot.

Malgré tout, il est manifeste que les machines à air chaud présentent quelques avantages spéciaux dans le cas des petites forces; lorsque l'économie d'un chauffeur devient importante et qu'elle est permise par la régularité d'alimentation du gaz d'éclairage pris pour combustible, gaz qui est distribué dans les villes par une canalisation partant d'usines où le travail de sa production est centralisé pour tous les consommateurs. Il n'est pas douteux que si la consommation du gaz dans ces machines pouvait être diminuée, surtout avec une construction simple, leur emploi deviendrait d'un très-grand usage pour toutes les industries si nombreuses, qui s'exercent au foyer domestique et dont il est d'un immense intérêt d'assurer la prospérité.

Mais pour atteindre des résultats nouveaux et importants, il faudrait entrer dans une voie différente de celle consistant dans une simple imitation de la machine à vapeur, ce qui produit à des machines qui sont moins avantageuses que ne le serait une petite machine à vapeur, dont la chaudière (une chaudière Field par exemple) serait chauffée au gaz. Il faudrait abandonner des systèmes qui ne permettent d'utiliser pratiquement qu'une assez faible fraction de travail théorique de la chaleur, et trouver les principes de son utilisation intégrale, théoriquement. Cette voie, dans laquelle on n'est pas encore entré, me paraît être sûrement, d'utiliser pour la production du travail mécanique, non pas l'action de masse comme on l'a fait jusqu'ici, mais la vibration moléculaire, c'est-à-dire directement la chaleur même. Bien que le problème ne soit pas d'une solution facile, il me semble résulter des expériences de Graham (voy. Gaz), l'indication d'un moyen de l'attaquer. En effet, il résulte de ses expériences sur le passage des gaz à travers les corps poreux tels que le graphite, la porcelaine dégourdie, etc., que ce passage à travers les pores a lieu à l'état moléculaire. Si donc on construit une roue à réaction devant marcher par la pression d'un gaz, et qu'on ferme les orifices de sortie, ayant alors de très-grandes dimensions, avec des plaques poreuses, le gaz qui les traversera en vertu d'un excès de pression, y vibrera en perdant plus de vitesse dans le sens du mouvement, supposé très-rapide, qu'en sens contraire; se refroidira comme quand le travail est produit dans le cylindre d'une machine à vapeur; effet qui se produira non plus en masse, mais bien molécule à molécule. On se trouve alors dans des conditions bien plus convenables pour utiliser la chaleur dont les effets sont directement employés au moyen de dispositions d'une grande simplicité.

Nous aurions été curieux de tenter de réaliser une petite machine de ce genre, et le ferons peut-être un jour, mais probablement après quelque lecteur du présent article, l'expérience nous ayant montré, et c'est notre plus grande satisfaction, que nous avions plus souvent ouvert la voie à des inventeurs qui ont bien voulu nous rendre hommage pour notre inspiration, que nous n'avions exécuté nous-même nos conceptions. Notre véritable voie nous paraît être celle de rédiger cette Encyclopédie. Puisse-t-elle être aussi souvent utile que je le souhaite!

Machines a gaz autres que l'air.

Nous avons dit au commencement de cette étude que la substitution de gaz divers à l'air, pour utiliser l'action de la chaleur, n'était d'aucun intérêt, et que la même théorie s'y appliquait, quand le travail est produit de la même manière.

Le cas où il s'agit de gaz liquéfiables sous la pression qui se produit dans la machine, a déjà été traité à l'article Gaz liquéfiés, où nous avons parlé des principes qui permettent de se rendre bien compte des avantages illusoires de l'emploi de l'éther, de l'alcool, du gaz carbonique ou du gaz ammoniac liquéfié.

Nous parlerons toutefois ici d'une machine à gaz ammoniac d'un genre particulier, dans laquelle on fait intervenir non la liquéfaction par pression, mais la dissolution de ce gaz dans l'eau, pour produire le vide après qu'il a engendré un travail par l'action de la chaleur. Ce n'est plus tout à fait le cas de gaz liquéfiés, assimilés avec raison aux vapeurs, mais un cas particulier de machine à gaz, et il est intéressant d'examiner un genre particulier d'emploi de certains gaz pour engendrer du travail mécanique à l'aide de la chaleur, quand leur nature permet de modifier le fonctionnement de la machine.

Machine a gaz ammoniac. — L'attention s'est fixée, à l'Exposition de 1867, sur une machine de cette nature fonctionnant à l'aide du gaz ammoniac, due à M. Frot, ingénieur de la marine.

Ce n'est pas la première fois que l'on propose d'utiliser pour la production du travail mécanique, comme on le fait dans cette machine, les propriétés d'une dissolution d'ammoniaque dans l'eau. Celle-ci à la température ordinaire de 15 degrés dissout 500 fois son volume de gaz ammoniac, et à son point d'ébullition elle ne conserve plus aucune trace de ce gaz. La grande solubilité de l'ammoniaque dans l'eau, la facilité avec laquelle elle se dégage, pouvaient faire penser que ses dissolutions auraient, à des températures relativement basses, de 100 à 120 degrés, des tensions suffisantes pour agir d'une manière efficace sur le piston d'une machine à vapeur. Il s'agit en effet alors d'un chauffage de gaz. L'essai fait sur des dissolutions du commerce, à 22° B., a montré que la tension du liquide s'élevait rapidement avec la température de façon à atteindre 7,5 atmosphères à 100 degrés et 10 atmosphères à 120 degrés; dans ces mêmes conditions, la tension de la vapeur d'eau est seulement de 1 et de 2 atmosphères.

Tandis qu'il faut 532 calories pour vaporiser un kilog. d'eau déjà porté à 100 degrés, et 516 pour gazéifier un kilogramme d'ammoniaque liquéfié, la chaleur latente de dissolution de l'ammoniaque est inférieure à 126 calories; elle est donc au plus le quart de celle de l'eau, et elle donne près du tiers du volume de la vapeur d'eau, 500 contre 1700, et même 700, suivant M. Frot.

Le nombre de 126 a été trouvé en mesurant l'échauffement produit par la dissolution du gaz dans l'eau, mais on aurait tort d'en conclure que cette quantité de chaleur appliquée à la dissolution permet de dégager complétement le gaz. L'eau se vaporise en même temps et on a trouvé que pour dégager la première moitié du gaz dissous, il fallait une vaporisation consommant 300 à 350 calories, et, pour la seconde partie, qu'on se rapprochait de 500 calories, la séparation devenant de plus en plus difficile, par suite d'effets de masse analogues à ceux indiqués à l'article Ébullition. L'eau qui se vaporise en même temps que le gaz joue donc un grand rôle et fait que la loi donnée à Gaz liquéfiés s'applique bien probablement ici, au moins à peu près.

Quoi qu'il en soit, continuons la description de la machine que nous étudions, dont le travail par action directe résulte clairement de ce qui précède et voyons comment elle fonctionne, comme la machine à vapeur, par l'emploi d'un condenseur à surface, ou plutôt d'un *condenseur* et d'un *dissoluteur*. Ces deux organes nouveaux sont les seuls à faire connaître, car dans les moteurs à ammoniaque le foyer, la chaudière, le piston, sont identiques à ceux des machines aujourd'hui adoptées. Nous prendrons pour type de notre description une locomobile de 15 chevaux construite par M. Claparède pour un service ordinaire, et transformée par M. Frot.

Le mélange de vapeur d'eau et de gaz ammoniac pris dans la chaudière à une température de 110 degrés et avec une tension de 6 atmosphères environ agit sur le piston, se détend et arrive dans le *condenseur*. Cet appareil se compose de tubes disposés en trois étages entre les parois opposées d'une double caisse métallique que traverse d'une manière continue un courant d'eau froide; des divisions convenablement placées forcent les gaz à passer successivement dans l'intérieur des trois séries de tubes. Comme l'expérience montre que les gaz humides se refroidissent plus facilement que les gaz secs, la chambre qui sépare la première rangée de tubes de la seconde renferme une sorte de pomme d'arrosoir par laquelle le jeu d'une pompe injecte une dissolution ammoniacale non saturée prise à la chaudière et amenée à une basse température. Au sortir du condenseur, les gaz refroidis et mélangés avec beaucoup d'eau, provenant d'une part du liquide injecté, de l'autre de la vapeur liquéfiée, pénètrent dans le *dissoluteur* en passant par les nombreuses ouvertures d'une sorte de crible plongé dans une dissolution ammoniacale non saturée. Dans cet appareil, refroidi par des courants d'eau, les dernières parties du gaz sont dissoutes et absorbées. La dissolution ammoniacale, ainsi ramenée à sa concentration primitive, est renvoyée dans la chaudière par une pompe d'alimentation.

Dans son retour vers le générateur, la dissolution d'alimentation traverse des serpentins plongés dans la liqueur qui doit servir à l'injection. Entre ces deux masses liquides, la première froide, la seconde chaude, et qui se meuvent en sens inverse, se produit un échange de chaleur dont le résultat est d'amener la dissolution d'alimentation à une température presque égale à celle de la chaudière et de refroidir d'une manière à peu près suffisante le liquide qui doit être lancé dans le condenseur.

La dissolution complète du gaz ammoniac est beaucoup plus difficile à obtenir que la condensation de la vapeur d'eau employée dans les machines à vapeur ordinaires; néanmoins la pression dans le condenseur n'est jamais supérieure à 35 ou 40 centimètres de mercure, soit une demi-atmosphère, en sorte que, pour une tension de 6 atmosphères dans la chaudière, la pression efficace sur le piston du cylindre à vapeur est encore de 5 atmosphères et demie.

Les dispositions imaginées par M. Frot réalisent donc la condition d'agir toujours sur une même masse de liquide voyageant sans cesse des condenseurs à la chaudière et de la chaudière aux condenseurs, soit à l'état de liquide, soit à l'état de vapeur. Il n'y a donc point à s'inquiéter de la valeur (8 fr. par cheval) de la dissolution ammoniacale à introduire dans le générateur; c'est une dépense peu considérable et qui n'a besoin d'être renouvelée qu'à de très-longs intervalles

Donnons maintenant le résultat des essais qui ont été faits sur la locomobile de 15 chevaux qui a figuré à l'Exposition de 1867. Les seules modifications apportées à cet appareil, construit pour le service ordinaire à la vapeur d'eau, ont été la substitution du fer au cuivre dans les parties où le métal pouvait être en contact avec le gaz, et l'adjonction du dissoluteur; la machine peut donc fonctionner alternativement à l'eau pure et à l'ammoniaque, ce qui rend les essais comparatifs très-faciles. Par une série d'expériences conduites avec le plus grand soin, M. Frot a trouvé que, pour un même travail produit, les consommations de charbon étaient 4k.82 avec la vapeur d'eau et 2k.23 avec l'ammoniaque, par cheval et par heure. La machine marchant à l'ammoniaque brûle seulement la moitié du combustible nécessaire pour la marche à l'eau pure et même quelquefois sensiblement moins.

Le résultat consigné ici n'est pas très-probant. On sait que les locomobiles sont des machines à vapeur assez imparfaites, où la détente est à peu près nulle, surtout quand on leur demande un grand travail, comme dans le cas actuel. Dans ces machines, tout est sacrifié à la légèreté, de telle sorte que le rapport de la consommation des bonnes machines à vapeur à celle des locomobiles serait au moins aussi avantageux que celui trouvé pour les machines dont nous parlons.

Le résultat obtenu est toutefois intéressant pour les cas où il importe de produire beaucoup de travail à l'aide d'appareils simples et des pressions élevées, surtout quand l'abondance d'eau dans le condenseur est facile à obtenir, dans la navigation par exemple, car la dissolution du gaz ammoniac ne peut se faire sans engendrer une contre-pression notable qu'à basse température. Mais au point de vue théorique, il ne résulterait pas de quelque avantage dans la production du travail, par action directe, une supériorité de cette machine sur la machine à vapeur, dont la supériorité théorique est incontestable.

La machine à gaz, même améliorée d'une manière très-importante pour la pratique, par un amoindrissement notable de la dépense d'alimentation, car c'est ainsi qu'on doit considérer le principe de l'invention dont nous parlons, qui fait disparaître une dépense qui coûte, dans la machine Ericson, plus de moitié du travail moteur, ne peut donner une utilisation *théorique* complète en agissant par détente. Comme nous le disons à Machine a vapeur, les vapeurs seules peuvent agir par détente; un gaz, au contraire, comme nous l'avons vu, diminue de pression avec une rapidité telle, que ce mode d'emploi de la chaleur ne fournit qu'une fraction minime du travail total, et qu'il faut nécessairement perdre une proportion considérable de la chaleur d'échauffement, 2/3 pour l'air et les gaz simples, sensiblement la même proportion pour les autres gaz.

En résumé, il y a là un phénomène curieux et qui rend cet essai intéressant, à savoir la persistance de la nature gazeuse dans la dissolution, par un effet analogue sans doute à l'action des corps poreux. C'est parce que c'est un gaz qui se dégage, que la chaleur latente est petite, que l'action directe est à peu près seule utilisable et la détente à peu près inutile, l'échauffement du gaz presque entièrement perdu, en laissant de côté le mélange de vapeur d'eau qui fait de cette machine une réunion de machine à vapeur et de machine à gaz. En supposant donc quelque avantage dans l'action directe, l'impossibilité d'utiliser une détente un peu étendue le compensera amplement, relativement à la comparaison de cette machine avec la machine à vapeur amenée à son dernier degré de perfection.

Nous n'avons donc pas besoin de nous arrêter sur quelques inconvénients spéciaux de l'emploi du gaz ammoniac, pour conclure que l'essai dont il s'agit, malgré ce qu'il présente d'intéressant ne nous paraît pas devoir conduire à d'importants résultats dans la pratique.

Machines a poudre a canon. — Au lieu de changer seulement le combustible dans des machines à combustion intérieure, on peut changer à la fois et celui-ci et le corps comburant, remplacer l'oxygène de l'air par celui d'un composé oxygéné d'une facile décomposition, utiliser le travail mécanique engendré par une réaction chimique faisant dégager des gaz à haute température. On en revient ainsi aux machines à poudre à canon, proposées, à la fin du dix-septième siècle, par Huyghens et l'abbé Hautefeuille, et qui ont conduit Papin à l'invention de la machine à vapeur.

C'était comme moyen de chasser l'air, de faire le vide sous le piston d'une machine atmosphérique, que l'emploi de la poudre à canon fut tenté; c'était pour remplacer la poudre que Papin proposa la vapeur d'eau qui, grâce à sa facile et complète condensation par l'eau, fournit la véritable solution du problème, et entra dans la voie qui a conduit à la machine à vapeur moderne.

Comme moyen d'engendrer du travail moteur pour les opérations de l'industrie, la poudre à canon, formée de substances d'un prix bien plus élevé que celui de la houille, fournirait un travail coûtant plus de 100 fois celui produit par la vapeur d'eau (voy. Poncelet: *Introduction à la Mécanique industrielle*), et de plus les sulfures, résidu de la combustion, détruiraient bientôt toute enveloppe métallique.

La poudre-coton, la nitro-glycérine, qui font explosion sans laisser de résidus, n'ont pas cet inconvénient; mais outre celui de leurs vapeurs nitreuses, elles sont plus coûteuses encore que la poudre à canon. Elles pourraient toutefois servir de point de départ pour la construction d'une machine motrice curieuse, sinon applicable dans beaucoup de circonstances.

Artillerie. — Il est un cas où la production instantanée d'une grande quantité de travail mécanique étant le but à atteindre à tout prix, la poudre à canon donne des résultats merveilleux qui doivent encore être analysés à l'aide de la théorie dynamique de la chaleur : nous voulons parler de l'emploi de la poudre dans les bouches à feu. La production instantanée d'un volume considérable de gaz, au moment de l'explosion, est la cause de la grande quantité de travail produite par l'inflammation de la poudre, en y joignant l'élément capital d'une température élevée, communiquée aux gaz par la grande quantité de chaleur qui se dégage en même temps.

En admettant, pour faire un calcul approximatif, 193cc pour le volume des gaz fournis par un gramme de poudre, et 619 calories pour la chaleur dégagée lors de la combustion d'un kilogramme de poudre sous volume constant, les nombres de M. Bunsen donnés à l'article Poudre, le travail mécanique que pourra théoriquement engendrer cette chaleur, échauffant les gaz qui se dégagent, sera un peu supérieur à

$$619 \times 370 = 229030^{km} \text{ plus } 0{,}193 \times 10333 = 1994{,}26$$

pour la formation du gaz, c'est-à-dire à environ 230024 kilogrammètres.

La force vive d'un projectile d'un poids P est $\frac{Pv^2}{2g}$ pour la charge c, et pour l'unité de poids $\frac{Pv^2}{2gc}$.

En prenant le cas le plus favorable dans les résultats de tir (*Traité de balistique*, du général Didion), on voit qu'un boulet pesant 6k,08 reçoit une vitesse initiale de 400 mètres par seconde, avec une charge de 0k875; dans une pièce de 0m,1213 de calibre, celui du boulet étant 0,1182, et 2m,815 étant la longueur de l'arme. L'effet obtenu d'un kilogramme de poudre est alors

$$\frac{6,08 \times 160000}{0,875 \times 19,628} = 56656 \text{ kil. mèt.}$$

L'effet utile peut donc atteindre 25 p. 100 du travail théorique. Bien que ce calcul soit d'une médiocre exactitude, il nous paraît curieux, en permettant de conclure, que les machines de l'artillerie sont moins imparfaites, au point de vue de l'utilisation du travail mécanique théorique, qu'on n'eût été porté à le penser.

AIR COMPRIMÉ. — Dans certains moments, des moyens d'action négligés auparavant, mieux compris des ingénieurs, grâce à quelques heureux progrès scientifiques, trouvent de nombreuses applications; il semble qu'une espèce de mode industrielle préside à une révision de tous les cas où le nouveau procédé est utilisable. Tel est en ce moment l'emploi fait dans une foule de cas, de l'air comprimé, dont l'élasticité était bien connue, mais dont on se méfiait à l'état dynamique. Quelques heureux emplois, aussi bien que les progrès de la théorie, ont appris à en tirer bon parti dans diverses circonstances.

Nous avons traité à divers articles des emplois divers de l'air comprimé pour résoudre des problèmes spéciaux, mais il nous semble intéressant, et c'est ce que nous ferons ici, de passer en revue l'ensemble des applications de tout genre de l'air comprimé qui ont été faites ou tentées.

La fontaine de Héron et divers appareils de même ordre, construits par les Grecs, nous représentent les premiers essais, dans l'ordre historique, des emplois de l'air comprimé; mais ce n'est que depuis les recherches sur la pesanteur de l'air que l'invention de la machine pneumatique ayant conduit à la pompe de compression, l'on a appris à manier l'air comprimé. On a pu analyser toutes les conditions physiques du phénomène (sauf les effets calorifiques qui n'ont été compris que récemment, grâce à l'établissement de la théorie mécanique de la chaleur) et on a vu que l'air comprimé fournissait un ressort parfait pouvant supporter des efforts indéfinis, et qu'il devait permettre de retrouver par la détente de l'air le travail consommé pour sa compression. Aussi, outre le réservoir d'air faisant partie de la plupart des pompes, plusieurs machines pour l'élévation des eaux, celle de Schemnitz par exemple, d'autres pour la propulsion d'un corps dans un tuyau, mais le plus souvent de l'air lui-même dans les machines soufflantes de formes diverses, furent-elles successivement inventées. D. Papin, qui vivait en Allemagne à l'époque où il formula les principes de la machine atmosphérique à piston, s'associa aux tentatives d'emploi d'air comprimé dans les mines, et proposa l'emploi d'une chute d'eau pour comprimer de l'air destiné à faire mouvoir dans une mine, à un mille de distance, le piston d'une pompe, à l'aide d'un tuyau de semblable longueur. Il explique fort bien, dans sa célèbre brochure, que le seul obstacle que rencontre la réalisation de son projet est la difficulté, fort grande alors, d'exécuter des tuyaux convenables.

Ces questions furent agitées de nouveau en Angleterre, au commencement de ce siècle, après la création de l'art de la construction des machines. Vers 1820, on proposa des grues, des marteaux à air; les balanciers de la monnaie de Londres furent mis en mouvement par un semblable système. En 1824, Vallance inventa le chemin de fer atmosphérique.

Il nous tarde d'arriver à la première personne qui, de nos jours, comprit, en se plaçant à un point de vue très-élevé (trop élevé peut-être) toute l'importance de l'air comprimé, à M. Andraud, qui voua de longues années à l'expérimentation des moyens d'obtenir et d'utiliser l'air comprimé sur une grande échelle. Bien que ses efforts aient laissé peu de traces dans l'industrie, il serait injuste de ne pas conserver le souvenir de tous les efforts que fit ce généreux esprit pour ouvrir une voie nouvelle. Malheureusement étranger aux sciences mécaniques, il fit bien des essais inutiles, mais surtout frappé très-vivement de la possibilité d'utiliser les forces naturelles perdues à la compression de l'air, il confondit, quelque peu, l'air comprimé avec une création nouvelle et indéfinie de travail et de richesses; il ne saisit pas bien le caractère de l'air comprimé, de n'être qu'une espèce de ressort intermédiaire et susceptible de restituer, dans des conditions déterminées, le travail dépensé pour le comprimer. A son exemple, et encore de nos jours, on entend nommer encore trop souvent, l'air comprimé une *force nouvelle*, en l'assimilant ainsi bien à tort à la gravité, à la chaleur.

Nous rencontrerons souvent dans la suite de ce travail le nom de M. Andraud, et pourrons rendre justice à l'ingéniosité de nombre de ses essais, mais nous devions dès le début de cette étude rappeler ses travaux. Nous emprunterons la description des plus intéressantes de ces tentatives à un rapport curieux fait en 1858, au Cercle de la Presse scientifique, par M. Gaugain, au nom d'une commission dont M. Andraud faisait partie.

Le but de ce travail consiste, comme il est dit au début, à constater.

1° Que l'air comprimé, employé comme force motrice, ou comme agent de locomotion, est, en tant que fluide élastique, applicable, aussi bien que la vapeur, tant aux machines fixes qu'aux machines locomotives.

2° Que cette force peut, dans certains cas, être obtenue presque gratuitement, et que, principalement sous ce rapport, elle mérite au plus haut degré de fixer l'attention des savants, des ingénieurs spéciaux et des industriels.

Sauf l'illusion de ne pas tenir assez de compte des dépenses souvent très-considérables qu'entraîne le transport du travail accumulé dans une masse d'air comprimé, rien qui ne soit vrai dans ce programme, comme dans la discussion des principales applications déjà faites à cette époque et que nous retrouverons en les examinant successivement.

Nous donnerons une idée des généreuses illusions de M. Andraud, dont les idées inspiraient évidemment le second paragraphe ci-dessus, en citant ici ses paroles : « Il faut, dit-il, qu'on arrive à ce point que chacun « puisse avoir des forces en magasin comme on a des « chevaux à l'écurie pour le travail du lendemain. Il « s'établira en lieux convenables des réservoirs à poste « fixe où chacun viendra, avec son vase vide, puiser de « la force moyennant une faible rétribution, comme « nous voyons à Paris les porteurs d'eau emplir leurs « tonneaux aux fontaines publiques : la force deviendra « marchandise qu'on fabriquera et qu'on vendra. »

Que ceci soit possible, on doit l'admettre, mais à quel prix et avec quelle difficulté de maniement? C'est ce que M. Andraud n'a pas étudié en ingénieur. Les travaux de barrage (celui de Marly a coûté 2 millions) pour établissement de pompes sur les cours d'eau, les canalisations étendues, coûtent des sommes énormes, et en supposant toutes difficultés d'exécution levées, le prix de revient d'un semblable travail moteur se trouvera, dans bien des cas, supérieur à celui fourni par une machine à vapeur. Nous reviendrons, au reste, spécialement sur ce point de vue, en traitant des applications, et nous montrerons qu'il y a loin, bien souvent, du travail moteur naturel à celui employé sur le lieu de consommation. La houille ne coûte que le prix d'aller la chercher, le travail moteur de la vapeur est cependant assez coûteux en général. La nature fournit toujours gratuitement ses forces, et le prix du travail ne provient jamais que des dépenses nécessaires pour l'obtenir dans des conditions voulues et en un lieu déterminé. Cela est vrai de l'air comprimé comme de tout autre moyen de production de travail, c'est la comparaison des frais qui montre quel est le meilleur système dans chaque cas. Tel est le principe économique qui ne doit jamais être perdu de vue dans l'examen et la comparaison des diverses puissances motrices.

THÉORIE DES PHÉNOMÈNES.

La théorie générale des phénomènes qui apparaissent lors de la compression ou de la détente de l'air peut se diviser en deux catégories bien distinctes : les phénomènes purement mécaniques et les phénomènes calorifiques généralement négligés, fort à tort, jusqu'à ce jour, ce qui rendait incompréhensible bien des circonstances de l'emploi de l'air comprimé.

I. *Phénomènes mécaniques.* — Considérée en elle-même, indépendamment de toute variation de température, l'étude de la compression de l'air est assez simple, et la théorie se ramène complétement à l'ancienne manière de calculer les effets de la vapeur dans la machine à vapeur, quand on admettait l'applicabilité de la loi de Mariotte. Au contraire, quand il s'agit de l'air à *température constante*, comme nous le supposons ici, la loi de Mariotte est tout à fait exacte, *les volumes de l'air sont en raison inverse des pressions*, et par suite le travail peut se calculer ainsi qu'il suit, dans la plupart des cas où les phénomènes peuvent être considérés comme une succession d'états statiques. (Nous reviendrons plus loin sur les cas où ceci n'est pas admissible.)

Ainsi que nous l'avons établi, en traitant le même cas à AIR CHAUD, le travail élémentaire en chaque instant étant dT, égal à pdv, au produit de la pression par l'accroissement de volume, comme $\frac{p}{P} = \frac{V}{v}$ d'après la loi de Mariotte, P et V étant la pression et le volume initial, $p = \frac{PV}{v}$; on a donc :

$$dT = pdv = PV\frac{dv}{v},$$

et $$T = PV\int\frac{dv}{v} = PV \text{ log hyp. } \frac{V_1}{V}.$$

V_1 étant le volume final après la détente complète d'un volume d'air V comprimé sous la pression P. Inversement, la compression étant exactement le phénomène inverse de la détente pour arriver finalement à la pression atmosphérique, la formule donnera le travail nécessaire pour comprimer V_1 le volume primitif de l'air, pour amener ce volume à celui V sous la pression P. On aura donc, par une même table, le travail théorique que peut produire 1 mèt. cube d'air comprimé par sa détente complète, c'est-à-dire l'utilisation intégrale de son *énergie*, dirait-on aujourd'hui, et celui nécessaire pour obtenir ce mètre cube d'air par compression; ce sont les mêmes quantités.

Ainsi soit $P = 100$ atmosphères, $V = 1$, $V_1 = 100V$, puisque $PV = 100$ et $p = 1$, on aura :

$$P = 100 \times 10333 \text{ log hyp. } 100$$

Le logarithme hyp. de $100 = 4{,}605170$, et par suite

$$T = 4758522.$$

Le cheval-vapeur en 1 heure consomme $75 \times 3600 = 270000$ kilogrammètres, 1 mètre cube d'air à 100 atmosphères produit donc en 1 heure, en agissant uniformément, le travail de $\frac{4758522}{270000} = 17$ chev. 624, ou 1 cheval-vapeur en 1 h. comprimerait à 100 atmosphères $\frac{1}{17{,}624} = 0{,}0566$ de mètre cube.

La formule comprend tous les cas possibles; mais un tableau peut être commode dans bien des circonstances. Nous avions commencé à la calculer pour ce travail, lorsque les premiers nombres trouvés nous ont montré que nous perdions notre temps à refaire un tableau inséré à la fin du Mémoire de M. Gaugain, et dû à M. Lindelof, ingénieur suédois. Nous insérons ici ce tableau du travail mécanique que peut produire l'air comprimé et du travail nécessaire pour le comprimer.

PRESSION en ATMOSPHÈRES.	TRAVAIL DE 1 MÈTRE CUBE D'AIR COMPRIMÉ.		1 CHEVAL PRODUIT EN 1 HEURE
	KILOGRAMMÈTRES	CHEVAUX EN 1 HEURE.	MÈTRES CUBES.
1	0	0.000	∞
2	14330	0.053	18.845
3	34060	0.126	7.926
4	57310	0.212	4.716
5	83170	0.308	3.246
6	111110	0.412	2.430
7	140780	0.521	1.918
8	171930	0.637	1.570
9	204380	0.757	1.321
10	237970	0.821	1.135
11	272600	1.010	0.990
12	308200	1.141	0.876
13	344600	1.276	0.784
14	381800	1.414	0.707
15	419800	1.555	0.643
16	458500	1.698	0.589
17	497800	1.844	0.542
18	537700	1.991	0.502
19	578200	2.141	0.467
20	619200	2.293	0.436
21	660800	2.447	0.409
22	702800	2.603	0.384
23	745300	2.761	0.362
24	788300	2.920	0.343
25	831700	3.080	0.325
26	875500	3.243	0.308
27	919700	3.406	0.294
28	964300	3.572	0.280
29	1009200	3.738	0.268
30	1054500	3.906	0.256
31	1100200	4.075	0.245
32	1146200	4.245	0.236
33	1192500	4.417	0.226
34	1239200	4.590	0.218
35	1286100	4.763	0.210
36	1333300	4.938	0.203
37	1380800	5.114	0.196
38	1428600	5.291	0.189
39	1476700	5.469	0.183
40	1525000	5.648	0.177
41	1573600	5.828	0.172
42	1622400	6.009	0.166
43	1671500	6.191	0.162
44	1720800	6.374	0.157
45	1770400	6.557	0.153
46	1820200	6.742	0.148
47	1870300	6.927	0.144
48	1920400	7.113	0.141
49	1970900	7.300	0.137
50	2021500	7.487	0.134
100	4758522	17.614	0.0566

Nous avons supposé qu'il s'agissait d'une compression suffisamment lente, comme celle produite par le piston d'une pompe qui se meut à une petite vitesse, et toutefois, dans ce cas, les résistances passives de la machine forcent à augmenter de près de 50 p. 100 le travail à obtenir pour avoir le travail dépensé.

Quand on emploie un ventilateur, les résistances passives sont bien moindres, mais l'air est agité, mû en tourbillons qui consomment, inutilement au point de vue de la compression, une partie notable du travail moteur. C'est par ce motif que les ventilateurs sont moins avantageux qu'il ne semblerait devoir être à première vue, et qu'ils deviennent très-désavantageux quand on veut les employer à produire des pressions un peu notables en augmentant les vitesses.

Nous reviendrons plus loin sur l'emploi des appareils de compression.

II. *Phénomènes calorifiques.* — Trop souvent négligés, les phénomènes calorifiques qui se produisent lors des variations de pression de l'air, ont rendu obscures les lois des phénomènes qui se produisaient simultanément et dont on laissait de côté un élément essentiel, démontré cependant depuis longtemps par la curieuse expérience du briquet pneumatique, répétée dans tous les cours de physique, et qui consiste à enflammer l'amadou par la compression brusque de l'air dans un cylindre, à l'aide d'un piston. Il nous semble que la théorie nous permet de les mesurer avec facilité; essayons donc de le faire, afin de disposer de cet élément pour le calcul des effets de l'air comprimé, dans les diverses applications que nous passerons en revue.

Ce n'est, comme il a été dit plus haut, qu'autant qu'on refroidit l'air à mesure qu'il est comprimé, de manière à ce que sa température reste constante, que l'on peut calculer les faits mécaniques, ainsi que nous l'avons fait ci-dessus. Or quelle est la quantité de chaleur qu'il faut ainsi enlever à chaque instant? Évidemment la chaleur équivalente au travail élémentaire qui est employé à effectuer la compression. En effet, l'expérience de Joule montre clairement qu'un gaz ne possède pas des quantités de chaleur constitutive différentes, lorsqu'à même température il est soumis à des pressions différentes, puisqu'il ne se produit de variation de température que quand il y a travail extérieur et en proportion de ce travail.

Le minimum de chaleur dégagée pour une variation de volume déterminée, c'est-à-dire en opérant dans des conditions telles, que la compression n'échauffe pas l'air et que la détente ne le refroidisse pas d'une quantité appréciable, que des corps étrangers interviennent pour empêcher toute variation de température, sera donc obtenu, pour 1 mètre cube, aux diverses pressions, en divisant le nombre de kilogrammètres insérés au tableau précédent par $\frac{1}{A} = 370$, par l'équivalent mécanique de la chaleur.

On a ainsi, pour 1 mètre cube d'air comprimé, revenant à la pression d'une atmosphère ou, inversement, amené à une pression d'un certain nombre d'atmosphères, en partant d'une pression initiale de $0^k,760$, les nombres suivants de calories absorbées ou dégagées :

Atmosphères.	Nombre de calories.
1	0,00
2	38,07
3	92,05
4	154,89
5	224,78
6	300,03
7	380,49
8	464,67
9	552,37
10	643,16
20	1673,51
30	2850,00
40	4121,62
50	5463,55
100	12860,87

On voit combien sont considérables les quantités de chaleur dégagées par la compression à température constante, ou qu'il faut communiquer au gaz pour que la détente ait lieu à température constante. Si on suppose que cette chaleur sert à chauffer instantanément le gaz (ce qui n'est que théorique, puisque si l'on ne refroidit pas le gaz, les pressions successives pendant la compression seraient plus grandes, et par suite le travail, pour amener le gaz comprimé à occuper un volume d'un mètre cube plus considérable que celui trouvé par le calcul précédent ; l'effet inverse sera produit par la détente), il suffirait de diviser les nombres de calories trouvées par 0,237, chaleur spécifique de l'air. On trouve ainsi pour 2 atmosphères 154°,8, et pour 10 atmosphères 2717,7, température considérable, et qui explique bien la nécessité à laquelle ont été conduits, dans la pratique, tous les expérimentateurs, d'opérer la compression en présence d'eau, soit en masses relativement grandes si l'eau est extérieure au vase où se fait la compression, soit en quantités assez limitées si elle est à l'intérieur, car alors la vaporisation d'une petite quantité d'eau consomme des quantités de chaleur considérables.

Nous pouvons aller plus loin dans l'étude théorique des effets calorifiques produits par la compression et la détente, les déterminer exactement à l'aide de la théorie, car l'expérience ne permet en général de les mesurer qu'imparfaitement, à cause surtout du peu de masse du gaz, relativement à celle des corps environnants, qui agissent toujours puissamment sur lui comme réchauffeurs ou refroidisseurs, suivant qu'il s'agit de détente ou de compression.

Cas général. — Compression ou détente sans intervention extérieure calorifique. — Le calcul $T = \int p\,dv$ peut se faire à l'aide de la relation de la loi de Poisson pv^γ = Const., qui s'applique à la détente ou à la compression d'un gaz qui ne reçoit pas de chaleur extérieure, comme nous l'avons montré à l'article Air chaud.

La valeur $\gamma = \frac{c}{c'}$, rapport des chaleurs spécifiques, est égale à $\frac{4}{3}$ pour l'air.

On a donc, comme nous l'avons établi :

$$p = \frac{p_0 v_0^{\frac{4}{3}}}{v^{\frac{4}{3}}}, \text{ et}$$

$$T = \int_{v_0}^{v_1} p\,dv = p_0 v_0^{\frac{4}{3}} \int \frac{dv}{v^{\frac{4}{3}}} = 3 p_0 v_0^{\frac{4}{3}} \left(\frac{1}{\sqrt[3]{v_1}} - \frac{1}{\sqrt[3]{v_0}} \right)$$

On peut dresser, à l'aide de cette formule, un tableau analogue à celui donné plus haut, mais cette fois conforme aux faits réels, des quantités de travail ou des quantités de chaleur AT, équivalentes, pour des compressions ou des détentes d'air, sans refroidissement ni communication de chaleur extérieure.

Le volume final et le volume initial étant donnés, comme la pression finale ou la compression initiale (égales à l'unité), on ne retombe plus nécessairement sur des nombres entiers d'atmosphères ; mais en calculant un nombre un peu grand de termes, on arrive aussi exactement que l'on veut, par interpolation, au résultat cherché.

La détente et la compression n'ont plus ici la même expression, et cela doit être évidemment, puisque la chaleur consommée dans le premier cas fait décroître la pression, et celle dégagée dans le second la fait augmenter, comparativement avec les mêmes opérations effectuées sur l'air à température constante.

La formule de Poisson nous permettra de calculer les compressions pour 1 mètre cube de volume final, en posant $v_1 = 1$, et $v_0 = 1, 2, 3, 4\ldots$, d'où $p_1 = v_0^{\frac{4}{3}}$, et le travail de détente pour 1 mètre cube, et une pression finale d'une atmosphère, en posant $v_0 = 1$, et $p_0 = 1, 2, 3\ldots$ atmosph., d'où $p_0 = v_1^{\frac{4}{3}}$, ce qui donne le volume final.

Dans les deux cas, la formule donnée ci-dessus fournira la valeur du travail T.

Compression. — Réduction, à 1 mètre cube, des volumes ci-après d'air, pris à la pression atmosphérique :

Mèt. cub.	Travail.	Pression finale. Atm.
2	16119^{km}	2,52
3	44407	4,327
4	72800	6,349
5	110046	8,55
6	151787	10,89
7	198325	13,39
8	247992	16,00
9	301340	18,72
10	357728	21,56
20	1,062841	54,29
50	4,155744	184,00

On voit combien le dégagement de chaleur et par suite l'accroissement qui résulte de l'échauffement font croître le travail résistant, en proportion d'autant plus grande que la compression est plus grande. On voit qu'à 50 atmosphères, il est plus que doublé, relativement à celui de la compression sans échauffement et la pression finale près de 4 fois celle que fournirait la loi de Mariotte.

Détente. — Travail d'un mètre cube passant à la pression atmosphérique, sans réchauffement, en partant des pressions suivantes :

Atm.	Travail.	Volume final.
2	9867^k	1^{mc},689
3	22338	2 ,279
4	36304	2 ,829
5	51250	3 ,341
6	67135	3 ,836
7	83629	4 ,304
8	100553	4 ,757
9	117910	5 ,195
10	135740	5 ,624
20	340079	9 ,458
50	967042	18 ,80

La détente frigorifique, telle qu'elle se produit réellement dans la plupart des applications où le réchauffement très-rapide du gaz est souvent très-difficile, ne produit pas en moyenne un travail très-différent de la moitié du travail de détente à température constante, par suite de l'abaissement de température et par suite de pression qui en résulte. On voit quel élément capital on néglige quand on ne tient pas compte de cet élément, comme on l'a fait en général jusqu'à ce jour.

Résumé. — La distinction faite habituellement entre les phénomènes mécaniques et les phénomène calorifiques devient bien claire par ce qui précède ; en réalité, les premiers répondent aux faits statiques, les seconds aux faits dynamiques qui se passent dans les molécules gazeuses. L'air comprimé doit être considéré comme un ressort, amené statiquement à un état plus ou moins grand de tension qu'indique la pression. La variation de sa quantité de chaleur est l'expression du travail mécanique employé à le comprimer ou produit par sa détente, à la variation de sa force vive moléculaire (Voy. GAZ); c'est pour ce motif que, ainsi que nous venons de l'établir, l'enlèvement d'une quantité de chaleur entraîne la diminution d'une partie du travail nécessaire pour réduire son volume, et que le réchauffement de l'air qui se détend, accroît considérablement la quantité du travail qu'il peut produire.

C'est dans les formules établies ci-dessus que se trouve renfermée la théorie de tous les emplois possibles de l'air comprimé. Nous allons les passer successivement en revue, en utilisant les résultats théoriques obtenus dans les pages précédentes et les principes presque évidents, démontrés d'ailleurs aux articles AIR CHAUD CALORIE, etc., que c'est par une détente successive et complète que s'obtient le maximum du travail possible d'une masse de gaz comprimé.

APPLICATIONS DE L'AIR COMPRIMÉ.

Nous diviserons en 12 sections l'étude des applications de l'air comprimé, et les examinerons dans l'ordre suivant :

État statique. Emploi de l'air comprimé à l'état de ressort permanent.

1. — Réservoir d'air des pompes. — Régulateur. — Cloche à plongeur.

2. — Percement de puits.— Appareil Triger.— Fondations tubulaires.

État dynamique. Emploi de l'air en mouvement.

3. — Élévation des liquides.

4. — Déplacement des liquides.

5. — Machines soufflantes.

6. — Lancement des solides. — Fusil à vent.

7. — Machine à piston, appareil anglais. — Appareils du Mont-Cenis.

8. — Distribution de la force à domicile par canalisation.

9. — Compression et transport du gaz comprimé.

10. — Chemins de fer avec locomotives à air. — avec canalisation Chameroy. — Chemins éoliques Andraud.

11. — Transport dans des tubes. — Service du télégraphe.

Ventilation devenant l'emploi principal de l'air.

12. — Ventilation par injection d'air comprimé.

Enfin, nous comparerons les moyens de compression de l'air qu'il est possible d'employer dans les diverses circonstances.

1. *Réservoirs d'air comprimé.* — Dans les pompes élévatoires, dans le bélier hydraulique, dans le plus grand nombre d'appareils à élever l'eau, on place, en communication avec la conduite ascensionnelle, une capacité remplie d'air comprimé, qui, par son élasticité, amortit les chocs brusques, dits *coups de bélier*, que produit une colonne d'eau en mouvement, et qui, servant de masse élastique régulatrice, rend continu l'écoulement du liquide amené à intervalles périodiques, par le jeu d'un piston.

Nous ne reviendrons pas ici sur une disposition bien connue, nous renverrons, à cet effet, aux articles spéciaux. Nous donnerons la description d'un curieux appareil dû à M. Legat, employé pour conserver une pression d'eau régulière, malgré un débit intermittent, au moyen de l'air comprimé. Cet ingénieux appareil est employé avec succès pour les machines à apprêter dans lesquelles on emploie la pression hydraulique.

Régulateur automoteur de pression. — Cet ingénieux appareil est représenté fig. 3313, et la légende ci-après suffira pour faire bien comprendre le mode de fonctionnement de l'appareil.

A Cloche pleine d'air comprimé à la pression voulue.
B Capacité pleine d'eau.

C Membrane en caoutchouc séparant l'air de l'eau, suivant le niveau que prend cette dernière, et reliée aux leviers H et I au moyen de bielles T.

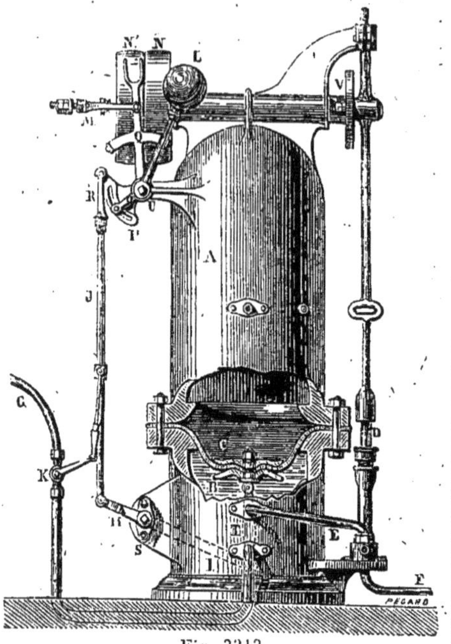

Fig. 3313.

D Pompe de pression, munie de son tuyau d'aspiration F et de celui E de refoulement.
G Tuyau de prise d'eau des machines en communication avec le récipient.
H Levier à deux branches } fixés en prolongement sur le même axe traversant la presse étoupe S.
I Levier simple intérieur }
J Bielle terminée par une chape R, reliant le secteur guide à rainure P au levier H.
K Robinet régulateur, se mouvant automatiquement au moyen de son levier et d'une petite bielle articulée à la bielle J, ayant pour but d'empêcher les déchirures du caoutchouc, quand ce dernier est à fin de course inférieure.
L Contre-poids fixés sur l'arbre U du débrayage.
O Leviers fixés sur l'arbre U et assemblés à leur extrémité par un goujon passant dans la rainure du secteur P.
P Secteur guide, fou sur l'arbre U.
Q Fourchettes folles sur l'arbre U, articulées à la chape M limitant leur course.
N Poulie fixée sur le même arbre que le plateau V.
N' Poulie folle tournant sur ledit arbre.
V Plateau excentrique donnant le mouvement à la pompe.

Le croquis représente le caoutchouc presque à fin de course inférieure. Le robinet régulateur K est presque fermé; il ne peut laisser passer qu'une quantité d'eau égale ou inférieure à celle que doit fournir la pompe.

On voit que la pompe est sur le point de se mettre en marche, car les boules, par suite de la position que le secteur P a fait prendre aux leviers O, ont dépassé la verticale, et basculent en entraînant les fourchettes et conséquemment la courroie sur la poulie fixe.

La pompe marchera jusqu'à ce que les boules, entraînées par le caoutchouc montant vers sa fin de course supérieure, aient dépassé de nouveau la verticale pour basculer et ramener les fourchettes et le cuir sur la poulie folle.

On voit que cet intéressant appareil, n'exigeant que des poids de métal fort limités, ne mettant pas en jeu des masses considérables, remplit sensiblement le même effet que l'accumulateur d'Armstrong (Voy. Presse hydraulique), une précieuse conquête de l'art de l'ingénieur.

Cloche à plongeur. Dans la cloche à plongeur c'est l'air qui agit comme ressort pour empêcher l'eau de rentrer dans la cloche, et, sous ce rapport, cet appareil peut être assimilé aux précédents. Toutefois une condition spéciale, la nécessité de changer l'air pour qu'il reste respirable, pour qu'il ne soit pas vicié par les produits de la respiration, exige une insufflation et une évacuation d'air continue, qui la font rentrer dans la seconde famille d'appareils, mais au point de vue seulement de la ventilation de la cloche. Au reste, nous n'avons rien à ajouter ici à ce qui a été dit à Cloche de plongeur, où nous avons décrit, en détail, l'appareil de ce genre le plus perfectionné.

2. *Appareil Triger pour la traversée des terrains ébouleux et aquifères.* L'emploi de l'air comprimé envoyé dans une capacité étanche, faisant naître une atmosphère artificielle qui équilibre des colonnes d'eau de hauteur croissante, en raison de la pression, est une des plus belles conquêtes de l'art de la construction, permettant d'exécuter des travaux hydrauliques qui eussent été impossibles sans cette ressource. Ajoutons toutefois que les progrès du travail des métaux qui permettent d'obtenir facilement de vastes capacités étanches, ont fourni un élément essentiel du succès de ce mode de construction. Pour faire comprendre l'appareil, de M. Triger, dont le croquis, fig. 3314, donne une idée, nous supposerons qu'il s'agisse d'atteindre le terrain houiller recouvert par une vingtaine de mètres de sables, dans lesquels s'infiltre l'eau d'une rivière, ce qui était précisément le but que M. Triger s'était proposé d'atteindre, lorsqu'il imagina d'employer ce procédé. On commencera par se procurer une suite de bouts de tubes en tôle, ou mieux en fonte, celle-ci s'attaquant moins par les eaux que la tôle, d'un grand diamètre (celui que l'on veut donner au puits), que l'on enfonce successivement à coups de mouton, en les réunissant à mesure, jusqu'à ce qu'on ait atteint le terrain solide. On drague ensuite le sable contenu dans le tube soit à l'aide de cylindres à soupapes (Voy. Sondages), soit de toute autre manière; reste encore à épuiser l'eau et à pénétrer dans le terrain solide à une profondeur telle qu'on puisse y asseoir le tube en tôle par un *picotage* (Voy. Mines), qui ne laisse filtrer qu'une quantité d'eau insignifiante. On emploie à cet effet l'appareil ci-contre, qui se compose :

1° D'une machine à vapeur A qui met en mouvement deux pompes P, P', qui refoulent l'air dans le tuyau N; les pistons sont munis, ainsi que le fonds des corps de pompe de soupapes s'ouvrant de haut en bas.

2° D'un sas à air S, supporté par un câble C et fixé dans le tube T par un presse-étoupe I, I, ayant pour but de s'opposer à toute communication directe entre l'intérieur du puits et l'atmosphère. Ce sas renferme deux soupapes trous d'homme L, M, destinées à la manœuvre du sas pour l'introduction des ouvriers et l'extraction des déblais; deux robinets Q, R, destinés au même usage ainsi qu'un manomètre et une soupape de sûreté pour prévenir tout accident. Il est en outre traversé par deux tuyaux, dont l'un NN est destiné à l'introduction de l'air comprimé dans le puits, et l'autre OO à faciliter la sortie de l'eau, lorsque par suite de la compression de l'air, cette eau est forcée de sortir avec plus de vitesse que ne le permettent les ouvertures qui peuvent exister au bas du puits au contact imparfait du tube T avec le terrain solide.

Dès que la machine à vapeur sera en activité, les pompes foulantes injecteront, au-dessous du sas à air,

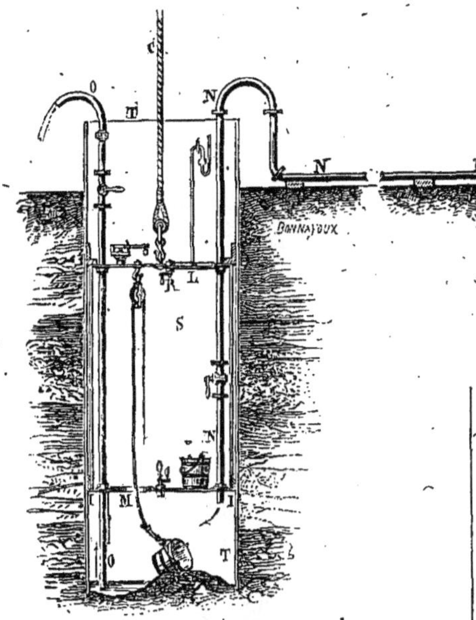

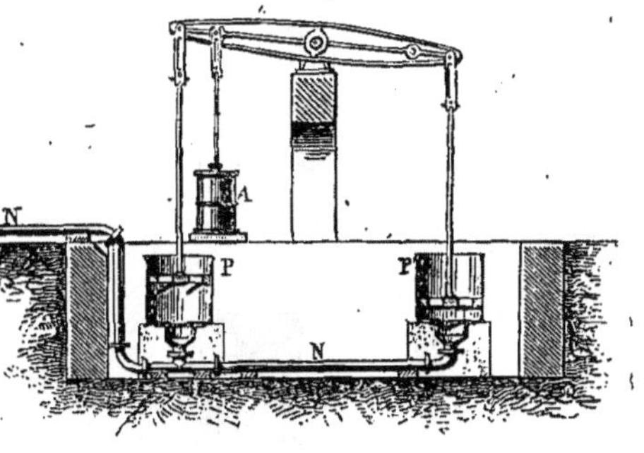

Fig. 3314.

de l'air qui s'y comprimera, et, si le puits est rempli d'eau, cette eau, cédant alors à la pression de l'air, s'échappera par le tuyau OO, de sorte qu'au bout d'un certain temps, toute celle contenue dans le puits se trouvera remplacée par de l'air comprimé, et si la manœuvre continue ce puits se trouvera constamment à sec.

Quant à l'introduction des ouvriers dans le puits, elle se fait au moyen du sas à air S. Supposons pour un instant la soupape M fermée et l'air comprimé dans le puits à la pression de deux ou trois atmosphères, celle qui correspond à une hauteur d'eau de 20 à 30 mètres. La soupape L étant ouverte, les ouvriers pourront descendre dans le sas à air, puis fermer au-dessus de leur tête cette soupape et ouvrir en même temps le robinet inférieur Q, pour se mettre en communication avec l'air comprimé du puits; à l'instant même la soupape L se trouvera collée contre ses parois, et dès que l'équilibre se sera établi entre la tension de l'air dans le puits et dans le sas à air, la soupape inférieure M s'ouvrira d'elle-même par son propre poids, et les ouvriers pourront s'introduire dans le puits. Pour en sortir, il suffira de faire une manœuvre pareille en sens inverse, c'est-à-dire de fermer la soupape M et d'ouvrir le robinet supérieur R pour se mettre de suite en communication avec l'atmosphère. La tension de l'air diminuant alors au-dessous de la soupape L, celle-ci s'ouvrira d'elle-même, et les ouvriers pourront sortir et faire enlever leurs déblais.

Lorsqu'on passe de l'air libre dans l'air comprimé, on ressent dans les oreilles une douleur plus ou moins forte de peu de durée, et le meilleur moyen de la faire disparaître est d'opérer un mouvement de déglutition en avalant sa salive. Cet espèce d'engourdissement est d'autant moins sensible que l'appareil est plus grand et que l'on met plus de temps à passer de l'air libre dans l'air comprimé et réciproquement, temps qu'il est facile de faire varier à volonté en tournant plus ou moins les robinets Q, R.

Un autre phénomène produit par l'air comprimé, est une accélération sensible de la combustion avec l'intensité de la compression, au point que, sous une pression de trois atmosphères, cette accélération devient telle qu'on doit remplacer les chandelles à mèche de coton, qui brûlent avec une telle rapidité qu'elles durent à peine un quart d'heure en répandant en outre une fumée intolérable, par des chandelles à mèches de fil, ce qui diminue très-notablement la vitesse de combustion et le dégagement de la fumée.

L'assèchement du puits étant ainsi opéré, on s'enfonce dans le terrain solide jusqu'à ce qu'on rencontre une couche imperméable dans laquelle on PICOTE (Voy. MINES), par les procédés ordinaires, deux ou plusieurs trousses porteuses sur lesquelles on monte un cuvelage qui se relie au tube en tôle ou en fonte.

Il convient, pour diminuer la tension de l'air comprimé dans le puits, d'adapter au bas du tube de dégagement de l'eau OO et sur l'une de ses parois un robinet permettant l'introduction de l'air; par ce moyen, il s'échappe par l'extrémité de ce tube un mélange artificiel d'eau et d'air qui, étant spécifiquement plus léger que l'eau, peut être élevé à une hauteur plus considérable, sous la même pression, comme dans l'appareil connu sous le nom de pompe de Seville qui se rencontre dans les cabinets de physique.

Fondations tubulaires. L'art de la construction a tiré le plus heureux parti du système Triger pour fonder des piles de pont au milieu des fleuves, à des profondeurs et dans des conditions où l'emploi des batardeaux était impossible. Nous avons donné à l'article FONDATIONS TUBULAIRES la description de ce mode de travail, et notamment celle de la fondation des piles du pont de Kehl sur le Rhin, un des plus beaux exemples que l'on puisse donner. Un des plus grands progrès accomplis dans cette construction sur le système Triger, dû à un habile ingénieur des ponts et chaussées, M. Fleur Saint-Denis, est celui de la rapide sortie des matériaux, non par le sas, mais par une noria placée au centre et remplie d'eau, atteignant le niveau de celle à laquelle l'air comprimé fait équilibre, disposition représenté fig. 3315. Elle permet d'accomplir des travaux réellement interminables, quand il fallait faire passer des quantités considérables de déblais par le sas à air. Les caissons chargés, pour ne pas se soulever, d'une enveloppe en bois calfatée, puis de maçonnerie, permettent d'obtenir, pour l'intérieur, comme un batardeau qui permet, quand le bon sol est atteint, de remplir de béton la partie qu'on ne peut démonter de la cheminée et le caisson inférieur et de construire une pile fondée sur le bon sol et à l'abri de tout accident. — La figure 3316 montre la pile terminée et formant un ouvrage indestructible, assis sur le sol solide et à l'abri des affouillements. Ce beau travail est devenu un modèle auquel on a emprunté, pour tous les grands travaux de même genre qui se sont faits depuis, son heureuse dispozition d'une noria immergée au milieu d'une colonne d'eau soutenue par la pression de l'air.

convenablement placés, on produit l'élévation continue des liquides, par un système analogue à celui des pompes aspirantes ordinaires, avec l'avantage que la hauteur de l'aspiration ne sera plus limitée par la

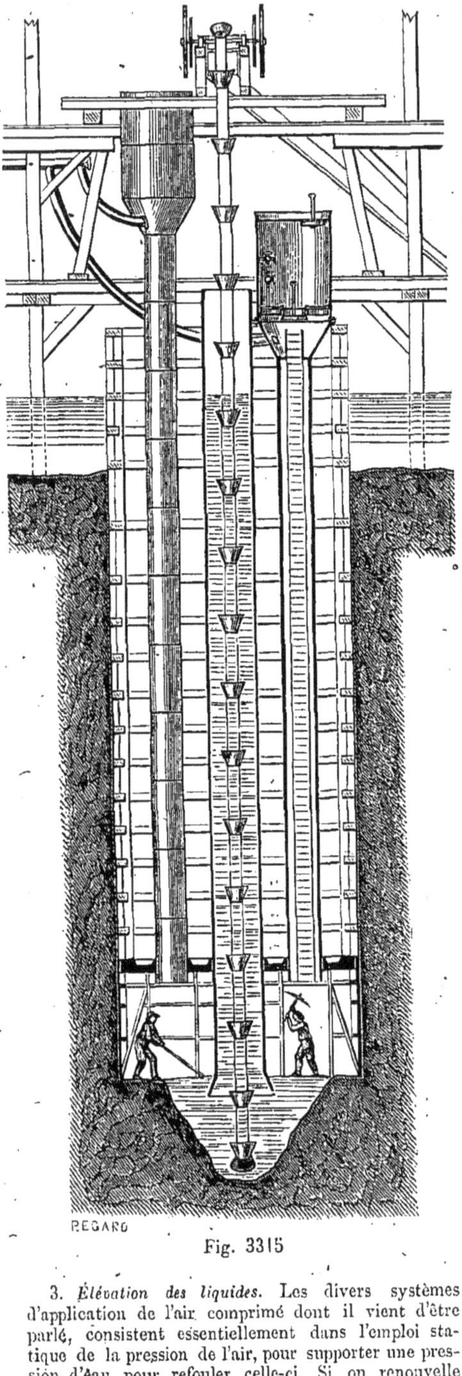

Fig. 3315

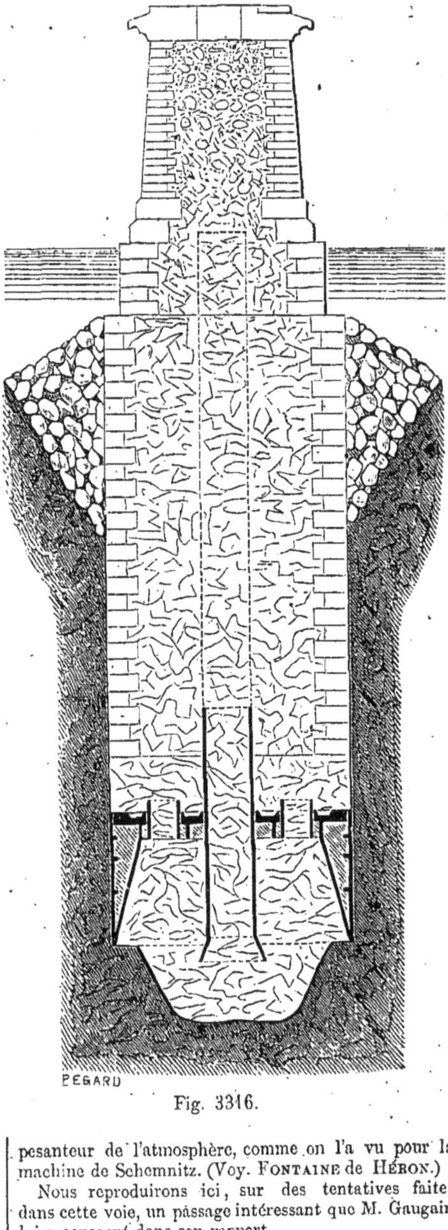

Fig. 3316.

3. *Élévation des liquides.* Les divers systèmes d'application de l'air comprimé dont il vient d'être parlé, consistent essentiellement dans l'emploi statique de la pression de l'air, pour supporter une pression d'eau, pour refouler celle-ci. Si on renouvelle l'insufflation d'air et si l'eau passe dans des tuyaux

pesanteur de l'atmosphère, comme on l'a vu pour la machine de Schemnitz. (Voy. FONTAINE de HÉRON.)

Nous reproduirons ici, sur des tentatives faites dans cette voie, un passage intéressant que M. Gaugain lui a consacré dans son rapport.

M. Andraud a construit, en 1839, une pompe aéro-hydraulique dont il a fait publiquement l'expérience en 1840 ou en 1841. Cette pompe consiste en deux cylindres de diamètres différents, dont les deux pistons ont une tige commune.

Le plus grand des deux est le cylindre à air; le plus petit est le cylindre à eau.

Il est aisé de comprendre que, si le rapport des deux sections est, par exemple, comme de dix à un, de l'air comprimé à deux atmosphères moins une, suffira pour faire équilibre à une pression d'eau dix fois plus forte, et c'est ce qui arrive en effet.

Au moyen de cette très-faible pression, toujours facile à obtenir sans grand travail et sans danger, M. Andraud faisait aisément jaillir l'eau à 25 mètres de hauteur, où la portaient des tuyaux flexibles en gutta-percha ou en caoutchouc; et trouvait, dans la construction même de sa pompe, l'inappréciable avantage de pouvoir aller chercher l'eau sous terre à quelque endroit qu'elle se trouve, sans avoir égard à la verticale, bien que le moteur agisse à la surface du sol. M. Andraud ne doutait pas d'ailleurs qu'avec cette même pression de deux atmosphères, il n'eût fait jaillir l'eau tout aussi bien à 100 mètres de hauteur qu'à 25 mètres, et il mit sous les yeux de la commission de nombreux dessins relatifs à diverses applications de la puissance expansive de l'air comprimé à l'élévation des eaux.

Ces intéressantes communications de M. Andraud étaient évidemment trop curieuses pour n'être pas écoutées avec plaisir, aussi chacun s'empressa-t-il de lui demander de nouveaux détails.

C'est ainsi que ce savant ingénieur a longtemps entretenu votre commission d'un siphon à jet continu, qui simule, à s'y méprendre, le mouvement perpétuel. Dans ce curieux instrument, une petite quantité d'air comprimé, injectée dans une colonne d'eau, diminue sa pesanteur et détermine le mouvement de circulation ; mais M. Andraud s'empresse de déclarer qu'un système analogue, essayé en Angleterre pour l'élévation de l'eau par une insufflation d'air convenable, avait entraîné une telle dépense de force qu'on y avait dû renoncer.

Une idée semblable avait été déjà vainement tentée par Manoury d'Hectot.

C'est encore à cette occasion que M. Andraud, sans pouvoir donner précisément le chiffre exact du rendement utile de sa pompe aéro-hydraulique, a démontré néanmoins jusqu'à l'évidence que, moyennant l'emploi de deux cylindres de diamètre différent, on peut toujours, avec une pression d'air relativement très-minime, élever l'eau à telle hauteur et de telle profondeur que l'on veut.

Quant à la possibilité de comprimer l'air à de très-hautes pressions, il ne doutait pas qu'on ne puisse aisément atteindre 200 à 250 atmosphères, avec des vases suffisamment résistants.

4. *Déplacement des liquides.* Nous arrivons naturellement, dans cette revue de toutes les applications possibles de l'air comprimé, à celle que nous avons proposée pour la navigation et décrite à l'article BATEAU A VAPEUR. L'air insufflé en avant du taille-mer d'un navire, vient diminuer, en proportion de la quantité lancée, la densité du fluide résistant, à laquelle le travail consommé pour la propulsion est proportionnel. La diminution de résistance n'est pas douteuse, si elle est difficile à constater indépendamment d'expériences répondant à des dispositions déterminées, et il est facile de voir que le travail nécessaire pour l'insufflation n'est pas une difficulté qui doive effrayer. Ainsi pour l'*Himalaya* (1200 chev. nom.), le creux est 10m8, largeur 14m58, ou 153mc de maître-couple, la pression de l'air à injecter ne sera que de 2 atm. (indépendamment du petit excédant nécessaire pour l'insufflation), et d'après la table donnée plus haut, la consommation du travail d'un cheval vapeur, suffit pour comprimer 18,84mc à cette pression par heure.

Il semble intéressant d'expérimenter la diminution de résistance qui résulterait de l'insufflation au centre de maîtres-couples d'aussi grandes dimensions, d'un volume d'air aussi considérale, pour un travail moteur assez limité, venant faire disparaître un volume d'eau, auquel, dans l'état actuel des choses, une force vive notable est imprimée par le navire.

5. *Machines soufflantes.* L'emploi le plus usuel de la compression de l'air est celui fait au moyen d'appareils qui ont pour but de transformer le travail dépensé à la compression de l'air, en force vive de l'air lui-même. Tels sont les soufflets de toute espèce, les machines soufflantes de tout genre, employées pour activer la combustion, au moyen d'un courant d'air forcé. Nous avons fait une étude spéciale de ces machines à l'article MACHINES SOUFFLANTES, nous n'y reviendrons pas ici. Nous nous contenterons de rappeler qu'elles consistent essentiellement, pour la plupart, dans des dispositions propres à emprisonner l'air dans une capacité, dont le volume diminue par suite le mouvement d'une des parois. L'air ainsi comprimé sort avec une vitesse plus ou moins grande, en raison de la grandeur de la compression, par un orifice.

6. *Lancement des solides.* Au lieu d'employer l'air comprimé à lancer seulement de l'air à une grande vitesse, on pourrait s'en servir pour lancer des corps solides ou liquides.

C'est bien comme réservoir de gaz comprimé, sous une très-grande pression, qu'agit la poudre à canon, dont l'explosion produit instantanément une grande quantité de gaz sous une pression infiniment plus élevée que celle que l'on peut obtenir pratiquement en comprimant de l'air dans un réservoir métallique. Quoi qu'il en soit, c'est en agissant sur le projectile, lors de son départ et tout le long de sa progression dans l'âme, que les gaz de la poudre lui communiquent sa vitesse; ce mode d'action employé avec de l'air comprimé, en prolongeant au besoin la détente, peut permettre de communiquer à une balle une vitesse assez grande pour que bien des inventeurs, depuis Otto Guericke, lors de l'invention de la machine pneumatique, jusqu'à M. Perrot, de Rouen, de nos jours, aient tenté d'en faire le point de départ de machines de guerre. Nous décrirons la forme la plus connue de ces dispositions d'armes, qui n'ont pas trouvé d'application sérieuse, ne pouvant pas donner des effets comparables à celles qui emploient la poudre, le fusil à vent.

Fusil à vent. Les figures 3317 et 3318 montrent en quoi le mécanisme de cet appareil diffère du fusil ordinaire. La crosse R est un réservoir en cuivre muni d'une soupape *s* s'ouvrant du dehors en dedans; on la dévisse et on y comprime de l'air sous une pression de 8 ou 10 atmosphères, à l'aide d'une petite pompe foulante F (fig. 3319). On remet alors la crosse en place et on charge la balle B dans le canon *c* du fusil. Ensuite, en faisant partir, comme à l'ordinaire, le chien P, celui-ci fait basculer le levier *b*, dont l'extrémité inférieure pousse la tige *e* et ouvre la soupape *s*, l'air sort avec violence, chasse la balle et la soupape se referme à l'instant. On peut tirer de suite plus ou moins de coups, suivant que le réservoir est plus ou moins grand. Le fusil à vent peut lancer la balle avec presque autant de vitesse que le fusil ordinaire; car, quoique la pression initiale soit bien moins considérable que celle due à l'inflammation de la poudre, d'un autre côté, cette pression s'exerce sur le projectile avec une intensité à peu près constante, si le réservoir est suffisamment grand, pendant tout le temps qu'il met à en parcourir le canon qu'on a soin de faire très-long, afin d'obtenir une vitesse suffisante par l'action prolongée de l'air, sans que la pression de celui-ci dans le réservoir soit énorme. Cet effet ne se produit pas sans bruit ni sans lumière, et, à l'extrémité du canon, on voit un jet de flamme qui est produit par le frottement des petites poussières solides que l'air rencontre ou qu'il emporte avec lui; car il paraît que dans un air très-pur, il n'y a plus de flamme perceptible. La quantité d'air qui sort du réservoir à chaque coup, et qui est égale en volume au moins à celui du canon du fusil, diminue rapidement la pression dans le réservoir, ce qui fait que les vitesses des coups qui se succèdent décroissent rapidement. C'est là un des principaux inconvénients qui ont toujours empêché de faire du fusil à vent un usage sérieux.

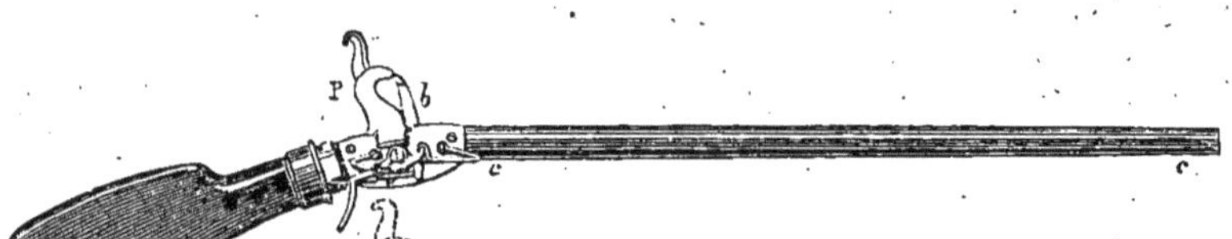

Fig. 3317.

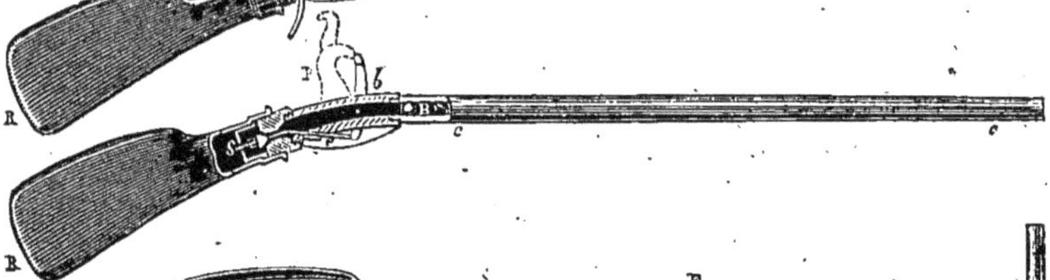

Fig. 3318.

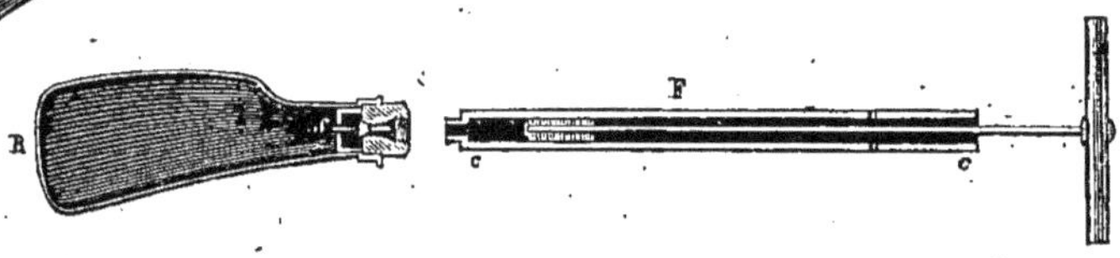

Fig. 3319.

Appareil Bourdon. M. Bourdon, l'habile mécanicien, qui a fait tant d'ingénieuses inventions dans des voies nouvelles, celle des manomètres métalliques notamment, a combiné un curieux appareil propre au lancement d'un solide par l'air comprimé, qui montre clairement l'influence de la masse et de la vitesse sur l'effet balistique des projectiles, et que représente la figure 3320.

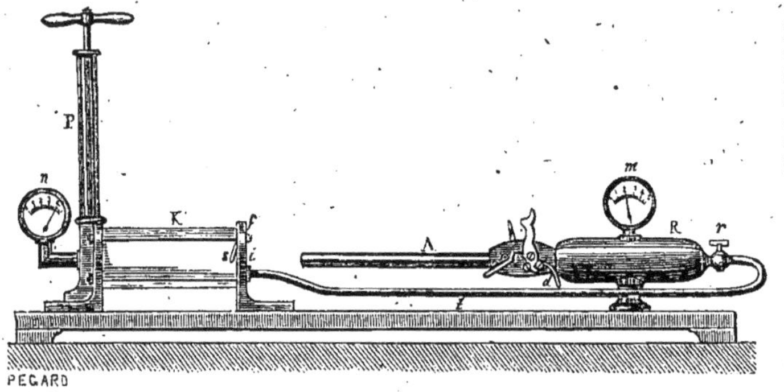

Fig. 3320.

On sait que la force vive que possède un projectile en un point quelconque de sa trajectoire est égale au produit de sa masse M par le carré de la vitesse V^2 dont il est animé en cet instant, ou a MV^2 divisé par 2. Donc, avec une force constante, on pourra communiquer à des mobiles des quantités de mouvement très-différentes, suivant la matière dont ils seront formés, et aussi suivant le temps pendant lequel cette force agira.

L'appareil de M. E Bourdon repose sur ce principe et montre ce fait curieux et en apparence paradoxal, à savoir : qu'un projectile lancé au moyen d'un jet d'air comprimé et à l'aide d'un canon assez long peut rentrer dans le réservoir d'air moteur, en forçant à s'ouvrir la soupape qui en ferme l'entrée.

Une pompe foulante P comprime de l'air dans un cylindre en cristal épais K, fixé sur une table et serré entre deux fonds métalliques par un certain nombre de tringles et d'écrous. Du fond *f* de ce cylindre part un tube en cuivre *t* débouchant dans la crosse R d'un pistolet à vent; dans ce même fond *f* est disposé, juste en face de la gueule du pistolet, un ajutage intérieur *i*, fermé par une petite soupape à clapet *s*. Le réservoir K et la crosse du pistolet R peuvent être isolés au moyen d'un robinet *r*; ils portent chacun un manomètre *m*, *n*, qui mesure leur pression intérieure.

Le robinet *r* étant ouvert, on comprime l'air dans l'appareil jusqu'à 4 atmosphères, par exemple; on introduit une balle dans le canon A et on lâche la détente *d*; la balle est alors lancée dans l'ajutage *i*. Il semble, au premier abord, que la pression qui ferme la soupape *s* étant de 4 atmosphères comme celle qui a chassé la balle, ces deux pressions doivent se faire équilibre, et que la seconde ne saurait vaincre la première. Pourtant la balle ouvre la soupape *s* et elle pénètre avec une certaine force dans le cylindre. Il y a plus : si on ne comprime que jusqu'à 2 atmosphères l'air de la crosse R qui doit lancer la balle, et qu'on élève jusqu'à 4 atmosphères la pression du cylindre qui doit recevoir le projectile, on peut lâcher la détente : la balle ouvrira encore la soupape *s* et pénétrera dans l'air comprimé à 4 atmosphères. Mais si au lieu d'employer des balles métalliques qui possèdent une grande densité, on répète l'expérience avec des balles de bois ou de liége, ces projectiles, quoique soumis à la même force, ne pourront vaincre la résistance qu'oppose la soupape *s*, puisque vu leur faible masse, ils ne peuvent acquérir une force vive suffisante.

On peut expliquer de la même façon le fonctionnement de l'injecteur Giffard dans l'alimentation des chaudières à vapeur; seulement, dans cet appareil, la balle se trouve remplacée par une colonne liquide d'une certaine longueur.

7. *Machines à piston.* Il nous semble intéressant de

donner, d'après un ouvrage anglais, la description d'une machine à air comprimé analogue à une machine à vapeur qui a été établie dans une mine et qui fonctionne avec succès depuis plusieurs années.

Il se présente dans l'industrie certaines circonstances où la machine à vapeur ne peut être appliquée avec avantage ou sans danger, comme pour mettre en mouvement les machines d'une fabrique de poudre ou effectuer un travail mécanique dans l'intérieur d'une mine de houille, sujette au grisou; on peut alors employer utilement l'air comprimé qui offre l'avantage de

La fig. 3321 est une coupe verticale de la machine de compression, dans laquelle le cylindre à vapeur C a 15 pouces de diamètre et sa course est de 3 pieds; il met en mouvement deux pompes de compression P, P, qui se meuvent alternativement, étant placées à droite et à gauche de l'axe du balancier, envoyant l'air dans le réservoir N, N, placé au centre, auquel est adapté le tuyau de conduite M. Le balancier porte à son extrémité une bielle qui met en mouvement un volant qui régularise le mouvement.

Les pompes à air P, P ont 21 pouces de diamètre et

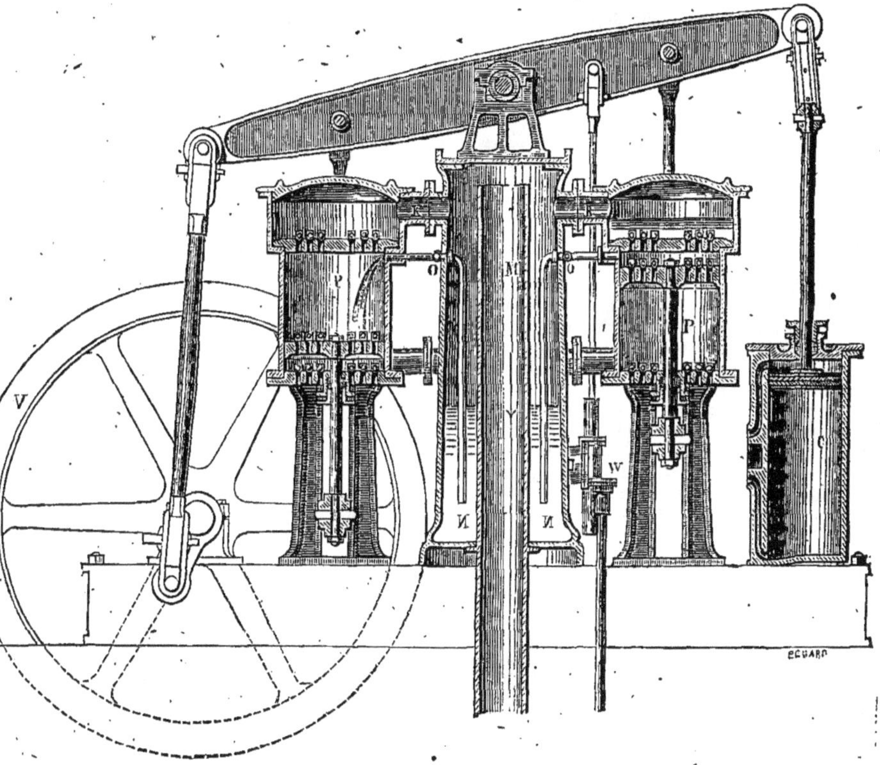

Fig. 3321.

pouvoir être conduit à une grande distance pour mettre en mouvement des machines motrices.

On peut citer comme modèle de ce genre de machines celle établie, il y a quelques années, aux mines de Govan, près de Glascow, où il était difficile d'aérer et de faire mouvoir les pompes d'un second puits, distant de près d'un demi-mille du puits d'extraction. La situation ne permettait pas d'y établir un corps de chaudières et la distance était trop grande pour conduire la vapeur de la première machine par des tuyaux. Le directeur, M. James Allan, songea à employer la puissance de l'eau et chargea M. Randolph de Glascow d'exécuter ce projet; mais celui-ci, à la suggestion de M. David Elder, proposa l'emploi de l'air comprimé fourni par une pompe de compression, mue par la machine à vapeur, et conduit au fond du second puits, pour y mettre en mouvement une machine semblable à une machine à vapeur sans condensation, l'air devant servir, à la fois, à effectuer un travail et à ventiler la mine. Ce plan fut adopté et la machine, dessinée et construite par MM. Randolph, Essiot et Ce, a parfaitement atteint le but proposé.

une course de 18 pouces; les tiges du piston sont placées à la partie inférieure (au moyen d'un cadre), afin d'éviter un stuffing box en haut, dans l'air comprimé, et leur tête est guidée dans une glissière. Les pompes ont des soupapes sphériques, dont il existe trois séries sur chaque pompe, chacune consistant en 44 balles de laiton de 2 pouces de diamètre, disposées en 3 rangées concentriques. Chaque balle est maintenue par une petite cage.

Comme la pression de l'air monte jusqu'à 30 livres par pouce carré, on laisse, pour éviter les fuites par les soupapes, une couche d'eau sur le piston qui couvre celles-ci, aussi bien pour la sortie que pour l'entrée de l'air. Une petite pompe W, de 3 pouces de diamètre et 10 pouces de course, est employée à fournir l'eau dans ce but, et l'envoie du centre du réservoir KN, duquel elle sort par les petits tuyaux ON, dans chacune des pompes à air, dans la période de descente, la quantité étant réglée pour chaque tuyau par un robinet O. L'excès d'eau est renvoyé à chaque ascension, par les conduites de sortie, dans le réservoir central. De cette manière, l'air est entièrement chassé, et il n'y a pas de pertes de travail par suite de l'expansion de l'air derrière le piston, au commencement de la course descendante.

Le niveau de l'eau dans le réservoir central est réglé au moyen d'un tube de niveau d'eau placé sur le devant.

L'air est envoyé dans un réservoir placé près des pompes à air. Les tiges de celles-ci sont enveloppées de laiton pour éviter toute corrosion ; il en est de même des faces des pistons. Ceux-ci n'ont pas de garniture, mais sont seulement tournés avec soin au diamètre du cylindre.

La vitesse de la machine est de 25 tours par minute, avec une pression moyenne de 18 livres par pouce carré, fournissant une pression finale de l'air d'environ 20 livres par pouce carré.

La machine à air des puits inférieurs a un cylindre d'un diamètre de 10 pouces ; la course est de 18 pouces et elle fait habituellement 25 tours par minute ; c'est une vieille machine à vapeur à haute pression.

On avait compté y employer de l'air à la pression de 30 livres par pouce carré, et, à cette pression, on pensait que la chaleur dégagée par la compression serait considérable ; on avait calculé que l'on atteindrait le point de fusion de l'étain. Grâce aux dispositions adoptées, la chaleur est absorbée par l'eau qui recouvre les soupapes de la pompe de compression, aussitôt qu'elle est engendrée ; une portion de l'eau étant entraînée dans le tuyau de conduite sous forme de vapeur, elle s'y condense et des dispositions sont prises pour enlever, de temps en temps, cette eau de condensation, au moyen d'un robinet placé à la partie inférieure du puits. La pression de l'air de la machine à air est d'environ 1 livre par pouce carré moindre que celle fournie par la pompe de compression à l'ouverture du puits. L'absorption de chaleur due au dégagement de l'air comprimé à chaque coup de piston, cause assez de froid pour qu'en hiver la machine soit quelquefois arrêtée par la formation de la glace dans le tuyau de sortie.

La machine à air comprimé qui vient d'être décrite a été connue par une notice lue à l'Institution des ingénieurs-mécaniciens, à leur réunion à Glascow, en septembre 1856. M. Randolph a expliqué que la préoccupation des constructeurs s'était surtout portée sur le développement de chaleur que devait produire la compression, et que l'emploi de l'eau avait à la fois remédié à cet inconvénient et supprimé l'espace nuisible qui résultait de la saillie des soupapes. Il évalue la température de l'air, dans la colonne principale, de 90 à 140° fahr. suivant la vitesse du piston et l'état de l'atmosphère ; ce qui montre bien que, si on n'avait pas fait usage de l'eau, la machine eût été sûrement altérée quand on aurait comprimé l'air à 20 livres par pouce carré, ce qui eût conduit dans le voisinage de la température du point de fusion de l'étain.

Les trois séries de soupapes ont été employées pour assurer l'action des pompes. On comptait faire en gutta-percha les soupapes du plateau inférieur, qui, par leur faible poids, eussent rendu plus facile l'entrée de l'air sans pression en ce moment ; la difficulté de trouver des sphères bien régulières en cette matière, y a fait renoncer.

L'appareil a marché depuis son établissement sans aucune réparation, sauf le remplacement de quelques cages de soupapes.

Percement du Mont-Cenis. Le percement du Mont-Cenis, au moyen de l'emploi de l'air comprimé, a fixé l'attention publique dans ces dernières années sur un mode de travail extrêmement ingénieux et qui consiste à utiliser la chute de l'eau des torrents, des cours d'eau, qui descendent sur les flancs de la montagne, pour leur faire opérer une part importante du percement de celle-ci. Le rapport de l'ingénieur italien L.-F. Menabrea, sur les moyens proposés par MM. Grandis, Grattoni et Sommeiller, et qui a décidé l'exécution, est un modèle à conserver, car il définissait et jugeait parfaitement la nouvelle entreprise et la pratique a justifié ses prévisions. Nous en reproduisons ici les passages les plus importants :

« La base de ce système est une machine destinée à comprimer l'air, dite *compresseur hydraulique*. Cet appareil consiste en un syphon renversé, qui, d'un côté, est en communication avec une prise d'eau, et, de l'autre, avec un réservoir à air comprimé. L'eau descend, se précipite dans la première branche du syphon, remonte dans la deuxième et y comprime l'air qui s'y trouve ; cet air, lorsqu'il est arrivé à un degré de compression suffisant, ouvre une soupape qui l'introduit dans le réservoir. Alors la soupape de vidange s'ouvre, et, lorsque l'eau de la deuxième branche du syphon est évacuée, le mouvement recommence. Le mouvement des soupapes d'admission de l'eau et de vidange est réglé par une petite machine à colonne d'eau. L'air dans le réservoir est maintenu à une pression constante au moyen d'un fort manomètre à eau. La force vive acquise par l'eau dans le syphon est utilisée pour opérer la compression de l'air ; ainsi, avec une chute d'eau de 20 mètres, on a pu comprimer l'air à six atmosphères soit près de 62 mètres de hauteur d'eau de pression.

« La fig. 3322 représente le compresseur. A est la soupape d'admission, B celle de vidange, R le réservoir d'air.

« La commission nommée par le gouvernement sarde fit une série d'expériences sur un compresseur de la force d'environ quatre chevaux et demi effectifs.

« La chute était de 20 mètres environ et la pression de l'air atteignait six atmosphères. La proportion du travail utile au travail théorique était de 0m,50. Un examen attentif de la machine démontra qu'il serait facile d'atteindre la proportion de 60 p. 100. La machine marchait avec une régularité remarquable. On avait d'abord craint que l'air ne s'élevât à une haute température par l'effet de la compression ; mais on remarqua qu'après avoir fait travailler la machine pendant longtemps, cette température ne dépassa jamais de plus de 30 degrés la température extérieure, résultat dû à ce que le piston qui opérait la compression était une colonne d'eau qui se renouvelait sans cesse.

« Les réservoirs, de la capacité de 8 mètres cubes, étaient formés de chaudières ordinaires à vapeur. Ils avaient été goudronnés intérieurement, ce qui les rendait parfaitement étanches.

« Après avoir expérimenté la machine, la Commission établit une série d'expériences sur le mouvement de l'air dans les tubes. A cet effet, on disposa des tubes du diamètre intérieur de 60 milimètres.

« Leur développement total était de 399 mètres, composé de :

Tubes en plomb.	301	m. de long.
Tubes en caoutchouc revêtus extérieurement de toile.	98	—
Total.	399	m. de long.

« Il y avait 18 diaphragmes qui restreignaient la section à 53 millimètres de diamètre ; les tubes formaient 76 spires de 1m10 environ de diamètre. On fit varier la section de l'orifice d'écoulement de 18mm13 à 492mm84.

« L'air dans le réservoir était maintenu à une pression constante par une colonne d'eau de 51 mètres de hauteur environ. Afin de mesurer la perte de pression qui avait lieu dans la conduite, on établit deux vases remplis de mercure, communiquant, l'un avec le réservoir à air, à l'origine de la conduite, l'autre avec l'extrémité de celle-ci. Deux tubes étaient adaptés verticalement, un à chacun de ces vases ; leurs extrémités infé rieures plongeaient dans le mercure qui s'élevait librement dans ces tubes, dont les extrémités supérieures communiquaient avec l'atmosphère. Le résultat des expériences est consigné dans le tableau suivant :

Section de l'orifice. millim. car.	Vitesse dans la conduite. mètres.	Vitesse à l'orifice de la conduite. mètres.	Manomètre à l'origine de la conduite. mètres.	Perte de pression observée. mètres.
18,13	1,012	149,0	0,3780	0,0039
63,43	3,197	144,2	0,3775	0,0582
63,43	3,604	160,6	0,3814	0,0609
63,43	4,106	183,0	0,3740	0,0608
81,56	4,415	150,9	0,3783	0,0683
179,07	10,157	160,4	0,3689	0,3910
312,59	10,103	136,6	0,3751	0,9138
492,56	16,460	105,9	0,3592	0,5560

mouvoir. Le succès de la substitution de l'air à la vapeur fut complet.

« On essaya ensuite un autre perforateur très-simple et de peu de volume, inventé par M. Sommeiller; cette nouvelle machine réussit parfaitement. (Voy. PERFORATEUR.) Ainsi la question de l'air comprimé comme force motrice est résolue.

« On a constaté un fait important dans la question dont il s'agit : c'est que, par l'effet de la dilatation rapide de l'air comprimé à 6 atmosphères lorsqu'il sort de la machine, l'eau située à proximité de la machine se congelait, quoique la température fût moyennement de 18 degrés.

« Avec les perforateurs à air, on a pratiqué des trous de mine dans des roches de diverses espèces, depuis les calcaires tendres jusqu'aux *siénites* les plus dures, et il a été constaté qu'en employant cet appareil, on faisait

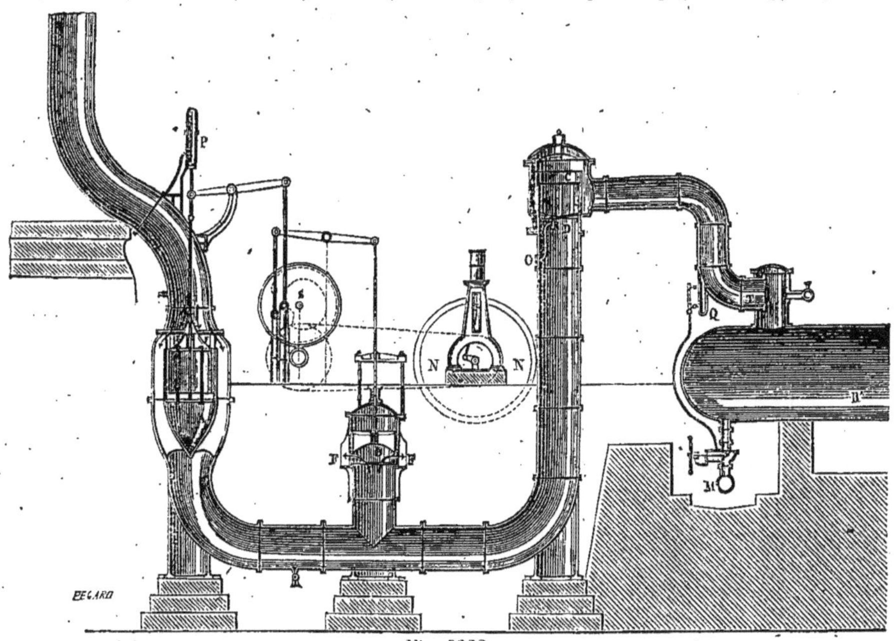

Fig. 3322.

« Toutes ces expériences sont représentées par une courbe de forme très-régulière. Les résultats qu'on en déduit s'éloignent notablement de ceux assez généralement admis d'après d'autres expériences assez incomplètes; ils se rapprochent, au contraire, de ceux auxquels ont été conduits Poncelet et Pecqueur, dans des expériences qu'il est à regretter qu'on n'ait pas publiées.

« On peut donc déduire avec certitude des expériences que nous avons faites, que, à la distance de 6,500 mètres (moitié de la longueur de la galerie des Alpes), pour un tube de 10 centimètres de diamètre, avec une vitesse de 5 mètres à l'origine de la conduite, et une pression de 6 atmosphères dans le réservoir, la perte de pression ne serait que de 1 1/3 atmosphère : ce résultat, déduit d'expériences faites avec le plus grand soin et sur une vaste échelle, suffit pour dissiper toutes les craintes que l'on aurait pu concevoir sur la possibilité de conduire de l'air dans le centre de la montagne.

« Après avoir établi ce fait important, la Commission s'est occupée de l'emploi de l'air comprimé comme force motrice. Elle a d'abord expérimenté sur un perforateur inventé par M. Bartlett, dans lequel on avait substitué l'air comprimé à la vapeur qui le faisait primitivement

moyennement un trou de mine *douze fois* plus vite qu'avec les moyens ordinaires actuellement en usage. Pour apprécier l'importance de ce résultat, il suffit d'observer que, dans la formation des galeries de mines, les *trois quarts* du temps total sont employés pour faire les *seuls trous de mines;* l'autre *quart* suffit pour charger les mines, en déterminer l'explosion, et pour déblayer.

« Si donc, par le moyen des nouveaux appareils, on diminue dans une proportion si considérable la proportion principale du temps employé ordinairement à la formation des galeries de mines, il est évident que l'on aura résolu la partie la plus importante du percement des Alpes, celui de l'accélération du travail.

« Mais il y a plus : les nouveaux perforateurs occupent peu d'espace; là où trois couples de mineurs à peine peuvent travailler, on peut placer jusqu'à dix-huit perforateurs, ce qui sera un nouvel élément pour rendre le travail plus rapide.

« La petite galerie sera de section rectangulaire de 2m,50 de côté.

« Afin de rendre les déblais plus faciles, on a imaginé un système d'appareils très-simples ; d'un autre côté, pour faciliter les manœuvres et pour éviter les dangers que présenterait une galerie de petite section, l'on formera simultanément la galerie à grande section, qui suivra celle à petite section à la distance d'environ 200 mètres.

Nous décrirons, pour compléter cette description, le compresseur à piston agissant sous l'eau, établi du côté de Modane, et mis en mouvement par des roues hydrauliques; c'est, croyons-nous, l'appareil le plus convenable connu à ce jour. Il est représenté fig. 3323,

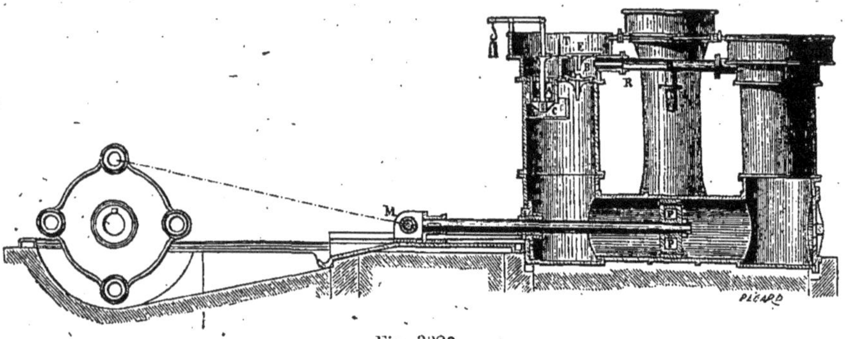

Fig. 3323.

« D'après les données précédentes, les auteurs du projet espèrent, dans six ans, avoir terminé la galerie des Alpes. Ils évaluent à 3 mètres par jour l'avancement de chaque côté de la montagne, c'est-à-dire à 6 mètres par jour en total; tandis que, par les moyens ordinaires, l'avancement de chaque galerie ne dépasserait pas $0^m,45$ à $0^m,50$ par jour, et en total $0^m,90$ à 1 mètre.

« Je résumerai, en terminant, les données principales relatives à la galerie. Sa longueur totale est de 12,500 mèt., comme il a été dit. Elle est tracée dans un même plan vertical; mais elle se divise en deux pentes vers les deux orifices, afin de faciliter l'écoulement des eaux que l'on pourrait rencontrer. L'orifice méridional de la galerie, vers Bardonèche, est à la cote de 1,324 mètres au-dessus du niveau de la mer. A partir de ce point, la galerie s'élève avec une pente moyenne de 5 p. 1,000 sur une distance de 6,250 mèt. jusqu'à la cote 1,335 m., qui est le point culminant; de là, elle descend sur une longueur pareille de 6,250 mètres, avec une pente moyenne de 23 p. 1,000, jusqu'à l'orifice septentrional vers Modane, qui est à la cote 1,190 mètres. La crête de la montagne se trouve au-dessus du point culminant, à une élévation verticale de 1,600 mètres environ.

« On a calculé que, pour l'aération nécessaire au renouvellement de l'air vicié par la respiration, par les lumières et par la poudre employée pour les mines; il fallait, dans chacun des deux troncs de galerie, 86,924 mètres cubes d'air par vingt-quatre heures à la pression atmosphérique, soit 14,320 mètres cubes à la pression de 6 atmosphères.

« La quantité d'air nécessaire pour faire mouvoir les perforateurs n'est que de 667 mètres cubes à 6 atmosphères de pression. Ainsi l'air comprimé, après avoir agi comme force motrice, contribuera en partie à l'aération. Du côté de Bardonèche, il existe plusieurs torrents qui ne tarissent jamais, et dont la chute est capable de comprimer au moins 98,064 mètres cubes d'air par jour et de les réduire à la pression de 6 atmosphères.

« Du côté de Modane, on a l'Arc, torrent rapide, et dont la pente considérable fournit une force qui dépasse de beaucoup celle requise. »

Toutes les prévisions de l'excellent travail que nous venons de citer se sont réalisées. On a dépassé, en janvier 1868, 7000 mètres sur 12,000, et si l'avancement journalier a été moindre qu'on n'avait espéré, il se rapproche de plus en plus chaque jour de la longueur de 3 mètres fixée au début.

et est formé d'une espèce de tube recourbé, à deux branches égales, munies à la partie supérieure de deux soupapes A, B : la première s'ouvrant du dehors en dedans et fermée par un poids, et la seconde du dedans au dehors, ouvrant un passage à l'air comprimé qui se rend dans le réservoir intermédiaire R. Dans la partie horizontale se meut un piston qui, par l'effet d'une bielle motrice, prend un mouvement de va-et-vient; ce piston est plongé dans une colonne d'eau qui remplit à moitié les tubes verticaux, lorsqu'il est au milieu des tuyaux. L'air est donc comprimé par des pistons d'eau ne pouvant permettre aucune fuite.

Le piston fait huit oscillations par minute; sa course est de 1,20 et le diamètre du corps de pompe de $0^m,57$. Une semblable pompe comprime 7027 mètres cubes par vingt-quatre heures.

8. *Distribution de la force à domicile.* — L'air comprimé étant susceptible d'engendrer un travail moteur aussitôt qu'on le fait agir dans des appareils convenables, par exemple sur les faces d'un piston dans une machine entièrement semblable à une machine à vapeur à haute pression, il semble naturel de chercher les moyens de mettre de l'air comprimé à la disposition des ateliers où l'on a besoin d'un travail moteur, mais qui ne sont pas assez considérables pour qu'on puisse y faire la dépense d'une machine à vapeur fonctionnant dans des conditions avantageuses.

Deux moyens sont évidemment possibles pour atteindre ce but : l'un de transporter des réservoirs d'air comprimé, comme on transporte tout genre de marchandise; l'autre de l'envoyer aux points de consommation au moyen d'une canalisation, comme on le fait pour le gaz d'éclairage. La supériorité de ce dernier système, dans lequel les frais de transports peuvent se réduire à une faible dépense, si la quantité de travail transmis est considérable, n'est pas douteuse; toutefois permet-elle d'arriver à distribuer la force à domicile dans les grandes villes, comme on distribue le gaz d'éclairage ou l'eau qui pourrait aussi, partant d'un niveau élevé, être utilisée comme productrice du travail moteur? Il était curieux de faire tous les calculs d'un semblable système; c'est ce qu'a fait M. Biez pour Paris, sous la direction de M. Sommeiller, l'ingénieur le plus capable de diriger une semblable organisation, grâce à l'expérience qu'il a acquise dans ses travaux du mont Cenis.

Ils se sont proposé ce problème: Produire la compression de l'air au moyen de puissantes machines à vapeur, l'envoyer à domicile au moyen de tuyaux pour mettre en mouvement de petites machines à air qui seraient plus économiques que les machines à gaz combustibles, et même que les petites machines à vapeur pour lesquelles les frais généraux (le salaire d'un chauffeur notamment) et la dépense de combustible sont bien plus onéreux, par cheval-vapeur, que pour des machines de grande puissance.

La première chose à faire était de déterminer l'effet utile des machines de compression. Des expériences faites à Modane ont donné, suivant l'auteur du projet, 45,33 p. 100 du travail moteur.

Ces expériences ont été faites sur les machines primitives établies dès le début de l'entreprise de la percée des Alpes; aussi M. Sommeiller ne doute pas que, dans l'application future, le rendement ne puisse être augmenté de beaucoup, grâce à des améliorations qu'il se propose d'apporter dans l'ensemble des machines.

Ce n'est pas, au reste, le fait du rendement qui doit entraîner le prix élevé de l'air comprimé; c'est qu'il faut immobiliser un capital considérable, tout d'abord, pour une canalisation étendue et les achats de terrains et les machines nécessaires.

En entrant dans l'examen de ce prix, le projet suppose la vente des 7/10 de la production à 0 fr. 16, et les 3/10 à 0 fr. 12. Or un cheval-vapeur revient par heure à 0,612 avec une locomotive d'un cheval, à 0,389 avec une machine de 3 chevaux, à 0,339, avec une machine de 10 chevaux; enfin, pour des machines de 100 chevaux, l'auteur arrive à 0,06 seulement, ce qui lui permet, avec un prix moyen de vente, de la totalité de la production, de 0 fr. 148 le mètre cube, de donner le cheval par heure à 0 fr. 62 (4,50 mèt. cubes à 6 atmosphères).

Un fait capital, ajoute l'auteur du projet, vient du reste donner tout avantage à l'air comprimé sur la vapeur pour les petites forces : c'est que la consommation a lieu seulement pendant le temps que la machine à air est en marche. Si, par exemple, sa marche a duré quatre heures par jour, *disséminées* dans un travail de dix heures, la dépense sera représentée par 0 fr. 62 × 4, soit 2 fr. 48; tandis que, pour la vapeur, on aurait dû toujours maintenir la pression, et que, pour une machine d'un cheval, on aurait, pour un travail de quatre heures *suivies* dans une journée, une dépense de 0 fr. 90 × 4, soit 3 fr. 60.

C'est ce qui, malgré la dépense de 0 fr. 78 par cheval et par heure de la machine à gaz, dépense à laquelle il faut ajouter les frais d'entretien et d'amortissement, l'a fait préférer dans beaucoup de cas à la machine à vapeur.

A propos du choix de la force initiale, il est incontestable, en principe, que le moteur hydraulique est le moins coûteux. Notre première pensée, disent les auteurs du projet, à la publication desquels nous empruntons ce qui suit, a dû être d'utiliser les forces perdues résultant des barrages de la Seine. L'exemple de l'application au mont Cenis nous y poussait.

Un canal y prend l'eau dans le torrent de la vallée, l'amène sur des roues à augets qui font mouvoir directement les machines à comprimer; un canal de décharge la restitue au torrent, à un point assez éloigné de l'usine pour qu'aucune crue des eaux ne puisse venir l'obstruer et arrêter les travaux. A la prise, des vannes réglées laissent passer la quantité d'eau normale, toujours la même, quelle que soit la grosseur du torrent. Nous avons assisté au triste spectacle de toute la vallée inondée, de routes emportées par une crue des plus considérables, sans que le travail de compression ait eu besoin d'être interrompu. De plus, en hiver, la rapidité du courant empêche les gelées.

L'examen de l'état des choses, à Paris, nous a amené à reconnaître de grandes différences; nous ne pouvions utiliser les forces perdues de la Seine que sur le lieu même où elles se produisent; là les crues d'eau et les gelées en hiver, la diminution d'eau en été, sont autant d'entraves à un projet de production régulière; et, dans le cas de crues considérables, comme celles qui se sont produites cet hiver, si on avait le bonheur d'éviter à l'usine de sérieuses avaries, on se trouverait forcément arrêté pendant de longs jours.

Une industrie considérable, mais unique, cherchant pour ses besoins individuels une force économique, trouvera là un grand secours, et faisant entrer en ligne de compte ces irrégularités, sa production générale n'aura pas à en souffrir. Nous ne sommes pas dans ce cas; ce qu'il nous faut, c'est une force toujours prête à être distribuée à une quantité considérable d'ateliers, qui ont tous des intérêts divers et ont besoin de cette force à un moment donné; il la faut constante et que, comme l'eau et le gaz, elle réponde aux besoins journaliers de chacun. Qu'il y ait une interruption de quelques heures, des milliers d'industriels seront lésés dans leur intérêt matériel, et nous verrions tous les adhérents à notre système l'abandonner pour jamais. La vapeur, au contraire met à notre disposition cette force constante. Un groupe de machines étant installé, il n'y a jamais d'interruption complète; si l'une se dérange, les autres y suppléent pendant la réparation.

Il pourrait venir à l'idée de recourir à des réservoirs pour emmagasiner la force, et ce système serait possible s'il s'agissait de la produire en quantité peu considérable. L'air comprimé emmagasiné serait maintenu à la même pression par une colonne d'eau faisant équilibre à sa pression jusqu'à son entière consommation, et venant, par conséquent, le remplacer au fur et à mesure de son écoulement. Mais si on opère sur 3000 chevaux, comme dans le projet dont parle notre brochure, on arrive à des chiffres tels que la réalisation n'est plus possible. A $4^{m},200$ par cheval et par heure, il faudrait, pour un seul jour de 15 heures de travail, un ou plusieurs réservoirs d'une contenance de 190,000 mètres cubes. La difficulté de l'emplacement est déjà un obstacle, s'il n'était évident que la dépense de pareilles constructions absorberait, et bien au delà, l'économie résultant du moteur hydraulique; et, troisième impossibilité, il faudrait une colonne d'eau fournissant en un jour 190,000 mètres cubes, pour maintenir jusqu'au bout la pression au même degré.

Un projet affectant de telles proportions tombe forcément de lui-même.

Il pouvait venir enfin à la pensée de comprimer, toujours au moyen d'un moteur hydraulique puissant, à des pressions très-élevées (50 à 100 atmosphères par exemple), dans des réservoirs, quitte à faire détendre ensuite l'air et le ramener à la pression demandée dans les canaux de conduite. Le volume des réservoirs diminuait alors considérablement, et il n'était plus question de colonne d'eau pour maintenir la pression. Un obstacle aussi grave que ceux cités plus haut s'y opposait : c'est l'énorme production de froid résultant de la détente qui aurait pour conséquence de congeler toute l'eau ambiante dans l'air, d'obstruer les canaux, et d'ôter toute régularité dans la consommation, si elle ne l'arrêtait pas complétement; et, par réciprocité, la compression ne serait pas possible pratiquement, l'énorme chaleur qui se dégagerait empêcherait tout travail utile. La compression à ce degré est plutôt le domaine du cabinet que destinée à servir à l'industrie.

Le système employé par l'administration des lignes télégraphiques, pour comprimer l'air dont elle se sert pour le transport des dépêches, est le plus simple en principe; mais à Paris il devient très-coûteux, du moment où l'eau est vendu à l'administration 0 fr. 07 le mètre cube. Le mètre cube comprimé à une atmosphère et demie revient à 0 fr. 105 par le fait seul de la dépense d'eau, sans tenir compte de l'intérêt et de l'amortissement du capital immobilisé pour l'installation.

L'effet frigorifique de la détente dont parle ici l'auteur du projet n'est pas moins préjudiciable aux pressions modérées, et il y aurait avantage, dans les villes où se rencontre le gaz courant, à employer un bon système de réchauffeur, une enveloppe chauffée au gaz, qui viendrait ajouter une utilisation de chaleur à celle de la compression, que le froid produit par la détente réduit, comme nous l'avons vu, dans une proportion considérable. Ce n'est pas trop d'une amélioration semblable pour permettre l'application d'un système de ce genre à l'aide d'une canalisation coûteuse, que de le combiner avec une utilisation complète de chaleur obtenue simultanément. Il ne paraît, dans l'état actuel des choses (sauf les applications à la ventilation et à la propulsion dans les tuyaux), que l'air comprimé soit un moyen de transmission de travail avantageux pour de grandes distances, si ce n'est pour de grandes quantités de travail, pour desservir des centres importants de fabrication. C'est le moyen à employer quand le procédé Hirn devient insuffisant, que la distance est trop grande, atteint par exemple 3 ou 4000 mètres.

9. *Compression et transport du gaz comprimé.* — L'idée de comprimer de l'air dans un réservoir, pour le transporter sur des voitures au lieu où il doit être employé, ne paraît pas pouvoir conduire à un système admissible; il serait toujours, quelles que soient les dispositions de détail que l'on peut imaginer, très-défectueux, et au point de vue économique, trop dispendieux. On peut en juger par les frais auxquels entraîne ce système, parfaitement organisé dans un cas particulier par des ingénieurs distingués, MM. d'Hurcourt et Hugon. Nous voulons parler du gaz comprimé, qui est exploité à Paris, rue de Charonne. Du gaz de boghead, très-éclairant, est comprimé à 11 atmosphères, par des pompes à piston plongeur, dans des voitures gazomètres renfermant 12 réservoirs cylindriques de 40 cent. de diamètre. Ces voitures transportent le gaz chez le consommateur, qui est alimenté par plusieurs réservoirs analogues aux précédents, et dans lesquels on fait passer le gaz de la voiture, en les mettant en communication avec ceux-ci par des tuyaux convenables.

Il est évident que de semblables dispositions, indépendamment des frais propres aux appareils d'éclairage proprement dits, ne sauraient lutter avec une canalisation continue, dès que les consommateurs sont un peu nombreux et un peu rapprochés. Aussi le gaz portatif n'essaye-t-il pas de lutter avec le gaz courant; il ne trouve ses débouchés qu'en dehors de la sphère d'action des usines de cette nature, et encore là, dès que les consommateurs se multiplient quelque peu, il tend à se transformer, comme nous l'avons dit à l'article ÉCLAIRAGE.

Cette expérience, faite sur un gaz vendu 40 centimes le mètre cube, dont les frais de transport empêchent la vente d'être sérieusement profitable, montre bien que de l'air comprimé, qui pourrait difficilement être vendu plus de 10 ou 15 cent. le mètre cube, ne saurait supporter les frais de transport en voiture.

10. *Chemins de fer.* — L'exploitation des chemins de fer est-elle possible au moyen de l'air comprimé? L'expérience paraît conduire à une réponse négative; les divers essais tentés dans cette direction ont été infructueux et on ne voit guère quelle voie on pourrait prendre pour obtenir, avec son aide, des résultats plus avantageux que ceux donnés par la locomotive. Nous passerons en revue les diverses tentatives qui ont été faites.

Locomotives à air comprimé. — La solution qui se présente la première à l'esprit, celle qui a été expérimentée par M. Andraud, consiste à employer en quelque sorte la locomotive ordinaire en faisant de la chaudière un réservoir d'air comprimé. Mais il n'est pas besoin d'un long examen pour voir que cette substitution ne donne pas l'équivalent de la locomotive, si on n'y joint un équivalent de la houille et de l'eau emportées par la locomotive, c'est-à-dire la possibilité de renouveler un très-grand nombre de fois la quantité de travail moteur emmagasiné dans la chaudière par le gaz à une pression élevée. C'est cependant sous la forme simple d'un réservoir renfermant de l'air comprimé au départ que le système a été essayé par M. Andraud, et l'expérience lui a montré bien vite qu'il ne pouvait obtenir ainsi que des parcours de longueur minime. C'est ce qu'un simple calcul, fait en exagérant les résultats qu'il est possible d'obtenir dans la pratique, montrera facilement.

Soit une énorme locomotive à air, dont la chaudière, le réservoir, ait une capacité de 10 m.c. dans lequel l'air soit comprimé à 10 atm.

D'après le tableau donné ci-dessus, en admettant une utilisation complète, quand il serait peut-être difficile d'atteindre 50 p. 100, en supposant encore que l'on fournisse assez de chaleur à l'air pour que la détente de l'air se produise à température constante (ce qui revient à ajouter une locomotive à feu à la première), le mètre cube d'air ne produit par heure que 0,88 de cheval-vapeur, et les 10 mètres cubes 8,8. Il ne faudrait donc pas que le travail durât plus de 1/10 d'heure ou 6 minutes, ou à 50 p. 100 3 minutes, pour que la puissance fût de 88 chevaux-vapeur *théoriques*, c'est-à-dire la puissance égalât d'une locomotive à vapeur.

On comprend donc l'emploi d'une réunion de semblables machines de ce genre pour la traversée de tunnels d'une ventilation difficile, à l'entrée desquels on dispose de puissances naturelles pouvant fournir à bon marché de l'air comprimé, pour le tunnel du mont Cenis, par exemple; mais pour l'exploitation courante des chemins de fer, l'application d'un pareil système est inadmissible.

Aussi, instruit par l'expérience d'un essai fait de Paris à Clamart sur le chemin de fer de Versailles (rive gauche), M. Andraud proposa de compléter son système, en accompagnant le chemin de fer d'une conduite d'air comprimé, afin de pouvoir fréquemment recharger le réservoir. La multiplicité des arrêts, la dépense de la canalisation et des usines de compression, la faiblesse de rendement, si on n'en réchauffe pas l'air en retrouvant partie des dépenses de la locomotion ordinaire, sont bien des motifs qui doivent faire condamner ce système.

Chemins de fer Chameroy. — Toutefois si l'on admet une position où l'abondance des transports soit tellement grande que la dépense d'une canalisation continue d'air comprimé soit possible, ou bien où la fumée de la locomotive soit à éviter absolument, et une ventilation abondante soit nécessaire, il semble qu'il n'y a plus lieu alors de conserver un système plus ou moins dérivé de la locomotive, machine établie à un point de vue tout autre et qu'il y a à supprimer des arrêts incessants.

Le plus curieux essai dans une direction analogue à celle que l'on pourrait alors, sans doute, suivre, est celui tenté par M. Chameroy, l'ingénieux inventeur des tuyaux en tôle et bitume. Il disposait au milieu de la voie, de 25 en 25 mètres par exemple, des espèces de fuseaux tubulaires en communication avec la conduite d'air comprimé. La voiture placée sur le chemin de fer portait un tube fermé par des soupapes qui, par le mouvement, venait coiffer le fuseau, faisait tourner un robinet qui donnant passage à l'air comprimé qui venait agir sur la soupape alors fermée du tube, produisait une impulsion.

Il n'est pas besoin d'insister plus longtemps sur ce promier essai curieux, mais évidemment encore bien éloigné d'une réalisation pratique quelque peu satisfaisante.

Chemins de fer éoliques. — M. Andraud a résumé ses recherches dans un système qu'il a expérimenté longtemps et dont la pratique a montré l'inapplicabilité (voyez CHEMIN DE FER). Il est assez curieux et mérite assez de tenir sa place dans l'histoire des inventions pour que nous devions en donner ici la description; nous l'empruntons au mémoire de M. Gaugain :

Ce nouveau système de traction sur les voies ferrées, inventé et expérimenté par M. Andraud en 1849, consiste, outre la voie ordinaire, en un tube posé sur une longuerine centrale qui règne tout le long de la voie et qui est fixée de mètre en mètre sur les traverses.

Ce tube est composé de trois parties distinctes :

1° Un tube intérieur en toile de coton, à cinq ou six épaisseurs, enduite de caoutchouc;

2° Un fort tube en toile de chanvre, tissu sans couture et de force à supporter, sans se rompre, une pression intérieure de 5 à 6 atmosphères;

3° Une toile de recouvrement destinée à protéger le tube proprement dit.

L'enveloppe intérieure assure *l'herméticité;* celle de chanvre, *la résistance*, et la supérieure, *la conservation* des deux autres.

Le tout est fixé au madrier central, soit par des clous, soit avec de la glu marine, de sorte que c'est le madrier inerte qui supporte l'effort de traction. La toile de recouvrement supporte seule la friction du cylindre tracteur et en garantit le tube propulseur.

Dans ce système, pas de locomotive. Des pompes mues par un moyen quelconque compriment l'air et l'emmagasinent dans un tube-réservoir placé en dehors de la voie, à fleur de terre et susceptible de supporter l'air très-comprimé. Le tube central est mis en communication avec ce réservoir, au moyen de robinets.

Le convoi se compose de plusieurs voitures, dont la première en tête porte en dessous un cylindre dit *cylindre tracteur*, en cuivre, qui s'appuie sur le tube central.

Les choses ainsi disposées, si, à l'arrière du convoi, de l'air provenant du réservoir est injecté dans le tube, celui-ci se gonflera, tendra à soulever le cylindre et la voiture; et, comme le poids du véhicule est supérieur à l'effort produit par l'air comprimé, le cylindre prendra un mouvement de rotation, et entraînera le convoi avec d'autant plus de vitesse, que le tube sera plus large ou l'air plus fortement comprimé.

« On comprend, nous disait M. Andraud, dans les explications pleines d'intérêt que votre Commission a reçues de lui, à plusieurs reprises, sur cet ingénieux système; on comprend que chaque fibre longitudinale du tube agit en se développant sur chaque section correspondante du cylindre tracteur, comme le ferait une corde sur une poulie. Il y a emploi total de la détente de l'air, non pas sur l'axe du cylindre, mais sur sa circonférence, de sorte que l'effet produit doit se mesurer, non sur le chemin que parcourt le centre, mais par la ligne que tracerait un des points de la circonférence.

« En d'autres termes, le char se trouve entraîné comme s'il était continuellement sur le penchant d'une côte inclinée à 50 degrés. »

Il n'y a pas à discuter les inconvénients d'un semblable système; à montrer comment un tube de toile venant presser une roue dans la direction des rayons et non tangentiellement, comme le voulait M. Andraud, serait un organe insuffisant pour mettre en mouvement de lourds convois, quand on pourrait trouver une substance à la fois aussi souple et aussi résistante qu'il serait nécessaire, ce qui semble de toute impossibilité. Ce système n'a évidemment qu'un intérêt de curiosité.

Remorquage. — La vitesse des eaux des fleuves et rivières, source de travail permanente, a été quelquefois utilisée à l'aide de systèmes analogues aux aqua-moteurs, de roues à palettes placées sur des bateaux amarrés servant à enrouler la corde qui opère le halage d'un bateau remontant. Ce système tenté sur quelques fleuves à grande vitesse, comme le Rhône, a été abandonné à cause des frais de tous ces relais.

Il en serait bien probablement de même, dans la plupart des cas, du système qui consisterait à multiplier les réservoirs d'air comprimé le long des rives d'un fleuve, pour l'employer à alimenter des appareils de remorquage. Si la force motrice est gratuite, les travaux à faire pour l'appliquer à cet usage seraient le plus souvent trop considérables, les frais généraux seraient trop élevés pour que le succès puisse être considéré comme probable.

11. *Transport dans des tuyaux.— Poste télégraphique. — Post-office.* — Nous avons vu qu'une canalisation continue était la condition nécessaire de l'emploi de l'air comprimé pour faire parcourir à une résistance un chemin un peu étendu. Après les difficultés et les frais d'une longue canalisation, il reste encore à combiner la machine propre à surmonter la résistance, dans des conditions voulues pour l'emploi que l'on en doit faire, et nous venons de voir que, dans les cas les plus importants, le problème n'est pas résolu.

La question n'est plus à se poser, ou au moins la solution est d'une très-grande simplicité, si on cherche à transporter les objets dans le tuyau même où l'on comprime l'air. Il suffit évidemment d'un obturateur formant piston sur toute la longueur de la conduite, comme l'avait proposé l'inventeur du chemin atmosphérique, dont l'idée est devenue inexécutable lorsqu'on a voulu l'appliquer à un chemin de fer ordinaire, lorsqu'on a voulu employer une soupape longitudinale tout le long du tube.

Ce n'est évidemment qu'à des paquets que le transport dans un tuyau, sur un parcours un peu étendu, peut s'appliquer. C'est en effet un emploi de ce genre qui a été fait pour la première fois à Londres, au Post-Office, pour mettre en rapport le bureau central avec des bureaux de quartier, pour envoyer les lettres de l'un à l'autre, en diminuant ainsi le nombre des voitures et l'encombrement du bureau central.

Ce système a été imité avec succès par l'administration des lignes télégraphiques de France, pour des transports à travers la capitale, qu'il fallait effectuer avec une célérité en rapport avec celle du mode de transmission dont il s'agissait.

Dans un tube de 30 millimètres est placé un petit chariot de forme cylindrique. Une colonne d'eau, moteur indiqué grâce à l'abondance des distributions d'eau à Paris, et au niveau élevé des réservoirs, fournit, en tombant dans un réservoir communiquant, une pression qui refoule l'air et chasse le chariot.

Le refoulement de l'air fournit un coussin élastique qui amortit la vitesse du chariot, le fait rebondir, pour arriver dans la main de l'opérateur qui ouvre l'orifice de sortie.

12. *Ventilation par l'air comprimé.* — L'air comprimé, en se dégageant, sert toujours à effectuer la ventilation des lieux habités; au tunnel du mont Cenis, c'est un de ses emplois principaux. On paraît devoir l'employer avec succès dans ce but exclusivement.

Le rapport publié par M. Gaugain, en 1858, contient déjà un paragraphe intitulé : *Application de l'air comprimé à l'aérage des mines*, dans lequel il est dit :

« Au système d'aérage par extraction, presque toujours insuffisant et dispendieux dans tous les cas, M. Andraud propose de substituer l'aérage *par insufflation*, qui aurait le double avantage d'être moins cher et de prévenir efficacement les terribles explosions du feu grisou. »

C'est en effet à propos des recherches faisant espérer

d'éviter le dégagement du grisou en travaillant dans les mines de houille sous une pression un peu élevée, théorie hasardée et qui n'a pas été admise, que M. Andraud a proposé un système de ventilation nouveau, mais qui n'était admissible que combiné avec des moyens d'entraînement de l'air extérieur, comme l'a proposé un habile ingénieur, M. Piarron de Mondesir, pour les bâtiments de l'Exposition universelle de 1867, avec la collaboration de MM. Julienne et Lehaitre.

Nous reproduirons l'exposé du système de ce dernier, d'après le procès-verbal de sa communication à la Société des ingénieurs civils, du 15 février 1867.

Il établit d'abord le bon marché de la ventilation par appel (que M. Grouvelle a montré pouvoir descendre à 0,04 par 1000 mètres cubes, dans son article VENTILATION de cet ouvrage), et rappelle que, d'après les observations du général Morin, sur la grande cheminée centrale qu'il a fait établir au Conservatoire, à l'imitation de celle que M. Grouvelle avait fait construire à Mazas, il suffit de $5^k,90$ de charbon pour extraire des amphithéâtres un volume d'air de 15,880 mètres cubes par heure.

A l'hôpital Lariboisière, le pavillon des femmes est ventilé par appel direct de la chaleur, et le prix des 1000 mètres cubes est de 0,16; celui des hommes est ventilé mécaniquement, par l'action d'un ventilateur, et le prix des 1000 mètres cubes s'élève à 0,28. Ce système est donc coûteux, et peu satisfaisant d'ailleurs sous d'autres rapports. Aussi n'est-ce pas la simple et peu considérable compression de l'air par un ventilateur ordinaire que M. Montdesir s'est proposé d'utiliser directement, mais une pression plus élevée, combinée avec des effets d'entraînement d'air extérieur.

Dans le système de ventilation par l'air comprimé qu'il propose, et dont il a fait les premières applications aux immenses bâtiments de l'Exposition universelle de 1867, en satisfaisant à des conditions toutes spéciales auxquelles tout autre système eût été impropre, l'air comprimé circulait dans des tuyaux, sur lesquels on plaçait des ajutages adaptés au centre d'un pavillon terminant un tuyau de 0,20 de diamètre. L'air comprimé qui sort par l'ajutage forme, en s'épanouissant, un véritable piston gazeux, qui pousse devant lui l'air contenu dans le tuyau. Cet air est remplacé par de l'air nouveau entrant par le pavillon; et un courant général, plus ou moins rapide, se produit dans toute la section du tuyau.

Comme on dispose de la pression de l'air et de la section de l'orifice pour envoyer par un tuyau une même quantité d'air, il s'ensuit que le minimum de travail nécessaire, pour obtenir un effet déterminé, dépend beaucoup du système de la machine de compression adoptée et des résistances intérieures.

L'emploi de l'air comprimé pour la ventilation paraît devoir offrir divers avantages précieux.

Un des principaux réside dans la facilité d'obtenir une ventilation rafraîchissante. En effet, la compression dégage une quantité de chaleur notable, qu'il n'est pas très-facile d'enlever en faisant passer des surfaces étendues de la conduite d'air dans un bain d'eau à la température ambiante, mais alors l'air ramené à cette température ne peut se dégager sans emprunter aux corps voisins une quantité de chaleur équivalente au travail utilisé pour la compression, et rendre en quelque sorte, sous cette forme, la dépense faite.

Remarquons qu'il a été montré, au début de cette étude, que la plupart des variations de force vive de l'air se traduisaient en phénomènes calorifiques, suivant une loi d'équivalence entre le travail mécanique et la chaleur; c'est en considérant à la fois ces deux éléments dans l'air en mouvement que l'on parviendra à formuler une théorie de la ventilation plus satisfaisante que ce qui a été fait jusqu'ici.

La compression de l'air permet l'utilisation d'un travail $T = \frac{1}{2}MV^2$, qui deviendra, la masse M d'air étant proportionnelle à la vitesse V, pour une même section, $M = KV$, $T = \frac{1}{2}KV^3$. Si elle entraîne par des ajutages convenables, en s'échappant, une autre masse d'air M', on aura :

$$\frac{1}{2}KMV^3 = \frac{1}{2}K(M + M')V'^3,$$

et V' étant très-petit, M' sera très-grand.

Mais, malgré l'heureuse disposition de l'entraînement de l'air, les machines de compression dont le rendement atteint rarement 50 p. 100 d'effet utile sont trop peu avantageuses, comme les machines à vapeur qui servent à les mouvoir, pour qu'on puisse supposer la ventilation obtenue par insufflation d'air comprimé comme aussi économique que la ventilation par appel direct, surtout si on emploie des pressions élevées. A de faibles pressions, le système paraît assez avantageux, d'après les expériences faites par M. Tresca au Conservatoire des arts et métiers, qui ont permis d'analyser les conditions d'application de ce nouveau système.

En rapportant les observations à la dépense d'un cheval-vapeur mesurée en air comprimé, à la puissance motrice consommée pour un jet équivalent à un cheval-vapeur pris par unité, on est arrivé aux résultats renfermés dans le tableau suivant :

Tableau du volume d'air débité par cheval de jet.

PRESSION de L'AIR COMPRIMÉ.	DIAMÈTRE DU JET.	VITESSE de la VENTILATION.	VOLUME D'AIR par cheval de jet.
atm.	m.	m.	m.c.
2.000 à 2.018	0.010	1.096	2852
1.592 à 0.755	0.015	1.114	2450
0.532 à 0.500	0.020	1.076	3990
0.255 à 0.253	0.020	0.751	7053
0.259 à 0.250	0.025	1.122	6689
0.162 à 0.151	0.025	0.705	8330
0.131 à 0.100	0.030	0.855	10216

Si avec une machine et une pompe parfaitement appropriées à cette destination, il était permis d'espérer que l'on pût obtenir le cheval de jet à raison de 4 kilogrammes de charbon, ce qui paraît être en ce moment un minimum presque irréalisable, la ventilation par l'air comprimé ne reviendrait qu'à un kilogramme de houille pour une ventilation effective de 2500 mètres cubes, pour des pressions notables.

L'augmentation d'effet utile avec la diminution de pression motrice s'explique d'ailleurs, parce que la perte de force vive qui a nécessairement lieu, lors du mélange à la sortie du jet, entre l'air comprimé et l'air aspiré, doit être, en effet, d'autant moindre que la pression est plus faible.

Il est donc supposable que pour des pressions motrices plus faibles encore, on obtiendrait une ventilation plus grande pour un jet de même section, mais la puissance de la ventilation irait en décroissant d'une manière gênante.

Disons aussi ce qui rend ce système très-intéressant: c'est, avec les avantages déjà indiqués, la facilité de porter la ventilation là où il est besoin, en allongeant le tuyau, par exemple dans une partie des mines infectées de grisou, et pour les applications à la salubrité des lieux habités, la facilité de l'employer à la fois à l'entrée et à la sortie de l'air.

En effet, dans les systèmes décrits à VENTILATION, on ne s'occupe que de la sortie de l'air vicié, sortie qui cause l'appel de l'air nouveau. Mais au lieu de parvenir de l'endroit où on veut le puiser pur, chaud ou frais, selon les saisons, il arrive dans la pratique de toutes parts, par les divers orifices qu'il rencontre. Cet inconvénient capital peut être évité par un premier appareil insufflant placé à l'entrée de l'air nouveau, opérant absolument comme l'apareil aspirant placé à la sortie.

Nous croyons pouvoir dire qu'il y a dans cette nouvelle voie de belles applications à espérer.

MODES DE COMPRESSION.

En décrivant les divers systèmes d'emploi de l'air comprimé, nous nous trouvons avoir décrit les dispositions adopées avec le plus d'avantage pour comprimer l'air.

En principe, toute capacité dans laquelle l'air est emprisonné comprime l'air quand on réduit le volume par un moyen mécanique quelconque. Tels sont les soufflets de tout genre, et, parmi eux, le plus parfait de tous et celui qui peut s'exécuter avec le plus de perfection, la pompe de compression à corps de pompe et piston. Ce n'est pas toutefois la pompe simple qui constitue la meilleure solution, comme nous l'avons vu dans la description des applications les plus satisfaisantes de l'air comprimé; l'intervention d'un piston d'eau est un progrès réel. Nous donnerons, sur ce point, un extrait du rapport de M. Gaugain, qui nous paraît intéressant, au point de vue historique notamment.

La question des moyens de compression de l'air est très-importante; car de sa solution dépend relativement le prix de revient de l'air comprimé; de sa solution dépend surtout la possibilité de comprimer l'air et de l'emmagasiner pour l'usage.

La première idée qui se présente est celle de la compression directe et immédiate.

Ainsi, dans la pompe à air du *fusil à vent*, dans celle de la *fontaine de compression*, l'air est comprimé *directement* par le piston, sans le secours d'aucun corps intermédiaire.

Qu'arrivait-il de là?

Il arrivait que, travaillant à sec, les pistons et les clapets s'échauffaient, les corps de pompe se dilataient, et le plus petit grain de sable suffisait à paralyser l'action des soupapes, surtout quand la pression commençait à devenir considérable.

L'opérateur était-il enfin parvenu à ce degré de pression, c'est alors qu'il rencontrait incessamment une résistance incessamment croissante; et il arrivait un moment où la compression ultérieure devenait, pour ainsi dire, impossible, et n'était, dans tous les cas, obtenue qu'au prix des plus grands efforts.

A cet appareil imparfait succéda la pompe à mercure de MM. Taylor et Martineau.

Dans cet ingénieux appareil, le piston de fer se meut dans un bain de mercure dont la surface; s'élevant dans le corps de pompe, comprime l'air au-dessus d'elle, et sert ainsi d'intermédiaire entre le volume d'air à comprimer et le piston compresseur.

Ces pompes, outre qu'elles étaient assez chères, perdaient toujours du mercure et se déréglaient aisément; elles avaient en outre l'inconvénient bien plus grave d'altérer en peu de temps la brasure en cuivre des réservoirs, et il fallut chercher mieux.

Les pompes à double effet de Thilorier, employées par M. Perrot, donnaient de bons résultats; mais, à l'usage, on y trouvait encore cet inconvénient qu'à chaque coup de piston la résistance allait croissant et rendait la compression de l'air, à de hautes pressions, de plus en plus difficile et dispendieuse.

Frappé de ces imperfections, M. Andraud imagina un nouveau moyen de fouler l'air à un degré indéfini avec des pompes de force médiocre qu'il faisait agir dans l'intérieur des récipients déjà chargés eux-mêmes d'air comprimé à un certain degré. Ces récipients communiquaient entre eux au moyen de tuyaux garnis de valves, et chacune des pompes intérieures, aspirant ainsi de l'air comprimé à un certain degré, se refoulait dans un récipient voisin contenant de l'air plus comprimé encore.

C'était un progrès notable; mais la chaleur dégagée, par le fait même de la compression, dilatait toujours les appareils et devenait une cause de détérioration assez prompte : ce qui conduisit M. Andraud, ainsi qu'il le dit lui-même dans la spécification de son brevet de 1844, à faire intervenir l'eau dans la compression, et cela de trois manières :

1° En plongeant les pompes et les tuyaux dans l'eau maintenue froide autant que possible;

2° En agissant directement sur l'eau refoulée alternativement dans deux réservoirs contigus, dans lesquels l'air supérieur se comprime et passe dans le récipient général;

3° Enfin, en disposant les pompes foulantes, de telle sorte que l'air, en sortant de ses pompes, passe à travers une masse d'eau froide avant de se rendre dans le récipient.

Ce moyen mettait déjà sur la voie de la compression par l'eau, et c'est à peu près vers le même temps que M. Julienne appliquait la presse hydraulique à la compression des gaz, substituant ainsi définitivement le piston *liquide* au piston *solide*.

M. Julienne avait dès lors compris que le piston solide est rarement parfait, que le moindre corps étranger l'altère, que la moindre irrégularité dans le corps de pompe le rend incapable d'agir; tandis que le piston liquide, au contraire, le piston d'eau, non moins incompressible que l'autre, remplit toujours exactement le corps de pompe à l'intérieur duquel il se meut.

L'appareil est simple d'ailleurs :

Qu'on se figure un vase quelconque à parois très-résistantes, hermétiquement clos de toutes parts et vide, c'est-à-dire ne contenant, quant à présent, que de l'air;

Supposons, à sa partie supérieure, une soupape ou clapet s'ouvrant du dedans au dehors et communiquant par un tube avec un deuxième vase dans lequel on se propose d'emprisonner l'air ou les gaz;

Admettons encore que l'extrémité inférieure du premier vase communique aussi par un tube avec le tuyau d'émission d'une pompe aspirante et foulante, dont le tuyau d'aspiration plonge dans une bâche pleine d'eau, d'huile ou de tout autre liquide;

Adaptons enfin, à l'extrémité supérieure de ce même vase, un robinet pour la rentrée de l'air, et à son extrémité inférieure, un autre robinet pour donner issue à l'eau dont nous n'allons pas tarder à le voir rempli;

Puis faisons agir la pompe :

L'eau de la bâche, *attirée par le tuyau d'aspiration* de la pompe, sera *refoulée par le tuyau d'émission* dans le premier vase, et s'y élèvera d'autant plus que l'action de la pompe se répétera davantage.

A mesure que l'eau s'élèvera, elle tendra nécessairement à déplacer l'air contenu dans le vase, et qui, si j'ose m'exprimer ainsi, se réfugiera, chassé par elle, dans la partie supérieure, se resserrant sur lui-même, se faisant de plus en plus petit, en quelque sorte, pour échapper à l'envahissement successif de l'eau.

Mais, sous l'action répétée de la pompe, l'eau montant toujours, parvient enfin jusqu'en haut du vase, et le remplit entièrement.

L'air, chassé par l'eau qui le presse contre la soupape, soulève enfin celle-ci pour entrer dans le deuxième vase qui reçoit ainsi tout le volume d'air originairement contenu dans le premier vase. On donne issue à l'eau qui le remplit, et l'on y laisse rentrer de nouvel air que, sous l'action de la pompe, l'eau refoulera de nouveau dans le deuxième vase, jusqu'à ce que celui-ci se trouve enfin contenir une provision d'air comprimé suffisante pour le besoin.

Enfin, l'air déjà comprimé n'étant plus constamment en présence de celui que l'on comprime, il en résulte que, pendant les cinq sixièmes au moins du temps que dure la compression, la résistance que les pompes ont à vaincre se trouve diminuée d'autant. Or, comme on peut toujours, vers la fin de l'opération c'est-à-dire au moment où la résistance atteint son maximum d'intensité, paralyser l'action d'un certain nombre de pompes, il en résulte que, par le fait, la résistance est toujours la même, de sorte que la machine motrice de l'appareil peut constamment marcher d'un train régulier.

D'où il suit que, par ce système, la compression de l'air est aujourd'hui possible : à bas prix, à toute pression, sans réaction, sans échauffement, sans perte de temps ni de fluide.

Mais ce n'était pas assez, Messieurs, pour les membres de votre commission d'avoir acquis la certitude que désormais la compression de l'air sera toujours possible et certaine dans tous les cas; ils voulaient en outre se rendre compte de ce qu'il serait nécessaire d'employer de force pour obtenir un volume d'air donné, 1 mètre cube par exemple, comprimé à 1, à 2, à 3, à 10, à 20, à 30 atmosphères,

Des explications pleines d'intérêt, données par M. Julienne au sein de la commission, il résulte que, dans l'appareil de compression qui lui a servi pour son expérience de Saint-Ouen, la force de sa machine à vapeur n'était pas, à beaucoup près, tout entière employée dans les premiers temps du travail, alors que la pression ne dépassait pas encore 4, 5, et même 6 atmosphères. Il y avait donc, évidemment, perte de force pendant cette première période de l'opération, d'où votre commission conclut avec M. Jullienne que tout appareil de compression doit être conçu de manière à utiliser tout entière, pendant toute la durée du travail, la force du moteur qui le commande, de telle sorte que ce moteur, ayant toujours même résistance à vaincre, marche toujours du même train.

Tel est le problème à résoudre pour arriver à comprimer l'air aussi promptement que possible, en faisant, bien entendu, le moins de dépense possible.

Il est bien constant, en effet, qu'une force motrice quelconque, naturelle ou autre, étant donnée, la disposition particulière de l'appareil compresseur qu'elle doit mettre en jeu peut être telle, qu'il y ait plus ou moins de travail produit dans un temps également donné. L'ingénieur doit donc s'appliquer à construire son appareil de manière à pouvoir utiliser TOUT ENTIÈRE la force dont il dispose, *dans les premiers* comme *dans les derniers* temps de l'opération; ce qui est facile en mettant assez de pompes pour absorber toute la force disponible en commençant; sauf à les paralyser successivement et à mesure que la résistance augmente avec la pression.

On voit, dans ce qui précède, la filiation des idées qui ont conduit à la construction de M. Sommeiller donnée plus haut, dont l'appareil de compression, est à piston immergé, et fonctionne dans l'eau.

Réservoir d'eau sous pression. — La pompe de compression à piston liquide ramène vers les systèmes où l'eau, partant d'un niveau élevé, est l'agent direct de la compression, en remplissant un réservoir préalablement rempli d'air, comme dans l'ancienne machine de Schemnitz, comme aux travaux du mont Cenis, avec utilisation de la force vive acquise dans le liquide dans sa chute; enfin comme l'Administration des télégraphes à Paris emploie l'eau des distributions d'eau. Ce système est fort peu coûteux lorsqu'on dispose d'eau amenée abondamment par l'action solaire et la pluie, à un niveau élevé, dont on n'a pas d'autre emploi comme au mont Cenis.

Ventilateurs. — L'emploi de ventilateurs tournant à grande vitesse est un moyen fréquemment employé pour mettre l'air en mouvement. De l'impulsion imprimée à l'air résulte la compression de celui-ci dans un réservoir convenablement placé, pression qui peut devenir un peu notable, si la vitesse des palettes du ventilateur est considérable et surtout si on emploie deux ou trois ventilateurs successifs, c'est-à-dire disposés de telle sorte que le premier, puisant de l'air dans l'atmosphère, fournisse au second l'air qu'il a comprimé et ainsi de suite.

Si la simplicité du mécanisme du ventilateur, la facilité de le placer près des points où doit être produite l'insufflation, le fait adopter souvent et avec succès par l'industrie, il ne doit pas en être de même dans le cas où la compression de l'air est l'objet principal à atteindre, où il faut remplir, statiquement, en quelque sorte, un réservoir d'air comprimé à une pression notable. C'est en chassant les molécules, et par suite en les faisant tourbillonner, que le ventilateur détermine la force centrifuge qui fait naître la pression; mais il est bien clair que la majeure partie du travail moteur n'a pas été consommée pour produire cet effet, mais à communiquer une force vive emmagasinée dans des mouvements rotatifs qui n'importent pas au but proposé; la perte de travail est donc notable, celui réellement utile n'est qu'une faible fraction de celui dépensé.

ALLUMETTES CHIMIQUES. La fabrication des allumettes chimiques se compose de plusieurs opérations bien distinctes et qui sont les suivantes:

1° Le débitage du bois en petites baguettes, qui sont ensuite découpées en tiges:

2° La mise en presse des allumettes;

3° Le *soufrage* des tiges ou le *trempage* dans un corps gras, remplaçant le soufre;

4° La préparation de la pâte phosphorée;

5° Le *chimicage* ou trempage du bout soufré dans la pâte phosphorée;

6° Le *dessèchement* des allumettes;

7° Le démontage des presses;

8° La mise en paquets et en boîtes.

Débitage du bois. Deux moyens sont employés pour débiter le bois. Dans la plupart des petites fabriques, où une seule famille exécute tout le travail, et où l'on n'achète pas les tiges confectionnés, le bois est fendu au couteau. Dans plusieurs grandes usines même, ce procédé est employé concurremment avec d'autres, pour la confection des tiges d'allumettes en bois de sapin, dont on se sert dans les ménages. Quel que soit le bois employé, ce procédé fournit toujours des tiges *plucheuses*, inégales, plus ou moins tordues, et s'arrangeant assez mal en paquets ou en boîtes.

En Autriche, on se sert exclusivement d'un rabot muni d'un fer spécial. C'est Étienne Rœmer, qui le premier réussit à confectionner ainsi les tiges d'allumettes. Le fer de ce rabot ressemble à une mèche ordinaire; seulement à la place du tranchant, son extrémité inférieure se termine par une *partie recourbée*. On ménage dans cette partie, trois, quatre ou cinq trous cylindriques qu'on perce d'outre en outre, à l'aide d'un foret. C'est dans les forêts de la haute Autriche, de la Bohême, et dans la Forêt-Noire du Wurtemberg qu'on fabrique toutes les tiges d'allumettes employées par les nombreuses usines de l'empire d'Autriche et du reste de l'Allemagne.

Dans les autres pays, quand les fabricants ne s'approvisionnent pas de petites baguettes préparées en Autriche, on se sert de machines spéciales pour fendre le bois. Ce débitage se fait dans des ateliers séparés de la fabrique d'allumettes. En France, le bois le plus employé est le *tremble*, qui est léger et facile à fendre. On y utilise également le *bouleau*, qui est plus lourd et donne de meilleurs produits, mais d'un prix de revient supérieur à ceux du tremble. Avant de couper le bois, on le dessèche au four, on le scie ensuite en troncs de cylindres qui sont débités en tiges *carrées* ou *cylindriques*. Comme les fibres du bois de tremble et de bouleau ne sont pas droites, les tiges coupées, carrées ou rondes, n'ont guère de fils dépassant en longueur deux fois le diamètre de celles-ci, ce qui rend ces tiges très-sujettes à se casser lors du frottement qu'on exerce pour allumer la pâte phosphorée. On évite cet inconvénient en prenant l'allumette le plus près possible du bout, mais, dans ce cas, on risque de se brûler les doigts. Certaines allumettes carrées, en bois léger, qui se trouvent dans la consommation parisienne, présentent ce défaut de solidité à un degré très-prononcé. Le fragment d'allumette qui se détache tombe souvent à terre, quand il a déjà pris feu, ou bien s'il ne s'est pas allumé, il s'enflamme par le frottement involontaire du pied; dans l'un et l'autre cas, les risques d'incendie sont évidents.

Les bouts des allumettes sciées conservent la trace de la scie; ce qui rend leur *extrémité plucheuse* et nuit à l'opération du *chimicage*. La pâte phosphorée s'envelopperait très-irrégulièrement. Les bouts qui présentent ce défaut devraient être roussis, par leur application contre une surface rougie, avant d'être soufrés, comme on le pratique pour les allumettes où un corps gras remplace le soufre.

Mise en presse. — Pour que le bout de chaque tige d'allumette puisse recevoir d'abord le soufre, puis la pâte phosphorée, il est indispensable de les tenir isolées les unes des autres; on arrive à ce résultat par la mise en presse. A cet effet, une ouvrière, car c'est presque toujours une femme qui exécute ce travail, prend dans sa main un certain nombre d'allumettes, et elle les étend rapidement sur une planchette à crans, disposée de telle sorte que chaque cran, creusé un peu en biais, retient une allumette; elle prend aussitôt de son autre main une autre planchette semblable, et elle en recouvre la première, puis elle étend de nouveau ses allumettes; chaque planchette présente à son revers deux bandelettes de flanelle collées dans le sens de sa longueur, et destinées à maintenir les allumettes qu'elle recouvre; ces planchettes, ainsi garnies, se superposent et se fixent les unes sur les autres, en remplissant l'espace laissé entre deux baguettes rondes et verticales, taraudées à leurs sommets, qui reçoivent les planchettes par les deux trous qu'on a ménagés à leurs extrémités. Lorsque ce châssis est rempli par vingt ou vingt-cinq planchettes superposées, on les fixe toutes au moyen d'une dernière planchette pleine, qui est assujettie par des vis. C'est là le procédé autrichien, qui est exécuté de la même manière dans presque toutes les usines. Néanmoins, en France, quelques industriels opèrent la mise en presse à l'aide d'une machine.

Trempage au soufre. — Les tiges étant mises en presse, on procède à l'opération du soufrage. Cette opération s'exécute en plongeant l'extrémité des tiges jusqu'à un centimètre environ dans du soufre maintenu en fusion sur une plaque de fonte à rebords recourbés. On opère sur 700 à 800 tiges à la fois.

Lorsqu'on remplace le soufre par un corps gras ou par une matière résineuse, avant de tremper le bout de la tige dans le corps gras *fortement chauffé*, on le roussit préalablement, ou même on le charbonne légèrement en l'appuyant un moment sur une plaque de fonte faiblement rougie. La légère carbonisation qui s'opère au bout de l'allumette rend celle-ci plus combustible lors de la déflagration et de l'inflammation de la pâte dont on l'entoure.

Chimicage. — Le bout des tiges étant soufré, on procède au chimicage, qui consiste uniquement à les tremper dans la pâte inflammable qui se trouve étalée à l'aide d'une règle sur une table de pierre, comme en Autriche, ou de fonte de fer, ou bien dans une auge à fond plat en cuivre, de forme carrée, et placée sur une table de pierre.

Le chimicage se fait à chaud ou à froid. On l'exécute à chaud lorsqu'on emploie la colle forte, et à froid quand on se sert de gomme ou de dextrine.

Nous avons déjà indiqué dans un premier article les éléments essentiels de la pâte des allumettes.

Dessèchement des allumettes. — La dessiccation du mastic adhérent au bout des allumettes se fait dans un séchoir à air chaud. Dans les fabriques bien montées, les séchoirs sont chauffés à l'aide de la vapeur d'eau qui circule dans les tuyaux, ou bien par une circulation d'eau chaude.

L'emploi de tuyaux de poêles, chauffant toujours très-inégalement les ateliers, devrait être interdit; le courant d'air très-chaud, qui se produit ainsi dans certains endroits, a souvent occasionné des incendies. Le dessèchement est complet au bout de vingt-quatre heures. Les presses, avec les allumettes desséchées, sont alors retirées du séchoir; elles sont dégarnies et les allumettes réunies en bottes ou bien placées dans des boîtes.

INCONVÉNIENTS ET DANGERS AUXQUELS EXPOSENT LA FABRICATION ET L'EMPLOI DES ALLUMETTES PHOSPHORIQUES.

Danger pour la santé des ouvriers. — La fabrication des allumettes chimiques, lorsqu'elle est faite sans précautions particulières, est la cause de maux bien cruels pour certains ouvriers. Ces maux sont dus à la vapeur de phosphore, qu'exhale d'une manière continue la pâte inflammable, et cela d'autant plus fortement que sa température est plus élevée.

Cette vapeur de phosphore passe à l'état d'acide phosphoreux, qui, restant suspendu dans l'air, le rend complétement nuageux et délétère pour les ouvriers. Le docteur Lorinzer, de Vienne, a, le premier, en 1845, appelé sur ces maux l'attention de l'autorité publique et de la médecine.

Depuis cette époque, les médecins, dans différents pays, ont constaté avec soin les accidents qui se sont produits. En France, le docteur Théophile Roussel, dans un écrit présenté, le 16 février 1846, à l'Académie des sciences de l'Institut, et intitulé, *Recherches sur les maladies des ouvriers employés à la fabrication des allumettes chimiques*, a décrit avec une grande exactitude toutes les affections qu'il a observées.

Les ouvriers qui exécutent les opérations que nous venons d'indiquer ne sont pas tous exposés de la même manière : ceux qui opèrent la préparation de la pâte et le chimicage sont le plus en danger; chez eux la maladie se développe après qu'ils ont pratiqué ces opérations pendant quatre à six années. Les autres y sont infiniment moins sujets. La malpropreté paraît être une cause prédisposante pour tous; les ouvriers atteints de carie de dents sont plus exposés que ceux qui ont une denture saine.

Une ventilation convenable des locaux où se fait la préparation de la pâte, le chimicage, le dessèchement des tiges armées de mastic, le dégarnissage des presses et l'arrangement des allumettes en paquets et en boîtes, diminue *considérablement* les chances qu'ont les travailleurs d'être atteints.

Les faits qui précèdent, dont la gravité ne peut être méconnue de personne, imposent des devoirs à l'autorité et aux fabricants. Dès 1847, M. J. Preshel, à Vienne, a reconstruit son usine dans l'espoir de soustraire ses ouvriers à ces affections. Le résultat a couronné ses efforts. Les maladies sont devenues tellement rares dans son usine, qu'on peut dire que le danger n'existe presque plus. Les modifications apportées par M. J. Preshel consistent dans une disposition particulière des locaux et dans le système de ventilation qui y est établi. La faculté de médecine de Vienne, appelée à émettre son avis sur la valeur de ces modifications, les a complétement approuvées et les a proposées pour un modèle à suivre dans la construction des autres fabriques d'allumettes.

Mais ce n'est pas le seul danger auquel les allumettes phosphoriques exposent la société, il en existe deux autres : les chances d'incendie et les empoisonnements accidentels et criminels.

Danger d'incendie. — Des paquets d'allumettes placés dans des lieux trop chauds, ou bien frappés par la lumière solaire directe, peuvent prendre spontanément feu. La chaleur, déterminant l'inflammation spontanée de la pâte, a été la cause des incendies qui ont éclaté chez les débitants d'allumettes ou chez des particuliers qui avaient placé des allumettes en *paquets* ou en *boites ouvertes* dans un lieu trop fortement chauffé ou exposé au rayonnement d'un foyer.

Pendant l'été, le feu a été mis aux granges et aux meules, dans les toits desquelles des malveillants avaient implanté quelques allumettes. Le danger pour la sécurité publique et privée existe donc ; mais il n'est qu'un résultat prévu, inévitable des qualités de l'allumette ; il est en raison même de sa *sensibilité*, c'est-à-dire de la facilité avec laquelle elle produit du feu, lorsqu'on veut s'en servir. Pour que ces inconvénients disparaissent, il faut que le consommateur cesse de réclamer cette sensibilité.

En examinant tous les cas d'accidents signalés et en exceptant ceux causés par la malveillance, on s'aperçoit aisément qu'ils dépendent, soit de l'imprudence, soit de l'imprévoyance des personnes. Combien n'en existe-t-il pas qui abandonnent les allumettes en paquets ou en vases ouverts et combustibles sur la tablette d'une cheminée? Combien n'en trouve-t-on pas qui les laissent trainer partout?

Empoisonnements causés par les allumettes chimiques. — Reste la dernière cause de danger : les propriétés toxiques du phosphore contenu dans la pâte. Les propriétés vénéneuses du phosphore sont connues depuis plus d'un siècle. On sait qu'introduit dans le corps en très-petite quantité, un centigramme, par exemple, il excite énergiquement l'économie animale et produit un orgasme vénérien. On sait, en outre, que cinq centigrammes ont souvent suffi pour déterminer la mort au milieu de convulsions. D'ailleurs, le phosphore, divisé dans des matières alimentaires, a été employé depuis quinze à vingt années pour détruire les animaux nuisibles. Dans certains pays, des marchands ambulants colportent dans les campagnes de la pâte phosphorée pour détruire les rats et les souris. On a donc appris au peuple que le phosphore peut donner la mort. Peut-on s'étonner, après cela, qu'il se soit servi du phosphore des allumettes pour commettre des crimes? Partout ne trouve-t-on pas l'abus à côté de l'usage? Mais le danger auquel est exposée la société est-il bien grave? A certain point de vue, nous n'hésitons pas à déclarer que ce danger est immense. En effet, celui qui médite un crime a sous la main le moyen de le perpétrer immédiatement. Ce qui doit, jusqu'à un certain point, rassurer la société, et ce que l'on ne saurait proclamer trop haut, c'est que si l'empoisonnement est facile à commettre, les symptômes offerts par la victime trahissent toujours le crime, et qu'après la mort il est possible, et même facile, de constater la présence du poison. D'ailleurs, les mets chauds et même froids auxquels on a ajouté du phosphore exhalent une odeur nauséabonde et possèdent un goût d'ail très-prononcé.

Existe-t-il un moyen de se procurer facilement du feu et de la lumière? Ce moyen n'expose-t-il pas la santé de l'ouvrier, ne peut-il donner lieu ni à des incendies ni à un empoisonnement, soit accidentel, soit criminel? Ce moyen existe, c'est l'emploi du *phosphore rouge*, découvert, en 1847, par le docteur Schotter, secrétaire perpétuel de l'Académie impériale de Vienne. Ce corps qu'on désigne encore sous le nom de phosphore *amorphe*, se distingue du phosphore ordinaire par un ensemble de propriétés. Ainsi, il ne produit ni émanations nauséabondes, ni lueur dans un lieu obscur; il ne *s'enflamme jamais spontanément* dans les conditions que l'on peut rencontrer dans un lieu habité ou habitable. Pour brûler, il lui faut au moins 200 degrés de chaleur. Il est *complétement dépourvu de propriétés vénéneuses*; il en résulte que son maniement et son mélange avec les aliments ne peuvent pas altérer la santé. Le changement qu'éprouve le phosphore dans la combustibilité, en prenant la forme du phosphore *rouge*, le suit dans sa manière d'être à l'égard des corps comburants avec lesquels on le mêle. Ainsi, additionné de bioxyde de plomb, ou de bioxyde et d'azotate de plomb, d'azotate de potasse, il ne s'enflamme plus par le frottement. Ces composés ne peuvent donc pas lui servir d'oxydant, comme c'est le cas pour le phosphore ordinaire. Jusqu'ici, on ne connaît que le *chlorate de potasse avec lequel il brûle par frottement*. Malheureusement, le mélange de ces deux corps, soumis au frottement contre un corps dur et rugueux, produit une déflagration bruyante et des projections, phénomènes qui entraînent avec eux toutes sortes de dangers qui existaient dans le mélange de chlorate de potasse avec le phosphore ordinaire, et qui ont déterminé le remplacement de ce sel par des composés de plomb.

D'après l'expérience que nous en avons faite, l'emploi des allumettes armées d'une pâte dans laquelle entrent simultanément le phosphore amorphe et le chlorate de potasse, est tout aussi dangereux, sinon plus dangereux que celui des allumettes faites avec le chlorate et le phosphore ordinaire; un faible frottement enflamme celles-ci, tandis qu'il faut un frottement plus fort pour enflammer les premières, et par ce frottement un peu énergique on détache presque toujours une partie de la pâte, qui est lancée au loin en pleine ignition. La déflagration de la pâte nous a paru d'ailleurs beaucoup plus bruyante. Ce dernier fait dépend-il de la composition des matières? c'est ce que nous ne savons pas; mais ce qui nous fait supposer que cela dépend de la nature même du phosphore rouge, ce sont les propriétés de la pâte faite par un même fabricant à l'aide des deux phosphores. Dès 1847, M. J. Preshel s'est servi du phosphore rouge, préparé par M. Schotter même, pour en confectionner des allumettes. Or, celles-ci explosionnent d'une manière beaucoup plus bruyante, *crachent plus* que celles confectionnées au chlorate et au phosphore ordinaire.

Les inconvénients et les dangers que présentent les allumettes munies d'une pâte au phosphore amorphe et au chlorate de potasse sont donc tels que la simple prudence oblige de les proscrire. Mais de là il ne résulte pas nécessairement que le phosphore amorphe ne puisse pas remplacer le phosphore ordinaire. Il a été fabriqué des *allumettes spéciales ne s'enflammant par la friction qu'autant qu'on les frotte sur une surface particulière.* On sait que les allumettes ordinaires s'enflamment par la friction contre une surface quelconque, pourvu qu'elle soit dure. La pâte dont les nouvelles allumettes sont garnies renferme du chlorate de potasse mêlé de matières combustibles et d'un corps dur pulvérulent; la surface sur laquelle la friction se fait est recouverte d'un vernis contenant du phosphore amorphe disséminé dans une matière fort dure. Ainsi, la pâte de l'allumette ne contient aucune trace de phosphore; ce corps en est séparé et déposé sur une surface préparée *ad hoc*, distincte de l'allumette, et qui lui en *cède une trace sous l'influence de la friction*. Trois fabricants ont envoyé à l'Exposition de 1855 un système d'allumettes basé sur le principe de la séparation de la matière comburante d'avec la matière combustible destinée à provoquer la combustion. Ce sont M. Bernard Furth, de Schüttenhoffen (Bohême), M. J. Preshel, de Vienne, et la fabrique de Jonkoping (Suède), représentée par M. C.-F. Lundstrom, copropriétaire de cette usine[1].

Toutes les objections faites contre l'emploi des allumettes phosphoriques ordinaires tombent devant ce système. *La pâte, dont le bout est garni, peut être chauffée à une température presque égale à celle nécessaire pour la destruction du bois, sans prendre feu, et, lorsqu'elle déflagre, elle ne produit pas de projection de parties enflammées.* La surface, enduite de phosphore rouge, supporte également sans s'enflammer une température supérieure à celle nécessaire pour détruire les matières combustibles. Ni la pâte, ni la surface ne prennent feu sous l'influence du frottement. Ainsi, la pâte adhérente au bout de la tige, la surface sur laquelle il faut opérer la friction, présentent une égale sécurité. Le nom d'*allumettes de sûreté* ou de *briquet de sûreté*, qu'on leur a donné, est parfaitement applicable.

En examinant de près ce système d'allumettes, on voit qu'il repose sur le même principe que celui qui a donné naissance au briquet oxygéné. Il est remarquable qu'après un demi-siècle de recherches, on soit ramené au point de départ. En effet, dans le briquet oxygéné, comme dans le briquet de sûreté, l'agent qui doit développer le feu est séparé de la matière combustible. Dans l'un, c'est l'acide sulfurique, corps liquide très-altérable à l'air humide; dans l'autre, c'est un corps solide, complétement inaltérable dans l'air, *pourvu qu'on ne l'expose pas à la radiation solaire directe*. L'un repose sur le simple contact, l'autre sur la friction. Mais, quoique le principe soit le même, il y a un progrès évident, incontestable. (M. Stass. — Rapport du jury de 1855.)

ALUMINIUM. La découverte de l'aluminium ou plutôt de sa préparation à l'état métallique a frappé vivement l'attention publique dans ces dernières années. Elle a conquis une juste popularité au savant chimiste M. H. Deville, dont la science n'était auparavant appréciée que dans le monde savant.

Extraire de l'argile, si commune partout, un métal analogue aux métaux précieux par sa résistance à l'action de l'air, aussi léger que le verre, la densité de l'aluminium n'est que 2,56, comparable à l'argent quant à l'aspect, bien qu'un peu bleuâtre (ce qui empêche de l'employer bruni), doué de beaucoup de ténacité et par suite susceptible de nombreuses applications soit seul, soit à l'état d'alliages avec d'autres métaux, c'était à coup sûr obtenir de curieux et intéressants résultats bien dignes de frapper vivement l'attention publique.

L'aluminium se produit par la décomposition du chlorure d'aluminium au moyen du sodium; le sodium, en s'emparant du chlore pour former du sel marin, isole l'aluminium de sa combinaison.

Il y a donc ici trois faits à considérer et à étudier :

La préparation du sodium;

La préparation du chlorure d'aluminium;

[1] Le système de fabrication de cette usine est celui vulgarisé à Paris par MM. Coignet.

Et enfin la réaction entre ces deux corps; l'extraction de l'aluminium.

Nous procéderons suivant l'ordre que nous venons d'indiquer.

Préparation du sodium. — En s'appuyant des travaux de MM. Mareska et Donny, qui ont publié en 1852 un excellent travail sur l'extraction du sodium, en modifiant très-heureusement le genre de récipient plat, qu'ils avaient adopté, et aussi la composition du mélange, M. Deville est parvenu à produire du sodium avec une facilité et une abondance qu'on aurait volontiers, il y a quelque temps, regardées comme impossible.

Il s'est surtout attaché principalement à faire de la fabrication du sodium une opération continue, condition fondamentale pour une exploitation industrielle. Il fallait pour cela qu'on ne fût pas obligé de retirer la cornue du fourneau, après l'épuisement du mélange. Il fallait, de plus, que cette cornue fût mise à l'abri de l'oxydation pour en prolonger la durée et éviter ainsi les temps d'arrêt tout en diminuant la dépense. Un fait important qui résulta des expériences de M. Deville, c'est qu'on pouvait diminuer la température en augmentant la surface de chauffe et en rétrécissant l'ouverture qui doit donner passage à la vapeur du sodium. Toutes ces conditions se trouvent remplies par les dispositions suivantes :

La bouteille à mercure, qu'on avait employée jusqu'ici, est remplacée par un tube de fer étiré, d'un diamètre de 1 décimètre sur 1m,20 de longueur. (L'expérience a prouvé à M. Deville qu'un plus grand diamètre devenait bientôt désavantageux.) A l'une de ses extrémités, ce tube est fermé par une plaque de fer soudée à la forge, et percée, non pas au centre, mais près de sa circonférence, d'une ouverture dans laquelle on visse un bout de canon de fusil de 1 décimètre, lequel constitue le tube de dégagement. Ce tube se rend dans un récipient plat que l'on vide dans l'huile de schiste toutes les fois qu'il est plein. A l'autre extrémité du cylindre est un bouchon de forte tôle, qu'on peut enlever et replacer à volonté, au moyen d'une poignée en forme d'anneau. On recouvre ce cylindre d'un lut qui doit être un peu fusible, et qui est composé de terre à poêle et de crottin de cheval. Le cylindre est alors introduit dans un manchon de terre réfractaire, assez large pour qu'un espace annulaire reste libre entre la paroi intérieure et la surface du cylindre. Cet espace est rempli par de la brique pilée.

L'appareil ainsi préparé se place dans le fourneau horizontalement, de manière que le tube de dégagement, qui a besoin d'être maintenu à une haute température, ne sorte que de 1 ou 2 centimètres. La culasse du cylindre traverse la face postérieure du fourneau, assez pour qu'on puisse facilement ôter le bouchon et le remettre en place.

La disposition intérieure du fourneau est telle que l'appareil se chauffe à la flamme. C'est, du reste, un fourneau à réverbère ordinaire. M. Deville a opéré sur deux cylindres à la fois, mais on pourrait facilement opérer sur un plus grand nombre.

La chaleur perdue du fourneau sert à chauffer un four voisin, où se calcine, dans des pots de terre fermés d'un couvercle, le mélange d'où l'on se propose d'extraire le sodium.

Voici la composition du mélange que M. Deville a employé dans ses dernières opérations :

Carbonate de soude (en cristaux). . .	1,000 part.
Craie (blanc de Bougival).	150
Houille de Charleroy pulvérisée. . .	450

Ces matières étant préalablement triturées et mélangées avec soin par un moyen mécanique quelconque, on les calcine dans le four dont nous avons parlé plus haut. Il est nécessaire de pousser la calcination assez loin pour que le mélange soit en masse compacte et non pulvérulente. Le mélange est introduit par gros fragments dans le cylindre, et il n'y a plus qu'à chauffer et à adapter le récipient ou condensateur.

Quand le dégagement cesse, on ouvre le cylindre par la culasse; on enlève les résidus avec une pelle demi-cylindrique, et on les remplace par une nouvelle charge. Pour opérer ce chargement avec plus de facilité, on peut mettre le mélange sous forme de cartouches à enveloppes de calicot ou simplement de fort papier.

Le sodium qui coule dans la terrine est tout à fait pur et n'a plus besoin d'aucun traitement. Dans le récipient, on en trouve également une grande quantité, en lames épaisses ou en gros fragments, très-bons à recueillir. Mais le récipient contient aussi beaucoup de sodium divisé en petits globules mêlés à du charbon, ou à d'autres produits condensés. Ces résidus sont chauffés dans l'huile de schiste, dans une marmite en fonte, où on les écrase à l'aide d'un pilon de métal. Au bout de peu de temps, une grande partie du sodium se rassemble en grappes que l'on recueille. Cependant, le résidu final est encore riche en métal; on le traite comme un mélange, mais alors dans de simples bouteilles à mercure, car, dans le grand cylindre, l'opération marcherait trop rapidement. Le sodium ainsi obtenu, du premier ou du second jet, est parfaitement pur, et se dissout dans l'alcool sans résidu aucun.

Il est facile de juger, d'après ce qui précède, des perfectionnements apportés par M. Deville à la préparation du sodium. L'introduction de la craie dans le mélange a augmenté le rendement dans une proportion inespérée. La houille agit comme excellent réducteur. Elle fournit des gaz hydrogénés et à la fin du gaz hydrogène pur qui contribue à emporter la vapeur de sodium dans le récipient, et à préserver le métal réduit contre l'action destructive de l'oxyde de carbone. C'est un service de ce genre que la houille rend dans la fabrication du zinc. Par la substitution des longs cylindres aux bouteilles à mercure, l'opération est devenue possible à une température beaucoup plus basse. De là économie de combustible, et, circonstance plus précieuse encore, possibilité de recouvrir les cylindres d'une enveloppe protectrice qui les garantit de l'oxydation.

Enfin la question de continuité dans l'opération, par le non-déplacement et la multiplication des cylindres, d'où dépendait essentiellement l'exploitation industrielle, est complétement résolue. Il est certain qu'aujourd'hui, ainsi que le disait M. Dumas à l'Institut, la fabrication du sodium est pour le moins aussi facile que celle du zinc, avec laquelle elle a, du reste, la plus grande analogie.

Le sodium peut être manipulé sans aucun danger, pourvu qu'on prenne les précautions que la prudence commande. Il peut rester fondu au contact de l'air sans s'enflammer; on peut impunément le couper, l'étaler sous le marteau et même le manier, à condition que l'eau en sera éloignée avec soin. Enfin, il ne peut pas y avoir dans la préparation du sodium d'accident imprévu. Le phosphore présente incomparablement plus de dangers, ce qui n'empêche pas qu'on n'en fabrique journellement d s quantités considérables.

Obtenu aujourd'hui à 6 fr. le kil., le sodium offre à l'industrie un élément d'une extrême puissance à réaction alcaline, qui jouera peut-être un rôle, dans l'avenir, analogue à celui de l'acide sulfurique. C'est, on peut l'assurer, un progrès qui sera fécond en grands résultats.

Chlorure d'aluminium. — On sait que le chlorure d'aluminium se produit quand on fait passer un courant de chlore sec sur un mélange calciné d'alumine et de charbon chauffé au rouge. C'est M. Thénard qui, le premier, eut l'idée de ce mode de préparation, mais on en doit l'exécution à OErstedt.

Jusqu'à présent, ce produit n'avait pour ainsi dire pas d'emploi dans les laboratoires, et les collections les mieux montées n'en possédaient que quelques grammes à titre d'échantillon.

Disons tout de suite comment M. Deville parvient aujourd'hui à le préparer par centaines de kilogrammes.

La pièce principale est une cornue en terre, de celles qu'on emploie pour distiller la houille dans les usines à gaz. Cette cornue, d'une capacité de 300 litres, est placée verticalement dans un fourneau en maçonnerie, qui la chauffe à la flamme dans toute sa hauteur, fig. 3407.

3407.

Elle est percée de quatre ouvertures : deux en bas et deux en haut. L'une des ouvertures du bas O, est placée latéralement, à une certaine distance au-dessus du fond. Elle donne passage à un tuyau de porcelaine par où arrive le chlore, lequel tuyau pénètre jusqu'à l'axe de la cornue. La seconde ouverture, placée plus près du fond et du côté opposé à la première, sert au nettoyage.

Par en haut, et au centre du couvercle, est le trou par où l'on introduit la charge. Sur le côté est l'issue du chlorure d'aluminium qui va se condenser dans une chambre L en maçonnerie, qu'il serait plus avantageux, d'après M. Deville, de construire en tôle, et dont les parois sont recouvertes de plaques de faïence vernissée. La chambre à condensation communique elle-même, par un conduit, avec l'air extérieur, pour l'écoulement des produits gazeux de la réaction.

L'alumine employée provient de la calcination de l'alun ammoniacal, auquel le sulfate d'alumine pourrait être substitué avec économie. Au lieu d'ajouter à l'alumine, d'abord du charbon pulvérisé, puis de l'huile, pour rendre le mélange plastique, M. Deville emploie tout simplement le goudron de houille, déchet des usines à gaz, dont le prix est extrêmement minime, et qui remplace à la fois l'huile et le charbon. Ce mélange est distribué dans des pots de terre pour être calciné dans un four à réverbère. M. Deville a indiqué d'opérer ici comme pour le mélange à sodium, c'est-à-dire d'effectuer la calcination au moyen de l'excès de chaleur du fourneau à chlorure.

Le mélange étant calciné, on en remplit la cornue, et on chauffe progressivement jusqu'au rouge. Alors on fait passer par le tube de porcelaine dont nous avons parlé le courant de chlore qui se produit dans des bonbonnes de grès contenant du peroxyde de manganèse et de l'acide chlorhydrique, et chauffées sur un vaste bain de sable.

On pouvait craindre, dans cette partie de l'opération, que le chlore n'attaquât la matière même de la cornue, mais heureusement il n'en est rien. Le chlore n'agit que suivant l'axe de la cornue, et sur un rayon de 1 à 2 décimètres, de sorte que les parois se trouvent protégées par une couche épaisse de mélange inattaqué. Tout le chlore est rigoureusement absorbé, si rapide que soit son dégagement, et il n'en arrive pas la moindre trace dans la chambre de condensation.

MM. Rousseau ont substitué avec grand avantage, à la production assez difficile de chlorure, et au moyen du chauffage d'un mélange de sel marin, de matière alumineuse et de charbon, la fabrication d'un chlorure double liquide qui vient se condenser d'une manière continue.

Enfin l'emploi de la *cryolithe*, minerai du Groënland, qui est un fluorure double d'aluminium et de sodium, rendra peut-être presque inutile dans l'avenir cette préparation, lorsqu'on exploitera ce minéral sur une échelle suffisante.

Aluminium. — Œrstedt le premier essaya d'extraire l'aluminium; en traitant son chlorure par un amalgame de potassium (alliage de potassium et de mercure), mais ses tentatives n'eurent aucun succès.

En 1827, M. Wœhler, le célèbre professeur de l'Université de Gœttingue, attaqua le chlorure d'aluminium par le potassium, dans un creuset de platine, en employant chaque corps à équivalents égaux. Il obtint une poudre grise prenant l'éclat métallique sous le brunissoir, mais infusible et décomposant facilement l'eau à 100°.

En 1845, M. Wœhler reprit ses travaux; cette fois, il produisit des globules métalliques, très-petits à la vérité, dont l'un put être laminé et fournir une petite lame de 11 millimètres. Mais ce métal ne pouvait se fondre qu'au chalumeau, à l'aide du borax, et il continuait à décomposer l'eau à la température de l'ébullition.

Les choses étaient là, bien loin de l'application industrielle, quand M. Deville étudia de nouveau la question, et modifia la méthode de M. Wœhler.

L'aluminium obtenu par M. Deville était fusible dans un creuset, inoxydable, sans action sur la vapeur d'eau aux températures les plus élevées, et jouissait enfin de propriétés remarquables bien connues aujourd'hui. Il y avait loin du produit obtenu à l'aluminium de M. Wœhler, qui préparé dans un vase de platine et sans excès de chlorure, contenait à la fois du platine, qui le rendait presque infusible, et du sodium, qui le rendait attaquable par l'eau.

C'est en faisant passer le chlorure d'aluminium en vapeur sur le sodium contenu dans des nacelles métalliques qu'on opéra d'abord; mais, ainsi préparé, l'aluminium renferme toujours quelques alliages qu'il forme avec le métal avec lequel il a été en contact, ce qui nuit à sa malléabilité et à son éclat.

Après bien des essais, M. Deville a reconnu qu'avec l'addition d'un fondant convenable, permettant aux globules d'aluminium de se réunir, on pouvait mélanger directement les substances entre lesquelles la réaction doit s'effectuer. Aussi aujourd'hui c'est en mélangeant simplement le sodium et le chlorure d'aluminium, en les jetant à la pelle dans un four à réverbère chauffé, que l'on ferme quand il a été chargé; enfin en employant la cryolithe comme fondant, que l'on produit la réaction qui donne naissance à l'aluminium métallique, qui vient couler en lingots. Il n'est plus alors altéré que par une faible proportion de l'alliage qu'il forme avec le silicium des fourneaux.

L'emploi de l'argile des Baux, dont il a été parlé à ALUN et qui a servi de point de départ à la création de l'industrie de l'alumine, a été un des éléments, moins toutefois que l'accroissement de l'échelle de la production, de la diminution du prix, d'abord fort élevé, de l'aluminium. Aujourd'hui ce métal coûte environ moitié du prix de l'argent, et comme il est quatre fois plus léger, les objets confectionnés en aluminium ne coûtent que 1/8 du prix des objets de même dimension exécutés en argent.

L'aluminium résiste bien à l'action de l'air, à celle des acides faibles, mais est attaqué rapidement par les alcalis. Il se moule fort bien. Les principales applications qu'il a rencontrées sont: la petite bijouterie, à cause de son apparence particulière qui rappelle un peu l'argent oxydé, le moulage des statuettes et objets d'art, les vases culinaires et fonds de chaudière à cuire les sirops ; enfin à cause de sa légèreté, il est employé, dans certains appareils, pour des pièces dont il faut rendre le poids un minimum.

Des alliages de zinc et d'aluminium ont fourni la solution du problème de la soudure de l'aluminium, opération nécessaire pour la fabrication de la plupart des objets usuels.

Bronze d'aluminium. — La plus importante application peut-être qu'ait rencontré l'aluminium est celle de servir à préparer le bronze d'aluminium, espèce de laiton dans lequel le zinc est remplacé par l'aluminium. Très-résistant, doué d'une grande élasticité (voy. ALLIAGES), l'alliage formé de 9 parties de cuivre et de 1 d'aluminium, constitue pour l'industrie un nouveau métal très-précieux, qui rencontrera dans l'industrie de nombreuses applications, surtout quand son prix encore un peu élevé (15 fr. le kil.) aura diminué. A cause de son grain il convient tout particulièrement pour les pièces frottantes, et des glissières de locomotives, garnies de ce métal, ont résisté deux fois plus de temps que celles établies avec le bronze ordinaire. Outre sa grande ténacité, ce qui pourra faire multiplier ses applications, c'est qu'il peut comme le fer (et c'est le seul alliage connu qui jouisse de cette propriété), se souder et se marteler à chaud, à une assez grande distance, bien entendu, de son point de fusion.

M. Hulot a trouvé avantage à remplacer l'acier qui s'usait rapidement, par le bronze d'aluminium, pour les matrices des poinçonneuses qui lui servent à découper 4 ou 5 feuilles gommées, à la fois, de timbres-poste. Il le soude avec lui-même et aussi au fer et à la fonte, en employant une soudure formée d'un amalgame de zinc, et de soudure ordinaire et d'étain. Il recouvre ainsi les surfaces frottantes, de lames minces d'un métal presque indestructible, à grain très-fin.

Mais c'est surtout à cause de sa belle couleur d'or que le bronze d'aluminium est justement célèbre et que le commerce vend au lieu de vermeil, d'argent doré, du bronze d'aluminium. Son éclat répond à une inaltérabilité fort remarquable, que M. Debray, auquel on doit le bronze d'aluminium, explique avec grande raison, à notre avis, par la grande quantité de chaleur qui se dégage lorsqu'on allie l'aluminium au cuivre. Elle indique que la combinaison est très-énergique, et il est clair qu'elle devrait être restituée au composé pour que l'un des métaux pût entrer dans une combinaison nouvelle, leurs propriétés chimiques étant d'ailleurs trop opposées pour qu'ils puissent en faire partie simultanément.

En dehors de cette application aux usages de l'économie domestique du bronze d'aluminium, on emploie encore ce dernier métal à améliorer le laiton. A la dose de 2 ou 3 p. 100, il rend les pièces travaillées susceptibles de prendre un éclat qui rend les dorures inutiles.

ANALYSE CHIMIQUE. Pour séparer des corps différents que l'on ne peut se procurer qu'à l'état de mélange, il faut tirer parti des propriétés différentes de ces corps, de ce qui les distingue. C'est sur les différences des propriétés physiques des corps qu'est fondée toute l'analyse chimique, qui, maniée par d'habiles expérimentateurs avec tant de talent et de finesse, permet d'obtenir la séparation de corps semblables, dont les propriétés sont très-voisines. C'est par la couleur, la forme cristalline, la saveur, l'odeur, etc., c'est-à-dire par les propriétés physiques des corps qu'on peut les reconnaître; c'est par des propriétés du même ordre qu'on les sépare. Nous n'avons nulle intention de passer en revue ici les méthodes si nombreuses qu'emploie la chimie, de faire un traité d'analyse, ce qui est une œuvre très-considérable, dont nous avons indiqué des fragments dans une foule de cas particuliers, à l'article DOCIMASIE notamment, mais seulement indiquer les méthodes les plus générales.

On doit au point de vue purement physique, indépendamment de toute réaction chimique, distinguer les différences de fusibilité, de volatilité et de solubilité.

Fusibilité. — Quand deux corps mélangés ont des points de fusion différents, leur séparation peut en résulter par cela même. Un des corps étant liquide et l'autre solide, il suffira de poser le tout sur un plan incliné ou de le soumettre à une pression, comme dans le cas de l'extraction des huiles, pour que le liquide s'écoule, et se sépare du solide. Si les deux corps sont solides à la température ordinaire, il suffira de les chauffer jusqu'à la température où le plus fusible des deux devient liquide, pour que la séparation ait lieu. Ce procédé employé fréquemment dans les essais par la voie sèche (voy. DOCIMASIE), entraîne en général à des pertes du corps liquéfié, dont la partie qui mouille les corps solides n'en saurait être séparée par la seule action de la gravité. C'est sur cette propriété que reposent les procédés de liquation.

La volatilité, mieux encore que la fusibilité, permet de séparer un corps d'autres corps liquides ou solides, qui ne se vaporisent qu'à une température plus élevée. Il suffit pour cela de chauffer le mélange jusqu'au point où le corps le plus volatil prend l'état gazeux. C'est sur ce principe que repose la distillation.

La solubilité est la base du procédé physico-chimique, le plus général pour la séparation des corps. Deux corps mélangés étant inégalement solubles dans un liquide convenable (c'est habituellement l'eau qui est employée; l'alcool sert assez souvent pour les substances organiques), on dissoudra, en employant une faible proportion du liquide dissolvant, presque exclusivement la substance la plus soluble, et on l'enlèvera entièrement par un emploi convenable de la *méthode de* DÉPLACEMENT. Toutefois il est impossible, dans nombre de cas, lorsque la différence de solubilité des substances n'est pas extrêmement grande, que le liquide ne soit pas chargé d'une certaine quantité de la substance la moins soluble. On la sépare de l'autre, dans la seconde partie de l'opération; consistant à séparer la substance soluble du liquide, en concentrant les solutions par la chaleur, par l'évaporation; les substances dissoutes se précipitent dans l'ordre inverse de solubilité, les moins solubles les premières. Par une répétition suffisante d'opérations, dans l'un et l'autre sens, on parvient ainsi à séparer même des substances dont la différence de solubilité n'est pas très-grande.

RÉACTIONS CHIMIQUES.—Les moyens de séparation qui viennent d'être indiqués sont généraux, et c'est pour les appliquer, que l'on emploie les réactions chimiques. Un minerai complexe étant donné, qui ne pourrait être fondu, ni dégager aucune vapeur par la chaleur, qui ne se dissout pas dans l'eau, il ne saurait être séparé en ses éléments, par les moyens indiqués ci-dessus. Mais en l'attaquant par une base ou un acide, les éléments du minerai se trouvent faire partie de sels susceptibles de séparation, en raison de leur solubilité différente et surtout de l'insolubilité absolue de ceux que l'on peut faire naître au sein de la solution.

La question posée ainsi d'une manière générale ne fait pas comprendre les difficultés qu'offre l'analyse chimique, lorsqu'il s'agit de corps semblables, dont les composés ont des propriétés tout à fait analogues. Nous renverrons pour exemple aux métaux du PLATINE (voir aussi DOCIMASIE). L'expérience et le savoir des habiles chimistes sont consacrés à trouver des sels dont les propriétés soient différentes, relativement à l'action de quelque réactif, de quelque corps soluble convenablement choisi, et la découverte d'une bonne méthode est un des genres de travaux auxquels ils attachent le plus de prix, car ils en connaissent les difficultés, comme l'utilité, pour les progrès de la science.

APPRÊTS. Toute étoffe sortant du métier à tisser, tout produit en substances flexibles sortant des mains de l'ouvrier qui l'a façonné, comme les draps, les soieries, les cotonnades, les vêtements, les chapeaux de feutre, de paille, etc., ne peut immédiatement entrer dans le commerce. Il lui faut, pour devenir vendable, prendre un aspect plus séduisant que celui qu'il a après un travail qui l'a fripé, lui communiquer un éclat particulier, une apparence flatteuse à l'œil.

Dans chaque industrie il existe une série d'opérations finales, constituant les *apprêts*, que nous avons décrites en détail en traitant de chaque fabrication; nous voulons seulement résumer ici l'indication des principaux moyens d'action employés pour obtenir des apprêts, genre de revue, qui généralisant des procédés spéciaux, permet de voir, d'un coup d'œil, la manière d'opérer la plus convenable dans un cas déterminé.

Le type de cette nature d'opérations est le repassage du linge qui s'effectue, comme chacun sait, avec un fer chauffé. L'effet de la chaleur de la surface plate du fer à repasser, combiné avec la pression qu'exerce la main, écrase et polit la surface du linge, fait disparaître tous les plis et la rend brillante.

Il faut, pour que le résultat obtenu soit tout à fait satisfaisant, que le linge soit un peu humide; la petite quantité de vapeur qui se forme entre les fibres, agit puissamment pour les disposer individuellement à obéir à la pression de la surface polie du fer.

Pour augmenter le poli de la surface, pour lustrer celle-ci, on emploie souvent des enduits gommeux ou gélatineux, qui donnent des surfaces très-brillantes.

Jusqu'ici nous supposons qu'il s'agit de corps d'épaisseur uniforme en tous points, ce qui est le cas le plus général; lorsque les épaisseurs sont variables en certains points, l'ouvrier sait proportionner la pression à l'effet à produire, et il semble que le travail ne saurait plus alors ressortir des machines, dont nous avons surtout en vue ici d'indiquer le mode d'opérer, pour produire des apprêts rapidement et à bas prix. Il en était ainsi en effet jusque dans ces derniers temps, jusqu'à ce qu'on ait eu l'idée d'employer le caoutchouc qui, pressé par l'eau ou la vapeur, peut, en se moulant sur des épaisseurs différentes, appliquer la surface à lustrer sur une surface métallique chauffée.

Les moyens d'apprêter peuvent donc se résumer ainsi:

1° Une pression; 2° une surface lisse; 3° la chaleur; 4° l'humidité; 5° un enduit; 6° le caoutchouc.

1° *La pression.* — Elle se donne entre des rouleaux, comme dans les CALANDRES, lorsque l'effet peut être produit instantanément; lorsqu'au contraire il faut que la pression dure un certain temps, comme pour des poils qu'il s'agit de plier, c'est à l'aide de presses qu'on maintient les surfaces à apprêter, entre des surfaces résistantes. Pour obtenir des pressions considérables nécessaires pour écraser la surface, coucher des fibres de manière qu'elles ne se redressent plus, c'est naturellement à la presse hydraulique qu'on a recours, et elle est fréquemment employée pour cet usage dans l'industrie. La pression immédiate d'un liquide, c'est-à-dire d'un corps qui transmet une pression égale en tous les points, sur la pièce à apprêter, paraît préférable à celle produite par l'intermédiaire de plaques, d'épaisseurs d'étoffes, plus ou moins régulières. Nous dirons plus loin comment elle peut être appliquée.

2° *Une surface lisse.*—Elle est formée le plus souvent par des surfaces métalliques, quelquefois par des cartons comme pour le satinage du papier. Des rondelles de papier fortement pressées à la presse hydraulique et maintenues par deux larges écrous en fer, montés sur un axe résistant de même métal, fournissent sur le tour un cylindre très-dur, très-convenable pour l'apprêt de certaines étoffes. Des cartons, des plaques de zinc, des plaques creuses de fer, des cylindres de papier, de fer, etc., telles les surfaces lisses qui servent pour les étoffes; des formes fondues et polies en bronze, en zinc, en étain, peuvent servir de même pour les objets devant avoir des contours déterminés, pour certains objets façonnés par exemple.

3° *La chaleur.* — Elle doit être suffisante pour sécher les objets à apprêter, faire même contracter les fibres, mais sans pouvoir jamais atteindre la limite où elle tendrait à les roussir, à les altérer. Aussi sauf dans quelques procédés anciens, où l'on emploie des formes métalliques préalablement chauffées à feu nu, c'est à la vapeur, comme source de chaleur, qu'on a presque toujours recours. Celle-ci en effet, employée à une pression, ou, ce qui est la même chose, à une température convenable, fournira rapidement le degré de chaleur voulu, sans qu'il puisse être dépassé. Il suffira donc d'envoyer la vapeur soit à l'intérieur d'un cylindre lamineur comme celui d'une calandre, soit dans des plaques métalliques creuses entourées de l'étoffe, comme pour l'apprêt des draps (Voy. LAINES), soit enfin sur une face de toute forme métallique devant servir par l'autre face à apprêter un corps appliqué contre elle, pour obtenir un chauffage convenable, que l'expérience apprendra bientôt à maintenir à un degré et pendant un temps voulu.

4° *L'humidité.* — Nous avons déjà dit comment la formation de vapeur en chaque point des fibres d'un corps, rendait en quelque sorte moléculaire l'action du repassage, de la pression qui produit l'apprêt, et était par suite la cause de l'effacement complet des plis.

Il est clair que l'humidité suffit; qu'une trop grande quantité d'eau ne pourrait se trouver dans un étoffe à apprêter, sans que l'action des surfaces chauffées fût contrariée par un refroidissement notable.

5° *Un enduit.* — Pour la plupart des tissus légers, tels que les mousselines, les batistes, etc., une simple pression à chaud ne suffirait pas; elle ne donnerait pas une étoffe souple et brillante; on n'y parvient qu'à l'aide d'un corps liquide, collant et donnant par la dessiccation une matière brillante et souple. La fécule, l'amidon ou empois, la colle animale et surtout la colle de poisson, sont les substances les plus employées; toutefois les matières animales donnant lieu à des *piqûres*, à cause de leur hygrométricité, ne peuvent être employées que dans des cas particuliers, quand les produits doivent être immédiatement consommés. On ajoute souvent aux corps qui viennent d'être indiqués, un peu d'alun, de savon blanc, de stéarine, etc., suivant des recettes qui varient beaucoup.

L'étoffe imprégnée de la solution de la matière qui doit lui donner du brillant, doit être tendue sur un châssis pour sécher convenablement.

On accélère la dessiccation en faisant passer sous l'étoffe un chariot contenant du combustible allumé. Ce système assez coûteux est employé pour les plus beaux produits et offre l'avantage d'empêcher l'étoffe de prendre du retrait; pour les produits à bon marché, on applique l'apprêt au foulard et on le sèche avec des cylindres chauffés intérieurement par de la vapeur.

Dans la fabrication des chapeaux, on emploie une solution de gomme laque dans l'alcool, une espèce de vernis résineux qui donne à la peluche de soie qui les recouvre un lustre très-brillant et les rend en même temps imperméables à l'eau, par l'effet de la résine.

Cette imperméabilité est communiquée très-simplement aux étoffes de laine, en les trempant dans des sels d'alumine. Une autre propriété bien précieuse, qu'un enduit minéral peut communiquer aux étoffes légères, comme les mousselines, est *l'incombustibilité*, que produit très-bien le phosphate double d'ammoniaque et de soude, le tungstate de soude et même le sulfate d'ammoniaque, sel fort peu coûteux. La fibre végétale enveloppée d'un sel minéral qui n'est nullement apparent, ne peut plus donner de flammes par l'effet de la chaleur, elle distille et charbonne, sans pouvoir par suite enflammer les parties voisines. Ce procédé offre donc un précieux moyen d'éviter de funestes accidents.

6° *Le caoutchouc.* — L'emploi du caoutchouc pour obtenir des apprêts nous paraît intéressant comme fournissant un moyen absolument indispensable pour opérer mécaniquement et par suite économiquement sur des objets façonnés. J'en montrerai l'application, combiné avec l'action directe de la pression hydraulique, en décrivant les dispositions de l'outillage de M. Mathias, les machines à l'aide desquelles il apprête fort bien des chapeaux de paille et de feutre, par un système dont il a déjà été dit quelques mots à l'article CHAPEAUX.

Une poche de caoutchouc pleine d'eau, venant s'appliquer sur une forme métallique, donnera à l'objet qui y sera placé les contours de cette forme en le repassant, en l'apprêtant, à la condition : 1° que la forme métallique soit chauffée à une température convenable, ce qui sera facile en faisant circuler autour d'elle de la vapeur provenant d'un générateur à une pression et par suite à une température voulue ; 2° que la pression soit considérable, ce qui exige non-seulement que l'on puisse soumettre à cette pression l'eau renfermée dans la poche de caoutchouc, mais que celle-ci transmette la pression. Or, ceci ne peut avoir lieu qu'autant que la poche de caoutchouc est renfermée dans une capacité inextensible, sur laquelle elle s'appuie par toute sa surface extérieure ; autrement la pression qu'elle pourrait transmettre serait minime, seulement celle qui répondrait à la résistance si faible du caoutchouc à l'extension.

Le caoutchouc en s'appliquant sur une partie où l'épaisseur est double, où la paille est cousue par exemple, au lieu de porter exclusivement sur les parties de double épaisseur, et de les écraser avant d'atteindre les parties qui n'ont que l'épaisseur simple, comme le ferait un noyau rigide de forme semblable à la forme extérieure, se moule sur ces parties saillantes et les presse toutes uniformément quelle que soit leur épaisseur.

L'action s'applique suivant la direction indiquée par la forme résistante, la pression s'exercera aussi bien dans un fond creux, qu'elle fera retourner partie du corps à apprêter sur une partie saillante; effet curieux et de grande valeur industrielle.

La fig. 3324 représente l'appareil de M. Mathias, propre à l'apprêt des chapeaux. A est le couvercle équilibré par les boules E, F, portant la poche de caoutchouc B, pleine d'eau, dans laquelle peut se produire une pression hydraulique qui s'élève jusqu'à 15 atmosphères, quand on tourne le robinet du tuyau qui traverse la charnière, et qui est en communication avec un réservoir d'eau soumis à cette pression.

Le chapeau à apprêter ayant reçu l'enduit convenable, n'étant plus que légèrement humide, est placé sur la forme en étain fondu pour pouvoir être fabriquée d'une manière peu coûteuse malgré toutes les variations de la mode, au moyen d'un simple moulage en sable, semblable à celui de la fonderie de fer.

On abat alors le couvercle qui est assemblé par deux fortes clavettes J, J, sur la partie inférieure, qui s'engagent dans les trous K, K, par l'action du levier vertical N, des roues d'angle M et de la crémaillère L. On envoie alors la vapeur dans la forme pour la chauffer, en ouvrant le robinet du tuyau qui amène celle-ci du générateur. Puis ouvrant le robinet de pression d'eau, et laissant celle-ci persister quelque temps, l'opération se trouve effectuée et l'apprêt parfaitement exécuté en 3 ou 4 minutes, pour recommencer aussitôt après avoir fermé le robinet

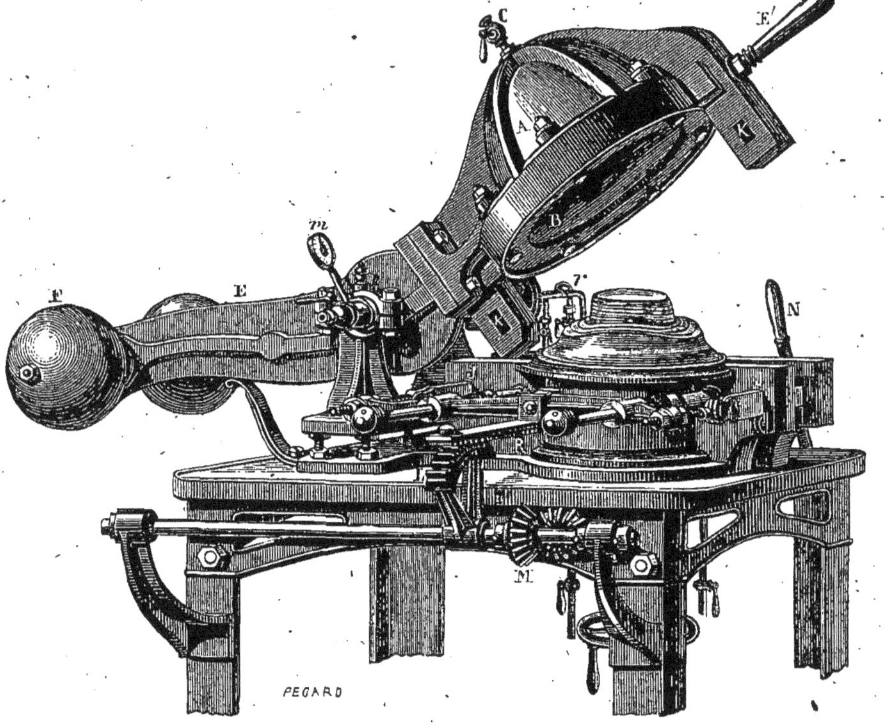

Fig. 3324.

de pression et en avoir ouvert un autre de sortie d'eau, avant d'ouvrir l'appareil, pour que le caoutchouc ne soit pas soumis à une tension qui le déchirerait.

Le problème consistant à avoir toujours de l'eau sous une pression de 15 atmosphères, a été résolu par M. Legat, associé de M. Mathias, au moyen d'un élégant appareil, dans lequel le travail de la pompe alimentaire et le volume de l'eau sous pression varient automatiquement, par l'effet d'une paroi mobile de caoutchouc. Nous avons déjà fait connaître, à AIR COMPRIMÉ, cet élégant appareil, et y renvoyons pour le dessin et la description.

ARDOISES. Nous ajouterons à notre premier travail quelques détails sur les propriétés des ardoises. En France l'ardoise s'exploite en Anjou depuis un temps immémorial (un autre centre d'exploitation existe dans les Vosges, mais est de bien moindre importance). L'ardoise d'Anjou a une couleur noire ou noire-bleuâtre. Elle est très-schisteuse et peu compacte; cependant elle résiste assez bien à l'action mécanique ou chimique des agents atmosphériques. Diverses expériences ont été faites par M. A. Blavier, sur les propriétés de l'ardoise de l'Anjou. Elle renferme seulement quelques millièmes de pyrite de fer, qui n'est pas intimement disséminé dans sa pâte, mais qui y forme de petits nodules isolés, ce qui permet de rejeter les échantillons qui en renferment trop. Lorsqu'elle est immergée, elle s'imbibe d'une plus grande quantité d'eau que l'ardoise anglaise. Car, tandis que cette dernière n'absorbe que 0,0002 de son poids, pour une épaisseur de 3^{mm}, l'ardoise de l'Anjou en absorbe 0,0005, c'est-à-dire plus du double pour une épaisseur qui est seulement de 2^{mm}. M. Blavier a cherché ensuite la résistance à la rupture d'ardoises ayant différentes épaisseurs. Il a opéré sur des ardoises carrées de $0^m,25$, reposant par leurs quatre côtés sur un cadre bien dressé et chargées directement sur une surface de 1 décimètre carré. Les charges nécessaires pour produire la rupture sont données par le tableau ci-dessous:

ÉPAISSEUR DE L'ARDOISE.	CHARGE.
millimètres.	kilogrammes.
1	8
2	35
3	50
4	90
5	120
6	150
7	170

On voit que la résistance de l'ardoise à la rupture augmente rapidement avec son épaisseur. Il y a donc avantage à employer des ardoises épaisses, et l'expérience a montré, en effet, que l'ardoise d'Angers peut ne durer que vingt-cinq ans, lorsqu'elle est très-fine, tandis qu'elle dure plus d'un siècle lorsque son épaisseur est convenable.

La quantité d'ardoises fabriquées annuellement est de 141,864,000 : elle représente une valeur de 2,713,876 francs. On fabrique, en outre, divers produits avec des dalles de schiste ardoisier, mais leur valeur est seulement de 75,000 francs.

Ardoise émaillée. — En Angleterre, M. Magnus est le créateur d'une industrie toute nouvelle, celle de l'ardoise dite émaillée; et il a eu le rare bonheur de la porter à un degré de perfection tel, qu'il ne lui reste, pour ainsi dire, plus de progrès à faire.

Les premières recherches de M. Magnus datent de 1834, et elles lui ont été suggérées par un séjour de plusieurs années, qu'il fit dans les fabriques de poteries du Straffordshire. Il eut d'abord l'idée de soumettre l'ardoise à la chaleur graduée des fours de poterie, et il vit qu'au lieu de s'altérer, elle devenait plus dure et plus résistante; il songea ensuite à fixer des couleurs sur l'ardoise, et il y réussit également. Il prit un brevet en Angleterre, en 1838, et maintenant il possède à Pimlico (Londres) une usine très-importante, qui occupe une centaine d'ouvriers.

L'ardoise est une matière minérale qui réunit un grand nombre de qualités ; en effet, elle est homogène, compacte; elle n'absorbe pas l'humidité, elle résiste bien à l'action de la chaleur et elle se taille très-facilement, surtout en dalles ou en plaques. Dans l'état naturel, elle a cependant une couleur sombre et se raye très-facilement; aussi est-elle très-peu employée à cet état pour la décoration et l'ameublement; mais ces inconvénients disparaissent quand on la recouvre d'un vernis auquel on peut d'ailleurs donner les couleurs les plus variées.

L'ardoise du pays de Galles est celle que M. Magnus emploie pour la fabrication de l'ardoise dite émaillée. L'application de la couleur imitant le marbre se fait à l'aide d'un vernis et par un procédé consistant à utiliser les effets produits par le mélange de corps pâteux, qui est celui même que la nature a employé pour créer les marbres.

Pour appliquer les couleurs sur l'ardoise, de manière à imiter le marbre, on prépare des couleurs épaissies avec un vernis; on les répand sur un bain d'eau et on vient appliquer la surface de l'ardoise sur ce bain coloré ; la fixation des couleurs sur l'ardoise a lieu immédiatement.

Ce procédé est très-simple et très-rapide, puisque un seul ouvrier peut marbrer plus de 50 pièces en un jour. L'ardoise, recouverte de son enduit coloré, est ensuite introduite dans des fours, où elle est soumise graduellement à une température de 200 à 300° centigrades. Elle reste huit à dix jours dans ces fours. Lorsqu'elle en sort, elle possède, d'après M. Magnus, une grande résistance à la rupture; car cette résistance serait égale à celle d'une dalle de marbre d'épaisseur quadruple. L'enduit coloré qui recouvre l'ardoise n'a qu'une épaisseur très-mince, mais il est parfaitement fixé, et il ne s'enlève pas, même après un usage de plusieurs années. Il résiste bien à l'action de l'air qui, à ce qu'il paraît, l'altère moins rapidement que le marbre. Toutefois sa dureté est beaucoup moindre que celle du marbre, et il se laisse facilement rayer avec l'ongle. Pour rendre l'enduit brillant, lorsque l'ardoise sort du four, on la polit avec du tripoli et avec de la potée d'étain.

Ce qui vient d'être dit sur la préparation de l'ardoise émaillée, montre qu'elle n'est pas recouverte par un émail comme celui des poteries, ainsi que son nom semblerait le faire croire ; mais qu'elle est simplement protégée par un vernis ; il serait donc préférable de la nommer ardoise vernissée.

Par le procédé que nous venons d'indiquer, M. Magnus est parvenu à imiter la porcelaine et surtout à représenter toute espèce de roches : l'albâtre d'Égypte, la serpentine verte et rouge de Gênes, la griotte, le portor, le jaune de Sienne, le marbre weadien de Purbeck, les granites, les porphyres de Suède et le porphyre rouge antique.

La ressemblance de l'ardoise émaillée avec ces diverses roches est quelquefois si grande, qu'il faut l'examiner avec beaucoup de soin, pour reconnaître que c'est seulement une imitation qu'on a sous les yeux; nous citerons notamment le porphyre rouge antique, comme l'une des roches qui peuvent le mieux être imitées.

Le prix de l'ardoise émaillée varie avec les difficultés que présente la reproduction du marbre qu'on a cherché à imiter; et on distingue quatre classes de prix :

1re classe.—Albâtre d'Égypte, malachite de Russie, lumachelle, griotte, jaspe; marbres noirs, blancs et de diverses couleurs.

2e classe. — Serpentine, jaune de Sienne, portor, porphyres, granites, marbres de Purbeck.

3e classe. — Lapis-lazuli et marbres riches, ou à dessins complexes.

4e classe. — Imitation de mosaïques; représentation de fleurs et d'animaux.

Le prix de l'ardoise varie avec son épaisseur; et le tableau suivant fait connaître, pour un pied carré, quels sont les principaux prix de l'ardoise émaillée :

	1re classe.	2e classe.	3e classe.
Ardoise de 1 pce d'épaisseur	2sch 9d	3sch 6d	4sch 0d
» » 2.	4 6	5 6	6 0

Les prix de la 4e classe sont, très-variables, et ils dépendent entièrement des objets à représenter.

Remarquons qu'en Angleterre, le marbre jaune de Sienne revient à 15 sch. 6 d. ; le portor, à 16 sch.; et le marbre noir, à 8 schellings par pied carré ; les prix de l'ardoise émaillée sont donc bien inférieurs à ceux des marbres; ainsi, par exemple, pour l'imitation du marbre noir, le prix est seulement un peu plus du tiers; pour l'imitation du jaune de Sienne, il n'est guère que le cinquième.

L'Angleterre, si largement dotée de toutes les richesses minérales, est, par exception, pauvre en marbres; comme l'ardoise émaillée imite très-bien le marbre et revient à un prix beaucoup moins élevé, il est facile de comprendre pourquoi son usage s'est répandu avec une si grande rapidité. Elle a, en effet, été adoptée par le riche comme par le pauvre, et elle décore même des résidences royales. En quelques années, sa consommation est devenue si grande, que la production ne peut y suffire. On l'emploie, dès à présent, pour tables, consoles, toilettes et pour toutes sortes de dessus de meubles. Elle est très-propre aussi à faire des cheminées ou des poêles.

Lorsque les cheminées sont formées de pièces ayant seulement 5 pouces d'épaisseur, leur prix n'est que de 17 sch. pour la 1re classe de marbres, 1 liv. 5 sch. pour la 2e classe, et 1 liv. 18 sch. pour la 3e classe.

On se sert de l'ardoise émaillée pour faire des baignoires très-élégantes.

Les parois des appartements peuvent encore être revêtues et décorées, avec beaucoup de luxe, par des plaques d'ardoise émaillée ; des salles de bains en sont entièrement construites. On en fabrique aussi des vases, des piédestaux, des autels, des pierres tumulaires.

Enfin, l'ardoise émaillée est très-propre à faire des billards, dont les prix ne sont pas très-supérieurs à ceux des billards en bois; comme tous les billards en ardoise, ils ont sur eux l'avantage de présenter une surface mieux nivelée et qui ne varie pas par l'action de la température ou de l'humidité.

L'ardoise émaillée commence à se répandre hors de l'Angleterre ; ainsi on l'emploie en Allemagne, surtout à Berlin, où elle sert à faire des bains et des lavoirs.

Jusque dans ces derniers temps, l'emploi de l'ardoise était à peu près limité à la toiture et à quelques usages dans les constructions ; mais la découverte de l'ardoise émaillée a permis de s'en servir dans l'ameublement et dans la décoration ; cette découverte a donc créé un débouché nouveau à une matière minérale qui se trouve en masses inépuisables dans le sein de la terre.

ARGILE. L'introduction dans les arts des silicates alumineux qu'on nomme *argiles* fut de la plus grande importance. Ces combinaisons de la silice et de l'alumine, abondamment répandues dans la nature, jouent en effet un grand rôle dans la fabrication des ciments, dans l'art métallurgique, dans beaucoup de productions appartenant aux arts chimiques ; leur emploi le plus intéressant est la fabrication des poteries. Tous ces divers usages ont pour cause les propriétés caractéristiques et variées que nous allons énumérer.

Si les silicates anhydres simples, que les minéralogistes connaissent sous les noms de dysthène, d'andalousite, de sillimanite, dont la composition se représente par la formule 2 (Si O^3), 3 ($Al^2 O^3$), sont assez rares et jusqu'ici sans applications industrielles, il n'en est plus de même des divers silicates hydratés qui sont, au contraire, très-répandus. Ces sels occupent en effet une place considérable dans les couches qui forment l'écorce du globe que nous habitons, et leur mise en œuvre par des ouvriers intelligents transforme des matières presque sans prix en outils indispensables aux progrès de nos diverses industries, en ustensiles de ménage, et souvent même en objets d'art du plus grand mérite. L'étude des hydrosilicates d'alumine contient celle des marnes, des argiles, des kaolins, etc. Nous allons la résumer, au point de vue le plus général. Les argiles que nous présente la nature ont une composition variable entre d'assez grandes limites. Mais les corps qui portent ce nom réunissent un ensemble de caractères qui permet de les réunir en un seul groupe ; ils donnent par l'exposition à l'air une matière blanche ou grise, quelquefois colorée par des mélanges accidentels, douce au toucher et présentant au frottement une odeur particulière, s'écrasant à l'état humide ou *vert* sans difficulté, assez dure quand elle est sèche.

L'argile desséchée happe fortement à la langue ; quand on l'humecte et lorsqu'on la pétrit avec un peu d'eau, elle répand une odeur particulière *sui generis* dont la cause est inconnue ; en même temps, elle forme une pâte liante, *plastique,* durcissant par l'exposition à l'air et surtout lorsqu'on la soumet à l'action d'une température élevée. Délayée dans beaucoup d'eau, l'argile trouble le liquide et reste en suspension pendant un temps souvent très-long, ce qui prouve la grande ténuité des particules tout à fait impalpables qui nagent au sein du liquide.

Les argiles sont essentiellement formées de silice, d'alumine et d'eau ; aucun de ces corps isolés, aucune des combinaisons de ces corps deux à deux, n'a la propriété plastique ; de plus, l'argile chauffée jusqu'à 200 ou 300 degrés et qui a perdu son eau de combinaison ne reprend plus sa plasticité, quand on vient à l'humecter de nouveau.

On ignore si les argiles sont des mélanges de divers silicates alumineux en proportions définies ; les proportions des trois éléments sont variables dans la composition des argiles ; elles renferment en général, pour 100 parties :

Silice	de 45 à 80
Alumine.	de 15 à 40

et de l'eau dont la proportion s'élève rarement au-dessus de 18 pour 100.

On a remarqué que les argiles les plus alumineuses sont les plus plastiques ; ce sont aussi celles qui contiennent le plus d'eau de combinaison. Telle est la composition de l'argile pure. Le plus généralement les argiles donnent à l'analyse d'autres substances qui modifient leur couleur et leurs propriétés ; ces corps ne s'y trouvent certainement qu'à l'état de mélange, et ce mélange modifie les propriétés et les usages des terres argileuses : ces usages sont en rapport direct avec la composition.

Les argiles acquièrent par l'action du feu des propriétés remarquables : elles prennent de la dureté, de la cohésion, de la retraite ; toutes ces modifications dans leurs propriétés initiales ont été mises à profit par les arts. Chauffées jusqu'à 100 degrés, elles ne perdent pas toute leur eau de combinaison, elles conservent leur plasticité qu'elles perdent complétement vers 300 degrés.

Une température convenable les transforme en des matières qui ne sont plus entamées par l'acier ou qui étincellent par le briquet, qui ne se brisent, sous le choc ou sous la pression, qu'avec la plus grande difficulté. En même temps, elles prennent du retrait ou de la retraite, c'est-à-dire que leurs dimensions linéaires diminuent et quelquefois dans la proportion de 20 pour 100 ; les molécules se rapprochent par ce mouvement, et c'est sans doute à ce rapprochement des molécules, comme à la combinaison qui peut en résulter, qu'il convient d'attribuer les modifications qui surviennent par la cuisson dans la cohésion et la dureté des pâtes céramiques.

La calcination les rend aussi plus facilement attaquables, surtout quand elles sont légèrement calcaires et qu'elles n'ont pas été soumises à des températures trop élevées. La fabrication en grand du sulfate d'alumine, qui remplace aujourd'hui l'alun dans la confection des toiles peintes, repose sur cette action de la chaleur sur les argiles. La matière qui n'est que difficilement attaquée, même à chaud, par l'acide sulfurique, lorsqu'elle est à l'état cru, se décompose rapidement, au contraire, si l'on fait agir l'acide sur des matières préalablement calcinées d'une manière convenable. L'argile que l'on choisit de préférence est le kaolin argileux le plus blanc, c'est-à-dire le plus dépouillé d'oxyde de fer. L'attaque se fait dans des vases de plomb avec l'acide sulfurique chauffé par de la vapeur qui circule dans des tuyaux de plomb placés dans les réservoirs d'attaque.

La retraite des argiles a été mise à profit pour établir un instrument propre, dans certaines limites, à la mesure des plus hautes températures. Le pyromètre de Wedgwood, que nous décrirons plus tard avec les détails convenables (voir PYROMÈTRE), est basé sur cette propriété. On sait qu'il est formé de deux règles métalliques se croisant sous un angle très-aigu ; de petits disques d'argile blanche infusible, tous de même diamètre, sont soumis à l'action du feu ; on juge par la diminution de leur diamètre, mesurée par la longueur de la course qu'ils peuvent faire entre les deux règles, la retraite qu'ils ont subie, c'est-à-dire la température à laquelle on les a soumis.

Les argiles, quand elles sont pures de tout mélange étranger, restent blanches à la température la plus élevée de nos fourneaux ; elles ne fondent pas : de là, la propriété réfractaire qui appartient à tous les silicates d'alumine ; seulement elles prennent une texture serrée, compacte, analogue à celle du grès ou de la porcelaine. Les argiles les moins ramollissables aux feux de nos fourneaux ne paraissent être ni les plus siliceuses ni les plus alumineuses : celles qui sont très-alumineuses se ramollissent sensiblement, et les pièces qui sont façonnées avec ces argiles se déforment notablement. Il y a quelques proportions intermédiaires correspondantes au maximum de résistance. Les températures très-élevées qu'on produit en petit par l'emploi du chalumeau à gaz oxygène et hydrogène transforment les argiles en verre avec une très-grande facilité.

Nous avons dit que les argiles admettaient en mélange des matières étrangères : ces dernières sont assez nombreuses ; tantôt elles sont disséminées en fragments beaucoup plus volumineux que les particules argileuses, tantôt elles ont le même degré de ténuité. Dans le premier cas, on sépare aisément les matières étrangères par un délayage dans l'eau suivi d'une simple décantation ; les matières très-ténues restent en suspension bien plus longtemps que les autres, bien que leur densité soit à très-peu près la même. Cela tient à ce que la force qui tend à précipiter les matières au fond du vase est proportionnelle à leur masse, tandis que la force qui empêche leur précipitation est proportionnelle à la surface en contact avec le liquide ; or les masses croissent comme les cubes des dimensions, et les surfaces comme les carrés seulement ; la force accélératrice croît ainsi beaucoup plus rapidement que la force retardatrice, à mesure que les dimensions des particules augmentent.

En soumettant donc les argiles au lavage suivi d'une décantation, les matières qui ont une certaine masse se précipitent au fond du vase ; presque toutes les argiles que nous offre la nature laissent de la sorte déposer une quantité plus ou moins considérable de parties sableuses rudes au toucher ; ce sont :

1° Des grains de quartz reconnaissables à leur cassure inégale, non lamelleuse, à leur dureté, à leur couleur, à leur transparence, enfin aux autres caractères qui distinguent l'acide silicique.

2° Du feldspath moins dur que le quartz, en cristaux plus ou moins nets, opalins, fusibles au chalumeau.

3° Du mica qui se présente en lamelles très-minces, larges, restant longtemps en suspension dans l'eau ; le mica est souvent visible dans les argiles elles-mêmes sous forme de paillettes brillantes ; ces dernières se séparent alors en lits de mince épaisseur.

4° Des pyrites de fer ; ces pyrites sont des cristaux ou des grains de bisulfure de fer, lourds, ayant l'éclat métallique et la couleur jaune du laiton ; les pyrites se trouvent dans les argiles, surtout dans les variétés qui contiennent du bitume en quantité notable.

Les argiles contiennent encore d'autres matières qui sont intimement mélangées avec le silicate d'alumine et qu'on ne peut en séparer par la décantation ; ce sont le carbonate de chaux, l'oxyde de fer, le sulfure de fer, les alcalis et le bitume.

1° On reconnaît le carbonate de chaux à la propriété qu'ont les argiles de faire effervescence avec les acides ; une petite proportion de calcaire ne détruit pas la plasticité. Les argiles mêlées de calcaires prennent le nom de marne. Les marnes sont plastiques et se travaillent assez bien quand elles ne contiennent pas beaucoup de calcaire, comme 10 ou 12 pour 100. Ce sont les marnes argileuses ; elles acquièrent une grande dureté par le fait de la cuisson. On les emploie le plus ordinairement dans la fabrication des poteries communes.

Quand la proportion de calcaire dépasse une certaine limite, la matière devient plus solide et prend une texture plus compacte. Cependant il y a des marnes crayeuses qui ne présentent pas une très-grande consistance. L'argile, dans ce cas, se désagrége facilement sous les influences atmosphériques ; employée sans argile plastique dans la fabrication des poteries, elle ne donne pas des pâtes réellement plastiques. Les marnes calcaires sont moins employées que les marnes argileuses dans les arts céramiques, et seulement comme matières dégraissantes, c'est-à-dire antiplastiques.

2° L'oxyde de fer se trouve fréquemment disséminé dans les argiles ; il les colore quelquefois en rouge, il est alors à l'état de peroxyde anhydre ; d'autres fois en jaune ocreux, il est alors à l'état d'hydrate de peroxyde ; dans ce dernier cas, les argiles rougissent par l'exposition au feu, le peroxyde anhydre étant beaucoup plus colorant que l'hydrate. Les argiles absolument dépourvues de fer et qui ne se colorent pas par la calcination sont excessivement rares. Quelquefois l'oxyde de fer est engagé dans la combinaison sous forme de silicate ou de carbonate.

3° Le sulfure de fer qui se sépare quelquefois très-facilement par le lavage des argiles, ne s'aperçoit pas toujours ; il peut être disséminé dans la masse sous forme impalpable, comme il l'est dans certains calcaires qu'il colore soit en bleu, soit en gris. Beaucoup d'argiles peuvent devoir leur coloration à des sulfures de fer disséminés ; dans ce cas, la calcination fait apparaître une couleur rouge ou rougeâtre plus ou moins foncée, c'est l'indice de la présence du fer que le lavage ne séparerait pas.

Le carbonate de chaux et l'oxyde de fer, qui ne diminuent la plasticité de l'argile que lorsqu'ils lui sont mêlés en proportions notables, exercent une grande influence sur une propriété très-importante des argiles, la qualité réfractaire.

Certaines argiles sont rendues fusibles à haute température par la présence d'une quantité, même peu considérable, de chaux ou d'oxyde de fer ; aussi la plupart des poteries ordinaires fondent-elles en une matière vitreuse à la chaleur d'un four à porcelaine ; celles qui contiennent du fer donnent une matière vitreuse noirâtre, analogue aux scories des hauts fourneaux. J'ai dit plus haut que les argiles renfermaient quelquefois des pyrites en grains : ces pyrites sont beaucoup plus nuisibles dans la fabrication des poteries que les pyrites disséminées ; elles se transforment par le grillage en oxyde, et cet oxyde fait fondre toute la matière qui l'entoure en formant une cavité.

4° Les argiles renferment généralement une petite quanté d'alcalis (potasse et soude) dont le poids peut s'élever jusqu'à 2 ou 3 pour 100. Les argiles plastiques des environs de Paris n'en contiennent que 4 à 5 millièmes ; on en trouverait certainement dans toutes les argiles. Une petite quantité d'alcalis dans une argile suffit pour la rendre ramollissable à la haute température de nos fourneaux ; aussi les kaolins qui renferment 2 ou 3 pour 100 de potasse et de soude ne sont-ils pas complétement réfractaires ; ces éléments ne communiquent aucune coloration au silicate d'alumine, même aux températures les plus élevées. La texture serrée semi-vitreuse et la translucidité qui caractérisent la porcelaine sont dues à l'influence des silicates alcalins qui fondent au feu de cuisson. On peut admettre que, dans le plus grand nombre des cas, les alcalis que l'on rencontre dans les argiles proviennent des parties feldspathiques ou micacées qui s'y trouvent naturellement disséminées en particules tellement ténues, qu'elles ne peuvent être séparées de l'argile pure par un simple lavage.

5° Les argiles et les marnes sont souvent colorées en brun, en gris ou en noir, par des matières de nature organique qui exhalent une odeur bitumineuse par le frottement, par la calcination ; elles peuvent être employées comme les autres argiles dans la fabrication des poteries, et les objets qu'on en fait peuvent acquérir et conserver au feu une couleur noire due au charbon qu'ils contiennent quand la cuisson se fait à une température peu élevée ou comme en vase clos. Lorsque le charbon se brûle sous l'influence d'un courant d'air, on observe des places plus ou moins colorées en rouge si l'argile est ferrugineuse. Certaines argiles renferment des proportions considérables de matières analogues à la houille et donnent des poteries noires que l'infusibilité du charbon rend très-réfractaires. Les creusets de plombagine employés dans certains cas sont faits avec cette sorte d'argile; du reste, on les imite artificiellement en faisant un mélange d'argile et de coke pulvérisé.

Pour faire l'analyse des argiles, on profite de ce que les argiles pures sont à peine attaquables par les acides faibles. On peut ainsi en séparer le calcaire et même l'oxyde de fer hydraté au moyen de l'acide oxalique, le résidu peut ensuite être décomposé pour l'analyse, soit à la température rouge, par une attaque à la potasse dans un creuset d'argent, ou par une attaque au carbonate alcalin, soit à la température ordinaire, par l'acide fluorhydrique.

Il est convenable de faire précéder l'analyse de toute argile d'une décantation en grand, opérée sur une quantité pesée de matière, afin de connaître la proportion de sable qui s'y trouve; à cet effet, on délaye la matière dans l'eau, dans un vase d'une assez grande capacité; on laisse reposer une ou deux minutes, puis on fait écouler la partie laiteuse avec la plus grande précaution pour ne rien entraîner du résidu sablonneux; on recommence à plusieurs reprises l'opération toujours de la même manière, en observant les mêmes règles, en mettant à chaque fois la matière en suspension jusqu'à ce que l'eau de lavage ne cesse pas d'être très-sensiblement trouble après deux ou trois minutes de repos. On fait sécher les résidus afin de les amener au même degré de sécheresse que la prise d'essai, puis on pèse; on examine ensuite à la loupe le résidu sableux formé des substances dont il peut être utile de déterminer la nature.

Les silicates d'alumine sont attaquables par l'acide sulfurique concentré et chaud qui enlève une partie de l'alumine; un lavage avec une dissolution alcaline dissout la silice mise en liberté par ce premier traitement, et celle qui, primitivement à l'état de liberté, pouvait exister en mélange intime avec le silicate alumineux; on reprend par l'acide sulfurique pour décomposer une nouvelle portion de l'argile, et par la potasse pour dissoudre la silice que ce second traitement vient de rendre libre à son tour. On peut ainsi, par une suite d'attaques alternatives par l'acide sulfurique et la potasse, décomposer la totalité de l'argile proprement dite, et ne laisser à l'état insoluble que les matières étrangères, telles que le quartz, le feldspath, etc.; non attaquables par les acides et les solutions alcalines, matières qui se trouvaient à l'état de mélange dans l'hydrosilicate alumineux.

La liqueur sulfurique contient de l'alumine, du fer, de la chaux, de la magnésie; on précipite le fer et l'alumine par l'hydrosulfate d'ammoniaque, qu'on sépare ensuite l'un de l'autre par la potasse après avoir redissous les sulfures dans l'acide chlorhydrique. Il reste des sulfates de chaux et de magnésie mêlés de sulfates alcalins; on les sépare au moyen de l'oxalate et du phosphate d'ammoniaque. C'est là ce qu'on appelle l'analyse rationnelle; c'est cette analyse qui permet de définir l'argile dans un but purement théorique et qui sert aux spéculations de la science. L'analyse empirique, celle qui intéresse le potier, le fabricant de produits chimiques, le fabricant de ciment hydraulique, etc., consiste à décomposer l'argile sans s'inquiéter de l'état de combinaison des éléments qu'elle contient: on détermine d'abord l'eau par une calcination, puis on attaque l'argile par la potasse au creuset d'argent, ou par le carbonate de soude au creuset de platine.

J'ai dit plus haut que l'argile cuite était plus attaquable par les acides que l'argile crue; MM. Vicat, Thénard et Berthier ont constaté cette propriété, mise depuis hors de doute par des expériences de M. Marignac. L'argile de Dreux, traitée par l'acide chlorhydrique, perd seulement les 0,25 de son poids lorsqu'elle est crue, et près de 0,45 quand elle est cuite; à une température très-élevée, la dissolution redevient très-difficile; les 0,08 du poids de l'argile seulement ont été dissous.

On a fait une expérience semblable avec une argile ferrugineuse, avec de l'ocre jaune. L'ocre crue a laissé sans se dissoudre un résidu pesant 0,63 insoluble dans l'acide chlorhydrique. Après une première calcination, ce résidu pesait 0,61; après une deuxième calcination, 0,57; enfin, après un troisième coup de feu, on n'a plus trouvé que 0,73 de résidu non attaqué.

Une marne, soumise aux mêmes essais, a perdu, crue, 0,58, et cuite, 0,60. Si l'on enlève le calcaire, l'argile crue laisse 0,70 et l'argile calcinée 0,95, c'est-à-dire 0,30 de perte dans un cas et seulement 0,05 dans l'autre. Ces résultats mettent hors de doute que la composition de l'argile exerce, tout aussi bien que la température employée pour la calcination, une influence importante sur les différences qu'on pourrait observer. La pâte de porcelaine crue perd 0,10 de parties solubles, tandis qu'elle n'en abandonne que 0,06 à l'état de dégourdi.

Les diverses méthodes d'analyses décrites plus haut ont conduit à la connaissance exacte de certaines argiles qu'on est convenu de considérer comme types. Nous les avons classées dans les tableaux qui suivent, et je n'ai pas cru devoir omettre ici les résultats qui représentent les compositions et les usages des principales argiles provenant soit du territoire français, soit des contrées environnantes. Beaucoup de ces analyses ont été faites au laboratoire de Sèvres par les différents chimistes qui ont été successivement attachés à cet établissement, MM. Laurent, Malaguti, Marignac, Salvétat; quelques autres sont empruntées au traité classique de M. Berthier, sur les Essais par la voie sèche, t. I, p. 39 et suivantes :

ARGILES DES LOCALITÉS PRISES EN FRANCE.

		POUR 100 PARTIES D'ARGILE séchées à + 100 degrés centigrades.					
		Eau.	Silice.	Alumine.	Oxyde de fer.	Chaux.	Magnésie.
1	Abondant. .	13.10	50.60	35.20	0.40	0.00	0.00
2	Arcueil . . .	11.01	62.14	22.00	3.09	1.68	traces
3	Belin	8.64	63.57	27.45	0.15	0.55	traces
4	Échassières. .	16.40	49.20	34.00	0.00	0.00	0.00
5	Étrépigny. .	9.96	70.00	18.50	0.50	0.75	traces
6	Forges. . . .	11.00	65.00	24.00	traces	0.00	0.00
7	Gaujac. . . .	14.50	46.50	38.10	0.00	traces	0.00
8	Hayanges . .	7.50	66.10	19.80	6.30	0.00	0.00
9	Klingenberg.	16.00	48.32	32.48	1.52	1.64	traces
10	Labouchade .	12.00	55.40	26.40	4.20	0.00	0.00
11	Leyval. . . .	12.60	52.00	31.60	4.40	0.00	0.00
12	Livernon . .	18.00	49.00	24.00	6.26	2.00	0.00
13	La Malaise. .	15.00	52.55	26.50	0.55	3.00	1.50
14	Montereau. .	10.00	64.40	24.60	traces	0.00	0.00
15	Provins . . .	»	57.00	37.00	4.00	1.70	0.00
16	Retourneloup	16.96	42.00	38.96	0.85	1.04	0.17
17	Salavas . . .	11.05	58.76	25.10	2.50	traces	2.51
18	Saveignies. .	»	65.00	31.00	1.00	traces	2.00
19	Strasbourg. .	12.00	66.70	18.20	1.60	0.00	0.60
20	Vaugirard. .	14.58	51.84	26.10	4.91	2.25	0.23

Voici les caractères et les usages de ces diverses argiles :

1. Argile d'Abondant, près Dreux (Eure-et-Loir),

blanche, plastique, très-estimée, sert à faire des hygiocérames, des grès, des cazettes à porcelaine, des creusets pour fondre l'acier ; très-réfractaire. On peut supposer que, dans cette argile, une partie de l'alumine est à l'état d'hydrate d'alumine en mélange avec le silicate alumineux hydraté. Les qualités de cette terre, sa manière d'être dans la nature, sur laquelle nous reviendrons plus loin, permettent cette hypothèse.

2. Argile d'Arcueil (Seine), noirâtre, plastique, inférieure au calcaire grossier ; utilisée dans la fabrication des poteries de Paris.

3. Argile de Belin (Ardennes), grise, plastique, infusible, mais se frittant légèrement au grand feu de porcelaines ; on l'emploie dans les faïenceries de Douai.

4. Argile d'Echassières (Allier), blanche et plastique, sert à la confection des creusets à fondre l'antimoine ; on la fait entrer aussi dans la composition de quelques porcelaines dures.

5. Argile d'Étrépigny (Jura), grasse, verdâtre, chargée de grains de quartz, infusible ; employée dans les faïenceries du Doubs.

6. Argile de Forges (Seine-Inférieure), plastique, grise, supérieure à la craie ; très-estimée pour la fabrication des pots de verrerie, pour la faïence fine et la faïence commune.

7. Argile de Gaujac (Landes), plastique et blanche ; sert à faire les cazettes de la manufacture de Villedieu.

8. Argile de Hayanges (Moselle), jaunâtre, sableuse; employée à la fabrication des briques réfractaires.

9. Argile de Klingenberg (Vosges), plastique, grise; sert à faire les pots de verrerie, cuvettes pour les glaces coulées, etc.

10. Argile de Labouchade, près de Montluçon (Allier), dure, blanc-jaunâtre ; sert à faire des pots de verrerie.

11. Argile de Leyval (Charente-Inférieure), blanche, marbrée de rouge ; employée dans la fabrication des pots de verrerie.

12. Argile de Livernon (Lot), rouge; sert dans la fabrication des poteries faites en imitation des poteries étrusques.

13. Argile de la Malaise (Haute-Vienne), plastique, veinée de rouge, infusible au grand feu ; sert à la confection des cazettes pour la porcelaine de Limoges.

14. Argile de Montereau (Yonne), plastique, d'un gris clair ; très-estimée dans la fabrication des terres dites anglaises à Creil, Montereau, Rubelles, Courbeton, Salins, etc. Les variétés communes donnent des briques réfractaires dites de Bourgogne. Nous ferons remarquer, en temps utile, les différences que les mêmes bancs de cette argile présentent dans leur composition. Elles sont telles qu'il faut une très-grande habitude pour distinguer à première vue les gîtes de la meilleure qualité.

15. Argile de Provins (Seine-et-Marne), plastique, blanchâtre ; employée pour la fabrication des briques réfractaires et momentanément à Sèvres pour les cazettes à porcelaine.

16. Argile de Retourneloup (Seine-et-Marne), plastique, grise, mêlée de veines rouges, infusible ; sert à fabriquer actuellement les cazettes dont fait usage la manufacture impériale de Sèvres.

17. Argile de Salavas (Ardèche), plastique, rosâtre, avec paillettes de mica, infusible, devenant grise au grand feu des fours à porcelaine ; employée pour faire les creusets à fondre l'acier de Saint-Étienne.

18. Argile de Saveignies (Oise), plastique, noirâtre, supérieure à la craie ; employée dans la fabrication des grès et poteries du pays.

19. Argile de Strasbourg (Bas-Rhin), plastique, grise ; employée dans la fabrication des terres de pipe de Strasbourg.

20. Argile de Vaugirard (Seine), noirâtre, plastique, veinée ; sert à faire la poterie commune de Paris.

Les dépôts argileux ne sont pas très-rares ; d'autres contrées que la France en possèdent des amas qui sont renommés ; nous en citerons quelques-uns parmi les plus importants. Voici leurs compositions, leurs usages et leurs caractères.

ARGILES DE LOCALITÉS PRISES HORS DE FRANCE.

		POUR 100 PARTIES D'ARGILE séchées à + 100 degrés centigrades.					
		Eau.	Silice.	Alumine.	Oxyde de fer.	Chaux.	Magnésie.
1	Bornholm. .	5.92	72.50	19.50	1.00	0.50	0.50
2	Helsingborg.	9.00	60.70	20.45	7.93	0.55	0.47
3	Gloukoff. . .	16.50	46.35	37.00	0.00	0.00	0.15
4	Devon. . . .	11.20	49.60	37.40	0.00	0.00	0.00
5	Longport . .	10.60	54.50	16.50	3.13	3.37	0.00
6	Stourbridge .	17.34	45.25	28.77	7.72	0.47	0.00
7	Andennes. .	19.00	52.00	27.00	2.00	0.00	0.00
8	Antragues. .	9.00	71.00	19.00	0.00	0.00	0.00
9	Lautersheim.	13.56	49.00	33.09	2.10	2.00	0.20
10	Valendar. . .	6.75	65.27	24.19	1.00	0.00	2.02
11	Gross-Almerode. . . .	14.00	47.50	34.37	1.24	0.50	1.00
12	Loshhayn . .	11.70	61.52	20.92	0.50	0.02	4.97
13	Theuberg . .	10.00	58.39	27.04	traces	0.74	1.00
14	Gottweith. .	10.00	65.60	20.75	2.00	1.55	traces

1. Argile de l'île de Bornholm (Danemark), plastique, grise, supérieure à la craie ; employée pour la confection des cazettes dans la manufacture de Copenhague.

2. Argile de Helsingborg (Suède), plastique, grisâtre ; employée dans la fabrication des grès de Scanie.

3. Argile de Gloukoff (Russie), blanche, plastique ; base de la porcelaine de Saint-Pétersbourg.

4. Argile de Devon (Angleterre), plastique, grise ; base des cailloutages anglais ; très-estimée.

5. Argile de Longport (Angleterre), plastique, violacée ; sert à faire les briques ferrugineuses du Staffordshire.

6. Argile de Stourbridge (Angleterre), noire, peu plastique, provenant du terrain houiller, infusible ; sert à faire les creusets à fondre l'acier, les briques réfractaires, etc.

7. Argile d'Andennes (Belgique), plastique, blanche ; employée dans les faïenceries d'Andennes ; sert à faire des creusets, des pots de verrerie, etc.

8. Argile d'Antragues (Belgique), plastique, grise, très-estimée pour faire des pots de verrerie, des cornues de distillation pour les fabriques de gaz d'éclairage, des briques réfractaires, des faïences, etc.

9. Argile de Lautersheim (Prusse), plastique, blanchâtre ; base des poteries fines de Mettlach, de Vaudrevanges, de Sarreguemines.

10. Argile de Valendar (Prusse), plastique, grisâtre ; base des poteries fines de Mettlach, des grès du Rhin, etc.

11. Argile de Gross-Almerode (duché de Hesse), plastique, grise, inférieure aux terrains lignifères, très-pure ; très-estimée pour faire les creusets de Hesse. Ces creusets sont fabriqués avec un mélange d'argile et de sable quartzeux ; ils supportent sans se fêler les changements de température les plus brusques.

12. Argile de Loshhayn, près Meïssen (Saxe), noirâtre, mêlée de quartz ; sert à fabriquer les cazettes dans la manufacture de Meïssen.

13. Argile de Theuberg (Bohême), plastique et grise, douce au toucher, inférieure aux terrains de

lignite; employée dans la manufacture d'Elbogen pour fabriquer les cazettes à cuire la porcelaine.

14. Argile de Gottweith, près Krems (Autriche), d'un vert sale pâle, mêlée de taches ferrugineuses; employée dans les manufactures de Vienne pour la confection des cazettes.

Dans toutes ces argiles, il y a plus ou moins de potasse ou de soude qui n'ont pas été dosées; la présence de l'alcali peut modifier un peu les qualités qu'on serait, à première vue, tenté d'attribuer à ces argiles d'après leur teneur en alumine.

Les argiles sont très-abondantes dans la nature; elles se présentent généralement en couches assez régulières dans les terrains appelés stratifiés, formés au sein des eaux, soit douces, soit marines, intercalées entre les couches de grès, de calcaires, etc. On y trouve très-souvent des débris organiques fossiles, animaux ou végétaux; elles sont évidemment le produit d'un dépôt formé par une matière primitivement en suspension au sein d'un liquide charriant des matériaux de transport.

Les argiles existent dans presque tous les terrains stratifiés.

Les argiles plastiques et réfractaires sont supérieures à la craie, et appartiennent à la base du terrain tertiaire; on en trouve dans le terrain houiller. Les argiles mêlées de calcaires sont beaucoup plus répandues; elles appartiennent à tous les terrains stratifiés (oolithe), craie, terrains tertiaires; les argiles rouges sont assez abondantes. Nous allons voir que les argiles sont des kaolins transportés, qui, dans leur transport, ont été souillés par des matières étrangères.

Une seule matière argileuse, la terre à porcelaine qu'on nomme kaolin, fait exception à cette règle générale et se présente sous forme d'amas tout à fait irréguliers au milieu des roches primitives, comme le granite, le gneiss, entremêlée d'autres roches que leur analogie avec les roches volcaniques indique comme ayant originairement possédé l'état de fusion.

On distingue les kaolins argileux, sablonneux, caillouteux.

Tantôt le kaolin se présente en masses onctueuses, très-blanches, douces au toucher, liantes et plastiques, avec tous les caractères d'une véritable argile; c'est un kaolin *argileux*. Tantôt la décantation laisse une quantité de grains fins de quartz et de feldspath; c'est le kaolin *sablonneux*.

Tantôt enfin le gîte de kaolin se compose d'une masse blanche qui s'égrène entre les doigts, mais qui n'est pas plastique; délayée dans l'eau, cette matière se désagrége et donne un kaolin pur, véritable argile qu'on sépare par l'évigation des grains plus ou moins volumineux de quartz ou de feldspath; c'est le kaolin *caillouteux*.

L'étude des gîtes de kaolins a permis de préciser l'origine des roches que l'aspect extérieur éloigne, en apparence seulement, des véritables argiles. En effet, les kaolins ne se sont montrés associés jusqu'à ce jour qu'avec les roches suivantes:

Les pegmatites, à Saint-Yrieix (Haute-Vienne), à Cambo, dans les Pyrénées; à Saint-Stephen, dans les Cornouailles.

Les gneiss, à Passau, à Saint-Yrieix.

Les granites, à Hall, près Schneeberg.

Les curites, à Tretto, dans le Vicentin.

Les porphyres, en Saxe, à Morl, près de Hall.

Or, toutes ces roches, au milieu desquelles le kaolin se trouve enclavé, renferment un élément commun qui est le feldspath.

Ce silicate, répandu dans la roche, soit à l'état de cristaux, soit à l'état de pâte réunissant les cristaux parfaits, se montre souvent intact, et souvent aussi sans résistance et sans solidité; l'examen attentif de la roche démontre d'une manière évidente que ce sont les parties feldspathiques qui se sont transformées en cette matière blanche de nature argileuse, qu'une décantation permet d'isoler et qui a tous les caractères d'un kaolin.

On trouve même des cristaux de feldspath imparfaitement décomposés.

La conclusion la plus naturelle qu'on puisse tirer de l'observation de ce dernier fait est que le kaolin provient de la décomposition du feldspath sous certaines influences atmosphériques. La connaissance des compositions chimiques des deux matières conduit au même résultat:

Le feldspath renferme:			Le kaolin supposé pur contient:		
$4(SiO^3)$	silice	64.8	SiO^3	silice	39.5
Al^2O^3	alumine	18.3	Al^2O^3	alumine	44.8
KO	potasse	16.9	$2(HO)$	eau	15.7
		100.0			100.0

En rapportant les deux compositions à la même proportion d'alumine égale à 100, on aura:

	Pour le feldspath.	Pour le kaolin.
Alumine	100	100
Silice	332	88
Potasse	92	0
Eau	0	35
	524	223

Ainsi le feldspath perd les trois quarts de la silice et gagne de l'eau. On peut représenter cette réaction par la formule chimique

$$4(SiO^3)KO, Al^2O^3 + 2(HO) = \begin{cases} 3(SiO^3)KO \\ SiO^3, Al^2O^3, 2(HO). \end{cases}$$

La matière s'est transformée en une autre qui ne pèserait plus que les 0.4 environ si la décomposition était complète, ce qui n'a pas lieu généralement; il reste presque toujours de la potasse et de la silice en excès, ce qui semble prouver une altération incomplète.

Les kaolins de toutes les localités contiennent encore des alcalis, comme le démontrent les analyses suivantes:

		POUR 100 PARTIES SÉCHÉES à + 100 degrés.			
		Eau.	Silice.	Alumine.	Alcalis.
1	Limousin.	13.40	48.00	37.00	2.50
2	Nièvre.	12.60	49.00	36.00	1.60
3	Bretagne.	13.00	48.00	36.00	2.00
4	Chine.	11.20	50.00	33.70	1.90
5	Pyrénées.	11.50	48.00	34.60	2.15
6	Russie	12.60	48.00	36.00	2.40

Quand le granite se décompose, le kaolin est mêlé de mica; en partie décomposé, il est coloré, ferrugineux, et ne peut donner des porcelaines translucides et complétement blanches. Le granite se présente quelquefois sans mica. La roche est alors composée de quartz et de feldspath; on l'appelle pegmatite; c'est la décomposition de la pegmatite qui donne lieu généralement aux gîtes des meilleurs kaolins; le quartz est plus ou moins abondant, le kaolin est alors plus ou moins caillouteux. Quoi qu'il en soit, ces gîtes sont ordinairement très-irréguliers, et le kaolin argileux, qui est très-rare, se trouve sous forme de veines ou d'amas peu importants au milieu des gîtes de kaolins caillouteux.

Ces roches sont fréquemment associées à des terres rougeâtres, ferrugineuses, qui entourent le gîte. M. Brongniart a conclu de ces observations générales que cette association avait facilité la transformation du feldspath en kaolin.

On a cherché longtemps à expliquer la décomposition du feldspath; diverses réactions se sont présentées à l'esprit.

1° Par une longue ébullition dans l'eau sous une forte pression, le feldspath laisse dissoudre de la silice et de la potasse (Forkhammer); les parois de carrières feldspathiques constamment mouillées se kaolinisent.

2° Du feldspath en poudre humide, mis dans un tube en U dans lequel on détermine un courant électrique, a donné sur l'un des pôles une réaction alcaline au bout de deux ans. (Brongniart et Malaguti.)

Ainsi, un courant électrique, longtemps prolongé, transmis par l'eau, peut à la longue décomposer le feldspath. M. Brongniart en avait conclu que le contact des roches ferrugineuses déterminant un courant électrique pouvait avoir accéléré la décomposition; mais l'eau seule, surtout chargée d'acide carbonique, sous une forte pression, suffit pour déterminer ces transformations, ainsi que l'ont démontré des exemples tirés par M. Fournet des carrières de Pontgibeaud.

La décomposition des granites sur de grandes étendues paraît s'opérer, sans qu'il y ait nécessité d'une action électrique, par la simple action de l'eau, de l'air et de l'acide carbonique. Les roches en décomposition sont constamment lessivées; l'acide carbonique que l'eau tient en dissolution forme du carbonate de potasse, et la silice est à son tour entraînée par cette dissolution alcaline.

La formation du nitre peut encore enlever des alcalis à l'état d'azotate; c'est ainsi que s'explique la formation des nitrières de l'Espagne et de la Barbarie.

L'étude des gîtes de kaolins fait voir que les roches sont surtout décomposées près de la surface du sol; pegmatites et granites se comportent de même; en descendant en profondeur, on est presque certain de rencontrer la masse inaltérée, et l'on peut avancer que les causes qui ont agi n'ont pas transformé les silicates au delà d'une vingtaine de mètres. Comme la pegmatite en s'altérant diminue beaucoup de volume, on peut expliquer, au moins dans de certaines limites, le désordre qu'on remarque dans les relations que présentent les diverses roches mises à nu par l'exploitation des carrières.

Il est évident d'ailleurs que les différents granites, j'ajouterai même, les divers points d'une même formation granitique, présentent de grandes différences entre eux sous le rapport de la facilité avec laquelle leur décomposition s'opère.

Le rendement des kaolins bruts est excessivement variable, souvent d'un point à un autre du même gisement.

Le kaolin argileux laisse quelquefois 0,03 de sable dont la nature est tantôt siliceuse, tantôt feldspathique. La proportion de ce résidu peut s'élever jusqu'à 0,15 ou 0,20, mais c'est un maximum assez rare.

Le kaolin caillouteux ne donne souvent au lavage que 0,20 d'argile pure, quelquefois il en produit 0,70. Des différences de même ordre sont observées dans le lavage des kaolins sablonneux.

Les kaolins s'exploitent à ciel ouvert et par gradins.

Les matières montées au jour par des femmes ou des enfants sont épluchées avec un grand soin; on rejette les parties ferrugineuses, qu'on distingue facilement à la vue. On enlève avec un couteau les veinules ocreuses dont les masses sont injectées, et les matériaux ainsi dépouillés de fer sont mis de côté pour servir à la confection des pâtes de porcelaine.

Dans le Limousin, les pâtes se composent directement avec les variétés de kaolin caillouteux, sans lavage, auxquelles on ajoute 1° des kaolins argileux, qui sont rares et également non lavés; 2° des cailloux, et 3° des argiles qu'on nomme *décantées* et qui proviennent du lavage des rebuts que laisse l'épluchage.

En Angleterre, dans le Nivernais ou l'Allier, on traite par lavage en grand les kaolins bruts, et ce lavage se fait par toutes les méthodes employées dans les arts métallurgiques pour le débourbage et la séparation des minerais de leurs gangues inutiles.

Les kaolins ont dans le commerce des valeurs différentes, suivant leurs qualités. Le plus estimé, le plus coûteux, mais aussi le plus rare, est le kaolin argileux. On le trouve à Limoges, aujourd'hui, rendu en gare au prix de 13 à 15 francs les 100 kilog. à l'état sec. L'argile décantée ne vaut guère que 6 à 8 fr. les 100 kilog.

La formation du kaolin n'est pas un fait isolé; rien n'est plus facile que d'y rattacher l'origine des argiles et de toutes les matières sédimentaires. Le kaolin est une argile en place; l'argile est le kaolin transporté qui, dans son transport, s'est trouvé, comme nous l'avons dit, souillé de matières étrangères. Les travaux d'Ébelmen ont expliqué ces phénomènes de la manière la plus philosophique.

La transformation des espèces feldspathiques en kaolin est un fait acquis à la science; ce n'est qu'un cas particulier des altérations que subit ou peut subir la croûte extérieure du globe terrestre. Ce phénomène, accompli sur une très-grande échelle autrefois, s'accomplit probablement encore tous les jours, et l'élément feldspathique n'est pas le seul qui se trouve altéré; des silicates, qui ne renferment pas d'alcalis, sont souvent aussi décomposés, et la liste des roches ou minéraux examinés attentivement et trouvés dans des états d'altération que l'analyse chimique a permis de suivre pour ainsi dire pas à pas, montre d'une manière évidente que la transformation du feldspath en kaolin rentre dans le fait général de la décomposition des silicates sous l'influence des agents atmosphériques.

On a constaté l'altération en quelque sorte kaolinique dans le bisilicate de manganèse d'Alger, dans le bisilicate de manganèse de Saint-Marcel, dans la bustamite de la mine d'argent de Tétala (Mexique), dans le grenat mélanite de Beaujeux (Rhône), dans le basalte de Crouzet, dans le basalte de Polignac (Haute-Loire), dans le basalte du Krammer-Bull, près Eger (Bohême), dans le grau-stone des environs de Saint-Austell (Cornwall), dans le basalte de Linz (bords du Rhin). Or, dans tous ces minéraux, dans toutes ces roches, on a vu la plupart des éléments disparaître, et l'alumine se concentrer dans les résidus en combinaison avec l'acide silicique avec fixation d'une certaine quantité d'eau.

En généralisant le fait de cette décomposition et l'étudiant en dehors de toute hypothèse sur les causes premières de l'altération, on peut résumer ainsi les principes qui régissent la décomposition des silicates sous l'influence des agents atmosphériques.

1° Dans la décomposition des silicates contenant de la chaux, de la magnésie, des protoxydes de fer et de manganèse, sans alumine, on trouve constamment que la silice, la chaux, la magnésie sont éliminées et tendent à disparaître complétement par le fait de la décomposition; tantôt le fer et le manganèse restent dans le résidu à un état d'oxydation supérieur au protoxyde, tantôt ils disparaissent comme les autres bases.

2° Dans la décomposition des silicates contenant de l'alumine et des alcalis avec ou sans les autres bases, l'expérience prouve que l'alumine se concentre dans le produit de la décomposition, en retenant une partie de la silice et en fixant une certaine quantité d'eau, pendant que les autres bases sont entraînées avec une grande partie de la silice.

Le produit final de la décomposition se rapproche de plus en plus de la composition d'un silicate d'alumine hydraté.

Comme conséquence de ces faits, on admettra que toutes les roches ignées contenant de l'alumine laissent par leur décomposition un résidu argileux plus ou moins pur, plus ou moins mélangé de quartz, d'oxyde de fer, etc., suivant la nature de la roche primitive et suivant les circonstances qui ont accompagné son altération.

Si, de plus, on considère que presque toutes les roches d'origine ignée sont sujettes à la décomposition, sous l'influence atmosphérique, on pourra facilement rattacher à la décomposition de ces terrains, qui sont si répandus dans la masse de la terre, la formation des matières argileuses. On peut faire remarquer à l'appui de cette opinion que l'on ne rencontre que par exception, dans les terrains stratifiés, des silicates à plusieurs bases analogues à ceux des roches plutoniques, tandis que le silicate d'alumine hydraté, l'argile, en forme l'élément principal.

Toutes les argiles enfin renferment, comme M. Mitscherlich et d'autres chimistes l'ont démontré, des quantités d'alcalis qui prouvent leur communauté d'origine avec les kaolins.

La promptitude avec laquelle la roche, amenée de la sorte à l'état terreux, peut être délayée dans les eaux pluviales, explique d'une manière simple son entraînement par voie mécanique jusque dans les terrains marins ou lacustres où les matières se sont déposées.

On trouverait difficilement une autre origine aux masses argileuses des terrains stratifiés ; personne ne saurait voir dans ces matières le résultat d'une simple désagrégation des roches ignées.

Elles diffèrent de celles-ci par leur composition chimique moins complexe, par l'eau qu'elles renferment en combinaison, par leurs propriétés physiques, par leur plasticité et leur infusibilité.

Cette explication paraît satisfaire d'une manière complète à toutes les conditions du problème ; on explique ainsi toutes les variétés que présentent ces couches, soit dans leur composition, soit dans leur nature ; car les eaux qui entraînent l'argile en suspension enlèvent en même temps d'autres matières de grosseur et de densité différentes qui peuvent se mêler avec les dépôts argileux (sable, mica) ; ces dépôts mécaniques se mélangent nécessairement d'ailleurs avec les autres corps qui se précipitent chimiquement dans le même bassin, comme la silice qui a été dissoute et qui se sépare sous l'influence de l'acide carbonique de l'air ou de l'eau pure elle-même, comme les carbonates de chaux et de magnésie, comme l'oxyde de fer, etc.

Si l'on applique aux kaolins les procédés d'analyse rationnelle que nous avons décrits plus haut, on trouve qu'en général, en négligeant les résidus éloignés par les lavages successifs, par l'acide sulfurique et la potasse, les formules qui représentent la composition de l'hydrosilicate d'alumine contiennent l'alumine et l'eau dans des proportions définies dans le rapport de 1 à 2.

Les analyses dues à M. Malaguti le démontrent évidemment.

Le tableau qui suit contient les résultats des analyses sur lesquelles MM. Brongniart et Malaguti purent établir leur théorie. La première colonne contient le poids du résidu, c'est-à-dire le silicate insoluble dans les acides et les alcalis, après plusieurs traitements successifs ; il est étranger à la constitution chimique du minéral. La deuxième et la troisième colonne contiennent les proportions d'alumine et de silice abandonnées aux agents acides et basiques employés pour l'attaque. La dernière renferme l'eau de combinaison nécessaire à la constitution de l'argile.

		Résidu.	Silice.	Alumine.	Eau.
1	Saint-Yrieix	9.76	42.07	34.65	12.17
2	Les Pieux. .	9.67	42.31	34.51	12.09
3	Clos-Madme	8.96	39.91	36.37	12.94
4	Chabrol. . .	24.87	32.93	29.88	10.73
5	Cornouailles	19.65	46.63	24.06	8.74
6	Devon . . .	4.30	44.26	36.81	12.74
7	Chiesi . . .	8.14	45.03	32.24	11.36
8	Piémont . .	48.00	23.94	21.14	7.42
9	Passau . . .	4.50	42.15	37.08	12.83
10	Aue.	18.00	35.98	34.12	11.09
11	Seidlitz. . .	12.33	40.78	34.16	12.10
12	Hall	43.84	26.10	22.50	7.55
13	Oporto . . .	0.11	40.62	43.94	14.62
14	Sargadelos .	5.64	43.25	37.38	12.83
15	Wilmington	22.81	32.69	35.01	12.12

Les analyses 1, 2, 6, 11, 12, 14, correspondent à la formule

$$4\,(Si\,O^3),\ 3\,(Al^2\,O^3) + 6\,(HO).$$

Les analyses 3, 4, 6, 9, correspondent à la formule

$$5\,(Si\,O^3),\ 4\,(Al^2\,O^3) + (HO).$$

L'analyse 7 donne la formule

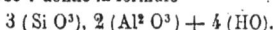

$$3\,(Si\,O^3),\ 2\,(Al^2\,O^3) + 4\,(HO).$$

Les analyses, 5, 13 et 15 conduisent à la formule

$$2\,(Si\,O^3),\ Al^2\,O^3 + 2\,(HO).$$

Les nombres inscrits dans la deuxième colonne présentent généralement plus de silice que d'alumine ; or si l'on traite le kaolin brut par une lessive étendue de soude caustique, on enlève précisément cet excès de silice qui est à l'état gélatineux, hors combinaison.

Dans tous ces kaolins, les compositions se présentent, en définitive, par les formules beaucoup plus simples

$$Si\,O^3,\ Al^2\,O^3 + 2\,(HO).$$

Les kaolins de Cornouailles et d'Oporto n'ont rien perdu. Or nous savons que la formule

$$Si\,O^3,\ Al^2\,O^3 + 2\,(HO)$$

est précisément celle que donne l'équation par laquelle nous avons représenté l'altération du feldspath. La présence de la silice libre s'explique avec non moins de facilité. La combinaison

$$3\,(Si\,O^3),\ KO,$$

qui est insoluble, se décompose à son tour en

$$Si\,O^3 + 2\,(Si\,O^3)\,KO$$

en partie soluble, et la présence de la silice gélatineuse est une conséquence de cette altération.

De ces expériences, nous déduisons avec MM. Brongniart et Malaguti, dont nous transcrivons les conclusions si nettement posées dans un travail remarquable :

1° Les kaolins normaux, à l'état brut et seulement débarrassés par le lavage des corps grossiers qui leur sont étrangers, sont un mélange d'argile kaolinique, et d'un résidu qui ne se dissout ni dans les alcalis, ni les acides, renfermant des silicates à diverses bases.

2° L'argile de kaolin est une combinaison de silice, d'alumine et d'eau, dans des proportions définies, à peu près toujours les mêmes et qu'on peut représenter par une formule invariable.

3° Mais il y a dans beaucoup de ces argiles un excès de silice hors de combinaison, susceptible d'être dissoute, suivant certaines règles, dans la potasse caustique et qui se sépare nettement du silicate d'alumine hydraté, constituant la véritable argile kaolinique. Le silicate d'alumine, débarrassé de cet excès de silice, donne une formule plus simple et plus générale que nous appellerons formule définitive:

$$Si\,O^3, Al^2\,O^3 + (HO).$$

4° Cet excès de silice dans les argiles kaoliniques peut être regardé comme le résultat d'une action électrique, qui d'abord a transformé successivement le feldspath en argile de kaolin et en silicate de potasse insoluble; puis qui a, par une nouvelle action, dédoublé ce dernier en silicate soluble et en silice qui reste dans le mélange avec l'argile.

5° Enfin, la variabilité dans la proportion de cet excès de silice dans les différentes argiles kaoliniques peut dépendre de l'action postérieure des eaux naturelles qui ont dépouillé ces argiles d'une plus ou moins grande quantité de silice dissoluble.

Les gîtes de kaolin sont, en France, assez nombreux; on connaît ceux de Saint-Yreix et de Cherbourg; les départements de la Nièvre et de l'Allier sont riches en kaolins de bonnes qualités. Les environs de Brest paraissent devoir fournir des carrières exploitables et de qualités supérieures, capables de lutter avec celles des kaolins de Bayonne. entrés en concurrence depuis longtemps avec les terres du Limousin.

La formule

$$Si\,O^3, Al^2\,O^3 + 2(HO),$$

par laquelle nous avons représenté la composition de généralité des kaolins, ne pourrait représenter d'une manière absolue tous les kaolins, quelle que soit leur provenance, quelles que soient les circonstances dans lesquelles ils se sont formés, quelle que soit enfin la formule de la matière minérale de laquelle ils dérivent. Dans leur important travail, MM. Brongniart et Malaguti avaient rencontré des anomalies. Il est probable que ceux des kaolins dont les analyses rationnelles ont conduit à des formules compliquées par rapport à celle que nous venons d'admettre, appartiennent à des types différents ayant une origine différente.

C'est sans doute à ces types qu'il convient de rattacher certaines matières argileuses très-hydratées, auxquelles on donne les noms de collyrites, d'halloysites, de lenzinites, de smectites, etc.

Ces substances, qui peuvent être employées dans la fabrication des poteries, diffèrent des kaolins par leur homogénéité; elles diffèrent encore des argiles proprement dites parce qu'elles se présentent en place, c'est-à-dire parce qu'elles ne paraissent pas avoir été soumises à des transports qui les ont souillées de quartz, de mica, de pyrites, etc.

Je donne dans le tableau suivant la composition de quelques-unes de ces matières, et les formules par lesquelles on peut les représenter:

		$Si\,O^3$.	$Al^3\,O^3$.	H O.
1	Halloysite de Saint-Jean-de-Col.	45.55	22.60	26.20
2	Halloysite de Montmorillon	51.10	20.68	25.34
3	Lenzinite de Saint-Sever. .	48.40	36.80	13.00
4	Lenzinite de la Villate. . .	36.30	36.00	21.50
5	Lenzinite de Hall.	39.50	37.50	25.00
6	Smectite de Condé.	43.00	32.50	21.07

Ces chiffres conduisent aux formules:

$$2\,(Si\,O^3), Al^2\,O^3 + 7\,(HO),$$
$$2\,(Si\,O^3), Al^2\,O^3 + 9\,(HO),$$
$$(Si\,O^3), Al^2\,O^3 + 2\,(HO);$$
$$(Si\,O^3), Al^2\,O^3 + 3\,(HO),$$
$$(Si\,O^3), Al^2\,O^3 + 4\,(HO),$$

Je néglige ici les matières étrangères à la constitution des minéraux. On voit combien ces substances sont différentes; on comprend que, par leur mélange avec les argiles de kaolin pur, elles puissent en altérer la composition et masquer la véritable nature de ces matières minérales.

On trouve quelques-unes de ces substances au milieu même de masses argileuses, comme si leur formation avait de l'analogie avec celle des silex de la craie réunis en rognons; la singularité de ces gisements explique la bizarrerie de certaines masses argileuses qui, loin de se présenter en lits stratifiés régulièrement, affectent au contraire des allures accidentées.

Quelques argiles, même parmi les argiles éminemment plastiques, se présentent en amas à peu près lenticulaires ou ellipsoïdaux allongés, dont l'exploitation, en raison même de cette circonstance, est suivie rarement avec régularité. Nous citerons comme appartenant à cette espèce les meilleures argiles de Dreux et de Montereau; elles se rencontrent dans des amas argileux plus ou moins plastiques, mais qu'il faut éloigner par une exploitation intelligente, parce qu'ils n'offrent ni la blancheur ni la plasticité des nodules ou noyaux que l'industrie estime au plus haut degré.

— SALVETAT.

ARMES A FEU. Le fusil prussien, dont nous avons parlé dans notre premier volume comme d'une nouveauté, est devenu, par suite des événements de la guerre, un objet de préoccupation pour toutes les puissances militaires de l'Europe. Après avoir dédaigné le fusil Robert, qui, dès 1832, était une première solution du problème, on s'est hâté, en 1867, d'adopter d'urgence une arme se chargeant par la culasse. La résistance de l'artillerie, fondée sur la grande consommation de munitions faite dans la guerre avec l'ancien fusil d'un chargement si lent, et par suite sur l'impossibilité d'apporter des approvisionnements suffisants sur le champ de bataille, a dû nécessairement céder devant l'adoption d'une arme à chargement rapide par une des principales nations militaires de l'Europe, avec laquelle il serait absurde de vouloir lutter à armes inégales. Sans doute il importe de recommander aux officiers de retenir leurs soldats et de les empêcher de consommer inutilement leurs munitions; mais le principe de l'adoption d'une arme se chargeant par la culasse ne saurait être contesté.

On a cherché partout à faire une arme supérieure au fusil prussien, ce qui n'était pas facile, malgré les progrès faits depuis sa construction, à cause du mérite très-réel de son invention. C'était surtout le crachement incommode que l'on pouvait éviter; la difficulté était de le faire sans que la décharge de l'arme laissât la sujétion de retirer un culot, ou corps analogue, du canon, condition dont on s'est peut-être exagéré l'importance. On a donc cherché une cartouche qui ne laissât rien dans le canon, sans culot, et combiné une fermeture hermétique, ce qui exigeait l'interposition d'un corps élastique pour compléter la fermeture métallique. Cette condition a été remplie par le fusil prussien modifié par M. Chassepot et adopté pour l'armée française, grâce à un emploi fort heureux du caoutchouc, sous forme d'une rondelle recouverte d'une rondelle en métal, qui, pressant sur le caoutchouc, produit sa dilatation, et par suite une obturation parfaite de tous les joints.

Le mouvement du progrès, commencé en 1808, par Pauli qui, en 1808, inventa le premier fusil se chargeant par la culasse (qui attira l'attention de Napoléon Ier, qui ne paraît pas toutefois s'être préoccupé longtemps de la valeur de ce genre d'armes), n'a pas, on le voit, trouvé sa dernière expression dans le fusil prussien construit par Dreysse, qui, comme ouvrier armurier, avait travaillé au fusil Pauli. Nous allons décrire le fusil modèle 1867 de l'armée française, qui est un progrès notable sur le fusil prussien, puisqu'il fait disparaître le crachement, sans avoir davantage la complication d'un culot, et diminue les ratés et les accidents de l'aiguille, qui n'a plus à traverser toute la longueur de la charge de poudre. Il faut bien dire qu'il en résulte quelque difficulté pour la confection de la cartouche. Pour ce motif et aussi à cause du prix élevé et des difficultés de construction de cette arme, on a conservé la cartouche à culot pour la modification des fusils qui remplissent les arsenaux; alors l'exécution d'un fusil se chargeant par la culasse devient extrêmement simple.

Ce qui a été pratiqué pour la plupart des systèmes qui ont le mieux réussi dans deux grands pays industriels, dont l'armement, expression fidèle de l'industrie, par suite de la puissance militaire des nations (deux éléments inséparables), est surtout à étudier: nous voulons parler des Anglais et des Américains.

Les Anglais, très-fiers de leur carabine d'Enfield, se sont empressés de la transformer pour lui donner les avantages de rapidité de tir des nouvelles armes, d'après leur principe de compenser, autant que possible, le petit nombre de soldats de leur armée, par la supériorité de leur armement. C'est le système Sniders, qui donne une arme d'un trop fort calibre, eu égard à la quantité de cartouches que doit nécessairement porter le soldat pour un tir aussi rapide que celui que permettent ces armes. Il est analogue à celui adopté en France pour utiliser les anciens fusils, à l'aide d'une pièce de culasse à charnière, permettant l'introduction d'une cartouche à culot.

Les Américains, pendant leur grande guerre civile, ont inventé et essayé un grand nombre d'armes. Le plus remarquable produit de leurs travaux est le fusil Winchester, auquel les Suisses paraissent donner la préférence sur tous autres systèmes. Ce fusil est le premier réussi, d'une nouvelle famille d'armes, susceptible de fournir un feu encore plus rapide que les précédentes, ce qui, aujourd'hui au moins, paraît dépasser le but: nous voulons parler des armes à répétition. Dans l'arme dont nous parlons, un tube, placé à côté du canon, renferme sept ou huit cartouches superposées, qui viennent remplacer successivement la cartouche tirée, par une disposition ingénieuse, mais qui ne présente pas la rusticité suffisante pour une arme de guerre.

mes, est logée dans une concavité quasi cylindrique, vissée sur la tranche postérieure du canon et solidement fixée au bois. Elle porte sur son épaisseur, dans le sens longitudinal, deux coupures: l'une, vers le milieu de sa partie supérieure; l'autre, à sa partie inférieure.

La première coupure, analogue à l'entaille pratiquée sur la douille d'une baïonnette ordinaire, permet le *va-et-vient* d'une clé ou *manotte* K, adaptée sur un tube concentrique avec la boîte, lequel tube, formant verrou, n'est autre que la culasse mobile. Le recul de la manotte détermine l'ouverture du canon, et inversement son mouvement en avant en effectue la fermeture. La deuxième coupure longitudinale, celle du dessous, livre passage au corps de la détente, pièce qui réagit au moyen d'une saillie formant gâchette, disposition empruntée au fusil Dreyse. L'ouverture de l'arrière permet de faire glisser une masselotte qui a pour fonction de faire manœuvrer la noix, et qui constitue le chien B de cette arme.

Le verrou contient une tige porte-aiguille absolument comme le fusil prussien décrit dans notre premier article, sur laquelle s'enroule un ressort à boudin établi de façon à pouvoir se comprimer et reprendre ensuite son état normal. Ce ressort est dans les deux armes une partie délicate, car il ne peut avoir ni la durée ni la puissance d'un ressort plat. Le verrou contient aussi un autre tube concentrique, ou mieux une tige mobile, forée dans toute sa longueur. C'est sur cette tige qu'on a imaginé de fixer une rondelle en caoutchouc, suffisamment épaisse pour se dilater en s'aplatissant sous la pression des gaz, comprimée qu'elle est à ce moment par un disque en métal qui recouvre sa partie antérieure. C'est dans le canal disposé à l'intérieur de la tige mobile que se meut l'aiguille; et le disque étant le premier à recevoir l'effort de l'explosion, préserve tant bien que mal d'une prompte détérioration la rondelle en caoutchouc. L'emplacement réservé à la tige dans l'intérieur du verrou doit avoir des dimensions assez grandes pour que les gaz qui s'infiltrent dans ce logement par le conduit de l'aiguille n'en produisent pas l'encrassement.

On a pratiqué le long du verrou, trois rainures portant respectivement le nom de: cran de repos, cran de bandé, cran de départ. Elles correspondent avec la *vis-*

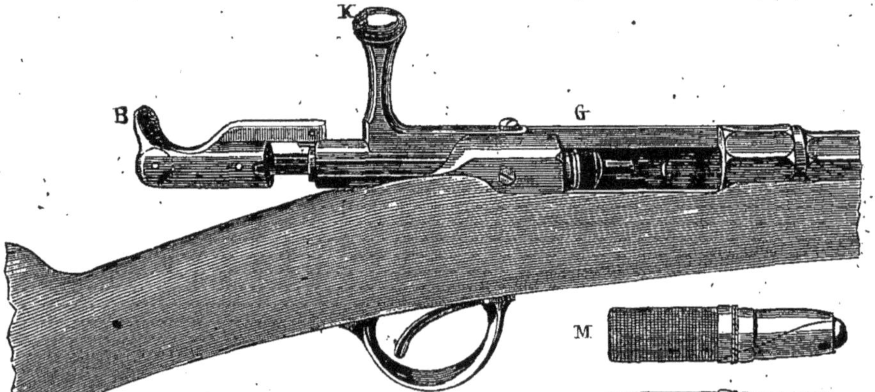

Fig. 3324.

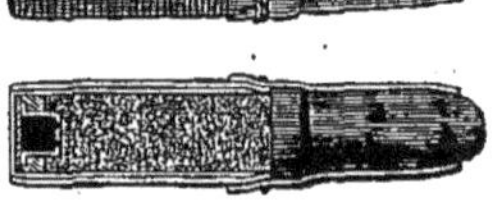

Fig. 3325-3326.

La figure 3324 représente le fusil modèle 1866, adopté pour l'armée française, c'est-à-dire l'arme prussienne modifiée par M. Chassepot.

La culasse mobile, élément essentiel de ce genre d'ar-

arrêtoir ajustée sur la masselotte. Selon le mouvement imprimé au verrou, l'extrémité de l'arrêtoir bute contre le ressaut de la rainure et détermine l'arrêt voulu. Le verrou est en communication avec la noix. La partie antérieure de la noix se relie à la tige mobile, celle où s'adapte le porte-aiguille.

Le porte-aiguille se termine par un carré servant à maintenir le bout du ressort à boudin, tandis que l'embase sur laquelle repose l'autre extrémité du ressort est vissée au corps de la noix pour faciliter le nettoyage de la batterie et le remplacement de l'aiguille ou du ressort.

La masselotte se termine, à l'arrière, par une tête quadrillée, reposant sur une roulette qui facilite son jeu. A l'avant, elle fait retour au-dessous de la noix. Elle affecte alors la forme d'une branche plate, traversée par une vis dont le pied commande le verrou en plongeant dans la rainure du départ. L'obturation ne pouvant avoir lieu sans que la rondelle soit comprimée contre son disque, le *lancé* de l'aiguille resterait infructueux si le verrou n'était ramené en avant.

Pour charger l'arme, il faut ouvrir de droite à gauche à l'aide de la manotte, en faisant tourner le verrou dans le même sens jusqu'à ce que la clé rencontre la face latérale gauche de la boîte; on porte ensuite l'ensemble du système en arrière, mouvement réglé par une vis qui adhère à la boîte et plonge dans une rainure du verrou; puis on introduit la cartouche.

L'arme étant chargée, lorsqu'on ramène la masselotte en arrière, la noix fait tendre le ressort à boudin. Quand la partie antérieure du ressort dépasse la gâchette, dont la saillie est destinée à arrêter la noix et à faire partir le ressort, l'arme se trouve au bandé. Alors, une pression sur la détente provoque l'échappement de la gâchette, et la noix lance l'aiguille à l'effet de produire l'explosion.

La noix et l'aiguille étant immobilisées tant que la boîte n'est pas fermée, le chargement de l'arme ne présente aucun danger. Quand l'arme est chargée, le cran de repos soulage le ressort et constitue une sûreté.

Les mouvements étant rapides, le tir de cette arme peut atteindre dix coups par minute, et le tir en est excellent à 1000 mètres. Le canon, dont le calibre est de 11 millimètres, porte quatre rainures hélicoïdales.

Malgré tout ce qu'elle offre d'ingénieux, on ne peut nier que cette arme ne soit un peu délicate pour un long service en campagne, dans de mauvaises saisons.

Cartouche du fusil Chassepot. En exigeant une moindre course de l'aiguille, qui, dans le fusil prussien, va percuter la poudre fulminante sur la balle, on a diminué notablement les causes d'arrêt résultant du faussement d'une longue aiguille; mais la nécessité de percuter le fulminate sans la résistance que présente la balle, rend la fabrication de la cartouche beaucoup plus délicate. Elle est représentée (fig. 3325 et 3326), en vue et en coupe.

La balle conique du poids de $24^{g},0$ porte un renflement à la partie postérieure, qui se moule dans les rayures; la charge de poudre (de 5 grammes) placée dans un papier résistant recouvert de gaze, reçoit la balle placée au-dessus d'un petit disque en carton et recouverte d'un papier gris réuni solidement par un fil à celui de la cartouche. Ce dernier vient se coller sur un autre disque en carton, placé à l'extrémité de la cartouche opposée à la balle, disque percé d'un trou au centre pour recevoir la capsule à rebords. Cette capsule est maintenue par deux petites bandes de papier, et est remplie par un petit cylindre de caoutchouc, pour prévenir diverses causes de détérioration.

Du fait de la solidité du papier employé et faisant plusieurs tours, de la manière dont la poudre est maintenue entre deux disques, l'aiguille, en pénétrant dans la capsule, trouve une résistance suffisante pour faire partir le fulminate, qui enflammera d'autant plus sûrement la poudre, que la capsule est percée à son fond de deux petits trous. Toutefois le coup n'est évidemment pas sec, et il faut forcer la quantité et l'inflammabilité du fulminate pour éviter les ratés, ce qui est un inconvénient assez grave auquel on trouvera sans doute moyen de remédier. On avait essayé, avec quelque succès, pour obtenir un point résistant, l'emploi d'un petit cylindre de poudre comprimée, placé au milieu de la poudre; malheureusement le placement en était incertain. Une pointe engagée dans la balle, ou un petit appendice du métal de celle-ci, pourrait peut-être être essayé avec chance de succès, sans altérer la trajectoire d'une manière fâcheuse

ASPIRATEUR HYDRO-PNEUMATIQUE. Appareil curieux dû à M. Legat, appliqué avec succès aux machines à papier, pour remplacer les pompes aspirantes servant à faire le vide, par une aspiration qui résulte de l'écoulement de l'eau, par un effet d'entraînement analogue à celui qui se produit dans la trompe. On reconnaît, dans les dispositions générales, une certaine ressemblance avec l'injecteur Giffard; mais la conception et les principes de son fonctionnement sont tout à fait différents. On concevra facilement combien sa simplicité le rendra avantageux dans les nombreuses papeteries établies dans des localités où l'on dispose d'eau en abondance.

La figure 3327 est une coupe de cet appareil.

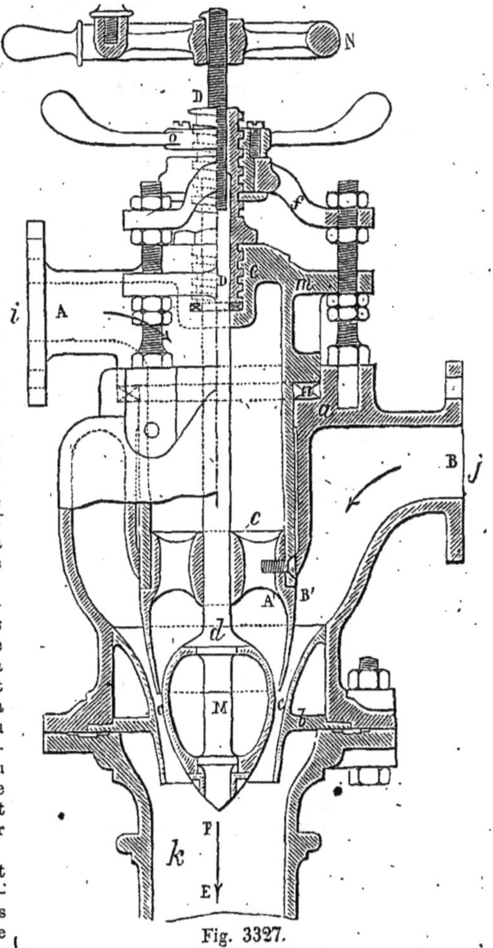

Fig. 3327.

a Enveloppe circulaire communiquant avec un réservoir par la tubulure *j*.

b Ajutage fixé à l'enveloppe *a*, servant à guider la lame d'eau aspirante.

c Cylindre communiquant avec la caisse d'aspiration

de la machine à papier, à l'aide d'un tuyau flexible fixé à la tubulure *i*.

La partie inférieure de ce cylindre est terminée en ajutage pour régler l'épaisseur de la lame d'eau aspirante et guider intérieurement l'eau et l'air aspirés.

La partie supérieure est terminée par une vis s'engageant dans un écrou D.

d Poire terminée par une tige filetée avec volant N, lui servant de guide pour régler le degré d'aspiration sous la toile métallique, en raison de l'épaisseur du papier et du degré d'humidité que la pâte doit conserver à son arrivée sur le premier cylindre sécheur.

D Écrou pouvant se mouvoir circulairement à l'aide de ses manettes *o*, pour obtenir le mouvement vertical du cylindre *d*.

f Collier à trois pattes, fixé à des tiges verticales pour supporter et guider l'écrou D.

m Oreilles faisant corps avec le cylindre *c*, servant à le repérer pour conserver l'épaisseur de la lame aspirante, en s'appuyant sur les écrous que l'on fixe à la demande sur les tiges qui les supportent et qui sont fixées à l'enveloppe circulaire *a*.

n Joint élastique en caoutchouc.

k Colonne servant à supporter l'appareil et à l'écoulement de l'eau.

La mise en marche de l'appareil est très-simple; il suffit d'établir, à l'aide d'un robinet, la communication entre l'enveloppe *a* et un réservoir, puis de régler (une première fois) l'épaisseur de la lame aspirante à environ un quart ou un demi-millimètre (sans qu'elle se divise), en faisant suffisamment descendre l'ajutage du cylindre à l'aide des manettes *o*.

Ensuite le degré de vide s'obtient, à l'examen du tirage produit sur la pâte par la simple manœuvre du petit volant N, qui amène la poire *d* plus ou moins en contact avec la lame d'eau aspirante passant par l'intervalle *c* et faisant ainsi le vide, entraînant l'air et l'eau qui y arrivent.

L'appareil, ainsi réglé, continue, d'après son principe, à fonctionner régulièrement, sans pouvoir se désamorcer et constitue un excellent accessoire des machines à papier.

ASSOLEMENTS. Dans l'article AGRICULTURE, on a fait comprendre l'importance des assolements, de la succession de cultures de plantes différentes sur un même sol, chacune d'elles lui empruntant plus particulièrement des principes différents. Nous reviendrons ici sur les assolements pour faire apprécier un second élément de la question (dont il a été tenu compte dans beaucoup d'exemples donnés dans l'article dont nous parlons), à savoir la profondeur de sol pénétré par les racines des plantes, l'influence des plantes pivotantes qui vont puiser leur nourriture dans des couches où n'arrivent pas les autres plantes.

Nous empruntons la démonstration de l'importance de la culture des plantes pivotantes à un excellent discours prononcé par M. Thénard à un comice agricole : « Avez-vous remarqué, dit-il à ses auditeurs adonnés à l'agriculture, ce qui arrive quand un sol s'appauvrit? il y apparaît des plantes à long pivot, qui le pénètrent profondément : dans les craies de la Champagne, c'est une espèce de panais à fleurs jaunes; dans les terrains siliceux et humides, c'est la fougère; l'ajonc épineux se montre dans les schistes et les granits, le pas-d'âne dans les argiles plastiques, surtout quand elles sont un peu calcaires; la prêle dans les rougets humides de bonne nature; la save blanche et la renoncule puante dans nos herbues froides; l'hièble et le charbon dans nos meilleurs terrains.

« Avez-vous aussi remarqué que quand on sème de la luzerne même sans orge ou sans avoine (ce qui est le meilleur mode quand le terrain est froid), elle pousse parfois assez mal au début, au point de faire croire que mieux vaudrait la retourner; puis, qu'elle s'améliore avec l'âge, et finit souvent par donner d'admirables récoltes.

« D'où vient cela? Ainsi qu'une maison élevée, le sol a plusieurs étages, dans chacun desquels ne vivent pas toutes les plantes.

« Les céréales, et principalement celles de printemps, la plupart de nos légumineuses annuelles, la pomme de terre, les graminées de nos prairies naturelles et presque toutes les plantes repiquées étalent leurs racines très-près de la surface, et par conséquent vivent de la surface; tandis que les plantes à grand pivot dont je viens de parler et bien d'autres que je n'ai pas nommées, tout en vivant du sol comme les précédentes, vivent plus particulièrement encore du sous-sol.

« Cela dit, rien n'est plus simple que d'expliquer l'apparition des plantes pivotantes dans un sol appauvri : par le fait seul de son appauvrissement, la surface, devenant paresseuse, n'engendre plus assez de plantes traçantes pour étouffer les plantes pivotantes, qui dès lors, trouvant dans le sous-sol une énergie plus grande que dans le sol lui-même, viennent aussi réclamer leur part de soleil.

« Quant au fait concernant la luzerne, il s'explique aussi par la différence de fécondité entre le sous-sol et le sol.

« Tel est un des faits les plus intéressants que la nature met chaque jour sous nos yeux; mais examinons-le dans quelques-unes de ses principales conséquences, et voyons si pour notre pratique nous n'avons pas quelque fructueuse conclusion à en tirer.

« En Bretagne il est d'immenses pâturages occupant de vastes plateaux inaccessibles à toute irrigation; le terrain, d'une qualité généralement très-inférieure, y est pourtant tapissé d'une herbe nourrissante, mais qui, en partie, est cachée par de nombreux ajoncs qu'il serait cependant si facile de faire disparaître, mais qu'avec intention on laisse subsister. Est-ce parce que l'ajonc est une plante alimentaire? Certainement non, car, à moins d'une préparation qui en éliminerait le vieux bois et en amortirait les épines, les bestiaux ne peuvent le consommer. Est-ce parce qu'il protége l'herbe d'un soleil trop brûlant? Sous ce climat brumeux, l'ombre est plutôt nuisible; c'est qu'avec lui l'herbe disparaîtrait bientôt, faute des dépouilles que l'ajonc lui apporte sans cesse et qui la fument constamment.

« L'ajonc est en effet une plante pivotante, qui pénètre profondément dans le sous-sol et finit par vivre à ses dépens, de sorte que les dépouilles de l'ajonc proviennent non du sol, mais du sous-sol, et l'herbe qui en hérite, mais qui vit aussi du sol, synthétise en quelque sorte en elle seule la puissance de tous les étages du sol.

« Dans les landes de la Gascogne, si célèbres par leur infertilité, ce n'est plus l'ajonc, c'est la fougère qui remplit ce rôle important : là aussi paissent des troupeaux. Cependant, au milieu d'un océan d'une verdure souvent trompeuse, tâchez d'apercevoir quelques animaux. Sont-ils rares et chétifs? la fougère est peu abondante et la bruyère domine; sont-ils un peu meilleurs? elle se multiplie davantage et la bruyère diminue; acquièrent-ils une valeur véritable? la proportion de fougère augmente encore, et l'herbe remplace presque complétement la bruyère.

« Cependant ces troupeaux ne paissent ni la fougère ni la bruyère, ils ne paissent que l'herbe. Mais de quoi vit donc cette herbe? En dehors du sol, d'ailleurs très-pauvre, c'est évidemment de la fougère comme tout à l'heure de l'ajonc, et pour les mêmes raisons; mais ce n'est pas de la bruyère qui, comme plante traçante, lui fait au contraire la plus rude concurrence; seulement là bruyère étant une de ces plantes qui choisissent avec soin leur terrain, il arrive que du moment que, sous l'influence de la fougère, celui-ci se modifie, elle disparaît graduellement et en raison même des modifications qu'il éprouve, tandis que l'herbe suit la progression inverse. En sorte qu'ici l'action est double, car tout à la fois il y a production d'une plante utile et destruction d'une plante nuisible.

« Mais peut-être en tout ceci allez-vous croire que je livre trop à la spéculation : eh bien! permettez-moi de vous citer un dernier exemple, où vous allez voir la plante la plus maudite, *le chardon*, entrer dans l'assolement régulier, comme moyen de fumer et régénérer la surface du sol quand elle est épuisée.

« En Pologne, dans la Podolie et en Russie, sur les bords du Don et du Volga, il est des terres renommées pour leur fécondité et qu'on nomme *les terres noires*. Les céréales diverses y prospèrent à l'envi, et s'y succèdent sans fumier et sans interruption pendant cinq ou six ans; mais au bout de ce temps arrive la jachère morte, c'est-à-dire sans culture, qui dure dix à douze ans et se divise en deux périodes : la première est celle des chardons, la seconde des prairies. Sitôt, en effet, que ces terres sont ainsi abandonnées à elles-mêmes, les chardons s'en emparent, et ils deviennent si drus, si gigantesques, qu'ils sont comparables aux taillis de nos forêts.

« Cependant, au bout de cinq ou six ans, quand le sol s'est suffisamment enrichi de leurs dépouilles et que la différence entre la richesse du sol et du sous-sol s'est inversée, une herbe touffue et succulente apparaît à son tour et détruit les chardons. Or, pendant cinq ou six nouvelles années, les bestiaux la pâturent, puis la rotation recommence.

« Là, il n'est pas à dire, l'action du chardon est on ne peut mieux marquée, et cela est si vrai, qu'il n'est pas un système de culture, si savant qu'il soit ou du moins qu'il paraisse, qui, jusqu'ici, ait pu avec quelque avantage remplacer celui-ci. »

AVENTURINE. Espèce de verre semblable à un quartz rare portant le même nom, fabriquée à Murano (Venise) par deux ou trois verriers, à l'aide de procédés qu'ils tiennent secrets. Il est jaune et dans sa masse se trouve disséminée une infinité de petits cristaux très-brillants de cuivre, ou suivant quelques chimistes, de silicate de protoxyde de cuivre. Poli, ce verre offre, à la lumière surtout, un aspect chatoyant qui le fait rechercher par la bijouterie.

Il est évident que ces cristaux se sont produits au milieu de la masse vitreuse quand elle était à l'état liquide. Comme parmi les éléments qui composent ce verre on rencontre l'oxyde de fer et l'oxyde d'étain, il est très-probable, dit M. Peligot, que c'est à la réduction du bioxyde de cuivre par ces métaux qu'on doit attribuer cette cristallisation.

Un chimiste, M. Hautefeuille, est arrivé à fabriquer ce verre. Nous citerons un de ses dosages :

Glace de Saint-Gobain.	2000 gr.
Nitre	200
Battitures de cuivre	125
Peroxyde de fer.	60

Quand le verre est bien liquide, on ajoute 86 gr. de fer ou de fonte en tournure fine, enveloppés dans du papier; on les y incorpore en maclant le verre au moyen d'une tige de fer rougie. Le verre devient rouge de sang, opaque et en même temps pâteux et bulleux; on arrête le tirage du fourneau, on ferme le cendrier, on couvre de cendres le creuset recouvert de son couvercle, et on laisse refroidir très lentement. Le lendemain, en cassant le creuset, on trouve l'aventurine formée.

On obtient ainsi, à chaque opération, du verre parsemé de cristaux; néanmoins le produit commercial est difficile à produire à cause de la répartition irrégulière de ces cristaux dans la masse.

Aventurine de chrome. — Verre d'un grand éclat dû à M. Pelouze, qui lui a donné ce nom.

Voici le dosage convenable pour l'obtenir :

Sable	250	parties.
Carbonate de soude	100	—
— de chaux.	50	—
Bichromate de potasse.	40	—

Le verre qui résulte de cette combinaison contient 6 à 7 p. 100 d'oxyde de chrome dont la moitié à peu près est combinée avec le verre et l'autre partie reste à l'état de liberté, sous forme de cristaux et de paillettes brillantes.

« L'aventurine de chrome, dit M. Pelouze, jette des éclats de lumière au soleil et dans les lieux fortement éclairés; sous ce rapport, elle ne le cède qu'au diamant. Elle est plus dure que le verre à vitre qu'elle raye et coupe facilement, beaucoup plus dure que l'aventurine de Venise, et sous ce dernier rapport, d'une plus grande valeur.

« La couleur de l'aventurine de chrome est celle du troisième jaune-vert, treizième ton du cercle chromatique de M. Chevreul. »

B

BALAYEUSE A CHEVAL. On a souvent essayé, en Angleterre notamment, d'effectuer à l'aide de chevaux le balayage de la voie publique; mais on avait échoué, surtout parce qu'on cherchait en général à balayer et à enlever la boue en même temps. C'est en ne s'occupant que du balayage et en simplifiant le plus possible la machine que M. Taillefer a obtenu un véritable succès avec la balayeuse que nous allons décrire, et qui a été adoptée par les ingénieurs du service municipal à Paris.

Elle se compose d'une charrette à deux roues (fig. 3328), traînée par un cheval, avec un siége de conducteur; à l'arrière se trouve l'appareil balayeur composé d'un rouleau armé de brins de *piassava*. Sur la roue de la charrette est ajustée une grande roue d'engrenage, engrenant avec un petit pignon fixé à l'extrémité d'un arbre intermédiaire placé sous la caisse de la voiture.

Par le moyen d'une chaîne de Galle, le mouvement de ce pignon est communiqué à un autre pignon placé à l'extrémité de l'arbre du balai.

Le premier pignon peut engrener ou être désengrené à volonté, de sorte que la voiture peut marcher en faisant tourner le balai ou en le laissant immobile.

La brosse a 1m.73 de longueur; d'un côté, celui qui reçoit le mouvement, elle touche presque l'arrière de l'une des roues de la charrette, elle s'éloigne de l'autre de manière à laisser une base de 0m.55 au pied de la perpendiculaire à l'axe de la route. C'est là le point essentiel de la balayeuse de M. Taillefer.

L'axe du balai est supporté par deux pièces de bois mobiles sur l'essieu. Au moyen d'une tringle qui est sous la main du conducteur, on les déclanche et elles s'abaissent vers la chaussée, lorsqu'on veut faire fonctionner le balai. La même manette relève la brosse lorsque le balayage doit cesser.

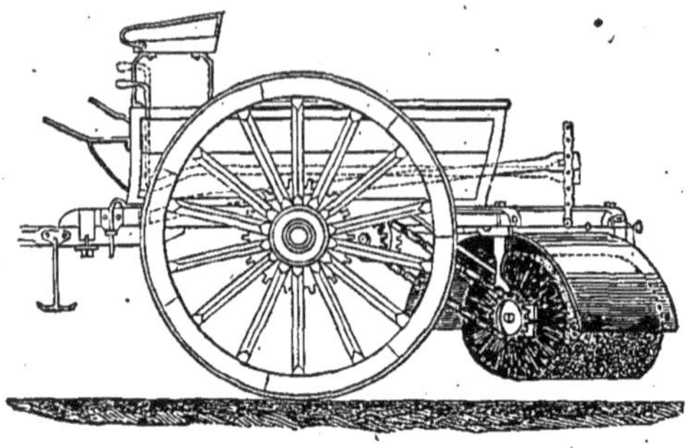

Fig. 3328.

Pour éviter que le balai cylindrique, assez lourd, n'écrase trop les brins qui portent sur le sol, on a trouvé avantage à garnir ses deux extrémités de deux roulettes assemblées sur le cadre qui porte l'axe, pouvant s'élever ou s'abaisser à volonté.

Le poids total de la balayeuse, dont le coffre est en tôle légère, est de 770 kil., dont 260 pour les roues.

Lorsque le cheval est en marche, la brosse abaissée reçoit un mouvement rapide de rotation; ce mouvement est oblique à l'axe, et a pour conséquence de chasser par le côté ouvert, toute la boue que rencontre le hérisson et de former un bourrelet de boue parallèle à la direction de la voiture, et une largeur de $1^{m}.73$ de chaussée se trouve ainsi nettoyée.

Une seconde voiture qui marche parallèlement à la première avec l'inclinaison de l'axe du balai dans le même sens, repousse latéralement le bourrelet et nettoie $1^{m}.73$ de chaussée, et ainsi de suite, suivant la largeur de la route, et le volume du bourrelet qu'il faut, en fin de compte, enlever avec une charrette ordinaire ou pousser dans les égouts voisins.

Suivant qu'on se sert d'un balai dont l'inclinaison sur l'axe de la chaussée est à droite ou à gauche, le bourrelet se trouve formé à droite ou à gauche de la charrette.

D'après les observations qui ont été faites, huit voitures balayeuses, dans un espace de 1 heure 10 minutes, ont approprié 40,000 mètres carrés de chaussée, ce qui correspond au travail de cent hommes environ.

A cause du recouvrement, on ne compte en pratique que 1 mèt. 50 de largeur de voie balayée, quoique le balai ait 1 mèt. 73 de longueur, c'est-à-dire que si une voiture passe elle balaie 1 mèt. 73; mais si quatre voitures passent, elles balaient 1 mèt. $50 \times 4 = 6$ mèt.

Le balayage s'opère au pas d'un cheval, soit 4 kilomètres à 4 kilomètres et demi par heure; avec la largeur de 1 mèt. 50 balayée, on aurait 6,000 mètres carrés, mais on ne compte que 5,000 mètres carrés en pratique, équivalant à peu près au travail de treize hommes, à raison de 400 mètres par heure et par homme.

En admettant le prix de revient par heure à 1 fr. 50, pour le véhicule, celui pour l'homme à 0 fr. 30, le rapport de la dépense est de 1 fr. 50 à 13×0 fr. 30, ou 1 fr. 50 à 3 fr. 90, c'est-à-dire à une économie importante, moins encore que l'avantage de nettoyer rapidement les grandes voies après la pluie et la neige.

BAROMÈTRE (*angl.* barometer; *allem.* schwermesser). Instrument qui sert à déterminer la pression de l'atmosphère. Ce fut Galilée qui conçut le premier l'idée du baromètre, et elle lui fut suggérée par l'analyse du fait que l'eau ne pouvait s'élever dans les corps de pompe au-dessus d'une hauteur invariable, c'est-à-dire 32 pieds ou 10 mètres 26 cent., ne pouvant admettre que l'explication alors reçue que *la nature a horreur du vide* dût être complétée par l'étonnante addition que cette horreur s'arrêtait à 32 pieds. Toricelli, disciple de Galilée, construisit le premier baromètre; il fit connaître cet instrument en 1643, et des expériences simultanées amenaient à la même découverte Otto de Guericke, l'inventeur de la machine pneumatique.

On a donné diverses formes à cet instrument; nous les décrirons rapidement.

Le baromètre à cuvette, celui de l'invention de Toricelli, se compose d'un tube de verre fermé d'un bout, long d'environ 90 centim., qui, après avoir été rempli de mercure, est renversé par son extrémité ouverte dans une cuvette également remplie de mercure. Le mercure ne s'élève que jusqu'à une certaine hauteur. A la partie supérieure existe un vide que l'on nomme *chambre barométrique*, ou *vide barométrique*, dans lequel le mercure peut se mouvoir librement. Lorsque l'on fait répondre le zéro de l'échelle au niveau du mercure de la cuvette, on voit que, malgré la communication établie entre le liquide de cette cuvette et celui du tube, ce dernier s'élève à environ 760 millimètres ou 28 pouces au-dessus de l'autre; inégalité de niveau qui est due évidemment à la pression de l'air extérieur sur la surface du mercure contenu dans la cuvette; la colonne de mercure faisant équilibre à cette pression de l'atmosphère. Si à la place du mercure on employait de l'eau, qui est 13 fois 1/2 moins pesante que le mercure, la colonne s'élèverait à une hauteur 13 fois 1/2 plus grande, c'est-à-dire à 32 pieds ou 10 mèt. 26, hauteur à laquelle elle parvient en effet dans les tuyaux de pompe, comme l'avaient très-bien remarqué les fontainiers.

C'est ce qui a été réalisé à Londres, pour la première fois dans des conditions convenables; car, depuis l'invention du baromètre, plusieurs tentatives ont été faites de construire un baromètre à eau, afin d'obtenir des oscillations plus étendues, permettant par suite de mesurer des variations moindres de pression. L'instrument dont nous voulons parler a été établi par le professeur Daniell, dans la salle de la Société royale de Londres, à Somerset-house. Il consiste en un tube de verre de 40 pieds anglais de longueur. Son diamètre est d'environ un pouce. Quand il fut d'abord établi dans l'année 1832, l'eau du réservoir fut couverte d'une couche d'huile de castor; mais cela ne suffit pas pour éviter l'introduction de l'air extérieur, et il fallut procéder à un nouveau remplissage du tube. Ce fut fait en 1845, et une dissolution de caoutchouc dans du naphte fut substituée à l'huile de castor.

Lorsqu'il fait du vent, la colonne de ce baromètre est perpétuellement en mouvement, indiquant des changements de pression qui n'ont aucun effet sensible sur le baromètre à mercure le plus délicat. Cette agitation perpétuelle ressemble à une respiration lente. Mais le plus important résultat obtenu, c'est que les indications de cet instrument précèdent beaucoup le baromètre à mercure, dont le tube a un demi-pouce de diamètre, comme cela a lieu pour celui-ci, relativement au baromètre de montagne, de 0,15 de pouce pour les oscillations horaires; ce qui montre que les heures de maxima et de minima, sur lesquelles les savants ont beaucoup disputé, dépendent beaucoup de la construction de l'instrument employé pour les observations.

Revenons au baromètre à mercure, seul employé fréquemment, et achevons d'indiquer les précautions à prendre pour sa construction.

La condition essentielle est que le vide de sa partie supérieure soit absolument parfait, qu'aucune trace d'air adhérent ou dissous dans le mercure, d'humidité ne fasse naître une pression. C'est en chauffant le tube plein de mercure qu'on satisfait complétement à cette condition essentielle. Nous renverrons à tous les traités de physique ponr la description de la manière d'opérer habituellement employée.

On reconnaît qu'un baromètre est bien construit, lorsqu'en inclinant son tube on entend un petit choc sec du mercure contre le bout du tube, qu'il va frapper sans éprouver de résistance. Cet effet n'est produit qu'autant qu'on a bien chauffé le tube avant d'introduire le mercure chaud, pour éviter toute trace d'humidité, de vapeur d'eau, qui fausse les indications du baromètre. Par la même raison, il faut que le mercure soit très-pur pour posséder sa densité normale.

Dans le *baromètre Fortin* (fig. 3408), la cuvette se

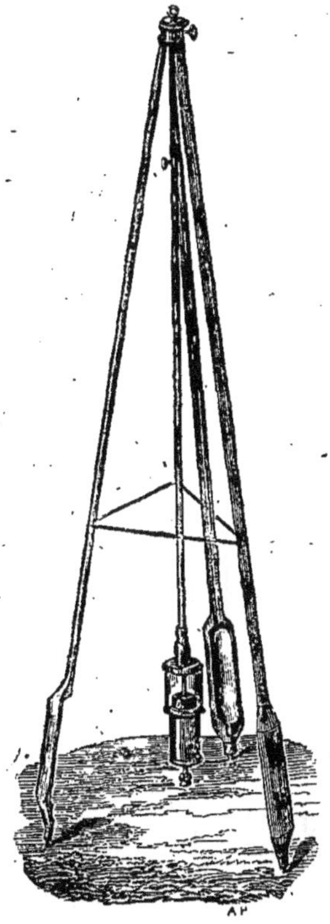

3408.

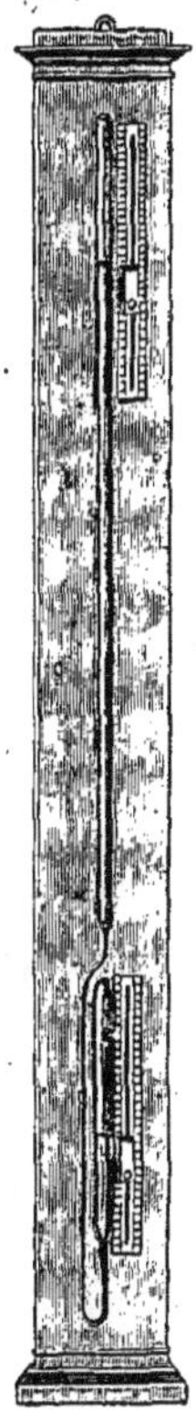

3409.

compose d'un fond en peau, qu'une vis fait monter et descendre à volonté, et la partie supérieure de cette cuvette porte une petite pointe en ivoire à l'aide de laquelle on obtient un niveau constant. Ce baromètre est portatif; il est enfermé dans un étui en métal, fendu sur les côtés, et portant des divisions; et la cuvette est recouverte d'une peau perméable à l'air, mais qui ne l'est point au mercure.

Le *baromètre à siphon* est formé par un tube recourbé en U, à branches inégales, mais de même diamètre; la dépression due à la capillarité dans le tube, dont il faut tenir compte avec le baromètre à cuvette, se trouve alors semblable des deux côtés et n'a plus besoin d'être corrigée. — Le *baromètre de Gay-Lussac* (fig. 3409) est à siphon, et ses deux branches sont séparées par une portion de tube capillaire dont le diamètre est assez fin pour que l'air ne puisse traverser le mercure et le déplacer. L'extrémité de la courte branche est fermée, sauf qu'elle présente, sur le côté, une petite ouverture par laquelle l'air peut entrer, mais sans permettre au mercure de sortir. Grâce à cette disposition, ce baromètre peut être retourné sans inconvénient et est facilement transportable.

Le *baromètre à cadran*, autre instrument à siphon, est disposé de manière à faire mouvoir une aiguille. Un petit poids pèse sur la surface du mercure; on y attache un fil qui s'enroule sur une poulie et qui porte un contre-poids à son extrémité. Quand le mercure monte ou descend dans la branche courte, le flotteur suit le mouvement et fait marcher l'aiguille. Mais les frottements et les adhérences rendent la marche de cet instrument très-irrégulière, et par conséquent ses indications peu exactes.

Citons encore un curieux instrument que l'on a construit récemment : c'est le *baromètre à équerre*, disposition qui offre l'avantage d'amplifier beaucoup les mouvements apparents du mercure, et, par suite, de faciliter la mesure de ses variations. C'est un baromètre à cuvette, dont la cuvette est remplacée par un long tube horizontal, de diamètre assez petit. Les faibles variations de hauteur de la colonne verticale produisent dans la colonne horizontale des variations considérables, dix fois plus grandes si l'on veut, en raison du rapport du diamètre des deux tubes.

Cassini et Bernouilli avaient déjà tenté cette disposition, mais l'emploi qu'ils avaient fait d'un tube capillaire avait rendu l'instrument tout à fait défectueux. M. de Celles, qui a inventé de nouveau ce baromètre, l'a rendu plus pratique par l'emploi d'un petit index en fer placé sur la surface du mercure dans le tube horizontal.

Variations horaires. — Le baromètre offre quelques phénomènes curieux et assez incomplétement étudiés jusqu'ici. Outre les mouvements extraordinaires du mercure, il en est de périodiques, et que les physiciens ont reconnus sans pouvoir en bien fixer les causes. Le métal oscille sans cesse dans le tube, et on a remarqué qu'il est à sa plus grande hauteur à 9 heures du matin, descend jusque vers 4 heures du soir, atteignant à midi la hauteur moyenne. Il remonte jusqu'à 11 heures du soir, redescend durant la nuit, puis remonte enfin jusqu'à 9 heures du matin. Les variations du mercure, causées par les grands changements de l'atmosphère, se combinent avec les mouvements périodiques, et par leur grandeur masquent ceux-ci; mais on vient à bout de s'en rendre indépendant, en prenant les moyennes des observations, faites à la même heure, pendant un long temps, parce que les écarts dus aux causes accidentelles se compensent. L'étendue de ces excursions diurnes varie avec les lieux et les saisons, ce qui montre leur relation avec l'échauffement et le refroidissement de l'air.

Nous rapporterons ici la théorie formulée par M. Kœmtz, qui nous semble tout à fait irréfutable :

« Toutes les fois qu'une portion de l'atmosphère se trouve plus échauffée que les parties voisines, l'air chaud détermine par sa légèreté spécifique un courant ascendant, et vient dans les régions supérieures se déverser sur les parties voisines. Il en résulte une diminution de pression atmosphérique dans la partie où se produit le courant ascendant, et une augmentation dans les lieux au-dessus desquels se déverse l'air chaud. On peut donc poser ce principe : « Quand le baromètre « baisse dans un pays, cela tient à ce que la tempéra- « ture de ce pays est plus élevée que celle des contrées « avoisinantes, soit parce qu'il s'est échauffé directe- « ment, soit parce que les contrées voisines se sont re-

« froidies ; au contraire, l'ascension du baromètre « prouve que ce pays devient plus froid que ceux qui « l'entourent. » En parlant de ce principe, M. Kœmtz explique d'une manière satisfaisante les variations diurnes et annuelles du baromètre. « En effet, tant que le soleil est dans notre méridien, il échauffe la portion du globe terrestre située entre les lieux pour lesquels il se couche et ceux pour lesquels il se lève dans ce moment. Cet échauffement est surtout très marqué entre les méridiens qui marquent neuf heures du matin et trois heures du soir, tandis que le soleil marque midi pour nous. Dans cet intervalle, l'air se dilate, s'élève, s'écoule vers les régions voisines, et le baromètre baisse ; mais il monte au contraire sous le poids des masses d'air qui se sont écoulées, entre les méridiens de trois heures et de onze heures, puis de cinq heures de la nuit et de neuf heures du matin. Dans le dernier de ces espaces l'atmosphère est moins élevée parce que l'influence nocturne n'est pas encore détruite, et l'air s'écoule au-dessus d'elle. A cinq heures, l'air se refroidit parce que la chaleur du jour est passée ; ce mouvement se propage ainsi d'un pays à l'autre. Le baromètre baisse donc entre neuf heures du matin et quatre heures du soir parce que la chaleur du jour a diminué la densité de l'atmosphère, dont la hauteur est moindre de toute l'épaisseur des couches qui se sont écoulées vers les régions voisines : de là les deux *maxima* et le *maximum* du jour. Quant au *minimum* du matin, il est suivi, à l'est de l'endroit où il a lieu, d'un *minimum* de température, et une partie de l'air des contrées occidentales s'écoule de ce côté : de là une baisse du baromètre. »

Marées atmosphériques.—Lorsque l'on assiste, au bord de la mer, au phénomène des marées et lorsque l'on sait que l'air a une mobilité extrême, on se reporte volontiers aux registres d'observations barométriques, qui doivent indiquer des mouvements de l'air en rapport avec les marées atmosphériques que doit également produire la double attraction du soleil et de la lune. Malheureusement les observations rapportées sont en général des moyennes d'un très-grand nombre d'observations, prises à une même heure du jour. Si cela peut suffire pour évaluer l'effet du soleil, qui se confond avec les effets d'échauffement quotidien, il n'en est pas de même pour l'action de la lune qui passe chaque jour à des heures différentes au méridien du lieu, ce qui fait que l'heure de la haute mer varie chaque jour. On voit donc comment le phénomène des marées disparaît complétement et pourquoi le mélange des mouvements réguliers avec des mouvements accidentels fait des registres d'observations barométriques quelque chose de si embrouillé qu'il est impossible d'en rien déduire. De même qu'il est impossible d'étudier les courants marins, dans les parties de la mer sujettes aux marées, sans rapporter les observations à l'heure des marées et par suite à la position de la lune, de même la première condition à remplir pour que des observations du baromètre pussent apprendre quelque chose relativement aux phénomènes locaux, ce serait de les rapporter non à une même heure du jour moyen, qui ne répond nullement à une même position de la terre, relativement à la lune et au soleil, mais au moins à une même position de la lune, qui a tant d'influence sur les marées.

Il paraîtrait naturel de chercher à comparer les marées de l'atmosphère, manifestées par les mouvements du baromètre, avec celles de la mer, pour partir d'un point de repère certain ; mais le retard considérable des premières, relativement à la position des astres qui les produisent, et qui n'existe sûrement pas au même degré pour les marées atmosphériques, n'a jusqu'ici permis de rien formuler de certain.

Le seul travail sérieux que nous ayons pu trouver sur la question est l'excellente notice publiée par Arago dans l'*Annuaire du bureau des Longitudes* pour 1833, dans laquelle il discute avec une lucidité dont il a emporté le secret, cette question capitale qui est la clef de la météorologie : *La lune exerce-t-elle une action sur notre atmosphère?* Nous lui emprunterons quelques passages dans lesquels il compare les observations barométriques prises dans une longue suite d'années.

La lune exerce-t-elle quelque influence sur la pluie?

Cette question (qui, on le remarquera, se rapporte à l'existence de courants atmosphériques spéciaux, de vents particuliers au lieu de l'observation où un certain vent cause la pluie) a été examinée avec beaucoup de soin en 1830, par M. Schübler, dans un ouvrage allemand qui est à peine connu en France.

On a compté comme jours de pluie tous les jours pour lesquels une chute de pluie ou de neige était indiquée dans les journaux météorologiques, pourvu que la hauteur de la quantité recueillie dépassât 2 centièmes de ligne. Dans la formation des groupes, *le jour même* du premier quartier a été compris dans l'intervalle de la nouvelle lune au premier quartier ; *le jour même* de la pleine lune, dans l'intervalle du premier quartier à la nouvelle lune, et ainsi de suite.

Le tableau renferme les résultats, d'abord pour les 20 dernières années, ensuite pour le nombre total de 28 années, dont M. Schübler pouvait disposer. En prenant, à chaque époque, les moyennes de deux jours consécutifs, on avait en vue d'affaiblir les effets des perturbations accidentelles, et d'arriver à une série de nombres un peu plus régulière.

NOMBRE DE JOURS DE PLUIE.

	PENDANT 20 ANS.		PENDANT 28 ANS.	
	Le jour même.	Moyenne de deux jours	Le jour même.	Moyenne de deux jours.
Le jour de la nouvelle lune. . . . Le jour suivant. .	105 113	109	148 148	148
Le jour du premier octant. . . . Le jour suivant. .	119 115	117	152 148	150
Le jour du premier quartier. . . Le jour suivant. .	111 113	112	155 151	153
Le jour du deuxième octant. . . . Le jour suivant. .	124 128	126	164 167	165
Le jour de la pleine lune. . . . . . . Le jour suivant. .	116 113	115	162 161	161
Le jour du troisième octant. . . Le jour suivant. .	125 109	117	161 150	155
Le jour du dernier quartier. . . . Le jour suivant. .	92 96	94	130 140	135
Le jour du quatrième octant. . . Le jour suivant. .	100 88	94	138 129	133

On voudra bien remarquer que dans l'espace de 20 ans il y a eu 249 révolutions synodiques de la lune, et 348 en 28 ans ; en sorte que cet astre est revenu autant de fois à chacune des positions qu'on vient de considérer.

Ces moyennes, soit pour 20, soit pour 28 ans, indiquent un accroissement assez régulier du nombre de jours pluvieux, depuis la nouvelle lune jusque vers le 2me octant; ensuite, un décroissement graduel; enfin un *minimum* situé entre le dernier quartier et le 4me octant.

Quand on possédera une plus longue suite d'observations, il sera facile d'effectuer ces mêmes calculs relativement à tous les jours du mois lunaire. Alors, pour éliminer totalement les effets des causes accidentelles, il suffira de grouper ensemble les nombreuses observations particulières faites, soit le jour de la nouvelle lune, soit le lendemain, soit le jour suivant, etc. En attendant que les richesses météorologiques permettent de suivre cette marche, M. Schübler a essayé d'approcher des résultats qu'elle fournira, en faisant concourir à la détermination des quantités correspondantes aux diverses époques caractéristiques de la lunaison, les moyennes particulières de plusieurs jours précédents et de plusieurs jours suivants. Je n'insisterai pas sur le genre d'interpolation qu'il a suivi; car toutes les méthodes connues auraient à peu près donné les mêmes nombres. Deux mots suffiront, au surplus, pour rendre la table suivante parfaitement intelligible.

En 28 ans il y a eu en Allemagne 4,299 jours de pluie. Pour avoir un nombre rond, M. Schübler a ramené tous ses résultats, par des parties proportionnelles, au cas hypothétique d'un total de 10,000 jours pluvieux. Ainsi, lorsque dans la seconde colonne de la table on lit 290, cela signifie que, sur un espace de temps durant lequel il y a eu 10,000 jours de pluie, les jours pluvieux du quatrième octant, compris dans le même intervalle, ont été au nombre de 290; et ainsi de même pour les autres résultats.

Nombre de fois qu'il pleut, au sud-ouest de l'Allemagne, dans les différentes phases, sur un nombre total de 10,000 jours pluvieux.

Le jour de la nouvelle lune. . . .	306	
Le jour du 1er octant.	306	
Le jour du 1er quartier.	325	
Le jour du 2me octant	341,	*maximum;*
Le jour de la pleine lune.	337	
Le jour du 3me octant.	313	
Le jour du dernier quartier . . .	284,	*minimum;*
Le jour du 4me octant	290	

Pilgram chercha déjà, en 1788, si à Vienne, en Autriche, les phases lunaires n'exerçaient pas quelque influence sur la pluie. Voici quels furent ses résultats :

Sur 100 observations de la même phase

Nouvelle lune	26 chutes de pluie.
Moyennes des deux quartiers.	25
Pleine lune	29.

Ici, comme à Augsbourg et à Stuttgard, la pleine lune offre plus de jours pluvieux que la lune nouvelle. La comparaison ne saurait être poussée plus loin, puisque les quadratures, pour Vienne, ne sont pas séparées. Au reste, la similitude que j'ai pu signaler est d'autant plus remarquable, que les capitales de l'Autriche, du Wurtemberg, et Augsbourg, diffèrent extrêmement entre elles, quant à la quantité de pluie qu'on y recueille.

A Vienne, la moyenne annuelle s'élève seulement à.	433 millim.
A Stuttgard, on a trouvé	641
A Augsbourg, la somme énorme de . .	971

Influence de la lune sur la QUANTITÉ *de pluie et sur la sérénité de l'atmosphère.*

A l'aide des 16 années d'observations d'Augsbourg, embrassant 198 révolutions synodiques, M. Schübler a pu former la table suivante, dont on comprendra aisément la signification, si je dis qu'on a considéré comme jours sereins tous ceux où le ciel était sans nuages à 7 h. du matin, à 2 h. et à 9 h. du soir; et comme jours couverts, ceux où il n'existait pas d'éclaircies aux mêmes heures de la journée.

Époques.	Nombre de jours sereins en 16 ans.	Nombre de jours couverts en 16 ans.	Quantité de pluie, en lignes, en 16 ans.
Nouvelle lune . .	31	61	299
1er quartier . . .	38	67	277
2me octant. . . .	25	65	301
Pleine lune . . .	26	61	278
Dernier quartier .	41	53	220

Ces résultats s'accordent assez bien avec ceux qui précèdent. On voit en effet, 1° que les jours sereins sont de beaucoup les plus fréquents au dernier quartier, époque du moindre nombre de jours pluvieux, comme le montre la table précédente; 2° que c'est vers le deuxième octant qu'arrive le plus grand nombre de jours complétement couverts, ainsi que le *maximum* du nombre de jours de pluie.

Quant aux *quantités* d'eau recueillies, le *maximum*, comme il fallait s'y attendre, correspond au deuxième octant, et le *minimum* au dernier quartier.

De la pluie en tant qu'elle est modifiée par la distance de la lune à la terre.

Dès qu'une certaine action de la lune sur notre atmosphère était constatée, on devait naturellement penser que, quelle qu'en fût la nature, les variations de distance de cet astre à la terre auraient sur les phénomènes une influence marquée. M. Schübler a trouvé, en effet, que, durant les 371 révolutions anomalistiques qui ont eu lieu en 23 ans, il a plu :

Pendant les 7 jours les plus voisins du périgée	1169 fois;
Pendant les 7 jours les plus voisins de l'apogée	1096

Ainsi, toutes choses égales, plus la lune est voisine de la terre, et plus les chances de pluie sont grandes.

Les observations de Vienne ont donné à Pilgram, sur 100 répétitions de la même phase :

Périgée.	36 jours de pluie;
Apogée.	20 jours seulement.

Résumé.

En nous bornant aux principaux résultats, il semble difficile de ne pas conclure de ce qui précède, que la lune exerce une influence sur notre atmosphère; qu'en vertu de cette influence, la pluie tombe plus fréquemment vers le deuxième octant qu'à toute autre époque du mois lunaire; qu'enfin, les moindres chances de pluie arrivent entre le dernier quartier et le quatrième octant.

Ces résultats sont sans doute fort éloignés des idées généralement admises par les géomètres, les physiciens et les météorologistes les plus instruits; mais que leur opposer? Ne résultent-ils pas de la discussion arithmétique des observations? Peut-être dira-t-on qu'on n'a pas embrassé dans le calcul un espace de temps assez étendu; que les différences entre les nombres de jours pluvieux, correspondant aux diverses phases de la lune, sont purement accidentelles; que si M. Schübler prenait d'autres observations, il arriverait à des résultats entièrement opposés aux premiers; que, par exemple, il trouverait le *minimum* de pluie au deuxième octant, et le *maximum* au quatrième, etc., etc.

Ces doutes ne peuvent être opposés aux faits contenus dans le tableau ci-dessus. Là, en effet, l'influence des phases de la lune se manifeste, et pour la période totale de 20 années, et de la même manière, sans aucune exception, dans cinq courtes périodes, de trois années seulement, que M. Schübler a également formées. Une telle concordance ne saurait être l'effet du hasard.

Sur les hauteurs moyennes du baromètre, dans les différentes positions de la lune.

Les observations sur lesquelles se fondent les résultats que je vais rapporter, ont été faites à Viviers (département de l'Ardèche) par M. Flaugergues. Elles embrassent les 20 années comprises entre le 19 octobre 1808 et le 18 octobre 1828. M. Flaugergues a discuté les seules observations de midi, afin que tout étant constamment égal par rapport au soleil, il ne restât dans les moyennes que les effets dépendants de la lune. Les hauteurs ont été réduites à la température de la glace fondante.

Hauteurs moyennes du baromètre.

Nouvelle lune	755mm	48
Premier octant	755	44
Premier quartier	755	40
Deuxième octant	754	79
Pleine lune	755	30
Troisième octant	755	69
Second quartier	756	23
Quatrième octant	755	50

Pour comparer ces résultats à ceux de M. Schübler, il suffira de se rappeler qu'en général, quand il pleut, le baromètre est bas; en sorte que les chances de pluie doivent augmenter si la colonne mercurielle se raccourcit, et diminuer, au contraire, quand elle s'allonge. D'après la table précédente, si toutefois l'on veut tenir compte des faibles variations qu'elle présente, le *maximum* du nombre de jours de pluie devrait donc correspondre au deuxième octant, et le *minimum* au second quartier. Tels sont, en effet, les résultats qu'a obtenus le physicien de Stuttgard.

Malgré la distance qui sépare Stuttgard de Viviers; malgré la diversité des méthodes, MM. Flaugergues et Schübler parviennent à des conséquences analogues. Il semblerait donc bien difficile, aujourd'hui, de ne pas reconnaître que la lune exerce sur notre atmosphère une action, très-petite il est vrai, *mais qui cependant est appréciable,* même avec les instruments dont les météorologistes font habituellement usage. Cherchons, néanmoins, si ce résultat capital ne pourrait pas encore se conclure d'observations faites dans d'autres lieux.

L'idée fort naturelle que la lune devait agir exactement de la même manière, sur l'atmosphère, d'abord dans le premier et dans le second quartier, ensuite dans la nouvelle et dans la pleine lune, avait amené jusqu'ici les *météorologistes*, dans toutes les discussions auxquelles ils se sont livrés, à réunir ces quatre phases par groupes de deux. Le travail de M. Flaugergues montre qu'à l'avenir il séra nécessaire d'adopter d'autres bases. En ce moment je ne puis pas m'en écarter.

Eh bien! prenons les observations de M. Flaugergues, et nous aurons :

Hauteur moyenne des quadratures	755mm	81
Hauteur moyenne des syzygies	755	39
Excès du premier résultat sur le second	0	42

Venons enfin aux observations de Paris, que M. Bouvard a discutées, et nous trouverons :

Hauteur moyenne des quadratures	756mm	59
Hauteur moyenne des syzygies	755	90
Différence, toujours dans le même sens	0	69

Ainsi, plus d'incertitude possible : la lune, dans nos climats, exerce sur l'atmosphère une action très-petite, mais que la combinaison d'un grand nombre de hauteurs barométriques fait ressortir nettement. Il reste à décider de quelle nature est cette action.

Si la lune agissait sur l'enveloppe gazeuse du globe, de la même manière que sur la mer, c'est-à-dire par voie d'attraction; si elle y produisait un double flux et reflux diurne; si les heures des marées atmosphériques changeaient chaque jour, comme les heures des marées de l'Océan, avec l'heure du passage de la lune au méridien; pour déterminer toute l'étendue de l'effet, il faudrait comparer entre elles, *jour par jour* (on me pardonnera l'expression que je vais employer), les hauteurs barométriques correspondantes *aux hautes et aux basses atmosphères*. Or jusqu'ici il n'a été question, dans ce qui précède, que des observations d'une seule heure de la journée, que des observations de midi.

Dans les syzygies, la lune passe au méridien supérieur ou inférieur à midi. Si, en chaque lieu, comme il paraît naturel de le supposer à cause de l'extrême mobilité de l'air, le *maximum* d'effet coïncide, à peu près, avec la présence de l'astre au méridien, les moyennes des seules observations faites à midi, les jours de syzygies, seront des moyennes de *hautes atmosphères.*

A toutes les époques de la lunaison, les *hautes* et les *basses atmosphères* semblent devoir être séparées entre elles, comme le sont les hautes et les basses mers, par des intervalles d'environ 6 heures Les observations faites à midi, les jours où la lune passe au méridien vers 6 heures du soir ou vers 6 heures du matin, c'est-à-dire vers le premier et vers le second quartier, ou ce qui est la même chose en d'autres termes, à l'époque des quadratures, correspondent donc à de *basses atmosphères.*

Comparer les observations *méridiennes* syzygies aux observations *méridiennes* quadratures, c'est donc comparer entre elles de *hautes* et de *basses atmosphères lunaires.*

On remarquera sans doute que je n'ai pas annoncé encore comment les hautes atmosphères devront se manifester; on demandera s'il faut s'attendre à un mouvement ascensionnel ou à un mouvement descendant du baromètre. Je me bornerai à répondre qu'il m'était inutile en ce moment de décider cette question. Il me suffira, pour arriver au but vers lequel je tends, d'observer que les deux syzygies, si l'action lunaire pouvait être assimilée à celle qui s'exerce sur l'Océan, si, en un mot, elle était attractive, devraient donner les mêmes résultats; qu'il en serait également ainsi des premier et second quartiers comparés entre eux. Or, en jetant seulement les yeux sur la table qui donne les hauteurs qui correspondent aux diverses phases de la lune, tout le monde verra que ces conditions ne sont pas satisfaites. Les inégalités de pression que les observations ont fait reconnaître, doivent donc tenir à quelque cause différente de l'attraction; à quelque cause d'une nature encore inconnue, mais certainement dépendante de la lune.

Après avoir montré que les différences de hauteurs du baromètre à midi et à 9 heures du matin sont sensiblement les mêmes aux syzygies et aux quadratures, comparaison qui ne me paraît pas avoir la valeur qu'il lui attribue, Arago conclut ainsi :

« La marée atmosphérique, en tant qu'elle dépendrait de la cause qui produit les marées de l'Océan, en tant qu'elle serait régie par les mêmes lois, n'aurait donc qu'une valeur insensible. Nous voilà ainsi ramenés, une seconde fois, à reconnaître dans les variations barométriques correspondantes aux diverses phases lunaires, les effets d'une cause spéciale, totalement différente de l'attraction, mais dont la nature et le mode d'action restent à découvrir. »

Cette conclusion de l'illustre savant me paraît devoir être repoussée. De ce que le baromètre ne donne pas des indications suffisantes pour manifester les effets que l'attraction entraîne nécessairement, on n'est pas fondé à conclure que ces effets n'ont pas lieu et qu'une cause nouvelle vient régir les phénomènes. N'est-il pas bien plus probable, bien plus évident même, pour peu qu'on réfléchisse à la manière dont les faits se produisent, que les effets ne peuvent être identiques pour l'air et pour l'eau, fluides d'une mobilité si différente, et qu'en outre l'instrument d'observation est insuffisant et qu'il faut chercher à le compléter par un autre, afin de mesurer un élément du phénomène négligé à tort jusqu ici? N'est-il pas bien clair que cet élément, c'est l'échauffement et le refroidissement alternatif et quotidien de l'air, par l'effet de la chaleur solaire? Cette cause de courants atmosphériques, qui n'agit pas sur les liquides, dont les effets sur l'air sont tout à fait comparables à ceux de l'attraction, vient modifier profondément la ressemblance qui existerait sans cela entre les marées de la mer et celles de l'atmosphère.

Prévision du temps. — Ce qui précède répond bien clairement à la question de savoir à quel point le baromètre est propre à indiquer le changement de temps, en montrant que ses variations de hauteur dépendent de causes complexes mal connues, mais qui expriment toujours des variations de pression dans l'air, au lieu de l'observation, par suite des mouvements atmosphériques. Or, c'est de vents différents pour chaque contrée, en raison de sa position relativement à la mer, d'où sortent surtout les vapeurs qui forment les nuages, et aux vastes étendues de continent qui les dessèchent, que dépendent la pluie et le beau temps, l'arrivée sur le point de l'observation des nuages qui peuvent donner la pluie, s'ils en rencontrent d'autres à des températures différentes de la leur. Les mouvements du baromètre indiquent les variations de pression en raison de l'état dynamique de l'air en mouvement et rien de plus; ils ne peuvent, pour tous les pays placés différemment par rapport à la mer, indiquer la pluie et le beau temps que par une même variation de niveau. Ce n'est pas à dire toutefois que leur observation n'ait pas quelque peu de valeur pour un observateur attentif qui, en combinant l'observation barométrique avec quelques signes précurseurs et spéciaux au lieu de l'observation, à la saison et à l'heure de la journée, à l'action calorifique du soleil, et surtout à la direction du vent, pourra prévoir, quelque peu de temps à l'avance, le mauvais ou le beau temps dans sa contrée.

Précisons l'interprétation des phénomènes barométriques.

Une baisse du baromètre indique une diminution de pression dans un endroit qui fera sûrement affluer l'air d'un endroit voisin où elle est plus grande; l'étude de la direction de ce mouvement, combinée avec celle de la hauteur du baromètre qui en fait prévoir l'intensité par son écart de la hauteur moyenne, indiquera par exemple un vent chargé d'humidité, apportant habituellement la pluie dans l'endroit considéré.

Mais cette prévision, tirée seulement de l'observation de l'endroit où le baromètre est bas, n'a que peu de valeur, parce qu'elle indique seulement ce qui est, et non ce qui va être, si ce n'est par confiance dans une certaine régularité de répétition d'effets. Il n'en serait pas ainsi, si elle était accompagnée de celles déduites d'observations faites simultanément dans les endroits où le baromètre est haut; car on saurait alors d'où viendra le vent. Ces phénomènes de changement de temps sont en effet bien moins instantanés qu'on ne peut penser.

Ainsi le fameux ouragan du 14 novembre 1854, qui a sévi en Crimée sur les flottes alliées de France et d'Angleterre, offre un exemple remarquable d'une tempête, dont la marche pouvait être prévue par de semblables observations; cet ouragan a mis trois jours environ pour se développer, depuis l'Atlantique jusqu'à la mer Noire.

Impossibles utilement jusque dans ces dernières années, des observations de cette nature sont devenues faciles, grâce à la télégraphie électrique, qui peut, à un instant donné, faire connaître l'état de l'atmosphère, les hauteurs barométriques de divers points.

C'est principalement sur de semblables observations que l'amiral Fitz-Roy avait basé ses travaux, à l'aide desquels il annonçait chaque matin aux pêcheurs des côtes d'Angleterre le temps probable, d'après les indications fournies par des points éloignés.

C'est l'ensemble des observations de cette nature qu'on a cherché à centraliser et à interpréter chaque jour à l'Observatoire de Paris, et que les indications des câbles transatlantiques et autres de grande longueur, pourront rendre plus sûres qu'elles ne l'ont été jusqu'ici, pour la tenue générale du temps, indépendamment des phénomènes secondaires.

Bien entendu qu'il ne s'agit que de prévisions se rapportant à une période très-courte de temps; pour aller au delà, il faudrait connaître et évaluer les causes diverses qui influent sur le temps, c'est-à-dire connaître et évaluer toutes les forces en jeu, pouvoir traiter la météorologie par la méthode des sciences positives, par la mécanique, tandis qu'on ne peut l'attaquer que par la méthode des sciences physiologiques; l'atmosphère, soumise à une multitude de causes de mouvement, se comportant d'une manière analogue à un corps vivant.

Les causes qui produisent cette *chose variable et changeante* que nous appelons LE TEMPS, dit très-bien sir John F. W. Herschel, sont en elles-mêmes en petit nombre et assez simples; mais les faits physiques qui modifient leurs actions sont nombreuses et complexes, et par suite les résultats de ces causes sont si entremêlés, les conditions momentanées de leur action sont si dépendantes de l'état de choses amené par leur disposition antérieure, qu'il n'y a rien d'étonnant qu'il soit impossible d'attribuer à chaque cause en particulier, agissant aujourd'hui comme elle a toujours agi, l'effet qu'elle tend directement à produire. Cependant de cette complexité même résultent d'abord : cette sorte de hasard réglé, ces écarts accidentels en apparence, mais qui oscillent de part et d'autre d'un état moyen monotone, cette excessive variété de climat, qui rendent nôtre globe apte à être habité par des êtres si prodigieusement nombreux, si divers, ayant des genres de vie si incompatibles; puis cet équilibre général qui assure à chaque espèce, à chaque individu de toutes les espèces, sa part légitime dans la distribution de la chaleur, de l'humidité, d'un air sain, etc.; et enfin ces considérations bien chères à ceux qui croient pouvoir découvrir dans la nature la preuve d'un but et d'un dessein, ce qui exclut l'idée d'une pure nécessité provenant de la nature des choses et de la conservation de la *force vive*.

Prenons notre globe comme nous le trouvons, faisant une révolution sur son axe en vingt-quatre heures; parcourant en une année autour du soleil une orbite inclinée sur son équateur; partagé en deux moitiés un peu inégales, d'un équinoxe à l'autre, par son mouvement angulaire inégal sur une orbite légèrement elliptique, et donnant ainsi naissance à des étés et à des hivers inégaux dans les deux hémisphères; sa surface très-inégalement partagée en terres et en mers, les terres rassemblées principalement dans une de ses moitiés, et cette moitié appartenant surtout à l'hémisphère boréal; ces terres distribuées de manière à barrer complétement toute circulation libre de l'Océan dans le sens de la rotation diurne (ou autour de l'équateur) et à ne permettre qu'une circulation restreinte dans une direction perpendiculaire (suivant la ligne des pôles), forçant ainsi toute circulation de s'établir dans trois grands bassins ou surfaces à demi formées par des terres, bassins s'ouvrant tous trois dans une vaste étendue australe, bassins dans chacun desquels les vents maintiennent un système de circulation dont le cours est déterminé en partie par les sinuosités de leurs bords, en partie par les inégalités de leurs fonds, en partie par la rotation de la terre elle-même.

Nous avons en outre à considérer le globe comme entièrement recouvert par une très-haute atmosphère de gaz mélangés, parfaitement élastiques, très-dilatables par la chaleur, et d'une extrême mobilité; s'étendant, en vertu de son élasticité dans l'espace, bien au-dessus du sommet des plus hautes montagnes; mais en vertu de sa compression, tellement condensée dans les couches inférieures, que la moitié de la masse pondérable totale ne s'élève pas à 1600 mètres de hauteur au-dessus du niveau de la mer; que le tiers de la masse ne s'élève pas à la hauteur de trois kilomètres, et les deux tiers à une hauteur de quatre kilomètres et demi; que toute la masse enfin ne s'élèverait pas à cette dernière hauteur si la densité était partout la même qu'à la surface, de sorte qu'un tiers seulement de la masse totale est libre de circuler sans être empêchée par les crêtes des plus hautes montagnes de l'Himalaya, et qu'il n'y en a guère plus des deux cinquièmes qui puissent se dégager tout à fait de la chaîne des Andes sans être refoulés en arrière. Cette atmosphère, lorsqu'elle est poussée à l'état de VENT, naissant nécessairement par l'élévation de température résultant de l'action de la chaleur solaire, sur ces chaînes de montagnes ou sur d'autres, donne naissance à de vastes ondes qui, lancées en avant et se propageant sur des surfaces indéfinies de terres et de mers, deviennent sans doute l'origine, en grande partie au moins, de ces fluctuations accidentelles du baromètre qui donnent tant de tourment aux météorologistes.

C'est qu'en effet cet océan aérien n'est pas partout à la même température, pas même sous un climat donné, ou sur toute l'étendue d'une même contrée. Il est partout plus chaud près du sol, plus froid en haut; et, à de très-grandes hauteurs, il règne un froid très-intense, plus intense que celui de nos hivers les plus rigoureux. De là la neige qui couvre les sommets des hautes montagnes, même dans les climats les plus chauds. De toutes ces causes naissent des mouvements dont la naissance et la propagation ne sauraient être déterminés scientifiquement, prévus avec certitude pour chaque endroit.

Mesure des hauteurs par le baromètre. — La diminution de la hauteur de la colonne barométrique en raison du lieu où se fait l'observation, observée par Pascal pour démontrer qu'elle faisait réellement équilibre au poids de l'atmosphère, peut servir à mesurer ces hauteurs. Laplace a donné une formule qui permet d'obtenir ce résultat avec une grande précision; toutefois les petites variations continuelles du baromètre, surtout lorsqu'on compare des lieux à des températures très-différentes, comme la plaine et une montagne couverte de glace, font préférer les observations géodésiques quand elles sont possibles. Le baromètre n'en fournit pas moins une précieuse et assez grande approximation. Nous emprunterons à M. A. Transon l'exposé des principes sur lesquels repose le calcul qui permet de l'obtenir.

Si l'air était un fluide *incompressible,* tel que l'eau par exemple, les hauteurs d'air et de mercure qui se font équilibre par le moyen du baromètre seraient en raison inverse de leurs densités; de sorte qu'en supposant connu le rapport de ces densités, il serait très-facile de calculer la différence de niveau qui produit un abaissement quelconque du baromètre. Mais l'air est un fluide *compressible,* c'est-à-dire un fluide dont le volume dépend de la pression à laquelle il est soumis; et la loi de cette dépendance, c'est que le volume de l'air est *en raison inverse* de sa pression, ce qui revient à dire que *la densité de l'air est proportionnelle à sa pression.* D'après cela, comme les couches inférieures de l'atmosphère supportent les couches supérieures, elles ont une densité plus grande; elles occupent, sous le même poids, un moindre volume; ou bien encore, pour exprimer le même fait sous une autre forme, si on considère dans la colonne atmosphérique deux tranches égales, dont l'une soit prise au niveau du sol et l'autre dans les régions élevées, la première sera trouvée la plus pesante, et par conséquent elle fera équilibre à une plus grande hauteur du mercure. On voit donc que la différence de niveau, relative à un abaissement quelconque du baromètre, ne dépend pas seulement du rapport des densités de l'air et du mercure; elle dépend aussi, et essentiellement, de la loi particulière suivant laquelle la densité de l'air diminue quand on s'élève dans l'atmosphère. La découverte de cette loi était le premier pas à faire pour pouvoir appliquer le baromètre à la mesure des hauteurs. L'honneur en revient au célèbre Halley.

Pour arriver à connaître la loi de décroissement de densité des couches de l'atmosphère, considérons dans la colonne atmosphérique et à une élévation quelconque une tranche formée par deux plans horizontaux. Supposons d'ailleurs ces deux plans assez rapprochés pour que, dans l'espace intermédiaire, la densité de l'air n'éprouve pas de variation sensible. — En passant de l'un à l'autre de ces plans, le baromètre indiquera une différence de pression égale au poids de la tranche, et par conséquent proportionnelle au produit de la pression (ou densité) constante qui a lieu dans cette tranche, multipliée par la distance des deux plans. — D'après cela, si la colonne atmosphérique tout entière était partagée en tranches égales, assez minces pour que la densité de l'air pût être supposée constante dans l'intérieur de chacune d'elles, alors la pression barométrique relative à l'un quelconque des plans de division serait égale à la pression qu'on observerait dans le plan immédiatement inférieur, multipliée par un facteur composé de l'unité diminuée d'une quantité proportionnelle à l'épaisseur de la tranche. Mais puisque toutes les tranches sont supposées avoir la même épaisseur, le facteur en question sera le même pour toutes les tranches, c'est-à-dire que deux pressions consécutives auront toujours le même rapport; et ainsi la suite de toutes ces pressions, à partir du sol jusqu'au haut de l'atmosphère, formera une *progression géométrique décroissante.* D'ailleurs les hauteurs absolues des plans de division forment évidemment une *progression arithmétique,* puisque ces plans sont équidistants. La loi cherchée est donc que *les densités de l'air diminuent en progression géométrique, lorsque les hauteurs croissent en progression arithmétique.* — C'est là ce qu'on doit à Halley.

Il résulte de cette loi et des propriétés des *logarithmes* que la différence de niveau entre deux stations est proportionnelle à la différence entre les logarithmes des nombres qui représentent les pressions observées. Il ne s'agira donc que de multiplier la différence de ces logarithmes par un certain coefficient dont nous allons donner la détermination.

Or, on sait que sur le parallèle de 45 degrés (nonagésimaux), à la température de la glace fondante, et à la hauteur moyenne du baromètre au niveau des mers, hauteur qui peut être supposée de $0^{m},76$, le poids de l'air est à celui d'un pareil volume de mercure dans le rapport de l'unité à 10477,9. Ainsi, dans ces mêmes circonstances, un centième de millimètre de mercure ferait équilibre à une hauteur d'air égale à $0^m,104770$, car cette hauteur d'air est assez petite pour que les parties supérieures n'y compriment pas sensiblement les parties inférieures. Donc, lorsqu'on l'élèvera dans l'air de cette quantité, le baromètre passera de $0^m,76$ à $0^m,75999$. Ici nous connaissons à la fois les deux pressions barométriques et la différence de niveau correspondante ; il est donc facile de calculer le coefficient constant qui sera égal à la différence des logarithmes tabulaires des nombres 0,76000 et 0,75999 ; cela donne 18336^m pour le coefficient.

Un autre moyen de trouver ce coefficient consiste à observer avec beaucoup de soin les pressions simultanées qui ont lieu à deux stations dont la différence de niveau a été préalablement déterminée par des moyens géométriques. C'est la marche que M. Ramond a suivie, et même c'est à l'aide du coefficient ainsi évalué à 18336^m, qu'il a déduit le rapport des densités de l'air et du mercure ci-dessus indiqué. Mais dans le même temps, MM. Biot et Arago déterminaient, par des mesures directes, ce même rapport, et ils le trouvaient de 1 : 10463. La petite différence qui existe entre cette valeur et la précédente 1 : 10477,9 n'en produirait pas une de 1 mètre sur la hauteur entière du Chimborazo. D'ailleurs il y a lieu de s'en tenir à la détermination de M. Ramond, au moins dans l'application du baromètre à la mesure des hauteurs, et cela pour des raisons qui seront déduites à l'instant.

Pour mesurer la hauteur d'une montagne par le baromètre, l'opération fondamentale consiste donc à observer simultanément le baromètre en haut et en bas ; prendre dans les tables ordinaires les logarithmes correspondants aux hauteurs barométriques, celles-ci étant nécessairement exprimées toutes deux en unités de même espèce, c'est-à-dire en lignes et fractions de ligne, ou bien en millimètres et fractions de millimètre; soustraire le plus petit logarithme du plus grand, et multiplier la différence par le coefficient constant. Le produit donnera la hauteur cherchée, en mesures de la nature de celles qui sont entrées dans la détermination du coefficient (par exemple *en mètres*, si on multiplie la différence des logarithmes par 18336). La hauteur ainsi calculée sera juste si on a opéré dans les circonstances qui ont servi à déterminer le coefficient; sinon il y aura lieu d'appliquer plusieurs corrections dont nous supprimons à regret l'explication, afin de ne pas dépasser les bornes de cet article. Qu'il nous suffise de dire que, jusqu'à notre illustre Laplace, on n'avait eu égard qu'à une partie des circonstances qui peuvent influer sur les résultats de l'opération ; les autres conditions, quoique aperçues et même indiquées par des physiciens célèbres, étaient demeurées sans usage. Elles ont été réunies toutes pour la première fois dans la formule de Laplace, formule entièrement fondée sur les lois générales de l'équilibre des fluides.

Toutefois, il y a une circonstance indiquée dès le commencement de cet article, et dont il n'était pas possible de tenir compte dans l'état actuel de la science; c'est que la *pression* de l'atmosphère n'est pas toujours identique à son *poids*. Le rapport de ces quantités varie d'un climat à l'autre, et varie dans un même climat avec les saisons, bien plus, avec les heures de la journée. C'est surtout par l'action des vents que la pression de l'air se trouve différente de son poids ; car un vent ascendant déchargera sensiblement le baromètre, tandis qu'un courant descendant augmentera la pression apparente. D'après cela, la méthode de déterminer le coefficient de la formule par des observations faites sur une montagne dont la hauteur a été mesurée géométriquement, doit être préférée à la méthode qui déduirait ce coefficient de la comparaison directe des densités de l'air et du mercure. Il faudra seulement choisir la saison et l'heure auxquelles l'atmosphère jouit du plus grand calme relatif, et le coefficient ainsi déterminé ne conviendra rigoureusement qu'aux mêmes circonstances de climat, de saison et d'heure. Le coefficient de Ramond se rapporte aux climats tempérés; il doit être employé de préférence pendant l'été, et depuis onze heures du matin jusqu'à une heure après midi.

Les opérations à l'aide du baromètre exigent des soins assez minutieux; mais leur rapidité et l'exactitude remarquable avec laquelle elles donnent les hauteurs lorsqu'on remplit toutes les conditions du problème, les rendent préférables aux moyens géométriques, surtout pour les voyageurs qui ne peuvent disposer de beaucoup de temps, ni s'embarrasser d'un grand attirail d'instruments.

Nous ne devons pas oublier, en terminant, de faire remarquer que si la hauteur de deux stations, comme de deux sommets de montagne, se trouve déterminée par des opérations barométriques, il suffira de mesurer l'angle apparent d'élévation de l'un de ces sommets au-dessus de l'autre pour être en état de calculer la distance horizontale qui sépare ces deux stations. Voilà donc un moyen facile d'opérer des nivellements considérables, et ce moyen est susceptible d'une très-grande précision. C'est ainsi qu'un simple voyageur, le célèbre Humboldt, a pu établir à très-peu de frais la jonction de Mexico avec le port de Vera-Crux, sur une distance de plus de trente myriamètres. Ceci achèvera sans doute de glorifier l'invention du baromètre dans l'esprit de nos lecteurs.

Baromètres métalliques. — Anéroïdes. — La facile rupture du baromètre, la difficulté de son transport en voyage, l'impossibilité de s'en servir à la mer, où ses observations offrent le plus d'intérêt pour faire prévoir les vents, ont fait chercher à construire un baromètre métallique sans liquide.

Tentée sans succès par Conté, la construction de semblables baromètres a été réussie par M. Vidi. Ils consistent en une capacité métallique fermée, dont la partie supérieure est formée d'une plaque mince et cannelée, et de moyens de transmettre à une aiguille indicatrice par suite en les amplifiant beaucoup, les moindres mouvements de cette plaque. Ces petits mouvements seront les résultats nécessaires des changements de pression de l'atmosphère, la quantité d'air renfermée dans la capacité métallique étant constante, n'ayant aucune communication avec l'air extérieur.

La disposition des tubes recourbés, employés avec succès en Allemagne par M. Schintz, en France par M. Bourdon, pour la construction de manomètres propres à mesurer les pressions de la vapeur, était tout à fait convenable pour obtenir des baromètres métalliques d'une excellente construction (fig. 3410). C'est ce que MM. Bourdon et Richard ont fait, sans que nous puissions dire que leur appareil soit plus régulier dans ses indications que celui de M. Vidi, mais il est plus facile de le faire très-sensible. Or, dans les baromètres qui ne sont pas destinés aux observations scientifiques, c'est bien plus l'étendue des mouvements suffisants pour étudier les variations atmosphériques que la proportionnalité des effets qu'il importe d'obtenir.

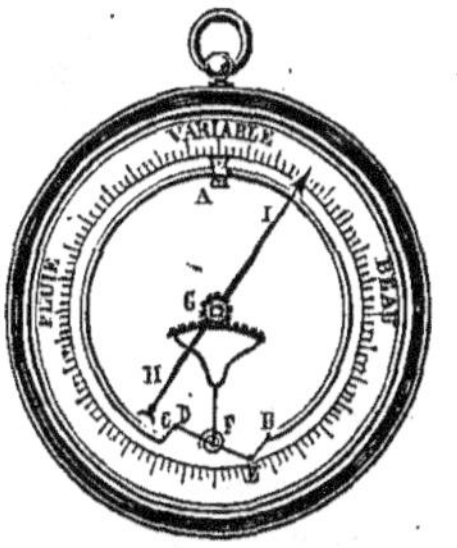

3410.

BARRAGE. C'est sur les parties les plus élevées du sol, dans les montagnes, que les nuages apportent de l'eau en grande abondance, à des hauteurs très-considérables au-dessus du niveau de la mer; c'est vers ces régions peu habitées que les travaux de l'ingénieur peuvent se faire, plus aisément et plus profitablement que dans les plaines. Les plus simples et les plus utiles ont leur point de départ dans des barrages qui maintenant l'eau à un niveau élevé, pour en disposer suivant les besoins, devraient être bien plus multipliés qu'ils ne le sont, et qui, partout où ils ont été établis, ont donné d'admirables résultats, et permis d'utiliser des richesses considérables, autrement perdues. Ce système étendu pourrait, par exemple, fournir des forces motrices en quantités plus grandes que celles des machines à vapeur existant dans bien des pays civilisés, par une utilisation intelligente des phénomènes naturels.

Parmi les exemples de travaux de retenue et d'accumulation des eaux dans des bassins artificiellement établis au moyen de barrages, nous citerons celui de Saint-Ferréol, qui a permis d'assurer la navigation sur le canal du Midi, à l'aide d'un petit ruisseau coulant au loin dans la montagne; celui du Nil décrit à AGRICULTURE; ceux de Lowell et de Lawrence, aux États-Unis, qui ont fait naître des cités manufacturières, en créant des puissances motrices gratuites sur une grande échelle.

Dans les pays chauds, où la végétation ne se maintient que grâce à l'arrosage, le bon aménagement des eaux est la condition absolue de richesse, et fait succéder la fertilité au désert, comme le montrent par exemple les travaux des Maures, dans la Huerta de Valence et en Andalousie. Nous commençons enfin à les imiter en Afrique, et le barrage de l'Habra, qui permettra d'emmagasiner trente millions de mètres cubes, va montrer tout ce qu'on peut espérer de travaux faits dans cette voie, mais il serait erroné de croire que ces travaux sont médiocrement utiles dans notre climat plus tempéré, et comme indépendamment des irrigations presque aussi profitables au Nord qu'au Midi (voy. AGRICULTURE) ils offrent d'utiles applications, nous décrirons ici en détail, comme exemple le barrage du Furens, dont les plans et modèles ont été admirés à l'Exposition de 1867, description que nous emprunterons à la notice publiée par le ministère des travaux publics. On verra par cet exemple comment une étude bien faite peut, dans chaque cas particulier, transformer un cours d'eau torrentiel, inutile, quand il n'est pas nuisible, en une source féconde de richesses de tout genre. Puissances mécaniques considérables, fertilité du sol par l'irrigation, salubrité des villes par d'abondantes distributions d'eau, telles sont les principales richessses créées par des barrages établissant de vastes réservoirs, qui suppriment en outre les dangers des inondations, et n'exigent en plus des travaux exigés par leur construction que l'établissement d'un canal conduisant l'eau, sans perte de chute inutile, aux lieux de consommation. Nous commençons à peine à débuter dans de semblables travaux, qui devraient être faits sur une vaste échelle dans la Haute-Loire, et les Alpes surtout, et donner lieu à des travaux intéressants dans presque toutes les parties du sol parcouru par des eaux dont le régime est quelque peu torrentiel.

Revenons à l'exemple dont nous voulons parler et qui, bien que ne s'appliquant qu'à un cas particulier, fera réfléchir tout lecteur intelligent aux grands résultats qu'on peut, dans d'autres cas, retirer des travaux du même ordre, consistant à conserver à un niveau élevé, jusqu'au moment de leur emploi, les eaux que la chaleur solaire a élevées du niveau de l'Océan au sommet des montagnes. La chute de l'eau d'une certaine hauteur est une destruction de valeur; c'est une force motrice, une irrigation sacrifiée, et tout barrage, canal, aqueduc, etc., est la conservation, ou, relativement à l'état intérieur, la création de cette richesse. Les travaux faits dans cette voie, dans les pays civilisés, dans ceux surtout qui, comme la France, possèdent des parties élevées où les rivières prennent naissance, ne sont rien, nous ne saurions trop le répéter, auprès de ceux qui doivent être sans doute prochainement entrepris. Le succès des constructions récentes de cet ordre, telle que la conduite à Paris de sources à un niveau élevé, suivant les excellents projets de M. Belgrand (voy. EAUX), où l'emploi de conduites forcées que l'on peut faire aujourd'hui de plusieurs mètres de diamètre, (avec des tuyaux de fonte de fer), réduit considérablement les dépenses, comme celui du réservoir du Furens que nous allons décrire, semble indiquer qu'il y a là une nouvelle et féconde *occasion* de travail pour notre pays, s'il sait faire, pour l'emploi des eaux afin de développer la richesse, quelque chose qui rappellera ce que la nature a fait pour l'Égypte par les crues du Nil. (Voy. EAUX, AMÉNAGEMENT DES.) Il est digne de notre état de civilisation d'amener notre sol au degré de fertilité que certaines contrées doivent à d'heureuses conditions physiques. Au reste, il s'agit là d'un ordre de travaux qui s'impose de plus en plus chaque jour et par la seule force des choses en quelque sorte, sans idée préconçue; les réservoirs artificiels se sont beaucoup multipliés dans les pays riches, en Angleterre notamment, là où le climat paraît les rendre peu nécessaires.

BARRAGE DU FURENS. *Système hydraulique du réservoir.* — La ville de Saint-Étienne a fait établir une rigole souterraine qui va chercher aux sources du Furens les eaux necessaires à son alimentation; en même temps elle a concouru à la dépense d'un réservoir, placé au-dessus du village de Rochetaillée, dont les travaux ont été exécutés par l'État. La part de l'État a été fixée à 570,000 francs; tout le surplus, soit environ un million de francs, est resté à la charge de la ville; en échange de ce concours, celle-ci a obtenu le droit de se servir du réservoir, afin d'y emmagasiner les eaux excédantes du Furens et de les utiliser en partie pour sa propre consommation, et pour le lavage de ses égouts; et en partie pour augmenter le débit d'étiage du Furens et améliorer ainsi la position des usines de ce cours d'eau.

Le Furens, avant l'ouverture des travaux, suivait le thalweg de la vallée. Un barrage de 50 mètres de hauteur a été construit au point le plus étroit de cette vallée pour former le réservoir décrit dans la présente notice. En même temps, on a ouvert un canal de dérivation où coule aujourd'hui la rivière.

Le réservoir fonctionne de la manière suivante : le niveau auquel la ville de Saint-Étienne peut retenir ses eaux est fixé à 44m,50 au-dessus du fond devant le barrage; depuis ce niveau jusqu'au maximum de retenue, il y a une hauteur de 5m,50 sur laquelle le réservoir doit rester vide pour emmagasiner la partie dommageable des crues qui peuvent inonder Saint-Étienne. La crue passée, on vide ces eaux emmagasinées par un souterrain dans le lit inférieur du Furens. Toutes les eaux, jusqu'à la hauteur de 44m,50 au-dessus du fond, sont réservées pour l'alimentation de Saint-Étienne et des usines. Afin de les conduire à leur destination, un second souterrain, plus bas que le premier, est creusé dans le contre-fort contre lequel s'appuie le barrage; dans ce souterrain, bouché à son extrémité du côté du réservoir par une maçonnerie, il y a deux tuyaux en fonte de 0m,40 de diamètre chacun, traversant cette maçonnerie. Ils reçoivent librement, à leur extrémité d'amont, les eaux du réservoir et les conduisent dans un puisard au moyen de robinets d'un débit déterminé; l'eau arrivée dans le puisard est affectée au double service des usines et de la ville; à cet effet, un premier canal à ciel ouvert, muni à son origine d'une vanne modératrice, permet de jeter dans le lit du Furens la quantité d'eau de réserve que l'on veut y amener; un second canal souterrain, muni également d'une vanne régulatrice, permet d'amener ces eaux de réserve dans la conduite des eaux de Saint-Étienne, soit en les y faisant tomber directement par un robinet, soit en les emmagasinant dans un petit réservoir qui communique lui-même avec la conduite au moyen d'un tuyau.

En été, l'arrosage des rues et le lavage des égouts doivent se faire au moyen des ressources du réservoir, les eaux de sources amenées par l'aqueduc à Saint-Étienne ne suffisant pas pour assurer ce service. On établit alors la communication de la conduite avec le réservoir par le second des canaux mentionnés tout à l'heure. S'agit-il d'augmenter le débit de la rivière dans cette même saison d'été, où les usines du Furens ont tous les ans d'importants chômages à subir, on établit en même temps la communication entre le réservoir et le Furens par le premier canal. L'aqueduc qui va prendre les eaux du Furens à leurs sources est partout ainsi indépendant du réservoir, avec lequel il ne communique absolument que par le second canal.

Fonctions des prises d'eau de tête. — Les ventelleries placées en tête du canal d'alimentation du réservoir et du canal de dérivation, qui sert actuellement de lit au Furens, fonctionnent de la manière suivante.

Dans les grandes crues, lorsque le débit du Furens atteint 93 mètres cubes par seconde, ce qui correspond à 2 mètres de hauteur à l'échelle d'observation placée en amont des vannes, la ville de Saint-Étienne commence à être inondée. Si l'on suppose que la crue arrive, le réservoir étant plein jusqu'à la hauteur de 44^m,50 de la retenue permanente à l'usage de la ville, cas le plus défavorable, voici comment on manœuvrera : la ventellerie du canal d'alimentation restera fermée, et la ventellerie du canal de dérivation ouverte, tant que les eaux ne s'élèveront pas au-dessus de cette hauteur de 2 mètres à l'échelle. Toutes les eaux s'écouleront ainsi par le canal de dérivation, qui les ramène dans le Furens au-dessous du réservoir.

Dès que les eaux tendront à s'élever à l'échelle au-dessus de 2 mètres, c'est-à-dire entreront dans la période dommageable de la crue, la ventellerie du réservoir s'ouvrira et se manœuvrera de manière à maintenir la hauteur d'eau de 2 mètres à l'échelle; cela est toujours facile à obtenir, car cette ventellerie est construite de manière à pouvoir débiter la différence 38 mètres cubes entre le débit maximum, 131 mètres cubes par seconde, de la plus grande crue connue, et 93 mètres cubes, débit où la crue commence à être dommageable pour Saint-Étienne. La partie dommageable de la crue sera ainsi reçue dans le réservoir, où elle s'emmagasinera dans le vide de 5^m,50 de hauteur, réservé au-dessus de la ligne du niveau permanent qui limite l'usage que la ville de Saint-Étienne est, aux termes de ses conventions avec l'État, en droit d'exercer sur le réservoir.

Il faut dire maintenant comment on manœuvre les ventelleries d'amont pour l'alimentation de cette réserve permanente du réservoir, en le supposant vide au commencement.

On doit assurer d'abord le jeu régulier des usines dans les conditions où elles se trouvaient avant la construction du réservoir; pour cela, un débit de 350 litres par seconde est nécessaire. On a marqué sur l'échelle la hauteur d'eau correspondant à ce débit; tant que le niveau de l'eau restera dans le lit du Furens au-dessous de cette hauteur, la ventellerie du réservoir devra évidemment rester entièrement fermée, toute l'eau devant passer par la ventellerie de la dérivation pour arriver aux usines situées en aval du réservoir. Mais dès qu'il la dépassera, cette ventellerie devra être manœuvrée de manière à maintenir cette hauteur, et alors toute la partie du débit qui excédera 350 litres par seconde ira s'emmagasiner dans le réservoir par son canal d'alimentation. Si l'état du cours d'eau qui a produit cette petite crue tend à se réduire, on fermera progressivement la ventellerie du réservoir, de manière qu'elle soit entièrement fermée lorsque le débit s'abaissera à 350 litres ou au-dessous.

Il est facile de voir qu'en opérant ainsi, on ne prend au Furens que les excédants non utilisables pour les usines. Lorsque le cours d'eau débitera plus de 350 lit. par seconde, on emmagasinera le surplus inutile pour les usines, et qui doit leur être rendu en partie en été par le jeu du canal inférieur. On comprend immédiatement tous les avantages que les usiniers tireront de cette combinaison.

Débit du Furens. Capacité du réservoir. L'étiage du Furens s'abaisse à 100 et même 80 litres par seconde dans les années très-sèches; d'après les jaugeages journaliers exécutés depuis huit ans à la prise d'eau du réservoir, le module ou débit moyen par seconde, réparti sur l'année entière, serait de 500 litres par seconde. La superficie de la partie du bassin de Furens, située en amont du réservoir qui fournit ce débit, est de 2,500 hectares, et la hauteur moyenne d'eau qui y tombe par an est de 1 mètre.

Le débit des plus grandes crues, depuis dix ans, n'a pas dépassé 15 mètres cubes par seconde; mais le 10 juillet 1849, une trombe ayant éclaté dans la partie supérieure de la vallée, il en est résulté un débit anormal qui a inondé la ville de Saint-Étienne. C'est ce débit qu'il s'agissait de déterminer approximativement pour fixer la capacité du réservoir destiné à emmagasiner la partie dommageable de cette crue unique et hors de proportion avec ce que l'on avait observé jusque-là.

Il résulte des études auxquelles on s'est livré à cette occasion, que l'inondation de la ville de Saint-Étienne commence lorsque le débit atteint 93 mètres cubes par seconde, et que le maximum de ce débit a été de 131 mètres cubes. On en a conclu que la tranche supérieure du réservoir, destinée à rester vide pour attendre une crue, doit avoir une capacité de 200,000 mètres cubes.

On a vu plus haut que la tranche en question était comprise entre les plans horizontaux situés à 50 et à 44^m,50 au-dessus du fond du réservoir, près du barrage, et avait par conséquent 5^m,50 de hauteur. Or il résulte d'un lever très-exact par courbes horizontales du réservoir du Furens, fait depuis l'exécution des travaux, que la capacité correspondant à ce niveau de la retenue permanente, soit à la hauteur 44^m,50 au-dessus du fond, est de 1,200,000 mètres cubes, et que la capacité correspondant à la hauteur de 50 mèt. est de 1,600,000 mètres cubes. Il en résulte que la tranche de 5^m,50 de hauteur, destinée au service des inondations, a une capacité de 400,000 mètres cubes, c'est-à-dire le double de celle qu'il faudrait pour emmagasiner la partie dommageable de la trombe qui a éclaté en 1849, dans la partie supérieure du Furens. Une crue comme celle de 1849 ne donnerait dans la tranche de réserve qu'une hauteur de 3 mètres correspondant à un cube de 200,000 mètres et à la hauteur de 47^m,50 au-dessus du fond d'amont. On voit donc que les choses ont été disposées de manière à éviter toute espèce de mécompte.

Il résulte des calculs de jaugeages faits depuis huit ans, et de l'expérience des années 1865 et 1866 sur le réservoir même, que la réserve permanente de 1,200,000 mètres cubes se renouvellera deux fois par an, en automne et au printemps. Le cube à prélever pour le service supplémentaire de la ville de Saint-Étienne ne peut, en aucun cas, dépasser 600,000 mètres cubes par an, de sorte qu'il restera à répartir pour les usines, entre les chômages d'été et d'hiver, un cube de 1,800,000 mèt.; cela ferait un excédant moyen de débit de 120 litres par seconde sur le débit du Furens pendant six mois de l'année. On voit par ce chiffre combien l'amélioration apportée aux soixante usines desservies par le Furens, par la construction du réservoir, sera grande.

BATEAU A VAPEUR. Nous avons résumé, dans le premier travail publié dans cet ouvrage, les résultats fournis par la pratique jusque dans ces dernières années. Le grand navire de guerre à hélice, capable de prendre de grandes vitesses tout en portant un armement formidable, s'est amélioré chaque jour et réalise sous la forme de navire cuirassé la plus puissante machine de guerre offensive et surtout défensive qui ait été créée. En même temps le développement des communications à travers l'Océan a conduit à des constructions de magnifiques navires, qui ont pu faire leurs immenses traversées avec une vitesse inconnue auparavant. La question de leur construction a un grand intérêt pour la France, si bien placée pour effectuer la navigation à grande vitesse entre le continent de l'Europe et l'Amérique; aussi, dans cette étude, nous nous placerons surtout au point de vue des transatlantiques.

Au lieu de décrire en détail quelques types de construction dont plusieurs parties sont souvent défectueuses, nous passerons en revue successivement tous les éléments du problème, de manière à indiquer pour chacun les perfectionnements qui ont été apportés, les progrès dont la science indique les réalisations comme possibles. Nous terminerons par l'indication des combinaisons d'éléments qui forment les types des principales constructions.

Nous diviserons cette étude de la navigation à vapeur en trois parties :

La première comprendra tout ce qui se rapporte au travail moteur sous trois divisions : la vaporisation, la machine à vapeur, les appareils de propulsion; la seconde, tout ce qui se rapporte au travail résistant, les formes des navires, le mode d'action du fluide sur le corps flottant et du corps flottant sur le fluide. Ce sont les solutions les plus parfaites de ces divers problèmes qui permettent de produire le plus économiquement, au moyen de la combustion du charbon, un travail moteur considérable, bien transmis au corps flottant, dont la résistance deviendra un minimum si on lui donne les formes les plus convenables. La troisième partie comprendra l'étude des combinaisons principales de ces éléments, et notamment tout ce qui se rapporte à la question de la construction des transatlantiques, grands navires devant avoir des vitesses supérieures. Nous ne négligerons pas tout ce qui se rapporte à la construction des navires de guerre à vapeur, pour lesquels une grande puissance de propulsion est également nécessaire, mais doit être en partie sacrifiée aux besoins, aux conditions qu'ils doivent remplir comme machine de guerre.

1re PARTIE. — TRAVAIL MOTEUR.

Les derniers progrès de la science physique, l'expérience notamment que nous rapportons à l'article ÉQUIVALENT MÉCANIQUE DE LA CHALEUR, fournit l'indication du maximum théorique de travail que peut donner une quantité de chaleur, et par suite de combustible. Nous avons vu qu'on devait admettre qu'une calorie, c'est-à-dire la quantité de chaleur qui élève un kilogramme d'eau d'un degré, peut théoriquement produire un travail de 370 kilogr.-mèt. La pratique est bien éloignée du maximum théorique, et il reste des progrès considérables à accomplir avant d'approcher des limites que la théorie indique, dans le voisinage desquelles les progrès seraient bien difficiles à réaliser.

Le kilogramme de charbon produisant 7,500 calories peut donc engendrer théoriquement, à raison de 370 kilogr.-mèt. par calorie, 2,775,000 kilog.-mèt., et vaporiser 11,5 kilogr. d'eau en moyenne, la quantité variant peu avec la pression. Le cheval-vapeur de 75 kilogr.-mèt. par seconde, soit $75 \times 3{,}600 = 270{,}000$ kilogr.-mèt, par heure, devrait être obtenu par une consommation de 1/10 de kilogr. de charbon par heure. Les machines de Cornouailles, les plus perfectionnées de toutes, celles qui consomment le moins de combustible, brûlent environ, dit-on, 1 kilogr., c'est-à-dire rendent environ 1/10 du travail utile; plusieurs machines de Woolf consomment 1 k. 20. C'est un résultat qui, après tant de progrès accomplis par la science, doit peu étonner; il s'explique surtout à cause des pertes considérables qu'il est impossible d'éviter, vu la température nécessairement élevée avec laquelle les produits de la combustion sont lancés dans l'atmosphère, et le travail consommé par le tirage, qui n'est jamais compté. Mais s'il est bien difficile de s'approcher du rendement théorique, dans les machines fonctionnant dans les conditions les plus favorables, qui ne sont pas à beaucoup près celles de la navigation, et que nous étudierons spécialement à MACHINES A VAPEUR, il semble que l'on ne se propose qu'un but assez facile à atteindre lorsque l'on cherche à faire des machines à vapeur qui donnent à la mer des résultats qui approchent de ceux que donnent les machines de Cornouailles ou de Woolf, et il ne peut être douteux qu'en étudiant les causes du bon fonctionnement de ces dernières, on ne puisse arriver à les reproduire dans d'autres machines à vapeur.

Dans la navigation à vapeur, les plus importants progrès peuvent être obtenus en restant bien au-dessous d'un semblable degré de perfection, car la consommation de la plupart des machines des bateaux à roues dépasse 4 kilogr. par cheval. On est arrivé, dans les nouveaux navires à hélice, à réduire les consommations dans une proportion considérable, à 2 kilogr. par cheval, et cela par l'application des principes que nous allons exposer. La réduction de la consommation de 4 kilogr. à 2 kil. seulement dans le premier cas, ou celle de moitié ou du tiers pour le second, à l'imitation des bonnes machines terrestres de divers systèmes qui ne brûlent que 1 kilogr. ou 1 k. 25, c'est-à-dire une économie de moitié sur les consommations de houille (indépendamment d'un bénéfice au moins égal qui résulterait du tonnage employé par la houille devenu disponible pour les marchandises), correspondrait à une économie énorme.

Vaporisation.

Nous avons traité, à l'article CHAUDIÈRES A VAPEUR, de la question générale de la vaporisation, et l'admirable article COMBUSTION, dont le savant Ebelmen a enrichi cet ouvrage, est toujours ce qui existe de plus complet, de plus parfait sur la question.

Malgré la grande importance de la question et bien que ce soit surtout du perfectionnement des appareils de vaporisation qu'on doive attendre les plus grands progrès, nous ne reviendrons ici que sur quelques points particuliers, spéciaux à la navigation, que nous emprunterons en grande partie au *Guide du chauffeur*, de M. Grouvelle, qui renferme les résultats de l'expérience que de nombreuses constructions ont fait acquérir aux ingénieurs de l'État. Enfin nous renverrons à l'article CHAUDIÈRE de ce complément, où nous décrirons la chaudière Belleville, qui ouvre une voie nouvelle pour la construction d'un genre de chaudières très-résistantes, et fournissant très-rapidement de la vapeur, moins rapidement toutefois que la chaudière Field, décrite dans ce même article.

Chaudières. — La nécessité d'éviter la propagation de la chaleur du foyer hors de la chaudière, dans un cas où il est impossible de songer à employer des fourneaux dans lesquels les épaisseurs de briques soient considérables, a fait employer, dès l'origine de la navigation à vapeur, des chaudières à foyer intérieur, qui convenaient évidemment dans ce cas, d'une manière toute spéciale. Restait à leur donner une surface de chauffe suffisante pour la bonne vaporisation que l'on évalue à terre, avec de bonnes cheminées à $1^{m},50$ par cheval. Cette condition ne peut être satisfaite pour les bateaux mus par de puissantes machines, car la place manque; on cherche en compensation à augmenter autant que possible le développement du parcours des produits de la combustion, la surface de chauffe indirecte.

Deux systèmes ont été adoptés pour obtenir ce résultat. Celui adopté le plus généralement aujourd'hui et qui a la préférence pour les grandes constructions de la marine militaire, consiste à munir la partie supérieure de la chaudière, pour le retour de la flamme seulement, d'un grand nombre de tubes de 0,08 de diamètre, à imiter la disposition de la chaudière de locomotive. On obtient ainsi une grande surface de chauffe en restant dans des limites d'incrustation supportables (voir INCRUSTATION).

Nous donnons comme exemple les chaudières de *l'Ardente* de 800 chevaux. Les fig. 3411 et 3412 représentent l'une d'elles vue de face et de profil.

L'appareil de vaporisation est formé de plusieurs corps de chaudières semblables. Nous rapporterons ici l'indication des dimensions des diverses parties qui le constituent :

Nombre des chaudières	8
Nombre total des foyers	32

Dimensions d'un corps de chaudière.

Longueur		4^m,30
Largeur	en haut	3 60
	en bas	2 95
Hauteur		3 30
Longueur d'un foyer		2 25
Hauteur d'un foyer		0 98
Longueur d'une grille		2 30
Tubes	longueur	2
	diamètre extérieur	0 085
	diamètre intérieur	0 080
Nombre de tubes		234
Épaisseur des tôles		0^m,01
Diamètre de la cheminée (en haut)		2 74
Surface des quatre grilles		7 912
Surface de chauffe directe		27 35
Surface de chauffe des tubes		117 61
Volume d'eau, en supposant le niveau à 0^m,25 au-dessus des tubes		12^{mc},94
Volume de vapeur		12^{mc},53

Chaudières à galeries. — Dans la pratique l'assemblage des tubes résiste difficilement aux variations de température qui se produisent dans les diverses parties qui composent la chaudière, surtout dès que quelques incrustations commencent à se produire; aussi la plupart des bateaux après une navigation un peu longue rentrent-ils avec nombre de tubes tamponnés avec des bouchons de bois, qui ont médiocrement arrêté les fuites, et les chaudières ont besoin, au port d'arrivée, de l'intervention d'habiles mécaniciens. C'est pour cela que la Compagnie Péninsulaire et Orientale qui opère les transports postaux entre l'Angleterre et l'Inde a conservé, en les perfectionnant, les chaudières à galeries, dans lesquelles la fumée circule autour de cloisons rectangulaires boulonnées, l'eau qui circule dans l'intérieur de ces cloisons s'y trouve entourée de toutes parts par les produits de la combustion. Ces chaudières sont plus coûteuses, offrent moins de surface relative de chauffage que les chaudières à tubes, mais elles paraissent exiger moins de réparations, et précisément parce que les produits de la combustion sont moins refroidis, en même temps qu'ils ne perdent pas toute leur vitesse par des étranglements, par des passages à travers des conduits de faible section, le tirage par la cheminée reste meilleur, ne devient pas insuffisant pour une combustion active, ce qui n'arrive que trop souvent avec les chaudières tubulaires.

Malgré les effets théoriques de ces développements considérables de surface de chauffe indirecte, nous allons voir qu'en réalité on n'obtient pratiquement aujourd'hui une abondante production de vapeur à la mer, que par l'intervention d'une grande quantité de chaleur rayonnante, en multipliant beaucoup les grilles et les foyers, au détriment de la bonne utilisation de la combustion, et au prix des souffrances des malheureux ouvriers chauffeurs, véritablement grillés dans des chambres de capacité insuffisante, où les courants d'air sont trop faibles pour combattre la grande quantité de chaleur rayonnante.

Combustion. — De quelque manière que l'on combine le développement de la surface des chaudières, il est certain, pour quiconque a examiné quelques bateaux à vapeur, que la combustion ne s'y opère pas dans de bonnes conditions. C'est ce que rendent manifeste aux yeux les moins exercés, les flots de fumée noire qui sortent des cheminées des bateaux à vapeur. C'est qu'en effet le tirage obtenu par une cheminée métallique de peu d'élévation, est tout à fait insuffisante pour dépouiller les produits de la combustion de leur chaleur par une longue circulation. Cette seule vue démontre complétement ce que nous venons de dire de l'emploi prédominant de la chaleur rayonnante du combustible; ce n'est qu'en rejetant dans l'air les produits de la combustion presque aussitôt qu'ils sont formés, qu'on peut parvenir, dans ces conditions, à obtenir des vaporisations considérables mais très-coûteuses.

Ainsi donc, avec un tirage peu énergique, on n'utilise pas toute la chaleur des produits de la combustion qui circulent dans des conduits bientôt encombrés de suie, et de plus, trop de charbon sur la grille donne lieu à une production d'oxyde de carbone (voir COMBUSTIBLES), dont la formation refroidit les gaz ; aussi voit-on souvent le chauffeur ouvrir les portes pour fournir le supplément d'air nécessaire à une combustion complète.

Le remède évident à ces défauts, le seul possible, c'est d'obtenir des tirages plus grands que ceux des constructions actuelles. Une plus grande quantité d'air traversant la grille, l'acide carbonique remplacera l'oxyde de carbone, et les produits de la combustion traversant avec rapidité des conduits qui ne seront plus encombrés de suie, auxquels on pourra donner sans inconvénient une longueur suffisante, leur communiqueront une bien plus grande quantité de chaleur. Bien entendu qu'il s'agit ici de bateaux à grande vitesse et non de caboteurs à vapeur qui doivent être construits à bon marché et naviguer avec le moins de surveillance possible.

Rien ne montre mieux l'influence heureuse d'un puissant tirage que la machine locomotive qui, avec sa seule cheminée, sans le tirage produit par le jet de vapeur à haute pression, n'est plus qu'un corps sans âme, ne peut donner de vapeur. Si l'on cherche à se rendre compte de la réduction de dimensions que permet cet énergique tirage, on reconnaît que l'on peut brûler sur une grille de locomotive, à surface égale, quatre fois le poids de combustible que l'on peut brûler sur une grille ordinaire. Comme exemple bien probant, on cite deux chaudières de bateaux de rivière, à peu près semblables, toutes deux tubulaires, dont les vaporisations étaient dans le rapport de 5 à 1, l'une ayant un échappement de vapeur dans la cheminée, tandis que le tirage de l'autre ne résultait que d'une cheminée ordinaire. C'est donc bien l'insufflation par la tuyère qui quintuple la vaporisation.

C'est aujourd'hui un résultat parfaitement certain de l'expérience générale, de celle surtout fournie par la pratique des chemins de fer, que des combustions considérables, rapides, que la production de grandes quantités de vapeur pour alimenter de puissantes machines à course de piston rapide, autrement dit l'établissement de chaudières et de machines produisant un grand travail sans être d'un poids énorme, condition fondamentale pour tout moyen de transport qui porte son moteur, n'est possible qu'à l'aide d'un tirage forcé.

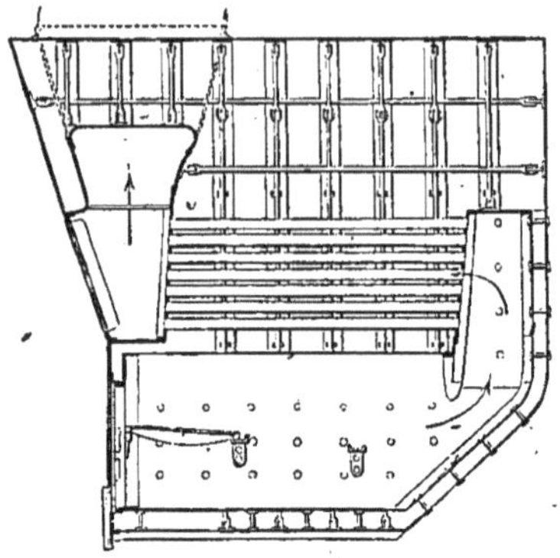

3411.

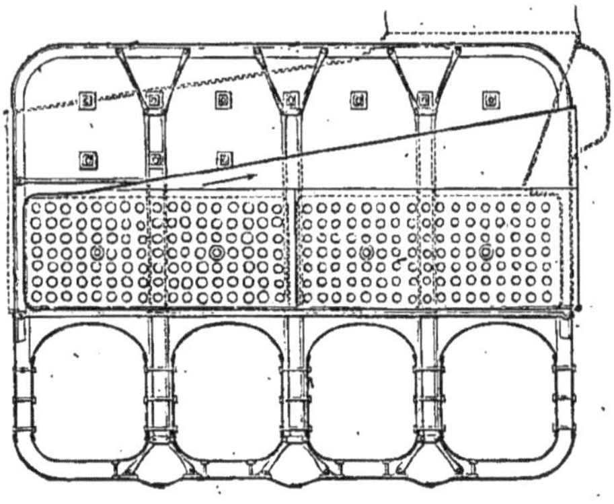

3412.

C'est la solution du problème de la rapide vaporisation à l'aide de la chaudière tubulaire et du jet de vapeur, qui a fait le succès de la locomotive et des chemins de fer; ce sera la solution convenable du même problème qui permettra d'obtenir des bateaux à vapeur bien plus rapides que ceux construits jusqu'ici, dans lesquels on en est resté au tirage obtenu seulement à l'aide d'une cheminée peu élevée, faute d'avoir expérimenté les moyens simples qui peuvent être employés dans ce but. Nous croyons utile de les discuter ici en détail, parce qu'il s'agit là d'un progrès important dont l'adoption est sûrement proche.

Jet de vapeur. — Si on employait à la mer une pression élevée comme sur les locomotives de chemin de fer, on trouverait la solution du problème d'obtenir un tirage puissant en imitant les dispositions qui ont si bien réussi pour celles-ci, c'est-à-dire le jet de vapeur dans la cheminée. C'est en effet ce qui a été déjà fait avec succès, depuis plusieurs années, sur les bateaux de rivière les plus remarquables, sur ceux du Rhône notamment. Mais l'eau de mer donne tant d'incrustations dont l'adhérence augmente rapidement avec l'intensité du chauffage, le mouvement de la mer fait que si souvent des parties fortement chauffées de la surface des chaudières ne sont plus recouvertes d'eau, que l'emploi d'une pression de plusieurs atmosphères nécessaire pour l'insufflation par la vapeur, a été universellement repoussé. En effet, cette pression exige un actif chauffage à une température élevée, d'où résulte rapidement le chauffage au rouge de quelque partie des chaudières et un grand danger d'explosion. Nous ne saurions aller à l'encontre de la pratique universelle, au moins jusqu'à ce que la question des *incrustations* par l'eau de mer soit complétement résolue, et nous admettrons qu'on doit renoncer à l'emploi des très-hautes pressions à la mer malgré les avantages de la grande légèreté relative des machines qui les emploient.

La limite la plus élevée, et non encore admise en Angleterre, que l'on peut considérer comme sans danger, vu les progrès de la pratique pour combattre les inconvénients ci-dessus énoncés, pour les navires qui sont soumis à une surveillance incessante, pour les grandes machines toujours dirigées par des mécaniciens expérimentés, est la pression de 2 à 2 1/2 atmosphères. C'est cette pression, qui correspond à une température de 120 à 125 degrés seulement, qui est employée assez fréquemment sur mer par les Américains (sur le *Niagara*, magnifique frégate à vapeur notamment), qui a été adoptée par M. Dupuy de Lôme et les ingénieurs qui ont construit les grands navires à vapeur à hélice de la marine militaire, *le Solférino*, *le Magenta*. Les inconvénients qu'elle peut encore entraîner sont inférieurs aux avantages de diminuer de moitié le poids des machines, les dimensions des cylindres, de permettre d'augmenter la vitesse du piston et par suite l'action directe de la tige du piston sur l'arbre de l'hélice, etc.

En restant au point de vue du tirage, la pression de 2 atmosphères est insuffisante pour produire une insufflation dans la cheminée. Il faudrait donc, pour utiliser ce moyen simple, avoir une petite chaudière à haute pression et pour cela pouvoir l'alimenter à l'eau distillée. Nous verrons plus loin qu'il n'est nullement impossible de condenser, par contact, une fraction de la vapeur sortant des cylindres sans surcharger les pistons et alourdir la marche de la machine.

On pourrait donc très-bien disposer un semblable système pour les bateaux à grande vitesse, et tirer un parti très-avantageux de la vapeur à produire un excellent tirage, à réchauffer auparavant la vapeur qui se détend, en faisant circuler cette vapeur chaude et se mouvant rapidement dans les enveloppes des cylindres, enfin en envoyant l'excédant de vaporisation dans les réservoirs de vapeur où celle-ci serait utilement emmagasinée avant de passer dans les cylindres.

Ventilateur. — A défaut de vapeur à haute pression, et préférablement même au jet de vapeur à mon avis, on peut employer, pour produire le tirage forcé, une machine bien connue, le ventilateur. On doit se rappeler que déjà au célèbre concours de Manchester, dont date la locomotive, la *Novelty*, construite par Bratwhaite et Ericson, lutta jusqu'au dernier moment avec le *Rocket* de Stephenson, qui avait su appliquer le tirage par un jet de vapeur, et que la combustion dans la première machine était activée par un ventilateur. Cette presque égalité indique bien la solution à adopter dans le cas où l'on ne dispose pas de vapeur à haute pression.

Si l'on examine les résultats fournis par le ventilateur dans quelques cas, on verra que ce moyen direct en quelque sorte d'imprimer à l'air, ou aux produits de la combustion, la vitesse nécessaire, est très-peu dispendieux et qu'il ne faudra le plus souvent brûler, pour le faire mouvoir, qu'une faible partie du combustible qu'économisera son emploi. M. Grouvelle a donné à l'article VENTILATION une excellente étude sur l'application du ventilateur aux mines. Il y rapporte, par exemple, une expérience de M. Guépin, du Grand Hornu, montrant que pour 60,000 mètres cubes d'air par heure, c'est-à-dire une combustion de 3,000 kilog. devant suffire pour 12 ou 1,500 chevaux, le mouvement du ventilateur ne coûterait pas 65 kilog. de charbon par heure, soit 1/100e du combustible brûlé, soit enfin 12 à 15 chevaux-vapeur.

On peut employer le ventilateur de deux manières, en avant du foyer, pour y lancer de l'air, c'est le ventilateur soufflant; en arrière du foyer pour enlever les produits de la combustion, c'est le ventilateur aspirant. C'est sous cette forme qu'il est utilisé et expérimenté dans les mines. Disons un mot de chacun de ces systèmes.

Le ventilateur soufflant, qui doit lancer l'air nécessaire à la combustion avec une vitesse assez grande pour que les produits de la combustion se meuvent convenablement à travers les circuits qu'ils doivent parcourir, offre le grand désavantage que le chargement du fourneau devient difficile. Essayé sur le *Great-Western*, cet emploi du ventilateur fut, dit-on, abandonné, à cause de la sortie de la fumée par la porte du fourneau quand on le chargeait.

Au lieu d'employer le ventilateur soufflant à activer la combustion, à lancer des quantités d'air considérables dans le fourneau de manière à éviter la production d'oxyde de carbone, il est bien préférable, en augmentant beaucoup l'épaisseur du combustible, de transformer tout le combustible en oxyde de carbone pour aller brûler celui-ci en longues flammes dans les chaudières sans production de fumée, de suie. C'est là l'appareil *Beaufumé* qui dérive de la chaudière de locomotive et de désir d'appliquer des beaux travaux d'Ebelmen, que ce savant ingénieur a si bien résumés à l'article COMBUSTIBLE. D'après les expériences de M. Grouvelle, cet appareil a fourni jusqu'à 10 kilogrammes de vapeur par kilogramme de houille, quand en général on n'obtient que 5 à 6 kilogrammes et avec les chaudières les plus parfaites 7 ou 8.

Les expériences faites à la mer n'ont pas donné d'aussi beaux résultats, mais ont bien établi la supériorité de cet appareil sur les chaudières marines existantes. Toutefois la condition essentielle de son emploi est encore de disposer d'eau pure, l'eau de mer ne peut servir à garnir la boîte à feu, analogue à celle des locomotives, dans laquelle s'opère la combustion. Elle serait bientôt brûlée par suite des incrustations qui viendraient tapisser la surface intérieure.

Le ventilateur aspirant me paraît le véritable appareil convenable pour les navires à vapeur. Parfaitement convenable pour s'agencer avec l'ensemble du mécanisme, n'exigeant pas de changement notable aux chaudières dont le bon effet est connu par expérience et dont il augmentera seulement beaucoup la production de vapeur tout en soulageant singulièrement, par une plus grande vitesse de l'air, le pénible service des chauffeurs, il satisfait à toutes les conditions essentielles. Il me paraît devoir être adopté un jour généralement, et constituer un des grands progrès de la navigation à vapeur. Non-seulement il permettra de faire disparaître la cheminée et les flots de fumée qui salissent le pont des bateaux à vapeur, mais encore il augmentera leur valeur au point de vue nautique et mécanique. Son action se combine très-heureusement avec celle des vents, dont il faut toujours tenir compte à la mer, et des dispositions nouvelles que nous espérons bientôt expérimenter, pourront rendre son effet doublement utile.

Machine Pascal. — La nécessité d'obtenir une rapide vaporisation ne saurait être mieux démontrée que par les recherches faites pour obtenir un semblable résultat par des voies détournées, par l'invention de systèmes, qui après bien des transformations, ne tirent leurs chances de succès que de ce qu'ils atteignent ce but plus ou moins complétement. Nous rangerons dans cette catégorie une curieuse machine fonctionnant par un mélange d'air chauffé et de vapeur, de l'invention de M. Pascal de Lyon, et qui heureusement modifiée par d'habiles ingénieurs, MM. Thomas et Laurens a été employée pour mouvoir un navire à hélice.

Cette machine se compose de trois cylindres à vapeur faisant marcher trois pistons de machines soufflantes, placées en regard de chacun des cylindres à vapeur. Ces souffleries envoient de l'air dans trois cubilots fermés et y entretiennent une combustion active. De l'eau, chassée par les pompes alimentaires, arrive dans ces foyers par plusieurs orifices, au-dessus du combustible et en quantité convenable à chaque coup de piston. La vapeur formée immédiatement se mélange avec les produits de la combustion qu'elle refroidit en s'échauffant et passe dans les cylindres.

Plusieurs résultats remarquables paraissent résulter des premiers essais de cette curieuse machine.

1° Les cylindres ne reçoivent pas de cendres; la vapeur refroidissant la partie supérieure, le point de la combustion la plus active est inférieur à la surface et par suite les cendres fondent au-dessous et forment mâchefer qu'on retire à la partie inférieure.

2° Sans chaudières et par suite sans danger d'explosion, on peut produire rapidement des quantités considérables de vapeur en très-peu de temps, une grande surface de chauffe se trouvant, comme disent les inventeurs, dans les gaz de la combustion.

Nul doute que grâce à cette manière de produire de la vapeur par une soufflerie, on ne parvienne à engendrer un travail moteur considérable, avec une machine de dimensions et de poids très-modérés.

Si cette machine prouve ainsi bien clairement l'utilité d'une combustion activée par des moyens mécaniques, nous ne pouvons cependant croire à son succès. Les pompes d'air étant comme les cylindres à vapeur en communication avec les cubilots, la résistance est donc, à volume égal, la même que la puissance, et le travail utile ne répond qu'à la différence des volumes de l'air chaud mélangé de vapeur avec celui de l'air froid. En supposant le rapport de ces volumes de 5 à 2, ce que nous croyons peu éloigné de la réalité, on voit qu'en comprenant les résistances pressives des pompes d'air, la moitié du travail produit serait consommée par la soufflerie. L'emploi de l'appareil Beaufumé, ou du ventilateur aspirant que nous proposons, serait bien loin de coûter aussi cher, et il n'est pas besoin alors d'une pression de 2 ou 3 atmosphères (celle de la machine), pour donner à l'air le mouvement nécessaire afin que les produits de la combustion transmettent leur chaleur à la vapeur avec des surfaces de chauffe convenables. En effet, dans la pratique les effets ont été, on peut dire, déplorables.

Incrustations. — Nous ne traiterons pas ici la question des incrustations, à laquelle nous avons consacré un article spécial, des moyens à employer pour empêcher les incrustations de devenir adhérentes. D'heureuses inventions dans cette voie constitueraient un immense service rendu à la navigation à vapeur; nous ne parlerons ici que de ce qui se fait aujourd'hui sur tous les bateaux à vapeur.

L'eau de mer renferme environ $\frac{1}{33}$ de son poids de sels en dissolution, et elle est saturée, elle laisse déposer des cristaux lorsqu'elle en contient $\frac{12}{33}$. Ces sels consistent principalement en sel marin très-soluble, et en sulfate de chaux qui constitue la très-majeure partie des incrustations adhérentes aux chaudières. On voit par l'énorme proportion des matières salines, avec quelle effrayante rapidité se feraient les dépôts, si on n'avait trouvé un moyen d'empêcher l'eau de la chaudière d'atteindre jamais le point de saturation. Ce moyen consiste dans l'emploi d'une pompe de *désaturation* ou pompe à *saumure*, agissant à l'inverse de la pompe alimentaire, enlevant de l'eau presque saturée du fond de la chaudière, pour la rejeter au dehors, en quantité égale à *la moitié* de celle envoyée par la pompe alimentaire. En enlevant ainsi une quantité aussi considérable d'eau bien plus chargée de sels que celle qui arrive dans la chaudière, et surtout en la puisant à la partie inférieure où se déposent les boues, où s'agitent les molécules qui n'adhèrent pas encore à la chaudière, on amoindrit beaucoup les dépôts du sulfate de chaux sur les surfaces directes de chauffage, et ils n'arrivent pas jusqu'aux surfaces indirectes, placées plus haut, surfaces qui avec un fort tirage, agissent très-puissamment pour maintenir la régularité de la vaporisation, surtout lorsqu'un commencement d'incrustation n'a pas permis aux surfaces directes de refroidir déjà les produits de la combustion.

En rejetant au dehors une aussi grande quantité d'eau très-chaude, la perte de chaleur qui en résulterait serait très-sensible, si on ne pouvait en reprendre une partie pour échauffer l'eau d'alimentation. A cet effet on fait écouler l'eau de la chaudière à travers des tubes qu'entoure l'eau d'alimentation qui s'avance en sens contraire. Les incrustations viennent souvent contrarier ces effets, en détruisant la conductibilité des parois métalliques, aussi importe-t-il, dans la pratique, de faire très-grandes les sections des conduits et de tout disposer pour un facile nettoyage.

Condensation de la vapeur. — Après avoir traité de la production de la vapeur, je traiterai de la condensation de la vapeur au point de vue spécial de l'eau de mer.

On a vu plus haut que la limite de l'emploi de la haute pression comme de bien des progrès dans la grande navigation, la principale cause de l'infériorité du steamer comparé au bateau à vapeur de rivière, qui réalise des vitesses de 30 à 40 kilomètres à l'heure, tandis que l'on n'atteint presque jamais 20 kilomètres sur mer, résidait dans l'impureté de l'eau de mer. Le remède serait donc de parvenir à condenser la vapeur d'eau pure qui sort des chaudières, et c'est ce qui a été tenté à l'aide des condenseurs de Hall, imités du serpentin des alambics, consistant en des tubes dans lesquels la vapeur d'eau n'est en contact qu'avec des surfaces métalliques refroidies par le contact avec l'eau froide placée à l'extérieur. Si ce système avait réussi convenablement, l'alimentation pouvant se faire avec de l'eau distillée, c'est-à-dire parfaitement pure, il n'y eût plus eu à s'occuper des incrustations, des difficultés qui résultent des sels dissous dans l'eau de mer.

Après de nombreux essais il a fallu malheureusement renoncer à ce système ; la frégate à vapeur de la marine anglaise la *Medea*, munie d'un tube condenseur de 35 kilomètres de développement, replié circulairement dans des caisses qui recevaient l'eau de mer froide, après avoir donné d'abord des résultats assez satisfaisants, démontra l'impossibilité de continuer l'emploi de cette disposition. C'est que, dès que l'eau de mer s'échauffe, elle laisse déposer des matières terreuses qu'elle tient en suspension en partie par l'action de l'acide carbonique qui se dégage par la moindre chaleur, et la surface, ternie et recouverte de matières terreuses, ne donne bientôt plus un passage assez rapide à la chaleur pour que la condensation s'opère avec la rapidité suffisante pour le bon fonctionnement de la machine à vapeur.

Y a-t-il lieu de juger comme tout à fait inacceptable un système qui offre d'ailleurs tant d'avantages? Ne peut-on en tirer parti au moins partiellement? C'est ce qu'il nous paraît intéressant à examiner.

Les Anglais, avec leur persévérance accoutumée, ont repris la question du condenseur à surface, et se sont efforcés de faire passer dans la pratique un progrès théorique qui n'était pas douteux. L'emploi du caoutchouc pour former l'extrémité des tubes, l'emploi de pompes centrifuges mues par une machine auxiliaire, proposé par Penn, pour maintenir très-basse la température du condenseur, ont fait beaucoup avancer la question. Les condenseurs à surface, adoptés par un bon nombre de bateaux à vapeur du commerce anglais, s'introduisent dans la flotte militaire. Le transatlantique, *la Ville de Paris*, a un condenseur à surface qui fonctionne très-bien.

Le nettoyage des tubes de ces appareils est plus aisé qu'on n'est disposé à le croire, d'après une assimilation erronée avec ceux des chaudières ; en effet, les dépôts produits dans de semblables conditions ne ressemblent nullement aux incrustations des chaudières, devenues adhérentes par l'effet de la haute température du foyer, et l'on peut poser en principe que le nettoyage serait facile si la forme des tuyaux s'y prêtait, en admettant que la prompte circulation de l'eau ne suffise pas pour enlever les dépôts.

Reste la difficulté que, malgré l'étendue des surfaces, l'effet même minime des dépôts de la graisse qui s'échappe avec la vapeur, et qui l'empêche de bien mouiller le métal, mais surtout la conductibilité limitée du métal, rendent toujours la condensation bien moins rapide qu'avec le condenseur à eau; d'où des résistances nuisibles sur l'une des faces du piston et l'impossibilité de donner à celui-ci la rapidité de marche, condition essentielle pour la production d'un travail considérable. Les deux remèdes à apporter à cet inconvénient sont de conserver au moins comme accessoire le condenseur à eau, l'autre d'agrandir la capacité dans lequel la vapeur se précipite. Je vais rendre ceci sensible par la description sommaire de systèmes applicables dans deux cas différents, où il ne s'agira toujours de condenser par surfaces métalliques que partie de la vapeur, ce qui n'est pas la solution intégrale du problème en ce qu'on ne peut faire marcher tout le système avec de l'eau pure, mais une solution partielle donnant presque tous les avantages de la solution complète, en permettant d'avoir au moins une des six ou huit chaudières d'un grand steamer, à haute pression.

Soit d'abord à obtenir une petite quantité d'eau condensée. Recourbons le tube qui envoie la vapeur du cylindre de la machine au condenseur à eau, et donnons-lui, par exemple, un développement de 25 mètres. Enveloppons-le d'un tuyau dans lequel on fait circuler l'eau froide en sens inverse de la vapeur par l'action d'une pompe aspirante; cette disposition, sans altérer en rien l'action du condenseur à eau, y adjoindra l'effet d'un condenseur à surface dont il sera facile d'extraire l'eau par une capacité fermée par un robinet à l'entrée et un autre à la sortie. En admettant que le mouvement de l'eau suffise pour éviter l'adhérence des dépôts terreux, on pourrait ainsi obtenir de l'eau condensée en proportion du développement donné au tuyau de vapeur et à la quantité d'eau employée à refroidir les surfaces métalliques. Jusqu'à de nouvelles expériences on ne saurait considérer ce système que comme un moyen de produire de petites quantités d'eau pure, sans qu'on puisse baser sur lui une modification essentielle du mécanisme.

Supposons maintenant qu'il s'agisse d'obtenir une quantité d'eau très-considérable et que le système précédent ne soit pas admissible, qu'un nettoyage direct des surfaces condensantes soit nécessaire (et il est bien probable qu'il est impossible de l'éviter au moins à intervalles un peu éloignés), la rapidité avec laquelle la vapeur se précipiterait dans le condenseur à eau, dans la disposition ci-dessus, et traverserait le condenseur à surface, rendrait l'action de celui-ci presque insignifiante. Pour qu'il en fût autrement, et pour que le condenseur à surface n'alourdît pas la machine, il faudrait augmenter les surfaces refroidissantes et surtout (et c'est là le principe nouveau, non appliqué encore, très-essentiel pour le succès) rendre très-grand le volume du vide relatif dans lequel vient se précipiter la vapeur. Je rendrai bien compte de ce système en rapportant ici la description d'un appareil de ce genre que je proposais dans ma brochure sur les bateaux transatlantiques publiée en 1857. Le condenseur dont il va être question était destiné à permettre de trouver l'eau pure nécessaire pour alimenter une machine à haute pression, de la force d'une double locomotive, à l'aide de la partie condensée de la vapeur alimentant un puissant mécanisme à vapeur composé de trois couples de cylindres à vapeur, utilisant 16,000 kilog. de vapeur par heure, cylindres portés sur des bâtis triangulaires parallèles.

L'intérieur des bâtis triangulaires, disais-je, qui supportent chaque paire de cylindres à vapeur (système décrit plus loin, voir la fig. 3416) serait rempli, pour la plus grande partie, par une grande caisse carrée en forte tôle rivée, divisée en trois compartiments pouvant avoir les dimensions suivantes: longueur 7 mètres, largeur moyenne 3 mètres, hauteur 3 mètres, soit en volume 60 à 70 mètres cubes, et, pour les trois, 200 mètres cubes. Si l'on suppose cette caisse garnie de tubes placés verticalement, plus rapprochés et moins épais que ceux d'une chaudière de locomotive, on voit, par le rapport des dimensions respectives et la grande étendue des surfaces indirectes de chauffe, que si l'on obtient ainsi, dans les locomotives, des surfaces de 100 mètres carrés pour 20 ou 25 mètres cubes de capacité, il sera possible d'obtenir des surfaces de tubes, pour chaque condenseur, de 2 à 300 mètres carrés, soit 7 à 800 pour le tout. Cette surface extérieure étant en contact avec la vapeur est la surface de refroidissement et fonctionne toujours efficacement, l'intérieur des tubes qui reçoit l'eau étant facile à nettoyer, à débarrasser des faibles dépôts peu adhérents qui peuvent s'y former, qui n'enlèvent pas le mouvement ascensionnel de l'eau qui s'échauffe.

En effet, l'eau reçue dans l'intérieur des tubes et du double fond qui entoure la caisse (le diamètre des tubes étant assez petit pour que le poids de l'eau condensante ne soit pas trop considérable) entre vers le bas du système dans une capacité dont la partie supérieure reçoit les extrémités de tous les tubes et parvient à travers ceux-ci, vers le haut, dans une capacité qui communique avec une pompe aspirante, une pompe à eau et à air, qui enlève l'eau échauffée et la rejette au dehors.

La vapeur traversant cette capacité s'y condense en partie, puis vient aboutir à un condenseur ordinaire de faible dimension, qui assure la condensation complète de la vapeur et le maintien constant d'un vide convenable dans la capacité qui la reçoit.

Le nettoyage des tubes verticaux qui traversent le condenseur métallique se fera avec une grande facilité, à peu près comme on le fait fréquemment pour les tubes de locomotives, en employant un racloir et un écouvillon, après avoir démonté le couvercle supérieur. Cette opération, qui ne sera à faire que de loin en loin, et seulement dans le port d'arrivée, n'offrira pas de difficulté et suffira pour assurer l'excellent fonctionnement de l'appareil. Le démontage de parties qui doivent ne pas laisser fuir l'eau ne saurait effrayer, car il s'agit d'eau à 40 ou 50 degrés au milieu de laquelle se conserve très-bien le caoutchouc vulcanisé, dont l'emploi rend facile l'exécution de fermetures hermétiques.

Le vide ou la pression minime du condenseur métallique est assuré par la continuité de l'action du refroidissement des surfaces, lors même que le tiroir est fermé, et surtout par la grandeur de la capacité avec laquelle la cylindrée de vapeur est mise en communication, et qui étant au moins vingt-cinq fois plus grande qu'elle, assure contre toute contre-pression, toute lourdeur du piston.

Dans les dimensions indiquées ci-dessus, la condensation par contact avec des mouvements convenables de l'eau refroidissante et de la vapeur à condenser dépasserait 5,000 à 6,000 kilog. par heure. Les seuls renseignements que l'on possède pour cette détermination sont, d'une part, le résultat de la disposition tubulaire indiquée ci-dessus, qui a permis de condenser la vapeur à raison d'une surface de $0^m,50$ par cheval (ce qui nous donnerait 16,000 kil.), et la prescription de Hall d'employer $1^m,68$ de surface refroidissante par cheval-vapeur, c'est-à-dire par 5 à 6 kilog. de vapeur. Mais il cherchait à faire la part des incrustations; le résultat serait sûrement bien supérieur avec des tubes bien nettoyés et en augmentant l'étendue des surfaces refroidissantes par l'emploi de toiles métalliques; Ericson a montré l'effet en quelque sorte instantané de semblables surfaces froides auxquelles on peut donner un grand développement pour absorber la chaleur d'un gaz. Ces toiles ou fils métalliques formant grillage autour des tubes froids produiraient non-seulement cet effet, mais encore permettraient, en formant écran, de diriger la marche de la vapeur pour la forcer de circuler en léchant les tubes, pour lui faire parcourir un chemin suffisamment long au lieu de se précipiter vers le condenseur à eau placé vers la partie supérieure des caisses. Voy. BATEAU A VAPEUR. (*Dictionnaire.*)

La grande quantité d'eau qui peut être ainsi condensée dans de puissantes machines étant certainement plus que suffisante pour alimenter une machine à haute pression très-importante, nous verrons quelle ressource cela offrirait pour la construction des transatlantiques à marche rapide, pour assurer la victoire dans une lutte de vitesse, dans laquelle doivent se manifester la puissance scientifique, les ressources de toute nature des plus riches nations maritimes du monde.

Réservoirs de vapeur. — Je compléterai cette revue de tout ce qui se rapporte à la vapeur, en rappelant la nécessité d'organiser des réservoirs, des magasins de vapeur de grande capacité. En général, les chaudières sont disposées pour cela; leur partie supérieure renferme un grand volume de vapeur, et celle-ci s'y sèche, s'y surchauffe même souvent par l'action des parois chauffées plus ou moins par les produits de la combustion. Toutefois il y a toujours avantage à y joindre de grands réservoirs séparés, formant régulateurs de pression, qui assurent la bonne marche de la machine, empêchent la pression de varier par l'effet du changement de l'activité de la combustion dans l'un des foyers. Plusieurs bateaux de rivière ont dû, à l'emploi de semblables réservoirs, la supériorité de leur marche, et les mêmes avantages seront obtenus pour les bateaux à vapeur marins à grande vitesse, dans ceux surtout dont les appareils de vaporisation sont quelque peu insuffisants, dans lesquels il faut toujours forcer le feu, de telle sorte que les variations de combustion se font immédiatement sentir à la machine.

On exécute en général ces réservoirs avec de longs et gros cylindres de fonte qu'on préserve du refroidissement à l'aide d'une enveloppe de corps non conducteurs, de douves de bois par exemple.

De la machine à vapeur.

Après des essais multipliés à l'infini pour varier les systèmes de machines propres à la navigation, deux types principaux, deux simplifications de la machine à vapeur ont été jugés préférables à tous autres, et sont presque seuls exécutés aujourd'hui, à savoir : les machines à cylindre oscillant et les machines à action directe, dont les premières ne forment qu'un cas particulier.

On a été amené à étudier ces dispositions par le poids énorme des anciennes machines que nous avons déjà décrites dans notre premier article. Elles étaient construites sur les mêmes principes que celles que Watt avait établies pour machines fixes, avec cette seule différence que le balancier avait été reporté à la partie inférieure du bâti, et le volant rendu inutile par l'accouplement de deux machines. L'emploi de lourds bâtis en fonte de fer, du balancier d'un poids notable rendent ces machines très-lourdes, et leur poids contribue beaucoup à abaisser la limite de la puissance possible pour un bateau d'un tonnage donné.

Ce genre de machines, grâce à la symétrie des pièces, présentait de grands avantages de solidité, qui avaient fait penser à plusieurs savants ingénieurs, à M. Hubert de Rochefort notamment, un des plus habiles qu'ait possédés la marine française, que jamais ce système ne serait avantageusement remplacé; mais l'inconvénient majeur dont nous venons de parler fait que la pratique l'a définitivement abandonné.

Il faut remarquer que le poids de la machine, du bâti principalement, croissant rapidement avec la longueur du balancier, on ne saurait employer facilement ce système pour construire de bonnes machines, c'est-à-dire des machines utilisant de longues détentes, et par suite ayant de longues courses de piston. Les Américains ont cependant employé ces machines dans ces conditions de perfection pour la navigation de leurs grands fleuves, et sont arrivés à de très-beaux résultats en employant de très-grandes courses de piston, mais alors, pour éviter de longs balanciers en augmentant les courses des pistons, ils emploient de très-longues bielles, pouvant prendre sans inconvénient des inclinaisons considérables, ce qui les a ramenés à la machine terrestre, c'est-à-dire qu'ils ont replacé le balancier, qu'ils ont pu faire court, à la partie supérieure de la machine à une grande hauteur. Nous donnons ci-dessus (fig. 3413) un dessin de ces machines, aussi curieuses par la simplicité de leur construction que par leur puissance. Celle représentée par cette figure appartient au *North-America*. Le cylindre a 43 pouces anglais, la course est de 11 pieds, les roues ont 27 pieds de diamètre; la pression de la vapeur est de 50 livres au pouce carré.

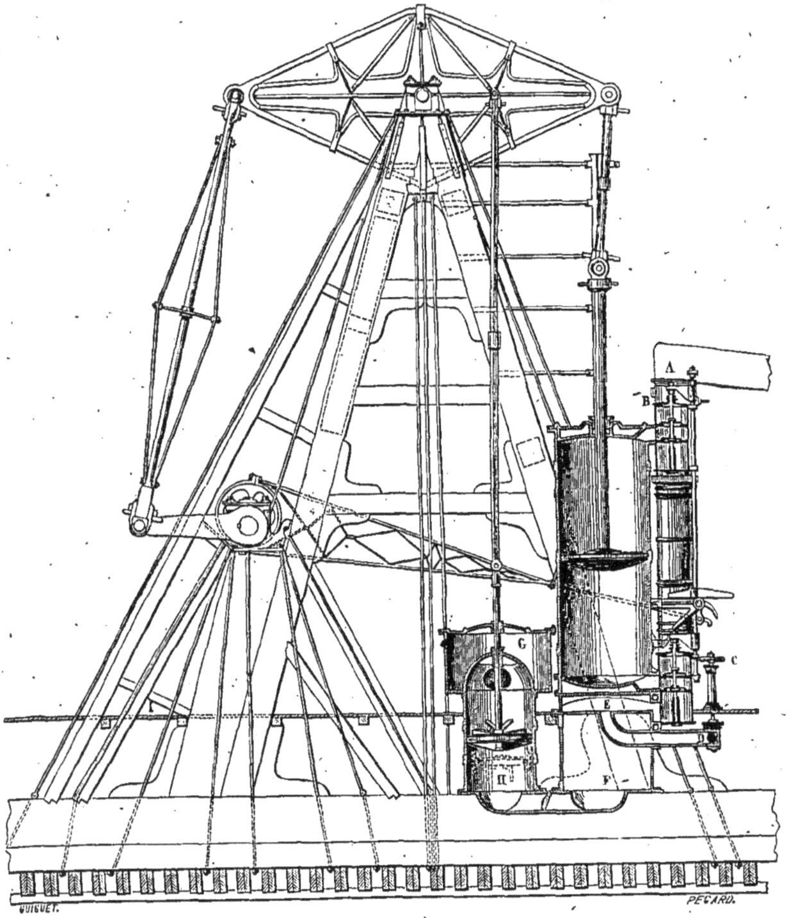

3413.

Un audacieux entrepreneur de transports, M. Vanderbilt, voulant utiliser ces progrès, a construit un magnifique navire qui porte son nom pour faire les traversées entre New-York et le Havre, et a obtenu une vitesse égale à celle des meilleurs bateaux, avec une sensible économie de combustible, grâce à l'emploi d'une détente à moitié et de longues courses de piston. La machine de ce steamer, dont le tonnage est de près de 4,000 tonneaux, est double; ses cylindres ont 2m,25 de diamètre et 3m,64 de course. Les inconvénients attachés à l'emploi d'un balancier situé à une grande hauteur au-dessus du pont sont trop évidents pour qu'on puisse recommander un pareil système; la hauteur à laquelle est suspendue, au-dessus de l'arbre des roues, la bielle, le balancier, à laquelle s'élèvent le piston et sa tige, la masse qui supporte l'axe du balancier, sont très-contraires à la stabilité du navire, et par les gros temps ce bateau roule d'une manière inquiétante. Ce système n'est évidemment pas convenable pour la navigation maritime, n'est pas fait pour les agitations de la mer.

La machine à cylindre oscillant après avoir fait ses preuves pour des forces modérées, surtout dans la navigation de rivière, et entre les mains de notre habile constructeur M. Cavé, a été appliquée à des navires de premier ordre par les excellents constructeurs anglais Penn et fils de Greenwich.

Ses avantages résident surtout dans une très-grande légèreté, une grande simplicité de mécanisme. La détente assez mal appliquée dans les premières machines, l'a été beaucoup mieux depuis que Penn est parvenu à les munir d'un appareil de distribution semblable à celui des machines fixes.

Les figures 3414 et 3415 représentent, vue de côté et de face, cette machine telle que, dans sa plus grande perfection, elle est employée par Penn, pour appliquer la machine oscillante à mouvoir une hélice propulsive, c'est-à-dire les cylindres placés à la suite les uns des autres dans l'axe du bateau, tandis qu'ils sont placés transversalement pour faire tourner les roues. On y remarquera l'heureuse disposition, due à ce constructeur, du condenseur incliné placé entre les deux cylindres à vapeur. La nécessité de faire circuler la vapeur par les tourillons qui supportent les cylindres, jointe à celle de mettre en mouvement, à l'aide du piston et de sa tige, des poids qui deviennent énormes pour des machines de 4 à 500 chevaux, l'usure rapide des guides du piston qui en résulte, surtout si l'on veut rendre la vitesse du piston un peu grande, ne permet pas de considérer le système de machine oscillante comme celui qui doit être recommandé pour les très-grandes constructions maritimes.

3414.

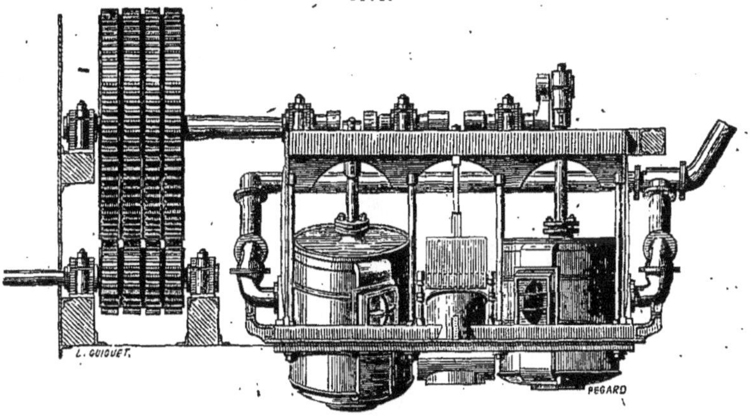

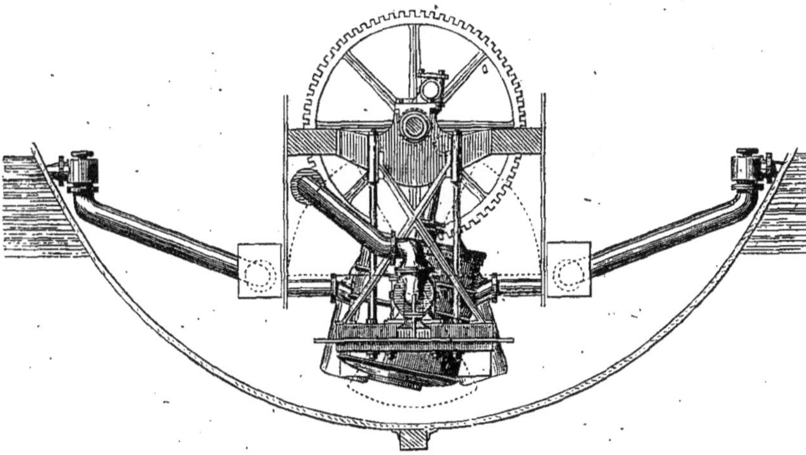

3415.

Aucun inconvénient de ce genre ne se rencontre dans la machine à action directe, c'est-à-dire, dont la bielle assemblée d'une extrémité à la tige du piston agit par l'autre extrémité sur la manivelle de l'arbre moteur. Toutes les conditions propres à assurer la meilleure utilisation de la vapeur peuvent être remplies dans ce genre de machines, à la condition que l'on ait assez de place pour donner à la bielle une longueur égale à 4 ou 5 fois le rayon de la manivelle. Si on reste au-dessous de cette limite, les pressions qui s'exercent sur les guides de la tige du piston deviennent très-considérables, et dans de grandes machines entraînent des consommations de travail, des chances de détérioration très-grandes. Aussi, dans le plus grand nombre des puissantes machines de ce genre (et ce n'est que pour de grands navires ayant un creux considérable qu'on a pu adopter le mode de construction dont nous allons parler), pour les derniers transatlantiques, par exemple, dans lesquels les cylindres sont verticaux et placés sous l'arbre des roues, les courses des pistons ont été extrêmement réduites, tout en exagérant le diamètre des roues, pour placer l'arbre plus haut, ce qui fait que leur vitesse est trop grande ou celle du piston trop petite. Inutile d'insister pour démontrer que de pareilles dispositions ne peuvent, même avec de très-grands navires, que donner des machines défectueuses au point de vue de l'économie du travail.

Pour remédier à ces défauts, Maudslay, le célèbre constructeur anglais, a tenté deux élégantes solutions. La première consiste à employer deux cylindres accouplés, les deux têtes des tiges des pistons sont assemblées à une traverse horizontale, à laquelle est réunie la tête de la bielle par l'intermédiaire d'une barre verticale, descendant dans l'intervalle resté libre entre les deux cylindres. Cette disposition, qui éloigne autant que possible la tête de la bielle de l'axe des roues, permet par suite de lui donner une grande longueur.

L'impossibilité de faire marcher constamment les deux pistons dans des conditions identiques, explique les résistances intérieures nuisibles qui ont empêché le succès de ce système.

La seconde est la machine à fourreau. La tête de la bielle est attachée au piston, et elle oscille dans un cylindre elliptique qui fait partie de ce dernier. Ce fourreau glisse dans un stuffing-box de grande dimension; d'où résistance nuisible, refroidissement des surfaces qui viennent à l'air avant d'être en contact avec la vapeur. Ces solutions sont insuffisantes. Voyons celle qui semble devoir être préférable.

Nous allons passer en revue deux types de machines, l'un pour les bateaux à roues, l'autre pour les navires à hélice. Les nouvelles constructions de la marine militaire me fourniront un type du second cas, établi de manière à satisfaire aux conditions de perfection de travail; pour les bateaux à roues, je ne connais pas de grandes constructions qui soient établies de manière à éviter les imperfections dont j'ai parlé ci-dessus. Je ne pourrai donner ici qu'un projet, et, à cet effet, j'emprunterai à ma brochure sur les transatlantiques la description d'une machine de ce genre, dans la combinaison de laquelle j'ai cherché à réaliser toutes les conditions de maximum qu'indique la théorie.

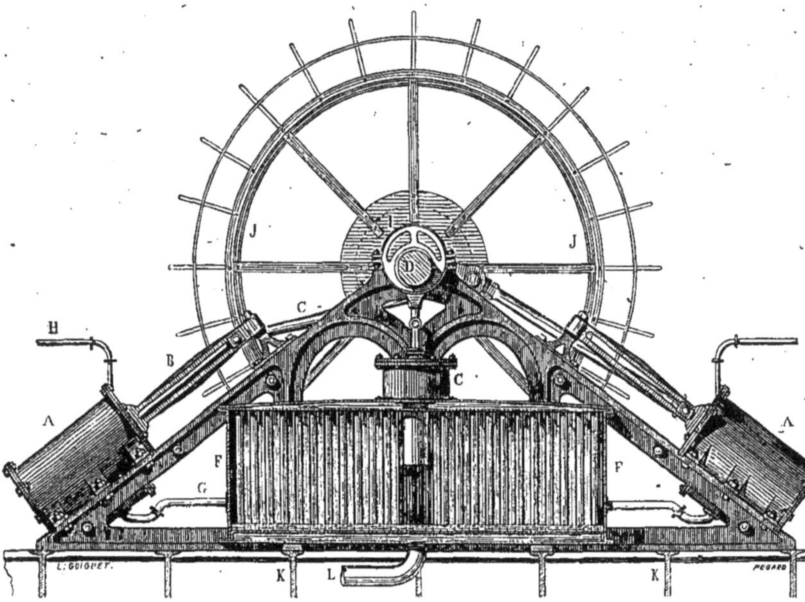

3416.

Machine à action directe pour grand bateau à vapeur à roues. — Les conditions principales auxquelles on doit satisfaire sont: pour la légèreté de la machine, avec une pression élevée, question déjà traitée, une vitesse assez grande du piston, et pour la bonne utilisation de la chaleur, l'emploi de longues détentes et de longues courses de piston. Or, ces dernières conditions ne sauraient être réalisées par les machines actuelles à action directe, dont les cylindres sont placés au-dessous de l'arbre des roues, de telle sorte que ne pouvant les employer que pour les très-grands navires dont le creux est considérable (la machine oscillante est pour de petits navires la seule machine à action directe qui soit possible) la course est toujours limitée par la distance qui sépare l'arbre des roues de la plaque de fondation qui supporte la machine, et elles ont toutes le défaut capital d'avoir des bielles trop courtes et des courses de piston de peu d'étendue.

Pour corriger ces défauts, il faudrait se rapprocher de la disposition adoptée avec succès par les ingénieurs du Creuzot, qui, dans les excellentes machines qu'ils ont construites pour la navigation du Rhône, ont disposé les cylindres à vapeur horizontalement, de manière à donner aux bielles toute la longueur nécessaire et en trouvant l'avantage de reporter sur une grande surface le poids des machines, ce qui évite la déformation des coques. Dans l'impossibilité de l'adopter tout à fait, car elle ne satisfait pas à la condition essentielle des machines marines de servir de lest, d'assurer la stabilité du bâtiment, en reportant les poids à la partie inférieure de la coque, nous choisirons la position intermédiaire, et nous placerons le cylindre à vapeur sur un bâti suffisamment incliné, ce qui permet d'allonger en même temps la bielle et la course du piston, tout en laissant le mécanisme au-dessous de l'arbre des roues, la majeure partie du poids étant vers le bas du bâti, sur la plaque de fondation.

Nous pourrons avec avantage remplacer par deux cylindres, placés symétriquement à la base d'un bâti triangulaire, et dont les bielles agiraient simultanément sur un même point de l'arbre des roues, chacun des énormes cylindres adoptés en général dans la navigation à vapeur, multiplication des cylindres que nous rencontrerons plus loin dans les machines à hélice, cas pour lequel elle a été reconnue être très-avantageuse, comme l'indiquait déjà la théorie des enveloppes trop généralement négligées dans les constructions marines, qui ont peu d'effet quand les diamètres sont trop grands. Le bâti triangulaire auquel nous sommes ainsi ramenés avait déjà été proposé jadis par M. Brunel père, mais dans l'application qu'il s'agissait alors de faire à de petites machines, cette disposition dut céder, dans ce cas, devant celle des machines oscillantes plus simples et moins coûteuses (fig. 3416).

Nul besoin d'insister pour montrer qu'en remplaçant la distance de l'arbre des roues à la plaque de fondation, par l'hypoténuse d'un triangle rectangle dont un côté est cette distance, et l'autre une longueur arbitraire, on pourra allonger à volonté la course des pistons, et cela en conservant les proportions normales relatives des bielles et des manivelles. Quant à la réduction des diamètres des cylindres, on pourra composer l'appareil moteur de deux ou même de trois couples semblables pour les bateaux à grande vitesse. En disposant convenablement le calage des manivelles, en raison de la variation des pressions dans les cylindres, par suite de la longueur de la détente, on pourra éviter toutes les secousses, toutes les vibrations, si désagréables sur la plupart des bateaux à vapeur. On y serait aidé au besoin par l'adaptation de contre-poids aux roues, comme sur les chemins de fer, pour balancer les actions perturbatrices qui deviennent sensibles quand on augmente beaucoup les vitesses des pièces à mouvement alternatif.

A l'aide de ces dispositions et en employant la pression de 2 atmosphères 1/2, il est facile de donner, pour les navires de premier ordre, une course de 2 mètres, une vitesse de $1^m,50$ à $1^m,60$ par seconde, et une détente de deux fois au moins le volume primitif, qui correspond à un travail double de celui obtenu avec la seule pression pleine. Nous parlons de navires qui ont au moins 5 ou 6 mètres entre l'axe des roues et la plaque de fondation, avec une largeur suffisante de celle-ci, pour placer le nombre voulu de cylindres. En donnant 6 mètres de largeur à la base du triangle rectangle du demi-bâti, on aura une hypoténuse de 8 à 9 mètres, bien suffisante pour que le cylindre à vapeur étant placé à la partie inférieure, la bielle ait une longueur de $4^m,5$ à 5 mètres, quatre ou cinq fois au moins le rayon de la manivelle, dont le rayon serait de 1 mètre.

Machines à action directe pour navires à hélice. — Les premières machines adoptées lorsqu'on commença à appliquer l'hélice à la navigation maritime furent les mêmes que celles qui servaient pour les navires à roues. Ainsi en disposant les deux cylindres d'une double machine oscillante dans l'axe des navires (on cite d'excellentes constructions de Penn conformes à cette description), ils feront tourner un arbre parallèle à cet axe. C'est cette disposition souvent appliquée avec succès en Angleterre que représentent les figures 3414 et 3415 données plus haut. En munissant cet arbre d'une forte roue d'engrenage, qui commande un pignon monté sur l'arbre parallèle au premier qui porte l'hélice, on fera mouvoir celle-ci avec la rapidité nécessaire au bon fonctionnement de ce propulseur.

Il n'était pas besoin d'une longue expérience pour reconnaître les inconvénients inhérents à une semblable disposition. Le frottement des engrenages, leur poids énorme, l'annulation de la machine dès qu'une dent des engrenages était cassée, le manque d'élasticité d'un appareil exposé aux coups de mer, dans lequel, depuis le moteur jusqu'au propulseur, tout n'est pas lié par des articulations qui donnent à l'appareil une suffisante élasticité, etc., toutes ces causes devaient faire penser à des machines à action directe, analogues à celles dont la locomotive offre le type.

C'est ce que fit heureusement, pour répondre à la demande de M. Labrouste qui, le premier, fit connaître à la France les avantages de l'hélice, M. Cavé, en utilisant dans la construction du *Chaptal* sa double expérience de constructeur de machines de navigation et de locomotives. Les résultats furent assez satisfaisants pour montrer qu'il avait trouvé la véritable voie.

Toutefois dans la construction des machines du *Napoléon*, les ingénieurs de la marine conservèrent les engrenages, n'admettant pas la possibilité d'employer sur mer des machines autres que celles à basse pression. Malgré le magnifique succès de ce navire, le poids énorme de son appareil moteur montant à 1,000 kilog. par cheval, comme celui des anciennes machines à balancier, sa grande consommation de charbon, indiquaient bien la nécessité de chercher le vrai type de ces machines dans celles à action directe.

C'est en effet à cette solution que se sont arrêtés les ingénieurs de la marine dans toutes les nouvelles constructions, qui leur ont fourni d'excellentes utilisations avec un poids de machines bien moindre que celui des machines à balancier.

Nous donnons ci-contre la figure (3417) d'une des machines, qui peut être considérée comme le premier modèle adopté par les ingénieurs de l'État. On voit que dans ce système la course du piston est petite et qu'une seconde tige adaptée au piston moteur fait marcher la pompe à air. Cette dernière disposition n'est pas toujours adoptée, mais celles qui la remplacent sont équivalentes. Quant à l'allure de ces machines, les ingénieurs ont satisfait aux conditions que nous avons indiquées plus haut comme indispensables à la bonne utilisation de la vapeur, savoir : mouvements rapides du piston et emploi de longues détentes, en augmentant le rayon du piston, ce qui accroît les espaces nuisibles et ne convient pas pour l'emploi avantageux des enveloppes de vapeur ; enfin multiplication des cylindres à vapeur ; ils sont au nombre de quatre dans les grands navires.

M. Mazeline, le constructeur du Havre, a montré que les attaches des pistons devaient être espacées, en raison de la détente employée de manière à égaliser l'impulsion moyenne. Il a ainsi détruit toutes espèces de vibrations qui étaient très-désagréables sur tous les navires à hélice construits antérieurement.

On a trouvé avantageux, dans les constructions les plus récentes, pour pouvoir obtenir de plus grandes courses de piston qui, comme je viens de le dire, sont insuffisantes dans le modèle représenté dans la figure, d'aller chercher, de l'autre côté de l'arbre de l'hélice, les guides des têtes des pistons, portant deux tiges pour le passage de l'arbre de l'hélice, aux manivelles duquel

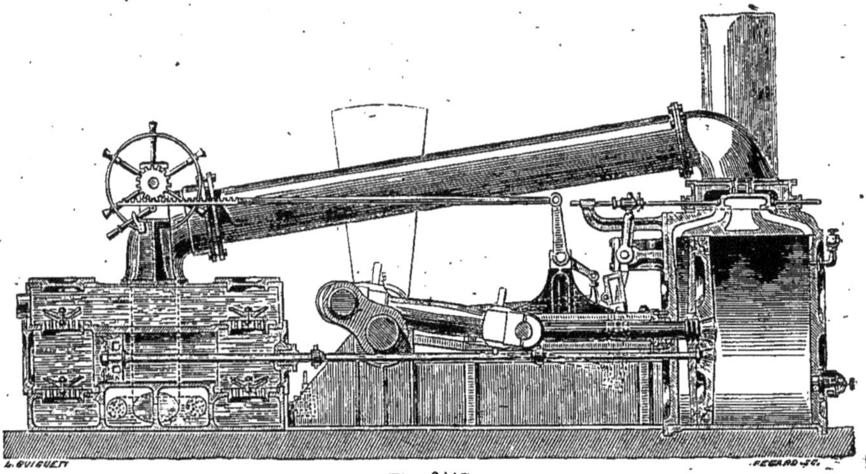

Fig. 3417.

s'assemblent les extrémités des bielles. C'est là un progrès important qui a constitué un très-bon modèle dans les conditions générales admises aujourd'hui. C'est le seul qu'utilise aujourd'hui la marine de l'État, et c'est le système qu'a adopté M. Dupuy de Lôme, dans son essai capital, pour diminuer l'énorme consommation des nouveaux navires de guerre, en se plaçant au point de vue de l'économie du combustible, en faisant de la machine marine une machine de Woolf, par la disposition que nous allons donner ci-après, en reproduisant la note du savant ingénieur.

Nous devons encore citer la machine à pilon, qui, à cause de la position verticale du cylindre, se prête heureusement à la communication du mouvement de la tige du piston à l'arbre de l'hélice, sans qu'il soit besoin de la placer dans les parties les plus larges du navire et qui est appliquée de plus en plus souvent aujourd'hui, surtout pour les constructions à bon marché des navires à hélice destinés au commerce, au transport des marchandises.

Dans la plupart des machines dont nous avons parlé plus haut, on s'est surtout préoccupé des formes les plus convenables à donner à la machine à vapeur pour l'adapter aux conditions spéciales à la navigation, et, le plus souvent, au point de vue dynamique, on s'en est tenu à l'imitation de la machine de Watt à basse pression, sans détente. Cela était complétement vrai pour les bateaux à vapeur à roues; c'est l'emploi de l'hélice et la grande vitesse de sa rotation, si peu conciliable avec de grandes dimensions des pistons, qui ont fait rechercher l'emploi des pressions les plus élevées qu'il fût possible d'obtenir avec l'emploi de l'eau de mer, dans les conditions actuelles, sans condenseur à surface.

Pour obtenir à la mer les économies de combustible qu'on a su réaliser avec la machine à vapeur de nos ateliers, il faut appliquer à la machine marine tous les perfectionnements que la première a reçus. Ils consistent essentiellement en trois principaux, que M. Dupuy de Lôme a cherché à réaliser par les dispositions que nous allons décrire, à savoir: chauffage de l'enveloppe du cylindre, longue détente et bonne vaporisation dans la chaudière, ce qui, sur mer, où la place fait défaut, ne peut guère être obtenu que par un surchauffage de la vapeur détruisant les effets d'entraînement d'eau, qui se produisent trop souvent.

Pour l'emploi des enveloppes, il est évident que ces avantages sont relativement plus grands avec de petits cylindres (plus multipliés pour la production d'une même quantité de travail) qu'avec des cylindres d'un grand rayon, pour lesquels le chemin à parcourir par la chaleur pour parvenir au centre est considérable. On ne saurait trouver un remède dans une température très-élevée des enveloppes lorsque la vitesse des pistons est très-grande et par suite qu'un grippement destructeur est le grand danger à redouter.

Machine à vapeur à trois cylindres égaux, avec introduction directe dans un seul. « En étudiant l'Exposition internationale au point de vue des machines marines, on a pu remarquer que les appareils à hélice, construits par la marine impériale française, présentent tous une disposition nouvelle.

« Cette disposition consiste dans l'application que j'ai faite du système de Woolf, en opérant la détente de la vapeur dans les cylindres séparés de celui où se fait l'introduction directe, mais en modifiant ce système pour les machines marines, de manière à employer trois pistons de même diamètre et de même course, conjugués sur un même arbre, sans qu'aucun des points morts se correspondent.

« Les résultats principaux que je me suis attaché à obtenir par ces machines à trois cylindres, avec introduction directe dans un seul, sont : 1° Économie de combustible; 2° Faculté de reculer la limite du nombre de tours qu'on peut obtenir pour les hélices sans engrenage multiplicateur ; 3° Équilibre statique presque complet des pièces mobiles autour de l'axe de l'arbre, quelle que soit au roulis la position du navire.

« J'emploie trois cylindres égaux de même diamètre et de même course (fig. 3417 *bis*), placés côte à côte, avec leurs axes dans un même plan, et leurs trois pistons agissant sur un même arbre de couche à trois coudes. Les deux coudes des pistons extrêmes sont placés à angle droit, et celui du piston du milieu (qui reçoit seul directement la vapeur) est placé à l'opposé de cet angle droit, dans le prolongement de la ligne qui le divise en deux parties égales. Enfin deux condenseurs, munis chacun d'une pompe à air, sont destinés à condenser la vapeur à l'issue des deux cylindres extrêmes.

« En sortant des chaudières, la vapeur, séparée du contact de l'eau bouillante, circule dans un appareil sécheur pratiqué à la base de la cheminée; cet appareil utilise une partie de la chaleur des gaz chauds, en leur en laissant encore assez pour le tirage naturel et en procurant à la vapeur une légère surchauffe. La tension de la vapeur correspondante à la charge des soupapes est de 2 atm. 75 ou 209 centimètres de mercure, soit 133 sur les soupapes de sûreté. C'est la limite supérieure des tensions compatibles sans danger avec l'alimentation par de l'eau salée. La température de la vapeur saturée correspondante à cette tension serait de 131 degrés; le sécheur amène cette vapeur à la température de 156 degrés, ce qui représente une surchauffe de 25 degrés.

« La vapeur venant du sécheur se bifurque dans deux tuyaux égaux, qui la conduisent dans deux chemises-enveloppes, disposées autour de chacun des deux cylindres extrêmes. La vapeur circule dans ces enveloppes à l'effet d'échauffer le métal des cylindres extrêmes, dans lequel elle laisse une portion de sa température de surchauffe, et c'est à la sortie de ces enveloppes

« La durée de l'introduction de la vapeur dans les cylindres, abstraction faite des différences entre le dessus et le dessous, qui sont dues à l'obliquité des bielles, est réglée ainsi qu'il suit :

Pour le cylindre central. . . . 0,84 de la course réalisant 0,80;

Pour chacun des deux cylindres extrêmes. . . 0,78 de la course réalisant 0,75.

« Avec cette régulation, avec la tension de la vapeur précitée, avec la position décrite pour les trois manivelles de l'arbre de couche, avec des pompes à air bien disposées, avec des sections suffisamment larges pour tous les passages de la vapeur, c'est-à-dire, avec une ouverture pour l'introduction représentant, à la position extrême des tiroirs, 3 1/2 p. 100 de la sufrace du piston, multipliée par la vitesse moyenne de ce piston exprimée en mètres par seconde; enfin, avec des passages pour l'évacuation un peu supérieurs à la section précitée

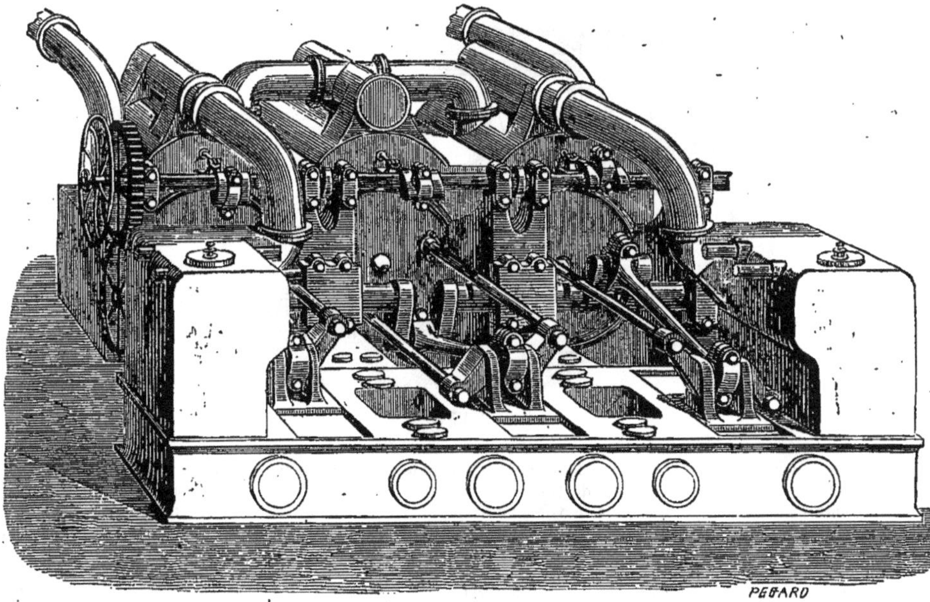

Fig. 3417 *bis*.

qu'elle arrive des deux côtés dans la boite du tiroir du cylindre central. Deux valves de vapeur sont placées à la sortie des chemises des cylindres extrêmes, c'est-à-dire à l'entrée de la boîte du tiroir du cylindre du milieu. Par cette disposition, lorsqu'on réduit l'ouverture de la valve pour modérer l'allure de la machine, on conserve néanmoins à l'intérieur des chemises, pour chauffer les cylindres extrêmes, de la vapeur à une tension élevée, ce qui est d'une grande importance.

« Lorsque les valves sont ouvertes en grand et que la pression de la vapeur est poussée à son maximum, elle arrive au cylindre central à une tension d'environ 200 centimètres de mercure.

« La vapeur, après avoir poussé le piston du cylindre central, s'évacue en se partageant entre les deux cylindres extrêmes, en arrivant à leurs boîtes à tiroirs par de larges passages, dont le volume fait en partie fonction de réservoir intermédiaire. Enfin, après avoir poussé les pistons des cylindres extrêmes, elle s'évacue dans le condenseur correspondant.

on obtient (les valves ouvertes en grand) des pressions moyennes effectives, qui sont de 88 centimètres de mercure sur le piston du cylindre central, et de 82 centimètres pour chacun des cylindres extrêmes, ce qui fait pour les trois pistons une pression moyenne effective de 84 centimètres.

« Pour la machine de ce système qui fonctionne à l'Exposition, le diamètre des trois cylindres à vapeur est de $2^m,10$, et la course de leurs pistons de $1^m,30$. Avec ces dimensions et des pressions moyennes de $0^m,84$ de mercure sur les pistons, il faut faire 57 3/4 tours par minute pour développer 4000 chevaux de 75 kilogrammètres mesurés à l'indicateur. La vitesse moyenne des pistons est alors de $2^m,50$ par seconde, et leur vitesse maximum à mi-course est de $3^m,93$.

« Cette machine est destinée au *Friedland*, frégate cuirassée de premier rang qui, avec son chargement complet de munitions et de charbon, pèsera 7200 tonnes. L'hélice a $6^m,10$ de diamètre, et $8^m,50$ de pas. A 57 3/4 tours par minute, elle imprimera à cette frégate, par calme, une vitesse d'environ 14 1/2 nœuds, ce qui fait un peu plus de 27 3/4 kilomètres à l'heure.

« Le poids de cet appareil complet, comprenant l'hélice, les parquets et tous les accessoires, se compose de : 415 tonnes pour la machine proprement dite; 280 ton. pour les chaudières, sécheurs, cheminées; 115 tonnes pour l'eau des chaudières. Total : 800 tonnes ; soit 203 kilogrammes par force de cheval de 75 kilogrammètres, eau comprise. Une machine ordinaire à deux cylindres de même puissance aurait au moins le même poids.

« Les machines marines à deux cylindres, les mieux entendues, avec sécheur de vapeur et chaudières alimentées avec de l'eau de mer, consomment à toute vapeur au moins 1 kilogr. 60 de bonne houille par heure et par cheval de 75 kilogrammètres mesuré sur les pistons. Cette consommation, pour les machines à trois cylindres, ne saurait être évaluée à plus de 1 kilogr. 28; ce qui fait une économie de 20 p. 100. Le poids total de cet appareil à deux cylindres, avec chaudières pleines, serait de 818 tonnes; tandis que celui de l'appareil à trois cylindres, de même puissance, est de 810 tonnes. L'économie de combustible, avec les nouvelles machines, reste donc tout entier à l'avantage du chargement du navire.

« En ce qui concerne la limite plus éloignée du nombre de tours auxquels on peut lancer la machine à hélice à trois cylindres, sans être arrêté par des échauffements des coussinets, des bielles et de l'arbre de couche, cette faculté tient à la réduction considérable de pression sur les coussinets, résultant des dispositions nouvelles, pour une même puissance développée. A cet égard, il ne faut pas seulement considérer les pressions moyennes, mais bien les pressions maxima initiales.

« Avec la machine à trois cylindres, la tension initiale,

dans le cylindre milieu, est de. . . .	198	centimètres.
La contre-pression est de.	102	»
Il reste pour la pression effective.	96	»
Dans les cylindres extrêmes, la tension initiale est de.	100	»
La contre-pression minimum, de.	10	»
Il reste pour la pression initiale.	90	»

« Avec une machine à deux cylindres, égaux en diamètre et en course à ceux de la machine à trois cylindres et faisant le même nombre de tours, il faudrait accroître la pression moyenne dans le rapport de 3 à 2; elle serait donc de 126 centimètres au lieu de 84.

« Mais en outre pour obtenir ce diagramme moyen de 126 centimètres, même avec une introduction de 0,70 et une contre-pression réduite à 10 centimètres, il faudrait la même tension initiale de 198 centimètres, donnant une pression effective de 188; nous venons de voir que, dans la machine à trois cylindres, avec une introduction directe dans un seul, cette pression est de 96 centimètres, c'est-à-dire qu'elle est réduite à près de la moitié.

« Le troisième avantage que j'ai signalé pour la machine à trois cylindres est l'équilibre statique presque complet que présentent toutes les pièces mobiles autour de l'arbre de couche, aussi bien durant les mouvements de roulis du navire que lorsqu'il se maintient vertical.

« Il est évident que cet équilibre serait complet si les trois manivelles étaient entre elles à une distance exacte de 120 degrés. Mais, pour obtenir un fonctionnement plus régulier, sans l'emploi d'un grand réservoir intermédiaire dans lequel viendrait s'évacuer la vapeur sortant du cylindre central avant de s'introduire dans les boîtes à tiroir des cylindres extrêmes, j'ai reconnu préférable de placer, comme je l'ai dit, les deux manivelles extrêmes à 90 degrés entre elles, et les manivelles du cylindre central divisant en deux parties égales cet angle à l'opposé. Avec cette division, l'équilibre n'est plus parfait: mais la situation, à ce point de vue, est évidemment bien plus favorable que s'il n'y avait que deux pistons attelés sur deux manivelles à angle droit qui, à certain moment, sont ensemble tous deux du même côté de la verticale. C'est en raison de cette disposition que la grande machine du *Friedland*, qui figure à l'Exposition, peut fonctionner régulièrement, depuis moins de 10 tours jusqu'à plus de 60 tours par minute, sans avoir de travail sérieux, de résistance à vaincre et sans autre volant que l'hélice, dont le moment d'inertie est insignifiant par rapport aux moments des poids des pièces douées du mouvement alternatif. Une machine à deux cylindres, avec manivelle à angle droit, serait, dans ces conditions, hors d'état d'échapper à l'alternative ou de s'arrêter si la pression de vapeur était insuffisante, ou de partir avec une violence dangereuse si on ouvrait les valves assez pour relever les pièces mobiles au moment où les deux manivelles remontent à la fois. Cette propriété des machines à trois cylindres ne présente pas seulement un intérêt de curiosité, elle est des plus précieuses pour les manœuvres à très-petite vitesse et pour la régularité du mouvement des machines par grosse mer.

« Dans la machine du *Friedland*, dont les pompes à air horizontales sont attelées directement sans balancier sur les pistons à vapeur (ce qui se voit bien sur la coupe fig. 3417 *ter* d'un des cylindres extrêmes), la vitesse de ces

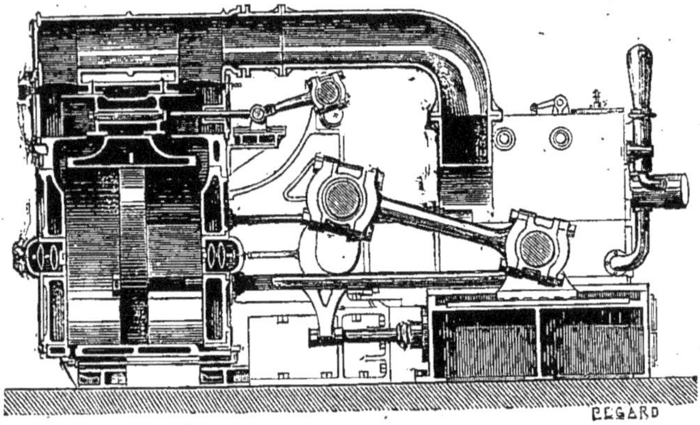

Fig. 3417 *ter*.

pistons est de 57 3/4 tours par minute, et, comme je l'ai dit, de 2m,50 par seconde en moyenne; mais, à mi-course, cette vitesse est de 3m,93. Si cette pompe se composait d'un piston plein ordinaire, fonctionnant dans un corps de pompe, fût-il ouvert par les deux bouts de tout son diamètre, l'eau, poussée par une pression aussi faible que celle de 10 centimètres qu'on veut obtenir dans le condenseur, ne suivrait pas le piston à mi-course, quelle que soit la somme des orifices des clapets de pied; de là des chocs, des pertes notables dans le volume théorique décrit par le piston de la pompe à air, et finalement, vide insuffisant dans le condenseur.

« On évite ces inconvénients, quelle que soit la vitesse du piston de la pompe à air, en le transformant en piston plongeur, fonctionnant dans deux larges boîtes à clapet, séparées par une cloison qui traverse ce piston plongeur porté sur un coussinet formant presse-étoupe.

« Les mouvements horizontaux du piston plongeur se transforment en mouvements verticaux de montée ou de descente de l'eau dans les boîtes à clapet, et, avec la faculté que l'on a de donner à la somme de ces clapets, conservés petits, la surface que l'on veut, l'excellence du vide des condenseurs n'est plus limitée par la vitesse du piston des pompes à air. »

Sauf les dimensions bien considérables de cette machine, qui rendent effrayant l'emploi, à de très-grandes vitesses, de masses très-grandes mais bien équilibrées, tout fait présumer qu'elle doit donner d'excellents résultats, tant que le navire n'éprouvera aucune déformation grave. C'est à ce point de vue en effet que se sont placés quelques esprits critiques, malgré le joint de cardan porté par l'hélice, et on le comprendra quand nous dirons que la base de fondation a 7 mètres sur 8. Dans les dernières machines anglaises à hélice, on ne considère comme immuable que l'arbre de l'hélice, et on cherche à faire en sorte que les machines motrices puissent obéir à quelques petits mouvements inévitables sans que l'appareil soit en danger. Telles sont les machines à pilon des grands transatlantiques à hélice construits par Ch. Napier, et dont les machines se prêteront bien au progrès le plus prochain sans doute, celui de l'emploi des hautes pressions à la mer par l'emploi des condenseurs à surfaces perfectionnés et par suite à la diminution notable du poids des machines.

Organes de propulsion.

Deux moyens de propulsion sont appliqués aujourd'hui dans la navigation à la vapeur, les roues à pales et les hélices. Les divers appareils à réaction qui ont été essayés dans ces dernières années, n'ont donné aucun résultat comparable à ceux obtenus par ces organes dont l'effet provient évidemment de celui des rames, qui ne sont que des rames tournantes, agissant directement sur le fluide pour faire progresser le corps flottant.

Roues à pales. Le mode d'action des roues à pales est bien connu. En tournant par l'action de la machine à vapeur, elles viennent choquer l'eau qui, à cause de son inertie ne pouvant s'écarter instantanément, résiste, et l'axe des roues assemblé avec le bateau est sollicité à s'avancer comme l'essieu d'une locomotive.

C'est dans l'étude des phénomènes qui accompagnent le mouvement d'une surface en mouvement, s'introduisant et se mouvant dans un fluide, dans les mêmes conditions que les pales de la roue, que se peuvent trouver les lois de l'action mécanique de cet organe, et, comme nous le dirons plus loin, la limite de leur emploi.

Quant aux inclinaisons diverses de la pale, nous avons vu comment on avait cherché à obvier à l'obliquité des pales, à leur entrée et à leur sortie de l'eau, par un double mouvement. Malgré ce que ces systèmes ont d'ingénieux, ils n'ont pas prévalu; les avantages trouvés n'ont pas été aussi grands pour compenser une plus grande complication de la partie du mécanisme qui fatigue le plus.

La vitesse absolue V des pales, v étant celle du bateau, doit être telle que la différence $V - v = W$ soit la plus convenable pour une bonne utilisation du travail moteur, relativement aux mouvements de la mer. L'expérience prouve que la vitesse des roues doit être environ de 1,50 de celle du bateau; on la rend un peu plus grande pour les bateaux à grande vitesse, où la question d'économie absolue n'est que secondaire, mais on ne peut s'écarter beaucoup de cette moyenne sans détruire une quantité de travail considérable par le choc des pales contre l'eau. Dans ces conditions, les roues à pales transmettent une impulsion qui n'entraîne pas de trop grandes destructions de travail et permettent un bon fonctionnement des machines à petite vitesse de piston et à basse pression, les plus simples à faire fonctionner à la mer, comme nous l'avons vu en décrivant les difficultés qu'entraîne la haute pression.

Les roues qui conviennent bien pour les bateaux de dimensions modérées offrent des inconvénients lorsqu'il s'agit de puissants navires. La surface des pales devient alors tellement grande, que l'eau qui cédait et abandonnait facilement les pales, tant qu'elles n'avaient que des dimensions restreintes, après qu'elles ont agi sur l'eau utilement, ne pouvant plus s'écouler assez vite, est inutilement projetée en l'air. Cet effet, qui se produit surtout par la partie centrale des pales, va en croissant rapidement avec l'augmentation de leur surface, et entraîne des consommations considérables et inutiles de travail moteur.

C'est parce que le travail moteur est d'autant plus mal utilisé que les pales sont plus grandes et que la vitesse des roues dépasse une certaine limite, que la difficulté d'accroître la vitesse des grands steamers à roues est si grande. Nous avons déjà donné, d'après M. Campaignac, la proportion énorme dans laquelle il faut faire croître le travail moteur pour augmenter quelque peu la vitesse.

Hélice. L'emploi de l'hélice dans la navigation est un des grands progrès accomplis à notre époque. Nous reviendrons plus loin sur les grands avantages qu'offre ce propulseur de se combiner avec l'emploi des voiles pour l'économie de la navigation, et de rendre à la marine militaire des batteries puissantes, avantages qui manquent aux navires à roues, par suite de la présence des roues si facilement mises hors de service et de leurs grands et volumineux tambours placés au milieu des flancs. Malgré cela, toutefois, l'expérience de la plupart des bateaux à grande vitesse, naviguant sur des mers habituellement assez calmes, est à l'avantage des roues; elles seules permettent de conserver de la vitesse vent debout. Les beaux transatlantiques anglais sont, en général, à roues, et aucun bateau à hélice n'a pu, pendant longtemps, entrer en concurrence avec eux sous le rapport de la vitesse. Disons aussi que la trépidation due à l'hélice, agissant à l'extrémité du navire, rend les longues traversées à bord des navires mus par ce propulseur assez fatigantes.

Nous ne discuterons pas ici les formes de l'HÉLICE, consacrant un article spécial à cette intéressante question.

La supériorité de l'hélice sur les roues, en tant qu'utilisation du travail moteur, résulte de ce qu'étant toujours immergée, son action ne diminue pas à la mer par les plus gros temps, circonstance dans laquelle les roues donnent peu de travail utile, l'une d'elles étant souvent noyée, tandis que l'autre tourne dans l'air.

Son infériorité consiste en ce qu'elle est impropre à faire marcher le bateau quand le vent est directement contraire à la marche, à moins d'une surface très-grande (qui doit répondre à une moins bonne utilisation) et d'une puissance motrice extrêmement considérable, et c'est là la vraie cause de la moindre vitesse des bateaux à hélices comparés aux bateaux à roues. La résistance du navire croissant par cette action du vent debout, l'action de l'hélice pour faire tourner circulairement l'eau qui ne se renouvelle pas, plutôt que de la repousser, va en augmentant; elle forme frein hydraulique, et le travail utile diminue très-rapidement avec l'accroissement de la résistance.

Nous remarquerons aussi qu'un grand enfoncement de l'hélice est favorable à son bon effet, ou plutôt, que l'on peut dans ce cas, pour de forts tirants d'eau, employer les formes les plus convenables qui exigent un grand diamètre.

Une des grandes difficultés qu'a présentées l'emploi de l'hélice a été de réussir à bien transmettre au navire l'impulsion qu'elle peut procurer, et, en même temps, de disposer un embrayage d'un effet sûr, lorsque le vent est suffisant pour marcher rapidement par l'action des voiles, quand on ne fait pas fonctionner la machine à vapeur, pour qu'elle ne s'oppose pas alors au mouvement du navire. La figure 3418 représente le sys-

3418.

tème d'embrayage à grande surface et le coussinet de butée de l'arbre de l'hélice qui ont le mieux réussi; ce dernier est composé de rainures qui reçoivent les collets de l'arbre, disposition heureuse et supérieure à toutes celles qui avaient été tentées, en ce qu'elle donne la possibilité d'accroître la surface de butée en augmentant le nombre des rainures, et par suite d'atteindre le point où il ne se produit qu'un frottement sans usure du métal, pour transmettre à la masse du navire l'impulsion de l'hélice.

II. — TRAVAIL RÉSISTANT.

Du tonnage et des formes des navires à vapeur.

La longueur des traversées que doit faire un navire à vapeur et la vitesse avec laquelle il doit les effectuer déterminent le minimum du tonnage qu'il doit posséder, en donnant le poids des machines et des approvisionnements qu'il doit transporter.

Le principe de l'accroissement du tonnage des navires comme moyen d'augmenter la puissance des machines plus rapidement que les résistances qui s'opposent au mouvement, ce qui correspond bien à l'augmentation des vitesses par comparaison à un type connu, est facile à établir. En effet, les capacités de deux navires semblables sont entre elles comme les cubes des lignes homologues, tandis que les résistances proportionnelles au maître couple immergé sont entre elles comme les carrés de ces lignes. Donc, en augmentant les dimensions des navires, on peut leur adapter des machines (et des approvisionnements proportionnels au nombre de chevaux-vapeur de la machine, en raison de la longueur de la traversée) dont le poids et la puissance croissant comme le tonnage, c'est-à-dire comme les cubes, augmenteront plus vite que les résistances et donneront par suite des vitesses croissantes.

Il ne faut se fier, que comme à un moyen de trouver une première approximation, à ce raisonnement qui conduit cependant à des résultats assez bien confirmés par l'expérience. En effet, il n'est pas rigoureusement exact de considérer tous les éléments de deux bateaux que l'on compare comme proportionnels; ainsi dans un navire double d'un autre, les poids agissant au bout de leviers plus longs, aux extrémités du navire notamment, produisent, dans les cas d'échouage surtout, des effets destructeurs d'une intensité bien plus que double; la sécurité ne peut résulter que de constructions plus solides et bien plus pesantes par suite que celles obtenues avec des éléments qui seraient calculés d'après la simple proportionnalité des dimensions.

La résistance du fluide augmente plus rapidement que les dimensions; inversement et par la même cause, donnant au point de vue du mouvement du bateau des résultats contraires, l'action du propulseur croît moins rapidement que ses dimensions. Ainsi, comme je l'ai dit plus haut, à mesure que la pale d'une roue devient plus grande, l'eau se dégageant plus difficilement, est projetée en l'air en plus grande quantité; la proportion du travail utile devient de ce fait d'autant moindre, à mesure que le travail moteur augmente.

Les accroissements de vitesse deviennent donc de plus en plus coûteux, et bientôt des augmentations énormes de dépenses ne donnent plus que des résultats insignifiants, tant qu'on reste dans les applications des mêmes systèmes.

Les dimensions des principaux navires transatlantiques pour les traversées les plus longues, qui peuvent être considérés comme des modèles d'une grande perfection, sont les suivantes :

Ligne Cunard : Liverpool à New-York.

Asia (à roues). — Tonnage, 2,136 tonneaux. — Longueur à la flottaison, 79.40. — Largeur, 12.15. — Creux, 5.55. — Maître couple, 60.40. — Sillage, 2 nœuds. — Piston, 4. — 1.91 diam.

Compagnie péninsulaire et orientale : Inde.

Himalaya (à hélice). — Tonnage, 3,750 tonneaux. — Longueur à la flottaison, 97.5. — Largeur, 14.18. — Creux, 10.85. — Diamètre de l'hélice, 5.40 (à deux ailes). — Pas, 8.54.

Machine, 1,200 chevaux, 2 pistons, $2^m,03$ diamètre, $1^m,06$ course, 60 tours par minute.

Pour les navires de guerre à hélice, c'est la puissance de l'armement, le nombre de canons qu'ils doivent porter qui en détermine les dimensions. Nous donnerons ici les chiffres pour quelques constructions célèbres :

Napoléon. — 950 chevaux, 90 canons. — Longueur de la coque, $75^m,25$. — Largeur, $18^m,80$. — Section immergée, 98. — Hélice, $5^m,08$.

Bretagne. — 1,200 chevaux, 130 canons. — Longueur de la coque, 81 mèt. — Largeur, 18. — Creux, $8^m,35$. — Hélice, $6^m,30$.

Des formes. — La détermination des formes les plus convenables se rapporte, on le sait, à un de ces phénomènes complexes qui échappent à la puissance de la science pure; elles sont bien plus le résultat de la pratique des ingénieurs et des constructeurs que des travaux de théorie pure.

On représente en général la résistance par KAV^2, K étant un coefficient variant de 0,09 à 0,063, suivant les formes, multipliant 60^k, résistance pour un mètre carré de la section immergée transversale A d'un corps flottant, au point où elle est plus large, du maître couple; et V la vitesse. Le travail résistant est donc KAV^3 pour un chemin parcouru égal à V et par seconde.

Une solution passable du problème de la détermination des formes est facile à obtenir quand il s'agit de la navigation fluviale. Employer la machine la plus légère possible, allonger beaucoup le bateau pour diminuer le maître couple immergé A, enfin donner à la proue comme aux évidements de la poupe des formes imitées de bons modèles, c'est ce qui a été fait avec assez de facilité et avec succès par la plupart des habiles constructeurs qui se sont distingués dans les constructions de bateaux à vapeur destinés à la navigation fluviale.

La question est bien plus complexe quand il s'agit de la navigation maritime; les agitations de la mer ne permettent plus sans danger les mêmes allongements que sur les fleuves, les faibles tirants d'eau qui sont presque suffisants pour assurer les grandes vitesses dans la navigation fluviale; des navires construits ainsi seraient bientôt brisés, ne sauraient tenir la mer. Il faut donc se préoccuper d'éléments variables et accumuler les résultats d'expériences pour résoudre pratiquement un problème insoluble en principe, en ce sens que les formes qui conviendraient pour une vitesse et un état donné de la mer ne sauraient convenir pour une autre vitesse, une autre direction du navire par rapport à celle des vagues et du vent; de telle sorte qu'une forme convenable en un moment donné ne le sera plus le moment suivant.

Nous passerons brièvement en revue les conditions principales du problème de la construction des bateaux à vapeur, celles qui influent sur la détermination des lignes principales.

Longueur et largeur. — Le tonnage étant donné, le navire à construire se trouve par suite classé dans une catégorie dont le tirant d'eau est en général déterminé, au moins pour les petits navires, par la condition de stabilité, de manière à empêcher le navire de rouler à cause de l'influence de la quille saillante. Pour les grands navires, on est obligé souvent de rester pour le tirant d'eau bien au-dessous des dimensions proportionnelles, par rapport aux petits, le plus souvent par s'est élevé successivement jusqu'à arriver dans les derniers transatlantiques à grande vitesse (Cunard), jusqu'à s'approcher de 7 : 1. Sur les rivières il s'est élevé de 7 à plus de 20.

M. Brunel a même osé adopter le rapport de 8 : 1 dans le *Léviathan*, et ce n'est pas la première fois qu'on l'a appliqué, même dans de moins bonnes conditions que ce navire construit de manière à obtenir une grande solidité par un mode de construction spécial dont nous aurons occasion de parler plus loin.

Avant de navire. — On a tenté bien des essais pour modifier cette partie du navire et résoudre le problème de faire que, pour une vitesse donnée de marche, le fluide soit écarté pour faire place au navire sans former un remou nuisible. Je dis nuisible, parce que si la réaction, qui écarte le fluide perpendiculairement à la direction du corps flottant, produit seulement l'effet d'écarter par communication de vitesse de proche en proche le liquide de manière à engendrer un vide intérieur exactement égal à celui du navire et un passage rapide par la surface de ce volume du liquide de l'avant à l'arrière, il n'y aura pas réaction nuisible, mais seulement la communication des forces vives au fluide, qu'on ne saurait éviter, le minimum possible de consommation du travail avec les éléments dont on dispose.

On a pendant longtemps incliné beaucoup le taillemer, en pensant que cette disposition qui faisait attaquer le liquide obliquement avait beaucoup de valeur, ce qui semblait peu fondé d'après le raisonnement ci-dessus. En effet, les Américains, très-habiles constructeurs de navires à grande vitesse, ont complétement renoncé à ce mode de construction, et leurs bateaux à taille-mer droit et fin ne le cèdent à aucun.

Si cet élément est sans valeur, sinon comme ornement, il n'en est pas de même des surfaces gauches qui constituent les faces de la proue et qui, par leur analogie évidente avec le versoir de la charrue, ont pour objet de retourner sur elle-même la vague qui vient choquer le corps flottant et de la replier sur elle-même. Nous ne pouvons ici que renvoyer à l'étude

3419.

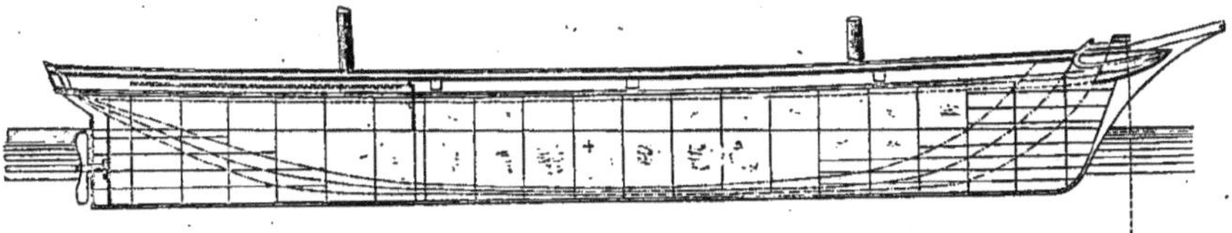

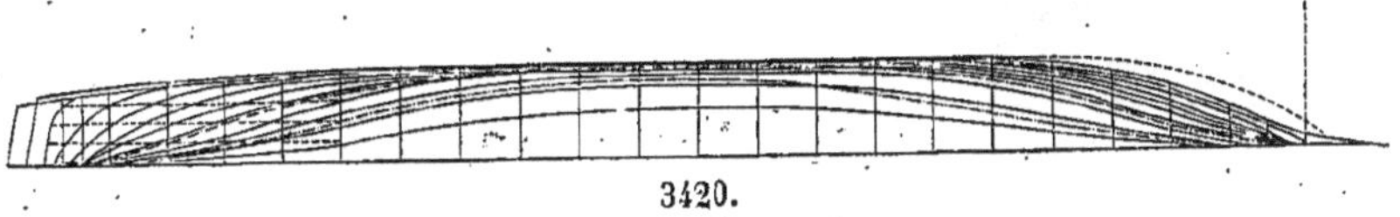

3420.

suite du peu de profondeur d'eau du port d'embarquement. La vue des bons modèles indique le tirant d'eau nécessaire pour une stabilité suffisante, pour qu'il ne roule pas trop.

Le creux étant fixé, la question des dimensions se réduit à fixer le rapport entre la largeur et la longueur; inférieur de 4 à 1 dans quelques anciens navires à voiles, n'acquérant jamais de grandes vitesses, mais tenant très-bien la mer, ce rapport a été successivement croissant sur mer comme sur les rivières, grâce aux progrès de l'art de la construction qui a permis de braver, sans accident, les gros temps, et grâce à la facilité d'évoluer, de faire obéir au gouvernail un bateau auquel on peut toujours imprimer un mouvement de progression. Ce rapport, variable suivant les constructions, des meilleures constructions, dont nous donnerons une idée par la figure qui représente le steamer *le Francfort*, très-bonne construction anglaise, figure qui permet de faire apprécier le mode de représentation des courbures, à l'aide de la projection sur trois plans rectangulaires.

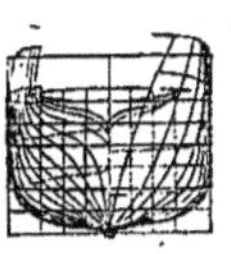

3421.

Le premier (fig. 3419) est vertical, passe par l'axe longitudinal du navire, et reçoit la projection des coupes obtenues par des plans parallèles à ce plan, indiqués dans la projection horizontale (fig. 3420). Celle-ci (où l'on ne représente qu'une moitié à cause de la symétrie) représente les courbes obtenues par des plans horizontaux équidistants, dont la trace rectiligne est indiquée sur la première figure. Enfin le troisième plan de projection, perpendiculaire aux deux premiers, donne les courbes qui répondent aux coupes par des plans perpendiculaires à la longueur du navire, un côté correspondant aux façons avant, l'autre aux façons arrière.

Arrière du navire. — Les flancs du navire doivent, comme la proue, retourner la lame quand la mer prend le navire par le travers, mais surtout faciliter, par leur rentrée progressive, le passage de l'eau de l'avant à l'arrière, et réduire ainsi à son minimum tant le gonflement de l'eau à l'avant, que la dépression, le vide que tend à laisser la marche du navire, surtout aux grandes vitesses. La finesse de l'arrière a bien plus d'importance que l'on ne pourrait croire à priori, aussi bien que son allongement. C'est un résultat bien certain des constructions les plus modernes, ayant permis des vitesses jusqu'alors inconnues, que des façons avant courtes et de longues façons arrière sont les plus favorables à la vitesse pour les bateaux à vapeur, tandis qu'au contraire, pour les bateaux à voiles les plus rapides, les clippers, il faut allonger l'avant et raccourcir les façons arrière. L'expérience a ainsi ramené pour les steamers vers les formes des poissons, du saumon par exemple, qui se meuvent le plus rapidement (on dit que le saumon parcourt 8 mètres par seconde), et dont le corps, soumis intérieurement comme extérieurement à la pression du fluide, a pris des formes ayant un rapport intime avec ces vitesses et les mouvements du fluide qui accompagnent leur progression.

C'est surtout pour les navires à hélice que la finesse de l'arrière est d'une importance capitale, ce qui se comprend facilement, puisque, avec de mauvaises formes, l'hélice se meut, pour ainsi dire, dans le vide. Nous citerons, d'après Bourne, des expériences faites sur le *Dwarf,* qui l'établissent bien catégoriquement. Ce navire ayant reçu à son arrière deux épaisseurs de bordage, sa vitesse se réduisit à 3,15 avec 24 tours; avec une seule épaisseur, elle fut de 5,75 avec 26 tours, tandis qu'en enlevant tout, on retrouva la marche primitive de 9,1 avec 32 tours.

On voit quelle énorme influence a la finesse de l'arrière, l'action de l'eau qui presse le navire en se rejoignant après avoir échappé à l'action d'écartement produit à l'avant.

Des communications de forces vives du liquide au corps flottant et inversement. — Si l'on considère synthétiquement les questions de résistances de corps flottant sur des liquides, on pourra résumer tous les faits sous forme de communication de forces vives, car ce qu'on appelle *le frottement* n'est qu'une résistance de ce genre; il ne peut pas y en avoir d'une nature semblable à celle du frottement des solides avec des molécules aussi mobiles que celles des liquides. On pourra ainsi analyser d'une manière simple des effets qu'il serait assez difficile de bien comprendre en les attaquant par une autre voie.

Un élément important de minimum de communication de la force vive du liquide au corps flottant réside dans la masse, la solidité, la non-élasticité de celui-ci. En effet, si l'on considère un petit canot abandonné sur la mer, il est clair que, n'offrant aucune résistance à la vague qui le porte, il se mouvra exactement avec la vitesse de l'eau. Si, passant à l'extrémité de l'échelle, on suppose la gigantesque construction de Brunel, pesant 15 ou 20 millions de kilogrammes, choquée par une vague de quelques mètres de longueur, elle restera immobile du fait de cette impulsion. La vague sera retombée et renversée avec toute sa vitesse, avant qu'aucun mouvement du corps flottant, dont l'inertie est si considérable, ait eu lieu. Il n'y aura donc aucun travail produit par ce choc. Il est donc exact de dire que la grandeur de la masse soustrait en partie le corps flottant aux destructions de force vive qui résultent du choc du fluide en mouvement. Telle est, nous croyons, la cause essentielle des remarquables vitesses obtenues par le *Napoléon*, dont la masse est très-grande, au moyen de l'hélice, vitesses supérieures à celles de bateaux plus petits, ayant proportionnellement des machines motrices aussi puissantes. La machine seule du *Napoléon*, de 960 chevaux-vapeur, pèse 1,000 tonneaux, soit 1,000,000 de kilogrammes.

Quant à la communication des forces vives du corps flottant au liquide, qui explique la résistance des fluides en raison du carré des vitesses, elle se produit surtout lorsque le liquide, restant longtemps en contact avec le corps flottant, ne pouvant s'échapper, reçoit communication de sa vitesse.

La réalité de ce mode d'action est facile à établir.

Dans une série d'expériences bien connues de la Société anglaise d'architecture navale, on trouve les résultats suivants, pour une proue de 40 centimètres de longueur et 1 mètre de base :

Pour une vitesse de	$0^m,50$,	une résistance de	4 kilog.
—	3^m	—	130 kilog.

La résistance de pénétration, qui est de 4 kilog. pour une longueur de $0^m,50$, devrait être de $4^k \times 6 = 24$ kilog. pour 3 mètres. La différence $130 - 24 = 106$ kilog., c'est-à-dire les 4/5 de la résistance totale ne répondent donc pas à une action de pénétration, mais à l'impulsion communiquée à l'eau, qui ne peut s'écarter assez vite pour ne pas être choquée par le corps en mouvement.

Le grand moyen de diminuer cet effet, ce qui s'énonce autrement, de diminuer le coefficient de résistance, consiste dans l'adoption des formes les plus convenables pour que l'eau s'écarte le mieux possible, passe facilement de l'avant à l'arrière.

En dehors de cette disposition et en laissant de côté le résultat curieux de la traction des bateaux rapides dont la résistance diminue à mesure que la vitesse augmentant, la communication de vitesse au liquide n'a pas le temps de s'effectuer, je ne connais que celle que j'ai proposée, il y a une vingtaine d'années, et que je n'ai pas été assez heureux pour pouvoir encore expérimenter, je veux parler d'une insufflation d'air à l'avant, système que j'ai déjà décrit dans un premier article, dans la constitution d'un mélange globulaire d'eau et d'air qui donne de curieux résultats dans la pompe de Séville, et qui repose sur des idées ayant quelque analogie avec les moyens d'*hydropneumätisation* adoptés depuis pour les turbines. Ce système n'a pas été appliqué jusqu'à ce jour par les constructeurs, et j'admets bien volontiers que c'est avec raison, pour la plupart des cas de la pratique, mais dans les quelques cas (celui des transatlantiques notamment) où il faut obtenir à tout prix des vitesses supérieures, dont les derniers accroissements coûtent si cher et sont souvent impossibles pour des bateaux de très-grande dimension, les chances de succès seraient très-grandes. On comprend toute la difficulté qu'éprouve le liquide à s'écarter des deux côtés d'un maître couple dont la grandeur atteint 50 ou 60 mètres carrés, sans que la partie placée au centre reçoive l'impulsion du navire et agisse comme frein en amortissant sa force vive.

Dans le système que nous proposons, au contraire, l'espèce de coussin élastique que formerait le mélange d'eau et d'air, fera produire le choc entre corps élastiques au lieu de s'effectuer entre corps privés d'élasticité.

Nous avons retrouvé avec plaisir notre idée dans le savant Traité de Bourne, sur l'hélice propulsive. Voici le passage où il en est question :

« Pour diminuer le frottement de l'eau sur le fond « des navires, il me paraît qu'il serait convenable d'in-

« terposer une couche mince d'air entre la carène et « l'eau; elle serait facilement refoulée à travers une « fente pratiquée dans un tuyau de chaque côté de la « quille, et je pense qu'on obtiendrait ainsi un très-bon « moyen de lubrifier la carène. Je remarquerai qu'il « faudrait refouler plus d'air qu'il ne serait réellement « nécessaire afin de produire l'effet désiré; car non- « seulement il serait comprimé par la pression hydro- « statique, mais il serait absorbé en partie par l'eau. « Les navires ayant une marche lente à la voile, peu- « vent avoir leur vitesse augmentée en introduisant « une couche d'air à l'avant et à l'arrière : car l'air ou- « vrirait aussi bien le chemin à l'étrave qu'il rempli- « rait le vide à l'étambot, et il formerait ainsi un taille- « mer et un arrière artificiels et élastiques. »

On le voit, l'idée fait des progrès, et des hommes intelligents, familiarisés avec la pratique, commencent à l'entrevoir. Encore quelque dix ans, et le nombre des personnes qui l'auront comprise sera assez grand pour qu'il se trouve un ingénieur assez entreprenant pour tenter une application qui, faite à propos, donnera d'excellents résultats.

III. PLANS D'ENSEMBLE.

Navires à voiles comparés aux navires à vapeur.

Nous avons besoin de dire quelques mots de l'emploi du vent pour la navigation, car il faut toujours comparer la navigation à vapeur à celle à la voile, qui est le moyen économique de transport par excellence, et évaluer les frais comme les avantages des deux systèmes.

On a dit à l'article NAVIGATION comment les voiles, équilibrées de chaque côté de la verticale, passant par le centre de gravité, assuraient la direction de la marche, en même temps que la progression du navire. L'étendue de la voilure, proportionnée nécessairement à la stabilité du navire, à la résistance qu'il éprouve pour s'enfoncer de l'avant, croissant par suite avec la convexité (défavorable à la vitesse) et l'élévation au-dessus de l'eau de l'avant, mais surtout avec la longueur du navire, propriété dont on a tiré grand parti dans la construction des CLIPPERS, détermine la vitesse minimum du vent qui imprime un mouvement au corps flottant.

C'est parce que cette vitesse est assez grande pour un mouvement presque insignifiant du navire, parce que les vents, de vitesse minime, incapables de mouvoir le navire, sont assez fréquents, qu'il est des limites aux avantages des navires à voiles sur tous les autres, au point de vue économique, au moins dans quelques cas, comme nous le verrons plus loin.

Dans le cas général, l'impulsion du vent étant entièrement gratuite, il est évident qu'au point de vue de l'économie absolue des frais de traction, la navigation à voile conservera toujours une grande supériorité. Mais dès que la vitesse est une qualité précieuse, qu'il s'agit de lettres, de voyageurs, qu'il s'agit de batteries, comme sont les vaisseaux de guerre qu'il faut conduire rapidement à une place déterminée, dont la puissance n'est utile qu'à cette condition, c'est à la vapeur qu'il faut avoir recours.

Enfin, en combinant ensemble la propulsion par le vent et celle à l'aide de la vapeur, on doit pouvoir réunir, pour des cas particuliers, économie et rapidité.

Ce sont les constructions qui correspondent à ces divers cas, que je vais maintenant passer en revue.

Bateaux à roues.

Les bateaux à roues, à rames tournantes, comme les appelait Papin, les seuls qui aient été construits jusque dans ces dernières années, ne sont restés supérieurs à tous autres que pour obtenir de très-grandes vitesses; on peut à ce point de vue les classer en deux catégories.

1° Ceux qui servent pour de petites traversées, qui par suite n'ayant à transporter que de petites quantités de combustible, peuvent avoir des machines très-puissantes relativement à leur tonnage et atteignent de grandes vitesses. Tels sont les bateaux pour la navigation côtière entre les grandes villes, de Douvres à Calais, etc.

2° Ceux qui servent pour transporter les lettres et les voyageurs à de grandes distances et que la nécessité d'un grand approvisionnement force à construire de dimensions énormes. La concurrence qui assure le succès au service le plus rapide, fait même que l'on dépasse de beaucoup la limite inférieure qui permettrait d'effectuer le service avec toute sécurité, pour rechercher de plus grandes vitesses en adoptant des dimensions bien plus grandes. C'est une nécessité qu'a fait très-bien apprécier M. X. Raymond dans une excellente étude publiée dans le *Journal des Débats*, à propos de la loi relative à l'établissement de lignes transatlantiques en France.

« On peut proposer, dit-il, d'employer des navires moins coûteux, mais aussi moins rapides et moins capables que ceux des Américains et des Anglais. Supposons qu'au lieu d'employer des navires de 800 ou 1,000 chevaux de force, et de 2,500, de 3,000, de 4,000 tonneaux de charge; qu'au lieu d'employer de si grands navires, nous nous contentions de bâtiments de 1,500 à 1,800 tonneaux et de 400 à 500 chevaux de force. On en peut construire de ces dimensions avec lesquels on serait à peu près sûr de pouvoir en toute saison franchir l'Atlantique en beaucoup moins de temps que n'en mettent les navires à voiles pour aller d'Europe en Amérique. Il est de plus incontestable que ces navires coûteraient moins que les grands paquebots qui font aujourd'hui le service, et comme prix de construction, et comme frais d'exploitation. Mais trouverait-on une économie réelle à s'en servir? Je ferai d'abord remarquer que sur des bâtiments construits dans ces conditions, l'espace utile, celui qui produit des recettes, celui qui peut être fructueusement consacré au transport des passagers ou des marchandises, est relativement inférieur à celui que l'on peut se réserver sur les grands navires, si bien que, tout compensé, il en coûte en définitive plus cher pour transporter un passager ou une tonne de marchandise sur un paquebot de médiocre puissance que sur un paquebot de grandes dimensions. La capacité utile croît en raison même de la grandeur et de la force des navires. C'est la loi générale qui régit tous les armements maritimes, qui domine encore plus impérieusement que toutes les autres une entreprise comme celle d'un service de paquebots transatlantiques, qui ne doit pas demander ses conditions d'existence à la modicité de ses frais d'établissement, mais au développement des sources qui peuvent lui apporter des recettes. Voilà ce qu'enseigne la théorie et ce que la pratique confirme par de nombreux exemples. En effet, ce n'est pas une idée nouvelle, et ce ne serait pas la première fois qu'on se laisserait prendre à la décevante tentation d'essayer de s'établir sur l'Océan avec des navires qui coûteraient moins que les grands paquebots des compagnies anglaises ou américaines de New-York, de Liverpool ou de Southampton. Les compagnies qui se sont formées pour établir sur ces données d'une économie trompeuse des services réguliers n'ont pas réussi.

« De nombreux exemples démontrent qu'il n'y a rien à espérer, au moins pour l'accomplissement d'un service postal et régulier, de navires de petite dimension et de faible puissance. Ils se trouvent, comme on dit, pris entre l'enclume et le marteau, entre les grands paquebots qui attirent nécessairement tout ce qui a besoin de vitesse, passagers, correspondance ou marchandises, et les bâtiments à voiles qui transportent souvent sans différence appréciable dans le temps et toujours à beaucoup moins de frais, tout ce qui n'est pas forcé d'arriver à jour et à heure fixes, tout ce qui est devenu valeur négociable ou échangeable, lorsqu'une lettre dirigée par la voie la plus rapide a fait savoir qu'il était embarqué pour sa destination à bord d'un bâtiment quelconque. Or, c'est là le cas où se trouve la plus grande partie des marchandises échangées par le commerce entre toutes les parties du monde. »

Ainsi la nécessité d'avoir de très-grands navires munis d'un moteur très-puissant est parfaitement démontrée; mais en même temps cette grandeur a une limite dans l'abondance du fret, dans le nombre de passagers qu'il est possible de réunir, dans le rapport des revenus qui peuvent résulter de cet accroissement avec les dépenses que nécessite l'agrandissement des navires, tant comme frais de premier établissement que pour les dépenses d'entretien, de navigation, etc.

Si nous étudions la célèbre compagnie Cunard, qui dessert la ligne entre Liverpool et New-York, et qui jouit d'une juste réputation pour sa parfaite entente de ce service, nous verrons que, pour cette ligne, on trouve aujourd'hui petits les navires comme l'*Arabia* dont nous donnons ici les dimensions, et malgré les succès de vitesse du *Persia*, elle paraîtrait le trouver un peu grand, car elle ne se presse pas de multiplier cette construction pour remplacer les bâtiments moindres qui partagent le service avec elle. Voici les renseignements sur l'*Arabia* :

Longueur.	86m,90
Largeur.	12m,35
Tirant d'eau moyen.	6m,2
Surface immergée du maître couple.	63 m.
Déplacement.	3,750 ton.
Tonnage.	2,300 ton.
Force nominale de la machine.	960 chev.-vap.
Poids des machines.	680 ton.
Espace occupé par la machine.	928 m. c.
Combustible brûlé en 24 heures	90 ton.
Poids réservé pour la cargaison.	400 ton.
Vitesse moyenne des traversées.	11 nœuds, 37

Le nœud correspond à un mille, soit 1,851 mètres, 11 nœuds 37 donnent donc 21 kilomètres par heure.

Le *Persia* a un tonnage de 3,500 tonneaux, sa machine à action directe, dont les cylindres sont placés sous l'arbre des roues, est d'une très-grande puissance, et a fait parcourir 13 nœuds, soit 24 kilomètres à l'heure, de vitesse moyenne sur des traversées totales, qu'il ne faut pas confondre avec des vitesses d'essai en eau calme. Ce résultat a été considéré comme très-remarquable, et la plupart des ingénieurs admettent qu'il approche beaucoup du maximum qu'il est possible d'atteindre avec les modes de construction adoptés jusqu'à ce jour.

Navires à hélice.

Tout le monde s'est intéressé à la transformation de la marine militaire qu'est venue récemment accomplir l'adoption de l'hélice pour mouvoir les navires de guerre. Ne rien changer aux batteries des navires à voiles, garnir d'une ligne non interrompue de canons les flancs du navire, le faire mouvoir par des machines placées au-dessous de la flottaison, et par suite à l'abri du boulet de l'ennemi, amener rapidement au point voulu, faire évoluer facilement cette puissante machine de guerre, tel est le programme auquel les nouvelles constructions de navires à vapeur à hélice ont complétement satisfait. Il n'est pas besoin de dire quelle puissante machine de guerre est un semblable navire et combien il est impossible au navire à voiles, qui ne peut se mouvoir que lentement et manœuvrer qu'autant que le vent le permet, de venir lutter avec un adversaire qui lui est si supérieur. Les dernières guerres ont démontré victorieusement combien une semblable lutte était impossible, et qu'il n'y avait plus de marine militaire que pour les nations pouvant réaliser ces grandes constructions.

Nous emprunterons à M. Ch. Dupin quelques détails sur le *Napoléon*, qui a été le premier véritable et grand succès de ce genre de navire en France. La vitesse de ce puissant navire, dont nous avons déjà indiqué les dimensions et la puissance, a atteint 13 nœuds et demi, soit plus de 6 lieues par heure, c'est-à-dire est supérieure à celle de la plupart des steamers à grande vitesse. D'après les calculs primitifs, elle n'eût pas dû dépasser 11 nœuds pour un petit navire, résultat qui a bien démontré l'avantage des grandes constructions pour conserver de grandes vitesses à la mer, dont j'ai fait apprécier plus haut les motifs probables.

Le *Napoléon* a pu remorquer deux grands vaisseaux à voiles, dont un à trois ponts, en conservant une vitesse de 5 nœuds et demi.

Comment une escadre de navires à voiles pourrait-elle venir affronter les feux de semblables navires? Cela est évidemment impossible, et la transformation complète des flottes militaires, qui devront être composées exclusivement de navires à hélice, est une œuvre qui se poursuit chez toutes les nations maritimes. Il n'y a ni doute ni hésitation possible à cet égard.

Le grand défaut du *Napoléon* était dans le poids des engrenages de transmission du travail produit par deux énormes cylindres. Dans les dernières constructions, pour tous les navires cuirassés, on a adopté des machines à action directe, sans engrenages; on a multiplié les cylindres et augmenté les courses autant que le permettait la position transversale des machines, enfin donné à leur énorme piston des vitesses effrayantes. Ces types sont les plus perfectionnés qui aient été réalisés jusqu'ici pour les navires à hélice. Les ingénieurs de la marine donnent pour ces vaisseaux, pas peut-être dans la pratique courante, mais pour les épreuves de réception, des consommations de 2 kilogrammes de houille par cheval-vapeur réel, très-différent de la force nominale évaluée en général d'après les dimensions des cylindres, et en supposant que les choses se passent comme dans la machine de Watt, ce qui est bien loin d'être exact, surtout quand, comme dans le cas actuel, on emploie la moyenne pression.

Le commerce a construit nombre de navires à hélice. C'est surtout pour le parcours de distances assez limitées, quand des vitesses moyennes sont suffisantes pour le cabotage, le transport des marchandises à distance modérée, pour celui du charbon de terre notamment en Angleterre, que l'hélice a été employée avec grand succès.

Dans la nouvelle transformation de la flotte qui a fait adopter des navires cuirassés, ayant besoin de moteurs encore plus puissants pour mouvoir outre les poids des anciens navires à hélice, celui de cuirasses de 0,14 à 0,20 d'épaisseur, il a fallu construire des machines de très-grande puissance. La description donnée plus haut de la machine du *Friedland* marque le dernier progrès de ces constructions et montre aussi la grandeur des dimensions des machines auxquelles il faut arriver. Les vitesses ainsi obtenues sont fort belles, et si la consommation du charbon est telle qu'il semble que la solution qui consiste à employer des navires analogues pour les longues traversées soit peu satisfaisante à cause du poids énorme de charbon à emporter, la marche à la voile n'étant plus admise dans ce cas, la difficulté peut être levée par l'accroissement des dimensions et surtout de la longueur des bateaux, et par la finesse des formes. C'est le résultat qu'a obtenu Ch. Napier en construisant le *Pereire*, qui a fait des traversées de New-York en 9 jours.

On a remarqué, dans cette magnifique construction, d'abord la perfection des formes du navire, puis, pour diminuer le poids de la machine, l'emploi de la machine à pilon qui permet de réduire la longueur de l'arbre, et qui, étant disposée en hauteur, n'a plus besoin, à cause de ses dimensions, d'être placée vers le milieu du navire, comme celle de M. Dupuy de Lôme. Les qualités nautiques d'un bâtiment à hélice qui ne craint pas les tempêtes comme le bateau à roues, qui peut mieux utiliser sa voilure quand le vent est fort et favorable, paraissent en faire le bâtiment par excellence pour les grandes traversées.

Il ne faudrait pas cependant tirer d'un beau succès des conséquences exagérés, et croire qu'il est impossible d'arriver à des systèmes moins coûteux et donnant des vitesses plus grandes encore. Nous indiquerons ci-après une voie qui nous paraît pouvoir être tentée pour atteindre ce but, étant bien entendu que toute tentative de ce genre n'a de valeur qu'autant que l'ensemble de la construction sera fondu en un seul tout par un ingénieur capable, que tous les éléments concourront pour arriver au résultat cherché. Cette observation est surtout vraie pour les systèmes un peu complexes.

Remarquons que, malgré le succès des transatlantiques mus par l'hélice, on ne pense pas à généraliser l'emploi de ce moteur pour tous les services postaux; que pour la plupart des mers et des puissances motrices modérées, les bateaux à roues conservent la supériorité au point de vue des vitesses.

NAVIRES MIXTES

Dans lesquels la vapeur est l'auxiliaire de la voile.

Les bateaux mixtes sont aujourd'hui des bateaux à hélice, dans lesquels la propulsion par la vapeur ne joue qu'un rôle secondaire relativement à celui du vent qui gonfle les voiles, de manière à ne pas changer trop radicalement les prix de revient des transports. Dans cette combinaison, les machines étant petites, occupant peu de place et ne consommant que des quantités assez modérées de combustible, ces navires peuvent être supérieurs même aux simples navires à voiles, mus par un moteur entièrement gratuit pour certaines traversées, au point de vue de l'économie. Cela résulte du plus grand nombre de voyages qui peuvent être accomplis dans un même temps, d'où une grande économie sur les frais généraux afférents à chaque voyage; cette supériorité peut surtout se rencontrer pour des traversées de faible étendue, pour lesquelles la partie du tonnage à prendre pour le charbon est peu considérable, où le fret toujours en excédant permet d'éviter toute perte de temps, et lorsque la régularité d'un transport accéléré à départs réguliers constitue une véritable valeur commerciale.

On a vu à l'exposition les curieux modèles de Gache de Nantes, de Carlsund de Suède, à cylindres inclinés vers l'axe de l'hélice, machines à action directe, qui, se plaçant à l'extrémité arrière d'un navire, permettent de munir, sans sacrifier beaucoup de place, un navire à voiles d'une machine auxiliaire, qui assure la régularité de sa traversée. Malgré ce qu'il offre de séduisant, ce système se développe peu, non à cause des périls et de l'emplacement de la machine si heureusement réduits, mais à cause du poids et du prix du combustible. Le navire à voiles étant employé, par suite du bon marché du fret que permet la propulsion gratuite du vent, il est difficile de trouver, dans l'économie de quelques jours de traversée que produira la consommation du combustible embarqué, un profit correspondant à sa valeur. C'est au point de vue militaire que ces navires mixtes, c'est-à-dire munis d'hélices et de machines à vapeur de faible dimension relativement à leur tonnage, conservant d'ailleurs la puissante voilure des navires à voiles, paraîtraient d'une grande importance. On avait pensé un instant à transformer ainsi la majeure partie de nos anciens vaisseaux de ligne, mais les formes s'y prêtant mal, on n'a obtenu ainsi que de mauvaises constructions.

Le succès du *Napoléon*, en montrant que l'on pouvait réunir une puissante voilure à une grande puissance motrice de vapeur, surtout en plaçant très-bas la machine à hélice qui vient remplacer une partie du lest considérable nécessaire aux grands navires de guerre, a fait abandonner les vaisseaux mixtes, moins coûteux, mais constituant des machines bien moins puissantes et comme vitesse et quant aux effets terribles qu'ils peuvent produire par leur choc, élément nouveau et très-énergique de la puissance de destruction de ces grandes machines, qui n'a pas encore été appliqué dans toute l'étendue qu'il comporte.

Pour bien comprendre les insuccès de l'emploi de l'hélice auxiliaire dans la navigation du commerce, il faut remarquer que l'action de l'hélice ne s'ajoute pas à celle du vent lorsque celui-ci est trop faible pour produire la vitesse moyenne que l'on veut obtenir, mais en annule en partie l'effet en faisant marcher le bateau, si bien que la dépense du moteur mécanique procurant le plus souvent, et à grands frais, une vitesse à peine supérieure à celle gratuite du vent, le capitaine est toujours disposé à économiser un combustible qu'il brûlerait sans résultat sensible, et, le plus souvent, il accomplit ses traversées sans employer son hélice. Il n'en serait pas de même si l'on pouvait combiner un système à l'aide duquel la durée de la traversée fût sûrement réduite, en raison du combustible brûlé, de manière à obtenir l'accroissement de vitesse moyenne que l'on espérait gagner à l'aide de l'hélice auxiliaire. C'est ce qu'il ne me paraît pas du tout impossible de réaliser.

Navires mixtes sans autre appareil de propulsion que les voiles.

Il me semble que l'on pourrait étudier un système assez curieux pour aider à l'action du vent au moyen de la vapeur, et accroître la rapidité de la marche de ces admirables navires à voiles dits *clippers*, qui, dans certaines traversées, d'Angleterre en Australie notamment, sont parvenus à lutter de vitesse avec les bateaux à vapeur, tout en conservant une supériorité immense comme économie.

Si l'on considère une voile carrée, supportée par des vergues horizontales, dont les bords (rendus suffisamment rigides) soient assemblés en leur milieu par un cordage, qu'enfin celui-ci, ou plutôt une autre corde attachée à celle-ci en un point variable, en raison de la direction du vent par rapport à l'axe du bateau, vienne passer sur une poulie adaptée au mât placé en arrière de celui qui porte la voile (fig. 3422), on pourra, en exerçant une action sur l'extrémité de cette corde, par exemple en l'assemblant à l'extrémité de la tige du piston d'une pompe à vapeur à simple effet ou d'un balancier mû par elle, exercer une traction sur toute la voile. Pour cela, toutefois, il est nécessaire que l'assemblage des vergues avec le mât permette à la voile de s'écarter de celui-ci sans qu'elles se rapprochent l'une de l'autre, ce qu'on obtiendra facilement en plaçant les vergues à l'extrémité de charnières assemblées au mât par un collier, ce qui limite l'écartement de la voile par rapport au mât; et en forçant ces charnières à marcher ensemble en les réunissant par une barre qui, avec le mât, forme parallélogramme. A l'aide de ce mécanisme, le travail de propulsion dû à la voile sera considérablement augmenté. En effet, il est évident que par chaque coup de piston la voile sera attirée contre le vent, que le navire sera halé à l'aide de la résistance qu'il offrira, ce qui produira une traction contre la poulie qui porte le cordage, puis le piston se relevant, sans dépense de vapeur, la voile s'élevant par l'effet du vent

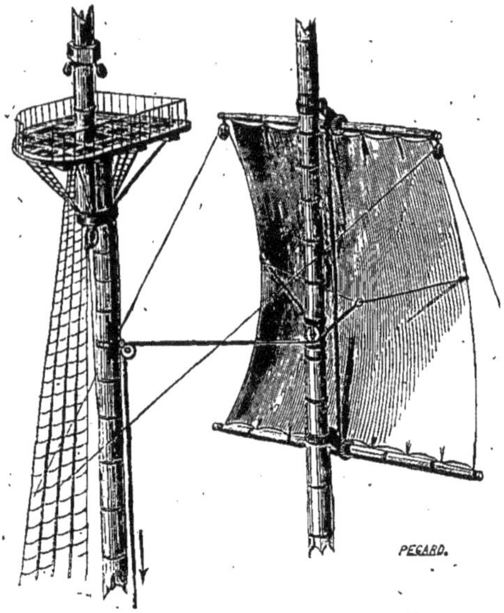

3422.

viendra produire un choc impulsif sur le mât qui la porte et pousser le navire. Cet effet sera possible pour toutes les aires de vent en faisant varier le point du cordage attaché aux deux bords de la voile, à l'aide duquel on exerce une traction.

Soit V la vitesse du vent, donnant sur la surface A de la voile une pression KAV^2, K coefficient d'expérience dont les principales valeurs sont, d'après Poncelet, pour V, de 0 à 5^m $K=2,81$ et V variant de 4 à 9^m $K=1,3574$. Le travail que produira cette pression pour une vitesse W du navire sera KAV^2W par seconde. W étant en général très-petit, on voit que le travail est petit pour des navires lourds et pesamment chargés. C'est l'explication du grand succès des clippers qui obtiennent de belles vitesses, directement parce que leurs formes diminuent les résistances, et permettent de leur faire porter beaucoup de voiles, et indirectement parce que la vitesse plus grande, obtenue par cette diminution de résistance, augmente le travail moteur du vent. C'est ce même effet que produira le système que je propose. Ainsi, supposons que le mouvement de la pompe, analogue à une machine de Cornouailles, donne à la voile une vitesse moyenne de 1 mètre par seconde, celle du bateau étant également de 1 mètre, le travail que le vent transmettra à la voile, qui était KAV^2, deviendra $KAV^2 \times 2$, sera doublé, la voile agissant comme si elle refoulait le vent avec une vitesse égale à 2. Si le bateau ne se déplaçait pour ainsi dire pas, si l'on avait $W = 0,10$, les quantités respectives de travail seraient $KAV^2 \times 0,10$ et $KAV^2 \times 1,10$; ainsi, dans le cas le plus important, le travail serait décuplé ; c'est dans ces cas que, par un mécanisme analogue à la cataracte, on augmenterait considérablement le travail en multipliant les oscillations de la voile pendant l'unité de temps. On agirait certainement ainsi d'une manière bien plus efficace dans ce cas qu'avec l'hélice auxiliaire.

La vitesse de la voile pour le maximum de travail

BATEAU A VAPEUR.

utile produit par le vent ne correspondant nullement à la plus petite valeur, au contraire le travail étant nul pour une vitesse nulle, on voit que les mouvements alternatifs de la voile qui changent sa vitesse, non-seulement transformeront en impulsion le travail mécanique de la vapeur, lors de la traction, mais encore augmenteront la quantité de travail engendré par l'action du vent, notamment lorsque la voile s'élèvera librement, et l'utiliseront pour mouvoir le navire et surmonter les résistances qui s'opposent à son mouvement.

Si l'on remarque que la voile est un excellent moyen d'impulsion, que, en tout cas, dans ce système, dont on retrouve des analogies dans les manœuvres des bateaux-pêcheurs, le travail dépensé n'est qu'en raison de l'impulsion communiquée au navire, qu'il permet (et c'est là le point capital) avec un mécanisme simple, pouvant même être disposé pour utiliser au cabestan le travail d'un équipage nombreux, de naviguer avec des vents trop faibles pour produire une impulsion sensible, et par suite sans donner de travail moteur, il semble que ce système étudié par d'habiles praticiens pourrait avoir du succès. Déjà, sur de très-grands clippers, on a pensé à employer une machine à vapeur auxiliaire pour aider à l'exécution des grandes manœuvres, relever les gros cordages, hisser les grandes voiles, etc. Il faudrait aller au delà, augmenter l'action des vents faibles, pour que jamais, pour ainsi dire, ils ne soient soumis aux calmes qui seuls compromettent la vitesse de traversée de ces beaux navires.

Dans ces conditions, la diminution du temps des traversées étant toujours en raison du combustible brûlé, on voit qu'il y aura toujours avantage à consommer la quantité emportée dès que le vent faiblira, en faisant donner à la machine un nombre de coups de piston d'autant plus grand que la vitesse du vent sera moindre. On parviendra à établir ainsi, pour de longues traversées, des lignes de clippers qui effectueront leurs voyages avec une vitesse remarquable, une régularité et une économie très-grande par l'effet de la multiplication des voyages annuels de ces beaux mais dispendieux navires.

La difficulté est de réaliser cette disposition d'une manière acceptable par la pratique, notamment de ne pas compromettre la solidité des mâts qui auraient à résister à des efforts considérables en des points fort élevés. On y parviendrait par l'emploi des cordages ou tirants en fer, réunissant solidement les extrémités des mâts entre eux et avec la coque, sans détruire l'élasticité qui est une condition essentielle.

BATEAUX A ROUES ET A HÉLICES.

Projet de transatlantiques à très-grande vitesse.

Les roues à pales demeurent le moyen principal de propulsion des grands navires transatlantiques, c'est ce que nous avons cherché à établir par le raisonnement et l'expérience ; l'hélice seule ne peut être appliquée qu'à grands frais pour les bateaux à grande vitesse parce qu'on ne peut, pour une résistance donnée, faire dépasser une certaine limite aux dimensions ou à la vitesse de l'hélice, sans voir croître rapidement les tourbillonnements, les entraînements circulaires de l'eau, en atteignant même plus tôt qu'avec les roues à pales les limites *maxima* de dimension et de vitesse au delà desquelles le travail moteur est dépensé presque inutilement ; de telle sorte qu'en définitive la vitesse du navire sera moindre avec l'hélice qu'avec les roues, pour un même travail moteur.

Mais aussi il paraît évident que lorsqu'il s'agit de constructions nécessairement très-grandes, comme nous l'avons vu pour les transatlantiques avec lesquels on cherche, même au prix de grands sacrifices, à dépasser les limites ordinaires de vitesse acquises aujourd'hui en employant un des deux systèmes, lorsqu'on consomme un travail moteur considérable pour obtenir les derniers degrés de vitesse, pour atteindre les dernières limites du *maximum* possible, il y aurait avantage à joindre le travail d'une hélice à celui des roues, à y appliquer une partie du travail moteur engendré. On arriverait ainsi à une réduction notable sur le temps total d'une traversée, tant parce que pendant la durée de celle-ci il y a, en général, toujours quelques jours de gros temps pendant lequel l'hélice travaillerait mieux que les roues, que surtout parce que l'action de ce propulseur, agissant dans les conditions de *maximum* d'effet utile, ne devrait être comparée qu'à celle produite par un accroissement de grandeur des pales, qui, au delà de certaines limites, devient tout à fait minime.

C'est M. Brunel qui, dans son immense navire construit dans le système tubulaire, a le premier réalisé la réunion des deux moyens de propulsion sur un même navire, et bien que l'expérience ne puisse donner de résultats bien probants, à cause de la grandeur inusitée des organes propulseurs, je suis convaincu que le célèbre ingénieur a vu parfaitement juste, en appréciant les avantages pour les navires de grande dimension à grande vitesse, de la réunion de ces deux propulseurs qui agissent, remarquons-le en passant, l'un au-dessus, l'autre au-dessous du centre de gravité. Seulement si l'on considère comme propres à mouvoir l'hélice, seulement les machines lourdes et encombrantes comme celles du *Napoléon*, par exemple, il n'y a pas à songer à les réunir à celles d'un bateau à roues sans se rapprocher de la gigantesque construction de M. Brunel, sans sortir de toutes les limites habituelles, puisqu'on doublerait le poids des machines et des approvisionnements qui est déjà un *maximum* pour chaque système.

Persuadé que la réunion des deux propulseurs était le moyen de réaliser un très-grand progrès pour les transatlantiques, si on savait convenablement employer l'hélice qui, en dehors de son emploi isolé, n'a servi jusqu'ici que d'auxiliaire assez imparfait des voiles ; qu'elle pouvait devenir un auxiliaire des roues ; voyant ce progrès parfaitement mûr au moment où la France se décidait à créer des lignes postales, et pouvait par suite créer un matériel très-supérieur à tout ce qui existait, j'ai essayé de formuler le moyen de réaliser ce progrès dans une brochure à laquelle j'emprunterai la description de l'ensemble du système, dont j'ai déjà décrit les principaux éléments.

La puissance motrice principale est une machine à vapeur à action directe, à six cylindres inclinés montés sur un bâti triangulaire, alimentée de vapeur à la pression de deux atmosphères et demie. Les cylindres de $1^m,40$ de diamètre, 2 mètres de course et $1^m,40$ de vitesse, produiraient 1 tour en 3 secondes ou 20 tours par minute. Dans ces conditions, les six cylindres donneront pour une détente de deux fois le volume primitif de 1 mètre cube, soit 0,65 de hauteur admise, un travail d'environ 1,400 chevaux, avec une consommation de 12 mètres cubes de vapeur en 3 secondes, soit $1^k,11 \times 4 = 4^k,44$ par seconde et par heure 16,000 kilogrammes, qui exigeraient à raison de 1 kilog. de houille par 6 ou 7 kilog. de vapeur seulement, 2,500 kilog. environ, soit, pour 24 heures, 60 à 70 tonneaux de combustible.

On voit qu'un magnifique navire de 3,500 à 4,000 tonneaux, construit de formes convenables pour les grandes vitesses, aurait, par les améliorations apportées à la combustion et surtout par l'emploi de la détente, une consommation moindre avec une puissance motrice au moins égale à celle des plus grands steamers existants. On aurait donc déjà de ce fait la vitesse obtenue par les meilleurs transatlantiques.

Si, de plus, on fait passer la vapeur sortant des cylindres dans des condenseurs à surface métallique, établis ainsi que nous l'avons supposé précédemment, nous pourrons admettre que nous disposerons de ce fait de 7,000 à 8,000 kilog. d'eau pure. Or, d'après M. Poirée, une machine locomotive mixte du chemin de fer de Lyon, pesant 24 tonnes, a développé une puissance motrice de 250 chevaux en consommant 3,900 kilog. d'eau et 450 kilog. de houille. On pourrait donc alimenter d'eau une double locomotive donnant 500 chevaux de puissance motrice ne pesant que 48 tonnes et usant moins de 1,000 kilog. par heure.

C'est ce résultat que nous proposons d'obtenir en employant cette double locomotive placée à l'arrière du bâtiment, à faire tourner une hélice. En employant de l'eau pure, nous acquérons la possibilité d'utiliser au profit de la navigation tous les progrès qu'on a réalisés dans la construction de la locomotive, le chef-d'œuvre de la mécanique moderne, comme légèreté, puissance, économie. Pour cela il fallait la conserver tout entière, c'est-à-dire employer la pression élevée, le tirage par le jet de vapeur, la chaudière tubulaire, l'articulation directe des bielles à l'arbre de l'hélice.

La vitesse de rotation de l'hélice se prête tout à fait à cette application, surtout dans le cas actuel où elle doit être accrue de toute la vitesse que le bateau reçoit des roues, rapportée à l'hélice. C'est cet élément de vitesse, qui ne frappe pas à première vue, qui est la condition essentielle de succès de ce système, c'est ce qui rend impossible le renouvellement de l'insuccès, en tant que vitesse, des canonnières. Tandis que la grande résistance que celles-ci rencontrent dans le liquide, à cause de leurs formes, reproduit la condition de l'hélice appliquée à un navire ayant vent debout, c'est-à-dire fait qu'elle n'imprime qu'une impulsion insuffisante pour produire une grande vitesse, que tout le travail moteur est usé à mouvoir circulairement le cylindre d'eau dans lequel elle demeure sans produire de travail utile ; ici, au contraire, l'hélice, toujours entraînée dans de nouvelles couches d'eau par l'action des roues, pouvant prendre une vitesse bien plus grande que celle des bateaux mus par l'hélice seule, est dans les meilleures conditions pour produire son *maximum* de travail. Nul doute que ce supplément si désirable de travail moteur, utilisé par un organe différent des roues et travaillant dans d'excellentes conditions, donnant de bien autres effets que le même travail utilisé au moyen d'un supplément de vitesse des roues ou de grandeur des pales, ne conduise à d'excellents résultats.

Une condition essentielle pour qu'un double propulseur soit appliqué à un bateau, sans inconvénient, c'est que la coque du bateau soit assez solide pour ne pas fatiguer par l'effet de cette double action. C'est à quoi on arrive par des constructions en fer, que le commerce préfère avec raison chaque jour davantage pour les grandes constructions, en appliquant des dispositions qui assurent une très-grande rigidité. C'est ce qu'on obtiendra avec des armatures intérieures en fer ou mieux encore par l'emploi de tôles croisées, comme sur les bateaux du Rhône, sans avoir recours, à cause de la dépense, à l'application si élégante du système tubulaire, inauguré sur mer par M. Brunel. Le prix élevé de semblables constructions est compensé par leur durée, car bien que les progrès de chaque jour tendent à faire abandonner rapidement les constructions navales qui datent de quelques années, nul doute qu'à mesure que l'on progressera, qu'on se rapprochera des limites qu'indique la théorie, les progrès seront moins radicaux et on profitera davantage de la solidité et de la durée des bonnes constructions.

Vitesse de ces bateaux. — Le travail de la résistance se compose de la valeur de celle-ci : $dKAV^2$ (A maître couple immergé, K coefficient de réduction en raison de la forme, d densité $= 1$ pour l'eau, V vitesse) multipliée par le chemin parcouru, or, en une seconde, le chemin parcouru est V, c'est-à-dire KAV^3 pour la vitesse V. Si donc deux bateaux sont sensiblement dans les mêmes conditions de formes et de dimensions, on pourra admettre la proportionnalité du travail moteur aux cubes des vitesses. Si l'on applique cette formule au système ci-dessus pour en apprécier les effets, comparativement aux constructions existantes, ce qui revient en réalité à supposer implicitement qu'il s'agit du même propulseur employé à utiliser le travail moteur, et par suite, sans tenir compte du principal avantage du système proposé qui consiste à employer deux propulseurs dans les conditions indiquées, on aurait pour le moins, en comparant au *Persia*, de même grandeur à peu près et de 1,200 chevaux-vapeur de puissance, $13^3 : x :: 1200 : 1900$; d'où $x = 15$ nœuds, indépendamment de la meilleure utilisation de la force motrice.

C'est un semblable accroissement de vitesse qui est le but qu'on doit aujourd'hui se proposer d'atteindre dans ces constructions; je crois avoir indiqué le moyen d'y parvenir pour les transatlantiques sans une plus grande dépense journalière, par suite avec une très-grande économie sur les traversées totales qui s'effectueront en un moindre nombre de jours. Je souhaite que la pratique confirme ces indications et suis convaincu que cela aura lieu dès que les condenseurs à surface, employés déjà sur nombre de bateaux, seront considérés comme d'un emploi sûr et facile. Alors des chaudières à vaporisation rapide, des machines à haute pression et à grande vitesse de piston seront nécessairement préférées aux machines actuelles pour faire mouvoir les hélices, avec grande économie de poids et de dépense; c'est-à-dire qu'on sera amené tout naturellement à la combinaison dont nous nous sommes efforcés de montrer les avantages. Il est bien entendu que les navires de guerre ne sauraient abandonner l'emploi exclusif de l'hélice, qui, grâce à l'accroissement considérable de la puissance, conduit à une solution du problème qui tend à l'emporter sur toute autre, à cause des grandes vitesses obtenues à l'aide de l'hélice mue très-rapidement.

BECS DE GAZ. M. P. Berard et M. Paul Audouin, qui dirigent le laboratoire d'essai du pouvoir éclairant du gaz, établi rue du Faubourg-Poissonnière pour le service de la ville de Paris, ont fait de nombreuses expériences photométriques pour apprécier l'influence des becs sur la production de la lumière. Nous rapporterons ici les résultats très-nets auxquels ils sont parvenus, ce qui complétera ce qui a été dit sur la question à l'article ÉCLAIRAGE.

C'est en variant par séries les divers éléments de chaque bec, et en suivant à la fois la consommation du gaz à l'aide d'un compteur, et à l'aide d'un photomètre de Foucault la puissance éclairante par comparaison avec celle d'une lampe Carcel prise pour terme de comparaison, qu'ils sont parvenus à des résultats incontestables. Bien entendu que toutes les expériences se rapportent à l'air à la pression atmosphérique, et au gaz assez pauvre fourni par les usines de la capitale; pour un gaz plus riche, les petits becs deviennent moins désavantageux et la pression peut être plus forte.

Becs papillons ou en éventail. Le maximum de pouvoir éclairant correspond à une fente de 7 dixièmes de millimètre de largeur. Une même quantité de gaz peut donner, quand elle brûle dans un bon bec, quatre fois plus de lumière qu'elle n'en donne en brûlant dans un mauvais. L'augmentation de pouvoir éclairant correspond à une diminution très-rapide de pression, et, par conséquent, à une diminution de la vitesse d'écoulement : en d'autres termes, à combustion égale d'un gaz de composition constante, le pouvoir éclairant maximum correspond aux plus faibles pressions; la pression correspondante au maximum est de 2 à 3 millimètres d'eau. Il faut proportionner le diamètre du bouton à la dépense, tout en conservant la même largeur de fente, 7 dixièmes de millimètre. Le gaz s'écoulant avec la même vitesse ou sous la même pression, donne toujours le même pouvoir éclairant, quelle que soit la grandeur du bec papillon dans lequel il brûle. Pour des intensités très-différentes, les dimensions de la flamme de ce genre de bec varient avec peu de rapidité; entre des limites assez étendues, sa hauteur est sensiblement constante.

Bec formé d'une bougie, bouton percé d'un trou. Pour la même hauteur de flamme, le pouvoir éclairant coïncide toujours avec les pressions faibles et un trou de 7 dixièmes de millimètre; il augmente presque indéfiniment avec la hauteur; les fortes dépenses sont plus avantageuses que les faibles.

Bec Manchester, disque percé de deux trous. Quand les diamètres des trous sont très-petits, deux becs bougies donnent un pouvoir éclairant sensiblement égal à celui du bec Manchester qu'ils peuvent former par leur réunion; mais en général celle-ci donne un accroissement notable de combustion et de lumière par le choc des deux flammes; et la supériorité du bec Manchester sur le bec à deux bougies devient de plus en plus considérable, à mesure que les trous augmentent de diamètre. Le maximum du pouvoir éclairant correspond toujours à une pression minime et au diamètre de 7 dixièmes de millimètres.

Becs à double courant d'air. Le bec Bengel, de trente trous au diamètre de 7 dixièmes de millimètres, s'est montré le plus avantageux de tous; le pouvoir éclairant augmente indéfiniment avec la dépense; la hauteur de la cheminée ne doit guère dépasser 20 centimètres. La quantité d'air brûlée par un bec n'est pas proportionnelle à la dépense de ce bec; tous les becs ne demandent pas la même quantité d'air pour donner leur maximum de pouvoir éclairant. L'introduction dans le gaz d'éclairage de 6 à 7 pour cent d'air diminue de près de moitié son pouvoir éclairant; un mélange de 20 parties d'air et de 80 de gaz ne donne plus de lumière.

BENZINE. Ce corps s'extrait en abondance des goudrons fournis par la distillation de la houille pour produire le gaz d'éclairage. C'est un carbure d'hydrogène dont la composition est $H^2 C^4$, et répond à de l'acétylène condensé, comme l'a prouvé synthétiquement M. Berthelot. Ses propriétés se rapprochent beaucoup de celles des essences, telles que l'essence de térébenthine. Elle forme un liquide transparent, très-fluide, d'une saveur amère; sa densité est de 0,85. Elle s'évapore à l'air, à la température ordinaire, et bout à 86°. L'odeur éthérée qu'elle répand rappelle celle du goudron; elle ne laisse aucun résidu après son évaporation.

Nous parlerons à l'article ESSENCES des composés qu'elle forme avec les acides et qui fournissent des produits assez analogues à plusieurs essences d'un prix élevé, pour pouvoir leur être substitués dans plusieurs applications industrielles. A l'article TEINTURE il est traité des admirables couleurs, que l'on prépare en partant de la benzine.

La benzine, dissolvant les corps gras et résineux, est employée avec succès pour le dégraissage des tissus de toute espèce, sur lesquels elle n'exerce d'ailleurs aucune action décolorante ou autre. Les corps gras étant la base la plus ordinaire des taches faites sur les meubles, les vêtements, les gants, la benzine les fait parfaitement disparaître. La benzine a sur les autres substances, qui pourraient être employées pour le même usage, l'avantage de ne laisser aucune trace sur l'étoffe, de ne pas se résinifier à l'air, comme le font la plupart des essences végétales, et de se volatiliser très-promptement.

BLANCHIMENT. Une voie nouvelle paraît s'ouvrir pour le blanchiment des fibres végétales, heureuse application des savants travaux de Shoenbeim sur l'ozone ou oxygène actif, dont on était habitué à utiliser les effets sans les analyser, dans le blanchiment des toiles sur le pré, pour l'intervention de l'oxygène de l'air et de l'eau.

La méthode nouvelle de blanchiment repose sur l'emploi de substances pouvant fournir de l'oxygène actif dans des conditions industrielles, et sur l'emploi de dissolvants ayant la propriété d'oxyder et de dissoudre la matière colorante des tissus, conditions analysées en détail à l'article BLANCHIMENT, et sur lesquelles nous n'avons pas à revenir.

Les agents d'oxydation reconnus les plus efficaces, les plus commodes pour fournir l'oxygène, sont: 1° l'acide permanganique produit par la décomposition des permanganates au moyen de l'acide hydrofluosilicique; 2° les permanganates alcalins additionnés de chlorures, de sulfates, de fluosilicates alcalino-terreux, capables de former des sels avec la base de l'acide permanganique, au moment même où cet acide décomposé par les fibres passe à l'état basique. On sait que les permanganates sont des oxydants énergiques des substances organiques, utilisés depuis longtemps dans ce but dans la chimie organique, mais qu'on n'avait pas encore cherché à produire économiquement et sur une grande échelle.

Considérons, par exemple, un bain de permanganate de soude, additionné de sulfate de magnésie: si on y plonge des fibres, fils ou tissus, ces fibres, fils ou tissus décomposeront l'acide permanganique du permanganate, par une action propre des fibres végétales sur ce composé peu stable, en s'emparant d'une partie de son oxygène dégagé à l'état naissant et qui les blanchira, en même temps qu'ils se recouvriront d'un mélange de sesquioxyde et de peroxyde de manganèse, et que mise à nu, la soude, réagissant encore sur le sulfate de magnésie se transformera en sulfate de soude et précipitera une quantité de magnésie équivalente.

Voici comment opère M. Tessié du Motay, inventeur de ce procédé :

Blanchiment des étoupes, des fils ou des tissus de coton, de chanvre ou de lin. On les dégorge d'abord dans de l'eau chaude; puis on les dégraisse dans une lessive alcaline. On les plonge ensuite dans un bain contenant en dissolution, soit de l'acide permanganique, soit du permanganate de soude additionné de sulfate de magnésie. Après cette immersion qui doit être prolongée pendant quinze minutes environ, on enlève les substances à blanchir et on les porte, soit dans les lessives alcalines, soit dans des bains contenant ou de l'acide sulfureux ou de l'acide azoto-sulfurique ou du peroxyde d'hydrogène. Dans le premier cas, les fibres, fils ou tissus sont chauffés à 100 degrés dans les lessives, pendant plusieurs heures, jusqu'à ce que les oxydes de manganèse qui les recouvrent soient en partie ou en totalité dissous. Dans le second cas, les matières à blanchir sont laissées dans les bains contenant ou de l'acide sulfureux, ou de l'acide azoto-sulfurique, ou de l'eau oxygénée, jusqu'au moment où la laque d'oxyde de manganèse qui les recouvre est entier dissoute; après quoi, elles sont lavées puis replongées : 1° dans une dissolution d'acide permanganique ou de permanganate; 2° dans des lessives alcalines ou dans des dissolvants des oxydes de manganèse plus haut cités; et ainsi de suite jusqu'à complète décoloration.

Un bain de blanchiment contenant, selon la nature des fibres, fils ou tissus à décolorer, de 2 à 6 kilogrammes de permanganate de soude, suffit pour blanchir complétement 100 kilogrammes de coton, de chanvre ou de lin filés ou tissés.

BLANCHIMENT AU CHLORURE DE CHAUX. — *Procédé F. Didot.* On sait que le chlorure de chaux pris isolément n'a aucune action sur les fibres des chiffons ainsi que des étoffes, et que, pour que son action ait lieu, il faut faire intervenir un agent capable d'opérer sa décomposition. Que l'on mette, en effet, dans un flacon hermétiquement bouché, du chlorure de chaux avec de la teinture de tournesol, cette teinture n'est nullement décolorée. Mais vient-on à laisser pénétrer de l'air dans ce flacon, la décoloration s'opère, du chlorure de chaux se trouvant alors décomposé par l'acide carbonique contenu dans l'air. Il y a alors formation d'acide hypochloreux, et c'est ce dernier qui, cédant d'une part son oxygène à l'hydrogène des matières colorantes pour former un équivalent d'eau, et, d'une autre part, unissant son équivalent de chlore à un second équivalent d'hydrogène des matières colorantes pour former de l'acide chlorhydrique, opère ainsi leur blanchiment.

Le blanchiment au *chlore liquide* s'exécutant toujours dans des vaisseaux ouverts, il en résulte que la décomposition du chlorure de chaux n'est due le plus ordinairement qu'à l'action de l'acide carbonique contenu dans l'air.. Mais la décomposition du chlorure de chaux au contact de l'air ne s'exécute qu'avec une très-grande lenteur, car l'air ne contient *qu'un quatre dix-millième* d'acide carbonique: aussi est-on quelquefois obligé, pour hâter le blanchiment, de provoquer cette décomposition par l'intervention d'un acide énergique, le plus ordinairement par l'acide sulfurique. Or, ce moyen a des inconvénients très-fâcheux : d'abord, l'emploi de l'acide sulfurique, ou de tout autre acide, occasionne un surcroît de dépense; en outre, les appareils sont détériorés au bout de peu de temps, et, ce qui est plus grave, les chiffons ainsi traités perdent de leur force, leurs fibres étant affaiblies par ce traitement trop énergique.

« L'addition de l'acide sulfurique à la dissolution de chlorure de chaux, a dit Berthollet dans son *Traité sur la teinture*, tome I, p. 273, en augmente l'effet par la décomposition du chlorure de chaux; mais pour que cet effet soit assez considérable, il faut une quantité d'acide qui devient dangereuse. »

Pour obvier à ces inconvénients et arriver au même résultat de promptitude, la question était fort simple, mais cependant jusqu'à l'invention qui va être décrite, elle n'avait pas été résolue: il s'agissait de trouver un agent de décomposition ne produisant aucun effet fâcheux, et permettant d'exécuter le blanchiment avec une grande rapidité.

Le moyen le plus simple consistait à imiter, en l'accélérant, l'action de l'air, à augmenter la proportion de l'acide carbonique, agissant sur le chlorure de chaux, de l'acide qui, tout le monde le sait, est de tous les acides le moins énergique; dont l'action sur les fibres des chiffons est nulle.

Tel est le but de la disposition due à M. P. Firmin Didot. Un appareil semblable à celui que nous allons décrire fonctionne régulièrement depuis longtemps déjà. Les points de comparaison que nous pourrions établir entre ce nouveau mode de blanchiment et l'ancien sont trop nombreux pour que nous entreprenions ici de les énumérer; nous dirons seulement que, *théoriquement*, ce procédé doit effectuer le blanchiment des chiffons, ainsi que celui des étoffes, *deux cents quatre-vingt fois* plus vite que l'ancien. En effet, la quantité d'acide carbonique contenue dans l'air n'est que de *un quatre dix-millième*, tandis que celle que contient la cheminée d'un foyer en combustion est, en moyenne, de *sept* pour cent.

On a placé dans des appareils à blanchiment des chiffons de qualités identiques : une portion de ces appareils fonctionnait par l'ancien procédé, l'autre portion fonctionnait par le nouveau; les nombres obtenus sous le rapport de la rapidité du temps employé pour les opérations ont été de 1 à 5, de 1 à 7, et de 1 à 10. Quant à l'économie résultant de la suppression de l'acide sulfurique et de la possibilité de blanchir rapidement une grande quantité de chiffons ou d'étoffes avec un nombre très-minime d'appareils à blanchiment, elle est des plus notables.

L'appareil, dont la figure 3423 représente l'ensemble et la figure 3424 les détails à l'entrée du gaz, est disposé et construit de la manière suivante :

Un tuyau *a* part d'un générateur quelconque, où l'on

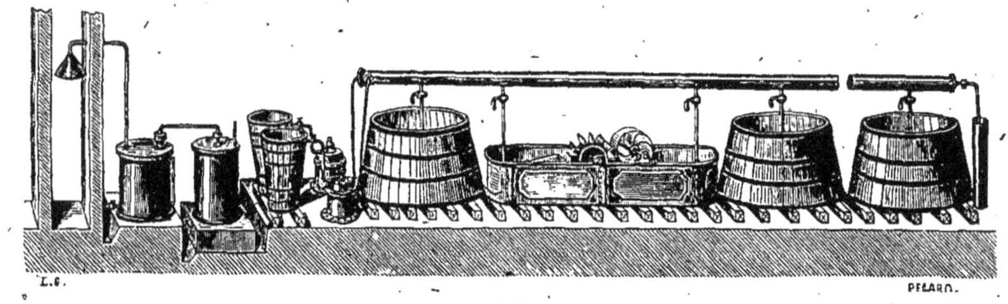

3423.

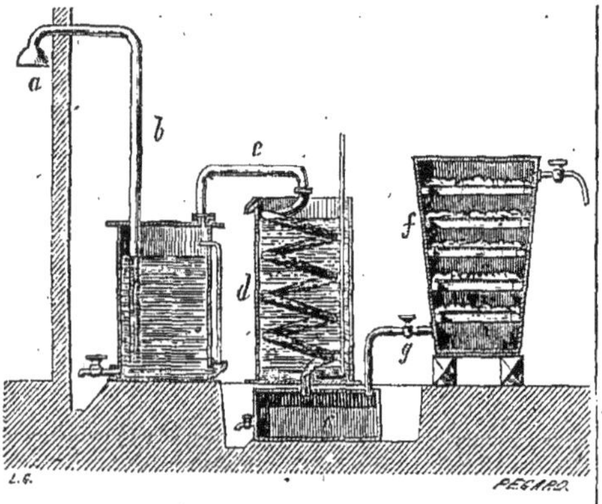

3424.

veut puiser l'acide carbonique ; ainsi, par exemple, de la cheminée d'un foyer dont l'activité est constante, où il est puisé par une pompe aspirante très-simple ; ce tuyau plonge au fond d'un réservoir *b*, rempli d'eau en partie, faisant l'office de laveur, où le gaz se sature d'eau, qu'il soit chaud ou froid. Au moyen d'un tuyau *c* partant de la partie supérieure de ce laveur, le gaz passe dans un serpentin *d*, où il se refroidit, s'il est chaud.

L'extrémité inférieure du serpentin pénètre dans la partie supérieure d'une caisse fermée, munie d'un robinet de vidange ; la caisse est destinée à recevoir l'eau condensée dans le serpentin. — Le serpentin est dans un réfrigérant, au fond duquel arrive un courant d'eau froide par un tube ; — l'eau chaude s'écoule par un trop-plein. — La caisse fermée porte à sa partie supérieure un tuyau pour communiquer avec la partie inférieure d'un épurateur *f*. — Cet épurateur est un cône tronqué en bois ou en métal pourvu intérieurement de claies en osier ou de treillages en bois ou métal, espacées d'environ deux décimètres ; on le garnit de mousse, de laine, etc., humide, si on le juge nécessaire ; ou bien on remplace cette disposition par des cadres garnis de toiles, de feutres, etc., assez clairs pour laisser passer le gaz tout en retenant les poussières, etc. ; on les mouille aussi au besoin. De l'épurateur, le gaz passe dans un tuyau qui le porte dans les cuves où la matière à blanchir est mélangée au chlorure, dans une pile à papier par exemple, comme on le voit dans la figure 3424.

BORIQUE (ACIDE). Le plus important des usages de l'acide borique est la fabrication du borax, et, sous cette dernière forme, les arts céramiques en consomment une quantité considérable ; brut, il est, en effet, trop impur pour entrer directement dans la composition des glaçures auxquelles il communique des qualités précieuses, brillant et dureté ; cependant, l'acide borique entre en nature dans la préparation des couleurs vitrifiables destinées à la décoration de la porcelaine et des faïences ; mais ce dernier emploi n'enlève que des quantités inappréciables à côté de celles que consomme la fabrication des glaçures. En Angleterre surtout, le borax est l'objet d'une consommation considérable. En France, cette matière acquiert tous les jours une importance de plus en plus grande, ainsi qu'il résulte des données suivantes :

	QUANTITÉS IMPORTÉES.		QUANTITÉS EXPORTÉES.	
	Commerce général.	Commerce spécial.	Commerce général.	Commerce spécial.
	kil.	kil.	kil.	kil.
1846	109,920	109,683	3,513 *b*	973 *b*
1850	113,598	145,973	21,272 *b*	16,179 *b*
1851	115,014	134,597	3,582 *b*	1,815 *b*
1852	140,667	140,667	3,789 *b*	2,206 *b*
1853	146,809	146,809	2,532 *b*	350 *b*
1854	214,366	213,630	12,274 *a*	397 *a*
			3,802 *b*	1,459 *b*
1855	159,829	159,528	3,644 *a*	3,644 *a*
	200,921 *a*	198,458	7,531 *a*	3,401 *b*
1856	98,288	96,973	255 *b*	255 *a*
	158,503 *a*	158,469 *a*	20,514 *b*	5,913 *b*
1857	299,064	296,694	3,077 *a*	2,672 *a*
	115,350 *a*	90,643	12,906 *b*	9,333 *b*

Les nombres suivis de la lettre *a* s'appliquent au borax brut, ceux marqués de la lettre *b* représentent du borax raffiné.

On voit, en comparant les chiffres de l'importation au commerce général et spécial, qu'à partir de 1852 l'industrie française n'avait plus de réserve. Depuis cette époque, nos industries ont souffert du monopole que l'Angleterre exerce sur la production de la Toscane. Cependant cette source n'est pas la seule à laquelle on a recours pour obtenir les acides bruts ou le borax commun. On en reçoit du Pérou ; toutefois les quantités les plus importantes arrivent de l'Angleterre et de la Toscane. Le borax brut vient sur le marché français des Indes anglaises et du Chili. L'exportation se fait principalement en borax brut et borax raffiné pour les États de l'Association allemande, pour l'Espagne, les États Sardes et la Suisse. Mais elle porte plus particulièrement sur des produits de fabrication étrangère, figurés au commerce général.

Le malaise commercial qui résulte de l'absence sur les marchés des acides boriques à des prix convenables, a dû conduire les manufacturiers à se préoccuper des moyens de remplacer ces produits sans nuire aux qualités de leurs marchandises. Le problème n'est peut-être pas insoluble.

L'acide phosphorique et les phosphates permettront sans doute d'arriver aux résultats cherchés dans le cas où l'acide borique viendrait à manquer. Certains silicates à plusieurs bases, peu plombeux, peut-être à base d'oxyde de zinc, cuisant à des températures élevées, formeraient aussi sans doute des glaçures convenables d'une dureté suffisante, d'un usage dépourvu de dangers.

Mais l'important pour le présent serait de régler les prix de l'acide borique, en créant sur le sol français une exploitation régulière, comme elle existe en Toscane. On sait que MM. Bouis et Filhol ont signalé tout récemment dans les eaux des Pyrénées et du Midi la présence de l'acide borique; il est possible que de nouvelles recherches fassent découvrir des sources exploitables.

Je disais, il y a quelques années, qu'il était à désirer qu'on tirât parti des amas de borate de chaux, dont l'Amérique du Sud présente de grandes masses, contenant en moyenne 0,1344 de borate de soude, et 0,2635 de borate de chaux. Les borates sont intimement mêlés à des chlorures, iodures, bromures, et à des sulfates alcalins. En traitant ce mélange par l'acide chlorhydrique à chaud, on a de l'acide pur cristallisé; en le traitant par le carbonate de soude, on a du borax; en fondant le mélange brut avec des silicates alcalins ou plombeux, on a directement une glaçure convenable pour les diverses sortes de poteries.

Nous avons indiqué plus haut que l'acide phosphorique et les phosphates pourraient être substitués à l'acide borique et aux borates dans la fabrication des poteries. Ces matériaux pourraient être assurément aujourd'hui puisés à différentes sources.

On rencontre dans la nature un phosphate de chaux basique de même composition que le phosphate de chaux des os. On lui donne le nom de *phosphorite*.

Lorsqu'on traite par l'acide sulfurique la cendre d'os, on obtient un phosphate acide de chaux; ce sel, soumis à l'action de la chaleur, se transforme en métaphosphate de chaux; ce sel entrera certainement un jour comme fondant dans un grand nombre de composés céramiques.

On a signalé récemment dans le nord de la France, et particulièrement dans les départements de la Seine-Inférieure, de l'Oise, du Pas-de-Calais, du Nord, de l'Aisne, des Ardennes, de la Meuse, de la Marne, de la Haute-Marne, de l'Aube et de l'Yonne, l'existence de phosphates fossiles. Ces matières pourraient être avantageusement introduites dans les arts céramiques, comme elles le seront incessamment en agriculture.

Les gîtes se rencontrent à peu près à la surface du sol; ils sont généralement formés par l'agglomération de nodules gros comme des œufs de poule, gris ou verdâtres, empâtés dans la craie sous forme de galets.

Lorsque la roche encaissante est solide, la chaux phosphatée s'y présente en nodules disséminés et empâtés dans la masse.

Lorsque la roche encaissante est meuble, la chaux phosphatée s'y présente indépendante et constitue sous cette forme des lits réguliers, dont l'épaisseur varie entre 10 et 35 centimètres.

En moyenne, la richesse en phosphate des nodules de la première catégorie varie entre 0,32 et 0,60; celle des nodules de la deuxième catégorie entre 0,46 et 0,65.

L'analyse faite sur les amas de phosphates trouvés agglomérés dans la craie de l'arrondissement de Vouziers (Ardennes) a conduit sur trois échantillons aux résultats suivants :

Argile et silice	25,66	30,00	35,7
Oxyde de fer	traces	traces	traces
Chaux	44,54	46,94	32,5
Acide phosphorique	12,12	12,72	22,0
Acide carbonique	7,33	7,66	4,9
Eau et matières volatiles	10,33	»	4,9

Les phosphates de cette composition pourraient certainement entrer dans la préparation d'un grand nombre de glaçures qu'on applique sur les poteries, peut-être même sur les poteries fines.

Mais la solution du problème est peut-être plus proche encore qu'on ne le croit; car, sans remplacer le borax, on peut l'emprunter à des matériaux moins coûteux que l'acide borique brut ou purifié.

Pour faire ressortir l'importance de la question, citons quelques chiffres. Le borax est surtout en Angleterre l'objet d'une consommation considérable. En évaluant à 1,500 tonnes la masse de borax employée dans l'année par le monde entier, 1,000 tonnes sont consommées dans le Staffordshire, dans l'Écosse et le reste de l'Angleterre; le Staffordshire seul entre pour un chiffre de 666 tonnes dans cette consommation. La manufacture de M. Minton en écoule par an, dans les diverses glaçures des produits qu'elle fabrique, 10 à 12 tonnes, sans tenir compte des 4 tonnes de tinkal qui provient directement des Indes.

Le borax valait à Liverpool, en 1851, 1,750 francs la tonne, en 1857, 2,400 francs. Sa fabrication est monopolisée depuis plusieurs années entre les mains de M. Wood, de Liverpool.

Or les dépôts de borate de chaux qu'on exploite tant au Chili qu'au Pérou, peuvent modifier sous peu de temps ces conditions anormales. Une manufacture d'une certaine importance traite à Bordeaux ces amas boraciques, pour en retirer l'acide purifié ou pour les transformer en borax. D'autre part, on utilise directement en Angleterre le borate de chaux qu'on fait fondre avec les divers éléments de glaçures. Ce borate de chaux n'était connu qu'à l'état d'échantillon de collection, lorsqu'en 1851 l'Exposition universelle appela sur lui l'attention des hommes de progrès.

Un chimiste américain, nommé Hayes, l'avait découvert tout formé dans la nature, et les minéralogistes le désignaient sous le nom de hayessine. L'Amérique du Sud le livre maintenant au commerce européen. On l'extrait de la province Tarapaca du Pérou, très-près du port d'Iquique; c'est un sel blanc qui se présente sous forme de cristaux soyeux et brillants, agglomérés en nodules irréguliers plus ou moins volumineux.

Le borate de chaux, à l'état de pureté, contiendrait :

Acide borique	45,00
Chaux	20,00
Eau	35,00

Mais tous les échantillons sont loin de présenter la même richesse en acide borique; les nodules sont en général composés de borates de chaux et de soude, de sulfates et de chlorures en proportions variables, souillés par des matières terreuses adhérentes à la surface des nodules et qui les pénètrent quelquefois. Quelques nodules ont empâté des cristaux de quartz. Voici les résultats que m'ont donnés les analyses de trois variétés de nodules :

Eau	41,25	45,50	35,00
Acide borique	12,11	30,18	34,74
Chaux	16,32	11,00	15,78
Matières terreuses	8,00	2,50	2,90
Acide sulfurique	10,66	1,72	0,34
Soude correspondante	8,95	7,24	8,33
Chlore	2,71	1,73	0,49

Sodium correspondant	1,50	1,13	0,32
Iodures et bromures	»	»	»

Les iodures n'ont pas été dosés ; ils sont inégalement répartis à l'intérieur d'un même nodule. Ce gisement est voisin de celui des azotates de soude qui nous viennent maintenant en assez grande quantité du Pérou. Comme la tonne d'acide borique vaut, à l'état cristallisé, 1,875 francs, on comprend l'intérêt qu'il y aurait à faire usage de l'acide borique emprunté sans travail au borate de chaux. Cette matière est amenée de l'intérieur avec des mules ; elle est vendue à bord à raison de 300 francs la tonne. Le fret coûte, pour arriver en Europe, 87,5 la tonne. En ajoutant ces chiffres, on trouve que la valeur d'environ 300 kilog. d'acide cristallisé ne dépasserait pas 390 francs pris à bord. On emploie ce sel actuellement, sans autre préparation qu'un simple épluchage, dans plusieurs fabriques de l'Angleterre. Voici, d'après M. Nathan Hacney, comment on fait usage de ce composé pour remplacer le borax dans les glaçures : on le lave, puis on l'amène à l'état de poudre sèche ; on ajoute 0,25 de bicarbonate de soude, le tout est mélangé mécaniquement. Pour faire un vernis, on prend :

	I.	II.
Cornish stone	45	45
Borate mêlé de soude	75	50
Silex	25	25
Craie	9	9
Cristaux de soude	15	5
On calcine, puis on ajoute :		
Céruse	30	30
Oxyde de cobalt	traces	traces
Oxyde d'étain	4	4
Craie	»	9
Silex	»	25

Ces chiffres donnent deux compositions limites.

J'ai fait moi-même pour le service de la Manufacture de Sèvres des glaçures au borate de chaux pour vernir des terres cuites, simplement en substituant le borate de chaux au borax que j'employais antérieurement. Il suffit, pour avoir une glaçure de bonne qualité, de fondre le mélange suivant :

Minium	2000 kilog.
Sable	1000
Borate de chaux	500

On coule la fonte dans l'eau, on la lave à l'eau bouillante, puis on la broie par décantation.

Cette glaçure admet en mélange toute espèce d'oxyde métallique pour la préparation des émaux colorés.

Les commerçants anglais comprennent tellement l'importance de ces exploitations, qu'ils ont tout fait jusqu'ici pour s'en rendre acquéreurs. La fermeté des gouvernements du Chili et du Pérou les a fait résister jusqu'à ce jour. La propriété n'a pas encore été transmise aux étrangers qui se la disputent. SALVÉTAT.

BOULETS TOURNANTS.—CANONS RAYÉS. Les améliorations apportées dans ces dernières années aux armes portatives, la précision du tir, la longue portée des armes carabinées, surtout avec l'emploi des balles allongées ayant la forme du solide de moindre résistance, appelaient des progrès semblables dans l'artillerie, dans les puissantes machines qu'elle traîne sur les champs de bataille, qu'elle conduit devant les places assiégées.

L'intérêt qu'a toujours excité en nous cette question nous ayant fait chercher à nous tenir au courant des divers essais qui ont été tentés, je pourrai publier ici un travail complet sans enfreindre les lois d'une juste discrétion imposée par l'importance de certains détails de construction, dont le secret constitue une véritable propriété nationale.

La supériorité du tir de l'artillerie sur celui des armes portatives réside dans ces conditions principales :

La portée ;

La précision ;

L'intensité des effets.

Les fusils et les carabines, par l'adoption des divers systèmes de balles allongées et de rayures de leurs canons, satisfont si bien aux deux premières, depuis quelques années, qu'il a semblé à beaucoup de militaires que l'artillerie avait perdu son ancienne prééminence. Mais l'artillerie n'avait pas attendu pour marcher dans la voie du progrès que l'exemple lui fût donné. Depuis longues années, elle travaillait en silence ; seulement le problème qu'elle avait à résoudre était bien autrement ardu ; les difficultés étaient bien plus grandes que pour les armes à feu.

Les procédés successivement proposés pour obtenir plus de portée et plus de justesse, pour les boulets comme pour les balles, peuvent être classés en trois catégories.

Dans la première, on cherche à supprimer le vent, c'est-à-dire l'espace laissé libre entre le projectile et l'âme de la pièce. On conçoit que le projectile d'un diamètre plus petit que celui de l'âme de la pièce sort non en glissant contre ses parois, mais par bonds successifs, ce qui est à la fois une cause de détérioration pour l'arme et d'incertitude pour le tir. Dans la carabine à balle forcée, au contraire, la balle sort en glissant, et c'est là précisément la cause de la supériorité de son tir sur celui de la balle roulante qui ricoche le long de l'âme du fusil. Mais on peut forcer une balle en plomb contre les parois en fer d'une carabine, comment forcer un projectile en fonte contre les parois en bronze d'un canon ? Nulle possibilité d'ailleurs de changer le métal du projectile, tant à cause du prix exagéré qu'atteindraient des approvisionnements en un métal plus cher que la fonte, que parce que la dureté de celle-ci est la condition essentielle de la pénétration des projectiles dans les corps durs, pour la destruction des fortifications notamment. Il en est de même pour la pièce de canon, comme nous l'avons dit à l'article BOUCHE A FEU. On voit de suite que sur cette première question les conditions du problème sont inverses : ici un projectile d'un métal plus malléable que celui de l'arme ; là, au contraire, un projectile rigide et une arme d'une détérioration très-facile. C'est là la grande difficulté du problème pour les bouches à feu.

Dans la deuxième catégorie, on change la forme du projectile, on l'allonge pour le rapprocher de la forme du solide de moindre résistance, ce qui permet de tirer un poids plus grand avec une âme d'une dimension et d'une résistance données, et l'on espère procurer au tir plus de justesse, en imprimant au projectile, ce qui est indispensable avec la forme allongée pour maintenir la direction, un mouvement de rotation autour de son grand axe.

Enfin, dans la troisième, on cherche à combiner les effets de la suppression du vent et de la rotation du projectile.

La rotation, condition essentielle de l'emploi de projectiles non sphériques, est imprimée par deux méthodes différentes.

La première consiste à engager dans des rainures faites en hélice dans l'âme de la pièce, des tenons en saillie sur la surface du projectile ; dans l'autre on utilise la pression des gaz soit contre des palettes posées sur une tige vissée à l'arrière du projectile, soit contre des évents pratiqués dans les projectiles mêmes.

Pour mieux faire comprendre l'application de ces différents procédés, nous citerons quelques-uns des plus récents qui en offrent chacun un exemple remarquable.

Nous dirons auparavant un mot d'un système tout particulier qui a été tenté en Angleterre pour des

 BOULETS.

canons en fonte qui ont un moment attiré l'attention publique. Je veux parler des canons Leicester, qui sont des canons en fonte à âme tordue. Le problème mécanique consistant à exécuter une âme semblable à l'aide d'un alésoir dont l'outil est guidé par un noyau central héliçoïdal, est évidemment soluble, et, en effet, l'exécution de ces canons a été fort bien réussie en Angleterre. Mais ce qui n'a pas réussi, c'est le canon même. Et d'abord il ne répondait qu'à une partie du problème; il ne comportait évidemment pas des projectiles allongés, ce qui est une condition essentielle de succès. Toutefois un mouvement de rotation autour de l'axe horizontal suffit pour accroître la justesse du tir dans une grande proportion, aussi les résultats des premières expériences avaient fait croire à un certain succès pour ce genre de canons; mais, comme on devait s'y attendre, le boulet rencontrant des parois inclinées a produit des effets destructeurs pour la pièce, pour peu surtout que le vent du projectile fût un peu notable. L'expérience a parfaitement prouvé qu'il n'y avait rien à faire dans cette voie.

Système Cavalli. — Le major Cavalli est un officier de l'armée sarde; il a l'honneur d'avoir le premier proposé un système assez pratique pour que son adoption ait eu lieu chez quelques puissances : en Sardaigne, par exemple, et en Angleterre pour l'artillerie de marine. Cet officier fut envoyé, en 1846, à Acker, en Suède, pour fabriquer et expérimenter des pièces de son invention, d'un gros calibre, destinées à remplacer les mortiers pour la défense des côtes. Son canon est en fonte, du calibre de 30; l'âme porte deux rainures en hélice du pas de 3m,75, le chargement a lieu par la culasse (fig. 3425 et 3426). Le projectile pèse 25 kilog., est cylindro-ogival et porte sur sa partie cylindrique deux ailettes (*a*) venues de fonte avec le projectile qui entrent dans les rainures (*b*) de la pièce. C'est, comme on voit, le système de la rotation sans le forcement. Les épreuves constatèrent de remarquables résultats; ainsi avec 3k,628 de poudre et sous un angle de 5°, les portées moyennes des boulets sphériques et des projectiles allongés sont à peu près les mêmes; mais sous l'angle de 10°, les seconds dépassent les premiers de 358 mètres, et de 700 sous l'angle de 15°.

3425.

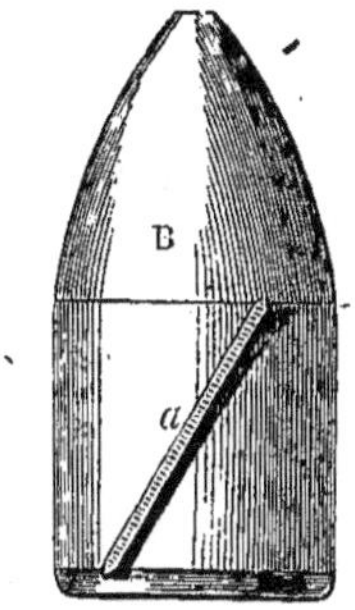

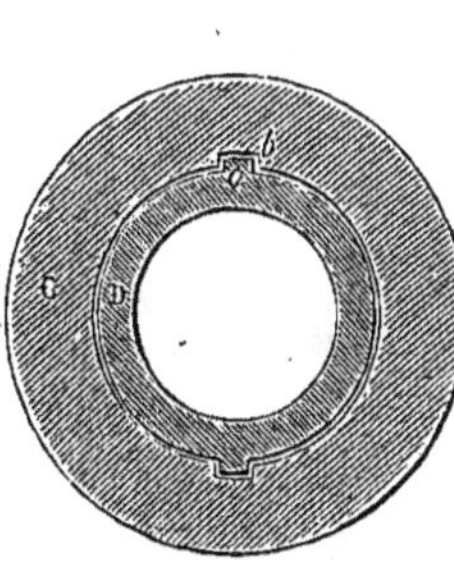

3426.

Si l'on prend la charge de 4k,534, l'augmentation de portée commence avec l'angle de 5°; elle est alors de 100 mètres, puis de 600 mètres pour 10°, et enfin de 1,000 mètres pour 15°.

Enfin, avec la charge de 5 kilog. que l'on adopta, on obtient une portée moyenne de 5,000 mètres, tandis que le mortier de 32, avec une charge de 14 kilog., ne va que jusqu'à 4,000 mètres et avec une justesse incomparablement moindre. Ces travaux furent connus en France par les rapports du capitaine Lepage, que le gouvernement envoya successivement en Suède et en Angleterre pour assister aux diverses épreuves qui y furent faites. Le capitaine Lepage ne se contenta pas de ces simples renseignements, il proposa à son tour une pièce de même nature, mais en supprimant le chargement par la culasse, si évidemment défectueux. Des épreuves pleines d'intérêt en furent faites à Calais, en 1854, et servirent, avec les résultats obtenus à Gavres par la marine, à arrêter définitivement la pièce aujourd'hui adoptée pour l'armement des côtes, qui est une pièce en fonte à trois rainures, se chargeant par la gueule et appartenant à la deuxième catégorie, c'est-à-dire donnant la rotation sans forcement avec un projectile allongé.

Mais le problème était loin d'être résolu pour les pièces en bronze. On ne pouvait songer aux ailettes en fonte qui eussent mis les bouches à feu immédiatement hors de service en arrachant le bronze, puisque le rapport de dureté entre l'âme et le projectile est inverse de celui qui existe dans la carabine, où le projectile en plomb suit les rainures d'une âme en fer. De plus, il n'était pas prouvé qu'à des distances plus rapprochées, telles que celles demandées par le service de campagne, la justesse dans le système de rotation sans forcement fût supérieure à celle des projectiles sphériques.

Système de M. le lieutenant Gras. — En 1850, M. le lieutenant Gras proposa deux projectiles cylindro-ogivaux auxquels il proposait de donner un mouvement de rotation autour de leur grand axe, et cela sans faire subir à la pièce en bronze aucune modification, en employant la réaction des gaz passant dans des évents inclinés ménagés à l'intérieur ou dans des canaux pratiqués à la surface du projectile.

La rotation fut produite d'une manière assez satisfaisante, mais la trajectoire était très-irrégulière, et l'on fut conduit à admettre en principe que dans tout système de projectile allongé tournant autour de son axe, la condition de la suppression du vent ou du forcement était indispensable. En effet, si l'on considère la manière dont un projectile sphérique se comporte dans l'âme de la pièce au moment de l'expansion des gaz causée par l'inflammation de la poudre, on remarque d'abord une pression sur cette âme par la partie inférieure du projectile. Celui-ci se relève ensuite et parcourt l'âme de la pièce par bonds successifs; c'est ce qu'on appelle les battements, cause principale des irrégularités du tir qui croissent avec la forme allongée du projectile et qui ne sont en rien diminuées par la rotation insuffisante produite par l'expansion des gaz. D'autres systèmes destinés de même à produire la rotation sans forcement n'ont pas eu des résultats plus satisfaisants.

Système Burnier. — La même cause amena le même résultat et vint confirmer la même conclusion pour ce système, qui était un pas important vers la solution de la question.

L'auteur proposait de creuser dans l'âme de la pièce trois rainures héliçoïdales. Dans ces rainures s'engageaient des boutons en cuivre qui faisaient saillie sur le projectile où ils étaient fixés dans un plan passant par son centre de gravité.

Les résultats furent bien autrement constants qu'avec le projectile précédent, mais toujours avec une trop grande incertitude dans la trajectoire.

Cependant la question venait de faire un pas, le tenon en cuivre n'endommageait pas d'une manière sensible la rainure pratiquée dans l'âme en bronze de la pièce, et dès lors on pouvait espérer pouvoir appliquer à l'artillerie de campagne le système Cavalli, par l'interposition, entre le bronze de la pièce et la fonte du projectile, d'un métal qui n'eût pas les effets destructeurs du second.

Nous n'entrerons pas dans les détails des quelques essais faits pour opérer le forcement par des sabots métalliques, susceptibles de s'écraser par l'effet de l'explosion. Ce culot, presque toujours brisé dans l'intérieur de la pièce, était projeté à petite distance et par suite d'un emploi dangereux. Cela n'était pas admissible.

Système du capitaine Tamisier. — Nous arrivons enfin au système qui donna la solution du problème si longtemps et si vainement cherché.

L'expérience avait démontré que toute modification apportée au projectile, sans rayer la pièce, ne pouvait réussir. L'axe de plus grande stabilité étant fort différent de l'axe de symétrie dans les projectiles allongés, dans une position donnée, dès que la rotation commence à s'établir autour de ce dernier axe, le projectile se présente plus ou moins de côté, les résistances extérieures croissent rapidement et diminuent en même temps la portée et la justesse.

Il n'en est pas de même avec des projectiles allongés à ailettes tirés dans des armes rayées : la force de rotation est alors suffisante pour donner au projectile une direction normale ; cependant à sa sortie de l'âme de la pièce, il se présente encore dans des conditions assez variables pour influer d'une manière fâcheuse sur la constance de la trajectoire. De là une seconde condition imposée : le forcement.

Enfin on ne pouvait songer à employer dans des armes rayées, en bronze, des projectiles en fonte, garnis d'ailettes de même métal comme dans la pièce Cavalli. Autre problème à résoudre. Tous allaient recevoir pour la première fois une solution satisfaisante.

M. le capitaine Tamisier s'était beaucoup occupé du tir des carabines rayées, ce qui lui permit d'établir que les principes appliqués à ce tir devaient être les mêmes pour celui des canons rayés. Il se posa donc pour conditions.

I. Pour le canon :

Une âme rayée.

II. Pour le projectile :

1° La forme oblongue cylindro-conique ou cylindro-ogivale.

2° Le mouvement de rotation autour du grand axe.

3° Des résistances directrices pour corriger la dérivation dont nous parlerons tout à l'heure.

4° Enfin le forcement ou la suppression des battements.

Voici comment il satisfit à chacune de ces conditions.

La pièce choisie pour les expériences était une pièce de 6; elle reçut trois rayures en hélice, également espacées de 4 millim. de profondeur et de 22 millim. de largeur, dirigées de gauche à droite pour l'observateur qui regarde la partie supérieure de l'âme, en étant placé à la culasse de la pièce, de sorte que le projectile sort en tournant de gauche à droite.

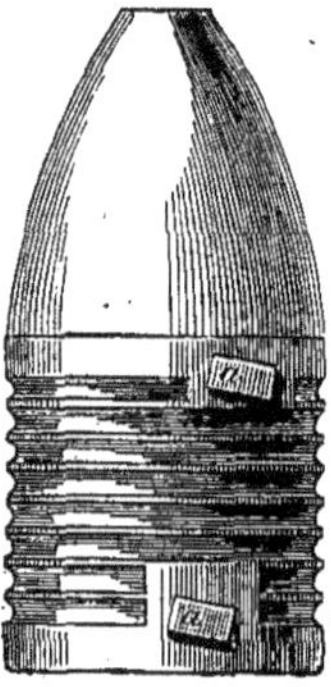

3427.

Le projectile était creux, cylindro-ogival, d'une hauteur double environ du diamètre de l'âme de la pièce, et pesant, chargé, à peu près deux fois le projectile sphérique ordinaire.

Sur la partie cylindrique du projectile, en haut et en bas, se trouvaient disposés deux à deux six tenons (fig. 3427), se raccordant exactement comme position, mais avec des dimensions un peu moindres avec les 3 rayures de la pièce. Ces tenons étaient en *zinc laminé*. Cette application du zinc, qui appartient en propre à M. Tamisier, est à elle seule la plus grande partie de la solution du problème, et, malgré nombre d'essais, on n'a pu s'en écarter.

Dans le tir des projectiles allongés, on remarque qu'ils portent toujours dans le sens de leur rotation, c'est-à-dire que s'ils sortent de l'âme de la pièce en tournant de gauche à droite, ils porteront d'une manière fort sensible à droite, c'est ce qu'on appelle la dérivation. Pour corriger cette dérivation, des cannelures horizontales à arêtes vives furent pratiquées sur la partie cylindrique du projectile; elles étaient au nombre de 7, avec une profondeur de $2^{mm},5$. Quant au forcement, M. Tamisier l'obtint par un moyen fort ingénieux, mais qui demande, pour être compris, quelques explications préalables.

La rotation est produite par la pression du tenon du projectile contre la rainure de l'âme de la pièce, celle-ci étant tracée en hélice entraîne dans sa direction le projectile. Ainsi, si la rotation est à droite, c'est-à-dire si le projectile doit sortir en tournant de gauche à droite, elle est produite par la pression du flanc gauche *ab* du tenon contre la face correspondante AB (fig. 3428) de la rainure. Nous donnerons à ces faces *ab*, AB le nom de *faces directrices du tir.*

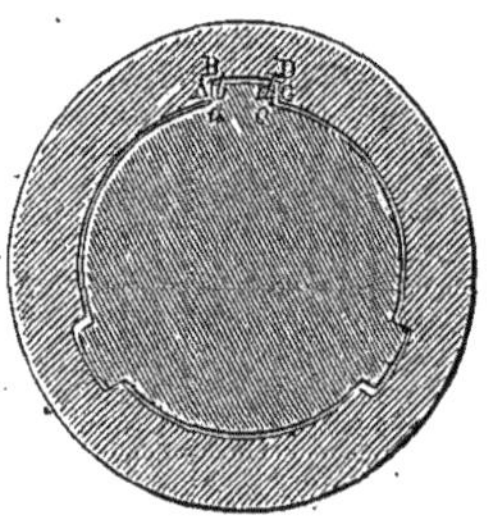

3428.

Lorsqu'au contraire le projectile entre dans la pièce, la rotation se fait par la pression des deux faces opposées *cd*, CD. Nous appellerons ces faces : *faces directrices du chargement*.

Ceci posé, examinons le tenon de M. Tamisier (fig. 3429). Le tenon en zinc laminé était mobile, entrant dans un encastrement, et glissant sur un plan EF perpendiculaire au rayon passant par l'extrémité A.

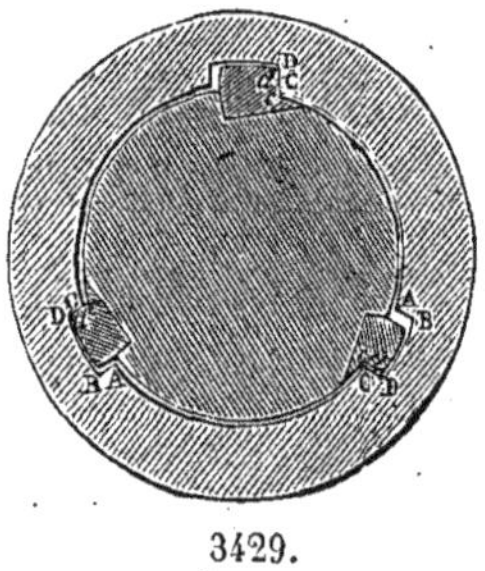

3429.

Dans le chargement, la pression des deux faces *cd*, CD ne produit aucun déplacement du tenon; mais dès que le projectile se met en marche, chassé par l'expansion des gaz, la pression des deux faces *ab*, AB, directrices du tir, fait glisser le tenon sur le plan EF (fig. 3430). La saillie du tenon sur le projectile augmente alors, et son sommet vient butter contre le fond de la rainure. Il y a donc suppression du vent dans le fond des trois rainures; les battements sont annulés et le projectile, dont l'axe se confond sensiblement avec celui de la pièce, se trouve forcé.

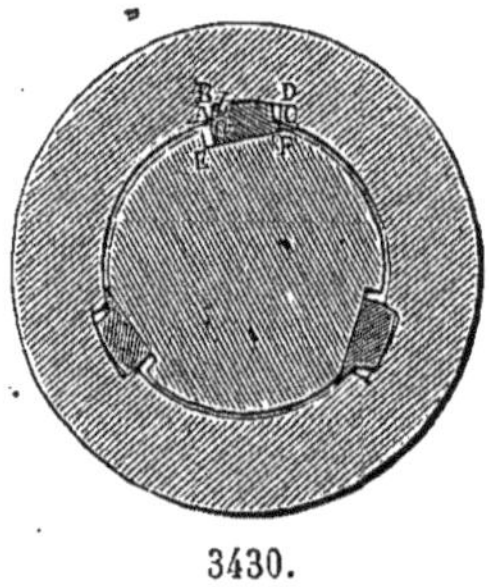

3430.

Il était difficile de trouver une solution plus ingénieuse. Employer des tenons rapportés en zinc et leur faire produire le forcement, c'était résoudre complètement le problème de la manière la plus heureuse et la plus nouvelle. Deux commissions, dont M. Tamisier faisait partie, examinèrent le système à Vincennes, en 1850 et 1851, et demandèrent la continuation des épreuves qu'elles déclarèrent satisfaisantes; malheureusement M. Tamisier, cédant à d'honorables scrupules, crut devoir, après le coup d'État du 2 décembre, donner sa démission, et se vit forcé d'abandonner ainsi à d'autres le soin des perfectionnements qui devaient rendre pratique son œuvre. La gloire de la solution trouvée ne lui en appartient pas moins tout entière, et ses camarades n'ont jamais cherché à la lui contester.

En 1853, la question fut reprise à La Fère, au point où l'avait laissée M. Tamisier, et fut soumise à une nouvelle commission, présidée par M. le général Larchey.

La commission, à la fin de ses travaux, résumait ainsi les observations qui donnent une idée complète de l'état où se trouvait la question des canons rayés en 1853.

1° Le chargement se fait sans difficulté toutes les fois que le tenon est en place.

2° La mobilité du tenon à laquelle est dû le forcement, présente plusieurs graves inconvénients. Dans le transport, le tenon se déplace, ce qui rend le chargement impossible, souvent même il s'échappe de son encastrement; plusieurs ont été retrouvés au fond des coffres. Enfin la moitié au moins de ces tenons est lancée avec la force d'une balle, à droite et à gauche, à 20, 30 et 50 mètres en avant de la bouche de la pièce.

3° En arrivant au but, ou à la fin de leur portée, les projectiles se sont toujours présentés la pointe en avant.

4° La dérivation à droite n'est sensible que dans la 2e partie de la trajectoire; on peut n'en tenir aucun compte jusqu'à 1,000 mètres. Dans le tir, sous de grands angles, il est facile, vu sa constance, d'y remédier par le pointage.

5° La supériorité de la pièce de 6, tirant un projectile pesant 5 kilog., avec une charge de 850 grammes de poudre seulement sur la pièce de 12 de campagne ordinaire, tirant un projectile de 6 kilog. avec 2 kilog. de poudre pour charge, s'est toujours maintenue sous le rapport de la justesse et de la portée.

De 600 à 900 mètres le tir est au moins égal pour les deux pièces, à 900 mètres, celui de la pièce de 6 devient incontestablement supérieur; à 1,200 mètres, cette supériorité augmente ; à 1,500 et à 1,800 mètres, le tir de la pièce de 12 est sans effet, celui de la pièce de 6 est encore efficace.

6° Les ricochets sont plus nombreux et plus rasants *dans le système rayé que dans l'ancien système roulant.*

7° Dans le tir, sous de grands angles, mêmes résultats quant à la portée ; sous l'angle de 30°, l'obus de la pièce de 6 a donné une portée moyenne de 4,400 mètres. Dans les mêmes conditions, le boulet de la pièce de 12 n'en a obtenu qu'une de 3,100 sans aucune justesse.

8° Les fusées lisses en bois et en zinc ont été essayées sans succès, probablement à cause de la faiblesse du diamètre de l'œil, et par conséquent de celle de la surface d'adhésion des fusées à la paroi de l'œil.

9° L'affût de 6 n'a éprouvé aucune fatigue, quoique dans le tir, sous de grands angles, il ait été placé dans les conditions les plus défavorables.

Devant d'aussi remarquables résultats, la commission n'hésite pas à conclure qu'il est de la plus haute importance de continuer les expériences relatives aux bouches à feu rayées tirant avec des projectiles à tenons en zinc.

Que ces expériences doivent porter surtout :

1° Sur la possibilité de substituer un tenon fixe au tenon mobile;

2° Sur toute autre méthode qui tendrait à rendre le chargement plus facile dans toutes les circonstances du service de guerre, soit de jour, soit de nuit;

3° Sur les moyens d'adapter à l'obus une fusée, soit en taraudant l'œil, soit en augmentant son diamètre;

4° Sur la meilleure forme à donner au projectile, en considérant l'obus de M. Tamisier comme remplissant le mieux les conditions de justesse et de portée.

Une nouvelle commission, composée à peu près des mêmes membres et toujours présidée par M. le général Larchey, se réunit en 1854, et le ministre lui ayant laissé toute latitude pour faire tous les essais qu'elle jugerait convenables dans les voies qu'avait tracées le rapport de 1853, le capitaine de Chanal, qui en avait été l'auteur, soumit à son examen cinq propositions :

1° Égueuler la pièce par un chanfrein de 4 millim. et en même temps raccorder le culot du projectile avec sa partie cylindrique par un arc de cercle de 20 millim. de rayon. Le chargement devait alors se faire avec la même facilité que pour les projectiles sphériques;

2° Agrandir l'œil de l'obus de manière à se servir de la fusée de 24 ordinaire;

3° Supprimer comme inutiles les rayures horizontales des projectiles destinés à procurer les résistances directrices;

4° Enfin remplacer le tenon mobile par un tenon fixe, mais en modifiant la forme de la rainure de la pièce;

5° Remplacer, par suite de ce changement d'action du tenon, le zinc laminé de M. Tamisier par du zinc fondu.

La quatrième proposition, qui était la principale et ne tendait à rien moins qu'à entraîner la commission dans l'examen d'un nouveau système, fut celle qui souleva le plus d'objections. Elle ne fut admise que grâce au général Larchey, qui comprit de suite que là résidait la solution définitive des canons rayés. Il importe de bien faire comprendre en quoi elle consistait.

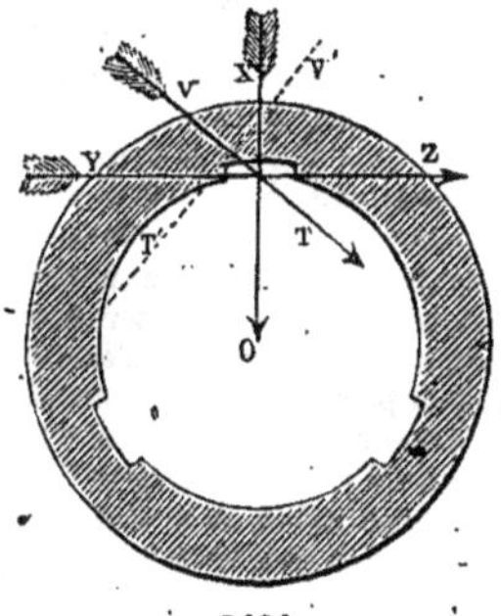

3431.

On se rappelle ce que nous avons appelé faces directrices du tir, faces directrices du chargement. Lorsque le projectile Tamisier est en marche dans l'intérieur de l'âme de la pièce, il tourne en vertu de la pression de la face directrice du tir de la rainure contre la face directrice du tenon, cette pression est représentée par une perpendiculaire YZ à la direction de ces deux faces (fig. 3431). Le forcement s'opère par la pression du sommet du tenon contre le fond de la rainure. Cette seconde pression est représentée par une normale OX à la surface interne de l'âme. Or si l'on compose ces deux lignes OX, YZ, la force TV ou la résultante donnera à la fois et la rotation et le forcement. En abattant donc le chanfrein de la face directrice du tir de la rainure (fig. 3432), suivant une ligne TV perpen-

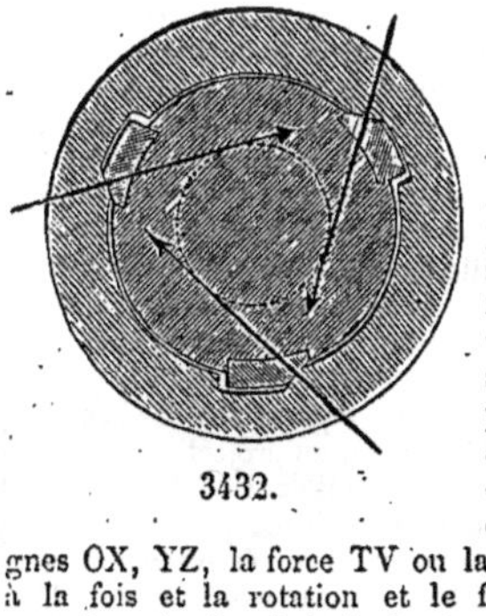

3432.

diculaire à cette composante, cette nouvelle face donnera la pression cherchée, pression qui produira et la rotation et le forcement.

On peut encore se rendre compte autrement de la réalité de ce résultat : soit une pièce dont la rainure ait ses deux faces directrices du tir et du chargement construites suivant le prolongement des rayons de l'âme (fig. 3433), AB est la face directrice du tir, et le tenon ne peut que s'appuyer contre elle en suivant l'hélice de la rainure, il y a alors rotation sans forcement. Soit, au contraire, cette face directrice AB (fig. 3434) inclinée, la coupe longitudinale montrera l'inclinaison de la face produisant une véritable modification de l'âme devenue d'un rayon variable OB, OX, OA, en sorte que l'on peut dire que c'est le plan incliné du projectile Tamisier sur lequel glissait le tenon qui se trouve transporté sur la pièce et que le forcement est obtenu par des moyens exactement inverses. Dans le cas du tenon mobile, le forcement était produit par un projectile, d'un rayon variable tendant sans cesse à s'accroître, glissant dans une âme d'un diamètre constant ; dans celui du tenon fixe, il est produit par un projectile d'un rayon constant, glissant dans une âme dont le rayon variable tend sans cesse à diminuer.

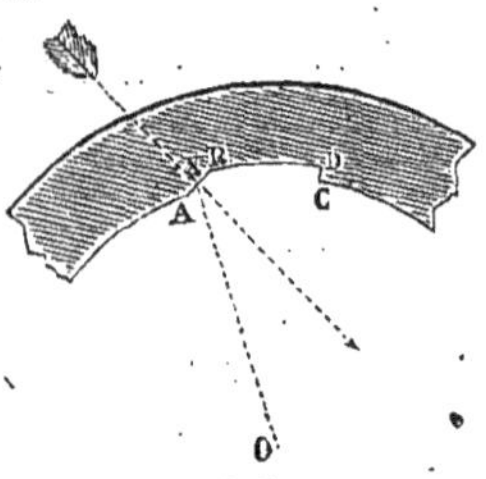

3433.

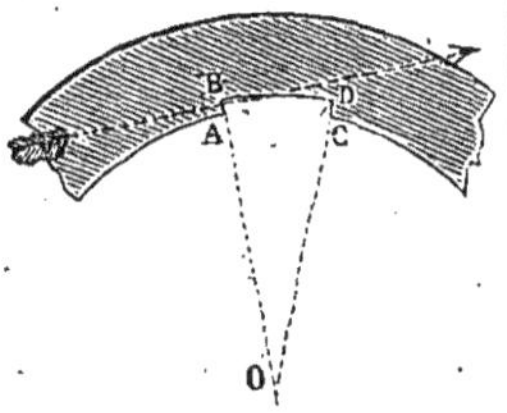

3434.

Cette dernière démonstration est peut-être moins saisissante que la première ; mais, outre qu'elle sert à la compléter, nous tenions à la produire parce que c'est en voulant, par une coupe de la pièce, se rendre compte de l'effet produit par la face directrice du tir de la rainure contre la face directrice du tir du tenon, que le capitaine de Chanal a trouvé la solution qui faisait l'objet de sa proposition.

Nous avons dit que la proposition avait été accueillie par maintes objections. Le capitaine de Chanal avait remarqué que lorsque les tenons du projectile Tamisier restaient en place ils prenaient l'empreinte de la rainure du canon; il prétendait donc que les tenons fixes viendraient se mouler pour ainsi dire sur le chanfrein abattu de sa nouvelle rainure et former de cette manière un ajustage parfait entre le projectile et la pièce. On répondait, au contraire, que la pression du nouveau flanc de la rainure serait telle qu'elle raserait complétement les tenons, et que si un mouvement de rotation était d'abord imprimé au projectile, ce dernier, privé de ses tenons, sortirait de la pièce sans être forcé comme le projectile Cavalli.

A Paris, le capitaine Treuil de Beaulieu, chef de l'atelier de précision du dépôt central, disait que ces tenons rapportés après coup n'avaient rien de pratique, et il voulait faire substituer au projectile que la commission de La Fère avait adopté, un projectile en fonte qu'il avait, disait-il, inventé depuis deux ans (fig. 3435). On a voulu établir, au moyen de ce projectile, une question de priorité; ce ne peut être sérieusement, car l'insuffisance de ce système est par trop évidente. En effet, le projectile avait des tenons venus de fonte dont les deux flancs étaient tangents à sa partie cylindrique, et c'est à ce titre que l'inventeur réclamait pour lui la priorité de l'idée de la rainure à flanc incliné. Or ce projectile qui n'avait été l'objet d'aucune proposition, parfaitement inconnu à la commission de La Fère, était impossible. En inclinant également le flanc directeur du chargement et le flanc directeur du tir, son auteur prouvait qu'il s'était rendu un compte fort peu exact du rôle que devait jouer cette inclinaison. Le projectile avec ses tenons en fonte aurait en dix coups mis la pièce en bronze hors de service. — Mais, disait M. Treuil, il n'y a pas de frottement plus doux que celui du fer sur le cuivre. — Il ne s'agit pas seulement du frottement, lui répondait-on, mais d'abord au départ d'un choc et ensuite d'une énorme pression pendant tout le parcours de l'âme de la pièce. — J'étamerai fortement mon tenon. — Votre étamage ne garantira pas suffisamment la pièce, et puis comment espérer faire venir de fonte un projectile tellement ajusté que les trois faces de ces tenons viennent s'appliquer sur les trois faces des rainures correspondantes, ajustage qui se fait aisément avec une précision parfaite quand on emploie le zinc de M. Tamisier?

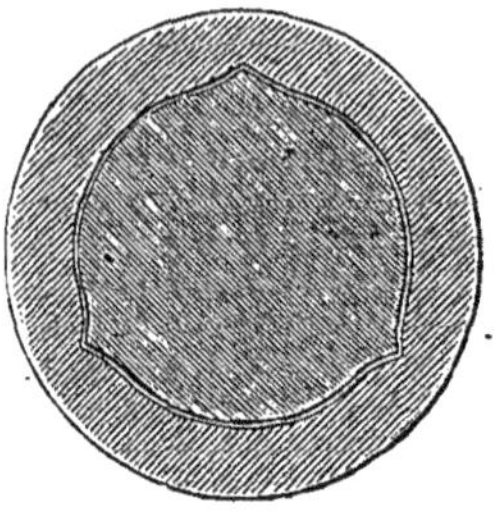
3435.

Le seul système qui eût pu, au point de vue de la priorité, primer celui du capitaine de Chanal est le système de M. Didion, aujourd'hui général d'artillerie. Pendant les épreuves Tamisier, en 1850, le général Didion proposa et essaya un système de rayure dont nous donnons le tracé. Le fond de la rayure donnait le forcement et en partie la rotation, il n'était plus concentrique avec l'âme de la pièce, mais incliné vers la face directrice du tir. Celle-ci se trouvait réduite à un simple arrêtoir de 2 millimètres (fig. 3436). Quant

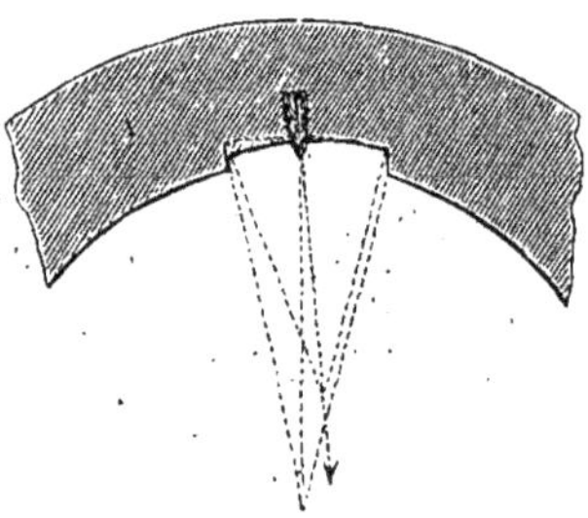
3436.

au projectile, au lieu de deux tenons, il n'avait par rayure, comme le projectile Cavalli, qu'une ailette qui occupait toute la hauteur de sa partie cylindrique. Ces ailettes étaient en métal d'imprimerie et fondues sur le projectile même. Il est évident que si les épreuves de ce système eussent été suivies avec attention, si la proposition de M. Didion eût rencontré le patronage intelligent d'un homme comme le général Larchey, on serait très-probablement arrivé, avec quelques modifications qu'auraient apportées l'expérience, à la solution du capitaine de Chanal, et le problème de l'artillerie rayée aurait été résolu quatre ou cinq ans plus tôt, c'est-à-dire assez à temps pour recevoir son baptême de feu à la guerre d'Orient.

Grâce cependant à l'énergie et à la persévérance de

M. le général Larchey, que l'on peut dans cette circonstance considérer comme le second père du système proposé, les expériences eurent lieu, et toutes les prévisions du capitaine de Chanal se vérifièrent.

Les tenons ne furent pas rasés. Le projectile sorti de la pièce sans aucun battement tournait autour de son grand axe, et avait gagné en justesse et en portée sur le projectile Tamisier.

L'arrondissement du raccordement du culot avec la partie cylindrique du projectile, destiné à faciliter le chargement, n'eut aucune influence sur le tir.

Il en fut de même de la suppression des résistances directrices; enfin le zinc fondu put remplacer pour les tenons fixes le zinc laminé qu'exigeaient les tenons mobiles de M. Tamisier.

En 1855, une nouvelle commission s'assembla à Calais : on mit à sa disposition deux pièces de 16, tirant des projectiles de 15 kilog. Ces pièces et leurs projectiles étaient exactement construits d'après les principes dont l'application avait réussi à La Fère, c'est-à-dire que l'on allait continuer les épreuves du système Tamisier, modifié par le capitaine de Chanal, mais sur un gros calibre. On était alors au plus fort de la guerre de Crimée, et le siége de Sébastopol, ainsi que les projets d'attaque dans la mer Baltique, demandaient l'emploi des engins les plus puissants.

La même commission devait essayer en même temps deux pièces en fonte du système Cavalli, modifié par M. le commandant Lepage, modification qui, comme nous l'avons dit déjà, consistait à les charger par la bouche, tandis que la pièce primitive Cavalli se chargeait par la culasse. Ces pièces étaient des obusiers de 80, forés au calibre de 30, et tirant des projectiles pesant 50 kilog.

Les expériences démontrèrent que la modification de M. Lepage était possible. Le projectile se chargeait aussi facilement qu'un boulet sphérique, et le tir fut aussi satisfaisant que celui de la pièce Cavalli sous le rapport de la portée et de la justesse.

Les deux pièces en bronze de 16, système Tamisier modifié, donnèrent des résultats inattendus, même pour les esprits les plus prévenus en leur faveur.

Les tableaux suivants en sont le résumé, comparativement à ceux obtenus ordinairement par les pièces de même calibre à boulets sphériques. La pièce de 16 ordinaire, tirant un projectile de 8 kilog. avec 2^{kil},66 de charge, a une portée de [1]

955 mètres pour une inclinaison de tir de. .	2°
1,230 mètres.	3°
1,460 mètres.	4°
2,020 mètres.	7°
3,100 mètres.	15°
4,000 mètres.	40°

La pièce de 16 rayée, tirant un projectile cylindro-ogival de 15 kilog. avec 2^{kil},50 de charge, a une portée de

500 mètres pour un tir horizontal.	0
1,000 mètres pour un angle de tir de. . . .	1°,30
1,500 mètres	3°,00
2,000 mètres	4°,45
3,000 mètres	9°,10
4,000 mètres	14°
5,000 mètres	20°

Ainsi, pour obtenir un tir de 4,000 mètres, il faut mettre la pièce de 16 ordinaire sous l'angle de 40°, impossible dans la pratique habituelle de la guerre. On tire au contraire la pièce rayée facilement sous un angle de 20°, et l'on obtient une portée de 5,000 mètres.

[1] Ouvrage du général Piobert, page 130.

Quant à la justesse, le premier tir en a si peu que son appréciation à ces distances ne se trouve dans aucun ouvrage; celle de la pièce rayée peut, au contraire, avoir de fort bons effets. Ainsi la comparaison des deux tirs, sous le rapport de la justesse, donne le tableau suivant [1] :

Distance.	16 ORDINAIRE. Moyenne des écarts.	16 RAYÉ. Moyenne des écarts.
1,000	2m,30	1m,28
1,500		1m,43
1,600	7m,20	
2,000	13m,00	1m,63
2,200	17m,20	
2,400	22m,00	
2,500		3m,00
4,000		5m,50
5,000		15m,29

Enfin, pour terminer ces comparaisons, le canon de 16 ordinaire, à 550 mètres, atteint une embrasure de batterie 14 fois sur 100, le canon de 16 rayé, à 1,000 mètres, donne le même résultat 40 fois sur 100. Quant à la dérivation, sa constance fut telle, qu'il fut possible de dresser une table des hausses horizontales et verticales depuis 1,000 jusqu'à 5,000 mètres, la hausse horizontale étant destinée à corriger complétement cette dérivation.

Les conclusions de la commission furent que le problème était résolu, qu'il n'y avait pas un moment à perdre pour transporter les épreuves sur le théâtre de la guerre. La commission demandait seulement, comme celle de La Fère, la suppression des rainures destinées à procurer des résistances horizontales, l'arrondissement du culot du projectile, et enfin un agrandissement de la chambre intérieure pour que le projectile pût contenir une plus grande quantité de poudre. Le capitaine de Chanal, devenu le major de Chanal, était encore rapporteur de la commission. Mais la commission n'avait pour président qu'un simple colonel, et son enthousiasme recevait à Paris encore des sourires d'incrédulité. Le rapporteur, le major de Chanal, se décida à porter directement sous les yeux de l'empereur les résultats obtenus à Calais. A cette époque, la guerre de Crimée préoccupait tous les esprits, et la cause des projectiles allongés, où leur rôle semblait devoir être si important, était si peu gagnée, que le président du comité de l'artillerie, M. le général Lahitte, voulait que l'armement de l'expédition de la Baltique se fît avec les canons rayés en fonte de la marine, canons expérimentés à Gavres, et qui donnaient des résultats à peu près semblables à ceux obtenus par le commandant Lepage à Calais, c'est-à-dire de la portée sans justesse, ne trouvant pas que les études sur les canons Tamisier modifiés fussent assez complètes.

L'empereur décida que l'armement de l'expédition qui devait avoir lieu dans la Baltique contiendrait 50 pièces de 24 rayées au nouveau système, et tirant des projectiles creux cylindro-ogivaux à tenons fixes, pesant 25 kilog. La commission s'assembla encore à Calais à la fin de 1855 et au commencement de 1856; une table de tir était dressée pour les nouvelles pièces, depuis 1,000 mètres jusqu'à 6,000 mètres.

Les rainures directrices horizontales étaient supprimées sur le projectile.

L'arrondissement du culot n'avait pas été adopté, mais la pièce avait été légèrement égueulée, ainsi que l'avait proposé M. le major de Chanal dans la commission de 1853.

Ces dernières expériences de Calais furent couronnées par un tir en brèche sur un ouvrage de fortification abandonné. Il fut alors démontré que ces nouveaux

[1] Ouvrage du général Piobert, page 137.

projectiles agissaient sur les maçonneries à l'instar d'une fougasse, c'est-à-dire que, pénétrant et éclatant à la fois, ils formaient une chambre bien autrement formidable que l'entonnoir obtenu par des projectiles sphériques, et qu'on pouvait ainsi, à une distance infiniment plus grande que la distance du tir en brèche ordinaire, faire une brèche praticable avec moitié moins de coups, et par conséquent moitié moins de temps et de sang qu'avec les anciens boulets.

Depuis que l'empereur s'était prononcé, le plus vif enthousiasme avait succédé au doute et même quelquefois à l'ironie. L'empereur envoya au général vicomte de Lahitte le programme d'une pièce ayant le poids et le calibre de l'ancienne pièce de 4, et devant tirer des projectiles pesant 4 kilog. C'était rentrer dans les véritables conditions du nouveau système, car, ainsi que le disait la commission de 1855 dans son rapport : Le système de l'artillerie rayée a sur celui des armes portatives analogues l'énorme avantage que son perfectionnement, loin de s'acheter par une augmentation de poids qui rend l'usage de ces dernières d'un succès douteux, s'opère au contraire par un allégement tel qu'on double au moins les effets sans toucher au poids de l'arme.

Une nouvelle commission fut assemblée à La Fère, pour la confection de cette pièce. Le major de Chanal, qui cependant n'avait demandé d'autre récompense que celle d'être attaché à tous les travaux qui se feraient sur le système Tamisier, qu'il avait si heureusement modifié, n'y fut pas appelé, et dut rester à son corps. Plusieurs changements furent encore apportés à la pièce et au projectile, mais aucun n'affecta l'essence même du système, qui resta tel que l'avait proposé la commission de La Fère, et expérimenté avec tant de succès celle de Calais, c'est-à-dire des rainures en hélice, dont la face directrice du tir est inclinée, rainures dans lesquelles entrent des tenons en zinc rapportés d'une manière fixe dans la partie cylindrique du projectile et que la force de l'expansion de la poudre vient ajuster contre le bronze de la pièce. Enfin le projectile a sa partie cylindrique lisse, étant définitivement admis que les rainures horizontales du système Tamisier ne produisaient aucun effet utile.

La commission de Calais avait demandé des études sur la position qu'occupaient les rainures au fond de la pièce; il n'était pas en effet indifférent pour l'équilibre du projectile que celui-ci, au moment de l'expansion des gaz de la poudre, reposât sur un tenon dans sa partie inférieure ou sur deux dans sa partie moyenne. La commission de La Fère, en adoptant six rainures et douze tenons, obvia à cet ordre d'inconvénients. De plus, elle fit rétrécir les rainures vers leur extrémité et l'ailette touchant les deux faces lorsque le projectile est en place, on évita ainsi un choc destructeur qui avait lieu lorsqu'il quitte, au moment de l'explosion, la face directrice du chargement pour s'appuyer sur la face directrice du tir. Ainsi faite la pièce est inusable et le tir encore amélioré.

La commission apporta encore un changement à la forme des tenons. Ceux-ci, dans les pièces de 6, de 16 et de 24, essayées à La Fère et à Calais, étaient carrés. Pour le tir de guerre, cette forme n'avait aucun inconvénient, mais pour le polygone où les projectiles doivent servir plusieurs fois et où par conséquent les vieux tenons doivent être remplacés par des neufs, il n'en est pas de même. En effet, le métal est refoulé dans sa mortaise et il est difficile de l'en arracher sans endommager celle-ci. La commission donna la forme ronde cylindrique à ses tenons; la mortaise peut alors facilement être vidée au moyen d'une mèche anglaise.

Un matériel complet, voitures, affût et caissons, fut exécuté pour les nouvelles pièces, et en 1857, au mois de mai, date qui sera mémorable dans les fastes de l'artillerie, une pièce rayée, tirant des projectiles cylindro-ogivaux à rotation et forcement, avec affût et caissons, fut présentée à l'empereur dans la cour du dépôt central de Saint-Thomas-d'Aquin; le programme tracé par Sa Majesté avait été rempli en moins d'un an.

Projectiles Armstrong, Krupp, etc. — Les projectiles à tenons adoptés avec grand succès en France ne constituent pas le seul système employé. En Angleterre notamment, on a pris une direction différente pour arriver à construire des bouches à feu lançant des boulets tournants à de très-grandes distances. Nous avons déjà décrit la fabrication des bouches à feu construites par Armstrong et Withworth, nous n'avons qu'à décrire ici les projectiles et les modes de chargement.

Système Armstrong. — Le chargement se fait par la culasse, à travers une ouverture cylindrique pratiquée au centre de celle-ci, et qui dans cette partie consiste en une très-forte vis. Une autre ouverture à section rectangulaire est ménagée dans la pièce à sa partie supérieure et descend jusqu'au delà de l'arête inférieure de l'âme. C'est par cette ouverture que l'on introduit de haut en bas une sorte de coin à poignée A, destiné à servir d'obturateur pour s'opposer à l'échappement des gaz. Cette pièce en fer présente antérieurement un tronc de cône en cuivre rouge, qui s'ajuste dans une portion creuse de même forme ménagée dans l'âme en arrière de la charge.

Lorsque l'obturateur est à sa place, on l'y serre fortement à l'aide de la vis de la culasse D, vis creuse de grand diamètre qui donne passage à la gargousse par son centre et qui applique le tronc de cône en cuivre dans le logement qui lui est réservé, comme on le voit par la coupe figure 3330, qui montre le vide pratiqué pour le

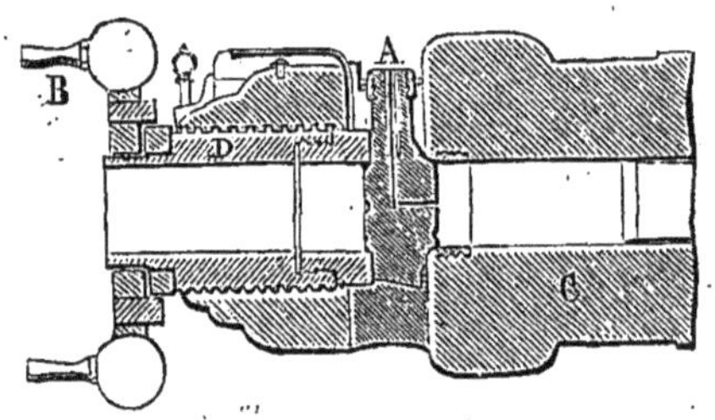

Fig. 3330.

passage de l'obturateur et comment il est serré par le contour extérieur de la grosse vis, mue à l'aide des poignées B. Cet obturateur se déforme assez vite et il faut le remplacer souvent pour éviter les fuites de gaz. Il faut d'ailleurs remarquer que pour peu que l'action des gaz fasse reculer cet obturateur, il en résulte qu'un passage annulaire plus ou moins grand leur est ouvert.

Les rayures, en grand nombre, de ce canon, sont analogues à celles qui étaient autrefois pratiquées dans les carabines à balles forcées, qui se chargeaient au maillet par la volée, ce que d'ailleurs il était naturel d'imiter, puisque le projectile est enveloppé de plomb coulé autour de la fonte, cannelée circulairement pour rendre le plomb le plus adhérent qu'il est possible. Ce projectile ayant un diamètre extérieur un peu plus grand que celui de l'âme, son enveloppe en plomb se force dans les rainures, et il est obligé de prendre le mouvement de rotation. Le peu de résistance du plomb a d'ailleurs obligé à multiplier les rayures autant qu'il a été possible.

Ce mode de direction par le forcement du plomb supprime le vent et offre certains avantages; la vitesse imprimée est plus grande, et l'absence du vent empêche, au moment de la sortie, le projectile de prendre un mouvement anormal. Il en résulte donc plus de vitesse, plus de portée et plus de justesse, toutes choses égales d'ailleurs.

Ces avantages sont compensés par des inconvénients nombreux. La fabrication des projectiles est délicate; il faut des précautions particulières pour que l'enveloppe de plomb se maintienne exactement pendant qu'elle est entaillée, coupée par l'extrémité des filets saillants qui subsistent entre les rainures creuses; car si elle venait à se séparer, il n'y aurait plus de mouvement de rotation. La conservation de ces projectiles dans les transports, dans les parcs, dans les batteries, exige de grands soins et des précautions minutieuses, difficiles à prendre à la guerre. Le moindre choc peut déformer l'enveloppe et gêner l'introduction du projectile dans l'âme. Enfin elle peut s'arracher et devient dangereuse pour les troupes qui se servent de cette pièce que la fig. 3331 représente placée sur un affût de place.

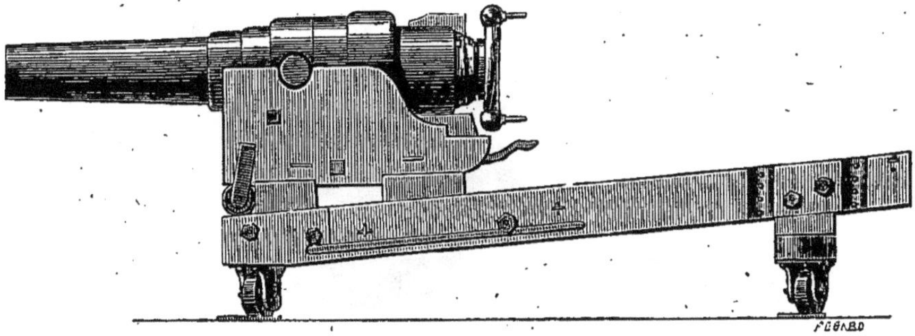

Fig. 3331.

La chaleur développée par les gaz de la poudre et l'échauffement de la pièce peut déterminer et paraît déterminer fréquemment la fusion d'une partie du plomb, qui alors encrasse les rayures et empêche le forcement complet. Aussi se croit-on obligé de laver la pièce après chaque coup de canon, d'abord, sans doute, pour la refroidir, et peut-être bien pour enlever la crasse de la poudre, qui peu à peu pourrait bientôt remplir les rayures peu profondes et nuire au forcement.

Système Withworth. Dans le système adopté par Withworth le mouvement de rotation des projectiles est obtenu au moyen de rayures à profil courbe, qui, au lieu d'être creuses, sont en saillie sur la partie cylindrique de l'âme. Ces sortes de filets, dont le pas est à peu près le double de la longueur de l'âme, n'ont pas le même profil aux deux bords; du côté où appuie le boulet, le contour a un rayon de courbure plus petit que de l'autre.

Le boulet, au lieu d'ailettes en saillie, présente des rayures hélicoïdes creuses, à profil courbe, faites à la machine, et qui au besoin peuvent être obtenues à la fonte. La rotation est ainsi obtenue, mais le forcement est seulement approché et cela au prix d'une fabrication très-parfaite des projectiles.

A l'aide de ces dispositions, le projectile peut être introduit dans l'âme à frottement libre, soit par la volée à la manière ordinaire, soit par la culasse. On a adopté, pour le service de terre, une forme ovoïde allongée dont la longueur peut atteindre deux à trois fois son diamètre; mais pour le service de la marine, et principalement pour obtenir le percement des plaques, la forme ovoïde est considérablement modifiée: les deux extrémités sont tronquées par un plan perpendiculaire à l'axe et offrent une section circulaire à contours à peu près vifs et d'un diamètre peu inférieur à celui de la pièce.

Les gargousses de M. Withworth, pour les pièces qui se chargent par la culasse, sont terminées par un culot en fer-blanc analogue à celui de cuivre ou de papier que l'on a depuis longtemps proposé et employé pour les armes portatives qui se chargent par la culasse, et qui, en s'ouvrant un peu sous l'action des gaz sert naturellement d'obturateur. Il convient d'ailleurs de faire de nouveau remarquer que ce système de culots expansifs utilise l'action du gaz de la poudre pour assurer l'obturation, et qu'il est en lui-même bien plus rationnel que celui des tampons tronconiques métalliques, qui, pour peu qu'ils cèdent à la pression des gaz, leur ouvrent une issue, ce qui effectivement arrive avec les obturations de S. Armstrong après un certain nombre de coups. On a reproché aux canons de M. Withworth la plus grande précision donnée à certaines parties et en particulier au projectile, qui n'a que très-peu de vent, ce qui, après quelques coups, doit occasionner des difficultés pour le chargement.

Artillerie de marine. Le système des projectiles à enveloppes de plomb a été adopté par divers fabricants renommés de bouches à feu se chargeant par la culasse, par Krupp notamment. En France, on est resté fidèle, avec grande raison, au système de tenons pour les puissantes pièces d'artillerie de nos navires, destinées à être employées contre les cuirasses, et qui, dans les conditions de leur emploi à bord des navires, doivent être chargées par la culasse. Comme nous l'avons dit à Bouches a feu, le système de frettage en acier puddlé,

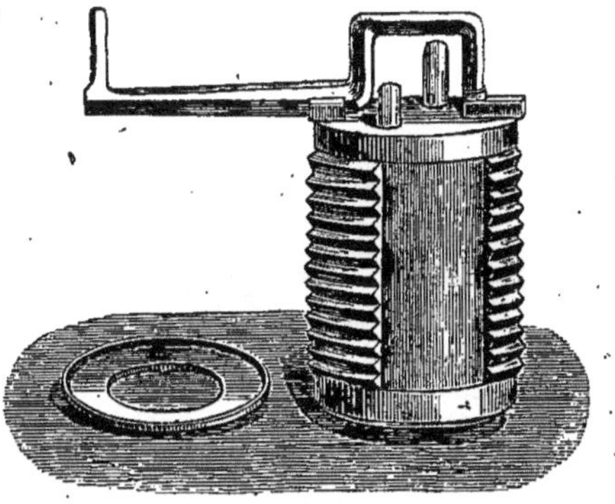

Fig. 3332.

pratiqué à chaud, a permis de les exécuter avec toute sécurité, en excellente fonte de fer au bois, et on a pu ainsi, dans des conditions acceptables par la pratique, penser à transformer l'artillerie de la marine de manière à balancer par son progrès dans l'offensive, le grand progrès fait dans la défensive par les cuirasses formées de plaques de fer de 0,15, qu'avaient rendues nécessaires les puissantes bouches à feu placées sur les navires, les obusiers longs proposés par Paixhans, dès 1821, avec lesquels il montrait qu'on pouvait avec un seul projectile détruire le plus grand navire.

Sans vouloir ici décrire la fabrication de ces bouches à feu, nous donnerons le curieux système de fermeture, dû à l'Américain Castman (fig. 3332), qui est bien supérieur à celui d'Armstrong, n'affaiblit pas les parties de la bouche à feu qui ont besoin de la plus grande résistance. Nous devons en donner ici la description.

trop considérable, pour les manœuvres sur un navire.

Matière des projectiles. Nous avons supposé, dans ce qui précède, que la matière du projectile est la fonte de fer, la substance par excellence par son bas prix et la facilité de l'amener par la fusion à la forme voulue. Toutefois la fonte ordinaire est trop cassante pour le tir contre les cuirasses, et l'effet du projectile qui se brise est annulé. Aussi on a fabriqué des projectiles en acier martelé, qu'il eut fallu adopter malgré leur prix élevé,

Fig. 3333.

Il consiste dans une forte vis qui répartit sur de nombreux filets la pression due à l'explosion de la poudre, semblablement au système employé pour communiquer à un navire la poussée de l'hélice, mais en supprimant l'inconvénient qui résulterait de la nécessité de détourner un grand nombre de tours. A cet effet, on divise la vis et l'écrou de la culasse en six sections égales : trois dans lesquelles les pas de la vis sont enlevés alternativement avec les parties conservées. Lorsqu'on veut enfoncer le bouchon de culasse dans la pièce, on le présente de manière que les parties filetées conservées se trouvent en face des parties devenues lisses dans le canon, et réciproquement; un faible effort enfonce le bouchon supporté par une forte charnière, et lorsqu'il est à fond, on n'a qu'à lui faire décrire un sixième de tour pour faire reposer, l'une sur l'autre, les deux parties filetées. Une longue manivelle indique cette rotation, et est maintenue par un verrou qui empêche un déplacement qui pourrait être produit par quelque vibration, et qui causerait des accidents d'une extrême gravité.

A l'extrémité extérieure du bouchon de culasse est fixée une rondelle porte-obturateur en acier; son centre est une saillie circulaire qui sert à placer et cintrer l'obturateur. Ce dernier, espèce de couronne de forme tronconique, dont les bords vont en s'amincissant, fait la fonction de culot dans la cartouche des fusils Lefaucheux, reçoit la pression des gaz, et, grâce à son élasticité, est dilaté et pressé sur les parties environnantes, de manière à empêcher tout passage des gaz. Fixé à la rondelle par un boulon à large tête, l'obturateur est facilement changé, ce qui rend nécessaire sa fréquente déformation ou sa rupture.

Le canon de 0m,20, rayé (fig. 3333), pesant 14,000 kilogr., que la figure représente placé sur son affût en fer et tôle, tire, avec une charge de 20 kilogr. de poudre, un boulet massif en acier, ogivo-cylindrique ou cylindrique, du poids de 144 kilogr. L'extrémité du projectile doit être plane pour ne pas entraîner de consommation de force vive par l'écrasement de sa pointe, quand il s'agit de traverser des cuirasses.

Ce canon pourrait être employé jusqu'à 2000 mètres contre des navires cuirassés, revêtus de plaques de 15 centimètres; mais son action très-efficace est limitée à 1000 mètres. A cette distance, il détruirait en un petit nombre de coups les plus fortes murailles construites jusqu'à ce jour. C'est, on le voit, une puissante machine de destruction, qui n'est pas encore de poids par

si on n'arrivait à d'aussi bons résultats avec la fonte durcie par la trempe. Les plus surprenants ont été obtenus par Paliser qui a produit des projectiles en fonte durcie, bien supérieurs même à ceux en acier pour le tir contre des plaques de blindage.

Boulets percutants. — Toutes les fois qu'un projectile allongé se meut avec une rotation autour de son grand axe, qu'il atteint le but la pointe en avant, il est possible d'en faire un projectile percutant qui fait explosion en atteignant l'obstacle contre lequel il est lancé. C'est surtout au point de vue de la guerre maritime que ces projectiles ont été essayés; on comprend l'effet destructeur d'un projectile creux qui ferait explosion au moment où il traverse la paroi d'un vaisseau.

M. Devisme, armurier de Paris, a proposé une disposition de ce genre pour des projectiles creux qu'on peut lancer avec ses grosses carabines. Nous donnerons une idée du système qui lui a réussi malgré la difficulté de loger le système percutant dans un projectile de petit volume (c'est toujours dans des dispositions analogues à celles que nous allons décrire que reviennent celles adoptées); mais, répétons-le, elles ne sont possibles qu'autant qu'on résout d'abord complétement le problème de donner au projectile allongé une rotation autour de son axe.

Dans l'axe du projectile on dispose une broche en fer d'un certain poids, qui est maintenue à frottement doux dans deux collets faisant partie du projectile et dans lesquels elle peut glisser par un choc brusque exercé dans le sens de la longueur. Ce choc sera l'effet produit par la rencontre du but, et par son inertie la broche exercera un effort considérable pour continuer son mouvement. Si donc on a disposé une capsule, une amorce fulminante, placée sur une partie solide, devant cette broche, celle-ci viendra percuter l'amorce et déterminer l'explosion de la poudre en contact avec elle.

Pour éviter les dangers auxquels pourrait exposer le maniement de semblables projectiles, on a adopté dans la marine un fil de plomb pour maintenir la broche. Ce fil est assez fort pour résister à une chute du projectile de 9 mètres de hauteur sur le pavé, ce qui met à l'abri de tout accident, sans que l'explosion manque jamais quand le boulet atteint son but.

Ceci devient inutile pour les énormes projectiles destinés à percer les blindages; au moment du choc, la production de chaleur est amplement suffisante pour enflammer la poudre placée dans leur intérieur.

BOUSSOLE. Nous avons déjà parlé de la boussole dans ses applications au levé des plans où la direction constante qu'elle fournit facilite beaucoup le travail, pour le levé des mines souterraines notamment, et de son emploi pour la navigation où cette propriété d'indiquer la direction est si précieuse. Nous représentons fig. 3437 la disposition que l'on donne sur les navires

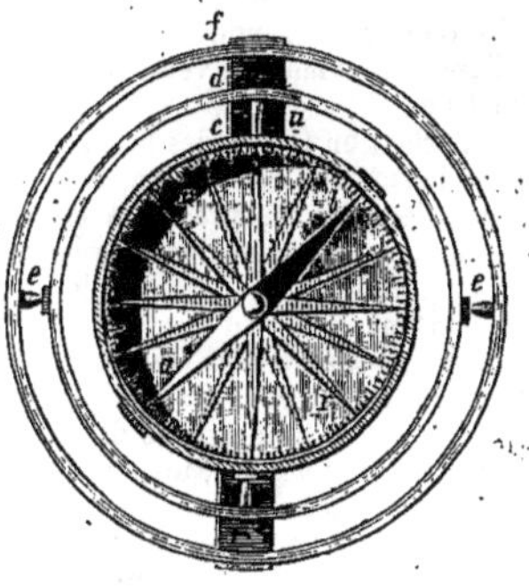

3437.

à la boussole. Elle offre ceci de particulier que, par l'effet d'une double suspension à angle droit des deux cercles qui la portent, d'un joint de Cardan, les mouvements du navire sont annulés, qu'elle reste horizontale et son axe vertical, qu'il ne se produit pas de frottements qui empêchent l'aiguille de conserver sa véritable direction.

La boussole se dirige vers le sud avec une intensité qui est en raison de la force du magnétisme terrestre, la terre agissant tout à fait comme le ferait un barreau aimantée. Elle peut donc servir à déterminer la composante horizontale du magnétisme en un lieu donné. A l'aide de la boussole dite *d'inclinaison* on peut, de même, en chaque lieu, déterminer la direction de la composante verticale. Elle se compose d'une aiguille aimantée traversée en son centre de gravité par un axe cylindrique en acier poli qui repose par ses deux extrémités sur des couteaux d'agate très-fine. Un cercle gradué, ayant même centre que la boussole, donne l'inclinaison du lieu comme la boussole horizontale donne la déclinaison avec le méridien du lieu ; seulement la première doit avoir son centre de gravité dans le méridien magnétique du lieu, déterminé à l'aide de la boussole horizontale.

On a dû souvent se demander pourquoi la boussole marine, le compas, comme l'appellent les marins, était formée d'une aiguille portant une chape par laquelle elle repose sur une pointe, et par suite était établie de manière à être à la mer dans un état perpétuel d'agitation fort préjudiciable aux observations.

M. Keller a indiqué l'origine de cette disposition traditionnelle dans l'emploi fait autrefois de la boussole pour déterminer les situations lunaires (méthode abandonnée à tort pour étudier les courants de marée), ce qui exigeait que l'axe de la boussole fût placé parallèlement à l'axe du monde, à ce que leur plan devînt un plan équatorial.

A partir du moment où cette méthode fut vouée à l'oubli, on ne comprend pas, dit le savant ingénieur, que la tradition des roses ballottantes ait pu lui survivre, en présence des graves inconvénients qu'elles offrent aux navigateurs par leurs mouvements perpétuels. Cependant, rien n'était plus facile que de supprimer ces oscillations imprimées à la rose du compas par les mouvements incessants du navire. En effet, dès que la mobilité de la rose en tous sens n'était plus nécessaire, on était certain d'anéantir ses ballottements verticaux en maintenant son axe entre deux chapes fixes superposées. Par ce moyen, le plan de la rose étant devenu horizontal, il devenait inutile de contrebalancer l'effet de l'inclinaison magnétique par un poids placé sur la branche sud de l'aiguille aimantée. Or la position excentrique de ce contre-poids et son inertie l'empêchant de participer immédiatement aux changements de vitesse du centre de suspension entraîné par les mouvements du navire, évidemment ce contre-poids est la cause principale de l'agitation de la rose. Sa suppression assurerait la stabilité de la rose en même temps qu'elle dispenserait de la nécessité de déplacer le contre-poids sur la même branche de l'aiguille, d'une latitude à l'autre dans le même hémisphère, et d'une branche à l'autre en changeant d'hémisphère : or, pour réaliser ces avantages, il suffirait que l'axe de suspension de l'aiguille aimantée passât par son centre de gravité déterminé avant l'aimantation, comme pour les aiguilles d'inclinaison. Il ne resterait plus alors qu'à opposer un frottement à l'action de l'inclinaison magnétique, pour l'empêcher d'agir sur la rose quand (le navire donnant de la bande) elle se trouve écartée notablement du plan horizontal malgré la suspension à la *Cardan;* or ce frottement efficace pourrait être déterminé par un petit ressort maintenu par le poids de la rose, quand son axe est vertical, et qui entrerait en jeu lorsque, cet axe s'inclinant, le poids de la rose pèserait moins sur les ressorts que sur les colliers de l'axe. Dans ces conditions, le compas ne fonctionnant que dans le plan horizontal, sa rose serait exempte de toute oscillation accidentelle.

BRIQUES CREUSES. Une heureuse idée, reposant sur une extension des moyens d'agir sur les matières plastiques, est venue donner naissance à une importante industrie. Voici ce que dit, à cet égard, le rapporteur du Jury de la quatorzième classe, qui, à l'exposition universelle de 1855, a décerné à son auteur, M. Borie, la médaille d'honneur :

« On éprouvait depuis longtemps le besoin de matériaux en même temps solides, légers et susceptibles, par leur forme et par la disposition de leurs pleins et de leurs vides, de se juxtaposer et de se superposer convenablement et facilement, de se lier avec le moins possible de mortier ou de plâtre, de s'opposer à la propagation de l'humidité du sol, du froid ou du chaud extérieurs, des sons d'une localité à une autre, etc., c'est à quoi satisfont parfaitement et complétement les matériaux tubulaires ou briques creuses de M. Borie. Leurs dimensions variées sont convenablement appropriées aux différents besoins des constructions et judicieusement déterminées en fractions du système décimal. La terre en est bien choisie et habilement mise en œuvre à l'aide d'une machine ingénieuse et susceptible d'être appliquée à la fabrication des tuyaux de drainage et d'un grand nombre d'autres produits.

« Les briques creuses sont donc des matériaux en même temps nouveaux, habilement établis, parfaitement appropriés aux besoins des constructions de toutes sortes : ils sont, de plus, favorables à la solidité, à la commodité, à la salubrité des habitations ; enfin ils donnent lieu à des exportations assez considérables en divers pays. »

Il existe plusieurs espèces de briques creuses : les briques à grandes, à moyennes et à petites cavités ; ces dernières sont généralement préférées, car elles sont plus légères pour une même résistance, et n'admettent le mortier dans leur intérieur qu'en très-petites quantités. Quant aux formes et aux dimensions, il est facile de les modifier suivant les usages locaux et le besoin des circonstances ; toutefois on gagne à ne pas trop s'éloigner, sous ce double rapport, des types admis généralement pour les briques pleines. Il ne faut pas perdre de vue, d'une part, que des formes compliquées, quoique d'une exécution relativement peu coûteuse, sont, en définitive, rarement pratiques; d'autre part, que rien n'est plus difficile que de faire sécher et cuire, sans non-valeurs nombreuses, de gros volumes de terre, tandis que les produits de petit échantillon supportent l'action de l'air et du feu sans pertes et presque sans aucun soin.

Les briques tubulaires étant un produit nouveau, il ne sera peut-être pas sans intérêt de mentionner quelques-unes des circonstances qui ont, en quelque sorte, favorisé leur introduction dans l'industrie du bâtiment. Les détails qui suivent, et que nous empruntons au *Bulletin de l'industrie minérale,* ont trait à une série d'expériences en grand faites à Paris, au mois de septembre 1852, par M. Eugène Flachat, ingénieur du chemin de fer de l'Ouest, avant de procéder à la construction en briques creuses des 8,000 mètres carrés environ d'arceaux surbaissés qui, aujourd'hui, soutiennent les salles d'attente de la gare de ce chemin.

Le projet était de faire pénétrer les voitures chargées de voyageurs dans la plus grande de ces salles, qui occupent toutes le premier étage de l'édifice, et c'est à cette considération, autant qu'à celle de la hardiesse du plan adopté, que sont dus les essais que nous allons relater.

Les arceaux appuient leur naissance à de fortes sablières de fonte supportées par des colonnes également en fonte; ils ont 5 mètres de portée, 0m,50 de flèche et 0m,22 d'épaisseur seulement. Cette épaisseur se compose de deux anneaux concentriques de briques doubles à seize cavités. Leurs longueurs, suivant les génératrices, sont variables.

Les essais eurent lieu sur deux fragments d'arceaux formés d'une double brique, chacun de 2 mètres de génératrice, et se trouvant, d'ailleurs, dans des conditions de portée, de flèche et d'épaisseur, identiques avec celles qui viennent d'être indiquées. Pour l'un des arceaux on se servit de plâtre; pour l'autre, de mortier ordinaire. Ils étaient construits depuis moins d'une semaine lorsque les expériences commencèrent. Les briques offraient l'apparence d'une cuisson médiocre.

PREMIÈRE EXPÉRIENCE.

Arceau à joints de plâtre.

Charges.	Fléchissement.
27,000 kilog.	0m,025

Arceau à joints de mortier.

30,000 kilog.	0m,014

DEUXIÈME EXPÉRIENCE.

Les arceaux furent déchargés. On enleva à chacun d'eux son anneau supérieur de briques, et désormais l'on opéra sur l'anneau inférieur épais de 0m,11.

Arceau à joints de plâtre.

Charges.	Fléchissement.
3,100 kilog.	0m,002
6,000 —	0m,004
10,000 —	0m,009
15,000 —	0m,017
20,000 —	0m,03

On transporta alors la charge entière sur l'un des côtés de l'arceau, qui, néanmoins, ne fit aucun mouvement. Enfin, la charge ayant été portée à 25,000 kilog., l'autre moitié de l'arceau se souleva et produisit écroulement.

Arceau à joints de mortier.

Charges.	Fléchissement.
5,000 kilog.	0m,005
9,500 —	0m,009
15,000 —	0m,015

BRIQUES CREUSES.

La charge ayant été, comme précédemment, portée sur l'un des reins et augmentée, l'arceau tomba sous 17,800 kilog.

Ces chiffres de résistance ayant paru plus que satisfaisants, on procéda de suite aux travaux qui avaient motivé les essais.

Pendant plusieurs mois, la grande salle d'attente a reçu, en effet, toutes sortes de voitures chargées de voyageurs. Aujourd'hui les piétons seulement y sont admis, afin d'éviter le renouvellement des accidents auxquels l'encombrement des véhicules mêlés à la foule avait donné lieu.

Ces faits parlent en faveur des briques creuses et démontrent suffisamment leur résistance à l'écrasement. Quant à leur légèreté, si précieuse dans le cas des cloisons, murs, voûtes, que l'on est souvent obligé de construire en porte-à-faux, et dans celui des exhaussements de maisons, voici un exemple du parti qu'on en peut tirer; il s'agit d'un fait qui s'est passé à Paris, à l'occasion du pont de l'Alma. Ce pont, qui franchit la Seine sur trois arches de pierre à grande portée, subit, aussitôt achevé, un affaissement notable qui donna des craintes sérieuses sur sa solidité. On se hâta d'enlever la chaussée dont il était déjà recouvert, de décharger ses tympans, de consolider celui des piliers qui était la cause du mouvement produit, et aux matériaux employés pour porter la chaussée d'un tympan à l'autre on substitua des briques creuses disposées en arceaux minces. De la sorte, le pont se trouva allégé d'un poids considérable (300,000 kilog. environ), et depuis ce moment il est livré à la circulation.

En résumé, les briques creuses sont aujourd'hui recherchées par les architectes et les entrepreneurs, et, si elles ont leur place marquée dans les constructions, elles la doivent non-seulement à leur légèreté et à la modicité de leur prix de revient, mais encore à diverses propriétés révélées par la pratique, et que les briques pleines ne possèdent pas au même degré. Ces propriétés sont : une résistance plus considérable à la rupture et aux agents atmosphériques; une liaison plus intime des maçonneries; une inconductibilité de la chaleur plus prononcée; un isolement plus complet de l'humidité. Déjà, dans le nord de l'Europe, il existe plusieurs établissements qui se livrent actuellement à cette fabrication; il y en a également en Italie, en Espagne, dans l'Amérique du Sud, les Indes et l'Australie. En 1854, le gouvernement a donné l'un des premiers l'exemple, en envoyant de Paris aux colonies françaises non-seulement des quantités importantes de briques creuses pour servir à l'édification de plusieurs monuments importants tels que casernes et hôpitaux, mais encore des machines à mouler, destinées à encourager sur les lieux la fabrication de ces nouveaux et utiles matériaux de construction.

Fabrication.—La fabrication des briques creuses n'est pas aussi simple que celle des briques pleines; elle exige un matériel complet pour le malaxage des terres, le moulage, l'étendage et la cuisson.

La composition chimique des terres variant non-seulement dans un même pays, mais encore dans une même localité, il n'est possible de fournir que quelques données générales sur le choix qu'on en doit faire pour telle ou telle application. A l'égard des briques creuses non réfractaires, toutes les argiles sont bonnes, pourvu, toutefois, que la proportion d'alumine soit à peu près normale, car c'est à la présence de ce corps que la plasticité et le retrait des terres sont dus. Un retrait de 1/8 environ sur les dimensions entre une brique sortant du moulage et cette même brique sèche et prête à mettre au four, indique que le mélange argileux est en proportions convenables. Si le retrait est sensiblement moindre, le mélange ne possède pas toute la plasticité voulue et se moule imparfaitement; on rectifie alors ce défaut soit par une addition d'argile plus liante, soit en éliminant, à l'aide d'un lavage, l'excès des matières siliceuses. Si le retrait est, au contraire, plus prononcé, les produits courent le risque de se fissurer à la dessiccation et à la cuisson ; dans ce cas, on diminue la plasticité de la terre à l'aide de sable, de craie pulvérisée, de terre ou autres matières inertes. Il existe des argiles, celles de Paris, par exemple, qui absorbent utilement jusqu'à 40 pour 100 de sable fin. Celles qu'on met en œuvre à l'usine de la rue de la Muette, viennent des plaines d'Ivry et de Chantilly ; la proportion de sable qu'on y ajoute est de 33 pour 100.

L'argile ayant été réduite à un état de division convenable soit par des cylindres lamineurs, soit au moyen de couteaux mécaniques, on la livre au malaxeur, en y ajoutant le sable qui doit servir au mélange. Le malaxeur est un cylindre de bois ou de métal dans lequel tourne un arbre vertical armé de couteaux, qui produisent le mélange intime des matières. (Voyez MORTIER.) Un orifice placé à la base du cylindre livre passage à une traînée continue de terre malaxée que l'on divise en lopins, et qui se trouve ainsi parfaitement préparée pour subir l'opération du moulage.

La machine à mouler, que représentent les figures 3438 et 3439, se compose d'un double piston mis en mouvement par des engrenages, et qui accomplit un mouvement horizontal de va-et-vient dans les intérieurs de deux caisses prismatiques en fonte, placées sur un bâti et s'ouvrant, par le haut, au moyen de forts couvercles à charnières. Chaque caisse porte, à son extrémité antérieure, une filière derrière laquelle est placé un crible épurateur. Une table couverte de rouleaux enveloppés de drap grossier, fait suite à chaque filière ; elle est munie d'un châssis mobile, sur lequel sont tendus des fils de fer distancés entre eux de la longueur d'une brique et faisant fonction de couteaux.

L'ouvrier principal remplit l'une des caisses de la machine avec les lopins de terre sortant du malaxeur ; il rabat le couvercle, le fixe invariablement à l'aide d'un levier à came d'une grande solidité, et la machine est mise en jeu. Sous l'effort du piston, la terre argileuse passe au travers du crible, qui intercepte au passage tous les corps étrangers d'un diamètre au-dessus de 0m,005 ; puis elle traverse la filière qui la moule et la laisse sortir sous la forme de plusieurs bandes prismatiques, qui glissent parallèlement sur les rouleaux de la table. La sortie effectuée, on rabat le châssis dont les fils de fer découpent des briques, qui sont immédiatement enlevées et portées au séchoir. Pendant cette manœuvre, qui dure une minute environ, l'ouvrier a eu le temps de charger la seconde caisse ; le piston, arrivé au bout de sa course, revient alors au point de départ, sous l'impulsion inverse de la machine, et le même travail s'accomplit au travers de l'autre filière : l'opération peut donc ainsi se poursuivre indéfiniment.

3438.

3439.

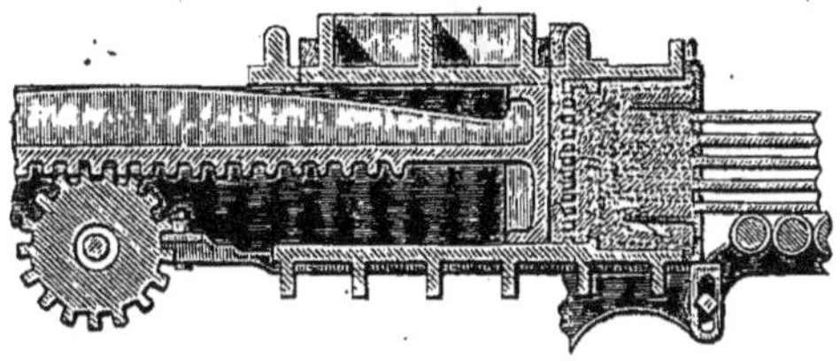

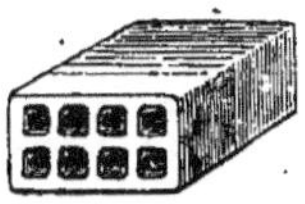

3440.

3441.

Le crible au travers duquel la terre est obligée de passer retenant toutes les impuretés, telles que graviers, racines, etc., empâtées dans la terre argileuse, le piston ne peut jamais s'en approcher qu'à une distance d'environ 0m,03. Lorsque cet espace est rempli par les impuretés, l'ouvrier opère le nettoyage à l'aide de la truelle.

Plusieurs appareils de ce genre fonctionnent à l'usine de M. Borie ; ils sont mus par une machine à vapeur qui commande en même temps les couteaux à découper l'argile, les malaxeurs, ainsi que plusieurs monte-charges emportant les briques à l'étage supérieur, où sont déposés une partie des séchoirs.

Chaque machine à mouler fournit, par journée de travail, 6 à 7,000 briques ; elle n'en produit que 4 à 5,000 lorsqu'elle est mue à bras. Dans le premier cas, elle est desservie par quatre hommes ; dans le second, trois suffisent.

Séchage et cuisson. — Les briques creuses, on le comprend, doivent sécher plus rapidement que les briques pleines. Le séchage est effectué sur des rayons mobiles; ce sont des planchettes longues de 1 mètre chacune, pouvant recevoir dix briques posées sur champ, et que les ouvriers transportent sans effort.

Quant à la cuisson, elle ne présente rien de particulier; elle s'opère dans des fours prismatiques accolés et marchant alternativement. Ici, comme partout, la difficulté consiste à répartir la chaleur d'une manière égale dans toute la masse des briques et à économiser le combustible.

Prix de revient. — Comparé au prix de revient des briques pleines de même qualité et fabriquées aux mêmes lieux et dans les mêmes circonstances, le prix de revient des briques tubulaires est notablement inférieur. Voici quels sont les éléments divers qui composent ce prix de revient :

1° Les matières premières : terre et sable ;
2° La préparation du mélange ou malaxage ;
3° Le moulage;
4° Le séchage pendant lequel les briques doivent être retournées;
5° L'enfournement et le défournement ;
6° La cuisson : temps et combustible ;
7° Le transport à pied d'œuvre;
8° Le déchet;
9° Les frais généraux.

Or, en fait d'économies, on peut compter :

50 pour 100 sur les matières premières et leur préparation; en effet, la somme des vides étant sensiblement égale à celle des pleins, il faut, pour un certain nombre de briques creuses, moitié moins de matières premières que pour le même nombre de briques pleines;

50 pour 100 sur le temps du séchage;

10 pour 100 sur la main-d'œuvre du moulage ;

25 à 30 pour 100 sur le temps et sur le combustible;

40 pour 100 sur le transport, car le poids des briques creuses est presque moitié de celui des briques pleines de même qualité et de mêmes dimensions.

En résumé, voilà différentes économies qui portent sur presque tous les éléments du prix de revient, et qui se traduisent par une moyenne générale variant dans les limites de 25 à 30 pour 100.

BROCHE DE FILATURE. La filature, amenée depuis le commencement du siècle à un si admirable degré de perfection, reçoit depuis quelques années des améliorations d'une importance inespérée, soit par l'addition de machines auxiliaires destinées à rendre plus complet le classement des matières premières, telle est la remarquable peigneuse de Heilmann, dont nous parlons ci-après, soit par des améliorations apportées à quelques parties du mécanisme des métiers à filer.

C'est dans cette classe qu'il faut ranger la broche de l'invention de M. F. Durand, sur laquelle M. Alcan a fait un excellent rapport à la Société d'encouragement, dans lequel il fait apprécier les imperfections de la filature actuelle et montre comment la nouvelle invention cherche à y remédier.

« Deux systèmes de métiers à filer, dit-il, sont seuls en possession, comme on le sait, du vaste domaine de la filature. Quelle que soit la substance à transformer, elle est soumise soit au système connu chez nous sous le nom de *continu* et de *throstle* en Angleterre, soit au métier mull-jenny. Malgré les mérites relatifs et incontestés de ces deux systèmes, ni l'un ni l'autre ne satisfait entièrement aux exigences rationnelles de l'industrie. Le continu, séduisant par la simplicité des combinaisons mécaniques, la simultanéité d'action des différentes fonctions du filage (l'étirage, la torsion et le renvidage), présente des inconvénients graves. L'ailette qui dirige le fil pendant la torsion, libre à l'une de ses extrémités, est soumise à des vibrations telles que la vitesse qui les produit ne peut dépasser une certaine limite sans énerver le fil et en occasionner la rupture. La marche de l'organe renvideur (de la bobine) est moins bien assurée encore; les couches concentriques sont produites par une différence de vitesse entre la bobine et la broche; cette différence est obtenue par un ralentissement d'action résultant de l'embase inférieure de la bobine enfilée librement sur la broche, et une saillie de celle-ci; c'est-à-dire que la bobine et la broche ont la même commande et fourniraient le même développement dans l'unité de temps, si l'action de la bobine n'était libre autour de la broche et influencée par une cause retardatrice pendant le mouvement. Cette cause est 1° le frottement, toujours insuffisant, de l'embase; 2° celui d'un petit poids fixé par une ficelle à cette embase pour produire la quantité de frottement nécessaire. Il suffit de signaler ce mode d'action pour faire comprendre ce qu'il a de peu précis comme moyen de règlement au point de départ, et d'irrégulier dans sa marche. En effet, si au commencement du renvidage l'action retardatrice est insuffisante, le fil flottera, les couches seront molles; non-seulement la bobine sera trop vite pleine, mais elle s'éboulera au dévidage ultérieur et occasionnera du déchet; si, au contraire, on est arrivé à un frottement convenable, par le tâtonnement, au commencement du renvidage, il faut pouvoir l'augmenter graduellement et en raison directe de l'accroissement du diamètre de la bobine, ce qui est pratiquement impossible.

Ces circonstances, jointes au mouvement vertical de va-et-vient du chariot porte-bobines, destiné à la distribution des couches concentriques sur toute la hauteur de l'enroulement, occasionnent la consommation d'une quantité de force motrice relativement considérable. C'est à la réunion de ces différentes causes qu'il faut attribuer l'usage restreint du système continu et la difficulté d'y produire, avec avantage, un fil dont la finesse dépasse le n° 40 métrique, c'est-à-dire 40 kilomètres par 500 grammes.

On obtient du mull-jenny des résultats bien supérieurs, puisqu'il fournit couramment, dans le filage du coton par exemple, du n° 200 métrique. Aussi l'a-t-on proclamé le système par excellence; il est néanmoins l'objet des recherches les plus actives et des améliorations de tous les jours, qui indiquent suffisamment qu'il n'a pas atteint toute sa perfection. Il diffère surtout du précédent par l'absence d'un appareil renvideur spécial. La broche remplit alternativement les fonctions d'organe tordeur et renvideur, et souvent même elle fournit un supplément d'étirage. La simultanéité n'est donc pas possible pour les différentes fonctions qui constituent le filage. Le renvidage ne peut avoir lieu qu'après la torsion, et, comme celle-ci doit s'exercer sur la préparation convenablement tendue, les broches sont obligées de s'éloigner des cylindres étireurs pendant le temps que ceux-ci leur fournissent le fil ébauché; cette translation a lieu avec une accélération susceptible de produire un certain allongement. A la limite de sa course, le chariot et les cylindres étireurs s'arrêtent, l'étirage cesse et la rotation des broches est, au contraire, continuée pendant un certain temps encore pour terminer la torsion. Celle-ci opérée, le chariot porte-broches revient sur ses pas pour cueillir ou renvider les fils par la continuation du mouvement des broches.

La nécessité de suspendre et de rendre le mouvement aux cylindres et au chariot à des intervalles déterminés, d'imprimer simultanément une vitesse de rotation et de translation de va-et-vient à un nombre de broches qui peut varier de 300 à 600 par métier, sont des causes premières de complications, qui augmentent encore par les conditions de variations de vitesse imposées aux commandes. En effet, pour opérer graduellement le tirage et la torsion et réserver le plus d'élasticité possible à la matière, la vitesse des broches et des cylindres est augmentée du double environ pendant chaque course ou production des aiguillées. Les avantages du mull-jenny sont donc contrebalancés par l'intermittence dans la production, par la nécessité d'un emplacement considérable, par une complication extraordinaire dans les transmissions, surtout si le métier est entièrement self-acting, et enfin par les difficultés de règlement et de conduite qui exigent des soins particuliers, et de l'habileté chez les ouvriers.

Le métier imaginé par M. Durand, paraissait réunir la simplicité et l'économie du système continu à la perfection du mull-jenny parfaitement réglé. Ce nouveau système, entièrement automatique, est applicable à toute espèce de matières et de genres de fils, quelles que soient les finesses, depuis les numéros les plus bas jusqu'aux plus élevés en trame ou en chaîne, aux fils peu tordus aussi bien qu'à ceux du tors le plus intense.

3442.

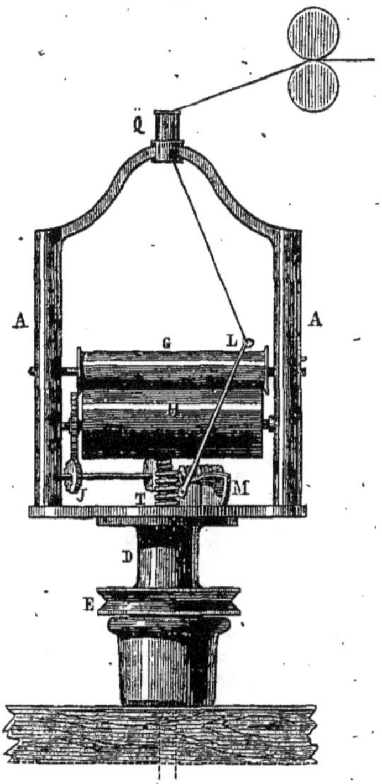

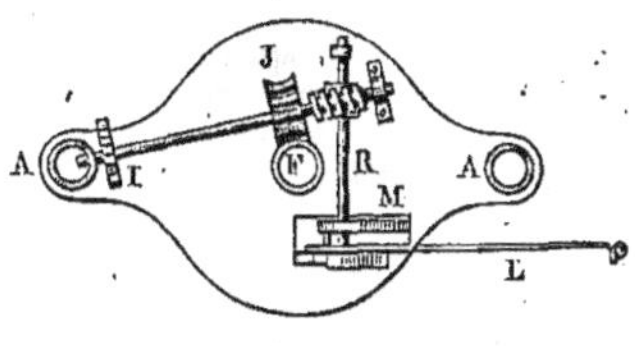

3443.

Le règlement de la machine a lieu avec une précision telle, qu'une fois alimentée par une préparation convenable il n'y a plus d'exemple de rupture. L'étirage ayant lieu ici par les cylindres d'Arkrwrigt, comme pour tous les procédés en usage, nous n'avons qu'à décrire une broche pour faire comprendre le système.

Cette broche se compose d'une sorte d'étrier vertical fermé de toutes parts ; une tige fixe traverse le milieu de la base de cet étrier. L'extrémité supérieure de cette tige, qui dépasse la base, à l'intérieur, de 15 millimètres environ, est filetée en vis sans fin ; elle porte du côté opposé, au-dessous de l'étrier, une douille sur laquelle est adaptée une noix à gorge pour recevoir la corde destinée à mettre l'étrier en mouvement (fig. 3442 et 3443).

La bobine porte-fil est placée à l'intérieur de l'ailette fermée, dans un plan horizontal, ayant par conséquent son axe perpendiculaire à la direction du mouvement de l'étrier. Les tourillons de cette bobine sont soumis, chacun, à l'action d'un ressort placé dans une rainure verticale pratiquée dans les montants ou côtés latéraux de l'ailette fermée. Ces tourillons et leur bobine peuvent ainsi se déplacer, parallèlement à leur direction, sous l'influence d'une pression. Le mouvement circulaire de la bobine autour de son axe, pour opérer le renvidage en couches concentriques, est imprimé par la pression tangentielle d'un cylindre cannelé qui lui est parallèle ; les axes de la bobine et de ce cylindre sont dans le même plan vertical. Une petite roue droite, placée sur un des tourillons du cylindre de commande, reçoit son mouvement d'une autre roue placée sur un petit arbre, commandé lui-même par la partie de la vis sans fin de la tige fixe, qui engrène avec un pignon convenablement placé sur ce petit arbre, du côté opposé à celui de la transmission dont il vient d'être question. Enfin la distribution du fil en spires régulières sur la longueur de la bobine est obtenue au moyen d'un guide-fil à mouvement de va-et-vient vertical, réalisé par un petit excentrique, dont l'axe est mû également par l'arbre de commande du cylindre enrouleur, au moyen d'une petite vis sans fin qui engrène avec une roue à dents inclinées placée sur l'axe de l'excentrique.

On voit le but qu'on a cherché à atteindre, l'idée qui a présidé à la combinaison de cette broche. Le double mouvement de l'envideur et du distributeur gravite autour d'une tige fixe pendant la rotation de la broche. Ainsi, pendant que celle-ci est animée d'un mouvement rotatif vertical qui peut s'élever à 4,500 tours à la minute, suivant le degré de torsion que l'on veut obtenir, cette rotation se transmet, dans un rapport ralenti, 1° à la bobine d'envidage qui tourne horizontalement ; 2° au distributeur du fil de la bobine, par un mouvement de va-et-vient vertical.

Dans la disposition fondamentale qui vient d'être décrite, la tige fixe, centre de gravitation du système de la broche, porte avec elle son mouvement différentiel et l'organe qui remplit les fonctions du chariot ; mais on peut, pour certains cas, s'il s'agit de l'appliquer à des préparations qui n'ont besoin que d'une légère torsion, rendre cette tige libre et la munir d'un pignon à sa partie inférieure. Un seul arbre commande, dans ce cas, une rangée de broches et établit le mouvement différentiel voulu entre ces broches et leurs bobines, ce qui, jusqu'ici, n'a pu se pratiquer aussi aisément.

Apprécié *à priori*, le métier de M. François Durand présente les avantages suivants : 1° simultanéité des fonctions du filage ; 2° grande simplicité de combinaison et économie d'espace ; 3° perfection égale pour les fils de différentes finesses ; 4° suppression des inconvénients de la force centrifuge ; 5° précision de renvidage pendant toute la période du travail ; 6° régularité de torsion ; 7° économie de dépenses, puisqu'il ne consomme que la force motrice exactement nécessaire au travail.

Mais une appréciation théorique et basée sur un examen réitéré pouvait être mise en défaut par un usage prolongé ; nous nous sommes livrés en conséquence à une espèce d'enquête auprès des nombreux et habiles industriels qui ont vu fonctionner le système nouveau. Tous se sont accordés à reconnaître la bonne qualité du fil; aucun n'a trouvé une objection sérieuse contre l'emploi du métier. Toutefois l'expérience a été contraire à ce système ingénieux, mais formé de trop d'organes complexes.

BRONZE. Nous compléterons ici l'article Bronze par quelques considérations sur la composition et le moulage, que nous empruntons à M. A. Gruyer, chimiste-ingénieur attaché à l'ancien institut agronomique de Versailles. Il a publié, dans la *Revue des Deux Mondes* du 1er janvier 1856, un article intéressant sur ce sujet, dont nous extrayons ce qui suit :

On comprend généralement, dit l'auteur, sous le nom de *bronze* ou d'*airain*, un alliage de cuivre ou d'étain. Cependant cette définition n'est guère exacte que pour le composé destiné aux bouches à feu; car le bronze, dans les autres applications, notamment dans la fabrication des objets d'art, est un alliage quaternaire, contenant à la fois du cuivre, de l'étain, du zinc et du plomb. Le bronze est toujours plus dur et plus flexible que le cuivre ; d'autant plus cassant qu'il contient plus d'étain, la trempe le rend alors plus parfaitement malléable. La densité du bronze est supérieure à la densité moyenne des métaux qui le composent : il s'oxyde lentement, même à l'air humide ; néanmoins, fondu au contact de l'air, il s'oxyde alors facilement, et l'oxydation de l'étain et du zinc marchant plus vite que celle du cuivre, l'alliage qui reste perd ses proportions primitives.

La dureté remarquable du bronze, la finesse de son grain, la résistance de cet alliage à l'action oxydante de l'air humide, la fusibilité et la fluidité qui le rendent capable de prendre l'empreinte des moules les plus délicats le désignaient naturellement à la fabrication des objets d'art.

En général, le bronze destiné à l'art statuaire doit être assez fluide lors de sa fonte pour pénétrer facilement dans les cavités les plus délicates du moule; il doit présenter une couleur convenable et pouvoir prendre une belle *patine* par l'application d'un mordant; il faut enfin qu'il soit docile au travail de la lime et du ciseau. Malheureusement on ne trouve pas sans peine un alliage remplissant toutes ces conditions. Le bronze, exclusivement composé de cuivre et d'étain, est dur et tenace, mais ne jouit pas, à la fonte, d'une très-grande fluidité. Si l'on substitue le zinc à l'étain, on a un alliage très-fluide, mais dont la ténacité n'est pas suffisante, et qui, de plus, est facilement oxydable. Le mieux sera donc de former un alliage intermédiaire contenant du cuivre, de l'étain et du zinc. En tout cas, on ne saurait apporter trop de soins à la composition de ces alliages.

Si la composition de l'alliage est d'une grande importance, la fonte est une opération également délicate. Pour donner de bons résultats, elle doit être rapide, afin d'éviter les pertes d'étain, de zinc et de plomb, car ces métaux étant plus facilement oxydables que le cuivre, les proportions de l'alliage se trouvent souvent dérangées pendant cette opération. Ainsi, lorsqu'on coule le bronze, il arrive souvent qu'il n'a plus la fluidité suffisante et qu'il se refuse à sortir du fourneau : c'est qu'il ne contient plus la quantité d'étain et de zinc nécessaire, et qu'il est déjà trop riche en cuivre; il est ce que les Florentins appelaient *incantato*.

Un autre phénomène remarquablement lié aux propriétés les plus importantes du bronze dépend du partage qui s'établit par le refroidissement dans la masse de cet alliage. En effet, une portion du cuivre et de l'étain forme d'abord un alliage qui se solidifie, tandis qu'une autre portion de ces deux métaux constitue un second alliage qui reste liquide encore pendant quelque temps. Dès que le refroidissement commence, l'alliage le moins fusible cristallise, et la masse prend du retrait; alors l'alliage liquide, pressé par la colonne métallique, s'écoule dans l'espace vide qui s'est formé à la circonférence et dans le haut du moule. De là, un partage qui s'établit de telle sorte qu'au centre de la masse se trouve l'alliage le plus riche en cuivre, tandis qu'à la périphérie vient se placer celui qui contient le maximum d'étain. Ce phénomène est celui de la *liquation*. Tant que l'alliage est liquide, il est homogène ; mais il y a dans la masse un mélange de plusieurs alliages, doués de points de fusion différents et pouvant se solidifier les uns après les autres. Cela nous montre qu'il est impossible d'obtenir de grandes pièces d'une composition bien homogène, et qu'il y a toujours intérêt à fractionner le plus possible la fonte d'un monument. C'est à ce phénomène de liquation qu'il faut attribuer la quantité innombrable de petits trous que l'on remarque à la surface de la plupart des bronzes anciens. La partie de l'alliage la plus riche en étain étant venue se déposer à la surface, elle est facilement oxydée et détruite sous la double influence de l'air et de l'humidité. De là cet aspect poreux qu'ont une grande quantité de bronzes antiques.

Quant aux procédés de moulage, ils sont très-compliqués. Un bon moulage doit reproduire le modèle sans en altérer ni la forme ni le sentiment; il doit donner à chaque partie l'épaisseur minimum qui lui convient; il doit être tel enfin que l'objet sorte du moule avec la perfection presque définitive. La question économique, qui domine toutes les industries, veut, en effet, qu'on épargne en même temps le métal et la main-d'œuvre.

Nous manquons de détails précis sur les procédés de moulage des anciens. Pline et les écrivains grecs ou latins, qui nous ont transmis le catalogue des plus beaux bronzes de l'antiquité, ne nous disent rien sur le mode de fabrication. Nous savons seulement qu'il était très-perfectionné, et les monuments sont là pour témoigner en faveur de la haute intelligence des fondeurs anciens. On croit que les anciens faisaient leurs moules avec de l'argile mêlée de fleur de farine, et nous avons la preuve que, loin de chercher à fondre leurs statues d'un seul jet, ils s'attachaient, au contraire, à fractionner le travail. Ainsi ils composaient leurs figures de plusieurs pièces, qu'ils réunissaient ensuite par des soudures et des attaches en queue d'aronde. En opérant de la sorte, les anciens se mettaient à l'abri des fontes manquées et du défaut d'homogénéité que nous signalions tout à l'heure en parlant du phénomène de liquation. Enfin l'immense quantité de statues de bronze qui peuplaient les villes grecques et romaines atteste la perfection et la rapidité des procédés dont disposaient autrefois les artistes et les fondeurs. Toutefois les anciens payaient fort cher les statues de bronze, et le prix qu'ils en donnaient paraîtrait, de nos jours, fort exagéré.

Depuis la renaissance jusqu'à nos jours, le moulage en cire perdue a été presque exclusivement employé, et nous lui devons les monuments du XIVe au XVIIIe siècle; mais ce procédé est abandonné maintenant, ou n'est plus employé que par exception. Il exigeait des frais énormes, un temps considérable, et il était, en outre, soumis à des chances de non-réussite que l'industrie moderne ne peut plus courir ; enfin il demandait l'intervention directe de l'artiste. Voici quelles son les diverses phases de cette opération compliquée. Il fallait, pour une statue, par exemple, faire sur le modèle un moule en plâtre, le garnir d'une couche de cire égale à l'épaisseur que devait avoir le bronze, construire dans la cavité du moule une armature formée de pièces de fer capables de soutenir le noyau, y couler ce noyau auquel allaient adhérer les cires, réparer les cires (travail qui ne pouvait être confié qu'à l'artiste lui-même), les renfermer dans un moule épais et solide appelé *moule de potée*, dans lequel on ménageait des canaux, dont les uns (les *jets*) recevraient le bronze en fusion, et dont les autres (les *évents*) donneraient issue aux gaz et à l'air déplacé par l'alliage métallique. Il fallait ensuite, après avoir armé le moule de potée de forts bandages de fer, fondre les cires, opération très-délicate et fort longue (pour de grandes fontes elle durait jusqu'à trois semaines). Enfin on revêtait le moule d'une dernière chemise en plâtre, et on le plaçait dans de la terre fine, assez fortement foulée pour qu'elle opposât une résistance suffisante aux efforts du métal en fusion. On ne voyait plus alors du moule que les bouches des jets dans lesquels on allait couler le bronze, et des évents par lesquels les gaz et l'air déplacé allaient trouver une issue facile.

Ces quelques mots suffisent pour montrer toutes les difficultés du moulage en cire ; et, comme si ces difficultés n'étaient pas suffisantes, on les exagérait encore en voulant sans cesse tenter les fontes d'un seul jet. Contrairement à la pratique des anciens, qui fractionnaient le plus possible la fonte de leurs bronzes, il semble que, depuis la renaissance jusqu'au dix-huitième siècle, le but unique des meilleurs fondeurs ait été de couler leurs monuments d'une seule pièce. Nous avons montré comment la constitution atomique des alliages métalliques s'opposait à ces fontes colossales ; aussi les voyons-nous presque toujours manquées, refaites et raccordées à l'aide de pièces additionnelles. La plupart de ces statues sont d'un poids infiniment trop considérable. La matière n'était pas ménagée, et ne comptait, pour ainsi dire pas, à côté de la main-d'œuvre. Les bronzes de ces époques sortaient généralement informes de leurs moules et avaient besoin d'être travaillés par les artistes eux-mêmes. Ciselés ainsi de la main du maître, ils acquéraient une très-grande valeur d'art, puisque le sentiment et la vie leur étaient définitivement donnés par l'artiste ; mais le prix devenait excessif, et l'usage d'autant plus restreint. C'est ce qui fait la valeur des bronzes florentins. Les chefs-d'œuvre du Baptistère, les merveilles de Ghiberti, de Donato, de Cellini sont des pièces véritablement ciselées, portant l'empreinte divine du génie créateur de ces grands maîtres : de là leur charme et leur beauté. Les bronzes des Keller eux-mêmes, les plus habiles fondeurs des temps modernes, sont tous retouchés, refoulés, ciselés par une main savante, par la main de l'artiste lui-même. Mais aussi les portes de Ghiberti pèsent 34,000 livres et coûtèrent 23,000 florins, ce qui représenterait aujourd'hui une somme énorme. Aujourd'hui les temps sont moins favorables aux arts, et une statue de bronze se paye 5 à 6 fr. le kilogramme. Les portes de la Madeleine ont été fondues pour 110,000 fr. par MM. Eck et Durand, et elles sont un chef-d'œuvre industriel. Le gouvernement de la restauration payait encore 200,000 fr. la statue équestre de Louis XIV, qu'il faisait ériger à Lyon, tandis qu'en 1853 MM. Eck et Durand ont fondu, pour la même ville, celle de Napoléon Ier avec ses quatre bas-reliefs pour 61,000 fr.

Les conditions actuelles de la fonte des bronzes sont donc toutes nouvelles et sans précédents. Autrefois la question d'art primait la question industrielle ; on ne regardait ni à la quantité de matière employée, ni à la main-d'œuvre, ni au temps nécessaire pour produire quelque chose de parfait : les grandes statues de bronze étaient fondues pour les souverains et pour les villes, et les petites pour un certain nombre d'amateurs capables de les payer comme œuvres d'art. Un nouvel ordre de choses a créé, pour cette industrie, des obligations nouvelles. La question industrielle, la question du bon marché est presque tout ; il faut produire beaucoup, promptement et à bas prix, c'est-à-dire qu'il faut économiser, trop souvent même altérer la matière, et, par des procédés nouveaux de moulage, arriver à fabriquer des bronzes qui, une fois sortis du moule et débarrassés des jets et des évents, se présentent avec leur perfection définitive, tels enfin qu'ils doivent être livrés au commerce. Ainsi le travail si patient de l'artiste, qui passait des années à refouiller son œuvre avec un soin infini et à lui imprimer le caractère d'originalité que nous admirons dans les monuments antiques, ce travail n'est plus possible. Quand bien même le temps et l'argent ne feraient pas défaut, on ne trouverait plus maintenant d'hommes formés à ce labeur si long, si pénible et si délicat. En outre, dans les temps anciens et pendant les beaux siècles de la renaissance, les artistes dirigeaient eux-mêmes la fonte de leurs statues ; ils avaient une connaissance profonde de tous les secrets de cette industrie, qu'ils considéraient comme le complément de leur art. Les artistes modernes n'en jugent pas ainsi ; ils se contentent de donner leurs modèles, et ils abandonnent ensuite à des mains trop souvent inintelligentes le soin de réparer leurs bronzes : de là vient que le sentiment de leur œuvre se trouve si souvent altéré.

Toutefois de grands perfectionnements matériels ont été apportés, dans ces trente dernières années, aux procédés de l'art des bronzes. D'abord on moule généralement en sable, ensuite on ne cherche plus à fondre d'un seul jet, sinon par simple curiosité et pour de petites pièces ; au contraire, on fractionne la fonte le plus possible, afin d'avoir plus de perfection dans le moulage et plus d'homogénéité dans la matière. Le fondeur doit d'abord examiner, étudier dans ses moindres détails le modèle qu'on lui présente, le diviser par la pensée de la manière la plus convenable pour que le moulage le reproduise avec fidélité, intelligence et délicatesse, combiner toutes ses pièces de rapport, et examiner quelles seront les coupes les plus propres à faciliter la dépouille sans altérer la forme. C'est seulement après cette œuvre préliminaire qu'il se met à l'œuvre avec sécurité et qu'il peut compter sur le succès. Dans le choix du sable employé pour le moulage, il faut éviter la présence du calcaire, qui, par sa calcination, produirait, au moment de la coulée, un dégagement de gaz fâcheux. On évite également la présence de l'oxyde de fer, qui, sous l'influence du métal en fusion, formerait, avec l'argile, des composés nuisibles et de nature à entraîner, dans le moule, de graves altérations. Le sable généralement employé à Paris vient de Fontenay-aux-Roses : c'est une argile jaune, pure et suffisamment plastique pour prendre facilement l'empreinte du modèle ; on la mélange avec du poussier de charbon, et on la broie en l'humectant légèrement. Pour les petits objets, le moulage s'exécute en *coquilles*, c'est-à-dire dans deux châssis en fonte repérés par trois points. Après avoir divisé le modèle en parties telles qu'elles puissent être moulées et fondues avec facilité, on les réunit dans l'un des châssis préalablement rempli de sable, et on les y enfonce à moitié d'épaisseur ; on tasse ensuite le sable autour du modèle ; on prépare toutes les pièces de rapport pour les endroits refouillés, on réserve la place des jets et des évents, et l'on obtient ainsi la dépouille de la moitié du modèle. On procède de la même manière pour l'autre moitié dans le second châssis, et le moule en sable se trouve fait. Il ne reste plus qu'à le réparer, à lui imprimer toutes les finesses que devra avoir le bronze, à le recuire afin de lui donner une solidité suffisante, et à le recouvrir de poussier de charbon, afin d'éviter de fausses adhérences entre le sable et l'alliage métallique. On dispose alors, dans chacune des parties du moule, l'armature du noyau. Quand ce noyau a pris une consistance suffisante, on le retire du moule avec son armature, et on en retranche une épaisseur égale à celle que l'on veut donner au bronze. C'est là qu'est aujourd'hui la grande difficulté du moulage, et il faut une main très-habile pour enlever ainsi du noyau une épaisseur faible et égale dans toutes les parties. On replace ensuite le noyau dans le moule, auquel il n'adhère plus, et il ne reste qu'à couler le bronze dans la partie vide entre le moule et le noyau. On voit combien la pratique actuelle du moulage est plus simple et plus expéditive que le moulage en cire perdue.

Dans ces derniers temps, quelques fondeurs ont substitué la fécule au poussier de charbon. Cette substitution ne semble pas être, jusqu'ici, un perfectionnement industriel : la fécule présente même des inconvénients que n'offre pas le charbon, et qui compromettent souvents les résultats de la fonte ; elle donne au sable une sécheresse et une aridité qui augmentent la dureté des moules, leur enlèvent toute porosité et les rendent imperméables aux gaz. Il en résulte que, lorsqu'on y verse l'alliage en fusion, l'air, ne trouvant plus d'issue facile, opère, dans la masse métallique, des ravages qui rendent le bronze défectueux; on obtient alors des fontes rugueuses qui exigent un travail de lime long et dispendieux.

C'est surtout au point de vue hygiénique qu'on recommande l'emploi de la fécule ; la poussière de charbon, longtemps respirée, s'accumulerait dans le poumon et y opérerait souvent des altérations mortelles. La fécule n'aurait pas cet inconvénient; plus grosse et plus lourde que le poussier de charbon, elle tombe dans le moule sans se mêler à l'air respirable. Toutefois cette question de la supériorité de la fécule sur le charbon est loin d'être résolue ; une longue pratique pourra seule prononcer à cet égard. On a, sans doute, exagéré les inconvénients industriels de la fécule, aussi bien que les inconvénients hygiéniques du charbon, et les fondeurs ne sont pas plus d'accord que les savants sur ce sujet. Cependant les praticiens les plus habiles donnent encore la préférence au charbon.

Quoi qu'il en soit, c'est grâce aux perfectionnements apportés maintenant dans le moulage, aussi bien qu'à la division intelligente du travail substituée aux vains efforts qu'on faisait autrefois pour couler d'un seul jet, que les fondeurs sont parvenus, surtout dans ces vingt dernières années, à imprimer à leur industrie une impulsion puissante. Ils peuvent maintenant traduire en bronze, avec promptitude et économie, les modèles qu'on leur présente sans en altérer ni le sentiment ni la délicatesse. Une fois débarrassée des jets et des évents, chacune des parties du modèle sort du moule telle à peu près qu'elle doit demeurer définitivement ; il ne reste plus qu'à les raccorder et à les souder entre elles ; le travail du ciseau est réduit à son minimum. Ce travail ainsi restreint exige même encore beaucoup d'habileté et d'intelligence, et, si des hommes exercés à la pratique du dessin mettaient la dernière main à ces bronzes, l'exécution y gagnerait certainement beaucoup ; mais il en est rarement ainsi : ce travail est le plus souvent abandonné à des ouvriers, et, si, au point de vue de l'art, les résultats sont peu satisfaisants, ils le sont complétement au point de vue de l'industrie et du bon marché.

Les bronzes d'art sont destinés soit à figurer comme bronzes proprement dits, soit à être dorés. Dans le premier cas, on les met en couleur à l'aide de compositions diverses qu'on applique au pinceau sur la surface du métal préalablement chauffé. Cette couleur varie suivant le goût des époques, et le temps lui donne un caractère spécial qui relève singulièrement la beauté de l'alliage ; c'est ce qu'on appelle la *patine* du bronze : elle devient d'autant plus belle que l'alliage a été mieux composé ; elle est surtout admirable dans les bronzes antiques et florentins. On arrive, du reste, à donner directement au bronze la couleur antique au moyen de solutions diverses dans lesquelles il entre du vinaigre, du sel ammoniac, de la crème de tartre, du sel marin et du nitrate de cuivre. Il est plus difficile d'imiter la *patine* des bronzes florentins. Si le bronze est destiné à être doré, il faut le composer de telle sorte qu'il présente un grain assez compacte pour que la quantité d'or nécessaire à le couvrir ne soit pas trop considérable. L'alliage quaternaire (cuivre, zinc, étain, plomb) est alors le meilleur.

C

CABLES ET CORDAGES. La fabrication des câbles et cordages a reçu des améliorations, tant par l'application des moyens mécaniques, pour obtenir des fils de caret d'une grande régularité, que par une meilleure construction des appareils propres à effectuer les opérations ultérieures.

Pour fabriquer le fil de caret, la filasse de chanvre, peignée en partie à la main, est soumise par rubans doubles à l'action du peigne à barrettes continu du métier ordinaire, puis étirée en rubans sur deux métiers préparatoires; enfin étirée de nouveau, tordue et enroulée finalement, sous forme de caret, sur de grosses bobines verticales animées d'un mouvement de va-et-vient convenable, d'après les procédés ordinaires de la filature du chanvre.

La fabrique de cordages de M. Merlié-Lefèvre (du Havre), que nous prendrons pour exemple et qui jouit d'une juste célébrité, emploie, mus par une machine à vapeur de 15 chevaux, outre les métiers à filer ci-dessus mentionnés : 1° des bobinoirs ou tourets mécaniques où les fils de caret sont enroulés avec célérité et précision, avant ou après leur passage au travers d'une cuve à goudron; 2° une machine à chariot servant au tirage simultané de quatre petits torons ou au simple tirage d'un gros toron, chariot en fer et en fonte qui est mû sur des rails en fer à l'aide de la machine à vapeur ; les tubes compresseurs et les passoires ou filières en calottes sphériques, que traversent les fils de caret, sont établis sur un chantier massif et inébranlable qui porte un mécanisme ingénieux, dont l'idée première, due à M. Hubert (de Rochefort), consiste à rapprocher entre eux, avec une précision très-grande, ces tubes ou passoires, en raison du plus ou moins de résistance que tend à opposer chaque fil de caret, à compenser par leur déplacement latéral les petites variations qui se produisent; 3° enfin, en un puissant appareil pour commettre les gros cordages, composé de deux machines semblables placées, à distance et en regard l'une de l'autre, suivant un même axe, et dont celle de gauche, établie sur une table à support en fonte inébranlable, sert à donner aux torons le degré de surtors nécessaire à leur commettage ultérieur, tandis que celle de droite montée sur un traîneau ou carré mobile, pour permettre le retrait dû à la torsion du cordage d'ailleurs fortement chargé, mais dont le glissement sur les rails, facilité par un mécanisme régulateur à bascule et à frein agissant directement sur les roues, a pour objet unique de donner, en sens contraire, à l'ensemble des torons amarrés au crochet du tourniquet central, que met en mouvement l'axe horizontal de cette seconde machine, le supplément de tors indispensable, et dont il manquerait essentiellement par suite du débandement des ressorts élastiques des fils de chacun des torons constitutifs.

Inutile d'ajouter que les torons, avant de s'enrouler les uns autour des autres en hélices, sont dirigés, à l'ordinaire, par un toupin à rainures, établi sur un chariot en bois qui porte aussi de grosses bobines, dont l'une, postérieure, est chargée de l'âme, qui, après avoir traversé l'axe du toupin, lui sert de mèche centrale, et dont les quatre autres reçoivent les cordelles servant également, après leur passage oblique à travers le toupin, à garnir les intervalles libres et extérieurs des torons de l'aussière ou à opérer ce qu'on appelle son *congréage*.

Il importe beaucoup, au contraire, pour l'intelligence des procédés suivis par M. Merlié-Lefèvre, dit M. Poncelet, auquel nous empruntons ce qui précède, de faire observer que le mécanisme du chantier ou support fixe et le traîneau ou carré mobile de commettage portent chacun un double embrayage à roues d'angle et à griffes servant à faire tourner à volonté les crochets d'attache des torons et du câble, tantôt dans un sens, tantôt en sens contraire, suivant les besoins du service.

CADRANS SOLAIRES. Le principe sur lequel repose la construction des cadrans solaires sera facilement compris en supposant que la terre est une sphère transparente sur la surface de laquelle sont tracés vingt quatre cercles, passant par les pôles, vingt-quatre méridiens équidistants (fig. 3444).

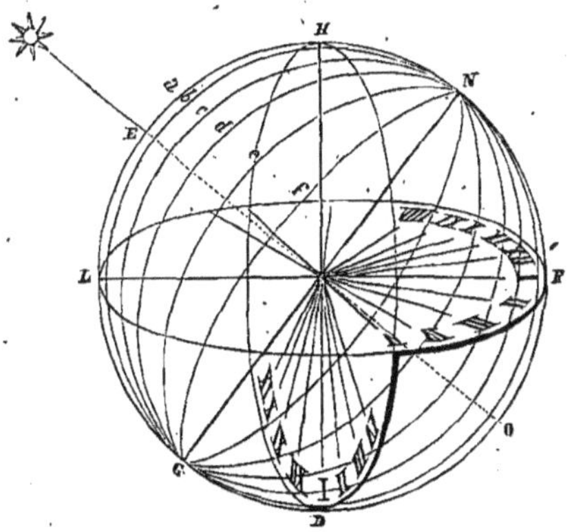

3444.

Dans sa révolution journalière autour de son axe NG, le centre du soleil traverse successivement le plan de chaque cercle, et comme l'axe de la terre est toujours contenu dans ces plans, si on le suppose opaque, formé par exemple d'une tige métallique, son ombre couvrira la moitié de chaque cercle à chaque heure, à chaque vingt-quatrième partie de la révolution de la terre.

Comme la distance du soleil à la terre peut être considérée comme infinie relativement à la grandeur de celle-ci, tout petit globe transparent situé à la surface de la terre sur lequel on aura tracé vingt-quatre méridiens équidistants, et dont l'axe sera placé parallèlement à l'axe de la terre, présentera les mêmes apparences que le globe terrestre dont nous venons de parler pendant sa révolution en vingt-quatre heures, les ombres indiqueront de même les heures.

Si le petit globe est coupé par un plan passant par son centre et parallèle à l'horizon du lieu où l'on est placé, et que l'on trace les lignes droites qui joignent le centre avec les points de rencontre de ce plan avec les méridiens, l'ombre du dernier axe viendra à chaque heure coïncider avec ces lignes. Tel est le cadran solaire horizontal.

Si on coupe le globe par un plan vertical, la seconde partie de l'axe projettera de même son ombre sur les lignes tracées de la même manière que ci-dessus sur le plan vertical, et on aura un cadran solaire vertical.

Comment doit-on tracer les lignes d'heures successives, supposant tracée la méridienne du lieu, correspondant au passage du soleil au méridien et donnant le midi vrai. Nous décrivons le moyen de l'obtenir à l'article HORLOGERIE, où nous traitons également du temps vrai et du temps moyen.

Prenons le cas le plus simple, celui où le plan du cadran solaire serait perpendiculaire à celui de l'équateur, perpendiculaire à l'axe du monde, il est dit alors *équatorial* ou *équinoxial*. La ligne de midi étant marquée sur ce plan, il suffit de le diviser en parties égales; en élevant d'abord une perpendiculaire sur la ligne de midi, qui donnera six heures du matin et six heures du soir, puis chaque angle divisé en six parties égales donnera toutes les lignes horaires.

Un semblable cadran offre l'inconvénient de ne pouvoir servir que pendant six mois, les six autres mois sa face supérieure est plongée dans l'ombre; il faudrait pour qu'il pût toujours servir que l'axe traversât le plan horaire et que l'on employât pour les six autres mois les ombres portées en dessous de ce plan.

La figure ci-dessus montre comment le tracé des lignes horaires de tout cadran solaire peuvent se déduire de celles d'un cadran équatorial placé sur le même style. Les plans horaires (passant par le style et une ligne horaire) de ce dernier, prolongé jusqu'à leur rencontre avec le plan du premier, y détermineront des intersections qui seront les lignes horaires cherchées. Quand l'ombre du style se couchera sur une des divisions de l'équatorial, elle sera également dirigée suivant la ligne horaire correspondante du nouveau cadran, qui, par suite, marquera les heures aussi bien que le premier.

C'est en partant de ces principes et à l'aide de méthodes graphiques assez simples, du domaine de la géométrie descriptive, que l'on détermine les projections des lignes du cadran équatorial, les tracés des lignes horaires des cadrans verticaux et horizontaux et celles des lignes du temps moyen dont nous dirons en terminant quelques mots.

Le plus ordinairement, c'est sur la face verticale d'un mur, exposé pour être exposé longtemps au soleil, que l'on reçoit l'ombre d'un style et que l'on trace par conséquent les lignes horaires avec lesquelles cette ombre doit venir coïncider successivement; le style est installé d'une manière invariable, en avant de ce mur, dans la position d'après laquelle les lignes horaires ont été déterminées (fig. 3445). Son inclinaison est donc déterminée par la latitude connue du lieu où on établit le cadran solaire.

On remplace avec avantage le style par une plaque percée d'un trou (pour éviter les effets de pénombre) et placée de manière que ce trou soit situé sur la direction même du style auquel la plaque est substituée. La plaque produit une ombre sur la surface du cadran, et les rayons solaires qui traversent le trou dont elle est munie viennent éclairer un petit espace au milieu de cette ombre; on observe la marche de ce petit espace éclairé à travers les lignes horaires, de la même manière qu'on aurait observé la marche de l'ombre qu'aurait produite le style, s'il n'avait pas été supprimé. Dans ce cas, le style est représenté par la ligne droite que l'on imagine menée par le centre de l'ouverture de la plaque, parallèlement à l'axe du monde; c'est au point où cette ligne droite perce la surface du cadran que doivent concourir les diverses lignes horaires.

Souvent dans les cadrans solaires, le style est remplacé par une plaque métallique, terminée par un bord rectiligne qui est dirigé suivant l'axe du monde (fig. 3446);

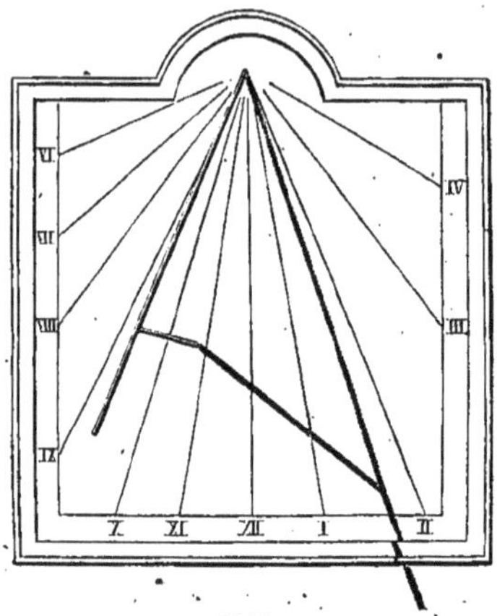

3445.

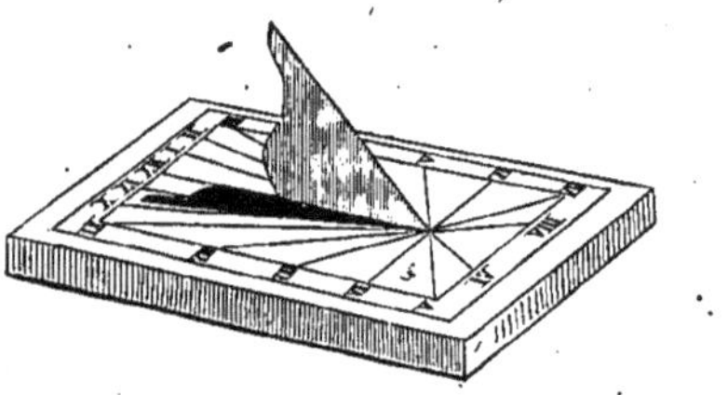

3446.

dans ce cas, au lieu d'observer l'ombre de la tige qui forme habituellement le style, on observe le bord rectiligne de l'ombre de la plaque qui a été substituée à cette tige.

La pose du cadran horizontal est tellement simple que nous devons l'indiquer. En effet, avec le secours d'une montre bien réglée sur un cadran convenablement tracé, il suffit d'attendre que l'ombre du style doive tomber sur la division horaire correspondante à l'heure de la montre, et de tourner tout l'appareil jusqu'à ce que cette coïncidence ait lieu, sans déranger l'horizontalité de la surface. De cette façon, en quelques minutes, l'opération se trouvera faite.

Les cadrans solaires dont nous venons de parler marquent nécessairement le temps vrai; toutefois on a essayé de leur faire marquer également le temps moyen.

La disposition la plus ancienne et la plus répandue consiste à tracer sur un cadran solaire, à plaque percée, une ligne courbe destinée à faire connaître chaque jour l'instant auquel il est midi moyen. Cette ligne courbe, que l'on nomme *la méridienne du temps moyen*, a la forme d'un huit allongé comme on le voit sur la fig. 3447. Cette courbe comprend les positions successives du petit espace éclairé de chaque côté de la ligne horaire de midi pour les moments correspondants au midi moyen de chaque jour, suivant que le midi moyen retarde ou avance sur le midi vrai; d'ailleurs ils se trouvent nécessairement à d'inégales hauteurs sur le cadran, par suite du changement qu'éprouve constamment la hauteur méridienne du soleil au-dessus de l'horizon, d'un jour au jour suivant.

Donc, d'après la manière dont cette courbe est définie, il est clair que chaque jour, à l'instant du midi

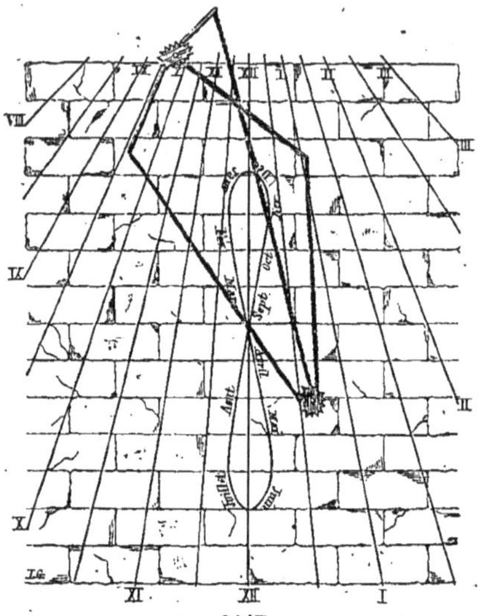

3447.

moyen, le petit espace éclairé doit se trouver sur la courbe; de sorte que, en observant le moment où cet espace éclairé vient la traverser, on aura le midi moyen, tout aussi facilement qu'on a le midi vrai en observant le moment où il traverse la ligne horaire de midi. Des noms de mois placés près de la courbe indiquent celle des rencontres que l'on doit choisir, car d'après la forme de la courbe elle est rencontrée deux fois chaque jour.

Une autre disposition fort ingénieuse a été proposée dans ces derniers temps par M. de Saulcy. Elle consiste à faire tourner le cadran chaque jour, autour du style, d'une quantité indiquée par la valeur de l'équation du temps pour que les heures qu'il marquera aient sur le temps vrai le même retard ou la même avance que le temps moyen, c'est-à-dire qu'il marque précisément le temps moyen.

CALCULER (MACHINE A) de Babbage. Nous reproduirons sur la machine inventée par ce savant, qui est le type des machines propres à faire les calculs de l'ordre le plus élevé, à l'aide du principe fécond de l'emploi des différences qu'il y a si heureusement appliqué, les détails que l'auteur a publiés dans son intéressant ouvrage sur l'*Économie des Machines*.

Presque toutes les tables de nombres qui suivent une loi quelconque, quelle que soit sa complication, peuvent être formées sur une échelle plus ou moins étendue par la simple combinaison d'additions ou de soustractions.

Prenons pour exemple le tableau suivant bien connu.

Nombres.	A. Carrés.	B. 1re différence.	C. 2me différence.
1	1		
2	4	3	
3	9	5	2
4	16	7	2
5	25	9	2
6	36	11	2
7	49	13	2

Tout nombre de la colonne A peut s'obtenir en multipliant par lui-même le nombre qui exprime sa distance du commencement de la colonne. Ainsi 25 est le cinquième terme depuis le commencement de la colonne et 5 multiplié par 5 donne 25. Retranchons chaque terme de cette colonne du terme suivant, et mettons le résultat dans la colonne B, qui s'appelle la colonne des premières différences. Si nous retranchons ensuite chaque terme des premières différences du terme suivant, nous trouvons pour résultat unique le nombre 2 (colonne C), et ce nombre reparaîtra constamment dans cette colonne des secondes différences. La constance de cette seconde différence étant démontrée, il est évident que, pourvu que les premiers termes des trois colonnes A, B, C soient donnés, nous pouvons pousser cette table aussi loin que nous voudrons par des additions successives; car on peut former la série des premières différences en ajoutant successivement la différence constante 2 au nombre 3, le premier de cette colonne, puis encore 2 à la somme ainsi produite, etc., et l'on obtient ainsi la suite des nombres impairs 3, 5, 7, 11, etc.; et en ajoutant successivement chacun d'eux au nombre 1, le premier de la colonne A, nous formerons tous les carrés.

Concevons trois horloges, dit M. Babbage, placées l'une à côté de l'autre, chacune ayant une seule aiguille, et portant mille divisions sur un cadran au lieu des douze heures. Concevons de plus chaque horloge garnie d'un ressort qu'il suffit de presser pour qu'une sonnerie compte le nombre de divisions marquées par l'aiguille. Supposons encore que deux des horloges, que nous désignerons par B et C pour les distinguer, soient unies par une espèce de mécanisme tel, que l'horloge C, à chaque coup de sa sonnerie, fasse marcher l'aiguille de B d'une division. Enfin supposons que, par un semblable mécanisme, l'horloge B, à chaque coup de sa sonnerie, fasse marcher d'une division également l'aiguille de A. Dans cet état de choses, supposons que l'on mette l'aiguille de A à la division 1, l'aiguille de B à la division 3, l'aiguille de C à la division 2, et que l'on fasse partir le ressort de répétition de chaque horloge dans l'ordre suivant : d'abord le ressort de A, puis celui de B, enfin celui de C.

Le tableau suivant représentera la marche successive des aiguilles et le résultat de leurs indications.

SÉRIE des RÉPÉTITIONS	RESSORTS poussés.	HORLOGE A. L'aiguille est sur 1.	HORLOGE B. L'aiguille est sur 3.	HORLOGE C. L'aiguille est sur 2.
			Première différence.	Seconde différence.
1	A	A sonne 1.		
	B	B fait parcourir trois divisions à l'aiguille de A.	B sonne 3.	
	C	. . . .	C fait parcourir deux divisions à l'aiguille de B.	C. sonne 2.
2	A	A sonne 4.		
	B	L'aiguille de A parcourt cinq divisions.	B. sonne 5.	
	C	. . . .	L'aiguille de B parcourt deux divisions.	C sonne 2.
3	A	A sonne 9.		
	B	L'aiguille de A avance de sept divisions.	B sonne 7.	
	C	. . . .	L'aiguille de B parcourt deux divisions.	C sonne 2.
4	A	A sonne 16.		
	B	L'aiguille de A avance de neuf divisions.	B sonne 9.	
	C	. . . .	L'aiguille de B parcourt deux divisions.	C sonne 2.

C'est-à-dire que si l'on note les nombres indiqués par la sonnerie de A, l'horloge A, on trouvera qu'ils représentent la suite des carrés des nombres naturels, et cela en faisant marcher de deux divisions à chaque fois l'aiguille C.

La machine complète donnant les résultats de séries compliquées, qu'avait projetées M. Babbage, n'a jamais été exécutée par l'auteur, malgré les encouragements pécuniaires considérables du gouvernement anglais ; on n'a exécuté qu'un petit modèle assez simple. On n'a pas non plus réalisé la disposition indiquée par lui de faire tracer par la machine, à l'aide d'enfoncement de poinçons dans une plaque de cuivre, les chiffres du résultat indiqué par la machine.

MACHINE DE MM. SCHEUTZ. — Deux courageux et laborieux inventeurs, M. George Scheutz, éditeur d'un journal technologique à Stockholm, et son fils Édouard Scheutz, élève de l'institut de technologie de la même ville, se proposèrent de réaliser le programme dressé par M. Babbage, et y réussirent à l'aide de faibles ressources, par leur travail personnel et grâce à leur persévérance secondée par l'Académie des sciences de Stockholm et le roi de Suède.

Cette machine, qui a été fort admirée, par le petit nombre de personnes capables de l'apprécier, à l'Exposition universelle de Paris, par M. Babbage notamment qui signala les différences qui existaient avec la sienne et par suite tout le mérite des inventeurs, calcule toute espèce de table répondant à des formules dont les différences quatrièmes sont constantes, pour des valeurs successives de la variable; et les résultats de ces calculs sont imprimés en creux sur du plomb dont on tire des clichés en relief pour la galvanoplastie.

Les auteurs ont ainsi exécuté des tables de logarithmes

exemptes des fautes qui échappent toujours aux compositeurs d'imprimerie.

La fig. 3448 représente une vue perspective de cette machine, qui a été achetée par un riche négociant des États-Unis, M. John-Fr. Rathbone, et offerte par lui à l'Observatoire Dudley à Albany (New-York). Une autre, construite pour le gouvernement britannique, est destinée à faciliter les calculs du *Nautical Almanach*.

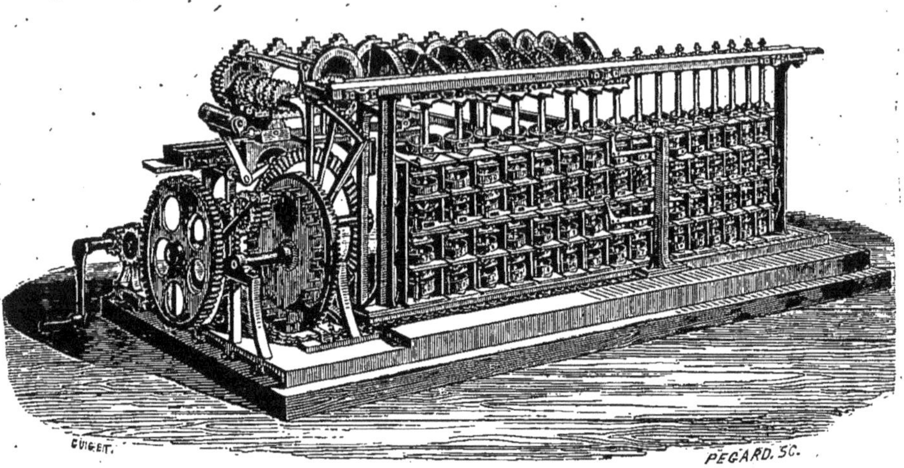

3448

Nous en empruntons la description à la brochure publiée par les inventeurs.

La partie calculante de la machine (qui en totalité a à peu près les dimensions d'un petit piano) est représentée dans la partie antérieure de la figure, elle se compose d'une rangée de quinze axes verticaux en acier passant chacun par le centre de cinq anneaux calculateurs, argentés, formant autant d'étages ; chaque anneau est supporté par une tablette de laiton et tourne concentriquement avec son axe. Sur la surface cylindrique de chaque anneau se trouvent gravés circulairement les dix chiffres ordinaires 0, 1, 3, etc., de manière que l'un de ceux-ci, dans chaque position de l'anneau, fait face au spectateur, et que les chiffres de front de chaque rayon peuvent être lus ensemble, comme si c'était une ligne écrite.

Le rayon supérieur ou le premier présente le nombre ou la réponse résultant du calcul et exprimé par quinze chiffres, dont les huit premiers sont stéréotypés par la machine. Le nombre que l'on voit au second rayon, à partir d'en haut, présente des différences de premier ordre et peut être exprimé aussi par quinze chiffres, si c'est nécessaire. Les nombres des rayons troisième, quatrième et cinquième, présentent, de la même manière, des différences de deuxième, troisième et quatrième ordre, exprimées aussi chacune par quinze chiffres. Chaque rayon peut être arrangé à la main pour présenter un nombre quelconque : prenons par exemple le nombre 987,654,321,056,789, si ce nombre se trouve au rayon supérieur, ses huit premiers chiffres seront stéréotypés immédiatement par la machine chaque fois qu'elle aura fini le calcul dudit rayon. Mais en changeant seulement les anneaux de deux colonnes verticales, la machine peut être arrangée pour calculer des nombres sexagésimaux représentant des heures, des minutes, des secondes et des décimales de secondes, ou des degrés avec des minutes et des secondes. Ainsi, en supposant que le nombre 874,324,687,356,402 se trouvât indiqué au rayon supérieur, il serait stéréotypé comme 87° 43' 24,69". Durant cette même opération, l'argument de chaque résultat est stéréotypé simultanément à sa juste place, sans qu'il ait fallu pour cela d'autre mesure préalable que celle d'avoir disposé chaque rayon de manière à représenter le nombre, les différences et l'argument d'où la série doit partir, et d'avoir couché une bande de plomb laminé sur le traîneau de la partie imprimante. Alors, en faisant tourner la manivelle (ce qui ne demande pas plus d'effort que de faire jouer un orgue de Barbarie), la table requise sera *calculée* et *stéréotypée* simultanément dans le plomb ; c'est-à-dire que la lame de plomb sera transformée en une belle matrice, dont on pourra tirer autant de stéréotypes qu'on voudra, tous parfaitement nets et prêts à être mis immédiatement sous la presse typographique. En faisant travailler la machine avec une vitesse moyenne, elle calcule et stéréotype à l'heure 120 lignes, prêtes à être mises sous presse. Des essais comparatifs ont prouvé que la machine produit deux pages et demie de chiffres dans le temps qu'il faut à un compositeur intelligent pour assembler les caractères d'une seule page.

M. Gravatt, savant anglais, résume ainsi qu'il suit l'esprit de la méthode qui doit être employée pour calculer sous forme tabulaire une quantité variant suivant une loi donnée, pour intercaler entre des valeurs calculées d'une fonction des valeurs intermédiaires qui puissent être représentées par une série qui comprend des termes des quatre premiers degrés, ce qui souffre bien peu d'exceptions.

Les valeurs de la fonction à calculer étant représentées d'une manière générale sous la forme

$u_x = u_0 + ax + bx^2 + cx^3 + dx^4$; faisons successivement $x = 0, \pm 1, \pm 2$, nous aurons

	1res différences.	2mes différences.
$u_{-2} = u_0 - 2a + 4b - 8c + 16d$		
	$a - 3b + 7c - 15d$	
$u_{-1} = u_0 - a + b - c + d$		$2b - 6c + 14d$
	$a - b + c - d$	
$u_0 = u_0$		$2b + 2d$
	$a + b + c + d$	
$u_1 = u_0 + a + b + c + d$		$2b + 6c + 14d$
	$a + 3b + 7c + 15d$	
$u_2 = u_0 + 2a + 4b + 8c + 16d$		

CALCULER (MACHINE A).

3mes différences.	4mes différences.
$6c-12d$	
	$24d$
$6c+12d$	

De là peuvent se déduire les valeurs des coefficients a, b, c, d en fonction de ces différences supposées connues $d=\frac{1}{24}\Delta^4_{-2}u$ $c=\frac{1}{6}\Delta^3_{-2}u+2d$ $b=\frac{1}{2}\Delta^2_{-1}u-d$ et

$$a=\Delta^1_{-1}u+\frac{1}{2}\Delta^2_{-1}u-c$$

La proposition est vraie pour une valeur quelconque de x prise pour unité, et on a plus généralement :

$$\Delta^4_{-2x}u=24dx^4,$$
$$\Delta^3_{-2x}u=6\,(cx^3-2dx^4),$$
$$\Delta^2_{-x}u=2\,(bx^2+dx^4),$$
$$\Delta^1_{-x}u=ax-bx^2+cx^3-dx^4,$$

différences avec lesquelles nous pouvons disposer la machine pour tabuler en avant de u_0 à u_{2x} ; et, en changeant le signe des différences impaires, nous pouvons tabuler à rebours de u_0 jusqu'à u_{-2x}, par suite obtenir toutes les valeurs de la fonction comprises entre les limites des valeurs de x, et cela sans connaître même la forme de la fonction que nous tabulons, puisqu'il suffit d'avoir auparavant cinq valeurs choisies pour des intervalles égaux de variation de valeur de la variable.

Machines a équations. — Dans l'article Machines à calculer du *Dictionnaire*, j'ai indiqué comment les machines inventées depuis Pascal, qui n'avait inventé qu'une machine à addition et soustraction, dont celle du docteur Roth peut être considérée comme un perfectionnement en rendant le jeu des roues successif, et celles plus puissantes de M. Thomas et de M. Maurel, n'avaient encore utilisé que la fonction produit et la fonction somme, grâce aux roues différentielles; qu'il restait à tirer parti de la fonction puissance, de la forme x^m, que des réunions de roues et de pignons permettait d'obtenir au moyen des rouages ordinaires.

Cette possibilité conduit à la démonstration de la possibilité théorique de construire une machine susceptible d'effectuer le calcul d'une équation algébrique à une seule variable, ce qui permet d'arriver à des résultats d'un très-grand intérêt.

C'est ce qu'a su faire, dans une recherche qui exigeait une grande puissance d'investigation, M. Stamm, qui a publié ses recherches trop peu connues, dans une très-intéressante brochure intitulée : *Essais sur l'automatique pure*, à laquelle nous emprunterons l'exposition de la théorie générale qu'il a établie, et dont nous tirerons des conséquences utiles au point de vue de la question, fort controversée autrefois, des courbes qui peuvent être tracées avec la règle et le compas; question à laquelle il nous paraît possible de faire, en tirant parti des résultats que nous allons analyser, une réponse entièrement satisfaisante.

Jetons d'abord un coup d'œil sur les résultats théoriques obtenus par les machines connues, et dont nous avons donné la description.

Les machines à calculer numériquement les plus parfaites, comme l'arithmomètre, donnent les valeurs d'une somme algébrique d'un produit ou d'un quotient de quantités connues, ou les valeurs

$$y=a\pm b\pm c\ldots\ y=abcd,\ y=\frac{abc\ldots}{def\ldots},$$

quels que soient les nombres $a, b, c\ldots$; c'est-à-dire en réalité on peut dire que ces appareils sont des machines à équations du premier degré, sous les diverses formes qu'on peut leur donner pour les diverses fonctions simples

$$y=a\pm x,\quad y=ax+b,\quad y=\frac{x}{a}+b,$$

c'est-à-dire donneront toutes les valeurs de y, répondant aux diverses valeurs de x.

La détermination de toutes les valeurs simultanées de y et de x ne conduit pas à la représentation de la fonction d'une manière complète. Il en serait ainsi, au contraire, si on faisait tracer à la machine la droite que représente l'équation du premier degré à deux variables. Or c'est ce qui paraît facile.

Soit par exemple l'équation $y = ax$: faisons enrouler sur le cylindre dont les rotations mesurent les valeurs croissantes de x, un ruban qui tire un cadre convenablement guidé ; ce mouvement représentera les abscisses. Pour avoir les ordonnées, il suffit d'imaginer un autre ruban qui s'enroule sur le cylindre, qui marque les valeurs de y, de faire porter un crayon par ce ruban assujetti à se mouvoir perpendiculairement à la direction des x.

La machine à calculer pourra servir ainsi à tracer autant de points que l'on voudra de la droite $y = ax$; elle la tracerait d'une manière continue, si son but étant de représenter des nombres, on n'avait introduit dans sa construction une discontinuité apparente, par des engrenages à dents dont l'effet n'est sensible que quand on marche par unités successives ; mais le système se prête à la continuité, équivaut à l'emploi des deux cylindres dont nous avons parlé, mis en rapport par des roues d'angle convenables.

Ce curieux rapprochement montre que la question des machines à équation et celle du tracé des courbes, sont deux questions qui non-seulement ont grand nombre de points communs, mais qui se confondent en réalité.

Il est curieux de voir les deux problèmes, les plus délicats peut-être que l'on puisse se poser aujourd'hui en cinématique, n'en former en réalité qu'un seul, et la solution théorique de l'un fournir aussi la solution théorique de l'autre. C'est là un résultat intéressant et on ne peut traiter spécialement la question des machines à équation, sans arriver à des conséquences curieuses, au point de vue du tracé des courbes.

Avant tout, il faut bien définir les deux problèmes :

Construire une machine à équations, c'est obtenir, à l'aide d'une combinaison de roues dentées et de crémaillères, ou plus généralement de cercles et de plans, une machine qui fournisse les valeurs d'une variable, lorsqu'on donne aux autres variables des valeurs quelconques; ce qui correspond, pour le cas de deux variables, au tracé de tous les points des courbes représentées par les équations, au moyen de semblables mouvements, c'est-à-dire qu'il est possible d'obtenir à l'aide du cercle et de la règle, *sans directrice, sans rosette spéciale* pour la courbe à tracer. On voit clairement la liaison intime des deux questions. Or, tandis que la première se rapporte aux calculs les plus difficiles que les savants aient à exécuter, à l'application des lois les plus complexes, les plus grands géomètres du siècle dernier, Descartes, Pascal, Roberval, de Lahire, Réaumur, Newton, Maclaurin, etc., se sont occupés de la seconde question. Ce sont surtout les courbes variées obtenues par le roulement, le transport des guides, les curieux théorèmes fournis par le cycloïde et les épicycloïdes, qui avaient fait concevoir l'espérance de tracer avec la règle et le compas presque toutes les courbes. Il reste toujours à déterminer les limites du problème, qui a attiré l'attention de tant de grands esprits.

Equations du premier degré en y *et d'un degré quelconque en* x. — Je reviens aux équations, et je pren-

CALCULER (MACHINE A).

drai le cas si important où une des variables entre au premier degré et dans un seul terme, l'autre formant les termes d'un degré quelconque de l'équation, c'est-à-dire que celle-ci est de la forme :

$$y = Ax^m + Bx^{m-1} \ldots + q.$$

On voit que c'est le cas qui répond à la solution des équations numériques de la forme :

$$Ax^m + Bx^{m-1} \ldots + q = 0,$$

c'est-à-dire que cette voie conduit à la solution mécanique des équations numériques, à la détermination des racines des équations, une des plus curieuses applications qu'on puisse se proposer du genre de machines dont nous nous occupons.

Le problème peut être considéré comme se ramenant, avec l'addition des divers termes et de la multiplication par des coefficients, que l'on sait effectuer, à l'emploi d'un système fournissant, pour un mouvement répondant à une valeur quelconque de x, la valeur de y, qu'on peut calculer à la rigueur à l'aide des machines déjà considérées; car on peut aussi bien calculer a^m que $abcd$, sauf la durée de l'opération qui ferait du calcul des termes successifs une opération trop longue. Pour la solution complète, applicable géométriquement, il faudrait un nouveau progrès, que le calcul des divers termes fût simultané, ce qui ne paraît pas impossible.

La solution directe de ce problème n'a jamais, que nous sachions, été tentée. Nous ne savons si Vaucanson qui, avons-nous lu, avait conçu une semblable entreprise, a pris la route que nous avons indiquée.

Cette solution repose sur la possibilité de représenter la fonction puissance au moyen du système de roues dentées et de pignons montés sur un même axe. On sait que R, R', R''... étant les rayons des roues, r, r', r''... ceux des pignons, le rapport des chemins parcourus par le premier et le dernier mobile est $\frac{R, R', R''}{r, r', r''}$, ou $\left(\frac{R}{r}\right)^k$ si les roues et les pignons sont égaux et s'il y a k axes.

Avec des valeurs de R et r telles que $\frac{R}{r}$ représente la suite des nombres 1, 2, 3... et qu'il en soit de même pour k, on pourra obtenir toutes les valeurs possibles de x^m. Pratiquement les solutions possibles par cette manière d'opérer sont fort limitées; il faudrait inventer des dispositions complémentaires fort compliquées, consistant en séries de rouages, dont le rapport variât de 1 à 100 par exemple, mis en communication à volonté par des pièces glissantes, pour parvenir à l'appliquer au calcul d'équations numériques assez simples, en n'employant qu'un nombre de rouages limité; mais indépendamment d'un système établissant la continuité, que nous allons voir bientôt être possible au point de vue théorique, lorsqu'on peut considérer le nombre de rouages comme indéfini, pour les valeurs comme pour les diverses puissances de x fonctionnant en même temps pour une même valeur de x (multipliées par les coefficients convenables), un résultat du plus haut intérêt peut se déduire de cette seule possibilité.

Elle permet d'établir que l'équation

$$y = Ax^m + Bx^{m-1} \ldots + q$$

peut toujours être calculée mécaniquement; que les valeurs de y, pour une valeur quelconque de x, peuvent être obtenues au moyen de mécanismes composés de rouages circulaires, *quel que* soit le degré de x.

Tracé des courbes. — En passant au problème corrélatif du tracé des courbes qui est résolu dans les mêmes limites par le même système, et en transformant, comme il a été dit, le mouvement des roues initiales et finales en mouvement rectiligne de coordonnées, on peut dire : *que l'on peut, à l'aide de mouvements rectilignes et circulaires, sans directrice spéciale, tracer toutes les courbes dont l'équation est du premier degré pour l'une des variables, quel que soit le degré de l'autre variable;* la variable du premier degré se trouvant alors égale à la somme des termes de polynôme formé par les diverses puissances de l'autre variable, qui forme une équation à une inconnue quand on l'égale à zéro; les racines sont alors données par la rencontre de la courbe avec l'axe des abscisses. Quand nous disons polynôme, nous montrons que la solution que nous venons d'exposer n'est pas complète et qu'on ne doit pas se limiter exclusivement à une fonction algébrique, car nous avons dans la cycloïde l'exemple d'une courbe dont l'équation du premier degré en y, comprend, dans le second, une fonction trigonométrique (arc sin =), que nous savons tracer à l'aide d'une règle et d'un cercle qui roule sur la règle, dont un point porte un traçoir. Le déplacement du cercle fait de cette machine un système tout différent de celui indiqué ci-dessus, et montre que la solution indiquée n'est ni la seule possible, ni sûrement la plus générale.

On en a une preuve bien plus complète encore si l'on étudie la variété infinie de courbes épicycloïdales que l'on peut obtenir, en faisant tourner des cercles les uns autour des autres, avec des combinaisons de rouages, des rapports de rayons différents. Nous montrons à l'article ÉPICYCLOÏDALES (COURBES), comment on pourrait prévoir les caractères principaux de ces diverses courbes, le nombre des points de rebroussement, etc., en raison du nombre qui représente le rapport des vitesses. Tout ce qui importe ici, c'est de montrer que l'on peut obtenir ainsi des courbes engendrées exclusivement à l'aide de mouvements circulaires, courbes fermées, pouvant être coupées par des droites en m points (quel que grand que soit le nombre m), qui ne pourraient, par suite, être représentées que par des équations du degré m, en x et y. La possibilité d'un semblable tracé indique donc bien que la solution indiquée ci-dessus n'est pas la plus complète qu'il soit possible de trouver; mais il serait évidemment absurde d'en conclure la possibilité de tracer toutes les courbes à l'aide d'appareils n'ayant que des rouages circulaires.

C'est par des considérations théoriques d'un ordre plus élevé que nous arriverons à résoudre complétement le problème, en nous appuyant sur des principes déjà utilisés dans le planimètre, et quelques machines graphiques.

THÉORIE DES MACHINES A ÉQUATIONS DE M. STAMM. — Nous allons maintenant emprunter, au remarquable travail de M. Stamm, les principes fondamentaux de sa théorie générale, à laquelle il donne le nom d'*Automatique pure*, donnant ce nom à des combinaisons d'organes mécaniques n'employant que la droite, le cercle et le plan combinés, et toutes les fonctions qu'elles peuvent servir à calculer, ce qui revient à déterminer les machines à équation qu'elles peuvent permettre de construire.

Addition et soustraction. — C'est au moyen d'un système différentiel, de roues épicycloïdales, que peuvent être effectuées ces opérations. Décrivons le système qui sera continuellement employé dans ce qui suit.

Soit sur un axe A une roue B (fig. 3340), et sur l'un des rayons de cette roue, pris comme axe, une roue d'angle H engrenant avec deux roues d'angle D, E, disposées sur le même axe A. Le chemin angulaire de la roue B est la moyenne des chemins des roues D, E, c'est-à-dire qu'il est égal à la demi-somme des chemins angulaires des roues D, E, comme le montre l'analyse des systèmes à mouvement différentiel (voy. DIFFÉ-

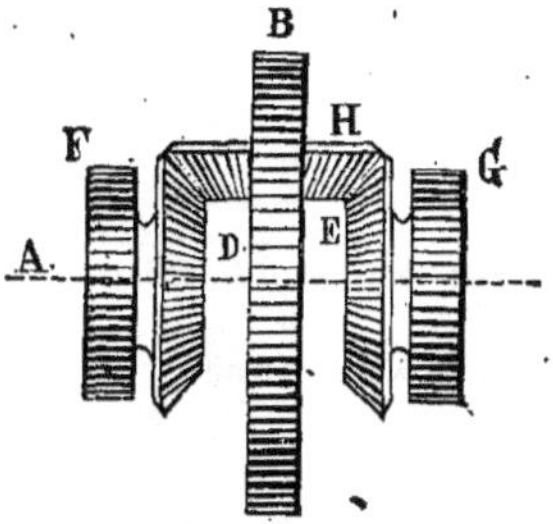

Fig. 3340.

RENTIEL). Si les rayons des pignons F, G, qui sont respectivement solidaires des roues D, E, lesquels reçoivent le mouvement d'organes extérieurs, sont égaux et moitié plus petits que le rayon de la roue B, les chemins parcourus par la circonférence de la roue B seront exactement égaux à la somme algébrique des chemins circonférenciels des roues F, G.

Si $f(t)$ est le mouvement linéaire transmis à la roue F, et $\varphi(t)$ le mouvement linéaire transmis à la roue G dans le même temps t, on a, en représentant par $F(t)$, le mouvement linéaire de la roue B :

$$f(t) + \varphi(t) = F(t),$$

et par conséquent, entre les accroissements élémentaires, en prenant les dérivées :

$$d.f(t) + d\varphi(t) = df(t),$$

ou entre les vitesses :

$$\frac{df(t)}{dt} + \frac{d\varphi(t)}{dt} = \frac{d.F(t)}{dt}.$$

Voilà donc un système qui traduit l'équation

$$a + b = q,$$

c'est-à-dire que deux de ces quantités étant données, la troisième s'en déduit ; et des compteurs étant attachés aux trois roues, si on fait tourner deux roues, de manière que leurs compteurs marquent les valeurs assignées à deux termes de l'équation, le troisième indiquera le nombre qui satisfait à l'équation ci-dessus, et cela dans des conditions excellentes, puisque les trois nombres apparaîtront en même temps.

Des générations et des générateurs. — Dans les arts, lorsqu'on veut imprimer à volonté à un axe toute vitesse comprise entre deux limites données, on emploie souvent un cône qui commande une poulie, à l'aide d'une courroie et d'un tendeur.

En déplaçant la poulie et la courroie le long du cône, on varie le rapport des diamètres, et par conséquent celui des vitesses.

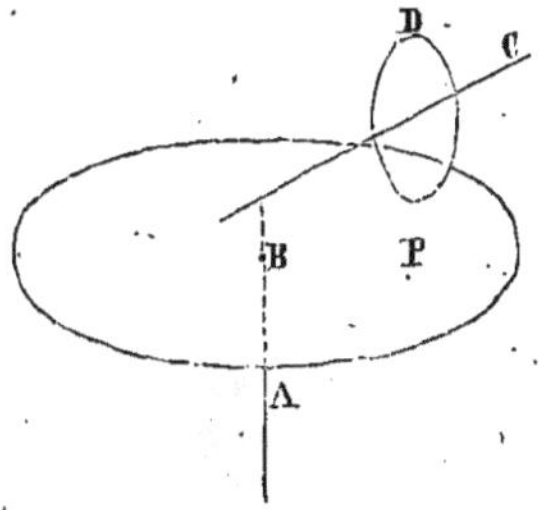

Fig. 3341.

Au lieu d'un cône, on emploie aussi un plateau P, qui est fixé sur un axe A (fig. 3341), et une roulette D fixée sur un axe C parallèle au plateau P, et passant par le prolongement de l'axe A. Cette roulette est pressée sur le plateau, et elle est susceptible de se déplacer le long de son axe, tout en restant solidaire avec lui quant à la rotation. Cet appareil est équivalent à celui du cône; il est plus simple à représenter par des lignes d'axes, comme fig. 3342.

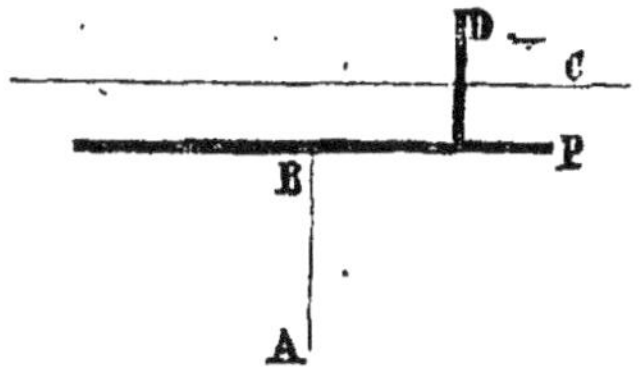

Fig. 3342.

M. Stamm appelle cet appareil *générateur*, quand le plateau commande la rotation, et *générateur inverse* quand c'est la roulette qui commande. Il nomme *génération*, l'opération qu'effectue le générateur.

De l'intégration automatique. — L'intégration automatique s'obtient à l'aide d'un générateur, équivalent à l'appareil qui sert à exécuter des quadratures dans le PLANIMÈTRE d'Ernst et dans le DYNAMOMÈTRE TOTALISATEUR de MM. Poncelet et Morin.

Soit (fig. 3343) un générateur. Le mouvement transmis

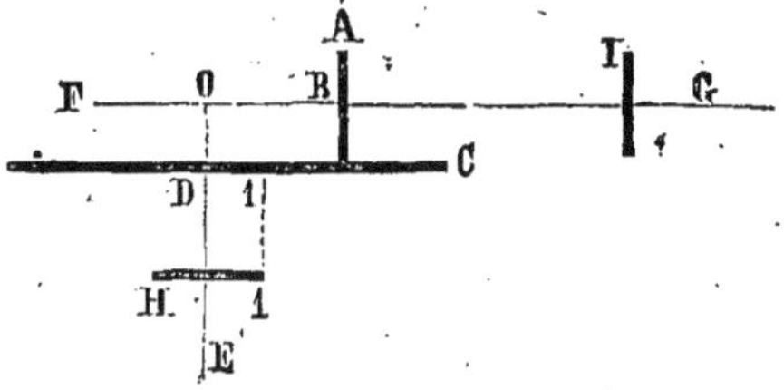

Fig. 3343.

à la roue H, dont le rayon est 1, est représenté par t, la vitesse angulaire pouvant toujours être considérée comme constante et égale à l'unité. Pendant un temps élémentaire dt, le mouvement y transmis par la roue I fixée sur l'axe FG est représenté par rdt, r étant la distance de la roulette au centre du plateau.

Supposons que par l'action du plateau, soit au moyen d'une courbe directrice, soit par toute autre combinaison, la roulette se déplace suivant une loi $f(t) = r$, on aura, pour le mouvement élémentaire transmis par la roue I :

$$f(t)\,dt = dy,$$

et par conséquent, pour le mouvement même :

$$y = \int f(t)dt..$$

Le mouvement représenté par r est la dérivée du mouvement fourni par la roue I. Toutes les parties de l'appareil étant liées ensemble, on peut le commander aussi bien par la roue I que par la roue H.

Nous renverrons à l'ouvrage de M. Stamm pour la description de la disposition qui permet d'effectuer la différentiation automatiquement ; l'opération inverse de la précédente.

Génération des mouvements représentés par les diverses fonctions. — On a supposé ci-dessus l'emploi d'une directrice quelconque ; or nous ne disposons pas de tout genre de courbe pour le problème que nous nous sommes posé, mais seulement de la droite, du cercle et du plan. Nous allons montrer que ces éléments suffisent pour représenter les diverses fonctions de x algébriques et même transcendantes, et en généra $y = f(x)$, et même $f(y) = f(x)$. Nous verrons où est la limite de ce mode d'opérer.

1° *Génération des mouvements représentés par t^m.* — En général pour engendrer

$$f(x)\, dx$$

on établit un générateur, on imprime au plateau le mouvement x, représenté par le mouvement du cercle du rayon 1, et on donne à la roulette, à partir du centre, un mouvement de translation représenté par $f(x)$.

Soit (fig. 3344) un générateur Q dont la roue H, de

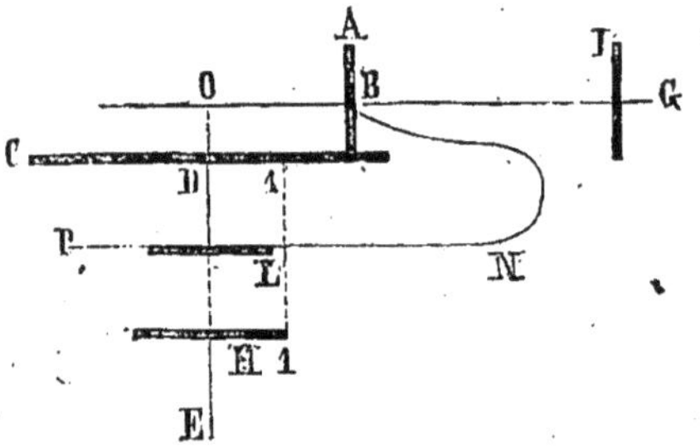

Fig. 3344.

rayon 1, reçoit un mouvement t. Soit encore une roue L sur l'axe E du plateau ; cette roue commande une crémaillère P N, qui se recourbe autour du plateau pour saisir la roulette A par son centre, la déplacer par l'axe F G, et faire varier r par conséquent.

Supposons que quand $t = 0$, la roulette soit sur le centre du plateau au point O, a étant le rayon de la roue L, comme OB ou r sera toujours égal à at, le mouvement élémentaire transmis par la roue I sera $a\,t\,dt$, et par conséquent son chemin représenté par

$$\int a t\, dt = \frac{1}{2} a t^2.$$

Si un second générateur Q' non figuré, identique au précédent, sauf qu'il ne possède pas de crémaillère mue par une roue L', a son axe E' également animé du mouvement t, et si sa roulette A', placée également au centre du plateau au début du mouvement, est déplacée par l'action d'une crémaillère mue par la rotation de la roue I du générateur Q, de manière qu'on ait $r' = \frac{1}{2} a t^2$, le mouvement d'une roue I' sera représenté par

$$\int \frac{1}{2} a t^2 dt = \frac{1}{2\,.\,3} a t^3.$$

En répétant la même opération sur un troisième générateur Q'', de manière qu'on ait $r'' = \frac{1}{2\,.\,3} a t^3$, le mouvement de la roue I'' sera donné par

$$\int \frac{1}{2\,.\,2} a t^3 dt = \frac{1}{2\,.\,3\,.\,4} a t^4.$$

On peut continuer indéfiniment ces combinaisons. Pour la solidarité réciproque des générateurs, *on doit lier toutes les roues* H, H', H'',.. *par une crémaillère ou toute autre transmission simple.*

Si au lieu de transmettre directement le mouvement de chaque roue I au centre de la roue I', on établit des transmissions, des intermédiaires-coefficients représentés par les rapports a', a'', a'''..., on peut, en prenant des rapports convenables, réaliser, par les roues I successives, les puissances simples t^2, t^3... Ces valeurs doivent être $a = 2$, $a' = 3$, $a'' = 4$...

M. Stamm donne le nom de *généalogie* à une suite de générateurs ainsi liés.

On conclut de ce qui précède, que : *Étant donné généralement à engendrer un mouvement représenté par* At^n, *n étant entier et positif, on établit les dérivées successives :*

$$A t^n, \quad n A t^{n-1}, \quad n(n-1) A t^{n-2} \ldots$$
$$[n(n-1)(n-2) \ldots \quad (n'(n-1)] A.$$

On construit $n - 1$, *générateurs dont chaque roulette est déplacée par une crémaillère mue par la roue finale du générateur précédent, et on donne à la roue* L, *motrice de la crémaillère du premier générateur, un rayon*

$$a = n(n-1)(n-2) \ldots [n-(n-1)] A.$$

Génération des mouvements représentés par $\sqrt[n]{x}$. — On vient de voir la génération de $y = At^n$. Si sans rien changer au mécanisme de $y = At^n$, on commande son mouvement par la roue finale I_{n-1}, cela revient à considérer t comme variable dépendante, et y comme variable indépendante. La roue H du premier générateur engendre alors le mouvement $t = \sqrt[n]{\frac{1}{A} y}$, parce que toutes les parties étant solidaires, le mouvement se transmet aux plateaux qui transmettent immédiatement les mouvements de déplacement voulus aux roulettes.

Ainsi étant donné à engendrer le mouvement

$$\sqrt[n]{y} = t.$$

on réalise d'abord une *généalogie directe* pour la génération de $y = t^n$; puis renversant la commande en commandant le mécanisme par sa roue finale avec le mouvement y, on obtient, par la première roue H, le mouvement t.

Employée ainsi, la généalogie devient inverse.

Étant réalisée une généalogie inverse qui permet d'engendrer $\sqrt[n]{y}$, si l'on commande sa dernière roue par une roue finale d'une généalogie directe qui donne le mouvement t^m, c'est-à-dire si l'on fait $y = t^m$, la première roue finale de la généalogie inverse fournit le mouvement $t^{\frac{m}{n}}$.

En général donc, étant demandé un mouvement $AX^{\frac{m}{n}}$, X *étant une fonction quelconque, on réalise deux généalogies, l'une pour* X^m, *l'autre pouvant former* X^n, *on imprime le mouvement* X *à la première roue de la première généalogie, et on commande la dernière roue de la seconde généalogie par la roue finale de la première; enfin on multiplie le mouvement obtenu dans la généalogie seconde ou inverse par* A, *à l'aide d'un intermédiaire-coefficient.*

Génération d'un mouvement donné par un produit de deux fonctions. — Soient u, v, deux fonctions représentant deux mouvements, il s'agit d'engendrer le mouvement uv.

On sait que $d.uv = u\,dv + v\,du$.

On réalise (fig. 3345) deux générateurs Q et Q'.

A la roue H du premier Q, on imprime le mouvement représenté par u, et on transmet par crémaillère de la roue H le même mouvement au centre de la roulette A' du second Q', de manière qu'on ait $r' = u$.

A la roue H' du second Q', on imprime le mou-

CALCULER (MACHINE A).

vement représenté par v, et on transmet le même mouvement, par crémaillère, de la roue H', au centre de la roulette A du premier Q, de manière qu'on ait $r = v$.

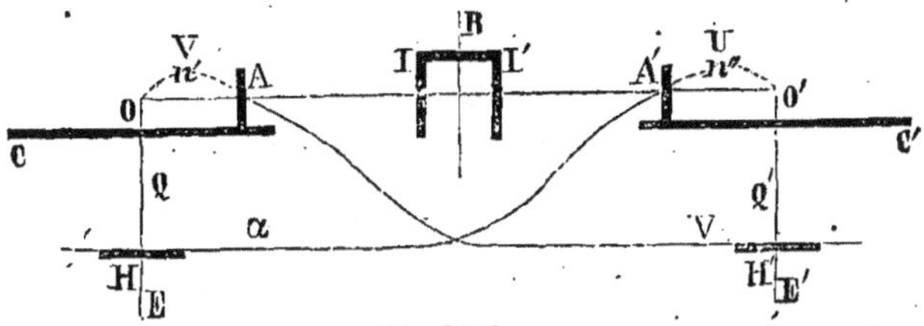

Fig. 3345.

La roulette A aura un mouvement rotatoire élémentaire représenté par $v\,du$, et l'autre roulette A' aura un mouvement rotatoire élémentaire représenté par $u\,dv$.

Faisons des roues I et I' les roues de côté d'un train épicycloïdal additionneur, — la roue B du milieu étant toujours double des roues de côté I, I', et les roues A, I, A', I', étant égales, — le mouvement circonférentiel élémentaire de la roue B sera représenté par $v\,du + u\,dv = d.\ uv$, et par conséquent son mouvemement sera uv.

Ce mécanisme s'accorde bien avec le générateur du mouvement $y = t^2$; car si l'on fait $t^2 = vu$ et $v = u$, on remarque que chaque roulette peut être aussi bien déplacée par la roue de son propre plateau (les roues H, H', étant toujours du rayon 1), et que chaque roulette réalise par conséquent $\frac{1}{2}t^2$, ce qui fait bien, par l'addition de leurs mouvements, le mouvement $t^2 = y$, fourni par la roue B.

S'il s'agit d'un mouvement donné par le produit de trois fonctions uvz ; on sait qu'on a :

$$duvz = uv\,dz + uz\,dv + vz\,du.$$

On commence par réaliser séparément les mouvements uv, uz, vz ; on prend ensuite trois générateurs, aux plateaux desquels on donne les mouvements z, v, u, et à leurs roulettes on transmet les mouvements de translation uv, uz, vz ; enfin on additionne deux des trois mouvements ainsi obtenus $uv\,.\,dz$, $uz\,.\,dv$, $vz\,.\,du$, à l'aide d'un train épicycloïdal, et par un autre train pareil, on ajoute le mouvement total obtenu au troisième mouvement. La roue finale est dès lors animée du mouvement élémentaire $d.\ uvz$, et par conséquent du mouvement uvz.

On peut procéder ainsi, pour un mouvement donné par un produit d'un nombre quelconque n de fonctions, et vérifier toujours la justesse des mécanismes par la supposition de leur emploi pour la génération du mouvement t^n, en faisant $t^n = u\ v\ z \ldots w$, et en égalant entre eux les facteurs pris en nombre n.

Observation. — Nous devons nous arrêter sur la génération d'un mouvement donné par un produit de deux fonctions, qui, sous la forme générale donnée par M. Stamm dans l'analyse de son ingénieuse disposition, pourrait prêter à une interprétation erronée.

En effet, si on concluait que les produits de la forme $xy = z$ pourraient ainsi être obtenus, on commettrait une erreur.

On doit en effet remarquer que, dans le système précédent, il faut que les roues u et v réagissent *simultanément* l'une sur l'autre, qu'elles doivent être mues en même temps par des simples roues dentées, ce qui revient à dire que u et v sont fonction d'une seule variable indépendante, et que par suite le système décrit revient à $y = f(x)\,\varphi(x)$, et non à une relation $f(x, y)$ renfermant des termes en $x\,y$, où les deux variables seraient liées par une relation de produit.

Génération d'un mouvement donné par un quotient $\frac{1}{v}$.

osons $u = \frac{1}{v}$ ou $u\,v = 1$.

Si l'on fait d'abord $u = 1$ et $v = 1$, la roue totalisatrice B prend une position que l'on rend fixe. La roue B ne bougeant plus, il est clair qu'en imprimant le mouvement v par exemple à l'un des plateaux, l'autre donnera le mouvement

$$u = \frac{1}{v}.$$

Il est intéressant de voir comment se passe cette opération automatique. Le mouvement circonférentiel de la roulette A est égal à celui de la roulette A' (la roue B ne bougeant pas), qui est mue par le plateau C', dont le mouvement est v ; le mouvement rectiligne r du centre de la roulette A est égal au mouvement v du plateau moteur ; le mouvement r' de la roulette A' est égal au mouvement à réaliser.

Ainsi le mouvement rectiligne et le mouvement rotatoire élémentaire des roulettes qui déterminent le mouvement élémentaire du dépendent l'un du mouvement v du plateau moteur, l'autre du *mouvement à engendrer* en même temps que du mouvement du plateau moteur.

Génération de t^{-m}. — Ce qui précède donne le moyen de réaliser $y = t^{-m}$, car $t^{-m} = \frac{1}{t^m}$.

Or on sait engendrer t^m, et on en déduira $\frac{1}{t^m}$ au moyen de l'appareil de la figure 3345. On sait donc également obtenir

$$y = At^{-\frac{m}{n}} = \frac{A}{\sqrt[n]{t^m}}.$$

Représentation des équations algébriques. — On peut donc considérer comme résolu le problème d'engendrer, par une seule opération, un polynome à une variable, de la forme

$$Ax^m + Bx^{m-1} + Cx^{m-2} \ldots + Qx + K = y.$$

On peut aller au delà, et chercher la représentation des fonctions non algébriques.

Génération des fonctions exponentielles et logarithmiques. — Ces générations ont ceci de particulier que les dérivées sont fonction du mouvement à engendrer, ou, pour être plus clair, que la vitesse du mouvement à réaliser est fonction du chemin parcouru par ce mouvement.

Nous avons déjà montré une génération de cette espèce pour $u = \frac{1}{v}$.

Soit (fig. 3346) un plateau tournant par l'action d'un moteur en raison des valeurs d'une variable indépendante x agissant sur une roue H, de rayon 1, montée sur l'axe E du plateau. La figure représente les deux roues en élévation et un plan de l'appareil.

Soient F G un axe parallèle au plateau et passant par le prolongement géométrique de l'axe E ; A une roulette susceptible de se déplacer sur l'axe F G et mue par le plateau (cette roulette et son axe sont solidaires, quant à la rotation) ; L, K, une paire de roues d'angle, égales entre elles, et commandant la rotation d'une roue M par la rotation de l'axe FG;

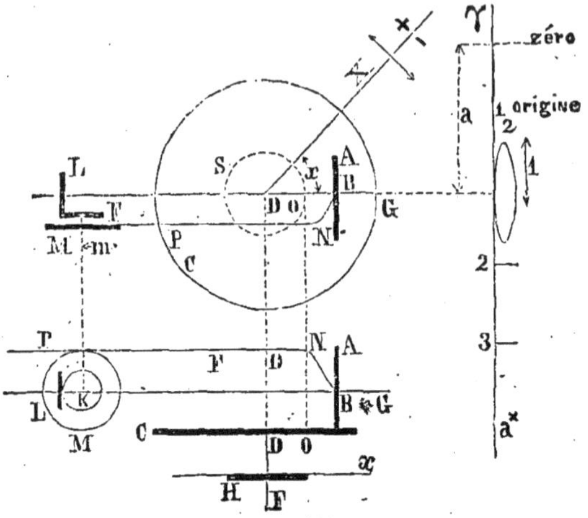

Fig. 3346.

NP une crémaillère qui déplace la roulette par l'action de la roue M, dont le rayon sera désigné par m.

Soit X un rayon tracé sur le plateau, et qui, à l'origine du mouvement de ce dernier, se trouve parallèle à l'axe FG. Sur le centre D, traçons un cercle S de même rayon 1 que celui de la roue H. Les chemins x de la roue H pourront se compter sur ce cercle dans l'angle du rayon X et à partir de sa position originelle DG. Sur le prolongement de l'axe FG, construisons une roue I, identique à la roulette et invariable de position, qui transmettra le mouvement rotatoire de la roulette à une crémaillère y, située derrière elle sur la figure. Sur cette crémaillère, portons une série indéfinie de divisions correspondantes aux nombres 0, 1, 2, 3... Cette crémaillère figurera un compteur; nous ne la substituerons à un compteur ordinaire que pour la clarté des explications.

Supposons maintenant la roulette sur le plateau, dans une position telle que BD ou $r = m$, et en même temps la crémaillère y dans la position où la division 1 est exactement derrière l'axe FG, et représentée sur la figure par l'intersection de la ligne y avec le prolongement de l'axe FG.

Faisons tourner le plateau dans le sens des x positifs indiqué plus haut sur le rayon X; la variable indépendante x (qui peut être le *temps* si l'on veut), est indiquée, comme nous l'avons déjà dit, par l'arc parcouru sur le cercle fictif S, supposé immobile.

Soit $f(x)$ le mouvement imprimé à la crémaillère y, ce mouvement est positif et a lieu de bas en haut. Faisons $m = 1$.

Il est évident que chaque mouvement élémentaire de $y = f(x)$ se traduit, au moyen de la roue M, par un déplacement élémentaire égal de la roulette A; en conséquence, le rayon DB ou r est toujours égal à $f(x)$. Donc on a ici

$$d.f(x) = f(x)\,dx, \qquad (1)$$

et pour une valeur quelconque de m, on aurait eu

$$d.f(x) = mf(x)\,dx. \qquad (2)$$

Qu'est-ce que l'expression (2), dont la dérivée est égale à la fonction elle-même? C'est celle-ci:

$$de^x = e^x\,dx.$$

Le mécanisme engendre $e^x = y$, à l'aide du moteur développant la variable indépendante x, et avec une vitesse toujours égale à e^x.

Quand $x = 1$, la crémaillère fournit la valeur de e, qui est 2,718,281... base des logarithmes népériens.

Quand $x = 0$, $y = 1$ par convention, et la roulette est sur le cercle S.

Considérons la génération de l'expression (2).

Quand $f(x)$ ou $y = 1$, ce qui correspond à $x = 0$, on a:

$$\frac{df(x)}{dx} = m = r.$$

Quand $x = 1$, $f(x)$ ou y égale une certaine valeur a, qui est la base du système exponentiel par lequel on peut représenter l'expression (2), c'est-à-dire qu'on a

$$d.a^x = ma^x\,dx.$$

On sait, par le calcul, que

$$m = \frac{\text{Log}\,a}{\text{Log}\,e} = \text{L}a.$$

(La est le logarithme népérien de a.)

Il est évident que les rotations du plateau, comptées sur le cercle S, sont les logarithmes des valeurs y, et que l'on peut automatiquement, par l'appareil, obtenir le logarithme d'une grandeur donnée ou la grandeur dont on donne le logarithme; on peut donc se servir de cet appareil pour trouver m.

Étant donnée généralement une exponentielle $y = a^x$, on la réalise automatiquement par l'appareil de la figure 3346, en donnant à la roue M un rayon

$$m = \frac{\text{Log}\,a}{\text{Log}\,e} = \text{L}a,$$

et en plaçant la roulette à une position telle que pour $x = 0$ ou $y = 1$, BD ou r soit égal à m.

Quand on commande le mouvement de l'appareil par y, c'est-à-dire qu'on change la variable indépendante, le plateau engendre les logarithmes.

Si l'on veut engendrer le mouvement représenté par une fonction donnée quelconque $y = \text{N}a^x$, on peut engendrer a^x et donner à la roue I un rayon N fois plus grand que celui de la roulette.

Il est facile de suivre les phases de la génération de $y = a^x$ sur l'appareil automatique qui vient d'être décrit.

On voit aisément que lorsque x passe de 0 à $-\infty$, y va de 1 à zéro, et lorsque x de 0 à $+\infty$, y va de 1 à $+\infty$.

Génération des fonctions trigonométriques.— On sait qu'en employant des rosettes, des courbes convenables, on peut obtenir des courbes quelconques, par conséquent figurer les fonctions qui représentent ces courbes. Dans sa généralité nous n'avons pas à nous occuper du problème, puisque nous sommes limités à la ligne droite et au cercle; or, ce dernier nous fournit, en opérant comme on pourrait le faire avec une courbe quelconque, la représentation d'une série très-importante de fonctions transcendantes, celle des fonctions trigonométriques. Il n'est pas nécessaire pour cela d'employer des générateurs à glissement.

En effet, la manivelle et la bielle et toutes les combinaisons qui en dérivent donnent le mouvement sinusoïdal, très-approché quand il n'est pas tout à fait exact, à l'extrémité de la tige guidée en ligne droite qui meut la bielle; c'est-à-dire que x étant le chemin parcouru par le bouton de la manivelle, celui parcouru par l'extrémité de la bielle sera $\sin x$ (voy.

BIELLE), de telle sorte que la sinusoïde, courbe transcendante, sera tracée très-simplement (avec la règle et le compas) par le système qui vient d'être indiqué, pourvu qu'on donne au plan un mouvement de progression à angle droit avec celui de l'extrémité de la tige. En employant le système de rainure, representé sur la figure 3317, on se débarrasse tout à fait de l'im-

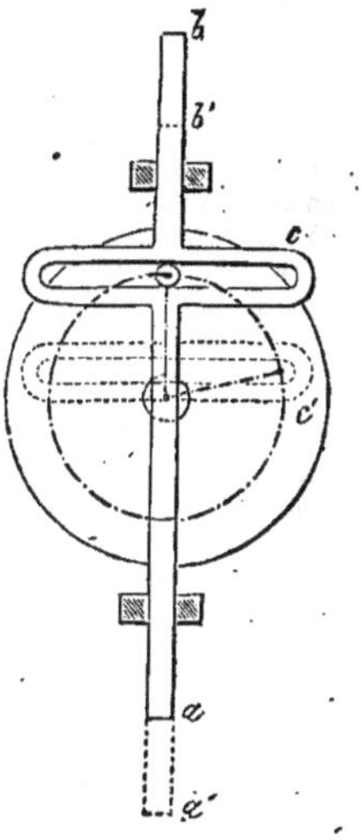

Fig. 3347.

perfection qui résulte dans la pratique de l'obliquité de la bielle, et le mouvement est exactement, à partir du centre, $R \sin x$ ou pour $R = 1$, $\sin x$. — La circonférence de la roue qui porte la cheville tournant de x, la barre aura un mouvement rectiligne égal à $\sin x$.

C'est par l'emploi de dispositions de ce genre que MM. Froment et Lissajous ont construit une élégante petite machine qui trace et grave automatiquement les courbes résultant de deux mouvements sinusoïdaux, à angle droit, dans les diverses positions relatives du commencement du mouvement, courbes identiques à la projection sur un plan de la lumière envoyée à deux petits miroirs collés à l'extrémité des branches de deux diapasons placés à angle droit, que l'on fait vibrer simultanément.

Revenant à la génération du $\sin x$ (et par suite de $\cos x$ en prenant une origine convenable, en comptant les angles à partir du rayon vertical), on voit que sa valeur sera représentée par le mouvement d'une crémaillère, en garnissant de dents l'extrémité de la tige, résultat semblable à celui obtenu pour les fonctions exponentielles et logarithmiques et qui résout complètement le problème. Il est inutile d'observer qu'une crémaillère peut être mise à volonté en rapport avec une roue épicycloïdale ou une roue à coefficients, et par suite donner naissance à des systèmes semblables à ceux décrits précédemment aussi bien qu'une roue dentée de petit rayon, bien qu'elle constitue une roue de rayon infini. On peut donc établir des généalogies de ces genres de valeurs, à l'aide d'intégrations et de différentiations, comme on l'a fait pour les fonctions algébriques, et notamment obtenir les diverses puissances de ces lignes, et par suite théoriquement aussi des lignes trigonométriques diverses, puisqu'on sait multiplier et diviser des mouvements imprimés à des roues et pignons.

Considérations sur les appareils construits d'après les principes qui viennent d'être exposés. — D'après les citations qui viennent d'être faites, on voit clairement comment on peut construire des appareils propres à réaliser des équations, au moyen de systèmes qui offrent la propriété de permettre à chaque organe un mouvement de roulement indéfini, de pouvoir par suite servir à reproduire simultanément des quantités indéfiniment croissantes ou décroissantes, propriété capitale sans laquelle une machine de semblable nature est radicalement inutile, pratiquement et théoriquement ; toutefois la continuité indéfinie du mouvement n'est possible que pour la rotation des axes, mais pour le mouvement transversal, celui suivant les diamètres du plateau, il n'en saurait être de même. En partant du centre, on ne peut faire parcourir au plateau qu'une longueur égale à celle du rayon, longueur que l'on peut rendre très-grande relativement à celle de la roue qui agit sur la crémaillère et par suite le plus souvent suffisante, mais nécessairement limitée. Pour ce qui est de la marche de la roulette vers le centre, quand elle arrive à ce point, le mouvement est nul, et quand ce point est dépassé, le mouvement du plateau changeant de sens, commandé par la roulette dont le sens ne change pas, la continuation du mouvement moteur devient impossible.

Il est aisé de voir que cet effet est dû à une particularisation faite en plaçant la crémaillère d'un côté plutôt que de l'autre de la roue, donnant par suite un mouvement plutôt pour éloigner du centre que pour rapprocher.

Je renverrai la brochure de M. Stamm pour l'analyse de cette disposition qui permet, par le changement de crémaillère, de continuer le mouvement dans le même sens après le passage du centre. Je citerai seulement ici sa curieuse observation que les cas où le mouvement est impossible, répondant à l'état *imaginaire*, dont la valeur ne saurait être représentée par un mouvement soit positif ou négatif; les deux mouvements indiqués par l'équation étant incompatibles, l'appareil refuse de les donner simultanément, refuse de fonctionner.

Je m'arrêterai seulement aux conséquences tirées par M. Stamm de ce qui précède, afin de discuter une généralisation qu'il formule comme nous allons le dire et qui me paraît exagérée, enfin pour appliquer au tracé des courbes, les résultats théoriques auxquels il est parvenu.

Réflexions sur les machines à équations. — On a souvent tenté de réaliser des machines à équations, mais la direction dans laquelle on cherchait la solution ne pouvait conduire au résultat desiré. Si Vaucauson était entré dans la direction que nous avons prise, dit M. Stamm, il aurait sans doute résolu ce curieux problème, car, avec tout ce qui précède une machine à équations ne semble pas une tentative impossible : les roulettes peuvent glisser il est vrai, mais un habile emploi de certains moyens propres à multiplier l'adhésion de ces roulettes (les moyens électro-magnétiques proposés par M. Nicklès, par exemple) permettrait probablement de surmonter cet obstacle d'une manière satisfaisante. Quoiqu'il en soit, parlons de la question au point de vue géométrique.

Si l'on veut réaliser un appareil par lequel une équation donnée pourra se résoudre par rapport à l'une quelconque de ses lettres, et *reproduire aux yeux l'équation transformée*, dont le premier membre représentera cette lettre seule et dégagée d'imposants, et le second les autres lettres combinées comme il convient pour représenter des opérations immédiatement exécutables par le calcul, si c'est là ce qu'on entend par une machine à équation, nous ne signalons aucune solution du problème, qui ne saurait être du ressort de la mécanique qui ne peut opérer que sur des nombres. Si l'on entend par une machine à équation ce que l'on entend par les mots Machine à calculer, la solution sera plus possible à nos yeux. On pourra en effet adapter des *compteurs* à chaque organe et, après avoir choisi dans l'équation deux variables, dont l'une sera l'*inconnue* et l'autre une lettre *connue*, convenablement prise pour inconnue, on pourra amener, par le mouvement, cette dernière à sa valeur donnée et reconnaître ensuite la valeur cherchée de l'autre variable ou inconnue réelle.

Des équations automatiques. — Une équation automatique est un mécanisme composé de figures géométriques qui représentent par leurs actions réciproques et leurs grandeurs simultanées, les opérations contenues dans une équation algébrique, et les valeurs simultanées des parties variables de cette équation.

Toute équation (composée de termes simples de chacune des variables, restriction nécessaire à notre avis) est réalisable automatiquement à l'aide des moyens que nous avons décrits pour la génération des mouvements représentés par les fonctions fondamentales dont se composent toutes les équations.

Quoiqu'on puisse toujours, dans une équation, considérer une variable comme indépendante et l'autre comme dépendante, ou une variable comme motrice dans le mouvement qui la développe et l'autre comme mue, il vaut mieux ne plus considérer l'expression automatique sous ce seul aspect.

Nous faisons bien mouvoir le système de l'une des variables, mais suivant la nature de l'équation il faut quelquefois nous arrêter au bout d'un certain chemin, lorsque l'appareil touche à des rainures en opposition les unes avec les autres, refuse de marcher et indique *qu'il est à la limite où finit le réel et où commence l'imaginaire*, alors nous essayons de retourner en arrière, de changer les signes de certaines dérivées partielles en renversant des crémaillères, de commander le mouvement par l'autre variable dans un sens ou dans l'autre, et même, s'il le faut, de commander les deux variables à la fois, quoiqu'elles soient dépendantes l'une de l'autre. On le voit, l'appareil ne doit plus être considéré dans le cas général comme un générateur complexe mû par un moteur de mouvement uniforme développant une variable, *mais comme un conditionnement automatique de variables simultanées.* Nous entendons par *système automatique ou généalogique* d'une variable, l'ensemble des pièces ou généalogies directement commandées par cette variable, quand on la suppose *motrice indépendante* dans l'appareil ou équation automatique.

Les *généalogies partielles* ou composantes de chaque système automatique compliqué, prises chacune à part, représentent bien encore des fonctions automatisées, mais elles sont assujetties à des conditions telles, que leurs dérivées partielles n'ont plus aucun sens propre, capable de faire connaître à l'avance le mouvement final. Pour en tirer des conséquences, quant à ce mouvement final, il faut examiner les réactions des diverses généalogies, les équations dérivées ou *dérivées générales* de l'équation algébrique donnée, et en conclure : 1° les évolutions diverses des variables et leurs instants ou points singuliers ; 2° les signes des dérivées secondes générales ou partielles.

Quand les dérivées générales $\frac{dy}{dx}$ et $\frac{d^2y}{dx^2}$ donnent l'*infini momentané*, les dérivées partielles placent telles roulettes sur les centres de leurs plateaux et telles autres sur les rayons finis de ces plateaux, en sorte que ces rapports infinis ne comportent pas des systèmes automatiques de dimensions impossibles ; dans le cas inverse où telles dérivées égalent zéro, les mêmes observations sont à faire. Il n'en est pas de même quand il s'agit des valeurs pouvant aller réellement à l'infini, comme chemin absolu. Les fonctions automatiques fondamentales que nous avons exposées, sont d'ailleurs toutes dans ce cas quand elles sont prises isolément. La génération de telles valeurs trouve ses limites dans les limites finies de l'action humaine quand on veut les réaliser, mais aussi celles-là ne sont jamais demandées directement dans les arts que pour une valeur finie de leur parcours.

Les mouvements généalogiques qui ont des points de rebroussement se signalent aussi, à ces points, par un refus de fonctionner ; le rebroussement exige des changements brusques de rotation, de signes et de grandeurs dans leurs dérivées secondes.

Si l'équation qu'on veut réaliser contient trois variables, on la réalise comme les autres, en ayant soin pour chaque variable de réunir à une transmission spéciale toutes les pièces qui doivent avoir le mouvement de cette variable ; cela fait trois systèmes généalogiques. Si l'on ne commande qu'une variable, les deux autres sont indéterminées dans les limites de l'équation, ou, si l'on veut, dans la surface qui représenterait ses lieux géométriques.

Si on commande deux des trois variables, ou si on en relie deux par des *équations automatiques de condition*, la troisième variable est évidemment déterminée.

Il serait superflu de répéter les mêmes raisonnements pour une équation d'un nombre quelconque de variables.

Terminons ces observations par une règle générale pour l'automatisation d'une équation.

Etant donnée une équation à automatiser, on automatise d'abord chacun des termes qui contiennent des variables, par des combinaisons de généalogies, des additions, des soustractions, des multiplications, etc., comme nous l'avons montré dans l'exposé des fonctions automatiques simples ; on additionne ensuite dans chaque membre les termes constants et variables à l'aide d'appareils épicycloïdaux ; puis on rend solidaires les roues finales du premier et du second membre. — Si l'équation est de la forme (X, Y...) = 0, la roue finale du premier membre doit rester immobile. — On lie ensuite, pour chaque variable, toutes les pièces qui doivent avoir un mouvement par une transmission commune qui rend leurs mouvements solidaires.

Nous avons reproduit ce qui précède, surtout pour pouvoir discuter une conséquence importante, à savoir :

Toute équation est-elle réalisable automatiquement ? Il semblerait que l'affirmation résulte de ce qui précède, ce qui serait une erreur, comme je vais chercher à l'établir.

Je m'occuperai d'abord, pour la détermination des limites du problème, des équations à deux variables, la solution étant complète pour celles à une variable, pour les valeurs des polynomes de la forme générale $y = Ax^n + Bx^{n-1} \ldots + q$, pour les équations en vue desquelles on a cherché à construire des machines à équation, afin d'obtenir mécaniquement leurs racines ou la suite de leurs valeurs pour les diverses valeurs de x.

Lorsque nous avons étudié les organes servant à réaliser le produit uv nous sommes arrivés à un système qui exige que u et v soient deux fonctions d'une seule variable indépendante x. S'il s'y trouvait une seconde variable y et des termes en xy, les valeurs de u et v ne seraient plus simultanées et le système mécanique deviendrait insuffisant.

On comprend facilement que les réactions mutuelles de x et de y, dans la réalisation d'expressions où les variables sont combinées à la fois par addition et par multiplication, par une opération d'un ordre plus élevé que leur combinaison par addition seulement, cas pour lequel elle n'est, comme on l'a vu, possible qu'au moyen d'organes qui réagissent simultanément l'un sur l'autre, dépasse les limites des organes mécaniques employés. Le système de roues circulaires et de droites devient en général insuffisant, ce qui est bien naturel, puisqu'il s'agit d'équations qui répondent à la généralité des courbes algébriques, qui certainement ne peuvent se tracer toutes avec la règle et le compas.

La représentation des polynomes à une variable à l'aide de systèmes pouvant agir directement et inversement, conduit comme il a été établi à la réalisation d'une très-nombreuse famille de courbes à deux inconnues d'un degré quelconque, à ce curieux théorème :

Toute équation à 2 variables où les termes en x et y se résolvent en deux polynomes à une seule variable de la forme $F(x) + f(y) = 0$, peut être réalisée par un appareil qui ne comprend que des mouvements rectilignes ou circulaires.

Il reste toutefois à faire observer que s'il est nécessaire qu'une valeur a de la variable indépendante x ne donne qu'une valeur de $F(x)$, il ne l'est pas que $f(y) + F(a) = 0$ ne donne qu'une valeur de y, ce que l'appareil semble pouvoir faire seulement. Il devrait fournir toutes les racines réelles de cette dernière équation.

Il faut distinguer ici entre les résultats théoriques et les résultats pratiques, qui, dans le cas actuel, ont moins de valeur que les premiers. Un système exécuté, avec la disposition de ses roues, crémaillères, etc., ne peut donner qu'une valeur de $F(x)$ pour une valeur de x, une valeur de y pour une fonction de $f(y)$. Mais cette disposition est elle-même variable dans chaque partie de chaque système qui répond à une puissance de la variable. Ainsi une roulette placée d'un côté de l'axe pourrait être placée de l'autre côté, de manière à donner des produits de signe différent, etc.

Autrement dit, le résultat théorique répond évidemment à la succession de toutes les dispositions possibles et non pas seulement à la position initiale du système qui est la cause du résultat unique dans chaque cas; par suite il est parfaitement certain, bien que la construction de l'appareil ne permette pas d'obtenir commodément toutes ces dispositions dans la pratique, que la discussion montrerait qu'elles peuvent fournir toutes les valeurs possibles. Nous arrivons encore ici à un résultat évident d'après ce qui précède; c'est que les appareils dont il s'agit ici, considérés dans leur plus grande généralité, ne présentent pas la chance de réalisations bien utiles; mais il n'en est pas de même des conséquences théoriques qui offrent le plus grand intérêt.

Nous compléterons toutefois cette étude au point de vue théorique en parlant des équations à plus de deux variables, et le ferons en peu de mots, car il s'agit ici de faits bien éloignés de la pratique.

Equations à plus de deux variables. — Une équation à plus de deux variables ne pouvant fournir, pour une valeur d'une première variable indépendante, une valeur déterminée des autres, il n'y a plus en réalité de machine à équation possible; on ne peut que combiner des espèces de compteurs plus ou moins ingénieux pour faciliter l'étude de ces équations.

La détermination de variables indépendantes, sauf deux, permettra de calculer l'équation finale, si elle est de la forme $F(x) + f(y) = 0$, mais on n'aura ainsi qu'un résultat de peu de valeur, propre à donner une valeur de la dernière variable pour une de l'avant-dernière. Pour trois variables, on pourra ainsi étudier la section, par un plan, de la surface représentée par l'équation à trois variables, et cela pourra avoir lieu dans le cas où l'équation pourra se ramener à la forme $F(x) + f(y) + \varphi(z) = 0$, et on obtiendra toujours une valeur de la troisième variable pour des valeurs arbitraires des deux premières.

On voit qu'en réalité les machines à équation peuvent fournir la représentation complète d'une équation à une inconnue, et celle d'une famille d'équations à deux variables. C'est là la limite de leur puissance. Cela nous ramène à la liaison intime de la question de la construction de ces machines au moyen du plan, de la ligne droite et du cercle, et celle du tracé des courbes avec la règle et le compas. Or l'étude précédente qui résout si complétement en théorie le premier problème, nous paraît résoudre encore mieux le second, et fournir une réponse parfaitement satisfaisante à une question posée inutilement, et depuis longtemps, par les plus grands géomètres.

Tracé des courbes. — Quelles sont les courbes qui peuvent être tracées à l'aide de la règle et du compas?

Nous avons vu que la forme la plus générale de l'équation à deux variables qui puisse être automatisée avec des roues et des crémaillères est celle où les termes en x peuvent se séparer de ceux en y, qui peut s'écrire $(F x) + f(y) = 0$, et dans ce cas si un ruban enroulé autour de la roue des x, ou une crémaillère engrenant avec elle, fait mouvoir un tableau, les mouvements de celui-ci seront les abscisses de la courbe. Si un autre ruban enroulé autour de la roue des y se replie perpendiculairement au premier, et porte un traçoir, la machine à équations deviendra une machine à tracer les courbes, en traçant un nombre infini de points, à mesure qu'on fera tourner la roue des x de 0 à $+\infty$ et de 0 à $-\infty$.

D'où l'on doit conclure : *que l'on peut tracer, à l'aide de roues et de lignes droites, toute courbe dont l'équation pourra se mettre sous la forme* $F(x) +$ et $f(y), = 0$, *quelque élevé qu'en soit le degré*, ou en développant, par exemple, quelles que soient les valeurs de m et n, se résoudra en une expression pouvant se diviser en deux termes distincts en x et en y que :

$$Ax^m + Bx^{m-1} \ldots + \cos. x + q \text{ et}$$

$Ay^n + By^{n-1} \log. y + \ldots q' = 0$, *et que les courbes dont l'équation ne pourra rentrer dans cette forme ne sauraient être obtenues à l'aide de la règle et du compas, suivant la locution habituelle.*

Ce qui précède est la démonstration de ce curieux théorème; nous n'avons pas à y revenir; seulement il est curieux de le vérifier, en montrant que les nombreuses courbes que l'on sait déjà tracer ainsi sont dans ce cas.

Le cercle se trace à l'aide du compas, l'ellipse à l'aide de directrices droites : ce sont des courbes de second degré, et toutes les courbes de ce degré doivent être obtenues ainsi, car, par un choix convenable, on peut toujours faire disparaître de l'équation générale le terme en xy.

La sinusoïde $y = \sin. x$, la cycloïde

$$x = arc\left[\sin. = \sqrt{(y\,2r - y)}\right] - \sqrt{y\,(2r - y)}$$

sont des courbes que l'on sait obtenir avec des mouvements rectilignes et circulaires; elles rentrent bien dans la formule générale. La conchoïde $\rho \cos. \theta = m$ rentre dans la condition $uv = 1$ en prenant m pour unité.

Nous arrivons maintenant au cas le plus intéressant, aux courbes ÉPICYCLOIDALES (voy. ce mot) comprenant des courbes fermées de tous les degrés possibles en x et y, et que l'on parvient à tracer à l'aide de générateurs, par une disposition semblable à celle qui constitue les systèmes décrits précédemment, et qui nous a conduit à notre théorème général sur les équations qu'on peut réaliser automatiquement, avec cette particularisation que les roulettes restent toujours à la même distance du centre.

Si les deux cercles sont égaux, l'équation de la courbe est $\rho = 4\, a$ sin. $^2\, \theta$, et est bien de la forme voulue. Dans le cas général, les équations de la courbe épicycloïdale décrite par un point d'une circonférence du rayon R', qui fait μ tours entiers en roulant sur la circonférence d'un cercle fini du rayon R, sont :

$$x = (R + R') \cos. \omega - R' \cos. (\mu + 1)\, \omega.$$
$$y = (R + R') \sin. \omega - R' \sin. (\mu + 1)\, \omega.$$

En éliminant ω, on aura l'équation cherchée en x et y. Cela n'est pas possible le plus souvent. Mais on sait que cos. $(\mu + 1)\, \omega$ et sin. $(\mu + 1)\, \omega$ s'exprime en puissances de cos. ω et sin. ω qui s'élèvent au degré $\mu + 1$. Or en élevant au carré on a $x^2 + y^2 = \rho^2 = f$ (sin. ω, cos. ω) et par suite on a bien une équation de la forme voulue $y^n = f(x)$.

Les résultats connus rentrent donc bien dans la règle posée, et le théorème entièrement nouveau que nous avons formulé ci-dessus répond pleinement à la question posée par les géomètres : *Quelles sont les courbes qui peuvent être tracées avec la règle et le compas?* Ce qui revient en reportant la question des courbes à leurs équations, à la solution du problème *quelles sont les équations qui peuvent être représentées par des machines à équations ne possédant que des organes de forme rectiligne ou circulaire?* Ce sont celles qui peuvent être mises sous la forme $F(x) + f(y) = 0$.

CAOUTCHOUC. Le développement rapide de l'industrie du caoutchouc a conduit à fabriquer avec cette substance un grand nombre de produits nouveaux et curieux qui ont vivement fixé l'attention publique à l'Exposition universelle de 1855. Bien que plusieurs aient été trop vantés, et quoique l'expérience n'ait pas complétement répondu à toutes les espérances conçues, ces produits sont assez intéressants et peuvent trouver dans des industries nouvelles des applications encore inaperçues assez curieuses, pour que nous devions en parler et compléter ainsi notre premier travail.

Pétrissage du caoutchouc. — Nous avons décrit les appareils de malaxation avec lesquels on pétrit le caoutchouc, on ramène en une seule masse de petits fragments. Cette opération est très-remarquable par la grande quantité de chaleur qui résulte de ce pétrissage, qui porte très-rapidement à l'ébullition l'eau versée sur le caoutchouc. La théorie de l'équivalence de la chaleur et du travail mécanique trouve ici une curieuse application, tant parce que le travail mécanique qui rompt les cohésions moléculaires fait dégager la quantité de chaleur qui correspond à ce travail, comme je l'ai prouvé par les expériences d'écrasement du plomb, que parce que les molécules du caoutchouc rompu dégagent de la chaleur en se recombinant, en se ressoudant entre elles comme cela a lieu lors de la solidification d'un corps fondu. Il en résulte un paradoxe apparent, à savoir que cette opération produit une quantité de chaleur plus grande que celle équivalente au travail consommé, ce qui conduit directement au mouvement perpétuel, à l'absurde.

Il est facile de voir que cette propriété de se resouder après arrachement de manière à donner des quantités supplémentaires de chaleur, correspondant à une quantité de travail plus grande que celle qui répond à la quantité consommée, ne peut appartenir qu'à des corps d'origine organique, dont cet arrachement détruit les utricules constituantes, et que le prolongement du pétrissage viendrait détruire cette propriété et par suite la faculté de donner un excédant de chaleur qui correspond à une cohésion moléculaire, ce qui équivaut à de la chaleur emmagasinée, engendrée lors de la végétation.

Caoutchouc dissous. — Nous allons trouver la preuve des propositions précédentes, pour le caoutchouc, dans les faits suivants :

MM. Aubert et Gérard, habiles fabricants de caoutchouc, voyant avec quelle facilité le caoutchouc se gonflait, se ramollissait dans les essences, ont voulu aller au delà pour faciliter les opérations mécaniques. Ils sont parfaitement parvenus, en le pétrissant avec le sulfure de carbone qui s'évapore facilement et une petite dose d'alcool, à en faire une pâte bien homogène, et ont pu, par une simple pression, la faire passer à travers une filière, ce qui leur a donné des fils ronds d'une grande beauté, évidemment supérieurs, quant à leur forme, aux fils carrés que produisent les cisailles et dont la rupture commence toujours par l'éraillement d'un angle.

Mais, malgré tous les soins apportés, ces fils de caoutchouc, dont la forme était excellente, n'ont jamais pu retrouver une élasticité comparable à celle des premiers, évidemment parce que la dissolution poussée trop loin avait trop désagrégé les fibres végétales pour ne plus laisser subsister que le composé chimique, dont les molécules n'ont plus entre elles la même adhérence que lorsqu'elles restent groupées d'une manière déterminée par l'acte de la végétation.

Préparation première du caoutchouc. — Cette espèce de trame organique, dit également le savant M. Balard, dans les excellentes pages qu'il a écrites sur l'industrie du caoutchouc dans le rapport sur l'Exposition universelle de 1855, que possède le caoutchouc naturel lui donne une élasticité bien supérieure à celle qui distingue le caoutchouc malaxé, qu'on appelle dans le commerce caoutchouc régénéré. Il est donc à désirer que les procédés de l'épuration du caoutchouc s'améliorent, de manière à conserver à ce produit naturel toutes ses qualités, et que les formes sous lesquelles on l'obtient le rendent susceptible d'être débité en fils avec moins de perte. C'est précisément ce que tend à réaliser le mode d'extraction que commencent à employer les Indiens du Para, et qu'a fait connaître M. Émile Carrey, par un petit modèle qui figurait à l'exposition des produits de l'Amazone. L'arbre étant incisé par une entaille faite avec une petite hache, ils disposent sous l'incision une coquille retenue en place par le moyen d'un peu de terre grasse, de manière à recueillir le suc pur et sans mélange de matières terreuses ou de débris de bois. Au lieu de façonner ce suc concrété en poires, ils commencent maintenant à tremper dans ce suc une planche rectangulaire munie d'un manche et ayant à peu près la forme et la dimension d'un battoir. Ces appareils se prêtent à un arrangement facile sous la cape d'une espèce de cheminée où on active la dessiccation de ce suc concrété, par la combustion de certains bois indigènes. Cette dessiccation rapide donne au caoutchouc cohérent une teinte uniforme brunâtre due à la fois à l'air et à la fumée, teinte qui est une garantie qu'il ne contient pas d'eau comme le caoutchouc opaque et blanc qui se trouve dans l'intérieur de certaines poires épaisses qui, présentant dans leur section l'apparence du lard, ont été appelées poires lardeuses. On détache ensuite le caoutchouc desséché en tranchant cette espèce de fourreau sur ses côtés, et l'on obtient ainsi des lames naturelles dont le découpage en fils, plus facile et donnant lieu à moins de déchets que celui que l'on exécute sur les poires aplaties, fait vivement désirer que cette méthode plus rationnelle de dessiccation du caoutchouc se répande chez les peuplades qui nous fournissent ce produit.

Cette extraction du caoutchouc, déjà améliorée, le sera bien plus encore quand on pourra y introduire les pratiques rationnelles de l'industrie européenne. M. Antoine, représentant de la Californie à l'Exposition universelle, paraît avoir employé avec succès un procédé qui consiste à recevoir le suc laiteux sur un châssis, dont le fond en toile de coton grossière repose sur une couche de sable fin, de telle sorte que la partie aqueuse de la séve laiteuse, enlevée rapidement par l'imbibition, laisse à la surface une lame de caoutchouc pur, dont on peut compléter la dessiccation au soleil. Cette filtration est cependant lente, et la séve laiteuse sur laquelle on opère pourrait éprouver la fermentation. On peut la prévenir en ajoutant à la liqueur aqueuse 2 ou 3 centièmes d'eau-de-vie du pays, et empêcher ainsi ces altérations de la séve qui déprécient notablement certains caoutchoucs du commerce. On conçoit que quand un tel mode de préparation se sera répandu, le caoutchouc naturel devra présenter une homogénéité de composition analogue à celle du caoutchouc manufacturé, et une résistance à la traction très-appréciée dans la confection des tissus élastiques.

Volcanisation. — L'Exposition universelle présentait deux espèces de caoutchouc volcanisé : caoutchouc résistant à la compression, volcanisé avec introduction dans la masse de carbonate de plomb qui, se transformant en sulfure de plomb, donne à ce produit une teinte noire foncée qui concourt, avec la résistance à la compression, pour rendre cette qualité de caoutchouc plus propre à la confection des chaussures ; et caoutchouc volcanisé sans introduction de matières étrangères, autres que le soufre, qui, selon qu'il a été ou non désulfuré par les solutions alcalines, présente ou la teinte grisâtre du soufre qui vient s'effleurir à la surface, ou la teinte brune du caoutchouc ordinaire. Ce caoutchouc diffère du précédent en ce que, pouvant être comprimé par l'intervention d'une force moins grande, il est moins apte à reprendre le volume qu'il avait avant cette compression, mais en compensation il s'allonge beaucoup plus sous des tractions opposées sans crainte de rupture.

Dans les fabriques d'Allemagne, il arrive souvent qu'à l'exemple de ce qui se pratique aussi parfois en Amérique, on introduit dans le caoutchouc ramolli, de l'oxyde de zinc, matière inerte qui, répandue dans la masse, contribue à lui donner la teinte blanchâtre qu'elle possède, et en augmente la densité ; mais cette addition, qui rend le caoutchouc plus cassant quand on l'étire, sans qu'il présente plus de force de compression quand on le comprime, et qui contribue à rendre plus prompte son altération spontanée par le temps, aidé surtout d'une certaine température, présente des inconvénients que rien ne rachète, et n'a pour résultat que de diminuer le prix du produit aux dépens de la qualité.

Si, à la place de cet oxyde de zinc, inaltérable par le soufre, on introduit dans la masse du caoutchouc d'autres matières colorantes, inaltérables aussi par cet agent, telles que le vermillon, l'outremer, le chromate de zinc, on peut obtenir ainsi, avec des couleurs franches répandues dans la masse et non sujettes à s'effacer, ce qu'on fabriquait autrefois en recouvrant simplement au pinceau, après la volcanisation, les objets en caoutchouc d'une couche de couleur qui ne présentait jamais beaucoup d'adhérence.

On peut mêler, à l'exemple de MM. Aubert et Gérard, les caoutchoucs diversement colorés, ramollis par la chaleur de manière à les incorporer d'une manière incomplète, et produire ainsi des masses présentant cet aspect marbré qui caractérise certains savons. On conçoit qu'en découpant ces masses en lames minces, on peut obtenir ainsi des feuilles de caoutchouc qui présentent l'aspect d'un tissu imprimé. Soude-t-on l'un sur l'autre des disques différemment colorés et d'épaisseur variable, on obtiendra, en les découpant à leur circonférence, des lanières à bandes parallèles diversement colorées, qui constituent des ceintures élastiques simulant parfaitement des ceintures ordinaires tissées avec des fils de différentes couleurs.

Cette manière de découper ainsi un bloc cylindrique de caoutchouc suivant une spirale, et de façon à obtenir une feuille continue de 50 à 60 mètres de longueur, est une amélioration importante dans la manière d'obtenir ces feuilles, qui présentent beaucoup d'avantages quand elles sont de grandes dimensions. Dans la machine qui sert à obtenir ces feuilles, le couteau, maintenu dans des coulisses fixes, au lieu de marcher en avant comme dans les machines anciennes, n'a qu'un mouvement de va-et-vient et ne se déplace pas. C'est le cylindre de caoutchouc qui, tournant sur lui-même, de manière à présenter ainsi les divers points de sa circonférence au couteau, avance progressivement par le moyen d'une vis adaptée au chariot qui le porte. Ces deux mouvements sont solidaires, et tellement combinés, que la feuille détachée a la même épaisseur dans toute son étendue, et que les rayures que forme le couteau et qui donnent le grain distinctif de cette espèce de feuilles sont parfaitement équidistantes dans toute son étendue, résultat qui n'avait pas été réalisé avant les perfectionnements apportés à la machine par MM. Guibal et Cie.

Caoutchouc durci. — Le durcissement du caoutchouc trop sulfuré était un inconvénient sérieux qui empêchait de le faire servir à la place du cuir, pour réunir les brides des tuyaux où circule la vapeur. On a pu, dans ces derniers temps, employer le caoutchouc à cet usage, d'une manière très-utile, par deux moyens différents. On l'associe en petite quantité à des matières textiles, qu'il pénètre uniformément et de manière à réunir la résistance mécanique de ces matières avec les qualités que présente le caoutchouc lui-même. En observant que le caoutchouc mêlé de carbonate de plomb ne présente cet inconvénient qu'à un très-faible degré, Gorand a eu l'idée de le mêler avec de l'hydrate de chaux, qui doit, on le sent bien, produire une désulfuration encore plus certaine. 100 parties de caoutchouc, 4 de soufre et 50 d'hydrate de chaux, sont les proportions qu'il emploie pour préparer une pâte de caoutchouc parfaitement élastique, qui se façonne comme à l'ordinaire, et que l'on volcanise ensuite par le procédé usité, puis à la chauffer à 140 degrés pendant une heure ou une heure et demie, soit dans la vapeur d'eau, soit dans l'eau elle-même, qui, dissolvant plus spécialement le sulfure et la chaux de la surface, la laisse bien plus souple.

On sait que ce durcissement du caoutchouc convenablement régularisé est devenu pour M. Goodyear la source d'applications importantes. L'examen des objets de ce genre, exposés déjà en 1851 à Londres, permettait de concevoir, pour le développement de cette industrie nouvelle, des espérances qui ont paru des réalités à l'Exposition de 1855. On a essayé d'employer à des usages très-divers ce caoutchouc survolcanisé, et qui, selon la quantité de soufre qu'il contient et la température à laquelle il a été exposé, peut acquérir des intermédiaires entre l'élasticité du caoutchouc et la rigidité du bois ; on a essayé de le substituer à la toile pour la peinture à l'huile, au fer pour la fabrication des plumes, au cuivre pour le doublage des navires, aux fanons de baleine pour fabriquer les baleines des parapluies, à l'écaille dans la confection des peignes, ainsi que de plusieurs objets de tabletterie. Toutes ces applications nouvelles n'ont pas encore eu un succès complet, et l'expérience leur a été peu favorable. Elles n'en sont pas moins très-intéressantes, et quelques-unes subsistent, notamment la fabrication des peignes en caoutchouc, qui est devenue l'objet d'un commerce assez important.

Quelques-unes des grandes usines où se travaille le caoutchouc confectionnent des plaques de caoutchouc durci qui, livré aux ouvriers tabletiers, devient pour eux la matière première qui sert à la confection d'objets divers. Ces plaques sont toutes fabriquées avec des feuilles de caoutchouc contenant 50 pour 100 de soufre laminées, puis exposées pendant un temps qui varie de 7 à 12 heures, suivant l'épaisseur, à une température de 150 degrés, supérieure dès lors de 20 degrés à celle qui est nécessaire pour produire la volcanisation ordinaire.

En diminuant la proportion du soufre, comme aussi la durée et l'intensité de la chaleur, on obtient une matière d'une dureté et d'une flexibilité comparables à celle du cuir épais, et c'est cette dernière préparation que l'on a essayé de substituer au cuivre pour le doublage des coques de navire. Quelques essais en grand ont déjà eu lieu, et M. Goodyear assure qu'un navire recouvert de ce caoutchouc sulfuré a pu faire un voyage de circumnavigation sans que la couche préservatrice ait été altérée, et qu'il se soit développé à sa surface cette végétation sous-marine qu'un vaisseau non doublé emporte avec lui, et qui ralentit sa marche d'une manière si notable. Du reste, le caoutchouc tout à fait durci lui-même jouit de la propriété de se ramollir légèrement par la chaleur et devient susceptible de recevoir, par la pression, des empreintes diverses. Cette circonstance a permis de tenter, avec chance de succès, des essais pour le substituer aux cylindres métalliques gravés dont on se sert dans l'impression des toiles peintes. Si sa résistance mécanique est suffisante, il est certain qu'il présentera dans son emploi plus d'économie que le cuivre, dont on fait usage généralement, et une matière moins altérable que ce métal par les produits chimiques déposés sur les toiles avec les matières colorantes par la voie de l'impression.

Sauf les modifications de détail appropriées à chaque espèce d'objet, le mode général de fabrication des objets en caoutchouc durci est le suivant : les objets à surfaces planes, tels que les peignes, les manches de brosse, les manches de couteau, les cannes, les baleines, les couteaux à papier, les règles, les équerres, etc., sont obtenus en découpant dans des plaques, par les moyens ordinaires, des morceaux de forme convenable qu'on évide ensuite, que l'on contourne et que l'on fend comme il est nécessaire. L'objet est ensuite poli comme s'il était en écaille. Quant aux objets qui ont une partie légèrement courbe, tels que les lunettes, les peignes à tenir les cheveux, les chausse-pieds, etc., ils s'obtiennent en faisant d'abord ces objets plats, puis en les chauffant assez fortement en les exposant au-dessus d'un fourneau et, profitant de l'espèce de ramollissement qu'ils éprouvent ainsi, pour les bomber sur un moule où ils se refroidissent rapidement en conservant la forme prise.

Pour tous les objets présentant la forme de boîte, tels que les tabatières, les étuis de tout genre, les tubes de télescopes, les petits coffres, on forme par les moyens indiqués ci-dessus les faces planes ou bombées qui composent ces objets, et pour les réunir tous ensemble, on prend des moules intérieurs et extérieurs qui, convenablement disposés, laissent entre eux des vides présentant également les dimensions des objets à obtenir ; on place dans ces vides, aux endroits convenables, les différentes faces déjà préparées, et aux points de contact de ces faces, là où elles doivent être soudées, on met de la poudre fine obtenue en râpant le caoutchouc durci. Le moule alors est soumis à des pressions qui, rapprochant l'intérieur de l'extérieur, compriment très-fortement la matière qui garnit le vide. Il faut, en même temps qu'on presse, avoir soin de chauffer fortement, de manière à ramollir un peu la matière. Ces deux actions continues amènent la réunion parfaite des diverses parties de l'objet par le moyen de la poudre qui sert en quelque sorte de soudure.

Cette poudre est exclusivement employée quand il s'agit de formes très-compliquées, telles que statuettes, moulures de tout genre, etc. Les grains de cette poudre, qui s'agglomèrent sous l'influence de la pression et de la chaleur, forment une matière cohérente qu'on polit et qu'on incruste comme l'écaille, à laquelle, on le voit, le caoutchouc ressemble par son aspect, par son emploi, et par son mode de fabrication.

Il en diffère cependant par la propriété de développer par le frottement des quantités considérables d'électricité, circonstance qui n'a pas lieu d'étonner quand on se rappelle combien est idio-électrique et mauvais conducteur le soufre qui fait partie de ce composé : on avait présenté ce dégagement d'électricité, de même que la production légère mais constante, d'acide sulfhydrique, à laquelle donnent lieu les objets en caoutchouc sulfuré, comme un inconvénient attaché à l'emploi de cette matière : si cet inconvénient pouvait devenir sensible dans un salon où on aurait trop multiplié les meubles en caoutchouc durci, qui, légèrement odorants, pourraient, par l'électricité dont on les chargerait en les frottant, attirer à eux les parcelles flottant dans l'atmosphère, il ne l'est pas évidemment pour les peignes, dont la consommation constante a fait justice de ces objections.

Si cette faculté de dégager de l'électricité n'est pas dans ce cas un défaut, on peut dire que dans d'autres elle constitue une faculté précieuse dont les physiciens sauront tirer parti.

L'Exposition américaine contenait une petite machine électrique, construite par les soins de M. Goodyear, dans laquelle le plateau et les isoloirs en verre avaient été remplacés par du caoutchouc durci, et qui, montée au moment même où elle venait d'être déballée, put, sans aucun soin, donner de vives étincelles dans des conditions où les machines ordinaires n'en auraient pas donné une seule.

Applications du caoutchouc. — Ces applications nouvelles du caoutchouc, quand il a été durci, marchent de pair avec celles où l'on utilise la mollesse et l'élasticité que lui communique la volcanisation ordinaire. L'Exposition universelle a permis d'en constater quelques-unes de nouvelles.

Le velouté de la surface du caoutchouc, et la nature de ses éléments, le rendent propre à recevoir l'encre grasse de l'imprimerie et de la lithographie ; M. Goodyear, en imprimant sur des feuilles de caoutchouc l'ouvrage qu'il a composé sur ce singulier produit, en faisant tirer des lithographies sur des feuilles de caoutchouc substituées au papier, a montré combien il était propre à rendre toute la finesse des détails dessinés sur la pierre. C'est cette propriété, jointe à son élasticité, que M. Devillers a essayé d'utiliser dans une machine à amplifier les dessins. Qu'un dessin soit tracé avec une encre lithographique sur une plaque de caoutchouc blanche et lisse de forme circulaire, et qu'en tirant uniformément cette lame circulaire par tous les points de sa circonférence on donne à la lame une dimension plus grande, qu'on le tende dans tous les sens, le dessin prendra des proportions plus grandes sans se déformer, et on pourra en obtenir des reproductions amplifiées juste au degré nécessaire.

Parmi les produits anglais figurait une bride, où l'élasticité du caoutchouc avait été utilisée d'une manière heureuse. La courroie de cuir qui constitue la bride se bifurque des deux côtés de la tête du cheval en deux courroies différentes, presque parallèles : l'une, en cuir, s'attachant à l'anneau inférieur du mors ; l'autre, plus courte, en caoutchouc, s'attachant à l'anneau supérieur. Tire-t-on modérément cette bride complexe, on n'agit d'abord que sur l'anneau supérieur du mors, et par l'intermédiaire du caoutchouc, qui s'allonge, la courroie de cuir qui lui est parallèle se développe, mais incomplétement et sans se tendre. Mais, dès que par une traction plus grande on a atteint la limite où le caoutchouc, suffisamment allongé, cesse d'agir seul et permet à la courroie de cuir de se tendre et d'agir à son tour, la traction qui se transmet alors, d'une manière plus efficace, sur l'anneau inférieur du mors, permet au cavalier d'exercer une action énergique sur sa monture, et, en n'ayant à la main qu'une courroie, il peut produire, pour diriger et modérer la marche du cheval, deux effets qu'on n'obtient ordinairement qu'en agissant sur deux courroies différentes.

La souplesse du caoutchouc volcanisé, qui le rend susceptible de s'appliquer d'une manière parfaite sur des ouvertures diverses, a fait depuis longtemps employer ce produit pour des fermetures hermétiques, et la confection de soupapes diverses. On en fabrique aujourd'hui d'excellentes en forme d'anches, dues à MM. Perrault et Jobard, d'autres de forme sphérique, tantôt en recouvrant de caoutchouc un boulet en fonte, mais mieux encore par les procédés qui servent à obtenir ces balles creuses si légères, dont l'aptitude à rebondir est augmentée par l'air comprimé qu'on y insuffle et qui constituent un jouet d'enfant dont l'usage doit se répandre d'autant plus qu'il est d'une innocuité complète pour ceux qui en font usage, et pour les vitres des appartements où l'on s'en sert. Quoique plus épaisses que ces balles creuses qui servent de joujoux, ces sphères, servant de soupapes, ont cependant des parois assez minces, ce qui les laisserait trop légères, mais lestées avec de la grenaille de plomb placée dans leur intérieur, elles deviennent ainsi plus pesantes, tout en conservant leur parfaite souplesse, et peuvent retomber naturellement et s'appliquer avec exactitude sur les orifices qu'elles doivent fermer quand elles sont abandonnées à elles-mêmes dans le jeu des pompes.

Cette flexibilité du caoutchouc ne lui permet pas de s'appliquer directement à la fabrication des tuyaux des pompes aspirantes, tuyaux qui seraient déprimés promptement et oblitérés par la pression de l'air. On avait essayé d'obvier à cet inconvénient en plaçant dans l'intérieur du tuyau des spirales métalliques résistantes, mais qui ne permettaient pas de faire circuler dans ces tuyaux toute espèce de liquide. On place aujourd'hui ces spirales dans la paroi même du tuyau qui forme ces tubes, qui peuvent alors servir pour la conduite et l'aspiration des acides, la substance métallique étant garantie de tout contact.

Il est des circonstances dans lesquelles on a à exercer, au moyen de corps à surfaces raboteuses, une friction qu'on a intérêt à rendre très-douce. On a, pour atteindre ce but, fabriqué dans ces derniers temps, avec des plaques de caoutchouc volcanisé, présentant des stries et de petits cylindres placés en saillie, des espèces de brosses propres à une foule d'usages, ainsi que des planches à laver, avec lesquelles on ne court aucun risque de déchirer ou d'user le linge, comme il arrive avec les planches de ce genre en bois ou en métal. Il est permis d'espérer que ces nouveaux appareils, introduits dans les buanderies, préviendront peut-être un peu la rapide détérioration du linge qu'on y blanchit.

Chaque jour voit surgir des applications nouvelles du caoutchouc. Enveloppes pour emballer les bouteilles et prévenir la casse; rondelles pour déposer sur l'épaulement d'un flacon en cristal, et rendre la fermeture obtenue par un couvercle de même substance exacte et facile; siphons destinés à transvaser les acides, et qui s'amorcent d'eux-mêmes quand, après avoir pressé une sphère de caoutchouc qui communique avec le tube, on permet à son élasticité de déterminer une aspiration; tâte-vin commode, composé d'un tube et d'une boule de caoutchouc qui se remplit de vin par le même moyen, et introduit dans l'industrie l'usage de la pipette en gomme élastique des laboratoires, ce sont autant de formes nouvelles sous lesquelles s'est manifesté, à l'Exposition universelle, l'emploi du caoutchouc.

CAPILLARITÉ. Nous avons indiqué déjà le grand rôle que joue la capillarité dans un grand nombre de phénomènes et les applications multipliées qu'on en fait dans les travaux industriels.

L'étude de cette question par Laplace et Poisson a conduit ces savants à des formules qui représentent convenablement les phénomènes, et réciproquement l'interprétation de ces formules a conduit à des expériences très-curieuses que nous devons indiquer ici.

La formule à laquelle Laplace est arrivé permet de prévoir la forme de la surface du liquide sur lequel s'exerce la capillarité. Elle consiste en ce que, si l'on appelle R et R' les rayons de courbure principaux de la surface en chaque point, K^2 un coefficient qui dépend des corps en présence, et B la quantité dont il faut diminuer la pression moléculaire A qui s'exerce sur la surface du liquide, quand de plane elle devient concave, on a :

$$B = K^2\left(\frac{1}{R} + \frac{1}{R'}\right)$$

Cette formule a conduit M. Plateau aux curieuses expériences que nous voulons rapporter ici.

Si un liquide n'était pas pesant, il prendrait un état d'équilibre uniquement déterminé par les actions moléculaires qu'il exerce sur lui-même, et qui doivent agir symétriquement s'il n'y a aucune force étrangère; donc l'on devrait, quel que soit le point considéré sur sa surface, avoir :

$$\frac{1}{R} + \frac{1}{R'} = \text{constante.}$$

La figure que ce liquide prendrait naturellement satisferait nécessairement à cette condition, et réciproquement toutes les formes de surfaces qui y satisfont sont des figures d'équilibre possible, stables ou instables.

Pour réaliser ce cas d'un liquide sans pesanteur, M. Plateau compose avec de l'eau et de l'alcool un mélange en proportions telles, qu'il ait exactement la densité de l'huile, de façon que cette huile s'y maintienne en équilibre parfait.

Pour faire l'expérience, on engage au milieu du liquide mélangé, placé dans un vase de verre, l'extrémité d'une pipette pleine d'huile qu'on laisse écouler très-lentement; elle se réunit en masse à l'extrémité du tube, et, quand elle est en quantité suffisante, on retire la pipette en la bouchant; l'huile reste immobile à la place où elle a été déposée, elle y prend la forme sphérique (fig. 3449). On sait qu'il en est ainsi toutes les fois qu'on agite de l'huile dans un liquide aqueux; les gouttelettes oléagineuses sont toujours sphériques. C'est la forme la plus stable, et elle satisfait évidemment à l'équation ci-dessus.

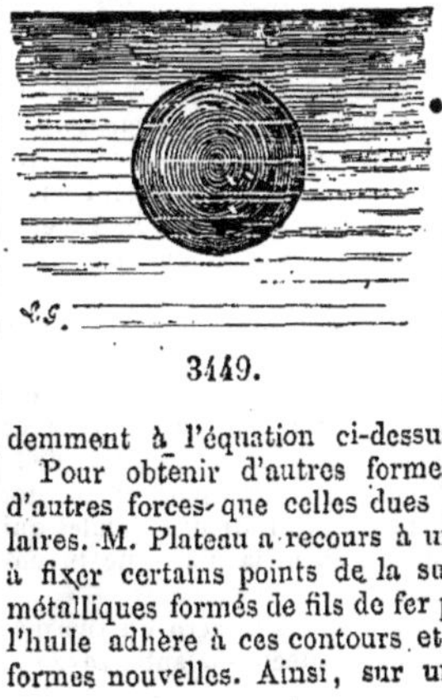

3449.

Pour obtenir d'autres formes, il faut introduire d'autres forces que celles dues aux actions moléculaires. M. Plateau a recours à un artifice qui consiste à fixer certains points de la surface à des contours métalliques formés de fils de fer préalablement huilés; l'huile adhère à ces contours et se présente sous des formes nouvelles. Ainsi, sur une circonférence, elle se dispose sous la forme d'une lentille bi-convexe dont les deux surfaces ont le même rayon (fig. 3450). Dans ce cas, on a déterminé la figure de la masse en assujettissant sa surface à passer par une circonférence fixe, et la nouvelle forme satisfait à la fois à la condition générale et à une condition particulière.

3450.

A l'aide de deux contours circulaires métalliques, on peut obtenir un cylindre d'huile parfait, comme à l'aide d'arêtes en fil métallique d'un solide polyédral, des polyèdres dont les faces sont convexes si l'huile est en excès, planes si on en enlève une quantité convenable, et concaves si l'on en retire davantage.

L'expérience la plus curieuse est celle qui s'exécute en imprimant, au moyen d'un axe central, un mouvement de rotation à la sphère qui se forme directement, ce qui s'obtient en la traversant par une tige métallique à laquelle on imprime un mouvement rotatoire. Il se communique bientôt à la masse de l'huile (fig. 3451), et la sphère s'aplatit par l'effet de la force centrifuge, d'autant plus qu'elle tourne plus vite. On sait que c'est à cette cause que l'on attribue l'aplatissement vers les pôles du sphéroïde terrestre.

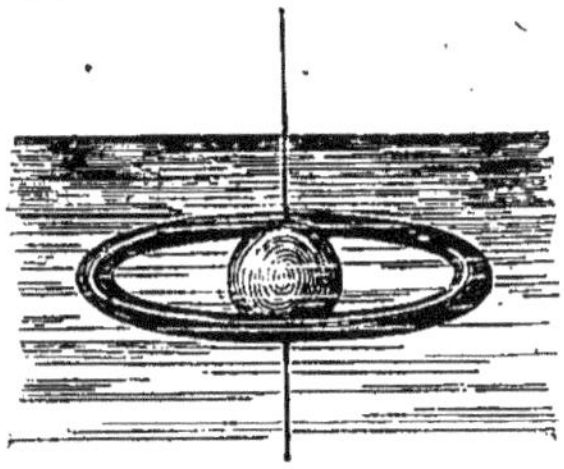
3451.

Mais quand la rapidité de la rotation augmente, l'aplatissement de la goutte d'huile s'exagère, elle se creuse, et bientôt se sépare en deux parties : l'une, intérieure, est un sphéroïde qui reste au centre; l'autre est un anneau qui l'entoure, et que l'on ne peut s'empêcher de comparer, pour son origine et son aspect, à l'anneau de la planète Saturne.

CHALEUR LATENTE, ou *plutôt chaleur de changement d'état physique des corps.* — Une des plus importantes découvertes, des plus propres à conduire à l'analyse exacte de la nature de la chaleur dans les corps, est celle de la disparition de la chaleur qui accompagne la fusion des solides, ou la vaporisation des liquides, de la chaleur latente. Elle est due à Black, professeur à l'Université de Glasgow.

Bien que la simultanéité des phénomènes calorifiques et des faits mécaniques qui les accompagnent, c'est-à-dire la rupture de toutes les cohésions qui réunissent les molécules des solides et agissent entre celles des liquides, le grand volume de la vapeur, formée en surmontant des pressions, n'ait pas attiré l'attention de ce savant, sa découverte n'en eut pas moins, dans l'ordre mécanique, des résultats d'une très-grande importance. En effet, recueillie par Watt, chargé de la réparation des modèles à la même Université, la théorie de la chaleur latente conduisit ce dernier à calculer les éléments de la condensation de la vapeur pour les machines de Newcomen, et bientôt au condenseur séparé, aux améliorations capitales qui ont fait de la machine à vapeur la plus utile invention des temps modernes.

Newton et Renaldi, en fixant le zéro du thermomètre à la température de la glace fondante, savaient qu'ils obtenaient ainsi un point fixe, constant, tant que toute la glace n'est pas fondue, ne pouvant être influencé par toutes les causes extérieures de réchauffement. Que devenait donc la chaleur communiquée au vase pendant toute la durée de la fusion? Ce fut Black qui se posa le premier la question. Il conclut de la disparition évidente de la chaleur qui ne pouvait s'anéantir, qu'elle s'emmagasinait dans le corps bien que cessant d'être apparente, de produire les effets par lesquels elle se manifeste habituellement. C'est pour cela qu'il l'appela latente, cachée.

Il n'y avait évidemment, dans cette manière de comprendre les faits, qu'une idée systématique, contraire aux résultats de l'expérience, puisque nous ne reconnaissons la chaleur dans les corps que par les variations de température, que nous ne concevons pas de la chaleur qui ne se manifeste pas ainsi. C'est qu'en effet la chaleur n'est nullement cachée, latente, dans les phénomènes dont il s'agit ici. Si elle disparaît, c'est qu'elle est réellement consommée, ainsi que nous allons le voir.

I. CHALEUR DE FUSION DES SOLIDES. — La fusion des corps solides, c'est-à-dire la destruction des cohésions moléculaires qui les constituent, coïncidant avec une disparition d'une quantité de chaleur, il est manifeste, dès que la notion d'équivalence de la chaleur et du travail mécanique est admise, que cette chaleur doit être principalement consommée par le travail résistant des forces de cohésion moléculaire qui réunissent les molécules entre elles.

Inversement la quantité de chaleur qui se dégage lors de la solidification d'un liquide, égale à celle qui est consommée lors de la liquéfaction du solide, répond surtout au travail mécanique, à l'accroissement de forces vives engendré par les forces d'attraction moléculaire.

Nous pouvons aller plus loin, préciser davantage l'analyse des faits à l'aide des notions établies sur la constitution des LIQUIDES et des SOLIDES.

Nous avons vu que les solides pouvaient être représentés dynamiquement par l'expression

$$-\mathrm{AA} + \Sigma \frac{mS^2}{2},$$

$m\frac{S^2}{2}$ étant la force vive calorifique de la molécule du corps solide, A le travail mécanique nécessaire pour rompre les cohésions moléculaires pour l'unité de poids, AA l'expression de ce travail en chaleur.

De même, pour le liquide, on a :

$$-\mathrm{AA'} + \Sigma \frac{mL^2}{2}.$$

Pour le même corps à l'état solide et à l'état liquide, A est bien plus grand que A', et au contraire $\frac{mS^2}{2}$, la force vive répondant à la vibration de la molécule solide, bien plus petite que celle de cette molécule libre, à l'état liquide.

Soit Q la quantité de chaleur latente déterminée par l'expérience, ce sera évidemment la quantité à ajouter au solide, pour obtenir, à l'aide du travail résistant et emmagasiné dans celui-ci et de sa force vive calorifique, les mêmes quantités dans le liquide produit par la fusion, sans variation sensible de température, c'est-à-dire que l'on a :

$$Q - \mathrm{AA} + \Sigma \frac{mS^2}{2} = -\mathrm{AA'} + \Sigma \frac{mL^2}{2},$$

$$\text{ou } Q = \mathrm{A}(\mathrm{A} - \mathrm{A'}) + \Sigma \frac{m(L^2 - S^2)}{2}.$$

Cette formule nous fait bien connaître les effets de

la chaleur latente. Elle nous montre que l'on peut connaître la valeur de l'expression dynamique d'un solide, connaissant celle du liquide auquel il peut donner naissance, en observant la quantité Q. Nous reviendrons sur ce point après avoir étudié les chaleurs de vaporisation des liquides et avoir vu ce qu'on peut déduire de celles-ci et des chaleurs totales des GAZ que l'on sait déterminer, relativement à la valeur de l'expression dynamique des liquides.

Je donnerai ici un tableau des chaleurs latentes des solides, déterminées en trop petit nombre par les physiciens, en employant la méthode des mélanges.

Corps.	Chaleur latente pour 1 kil.
Glace	79,25
Zinc.	28,13
Argent.	21,07
Étain.	14,25
Cadmium.	13,58
Bismuth	12,64
Plomb.	5,37
Soufre.	9,37
Phosphore.	5,03

D'après la formule donnée plus haut, les nombres qui expriment les chaleurs latentes varient avec la valeur de A, du coefficient d'élasticité du corps; les quantités $A - A'$ et $L^2 - S^2$ varient de même en raison de la grandeur des forces de cohésion intermoléculaires, S^2 diminuant en raison de la roideur. Nous avons vu, à l'article CALORIE, comment M. Pierson avait établi par l'expérience cette curieuse relation.

Elle permet de déduire, par le calcul et avec une approximation probablement assez grande, les chaleurs de fusion de certains corps importants, qu'on ne saurait obtenir expérimentalement.

Par un calcul équivalent, on parvient plus directement à ce résultat en posant $KE\left(\frac{1}{D}\right)^{\frac{2}{3}} = L$, E étant le coefficient d'élasticité pris pour le décimètre carré, pour rapporter les nombres au kilogramme, V étant le volume du kil. $V = 1$, on $V = \frac{1}{D}$, D densité rapportée au décimètre cube, le côté du volume sera $\sqrt[3]{V}$, et le carré sur lequel la traction s'exercera $\left(\frac{1}{D}\right)^{\frac{2}{3}}$ rapporté au décimètre. Enfin K est un nombre constant pour toutes les déterminations (comprenant A et les différences d'unité adoptées), L étant la chaleur de fusion.

Cette formule, pour une même valeur de $K = 0,0135$, obtenue d'après les déterminations expérimentales du plomb, de l'argent, etc., doit s'appliquer aux divers métaux, et permet de poser.

Corps.	Coefficient d'élasticité.	Densité.	Chaleur latente.
Fer. . . .	20689	7,74	72,
Acier. . .	18549	7,47	70,7
Platine. .	15814	21,26	40,04

Observation. — Les chaleurs de fusion des solides dont il s'agit se rapportant au point de fusion des corps, la valeur de A va en croissant à mesure que le corps se refroidit. Nous étudierons cette question en parlant des chaleurs spécifiques, et nous verrons ce qu'indique bien la formule, que la séparation entre celles-ci et la chaleur de fusion, la consommation de celle-ci à une température fixe et parfaitement déterminée est purement théorique; toutefois la plus grande partie du travail a lieu en un point déterminé, comme toute rupture d'un corps élastique est préparée par la traction, mais accomplie dans un court intervalle.

Nous supposons aussi qu'il s'agit de corps considérés dans l'état d'agrégation sous lequel nous les rencontrons habituellement; car, sous des états différents, le travail des forces moléculaires est différent, et par suite la chaleur de fusion varie. Tel est, par exemple, le soufre mou, amené à cet état par la trempe, dont les molécules ne sont pas arrivées au point où elles arrivent dans l'état définitif de soufre durci, après un certain temps. C'est ce que les expériences de M. Regnault ont établi pour le soufre, en constatant qu'il dégage de la chaleur en passant à l'état de soufre cassant. La cristallisation complète produit des effets de même nature.

II. CHALEUR DE VAPORISATION DES LIQUIDES. — La vaporisation des liquides entraîne la consommation d'une quantité de chaleur généralement considérable, employée 1° à rompre les cohésions moléculaires; 2° à engendrer l'état aériforme.

Cette seconde partie de l'effet de la chaleur n'est pas seulement intérieure; la production de la vapeur lorsqu'elle a lieu avec le volume relativement considérable qui lui appartient, en général, sous la pression ambiante, entraîne la consommation d'une quantité de travail considérable dont l'expression est Apu pour l'unité de poids, p étant la pression et u le volume de vapeur formé.

Ainsi, pour l'eau sous la pression atmosphérique,

$$p = 10330, \quad u = 1^{mc.}7,$$

et

$$Apu = \frac{10330 \times 1,7}{370} = 47^c,46.$$

Cette partie de la chaleur de vaporisation devra donc être déduite de la chaleur totale que pourra fournir l'observation pour fournir la mesure des effets intérieurs appartenant aux molécules des liquides.

Détermination des chaleurs de vaporisation. — Nous ne nous étendrons pas ici longuement sur les appareils qui servent à condenser les vapeurs dans des calorimètres qui permettent de mesurer les quantités de chaleur dégagées pour un poids déterminé de vapeur, sans changement de pression. On en trouvera la description dans tous les traités de physique.

Nous donnerons ici les principales déterminations que l'on possède :

Liquides.	Point d'ébullition sous la pression 0m,760.	Chaleur de vaporisation pour 1 kil.
Eau.	100°	531
Alcool.	78	208
Éther.	38	91
Éther acétique	74	106
Essence de térébenthine.	156	68,71
Esprit de bois.	665	264
Acide sulfurique.	»	94
Acide acétique	120	102
Acide formique	100	169
Acide butirique.	164	115
Acide valérique.	175	104
Essence de citron	165	70

Nous ferons sur ces nombres deux observations :

La première, c'est que le nombre indiqué pour la chaleur de vaporisation est déduit de la chaleur totale observée, en calculant, au moyen de la connaissance de la chaleur spécifique, celle qui appartient seulement au changement de température. Ce calcul, fondé sur l'hypothèse que la chaleur spécifique demeure constante dans le voisinage du changement d'état, est sûrement inexact, mais il permet d'effectuer approximativement la séparation des effets des deux phénomènes.

La seconde, c'est que la chaleur de vaporisation indiquée sur le tableau précédent n'est exacte que pour les points d'ébullition indiqués, qu'elle n'est plus vraie pour des points d'ébullition plus élevés, ou ce qui revient au même, sous des pressions plus considérables que la pression atmosphérique. M. Regnault a trouvé, pour la chaleur totale de la vapeur d'eau entrant en ébullition à la température t :

$$Q = 606,5 + 0,305\,t$$

et en général que pour les diverses vapeurs, les résultats d'expérience étaient représentés par une expression de la forme

$$Q = A + Bt,$$

pour quelques-unes seulement plus irrégulières dans leurs allures, il a fallu adopter une expression à trois termes de la forme

$$Q = A + Bt + Ct^2.$$

La chaleur totale, évaluée par M. Regnault, comprend :

1° L'échauffement du liquide de 0 à t^0 (t température d'ébullition);

2° La chaleur latente L proprement dite.

La chaleur totale, au point de vaporisation est égale à la somme ci-après :

1° U_1 chaleur des molécules de la vapeur;

2° AA', chaleur répondant au travail d'attraction des molécules lors de la vaporisation.

3° Apu chaleur répondant au travail extérieur.

Donc, chaleur totale $= U_1 + AA' + Apu$.

Nous savons que, pour tout corps à l'état gazeux (voy. GAZ), $U_1 = 3\,Apu$.

On peut donc écrire :

Chaleur totale $= 4Apu + AA'$.

Constance de Apu *par calorie.* La cohésion des molécules du liquide comme la force vive moléculaire est proportionnelle à la masse de la molécule élémentaire; il paraît en résulter que le volume de la vapeur formée variera suivant la même proportion, et par suite que les chaleurs de vaporisation des divers liquides, sous la même pression, seront proportionnelles aux volumes de la vapeur formée. De là se déduit la constance du travail d'action directe, de Apu *par calorie* de vaporisation.

Cette loi partant d'une proportionnalité qui n'est que le premier terme d'une loi plus complexe, est pour le moins assez approchée; elle se vérifie, pour tous les corps bien étudiés, comme il a été dit à CALORIE.

Ainsi un litre d'eau produisant 1700 litres de vapeur et la chaleur latente étant 536, on trouve :

$$\frac{1700}{536} = 3^l,17 \text{ par calorie.}$$

Pour l'alcool dont la chaleur latente est 208, qui donne 520 fois le volume du liquide de densité 0,8, et par conséquent $\frac{520}{0,8}$ litres, le rapport est :

$$\frac{520}{0,8 \times 208} = 3^l,155 \text{ par calorie.}$$

L'essence de térébenthine donne une vérification excellente; l'éther, l'acide acétique, le brome des nombres très-peu plus faibles.

Nous en conclurons pour les divers liquides et dans les limites d'exactitude indiquées, la généralité du rapport obtenu pour l'eau $\frac{47^c,46}{536} = 0,088$, pour toute vapeur, du travail extérieur (Apu) pour chaque calorie de la chaleur de vaporisation.

Détermination de la valeur de l'état dynamique d'un corps.

Le résultat immédiat de l'analyse précédente est de conduire à la possibilité de trouver le nombre qui représente l'état dynamique d'un corps, la force vive calorifique que possèdent les atomes et le travail mécanique elles faudrait consommer pour les séparer quand ils ont été réunis par des forces de cohésion, et que la chaleur dégagée par suite de ce travail a été enlevée par un refroidissement; les valeurs du terme positif et du terme soustractif, dont la somme algébrique représente, en général, la constitution de chaque corps.

Passons en revue les divers états physiques des corps, pour appliquer ces principes et établir le genre de calcul qu'il importe de rendre possible pour les progrès de la science, mais qui ne l'est pas encore avec une certitude suffisante, sans hypothèses à vérifier; il conduirait à l'évaluation de la mesure de la puissance mécanique des corps.

1° GAZ. — Nous disons à GAZ qu'il n'y avait dans cet état des corps nulle influence sensible des forces d'attraction, que leur force vive totale était représentée par $\Sigma\,\frac{mG^2}{2}$, tout terme négatif étant nul. Nous sommes arrivés à l'expression de la force vive totale des principaux gaz, à l'aide de l'expression

$$3\,pv = \frac{nmG^2}{2}$$

Ainsi, en faisant application de ces éléments à la vapeur d'eau à 100°, $p = 1,0330$ $v = 1,689$, on trouve $3\,p\,v = 17,447^{km}$ et en chaleur $141^c,46$.

2° LIQUIDES. — Pour les liquides, représentés dynamiquement par

$$-AA' + \Sigma\,\frac{mL^2}{2}$$

on entrevoit la possibilité de calculer A' au moyen de la chaleur latente, en admettant l'égalité des forces vives des mêmes molécules à l'état liquide et à l'état gazeux pour la même température, puisqu'elles sont libres toutes deux, qu'elles sont également indépendantes de la masse totale du corps, libres par suite d'obéir aux impulsions qu'elles reçoivent, lorsqu'elles vibrent à l'unisson avec l'éther possédant un même état vibratoire.

C'est ainsi que l'impulsion que reçoit une planète n'est modifiée que quant à sa trajectoire, mais non quant à sa vitesse par l'attraction solaire, comme tout système indépendant libre de se déplacer.

En admettant cette manière de raisonner, qui fournit au moins une première approximation, pour l'eau à 100° prise pour exemple, nous trouvons pour la chaleur de vaporisation répondant seulement à $AA' + A\,p\,u$, aux éléments particuliers du liquide (d'après ce qui a été dit plus haut $AA' = 0,912$ Ch. V) :

$$AA' = 488^c,83, A\,\Sigma\,\frac{mL^2}{2} = 141,46.$$

L'eau à 100° est donc en chaleur

$$-448^c + 141,46 = 307^c$$

et en travail

$$-160,687 + 52341^{km} = 113746^{km}.$$

Si on connaissait la chaleur spécifique vraie, on pourrait avoir la force vive à toutes les températures. Admettons-la égale à 1. A zéro, il faudrait retrancher 100 calories, et par suite 1 kilog. d'eau serait représenté, vu l'accroissement du travail des forces, par

$$-407^c \text{ ou } -150590^{km}.$$

Le même calcul fait pour l'alcool bien plus facilement vaporisable que l'eau, donne au point d'ébulition —135,29 seulement.

SOLIDES. — Nous avons vu qu'un solide devait aussi être représenté dynamiquement par

$$- AA + A \Sigma \frac{mS^2}{2}$$

et par suite que le même corps devenant liquide par l'addition de la chaleur de fusion (Ch. F) on avait l'égalité

$$- AA + A \Sigma \frac{mS^2}{2} + \text{Ch. F} = - AA' + A\Sigma \frac{mL^2}{2}$$

Nous venons d'apprendre à calculer la valeur du second terme, et par suite nous pouvons calculer celle du premier. Ayant ainsi trouvé pour l'eau à zéro, — 407 calories, et sachant que la chaleur de fusion d'un kilog. de glace est $79^c 2$, nous avons

$$- AA + \Sigma \frac{mS^2}{2} = - 79{,}2 - 407{,}25 = - 486$$

ou — 179,820^{km}.

Il serait utile de distinguer les valeurs AA et $\Sigma \frac{mS^2}{2}$

A cet effet il faut remarquer que les chaleurs spécifiques et les dilatations permettent de distinguer les parties de la chaleur d'échauffement qui appartiennent au travail mécanique et aux vibrations calorifiques, pour chaque degré d'échauffement (voy. CHALEUR SPÉCIFIQUE). Or les variations des forces vives et du travail sont soumises sous ce rapport aux mêmes lois que la somme totale, et par suite la solution du problème indiqué dans ce cas s'applique ici également.

Résumé. En résumé, nous arrivons à l'évaluation en nombres de l'état dynamique d'un corps, quel que soit son état physique, résultat considérable qui fournit une base solide à la mécanique moléculaire, et permet d'évaluer les éléments en jeu, d'apprécier les grandeurs des phénomènes dans toute modification.

Emploi industriel des chaleurs de changement d'état. — Les phénomènes calorifiques de changement d'état trouvent dans l'industrie (indépendamment de la production du travail mécanique étudiée à MACHINE A VAPEUR) trois séries d'applications principales, à savoir : 1° pour obtenir une température constante; 2° pour transmettre rapidement la chaleur; 3o pour refroidir les corps.

1° *Température constante.* — Tout corps solide en fusion ou tout liquide se vaporisant, restant à une température constante, on a donc dans l'industrie, par l'emploi d'un corps en cet état, le moyen d'obtenir les températures les plus convenables pour des opérations déterminées, en évitant les inconvénients qui résulteraient de températures plus élevées. C'est ainsi que le bain de plomb est employé avec succès pour la distillation des graisses, et permet d'éviter les décompositions par la chaleur qui se produiraient rapidement à une température supérieure à celle de la fusion du plomb.

Le corps qui change d'état physique ne sert de régulateur de température que d'une manière assez défectueuse au point de vue de l'économie de la chaleur, car pour éviter un surchauffage, il faut, par exemple, dans le cas cité ci-dessus, qu'une certaine quantité de plomb solide nage dans le bain, et à cet effet faire couler au besoin une partie du plomb liquéfié pour le remplacer par un saumon. Nul besoin d'observer par suite, pour diminuer les pertes de chaleur qui en résultent, qu'il est nécessaire de construire le fourneau de manière à obtenir le maximum de régularité possible. Dans certains cas, par exemple, l'emploi du gaz procurera cet avantage, le bain liquide ne servant plus qu'à corriger les irrégularités accidentelles.

2° *Transport de la chaleur.* — La vapeur d'eau est le moyen par excellence pour échauffer jusqu'à 100° l'eau qui sert dans tant d'opérations. Les teintureries notamment sont organisées de la sorte; un seul foyer, une seule chaudière à vapeur suffisent pour chauffer à volonté un nombre quelconque de cuves, chaque kilogramme de vapeur portant ainsi, en un temps très-court, plus de 636 calories à l'eau à chauffer. Cette disposition est commode et économique au plus haut degré, si on la compare au système primitif qui consistait à chauffer chaque cuve par un foyer spécial, avec toutes les pertes de chaleur, tous les frais de surveillance et autres nécessaires pour faire fonctionner chacun d'eux.

3° *Production du froid.* — Nous examinerons successivement les cas de l'emploi de la chaleur de fusion des solides, et celui de la chaleur de vaporisation des liquides.

Chaleur de vaporisation des liquides. — Tout liquide se réduisant en vapeur emprunte en raison du poids de vapeur formée et de la chaleur latente de la vapeur, une quantité de chaleur aux corps environnants, qui en abaisse la température. Nombre d'applications industrielles reposent sur ces faits.

Nous citerons d'abord les vases poreux, les alcarazzas, qui laissant suinter l'eau qui s'évapore à leur surface, refroidissent constamment celle-ci et sont si utiles dans les pays chauds pour rafraîchir les boissons.

Mais c'est surtout lorsque, à l'imitation de la célèbre expression de Leslie, on active la vaporisation par des moyens mécaniques, en faisant le vide, ou que ce dernier est produit par la condensation rapide de la vapeur, à une distance convenable de la partie à refroidir, que la production du froid a lieu avec une intensité et une rapidité qui en font un puissant moyen d'action. Nous avons consacré l'article PRODUCTION DU FROID à l'étude des appareils fondés sur ces principes, qui constituent une des conquêtes les plus précieuses de l'industrie moderne, et qui ont fait de la fabrication de la glace à l'aide de la houille, une opération régulière et peu coûteuse.

Emploi de la chaleur de fusion des solides. — Tout solide amené à une température supérieure à celle de son point de fusion, emprunte à tous les corps avoisinants plus chauds la chaleur de fusion qui lui est nécessaire pour passer à l'état liquide.

La fusion ne se produisant que par une température fixe, l'emploi d'un seul corps solide ne peut pas produire une température plus basse que celle de sa fusion, comme cela est possible pour les liquides qui fournissent des vapeurs à une température inférieure à celle de l'ébullition du liquide sous une pression déterminée. La diminution de la pression qui accélère la vaporisation des liquides est remplacée pour les solides par des mélanges de ces corps réagissant chimiquement, mais dégageant de ce fait une quantité de chaleur bien moindre que celle consommée par leur fusion.

La connaissance des chaleurs de fusion, combinée avec celle des chaleurs spécifiques du produit, et la quantité de chaleur K dégagée par le mélange des deux corps à l'état liquide, facile à déterminer par une expérience directe, permet de calculer exactement la limite de la température la plus basse que peut produire un mélange réfrigérant.

Ainsi, soit un mélange de *m* parties en poids de glace pilée et *n* parties d'azotate de soude, on aura entre ces quantités et les chaleurs de fusion, C étant la chaleur spécifique du liquide qui se produit et T la température cherchée :

$$- m \times 79{,}25 - n \times 67 = - (m + n)\, C\, T + K.$$

Supposons C très-voisin de l'unité, on aura :

$$-\mathrm{T} = \frac{-m \times 79 - n \times 67 + \mathrm{K}}{m+n},$$

Tétant le nombre de degrés au-dessous de zéro.

Si la quantité C T est constante, elle se produit dans des temps très-différents, et par suite T varie avec ce temps, la consommation de chaleur par les corps refroidis par le contact du mélange réfrigérant ayant lieu d'autant plus rapidement que le mélange des matières est plus intime, que le réchauffement externe est moindre, que la réaction mutuelle qui détermine la fusion s'exerce plus facilement. C'est pour cela qu'on trouve grand avantage à piler les substances et à agiter le mélange, ce qui augmente les surfaces.

Une limite de la température T est d'ailleurs déterminée par celle du point de congélation du mélange. Aussi le moyen par excellence pour obtenir des froids intenses est non-seulement d'employer des substances qui soient en contact immédiat, mais encore de ne pas partir de la glace qui agit avec difficulté pour produire des températures de beaucoup inférieures à zéro. On a trouvé un moyen bien plus puissant dans l'emploi de la chaleur de vaporisation d'un corps naturellement gazeux.

Acide carbonique solide et éther. — Depuis la belle découverte de Thilorier pour obtenir en abondance l'acide carbonique solide, on a pu s'en servir pour obtenir des froids très-intenses, en en faisant une pâte avec de l'éther qui favorise la vaporisation, et soumettant le tout à l'action d'une puissante machine pneumatique qui maintient une pression très-faible. Il est facile de se rendre compte de cet effet.

Soit cette pression $\frac{1}{20}$ de la pression atmosphérique, soit 3,80 cent. de mercure : quelle sera la température correspondante ? La température qu'on obtiendra par 1 kilog. d'acide carbonique solide sera :

— Chal. lat. de fusion — chal. lat. de vaporisation $= -\mathrm{T} \times \mathrm{C}$.

Or la chaleur de vaporisation est au moins égale au travail que peut produire la liquéfaction du gaz, et pour une compression de $\frac{1}{20}$ d'atmosphère à 36 atmosphères sera par litre, à la pression atmosphérique (Voy. LIQUÉFACTION), $P_0'V_0$ (2 + log. hyp. 720), car $\frac{V_1}{V_0} = 20 \times 36$ ou $10{,}330 \times 7{,}58 = 78{,}30$ pour 1 litre pesant 2 grammes à peu près, soit pour 1 kilog., 39150 kilog. mèt. ou en divisant par 370, 107 calories. C étant la chaleur spécifique de l'acide carbonique égale à 0,22, d'après Regnault, on aura, en négligeant la chaleur de fusion qui est petite relativement à celle de vaporisation :

$$-107 = -\mathrm{T} \times 0{,}22.$$

L'abaissement de température peut donc être extrêmement considérable, et n'est limité que par le fait physique de la lente vaporisation du gaz carbonique, à la température si basse ainsi produite. Dans le cas ci-dessus, on obtient pratiquement une température inférieure à — 100°.

Ce résultat conduit, ce me semble, à la possibilité d'obtenir, par la même méthode, des froids indéfiniment croissants. En effet, on peut, à l'aide de la pression et de l'acide carboniqne solide, liquéfier et solidifier des gaz plus réfractaires que l'acide carbonique, et qui, par suite, sur le plateau de la machine pneumatique, donneraient encore des vapeurs à des températures où celui-ci n'en donne presque plus. Théoriquement donc, rien ne s'oppose à ce que, par cette manière de procéder, on produise un froid supérieur à toute limite indiquée.

CHALEUR PERDUE (APPAREILS POUR UTILISER LA). Nous réunirons ici un certain nombre d'appareils qui ont ce point de ressemblance qu'ils servent à utiliser la chaleur qui, sans leur emploi, serait perdue. On comprend facilement la grande utilité de semblables dispositions. En effet, la plupart des opérations industrielles pour lesquelles on emploie la chaleur exigent des conditions spéciales, de température notamment, qui le plus souvent ne coïncident nullement avec celles d'économie, s'opposent en général à l'utilisation complète du combustible. Le problème à résoudre dans ces divers cas consiste à disposer à la suite des appareils principaux d'autres appareils accessoires, qui, sans gêner en rien la marche de l'opération principale, donnent gratuitement, en quelque sorte, l'échauffement utilisable d'autres corps. De grands progrès, dignes en tous points d'une industrie avancée, ont été réalisés en France depuis quelques années dans cette direction.

Nous les passerons en revue sous trois divisions :

1° Fourneaux à température élevée tels que ceux des usines à fer, abandonnant le plus souvent dans l'air une grande quantité de gaz combustibles non utilisés ;

2° Chaudières et machines à vapeur sans condensation répandant leur vapeur dans l'atmosphère ;

3° Eau chaude rejetée à une température élevée, comme dans celle des bains épuisés de teinture.

1re *section.* — Nous avons traité ailleurs de diverses applications qui ont été faites des parties des combustibles, des gaz combustibles, qui sortent non brûlés des cheminées. Aux articles FER et COMBUSTIBLES, on a traité cette question en détail et montré comment on pouvait trouver dans l'utilisation des gaz d'un haut fourneau la quantité de chaleur suffisante pour chauffer une chaudière à vapeur pouvant mouvoir la soufflerie de ce haut fourneau.

Les fours à puddler et à réchauffer, les feux d'affinerie, dans lesquels le métal doit toujours être travaillé dans une atmosphère d'oxyde de carbone, donnent les mêmes résultats. D'après M. Grouvelle, on peut évaluer à 16 ou 18 chevaux la chaudière que l'on peut placer à la suite d'un four à puddler. Les savantes recherches de notre éminent et si regrettable collaborateur, Ebelmen (Voy. COMBUSTION), ont bien montré comment la majeure partie de la chaleur d'un combustible reste disponible lorsqu'on le brûle en grandes épaisseurs, et que par suite le produit principal de la combustion est de l'oxyde de carbone et non de l'acide carbonique. Dans des cas semblables, le progrès indiqué, et que l'on doit toujours parvenir à réaliser, consiste à brûler les gaz combustibles qui se dégagent d'un premier foyer et à produire ainsi une source de chaleur ou de force, si on emploie la chaleur à produire de la vapeur.

Il est des cas où il peut même y avoir avantage à utiliser autant que possible la totalité de la chaleur des produits de la combustion pour effectuer un travail industriel plutôt qu'à en employer une partie à produire le tirage de la cheminée ; tel serait le cas d'une usine possédant une chute d'eau considérable et payant le combustible très-cher. Dans ce cas, il peut être avantageux d'employer un TIRAGE mécanique, un ventilateur ; quant à l'utilisation de la chaleur, elle serait obtenue par des moyens analogues à ceux dont nous avons si souvent parlé. (Voy. CHAUFFAGE, CHAUDIÈRE, etc.)

2e *section.* — Pour cette section, nous ne saurions mieux faire que d'emprunter la description des meilleures dispositions à employer à l'excellent *Guide du Chauffeur* de M. Grouvelle, l'ingénieur qui a le plus fait pour la solution des intéressantes questions dont nous parlons :

« *Emploi de la vapeur perdue dans une machine sans*

condensation. — Lorsque les circonstances locales exigent l'emploi d'une machine sans condensation, ce qui est presque général dans les ateliers de l'intérieur des villes où l'on dispose rarement d'assez d'eau pour condenser, il se perd, avec la vapeur qui a travaillé, une quantité considérable de chaleur, dont on peut encore obtenir un important service. Dans une machine de 30 chevaux, au prix de 4 fr. les 100 kilog. de houille, la vapeur perdue équivaut à 1,500 kilog. de combustible et à 60 fr. par jour.

« *Chauffage de l'eau d'alimentation.* — Le chauffage des ateliers, séchoirs, de l'eau destinée à alimenter la chaudière ou à tout autre usage, comme blanchiment, teintures, tels sont les premiers emplois qui se présentent. Un appareil bien disposé peut recueillir toute cette chaleur sans donner au piston une arrière-pression et, par conséquent, sans gêner en rien la marche de la machine.

« La première pensée qui se présente est de chauffer directement l'eau, en y condensant la vapeur. Mais si l'on fait plonger le tuyau d'échappement dans l'eau, on donne lieu à une arrière-pression qui charge la machine, outre qu'il se fait des claquements continuels par la condensation de la vapeur dans l'eau froide, c'est un bruit très-désagréable qui produit des ébranlements et brise les tuyaux et les appareils. Si, au contraire, la vapeur passe à la surface de l'eau, on ne chauffe pas la masse entière, parce que l'eau chaude, étant plus légère, reste à la surface, et défend les couches inférieures de l'action de la vapeur. Le chauffage est plus complet et plus égal, en faisant agir la vapeur à travers une enveloppe métallique, et un tuyau placé au fond du réservoir.

« *Mauvaise disposition d'appareil.* — Le but que se sont proposé quelques constructeurs, dans les appareils de ce genre, a été de multiplier considérablement les surfaces, et les circonvolutions que parcourent l'eau et la vapeur, afin de réduire l'emplacement occupé par l'appareil. Mais ils ont ainsi compliqué leurs dispositions sans profit, rendu les ajustements difficiles à faire et faciles à déranger.

« *Dispositions à adopter.* — Au lieu de refouler l'eau dans l'appareil de chauffage contre la pression des chaudières, il faut chauffer l'eau qui descend d'un réservoir supérieur; puis on l'aspire pour l'envoyer directement dans les chaudières, sans circulation ni choc. Le réservoir-chauffeur est placé à 2 ou 3 mètres au-dessus de la pompe, pour que la pression de la colonne d'eau soulève les clapets, qui ne s'ouvriraient pas si la pompe était obligée d'aspirer, de bas en haut, de l'eau presque bouillante; quand le corps de pompe est rempli d'eau à 60 ou 80°, la vapeur que cette eau développe, à chaque coup de piston, suffit pour remplir la capacité du cylindre, empêcher le vide de se former, et, par conséquent, l'eau de monter.

« Il faut toujours choisir des appareils très-simples pour le réchauffement de l'eau. » Nous en donnerons deux, l'un construit par M. Grouvelle et l'autre de MM. Le Gris et Choisy.

« Le premier et l'un des meilleurs est un double tuyau, dont l'un, intérieur, est en cuivre, et l'autre, extérieur, en fonte; la vapeur passe dans le tuyau central, auquel il faut donner un grand diamètre et surtout de la longueur, d'abord pour que la surface de refroidissement soit suffisante, et ensuite pour que la sortie de vapeur et le travail de la machine ne soient pas gênés; on arrondira aussi les coudes, et on évitera les étranglements.

« Dans le tuyau extérieur, circule l'eau destinée à être chauffée; on l'indroduit froide à une extrémité, au moyen d'un tuyau descendant du réservoir, et après qu'elle a circulé et s'est chauffée entre les deux tuyaux en sens contraire de la vapeur, la pompe alimentaire l'appelle par son tuyau d'aspiration, qui est branché sur le tuyau de fonte.

« Cet appareil, qui chauffe en même temps de l'eau pour le blanchiment des toiles, et un séchoir, fonctionne dans la filature de lin de Gerville (Seine-Inférieure), que nous avons organisée et montée. Les calculs nécessaires à son établissement, et sa description détaillée, suffiront pour l'exécuter et en varier les applications. » (Voir le *Guide du Chauffeur.*)

Appareil de chauffage d'eau d'alimentation de MM. Legris et Choisy. — Le principe de ce système est de faire arriver l'eau froide, destinée à l'alimentation des chaudières, *très-divisée et en pluie dans une capsule percée de trous au centre du courant de vapeur perdue* d'une machine à vapeur (fig. 3453).

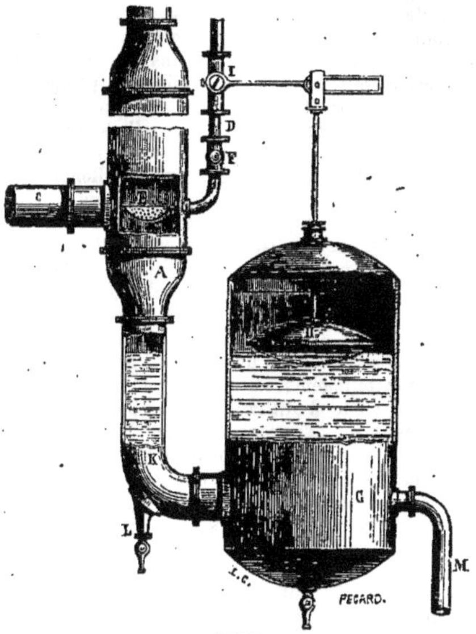

3453.

L'appareil consiste en un cylindre en tôle A, du haut duquel part un tuyau d'échappement de vapeur perdue, d'un diamètre proportionné à la puissance de la machine, et qui porte au dehors tout ce que le chauffage de l'eau d'alimentation n'a pas utilisé.

En bas de ce cylindre et d'un côté arrive, par un tuyau C, de même grosseur que le précédent, le jet de vapeur perdue de la machine. En face de ce jet, le courant d'eau froide destinée à l'alimentation est amené par un tuyau D et une cuvette percée de trous E qui réduit l'eau en pluie; le tuyau en D est muni d'un robinet d'arrêt F.

Un peu au-dessous de l'appareil A et à côté, est un cylindre G qui sert de réservoir à l'eau, après qu'elle a été chauffée. Un flotteur H en détermine le niveau; la tige du flotteur passe à travers une boite à étoupes, placée en haut du cylindre, et conduit, au moyen d'un levier, un robinet I qui règle l'entrée de l'eau dans le cylindre A.

Quand l'eau a été chauffée par son passage au centre du jet de vapeur, elle arrive dans le cylindre G au moyen d'un tuyau K de 0^{m},27 au moins de diamètre, du bas duquel une tubulure L, fermée par un robinet, permet d'extraire les dépôts terreux que la plupart des eaux d'alimentation laissent précipiter en s'échauffant.

L'eau ainsi chauffée est aspirée par le tuyau M de la pompe alimentaire de la machine à vapeur.

Une grande partie des carbonates calcaires tenus en dissolution dans les eaux par un excès d'acide carbonique, est précipitée dans l'appareil même, au moment où le gaz acide est chassé par l'échauffement de l'eau, et ces dépôts sont enlevés en boue par le robinet L. Quoique tous les sels calcaires ne soient pas entièrement éliminés dans cet appareil, les dépôts qu'on en retire avec des eaux fortement chargées, sont déjà considérables et très-importants pour la conservation des générateurs. Avec quelques eaux de Paris, les dépôts sont si abondants dans le tuyau A, qu'il s'est quelquefois bouché et a amené des ruptures graves de pièces dans la machine, en remplissant le cylindre d'eau.

L'appareil donne de très-bons résultats et ne se dérange pas. L'eau y est évidemment très-bien chauffée; seulement il ne faut pas pousser l'échauffement trop loin, parce que l'on serait exposé à n'avoir plus que de la vapeur au lieu d'eau dans le cylindre, ce qui supprimerait de suite le travail de la pompe alimentaire et forcerait à arrêter la machine à vapeur pour pouvoir laisser refroidir l'appareil de chauffage d'eau.

M. Grouvelle indique encore une excellente utilisation de la vapeur sortant d'une machine à haute pression, c'est de l'employer à chauffer l'eau d'une circulation d'eau par une disposition analogue à celle qu'il donne pour la boulangerie des hôpitaux, par l'emploi du système de chauffage par la combinaison de l'eau et de la vapeur, qu'il a employé à la prison Mazas, et qu'il a décrit en détail à l'article CHAUFFAGE de cet ouvrage. C'est encore là une utile et heureuse application de cette ingénieuse combinaison.

Avec ce mode d'utilisation de la chaleur, comme toutes les fois qu'une usine emploie de grandes quantités d'eau chaude, on peut tirer parti de toute la chaleur perdue à la sortie d'une machine à vapeur, tandis que les appareils limités à chauffer l'eau d'alimentation n'en utilisent nécessairement qu'une partie. Ainsi la chaleur de la vapeur d'eau à 5 atmosphères est de 650 calories, et par suite, si l'on alimente avec de l'eau à 10°, il faut que le foyer lui communique 640 unités de chaleur; cette quantité est réduite à 550, si l'on alimente avec de l'eau à 100°. La limite de l'économie que peuvent fournir ces appareils est donc de $\frac{90}{58} = 16\frac{2}{3}$ pour 100, quand on n'a pas d'autre emploi de l'eau chaude.

3e *section.* — Eau chaude rejetée à une température élevée.

Dans certaines industries, dans les teintureries notamment, on emploie des quantités considérables d'eau chaude, qu'il faut rejeter quand l'opération est terminée. Pendant longtemps on a ainsi laissé perdre des quantités de chaleur très-considérables, et ce n'est que depuis quelques années que l'on s'est appliqué à les utiliser.

Lorsqu'il s'agit d'eau pure, comme l'eau de condensation de machines à vapeur, le meilleur emploi est de l'appliquer à des opérations pour lesquelles l'eau pure est constamment et partout employée, les bains et les lavoirs notamment. On peut encore faire circuler cette eau dans des tuyaux pour établir avec elle un chauffage de l'air par l'eau chaude. M. Grouvelle donne, dans son *Guide du Chauffeur*, le devis et les conditions d'établissement d'un pareil chauffage, conditions qui sont celles indiquées à l'article CHAUFFAGE, avec cette observation toutefois que, la température de l'eau de condensation ne dépassant pas 40°, il faudrait doubler pour le moins l'étendue des surfaces métalliques qui chauffent l'air.

Quand il s'agit de bains de teinture épuisés, d'évacuation d'eau saturée des chaudières à vapeur marines pour éviter les incrustations, il faut mettre en contact l'eau chaude expulsée avec l'eau froide destinée au travail ultérieur, de manière toutefois à éviter tout mélange, c'est-à-dire à travers des surfaces métalliques. Le mode d'opérer est indiqué à l'article DÉPLACEMENT, c'est-à-dire que l'eau chaude doit rencontrer l'eau de plus en plus froide. La disposition la plus naturelle consiste à faire sortir l'eau chaude par un tuyau enveloppé d'un autre de plus grand diamètre, que parcourt l'eau froide entrant par l'extrémité opposée. On peut arriver à un résultat complet en allongeant les tuyaux, mais ces dispositions causent bien souvent des engorgements nuisibles.

M. Pimont (de Rouen) a parfaitement résolu le problème en multipliant les surfaces à l'aide de caisses métalliques successives, à double fond, et les larges passages des ses appareils dits *caloridores*. Nous donnerons idée de l'importance des résultats qu'il obtient en disant qu'ayant établi à ses frais un appareil dans la blanchisserie de MM. Dolfus, Mieg et Cie, à Dornach, près Mulhouse, à la condition de profiter des économies qu'il procurerait, pendant trois années, ces messieurs eurent à lui solder une somme de 44,424 fr., correspondant à 63,500 litres d'eau chauffée à 98 degrés centigrades, chaque jour de travail, pendant trois ans, sans dépense de combustible.

CHALEURS SPÉCIFIQUES. — La chaleur spécifique ou la capacité pour la chaleur d'un corps, est la quantité de chaleur, le nombre de calories qu'il faut communiquer au kilog. de ce corps pour élever sa température de 1°.

Les effets que la chaleur produit en se communiquant à un corps ne sont pas toujours limités à l'échauffement proprement dit de ce corps; des effets mécaniques internes ou externes se produisent le plus souvent simultanément, et cet élément dont la connexité avec la chaleur n'était pas reconnue a longtemps répandu une obscurité très-grande sur plusieurs points de cette partie de la science. Grâce à la notion d'équivalence du travail mécanique et de la chaleur, et aux principes de mécanique moléculaire auxquels elle conduit, cette obscurité peut être dissipée, et il devient possible, ce me semble, d'élucider d'une manière satisfaisante les questions qui se rapportent à l'action de la chaleur sur les corps.

Je passerai successivement en revue les chaleurs spécifiques des gaz simples (cas le moins complexe, puisque leurs atômes sont complétement libres), puis celles des corps solides et liquides et enfin celles des gaz composés et des vapeurs.

I. Chaleurs spécifiques des gaz simples.

M. Regnault a, dans une magnifique série d'expériences, déterminé les chaleurs spécifiques des gaz. Nous donnerons ici une analyse détaillée de ce travail, modèle d'expérimentation.

Le procédé expérimental le plus naturel et celui susceptible de la plus grande précision pour la détermination des chaleurs spécifiques, est celui fondé sur la méthode des mélanges, qu'il faut, dans le cas dont il s'agit, modifier en raison de la nature spéciale des gaz, c'est-à-dire leur faire parcourir un serpentin métallique plongé dans de l'eau réchauffée par leur refroidissement.

C'est ainsi qu'opérèrent Lavoisier et Laplace pour l'air et l'oxygène, en remplaçant un liquide par de la glace; ce fut la méthode suivie par Delaroche et Bérard, dans un mémoire couronné en 1812 par l'Académie des sciences de Paris, et dont l'analyse se trouve dans tous les traités de physique.

C'est celui qu'a adopté M. Regnault qui, dès le début de sa carrière de chimiste et de physicien, a bien compris l'utilité de déterminer exactement les chaleurs spécifiques des corps.

Expériences de M. Regnault. — La description des appareils se divise nécessairement en trois parties ; car, pour obtenir une grande précision, il fallait résoudre trois, ou au moins deux problèmes très-différents : 1° obtenir un courant de gaz à pression et vitesse constante, afin d'éviter toute compression ou dilatation dans l'intérieur de l'appareil, cause de production ou de consommation de chaleur par action intérieure ; 2° échauffer le gaz dans un bain à une température bien fixe ; 3° le refroidir dans un calorimètre pour le ramener à une température parfaitement constatée.

1° *Moyens de produire un courant constant.* — A l'aide d'une pompe spéciale, le gaz était aspiré à la sortie des appareils d'où il sortait purifié et desséché, et conduit par le tube I dans un grand réservoir V très-résistant, où il s'accumulait en quantité suffisante (fig. 3350).

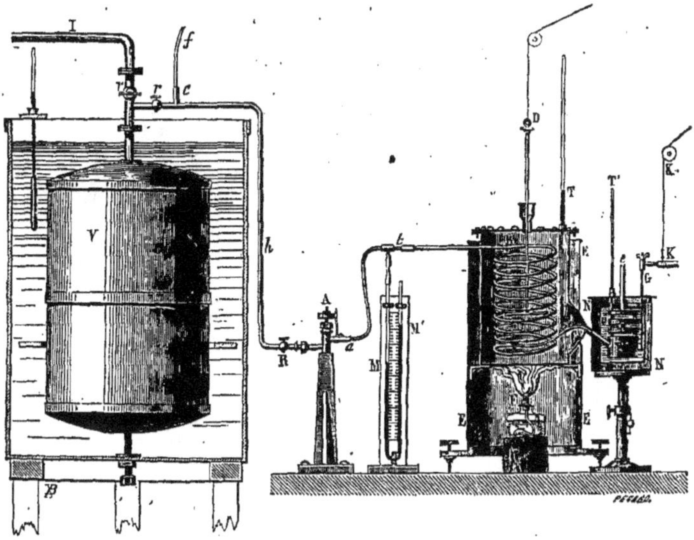

Fig. 3350.

Le gaz était dans le réservoir V à une pression mesurée par un manomètre à air libre, communiquant avec le tube *cf*, et à la température de l'eau qui entourait le réservoir ; de là il s'écoulait par le tube *h* lorsqu'on ouvrait le robinet R. Comme la pression va toujours en diminuant à mesure que le gaz s'écoule, M. Regnault a disposé un petit appareil pour régulariser la vitesse, une espèce de modérateur permettant de prévenir un changement de vitesse d'arrivée dans l'appareil calorimétrique (fig. 3351). Le gaz arrivant par le tube B.R s'échappait par l'espace laissé libre par l'extrémité d'une vis D A, pour se rendre dans le tube G. La vis traversant une boîte à étoupes D était terminée par une large tête divisée E. En faisant tourner cette vis à mesure que la pression baissait, on augmentait l'orifice de sortie C, et par suite la quantité de gaz traversant le tube pouvait rester la même malgré une diminution de pression. On en jugeait en consultant un manomètre à eau MM', communiquant avec un large conduit *at*, par lequel arrive le gaz, conduit qui se termine par un tube très-étroit *t*. Par l'effet de ce rétrécissement suivi de parties d'un plus grand diamètre en libre communication avec l'atmosphère, le gaz conservait en *at* un excès de pression qui était indiqué par le manomètre MM'. En relevant progressivement la vis A, il était facile de rendre cet excès de pression uniforme pendant toute la durée d'une expérience, et par suite, relativement au rétrécissement *t*, qu'on peut considérer comme l'origine de l'appareil calorimétrique, tout se passe comme si le gaz eût été fourni par un réservoir où sa pression eût été constante et égale à celle qu'il possède dans l'espace *at* et qui est mesurée par le manomètre MM'. Il n'y a pas à tenir compte du refroidissement produit par la détente avant l'appareil regulateur, la température du gaz n'étant considérée que plus loin, et le seul effet qui en résulte étant quelque variation dans l'écoulement, corrigée par le déplacement de la vis.

L'observation de la pression dans le réservoir V fournissait directement le volume du gaz dépensé.

2° *Échauffement du gaz.* — A la sortie du tube *t* le gaz pénétrait dans un serpentin BC qui était formé d'un tube de 10 mètres de longueur, et de huit millimètres de diamètre, qui était plongé dans un bain d'huile (fig. 3350). Un agitateur DD', mis en mouvement mécaniquement, assurait l'uniformité de la température, qu'il fallait prendre assez élevée pour rendre notables les quantités de chaleur à mesurer, la masse du gaz étant minime. Un thermomètre T mesurait cette

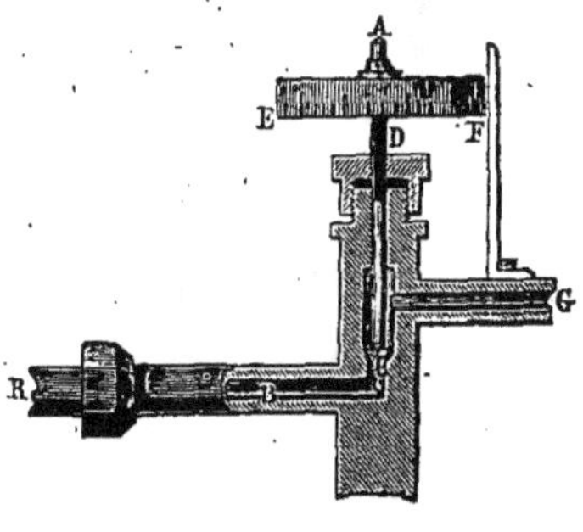

Fig. 3351.

température (ramenée à celle d'un thermomètre à air par une comparaison antérieure avec les indications fournies par l'emploi de celui-ci dans les mêmes conditions), et une lampe à alcool placée sous le bain en F la maintenait fixe pendant l'opération, fournissait la quantité de chaleur dissipée extérieurement et celle enlevée par le passage du gaz dans le serpentin. La grande longueur, le faible diamètre et le peu d'épaisseur du serpentin étaient combinés en vue d'assurer l'égalité de température du gaz et du bain d'huile. M. Regnault s'assura de la bonté du système en adaptant un tube à l'extrémité du conduit, et y plaçant un thermomètre qui indiquait exactement la température du bain.

Pour diriger le gaz dans le calorimètre en amoindrissant les causes de perturbation, le vase contenant l'huile portait un renflement extérieur qui accompagnait et garantissait le conduit C, jusqu'à la paroi de l'enveloppe (fig. 3352). A partir de là, ce tube C, entouré par un bouchon de liége peu conducteur *mm*, se continuait par un petit tube de verre *p*, et s'engageait dans le calorimètre W. L'interposition du liége et du verre diminue, autant qu'on peut le faire, la propagation de la chaleur par les parois, principale cause d'erreur dans ce genre d'expériences.

4° *Calorimètre.* — Pour multiplier beaucoup les surfaces, sans avoir besoin d'employer un volume de liquide trop considérable, M. Regnault forma son calorimètre de boîtes plates en laiton, divisées à l'intérieur par des cloisons en spirales, de manière à faire parcourir au gaz un long chemin en passant successivement de la première à la dernière. Ces boîtes sont plongées dans le calorimètre PP, renfermant un poids connu d'eau (fig. 3352 et 3353). Il pose sur trois cales en

Fig 3352.

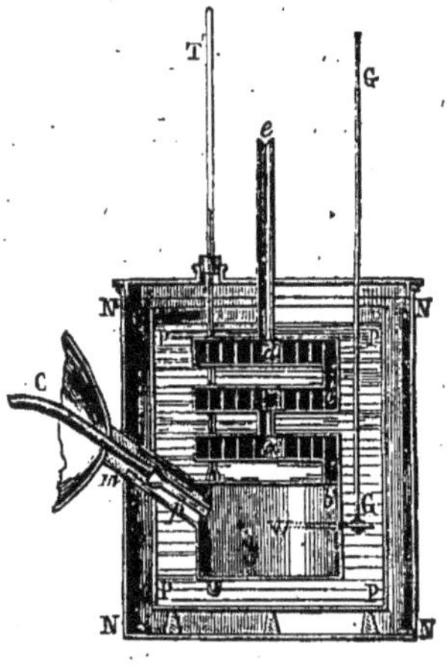

Fig. 3353.

bois, et il est entouré d'une caisse de sapin NN destinée à prévenir son refroidissement. Un thermomètre fixe T' indique les variations de la température qu'on lit de loin avec un cathétomètre à lunette; enfin un agitateur, guidé le long d'une tringle verticale, est mis en mouvement au moyen d'un fil KK, l'agitation étant une condition essentielle lorsqu'il faut mesurer des échauffements de liquides.

On s'assura d'avance, en plaçant un thermomètre dans le tube *e*, que le gaz avait à sa sortie du calorimètre exactement la même température que l'eau.

Ce qu'il importait beaucoup de savoir, c'est si le gaz éprouve des changements notables de tension dans son trajet de *t* en *e*. Dans le serpentin, ils n'auraient d'influence que sur la quantité de chaleur fournie au gaz pour l'amener à une température fixe, ce qui est de nulle importance ; mais s'il se détendait dans le calorimètre, il absorberait de la chaleur, et la mesure de la capacité serait inexacte. Or, en plaçant deux manomètres à eau en communication avec les tubes *c* et *e*, et dans les cas où la vitesse d'écoulement était la plus grande, la différence des pressions du gaz à son entrée et à sa sortie du calorimètre atteignait à peine 1 millim. d'eau. C'était une cause d'erreur absolument insensible.

Expérimentation. — Décrivons maintenant la manière d'observer.

Le réservoir V renfermant une quantité suffisante de gaz comprimé, on échauffait le bain d'huile jusqu'à une température T qu'on maintenait constante en réglant convenablement la lampe; puis on remplissait d'eau le calorimètre, et tout étant ainsi disposé, on commençait les opérations.

Elles se divisent en trois phases :

I. On observe pendant dix minutes le réchauffement qu'éprouve le calorimètre sous l'action des causes perturbatrices extérieures; ces causes sont :

1° Le réchauffement par l'air ambiant. Il est proportionnel à la différence $t_0 - \theta_0$ de l'air et du calorimètre; il est égal à $A\,(t_0 - \theta_0)$.

2° Le rayonnement des écrans.

3° La conductibilité du tube de jonction C.

Ces deux dernières causes sont constantes, car la différence de température entre le bain d'huile et le calorimètre est très-grande et sensiblement invariable. En réunissant les deux effets en un seul, appelons K le réchauffement qu'ils produisent en une minute.

Soit $\Delta\theta_0$ le dixième de la variation de température observée pendant les dix minutes, c'est-à-dire le réchauffement que le calorimètre éprouve pendant une minute, on a :

$$(1) \qquad \Delta\theta_0 = A\,(t_0 - \theta_0) + K.$$

t_0 et θ_0 sont les températures moyennes de l'air et du calorimètre pendant la durée de l'observation.

II. A la fin de la dixième minute, on fait passer le gaz dans l'appareil ; la température du calorimètre varie par la chaleur communiquée par le gaz et l'action des causes perturbatrices, effet qu'il faut calculer et retrancher du résultat total. Pour cela on observe de minute en minute les températures moyennes t, t', t''... de l'air, et θ, θ', θ''... du calorimètre. D'après cela, les réchauffements perturbateurs sont pendant chaque minute

$$\Delta\theta = A\,(t - \theta) + K.$$
$$\Delta\theta' = A\,(t' - \theta') + K.$$

. . . .

Quand l'action a été suffisamment prolongée, on ferme le robinet d'écoulement, et l'on continue pendant trois minutes à observer le calorimètre, pour être bien assuré qu'il a absorbé toute la chaleur du gaz. Alors, en faisant la somme de toutes les valeurs de $\Delta\theta$, on a :

$$\Delta\theta + \Delta\theta' + \ldots = $$
$$= A\,(t + t' + t'' \ldots - \theta - \theta' - \theta'' \ldots) + nK = r\ (2).$$

Cette somme r est le réchauffement total que les actions perturbatrices ont fait subir au calorimètre pendant les n minutes qu'a duré l'observation. Il faudra la retrancher de la température finale observée θ^n pour avoir celle que le calorimètre aurait prise s'il n'avait reçu que la chaleur cédée par le gaz.

III. — Le gaz cessant d'arriver dans l'appareil, le calorimètre recommence à n'être plus soumis qu'aux actions pertubatrices, et les variations de température ne sont dues qu'à cette cause. On observe encore pendant dix minutes, t_1 et θ_1 étant les températures de l'air et du calorimètre pendant ce temps, et $\Delta\theta$ le dixième du réchauffement observé, on a :

$$\Delta\theta_1 = A(t_1 - \theta_1) + K. \qquad (3)$$

Les équations (1) et (3) permettant de calculer les valeurs A et K, on a, en les introduisant dans l'équation (2), la valeur de r, et la chaleur spécifique x du gaz sera obtenue par l'équation suivante, qui indique qu'il y a égalité entre la chaleur perdue par le gaz dans le calorimètre et le réchauffement de celui-ci par cette cause :

$$Px\left[T - \left(\frac{\theta + \theta_n}{2}\right)\right] = p\,[(\theta_n - r) - \theta].$$

P est le poids du gaz, T la température moyenne du bain d'huile, θ et θ_n les températures du calorimètre au commencement et à la fin de la seconde période, $\theta_n - r$ cette dernière diminuée de l'effet des actions pertubatrices, p le poids total du calorimètre en eau.

Cas particuliers. — Pour opérer à des pressions plus grandes que celles de l'atmosphère, il suffisait de supprimer la diminution de la section du tube en t et de terminer le tube e par un étranglement, enfin de remplacer le manomètre à eau MM' par un manomètre à mercure. Le gaz conservait dans l'intérieur de l'appareil une pression intermédiaire entre celle qu'il avait dans V et celle de l'atmosphère.

Nous n'entrerons pas dans plus de détails sur les méthodes d'expérimentation employées par l'habile physicien dont nous analysons le travail. C'est dans son savant mémoire qu'il faudra lire la description des précautions prises dans chaque cas particulier, les soins apportés à la préparation de chaque gaz notamment, voir les résultats des séries d'expériences dont sont déduites les valeurs moyennes adoptées après discussion ; en un mot, c'est dans le travail original qu'il faut chercher un modèle parfait d'expérimentation physique qui ne le cède en rien aux travaux si justement célèbres du même savant.

Nous dirons seulement un mot de la méthode qu'il a employée pour déterminer la chaleur spécifique des gaz qui attaquent le laiton, ce qui rend impossible l'emploi des appareils précédemment décrits, et surtout du réservoir à gaz, car les autres parties de l'appareil se remplaçaient aisément par des serpentins en platine.

Le réservoir à gaz étant supprimé, la régularité des pressions n'étant plus obtenue, on ne pouvait plus opérer tout à fait comme il vient d'être dit; mais la multiplicité des observations permettait de traiter chaque expérience comme formée d'une somme d'écoulements à pression constante. Nous allons dire comment on a opéré dans ce cas, c'est-à-dire lorsqu'on faisait passer directement les gaz de l'appareil chimique où ils prenaient naissance dans le serpentin au bain d'huile, par suite en n'ayant plus des courants gazeux de vitesse constante. L'expérience répétée avec l'air a prouvé qu'on pouvait arriver à un résultat exact avec une vitesse variable, en admettant que, pendant chaque minute, la quantité de gaz qui traversait l'appareil était proportionnelle à l'élévation de température que l'on avait observée pendant cette minute sur le thermomètre du calorimètre, et que le nombre de degrés dont ce gaz s'était refroidi était représenté par la différence qui existe entre la moyenne des températures du bain d'huile, au commencement et à la fin de cette minute, et la moyenne des températures indiquées, aux mêmes instants, par le thermomètre du calorimètre. On faisait donc la somme des produits des élévations de température du calorimètre, pendant chaque minute, par les différences correspondantes entre les températures du bain d'huile et celles du calorimètre. On divisait cette somme par l'élévation totale de température que le calorimètre avait subie pendant l'écoulement; le quotient était considéré comme représentant l'abaissement moyen de température que la totalité du gaz avait subi pendant son passage dans le calorimètre.

La vérification trouvée pour l'air, avec des vitesses de courant très-différentes, a montré que cette méthode pouvait donner de bons résultats dans son application au gaz sulfureux, au chlore, etc., et aux vapeurs de toute sorte auxquelles elle s'applique également. Elle est évidemment d'une pratique plus délicate et peut plus difficilement fournir le même degré de précision que celle précédemment décrite.

RÉSULTATS DES EXPÉRIENCES.

1° *Chaleurs spécifiques des principaux gaz.* — Nous rapportons dans le tableau suivant les chiffres déterminés, en opérant ainsi qu'il vient d'être dit.

CHALEURS SPÉCIFIQUES DES GAZ RAPPORTÉES A L'EAU.

Gaz simples.

Air	0,23741
Oxygène	0,21751
Hydrogène	3,4090
Azote	0,24380
Chlore	0,12099

2° *Influence de la pression.* — La chaleur spécifique des gaz est indépendante de leur pression. Nous en donnerons pour preuve les chiffres suivants qui se rapportent à deux séries d'expériences distinctes dans lesquelles on ne s'est point attaché à faire disparaître les causes d'erreur, mais seulement à les rendre constantes; c'est pourquoi ils diffèrent sensiblement de ceux rapportés plus haut.

Air.

Pression.	Capacité.
de 5674mm à 4091	0,22546
760	0,26616
3000	0,23236
860	0,23204

De semblables expériences faites avec l'hydrogène et l'acide carbonique, gaz dont la compression ne suit pas la loi de Mariotte, conduisent à des résultats semblables.

« La loi que je viens d'énoncer, dit M. Regnault (*que la chaleur spécifique des gaz permanents ne dépend que de leur poids et est indépendante du volume qu'ils occupent*), est remarquable, parce qu'elle démontre que la capacité calorifique des gaz dépend principalement des particules matérielles qui les composent, et qu'elle est indépendante de la distance plus ou moins grande qui les sépare. On explique ainsi la constance que nous avons reconnue à la capacité calorifique des gaz qui suivent sensiblement la loi de Mariotte; mais on se rend compte difficilement de l'accroissement rapide que subit la chaleur spécifique de l'acide carbonique, avec la température, voir 4°. Il faut admettre que ce gaz subit, dans la position relative de ses particules, des changements successifs qui absorbent des qualités notables de chaleur, sans déterminer des accroissements correspondants de volume. »

3° *Influence de la température.* — En faisant arriver les gaz dans le calorimètre, après les avoir refroidis ou réchauffés dans un serpentin entouré soit d'un mélange réfrigérant, soit d'un bain d'huile, M. Regnault a obtenu les nombres suivants pour l'air :

Température.	Chaleur spécifique.
De — 30° à + 10°.	0,23771
De — 0° à + 100°.	0,23741
De — 0° à + 200°.	0,23751

c'est-à-dire que l'influence de la température est nulle. Nous verrons que cette conclusion n'est pas vraie pour la plupart des gaz composés et les vapeurs.

4° *Relations entre les chaleurs spécifiques des fluides élastiques et leurs densités ou leurs poids atomiques.* — Delaroche et Bérard avaient annoncé que les capacités des gaz simples, à volume égal, étaient les mêmes. C'est ce que confirment les expériences de M. Regnault, pour l'oxygène, l'hydrogène et l'azote, mais non pour le chlore et le brome. Cela ressort bien du tableau ci-après :

GAZ SIMPLES.

	CHALEUR SPÉCIFIQUE		
	à poids égal C.	à volume égal *Cd*.	atomique *mC*.
Oxygène....	0.21751	0.24049	21.75
Azote......	0.24380	0.23680	20.33
Hydrogène..	3.40900	0.23590	21.32
Chlore......	0.12099	0.29645	26.80
Brome......	0.05552	0.30400	27.6

M. Regnault, en discutant les résultats de ce genre, obtenus pour les divers gaz composés, fait observer qu'il a été forcé d'admettre pour plusieurs corps les *densités théoriques*, telles qu'on les déduit de considérations chimiques et des équivalents adoptés pour ces corps; et c'est à l'aide de ces densités théoriques qu'il a transformé les chaleurs spécifiques en poids, trouvées expérimentalement, en chaleurs spécifiques pour le volume. « Il est impossible, ajoute-t-il, que les densités réelles, dans les conditions où nous avons expérimenté, soient très-différentes de ces densités théoriques; mais il est probable, d'après ce que nous savons jusqu'ici sur les fluides élastiques qui s'écartent beaucoup de la loi de Mariotte, que les densités réelles sont plus fortes que les densités théoriques, et alors les anomalies que nous constatons dans les chaleurs spécifiques du chlore et du brome gazeux, par rapport à celles des gaz permanents, hydrogène, azote et oxygène, seraient plus considérables encore que nous ne l'avons indiqué. »

Si l'on remarque que le chlore si facilement liquéfiable et surtout le brome, sont de véritables vapeurs, entre les molécules desquelles, aux températures peu élevées de l'expérience, persistent les actions d'attraction, on devra conclure des nombres qui précèdent l'exactitude de la loi : *que le chaleurs spécifiques des gaz simples, rapportés aux mêmes volumes, sont identiques*, ou ce qui revient au même, l'équivalent ou le poids atomique des gaz étant proportionnel au poids de l'unité de volume, que le *produit de la chaleur spécifique par le poids atomique est une quantité constante.* C'est la célèbre loi de Dulong et Petit, à laquelle sont arrivés ces savants par des recherches expérimentales sur les corps solides, loi d'une grande importance, sur laquelle il importe d'insister.

Loi de Dulong et Petit. — Voyons d'abord comment cette loi s'accorde avec la conception des corps gazeux, donnée à l'article GAZ ; quelles conséquences on en peut tirer.

Nous avons trouvé pour la valeur de la force vive totale d'un gaz pour le volume v : $3pv = \frac{nmG^2}{2}$ à la température t et à la pression p.

A la température $t + 1$, le volume devenant $v(1 + \alpha)$, α étant le coefficient de dilation des gaz, on aura de même

$$3pv(1+\alpha), \alpha = \frac{nmG_1^2}{2}.$$

Or la différence des deux forces vives, pour l'unité de poids, est de $\frac{c}{A}$, la chaleur spécifique (convertie en travail pour être homogène avec pv), multipliée par l'équivalent mécanique de la chaleur $\frac{1}{A}$; par suite on a

$$3pv\alpha = \frac{c}{A},$$

V étant le volume de l'unité de poids ou Vd étant égal à l'unité $V = \frac{1}{d}$, d étant le poids du mètre cube; on a donc pour tout gaz :

$$3Ap\alpha = cd = mc = \text{constante}.$$

C'est-à-dire la loi de Dulong qui se trouve une conséquence nécessaire de la manière de comprendre la constitution des corps gazeux tels que les gaz simples parfaits, pour lesquels l'action intérieure est nécessairement nulle.

Valeur de $\frac{1}{A}$, de l'équivalent mécanique de la chaleur. — La relation $3Ap\alpha = cd = 30990\ A\alpha$ pour la pression 0,760, nous donne, au moyen des déterminations les plus précises de la physique expérimentale, la valeur de $\frac{1}{A}$, de l'équivalent mécanique de la chaleur, qu'on n'a pu obtenir qu'imparfaitement jusqu'ici par des expériences complexes.

C'est un résultat bien curieux, à la réalité duquel il nous coûtait de croire, en présence de tous les efforts faits dans tant de voies différentes par nombre de savants, mais qui est cependant parfaitement exact. Voyons les valeurs auxquelles conduisent les gaz simples.

POIDS du mètre cube.	NOMS DES GAZ.	CHALEUR SPÉCIFIQUE du kilogramme.	VALEUR de α.	VALEUR de cd.	VALEUR de mc.
1k.2931	Air.	0.23741	0.003665	0.30697	
1 .4298	Oxygène.	0.21751	0.003665	0.31099	21.751
1 .2561	Azote.	0.24380	0.003668	0.30623	21.570
0 .0895	Hydrogène.	3.40900	0.003667	0.30510	21.300
			Moyenne.	0.30733	

On voit combien ces valeurs sont concordantes. En prenant les valeurs moyennes pour tenir compte de variations minimes, on arrive avec une très-grande précision à la relation

$$0,30733 = 0,30990 \times 366,6 \times A.$$

CHALEURS SPÉCIFIQUES.

$\frac{1}{A}$ est très-voisin de 366,6, le coefficient de la dilatation du gaz étant 0,366 pour 100. La valeur exacte que fournit l'équation est $\frac{1}{A} = 366,6 \times 1,0083 = 369,61$.

C'est cette valeur $\left(\frac{1}{A} = 370\right)$ que nous avons adoptée dans cet ouvrage et que nous justifierons encore par les expériences directes que nous rapporterons à l'article ÉQUIVALENT MÉCANIQUE DE LA CHALEUR.

Inversement A étant connu, la valeur de c s'en déduit; ainsi pour la vapeur d'eau pour laquelle $d = 0,620$, (densité théorique), ce qui donne $c = 0,49$, valeur approchée comme nous le verrons plus loin, et qui ne peut être exacte pour les températures des expériences, puisqu'il faut admettre que le coefficient de dilatation est celui des gaz parfaits, qui obéissent exactement à la loi de Mariotte, ce qui ne saurait être le cas de la vapeur d'eau, dans le voisinage du point d'ébullition.

II. CHALEURS SPÉCIFIQUES DES SOLIDES.

La méthode des mélanges s'applique très-simplement à la détermination de la chaleur spécifique des corps solides; toutefois, pour avoir des résultats précis, il faut opérer dans des conditions particulières.

Les principales se rapportent : 1° Au moyen de chauffer le corps dont on veut déterminer la chaleur spécifique à une température bien déterminée, ce qui n'a vraiment lieu que si celle-ci est fixe : la vapeur d'eau arrivant, par un large orifice, dans une étuve où le corps est placé, fournit le meilleur moyen de la chauffer à la température de 100°; 2° A l'observation de la variation de température de l'eau renfermée dans un vase dans lequel on plonge le corps chaud, ce qui exige que l'on agite le corps pour que la chaleur soit rapidement communiquée à l'eau, puis que l'on observe la loi de refroidissement du système pendant quelques instants postérieurs au moment de l'observation, afin de déterminer par un calcul la perte de chaleur du calorimètre par rayonnement.

Loi de Dulong et Petit. C'est en opérant sur les solides que Dulong et Petit ont découvert la loi si remarquable de la constance du produit de la chaleur spécifique par le poids atomique, que nous avons reconnu théoriquement vraie pour les gaz simples. De nombreuses expériences ont été faites pour établir la vérité et le degré d'exactitude de cette loi, non-seulement pour les corps simples, mais encore pour les corps composés, et alors le produit se rapproche, comme on va le voir par les tableaux ci-après, de la proportionnalité avec le nombre des atomes. Rigoureusement la règle constatée par les recherches de Newman et de M. Regnault, pour vérifier et étudier la loi de Dulong, se formule ainsi :

Dans tous les corps composés, de même composition atomique et de constitution chimique semblable, les chaleurs spécifiques sont en raison inverse des poids atomiques.

Le tableau ci-après renferme les principaux résultats obtenus expérimentalement par M. Regnault.

Noms des substances.	Capacités.	Poids atomiques. L'atome d'oxygène étant 100.	Produit.
Fer	0,11379	339,21	38,597
Zinc	0,09555	403,23	38,526
Cuivre	0,09515	395,70	37,849
Cadmium	0,05669	696,77	39,502
Argent	0,05701	675,80	38,527
Arsenic	0,08140	470,04	38,261
Plomb	0,03140	1294,50	40,647
Bismuth	0,03084	1330,37	45,034
Antimoine	0,05077	806,45	40,944
Étain des Indes	0,05623	735,29	41,345
Nickel	0,10863	369,68	40,160
Cobalt	0,10696	368,99	39,468
Platine laminé	0,03243	1233,50	39,998
Palladium	0,05927	665,90	39,468
Or	0,03244	1243,01	40,328
Soufre	0,20259	201,17	40,754
Phosphore (pas très-pur)	0,1887	196,14	37,024
Sélénium	0,0837	494,58	41,403
Tellure	0,05155	801,76	41,549
Iode	0,05412	789,75	42,703
Mercure	0,03332	1265,82	42,149
OXYDES RO.			
Protoxyde de plomb en poudre	0,05118	1394,5	71,34
—fondu	0,05089	1394,5	70,94
Oxyde de mercure	0,05179	1365,8	70,74
Protoxyde de manganèse	0,15701	445,9	70,01
Oxyde de cuivre	0,14201	495,7	70,39
—de nickel	0,16234	469,6	76,21
—calciné	0,15885	469,6	74,60
Magnésie	0,24394	258,4	63,03
Oxyde de zinc	0,12480	503,20	62,77
OXYDES R^2O^3.			
Peroxyde de fer (fer oligiste)	0,16695	978,4	163,35
Colcothar peu calciné	0,17569	978,4	171,90
—calciné deux fois	0,17467	978,4	168
—fortement calciné une 2me fois	0,16814	978,4	164,44
Acide arsénieux	0,12786	1240,1	158,56
Oxyde de chrome	0,17960	1003,6	180,04
—de bismuth	0,06053	2960,7	179,22
—d'antimoine	0,09009	1912,9	172,34
Alumine (corindon)	0,19762	642,4	126,87
—(saphir)	0,21732	642,4	139,64
OXYDES RO^2.			
Acide stannique	0,09326	935,3	87,23
—titanique (artific.)	0,17164	503,7	86,45
— — (rutile)	0,17032	503,7	85,79
—antimonieux	0,09535	1006,5	95,92
SULFURES RS.			
Proto-sulfure de fer	0,13570	540,4	73,33
Sulfure de nickel	0,12813	570,8	73,15
—de cobalt	0,12512	570,0	71,34
—de zinc	0,12303	604,4	74,35
—de plomb	0,05086	1495,6	76,00
—de mercure	0,05117	1467,0	75,06
Proto-sulf. d'étain	0,08365	936,5	78,31
SULFURES R^2S^3.			
Sulf. d'antimoine	0,08403	2216,4	186,21
—de bismuth	0,06002	3264,2	195,90
CHLORURES R^2Cl^3.			
Chlorure de sodium	0,21401	733,5	156,97
—de potassium	0,17295	932,5	161,19
—de mercure	0,05205	2974,2	154,8
—de cuivre	0,13827	1234,0	156,83
—d'argent	0,09109	1794	163,42
CHLORURES RCl^2.			
Chlorure de barium	0,08957	1299	116,41
—de strontium	0,11990	989,9	118,70
—de calcium	0,16420	698,6	114,72

Noms des substances.	Capacités.	Poids atomiques. L'atome d'oxygène étant 100.	Produit.
Chl. de magnésium	0,19460	604,0	118,54
—de plomb. . . .	0,06641	1737,1	115,35
—de mercure. . .	0,06889	1708,4	117,68
—de zinc.	0,13618	845,8	115,21
—d'étain	0,10161	1177,9	119,59
NITRATES $Az^2O^5 + R^2O$.			
Nitrate de potasse .	0,23875	1266,9	302,49
—de soude	0,27821	1067,9	297,13
—d'argent	0,14352	2128,6	305,55
SULFATES $SO^3 + RO$.			
Sulfate de baryte. .	0,11285	1458,1	164,54
—de strontiane . .	0,14279	1148,5	164,01
—de plomb. . . .	0,08723	1895,7	165,39
—de chaux. . . .	0,19656	857,2	168,49
—de magnésie. . .	0,22159	759,5	168,30
CARBONATES $CO^2 + R^2O$.			
Carbon. de potasse.	0,21623	865,0	187,04
—de soude	0,27275	666,0	181,65
CARBONATES $CO^2 + RO$.			
Carbonate de chaux (spath d'Irlande)	0,20858	631,0	131,61
—(arragonite). . .	0,20850	631,0	131,56
Marbre saccharoïde blanc.	0,21585	631,0	136,20
—gris.	0,20989	631,0	132,45
Craie blanche . . .	0,21485	631,0	135,57
Carbon. de baryte.	0,11038	1231,9	135,99
—de strontiane . .	0,14483	922,3	133,58
—de fer	0,19345	714,2	138,16
—de plomb	0,08596	1669,5	143,55
Dolomie.	0,21743	582,2	126,59

Les résultats des expériences montrent que la loi de Dulong, appliquée aux corps solides, n'est pas très-approchée, et de plus que le produit mc est plus grand pour les solides que pour les gaz. Or il n'est pas compréhensible que le mode de constitution des solides, la nature pendulaire des vibrations calorifiques de leurs molécules, qui doit les faire assimiler à une lame vibrante, augmente les amplitudes, les forces vives des vibrations. Le contraire paraît résulter bien plutôt de l'adhérence des molécules, qui contribue à propager le mouvement de proche en proche.

Il y a en effet à tenir compte d'un élément important: c'est que la quantité de chaleur qui donne l'expérience n'est pas seulement celle qui correspond à l'échauffement du solide de 1°; mais encore la chaleur équivalente à un travail intérieur de séparation des molécules des corps, manifestée par leur dilatation, effet produit malgré la grandeur des forces qui les réunissent.

Insistons sur ce point, qui seul peut permettre d'expliquer des anomalies autrement incompréhensibles, et dont la théorie mécanique de la chaleur pouvait seule rendre compte.

La chaleur communiquée à un solide détruit un travail intérieur. Nous avons vu à SOLIDES que la constitution dynamique d'un solide pouvait être représentée par

$$-A\Lambda + \Sigma \frac{mS^2}{2} \quad \text{ou} \quad \Sigma m\left(\frac{S^2}{2} - A\lambda\right),$$

car la cohésion moléculaire est évidemment fonction de la masse de l'atôme élémentaire, observation importante en ce qu'elle explique comment la loi de Dulong s'applique manifestement aux solides, comme nous allons le voir, seulement avec une plus grande valeur du produit mc.

La quantité de chaleur $A\Lambda$, dégagée lors de la solidification du solide, lui est en partie restituée lorsqu'on échauffe le corps, ce que prouvent les dilatations, c'est à-dire les accroissements de volume produits malgré les forces de cohésion. Ainsi donc, et en tenant compte des signes contraires des deux termes qui représentent l'état dynamique du solide, la force vive calorifique et le travail résistant moléculaire qui diminue à mesure que la force vive augmente, la somme algébrique des variations des deux termes correspondra à la chaleur spécifique. On aura, pour un échauffement de t^0, une consommation de chaleur égale à ct, et par suite

$$ct = -A\Lambda_t + A\Lambda_0 + \Sigma \frac{mS^2_t}{2} - \Sigma \frac{mS_0^2}{2}.$$

Les deux derniers termes répondant à la variation des forces vives, à la chaleur proprement dite; les deux premiers au travail mécanique intérieur qui accompagne nécessairement l'échauffement et qui entraîne la consommation d'une quantité déterminée de chaleur.

M. Regnault, bien avant qu'on ne parlât de la théorie mécanique de la chaleur, avait reconnu, en cherchant à analyser ses nombreuses expériences sur les chaleurs spécifiques, ce double effet. « La capacité calorifique des corps, dit-il, se compose de leur capacité calorifique proprement dite et de la chaleur que ces corps absorbent à l'état de chaleur latente en augmentant de volume. Le résultat donné par l'expérience est donc un résultat complexe, dans lequel, heureusement, la chaleur spécifique domine assez pour que la loi élémentaire ne soit pas complétement violée. »

Nous pouvons vérifier dans deux cas la vérité de ces prémisses : 1° Quand la cohésion du corps varie par l'effet du changement de température; 2° Quand elle varie par suite d'actions mécaniques auxquelles il a été soumis, suivant qu'il est à l'état cristallin, amorphe, etc.

1° *Températures.* L'élévation de température diminue l'action des forces d'attraction moléculaire, par suite de l'accroissement de distance des molécules que montre l'augmentation de volume, la dilatation du corps. Elle permet par suite à la chaleur de produire de plus grands effets, pour une même variation de température; aux vibrations calorifiques d'acquérir de plus grandes amplitudes; en d'autres termes, les chaleurs spécifiques des solides doivent croître avec les températures. C'est ce que l'expérience montre clairement.

M. Pouillet, en chauffant le platine à des températures croissantes, a trouvé les nombres suivants :

Températures.	Capacités moyennes.
100°	0,03350
300	0,03434
500	0,03518
700	0,03602
1000	0,03728
1200	0,03818

Voici une autre série d'expériences s'appliquant à des corps différents. Elle est due à Dulong et Petit, et a été exécutée, comme la précédente, par la méthode des mélanges :

Noms des substances.	Capacités moyennes entre 0 et 100°.	Capacités moyennes entre 0 et 300°.
Platine.	0,0335	0,0335
Antimoine. . . .	0,0507	0,0547
Argent.	0,0557	0,0611
Zinc.	0,0927	0,1015
Cuivre.	0,0940	0,1013
Fer	0.1098	0,1218
Verre	0,1770	0,1900

2° *État moléculaire.* La plus grande roideur qui

appartient essentiellement à l'état cristallin, doit faciliter la production des vibrations calorifiques très-rapides, absolument comme cela a lieu pour une lame métallique vibrant acoustiquement. Les chaleurs spécifiques des solides doivent donc diminuer quand leur roideur augmente.

Voici des chiffres qui le démontrent manifestement :

	Chaleur spécifique.	
Cuivre, écroui, cassant	0,0936	0,0933
recuit, malléable. . .	0,0945	0,095
Soufre cristallisé naturel. . . .	0,1776	
fondu récemment. . . .	0,1844	
Carbone cristallisé diamant. . . .	0,1469	
graphite des hauts-fourneaux.	0,1972	
graphite des cornues à gaz.	0,2036	
graphite naturel.	0,2019	
coke.	0,2031	
charbon de bois	0,24	
noir animal.	0,26	

Effets de la cohésion moléculaire. Cherchons à évaluer au moins approximativement la quantité de chaleur, équivalente au travail intérieur, qui accompagne l'accroissement de volume résultant de l'échauffement d'un corps solide, dans quelques cas où cela est possible, pour les métaux par exemple.

En effet la quantité $A_0 - A_t$ est égale à la valeur, en chaleur, du travail des forces de cohésion, au produit de la résultante des forces de cohésion, donnée par le coefficient d'élasticité E, multiplié par l'accroissement de volume Δv. On aura donc :

$$d(A_0 - A_t) = AE\Delta v;$$

car $v = 1$ mètre cube, l'unité, et par suite $AE\Delta v$ se rapporte à d kilogr.

Nous ne connaissons pas Δv, mais seulement la dilatation linéaire δl de la longueur l, et on pose habituellement $\Delta v = 3\delta l$. Cela ne peut avoir lieu quand on emploie le coefficient d'élasticité, parce qu'il se produit un raccourcissement sur les côtés d'un corps qui s'allonge suivant sa longueur, et Wertheim a déduit de ses expériences et de l'analyse de Cauchy, qu'on devait considérer le coefficient de dilatabilité cubique comme égal à celui de dilatabilité linéaire, et par suite écrire, pour un degré, en quantité de chaleur :

$$A(A_0 - A_t) = AE\delta\frac{1}{d} = x.$$

Il y a, on le voit, dans la manière de mettre les effets mécaniques en rapport avec les effets calorifiques, un point obscur dans l'état actuel de la science. Aussi les résultats auxquels on parvient en combinant ainsi divers éléments qui, la plupart, ne peuvent se rapporter à un même état du corps, sont de peu de valeur, et ils offrent de nombreuses discordances qui prouvent que l'on n'est pas en possession de la vérité entière. Quoi qu'il en soit, nous donnerons ici le tableau qui se rapporte aux principaux corps, pour lesquels on peut effectuer le calcul.

CORPS.	DENSITÉ. (Poids du mèt. c.)	VALEUR de E.	DILATATION δ.	CHAL. SPEC.	x.	c-x.
Plomb.....	11445 kil.	1.775.000.000	0.0000286	0.0314	0.012	0.0194
Étain.......	7291	4.172.000.000	0.0000228	0.05691	0.0352	0.0217
Or.........	19258	5.584.000.000	0.0000146	0.03244	0.011	0.021
Argent.....	10474	7.140.000.000	0.000020	0.05705	0.0368	0.0200
Zinc.......	7190	8.734.000.000	0.000029	0.09555	0.095	»
Platine	20336	15.083.000.000	0.00000794	0.03243	0.0155	0.0169
Cuivre.....	8788	10.519.000.000	0.000019	0.09515	0.061	0.034
Fer.......	7788	19.359.458.000	0.0000118	0.11379	0.078	0.0352

Si nous faisons les produits de ces chaleurs spécifiques, par les poids atomiques, nous trouvons les nombres suivants :

CORPS.	POIDS atomique.	PRODUIT mc	PRODUIT mx	PRODUIT $m(c-x)$.
Plomb....	1294	40.647	15.528	25.10
Etain.....	735	41.35	25.87	16.00
Or.......	1243	40.32	13.67	26.09
Argent....	675.8	38.527	25	13.51
Zinc......	403	38.526	38.5	»
Platine....	1233	39.993	19.11	20.88
Cuivre....	395	37.849	24.09	13.75
Fer......	339	38.597	26.44	11.93

Les résultats sont trop irréguliers pour qu'on puisse en tirer une conclusion précise. Toutefois ils permettent d'établir ce principe important que, déduction faite du travail de cohésion des solides, le produit mc, qui se rapporte à l'échauffement proprement dit, à l'accroissement des vibrations calorifiques, n'est pas plus grand pour les corps solides que pour les corps gazeux.

Les chiffres donnés pour le zinc, métal cristallin et roidi par le laminage le plus souvent, ne se rapportent pas à un même état de ce corps; il a sûrement une chaleur spécifique proprement dite, très-faible, comme on l'a déjà trouvé pour le diamant.

Chaleur spécifique à volume constant.

L'évaluation du travail $A_0 - A_t$ n'est autre que celle du travail (ou de la chaleur correspondante), qui serait nécessaire pour ramener le corps à son volume primitif, la quantité qu'il faut soustraire de la chaleur spécifique c, pour avoir la chaleur c_1 consommée par le seul échauffement des molécules, à volume constant. La quantité x que nous avons cherché à calculer, en partant de données malheureusement insuffisantes dans l'état actuel de la science, est égale à $(c - c_1)t$, et la quantité $c - x$ n'est autre chose que la chaleur spécifique c_1, à volume constant, en négligeant la quantité qui se rapporte au soulèvement de l'atmosphère dans lequel le corps est plongé, quantité très-petite pour l'unité de poids, à cause de la faible dilatation et de la grande densité des métaux soumis au calcul ci-dessus.

Relation entre les chaleurs spécifiques des solides et leurs chaleurs latentes.

On peut comparer la somme des quantités de chaleur communiquées à un corps solide jusqu'à ce qu'il atteigne le point de fusion à la quantité de chaleur, mesurée à l'aide de la chaleur spécifique du liquide produit, c'est-à-dire, à l'action de la chaleur sur le corps supposé toujours liquide pour l'amener à cette même température; celle-ci devra être peu différente pour les corps non malléables, dont la cohésion moléculaire varie peu avec la température, de celle mesurée à l'aide de la chaleur spécifique du solide, plus la chaleur latente qui répond à la destruction du travail mécanique emmagasiné dans le corps solide lors de la solidification du corps. En employant pour valeur moyenne de la chaleur spécifique du solide celle déterminée par une expérience faite à une température assez éloignée du point de fusion, de quel degré faut-il partir pour faire la somme de ces quantités de chaleur? La température zéro n'est pas applicable ici; le point de départ varie avec les corps.

Dans l'impossibilité de le déterminer *à priori*, le mieux est de chercher *à posteriori* la valeur qui s'applique à un cas donné. Elle doit convenir également comme approximation, pour tous les corps dont les points de fusion ne diffèrent pas beaucoup et dont les cohésions moléculaires sont peu considérables.

Voici les résultats que nous trouvons dans un mémoire de M. Person, qui a établi cette relation qui existe entre les chaleurs spécifiques des solides et celles des liquides qui proviennent de leur fusion, pour des corps de nature voisine.

Ayant posé l'équation $L = (m + N)(C - c)$, L chaleur latente, N température de fusion, C chaleur spécifique à l'état liquide, c à l'état solide, il a trouvé, par des expériences très-soignées, les résultats ci-après :

Glace. . . $C=1$ $L=79,25$ (d'après M. Desains).
$c=0,504$ $N=0$

La formule devient $m \times 0,496 = 79,25$, d'où l'on tire $m = 159,80$.

Pour ce qui suit, nous admettrons donc la formule

$$(160 + N)(C - c) = L.$$

Les résultats des expériences, comparés à ceux que donne la formule, sont les suivants :

Phosphore . . . . $C=0,2045$ $N=44°$
$c=0,1788$ $L=5^c,034$ la formule donne 5,243.

Soufre . . . . . . $C=0,234$ $N=115°$
$c=0,20259$ $L=9^c,368$ la formule donne 9,350.

Azotate de soude. $C=0,413$ $N=310,5$
$c=0,278$ $L=62^c,975$ la formule donne 63^c.

Azotate de potasse $C=0,33186$ $N=342°$
$c=0,23875$ $L=47^c,37$ la formule donne 46,46.

La relation exprimée par l'équation ci-dessus est donc vérifiée par la constance du nombre *m*, pour les corps considérés; elle ne s'appliquerait pas à tous les corps, aux métaux par exemple.

III. CHALEURS SPÉCIFIQUES DES LIQUIDES.

Les chaleurs spécifiques des liquides sont obtenues par la méthode des mélanges, par des appareils peu différents de ceux employés pour les solides. Le liquide chauffé à température constante, dans un cylindre incliné, est envoyé, au moment convenable, au moyen d'air comprimé, dans le serpentin d'un calorimètre.

Un autre procédé moins précis, mais assez commode dans diverses circonstances, consiste à plonger dans le liquide un corps solide dont la capacité est bien connue et qui est chauffé à une température déterminée, et à mesurer l'échauffement du liquide, par suite de l'apport de cette quantité de chaleur.

Chaleurs spécifiques des liquides. Nous donnons dans le tableau ci-contre les chaleurs spécifiques des principaux liquides. Il montre qu'elles varient peu pour de petits changements de température; il en est autrement si ces variations sont considérables, et surtout si les températures se rapprochent du point de vaporisation des liquides.

NOMS DES SUBSTANCES.	CAPACITÉS		
	de 20 à 15°	de 15 à 10°	de 10 à 5°
Eau distillée	1	1	1
Essence de térébent.	. . . . .	0,4672	
Dissolution de chlorure de calcium. .	0,6462	0,6389	0,6423
Alcool ordinaire n° 1	0,6725	0,6651	0,6588
—plus étendu n° 2	0,8518	0,8429	0,8523
—encore plus ét. n° 3	0,9752	0,9682	0,9770
Acide acétique . . .	0,6589	0,6577	0,6609
Acide acétique cristallisable	0,4618	0,4599	0,4587
Mercure	0,0290	0,0283	0,0282
Térébène.	0,4267	0,4156	0,4154
Essence de citron. .	0,4501	0,4424	0,4489
Pétrolène.	0,4342	0,4325	0,4321
Benzine.	0,3932	0,3865	0,3999
Chlorure de silicium	0,1904	0,1904	0,1914
—de titane.	0,1828	0,1802	0,1810
Proto-chlorure de phosphore.	0,1991	0,1987	0,2017
Sulfure de carbone.	0,2206	0,2183	0,2179
Éther.	0,5157	0,5158	0,5297
Éther oxalique. . .	0,4554	0,4521	0,4629
—iodhydrique . . .	0,1569	0,1556	0,1574
—bromhydrique . .	0,2153	0,2135	0,2164
Esprit de bois. . . .	0,6009	0,5868	0,5901
Chlorure de soufre.	0,2038	0,2024	0,2048

Variations des chaleurs spécifiques des liquides avec la température.

D'une manière générale, la loi théorique, suivant laquelle varie la quantité Q de chaleur qui produit l'échauffement de *t* degrés d'un corps, peut être représentée par une équation de la forme :

$$Q = At + Bt^2 + Ct^3.$$

Cette équation donnera, si on porte le corps de *t* à *t'* degrés :

$$\frac{Q' - Q}{t' - t} = A + \frac{1}{t' - t}[B(t'^2 - t^2) + C(t'^3 - t^3)],$$

la quantité $\frac{Q' - Q}{t' - t}$ représentera la *chaleur spécifique moyenne entre* t *et* t' *degrés.*

En différentiant l'équation, on aura le rapport de la variation de la quantité de chaleur à la variation simultanée de température, ou

$$\frac{dQ}{dt} = A + 2Bt + 3Ct^2.$$

Ce sera la chaleur spécifique élémentaire à *t* degrés.

M. Regnault a fait de nombreuses expériences sur l'eau. Celle-ci était continue dans une chaudière de

300 litres de capacité environ, dans laquelle on exerçait à volonté une pression supérieure ou inférieure à celle de l'atmosphère, en la mettant en communication avec avec un réservoir plein d'air dilaté ou comprimé. On peut ainsi faire bouillir cette eau à des températures constantes, très faibles ou très-élevées. Au moment de l'observation, on en faisait passer un poids facile à déterminer dans un calorimètre dont on mesurait le réchauffement. Les résultats obtenus peuvent être représentés par la formule

$$Q = t + 0{,}00002\,t^2 + 0{,}0000009\,t^3.$$

Conséquemment la chaleur spécifique élémentaire est

$$\frac{dQ}{dt} = 1 + 0{,}00004\,t + 0{,}0000028\,t^2,$$

ce qui conduit aux valeurs suivantes :

t	Q	$\frac{dQ}{dt}$	DIFFÉRENCES par 20°.	PRESSIONS en mil.	DIFFÉRENCES par 20°.
0	0	1.000	12	4m/m.6	12
20	20.10	1.0012	18	17	37
40	40.051	1.0030	26	45	94
60	60.137	1.0056	33	148	106
80	80.282	1.0089	41	245	506
100	100.500	1.0130	47	760	731
120	120.806	1.0177	55	1491	1226
140	141.215	1.0232	62	2717	1934
160	161.741	1.0294	70	4651	2895
180	182.398	1.0364	80	7546	4142
200	203.200	1.0444	83	11688	8232
230	234.708	1.0568		20026	

J'ai joint au tableau des températures et des capacités, l'indication des pressions de la vapeur d'eau aux diverses températures, parce qu'il me paraît que l'accroissement de capacité observé doit surtout être attribué à une augmentation de travail mécanique. Nous avons vu les énormes dilatations trouvées par MM. Thilorier et Drion pour les gaz liquéfiés ; il doit se produire des effets analogues pour un liquide qui se gazéifie lorsqu'on dépasse le point où, d'après la nature du corps, il doit rester liquide. C'est ce qui fait comprendre comment un échauffement de 40°, de 20° à 60, faisant varier la pression de 131mm, et la chaleur spécifique de 44 dix millièmes, un même échauffement de 40°, de 160 à 200°, fait croître la pression de 7037 millimètres, et la chaleur spécifique de 150 dix-millièmes.

M. Regnault faisait la même observation, dans des termes un peu différents, dans un de ses premiers Mémoires sur les chaleurs spécifiques des corps (*Annales de chimie*, 1843).

« Nous voyons, dit-il, que la chaleur spécifique de l'essence de térébenthine croît rapidement avec la température. Un accroissement semblable avait été signalé, par Dulong et Petit, sur quelques métaux ; mais il est beaucoup plus faible pour ces corps, et il ne se manifeste d'une manière sensible que pour de grandes différences de température. Il est probable que l'accroissement de la chaleur spécifique des corps avec la température est en rapport avec l'accroissement que subit leur dilatation dans les mêmes circonstances, et que la plus grande partie, et peut-être la totalité de cet accroissement, doit être attribuée à la chaleur *latente*, absorbée par l'augmentation de la dilatation. »

Pour les corps de nature complexe, de composition multiple et facilement décomposable, il a à tenir compte d'un élément qu'on peut dire *chimique*, sur lequel nous reviendrons ci-après.

CHALEURS SPÉCIFIQUES.

Donnons les observations de M. Regnault sur les chaleurs spécifiques, à diverses températures, de plusieurs liquides, vaporisables à plus basse température que l'eau. Il faisait trois mesures des chaleurs spécifiques : 1° Entre une température très-basse t_1, et la température ambiante θ ; 2° entre θ et le point t_2 d'ébullition du liquide ; 3° entre θ et une température t_3, sensiblement moyenne entre θ et t_2. Les résultats servent à déterminer les coefficients de la formule qui donne la valeur $\frac{dQ}{dt}$, qui fournit les valeurs ci-après :

TEMPÉRATURE.	ESSENCE de térébenthine.	ALCOOL.	SULFURE de carbone.	ÉTHER.	CHLOROFORME.
− 30	»	»	0,23034	0,51126	0,22931
− 20	0,38421	0,505315	»	»	»
− 00	0,41052	0,547541	0,23523	0,52901	0,23235
+ 20	0,43376	0,595062	»	»	»
+ 30	»	»	0,24012	0,54676	0,23539
+ 60	0,47056	0,705987	»	»	0,23843
+ 80	0,484187	0,769381	»	»	»
+ 120	0,501877	»	»	»	»
+ 160	0,506823	»	»	»	»

On voit par ces chiffres que les variations des chaleurs spécifiques croissent rapidement dans le voisinage des points de vaporisation.

Application de la loi de Dulong aux liquides de composition variée.

La grande variabilité des chaleurs spécifiques des liquides avec la température, laisse peu d'espoir, dit M. Regnault, de trouver, entre les chaleurs spécifiques et les poids atomiques, une loi analogue à celle que l'on reconnaît pour les corps simples ou pour les composés solides, même pour les moins compliqués dans leur constitution chimique.

On ne peut opérer que sur un petit nombre de substances qui présentent des compositions chimiques telles qu'on puisse naturellement les comparer, au point de vue des résultats obtenus, lors d'une étude semblable faite sur les corps solides.

Passons en revue les principaux nombres obtenus qui sont comparables.

Le sulfure de carbone CS^2 a la même formule que l'eau H^2O. Le produit du poids atomique par la chaleur est à 0° :

Pour l'eau. 112,5
Pour le sulfure de carbone. . . 111,7

A la température de leur ébullition respective, le même produit est :

Pour l'eau. 113,9
Pour le sulfure de carbone. . . 115,1

Les deux produits sont sensiblement égaux, et on retrouve, pour ces deux liquides, à peu près le produit par atome, voisin du nombre 40, moyenne de ceux trouvés pour les solides, échauffement et travail moléculaire réunis.

Le chlorure de carbone C^2Cl^8 dérive du chloroforme $C^2H^2Cl^6$ par simple substitution ; ces deux substances ont donc des formules chimiques semblables. Le produit de la chaleur spécifique à 0°, par le poids atomique, est :

Pour le chlorure de carbone. . . 380,7
Pour le chloroforme. 346,7

A la température de leur ébullition respective, ce produit est :

Pour le chlorure de carbone. . . 407,8
Pour le chloroforme. 355,9

au lieu de 400 qui répondrait à 10 atomes. La différence est donc assez grande pour l'un d'eux.

Cette différence devient bien plus grande, et la loi de Dulong, pour les chaleurs spécifiques des solides, ne s'applique plus du tout à des liquides d'une composition très-complexe, pour des composés de 20, 30 atomes, groupés suivant des lois inconnues, dont la nature se modifie par la chaleur d'une manière souvent peu perceptible. Telle est l'essence de térébenthine, dont la composition admise aujourd'hui serait de 52 atomes. On comprend facilement que, dans ces cas, la chaleur spécifique sert, pour une très-grande partie, à produire des effets intérieurs dans le petit solide élémentaire complexe, qui constitue la molécule composée comme nous le dirons plus loin. Nous continuons à citer M. Regnault.

L'essence de térébenthine et le pétrolène sont des hydrocarbures isomères qui ne diffèrent que par la densité de leur vapeur, laquelle est deux fois plus grande pour le pétrolène que pour l'essence de térébenthine. Si l'on suppose pour le moment, aux deux substances, la même formule $C^{20}H^{32}$, le produit de la chaleur spécifique par le poids atomique, est à 0° :

Pour l'essence de térébenthine. 698,0
Pour le pétrolène. 709,2

Aux températures d'ébullition :

Pour l'essence de térébenthine. 860,0
Pour le pétrolène. 1137,3

Lorsqu'il s'agit de substances isomorphes, dont les groupements semblables doivent se modifier semblablement, qui sont formés d'éléments doués de propriétés chimiques peu différentes, les écarts sont moindres.

Ainsi l'éther ordinaire $C^4H^{10}O$ est isomorphe avec l'éther sulfhydrique $C^4H^{10}S$; la chaleur spécifique moyenne est :

Pour l'éther ordinaire, entre 6° et 32°. . 0,5403; le produit, par le poids atomique 249,9.

Pour l'éther sulfhydrique, entre 20° et 70°. 0,4785; le produit, par le poids atomique 269,2.

De même, l'éther chlorhydrique $C^4H^{10}Cl^2$ peut être comparé à l'éther iodhydrique $C^4H^{10}I^2$; on a :

Pour l'éther chlorhydrique entre — 28° et + 4°,5. . . . . 0,4276; le produit par le poids atomique 344,5.

Pour l'éther iodhydrique, entre — 18° et + 6°,5. . . . . 0,1597; le produit par le poids atomique 309,9.

Dans ce dernier cas, les chaleurs spécifiques moyennes sont prises entre les mêmes limites de température. Mais on peut aussi les comparer entre des températures également éloignées de leurs points d'ébullition. On a alors :

Pour l'éther chlorhydrique entre — 28° et + 4°,5. 0,4276; le produit par le poids atomique 344,5.

Pour l'éther iodhydrique, entre 32°,0 et 61,5. 0,1694; le produit par le poids atomique 328,7.

La différence entre les deux produits est alors moins considérable.

Pour la liqueur des Hollandais $C^4H^8Cl^4$, entre 22 et 68° . . . . 0,3119; produit par le poids atomique. . . . . 385,6.

Pour l'hydrocarbure de brôme $C^4H^8Br^4$, entre 13° et 106° . . . . 0,1755; produit par le poids atomique. . . . . 409,9.

Si l'on veut comparer les chaleurs spécifiques moyennes de ces deux substances, pour des écarts égaux de leurs points d'ébullition respectifs, les produits des chaleurs spécifiques par les poids atomiques diffèrent davantage l'un de l'autre, que quand on adopte les chaleurs spécifiques moyennes entre les limites de température où elles ont été déterminées directement par l'expérience.

De ces observations, on doit conclure que la loi de Dulong ne se révélerait que si nous avions une connaissance plus complète que celle que nous possédons du mode d'action de la chaleur sur les liquides.

Dans les cas où on retrouve sensiblement le produit $mc = 40$, comme pour les solides, comme pour le sulfure de carbone, le chlorure de soufre, il est naturel de penser que l'effet prédominant est celui éprouvé par le solide élémentaire. En effet, toute combinaison chimique se produit entre les atomes des éléments, engendre un petit solide élémentaire formé par la réunion des atomes, par une force de cohésion. Ceux-ci doivent être assujettis aux mêmes lois que les solides, donner un produit semblable à ceux obtenus dans ce cas, pour la somme des échauffements propres aux molécules et du travail des actions intérieures qui se produisent. De même encore, des groupements complexes assimilables à la cristallisation entre molécules de même nature, dont nous avons vu les effets pour le carbone, doivent fournir des produits beaucoup plus faibles.

En résumé, dans la plupart des cas, nous avons deux chaleurs spécifiques mélangées, celle du solide formée par la réunion des atomes élémentaires, dont la loi doit être celle des solides, et celle des molécules liquides, soumise à une loi différente. Une relation simple ne peut résulter du mélange de ces deux lois.

De la grandeur de la chaleur spécifique des liquides. La chaleur spécifique des liquides est plus grande que celle des solides qui les produisent; ainsi la chaleur spécifique de l'eau étant 1 et donnant $mc = 37,5$, près de 40 comme la plupart des solides, celle la glace, corps solide cristallin, est 0,50 (comme à bien peu près celle de la vapeur d'eau) donnant

$$mc = \frac{112,5}{3} \times 0,50 = \frac{56\ 2}{3} = 18,7,$$

voisine de celle des gaz qui entrent dans sa composition.

Il reste à définir les actions d'ordre mécanique, sans doute, que l'échauffement des liquides produit en même temps que l'accélération des mouvements calorifiques, qui évaluée seule devrait conduire à une valeur de la chaleur spécifique voisine de celle du corps à l'état gazeux, puisqu'il s'agit de molécules libres dans les deux cas.

Si on cherche comment on pourrait arriver à l'évaluation de ces effets, on ne trouve pas, dans l'état actuel de la science, d'éléments suffisants. Nous avons vu qu'on approchait du but pour les solides, à l'aide de la connaissance du coefficient d'élasticité. Il semble que pour les liquides, représentés de même dynamiquement par une expression de la forme,

$$-\ \mathrm{A}\,\mathrm{A}' + \Sigma \frac{m\mathrm{L}^2}{2},$$

on pourrait y parvenir par une expression analogue, puisque nous possédons la valeur de la compressibilité du liquide en atmosphères, dont l'emploi par un raisonnement semblable, nous conduirait comme pour les solides à l'expression

$$\mathrm{A}(\mathrm{A}'_0 - \mathrm{A}'_t) = \mathrm{A}\,10333\,\frac{\delta}{\mathrm{B}}\cdot\frac{1}{d};$$

mais il est facile de voir qu'elle n'est nullement applicable à la dilatation par échauffement.

En effet la puissance qui résiste à la compression d'un liquide est (voy. LIQUIDES) $\frac{V^2}{r}$, la force centrifuge pour la vitesse V et le rayon de courbure r de l'orbite. Si on compare deux variations Δr par compression ou par refroidissement (et dans ce cas seul la vitesse V devient $V - \Delta V$), on a, pour la variation de la force vive dans le premier cas :

$$\frac{V^2}{r - \Delta r} - \frac{V^2}{r} = \frac{V^2 \Delta r}{r(r - \Delta r)},$$

et dans le second :

$$\frac{(V - \Delta V)^2}{r - \Delta r} - \frac{V^2}{r} = \frac{V^2 \Delta r + 2\, V \Delta V + r \Delta V^2}{r(r - \Delta r)}.$$

En prenant la résistance de compressibilité pour celle de la résistance du liquide qui varie de température, on prend donc un nombre trop petit, et les résultats de la formule ci-dessus par laquelle on cherche à utiliser des coefficients de compressibilité peu certains, sont sans valeur. C'est ce que prouvent bien les résultats ci-dessous, auxquels on arrive ainsi.

POIDS de m. c.	CORPS.	COMPRESSIBILITÉ B par atmosphère.	COEFFICIENT δ de dilatation.	CHALEUR spécifique. c	$A(\Lambda_0 - \Lambda_t)$ ou $c - c_1$	CHAL. SPÉC. à vol. const. c_1
Densité. 13596	Mercure... (0°)	0.00000295	0.00018	0.0333	0.125	—
1000	Eau...... (10°)	0.000048	0.00046	1	0.279	0.721
870	Alcool .... (13°)	0.0000904	0.001195	0.67	0.455	0.215
737	Éther..... (14°)	0.00014	0.001647	0.5157	0.445	0.07

IV. CHALEURS SPÉCIFIQUES DES GAZ COMPOSÉS.

L'application de la méthode d'expérimentation décrite plus haut, pour la détermination des chaleurs spécifiques des gaz simples, a été faite par M. Regnault à la mesure des chaleurs spécifiques des gaz composés. Il a obtenu les nombres suivants :

	Chal. spécif.
Acide carbonique	0,20246
Oxyde de carbone........	0,24500
Protoxyde d'azote........	0,3447
Bioxyde d'azote..........	0,23173
Hydrogène protocarboné	0,59295
Hydrogène bi-carboné	0,4040
Acide sulfureux	0,15531
Acide chlorhydrique.......	0,1852
Hydrogène sulfuré........	0,24318
Ammoniaque............	0,50836

Influence de la température. La constance des chaleurs spécifiques vérifiée pour les gaz simples n'existe pas pour les gaz composés; c'est ce que montrent bien les expériences faites sur l'acide carbonique, à des températures très-différentes. M. Regnault a trouvé:

Températures.	Chal. spécif.
De — 30 à + 10°.......	0,18427
De — 10 à + 100°.......	0,20246
De — 10 à + 200°.......	0,21692

Des variations aussi notables, tout à fait analogues à l'accroissement de capacité observé pour les solides pour des augmentations de température, rendent bien évidente la part qui doit être faite à la chaleur spécifique du solide élémentaire, formé par la combinaison des atomes des corps constituants, dont nous avons vu qu'il y avait nécessité de tenir compte en étudiant les effets de la chaleur sur les liquides.

Loi de Dulong. Il résulte encore, des considérations qui précèdent, la conséquence que la constance du produit de la chaleur spécifique par le poids atomique ne saurait avoir la même précision que pour les gaz simples. C'est ce que nous allons voir en examinant en même temps deux autres lois qu'avait cru pouvoir conclure Dulong d'une série de recherches qui n'ont jamais été publiées, savoir :

1° Quand deux gaz simples se combinent sans condensation, le composé qui en résulte possède, à volume égal, la même capacité que les gaz simples.

2° Les gaz composés formés par des gaz simples qui éprouvent une condensation égale en se combinant possèdent, sous le même volume, des chaleurs spécifiques égales entre elles, mais différentes de celles des gaz simples.

La première de ces lois paraît se vérifier, et les gaz étudiés ont sensiblement, à volume égal, la même chaleur spécifique que les gaz simples, mais non la seconde; c'est ce que montrent les tableaux suivants :

POIDS de 1 mèt. cub.	GAZ COMPOSÉS.			PRODUIT par atome.
	Sans condensation.			
kil.		C	Cd	mC
1.347	Bioxyde d'azote, AzO.	0.2317	0.2406	28.75
1.243	Oxyde de carbone, CO	0.2450	0.2370	20.33
1.622	Acide chlorhydrique, H^2Cl^2..........	0.1852	0.2352	24.09
	Gaz formés de 3 volumes condensés en 2.			
		C	Cd	mC
1.977	Acide carbonique, CO^2	0.2169	0.3307	18.87
1.977	Protoxyde d'azote, Az^2O............	0.2262	0.3447	20.89
0.592	Vapeur d'eau, H^2O..	0.4803	0.2989	17.76
2.849	Acide sulfureux, SO^2..	0.1544	0.3424	20.63
1.537	Hydrogène sulfuré, SH^2.............	0.2432	0.2857	17.28
	Sulfure de carbone, SC^2.............	0.1569	0.4122	18.25

Les variations des chaleurs spécifiques sont, on le voit, considérables dans ce second cas, et infirment la seconde loi indiquée.

Chaleurs spécifiques de corps formés par la combinaison d'un corps solide et d'un corps gazeux.

Les corps formés par des éléments dont les chaleurs spécifiques ne nous sont connues que sous deux états différents, les oxydes, les chlorures métalliques par exemple, peuvent faire l'objet d'une comparaison intéressante au point de vue de la manière dont l'élément gazeux satisfait à la loi de Dulong.

Cherchons, par exemple, en raisonnant comme nous l'avons fait pour les corps solides, à déterminer la capacité de l'oxygène ou du chlore, en partant de la connaissance de celles du composé et d'un de ses éléments. Il suffira de considérer une combinaison R^mO^n; en désignant par x la capacité cherchée de l'oxygène, par c la capacité du composé, et par c_1 celle du radical R, on doit avoir :

$$(R^mO^n)\,c = mRc_1 + nOx,$$

relation qui permet de déterminer x. Voici les résultats de semblables calculs pour l'oxygène et le chlore :

COMPOSÉ.	PRODUIT pour oxygène.	COMPOSÉ.	PRODUIT pour chlore.
PbO.......	30.293	AgCl².....	43.188
HgO.......	27.661	Cu²Cl².....	40.566
FeO³.......	28.71	Sn²Cl².....	39.122
Sb²O³.......	30.15	ZnCl².....	38.342
Pb²O³.......	28.90	HgCl².....	37.765
Bt²O³.......	29.72	PbCl².....	37.351

Il est remarquable que les capacités atomiques de l'oxygène et du chlore, ainsi calculées, sont constantes. Elles sont de plus différentes de celles qui appartiennent à ces corps considérés à l'état gazeux, et cela doit être puisqu'ils font ici partie de composés solides. Pour le chlore, gaz facilement solidifiable, donnant des composés fusibles à basse température, le nombre trouvé est exactement celui trouvé pour les capacités atomiques des corps simples solides. Pour l'oxygène, gaz qui n'a pu être liquéfié, donnant des composés pulvérulents, le produit mc est plus voisin de celui obtenu pour les gaz simples.

V. CAPACITÉS DES VAPEURS.

Par la même méthode que celle employée pour les gaz qui attaquent le cuivre, M. Regnault a mesuré la chaleur spécifique des vapeurs. La marche de l'opération était très-régulière quand la distillation se produisait facilement ; dans le cas contraire, il fallait quelques précautions particulières.

On faisait arriver la vapeur dans le bain d'huile, où on la surchauffait jusqu'à T, à 10 ou 15 degrés au-dessus de la température d'ébullition du liquide. Elle passait ensuite dans le calorimètre, où elle perdait :

1° La chaleur qui est nécessaire pour l'élever depuis le point d'ébullition τ jusqu'à T ; 2° sa chaleur latente λ ; 3° la chaleur nécessaire pour l'élever, à l'état liquide, depuis la température θ_n du calorimètre jusqu'à τ. C'était cette somme de pertes que l'on mesurait, et en y ajoutant la chaleur nécessaire pour élever le liquide depuis zéro jusqu'à θ_n qui peut se calculer si l'on connaît la chaleur spécifique de ce liquide, on avait le total Q des chaleurs absorbées par le corps solide quand il passe de l'état liquide à zéro à l'état de vapeur à T degrés.

On recommençait ensuite l'expérience en portant la vapeur à une température T' très-supérieure au point d'ébullition ; on obtenait de même la chaleur Q' correspondante, comprenant tous les éléments indiqués ci-dessus, et la différence entre Q et Q', divisée par T — T', donnait la chaleur spécifique moyenne de la vapeur entre T et T'.

On conçoit que, dans ces expériences, la chaleur abandonnée de T' à T degrés est très-petite, tandis que la chaleur latente est très-considérable. Q' et Q sont donc deux quantités très-grandes, presque égales entre elles ; et par suite, toutes les erreurs des mesures peuvent affecter d'une inexactitude notable leur différence, qui est la seule quantité que l'on veuille conclure. Les déterminations obtenues par cette méthode ne doivent donc pas être considérées comme d'une très-grande précision. A cela s'ajoute l'observation déjà faite.

« Nous avons vu, dit M. Regnault, que la chaleur spécifique du gaz acide carbonique augmente continuellement avec la température dans toute l'étendue de l'échelle thermométrique accessible à nos moyens d'observation, et néanmoins aux températures les plus basses où nous l'ayons observé, ce gaz est encore loin de son point de liquéfaction. Il est très-probable que des variations analogues se présentent pour les vapeurs, et qu'elles sont surtout très-sensibles dans les premiers degrés au-dessus de leur point de liquéfaction. Quelques vapeurs, notamment celle de l'acide acétique, changent encore de densité à plus de 100 degrés au-dessus de leur point d'ébullition ; or il est peu probable que des variations aussi considérables dans la densité des fluides élastiques, ne soient pas accompagnées de variations analogues dans leur capacité calorifique. Mais il est difficile de constater ces variations de capacité par l'expérience, parce qu'on ne connaît qu'un petit nombre de vapeurs que l'on puisse étudier entre des limites de température suffisamment étendues.

« On ne doit donc pas considérer la capacité calorifique d'une vapeur comme un élément constant, et la valeur qui en est donnée par l'expérience doit être regardée comme une moyenne, qui n'est exacte qu'entre les limites de température pour lesquelles on l'a déterminée. »

Nous donnons ici le tableau des déterminations obtenues par M. Regnault.

CORPS.	DENSITÉS du liquide.	DENSITÉS de la vapeur.	VOLUME de 1 kil. de vapeur en litres.	CHALEURS spécifiques à l'état liquide.	CHALEURS spécifiques des vapeurs d'après M. Regnault.
	gr.	gr.	litres.		
Eau.........	1000	0,588	1689	1,000	0,48051
Brome.......	3180	6,00	166	0,1070	0,055518
Alcool.......	815	2,09	478,6	0,652	0,4534
Éther.......	736	3,39	294,97	0,546	0,47966
Protochlor. de phosphore...	1616	6,35	159	0,2092	0,13473
Protochlorure d'arsenic....	2204	8,18	123	0,17604	0,11224
Éther chlorhyd.	921	2,88	423,45	0,4276	0,27376
Sulfure de carbone.......	1293	3,43	292	0,24257	0,15696
Benzine......	850	3,10	325	0,42602	0,3754
Esprit de bois.	798	1,30	769	0,670	0,45802
Éther sulfhydr.	825	4,089	245	0,47853	0,40081
Éther acétique.	907	3,05	327,9	0,52741	0,40082
Acétone......	792	2,62	384,9	0,53022	0,41246
Liqueur des Hollandais......	1280	4,48	221,3	0,318	0,22931
Chlorure de silicium......	1523	5,939	171	0,1904	0,1322

Du travail mécanique extérieur produit par les dilatations. — *Des capacités des gaz à pression constante et à volume constant.*

Dans ce qui précède, nous n'avons pas tenu compte du travail extérieur produit par la dilatation des corps, en surmontant la pression de l'atmosphère. Il est aisé de reconnaître que, pour les solides et les liquides, c'est une quantité tout à fait insignifiante, et que la quantité de chaleur qu'il coûte n'est qu'une bien faible fraction de la chaleur spécifique totale. Ainsi, pour le mercure, le travail exprimé par $10333\,\alpha v_0$ est égal, d'après les valeurs, pour 1°, de $\alpha = 0{,}0001791$ et $v_0 = \frac{1}{d} = 0{,}000073551$, à 0,000136 kilogrammètres, dont l'équivalent calorifique est $\frac{0{,}000136}{370} = 0{,}00000037$, c'est-à-dire $\frac{1}{100{,}000}$ de la chaleur spécifique à pression constante, c'est-à-dire tout à fait négligeable.

Pour les gaz, il est loin d'en être ainsi : la grandeur de la dilatation et la faible densité, le grand volume occupé par l'unité de poids, font que cette quantité de travail est notable, et la chaleur correspondante est une fraction importante de la chaleur spécifique du gaz chauffé sous pression constante, ayant la possibilité de se dilater.

L'équation générale de la quantité de chaleur Q nécessaire pour échauffer un corps soumis à une pression extérieure p, U étant sa force vive atomique, v son volume, A le travail de la cohésion moléculaire, a pour expression la plus générale, d'après ce qui a été dit précédemment, pour l'unité de poids :

$$Q_1 - Q_0 = U_1 - U_0 + A(A_1 - A_0) + A\int_{v_0}^{v_1} p\,dv.$$

Nous venons de voir que, pour les solides et les liquides, ce dernier terme était négligeable, et qu'il n'y avait à tenir compte que du terme $A(A_1 - A_0)$ pour les quantités de chaleur que consomme le corps libre de se dilater et le même corps chauffé à volume constant.

Pour les gaz, au contraire, les actions moléculaires étant nulles, ce terme disparaît de l'équation, et pour un degré, $Q_1 - Q_0 = c$, la chaleur spécifique sous pression; $U_1 - U_0 = c_1$, la chaleur spécifique à volume constant, et l'équation ci-dessus devient :

$$c = c_1 + A\int p\,dv.$$

Or, par suite de l'égale dilatation des gaz,

$$dv = v_0\alpha = \frac{\alpha}{d},$$

d étant la densité, le poids du mètre cube, puisque v_0 est le volume de l'unité de poids, $v_0 d = 1$, on peut donc écrire :

$$c = c_1 + A\frac{P\alpha}{d}.$$

Cette relation simple résulte clairement des principes posés; mais elle peut de plus être démontrée par la célèbre expérience de M. Joule, qui est la preuve directe de la vérité de la théorie dynamique de la chaleur.

Expérience de M. Joule. Ce physicien plaça dans un calorimètre deux récipients en cuivre d'égale capacité, réunis par un tuyau dans lequel se trouvait un robinet. L'un d'eux renfermait de l'air comprimé à 22 atmosphères; l'autre était vide. Tout le système étant à une même température, lorsqu'on vint à mettre les deux récipients en communication, la pression devint de 11 atmosphères dans les deux, et le calorimètre *n'indiqua aucune variation.* Ainsi le gaz, en se détendant dans une capacité inextensible, sans pouvoir produire de travail extérieur, ne se refroidit pas. Au contraire, s'il se rend dans une cloche mobile sur l'eau, on voit la température s'abaisser; il y a consommation de chaleur en même temps que production de travail extérieur.

On doit donc conclure de ces faits que la chaleur propre aux atomes d'un gaz, ce que nous appelons sa chaleur spécifique à volume constant, diffère de sa chaleur spécifique sous pression, de la quantité de chaleur qui correspond au travail qu'il peut alors effectuer.

Si un gaz se refroidit *habituellement* lorsqu'il se dilate, c'est parce qu'il produit *habituellement* du travail; de même que s'il s'échauffe par la compression, c'est parce qu'il consomme du travail.

Ces déductions sont pleinement vérifiées par l'expérience de M. Joule; elles permettent même d'aller plus loin, et de comprendre comment les choses se passent.

En effet M. Regnault, ayant repris l'expérience de M. Joule, en cherchant à augmenter la sensibilité de l'appareil, a reconnu qu'elle était parfaitement exacte, mais aussi comment il se faisait qu'il n'y avait pas de variation de température, malgré les effets intérieurs de détente et de compression qui se produisent dans la masse du gaz, et qui, considérés dans une fraction du volume, au moment de l'ouverture du robinet, produisent un travail intérieur et ne sauraient naître sans variation de température.

En divisant tout le calorimètre, le système total, en deux parties parfaitement symétriques, il a en effet constaté que l'une d'elles s'échauffe exactement de la quantité dont l'autre se refroidit. La détente d'une partie du gaz produit un refroidissement, la compression, le choc contre les parois de l'autre partie, un réchauffement, et les quantités de chaleur sont égales comme les quantités de travail qui leur ont donné naissance, et qui sont en réalité un même phénomène, une transformation de force vive atomique calorifique en travail mécanique.

Des chaleurs spécifiques des gaz déterminées par M. Regnault.

Les considérations précédentes conduisent à se poser une question dont l'importance est évidente : Quelles sont les chaleurs spécifiques déterminées par M. Regnault? Sont-ce les chaleurs spécifiques sous pression ou les chaleurs spécifiques à volume constant? Cette question n'a pas même été posée jusqu'ici, les expériences étant faites dans des vases ouverts, par suite sous la pression de l'atmosphère, on a toujours considéré les nombres trouvés comme appartenant à la chaleur spécifique sous pression constante. Nous sommes arrivés à une conviction tout à fait différente, et croyons qu'il est aisé de prouver que ce sont les chaleurs spécifiques à volume constant qu'il obtient, grâce à la notion plus précise que nous avons des conditions à satisfaire, pour que la production du travail, qui fait partie de la capacité sous pression, ait lieu.

En effet la différence entre les deux chaleurs spécifiques, $c - c_1$, est la valeur, en chaleur, du travail mécanique qui accompagne l'échauffement du gaz, ou $\frac{p\alpha}{d}$. Pour qu'une expérience de mesure de la chaleur spécifique d'un gaz donne celle à pression constante, il faut qu'elle soit disposée de telle sorte que non-seulement les molécules gazeuses perdent de la chaleur dans leur passage à travers un calorimètre, mais encore que celui-ci indique celle qui répond à la détente ou à la compression du gaz qui se produit simultanément.

Dans les expériences dont il s'agit, tout est parfaitement disposé pour que les molécules gazeuses se refroidissent par leur contact avec les parois du calorimètre, ce qui donne la chaleur spécifique à volume constant. Mais le travail mécanique qui accompagne la diminution de volume occasionnée par le refroidissement du gaz, sous la pression constante de l'atmosphère, y est-il transformé en chaleur qui soit transmise au calorimètre? C'est à cela que se réduit la question.

S'il s'agissait d'une masse de gaz en repos, refroidi dans le calorimètre en restant en communication avec l'atmosphère, il est certain que l'on devrait répondre par l'affirmative. Mais en est-il de même pour le gaz en mouvement, ainsi que M. Regnault l'emploie dans ses expériences pour faire passer dans le calorimètre un poids notable de gaz? Nous ne le croyons pas.

Dans l'ancienne manière de raisonner, en considérant les phénomènes au point de vue statique, il semble qu'il n'y a pas même à se poser la question. Puisque le gaz débouche dans l'atmosphère, il est soumis à la pression de celle-ci, donc il semble que la capacité mesurée est celle du gaz à pression constante.

Mais aujourd'hui que l'on sait qu'il faut considérer les phénomènes de la chaleur comme des phénomènes dynamiques, cette manière de raisonner n'est plus suffisante; il importe de considérer comment et où se produit le travail mécanique producteur de la chaleur.

Quand de la vapeur se détend en poussant le piston d'une machine, on sait qu'elle se refroidit en proportion du travail produit, de la chaleur qui se convertit en travail. Si l'on cherche à analyser comment cet effet se produit, on arrive avec certitude, grâce à la conception de la nature vibratoire de la chaleur et à celle de la constitution des gaz, à concevoir que les molécules de la vapeur en vibration, qui rebondissent avec toute leur vitesse sur les parois fixes du cylindre, ne peuvent rebondir sur le piston en mouvement qu'avec leur vitesse diminuée de celle du piston, par suite avec une vitesse de vibration moindre, une température moins élevée.

Puisque dans la machine à vapeur c'est sur la face inférieure du piston que se produit du froid lorsque le gaz se détend; que s'y produit de la chaleur lorsque le gaz est comprimé par travail mécanique; on arrive nécessairement à cette conséquence, que si la couche de gaz qui vient frapper la face inférieure du piston cessait, aussitôt produite cette action qui cause le refroidissement ou l'échauffement, d'être en communication avec le reste de la masse gazeuse, la température de celle-ci ne changerait pas, la communication de proche en proche de la variation de température n'ayant pas lieu.

Or tel est évidemment le cas des expériences faites en laissant sortir le gaz dans l'atmosphère. Celle-ci représente le piston à la surface duquel se produit la variation qui devrait se communiquer de proche en proche au gaz situé en arrière de l'orifice de sortie pour venir agir sur le calorimètre, mais qui, dans l'appareil dont il s'agit, ne se produit que sur une quantité de gaz qui ne peut rentrer dans celui-ci à cause de l'entraînement général. Ce piston idéal s'éloigne moins vite en chaque instant qu'il ne le ferait sans le refroidissement produit par le calorimètre (plus vite lorsqu'on dispose l'expérience de manière que le gaz refroidi s'échauffe dans le calorimètre); mais aucun effet calorifique, dû à la compression ou à la dilatation relative qui a lieu, ne peut se faire sentir dans celui-ci, parce qu'il n'y rentre aucune partie du gaz sur lequel se produit l'action mécanique. La pression, la vitesse du courant reste parfaitement constante dans l'appareil, par suite la quantité de chaleur mesurée ne comprend aucun travail mécanique extérieur; elle répond à la chaleur spécifique à volume constant.

Nous trouverons une confirmation de cette manière de voir dans la conformité de la valeur de l'ÉQUIVALENT MÉCANIQUE, à laquelle nous conduira l'expérience, avec la valeur théorique, à laquelle nous sommes parvenus; et à l'exagération du nombre auquel on arriverait, relativement aux expériences connues, si on n'admettait le principe posé ci-dessus.

Donnons, d'après ce qui précède, le tableau des deux chaleurs spécifiques des gaz :

GAZ.	POIDS du mètre cube.	EXPÉRIENCES de M. Regnault. c_1	c.	$\frac{c}{c_1}$
GAZ SIMPLES.	kil.			
Oxygène	1.43	0.2182	0.2896	1.33
Azote	1.264	0.2440	0.326	1.33
Air	1.293	0.237	0.317	1.33
Hydrogène	0.089	3.409	4.55	1.33
Chlore	3.172	0.1209	0.1529	1.26
GAZ COMPOSÉS.				
CO Oxyde de carbone	1.243	0.2479	0.3299	1.33
CO^2 Acide carbonique	1.977	0.21692	0.2687	1.238
H^2Cl^2 Acide chlorhydrique	1.622	0.1845	0.2475	1.34
SO^2 Acide sulfureux	2.849	0.1553	0.195	1.256
Az^2O Protoxyde d'azote	1.977	0.2238	0.2763	1.23
AzO Bioxyde d'azote	1.347	0.23140	0.2996	1.29
H^2S Hydrogène sulfuré	1.547	0.24318	0.3091	1.27
AzH^3 Ammoniaque	0.776	0.50836	0.64036	1.259

L'égalité du rapport des deux capacités pour les gaz simples, et sa valeur 1,33, résultent du mode de calcul adopté pour c_1 et $c - c_1$, comme il est facile de le vérifier.

Pour les gaz dont le coefficient de dilatation n'est pas connu exactement, on a une valeur très-approchée en admettant le coefficient 0,00366, qui est au moins très voisin du nombre réel. Il n'en est pas de même pour les vapeurs saturées, dans le voisinage du point d'ébullition, dont les coefficients de dilatation ne sont pas connus et sont sûrement très-différents de celui des gaz permanents, tant qu'on ne les considère pas à des températures très-élevées, à des distances très-grandes de leur température de formation. Les gaz sont des vapeurs que nous étudions dans de pareilles conditions.

CHARPENTE. La charpenterie a pour objet le travail des bois de fort équarrissage, destinés: 1° aux constructions civiles, où ils sont employés soit d'une manière permanente pour former des éléments essentiels des bâtiments, tels que les planchers, les escaliers, les combles, et quelquefois des édifices complets, soit d'une manière provisoire pour aider à l'exécution de gros ouvrages ou à leur restauration, sous forme d'échafaudages, d'étais ou de cintres; 2° aux constructions navales; 3° aux machines, telles que les grues, roues hydrauliques, sonnettes, etc. Les indications suivantes n'auront pour objet que l'emploi des charpentes dans les constructions civiles (voir, pour le surplus, les articles CONSTRUCTION DES NAVIRES, PONTS, PONTS AMÉRICAINS, ETC.).

Les principes de l'art du charpentier dérivent de la connaissance des propriétés des bois que la nature met libéralement à notre disposition (voir l'article BOIS, pour tout ce qui concerne la constitution physiologique et la connaissance des essences).

Dans les constructions en pierres, les petites dimensions des matériaux ne permettent pas de les réunir autrement qu'en les superposant : ils ne sont propres à résister qu'à des efforts de compression; leur stabilité est due à leur pesanteur, aux pressions qu'ils exercent mutuellement les uns sur les autres, et qui doivent être, autant que possible, normales aux surfaces de lit : lorsque les résultantes dues aux actions extérieures et supérieures sont inclinées sur la verticale, on ne peut faire équilibre à leurs composantes horizontales que par d'épais massifs, culées ou contre-forts.

Dans les constructions en bois, les matériaux s'offrent au constructeur sous une forme à peu près constante, celle de prismes très-allongés; ils peuvent résister à toute espèce d'effort, tension, compression, effort transversal, flexion, torsion, choc. Ils sont beaucoup plus faciles à transporter et à manier, plus légers, plus élastiques que les pierres ; en même temps ils résistent aussi bien à la compression que la plupart d'entre elles, et beaucoup mieux à l'extension, ainsi que le montre le tableau suivant :

NOMS des essences.	POIDS d'un mètre cube.	RÉSISTANCE par centimètre carré à la rupture, par :	
		Extension.	Compression (prismes courts).
1° *Dans le sens des fibres.*			
Chêne	700 à 1000	600 à 800	200 à 400
Noyer	600 à 700		426
Sapin jaune ou rouge	657	800 à 900	400 à 500
Frêne	845	700 à 1200	600
Orme	800	700 à 1040	90
Hêtre	852	800	543
Peuplier	519 à 383		218
Sapin blanc	550	400	476
Teak	750	1100	900
Larix	560		224
2° *Perpendiculairement aux fibres*			
Chêne		160	
Peuplier		125	
Larix		194	

Il n'est pas prudent de faire supporter aux bois, d'une manière permanente, plus que le dixième des charges indiquées dans le tableau précédent.

Par leurs grandes dimensions, par la facilité avec laquelle on peut les poser sous toutes les inclinaisons et en tous sens, les bois se prêtent à une infinité de combinaisons variées, et particulièrement à celles qui ont pour objet de transmettre à distance les actions des forces, de les répartir ou de les concentrer à volonté, dans la direction et dans le sens le plus convenable, de manière à n'exercer sur les points d'appui que des efforts verticaux.

Les constructions en bois présentent donc, comme caractères principaux et comme avantages particuliers, quand on les compare aux maçonneries, un rapport plus favorable entre les parties occupées et les parties libres ou utiles des plans, la facilité d'édification, l'élasticité, la légèreté et l'économie ; ces qualités les font ordinairement préférer, pour les parties élevées et suspendues des édifices, comme les planchers et les combles; pour les constructions provisoires et dans les pays exposés aux tremblements de terre : des inconvénients graves balancent en partie ces avantages; les bois sont moins durables; l'état hygrométrique de l'atmosphère agit sur eux, modifie leur volume et leur forme; ils sont combustibles ; ils sont exposés aux ravages des insectes, des mollusques et des végétations cryptogamiques ; ils sont moins stables; enfin à mesure que l'on déboise, leur prix s'élève et l'économie disparaît.

La durée des bois est différente suivant les essences; généralement elle est d'autant plus grande que l'atmosphère, dans laquelle ils sont placés, est dans des conditions moins variables. Les bois exposés à des alternatives de sécheresse et d'humidité, comme ceux des ponts en charpente, durent peu; ceux, au contraire, qui sont constamment plongés dans l'eau, comme les pilotis des fondations, se conservent très-bien. On voit dans les galeries de l'École des ponts et chaussées, à Paris, des échantillons de chêne dans un état très-satisfaisant, qui proviennent des fondations du pont de Pont-de-l'Arche, construit en 1200.

Les bois des combles, bien aérés et bien couverts, durent aussi très-longtemps. On dit que lorsqu'on démolit l'ancienne basilique qui a été remplacée par la célèbre église de Saint-Pierre de Rome, on y voyait encore en bon état plusieurs fermes datant de Constantin, et qui avaient par conséquent treize siècles d'existence.

Opérations préliminaires.

Avant d'être livrés aux charpentiers, les bois ont à subir des opérations nombreuses, dont la bonne exécution a une grande importance pour leur durée.

1° *Exploitation des forêts et abattage des arbres.* C'est un des principaux objets de l'art forestier, et à ce titre il est en dehors de notre sujet : une longue expérience a indiqué dans chaque pays l'époque la plus convenable pour la coupe; sous nos climats, cette époque est celle où la sève a cessé de monter et qui suit la chute des feuilles.

2° *Équarrissement.* Les arbres abattus doivent être débarrassés de leur écorce et de leur aubier; la forme la mieux adaptée aux usages de la charpenterie, et la plus facile à obtenir avec les outils ordinaires, est celle d'un prisme à base rectangulaire; mais le rapport à observer entre les côtés du rectangle n'est pas indifférent : on sait en effet que la résistance à la flexion d'un prisme à base rectangulaire, dont la base horizontale est b et la hauteur h, est proportionnelle au produit bh^2. De tous les rectangles que l'on peut inscrire dans un cercle ABCD, représentant la section transversale d'un tronc d'arbre, on peut se demander quel est celui pour lequel le produit bh^2 est maximum; un calcul facile montre que ce maximum correspond au rapport $\frac{b}{h} = \frac{5}{7}$: le rectangle correspondant se construit en élevant une perpendiculaire au diamètre en un point E, qui le partage en trois parties égales; on peut vérifier que le volume, et par conséquent le poids et le prix d'une pièce dans

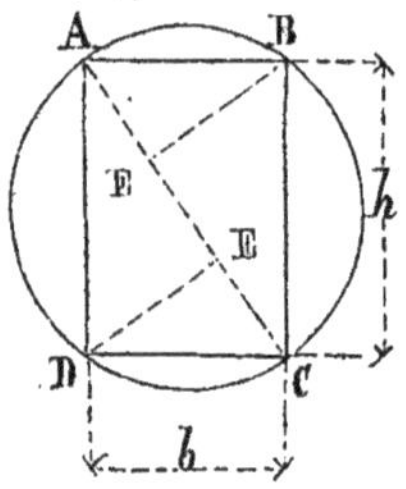

Fig. 3354.

ces conditions, sont inférieurs de 6 p. 100 à ceux de la pièce à base carrée inscrite dans le même cercle, tandis que sa résistance l'emporte de 9 p. 100. Le plus fort équarrissage qu'on puisse tirer d'un arbre n'est donc pas le plus avantageux, du moins quand la pièce équarrie doit résister à la flexion.

L'équarrissement se fait à la cognée, à la scie de long, ou à la scie mécanique.

Le débit des bois est aussi une opération importante au point de vue de l'économie et du bon emploi des matières; elle intéresse plus particulièrement la menuiserie, et nous y reviendrons à cette occasion.

3° *Transport*. Le transport des bois dans les montagnes et sur les cours d'eau constitue, dans les régions forestières, une véritable industrie (schlitteurs des Vosges, plans inclinés d'Alpnach (Suisse), glissières, flottage). Sur les routes pour les très-grandes pièces, on fait usage de véhicules spéciaux nommés fardiers et triqueballes; dans les ateliers, on se sert de rouleaux pour déplacer les bois dans le sens de leur longueur, et de chantiers pour les faire glisser transversalement.

4° *Courbure*. Les bois naturellement courbes et de fil sont réservés ordinairement pour les constructions navales et la charronnerie; ils sont rares, et l'on a cherché à y suppléer par divers artifices.

On peut obtenir des bois courbes en contrariant la croissance des arbres au moyen de liens et d'échafaudages convenablement disposés : ce procédé n'est guère susceptible d'être employé sur une grande échelle.

Le plus souvent on amollit les bois débités par la chaleur et l'humidité, pour les plier ensuite sur des gabarits. Cette action est utilisée depuis longtemps par diverses industries (manches des couteaux, dits eustaches (hêtre), sculptures et inscriptions sur le noyer, assemblages curieux, tonnellerie, charronnerie).

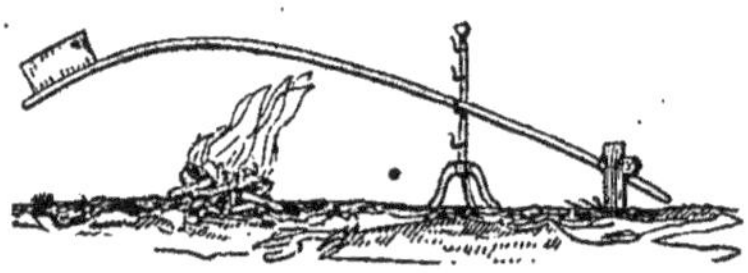

Fig. 3355.

Les charpentiers de bateau usent d'un procédé très-simple, représenté par le croquis ci-contre, pour courber les bordages.

Pour les pièces plus fortes, on les plonge, pendant un temps suffisant, dans une chaudière pleine d'eau bouillante, ou dans une étuve à vapeur ou à sable.

Dans les constructions civiles, les procédés indiqués plus loin, de Philibert Delorme et du colonel Émy, suffisent pour obtenir les formes courbes dans la plupart des circonstances.

5° *Emmagasinement*. Les bois abattus sont sujets à diverses causes de détérioration, et on ne saurait apporter trop de soin à leur conservation. Sous l'influence d'une dessiccation très-prompte, due à des courants trop vifs d'air sec, de l'exposition au soleil ou à la gelée, d'une chaleur trop élevée, des alternatives de sécheresse et d'humidité, d'une atmosphère humide et non renouvelée, les bois tantôt se fendent, tantôt s'échauffent et se pourrissent.

Le plus souvent les bois sont engerbés ou empilés les uns sur les autres; les premiers rangs sont élevés de quelques décimètres au-dessus du sol, sur des rondins; les rangs supérieurs sont couverts d'un toit de planches qui rejette les eaux pluviales au dehors.

Les maladies des bois sont éminemment contagieuses; il est essentiel que les magasins soient visités souvent, que les bois soient remaniés de temps en temps et que tous ceux qui présentent des vices contagieux soient enlevés.

6° *Conservation*. Les soins apportés dans l'emmagasinage et la surveillance des approvisionnements ne suffisent pas pour préserver les bois de toute altération, et l'on a cherché divers moyens de prolonger leur durée et de les mettre à l'abri des causes de dépérissement qui les atteignent. Parmi ces causes, il faut compter en première ligne la fermentation des substances organiques azotées, sucrées ou gommeuses, que la séve entraîne et dépose dans les divers organes des végétaux.

La dessiccation est un premier moyen usité : elle augmente la force des bois; mais elle n'enlève pas les matières fermentescibles et au contact de l'air ambiant, l'humidité atmosphérique replace les bois dans leurs conditions primitives.

Pour être efficace, cette opération doit être précédée de l'immersion dans l'eau, prolongée pendant trois ou quatre mois, la séve est dissoute et l'effet produit est satisfaisant, à la condition que les bois soient entièrement plongés.

L'immersion dans l'eau chaude agit plus rapidement; suivie de la dessiccation progressive à l'étuve, elle peut être appliquée aux bois de menuiserie (système Migneron, 1784); le bois y perd un peu de sa qualité.

Dans les arsenaux, on conserve les bois de marine dans des fosses remplies d'eau de mer, ou on les enfouit dans la vase ou dans le sable humide des plages; dans les régions exposées aux ravages des tarets et des pholades, l'eau salée est mélangée à une proportion d'eau douce suffisante pour empêcher ces mollusques de vivre. Les bois conservés dans l'eau de mer restent toujours imprégnés de sel et hygrométriques; ils sont impropres aux constructions civiles.

La carbonisation à la surface est très-anciennement usitée. On l'a employée en grand dans la marine, en promenant sur les bois en œuvre des navires en chantier un jet de gaz incandescent, amené par un tube flexible (procédé de M. de Lapparent).

De tous les moyens employés les plus répandus sont les enduits de brais, vernis, mastics ou peintures; ils empêchent l'action de l'humidité, et pendant quelque temps au moins arrêtent l'introduction des insectes. L'emploi du brai exige les plus grandes précautions pour éviter les incendies.

Les moyens précédents n'offrent que des garanties assez précaires. Plusieurs procédés, aujourd'hui fort répandus, permettent d'atteindre de meilleurs résultats; ils ont pour principe l'injection d'une substance préservatrice dans la masse ligneuse, par pression en vase clos, immersion ou déplacement de la séve. Les substances essayées sont le sulfate de fer, le sulfate de cuivre, l'huile de lin siccative, la créosote, le chlorure de zinc, etc. (procédés de MM. Briant, Bethel, Légé et Fleury-Pironnet, Boucherie). Ces injections ne pénètrent pas dans les bois durs tels que le chêne.

COMPOSITION DES OUVRAGES DE CHARPENTE.

Des formes et des propriétés générales des bois dérivent les principes de leur mise en œuvre. Les pièces se présentent sous la forme de parallélipipèdes très-allongés, à base rectangulaire; pour que deux pièces qui se rencontrent s'arc-boutent sans que ni l'une ni l'autre soit exposée à se déverser, il faut que leurs axes soient dans un même plan. On distingue dès lors, dans chaque pièce, deux faces de *parement*, parallèles au plan des axes, et deux faces dites d'*épaisseur* ou d'*assemblage* normales au même plan : les abouts des pièces sont disposés de la manière la plus convenable pour assurer leur juxtaposition, et forment ce que l'on nomme un *assemblage*.

L'ensemble des pièces diversement combinées, dont les axes sont dans un même plan, forme un *pan* de charpente; toutes les forces qui agissent sur un même pan se réduisent nécessairement à une composante ou à un couple unique.

Un pan vertical et chargé verticalement, bien assemblé, se maintiendrait théoriquement en équilibre, mais en pratique, il serait très-peu stable; pour le soutenir, on établit ordinairement d'autres pans transversaux qui l'empêchent de ployer et de se renverser.

Le premier objet qu'on se propose dans la composition des projets de charpente est de déterminer la disposition des pans; on commence par les indiquer en supposant les pièces réduites à leurs axes. La répartition des pans a lieu, suivant celle des points d'appuis et des charges, en tenant compte de la distribution intérieure. On se trouve entre deux partis entre lesquels il faut choisir; les pans multipliés répartissent plus uniformément les pressions, n'exigent que des bois de faible équarrissage, mais demandent plus de main-d'œuvre; les pans plus rares font gagner de la place, sont d'un aspect plus simple, plus clair et plus monumental; mais ils doivent être exécutés avec des bois plus forts.

Les lignes principales de chaque pan sont déterminées par la destination de la construction et par les conditions de stabilité; elles doivent être combinées de manière à former des figures géométriques invariables, c'est-à-dire des triangles et des combinaisons de triangles, à renforcer les parties exposées à fléchir et à transmettre les efforts aux points invariablement fixes et résistants. On tient compte des pièces appartenant aux pans incidents pour éviter d'affaiblir les bois en multipliant les assemblages aux mêmes points.

Quand la première esquisse des pans est arrêtée, on marque l'épaisseur des bois en raison de la nature et de l'intensité des charges qu'ils ont à supporter; cette opération peut conduire à *dévoyer* certaines pièces, c'est-à-dire à les déplacer pour rendre les assemblages praticables.

Une troisième opération a pour objet le tracé des assemblages.

ASSEMBLAGES.

On appelle *about* l'extrémité taillée convenablement d'une pièce de bois assemblée avec une autre, et *portée de l'about* ou *occupation de l'about* la portion de la face normale par laquelle cette seconde pièce se trouve en contact avec la première.

1° Assemblages de pièces formant un angle, l'about de l'une des pièces portant sur un point intermédiaire de la longueur de l'autre.

Assemblage à tenon et mortaise; c'est le plus usuel: l'épaisseur du tenon et celle des *jouées* de la mortaise sont égales au tiers de l'épaisseur des pièces assemblées (fig. 3356.)

La disposition très-simple représentée dans la figure 3356 ne suffit pas quand les pièces ont de grands

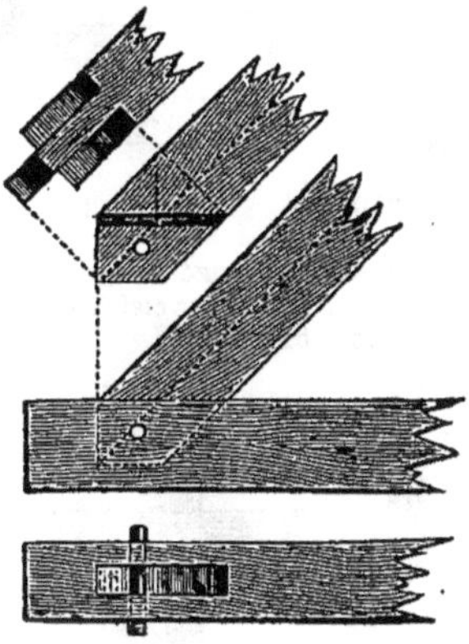

Fig. 3356.

efforts à supporter; le tenon s'écraserait; l'assemblage est alors consolidé par un *embrèvement*, qui permet de répartir la charge sur une surface plus étendue d'un tiers environ que celle de l'about du tenon (fig. 3357).

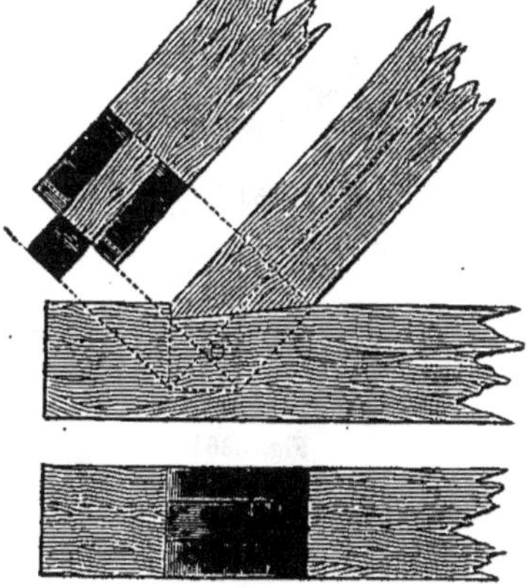

Fig. 3357.

L'assemblage à tenon et mortaise d'une pièce verticale avec une pièce inclinée prend le nom particulier d'assemblage à *oulice*.

Quand les pièces sont horizontales et fort chargées, comme dans les planchers, le tenon est pourvu d'un *renfort* ou d'un *chaperon* (fig. 3358.)

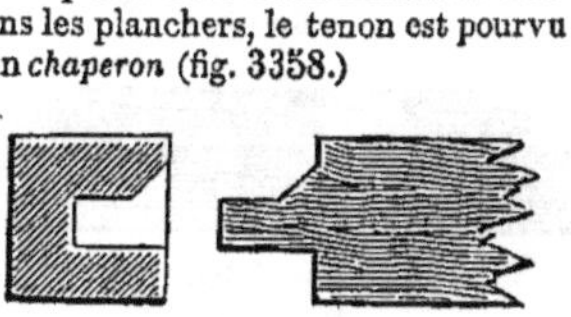

Fig. 3358.

Quand la pièce incidente doit supporter un effort de traction, le tenon prend la forme d'une *queue d'hironde* et l'assemblage est serré avec une clef (fig. 3359). Souvent la queue d'hironde simple suffit (fig. 3360). Quand

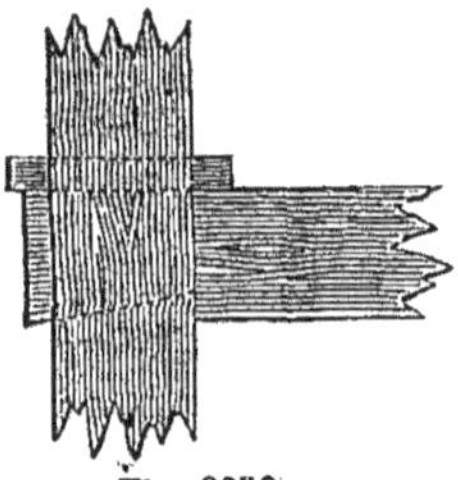

Fig. 3359.

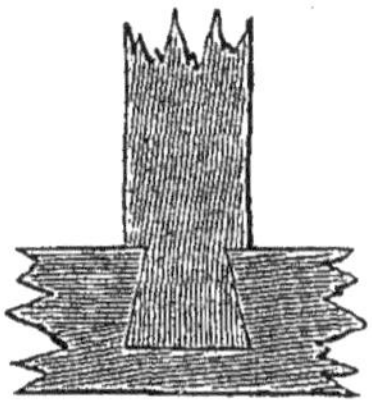

Fig. 3360.

l'effort de traction est dirigé verticalement, on peut employer le tenon passant avec clef (poinçons des combles) (fig. 3361 et 3362).

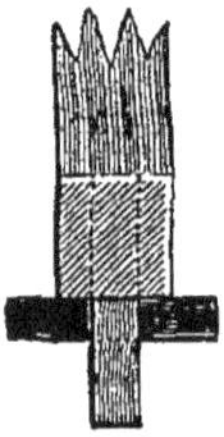

Fig. 3361.

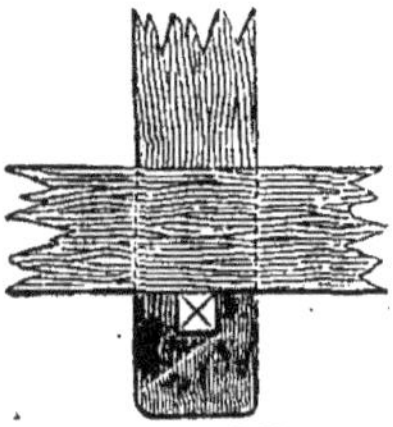

Fig. 3362.

2° Assemblage d'angle, lorsque les pièces se joignent par leurs extrémités, comme pour former des cadres.

Assemblage par entaille à mi-bois;

Assemblage à entailles et onglets, simples (fig. 3363) ou avec tenon et mortaise (fig. 3364);

Fig. 3363.

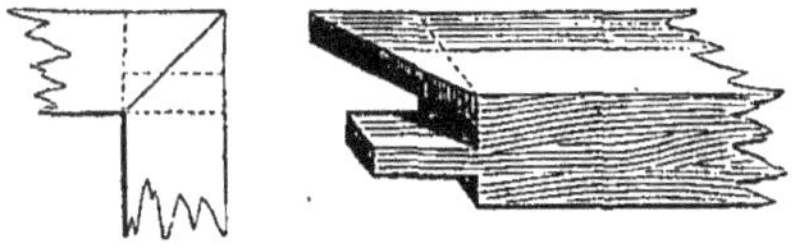

Fig. 3364.

Assemblage à queue d'hironde simple ou à recouvrement.

3° Entures horizontales.

Entures à mi-bois avec abouts carrés (fig. 3365);

Fig. 3365.

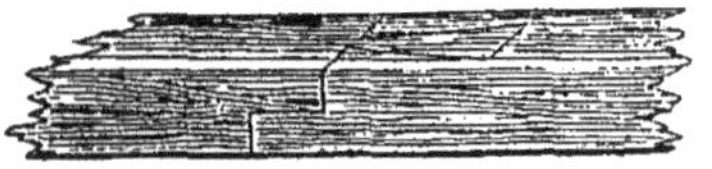

Fig. 3366.

Entures à mi-bois avec queue d'hironde (fig. 3366 et 3367).

Entures à mi-bois avec tenons d'about (fig. 3368);

Trait de Jupiter (fig. 3369).

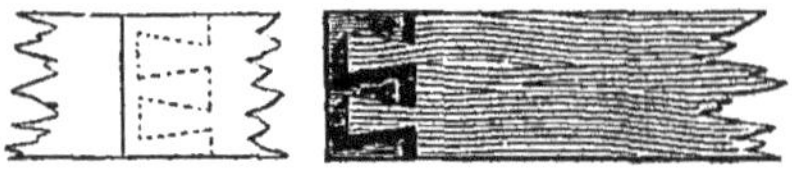

Fig. 3367.

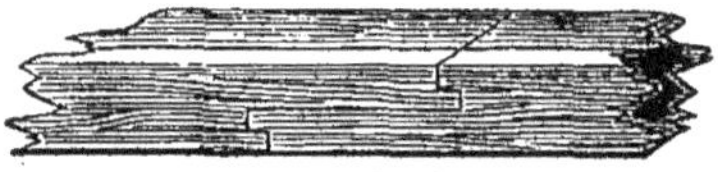

Fig. 3368.

Fig. 3369.

4° Entures verticales de pièces comprimées les unes contre les autres et exposées à des efforts de torsion. Ces assemblages ne sont pas très-solides et doivent être consolidés par des armatures en fer (fig. 3370).

Enture à tenon et tenaille en croix.

Enture par quartier à mi-bois sur les quatre faces.

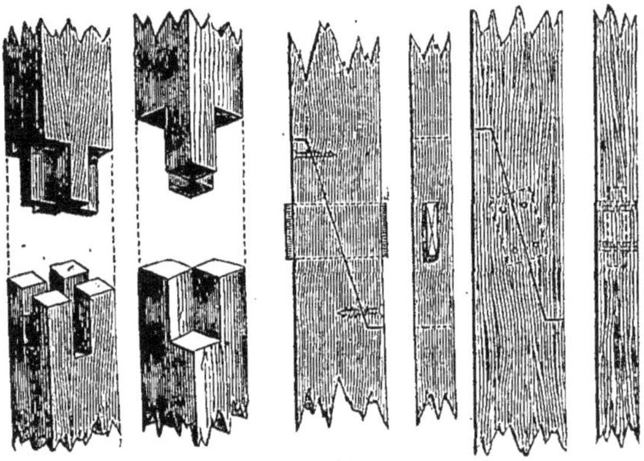

Fig. 3370.

5° Entures de pièces de bois minces:

Enture en fausse coupe avec clef;

Enture en fausse coupe avec faux tenon chevillé.

6° Assemblages de pièces de bois croisées:

Assemblage croisé, croix de Saint-André, à mi-bois, tiers-bois, etc.;

Assemblage à mi-bois avec clef (fig. 3371).

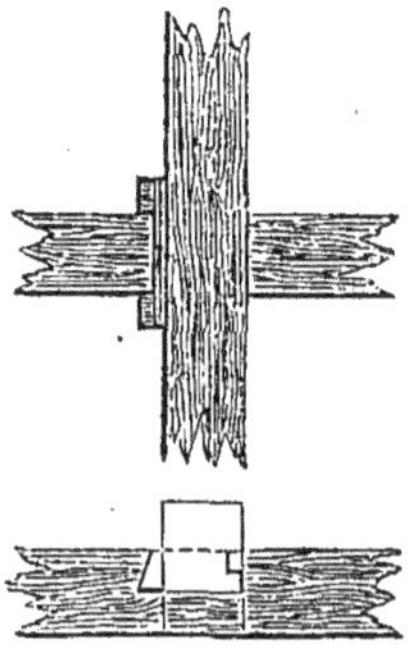

Fig. 3371.

7° Assemblages longitudinaux de planches et madriers; ils sont plus particulièrement affectés aux usages de la menuiserie:

Assemblage à plat joint; à fausse languette; en fausse coupe (fig. 3372); à joints recouverts (fig. 3373); à

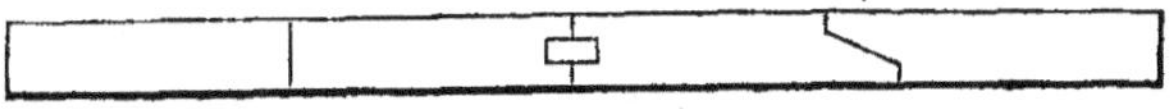

Fig. 3372.

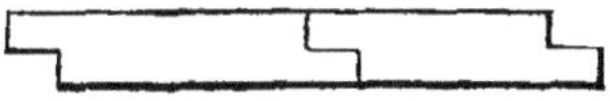

Fig. 3373.

rainure et languette, avec faux tenons chevillés (fig. 3374); à double rainure et languette (fig. 3376); à grain d'orge (fig. 3375); cet assemblage est très-em-

Fig. 3374.

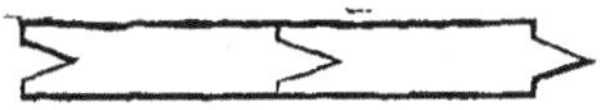

Fig. 3375.

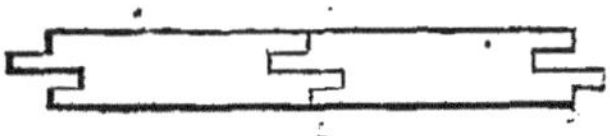

Fig. 3376.

ployé pour les palpanches battues à la sonnette et formant les enceintes des fondations dans les sols affouillables; à rainure et languette avec traverse (fig. 3377).

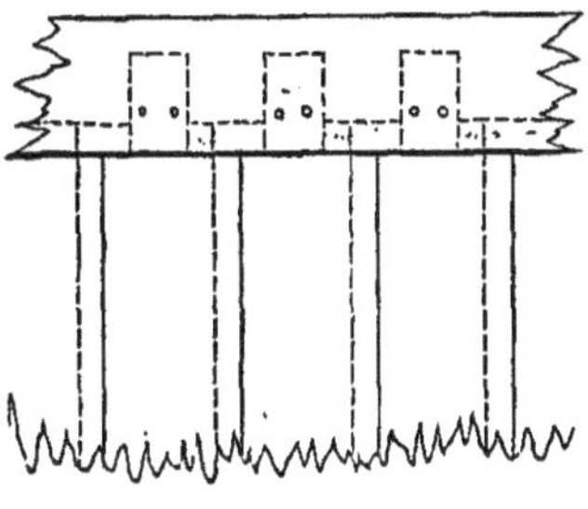

Fig. 3377.

Assemblages divers; moises; bois courbes; endentures longitudinales et entures de la charpenterie navale.

Mise en œuvre des bois. Les opérations précédentes se font sur des épures par les procédés ordinaires de la géométrie descriptive et de la stéréotomie. Il faut ensuite donner aux bois les formes convenables pour que, réunis sur le tas, ils présentent en exécution toutes les dispositions prévues par les projets. C'est l'objet de l'art du trait; il comporte les opérations suivantes.

1° *Tracé de l'ételon.* L'ételon est une épure à l'échelle de l'exécution, dessinée sur une aire horizontale bien dressée, où toutes les pièces de chaque pan sont représentées par leurs axes.

2° *Établissement des bois.* Cette opération a pour objet de placer les pièces en les superposant et les calant, de manière que leurs axes réels soient horizontaux et en projection avec les lignes correspondantes de l'ételon; les faces de parement étant établies horizontalement, les faces d'épaisseur sont verticales; ces dernières se trouvent dans des plans qui se coupent au droit des assemblages, suivant des lignes coïncidant avec la direction du fil à plomb, ce qui en rend le tracé très-facile.

3° *Piqué des bois.* Quand toutes les pièces d'un pan sont établies, il suffit, avec la pointe d'un compas, de faire sur la face d'assemblage de chaque pièce et dans le voisinage des arêtes deux piqûres sur la verticale donnée par le fil à plomb, pour déterminer toutes les lignes d'intersection de ces faces.

4° *Marques des bois.* Elles ont pour objet de reconnaître les pièces et d'éviter toute confusion au moment du levage. On distingue celles communes aux pièces d'un même pan; celles qui servent de repère pour les assemblages, et qui sont répétées sur les deux pièces contiguës; on les nomme contre-marques; celles qui indiquent le haut, le bas, la droite et la gauche; les traits ramenerets, qui sont des repères pour les pièces appartenant à plusieurs pans.

5° *Reconnaissance des piqûres.* C'est le tracé, avec la pointe du compas et une règle, des lignes d'intersection des faces d'assemblages, déterminées chacune par deux piqûres.

6° *Tracé des assemblages.*

9° *Coupe des assemblages; mise en joint.*

8° *Levage et pose.*

OUTILLAGE.

Les outils employés par les charpentiers sont très-connus, et il suffit d'en donner ici l'énumération.

1° *Outils servant à tracer.* Jauge, règle de 0m,32 de longueur pour tracer les assemblages;

Traceret; trusquin;

Cordeau ou ligne;

Fil à plomb;

Compas de charpentier, d'appareil, à verge; compas fixe;

Décamètre en ruban.

2° *Outils servant à déterminer les positions des lignes et des plans.* Équerre à épaulement; équerre à épure; sauterelle ou fausse équerre; équerre à onglets. Niveau de maçon; niveau de dessous; niveau de pente et de talus.

3 *Outils tranchants par percussion.* Haches, doloires, cognées, hache à main, herminette; ciseau, fermoir, ébauchoir, bédâne; bisaigue; piochon; gouge; ciseau à froid; pieds-de-biche; tenailles.

4° *Outils tranchants à corroyer et planer le bois.* Rabots; galère, varlope; guillaume; bouvets à languettes et à rainure; guimbarde.

5° *Outils à percer.* Tarières; boulonnières; mèches à trépan; vilebrequin; vrille.

6° *Outils à scier.* Scie de charpentier; scie à chantourner; passe-partout; scie de long; scie à main; scies mécaniques.

7° *Outils à frapper.* Marteau; marteau à main; masse; maillet.

8° *Instruments pour le maniement, le transport, le levage et le montage des bois.* Chantiers, roules, fardiers, triqueballes; chèvres, grues; crics, pinces, leviers, cordages, poulies, palans.

Les charpentiers font usage, pour la consolidation des assemblages et la liaison des bois, de pièces de fer de diverses formes : clous, vis, clameaux, boulons, frettes, liens, scellements; étriers, équerres, ancres, chaînes.

ÉLÉMENTS DES CONSTRUCTIONS EN CHARPENTE.

Supports isolés. Les supports les plus simples que l'on puisse concevoir sont les poteaux en bois; la charge par centimètre carré de section transversale que ces poteaux peuvent supporter dépend du rapport de la plus petite dimension de leur base à leur hauteur. Rondelet enseigne que la résistance diminue à mesure que la hauteur augmente dans les proportions suivantes :

CHARPENTE.

RAPPORT de la hauteur à la base.	CHARGES relatives.	CHARGES permanentes par centimètre carré (chêne ou sapin).
1	1	42
12	5/6	35
24	1/2	21
36	1/3	14
48	1/6	7
60	1/12	3.5
72	1/24	1.7

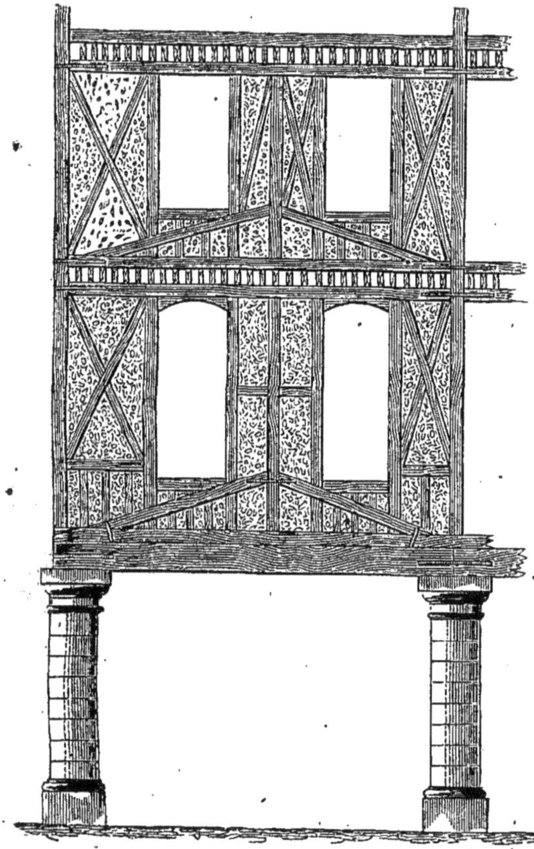

Fig. 3378.

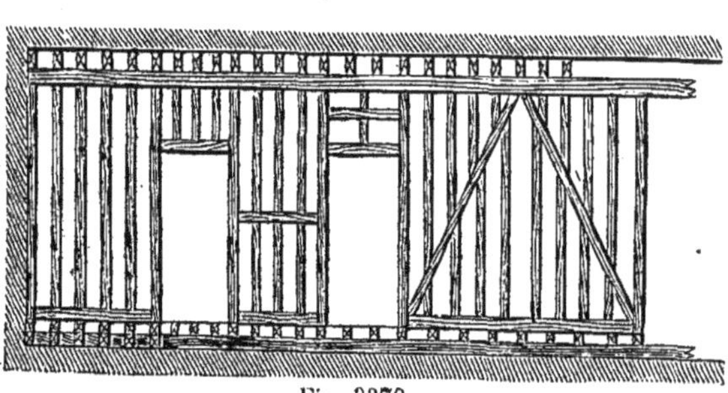

Fig. 3379.

Des expériences plus récentes ont confirmé que ces indications pouvaient être admises comme suffisamment exactes pour la pratique.

On admet aussi généralement que, lorsqu'une pièce de bois comprimée est divisée en plusieurs parties par des points fixes, tels que ceux qu'on obtient naturellement avec les pièces de contreventement et de liaison des charpentes, on peut considérer isolément chacune de ces parties, et ne tenir compte que du rapport à la base de la fraction de la hauteur totale qu'elle représente.

Quand on a des charges très-considérables à supporter, surtout quand ces charges sont mobiles, on dispose les pans en forme de pyramides (palées des ponts en charpente, chevalets, beffrois des clochers, etc.).

Les assemblages ordinaires à entures verticales sont défectueux pour les fortes charges ; les fibres ligneuses s'écrasent et se pénètrent au droit des joints; on leur substitue avantageusement des boîtes métalliques; on éloigne aussi le pied des supports du sol sur des dés en pierre avec siége en fonte (docks-entrepôts de la Villette, etc.)

PANS DE BOIS.

Comparés aux murs en maçonnerie, les pans de bois ont l'avantage d'être légers, élastiques, d'occuper peu de place et de s'élever très-rapidement; mais de nombreux inconvénients, instabilité, combustibilité, protection insuffisante contre les variations extérieures de la température ou contre les attaques du dehors, etc., les font presque toujours rejeter dans les constructions soignées, sauf pour l'établissement des cloisons intérieures.

On adopte généralement les dimensions suivantes pour des habitations de trois à quatre étages, ayant chacun 3 à 4 mètres de hauteur.

Pans de bois extérieurs.

Épaisseur compris ravalement.	0m,22 à 0m,25
Poteaux corniers. . . .	0 ,25 à 0 ,27
— d'étrière. . . .	0 ,22 à 0 ,25
— d'huisserie. . .	0 ,19 à 0 ,22
— de remplage. .	0 ,16 à 0 ,22
Guettes, décharges, croix de Saint-André.	0 ,16 à 0 ,22
Écartement des poteaux de remplage.	0 ,27 à 0 ,23

Cloisons intérieures.

Poteaux portant plancher.	0m,14 à 0m,16
Poteaux ne portant pas plancher.	0 ,11 à 0 ,14
Épaisseur.	0 ,11 à 0 ,19

Cloisons de refend ou en porte à faux.

Épaisseur. . . . . 0m,08 à 0m,14

Le remplissage des intervalles des bois se fait de différentes manières : la meilleure consiste à rainer les poteaux sur le champ, et à construire dans le vide une cloison en briques, revêtue d'enduits intérieurs ou extérieurs affleurant la face du pan de bois; les matériaux restent apparents, et s'ils sont régulièrement disposés, il en résulte un aspect très-agréable, comme on peut l'observer dans nos anciennes villes en Normandie, en Bretagne, en Alsace; Paris même était presque entièrement bâti en pans de bois, c'est seulement au commencement du dix-septième siècle qu'on a commencé à bâtir en pierres

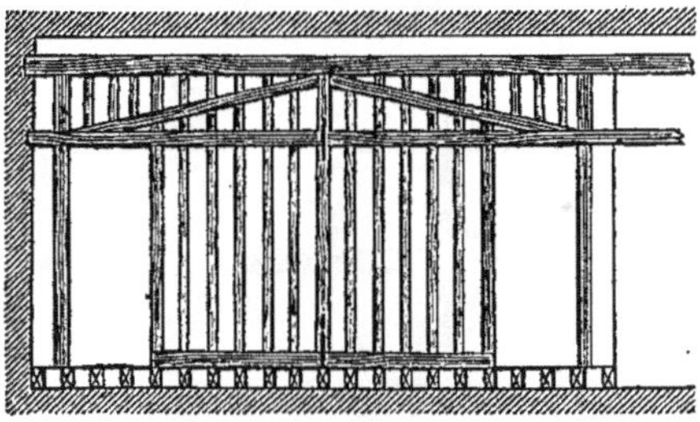

Fig. 3380.

des habitations particulières : les maisons de la place Dauphine passent pour les plus anciennes. Ce système est le plus favorable à la conservation des bois et le plus convenable à tous égards; mais il exige des bois bien équarris, et l'on n'a souvent à sa disposition que des matériaux grossiers; c'est ce qui arrive généralement aujourd'hui à Paris; les pans de bois sont recouverts sur les deux faces d'un lattis; l'intérieur est garni en plâtras, et le tout est dissimulé sous les enduits en plâtre, à l'intérieur et à l'extérieur.

Nous donnons ci-contre diverses dispositions de pans de bois ou cloisons intérieures; les remplissages peuvent se faire avec de simples planches, ou avec des briques, des carreaux de plâtre, etc.

Les décharges sont disposées de manière à reporter les pressions sur les points d'appui invariables, tels que les murs ou poteaux d'étrière, et à soulager les pièces en porte à faux, telles que les solives et poutres des planchers.

Fig. 3381.

PLANCHERS.

Les planchers sont des pans de bois horizontaux essentiellement composés de solives équarries, posées parallèlement, plus ou moins écartées, et destinées à porter l'aire des divers étages d'un édifice.

La disposition générale des planchers serait facile si les murs pouvaient partout leur offrir des points d'appui convenables; mais il n'est pas possible de procéder aussi simplement; on doit éviter de prendre les points d'appui au-dessus des parties évidées, telles que les portes et les fenêtres; il faut éloigner les bois des conduits de cheminées, et les maintenir au moins à la distance de 0m,16, prescrite par les règlements de police, pour éviter les dangers d'incendie; il faut enfin s'abstenir d'affaiblir les murs par les trous de scellement de solives très-rapprochées et placées à la même hauteur. De là des sujétions qui obligent à employer des pièces très-diverses; la figure 3382 indique comment les difficultés que présente la composition des planchers peuvent être levées dans les cas les plus ordinaires. Les pièces reçoivent les noms suivants :

A, A'. Solives.

B. Lierne ayant pour objet de s'opposer au gauchissement des solives; on substitue souvent aux liernes de simples cales, comme celles qui sont interposées entre les solives A'.

C, C. Solives d'enchevêtrure.

D. Chevêtre, placé au-devant du foyer d'une cheminée.

E, E. Solives boiteuses.

F, F. Linçoirs, recevant les solives au droit des portes et fenêtres.

G, G. Lambourdes ou sablières, portant les solives pour éviter le scellement dans les murs.

Le poids de chaque travée se trouve reporté sur quatre assemblages qui ne présentent pas par eux-mêmes une solidité suffisante; on les garnit ordinairement d'étriers en fer plat chantourné; on ajoute aussi aux extrémités des solives d'enchevêtrures des ancres armées de chaînes en fer, qui ont pour objet de maintenir l'écartement des murs et de consolider le scellement des solives, de manière à réaliser un encastrement au moins partiel, ce qui augmente notablement leur résistance.

Quand l'intervalle à franchir est considérable et dépasse les dimensions longitudinales des bois ordinaires, on supporte les abouts des solives sur des poutres; les solives peuvent être simplement posées sur le dessus de la poutre, ou bien engagées dans des entailles de la poutre; quand on dispose d'une

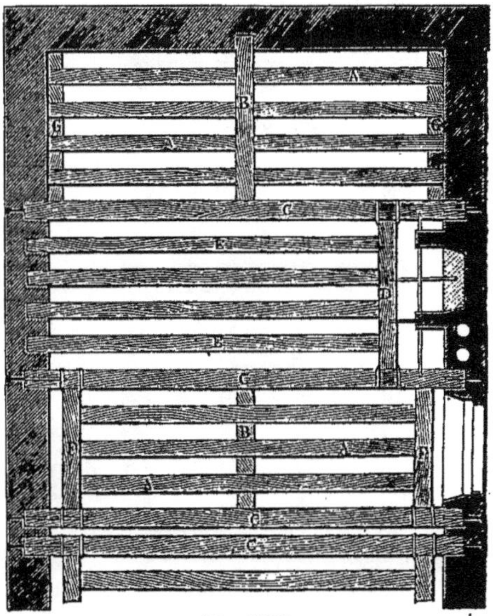

Fig. 3382.

faible hauteur, on garnit la poutre de deux lambourdes solidement maintenues par des boulons et des étriers, et l'on adopte l'une ou l'autre des dispositions ci-contre (fig. 3383).

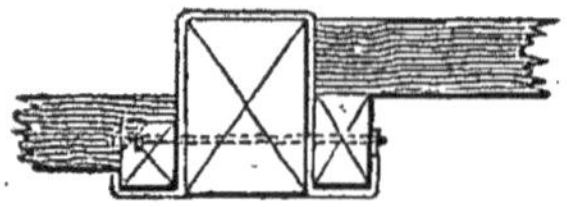

Fig. 3383.

On peut aussi couvrir de larges espaces avec des bois de faibles dimensions, au moyen de diverses dispositions telles que celles représentées par les figures 3384 et 3385.

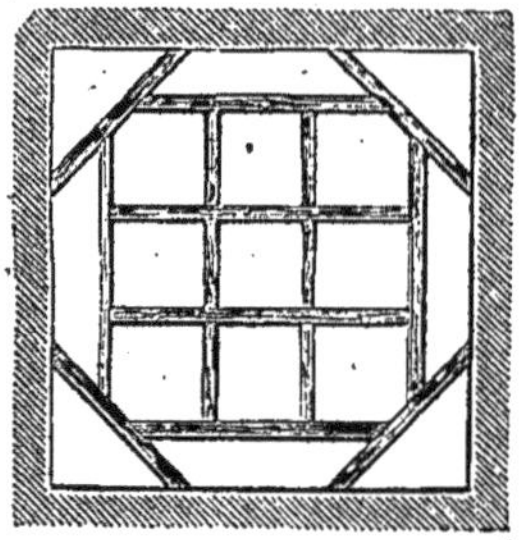

Fig. 3384.

Fig. 3385.

La figure 3386 représente une disposition indiquée par Serlio; elle n'est que l'application en grand d'un jeu enfantin bien connu, qui consiste à faire tenir en l'air

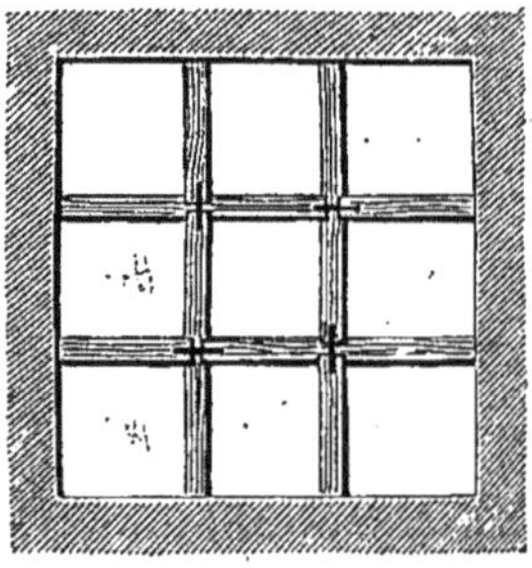

Fig. 3386.

des couteaux dont les pointes sont engagées les unes dans les autres. Le plancher est formé de huit pièces de bois, quatre ayant les deux tiers de la portée, et reposant les unes sur les autres comme le fait voir la figure 3387; quatre ayant seulement le tiers de cette portée et placées dans le prolongement des premières.

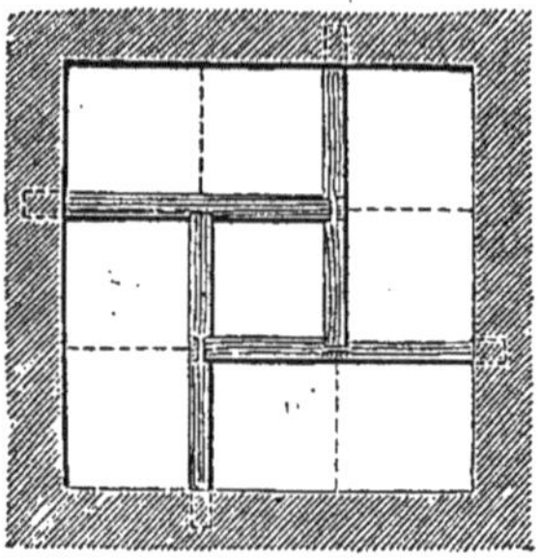

Fig. 3387.

La manière dont les poutres et solives sont scellées et encastrées dans les murs exerce une grande influence sur leur résistance et sur leur durée; il est essentiel que le bois ne soit pas entièrement privé du contact de l'air; sans cette précaution, il se pourrit assez vite. Dans les constructions économiques, telles que les bâtiments ruraux, on fait simplement passer les abouts des poutres à travers les murs, et on les laisse apparents à l'extérieur; dans les constructions plus soignées, on fait reposer les poutres sur des consoles en pierre sans les engager dans les murs, où l'on forme des chambres de scellement, quelquefois en métal, quelquefois garnies de liége.

Pour déterminer les dimensions des bois des planchers, on peut recourir à la théorie de la résistance des matériaux; il est plus court d'employer les formules empiriques suivantes :

Pour les solives :

$$h = 0{,}05\,l, \quad b = \frac{h}{2} \text{ ou } \frac{h}{\sqrt{2}} \quad E = b \text{ ou } 1{,}5.b\,;$$

Pour les poutres :

$$h = 0{,}05\,l\sqrt[4]{E}, \quad b = \frac{h}{\sqrt{2}} \text{ ou } h;$$

h représente la hauteur; b, l'épaisseur; E, l'espacement.

Il convient, pour la bonne disposition des parquets et plafonds, que toutes les solives aient même hauteur; on fait varier les espacements et les épaisseurs; ainsi, dans les planchers ordinaires, on donne 0m,03 de plus aux solives d'enchevêtrure.

Voici maintenant quels sont les principaux moyens pour remplir les intervalles des solives et former le sol et les plafonds des appartements.

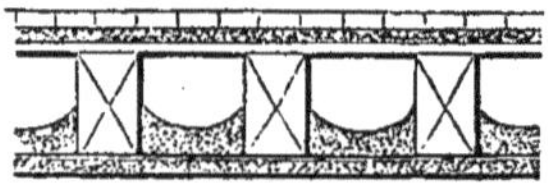

Fig. 3388.

1° Solives recouvertes d'un plancher simple ou double, dit plancher de pied, apparentes au-dessous.

2° Solives recouvertes d'un lattis avec aire en mortier et carrelage; entrevous hourdés;

3° Plafonds hourdés avec augets: plus sourds; les augets maintiennent les solives et empêchent leur gauchissement (fig. 3388);

4° Grands plafonds : les vibrations des planchers les feraient fendre si on les établissait directement au-dessous; on construit alors pour les supporter directement, un faux plancher plus léger et complétement indépendant du premier.

Poutres armées. Les poutres armées en charpente s'exécutent pour planchers de grandes portées quand on ne dispose pas de bois assez forts; elles ont perdu beaucoup de leur intérêt depuis le développement des constructions métalliques. Les dispositions les plus usuelles sont les suivantes :

1° Poutres armées de fourrures superposées. Au-dessus d'une pièce de toute longueur, on place deux ou trois pièces solidement reliées à la première par des étriers et des boulons, et s'arc-boutant à la manière des arbalétriers. Souvent aussi on superpose deux ou plusieurs poutres; pour établir une solidarité plus complète entre les pièces, on les réunit par des endentures, et l'on interpose, dans le sens perpendiculaire aux fibres, des clefs en bois dur qui empêchent les fibres de se déchirer en se pénétrant.

2° Poutres d'assemblage; elles sont formées à la manière des précédentes, mais aucune n'a la portée totale à franchir; on a soin de croiser les entures.

3° Poutres en forme de fermes très-surbaissées; elles peuvent être combinées de différentes manières, suivant la hauteur dont on dispose.

4° Poutres américaines, en treillis, à croisillons. On a fait un fréquent usage en Amérique de ces divers systèmes pour construire des ponts de très-grande portée; ils peuvent aussi être utilisés pour d'autres usages, planchers, combles, cintres, poitrails, etc. Le plus répandu et le plus simple de ces systèmes, celui de Town, a été décrit dans le *Dictionnaire* à l'article PONTS AMÉRICAINS.

COMBLES.

Les combles sont des combinaisons de pans de bois inclinés et verticaux destinés à supporter la couverture des édifices. La première chose à déterminer pour l'établissement d'un comble, c'est son inclinaison; elle dépend de la nature de la couverture et d'une façon secondaire du climat. La couverture est le plus ordinairement disposée suivant des surfaces planes; elle repose sur les pans du comble par l'intermédiaire de planchers spéciaux ou de lattis (Voir l'article COUVERTURE). Les pans de bois inclinés sont formés de chevrons, pièces de bois rangées parallèlement aux lignes de plus grande pente, ayant $0^m,08$ à $0^m,10$ d'équarrissage, et espacées de $0^m,33$ à $0^m,60$, suivant le poids qu'elles ont à supporter. Par leur extrémité supérieure, ces chevrons reposent sur une pièce horizontale nommée faîtage; par leur extrémité inférieure, ils s'engagent dans les entailles d'une sablière, posée directement sur le mur. Quand les eaux de pluie sont rejetées au dehors directement, on ajoute au pied du chevron un petit coyau reposant sur l'arête de la corniche. Dans la partie intermédiaire, les chevrons sont soutenus par des pannes horizontales, réparties à des distances de $2^m,50$ à 3 mètres les unes des autres.

Fig. 3389.

Les pannes et faîtages reposent sur des appuis formés soit par les murs de refend et de pignon, soit par des arcs en maçonnerie, le plus souvent par des pans de bois transversaux, nommés fermes; ceux-ci à leur tour sont maintenus verticalement par d'autres pans de bois longitudinaux très-simples.

Ainsi les combles sont ordinairement composés de trois systèmes de pans de bois; les fermes sont les plus importants; elles sont communément espacées de $3^m,50$ à 4 mètres. On dispose les fermes de différentes manières, suivant l'inclinaison du toit, la portée, les convenances et la destination de l'édifice.

§ Ier. *Fermes à inclinaison très-prononcée, plus grande que* 30°.

Les dispositions dépendent de la portée; celle-ci est proportionnelle au nombre des pannes, qui sont placées en projection horizontale à des distances de 2 mètres à peu près.

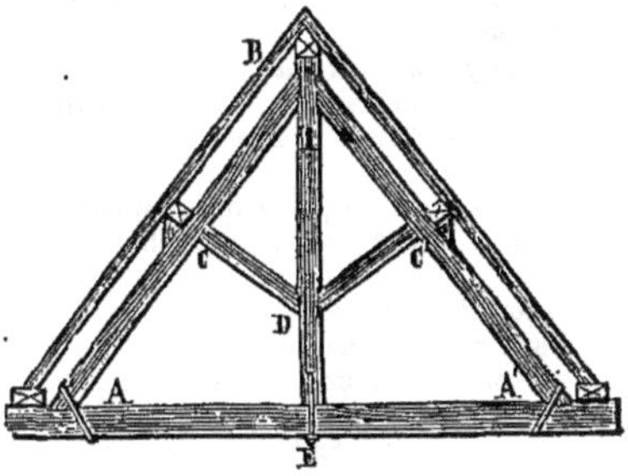

Fig. 3390.

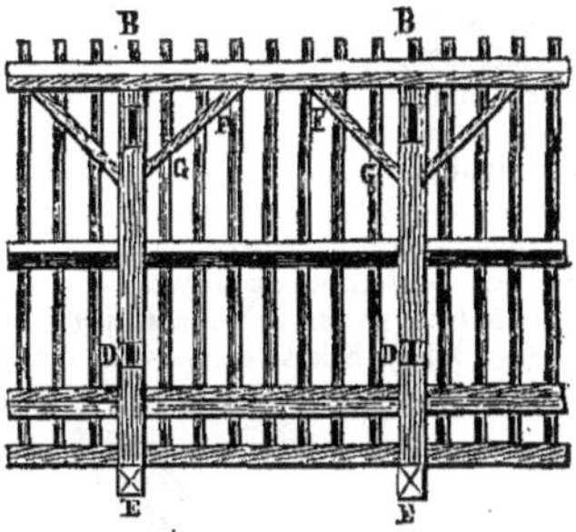

Fig. 3391.

1° *Ferme à une paire de pannes, de* 8 *mètres de portée.* Elle se compose de six pièces, dont les fonctions sont faciles à déterminer par la décomposition des forces qui agissent sur elles, savoir :

Deux arbalétriers A B, A' B; une fraction du poids de la couverture, égale aux 5/8 du poids total d'une travée, est reportée sur leur milieu par l'intermédiaire de la panne C; cette action P (fig. 3392) se décompose en deux : l'une dirigée suivant la parallèle à l'arbalétrier, tend à le comprimer; l'autre dirigée dans le sens CD tendrait à faire fléchir l'arbalétrier; mais la contre-fiche s'oppose à cette flexion; quand des points d'appui sont ainsi disposés au-dessous de chaque panne, les arbalétriers n'ont d'autre effort de flexion à supporter que celui qui résulte de leur propre poids dans les intervalles BC, CA; cette disposition est très-convenable, et on s'est conformé au même principe dans les exemples suivants. En résumé, l'arbalétrier doit avoir les dimensions suffisantes pour résister à la compression due à la

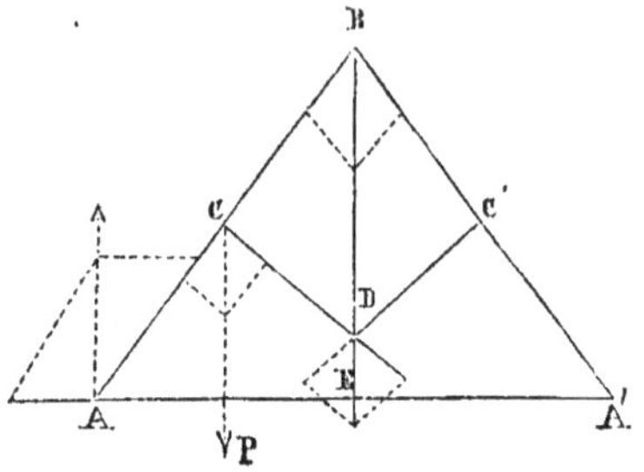

Fig. 3392.

décomposition suivant BC, BC' de la tension du poinçon BE et de la charge du faîtage dans toute son étendue; dans la partie CA, il faut ajouter à cette compression la composante due à la charge des pannes, mais néanmoins en pratique on donne aux pièces le même équarissage sur toute leur longueur; enfin, pour être complétement exact, il faudrait tenir compte de la flexion due au poids propre des pièces.

Un tirant AA', qui résiste à un effort d'extension dû à l'action des arbalétriers et à un effort de flexion dû à son propre poids.

Deux contre-fiches CD, C'D, qui soutiennent l'arbalétrier en son milieu et résistent à un effort de compression.

Un poinçon BE, qui résiste à l'extension due aux liens GF, aux contre-fiches et aux tirants et qui prend son point d'appui au sommet des arbalétriers.

Les assemblages du tirant avec les arbalétriers et avec le poinçon se trouvent ordinairement consolidés par des étriers en fer.

Dans les exemples suivants, on peut se rendre compte des efforts auxquels sont soumises les diverses pièces par une analyse analogue à la précédente, et il n'a pas paru nécessaire de revenir sur des explications qui paraissent suffisantes pour rendre compte du rôle de chaque pièce dans les divers types de fermes.

2° *Ferme à deux paires de pannes, portées d'environ 12 mètres* (fig. 3393). La disposition est la même que la précédente; on ajoute seulement deux petites pièces nommées *jambettes*, qui reportent la charge des pannes inférieures vers l'extrémité du tirant.

3° *Ferme à trois paires de pannes, portées d'environ 16 mètres* (fig. 3394). Elle se compose de deux parties : la première, semblable à la ferme à deux pannes, est limitée horizontalement par un faux entrait qui résiste à un effort de compression; la seconde est en forme de trapèze, les angles sont consolidés par des aisseliers et

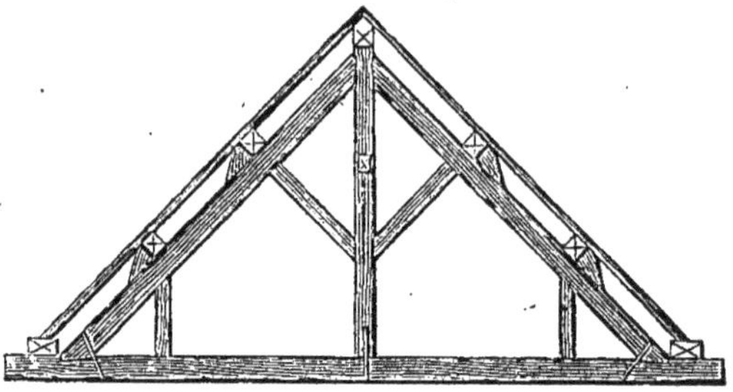

Fig. 3393.

des jambettes.

4° *Ferme à quatre paires de pannes, portées d'environ 20 mètres* (fig. 3395). Les arbalétriers sont renforcés de

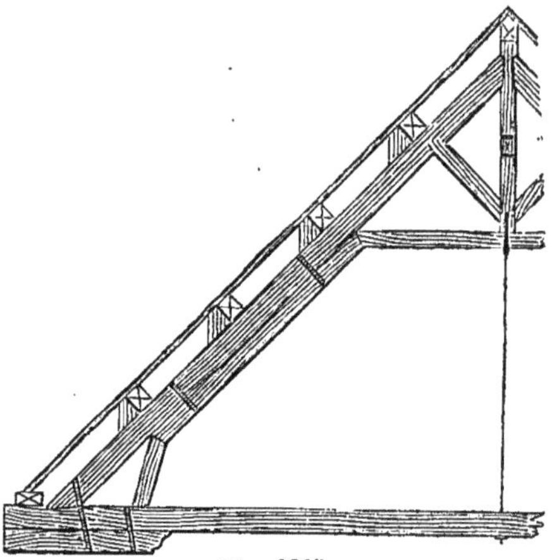

Fig. 3395.

pièces jumelles dans la partie inférieure de la ferme.

5° *Ferme à entrait retroussé.* On peut installer sous les combles des greniers, des magasins, ou même des logements, en modifiant légèrement les dispositions précédentes, comme l'indiquent les figures ci-contre. La

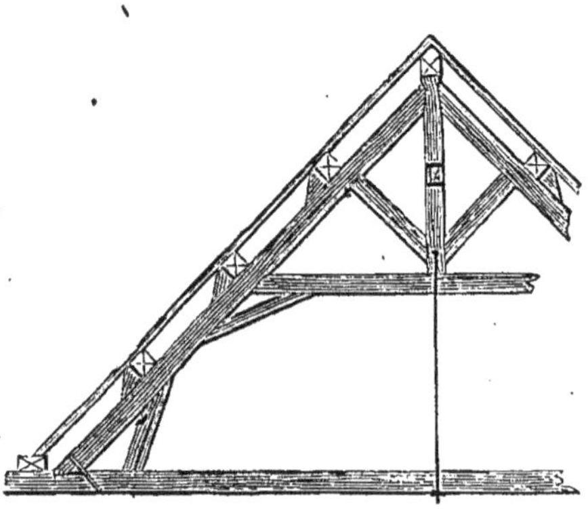

Fig. 3394.

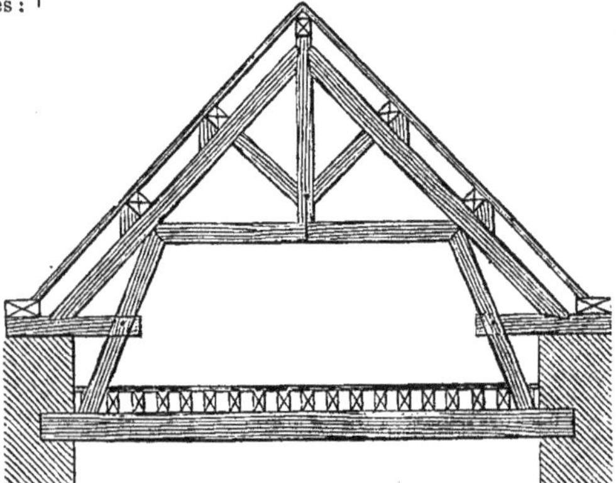

Fig. 3396.

partie supérieure de la ferme est pourvue d'un faux entrait; la poussée est reportée sur l'extrémité du tirant par une pièce inclinée nommée *jambe de force*, et celle-ci est reliée à la tête du mur par un *blochet* simple ou moisé (fig. 3396 et 3397).

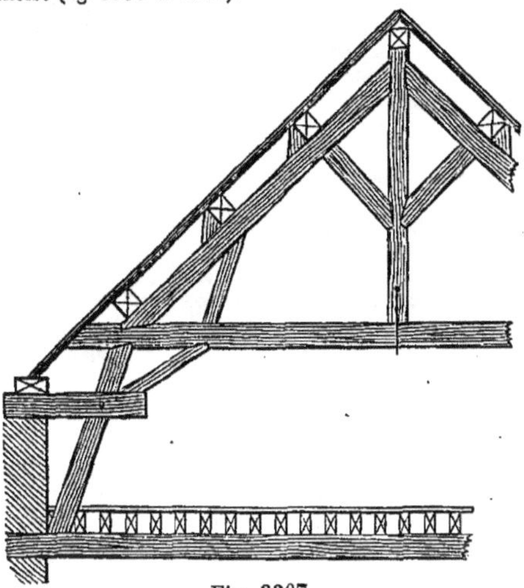

Fig. 3397.

6° *Ferme sans entrait.* Dans certaines circonstances l'entrait est gênant; on peut le supprimer en employant la disposition suivante, avec laquelle on doit se préoccuper de la poussée exercée sur les murs (fig. 3398). Les pieds des arbalétriers doivent être reliés au moyen de solives frettes en fer.

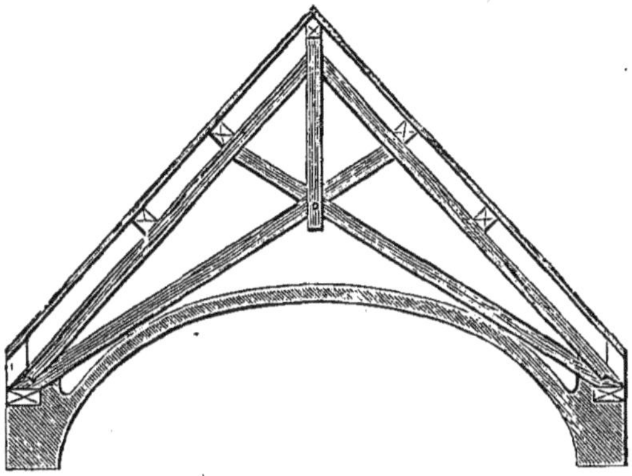

Fig. 3398.

Avec de bonnes planches de sapin, et de simples clous ou chevilles, sans aucun assemblage, on peut faire, dans beaucoup de circonstances, des combles économiques et simples en très-peu de temps, en suivant cette disposition.

§ II. *Fermes à pente peu prononcée, inférieure à 30°.*

1° *Fermes disposées à la manière des poutres armées.* Les arbalétriers et les tirants sont liés invariablement par des pièces pendantes, aiguilles ou moises, qui peuvent être plus ou moins multipliées, suivant l'espacement des fermes et leur charge propre, dans le cas par exemple où elles auraient à supporter des arbres de couche ou des armatures de grues. Les deux dispositions sont représentées, l'une à droite, l'autre à gauche de la figure 3399.

2° *Fermes des basiliques latines.* Disposition très-simple, très-convenable dans les édifices où les combles doivent rester apparents; on augmente la force des arbalétriers en les doublant et en juxtaposant deux fermes. C'est suivant ces dispositions que sont établis les combles des célèbres basiliques de Rome, telles que Sainte-Marie-Majeure (19 mètres d'ouverture) et Saint-Paul-hors-les-Murs (26 mètres); au point de vue du bon emploi des bois, il vaudrait mieux espacer les fermes ou superposer les pièces au lieu de les juxtaposer.

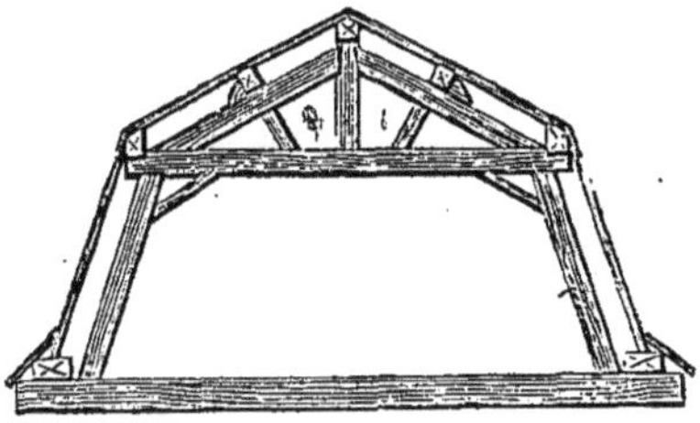

Fig. 3401.

§ III. *Combles brisés ou en mansarde.*

Ces combles offrent une sorte de compromis entre les inclinaisons prononcées et douces; ils sont employés pour établir des logements dans les étages supérieurs des édifices (fig. 3401).

PROPORTIONS.

Les dimensions des pièces des fermes peuvent se calculer assez facilement; pour établir les projets, on peut faire usage des proportions suivantes

Fig. 3399.

Fig. 3400.

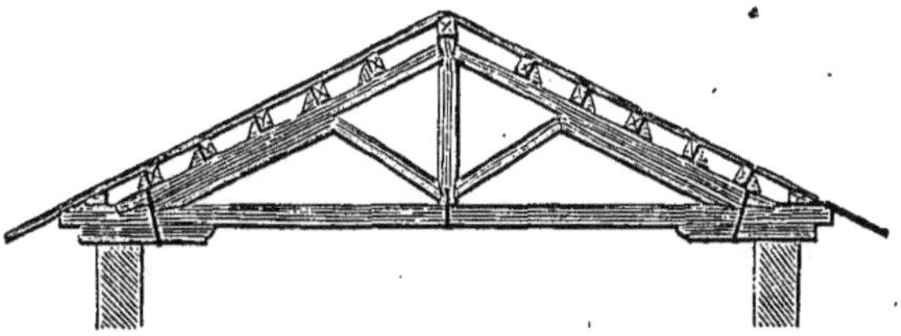

qui suffisent dans les cas ordinaires, et peuvent en tous cas servir de point de départ pour des calculs plus précis. L'équarrissage des pièces est exprimé en fractions de la demi-portée de la ferme.

Entraits portant plancher.	$\frac{1}{18}$
— ne portant pas plancher. .	$\frac{1}{20}$
Arbalétriers.	
Poinçons.	
Faux entraits.	$\frac{1}{24}$
Liens.	

Pannes $\frac{1}{24}$ de l'espacement des fermes.

Fermes du moyen âge. A cette époque, les bois étaient

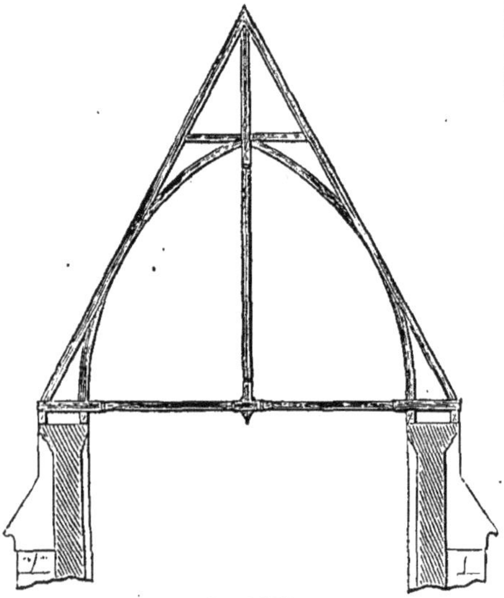

Fig. 3402.

plus abondants qu'aujourd'hui; les combles étaient généralement disposés d'une manière différente; ils étaient

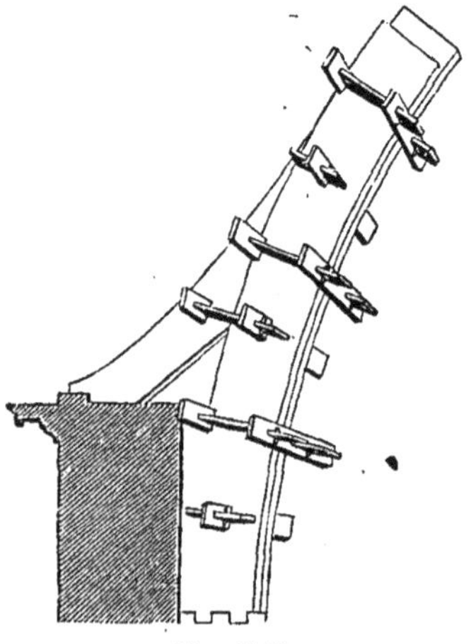

Fig. 3403.

élevés sur des murs très-hauts et très-étroits, et il importait de réduire l'intensité des poussées d'autant plus que les chevrons étaient généralement dépourvus de pannes, et exerçaient une pression continue sur toute la longueur du mur; ces motifs ont conduit à l'adoption de pentes très-prononcées, qui étaient d'ailleurs en harmonie avec le caractère de l'architecture ogivale. Les combles du moyen âge se composent ordinairement de chevrons portant fermes, et de fermes maîtresses qui correspondent aux contre-forts, et sont seules pourvues de tirants. Souvent les chevrons sont consolidés au moyen d'aisseliers et de jambettes courbes, et vu de l'intérieur, le comble présente l'aspect d'une carène renversée. Des planches ou un enduit de plafond recouvraient cette membrure, et on décorait la surface de peintures brillantes. (Ancienne salle des Pas-Perdus du Palais de justice à Paris, salle des États à Blois, Palais de justice de Rouen, églises, etc.)

Fermes courbes de Philibert Delorme (fig. 3403). La disposition précédente exigeait des bois d'un équarrissage courant très-fort. Quand les forêts commencèrent à s'épuiser, on chercha les moyens d'obtenir les apparences auxquelles on s'était habitué au moyen de bois de petit échantillon : de là l'origine du système de Philibert Delorme, qui permet d'établir des combles de grande portée avec de simples planches.

Le comble se compose, comme les précédents, de fermes de remplage très-rapprochées, répartissant la pression sur toute la longueur du mur. Ces fermes peuvent facilement recevoir les formes qu'on désire soit à l'intérieur, soit à l'extérieur : en effet, chacune d'elles est formée de deux ou trois cours de planches juxtaposées de telle manière que les solutions de continuité se trouvent en découpe. Les fermes sont reliées par des entretoises avec clefs passantes qui maintiennent leur écartement; ces entre-

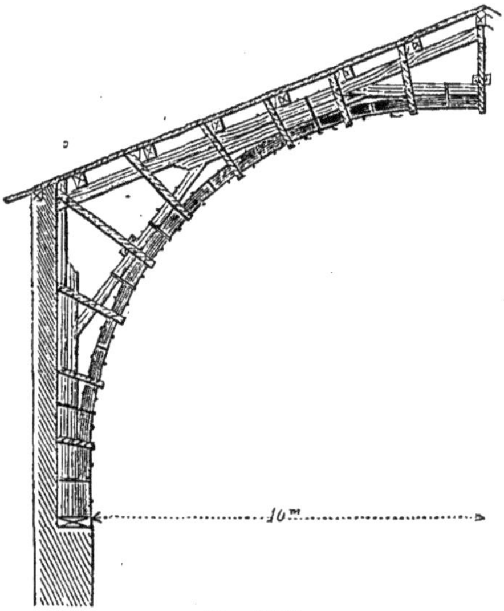

Fig. 3404.

toises sont tantôt moisées, tantôt simples et traversant les planches. (Coupole de la Halle au blé : 39 mètres de diamètre, brûlée en 1802; coupole des petites écuries à Versailles; cale couverte de Lorient.)

Fermes courbes du colonel Émy (fig. 3404). Le système de Philibert Delorme a beaucoup perdu de ses avantages économiques, par suite de l'élévation du prix de la main-d'œuvre. Le colonel Émy a employé, pour franchir de grandes portées, une disposition plus simple, qui consiste à superposer des planches de toute longueur sur un gabarit cintré, en ayant soin de croiser leurs joints et de les relier au moyen de boulons et d'étriers : on donne au comble la forme extérieure convenable, au moyen de bois ordinaires qui, réunis à l'arc par des moises, assurent sa rigidité.

Le hangar de Marac, près Bayonne, dont une moitié de ferme est représentée par la figure 3404, peut être considéré comme le type du système Émy; les fermes sont espacées de 3 mètres; l'arc est composé de planches de sapin, de 12 à 13 mètres de longueur, 0m,13 de largeur et 0m,55 d'épaisseur; il y a sept planches à la naissance, huit aux reins et cinq à la clef.

Divers systèmes de fermes courbes. On peut évidemment, si l'on dispose par hasard de bois courbes, les employer pour former des arcs analogues aux précédents; on peut aussi faire des combles de grande ouverture avec des bois de petit échantillon, en juxtaposant des châssis à croisillons, qui forment comme les voussoirs d'une voûte en bois.

Fig. 3405.

Ces châssis sont réunis au moyen de plates-bandes et de boulons ; ils sont faciles à transporter et employés avantageusement pour établir des abris mobiles ou provisoires. (Docks du Havre; halles à marchandises de Reims.)

Diverses dispositions des combles.

Dans tout ce qui précède nous n'avons considéré que des bâtiments de plan rectangulaire avec comble à deux égouts, c'est-à dire composé de deux pans inclinés en sens opposés. Un tel bâtiment peut être terminé transversalement par deux pignons, c'est-à-dire par deux murs surmontés de triangles ou de frontons, dont le sommet s'élève au niveau du faîte. Cette disposition

Fig. 3406.

est très-convenable avec les toits peu inclinés : elle présente avec les toits à inclinaison prononcée moins d'avantages, à cause de l'instabilité d'un pignon aigu et de l'action dangereuse que le vent pourrait exercer sur lui. Dans ce cas on termine le comble par un pan transversal incliné qui prend le nom de *croupe*.

Les combles des divers corps de bâtiments qui composent un grand édifice, forment en se rencontrant des angles rentrants qu'on appelle *noues*, quand les faîtes sont de niveau, et *noulets*, quand ils sont à des hauteurs différentes (fig. 3406). Les dispositions des pièces de bois au moyen desquelles on forme les combles et les noues sont étudiées avec détails à l'article STÉRÉOTOMIE.

Par la combinaison des pignons, des croupes et des noues, on obtient divers systèmes de combles qu'il suffira de définir ici.

Les combles en pavillon sont applicables à des bâtiments carrés en plan et formés généralement de quatre croupes juxtaposées.

Fig. 3407.

Le pavillon à cinq épis est formé par la rencontre de deux combles courts, avec croupes.

Le pavillon peut aussi être terminé par quatre pignons; cette disposition peut se combiner avec les précédentes, et elle a été souvent employée pour les flèches de clochers (fig. 3407).

Sur les bords du Rhin on voit beaucoup de constructions de ce genre, sur plan octogonal, avec pans de croupe sur les angles.

Les combles des grands bâtiments, dont la forme est polygonale ou circulaire, sont formés par une série de pans de croupe juxtaposés; les fermes des dômes ne diffèrent des fermes ordinaires que par l'addition de quelques pièces de bois inscrites dans le contour curviligne de l'extrados.

La forme circulaire ou polygonale du plan offre cet avantage que les entraits destinés à faire équilibre aux poussées des arbalétriers peuvent être supprimés et remplacés par une ceinture inextensible reliant les pieds des fermes sur les murs. (Cirque du boulevard du Temple, etc.)

Bibliographie. — Les principaux traités généraux sur

l'art de bâtir et sur l'architecture contiennent des parties plus ou moins développées consacrées à la charpente. Parmi les traités spéciaux nous devons citer les ouvrages de Mathurin Jousse et de Nicolas Fourneau qui remontent au temps de la Renaissance, les recueils de Krafft, le manuel succinct de MM. Hanus et Biston, le traité de l'art de la charpenterie, par le colonel Emy, œuvre classique, et qui laisse peu de chose à ajouter sur le sujet. On consultera encore avec fruit les études de M. Ardant, les recherches de M. le général Morin, insérées dans son traité de la résistance des matériaux, le cours de construction de M. Demanet, et enfin le traité d'architecture de M. Léonce Reynaud. Nous avons fait de nombreux emprunts à ces divers ouvrages. E. BAUDE.

CHARRONNAGE. Le charron est l'artisan qui fait les voitures de fatigue, les roues et les trains des voitures suspendues, les caisses et les garnitures étant seules du ressort des selliers-carrossiers.

Aux articles VOITURES, SCIERIE, etc., nous avons traité de la machine constituée par l'emploi des roues pour diminuer le frottement et surmonter les obstacles, et des moyens mécaniques employés pour la fabrication des roues, progrès capital dans une industrie qui en avait accompli beaucoup, au moment où l'industrie des chemins de fer est venue simplifier, pour ses plus grandes applications, le problème dont elle poursuit la solution.

Nous passerons en revue les derniers progrès accomplis en reproduisant ici la majeure partie de l'intéressant rapport du général Morin sur la fabrication des voitures.

1. — *Fabrication des voitures de luxe*. Pour les voitures de luxe, la légèreté tant réelle qu'apparente, la solidité et l'invariabilité de forme de toutes les parties, sont des conditions de rigueur. On conçoit, en effet, que la peinture, que l'on polit avec tant de soin, serait rapidement altérée, si les bois qui forment la caisse et le charronnage étaient susceptibles de se tourmenter.

Le choix et la préparation des bois sont donc d'une extrême importance sous le triple rapport de la solidité, de la durée et de l'invariabilité de la forme.

Les carrossiers habiles de France et d'Angleterre apportent le plus grand soin à ce choix, et sont dans l'usage de faire eux-mêmes leur approvisionnement et leur débit.

Dans la construction ordinaire des voitures en France, les pièces du train se font en frêne, les roues en orme tortillard pour les moyeux, en acacia pour les rais et les jantes, que l'on fait aussi souvent en frêne, et même en orme ordinaire, ce qui ne vaut rien, parce que ce dernier bois est trop sujet à la pourriture.

Malgré le choix que l'on peut faire de ces bois, ils sont loin d'avoir la solidité et surtout l'incorruptibilité de certains bois exotiques.

On a jusqu'ici préféré, en France, le bois de noyer pour les panneaux destinés à être peints et polis ; mais l'expérience des Anglais les ayant conduits à se servir de l'acajou, qui absorbe mieux l'huile et se tourmente moins que le noyer, l'usage de ce dernier bois commence à prévaloir pour cette partie, quoiqu'il exige un débit particulier pour être approprié à cette destination.

L'emploi des bois exotiques pour pièces du charronnage est déjà très-répandu en Angleterre, et tend à s'introduire en France. Le Canada et les États-Unis fournissent à la première, non-seulement des bois en plateaux ou débités, mais même des roues en blanc. La Guyane française expédie en France des bois de très-bonne qualité, très-propres aux constructions navales et à la carrosserie.

Je crois devoir donner quelques indications sur ces bois et sur les emplois qu'on en a faits.

Bois du Canada. — Chêne blanc, *Quercus alba*. Très-abondant, regardé comme la meilleure variété de chêne du pays, très-résistant et très-durable ; s'exporte beaucoup en Angleterre. Densité, 0,675. Prix moyen à Québec, 45 fr. 50 cent. le mètre cube. Il s'emploie pour les rais.

Shell bark hickory, *Carya alba*, appelé aussi *noyer blanc*. Il est regardé comme le plus fort, le plus compact, le plus élastique et le meilleur des bois du Canada. Il est très-employé pour manches d'outils, pour rais, moyeux et brancards. Densité, 0,929.

Frêne blanc, *Fraxinus americana*, remarquable par son élasticité ; employé pour les brancards et les jantes des roues. Densité, 0,646. Prix à Québec, 40 francs le mètre cube.

Ces trois essences de bois sont très-employées en Angleterre, et notre industrie peut aussi en faire usage avec sécurité.

Bois de la Guyane française. — Les renseignements fournis sur ces bois sont encore trop incomplets pour que nous puissions en conseiller l'adoption. Quelques-uns cependant sont signalés comme étant d'un bon emploi pour le charronnage. Ce sont : le bois balle, le bois la morue, le bois rose mâle, le bois macaque, le bois rouge, le bois puant, le bois pagayes, le bois mary, le bois devin, le coupi, le cours-dehors, *Diplotropis guyanensis*, le courbaril, *Hymenea courbaril.*

Dessiccation des bois. — La question de la dessiccation artificielle des bois a été fort controversée.

Pour les bois de fusil, le procédé de lessivage par la vapeur dans une étuve est préféré en France à celui de la dessiccation par l'air chaud à 40 ou 45 degrés. Ce dernier procédé, qui avait d'abord été adopté en Angleterre après des essais que l'on avait trouvés satisfaisants, y est abandonné, à ce que l'on m'a assuré ; il est, je crois, encore pratiqué pour la préparation rapide des bois de menuiserie. Après huit jours pour les planches de $0^m,025$ d'épaisseur, et quinze jours pour les madriers de $0^m,05$, des bois placés dans une étuve chauffée à 45 degrés environ, et suffisamment ventilés, ont perdu presque toute leur humidité et peuvent être employés. Les expériences faites à la manufacture d'armes d'Enfield semblent même prouver que les bois ainsi préparés reprennent moins d'humidité que ceux qui sont desséchés dans des hangars.

Quoi qu'il en soit, l'industrie de la carrosserie n'emploie ni l'un ni l'autre de ces procédés, et, à vrai dire, le faible échantillon des bois qui lui sont nécessaires permet de s'en dispenser, puisqu'il suffit d'un séjour de deux ou trois ans dans des hangars, après le débit, pour les dessécher complétement.

Mais, pour la courbure de certaines pièces de charronnage on a recours à l'immersion dans l'eau chaude, qui rend le bois plus flexible, et permet de le placer dans des coquilles ou de le courber sur des gabarits de forme convenable.

Emploi du fer et de l'acier. — De même que les bois, le fer et l'acier ont une grande importance dans la carrosserie. Le second de ces métaux, l'acier, prend, dans la construction des voitures, une place de plus en plus grande, à mesure qu'il se fabrique à meilleur marché et que sa qualité s'approprie mieux à la confection des grosses pièces.

On recherche pour les essieux une grande ductilité, qui les préserve de la rupture par l'effet des chocs, jointe à une dureté qui s'oppose à ce que leurs fusées s'usent trop promptement. Ces deux conditions, assez difficiles à trouver pour les fers, se voient réunies dans les aciers que fournissent les fabrications nouvelles, et la grande rigidité de ces aciers permet en même temps de réduire les dimensions du corps et des fusées des essieux, ce qui procure le double avantage de diminuer leur poids et le rayon des fusées, qui est à très-peu près le bras de levier du frottement, attendu que le jeu des boîtes ne doit être qu'une fraction de millimètre.

La suppression de la flèche dans un grand nombre de voitures, et la condition de se réserver la faculté de faire passer sous la caisse les roues de l'avant-train, exigent que les brancards en bois soient renforcés par des bandes de métal qui en suivent les contours, souvent très-compliqués, particulièrement pour les coupés à deux ou à quatre places.

Ces bandes se font généralement en fer, que l'on choisit de la meilleure qualité; mais elles sont alors d'un poids assez considérable, parce qu'il importe beaucoup que, dans les secousses éprouvées par la caisse, elles ne subissent non-seulement aucune déformation permanente, mais n'offrent même que des flexions très-légères.

Depuis quelque temps, les bons constructeurs anglais remplacent, pour la fabrication de ces pièces, le fer par l'acier, ou par ce que l'on nomme du fer *aciéreux* ou du métal homogène : ces derniers noms s'appliquent, en réalité, à des aciers de qualité ordinaire, mais uniforme. Cette substitution d'un métal moins flexible, et dont l'élasticité ne s'altère que sous des charges bien supérieures à celles que le fer peut supporter sans se déformer, permet de réduire considérablement, de moitié au moins, comme j'ai pu m'en assurer, la section transversale et par conséquent le poids des bandes de renfort, en leur conservant une force égale. Le prix de ces sortes d'aciers étant d'ailleurs peu supérieur à celui des bons fers auxquels on les substitue, il y a dans ce remplacement économie de poids et de dépense.

La fabrication des ressorts a aussi profité des perfectionnements introduits dans celle de l'acier, et, au lieu de ces étoffes de fer et d'acier, corroyés ensemble, qui étaient et qui sont encore en usage pour allier la roideur de l'acier à la ductilité du fer, on emploie de plus en plus des ressorts en acier pur, que l'on a seulement le soin de choisir parmi les variétés ductiles.

Quant aux ferrures du charronnage, qui, par leurs formes, permettent de donner à la plupart des pièces une apparence de légèreté plus grande que si elles étaient en bois, tout en leur conservant la même force, il convient de continuer à les fabriquer en fer de bonne qualité et très-ductile.

Les bandages de roues doivent être à la fois durs et ductiles. L'expérience de la Compagnie générale des omnibus montre que, sur les voies macadamisées, ces bandages s'usent plus vite que sur le pavé, tandis que le charronnage des roues fatigue plus sur le pavé. Ainsi, alors que dans le service une roue peut durer de quatre à cinq ans, un bandage doit être remplacé après trois ou quatre mois. Il paraît donc probable que, si le prix de l'acier continue à se rapprocher de celui du fer, il y aura bientôt avantage à substituer ce métal au fer pour les bandages de roues, en le choisissant encore parmi les aciers ductiles. Déjà, du reste, plusieurs de nos bons constructeurs sont entrés dans cette voie d'amélioration.

Poids des voitures. — Puisque j'ai parlé de la légèreté des voitures, il convient de faire connaître les poids ordinaires, et de montrer dans qu'ils varient, selon les ateliers de construction, dans les limites suivantes:

Berline.	650 à 700 kilog.
Coupé brougham à quatre places.	450 à 550
Coupé à deux places. . .	350 à 500
Calèche à un cheval. . .	480 à 500
Cabriolet à quatre roues, dit *victoria* ou *mylord*.	380 à 425

Dans les poids que je viens d'indiquer, les diverses parties ou divers éléments de la voiture entrent à peu près dans les proportions suivantes:

GENRES de VOITURES.	CAISSE.	CHARRONNAGE et ROUES.	FERRURES et LANTERNES.	SIÉGE.	PEINTURES.	GARNITURES.	TOTAUX.
Berline.	0.287	0.086	0.520	0.014	0.015	0.078	1.000
Coupé à quatre places. .	0.282	0.058	0.537	0.018	0.019	0.086	1.000
Coupé à deux places. . .	0.260	0.066	0.560	0.018	0.017	0.080	1.000
Calèche à un cheval. . .	0.222	0.067	0.590	0.018	0.010	0.103	1.000
Cabriolet à quatre roues (mylord).	0.240	0.074	0.590	0.023	0.010	0.093	1.000

Ce tableau montre que la substitution du fer au bois donne à certaines voitures une légèreté apparente, mais ce n'est que par une augmentation du poids relatif des ferrures, qui entrent dans une proportion supérieure à 0,50 du poids total, et d'autant plus grande que les voitures sont plus légères. La substitution de l'acier au fer pour les pièces principales contribuerait donc à alléger notablement le poids des voitures.

On voit, par ces exemples et par ces rapprochements, quelle réduction de poids on peut obtenir, en y apportant une attention soutenue et par un bon choix de matériaux.

Mode d'exécution. — La variété excessive des formes des voitures de luxe, pour lesquelles le constructeur est bien souvent obligé de se soumettre non-seulement au goût, mais encore aux fantaisies de l'acheteur, s'oppose à ce que l'usage des machines s'introduise pour une grande part dans la carrosserie de luxe. D'un autre côté, les carrossiers en renom qui tiennent à la bonne réputation de leurs établissements, s'attachent à tout faire faire chez eux, ce qui contribue aussi à écarter l'emploi des machines, qui n'est avantageux que pour des fabrications où l'on exécute un grand nombre de pièces identiques.

Cependant il y a certaines parties pour lesquelles des ateliers spéciaux deviendront de plus en plus nécessaires.

La fabrication des roues en blanc, celle des essieux et celle des ressorts sont de ce nombre, et déjà l'usage se répand de plus en plus parmi les constructeurs de recourir à des établissements spéciaux pour ces parties de la construction.

2. — *Voitures de service courant.* Ce genre de voitures, dont le plus grand nombre est affecté au service public comme voitures de louage, constitue une classe qui ne comprend qu'un petit nombre de types, dans chacun desquels toutes les voitures sont pareilles.

Cette uniformité conduit nécessairement à l'emploi des machines pour le travail de toutes les pièces semblables, parce que l'on y trouve l'économie et l'identité des pièces, comme on le voit dans les ateliers de la Compagnie générale de Paris.

3 — *Machines employées par l'industrie de la carrosserie.* Pour permettre d'apprécier l'économie que la fabrication en grand, à l'aide de moyens mécaniques, peut apporter à la construction des voitures, je relaterai ici les résultats d'un examen approfondi de cette question, auquel j'avais dû me livrer en 1845, alors qu'il s'agissait d'établir auprès de Paris un arsenal central pourvu de grands moyens de production. Ce projet, dont les bases générales ont été établies à cette époque, et qui, depuis, a été repris à la suite d'un rapport que je rédigeai en 1859 pour le comité d'artillerie, s'exécute à Bourges, dont la position centrale au milieu de nos réseaux de voies ferrées a déterminé le choix du gouvernement.

J'extrais donc du rapport de 1845 les renseignements suivants :

Machines à fabriquer les roues. — L'assortiment des machines nécessaires pour la fabrication des roues se compose comme l'indique le tableau suivant, dans lequel on a aussi rapporté :

1° Les quantités de paires de roues pour lesquelles chaque machine peut fournir les pièces qu'elle est destinée à produire;

2° Le nombre de journées d'ouvriers employées pour la confection, à la machine, des pièces nécessaires à la fabrication de cent roues

3° Le nombre de paires de roues pour lesquelles les mêmes machines peuvent servir.

On remarquera que, dans cette fabrication, le même ouvrier peut être successivement employé à plusieurs machines différentes.

Produit des machines employées à la fabrication des roues.

DÉSIGNATION DES MACHINES.	NOMBRE de paires de roues pour lesquelles la machine peut produire les pièces.		NOMBRE de journées employées à chaque machine pour 100 roues.
	en 1 mois.	en 1 an.	
	Paires de roues.	Paires de roues.	Journées.
Scie circulaire pour scier les plateaux en travers et débiter les rais en long	300	3,600	5 00
Scie circulaire pour mettre les rais d'équerre	300	3,600	5 00
Scie à chantourner les jantes	300	3,600	5 00
Scie pour couper les jantes selon le rayon	1,000	12,000	1 50
Machine à percer les jantes pour les rais et les broches	500	6,000	3 00
Machine à équarrir les mortaises dans les jantes	500	6,000	3 00
Machine à faire les broches des bouts des rais	400	4,800	3 75
Machine à araser les broches au bout des rais	400	4,800	3 75
Machine à scier les rais de longueur	500	6,000	3 00
Machine à faire les tenons des rais	700	8,400	2 15
Machine à planer les rais	300	3,600	5 00
Machine à percer les trous des moyeux	1,000	12,000	1 50
Machine à diviser les moyeux, à percer et à équarrir les mortaises	300	3,600	5 00
Machine à enrayer	300	3,600	5 00
Trois goujonniers	300	6,000	5 00
Total des journées employées aux machines pour 100 roues			56 65
Journées d'ouvriers travaillant à la main pour le montage de 100 roues : Planage des rais			35 00
Enrayage			2 25
Montage			6 25
Planage des hérissons			14 30
			114 45

Les résultats consignés dans ce tableau sont inférieurs à ceux que l'on obtenait à la même époque aux ateliers des messageries royales, où la confection de cent roues en blanc n'exigeait que 87 journées 63; mais les roues d'artillerie étant plus grandes que celles des messageries, j'avais préféré adopter des données moins favorables.

Aujourd'hui il convient d'ajouter que l'on a imaginé des machines qui terminent le planage des rais et celui des hérissons, ce qui diminuerait encore très-notablement le nombre des journées.

Quant à l'opération du cerclage des roues, qu'on nomme l'*embattage*, voici sur quelles bases j'avais calculé le nombre des journées nécessaires :

Un homme peut, avec la machine, cintrer	150 cercles par jour.
Quatre hommes soudent	40 cercles par jour,
Trois hommes amorcent	50 barres p. cercles.
Un homme place les bandes de	17 roues par jour.

Par conséquent, il faut pour 100 roues :

Pour cintrer les cercles	0,66	journées.
— souder les cercles	10,00	»
— amorcer les cercles	6,00	»
— les cercler	5,88	»
Total des journées pour l'embattage	22,54	»

Il aurait donc fallu en tout, à cette époque, pour 100 roues, avec les machines dont on proposait l'emploi :

Journées d'ouvriers en bois, au plus	114,45
Journées d'ouvriers en fer	22,54
	136,99

Or, d'après des données, que je dus à l'obligeance de M. le colonel Hennocque, directeur de l'Arsenal d'artillerie de Metz, on employait par les procédés ordinaires pour fabriquer 100 roues :

Journées d'ouvriers en bois	665,00
Journées d'ouvriers en fer	235,00
Total des journées	900,00

CHAUDIÈRES A VAPEUR.

Ainsi, dès 1845, le nombre des journées à employer pour la construction de 100 roues d'artillerie aurait pu être réduit à moins d'un sixième de ce qu'il était et est encore actuellement.

Depuis cette époque, les machines à travailler les bois se sont beaucoup perfectionnées : l'établissement de Graffenstadt a présenté à l'Exposition de 1855 et emploie, pour la construction des wagons, des machines à planer et à mortaiser les gros bois (voy. MENUISERIE); l'atelier des chemins de fer de l'Est, à Montigny près Metz, utilise avec succès une ingénieuse machine de M. Diez pour planer et pour équarrir à la fois, sur les quatre faces, toutes les pièces pour brancards, etc.; la scie à rubans de M. Perrin s'est répandue dans beaucoup d'ateliers (voy. SCIERIES), et sert à façonner les bois de toutes formes; les machines à faire les roues ont été perfectionnées; et l'usage des moyens mécaniques peut être étendu à la préparation de tous les bois qui entrent dans le matériel d'artillerie.

Ces détails montrent les avantages que trouverait la grande industrie de la carrosserie à se spécialiser, à concentrer dans quelques établissements principaux la fabrication de certaines parties de voitures, pour les livrer ensuite aux ateliers particuliers. Ceux-ci, par un contrôle sévère, trouveraient toutes les garanties de bonne exécution, pourraient prescrire le choix des matériaux qu'ils désireraient, et n'auraient plus qu'à s'occuper des parties qui ressortissent plus spécialement de l'art du carrossier.

4. — *Diligences, omnibus et autres voitures.* La construction de ces divers genres de voitures, par suite de l'uniformité et du petit nombre des types, et surtout parce que les services qu'elles doivent alimenter sont habituellement concentrés dans les mains de compagnies puissantes, doit, à plus forte raison encore, se faire presque exclusivement par les moyens mécaniques.

La Compagnie des omnibus de Paris a confié la direction de ses ateliers à un directeur et à un ingénieur habiles, qui ont organisé un bel ensemble de machines pour effectuer toutes les opérations qui peuvent être faites avec leur aide.

5. — *Voitures d'agriculture et de roulage.* Ce genre de véhicules rustiques, confiés à des conducteurs plus ou moins inhabiles, n'exige que de la solidité et une légèreté relative. Il faut de plus qu'ils soient faciles à réparer en tous lieux par les ouvriers de la campagne, avec les matériaux les plus faciles à trouver partout. Ils doivent donc être construits en bois, et ne recevoir que les ferrures indispensables.

Pour les voitures de roulage cependant, on pourrait aussi employer les mécaniques avec d'autant plus de motifs qu'il n'est pas sans importance d'alléger le plus possible, en leur conservant la solidité suffisante.

La largeur des jantes des voitures qui doivent circuler sur les routes est prescrite par les règlements, et pour l'agriculture, il ne convient guère qu'elle soit inférieure à $0^m,08$ ou $0^m,10$, afin qu'elles puissent aller dans des terrains ou des prés humides sans éprouver trop de résistance, et sans y occasionner trop de dégradations.

CHAUDIÈRES A VAPEUR. La construction des chaudières à vapeur a exercé la sagacité de tous les constructeurs, car il a été bientôt reconnu, en cherchant à obtenir des résultats économiques par l'amélioration de la machine à vapeur, que c'était l'appareil de vaporisation qui laissait le plus à désirer en général, que c'était de sa bonne disposition que l'on pouvait obtenir les plus grands progrès. Sans revenir sur les principes, notamment sur les avantages que procurent les grandes surfaces de chauffe, nous passerons en revue les trois types qui ont reçu les plus importants perfectionnements : les chaudières à foyer intérieur, les chaudières tubulaires et celles à circulation, renfermant l'eau dans l'intérieur des tubes.

CHAUDIÈRES A FOYER INTÉRIEUR. M. Grouvelle a fait justement remarquer, dans son excellent *Guide du chauffeur*, que ce genre de chaudières n'était bon qu'exécuté sur de grandes dimensions et pour fournir de la vapeur à une pression peu élevée. C'est dans ces conditions que les Anglais lui sont restés fidèles, en l'améliorant par une disposition fort heureuse, dont nous parlerons après avoir d'abord rappelé les observations très-justes du savant ingénieur dont nous venons de citer le nom.

« La plupart des ingénieurs qui ont cherché des perfectionnements aux chaudières ont cru les obtenir en enveloppant le foyer de métal en contact avec l'eau, et faisant circuler la fumée au milieu de l'eau, entre des surfaces multipliées et compliquées, jusqu'à ce qu'elle soit entièrement refroidie; confondant les conditions ordinaires du tirage par le seul effet de la cheminée avec les puissants tirages des locomotives pour lesquelles cette disposition devient alors parfaite. Au reste, l'expérience a parlé clairement, et partout où le poids des fourneaux en briques n'en interdit pas l'emploi, on a adopté et on emploie les chaudières métalliques enveloppées de foyers et de carneaux en briques.

« Nous avons montré qu'il était avantageux que plus de moitié de la surface de chauffe d'un générateur fût exposée à l'action directe et verticale du feu, et que la majeure partie de l'effet utile se produisait là.

« Or le diamètre extérieur que l'on peut donner à une chaudière étant limité, et ne pouvant guère dépasser $1^m,30$ ou $1^m,50$, le diamètre du cylindre intérieur qui contient le foyer, et par conséquent la surface exposée directement, ne peuvent être que fort réduits. De plus, cette surface, au lieu d'être placée tout entière à peu près horizontalement au-dessus du foyer, l'enveloppe latéralement dans une grande partie de son développement, et ne reçoit par conséquent son action que d'une

Fig. 3454.

manière indirecte et désavantageuse. Il n'y a que la moitié supérieure du cylindre qui puisse être considérée comme surface de chauffe; toute la partie inférieure, placée au-dessous des courants, chauffe mal et est couverte immédiatement de cendres et de suie. Pour compenser ces inconvénients, on est obligé de multiplier les circulations à travers l'eau, et alors le rapport entre la surface directe et la surface indirecte est moins avantageux.

« Ces dispositions ont d'autres défauts encore. On a reconnu en effet que la combustion souffrait toujours du contact d'une surface métallique sans cesse refroidie extérieurement par de l'eau.

« En Angleterre, et surtout dans le Cornouailles, on a donné des diamètres énormes aux chaudières et à leurs tubes intérieurs, en tête desquels se trouve placé un foyer de très-grande dimension. Avec le principe de brûler à basse température, et en multipliant autant qu'on le fait la surface de chauffe, on arrive, au moyen d'un foyer où la quantité brûlée est considérable, à avoir ainsi un très-bon emploi du combustible. Il n'en serait pas de même en France, où, avec l'emploi presque général de la vapeur à six atmosphères et au-dessus, l'administration ne permettrait pas l'emploi de ces grands diamètres, et où il faut nécessairement avoir de hautes températures. La combustion dans des foyers intérieurs trop resserrés doit certainement toujours être imparfaite. »

Un perfectionnement considérable apporté à ces chaudières est celui dû à M. Galloway, représenté fig. 3454; il a disposé, à l'extrémité du tube central, des tubes presque verticaux, sur lesquels la colonne des produits de la combustion vient se briser, ce qui augmente d'une manière très-notable la vaporisation. Cette disposition a été appliquée à un grand nombre de chaudières en Angleterre.

Chaudières tubulaires. La locomotive a appris à multiplier, dans une énorme proportion, la surface de chauffe des chaudières, en faisant passer les produits de la combustion à travers des tubes de petite section, immergés dans l'eau. S'il n'est pas possible d'imiter absolument les dispositions des chaudières des locomotives dans la pratique industrielle ordinaire, c'est-à-dire en l'absence de tirage forcé, il est possible de s'en rapprocher, d'imiter les dispositions adoptées pour la chaudière marine.

Ainsi, pour de longues chaudières à foyer intérieur, on a pu faire revenir la fumée par des tubes placés à la partie supérieure, et obtenir ainsi, au besoin, non avec économie, mais dans des conditions assez satisfaisantes, des chaudières n'exigeant plus de fourneaux en briques, en diminuant le refroidissement par une chemise de tôle retenant une couche d'air stagnant.

Chaudières a circulation. Au lieu de faire passer des tubes au milieu de l'eau de la chaudière, on peut imaginer la disposition inverse, c'est-à-dire placer l'eau à l'intérieur des tuyaux, sur l'extérieur desquels on fait agir la chaleur. La grande résistance de tuyaux en fer d'un petit diamètre, la facilité de faire mouvoir l'eau à vaporiser à l'encontre de la chaleur, d'appliquer les principes de la méthode de déplacement, a fait songer plusieurs fois à de semblables dispositions, que la pratique n'avait pas adoptées jusqu'ici. M. Farcot avait bien obtenu une partie des résultats qu'on peut espérer par une semblable disposition, par l'emploi de ses tubes réchauffeurs, mais ce n'était évidemment pas la solution complète du problème.

Une construction de ce genre, paraissant offrir des avantages considérables, a été fort remarquée à l'Exposition de 1867; nous devons nous y arrêter avec le soin que commande l'importance de la question, et étudier des systèmes qui, s'ils ne peuvent guère être aussi économiques que les précédents, possédant difficilement des surfaces de chauffe aussi étendues, sont beaucoup plus légers, fournissent de la vapeur plus sèche, moins mélangée d'eau, se mettent rapidement en pression, et surtout diminuent beaucoup les dangers des explosions, si redoutables avec les chaudières renfermant des masses d'eau considérables.

Chaudière Belleville. Le danger des explosions a fait songer divers inventeurs à construire des chaudières ne renfermant pas d'eau, dans lesquelles l'eau passât immédiatement à l'état de vapeur. C'est en général par l'emploi de tubes en fer que le problème a été attaqué par M. Isoard et M. Belleville notamment. Une hélice, formée de semblables tubes et placée sur un foyer, s'échauffe rapidement; l'eau projetée à la partie inférieure est immédiatement vaporisée, séchée et surchauffée en traversant la partie supérieure de l'appareil. C'est sous une forme semblable que la chaudière Belleville a été proposée, et la facilité qu'elle fournissait de donner, sans aucun danger, de la vapeur à haute pression, l'avait fait accueillir avec faveur, grâce à des idées théoriques assez généralement reçues, bien qu'erronées, sur l'avantage que présente l'emploi de très-hautes pressions. La pratique a bien vite fait reconnaître que les tubes vides d'eau, qui ne pouvaient être débarrassés des incrustations qui se formaient à l'intérieur, étaient bientôt brûlés, et qu'un semblable système n'était pas acceptable dans la pratique.

L'inventeur, qui avait constaté les avantages considérables de la forme tubulaire pour la rapide vaporisation, s'est attaché, avec une grande fécondité de ressources à remédier aux inconvénients qu'offrait son premier système, et il est parvenu à construire une chaudière que l'industrie recherche aujourd'hui dans bien des circonstances. Elle se rapproche de la chaudière à circulation qu'avait fait construire M. Seguier, mais elle est plus solidement établie. Elle n'est plus inexplosible d'une manière absolue, ni à vaporisation absolument instantanée; mais elle est très-vite en vapeur, ses explosions ne sont pas à craindre, se réduisent à l'ouverture d'un tube, et de plus elle se trouve dans de bien meilleures conditions d'utilisation de la chaleur que le système primitif; enfin les produits de la combustion ne sortent plus nécessairement à une température aussi élevée.

Nous ne connaissons pas d'expériences précises sur la puissance de vaporisation de ces chaudières; évidemment elles ne sont pas aussi économiques que d'immenses chaudières de Cornwall; mais il ne faut pas qu'elles soient trop désavantageuses pour avoir obtenu, malgré leur complication un peu effrayante, un véritable succès industriel, grâce à leur faible volume relatif pour une puissance voulue, et à la rapidité de la production de la vapeur. L'inventeur a cherché à obtenir une certaine régularité, dans la production de la vapeur, à l'aide d'un registre mobile dans la cheminée, registre qui se déplace en raison de la pression de la vapeur dans la chaudière, ce qui active ou modère automatiquement la combustion, action qui ne peut rivaliser, et c'est le point faible de cet appareil, avec les vastes réservoirs des grandes chaudières cylindriques. Aussi sommes-nous convaincus que l'inventeur, qui a déjà donné un certain volume à son réservoir de vapeur, sera conduit à l'augmenter beaucoup, ce qui n'a pas d'inconvénients au point de vue des explosions qui ne sont jamais dues à la vapeur déjà formée dans une chaudière.

Nous représentons ce système (fig. 3455 et 3456) de face et latéralement, la description suivante le fera bien comprendre.

A Tubes en U, en fer, raccordés entre eux par des boîtes et des coudes, et communiquant en haut et en bas avec des tubes dits conducteurs.

B Collecteur inférieur composé d'un tube de forme carrée ou oblongue, dans lequel les tubes générateurs puisent leur alimentation.

C Collecteur supérieur qui reçoit la vapeur formée.

D Tube diviseur de prise de vapeur. Ce tube est adapté à l'intérieur du collecteur supérieur. La vapeur est obligée, pour passer au dehors, de se diviser en traversant les petits trous dont ce tube est percé suivant toute la longueur de sa génératrice supérieure. Ces trous, dont la grandeur augmente à mesure qu'ils s'éloignent de la sortie, ont pour but de régulariser la sortie de vapeur et d'éviter les soulèvements et entraînements d'eau, l'instabilité de niveau et la difficulté de le maintenir à une hauteur convenable, faits qui,

contenance du cylindre, ce qui permet une alimentation régulière, un niveau stable, et donne la facilité d'alimenter à l'aide d'un injecteur Giffard.

K Tube de communication et de retour d'eau du collecteur supérieur au cylindre-niveau, renvoyant des

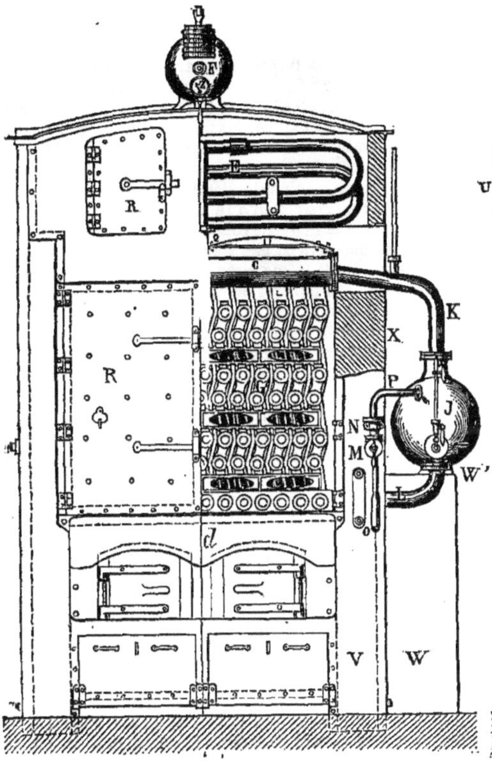

Fig. 3455.

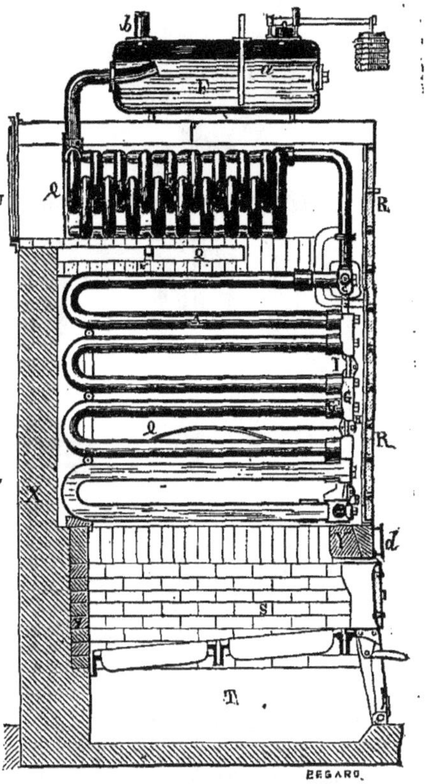

Fig. 3456.

en l'absence de ce tube diviseur, résulteraient des succions produites lors des intermittences de dépense de vapeur.

E Dessécheur à deux circulations, formé de tubes entrecroisés qui communiquent, par une extrémité, avec le collecteur supérieur G, et par l'autre avec l'épurateur F. Ce système peut être remplacé par un plus grand nombre de tubes en U, ce qui a lieu souvent avec une moindre complication de l'appareil.

F Cylindre épurateur muni d'une soupape de sûreté, d'attentes pour prise de vapeur et d'un bouchon de nettoyage.

G G' Boîtes de raccord en fonte maléable, substance qui se prête fort heureusement à leur exécution, à un prix modéré. Elles forment des chambres à mastic, et les ajustements effectués au tour ne permettent pas de fuites.

H Bouchons à boulons à ancre, facilement démontables pour permettre de racler l'intérieur des tubes, au moyen d'une tarière de forme spéciale. La fréquence des nettoyages dépend du plus ou moins de pureté des eaux, et varie, en pratique, de huit jours à un mois.

J Cylindre-niveau, muni d'un tube en verre, de bouchons pour le nettoyage et d'un injecteur pour l'alimentation. La quantité d'eau contenue dans les tubes étant petite, on a augmenté son volume de toute la

excédants de vapeur qui est condensée par l'eau d'alimentation.

L Tube de communication du cylindre-niveau avec le collecteur inférieur.

M Robinet gradué servant à régler l'alimentation.

N Clapet de retenue, destiné à empêcher le retour d'eau de la vapeur ou de l'eau à la bâche alimentaire.

O Tuyau d'alimentation qui conduit l'eau d'alimentation dans la partie supérieure du cylindre-niveau, en traversant le clapet de retenue.

P Tuyau qui conduit l'eau d'alimentation du robinet M dans la partie supérieure du cylindre-niveau, en traversant le clapet de retenue.

Q Brise-flamme et systèmes destinés à répartir également la chaleur sur toutes les surfaces de chauffe.

R Portes de nettoyage. S Foyer. T Cendrier avec portes.

U Registre.

V Enveloppes, armatures en tôle. X, Y, Maçonneries.

L'eau remplit habituellement les trois ou quatre rangées de tubes inférieurs; la vapeur qui s'en dégage, en entraînant de nombreuses gouttelettes d'eau, circule à travers les tubes supérieurs où toute l'eau se vaporise, la vapeur se dessèche et même se surchauffe si la longueur des tuyaux est suffisante. La circulation de l'eau est rapide, condition excellente pour son rapide échauffement, pour que la chaleur soit rapidement enlevée aux parois, qu'ils n'arrivent pas par suite à une très-haute température; aussi ils ne se détruisent plus, et l'action du foyer est assez bien utilisée. Il faut même brosser assez souvent l'extérieur pour empêcher la suie d'y former des courbes épaisses.

Chaudière Field. Un emploi excellent de tubes très-ingénieusement disposés, a été fait par M. Field, pour obtenir, par suite d'une circulation extrêmement rapide, une vaporisation en quelque sorte instantanée.

L'appareil (fig. 3457) se compose d'une chaudière ver-

Fig. 3457.

ticale de forme cylindrique, à l'intérieur de laquelle se trouve un foyer entouré d'eau. Le ciel du foyer est percé de trous assez rapprochés et légèrement coniques, où l'on introduit un certain nombre de tubes en fer ou en cuivre, d'une longueur telle qu'ils restent suspendus à une certaine hauteur au-dessus de la grille dans le foyer, ces tubes étant bouchés par le bas. Avec un mandrin d'acier également conique, sur lequel on frappe à coups de marteau, on élargit ensuite l'entrée de chaque tube, déjà rendue un peu conique à l'avance, et on les force à s'incruster, s'emboutir et se river dans la tôle du foyer.

Dans ces premiers tubes, on en descend d'autres ouverts aux deux extrémités et de diamètre moitié plus faible (leur épaisseur est insignifiante), s'arrêtant à quelques centimètres du fond des premiers; leur extrémité est évasée en entonnoir, et ils sont suspendus librement dans les premiers chacun par deux petites ailettes qui agissent comme les couteaux d'une balance, et les arrêtent au niveau voulu pour que les petits entonnoirs soient de quelques centimètres au-dessus des orifices de ces premiers tubes. Cette disposition mieux entendue que celle assez semblable qui avait déjà été proposée par Perkins, maintient entre les deux tubes un espace annulaire où l'eau peut passer librement en dépassant le plus petit d'une certaine hauteur, suivant la capacité de l'appareil. Lorsqu'on allume le feu, voici ce qui se produit :

Une rapide circulation de l'eau dans tous ces tubes résulte de l'échauffement; elle est assez active pour empêcher complétement la formation de dépôts calcaires et produire une économie notable de combustible.

Le mouvement du liquide est d'ailleurs produit par des circonstances physiques très-simples. Aussitôt que la chaleur vient frapper les parois du tube extérieur, l'eau contenue dans l'espace annulaire s'échauffe, se dilate et devient plus légère qu'auparavant, tandis que la colonne d'eau contenue dans le tube intérieur conserve sa température, sa densité et partant son poids. L'équilibre hydrostatique est donc rompu, la colonne intérieure chasse la colonne extérieure, prend sa place, subit bientôt la même action qu'elle, et cède à son tour à la pression d'une nouvelle colonne intérieure qui la rejette dans la chaudière où elle viendra bientôt la suivre sous l'influence de la même cause (différence de densité entre deux colonnes liquides de même longueur et de même nature, mais de températures différentes).

Mais bientôt l'eau de la chaudière ayant atteint la température de l'ébullition, la vapeur commence à se produire et alors la vitesse de la circulation augmente singulièrement.

En effet, au lieu d'être mise en mouvement par la différence de pression entre deux colonnes liquides communiquant entre elles et ne différant que par quelques degrés de température, l'eau se meut sous l'influence d'une différence de pression infiniment plus grande, puisque les deux colonnes n'ont pas la même nature. La colonne intérieure ne contient toujours que de l'eau chaude, tandis que la colonne extérieure contient à la fois de l'eau et des bulles de vapeur en si grand nombre, que leur volume est plus de deux fois celui de l'eau. Dans ces conditions, la vitesse de l'eau dans des tubes de $1^{m},20$ de longueur (dimension la plus en usage) est d'environ 4 mètres par seconde et assez forte pour amener à la surface du liquide de la grenaille de plomb mise préalablement au fond de quelques tubes. Toute l'eau (2,500 lit.) d'une chaudière de 80 chevaux, construite sur ce principe, traverse les tubes, comme on a pu le constater, en quelques secondes.

Les chaudières, construites par MM. Merryweather frères, à Londres, pour des pompes à incendie à vapeur (voyez Pompes), qui ont été primées au concours général, ne pesaient que 1730 kilogrammes, y compris la chaudière pleine d'eau et la machine produisait un travail de 25 chevaux.

Le temps nécessaire pour obtenir une pression de 6 atmosphères 1/2 est, d'après l'expérience, de 10 minutes, à partir de l'allumage du feu.

Au même concours, une machine des mêmes constructeurs lançait l'eau d'une façon continue à 55 mètres de hauteur, tandis que le poids total de l'ensemble fonctionnant n'atteignait pas même 3000 kilogrammes. Pour obtenir de pareils résultats, il a suffi de multiplier le nombre des tubes et de diminuer toutes les autres parties de la chaudière. On voit que les tubes de Field constituent une disposition vraiment remarquable pour obtenir de puissants appareils de vaporisation d'un poids minime.

CHAUFFAGE (*au coke, au gaz, au pétrole*). Dans le beau travail sur le CHAUFFAGE, dont il a enrichi cet ouvrage, M. Grouvelle s'est placé au point de vue de la bonne utilisation de la chaleur produite bien plus qu'à celui du combustible le plus convenable dans chaque cas, ou plutôt, sauf dans le cas des cheminées spécialement destinées au bois, il suppose, comme c'est le cas général, qu'on emploie le combustible le moins cher, le charbon de terre.

Il y a donc à compléter cette étude sous le rapport

de l'emploi d'autres combustibles qui peuvent, dans certains cas, offrir des avantages particuliers; à savoir : le coke, le gaz hydrogène, et enfin cet hydrocarbure naturel qui se trouve aujourd'hui en si grandes quantités en Amérique, le pétrole.

Chauffage au coke. Le coke, produit en très-grande quantité dans les usines d'éclairage des villes, est un résidu qu'il faut vendre sur place, et qui, par suite, est d'un prix avantageux tant que la demande ne dépasse pas les besoins. La combustion du coke des cornues, malgré sa porosité, n'a pas lieu à l'air libre; mais dans un appareil où se produit un fort tirage, elle se fait facilement en dégageant une chaleur intense par rayonnement, le coke restant longtemps incandescent. Pour le bien brûler, il faut employer un courant d'air qui réponde à une quantité limitée, strictement nécessaire à la combustion; on évite ainsi l'énorme perte de chaleur qui, dans nos foyers ordinaires, est emportée dans la cheminée par l'air qui n'a pas servi à la combustion. On n'obtient jamais ce résultat avec les combustibles qui brûlent avec flamme : ceux-ci doivent brûler dans un grand excès d'air, surtout au moment du chargement, sans quoi ils donneraient de la fumée en grande quantité.

Dans le but de créer un mode de chauffage économique et salubre, et pour développer la consommation du coke, la Compagnie Parisienne d'éclairage et de chauffage par le gaz a fait faire des expériences complètes sur le chauffage au coke et sur les dispositions les plus convenables à donner aux foyers. Elle a fait exécuter sur ses dessins, par de grandes usines métallurgiques, de nouveaux appareils en fonte qu'elle livre à bon marché. Nous donnerons ici les dessins des deux principaux types.

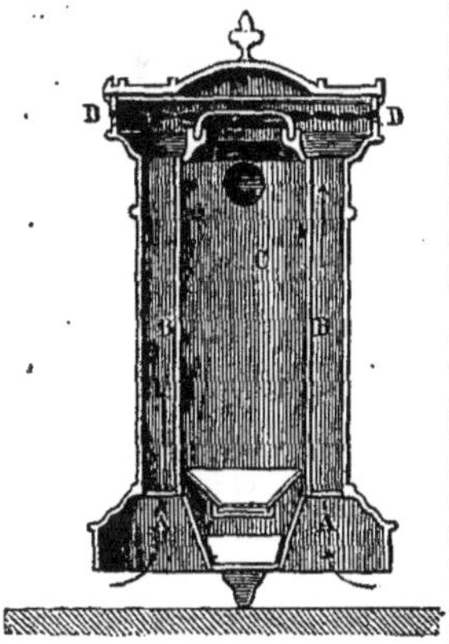

Fig. 3458.

L'appareil vu en coupe (fig. 3458) donne une chaleur douce, régulière et continue. C'est un poêle à circulation d'air. Une fois chargé, il fonctionne, sans qu'on s'en occupe, pendant 6, 10 ou 12 heures, suivant les dimensions. Les entrées d'air étant petites, la combustion du coke n'a lieu que sur une petite hauteur au-dessus de la grille, bien que l'intérieur soit rempli de combustible. Les gaz

Fig. 3459.

de la combustion traversent le coke incandescent pour s'échapper, après une entière combustion, par le tuyau de fumée C. L'air de la pièce s'échauffe au contact du cylindre métallique qui entoure le foyer.

Les foyers à bouches de chaleur (fig. 3459), plus répandus que le précédent, se placent, comme les foyers simples, dans toutes les cheminées. Ils fonctionnent à la fois comme cheminées ordinaires et comme calorifères, au moyen d'une double enveloppe du foyer que vient parcourir l'air puisé à la partie inférieure et qui sort par la partie supérieure, ce qui fait qu'une grande partie de la chaleur produite est utilisée pour le chauffage, soit par le rayonnement direct, soit par l'échauffement du volume d'air qui passe entre le foyer et l'enveloppe.

Il est bon d'établir l'appareil de façon que l'air arrive dans l'enveloppe par une prise d'air extérieur; on réalise ainsi de bonnes conditions de chauffage et de ventilation.

Chauffage au gaz. — *Emploi du gaz d'éclairage.* La facilité que procure le gaz, emprunté aux gazomètres des usines, d'obtenir de la chaleur immédiatement en ouvrant un robinet, comme d'avoir une quantité constante de chaleur en employant une flamme de longueur constante, rende l'usage du gaz très-commode dans nombre de cas particuliers. Malheureusement il est assez coûteux, au prix de vente de la plupart des usines françaises. Ainsi il coûte 30 centimes le mètre cube, à Paris, pour 8000 calories, ou l'équivalent de 1k,00 de houille valant 3 ou 4 centimes.

La flamme possédant une assez faible chaleur rayonnante, on n'obtient pas des résultats économiques du système, agréable à la vue, consistant en une cheminée dont on garnit l'âtre de files de petits becs; il est moins dispendieux d'employer des appareils de la nature des poêles. Nous emprunterons la description de ce genre d'appareils au *Guide du chauffeur*, si riche en renseignements sur toutes les questions de production et l'emploi de la chaleur.

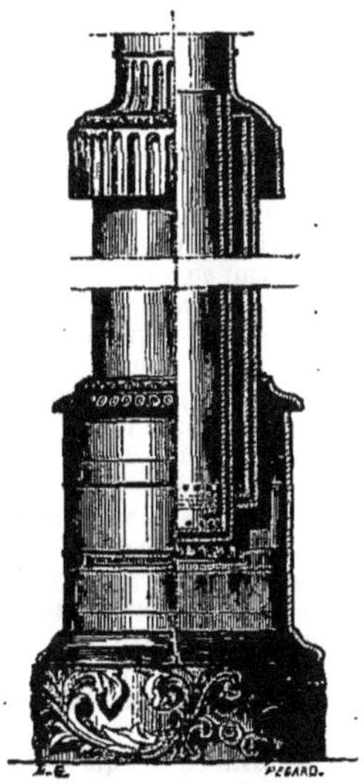
Fig. 3460.

« *Poêles à gaz.* Nous donnons ici (fig. 3460) le plan d'un poêle de ce genre apporté de Londres, et qui chauffe un bureau. Il présente un tuyau formant couronne et percé d'un grand nombre de trous pour l'allumage du gaz. Cette couronne est entourée d'une enveloppe métallique ornementée, dans laquelle passe de l'air extérieur qui se verse dans la salle, ou bien l'air de la salle même; cet air reçoit la chaleur développée par la combustion du gaz et la transmet aux salles à chauffer. Cet appareil chauffe vite et bien, mais il a deux vices graves : d'abord il verse dans la salle l'acide carbonique et les acides hydrosulfurique et sulfureux résultant de la combustion du gaz, ainsi que des vapeurs de carbure de soufre, atmosphère désagréable et dangereuse même; pour diminuer cet inconvénient, on a soin de percer dans le plafond des ouvertures qui servent à emporter l'air vicié et à assainir la salle, disposition bien inférieure à celle de l'hôpital Saint-Louis que nous décrivons plus loin. Ensuite ces poêles se refroidissent presque instantanément, dès que les becs de gaz sont éteints. C'est le défaut de tous les appareils de chauffage au gaz jusqu'à présent.

« *Poêle pour chauffer un bain*. Cet appareil est très-bien disposé (fig. 3461). C'est une couronne de becs de gaz qui chauffe une petite chaudière close, en tôle, remplie d'eau, et qui se met à volonté en communication avec une baignoire par des tuyaux munis de raccords à vis; ces tuyaux servent à établir une circulation régu-

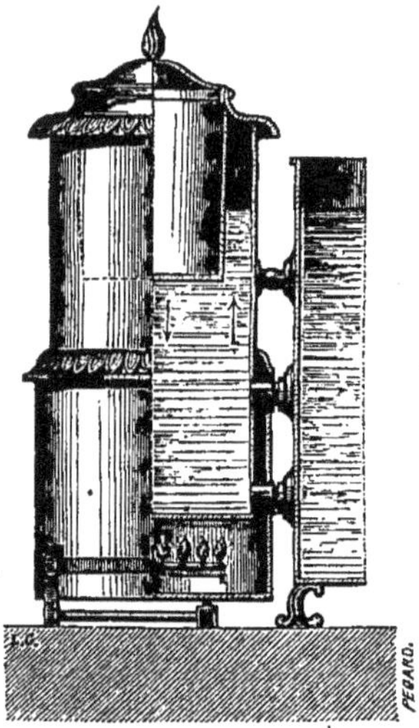

Fig. 3461.

lière entre la petite chaudière et la baignoire. En moins d'une heure la baignoire est parfaitement chauffée, et quand on est entré dans le bain, en fermant aux trois quarts le robinet du gaz, on laisse la circulation marcher lentement, et on maintient le bain rigoureusement à la même température; un récipient, placé dans le haut de l'appareil, chauffe le linge dont on a besoin.

« *Chauffage de l'hôpital Saint-Louis*. Il n'y a aujourd'hui encore en France qu'un seul établissement public chauffé complétement au gaz, et les résultats en sont excellents : c'est l'hôpital Saint-Louis, de Paris, qui possède une usine à gaz, à l'aide de laquelle le gaz obtenu, dans des conditions économiques, coûte, dit-on, de 5 à 6 centimes le mètre cube.

« Toutes les salles de malades de l'hôpital sont chauffées par de gros poêles en tôle avec une galerie en cuivre sur le haut, pour maintenir les pots de tisane qu'on y place.

« Le principe de ces poêles, contraire à celui des poêles anglais précédemment décrits, est d'isoler complétement l'air qui sert à brûler les gaz et les produits infects de leur combustion, de l'air pur que l'on chauffe et que l'on verse dans la salle.

« Il y a deux arrivées d'air distinctes, et qui viennent de la même prise extérieure, mais qui sont séparées par une cloison à 1 mètre au moins du poêle.

« L'air qui a servi à la combustion des gaz est forcé de redescendre, pour passer sous des plaques de fonte qui entourent le poêle et qui servent de chaufferette aux malades. Cet air vicié est ensuite emporté dans une cheminée établie dans les murs du bâtiment.

« Le gaz est brûlé sur une couronne de becs, que l'on allume ou que l'on éteint par le jeu d'un robinet manœuvré de la salle, à travers le plancher. Il brûle sous une pièce de fonte, semblable à une cloche de calorifère.

« L'air pur destiné à chauffer et à assainir la salle, amené par un canal distinct, vient s'échauffer autour de la cloche, et de là il passe entre deux surfaces métalliques chauffées par la flamme et la fumée du gaz, pour être versé dans la salle à l'aide de quatre larges bouches de chaleur. Au-dessous du bain de sable à tisanes et au-dessus du calorifère, est une capacité en communication, au moyen de grandes ouvertures, avec la salle dont elle facilite l'échauffement.

« Deux poêles de 13 becs et de 1 mètre de diamètre sur $1^m,20$ de haut, allumés 24 heures, chauffent parfaitement une salle de 1,200 mètres cubes, contenant 45 lits. Une salle de 80 lits est chauffée par 4 poêles de 36 becs l'un, et brûlant chacun par heure 3 mètres cubes de gaz.

« On peut compter que les deux poêles de 13 becs de la salle, de 1,200 mètres cubes, brûlent ensemble 3 mètres cubes de gaz à l'heure.

« D'après les analyses du gaz de houille par Dulong, 1 litre de ce gaz dégage en brûlant 8 cal. 880;

« Soit pour 1 mètre cube de gaz. . . 8880 calor.

« Ou l'équivalent en houille de. . . . $1^k,136$

« En nombre rond, on peut prendre 1 mètre cube de gaz de houille comme égal à la puissance calorifique de 1 kilogramme de houille.

« Avec 3 mètres cubes de gaz brûlés par heure, le nombre d'unités de chaleur versées dans la salle de 1,200 mètres cubes, contenant 45 lits de malades, est donc de 24,024. En pratique, on sait qu'on ne peut pas chauffer une salle de malades avec le renouvellement d'air nécessaire, à moins de $1^m,150$ de surface de chauffe à la vapeur ou à l'eau chauffée à 3 atmosphères, par 100 mètres cubes, et que chaque mètre de surface métallique, plongé dans l'air à 15° dans les conditions ci-dessus, et ayant 135° degrés centigrades, dégage au moins 1,340 calories par heure.

« Les 10 mètres carrés de chauffe nécessaires pour la salle de 1,200 mètres cubes donnent donc par heure 24,300, ce qui est parfaitement d'accord avec les résultats et les dépenses de gaz constatés à l'hôpital Saint-Louis.

« Avec ces éléments, il sera facile d'établir et de proportionner partout des appareils de chauffage au gaz.

« Les poêles de l'hôpital Saint-Louis sont assez bien disposés et fort commodes pour les malades, par suite des plaques circulaires en fonte qui les entourent; ils sont très-salubres, parce qu'ils envoient au dehors tout l'air vicié par la combustion du gaz, et que les salles ne reçoivent que de l'air pur. On est très-satisfait de leur service, qui est propre, régulier, facile à conduire, et n'exige presque aucune réparation. »

Chauffage des appareils de chimie. — Production des hautes températures. Bunsen, le célèbre chimiste d'Heidelberg, qui a fait adopter pour les laboratoires de chimie l'emploi du gaz, si commode et si propre, a établi la théorie de l'emploi de ces appareils au moyen des expériences faites à l'aide de son brûleur qui a fourni le moyen d'obtenir à volonté de la chaleur ou de la lumière. Il est représenté figure 3462.

Fig. 3462.

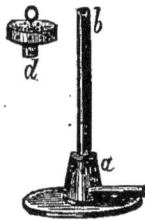

Le conduit par lequel arrive le gaz l'amène dans un tuyau percé de trous presque au niveau de l'orifice du gaz; ces trous donnent passage à l'air qui se mêle intimement au gaz, et le mélange s'échappe par le sommet du tube *ab*. *d* est un bec en rose qui sert à faire varier la forme de la flamme. Si on laisse entrer l'air abondamment, s'il s'agit d'obtenir de la chaleur, on aperçoit à peine de lumière, et cette flamme donne beaucoup de chaleur par l'effet de la combustion complète des particules charbonneuses. Si on bouche en partie les orifices *a*, l'affluence de l'air est diminuée, et la flamme devient aussitôt lumineuse; on a un bec d'éclairage, formé d'un noyau de gaz non brûlé, entouré d'une gaîne de flamme. En réalité, le pouvoir éclairant du gaz peut se mesurer par la quantité d'air qu'il faut lui ajouter pour empêcher la précipitation des molécules solides de carbone; plus le gaz sera riche, plus il faudra d'air pour brûler son carbone et éteindre sa lumière.

En ouvrant les ouvertures de sortie de gaz, en entourant la flamme d'enveloppes en argile, on parvient à construire, en partant du brûleur de Bunsen, tous les appareils dont les chimistes ont besoin pour évaporations, calcinations, etc.

Ce n'était que pour le cas de la production de températures extrêmement élevées que ces appareils laissaient quelque chose à désirer; c'est ainsi que M. Deville a été obligé de recourir à un chalumeau à gaz oxygène pour fondre le platine. Cette lacune a été comblée par M. Schlœsing, en employant, dans un appareil semblable au précédent, le gaz et l'air sous pression. Nous reproduirons la note dans laquelle l'éminent ingénieur a résumé ses recherches.

« Les chimistes, dit-il, n'ont pas encore obtenu du gaz d'éclairage tous les avantages qu'il offre comme source de chaleur. Les appareils usités dans les laboratoires donnent tout au plus la température du blanc naissant, à moins qu'on ne remplace l'air par l'oxygène, comme l'ont fait MM. H. Deville et Debray. Cependant, si l'on calcule la température produite par le gaz brûlé avec la quantité d'air strictement suffisante, on demeure convaincu de la possibilité de produire de hautes températures par sa simple combustion dans l'air. C'est une question d'appareils, je me suis proposé de la résoudre.

« J'ai vu deux conditions principales à remplir : 1° combustion sans excès d'air ni de gaz, accomplie en totalité dans l'espace à chauffer; 2° vitesse des gaz comburants, assez grande pour maintenir la température élevée, malgré les pertes par les enveloppes, ou tout autre genre de consommation de chaleur. Au sujet de cette deuxième condition, je rappellerai que, dans la plupart des opérations de laboratoire ou de l'industrie exigeant une haute température, la perte de chaleur par les enveloppes est la principale cause du refroidissement; elle est proportionnée à leur développement : de là l'avantage des grands fours sur les petits, à ne considérer que le meilleur emploi de la chaleur; les quantités de matière qu'on y met en œuvre croissent comme les cubes, tandis que la perte de chaleur, et, par suite, le flux réparateur ne croissent guère plus vite que les carrés des dimensions.

« Ces deux conditions sont réalisées par le dispositif suivant : de l'air est injecté dans un tuyau de cuivre de 3 à 4 décimètres de long, par un bout de tube qui y pénètre de quelques centimètres; deux trous opposés sont percés sur le tuyau un peu en arrière de l'orifice du tube; à cet endroit, le tuyau est entouré d'un manchon alimenté par le gaz : celui-ci, aspiré par le courant d'air, s'y précipite et s'y mêle. On ne peut mieux se figurer le jeu de cet appareil qu'en se représentant une lampe Bunsen, dans laquelle les accès d'air et de gaz seraient renversés, l'orifice du gaz fort élargi, débitant de l'air, et les trous d'air donnant du gaz. Naturellement le débit du gaz est réglé sur un robinet, celui de l'air l'est par une pression déterminée. Quand on enflamme le mélange gazeux ainsi effectué dans l'air, on produit une grande flamme bleue dont la puissance calorifique ne paraît pas plus intense que celle d'un chalumeau ordinaire d'un égal débit; mais si le dard pénètre dans une enveloppe réfractaire, sans entraîner d'air extérieur, la flamme, que je suppose produite par un mélange en proportions théoriques de gaz et d'air, devient très-courte, et la combustion s'accomplit en totalité dans un espace resserré, ce qui provient sans doute de l'état préalable de mélange des fluides dû à leur parcours simultané dans un même tuyau. Il ne faudrait pas voir un danger dans ce mélange de gaz explosible; il résulte, en effet, des recherches exécutées en commun par M. de Mondesir et moi, sur la combustion des mélanges gazeux, que la vitesse de propagation de la combustion du mélange théorique du gaz d'éclairage et d'air dans un large tube est au plus de 5 mètres par seconde : si donc la vitesse est notablement supérieure dans mon chalumeau, la flamme ne saurait remonter le courant pour venir brûler dans l'intérieur du tuyau. D'ailleurs, une explosion dans de pareilles conditions ne saurait causer d'inquiétude; on n'a pas non plus à se préoccuper de la puissance de la soufflerie qui fournit l'air. Des pressions de 10 à 20 centimètres d'eau donnent des vitesses bien suffisantes pour l'objet dont il s'agit; mais on devra veiller avec soin à laisser aux gaz brûlés des passages convenables à l'issue du four : on serait exposé sans cela à des refoulements d'air dans les conduites de gaz.

« Je me sers d'un soufflet de M. Enfer, dont je régularise l'action en envoyant son vent dans une sorte de gazomètre formé par une grande cloche en zinc, fixée et noyée dans une enveloppe pleine d'eau; un manomètre à eau indique la pression dans le gazomètre. Le gaz est réglé par un robinet dont le boisseau peut exécuter de très-petits mouvements imprimés par une clef de 1 décimètre environ. Je reconnais que mon mélange approche le plus possible de la perfection lorsque deux positions de la clef très-voisines me donnent l'une un mélange oxydant, l'autre un mélange désoxydant, ce que je vois en présentant un fil de cuivre dans les gaz qui s'échappent du four.

« S'agit-il de chauffer au blanc un tube de porcelaine, j'emboîte, à l'extrémité du chalumeau, une sorte d'entonnoir aplati qui transformera le jet cylindrique en une nappe plane. J'introduis le bord de l'entonnoir entre deux briques réfractaires liées ensemble par du fil de fer : l'une d'elles a été auparavant limée de manière à former après sa jonction avec l'autre un vide qui est la continuation de l'entonnoir, et dans lequel la nappe gazeuse va s'étalant toujours plus jusqu'à ce qu'elle s'échappe par une fente de 11 à 18 centimètres de long sur 2 à 3 millimètres de large; ce n'est qu'à partir de là qu'elle brûle, bien entendu si la vitesse est supérieure à 5 mètres. Je me garde d'exposer mon tube trop près de l'issue des gaz, la porcelaine ne manquerait pas de fondre tout le long de la ligne frappée par eux; de chaque côté, et aux deux bouts de la fente, j'établis quatre morceaux de briques emprisonnant la flamme dans un espace de 1 à 2 centimètres de large sur 5 à 6 de haut, et de la longueur de la fente; un peu au-dessus, je place un tube, et je lui fais une enveloppe avec d'autres morceaux de brique convenablement taillés. Les gaz comburants, divisés par le tube, l'embrassent des deux côtés, se réunissent au-dessus, et s'échappent par une fente étroite. L'échauffement doit naturellement être gradué au début; je commence donc par donner peu de vent, puis j'ouvre lentement le robinet du gaz, et je m'arrête quand j'ai atteint la limite inférieure d'inflammabilité du mélange de gaz et d'air. Malgré l'excès d'air, la combustion est alors très-incomplète : l'hydrogène brûle, mais le carbone ne fait guère que de l'oxyde; la température est donc peu élevée, et le tube la supporte sans accident. Peu à peu j'augmente à la fois le vent et la proportion du vent; au bout de cinq minutes, j'ai pris l'allure à laquelle je veux me tenir.

« Pour chauffer un creuset, je prends d'autres dispositions. Deux briques, juxtaposées à plat, font le socle du four; au centre, j'établis le creuset sur un fromage; je lui fais une enveloppe à parois verticales avec des morceaux de brique d'égale hauteur, et serrés par un fil de fer : cette enveloppe repose sur quelques fragments de brique, de manière à laisser entre elle et le socle un vide de 3 à 4 millimètres. Je la couvre enfin d'une brique percée d'un trou central qui reçoit mon chalumeau; ainsi je chauffe par en haut; la flamme frappe le couvercle, s'étale sur lui, descend et s'échappe tout à l'entour par une fente circulaire.

« On peut évidemment varier de bien des façons la forme du jet de la flamme et celle des enveloppes, selon l'objet à chauffer; on peut aussi alimenter un seul four avec plusieurs chalumeaux. Les chimistes qui voudront bien essayer mon mode de chauffage éprouveront certainement quelque étonnement en voyant les effets produits. Pour ma part, j'ai fondu, en vingt minutes, dans un creuset de Paris, un morceau de fer de 400 grammes; j'ai fondu, dans le même temps, des tubes de Bayeux, jusqu'à transformer la porcelaine en verre transparent. Ce dernier résultat oblige à certaines précautions dans le chauffage des appareils en porcelaine. Quand je chauffe un tube, je place à l'une des extrémités un ballon, dont le fond est noirci, et à travers lequel je surveille les effets de la chaleur sur la porcelaine; le ballon est tubulé, quand un gaz doit circuler dans le tube. Si j'aperçois un commencement de déformation, je diminue la pression de l'air. Du reste, étant donnés un chalumeau et un four à tube, on fera bien de déterminer, par expérience, la pression d'air qui correspond à la fusion commençante de la porcelaine; ce sera une limite qu'il ne faudra plus atteindre à l'avenir. Cette première limite est évidemment très-variable, selon les dimensions du chalumeau et du four. Il est clair qu'on aura toujours avantage à forcer, autant que possible, le diamètre du premier, pour diminuer le travail de la soufflerie, mais sans oublier que la vitesse du mélange gazeux doit dépasser 5 mètres. Il ne faudrait pas supposer que la dépense en gaz est excessive; je l'ai mesurée diverses fois : pour chauffer à *blanc*, pendant vingt minutes, un tube de porcelaine de 20 millimètres, sur une longueur de 16 centimètres, je dépense environ 250 litres de gaz; j'en ai dépensé 500 pour fondre le morceau de fer. »

La facilité de l'emploi du gaz pour produire de hautes températures est telle, qu'il n'est pas douteux que ces procédés ne passent fréquemment des laboratoires dans les ateliers industriels. Ils doivent rendre de grands services à cause de leur simplicité, de la facilité avec laquelle ils s'adaptent à tous les usages, et de l'économie remarquable qu'ils procurent.

Chauffage au pétrole. La découverte et l'exploitation du pétrole en Amérique, en fournissant des quantités toujours croissantes de cet hydro-carbure, a fait chercher tous les genres d'emploi auquel on pouvait l'appliquer. Il est bien évident que c'est l'éclairage qui en constitue l'emploi principal, sur lequel nous n'avons pas à revenir ici, et que ce n'est que dans des cas particuliers que l'on peut penser à l'appliquer au chauffage, que sa grande inflammabilité permet de produire avec une très-grande rapidité. Or, dans les cas où la production de force est capitale, dans un navire à vapeur il peut en être ainsi, le pétrole apparaît aujourd'hui comme un combustible de guerre, convenable surtout pour le moment du combat.

Comme puissance calorifique, le pétrole formé de 845 grammes de carbone et 155 d'hydrogène par kilogramme doit produire environ 11,500 calories, soit autant que 1k6 de houille, dans des conditions où une combustion rapide peut être bien plus aisément obtenue.

La grande volatilité du pétrole rend sa combustion complète plus difficile qu'on ne pourrait croire, et dans les premiers essais, comme lorsqu'on cherchait à employer le goudron pour chauffer les cornues, pour une petite quantité de pétrole brûlée, on en distillait bien davantage en faisant beaucoup de fumée, et on perdait, par la cheminée, des quantités considérables. C'est en faisant tomber le pétrole d'une manière continue sur une plaque d'argile incandescente, et avec l'aide d'une soufflerie, que la vaporisation et la combustion du pétrole paraissent se produire le mieux. L'insufflation de l'air à travers le liquide opère un entraînement nuisible. On s'est trouvé fort bien de l'emploi de vapeur d'eau surchauffée, par une disposition analogue à celle de l'appareil Thierry (Voy. Fumée).

M. Day, ingénieur, qui a assisté à l'essai d'un grand appareil de cette nature, établi par M. Richardson, décrit ainsi qu'il suit les résultats obtenus :

« Pendant que, sous la chaudière de M. Richardson, on brûlait du pétrole américain, il est certain que, lorsqu'on ouvrait le robinet de vapeur d'eau, l'effet était étonnant. Avant que la main eût quitté ce robinet de vapeur, la flamme avait pris un volume quatre fois plus considérable, toute fumée disparaissait, et une flamme active et jaune remplissait le foyer tout entier, la boîte à feu et les tubes. La chaudière ne suffisait plus pour contenir la flamme, et au lieu d'allumer quatre feux, deux seulement suffisaient. Enfin, avec un feu et un jet entier de vapeur d'eau de 9 millimètres de diamètre, on dépassait le travail de la grande chaudière de l'arsenal de Woolwich, qui a une chauffe de près de 2 mètres cubes de capacité. Lorsqu'on allumait deux feux sous la chaudière au pétrole, on ne pouvait ouvrir les jets que de 1/3, et on ne brûlait pas plus de 40 kilogrammes par mètre carré de surface de grille et par heure. La vapeur d'eau était très-légèrement surchauffée, et sous une pression de 1k,7 par centimètre carré.

« L'emploi du pétrole et des huiles de schiste procure une grande économie de temps et de main-d'œuvre; il ne faut pas ouvrir les portes du fourneau pour allumer et éteindre les feux, et en tournant simplement le robinet au pétrole, la vapeur d'eau éteint aussitôt le feu. Si une chaudière a trois chauffes, on peut en éteindre deux et maintenir la troisième à l'état de combustion lente, puis au premier signal ouvrir les robinets, et aussitôt que le pétrole commence à se vaporiser, tout est en flamme.

« Le pétrole et les huiles ne laissent ni mâchefer, ni cendres; seulement il se forme sur la surface de la grille un coke indestructible.

« On peut entretenir un feu continu sans la moindre interruption pendant un temps quelconque, et c'est probablement à ce fait qu'est due en partie une évaporation de 18 kil. 02 par kilogramme de pétrole. Du reste, les expériences ont démontré que les manœuvres pour chauffer au pétrole étaient de la nature la plus simple, et établi ce fait que ce feu est plus aisé à conduire qu'un éclairage au gaz. L'application du principe aux chaudières existantes, ayant des espaces d'eau sous la grille, s'opère avec une extrême facilité, et n'exige d'autres modifications qu'un tuyau de fumée plus petit. »

Voici comment M. Richardson résume les avantages de son système de chauffage :

« Rapidité de production de la vapeur; réduction dans les dimensions de la chaudière et du fourneau; feu continu; absence de fumée, de mâchefer, de cendres ou autres résidus; faculté de produire instantanément un feu forcé sans forcer le tirage; réduction du personnel, porteurs, tiseurs, etc. Ajoutez à cela qu'en alimentant en combustible par un tube et en produisant un feu continu, on évite les pertes de chaleur occasionnées dans les fourneaux à la houille, lors de chaque chargement; que l'absence de résidus qui, avec la houille, s'élèvent à environ 16 p. 100 du poids total du combustible, supprime tous les inconvénients provenant de l'enlèvement du mâchefer, des escarbilles et des cendres du fourneau, circonstance d'une très-haute importance à bord des navires, et chose non moins importante à la mer de pouvoir en un instant forcer le feu, ce qui est extrêmement facile avec le pétrole, en même temps que l'emmagasinage de ce combustible occupe infiniment moins de place que la houille. »

CHAUSSURES A VIS. L'industrie de la chaussure qui, vers la fin du siècle dernier, s'exerçait, pour la plus grande partie, à l'état nomade, est restée stationnaire ou au moins a progressé très-lentement, tant qu'elle n'a possédé pour éléments de développement que le concours des ouvriers de la spécialité.

Dans ces conditions elle suffisait à peine à la consommation intérieure ; quant aux opérations commerciales, elles étaient à peu près nulles.

Transformation récente de la chaussure. Vers le tiers environ de ce siècle, les besoins augmentant plus rapidement que la production, et surtout plus rapidement que la formation des élèves cordonniers, on eut recours, pour suppléer au talent manuel qui faisait défaut, à l'emploi des chevilles en bois, en fer, ou en cuivre en remplacement de la couture, pour opérer la suture des semelles, et l'on fabriqua par ces divers procédés, plus rapidement et à plus bas prix, des chaussures qui trouvèrent facilement leur place, bien qu'elles ne présentassent pas plus de solidité que la chaussure cousue.

Cette fabrication, quoique laissant à désirer sous plusieurs rapports, eut le très-grand mérite, en ne limitant plus la production de cette branche importante au nombre des ouvriers spéciaux existant, d'être le point de départ, le signal, en quelque sorte, d'un immense développement industriel et commercial.

Importance statistique de la chaussure. A partir de ce moment l'industrie de la chaussure se divisa en deux branches : — l'une, conservant les traditions, fit ce que l'on pourrait appeler la chaussure de luxe ; — l'autre, plus démocratique, visa au bas prix et au grand nombre et toutes deux progressèrent parallèlement dans une proportion considérable ; proportion dont les relevés officiels de 1847 et de 1860 fournissent l'éloquente mesure.

Ainsi, en 1847, la production totale des chaussures dans la capitale, était de. . . . . 45,000,000 fr.
dont 23 millions attribués à la consommation locale, et 22 millions à l'expédition.

En 1860, treize ans après, la fabrication parisienne avait atteint le chiffre de. . . . . 83,000,000 fr.
dont 44 millions attribués à la consommation intérieure du Paris agrandi, et 40 millions à l'expédition.

En appliquant cette même progression aux sept années qui se sont écoulées depuis le dernier relevé, on trouve que la production actuelle de la chaussure à l'intérieur de Paris doit être d'au moins. . . . . 103,000,000 fr.
par année.

C'est-à-dire que cette branche importante de la production parisienne a, comme beaucoup d'autres, pris, dans l'industrie générale, le rang qui lui appartient réellement, aussitôt qu'elle n'a plus été limitée par une main-d'œuvre spéciale, et, de simple industrie de consommation, elle s'éleva rapidement au premier rang comme importance chiffrée ; de plus, elle se vit représentée par des maisons qui occupent aujourd'hui le sommet des affaires, qui ont à leur tête des hommes embrassant la question de très-haut, et qui ont voué à cet utile et difficile produit leur temps et leur intelligence.

Chaussure à vis. Dans ce mouvement de transformation qui a toujours grandi, l'industrie se trouvait en possession de moyens d'accroissement comme quantité, comme nombre ou comme bas prix, mais nullement comme supériorité de qualité.

La supériorité dans les produits et dans les moyens de fabrication, autres que les procédés manuels, ne se manifesta qu'à l'apparition de la chaussure à vis et des machines pour les fabriquer.

De cette époque (25 ans environ), date pour l'art de la cordonnerie une ère tout à fait nouvelle.

La chaussure atteignit par l'emploi de la vis et par l'usage des machines comme qualité, comme durée, comme indéformabilité, un degré de perfection tout à fait inattendu et qui lui valut la haute réputation qu'elle s'est si justement acquise dans le quart de siècle qui vient de s'écouler ; réputation dont une notable part revient à la maison Sylvain-Dupuis qui, par les soins qu'elle n'a cessé de lui donner et par le choix consciencieux qu'elle a constamment fait de ses matières premières, n'a pas peu contribué à maintenir à ces nouvelles chaussures le rang qu'elles occupent à si juste titre.

Conditions d'une bonne chaussure à vis. Pour justifier cette assertion sur la supériorité de la chaussure à vis, examinons d'abord au point de vue du produit en lui-même quelles sont les qualités que doit posséder une bonne chaussure vissée ; il nous sera facile, ensuite, d'en déduire les conditions que doivent remplir, d'une part, les vis qui jouent le principal rôle, et, d'autre part, les machines qui opèrent le vissage.

La chaussure doit, en sortant de la machine, posséder :

LA SOLIDITÉ,
L'IMPERMÉABILITÉ,
LA DURÉE,
LA SOUPLESSE,

Enfin la COURBURE exacte du pied, c'est-à-dire la conservation des courbes qu'il a fallu faire prendre à la matière première, pour qu'elle épousât le modelé du pied.

La *solidité* et l'*imperméabilité* sont la conséquence du principe même de la chaussure à vis qui emprisonne la substance molle de l'empeigne entre deux semelles plus denses, remplissant, de chaque côté de l'empeigne, l'office de la tête et de l'écrou d'un boulon dont le corps traverse toutes les épaisseurs à joindre.

Cette structure est aujourd'hui commune à toutes les chaussures à vis, mais son efficacité est dépendante de la conformation de la vis qui est l'élément essentiel, et des conditions dans lesquelles on opère la pose de ces boulons d'un nouveau genre.

La *durée* de la chaussure à vis est dépendante, — en ce qui concerne le vissage, — de la forme du filet des vis ; seulement ces dernières ayant sur la durée de la chaussure une influence capitale, nous en ferons plus loin l'objet d'un examen tout spécial.

La *souplesse* d'une chaussure à vis s'obtient, au point de vue mécanique, à l'aide de la réglementation de la pression sous laquelle les cuirs sont joints ; cette pression préalable et concomitante a pour but d'opérer le rapprochement des matières que la vis a pour mission de maintenir.

Or, pour faire ployer une semelle composée de plusieurs épaisseurs réunies de distance en distance par des vis qui s'opposent à leur écartement, il faut, ou que les différentes couches qui la composent puissent glisser l'une sur l'autre, ou que chaque partie de matière placée entre deux vis consécutives puisse se tendre, s'allonger à l'extérieur de la courbe de flexion et se fouler à l'intérieur de cette courbe.

Si donc les cuirs composant une chaussure ont été réunis sous l'influence d'une pression assez énergique pour empêcher tout glissement ou tout refoulement, la chaussure sera dure, rigide, inflexible ; si, au contraire, la machine possède les moyens de mesurer et de régler la pression sous laquelle le vissage doit s'opérer, il devient facile, en limitant cette pression au degré convenable d'arriver, à la souplesse qu'on veut obtenir.

Enfin la *conservation* des courbes de la semelle ou, plus

exactement, des formes du dessus et du dessous de la chaussure, a une très-grande importance au point de vue d'une bonne fabrication, disons plutôt au point de vue de l'art. En effet, il ne suffit pas que le cordonnier prenne la mesure au coude-pied et à la naissance des orteils; — si, bien que la mesure en ces deux endroits, soit parfaitement exacte, on aplatissait la semelle destinée à un pied cambré, ou, réciproquement, qu'on cambrât une semelle destinée à un pied plein, on donnerait naissance, dans les deux cas, à un résultat déplorable: — le pied, en cherchant à remettre l'axe des deux sections dans leurs relations respectives, donnerait naissance à une foule de plis sur la guêtre de la chaussure, et occasionnerait une gêne intolérable au malheureux qui serait condamné au supplice de modeler à son pied une telle chaussure.

Il est donc des plus important, comme nous venons de le dire, que la compression sous laquelle on opère le vissage de la chaussure s'exerce sans déranger les courbes de celle-ci.

Les conditions qu'il faut réunir pour obtenir une bonne chaussure à vis étant, pour la plupart, dépendantes de la nature des vis employées, il devient indispensable d'examiner ce qui constitue une bonne vis à chaussure.

Conditions d'une bonne vis pour chaussure. Pour faire apprécier ce qui constitue une bonne vis destinée à joindre des substances relativement très-peu denses, telles que le cuir de bœuf ou de vache, les peaux molles, etc., il faut d'abord faire remarquer que, en dehors de la vis elle-même, ce qui constitue la solidité de la chaussure à vis consiste dans l'emploi de semelles intérieures, appelées semelles premières, d'une épaisseur de 2 à 3 millimètres, soit d'environ 2^{m} 1/2 en moyenne;

Que cette semelle représente l'une des deux parties du nouveau boulon auquel est confiée toute la résistance de la chaussure;

Que la semelle extérieure représente la deuxième partie de ce boulon;

Et que c'est entre ces deux parties d'un même boulon que se trouve comprimée et serrée l'empeigne de la chaussure.

Qu'en conséquence, soit qu'on se base sur la limite de résistance du cuir, soit que l'on considère la résistance des filets de la vis, on n'a, en aucun cas, intérêt à dépasser dans les autres parties constituantes la plus faible de ces deux résistances.

Or, la semelle intérieure étant, de toutes les parties servant à la jointure, la plus délicate, c'est d'elle et des deux filets engagés dans son épaisseur que dépend la solidité de la chaussure.

C'est donc, en définitive, sur cette partie, infime en apparence, qu'il faut reporter tous les soins de la construction, puisque de cette partie dépend tout le succès de la chaussure.

Nous n'aurons donc pour établir un parallèle entre deux produits, qu'à comparer cette partie qui est commune à tous.

La mesure de la solidité en ce point nous donnera la mesure de la solidité comparative.

La résistance des filets métalliques (cuivre) attachés à un corps cylindrique est à la résistance des filets semblables, faisant corps avec une substance moins dense, (cuir) comme la densité ou plutôt les résistances des deux matières sont entre elles.

Or, le cuivre, avec lequel on confectionne les vis, rompt sous un effort de traction de 120 kilogrammes par millimètre carré de section.

Le cuir de vache de bonne qualité, servant à faire les semelles intérieures, appelées semelles premières, cède sous un effort de traction de 2 kilogrammes par millimètre carré de section (1); il faut donc, en supposant les efforts faits dans tous les sens comme proportionnels aux efforts de traction, que les filets métalliques, par rapport aux filets de cuir, soient entre eux comme volume dans le rapport de 1 à 60.

(1) 1^{k}.70 avec du cuir baissé.

C'est ce qui fait que l'auteur de ces chaussures a été conduit, dès l'origine, à adopter pour les filets métalliques une proportion aussi grande que possible entre le plein et le vide des filets, laquelle, dans la pratique, n'a pu aller, jusqu'ici, au delà de 1 de plein contre 3 de vide, ensemble 4 pour le pas (fig. 1); le cuir qui remplit les filets de la vis possède donc 3 de plein contre 1 de vide.

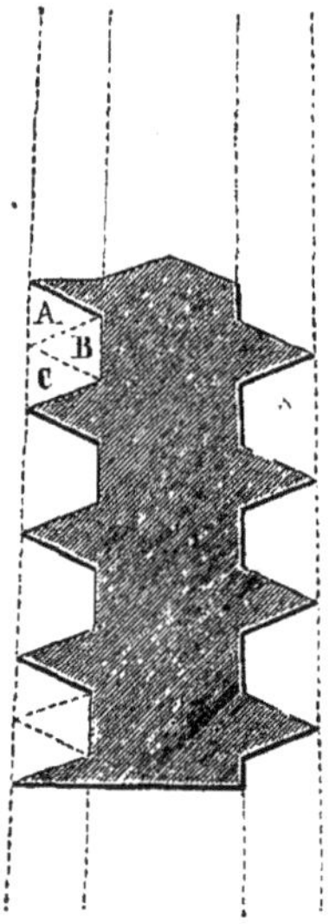

Fig. 1.

Les parties comprises entre deux filets métalliques consécutifs ayant mêmes angles et mêmes côtés que les filets métalliques, présentent, chacune, une surface égale à 3 fois celle des filets de la vis.

Ceci, en ne considérant que les surfaces de section par l'axe longitudinal; mais pour que le rapprochement soit exact, il faut avoir égard :

1° A ce que les filets de cuir étant plus épais doivent résister en raison du carré de leur épaisseur: or l'épaisseur des filets étant double, leur résistance devient quadruple = 8 kilogrammes;

2° A ce que la surface de révolution qui forme la base d'adhérence des filets en cuivre sur le cylindre ou tige centrale, est plus petite que la base d'attache ou surface de révolution des filets en cuir à leur diamètre extérieur, dans le rapport de 1,89 millimètre carré à 7,90 millimètres carrés, ou de 1 à 4;

3° Enfin à ce que le cube de cuir engagé entre les filets du cuivre est au cube du cuivre comme $0,75^{mil.3}$ est à $2,63^{mil.3}$, ce qui porte la résistance à l'arrachement à $\frac{8 \times 2,63}{0,75} = 28$ kilogrammes (l'expérience directe donne 24 kilogrammes).

On voit que, malgré l'énorme différence qui existe comme densité et comme résistance entre les deux substances cuivre et cuir, on peut, par les proportions des différentes parties de la vis, par rapport au cuir, approcher, pour chacune d'elles, d'une égale somme de travail, et donner aux parties jointes une solidité que nul autre mode de jonction connu ne pourrait leur procurer.

Seulement, pour obtenir ce résultat, il faut que les vis

en métal possèdent des creusures relativement considérables en vue desquelles on doit prendre, pour la fabrication des vis, les précautions que commande ce genre de produit, si l'on veut l'obtenir dans de bonnes conditions.

Il y a d'autant moins à transiger avec les proportions de vide et de plein, surtout à l'extrémité des vis, que les semelles intérieures sont toutes en vache, — moins par raison d'économie que comme condition de souplesse, — et ne possèdent, en général, que 2 à 3 millimètres d'épaisseur, ne permettant d'utiliser que les deux ou trois premiers filets de la vis, et que c'est sur ces deux ou trois premiers filets, comme nous l'avons déjà dit, que repose toute la solidité de la chaussure.

Ajoutons que la forme des filets influe énormément sur la durée de la chaussure. — Si les vis possèdent des filets très-saillants et surtout très-aigus comme ceux des vis filetées au burin, la jonction de la semelle contre la chaussure persistera alors même que la semelle n'aurait plus pour épaisseur qu'une infime fraction de millimètre, parce que le cuir emprisonné par la spirale d'une vis terminant en lame de couteau ne cesse d'exister qu'avec la vis elle-même (fig 2).

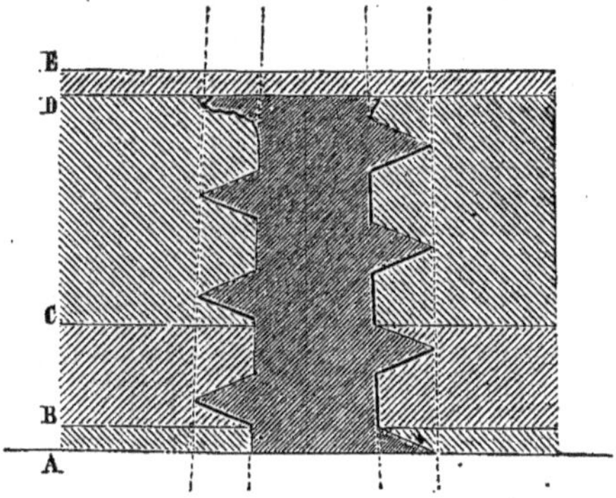

Fig. 2.

AB, épaisseur de semelle restant à user;
BC, épaisseur de l'empeigne;
CD, épaisseur de la semelle intérieure;
E, talonnette.

Nota. Les cinq figures de démonstration sont à l'échelle de dix fois grandeur.

AB représentant l'épaisseur du cuir restant à user,

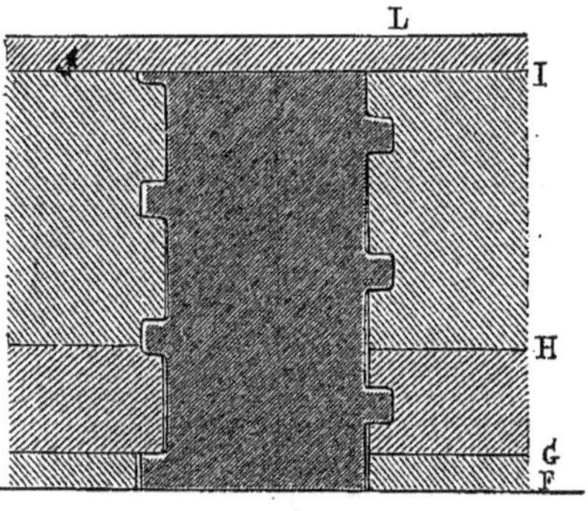

Fig. 3.

on voit que le plan incliné du filet de la vis retiendra jusqu'au dernier atome le cuir de la semelle.

Au contraire, si la vis porte, comme la plupart des vis taraudées au moment du vissage, des filets métalliques épais, la durée sera limitée à une épaisseur de cuir égale à l'épaisseur matérielle des filets métalliques (voir fig. 3); l'épaisseur FG du filet de la vis ne retient plus le cuir, et la chaussure est hors de service avant d'être complétement usée.

FG, cuir de semelle restant à user;
GH, épaisseur de l'empeigne;
HI, épaisseur de la semelle intérieure;
L, talonnette.

Résumons, en quelques mots, les conditions que doivent remplir les vis à chaussure.

Premièrement. Elles doivent posséder un noyau conique:

1° Pour servir de contre-partie à la rivure intérieure;

2° Pour qu'il y ait serrage ou compression dans tous les sens de la matière à chacune des révolutions que fait la vis pour pénétrer, ou, autrement dit, pour qu'elle ne tourne pas plusieurs fois dans le même trou sans s'y serrer latéralement davantage;

3° Pour qu'elles ne se rompent pas sous l'effort de la torsion, ce qui arriverait avec des vis cylindriques si elles étaient uniformément évidées dans toute leur longueur.

Secondement. Les filets doivent être plus creux à l'extrémité de la vis pour obtenir le maximum de travail dans les semelles premières et dans les deux derniers filets de la semelle extérieure.

Troisièmement. Les filets doivent être aigus dans les derniers éléments de la semelle extérieure, pour que la chaussure puisse atteindre à son maximum de durée.

Quatrièmement. Les filets supérieurs doivent être plus camards pour joindre leur résistance naturelle à celle de la vis, ce qui permet d'employer du métal d'un diamètre moindre.

Cinquièmement. Elles doivent posséder un commencement de pointe pour faciliter leur introduction, et cependant assez peu pour permettre au premier filet de se rabattre ou de se rapprocher du second, et de constituer ainsi une sorte de rivure intérieure s'opposant au détournement de la vis, comme on le voit figure 4.

AB, extérieur cylindrique;
BC, extérieur conique;
EF, noyau conique;
GH, épaisseur de la semelle intérieure;
HI, épaisseur de l'empeigne;
IJ, moitié de l'épaisseur de la semelle extérieure;
IK, deuxième moitié de la semelle extérieure.

Mode de fabrication des bonnes vis. Pour obtenir des creusures aussi considérables, il faut les fileter au burin, c'est-à-dire enlever le métal par couches successives, et assez minces pour que la résistance que produit chaque copeau à enlever de la tige métallique n'excède pas la puissance de torsion de cette tige.

Lorsque les vis ne sont creusées, comme dans les machines vissant et taraudant, que de la quantité correspondant à ce que la torsion permet d'enlever de métal en une seule opération, on arrive, en dehors des autres inconvénients que présentent ces machines, à des proportions de creux et de plein, qui ne permettent aucune espèce d'équilibre dans les résistances, et, par suite, aucune espèce de solidité ni de durée.

L'examen du tableau synoptique X, ci-après, indique la différence des résistances obtenues par de bonnes vis filetées au burin et des vis taraudées sur la machine à visser.

Ce qui met encore davantage en relief la disproportion des différentes parties de ces vis, c'est que, pendant que les filets en cuir engagés entre les filets de cuivre ne peuvent supporter que 14^{kilogr},65, le noyau de la vis ou tige centrale peut résister à des efforts de traction de 339 kilogrammes, tout à fait en disproportion avec le reste de la vis, par suite de la creusure insuffisante.

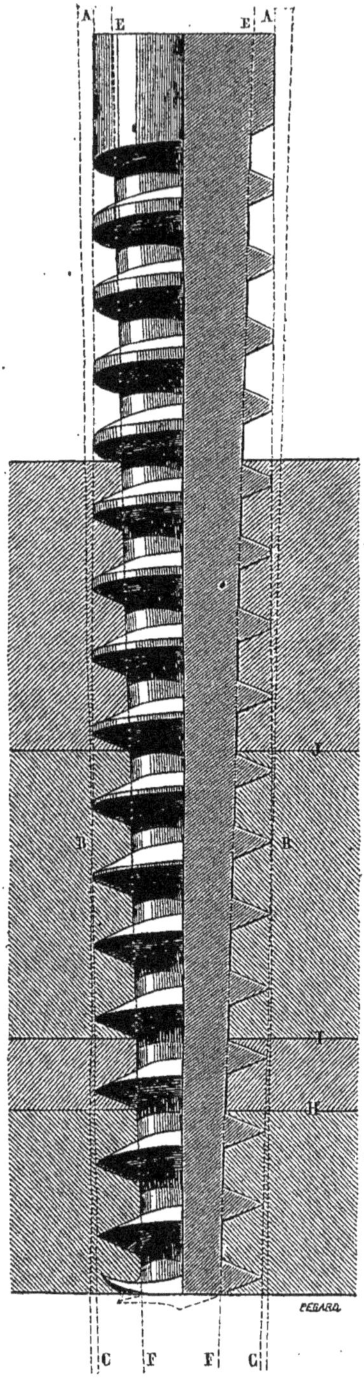

Fig. 4.

Examen des différentes machines à visser la chaussure. Après avoir indiqué ce qui constitue une bonne chaussure et une bonne vis, examinons les machines à visser la chaussure qui se sont, en dehors des machines de la maison Sylvain-Dupuis, produites à l'Exposition dernière et qui sont en ce moment livrées au commerce.

CHAUSSURES A VIS.

Ces machines sont de trois sortes :

1° Les machines employant des vis filetées à l'avance et faisant usage d'un guide-vis fileté ;

2° Les machines employant des vis filetées à l'avance mais ne faisant pas usage du guide-vis ;

3° Enfin les machines fabriquant les vis sur la machine à visser et au moment même du vissage.

Pour se rendre compte de la valeur relative de ces différentes machines, il faut les examiner comparativement au triple point de vue :

De la conservation des formes de la chaussure ;

De la facilité du service des machines ;

Et enfin de la solidité du joint opéré par les vis.

Disons de suite qu'aucune de ces trois sortes de machines ne donne des résultats satisfaisants au point de vue de la conservation, pendant le vissage, des formes de la chaussure.

Elles ne possèdent qu'un seul support pour le vissage de la presque totalité de la périphérie de la semelle, et sont de ce fait complétement impuissantes à répondre à cette exigence primordiale d'une bonne chaussure.

On conçoit en effet que la chaussure présentant successivement dans sa longueur des courbes de sens contraires, il arrive que si le support ou bigorne sur lequel s'opère le vissage est de convexité convenable pour un point de la semelle, il doit être contraire pour la partie suivante et provoquer sa déformation.

Machines à visser employant des vis filetées à l'avance et faisant usage d'un guide-vis. Cette première machine, par suite de ce que nous venons de dire d'une manière générale de la conservation des courbes, ne satisfait donc pas à la condition essentielle du respect de la forme.

Au point de vue de la facilité de son service, elle présente l'inconvénient d'exiger, à chaque pression nécessaire pour la pose d'une vis, le déplacement de la totalité du corps de l'ouvrier visseur. En outre la pose de la vis s'y effectue au moyen de roues d'engrenage coniques actionnées par une manivelle à main, ce qui constitue une manœuvre assez fatigante pour exiger l'intervention d'ouvriers visseurs.

Au point de vue de la solidité du vissage, cette machine étant alimentée par des vis coniques filetées à l'avance et guidées dans leur course par un manchon conducteur de même pas, le vissage qu'elle opère peut être très-solide et très-rationnel.

Machines employant des vis filetées à l'avance, mais ne faisant usage d'aucun guide-vis. La seconde sorte de machine présente les mêmes inconvénients au point de vue de l'altération des courbes de la chaussure, par suite de la pression opérée sur une seule bigorne pour la presque totalité du pourtour de la semelle.

Quant à la facilité de service, à part l'obligation de recourir à un moteur séparé, ce qui, dans beaucoup de cas, constitue un très-grave inconvénient et s'oppose à la vulgarisation de la chaussure à vis, — elle est aussi grande qu'on peut le désirer ; — une femme, une fillette, nous dirions presque un enfant, peuvent la mettre en fonction (moyennant, comme nous le disions, le secours d'une force motrice étrangère).

Mais par contre en ce qui concerne la qualité du vissage, bien que cette machine permette d'employer des vis à noyau conique, le travail qu'elle livre ne présente aucune garantie, aucune sécurité, — par suite de l'absence d'un guide-vis métallique qui remplisse la double fonction :

1° D'assurer une rivure régulière ;

2° De s'opposer à ce que la vis, en arrivant à la fin

de sa course, ne fasse vis sans fin comme le tire-bouchon le fait souvent dans le liége.

On conçoit parfaitement qu'une ou deux vis seulement dans tout le périmètre d'une chaussure, placées dans ces conditions déplorables, suffisent pour mettre la chaussure hors de service, et qu'un tel risque, une telle éventualité doivent faire répudier un instrument pouvant avoir des conséquences aussi fâcheuses.

Machines visseuses et taraudeuses. La troisième sorte de machine est celle qui taraude la vis au moment et pendant même que la chaussure se visse.

Ces machines, au point de vue de la conservation des courbes de la chaussure, présentent les mêmes inconvénients que les deux sortes précédentes; n'y faisant usage que d'une seule bigorne, il y a altération des courbes que devrait conserver la chaussure.

Au point de vue de la facilité du service, ces machines exigent l'intervention d'un ouvrier d'autant plus habile qu'il doit, à un moment donné, se transformer en ouvrier mécanicien pour le remplacement des mordaches de la filière, pour l'affûtage des couteaux, de la cisaille, etc. En outre le vissage et le taraudage simultanés y sont opérés par des engrenages d'angle, et présentent une certaine résistance qui ne permet pas d'utiliser des femmes; en sorte que tout l'avantage résultant de la différence du prix des vis est absorbé par la différence du prix de la journée d'une femme sans profession, comparé à celui d'un ouvrier possédant une nouvelle spécialité.

Enfin, au point de vue de la solidité et de la durée du joint opéré par les vis cylindriques, ces machines donnent des résultats détestables :

Les filets de vis y sont à peine tracés;

Ces filets sont raboteux, parce que la matière a été, la plupart du temps, plutôt grattée, foulée, que coupée;

Le noyau de la vis y est cylindrique, et par conséquent chacun des trous par où pénètre la vis se trouve alésé autant de fois qu'il faut faire faire de tours à la vis pour l'amener à fond;

Le premier filet y est déformé par les mordaches des cisailles, et trace en creux un filet plus grand que le filet en saillie qui suit la déformation ou mâchure occasionnée par la cisaille;

L'effort exercé pendant l'acte du taraudage pour marquer le filet y est tel, que le noyau central cesse de posséder un axe géométrique commun :

Enfin leur mise en place ayant lieu sous l'influence d'une tige faussée par l'effort des coussinets de la filière, la rotation de la vis y produit l'effet d'un vilebrequin agrandissant le trou de la semelle extérieure autant de fois qu'il faut faire faire de révolutions à la vis pour traverser toutes les épaisseurs des matières à joindre.

Influence de l'humidification sur le vissage. Ceux qui font usage de ces vicieux procédés croient pallier leurs fâcheux résultats en humidifiant les cuirs. C'est une erreur; le mal n'est peut-être pas aussi apparent, mais il n'en existe pas moins; car, lorsque les fibres d'un tissu mort ont été coupées ou déchirées, elles ne se ressoudent plus, et, comme la dessiccation amène un retrait général de la matière, les trous percés pendant l'humidification s'agrandissent en séchant.

Les cordonniers connaissent tout spécialement cet effet de la dessiccation, car ils en éprouvent chaque jour les inconvénients en cherchant à reboucher avec des chevilles en bois ou en cuir les trous qu'ils pratiquent sous le milieu de la semelle pour l'opération du brochage; ni les unes, ni les autres ne résistent à la dessiccation, qui produit simultanément la diminution des chevilles et l'agrandissement des trous.

L'abus de l'humidification, à laquelle on est souvent forcé de recourir avec ces machines, n'est donc pas un remède, pas même un palliatif, puisque, pendant la dessiccation, les matières se retirent dans tous les sens pour abandonner leur eau d'imbibition, mais ne ressoudent, ni même ne rapprochent les tissus altérés.

Aussi, machines et produits, sous l'influence de ces moyens de fabrication, loin d'être en progrès, ont, depuis dix ans, visiblement dégénéré.

Résistance comparative des deux systèmes de vis. Une appréciation en apparence aussi sévère que celle que nous venons de formuler, ne doit pas se produire sans être immédiatement accompagnée de preuves à l'appui.

Or nous avons vu, à l'occasion de l'analyse des conditions à remplir pour obtenir une bonne vis à chaussure, que les caractères qui distinguent ces sortes de vis sont :

A Pour le creux et le plein relatifs des filets de la vis mesurés en surface sur la section longitudinale de la vis :
 Cuivre. . . 1 = 25 p. 100.
 Cuir . . . . 3 = 75 p. 100.

B Cube des matières engagées dans un filet complet de 1 millimètre de pas :
 Cuivre. . . 0 mil.^{3}, 753, 509,
 Cuir . . . . 2 mil.^{3}, 634, 607,
 ou en cuir près de 4 fois le volume du cuivre :
 = 21,9 p. 100, cuivre;
 = 78,1 p. 100, cuir.

C Diamètre moyen du noyau de la vis, 1 mil.,2 = section transversale du noyau de la vis, 1 mil.^{2},13.

D Résistance à la rupture, 135 kil. 6, soit par millimètre carré = 120 kilogrammes.

E Résistance du cuir de vache de 2 mil. 1/2 d'épaisseur, 24 kilogrammes.

F Surface en contact pour la révolution d'un filet perpendiculairement à l'axe de la vis, 3 mil.^{2} 39.

G Surface de révolution ou base d'attache des filets autour du noyau de la vis et à la naissance des filets dans le cuir :
 Pour le cuivre. . . . . 1 mil.^{2},89
 Pour le cuir. . . . . 7 mil.^{2},70
 ou 4 fois plus,
 c'est-à-dire. . . 19,7 p. 100 cuivre ;
 — . . . 80,3 p. 100 cuir.

Les mêmes éléments, pris sur des vis fabriquées par la machine vissant et taraudant tout à la fois, fournissent les données suivantes (le pas de vis étant ramené à 1 millimètre) :

A' Creux et plein des filets de la vis, mesurés en surface sur la section longitudinale de la vis :
 0 mil.^{2},10.50 cuivre 1 = 34 p. 100;
 0 mil.^{2},19.50 cuir 1.9 = 66 p. 100.

B' Cube des matières engagées dans un filet complet de 1 millimètre de pas :
 Cuivre. . . 0 mil.^{3}, 725, 655
 Cuir. . . . 1 mil.^{3}, 347, 645
 ou en cuir 1.8 le volume de cuivre
 = 35 p. 100 cuivre
 = 65 p. 100 cuir.

C' Diamètre du noyau de la vis, 1 mil.,9 = section transversale du noyau de la vis, 2 mil.^{2},83.

D' Résistance à la rupture, 339 kilogrammes.

E' Résistance dans du cuir de vache de 2 mil. 1/2 d'épaisseur, prenant pour point de rapprochement la surface de contact du filet des vis filetées à l'avance, comparée à celle des vis taraudées sur la machine à visser, on trouve pour l'une 3,39 millimètres carrés, et pour la seconde 2,07 millimètres carrés.

Or en faisant la proportion

$$3,39 : 207 :: 24 : x,$$

$$x = \frac{2,07 \times 24}{2,39} = 14^{k},65$$

pour la résistance, au lieu de 24 kilogrammes.

F' Surface en contact pour la révolution d'un filet perpendiculairement à l'axe de la vis, 2 mil.^{2},07.

G' Surface de révolution ou base d'attache des filets autour du noyau de la vis et à la naissance des filets dans le cuir :

Pour le cuivre. . . 2 mil.^{2}, 08.91
Pour le cuir. . . . 5 mil.^{2}, 10.51

ou 2,4 fois,

c'est-à-dire . . . . 29 p. 100 cuivre
— . . . . 71 p. 100 cuir.

Si maintenant nous rapprochons tous ces éléments de comparaison pour en former un tableau synoptique, nous trouverons les résultats suivants :

TABLEAU X.

LETTRES de renvoi aux articles.	LIBELLÉ.	VIS filetées à l'avance.	VIS taraudées par la machine à visser.	AVANTAGES en faveur des vis filetées.
A et A'	Creux ou vides mesurés sur la section longitudinale....	3	2	33°/o
B et B'	Cube de matière engagé dans un filet................	2.634$^{m}/_{m}{}^{3}$	1.347$^{m}/_{m}{}^{3}$	50°/o
C et C'	Diamètre du noyau 1,2$^{m}/_{m}$ pour la section transversale.	1.13$^{m}/_{m}{}^{2}$	2.83$^{m}/_{m}{}^{2}$	Matière en trop dans les vis taraudées 1,70 millim.^{2} ou 61 p. 100.
D et D'	Résistance à la rupture......	135.6^{k}	339^{k}	Résistance superflue dans les vis taraudées 204 kil. ou 61 p. 100.
E et E'	Résistance dans du cuir de vache de 2,5$^{m}/_{m}$.........	24^{k}	14.65^{k}	39°/o
F et F'	Surface en contact pour la révolution d'un filet........	3.39$^{m}/_{m}{}^{2}$	2.07$^{m}/_{m}{}^{2}$	39°/o
G et G'	Surface de révolution ou base d'attache des filets........	7.70$^{m}/_{m}$	5.10$^{m}/_{m}{}^{2}$	40°/o

Comme on le voit à l'inspection de ce tableau X, toutes les dimensions qui tendent, dans les vis filetées à l'avance, à équilibrer ou à uniformiser les résistances du cuir ou du cuivre, en les faisant concourir au maximum de travail utile, sont, — dans les vis taraudées sur la machine à visser, — en si complet désaccord avec les règles les plus simples et les plus élémentaires, qu'il semblerait qu'on n'a eu pour unique but, en les adoptant, de porter le discrédit sur un excellent produit.

Et encore n'établissons-nous de comparaison qu'avec

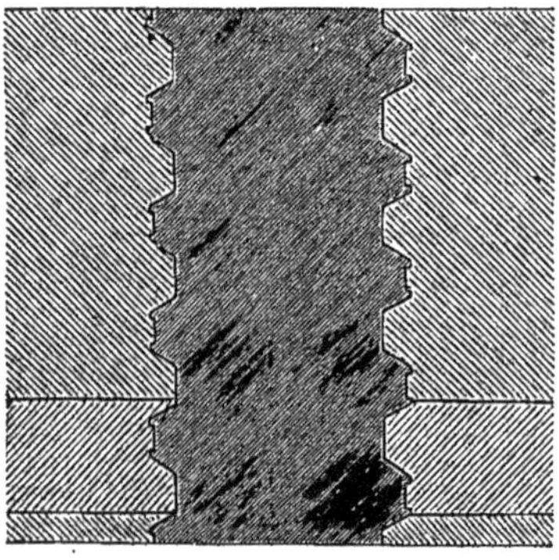

Fig. 5.

les vis les moins défectueuses; car si nous nous reportons à certaines machines de l'Exposition, employant des vis dont la section est représentée fig. 5, on trouve que les différents rapprochements deviennent ce que les indique le tableau Y, page suivante.

Rétrogradation de la chaussure à vis depuis 10 ans. Contrairement donc à ce qui se manifeste d'ordinaire lorsqu'une industrie passe du domaine privé dans le domaine commun ; à ce moment où d'ordinaire les derniers entrés dans l'arène apportent aux moyens originaires de fabrication les modifications, perfectionnements ou améliorations que le temps et l'expérience amènent invariablement avec eux, il s'est, dans le cas présent, produit précisément le contraire, et nous sommes forcés de constater que depuis l'introduction dans le domaine public du principe de fabrication de la chaussure à vis, tous les appareils construits dans la vue d'appliquer ces principes en concurrence avec la maison mère, plongent cette industrie dans une dégénérescence de nature à entraîner sa très-prompte décadence.

Aussi, sous aucun rapport, les machines fabricant les vis eussent-elles été bonnes d'ailleurs, nous n'eussions pu et nous ne pourrions en conseiller l'usage, parce qu'elles donnent des produits inférieurs qui déprécient toute une branche d'industrie, et blessent en fin de compte les intérêts généraux du pays.

Nouvelle intervention de l'auteur des chaussures à vis. C'est pourquoi nous voyons avec une vive satisfaction que, par un sentiment d'orgueil national et d'amour-propre bien naturel, l'initiateur de cette industrie se décide à rentrer dans la lice après dix ans d'abstention. Il y rentre par la création de nouvelles machines dont notre dictionnaire a la primeur, et qui sont de nature à rendre de très-grands services aussi bien dans les

TABLEAU Y.

LETTRES de renvoi aux articles.	LIBELLÉ.	VIS filetées à l'avance.	VIS taraudées par la machine à visser.	AVANTAGES en faveur des vis filetées.
A et A″	Creux ou vides mesurés sur la section longitudinale......	3	1	75°/₀
B et B″	Cube de matière engagé dans un filet................	$2^{m}/_{m}{}^{3}634$	$0^{m}/_{m}{}^{3}852.937$	68°/₀
C et C″	Diamètre du noyau 1,2m/m pour la section transversale.	$1^{m}/_{m}{}^{2}13$	$2^{m}/_{m}{}^{2}8352$	Matière en trop dans les vis taraudées 1,70 millim.² ou 61 p. 100.
D et D″	Résistance à la rupture par m/m²....................	135.6	340^{k}	Résistance superflue dans les vis taraudées 205 kil. ou 61 p. 100.
E et E″	Résistance dans du cuir de vache de $2,5^{m}/_{m}$.........	24^{k}	$6^{k}.1$ (1)	75°/₀
F et F″	Surface en contact pour la révolution d'un filet........	$3^{m}/_{m}{}^{2}39$	$1^{m}/_{m}{}^{2}69$	41°/₀
G et G″	Surface de révolution ou base d'attache des filets.	$7^{m}/_{m}{}^{2}70$	$4^{m}/_{m}{}^{2}80$	38°/₀

(1). Le plein de la vis étant égal au creux, la résistance 2 kil. par millim.², au lieu d'être élevée au carré, comme il est dit plus haut à la suite de la fig. 1, ne peut être comptée que pour sa valeur simple de 2 kil.

On a donc à établir ici la proportion $\frac{2^{k} \times 2.634}{0.852} = 6^{k}.1$.

C'est-à-dire que les deux éléments qui devraient se faire équilibre, loin de se rapprocher, s'éloignent de telle sorte que la tige métallique présente une résistance de 340k, alors que le cuir ne peut, dans ces conditions, résister qu'à 6kil.1...!

grandes usines, que dans les ateliers privés où le travail s'exécute en famille, et sans moteur.

Conditions que doit remplir une bonne machine à visser. De tout ce qui précède il sera maintenant facile de déduire les conditions que doit réaliser une bonne machine à visser la chaussure.

Pour qu'une machine puisse mériter cette qualification il faut:

1° Que le cône du noyau des vis ait sa contre-partie à l'intérieur, c'est-à-dire que, par un choc mesuré, la vis se rive à l'intérieur de la chaussure, ou, plus exactement, que le premier filet se rabatte sur lui-même pour s'opposer au dévissage ;

2° Que, pour donner à la chaussure toute la souplesse qu'on désire obtenir, il soit possible de mesurer la pression, de la régler à volonté, et de la faire connaître sur un cadran indicateur qui marque sous quelle pression on travaille;

3° Que la vitesse de production soit égale à celle des meilleures machines existantes, c'est-à-dire dépassant 60 paires par jour;

4° Qu'il ne soit pas nécessaire, pour utiliser la machine de recourir à une force motrice étrangère ;

5° Que les efforts à faire soient assez faibles, pour que le travail puisse s'effectuer par des femmes, des fillettes ou des enfants;

6° Que les conditions hygiéniques soient aussi bien observées que dans les machines de la maison Sylvain-Dupuis, qui fonctionnent depuis 25 ans et qui, pendant ce laps de temps, ont constamment maintenu les ouvrières visseuses dans un état de santé des plus satisfaisant ;

7° Qu'elles puissent se localiser partout ;

8° Qu'elles puissent se déplacer facilement;

9° Qu'elles ne coûtent pas plus cher que les machines de troisième ordre;

10° Que leur entretien soit nul;

11° Enfin, que le vissage y revienne sensiblement au même prix que s'il était effectué par les plus mauvaises machines.

Toutes ces conditions sont remplies par les dispositions de la nouvelle machine, et très-simplement obtenues, comme on pourra s'en convaincre par l'explication du jeu de cette machine.

La fig. 6 donne un aperçu de l'aspect extérieur de la machine.

Legende:

A Bâti;
B Bigorne multiple;
C Coussinet recevant l'axe porte-bigorne;
D Coulisse verticale porte-bec de pression;
E Axe vertical du tourne-vis;
F Dynamomètre de pression;
G Bras de leviers horizontaux portant les poulies mouflées du brin funiculaire actionnant le tourne-vis;
H Pédale actionnant le levier de pression;
I Pédale de verrouillage pour la fixation des bigornes;
J Siége.

Jeu de la machine. Le jeu de la machine est lui-même excessivement simple:

L'ouvrière est assise sur un siége élevé disposé de façon à lui donner la complète indépendance de ses membres inférieurs.

La hauteur du siége est telle que les mouvements des jambes s'accomplissent presque verticalement; ce qui, sans fatigue, permet d'obtenir le maximum d'effet utile.

Chacun de ces deux pieds repose sur une pédale ; le

pied gauche sur la pédale de pression, le pied droit sur la pédale de vissage.

Une des deux mains tient la chaussure, l'autre une vis.

Dans cet état l'ouvrière avec la main qui tient le sou-

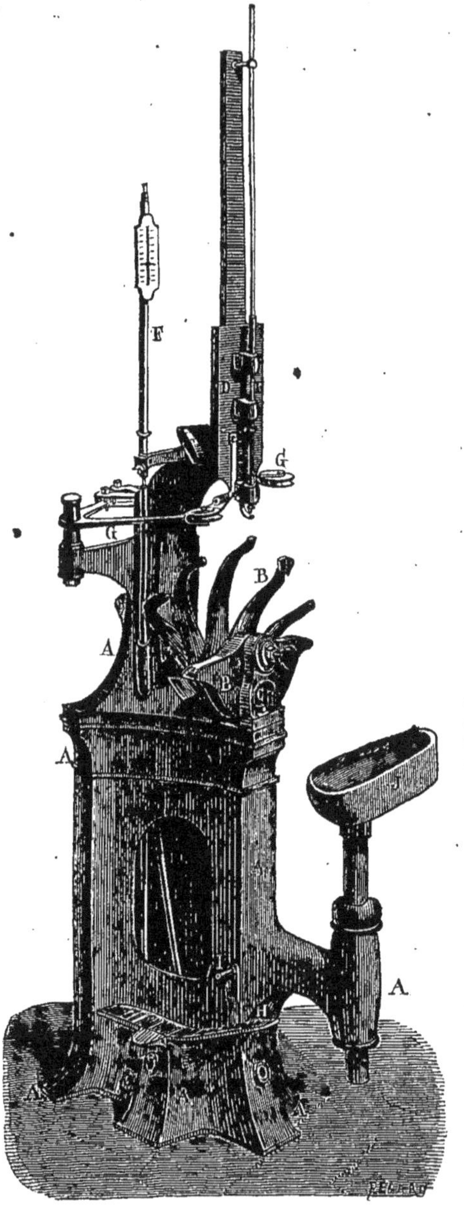

Fig. 6.

lier l'engage sur une des bigornes; avec le pied gauche elle opère la pression et presque simultanément elle présente la vis et abaisse le pied droit qui, par un renvoi funiculaire et un guide fileté, procure à la vis le double mouvement de rotation et de direction hélicoï-

CHAUSSURES A VIS.

dal; elle relève le pied gauche, puis le droit et recommence ainsi pour toutes les vis à placer.

Si, malgré des mouvements aussi simples que ceux qui sont demandés à l'ouvrière, le produit obtenu possède toutes les perfections que nous avons énumérées, c'est que l'arrangement des organes assure cette perfection presque indépendamment de la volonté de l'ouvrière.

Ainsi nous avons dit que, pour qu'une vis fût placée dans des substances molles avec la certitude qu'elles s'y introduisent dans de bonnes conditions, il fallait qu'elle fût introduite sous l'égide d'un guide ou conducteur de même pas qu'elle, qui ne lui laissât prendre ni retard, ni avance, qui lui serait, l'un ou l'autre, également préjudiciable, car la vis serait immédiatement convertie en une tarière anglaise forant un trou général de la grosseur de l'extérieur de la vis.

Le guide ou conducteur, dans la nouvelle machine, n'exige plus à chaque vis posée l'ouverture ou la fermeture d'un écrou brisé; il se compose tout simplement d'une tige filetée et d'un écrou d'une seule pièce conservant constamment en prise le conducteur et son écrou: et c'est grâce à l'application du mouvement funiculaire de l'archet, que l'ouvrière fait remonter l'appareil visseur, tout en se trouvant dispensée de toute préoccupation relative au conducteur.

Quant à la rivure qui dépend à la fois et du conducteur et du choc final donné sous l'influence du conducteur, elle est également obtenue très-simplement et d'une façon tout à fait indépendante de l'action de l'ouvrière, comme on le voit fig. 7:

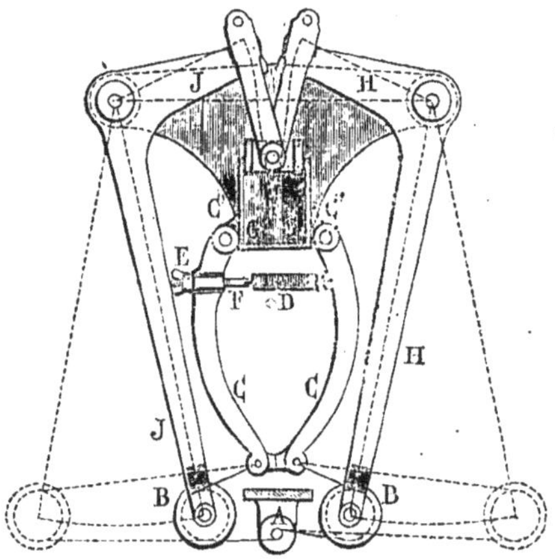

Fig. 7.

Le brin funiculaire, mouflé sur les deux poulies B, s'attache d'un bout autour du tourne-vis A et de l'autre bout aux leviers C articulés en C', et maintenus rapprochés l'un de l'autre par le ressort D, dont on modère ou augmente la tension au moyen de l'écrou E et de la vis de rappel F.

Dans cette figure, à l'échelle de 1/10, G représente la section horizontale du bâti de la machine et H et J les leviers de vissage.

La pression mesurée est également indépendante de l'intervention de l'ouvrière.

Un dynamomètre placé dans le trajet de la communication de mouvement de la pression, limite cette pression, et lorsque le pied placé sur la pédale est arrivé à mettre les matières en contact, il peut continuer sa course sans que la pression varie d'une manière sensible.

Cette disposition donne en outre naissance à deux conditions avantageuses pour l'ouvrière : une plus grande assurance dans ses mouvements ; un allégement de travail en n'appuyant pas sur un arrêt limité que l'on comprime toujours trop énergiquement parce qu'on craint, manquant d'indication, de rester au-dessous du nécessaire.

La conservation des courbes de la chaussure exige, au contraire, tous les soins, toute l'attention de la visseuse, et le mérite des nouvelles machines consiste à avoir mis à sa disposition des ressources qui manquaient aux premières machines.

Ainsi le bec de pression qui, dans les premières machines, devait servir à exercer la pression successivement sur des parties de semelle alternativement convexes et concaves, ne pouvait posséder une forme convenable pour ces deux besoins opposés, et n'avait, en effet, qu'une forme mixte, ne permettant pas d'atteindre au maximum de perfection, l'une des deux courbes de la semelle étant sacrifiée à l'autre.

La nouvelle machine pour combler cette lacune a été munie d'un double bec de pression mobile et possédant chacun une forme en rapport, l'un, avec la partie convexe, l'autre avec la partie concave de la semelle ; de la sorte, pour peu que l'ouvrière visseuse prête la moindre attention à son travail, elle est à même de livrer des produits exempts de tout reproche.

La fig. 8 donne à l'échelle de demi grandeur d'exécution le détail de ce nouvel organe :

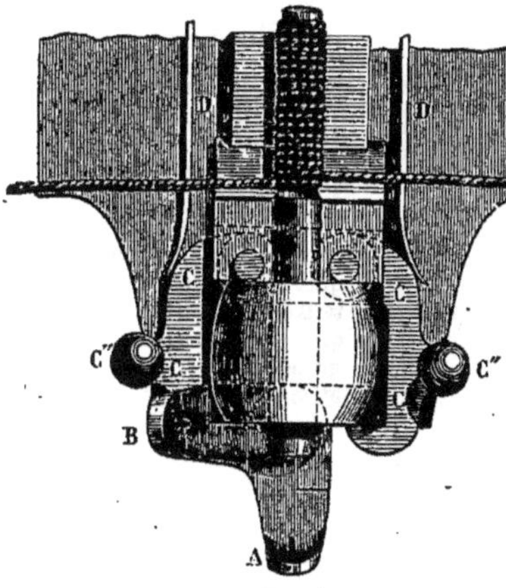

Fig. 8.

A est l'un des deux becs de pression amené à sa place de travail ;

B le deuxième bec de pression ;

C cliquet retenant par le mentonnet C' le bec de pression A dans la position qu'il occupe ;

C" boutons par lesquels on actionne le cliquet C pour changer le bec de pression ;

D ressort maintenant les cliquets C constamment appliqués.

Ce qui a été fait pour les becs de pression, l'a été également à l'égard des becs de bigorne ; la partie sur laquelle s'exerce la pression a été rendue mobile de manière à produire, à l'intérieur de la chaussure, les bons effets produits à l'extérieur par le bec de pression.

On le voit, tout en simplifiant considérablement les machines primitives, on les a améliorées de telle sorte que, avec un travail relativement simple de l'ouvrière, le produit qu'elle confectionne puisse jouir de toutes les perfections désirables.

En somme, il y a avantage pour tous à l'application de ces nouvelles machines.

Le produit y est plus solide, plus durable, de meilleure forme ;

Le fabricant y trouve un matériel d'une construction simple,

Occupant peu de place, — un demi-mètre de surface ;

D'un prix peu élevé,

N'exigeant pas de moteur,

Dirigeable par des femmes,

D'un entretien absolument nul,

D'une production rapide, et donnant des produits d'une exécution irréprochable.

Les ouvrières elles-mêmes y rencontrent :

Un service facile,

Pas de fatigue,

Un apprentissage très-court,

Une grande puissance de production,

Enfin un travail tout à fait hygiénique.

Ajoutons que le travail donné aux femmes n'est pas seulement économique, il est encore et avant tout, essentiellement moralisateur, et procure une indépendance des plus précieuses pour l'industrie.

Ce que nous venons de dire à l'égard du concours que les machines sont susceptibles d'apporter dans le développement de cette industrie, s'applique à toutes les autres branches de la fabrication ; ainsi le découpage des semelles et des empeignes, le cambrage, le lissage, le montage des chaussures, la fabrication des talons, des contre-forts, le déformage, etc., etc., sont autant de branches très-importantes de cette intéressante fabrication que nous nous proposons de traiter ; seulement leur développement est tel que l'abondance des matières nous oblige à les reporter plus loin, à l'article VÊTEMENT.

Limitation de la production par les matières premières. La main-d'œuvre spéciale n'est pas le seul genre de limitation que rencontre cette industrie : nous disions, au commencement de cette note, que la cordonnerie n'a commencé à se développer qu'à partir du moment où elle a été mise à même, par de nouveaux procédés de fabrication, de suppléer à la main-d'œuvre spéciale manquante.

Ce qui est vrai pour la main-d'œuvre l'est également pour les matières premières qui alimentent cette industrie ; son propre développement devient son entrave en faisant hausser le prix des matières premières. Aujourd'hui ce n'est plus la main-d'œuvre qui peut devenir inquiétante au point de vue de l'essor de cette industrie, c'est la matière première qui menace de produire la limitation ; aussi appelons-nous de tous nos vœux le succès de nouvelles semelles en caoutchouc qui sont en voie de se produire.

Il n'est guère facile de prévoir, parmi les très-nombreuses branches de chaussures qui se fabriquent à cette heure, à laquelle correspondront ces nouvelles semelles ; mais quelle qu'elle soit, les quantités à fournir peuvent être considérables.

La pénurie les menaçant toutes, nous ne pouvons que donner la bienvenue à ce nouvel auxiliaire, en lui souhaitant toute la prospérité que mérite une facilité apportée à la confection d'un article de première nécessité, et dans lequel un abaissement de prix prendrait les proportions d'un bienfait.

Espérons que les deux progrès réalisés, l'un en ce qui concerne la main-d'œuvre, l'autre en ce qui touche à la matière première, marcheront de pair et seront le point de départ d'une nouvelle expansion dont les avantages, en définitive, tourneront au profit du consommateur.

CHAUX (FOUR A). Nous compléterons ici la description des fours à chaux, donnée à l'article MORTIER, par la description du système de M. Simonneau (de Nantes). Le four de son invention a fourni d'excellents résultats au point de vue de l'économie de chauffage qu'il procure, ce qui n'est pas de minime importance pour des pays qui, comme l'ouest de la France, doivent leur prospérité agricole à la chaux employée sur une grande échelle comme amendement. Ce four est continu, sans que le combustible soit toujours mélangé avec la pierre, différant en cela de ceux de cette espèce décrits à l'article MORTIER. Les dispositions spéciales qui en ont fait le succès peuvent le rendre précieux pour l'utilisation de certains combustibles de qualité très-inférieure.

La forme générale de ce four, que représentent les figures 3463 et 3464 est celle d'un ellipsoïde inégale-

3463.

3464.

ment tronqué à ses extrémités, la plus grande section, celle du gueulard, étant de 3 mètres environ, tandis que la section horizontale inférieure fermée par une grille n'a qu'une ouverture de 80 centimètres.

Au niveau de cette grille le four présente une ouverture destinée au défournement de la chaux et fermant au moyen d'une porte à coulisse en tôle épaisse.

Au-dessous de cette même grille se trouve le cendrier du four, revêtu à l'intérieur de briques réfractaires et pourvu aussi d'une porte à registre.

A 3 mètres environ au-dessus de la grille viennent aboutir, dans le four et sur le même plan horizontal, quatre conduits ou chauffes opposés deux à deux et symétriquement disposés de chaque côté du four. Entre les deux conduits s'élève un massif en maçonnerie pleine servant de point d'appui à la voûte des chauffes. Vers le milieu de leur longueur, ces conduits sont pourvus d'une grille que reçoit le combustible. Les cendriers de ces chauffes sont munis de portes à registres.

Ce four rappelle les fours usités dans diverses contrées où l'on cuit la chaux à l'aide de la tourbe. Il en diffère par les proportions qui permettent l'emploi de tous les combustibles en faisant varier l'intensité du feu à l'aide des registres, et aussi par l'excellente disposition de sa grille en plan incliné, formée de barreaux de fer espacés de 3 centimètres, et servant, pendant le défournement de la chaux, à tamiser les cendres et la poussière de chaux, et par suite à diminuer beaucoup la fatigue du chaufournier.

Lorsqu'on emploie du combustible donnant de grandes flammes, comme des fagots, des branchages, des ajoncs, on ferme le grand cendrier et on entretient sur chaque chauffe un feu vif.

Lorsqu'on emploie la houille, il faut stratifier le calcaire par couches de 5 mètres, puis déposer un lit de branchanges, de fagots, sur lequel on charge 7 hectolitres de houille. En opérant de la sorte, on obtient jusqu'à 8 hectolitres de chaux par hectolitre de houille.

Quand on emploie de la tourbe ou de l'anthracite, il faut diminuer la couche de calcaire de moitié, et tirer toutes les heures exactement un hectolitre de chaux pour faire couler les cendres et aviver le feu.

On ne saurait évaluer à moins de 8 ou 10 fr. par 1,000 kilog., dit M. Jacquelain dans son rapport à la Société d'encouragement, auquel nous empruntons les détails qui précèdent, l'économie que procure l'emploi des grands fours à chaux de M. Simonneau, de 120 mètres cubes de capacité, pouvant produire 40 mètres cubes par 24 heures, quand on les compare aux petits fours généralement employés dans les campagnes. Or on sait de quelle importance extrême est le bas prix de la chaux pour l'agriculture, et que certaines terres froides notamment ne donnent que des résultats misérables sans l'emploi de cet amendement sur une grande échelle.

CHÈVRE. On donne le nom de chèvre non-seulement à l'espèce de treuil qui sert à élever les maté-

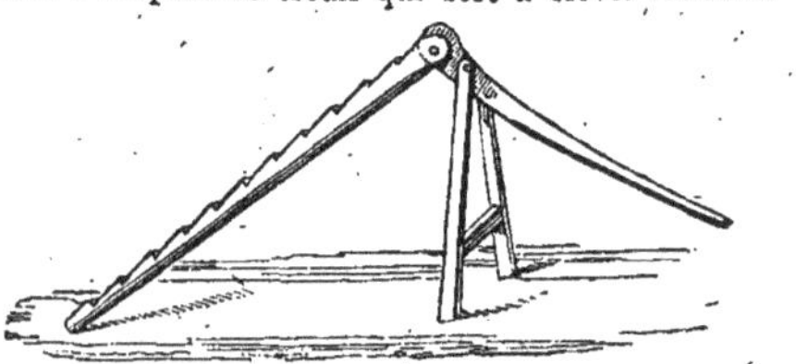

3465.

riaux dans les constructions, mais encore à une combinaison de leviers qui forme un appareil fort simple et fort ingénieux employé pour lever les voitures légères, et qui consiste (fig. 3465) en un chevalet à deux pieds, portant un axe qui est traversé par l'œil d'un levier dont le petit bras est articulé avec une longue pièce de bois dont l'autre extrémité porte à terre. Le mouvement du grand bras fait lever la pièce de bois sur laquelle appuie l'essieu de la voiture et élève celle-ci. Le petit bras de levier pouvant dépasser la verticale, la voiture reste soulevée pour le nettoyage des roues, le démontage des boîtes, etc., etc.

CHLOROFORME. Nom donné à un éther chloré qui, au contact d'une dissolution alcoolique de potasse, donne du chlorure de potassium et du formiate de potasse. Il s'obtient par la réaction de l'alcool sur le chlorure de chaux, et se sépare de la liqueur par une distillation.

Le chloroforme est liquide, incolore, d'une odeur éthérée très-agréable, d'une saveur sucrée. Sa densité à 18° est de 1,48. Il bout à 60°,8; la densité de sa vapeur est de 4,2; il brûle avec une flamme verte.

Le chloroforme produit, à un plus haut degré que l'éther, les effets d'ivresse propres aux produits alcooliques, d'anesthésie, qui ont été mis à profit pour rendre insensible à la douleur dans les opérations chirurgicales.

A une époque où l'on pensait devoir retirer de très-grands résultats pour la navigation, de la machine à vapeurs combinées, et lorsque la facile inflammabilité des vapeurs d'éther semblait le grand obstacle qui s'opposait à leur adoption, M. Lafond, officier de marine, avait substitué avec succès le chloroforme à l'éther. L'expérience prolongée a montré que le chloroforme attaquait les condenseurs tubulaires en cuivre employés dans ces machines.

CHOCOLAT. La fabrication du chocolat a pris, en France, depuis quelques années, une grande extension, et les appareils à l'aide desquels on l'a rendue facile ont atteint une grande perfection. Nous citerons parmi les principaux :

Les moulins coniques en granit pour broyer le cacao; les deux surfaces flottantes sont taillées en spirales, les spirales du cône n'étant entaillées que sur une très-petite étendue du cône, assez pour saisir et entraîner le cacao.

Les mélangeurs, composés de deux meules en granit tournant aussi dans une auge en granit. La matière est continuellement ramenée sous les meules par des roulettes en forme de versoirs de charrues, qui servent aussi à la mélanger.

La machine à broyer le chocolat la plus répandue est la machine à trois cylindres de granit que nous avons décrite à l'article BROYER. On y a adapté des couteaux en quartz de Finlande, pour éviter le contact du fer avec le chocolat. Quelquefois on multiplie les broyeurs, surtout quand on emploie les rouleaux coniques tournant autour d'un seul arbre. On emploie des broyeurs à des étages superposés, de huit rouleaux coniques chacun. Il y a ainsi 24 génératrices de contact qui opèrent le broyage.

Enfin, comme machine fort ingénieuse et fort curieuse, nous décrirons la machine à peser et mouler le chocolat, mise à l'Exposition universelle par M. Devinck, fabricant à Paris.

La pâte, étant introduite dans un distributeur, est amenée au dehors de celui-ci par une vis sans fin, employée pour la première fois par M. Devinck, et qui est reconnue maintenant être le seul appareil propre à extraire convenablement l'air. Cette vis débite le chocolat dans un tambour vertical, muni sur son pourtour de cavités, dans lesquelles circulent des pistons. Les pistons opposés sont reliés par une même tige de cette façon : à mesure que l'un des pistons, placé en face de la vis sans fin, recule sous la pression de la pâte qui remplit la cavité, le piston opposé refoule au dehors le chocolat qui avait rempli le vide correspondant. Cette opération se reproduit à chaque instant, le tambour tournant continuellement devant le distributeur, devant lequel il s'arrête chaque fois, pendant le temps où il se charge de chocolat. Le boudin de chocolat, à sa sortie du tambour, est saisi par le contour d'une roue verticale en bois, qui l'entraîne sur un petit chemin incliné jusque sur la table de moulage et dressage. Le contour de cette roue forme saillie sur le milieu, et, de cette manière, il entraîne mieux le boudin. La table de dressage porte sur son pourtour un assez grand nombre de moules, en forme de tablettes, sur lesquels chaque boudin est recueilli successivement. Cette table est animée d'un mouvement de rotation, et deux roues à galets, tournant en sens inverse, communiquent, à l'aide de cames, un mouvement de vibration continuel à tous les moules. De cette façon, le boudin s'étale successivement à mesure qu'il est entraîné par la table, et avant d'avoir fait un tour entier, il est entièrement étalé. Arrivé à la fin de sa révolution, le moule est enlevé par un mécanisme très-simple et amené sur une espèce de chaîne sans fin qui le descend de suite dans la cave, où s'achève le refroidissement.

Il est à remarquer que tous les mouvements sont commandés par les pistons du tambour, qui font mouvoir d'une part ce tambour lui-même, et d'autre part la table et les roues à galets. Il en résulte un avantage, c'est que, si le distributeur manquait de chocolat, l'appareil s'arrêterait de lui-même et ne fonctionnerait pas inutilement.

Cet appareil est très-bien conçu et fonctionne parfaitement bien. L'emploi de la vis pour expulser l'air est capital, puisque c'est le seul moyen qui réussisse à le chasser convenablement. Le dressage des boudins en tablettes s'effectue d'une manière continue, ce qui fait qu'on peut s'arranger de manière que ce moulage n'ait lieu qu'à la température la plus basse possible, d'où résulte un grain bien meilleur pour le chocolat. Cet effet est encore favorisé par la descente immédiate des moules à la cave. Enfin, la main de l'ouvrier est complétement évitée.

CHRONOMÈTRES ET PENDULES. *Méthode proposée par M. Lieussou pour les observations qui demandent une grande précision.* — La parfaite régularité de la marche des appareils chronométriques est le but qu'on se propose d'atteindre par tous les soins apportés à remédier à toutes les causes de variation dans la marche, par suite des variations de température notamment. Jamais on n'avait pensé qu'il pût exister une autre voie pour arriver à la précision. On doit donc une grande obligation à M. Lieussou, ingénieur-hydrographe d'un grand talent, mort bien jeune, d'avoir ouvert une voie nouvelle consistant à apprécier la valeur de faibles variations qu'on ne sait pas éviter aujourd'hui, de manière à obtenir des chiffres tout aussi exacts que si on était parvenu à y remédier.

C'est, nous croyons, entrer dans une voie très-bonne et déjà suivie pour toutes les observations physiques de grande précision, que de faire résulter le chiffre définitif d'une observation, non pas d'une seule lecture, mais d'une formule d'interpolation, dans laquelle se trouvent figurer les éléments qui influencent l'appareil qui fournit les indications. C'est surtout aux chronomètres marins que les observations de M. Lieussou sont applicables, non pas parce que la méthode n'est pas générale, mais parce que son emploi serait de faible utilité dans d'autres cas, ainsi que nous allons le voir. Nous laissons de côté, bien entendu, les pendules et montres pour l'usage civil, pour lesquelles la grande précision n'est pas réclamée; où celle-ci est souvent sacrifiée à des convenances de mode et de bon marché.

Nous suivrons pas à pas le travail de M. Lieussou, qui ne se trouve que dans un recueil de mémoires d'hydrographie qui n'est pas très-aisé à rencontrer.

Des causes de variation des appareils chronométriques. — Dans les horloges, le moteur est un poids et le régulateur un pendule.

L'épaississement des huiles semblerait devoir diminuer l'oscillation du pendule qui reçoit une moindre impulsion ; mais sa masse étant très-grande et l'amplitude des oscillations ne dépassant guère 2 degrés, cet effet est en réalité insensible dans l'espace d'une année.

Quant aux variations de la durée des oscillations en raison des variations de longueur, on y remédie par les pendules compensateurs dont on peut à l'aise varier la disposition ; les pendules à grille de longueur considérable ou à mercure permettent d'obtenir des résultats assez précis ; toutefois, dans la pratique, le but n'étant jamais atteint d'une manière absolue, dès lors, suivant que la compensation est trop forte ou trop faible, la marche de l'horloge (les variations avec l'heure vraie) croît ou décroît si la température augmente, et *vice versâ* si elle diminue.

Dans les chronomètres, l'effort du ressort moteur diminue à mesure qu'il se déroule ; mais en même temps, grâce à la fusée, il agit sur un bras de levier plus grand, de telle sorte que l'impulsion qu'il imprime au rouage reste sensiblement constante.

Le moteur et le régulateur exercent leur action l'un sur l'autre par l'intermédiaire de la roue d'échappement, disposée de telle sorte que le moteur restitue au balancier la quantité de mouvement qu'il a perdue à chaque oscillation par le frottement et la résistance de l'air. Les oscillations, conservant la même amplitude, ont la même durée.

L'épaississement des huiles qui a lieu avec le temps, en augmentant la résistance pendant que l'impulsion reste constante, tend à diminuer l'amplitude des oscillations. La masse du balancier étant fort petite et l'amplitude des oscillations fort grande, cet effet est naturellement considérable ; ainsi, en moyenne, l'amplitude étant de 415 degrés quand les huiles sont fraîches, n'est plus que de 330 lorsque les huiles sont âgées de trois ans.

Dans la pratique, un spiral ne peut rigoureusement assurer l'isochronisme des oscillations pour d'aussi grandes variations ; par suite la marche d'un chronomètre doit varier avec l'âge des huiles.

La chaleur, en altérant les dimensions du balancier et la constitution physique du ressort spiral, sous l'action duquel il oscille, change notablement la durée des vibrations ; on cherche à annuler cet effet en fixant, aux deux extrémités d'un diamètre du balancier, deux lames demi-circulaires formées de deux métaux inégalement dilatables soudés ensemble et portant chacun une petite masse ; le centre de gravité de chaque arc se rapprochant ainsi du centre d'oscillation à mesure que la température augmente, la durée de l'oscillation diminue.

On peut donc déterminer par tâtonnement la position des masses, de manière que les oscillations du balancier aient la même durée à deux températures très-différentes ; toutefois, comme le retard produit par l'altération du ressort spiral, et l'avance résultant du raccourcissement du balancier, varient avec la température, d'après des lois inconnues, mais nécessairement différentes, ces deux effets peuvent s'annuler lorsque la température varie de 0 à 30 degrés, par exemple, sans qu'on puisse conclure qu'ils s'annuleront si elle s'élève de 0 à 5 degrés.

En effet, la position des masses compensatrices ayant été déterminée de manière que la marche du chronomètre soit exactement la même aux températures t_1 et t_2, l'observation constate que la marche est maxima à la température moyenne $T = \frac{t_1 + t_2}{2}$; et que cette marche maxima diminue de quantités égales pour un même écart de température, en plus ou en moins, à partir de T ; il est dès lors naturel de dire que le compensateur est réglé à la température T, sans se préoccuper des températures t_1 et t_2, équidistantes de T, qui ont servi à ce réglage.

Il suit de ce qui précède que si on peut concevoir théoriquement une pendule à marche invariable, on ne saurait même concevoir, d'après le mode actuel de construction, un chronomètre à marche constante ; et l'on peut établir :

1° Que la marche d'une pendule est sensiblement indépendante de l'âge des huiles, mais qu'elle varie quelque peu avec la température ;

2° Que la marche d'un chronomètre varie à la fois avec l'âge des huiles et avec la température.

Voyons maintenant par quelles formules empiriques on peut remplacer les lois inconnues qui lient la marche de ces appareils à la variation des huiles et des températures, seules quantités variables qui influent sur elles, car s'il s'agissait d'absence de solidité, de déformation des pièces, les appareils devraient être non corrigés, mais remplacés.

Disons d'abord comment M. Lieussou est arrivé aux formes de fonctions qu'il a adoptées, comment l'observation les lui a indiquées ; nous verrons plus loin comment les expériences les vérifient.

Chargé du service des chronomètres au Dépôt de la marine, il a d'abord cherché à reconnaître la loi des variations qu'il reconnaissait.

En prenant les intervalles du temps pour abscisses et les températures diurnes observées à chaque époque pour ordonnées, on obtient la courbe des températures diurnes. En prenant les mêmes abscisses et pour ordonnées les marches diurnes, on obtient de même la courbe des marches diurnes.

La comparaison de la courbe des marches diurnes avec la courbe des températures diurnes a révélé deux faits remarquables :

1° Les points de la courbe des marches, dont les ordonnées représentent des marches diurnes observées à une même température, sont sensiblement en ligne droite ;

2° Les diverses lignes droites, obtenues en joignant sur la courbe des marches les points correspondant aux températures égales, sont sensiblement parallèles entre elles.

Par conséquent : 1° l'inclinaison b de ces parallèles sur l'axe des x représente la variation de marche à une température constante, sous l'action du temps écoulé ; 2° la distance de ces parallèles, comptée sur les ordonnées, représente les variations de marche, à une même date, sous l'action du changement de température ; il suit de là, qu'en coupant la courbe des marches par la série des parallèles isothermes correspondant aux divers degrés du thermomètre, l'accroissement de l'ordonnée, en passant d'une abscisse à l'autre sur la même parallèle, donnera le changement de marche dû au changement de date, tandis que l'accroissement de l'ordonnée, en passant d'une parallèle à l'autre sur la même abscisse, donnera le changement de marche dû au changement de température.

Les droites isothermes, tracées sur la courbe des marches d'une pendule, sont parallèles à l'axe des abscisses ; leurs distances, comptées sur l'ordonnée, sont sensiblement proportionnelles aux différences de température. Il en résulte que, a étant la marche de la pendule à zéro, la marche m à t° sera :

$$m^s = a^s + c^s t^\circ.$$

Le système des parallèles isothermes, tracées sur la courbe des marches d'un chronomètre, a une inclinaison très-marquée sur l'axe des abscisses; il présente une parallèle maxima correspondant à une certaine température T spéciale à chaque chronomètre, et une coïncidence sensible entre les deux parallèles correspondant à deux températures quelconques $(T+K)$ et $(T-K)$ équidistantes de T, dont l'écart à la parallèle maxima, compté sur l'ordonnée, est proportionnel à K^2.

Si donc a est la marche initiale observée à T°, b l'inclinaison des parallèles isothermes sur l'axe des x, et c le rapport constant entre les écarts des parallèles à la parallèle maxima et le carré des écarts des températures à la température T°, sa marche a T°, à une date quelconque x sera $a+bx$, et la marche m à la même date x et à la température $t°$ sera :

$$m^s = a^s + b^s x - c^s (T° - t_0)^2.$$

RÉGIME DES PENDULES. — L'équation de la marche d'une pendule sera représentée d'une manière convenable par une fonction de la température t de la forme $m = a + ct$. Les deux constantes a et c, qui entrent dans cette équation et dont les valeurs différentes pour chaque pendule constituent son régime spécial, seront déterminées par l'observation de deux marches moyennes quelconques correspondant à des températures très-différentes.

Soient m_1 et m_1, t_1 et t_2, les températures moyennes observées, on a les deux relations $m_1 = a + c\,t_1$, $m_2 = a + c\,t_2$, d'où :

$$c = \frac{m_2 - m_1}{t_2 - t_1} \qquad a = \frac{1}{2}\left\{ m_1 + m_2 - c\,(t_1 + t_2) \right\}$$

qui donnent les constantes c et a en raison de deux marches et deux températures moyennes pour un intervalle quelconque; elles les donneront d'autant mieux que cet intervalle sera plus grand; en observant, par exemple, les marches et températures moyennes en six mois, observées en hiver et en été, on les obtiendra avec une grande précision.

Ces formules, appliquées à la pendule 4367 Bréguet, à laquelle les chronomètres suivis au Dépôt de la marine sont comparés, ont fourni les résultats suivants :

Première période : les huiles dataient de 7 à 8 ans.

Dates.	Intervalles.	État observé.	Marche moyenne.	Température moyenne.
1er octobre 1850	. . . . .	+0' 23" 2		
	152 jours	. . . . .	−1s,79	11°,8
1er mars 1851. .	. . . . .	−4' 8" 7		
	154 jours	. . . . .	−2s,19	16°,6
2 août 1851. .	. . . . .	−9' 41" 6		

D'où l'on déduit : $c = 0^s,084$; $a = -0^s,80$, et par conséquent, $m = -0^s,80 - 0^s,084\,t$.

Seconde période d'observations, alors que les huiles venaient d'être renouvelées.

Dates.	Intervalles.	État observé.	Marche moyenne.	Température moyenne.
1er septem. 1851	. . . . .	− 0' 2" 4		
	182 jours	. . . . .	+1s,59	12°,2
1er mars 1852. .	. . . . .	+4' 46" 0		
	184 jours	. . . . .	+1s,19	16°,8
1er septembre. .	. . . . .	+8' 24" 5		

D'où l'on déduit $c = -0^s,084$: $a = +2^s,65$, et par conséquent $m = +2^s,65 - 0^s,004\,t$.

En ayant ainsi déterminé l'équation d'une pendule (et l'observation, portant sur un seul mois, donne sensiblement les mêmes valeurs pour les constantes a et c que l'emploi de deux marches et de deux températures moyennes en six mois), on pourra calculer les marches de la pendule. M. Lieussou donne, dans son mémoire, cette comparaison pour la pendule du Dépôt et pour celle de l'Observatoire de Toulon, pour des marches moyennes en un mois, ou de dix en dix jours. Il nous suffira de dire que la différence entre la marche observée et la marche calculée n'est jamais que de quelques centièmes de seconde et ne dépasse jamais 20 centièmes, et par suite l'équation est convenable pour donner la marche de la pendule, au moyen d'une simple observation thermométrique, à $0^s,2$ près, c'est-à-dire avec une précision comparable à celle que comporte l'observation directe.

Régime général d'une pendule. — Dans la formule $a + ct$, la constante a est la marche à 0° ; elle se conserve invariable tant que l'on ne change pas la longueur du pendule.

La constante c est la variation de marche pour un accroissement de température de 1°; elle se conserve invariable tant que l'on ne modifie pas l'appareil compensateur.

Pour que l'heure d'une pendule s'écartât le moins possible de l'heure du temps moyen, il faudrait que sa marche à la température moyenne du lieu θ, c'est-à-dire $m_r = a + c\theta$, fût nulle. Ce résultat poursuivi par tâtonnement, en faisant varier la longueur du pendule, n'est jamais rigoureusement atteint; ainsi, les deux périodes d'observations qui ont précédé et suivi le renouvellement des huiles de la pendule du Dépôt ont conduit aux deux équations : $m^s = -0^s80 - \frac{1}{12}t$, $m^s = +2^s65 - \frac{1}{12}t$, la marche à 15°, température moyenne de l'Observatoire du Dépôt, était :

Pour la première période, $m^s = -0^s,80 - \frac{15}{12} = -2^s,05$; pour la seconde, $m^s = +2^s,65 - \frac{15}{12} = +1^s,40$.

Le pendule était donc trop long avant le renouvellement des huiles et trop court après; ces imperfections du réglage du pendule avaient pour résultat : dans le premier cas, un retard de 2^s05 par jour ou de 12' 28" par an, et, dans le second cas, une avance de 1^s40 par jour ou de 8' 31" par an.

Nous ne suivrons pas M. Lieussou dans la discussion des méthodes à employer pour déterminer le régime moyen annuel des pendules, par des moyens analogues à ceux que nous étudierons pour les chronomètres. Pour une pendule qui reste dans un observatoire, les véritables corrections doivent toujours être obtenues par des observations directes, et la question n'a plus la même importance que pour un chronomètre emporté à bord d'un navire qui s'éloigne du point de départ.

Disons aussi que les moyens d'obtenir une grande précision avec les pendules étant très-grands, l'observation directe entre deux déterminations astronomiques est suffisante. L'appareil compensateur réclame seul quelques perfectionnements; les compensateurs tubulaires à mercure résoudront probablement le problème, en donnant aux tubes une direction qui fasse correspondre les effets de la dilatation avec les variations d'isochronisme produites par le changement de longueur du pendule.

RÉGIME DES CHRONOMÈTRES.

Détermination des constantes qui entrent dans l'équation de la marche d'un chronomètre.

L'équation générale de la marche d'un chronomètre en fonction du temps et de la température, considérés comme des variables indépendantes, est

$$m^s = a^s + b^s x - c^s (T° - t°)^2.$$

En laissant de côté la route qui a mené M. Lieussou à cette forme, elle sera volontiers admise comme formule empirique, la variation de température modifiant le rayon du balancier, et faisant par suite varier sa force vive qui varie avec le carré des vitesses. Nous verrons plus loin comment elle se vérifie par l'observation.

Les quatre constantes a, b, c et T, qui entrent dans cette équation et dont les valeurs particulières à chaque chronomètre constituent son régime spécial, seront déterminées au moyen de quatre marches quelconques observées à des températures et à des époques différentes. Soient m_1 m_2 m_3 m_4 les quatre marches diurnes observées aux températures t_1 t_2 t_3 t_4 ; en les supposant, pour faciliter le calcul des constantes, séparées par des intervalles égaux h, on a les équations de condition :

$$m_1 = a + b - c\,(\mathrm{T} - t_1)^2 \quad m_2 = a + hb - c\,(\mathrm{T} - t_2)^2$$
$$m_3 = a + 2hb - c\,(\mathrm{T} - t_3)^2 \quad m_4 = a + 3hb - c\,(\mathrm{T} - t^4)^2$$

d'où l'on tire $m_1 - 2m_2 + m_3 = -c\,[t_1^2 - 2t_2^2 + t_3^2 - 2\,\mathrm{T}\,(t_1 - 2t_2 + t_3)]$

$$m_2 - 2m_3 + m_4 = -c\,[t_2^2 - 2t_3^2 + t_4^2 - 2\,\mathrm{T}\,(t_2 - 2t_3 + t_4)]$$
$$m_3 + m_4 - m_1 - m_2 = 4hb - c\,[t_3^2 + t_4^2 - t_1^2 - t_2^2 - 2\mathrm{T}\,(t_3 + t_4 - t_1 - t_2)]$$
$$m_1 + m_2 - m_3 + m_4 = 4a + 6hb - c\,[(\mathrm{T} - t_1)^2 + (\mathrm{T} - t_2)^2 + (\mathrm{T} - t_3)^2 + (\mathrm{T} - t_4)^2].$$

Représentant les termes de ces équations par des symboles pour abréger, et posant :

$$\alpha = -c\,(\beta - 2\mathrm{T}\gamma)$$
$$\alpha' = -c\,(\beta' - 2\mathrm{T}\gamma')$$
$$\alpha'' = 4hb - c\,(\beta'' - 2\mathrm{T}\gamma'')$$
$$\alpha''' = 4a + 6hb - c\,[(\mathrm{T} - t_1)^2 + (\mathrm{T} - t_2)^2 + (\mathrm{T} - t_3)^2 + (\mathrm{T} - t_4)^2],$$

ces relations conduisent aux expressions suivantes :

$$\mathrm{T}^{o} = \frac{1}{2}\,\frac{\alpha\beta' - \alpha'\beta}{\alpha\gamma' - \alpha'\gamma} \qquad c^{s} = \frac{\alpha\gamma' - \alpha'\gamma}{\beta'\gamma - \beta\gamma'}$$
$$b^{s} = \frac{1}{4h}\,[\alpha'' + c\,(\beta'' - 2\mathrm{T}\gamma'')]$$
$$\alpha^{s} = \frac{1}{4}\,[\alpha''' - 6\,hb + c\,(\mathrm{T} - t_1)^2 + (\mathrm{T} - t_2)^2 + (\mathrm{T} - t_3)^2 + (\mathrm{T} - t_4)^2)].$$

Dans un observatoire, des observations de 10 en 10 jours sont à peu près suffisantes ; des observations mensuelles sont préférables et fournissent un degré de précision plus élevé.

Ainsi, M. Lieussou, observant un chronomètre n° 200 de M. Winnerl, a trouvé, pour le mois d'octobre 1847, janvier, avril et juillet 1848, les chiffres suivants :

ÉTATS OBSERVÉS.		MARCHE ET TEMPÉRATURE MOYENNE OBSERVÉES DANS UN MOIS.				ÉQUATIONS DE CONDITION.
Date.	État.	Date.	Intervalle.	Marche.	Température.	
30 septembre 1847.	$+ 1^{m},55^{s},2$	15 octobre.		$+1^{s},21$	$15^{o},0$	$1^{s},21 = a + b - c\,(\mathrm{T} - 15)^2$
30 octobre	$+ 2^{m},31^{s},5$		91 jours			
31 décembre	$+ 3^{m},18^{s},9$	15 janvier.		$-0^{s},69$	$2^{o},3$	$0^{s},69 = a + \frac{365}{4}b - c(\mathrm{T} - 2,3)^2$
30 janvier 1848. . .	$+ 2^{m},58^{s},2$		91 jours			
31 mars	$+ 3^{m},27^{s},4$	15 avril . .		$+1^{s},41$	$12^{o},0$	$1^{s},41 = a + 2\frac{365}{4}b - c(\mathrm{T} - 12)^2$
30 avril.	$+ 4^{m},09^{s},7$		91 jours			
30 juin.	$+ 5^{m},55^{s},9$	15 juillet. .		$+1^{s},72$	$21^{o},0$	$1^{s},72 = a + 3\frac{365}{4}b - c(\mathrm{T} - 21)^2$
30 juillet.	$+ 6^{m},47^{s},6$					

On en déduit :

$$\alpha = +4^{s},00 \quad \beta = 356 \quad \gamma = +22 \quad \alpha'' = +2^{s},61$$
$$\alpha' = -1^{s},79 \quad \beta' = 160 \quad \gamma' = -0^{o},5 \quad \alpha''' = +3^{s},65$$

et par suite

$$\mathrm{T}^{o} = \tfrac{1}{2}\,\frac{640 + 637}{2 + 35} = \tfrac{1}{2}\,\frac{1277}{37} = \frac{1277}{74} = 17^{o}$$
$$c^{s} = \frac{37}{3402} = 0^{s},010$$
$$b^{s} = \frac{1}{365}\,[2^{s}61 + 0,01\,(354 - 34\,(33 - 17,5)] = 0^{s}0024$$
$$a^{s} = \tfrac{1}{4}\,[3^{s},65 - 1^{s},32 + 0^{s},01\,(260)] = \tfrac{1}{4}\,493 = +1^{s},23.$$

$a = 1^{s},23$ correspond au 15 octobre 1847 ; l'équation du chronomètre 200 de Winnerl, conclue de 4 marches moyennes mensuelles d'octobre 1847, janvier, avril et juillet 1848, est donc :

$$m = 1^{s},23 + 0^{s},0024\,x - 0^{s},01\,(17^{o} - t)^2.$$

Avec les observations de 4 autres mois, M. Lieussou trouve pour le même chronomètre l'équation suivante, rapportée au 25 *janvier* 1848 :

$$m = 1^{s},56 + 0,0024\,x - 0^{s},01\,(17^{o} - t)^2,$$

qui ne diffère de la précédente que par la marche initiale, qui est un peu plus forte de $0^{s},09$ que ne le demande la différence de point de départ.

M. Lieussou rapporte, dans son mémoire, les vérifications de la marche d'un grand nombre de chronomètres d'après cette méthode, et un parfait accord règne entre les marches observées et calculées. Nous en rapporterons un exemple plus loin.

La précision des résultats, consignés au tableau ci-après, a été obtenue pour les nombreux chronomètres que M. Lieussou a observés, et prouve que la formule proposée :

$$m^{s} = a^{s} + b^{s}\,x - c^{s}\,(\mathrm{T} - t)^2,$$

résout parfaitement le problème proposé. Sa discussion va nous permettre d'établir le *régime général d'un chronomètre*.

La constante T est la température spéciale à laquelle le chronomètre prend sa marche maxima ; elle est, comme nous l'avons vu, la moyenne arithmétique des deux températures pour lesquelles l'horloger a établi l'égalité de marche ; pour un chronomètre bien réglé, cette constante doit être comprise entre 15 et 20°.

Le coefficient c est la diminution de marche diurne pour un changement de température d'un degré centigrade en plus ou en moins, à partir de T_0. Il est la mesure de l'imperfection de la compensation, et se conserve invariable tant que la spirale et le balancier

ANNÉES.	MOIS.	TEMPÉRATURE.	CHRONOMÈTRE 627 BRÉGUET $m = 3^s,60 - 0^s,40\,x - 0^s,02\,(8^\circ - t)^2$				
			$3^s,60 - 0^s,40\,x$	$-0^s,02\,(8^\circ - t)^2$	MARCHE Calculée.	Observée.	Différence.
1849	Avril. . .	9°,6	— 0s,00	— 0s,06	— 0s,06	— 0s,60	+ 0s,54
	Mai. . . .	15°,2	— 0s,40	— 1s,05	— 1s,45	— 1s,84	+ 0s,39
	Juin. . . .	20°,0	— 0s,80	— 2s,88	— 3s,68	— 3s,89	+ 0s,21
	Juillet. . .	20°,6	— 1s,20	— 3s,18	— 4s,38	— 4s,43	+ 0s,05
	Août. . . .	20°,0	— 1s,60	— 2s,88	— 4s,48	— 4s,58	+ 0s,10
	Septembre.	19°,0	— 2s,00	— 2s,42	— 4s,42	— 4s,82	+ 0s,40
	Octobre . .	15°,2	— 2s,40	— 1s,04	— 3s,44	— 3s,30	— 0s,14
	Novembre.	10°,6	— 2s,80	— 0s,18	— 2s,98	— 2s,95	— 0s,03
	Décembre..	7°,0	— 3s,20	0s,00	— 3s,20	— 3s,13	— 0s,07
1850	Janvier.. .	3°,0	— 3s,60	— 0s,50	— 4s,10	— 4s,17	+ 0s,07
	Février. .	7°,5	— 4s,00	0s,00	— 4s,00	— 3s,95	— 0s,05
	Mars. . . .	7°,5	— 4s,40	0s,00	— 4s,40	— 4s,74	+ 0s,34
	Avril. . . .	11°,6	— 4s,80	— 0s,26	— 5s,06	— 5s,02	— 0s,04
	Mai	13°,5	— 5s,20	— 0s,60	— 5s,80	— 5s,75	— 0s,05
	Juin. . . .	18°,3	— 5s,60	— 2s,10	— 7s,70	— 7s,35	— 0s,35

ne sont pas modifiés; pour un bon chronomètre, ce coefficient ne doit pas dépasser $0^s,02$.

Le coefficient b est le changement de marche du chronomètre dans l'unité de temps. Il paraît varier un peu à la longue, mais il est sensiblement constant pendant un an (temps bien supérieur à la durée des plus longues traversées avant de rencontrer un observatoire). Il peut être considéré comme la mesure du défaut d'isochronisme entre les grandes et les petites oscillations du balancier; pour un bon chronomètre, il ne doit pas dépasser $\pm\,0^s,01$ par jour ou $\pm\,0^s,30$ par mois.

La constante a est la marche initiale du chronomètre à T°; elle est la mesure de l'imperfection du réglage de la montre sur le temps moyen à la température T. Cette marche initiale augmente ou diminue d'une quantité bx proportionnelle au nombre de jours x; b étant généralement positif et inférieur à $0^s,01$. Les horlogers établissent habituellement la marche initiale en retard de quelques secondes sur le temps moyen, de manière à ce qu'en trois ans, elle s'en écarte le moins possible. On comprend, en effet, que a égalant $-5^s,0$ au moment où la montre sort de chez l'artiste, sera égale à $-5^s,00 + 548\,b$ ou environ $0^s,0$ après 18 mois et $-5^s,00 + 1094\,b$, soit environ $+5^s,00$ après trois ans.

Les quatre constantes a, b, c et T, qui entrent dans l'équation de la marche d'un chronomètre, peuvent être déterminées par quatre équations de condition données par quatre marches quelconques, observées à des époques et à des températures diverses; elles le seront avec d'autant plus de précision, que l'intervalle des observations et l'écart des températures seront plus grands. Toutefois, il importe de remarquer que si, pour un intervalle trop court, les constantes sont affectées par l'erreur inhérente à des observations isolées, pour un intervalle trop grand elles seront entachées de l'erreur que l'on commet en prenant la marche moyenne pour la marche correspondante à la température moyenne.

Ces quatre constantes ayant été préalablement déterminées et vérifiées par un nombre suffisant d'équations de condition; de plus, l'état initial E_0 du chronomètre sur le temps moyen du lieu de départ étant connu, l'équation :

$$m = a + bx - c\,(T - t)^2$$

donnera, au moyen de la série des températures diurnes $t\ t_2 \ldots t_4$ observées pendant la traversée, la série des marches diurnes $m_1\ m_2\ m_3 \ldots$, et par suite la série des états diurnes du chronomètre $E_1\ E_2\ E_3 \ldots$ sur le temps moyen du lieu de départ.

Emploi de l'équation de la marche d'un chronomètre à la détermination de la longitude à la mer.

La longitude d'un lieu, en temps, est donnée par la différence des états d'un chronomètre sur l'heure du lieu et sur l'heure simultanée de Paris.

A bord d'un bâtiment, on déduit l'état de l'heure du lieu, de la hauteur du soleil au-dessus de l'horizon de la mer mesurée avec un cercle à réflexion ou un sextant; et on estime l'heure de Paris, en ajoutant à l'état constaté au départ la marche diurne initiale multipliée par le nombre de jours écoulés.

L'état d'un chronomètre sur l'heure du bord est obtenu, par un bon observateur, à deux secondes près; mais son état sur l'heure de Paris, grossièrement estimé dans l'hypothèse d'une invariabilité de marche impossible, comporte une erreur bien autrement considérable, différente pour chaque chronomètre et chaque traversée.

Pour apprécier la grandeur de cette erreur, M. Lieussou la calcule pour le cas le plus simple, celui où la température diurne varierait progressivement d'une quantité p par vingt-quatre heures. En prenant pour b, c les valeurs moyennes que fournit la pratique, et faisant l'hypothèse d'un changement de température de 8° en dix jours de navigation, de 12° en vingt jours, de 15° en un mois et de 21° en deux mois, les erreurs en longitude varient, selon les circonstances, entre les limites suivantes :

Pour une traversée de. . . .	10 jours : de — 6milles,5	à + 5milles,6.	
	20 jours : de — 18	2 à + 14	1.
	30 jours : de — 32	6 à + 23	1.
	60 jours : de — 82	6 à + 45	0.

On voit combien l'erreur devient grave et dangereuse bientôt pour le navigateur, et par suite combien il serait utile d'employer la méthode qui permet de les corriger, méthode dont l'application pourrait être très-simplifiée, dans la pratique, par l'emploi d'une table donnant immédiatement la correction à faire à la marche du chronomètre, selon l'âge des huiles et la température observés.

Dans tout ce qui précède, on n'a pas tenu compte des perturbations que diverses circonstances inhérentes à la navigation, telles que les tempêtes, le tir du canon, etc., peuvent apporter à la marche d'un chronomètre ; ces perturbations accidentelles sont de courte durée, car elles cessent probablement avec la cause qui les produit; elles ne doivent tout au plus altérer que 5 ou 6 marches sur une traversée de deux mois ; dès lors elles ne sauraient avoir un effet comparable à l'influence progressive du temps et de la température. En tout cas ce n'est que par la même voie empirique que l'on peut tenir compte de ces perturbations, qui pourront être plus facilement appréciées lorsque les effets permanents du temps et de la température auront été mis de côté.

Nous avons fait des emprunts étendus au mémoire de M. Lieussou, parce qu'il nous paraît ouvrir une voie nouvelle. Il part d'un principe parfaitement vrai et qu'on peut généraliser. Tout chronomètre construit solidement, dont les pièces, les assemblages ne s'altèrent pas, donne des résultats de mesure du temps, qui ne varient que par des causes de changements qui peuvent être appréciées par des expériences préparatoires. D'où cet important résultat que l'observation faite avec une formule, une table de correction convenable, pourra donner des résultats d'une merveilleuse exactitude avec des instruments qui n'auront pas exigé des dépenses considérables de réglage, de tâtonnements fort coûteux pour masquer imparfaitement des erreurs notables dans des cas non prévus, mais surtout permettra d'apprécier les perturbations auxquelles les ressources de la mécanique ne donnent pas le moyen de remédier. C'est un important progrès pour la navigation, si intéressée à la précision des observations chronométriques.

CIMENT. (Voy. MORTIER.)

CLASSIFICATION DE L'INDUSTRIE. En regard de la classification des procédés du travail industriel, utilisant les connaissances réunies dans les sciences, que nous avons donnée dans l'INTRODUCTION, nous croyons devoir reproduire ici, comme travail à conserver, la classification formulée par M. Le Play et ses collaborateurs, pour l'Exposition universelle de 1867. Faite pour répondre aux exigences pratiques de cette grande réunion d'objets fabriqués, c'est-à-dire en faisant la part de deux points de vue différents, en tenant compte à la fois de l'importance et de l'utilité de la production, comme de l'intérêt mérité intellectuellement par les difficultés de la fabrication, ce qui conduit à bien des juxtapositions bizarres qui montrent la faible valeur logique de cette classification, elle a l'avantage de représenter une image fidèle du travail humain, sans qu'aucun détail ait pu y échapper, comme il arrive lorsqu'on procède en partant d'une idée préconçue, au lieu de consulter l'expérience.

Les classes y sont réparties en dix groupes, dont le premier et le dixième ne se rapportent pas à des produits industriels proprement dits; nous les avons conservés pour ne pas tronquer cet inventaire complet des œuvres que peut enfanter le travail.

PREMIER GROUPE. — Œuvres d'art.

CLASSE 1re. — *Peintures à l'huile.*

Peintures sur toiles, sur panneaux, sur enduits divers.

CLASSE 2. — *Peintures diverses et dessins.*

Miniatures, aquarelles; pastels et dessins de tout genre; peintures sur émail, sur faïence et sur porcelaine; cartons de vitraux et de fresques.

CLASSE 3. — *Sculptures et gravures sur médailles.*

Sculptures en ronde-bosse. Bas-reliefs. Sculptures repoussées et ciselées. Médailles, camées, pierres gravées. Nielles.

CLASSE 4. — *Dessins et modèles d'architecture.*

Études et fragments. Représentations et projets d'édifice. Restaurations d'après des ruines ou des documents.

CLASSE 5. — *Gravures et lithographies.*

Gravures en noir. Gravures polychromes. Lithographies en noir, au crayon et au pinceau. Chromolithographies.

2e GROUPE. — Matériel et applications des arts libéraux.

CLASSE 6. — *Produits d'imprimerie et de librairie.*

Spécimens de typographie; épreuves autographiques; épreuves de lithographie, en noir ou en couleur; épreuves de gravures.

Livres nouveaux et éditions nouvelles de livres déjà connus; collections d'ouvrages formant des bibliothèques spéciales; publications périodiques. Dessins, atlas et albums publiés dans un but technique ou pédagogique.

CLASSE 7. — *Objets de papeterie; reliures; matériel des arts de la peinture et du dessin.*

Papiers; cartes et cartons; encres; craies, crayons, pastels. Fournitures de bureau; articles de bureau : encriers, pèse-lettres, etc. Presses à copier.

Objets confectionnés en papier : abat-jour, lanternes, cache-pots, etc.

Registres, cahiers, albums et carnets. Reliures. Reliures mobiles, étuis.

Produits divers pour lavis et aquarelles; couleurs en pains, en pastilles, en vessies, en tubes, en écailles. Instruments et appareils à l'usage des peintres, dessinateurs, graveurs et modeleurs.

CLASSE 8. — *Applications du dessin et de la plastique aux arts usuels.*

Dessins industriels. Dessins obtenus, reproduits ou réduits par procédés mécaniques. Peintures de décors. Lithographies ou gravures industrielles. Modèles et maquettes pour figures, ornements, etc. Objets sculptés. Camées, cachets et objets divers décorés par la gravure. Objets de plastique industrielle obtenus par les procédés mécaniques : réductions, photosculptures, etc. Objets moulés.

CLASSE 9. — *Épreuves et appareils de photographie.*

Héliographies sur papier, sur verre, sur bois, sur étoffe, sur émail. Gravures héliographiques. Épreuves lithophotographiques. Clichés photographiques. Épreuves stéréoscopiques et stéréoscopes. Épreuves obtenues par amplification.

Instruments, appareils et matières premières de la photographie. Matériel des ateliers de photographes.

CLASSE 10. — *Instruments de musique.*

Instruments à vent non métalliques à embouchure simple, à bec de sifflet, à anches avec ou sans réservoir d'air. Instruments à vent métalliques : simples, à rallonges, à coulisses, à pistons, à clefs, à anches. Instruments à vent à clavier : orgues, accordéons, etc. Instruments à cordes, pincées ou archet, sans clavier. Instruments à cordes, à clavier : pianos, etc. Instruments à percussion ou à frottement. Instruments automatiques : orgues de Barbarie, serinettes, etc. Pièces détachées et objets du matériel des orchestres.

CLASSE 11. — *Appareils et instruments de l'art médical; ambulances civiles et militaires.*

Appareils et instruments de pansement et de petite chirurgie. Instruments d'exploration médicale. Appareils et instruments de chirurgie.

Trousses et caisses d'instruments et de médicaments, spécialement destinées aux chirurgiens de l'armée et de la marine, aux vétérinaires, aux dentistes, oculistes, etc. Appareils de secours aux noyés et aux asphyxiés, etc. Appareils d'électrothérapie. Appareils d'anesthésie locale et générale. Appareils de prothèse plastique et mécanique. Appareils d'orthopédie, bandages herniaires, etc. Appareils divers destinés aux malades, aux infirmes, aux aliénés. Objets accessoires du service médical, chirurgical et pharmaceutique des hôpitaux et infirmeries. Matériel des recherches anatomiques. Appareils destinés aux recherches de médecine légale. Matériel spécial de la médecine vétérinaire. Appareils balnéatoires, hydrothérapiques, etc. Appareils et instruments destinés à l'éducation physique des enfants; gymnastique médicale et hygiénique. Matériel des secours à donner aux blessés sur le champ de bataille. Ambulances civiles et militaires, destinées au service des armées de terre et de mer.

CLASSE 12. — *Instruments de précision et matériel de l'enseignement des sciences.*

Instruments de géométrie pratique: compas, verniers, vis micrométriques, planimètres, machines à calculer, etc. Appareils et instruments d'arpentage, de topographie, de géodésie et d'astronomie. Matériel des divers observatoires.

Appareils et instruments des arts de précision. Mesures et poids des divers pays. Monnaies et médailles. Balances de précision. Appareils et instruments de physique et de météorologie. Instruments d'optique usuels. Matériel de l'enseignement des sciences physiques, de la géométrie élémentaire, de la géométrie descriptive, de la stéréotomie, de la mécanique. Modèles et instruments destinés à l'enseignement technologique en général. Collections pour l'enseignement des sciences naturelles. Figures et modèles pour l'enseignement des sciences médicales, etc., pièces d'anatomie plastique, etc.

CLASSE 13. — *Cartes et appareils de géographie et de cosmographie.*

Cartes et atlas topographiques, géographiques, géologiques, hydrographiques, astronomiques, etc. Cartes marines. Cartes physiques de toutes sortes. Plans en relief. Globes et sphères célestes. Appareils pour l'étude de la cosmographie. Ouvrages et travaux de statistique. Tables et éphémérides à l'usage des astronomes et des marins.

3e GROUPE. — Meubles et autres objets destinés à l'habitation.

CLASSE 14. — *Meubles de luxe.*

Buffets, bibliothèques, tables, toilettes; lits; canapés; siéges; billards, etc.

CLASSE 15. — *Ouvrages de tapissier et de décorateur.*

Objets de literie. Siéges garnis, baldaquins, rideaux, tentures d'étoffes et de tapisseries. Objets de décoration et d'ameublement en pierres et en matières précieuses. Pâtes moulées, et objets de décoration en plâtre, carton-pierre, etc. Cadres. Peintures en décors. Meubles, ornements et décors pour les services religieux.

CLASSE 16. — *Cristaux, verrerie de luxe, et vitraux.*

Gobeletterie de cristal, cristaux taillés, cristaux doublés, cristaux montés, etc. Gobeletterie ordinaire, verrerie commune et bouteilles. Verres à vitres et à glaces. Verres façonnés, émaillés, craquelés, filigranés, etc. Verres, cristaux d'optique, objets d'ornement, etc. Vitraux peints.

CLASSE 17. — *Porcelaines, faïences et autres poteries de luxe.*

Biscuits. Porcelaines dures et porcelaines tendres. Faïences fines à couverte colorée, etc. Biscuits de faïence. Terres cuites. Laves émaillées. Grès cérames.

CLASSE 18. — *Tapis, tapisseries et autres objets d'ameublement.*

Tapis, moquettes, tapisseries, épinglés ou veloutés. Tapis de feutre, de drap, de tontisse, de soie ou de bourre de soie. Tapis de sparterie, nattes. Tapis de caoutchouc. Tissus d'ameublement, de coton, de laine ou de soie, unis ou façonnés. Tissus de crin. Cuirs végétaux, moleskines, etc. Cuirs de tenture et d'ameublement. Toiles cirées.

CLASSE 19. — *Papiers peints.*

Papiers imprimés à la planche, au rouleau, à la machine. Papiers veloutés, marbrés, veinés, etc. Papiers pour cartonnages, reliures, etc. Papiers à sujets artistiques. Stores peints ou imprimés.

CLASSE 20. — *Coutellerie.*

Couteaux, canifs, ciseaux, rasoirs, etc. Produits divers de la coutellerie.

CLASSE 21. — *Orfévrerie.*

Orfévrerie religieuse, orfévrerie de décoration et de table, orfévrerie pour ustensiles de toilette, de bureau, etc.

CLASSE 22. — *Bronzes d'art, fontes d'art diverses et ouvrages en métaux repoussés.*

Statues et bas-reliefs de bronze, de fonte de fer, de zinc, etc. Bronze de décoration ou d'ornement. Imitations de bronzes en fonte, en zinc, etc. Fontes revêtues d'enduits métalliques par galvanoplastie. Repoussés en cuivre, en plomb, en zinc, etc.

CLASSE 23. — *Horlogerie.*

Pièces détachées d'horlogerie. Horloges, pendules, montres, chronomètres régulateurs. Compteurs à secondes, à pointage, etc. Appareils pour la mesure du temps : sabliers, clepsydres. Horloges électriques.

CLASSE 24. — *Appareils et procédés de chauffage et d'éclairage.*

Foyers, cheminées, poêles et calorifères. Objets accessoires du chauffage. Fourneaux. Appareils pour le chauffage au gaz. Appareils de chauffage par circulation d'eau chaude ou d'air chaud. Appareils de ventilation. Appareils de dessiccation; étuves. Lampes d'émailleur, chalumeaux, forges portatives. Lampes servant à l'éclairage au moyen des huiles animales, végétales ou minérales. Accessoires de l'éclairage. Allumettes. Appareils et objets accessoires de l'éclairage au gaz. Lampes photo-électriques. Appareils pour l'éclairage au moyen du magnésium, etc.

CLASSE 25. — *Parfumerie.*

Cosmétiques et pommades. Huiles parfumées; essences parfumées, extraits et eaux de senteur, vinaigres aromatisés; pâtes d'amandes, poudres, pastilles et sachets parfumés; parfums à brûler. Savons de toilette.

CLASSE 26. — *Objets de maroquinerie, de tabletterie et de vannerie.*

Nécessaires et petits meubles de fantaisie, caves à liqueurs, boîtes à gants, coffrets. Trousses et sacs, écrins. Porte-monnaie, portefeuilles, carnets, porte-cigares. Objets tournés, guillochés, sculptés, gravés, en bois, en ivoire, en écaille, etc. Tabatières, pipes. Peignes de luxe; objets de brosserie fine de toilette. Objets divers en laque. Corbeilles et paniers de fantaisie, clissages et objets de sparterie fine.

4e GROUPE. — Vêtements (tissus compris) et autres objets portés par la personne.

CLASSE 27. — *Fils et tissus de coton.*

Cotons préparés et filés. Tissus de coton pur, unis ou façonnés. Tissus de coton mélangé. Velours de coton. Rubanerie de coton.

CLASSE 28. — *Fils et tissus de lin et de chanvre.*

Lins, chanvres et autres fibres végétales filées. Toiles et coutils. Batistes. Tissus de fil avec mélange de coton ou de soie. Tissus de fibres végétales, équivalents du lin et du chanvre.

CLASSE 29. — *Fils et tissus de laines peignées.*

Laines peignées; fils de laine peignée. Mousselines, cachemire d'Écosse, mérinos, serges, etc. Rubans et galons de laine mélangée de coton ou de fil, de soie ou de bourre de soie. Tissus de poils purs ou mélangés.

CLASSE 30. — *Fils et tissus de laine cardée.*

Laines cardées; fils de laine cardée. Draps et autres tissus foulés de laine cardée. Couvertures. Feutres de laine ou poil pour tapis, chapeaux, chaussons. Tissus de laine cardée non foulés ou légèrement foulés : flanelles, tartans, molletons.

CLASSE 31. — *Fils et tissus de soie.*

Soies grèges et moulinées. Fils de bourre de soie. Tissus de soie pure, unis, façonnés, brochés. Étoffes de soie mélangée d'or, d'argent, de coton, de laine, de fil. Tissus de bourre de soie, pure ou mélangée. Velours et peluches. Rubans de soie pure ou mélangée.

CLASSE 32. — *Châles.*

Châles de laine pure ou mélangée. Châles de cachemire. Châles de soie, etc.

CLASSE 33. — *Dentelles, tulles, broderies et passementeries.*

Dentelles de fil ou de coton faites au fuseau, à l'aiguille ou à la mécanique. Dentelles de soie, de laine ou de poil de chèvre. Dentelles d'or ou d'argent. Tulles de soie ou de coton, unis ou brochés. Broderies au plumetis, au crochet, etc. Broderies d'or, d'argent, de soie. Broderies-tapisseries et autres ouvrages à la main. Passementeries en fin et en faux. Passementeries spéciales pour équipement militaire.

CLASSE 34. — *Articles de bonneterie et de lingerie, objets accessoires du vêtement.*

Bonneterie de coton, de fil, de laine ou de cachemire, de soie ou de bourre de soie, purs ou mélangés. Lingerie confectionnée pour hommes, pour femmes et pour enfants. Layettes. Confections de flanelles et autres tissus de laine. Corsets. Cravates. Gants. Guêtres. Éventails; écrans. Parapluies, ombrelles, cannes, etc.

CLASSE 35. — *Habillements des deux sexes.*

Habits d'homme; habits de femme. Coiffures d'homme; coiffures de femme. Perruques et ouvrages en cheveux. Chaussures. Confections pour enfants. Vêtements spéciaux aux diverses professions.

CLASSE 36. — *Joaillerie, bijouterie.*

Bijoux en métaux précieux (or, platine, argent, aluminium), ciselés, filigranés, ornés de pierres fines, etc. Bijoux en doublé et en faux. Bijoux en jaïet-ambre, corail, nacre, acier, etc. Diamants, pierres fines, perles et imitations.

CLASSE 37. — *Armes portatives.*

Armes défensives; boucliers, cuirasses, casques. Armes contondantes : massues, casse-tête. Armes blanches : fleurets, épées, sabres, baïonnettes, lances, haches. Couteaux de chasse. Armes de jet : arcs, arbalètes, frondes. Armes à feu : fusils, carabines, pistolets, revolvers. Objets accessoires d'arquebuserie : poudrières, moules à balles. Projectiles sphériques, oblongs, creux, explosibles. Capsules, amorces, cartouches.

CLASSE 38. — *Objets de voyage et de campement.*

Malles, valises, sacoches, etc. Nécessaires et trousses de voyage. Objets divers : couvertures de voyage; coussins; coiffures, costumes et chaussures de voyage, bâtons ferrés et à grappins, parasols, etc. Matériel portatif spécialement destiné aux voyages et aux expéditions scientifiques : appareils de photographie. Instruments pour les observations astronomiques et météorologiques; nécessaires et bagages du géologue, du minéralogiste, du naturaliste, du colon pionnier, etc. Tentes et objets de campement. Mobilier des tentes militaires : lits, hamacs, siéges pliants. Cantines; moulins, fours de campagne, etc.

CLASSE 39. — *Bimbeloterie.*

Poupées et jouets. Figures de cire et figurines. Jeux destinés aux récréations des enfants ou des adultes. Jouets instructifs.

5e GROUPE. — Produits (bruts et ouvrés) des industries extractives.

CLASSE 40. — *Produits de l'exploitation des mines et de la métallurgie.*

Collections et échantillons de roches, minéraux et minerais. Roches d'ornement : marbres, serpentines, onyx. Roches dures. Matériaux réfractaires. Terres et argiles. Produits minéraux divers. Soufre brut. Sel gemme, sel des sources salées. Bitumes et pétroles. Échantillons de combustibles crus et carbonisés. Agglomérés de houille. Métaux bruts : fontes, fers, aciers, fers aciéreux, cuivre, plomb, argent, zinc, etc. Alliages métalliques. Produits de l'art du laveur de cendres et de l'affineur de métaux précieux, du batteur d'or, etc. Produits de l'électro-métallurgie : objets dorés, argentés, cuivrés, aciérés, etc., par la galvanoplastie. Produits de l'élaboration des métaux bruts : fontes moulées; cloches; fers marchands; fers spéciaux; tôles et fers-blancs; tôles extra pour blindages et constructions. Tôles de cuivre, de plomb, de zinc. Métaux ouvrés : pièces de forge et de grosse serrurerie; roues et bandages; tubes sans soudure; chaînes, etc. Produits de la tréfilerie. Aiguilles, épingles, treillages, tissus métalliques, tôles perforées. Produits de la quincaillerie, de la taillanderie, de la ferronnerie, de la chaudronnerie, de la tôlerie et de la ferblanterie. Métaux ouvrés divers.

CLASSE 41. — *Produits des exploitations et des industries forestières.*

Échantillons d'essences forestières. Bois d'œuvre, de chauffage et de construction; bois ouvrés pour la marine; merrains, bois de fente. Liéges; écorces textiles. Matières tannantes, colorantes, odorantes, résineuses, etc. Produits des industries forestières : bois torréfiés et charbons; potasses brutes; objets de boissellerie, de vannerie, de sparterie; sabots, etc.

CLASSE 42. — *Produits de la chasse, de la pêche et des cueillettes.*

Collections et dessins d'animaux terrestres et amphibies, d'oiseaux, d'œufs, de poissons, de cétacés, de mollusques et de crustacés. Produits de la chasse : fourrures et pelleteries, poils, crins, plumes, duvets, cornes, dents, ivoire, os; écaille, musc, castoréum et produits analogues. Produits de la pêche : huile de baleine, sperma ceti, etc.; fanons de baleine; ambre gris; coquilles de mollusques, perles, nacres, sépia, pourpre; coraux, éponges.

Produits des cueillettes ou récoltes obtenues sans cultures : champignons, truffes, fruits sauvages, lichens employés pour teintures, aliments et fourrages; séves fermentées; quinquinas; écorces et filaments utiles; cires, gommes-résines; caoutchouc brut, gutta-percha, etc.

CLASSE 43. — *Produits agricoles (non alimentaires) de facile conservation.*

Matières textiles : cotons bruts, lin et chanvre tillés et non tillés, fibres végétales textiles de toute nature; laines brutes lavées ou non lavées; cocons de vers à soie. Produits agricoles divers, employés dans l'industrie, dans la pharmacie et dans l'économie domestique : plantes oléagineuses, huiles, cires, résines. Tabacs en feuilles ou fabriqués. Amadou. Matières tannantes et tinctoriales. Fourrages conservés et matières spécialement destinées à la nourriture des bestiaux.

CLASSE 44. — *Produits chimiques et pharmaceutiques.*

Acides, alcalis. Sels de toutes sortes. Sel marin et produits de l'exploitation des eaux mères. Produits divers des industries chimiques : cires et corps gras; savons et bougies; matières premières de la parfumerie; résines, goudrons et corps dérivés; essences et vernis; enduits divers, cirages. Produits de l'industrie du caoutchouc et de la gutta-percha; substances tinctoriales et couleurs. Eaux minérales et eaux gazeuses, naturelles ou artificielles. Matières premières de la pharmacie. Médicaments simples et composés.

CLASSE 45. — *Spécimens des procédés chimiques de blanchiment, de teinture, d'impression et d'apprêt.*

Échantillons de fils et tissus teints. Échantillons de préparations pour la teinture. Toiles imprimées ou teintes. Tissus de coton, pur ou mélangé, imprimés. Tissus de laine, pure ou mélangée, peignée ou cardée, imprimés. Tissus de soie, pure ou mélangée, imprimés. Tapis de feutre ou de drap imprimés. Toiles cirées.

CLASSE 46. — *Cuirs et peaux.*

Matières premières employées dans la préparation des peaux et des cuirs. Peaux vertes, peaux salées. Cuirs tannés, corroyés, apprêtés ou teints. Cuirs venis. Maroquins et basanes. Peaux hongroyées, chamoisées, mégissées, apprêtées ou teintes. Peaux préparées pour la ganterie. Pelleteries et fourrures apprêtées ou teintes. Parchemins. Articles de boyauderie; cordes pour instruments de musique, baudruche, nerfs de bœuf, etc.

6e GROUPE. — Instruments et procédés des arts usuels.

CLASSE 47. — *Matériel et procédés de l'exploitation des mines et de la métallurgie.*

Matériel des sondages des recherches, pour puits artésiens et pour puits à grande section. Machines à forer les trous de mine, à abattre la houille et à débiter les roches. Appareils pour le tirage électrique des mines. Modèles, plans et vues de travaux d'exploitation de mines et carrières. Travaux de captage des eaux minérales. Échelles de mines mues par des machines. Matériel de l'extraction. Machines d'épuisement, pompes. Appareils d'aérage; ventilateurs. Lampes de sûreté, lampes photo-électriques. Appareils de sauvetage, parachutes, signaux, Appareils de préparation mécanique des minerais et des combustibles minéraux. Appareils à agglomérer les combustibles. Appareils pour la carbonisation des combustibles. Foyers et fourneaux métalliques; appareils fumivores. Matériel des usines métallurgiques. Matériel spécial des forges et fonderies. Appareils d'électro-métallurgie. Matériel des ateliers d'élaboration des métaux sous toutes les formes.

CLASSE 48. — *Matériel et procédés des exploitations rurales et forestières.*

Plans de culture, assolements et aménagements agricoles. Matériel et travaux du génie agricole; dessèchements, drainage, irrigations. Plans et modèles de bâtiments ruraux. Outils, instruments, machines et appareils servant au labourage et autres façons données à la terre, à l'ensemencement et aux plantations, à la récolte, à la préparation et à la conservation des produits de la culture. Matériel des charrois et des transports ruraux. Machines locomobiles et manéges. Matières fertilisantes d'origine organique ou minérale. Appareils pour l'étude physique et chimique des sols. Plans de systèmes de reboisement, d'aménagement, de culture des forêts. Matériel des exploitations et des industries forestières.

CLASSE 49. — *Engins et instruments de la chasse, de la pêche et des cueillettes.*

Armes, piéges, engins et équipements de chasse. Lignes et hameçons. Harpons. Filets. Appareils et appâts de pêche. Appareils et instrumens pour la récolte des produits obtenus sans culture.

CLASSE 50. — *Matériel et procédés des usines agricoles et des industries alimentaires.*

Matériel des usines agricoles; fabrique d'engrais artificiels, de tuyaux de drainage; fromageries et laiteries; minoteries, féculeries, amidoneries; huileries, brasseries, distilleries; sucreries, raffineries; ateliers pour la préparation des matières textiles; magnaneries, etc. Matériel de la fabrication des produits alimentaires: pétrisseurs et fours mécaniques pour boulangers, ustensiles de pâtisserie et de confiserie. Appareils pour la fabrication des pâtes alimentaires. Machines à faire le biscuit de mer. Machines à préparer le chocolat. Appareils pour la torréfaction du café. Préparation des glaces et des sorbets; fabrication de la glace.

CLASSE 51. — *Matériel des arts chimiques, de la pharmacie et de la tannerie.*

Ustensiles et appareils de laboratoires. Appareils et instruments destinés aux essais industriels et commerciaux. Matériel et appareils des fabriques de produits chimiques, de savons, de bougies. Matériel et procédés de la fabrication des essences, des vernis, des objets en caoutchouc et en gutta-percha. Matériel et appareils des usines à gaz. Matériel et procédés des blanchisseries. Matériel de la préparation des produits pharmaceutiques. Matériel des ateliers de tannerie et de mégisserie. Matériel et procédés des verreries et des fabriques de porcelaine.

CLASSE 52. — *Moteurs, générateurs et appareils mécaniques spécialement adaptés aux besoins de l'Exposition.*

Chaudières et générateurs de vapeur avec leurs appareils de sûreté. Conduites de vapeur et appareils accessoires. Arbres de couche. Poulies de renvoi, courroies. Organes de mise en marche, d'arrêt, d'embrayage et de débrayage. Moteurs employés pour fournir l'eau et la force motrice nécessaires dans les diverses parties du Palais et du Parc. Grues et appareils de toute sorte proposés pour la manutention des colis. Rails et plaques tournantes proposés pour la manutention des colis, des fourrages, des fumiers et pour les autres services du Palais et du Parc.

CLASSE 53. — *Machines et appareils de la mécanique générale.*

Pièces de mécanisme détachées: supports, galets, glissières, excentriques, engrenages, bielles, parallélogrammes et joints, courroies, systèmes funiculaires, etc. Embrayages, déclics, etc. Régulateurs et modérateurs de mouvement. Appareils de graissage. Compteurs et enregistreurs. Dynamomètres, manomètres, instruments de pesage. Appareils de jaugeage des liquides et des gaz. Machines servant à la manœuvre des fardeaux. Machines hydrauliques élévatoires: norias, pompes, tympans, béliers hydrauliques, etc. Récepteurs hydrauliques: roues, turbines, machines à colonne d'eau. Machines motrices à vapeur. Chaudières, générateurs de vapeur et appareils accessoires. Appareils de condensation des vapeurs. Machines à vapeur d'éther, de chloroforme, d'ammoniaque; à vapeurs combinées. Machines à gaz, à air chaud, à air comprimé. Moteurs électro-magnétiques. Moulins à vent et panémones. Aérostats.

CLASSE 54. — *Machines-outils.*

Machines-outils servant au travail préparatoire des bois. Tours et machines à aléser et à raboter. Machines à mortaiser, à percer, à découper. Machines à tarauder, à fileter, à river. Outils divers des ateliers de constructions mécaniques. Outils, machines et appareils servant à presser, à broyer, à malaxer, à scier, à polir, etc. Machines-outils spéciales à diverses industries.

CLASSE 55. — *Matériel et procédés du filage et de la corderie.*

Matériel du filage à la main. Pièces détachées appartenant au matériel des filatures. Machines et appareils servant à la préparation et à la filature des matières textiles. Appareils et procédés destinés aux opérations complémentaires: étirage, dévidage, retordage, moulinage, apprêts mécaniques. Appareils pour le conditionnement et le tirage des fils. Matériel des ateliers de corderie. Câbles ronds, plats, diminués, cordes et ficelles, câbles en fils métalliques, câbles à âme métallique, mèches à feu, étoupilles, etc.

CLASSE 56. — *Matériel et procédés du tissage.*

Appareils destinés aux opérations préparatoires du tissage: machines à ourdir, à bobiner. Lisages. Métiers ordinaires et mécaniques pour la fabrication des tissus unis. Métiers pour la fabrication des étoffes façonnées et brochées, battants-brocheurs, métiers électriques. Métiers à fabriquer les tapis et les tapisseries. Métiers à mailles pour la fabrication de la bonneterie et des tulles. Matériel de la fabrication de la dentelle. Matériel des fabriques de passementerie. Métiers de haute lisse et procédés d'espoulinage. Appareils accessoires: machines à fouler, calendrer, gaufrer, moirer, métrer, plier, etc.

CLASSE 57. — *Matériel et procédés de la couture et de la confection des vêtements.*

Outils ordinaires des ateliers de couture et de confection. Machines à coudre, à piquer, à ourler, à broder. Scies à découper les étoffes et les cuirs pour la confection des vêtements et des chaussures. Machines à faire, à clouer et à visser les chaussures.

CLASSE 58. — *Matériel et procédés de la confection des objets de mobilier et d'habitation.*

Machines à débiter les bois de placage. Scies à découper, à chantourner, etc. Machines à faire les moulures, les baguettes de cadre, les feuilles de parquet, les meubles; etc. Tours et appareils divers des ateliers de menuiserie et d'ébénisterie. Machines à estamper et à emboutir. Machines et appareils pour le travail du stuc, du carton-pâte, de l'ivoire, de l'os, de la corne. Machines à mettre au point, à sculpter, à réduire les statues, à graver, à guillocher, etc. Machines à scier et polir les pierres dures, les marbres, etc.

CLASSE 59. — *Matériel et procédés de la papeterie, des teintures et des impressions.*

Matériel de l'impression des papiers peints et des tissus. Machines à graver les rouleaux d'impression. Matériel du blanchiment, de la teinture et de l'apprêt des papiers et des tissus. Matériel de la fabrication du papier à la cuve et à la machine. Appareils pour gaufrer, régler, glacer, moirer le papier. Machines à découper, rogner, timbrer les papiers, etc. Matériel, appareils et produits des fonderies en caractères, clichés, etc, Machines et appareils employés dans la typographie, la stéréotypie, l'impression en taille-douce, l'autographie, la lithographie, la calcographie, la paniconographie, la chromolithographie, etc. Impressions des timbres-poste. Machines à composer et à trier les caractères.

CLASSE 60. — *Machines, instruments et procédés usités dans divers travaux.*

Presses monétaires. Machines servant à la fabrication des boutons, des plumes, des épingles, des enveloppes de lettres, à empaqueter, à confectionner les brosses, les cardes, à fabriquer les capsules, à plomber les marchandises, à boucher les bouteilles, etc. Outillages et procédés de la fabrication des objets d'horlogerie, de bimbeloterie, de marqueterie, de vannerie, etc.

CLASSE 61. — *Carrosserie et charronnage.*

Pièces détachées de charronnage et de carrosserie : roues, bandages, essieux, boîtes de roues; ferrures, etc. Ressorts et systèmes divers de suspension. Systèmes d'attelage. Freins. Produits de charronnage : chariots, tombereaux, camions, véhicules à destination spéciale. Produits de la carrosserie : voitures publiques, voitures d'apparat, voitures particulières ; chaises à porteurs, litières, traîneaux, etc.; vélocipèdes.

CLASSE 62. — *Bourrelerie et sellerie.*

Articles de harnachement et d'éperonnerie : bâts, selles, cacolets; brides et harnais pour montures, pour bêtes de somme et de trait; étriers, éperons; fouets et cravaches.

CLASSE 63. — *Matériel des chemins de fer.*

Pièces détachées : ressorts, tampons, freins, etc. Matériel fixe : rails, coussinets, éclisses, changements de voie, aiguilles, plaques tournantes; tampons de choc; grues d'alimentation et reservoirs, signaux optiques et acoustiques. Matériel roulant : wagons à terrassement, à marchandises, à bestiaux, à voyageurs; locomotives, tenders. Machines spéciales et outillage des ateliers d'entretien, de réparation et de construction du matériel. Matériel et machines pour plans inclinés et plans automoteurs; matériel pour chemins de fer atmosphériques; modèles de machines, de systèmes de traction, d'appareils relatifs aux voies verrées. Modèles, plans et dessins de gares, de stations, de remises et de dépendances de l'exploitation des chemins-de fer.

CLASSE 64. — *Matériel et procédés de la télégraphie.*

Appareils de télégraphie fondés sur la transmission de la lumière, du son, etc. Matériel de la télégraphie électrique : supports, conducteurs, tendeurs, etc.; piles électriques pour la télégraphie; appareils manipulateurs et récepteurs. Sonneries et signaux électriques. Objets accessoires des services télégraphiques : parafoudres, commutateurs, papiers préparés pour télégraphes imprimant et transmissions autographiques. Matériel spécial de la télégraphie sous-marine.

CLASSE 65. — *Matériel et procédés du génie civil, des travaux publics et de l'architecture.*

Matériaux de construction : roches, bois, métaux; pierres d'ornement; chaux, mortier, ciment, pierres artificielles et bétons; tuiles, briques, carreaux; ardoises, cartons et feutres pour couvertures. Matériel et produits des procédés employés pour la conservation des bois. Appareils et instruments pour l'essai des matériaux de construction. Matériel des travaux de terrassement; excavateurs. Appareils des chantiers de construction. Outillages et procédés de l'appareilleur, du tailleur de pierres, du maçon, du charpentier, du couvreur, du serrurier, du menuisier, du vitrier, du plombier, du peintre en bâtiments, etc. Serrurerie fine : serrures, cadenas; grilles, balcons, rampes d'escalier, etc. Matériel et engins des travaux de fondations : sonnettes, pilotis, pieux à vis; pompes, appareils pneumatiques; dragues, etc. Matériel des travaux hydrauliques, des ports de mer, des canaux, des rivières. Matériel et appareils servant aux distributions d'eau et de gaz. Matériel de l'entretien des routes, des plantations et des promenades. Modèles, plans et dessins de travaux publics : ponts, viaducs, aqueducs, égouts, ponts-canaux, etc.; phares, monuments publics de destination spéciale; constructions civiles : hôtels et maisons à loyer; cités ouvrières, etc.

CLASSE 66. — *Matériel de la navigation et du sauvetage.*

Dessins et modèles de cales, bassins de radoub, docks flottants, etc. Dessins et modèles des bâtiments de tout genre, usités pour la navigation fluviale et maritime. Types et modèles des systèmes de construction adoptés dans la marine. Appareils employés dans la navigation. Canots et embarcations. Matériel du gréement des navires. Pavillons et signaux. Bouées et balises, etc. Matériel et exercices de natation, de plongeage et de sauvetage; flotteurs, ceintures de natation, etc. Cloches à plongeur; nautilus, scaphandre, etc. Bateaux sous-marins. Matériel de sauvetage maritime, porte-amarres, bateaux dits *life-boats*, etc. Matériel du sauvetage pour les incendies et autres accidents de divers genres.

CLASSE 66 *bis*. — *Navigation de plaisance.*

7e GROUPE. — Aliments (frais ou conservés) à divers degrés de préparation.

CLASSE 67. — *Céréales et autres produits farineux comestibles, avec leurs dérivés.*

Froments, seigle, orge, riz, maïs, millet et autres céréales en grain et en farine. Grains mondés et gruaux. Fécules de pommes de terre, de riz, de lentilles, etc. Gluten. Tapioca, sagou, arrow-root, cassave et autres fécules. Produits farineux mixtes, etc. Pâtes dites d'Italie, semoules, vermicelles, macaronis. Préparations alimentaires propres à remplacer le pain : nouilles, bouillies, pâtes de fabrication domestique, etc.

CLASSE 68. — *Produits de la boulangerie et de la pâtisserie.*

Pains divers, avec ou sans levain. Pains de fantaisie et pains façonnés. Pains comprimés pour voyages, campagnes militaires, etc. Biscuits de mer. Produits divers de pâtisserie propres à chaque nation. Pains d'épice et gâteaux secs susceptibles de se conserver.

CLASSE 69. — *Corps gras alimentaires; laitage et œufs.*

Graisses et huiles comestibles. Lait frais et conservé. Beurre frais et salé. Fromages. Œufs de toute sorte.

CLASSE 70. — *Viandes et poissons.*

Viandes fraîches et salées de toute nature. Viandes conservées par divers procédés. Tablettes de viande et de bouillon. Jambons et préparations de viandes. Volailles et gibier. Poissons frais. Poissons salés, encaqués: morues, harengs, etc. Poissons conservés dans l'huile : sardines, thon mariné, etc. Crustacés et coquillages: homards, crevettes, huîtres; conserves d'huîtres, d'anchois, etc.

CLASSE 71. — *Légumes et fruits.*

Tubercules : pommes de terre, etc. Légumes farineux secs : haricots, lentilles, etc. Légumes verts à cuire : choux, etc. Légumes racines : carottes, navets, etc. Légumes épices : oignons, ail, etc, Salades. Cucurbitacées ; citrouilles, melons, etc. Légumes conservés par le sel, par le vinaigre ou par la fermentation acétique; choucroute, etc. Légumes conservés par divers procédés. Fruits à l'état frais. Fruits secs et préparés : prunes, figues, raisins, etc. Fruits conservés sans le secours du sucre.

CLASSE 72.— *Condiments et stimulants; sucres et produits de la confiserie.*

Épices : poivre, cannelle, piments, etc. Sel de table. Vinaigres, condiments et stimulants composés : moutardes, kari, sauces anglaises, etc. Thés, cafés et boissons aromatiques. Cafés de chicorée et de glands doux. Chocolats. Sucres destinés aux usages domestiques. Sucres de raisin, de lait, etc. Produits divers de la confiserie : dragées, bonbons de sucre fondants, nougats, angélique, anis, etc. Confitures et gelées. Fruits confits : cédrats, citrons, oranges, ananas. Fruits à l'eau-de-vie. Sirops et liqueurs sucrées.

CLASSE 73. — *Boissons fermentées.*

Vins ordinaires, rouges et blancs. Vins de liqueur et vins cuits. Vins mousseux. Cidres, poirés et autres boissons tirées des fruits. Bières et autres boissons tirées des céréales. Boissons fermentées tirées des séves végétales, du lait et des matières sucrées de toute nature. Eaux-de-vie et alcools. Boissons spiritueuses : genièvre, rhum, tafia, kirsch, etc.

8e GROUPE. — Produits vivants et spécimens d'établissements de l'agriculture.

CLASSE 74.— *Spécimens d'exploitations rurales et d'usines agricoles.*

Types des bâtiments ruraux des diverses contrées. Matériel des écuries, étables, chenils, etc. Appareils pour préparer la nourriture des animaux. Machines agricoles en mouvement : charrues à vapeur, moissonneuses, faucheuses, faneuses, batteuses, etc. Types d'usines agricoles : distilleries, sucreries, raffineries; brasseries; minoteries, féculeries, amidonneries; magnaneries, etc. Pressoirs pour le vin, le cidre, l'huile, etc.

CLASSE 75. — *Chevaux, ânes, mulets, etc.*

Animaux présentés comme spécimens caractéristiques de l'art de l'éleveur dans chaque contrée. Types d'écuries.

CLASSE 76. — *Bœufs, buffles, etc.*

Animaux présentés comme spécimens caractéristiques de l'art de l'éleveur dans chaque contrée. Types d'étables.

CLASSE 77. — *Moutons, chèvres.*

Animaux présentés comme spécimens caractéristiques de l'art de l'éleveur dans chaque contrée. Types de bergeries, de parcs à moutons et d'établissements analogues.

CLASSE 78. — *Porcs, lapins, etc.*

Animaux présentés comme spécimens caractéristiques de l'art de l'éleveur dans chaque contrée. Types de porcheries et des établissements propres à l'élevage des animaux de cette classe.

CLASSE 79. — *Oiseaux de basse-cour.*

Animaux présentés comme spécimens caractéristiques de l'art de l'éleveur dans chaque contrée. Types des poulaillers, des pigeonniers, des faisanderies, etc. Appareils d'eclosion artificielle.

CLASSE 80. — *Chiens de chasse et de garde.*

Chiens de berger, chiens de garde. Chiens de chasse. Types de chenils et engins de dressage.

CLASSE 81. — *Insectes utiles.*

Abeilles. Vers à soie et bombyx divers. Cochenilles, insectes producteurs de laque, etc. Matériel de l'élevage des abeilles et des vers à soie.

CLASSE 82. — *Poissons, crustacés et mollusques.*

Animaux aquatiques utiles, à l'état vivant. Aquariums. Matériel de l'élevage des poissons, des mollusques et des sangsues.

9e GROUPE. — Produits vivants et spécimens d'établissements de l'horticulture.

CLASSE 83. — *Serres et matériel de l'horticulture.*

Outils du jardinier, du pépiniériste et de l'horticulteur. Appareils d'arrosement, d'entretien des gazons, etc. Grandes serres et leurs accessoires. Petites serres d'appartements et de fenêtre. Aquariums pour plantes aquatiques. Jets d'eaux et autres appareils pour l'ornementation des jardins.

CLASSE 84. — *Fleurs et plantes d'ornement.*

Espèces de plantes et spécimens de cultures rappelant les types caractéristiques des jardins et des habitations de chaque contrée.

CLASSE 85. — *Plantes potagères.*

Espèces de plantes et spécimens de cultures rappelant les types caractéristiques des jardins potagers de chaque contrée.

CLASSE 86. — *Fruits et arbres fruitiers.*

Espèces de plantes et spécimens de cultures rappelant les types caractéristiques des vergers de chaque contrée.

CLASSE 87. — *Graines et plants d'essences forestières.*

Espèces de plantes et spécimens de cultures rappelant les procédés de repeuplement des forêts, usités dans chaque pays.

CLASSE 88. — *Plantes de serres.*

Spécimens des cultures usitées dans divers pays, en vue de l'agrément et de l'utilité.

10e GROUPE. — Objets spécialement exposés en vue d'améliorer la condition physique et morale de la population.

CLASSE 89. — *Matériel et méthode de l'enseignement des enfants.*

Plans et modèles des bâtiments scolaires. Mobiliers d'école. Appareils, instruments, modèles, cartes murales conçus en vue de faciliter l'enseignement des enfants. Collections élémentaires propres à l'enseignement des notions scientifiques usuelles. Modèles de dessins. Tableaux et appareils propres à l'enseignement du chant et de la musique. Appareils et tableaux propres à l'enseignement des aveugles et des sourds-muets. Livres d'école, atlas, cartes et tableaux. Publications périodiques et journaux d'éducation. Travaux d'élèves des deux sexes.

CLASSE 90. — *Bibliothèque et matériel de l'enseignement donné aux adultes dans la famille, l'atelier, la commune ou la corporation.*

Ouvrages propres à former la bibliothèque usuelle du chef de famille, du chef d'atelier, du cultivateur, de l'institut communal, du marin, du naturaliste voyageur, etc. Almanachs, aide-mémoire et autres publications utiles destinées au colportage. Matériel des bibliothèques scolaires, communales, etc. Matériel des cours techniques nécessaires à l'exercice de certaines professions manuelles.

CLASSE 91. — *Meubles, vêtements et aliments de toute origine distingués par les qualités utiles, unies au bon marché.*

Collection méthodique d'objets (énumérés au IIIe, IVe et VIIe groupes) livrés au commerce par de grandes fabriques ou par des ouvriers chefs de métier et spécialement recommandés au point de vue d'une bonne économie domestique.

CLASSE 92. — *Spécimens des costumes populaires des diverses contrées.*

Collection méthodique de costumes des deux sexes, pour tous les âges et pour les professions les plus caractéristiques de chaque contrée.

CLASSE 93.— *Spécimens d'habitations caractérisées par le bon marché uni aux conditions d'hygiène et de bien-être.*

Types d'habitations de famille, propres aux diverses classes de travailleurs de chaque contrée. Types d'habitations proposées pour les ouvriers des manufactures urbaines ou rurales.

CLASSE 94. — *Produits de toute sorte fabriqués par des ouvriers chefs de métier.*

Collection méthodique de produits (énumérés aux groupes précédents) fabriqués par des ouvriers travaillant à leur propre compte, soit seuls, soit avec le concours de leur famille ou d'un apprenti, pour le commerce ou pour la consommation domestique.

CLASSE 95. — *Instruments et procédés de travail spéciaux aux ouvriers chefs de métier.*

Instruments et procédés (énumérés au VIe groupe) employés habituellement par des ouvriers travaillant à leur propre compte, ou spécialement adaptés aux convenances du travail exécuté en famille, au foyer domestique. Travaux manuels, où se manifestent, avec un caractère particulier d'excellence, la dextérité, l'intelligence ou le goût de l'ouvrier. Travaux manuels qui, par diverses causes, ont le mieux résisté, jusqu'à l'époque actuelle, à la concurrence des machines.

Ce catalogue détaillé des produits du travail mérite d'être consulté pour toute question se rapportant à l'ensemble de l'industrie.

CLEPSYDRES. Les anciens avaient employé, pour obtenir la mesure du temps, le moyen le plus simple de produire un mouvement uniforme et par suite proportionnel au temps, l'écoulement de l'eau, sous une pression constante, dans leurs horloges à eau ou clepsydres.

La condition essentielle à remplir, celle d'une pression constante dans le réservoir d'où l'eau s'écoule, est facile à obtenir.

Pour cela, en effet, il suffit d'y entretenir un niveau constant; on y arrive très-facilement au moyen de la disposition suivante. Un réservoir (fig. 3466) est con-

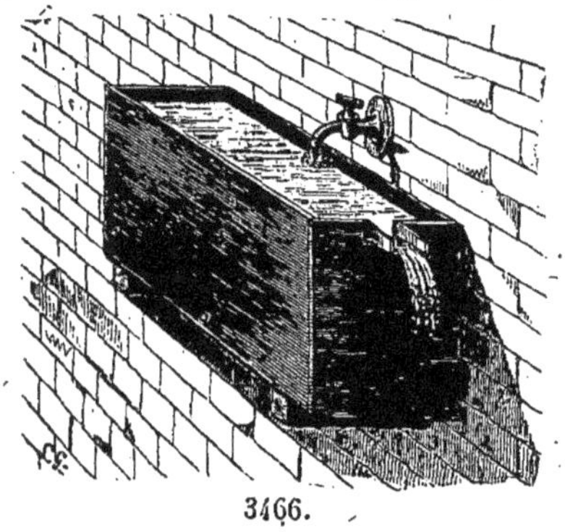

3466.

stamment alimenté à l'aide d'un robinet. La quantité d'eau fournie par ce robinet est plus grande que celle qui doit traverser l'orifice pratiqué dans la paroi du réservoir par lequel on fera écouler l'eau. Par suite de cet excès du liquide qui arrive dans le réservoir, le niveau tend à s'y élever de plus en plus; mais une décharge latérale s'y oppose en laissant constamment sortir le liquide excédant. Le niveau de l'eau reste ainsi invariable dans le réservoir, et par suite l'écoulement s'effectuera par l'orifice sous une charge constante, avec une vitesse qui reste toujours la même.

3467.

Pour mesurer ainsi un intervalle de temps quelconque, au moyen de l'écoulement ainsi obtenu, il n'y a plus qu'à recueillir l'eau qui sort du réservoir pendant cet intervalle de temps, et à en déterminer le volume. A cet effet, l'eau sortant du réservoir tombe dans un vase de forme cylindrique ou prismatique, et s'y accumule de plus en plus. Le niveau de l'eau montera dans ce vase avec une vitesse uniforme et marquera le temps par la position qu'il occupera, et qui sera déterminée par une échelle graduée fixée au vase.

3468.

Pour rendre les indications plus visibles et aussi pour donner plus d'élégance à l'appareil, on plaçait le plus souvent un flotteur sur le vase dans lequel l'eau se rend. Ce flotteur, formé d'un morceau de liége, portant un index, est placé à côté d'une échelle graduée et vient correspondre aux diverses divisions de cette échelle, à mesure que le liquide se soulève en s'accumulant de plus en plus dans le vase. C'est ce que montre la figure 3467, qui représente une clepsydre de cette espèce. L'eau, dont l'écoulement sert à mesurer le temps, se rend dans une capacité située vers le bas de l'appareil, et fait monter successivement un flotteur qui supporte les deux petites figures placées de chaque côté de la colonne supérieure.

Une autre disposition adoptée plus tard avait pour objet de faire marquer le temps par une aiguille mobile sur un cadran, comme cela a lieu dans nos horloges actuelles. A cet effet, le flotteur A (fig. 3468), auquel l'eau de la clepsydre communique un mouvement ascendant, est attaché à l'extrémité d'une chaîne qui s'enroule autour d'un cylindre horizontal B, et qui supporte à son autre extrémité un contre-poids C, un peu plus léger que le flotteur A. Le cylindre B peut librement tourner sur lui-même; il porte à une de ses extrémités une aiguille qui le suit dans ce mouvement, et qui parcourt ainsi toute la circonférence d'un cadran adapté à la face extérieure de l'appareil. Lorsque le flotteur A monte, le contre-poids C descend et la chaîne fait tourner le cylindre B, ainsi que l'aiguille qui lui est fixée; cette aiguille marque le temps par la position qu'elle occupe sur le cadran.

La physique moderne fournirait plusieurs moyens d'obtenir un écoulement constant : le vase de Mariotte, par exemple, pourrait être employé à cet effet, si les clepsydres offraient un autre intérêt qu'un intérêt historique, en présence des développements de l'horlogerie moderne. Nous ne nous y arrêterons pas; nous citerons seulement l'application du siphon, déjà faite par Héron d'Alexandrie, comme une disposition ingénieuse pour fournir la mesure du temps à l'aide des divisions égales du vase qui reçoit l'eau qui s'en écoule.

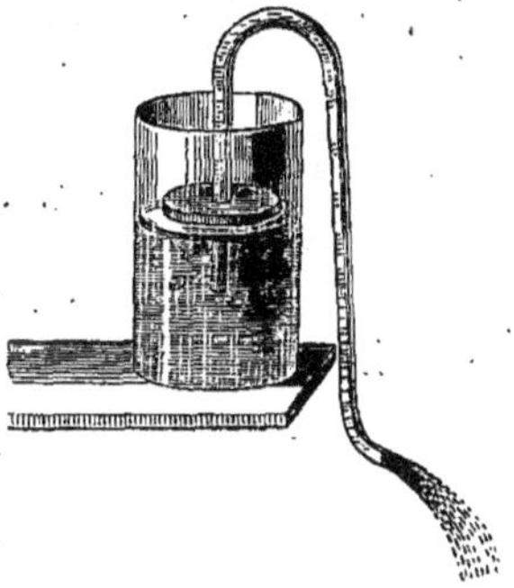
3469.

Soit un flotteur surmontant l'eau renfermée dans un vase, et soit assemblé avec ce flotteur un siphon (fig. 3469). Ce siphon suit les mouvements de l'eau, et comme la distance entre la surface de celle-ci et le point de sortie à l'extrémité du siphon est toujours la même, la vitesse de l'écoulement est constante, et par suite aussi celle de la descente du flotteur, le long de l'échelle qui fournit la mesure du temps.

CLOUS DE TAPISSIER. L'élégante fabrication de ces produits, par des procédés nouveaux, a été créée de toutes pièces par deux ingénieurs inventeurs. Nous ne pouvons mieux faire pour la décrire que de transcrire ici l'excellent rapport fait à ce sujet par M. Duméry à la Société d'encouragement.

« Le clou doré pour tapissiers est composé d'une tête hémisphérique creuse et d'une tige pointue formant le corps du clou. Jusqu'ici ces sortes de clous avaient été presque exclusivement obtenus par la fonderie et avaient conservé, avec le caractère d'irrégularité des objets fondus, l'inconvénient de posséder, d'une part, des tiges peu résistantes qui se rompaient en les implantant dans les meubles; d'autre part, des têtes dont les bords, à bavures coupantes, étaient susceptibles d'altérer les étoffes qu'ils pressaient.

« Le problème qui s'offrait à M. Carmoy consistait donc :

« 1° A obtenir des tiges rondes, uniformes de longueur, aussi pointues et aussi déliées que leur destination le réclamait;

« 2° Des têtes identiques les unes aux autres, à bords réguliers et composées de matières différentes de celle de la tige, sans faire intervenir la fonderie ni la soudure.

« Pour arriver à solution, M. Carmoy a eu recours à trois opérations : un découpage et deux estampages.

« La demi-sphère du clou devant avoir une épaisseur d'environ 1/4 de millimètre, M. Carmoy prend de la planche de cuivre de 1 millimètre d'épaisseur et y découpe des flans plus petits que le développement de la tête; puis, à l'aide d'un premier estampage, il amincit ces petits flans et les étend à la dimension qu'ils doivent avoir; mais la matrice qui produit cette opération possède, vers son centre, une creusure annulaire dans laquelle la matière vient se loger et donne au produit l'aspect d'un chapeau rond à large bord dont le dessous serait fermé et dont l'ouverture aurait lieu à la partie supérieure (fig. 3470 et 3471).

« Faisons remarquer, en passant, que, dans ce premier estampage, en même temps que les bords s'aplatissent, la couronne saillante, s'emparant de la matière centrale, augmente de hauteur et présente cette particularité de sortir de la presse avec un millimètre et un tiers d'épaisseur alors que le cuivre, avant la compression, ne possédait que 1 millimètre.

« Le deuxième et dernier estampage qui doit terminer le produit consiste à placer ce petit flan dans une feuillure circulaire pratiquée sur le bord d'une matrice présentant, en creux, la forme que l'on désire donner à la tête du clou; l'on introduit dans le cylindre qui surmonte le flan une pointe de Paris à tête camarde.

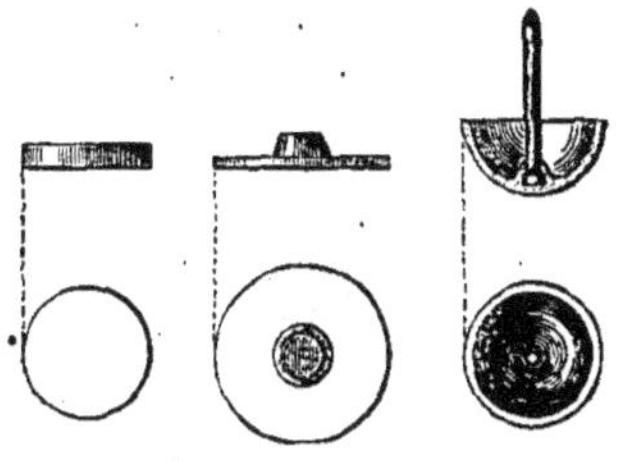
3470. 3471. 3472.

« Les trois pièces en cet état, c'est-à-dire :

« La matrice d'abord,

« Le flan posé sur la matrice et prêt à y être comprimé,

« Puis enfin la tige placée verticalement et la pointe en haut,

« M. Carmoy exerce sur le flan, avec un poinçon convexe ayant extérieurement la forme intérieure de la tête du clou, une pression capable de déterminer l'emboutissage ou transformation du plan horizontal en une calotte ou tête hémisphérique.

« Le poinçon emboutisseur est percé, à son centre, d'un trou suffisant pour contenir la tige du clou pendant l'emboutissage; et, pour que cette tige ne se soulève pas dans le cours de l'opération, elle est maintenue appuyée contre le plateau à emboutir par un petit ressort à boudin logé dans l'axe du poinçon presseur.

« Le poinçon presseur ne se borne pas, comme on le pense bien, à emboutir le flan métallique et à le transformer en une sorte de demi-sphère, il foule encore le cylindre central, de manière à en rabattre la matière sur la tige et à convertir l'anneau cylindrique en une sorte de cône emprisonnant la tête de la pointe qu'on a voulu y faire adhérer; de la sorte, on obtient un produit plus léger, à surface extérieure parfaitement lisse, ne coupant pas les étoffes, jouissant d'une plus grande régularité, possédant une solidité inconnue jusqu'ici, et surtout des tiges déliées et très-résistantes.

« Ces clous se fabriquent chez M. Carmoy en toutes matières : en cuivre, en zinc, en doublé d'or, en fer et en acier; ils sont très-appréciés et très-demandés, et le chiffre de leur fabrication ne s'élève pas à moins de quatre-vingt-dix mille par jour.

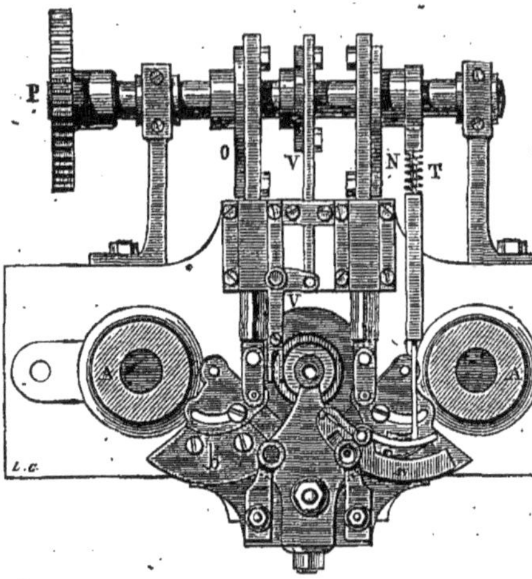

3473.

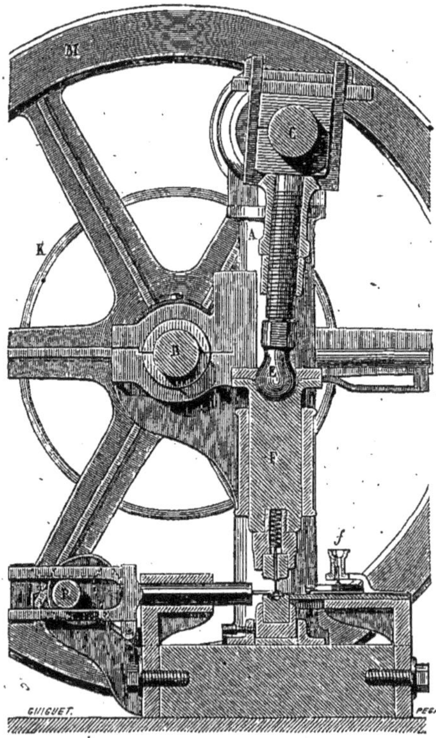

3474.

« Le produit imaginé par M. Carmoy est de nature à satisfaire à tous les genres d'exigences ; mais, pour qu'il devînt objet de commerce, il fallait qu'il fût obtenu mécaniquement.

« M. Carmoy a confié cette seconde partie du problème à M. Clément Colas, de Belleville, et voici comment cet habile mécanicien a répondu à l'appel qui lui a été fait, en combinant une machine qui rappelle heureusement la presse monétaire, et que représentent les figures 3473 et 3474.

« Dans les presses monétaires, les flans destinés à produire les pièces de monnaie sont placés dans un tube vertical en dehors du point d'estampage, et une espèce de main métallique décrivant un mouvement circulaire en transporte un à la fois entre les matrices à chacune des évolutions de la machine.

« M. Clément Colas a placé au-devant de sa presse non pas seulement un de ces poseurs mécaniques, mais deux (A, A), l'un à droite, l'autre à gauche ; chaque flan se place dans celui de gauche qui part le premier déposer ce flan dans la feuillure de la matrice et revient à sa place ; chaque tige de clou se met dans celui de droite qui le transporte au centre du flan déjà placé et reste dans cette position jusqu'à ce que le poinçon ait accompli une partie de sa descente et ait, à l'aide du ressort intérieur (fig. 3475), exercé sur la pointe du clou une pression qui le maintienne en contact avec le flan ; dès que la pointe est maintenue par ses deux extrémités, le poseur qui l'a apportée se retire, et le poinçon presseur, mû par un excentrique, achève sa course et accomplit le double phénomène d'emboutissage de la demi-sphère et de sertissage de la matière réservée en saillie au centre du flan pour emprisonner la tête du petit clou central.

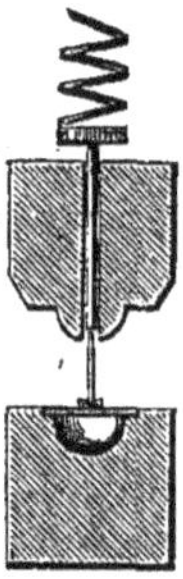

3475.

« Après chaque opération, un troisième bras enlève de la matrice le produit fabriqué, et le rejette au dehors pour faire place à un nouveau.

« Cette machine fabrique vingt mille clous par jour, tandis que le travail à la main n'en fournit que six mille : elle est simple, bien entendue ; elle fonctionne sans bruit et sans chocs, et, si le produit qu'on en obtient est de nature, par sa nouveauté, par les besoins auxquels il satisfait, et surtout par les combinaisons qui ont présidé à sa conception, à fixer l'attention des membres du Conseil, nous avons la satisfaction de reconnaître que le mécancien a été le digne émule de l'auteur et que sa machine répond parfaitement à sa destination. »

CO-LAMINEUR. La nécessité de déplacer latéralement ou de ramener les pièces qui sortent d'un laminoir, du côté où les cylindres peuvent l'entraîner, lorsque le train n'est formé que par deux cylindres, ou de les élever lorsqu'il en comporte trois, rend le laminage des pièces longues et pesantes extrêmement pénible et difficile. Plusieurs systèmes de contre-poids ont été inventés pour faciliter le travail ; nous donnerons ici la solution complète du problème telle qu'elle a été réalisée, en profitant des travaux antérieurs, par le directeur de l'usine de Decazeville, M. Cabrol, pour supprimer tout relevage des pièces lourdes. Il a fait exécuter cet ensemble de dispositions pour accélérer et faciliter le laminage de rails Barlow, et, en général, de toutes les pièces de grandes dimensions et d'un poids considérable.

Ces dispositions comprennent :

1° Deux chariots mobiles, sur lesquels se placent les lamineurs, et qui présentent des supports disposés de manière que la barre soit constamment bien soutenue pendant toute l'opération, et que chaque lamineur n'ait rien autre chose à faire qu'à la diriger avec ses tenailles ;

2° Un système de pistons mus par l'eau ou par la vapeur, qui, au moyen d'une transmission convenable, peuvent faire mouvoir les chariots ci-dessus, parallèlement à l'axe des laminoirs, et les arrêter à volonté devant chaque cannelure;

3° Enfin, un ensemble de deux cages, munies chacune d'une paire de cylindres marchant en sens contraire; ces cylindres, de $0^m,70$ de diamètre, reçoivent une vitesse de 70 tours par minute, et sont mus par deux machines de 150 chevaux chacune.

On comprend comment fonctionne tout ce système : la barre qui traverse une première cannelure est reçue sur l'un des deux chariots; le chariot est amené rapidement devant la cannelure convenable du second laminoir : le lamineur, qui a été déplacé avec le chariot, engage aussitôt la barre dans cette deuxième cannelure; dès que la barre est passée, le chariot est ramené devant la première cage pour recevoir la barre à sa sortie d'une troisième cannelure, et ainsi de suite. Des manœuvres semblables se font de l'autre côté des cages.

Par ce système, on économise la main-d'œuvre qui est nécessaire pour le relevage des pièces dans le système ordinaire à une seule cage, et l'on évite la perte de temps qu'entraîne ce relevage. D'un autre côté, n'ayant pas, comme on le pratique dans quelques usines, à changer le sens de rotation des cylindres entre deux passes, on peut faire aller ceux-ci avec une plus grande vitesse. En un mot, on réalise une grande économie de main-d'œuvre et de temps par ces nouvelles dispositions. Elles sont appelées, selon nous, à rendre de grands services, non-seulement par l'économie directe qu'elles procurent dans la fabrication des grosses pièces, mais surtout parce qu'elles tendront à vulgariser la fabrication, avec les diverses natures de fer, de pièces regardées jusqu'à ce jour comme ne pouvant être fabriquées que d'une manière exceptionnelle.

COMBUSTION. Dans le beau travail sur la combustion dont Ebelmen a enrichi cet ouvrage, ce savant a indiqué dans quel cas l'essai d'un combustible par la litharge peut être suffisant pour la pratique, bien que fondé sur un principe dont les expériences de Dulong ont prouvé l'inexactitude. Nous compléterons cette indication par celle de la méthode que Dulong a proposée, et qui paraît donner, pour les composés organiques hydrogénés, une approximation très-satisfaisante, conforme aux résultats de ses expériences. Elle doit remplacer, dans ces cas, celle fondée sur la croyance que la chaleur dégagée était proportionnelle à la quantité d'oxygène consommé; ce qui était revenir indirectement à la théorie de Lavoisier. La combustion de charbon pour former de l'oxyde de carbone, et celle de celui-ci pour être converti en acide carbonique donnant des quantités de chaleur dans le rapport de 1 à 3 pour un même poids d'oxygène, prouve que cette théorie n'est pas admissible. Celle de Dulong est au contraire parfaitement suffisante pour la pratique, surtout lorsqu'elle est appliquée avec quelque intelligence du phénomène que nous venons d'analyser.

Les corps combustibles qu'emploie l'industrie ne contenant, pour ainsi dire, jamais que de l'hydrogène et du carbone comme substances utiles à la combustion, les produits de la combustion étant les mêmes que ceux qui résultent de la combustion de ces corps isolés, on aura une approximation très-satisfaisante en prenant, pour la chaleur produite par la combustion du corps composé, celle qui résulterait de la combustion de ses éléments. En opérant ainsi, on ajoute à la chaleur produite par les éléments : la chaleur due au travail correspondant à l'équivalent mécanique du corps combustible, la chaleur équivalente au travail nécessaire pour rompre la combinaison de ces atomes, emmaganisée par cette cohésion chimique, comme nous le montrons à l'article PRODUCTION DE LA CHALEUR, quantité petite relativement à celle produite par la combustion.

Dans la plupart des produits composés de carbone et d'hydrogène d'origine végétale, le travail correspondant aux forces de cohésion n'est pas assez grand pour que les erreurs commises par cette manière de raisonner soient bien sensibles; c'est ce que prouvent les calculs ci-après empruntés à M. Péclet :

« Vérifions, dit-il, si, comme nous l'avons supposé, la quantité de chaleur produite par un composé est égale à la somme des quantités de chaleur qui seraient produites par chacun de ses éléments.

En partant de cette supposition, on trouve :

Pour l'hydrogène proto-carboné :

$$\left.\begin{array}{l} 75^g,17 \times 7170 = 5389 \\ 24^g,83 \times 34742 = 8626 \end{array}\right\} 14015 \text{ pour } 1^g.$$

Pour l'hydrogène bi-carboné :

$$\left.\begin{array}{l} 85^g,8 \times 7170 = 6151 \\ 14^g,2 \times 34742 = 4933 \end{array}\right\} 11084 \text{ pour } 1^g.$$

Pour l'essence de térébenthine :

$$\left.\begin{array}{l} 88^g,4 \times 7178 = 6352 \\ 11^g,6 \times 34742 = 4030 \end{array}\right\} 10382 \text{ pour } 1^g.$$

Pour l'alcool (déduction faite, comme dans les cas analogues, de l'hydrogène pouvant former de l'eau avec l'oxygène du composé) :

$$\left.\begin{array}{l} 51^g,98 \times 7170 = 3726 \\ 9^g,41 \times 34742 = 3279 \end{array}\right\} 7005 \text{ pour } 1^g.$$

Pour l'éther sulfurique :

$$\left.\begin{array}{l} 65^g,31 \times 7170 = 4682 \\ 10^g,66 \times 34742 = 3703 \end{array}\right\} 8385 \text{ pour } 1^g.$$

Pour l'huile d'olive :

$$\left.\begin{array}{l} 77^g,21 \times 7170 \\ 12^g,18 \times 34742 \end{array}\right\} 9766 \text{ pour } 1^g.$$

Pour le suif :

$$\left.\begin{array}{l} 79^g \times 7170 = 5664 \\ 10^g,6 \times 34742 = 3474 \end{array}\right\} 9138 \text{ pour } 1^g.$$

Pour la cire :

$$\left.\begin{array}{l} 81^g,6 \times 7180 = 5850 \\ 12^g,85 \times 34642 = 4464 \end{array}\right\} 10314 \text{ pour } 1^g.$$

Les nombres trouvés par Dulong pour les premiers corps étant :

Hydrog. prot. carboné.	Hydrog. bi-carboné.	Essence.	Alcool.	Éther.	Huile.
13205	12032	10836	6855	9430	9862

Ceux qu'on obtient en prenant la somme des effets produits par les éléments sont pour les mêmes corps :

14015	11084	10382	7005	8385	9866

Ces derniers nombres sont assez rapprochés des premiers pour justifier le principe d'après lequel ils ont été calculés. »

COMPRESSIBILITÉ DES GAZ. Jusque dans ces dernières années, la loi de la compressibilité des gaz, de la réduction de leur volume en raison de la pression, était considérée comme une des lois les plus certaines de la physique. Formulée par Mariotte, qui l'avait conclue d'expériences faites sur une petite échelle, à l'aide de simples tubes barométriques, elle consiste en ce que *les volumes sont en raison inverse des pressions*. Cette loi, confirmée par plusieurs expérimentateurs, et notamment par Dulong et Arago pour l'air, pour des pressions de 1 à 30 atmosphères, a évidemment une exactitude suffisante pour la pratique, puisque les différences ont échappé à ces éminents physiciens.

Les théoriciens ont unanimement adopté dans les recherches analytiques la loi de Mariotte, qui se rapporte aux gaz théoriques dont nous concevons la manière d'être d'après l'ensemble des phénomènes. Quel est donc l'élément négligé lorsqu'on applique cette loi dans la pratique? Avant de dire quelques mots à ce sujet, donnons les chiffres des expériences très-précises de M. Regnault qui infirment cette loi.

VALEURS de $\frac{V_1}{V_0}$.	PRESSIONS P Correspondant au volume final pour			
	L'air.	L'azote.	L'acide carbonique.	L'hydrogène
1	1,000000	1,000000	1,000000	2,000000
2	1,997828	1,998634	1,98292	4,001110
4	3,987432	3,991972	3,89736	1,006856
8	7,945696	7,964112	7,51936	8,033944
16	15,804480	15,859712	13,92608	16,161632
20	19,719880	19,788580	16,70540	20,268720

La plus grande différence que présentent ces chiffres avec la loi de Mariotte est celle qui se rapporte à l'acide carbonique. Que ce gaz se comprime plus rapidement que le gaz théorique, qu'une différence très-sensible se manifeste pour une compression de 20 atmosphères, lorsque l'on sait que ce gaz se liquéfie sous une pression de 32 atmosphères, cela semble naturel, et l'on est porté à chercher à ajouter à la loi de Mariotte un terme dans lequel entre le point de liquéfaction des gaz, terme négligeable pour ceux qui ne se liquéfient qu'à des pressions très-élevées. Cela paraît d'autant plus admissible que M. Regnault a vu cette différence devenir insensible pour le gaz carbonique chauffé à 100°.

Mais si les différences en moins de l'acide carbonique de l'air et de l'azote, peuvent ainsi s'expliquer d'une manière assez plausible, il n'en est pas de même de la différence *en plus* que présente l'hydrogène. Elle infirme tout à fait l'ancienne notion de la constitution des gaz, considérés comme formés de molécules en repos séparées par des actions mutuelles répulsives, et fournit une confirmation de la nouvelle hypothèse que ces molécules possèdent un mouvement vibratoire permanent, dont l'intensité est en raison de la température. (Voy. GAZ.)

Avec cette manière de considérer les gaz, il n'est plus surprenant que l'hydrogène, dont la densité n'est que 1/15 de celle de l'air, conserve un ressort plus parfait que l'air, et que par suite la loi de Mariotte, qui s'applique assez bien à celui-ci, donne pour l'hydrogène des résultats trop faibles.

Le mouvement vibratoire de deux gaz et les forces vives des molécules d'un même volume gazeux mV^2, Mv^2, étant égales pour une même température et une même pression, on voit que si m étant très-petit par rapport à M et V^2 très-grand par rapport à v^2, il est par suite, naturel que pour une diminution de vitesse résultant de la compression (effet du choc des molécules agissant, pour une même diminution de volume, sur un piston compresseur mû dans un cylindre dans lequel le gaz est renfermé), la perte de forces vives, comparativement à la quantité totale que possède le gaz, soit moindre.

COMPTEUR A EAU. Voyez JAUGEAGE.

CONCHOIDE. Le mouvement rectiligne produit par le glissement dans une rainure rectiligne, lorsque les guides qui limitent le mouvement sont ou une ligne droite proprement dite ou un cercle, fournit le tracé de la *conchoïde* et celui du *limaçon de Pascal*.

Soit DD', une directrice rectiligne (fig. 3476); menons par le centre O une droite quelconque, et à partir du point C où elle coupe la droite, prenons une longueur constante CM $= a$; le lieu des points ainsi déterminés appartient à la courbe dite *conchoïde* proprement dite. C'est bien la courbe obtenue par le mouvement du

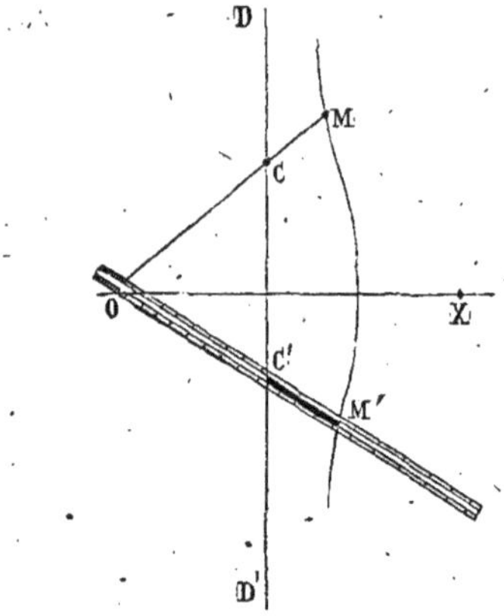

Fig. 3476.

rayon OM portant une partie glissante CM, portant une cheville C assujettie à glisser dans une rainure pratiquée suivant DD'. Son équation est, ρ étant le rayon vecteur OM, θ l'angle qu'il fait avec l'axe OX:

$$(\rho \pm a) \cos \theta = m,$$

ou

$$\rho = \frac{m}{\cos \theta} \mp a.$$

La conchoïde a deux branches, puisqu'on peut porter la longueur CM des deux côtés du point C.

Si au lieu d'une droite on prend pour directrice une circonférence du cercle, et pour pôle un point fixé sur cette circonférence, on a le *limaçon de Pascal* (fig. 3477)

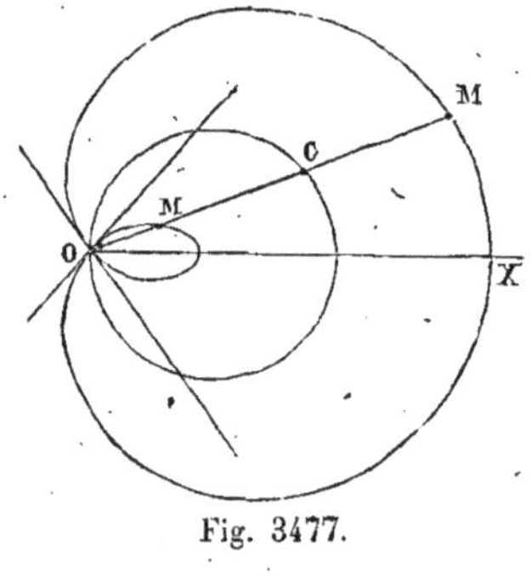

Fig. 3477.

courbe obtenue en portant sur une corde mobile passant par le centre O, à partir du point de rencontre avec la circonférence, une longueur constante CM $=$ CM' $= a$.

On peut évidemment obtenir ce tracé avec des rainures et une pièce glissante, comme dans le cas précédent.

Il est facile de voir qu'en coordonnées polaires, l'axe polaire étant la ligne OX, l'équation de cette courbe est

$$\rho = 2r \cos \theta \pm a.$$

CONSERVATION DES BOIS PAR CARBONISATION. *Appareil Hugon.* M. Hugon a combiné, pour la vulgarisation du procédé Lapparent, décrit à l'article

COLORATION et CONSERVATION des bois de ce Dictionnaire, une espèce de forge d'un maniement simple, qui donne à bas prix de grandes flammes très-convenables pour une carbonisation rapide des surfaces. Il peut servir pour toutes les pièces de bois, même d'un fort volume, dans les limites toutefois où l'on peut les déplacer assez aisément.

Le fourneau en fonte, représenté fig. 3494, est muni

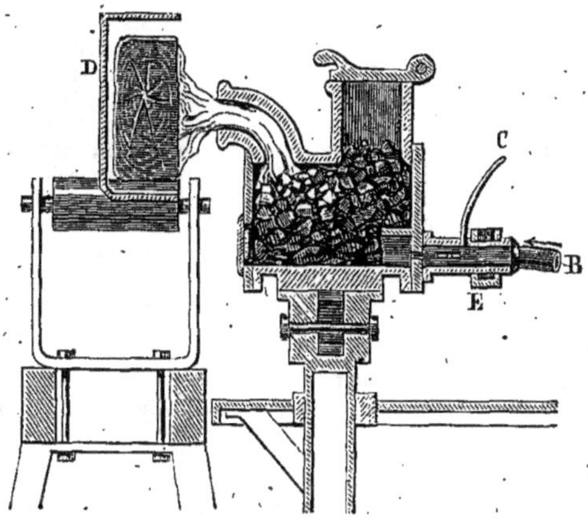

Fig. 3494.

d'une porte dans le bas pour retirer les résidus de la combustion, d'un couvercle dans le haut pour le chargement, et d'un conduit recourbé pour la sortie de la flamme, enfin d'un orifice d'entrée d'air, situé à la partie inférieure. Ce fourneau est supporté par une colonne, laquelle, par l'effet d'un levier à contre-poids, peut se mouvoir aisément soit de bas en haut, soit horizontalement autour de son axe.

La soufflerie est à double effet, à moyenne pression, et consiste en un fort soufflet de forge ordinaire; le tube en fonte A est relié à un tube B en caoutchouc, pour permettre au fourneau de se mouvoir sans inconvénients pour la soufflerie. L'air se transforme, par suite de la grande épaisseur du charbon, en oxyde de carbone, qui vient brûler avec flamme en se mélangeant avec les produits de la distillation de la houille avec laquelle on charge le fourneau. Cette flamme est augmentée à volonté en faisant tomber un peu d'eau, goutte à goutte, par le tube C; cette eau se vaporise, puis, par l'effet de la température du charbon embrasé, donne de l'oxyde de carbone et de l'hydrogène.

On place la pièce de bois sur deux rouleaux, et pour que tous les points de la surface soient carbonisés, on la fait avancer ou reculer en même temps que l'ouvrier fait monter, descendre, pivoter son fourneau. Un écran D en tôle ramène au besoin la flamme sur la pièce à carboniser. A la jonction des tubes en E est une cavité dans laquelle on entretient de l'eau pour que la chaleur n'altère pas le caoutchouc.

Avec un semblable appareil, on peut, sur le chantier, carboniser 80 à 90 traverses de chemin de fer par jour.

CONSERVATOIRE DES ARTS ET MÉTIERS. — *Fondation du Conservatoire.* Vaucanson, le grand mécanicien français du siècle dernier, dont les travaux antérieurs à ceux des grands constructeurs anglais n'ont pas moins de valeur (car indépendamment de ses automates admirés dans toute l'Europe, il a fait pour le travail de la soie des inventions qui ne le cèdent pas à celles d'Arkwright pour la filature du coton), doit être considéré comme le véritable créateur du Musée des machines, qui est devenu le Conservatoire des arts et métiers. Ayant fait construire nombre de métiers, ayant dû réunir pour ses recherches bien des appareils afin de les étudier, il comprit toute l'utilité dont pouvait être la vue de nombreuses machines pour l'enseignement de la mécanique, pour permettre à tous les esprits ardents de chercher à perfectionner les procédés de l'industrie, et dès 1775 il avait formé à l'hôtel de Mortagne, rue de Charonne, faubourg Saint-Antoine, la première collection publique de machines, instruments et outils. En mourant, il légua cette collection au gouvernement, qui acheta l'hôtel de Mortagne et nomma Vandermonde conservateur de ce premier musée industriel, qui alla en grandissant peu à peu. Depuis sa fondation, jusqu'en 1792, il avait déjà été augmenté de plus de 300 machines.

Lorsque la révolution vint bouleverser la France, on trouva dans les châteaux, les couvents, etc., une foule d'objets précieux qu'une *Commission temporaire des Arts*, nommée par la Convention, fit placer à l'hôtel d'Aiguillon, rue de l'Université.

Bientôt, grâce aux services rendus par la collection de Vaucanson, grâce à ce que son idée, si juste et déjà réalisée, avait été généralement appréciée, on comprit qu'il fallait réunir la partie de ces richesses ayant quelque rapport avec l'industrie à la fondation du grand mécanicien. Sur un rapport présenté par Grégoire, la Convention rendit, le 19 vendémaire an III, un décret portant: « qu'il serait fondé à Paris, sous le nom de CONSERVATOIRE DES ARTS ET MÉTIERS, un dépôt public de machines, modèles, outils, dessins, livres et descriptions d'arts et métiers, dont la construction et l'emploi seraient expliqués par trois démonstrateurs attachés à l'établissement. »

Le choix du local retarda longtemps la réalisation de ce décret, et ce ne fut qu'en l'an VI, encore sur un rapport de Grégoire, que le Conseil des Cinq-Cents décida que le Conservatoire serait installé dans les bâtiments de l'ancien prieuré de Saint-Martin-des-Champs, alors occupé par une manufacture d'armes.

En l'an VIII, tous les modèles et machines appartenant à l'État, existant dans les dépôts dont il a été parlé plus haut, et aussi la collection de modèles appartenant à l'ancienne Académie des sciences, étaient réunis dans l'établissement de la rue Saint-Martin. Le projet de Vaucanson était réalisé sur une grande échelle, le Musée de l'industrie était installé dans un vaste local, et un homme capable, Molard, nommé démonstrateur dès l'origine, devint le directeur de cet établissement. Le Conservatoire était créé, mais il restait à suivre les progrès de l'industrie moderne, surtout lorsque, la paix ayant rétabli les relations commerciales, nos ateliers importèrent tant de machines inventées ou perfectionnées en Angleterre. Le mouvement fut, il faut le dire, bien lent, et ceux de nos lecteurs qui ont le malheur de dater d'années un peu voisines du commencement du siècle, peuvent se rappeler avoir visité dans leur jeunesse les longues galeries du Conservatoire, et n'y avoir vu guère que d'anciens modèles en bois, comme si la construction des machines en fer et en fonte n'eût pas encore existé. Quoi qu'il en soit, le sentiment de la fécondité du travail, de l'utilité de l'invention, ne se dégageait pas moins de la vue de ces archives des travaux de nos pères, et la promenade au Conservatoire a déterminé plus d'une vocation, a allumé le feu sacré chez bien des enfants qui sont aujourd'hui nos meilleurs ingénieurs, nos plus habiles industriels.

Sans poursuivre l'étude historique du développement de ce bel établissement, étude qui n'a pas le même intérêt que celle de sa création, de la mise en lumière de l'idée féconde sur laquelle il repose, je passerai à l'analyse sommaire de l'état actuel.

État actuel des collections. Un mot d'abord des bâtiments, qui comptent parmi les plus anciens de Paris et ont été restaurés avec beaucoup de goût par M. Vaudoyer. L'église (un des plus anciens monuments de la capitale) et le réfectoire des moines, occupé aujourd'hui par la bibliothèque, sont particulièrement remarquables. Parmi les parties modernes, on doit citer l'escalier d'entrée communiquant par une double rampe au premier étage, à la grande galerie des modèles, et dont le plafond offre un modèle des richesses de l'art décoratif moderne.

Une analyse détaillée des objets (au nombre de 8,000 à 10,000) qui composent le Musée industriel du Conservatoire, ne saurait être donnée ici; elle est d'ailleurs fort bien faite dans le Catalogue des collections publié par le Directeur, qui renferme un grand nombre de notes techniques et historiques fort intéressantes.

Nous nous contenterons de citer les principales richesses toutes spéciales à cet établissement, qui, fussent-elles seules dans les galeries, méritent grandement que toute personne qui ne les connaît pas s'empresse d'aller les examiner.

Avant tout, nous parlerons de pièces qui se rapportent à la glorieuse tradition de nos savants et de nos ingénieurs. En premier lieu, nous citerons le métier de Vaucanson pour la fabrication des étoffes façonnées, qui avait tant avancé la solution d'un bien difficile problème que Jacquard a eu la gloire de compléter. La célèbre machine arithmétique de Pascal est représentée par deux modèles vérifiés par l'illustre savant. L'appareil qui a servi à Lavoisier pour établir la composition de l'eau est une bien glorieuse relique, qui a été cédée au Conservatoire par l'Académie des sciences. Parmi bien des objets curieux, nous signalerons encore : la première machine locomotive pour routes ordinaires, construite par Cugnot en 1770; le modèle de la fameuse machine de Marly; le tour de Louis XVI, qui excellait, on le sait, dans les ouvrages de serrurerie, talent malheureusement peu utile pour le métier de roi; les miroirs ardents de Buffon, formés avec de petites glaces planes; enfin diverses pièces du cabinet de physique de Charles, et notamment la soupape de son ballon.

La galerie d'horlogerie, principalement formée du cabinet de Berthoud, légué par lui à l'État, renferme les pièces les plus curieuses que ce constructeur a décrites dans son grand ouvrage sur l'horlogerie. Nombre d'autres constructions précieuses, de Pierre Leroy et de Bréguet notamment, augmentent l'intérêt historique et technique de cette belle collection, complétée par des échantillons excellents d'horlogerie moderne. On ne saurait oublier, à ce titre, la magnifique horloge donnée au Conservatoire par MM. Detouche et Houdin, admirablement exécutée par ce dernier.

La galerie de modèles de Géométrie descriptive, exécutés sur les dessins et sous la direction du savant Olivier, dont la vie a été consacrée, non sans éclat, à la science formulée par Monge, excite à juste titre la vive admiration de toute personne qui s'est quelque peu occupée de cette partie de la science. Il s'est appliqué à représenter les surfaces qui y sont étudiées par des fils représentant des génératrices; par suite, les intersections de surfaces se trouvent nettement indiquées. Enfin, en n'attachant pas les fils aux sections terminales qui servent à fixer leur position, mais les faisant passer dans des trous et tendre par des poids, il a pu montrer comment de semblables surfaces se modifient, se transforment par un mouvement de ces sections. Le même savant, dans les nombreux modèles d'engrenages qu'il a fait exécuter, a matérialisé toutes les solutions que la théorie a pu suggérer, et leur ensemble représente admirablement les ressources qu'une science élevée peut mettre à la disposition du travail industriel.

La collection des Dynanomètres que le savant directeur du Conservatoire, le général Morin, a fait établir pour permettre d'évaluer le travail mécanique dans tous les cas de la pratique, doit être citée comme une des richesses de notre Conservatoire. Nous reviendrons plus loin sur l'emploi qui en est fait en parlant de la salle des machines en mouvement.

Nous terminerons en citant des modèles de machines modernes qui garnissent principalement la galerie du premier étage. C'est le savant physicien M. Pouillet, directeur du Conservatoire de 1830 à 1849, qui en fit faire le plus grand nombre. Exécutés avec une grande perfection, à une échelle déterminée, disposés pour laisser voir facilement l'intérieur des mécanismes, ces modèles sont fort beaux. La locomotive, les machines à vapeur de bateaux, etc., ont été fort admirées; malheureusement de petits modèles ne donnent pas toujours aux débutants une idée bien juste des machines imitées. Les modèles relatifs à la filature et au tissage méritent d'être cités; ils sont d'une grande utilité pour les descriptions faites dans le cours consacré à l'industrie des matières textiles.

Galerie des machines en mouvement. — Salle d'expériences de mécanique. La grande église de Saint-Martin-des-Champs, fournissant un vaste emplacement, a été utilisée pour y réunir de véritables machines motrices, fonctionnant dans les conditions de la pratique. Dans la tour de l'église ont été placés, à des hauteurs différentes (jusqu'à 14 mètres), trois réservoirs d'eau faciles à jauger. Sur le côté droit de l'église, un coursier amène l'eau à diverses roues hydrauliques. Le côté gauche a reçu des chaudières et des machines à vapeur.

Les jours où le public est admis à visiter le Conservatoire, l'eau fournie aux roues hydrauliques permet à celles-ci de mettre en mouvement les tympans, pompes rotatives, etc., qui relèvent l'eau dans le coursier, en quantité suffisante, pour continuer le mouvement, grâce au supplément de travail fourni par la machine à vapeur pour compenser les pertes.

Si cette installation est intéressante et fort utile pour donner aux visiteurs une connaissance exacte des machines des usines, elle a, à notre avis, bien plus d'importance encore pour avoir constitué au Conservatoire un atelier d'expériences de mécanique comme il n'en existe pas d'autre en Europe, qui est d'une utilité majeure au point de vue des progrès de la science des machines et de la justice dans les transactions auxquelles elles donnent lieu. Grâce à l'emploi des appareils dynamométriques, habilement maniés par M. Tresca, sous-directeur et ingénieur du Conservatoire, qui a si bien secondé le général Morin dans l'installation de cet atelier, la valeur de toute machine est immédiatement déterminée; les appareils dynamométriques disent si la quantité de travail consommé par une machine est celle qui a été prévue par le traité passé avec le constructeur. On est parvenu à créer ainsi un nouveau *bureau de poids public pour l'industrie*, où toute erreur est aussitôt constatée.

L'organisation de ces moyens pratiques d'évaluation du travail mécanique tend à vulgariser bien utilement l'application des principes établis par l'illustre général Poncelet, qui a fait de nos jours progresser la science des machines, au point de vue de l'économie du travail, comme l'avait fait Vaucanson au point de vue de la variété des mécanismes. Les progrès dus à ces deux célébrités de notre pays sont aujourd'hui bien représentés dans le Musée industriel de la capitale de la France.

Nous espérons avoir fait apprécier, dans cette revue rapide des richesses que renferme le Conservatoire, tout l'intérêt que mérite ce grand établissement. N'y a-t-il pas cependant beaucoup à faire encore pour qu'il soit la représentation fidèle de l'industrie moderne? Nous nous permettrons à ce sujet quelques observations, inspirées par le désir du mieux qui doit animer les personnes jalouses d'assurer les progrès indéfinis de l'industrie.

Mais auparavant nous passerons en revue les ressources que le Conservatoire met, outre ces collections de modèles, à la disposition des personnes désireuses de s'instruire.

Bibliothèque. — Portefeuille. — Archives. — Brevets expirés. — La bibliothèque du Conservatoire, riche d'environ 20,000 volumes relatifs aux sciences, aux arts et à l'industrie, est installée dans l'ancien réfectoire du prieuré splendidement restauré. Il n'est pas besoin de dire combien la spécialité et la richesse de cette bibliothèque, sa position dans un quartier habité par une population laborieuse, la rendent utile et y attirent un nombreux public. Elle est ouverte au public le dimanche et tous les jours de la semaine sauf le lundi.

La galerie du portefeuille est une heureuse création destinée à compléter, sur une vaste échelle et avec des frais relativement minimes, la collection de machines. Les ingénieurs et les constructeurs peuvent y aller étudier des dessins cotés à l'échelle, et par suite leur fournissant les renseignements nécessaires pour l'exécution, représentant les machines les plus remarquables qui apparaissent chaque jour.

Les archives du Conservatoire renferment plusieurs pièces d'un grand intérêt, telles qu'un grand nombre d'épures de Vaucanson, et la lettre par laquelle Fulton offrait au gouvernement français de lui céder son invention de la navigation à vapeur.

D'après la loi, les pièces relatives aux brevets d'invention expirés sont déposées au Conservatoire. L'idée parfaitement juste qui a fait envoyer à cet établissement les brevets expirés doit conduire un jour à y établir toute l'administration des brevets, bien mal placée dans les bureaux du ministère du commerce, à y constituer un *Patent-Office* analogue à ceux de Londres et de Washington, dont les recettes seraient suffisantes pour donner à l'établissement central de la science industrielle tous les développements nécessaires pour le tenir sans cesse au niveau du progrès de l'industrie. Ils ne sont nulle part plus complétement révélés que par les patentes pour les inventions nouvelles, et la délivrance, la publication de celles-ci est le plus puissant moyen de constater et de faire connaître l'état le plus avancé des diverses industries.

Enseignement oral. — L'idée des fondateurs du Conservatoire était essentiellement limitée à l'organisation de collections qui leur paraissaient fournir le meilleur moyen d'instruire les ouvriers. « *Il faut leur faire voir plus qu'il ne faut leur parler,* » disait Alquier dans son rapport au Conseil des Anciens, du 27 nivôse an VI, qui eut une grande influence sur l'organisation définitive du Conservatoire. L'enseignement oral s'y réduisait à la création de trois démonstrateurs chargés de faire comprendre aux visiteurs le jeu des machines composant les collections. Ce système n'a jamais pu fonctionner. Il est impossible de demander à un savant de mérite de répéter indéfiniment des analyses de machines devant des curieux, des promeneurs n'ayant le plus souvent aucune des connaissances nécessaires pour les comprendre.

Une ordonnance du 25 novembre 1819, rendue sur un rapport du duc Decazes, ouvrit une voie nouvelle. Elle eut pour but, y est-il dit, de créer une haute école d'application des connaissances scientifiques au commerce et à l'industrie, au moyen d'un enseignement public et gratuit. A cet effet, elle institua trois chaires annexées au Conservatoire : l'une de mécanique, l'autre de chimie et la dernière d'économie industrielle, appliquées aux arts. La première fut confiée à M. C. Dupin, la seconde à M. Clément Désormes et la troisième à J.-B. Say. Nous ne parlerons pas de l'enseignement du célèbre économiste, qui eut bien moins de retentissement que ses livres, dont il était, dit-on, l'exacte reproduction. Le cours de M. Clément Désormes fut recherché surtout à cause du soin avec lequel ce professeur traitait la question de l'emploi des combustibles, de la production industrielle de la chaleur, question si importante, qui a fait le sujet du bel enseignement que M. Péclet a créé à l'Ecole centrale des arts et manufactures, et qui manque aujourd'hui au Conservatoire. Mais le véritable, le grand succès fut celui de M. Charles Dupin. Doué d'une grande facilité d'élocution, connaissant les grands chantiers de construction de France et d'Angleterre, passant en revue dans ses cours des questions de géométrie, de mécanique, d'économie industrielle, grand promoteur des caisses d'épargne, son cours eut tout l'éclat des conférences que nous voyons réussir de nos jours : cette comparaison fait même bien comprendre le caractère de l'enseignement dont nous parlons, et, comme de nos jours, plusieurs grandes villes créèrent à leur tour des cours publics à l'usage des ouvriers, à l'imitation des cours du Conservatoire. Parmi ceux-ci, on doit citer les cours de Metz, où Poncelet créa l'enseignement modèle de la mécanique industrielle, imité depuis dans toutes les écoles.

Le succès des cours du Conservatoire des arts et métiers devait en amener la multiplication ; aussi en 1839 le nombre en fut-il porté à 10. Il est aujourd'hui de 14. Ils sont toujours faits le soir et le dimanche ; nous indiquerons ici les matières qui y sont traitées :

Géométrie appliquée aux arts.
Géométrie descriptive.
Constructions.
Mécanique appliquée aux arts.
Filature et tissage.
Physique appliquée aux arts.
Chimie appliquée aux arts.
Chimie industrielle.
Teinture et impressions.
Chimie agricole.
Agriculture.
Génie rural.
Economie industrielle.
Statistique industrielle.

L'ensemble de ces cours suffit-il pour constituer, suivant une expression du général Morin, une *Sorbonne industrielle?* Evidemment ils sont bien loin de comprendre la totalité des connaissances qu'utilisent les travaux de l'industrie. Grâce à la généralité des titres, il peut paraître qu'on n'est pas trop éloigné du but, mais il faut, pour bien s'en rendre compte, apprécier la quantité de questions qu'un professeur peut traiter dans une ou deux années. Certes un enseignement industriel ne serait pas complet si un seul professeur était chargé d'enseigner toutes les sciences appliquées à l'industrie, et cependant le titre du cours ne laisserait rien à désirer. Bien que moins insuffisant que s'il en était ainsi, le nombre actuel de professeurs devrait nécessairement être augmenté au Conservatoire. Je le prouverai par un exemple.

Le professeur de mécanique, successeur du général Morin, doit naturellement enseigner, comme lui, les principes fondamentaux de la mécanique appliqués aux machines, les lois de l'hydraulique et les conditions d'établissement des moteurs hydrauliques; la théorie de la machine à vapeur et sa construction ; en un mot, tout ce qui se rapporte aux récepteurs qui servent à utiliser les forces naturelles. C'est là un très-utile et très-beau cours qui prend, croyons-nous, trois années, et le professeur ne peut s'en écarter beaucoup sans que l'enseignement ne se trouve trop longtemps privé de la discussion de questions capitales.

Cependant le Conservatoire étant surtout un Musée de machines, comment peut-on ne pas y voir figurer au premier rang un cours de Cinématique, c'est-à-dire de la science qui a pour objet la théorie des organes des machines, de leur tracé géométrique, science si heureusement créée de nos jours? Comment n'y voit-on pas figurer un cours de résistance des matériaux, un cours de construction de machines?

Évidemment il y a là une lacune importante, et certes trois ou quatre professeurs de mécanique ne seraient pas de trop pour donner à cet enseignement toute l'extension qu'il devrait avoir au Conservatoire.

Mais sans vouloir indiquer ici bien des lacunes diverses, comme celle de l'enseignement de la théorie mécanique de la chaleur, qui devrait figurer au premier rang, car elle constitue à la fois un grand progrès théorique et pratique, prenons la question dans son ensemble. Quel doit être l'enseignement des sciences appliquées aux arts, au Conservatoire des Arts et Métiers de Paris? La réponse à cette question me semble forcée. Il doit être tel que tout industriel, tout travailleur ayant une opération à effectuer puisse y aller apprendre la théorie de cette opération, acquérir toute l'expérience résultant des essais déjà faits.

Certes le cadre est tellement vaste qu'il est impossible de le remplir entièrement, mais on peut en approcher par deux moyens : l'accroissement du nombre des professeurs titulaires et l'établissement de cours libres.

L'accroissement du nombre des professeurs titulaires doit être assez grand pour que toute théorie scientifique, fournissant les règles à d'importantes industries y soit enseignée par des savants distingués. Combien leurs recherches, en contribuant aux progrès d'importantes fabrications, et leurs cours, en vulgarisant de saines théories, feront naître des richesses supérieures au chiffre de leur traitement!

Quant aux professeurs libres, c'est à eux que doit incomber la mission d'imprimer une ardeur toute particulière à l'enseignement industriel, de faire des cours complémentaires qui ne sauraient jamais être trop multipliés. Il serait évidemment très-désirable que tout jeune ingénieur, animé du feu de la jeunesse et qui a sa carrière à faire, vînt analyser en quelques leçons une industrie intéressante qu'il s'est trouvé à même de bien étudier.

Ainsi constitué, l'enseignement oral du Conservatoire nous semble devoir être utile à un nombre très-grand d'industriels, en même temps qu'il vulgariserait avec grand profit les recherches si nombreuses et souvent si savantes qui se font dans les ateliers, comme les tours de main qui méritent d'être signalés et conservés.

Le Conservatoire des Arts et Métiers dans l'avenir. Malgré tous les développements du Conservatoire dans ces dernières années, le mouvement de l'industrie a été si rapide depuis quarante ans, qu'ils ont été insuffisants pour qu'il ait pu contribuer, aussi puissamment qu'il eût été souhaitable, aux progrès qu'elle fait chaque jour. Aussi n'avons-nous pas hésité à indiquer la nécessité d'augmenter les collections, de compléter l'enseignement des sciences appliquées aux arts. Nous indiquerons encore deux directions nouvelles, dans lesquelles tout est à créer, pour augmenter beaucoup l'utilité de ce bel établissement.

1° *Ateliers modèles.* Dans son intéressant article de ce *Dictionnaire*, M. Paulin Désormeaux, le plus habile praticien que nous ayons connu, l'homme qui a le mieux analysé les conditions de la bonne exécution dans le travail manuel, se rendant l'organe des ouvriers, demande une modification, ou plutôt une création complémentaire du Conservatoire. Son argumentation peut se résumer à peu près ainsi : les cours des professeurs, les collections de machines relatives à d'anciennes et même à de nouvelles inventions, peuvent être d'une grande utilité pour les inventeurs qui poursuivent une combinaison nouvelle, sont très-intéressants pour les fabricants et pour les jeunes gens qui se proposent de le devenir; mais pour les ouvriers, dont l'œuvre est avant tout d'exécuter dans la perfection une pièce de forme voulue, ces genres d'enseignements ne leur présentent pas d'utilité réelle, ils n'y trouvent guère de renseignements utiles pour l'exercice de leur profession. Et cependant c'est pour leur perfectionnement que le Conservatoire a été créé!

Il en serait tout autrement avec des ateliers modèles.

Il n'est pas besoin, il nous semble, de longs développements, tels que ceux dans lesquels entre l'auteur du projet, pour reconnaître tous les services que rendrait véritablement aux ouvriers une semblable organisation; combien en profiteraient les artisans professionnels si nombreux, qui faisaient tous autrefois le tour de France pour apprendre quelques méthodes perfectionnées de travail!

Il est bien curieux de voir le vieux praticien se rencontrer, dans ce projet, avec le plus grand génie philosophique de notre pays. Le premier, en effet, Descartes a montré l'utilité d'un Conservatoire, fondé à peu près sur les bases qui viennent d'être indiquées. Son plan consistait à faire bâtir de grandes salles pour chaque corps de métier, à annexer à chacune de ces salles un cabinet où se trouveraient rassemblés les instruments mécaniques nécessaires ou utiles aux arts qu'on devait y enseigner, et à attacher à chacun de ces cabinets un professeur habile, capable de répondre à toutes les questions des artisans, et qui pût les mettre à même de se rendre raison des procédés qu'ils étaient appelés journellement à mettre en pratique.

Le grand philosophe a donné la formule complète du véritable enseignement professionnel, qui, toutefois, sera souvent insuffisant, tant que le cabinet du professeur ne sera pas une petite fabrique, possédant un exemplaire de chacune des machines employées dans les usines. Au reste, ce ne serait pas là une innovation aussi grande que l'on pourrait croire; car pour faire connaître les procédés de la filature du coton, pour vulgariser les machines anglaises, Chaptal fonda avec succès, au Conservatoire, en 1810, une école de filature qui rendit de très-grands services, et cet exemple pourrait, sans aucun doute, être utilement imité dans bien des cas.

2° *Musée d'Art industriel.* Jusqu'à l'Exposition universelle de 1851, il ne semblait pas qu'il y eût autre chose de possible, pour faire grandir l'industrie à l'aide de l'enseignement, que de marcher dans la voie indiquée ci-dessus, de vulgariser les sciences qui comprennent les théories dont les procédés de l'industrie sont des applications. Mais lorsque, à ce premier et si beau concours international, les produits d'une industrie aussi avancée que celle de l'Angleterre se trouvèrent en face de ceux de la France, il fut reconnu qu'incontestablement les nôtres étaient supérieurs, non par la perfection de la fabrication, mais par leur élégance. Un goût plus pur avait présidé à leur fabrication.

Or l'élégance, le goût, n'ont aucun rapport avec la mécanique ni avec la chimie; ce sont les qualités qui font le mérite des produits des Beaux-Arts; c'est l'application de ceux-ci à l'industrie, ou au moins l'emploi des facultés que leur culture développe, qui fait le prix des œuvres de l'art industriel. Or il n'y a guère pour les faire naître, pour les répandre, de cas à faire sur de simples cours; c'est l'étude des maîtres qui peut seule conduire l'artiste à saisir les conditions de la beauté. Par suite, de même que nos musées de peinture et de sculpture sont du plus puissant secours pour former des peintres et des sculpteurs, de même un riche musée renfermant des chefs-d'œuvre de l'art industriel est la fondation la plus nécessaire pour assurer la prééminence du goût dans les produits de l'industrie. C'est ce qu'ont bien compris les Anglais, qui, aussitôt après la leçon de 1851, fondèrent le Musée industriel de Kensington et le Cristal-Palace de Sydenham.

D'après cela, peut-on considérer comme approchant

d'être complet un musée industriel dans lequel les produits d'art industriel ne figurent pas, où ne se trouvent que des machines et des appareils de physique et de chimie? Tel est, malheureusement, le cas du Conservatoire des arts et métiers de Paris, et il faudrait qu'il fût en quelque sorte doublé par un musée d'objets remarquables par leur élégance, la beauté de leur décoration, pour former le véritable musée industriel, la digne représentation de l'industrie française actuelle, et constituer le plus puissant moyen d'assurer ses succès dans l'avenir. C'est le goût qui vaut chaque jour à notre industrie ses plus nombreux triomphes sur nos rivaux, et il importe de ne pas négliger le plus sûr moyen de conserver cette supériorité, de réaliser une création efficace pour multiplier le nombre et augmenter les connaissances et le talent de nos artistes industriels.

CORAIL. Le corail se trouve sur presque toutes les côtes de la Méditerranée. On le pêche aussi en Amérique et en Océanie. Il est, suivant sa nuance, de qualités très-différentes de valeur. Le corail rouge ordinaire se vend en moyenne 50 francs le kilogramme; celui qui a de belles nuances roses atteint le prix de 2 à 300 francs le kilogramme. Le corail pousse sur les roches du fond de la mer; il forme des arbrisseaux dont les branches se croisent capricieusement. Rien n'est plus intéressant à voir qu'une souche de corail vivant sur une roche, au fond de la Méditerranée. Les eaux sont presque toujours transparentes, d'une douce teinte bleuâtre; le corail, d'un rouge vif, se détache vigoureusement sur le fond sombre du rocher. La lumière, éclatante à la surface de la mer, s'affaiblit et produit un demi-jour aux teintes azurées d'un effet féerique. L'imagination des plongeurs conserve longtemps le souvenir de la magie de ces paysages sous-marins.

Production du corail. La pêche et le commerce du corail sont presque exclusivement entre les mains des Italiens. La vente du corail brut atteint en moyenne 5 à 6 millions par an. Les pêcheurs italiens couvrent une longue croix de bois, lestée en plomb, avec des filets d'étoupe ou en fils de chanvre entrelacés; ils attachent la corde qui tient la croix à l'arrière de leur bateau, et ils traînent cet engin au fond de la mer. La croix brise les branches du corail, qui s'accrochent dans le filet. On relève ce dernier de temps en temps. Il suffit de décrire ce procédé pour indiquer les inconvénients qu'il présente.

On a essayé de pêcher le corail et les éponges au scaphandre, et on a obtenu d'assez bons résultats sur quelques points de la Méditerranée. Les pêcheurs espagnols de la côte de Catalogne ont ainsi fait de très-beaux bénéfices.

Mais le corail se trouve toujours à une assez grande profondeur. On le trouve ordinairement à partir de 25 mètres. La beauté et la quantité croissent avec la profondeur. La pression énorme de la colonne d'eau vient arrêter le plongeur; beaucoup d'accidents sont survenus et ont enrayé l'essor de cette industrie.

CORSETS TISSÉS. L'exécution des vêtements tout d'une pièce, au moyen du tissage, a été, jusqu'à présent, presque exclusivement limitée aux divers tricots et aux étoffes à mailles en général. Ces étoffes, engendrées par la révolution d'un fil non tendu dans un plan quelconque pour produire des mailles dont le nombre peut varier à chaque course du fil, sont éminemment propres aux tissus à formes, lorsqu'ils ne sont destinés qu'à recouvrir exactement des contours; mais leur élasticité toute particulière les rend insuffisantes quand il s'agit de vêtements qui doivent aussi maintenir certaines parties du corps, comme on l'exige des corsets. Les éléments ordinaires des étoffes à chaînes et à trames serrées, tendues et entrelacées dans un même plan, sont moins propres encore à réaliser des vêtements de ce genre, parce qu'ils ne présentent que des surfaces planes d'une résistance uniforme dont l'emploi dans la fabrication des corsets en pièces amènerait une compression trop forte aux endroits qui exigent une certaine liberté, si l'on n'y combinait une coupe présentant les fils de biais. Il y a donc nécessité de modifier ces éléments dans l'exécution des tissus à formes en général et des corsets en particulier.

Grégoire, artiste d'une habileté hors ligne, qui a laissé des étoffes, ou, pour mieux dire, des tableaux aussi remarquables au point de vue de l'art proprement dit qu'au point de vue mécanique, est, à notre connaissance, l'un des premiers qui se soit appliqué à la solution du problème, dès 1805.

M. Verly, mécanicien à Bar-le-Duc, s'en est occupé depuis pour l'exécution spéciale des corsets d'une seule pièce. Les dispositions adoptées par tous deux reposent sur des modifications de formes et de montage du cylindre-ensouple de l'étoffe.

Le premier se sert d'une ensouple à courbure variable déterminée à l'avance et disposée d'une manière particulière. L'ensouple du second est formée d'une espèce de chaîne sans fin qui permet aux fils de prendre des inflexions et de décrire certaines courbures pendant le travail. Ces moyens, assez compliqués, exigent beaucoup d'habileté dans leur mise en œuvre.

Les procédés imaginés par M. Fontaine, au contraire, ne présentent pas plus de difficultés que le tissage d'un article broché ordinaire. Il assimile les élargis, ou pièces cambrées du dos, de la poitrine et des hanches, à des figures quelconques; il les développe à la mise en carte et les lie par les moyens en usage. Quant aux pièces droites et aux gaînes pour les baleines exécutées par un entrelacement spécial des fils, une petite machine supplémentaire, analogue à celle dont on se sert pour la fabrication des châles, en est chargée. Enfin, comme l'embuvage ou la quantité de fils par unité de surface varie dans ce tissu, la chaîne est divisée sur les roquetins d'une cantre, disposition connue et appliquée, dans la rubanerie, à la passementerie, à la moquette anglaise, etc.

On voit que, jusqu'ici, il a suffi à M. Fontaine d'être familiarisé avec toutes les ressources du tissage pour en obtenir des résultats nouveaux. Ces ressources sont cependant insuffisantes pour réaliser la dernière partie du problème mécanique en question, l'enroulement d'une étoffe qui se présente dans des conditions spéciales. Au lieu d'une surface plane, unie et régulière, c'est une surface sinueuse, irrégulière, qui gode sur le métier et dont il faut se débarrasser à des instants donnés, afin que la trame soit chassée dans la direction voulue. A cet effet, M. Fontaine substitue à l'ensouple cylindrique ordinaire une pièce transversale demi-courbe garnie de pointes à sa courbure; cette pièce a la faculté de s'approcher et de s'éloigner du battant et du peigne par une espèce de chariot. Il suffit d'approcher la barre à pointes du battant rendu immobile, d'en décrocher l'étoffe, pour que les fils de la chaîne, sollicités par l'action de la tension, se redressent naturellement. Le tissu est fixé de nouveau sur les pointes de la barre ramenée à sa position primitive; la partie tissée, qui se trouvait précédemment comprise entre l'ouvrier et le peigne, flotte en arrière de la pièce à pointes, et le travail peut être repris après avoir rendu la mobilité au battant.

Les résultats remarquables obtenus par ces diverses combinaisons démontrent que toutes les applications du métier à la Jacquart sont loin d'être épuisées.

COTON. Aux renseignements donnés à l'article COTON du *Dictionnaire*, nous joindrons les chiffres ci-après, qui montrent comment après la perturbation causée par la guerre civile d'Amérique, qui a forcé de s'adresser à diverses contrées pour la production du coton, s'est réparti le travail qui fournit à l'approvisionnement de l'Europe, qui appartenait autrefois presque exclusivement aux États-Unis C'est ce que montre le tableau suivant:

Origines et quantités de coton consommé en Europe en 1866.

États-Unis d'Amérique. . .	310,000,000	kilogrammes.
Indes anglaises	270,000,000	—
Égypte.	100,000,000	—
Brésil.	36,000,000	—
Contrées méditerranéennes, Alep, Smyrne et Italie . .	35,000,000	—
Chine, Japon et Cochinchine.	8,000,000	—
Colonies françaises	600,000	—
Algérie.	900,000	—
États de l'Équateur	10,000,000	—
Diverses autres contrées. . .	10,000,000	—
	780,000,000	kilogrammes.

Ces chiffres doivent peut-être être doublés si l'on veut tenir compte de la consommation si considérable des étoffes de coton par les populations de l'Asie qui les emploient presque exclusivement, par 150,000,000 d'Indous, par 450,000,000 de Chinois, Siamois, etc., etc.

COTON-POUDRE. Voy. PYROXYLE.

COURROIES. Nous avons traité à l'article MÉCANIQUE GÉOMÉTRIQUE des principes de cet excellent mode de transmission du travail mécanique, nous dirons seulement ici un mot des moyens employés pour réunir les extrémités des courroies et de la forme des poulies.

Les moyens de réunion les plus simples pour les courroies en cuir, toujours les plus employées, sont ceux qui consistent dans une couture faite avec du fil ou des vis. Leur inconvénient est de ne pouvoir se prêter facilement à une diminution de longueur de la courroie si celle-ci s'allonge par le travail (fig. 1, 2 et 3). C'est pour

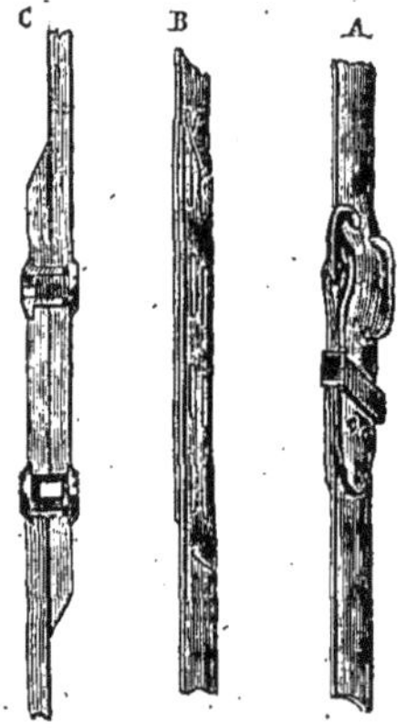

Fig. 1. Fig. 2. Fig. 3.

cela qu'on préfère les boucles, et qu'on a proposé un procédé qui consiste à introduire les extrémités des courroies dans la fente d'un tube métallique; ces systèmes produisant une épaisseur sur une face ne peuvent servir quand on emploie les courroies croisées, puisque les faces opposées de la courroie sont successivement en contact avec l'un des tambours.

Forme des poulies. Une pression exercée sur la courroie, parallèlement à l'axe des poulies, la déplace avec une grande facilité, non en la faisant glisser transversalement, ce qui exigerait une force considérable pour être effectué instantanément et ne serait pas pratiquement réalisable, mais parce que le point d'enroulement de la courroie sur la poulie se déplace latéralement peu à peu. C'est un des grands avantages de ce système que la courroie puisse ainsi se transporter avec un petit effort, qui conduit au système si usité formé par des poulies folles, tournant librement sur l'axe, qu'on place à côté des poulies fixes, et qui permettent d'obtenir à volonté le repos ou le mouvement de l'axe par le déplacement de la courroie.

Si une courroie passe sur une poulie conique, comme le cercle décrit sur le cône par le bord gauche de la courroie *ab* est de rayon moindre que celui décrit par le bord droit *cd* (fig. 4), il en résulte une traction,

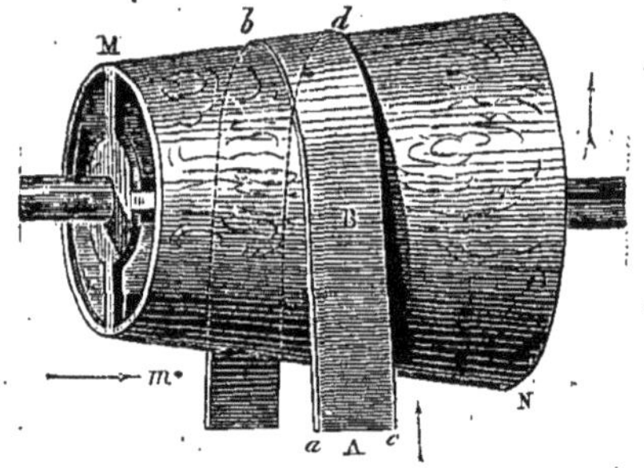

Fig. 4.

une composante dans le sens de la largeur de la courroie qui tend à la faire avancer dans le sens de la flèche *m*.

On voit donc que si l'on donne à la poulie la forme de deux troncs de cône adossés par la grande base, la courroie sera sollicitée dans deux sens opposés, par suite se maintiendra parfaitement sur l'arête la plus élevée. La forme bombée usitée dans les ateliers de construction (fig. 5) est équivalente à celle-ci.

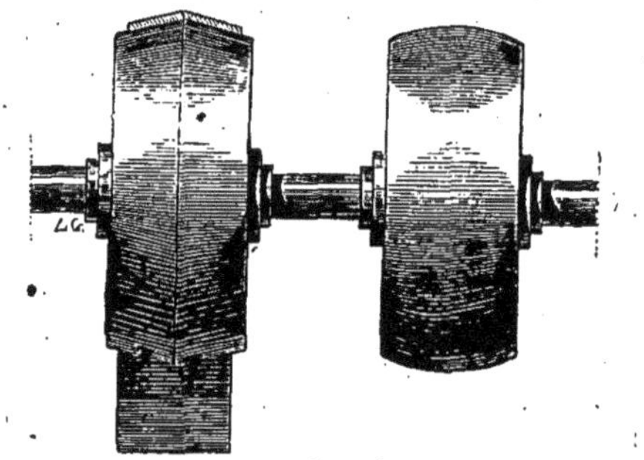
Fig. 5.

Largeur des courroies. La largeur des courroies doit être, pour une même substance et un même enroulement, en raison de la puissance et en raison inverse des vitesses avec lesquelles elles se meuvent, pour transmettre une même quantité de travail. Dans la pratique, surtout depuis les améliorations apportées aux systèmes de graissage des axes, c'est surtout en augmentant la vitesse qu'on accroît la quantité de travail transmis par une courroie, mais quand les limites pratiques de diminution du rayon d'une des poulies sont atteintes et insuffisantes, c'est la largeur et jamais l'épaisseur qu'on doit augmenter, puisqu'en diminuant la flexibilité on augmente le travail résistant.

Pour une largeur donnée, lors de la transmission régulière d'une quantité de travail déterminée, il est évident que chaque unité de largeur de la courroie transmet une même partie de l'effort, et que les frottements qui correspondent à la somme des tractions sont supérieurs aux efforts transmis en chaque instant, puisqu'il n'y a pas glissement.

Si, tout étant ainsi disposé, on diminue la largeur de la courroie sur la poulie, on arrivera bientôt à une limite où le frottement étant moindre que l'effort à transmettre, il se produira un glissement pour une limite déterminée de travail résistant, disposition qui pourra être utile passagèrement, dans quelques cas particuliers de la pratique.

On emploie assez fréquemment aujourd'hui, pour les larges courroies surtout, des courroies formées d'étoffes tissées avec un fil très-solide et superposées, collées ensemble au moyen de caoutchouc. On trouve l'avantage de pouvoir fabriquer ainsi des courroies sans fin, dont la flexibilité est très-grande.

COURROIES MÉTALLIQUES. *Transmission à de grandes distances à l'aide de ces courroies.* — Nous donnons ici la note publiée par M. Hirn, l'inventeur de cette heureuse disposition qui s'applique avec succès dans une foule de circonstances.

« Cette application, qui résout complétement un des problèmes les plus difficiles de la mécanique, remonte à l'année 1850.

« Un ancien bâtiment, très-vaste, de l'établissement de MM. Haussmann, au Logelbach, près Colmar, pouvait être utilisé comme un bel atelier de tissage mécanique, mais la force motrice disponible devait être cherchée à 85 mètres de distance. Les ingénieurs de la maison, conseillés par la routine (et je suis obligé de me mettre de ce nombre), proposaient une transmission par arbres de couche, soit enfouis dans un canal souterrain, soit supportés par des colonnes, afin que le passage restât libre aux voitures. Le moindre devis dépassait 6,000 francs, et l'on ne pouvait compter guère moins de cinq chevaux perdus en frottement. Mon frère vint proposer, à son tour, l'emploi de l'antique courroie, modifiée seulement par la substitution d'un ruban de fer ou d'acier à la lanière de cuir. Au premier moment une telle solution ne manqua pas d'exciter les plaisanteries; cependant, comme la réalisation de ce projet pouvait se faire sans grande dépense et qu'elle simplifiait visiblement la question, on se décida à tenter l'expérience.

« MM. Peugeot d'Audincourt nous fournirent des lames d'acier de 0m.06 de largeur, de 0m.001 d'épaisseur et de 40 à 50 mètres de longueur, admirablement exécutées, et qu'il a suffi de réunir par des rivets pour obtenir la longueur voulue de 85m × 2. Deux poulies en bois de 2 mètres de diamètre, à gorge plate et à axes parallèles, reçurent cette courroie d'un genre tout nouveau, qui, dès l'abord, fonctionna d'une manière satisfaisante et pouvait, à la rigueur, être employée. Elle avait cependant deux graves inconvénients. En raison de sa surface et du peu de poids relatif, le moindre vent la poussait en dehors de la direction voulue, et la faisait frotter contre les joues des poulies; il était donc indispensable de la guider à l'aide de galets. — Mais ces galets, quelque bien faits qu'ils fussent, déchiraient quelquefois la courroie aux assemblages rivés, et finissaient eux-mêmes par être coupés ou entaillés. — C'est dans ces circonstances qu'un ingénieur anglais de nos amis, frappé de l'utilité qu'il y aurait à rendre bien pratique un moyen aussi simple de transmettre la force à distance, nous conseilla d'examiner, à Londres, les câbles que MM. Newall et Cie exécutent pour divers usages, ne doutant pas, nous disait-il, que nous n'eussions lieu d'être satisfaits d'un essai de ce genre. — MM. Newall n'avaient encore employé leurs câbles que pour lever des fardeaux dans les mines, ou comme cordages de navires, etc.; mais il pouvait bien se faire qu'ils satisfissent aux nouvelles exigences auxquelles nous voulions les soumettre : nous n'hésitâmes donc pas à leur commander une corde métallique et à la mettre à l'épreuve.

« Après quelques modifications apportées aux gorges des poulies, après quelques tâtonnements, quelques ennuis même, la corde en fer, substituée à la courroie d'acier, fonctionna et fonctionne encore à notre entière satisfaction. — Elle est en œuvre depuis six ans.

« Voici, en résumé, au double point de vue critique et technique, l'ensemble des observations qu'une longue expérience nous a permis de faire :

« 1° Les poulies conductrices et conduites peuvent toujours être en bois (chêne ou tout autre bois dur). Elles doivent être à gorge profonde et légèrement arrondie. Une profondeur de 4 à 5 centimètres et une largeur de 3 à 4 centimètres sont les conditions que nous avons jugées les meilleures. — Au fond de la gorge se place une courroie en cuir ou en gutta-percha de 1 centimètre d'épaisseur. — Cette courroie n'est point clouée, mais elle est fortement tendue et ramenée, par ses deux bouts, dans un trou pratiqué au fond de la gorge. On fixe les deux bouts à l'aide d'un coin, et, pour plus de solidité, on les consolide par quelques clous. — La corde métallique qui travaillerait sur le bois le couperait en peu de temps. Le cuir, la gutta-percha surtout, durent fort longtemps et ne fatiguent nullement le métal.

« Les poulies, comme on le prévoit, doivent avoir la plus grande vitesse de rotation disponible et un fort diamètre. Nous pensons que le *minimum du diamètre* à employer est de 1 mètre.

« Pour garantir les câbles de la rouille, et en même temps pour augmenter leur adhérence contre la circonférence des poulies, on les enduit, une ou deux fois par mois, mais très-légèrement, d'un mélange de goudron et d'huile.

« 2° La *plus courte distance* qu'on puisse admettre entre les deux poulies est environ de 40 à 50 mètres; au-dessous de cette limite, il faudrait substituer une tension artificielle à la tension naturelle et régulière produite par le poids même du câble, et il en résulterait non-seulement des tensions variables, selon l'état de la température, ou suivant d'autres causes, mais encore de fréquents glissements. Enfin le câble, à mesure que sa longueur diminue, court des chances d'usure et de rupture de plus en plus grandes. — En résumé, pour des distances de 20 mètres, par exemple, et au-dessous, il est évident que les arbres de couche sont préférables. — Bien moins encore peut-il être question de substituer les câbles ou les rubans d'acier aux courroies qui servent dans l'intérieur des ateliers.

« 3° Au contraire, et c'est ici que l'emploi des câbles métalliques devient une découverte importante, il n'y a, pour ainsi dire, aucune limite à la longueur des distances qui séparent les poulies conductrices de celles qui reçoivent le mouvement. — Aujourd'hui nous n'hésiterions plus un instant à envoyer une force motrice, même très-considérable, à 3 ou 4 kilomètres, si le cas se présentait, et nous serions sûr, à l'avance, de la réussite. Après le succès obtenu avec notre premier câble, nous fîmes, en 1855, une application déjà beaucoup plus hardie que la première, sous tous les rapports. — Une force de 38 chevaux, ou 38 × 75 = 2,850 kilogrammètres, fut utilisée, à l'aide d'une de ces nouvelles transmissions, à 240 *mètres de distance*, pour mener un atelier de tissage et toutes ses dépendances. Cette transmission, la seule possible pour une telle longueur, remplace aujourd'hui un moteur hydraulique, dont l'installation n'avait pas coûté moins de 10,000 francs. L'utilité des câbles, sur cette échelle, ne peut être aisément évaluée à l'avance. Il suffit, par exemple, de faire remarquer que le long des cours d'eau, principalement dans les vallées, et dans mille cas analogues, il peut être avantageux de n'être pas contraint de réunir en quelque sorte, dans le même local, le moteur et les machines à mettre en mouvement. — La nouvelle transmission se prête merveilleusement à toutes les exigences, et c'est ainsi qu'en Suisse, dans le canton de Glaris, la maison Egly Wagner a transmis une force motrice assez considérable, du fond d'un vallon, à un bâtiment (ancien couvent) situé sur une élévation voisine, et disposé pour un tissage mécanique. — Quelques accessoires, néanmoins, sont nécessaires, selon les localités ou selon les distances à franchir; je vais en dire quelques mots.

« 4° La flèche de l'arc que forme la corde, et la tension croissant avec la longueur, il arrive un moment où l'on peut être obligé d'élever les poulies outre mesure, pour éviter que le milieu du câble ne touche au sol; en même temps l'effort sur les collets des arbres peut devenir trop considérable. Il faut donc soutenir le câble de 100 en 100 mètres environ, à l'aide de poulies intermédiaires; or ce sont ces poulies qui ont exigé le plus de tâtonnements. — Elles doivent avoir au moins 1 mètre de diamètre et être construites le plus légèrement possible (couronne en bois dur, rayons en fer cylindrique forgé, de 0m,015 d'épaisseur, axe en fer avec croisillon en fonte, le tout parfaitement centré). La gorge doit être semblable à celle des poulies motrices, mais garnie au fond d'une lanière *en caoutchouc vulcanisé*, au lieu de cuir ou de gutta-percha.

« D'après diverses applications qui ont déjà été faites suivant mes conseils, ces poulies intermédiaires, convenablement inclinées, peuvent avantageusement servir à changer la direction du câble et à établir des rapports de mouvement entre des arbres non parallèles; autrement dit, ces poulies peuvent servir à faire décrire à la transmission un vrai polygone, soit en projection horizontale, soit en projection verticale.

« 5° Un reproche, ou du moins une objection que l'on serait tenté de faire à ce mode de transmission, et qui pourrait même en retarder l'application, consiste dans la perte de force que l'on supposerait causée par le frottement des axes des poulies contre leurs collets, par suite de la grande traction du câble; mais cette objection tombe devant le calcul qui vient prouver que cette perte est peu sensible, et qu'on peut la considérer comme nulle lorsqu'on la met en regard de celle qui résulte de l'emploi des arbres de couche. — En effet, si, à l'aide des données expérimentales et numériques que nous avons pu recueillir jusqu'ici, nous venons à comparer la force réellement consommée par notre câble de 240 mètres, et celle que consommerait une transmission ordinaire par arbres de couche, nous acquérons promptement la certitude que la première de ces forces est à la seconde comme 1 : 15.

« Pour une longueur de 80 mètres, mesurée horizontalement à partir de la poulie motrice, la flèche de la courbe de notre câble est, à l'état de repos, de 0m,85. Le câble pesant 1 kilogr. pour 2m,73 de longueur, on trouve, à l'aide de l'équation de la chaînette, que la tension est de 331 kilogr. environ au point d'enroulement sur la poulie conductrice. Cette tension étant la même pour les deux brins, exerce une pression de 662 kilogr. sur les collets de l'arbre moteur. On sait que la somme des tensions des deux brins d'une courroie est la même à l'état de mouvement qu'à l'état de repos; la tension du brin conduit diminue autant que celle du brin conducteur augmente. La force transmise étant de $38 \times 75 = 2{,}850$ kilogrammèt. et la vitesse de 13m,5 environ, on a $\frac{2{,}850}{13{,}5} = 211$ kilogr. pour l'effort dû au travail. La tension du brin conducteur est donc de 542 kil., et celle du brin conduit 120 kilogr. Le collet sur lequel s'exerce la pression totale de 662 kilogr. à 0m,07 de diamètre : avec 92 tours par minute, la vitesse à la circonférence est donc de 0m,33 par seconde. En admettant que le frottement soit de 1/10 de la pression (ce qui, d'après mes recherches sur le frottement, est le chiffre le plus défavorable possible), on a $\frac{662}{10} \times 0^m{,}33 = 21^{km}{,}8$ pour le travail en kilogrammètres, absorbé par les collets. Cette valeur est à doubler, puisque le même travail est consommé par les frottements de la poulie conduite (soit 43km,6).

« Pour construire une transmission équivalente avec un arbre de couche, il faudrait donner à celui-ci 0m,1 de diamètre. Sur 240 mètres, on a donc un poids de 13,000 kilogr. La vitesse à la circonférence est ici de $\frac{92 \times 0{,}1 \times 3{,}1416}{60} = 0^m{,}48$ par seconde. En admettant aussi 1/10 de 13,000 kilogr. pour la valeur du frottement, on a donc $0{,}48 \times 13{,}00 = 644$ kilogrammètres pour la force consommée, au lieu de 43k,6 que nous avons pour notre câble. — Il serait facile de prouver que ce rapport $\frac{644}{43{,}6}$ est un minimum dans la pratique.

« Remarquons, en passant, que le prix d'un tel arbre, à lui seul, serait d'environ 25,000 francs, y compris les supports, les coussinets, la pose, etc.; tandis qu'un câble, avec ses deux grandes poulies et ses deux petites poulies de support, n'atteindra jamais le 1/10 de cette somme.

« Encore faut-il remarquer que le parallèle que je viens d'établir entre les deux systèmes donnerait de bien autres résultats si l'on augmentait considérablement les distances; car il arriverait un moment où l'arbre de couche, en raison de sa trop grande longueur, ne serait plus même assez fort pour se mouvoir, *lui seul*, sans se rompre, tandis que le câble soutenu, de distance en distance, par des poulies de support, pourrait être conduit indéfiniment loin, sans que le frottement devînt un obstacle sérieux à son emploi. — En effet, du moment où, en raison de la distance, on est obligé de recourir aux poulies-supports, ce ne sont plus *qu'elles seules* qui peuvent absorber de la force; or, à simple vue, on se convaincra que les axes de ces poulies et leurs collets qui sont d'un diamètre très-réduit, et qui d'ailleurs n'ont pas une charge bien grande à supporter, ne peuvent consommer qu'un travail relativement insignifiant.

« Cette merveilleuse faculté *de franchir l'espace sans perte notable de force* n'appartient donc qu'aux transmissions par câbles métalliques. — Basée sur le principe élémentaire de mécanique, en vertu duquel on arrive aux grandes quantités de travail, avec de petites forces et de grandes vitesses, et *vice versâ*, et sur l'expérience pratique de l'inaltérabilité du métal plié et replié sans cesse sur des arcs de grand rayon, cette solution du problème fournira un nombre infini d'applications nouvelles. Son extrême facilité d'exécution, le peu de dépense qu'elle entraîne vulgariseront rapidement une découverte qui, nous devons le faire remarquer, n'est protégée par aucun brevet, et sur les applications de laquelle nous avons toujours libéralement donné tous les renseignements pour lesquels on a eu recours à nous. »

AD. HIRN.

COUVERTURES. La bonne exécution des couvertures exerce dans nos climats une influence majeure sur la conservation des édifices. On doit rechercher pour cet usage des matériaux légers, inaltérables à l'air, incombustibles, résistants et faciles à travailler, d'un aspect agréable, enfin économiques; on doit les mettre en œuvre, de manière à réduire autant que possible les frais de l'entretien, et à le rendre facile et sans danger pour les ouvriers, en tout temps. Le problème a été plus ou moins complétement résolu de manières très-diverses; nous étudierons les principales solutions qu'on lui a données.

COUVERTURES EN TERRE CUITE.

Les couvertures en terre cuite ont l'avantage d'être durables, économiques, d'une belle couleur qui s'associe bien avec la verdure, et plus isolantes que toute autre. Il y en a une infinité de variétés; elles sont en général assez lourdes.

1° Tuiles plates.

Les types les plus employés à Paris sont les suivants; ils sont connus sous le nom de tuiles de Bourgogne :

Grand moule : dimensions, 0,300 × 0,250 × 0,015; poids, 2k,400; pureau, 0,11.

Petit moule : dimensions, 0,24 × 0,195 × 0,015; poids, 1k,320; pureau, 0,08.

Ces tuiles s'attachent par un crochet, qu'elles portent en dessous, sur des lattes en cœur de chêne ou de châtaignier, ou sur des tringles en sapin. On appelle *pureau* la partie de la surface de la tuile qui est apparente à l'extérieur. La tuile se pose ordinairement au tiers de pureau, c'est-à-dire que dans toute l'étendue de la couverture il y a une triple épaisseur de tuiles. Les bons couvreurs profitent des imperfections de forme dues à la cuisson pour corriger celles qui existent dans la pose du lattis et utiliser toutes les matières premières mises à leur disposition.

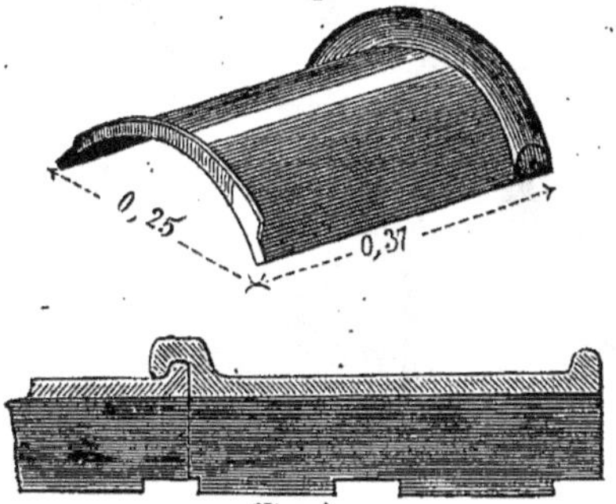

Fig. 1.

Les faîtages et les arêtes se font soit avec des filets ou solins en plâtre, ce qui est peu solide, soit avec des tuiles creuses, dites faîtières, posées sur une embarrure en plâtre; on emploie avec avantage des tuiles faîtières à bourrelet, qui évitent les dégradations des crêtes en plâtre.

Les *égouts* se font de différentes manières. L'*égout simple* ne s'emploie guère qu'avec un chéneau (fig. 2).

Fig. 2.
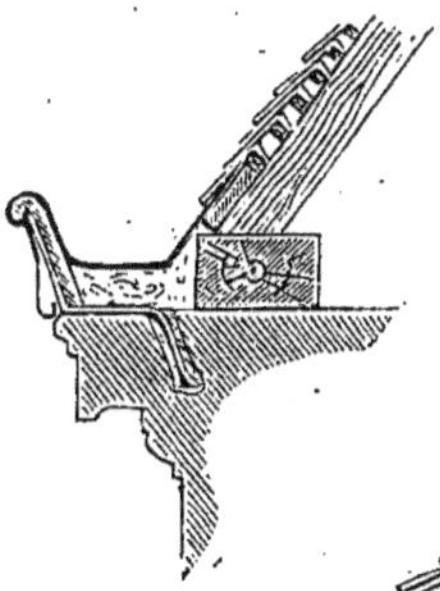

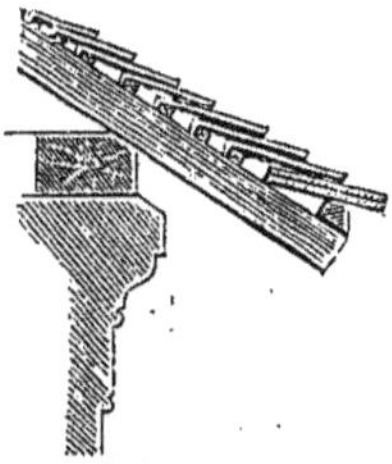
Fig. 3.

Fig. 4.

L'*égout retroussé* comporte l'emploi d'un petit coyau cloué d'un bout sur l'extrémité du chevron, et posé de l'autre sur un double rang de tuiles scellées sur le dessus de la corniche (fig. 3).

L'*égout pendant* s'emploie quand les chevrons dépassent le parement du mur; leurs extrémités sont reliées par une petite chanlatte sur laquelle s'appuient les deux rangs de tuiles formant l'égout (fig. 4).

Les tuiles plates comportent des pentes de 40 à 60°.

2° Tuiles creuses.

Tuiles italiennes. — On fait encore usage en Italie d'un système de couverture qui paraît avoir beaucoup d'analogie avec celui qu'employaient les anciens. Les chevrons, espacés de 0m,32 d'axe en axe, servent de soutien à une aire en carreaux maçonnés de 0m,020 d'épaisseur; les tuiles sont de deux sortes : les unes plates en forme de trapèze, avec rebords latéraux saillants en dessus : on les nomme *tegole;* elles se posent par rangs parallèles espacés de 0m,03 au minimum, et se recouvrent de 0m,08; les autres, de forme tronc conique, s'appellent *canali;* elles recouvrent les intervalles des premières. Ces couvertures sont très-lourdes, mais excellentes et durent indéfiniment.

Quelquefois les canali sont supprimés et remplacés par des tegole retournées.

Tuiles creuses françaises. — On se sert beaucoup, dans une grande partie de la France, de tuiles analogues aux *canali*, posées par rangs parallèles qui présentent alternativement au dehors leur concavité et leur convexité. Les tuiles sont calées avec des pierres ou des débris, et ne sont maintenues sur la volige que par le frottement.

Ces couvertures sont économiques; mais elles demandent à être remaniées souvent. Elles ne comportent qu'une faible inclinaison, de 15 à 27°, ce qui les expose à être dérangées par le vent.

Les tuiles de faîtage et d'arêtiers sont plus grandes, et ordinairement consolidées, ainsi que celles des bords avec du mortier.

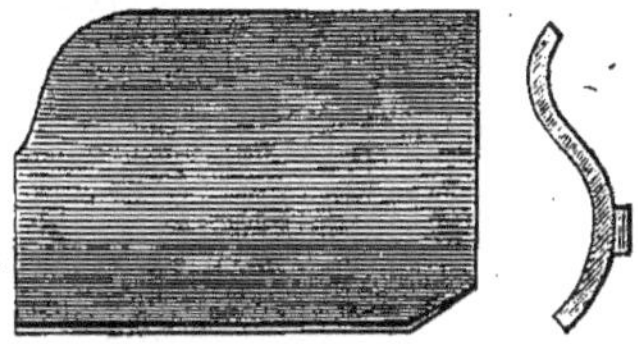
Fig. 5.

Tuiles flamandes ou pannes.

Leur coupe transversale présente la forme d'un S; elles ont peu de recouvrement et sont ordinairement maçonnées sur les joints. Ces tuiles se prêtent à des inclinaisons très-variées, et chargent moins les combles que les précédentes; mais elles sont souvent gauches et inégales, et donnent lieu à des fuites (fig. 5).

Tuiles modernes.

Depuis quelques années, on a introduit de nombreux perfectionnements dans la fabrication des tuiles; on a cherché à diminuer la surface perdue par les recouvrements et en même temps le poids par mètre superficiel, à augmenter les facilités d'écoulement des eaux de pluie, à éviter les fuites dues à l'action du vent et de la capillarité; on a découvert des procédés d'assemblages très-ingénieux ; on a rendu solidaires toutes les tuiles et amélioré leur attache aux lattis. Parmi les industriels auxquels sont dues les améliorations les plus remarquables, on cite MM. Gilardoni et Muller, Courtois, Dumont, etc.

Tous ceux qui se sont occupés de cette question n'ont pas évité une certaine complication de formes peu compatible avec les exigences de la pratique. Quand les tuiles perfectionnées ne sont pas parfaitement régulières, elles présentent de sérieux défauts; malheureusement on se trouvé placé, dans cette fabrication, entre deux écueils : déformation des tuiles par excès de cuisson, ou mauvaise qualité de la matière par insuffisance de chauffe; on ne peut les éviter que par une attention très-soutenue dans la conduite des fours, et par l'emploi de matières premières d'excellente qualité.

Tuiles rectangulaires Gilardoni.

Le type le plus répandu de ce genre de tuiles est dû à MM. Gilardoni, d'Altkirch (Haut-Rhin); ils ont produit successivement trois modèles dérivant du reste de principes communs; on a représenté ci-contre (fig. 6).

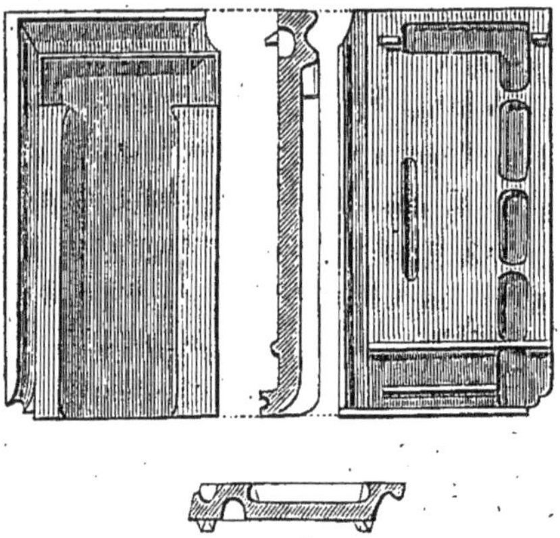

Fig. 6.

le dernier qui offre les perfectionnements les plus récents dus à ces habiles fabricants, et notamment une simplification très-appréciée des formes primitives. La tuile est accompagnée sur son périmètre de rainures qui présentent leur concavité (en dessus, sur les côtés supérieur et de gauche; en dessous, sur les côtés inférieur et de droite. Chaque tuile se trouve ainsi très-convenablement liée avec les tuiles voisines; de plus, ces rainures sont accompagnées de rebords saillants, dont l'ensemble forme sur le toit des compartiments ou rainures bien accentués, dirigés suivant la ligne de plus grande pente, et propres à donner aux eaux un facile et rapide écoulement. La petite quantité de liquide qui

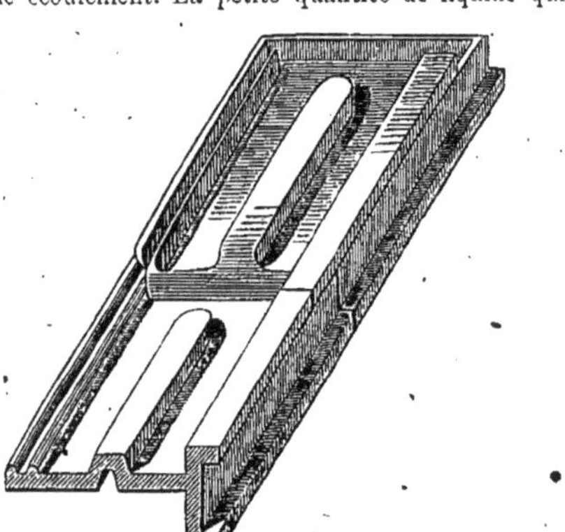

Fig. 7.

peut s'introduire par les joints verticaux s'échappe dans la rainure correspondante, et est rejetée sur le dessus de la tuile immédiatement inférieure. Le rebord du bas est accompagné d'un larmier et d'un coupe-larme qui s'opposent efficacement à l'introduction des eaux ou des neiges chassées par un vent violent qui tendrait à leur faire remonter la pente du toit. Tous ces détails minutieux sont étudiés avec le plus grand soin et très-habilement disposés.

Le modèle n° 2 différait du précédent par la forme des rainures et par l'addition, au milieu de la tuile, d'une nervure qui nuisait à son aspect sans ajouter beaucoup à sa force. La fig. 7 montre des tuiles de rive établies d'après ce type. La fig. 8 représente une double tuile pour passage d'un tuyau de cheminée.

Les tuiles du modèle n° 1 offraient des joints discontinus; on était obligé d'avoir des demi-tuiles pour les rives, et l'apparence générale des couvertures était moins simple et moins agréable.

M. Muller fabrique à Ivry (Seine), en même temps que les tuiles courantes décrites ci-dessus, un grand nombre de modèles spéciaux pour rives, faîtages, arêtiers, chéneaux, etc., dont le détail serait trop long à donner ici, et qui constituent des toitures solides, durables et très-élégantes d'aspect dans toutes leurs parties.

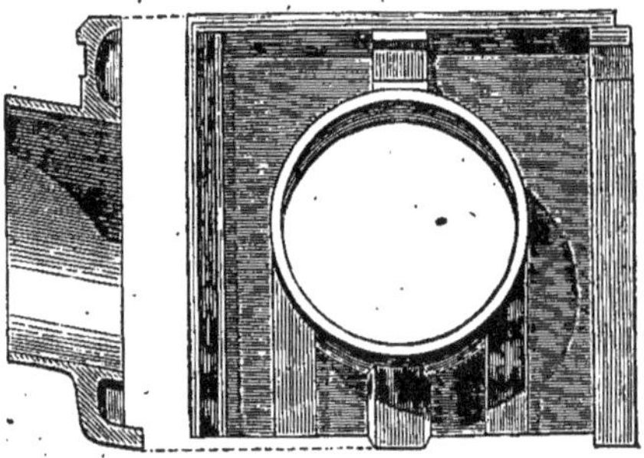

Fig. 8.

Les tuiles Gilardoni, ou des modèles qui en diffèrent très-peu, se fabriquent maintenant dans beaucoup de localités.

Tuiles rectangulaires à colonne.

Ces tuiles paraissent dériver des formes de la tuile flamande, combinées avec les perfectionnements introduits par MM. Gilardoni; nous en indiquons ci-contre deux exemples (figures 9 et 10) : le premier est dû à M. Girard; le second est fabriqué par par MM. Royaux et Beghin, à Leforest (Pas-de-Calais). Ces tuiles ont l'avantage d'offrir des formes très-simples, faciles à fabriquer et à poser; le contact des joints est plus libre et moins exposé à se remplir de poussières, à s'engorger et à donner passage aux infiltrations dues à l'action de la capillarité; le rebord extérieur, à gauche du canal de fuite du joint longitudinal, est un peu plus élevé que le rebord intérieur, ce qui offre encore un obstacle à l'introduction des eaux qui passent dans ce canal; la forme cylindrique ou conique de l'emboîtement longitudinal, d'où vient le nom de ce système de tuile, donne moins de prise au vent que la forme prismatique.

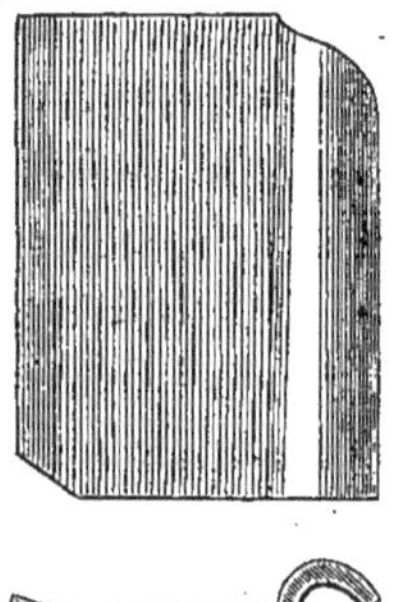

Fig. 9.

MM. Dumont et Pizet fabriquent à Acheux (Somme)

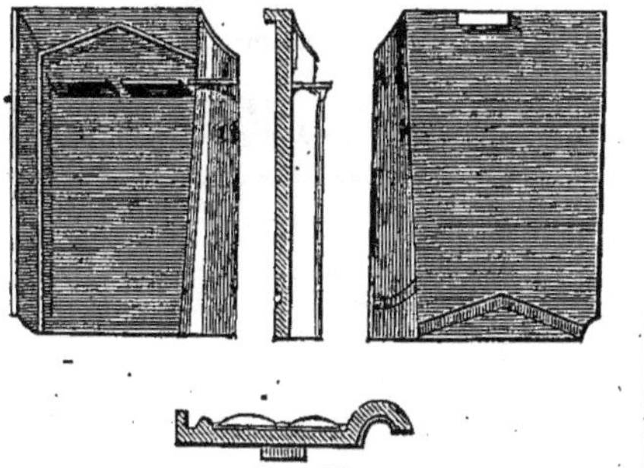

Fig. 10.

et à Roanne (Loire) des tuiles de ce système, d'un excellent usage, et très-légères.

M. Coypel, à Alençon (Orne), a présenté à l'Exposition universelle de 1867 des tuiles à colonne à joints verticaux discontinus, dont les dispositions sont très-bonnes.

Tuiles en lozange.

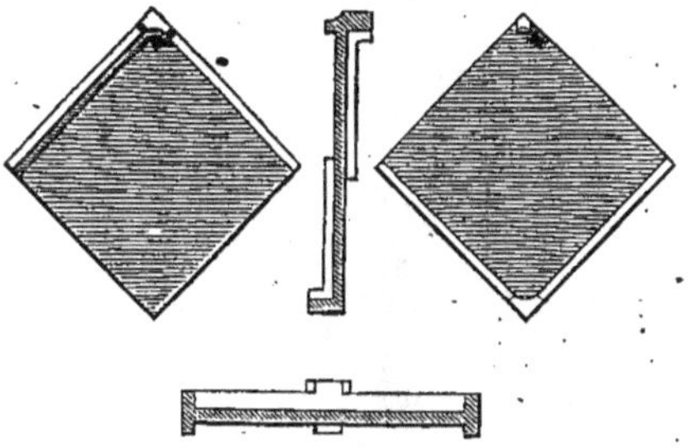

Fig. 11.

Ces tuiles sont dues à M. Courtois, fabricant à Paris;

COUVERTURES.

elles sont carrées et se posent de manière que l'une des diagonales soit horizontale. Les deux côtés supérieurs sont munis de rebords saillants en dessus et recouverts par les tuiles adjacentes; les deux côtés inférieurs portent des rebords saillants en dessous qui recouvrent et accrochent les tuiles voisines. Le sommet du haut est muni par-dessous d'un crochet d'attache sur le lattis, et d'un autre crochet saillant en dessus, offrant prise à la tuile immédiatement supérieure; le sommet du bas offre un crochet saillant en dessous qui maintient la tuile immédiatement inférieure. Chaque tuile est ainsi en contact et solidaire avec six autres.

Tuiles ogivales ou en écaille.

Ce système dérive immédiatement de la forme précédente et n'a d'autre avantage que d'introduire dans les toitures un élément décoratif dont on peut varier les dispositions de manières très-diverses.

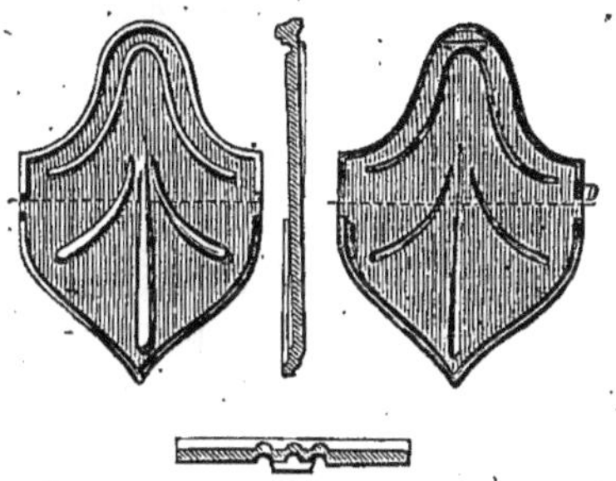

Fig. 12.

Nous extrayons des excellentes études que M. C. Détain, ingénieur civil, a publiées dans la *Revue de l'architecture et des travaux publics*, de M. César Daly, le tableau suivant où sont résumées les données les plus importantes relatives aux couvertures en tuiles.

DÉSIGNATION des TUILES.	DIMENSIONS. Surface totale.		DIMENSIONS. Surface découverte.		POIDS d'une tuile.		PUREAU.	NOMBRE par mètre.		POIDS par mètre carré compris lattes.		PENTE minimum.	PRIX à l'usine du millier.	MAIN-D'ŒUVRE (2 hommes) par mètre carré.
	Hauteur.	Largeur.	Hauteur.	Largeur.	Sèche.	Mouillée 1/4 d'heure.		de lattes.	de tuiles.	tuiles sèches.	tuiles mouillées.			
	mèt.	mèt.	mèt.	mèt.	kil.	kil.				kil.	kil.		fr.	minut.
T. plates Bourgogne.......														
Grand moule...........	0.30	0.25	0.11	0.25	2.41	2.62	0.11	9.10	36.40	88	96	0.75	95	30
Petit moule...........	0.24	0.195	0.08	0.24	1.32	1.42	0.08	12.50	64.10	86	92	1.00	60 [1]	40
Creuses Bourgogne	0.37	0.19 à 0.16	0.25 à 0.28	0.105	2.66	2.89	0.25 à 0.28	volige	34 à 38	98 à 100	98 à 110	0.50	160 [1]	40
T. flamandes. Mosselman...	0.33	0.22	0.25	0.18	1.53	1.64	0.25	4	22.22	34	38	0.75	90	30
T. Girard	0.34	0.26	0.22	0.19	2.26	2.43	0.22	4.55	23.80	54	58	0.75	60	30
T. Royaux et Beghin......	0.30	0.22	0.22	0.19	1.37	1.50	0.22	4.55	23.80	33	36	0.75	70 [3]	30
Dumont					2				20			0.45	150	
Coypel................									21	34				
Gilardoni n° 1 [2].........	0.38	0.23	0.33	0.20	2.55	2.97	0.33	3.05	15.15	39	45	0.50	125	25
n° 2.........	0.38	0.23	0.33	0.20	2.73	3.14	0.33	3.05	15.15	42	48	0.50	125	25
n° 3.........	0.42	0.23	0.33	0.20	2.52	2.89	0.33	3.05	15.15	45	48	0.40	125	25
Muller................	0.38	0.23	0.33	0.20	2.95	3.14	0.33	3.05	16.40	43	51	0.50	200 [1]	25
Courtois..............	0.36	0.36	0.30	0.30	2.35	2.45	0.15	6.67	18.52	44	46	0.75	125 [1]	25
Josson. Grand moule......	0.40	0.28	0.32	0.28	2.29	2.49	0.16	6.25	22.32	51	56	0.60	125 [1]	30
Petit moule........	0.28	0.19	0.22	0.19	0.79	0.87	0.11	9.09	47.87	38	42	0.75	120 [1]	35

1. A Paris. — 2. 112 fr., à Paris. — 3. Joint vertical discontinu.

COUVERTURES EN ARDOISES.

Deux articles insérés, l'un dans le *Dictionnaire*, l'autre dans son *Supplément*, ont déjà donné des indications générales au sujet de l'ardoise et de ses divers emplois; nous devons donc nous restreindre exclusivement à ce qui concerne l'art du couvreur. Chaque exploitation d'ardoises emploie des dénominations spéciales dont la nomenclature complète serait trop longue. Nous nous contenterons de rappeler ici les dimensions et les désignations les plus usitées à Angers et dans les Ardennes.

DÉSIGNATION des ARDOISES.	DIMENSIONS EN MILLIMÈTRES. Hauteur.	Largeur.	ÉPAISSEUR. min	max.	POIDS de 1040 ardoises.	PUREAU.	NOMBRE D'ARDOISES dans 1 mètre.	PRIX de 1040 ARDOISES à Angers.	à Paris.	OBSERVATIONS. — USAGES.
ANGERS.					kil.	m.	m. c.			
Ardoises ordinaires.										
1re carrée, grand modèle	324	222	2.5	3.5	500	0.11	42	36	52	Ces trois premières espèces ordinaires sont seules expédiées à de grandes distances. La 1re carrée demi-forte est la plus employée. Durée 25 ans.
— demi-forte	297	216	2.1	3	420	0.10	47	32	48	
— forte	297	216	2.5	4	560	0.10	47	33	51	
2e carrée	297	195	2.1	3.5	410	0.10	52	27		
Grande moyenne forte	297	180	2.1	3.5	400	0.10	55	25		
Petite moyenne forte	297	162	2.1	3.5	360	0.10	62	23		
3e carrée flamande	270	162	2.1	3.5	340	0.00	69	17		
— ordinaire	243	180	2.1	3.5	310	0.09	72	16		
4e carrée ou cartelette n° 1	216	162	2.1	3.5	260	0.07	88	13	28	Combles courbes à l'impériale, etc.
— n° 2	216	122	2.1	4	210	0.07	114	8		
— n° 3	216	95	2.1	4	155	0.07	146	5 50		
Ardoises non échantillonnées. Poil taché	297	168	2.1	4	450	0.19	60	2.50		Au moins.
Poil roux	270	141	2	4	310	0.09	78	12.50		Lourde, facile à décomposer.
Héridelle	380	108	2	4	430	varie.	varie.	11		Surface.
Ardoises-taillées à la mécanique. Grande écaille	296	198	2.5	2.5	520	0.10	50	38	54	Dômes sphériques.
Petite écaille	230	132	2.5	2.5	240	0.08	94	18	33	Couvertures d'ornement
A. découpée	300	170	2.5	2.5	300	0.10	60	40	55	
Modèles anglais n° 1	640	360	4.5	6	3.100	0.28	9.92	205	300	A Paris, 250 francs.
— n° 2	608	360	4.5	6	2.900	0.265	10.48	194	280	Types introduits en 1851 par M. Larivière. Ces types sont complétement rectangulaires; ils sont susceptibles pour la taille en ogive d'une augmentation de 15 francs (n° 1 à 5), de 10 fr. (n° 6 à 10). Le n° 3 est le plus employé.
— n° 3	608	304	4.5	6	2.450	0.265	12.40	164	220	
— n° 4	558	279	4.5	6	2.020	0.240	14.92	136	180	
— n° 5	508	254	3.5	5	1.510	0.215	18.31	111	150	
— n° 6	458	254	3.5	5	1.330	0.190	20.70	98	130	
— n° 7	406	203	3.5	5	920	0.165	29.85	68	100	
— n° 8	355	203	3.5	5	710	0.140	35.21	58	80	
— n° 9	355	177	3.5	5	630	0.140	40.32	50	70	
— n° 10	305	165	3.5	5	470	0.115	52.63	38	52.50	
ARDENNES.										
Grande carrée	300	220	2	3	410	0.115	45	25	31.10	Sur bateaux ou wagons.
Grand St-Louis (coupe Angers)	300	190	2	3	350	0.115	55	23	27.10	S'expédient seules.
— ordinaire	300	190	2	3	350	0.115	55	23		
Grand Baras	320	190	2	3	450	0.115	55	23		Restent dans le pays.
Fort Baras	300	190	3	4	425	0.115	50	23		
Grande démêlée	280	160	3	3	340	0.115	71	18		
Petite démêlée	265	150	3	3	270	0.115	90	18		

L'ardoise est plus légère, plus facile à travailler, d'une surface plus unie, plus brillante que la tuile; elle est généralement moins durable, elle éclate au feu et elle ne présente pas assez de solidité pour que les ouvriers employés aux réparations puissent marcher sur les toits sans la briser.

Le vent a plus d'action sur elle que sur la tuile; la pluie remonte plus facilement par l'effet de la capillarité dans ses joints serrés; le contact prolongé de l'humidité lui est plus nuisible.

Ces considérations conduisent à donner aux ardoises des pentes rapides, au moins 45°, à éviter celles qui sont trop minces, sans compacité, gélives et hygrométriques, et à user de tous les moyens propres pour les fixer invariablement en place.

Les couvertures en ardoises sont d'un aspect très-agréable, surtout quand elles sont encadrées de bordures en plomb; on peut les décorer et les enrichir de dessins variés, soit en donnant aux extrémités des ardoises des formes diverses, ogive, quart de rond, chanfrein, etc., soit en employant des ardoises de provenances et de couleurs différentes. Les principaux gisements sont caractérisés par les colorations suivantes :

Gris bleuâtre. — Angers (Maine-et-Loire).
» plus clair. — Chattemoue (Mayenne).
» plus foncé. — Renazé (Mayenne).
» » — Port-Launay (Finistère).

Gris verdâtre clair. — Rimogne, Deville et Monthermé (Ardennes).

Bleu foncé. — Fumay (Sainte-Barbe); Haybes, Rimogne (Ardennes).

Violet. — Fumay (Sainte-Barbe); Haybes ou Moulin-Sainte-Anne (Ardennes).

Les ardoises sont ordinairement posées sur des voliges en peuplier ou en sapin, de 0m,11 de largeur, 0m,15 d'épaisseur et 2 mètres de longueur, espacées de 0m,04; on les range à la manière des tuiles de Bourgogne, avec un tiers de pureau. Elles sont fixées sur la volige par deux clous, en cuivre ou en fer galvanisé, placés le plus bas possible, et de manière à ne pas pénétrer les ardoises du rang inférieur. On procède par rangées horizontales de la base au faîte. L'ouvrier met de côté les

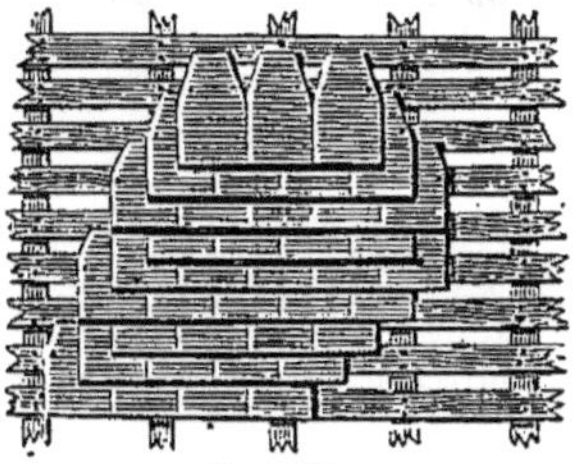

Fig. 13.

ardoises fortes pour le bas du toit, les fines pour le haut, les coffines et pendantes pour les utiliser au besoin suivant les irrégularités de la surface du voligeage.

joints obliques, on interpose entre l'*arêtier* et la première ardoise courante deux autres ardoises, dites *approche* et *contre-approche*, dont les joints sont de plus en plus rapprochés de la ligne de plus grande pente. Cette disposition entraîne beaucoup de main-d'œuvre et de déchet.

2° *La bavette* est une bande de zinc ou de plomb posée sur une légère couche de plâtre et recouvrant les ardoises; elle est fixée soit au moyen de *pattes*, soit au moyen de *mouches*, ou gros clous de bateau, qui ont l'inconvénient de laisser pénétrer la pluie par le trou de passage à travers la feuille métallique. Telle est la bavette simple.

La bavette composée est préférable; elle se compose de deux bavettes en plomb, clouées sur un tasseau en bois et maintenues de distance en distance sur la couverture en ardoises par des pattes; un couvre-joint en zinc ou plomb est fixé sur ce tasseau. On peut donner à ce couvre-joint des formes plus accentuées et plus décoratives, et accompagner les bavettes d'ourlets qui les

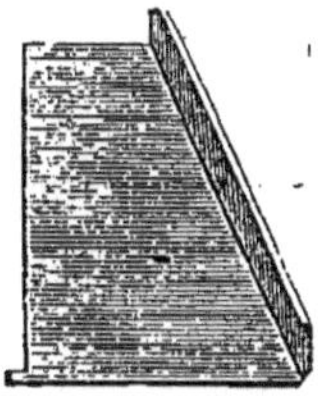

Fig. 14.

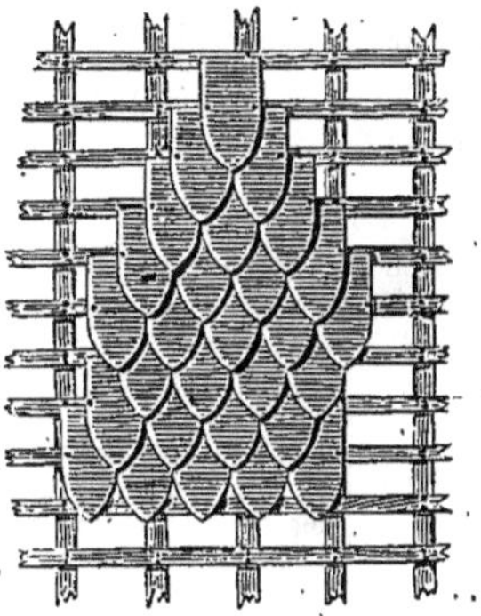

Fig. 15.

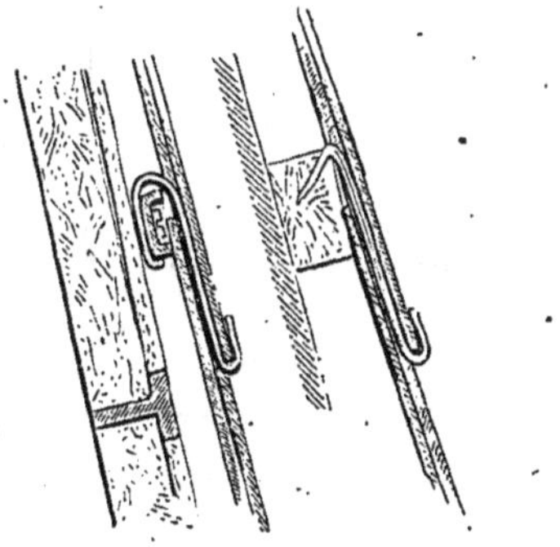

Fig. 16. Fig. 17.

Les ardoises des modèles anglais se posent sur des voliges beaucoup plus écartées que les précédentes, plus minces et légèrement chanfreinées pour diminuer les surfaces de contact et mieux ménager l'accès de l'air. La figure 15 donne une idée de cette disposition appliquée à des ardoises en ogive. Cette forme décorative a l'avantage de donner moins de prise au vent, et de favoriser l'asséchement du schiste.

MM. Mauduit et Béchet ont introduit récemment un nouveau mode d'emploi des ardoises, qui paraît réaliser un progrès remarquable, destiné à augmenter beaucoup la solidité et les chances de durée de cette espèce de couverture. Il consiste à fixer chaque ardoise non plus avec deux clous et en dessus, mais avec un crochet en fil de cuivre la soutenant par sa tranche inférieure (fig. 16). Les ardoises sont ainsi beaucoup mieux assurées contre l'action du vent, et plus faciles à remplacer quand elles ont été brisées. Cette nouvelle disposition s'appliquerait aussi bien avec un lattis en fer, comme on le remarque sur la figure 17.

Raccords. — Les arêtiers peuvent être montés de trois manières différentes : 1° *en tranchis biais apparent*, c'est-à-dire au moyen d'ardoises limitées à l'arête de la toiture, en ayant soin que celles d'un côté de l'arête recouvrent complétement l'épaisseur de celles placées sur l'autre côté, soit d'une manière continue, soit par assises alternatives. On est conduit par suite de l'insuffisance de dimensions des ardoises ordinaires à débiter celles qui forment l'arêtier entre deux joints obliques dont l'un forme l'arête; pour établir une transition agréable à l'œil entre cette ardoise d'arêtier et les ardoises courantes, et assurer en même temps l'étanchéité des

consolident et les accusent plus nettement aux regards.

3° Les *noquets* (fig. 14) sont des feuilles de zinc découpées en forme d'ardoises d'arêtier; elles s'assemblent sur l'arête soit au moyen d'agrafes, soit sur couvre-joint à tasseau.

Les noquets sont encore employés pour raccords sur rives droites, raccords de crochets, de noues, etc.

Les faîtages s'exécutent comme les arêtiers.

Les ardoises sont trop faibles pour qu'on puisse y marcher quand les pans ont un grand développement. On ménage des chemins d'accès pour les ouvriers chargés des réparations, et notamment pour les fumistes : les chéneaux, les noues, les faîtages, sont souvent utilisés pour cela; on pratique aussi des escaliers de distance en distance; enfin on place des crochets pour appliquer des échelles et soutenir des échafaudages. Ces crochets doivent être faits en bon fer nerveux et fixés sur les chevrons avec des boulons. On ne doit pas perdre de vue que la vie des ouvriers dépend de la bonne exécution de ces menus détails.

COUVERTURES EN ZINC.

L'histoire du zinc a été faite dans l'article du *Dictionnaire* consacré à ce métal; pour l'emploi spécial qui nous occupe ici, le zinc est livré au commerce en feuilles, distinguées par des numéros correspondant à leur épaisseur, et dont les dimensions, les poids et les usages principaux sont indiqués dans le tableau suivant.

Le zinc a coûté, dans ces dernières années, de 60 à 70 fr. les 100 kilog.

L'application du zinc aux toitures a donné lieu à un très-grand nombre de brevets; on l'a employé sous

NUMÉROS	ÉPAISSEUR des feuilles.	DIMENSIONS et poids des feuilles. Longueur 2 mètres. Largeur de : 0.50	0.65	0.80	POIDS du mètre carré.	OBSERVATIONS, USAGES.
	millim.	kg.	kg.	kg.	kg.	
1 à 10						Exceptionnels, employés pour cribles, stores, et la fabrication d'objets très-divers, dits articles de Paris; le zinc pour ces divers usages s'est presque entièrement substitué au fer-blanc.
11	0.60	4.05	5.30	6.50	4.05	Lampes, lanternes, ferblanterie, ornements pour clochetons, girouettes.
12	0.69	4.65	6.10	7.50	4.65	Couvertures de constructions provisoires, tuyaux de descente; recouvrement de saillies, corniches, etc.; objets de ménage, sceaux, arrosoirs, bains de pied, etc.
13	0.78	5.30	6.90	8.50	5.30	
14	0.87	5.95	7.70	9.50	5.95	Couvertures ordinaires.
15	0.96	6.55	8.55	10.50	6.55	Couvertures des monuments publics, petits arrosoirs.
16	1.10	7.50	9.75	12	7.50	
17 à 26						Pompes, réservoirs, etc.
26	2.66	18.80	24.40	31	18.80	

forme de tuiles, de feuilles soudées de grandes dimensions, de feuilles assemblées par simple agrafure (fig. 20), par coulisseau (fig. 19), par recouvrement avec pattes

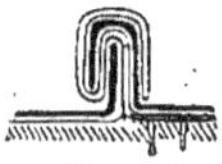
Fig. 18.

Fig. 19.

Fig. 20.

(fig. 18), etc. L'expérience a prononcé sur la plupart de ces combinaisons et le système des couvertures à tasseaux est à peu près seul en usage aujourd'hui. Nous nous attacherons principalement à le décrire, mais nous devons d'abord rappeler les propriétés essentielles de ce métal, qu'il importe de ne jamais perdre de vue dans son emploi.

Sa densité est d'environ 7.2, un peu moindre que celle du fer.

Il se dilate beaucoup quand la température s'élève; pour une variation de 50°, sa dilatation linéaire irait jusqu'à 0,015: elle serait un peu moins grande dans le sens perpendiculaire au laminage: de là des difficultés particulières pour la pose et l'assemblage des feuilles.

Le zinc à froid est peu malléable; il le devient beaucoup entre 120 et 150°; on profite de cette propriété pour le laminer, le marteler, l'estamper et lui donner les formes les plus diverses; mais si le métal a été travaillé en dehors de ces limites assez rapprochées de température, les molécules sont dans un état d'équilibre instable, le zinc est aigre, cassant, tend à se gondoler et à se déchirer.

Le zinc est bon conducteur de la chaleur; c'est-dire qu'il est insuffisant par lui-même pour mettre l'intérieur des édifices à l'abri des variations de la température extérieure; il ne protège que contre la pluie: il donne lieu à des condensations intérieures de l'humidité atmosphérique ou buées souvent très-gênantes.

Exposé à l'air, il se recouvre d'une patine d'oxyde de zinc qui le préserve contre toute altération ultérieure due au contact de l'atmosphère, mais qui ne suffit pas pour l'empêcher d'être attaqué et détruit au contact des eaux ménagères, du fer, du plâtre frais, du chêne humide et surtout non flotté. Dans ces deux dernières circonstances, il doit être isolé par une couche de papier bitumé, de feutre ou de peinture.

Il paraît établi par plusieurs exemples, que les eaux recueillies sur les toitures en zinc tiennent en dissolution des sels vénéneux et ne doivent pas être employées pour les usages domestiques.

Les feuilles de zinc peuvent être soudées entre elles par le moyen suivant: La soudure est un alliage de 40 parties d'étain fin et de 60 de plomb; les fers à souder sont en cuivre rouge. Les feuilles à réunir sont placées de manière à se recouvrir de quelques millimètres (*joint à recouvrement*), ou *bout à bout*, c'est-à-dire juxtaposées avec une bandelette de métal sous le joint. Les surfaces à souder sont préalablement imbibées au pinceau d'esprit de sel, qui n'est autre chose qu'une dissolution dans l'eau commune de gaz acide chlorhydrique. Son application a pour objet de décaper la surface métallique, d'enlever la couche d'oxyde qui s'opposerait à l'adhésion de la soudure; le chlore se combine avec le zinc et forme un chlorure volatil; l'hydrogène s'empare de l'oxygène de l'oxyde métallique. Quand le zinc est bien décapé, l'ouvrier applique sur le bord de l'une des feuilles une targette de soudure et la met en contact avec le fer préalablement chauffé; l'alliage en fusion, guidé par la pointe de l'outil, pénètre entre les deux feuilles et les unit en se refroidissant.

De ces propriétés dérivent les principes de l'art du couvreur en zinc; emploi du métal en feuilles de petite largeur, pour éviter le gondolement dû aux dilatations inégales, mais de grande longueur, afin de diminuer le nombre des joints horizontaux, les plus difficiles à rendre bien étanches; assemblages à dilatation libre, sans clous autant que possible; usage de pattes d'attache nombreuses, s'opposant efficacement à l'action du vent, sans gêner en rien les mouvements dus aux variations de température.

Ces principes sont appliqués avec beaucoup d'intelligence dans le système de *couverture à tasseaux* que nous allons décrire.

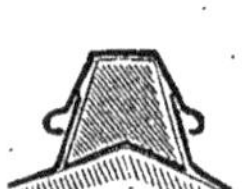
Fig. 21.

Fig. 22.

Fig. 23.

On commence par poser sur les chevrons du comble un voligeage en peuplier ou en sapin, fait de voliges de 0m,12 à 0m,15 de largeur, sur 0m,05 d'épaisseur. Elles sont clouées horizontalement sur les chevrons avec des joints d'un centimètre de large, au moyen de

Fig. 24.

pointes, dont les têtes sont noyées dans le bois, de manière à éviter leur contact avec le zinc. Dans les combles apparents, comme ceux des gares de chemin de fer, le voligeage de couverture repose sur un plafond en bois, dont les joints sont ordinairement dirigés obliquement pour croiser ceux du dessus.

Sur ce voligeage on place parallèlement à la pente du toit, à la distance convenable, des tasseaux, dont la section présente la forme d'un trapèze, et dont les dimensions sont d'autant plus grandes que les feuilles sont plus larges et la couverture moins inclinée.

Les bords longitudinaux des feuilles sont pliés et relevés sur une hauteur de 3 à 4 centimètres, de manière à s'appliquer librement sur les faces chanfreinées des tasseaux, entre lesquels elles sont comprises. Elles sont maintenues dans ce sens au moyen de pattes en zinc passant sur le tasseau et se repliant sur l'arête de la feuille, sans gêner sa dilatation.

Les joints horizontaux sont formés par une agrafure qui n'oppose non plus aucun obstacle aux mouvements dus aux différences de température : deux pattes clouées sur la volige et insérées dans le joint de l'agrafure empêchent le glissement de la feuille inférieure.

Il reste à couvrir l'intervalle correspondant aux tasseaux ; cela se fait avec des couvre-joints, dont les bords sont légèrement repliés intérieurement, de manière à éviter tout contact pouvant donner lieu à des infiltrations capillaires. Ces couvre-joints peuvent être fixés sur les tasseaux de différentes manières :

1° Au moyen de vis garnies d'un collier de plomb et serrées fortement, de manière à éviter à la fois l'introduction de l'eau et le contact du fer avec le zinc ;

2° Au moyen de clous recouverts de calotins soudés et assez bombés pour éviter le contact du fer : cette disposition est très-usitée ;

3° Au moyen de pattes à gaine soudées dans le fond du couvre-joint et passant sous une traverse en zinc clouée sous le dessus du tasseau.

Les couvre-joints ont 2 mètres de longueur, comme les feuilles : ils sont cloués en tête et portent ordinairement une patte à gaine au milieu et une autre au pied.

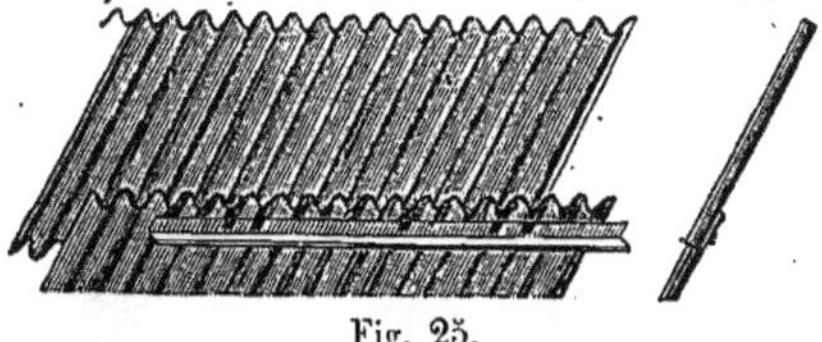

Fig. 25.

On fabrique aussi des couvertures en zinc cannelé, dont les feuilles acquièrent par cette forme assez de rigidité pour dispenser du voligeage. Elles sont simplement posées sur des pannes en bois ou en fer, sans aucune agrafure, au moyen de pattes d'équerre, dont une branche est scellée sous la feuille et dont l'autre est fixée sur la panne. La figure 25 suffit pour montrer quelle est leur disposition. Ces feuilles ont 2m,35 de long, sur 0m,80 de large ; elles sont en n° 14 et pèsent 7 kilog. le mètre carré.

Le zinc sert encore à la fabrication des bavettes, bandes de rive, chéneaux, gouttières et raccords de toute espèce ; les formes et les procédés sont analogues à ceux de travail du plomb, auquel on le substitue par économie. La figure 26, par exemple, indique comment

Fig. 26.

on disposerait l'extrémité d'une couverture en zinc adjacente à un mur vertical pour empêcher les eaux de pluie de pénétrer par le joint. La feuille de couverture serait relevée de quelques centimètres contre le mur et recouverte d'une bande de métal clouée sur la maçonnerie ; un petit solin en plâtre s'opposerait à toute introduction de l'eau entre les clous. Quand cela est possible, on passe cette bande dans un joint ou dans une rainure pratiquée exprès sur le parement de la pierre.

COUVERTURES EN PLOMB.

Nous renvoyons encore à l'article Plomb du *Dictionnaire* pour l'étude des propriétés générales et de la préparation de ce métal. Le plomb destiné aux couvertures est livré par le commerce en feuilles, qui ont ordinairement 2 mètres de large sur 7 à 8 mètres de long, quand elles sont coulées, et 2 mètres ou 2m,50 sur 12 mètres, quand elles sont laminées : ces feuilles ont suivant leur épaisseur des poids divers indiqués dans le tableau suivant.

Durant ces derniers temps, le plomb s'est vendu de 59 à 66 fr. les 100 kilog. Le vieux plomb est ordinairement repris par les fournisseurs, moyennant un déchet de 40 p. 100 sur son poids brut, et une diminution de 10 fr. par 100 kilog. sur le prix du plomb neuf, pour tenir compte des frais de refonte.

Les plombs laminés sont les plus souples, les plus réguliers, les plus ductiles.

Nous rappelons les propriétés du plomb indispensables à connaître pour son emploi dans les couvertures.

Le plomb se dilate de 0,0014 pour 50°, c'est-à-dire presque autant que le zinc.

Sa densité est 11,35, une fois et demie celle du zinc, mais il est plus mou, plus ductile, plus susceptible de se plisser et se déchirer sur son voligeage, quand la température agit sur lui ; il est quatre fois moins tenace ; il faut donc l'employer en feuilles plus épaisses pour obtenir une résistance analogue à celle du zinc ; ainsi les feuilles de 3 millimètres seraient à peu près équivalentes comme force au n° 14, elles pèseraient cinq fois plus : il est vrai qu'en raison même de leur poids, les couvertures en plomb sont moins susceptibles d'être enlevées par le vent ; d'un autre côté le plomb est beaucoup moins conducteur de la chaleur ; grâce à la facilité avec laquelle il se découpe et se martelle, il est applicable aux parties des toitures, dont les formes sont les plus tourmentées et notamment aux sur-

ÉPAISSEURS EN		POIDS du mètre carré plomb.		OBSERVATIONS, USAGES.
millimètres.	quarts de ligne (ancienne mesure)	laminés.	coulés.	
0.56	1	6.50		
1.00		11.35		Bavettes pendantes de petite largeur faitages, membrons, arétiers, châssis dans les constructions économiques.
1.12	2	13		
1.50		17		
1.68	3	19	23	
2.00		22.70	24	
2.25	4	25	26	Couvertures, terrasses, chéneaux économiques.
2.50		28.40	28.40	
2.82	5	30.50	32	Couverture nouvelle de Notre-Dame de Paris.
3.00		34.05	34	
3.38	6	38	40	Couverture nouvelle du dôme des Invalides.
3.94	7	43	45	
4.00		45.40		
4.50	8	50	52	
5.00		56.76		
6.00		68.10		

faces courbes, aux raccords, chéneaux, ornements; son aspect est incomparablement plus agréable que celui du zinc, ce qui lui assure la préférence dans les constructions monumentales. On y marche plus sûrement et on l'emploie presque exclusivement pour les terrasses; enfin le plomb en vieillissant s'altère peu et conserve une grande valeur, tandis que le zinc perd plus de la moitié de la sienne.

Exposé à l'air, le plomb se couvre d'une patine préservatrice moins adhérente que celle du zinc, mais suffisante pour le garantir de toute altération ultérieure; on doit aussi éviter de le mettre en contact avec le plâtre frais, le chêne humide non flotté, les métaux moins oxydables. Les eaux recueillies sur les toitures en plomb sont vénéneuses au plus haut degré. Les eaux ménagères peuvent couler sur le plomb sans l'altérer sensiblement. Il peut être rongé par certains insectes.

Le plomb peut se souder sur lui-même : on fait plus souvent usage d'une soudure composée de 2 de plomb et de 1 d'étain qu'on pose sur le métal gratté et mis à vif par les procédés ordinaires.

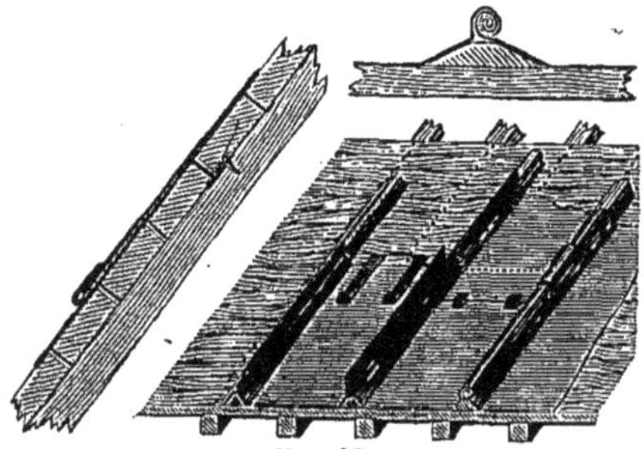

Fig. 27.

Pour établir les couvertures en plomb, on commence par construire un plancher ou voligeage en bois de sapin; on pose ensuite les feuilles, le petit côté étant ordinairement dirigé dans le sens de la pente; elles sont retenues par le bas au moyen de crochets en cuivre rouge étamé, cloués sur la volige; après les avoir bien dressées avec une batte plane en bois, on cloue le bord supérieur au droit de chaque chevron avec une forte pointe de $0^m,07$ de long. Les joints verticaux se font par agrafure en ayant soin de laisser le jeu nécessaire pour la dilatation. A la cathédrale de Paris, on a fait ces agrafures sur des tasseaux à chanfreins très-inclinés, ce qui assure encore mieux leur étanchéité (fig. 27). Quand un rang de feuilles est posé, on procède de la même manière pour le rang supérieur, en ayant soin qu'il recouvre le premier de $0^m,08$ à $0^m,20$, suivant la pente du toit. On continue ainsi jusqu'au sommet du comble qui se garnit d'un enfaîtement. Cette pièce est ordinairement maintenue par des pattes pour éviter qu'elle soit enlevée par le vent.

Fig. 28.

Pour les terrasses, les feuilles ont leur longueur dirigée dans le sens de la pente, et sont agrafées dans ce sens; on ménage de petits gradins au droit des joints horizontaux. Depuis quelque temps, on place quelquefois les joints sur les terrasses et balcons, dans des rainures où se dissimule l'agrafe, et qui sont revêtues d'une bande de plomb formant cuvette pour déverser les eaux au dehors. On évite ainsi toute saillie gênante pour la circulation.

Raccords, etc. — Le plomb est le métal le plus propre

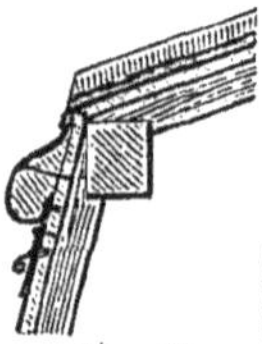

Fig. 29.

Fig. 30.

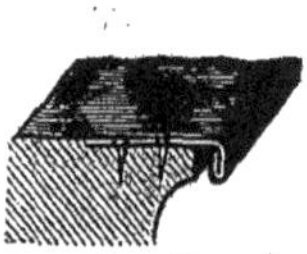

Fig. 31.

à exécuter les raccords, chéneaux, arêtiers, faîtages, noues, solives, dérivures, etc., et parties délicates des couvertures; on lui substitue souvent à tort le zinc, quand on vise à l'économie. Nous avons déjà cité, à l'occasion des ardoises, diverses applications du plomb; nous ajouterons encore ici quelques indications importantes.

Les croquis ci-contre (fig. 29, 30 et 31) suffisent pour indiquer comment on dispose les bandes de zinc ou de plomb, membrons, etc.

Fig. 32.

Chéneaux. — Les chéneaux sont des canaux à ciel ouvert placés au bas des couvertures pour recueillir et conduire au dehors les eaux de la pluie, qui sont ensuite évacuées soit au moyen de gargouilles, soit au moyen de tuyaux de descente verticaux. Ils sont placés sur les corniches et doivent être exécutés avec le plus grand soin pour éviter les infiltrations. Ils doivent avoir une pente suffisante pour donner à l'eau la vitesse convenable, soit au moins 0^m,01 par mètre, et pour éviter les engorgements.

Le chéneau est ordinairement limité d'un côté par la sablière et le bas du voligeage, de l'autre par une planche de 0^m,034 d'épaisseur, inclinée en dehors pour éviter les relèvements et plis à angle droit qui fatiguent le métal et tendent à produire des fissures. Cette planche est maintenue par des équerres en fer scellées dans le dessus de la corniche. La face extérieure peut être décorée de feuilles de métal estampé.

La pente est faite en plâtre et plâtras; la feuille de plomb est ensuite posée en évitant les angles vifs; on la retourne et on la borde d'un ourlet du côté extérieur; on a soin de maintenir de ce côté son arête plus basse qu'à l'intérieur, afin qu'en cas d'engorgement les eaux se déversent au dehors. On recouvre aussi souvent le bord du chéneau avec une bande distincte, comme le montre la figure 32.

Les feuilles du chéneau se raccordent par gradins pour éviter les infiltrations sans gêner la dilatation; ils ont au moins 0^m,03 de hauteur.

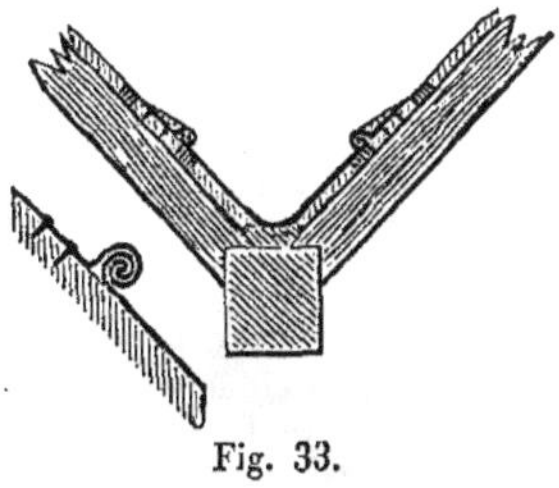

Fig. 33.

Noues. — Les noues peuvent se disposer de diverses manières, suivant leurs dimensions; nous indiquons la plus simple dans la figure 33. Elles ont ordinairement beaucoup plus de pente que les chéneaux, et il suffit d'assembler les feuilles par recouvrements de 0^m,10 à 0^m,15, suivant l'inclinaison. Les tables sont clouées en tête; on ne leur donne pas plus de 2 à 3 mètres de longueur, et on les maintient latéralement par des pattes en cuivre.

COUVERTURES EN CUIVRE.

Les couvertures en cuivre, ou plutôt en bronze, ont été fort employées par les anciens sous forme de tuiles ou de lames souvent dorées; elles ont partout disparu non par l'effet de la vétusté, mais par celui du vandalisme et de la cupidité. Le système employé aujourd'hui est différent et repose sur l'application du cuivre laminé. Les feuilles de cuivre se distinguent dans le commerce par des numéros correspondant à leur poids. On a fait usage des numéros suivants :

N°s 9 à 10. Ces feuilles sont trop minces et doivent être étamées; autrement elles présentent des fissures qui laissent passer l'eau; il n'y a aucun avantage à employer un métal aussi mince (couverture du Panthéon).

N° 20. Pesant 7^k,625 par mètre carré (couverture de la Chambre des députés et de la Bourse de Paris).

Le cuivre laminé s'est vendu, dans ces dernières années, à environ 270 fr. les 100 kilogrammes.

Les feuilles de cuivre se placent du reste ordinairement comme les feuilles de plomb, avec cette seule différence qu'on fixe leur bord supérieur avec des vis au lieu de clous. Les bords longitudinaux sont réunis par agrafures sur plis ou avec des coulisseaux.

Le métal a une rigidité suffisante pour se passer de voligeage quand on l'applique sur un comble en fer.

COUVERTURES EN FER.

Dans le nord de l'Europe, on fait un grand usage de couvertures en tôle, qu'on entretient avec de la peinture fréquemment renouvelée. Ce système ne paraît pas convenir à nos climats trop variables : la tôle s'oxyde rapidement chez nous, et elle n'est employée avec succès qu'à la condition d'être recouverte d'un étamage ou galvanisée. On a cependant fait dans les bâtiments de chemins de fer, dans ces dernières années, un assez fréquent usage de tôle ondulée, analogue à celle que nous avons décrite en parlant du zinc.

COUVERTURES EN CHAUME.

Les règlements de police en proscrivent presque partout l'emploi, à cause de leur excessive combustibilité.

COUVERTURES EN BARDEAUX.

Les bardeaux sont des plaques en bois refendu, en chêne, châtaignier, ou sapin, ordinairement longues de 0^m,22, et larges de 0^m,08. S'attachant à la manière des ardoises, par un seul clou à la tête. On en fait des couvertures très-légères, suffisamment incombustibles quand les bardeaux ont été préalablement trempés dans une dissolution d'alun et susceptibles de prendre un aspect assez agréable; mais la rareté du bon bois nécessaire pour l'exécution des bardeaux rejette désormais ce système de couverture dans le domaine de l'archéologie.

COUVERTURES EN TOILES, CARTONS, CARTONS CUIRS ET PAPIERS BITUMÉS.

Un très-grand nombre de systèmes de ce genre ont été présentés; en général leur durée est assez éphémère dans nos climats, et c'est seulement dans les constructions provisoires qu'ils trouvent un emploi convenable.

Résumé. On est en général déterminé, dans le choix d'un système de couverture, par des considération d'économie plus ou moins bien entendue, par les habitudes locales, ou par la nécessité d'attribuer tel ou tel caractère aux édifices. Nous avons essayé de résumer les propriétés des divers systèmes étudiés ci-dessus dans le tableau suivant, dont les données sont empruntées à divers auteurs, et où l'on pourra trouver d'utiles indications sur le parti à prendre, quand des raisons bien décisives ne militeront pas en faveur de l'un des systèmes de préférence à tous les autres.

La colonne n° 3 donne le poids du mètre carré effectif de couverture, c'est-à-dire la somme des poids de la couverture proprement dite et de son voligeage. Ces poids varient considérablement d'une localité à une autre, et sur ce point, comme pour les suivants, on ne peut prétendre à indiquer qu'une moyenne propre à servir de point de départ pour un avant-projet, ou pour un calcul de résistance.

La colonne n° 5 donne le poids total du mètre carré de comble, comprenant la couverture, la charpente supposée en sapin, une couche de neige pesant 25 kilogr., et la pression du vent animé d'une vitesse de 6 à 7 mètres par seconde.

DÉSIGNATION des systèmes de couverture. 1	PENTE. 2	POIDS du mètre carré effectif. 3	QUANTITÉS de bois par mètre carré. 4	POIDS total du mètre carré de comble. 5
	degrés.	k.	mil.	kg.
Tuiles, plates à crochet (Bourgogne).......	45 à 33	90	0.063	125
Tuiles creuses à sec...	27 à 21	100.	0.058	200
— maçonnerie.	31 à 27	136	0.068	
Tuiles modernes.....	24 à 40	50		
Ardoises............	45 à 33	38	0.056	100
Cuivre laminé.......	21 à 18	14	0.042	
Plomb.............	21 à 18			
Zinc n° 14..........	21 à 18	8.50	0.042	64
Tôle galvanisée......	21 à 18	8.50	0.042	

Si nous essayons une comparaison, au point de vue de l'économie et la durée entre les trois systèmes de couverture les plus usuels, tuiles, ardoises et zinc, on peut dire que le prix de premier établissement de la couverture en zinc est environ le double des deux autres : sous ce rapport, à Paris, le choix est à peu près indifférent entre la tuile et l'ardoise; ailleurs, il dépend de la distance des carrières d'Angers ou autres. S'il y a beaucoup de raccords, l'égalité tend à s'établir entre les trois systèmes.

Le zinc bien établi se passe de réparations plus longtemps que la tuile, et surtout que l'ardoise : les trois systèmes se présentent dans l'ordre inverse, comme fréquence et comme importance des frais à supporter. La bonne exécution du voligeage ou du lattis exerce sur la conservation des couvertures une influence prédominante; aussi voit-on beaucoup de constructeurs substituer aujourd'hui des lattis en fer aux procédés ordinaires : une autre cause de dépenses d'entretien considérables, c'est la réfection des solives, filets, souches, etc., exécutés en plâtre, qui a lieu à peu près tous les dix ans, et qui occasionne de nombreux dégâts; c'est un motif de plus pour organiser soigneusement les moyens d'accès et de circulation sur les toits. La bonne tuile supporte bien le passage des ouvriers; elle durerait indéfiniment si l'on n'était pas obligé de remanier le lattis tous les vingt-cinq ans environ. L'ardoise ne supporte pas cette opération ; mais le remaniement d'une couverture en tuiles est plus coûteux que le renouvellement complet d'une couverture en ardoises.

Les vieux matériaux de couverture perdent 2/3 de leur valeur pour le zinc, moitié pour la tuile et tout pour l'ardoise.

Aux époques où l'architecture a brillé de son plus grand éclat, les artistes ont compris toute l'importance des couvertures non-seulement pour la conservation des monuments, mais aussi au point de vue esthétique; c'est la couverture qui détermine la partie la plus accentuée de la silhouette d'un édifice, le profile sur le ciel, et frappe de plus loin tous les regards; ce n'est pas un accessoire de la construction, c'est un élément essentiel. Les exemples des beaux temps de la Grèce, de l'Italie, du moyen âge, témoignent que l'on appréciait justement tout le parti à tirer des combles bien proportionnés, bien disposés et convenablement ornés. Un heureux changement se produit à cet égard dans nos habitudes actuelles; on ne se croit plus permis de considérer les toitures comme un appendice indigne de l'attention des artistes, et abandonné aux soins des ouvriers couvreurs et fumistes. Des industries importantes se sont fondées pour répondre à ces besoins, et elles sont chaque jour encouragées par de nouveaux succès; telles sont diverses branches de la fabrication des terres cuites, de la plomberie et du zinc, dans les établissements de MM. Muller, Garnaud, Dumont, Mauduit et Béchet, Grados, Michelet, etc.

Bibliographie. — On trouve sur les divers systèmes de couverture des renseignements détaillés dans les traités généraux et ouvrages de MM. Rondelet, Demanet, Léonce Reynaud, Émy, Viollet-Leduc; dans les ouvrages spéciaux dus à MM. Blavier (*Essai sur l'industrie ardoisière d'Angers*), Gardissar (*Manuel du zingueur*), etc. Enfin un exposé très-complet de toutes les branches de l'art du couvreur est en cours de publication dans la *Revue d'architecture* de M. César Daly, par les soins de M. C. Détain, ingénieur; nous lui avons fait de nombreux emprunts. E. Baude.

D

DÉCORATION CÉRAMIQUE. La décoration des poteries prise dans son ensemble constitue maintenant un art à part et mérite d'être traité autrement que comme un accessoire de la fabrication des poteries; quelquefois réuni comme accessoire nécessaire à la production elle-même, quelquefois distinct et formant en quelque sorte une seconde industrie. Nous présenterons dans cet article une étude sérieuse et complète des moyens variés, ingénieux, logiques, à l'aide desquels on peut décorer les poteries. Nous pourrons offrir ainsi d'une manière synoptique l'esquisse d'une science qui possède, comme tous les corps de doctrine, ses lois, ses règles et ses méthodes.

Le sentiment de la couleur est tellement inné chez l'homme, que toutes les industries, même à leur naissance, ont produit des objets à l'élégance, à la richesse, à la valeur desquels le producteur ajoutait une ornementation souvent originale par l'application de principes colorés. A défaut même de substances colorées spéciales, on trouvait, dans la forme et dans le relief de certaines parties, le moyen de faire naître, par des décompositions ou des réflexions de la lumière blanche des clairs et des obscurs qui équivalaient en quelque sorte à de la peinture ; et s'il est une industrie qui sous le rapport de la décoration, mérite l'attention c'est assurément l'art de fabriquer les poteries, à cause des conditions toutes particulières auxquelles la décoration céramique doit satisfaire. Il est vrai de dire que les poteries, comme toutes les autres matières, peuvent recevoir toute espèce de couleurs fixées par les mordants quels qu'ils soient, comme les vernis, les huiles, les gommes, la chaux, etc. Mais nous ajouterons ici que nous ne considérons, dans ce chapitre réservé par nous à la poterie, comme peinture et décorations céramiques, que celles qui sont fixées sur la poterie par l'intermédiaire du feu; c'est dire que nous ne nous occuperons que de celles qu'on obtient au moyen des couleurs connues sous le nom de couleurs vitrifiables, et qu'il serait préférable de dénommer *couleurs vitrifiées*.

Le caractère principal et caractéristique des décorations céramiques, caractère qui résulte de la condition essentielle de l'application de la chaleur pour les fixer, est une certaine résistance, une certaine inaltérabilité. Cette même condition limite le nombre de celles de ces substances qui peuvent être employées avantageusement.

A titre général, ces matières doivent être inaltérables sous l'influence de la chaleur, adhérer fortement à la poterie, résister par conséquent aux agents atmosphériques, à l'eau, etc. Les autres qualités que doivent présenter les matières propres à la décoration des poteries dépendent :

1° De la nature de la poterie;

2° De la position de la matière sur l'objet à décorer;

3° De l'effet que le fabricant attend de l'emploi de la matière en question.

C'est ainsi, par exemple, que pour les décorations qu'il faut introduire dans les pâtes des diverses poteries, on ne doit s'inquiéter ni de la dureté, ni de la dilatabilité de la matière colorante, il suffit de tenir compte du prix auquel la matière colorante peut être obtenue, de la facilité de sa préparation, de la fusibilité qui lui est propre ou qu'elle peut acquérir par son mélange avec les autres éléments des pâtes; enfin de l'altération plus ou moins prompte et considérable qu'elle doit subir de la part de l'atmosphère particulière du four dans lequel la poterie est cuite.

C'est ainsi qu'il faut savoir estimer si la glaçure de la poterie pourra réagir ou non sur la matière décorative, lorsque la couleur est appliquée sur cette glaçure.

C'est ainsi qu'il faut encore ne demander aucune fusibilité propre à la matière décorative, lorsqu'elle doit être placée sur la pâte et sous glaçure.

Mais la matière décorative devra posséder par elle-même une fusibilité suffisante, lorsqu'on la destine à la peinture d'objets tels que les porcelaines composées dures ou tendres; elle sera plus considérable dans un cas que dans l'autre.

Cette fusibilité qui conduit à l'éclat vitreux serait nuisible lorsqu'on veut produire l'aspect des métaux précieux, qui n'ont de valeur qu'autant qu'ils conservent leur éclat métallique.

Enfin, quelques genres de peintures offrent un cachet d'originalité par l'absence de tout aspect vitreux.

Nous avons donc à distinguer, suivant l'objet qu'on fabrique :

1° Les oxydes métalliques;	4° Les couleurs;
2° Les engobes;	5° Les métaux;
3° Les émaux;	6° Les lustres métalliques.

Oxydes métalliques. — En général, ces matières employées à la décoration des poteries sont empruntées au règne minéral; elles ont plus particulièrement comme destination la décoration des pâtes par la répartition uniforme des matières colorantes au sein de la masse elle-même : ce sont des oxydes tantôt purs, tantôt engagés dans des combinaisons salines ou formées préalablement, ou qui prennent naissance aux dépens des éléments constitutifs des pâtes ou des glaçures. Dans le premier cas, on obtient les poteries simples comme les poteries à pâte rouge, brune, jaunâtre; elles sont colorées par des oxydes de fer naturellement déposés dans les argiles qui fournissent aux pâtes l'élément plastique ou mêlés au sable qui forme l'élément antiplastique. Les pâtes de grès colorées en vert ou vert d'eau, qui reçoivent cette coloration de leur mélange avec l'oxyde de chrome, sont encore dans le même cas; l'oxyde de chrome est l'élément colorant. Mais lorsque ces mêmes grès sont colorés en bleu par l'oxyde de cobalt, ce n'est plus l'oxyde de cobalt pur qui est la cause de la coloration, c'est le silicate de protoxyde de cobalt qui colore. On peut l'introduire directement sous cette forme, comme il est permis aussi de le mêler à l'état d'oxyde ou de carbonate. Le silicate de la pâte forme, à la température de la cuisson, du silicate de cobalt.

Engobes. — L'emploi des engobes est plus particulièrement réservé pour la décoration des poteries dont la pâte est naturellement colorée; tantôt les engobes sont naturels, c'est-à-dire qu'ils sont formés de matières terreuses contenant un mélange intime et naturel d'oxydes colorants et n'ayant subi d'autre préparation mécanique qu'un délayage pour extraire les parties sableuses étrangères; les ocres sont dans ce cas; tantôt, au contraire, les engobes se préparent artificiellement, en ajoutant à des terres incolores ou peu colorées des oxydes préparés artificiellement eux-mêmes au moyen de procédés chimiques plus ou moins parfaits.

On donne par extension le nom d'engobe aux pâtes blanches qu'on applique sur des poteries naturellement colorées, pour en masquer entièrement la couleur sale ou pour économiser la quantité d'étain contenue dans la glaçure des faïences communes, en faisant disparaître, par parties seulement, quelquefois en totalité, la coloration de la terre sous une couche légère d'un engobe incolore.

Les engobes peuvent recevoir la glaçure ou rester sans glaçure. La poterie présente alors l'aspect brillant. On peut évidemment décorer par l'application de plusieurs engobes placés simultanément sur une même pièce.

Émaux. — Les émaux diffèrent des engobes en ce qu'ils possèdent une apparence vitreuse qui peut même atteindre la limpidité complète. Ces matières colorantes se rapprocheraient évidemment des oxydes et des sels que nous avons distingués en premier ordre, si leur usage n'était pas précis et nettement déterminé.

Nous appellerons émaux les matières vitreuses, c'est-à-dire les silicates, borosilicates ou phosphosilicates généralement multiples, colorés par des oxydes *maintenus en dissolution* dans le flux vitreux.

La limpidité de ces émaux varie naturellement avec la nature du flux vitreux et la température plus ou moins élevée qu'ils doivent subir pour leur cuisson. Nous trouverons des différences considérables sous ce rapport.

Les émaux ombrants de Rubelles cuisent à de basses températures; les fonds par immersion de porcelaine dure, le céladon des Chinois cuisent, au contraire, à des températures très-élevées. Dans ces derniers émaux, la transparence n'est pas toujours complète. Les émaux appliqués à la décoration des poteries se posent quelquefois sur le biscuit, comme les émaux de Rubelles, quelquefois sur la poterie composée, comme les fonds turquoise ou rose sur la porcelaine tendre.

Ils cuisent alors à des températures peu différentes

de celles auxquelles on doit cuire le vernis de la poterie composée ; dans d'autres circonstances, les émaux s'appliquent sur la poterie composée, se cuisent à des températures de beaucoup inférieures à celles nécessaires pour fondre la glaçure, et par conséquent incapables de ramollir cette glaçure. C'est le cas de la plupart des couleurs employées en Chine à la décoration des porcelaines peintes et dorées.

Couleurs. — Les couleurs diffèrent des émaux en ce qu'elles sont composées d'un mélange de flux vitreux et de principe colorant. Le flux vitreux a généralement pour double but de faire adhérer la couleur sur la poterie peinte, et de remplir, après la cuisson, l'office du vernis dans la peinture à l'huile, c'est-à-dire d'aviver la couleur appliquée sur la poterie.

Dans certains cas cependant, on n'ajoute, avec intention, qu'une faible quantité de flux vitreux, seulement ce qu'il en faut pour faire adhérer la peinture sur la pièce décorée ; c'est lorsqu'on veut obtenir des peintures mates.

Les couleurs s'appliquent généralement sur les poteries composées ; cependant on en fait quelquefois l'application sur les poteries simples, principalement dans le cas des peintures mates. Elles cuisent à des températures variables avec la nature des poteries qu'on décore. Nous verrons plus loin qu'il faut alors les composer en conséquence.

Métaux.—On a tiré, dans la décoration des poteries, le parti le plus avantageux de la richesse et de l'inaltérabilité des métaux précieux ; l'or, le platine et l'argent, placés isolément et quelquefois alliés, donnent des décorations variées et d'un très-bel effet : il est évident que les qualités particulières de ces matières ne peuvent être les mêmes que celles qu'on exige des substances que nous venons d'étudier.

Il n'est nullement nécessaire que les métaux prennent l'apparence vitreuse, mais il est indispensable qu'ils réunissent un grand éclat, dans les circonstances atmosphériques ordinaires, à la plus grande inaltérabilité. On en fait usage tantôt à l'état mat, tantôt à l'état brillant; pour les obtenir dans ces dernières conditions, on les frotte avec un corps dur, l'agate ou la sanguine employées sous forme de brunissoirs. Mais ils sont alors toujours, sous une certaine épaisseur, appliqués sous forme de poussière ou de poudre insoluble préparée par des moyens chimiques ou mécaniques.

Quelquefois, lorsqu'on veut décorer avec économie ou bien obtenir des effets particuliers d'irisation ou de dichroïsme, on n'applique ces métaux que sous une épaisseur très-faible, et ce résultat est obtenu facilement pour quelques-uns, plus difficilement pour d'autres ; il paraît plus avantageux dans ce cas de n'opérer qu'avec des dissolutions huileuses de ces mêmes métaux. Cette considération intéressante sur laquelle nous aurons à revenir un peu plus loin, motive, du reste, la distinction admise entre les métaux et les lustres.

Lustres. — Nous réservons, en effet, le nom de lustres aux métaux appliqués sur les glaçures sous une assez faible épaisseur pour recevoir directement du feu le brillant que les métaux employés sous une épaisseur plus considérable ne tiennent que de l'action du brunissoir : les lustres ne sont pas nécessairement transparents. Les lustres de platine ne le sont aucunement.

Nous entrerons maintenant dans quelques détails sur chacune de ces matières employées à la décoration des poteries. Nous donnerons avec plus d'étendue que nous n'avons pu le faire, en considérant ces substances dans leur ensemble, les qualités que chaque groupe doit posséder, les défauts auxquels il est sujet, et nous terminerons par quelques exemples de dosages usités dans la pratique relative à chacun des genres de poteries que le commerce présente. Nous insisterons surtout sur les différents modes de préparation et d'emploi de ces matières. Nous compléterons ainsi l'article POTERIES que contient la deuxième édition de ce Dictionnaire.

OXYDES MÉTALLIQUES.

Nous avons déjà dit quel est le but des oxydes dans la décoration ; nous avons vu que ce but est de colorer les pâtes ou de permettre sous la glaçure l'application de dessins colorés, qui puissent prendre, après la cuisson des glaçures elles-mêmes, l'aspect d'une peinture en couleurs vitrifiées, c'est-à-dire inaltérabilité complète et brillant uniforme.

Ces oxydes et les quelques sels qu'on peut employer concurremment, doivent présenter certaines qualités qui les rendent d'un emploi général. Leur prix sera de la première condition, car, destinés à faire partie de la masse, il faut qu'ils soient avant tout d'un prix abordable.

Lorsque la terre elle-même ne contient pas l'oxyde colorant, naturellement déposé dans la masse de la formation argileuse ou sableuse, on l'introduit après l'avoir fabriqué de toutes pièces, et le prix de cet oxyde doit augmenter alors notablement le prix de la pâte.

Lorsque la poterie qu'on veut décorer reçoit cette décoration sous couverte et qu'elle peut acquérir par elle-même une grande valeur, ou bien encore lorsque l'oxyde colorant possède une grande puissance tinctoriale, on peut négliger, en partie du moins, l'importance du prix de revient de la matière colorante.

Les oxydes, ainsi que nous le savons, sont des combinaisons d'oxygène avec différents métaux. Quelques-uns éprouvent, de la part des corps réducteurs, des modifications dont il faut savoir tenir compte, car la réduction des oxydes peut modifier la couleur dont on espère le développement. Quelques nuances, au contraire, n'apparaissent qu'avec une influence réductrice. On peut donc recourir aux oxydes d'un même métal pour créer des colorations variées, mais à la condition de les cuire dans des atmosphères différentes; c'est avec des précautions semblables que l'oxyde de chrome, ajouté dans la proportion de 0,005 à la pâte de porcelaine, donne du vert jaunâtre dans un courant d'air, et du vert bleu dans une atmosphère enfumée. C'est ainsi que l'oxyde d'urane donne, sous une faible proportion, des pâtes jaunes dans une atmosphère oxydante ou des pâtes brunes et même rougeâtres dans une atmosphère réductrice.

Les oxydes employés jusqu'à ce jour pour colorer les pâtes sont :

1° Les oxydes de fer, qui donnent, suivant la température de la cuisson, du jaune, du rouge, du brun ;

2° Les oxydes de manganèse, qui donnent du violet ou du brun ;

3° Les oxydes de chrome, qui donnent du vert jaune ou du vert bleu ;

4° Les oxydes de cobalt, qui donnent du bleu ;

5° Les oxydes d'urane, qui donnent du jaune ou du brun ;

6° Les oxydes d'or, qui donnent du rose ou du gris violacé ;

7° Les oxydes de platine, qui donnent du gris ;

8° Les oxydes d'iridium, qui donnent du gris ou du noir.

Les oxydes de fer, souvent intimement mêlés aux argiles, sont la cause de la coloration des principales poteries de terre ou de grès : on faisait disparaître dans les faïences l'inconvénient de cette coloration par l'application d'une glaçure opaque. Nous ferons remarquer que, dans les faïences fines, une partie de l'oxyde de fer visible sur la surface des pièces disparaît en se dissolvant dans la glaçure boracique en contact avec cette surface.

Les oxydes de manganèse n'entrent qu'en très-faible proportion dans les pâtes, et c'est en mélange accidentel avec l'oxyde de fer qu'on les rencontre; ils ajoutent ordinairement à la teinte brunâtre que ces poteries tiennent de ce dernier oxyde. On pourrait profiter de la couleur violette qu'ils communiquent aux frittes alcalines pour colorer en rose les pâtes de porcelaine tendre.

Les oxydes de chrome sont mêlés aux pâtes de porcelaine tendre, de porcelaine dure et de grès fins pour colorer les biscuits en vert plus ou moins intense, suivant la proportion qu'on en ajoute. Ici nous devons faire remarquer que l'oxyde de chrome est insoluble dans les silicates alumineux, et qu'il enlève de la transparence même aux terres qui sont les plus translucides. Les porcelaines perdent par son addition leur caractère distinctif pour prendre les qualités des grès cérames.

Les oxydes de cobalt ajoutés à des pâtes naturellement ferrugineuses les colorent en brun; l'oxyde de chrome et l'oxyde de fer forment de même des fers chromés qui colorent en brun rougeâtre; mais si la pâte est incolore, l'oxyde de cobalt ne donne qu'une couleur bleue plus ou moins intense, suivant la quantité d'oxyde qu'on ajoute. Les grès du vieux Wedgwood, colorés en bleu et rehaussés de charmantes compositions en pâte blanche, sont obtenus de cette manière.

On a fait encore en Angleterre des poteries de la nature des porcelaines tendres, colorées par de l'oxyde de cobalt, dans lesquelles on maintient la couleur du bleu d'outremer, en corrigeant la teinte violacée propre au silicate de cobalt au moyen d'une addition d'oxyde de zinc; il est indispensable, dans ce cas, de faire fritter préalablement le mélange de feldspath, d'oxyde de cobalt et d'oxyde de zinc qui donne la couleur outremer. Une condition indispensable à remplir pour réussir ces couleurs, qui s'adapteraient également bien à la décoration des porcelaines artificielles françaises, est une atmosphère oxydante, tant à cause de la nécessité de maintenir l'oxyde de zinc à l'état d'oxyde pour éviter sa volatilisation, que pour s'opposer à la réduction de l'oxyde de cobalt, qui ne donne, à l'état de métal, que du gris ou du noir.

L'oxyde de cobalt vaut aujourd'hui de 47 à 50 francs le kilogramme.

Le prix de l'oxyde d'urane s'oppose à ce qu'on en fasse usage pour les poteries autres que celles qui, comme les porcelaines et les grès fins, ont par elles-mêmes une valeur assez considérable. Il est encore aujourd'hui de 57 fr. 50 le kilogramme. Lorsqu'on mélange à de la pâte de porcelaine blanche 2 pour 100 d'oxyde d'urane, on obtient, si l'on cuit dans un courant d'air, une pâte qui prend une coloration jaune clair assez agréable; la même pâte, cuite dans le charbon ou dans une atmosphère enfumée, comme celle des fours marchant à la houille, donne une pâte brune.

Cette dernière coloration s'obtient facilement lorsqu'on augmente la dose d'urane, même dans une atmosphère à courant d'air, parce qu'il n'y a pas assez d'alcalis pour maintenir l'oxyde d'urane à l'état d'acide uranique. Les pâtes brunes passent au rougeâtre quand l'oxyde est en forte proportion et qu'on les cuit dans le charbon; mais on les obtient avec une grande économie lorsqu'on fait usage de pechblende choisie au lieu d'oxyde d'urane préparé par les moyens chimiques. On peut, en augmentant la dose d'oxyde d'urane, préparer des pâtes complétement noires.

Un inconvénient assez grave de l'emploi de l'oxyde d'urane préparé par précipitation est la solubilité de ce sel dans l'eau. La coloration de la pâte varie à chaque instant; de plus, il est difficile de s'opposer à sa diffusion par capillarité dans toute la masse. On ne peut donc, lorsqu'on le conserve humide, l'appliquer comme engobage: car il teinte les parties blanches voisines de celles sur lesquelles on l'a posé.

J'ai fait quelques essais pour colorer par l'or les pâtes blanches de porcelaines dures et tendres. On arrive à des colorations variées en faisant usage du chlorure d'or. Le précipité pourpre de Cassius conduit de même à des résultats pratiques; mais il faut, par une dessiccation préalable, lui faire perdre son état gélatineux qui modifie la plasticité de la pâte à laquelle on le mêle, et lui donne une certaine tendance à se fendre à la dessiccation.

On parvient, au moyen de l'addition de 0,005 ou 0,010 d'or à l'état de pourpre de Cassius, à colorer la pâte en rose agréable. Il faut moins de métal pour obtenir une même teinte avec les pâtes tendres; car elles cuisent à des températures notablement inférieures. Il convient de cuire dans une atmosphère oxydante, par exemple au milieu d'un courant d'air, afin d'éviter le ton violâtre sale qui peut provenir de la réduction de l'oxyde stannique résultant de la décomposition du pourpre sous l'influence de la chaleur.

Les hauts prix du platine et sa forte densité s'opposent à son emploi général dans les arts céramiques, surtout pour colorer les pâtes. Cependant il fournit avec les pâtes de porcelaine dures et tendres des gris fins et agréables, qu'on obtient facilement en arrosant de chlorure de platine le sable qui doit entrer dans la pâte. On fait fritter, puis on broie de nouveau. On évite, par ce tour de main bien simple, la séparation de la poudre de platine du sein du liquide qui maintient la pâte à l'état de barbotine, surtout lorsqu'on veut façonner les pièces au moyen du procédé de coulage.

La même observation s'applique évidemment aux oxydes d'iridium, et la même marche détournée pour l'incorporer aux pâtes peut être employée souvent avec avantage. C'est cette même voie qu'il faudrait adopter toutes les fois qu'on aurait à tirer parti de substances minérales brutes, telles que les wolfram, les pechblendes, le rutile, etc., dont la densité se trouve être très-considérable.

Nous avons dit que les oxydes s'employaient principalement dans les pâtes à l'état de mélange. Cependant ceux dont la valeur est importante se posent sur la pâte elle-même, tantôt crue, tantôt cuite; on les emploie quelquefois à l'état de pureté, surtout lorsqu'ils peuvent se fixer avec la pâte au moment de la cuisson particulière qui précède le feu de vernis; on les applique encore en mélange avec une petite quantité de flux vitreux pour agglutiner la couleur et la rendre adhérente avec les surfaces sur lesquelles elles sont apposées; l'immersion dans l'eau chargée de glaçure ne les déplace pas. Il résulte de ces deux différentes positions des modes divers d'emploi des oxydes.

Lorsque les oxydes sont incorporés dans la pâte, s'ils sont, comme les oxydes de fer, de manganèse, etc., naturellement mêlés aux éléments qui composent ces pâtes, on opère un broyage et le mélange convenable dans les appareils employés à la préparation des pâtes, et ces opérations se font avec un soin directement en rapport avec la nature du produit qu'on établit.

Si ces oxydes ne sont pas mêlés aux matériaux qui composent les pâtes, on les prépare à part; on les amène, par un broyage très-soigné, s'exerçant soit sur les oxydes purs, soit sur les oxydes frittés ou fondus avec un des éléments antiplastiques, à l'état de poussière impalpable qu'on ajoute alors aux autres éléments dans des tournants ou cuvelles appropriées.

Dans les fabriques qui font des colorations très-variées, il convient, comme on l'a fait en Angleterre, dans les fabriques de grès fins, d'avoir un nombre suffisant de moulins, pour affecter toujours le même au broyage d'une couleur donnée. On ajoute dans ce moulin la partie incolore par portions successives, en broyant toujours pour obtenir un mélange intime, jusqu'à ce que la pâte soit composée. On évite ainsi des taches qui résultent du broyage imparfait; et, pour mieux atteindre cette homogénéité complète, il est bon de décanter la matière avant son introduction dans les tournants. Les pâtes colorées, raffermies et pétries, sont façonnées par les mêmes procédés que ceux qu'on applique au façonnage des pâtes blanches ou communes naturellement colorées et pour l'étude desquels je renvoie le lecteur à mes *Leçons de Céramique* professées à l'École centrale des arts et manufactures.

Ce mode de coloration est surtout en vigueur, d'une part, en Angleterre, pour faire les grès fins colorés de Wedgwood, d'autre part, à Sèvres, pour faire des pâtes de couleur, entre autres les pâtes céladon ; on y a fait aussi quelques essais de pâte tendre colorée par des additions de frittes cuivreuses, ou chargée d'or et d'oxyde de chrome. Il est évident que cette méthode ne peut convenir pour obtenir les décorations résultant de linéaments ou de figures appliquées par places sur des poteries, en général pour les décors différents de ceux qui résultent de la coloration de la pâte.

J'ai fait quelques essais pour obtenir, par voie en quelque sorte de teinture, les oxydes à l'intérieur des pâtes ; toutes les fois qu'on peut, au moyen d'un acide volatil, amener à l'état soluble les matières colorantes, on plonge l'objet façonné dans une eau chargée de sel colorant, on laisse sécher, puis on dégourdit de nouveau; le sel se décompose, l'acide volatil se dégage, et l'oxyde reste disséminé. Il n'y a d'autre inconvénient à redouter qu'une inégale répartition du sel dans l'intérieur de la pâte et son accumulation sur ceux des points qui sont exposés à l'évaporation spontanée ; les sels viennent s'y réunir en plus grande abondance.

Ces mêmes phénomènes de teinture réussissent assez bien sur la pâte à l'état de mollesse et plastique, lorsqu'on opère la dissolution de l'oxyde dans un acide faible comme l'acide acétique.

La décomposition du sel se fait spontanément ; elle peut être activée d'ailleurs par l'addition de quantités convenables de carbonates alcalins ou d'ammoniaque, lorsque l'ammoniaque ne jouit pas de la propriété de redissoudre l'oxyde précipité. Il est évident encore qu'on peut faire agir ces réactifs pour opérer par voie de double décomposition sur la poterie dégourdie complétement imbibée de la dissolution saline qui doit introduire l'oxyde colorant.

Lorsque la peinture se fait sur poterie et sous glaçure, les oxydes ou matières colorantes sont appliqués soit sur la poterie cuite, soit sur la poterie crue ; et par des feux convenables comme intensité, l'adhérence de la couleur et son brillant se développent avec l'addition d'un fondant ou de la glaçure. Les dessins peuvent être placés sur la pâte crue avant toute espèce de cuisson, même celle qui a pour but de consolider assez la pièce pour faciliter la mise en couverte ; on délaye alors avec de l'eau la couleur composée d'une manière convenable : comme on ne fait de la sorte que des dessins grossiers, il importe peu que ces couleurs aient à l'emploi le ton qu'elles auront après la cuisson.

La couleur et la poterie cuisent au même feu ; elles prennent assez d'adhérence pour que la mise en glaçure n'exige pas de précautions particulières.

Les dessins peuvent être faits avec les oxydes appliqués sur la poterie déjà cuite, soit à l'état de dégourdi, soit à l'état de biscuit, si la poterie doit recevoir une glaçure qui n'exige pas pour cuire une température égale à celle que doit recevoir le corps de pâte. L'application des oxydes, dans le premier cas, sur une surface poreuse et absorbante, conduit à des précautions particulières sur l'emploi desquelles nous insisterons plus loin au sujet des peintures sous couverte sur la porcelaine de Sèvres.

Lorsque la pâte est cuite et qu'elle a perdu toute porosité, la coloration, soit par fonds de couleurs, soit par linéaments, devient bien plus facile. On broie l'oxyde à l'essence, comme nous le dirons plus loin, pour l'appliquer suivant les contours qu'on veut obtenir. Il est cependant préférable de broyer à l'eau la matière colorante.

Il faut remarquer ici que l'oxyde doit être mêlé d'une certaine quantité de flux vitreux pour rendre adhérent à la pâte l'oxyde qui, s'il restait pulvérulent, se détremperait après qu'on a brûlé les essences, lorsqu'on vient à poser le vernis soit par arrosement, soit par immersion. La préparation des oxydes et le choix qu'on en doit faire sont liés d'une manière intime avec la température à laquelle on cuit la poterie ou sa glaçure. Il est certain que les oxydes qui se dissolvent dans les glaçures en se décolorant ne peuvent être choisis, et qu'il ne faut pas perdre de vue la nature de la poterie qu'on veut décorer.

L'antimoniate de plomb, par exemple, ne laisserait aucune trace sur les porcelaines cuites au grand feu ; l'oxyde de cobalt, au contraire, permettra de décorer toute espèce de poterie, puisqu'il résiste à l'action de toute espèce de matière vitreuse, même aux températures les plus élevées que les arts industriels puissent produire. Dans ce genre de décoration, il donne cependant des dessins d'autant plus nets qu'ils sont cuits à des feux moins violents.

La coloration appliquée, comme nous venons de le dire, tant sur les pâtes dégourdies que sur les pâtes cuites à l'état de biscuit, se fait généralement à la main ; mais elle peut se faire aussi par les méthodes rapides de l'impression. Ce procédé, qui déjà vers 1751 donnait des résultats acceptables dans la manufacture de Worcester, reçut en France, depuis 1806, des perfectionnements très-considérables.

On l'applique exclusivement en Angleterre pour la décoration des faïences fines sous couverte, et cette méthode s'est étendue chez nous depuis longtemps à la décoration des poteries similaires qui se font sur une très-grande échelle à Creil, Sarreguemines, Bordeaux, Montereau. Sur une planche en acier, en cuivre, en laiton, on dessine, soit par gravure au burin, soit à l'eau-forte, un sujet qu'on transporte sur une feuille de papier. L'épreuve faite avec une couleur grasse abandonne le papier lorsqu'on met celui-ci par l'envers en contact avec un liquide aqueux. En comprimant avec une roulette l'épreuve et la pièce à décorer, le dessin reste sur la pâte ; on brûle l'essence dans le moufle avant de mettre en vernis. Le moufle se compose ordinairement d'un étui en terre, quelquefois en fonte (nous rappelons ici que nous avons fait connaître la disposition d'un moufle dans le genre allemand dans la deuxième édition de cet ouvrage) ; il est placé sur un foyer au-dessus d'un cendrier ; la grille est à barreaux plus ou moins espacés suivant la hauteur du moufle. Une cheminée donne issue aux produits qui résultent de la combustion des essences ; une voûte percée d'ouvertures divise la flamme et régularise le tirage. Ce moufle est porté par des arceaux au nombre de trois ou quatre et placé sur une plaque de couche qui protége le fond. On cuit rapidement en laissant l'air pénétrer dans le moufle par une douille réservée dans la porte. On mure, avant de cuire, l'espace qui donne libre accès lors de l'emmouflement.

Nous pouvons nous borner à dire que c'est par cette même méthode qu'on applique les dessins bleus, bruns, noirs et roses qui décorent toutes les faïences fines et tous les cailloutages.

Nous ne saurions indiquer ici les principes de préparation des divers oxydes qui concourent à donner ces nuances. Nous renvoyons le lecteur aux traités spéciaux sur cette matière ; nous nous bornerons à faire connaître les procédés au moyen desquels on prépare le pinck-colour des Anglais, composé singulier dans lequel la coloration rouge ou rose a pour principe le chrome oxydé, et qui fournit sous glaçure un rose assez agréable. Nous indiquerons aussi la méthode qu'on suit à Sèvres pour peindre en bleu sous couverte.

Le pinck-colour est insoluble, infusible; soumis à l'analyse par M. Malaguti, pendant son séjour à Sèvres, il a été décomposé de la manière suivante :

Acide stannique	78,31
Chaux	14,91
Silice	3,96
Alumine	0,95
Eau	0,61
Oxyde de chrome	0,52
Chromate de potasse	0,26
Potasse et perte	0,42
	100,00

On reproduit cette matière en fondant :

Acide stannique	100
Craie	34
Chromate de potasse	3 à 4
Silice	5
Alumine	1

On fait un mélange intime qu'on chauffe au rouge clair pendant quelques heures; la masse est d'un rose sale; elle vient d'un ton agréable lorsqu'on la lave, après porphirisation, avec de l'eau chargée d'un peu d'acide chlorhydrique. On doit à M. Malaguti l'analyse et la synthèse de cette couleur, dont l'application réussirait certainement sur porcelaine tendre; elle conduit à des résultats véritablement pratiques sur les cailloutages anglais.

Un grand nombre de pièces de porcelaine de la Chine ont un caractère d'originalité très-grande qu'elles doivent au mode d'ornements bleus sous émail dont elles sont chargées. On a tout récemment appliqué sur la porcelaine de Sèvres ce genre de décoration, et la dernière Exposition, à Paris, des manufactures nationales, celles des mêmes établissements à Hyde-Park, à Londres, en 1851, ont offert des pièces remarquables d'un effet tout nouveau et d'une grande harmonie.

La peinture en bleu sous couverte est faite à la Chine sur pâte non crue avec un oxyde de manganèse impur cobaltifère. On ne peut conserver aucun doute à cet égard, ni d'après la lettre du père Ly, ni d'après les échantillons qui l'accompagnaient, ni d'après les essais et l'examen chimique que nous avons faits, M. Ebelmen et moi, du thsing-hoa-liao. Quant à l'état dans lequel se trouve la pâte au moment de la décoration, il est évident que la porcelaine est crue, puisqu'on retrouve l'ornementation, filets et ornements, sous des collages opérés avec la barbotine (anses et becs de théières, etc.). A Sèvres, les peintures de ce genre exécutées jusqu'à ce jour l'ont été sur la porcelaine dégourdie, c'est-à-dire poreuse et absorbante. Pour obvier à la porosité, pour en détruire les effets, on applique au pinceau, sur la partie qu'on veut décorer, une couche mince de vernis et l'on fait sécher.

Il faut que le vernis soit très-mince pour que sa destruction par le feu n'entraîne pas le levage de la peinture, soit avant, soit pendant la mise en couverte. On peint sur cette couche de vernis avec assez de facilité pour faire les peintures les plus délicates et les plus soignées. On se sert comme matière colorante bleue d'un mélange à parties égales d'oxyde de cobalt anglais et de sable quartzeux. On le broie finement sur une glace pour l'employer comme les autres couleurs. Quand la peinture est finie, on la laisse sécher, puis on la passe au moufle pour détruire le vernis qui empêcherait la couverte de prendre également sur toute la pièce. Nous avons fait connaître en quelques mots l'espèce de fourneau dans lequel se fait cette calcination. La pièce doit être cuite dans le four au grand feu, bien encastée dans de bonnes cazettes avec toutes les porcelaines à cuire. Dans ces conditions particulières, la peinture, qui était noire entre les mains de l'artiste, sort du four d'un bleu très-agréable, uniformément glacé.

Comparés aux bleus de même sorte appliqués sur les porcelaines de la Chine, nos bleus sont plus pâles et moins nets, plus nuageux. On peut attribuer cet effet tant à la cuisson moins développée qu'exige pour être cuite la porcelaine de la Chine qu'à la nature particulière de la matière cobaltifère; cette combinaison du minerai de cobalt, dans laquelle est engagé l'oxyde, se nomme en Chine thsing-hoa-liao.

Des spécimens intéressants de la fabrication de M. Haidinger d'Elbogen, exposés à Londres en 1851, ont démontré qu'il était possible de tirer un parti très-avantageux de la décoration en bleu sous couverte et d'obtenir des effets plus nouveaux. Le Musée céramique de Sèvres a fait l'acquisition de plusieurs pièces de cette fabrique, bien réussies, présentant des dessins bleus, avivés çà et là par de la dorure et des couleurs de moufle.

Des faïences en très-grand nombre, d'origine ancienne, persane ou arabe, sont décorées sous couverte par des méthodes analogues qui consistent à déposer sous la glaçure des traits ou des aplats colorés au moyen d'oxydes de cobalt, de cuivre, de chrome ou de fer chromé, du jaune d'antimoine, etc.: par la fusion de la glaçure, ces oxydes se fondent et donnent à la pièce une certaine harmonie qui peut être parfaitement imitée. Il suffit d'ajouter aux oxydes ou sels en question, préparés à l'état de pureté par les méthodes connues des chimistes, leur poids ou la moitié de leur poids d'un fondant contenant :

Borax	50
Sable	100
Minium	200

Nous terminerons les détails relatifs aux oxydes par quelques dosages propres à la fabrication de plusieurs des poteries colorées dans la masse que le commerce offre au consommateur. Sans vouloir entrer dans le détail des fabrications grossières qui se préparent avec des terres naturellement colorées, nous indiquerons quelques compositions propres à la décoration :

1° Des grès;
2° Des porcelaines tendres;
3° Des porcelaines dures.

Grès. — On colore la pâte des grès en bleu, en vert, en gris, en noir avec les dosages qui suivent :

Grès bleu vif	0,050	oxyde de cobalt.
Grès bleu pâle	0,005	oxyde de cobalt.
Grès vert foncé	0,010	oxyde de chrome.
Grès vert pâle	0,005	oxyde de chrome.
Grès vert bleuâtre	0,003	oxyde de cobalt.
	0,003	oxyde de chrome.
Grès noir	0,060	oxyde de manganèse.
	0,060	oxyde de fer.

Pâtes de porcelaine tendre française. — La porcelaine tendre peut être colorée par divers oxydes en bleu, en vert, etc.

1° Pâte turquoise. Cette pâte doit cuire au feu d'oxydation. On fait fritter :

Protoxyde de cuivre	5
Carbonate de soude	18
Sable blanc	77

 DÉCORATION CÉRAMIQUE.

On prend ensuite :

Fritte bleue turquoise	60
Fritte blanche	15
Marne lavée	10
Craie	15
	100

2° Pâte d'un vert clair :

Pâte blanche	95
Chromate de baryte	5
	100

3° Pâte bleue :

Fritte blanche	70
Marne	17
Craie	8
Oxyde de cobalt	5
	100

4° Pâte violette. On fait fritter :

Carbonate de manganèse	5
Carbonate de soude	15
Azotate de potasse	5
Sable blanc	75
	100

On ajoute à la fritte :

Fritte	76
Marne lavée	12
Craie	12
	100

Porcelaine dure. — Nous indiquerons encore quelques dosages de pâtes de porcelaine dure; on rapporte le poids des oxydes à 100 parties de pâte blanche :

Pâte bleu foncé	2g,500	oxyde de cobalt.
Pâte bleu pâle (atmosphère oxydante)	0g,050	oxyde de cobalt.
Pâte vert céladon (feu réducteur)	0g,100	oxyde de chrome.
	0g,003	oxyde de cobalt.
Pâte bronze foncé (atmosphère oxydante)	0g,500	oxyde de nickel.
Pâte vert-olive (atmosphère oxydante)	1g,000	oxyde de nickel.
	0g,200	oxyde de cobalt.
Pâte brune	0g,150	oxyde de fer rouge.
Pâte jaune (atmosphère oxydante)	0g,200	oxyde d'urane.
Pâte brun noir (feu réducteur)	1g,550	chromate de fer.
	1g,550	oxyde de cobalt.
	1g,550	oxyde de manganèse.
	1g,520	oxyde d'urane.
Pâte rose (feu quelconque)	1g,100	or à l'état de pourpre.

Il est indispensable, dans la confection de ces pâtes, de tenir compte de l'augmentation de fusibilité que communiquent certains de ces oxydes aux compositions normales; il faut obvier à ces inconvénients par l'addition d'une plus grande proportion de l'élément plastique; si la pâte est d'un prix élevé, l'addition de l'alumine calcinée devient possible et très-utile.

ENGOBES.

Nous avons fait connaître, en commençant cet article, la nature et le but des engobes; il eût été plus simple peut-être de ne pas établir de distinction entre ces matières et les pâtes de couleur que nous avons étudiées plus haut. Cependant j'ai cru qu'il devait être fait une distinction importante entre ces deux sortes de matières colorantes, à cause des méthodes différentes au moyen desquelles on les applique sur les poteries; d'ailleurs, considérés au point de vue chimique, les engobes doivent satisfaire à des conditions nouvelles, qu'on ne doit pas exiger des pâtes simplement colorées dans toute la masse.

La pâte de couleur, en effet, donnera toujours de bons résultats, pourvu qu'elle ait été façonnée, avec tout le soin possible, par l'une des méthodes que nous avons indiquées, et qu'elle soit cuite dans des conditions, je ne dis pas seulement de soins et de précautions sur lesquels il convient d'insister, mais dans une atmosphère de composition déterminée. Il faut de plus, pour que des engobes réussissent, qu'ils aient tous une composition telle, qu'appliqués sur la même pièce, ils cuisent au même feu, présentent la même fusibilité, la même dilatabilité, et prennent avec la pâte une adhérence convenable; ils doivent, en outre, jouir des mêmes propriétés relativement à la glaçure, lorsqu'il s'agit de faire une poterie composée.

Il est inutile de répéter qu'au point de vue de la résistance aux agents extérieurs, à l'influence de l'atmosphère du four, à celle de la glaçure, ils doivent se comporter comme les pâtes colorées, par lesquelles nous avons commencé l'étude des méthodes propres à la décoration des poteries.

La position des engobes est très-généralement la même que celle des oxydes. On les applique presque toujours sur la pâte pour les recouvrir de glaçure. Cependant les poteries italo-grecques nous donnent un exemple remarquable d'engobes blancs ou rouges appliqués comme rehauts sur des lustres noirs. Le lustre en fondant a déterminé l'adhérence de la matière terreuse, et la terre se détachant en mat forme un contraste agréable qui, certainement, ajoute à l'intérêt que présente cette fabrication, très-avancée d'ailleurs pour l'époque à laquelle elle a pris naissance.

Les procédés au moyen desquels on applique les engobes sur les poteries peuvent être très-différents. On les applique tantôt sur la pièce crue, tantôt sur la pièce cuite en dégourdi. Quelquefois l'engobe extérieur est placé le premier, tantôt, au contraire, on ne le place qu'en dernier lieu. Lorsqu'on fait usage du procédé de moulage pour apposer les engobes qui décorent une pièce de forme donnée, que le moulage ait lieu sur pâte molle ou sur pâte liquide, on commence par placer l'engobe dans le moule, sur les parties qui doivent recevoir par cet engobe une couleur différente de celle du fond; on remplit ensuite le moule, soit de pâte molle, qu'on applique par le moulage à la balle ou à la croûte, même encore à la housse, soit au moyen de barbotine, si l'on opère par coulage. Les pièces ébauchées de la sorte sont mises en glaçure par l'un quelconque des procédés qu'on emploie dans la fabrication des poteries.

Lorsque la pièce est ébauchée, l'engobe peut se mettre, comme dans le cas d'une véritable glaçure, par l'un de ces mêmes procédés. Il n'y a d'autre précaution à observer que celle de régler convenablement l'épaisseur de l'engobe, toutefois en supposant la couleur bien composée.

Lorsqu'on opère par arrosement sur poterie crue, comme on le fait en Suisse, pour l'établissement de ces sortes de pâtes faïencées, qui ont encore, dans certaines localités, un très-grand succès, les barbotines sont placées dans une espèce de réservoir dont la forme rappellerait celle d'une théière aplatie. Une ouverture permet d'introduire la matière; une anse sert à prendre le vase pour déverser le liquide. Le bec est terminé par un tuyau d'un orifice très-petit, qui permet de tracer avec les barbotines colorées des linéaments irréguliers qui se parfondent sous la glaçure, en présentant des sortes d'arborisations très-singulières. Lorsqu'on croit avoir mis l'engobe sous une épaisseur trop considérable, on enlève l'excédant en tournassant les pièces; ce tournassage s'exécute ordinairement sur le tour en l'air.

On trouve dans les engobes la possibilité d'obtenir des colorations brillantes et d'un aspect varié; mais ceux dont on peut faire usage sur une poterie donnée sont d'autant moins nombreux que l'on cuit à des températures beaucoup plus élevées, lorsqu'on applique l'engobe sur le cru; ils sont encore d'autant moins nombreux que la glaçure est plus réfractaire lorsque la poterie composée doit subir deux feux distincts : l'un pour la pâte, l'autre pour la glaçure; dans ce cas, il vaut mieux réserver l'engobe pour le cuire avec la glaçure, sur la pâte préalablement cuite en grand feu.

ÉMAUX.

Posons ici, comme principe, que nous nommons *émail* toute matière vitreuse, transparente ou non, colorée par des oxydes maintenus à l'état de dissolution. On donne généralement dans l'industrie le nom d'émail à toute matière vitreuse qui perd sa transparence par l'addition d'une certaine quantité d'oxyde d'étain, d'antimoine ou d'acide arsénique. Mais comme on a donné ce nom même aux peintures transparentes exécutées sur plaques métalliques émaillées, même aux couleurs transparentes qui servent à peindre sur paillons, etc., nous conservons à ce mot sa plus grande généralité. Je proposerai toutefois de distinguer les émaux en *opémaux*, c'est-à-dire émaux opaques, et *transémaux*, c'est-à-dire émaux transparents. Je suppose que ces deux dénominations seront facilement acceptées.

Les opémaux dériveront toujours des transémaux par l'addition simple et facile d'opémail incolore. On voit que l'emploi de l'émail comme matière colorante applicable à la décoration des poteries se confond avec celui des glaçures colorées opaques ou transparentes, et que beaucoup des conditions que l'on exige pour les glaçures ordinaires sont encore nécessaires. C'est ainsi que les glaçures colorées doivent être fusibles à des températures déterminées, assez dures pour résister aux frottements au moins dans les conditions d'usage auxquelles elles seront soumises, assez inaltérables par l'air et l'eau pour ne pas perdre promptement l'éclat qu'elles tiennent de leur nature vitrifiable.

La fusibilité des émaux opaques ou transparents appliqués comme glaçures sur les diverses poteries est nécessairement variable; la glaçure, dans ce cas, doit cuire à des températures qui diffèrent nécessairement avec la nature de la poterie elle-même, soit qu'on fasse une poterie exigeant une seule cuisson, soit qu'on établisse un produit nécessitant deux cuissons successives. Nous ferons remarquer ici que l'on peut à volonté préparer la glaçure en faisant fondre simultanément la glaçure incolore ou les éléments qui la composent avec les matières colorantes, ou simplement en mélangeant ces dernières aux glaçures ordinaires; ce procédé s'emploie surtout pour les poteries qui cuisent à des températures élevées. La dissolution de l'oxyde dans le flux vitreux s'opère en même temps que la vitrification de la glaçure; il ne peut y avoir d'autre obstacle à l'emploi de cette méthode que celui qui résulterait de l'usage d'oxydes d'une densité très-considérable. Cette difficulté serait d'ailleurs à peu près nulle, lors même qu'on aurait des oxydes très-denses, si l'on appliquait la glaçure au pinceau ou par saupoudration au moyen d'un tamis convenablement choisi. Nous comprendrons immédiatement qu'il est d'autant plus facile d'avoir des émaux variés, qu'on cuira la poterie composée à des températures plus basses. Aussi, si les faïences et les porcelaines tendres présentent des colorations assez nombreuses, remarque-t-on que les porcelaines dures ne peuvent présenter, en ce genre, que des décorations très-limitées.

Nous distinguerons :

1° Des émaux fusibles pour fonds;

2° Des émaux durs pour fonds;

3° Des émaux fusibles pour peindre.

A. La température de fusion des émaux est très-variable; elle est faible dans les émaux qu'on applique sur le biscuit, parce qu'ils contiennent de l'oxyde de plomb en très-forte proportion. Le cristal devient la base des émaux colorés dont on enduit le biscuit, pour lui donner le brillant et le glacé que les porcelaines ordinaires tiennent de leur couverte; on le mélange à cet effet pour le colorer, par une fusion préalable, avec des oxydes variés dont le nombre est très-réduit, et qui sont à peu près ceux dont le verrier fait usage pour faire les cristaux colorés dans la masse.

Le vert est fourni par l'oxyde de cuivre; l'oxyde de manganèse seul donne du violet; en mélange avec de l'oxyde de fer, il colore en brun; l'oxyde de cobalt est la base du bleu; l'antimoine à l'état d'antimoniate de potasse communique au vert, par l'oxyde de cuivre, une nuance jaunâtre douée d'une opacité souvent nécessaire; enfin les vigueurs et les noirs sont obtenus au moyen de l'oxyde de manganèse sans mélange, tantôt placé directement sur le biscuit pour être recouvert par les émaux, soit brun, soit vert, soit bleu; tantôt mis en mélange avec ces mêmes émaux, suivant le ton qu'on désire obtenir. Ce mélange est fait sans le secours de la balance, à simple vue, sur la palette, avec une assurance remarquable.

Les émaux sont broyés à l'eau, puis appliqués à l'essence de térébenthine maigre, sous une forte épaisseur; il faut cependant éviter de mettre une couche trop épaisse qui noircirait et détruirait les détails de la sculpture. Les couleurs sont couchées à plat; elles offrent néanmoins des ombres et des clairs, les ombres étant données par l'épaisseur de la couche qui se réunit dans les parties déclives; elles agissent dès lors à la manière des émaux ombrants.

On cuit les pièces décorées, quand elles ont été séchées, dans les moufles communément employés pour cuire la porcelaine peinte, sans autre précaution que celle de bien isoler les pièces les unes des autres et de les faire porter par le plus petit nombre de points de contact. On établit divers étages de planchers au moyen de barres de fer coupées de longueurs convenables.

Le feu nécessaire pour cuire ces émaux est à peu près celui des peintures en premier feu d'ébauche. Évaluée en degrés centigrades, la température correspondante est comprise entre 850 et 900 degrés.

Les produits de cette fabrication, qui rappellent les *Rustiques de Palissy*, ne pourraient être d'un emploi convenable dans les usages journaliers; on réserve ce genre de décoration pour des pièces d'étagères, de dressoirs, etc., c'est-à-dire pour des objets plutôt d'ornementation et d'art que pour des vases propres à la consommation ménagère. Dans cette dernière destination, ces glaçures ne sauraient être que très-inférieures à la couverte résistante et dure de la porcelaine même la plus commune.

J'ai donné (voyez ACIDE BORIQUE) la composition d'un vernis incolore pouvant servir à mettre en glaçure les porcelaines dures cuites en biscuit ou les poteries de faïence fine cuite presque en grès. J'ai dit que ce fondant pouvait être coloré par quelques oxydes. Voici la série de tons que comprend mon service de la manufacture de Sèvres (émaux Bernard Palissy pour terre cuite) :

N° 1. Fondant.	N° 9. Vert jaune.
N° 2. Blanc opaque.	N° 10. Jaune.
N° 3. Gris.	N° 11. Ivoire.
N° 4. Noir.	N° 12. Brun jaune (ocre).
N° 5. Bleu clair.	N° 13. Brun violâtre.
N° 6. Bleu foncé.	N° 14. Brun foncé.
N° 7. Vert bleu.	N° 15. Rose isabelle.
N° 8. Vert foncé.	N° 16. Violet.

Je donne ici les recettes encore inédites à l'aide desquelles on peut préparer ces divers émaux colorés. Je suivrai l'ordre et la nomenclature adoptés jusqu'à ce jour.

Fondant (n° 1). On mélange et on fond :

Sable	1000
Minium	2000
Borate de chaux	500

Ce dernier élément doit être choisi, sans oxyde de fer et sans terre ; il provient de l'épluchage des nodules naturels.

Blanc opaque (n° 2).

Fondant n° 1	150
Blanc d'émail de Gineston	700
Fondant aux gris (p. 140)	150

On triture sans fondre.

Gris.	Gris (n° 3).	Noir (n° 4).
Sable	1000	1000
Minium	2000	2000
Borate de chaux	500	500
Oxyde de cobalt	2	60
Oxyde de cuivre noir	12	100
Oxyde de fer rouge	12	120
Carbonate de manganèse	24	120

Bleus.	Clair (n° 5).	Foncé (n° 6).
Sable	1000	1000
Minium	2000	2000
Borate de chaux	500	500
Oxyde de cobalt noir	40	125

Verts.	Bleu (n° 7).	Foncé (n° 8).	Jaune (n° 9).
Sable	1000	1000	1000
Minium	2000	2000	2000
Borate de chaux	500	500	500
Oxyde de cuivre	125	500	50
Chrom. de potasse	»	»	12

Jaunes.	Jaune (n° 10).	Ivoire (n° 11).	Ocre (n° 12).
Sable	1000	1000	1000
Minium	2000	2000	2000
Borate de chaux	500	500	500
Chrom. de potasse	25	»	»
Antimoine diaphorétique	»	35	»
Oxyde de fer hydraté	»	70	200
Fleurs de zinc	»	35	»

Bruns.	Violâtre (n° 13).	Foncé (n° 14).
Sable	1000	1000
Minium	2000	2000
Borate de chaux	500	500
Oxyde de fer rouge	250	250
Carbonate de manganèse	125	125
Oxyde de cobalt	»	60

Rose isabelle	(n° 15).	(15 *a*).	(15 *b*).
Fondant incolore	1000	1000	1000
Cristal rubis pr l'or	100	200	300

Violet.	Clair (n° 16).	(16 *a*).	(16 *b*).
Sable	1000	1000	1000
Minium	2000	2000	2000
Borate de chaux	500	500	500
Carbonate de manganèse	125	125	125
Oxyde de cobalt	»	3	6

On fond et l'on coule ces divers mélanges, sauf le blanc opaque et les roses isabelles. On les pile et on les applique sans intermédiaire sur le biscuit de porcelaine ; employés sur porcelaine dure, ces émaux doivent être mis à un seul feu sous une faible épaisseur ; sous une épaisseur exagérée, ils se fendillent et font l'effet du craquelé des Chinois. On ne peut les retoucher qu'en appliquant la retouche à l'eau ; l'essence qui pénètre dans les fentes ne peut s'y brûler complétement ; elle abandonne du charbon qui macule la surface du vernis. Lorsqu'on applique une couche incolore sur le biscuit, il est indispensable encore de chauffer le moufle avec lenteur pour donner à tout le charbon provenant de l'essence le temps de se brûler ; sans cette précaution, le vernis, surtout dans les épaisseurs, est teinté d'une coloration rose dont la cause m'est encore inconnue.

Sur terre cuite, ces émaux se conduisent sans tressailler, et peuvent être appliqués comme toute autre glaçure. Ils peuvent concourir à la fabrication des émaux ombrants.

L'émail ombrant n'est qu'une modification de l'invention nommée lithophanie, due à M. Bourgoing. M. du Tremblay, autrefois propriétaire de la fabrique de Rubelles, près Melun (Seine-et-Marne), en a tiré le parti le plus avantageux en créant une fabrication nouvelle qui n'a malheureusement pas obtenu tout le succès auquel elle devait être appelée. L'effet produit par l'émail ombrant est complétement indépendant de la nature de la pâte qui reçoit l'émail, et il est indépendant encore de la composition de l'émail lui-même ; une seule condition théorique est à remplir : il faut que l'émail qui s'étend sur la base, à reliefs plus ou moins saillants, soit légèrement coloré dans sa masse ; on peut donc obtenir ce genre de décoration sur toute espèce de poterie. Si les effets que ce mode d'ornementation peut présenter n'ont été, dans ces derniers temps, appliqués d'une façon spéciale qu'à la faïence, il n'en est pas moins vrai que d'autres fabrications en ont offert des exemples, et, pour n'en citer qu'une, je rappellerai que plusieurs pièces de porcelaine de la Chine, recouvertes d'un fond céladon, offrent des dessins très-variés ; ils sont obtenus simplement en remplissant d'une couverte légèrement colorée des cavités réservées avec intention.

M. Trélat, professeur au Conservatoire des arts et métiers, directeur, en 1843, de la fabrique de Rubelles, a fait connaître dans une note insérée dans le *Bulletin* de la Société d'encouragement, 42e année, page 469, les principales difficultés que présente l'application de l'émail ombrant à la faïence ordinaire. La plus grave est la tressaillure qui résulte de la grande épaisseur du vernis accumulé dans les cavités. Les autres défectuosités que peut présenter l'émail ombrant, quelle que soit la matière de la pâte, quelle que soit la nature de la glaçure (vernis ou couverte), sont les gouttes de gondolement, le manque d'horizontalité pendant la cuisson et la réduction au four des oxydes colorants.

Les gouttes de gondolement, qui altèrent la pureté des dessins en déplaçant les lumières et les ombres, résultent d'un gauchissement de la pâte pendant la dessiccation. On les évite par une exposition convenablement ménagée dans des séchoirs bien disposés. Lorsque les reliefs du biscuit déterminent entre eux des creux qui ne sont pas trop larges, le niveau d'émail s'établit très-difficilement pendant la cuisson, à cause de la capillarité qui tend à faire remonter le corps en fusion aux parties les plus élevées du dessin. Les remèdes à ces défauts doivent être apportés dans les modèles plutôt que dans les moyens d'exécution. On évite, avec de l'adresse et du soin, le désordre que produirait le manque d'horizontalité dans le four. Enfin, lorsque le four est établi dans de bonnes conditions, la réduction des oxydes colorants n'a lieu que dans des circonstances exceptionnelles. La pureté du feu devient l'une des premières causes du succès de cette fabrication.

B. Occupons-nous actuellement des émaux durs pour fonds. Il convient de rapporter à ces sortes de composés un grand nombre de couleurs de grand feu, et nous ne serons pas embarrassés de choisir nos exemples; nous citerons seulement les couleurs de Chine et le bleu de Sèvres.

Rouge flammé de Chine. — C'est ici le lieu de faire connaître le résultat de quelques expériences que j'ai faites à Sèvres pour reproduire le rouge au grand feu des Chinois. L'analyse m'avait donné, pour deux échantillons de rouge, l'un uni, l'autre flammé rouge et bleu, les compositions suivantes :

	Uni (goutte bleue).	Flammé (bleu et rouge).
Silice	73,90	69,04
Alumine	6,00	4,00
Oxyde de fer	2,10	3,04
Chaux	7,30	12,00
Magnésie	traces	traces
Oxyde de cuivre	4,60	0,24
Oxyde de cobalt	0,00	1,50
Oxyde de plomb	traces	0,70
Oxyde de manganèse	traces	2,00
Potasse	3,00	0,60
Soude	3,10	9,40
	100,00	

Les émaux rouges et bleus analysés ont été soumis à quelques essais. La couverte bleue a conservé sa coloration au chalumeau dans la flamme oxydante comme dans la flamme réductive.

Pour l'émail rouge,

1° Un fragment de vase à couverte rouge a subi la température du grand feu des fours de Sèvres. L'émail rouge a présenté diverses altérations en rapport avec sa composition; il a coulé; il s'est réuni dans les parties déclives en gouttes tressaillées; il a perdu sa couleur rouge, totalement à la surface, qui est devenue légèrement verdâtre et opaline, en partie seulement dans l'épaisseur qui est restée çà et là rosée dans tous les points que l'épaisseur de la couche avait préservés de l'oxydation pendant la cuisson.

La pâte, qui était parfaitement blanche, a pris dans toute la surface exposée pendant la cuisson à l'influence de l'atmosphère du four, une teinte brunâtre très-prononcée due au fer qu'elle contient. Les parties intérieures, mises à nu par une nouvelle cassure, avaient conservé leur blancheur primitive.

2° Un fragment du même vase a été cuit au moufle et porté au rouge; après le démouflement, il avait encore toute sa coloration. Les arêtes s'étaient conservées bien vives; il n'y avait pas eu de ramollissement au feu de peinture.

3° L'essai fut répété sur le même tesson, mais cuit à la température de l'or mat. Cette température fut suffisante alors pour ramollir un peu l'émail, émousser les bords de la cassure, mais insuffisante toutefois, pour faire adhérer à la couverte le sable dans lequel le fragment avait été placé pendant la cuisson. La porcelaine dure de Sèvres, dans les mêmes conditions, ne subit aucune modification, aucun ramollissement.

On doit donc admettre, d'après l'analyse et les essais qui précèdent, que la coloration de l'émail en rouge dépend de la présence de l'oxydule de cuivre répandu dans la couverte; que cette couverte cuit à une température très-élevée, quoique cependant inférieure à celle du grand feu de Sèvres, peut-être égale à celle du grand feu des fours chinois; que la fusibilité de cette couverte est augmentée par la proportion de la chaux dont la quantité varie et dont nous avons constaté l'existence, M. Ebelmen et moi, dans toutes les couvertes des porcelaines de la Chine. Les tentatives que j'ai faites jusqu'à ce jour pour obtenir cette couleur ont d'ailleurs confirmé les données qui précèdent. J'ai reproduit cette couleur en faisant un mélange de :

Feldspath	50,00
Craie	12,00
Oxyde de cuivre	6,00
Sable d'Aumont	38,00
	106,00

Ce qui correspond à :

Silice	76,00
Alumine et oxyde de fer	7,75
Chaux et magnésie	6,08
Potasse et soude	3,72
Oxyde de cuivre	6,00

On est forcé, dans ce dosage, d'exagérer la quantité d'oxyde de cuivre à cause de sa volatilité dans une atmosphère réductive. Cet émail est aussi plus dur que la couverte de Chine; mais cette condition est indispensable pour ne pas s'exposer aux tressaillures; on doit même, pour éviter plus facilement ce défaut, composer différemment la pâte en la rendant plus fusible, c'est-à-dire en rapprochant sa composition de celle des porcelaines de la Chine. La pâte qui suit donne de bons résultats :

Pâte de service définie	80
Feldspath pour couverte	20
	100

La pâte de service définie ne peut convenir pour les pièces à couverte rouge; les conditions d'enfumage pour développer et maintenir la coloration du cuivre à l'état d'oxydule, s'opposent au tirage du four, et la pâte ordinaire ne cuit que difficilement. Si l'on cherche à la rendre transparente, il faut perdre la couleur rouge et, par l'excès du feu, la couverte même durcie comme celle que j'ai donnée, coule et se déplace.

J'ai pu, en rétrécissant simplement la cheminée d'un petit four, obtenir des pièces rouges faites avec la pâte attendrie; la couverte ne tressaille pas, ce qui est rare même sur des pièces de la fabrication chinoise.

Bleu pour porcelaine dure.—Le bleu de Sèvres est encore un véritable émail qui exige plus de chaleur que les couleurs que nous venons d'examiner. L'oxyde de cobalt est dissous.

Voici du reste le procédé le plus simple pour l'obtenir, c'est celui dont je fais usage dans mon service de Sèvres. Depuis 1846, j'ai constamment fait cette coloration avec l'oxyde de cobalt venant de Birmingham; en raison de la pureté de cet oxyde et de sa puissance colorante, il a fallu modifier le dosage anciennement accepté. Je prends actuellement :

Oxyde de cobalt	14
Couverte ou pegmatite	86
	100

Le bleu, préparé comme il est dit plus haut, est très-fleuri, bien vitreux et n'a donné que très-rarement ces espèces de taches géodiques cristallisées et rosâtres que présentaient assez fréquemment les bleus provenant des oxydes de cobalt préparés au laboratoire de Sèvres. On n'a pas remarqué que ces fonds aient, plus que les autres, tendance à grésiller.

Il convient, quand on fritte le mélange de pegmatite et d'oxyde de cobalt, de ne pas fondre à une chaleur trop intense; le bleu devient alors court et d'un emploi difficile.

Nous donnerons ici, comme nous l'avons fait pour les autres matières colorantes, quelques compositions, en les distinguant naturellement par espèces de poteries. Nous commencerons par les faïences communes, pour finir par les faïences fines et les porcelaines dures.

Faïences communes. — Nous avons vu comment on préparait les émaux blancs pour faïence, on trouve dans le commerce quelques pièces de faïence colorées en jaune, en vert, en brun, en bleu. Nous indiquons ici les dosages au moyen desquels on obtient ces colorations.

1° Émail jaune. On fait usage d'émail blanc, on ajoute soit de l'oxyde d'antimoine, soit du jaune de Naples. On peut fondre d'une seule pièce les éléments suivants, qui donnent une composition suffisamment fusible.

Minium	125
Sable	50
Borax	25
Antimoniate de potasse	10
Oxyde de fer rouge	2

2° Émail bleu. On mélange :

Émail blanc	95
Oxyde de cobalt azur	5

En augmentant la dose de bleu d'azur, on obtient un bleu plus intense.

3° Émail vert. On mélange encore :

Émail blanc	95
Oxyde de cuivre	5

4° Émail vert-pistache. On triture ensemble :

Émail blanc	94
Protoxyde de cuivre	4
Jaune de Naples	2

5° Émail violet. On mélange :

Émail banc	94
Carbonate de manganèse pur	6

Tous ces émaux peuvent se faire, comme l'émail blanc, en mélangeant les oxydes à la composition qui doit donner le blanc et fondant de la même manière que s'il s'agissait de fondre de la glaçure ordinaire. Dans quelques cas, on se contente d'ajouter l'oxyde colorant aux émaux blancs finement broyés.

Il faut éviter pendant la cuisson de placer à côté des pièces blanches celles qui sont vertes ou bleues, car il y aurait coloration par volatilisation.

Poteries colorées. — Les poteries communes reçoivent des colorations très-variées du fait de l'addition à leur glaçure de principes colorants. Les poteries jaunes, par exemple, sont obtenues au moyen de l'addition d'une certaine quantité de minium dans la glaçure.

1° Poterie jaune. On prend :

Minium	70
Argile de Vanvres	16
Sable de Belleville	14

2° Poterie brune. On triture ensemble :

Minium	70
Argile de Vanvres	13
Sable de Belleville	13
Oxyde de manganèse	14

3° Poterie verte. On mélange :

Minium	66
Argile de Vanvres	15
Sable de Belleville	15
Oxyde de cuivre	4

Ces matières sont mêlées ensemble, puis broyées dans des meules en grès mues à bras à l'aide d'un manche vertical attaché sur un point de la circonférence.

On fait usage, dans les fabriques importantes, de tournants qu'on affecte au broyage d'une même couleur.

Porcelaine tendre française. — On prépare un flux de très-bonne qualité pour les fonds de porcelaine tendre employés comme vernis coloré ou comme fond de couleur applicable sur la poterie déjà mise en glaçure, en fondant :

Sable	825 grammes.
Minium	500 —
Carbonate de soude	200 —

Ce flux est coloré de la manière suivante, en ajoutant avant la fonte :

	Savoir :	
En turquoise bleue	oxyde de cuivre	100
En turquoise verte	oxyde de cuivre	100
	oxyde de chrome	2
En vert-pomme	oxyde de cuivre	100
	oxyde de chrome	10
En jaune verdâtre	oxyde de cuivre	100
	oxyde de chrome	15
En bleu foncé	oxyde de cobalt	16
En bleu moyen	oxyde de cobalt	6
En bleu pâle	oxyde de cobalt	1,5
En lilas clair	oxyde de manganèse	40
En violet clair	oxyde de manganèse	60
	oxyde de cobalt	3
En ivoire	oxyde de fer rouge	80
En rose foncé	or à l'état de pourpre	0,64
En rose clair	or à l'état de pourpre	0,32

Ces exemples suffisent pour donner l'indication de la marche à suivre ; on mélange les éléments du fondant, on ajoute les oxydes colorants, puis on fond ; je fais ces fontes dans un petit fourneau métallurgique. Un avantage de ces fonds, c'est qu'ils peuvent être appliqués sur des pâtes ou des engobes colorés, et donner par superposition des colorations qu'il ne serait pas possible d'obtenir autrement.

Les Chinois font un assez grand usage de superpositions, et l'emploi de ce moyen ajoute à leur fabrication un caractère très-grand d'originalité.

On donne aux fonds colorés, dans la glaçure dont on recouvre les porcelaines, le nom de fonds par immersion. Cette désignation vient de ce que ces glaçures colorées sont appliquées comme les autres glaçures, et par les méthodes expéditives de l'immersion. Cependant, exceptionnellement, on se sert de l'arrosement pour poser les fonds des faïences communes; et c'est par saupoudration ou tamisage qu'on a placé jusqu'à ce jour les fonds dont on fait un grand emploi sur la porcelaine tendre.

C. Examinons les émaux pour peindre. Les couleurs qui composent les assortiments, employées en Chine et que différents voyageurs ont apportées en France, sont, les unes brutes, et les autres préparées.

La différence qui les sépare n'existe seulement, quelquefois, que dans la préparation mécanique qu'on fait subir à la couleur brute pour la rendre susceptible d'être appliquée, au pinceau, sur la pièce à décorer; d'autres fois, en même temps qu'on broie la couleur brute, on y ajoute, ou de la céruse, si l'on veut la rendre plus fusible, ou du sable, si on la trouve trop tendre.

Dans le premier cas, la couleur brute doit présenter, avec la couleur préparée, une identité complète de composition. Nous avons, M. Ebelmen et moi, autant que nous l'avons pu, analysé simultanément les deux espèces de couleurs. Je ne puis donner ici les résultats de ce travail; j'indique, pour y recourir au besoin, le *Recueil des travaux scientifiques* d'Ebelmen, t. I, p. 377.

Quelle que soit leur origine, les couleurs qui servent à la Chine dans la décoration des porcelaines présentent toutes, en même temps qu'une grande simplicité, un caractère de généralité qui ne peut échapper; le fondant qui n'est pas distinct dans la couleur est toujours composé de silice, d'oxyde de plomb dans des proportions peu variables et d'une quantité plus ou moins grande d'alcalis (soude et potasse). Ce fondant maintient en dissolution à l'état de silicates quelques centièmes seulement d'oxydes colorants dont le nombre est excessivement restreint. Les matières colorantes sont : l'oxyde de cuivre pour les verts et verts bleuâtres, l'or pour les rouges, l'oxyde de cobalt pour les bleus, l'oxyde d'antimoine pour les jaunes, l'acide arsénique et l'acide stannique pour les blancs, quelquefois le phosphate de chaux.

L'oxyde de fer et les oxydes de manganèse impur, qui donnent, l'un du rouge, l'autre du noir, font seuls exception, et c'est sans doute parce qu'il est impossible d'obtenir ces couleurs, par voie de dissolution, avec ces derniers oxydes; ces matières rentrent alors dans la classe des couleurs proprement dites.

Cette composition spéciale des couleurs de la Chine entraîne des aspects particuliers dans les décorations qu'elles servent à produire, et c'est d'elle que les peintures chinoises et japonaises tirent leur caractère distinctif.

Quelques couleurs s'appliquent directement, telles que le commerce les fournit; d'autres, au contraire, exigent, avant de pouvoir être employées, une addition variable fixée par l'expérience, préalablement sans doute; on les ramène de la sorte à se développer toutes à une température déterminée. L'assortiment rapporté de Canton, enlevé sur la table d'un peintre chinois, nous donne l'exemple d'une palette toute préparée. Les additions avaient dû être faites, et nous avons pu constater que la céruse ajoutée l'a été pour la plupart en petite quantité, si même celle que l'analyse nous a fait découvrir ne provient pas d'un commencement d'altération de la couleur pendant le broyage.

En Europe, les couleurs pour peindre la porcelaine dure sont formées par un mélange de certains oxydes et de certains fondants; nous venons de dire que les couleurs de la Chine diffèrent complétement, et pour la nature des éléments du fondant, et pour les proportions de l'oxyde colorant. On ne trouve pas des différences moins tranchées quand on envisage l'état dans lequel se trouve la matière colorante dans ces deux sortes de couleurs. Et les deux assortiments ne peuvent plus être comparés quand on vient à établir le parallèle entre les substances employées, dans les deux cas, comme principes colorants.

On vient de voir que les oxydes dans la palette des Chinois étaient bornés à l'oxyde de cuivre, à l'or, à l'antimoine, à l'arsenic, à l'étain et à l'oxyde de cobalt impur, qui donne tantôt du bleu, tantôt du noir; enfin à l'oxyde de fer, qui fournit une nuance de rouge. Nous verrons que dans les couleurs d'Europe, pour lesquelles on fait usage des divers oxydes que nous venons de citer, on tire, en outre, un très-grand parti de substances inconnues des Chinois. On modifie la nuance de l'oxyde de cobalt pur en le combinant à l'oxyde de zinc ou à l'alumine, quelquefois à l'alumine et à l'oxyde de chrome; l'oxyde de fer pur fournit une dizaine de rouges nuancés du rouge orangé au violet de fer très-foncé; on obtient des ocres pâles ou foncés, jaunes ou bruns, en combinant diverses proportions d'oxyde de fer, d'oxyde de zinc et d'oxyde de cobalt ou de nickel : les bruns se préparent en augmentant la dose de l'oxyde de cobalt contenu dans la composition qui fournit les ocres; les noirs, par la suppression de l'oxyde de zinc dans les mêmes préparations. Nous varions les nuances de nos jaunes par des additions soit d'oxyde de zinc ou d'étain pour les éclaircir, soit d'oxyde de fer pour les rendre plus foncés. L'oxyde de chrome pur ou combiné, soit à l'oxyde de cobalt, soit aux oxydes de cobalt et de zinc, donne des verts jaunes et des verts bleuâtres qui peuvent varier du vert pur au bleu presque pur.

L'or métallique nous fournit le pourpre de Cassius, que nous transformons ensuite, à volonté, en violet, en pourpre ou en carmin. Nous citerons encore l'oxyde d'urane, les chromates de fer, de baryte, de cadmium, qui donnent d'utiles couleurs, et nous terminerons en indiquant l'application toute récente des métaux inoxydables au feu, dont la découverte et la préparation exigent des connaissances en chimie que les Chinois sont loin de posséder.

Tous ces différents principes colorants se trouvent dans les couleurs européennes à l'état de simple mélange; dans les couleurs des Chinois, les oxydes sont, au contraire, dissous, et cette circonstance nous permet de les rapprocher d'une autre sorte de produits qui, répandus à la Chine, se présentent aussi fréquemment dans l'industrie d'Europe. Ce rapprochement nous permet de classer ces matières colorantes parmi les émaux proprement dits; et, en effet, nous avons trouvé dans les composés vitreux, qui sont désignés en France sous le nom d'émaux, non-seulement la même coloration obtenue par les mêmes oxydes, mais une composition de fondant analogue et quelquefois identique. Les émaux transparents ne sont-ils pas, comme on sait, des composés vitreux, dont la composition est variable en vertu de la fusibilité qu'ils doivent offrir, et colorés par quelques centièmes d'oxydes. Les bleus sont fournis par de l'oxyde de cobalt, les verts par du deutoxyde de cuivre, les rouges par de l'or; les émaux opaques, jaunes ou blancs, doivent leur coloration, leur opacité, soit à l'antimoine, soit à l'acide arsénique ou à l'acide stannique, quelquefois au phosphate de chaux.

Voici, du reste, les analyses que nous avons faites de différents émaux pris dans le commerce et destinés à la fabrication des bijoux émaillés sur cuivre, sur or ou sur argent :

	Bleu.	Rubis.	Vert.
Perte au feu	1,00	0,06	0,10
Silice	51,00	47,70	53,68
Oxyde de plomb	31,57	31,19	25,30
Oxyde de cobalt	1,00	0,10	0,00
Oxyde de fer	traces.	0,40	0,46
Oxyde de manganèse	0,00	1,20	0,20
Alumine	traces.	0,26	0,60
Chaux	2,00	1,80	1,26
Magnésie	traces.	traces.	traces.
Oxyde de cuivre	traces.	traces.	0,60
Or métallique	0,00	0,46	0,00
Potasse et soude	10,34	13,23	17,80
Oxyde d'étain	»	3,60	0,00
	100,00	100,00	100,00

Les fondants qui servent pour l'émaillage soit de l'or, soit de l'argent, soit du cuivre, celui qu'on applique sur la peinture dite sous fondant, peuvent encore être comparés avec les couleurs dont les Chinois se servent pour décorer leurs porcelaines; on trouve que ces composés sont semblables. Il n'y a de différence entre eux que sous le rapport de la fusibilité, qui est un peu plus grande pour les émaux chinois.

	Fondants pour		
	Argent.	Or.	Peinture.
Perte au feu.	0,30	0,10	0,10
Silice	48,10	53,60	44,82
Oxyde de plomb. . . .	38,25	31,16	41,59
Oxyde de cuivre. . . .	0,32	traces.	traces.
Oxyde de fer.	0,25	0,40	0,31
Oxyde de manganèse. .	0,00	0,60	0,15
Alumine.	0,14	0,54	0,46
Chaux.	0,60	0,26	0,82
Magnésie.	traces.	traces.	0,05
Alcalis.	12,04	12,31	11,70
	100,00	100,00	100,00

Nous avons complété ces recherches en faisant l'essai des assortiments que nous avons examinés, M. Ebelmen et moi, sur des porcelaines de Chine et sur des porcelaines d'Europe. Sur porcelaine de Chine, les couleurs se sont développées à une température inférieure à la température du feu de retouche des peintures de fleurs à la manufacture de Sèvres; elles n'ont pas écaillé. Mais, sur la porcelaine de Sèvres, bien qu'elles fussent développées, elles se sont toutes détachées par écailles. On savait depuis longtemps, par suite d'expériences directes, que les émaux ne pouvaient servir que difficilement à la décoration des porcelaines d'Europe, précisément à cause du grave défaut que je viens de signaler. Quelle que soit la cause qui détermine sur les porcelaines européennes le défaut d'adhérence des émaux, nous pensons qu'elle réside dans la différence de nature de la couverte des deux porcelaines.

Nous avons vu plus haut que la pâte plus fusible des porcelaines de Chine devait être recouverte d'une glaçure plus fusible que celle dont on se sert en Europe, et c'est l'introduction de la chaux dans la couverte qui, diminuant l'infusibilité de cette glaçure, modifiant peut-être sa dilatabilité, en rapproche les propriétés physiques des propriétés des émaux. Si l'aspect des porcelaines des Chinois est différent de celui de nos productions, si l'harmonie des décorations de ces peuples paraît plus complète, c'est, suivant nous, le résultat forcé de leurs méthodes. Toutes les couleurs dont ils se servent sont peu colorées; elles n'ont de valeur que sous une certaine épaisseur qui donne à leurs peintures un relief impossible à obtenir par d'autres moyens; l'harmonie de leurs peintures est la conséquence de la nature et de la composition de leurs émaux.

COULEURS.

Nous avons donné le nom de couleurs aux matières vitrifiables, employées dans la décoration céramique lorsqu'elles sont composées de telle sorte qu'elles portent en mélange la quantité de matière fondante capable de faire adhérer la peinture à la glaçure (vernis, émail ou couverte), et capable en même temps de lui communiquer après la cuisson un glacé semblable au moins à celui de la peinture à l'huile passée sous le vernis. Ce que nous avons dit déjà des oxydes, des engobes et des émaux s'applique parfaitement aux qualités que posséderont les couleurs pour être de bonne qualité. Nous n'aurons donc ici qu'à rappeler brièvement la plupart de ces qualités.

Toutes les couleurs doivent réunir plusieurs conditions indispensables à leur usage :

1° Fondre toujours à des températures déterminées et ne pas s'altérer à ces températures; l'emploi de toute couleur volatile ou d'origine organique est donc exclu d'une manière absolue;

2° Adhérer fortement au corps sur lequel on les applique; il faut en connaître la nature chimique pour apprécier son influence sur la couleur;

3° Conserver en général un aspect vitreux après la cuisson; je dis en général, car on a fait à diverses époques des peintures mates, mais c'est l'exception;

4° Être inattaquables par l'eau, par l'air humide ou sec et par les gaz répandus dans l'atmosphère;

5° Enfin, être en rapport de dilatabilité avec les surfaces qu'elles recouvrent.

Les couleurs doivent en outre, pour être d'un bon usage, posséder plusieurs qualités spéciales, comme une fusibilité toujours plus grande que celle de l'excipient sur lequel on les applique. Quelquefois la différence entre la fusibilité de la glaçure et celle de la couleur est considérable, comme pour la porcelaine dure; dans d'autres cas, cette différence est presque nulle; c'est ce qui arrive pour les couleurs de porcelaine tendre et de faïence. C'est un avantage réel, car la couleur pénètre la glaçure et s'identifie pour ainsi dire avec elle sans courir aucun risque de se détacher en écailles.

La dureté des couleurs varie avec leur composition. On doit toujours leur donner le degré de dureté nécessaire pour qu'elles résistent suffisamment au frottement des corps durs avec lesquels elles peuvent être en contact. Quant à leur résistance à l'action chimique des corps, elles ne doivent éprouver aucune altération de la part des substances auxquelles elles sont exposées dans les conditions ordinaires, telles que les acides végétaux, les graisses chaudes et le gaz sulfhydrique que dégagent les œufs en cuisant ou qui peut être répandu dans l'atmosphère.

La dilatabilité des couleurs comparée à celle du corps qui les reçoit paraît être l'une des conditions les plus importantes auxquelles les couleurs soient assujetties.

On peut grouper les couleurs sous différents points de vue. Celui qui fera remarquer entre elles les différences les plus réelles nous semble le meilleur. Or ce sont les températures auxquelles elles se développent bien sans s'altérer, c'est-à-dire les températures qu'elles doivent ou peuvent éprouver pour être cuites, qui nous paraissent offrir ce point de vue capital. Nous les diviserons donc en couleurs de moufle ordinaire ou couleurs tendres, en couleurs de demi-grand feu ou couleurs dures, enfin en couleurs de grand feu. Les deux premiers groupes s'appliquent sur les glaçures; le troisième groupe cuit avec la glaçure et doit donc être soumis au même degré de chaleur que celle-ci sans être altéré.

La plupart des décorations au grand feu sont des émaux; il n'y a que très-peu de couleurs proprement dites. Les couleurs des deux premiers groupes diffèrent peu dans leur composition; celles du troisième groupe en exigent une plus spéciale.

Avant d'entrer dans la description des couleurs de ces trois groupes et de leur application aux diverses poteries, il faut faire connaître la préparation des éléments qui entrent dans leur composition : ce sont les oxydes métalliques et les fondants. Le succès qu'on peut obtenir constamment dans la préparation des couleurs dépend de la pureté des oxydes et de l'identité des fondants.

Il faut arriver au point d'être sûr qu'en prenant dans les bocaux les oxydes et les fondants préparés dans des circonstances convenables, on prend un corps qui est toujours le même, non-seulement dans sa composition chimique, mais dans son état moléculaire, ce dernier ayant une grande influence sur la nuance de la matière colorante après la cuisson.

Une étude attentive et raisonnée des matières employées à la décoration des poteries, considérées sous le double point de vue des oxydes et des fondants, est seule capable de garantir d'une foule d'erreurs qu'on ne peut éviter ordinairement que par des tâtonnements pénibles; seule encore elle permettra d'obtenir, toutefois avec des formules convenables, des couleurs de composition parfaitement définie.

Pour faciliter l'étude des couleurs envisagées de cette manière, nous conserverons donc ici la distinction qu'ont établie MM. Dumas et Brongniart entre les oxydes et les fondants : c'est sur cette même distinction que repose la différence que nous avons admise nous-même entre les couleurs et les émaux.

Sous le nom de couleurs vitrifiables, on confondait généralement autrefois la couleur elle-même et son fondant; on considérait ces deux substances comme capables de s'unir chimiquement par la fusion et comme formant après celle-ci un tout homogène. J'ai fait voir depuis longtemps que dans quelques cas seulement il en est ainsi : l'oxyde de cobalt, les oxydes de cuivre ne donnent, en effet, de coloration qu'à l'état de silicates ou de sels; mais pour toutes les autres couleurs, au contraire, l'oxyde de chrome et l'oxyde de fer en offrent un exemple remarquable, le fondant n'est qu'un véhicule qui enveloppe le principe coloré et le fixe sur l'excipient sur lequel on l'applique. Cette distinction une fois admise, il est permis de considérer isolément, l'une après l'autre, la couleur proprement dite et son fondant; on peut étudier séparément la préparation chimique des éléments colorants, les oxydes et la fabrication des principes fusibles qui doivent les faire adhérer ou glacer à la surface des corps sur lesquels on les pose. Les conditions indispensables auxquelles les matières colorantes doivent satisfaire, limitent notablement le nombre des substances susceptibles de servir à la fabrication des couleurs vitrifiables. Nous les avons fait connaître; ces considérations nombreuses ne sont cependant pas les seules dont il faille tenir compte. Dans la peinture sur porcelaine, et c'est là surtout qu'il importe d'atteindre la perfection, quand les couleurs doivent être mélangées pour produire des nuances variées à l'infini, on comprend la nécessité de proscrire l'emploi de toutes les substances qui, à la température de la cuisson, pourraient réagir les unes sur les autres de manière à changer de ton; cette nouvelle considération limite encore considérablement le nombre des principes colorants d'un emploi certain.

Jusqu'à présent les matières employées sont, parmi les oxydes simples :

L'oxyde de chrome;	L'oxyde de cobalt;
L'oxyde de fer;	L'oxyde d'antimoine;
L'oxyde d'urane;	L'oxyde de cuivre;
L'oxyde de manganèse;	L'oxyde d'étain;
L'oxyde de zinc;	L'oxyde d'iridium.

Parmi les sels purs ou mêlés de matières terreuses :

Le chromate de fer;	Le pourpre de Cassius;
Le chromate de baryte;	La terre d'Ombre;
Le chromate de plomb;	La terre de Sienne;
Le chlorure d'argent;	Les ocres rouges et jaunes.

Nous ne saurions faire connaître ici, sous peine de donner à cet article une étendue beaucoup trop considérable, les diverses méthodes auxquelles on doit recourir pour la préparation de ces différentes matières, en vue surtout des couleurs dans la composition desquelles elles entrent; nous nous bornerons, après avoir renvoyé le lecteur à nos *Leçons de céramique*, t. I et II, à présenter quelques dosages qui se rapportent à la fabrication des couleurs proprement dites.

Cet exposé sera précédé de l'indication des principaux fondants.

Si l'on fixe son attention sur la nature chimique des différentes glaçures sur lesquelles on peut appliquer les couleurs vitrifiables; si l'on considère que les unes fondent à une température voisine de celle à laquelle les couleurs se fixent; que les autres, plus dures, ne s'y ramollissent pas, et qu'alors toute la fusion doit provenir du fondant, on admettra sans peine que la température à laquelle les couleurs se cuisent est variable avec la nature du produit que l'on veut décorer, et que l'action des divers agents fusibles doit être différente pour à peu près tous les genres de poterie.

On conçoit donc qu'il y a des différences tranchées entre tous les fondants. Elles tiennent à la composition des matières fusibles qu'on emploie dans leur préparation et aux proportions dans lesquelles on les mélange. Nous prendrons comme exemple les couleurs tendres de porcelaine dure, et parce que ce sont les plus nombreuses, et parce qu'elles peuvent servir de point de départ facile et simple pour les couleurs applicables à la décoration des autres poteries. Nous en déduirons quelques composés propres à décorer la faïence stannifère.

Les matières qui entrent dans la composition des fondants sont :

Le sable ou quartz;	Le nitre;
Le feldspath;	Le carbonate de potasse;
L'acide borique;	Le carbonate de soude;
Le borax;	Le minium et la litharge;
Le borate de chaux;	L'oxyde de bismuth.

Nous connaissons déjà toutes ces substances qui entrent, comme parties fusibles, soit dans les pâtes céramiques, soit dans les glaçures de ces pâtes. Nous ajouterons que, quelque variées que puissent être les proportions dans lesquelles on pourrait combiner ces substances pour obtenir des composés plus ou moins fusibles, les conditions qui limitent le nombre des couleurs vitrifiables limitent sensiblement aussi le nombre de ces fondants; et l'on comprend les motifs qui ont fait réduire au plus petit possible le nombre de ces fondants. Les couleurs qui servent à décorer le même excipient doivent se mêler ensemble, et cette condition est surtout indispensable pour la peinture sur porcelaine. Mélangées en toutes proportions pour produire les tons variés à l'infini dont l'artiste a besoin, ces couleurs doivent porter chacune la nuance qui lui est propre; il faut donc écarter les matières fusibles qui modifieraient les oxydes, et ne faire usage que de fondants qui présentent une certaine analogie dans leur composition.

L'étude des fondants se réduit à celle de six composés, tous employés comme principes fusibles dans la préparation des couleurs de porcelaine dure, et pouvant entrer comme fondants, avec quelques légères modifications, dans les couleurs de porcelaine tendre, des faïences fines et communes, etc. Ces fondants principaux ont dans l'industrie des couleurs vitrifiables des noms particuliers. Nous leur donnerons des numéros d'ordre pour les faire figurer d'une manière très-brève dans les dosages que nous nous proposons de donner; ce sont :

Le fondant aux rouges, n° 1;	Le fondant de pourpre, n° 4;
Le fondant aux gris, n° 2;	Le fondant de violet, n° 5;
Le fondant de carmin, n° 3;	Le fondant de bleu, n° 6.

Fondant n° 1. — On fond :

Sable.	200
Minium.	600
Borax fondu.	100

On coule quand tout est fondu et l'on pile dans un mortier de porcelaine.

Les observations qui suivent sur cette préparation ont leur importance : on mêle bien les trois éléments qui composent le fondant, on fait fondre dans un fourneau qui donne un bon coup de feu; la masse se trouve convertie en un verre jaune verdâtre, si le minium ou la litharge dont on s'est servi ne contient que très-peu de cuivre. C'est un borosilicate de protoxyde de plomb et de soude.

Quelques fabricants fondent le mélange de sable de minium et de borax dans un creuset qu'ils exposent, pendant toute la durée de la cuisson, à la température du dégourdi des fours à porcelaine. Après le défournement, ils cassent le creuset pour en retirer le fondant; c'est une mauvaise méthode. Exposé longtemps à la chaleur, sous l'influence des vapeurs humides ou réductives, le fondant perd de l'oxyde de plomb et devient plus dur; il subit, en outre, l'action du creuset, qui lui cède de l'alumine et de la silice, ce qui le durcit encore. Je préfère lui conserver sa composition et sa fusibilité intactes en le fondant rapidement. On le coule sur une plaque de métal aussitôt après fusion complète.

Fondant n° 2. — On fond comme précédemment le même mélange, mais on triture dans un mortier de fer. On fond ces mélanges dans un creuset de terre, dans un bon fourneau; on coule.

Les observations que nous avons faites au sujet du fondant n° 1 s'appliquent encore à celui-ci.

Fondant n° 3. — Il sert pour les carmins. On fond le mélange suivant :

Borax	500
Sable	300
Minium	100

On ne coule pas; on retire avec les pinces : la matière fondue est blanchâtre et opaline.

Fondant n° 4. — Pour les pourpres. On fond et on retire avec les pinces, comme plus haut, le mélange suivant :

Borax	600
Sable	400
Minium	100

Fondant n° 5. — Pour les violets. On fait fondre après trituration :

Sable	100
Minium	400
Acide borique cristallisé	400

Le verre qui résulte de cette fonte est très-fusible.

Fondant n° 6. — Pour les rouges et les bleus. On fond :

Minium	600
Acide borique cristallisé	300
Sable	100

Ce fondant est assez fusible.

Quelques praticiens recommandent de couler dans l'eau ces différents fondants; c'est une précaution qui ne peut être que nuisible; elle enlève certainement du borax au fondant et ne peut l'améliorer sous aucun rapport.

Nous avons dit que les oxydes ne supportaient pas tous également bien une température élevée. De là des distinctions essentielles entre les couleurs vitrifiables. Nous avons vu que celles qui peuvent résister sans altération à la température nécessaire pour cuire les vernis, émaux ou couvertes de poteries, s'appellent couleurs au grand feu.

Elles sont d'autant moins nombreuses que les glaçures doivent cuire à une température plus élevée. Nous ne devons pas oublier qu'un grand nombre de celles applicables sur les porcelaines dures, comme le bleu de cobalt, le verre de chrome, les bruns de fer, de manganèse et de chromate de fer; les jaunes obtenus avec l'oxyde de titane, les noirs d'urane, sont plutôt des émaux ou des oxydes que des couleurs proprement dites.

Nous rappellerons aussi que, d'une part, les colorations de grand feu, mais de seconde température, cuites sur porcelaines tendres, que les violets, les rouges et les bruns de manganèse, de cuivre et de fer, qui décorent quelques porcelaines de la Chine, ne sont encore que des émaux; il en est de même pour les faïences fines et communes, des jaunes d'antimoine, des bruns de manganèse, des verts de cuivre et des bleus de cobalt.

Nous voyons qu'en réalité les couleurs de grand feu, en tant qu'on ne considère que les couleurs proprement dites, sont très-peu nombreuses. Ces dernières sont, au contraire, fréquentes parmi les matières colorantes qui ne peuvent supporter une très-haute température sans éprouver de grandes altérations, et qui, pour cela, doivent être fondues à une température de beaucoup inférieure; le maximum n'atteint pas le degré de fusion de l'argent fin; elles portent le nom de couleurs de moufle pour les porcelaines et les faïences fines, et de couleurs de réverbère pour la faïence émaillée. On conçoit, dans cette dernière série, la possibilité d'en avoir de toutes les nuances, pour toutes les sortes de peintures et de glaçures.

Les couleurs au grand feu, prises dans leur ensemble, émaux et couleurs proprement dites, ont sur les couleurs de moufle un grand avantage, c'est celui de pouvoir recevoir, sans se ramollir, la dorure dont on veut les rehausser. Cette considération a dirigé des essais dont le succès a été complet, et qui fournissent aux décorateurs une série plus complète que la palette au grand feu; on les a nommées couleurs de demi-grand feu ou couleurs de moufle dures. Ces couleurs se glacent au moufle, mais à une température bien plus élevée que les couleurs à peindre, qu'on désigne sous le nom de couleurs de moufle tendres. Ces couleurs une fois cuites peuvent recevoir d'autres couleurs, la dorure brunie, le platinage, etc., sans qu'on soit obligé, comme pour les couleurs tendres, d'enlever au grattoir la couleur qui fait le fond; ce qui était très-long, et rendait très-difficiles et très-coûteuses les dorures ou ornements sur fond de couleur tendre.

Lorsque, par les procédés que nous avons détaillés, on s'est procuré, d'une part, les oxydes, de l'autre, les fondants, il faut composer la couleur et la rendre propre à l'emploi. On la prépare par le mélange, en proportions déterminées, des oxydes ou principes colorants, avec le fondant qui doit les faire adhérer. Quelquefois, mais en apparence seulement, on opère différemment; alors les procédés dont on se sert sont économiques en temps et en dépenses, ils permettent d'accomplir simultanément deux opérations distinctes qu'il est facile de séparer par la pensée : d'abord la préparation du principe colorant, puis le mélange de ce principe avec la composition fusible qui doit le fixer et le faire glacer. Ainsi lorsqu'on met dans un creuset du minium, du sable, du borax et de l'antimoniate de potasse, on fait en même temps du jaune de Naples et du fondant. On les fait ensemble; on pourrait les faire isolément, puis les mêler, et la couleur n'en serait ni moins belle, ni moins bonne. Le premier procédé est économique et court; le second serait plus dispendieux et plus long.

Considérées sous le rapport des procédés mis en usage pour les fabriquer, les couleurs pourraient être divisées en trois groupes :

1° Les couleurs qui se fondent;
2° Les couleurs qui ne se fondent pas;
3° Les couleurs qui se frittent.

A. Les couleurs qui ne se fondent pas sont celles

qui, comme les couleurs fournies par l'oxyde de fer et l'oxyde de chrome, ont de suite à l'emploi le ton qu'elles doivent avoir, ou qui, comme les couleurs tirées de l'or, ne supporteraient pas cette fusion préalable sans s'altérer; les oxydes se mêlent seulement aux fondants.

B. Les couleurs qui se fondent sont celles dans la composition desquelles entrent des oxydes qui seuls n'ont pas de couleur et qui ne sont colorés qu'à l'état de sels, c'est-à-dire en combinaison, soit avec la silice, comme le cobalt et le cuivre, soit avec le plomb, comme l'antimoine. Les verts de cuivre, les bleus de cobalt et les jaunes d'antimoine sont dans ce cas; on mêle les oxydes avec les fondants, et on fond à une température variable pour chaque couleur, afin de déterminer la combinaison colorée.

C. Les couleurs qui se frittent seulement sont celles qui n'ont pas le ton à l'emploi; l'oxyde, comme dans le cas qui précède, n'a pas le ton qu'il doit conserver, mais la température de la fusion serait trop élevée; l'oxyde et le fondant sont mêlés, et la température, graduellement élevée, sert seulement à ramollir la surface. Ces couleurs sont les plus délicates.

Toute couleur doit, à l'usage, être considérée sous deux points de vue très-importants :

1° Le ton, la nuance même qu'elle doit présenter après la cuisson, et dont il faut la rapprocher, autant que possible, avant d'être cuite;

2° La propriété de pouvoir former, avec d'autres couleurs appropriées, des mélanges qui conservent ou prennent au feu les tons qu'on veut avoir. Cette dernière qualité, sans laquelle il serait impossible de faire de la peinture d'art, dépend uniquement de la pureté des corps qui entrent dans la composition. Une fois que des couleurs, par leur association en proportions sensiblement les mêmes, auront donné au feu, dans certaines limites de température, un ton ou une nuance voulue, elles donneront constamment la même; c'est donc à remplir ces conditions de pureté, de proportions bien déterminées, que doivent tendre les recherches et la science du chimiste chargé de les préparer.

Outre ces deux premières conditions, il faut que les couleurs possèdent une troisième qualité non moins importante, celle d'être glacées et de ne point écailler lorsque, mises à une épaisseur convenable, elles seront cuites à la température qui leur convient.

Les couleurs qui se frittent peuvent souvent offrir des teintes assez éloignées les unes des autres dans deux préparations différentes; c'est la température seule qui leur donne leur ton, et nous savons qu'il est très-difficile de la régler. Quand une couleur de cette nature n'a pas la nuance voulue, il est possible de la corriger, soit par des additions de couleurs qui, par leur mélange, la ramènent au ton désiré, soit par des additions de couleurs faites avec la même recette, mais péchant par le défaut contraire; le premier moyen doit être rejeté toutes les fois qu'il s'agira d'une couleur à mêler : il est bon tout au plus pour des couleurs de fond. La couleur ainsi corrigée perd sa composition, et c'est d'elle que dépendent ses bonnes qualités dans les peintures. Elle ne peut plus servir qu'employée sans mélange, comme couleur pour fond. Quant à la seconde méthode, elle ne saurait modifier les propriétés des couleurs; la composition reste constante, identique, et la couleur conserve ses propriétés fondamentales.

Nous allons donner maintenant, à titre d'exemple, les procédés à l'aide desquels on fabrique chaque couleur pour la porcelaine dure. Ils sont journellement employés à la manufacture de Sèvres. Mais comme il ne nous est pas possible de donner ici toute la série des couleurs préparées pour cet établissement, nos recettes seront en quelque sorte réduites à leur plus simple expression. Il sera facile d'en déduire la composition des couleurs de porcelaine tendre et de faïence fine; en effet, les bleus et les jaunes vont également bien sur la plupart des poteries, et pour les autres couleurs il suffit de mettre un peu moins de fondant lorsque les glaçures sont plus fusibles et ramollissables.

Couleurs pour porcelaine dure. — Nous commencerons par les blancs.

Blancs. — Les blancs ont pour base l'oxyde d'étain, l'acide arsénieux ou le phosphate des os; on modifie le blanc d'émail ou de faïence commune par une addition de nitre ou de minium.

Gris. — Les gris sont généralement des mélanges de couleurs variées; on distingue des gris clairs et des gris foncés :

Gris n° 1. — On mélange au mortier de porcelaine :

Noir n° 2	100
Gris n° 2	100
Bleu n° 4	200

Si le ton n'est pas tout à fait assez bleu, on ajoute un peu de bleu n° 4 après essais.

Gris n° 2. — On fait fondre :

Fondant n° 6	88
Carbonate de cobalt	8
Oxyde de fer jaune	4

On fond à une faible chaleur; on retire avec les pinces.

Gris n° 3. — On mélange sur la glace :

Jaune n° 4	600
Rouge n° 6	100
Rouge n° 7	100
Fondant n° 2	660
Jaune n° 2	10
Bleu n° 2	150

Gris n° 4. — On mélange les proportions indiquées ci-dessus pour le gris n° 1, avec la précaution de remplacer le rouge n° 6 par le rouge n° 1.

Gris n° 5. — On mélange les quatre substances qui suivent :

Jaune n° 4	100
Fondant n° 6	700
Gris n° 2	700
Bleu n° 2	300

Il faut ajouter aux recettes indiquées, comme pouvant fournir du gris, le platine métallique. J'ai appelé depuis quelques années l'attention des chimistes sur l'emploi de ce corps, que son infusibilité, son inaltérabilité sous l'influence de la plupart des agents chimiques, même à une température élevée, aurait dû déjà recommander. Lorsque l'on mélange au platine en poudre 4 fois son poids de fondant n° 2, on obtient un gris d'un ton fin, des meilleures qualités pour la peinture sur porcelaine, et dont il est facile de comprendre la supériorité sur les autres gris employés jusqu'à ce jour.

Toutes les fois que des oxydes de fer et de cobalt, ou de cobalt, de fer, de manganèse ou de cuivre, se trouvent en présence, en quantité notable, en contact avec une matière siliceuse capable de se fondre à la température à laquelle on l'expose, la couleur du composé multiple qui résulte de la fusion est noire, que l'oxyde de cobalt soit à l'état bleu ou non, que le fer soit rouge ou brun dans le mélange primitif. Cette proposition est vraie, même pour les températures élevées des fours à cristaux, comme pour celles plus élevées encore des fours de verrerie.

C'est sur ces réactions, connues de tous les chimistes,

qu'est fondée la préparation des gris et des noirs généralement employés pour peindre les porcelaines dures et tendres, les cristaux, les verres, etc. On en varie la nuance et l'intensité en variant les proportions respectives des oxydes de cobalt, de fer, de zinc, et en augmentant la proportion du fondant dit au gris dont j'ai donné la composition plus haut, pour atténuer le ton et la couleur, pour obtenir des gris de plus en plus clairs.

Or, les bleus se font avec des oxydes de cobalt et de zinc, et ces couleurs sont d'autant plus vives, que les oxydes employés renferment moins d'oxyde de fer ou de manganèse.

Les rouges sont fournis par l'oxyde de fer, les ocres par l'oxyde de fer et l'oxyde de zinc, et ces nuances sont d'autant plus pures, que les oxydes de fer et de zinc sont eux-mêmes plus dépouillés d'oxydes étrangers, comme ceux de cuivre et de manganèse.

Il est donc bien évident que lorsque l'artiste veut rompre du bleu, du rouge ou de l'ocre, et qu'il y mêle le gris ou le noir que met à sa disposition la palette actuelle, il fait un mélange, dans des proportions qu'il ignore, d'oxyde de fer, de cobalt et de zinc, dont la couleur est noire, et dont il ne peut prévoir ni l'intensité ni la nuance qu'avec une très-grande habitude; et d'ailleurs, comme le ton après la cuisson n'est nullement celui qu'il applique sur sa peinture, puisque le ton bleuâtre et le ton rouge sont altérés et peuvent même disparaître entièrement, il ne peut donner à sa peinture crue l'aspect qu'elle prendra quand le vernis sera développé par le feu. Il faut que le peintre travaille au jugé, qu'il mette son œuvre en harmonie en voyant sa peinture, non comme elle est réellement, mais telle que la cuisson doit la faire apparaître.

C'est là un inconvénient, un inconvénient fort grave, surtout dans la peinture des figures, dans la reproduction sur porcelaine des tableaux des grands maîtres, où il importe d'arriver à la perfection.

Le gris de platine n'offre aucun de ces inconvénients; comme il ne renferme pas d'oxyde de cobalt, il peut très-bien servir à rompre les rouges et les ocres sans qu'on ait à craindre qu'il communique aux ombres, par l'effet de la cuisson, une trop grande vigueur. Comme il ne contient pas d'oxyde de fer, on ne doit pas craindre qu'en le mélangeant avec les bleus, il les fasse noircir au delà de ce qu'on veut obtenir; il n'entre dans le mélange que pour le ton qui lui est propre, et qu'il conserve avant comme après la cuisson.

Considérée sous le rapport de sa fabrication, cette couleur est facile à faire et à reproduire toujours identique comme nuance et comme composition. On prépare facilement le platine en poudre; il suffit de précipiter une solution de chlorure de platine par du sel ammoniac en excès, et de chauffer jusqu'à évaporation complète de ce dernier sel : on obtient ainsi le platine sous forme d'une poudre grise, qu'on peut mêler immédiatement au fondant dans la proportion indiquée plus haut, et qui se laisse facilement broyer.

Le platine n'est pas le seul métal qui, employé dans ce sens, fournirait une couleur utile.

Tous les métaux qui l'accompagnent ordinairement dans sa mine pourraient, comme lui, réduits en mousse, servir au même usage et avec la même supériorité sur les gris composés de cobalt et de fer.

J'ai, dans ce but, essayé le palladium et le ruthénium. Le palladium donne un gris pâle; le ruthénium, un gris plus roux que celui de platine.

Depuis longtemps déjà, M. Frick avait indiqué l'usage du sesquioxyde d'iridium comme pouvant fournir un noir supérieur à tous les noirs connus. M. Malaguti, à la manufacture impériale de Sèvres, a vérifié les données de M. Frick. M. L. Robert en fit plus tard une petite quantité, et moi-même, en 1845, j'avais livré pour le service de Sèvres une centaine de grammes de gris d'iridium, dont les qualités purent être mises en relief par un usage journalier.

Le gris de platine est appelé à remplacer avantageusement ce dernier. Son prix est moins élevé, sa nuance plus agréable et sa préparation moins difficile.

Il est aussi beaucoup plus répandu, et, depuis dix ans environ qu'on s'en sert, l'expérience a pu faire prononcer sur sa véritable valeur. Aussi est-il entré définitivement dans la palette de la manufacture de Sèvres.

Noirs. — On les obtient par le mélange des oxydes de fer de cobalt, seuls ou combinés, aux oxydes de manganèse, de zinc ou de cuivre.

Noir n° 1. — On mélange les dissolutions provenant de l'attaque par l'acide chlorhydrique de 100 grammes fer et 100 grammes cobalt oxydé. On précipite par le carbonate de soude, on lave longtemps; quand tout a bruni, on fait sécher, on pulvérise, puis on calcine dans un têt à rôtir avec deux fois son poids de sel. On lave à l'eau bouillante et on sèche; on calcine à un fort feu, on prend l'oxyde noir ainsi préparé, on y ajoute :

Fondant n° 6	100
Fondant n° 2	100
Oxyde à noir	250
Bleu n° 2	50

Noir n° 2. — On mélange un oxyde fait comme plus haut en prenant 100 grammes fer métallique et 200 grammes oxyde de cobalt, savoir :

Fondant n° 6	500
Oxyde à noir	100

Bleus. — Pour faire les bleus, je fais d'abord une fonte, dans laquelle je développe la teinte de l'oxyde de cobalt. Pour les bleus rappelant la teinte de l'indigo, le silicate de cobalt est avivé par l'oxyde de manganèse; pour les autres bleus, sa nuance est azurée par l'oxyde de zinc.

Bleu n° 1. — On fait une fonte que nous appellerons A :

Sable	50
Minium	50
Carbonate de soude sec	12
Carbonate de potasse sec	15
Oxyde noir de cobalt	6
Carbonate de manganèse	4
Nitrate de potasse	6

On fond tant qu'il y a bouillonnement, on coule et on mêle :

Fonte A	100
Bleu n° 2	500

On mélange au mortier sans refondre.

Bleu n° 2. — On mélange et on fond :

Fleurs de zinc	40
Carbonate de cobalt	20
Fondant n° 1	100

Nous appellerons cette fonte B.

On fait le mélange suivant :

Fonte B	200
Fondant n° 1	100

On triture sans fondre.

Bleu n° 3. — On mélange au mortier :

Fonte B	200
Fondant n° 1	200

On triture sans fondre.

Bleu n° 4. — On mélange au mortier :

Fonte B.	100
Fondant n° 1.	600

On triture sans fondre.

Bleu n° 5. — On mélange sans fondre :

Fonte B.	100
Fondant n° 1.	1000

On triture sans fondre.

Jaunes. — On se sert, pour les jaunes, d'oxyde d'antimoine, qu'on allie aux oxydes de fer ou de zinc. On fait un jaune très-foncé par l'oxyde d'urane.

Jaune n° 1.

Oxyde jaune d'urane.	100
Fondant n° 6.	300

On triture sans fondre.

Jaune n° 2. — On fond à un feu modéré :

Minium.	400
Acide borique cristallisé	90
Sable.	120
Antimoine diaphorétique.	120
Oxyde rouge de fer.	30

Jaune n° 3. — On mélange et on fait fondre :

Minium.	420
Acide borique cristallisé	90
Sable.	120
Antimoine diaphorétique.	120
Fleurs de zinc.	30

On fond légèrement et l'on retire avec les pinces comme pour le jaune n° 2.

Jaune n° 4. — On fond à l'état de verre bouteille l'un des deux mélanges suivants :

	a	b
Fondant n° 2.	880	840
Fleurs de zinc.	35	40
Oxyde de fer hydraté jaune.	70	80
Antimoine diaphorétique.	15	40

On pile après avoir coulé le verre bien liquide. Ces jaunes se mêlent aux rouges.

Couleurs d'or. — Ces couleurs sont obtenues par le pourpre de Cassius ; on connaît le carmin, le pourpre et le violet.

Carmin n° 1. — Il faut, pour faire cette couleur, broyer sur une glace du pourpre de Cassius humide, un peu de chlorure d'argent et des fondants, environ trois fois le volume du précipité d'or. On fait l'essai du mélange qu'on corrige par tâtonnements. Quelques nouvelles expériences m'ont démontré qu'on approchait très-près d'une bonne composition en pesant :

Or à l'état de pourpre	5,00
Argent à l'état de chlorure	1,70
Fondant de carmin	250,00

Carmin n° 2. — Cette couleur est le carmin tendre anglais ; on l'obtient avec le pourpre de Cassius et le fondant de carmin modifié, contenant :

Sable.	40
Borax.	30
Minium.	30

On ajoute 400 grammes de fondant pour les quantités d'or et d'argent indiquées ci-dessus.

DÉCORATION CÉRAMIQUE.

Pourpre n° 1. — On mélange au mortier parties égales de carmin n° 1 et de pourpre n° 2, savoir :

Carmin n° 1.	100
Pourpre n° 2.	100

On triture sans fondre.

Pourpre n° 2. — On suit les indications précises données plus haut pour faire le carmin, mais on se sert du fondant indiqué sous le n° 4. Il faut un peu de chlorure d'argent. Pour éviter les tâtonnements, on prend :

Or à l'état de pourpre.	5,00
Argent à l'état de chlorure.	1,25
Fondant de pourpre.	200,00

Violet n° 1. — On fait encore un mélange sur la glace de pourpre de Cassius et de fondant environ volumes égaux. En opérant avec des poids déterminés d'or et de fondant, on triture sur la glace :

Or à l'état de pourpre	5,00
Fondant de violet	150,00

On remplace le fondant de pourpre par celui donné sous le n° 5 dans la série des fondants. On n'ajoute ni bleu ni chlorure d'argent. On essaye la couleur humide.

Outremer. — L'alumine donne avec l'oxyde de cobalt un bleu semblable au bleu Thénard, qui devient la base de ces belles couleurs.

Outremer n° 1. — On prépare un oxyde outremer en faisant dissoudre dans l'acide azotique :

Hydrate d'alumine.	30
Carbonate d'oxyde de cobalt.	10

On évapore à sec, on triture, puis on calcine.

La trituration ne doit pas amener à l'état de poudre le mélange d'alumine et d'oxyde de cobalt desséché : il doit rester granulé. La couleur de l'oxyde doit être d'un beau bleu bien vif, sans trace de gris verdâtre.

On mélange au mortier :

Oxyde outremer.	100
Fondant n° 6.	250

On triture sans fondre.

Outremer n° 2. — On mélange sans fondre :

Oxyde outremer	100
Fondant n° 6.	350

Ocres. — Les ocres conservent leur ton particulier par suite de la présence de l'oxyde de zinc, qui semble remplacer l'eau de combinaison dans l'hydrate de peroxyde de fer.

Pour préparer les ocres, quel que soit leur ton, on prépare d'abord des oxydes en suivant exactement la marche que j'ai indiquée plus haut pour la préparation des oxydes propres à faire les noirs n°s 1 et 2. J'abrége d'autant cette description en renvoyant aux détails déjà donnés.

J'indique seulement ici, pour chacun de ces ocres, les oxydes et métaux qu'on mélange pour obtenir l'oxyde colorant qui doit être rougi et passé au sel, puis lavé et séché ; j'indique ensuite les proportions dans lesquelles il faut mêler l'oxyde à son fondant.

Ocre n° 1. — On prépare l'oxyde en faisant dissoudre dans l'acide chlorhydrique :

Fer métallique.	300
Zinc métallique.	300
Oxyde de nickel	20

On prend ensuite :

Oxyde à ocre n° 1	100
Fondant n° 2	300

Ocre n° 2. — On prépare l'oxyde avec :

Fer métallique	300
Zinc métallique	300
Oxyde de nickel	10

On prend ensuite :

Oxyde à ocre n° 2	100
Fondant n° 2	300

Ocre n° 3. — On prépare l'oxyde avec :

Fer métallique	300
Zinc métallique	300

On prend ensuite l'oxyde et le fondant n° 2.

Oxyde à ocre n° 3	100
Fondant n° 2	300

On triture sans fondre.

Ocre n° 4. — On triture sans fondre :

Oxyde à ocre n° 2	100
Fondant n° 2	400

Ocre n° 5. — On prépare l'oxyde avec :

Fer métallique	200
Zinc métallique	300

On prend ensuite pour les triturer sans fondre :

Oxyde à ocre n° 5	100
Fondant n° 2	400

Ocre n° 6. — On triture sans fondre :

Oxyde à ocre n° 5	100
Fondant n° 2	600

Rouges. — L'oxyde de fer qui sert à faire les rouges, quel que soit leur ton, provient de la couperose qu'on fait sécher et qu'on calcine à des feux d'autant plus élevés, qu'on veut préparer des rouges violacés. Les nitrates de peroxyde de fer conduisent de même à des nuances fort brillantes.

Les couleurs rouges, tirées du fer, ont principalement attiré mon attention, et j'ai cherché, par l'analyse, à déterminer leur composition : j'ai constaté que le rouge orangé est rendu plus fixe et plus vif par une addition à l'oxyde de fer ou d'oxyde de zinc ou d'alumine, et que les violets de fer doivent leur intensité et leur nuance bleuâtre à l'introduction d'une petite quantité d'oxyde de manganèse. J'ai cherché pourquoi deux rouges différaient d'éclat, la pureté chimique étant la même. Je crois qu'on acceptera l'explication telle que je l'ai proposée : elle s'applique de même aux autres couleurs.

La différence de nuance qu'acquiert l'oxyde de fer pur dépend de la température à laquelle on l'a porté. Toutes les nuances ne se maintiennent pas à la même hauteur; plus la température est élevée, plus le ton est vigoureux; on sait que toutes les couleurs que prend l'oxyde de fer varient de l'orangé au violet, c'est-à-dire qu'elles peuvent se décomposer en jaune rouge et bleu, couleurs simples qui donnent du gris plus ou moins foncé, suivant l'intensité des trois couleurs élémentaires. Plus la température est basse, plus il reste de jaune; plus elle est élevée, plus il s'ajoute de bleu.

Il me paraît évident, d'après cela, que la couleur sera d'autant plus pure que l'oxyde qui la produit sera formé de molécules identiques par la modification qu'elles auront reçue d'une même température. La nuance sera donc d'une pureté parfaite si toutes les molécules ont reçu la température nécessaire pour la développer, si aucune n'a reçu un coup de feu capable de la modifier, ou trop faible, qui laisserait du jaune, ou trop violent, qui augmenterait la dose du bleu.

Le tour de main doit donc consister à ne composer la couleur que de particules d'oxyde ayant subi la même température. On parvient à ce résultat en n'opérant à la fois que sur de petites quantités et en agitant constamment la masse. On arrête le feu quand la température a été maintenue pendant un temps suffisant; on essaye toutes les préparations successives, et on ne réunit que celles qui, au point de vue de la nuance, offrent un résultat identique, celles qui affectent la vue de la même manière; et c'est ici qu'un œil bien exercé, bien sensible, est de première nécessité; c'est ici que des études artistiques, même sérieuses, deviennent le complément indispensable de la science du chimiste.

Pour faire les rouges, on opère comme on vient de le dire. La nuance varie, en raison du coup de feu que l'oxyde a reçu, du rouge capucine au rouge violâtre.

On obtient ainsi des rouges n°s 1, 2, 3, 4, 5, 6, 7 et 8, en les mélangeant dans les proportions suivantes:

On triture sans fondre :

Oxyde de fer, de nuance voulue	100
Fondant n° 2	100
Fondant n° 6	300

Pour faire les rouges tendres, on triture encore sans fondre :

Oxyde de fer, de nuance voulue	100
Fondant n° 1	100
Fondant n° 6	800

On distingue ainsi des rouges orangé, sanguin, chair, carminé, laqueux, violâtre, violâtre-foncé, durs ou tendres, suivant la dose de fondant qu'on ajoute à l'oxyde.

Bruns. — Les bruns, comme les ocres, sont formés par le mélange d'un fondant et d'un oxyde; cet oxyde se prépare comme les oxydes noirs et comme les oxydes pour les ocres. Je crois pouvoir me borner à donner les dosages qu'il faut employer.

Brun n° 1. — On fait dissoudre, précipiter, etc. :

Fer métallique	400
Zinc métallique	400
Oxyde de cobalt	400

On triture ensuite sans fondre :

Oxyde à brun n° 1	100
Fondant n° 2	300

Brun n° 2. — On fait dissoudre, précipiter, etc. :

Fer métallique	400
Zinc métallique	400
Oxyde de cobalt	100

On triture ensuite sans fondre :

Oxyde à brun n° 2	100
Fondant n° 2	300

Brun n° 3. — On fait dissoudre, précipiter, etc. :

Fer métallique	400
Zinc métallique	400
Oxyde de cobalt	50

On triture ensuite sans fondre :

Oxyde à brun n° 3	100
Fondant n° 2	300

Brun nº 4. — On prépare un oxyde très-convenable en faisant dissoudre et précipitant :

Fer métallique	100
Zinc métallique	100
Oxyde de cobalt	25

On triture ensuite sans fondre :

Oxyde à brun nº 4	100
Fondant nº 2	300

Verts. — On fait les verts en mélangeant à du fondant des oxydes verts de diverses nuances qui ont pour base l'oxyde de chrome modifié dans sa teinte par sa combinaison avec d'autres oxydes métalliques.

Je donnerai d'abord pour les verts la préparation de l'oxyde. L'oxyde fait est ensuite mêlé, soit aux fondants, soit aux autres couleurs qui doivent en modifier la teinte. On suppose dans tout ce qui va suivre que l'oxyde de chrome a été préparé préalablement par la déflagration du bichromate de potasse avec la moitié de son poids de fleur de soufre.

Vert nº 1. — On prépare l'oxyde à vert nº 1 en triturant longtemps à l'eau sur une glace, savoir :

Oxyde de chrome vert	200
Oxyde de cobalt carbonaté	100
Alumine hydratée	200

On fait calciner à un fort feu, puis on lave ; on fait sécher et on ajoute à l'oxyde ainsi préparé les fondants dans les proportions suivantes :

Oxyde à vert nº 1	100
Fondant nº 4	150
Fondant nº 6	150

Vert nº 2. — On mélange ensemble du vert nº 1 et du jaune nº 3, savoir :

Vert nº 1	600
Jaune nº 3	400

On peut varier ces doses suivant le ton plus ou moins jaune qu'on désire obtenir :

Vert nº 3. — On fait un oxyde composé de :

Oxyde de chrome	200
Oxyde de cobalt carbonaté	100

On le calcine fortement ; on le lave et on le fait sécher. On fond ensuite le mélange suivant qu'on retire du creuset avec les pinces :

Oxyde à vert nº 3	75
Jaune nº 2 tout fait	100
Fondant nº 6	300
Fondant rocaille	50

Vert nº 4. — On fait d'abord un oxyde vert foncé en calcinant à un fort feu, lavant et séchant le mélange fait sur la glace :

Oxyde de chrome vert	240
Hydrate d'alumine	80
Oxyde de cobalt noir	20
Oxyde de fer jaune	10

On mêle la substance verte ainsi obtenue :

Oxyde à vert nº 4	100
Fondant nº 6	300

Vert nº 5. — On fait, comme plus haut, un oxyde à vert composé de :

Oxyde de chrome vert	300
Alumine hydratée	100

On calcine, après avoir broyé sur la glace, à un fort feu, on mêle alors avec soin le mélange suivant :

Oxyde à vert nº 5	100
Fondant nº 6	300
Jaune nº 3	50

On triture, mais on ne fond pas.

Vert nº 6. — On mélange au mortier les proportions suivantes :

Vert nº 4	100
Jaune nº 2	50
Brun nº 3	100
Vert nº 1	50

On ne fond pas.

Vert nº 7. — On prépare d'abord un oxyde vert foncé en mélangeant et broyant sur la glace :

Oxyde de cobalt noir	100
Oxyde de chrome	100

calcinant à un fort feu et lavant.

On mêle ensuite cet oxyde, dans les proportions suivantes, avec le fondant :

Oxyde à vert nº 7	100
Fondant nº 6	300

On ne fond pas.

Vert nº 8. — On prépare, comme pour les autres verts, un oxyde en calcinant un mélange intime de :

Oxyde de chrome	200
Oxyde de cobalt noir	100
Oxyde de fer jaune	50

On lave après calcination, puis on mêle :

Oxyde à vert nº 8	100
Fondant nº 6	300

Ces divers exemples font comprendre toute l'économie de la fabrication.

Pour les couleurs de porcelaine tendre, les jaunes et certains verts sont appropriés et donneraient de suite de bons résultats. Les bleus sont également convenables ; mais les rouges et les bruns doivent être rendus beaucoup moins fusibles, encore les rouges ne résistent-ils, même considérablement durcis, qu'à la condition d'être cuits à des températures très-basses.

La peinture sur faïence, telle qu'elle était pratiquée dans les premiers temps, exige des couleurs de composition toute spéciale. On en comprendra facilement la raison, si l'on se rappelle que ces peintures étaient appliquées sur l'émail cru. L'influence de la haute température à laquelle les couleurs étaient exposées, et les réactions qui se passaient, en présence des produits de la combustion, entre l'élément vitreux et l'oxyde, ont conduit à des dosages particuliers sur lesquels nous croyons utile d'insister ici.

Fondant nº 1 :

Le fondant est un simple verre imparfait obtenu par la fusion de sable et de soude ; on prend :

Carbonate de soude	100
Sable d'Étampes	200

Blancs nº 2. — On fait fritter :

Minium	80
Calcine à 3 d'étain pour 9 de plomb	35
Silice (sable de Fontainebleau)	100
Chlorure de sodium	35
Fondant nº 1	70

Noir nº 3. — On fait fondre :

Fondant nº 1	160
Oxyde de fer	200
Oxyde de cobalt	100
Oxyde de manganèse	100

Bleus nº 4 :

	Clair.	Foncé.
Fondant	100	»
Oxyde de cobalt	20	30
Oxyde de zinc	20	»
Émail blanc nº 2	»	160

Verts n° 5. — On mélange :

Oxyde de cuivre.	80
Blanc n° 2.	100

Jaunes n° 6. — Les jaunes se font en composant des bases jaunes *a, b, c,* analogues aux jaunes de Naples qu'on mêle ensuite avec les fondants transparents ou opaques.

	Jaune clair. *a*	Jaune. *b*	Jaune d'or. *c*
Antimoniate de potasse.	60	60	60
Minium.	90	60	90
Carbonate de soude. . .	10	15	»
Oxyde de fer hydraté. .	»	12	56

On mélange ensuite pour avoir :

	Jaune pâle.	Jaune.	Jaune foncé.
Fondant n° 1.	»	100	100
Émail n° 2.	100	»	»
Jaune *a*	100	»	»
Jaune *b*	»	100	»
Jaune c	»	»	125

Bruns n° 7. — On ombre les couleurs qui précèdent en composant sur la palette des mélanges de jaune de Naples *b* et de bleu foncé, savoir : dans les proportions variables de 1, 2, 3, 4 parties de jaune pour 1 de bleu. On fait encore de bons bruns par la même méthode en broyant sur la glace des mélanges de 1, 2, 3 parties de jaune *b* pour 1 partie de noir n° 3.

Lorsque la couleur est préparée, qu'elle a été reconnue de bonne qualité par deux ou trois essais faits dans des moufles isolés et dans différentes conditions d'épaisseur, de durée de feu, d'intensité de chaleur, il faut la mettre en état d'être employée. On commence par la broyer, qu'elle soit pour porcelaine dure, ou pour porcelaine tendre, ou pour faïence.

Trituration des couleurs. — La couleur ne peut être appliquée qu'à l'état de poudre impalpable. On commence par la diviser dans des mortiers en biscuit de porcelaine, qu'il est convenable de tenir très-propres et de réserver toujours, autant que possible, pour la même couleur. On concasse la matière avec un pilon qu'on recouvre d'une toile pour arrêter les éclats qui se trouveraient disséminés et perdus. On passe au tamis les poussières qu'on met de côté. On reprend les parties qui sont restées sur le tamis, et qu'on nomme mouchettes par corruption de mouchetures.

Les mortiers pourraient être faits soit en cristal, soit en verre ; mais ils sont trop peu résistants ; cependant ils offrent l'avantage de ne pas beaucoup altérer la couleur.

Les diverses parties qui composent ces moulins sont équivalentes à celles des *tournants*, au moyen desquels on broie les éléments des pâtes. Une cuvette reçoit la matière à broyer en même temps qu'elle forme le fond sur lequel la matière devra s'écraser, par suite du frottement de la meule. Le fond de la cuvette est relevé vers le centre, de telle sorte qu'il forme une rigole annulaire dans laquelle s'accumule la matière à broyer et qui reçoit la meule elle-même également annulaire ou plutôt de la forme d'un cylindre creux renflé par le bas. Une double échancrure opère une sorte de remou qui force toutes les molécules à se présenter successivement sous l'action de la meule.

La partie supérieure porte deux trous dans lesquels s'engagent les tenons d'un plateau de bois qu'on peut surcharger de plomb et qui porte un bouton de manivelle par lequel on peut faire tourner la meule intérieure. Quelque durs que soient ces moulins, ils s'usent toujours ; aussi a-t-on pris une disposition particulière qui permet de retourner la meule lorsqu'elle est usée et d'en doubler la durée. Il suffit de retourner la meule pour remplacer la partie hors de service.

Les moulins peuvent être montés sur une table isolément ou réunis par douzaine sur un même palier. On les fait alors mouvoir mécaniquement en remplaçant la manivelle par des pignons engrenant avec des roues qui reçoivent leur mouvement d'un mécanisme commun. On broie de la sorte actuellement à Sèvres toutes les couleurs employées dans le service des terres cuites vernissées. Quelque soin qu'on mette à broyer les couleurs au moulin, on ne peut, par ce moyen, lorsqu'elles sont destinées aux peintures sur porcelaine dure ou tendre, arriver au broyage parfait, indispensable pour faire un travail soigné. On termine le broyage sur une glace au moyen de la molette.

Les glaces dont on se sert doivent satisfaire aux mêmes conditions que les moulins eux-mêmes. On les choisit en verre à glace ; elles sont bien dressées, ordinairement carrées et d'assez grande épaisseur ; il faut les choisir dépourvues de bulles, et apporter le plus grand soin à leur nettoyage ; on les met en état de servir au broyage d'une couleur nouvelle en les employant au broyage de sable ou de feldspath déjà très-pulvérisé.

On se sert, pour pulvériser sur la glace, de molettes en verre dur ou en porcelaine ; les plus dures sont évidemment les meilleures. On rejette les molettes de cristal qui s'usent trop facilement ; il est certain, par exemple, que le carmin est altéré par le broyage lorsqu'on pratique cette opération avec les molettes en cristal plombifère. On se sert de couteaux pour relever sur la glace la couleur broyée, soit afin de la ramener au centre de la glace pour continuer le broyage, soit afin de la mettre en réserve, lorsque la porphyrisation est complète. Ces couteaux sont en corne, en acier, en ivoire; ils ont leurs inconvénients et leurs avantages. Il faut en général être très-sobre de leur emploi et n'en faire usage que lorsqu'on ne peut agir autrement. On ramène au centre de la glace la couleur à broyer au moyen de la molette elle-même. Les couteaux d'acier s'usent assez promptement ; ils introduisent du fer dans les couleurs qui n'en doivent pas contenir ; les couteaux de corne et d'ivoire doivent alors être préférés ; cependant on trouve aux couteaux de corne et d'ivoire des inconvénients ; ils laissent un résidu de phosphate de chaux qui, s'il est en quantité sensible, s'oppose au brillant de la peinture.

Lorsque les couleurs ont été broyées à l'eau d'abord, à l'essence ensuite, on les applique au moyen de pinceaux, quelquefois aussi sur glaçure au moyen des méthodes rapides de l'impression indiquées déjà pour le décor sous glaçure (couverte ou vernis).

Les différentes couleurs doivent être appliquées au moyen de véhicules qui disparaissent pendant la cuisson. L'eau, dont l'usage est impossible lorsque la matière est naturellement huileuse comme dans le cas des lustres, serait évidemment le véhicule le plus convenable, car elle disparaît par une simple exposition à l'air ; mais les couleurs ne sont pas suffisamment fixées pour que les retouches soient faciles ; on se sert de préférence d'essence de térébenthine ou d'essence de lavande. Comme ces essences sont elles-mêmes très-volatiles, on les rend visqueuses en les additionnant des essences graissées par une exposition prolongée au contact de l'air.

On pose les fonds avec les essences de lavande qui restent plus fluides et s'évaporent moins promptement. On peint avec la térébenthine ; on peut enlever des parties peintes et faire des réserves, soit en grattant, soit en délayant la couleur déjà posée.

Le grattage est une opération mécanique ; le délayage est une opération chimique. On peut faire usage d'une dissolution alcaline, et mieux encore d'huile de lin qui détrempe les résines par lesquelles la couleur est fixée. On colore généralement cette huile par de la cochenille ou du carmin. Les réserves peuvent encore se faire en appliquant le fond sur des matières gommées, carbonate ou sulfate de baryte, placées au putois ou bien au pinceau, sur la partie qu'il faut réserver, et qui tombent d'elles-mêmes par une cuisson convenable. Ces divers moyens sont plus expéditifs que le grattage ordinaire.

On vient de faire récemment une application très-heureuse de la chromolithographie au décor de la porcelaine. Nous ne craignons pas de donner inutilement à cet article une longueur démesurée par l'indication des procédés spéciaux qui ont rendu possible sur poterie l'application de l'impression en couleur. Ces procédés sont à la veille de prendre une extension remarquable. Nous les donnons avec leurs derniers perfectionnements, d'après les brevets de MM. Darte, Chanou, Macé, Mangin, etc.

On choisit un papier collé assez résistant pour ne pas s'étendre inégalement pendant le travail, ce qui rendrait impossible toute exactitude dans les reports. On étend sur ce papier, au moyen d'une éponge, un mucilage composé de jus d'ail cuit dans l'eau auquel on ajoute son poids de tapioka, d'amidon ou de fécule de pomme de terre. Ce mucilage dont on a fait une bouillie claire est passé dans un linge et conservé dans des bouteilles : il communique au papier la propriété de pouvoir se conserver convenablement pour l'impression pendant plusieurs années. Les feuilles de papier sont séchées complétement par l'exposition à la chaleur de l'atelier, suspendues sur des ficelles. Lorsque le papier est sec, on le fait satiner pour resserrer le grain et rendre l'impression plus nette.

L'impression se fait au moyen de pierres lithographiques, combinées de telle sorte qu'elles rapportent successivement sur la même feuille, au moyen de repères, une couleur juxtaposée ou superposée à celle ou celles déjà placées de façon à imiter le travail à la main, qui procède toujours par juxtaposition ou superposition.

L'encrage de la pierre se fait au moyen du rouleau de l'imprimeur lithographe. Chaque imprimeur a son vernis particulier, et le travail est imité de l'impression ordinaire en papier. On se sert de mélanges de vernis fort lithographique, de vernis copal et de suif de mouton, le tout parfaitement mélangé. On peut se servir simplement d'essence grasse de térébenthine.

Lorsque les épreuves ont été tirées au vernis, on procède au saupoudrage de l'épreuve. Cette opération se fait sur le papier, et cette innovation est très-importante; elle a permis de supprimer le contact de la couleur avec la pierre, par conséquent d'en augmenter la durée; elle a permis en outre l'application de l'impression polychrome, qui n'était pas possible lorsqu'on saupoudrait la pièce ou lorsqu'on tirait directement sur papier, en reportant sur la pièce à surfaces courbes chaque tirage successif.

Pour saupoudrer, on étend sur le papier imprimé, mais encore frais, la couleur en poudre sèche, soit avec la main, soit avec un blaireau, soit avec un morceau de ouate.

Cette même marche est suivie autant de fois qu'on a de pierres qui doivent concourir à la reproduction du sujet; mais avant de procéder au tirage suivant, on doit laisser l'épreuve se sécher; on la passe sous le râteau de la presse pour faire contracter une adhérence suffisante à l'épreuve déjà fixée; le temps de la dessiccation est variable avec la nature de l'encrage dont on a fait usage.

Que les couleurs apportées par chaque pierre soient superposées ou juxtaposées, le rapport doit en être fait avec soin, exactitude, habileté. Le saupoudrage de la couleur sur le papier, c'est-à-dire sur l'épreuve elle-même, surface unie, régulière, a rendu possible sur poterie la reproduction chromolithographique. Pour l'obtenir, on procède de diverses manières équivalentes, soit en piquant le papier avec une aiguille sans pointe et repérant l'épreuve avec de petits trous réservés dans la pierre, soit en découpant des échancrures qu'on rapporte sur des traits en croix tracés sur la pierre.

On pratique ce travail aujourd'hui d'une manière courante, industrielle, pour la reproduction de sujets peints qui n'exigent pas moins de douze tirages successifs. Le nombre des pierres qui forment un dessin donné est variable avec la couleur du sujet et le degré de perfection qu'on veut atteindre; quatre ou cinq planches suffiraient pour des fleurs détachées. Trois conduiraient à des ornements dans le genre de Pompéi. Deux planches permettraient de reproduire des sujets étrusques.

On conçoit que, pour terminer le travail, il faille transporter l'épreuve du papier sur la poterie; il est évident qu'un seul transport suffit. L'avantage de la préparation du papier telle que nous l'avons donnée réside dans la propriété qu'acquièrent les épreuves tirées économiquement de pouvoir être conservées longtemps et transportées plus tard suivant les besoins. Là se trouve tout l'avenir de la chromolithographie sur porcelaine. Les lithographes ordinaires pourront vendre les épreuves tirées, sur papiers préparés, en couleurs vitrifiables, et les décorateurs de porcelaine achèteront ces épreuves pour les transporter, affranchis de l'embarras de la presse, qu'ils ne peuvent employer avec autant d'économie que les imprimeurs eux-mêmes.

Quoi qu'il en advienne, ce transport ne peut être fait qu'autant qu'une substance adhésive existe sur la pièce ou le dessin. On a donné, dès l'origine de l'application des moyens mécaniques à la décoration des poteries, le nom de mixtionnage ou mixtion à ces compositions adhésives qu'on appliquait d'abord sur la pièce et qu'on adapte avec avantage sur l'épreuve elle-même. On peut mixtionner à la fois la pièce et l'épreuve.

L'application de la mixtion se fait, soit à l'aide du pinceau qu'on nomme *queue de morue*; quand on la pratique sur l'épreuve, il y a tout avantage à l'obtenir au moyen même de l'impression, et c'est alors qu'on fait usage d'une pierre dite de *silhouette*. On nomme ainsi dans les ateliers une pierre qui permet de coucher sur toute la surface du dessin un aplat uniforme, en réservant toutes les parties qui ne font pas partie du sujet. La supériorité de ce mode d'appliquer la mixtion résulte de ce qu'elle n'est appliquée que sur les points qui doivent adhérer à la poterie, c'est-à-dire sur l'épreuve proprement dite, tandis qu'au moyen de la queue de morue la mixtion est couchée même sur des parties qu'il faudrait réserver et qui prennent, au moment du décalcage des maculatures qu'on n'enlève avant la cuisson qu'avec beaucoup de soins et de temps.

La nature du mixtionnage est variable : tantôt on se sert d'essence grasse de térébenthine, tantôt on emploie le mélange à parties égales de poix de Bourgogne ou blanche et de térébenthine de Venise, dissoute dans de l'essence de térébenthine ordinaire, à consistance claire; tantôt enfin, le vernis copal étendu d'essence de térébenthine maigre sert de mixtion.

On peut, lorsqu'on fait usage de la pierre de silhouette, pour coucher le mixtionnage, ajouter à la mixtion une certaine quantité de fondant, en assez faible proportion toutefois pour ne pas enlever au mélange sa propriété d'être poissant. Ce fondant, en contact immédiat avec la porcelaine, ajoute à la fusibilité des couleurs qui lui sont superposées par le fait du décalcage.

Lorsque le mixtionnage est terminé, soit sur la pièce, soit sur l'épreuve, soit sur les deux objets, l'épreuve est appliquée sur la poterie. A cet effet, elle est mise en contact avec une étoffe humide qui détrempe légèrement le papier sur l'envers de l'impression, puis elle est comprimée par le frottement de la roulette ou la paume de la main sur les points qu'on veut faire adhérer. Il suffit, pour faire partir le papier, de plonger les pièces dans l'eau. L'épreuve parfaitement décalquée apparaît sur la porcelaine. On lave à grande eau, sans trop frotter; on égoutte, on sèche, et on cuit dans les moufles comme à l'ordinaire.

Les pièces décorées, chargées de peintures sont portées dans des fourneaux de forme particulière, nommés *moufles;* c'est là que, soumises à la température convenable, les couleurs se fondent et prennent de l'adhérence avec les poteries sur la surface desquelles elles ont été déposées. Ces moufles sont analogues aux fourneaux que nous avons décrits plus haut et qui servent à la combustion des huiles employées dans l'impression sous glaçure des poteries de faïence façon anglaise. Un tuyau d'appel réservé dans le milieu de la voûte du moufle donne issue pendant la cuisson aux produits de la combustion des essences grasses et maigres qui ont servi de véhicules et de matières fixatives; il est important de les brûler facilement. La porte du moufle, porte une douille qui permet de quitter le feu; elle s'ajuste, lorsque l'emmouflement est complet, dans une feuillure réservée pour cet usage. Il est convenable, pour éviter les accidents de casse, de chauffer le moufle avant l'emmouflement. On évite les courants d'air froid, qui pourraient briser les pièces, en mettant à l'extrémité de la douille un tuyau de tôle dans lequel s'ajuste une petite trappe glissant dans une coulisse; des échancrures réservées dans la partie antérieure du tuyau laissent toute liberté pour placer la tringle à laquelle est attachée la montre.

Les moufles que nous venons de décrire sont généralement accolés, c'est la disposition des moufles en France; on les réunit sur la même ligne disposés sous la même cheminée, et les murs sont maintenus par les mêmes ferrements.

En Allemagne, cette disposition n'est pas adoptée partout, et souvent les foyers sont latéraux.

On nomme montres, à Sèvres, de petites plaques de porcelaine, sur lesquelles on a couché de l'or et du carmin; l'or indiquera, s'il commence à prendre de l'adhérence, que l'on approche de la température à laquelle la peinture serait trop cuite, et le carmin donne une échelle thermométrique assez exacte pour faire apprécier les diverses températures qu'il convient d'atteindre : de petites encoches servent à maintenir solidement les montres sur les tringles au moyen desquelles on les fait pénétrer dans les moufles.

Lorsque les pièces sont placées dans le moufle, on chauffe modérément d'abord pour éviter la casse des objets à cuire, s'ils sont épais; on élève ensuite la température progressivement, et l'on finit par un feu pur et vif. Mais il faut être prêt à l'arrêter court pour qu'il ne dépasse pas le degré voulu par la nature des produits : cette considération a la plus grande importance lorsqu'il s'agit de peintures sur porcelaine. Pour maîtriser le feu dans le cas où la température monterait trop rapidement, on se réserve la facilité de retirer deux ou trois briques qui composent la porte; elles ont une poignée et s'engagent dans des ouvreaux carrés. Le feu dure un temps variable avec la dimension du moufle, comme encore avec l'épaisseur et le volume des pièces qu'il s'agit de cuire; on laisse le refroidissement s'opérer lentement; on abat le mur, on enlève la porte, mais on ne doit retirer les pièces que lorsqu'on peut y mettre la main sans éprouver une trop vive impression de chaleur; on évite ainsi l'écaillage des couleurs. On n'a pas ce danger à redouter lorsqu'il s'agit de la cuisson des dorures; lorsque les pièces démouflées doivent être terminées par l'application des dorures, on les brunit comme nous allons le voir, et, s'il faut ajouter des peintures, on les porte dans les ateliers spéciaux dans lesquels elles reçoivent la décoration qu'il faut cuire comme feu d'ébauche, et retoucher ensuite pour les cuire de nouveau une ou deux fois, suivant les circonstances et le nombre de retouches qu'on leur applique. Ces feux de retouche sont ordinairement de plus en plus faibles.

On distingue, à Sèvres, la série suivante, disposée du plus fort au plus faible :

1° Le feu d'or mat dépassant la fusion de l'argent	1000
2° Le feu de couleurs dures	950
3° Le feu de filets d'or	900
4° Le premier feu de peinture ou feu d'ébauche	800
5° Le feu de première retouche	700
6° Le feu de seconde retouche	600
7° Le feu d'or en coquille sur fonds de moufle	560

Le carmin varie de nuances avec ces mêmes feux : brun rouge sale au premier degré, il se développe petit à petit en passant par le rouge brique, le rouge pourpre, le rose violâtre, pour arriver au ton presque entièrement violacé : ces différences sont surtout perceptibles dans les minces.

MÉTAUX.

Nous avons dit quelles étaient les conditions générales auxquelles les métaux devaient satisfaire dans la décoration des poteries : ces conditions limitent à l'or, au platine, à l'argent les métaux qu'il est possible d'employer aujourd'hui. Nous rappellerons qu'ils doivent être malléables, brillants, inaltérables sous les actions simultanées de l'air et du feu.

Il faut, pour que ces métaux soient applicables, qu'on sache les amener à l'état de poudres impalpables, afin qu'on puisse les déposer sous formes de lignes ténues, représentant les objets variés que le décorateur veut apposer sur la pièce qu'il décore. Il est urgent aussi que la poudre soit d'un emploi facile, qui permette de la coucher sous forme de lame mince, lorsqu'on veut faire un fond métallique ou de larges filets.

C'est au moyen des précipités obtenus par voie chimique qu'on réussit à préparer ces métaux en poudre. Les ouvrages de chimie font connaître les principes à l'aide desquels on prépare les poudres d'argent, d'or et de platine; il suffit de les broyer ensuite pour obtenir des poussières parfaitement ténues, propres à la décoration des poteries et principalement des porcelaines; mais comme, en général, les dosages employés à la précipitation ont une certaine influence sur les propriétés physiques que présentent ces poudres, nous croyons devoir entrer, au moins pour l'or dont l'usage est de beaucoup le plus important, dans des détails plus circonstanciés.

Or métallique. — On sait qu'il y a deux méthodes pour précipiter l'or à l'état de poudre de sa dissolution dans l'eau régale : le sulfate de protoxyde de fer et le nitrate de mercure; nous renverrons le lecteur à l'article DORURE SUR PORCELAINE, publié par M. Barral, dans le 1er volume du *Dictionnaire des Arts et Manufactures*. Avant d'être employé, l'or doit être broyé finement avec son fondant; il faut en ajouter pour la dorure sur toute sorte de poterie qui ne se ramollit pas au feu. C'est du nitrate de bismuth précipité par l'eau de sa dissolution dans l'acide azotique; il est blanc, légèrement jaunâtre : il faut avoir le soin d'éviter l'addition du carbonate de potasse qu'on ajoute quelquefois, et qui précipiterait les oxydes de nickel et de cuivre dont est souvent souillé le bismuth métallique; la présence de quelques millièmes de cuivre empêcherait l'or de donner un beau mat. On ajoute à l'oxyde de bismuth $\frac{1}{12}$ de borax fondu, et on mêle, suivant certaines circonstances, $\frac{1}{12}$ ou $\frac{1}{15}$ de fondant pour 1 partie d'or

Pour dorer la porcelaine dure, c'est ce fondant qu'on emploie ; pour dorer la porcelaine tendre, on ajoute du borate de plomb préparé par voie de précipitation.

On a remarqué que l'or ne s'employait avec facilité que lorsqu'il avait séjourné quelque temps sur la glace en mélange avec les essences qui doivent en faciliter l'application ; il coule mieux et donne alors un mat beaucoup plus brillant que lorsqu'on l'applique immédiatement après le broyage. Il ne faut pas le broyer avec trop d'essence grasse, qui donne un or trop mince et comme lavé.

Pour obtenir l'or avec économie, mais en même temps avec solidité, plusieurs procédés ont été proposés ; ils rendent la dorure plus durable sans en augmenter beaucoup le prix.

M. Rousseau pose une première couche de platine mêlé de fondant qu'il recouvre d'une couche très-mince d'or métallique. Ce procédé donne une dorure solide, mais qui, à l'usage, ne conserve pas une belle teinte, la couleur de l'or étant modifiée par celle du platine que l'usure fait apparaître.

Le procédé de M. Grenon consiste dans l'application successive de deux couches d'or chacune avec un fondant particulier et dans des proportions différentes. La première couche est cuite à une température élevée ; on la polit avec du grès, puis on applique par-dessus une couche mince d'or au mercure, préparée et cuite comme à l'ordinaire. Cette dorure se brunit avec facilité et prend un bel éclat. Des expériences faites à Sèvres ont permis de constater qu'elle résistait à des frottements par des corps durs qui altèrent profondément la dorure ordinaire.

La dorure de M. Grenon emploie 0g,415 d'or pour une douzaine d'assiettes à filet d'une ligne de largeur ; le prix des assiettes en est augmenté de 6 fr. par douzaine.

La dorure de Paris emploie seulement 0gr,212 par douzaine d'assiettes ; elle est faite par l'or au mercure et se paye 4 francs. L'élévation du prix de la dorure de M. Grenon est justifiée par la grande quantité d'or employée et par les doubles frais de posage et de cuisson.

Lorsqu'on veut obtenir de l'or beau mat, il faut avoir recours au procédé sur lequel nous reviendrons plus loin, et qui donne sur la porcelaine mise en couverte, c'est-à-dire à glaçure brillante et polie, l'or brillant au sortir du moufle.

On peut encore faire usage de ce que l'on nomme l'or en coquille. Cet or n'est autre, ainsi qu'on le sait, que l'or battu, très-pur, aussi pur qu'il est possible de l'avoir, et déchiré sur une glace au moyen d'une substance soluble à l'eau bouillante, telle que le sucre, le sel ou le miel ; de là le nom d'or au miel qu'on a donné pendant longtemps à cette préparation. Le nom d'or en coquille lui vient de ce que l'usage s'est établi de le vendre dans des coquilles de moule. Le broyeur le plus exercé ne peut guère broyer plus de 60 grammes dans une journée de travail ; appliqué sur porcelaine dure, cet or doit se cuire avec la plus grande précaution, généralement beaucoup au-dessous du feu de dorure ordinaire.

On a fait un très-grand usage de l'or en coquille pour la dorure de la porcelaine tendre ancienne de Sèvres. Lorsque l'or dont on se sert ne contient aucun alliage ou lorsqu'il ne renferme que quelques millièmes d'argent, on a de la dorure riche et très-éclatante.

Le délayant de l'or en coquille est souvent de l'eau miellée ou de la gomme ; le miel a deux inconvénients assez graves : il attire les mouches qui, avec leurs pattes, l'étendent partout, enlèvent la finesse des détails et font disparaître l'assurance de touche du doreur. En second lieu, il est fermentescible et les gaz qui se développent dans l'acte de fermentation soulèvent l'or et s'opposent à son adhérence avec la porcelaine.

La gomme a moins d'inconvénient, mais elle doit être employée très-fluide avec circonspection. Dans tous les cas, qu'on fasse usage de gomme ou de miel, il faut n'appliquer la dorure que sur des parties entièrement dépouillées de corps gras. L'or se lèverait par écailles et ne tiendrait nullement.

Il est préférable pour délayer l'or de faire usage du mordant du Frère Hippolyte, additionné d'un peu de gomme arabique dissoute ; on le nomme mucilage pour l'or. Voici les dosages qu'il convient de prendre ; on pèse :

Oignons épluchés.	430 gr.
Ail épluché	430

on les fait bouillir avec 3 litres de vinaigre qu'on ajoute litre par litre ; on fait réduire à petit feu jusqu'à ce que la matière devienne poisseuse ; on met infuser alors dans le mélange 250 grammes de gomme arabique ; on passe à travers un linge ; on exprime pour recueillir tout le jus ; on filtre sur du papier en étendant avec assez d'eau pour que le liquide puisse s'écouler facilement ; on concentre enfin les liqueurs jusqu'à consistance sirupeuse.

Pour faire la dorure des imitations du vieux Sèvres, on prépare de l'or en coquille avec un métal allié par une fonte préalable d'un millième de cuivre. L'or, pendant le laminage et le broyage, conserve le cuivre qui, sous l'influence du feu, s'oxyde et communique à la dorure un aspect terne que les amateurs attribuent à la vétusté de la pièce.

Argent. — Il existe maintenant dans le commerce, surtout dans le commerce de Paris, des pièces de porcelaine dure dont la principale décoration consiste dans des ornements et des fonds comme guillochés d'argent mat. Ce mat métallique, d'un beau blanc, relevé par des ornements en bleu ou en toute autre couleur éclatante qui l'accompagne ou l'entoure, produit sur l'œil un effet très-agréable et offre à la première vue comme un éclat de nacre pâle, c'est-à-dire qui ne projette aucune couleur irisée. Cet argent, préparé par M. Rousseau, de Paris, peut fournir un bruni dit à l'effet très-distinct et très-riche, jouissant de l'avantage précieux de résister à l'action de l'acide sulfhydrique contenu dans l'air.

La résistance à l'action délétère des émanations hydrosulfurées les plus fortes tient à la superposition d'une légère couche d'or, ainsi que M. Brongniart l'a fait connaître. On étend au pinceau une couche très-mince d'or sur l'argent dont la pièce est recouverte avant de passer au feu de moufle ; puis, on fait fondre à l'aide de l'action d'une chaleur d'un rouge cerise le peu de fondant qui fixe ces deux métaux sur la porcelaine.

Le succès complet de cette argenture dépend de l'habileté pratique de l'artiste et de plusieurs précautions empiriques dont voici les principales : l'argent doit être dissous dans un acide étendu de beaucoup d'eau, précipité lentement par le cuivre et complétement lavé ; il faut que cet argent, mis sur le blanc de la porcelaine ou sur un fond de couleur dure ne contenant aucune couleur tirée de l'or, soit placé épais et visqueux ; qu'on le laisse pendant vingt-quatre heures dans cet état avant d'y mettre la légère couche d'or dissous dont on doit la couvrir, enfin que le tout soit cuit modérément.

Les métaux sont délayés dans des essences et appliqués soit à la main, soit par impression sur la poterie qu'ils doivent décorer. On fait un grand usage de l'or à l'état de filets. Ces filets se font rapidement au moyen de la tournette. Un plateau reçoit la pièce parfaitement centrée ; il tourne sur un axe qu'on peut élever à volonté par le moyen d'une vis placée dans un renflement convenablement placé. La doucine qui limite inférieurement le plateau sert à faire tourner le plateau pendant que d'une main le fileur fait son décor.

La cuisson des métaux s'exécute dans les moufles comme celle des couleurs.

L'or et les autres métaux appliqués sur la poterie n'ont généralement pas l'éclat métallique après la cuisson.

Si l'on veut obtenir des effets variés, on dessine sur cet or en surface avec des pointes très-dures des ornements plus ou moins compliqués : c'est brunir à l'effet; si l'on veut, au contraire, avoir de grandes surfaces brillantes, on brunit à plat en le frottant fortement et avec adresse, pour ne déterminer aucune rayure. Il faut surtout une grande habileté pour brunir les fonds d'or.

On se sert, pour brunir, des outils qu'on nomme brunissoirs et qu'on emploie dans un grand nombre d'ateliers. Les uns sont en hématite brune, qu'on désigne alors sous le nom de sanguine, les autres sont en agate; ils sont très-variables de forme et de grosseur, et pour faire un bon brunissage il faut se tenir assorti de brunissoirs de formes très-différentes. Les brunissoirs se nettoient par le frottement sur un cuir chargé de potée d'étain. On commence par dégrossir avec du sablon et de la craie qui donnent une sorte de poli; on finit avec la sanguine. Cette sorte de travail est confié presque partout à de jeunes filles ou à des femmes nommées *brunisseuses*.

Les brunissoirs sont adaptés au moyen de viroles en cuivre ou de fer aux manches par lesquels on les tient.

LUSTRES MÉTALLIQUES.

Nous ne rappellerons pas ici les propriétés qui caractérisent les lustres métalliques, nous les avons indiquées en parlant des matières employées à la décoration des produits céramiques; on distingue :

Le lustre burgos ;	Les lustres de cuivre ;
Le lustre d'or ;	Les lustres de litharge ;
Les lustres de platine ;	Le lustre de bismuth ;
Les lustres d'argent ;	Les lustres nacrés.

Les lustres d'or et de platine sont de beaucoup les plus importants.

Lustre burgos. — Le burgos, qui tire son nom de celui d'une sorte de coquille qu'on appelle *burgau* et qu'on écrit *burgos* par corruption orthographique, peut-être en rapprochant les désignations géographiques de Valence et de Burgos en Espagne, ne me paraît être autre chose que l'un ou l'autre des produits qui vont suivre, mais très-peu chargé d'or. L'examen attentif des pièces chargées de dorure brillante, au sortir du moufle sans brunissage, le démontre clairement; toutes les parties très-minces, celles qui proviennent du dépôt des maculatures apposées par les doigts, sont irisées et perdent l'opacité du métal en prenant la transparence du burgos.

On a donné beaucoup de recettes, en Angleterre surtout, pour préparer le burgos. Nous citerons celles décrites dans les brevets d'invention par M. Boudon de Saint-Amans. On fait dissoudre à chaud avec précaution le mélange suivant :

Eau régale.	288 gr.
Or pur.	48

L'eau régale se compose de 60 grammes acide azotique, 90 grammes acide chlorhydrique. On ajoute graduellement 4 grammes d'étain, qu'on projette par petites portions.

On verse d'abord une petite quantité de cette dissolution dans 20 grammes de baume de soufre. On délaye dans 10 grammes de térébenthine ; on mêle tous ces ingrédients avant de verser le reste de la dissolution d'or, qu'on arrête pour laisser fermenter un peu, et on remue jusqu'à ce que tout s'épaississe. On ajoute, en dernier lieu, 30 grammes de térébenthine. Le lustre d'or est le magma qu'on ne peut employer qu'après l'avoir séparé de l'eau des acides liquides employés.

Lustres d'or. — On distingue, suivant l'éclat de l'or et son épaisseur, la dorure de Meissen et le lustre d'or.

Le lustre d'or est le burgos dont nous venons de nous occuper, présentant un aspect plus brillant et plus doré; lorsque la quantité d'or ne passe pas entièrement ou à peu près dans les liquides gras avec lesquels on mêle le chlorure d'or, on obtient une dorure plus faible et cependant plus riche que le burgos ; ce dernier résulte de l'application d'une liqueur ne contenant pour ainsi dire que quelques traces d'or.

M. de Saint-Amans a fait connaître le procédé suivant pour préparer le lustre d'or ou le *purple gold-luster*, comme on le nommait en Angleterre.

On prend une quantité convenable d'eau régale pour faire dissoudre 25 grammes d'or ; on ajoute 6gr,5 d'étain par petites portions, jusqu'à ce que tout soit dissous ; on verse ensuite dans une partie de cette dissolution 50 grammes de baume de soufre mêlé de 20 grammes d'esprit de goudron. Quand ce premier mélange est fait, on verse le reste de la dissolution d'or et d'étain, on ajoute ensuite 50 grammes d'essence de térébenthine ; on mêle le tout jusqu'à ce que la matière prenne la consistance d'une bouillie épaisse. Il faut évidemment, pour employer cette matière, laisser se dissiper les liquides aqueux avec lesquels la masse huileuse est en mélange.

On a pu faire ce même lustre au moyen de l'or fulminant, et c'est la méthode la plus certaine pour le bien réussir. On le broie pendant qu'il est encore humide avec de l'essence de lavande; le broyage, difficile d'abord, devient plus facile lorsque, par suite de l'exposition à l'air libre, l'humidité s'est entièrement dissipée.

On a proposé de faire encore ce même lustre en engageant l'or dans des dissolutions de sulfures alcalins.

La dorure de Meissen possède l'éclat métallique de l'or et la couleur de ce métal, lorsqu'elle est bien préparée; le brillant ne résulte pas, comme pour les métaux ordinaires, du frottement avec le brunissoir. On l'obtient par différents procédés. Les procédés suivis à la manufacture de Meissen sont encore secrets. On fait cette dorure en France aujourd'hui ; M. Dutertre a fait breveter un premier procédé, MM. Carré sont également brevetés pour un procédé différent. Nous allons donner ici l'exposé des méthodes telles que ces décorateurs les ont décrites. Voici le procédé de M. Dutertre.

On met dans un vase qu'on chauffe légèrement :

Or pur.	32 gr.
Acide azotique	128
Acide chlorhydrique	128

Lorsque les métaux sont dissous, on ajoute :

Étain métallique	15,2
Beurre d'antimoine.	15,2

Quand la dissolution est complète, on verse :

Eau	500 gr.

D'autre part, on met dans un second vase :

Soufre	16
Térébenthine de Venise.	16
Essence de térébenthine.	80

On fait chauffer jusqu'à ce que tout soit intimement combiné, après quoi l'on ajoute 50 grammes d'essence de lavande. On fait de la sorte un véritable baume de soufre térébenthiné. En refroidissant, il ne doit pas laisser déposer de soufre.

Après ces préparatifs, on verse la dissolution d'or sur la seconde; on met chauffer, puis on bat jusqu'à ce que l'or ait passé dans les huiles; on enlève l'eau chargée des acides séparés de l'or ; on lave avec de l'eau chaude, et lorsque les dernières traces d'humidité sont éloignées, on ajoute 65 grammes d'essence de lavande et 100 grammes de térébenthine ordinaire; on fait chauffer jusqu'à complet mélange. On laisse reposer un peu la partie claire dans un vase à part sur 5 grammes de fondant de bismuth; on fait chauffer pour que le liquide soit d'un emploi convenable.

La liqueur chargée d'or se présente alors sous forme d'un liquide visqueux à reflet très-légèrement verdâtre; l'or y est à l'état soluble, lorsqu'un repos a permis à toutes les parties non dissoutes, qui se sont précipitées sous forme cristalline, de se réunir au fond du vase et qu'on les a séparées par la décantation. La térébenthine de Venise donne à la liqueur la propriété siccative qu'elle doit posséder pour que les décors sèchent promptement. Les résines aurifères se décomposent par la chaleur en donnant, à basse température, sans se fondre, au dépôt de charbon chargé d'or qui conserve l'apparence d'une feuille d'or laminée d'une excessive minceur. La beauté de la dorure résulte entre autres faits de l'absence de toute fusion dans la matière résineuse. Une étude attentive des antériorités conduit à reconnaître de nombreux perfectionnements qui font de ce procédé pour l'obtention des lustres d'or une méthode particulière.

Les points nouveaux et véritablement importants des procédés de MM. Dutertre sont, comme l'a récemment consacré le jugement de la 8e chambre du tribunal de la Seine :

1° L'addition à la solution d'or de l'eau qui modère l'action trop énergique qu'exerce cette solution sur le baume de soufre, et permet que la combinaison se fasse d'une manière plus régulière.

2° La substitution au baume de soufre huileux d'un baume de soufre spécial obtenu à l'aide d'un mélange d'essence de lavande et de térébenthine, dont le but est de rendre le produit aurifère soluble et apte à se réduire sans se boursoufler, quand on l'expose à l'action de la chaleur.

3° L'addition au baume de soufre dont nous venons de parler, de la térébenthine de Venise qui doit, d'une part, augmenter la consistance de ce baume, l'empêcher de couler, de s'étendre au delà des parties qu'on veut décorer, et d'exalter, d'autre part, les propriétés adhésives du baume lorsqu'il est appliqué.

4° Le lavage du produit aurifère, qui a pour but de soustraire ce produit à l'action ultérieure des acides, et de le mettre dans les meilleures conditions de conservation.

5° Enfin l'addition au produit aurifère obtenu des essences de lavande et de térébenthine qui dissolvent ce produit, ce qui permet de séparer par le repos les matières indissoutes, et d'obtenir un liquide homogène dans toutes ses parties.

En négligeant l'emploi de ces divers perfectionnements, ou bien on prépare un liquide trop peu chargé d'or, ou bien une matière huileuse non siccative d'un emploi difficile, bouillonnant à la première impression de la chaleur et ne donnant qu'une dorure inégale.

MM. Carré décrivent leur procédé de la manière suivante : dans un matras on fait dissoudre 10 grammes d'or au moyen de 100 grammes d'eau régale, on étend la dissolution dans 150 grammes d'eau. Ensuite on ajoute 100 grammes d'éther rectifié; on agite, afin que l'éther s'empare de l'or. On verse le tout dans un entonnoir de verre; on laisse déposer un instant; l'éther chargé d'or reste dessus, puis on laisse écouler l'acide tout doucement jusqu'à ce qu'il ne reste plus que l'éther qui est devenu jaune. On le remet dans le matras.

Dans un autre matras, on fait une dissolution de 20 grammes de sulfure de potassium qu'on décompose avec 200 grammes d'acide azotique; on lave le précipité jusqu'à ce que l'eau de lavage soit pure; on fait sécher le précipité lavé, puis on le remet dans le matras avec 5 grammes d'huile de noix et 25 grammes d'essence de térébenthine ordinaire; on fait dissoudre au bain de sable. On obtient de la sorte un baume de soufre, dans lequel on mêle 25 grammes d'essence de lavande. On verse cette dissolution dans la dissolution d'éther; on agite pendant quelques minutes, puis on décante dans un bol de porcelaine; on concentre jusqu'à consistance sirupeuse; on ajoute :

Sous-nitrate de bismuth. .	15	décigrammes.
Borate de plomb.	15	—

La quantité de fondant varie, du reste, avec la nature de la poterie sur laquelle on applique ce produit; pour l'employer, on le met mince, en le délayant dans un mélange fait à volumes égaux d'essence de térébenthine et d'essence de lavande. On voit que, dans ce procédé, ni l'étain, ni le beurre d'antimoine ne sont mentionnés.

Lustre de platine. — On obtient avec la plus grande facilité le lustre de platine en broyant le chlorure de platine anhydre avec de l'essence de lavande ou toute autre huile essentielle, avec du baume de soufre térébenthiné, et toute matière résineuse et siccative. On applique la liqueur huileuse au pinceau de la même manière que les mélanges qui précèdent. On pourrait, sans doute, substituer avantageusement le chlorure double d'ammoniaque et de platine au chlorure simple de platine qui s'empare avec une très-grande facilité de l'humidité de l'atmosphère.

Le platine reste après la cuisson avec un éclat aussi pur que s'il l'eût reçu du brunissage le plus soigné.

Lustre d'argent. — Quelques pièces de poterie appartenant aux faïences communes de fabrication ancienne offrent une coloration brillante métallique à reflets jaunâtres.

Je crois qu'il est possible de reproduire ce lustre au moyen de l'argent, en le dissolvant dans l'acide azotique et en cherchant à l'incorporer dans des liquides huileux, comme nous avons vu qu'on le faisait pour l'or. On sait que le chlorure d'argent appliqué sur certains verres se décompose en donnant un silicate d'argent qui colore en jaune plus ou moins foncé, par une sorte de cémentation, la surface sur laquelle il est appliqué. Le chlorure d'argent pourrait donc être de même appliqué sur porcelaine pour donner un lustre ayant un certain éclat métallique, sans qu'il soit nécessaire de le brunir.

Il est seulement indispensable de cuire la pièce recouverte de ce lustre dans une atmosphère réductrice. Le chlorure d'argent est fondu préalablement avec un cristal plus ou moins fusible et plombifère. Le mélange broyé se pose au pinceau sur la poterie qu'on veut décorer. On cuit, et lorsque la pièce est encore rouge, on la fait passer dans une enceinte dans laquelle on dégage une fumée plus ou moins abondante.

Le lustre, qu'on nomme cantharide, parce qu'il rappelle les brillantes couleurs des cantharides, est obtenu par la composition qui donne le lustre jaune; il n'y a de différence qu'en ce que ce lustre, au lieu d'être apposé sur une poterie blanche, l'est sur une poterie colorée en bleu. La superposition du jaune sur le bleu forme une teinte verdâtre qui n'est pas sans agrément; on comprend facilement la grande variété de fonds que ce lustre pourrait donner s'il était appliqué sur des glaçures déjà variées de coloration.

Lustre de cuivre. — Le lustre de cuivre offre le même aspect et le même chatoiement rosâtre et jaunâtre que le lustre burgos.

On en trouve l'application fréquente sur les faïences communes d'Espagne et sur les spécimens les plus recherchés des majoliques de l'époque de Giorgio. On ne peut conserver aucun doute sur la nature de ce vernis; le cuivre est la matière colorante; la couche colorante très-mince est peut-être formée d'un silicate d'oxydule de cuivre.

Le lustre de cuivre n'est pas encore devenu l'objet d'une fabrication courante. Quelques recherches ont été faites pour retrouver les anciens procédés qui étaient assez certains pour permettre d'appliquer, sur une faïence à glaçure stannifère, des traits et des linéaments très-déliés et d'un rouge rubis du plus brillant effet. J'ai fait quelques essais qui m'ont prouvé que s'il était possible de faire passer dans le moufle, pendant la cuisson de dessins composés d'azotate de cuivre, de l'hydrogène ou de l'oxyde de carbone, on obtiendrait du rouge brillant comme le rouge majolique. En enflammant simplement, dans un moufle chargé de tessons de faïence à glaçure stannifère, du papier contenant de l'oxyde de cuivre, on détermine une volatilisation suffisante de cet oxyde pour déposer sur les parties émaillées une sorte de lustre cuivreux aussi brillant que celui des poteries de Manassès, près Valence.

Lustre de plomb. — On donne le nom de lustre de litharge ou de lustre de plomb à la coloration brillante irisée que présentent certaines poteries à glaçure plombifère : ces poteries ont dû recevoir pendant leur cuisson l'influence réductrice de quelques vapeurs, qui ont en même temps fait réaction sur l'oxyde de fer que ces glaçures peuvent contenir. Nous compléterons cette préparation en parlant des lustres nacrés.

Je n'ai jamais remarqué que les glaçures de porcelaine tendre, par exemple, qui sont complétement exemptes de fer, présentassent l'apparence du lustre de litharge, lorsqu'on les cuit dans des conditions prononcées de réduction. Il se développe souvent une coloration noire due à du plomb métallique réduit ; peut-être les résultats seraient-ils différents en présence d'un grand excès de litharge.

Lustres de bismuth. — Le commerce de la porcelaine décorée vient de s'enrichir d'un produit appelé, je le pense, à jouir d'une grande vogue, lorsque les premières difficultés, conséquence de la nouveauté, disparaîtront devant une pratique journalière.

M. Brianchon a modifié fort heureusement les conditions dans lesquelles on prépare les chatoyants ordinaires en les rendant susceptibles de communiquer aux objets céramiques sur lesquels on les appose, les couleurs de l'or, de la nacre blanche et colorée, les reflets irisés et changeants des coquilles naturelles. Ces produits jouissent d'un brillant tel qu'on pourrait croire que les couleurs sont passées sous émail ; on peut, à volonté, les employer en fonds ou comme décors déliés et délicats. C'est le bismuth qui donne cet éclat particulier.

Le procédé par le moyen duquel on obtient ces résultats se divise en deux temps :

1° La préparation des fondants ;

2° La préparation des colorants.

Ces derniers une fois obtenus s'ajoutent dans des proportions variables aux fondants et déterminent par leur mélange les teintes les plus variées, que nous nommons *lustres nacrés.*

Les fondants qui servent à faire glacer les sels et les oxydes métalliques sont les sels de bismuth et de plomb. Les premiers sont préférables ; ils supportent beaucoup mieux, et sans altération, de hautes températures ; leur préparation comme fondants est, du reste, exactement la même.

On prend 10 parties en poids de nitrate de bismuth, 30 parties de résine arcanson ou colophane, 75 parties d'essence de lavande ou toute autre essence ne fournissant pas de précipité dans le mélange.

On procède ainsi : dans une capsule qui repose sur un bain de sable, chauffée graduellement, on met les 30 parties de résine, et à mesure qu'elle fond, on verse petit à petit les 10 parties de nitrate de bismuth, tout en remuant, pour bien incorporer les deux substances ; dès qu'elles commencent à brunir, on verse au fur et à mesure 40 parties d'essence de lavande et on continue d'agiter le tout afin de produire le mélange intime et la dissolution des substances ; après quoi la capsule est retirée de son bain de sable et refroidie graduellement ; c'est alors qu'on ajoute les 35 parties restantes de l'essence de lavande, puis on laisse refroidir quelques heures, autrement l'emploi en serait difficile et inégal.

Lustres nacrés. — Ces lustres résultent du mélange du lustre de bismuth et des colorants que nous allons décrire. Les sels ou oxydes métalliques qui concourent à leur formation sont empruntés au règne inorganique comme les sels de platine, d'argent, de palladium, de rhodium, d'iridium, d'antimoine, d'étain, d'uranium, de zinc, de cobalt, de chrome, de cuivre, de fer, de nickel, de manganèse, etc., quelquefois même d'or, pour produire, dans ce dernier cas, ou les riches teintes des coquillages ou les reflets du prisme.

Pour les obtenir, on opère de la manière suivante :

1° Couleur jaune. Dans une capsule chauffée par un bain de sable, on fait dissoudre 30 parties de résine arcanson à laquelle on ajoute, lorsqu'elle est sur le point d'être fondue, 10 parties de nitrate d'uranium et, pour faciliter le mélange, 35 à 40 parties d'essence de lavande. Lorsque la matière liquide a été convenablement rendue homogène par l'agitation, on retire la capsule du feu et on ajoute de nouveau 30 à 35 parties d'essence de lavande ; le colorant mélangé par parties égales au fondant de bismuth et appliqué au pinceau sur l'objet fournit une préparation qui, après cuisson, donne un ton jaune brillant.

2° Colorant rouge-orange. On l'obtient en faisant fondre 15 parties de résine d'arcanson ; après fusion, on y verse en même temps 15 parties de nitrate de fer et 18 parties d'essence de lavande. Les additions se font petit à petit et en ayant soin d'agiter le mélange convenablement homogène ; on retire du feu, et lorsqu'il est un peu refroidi, on y ajoute 20 parties d'essence de lavande ; le colorant mélangé avec 2/5 ou 1/3, ou des proportions intermédiaires de son poids de fondant, fournit une préparation qui, après cuisson, donne une couleur rouge-orange ou nankin et tous les tons intermédiaires suivant la proportion de fondant employé.

3° Colorant imitation d'or. Il se fait par le mélange des deux préparations ci-dessus indiquées, en faisant entrer deux ou trois parties de la préparation d'uranium pour une de celle de fer ; c'est par le mélange des deux préparations qu'on produit après cuisson une coloration métallique imitant les différents tons de l'or poli.

4° Couleurs irisées du prisme. On prend ou l'ammoniure ou le cyanure d'or et de mercure, ou l'iodure d'or, ou la teinture d'or ; ces composés aurifères sont broyés avec de l'essence de térébenthine sur une palette de façon à former une pâte qu'on laisse sécher pour la rebroyer à nouveau avec l'essence de lavande ; ceci fait, on ajoute à une partie du produit aurifère 1, 2, 3 et jusqu'à 10 parties de fondant préparé au bismuth, en l'étendant au pinceau sur les pâtes décorées et cuites et les recouvrant de la dissolution d'urane, on obtient des tons plus ou moins foncés, plus ou moins variés.

Toutes ces préparations se mélangent parfaitement entre elles, elles se superposent même, et appliquées au pinceau sur les objets, elles fournissent toujours après cuisson des teintes et des tons glacés.

Quant à la couleur pure de la nacre blanche, elle s'obtient par le fondant de bismuth qu'on mélange à celui de plomb, et quelquefois on y ajoute du chlorure d'antimoine mélangé dans la résine. L'essence de lavande employée dans toutes les préparations pourrait être remplacée par toute autre essence ne précipitant pas les substances avec lesquelles elle est mélangée, de même que la résine d'arcanson peut être remplacée par la colophane ou autre résine. Lorsqu'on fait l'application de ces préparations au pinceau, on doit éviter de mettre des couches trop minces ou trop épaisses qui produiraient des teintes trop pâles ou trop foncées; on doit surtout éviter le dépôt des poussières sur les objets enduits.

Les indications techniques que nous avons présentées au sujet de l'or de Meissen s'appliquent ici et nous dispensent de donner l'explication théorique des phénomènes qui se passent dans cette opération, qui ajoute par des moyens très-simples aux ressources du décorateur de porcelaine.

Position des lustres. — La définition des lustres, telle que nous l'avons donnée plus haut, limite singulièrement la position de ces produits sur les poteries qu'ils décorent. Ils doivent toujours être sur la glaçure, et la condition la plus importante à remplir pour qu'ils soient réussis, c'est que la glaçure soit parfaitement brillante.

Les diverses méthodes à l'aide desquelles on applique les lustres se confondent avec celles employées pour l'application des couleurs et des métaux : on les applique délayés dans des essences et des corps gras pour faire adhérer la matière pendant le travail; on fait usage de putois, de pinceaux de diverses grosseurs et de diverses formes, suivant la nature des produits qu'on veut décorer et suivant le genre de travail dont on désire faire l'application.

Ici se bornent les notions que je crois devoir présenter sur l'art de décorer les poteries. Mon but était de réunir les principes généraux qui doivent faciliter la lecture et l'étude des traités spéciaux écrits sur la matière. J'ai dû me dispenser de retracer un grand nombre de détails qu'on trouvera dans les ouvrages plus étendus, comme le *Traité des arts céramiques*, de M. Brongniart, auquel je renvoie ceux qui désireraient s'initier aux pratiques de cet art. SALVÉTAT.

DENSITÉ. Nous rapportons, d'après Poncelet, le poids du mètre cube des substances que l'on rencontre dans les constructions, dont on a besoin fort souvent pour déterminer les dimensions des voûtes, des planchers, etc.

DÉSIGNATION DES SUBSTANCES	POIDS du mètre cube.
	kil.
Pierre à plâtre ordinaire	2168
Gypse ou plâtre fin	2264
Pierre meulière	2484
Marbre noir et blanc	2717
Briques { les plus cuites	2200
Briques { les moins cuites	1500
Tuiles ordinaires	2000
Sable pur	1900
Sable terreux	1700
Terre végétale légère	1400
Terre argileuse	1600
Terre anglaise	1900
Maçonnerie de moellons ordinaires, de 1700 kil. à	2300
Chêne le plus pesant, le cœur	1170
Chêne le plus léger, sec	850

DENTELLE. C'est en Flandre, puis en Italie, à Venise et à Gênes, que furent fabriquées les premières dentelles. Jusqu'au dix-septième siècle, la France fut tributaire de l'étranger, dont les produits étaient de beaucoup supérieurs à ses premiers essais. Mais, sous l'administration de Colbert, la fabrication de la dentelle fut si bien encouragée, et ses progrès furent si rapides, qu'elle ne tarda pas à soutenir honorablement la concurrence de l'industrie étrangère. Aujourd'hui, malgré la supériorité considérable, sous le rapport de la quantité, de la production belge, la France n'a pas dégénéré. Le point d'Alençon témoigne encore du rang que ses produits ont conquis par les soins du ministre de Louis XIV; la valenciennes et la dentelle de Lille, quoique fabriquées en grande partie à Ypres, à Bruxelles et à Courtray, portent des noms qui rappellent leur origine. Cette dernière, d'ailleurs, n'a pas complétement émigré, et ce sont encore nos manufactures qui produisent les ouvrages les plus remarquables dans cette catégorie.

La fabrication moderne est restée dans la voie où elle est entrée au dix-septième siècle, c'est-à-dire qu'elle a continué à chercher, surtout dans ses produits, la finesse, la souplesse et la légèreté. Au commencement de cette industrie, la bissette, la gueuse et la campane étaient des tissus en fil plus solides qu'élégants. La guipure, qui vint ensuite, ressemblait assez, quant au dessin, à la guipure moderne; mais la soie, l'argent et l'or étaient les matières dont elle était formée. Le point de Venise et le point de Gênes lui succédèrent pour se voir, à leur tour, remplacés par les produits d'Anvers et de Bruxelles.

Il y a maintenant cinq catégories principales de dentelles en fil fabriquées à la main. C'est un de ces cas rares où l'industrie échappe à la mécanique.

Ces cinq catégories sont :

Le point d'Alençon; c'est le point de France, c'est la dentelle que nous devons à Colbert. Elle se fait à l'aiguille.

Le point d'Angleterre, qu'on appelle encore, moins souvent, mais plus justement, point de Bruxelles. A l'instar de la France, l'Angleterre eut un moment l'intention d'encourager la fabrication de la dentelle et d'en faire une industrie anglaise. Pour y parvenir, elle voulut attirer chez elle les ouvrières de la Flandre. Elle n'y réussit pas; mais, à la même époque, une quantité considérable de marchandises fut achetée à l'étranger par ses agents, importée et revendue sous le nom de point d'Angleterre. Telle est l'origine de cette dénomination trompeuse, car le produit qu'elle désigne n'a jamais été fabriqué que sur le continent. Le point d'Angleterre est l'œuvre de deux classes d'ouvrières; les premières brodent l'ornement, les autres tissent le fond; on applique ensuite l'un sur l'autre. Lorsque le fond est fait à la mécanique, la dentelle prend le nom d'application d'Angleterre.

La dentelle de Malines ou broderie de Malines. Ce deuxième nom lui vient de ce que les fleurs sont entourées et en quelque sorte mises en relief par un fil qui est comme le trait apparent du dessin. Elle est fabriquée au fuseau, fond et fleurs ensemble.

La valenciennes, également faite au fuseau et d'un seul coup.

Enfin la dentelle de Lille, dont la fabrication est semblable à la précédente, mais sans atteindre la même solidité.

Tels sont les produits supérieurs de cette industrie. Il en est beaucoup d'autres qui, de même, tirent leurs noms des localités où on les fabrique; mais il est inutile d'insister.

Si remarquables et véritablement artistiques que fussent les tissus connus sous le nom de guipure, de point de Gênes et de point de Venise, il faut le reconnaître, le jour où la dentelle sut allier la souplesse à la solidité du réseau, elle entra de plain-pied dans le caractère qui lui convient avant tout. Néanmoins on peut regretter que la fabrication moderne ait aussi complétement détrôné ses devancières. Je ne crois pas, en effet, qu'il y eût de comparaison possible, partant de rivalité nécessaire entre elles. D'un côté l'ampleur, la grande tournure, le style; de l'autre, la grâce, la légèreté, l'élégance; cela semble indiquer pour chacune la possibilité d'un emploi particulier. Mais autant par l'influence de la mode que par leurs qualités réelles, les produits d'Anvers et de Bruxelles l'ont emporté; et ces premières dentelles souples et légères sont demeurées les types auprès desquels s'inspire encore la fabrication moderne.

Le caractère du dessin seul est susceptible de modifications dans cette industrie, et c'est par les formes que ces produits prennent une valeur artistique. La guipure, au moyen de nervures bien apparentes, reproduisit des enchevêtrements de lignes assez semblables à certaines décorations en usage lorsqu'elle parut, soit sur les monuments, soit sur les pièces d'orfévrerie. La dentelle légère eut d'autres formes, mais en général analogues aux ornements employés dans les arts; ceci toutefois non sans restriction, car on ne peut nier qu'il existe une très-grande diversité de composition dans tous ces objets.

Fabrication mécanique. Les progrès de la solution du difficile problème de fabriquer des dentelles à la mécanique sont sensibles. Déjà les blondes se fabriquent constamment ainsi et on commence à imiter très-bien divers genres de dentelles.

Les dentelles dites *de Chantilly*, à la mécanique, se font sur divers métiers; elles sont parvenues à offrir une grande analogie avec la vraie dentelle de Chantilly, qui est le modèle qu'elles cherchent à copier.

Une autre sorte de dentelle à la mécanique, celle du châle et autres grands morceaux en poil de chèvre (*mohair*) a pris également, dans ces dernières années, une importance sérieuse.

Enfin un nouveau métier, dont les produits ont été exposés à Londres, en 1862, par MM. Planche, Lafon et Sylval, exécute de véritables dentelles aux fuseaux; il est impossible de trouver une différence.

DÉPLACEMENT. La méthode de déplacement ou de lessivage méthodique, dont l'industrie fait aujourd'hui un si fréquent emploi, est due à Lavoisier, ou au moins ce grand esprit sut dégager de pratiques empiriques l'esprit, la formule de cette méthode. C'est à propos du lessivage des plâtres salpêtrés (exemple rapporté à l'article Déplacement du Dictionnaire) que Lavoisier a défini ce moyen *d'obtenir le maximum d'effet utile avec le minimum de l'élément destiné à le produire.*

Les appareils appliqués dans diverses industries, dont il a été parlé aux articles Soude, Sucre, etc., ont toujours laissé à désirer au point de vue de la simplicité des opérations et de l'économie de la main-d'œuvre, et de nombreuses inventions ont eu pour but de les améliorer. La perfection paraît bien près d'être atteinte par l'appareil de M. Havrez dont nous reproduirons ici la description. Il est parvenu à opérer dans un espace très-restreint; à réduire la manœuvre, indépendamment du chargement et du déchargement des matières, à la rotation d'un simple robinet.

Un progrès important dans l'application de la méthode de déplacement, dit l'inventeur, a été réalisé dans les dernières années : on a laissé le solide immobile, tandis que le plus souvent on le déplaçait plusieurs fois, mais on a changé continuellement les points d'arrivée et de sortie du liquide, en approchant chaque fois son entrée de la partie devenue la plus épuisée, et sa sortie du point le plus chargé.

Dans cette disposition les cuves, posées au même niveau, sont reliées entre elles de manière à communiquer méthodiquement; à cet effet elles sont munies chacune de quatre tuyaux obstruables : le premier amène au haut de chaque cuve le liquide déjà chargé venu du bas de la cuve précédente où est une substance relativement épuisée; le deuxième tuyau prend au bas de chaque cuve le liquide le plus lourd, le plus chargé, pour le conduire au haut de la cuve suivante qui contient une substance relativement riche; le troisième tuyau est destiné à déverser le liquide pur dans la cuve, lorsque après le passage des liquides de moins en moins chargés, la substance s'y trouve presque épuisée et doit être d'abord traversée par le liquide en circulation (ces trois tuyaux sont obstrués quand on décharge et remplace la substance épuisée). Le quatrième tuyau est un syphon de vidange qui soutire de la cuve le liquide chargé et propre à l'emploi, lorsque cette cuve, venant d'être chargée de substance riche, est la dernière traversée par le liquide à saturer. Ainsi pour 12 cuves de lavage il faut le nombre élevé de 48 bouts de tuyaux, munis de 36 obturateurs. Cette complication est coûteuse d'installation et presque irréalisable pour le cas d'un appareil de petites dimensions; elle exige la présence d'ouvriers intelligents.

L'emploi d'un seul robinet distributeur au lieu de 36 obturateurs et des 48 bouts de tuyaux devait amener une foule d'avantages (économies de main-d'œuvre et de frais d'établissement, sécurité et simplicité de l'installation et du service, faculté d'employer ce lessivage dans les industries chimiques où il est aujourd'hui peu praticable).

Aussi nous avons cherché avec persévérance à surmonter les obstacles que présentait la constitution d'un tel robinet; les qualités suivantes qu'il devait posséder, étaient multipliées et difficiles à réaliser : il devait ne faire communiquer méthodiquement qu'une série de cuves, tout en isolant successivement celle en déchargement, et cela *quelles que fussent les hauteurs pressantes des liquides* contenus dans les cuves voisines, il fallait qu'il les mît l'une après l'autre en relation avec l'entrée du liquide pur, ou avec la sortie du liquide saturé; il ne devait pas s'opposer à la marche des liquides par des rétrécissements ou des coudes brusques, il devait s'appliquer à un nombre quelconque de cuves, être facilement enlevé et visité, être manié sans erreur même par un ouvrier peu intelligent.

Le robinet que nous avons imaginé a été adapté au centre de 12 bacs formant un ensemble circulaire de 3 mètres de diamètre et de 1 mètre de haut.

Dans l'appareil représenté en coupe et en plan dans le dessin, s'offrent les trois pièces principales qui suivent :

1° Un bac AA en tôle de 3 mètres de diamètre et de 1 mètre de haut, divisé en douze compartiments égaux par douze cloisons rayonnantes et dont le fond est percé au centre d'une ouverture de 33 centimètres de diamètre.

2° Un cylindre B en fonte qu'on enfile au centre du bac. Il est percé vers le bas de 12 ouvertures et forme en ce point la boîte conique du robinet. Il porte à son arête inférieur un rebord circulaire boulonné sur le fond de la cuve, et sur sa surface externe des rebords saillants sur lesquels viennent s'assembler les cloisons.

3° Un gros robinet conique en fonte C divisé par les six plaques rayonnantes en six loges égales et munies chacune de deux ouvertures. La première loge où entre le liquide pur, a une ouverture vers le haut, une au pourtour; les quatre loges suivantes ont les deux ouvertures au pourtour, elles font communiquer deux cuves entre elles (les deux ouvertures peuvent être réunies. La sixième loge qui sert pour la sortie du liquide, a une ouverture au pourtour et une dans la plaque de dessous pour communiquer avec le tuyau de sortie boulonné sous la boîte du robinet.

Suivons la marche de l'eau à travers les pièces. (Des flèches indiquent cette circulation. Dans le cylindre central B et au-dessus du robinet arrive l'eau pure amenée par le tuyau F.

Par l'ouverture supérieure, cette eau pénètre dans la première loge du robinet, elle en sort au pourtour, traverse le trou fixe, monte dans le tube carré D, et par le trou h de ce tube pénètre dans la première cuve 1 rentre dans la deuxième loge du robinet, en sort pour remonter dans le tuyau suivant, entre dans le bac 2, et parcourt ainsi successivement chaque bac de haut en bas; elle traverse finalement le bac 5' plein de matière

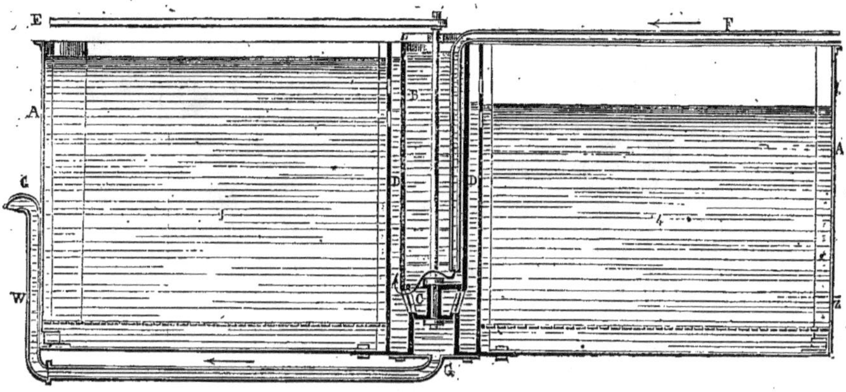

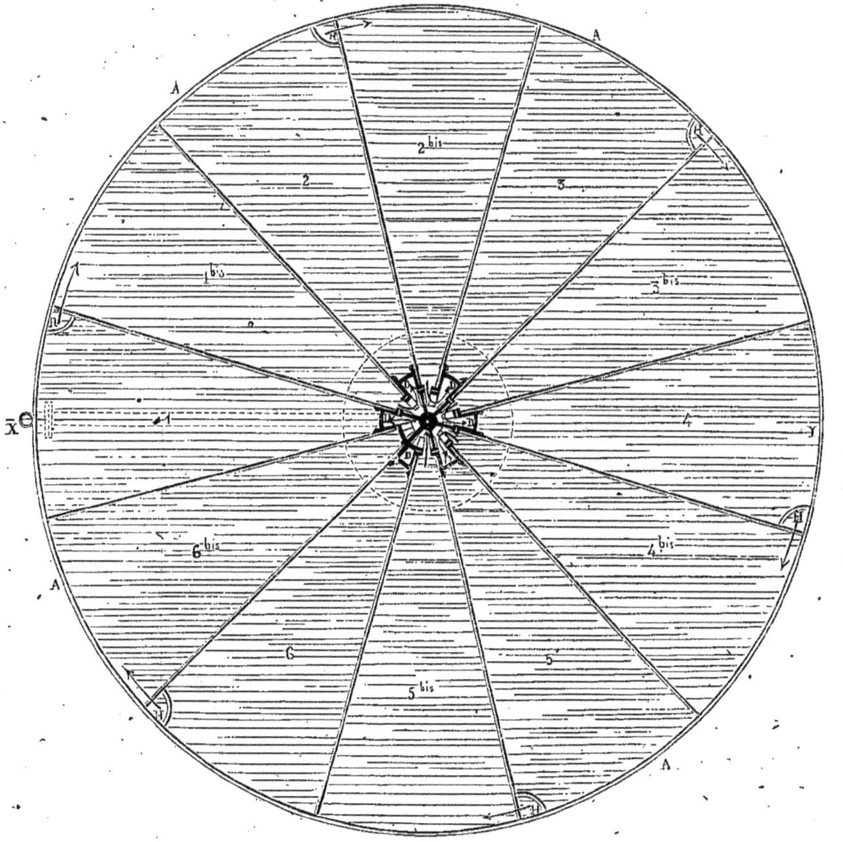

plie de la substance la plus lessivée. — L'eau parcourt cette cuve de haut en bas et en s'éloignant du centre; elle en sort près de la paroi extérieure par un tuyau H (il peut la prendre au bas dans une sorte de double fond), il l'amène au haut du bac 1' qu'elle traverse aussi de haut en bas en se rapprochant du centre. De là, elle récemment chargée et enfin par l'ouverture (sixième), du robinet, par le trou percé en dessous, qui n'offre aucune ouverture pour laisser remonter le liquide dans le bac 6, la solution tombe dans le tuyau W.

Après quelque temps la case isolée 6 ayant été remplie de substance riche, le robinet est tourné de manière que l'orifice de sortie soit posé vis-à-vis de l'ouverture de cette cuve, alors la plus récemment chargée, en même temps les compartiments 1, 1', rendus isolés, deviennent aptes à être déchargés; le liquide qui s'y trouve est déversé par un seau dans la cuve 2, 2', alors la première traversée par le liquide pur.

Ainsi le robinet, par une simple succession de sixièmes de tours :

1° Introduit successivement le liquide pur au haut de la série 1, 2, 3, etc., alternative des cuves à mesure qu'elles contiennent une matière presque épuisée.

2° Il reprend méthodiquement au bas de chaque cuve intermédiaire 1', 2', 3', les liquides chargés.

3° Il les reporte au haut des compartiments suivants remplis d'une matière plus riche.

4° Il isole successivement chaque double cuve pendant qu'on y remplace la matière épuisée.

5° Il relie chaque cuve au tuyau W de sortie lorsqu'elle contient la matière nouvellement chargée et qu'elle laisse sortir le liquide le plus enrichi.

Tous les bons effets de la substitution d'un seul robinet à 36 obturateurs sont donc obtenus.

DÉTENTE (SOUPAPE A). MM. Lemonnier et Vallée ont inventé une disposition qui résout ce problème intéressant, de faire parcourir à un point une longueur déterminée, presque instantanément, aussitôt qu'il est arrivé à une position déterminée.

Ce système a été combiné en vue des soupapes de sûreté des locomotives, afin de livrer un grand passage à la vapeur aussitôt que celle-ci les a soulevées d'une certaine quantité, mais il peut trouver d'autres applications.

Il consiste (fig. 3476) en deux barres M, N terminées en demi-cercle, et réunies par une barre AB et deux boulons A et B. La barre M étant celle par l'intermédiaire de laquelle la traction s'exerce, et la résistance s'exerçant en A, la figure du système sera invariable tant que la tige qui se voit bien sur la fig. 3476, parallèle à N (fig. 3477), sera prise entre des guides et une plaque de recouvrement C. Mais après un mouvement égal à la longueur qui pénètre dans ces guides, qui empêchent tout mouvement oblique sur la direction MN, la barre guidée échappe, et aussitôt la traction de M entraînant le point A, une rotation a lieu autour du point B, la tige M s'élève de 2 AB, le système prenant la disposition représentée figure 3477.

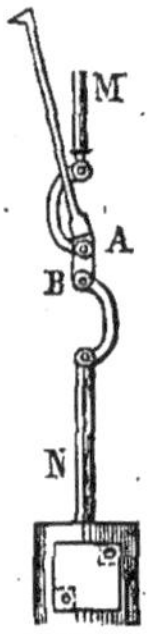

3477.

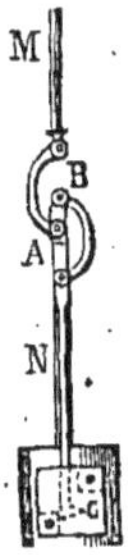

3476.

DIAMANT. Wollaston a fait d'intéressantes recherches pour analyser la curieuse propriété du diamant de couper le verre. Il a remarqué que le diamant taillé par le lapidaire, a des arêtes qui sont des lignes droites puisque les faces sont des plans, tandis que les faces des diamants naturels sont courbes et que par suite l'arête est également une ligne courbe. Il a reconnu que, pour que la section du verre se fasse bien, il faut que le diamant soit appliqué bien perpendiculairement sur la surface; les parties pressées par une ligne sans épaisseur forment coin et séparent les molécules du verre au delà de leur limite d'élasticité.

En taillant dans les conditions ci-dessus indiquées des rubis, des saphirs, des spinelles, le docteur Wollaston est parvenu à couper le verre aussi parfaitement qu'avec le diamant, seulement cette propriété était moins durable à cause de l'usure de ces pierres bien moins dures que le diamant. La surface des diamants est toujours plus dure que celle des plans de clivage intérieurs.

Les figures 3478, 3479 et 3480 montrent la manière de monter le diamant du vitrier, de l'enchâsser dans

3478.

3479.

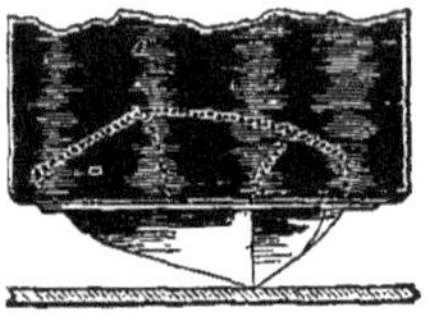

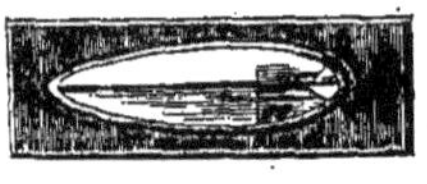

3480.

une tige dressée après cette opération, pour qu'on puisse facilement le faire agir dans les conditions les plus favorables.

DIAMANT NOIR. Le travail du granit a toujours été fort pénible à cause de la dureté de cette substance et de la rapidité avec laquelle s'use l'acier qui sert à le travailler. L'exécution de cylindres de granit bien réguliers, employés aujourd'hui fréquemment pour le broyage des couleurs et du chocolat, était surtout difficile et coûteuse. Ce travail a été récemment simplifié de la manière la plus heureuse par l'emploi d'une substance qui est assez dure pour entamer le granit, pour le travailler sur le tour sans s'user. Cette substance est le diamant noir qui se trouve assez abondamment et en beaux morceaux dans les mines de diamant du Brésil, et qui, repoussé par la bijouterie, n'a pas de valeur.

Le travail du porphyre, des pierres dures exécuté à l'aide du diamant noir, avec un burin d'une extrême dureté, fournit à un prix modéré, des vases, des vasques de fontaine du plus beau travail.

DILATATION DES LIQUIDES. L'accroissement de volume des liquides, lors de leur échauffement, a été étudié avec soin dans ces dernières années, principalement par M. Isidore Pierre, et il a été reconnu qu'il s'en fallait beaucoup qu'il fût proportionnel à la température. Ces nouvelles constatations de phénomènes, que l'ancienne manière d'analyser les effets de la chaleur était loin de faire prévoir, sont précieuses en ce qu'elles montrent la nécessité de compléter une théorie si insuffisante à tant d'égards. Malheureusement on n'est pas parvenu à formuler la loi du phénomène, on a seulement pu indiquer que la dilatation variait à peu près comme la compressibilité. M. I. Pierre a cherché à la représenter par une formule à coefficients variables, dont il a réuni dans une table les valeurs successives, ce qui permet de représenter les faits avec exactitude, mais sans possibilité d'employer les résultats acquis à accomplir de nouveaux progrès, à rien prévoir, à constituer une science enfin.

C'est en suivant sur des thermomètres semblables, faits avec des liquides différents, dont un à mercure, les accroissements du volume primitif marqués pour chacun d'eux aux diverses températures, que se font ces expériences. J'en donnerai les résultats pour quelques liquides principaux.

La formule d'interpolation en seule fonction de la température adoptée par M. I. Pierre donne pour la température T le volume $V = 1 + aT + bT^2 + cT^3$, le tableau ci-après renferme les valeurs des coefficients a, b, c, et les limites de température entre lesquelles ils sont applicables.

NOM du liquide.	VALEURS extrêmes de T.	*a.*	*b.*	*c.*
Acide acétique.	0 à 138	0,001050370	0,0000018339	0,0000000079
Alcool anhydre.	—34 à 78	0,001048630	0,0000017510	0,0000000134
Brôme.	— 7 à 63	0,001038186	0,0000017114	0,0000000545
Bi-chlorure d'étain. . .	—20 à 115	0,001132801	0,0000009117	0,0000000758
Eau	0 à 25	—0,000061040	0,0000077183	—0,0000003734
	25 à 50	—0,000065410	0,0000077587	—0,0000003541
	50 à 75	+0,000059160	0,0000031849	0,0000000728
	75 à 100	0,000086450	0,0000031892	0,0000000245
Essence de térébenthine.	0 à 150	0,000847400	0,0000012480	0,0000000000
Éther	—15 à 36	0,001513245	0,0000023592	0,0000004005
Mercure.	0 à 350	0,000179007	0,0000000252	0,0000000000
Sulfure de carbone. . .	—35 à 60	0,001139804	0,0000013706	0,0000001912

Les dilatations représentées par ces chiffres diffèrent beaucoup de la proportionnalité admise *à priori.*

Il paraît assez naturel de chercher la loi de ces variations dans l'accroissement de la pression de la vapeur que forme le liquide à chaque température, peut-être dans la vapeur intermoléculaire qui tend à se former entre les molécules, et, dans ce cas, la formule qui représente la dilatation doit avoir un rapport intime avec celle qui représente les variations de pression de la vapeur aux températures correspondantes. Nous avons, pour faire ces comparaisons pour la vapeur d'eau, les expériences de M. Regnault. Ainsi, si nous comparons les accroissements totaux de volumes de l'eau et les pressions de la vapeur, à quatre points également espacés de 0 à 100°, nous aurons :

LIMITES DE TEMPÉRATURES.

	0°	à 25°	à 50°	à 75°	à 100°
Les accroissements de volumes, s'ils étaient proportionnels, seraient, en dix-millièmes :	0	27	54	81	108
Ceux fournis par l'expérience sont .	0	27	54	88	120
Les pressions sont. . . .	4mm,6	23	91	288	760

Les pressions croissent bien comme les volumes, mais bien plus rapidement toutefois, et cela surtout dans le voisinage du point d'ébullition, ce qui paraît s'expliquer assez naturellement pour l'expansion de la vapeur qui se dégage, qui cesse d'être seulement intermoléculaire, se forme par masses sensibles d'autant plus qu'on se rapproche de ce point et constitue un état intermédiaire voisin de l'ébullition.

Gaz liquéfiés. — Cette manière de voir trouve sa confirmation dans une série de phénomènes étudiés récemment, dans la dilatation très-considérable des liquides provenant de la liquéfaction des gaz.

M. Thilorier avait trouvé, pour le coefficient de l'acide carbonique liquide, entre 0° et 30°, le chiffre 0,0142, c'est-à-dire un chiffre quatre fois plus fort que celui de la dilatation des gaz, qui est considérable.

M. Drion a repris ces expériences et a trouvé de même qu'à des températures voisines de celles où les liquides se transforment en vapeurs dans des espaces très-restreints, ces liquides ont un coefficient de dilatation très-considérable, supérieur à celui des gaz à la pression atmosphérique.

Le liquide à étudier étant renfermé dans un appareil analogue aux thermomètres *à maxima*, on peut suivre sa dilatation en le chauffant dans un bain liquide à une température déterminée, et la mesurer, en ayant déterminé à l'avance le rapport qui existe entre la capacité du réservoir et celle d'une division de la tige. Voici les résultats qu'il a obtenus pour deux corps de composition très-différente :

Éther chlorhydrique.

A 0°, dilatation moyenne	0,00157
Entre 121 et 128°	0,00360
Entre 128 et 134°	0,00421
Entre 144,5 et 149°,25.	0,00553

Acide sulfureux.

Entre 0 et 18°, dilatation moyenne.	0,00193
Entre 91 et 99°,5	0,00463
Entre 108 et 115°,5	0,00463
Entre 116 et 122°	0,00532
Entre 122 et 127°	0,00600

On voit avec quelle rapidité la dilatation augmente, et l'on serait sûrement arrivé à un chiffre aussi élevé que celui trouvé par Thilorier, si, à son exemple, on avait employé des vases résistants au lieu de simples tubes de verre incapables de résister aux pressions considérables qui se produisent.

Ces faits semblent bien indiquer que, malgré leur apparence, ces liquides sont, en réalité, comme mélangés de gaz, en lequel ils se résolvent instantanément, sans ébullition aucune, lorsqu'on atteint un certain degré d'échauffement. Ce qui existe alors a nécessairement lieu, dans une tout autre proportion, bien entendu, pour les liquides ordinaires, et fournit l'explication satisfaisante d'un fait qui paraît assez étrange à première vue.

DISTILLATION. On comprend aujourd'hui sous le nom de *Distillation* des opérations de nature différente : la vaporisation de l'alcool et substances analogues pour les séparer de l'eau (l'évaporation pour enlever l'eau qui dissout des substances solides est un cas particulier de la distillation) et la distillation sèche, la décomposition des substances par le feu pour séparer les produits volatils des parties solides, qui est en réalité une carbonisation.

Nous avons déjà consacré l'article ALAMBIC à l'étude des appareils et des conditions physiques de la distillation ordinaire. Nous la complèterons ici par quelques chiffres, et d'abord nous emprunterons à Chaptal, qui avait assisté à l'invention d'Édouard Adam et avait connu toutes les luttes qu'il eut à supporter, le récit de cette découverte et l'indication des principes de son appareil. L'historique d'un progrès industriel est quelquefois (et nous croyons que c'est ici le cas) le meilleur moyen de graver dans l'esprit un important progrès. Celui qu'a accompli Édouard Adam a révolutionné toute l'industrie qui traite des matières volatilisables par la chaleur et a permis de les obtenir à peu de frais, d'une manière continue, avec le degré de pureté et de concentration voulue. C'est là ce que réalisent aujourd'hui les appareils employés dans les distilleries et ceux employés dans bien des fabrications de produits chimiques. (Voy. AMMONIAQUE.)

Voici comment l'illustre Chaptal s'exprime au sujet de cet appareil, dans son remarquable *Traité de chimie appliquée à l'agriculture* :

« Un appareil chimique, par le moyen duquel on fait passer des vapeurs ou des gaz à travers des liquides pour les en saturer, a donné à Édouard Adam la première idée de son appareil de distillation.

« La connaissance du fait que les vapeurs aqueuses se condensent à un degré de chaleur qui ne peut pas opérer la condensation des vapeurs alcooliques, lui a fourni le moyen de compléter son appareil. L'appareil chimique lui a suggéré l'idée de conduire, à l'aide d'un tube de cuivre, les vapeurs qui s'élèvent d'une chaudière de vin placée au foyer du fourneau dans une nouvelle chaudière remplie de vin, pour y déposer leur chaleur et porter le liquide à l'ébullition ; les vapeurs qui s'élèvent de celle-ci peuvent être portées dans une troisième, où le vin ne tarde pas à se mettre en ébullition ; de sorte qu'il suffit d'entretenir le feu sous une chaudière et de transmettre la vapeur alcoolique dans le vin contenu dans deux et trois autres chaudières bien closes, pour opérer la distillation dans toutes. Cette manière de transmettre la chaleur est aujourd'hui pratiquée dans plusieurs ateliers étrangers à la distillation, et c'est ce qu'on appelle *chauffer à la vapeur*.

« Par ce moyen, Édouard Adam obtenait déjà une grande économie de combustible, et il était sûr d'avoir des vapeurs alcooliques qui ne pouvaient en aucun temps sentir le brûlé. Il gagnait encore sur le temps et sur la main-d'œuvre, attendu qu'un ouvrier qui ne soignait qu'un fourneau produisait de plus grands résultats que s'il n'eût fait qu'évaporer dans une chaudière.

« C'était déjà beaucoup, sans doute, mais ce n'était pas encore assez : il fallait trouver le moyen de séparer les vapeurs aqueuses des vapeurs alcooliques, pour avoir les dernières dans leur plus grand degré de pureté possible, et c'est ce qu'il a fait en appliquant à son appareil le second principe que nous avons déjà posé.

« Faisons passer, s'est-il dit, les vapeurs alcooliques qui sortent de la dernière chaudière, dans des vases qui soient immergés dans un bain d'eau froide, la vapeur aqueuse s'y condensera, et je pourrai la ramener dans les chaudières pour y être redistillée, tandis que la vapeur alcoolique sortira de ces vases sans s'y condenser, et ira jusqu'au serpentin, où elle subira sa condensation.

« En partant de ce raisonnement, établi sur des faits positifs, il a adapté un tube à la partie supérieure de la dernière chaudière. Ce tube conduit les vapeurs dans un premier condensateur sphérique, baigné par l'eau ; là, une partie des vapeurs aqueuses se résout en liquide, et ce liquide est porté par un tuyau dans le vin de la première chaudière, pour y être redistillé et dépouillé d'une légère portion d'alcool qui y est dissoute ; les vapeurs qui ne peuvent pas se condenser dans ce premier vase passent dans un second, où il s'opère une condensation nouvelle, attendu que la température y est moins élevée ; de ce second elles passent dans un troisième et dans un quatrième, et ce qui se condense se rend, comme nous venons de le dire, dans la chaudière, pour qu'une nouvelle distillation enlève tout ce qui y reste de spiritueux.

« La vapeur, en traversant les condensateurs, perd peu à peu sa chaleur ; l'eau se précipite ; l'alcool se purifie ; il se dépouille de presque toute l'eau qui s'était élevée avec lui par l'évaporation, et lorsqu'il arrive au serpentin, il se condense et marque le plus haut degré de spirituosité.

« On voit, par ce qui précède, que, d'après ce procédé ingénieux, on peut obtenir à volonté, et par une seule opération, tous les degrés de spirituosité alcoolique du commerce. Chaque condensateur donne un degré différent, et en retirant successivement le produit de chacun, on a des degrés qui varient depuis l'eau-de-vie jusqu'à l'alcool le plus pur. On peut encore diriger les vapeurs dans le serpentin sans les faire passer par l'intermédiaire des condensateurs, et alors on obtient le degré qui forme la bonne eau-de-vie du commerce.

« Tels sont les principes qui constituent éminemment le procédé d'Édouard Adam ; mais, indépendamment de l'application de ces principes, il a ajouté des améliorations qui rendent son appareil représenté figure 3481 plus parfait.

3481.

« 1° A l'aide de robinets et de tuyaux, il dirige à volonté la vapeur dans un petit serpentin d'essai, pour y opérer la condensation et juger du degré de spirituosité toutes les fois qu'il le trouve convenable ;

« 2° Il a interposé un serpentin entre les condensateurs et le serpentin à eau ; il fait baigner dans le vin le serpentin supérieur, et, par ce moyen, le vin y prend un degré de chaleur qui hâte son ébullition lorsqu'on en remplit les chaudières. Le premier serpentin condense la vapeur alcoolique de manière que l'alcool coule liquide dans le second serpentin, et échauffe peu le bain d'eau dans lequel ce second serpentin est plongé.

« Il résulte de ces dispositions trois principaux avantages : le premier, de chauffer sans aucune dépense le vin qu'on va distiller ; le second, de n'être pas obligé de renouveler l'eau du serpentin ; le troisième, d'obtenir constamment de l'alcool froid, et d'éviter toute déperdition ou évaporation.

« M. Édouard Adam forma de suite plusieurs grands établissements d'après ces principes, à Cette, à Toulon, à Perpignan, etc., et s'assura d'un brevet d'invention pour jouir en sûreté du fruit de sa découverte.

« Mais ces succès éveillèrent bientôt l'attention des autres distillateurs ; ses résultats étaient tels, que ces derniers ne pouvaient plus concourir avec lui : dès lors on fit des essais partout, ou pour imiter ou pour varier ce procédé.

« C'est surtout en partant de l'idée fondamentale, que le degré de température auquel se condensaient les vapeurs aqueuses était insuffisant pour condenser les vapeurs alcooliques, qu'on fit le plus de tentatives. Les appareils construits par Édouard Adam étaient immenses et très-coûteux ; on chercha à en réduire les dimensions et à les mettre à la portée du plus grand nombre.

« Isaac Bérard, du Grand-Gallargues (département du Gard), produisit peu de temps après un appareil plus simple, qui obtint la préférence sur celui d'Adam. Au lieu de coiffer la chaudière d'un chapiteau, comme on le pratiquait anciennement, il la surmonta d'un cylindre, dont l'intérieur est divisé en compartiments qui communiquent entre eux par de petites ouvertures ; les vapeurs qui s'élèvent du vin en ébullition sont transmises dans ces *chambres*, où elles se dépouillent d'une portion aqueuse, qui se rend dans la chaudière par le moyen de conduits, et les vapeurs alcooliques passent dans un condensateur cylindrique qui plonge dans un bain d'eau ; ce condensateur est divisé intérieurement par des diaphragmes en lames de cuivre, qui en font quatre à cinq *chambres* communiquant entre elles par des ouvertures ; de sorte qu'on peut à volonté les laisser parcourir toutes par la vapeur avant qu'elle arrive au serpentin, ou la renvoyer au serpentin après qu'elle a passé par deux ou trois. Les vapeurs se déphlegment de plus en plus en traversant les chambres, de sorte que lorsqu'elles se sont ensuite condensées dans le serpentin, l'alcool marque 36 à 38° ; tandis que si l'on dirige les vapeurs dans le serpentin sans les faire passer dans les chambres du condensateur, l'alcool marque de 20 à 25°, ceux intermédiaires s'obtenant en faisant parcourir aux vapeurs plus ou moins de chambres.

« L'appareil de Bérard parut si simple et si avantageux qu'il fut généralement adopté : Édouard Adam en attaqua l'auteur comme contrefacteur ; des procès dispendieux, qu'il fut forcé de soutenir contre Bérard et beaucoup d'autres, le détournèrent de ses occupations ; et cet homme, à qui on doit presque l'art de la distillation, est mort de chagrin et dans un état voisin de la misère. »

Pour compléter l'étude physique de la distillation, nous emprunterons à M. Claudel (*Formules, etc.*) les principes de la méthode à employer pour calculer les éléments de l'application de la chaleur aux alambics ; les dimensions des fourneaux, chaudières, etc. ; la dépense de combustible nécessaire pour distiller un certain poids d'un liquide donné, dans l'unité de temps.

Les dimensions des chaudières dépendent de la quantité de vapeur à former dans un temps donné, de la température d'ébullition du liquide, de sa chaleur latente de vaporisation, et de sa chaleur spécifique, ainsi que de celle du résidu. La quantité de combustible à brûler, déduite de ces éléments, entraîne les dimensions convenables de la cheminée et de la grille.

1er *exemple.* — Soit à vaporiser, en une heure, 150 kilog. d'alcool pur, à la température primitive de 0°.

La température d'ébullition de l'alcool, sous la pression atmosphérique 0m,76 étant 78°,40, sa capacité spécifique 0,622 et sa chaleur latente de vaporisation 207, la quantité de chaleur, pour en vaporiser 1 kilog., est :

$$78,40 \times 0,622 + 207 = 256 \text{ calories,}$$

c'est-à-dire les $\frac{4}{10}$ environ de celle nécessaire pour vaporiser 1 kilog. d'eau, 1 kilog. de houille vaporisant, dans la pratique, 6 kilog. d'eau, vaporisera donc au moins (à une plus basse température) $6 \times \frac{10}{4} = 15$ kilog. d'alcool.

Un mètre carré de surface de chauffe suffisant pour vaporiser 15 à 20 kilog. d'eau, il suffira donc pour $15 \times \frac{10}{4} = 38$ à $20 \times \frac{10}{4} = 50$ kilog. d'alcool. En admettant 38 kilog., les 150 kilog. d'alcool exigeront donc $\frac{150}{38} = 4^{mc},95$ de surface de chauffe, et la quantité de houille brûlée sera $\frac{150}{15} = 10$ kilog.

On suppose ici que l'alcool n'est chauffé que par l'action directe de la combustion, tandis que dans les alambics la liqueur à distiller est amenée à une température très-peu inférieure à son point d'ébullition par la condensation des vapeurs, c'est-à-dire que la quantité $78,40 \times 0,622 = 49$ calories, n'exige aucune dépense de combustible. Dans la pratique donc, les chiffres ci-dessus doivent être modifiés dans le rapport de $\frac{49}{256} = 0,19$, c'est-à-dire qu'un kilog. de houille vaporisera $17^k,85$ d'alcool, qu'une surface de chauffe de 4 mètres carrés sera suffisante pour évaporer en une heure 150 kilog. d'alcool en brûlant $8^k,01$ de houille.

2e *exemple.* — Soit à distiller en une heure 500 litres de vin dans lequel les quantités d'alcool et d'eau sont dans le rapport de 1 à 22,80. L'expérience prouve que, pour obtenir presque tout l'alcool, il faut vaporiser les 0,22 de la masse totale, ce qui donne 110 litres d'une liqueur composée de 21 litres d'alcool et 89 litres d'eau.

La quantité de houille à brûler est alors :

0,792 étant la densité de l'alcool ; pour vaporiser $0,792 \times 21 = 16,63$ kilog. d'alcool :

Dépense de la houille. . . .	$\frac{16,63}{15} =$	$1^k,11$
Pour vaporiser les 89 k. d'eau.	$\frac{89}{6} =$	$14^k,83$
Pour élever à 100° les 390 kil. de résidu (1 kil. de houille produisant 6 kil. de vapeur ou 650×6).	$\frac{100 \times 390}{650 \times 6} =$	$10^k,00$
Total.		$25^k,94$

Nous avons vu plus haut, en parlant de l'alcool pur, que la condensation des vapeurs par le liquide frais procurait une économie de 0,19 ; il est facile de reconnaître par le second exemple que l'économie devient bien plus considérable quand on opère sur des substances moins pures devant laisser un grand résidu. Il est évident qu'en faisant marcher le liquide en sens inverse des vapeurs pour les condenser, comme dans l'appareil d'Adam et dans celui de Cellier-Brumenthal décrit à l'article ALAMBIC, on économisera la chaleur nécessaire pour chauffer le résidu, soit, dans l'exemple ci-dessus, 10 kilog., plus la quantité de chaleur nécessaire pour échauffer jusque vers 90 degrés l'eau vaporisée, soit 1/7 de 650 degrés, soit $2^k,10$; l'économie sera donc de $12^k,10$, soit près de 50 p. 100 de la chaleur qu'il faudrait dépenser si on opérait la condensation par l'eau qui serait rejetée au dehors, comme on le faisait autrefois.

Condensation des vapeurs. — On peut admettre 1° que pour une même vapeur, la quantité condensée par une même surface est proportionnelle à la différence entre la température de la vapeur et celle de l'air ou de l'eau qui sert de réfrigérant; c'est sur cette loi que repose la méthode de déplacement de la chaleur, l'avantage que l'on trouve à faire marcher en sens inverse le corps refroidissant et la vapeur; 2° que pour des vapeurs différentes, les quantités condensées, pour une même surface et pour un même excès de température, sont en raison inverse des quantités de chaleur contenues dans un même poids de vapeurs.

Tableau de la quantité de vapeur d'eau condensée en une heure par un mètre carré de surface de quelques matières en contact avec l'air à 15 degrés, et l'eau à 20 ou 25 degrés.

NATURE DES SURFACES.	VAPEUR D'EAU CONDENSÉE PAR l'air à 15°.	l'eau à 20 ou 25°.
Fonte de 5 à 6 millimètres d'épaisseur	$1^k,80$	
Cuivre de 2 à 3 millimètres d'épaisseur	$1^k,40$	$1^k,07$
Fer-blanc	$1^k,07$	
Tôle	$1^k,82$	
Verre	$1^k,76$	

A l'aide de ces tableaux et des deux lois qui précèdent, on déterminera facilement la quantité d'une vapeur quelconque qui sera condensée par des surfaces métalliques, pour un excès de température donné.

DISTILLATION, ALCOOL DE BETTERAVE, etc. Matthieu de Dombasle, dès 1834, avait prévu que la betterave, traitée par macération, deviendrait un jour la plante par excellence pour la production de l'alcool dans les exploitations rurales. La maladie de la vigne et les prix élevés de l'alcool qui en ont été la conséquence naturelle, ont réalisé cette prédiction déjà ancienne. Les guerres de l'empire avaient doté la France de la fabrication du sucre indigène; une autre calamité, la maladie de la vigne, aura doté notre pays d'une industrie agricole d'une haute importance, la fabrication de l'alcool de betterave, naturalisée désormais dans un grand nombre de fermes.

Le développement rapide de cette industrie nouvelle nous oblige à revenir sur les procédés particuliers qui lui sont propres, bien que les principes généraux de l'alcoolisation aient été développés aux mots ALAMBIC, ALCOOL, DISTILLATION, FERMENTATION.

« On croit en général, à l'étranger, dit M. Liebig dans ses *Lettres sur la chimie*, que les agriculteurs allemands distillent les pommes de terre dans l'unique but de produire de l'alcool, mais c'est là une erreur; ils ne distillent qu'en vue d'engraisser leurs bestiaux avec plus d'économie. »

Cette remarque si juste de M. Liebig convient aux betteraves aussi bien qu'aux pommes de terre; elle s'applique à la France aussi bien qu'à l'Allemagne. Le haut prix momentané des alcools a déterminé la création de nos distilleries de betteraves; mais l'emploi de leur résidu à la nourriture du bétail sera la cause de leur conservation et de leur développement progressif dans les fermes. C'est à ce point de vue surtout qu'elles offrent un intérêt sérieux et durable, et qu'elles méritent particulièrement un examen attentif.

On sait que l'amidon, les fécules, le sucre cristallisable et plusieurs autres substances se transforment facilement en sucre incristallisable ou en glucose, et que ces dernières substances, par la fermentation, donnent naissance à de l'acide carbonique, qui se dégage, et à de l'alcool qui reste dans la liqueur, dont il est facile de le séparer ensuite par la distillation. Il est inutile de revenir sur le détail de ces opérations, on rappellera seulement qu'un équivalent de sucre cristallisable $C^{12}H^{11}O^{11}$, tel qu'il existe dans la betterave, se transforme en alcool absolu $C^4H^6O^2$ et acide carbonique CO^2, en vertu de la réaction suivante :

$$C^{12}H^{11}O^{11} + HO = 4\,CO^2 + 2\,C^4H^6O^2$$

ou en nombres :

$$\underbrace{12\times6+11\times1+11\times8}_{\text{sucre}} + \underbrace{1+8}_{\text{eau}} = \underbrace{4(6+2\times8)}_{\text{acide carbon.}} + \underbrace{2(4\times6+6\times1+2\times8)}_{\text{alcool absolu}}$$

ou encore

Sucre cristallisable.	171	donnent	Alcool absolu.	92
Eau	9		Acide carboniq.	88
	180			180

Ainsi, 171 parties de sucre cristallisable fournissent théoriquement 92 parties d'alcool absolu. Par conséquent 100 kilogr. de sucre donnent :

	En poids.	En volume à la température de 15°. litres.
Alcool absolu	$53^k,80$	67,67
Alcool à 90° cent.	$62^k,78$	75,19
— 80°	$73^k,17$	84,59
— 60°	$103^k,19$	112,78
— 50°	$126^k,69$	135,34
— 40°	$161^k,22$	169,17
— 30°	$217^k,89$	225,56

Cette table serait facile à compléter pour tous les degrés de l'alcoomètre centésimal de Gay-Lussac. Ses différents termes s'obtiennent en repassant, par le calcul, de la densité correspondante à chaque degré de l'alcoomètre, à la composition en poids du mélange, précaution que l'on néglige souvent à tort dans les calculs de cette espèce. Il est donc très-facile de déterminer la proportion d'alcool à un degré donné que peuvent fournir des betteraves dont la richesse en sucre a été mesurée à l'aide de l'un des moyens indiqués à la fin de l'article SUCRE. En comparant le rendement pratique au rendement théorique ainsi calculé, on se rend facilement compte de la marche de la fabrication et du plus ou moins grand degré de perfection du procédé que l'on emploie.

Les méthodes proposées et employées pour transformer en alcool le sucre que renferme la betterave sont extrêmement nombreuses. On ne saurait ici les énumérer toutes; il suffira d'étudier d'abord, avec certains détails, le procédé dont l'usage est aujourd'hui de beaucoup le plus répandu dans les fermes, et de donner ensuite quelques indications rapides sur d'autres procédés, faciles à comprendre après cette première étude.

Les procédés d'alcoolisation appelés à se répandre dans les fermes doivent toujours être d'une application facile, n'exiger qu'un matériel relativement peu considérable, ne nécessiter que le degré d'attention que l'on peut demander à des ouvriers ruraux, et surtout laisser des résidus très-convenables pour la nourriture du bétail.

Le procédé de M. Champonnois réalise ces diverses conditions d'une manière remarquable. Il comporte quatre opérations principales : 1° le nettoyage et le coupage des betteraves; 2° la macération de la betterave coupée dans la vinasse, ou résidu d'une distillation précédente; 3° la fermentation du liquide sucré obtenu par la seconde opération; 4° la distillation du liquide fermenté.

On va décrire ces opérations en prenant pour exemple la disposition d'une distillerie d'importance moyenne montée à la ferme de la Gaudinière, par M. Decauville de Petit-Bourg.

Lavage. — La betterave, apportée des silos ou des magasins où on la conserve, est jetée dans le laveur que l'on voit en G (fig. 3482 et 3483). Cet appareil, bien connu d'ailleurs, se compose d'un cylindre formé

4382 (Coupe suivant KL de la fig. 3483).

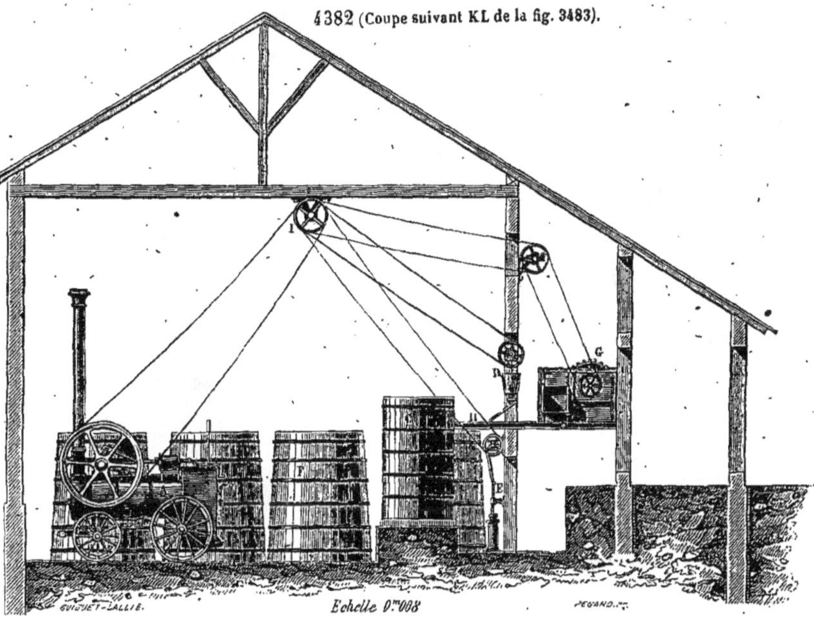

3483 (Plan).

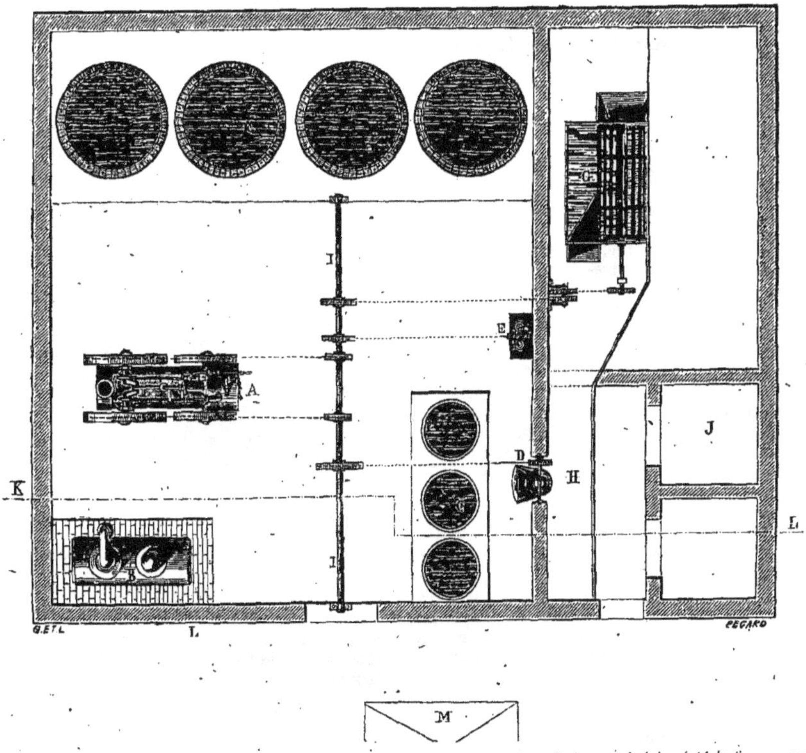

A Locomobile. — B Appareil de distillation, composé d'une chaudière cylindrique à foyer tubulaire intérieur, surmontée

d'une colonne de rectification et du système ordinaire de serpentins et de chauffe-vin. — C, C Cuves de macération. — D Coupe-racines. — H Plancher de service du coupe-racines, où s'accumulent les betteraves lavées ; au-dessous, fosse à mélanger les pulpes. — E Pompes servant à élever les vinasses dans les cuviers macérateurs, à les faire passer d'un cuvier dans le suivant, et enfin à les envoyer après la macération dans les cuves de fermentation. — F Cuves de fermentation. — G Laveur. — I Arbre de couche recevant le mouvement de la locomobile A et le transmettant au laveur G, au coupe-racines D, aux pompes E, à la machine à battre M (fig. 3483) et aux autres machines de grange de la ferme situées dans un bâtiment voisin. — J Dépôt des mélanges de pulpes pour la nourriture du bétail.

de tringles en bois ou en fer, tournant autour d'un axe légèrement incliné, et plongeant à moitié dans une caisse en bois remplie d'eau que l'on renouvelle de temps en temps. Ce cylindre a 0m,60 à 0m,80 de diamètre et 2m,50 à 3m,50 de longueur. Les tringles fixées sur des tambours montés sur l'arbre en fer, laissent entre elles des intervalles de 0m,01 à 0m,02 de largeur. Le cylindre fait environ 20 tours par minute. Les betteraves, versées dans la trémie située à la partie supérieure du cylindre, le parcourent dans toute sa longueur, en se frottant les unes contre les autres, et en se nettoyant ainsi de la terre adhérente à leur surface. A l'extrémité inférieure du cylindre, une surface héliçoïdale montée sur le même arbre élève les betteraves et les rejette au-dehors sur le plancher placé près du coupe-racines D.

Découpage.—On employait dans les anciennes distilleries le coupe-racines à disque ordinaire pour découper les betteraves en cossettes. Cet instrument présentait plusieurs inconvénients. Le disque était toujours plus ou moins gauche, son centrage n'était point parfait, de sorte que certains couteaux agissant trop et d'autres pas assez, les fragments de betteraves étaient plus ou moins inégaux. D'un autre côté, la poussée contre le disque des betteraves jetées sur le plan incliné déterminait des frottements inutiles, qui absorbaient une assez grande quantité de force et hâtaient la détérioration de l'appareil.

De très-grands perfectionnements ont été apportés à cette machine. La figure 3484 indique la forme du coupe-racines employé maintenant dans toutes les distilleries et dont l'usage ne laisse rien à désirer. Cet instrument se compose essentiellement d'un vase en fonte, en forme de tronc de cône, monté sur un arbre vertical en fer auquel on peut imprimer une vitesse de 200 à 400 tours par minute. Ce vase en fonte, qui forme le corps du coupe-racines, porte huit ouvertures étroites, en forme de lumière de rabot, dirigées suivant les arêtes du tronc de cône. Chacune de ces ouvertures est garnie intérieurement d'un couteau à dents, comme ceux des anciens coupe-racines à disques. Une plaque de forte tôle, fixée au support, descend dans la capacité du tronc de cône, en laissant entre ses bords et la surface décrite par les couteaux un jeu de 4 à 5 millim. Les betteraves jetées dans le coupe-racines s'appuient sur les deux faces de cette plaque de tôle et sont soumises à l'action des couteaux qui les partagent en cossettes de 0m,005 à 0m,010 de largeur et de 0m,003 à 0m,004 d'épaisseur. Les cossettes sortent par les ouvertures en lumière de rabot et tombent sur le plan incliné placé au-dessous, qui les conduit sur le plancher des cuves de macération.

Les cossettes, en sortant du coupe-racines, seraient projetées par la force centrifuge à une assez grande distance de la machine ; pour éviter cet inconvénient, on enveloppe l'appareil d'une cage sans fond en tôle ou en bois, dont la surface est placée à 0m,15 ou 0m,20 de l'instrument. Cette enveloppe a été supprimée dans la figure pour laisser voir plus complétement les organes essentiels du mécanisme principal. Il est clair que ce coupe-racines peut être monté sur un bâtis isolé en bois ou en métal. Mais il est généralement préférable de l'installer, comme l'indique la figure, dans une baie pratiquée dans le mur qui sépare la salle de la distillerie proprement dite de la pièce servant de dépôt et où se fait le lavage. Inutile d'ajouter d'ailleurs que la transmission du mouvement à l'arbre vertical, qui a lieu dans la figure à l'aide d'une roue d'angle, peut

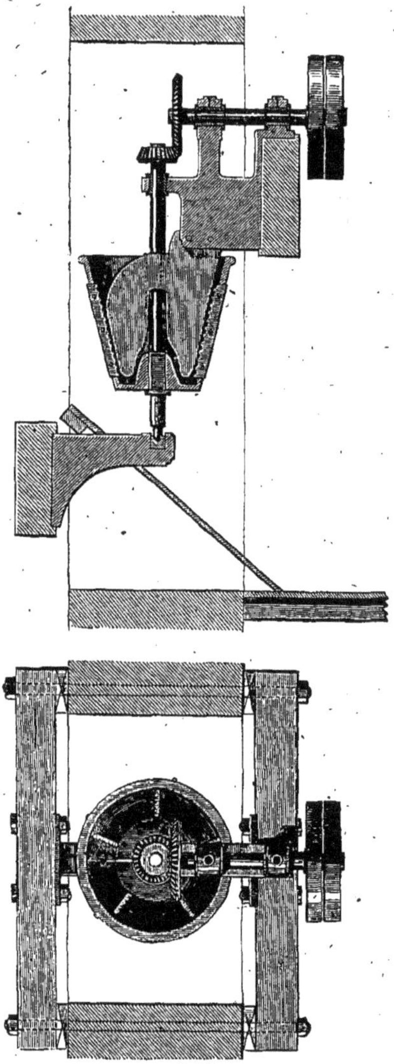

3485.

être disposée de toute autre manière mieux appropriée, dans chaque cas particulier, à la disposition du local et du moteur.

Le coupe-racines que représente la figure peut couper environ 900 kilog. de betteraves par heure ; il exige une force de 2 chevaux tout au plus.

Macération. — Dans les premières distilleries montées par M. Champonnois, les cuviers où s'effectuait la macération des cossettes de betteraves par la vinasse étaient de petite dimension; on était obligé de les vider souvent, d'employer de la vinasse très-chaude, qu'il fallait même réchauffer pendant la durée du lavage systématique que l'on était obligé d'employer pour arriver à un épuisement complet de la masse sucrée. M. Champonnois a reconnu depuis qu'il était beaucoup plus simple d'augmenter la capacité des cuviers, d'accroître, par conséquent, la durée du contact du liquide avec la betterave. On arrive ainsi à simplifier la main-d'œuvre et à réaliser des économies de combustible, en évitant des pertes de chaleur. Il serait inutile d'indiquer, par conséquent, l'ancien système de macération avec les petits cuviers; on se bornera à décrire les procédés les plus récents et les plus perfectionnés.

La vinasse, sortant à 100° de l'appareil distillatoire, traverse un appareil où sa température s'abaisse à 75° environ : la chaleur ainsi abandonnée sert à commencer l'échauffement des liquides à distiller. En sortant de cet appareil, la vinasse est conduite à la surface d'un des cuviers de macération rempli des cossettes de betteraves, trempant depuis 3, 4 ou 6 heures, selon la marche adoptée, dans le liquide d'une opération précédente. Ce liquide déplace, pour 100 parties de cossettes, 125 à 150 parties de jus qui est conduit à la cuve à fermentation.

On soutire par un robinet de fond la vinasse dont on vient de parler, et on la remonte, à l'aide d'une pompe, dans un des autres cuviers que l'on vient de remplir de cossettes fraîches. La macération s'effectue dans cette seconde cuve, d'où on extrait, quelques heures plus tard, comme on vient de le dire, le jus qui est conduit à la cuve à fermentation.

Au commencement de la campagne, alors qu'on n'a pas encore de vinasse, on effectue les premières macérations avec de l'eau chaude jusqu'à ce qu'on ait rempli une cuve de fermentation; le roulement s'établit alors régulièrement et continue comme on vient de l'expliquer.

Lorsque la vinasse a été écoulée d'une cuve à macération dans la cuve à fermentation, on ouvre un large trou d'homme, ménagé dans le bas de la cuve à macération, et on en extrait immédiatement la pulpe, pour la mélanger avec les menues pailles ou autres matières fourragères qu'il convient d'y ajouter, comme on l'expliquera plus loin.

Le volume de vinasse à employer et la température à laquelle on l'introduit dépendent de la température de l'atelier et de celle des betteraves; il faut s'arranger pour que le jus arrive à la cuve à fermentation entre 16 et 17° centigrades.

L'addition de l'acide sulfurique aux cossettes de betteraves a lieu au moment du remplissage de la cuve à macération, en les arrosant couche par couche avec de l'eau contenant 1/10 ou 1/20 de son poids d'acide sulfurique. Quelquefois cet arrosage se fait sur le plancher même du coupe-racines avec une pomme d'arrosoir fixée à l'extrémité d'un tube flexible communiquant avec un réservoir d'eau acidulée. La proportion d'acide sulfurique à employer par 100 kilogr. de betteraves dépend de la qualité des racines et de différentes autres circonstances. On la détermine par expérience. Elle varie de 0,002 à 0,006 du poids des cossettes.

Fermentation. — Le jus sortant des cuviers macérateurs est conduit, comme on l'a dit, aux cuves de fermentation C. La continuité de cette opération était indispensable à obtenir pour la rendre régulière et facile à conduire. Ces conditions, longtemps difficiles à réaliser, s'obtiennent aujourd'hui avec une remarquable facilité. Voici comment on procède. On détermine la fermentation dans la première cuve de jus sucré obtenu au commencement de la campagne à l'aide de la levûre de bière. Quand la fermentation est bien établie, on fait couler la moitié du liquide contenu dans la première cuve dans la deuxième, puis on fait arriver en filet continu, dans chacune des cuves, les jus sucrés obtenus des macérations successives. La fermentation s'entretient ainsi dans les deux cuves jusqu'à ce qu'elles soient remplies. On laisse alors refroidir la première pendant douze ou vingt-quatre heures pour distiller la liqueur alcoolique qu'elle contient, puis on fait écouler la moitié du contenu de la deuxième cuve dans la troisième et on fait arriver régulièment le jus sucré dans ces deux cuves jusqu'à ce qu'elles soient remplies. On laisse refroidir la deuxième cuve et on partage en deux le contenu de la troisième, et on continue ainsi indéfiniment.

La température des cuves en fermentation se maintient entre 22 et 26°, le dégagement de l'acide carbonique est parfaitement régulier.

On trouve au fond de chaque cuve, quand on la vide, un dépôt boueux, riche en principes azotés, que l'on verse dans la chaudière de l'alambic, et dont les éléments se retrouvent, par conséquent, dans les vinasses qui servent à la macération et par suite dans la pulpe elle-même qui doit servir d'aliment au bétail.

On abat la mousse qui s'élève quelquefois sur les cuves avec trop d'abondance en agitant avec un balai un peu de dégras à la surface; si la fermentation n'est pas régulière, on ajoute un peu d'acide sulfurique.

Distillation. — Le liquide vineux, contenant 3 à 5 pour 100 d'alcool, que renferme chaque cuve fermentée, est élevé, à l'aide d'une pompe, dans le réservoir de l'appareil de distillation. Cette dernière opération ne présente aucune particularité; on trouvera tous les renseignements relatifs à sa conduite et aux appareils nécessaires à l'article ALAMBIC. On remarquera seulement que l'on peut employer des appareils de distillation chauffés directement ou par la vapeur d'une chaudière spéciale, servant en même temps à l'alimentation de la machine motrice. Cette dernière disposition est généralement adoptée dans les établissements importants. Dans les petites distilleries de ferme, dont le moteur est un manége ou une locomobile, on adopte plus habituellement la première disposition.

On peut organiser le travail d'une distillerie d'une manière continue, en ayant deux postes d'ouvriers, ou en travaillant le jour seulement. Dans tous les cas, les dimensions de l'alambic règlent celles des cuves de fermentation, et celles-ci le volume des cuviers de macération. Avec le matériel de l'usine représenté par les figures 3482 et 3483 on peut traiter 10,000 à 12,000 kilog. de betteraves par vingt-quatre heures de travail.

Les renseignements qui précèdent suffiraient à la rigueur pour établir le compte de la fabrication de l'alcool de betterave dans une ferme. Cependant, pour fixer les idées, nous reproduisons dans le tableau ci-après le compte de la distillerie de Trappes, publié d'une manière si complète par M. Dailly, dans son remarquable rapport à la Société centrale d'agriculture sur les distilleries de betteraves.

L'alcool a été fabriqué et vendu à l'état de flegmes marquant, en moyenne, 48°,50. Les dépenses de main-d'œuvre, pour chaque opération, étaient les suivantes :

	fr.	c.
Transport des betteraves des silos au laveur, 1 ouvrier à 1 fr. 50 c.	1	50
Lavage, 1 enfant, à 1 fr. 25 c.	1	25
Découpage et aide au macérateur, 1 ouvr.	2	»
Macérations et soins aux fermentations, 1 ouvr. à 2 fr. 50 c.	2	50
Distillation, 1 ouvrier à 3 fr.	3	»
Nettoyages et travaux divers	0	57
Total pour 3,840 kil. de betteraves.	10	82

DÉPENSES DE LA DISTILLERIE DE TRAPPES. — EXERCICE 1854-1855. Traitement de 484,600 kil. de betteraves ayant donné lieu à 126 opérations.	TOTAL.	Par opération.	Par 1,000 kil. de betteraves
Achat de betteraves { Total . . . . . 484,600 k. / Par opération. 3,846 k. } à 24 fr. les 1,000 k.	fr. 11,630 40	92 30	24 »
Mise en silos	260 »	2 06	0 53
Main-d'œuvre : pour transport des silos au laveur, lavage, découpage, macération, fermentation, distillation, nettoyages.	1,364 15	10 82	2 82
Combustible { Distillation { Total. . . . . . . 18,200k, » / Par opération . . . 144k, » / Macération Par 1,000 k. better. 37k,55 } à 40 fr. les 1,000 kil.	728	5 77	1 50
Acide sulfurique { Total. . . . . 620k, » / Par opération. . . . 4k,92 / Par 1,000 k. better. 1k,24 } à 20 fr. les 100 kil. .	124 »	0 98	0 25
Savon noir, 132 kil. à 0 fr. 70 c. l'un.	92 40	0 73	0 19
Levûre, 30 kil. à 1 fr. 20 c. l'un.	36 »	0 28	0 07
Fûts pour transport des flegmes	226 »	1 79	0 47
Force motrice	422 »	3 34	0 87
Machines, usure	313 60	2 48	0 64
Bâtiments	50 50	0 40	0 10
Transport des flegmes	116 80	0 92	0 24
Éclairage.	180 »	1 42	0 37
Direction.	290 »	2 30	0 60
Loyer	125 »	0 99	0 25
Assurance	64 »	0 51	0 13
Patente et impôts directs.	100 »	0 79	0 20
Impôts indirects	8 60	0 07	0 01
Frais généraux.	80 80	0 64	0 16
Contributions à dépenses ferme.	200 »	1 58	0 41
Amende pour un manquant de 58 litres d'alcool	58 10	0 46	0 12
Total.	16,470 35	130 63	33 93
Amortissement et bénéfices.	6,585 90	52 35	13 63
Total général.	23,056 25	182 98	47 56
Le produit a été :			
Alcool absolu { Total. . . . . 17,911l,97 / Par opération. . . . . 142l,15 / Par 1,000 k. de better. 36l,90 } à 105f,02 l'hectol.	18,811 85	149 30	38 81
Pulpes { Total. . . . . 353,700k, » / Par opération. . . . . 2,807k, » / Par 1,000 k. de better. 729k,80 } à 12 fr. les 1,000 kil. .	4,244 40	33 68	8 75
Total général	23,056 25	82 98	47 56

La distillerie de M. Dailly a coûté d'établissement :

Appropriation des bâtiments.	1,886 50
Fourniture et pose de l'appareil (n° 2).	11,145 80
Brevet de M. Champonnois	3,000 00
	16,032 30

Les perfectionnements apportés aux procédés, depuis l'époque où ce compte a été dressé, ont permis de réduire la main-d'œuvre et les frais de combustible d'une manière sensible, comme on peut en juger par le compte suivant de la distillerie de la ferme de Villacoublay, récemment publié par M. Rabourdin, dont tous les agriculteurs connaissent la belle exploitation.

Le matériel de la distillerie de Villacoublay est le même que celui de l'usine représentée par les figures 3482 et 3483, seulement la locomobile est remplacée par un manége. Pendant la campagne 1858-1859, qui vient de finir, on traitait par 24 heures 10,800 kil. de betteraves. Les cuviers macérateurs, au nombre de quatre, peuvent contenir chacun 900 kilog. de cossettes. Il faut environ une heure pour vider la pulpe d'un macérateur et le remplir de cossettes fraîches, de sorte que chaque macération dure de 6 à 7 heures et que l'on doit remplir un nouveau cuvier de 2 heures en 2 heures.

Les dépenses réunies des 12 heures de travail de jour et des 12 heures de travail de nuit se partagent de la manière suivante :

1 contre-maître distillateur	5f00
1 distillateur en second	3,00
4 ouvriers à 2 f. 50 c. et 2 à 2 fr. . . .	14,00
4 chevaux pour le manége	12,00
400 kilog. de charbon.	16,00
24 litr. d'acide sulfurique.	8,40
Levûre.	0,60
Éclairage et graissage.	3,00
Amortissement, intérêt et entretien . .	32,00.
Total.	94,00

Le produit a été de

594 litr. d'alcool à 46 fr. 95 c. l'hectolit., déduction faite des frais de futailles et de transport à l'usine de rectification, ci.	278f88
7,775 k. de pulpe à 10 fr. les 1000 k.	77,75
Total.	356,63
Déduisant les frais	94,00
Il reste.	262,63

Ce qui porte le prix de vente de la betterave à la distillerie à 24 f. 30 les 1,000 kilog. environ. Le poids des betteraves récoltées à Villacoublay, en 1858, a été de 35,000 kil. par hectare, ce qui donne un revenu brut de 850 fr. 80 c. pour cette surface, et un bénéfice de 181 fr., d'après le calcul de M. Rabourdin. Le produit, en 1857, avait été de 40,000 kil. de betteraves par hectare, mais on n'en avait retiré que 4 litres d'alcool pour 100 kilog. de betteraves au lieu de $5^l,5$ obtenus en 1858-1859. Aussi le résultat financier avait-il été moins avantageux.

On peut, par ces exemples, en tenant compte du prix de revient de la betterave, du prix de l'alcool et de la valeur de la pulpe, calculer à l'avance les chances de succès d'une distillerie. Les pulpes figurent pour une somme considérable dans le produit de la fabrication. Leur valeur s'accroît beaucoup quand les fourrages sont chers, et l'on voit alors, comme cela a lieu en ce moment, les distilleries établies dans les fermes continuer à travailler avec bénéfices, malgré le bas prix des alcools, tandis que les distilleries industrielles, achetant les betteraves et n'utilisant pas elles-mêmes les pulpes, ne pourraient réaliser que des pertes. La distillation de la betterave est donc une industrie véritablement agricole, et c'est à ce point de vue qu'elle est appelée à rendre de très-grands services.

La valeur de la pulpe, comme aliment pour le bétail, a été l'objet d'assez longues discussions. On reconnaît aujourd'hui que mélangée avec des menues pailles, de la paille hachée, des siliques ou même des tiges de colza coupées, elle forme une excellente nourriture que les animaux recherchent avec empressement et dont ils se trouvent fort bien. On fait le mélange de la pulpe et des matières sèches qu'on lui ajoute à la sortie des cuviers de macération, et on le laisse en tas pendant un ou deux jours. L'humidité de la pulpe imprègne les pailles, une légère fermentation s'établit dans la masse dont la température s'élève à 30 ou 40°.

On ne saurait entrer ici dans de longs détails sur l'emploi de la pulpe comme aliment. On dira seulement que l'expérience a appris que la pulpe du procédé Champonnois possède, à égalité de poids, à peu près la même puissance nutritive que la betterave d'où elle provient, mais que cette matière, en partie cuite par la macération, légèrement fermentée et donnée tiède au bétail, paraît lui être beaucoup plus favorable que la betterave à l'état naturel.

L'analyse d'un mélange de pulpe, de siliques et de paille de colza employé, à Villacoublay, par M. Rabourdin, m'a donné :

Eau	85,60
Matière organique, non compris l'arate.	11,50
Azote	0,33
Cendres	2,57
	100,00

D'après cette composition, 348 kilog. de ce mélange équivaudraient à 100 kilog. de foin normal dosant 1,15 kilog. d'azote, résultat que la pratique confirme d'une manière complète. Plusieurs essais analogues me portent à penser que la valeur, comme aliment, de mélanges de pulpes et de fourrages secs, peut s'obtenir, avec assez d'exactitude, par la détermination de leur richesse en azote.

Le procédé que l'on vient d'indiquer n'est pas le seul employé à la fabrication de l'alcool de betterave. Quelques mots suffiront pour indiquer le principe de deux autres méthodes d'un emploi moins général que la première, mais cependant dignes d'intérêt.

Lorsque le prix des alcools s'éleva si brusquement il y a quelques années, les fabricants de sucre de betterave durent songer à abandonner la fabrication du sucre pour celle de l'alcool. Pour eux, le problème à résoudre était d'effectuer la transformation de leurs usines aux moindres frais possibles. M. Dubrunfaut s'occupa spécialement de cette question et la résolut d'une manière fort satisfaisante. Dans les distilleries où l'on opère par ce procédé, la betterave est râpée et pressée comme s'il s'agissait de faire du sucre; mais le jus obtenu, au lieu d'être déféqué, filtré, etc., est conduit directement, après une addition convenable d'acide sulfurique, dans de grandes cuves où s'opère la fermentation. Le vin obtenu est ensuite distillé par les procédés ordinaires. Une dépense de 25 à 30,000 francs suffit pour transformer en distillerie une sucrerie pouvant traiter 80 à 100,000 kilog. de betteraves par jour.

La pulpe obtenue dans ces conditions est beaucoup moins bonne pour le bétail que les cossettes du procédé Champonnois, puisqu'elle se trouve dépouillée de la plus grande partie des sels et des matières solubles que le jus entraîne et qui restent dans les vinasses.

Un dernier procédé fort ingénieux pour l'extraction de l'alcool de betterave est dû à un fabricant bien connu, M. Leplay. Il consiste à couper les betteraves en cossettes, comme dans le procédé Champonnois, à les arroser de 3 à 4 pour 1,000 d'acide sulfurique et à plonger les cossettes elles-mêmes, renfermées dans une enveloppe convenable, dans une cuve en fermentation. La fermentation se propage dans toute la masse, et le sucre se transforme en alcool dans l'intérieur même des cellules de la betterave. Quand cette transformation est opérée, on retire les cossettes de la cuve et on les remplace par des cossettes fraîches qui éprouvent les mêmes phénomènes de fermentation, de sorte qu'un même pied de cuve fait fermenter un volume pour ainsi dire indéfini de cossettes.

Pour extraire l'alcool renfermé dans les cossettes après la fermentation, M. Leplay emploie un appareil très-simple, également de son invention. C'est un cylindre vertical assez élevé, partagé par des diaphragmes percés de trous sur lesquels on dispose les cossettes. En chauffant cette colonne de cossettes par de la vapeur introduite dans la partie inférieure de l'appareil, on sépare l'alcool, comme on le fait dans les colonnes ordinaires des appareils de rectification.

Plusieurs autres procédés beaucoup moins avantageux que les précédents ont été proposés pour l'extraction de l'alcool de betterave. Il est inutile de les mentionner ici, puisque la pratique ne les a point acceptés. Mais il convient de signaler quelques plantes propres à la fabrication de l'alcool et employées à cet usage dans ces dernières années.

Le topinambour se prête avec avantage à la fabrication de l'alcool. On opère comme pour la betterave ou la pomme de terre.

La racine d'asphodèle peut servir à faire de très-bon alcool, mais c'est une industrie nécessairement très-bornée. Cette plante croît lentement et ne mérite pas les soins de la culture. On l'arrache dans les terres incultes où on la rencontre, mais les frais de transport ne permettraient pas de la réunir à bas prix et en grande quantité sur un point déterminé. Quoi qu'il en soit, voici comment on opère dans les fabriques qui se sont organisées sur quelques points de l'Algérie. La racine débarrassée de la terre est écrasée par son passage entre des cylindres cannelés en fonte. La pulpe est soumise à l'action de presses à vis pour en extraire le jus. Celui-ci, abandonné à lui-même dans de grandes cuves en bois, à la température de 25 à 30°, entre en fermentation et donne un jus d'où on extrait l'alcool avec un appareil ordinaire de distillation. La racine donne de 50 à 70 pour 100 de jus, suivant son état de dessiccation. Ce jus fournit de 5 à 9 pour 100 d'alcool à 90°, ou une quantité correspondante de flegmes.

La fabrication de l'alcool de sorgho est extrêmement facile. Il suffit d'écraser la canne entre deux cylindres pour en extraire le jus. Celui-ci, soumis à la fermentation, donne un vin dont la distillation extrait immédiatement un alcool de très-bonne qualité et d'un goût fort agréable.

On peut extraire de 3 litr. à 4 litr. 5 d'alcool de 100 kil. de canne du sorgho à sucre. Ce qui répondrait à peu près à un produit de 12 à 15 hectol. d'alcool par hectare. Cette fabrication a pris quelque développement dans ces dernières années, mais il est probable que longtemps encore il sera plus avantageux de recueillir le sorgho comme fourrage vert que pour la production de l'alcool. HERVÉ MANGON.

DISTILLATION SÈCHE. *Action de la chaleur sur les substances qui se décomposent par la chaleur.* — Les corps qui se décomposent par la chaleur, de manière à dégager des produits volatils, des gaz ou des vapeurs, sont traités par des procédés analogues à ceux de la distillation des liquides dont nous avons parlé. La différence importante est que la décomposition qui précède la distillation exige une température en général bien plus élevée; la distillation de la houille pour la production du gaz d'éclairage est le type de ce genre d'opérations. La carbonisation du bois est une distillation dans laquelle on sacrifie en général tous les produits condensables, mais il est palpable que cette fabrication, admissible lorsqu'elle s'effectue au milieu des forêts privées de routes, pour réduire à un poids minime la majeure partie de la valeur du bois comme combustible, est brutale et destructive de valeurs dans d'autres conditions. C'est ainsi que la carbonisation en vases clos permet de produire abondamment l'acide acétique, par la condensation des produits de la distillation.

Jusque dans ces dernières années toutefois, la distillation sèche était effectuée sous l'influence d'un principe vicieux, c'était le chauffage à feu nu qui, par l'effet de la température très-élevée des parties voisines de la flamme, entraîne nécessairement la décomposition des corps en leurs derniers éléments. On sait, en effet, que les produits pyrogénés, qui prennent naissance sous l'influence du feu, se rapprochent de plus en plus par l'action de la chaleur de la composition chimique la plus simple et la plus stable. C'est ainsi que des substances végétales donneraient surtout de l'acide carbonique, de l'hydrogène carboné et des goudrons; ce n'est que des parties moins chauffées que pourra se dégager de l'acide acétique, des traces d'esprit de bois et d'alcool. Cette méthode est donc tout au plus convenable lorsqu'il s'agit, comme pour l'éclairage au gaz, d'obtenir des gaz simples. Dans tous les autres cas, elle est évidemment tout à fait insuffisante, et c'est une idée juste et féconde que celle qui a dirigé plusieurs inventeurs à la recherche des moyens propres à éviter cet inconvénient, ces destructions de substances utiles, ces mélanges d'une séparation et d'une rectification difficile.

Ces procédés ne sont que des moyens différents d'obtenir une température constante. Il est bien évident que si cette température est inférieure à celle où la décomposition de la substance qu'il importe d'obtenir a lieu, on en recueillera le maximum possible et on évitera, autant qu'il est possible, la production de substances nuisibles.

Le premier procédé est celui de la vapeur surchauffée dont nous parlons à l'article VAPEUR. M. Violette l'a appliqué à la carbonisation du bois pour les poudreries, à la température de 300°, convenable pour produire régulièrement le charbon le plus convenable pour les poudres superfines.

La vapeur est fournie par un générateur ordinaire, elle passe dans un serpentin contourné en hélice pour y prendre la température voulue. Elle enveloppe un cylindre horizontal qui renferme le bois, pénètre dans ce cylindre, échauffe le bois, opère la carbonisation complète et sort enfin du cylindre chargée des produits de la distillation.

M. Violette a opéré la cuisson du pain et du biscuit de mer, à l'aide d'un courant de vapeur d'eau chauffée à 200°.

Pour la distillation des schistes, la préparation de l'HUILE DE SCHISTE, on a employé avec avantage la vapeur d'eau surchauffée qui évite la formation de goudrons, d'essences lourdes d'une rectification très-difficile.

Le second procédé, dû à un des ingénieurs de notre temps qui connaissent le mieux les ressources de la chimie industrielle, M. Knab, repose sur l'emploi du bain de plomb (pur ou allié d'antimoine) pour obtenir une température constante de 350 à 400°. En employant l'étain, l'échelle des températures disponibles varierait de 250 à 400°. Si ce bain est d'une longueur suffisante et que la chaleur ne soit appliquée qu'à une partie, il sera facile de gouverner le feu de telle sorte que quelques parties de métal solide subsistent toujours à une extrémité, et que par suite la température du bain corresponde toujours au point de fusion de l'alliage.

Cette ingénieuse disposition a déjà reçu d'utiles applications. Nous citerons celle faite à la distillation des acides gras pour bougies en évitant les décompositions; au goudron de la houille pour en extraire les huiles légères qui se dégagent à 400°, ce qui s'obtient en faisant couler le goudron dans l'intérieur d'une cloche placée sur le bain de plomb, cloche qui laisse dégager les vapeurs par un tube placé à la partie supérieure.

Enfin, une très-belle application a été faite à la préparation du gaz d'éclairage avec du charbon très-riche tel que le boghed d'Écosse; on produit ainsi un gaz d'un éclat magnifique n'étant pas mélangé comme le gaz d'éclairage ordinaire, des gaz non éclairants produits à une température élevée, provenant de la décomposition de carbures très-fixes par une distillation très-prolongée à haute température.

La distillation du bois a produit de très-beaux résultats. Des quantités considérables d'alcool, d'esprit de bois ont été recueillies par ce système, qui se prête évidemment mieux que tout autre au traitement des matières végétales toujours décomposées, carbonisées vers 300°.

DISTILLATION SANS FEU. D'après les principes nouvellement admis dans la science et fréquemment rappelés dans cet ouvrage, où nous avons tenté pour la première fois de les formuler d'une manière complète et d'en montrer les conséquences utiles, de l'équivalence du travail mécanique et de la chaleur, on doit toujours pouvoir, en s'y prenant convenablement, obtenir à l'aide de l'un l'effet obtenu habituellement avec l'autre. Ainsi la distillation étant effectuée ordinairement à l'aide de la chaleur doit pouvoir être produite à l'aide d'un travail mécanique. Nous avons déjà vu à l'article ÉVAPORATION, qui n'est évidemment qu'un cas particulier de la distillation, que l'on combinait quelquefois ensemble les deux puissances, le travail mécanique étant employé à chasser de l'air échauffé à travers le liquide à évaporer.

Il est facile de voir que cet air fournit un moyen d'enlever de l'eau à l'état de vapeur, en produisant un refroidissement correspondant qui peut rigoureusement fonctionner sans chaleur additionnelle produite artificiellement. Prenons pour exemple un cas où la chaleur manque toujours, tandis que le travail mécanique abonde, et où la solution du problème proposé peut être une question de vie ou de mort.

DISTILLATION DE L'EAU DE MER. — L'eau de mer, chargée de chlorures et de sels de tout genre, ne peut servir de boisson, et on ne sait que par de trop nombreux exemples que les équipages privés d'eau douce meurent de soif au milieu de l'Océan. Pour éviter de semblables malheurs, on embarque souvent aujourd'hui, outre des provisions très-suffisantes d'eau douce, des appareils distillatoires. Ces appareils n'ayant de valeur que si on emporte des provisions de combustible, ne peuvant donner d'eau distillée qu'en proportion du gratuitement pourront fournir, la nuit, des quantités suffisantes pour la consommation des équipages peu nombreux des navires à voiles du commerce.

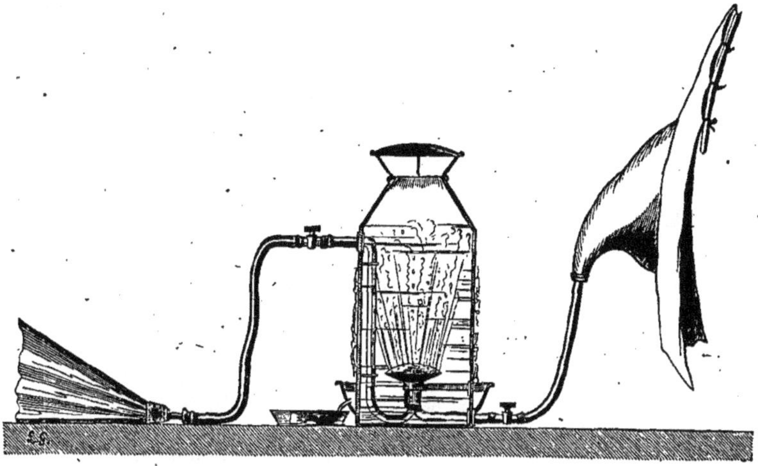

3486.

combustible consommé, la diminution de poids qui en résulte, dont il faut déduire le poids de l'appareil, n'est pas très-considérable. Mais ce système a surtout l'inconvénient que le combustible peut manquer aussi bien que l'eau. Il n'en serait pas de même d'un système qui produirait de l'eau douce par travail mécanique. Posons quelques chiffres pour analyser un semblable système.

Supposons qu'à une température de 10°, on chasse à travers de l'eau à l'état de bulles, pour multiplier les surfaces, un mètre cube d'air : saturé, il renfermerait $9^g,70$ d'eau. Si donc on suppose l'air parfaitement sec, le travail mécanique qui pourra chasser cet air à travers une couche liquide d'épaisseur suffisante pour qu'il se sature parfaitement, entraînera la vaporisation de 9^g70 d'eau, ou un refroidissement de $0,636 \times 9,70 = 6^c,19$ calories, ou enfin, si on opère sur 25 kilog. d'eau, $\frac{6}{50} = 0,24$ de degré. A la mer, l'air étant toujours chargé d'eau, le refroidissement sera moins rapide que nous ne supposons ci-dessus, la quantité d'eau évaporée sera moindre par mètre cube, mais, par suite, un autre effet viendra se produire, qui permettra de recueillir une quantité d'eau égale à celle enlevée à l'état de vapeur. En effet, le refroidissement fera bientôt atteindre le point de rosée, le point où la vapeur d'eau contenue dans l'air se précipitera en gouttelettes sur les parois du vase métallique, dans lequel se fera l'opération précédemment décrite, et en quantité précisément égale à la chaleur consommée pour la vaporisation de l'eau qui sature l'air.

L'appareil à l'aide duquel on peut réaliser le système que nous venons de décrire, est donc bien facile à combiner, mais ne donnerait que des résultats bien insignifiants. En effet, le kilogramme d'eau renfermant à l'état de vapeur 636 calories, le refroidissement produit par le travail d'un homme employé à chasser de l'air ne correspondrait qu'à 2 kilog. d'eau par jour. Mais si l'on fait intervenir le travail gratuit du vent qui pousse le navire, si l'on prend sur le centre d'une voile le point de départ du conduit de l'air en mouvement qui exerce en général une pression plus que suffisante pour pouvoir traverser une épaisseur de quelques centimètres d'eau, alors des appareils plus grands et fonctionnant

Nous figurons donc en croquis (fig. 3486) la disposition approchée d'un semblable appareil, et nous espérons que quelque constructeur de nos ports fera l'essai d'un semblable système, recommandant d'employer de grandes surfaces métalliques, du côté du vent, inclinées de manière à être toujours en contact avec les bulles d'air qui sortent de l'eau.

La partie mue à main, le soufflet représenté dans la figure doit servir à mettre en train, à atteindre le point de rosée ; la manche réunie à la voile par un tuyau de caoutchouc, à entretenir l'opération par l'effet d'une soupape à lèvres en caoutchouc qui termine le tuyau, pour empêcher la rentrée de l'eau, et d'une espèce de pomme d'arrosoir percée de trous très-fins, pour faire sortir l'air à l'état de bulles.

DURETÉ. Le moyen employé en minéralogie pour apprécier la dureté des pierres, en les classant entre celles qu'elles rayent et celles par lesquelles elles sont rayées, est évidemment insuffisant de tout point. Il n'y entre pas l'élément mesure qui peut seul donner une précision, utile, à l'appréciation du caractère de la dureté qui est souvent très-important, notamment lorsqu'il s'agit de la résistance à des frottements répétés, qui est bien plus en raison de la dureté que de la ténacité.

Un premier essai a été fait en Angleterre par MM. Crace-Calvert et Richard Johnson, dans une voie logique où il reste beaucoup à faire.

Ils emploient une pointe d'acier de 7 millim. de longueur, $1^m,15$ de largeur au sommet et 5 à la base, et la chargent lentement jusqu'à ce que la pénétration atteigne 3 millim. ou que le corps se rompe. Le nombre de kilogrammes employé est pris pour mesure de la dureté du métal employé. L'enfoncement est évidemment trop grand pour que la ténacité du corps expérimenté ne vienne pas influer beaucoup sur les résultats ainsi obtenus ; c'est plutôt la résistance à la pénétration que la dureté que l'on a ainsi, ce que prouve la similitude des chiffres trouvés pour l'acier et le fer forgé.

Nous reproduirons ici les chiffres déterminés pour les métaux et les alliages ; c'est surtout pour ces derniers composés que ce genre de recherches est important.

	Poids employés.	Dureté rapportée à celle de la fonte représentée par 1000.
	Kilog.	
Fonte grise du Strafford-shire (à l'air froid). . .	2176,32	1000
Acier	2085,64	958
Fer forgé	2062,97	948
Platine	816,12	375
Cuivre.	655,16	301
Alumine.	589,42	271
Argent	453,40	208
Zinc.	398,99	183
Or.	362,72	167
Cadmium	235,77	108
Bismuth.	113,35	52
Étain	58,94	27
Plomb.	34,00	16

ALLIAGES.

Nous ferons suivre, pour les alliages, les duretés trouvées de celles calculées d'après la composition de l'alliage et les duretés des métaux constituant déterminées par la série d'expériences rapportées dans le premier tableau ci-dessus.

ALLIAGES DE ZINC ET DE CUIVRE.

FORMULES des alliages.	PROPORTIONS pour 100. Cuivre.	Zinc.	POIDS employés.	DURETÉ obtenue. La fonte = 1000.	DURETÉ calculée. La fonte = 1000.
			kil.	kil.	kil.
Zn Cu^5	82,95	17,05	929,47	427,08	280,83
Zn Cu^4	79,56	20,44	1020,15	468,75	276,82
Zn Cu^3	74,48	25,52	1020,15	468,75	276,82
Zn Cu^2	66,06	33,94	1029,22	472,92	261,04
Zn Cu	49,32	50,68	1313,96	604,17	243,33
Cu Zn^2	32,74	67,26	Rupture à 680 k. Pointe pas entrée.		
Cu Zn	24,64	75,36	Rupture à 680 k. Pointe entrée de 0^m,0005.		
Cu Zn^4	19,57	80,43	Rupture à 906^k,80. Pointe entrée un peu plus.		
Cu Zn^5	16,30	83,70	Rupture à 770^k,80. Pointe entrée de 0^m,002.		

CUIVRES JAUNES DU COMMERCE.

DÉSIGNATION d'alliages du commerce et proportions.			POIDS.	DURETÉ. Celle de la fonte = 1000.
			kil.	
Gros coussinet.	Cuivre. Étain.. Zinc...	82,05 12,82 5,13	1224,18	562
Robinet. . . .	Cuivre. Étain.. Zinc.	80,00 10,00 10,00	1632,24	750
Laiton.	Cuivre. Zinc. .	64,00 36,00	1133,50	520
Tuyau.	Cuivre. Étain. . Zinc. . Plomb .	80,00 5 7,50 7,50	748,10	343

ALLIAGES DE CUIVRE ET D'ÉTAIN.

FORMULES des alliages.	PROPORTIONS pour 100. Cuivre.	Étain.	POIDS employés.	DURETÉ obtenue. La fonte = 1000.	DURETÉ calculée. La fonte = 1000.
Cu Sn^5	9,73	90,27	181,36	88,33	51,67
Cu Sn^4	11,86	88,14	208,56	95,81	59,56
Cu Sn^3	15,21	84,75	226,70	104,17	68,75
Cu Sn^2	21,21	78,79	294,90	135,42	84,79
Cu Sn	34,98	65,02	Rupture à 347^k,38. Pointe entrée à moitié.		
Sn Cu^2	48,17	51,83	Rupture à 362^k,72. Pas de pénétration.		
Sn Cu^3	61,79	38,21	Rupture à 362^k,72 en petits morceaux.		
Sn Cu^4	68,27	31,73	Rupture à 589^k,42. Pénétration de moins de 0^m,001.		
Sn Cu^5	72,90	27,10	L'alliage s'est comporté comme le précédent.		
Sn Cu^{10}	84,32	15,68	1994,96	916,66	257,08
Sn Cu^{15}	88,97	11,03	1682,10	772,92	270,83
Sn Cu^{20}	91,49	8,51	1391,93	639,58	277,70
Sn Cu^{25}	93,17	6,83	1310,30	602,08	279,16

ALLIAGES DE ZINC ET D'ÉTAIN.

Les alliages de zinc et d'étain se comportent, dans les expériences faites par les auteurs, comme de simples mélanges, c'est-à-dire que la dureté réelle est la même que leur dureté calculée. Ce résultat paraît extraordinaire après les résultats trouvés par M. Koeklin pour la résistance de l'alliage à parties égales de zinc et d'étain notamment, dont la grande résistance, bien supérieure à la moyenne déduite de celle des métaux composants, n'est pas douteuse. Il est à présumer qu'il faut des conditions de chauffage et de refroidissement particulières pour produire la combinaison ou éviter la séparation des deux métaux, qui n'ont pas été remplies par les expérimentateurs.

ALLIAGES DE PLOMB ET D'ANTIMOINE.

FORMULES des alliages.	PROPORTIONS pour 100. Plomb.	Antimoine	POIDS employés	OBSERVATIONS.
			kil.	
Pb Sb^5	24,31	75,69		Rupture à 362^k,7. Pénétration 0^m,0025.
Pb Sb^4	28,64	71,36		Rupture à 408 k. Pénétration de 0^m,0027 sous la charge de 362^k,72.
Pb Sb^3	34,86	65,14	396,72	
Pb Sb^2	44,53	55,47		Rupture à 272 k. Pénétration de 0^m,0027 sous la charge de 226^k,70.
Pb Sb	61,61	38,39	226,70	
Sb Pb^2	76,32	23,68	174,55	
Sb Pb^3	82,80	17,20	140,55	
Sb Pb^4	86,52	13,48	136,02	
Sb Pb^5	88,92	11,08	133,75	

FORMULES des alliages.	PROPORTIONS pour 100. Plomb.	Étain.	POIDS employés.	DURETÉ obtenue.	DURETÉ calculée.
				La dureté de la fonte de fer = 1000.	
			kil.		
$PbSn^5$	26.03	73.97	90.68	41.67	23.96
$PbSn^4$	35.57	69.13	87.60	40.62	23.58
$PbSn^3$	36.99	63.01	72.54	32.33	22.83
$PbSn^2$	46.82	53.18	56.67	26.04	20.09
$PbSn$	63.78	36.22	45.34	20.83	17.77
$SnPb^2$	77.89	22.11	56.67	26.04	18.12
$SnPb^3$	84.09	15.91	61.21	28.12	17.23
$SnPb^4$	87.57	12.43	56.67	26.04	17.08
$SnPb^5$	89.80	10.20	59.87	22.92	16.77

RECHERCHES DE M. HUGUENY. M. Hugueny, professeur de physique au lycée de Strasbourg, a fait plus récemment une série de recherches sur la dureté des corps, en limitant l'enfoncement de la pointe à 0,1 millimètre seulement, quantité déjà grande pour les corps non malléables, la notion de dureté étant souvent confondue avec celle de limite d'élasticité, ou celle du point de rupture du corps étudié.

L'enfoncement doit être limité au point où la limite d'élasticité serait atteinte. On doit mesurer, comme dans les expériences d'élasticité de traction, le rapport de la pression à l'enfoncement et voir comment il varie, en partant du point qui répond à la limite d'élasticité, c'est-à-dire du point où un corps anguleux est appliqué sur la surface qu'il déprime avec une force suffisante pour ne plus être ramené à sa position primitive quand la pression vient à cesser.

Les résultats qu'a obtenus M. Hugueny dans son intéressante série de recherches, étendus à un trop petit nombre de corps, diffèrent assez sensiblement de ceux de M. Calvaert, et il est visible que c'est surtout le moindre enfoncement de la pointe pressée par le levier qui en est cause. (Nous rendrons la comparaison facile en multipliant les nombres qu'il a obtenus par 301, nombre qui répond à la dureté du cuivre.)

MÉTAUX.	CALVAERT.	HUGUENY.	
Fonte grise du Straffordshire	1000	2.32	696
Acier	958	2.37	671
Fer forgé	948	1.93	579
Platine	375	1.50	450
Cuivre	301	1	301
Aluminium	271	0.53	159
Argent	208	0.61	183
Zinc	183	0.83	249
Or	167	0.57	171
Cadmium	108	0.21	163
Bismuth	52	0.22	66
Étain	27	0.14	42
Plomb	16	0.095	28

DYNAMOMÈTRES. L'emploi si savamment combiné des ressorts dans le dynamomètre de M. Taurines, en fait toujours le seul appareil qui puisse être appliqué pour mesurer des quantités de travail extrêmement considérables, sur les navires à hélices mus par des machines de 1200 chevaux-vapeur.

Cet inventeur a cherché à construire, d'après la même théorie des appareils usuels, des bascules qui indiquent le poids des objets à peser.

PANDYNAMOMÈTRE DE M. HIRN. Pour éviter la fatigue de puissants ressorts dans des dynamomètres totalisateurs appliqués à contrôler le travail des machines, M. Hirn a eu l'idée de recourir à l'élasticité de torsion, dont il fait tracer la grandeur sur un cadran. Nous ne croyons pas cet appareil arrivé à sa forme définitive.

DYNAMOMÈTRE POUR INDUSTRIES SPÉCIALES. — *Appareil pour mesurer la résistance des fils et des tissus.* — La construction de semblables appareils, dont l'utilité est évidente pour vérifier les qualités de la fabrication des fils et des tissus est assez récente. La plupart des instruments employés jusqu'ici pour essayer la solidité des tissus présentent des défauts graves qui en rendent la pratique presque nulle. Les causes suivantes contribuent à fausser leurs indications :

L'aiguille, qui devrait accuser exactement la force nécessaire à la rupture et rester invariable lorsque cette rupture a lieu, prend, au contraire, un mouvement oscillatoire très-prononcé dû à la rapidité avec laquelle le ressort dynamométrique reprend sa position initiale.

La surface du cadran est en général insuffisante; le rapprochement des degrés rend les erreurs faciles. Le mode d'attache des échantillons à expérimenter est si défectueux qu'il devient une cause de rupture.

Enfin la forme même de ces instruments les rend incommodes et susceptibles de fréquents dérangements.

L'appareil dynamométrique que représentent les figures 3491 et 3492 est à l'abri de ces reproches; il est d'un service facile et sûr. Le mode d'attache n'a aucune influence sur la rupture; l'échantillon soumis à l'épreuve enveloppe, à chaque extrémité, une petite réglette en

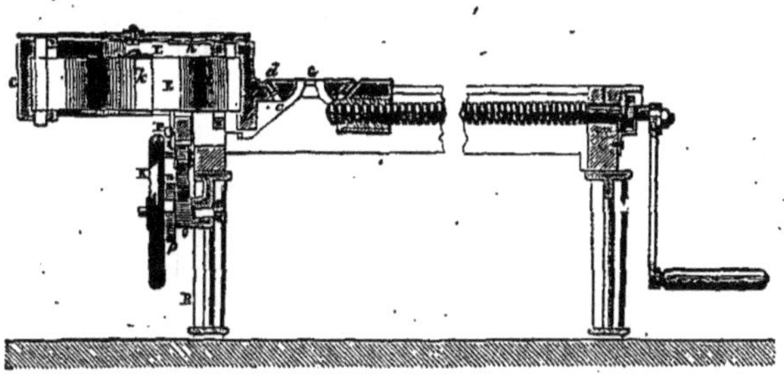

Fig. 3491.

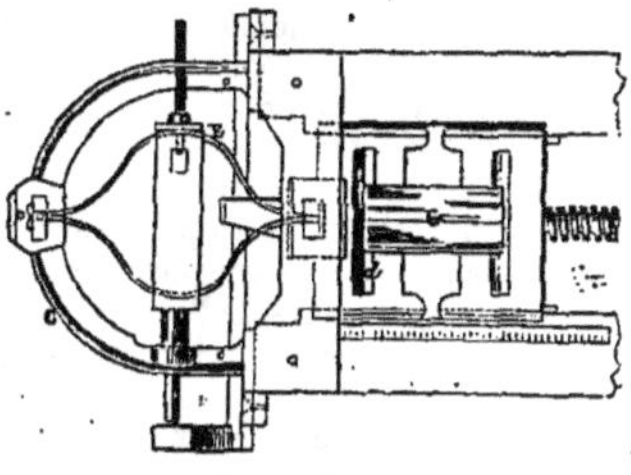

Fig. 3492.

métal qui s'engage dans des mortaises obliques, dont l'une est pratiquée dans une pièce fixe reliée au ressort dynamométrique, et l'autre dans une pièce mobile au moyen d'un écrou et d'une vis; l'inclinaison de ces mortaises leur fait jouer le rôle de coins, et la solidité des attaches est proportionnelle à l'effort auquel on soumet l'étoffe. La disposition et le développement du cadran sont tels que les moindres variations intéressantes à constater peuvent être parfaitement saisies. Quelque brusque et considérable que soit l'action sous laquelle la rupture a lieu, l'aiguille s'arrête instantanément et garantit de cette manière l'exactitude de ses indications.

Ce résultat important, qui distingue la machine de M. Perreaux et qui en fait le mérite fondamental, est obtenu par une disposition des plus ingénieuses que la figure de l'instrument fait comprendre; il repose sur l'emploi d'un volant qui se meut rapidement, poussé par un cliquet, lorsque la rupture se produit, et qui remplit parfaitement le rôle de modérateur.

Enfin, comme l'élasticité des tissus est un des éléments constitutifs de leur valeur, l'inventeur a eu soin de munir l'appareil d'une règle en cuivre graduée, destinée à indiquer l'élasticité proprement dite et l'extensibilité de l'étoffe.

Le dynamomètre de M. Perreaux, exécuté avec soin, a été apprécié par la plupart de nos grandes administrations. On comprend aussi l'utilité que les industriels pourront également en tirer; ils pourront s'assurer que les réductions en usage, c'est-à-dire les rapports entre la quantité de chaîne et de trame, par unité de surface, ne répondent pas toujours aux résultats attendus.

Les étoffes, qui devraient présenter la même résistance et la même élasticité dans tous les sens, se comportent rarement de la même manière dans la direction de la chaîne et dans celle de la trame; tantôt c'est l'influence de l'une, tantôt celle de l'autre qui prédomine dans la même espèce d'étoffe. Ces résultats une fois constatés, il sera facile au fabricant intelligent de modifier, avec une précision mathématique, ses dispositions au tissage, de façon à obtenir une résistance égale dans tous les sens.

E

EAUX (Aménagement des). Le Français qui vit dans les grandes villes, et surtout à Paris, au milieu des travaux de tout genre accumulés par les générations successives, des édifices, des ponts, des machines, des routes, etc., construits à grands frais, se considère, grâce à bien des dépenses faites par les générations successives qui constituent comme la partie matérielle et durable de la civilisation, à une grande distance des nations nouvelles, des peuples qui semblent sortir à peine de l'état sauvage. Mais si on sort des villes, si on parcourt la majeure partie des campagnes, le centre de la France par exemple, le spectacle change complétement, et on ne voit guère ce que les siècles ont fait au profit de ceux qui les habitent de nos jours. Ce n'est que bien raremdnt (sauf les chemins de fer qui s'achèvent et les routes qui ne sont pas en bon état depuis bien des années), que l'on aperçoit un travail durable, modifiant quelque peu l'œuvre du créateur. Et cependant ce sont les champs qui produisent les richesses les plus considérables dans notre pays, et l'accroissement de leur fertilité est la base du progrès le plus assuré de la nation. Les améliorations faites sur un fonds de terre, dit J.-B. Say, sont les capitaux les plus solidement acquis à une nation. Un négociant peut facilement transporter son capital à l'étranger; mais un défrichement, un desséchement, sont une valeur qui reste.

Les travaux qui sont du ressort de l'initiative des particuliers se sont multipliés à l'infini sur la surface du pays; mais leur effet est nécessairement limité à l'accomplissement d'œuvres peu durables, à ce que chaque propriétaire peut faire dans son champ, sur la parcelle de minime étendue le plus souvent qui lui appartient. Défoncer le sol, creuser des fossés, placer quelquefois des tuyaux de drainage, c'est à peu près à cela que se réduisent ses travaux, en outre de l'apport des fumiers et des travaux annuels propres à la culture de chaque plante. Dans les contrées naturellement fertiles, on obtient ainsi le maximum de produits que le sol doit fournir; quelquefois même, il n'y a qu'à laisser faire la nature pour atteindre ce but. C'est ainsi que quelques prairies, les herbages du bord de la mer, en Normandie, par exemple, fournissent à l'engraissement d'un nombre incroyable de bestiaux. Mais dans la plupart des contrées moins favorisées, les efforts du cultivateur s'épuisent à tirer du sol de maigres récoltes qui valent à peine les frais faits pour les obtenir.

Ces conditions de fertilité naturelle qui appartiennent à certains sols privilégiés sont-elles comme l'air, la chaleur du soleil, des éléments de la création qui échappent au pouvoir de l'homme devant se contenter du lot départi à la localité qu'il habite, ou s'expatrier pour chercher un sol plus favorisé? La réponse à cette question est facile, et on peut dire qu'il dépend presque toujours du travail humain de produire facilement la fertilité, en faisant naître les conditions du maximum de production de richesses, par l'imitation des éléments réunis naturellement dans quelques pays favorisés.

L'élément capital, essentiel, sur lequel peut agir le travail humain, consiste dans l'aménagement des eaux, et même en laissant de côté ici les questions de desséchement des contrées marécageuses, qui s'impose dans des cas particuliers par son évidence même, l'aménagement des eaux destinées aux irrigations. C'est une vérité si évidente qu'il est presque inutile de chercher à la démontrer; il n'est cependant pas inutile d'insister un peu pour faire apprécier l'extrême importance de la question.

L'eau est l'élément nécessaire de la végétation; elle est aussi indispensable que l'air au développement des végétaux; mais tandis que l'état gazeux de ce dernier le fait parvenir constamment en tout lieu, la liquidité de l'eau la fait s'éloigner de la plaee où la pluie l'a déposée, en suivant les lignes de plus grande pente du sol.

Si l'on étudie les diverses contrées les plus renommées pour leur richesse agricole, on reconnaîtra facilement que leur fertilité paraît proportionnelle à la quantité d'eau qui les arrose, au moins jusqu'à une certaine limite où cette quantité dépasse beaucoup les besoins de la végétation. Il en est tout à fait ainsi pour les pays chauds, où la chaleur du soleil de l'été fait naître le désert partout où l'eau ne vient pas modérer son action, où la présence de l'eau est question de vie. C'est ce que montre le Sahara, avec ses oasis de verdure et de palmiers entourant chaque source et rompant seules la monotonie d'une mer de sable. La fertilité éternelle de l'Égypte, arrosée par les crues du Nil, est le plus frappant exemple du résultat obtenu par une irrigation naturelle. Au reste cet effet est tellement évident que les peuples orientaux, si peu initiés aux recherches scientifiques, ont multiplié cependant les travaux d'irrigation. Outre les norias et appareils analogues employés partout pour la culture maraîchère, des canaux de très-grande étendue ont enrichi, depuis des époques très-reculées, des pays où on comptait peu les rencontrer, l'Inde notamment. Mais ce sont surtout les Arabes qui, en Espagne, ont laissé des modèles admirables, et la richesse de la Huerta de Valence est citée avec raison comme un type des résultats de ce genre de travaux. La transformation de terres arides en jardins d'une fertilité incroyable, fournissant des quantités énormes de produits par une succession incessante de récoltes; tel est le but atteint, et on cite, dans le midi de la France, des hectares de terre qui, sans irrigation, seraient à peu près sans valeur, et qui sont affermées au prix de 10,000 francs l'hectare!

Sans atteindre souvent cette limite, on peut reconnaître que les quelques canaux d'irrigation créés dans le Midi ont fait naître les parties du sol de notre pays les plus justement célèbres par leur fertilité. Nous indiquerons ici les deux principales séries de travaux de cet ordre qui se rapportent aux deux grandes chaînes de montagnes qui bordent la France, ceux de la région des Pyrénées et ceux de la région des Alpes.

Région des Pyrénées. Les plus remarquables de ces canaux, dont plusieurs remontent aux Visigoths et aux Arabes, sont: Le *canal d'Alaric*, dérivé de la rive droite de l'Adour, près Bagnères-de-Bigorre, longueur 40 kilomètres, 3 mètres cubes à l'étiage, arrose 2200 hectares. *Le canal de la Gespe*, 12 kilomètres, dérivé de la rive gauche de l'Adour, à Hys, 2 mètres cubes en moyenne, 1400 hectares. *Les canaux de Tarbes.*

Ruisseau de las Canals ou de Perpignan, dérivé de la Tet, 30 kilomètres, 2 mèt. cub. 60, 1800 hectares régulièrement arrosés. Ponts-aqueducs de 25 et 70 mètres de longueur, souterrain de 374 mètres.

Robine de Narbonne. 32 kilomètres, dérivé de l'Aude et servant à la navigation en même temps qu'aux arrosages et surtout au colmatage. 10 à 11 mètres cubes en moyenne; 5000 hectares.

Région des Alpes. *Canal de Vaucluse*, dérivé de la célèbre fontaine de Vaucluse, source de la Sorgue, qui sort de l'intérieur de la terre comme par un canal souterrain, et qui, produisant la richesse de toute une contrée, semble un modèle de travail à imiter. 80 kilomètres en plusieurs branches, 9 à 10 mètres cubes à l'étiage; 2000 hectares.

Canal de Crillon, 14 kilomètres, dérivé de la rive droite de la Durance, 2 mètres cubes à l'étiage, 1800 hect.

Canal de Craponne, 130 kilomètres en deux branches, dérivé de la Durance, construit dans le milieu du seizième siècle par Adam de Craponne; 10 mètres cubes en moyenne. Aqueduc de 147 arches, 1103 mètres de longueur, 12,000 hectares, dont 2000 irrégulièrement arrosés.

Canal des Alpines, 160 kilomètres en plusieurs branches, dérivé de la Durance à Malmort, 12 mètres cubes en moyenne. L'ouvrage le plus important est le percé d'Orgon, souterrain de 7 mètres de largeur sur 8 mètres de hauteur et 400 mètres de longueur, 19,000 hectares.

Canal de Marseille (voy. Eaux).

En reproduisant ce tableau, j'ai voulu montrer combien les principaux canaux exécutés en France répondaient à une petite fraction de la surface qu'il y aurait à fertiliser par de semblables travaux, et en second lieu prouver qu'ils sont parfaitement susceptibles de rémunérer des travaux d'art coûteux, comme aqueducs, souterrains, etc.

La richesse produite au Midi par des canaux d'irrigation déjà existants est une preuve évidente de leur grande utilité; mais peut-être les jugera-t-on peu utiles au Nord, où cependant la richesse agricole est généralement en raison de l'étendue des prairies, c'est-à-dire de l'humidité du sol, du développement des ruisseaux dont elles couvrent les bords. Ce serait une erreur bien démontrée par les travaux de M. Hervé Mangon (voy. Agriculture, la théorie et les exemples d'irrigation qui y sont cités); au reste, la vue des contrées naturellement humides comme la Hollande, et mieux encore la richesse des prairies irriguées des Vosges, de la Suisse, ou plutôt de tous les pays, montre clairement que les bonnes prairies, et par suite l'abondante production de la viande et des engrais ne pouvant être obtenues qu'avec de l'eau, c'est à son aménagement sur la surface de la France que de grands capitaux doivent être consacrés aujourd'hui, si l'on veut produire la multiplication des produits agricoles, l'enrichissement certain de la France.

C'est aujourd'hui la préoccupation de tous les bons esprits de trouver un moyen d'accroître la prospérité générale, de sortir d'un état de langueur dans lequel semble plongée la nation, en lui offrant une *occasion de travail*, une quantité presque indéfinie d'entreprises sûrement avantageuses dans lesquelles elle puisse s'engager ave la furie française, pour augmenter rapidement la richesse universelle, comme on l'a vu à l'époque de la construction des grandes lignes de chemins de fer.

Les amis de l'agriculture, sentant en partie la vérité, réclament à grands cris l'achèvement et l'amélioration des canaux de navigation. Mais n'est-il pas évident, pour quiconque connaît les voies de communication de la France depuis l'achèvement des chemins de fer, que les grands résultats qu'ils espèrent ne pourraient être ainsi obtenus que pour bien peu de régions, ayant un excédant de production quelque peu notable dont elles ne puissent tirer un excellent parti. Ce sont bien des canaux qu'il faut à l'agriculture, mais des canaux d'irrigation et non des canaux de navigation servant uniquement aux transports, occupant le plus souvent la partie la plus basse des vallées; il s'agit moins de transporter les excédants de récolte que de les faire naître. On ne sait pas assez combien dans une grande partie de la France, dans le centre notamment, ces excédants sont rares; combien de villages produisent seulement ce qui est nécessaire pour la consommation bien mesquine de leurs habitants et rien de plus. C'est là un écueil sur lequel sombre souvent la petite propriété, et qui ne dépend pas seulement du manque de capitaux, mais de l'impossibilité de faire mieux dans les conditions naturelles de la contrée.

Tout cours d'eau torrentiel (et les nombreuses montagnes qui sillonnent la surface de la France, les Alpes, les Cévennes, les montagnes d'Auvergne, etc., donnent naissance à de semblables cours d'eau), est, par sa nature, destructeur de valeurs qu'il est facile d'emmagasiner. La destruction résulte de la chute rapide de l'eau d'un point élevé à un niveau inférieur; mais par le fait même de la vitesse qui en résulte, le remède se trouve à côté du mal. Le mouvement rapide des eaux a nécessairement considérablement creusé à la longue le sol fortement incliné; de telle sorte, comme on l'a vu pour le barrage du Furens (voy. Barrage), que des digues transversales dans les parties élevées, où le sol n'a pas de valeur, suffisent pour créer de grands réservoirs, auxquels la forme du sol permet souvent de donner d'immenses proportions, avec une dépense modérée, les gorges étroites s'offrant fréquemment pour l'emplacement du barrage. Quand on parcourt les montagnes, on voit souvent des lacs engendrés par des éboulements, comme les corrosions de barrages ont, plus souvent encore, détruit des lacs ainsi produits antérieurement.

La première série de travaux à faire est donc d'exécuter des barrages qui maintiennent les eaux à un niveau élevé, dans de vastes réservoirs. Et non-seulement on aura, par ce genre de travaux, des ressources presque inépuisables à la disposition de l'agriculture, indépendantes des variations des saisons, en permettant de dépenser les réserves pendant les sécheresses, mais encore on remédiera au fléau des inondations, qui causent périodiquement des dégâts qui se comptent par sommes très-considérables. Disons aussi que des puissances mécaniques indéfinies peuvent ainsi être rendues utilisables, au grand profit de l'industrie.

Nous croyons être dans la vérité en disant que moitié au moins des eaux de nos grands cours d'eau peuvent être ainsi maintenues à des niveaux assez élevés pour qu'on puisse les employer en irrigations enrichissantes avant de les laisser rejoindre leurs lits actuels. Il nous suffira, pour le prouver, de donner ici les nombres qui représentent la hauteur, au-dessus du niveau de la mer, de divers points des cours de quelques rivières et fleuves principaux.

Loire.		
A sa source.	1373	mètres.
A Peyredryn	549	
A Confolens.	457	
A Roanne	267	
A Nevers.	178	
A Briare.	123	
A Tours.	48	
Allier.		
A sa source sur la Lozère.	1423	mètres.
A Langogne.	896	
A Vichy.	245	
Seine.		
A sa source.	471	mètres.
A Troyes	101	
A Paris	30	
Garonne.		
A Viella.	881	mètres.
A Saint-Martory	275	
A Toulouse	132	
Ardèche.		
A sa source.	1257	mètres.
A Joyeuse.	150	
A Vallon	75	
A son embouchure	33	
Durance.		
Au pont de Briançon. . . .	1259	mètres.
A Saint-Clément	911	
A Mont-Dauphin.	860	
A Embrun.	790	
A Sisteron.	466	
A la prise d'eau de Craponne.	152	
A son embouchure.	13	

Les barrages qui maintiennent les eaux à un niveau élevé ne constituent que le premier élément de la solution du problème que nous étudions; le second, le plus important et le plus coûteux, consiste dans l'établissement de longs canaux suivant les crêtes des collines secondaires des derniers contre-forts que projettent au loin les montagnes, pour amener l'eau là où elle peut être utile, pour faire remonter les prairies sur les pentes où la sécheresse détruit la végétation.

Si, pour amener dans un pays stérile un cours d'eau qui vînt le parcourir et le fertiliser, il suffisait de créer son lit dans un sol plat, on pourrait avec avantage certain aller le chercher bien loin, comme on en voit plus d'un exemple; la création de richesse qui résulterait de la fertilisation de la contrée suffirait pour payer de grandes longueurs d'un canal d'une construction peu coûteuse. La valeur de chaque hectare de terre infertile, converti en prairie irriguée, augmente au moins de 3 ou 4000 francs, c'est-à-dire pourrait payer de 8 ou 10 mètres de canal, de telle sorte qu'une région agricole de 2 ou 3000 hectares pourrait aller chercher l'eau à 200 ou 300 kilomètres. L'entreprise serait dans ces conditions rémunératrices, très-avantageuse pour ceux qui y participeraient à un titre quelconque, entrepreneurs, actionnaires, abonnés, etc. Mais il n'en est pas ainsi dans le cas général, les dépenses augmentent rapidement quand on cesse d'être en terrain plat et que de dispendieux travaux d'art, que des souterrains et des aqueducs deviennent nécessaires.

Nous remarquerons d'abord que ces travaux peuvent diminuer en nombre et en importance, relativement à des voies ordinaires de communication, parce que la longueur n'important pas beaucoup ici, il y aura souvent possibilité de contourner une vallée ou un contre-fort au lieu de le traverser. Ensuite nous ferons remarquer que l'art de l'ingénieur a fait, de nos jours, des progrès qui diminuent ces dépenses. Le plus notable est celui de conduites forcées, de l'emploi de tuyaux en fonte de grande dimension, qui permettent de supprimer les aqueducs les plus coûteux, qui font disparaître en quelque sorte les dépressions de terrain, l'eau reprenant son niveau dans le réservoir qu'on a soin de placer à la suite de la seconde branche du syphon. C'est le système que M. Belgrand a appliqué avec grand succès à l'approvisionnement des eaux de Paris.

Admettons qu'en moyenne la plupart des régions agricoles qui peuvent avec grand profit utiliser les eaux amenées par un canal d'irrigation, puissent établir avec avantage un canal de 80 kilomètres, amenant 8 ou 10 mètres cubes par seconde, que faudrait-il pour que le pays fût sillonné de semblables canaux partout où ils peuvent être utiles? Que l'eau fût amenée des réservoirs de la montagne à la tête de semblables canaux. N'est-ce pas là un travail qui mériterait, au plus haut degré, l'intervention de l'État, une garantie d'intérêt que l'impôt restituerait bientôt, pour le moins, en raison de l'accroissement certain de la richesse agricole?

Convertir un pays deshérité en une contrée favorisée du ciel, donner à la France, grâce surtout à l'élévation de son plateau central et du sol de ses frontières de l'Est et du Sud-Ouest, la fertilité des bords du Nil, est une chose non-seulement possible, mais relativement facile, et cela en faisant naître une immense quantité de travail dans la nation. C'est l'œuvre à accomplir aujourd'hui. Des milliards ainsi dépensés se multiplieraient, et incorporés au sol, ils ne cesseraient jamais de faire partie de la richesse nationale.

Il n'y a peut-être rien de bien nouveau dans le système que nous formulons ici (et qu'il ne serait possible de préciser davantage que par des études de détail faits dans chaque cas particulier, pour un cours d'eau et un bassin déterminé); plusieurs ingénieurs sont déjà arrivés à formuler les mêmes principes. Nous sommes heureux de rapporter ici le passage ci-après, que nous avons trouvé dans le *Traité des irrigations*, de M. Nadault de Buffon.

« D'après les prix usuels de l'irrigation opérée à l'aide des canaux, à chaque mètre cube d'eau par seconde ainsi employée correspond une redevance annuelle de 36 francs, ou de 50 francs au maximum, ce qui, à raison de 4 1/2 p. 100, donnera un capital de 800 à 1100 francs.....

« On peut, d'après une évaluation très-modérée, admettre, comme moyenne générale du produit net créé par l'arrosage, le chiffre de 50 francs par hectare, qui correspond à un produit brut d'au moins 100 francs.

« Cela représente, à 4 1/2, la création d'un capital de 1250 francs, résultat fort important quand on pense qu'il peut s'appliquer à des millions d'hectares. La France seule réclame unanimement la création d'au moins cinq millions d'hectares de prairies, pour mettre cette culture si précieuse dans le rapport de 1 à 2 avec les terres cultivées à la charrue. On voit que l'on obtiendrait, d'après ces bases si modérées, un accroissement définitif de la richesse territoriale équivalent à plus de six milliards, et correspondant à un revenu assuré de plus de 300 millions. »

Tant de travaux si productifs à faire immédiatement pour occuper utilement l'activité des travailleurs et placer à gros intérêts et sûrement les économies de la nation, c'est là une entreprise à tenter de grands administrateurs et de véritables amis de leur pays.

ÉBULLITION. — Longtemps on a regardé le point d'ébullition d'un liquide, celui où il se transforme en vapeur, en formant des bulles sous la pression de l'atmosphère gazeuse à laquelle il est soumis, comme parfaitement fixe, et caractérisant nettement la nature du liquide.

Les recherches modernes des physiciens ont montré qu'il y avait à rabattre de ce que cette opinion avait de trop absolu, et que diverses causes pouvaient faire varier la température d'ébullitiou.

De même qu'on peut abaisser la température de l'eau au-dessous de zéro sans qu'elle se congèle, on peut la chauffer au-dessus du point d'ébullition sans qu'elle change d'état, en ayant soin qu'elle ne renferme plus d'air en dissolution, qui, en se dégageant, est une cause d'agitation de la masse. Deluc, qui a remarqué le premier ce fait, a pu porter à 112° de l'eau bien purgée d'air, et renfermée dans un matras à long col, sans qu'elle entrât en ébullition.

M. Donny ayant préparé une espèce de marteau d'eau, un tube garni de boules à l'extrémité vide, rempli en partie d'eau et fermé après qu'on en a fait sortir l'air, porta une extrémité à plus de 130° dans l'eau salée sans qu'il y eût ébullition, bien que l'autre extrémité du tube fût froide. Vers 138°, il se produisit une vaporisation brusque, et l'eau fut lancée violemment dans les boules; le plus souvent l'explosion brisait l'appareil.

M. Donny concluait de ces effets que la cohésion de l'eau équilibrait un effort de 3 atmosphères, tension de la vapeur d'eau à 135°, c'est-à-dire une colonne d'eau de 21 mètres de hauteur.

Une analyse plus satisfaisante de ces effets peut être déduite des expériences de M. Dufour (de Lausanne), faites également en évitant toute cause d'agitation, toute intervention des parois.

C'est en disposant, à l'imitation des expériences de M. Plateau, un liquide à l'état globulaire dans un liquide fixe d'une densité convenable, que ce physicien a fait ses curieuses expériences, dans des conditions où l'influence du vase qui renferme le liquide, et qui souvent est très-grande, disparaît entièrement. Il a pu chauffer de l'eau fort au delà de 100° sans la voir bouillir, compléter les anciennes expériences sur l'eau et les étendre à d'autres liquides. Nous donnerons ici un extrait sur l'intéressant mémoire de M. Dufour.

« Le soufre et le chloroforme présentent également un retard considérable d'ébullition lorsqu'ils flottent à l'état de sphères, en équilibre dans une dissolution convenablement dense de chlorure de zinc. Il est malheureusement fort difficile d'appliquer à la plupart des liquides la méthode qui réussit si bien pour l'eau et le chloroforme. Il faudrait en effet pouvoir chauffer chaque liquide dans un milieu d'une densité égale à la sienne et avec lequel il ne formât pas de mélange; il faudrait en outre que ce milieu ne changeât pas d'état entre des limites assez étendues.

« Lorsqu'on fond du soufre dans de l'huile, ou, mieux encore, dans de l'acide stéarique, on obtient deux couches parfaitement distinctes et inégalement denses. Une petite quantité d'une dissolution saline aqueuse peut être introduite dans l'huile; elle vient alors flotter sur le soufre fluide et forme un globule plus ou moins aplati qui s'y enfonce en partie. Dans ces circonstances, la température de ces dissolutions peut dépasser beaucoup celle de leur ébullition normale sans que la vaporisation ait lieu. Des globules de 6 à 8 millimètres de diamètre de dissolution de chlorure de sodium à 15 p. 100, de sulfate de cuivre à 10 p. 100, de nitrate de potasse à 10 p. 100, et de chlorure de potassium à 10 p. 100, ont pu être amenés à 125 et 130° avant que le changement d'état intervienne. Le contact d'un corps solide, d'une baguette de verre, de bois, de métal, provoque brusquement, au sein des dissolutions surchauffées, une violente ébullition.

« La densité de l'acide sulfureux liquide est 1,49 à 20° (Is. Pierre). On peut préparer un mélange d'acide sulfurique et d'eau qui ait cette densité-là et le refroidir bien au-dessous de — 10°, sans qu'il éprouve de modifications. Lorsque, dans un mélange pareil, refroidi à — 15° par exemple, on introduit, avec des précautions convenables, de l'acide sulfureux liquide, on voit ce dernier corps se réunir en sphères isolées parfaitement limpides et flotter au sein du mélange. L'acide sulfurique retient son eau avec assez de force pour ne pas la céder à l'acide sulfureux; les deux corps n'exercent aucune réaction l'un sur l'autre, et, après avoir installé un thermomètre dont la cuvette plonge dans le mélange, on peut suivre la marche ascensionnelle de la température. Or, dans ces circonstances, l'acide sulfureux traverse toujours 10° sans changer d'état. De volumineux globules se conservent calmes jusqu'à 0°; j'en ai vu encore de parfaitement limpides à + 8°. La vaporisation intervient parfois spontanément. Elle se produit toujours avec une grande instantanéité lorsqu'on touche les globules avec un corps solide, et, sous ce rapport, le phénomène est absolument semblable à celui que présentent l'eau, le chloroforme. Cette conservation de l'état liquide est assurément remarquable, et il serait du plus haut intérêt de chercher à appliquer la même méthode à d'autres gaz liquides. Le choix du milieu ambiant présente sans doute des difficultés; mais avec les ressources dont dispose la chimie, il ne serait point impossible qu'on arrivât à posséder, à l'état liquide, aux pressions et aux températures ordinaires, quelques-uns des corps habituellement gazeux.

« Si l'on rapproche ces expériences de celles qui se rapportent au retard de congélation de l'eau flottant dans un mélange de chloroforme et d'huile, du soufre flottant dans une dissolution de chlorure de zinc, etc., on ne peut pas méconnaître que, dans le phénomène du changement d'état, une part importante doit être attribuée à des circonstances autres que la température. Ces faits, étudiés dans leurs détails, montrent que les influences moléculaires provenant de causes extérieures aux liquides eux-mêmes jouent un grand rôle dans la solidification et dans la vaporisation. Pour ce qui concerne spécialement l'ébullition, ces expériences apprennent que les retards et les anomalies qu'elle présente ne peuvent point être attribués, comme ils le sont généralement, à une adhésion des liquides pour les solides. Des retards considérables en effet se produisent normalement et régulièrement lorsque les liquides flottent dans des fluides de même densité et éloignés des solides. Le contact des solides, dans ces circonstances, provoque brusquement la vaporisation. Un dégagement gazeux à travers le liquide surchauffé entraîne aussi sa transformation en vapeur; c'est l'action qui se produit constamment dans la pratique par l'effet des gaz dissous.

« En réalité, le changement d'état ne se produit pas nécessairement lorsque la température est capable de donner à la vapeur du liquide une force élastique égale à la pression extérieure. Le changement d'état est possible dès cette température-là, qui est une sorte de minimum pour l'ébullition à une pression déterminée; mais il a lieu, en fait, à des points de l'échelle thermométrique plus ou moins élevés suivant les conditions moléculaires de contact auxquelles le liquide est soumis. L'ébullition renferme un double fait : un dégagement de vapeur dans toute la masse du liquide, qui doit vaincre la pression extérieure, et un changement d'état. Ce dernier intéresse, d'une façon qui nous est malheureusement trop peu connue, la constitution moléculaire intime du corps, et il est étroitement lié aussi aux influences moléculaires que le corps subit. La loi qui indique la température d'ébullition de chaque liquide comme constante et comme égale à celle où sa vapeur peut faire équilibre à la pression extérieure tient compte du premier de ces faits, mais néglige le second. Cette loi ne se vérifie que lorsqu'on chauffe les liquides dans certains vases solides, parce que là les influences moléculaires de contact sont précisément celles qui provoquent l'ébullition au minimum de température possible. Cette loi présente des écarts déjà notables pour l'eau, l'alcool, l'acide sulfurique, etc., chauffés dans les vases en verre et en porcelaine (expériences de MM. Donny, Marcet, Magnus), et enfin elle rencontre des exceptions considérables et régulières lorsque les liquides sont chauffés en dehors du contact des solides. Énoncé sous sa forme ordinaire, le principe de physique relatif à la constance de la température d'ébullition, dans chaque liquide, rencontre des anomalies si nombreuses et si importantes, que sa valeur en est nécessairement amoindrie. On exprimerait mieux la réalité en disant: *L'ébullition d'un liquide à une pression déterminée peut se produire à des températures différentes, suivant les conditions physiques dans lesquelles il est placé; ces températures sont égales ou supérieures à celles où la force élastique du liquide fait équilibre à la pression extérieure.*

« Quoi qu'il en soit de ces considérations plus ou moins théoriques, il n'en demeure pas moins intéressant de remarquer combien les limites de température entre lesquelles certains liquides peuvent subsister sont variables suivant les conditions physiques dans lesquelles ils sont placés. Ainsi 0 et 100°, sous la pression ordinaire de l'atmosphère, sont les limites entre lesquelles l'eau apparaît comme liquide lorsqu'elle est renfermée dans des vases solides et non purgée d'air. Si on la débarrasse le plus possible de l'air en dissolution, si on la chauffe dans des vases en verre (expériences de M. Marcet), ces limites peuvent s'étendre de 12 à 15°; si enfin on la place entièrement à l'abri du contact des corps solides, immergée dans un fluide de même densité (mélange de chloroforme et d'huile, mélange d'essence de girofle et d'huile), ces limites s'éloignent beaucoup et l'eau dépasse habituellement, normalement 0° d'une part et 100° d'une autre, sans changer d'état. Dans ces conditions spéciales, j'ai vu ce corps encore liquide à —20° et à 178°, c'est-à-dire durant 198° du thermomètre, sans changement dans la pression. »

Après avoir montré l'insuffisance des explications qu'on a voulu faire reposer sur la cohésion des liquides, complétement infirmée par les expériences sur la solidification, puisque les corps solides ont sûrement une cohésion plus grande que les liquides qui leur donnent naissance et par suite qu'il est impossible d'expliquer ainsi les retards de solidification, il termine ainsi:

« Je crois donc que les liaisons moléculaires qui jouent un rôle important dans les changements d'état ne doivent pas être confondues avec la cohésion des liquides telle qu'elle apparaît dans diverses expériences. Mais s'il m'a paru nécessaire de les distinguer de la cohésion, il me paraît beaucoup plus difficile de les définir et de les préciser. Ici, comme dans l'étude de tant d'autres phénomènes physiques, on aboutit à ces importantes questions de mécanique moléculaire, où il y a beaucoup à apprendre et où la solution d'une foule de problèmes demeure enveloppée d'une regrettable obscurité. » (Voy. LIQUIDES.)

Le savant physicien est conduit par les résultats si probants de l'expérience, à constater la lacune qu'a laissée jusqu'ici, dans la science physique, une notion satisfaisante de la constitution des corps, et l'insuffisance de la constitution *statique* admise jusqu'à ce jour. La constitution dynamique que j'ai cherché à formuler à l'article LIQUIDES, l'existence des mouvements orbitaires des molécules liquides explique bien les curieux phénomènes constatés, qui en sont comme une démonstration expérimentale.

De semblables mouvements peuvent seuls bien rendre compte de la propriété de l'état liquide d'empiéter à la fois sur l'état solide et l'état gazeux, les mouvements orbitaires pouvant se maintenir, convenant pour emmagasiner des quantités variables de forces vives, sans que le changement d'état se produise nécessairement à une limite déterminée, qui apparaît lorsqu'une cause accidentelle vient le provoquer.

ÉCHAFAUDAGES. Nous traiterons sous ce titre de cette branche de l'art du charpentier, qui a pour objet les constructions provisoires destinées à élever les ouvriers à la hauteur des travaux qu'ils exécutent, à entreposer les matériaux, à soutenir les constructions menaçant ruine, à lever et transporter les grandes masses; ce sujet intéresse non-seulement les constructeurs, mais toutes les industries qui ont à manœuvrer de lourds fardeaux, comme la marine, les chemins de fer, l'artillerie, la métallurgie, etc.

Les constructions de cette nature n'ont d'ordinaire qu'une durée éphémère; c'est à tort cependant qu'on se croirait dispensé de veiller attentivement à leur bonne exécution, et autorisé à s'en rapporter à des agents inférieurs. La vie des ouvriers dépend du soin apporté à ces détails, qui semblent secondaires; la jurisprudence rend l'entrepreneur responsable des accidents dus à l'imperfection des échafaudages. Dans un grand ouvrage, la dépense des bois qu'ils occasionnent est considérable; des dispositions intelligentes peuvent amener des économies notables non-seulement sur le cube de la matière première employée, mais encore sur la main-d'œuvre, en rendant plus accessibles toutes les parties du chantier, et plus faciles toutes les manœuvres. C'est par là que commence toute œuvre de construction; c'est d'après ce premier échantillon de son savoir-faire que les agents et les ouvriers conçoivent de leur chef cette première impression, qui en toutes choses a une grande importance, et aplanit pour l'avenir bien des difficultés, si elle est favorable.

Échelles. — De tous les échafaudages, les plus simples et les plus usuels sont les échelles; elles sont trop connues pour que nous ayons de longs développements

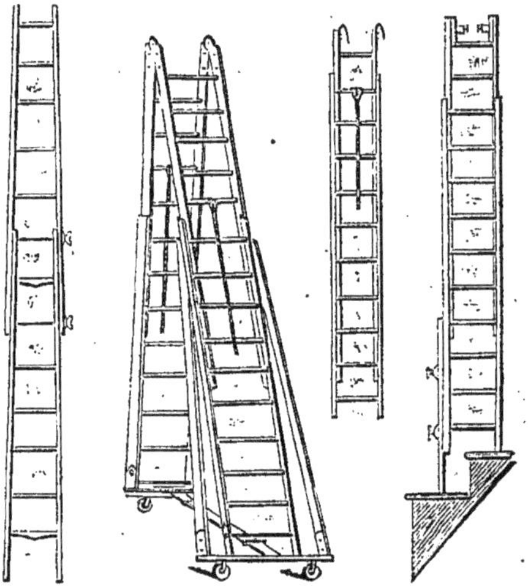

Fig. 1.

à donner à ce sujet. Nous signalerons seulement quelques perfectionnements apportés à l'installation de ces appareils, si répandus et si utiles.

M. Bomblin a introduit diverses améliorations dans la construction des échelles ordinaires, qui les rendent d'un usage plus commode et plus sûr; des additions fort simples, montants à coulisses, poulies fixées sur un échelon avec corde de manœuvre, boulons formant échelons, etc., permettent de les allonger ou de les raccourcir à volonté, et de les adapter aux dispositions de points d'appui les plus variées. Nous indiquons ci-contre (fig. 1) quelques-uns des modèles qu'il emploie.

M. Masbon construit des échelles en fer, consolidées par des tendeurs, très-légères et très-maniables; il a inventé plusieurs combinaisons ingénieuses qui permettent de les employer dans les conditions et aux usages les plus divers.

Chevalets. — Les chevalets sont de petits appareils très-simples, avec lesquels on peut installer rapidement des échafaudages considérables, pourvu qu'on en ait un nombre suffisant à sa disposition. Tels sont les ponts de chevalets, qui servent au passage des armées, sur les cours d'eau de moyenne profondeur.

Ces appareils suffisent aux maçons, plâtriers et plafonneurs, dans les habitations ordinaires, pour atteindre toutes les parties des salles.

Ils emploient aussi des montants à patins percés de mortaises ou munis de taquets pour supporter leurs planchers provisoires.

On peut établir des échafaudages très-élevés au moyen des chevalets, à la condition de les consolider avec des cales, des liens de corde et des entre-toises; autrement ils manquent de stabilité.

Échafaudages ordinaires. — Les échafaudages ordinaires des maçons s'exécutent avec de grandes perches de 5 à 6 mètres de longueur, 0,15 à 0,25 de diamètre, appelées échasses ou *écoperches;* placées verticalement à 1m,50 de distance des murs, elles sont reliées entre elles et avec ceux-ci par d'autres perches horizontales nommées *boulins;* ces pièces sont réunies les unes avec les autres, au moyen de *cordages* ou *troussières;* elles passent dans des trous réservés dans les murs; des planches de bateaux, posées de l'une à l'autre, servent au passage des ouvriers.

M. Harnist a exposé, en 1867, des liens en fer plus faciles à placer que les cordes, et qui paraissent offrir de plus grandes garanties de solidité.

Dans les constructions en pierres de taille, on ne peut pas faire de trous de boulins; on fait passer les échafaudages par les baies de portes et croisées.

Grands échafaudages fixes. — Quand les échafauds doivent supporter de lourdes charges, il faut recourir à des bois de plus fort équarrissage. Les grands échafaudages fixes sont composés, comme tous les ouvrages de charpente, de pans ou fermes placés dans des plans parallèles. Chaque ferme est formée de montants, d'entretoises horizontales moisées, qui portent ordinairement des planchers, quelquefois des chemins de fer, et de croix de Saint-André, contre-fiches et liens, destinés à rendre invariable la figure de la ferme. Les fermes sont reliées transversalement par des pièces analogues.

La dimension des bois et l'espacement des fermes dépendent du poids des matériaux employés, de la hauteur de l'édifice et de la durée qu'on se propose d'attribuer à sa construction.

Cintres. — Les voûtes s'établissent sur des constructions provisoires en charpente qu'on nomme *cintres.* Nous renvoyons aux articles PONTS, TUNNELS et VOUTES pour la description de ces appareils. Nous mentionnerons seulement quelques perfectionnements apportés à cette partie du matériel des entrepreneurs. Tels sont les cintres en fer appliqués aux voûtes du canal Saint-Martin, sous le boulevard Richard-Lenoir, à Paris. Ces voûtes ont environ un kilomètre de longueur. La courbe d'intrados est une ellipse surbaissée au quart, et de 19m,50 d'ouverture. Les cintres étaient composés de fermes en fer espacées de 2 mètres; on construisait la voûte par portions de 50 mètres; après le décintrement d'une portion, les fermes, groupées par trois, étaient transportées, parallèlement à elles-mêmes, jusqu'au nouveau chantier, en roulant sur un chemin de fer. Leur déplacement était rendu aussi simple que possible.

M. Rziha a fait usage en Allemagne, pour construire plusieurs tunnels de chemins de fer, de cintres en fonte, qui présentaient des avantages analogues à ceux du système précédent.

On cite encore, parmi les dispositions de cintres mobiles et faciles à déplacer les plus ingénieuses, celles du viaduc de Roquefavour.

Échafauds volants ou suspendus. — Nous désignons sous ce titre les échafauds légers non adhérents au sol, qui se fixent sur diverses parties des constructions, et sont particulièrement applicables aux travaux d'achèvement, ragréement, décorations et restaurations partielles. Tels sont encore les échafauds qui servent quelquefois à la construction des clochers et des dômes. On trouve plusieurs exemples remarquables d'ouvrages de ce genre dans le livre intitulé : *Ponti e castelli di Nicolò Zabaglia, con alcune ingegnose pratiche, e con la descrizione del trasporto dell' obelisco Vaticano e di altri del Domenico Fontana* (Rome, 1743). Zabaglia, simple charpentier, complétement illettré, a conçu et exécuté les échafaudages employés à l'achèvement des voûtes de la célèbre basilique de Saint-Pierre de Rome; les plus intéressantes ont été reproduites dans le *Traité de charpente* du colonel Émy.

Nous présentons comme un spécimen d'échafaudage volant très-bien entendu, celui qui a servi à l'érection de la nouvelle statue de Napoléon Ier, sur la colonne de la place Vendôme, à Paris; il est dû à M. Duprez, et il a été publié par les *Nouvelles Annales de la Construction.* Cet échafaudage se compose de deux parties: l'une fixe, l'autre mobile; la première est destinée à soutenir un plancher de manœuvre, et ses dispositions seront facilement comprises à l'examen de la figure 2. La seconde est une chèvre à chariot, munie de treuils pour le levage de la statue. Le câble, après s'être enroulé sur le treuil à manivelle, passait sur un rouleau et se déroulait librement en arrière de l'appareil: un treuil de sûreté, placé en avant du précédent, se manœuvrait avec des leviers. Comme la corde était très-longue, quand elle couvrait trois fois la surface du treuil, on arrêtait la manœuvre pour le dérouler; pendant ce temps elle était arrêtée par les deux leviers obliques, agissant comme freins, que l'on remarque sur la grue. Quand la statue a été levée à la hauteur de son piédestal, on a fait glisser la chèvre jusqu'à l'axe de la colonne, et l'opération s'est achevée avec la plus grande facilité.

De grandes constructions peuvent et doivent quelquefois s'élever avec des échafaudages extrêmement simples; tels sont les cheminées des usines, les phares.

M. Viollet-Leduc cite comme ayant été construite par des procédés très-simples la grande tour de Coucy, qui a 60 mètres de haut et 32 mètres de diamètre. Les trous de boulins, espacés de 4 mètres en 4 mètres, suivant une hélice encore apparente sur les parements de la tour, montrent que les matériaux ont été montés par un chemin incliné, appuyé sur des fermes volantes, qui étaient fixées au flanc de l'édifice et suivaient la courbe indiquée.

On peut faire entrer dans cette classe les échafauds que les maçons établissent souvent pour ne pas embarrasser la voie publique sur de simples boulins, passant par-dessus les appuis des fenêtres, et calés intérieurement avec une aiguille appuyée sur les plafonds.

geonneurs et des fumistes, est le plus rudimentaire des échafauds volants.

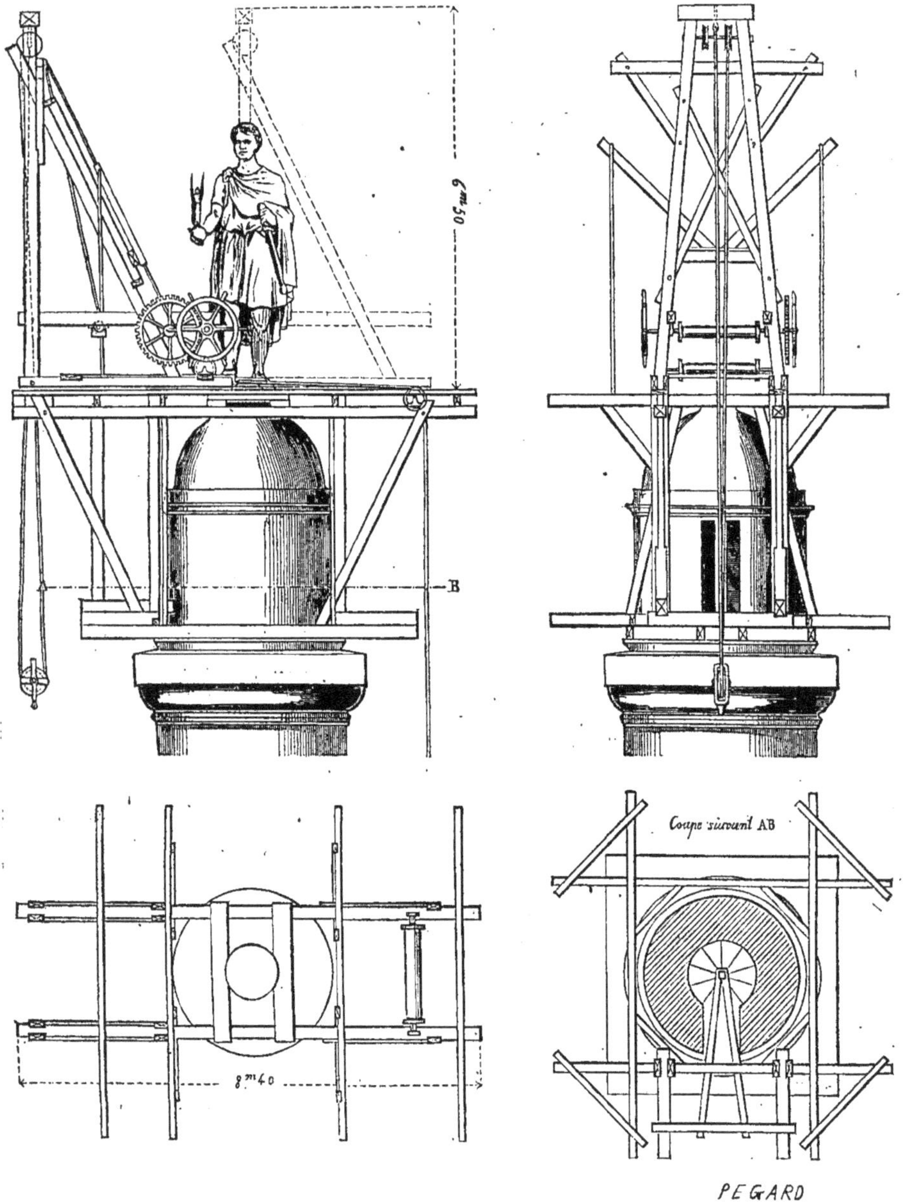

Fig. 2.

On emploie encore fréquemment, pour les ragréements, peintures et nettoyages, etc., des passerelles volantes que l'on peut faire avec une simple échelle placée horizontalement, portant une planche sur ses échelons, et suspendue à ses deux extrémités par des palans qui servent à l'élever à la hauteur voulue et à la déplacer suivant les besoins du travail.

La corde à nœud avec la sellette, à l'usage des badi-

Échafauds mobiles. — *Échafauds roulants et tournants.* — Ces échafauds sont destinés aux mêmes usages que les précédents; mais ils sont beaucoup plus faciles à déplacer; on les monte sur des roues à galets, et ils peuvent se transporter soit parallèlement à eux-mêmes en glissant sur des rails, soit en tournant autour d'un axe vertical, soit dans tous les sens indifféremment.

Les peintres sculpteurs et décorateurs ont souvent

recours à ces appareils; tel est celui représenté par la figure 3, construit par M. Bomblin.

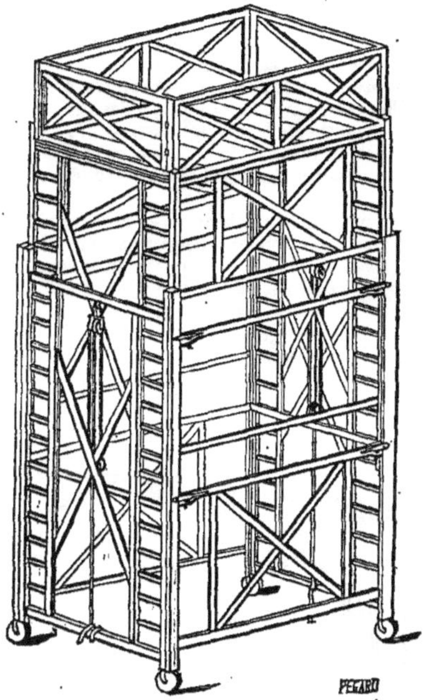

Fig. 3.

Le colonel Émy cite, dans la première catégorie, plusieurs échafauds remarquables, ceux:

De Saint-Pierre de Rome, par Zabaglia, cité plus haut,
De l'orangerie de Versailles,
De la chapelle royale de Turin,
De Saint-Sulpice,
De M. Mandar,
De la cathédrale de Milan.

1° Échafaudages employés par M. Visconti, au tombeau de Napoléon Ier, aux Invalides.

2° Machines employées par M. Tony Fontenay au viaduc de l'Indre, pour le ragréement des parapets et des plintes (fig. 4).

Fig. 4.

3° Échafaudages employés à la construction des bâtiments en fer de l'Exposition universelle de 1867, à Paris.

Ces bâtiments présentaient deux principaux types de fermes: les arcs de 33 mètres d'ouverture de la galerie des machines et les fermes Polonceau des galeries intérieures. Divers systèmes ont été appliqués aux levages des différentes parties. Pour la grande galerie, MM. Cail et Ce ont employé un grand échafaudage de 22m.35 de long sur 27 mètres de large et autant de hauteur, mobile longitudinalement sur quatre paires de rails (fig. 5). A la partie supérieure se trouvait un plancher cylindrique formant cintre pour la pose des arcs.

On commençait par lever les montants, en leur faisant décrire un quart de révolution autour de l'arête extérieure de leur base, au moyen des treuils placés à

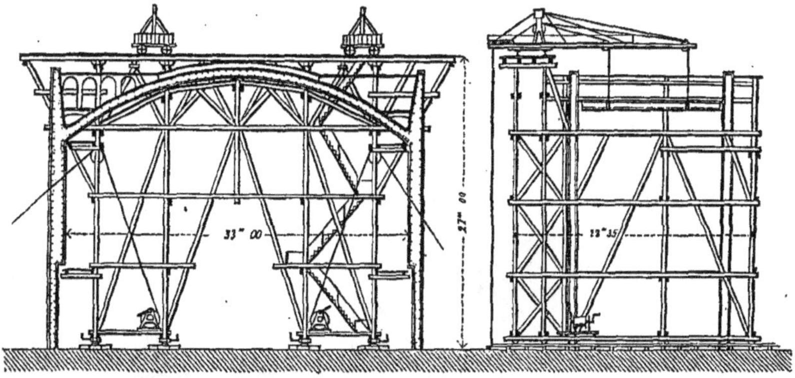

Fig. 5.

Dans la seconde :

Ceux de la coupole du Panthéon romain.

A ces exemples, nous pourrions en ajouter bien d'autres plus modernes; nous nous contenterons de citer les suivants.

la partie inférieure de l'échafaudage : on montait ensuite l'arc par éléments; enfin on présentait et on posait les pannes, faîtages et sablières, en se servant de deux grandes grues placées au devant et à la partie supérieure de l'appareil.

Quand l'ossature d'une travée était complète, on faisait avancer tout le système mobile sur les rails au moyen de seize galets mus par des leviers à rochet

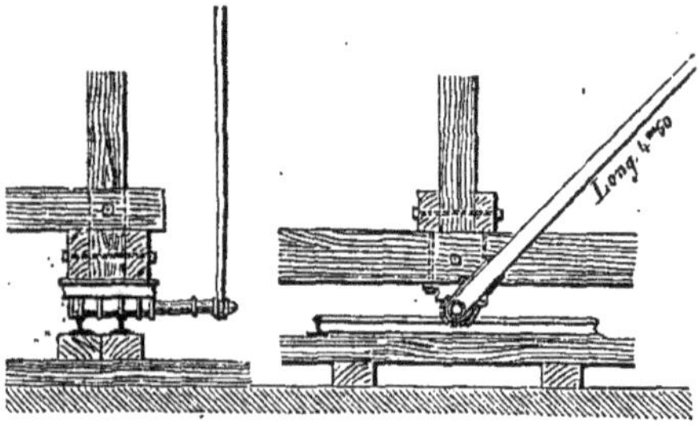

Fig. 6.

(fig. 6). Pour parcourir les 15 mètres qui formaient la longueur de la travée, il fallait 6 heures et 60 hommes.

On procédait au levage de la travée suivante en se conformant aux indications précédentes.

MM. Gouin et Ce, entrepreneurs d'une autre portion de la grande galerie, ont procédé différemment. Sur leurs chantiers, chaque montant a été levé en décrivant comme ci-dessus un quart de révolution, mais au moyen d'un échafaudage spécial représenté par les figures 7 et 8. Les montants une fois en place étaient immédiatement reliés par les sablières hautes et basses, soulevées par des poulies frappées sur le haut des montants.

Pour lever les arcs, on construisait un plancher provisoire régnant sur deux travées et composé de trois poutres en treillis fixées un peu au-dessous de la naissance des arcs et de solives portées par ces poutres. Ce plancher supportait cinq échafaudages pour le montage de l'arc. On y accédait au moyen d'escaliers de service placés dans les échafaudages inférieurs qui servaient en même temps au levage du plancher.

Les pannes et autres pièces étaient montées à hauteur du plancher par de grandes chèvres, telles que celle représentée à gauche de la seconde partie de la figure 8.

Les fermes du système Polonceau avaient 23 mètres de portée; elles ont aussi été levées par deux systèmes :

Pour les unes, on a suivi le procédé ordinaire, c'est-à-dire qu'après avoir assemblé les fermes par terre on les a soulevées avec deux chèvres et posées sur leurs appuis; pour les autres, on a employé un grand échafaudage roulant, portant un plancher et deux bouts de voie parallèles. Deux grues mobiles sur ces voies montaient toutes les pièces et permettaient de les assembler rapidement : elles sont représentées figure 9. On a aussi indiqué les dispositions de l'échafaudage roulant moins important, qui servait à lever les pièces des galeries intermédiaires, et celles des deux grues placées sur l'échafaudage, fig. 10. Une disposition pareille n'est applicable que sur un chantier très-important, où la multiplicité des opérations permet d'amortir les frais de premier établissement d'un ensemble d'appareils provisoires très-coûteux.

Ces indications sont extraites des *Nouvelles Annales de la Construction*, de M. Opperman.

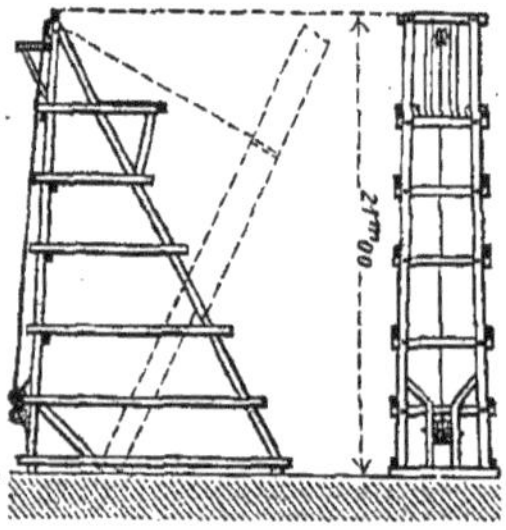

Fig. 7.

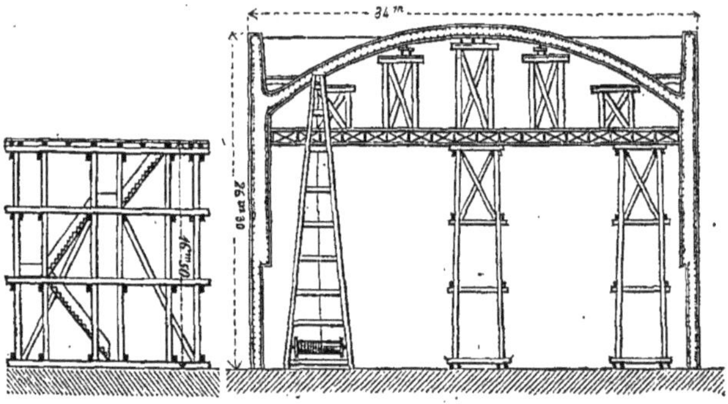

Fig. 8.

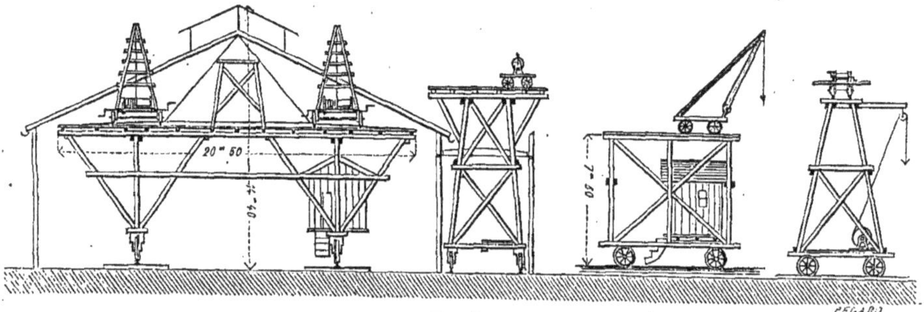

Fig. 9.

Étayement. — Il est essentiel, pour étayer avec sûreté, promptitude et économie une construction menaçant ruine, ou destinée à être reprise en sous-œuvre, de se rendre exactement et rapidement compte de la manière dont elle a été établie, de l'intensité et de la direction des efforts à équilibrer, de distinguer les parties encore

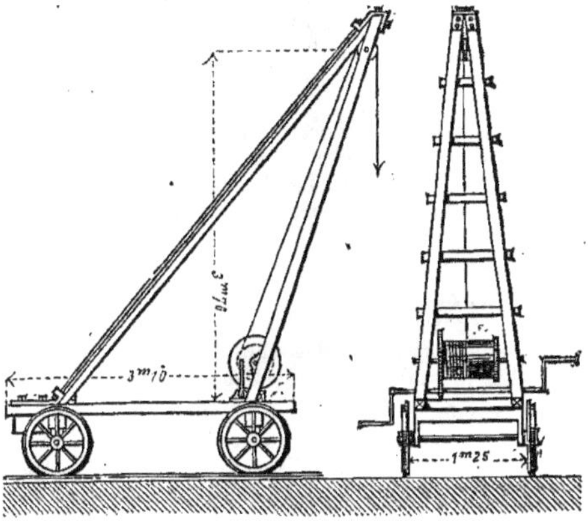

Fig. 10.

saines des parties écrasées ou disloquées, de choisir convenablement ses points d'appui, et de faire en sorte que les pressions s'y trouvent convenablement réparties en raison de la résistance qu'ils peuvent offrir par unité de surface. On doit aussi ménager l'espace nécessaire pour le travail des ouvriers et la manœuvre des matériaux, et disposer les pièces de façon qu'une fois le travail achevé on puisse les enlever facilement et dans l'ordre convenable. C'est à quoi l'on n'arrive qu'avec l'expérience développée par une longue pratique. Les circonstances où l'on fait des étayements varient à l'infini; on ne peut ici que mentionner quelques principes généraux.

Étayement des déblais. — On est très-souvent obligé, dans les travaux de terrassement, quand on fouille des terrains peu consistants, pour établir des égouts ou des fondations, de se défendre contre les éboulements par des constructions provisoires en charpente; elles consistent d'ordinaire en revêtements de madriers couvrant les parois de la fouille, et plus ou moins rapprochés suivant le degré de cohésion des terres. Ces madriers s'appuient sur des montants extérieurs, et ceux-ci sont maintenus à un écartement constant contre la poussée du sol, au moyen d'*étrésillons*. Les étrésillons sont des pièces de bois dont les abouts sont taillés en biseau, et qu'on chasse à coups de masse entre les montants, de manière à les serrer avec énergie. Quand les fouilles sont trop larges pour établir des étrésillons, on emploie des étais comme ceux qui seront décrits plus loin.

Dans le creusement des galeries souterraines et pour la construction des puits, on est obligé de recourir à des moyens de consolidation analogues; il en a été question aux articles MINE et TUNNEL.

Étayement des maçonneries. — Pour soutenir des bâtiments menaçant ruine, on se sert d'*arcs-boutants* ou d'*étais*, pièces de bois longues, posées sous une inclinaison de 1 de base pour 5 de hauteur environ, appuyées d'une part sur le mur à soulager, soit directement, soit par l'intermédiaire de cales et de madriers destinés à répartir la réaction sur une plus large surface; d'autre part, sur le sol. L'about de l'étai s'établit sur un patin horizontal, portant lui-même sur des madriers ou des solives transversales. L'étai doit être convenablement serré contre la maçonnerie : pour cela, son pied est taillé en biseau, et on le fait avancer à la pince jusqu'au moment où l'on juge que sa pression est suffisante; il ne faut pas dépasser une certaine limite, au delà de laquelle le mur serait renversé à l'intérieur. Quand on est arrivé au degré convenable, on place une cale sous le pied de

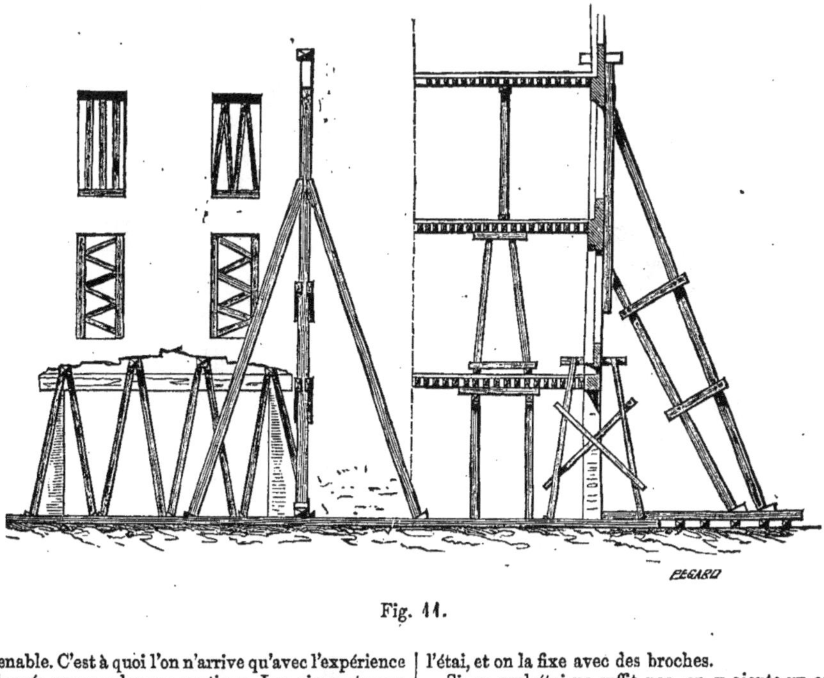

Fig. 11.

l'étai, et on la fixe avec des broches.

Si un seul étai ne suffit pas, on y ajoute un contre-étai, qu'on rend solidaire du premier au moyen d'entretoises moisées (fig. 11).

Si une plus grande résistance est encore nécessaire, la pièce principale est consolidée par des étais latéraux placés obliquement, ou mieux encore, on établit des *bat-*

teries d'étais, c'est-à-dire plusieurs fermes analogues à

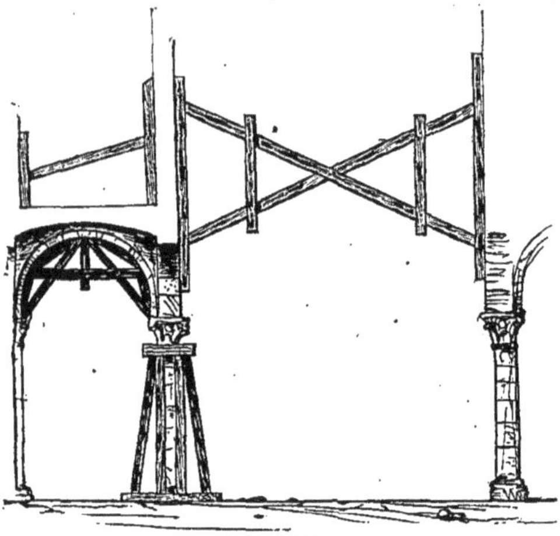

Fig. 12.

la précédente, réunies entre elles par des moises horizontales et disposées en éventail.

Les *étrésillons* sont des pièces de bois destinées à empêcher le rapprochement des murs et à résister à des efforts horizontaux; on *étrésillonne* les fouilles de déblai des fondations, comme nous l'avons vu; on étrésillonne les fenêtres d'un bâtiment repris en sous-œuvre, et si le tableau est épais, on y place deux pans d'étrésillons disposés: l'un comme ceux du premier étage dans la figure ci-contre, et l'autre comme il est indiqué aux fenêtres du deuxième étage.

Les étrésillons acquièrent quelquefois beaucoup plus d'importance, ainsi qu'on le voit sur la figure 12, qui montre en même temps les dispositions à suivre pour reprendre en sous-œuvre un pilier supportant des voûtes.

Les *chevalements* sont des étais offrant la forme des chevalets, et employés pour soutenir les maçonneries reprises en sous-œuvre. Par exemple, la figure 11 montre la disposition des chevalements, appliqués à l'établissement d'un poitrail en sous-œuvre.

Les *pointaux* sont des chandelles verticales destinées à consolider momentanément les planchers pendant des travaux du même genre; ils se posent de la même manière que les étais.

Pour soutenir les voûtes dans des circonstances analogues, on se sert de cintres semblables à ceux qui ont servi à les construire.

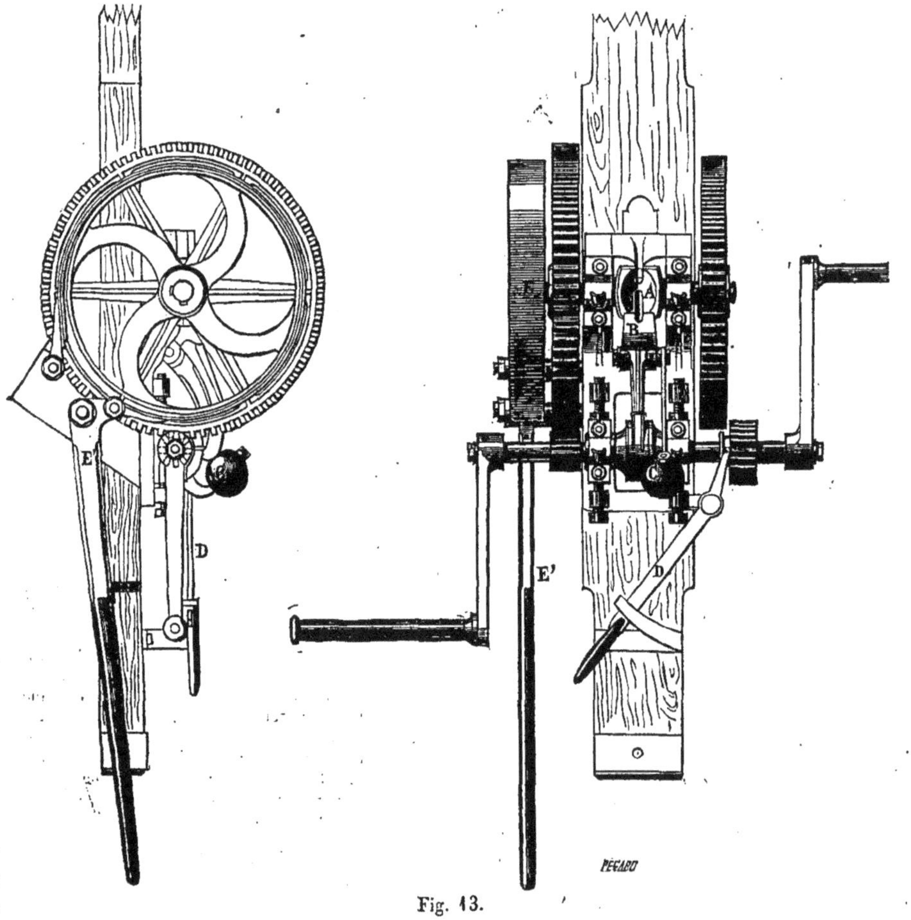

Fig. 13.

APPAREILS DE LEVAGE, DE MONTAGE ET D'EMBAR-

QUEMENT. — Dans l'examen de la branche de l'art des constructions que nous étudions ici, on ne saurait se dispenser de faire entrer les appareils qui servent à transporter les grandes masses de pierre et à les élever en place; un grand nombre de ces appareils ont été étudiés ailleurs, nous ne ferons que nommer ceux qui sont dans ce cas; mais il nous paraît nécessaire de procéder au moins à une énumération rapide.

Machines opératrices et organes divers. — Sous ce titre, nous comprenons :

1° La *poulie*, avec ses variétés et modes d'emploi multiples : poulie de retour, de renvoi, palans, moufles; poulie différentielle.

2° Le *treuil* et ses différentes espèces, cabestan, guindeau. La construction des treuils de chantier a été bien perfectionnée depuis quelques années.

3° L'*appareil George*.

Un tambour cylindrique est mis en mouvement au moyen de roues à rochet, montées aux extrémités de l'axe et commandées par des leviers animés d'un mouvement alternatif par les bras des ouvriers.

4° L'*appareil à noix triangulaire* (fig. 13).

C'est un treuil dont le tambour cylindrique est remplacé par une noix A, en forme de prisme triangulaire en fonte, dont les faces portent l'empreinte des maillons de la chaîne de levage; ces maillons viennent se loger dans les vides des faces, qui leur offrent un point d'appui solide. L'inconvénient est de produire une articulation très-prononcée des maillons, et par suite un frottement et une usure rapides.

M. Neustadt a substitué aux diverses dispositions de treuils à tambour ou *à noix*, employées jusqu'ici, un pignon à chaîne Galles, qui présente de nombreux avantages. On reproche aux chaînes ordinaires leur défaut de sécurité, les ruptures dues à des vices ou défauts de soudure difficiles à constater dans les réceptions et développés par le service : notamment par le tirage biais des chaînes qu'amène leur enroulement sur le tambour, par le choc des maillons au passage des poulies et au contact du tambour, par leur cintrage et leur usure, surtout quand le tambour est cannelé, ce qui est indispensable pour régler l'enroulement de la chaîne sans double tour (fig. 14).

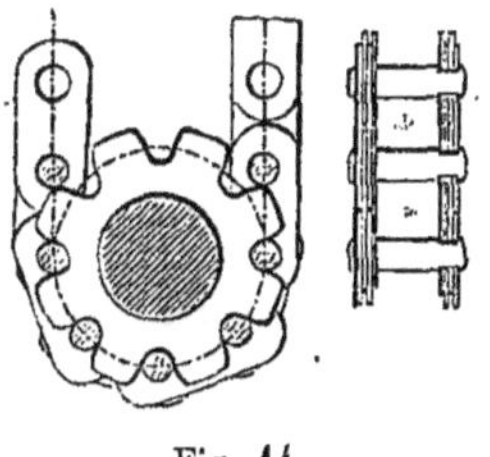

Fig. 14.

La chaîne Galle n'offre pas de soudure; sa section transversale comprend de nombreux maillons en fer de petit échantillon, et par conséquent présentant de plus grandes garanties de solidité que le fer des chaînes ordinaires : elles ne cassent pas brusquement; les maillons se brisent successivement.

Le pignon à chaîne est placé dans l'axe de l'appareil : il évite le tirage biais; les poulies sont dentées et ajustées de manière à supprimer le choc au passage de la chaîne, qui les emboîte parfaitement. Le diamètre de ce pignon est réduit au minimum, c'est-à-dire en moyenne au tiers du diamètre du tambour ordinaire; c'est une diminution d'autant du bras de levier de la résistance, d'où résulte une simplification considérable des engrenages et bâtis.

Ces simplifications s'appliquent à tous les mécanismes où le treuil joue un rôle; M. Neustadt en a produit de nombreux spécimens dans les appareils de levage usités par l'industrie, la marine et les chemins de fer.

Moteurs. — En général les appareils précédents sont disposés de manière à être mis indifféremment en mouvement, à bras ou mécaniquement. Les bras de l'homme sont encore le moteur le plus usuel dans les opérations de levage, qui, partout ailleurs que sur de grands chantiers, sont intermittentes. Cependant, depuis quelques années, à Paris et dans les grandes villes, on fait usage de moteurs mécaniques, qui économisent beaucoup de temps.

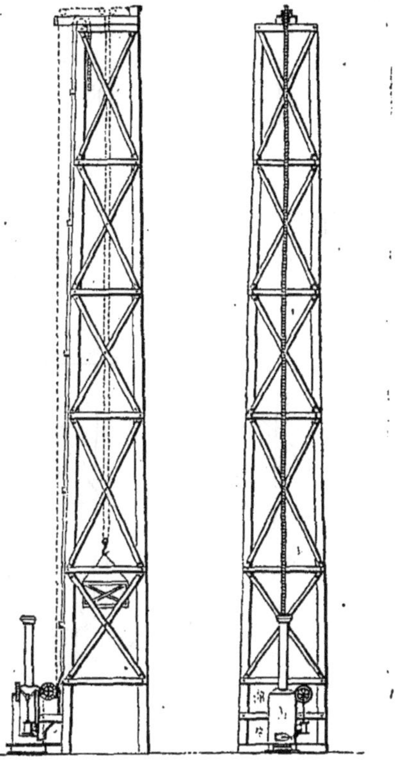

Fig. 15.

1° *Machines à vapeur.* — Les locomobiles ont trouvé dans ce genre de travaux une de leurs applications les plus fréquentes. Il faut qu'elles soient à détente variable, pourvues d'un régulateur, et disposées de manière à mettre le mécanisme, autant que possible, à l'abri de la poussière. On cherche des combinaisons qui permettent de commander à la fois plusieurs sapines; une machine de dix à douze chevaux peut conduire jusqu'à huit ou neuf grues.

2° *Moteurs à gaz* (système Lenoir).

3° *Moteurs hydrauliques.* — On s'est quelquefois servi de l'eau en mouvement pour les travaux de construction. Perronet employait des roues hydrauliques aux épuisements du pont de Neuilly : M. Leblanc, à Laval, appliquait au même usage le bélier de son invention. M. Tony Fontenay a élevé, avec des roues hydrauliques, les matériaux du viaduc de l'Indre. Dans plusieurs villes, les eaux municipales sont concédées

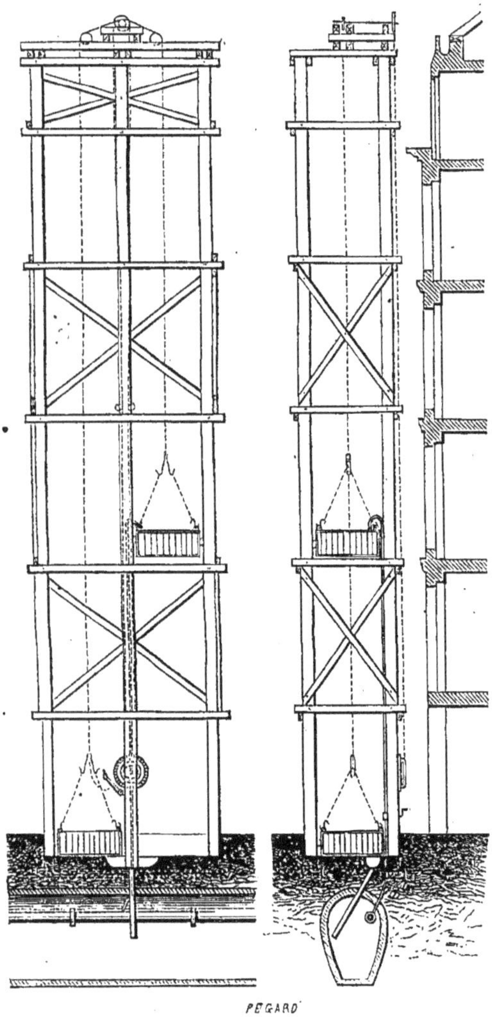

Fig. 16.

comme force motrice; on en cite des exemples à Boston (États-unis), à Lyon et à Paris. Elles peuvent être appliquées au levage des matériaux.

Depuis quelques années, M. Édoux emploie avec succès aux travaux de construction de la capitale, l'appareil qui porte son nom (fig, 16). Cet appareil se compose de deux tours jumelles dépassant de quelques mètres la hauteur du bâtiment à construire. Six montants servent de guides à deux bâches en tôle étanche, dont le fond est garni d'un plancher pour recevoir les matériaux. Ces bâches sont elles-mêmes suspendues à deux chaînes en fer qui passent sur deux poulies placées à la partie supérieure des tours. Elles se remplissent alternativement d'eau et de matériaux: le poids de l'une entraîne les autres. Les eaux sont prises aux tuyaux de distribution de la ville; on vide les bâches après les avoir arrêtées avec un verrou, par un robinet placé au fond, quand les matériaux sont à destination.

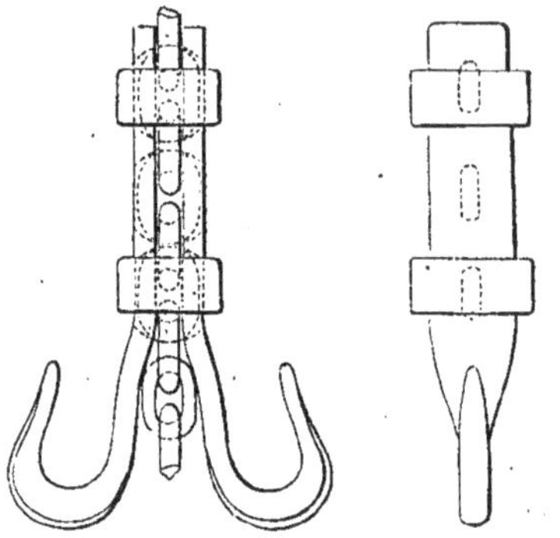

Fig. 17.

Un frein se manœuvrant d'en bas (fig. 18) permet de régler à volonté la vitesse, et d'arrêter la bâche ascendante à la hauteur voulue. A cet appareil se trouve annexé un pignon, qui permet au besoin de le manœuvrer à bras et de placer exactement la charge à la hauteur convenable, si l'action du frein ne s'est pas fait sentir assez à temps.

Les matériaux devant être montés à des hauteurs diverses, au fur et à mesure que la construction s'élève, il faut un moyen d'attache des bâches à la chaîne présentant à la fois une sécurité complète et la plus grande facilité de déplacement sur la chaîne. Ces résultats sont obtenus au moyen du système représenté par la figure 17 : il se compose de deux crochets munis de pattes portant les empreintes des maillons et de deux anneaux embrassant ces crochets et les forçant à s'appliquer sur la chaîne au point désigné.

M. Édoux a fait fonctionner à l'Exposition universelle de 1869 un dispositif présentant une forme extérieure analogue au précédent et destiné à élever les curieux sur le toit de la grande galerie des machines. Le fonctionnement de cet appareil appelé, suivant son auteur, à remplacer les escaliers dans les grands hôtels et palais, était fondé sur l'emploi de la pression hydraulique agissant sur un piston placé au-dessous de le plate-forme mobile et susceptible de s'enfoncer dant un tube artésien établi dans le sol à une profondeur égale à la hauteur à franchir.

Échafauds. Bigues. — C'est le plus simple de tous les appareils de levage; il est d'un usage constant dans les ports. Il se compose de deux pièces de bois enfoncées dans le sol par leurs pieds, et reliées à leur tête par un amarrage, dit portugaise. Les bigues sont maintenues légèrement inclinées par des haubans; un palan frappé sur la portugaise sert à soulever les fardeaux.

Chèvre. — La chèvre est une bigue perfectionnée, plus solide, munie d'assemblages et d'appareils auxiliaires permanents (voir l'article CHÈVRE). Les machines à mâter de la marine sont des chèvres d'une grande puissance ; elles servent aussi à embarquer les chaudières à vapeur : celle que l'on vient de construire à Toulon a 40 mètres de hauteur et peut soulever des poids de 50 tonnes.

La figure 19 ci-contre indique l'installation d'une batterie de chèvres employées au levage des fermes métalliques de l'église de la Trinité, à Paris.

Grues. — Il existe une infinité de systèmes de grues; nous ne devons mentionner ici que celles employées dans les constructions (voir l'article GRUE).

1° *Sapine.* — C'est une première variété de grue; elle a été décrite à l'article CHÈVRE du *Dictionnaire.*

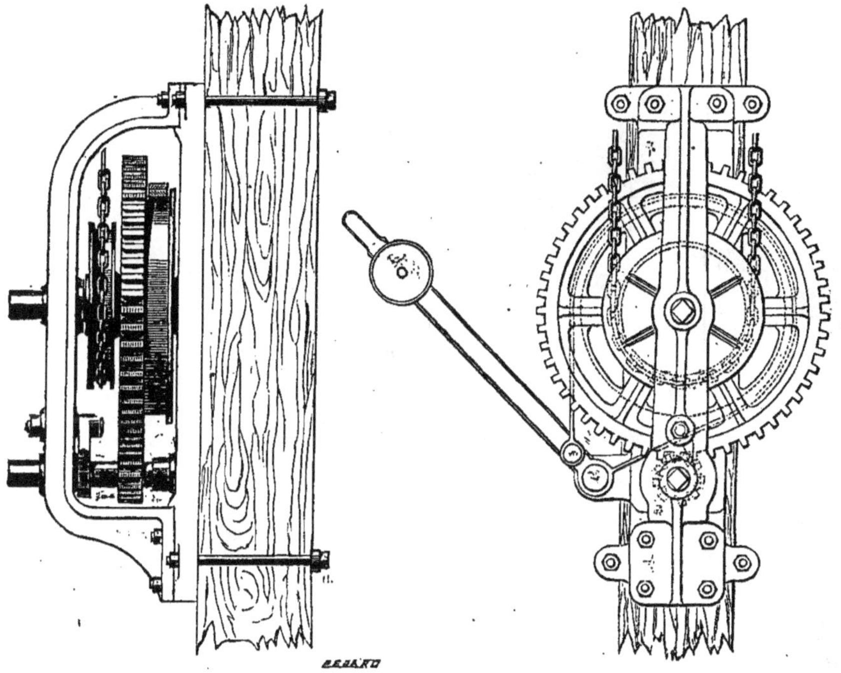

Fig. 18.

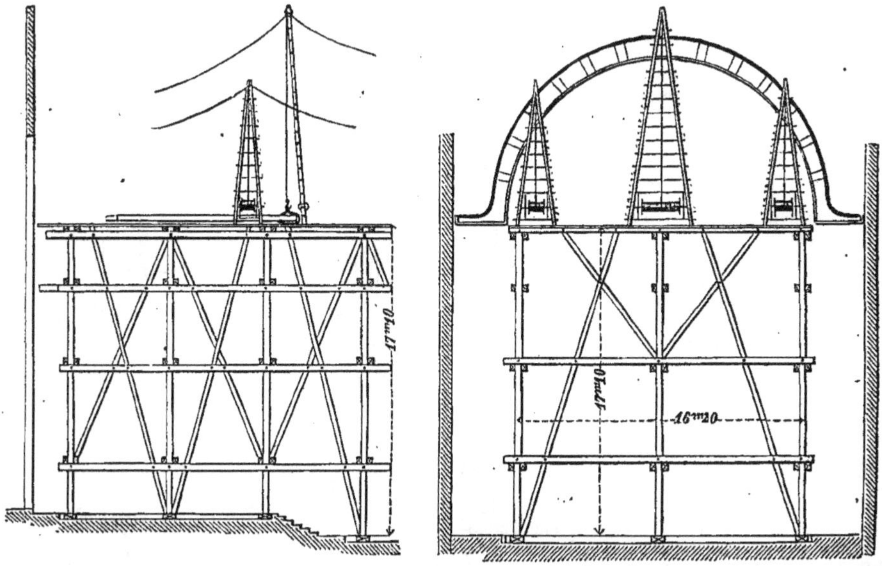

Fig. 19.

On désigne aussi sous ce nom les tours ou échafaudages carrés, tels que ceux représentés par les figures 15 et 16, pourvus de mécanismes plus ou moins puissants et employés seulement à l'élévation verticale des matériaux.

2° *Petite grue du viaduc de l'Indre.* — Ce monument a été élevé sans autre échafaudage que cette petite machine (fig. 20); elle était fixée sur les piles et se déplaçait avec la plus grande facilité à mesure que la maçonnerie

Fig. 20.

s'exhaussait. Des chevaux attelés sur la corde opéraient l'ascension des matériaux.

3° *Grues à volée variable.* — Cet appareil a été décrit à l'article TREUIL HYDRAULIQUE. Il est très-employé aux États-Unis.

4° *Grues à chariot.* — Telles sont celles du port d'Orsay, à Paris, les grues à diligence des chemins de fer, celles des carrières de Poulic-al-Lor, employées pour le chargement des blocs destinés à la construction du port de Brest, etc.

Grues roulantes à chariot. — La plupart des appareils qui viennent d'être décrits ont un inconvénient commun. Les matériaux sont élevés sur un point de la construction, et de là il faut les transporter au lieu d'emploi, en les faisant rouler sur les assises fraîchement posées, ce qui est pénible, cher et quelquefois dangereux. On a cherché des moyens d'atteindre mécaniquement tous les points d'un grand chantier (fig. 21).

Telles sont les machines à barder des ponts; la charge peut être animée d'un mouvement rectiligne dans trois sens différents et de directions perpendiculaires entre elles; par conséquent, on peut la transporter en un point quelconque du champ d'action de la machine. Celle-ci se compose d'un grand chariot mobile sur des rails posés sur le pont de service; ce chariot porte lui-même un chemin de fer sur lequel se meut, au moyen de roues, le treuil qui soulève les pierres et les descend à leur place. Cet appareil a été quelquefois employé dans l'architecture civile; mais la grande largeur et la hauteur des bâtiments sont en général des obstacles à son application.

La question a été résolue autrement; on a monté une véritable grue, composée d'un échafaudage atteignant au delà de la hauteur de l'édifice à construire, sur une plate-forme mobile elle-même sur un chemin de fer. A la partie supérieure se trouve un petit chariot qui peut être animé d'un mouvement transversal. Sur la plate-forme, une machine à vapeur commande à la fois le mouvement longitudinal de translation de la grue, l'ascension de la pierre, son mouvement transversal de transport à l'aplomb du mur à élever, et sa descente à pied-d'œuvre; cette machine sert en même temps de contre-poids à tout le système.

La grue roulante représentée figure 22 a été employée, par M. Cousté, à la construction de la nouvelle gare du chemin de fer d'Orléans, à Paris. Des appareils analogues ont servi à l'édification des nouvelles églises; on a même proposé, pour ce cas particulier, des grues à double volée, propres à construire à la fois les deux murs d'une nef, et dispensant de tout échafaudage permanent.

M. Castor a fait usage d'un procédé analogue pour la construction du viaduc de Foix, près de Rouen, dont la hauteur est de 38m,50; on a bâti un pont de service de 9 mètres de haut, sur lequel circulaient trois grandes grues à vapeur de 27 mètres de hauteur; chacune d'elles, dans un espace de 120 jours, a élevé 3000 mètres cubes de pierre à une hauteur moyenne de 10 mètres, et au prix moyen de 1f,68.

GRANDES MANŒUVRES. — Ce serait ici le lieu de décrire quelques-unes des grandes manœuvres exécutées pour le transport et l'érection de monuments célèbres. Un pareil dessein nous entraînerait fort au delà des

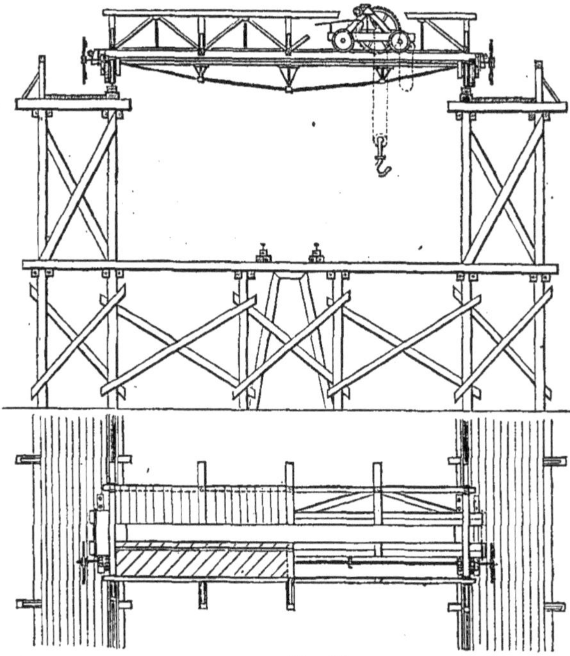

Fig. 21.

bornes de cet ouvrage; nous devons nous contenter d'indiquer à quelles sources on pourrait puiser pour trouver des exemples et les renseignements nécessaires.

Les monuments de l'Égypte, de la Grèce et de l'Italie témoignent que les anciens étaient arrivés à un degré d'habileté extraordinaire dans le maniement sûr et précis des grandes masses.

Les architraves de la salle hypostyle de Karnac, en Égypte, sont formées de pierres de 9m,20 de long, 1m,30 d'épaisseur, et 2m,60 au moins de largeur; ces mesures représentent un cube de 31 mètres et un poids de 65 ton-

ÉCHAFAUDAGE.

nes pour chacune de ces pierres. Elles sont placées sur des colonnes de 21m,11 de haut.

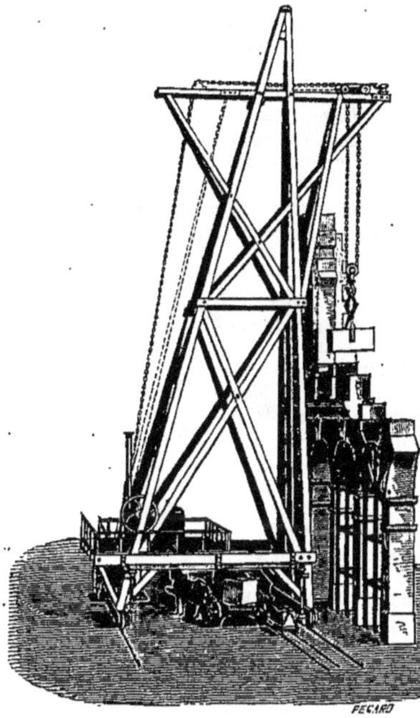

Fig. 22.

Suivant Hérodote, le temple monolithique de Saïs, dont le poids est évalué à 200 tonnes, aurait été transporté de l'île d'Éléphantine dans cette ville, à une distance de 20 journées de navigation, par 2000 hommes, employés continuellement à ce travail pendant trois ans.

Les obélisques donnaient certainement lieu aux manœuvres les plus hardies et les plus délicates. Nous savons très-peu de chose des procédés employés dans l'antiquité à cette occasion. Parmi les grandes opérations dont ils ont été l'objet à des époques plus rapprochées de nous, on cite l'érection de l'obélisque du Vatican, 1586; celle de Saint-Jean-de-Latran, vers la même époque, et due au même auteur, l'architecte Domenico Fontana : ce monument était renversé dans un marais, et brisé en trois morceaux; le plus grand pesait 274 tonnes; l'ensemble pesait 469 tonnes; celle de l'obélisque d'Arles, pesant 100 tonnes, en 1676; enfin celle de l'obélisque de Louqsor, à Paris, par M. Lebas, en 1833 : ce monolithe pèse 230 tonnes, et son volume est de 85 mètres cubes. Un ouvrage spécial a été publié sur cette opération.

Vitruve décrit plusieurs engins et manœuvres, employés de son temps pour le transport des grands fardeaux.

Claude Perrault, dans sa traduction de cet auteur, ajoute quelques explications qui lui sont personnelles, et entre autres celle des apparaux au moyen desquels il a transporté de Meudon à Paris et mis en place les pierres du fronton du Louvre; elles ont 16m,89 de long, 2m,60 de large, et 0m,49 d'épaisseur.

Le rocher qui forme le piédestal de la statue de Pierre le Grand, à Saint-Pétersbourg, pèse 1500 tonnes (13 mètres de long, 8 mètres de large, 7 mètres de haut). Nous renvoyons à l'ouvrage spécial publié à cette occasion.

Le colonel Émy cite dans son traité plusieurs édifices tout entiers déplacés avec beaucoup de hardiesse et de succès.

En 1705, à Rome, la colonne Antonine a été transportée toute entière.

Domenico Fontana transporta tout d'une pièce, à une distance de 18m,51, et à un niveau inférieur de 2m,27 la chapelle du Presepio, de la basilique de Sainte-Marie-Majeure; quoique construite en mauvais matériaux, et percée d'une porte et d'une fenêtre, cette construction arriva sans avarie à sa nouvelle destination.

En 1776, le clocher de Crescentino (Piémont), de 22m,50 de haut, a été déplacé de 3 mètres par le maître maçon Serra.

Il y a une trentaine d'années, le sieur Nicolle, maître charpentier à Courson, a exécuté un tour de force plus extraordinaire : il a déplacé, de 21m,20, le clocher de charpente de l'église de Saint-Julien de Maissac (Calvados). Ce clocher avait 24m,36 de hauteur, au-dessus des murs de l'église, élevés eux-mêmes de 8m,12 au-dessus du sol. L'opération a été payée 250 francs; elle a duré dix-huit heures, pendant lesquelles les cloches ne cessèrent pas de sonner.

Aux États-Unis, on a eu plusieurs fois à transporter des maisons entières; à l'Exposition universelle de 1867, on avait présenté le dessin d'une de ces opérations.

A Paris, nous avons vu transporter, à une distance de plusieurs mètres de son emplacement primitif, et à un niveau plus élevé de 6 mètres, la fontaine de la place du Châtelet.

De nos jours, des manœuvres extrêmement hardies et ingénieuses s'exécutent très-fréquemment pour l'établissement des grands ouvrages métalliques; l'on est arrivé à simplifier considérablement les échafaudages, et même dans certains cas à s'en dispenser tout à fait. Nous ne pouvons entrer ici dans les détails, mais nous devons au moins mentionner :

1° Les divers systèmes de levage des poutres droites des grands viaducs de chemin de fer (ponts de Menai, de Saltash, des chemins de fer russes, de Kehl, d'Argenteuil, etc.), et surtout les procédés si remarquables appliqués d'abord au viaduc de Fribourg, puis à ceux de la Cère et de Busseau d'Ahun, etc.;

2° Le montage de l'arc en fonte construit sur le Rummel, à Constantine, par M. George Martin, au moyen de chaînes-câbles;

3° Le montage d'arcs en tôle, sans cintres, du pont de Westminster, à Londres; celui du pont d'El-Cinca (Espagne, 70 mètres d'ouverture);

4° Le montage si simple des arcs articulés de plus de 40 mètres, construits par M. Darcel, sur le canal Saint-Denis et aux buttes Chaumont.

Les travaux des ports maritimes offrent encore de nombreux modèles de hardies manœuvres, exécutées par des moyens très-simples; la mise en place des grandes portes d'écluses, le transport et la pose des blocs artificiels, enfin le lançage et l'armement des navires en sont les principales occasions. Les chantiers de Cherbourg, de Marseille, d'Alger, de Livourne, etc., sont justement, et depuis longtemps, renommés par les exemples instructifs qu'ils fournissent aux constructeurs. Au nouveau port de Brest, on est arrivé à poser et à manœuvrer des blocs de 90 tonnes, qui forment les fondations des quais, avec tant de facilité, qu'on a pu reprendre et remanier les blocs de soubassements, qui avaient subi quelques tassements.

ÉCLAIRAGE. Nous allons passer en revue quelques inventions à signaler dans l'industrie de l'éclairage, indiquer quelques résultats dus à d'ingénieuses recherches.

Lampe Jobard. — La petite lampe, inventée par M. Jobard, est à noter, bien qu'elle n'ait pas eu de succès dans la pratique. Ce n'est guères qu'une veilleuse, mais la combustion s'y faisant dans de bonnes conditions, elle donne une quantité étonnante de lumière eu égard à sa dépense minime, à la faible consommation d'huile.

Elle confirme pratiquement le résultat auquel était arrivé M. Payen par des expériences faites sur le bec Chaussenot, dont nous parlerons plus loin; c'est que la plus grande intensité de lumière est produite par un excès d'air qui donne une flamme blanche, et que le maximum de lumière pour une même consommation est obtenu au moyen d'une moindre quantité d'air et aussi à l'aide de l'échauffement préalable de l'air, partie de la chaleur produite n'étant plus employée à chauffer l'air. Dans ces conditions, la flamme est longue, rouge jaunâtre, les molécules charbonneuses restent longtemps incandescentes.

Nous donnons le dessin de la petite lampe de M. Jobard (fig. 3518). On voit qu'elle est formée d'un verre à pied, dont le fond reçoit l'huile et la mèche qui fonctionne par sa seule capillarité. Il est recouvert d'une plaque de cuivre qui est percée à son centre pour laisser échapper les produits de la combustion, et près des bords de trous qui laissent descendre l'air froid, qui s'échauffe dans son parcours et vient brûler l'huile déposée dans la mèche. Cette combustion s'effectue avec la régularité la plus parfaite, sans la moindre oscillation de la lumière. Cette lampe ne brûle que 7 grammes d'huile, soit 1/2 centime par heure, et donne assez de clarté pour qu'on puisse écrire et travailler à sa lumière.

3518.

C'est évidemment par la régularité de l'alimentation avec l'air strictement nécessaire, que M. Jobard a obtenu ce curieux résultat, car il brûle l'huile dans l'air chauffé par son contact avec les parois du verre.

Bien que n'ayant pas très-bien réussi dans la pratique, succès qui répond à une foule de questions d'éclat, de facile nettoyage difficiles à prévoir, ce petit appareil est fort curieux. Les résultats qu'il donne au point de vue, notamment de sa faible consommation, sont très-intéressants. Il peut être comparé au caléfacteur-Lemare, qui donne de même, au point de vue du bon emploi de la chaleur, d'intéressants résultats, limités malheureusement à des appareils de petites dimensions.

Emploi des hydrocarbures. — *Lampe Donny.* — M. Donny, savant belge fort distingué, a combiné très-heureusement une lampe très-convenable pour les éclairages en plein air, à l'aide des résidus que fournit la distillation de la houille et des schistes. Elle commence à se répandre et excite l'admiration partout où on en fait l'application. Elle a été fort appréciée à la Société d'encouragement. Nous donnons ici le rapport qui a été fait par M. Masson sur cette invention.

« La production, toujours croissante, du gaz d'éclairage est accompagnée d'une si grande quantité de goudron, qu'on a essayé, il y a quelques années, de le brûler sous les cornues; ce mode de combustion, incomplet et défectueux, et, par suite, incommode, n'était, pour ainsi dire, qu'un moyen de disséminer, dans l'atmosphère et par les cheminées, des substances dont l'encombrement était fort gênant. Les résidus de l'épuration du gaz et les eaux ammoniacales ne trouvaient aucun placement.

« Dans cet état de choses, des industriels intelligents, éclairés par la science, pressés par l'intérêt et souvent par la nécessité de se débarrasser de substances nuisibles, ont augmenté la fortune publique en transformant en produits utiles des matières perdues, quelquefois dangereuses.

« Les goudrons nous donnent des huiles essentielles, d'où l'on tire la benzine, des essences pour la parfumerie et des matières tinctoriales (l'acide picrique). L'industrie du caoutchouc prend dans les usines à gaz son principal agent, son liquide dissolvant la gomme élastique. Enfin le goudron sec ou brai trouve son emploi dans les agglomérés de houille, dans le charbon de Paris et l'asphalte. Toutefois, parmi tous les produits que l'on extrait du goudron de houille, il en est un qui n'a pas encore trouvé sa place; on le désigne sous le nom d'huile lourde, à cause de sa densité et de sa faible volatilité.

« Les huiles lourdes se présentent encore, et abondamment, dans la distillation des schistes bitumineux et de certains lignites.

« Le succès, justement mérité de l'huile de schiste dans l'éclairage, nécessitant, chaque jour, la création de nouvelles usines, la production d'huile lourde ira nécessairement en augmentant jusqu'à devenir un obstacle au développement de nos établissements d'éclairage. Une seule usine va bientôt distiller 24 à 25 tonnes, par jour, d'un schiste anglais, nommé *boghead*, donnant au moins 40 à 45 pour 100 d'huile brute qui, par un traitement convenable, fournit abondamment une huile volatile, qui brûle parfaitement, comme l'alcool, dans des lampes sans niveau, sans odeur ni fumée, et donnant une lumière blanche et éclatante d'un grand pouvoir éclairant. Parmi les produits de la distillation du boghead nous trouvons : 1° un gaz très-pur et bien supérieur au gaz de la houille (la perte presque totale de ce gaz très-abondant fait vivement regretter que les distilleries de schistes ne soient pas assimilées aux usines à gaz et placées près des villes qu'elles pourraient éclairer avec les gaz perdus); enfin l'huile lourde, qui vient encore diminuer les rendements des schistes en produits utiles.

Les huiles lourdes sont ainsi produites dans une foule de circonstances, leur quantité augmente jusqu'à devenir désolante; car, récemment, un fabricant belge a été obligé de payer des dommages et intérêts pour infiltration d'une huile qu'il avait enfouie dans le sol. La compagnie parisienne en possède actuellement 200,000 kilog.; à Londres, un seul fabricant peut en fournir 18,000 litres par semaine, à raison de 0 fr. 11 c. le litre.

« Il fallait de toute nécessité trouver un emploi à ces liquides. Employées quelquefois, comme les huiles de résine, dans le graissage des machines, les huiles lourdes n'ont eu qu'un usage très-restreint; produits d'une température élevée, elles sont fixes, très-difficilement inflammables, et ne peuvent servir dans les lampes à niveau.

« Les savants et les industriels ne pouvaient rester impassibles en présence des difficultés suscitées par l'abondance toujours croissante de ces huiles, et, dans différents pays, on a fait de nombreux et vains efforts pour les employer dans le chauffage ou l'éclairage.

« Pénétré de l'importance qu'aurait pour l'industrie la solution d'un problème regardé par tous comme très-difficile, M. Donny l'a étudié pendant plusieurs années, et nous pensons qu'il l'a heureusement résolu.

« Les huiles lourdes sont si peu volatiles qu'on ne peut, sans les avoir préalablement chauffées, les allumer par un corps enflammé. Comme tous les hydrocarbures d'un ordre élevé en carbone et en hydrogène, elles exigent pour brûler une très-grande quantité d'oxygène. Si ce gaz est insuffisant pour brûler tout le carbone et l'hydrogène, il agit d'abord sur l'hydrogène, et le charbon se dépose.

« Si la présence de ce dernier corps dans la flamme est d'abord nécessaire pour produire, par son ignition, l'intensité de la lumière, il doit disparaître ensuite et brûler entièrement. Une trop grande abondance de charbon, relativement à l'oxygène employé, occasionne le refroidissement de la flamme, qui devient rougeâtre, et laisse dégager sous forme de fumée une grande quantité de ce charbon.

« Pour brûler les huiles lourdes sans fumée, il fallait trouver un moyen simple de les réduire en vapeur et de leur fournir la quantité d'oxygène nécessaire à la combustion de tous leurs éléments. M. Donny atteint ce double but (fig. 3519 et 3520) de la manière suivante :

« La vaporisation de l'huile et sa combustion s'opèrent dans un vase métallique à fond plat et de forme cir-

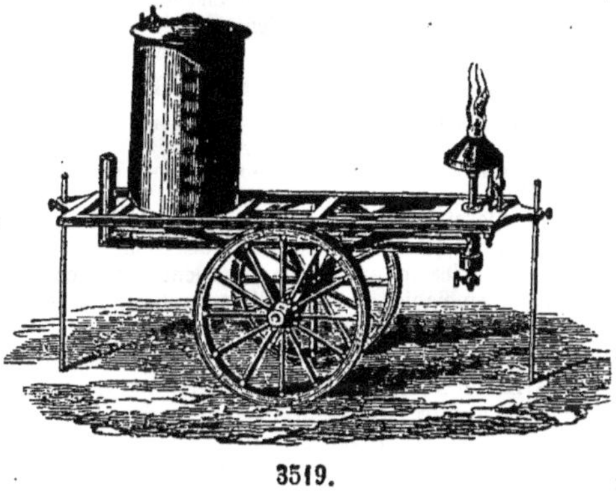

3519.

culaire. Un vase de Mariotte, d'une construction nouvelle, fournit constamment l'huile au foyer et maintient un niveau constant. Le fond du vase à combustion porte à son centre un tube par lequel arrive de l'air comprimé dans un gazomètre ou dans un soufflet.

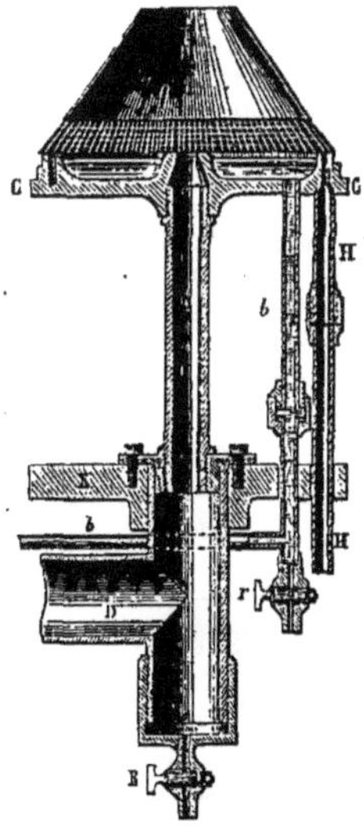

3520.

« L'emploi d'un courant d'air forcé pour brûler des liquides de mauvaise qualité n'est pas nouveau, mais on ne pouvait en faire une meilleure application. L'appareil de M. Donny n'a aucune mèche; pour enflammer l'huile lourde, on verse sur sa surface un liquide volatil et combustible.

« Le succès n'a pas justifié d'abord les espérances que M. Donny avait fondées sur la théorie et des principes excellents, et il s'est trouvé en face de grandes difficultés qu'il a vaincues avec un rare bonheur.

« Après avoir perdu toute sa partie volatile, le goudron s'élève, par une espèce de capillarité, sur les parois du réservoir, se déverse à l'extérieur et produit en se décomposant, non-seulement une vapeur qui brûle avec une épaisse fumée, mais encore un dépôt de charbon qui va toujours en augmentant jusqu'au point de rendre impossible l'emploi de la lampe.

« Pour remédier à ce grave inconvénient, on a ménagé autour du vase à combustion un canal concentrique, et dans lequel le goudron vient se déverser, pour tomber ensuite au dehors par un tube fixé à la partie inférieure de la rigole. On évite ensuite l'inflammation du goudron par une toile métallique fixée sur le bord extérieur de la lampe et formant toiture sur le canal circulaire. Un cône placé sur le foyer limite la flamme et complète l'appareil.

« Avec ces dispositions, M. Donny brûle complétement et sans fumée toute espèce d'huiles lourdes, même les plus mauvaises, sans les avoir soumises à aucune épuration.

« L'appareil sur lequel nous avons appelé l'attention de la Société n'est pas destiné au chauffage et à l'éclairage des appartements; il ne fera aucune concurrence aux procédés connus, il a ses fonctions spéciales. Par ses proportions, qui n'ont pas de limites, il peut servir dans l'éclairage des places publiques, des gares de chemins de fer, des ports, etc. Il peut dans beaucoup de cas être utilisé dans le chauffage, et la chaleur qu'il dégage fournira la force motrice nécessaire au mouvement de l'air qui doit l'alimenter.

« Nous avons assisté aux expériences de M. Donny, et nous avons constaté les résultats suivants : une petite lampe a fourni une belle flamme très-blanche et sans aucune odeur ou fumée. Le diamètre de cette flamme était de 1 centimètre, sa hauteur mesurait 1 décimètre et l'intensité de sa lumière équivalait environ à dix bougies.

« Nous avons ensuite opéré avec un grand modèle. La lumière valait environ quatre cents bougies; à 30 mètres du foyer on pouvait facilement lire un journal. La flamme, très-blanche et sans fumée, avait 50 centimètres de hauteur sur 10 centimètres de diamètre. La petite lampe brûlant environ 7 centilitres de liquide par heure, et la grande lampe dépensant 3 litres dans le même temps, nous pouvons apprécier le prix du nouvel éclairage.

« Évaluant à 11 centimes le litre d'huile lourde, le prix d'une lumière équivalant à une bougie est, par heure, de 0 f. 00077 dans la petite lampe, et 0 f. 0008 dans la grande.

« Ainsi, une bougie brûlant pendant une heure ne coûte pas la millième partie de 1 franc. Cet éclairage est donc cinq fois moins cher que l'éclairage au gaz, qui fournit la lumière d'une bougie pour 0 fr, 0043.

« La lampe de M. Donny, qui peut, à l'aide d'une disposition convenable, être facilement et promptement transportée d'un point à un autre, éclairera de vastes ateliers ou les grands travaux qui réclament la lumière électrique. »

ÉCLAIRAGE AU GAZ. Le prix de revient du gaz d'éclairage est une question fort intéressante sur laquelle d'excellents travaux ont été faits au sujet du renouvellement du traité entre la ville de Paris et les compagnies du gaz.

Nous allons donner le résumé des expériences faites sous la direction de M. Regnault à ce sujet, et d'abord nous donnerons le prix de revient du gaz à Paris tel qu'il était établi dans les mémoires présentés par les anciennes compagnies dont l'intérêt les portait nécessairement à quelque exagération.

1° Dépense nette, occasionnée par la houille distillée et déduction faite de la vente du coke, du goudron et des eaux ammoniacales.	0f,1054
2° Frais de fabrication, épuration, entretien des fourneaux et conduites	0f,0644
3° Frais de distribution et impôts sur les conduites.	0,0178
4° Frais généraux d'administration. . . .	0f,0229
5° Octroi établi sur le gaz entrant dans Paris.	0f,0200
Prix de revient de 1 mètre cube de gaz livré au bec.	0f,2305

De ces éléments du prix de revient, le premier et le plus important est le seul qui puisse être déterminé pour des expériences directes. Tel a été le but des expériences de M. Regnault effectuées à Sèvres, à l'aide d'une petite usine à gaz établie à l'extrémité du parc de Saint-Cloud.

Nous empruntons ce qui suit à son rapport :

« Six opérations ont été faites avec des houilles de différentes provenances, et voici les quantités qui ont été distillées dans chacune d'elles :

	Poids de l'hectol. ras.	Quantité employée.
1° Houille d'Anzin (tout-venant) semblable à celle qui est prise par les usines de Paris	87k. 94	20,500k.
2° Houille de Mons (tout-venant)	84 40	8,500
3° Idem (idem) mauvaise qualité, presque toute menue	90 00	7,500
4° Houille de Mons un peu moins menue que la précédente . . .	85 475	13,000
5° Houille de Mons (tout-venant) aspect des houilles à gaz. . . .	89 00	5,000
6° Houille du grand Hornu (Mons), belle d'aspect, renfermant plus de gros que les précédentes . .	79 175	20,000

Le tableau suivant réunit les résultats pratiques de ces six opérations, ramenées à une même consommation de 100 kilog. de charbon distillé, et donne en même temps des moyennes qu'on est en droit de considérer comme se rapportant à un roulement ordinaire d'usine.

NUMÉROS des opérations.	PROVENANCES.	CONSOMMATIONS. HOUILLE distillée.	COKE brûlé.	PRODUITS. COKE (tout-venant) à vendre.	GOUDRON.	EAUX ammoniacales.	GAZ.
		kil.	kil.	kil.	kil.	kil.	mèt. cub.
1	Anzin. .	100	21,60	52,80	6,35	6,30	23,90
2	Mons . .	100	20,82	57,78	6,37	6,96	24,10
3	Id. . . .	100	19,56	52,85	7,34	7,97	21,00
4	Id. . . .	100	20,73	54,15	5,67	8,24	21,33
5	Id. . . .	100	20,52	56,42	7,74	7,03	24,16
6	Grand-Hornu. .	100	19,36	56,15	6,93	7,67	23,15
	Moyennes. .	100	20,43	55,02	6,73	7,31	22,04

On a consommé en moyenne, pour l'épuration du gaz, 1k,58 de chaux.

Voici maintenant les produits en matières, donnés par la première opération, comparés avec ceux des usines de Paris ; la comparaison est faite sur 100 kilog. de houille distillée :

	Usines de Paris.		Usine expérimentale.
Gaz	23 m. c. 05	—	23 m. c. 94
Coke brûlé . .	24 kil. 79	—	21 kil. 60
Coke à vendre.	40 41	—	52 80

Les quantités de gaz produit diffèrent peu, comme on le voit, par le rapprochement de ces chiffres. A l'usine expérimentale, la dépense de coke brûlé exclusivement pour le chauffage des cornues est inférieure à celle des usines de Paris qui emploient en outre une certaine quantité de goudron.

Enfin il y a une grande différence entre les quantités de coke à vendre ; cette différence tient en grande partie à ce que le chiffre des usines de Paris représente du coke trié et non du coke tout-venant. Les compagnies gazières ont l'habitude de porter un déchet de 15 pour 100 sur la valeur en argent de tous les produits accessoires de la fabrication, et ce déchet ne peut s'appliquer qu'au triage du coke.

Les quantités de goudron et d'eaux ammoniacales n'ont pu être comparées.

Les données qui précèdent permettent de calculer le prix de revient du mètre cube de gaz au gazomètre.

Si on désigne, en effet, par A le prix du kilog. de la houille au pied de la cornue,

par B le prix du kilogr. de coke (tout-venant) à la vente dans l'usine,

par C le prix du goudron,

par D le prix des eaux ammoniacales,

on aura pour le prix de revient, par le fait seul du charbon, de 22mc,94 de gaz au gazomètre,

$$A. 100 - B. 55,02 - C. 6,73 - D. 7,31,$$

et le prix du mètre cube de gaz au gazomètre sera :

$$\frac{1}{22,94}(A. 100 - B. 55,02 - C. 6,73 - D. 7,31).$$

Cette formule s'appliquera à toutes les usines qui fabriqueront le gaz à la cornue, dans des conditions analogues à celles des opérations précédentes et avec des houilles semblables ; il suffira d'y substituer, à la place des coefficients A, B, C, D, les valeurs des prix qu'ils représentent dans la localité et au moment donné.

ESTIMATION DE LA VALEUR VÉNALE DES HOUILLES ET DES PRODUITS ACCESSOIRES FABRIQUÉS. — La valeur de la houille et celle des produits accessoires de la fabrication du gaz sont très-variables suivant les localités, et pour la même localité elles varient suivant les époques. La commission a cherché à connaître ces diverses valeurs dans le mois de janvier 1855, pour une usine placée hors de Paris et située dans le voisinage soit d'un port de déchargement, soit du débarcadère du chemin de fer du Nord, par lequel arrivent principalement les charbons à gaz.

« *Prix de revient de la houille.* — D'après les renseignements pris sur les lieux mêmes d'extraction par M. Boudousquié, ingénieur en chef des mines à Valenciennes, auquel la commission a cru devoir s'adresser en toute confiance, le prix de revient de la tonne de houille au pied de la cornue peut être établi comme suit pour les charbons belges et français qu'emploient ordinairement les usines à gaz de Paris :

PROVENANCES.	POIDS de l'hectol.	PRIX sur la mine.	DROIT de douane.	FRET par bateau.	DÉCHARGEMENT.	TRANSPORT A L'USINE.	PRIX de la tonne de houille.
Mons . .	90 k.	13 f. 89	1 f. 65	8 f. 83	1 f.	1 f.	26 f. 43
Anzin. .	90	13 ,61	»	7 ,78	1	1	23 ,39
Denain .	86	14 ,83	»	6 ,70	1	1	23 ,53
Douchy.	90	13 ,89	»	6 ,60	1	1	22 ,49
Prix moyen.							23 f. 96

« L'usine, qui serait placée auprès du chemin de fer, pourrait facilement faire arriver ses wagons jusque dans ses magasins ; elle éviterait ainsi les frais de transbordement. En déduisant ce transbordement et en tenant compte des diverses bonifications accordées par la compagnie du chemin de fer du Nord, on aurait pour le prix de revient des 1,000 kilog. au pied de la cornue :

Houille d'Anzin.	22 f. 93
— de Denain	23 ,58
— belge.	24 ,65

« Il est bon d'ajouter ici que tous les charbons distillés, dans les opérations auxquelles s'est livrée la commission dans l'usine expérimentale, ont été achetés, rendus à la porte de Paris, à 23 fr. la tonne, avec un droit de commission de 6 pour 100.

« *Prix du coke.* — En établissant le compte-matières de l'usine expérimentale, on a compté comme *coke à vendre* le coke tout-venant tel qu'il sort des cornues, déduction faite de celui qui sert au chauffage; il faut établir la valeur vénale de ce coke.

« Dans les usines à gaz, la vente du coke se fait en l'enlevant sur une pelle à grille dont l'écartement des barreaux est moyennement de $0^m,025$, et chargeant immédiatement ce coke dans les mesures. Le poussier et une partie des fragments les plus petits tombent à travers la grille et restent sur le sol. Le menu, qui s'accumule ainsi, est soumis à un criblage qui le divise en escarbilles et en poussier. Dans quelques usines, on vend le poussier et l'escarbille ensemble; dans d'autres, on les vend séparément.

« Le coke se vend à la voie, qui est de 15 hectolitres, et pèse 615 kilogr.

« Le prix du transport de la voie, de l'usine à domicile, est de 2 fr., auxquels il faut ajouter le droit d'entrée qui est de 4 fr. 40 c.

« Les expériences de la commission ont permis d'établir que le menu (escarbille et poussier) était dans la proportion de $\frac{1}{20}$ du gros coke et produisait une perte de 4 pour 100 environ à la vente du tout-venant.

« Cela posé, il a été facile, en ayant égard aux considérations précédentes, d'établir, pour chaque usine de Paris, le prix du coke tout-venant vendu au pied de la cornue. Pour cela, on a acheté du coke dans chaque usine, et, en retranchant des prix portés sur les factures le transport à domicile, le droit d'octroi et la perte de 4 pour 100 comptée sur le menu, on est arrivé aux chiffres suivants :

	Prix de la tonne au pied de la cornue.
Compagnie parisienne, barrière d'Italie (extra muros)	32f.15
Compagnie anglaise, barrière de Courcelles	36 ,84
Compagnie anglaise, avenue Trudaine	33 ,72
Compagnie française, à Vaugirard	33 ,72
Compagnie de l'Ouest, à Passy	34 ,68
Compagnie Lacarrière, rue de la Tour	39 ,96

« La commission a vendu à des marchands de charbon, à raison de 23 fr. la voie, le coke tout-venant fabriqué à l'usine expérimentale de Sèvres. Ce coke pesant en moyenne $42^k,50$ l'hectolitre, il s'ensuit que la voie est de $637^k,50$, ce qui porte le prix de la tonne à 36 fr. 10 c.

« On verra plus loin, dans les calculs du prix de revient du gaz, qu'on a adopté, pour le coke tout-venant, le prix de 30 fr. la tonne ou de 19 fr. la voie, qui est notablement inférieur à celui des usines de Paris.

« *Prix du goudron et des eaux ammoniacales. — Goudron.* — D'après les renseignements recueillis, le prix moyen des goudrons vendus n'est pas au-dessous de 5 fr. les 100 kilog. Celui de l'usine de Sèvres a été vendu en partie à 6 et 7 f.; la commission a cru devoir adopter le prix de 5 fr.

« *Eaux ammoniacales.* — On admet généralement que le prix des eaux ammoniacales paye l'épuration du gaz. Les compagnies d'éclairage ayant l'habitude de compter à part les frais d'épuration, la commission, en établissant le compte de revient du gaz par le seul fait de la houille, a été obligée de négliger les frais d'épuration et de porter en avoir le produit de la vente des eaux, qu'on estime à 0 f. 50 l'hectolitre, soit environ 5 fr. les 1,000 kilogr.

« Conclusions. — D'après les prix qui viennent d'être établis pour la houille, rendue dans une usine extra muros convenablement située, pour le coke tout-venant, pour le goudron et les eaux ammoniacales, il a été facile, à l'aide de la formule pratique établie plus haut, de calculer le prix de revient du mètre cube de gaz de l'usine de Sèvres; voici le chiffre qu'on a trouvé :

Dépenses.	100 kil. de houille, à 24 fr. la tonne		2f.40
Produits.	55 kil. coke tout-venant, à 30 fr. la tonne	1f.650	2f.022
	6,73 goudron, à 5 f. les 100 kil.	0 ,336	
	7,31 eaux ammoniacales, à 5 f. les 1,000 kil.	0 ,036	
Les 22 m. c. 94 de gaz au gazomètre ont donc coûté			0f.378

« Ce qui met le prix du mètre cube à 0f. 0165.

« Si l'on supposait que le prix de la tonne de houille rendue à l'usine fût de 25 fr. au lieu de 24, on aurait, pour le prix du mètre cube de gaz, 0f. 0208.

« En prenant la moyenne des six opérations qu'elle a faites, la commission fait remarquer qu'elle arrive à un rendement de gaz inférieur à celui des usines de Paris; cela tient à ce que deux de ces opérations ont été faites, à dessein, dans de mauvaises conditions, c'est-à-dire avec des houilles qui, sans aucun doute, eussent été rejetées par les compagnies à gaz. De plus, il est important de constater que, pour les produits accessoires, il a été constamment admis des prix inférieurs à ceux qui existent aujourd'hui. Il y a donc lieu de penser que le prix de revient auquel on a été conduit, pour le mètre cube de gaz, est plutôt trop élevé que trop faible.

« Cependant on peut arguer que le déchet subi par le coke tout-venant, dans un roulement d'usine, est plus considérable que celui qu'on a supposé. On a admis, dans le calcul précédent du prix de revient du gaz, que le prix du coke tout-venant était de 19 fr. la voie de 15 hectolitres, ou 30 fr. la tonne; or on peut voir qu'en prenant le prix extrêmement bas de 12 fr. la voie ou 18 fr. 82 c. la tonne, on arrive pour le mètre cube de gaz au prix de 0f.0439. Enfin, si les produits accessoires de la fabrication, coke, goudron et eaux ammoniacales, n'avaient aucune valeur, le mètre cube de gaz ne reviendrait encore qu'à 0f.104.

« Mais on peut se demander aussi à quel prix le coke tout-venant doit se vendre, pour que, les autres matières conservant la valeur spécifiée plus haut, le gaz ne coûte rien *par le fait de la houille;* on trouvera que c'est 36 fr. 87 c. la tonne, ou 23 fr. 50 net la voie de 15 hectolitres. Ce prix ne dépasse pas beaucoup ceux que l'on demande aujourd'hui, dans les usines, pour le coke enlevé à la pelle à la grille.

« En résumé, la commission croit pouvoir conclure, avec confiance, des longues expériences auxquelles elle s'est livrée et dans lesquelles elle s'est attachée à se rapprocher le plus possible des conditions de roulement d'une grande usine, que *le mètre cube de gaz, au gazomètre, peut être obtenu, dans une usine bien dirigée et convenablement située auprès et hors des murs de Paris, à un prix qui ne dépasse pas 2 centimes dans les conditions actuelles de valeur des matières premières et des produits accessoires de la fabrication.* Il est bien entendu qu'il ne s'agit ici que du prix de revient *par le fait seul de la houille,* c'est-à-dire en faisant abstraction de tous frais de fabrication, d'administration, d'entretien de conduites, de capitaux engagés dans l'opération, etc.

« Le prix du mètre cube de gaz rendu au bec ne dépassera pas 2 centimes 1/2, en admettant même le déchet de 25 pour 100 dans les tuyaux de conduite annoncé par les compagnies et qui a été souvent contesté. D'ailleurs, si la perte par les tuyaux est un élément considérable dans le débat quand le prix de revient du gaz est porté à 8 centimes au gazomètre, il est clair que son importance devient bien minime lorsque ce prix de revient descend au-dessous de 2 centimes.

« CONSIDÉRATIONS SUR LA PRODUCTION DU COKE DANS LES USINES A GAZ DE PARIS. — En présence de la consommation toujours croissante du coke adopté non-seulement par les usines, surtout par les petites industries de la ville, mais encore par le chauffage domestique, la commission s'est attachée à démontrer, dans la dernière partie de son rapport, que, lors même que le coke des fours, fabriqué sur les lieux d'extraction de la houille, viendrait faire sur les marchés de Paris une concurrence sérieuse au coke des usines à gaz, on aurait tort de craindre que les prix actuels ne vinssent à baisser au-dessous de ceux qui ont été admis précédemment.

« En examinant, en effet, la situation du fabricant de gaz et celle du fabricant de coke, on voit que, pour une même quantité de houille soumise à la distillation, le fabricant de gaz obtiendra *sans frais de fabrication* une certaine quantité de coke et de goudron ; il fait payer à la vente du gaz produit ses frais de toute nature et son bénéfice.

« Le fabricant de coke peut obtenir d'une même quantité de houille une plus grande quantité de coke que le fabricant de gaz; mais l'excédant ne peut dépasser, dans aucun cas, la quantité de coke que le fabricant de gaz brûle sous ses cornues; car, pour que cette limite soit atteinte, il faut que le fabricant de coke, dans les fours, n'emploie absolument pour son chauffage que les gaz et les matières volatiles qui sont produits par la distillation de la houille. Or, d'après les expériences de la commission, si 100 kilog. de houille donnent dans la fabrication du gaz 55 kilog. de coke à vendre, il ne pourrait pas en donner plus de 75 dans les fours, car, dans ce dernier cas, il n'y aurait pas eu de charbon brûlé pour opérer la carbonisation.

« La concurrence avec le coke des fours empêchera donc seulement le coke des usines à gaz de dépasser une certaine limite; mais cette limite sera toujours très-supérieure au prix établi pour le coke tout-venant, à moins que le prix de la houille ne baisse considérablement. En tout cas, cette baisse serait encore plus à l'avantage du fabricant de gaz, parce qu'il consomme une plus grande quantité de houille pour produire une quantité égale de coke à vendre.

« D'ailleurs, il est possible de fabriquer le gaz d'éclairage de manière que le coke obtenu présente des qualités analogues à celles du coke des fours. On y parvient en choisissant convenablement les houilles, les réduisant en poudre et les distillant en masses considérables dans des fours qui permettent de recueillir le gaz produit. La calcination se faisant alors plus lentement, le coke se boursoufle moins, surtout sous la pression que lui opposent les couches supérieures. Il paraît que certaines usines à gaz de Paris, notamment la Parisienne, fabriquent ainsi avec avantage des cokes supérieurs qu'elles vendent aux chemins de fer à un prix beaucoup plus élevé que le coke ordinaire des cornues. Elles emploient pour cette fabrication les gaillettes qu'elles retirent de la houille tout-venant, et elles ne distillent dans les cornues que le menu qui en provient.

« Mais on peut parvenir au même résultat avec le four ordinaire des cornues, en distillant dans une partie des cornues des houilles fortes, telles que celles qui donnent le coke des hauts-fourneaux, et, dans les autres, une houille très-grasse ou un bitume qui fournit à la distillation beaucoup d'huile volatile, par suite un gaz très-éclairant, et en mélangeant les gaz immédiatement au sortir des cornues et dans un espace dont la température est suffisamment élevée. Deux opérations nouvelles (7e et 8e) ont été faites à ce sujet par la commission; elles démontrent que ce procédé peut être employé avec avantage.

« La 7e a été faite sur une houille tout-venant de Bois-du-Luc, dont l'hectolitre pèse 89k,86. Cette houille doit être classée parmi les houilles fortes et dures, qui donnent de bon coke pour les hauts-fourneaux, mais qui produisent un gaz pauvre en carbone et impropre à l'éclairage, car, au photomètre, son pouvoir éclairant a été trouvé seulement le tiers de celui de l'usine de Boulogne.

« La 8e opération a été faite en chargeant quatre des cornues avec 100 kilog. de houille de Bois-du-Luc, et la 5e avec 50 kilog. de *boghead cannel-coal;* ce bitume avait été acheté à Paris à raison de 75 fr. la tonne, prix qui serait probablement beaucoup moindre si on le faisait venir d'Écosse directement et en grandes quantités. On avait eu le soin préalablement de faire sortir du gazomètre tout le gaz obtenu dans l'opération précédente.

« Le gaz obtenu dans cette opération, où l'on a passé sept charges successives dans les cornues, était de très-bonne qualité. Les comparaisons photométriques ont montré qu'il suffisait de 80 litres de ce gaz pour donner autant de lumière que 42 grammes d'huile brûlée dans la lampe Carcel type. D'ailleurs le gaz n'a pas plus perdu de son pouvoir éclairant que le gaz ordinaire de la houille, soit par son passage dans de longs tuyaux, soit par un séjour prolongé dans le gazomètre ; car, après vingt-quatre heures, on lui a trouvé à très-peu près le même pouvoir éclairant.

« Le coke était très-beau, très-dense, et il a donné peu de menu au criblage. Le poids de l'hectolitre comble tout-venant est de 52k,5. L'essai de ce coke a été fait sur des locomotives du chemin de fer de Strasbourg. Suivant M. Sauvage, ingénieur en chef des mines, il a donné beaucoup de vapeur, mais a brûlé beaucoup trop vite, inconvénient qui disparaît facilement en introduisant des modifications dans la grille et dans le tirage par l'échappement.

NUMÉROS des opérations.	PROVENANCES.	CONSOMMATIONS.			PRODUITS.			
		COMBUSTIBLE distillé.		COKE brûlé.	COKE tout-venant à vendre.	GOUDRON.	EAUX ammoniac.	GAZ.
			kil.	kil.	kil.	kil.	kil.	mèt. cub.
7	Bois-du-Luc		100	23,90	65,40	2,20	»	23,43
8	Bois-du-Luc	88,89	100	29,58	54,33	3,31	4,67	25,74
	Cannel-coal	11,11						

« En supposant la tonne de houille à 25 fr., le prix du coke (qualité supérieure) à 38 fr., le boghead cannel-coal à 75 fr., le goudron et les eaux ammoniacales ne changeant pas, on a trouvé que le prix du mètre cube de ce gaz était 0 f. 032. Du reste, on peut s'en assurer en faisant le calcul à l'aide des chiffres consignés dans le tableau suivant, qui donne le résumé des deux dernières opérations comparées aux six premières qui ont été faites.

« On remarquera que les eaux ammonicales n'ont pas été portées dans la 7e opération; cela tient à ce que la quantité n'en a pas été connue exactement, par suite d'infiltrations accidentelles dans la citerne.

« Le gaz reviendrait à un prix plus bas, si l'on remplaçait le boghead par un schiste bitumineux analogue, ou par des produits accessoires d'autres fabrications, dont la valeur serait moindre que celle que la commission a attribuée au boghead d'Écosse. »

Becs pour la combustion du gaz. — La bonne disposition des becs qui servent à la combustion du gaz est d'une grande importance. En produisant le maximum de lumière pour une même consommation de gaz, ils peuvent être la source d'importantes économies. Ce résultat sera surtout obtenu par les becs donnant une flamme très-régulière, pas trop allongée, afin d'agir comme un point lumineux, en permettant au besoin l'action d'un réflecteur.

Bec Chaussenot. — Nous donnerons d'abord le bec Chaussenot, inventé depuis plusieurs années, et nous emprunterons au *Traité de l'éclairage au gaz* de M. Pelouze une étude intéressante faite sur ce bec :

« La Société d'encouragement avait offert un prix de deux mille francs pour les moyens les plus efficaces d'augmenter le pouvoir illuminant des flammes produites par la combustion des gaz d'éclairage. Ce prix a été adjugé en 1836 à M. Chaussenot. Et cependant, malgré l'immense avantage signalé en faveur de son appareil par les rapporteurs du concours, jusqu'ici la découverte qu'ils ont fait couronner n'a donné, que nous sachions, aucun résultat pratique, quoique l'exécution de l'appareil soit facile et présente beaucoup de simplicité. Faut-il attribuer cette stérilité à l'apathie du public qui repousse si souvent, pendant un temps plus ou moins long, les découvertes les plus utiles, ou bien y aurait-il eu quelque méprise ou du moins quelque exagération dans le rapport si favorable qui a été fait à la Société d'encouragement? C'est ce que nous ne sommes pas à même de décider.

« Le programme de la Société, au surplus, rappelait dans son ensemble des principes assez certains et que nous croyons devoir reproduire ici :

« 1° Que la quantité de lumière est proportionnée à la température plus ou moins élevée des particules charbonneuses et au nombre d'entre elles existant à la fois à l'état d'incandescence depuis le moment de leur précipitation jusqu'à leur transformation en un gaz invisible ;

« 2° Que les courants d'air rapides, qui rendent les flammes plus brillantes, plus blanches et moins volumineuses, diminuent la quantité totale de la lumière émise par un bec ;

« 3° Que les courants, quand ils sont trop faibles, en donnant à la flamme moins d'éclat, une coloration plus rouge, un volume plus grand, à cause d'une combustion moins rapide, faisaient diminuer l'intensité lumineuse d'une égale section de la flamme, tout en accroissant en somme la quantité de lumière produite ;

« 4° Enfin, que le maximum d'intensité lumineuse totale avait lieu au moment où des particules solides charbonneuses étaient tout près d'échapper à la combustion, tant la proportion d'air ambiant s'approchait de la limite strictement utile. On conçoit d'ailleurs la nécessité où l'on est toujours de s'écarter d'une telle limite, dans la crainte de la dépasser et d'occasionner une déperdition de gaz et une production de fumée.

« Mais était-il impossible, se demandait la Société, de réunir les deux conditions d'une température plus élevée dans les particules charbonneuses et d'un assez grand volume de la flamme?

« Les ingénieuses dispositions imaginées par M. Chaussenot, déclarent les rapporteurs, ont produit ce résultat remarquable : quelques mots suffiront pour le prouver. L'appareil de M. Chaussenot se compose d'une double enveloppe de verre, disposée de telle sorte que l'air extérieur s'échauffe beaucoup avant d'arriver à la flamme dont il doit entretenir la combustion. Cette circonstance permet à la fois de mieux utiliser l'oxygène de l'air, d'employer moins d'excès de ce dernier pour obtenir la précipitation du carbone et sa combustion; enfin, par cette raison même et par l'élévation de la température de l'air, de moins refroidir le gaz qui brûle, et par conséquent de lui conserver davantage de pouvoir illuminant.

« Les commissaires de la Société d'encouragement annoncent qu'avec l'appareil de M. Chaussenot, ils ont varié et répété les expériences, et toujours avec un égal succès; enfin, ils concluent, ce qui semble un résultat bien élevé, que l'augmentation totale de lumière, des quantités égales de gaz étant brûlées, est sensiblement de 0,33, si on la compare à celle produite dans les becs ordinaires. Les commissaires font d'ailleurs remarquer que le moindre afflux d'air dans le bec Chaussenot doit nécessairement donner une plus grande stabilité à la flamme, l'empêcher d'être vacillante, la rendre moins fatigante pour les yeux, moins influencée par les courants inconstants de l'air extérieur; ils affirment que ce dernier fait a été dûment constaté; en exposant sous la galerie des Proues, au Palais-Royal, où il règne constamment des courants très-forts et très-variables, l'un des becs en expérience, on a obtenu le résultat le plus décisif et le plus satisfaisant. »

C'est, nous pensons, le défaut de simplicité qui a empêché cet appareil de réussir. Les verres sont toujours dans la pratique des corps qui éteignent en partie la lumière et un double verre devait offrir des inconvénients certains.

On a cherché par des dispositions plus simples à obtenir partie des avantages du bec Chaussenot. Nous avons déjà parlé (art. ÉCLAIRAGE) de l'excellente disposition imaginée par M. Macaud, pour éviter les brusques variations du courant d'air ; nous citerons encore la suivante, très-propre à assurer la régularité de la lumière.

Bec Parisot. — Le bec Parisot est formé de pièces qui s'emboîtent de manière à laisser une fente circulaire pour la sortie du gaz, et de plus former à la partie inférieure du bec un petit réservoir qui forme régulateur et empêche la flamme de rien ressentir des remous produits dans les conduites. Avec ce bec et une toile métallique sur le passage de l'air, la flamme du gaz courant est d'une parfaite stabilité, condition nécessaire pour bien des travaux.

Gaz de tourbe. — Le gaz extrait de la tourbe jouit de propriétés éclairantes remarquables. Bien qu'on ne puisse, à notre avis, fonder sur l'exploitation de la tourbe l'alimentation des vastes usines à gaz comme celles qui servent à l'éclairage des grandes villes, et qui reposent sur la richesse immense des mines de houille, cependant ces résultats peuvent offrir des applications intéressantes, et ont beaucoup d'intérêt au point de vue scientifique.

Lorsque la tourbe est introduite dans une cornue de fonte chauffée au rouge sombre, elle donne immédiatement un mélange de gaz permanent et de vapeurs susceptibles de se condenser en un liquide oléagineux. Ces deux produits se séparent bientôt en vertu de la différence des états physiques qu'ils affectent à la température ordinaire : aussitôt refroidie, l'huile de tourbe est rassemblée dans un vase spécial, tandis que le fluide permanent, continuant son trajet, va se rendre dans un gazomètre.

Cet hydrogène carboné gazeux, l'un des produits immédiats de la distillation de la tourbe, est par lui-même tout à fait impropre à l'éclairage : il donne une flamme très-petite, comparable pour l'éclat à une flamme de punch, et qui, par conséquent, ne répand sur les objets environnants que fort peu de lumière. L'huile de tourbe est un liquide visqueux, noirâtre, fortement odorant et assurément très-complexe, qui, soumis à une nouvelle distillation, se résout tout entier en gaz permanent, en hydrogène très-richement carboné. Le mélange gazeux, que j'appellerai gaz d'huile, contraste singulièrement par ses propriétés avec le gaz obtenu dans la première opération. En brûlant, il donne une flamme six ou huit fois plus étendue et douée du plus vif éclat. On mêle alors ces deux gaz ensemble, le riche et le pauvre, et l'on obtient un gaz moyen, propre à la consommation. Quand l'opération est bien conduite, une fournée de tourbe, traitée comme il vient d'être dit, donne successivement un gaz pauvre et un gaz riche qui, versés dans la même cloche, forment un mélange capable de produire une belle flamme, et que j'appellerai mélange naturel. On reconnaît aisément, à la vue simple, que ce dernier mélange possède un pouvoir éclairant plus considérable que le gaz courant fourni par la distillation de la houille. Cette supériorité est assez évidente pour que le gaz de tourbe paraisse pouvoir devenir l'objet d'une exploitation sérieuse.

C'est ce que prouvera bien un des tableaux photométriques que nous emprunterons encore à une intéressante brochure de M. Foucault que nous mettrons encore à contribution à l'article PHOTOMÉTRIE, où sera expliquée la méthode employée dans ces expériences par ce physicien :

Comparaison des gaz avec un faisceau de sept bougies. Évaluation des intensités au moyen du photomètre à compartiments. Becs n° 2, pressions égales de 22mm.

		CARRÉS.	RAPP.
Bougies	1,	10000	2,93
Tourbe	1,712	29344	
Bougies	0,988	9761	3,51
Tourbe	1,85	34225	
Bougies	1,085	11772	3,31
Tourbe	1,973	38927	
Bougies	1,156	13363	3,33
Tourbe	2,11	44521	
Bougies	1,196	14304	3,54
Tourbe	2,25	50625	
Moyenne			3,32
Bougies	1,44	20736	0,97
Gaz de la ville	1,42	20164	
Bougies	1,59	25231	0,98
Ville	1,573	24743	
Bougies	1,455	21170	0,97
Ville	1,435	20592	
Bougies	1,69	28561	0,94
Ville	1,64	26896	
Bougies	1,555	24180	0,99
Ville	1,547	23932	
Moyenne			0,97

Comparaison des deux gaz.

Gaz de la ville	1,238	15326	3,38
Tourbe	2,276	51802	
Ville	1,315	17292	3,27
Tourbe	2,377	56501	
Ville	1,36	18496	3,27
Tourbe	2,46	60516	
Moyenne			3,31

Interversion des gaz dans les becs.

Gaz de la ville	1,375	18909	3,11
Tourbe	2,425	58806	
Ville	1,25	15625	3,49
Tourbe	2,334	54476	
Ville	1,207	14568	3,30
Tourbe	2,194	48136	
Moyenne			3,30

Moyenne générale : 3,30.

On voit que le gaz de tourbe, le mélange des deux gaz dont nous avons parlé, a une très-grande supériorité de pouvoir éclairant sur le gaz de houille fourni pour l'éclairage de Paris. Le pouvoir éclairant de celui-ci étant exprimé par 100, celui du gaz de tourbe s'est maintenu dans des limites comprises entre 150 et 300.

Carburation du gaz. — Des essais curieux pour accroître dans une forte proportion le pouvoir éclairant du gaz, ont été faits par plusieurs inventeurs, en faisant passer le gaz à travers des hydro-carbures. Le système le plus apprécié, le carburateur Lacarrière, consiste en un appareil à niveau constant, qui fournit le liquide que le gaz vient traverser. Avec de la benzine, le pouvoir éclairant du gaz courant de Paris a augmenté de 30 p. 100 pour une dépense correspondant au quart de ce qu'eût coûté le gaz qui eût donné cette lumière. Malgré cela, la pratique n'a pas encore consacré l'emploi d'un système qui complique quelque peu l'usage du gaz, dont l'extrême simplicité est surtout appréciée du consommateur.

Emploi d'un corps incandescent dans la flamme. — La quantité de lumière que fournit la combustion du gaz d'éclairage dépend à la fois de la quantité de chaleur dégagée par la combustion et de la persistance des molécules solides de carbone à l'état de vive incandescence. Ces deux éléments varient en quelque sorte inversement l'un de l'autre, et quand on cherche, comme dans le brûleur de Bunsen (voy. CHAUFFAGE AU GAZ), à obtenir le maximum de chaleur, toute lumière disparaît.

C'est de cette observation que l'on déduit, ce que confirme l'expérience, que dans les conditions ordinaires, à la pression ordinaire de l'atmosphère, on obtient le maximum de lumière par la combustion du gaz à faible pression. Il était curieux de voir ce que donnait de lumière le gaz brûlé de manière à fournir le maximum de chaleur, celle-ci étant employée à porter au blanc un corps métallique placé au point où se fait la combustion, une spirale de platine, par exemple, comme l'avait fait M. Gillard, pour utiliser à l'éclairage la combustion de l'hydrogène pur, qui, par elle-même, dégage fort peu de lumière.

C'est ce qu'a tenté M. Bourbouze, préparateur de physique à la Sorbonne, en employant l'air comprimé. Ses premières expériences ont été faites avec le chalumeau de M. Schlœsing, dont l'embouchure, évasée du diamètre d'une pièce de deux francs, est recouverte d'un tissu ou réseau en fil de platine convenablement serré.

Le chalumeau à deux tubes concentriques est en communication, par un tube, avec la pompe à air; par l'autre, avec la source de gaz d'éclairage. On comprime l'air en pompant jusqu'à ce que la pression soit de 18 centimètres de mercure, et l'on enflamme à travers le réseau de platine le mélange d'air comprimé et de gaz. Au bout de quelques instants, la chaleur rend le platine incandescent ; on règle les robinets de manière que, la combustion devenant parfaite, toute flamme disparaît, et l'on obtient un disque lumineux absolument fixe, dont l'éclat augmente quand on porte la pression de 18 à 30 centimètres, limite qu'il ne faut pas dépasser, parce qu'on risquerait de fondre le platine. La lumière, remarquable par sa blancheur et son éclat, a été trouvée moins chère, déduction faite de la dépense de la compression de l'air, de 20 p.100 que celle obtenue avec les becs ordinaires.

La limite de ce procédé est fixée par la fusibilité du platine, qui ne permet pas de tirer parti de la température plus élevée que l'on pourrait obtenir en augmentant la pression de l'air (et pour des pressions élevées en comprimant également le gaz d'éclairage). Elle ne résulte pas, on le voit, du mélange de la grande quantité d'azote dans l'air atmosphérique, qu'il faut inutilement porter à une température très-élevée, perte qu'il serait possible d'éviter, en partie au moins, en employant la chaleur perdue à chauffer l'air qui vient alimenter la combustion.

Pour avancer dans cette voie, il faudrait remplacer le corps métallique par un corps infusible, disposer les appareils comme on le fait pour la lumière Drummond, c'est-à-dire en employant le pouvoir réflecteur de la chaux et de la magnésie à de hautes températures qui exaltent seulement l'éclat de ces corps infusibles. Il y aurait à maintenir la pression convenable du gaz, au point où la combustion a lieu, problème si élégamment résolu dans la disposition indiquée ci-dessus, par l'emploi d'un réseau métallique.

L'application industrielle de la lumière Drummond a été tentée, ainsi que nous allons le dire, dans des conditions voisines de celles de l'invention primitive, c'est-à-dire en employant du gaz oxygène pur.

Éclairage par l'emploi du gaz oxygène pur. — On sait avec quel éclat s'effectue, dans l'oxygène, la combustion de tout corps solide combustible. Ce gaz représente non-seulement, au point de vue de la richesse du principe comburant, de l'air comprimé à 5 atmosphères, mais encore cet air débarrassé de la présence de l'azote, dont l'échauffement consomme inutilement partie de la chaleur produite. Son emploi ne serait pas d'une grande importance, s'il servait à alimenter un bec de gaz ordinaire, si on n'utilisait la grande quantité de chaleur dégagée par cette combustion à obtenir un puissant foyer lumineux, à rendre incandescent un corps infusible à la haute température ainsi produite, à engendrer la lumière si éclatante connue sous le nom de lumière Drummond. Nous allons décrire ce système, en laissant de côté la production industrielle de l'oxygène, à laquelle nous consacrerons un article spécial (voy. OXYGÈNE).

C'est un officier de la marine anglaise nommé Drummond qui eut l'heureuse idée de projeter sur un bâton de craie ou de chaux, un jet enflammé de gaz oxygène et hydrogène mélangés dans la proportion d'un volume d'oxygène et de deux volumes d'hydrogène. Il obtint ainsi la lumière très-vive qui porte son nom, et qui vient au troisième rang, après la lumière solaire et la lumière électrique. Elle a été surtout employée pour projeter les images de la lanterne magique et du microscope.

Le crayon de chaux résistait peu de temps, cassait souvent par le refroidissement, et M. Calvarès, professeur de chimie à Turin, l'a remplacé avec succès par des lamelles de chlorure de magnésium et de magnésie, qui deviennent poreuses et transparentes lorsque le premier de ces corps a été décomposé par la chaleur.

M. Caron, qui a guidé MM. Tessié du Motay et Maréchal (de Metz) lorsqu'ils entreprirent, conduits par les résultats de leurs travaux sur la préparation économique de l'oxygène, l'application de la lumière Drummond à l'éclairage public, adopta l'emploi d'un cylindre de magnésie, substance la plus convenable par suite de son infusibilité, qui permet d'atteindre les plus hautes températures. Toutefois les cassures qui se produisent lors du refroidissement sont un inconvénient assez grave. En poursuivant ses recherches, il a trouvé dans la Zircone une substance qui lui paraît bien préférable. Elle est encore fort chère aujourd'hui, mais la découverte de quelque gisement peut, au premier jour, en réduire beaucoup le prix.

Le bec adopté par M. Tessié du Motay se compose de trois ou quatre petits jets d'un mélange d'oxygène et de gaz d'éclairage, tendant vers le centre occupé par le petit cylindre de magnésie. Les robinets étant ouverts et les becs allumés, le cylindre de magnésie devient incandescent et rayonne une quantité de lumière bien plus grande que celle fournie dans les conditions ordinaires, par la quantité de gaz consommée.

ÉCLAIRAGE ÉLECTRIQUE. — Nous avons traité, à l'article ÉCLAIRAGE du *Dictionnaire*, de l'éclairage électrique et des régulateurs qui en ont rendu l'application possible; nous n'avons pas à revenir ici sur une question si bien traitée dans cet article, que nous avons dû à l'amitié de leur inventeur, physicien si justement célèbre L. Foucault.

On trouvera plus loin, à l'article ÉQUIVALENT MÉCANIQUE DE L'ÉLECTRICITÉ, la description des machines qui permettent de convertir du travail mécanique en électricité, et par suite en chaleur et en lumière. Ici nous voulons traiter des progrès accomplis dans la voie de la vulgarisation de la lumière électrique, qui, déjà appliquée aux phares, dans les fêtes publiques, viendra sûrement bientôt éclairer les spectacles, les assemblées, etc., et dont on verra se multiplier les applications à mesure que son maniement deviendra plus facile et plus exempt d'inconvénients.

Divisibilité de la lumière électrique. — L'ignorance des moyens de diviser la lumière fournie par l'électricité rend son emploi impossible dans une foule de circonstances. L'arc électrique n'apparaissant qu'avec une production considérable d'électricité à une tension élevée, donne un foyer de lumière extrêmement intense, dont l'effet éclairant, diminuant en raison du carré des distances, ne saurait remplacer, pour nombre d'emplois, une somme égale de lumière répartie en de petits foyers convenablement espacés. C'est ce qui a lieu, par exemple, pour l'éclairage des voies publiques.

Il était naturel de chercher à envoyer successivement la lumière électrique dans des appareils différents, au moyen d'un manipulateur dont les intervalles fussent moindres que ceux de la persistance de la sensation lumineuse qui, on le sait, a une durée notable d'au moins un dixième de seconde.

Restait à savoir si, en opérant ainsi, l'arc jaillirait instantanément entre les charbons restés lumineux, lorsque cesserait l'interruption. Or M. Leroux a reconnu que l'arc voltaïque, interrompu pendant un temps très-court, inférieur à un vingtième de seconde, se rétablissait spontanément. Il a pu ainsi diviser la lumière, en lançant, au moyen d'une roue distributive qui tourne rapidement, le courant d'une pile de Bunsen, alternativement dans deux régulateurs, de manière à ce qu'il passe dans chacun d'eux pendant le même nombre de fractions de seconde, $\frac{50}{100}$ par exemple. Dans ces conditions, les deux lumières sont et restent parfaitement égales.

Pour que l'expérience réussisse aussi bien que possible, il est utile que les charbons soient plus petits que lorsque le courant doit y passer d'une manière continue; s'ils sont à section carrée, leur côté ne doit pas dépasser 4 millimètres. On doit admettre que l'intervalle entre les deux charbons renferme des traces de vapeur de carbone pendant l'interruption très-courte du courant, et que c'est à la présence de cette atmosphère qu'est dû le rétablissement instantané du courant. On est porté à admettre cette explication quand on voit l'arc électrique, examiné au spectroscope, présenter constamment les raies caractéristique du carbone.

Production et emploi facile de la lumière électrique. — Les machines magnéto-électriques produisent la lumière électrique à bon marché, mais dans des conditions qui ne permettent guère de l'utiliser qu'à l'éclairage extérieur à l'air libre; elle est accompagnée d'un bruit qui résulte des inversions perpétuelles du courant, des vibrations engendrées par la vitesse du mouvement, etc.

La pile de Bunsen, habituellement employée à cause de l'énergie des actions qui s'y produisent, dégage des quantités considérables de vapeurs nitreuses, qui en rendent l'emploi désagréable et nuisible.

M. Carré, l'ingénieux inventeur des appareils servant à fabriquer de la glace, en améliorant et construisant sur de grandes dimensions l'élément de la pile de Daniel au sulfate de cuivre, si inoffensive, a fait faire un pas important à la question de la vulgarisation de l'éclairage électrique. Sa principale modification est d'avoir remplacé le vase poreux par un cylindre de papier parcheminé, attaché à un pied en porcelaine. L'endosmose, si facile à travers cette substance de peu d'épaisseur, rend les effets incomparablement plus grands.

L'élément de cette pile est formé par un vase de $0^m,12$ de diamètre et de $0^m,60$ de hauteur dans lequel est un zinc, haut de $0^m,55$, porté sur un croisillon et isolé par lui de la boue métallique qui tombe au fond. Le diaphragme qui sépare les deux liquides est formé de papier parcheminé, ou, à défaut, d'un papier qui a été imprégné d'albumine, et ensuite porté à la température de 230°. Ce papier est collé sur lui-même et réuni à un godet qui lui sert de pied et qui repose sur le croisillon placé au fond du vase. Sur la hauteur du diaphragme, on place une carcasse cylindrique de même hauteur, formée de baguettes de bois, espacées de 3 à 4 millimètres, assemblées par le bas sur un fond de même matière et, au sommet, sur un cercle de cuivre, qui les réunit et qui reçoit le fil polaire extérieur. Un fil de cuivre, de 3/4 de millimètre, est tendu alternativement entre le cercle polaire collecteur, denté pour le recevoir, et les saillies du fond en bois. Ce fil entoure ainsi la carcasse d'un réseau présentant un développement considérable et sur lequel le dépôt de cuivre s'opère d'une manière régulière. A l'intérieur de la carcasse et sur toute la hauteur du diaphragme, on met des cristaux de sulfate de cuivre, qui forment une colonne divisée, que le liquide baigne sur une large surface.

Le meilleur liquide extérieur est une solution de sulfate de zinc à 10 degrés, acidulée à $\frac{1}{500}$, qui fournit un courant à peu près constant d'électricité, tant que la densité est au-dessous de 40 degrés. Si on y ajoute un dixième d'une solution de sel ammoniac, le courant électrique devient plus intense.

Cet élément a une tension moindre que celui de Bunsen, mais il a plus de régularité; dans les dimensions indiquées, il donne plus d'électricité qu'un élément de Bunsen de dimension moyenne, et peut fonctionner en donnant un courant constant jusqu'à usure complète du zinc c'est-à-dire pendant 200 heures de travail effectif. Il consomme environ $0^k,009$ à $0^k,010$ de zinc par heure. Son emploi est donc peu dispendieux, surtout quand on se rappelle que, dans un grand atelier, on pourrait reconstituer le sulfate de cuivre en reprenant les dépôts de cuivre et les attaquant par de l'acide sulfurique au contact de l'air.

Avec 55 éléments, et même avec 40, on obtient une belle lumière; celle-ci apparaît encore avec une intensité bien moindre naturellement, avec 22 éléments.

La simplicité du régulateur est une question importante de succès que M. Carré a attaquée. Son régulateur, en rapport avec la faible tension de sa pile, est assez sensible pour fonctionner sans extinction avec 18 éléments Bunsen et 22 de ceux qu'on vient de décrire. Le principal organe est un nouveau genre d'armature de l'électro-aimant, antagoniste d'un ressort, d'après les principes établis par Foucaulit. Entre les deux pôles de celui-ci pivote une traverse de fer doux, munie, à ses deux extrémités, de deux segments elliptiques développés sur deux arcs de 90 degrés. L'attraction s'exerçant sur ces segments produit une résultante exempte des effets fâcheux de la loi d'attraction inverse du carré des distances, de telle sorte qu'il est facile de déterminer à l'avance, par l'inclinaison donnée à la courbe elliptique, la puissance convenable pour un besoin donné sur les 90 degrés de rotation de l'armature, pour rapprocher ou écarter les charbons. Cette armature symétrique et équilibrée permet d'obtenir, en outre, des régulateurs qui fonctionnent indépendamment des secousses, et qu'il devient facile d'installer à bord des navires et sur les locomotives.

L'arc voltaïque produit presque constamment un bruit strident très-désagréable. M. Carré a constaté qu'en imprégnant les charbons de divers sels par une ébullition prolongée dans leurs solutions concentrées, ils donnent un arc complétement muet. Moyennant ces charbons et un globe stannique, on obtient une lumière aussi placide et aussi inoffensive que celle qui eût été produite par quelques centaines de bougies, moins une énorme quantité de chaleur et de résidus méphitiques de combustion. Un grand nombre de sels donnent ce résultat, et particulièrement ceux de potasse et de soude.

On modifie la couleur de l'arc en introduisant dans les charbons, toujours par voie de dissolutions salines, des substances qui ont la propriété de colorer les flammes; ainsi l'azotate de strontiane a donné un reflet pourpre, et les sels de cuivre un reflet vert.

ÉCONOMIE AGRICOLE. Jusqu'au milieu du siècle dernier, dans la plus grande partie du monde civilisé, partout on peut dire, à l'exception de quelques contrées jouissant d'avantages naturels tout particuliers, la culture de la terre ne se dirigeait guère que par les principes du vieux Caton, et nous doutons que l'on pût établir qu'elle possédât une supériorité positive sur l'agriculture romaine. Aider faiblement, autant que cela était absolument nécessaire, et avec les ressources les plus limitées, par l'emploi des résidus dont on ne pouvait tirer nul autre parti, le travail naturel du sol et de la végétation, dépenser le moins possible pour la terre comme pour celui qui la cultivait, telle était à peu près toute la science économique du cultivateur, et, il faut le dire, ce n'est que grâce à de nombreuses expériences, à des succès indiscutables, que nos paysans commencent à ne plus se moquer de la création d'exploitations créées à grands frais, dirigées dans des voies toutes différentes de celles qu'ils étaient habitués à parcourir.

C'est surtout l'habitude de l'industrie manufacturière qui, en Angleterre d'abord et ensuite en France, a changé les idées relativement à l'agriculture, et a fait comprendre que ce n'était pas une industrie différente des autres, en ce sens que c'était en raisonnant de la même manière qu'on devait parvenir aux mêmes succès. Ce n'est peut-être qu'en Allemagne que l'agriculture, objet de la passion de populations intelligentes et laborieuses, s'est développée avant l'industrie ou concurremment avec elle, et son expérience a été mise à profit par les autres nations pour réaliser les progrès qui ont amené les agriculteurs avancés de toute l'Europe à peu près au même niveau, comme il arrive aujourd'hui pour la plupart des fabricants.

L'exemple de l'industrie, avons-nous dit, a été favorable à l'agriculture sous bien des rapports, mais notamment en habituant les esprits à rechercher le produit net le plus élevé possible en agriculture, c'est-à-dire non pas celui qui résulte du minimum absolu de dépenses, comme on le croyait autrefois, mais celui que procurent les dépenses les plus profitables. On voit de suite que cette agriculture, qui réclame un large emploi du capital, est l'agriculture des pays riches, mais doit rendre beaucoup plus à égalité de dépenses, et l'on comprend ce qu'est un progrès qui augmente dans une proportion notable les produits d'une industrie qui montent dans l'état actuel des choses à environ 6 milliards de francs par an, en France.

Nous passerons rapidement en revue les principales pratiques agricoles, au point de vue économique, en les classant sous trois divisions :

1° Moyens d'accroître la fertilité ;
2° —d'obtenir les produits les plus avantageux ;
3° —de diminuer les dépenses.

Enfin nous terminerons par quelques mots sur la petite culture.

I. *Moyens d'accroître la fertilité.* — Certains sols jouissent d'une réputation méritée de fécondité ; les éléments les plus convenables pour la végétation s'y trouvent dans les meilleures proportions. A la rigueur il ne paraît pas impossible de modifier artificiellement la plupart des sols de qualités inférieures, de manière au moins à les rendre tout à fait propres à certaines cultures, par l'addition des éléments minéraux qui leur manquent, et que, par quelques fouilles, on peut presque toujours trouver dans le voisinage. Quelques provinces doivent leur richesse et leur fertilité à ce mode d'opérer ; c'est ainsi qu'à l'aide de la marne on a transformé des pays sablonneux en pays riches et fertiles. La chaux, employée en quantités considérables, est devenue le point de départ de plus d'une agriculture prospère, et si on doit surtout la considérer comme un excitant, cependant, dans la proportion dans laquelle elle est employée fréquemment, il n'est pas douteux qu'elle n'agisse en transformant, en quelques années, la nature même de la surface du sol arable. L'emploi des phosphates fossiles va servir à accroître le rendement des céréales.

L'abondance d'engrais est la condition capitale de l'abondance de la production, que l'on peut considérer, dans des limites assez étendues, comme proportionnelles à la quantité d'engrais employés ; la végétion étant surtout une réaction chimique produite sous l'influence des forces vitales, qui ne peut prendre naissance qu'autant que les éléments convenables sont en présence. Les progrès des procédés de fabrication des engrais, indépendamment de celui produit dans la ferme, base de la culture, dont nous parlons plus loin, l'utilisation de tous les déchets, de toutes les matières animales, et notamment la conversion des vidanges en engrais complets, sont tout à fait capitaux pour l'agriculture et fourniront le point de départ d'un grand accroissement de richesse agricole.

C'est surtout par l'aménagement des eaux, base fondamentale de toute végétation, que l'agriculture est arrivée à de magnifiques résultats, qui la transforment radicalement, par des travaux qui, une fois faits, accroissent d'une manière permanente la fertilité, la quantité annuelle de la production.

Deux séries de travaux conduisent à ce résultat, le drainage et l'irrigation.

Le *drainage*, pratique par excellence des pays du Nord, des climats humides, a pour objet de débarrasser le sol d'un excès d'humidité toujours nuisible, d'aérer les racines par l'infiltration de l'air qui accompagne l'eau. C'est grâce à cette pratique que l'agriculteur anglais n'a pas craint de continuer le payement de ses fermages, lorsque Robert Peel supprima un énorme droit d'entrée qui pesait sur les céréales qui venaient de l'étranger, et y arriva par une opération qui augmentait dans une proportion plus considérable le rendement des récoltes.

L'*irrigation* est la méthode par excellence des pays chauds ; non pas qu'au Nord elle ne soit d'une extrême utilité pour créer des prairies, pour faire naître des végétaux au milieu des sables et les fertiliser, mais au Midi, avec un soleil brûlant, la végétation est en quelque sorte exclusivement proportionnelle à la quantité d'eau, et les irrigations répandent la vie et la fertilité. La Lombardie, la province de Valence en Espagne peuvent être citées, entre autres contrées, comme des pays qui doivent à des travaux d'irrigation une admirable fertilité ; aucun travail plus profitable, plus rémunérateur ne peut être tenté aujourd'hui dans plus de pays.

En se plaçant à un point de vue plus élevé que celui de l'irrigation par la conduite de l'eau sur le sol, en considérant les contrées qui reçoivent de l'eau abondamment par une cause quelconque, brouillards fréquents dans la montagne comme en Suisse, infiltrations d'eau plus élevées que le sol comme en Hollande, cours d'eau descendant abondamment de la montagne et des glaciers, on comprend comment ces pays se trouvent par ce seul fait naturellement couverts de prairies toujours vertes, qui, sans travail humain, fournissent la nourriture à de nombreux troupeaux, dont la viande, le lait, la laine, etc., procurent naturellement en quelque sorte d'abondantes richesses.

Étendre ou limiter par des travaux bien entendus la sphère d'action des eaux, est donc un des plus puissants moyens, en convertissant des pays pauvres en pays prospères, de multiplier la production spontanée des richesses agricoles, le produit net.

II. *Moyens d'obtenir les produits les plus avantageux.* — C'est surtout en se portant vers la production des récoltes les plus avantageuses, en cherchant à créer les produits qui se vendent au plus haut prix, que les agriculteurs modernes ont imité les industriels; car malgré l'immensité du débouché des produits agricoles qui en rend toujours la vente facile, c'est souvent sur un bon choix des cultures qui se vendent à un prix très-avantageux, que repose le succès agricole.

Les principaux produits de l'agriculture sont nécessairement les céréales et le bétail, le pain et la viande, bases de l'alimentation humaine. Tant que ces productions sont restées presque complétement séparées, que certaines contrées paraissaient posséder seules le privilége d'élever du bétail, et que d'autres, au contraire, semblaient ne pouvoir sortir de la culture exclusive des céréales, l'agriculture en masse ne pouvait accomplir de grands progrès. Comment accroître la production des céréales, lorsque l'engrais ne leur était fourni que par quelques animaux nécessaires pour les labours et au plus par quelques vaches à l'étable ? Combien ces ressources étaient insuffisantes pour compenser la perte d'éléments essentiels de la production du blé emportés chaque jour avec les récoltes ! Aussi, ce qui doit le plus surprendre, à notre avis, c'est qu'avec une telle manière d'opérer, une fertilité relative aussi grande ait pu persévérer dans les pays à blé, et ce fait montre bien combien nos efforts pour obtenir des productions végétales ne sont qu'une aide donnée aux grands phénomènes météorologiques et vitaux, et qu'il ne s'agit plus ici, comme dans l'industrie manufacturière, d'une production dont nous manions à volonté tous les éléments. Il ne faut jamais l'oublier : quand il s'agit d'agriculture, ni que des progrès très-réels nous fassent trop exagérer notre pouvoir.

Cependant, tous les bons agriculteurs avaient reconnu, et des savants allemands tels que Thaër avaient formulé, en principe, la nécessité d'accroître le plus possible le bétail des fermes, indépendamment de la valeur propre du bétail, pour obtenir de belles récoltes de céréales. C'est alors que les prairies artificielles vinrent si heureusement transformer l'agriculture, et en faisant jouir tous les sols, en quelque sorte, de la même fertilité que les pays irrigués, permirent à tout cultivateur d'élever la quantité de bétail la plus convenable pour son exploitation.

De ce jour fut créée l'industrie agricole moderne, qui osa se poser tous les problèmes et les résoudre de manière à obtenir le maximum de produit. C'est à ce moment que correspond l'enseignement agricole d'un des hommes qui furent le plus utiles à la France (qui, bien entendu, n'a su le récompenser que par une statue après sa mort), M. Mathieu de Dombasle, qui démontra à satiété tous les avantages des nouvelles méthodes et entrevit clairement le dernier progrès dont il nous reste à parler, qui fournit, ce nous semble, la solution complète de la question économique.

Tandis que l'on préconisait en Angleterre la culture des plantes sarclées, du turneps notamment, comme moyen de nettoyer parfaitement le sol, en récoltant des quantités de fourrage très-considérables, on avait reconnu en Allemagne que le bétail se trouvait fort bien des résidus de distilleries. Autrement dit, la distillation des pommes de terre, par exemple, laisse aux herbivores une pulpe qui les nourrit autant que la pomme de terre, même avant qu'on n'ait retiré l'alcool. D'où cet immense résultat que la production du bétail, obtenue dans des fermes avec des prairies artificielles d'une manière plus coûteuse que dans les pays de prairies naturelles, ce qui limite la production ou, si l'on aime mieux, rend la culture des céréales plus coûteuse, reprend la supériorité, si l'on emploie une racine qui, avant de nourrir le bétail, a donné un produit industriel. C'est ainsi que la betterave employée à fabriquer le sucre a créé dans nos départements du nord une incroyable richesse agricole, un accroissement de bétail dont nous donnerons idée en citant l'arrondissement de Valenciennes, qui a aujourd'hui cent fois le nombre de bêtes à cornes qu'il possédait auparavant. La distillation de l'alcool, qui se monte aujourd'hui dans les fermes où la betterave passe à la fermentation avant d'aller à l'étable, va être la généralisation de cette prospérité. (Voy. DISTILLATION.)

Ainsi, au point de vue des produits, une exploitation agricole produira aujourd'hui : céréales, produits industriels, tels qu'alcool, colza, bétail et ses produits, tels que laine, lait, etc. On voit comment l'agriculture peut créer, l'abondance de l'engrais étant la cause de l'accroissement de la production végétale et inversement, des produits propres à assurer des rentrées considérables.

III. *Moyens de diminuer les dépenses.* — Nous venons de voir comment l'agriculture produisait des valeurs considérables ; le moyen d'obtenir le produit net maximum consiste donc à faire concorder cette abondance de produits recherchés avec un minimum de dépenses journalières. Les efforts dirigés dans cette voie sont très-grands, et les résultats étaient d'autant plus assurés que la question était tout à fait industrielle, qu'il s'agissait de travaux mécaniques que l'industrie sait exécuter à bon marché par l'invention des machines. C'est ce qu'a parfaitement senti M. Barral, rapporteur à l'Exposition de 1855, qui s'exprime ainsi à propos de la machine à moissonner, une des nouvelles inventions d'outils d'agriculture qui attirait à juste titre l'attention publique.

« Le progrès dans la construction des machines agricoles a pour résultat, non-seulement de mieux faire faire les différents travaux auxquels ces machines sont destinées, mais encore de les faire exécuter à meilleur marché et en économisant la main-d'œuvre. Substituer aux bras de l'homme la force des animaux, et mieux encore celle des moteurs inanimés, eau, vent ou vapeur ; demander à l'homme l'intelligence et l'adresse, et multiplier par les machines la puissance de son action sur le sol et sur les produits de la terre, c'est le problème que résout notre époque. Les peuples neufs entrent avec une ardeur victorieuse dans cette voie qu'ont ouverte leurs devanciers. Ainsi, l'Amérique rend tout d'un coup pratique la machine à moissonner qu'avaient rêvée les Romains, que s'étaient ingéniés à ébaucher les cultivateurs de presque toutes les parties du vieux continent. Les livres d'agriculture de toutes les époques donnaient des descriptions d'engins imparfaits imaginés dans le but de dépouiller le sol de ses riches récoltes assez vite pour que les intempéries ne pussent pas toujours menacer de destruction les fruits de la terre au moment où le cultivateur se dispose à les recueillir. Mais, il y a quelques mois encore, on regardait comme chimérique l'espoir de pouvoir obtenir une machine qui laisserait la faux inactive. Un des principaux résultats de l'Exposition universelle de Paris aura été de montrer des machines à moissonner et à faucher qui font mieux le travail de la coupe du blé ou du foin, que beaucoup de charrues ne labourent nos champs. L'Exposition universelle de Londres avait fait croire que les agriculteurs américains trouvaient plus avantageux de couper imparfaitement tous les blés dorant leurs vastes plaines, d'en abandonner une partie, que de s'efforcer de bien moissonner le reste à bras d'hommes. On disait : c'est une affaire de rareté de main-d'œuvre ; en Europe, où l'on a encore des bras pour faire la moisson, les machines à moissonner ne sauraient servir. On croyait d'autant plus que l'on était dans le vrai en raisonnant ainsi, que les essais de la machine écossaise de Bell, qui, disait-on, était identique aux machines américaines, ne donnaient que des résultats très-peu satisfaisants. L'Exposition universelle de Paris a fait voir que les agriculteurs américains, certainement poussés par les intérêts de leurs conditions économiques, avaient assez bien résolu le problème du moissonnage par les machines, pour pouvoir doter le monde entier de leurs puissants appareils. Les mêmes circonstances qui ont conduit à perfectionner les moissonneuses ont dû aussi engendrer les perfectionnements à l'aide desquels les machines à battre sont devenues si énergiques, si rapides, entre les mains des Américains. Récolter vite les gerbes de blé et en obtenir aussitôt du grain prêt à être vendu, c'est bien là la solution du problème des subsistances pour des populations essentiellement commerçantes.

« La vue simple des machines à moissonner dans la galerie de l'Exposition universelle ne pouvait donner une juste idée de leur valeur. Lorsque leurs organes multiples, qui exécutent tant de mouvements différents empruntés à un seul principe d'activité, sont à l'état de repos, on est tenté de regarder ces engins comme les produits d'une imagination en délire. Si ces machines, qu'on nous passe l'expression, restent muettes, on est disposé à nier la possibilité de les employer dans la pratique. Mais la scène change, si de vigoureux chevaux leur sont attelés ; alors on est emerveillé de l'exactitude et de la rapidité des mouvements parfaitement appropriés au travail qu'on leur demande ; les tiges de blé tombent en gerbes pressées et complétement disposées à être liées, avec une telle vitesse que l'ouvrier moissonneur jette sa faux comme désormais inutile. »

Nous avons cité ce passage *in extenso*, non pour ce qui a rapport à une intéressante machine (voyez

INSTRUMENTS D'AGRICULTURE), mais parce qu'il rend parfaitement compte de ce qui se produit lors de toute nouvelle invention de machine agricole. Leur construction, parvenue aujourd'hui à un haut degré de perfection, et qui tend à s'améliorer chaque jour, a diminué les travaux agricoles dans des limites qui semblent bien se rapprocher de celles du possible. Tous les travaux de grange sont enlevés au travail humain par les machines à battre, les tarares mus par la vapeur ou un manége, etc., et les travaux sur le sol, sont ou singulièrement réduits par la perfection des machines, charrues et autres, qui opèrent parfaitement avec un minimum de tirage, ou remplacés en grande partie par le travail des chevaux, comme la moissonneuse dont nous parlons plus haut, par l'extension du système de culture économique qui a fait substituer la charrue à la bêche.

Il est toute une partie des travaux agricoles que l'on s'applique actuellement à réduire à une faible dépense annuelle par d'importants travaux antérieurs ; nous voulons parler de la distribution et de l'enfouissement des engrais que l'on a cherché à remplacer par des engrais liquides. Comme c'est surtout par les parties solubles qu'ils renferment que les engrais sont utiles, il en résulte que si l'on place des conduites souterraines en fonte à partir du réservoir placé au centre de l'exploitation jusque vers les extrémités, on pourra, en assemblant un tuyau flexible à une des tubulures saillant de loin en loin, arroser les champs soit avec des engrais plus ou moins étendus d'eau, soit avec de l'eau pure partant du réservoir. C'est, on le voit, réaliser avec peu de main-d'œuvre les conditions de la culture maraîchère, c'est-à-dire obtenir le maximum des produits, la multiplication des récoltes annuelles sur une même surface. Cette pratique, qui se propage dans les comtés de l'Angleterre où l'agriculture est le plus avancée, peut trouver des applications partielles pour les parties consacrées aux cultures les plus précieuses d'exploitations très-avancées, surtout pour certaines cultures fourragères, qui donnent, ainsi conduites, des résultats considérables. L'absence d'humus assimilable dans ces engrais liquides doit faire craindre que ce système prolongé sans interruption, et employé seul, n'épuise la terre.

IV. *De la petite culture.* — Tout ce que nous venons de dire s'applique à l'industrie agricole exercée sur une assez grande étendue de terre, aux procédés propres à assurer le produit net le plus élevé. La question ne doit pas être posée de même pour la petite culture pour laquelle le produit brut doit seul être considéré. Qu'importe que le journalier, propriétaire d'un petit champ, cultive plus chèrement à la bêche qu'à la charrue s'il fait produire par sa culture, à ce champ, le nécessaire pour sa subsistance et celle de sa famille? L'homme n'est pas une machine qui donne tant d'unités de travail par tant de grammes de sueur coûtant une somme déterminée. Les mobiles qui font mouvoir ses bras sont aussi de l'ordre moral, et l'indépendance peut bien s'acheter par un peu plus de travail qui, par une culture maraîchère, fait rendre à une faible étendue de terrain parfaitement défoncé à la bêche, sarclé, soigné de toutes manières, un produit brut considérable.

Si la culture maraîchère, c'est-à-dire la production des légumes et des fruits, est au Nord la ressource de la petite propriété ; en s'approchant du Midi, on rencontre deux petites cultures qui donnent des produits nets très-considérables. L'une est la culture de la vigne, qui est de l'horticulture, qui demande des soins multiples de taille, d'émondage, etc., qui sont vraiment du ressort de la petite propriété et qui, dans les années prospères, récompense grandement le vigneron de ses efforts. L'autre est la soie, impossible à produire sur une échelle gigantesque et qui réclame au plus haut point pour réussir l'œil du maître, le dévouement de la ménagère.

Félicitons-nous de voir que dans notre pays autant d'éléments existent pour faire le succès de la petite propriété, puisque, par son heureuse rivalité avec la grande dont les produits deviennent si considérables, l'enrichissement général pourra se développer rapidement pour le plus grand bonheur de tous les citoyens.

ÉGOUTS (ASSAINISSEMENT, VOIRIE). On a indiqué (page 172) les conditions à réaliser et les moyens à employer pour assurer aux populations des villes les bienfaits d'une abondante distribution d eau de bonne qualité. Mais il ne suffit pas d'amener de l'eau pure dans une ville pour assurer son assainissement; une seconde condition de salubrité, non moins importante que la première, consiste à assurer un écoulement facile et régulier aux eaux salies par le lavage des rues et des maisons, et aux immondices de toute sorte qui se produisent chaque jour dans les grands centres de population.

Fournir des eaux pures à une ville, la débarrasser des eaux souillées par ses déjections, tels sont les deux termes de l'important problème de l'assainissement général d'une cité populeuse.

Les égouts forment, dans les villes convenablement assainies, un système de canalisation souterraine destiné à remplir ce dernier office. On essayera dans cet article de faire comprendre la nature de ces constructions et l'importance des services, ignorée de tant de personnes, qu'elles sont appelées à rendre aux populations urbaines.

Rome antique n'était pas moins remarquable par la grandeur et l'importance de ses égouts que par la perfection de son système de distribution d'eaux pures. Tarquin l'Ancien commença la construction de ce vaste système d'égouts que ses successeurs développèrent avec le temps, et dont la célèbre *cloaca maxima* formait l'artère principale.

Le premier égout proprement dit, construit à Paris, est dû à Hugues Aubriot, prévôt des marchands, qui fit voûter, vers 1374, la rigole découverte qui conduisait les eaux du quartier Montmartre vers le ruisseau de Ménilmontant.

Sous Louis XIV, en 1663, la longueur des égouts voûtés de Paris n'était encore que de 1,207 toises. En 1806, leur développement était de 23,530 mètres. En 1854, de 163,000 mètres, et aujourd'hui, de 170,000 mètres environ. Si considérable que soit ce chiffre, il est loin de satisfaire encore à tous les besoins ; la longueur des voies publiques, qui est de 428,000 mètre, excède encore de beaucoup, en effet, celle des égouts. On estime qu'il reste à construire à Paris 56,400 mètres d'égouts de grande et de moyenne section et 233,000 mètres d'égouts de petite section, non compris 80,000 mètres de petits égouts, qui seront sans doute rendus nécessaires par des constructions et des besoins nouveaux.

On indiquera un peu plus loin, d'une manière générale, les règles à suivre dans le tracé d'un système d'égouts. Mais il convient de faire connaître d'abord, par quelques exemples empruntés à Paris et à Londres, les diverses parties de ce genre de construction.

Un égout proprement dit est, comme on sait, une longue galerie construite en maçonnerie, présentant une certaine pente en longueur et servant à l'écoulement des eaux qu'elle reçoit. Les premiers profils adoptés se composaient d'un radier horizontal ou légèrement concave et de deux pieds-droits verticaux réunis par une voûte cylindrique. Ce profil a été adopté à Paris jusqu'en 1831, mais il a reçu depuis lors de nombreuses modifications.

Quand les égouts ont une forte pente et qu'ils sont régulièrement lavés par un volume d'eau considérable, il est inutile de les faire parcourir par des ouvriers, et toutes les formes de section deviennent admissibles, pourvu que leur débouché soit suffisant. Au contraire, quand les égouts ont peu de pente et qu'il devient nécessaire de les faire nettoyer à bras, il faut adopter un profil dans lequel un ouvrier puisse se mouvoir sans gêne. La hauteur sous clef doit alors être de 1m,75 au moins et autant que possible de 2 mètres. La largeur du radier peut varier de 0m,30 à 0m,70; mais à la hauteur des épaules d'un homme, la galerie doit présenter une largeur de 0m,90 au moins. On a donc été conduit à remplacer les pieds-droits verticaux par des pieds-droits inclinés intérieurement, comme on le voit encore dans presque tous les anciens égouts de Paris (figure 3521).

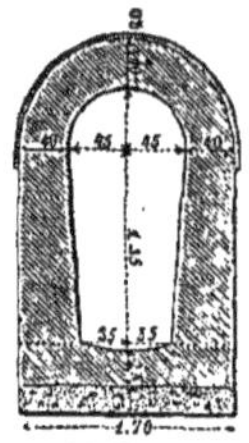

Fig. 3521. — Ancien égout moyen de Paris (échelle de 0,01).

Dans les égouts que l'on construit aujourd'hui les pieds-droits sont cintrés et se raccordent avec la voûte et le radier, de manière que la section totale de la galerie présente la forme ovoïde (fig. 3522) que les ingénieurs anglais avaient adoptée depuis longtemps. Cette disposition permet de réaliser une grande économie de matériaux, et remplit d'ailleurs très-bien le but à atteindre.

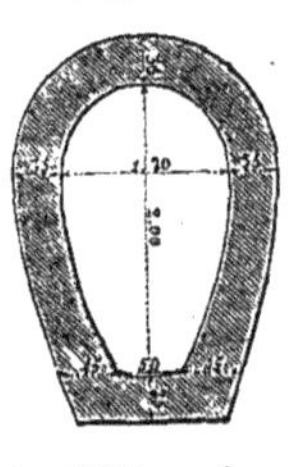

Fig. 3522. — Égout actuel moyen de Paris (échelle de 0,01).

Quelques anciens égouts de Paris ont été construits en pierres de taille, mais ces matériaux sont trop chers et d'ailleurs d'un emploi difficile. En général, on emploie la meulière grossièrement taillée et posée avec de très-bon mortier hydraulique ou plus généralement avec du mortier de ciment de Portland, de Pouilly, de Vassy ou autres produits analogues.

Dans ces derniers temps, on a fait de petits branchements en maçonnerie de ciment et de pierres cassées moulées sur place, qui ont très-bien réussi et ont permis de réduire l'épaisseur à 0m,15 pour une hauteur de 1m,20, en conservant la forme générale indiquée par la figure précédente. Les parois des galeries d'égout, quels que soient les matériaux qui les composent, doivent toujours être revêtues d'un enduit de ciment fin et parfaitement lissé, pour s'opposer à l'adhérence des matières étrangères et permettre un nettoyage complet et facile.

Le prix des galeries d'égout, de forme ovoïde, est de 80 à 90 fr. à Paris, non compris la fouille, et de 110 fr. quand la largeur du radier est portée à 0m,70.

Les profils d'égout dont on vient de parler seraient insuffisants pour les artères principales de la canalisation d'une grande ville. L'égout de Rivoli à Paris, par exemple, qui sert d'égout collecteur à une partie de la rive droite, offre les dispositions indiquées fig. 3523. Il présente, outre la cuvette dans laquelle couleront habituellement les eaux, deux trottoirs de 0m,40 de largeur, dont les angles sont garnis de bandes de fer destinées à recevoir les roues des wagons employés au transport des immondices ou aux nettoyages.

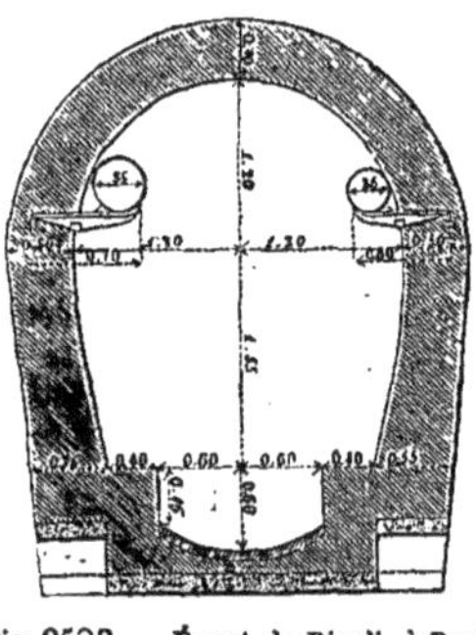

Fig. 3523. — Égout de Rivoli, à Paris (échelle de 0,01).

Des consoles en fonte, scellées dans les murs des égouts, servent à porter les conduites d'eau, et, plus tard, il faut l'espérer, les conduites de gaz, afin que la voie publique soit débarrassée des bouleversements continuels que nécessite l'entretien de ces deux classes de tuyaux.

Pour pénétrer dans les égouts et les aérer, on construit jusqu'à présent, de distance en distance, des puits ou regards qui montent jusqu'au niveau de la chaussée et qui sont recouverts d'une plaque en fonte. Ces puits ont une section rectangulaire, les parois latérales sont formées parallèlement à l'axe de l'égout par le prolongement des pieds-droits, les deux autres murs reposent sur la voûte qu'ils coupent suivant des plans verticaux. Des échelles en fer sont habituellement fixées à l'intérieur de ces puits.

L'eau qui coule à la surface du sol des rues est introduite dans les égouts par d'autres puits ouverts en dehors de l'axe de la galerie, afin que cette eau ne tombe pas sur les ouvriers qui les parcourent; un petit branchement à forte pente réunit ces puits au radier de la galerie principale. Quand il n'y a pas de trottoirs, les entrées d'eau se terminent par une forte grille en fonte, mais en général, à Paris, les bouches sont ouvertes sous les trottoirs. Il est inutile de décrire en détail ces ouvrages très-simples que l'on voit dans toutes les rues.

Les parties essentielles des égouts de Paris, les galeries, les entrées d'eau, les bouches, les grilles, etc., se retrouvent nécessairement dans les égouts de Londres, mais avec des formes plus ou moins modifiées, en raison du rôle un peu différent qu'ils ont à remplir.

A Paris, comme on l'a dit précédemment, le curage des égouts se fait en grande partie à la main; d'un autre côté, les fosses d'aisances jusqu'à présent ne communiquent pas avec les égouts et les eaux ménagères n'y arrivent point directement. A Londres, au contraire, les immondices de toutes sortes sont versées directement des maisons dans les galeries d'égouts, et l'on cherche, autant que possible, à réduire le curage à la main, que l'on regarde comme une exception fâcheuse, en facilitant de toutes les manières l'entraînement des corps solides par l'écoulement des eaux.

Fig. 3524. — Égout du quartier de Westminster, à Londres (échelle de 0,01).

Les galeries d'égouts, construites à Londres et dans les principales villes d'Angleterre, depuis quelques années, présentent une section ovoïde. La figure 3524 donne le profil exact de la classe moyenne des galeries principales adoptées en général dans la division de Westminster et d'une partie de Middlesex. Ces galeries sont en briques maçonnées au ciment, dans la partie couverte de doubles hachures, et seulement au mortier de chaux hydraulique dans les autres parties.

Quelques-uns des anciens et des plus importants égouts de Londres ont un profil analogue à celui des vieux égouts de Paris, et atteignent des dimensions énormes. L'égout Fleet, par exemple, qui assainit une surface de 1,798 hectares environ et s'étend de Highgate jusqu'à la Cité, a 3m,71 de large sur 3m,52 dans la traversée de la Cité, et 5m,64 de hauteur, sur 3m,64 de largeur, à son embouchure dans la Tamise. Malgré cette grande section, le débouché de cet égout est souvent insuffisant. On estime qu'il reçoit par an 75,457 mètres cubes de matières solides, formant à peu près $\frac{1}{100}$ du volume liquide qu'il verse chaque année dans la Tamise.

Les formes des galeries d'égouts varient en Angleterre d'une ville à l'autre, et laissent beaucoup à désirer dans quelques-unes d'entre elles. A Lancastre, les égouts sont formés d'une large dalle sur laquelle on élève deux murs verticaux, formant pieds-droits, et que l'on recouvre d'une seconde pierre plate. Les canaux principaux ont 0m,76 de hauteur, sur 0m,42 de largeur. Ils coûtent environ 8 fr. le mètre courant. Les branchements principaux sont rectangulaires et ont 0m,42 de côté; ils coûtent 6 fr. le mètre; enfin les conduits qui pénètrent dans les maisons n'ont que 0m,15 ou 0m,20 de côté et coûtent 2 fr. 70 c. seulement.

Tous ces canaux sont, on le conçoit, tout à fait insuffisants. Il en est de même à Nottingham, à Bristol et dans plusieurs autres villes que l'on pourrait citer.

On n'insistera pas davantage sur le mode de construction des égouts en Angleterre, mais il ne sera pas inutile d'indiquer les moyens adoptés chez nos voisins pour mettre les maisons en communication avec les égouts.

Les canaux anciennement établis pour mettre en communication les maisons avec les égouts laissent en général beaucoup à désirer. Ils sont souvent formés de quelques briques grossièrement assemblées. Les commissaires des égouts de Londres, frappés des inconvénients graves qui résultaient, pour la salubrité publique, d'un état de choses aussi défectueux, ont fait de la question une étude spéciale, il y a quelques années, et sont arrivés à un mode de construction dont on attend de bons résultats.

Tout système complet d'assainissement des maisons particulières, tel que le conçoivent les ingénieurs des égouts de Londres, doit satisfaire à la condition que les canaux de communication puissent entraîner, sans produire ni gêne ni odeur, toutes les matières à rejeter dans les galeries principales d'écoulement. L'eau devant d'ailleurs être le seul instrument de curage, il faut évidemment qu'elle puisse entraîner les matières solides introduites dans les conduites, mais que les entrées de ces conduites soient défendues par des grilles assez serrées pour s'opposer à l'introduction des corps de nature à produire des obstructions inévitables.

Fig. 3525. — Evier et entrée d'eau branchés sur un siphon en grès verni anglais.

Les commissaires des égouts pensent pouvoir atteindre complétement le but proposé, en établissant les communications avec les égouts au moyen de tuyaux en poterie de très-bonne qualité. Pour assurer le succès complet de ce mode d'assainissement, on évite de faire communiquer directement chaque maison avec l'égout principal, mais on divise chaque quartier en groupes de maisons communiquant chacune avec un *maître tuyau* qui débouche à son tour dans l'égout. De cette façon, ce maître tuyau constamment traversé par un volume d'eau considérable est parfaitement curé, et d'un autre côté, en réduisant le nombre des tuyaux qui débouchent dans l'égout, on diminue les chances de dérangement du système d'assainissement et les causes d'obstruction des galeries principales elles-mêmes.

Les tuyaux en grès verni ont semblé à MM. les membres de la commission des égouts de Londres préférables à tous les autres genres de conduits. Chaque tuyau est terminé à l'une de ses extrémités par un évasement dans lequel s'engage l'extrémité du tuyau précédent. On garnit le joint en bon mortier de ciment. Les coudes, les tuyaux de branchement, etc., sont établis de la même manière.

Les tuyaux en terre dont on vient de parler se raccordent sans difficulté avec la galerie d'égout. A Londres, lorsqu'un particulier veut faire arriver un conduit dans un égout public, il doit en demander l'autorisation aux commissaires. Lorsque cette autorisation est accordée, le demandeur fait ouvrir les tranchées nécessaires et prévient les commissaires de leur achèvement. Ceux-ci envoient un ouvrier spécial chargé d'exécuter, conformément à leurs instructions, le raccordement et une amorce de 3 pieds de longueur pour le conduit projeté. Ce travail s'exécute moyennant un prix fixé d'avance à 13 fr. 25 c. pour l'ouverture du mur de l'égout, la pose de l'embouchure et la reconstruction des parties environnantes. La pente de ces conduits, près de leur arrivée à l'égout, ne doit pas être inférieure à 1/48.

Dans une expérience officielle, il a été constaté qu'un tuyau en grès verni de 0m,30 de diamètre et de 170 mètres de longueur a pu donner passage à toutes les matières provenant d'une étendue de 17h,77. Un tuyau de grès verni de 0m,075 de diamètre suffit à l'écoulement de toutes les déjections de 30 ou 40 maisons de Londres d'importance moyenne.

Pour intercepter la communication entre les égouts et l'intérieur des maisons, on emploie différents dispositifs. L'embouchure du tuyau dans la galerie d'égout est ordinairement garnie d'un clapet en fonte ou en tôle galvanisée. Mais ce mode de fermeture n'est jamais assez parfait pour empêcher les gaz odorants de pénétrer dans les intérieurs ; de tous les moyens employés, les *siphons* paraissent encore aujourd'hui le moins défectueux. Le grès verni se prête parfaitement à la fabrication des appareils de cette espèce. Dans l'impossibilité d'entrer ici dans les détails minutieux que comporterait ce sujet, on se bornera à renvoyer à la figure 3525 qui indique les formes d'un siphon en grès isolé adapté à un évier et à une grille placée dans une cour.

Le service des égouts de Londres constitue une administration dont on fera comprendre toute l'importance en rappelant seulement qu'il a été construit dans cette ville de 1833 à 1843, plus de 193,117 mètres de galeries d'égout.

Après ces indications sur le mode de construction des parties essentielles des égouts, il reste à faire connaître les conditions à remplir dans le tracé d'un système général de canalisation souterraine, et à signaler quelques conditions auxquelles on doit satisfaire dans les ouvrages de cette espèce et dont il n'a pas encore été fait mention.

Chaque voie publique, dans un état de choses normal, doit être pourvue d'une galerie d'égout sur laquelle chaque propriété riveraine puisse greffer directement son égout particulier. Il doit exister des bouches aux points les plus bas des ruisseaux qui entourent chaque îlot de maisons et une borne-fontaine aux points les plus hauts.

Les dimensions données aux égouts pour rendre possible leur visite fréquente par les ouvriers sont plus que suffisantes pour assurer l'écoulement des eaux distribuées dans la ville la plus favorisée. Mais elles ne suffisent plus pour l'écoulement des eaux d'orage dans les égouts collecteurs chargés de l'assainissement d'une surface un peu étendue. M. Belgrand, dans ses projets d'égouts pour Paris, estime qu'il faut donner aux égouts de faibles pentes de 2 à 3 mètres carrés de section par 100 hectares à desservir. Dans les villes, on peut admettre que l'écoulement de l'eau d'un orage dure deux ou trois fois autant que l'orage lui-même, et l'on peut prendre dans le climat de Paris 45 à 50 millimètres d'eau tombée par heure pour l'orage maximum moyen.

Le tracé des égouts dans une grande ville comme Paris et l'utilisation des travaux antérieurs exécutés sans aucune vue d'ensemble, est un des problèmes les plus compliqués que puisse présenter ce genre de construction. Le projet dont les ingénieurs du service municipal poursuivent aujourd'hui l'exécution est des plus remarquables, et peut donner pour l'avenir satisfaction à tous les intérêts. Sans entrer ici dans de minutieux détails de tracé, il suffira de dire que l'on a voulu débarrasser la Seine, dans la traversée de Paris, des immondices que les égouts y versent encore, et en même temps abaisser assez le niveau du débouché du collecteur général, pour que les crues ordinaires du fleuve ne puissent plus suspendre le fonctionnement des galeries des quartiers bas, comme elles le font aujourd'hui.

A cet effet, l'égout de Rivoli, dont on a parlé, a été disposé comme égout de ceinture pour recevoir presque tous les égouts de la rive droite. Il se déverse à son tour, ainsi que toutes les autres eaux qu'il n'a pu recueillir, dans un immense égout souterrain qui débouche à Asnières, après le long circuit que fait la Seine en sortant de Paris.

Les égouts de la rive gauche doivent aussi se réunir, d'après les projets, dans un égout de ceinture qui franchira la Seine, par un siphon renversé, pour aller également rejoindre l'égout d'Asnières.

L'égout d'Asnières est le plus grand ouvrage de ce genre qui existe. Il a 5m,6 de largeur et 4m,40 de hauteur.

Les eaux d'orage, à l'aide de déversoirs et de galeries, s'écouleront encore à la Seine lorsqu'elles atteindront dans les égouts une certaine hauteur.

Aux termes du décret du 26 mars 1852 : « Toute « construction nouvelle dans une rue pourvue d'égouts « doit être disposée de manière à y conduire les eaux « pluviales et ménagères. » La même disposition est applicable à toute maison ancienne, en cas de grosses réparations, et, en tout cas, dans un délai qui expirera en 1862.

Ce décret assure l'assainissement de Paris le jour où il aura reçu une application générale. Il donne à l'administration, par simples mesures réglementaires, le moyen de réaliser complétement les améliorations les plus utiles. Les galeries de communication dont il s'agit, que l'on établit maintenant et dont il a déjà été construit 13 ou 1,400, à Paris, ont 2m,30 de hauteur et 1m,30 de largeur.

L'entrée de ces galeries porte dans l'égout le même numéro que celui de la maison dans la rue correspondante; elle est fermée par une grille en fer à deux clefs dissemblables, dont l'une restera entre les mains des agents de l'administration, et l'autre entre celles du propriétaire, pour que la porte ne puisse s'ouvrir que d'un commun accord.

Quel que soit le parti que l'on adoptera pour le régime des fosses d'aisances, la vidange pourra se faire souterrainement, et la ville se trouvera affranchie des opérations qui rendent aujourd'hui véritablement odieux le parcours des rues de Paris pendant la nuit.

Le système des vidanges des villes est donc intimement lié à celui des égouts, et nous devons dire quelques mots des divers systèmes proposés à cet égard. En supposant que l'on conserve le système actuel des fosses, on vient de voir que la vidange pourra s'en faire avec beaucoup moins d'inconvénient qu'aujourd'hui. Mais le système des fosses est condamné par tout le monde. En ce moment l'administration municipale de Paris paraît disposée à admettre un système de fosses séparant les produits solides des produits liquides, et jetant ceux-ci ou directement dans l'égout, ou dans des conduits spéciaux, qui ont même été ménagés dans quelques égouts, pour les recueillir séparément et les utiliser ensuite en agriculture. Cette dernière solution nous paraît excellente. Quant au coulage des liquides à l'égout, nous le regardons comme détestable, on infectera l'égout, la Seine, et on perdra une valeur considérable. Les matières employées pour désinfecter les liquides des fosses et fixer leurs principes fertilisants, sont loin de donner les résultats qu'on en attend, et seront, toujours, en pratique, d'un emploi difficile et fort incertain.

Il nous reste à examiner quelle est la valeur comme engrais agricole des produits des égouts et des vidanges dont nous demandons que l'on assure la facile utilisation en agriculture.

Les nombreux auteurs français et étrangers qui ont écrit sur l'utilisation comme engrais des déjections des grandes villes, sont bien loin de s'accorder sur la valeur agricole de ces produits. Leurs calculs reposent en général sur des appréciations extrêmement vagues, ou sur des données physiologiques résultant d'observations individuelles, qu'il serait impossible d'appliquer sans erreur grossière aux grands centres de population.

Il m'a semblé que le premier élément de tout projet sérieux d'assainissement des villes devait être la connaissance des produits recueillis d'une manière pratique, et pouvant être mis réellement à la disposition de l'agriculture. C'est le but d'une série d'analyses exécutées en 1854 au laboratoire de l'École des ponts et chaussées, et dont je vais indiquer les principaux résultats.

Au lieu d'obtenir le résultat cherché, ainsi qu'on l'avait fait jusqu'à présent, en multipliant, par la population de Paris, le chiffre obtenu par des observations faites sur quelques individus seulement, j'ai fait porter les analyses sur le produit moyen de la ville entière. C'est en divisant les totaux ainsi obtenus par le nombre des habitants que l'on peut arriver à une moyenne applicable avec exactitude aux grandes villes placées dans des conditions analogues à celles de Paris.

Les produits de la voirie d'une grande ville sont : 1° les boues et immondices recueillies sur la voie publique; 2° les matières extraites des fosses d'aisances; 3° les eaux d'égout.

La première classe de produits est utilisée depuis longtemps par les cultivateurs des environs de Paris et de toutes les villes de quelque importance. Leur valeur et leur emploi sont parfaitement connus. Éminemment encombrants, ces produits, dont la ville doit à tout prix se débarrasser chaque matin, ne sauraient être transportés à de grandes distances. Ils sont forcément consommés dans une zone fort étroite, où ils font concurrence, par leur bas prix, à tous les autres engrais que l'on essayerait de leur substituer. Le perfectionnement des procédés d'assainissement de Paris aura d'ailleurs pour effet naturel de diminuer, au profit des deux autres natures de produits, la masse et la richesse comme engrais de ces matières. Aussi n'a-t-il pas semblé nécessaire d'étudier ici cette première classe de matières fertilisantes. On se bornera à l'examen des deux autres classes de produits.

L'analyse de tous les échantillons examinés a été conduite de la même manière. On introduisait dans un ballon de verre pesé avec une balance à analyse, un litre ou un demi-litre du produit; ce ballon était placé dans un bain-marie d'eau salée bouillant à 108°. Un bouchon adapté au col du ballon et garni de tubes de verre convenablement disposés, permettait de recueillir les produits de la distillation dans un volume connu d'acide sulfurique titré, et de faire passer un courant d'air sec sur le résidu solide pour en compléter la dessiccation. Lorsque le poids du ballon ne variait plus, on le pesait avec soin, et en retranchant du poids obtenu celui du ballon vide, on obtenait le poids du résidu solide séché à 108° contenu dans le volume liquide sur lequel on avait opéré. L'ammoniaque recueillie dans l'acide sulfurique titré était dosée avec les précautions ordinaires, après avoir chassé l'acide carbonique et l'acide sulfhydrique condensés dans le liquide.

On brisait ensuite le ballon pour détacher le produit solide et déterminer la proportion d'azote qu'il renfermait. Cette détermination a toujours été faite par la chaux sodée et par l'oxyde de cuivre. Les deux méthodes ont constamment donné des chiffres très-rapprochés, dont les différences n'ont point paru excéder les limites que comportent des recherches exécutées sur des produits aussi complexes et aussi peu homogènes.

Les opérations n'ont point porté sur les produits d'une ou de plusieurs fosses, prises isolément, qui auraient plus ou moins différé de la moyenne, mais sur le mélange de tous ces produits tel qu'il sort de la conduite en fonte établie entre le dépotoir de la Villette et les bassins de la voirie de Bondy. La composition de ces mélanges varie sans doute un peu d'un jour à l'autre, et, pour arriver à une exactitude mathématique, il aurait fallu pouvoir multiplier les essais beaucoup plus que les circonstances ne permettaient de le faire. Cependant les précautions prises dans les expériences dont il s'agit permettent d'assurer que les chiffres obtenus sont très-voisins de la vérité, et qu'ils offrent un degré d'exactitude parfaitement suffisant pour les besoins de la pratique.

Il serait inutile de reproduire ici les détails des différentes analyses; il suffira de dire que les liquides troubles chassés dans la conduite de Bondy renferment en moyenne par litre :

	Grammes.	
1° *Azote combiné :*		
Azote de l'ammoniaque extrait par distillation	3,0694	
Azote du produit solide	0,9470	0,9470
Azote total	4,0164	
2° *Matières organiques, non compris l'azote :*		
Carbone	9,5723	
Hydrogène	1,5895	
Oxygène	3,4580	14,6198
3° *Matières minérales :*		
Acide sulfurique	0,6161	
Acide chlorhydrique	2,4471	
Acide phosphorique	1,2212	
A reporter		15,5668
Report		15,5668
Soude et potasse	2,0814	
Chaux	1,0431	
Magnésie	0,0782	
Alumine et peroxyde de fer	1,0931	
Silice et argile insolubles dans les acides	1,5967	
Acide carbonique et matières non dosées	1,3771	11,5540
Total du résidu solide par litre		27,1208

Il est maintenant facile d'évaluer la masse totale des matières fertilisantes des produits des vidanges de Paris.

On admettra, pour fixer les idées, que le produit de la voirie de Paris s'élève maintenant, par an, à 354,000 mètres cubes de substances d'une composition moyenne analogue à celle des matières soumises à l'analyse.

Cela posé, il suffira de multiplier par 354,000,000 les différents chiffres donnés dans l'analyse ci-dessus, pour reconnaître que le produit annuel des vidanges de Paris, pour une population d'un million d'habitants environ, renferme :

	Kilog.	Kilog.
Azote combiné.		
Azote de l'ammoniaque des liquides	1,086,567.60	1,421,805.60
Azote des produits solides	335,238,00	
Matière organique non compris l'azote.		
Carbone	3,388,488.00	
Hydrogène	562,506.00	5,175,126.00
Oxygène	1,224,132.00	
Produits minéraux :		
Acide sulfurique	218,099.40	
Acide chlorhydrique	866,273.40	
Acide phosphorique	432,304.80	4,090,116.00
Soude et potasse	736,815.60	
Autres produits minéraux	1,836,622.80	
Total général		10,687,047.60

ou plus simplement :

Azote de l'ammoniaque	1,086,567	1,421,805
Azote des matières solides	335,238	
Matières organiques, non compris l'azote	5,175,126	
Matières minérales	4,090,116	

Les chiffres précédents permettent de calculer, par une simple proportion, la composition du produit des vidanges dans presque toutes les villes de France, qui, sous le rapport de ce service, sont à peu près dans les mêmes conditions que Paris.

La quantité d'azote des vidanges de Paris est égale à celle que contiendraient 355,451,250 kilogrammes de fumier normal (dosant 0.4 pour 100 d'azote). En admettant que la fumure annuelle d'un hectare soit de 20,000 kilogrammes de fumier, on trouverait que la quantité d'azote des vidanges suffirait pour fumer 17,772 hectares par an. Mais on sait que les engrais de cette nature sont beaucoup plus actifs que le fumier ordinaire et qu'ils renferment beaucoup plus de sels minéraux utiles. Pour établir une comparaison plus rigoureuse, il convient de s'adresser à la pratique des cultivateurs des environs de Lille, qui emploient les engrais dont il s'agit. Or, chez les meilleurs fermiers de ce pays, on emploie environ, pour une forte fumure, 18 mètres cubes d'engrais flamand contenant 48k.6 d'azote, d'après les analyses faites en même temps que celles qui font l'objet de cet article. D'après cela, les produits des fosses de Paris pourraient servir à la fumure de 29,250 hectares par an, soit en nombre rond de 30,000 hectares. La valeur réelle de ces produits est donc de 1,500,000 francs à 2 millions.

On sait d'ailleurs que cet engrais ne saurait être exclusivement employé, que son action doit être nécessairement alternée avec celle des engrais plus riches en carbone et moins riches en sels minéraux. Si l'on voulait employer en agriculture la totalité des vidanges de Paris, il faudrait les mettre à la disposition d'une étendue de sol arable au moins *triple* de celle qu'elles pourraient féconder annuellement, soit en nombre rond de 90,000 à 100,000 hectares.

Quand on cherche à se rendre compte du prix de transport de ces matières dans des vases hermétiquement clos, soit par chemins de fer, soit par voies navigables, on reconnaît bien vite qu'elles ont trop peu de valeur pour supporter des frais de transports aussi longs que ceux qui seraient nécessaires pour dépasser la zone où s'emploient les boues de ville, et atteindre les pays situés plus loin, qui pourraient seuls les utiliser avec économie.

Pour effectuer ces transports si utiles à l'assainissement de la ville et à l'agriculture, on ne peut donc recourir qu'à l'emploi de tuyaux de conduites et de pompes foulantes à vapeur, comme l'a fait pour la première fois et avec tant de succès M. l'inspecteur général Mary pour l'établissement du dépotoir. Dans ces conditions, les transports peuvent s'effectuer à des prix tout à fait en rapport avec la valeur des produits dont il s'agit.

On pourrait craindre que dans les premières années l'emploi de ces engrais ne fût pas accepté avec assez d'empressement dans les campagnes et qu'il n'en résultât quelques mécomptes. Mais l'exemple des avantages obtenus convertirait promptement les incrédules, et d'ailleurs il suffirait, comme l'a indiqué M. Boussingault, d'autoriser la culture du tabac, plante si avide de ces engrais, dans les départements traversés par la conduite, pour assurer la consommation rapide de tous les liquides qui seraient envoyés.

Les renseignements si précis et si intéressants donnés par M. Husson dans son ouvrage sur les *Consommations de la ville de Paris*, m'ont fourni récemment une vérification indirecte de ces résultats analytiques déjà anciens.

J'ai calculé la quantité d'azote et de matières minérales contenue dans la quantité de chaque aliment consommé annuellement à Paris, et j'ai pu ainsi comparer le poids de ces matières entrées à Paris, d'après les chiffres de M. Husson (page 140), à ceux des mêmes matières sorties, déduits de mes analyses. Sans reproduire ces longs tableaux de chiffres qui occuperaient trois ou quatre pages, je me bornerai aux observations suivantes :

On retrouve dans les vidanges transportées à Bondy de la moitié aux deux tiers seulement des sels minéraux introduits par les aliments consommés. Pour l'azote, la perte est plus considérable encore. La vidange ne renferme pas plus du tiers de la quantité de ce corps introduit par les aliments.

Ces résultats s'expliquent facilement et confirment les chiffres de l'analyse.

Une partie des fosses de Paris, malgré les règlements de police, ne sont point étanches ; dans beaucoup de quartiers, certaines fosses n'ont jamais été vidées. D'un autre côté, une grande partie des urines sont répandues sur la voie publique ; on comprend donc qu'une très-notable partie des produits qui devraient être recueillis à Bondy se perdent de différentes manières. Quant à la déperdition d'azote, beaucoup plus forte relativement que celle des autres produits, elle s'explique trop facilement par les exhalaisons infectes que l'on observe dans les rues et les maisons de Paris.

Les chiffres qui précèdent ne justifient que trop les plaintes générales que soulève le système vicieux qui régit les fosses et les vidanges de la capitale. Plus de 3 millions et demi de kilogrammes d'azote sont perdus chaque année à Paris pour l'agriculture, et sur ce chiffre 2 millions de kilogrammes au moins sont entraînés à l'état de miasmes infects, qui corrompent l'atmosphère, et concourent pour une large part à l'insalubrité de la ville, dont l'air se rapproche ainsi, par sa composition, de celui de la surface d'un immense tas de fumier.

La composition des eaux des égouts, dont on va parler, est beaucoup plus variable d'un jour à l'autre et d'un point à l'autre que celle des produits de la voirie. Pour arriver à une évaluation à peu près exacte de la valeur de ces liquides, il faudrait en faire puiser, d'heure en heure, dans les divers égouts de Paris, faire un mélange de ces différents échantillons, en quantités proportionnelles au débit correspondant, et analyser les mélanges ainsi formés chaque jour pendant une assez longue période de temps. On ne pourrait entreprendre une pareille étude sans le concours actif de l'administration municipale. Dès lors, j'ai dû réduire mes analyses au petit nombre d'échantillons que je pouvais obtenir, sans abuser de l'obligeance de MM. les ingénieurs du service des égouts. Du reste, ces échantillons ont été recueillis dans des conditions se rapprochant autant que possible de la moyenne, de sorte que les chiffres obtenus, qui concordent assez bien avec ceux résultant d'un autre ordre de considérations, ne doivent pas s'éloigner beaucoup de la réalité.

Voici quelques-uns des résultats obtenus.

1. *Eau du grand égout.* — Cette eau a laissé par litre 9g,187 de résidu solide, contenant :

	Grammes.
Azote	0,137
Matières organiques, non compris l'azote	2,849
Cendres	6,201
Total	9,187

Pendant la distillation, il se dégage une quantité d'ammoniaque répondant à 0g,03115 d'azote.

Cette eau renferme donc par litre 0g,168 d'azote combiné.

Il n'a pas semblé utile de pousser plus loin l'analyse du résidu solide, trop peu homogène pour fournir un renseignement intéressant.

2. *Eau de l'égout de Rivoli.* — Cette eau a laissé par litre 2g,138 de résidu solide, contenant :

	Grammes.
Azote	0,00213
Matières organiques, non compris l'azote	0,62987
Cendres	1,50600
Total	2,13800

Pendant la distillation, il se dégage une quantité d'ammoniaque répondant à 0g,04367 d'azote.

Cette eau renferme donc par litre 0g,0458 d'azote combiné.

Un autre échantillon d'eau puisée deux ans plus tard dans le même égout contenait par litre :

	Grammes.
Matières dissoutes	1,242
Matières solides en suspension	0,484
Total	1,726

Ce résidu solide renfermait 0g,0193 d'azote. Pendant la distillation, il se dégage une quantité d'ammoniaque répondant à 0g,0389 d'azote, de sorte que ce liquide renfermait par litre 0g,0582 d'azote combiné.

On voit que l'eau de l'égout de Rivoli est beaucoup moins riche que celle du grand égout. Mais la différence est due surtout aux produits solides. L'ammoniaque dégagée pendant la distillation des trois liquides répond en effet à des proportions d'azote assez peu différentes les unes des autres, savoir :

0g,0341 ; 0,0436 ; 0g,0389.

La composition des liquides de l'égout de Rivoli se rapproche beaucoup plus de ce qui aura lieu plus tard dans tous les égouts de Paris que l'échantillon ci-dessus de l'eau du grand égout. Dans les recherches qui nous occupent, il convient d'ailleurs de s'attacher plutôt aux minima qu'aux maxima. Dans les calculs qui vont suivre, nous n'adopterons donc pas, pour la composition des eaux d'égout, la moyenne, les résultats fournis par les trois échantillons dont on vient de parler, qui donnerait 0g,09 d'azote combiné par litre de liquide trouble. Nous écarterons également le premier échantillon de l'égout de Rivoli, évidemment trop peu chargé par suite du petit nombre de maisons qui y versaient à l'époque de la prise. A défaut de renseignements plus complets, nous adopterons, pour la richesse en azote des eaux d'égout de Paris, le chiffre de 0g,0582 par litre. Cette donnée est très-probablement au-dessous de la vérité, et nous ne risquons pas d'exagérer en l'adoptant.

Quant au poids des matières dissoutes ou en suspension, on peut l'évaluer en moyenne à 2 grammes par litre à peu près.

Pour évaluer la quantité de matières fertilisantes entraînées et perdues par les eaux d'égout, il faudrait connaître leur volume et leur composition moyenne. Il existe sur ces deux points une très-grande incertitude. Je n'ai adopté que sous toute réserve les chiffres ci-dessus. Quant au volume débité, ou plutôt au volume d'un liquide au même degré de concentration que celui qui a servi à l'essai, on peut, je crois, l'évaluer par an à 21,900,000 mètres cubes environ.

D'après ces hypothèses, les eaux des égouts de Paris contiendraient :

	Kilog.	
Azote de l'ammoniaque.	851,910	1,272,390
Azote des matières solides. . . .	420,480	
Matières organiques non compris l'azote.	12,899,100	
Matières minérales.	30,879,000	
Total.	45,050,490	

Ces derniers nombres doivent être plutôt au-dessous qu'au-dessus de la vérité. Dans des recherches de cette nature, si on commet des erreurs, il convient qu'elles soient dans ce sens, puisqu'il faut toujours être bien certain de ne pas attribuer aux produits que l'on examine une valeur supérieure à celle qui répond à leur richesse réelle. Cependant ils me laissaient, je le répète, beaucoup d'incertitude, et j'ai dû chercher à les contrôler.

L'ouvrage déjà cité de M. Husson sur les consommations de Paris m'a encore donné une vérification remarquable de ce travail analytique déjà ancien.

Les matières perdues par les égouts se composent principalement des déjections des animaux, des eaux ménagères et des urines répandues sur la voie publique. On ne parle pas des produits des fosses coulées aux égouts ; ces matières sont comptées parmi les produits de la voirie, et n'ont pas influé sur les analyses d'eaux puisées pendant le jour.

Il est impossible de baser sur des données tant soit peu précises l'estimation de la valeur comme engrais des eaux ménagères. Quant aux chevaux qui circulent dans les rues, le compte peut en être fait avec exactitude. D'après M. Husson (page 71), il circule tous les jours à Paris 46,000 chevaux, dont 22,400 sont logés dans l'intérieur de la ville ; les autres passent la nuit dans la banlieue. Or, un cheval fournit par jour environ 100 grammes d'azote combiné à l'état de matières fertilisantes. L'azote des engrais versés aux égouts par cette voie seulement peut donc se calculer de la manière suivante :

		Kilog.
22,400 chev. logés à Paris.	0k.100×365j×22,400=	817,600
23,600 chev. logés dans la banlieue et ne passant à Paris que la moitié du temps, environ. .	0k.050×365j×23,600=	430,700
	Azote total.	1,248,300

En ajoutant à ce chiffre celui des chevaux qui apportent à Paris une partie des denrées, les matériaux de construction, etc., qui ne sont pas compris dans les chiffres précédents, les produits des autres animaux domestiques, et enfin les produits des eaux ménagères et celui des urinoirs publics, on reconnaîtra que le chiffre de la richesse en azote des eaux d'égout déduit de l'évaluation de leur volume et des analyses, est inférieur à celui résultant des données synthétiques qui précèdent, et d'ailleurs parfaitement en rapport avec elles. On peut donc l'adopter comme suffisamment exact pour les recherches qui nous occupent.

En résumé, les eaux d'égout entraînent chaque année à la Seine au moins 1,200,000 kilogrammes d'azote. Mais leur énorme volume et leur état de dilution ne permettraient pas de les utiliser en totalité, avec économie et d'une manière directe en agriculture. Le meilleur moyen de les employer serait d'en consacrer une partie à des arrosages de prairies, comme on le fait à Édimbourg, à Milan, etc., et d'extraire de la partie non utilisée de cette façon les éléments fertilisants, par une application convenable des méthodes de précipitation par la chaux, appliquées pour la première fois par M. Wicksteed, à Leicester. Voici en quoi consiste cette opération.

Le volume des eaux des égouts de toute la ville de Leicester, qui compte 65,000 âmes, s'élève environ, par an, à 5 millions de mètres cubes, d'où l'on extrait à peu près 4,500,000 kilogrammes de matières fertilisantes à l'état solide.

L'établissement où s'opère la manipulation de cette masse énorme de produits est situé sur le bord de la rivière Soar, à une petite distance au-dessous de la ville. Il est impossible, quelque prévenu que l'on puisse être, d'y constater l'odeur la plus légère. La plus exacte propreté règne dans toutes les parties de l'usine ; les machines à vapeur, et quelques ouvriers pour les diriger, effectuent tous les travaux avec une précision dont il est impossible de donner l'idée.

L'eau des égouts est amenée, par une conduite souterraine, dans un vaste puits creusé sous l'établissement, à une profondeur assez grande, déterminée par la nécessité de donner aux égouts, et à la conduite d'amenée, une pente suffisante dans l'intérieur de la ville.

Une machine à vapeur, système de Cornouailles, de 20 chevaux, fait manœuvrer une pompe, qui élève cette eau pour l'amener au niveau du sol. Une autre petite pompe, mise en mouvement par la même machine, communique avec une citerne munie d'un agitateur et que l'on entretient constamment remplie de lait de chaux. A chaque coup de piston de la machine, cette petite pompe introduit dans le tuyau de conduite des eaux élevées par la grosse pompe une certaine quantité de lait de chaux, dont la proportion est réglée à l'aide de robinets, suivant la nature des eaux et le degré de concentration du lait de chaux.

L'eau d'égout, ainsi mélangée de lait de chaux, arrive dans une caisse étroite et longue, dans laquelle tournent des agitateurs à palettes à axes verticaux; le mélange intime des matières s'effectue dans cette caisse, et le liquide s'écoule lentement, à travers des ouvertures horizontales, dans un réservoir en maçonnerie de ciment, ayant environ 60 mètres de longueur, 13m,50 de largeur et 1m,50 de profondeur. Ce réservoir est partagé en deux parties par une série de châssis verticaux en toile métallique placés à 18 mètres environ de l'origine, et que l'on peut mettre et ôter à volonté. Ces toiles métalliques portent 7 à 8 fils par centimètre : elles sont destinées à retenir les corps flottants légers, et à régulariser le mouvement de l'eau dans le réservoir. A l'aval du réservoir sont établies de petites vannes, par lesquelles le liquide purifié s'écoule dans la rivière par déversement, et en lames minces horizontales.

Le fond du réservoir, depuis les toiles métalliques jusqu'aux vannes de décharge, présente une légère contre-pente; au contraire, dans le premier tiers du réservoir, le fond présente deux pentes vers le milieu, réunies par une rigole profonde à fond demi-cylindrique. La vitesse de l'eau dans ce réservoir est de 7 à 8 millimètres par seconde; le produit floconnneux formé par la chaux s'y dépose comme dans une eau tranquille.

Une vis d'Archimède placée dans l'espèce de gouttière ménagée au fond du réservoir, ramène lentement le dépôt boueux dans un puisard, situé derrière.

La précipitation et l'enlèvement des matières solides précipitées s'effectue ainsi d'une manière continue dans un seul réservoir qui reçoit, à l'une de ses extrémités, l'eau d'égout et toutes ses impuretés, et verse dans la rivière, à son autre extrémité, un liquide clair, inodore et sans saveur.

Le dépôt boueux ramené par la vis sans fin, à l'état de boue liquide dans le puisard situé derrière le réservoir, est repris par une chaîne à godets et élevé dans un petit réservoir à quelques mètres au-dessus du sol. Des tuyaux conduisent cette boue liquide dans des machines à essorer à force centrifuge, qui la réduisent à l'état de pâte de consistance de terre à briques.

Il y a, à Leicester, douze toupies de séchage constamment en action. La toile métallique qui les garnit porte 20 à 24 fils par centimètre. Les machines font 1,000 tours par minute. Chacune d'elles reçoit environ 160 kilogrammes de matière demi-fluide. On fait tourner l'appareil pendant 10 à 15 minutes. La substance perd environ les deux tiers de son poids d'eau; on l'extrait de l'essoreuse, et on la porte aux ouvriers briquetiers qui peuvent la mouler, soit immédiatement, soit après une courte exposition à l'air.

En résumé, l'eau d'égout mélangée de chaux est introduite dans un réservoir où se fait le dépôt du précipité formé. Ce dépôt à l'état de boue liquide, continuellement extrait par le mouvement de la vis d'Archimède, est soumis à l'action de machines à dessécher à force centrifuge et transformé en pâte assez ferme pour être immédiatement moulée en briques, dont la dessiccation s'opère à l'air libre sans aucune difficulté.

L'application du système de M. Wicksteed et la construction d'un système complet d'égouts qui en a été la conséquence, a été pour la salubrité de la ville de Leicester un bienfait inappréciable : la mortalité s'élevait, depuis plusieurs années, de 420 à 450 décès par trimestre; depuis l'établissement des travaux, en mai 1855, le nombre des décès est tombé à 340 et même à 324 par trimestre.

Le produit solide ainsi obtenu renferme :

	PRODUIT à l'état naturel.	PRODUIT supposé sec.
Eau perdue à 110°	12,00	»
Résidu insoluble dans l'acide chlorhydrique faible	13,25	15,05
Alumine, phosphate et peroxyde de fer	8,25	9,37
Chaux	45,75	51,97
Magnésie faible : traces	»	»
Azote, non compris celui des sels ammoniacaux . . . . 0,558000 / Azotate des sels ammoniacaux 0,544666	1,10	1,25
Produits volatils au rouge, non compris l'azote, acide carbonique et autres matières non dosées	19,65	22,36
	100,00	100,00

Pour savoir si les eaux d'égouts de Paris se comporteraient avec la chaux comme celles de Leicester, j'ai fait prendre de l'eau dans l'égout de la rue de Rivoli. Elle contenait par litre :

Matières dissoutes	1g,242
Matières solides en suspension	0g,484
Total	1g,726

L'ammoniaque libre de l'eau d'égout dans son état naturel a été dosée en recueillant avec les précautions ordinaires, dans de l'acide sulfurique titré, le produit de la distillation. L'azote du produit de l'évaporation à sec du liquide a été dosé par les procédés ordinaires. On a trouvé ainsi que 1 litre de l'eau examinée renferme :

Azote de l'ammoniaque libre	0,0389
Azote du produit solide	0,0192
	0,0581

Telle est la constitution, au point de vue dont il s'agit, du liquide de l'égout de Rivoli, sur lequel ont été faites les expériences que l'on va rapporter.

On a versé un litre d'eau d'égout dans un certain nombre de flacons d'une capacité de 1 litre et demi environ. On a ajouté à ces liquides troubles des quantités variables de chaux pesée, parfaitement sèche, puis éteinte dans un peu d'eau distillée. La précipitation s'est faite de la manière la plus rapide et la plus satisfaisante, et en présentant le même aspect que celui des liquides de Leicester dans les mélanges renfermant 0g,4 et 0g,5 de chaux pure par litre d'eau d'égout. Ces deux liquides renfermaient la même proportion d'ammoniaque libre, savoir 0g.037 par litre.

Le résidu de l'évaporation de la liqueur clarifiée à l'aide de 0g,4 de chaux pesait 0g,994 par litre, et celui de la liqueur clarifiée avec 0g,5 de chaux pesait 0g,962 : ce dernier avait été un peu trop chauffé, de sorte que les poids de ces résidus peuvent être regardés comme très-voisins; le poids de la matière restée en dissolution après l'action de la chaux était de 0g,978.

Le liquide employé renfermait, comme on l'a vu, 1g,726 de matières solides par litre, dont 1g,242 en dissolution. La chaux a donc déterminé la précipitation rapide de 0g,748 par litre de matières solides formées de :

Produits solides en suspension	0g,484
Produits solides dissous	0g,264
Total égal	0g,748

Ainsi, la chaux détermine la précipitation de près du quart des matières dissoutes. L'eau, après la précipitation, était d'ailleurs parfaitement limpide, incolore et inodore. Le résidu de l'évaporation du liquide précipité par la chaux, puis filtré, contenait 0g,837 p. 100 d'azote, ce qui répond à 0g,0081 8586 d'azote par litre de liquide clarifié.

Le précipité formé sur la chaux, recueilli sur un filtre, puis séché au soleil, contenait pour 100 :

	PRODUIT.	
	séché au soleil.	supposé sec.
Eau perdue à 110 degrés	2,20	»
Résidu insoluble dans l'acide chlorhydrique faible	8,25	8,43
Alumine, phosphate et peroxyde de fer	7,25	7,41
Chaux	33,75	34,51
Magnésie : traces	»	»
Azote non compris celui des sels ammoniacaux . . . . . . 0,837 ; Azote des sels ammoniacaux 0,336	1,17	1,20
Produits volatils au rouge, non compris l'azote, acide carbonique et autres matières non dosées	47,38	48,45
	100,00	100,00

Or, on obtient par litre, y compris les 0g,4 de chaux et l'acide carbonique absorbé par une partie de cette base, 1g,52 environ de ce précipité. Ce qui donne 0g,01824 d'azote par litre d'eau clarifiée.

En réunissant les nombres précédents, on voit que l'azote renfermé dans un litre d'eau d'égout, après la clarification par la chaux, se répartit de la manière suivante :

Azote des matières solides restées en dissolution	0,0082
Azote de l'ammoniaque libre dans le liquide clarifié	0,0306
Azote du précipité produit par la chaux	0,0182
Total	0,0570

chiffre aussi rapproché que le comportent des recherches de cette nature, de la quantité totale d'azote, 0g,058, trouvé dans un litre d'eau naturelle.

Ainsi, la chaux précipite près de 30 pour 100 de l'azote contenu dans les eaux d'égouts. Mais elle ne paraît pas agir sensiblement sur l'ammoniaque libre que renferment ces eaux.

On conçoit que d'importantes améliorations pourraient être réalisées à cet égard. Il est très-probable que l'addition d'un peu de phosphate acide de chaux et d'une chaux magnésienne permettrait de recueillir beaucoup plus d'azote.

Le produit dont on vient de parler serait très-bon pour faire des nitrières artificielles. HERVÉ MANGON.

ÉLECTRO-MAGNÉTIQUES (MOTEURS). — Voy. ÉQUIVALENT DE L'ÉLECTRICITÉ.

ÉMAILLAGE. Les recherches exposées dans cet article remontent à plusieurs années ; elles ont été motivées par la création d'un atelier d'émaillage à la manufacture de porcelaine de Sèvres. Lorsqu'en 1846, à la veille de l'exposition des manufactures nationales, on fut obligé, pour produire, d'avoir recours à l'industrie privée qui préparait les matériaux nécessaires à ce genre de décoration, une longue série d'études toutes nouvelles me fut demandée dans le but d'ajouter à mon service la fabrication des émaux ; c'est le résultat de ces essais qui va trouver place ici.

L'émaillage, ou l'art de recouvrir les métaux de couleurs ou de peintures rendues brillantes et inaltérables par l'action de la chaleur, qui les fait adhérer, procède par diverses méthodes conduisant à des effets variés, par suite de l'emploi de matières variées aussi, d'usage et de composition différentes.

Tantôt, le métal est simplement recouvert d'une couche d'un cristal transparent, incolore ou coloré, au travers duquel le métal apparaît soit avec son éclat et sa couleur propre, soit avec des tons modifiés par la couleur de la couche superposée.

Tantôt, le métal disparaît complétement sous une couche d'un cristal opaque, blanc ou coloré.

Souvent on applique par places sur le métal déjà recouvert d'un émail opaque, une feuille ou des ornements en métal éclatant, qu'on recouvre à leur tour de cristal transparent, incolore ou coloré, de manière à obtenir, sur une même pièce, des effets mixtes produits par les deux modes distincts de décoration que je viens d'indiquer.

Tantôt, sur un fond blanc opaque qui peut faire partie d'une pièce décorée par l'un ou l'autre, quelquefois par les deux procédés qui précèdent, on applique des peintures dont on rend le glacé complet en les recouvrant d'une couche d'un cristal transparent et d'une composition particulière, auquel on donne le nom de fondant : ce genre de peinture s'appelle *peinture sous fondant*.

Tantôt enfin, on applique sur un fond blanc d'une nature spéciale qu'on nomme *pâte*, des peintures souvent très-fines, exécutées avec une palette spéciale dont les couleurs glacent suffisamment par elles-mêmes pour qu'on n'ait plus besoin d'avoir recours à la superposition du fondant : on nomme ces peintures *peintures sur pâte*.

On comprend que toutes les matières employées pour obtenir les effets que je viens d'énumérer soient variées, les unes plus, les autres moins fusibles.

Nous aurons à les étudier dans deux groupes distincts. La composition des matières teintes dans la masse trouvera sa place dans une première partie. Nous réserverons pour une seconde la composition des couleurs proprement dites dont on fait usage pour peindre sur pâte ou sous fondant.

L'étude des fondants colorés, ou non opaques ou transparents, qui s'appliquent pour obtenir l'émaillage du cuivre, de l'or, de l'argent, se présentera naturellement à côté de celle des mêmes matériaux employables sur fer et sur fonte, et nous insisterons sur ces derniers en raison de la nouveauté des produits qu'on en peut obtenir.

Je réunirai dans une troisième partie ce qu'il est permis de regarder comme descriptif, je veux parler des procédés mécaniques usités dans l'art de l'émailleur pour mener à bonne fin une pièce commencée. C'est dans cette partie que nous chercherons à rendre compte de certaines précautions que la pratique seule a pu conseiller et que l'usage a consacrées. Cette étude est le complément nécessaire des notions chimiques que nous aurons développées dans les deux parties précédentes, mais il nous a paru nécessaire, afin de fixer les idées, de placer en tête de cet article, sous le titre de *Notions préliminaires*, une définition nette et précise des termes que nous aurons à choisir, de leur valeur et de leur portée.

Nous commencerons donc par donner en quelques mots l'explication des mots dont nous ferons usage.

NOTIONS PRÉLIMINAIRES.

On entend généralement par émail, un cristal plus ou moins fusible, généralement plombeux, car ce n'est pas une nécessité, opaque, souvent blanc, quelquefois coloré.

Cependant, on a étendu ce nom à toute espèce de matière vitreuse, transparente ou opaque applicable sur métaux ; on a même confondu sous cette même dénomination les couleurs dont on se sert pour décorer les poteries les plus parfaites comme les porcelaines, et certaines poteries grossières comme les faïences communes. C'est encore de ce nom qu'on appelle les substances vitreuses, opaques ou transparentes qui servent de glaçures aux poteries que nous venons de citer. Enfin, on a été jusqu'à l'appliquer à toute pièce métallique recouverte d'émaux.

Il est résulté de ces extensions successives données à la signification primitive du mot émail, qu'il n'a plus de sens précis dans le langage technologique.

Pour nous, nous réserverons d'une manière exclusive le mot émail à toute matière vitreuse plus ou moins fusible, blanche ou colorée par des matières colorantes maintenues en dissolution dans la masse.

Par opposition au mot émail, je nommerai *parémail* (de *para*, contre) toute substance vitrifiable plus ou moins fusible, chimiquement non homogène, formée d'un mélange de matière colorante infusible ou d'une fusibilité insuffisante, intimement mêlée à une matière vitreuse ou fondant.

Nous nommerons :

1° Métal émaillé (fer, fonte, or, argent ou cuivre), tout métal recouvert d'une couche de cristal ou verre, incolore ou coloré.

2° Paillons, les métaux émaillés de façon à présenter, sur leur surface vitreuse, des parties métalliques brillantes, or ou argent, recouvertes de verre ou de cristal.

3° Peinture sur émail sous fondant, les décorations peintes sur métal émaillé mais recouvertes de fondant.

4° Enfin peinture sur émail, sans fondant, les métaux émaillés chargés de peintures obtenues par des parémaux.

Je distinguerai les émaux en *transémaux* ou émaux transparents et incolores ou colorés, quelle que soit leur coloration, et *opémaux* ou émaux opaques, blancs ou colorés, quelle que soit la nature de l'élément qui les colore, quel que soit le principe de leur opacité.

Dans les émaux, la matière colorante sera toujours une partie minime du poids de la masse vitreuse : il y aura dissolution, combinaison chimique; leur caractère distinctif sera l'homogénéité.

Dans les parémaux, au contraire, le principe colorant pourra s'élever à une proportion très-forte, sans qu'il y ait combinaison entre l'élément colorant et le principe fusible; il n'y a qu'un simple mélange duquel résulte l'hétérogénéité de la masse.

Toutes les couleurs employées dans la décoration des porcelaines européennes, le blanc excepté, sont des parémaux; encore pour le blanc, je ne crois pas qu'il soit possible d'admettre que l'oxyde d'étain soit dissous. Les couleurs au contraire dont les Chinois se servent pour décorer leurs produits similaires, sont de véritables émaux pour la plupart; c'est même à cette différence de moyens qu'il faut attribuer la différence des effets produits par les deux espèces de porcelaines. (Voy. DÉCORATION CÉRAMIQUE.)

Dans tous les cas, quelle que soit la nature du métal émaillé qu'on veut produire, le métal se trouve recouvert d'une couche de matière vitreuse qui le préserve de l'oxydation et qu'il convient d'appliquer sur les deux faces, en dessus comme en dessous, afin d'éviter le gondolement du métal et la fente de l'émail supérieur. On donne à la couche étendue sous l'objet, lorsqu'il est placé à l'intérieur, lorsqu'il épouse la forme concave, le nom de *contre-émail*.

Lorsqu'on veut obtenir un métal émaillé chargé de peintures sous fondant ou de paillons, on recouvre la matière vitreuse d'une couche de blanc. Cette matière offre une composition uniforme et constante; mais il n'en est pas de même de celle de la première couche immédiate mise en contact avec le métal ; sa composition est appropriée naturellement au métal qu'il s'agit d'émailler, et nous avons analysé des substances employées à cet usage par les principaux émailleurs de Paris.

Voici les moyennes obtenues pour les fondants convenables pour l'émaillage de l'argent et de l'or :

Perte au feu.	0,30	0,10
Silice.	48,10	53,60
Oxyde de plomb	38,25	31,16
Oxyde de cuivre.	0,32	traces
Oxyde de fer	0,25	0,40
Oxyde de manganèse . . .	0,00	0,60
Alumine	0,14	0,54
Chaux.	0,60	0,26
Magnésie	traces	traces
Alcalis	12,04	12,31

On comprend que la soude et la potasse conduisent à des cristaux de propriétés différentes relativement à la manière dont ils se comportent avec les métaux. L'expérience n'a pas encore fait connaître les choix qu'il convient de faire, et les dosages employés par les praticiens sont encore tenus secrets.

Nous prendrons pour exemple dans cet article, afin de préciser les divers points qu'on pourra naturellement étendre à l'émaillage sur cuivre et sur or, l'émaillage de la tôle ou de la fonte pour obtenir des peintures sous fondant.

Lorsqu'on prépare des peintures sur pâte, la pâte est appliquée sur fondant et bien étendue par les moyens que nous indiquerons plus loin. Cette pâte ne se fabrique qu'à Venise avec toutes les qualités voulues. Elle n'est pas complétement blanche; elle possède au contraire une légère nuance ocreuse faiblement verdâtre sur laquelle le blanc marque et se détache convenablement, en simulant un rehaut.

ÉMAILLAGE SUR FER. — PEINTURE SOUS FONDANT.

L'émaillage sur fer ne date, à la manufacture de Sèvres, que de quelques années; les premiers essais remontent à la fin de 1849; ils ne sont donc venus que longtemps après l'émaillage sur cuivre dont on s'occupait depuis 1846. La première idée de ce genre de produit fut suggérée pendant l'exposition des produits de l'industrie française en 1849, par l'apparition dans le commerce de plaques de tôle émaillée préparées par MM. Jacquemin frères, dans l'usine de Morey (Jura).

M. Ebelmen pensa qu'il devait être facile d'obtenir sur le fer émaillé des plaques d'une plus grande dimension que celles que pouvait donner le cuivre si sujet à se déformer, et qu'on devait poursuivre avec plus de chances de succès la décoration monumentale. C'était là le but vers lequel tous les efforts étaient dirigés.

Les premiers essais faits sur des plaques de petite dimension donnèrent des résultats assez satisfaisants pour faire espérer une prompte solution du problème. Une tête de Cérès fit concevoir tout espoir, et l'on se mit de suite à l'œuvre pour décorer des plaques de plus grande dimension. Comme premier ouvrage sérieux, nous devons citer une tête de Raphaël encadrée dans des bordures ornemanisées, sur une tôle de $0^m,32$ de largeur et de $0^m,40$ de hauteur. Nous allons indiquer les moyens employés dans cette circonstance.

On a fait sur la plaque fournie par M. Jacquemin émaillée en blanc, ayant par conséquent déjà supporté plusieurs feux, peut-être quatre, savoir deux de fondant et deux de blanc, une première application de noir à deux couches, puis on a peint une grisaille, enfin on a coloré la grisaille. Pour résumer, on a donc eu la série successive des feux que je réunis méthodiquement en généralisant pour servir d'exemple.

A. — *Préparation de la plaque.*

1re Couche de noir . . . . 1er feu.
2e Couche de noir . . . . 2e feu.

B. — *Préparation de la grisaille.*

Sur le noir on fait le trait, puis on empâte avec du blanc pour obtenir les lumières; cette grisaille est faite à 3 feux :

1re couche de blanc. . . . . 3e feu.
2e couche de blanc. . . . . 4e feu.
3e couche de blanc. . . . . 5e feu.

C. — *Émaillage proprement dit.*

1re couche d'émaux de couleur. . . 6e feu.
2e couche d'émaux de couleur. . . 7e feu.

D. — *Peinture proprement dite.*

On termine la plaque par l'application de l'or et la coloration de la grisaille avec les couleurs de Genève.

1er feu de peinture. . . . . 8e feu.

En ajoutant à ces feux les quatre feux présumés nécessaires pour la préparation de la plaque blanche, cette plaque exige, pour être terminée, douze feux successifs.

Les matières employées doivent être choisies pour le noir, le blanc et les émaux colorés : nous y reviendrons plus loin.

Ce nombre de feux est considérable; on doit du reste varier un peu la série des opérations suivant les circonstances, et placer l'or à des époques différentes suivant l'effet qu'on veut produire. Ainsi, en supposant la plaque préalablement préparée par deux couches de fondant et deux couches de blanc, on distinguera :

A. — *La préparation de la plaque.*

On dessine directement sur le blanc sans mettre de noir, on étend donc :

1er couche de blanc. . . . . 1er feu.
2e couche de blanc. . . . . 2e feu.

On profite du 1er feu de blanc pour étendre l'or qui doit faire paillon et qu'on recouvrira de fondant.

On passe à la deuxième opération, en se servant de couleurs qui doivent être recouvertes de fondant.

B. — *Peinture proprement dite.*

1re couche de peinture (ébauche). . 3e feu.
2e couche de peinture (retouche). . 4e feu.

C. — *Passage du fondant sur l'or.*

On réserve ce qui n'est pas dorure et on pose deux couches.

1re couche de fondant . . . . 5e feu.
2e couche de fondant . . . . 6e feu;

mais on profite de ces deux feux pour terminer la coloration par l'application des transémaux qui rehaussent les draperies.

D. — *Peinture de retouche en noir sur fond d'or.*

On fixe par ce dernier feu les ornements qui peuvent s'enlever sur les fonds d'or. . . . . 7e feu.

C'est encore treize feux pour compléter une pièce.

Tous les accidents qui peuvent résulter de ces cuissons répétées paraissent tenir plutôt à la mauvaise nature du verre formant la couche intermédiaire entre le métal et la surface peinte qu'à toute autre cause, et le plus grand inconvénient de cette fabrication est l'usage immédiat de plaques préparées dans le commerce.

Il convient donc de s'affranchir de cette cause de déchets en préparant directement les tôles dont on peut avoir besoin; il y a d'ailleurs un intérêt considérable à ne pas rester tributaire d'un étranger qui peut, par une négligence ou tout autre motif, entraver une production déjà coûteuse par elle-même.

Je place ici le résultat des expériences que j'ai faites pour étudier la meilleure composition à donner aux fondants qu'il faut choisir pour les mettre en contact immédiat avec les tôles. J'ai fait un assez grand nombre d'analyses et de synthèses pour les contrôler. Les fondants faits à Sèvres l'ont été dans un petit fourneau d'essai permettant de fondre à la fois 1,500 grammes de matière. Cette indication n'est pas sans importance. En opérant sur une petite quantité, le verrier trouve toute sécurité pour maintenir à son produit une composition normale. La fusion s'opère rapidement.

Les analyses ont été faites d'une manière comparable; on les a dirigées de manière à doser tous les éléments d'une manière directe, sauf l'acide borique.

Dans une première attaque au carbonate de soude, on a dosé la silice, l'oxyde de plomb, l'oxyde de fer; dans une deuxième attaque, on a déterminé l'oxyde de plomb, la chaux, la magnésie et les alcalis.

C'est par différence qu'on a déterminé l'acide borique. Cette méthode suffit; elle force un peu la quantité de l'acide borique en l'augmentant de la perte de manipulation; or pour reconstituer par synthèse le composé dont l'analyse a révélé la nature, ce n'est pas un inconvénient d'exagérer un peu le dosage de l'acide borique dont une partie s'échappe toujours par volatilisation.

Les différents fondants soumis à l'analyse étaient :

N° 1. Fondant enlevé aux plaques émaillées de M. Jacquemin.

N° 2. Fondant pour fer, préparé par M. Pâris, également de bonne qualité.

N° 3. Fondant pour fer (Pâris).

N° 4. Fondant pour fer (Pâris), employé à l'émaillage des plaques de tôle de la plus grande dimension pour les figures au pied de M. Jalabert. Ce fondant livré en gros fragments laissait apercevoir, emprisonnées dans sa masse, de grosses grenailles de plomb métallique.

N° 5. Fondant pour fer incolore enlevé aux premiers ustensiles de fer émaillé, envoyés à M. Ébelmen par M. Japy.

N° 6. Fondant pour fer incolore, enlevé aux ustensiles faisant partie du deuxième envoi de M. Japy.

N° 7. Fondant pour fer, bleu, provenant d'une espèce de plateau de l'envoi de M. Japy. Il faut ajouter aux éléments consignés dans l'analyse de ce fondant 1,03 pour 100 d'oxyde de cobalt.

Quelques-uns de ces fondants avaient conduit à des écailles dont j'ai voulu connaître la cause. Voici les résultats analytiques de ces différents fondants :

Tableau A.	N° 1. Jacquemin.	N° 2. Pâris.	N° 3. Pâris.	N° 4. Pâris.	N° 5. Japy.	N° 6. Japy.	N° 7. Japy.
Acide silicique.	49,00	47,70	44,01	40,05	47,50	51,00	49,00
Acide borique.	4,04	5,49	3,66	3,36	4,36	3,42	4,62
Oxyde de plomb.	27,52	28,10	36,05	39,04	31,40	22,44	25,00
Oxyde de fer et de manganèse. .	2,50	1,00	0,65	1,00	2,52	4,20	2,70
Chaux.	0,81	0,50	traces.	0,20	1,50	2,20	1,00
Magnésie.	traces.	traces.	traces.	traces.	traces.	0,00	traces.
Alcalis	16,14	17,21	14,94	16,05	12,72	17,04	16,65
Total.	100,00	100,00	100,00	100,00	100,00	100,00	98,97

TABLEAU B.	N° 4.	N° 3.	N° 5.	N° 2.	N° 1.	N° 7.	N° 6.
Adhérence. . . . . Aspect après fusion. Résistance.	médiocre. bien glacé. bonne.	moyenne. bien glacé. bonne.	moyenne. glacé. bonne.	complète. assez glacé. bonne.	complète. glacé. bonne.	moyenne. coque d'œuf. bonne.	moyenne. coque d'œuf. bonne.
Oxyde de plomb. .	39,04	36,05	31,40	28,10	27,51	25,00	22,14
Acide borique . . .	3,66	4,65	4,35	5,49	11,04	4,62	3,12
Alcalis.	16,05	14,94	12,72	17,21	16,14	16,65	17,04

Il résulte de ces tableaux que, quelle que soit la provenance de ces divers fondants, ils sont tous formés des mêmes éléments : silice, acide borique, oxyde de plomb, alcalis, potasse et soude. Les nombres qui précèdent font voir que les fondants de M. Pâris n'ont pas offert de régularité dans leur composition ; que l'oxyde de plomb y a varié de 28 à 39 centièmes ; que la silice a varié de 47 à 40 centièmes, le fondant qui a donné les résultats les moins avantageux étant celui dans lequel le plomb était en plus forte proportion. (On a choisi pour faire l'analyse des fragments bien exempts de grenaille métallique.)

Les émaux pour fer envoyés par M. Japy sont beaucoup moins plombeux que ceux livrés à la manufacture de Sèvres par M. Pâris. Le dernier fondant, du reste, se rapproche, sous le rapport de sa composition, du premier fondant livré par M. Pâris, celui-ci semblant identique avec l'émail provenant des plaques de M. Jacquemin. L'acide borique varie d'un produit à l'autre. En représentant par 100 le nombre le plus élevé, qui indique la dose de cet acide, le poids du plus faible devient 66. L'acide borique varie donc dans les proportions de 3 à 2.

Pour l'oxyde de plomb, en faisant une transformation analogue, le chiffre le plus élevé étant 100, le plus faible devient 57,5.

L'alcali varie dans des limites un peu moindres ; car 100 étant la proportion la plus élevée de la potasse et de la soude réunies, la quantité la plus faible de ces bases ne descend pas au-dessous de 74. Les proportions de chaux ne m'ont pas paru devoir exercer une influence notable sur les propriétés de ces fondants. Je les ai considérées comme accidentelles ; j'ai de même, dans les synthèses, négligé d'introduire les oxydes de fer et de manganèse qu'on ne peut considérer que comme accessoires et dont la proportion, du reste, n'est devenue notable que dans les échantillons arrachés à la tôle émaillée et cuite ; dans ce cas, le fondant enlève toujours au fer une portion d'oxyde qui le colore en noir et le métal dénudé paraît parfaitement décapé, brillant d'un vif éclat.

Ces données sur la composition des divers fondants ont servi de base pour les reproduire par synthèse, afin d'abord de vérifier expérimentalement l'analyse et pour étudier d'une manière comparative et raisonnée leur résistance au choc et leur adhérence au métal. Les fondants préparés suivant les indications de l'analyse ont tous présenté les caractères des émaux de M. Pâris, avant comme après la cuisson.

Appliqués à une épaisseur très-faible, ils prennent sur le fer, comme ces derniers, un aspect noirâtre qui pourrait faire croire que ce métal a été recouvert d'une couche de noir. Sous une épaisseur plus considérable, ils prennent un aspect opalin qui masque complétement la nature du métal et qu'on pourrait attribuer à la présence dans la matière vitreuse, soit du phosphate de chaux, comme dans l'opale, soit du sulfate de potasse, comme dans le verre dit *pâte de riz*. Cette demi-opacité n'est due, comme l'analyse et la synthèse l'ont confirmé, qu'à de petites bulles emprisonnées dans l'intérieur du cristal, assez nombreuses quand la couche est épaisse pour détruire complétement la limpidité de l'enduit fondu ; ces bulles sont d'ailleurs parfaitement visibles dans les éclats qu'on peut détacher à coups de marteau des plaques de tôle émaillée. La partie même qui reste, dans certains cas, adhérente au métal, présente alors l'aspect et la coloration de ce fondant appliqué en couche mince.

J'ai réuni dans le tableau marqué B les résultats des diverses expériences à l'aide desquelles j'ai tenté d'apprécier la valeur industrielle des fondants analysés plus haut et reconstitués par synthèse ; c'est de l'examen de la cassure et de l'étendue de la surface métallique mise à nu que j'ai cru pouvoir déduire les qualités comparatives de ces fondants.

Lorsqu'on frappe à coups de marteau sur une petite plaque recouverte de fondant, ce fondant s'étoile d'abord, puis s'élève tantôt en mettant à nu le métal, tantôt en se séparant en couches distinctes, l'une qui se détache, l'autre qui reste adhérente au fer. Dans le premier cas évidemment, l'adhérence est moindre que dans le second cas. C'est ce dernier que j'ai désigné dans le tableau qui précède par le terme adhérence complète. Le mot *adhérence médiocre* ne s'applique qu'aux fondants qui s'enlèvent en entier et facilement sous le choc du marteau ; *adhérence nulle* veut dire que par le refroidissement seul le fondant se sépare sous forme d'éclats. Enfin j'ai réservé le mot *adhérence moyenne* pour les fondants qui jouiront de propriétés intermédiaires ; il qualifie des fondants n'ayant pris qu'une adhérence irrégulière, c'est-à-dire complète sur divers points, médiocre sur d'autres. Il est évident que le mot adhérence complète ne peut être pris dans un sens absolu ; car il n'y a pas de fondant qui résisterait à l'exfoliation par des chocs répétés dont l'action se rapprocherait de celle d'une lime ou d'un égrugeoir.

Pour éviter une dénomination difficile, explicative des divers points de fusion comparée de ces différents fondants, on a jugé plus simple de les classer par ordre de fusibilité en commençant par le plus fusible. Cette fusibilité, quoique très-peu variable, d'un émail à un autre, est évidemment liée néanmoins à la proportion de l'oxyde de plomb que l'analyse a décelée. Les variations présentées par les alcalis et l'acide borique paraissent perdre leur influence vis-à-vis de celles de l'oxyde de plomb. Il serait, du reste, difficile de se prononcer *à priori* sur la fusibilité comparative de composés aussi complexes, et surtout si la potasse et la soude se trouvent simultanément employées ; d'ailleurs ces composés contiennent de l'acide borique et l'étude des borosilicates multiples considérés à ce point de vue est encore à faire.

On a noté dans le tableau B, outre l'adhérence et la quantité de l'oxyde de plomb qui augmente à mesure qu'on voit croître la fusibilité, l'aspect après la fusion, puis les quantités centésimales, soit de l'oxyde alcalin, soit de l'acide borique.

Les essais d'adhérence ont été répétés sur plusieurs plaques différentes. Ils ont permis d'accepter avec certitude, comme conformes à la vérité, les résultats qu'ils présentaient et les conséquences qu'on est tenté d'en tirer.

Il est hors de doute, d'après l'étude du tableau qui précède, que la composition qui remplit les meilleures conditions d'adhérence et, par conséquent, les chances de plus grande durée, correspond aux analyses des fondants marqués n° 1 et n° 2. C'est ce produit qui devait me servir de point de départ pour la fabrication des fondants destinés aux essais en grand tentés dans l'atelier d'émaillage.

Toutefois, avant d'en faire une quantité considérable, avant aussi de donner cette recette comme celle qui conduit aux résultats les plus pratiques, j'ai jugé prudent de m'assurer, par des fontes répétées et des essais successifs, de la constance des bonnes qualités de ce fondant, tout en cherchant le moyen de le produire au meilleur compte possible et d'une composition chimique invariable.

Dans une première opération, on a fait fondre pendant six heures, dans le fourneau à vent du laboratoire, le mélange suivant :

Sables d'Étampes	48
Minium	30
Borax fondu	8
Carbonate de pot. conten^t 28 p. 100 d'eau	28
	114

Ces nombres correspondent aux proportions suivantes :

Silice	48,00
Oxyde de plomb	29,00
Potasse du carbonate	15,25
Soude du borax	2,48
Acide borique	5,52
	100,25

Ce fondant, appliqué par quatre couches successives sur une plaque de fer à des feux répétés dix fois, n'a présenté ni craquelure, ni bouillon ; il nous a donc paru donner les garanties d'une suffisante résistance.

Dans une deuxième opération, on a remplacé le carbonate de potasse par une quantité de carbonate de soude telle que le poids de l'alcali ne variât pas : on a obtenu une masse plus verte, mais qui, appliquée sur le fer, s'est comportée de la même manière que le produit de la première fonte.

On peut donc, sans inconvénient, remplacer la potasse par la soude, dont le prix est moins élevé. En supposant que, dans le premier dosage, 5,25 de potasse aient pu provenir d'une quantité proportionnelle de nitre, on peut représenter encore le produit fondu par les nombres qui suivent :

		Cristal.
Silice	48,00	55,18
Oxyde de plomb	29,00	33,33
Potasse et soude	10,00	11,49
Potasse du nitre	5,25	
Borax	8,00	
	100,25	100,00

On voit alors que les proportions de silice, d'oxyde de plomb et des alcalis qui restent, sont celles dans lesquelles, en moyenne, on combine ces substances pour composer le cristal. D'après les nombreuses analyses des cristaux que j'ai eu l'occasion de faire à diverses époques, ces éléments oscillent autour des nombres de la 2e colonne, en sorte que le fondant en question pourrait encore être fabriqué avec assez d'avantages en refondant du groisil de cristal avec du nitre et du borax. On l'obtiendrait encore plus économiquement en fondant du cristal avec du borax ou de l'acide borique, auquel on ajouterait une quantité convenable de carbonate de soude pour introduire l'alcali fourni par le nitre et le borax, dont les prix sont assez élevés.

M. Pâris a fait connaître, dans le bulletin de la Société d'encouragement (février 1850, p. 78), le procédé qu'il emploie pour faire son fondant pour fer. Il prend :

Flint-glass	130,0
Carbonate de soude	20,5
Acide borique	12,0

En supposant au flint-glass la composition moyenne de deux cristaux anglais analysés par M. Berthier, savoir : le cristal de Newcastle et celui de Londres :

	De Newcastle.	De Londres.	Moyenne.
Silice	51,4	59,2	55,3
Oxyde de plomb	27,4	28,2	32,8
Potasse	9,4	9,0	9,2

on s'accorde assez bien avec l'analyse donnée pour les fondants cités plus haut.

L'acide borique indiqué se trouve aussi d'accord avec le nombre fourni par expérience.

L'usage, comme matière première, du groisil de cristal a l'inconvénient d'introduire un élément d'une composition inexactement connue et très-variable. Il suffirait seul pour expliquer les différences que nous avons constatées dans la composition des émaux fournis à diverses époques par M. Pâris. Les expériences dont les résultats sont consignés plus haut, relatives à l'adhérence au métal des composés vitreux que j'ai préparés, et les accidents qui ont suivi la confection de plusieurs des plaques émaillées et peintes, révèlent suffisamment, je pense, le danger qu'il y aurait à rechercher l'économie par l'emploi des groisils. L'oxyde de plomb, qu'on doit craindre d'ajouter en trop grande quantité, doit cependant faire partie du composé, car nous avons fait des verres de composition variée, mais sans pouvoir obtenir la moindre adhérence. A l'inconvénient d'être trop peu fusibles, ces fondants joignaient celui de voler en éclats sans aucun choc, par l'effet seul du refroidissement. Le dosage le plus avantageux nous a paru devoir être celui dont j'ai fait usage.

En présence de ces faits je me suis trouvé conduit à conseiller de composer toujours de toutes pièces le fondant pour fer dont on se sert aujourd'hui dans l'atelier d'émaillage, en ne faisant usage que de substances chimiquement définies, identiques et de la plus grande pureté.

Je remplace par l'acide borique cristallisé le borate de soude, en augmentant la dose du carbonate de soude d'une quantité convenable pour retrouver l'alcali qu'on introduisait d'abord à l'état de borax. Voici les proportions employées maintenant :

Sable	48,0	conten.	silice	47,90
Minium	30,0	—	oxyde de plomb	28,89
Carbon^te de soude	30,0	—	soude	17,57
Acide borique	10,0	—	acide borique	5,64
	118,0			100,00

Cette composition est la base de la fabrication actuelle.

Puisque nous parlons ici de l'économie qu'on pourrait apporter dans cette fabrication, nous rappellerons l'usage qu'on peut certainement faire du borate de chaux natif, sur lequel nous avons fixé l'attention à l'article ACIDE BORIQUE. Nous n'avons pas essayé cette substitution dans les fondants pour fer; mais comme elle réussit très-bien pour les émaux préparés pour terre cuite, il y a tout lieu de penser qu'elle est possible et qu'elle serait avantageuse pour le cas qui nous occupe. (Voy. p. 134, ÉMAUX pour terre cuite.)

J'ai cherché, par l'introduction de quelques matières céramiques, à modifier l'adhérence et les rapports de dilatabilité du fondant et du métal.

On a successivement étudié sous ce rapport, tant pour diminuer la richesse en oxyde de plomb de la couche en contact avec le fer métallique, que pour isoler ces deux matières :

1° Le biscuit de porcelaine dure.	3° La terre de Dreux.
	4° Le kaolin.
2° Le biscuit de porcelaine tendre.	5° Le talc.
	6° L'ocre jaune.

Pour chacune de ces matières, on a fait deux essais en partant, comme élément invariable, du fondant dont la composition vient d'être donnée.

a. Après avoir mis à un premier feu une couche de fondant, on a mis une couche de la matière en essai; enfin le tout a été recouvert d'une deuxième couche de fondant cuit à un troisième feu.

b. On a mis à un premier feu une couche de fondant; par-dessus une couche d'un mélange à parties égales de fondant et de la matière en essai; enfin à un troisième feu pour recouvrir le tout, une deuxième couche de fondant pur.

Biscuit de porcelaine dure.

a. La masse vitreuse ainsi formée n'a pas pris d'adhérence.

b. Le vernis est sorti du feu sans glaçure et fendillé. Le même essai répété sur la porcelaine, à l'état de dégourdi, a donné le même résultat.

Kaolin argileux de Saint-Yrieix.

a. L'émail éclate tout seul après la cuisson.

b. L'émail se lève facilement par éclats.

Terre de Dreux, argile réfractaire.

a. L'émail cuit ne prend aucune adhérence.

b. Dans les conditions de cet essai, l'émail ne tient pas.

Talc.

a. L'émail ne glace pas.

b. Il y a de nombreux bouillons.

Ocre.

a. L'émail n'offre aucun glacé.

b. Dans les conditions de cet essai, il y a bouillonnement considérable.

Dans ces diverses expériences, on a remarqué que les fondants paraissaient faire éclater la substance intermédiaire lorsque cette matière ne prend pas avec le vernis plombeux une adhérence suffisante. En partant de ce fait connu, que les pâtes de faïence fine dure comme celles de porcelaine tendre artificielle, soit française, soit anglaise pouvaient être facilement recouvertes d'une glaçure plombifère bien unie, sans tressaillures ni bouillons, j'ai fait, dans les doubles conditions relatées plus haut, l'essai des pâtes de terre de pipe et de porcelaine tendre artificielle.

1° Le biscuit de la faïence fine dure de Creil.

2° Le biscuit de la porcelaine tendre de Sèvres.

Biscuit de faïence fine de Creil (porcelaine opaque).

a. Formé d'une couche de pâte emprisonnée par deux couches de fondant, le vernis, dont le fer est couvert, ne présente pas de solidité; la pâte qui reste sans cohésion permet l'exfoliation de la triple couche dans son épaisseur.

b. En employant un mélange à parties égales de pâte et de fondant, on obtient toute l'adhérence désirable.

Biscuit de porcelaine tendre de Sèvres.

a et *b*. Les essais faits avec la pâte de porcelaine tendre nouvelle de Sèvres ont fourni les mêmes résultats que ceux obtenus avec les pâtes de faïence fine. Il en résulte que toutes les fois qu'on pourra se procurer des débris de porcelaine tendre, on pourra s'en servir pour opacifier le fondant dont on couvre les tôles ou les fontes de fer.

Cette composition figure actuellement dans le service de la manufacture de Sèvres, sous le nom de *pâte céramique pour fer*.

Le *fondant pour fer n° 1*, dont j'ai donné la composition plus haut et qui sert de glaçure à la pâte céramique dont je viens de parler, peut devenir la base de fondants colorés qui pourront, par la suite, être utilement employés pour établir des peintures dans lesquelles un ton quelconque dominera. La plaque de fer, en effet, facilement préparée par du fondant du ton dominant, reçoit le ton local qu'on choisit, et ce tour de main permet de supprimer les deux premiers feux de fondant. J'ai tenté quelques colorations.

La première couleur dont nous devons nous occuper est le noir, d'un usage indispensable pour la préparation des grisailles. Je l'obtiens sans peine en ajoutant aux matériaux qui donnent le fondant une quantité convenable de peroxyde de manganèse. Voici les doses que j'ai adoptées pour la préparation des noirs que j'ai préparés jusqu'à ce jour.

Sable	720
Minium.	450
Carbonate de soude	450
Acide borique	150
Peroxyde de manganèse.	150

On fond le tout; on coule en galettes, mais seulement lorsque l'affinage est parfait; un seul feu suffit. Il est inutile de colorer le fondant déjà fait et de refondre à un second feu.

Avec de l'oxyde de cobalt, on colore le fondant en bleu; avec de l'oxyde de cuivre, on le colore en bleu turquoise; avec de l'oxyde d'urane, on obtient un fondant jaune. On met pour les proportions de silice, d'oxyde de plomb, de soude et d'acide borique relatées plus haut :

Pour le bleu, bleu au grand feu (Voy. DÉCORATION CÉRAMIQUE), 30 gr.;

Pour le turquoise, oxyde de cuivre, 20 gr.;

Pour le jaune, oxyde d'urane, 45 gr.

On peut essayer l'effet produit par d'autres oxydes, comme l'oxyde de chrome, l'oxyde de manganèse à petite dose, l'oxyde d'étain, etc.

Les fondants bleus, jaunes et turquoise, d'après les épreuves auxquelles on les a soumis dans l'atelier d'émaillage, peuvent être appliqués directement sur le fer ou sur le fondant préalablement cuit; ils paraissent conserver, dans tous les cas, les qualités que nous avons constatées dans le fondant incolore.

Afin de comparer la valeur de ce genre de peintures, deux pièces exécutées sur fer ont été faites par des moyens différents pour être exposées aux conditions les plus désavantageuses. L'une a été peinte sur la pâte céramique, recouverte d'une couche de fondant; l'autre a été faite sur deux couches de fondant sans addition de matière étrangère.

Il serait prématuré de conclure d'une manière positive de ces premières expériences que le problème est entièrement résolu; cependant il semble possible de supposer que la composition, à laquelle nous nous sommes arrêtés, n'est pas mauvaise. Il est indispensable de satisfaire aux conditions d'un refroidissement lent pour opérer une sorte de recuit de la peinture.

On obtiendra certainement ce résultat en faisant passer la pièce, après la cuisson, dans une sorte d'appareil qui rappelle l'arche des verriers. Dans tous les cas, il est évident que l'étendue seule de la surface émaillée doit avoir tendance à rompre l'adhérence du fondant au métal.

Lorsque la peinture qu'on veut produire est une grisaille, on a tous les éléments pour obtenir le travail complet. Après avoir couché le fondant noir à deux fois pour obtenir une surface unie et régulière, on modèle le dessin avec du blanc parfaitement broyé qu'on emploie à l'eau à la spatule, en l'étendant avec une pointe d'aiguille. Ce travail très-pénible est aride ; on ajoute du blanc sur les lumières, et les plus grandes épaisseurs correspondent aux points les plus lumineux. Elles font saillie. Les pénombres sont fournies par le blanc qui, mis très-mince, n'a pas assez d'opacité pour couvrir complétement le fond noir.

Le blanc qu'on préfère pour ce genre de peinture est le blanc qu'on rencontre à Paris sous le nom de *Blanc Gineston*, du nom du fabricant. M. Gineston fut pendant longtemps aide de travail à Sèvres, chez M. Lambert, auquel on a dû pendant longtemps la reproduction des émaux à l'instar de Venise. La fabrication de Lambert fut continuée par Gineston, qui s'est acquis, dans cette industrie, une fortune considérable.

Lorsque la peinture doit être variée comme couleur et qu'elle doit être appliquée sur un fond blanc, deux méthodes s'offrent à l'artiste : après qu'il a couché sur le fondant deux aplats de blanc et qu'il a fait cuire, ou bien on achève la décoration au moyen d'émaux transparents et colorés qu'on étend en dégradant l'épaisseur pour obtenir un certain modelé, ou bien on peint avec des couleurs très-fermes et solides, résistantes, qu'on fixe par un feu convenable et qu'on recouvre postérieurement d'une couche de fondant. Il est évident qu'on peut, en dirigeant le travail d'une manière raisonnée, faire usage sur une même pièce des deux méthodes que nous avons énoncées. De plus encore, s'il y a quelques retouches jugées nécessaires, ou sur les émaux colorés, ou sur la peinture passée sous fondant, de dernières retouches sont possibles à la condition de les faire avec des couleurs fusibles et glaçant par elles-mêmes, couleurs que nous étudierons en parlant des *peintures sur pâte*.

Composition des émaux transparents.

Nous ne pensons pas devoir donner ici tous les dosages qui conduisent aux nuances en usage dans l'art de l'émaillage. Il nous suffira d'en choisir au hasard quelques-unes qui mettront sur la voie pour obtenir la grande variété que le commerce fournit à la consommation. Nous donnerons quelques exemples de bleu, de vert, de jaune et de rubis.

On fait fondre de l'oxyde de plomb, du sable et de la potasse avec du cobalt, ou du cobalt et du manganèse, pour obtenir des bleus violacés, savoir :

	Bleu clair.	Bleu violet.	Bleu foncé.
Sable.	825	825	825
Minium	500	500	500
Carbonate de potasse à 50 p. 100 de potasse.	400	400	400
Oxyde de cobalt	1,5	1,5	3
Oxyde de manganèse. .	»	3	3

Aux mêmes éléments ajoute-t-on du cuivre à la place du cobalt et du maganèse, on obtient des tons verts qu'on modifie en jaune par du chromate de potasse ou de l'oxyde de chrome. Ainsi on obtient :

	Vert bleu.	Vert bleuâtre.	Vert jaunâtre.
Sable.	825	825	825
Minium	500	500	500
Carbonate de potasse à 50 p. 100	400	400	400
Oxyde de cuivre. . . .	80	60	15
Oxyde de chrome. . . .	»	8	15

L'or à l'état de pourpre, suivant la proportion qu'on ajoute, conduit à des tons très-vifs et plus ou moins rosés, savoir :

	Rubis clair.	Rubis foncé.	Groseille.
Sable	825	825	825
Minium	500	500	500
Carbonate de potasse à 50 p. 100.	400	400	400
Or à l'état de pourpre. .	0,5	0,7	1

On broie sur la glace le pourpre de Cassius avec le sable qui doit faire partie du fondant, puis on mélange les autres éléments ; on place le tout dans un creuset de terre, et l'on fond.

Composition des couleurs sous fondant.

Ces couleurs ont surtout pour objet de faire les ombres des émaux transparents qui précèdent.

Pour obtenir un bon assortiment, il suffira d'établir, ce qui est très-logique, savoir :

1° Que la couleur prise entre deux couches de matières vitreuses, l'une inférieure, l'autre supérieure, doit être plus facilement altérée que dans le cas de la peinture sur pâte, où l'on peut choisir le fondant le plus convenable à la couleur qu'on étend. Pour la couleur sous fondant, le même fondant doit nécessairement recouvrir toute la peinture et conséquemment chacune des couleurs.

2° Que dans de telles conditions plusieurs oxydes employables dans d'autres circonstances doivent être rejetés. L'expérience seule les a fait connaître. Les couleurs sous fondant doivent donc être plus limitées que celles sur pâte.

3° Qu'il faut une connexité convenable entre le fondant de la couleur et celui dont la peinture est recouverte, afin que le dernier mouille facilement l'objet peint, malgré la présence de la substance colorante.

Chercher à augmenter la persistance du principe colorant ; je dis du principe colorant, qu'il soit oxyde simple, oxyde composé, sel indécomposable ; rapprocher la composition du fondant de celle du composé vitreux qui doit recouvrir et envelopper la peinture, tels sont donc les deux problèmes à résoudre.

Deux méthodes se présentent pour approcher du premier but.

La première consiste à préparer les oxydes dont l'emploi reste possible avec la plus grande inaltérabilité, et, dans ce cas, autant qu'il se peut, on agit sur des matières cristallisées qui jouissent d'une grande résistance, par suite de l'état d'agrégation qu'elles possèdent. Beaucoup d'oxydes composés, préparés par la méthode de M. Ébelmen (cristallisation à haute température par voie de dissolution dans l'acide borique et volatilisation subséquente des dissolvants sous l'influence d'une chaleur prolongée) m'ont donné des résultats très-avantageux. L'emploi de ces oxydes n'a que l'inconvénient d'être beaucoup trop coûteux, et n'est applicable que dans certaines limites.

La deuxième méthode porte sur le poids du fondant ; elle consiste à diminuer la quantité du fondant relativement à celle de l'oxyde employé. Le mieux serait de n'en pas mettre du tout en se fondant sur la fusibilité du blanc ou du fondant sur lequel on applique la couleur, si cette fusibilité pouvait être telle que la matière colorante pût suffisamment adhérer. Mais comme le fondant ne s'applique qu'avec la spatule sur la peinture déjà cuite, il faut que cette dernière présenteune résistance assez considérable déjà. Un autre motif qui s'oppose encore à ce qu'on soit par trop avare de la matière vitrifiable est le mode d'application des couches successives après cuisson. On sait que les couleurs broyées finement sur une glace sont délayées dans de l'essence de térébenthine. Or, avec ce liquide, qui est très-fluide, on ne saurait peindre facilement sur une surface poreuse absorbante, capable en conséquence d'absorber la retouche que le peintre voudrait étendre.

On a dû, dans la préparation des couleurs qui vont suivre, tenir compte du parti qu'on pouvait tirer de l'emploi des deux moyens d'éviter la fugacité des oxydes. On a pu de la sorte se garantir avec assez de bonheur des deux écueils que j'ai signalés : trop de fondant qui agirait avec trop d'intensité sur le principe colorant ; trop peu de fondant qui rendrait la peinture difficilement exécutable ou facilement altérable pendant l'application des deux couches de fondant.

La composition dont il convient de rapprocher le fondant à mêler aux couleurs, pour qu'elles reçoivent de la part du fondant superposé le glacé si flatteur de la peinture sous fondant, résulte incontestablement de la composition de ce dernier fondant lui-même qui n'est et ne peut être qu'un cristal attendri.

Ceci posé, voici les dosages auxquels on peut s'arrêter. On obtient par les méthodes suivantes les oxydes qu'on mêle avec ce qu'il faut de fondant pour faire adhérer.

Noir solide. — On fait calciner au rouge blanc :

Oxyde de chrome.	200
Oxyde de fer rouge.	150
Oxyde de cobalt.	100

On mêle avec son poids de fondant que nous nommerons fondant n° 1, et qui contient :

Sable.	300
Minium.	600
Borax fondu	100

Brun de bois. — On prend le précipité qu'on obtient en traitant par le chromate de potasse, le protosulfate de fer, on le mélange au fondant n° 1 et à l'oxyde à brun qu'on prépare en faisant dissoudre et précipitant par le carbonate de soude :

Zinc métallique.	200
Fer métallique	200
Oxyde de cobalt.	40

On lave et on sèche quand le précipité perd sa couleur verte.

Le mélange se fait dans les doses suivantes :

Chromite de fer.	250
Oxyde à brun de bois. . . .	250
Fondant n° 1	125

Carmin. — Au pourpre de porcelaine, que nous avons déjà décrit page 411, on ajoute du rubis dont la préparation précède, savoir :

Rubis clair.	300
Pourpre de porcelaine dure.	150

On triture sans fondre.

Pourpre. — Au pourpre de porcelaine on ajoute une moins forte proportion de rubis ; cette couleur s'emploie comme la précédente. On dose :

Rubis foncé.	150
Pourpre de porcelaine dure .	150

On pourra s'inspirer des dosages que nous donnerons plus loin pour préparer des nuances différentes. L'oxyde de fer rouge auquel on ajoute le dixième de son poids de fondant n° 1 conduit à du brun rouge de bonne qualité : cette couleur offre néanmoins le défaut de se fendiller sous le fondant ; on la rend plus solide en l'additionnant de jaune foncé dont nous donnerons plus loin la composition.

Fondant pour peintures.

Les couleurs qui précèdent ne glacent pas par elles-mêmes, ainsi que nous l'avons dit ; elles ne prennent le glacé qu'on recherche dans la peinture émaillée que lorsqu'elles ont été passées sous fondant. Ce fondant doit donc être très-limpide après sa fusion, bien étendu et bien égal, sans fissures ni bouillons ; il doit respecter les couleurs et les aviver plutôt que les détruire. Il est convenable de le tenir un peu plus fusible que les émaux. Je le prépare en faisant fondre dans un creuset de terre :

Sable	825
Minium	500
Carbonate de potasse à 50 pour 100 d'eau	425

On le pile après l'avoir parfaitement affiné, on le lave à l'eau bouillante et on l'étend à deux couches pour l'obtenir parfaitement uni.

PEINTURE SUR PATE.

Occupons-nous maintenant de la peinture que nous avons nommée peinture sur pâte, du nom de la substance qui sert d'excipient et de la position qu'occupent les couleurs par rapport à l'excipient ; il n'y a plus de superposition de fondant ; les couleurs ont par elles-mêmes la fusibilité voulue pour se parfondre complétement au feu de peinture.

La peinture sur pâte peut présenter deux aspects complétement différents, suivant qu'on l'aura faite à l'instar ou de l'aquarelle ou de la gouache : dans l'aquarelle, le peintre procède méthodiquement en réservant la lumière donnée dès lors par le blanc de l'excipient ; il finit son travail par les vigueurs. Dans la gouache, au contraire, comme dans la peinture à l'huile, les vigueurs et les demi-teintes étant en place, l'artiste étale les lumières, qui sont en quelque sorte empâtées et comme en relief. Le peintre en émail ne doit pas être exclusif ; il doit, selon les besoins de son ouvrage, adopter tel mode qui lui semble le plus convenable, et souvent, dans une même pièce sur un même sujet, faire usage des deux méthodes ; c'est donc, à mon avis, ajouter aux connaissances des peintres en émail que de les mettre à même de faire usage à leur gré de deux palettes au lieu d'une seule.

La peinture par empâtement était très-anciennement employée ; c'est elle qui jouissait aussi de la plus grande vogue sur la porcelaine tendre de Sèvres.

Pour peindre par empâtement, il suffit de choisir parmi les couleurs qu'on pourrait employer celles qui sont opaques, afin de les faire entrer comme base dans toutes les autres couleurs ; de ce nombre sont les jaunes clairs ou foncés qu'on peut colorer et modifier par d'autres couleurs transparantes, et les blancs qui peuvent aussi recevoir en mélange tous les autres tons de la palette. Les mélanges ainsi formés conservent l'opacité nécessaire pour boucher complétement les fonds sur lesquels on les applique. Nous n'aurons donc à nous occuper ici que des couleurs propres à la peinture dans le genre de l'aquarelle.

Les procédés que je vais décrire, bien compris et mis à profit, permettront, je l'espère, de faire entrer dans le domaine de la peinture sur émail, comme dans celui de la peinture sur porcelaine tendre, les ressources auxquelles ont conduit les progrès de la chimie pendant ces vingt dernières années. Le secret dont se sont entourés jusqu'à ce jour les peintres d'émail d'une part, et de l'autre les fabricants de couleurs vitrifiables, l'isolement dans lequel ils ont tous travaillé, enfin certains préjugés, comme aussi peut-être quelques difficultés inhérentes à la nature et à la composition même des excipients qui devaient au feu recevoir la peinture, tout a contribué pendant longtemps à proscrire l'emploi d'un grand nombre de matières colorantes parfaitement utilisables; tout a fait ajourner, sinon rejeter des améliorations qui certainement auraient dû prendre rang depuis longues années. Tout enfin ramenait fatalement aux seules substances usitées au commencement du siècle. Il est vrai que la perfection des peintures antérieurement obtenues, démontrant d'une manière évidente qu'un petit nombre de matières pouvait suffire, donnait gain de cause à la routine. Mais, en présence des difficultés à vaincre, des chances à courir pour atteindre à cette perfection, j'ai pensé que c'était rendre à l'art et à l'industrie un véritable service que d'augmenter le nombre des matières utilisables, d'en introduire de nouvelles et de diminuer les tâtonnements coûteux toujours inséparables de toute peinture en couleurs vitrifiables. Au reste, l'expérience a prononcé; des essais de peinture empâtée et de peinture aquarellée ont été faits avec un assortiment que j'ai composé pour introduire dans l'émaillage toutes les ressources de la palette actuelle propre à décorer la porcelaine dure; l'aquarelle seule devait déjà présenter, uniquement, à cause de l'uniformité du glacé et de l'harmonie qui en résulte, une grande supériorité sur la peinture sur porcelaine dure. MM. Abel Schilt et Cabau, de la manufacture de Sèvres, ont été chargés du soin d'exécuter les peintures en question, et j'ose espérer que les deux peintures qu'ils ont faites, déposées dans les collections du musée céramique, offrant l'exemple de l'emploi simultané des anciens moyens et des méthodes en usage dans la peinture sur porcelaine dure, viendront à l'appui de l'opinion que je viens d'émettre. J'aborde l'exposé des recettes à l'aide desquelles il devient possible de reproduire cette palette.

J'admets avec M. A. Brongniart qu'il n'y a pas de combinaison entre l'oxyde colorant et le fondant qui le fait adhérer, qu'il n'y a que simple mélange. S'il y a combinaison, elle n'est que partielle et ne peut généralement qu'altérer la nuance qu'on cherche à obtenir. La peinture sur porcelaine, comme celle sur pâte, en tant que nous considérons celle-ci comme obtenue par les moyens de l'aquarelle, est donc le résultat tout simple de l'apposition d'oxydes colorants simples ou composés sur un excipient, apposition rendue permanente par la fusion du fondant qui, se trouvant en outre en quantité suffisante, englobe et noie toutes les molécules colorantes, de manière à les aviver dans leur nuance et à rendre leur surface parfaitement glacée. Ce double but est atteint dans la peinture à l'huile par les huiles et le vernis qui jouent un rôle des plus complexes. Le délayant, dans la peinture vitrifiable, n'a qu'un objet momentané : celui de rendre la couleur facilement employable et les retouches possibles; l'application de la chaleur le doit faire complétement disparaître. Les conditions générales auxquelles doivent satisfaire les couleurs pour pâte sont celles que doivent remplir les couleurs pour porcelaine dure. Je crois pouvoir me borner à les énumérer : ces couleurs doivent être fusibles, suffisamment dures et inaltérables, indestructibles par une chaleur modérée, déterminée préalablement. Je ne m'occuperai d'une manière spéciale que de la fusibilité, la dureté et l'inaltérabilité se trouvant, du reste, liées naturellement à la composition chimique qu'il a fallu mettre d'accord avec la température nécessaire pour cuire, puis ensuite avec une inaltérabilité suffisante.

La fusibilité de ces couleurs doit non-seulement amener, par l'application de la chaleur, l'adhérence de la couleur sur la pâte, mais encore communiquer à la matière colorante un glacé convenable et uniforme. Les couleurs pour porcelaine dure présentent sous le rapport de l'uniformité du glacé des difficultés qui donnent une grande supériorité à la peinture sur émail et à la peinture sur porcelaine tendre.

La fusibilité propre de la pâte, son analogie de composition, avec les couleurs qui doivent la recouvrir, simplifient beaucoup la préparation des *parémaux* qui nous occupent. Si quelques couleurs, comme les pourpres et les carmins, subissent, de la part de la glaçure, quelques modifications qui tendent à les altérer, ces mêmes couleurs ne sont pas sans offrir de grandes difficultés dans leur fabrication appropriée à la porcelaine dure.

Dans la peinture sur porcelaine dure, on dégrade un ton, non en le mêlant à du blanc, comme dans la peinture à l'huile, mais en mettant la couleur sous une faible épaisseur; le blanc de l'excipient, qui transparaît, l'appauvrit et le dégrade convenablement au gré de l'artiste. On obtient, au contraire, des tons vigoureux en augmentant l'épaisseur de la couleur; il en résulte qu'on n'arrive que difficilement à obtenir une couleur qui glace suffisamment dans le mince ou qui n'écaille pas dans les épaisseurs, si elle peut produire des lumières ayant tout le brillant désirable. Dans les couleurs pour émail sur pâte, la fusibilité de l'excipient, la facilité avec laquelle la matière colorante peut pénétrer dans la pâte rendent presque impossible de ne pas obtenir des lumières parfaitement glacées. L'analogie de composition et de plus un point de ramollissement sensiblement égal pour la pâte, comme pour les couleurs, éloignent toute crainte d'écaillage. A cet égard même, les couleurs préparées pour porcelaine pourraient parfaitement convenir pour être appliquées sur pâte; mais la fusibilité de l'excipient, qu'on n'obtient que par la présence de l'oxyde de plomb et qui est d'un grand avantage sous le rapport du glacé, devient un inconvénient fort grave sous le rapport de la permanence de la coloration; il devient indispensable, surtout pour certains oxydes, de diminuer la fusibilité de la couleur; ce qui entraîne à de grandes précautions pour les vigueurs qui peuvent rester sèches et comme plombées, si elles sont obtenues avec une couleur même d'une composition normale, mais mise un peu trop épaisse. On se trouve donc encore placé entre deux écueils : trop de fugacité dans les colorations et une trop grande infusibilité de la couleur; de même que dans la peinture sur porcelaine dure on doit redouter, dans les couleurs, une fusibilité trop grande qui ferait écailler, ou trop faible qui donnerait des lumières ressuyées et sèches.

Dans un mémoire justement célèbre, publié vers 1800 dans les Annales des mines, M. Brongniart, qui devait plus tard établir, dans la manufacture de Sèvres, un atelier d'émaillage, comme il avait obtenu déjà l'établissement de la peinture sur verre, faisait ressortir, d'une manière remarquable, l'action singulière de l'oxyde de plomb sur certains oxydes et en particulier sur l'oxyde de fer. Je crois inutile d'insister davantage sur ce phénomène; j'aurai d'ailleurs l'occasion d'y revenir tout naturellement, en parlant des rouges de fer. J'entre immédiatement dans la description des procédés employés à la préparation des couleurs que je propose. Plusieurs systèmes d'exposition sont également possibles pour donner de suite, par série de couleurs, les moyens de faire la couleur composée de son fondant et de l'oxyde qui la colore après la cuisson, ou bien étudier séparément les fondants d'abord, puis les oxydes colorants. J'ai préféré suivre cette dernière méthode, qui permettra de simplifier la préparation des oxydes, en même temps qu'elle me paraît de nature à faire ressortir certains faits qui transforment en corps de doctrine la préparation des couleurs vitrifiables. La fabrication de la couleur proprement dite, c'est-à-dire prête à être employée, qui terminera cet article, fait saisir la simplicité de nos formules qui acquièrent aussi la plus grande précision.

Fondants.

On sait que tous les oxydes qui peuvent être employés à la décoration des porcelaines ne peuvent être fixés par un même fondant: on n'ignore pas qu'il faut les choisir d'une composition telle qu'ils soient sous action décomposante sur les différentes matières colorantes; on pouvait penser qu'il en serait exactement de même pour les couleurs de pâte. Cependant, des essais répétés ont démontré d'abord :

Que la permanence du feu pendant l'élévation graduée de la température, comme pendant le refroidissement lent des peintures, permet une action destructrice à laquelle l'oxyde simple ou composé est en partie soustrait quand on chauffe et refroidit brusquement, comme dans la cuisson des peintures sur pâte;

Que la composition de l'excipient de la porcelaine dure, c'est-à-dire la composition de la couverte, peut-être la présence de l'alumine, entraîne certaines altérations qui ne se manifestent point sur d'autres excipients, par exemple dans la peinture sur verre. Les considérations qui précèdent, basées sur des faits que l'expérience a nettement révélés et que la théorie ne pouvait en quelque sorte prévoir, m'ont permis de réduire, d'une manière notable, le nombre des fondants propres à la peinture sur pâte. J'ai pu produire les analogues de tous les tons de la palette de Sèvres pour la porcelaine dure, en ne faisant usage que de deux fondants que je désignerai sous les noms de *fondant n° 1* et *fondant n° 2*.

Voici leur composition :

Fondant n° 1. Ce fondant renferme :

Sable.	200
Minium	500
Borax fondu.	75

On fond et on coule comme s'il s'agissait de fondant aux gris de porcelaine dure. Il est moins important ici de n'opérer que sur de petites quantités, parce qu'on n'a pas à redouter l'écaillage. Ce fondant n'est autre chose que du fondant aux gris modifié, dans lequel on a diminué la proportion du borax et de l'oxyde de plomb; on l'emploie pour la préparation des gris, des noirs, des bleus et des verts, des jaunes, des rouges, des bruns et des violets de fer, enfin pour le violet d'or; c'est, comme on voit, un fondant général. Il n'y a d'exception que pour les pourpres et le carmin qui exigent un fondant beaucoup moins plombeux.

Fondant n° 2. Le fondant n° 2, qui convient aux pourpres et au carmin, se compose de :

Sable	400
Minium orange.	300
Borax.	600

On pile, on mélange, et on fond; on retire avec les pinces; ce fondant est beaucoup plus pâteux que le précédent. En le comparant au fondant de pourpre des porcelaines dures, il est facile de voir qu'il n'en diffère que par un peu plus de plomb et un peu moins de borax.

Matières colorantes.

Les matières colorantes employées dans la peinture vitrifiable ne peuvent être que des oxydes métalliques simples ou composés, ou des sels indécomposables à la haute température à laquelle ces couleurs doivent se fixer. Les oxydes simples et les composés d'oxydes sont assez nombreux. Les sels employables ne figurent que pour un petit nombre. Les conditions auxquelles ces matières doivent satisfaire sont trop connues pour qu'on ait à s'y arrêter ici.

Je rappelle qu'on peut regarder comme évident, au moins pour la plupart des cas, que dans la couleur faite et cuite, il n'y a qu'un simple mélange entre l'oxyde et le fondant. Si, pour quelques-uns, le contraire peut être soutenu, la raison peut en être trouvée dans la coloration différente de la couleur et de l'oxyde pur qui sert à la former, et il faut admettre, dans ce cas, que la couleur doit sa nuance à un sel, ordinairement à du silicate ou du borate de l'oxyde; c'est ce qui arrive pour les oxydes de cuivre et de cobalt.

Les silicates, une fois formés, peuvent être directement unis au fondant pour constituer la couleur.

Je dirai maintenant quelques mots de la nature des oxydes composés qui, dans ces dernières années, ont permis d'enrichir la palette du peintre en couleurs vitrifiables de nuances très-vives et très-pures en offrant grand nombre de ressources jusqu'alors inconnues. Je crois pouvoir admettre qu'il y a combinaison entre les divers oxydes constituants, et que toutes les raisons qu'on a fait valoir pour prouver que les alliages ou les différents verres sont des combinaisons *définies*, ont autant d'autorité dans leur application au fait en question. Ce qui, dans le cas présent, semblerait donner gain de cause à l'hypothèse d'une combinaison réelle et non d'un mélange, c'est évidemment le changement dans la nuance de l'oxyde obtenue tantôt par voie sèche, tantôt par voie humide, changement souvent notable quand on le compare à la teinte des oxydes simples mis en présence. La coloration de l'oxyde formé peut, du reste, être reproduite avec une très-grande constance. On peut, il est vrai, combattre cette même hypothèse par les variations dans les proportions que présente souvent le composé, ce qui éloigne le caractère d'une composition parfaitement définie; mais n'est-il pas possible d'admettre que les composés de cette nature jouissent comme les verres et les alliages de la propriété de dissoudre en quelque sorte, sans altération apparente dans les propriétés physiques, une quantité variable qui peut être souvent assez considérable des éléments plus simples dont ils sont formés.

Considérés à ce point de vue, les oxydes conduisent à des remarques assez intéressantes qui rapprocheront assurément ceux formés par voie ignée des pierres précieuses artificielles cristallisées, obtenues par M. Ébelmen, et ceux produits par voie de précipitation au sein de liquides, du ferrite de chaux décrit par M. Pelouze. Si ce n'est pas ici le lieu de discuter, à ce point de vue entièrement nouveau, la nature des composés dont on peut faire usage en peinture vitrifiable, je crois devoir me borner à donner une description très-rapide de la préparation des oxydes simples ou composés dont j'ai fait usage dans l'assortiment pour pâte qui fait l'objet de cet article. Je suivrai l'ordre fixé par les numéros sous lesquels les couleurs d'émail pour pâte sont enregistrées, savoir :

1° Gris et noirs.	6° Violets de fer.
2° Verts.	7° Bruns.
3° Jaunes (clair et foncé).	8° Couleur d'or (violet, pourpre et carmin).
4° Ocre.	9° Bleus.
5° Rouges (carminé, laqueux).	10° Blancs.

Noirs et gris. — Le même oxyde sert pour faire les noirs et les gris : dans les noirs on met plus d'oxyde, dans les gris on met plus de fondant; l'oxyde à noir se fait de la manière suivante.

On prend :

Oxyde de cobalt	50 gr.
Fer métallique	50

On fait dissoudre séparément l'oxyde de cobalt à chaud, le fer métallique à froid, l'un et l'autre dans l'acide hydrochlorique; les deux solutions sont étendues d'eau, filtrées et réunies; on précipite le mélange par le carbonate de soude; on lave à grande eau jusqu'à ce que tout l'oxyde de fer ait passé à l'état de peroxyde hydraté entièrement jaunâtre; on dessèche et on triture le tout avec deux fois son poids de chlorure de sodium décrépité. On calcine dans un têt à rôtir à une chaleur rouge sombre ; on lave à l'eau bouillante et on fait sécher. Enfin quand l'eau de lavage n'enlève plus rien, on calcine de nouveau dans un creuset à une chaleur très-intense.

VERTS.— L'oxyde de chrome est la base des verts.

Vert clair. — L'oxyde à verts clairs n'est autre chose que l'oxyde de chrome pur; le moyen le plus simple et le plus économique de le faire est le suivant. On pèse :

Bichromate de potasse.	200
Soufre en fleurs	100

On place ce mélange bien trituré dans un têt à rôtir; on fait au centre une petite cavité qu'on remplit de soufre pur et qu'on enflamme; le produit de la combustion au contact de l'air est de l'oxyde de chrome qu'on lave à l'eau bouillante; il n'est point nécessaire d'agiter pour renouveler les surfaces du mélange incandescent; la combustion se propage d'elle-même. L'oxyde de chrome ainsi préparé est lavé, puis séché; on le calcine de nouveau pour enlever un peu de soufre qui n'a pas été brûlé; il est alors d'un très-beau vert.

Vert foncé. — On calcine à un fort feu dans un creuset de terre un mélange broyé et porphyrisé sur une glace :

Oxyde de chrome par le soufre. .	100
Oxyde de cobalt.	50
Carbonate de zinc	50

On lave à l'eau bouillante pour extraire le chromate de potasse soluble qui s'est formé par le fait d'un peu d'alcali retenu par l'oxyde de cobalt, ou conservé d'abord opiniâtrément par l'oxyde de chrome que les eaux de lavage même bouillantes n'en débarrassent pas complétement; il y a là quelque chose d'analogue à ce que M. Chevreul a désigné sous le nom général de *phénomènes de teinture.*

Vert bleuâtre n° 1. — On traite, comme il vient d'être dit, le mélange suivant :

Oxyde de chrome	100
Carbonate de cobalt	30

On lave après une forte calcination à un feu vif; l'oxyde ainsi préparé est d'un beau ton vert bleuâtre bien pur.

Vert bleuâtre n° 2. — Même préparation que la précédente. Les doses seules sont changées; on prend :

Oxyde de chrome par le soufre. .	100
Carbonate de cobalt.	50

On lave à l'eau chaude pour enlever toute trace de chromate de potasse.

Vert noir n° 1. — On broie sur la glace, jusqu'à porphyrisation complète, un mélange d'oxyde de chrome par le soufre et d'oxyde de cobalt tel que les Anglais nous le livrent. La calcination ne peut combiner qu'une partie de l'oxyde de cobalt; le chrome n'étant pas en excès, la coloration est noircie par l'oxyde de cobalt hors combinaison. On prend :

Oxyde de chrome par le soufre. .	100
Sesqui-oxyde de cobalt	100

On triture, puis on lave à l'eau bouillante et on fait sécher.

L'oxyde, ainsi préparé, est vert noirâtre, présentant une teinte de vert bleuâtre. Cette teinte se maintient bien après le mélange avec le fondant; la cuisson ne l'altère pas.

Vert noirâtre n° 2. On broie sur une glace le mélange suivant :

Oxyde de chrome.	20
Oxyde de cobalt anglais brut. . .	10
Hydrate de peroxyde de fer. . . .	15

On calcine à un fort feu. L'hydrate d'oxyde de fer, dont il est ici question, est de l'oxyde de fer qui se précipite spontanément d'une dissolution de protosulfate de fer très-étendue d'eau ; cet hydrate est brun jaune vif ; il contient à peu près 25 p. 100 d'eau.

Le produit de la calcination est repris par l'eau bouillante, puis séché; cet oxyde, qui est vert noirâtre, ne présente plus qu'une teinte brunâtre. La teinte bleuâtre du précédent a disparu; la couleur cuite conserve son ton.

JAUNES. — Les jaunes sont obtenus par l'antimoniate de potasse et de plomb.

Jaune clair. Ce jaune conviendrait pour la porcelaine dure; il s'appliquerait également bien sur émail et sur porcelaine tendre.

On fond ensemble :

Mine orange.	120
Sable d'Étampes.	40
Borax fondu.	40
Antimoniate acide de potasse. . .	40
Carbonate de zinc hydraté. . . .	30

On mêle au mortier de porcelaine, puis on fond jusqu'à ce que tout bouillonnement ait cessé.

Jaune moyen. On fond ensemble :

Mine orange.	120
Sable d'Étampes.	40
Borax fondu.	40
Antimoniate acide de potasse. . .	40
Carbonate de zinc hydraté. . . .	20
Oxyde de fer jaune par l'eau. . .	20

On mêle, puis on fond jusqu'à ce que tout bouillonnement ait cessé.

Jaune foncé. On mêle :

Mine orange.	120
Sable d'Étampes.	40
Borax fondu.	40
Antimoniate de potasse.	40
Oxyde de fer (colcothar).	20

On fond à un fort feu pour bien dissoudre tout l'oxyde de fer. Ce jaune, comme le jaune qui précède, peut être tout aussi bien employé sur la porcelaine dure que sur l'émail et sur la porcelaine tendre.

Ocre. — On fait dissoudre dans l'acide chlorhydrique séparément :

Zinc métallique..	100
Fer métallique.	100

Les deux dissolutions sont filtrées, puis réunies et précipitées par le carbonate de soude. On lave à grande eau jusqu'à ce que tout le fer précipité sous forme de protoxyde se soit peroxydé. On fait sécher le précipité et on le calcine après l'avoir additionné de deux fois son poids de sel marin décrépité. L'oxyde, après la calcination, qui ne doit pas dépasser le rouge sombre, est lavé à l'eau chaude, puis séché de nouveau; il est alors prêt pour l'emploi. C'est une poudre d'un ton ocreux très-riche et très-puissant.

ROUGES. — Les rouges et les violets de fer s'obtiennent tous par la calcination du sulfate de protoxyde de fer à des températures de plus en plus élevées. C'est du colcothar à divers degrés de calcination. La méthode la plus simple qui m'a réussi le mieux consiste à choisir de la couperose très-pure, qu'on dessèche en la faisant fondre d'abord dans son eau de cristallisation et en la maintenant sur le feu tant qu'elle perd de l'eau; à l'état de dessiccation complète, c'est une poudre blanchâtre anhydre qui peut être immédiatement employée pour la préparation de toutes les couleurs dites rouges de fer, qu'elle qu'en soit du reste la nuance. A cet effet, on dispose le sulfate anhydre sur des capsules de porcelaine dure, sous une faible épaisseur, et on remplit le moufle de capsules ainsi chargées, maintenues les unes au-dessus des autres. On met la porte en place et on chauffe doucement d'abord, puis à un degré convenu suivant le ton auquel on désire arriver. Quand le feu a été jugé prolongé suffisamment en temps et en intensité, on laisse refroidir et on lave à l'eau bouillante la poudre de colcothar qui occupe le fond de chaque capsule. La poudre bien lavée présente alors, suivant le coup de feu qu'elle a reçu, la coloration suivante dégradée en série en commençant par le plus rouge correspondant au coup de feu le plus faible.

Rouge orangé ou capucine.	Rouge laqueux.
Rouge sanguin.	Rouge violâtre pâle.
Rouge de chair.	Rouge violâtre.
Rouge carminé.	Rouge violâtre foncé.

Ces trois dernières teintes correspondent aux tons auxquels on a donné dans le commerce le nom générique de *violets de fer*.

Ces oxydes mêlés au même fondant conservent le ton qu'ils ont reçu de la calcination et donnent des nuances qu'on ne pourrait obtenir autrement. Elles sont très-pures, si l'on n'a pas mélangé des oxydes ayant reçu des coups de feu trop différents en intensité.

Bruns différents.—Ces oxydes sont des mélanges variables.

Brun rouge. On fait dissoudre du perchlorure de fer ou mieux la partie chargée encore du sulfate de peroxyde de fer provenant de la calcination du sulfate de fer pour rouge orangé, puis on la précipite par de l'ammoniaque. Le résidu lavé est additionné de deux fois son poids de sel marin décrépité et chauffé au rouge sombre dans un têt à rôtir. On le lave de nouveau, puis on le fait sécher. Ce rouge est brun-rouge vif.

Brun rougeâtre. On fait dissoudre séparément dans l'acide chlorhydrique, pour les réunir ensuite après filtration, les dissolutions suivantes :

Fer métallique.	200
Zinc métallique..	200
Oxyde de cobalt anglais.	10

On traite exactement comme il a été dit plus haut, pour le noir et pour l'ocre. L'oxyde lavé et séché est une poudre d'un beau brun roussâtre.

Brun de bois. Même méthode de préparation, mais les dosages sont changés. On prendra :

Fer métallique.	200
Zinc métallique	200
Oxyde de cobalt anglais	40

On traite comme il a été dit plus haut. L'oxyde ainsi préparé est d'un beau ton brun assez foncé.

Brun sépia. — Même méthode de préparation ; mais les doses sont encore changées. L'oxyde de cobalt est encore augmenté. On prend :

Fer métallique.	200
Zinc métallique	200
Oxyde de cobalt.	60

On précipite et on lave comme il a été dit plus haut. Le précipité passé au sel et relavé offre l'aspect d'une poudre d'un brun sépia très-prononcé.

Brun mordoré. — Le brun mordoré est une couleur très-riche qu'on prépare facilement en utilisant le précipité qu'on obtient en traitant à froid une dissolution de chromate neutre de potasse par une dissolution limpide de protosulfate de fer. On verse la deuxième dissolution dans la première ; on lave le précipité à l'eau bouillante ; puis on le fait sécher, et on le calcine à une température modérée (feu de peinture forte dans un moufle à porcelaine dure).

Brun noirâtre. — On précipite simultanément par le carbonate de potasse les dissolutions dans l'acide chlorhydrique, de parties égales en poids de fer métallique, de zinc métallique et d'oxyde de cobalt brut. On lave, on calcine enfin à une température très-élevée dans un creuset qu'on fait fortement rougir. On triture, et on obtient une poudre noirâtre avec une teinte de roux qui persiste malgré l'addition du fondant et l'influence de l'excipient. L'oxyde de zinc, dans ces circonstances, fait toujours passer au roux les oxydes composés d'oxyde de fer et d'oxyde de cobalt.

Couleurs d'or. — Le précipité pourpre de Cassius sert à obtenir, tout comme dans la fabrication des couleurs de porcelaine dure, les trois nuances tirées de l'or, le pourpre, le carmin et le violet.

Le procédé qui suit conduit à des résultats certains.

Je fais une eau régale composée de 144 grammes acide hydrochlorique et 72 grammes acide nitrique du commerce. Je fais 8 pesées de 2 grammes d'étain, 8 pesées de 0,32 d'or pur ; on met chacune de ces pesées dans une petite fiole, et je verse sur l'or 15g,5 d'acide (eau régale, ci-dessus), pour l'étain 11g,5 de la même eau régale ; on ajoute à chaque fiole qui renferme l'étain 2 grammes d'eau distillée, puis on agite ; l'étain qui est en feuilles très-minces se met par petites portions dans la fiole entourée d'eau fraîche ; la température ne s'élève pas trop, c'est une condition indispensable pour que la dissolution stannique contienne simultanément les deux chlorures d'étain. L'or est mis tout à la fois dans l'eau régale ; quand la dissolution de l'étain est complète, on verse le chlorure d'or dans 14 litres d'eau claire, et on ajoute goutte à goutte les dissolutions de l'étain, jusqu'à ce que l'addition d'une nouvelle affusion de sel d'étain donne un nuage blanchâtre ; alors on arrête.

L'addition de l'étain se fait tout en agitant avec une baguette de verre ; on lave à l'eau bouillante, et on conserve humide le pourpre de Cassius pour s'en servir au besoin ; à cet effet, on le réunit d'abord sur un filtre ; puis, lorsqu'il est suffisamment ressuyé, on étend le filtre sur une glace, et on relève le pourpre pour le conserver sous l'eau dans un bocal bien bouché.

Dans cet état, le pourpre de Cassius est prêt à donner du pourpre, du carmin ou du violet, suivant le fondant avec lequel on le mélange et suivant la dose de chlorure d'argent qu'on y incorpore.

Il faut seulement avoir soin de réserver pour du violet les précipités qui présentent à l'œil un aspect violacé ; on met de côté, pour faire le pourpre ou le carmin, ceux qui font de la couleur dite pelure d'oignon.

Bleus. — L'oxyde de cobalt ne développe de coloration bleue que lorsqu'il est en dissolution dans un flux vitreux ou lorsqu'il est en combinaison avec l'alumine ; lorsqu'il est à l'état de silicate ou de borosilicate de cobalt, il devient bleu, et la nuance est d'autant plus intense qu'il y a plus d'oxyde ; quelques millièmes suffisent pour colorer en bleu sensible les verres à base de chaux, dont la densité n'est cependant pas considérable. Le silicate de cobalt que je prépare pour faire les bleus dits *bleus d'azur* contient de l'oxyde de zinc qui empêche l'oxyde de cobalt de donner du noir. Je fonds à un fort feu :

Fleurs de zinc.	8
Oxyde de cobalt brut	4
Fondant aux gris	20

La masse pilée est d'un bleu noirâtre, mat quand il a

été refroidi brusquement, mais qu'une addition de fondant peut développer en un bleu riche et pur. Cette matière est, de même, la base de tous les bleus que je fais pour la porcelaine dure, et qui sont suivant leur intensité, c'est-à-dire suivant la proportion de la fonte précédente, bleu demi grand feu, bleu d'azur, bleu turquoise de Sèvres et bleu de ciel dur ou tendre.

Le fondant aux gris dont il est question n'est autre chose que le fondant dit *rocaille* fondu pour la deuxième fois avec du borax; je le compose, comme pour les couleurs de porcelaine dure, de :

Minium	600
Sable	200
Borax fondu	100

On fond et on coule.

Blancs. — Le blanc est fourni par du cristal opacifié par de l'oxyde d'étain. Les préparations qui présentent l'étain dans l'état le plus convenable pour faire de l'émail blanc, reçoivent le nom de *calcines*. On en prépare de deux sortes différentes : l'une d'une grande infusibilité, l'autre au contraire assez fusible.

Je prends :	No 1.	No 2.
Plomb métallique	100	100
Étain métallique	20	100

On met les deux métaux dans un têt à rôtir, puis on fond ; la surface se couvre d'abord d'un oxyde noir qui s'enflamme et se transforme en brûlant de proche en proche en une poudre jaunâtre d'autant plus blanche qu'il y a plus d'oxyde d'étain ; on arrête la calcination seulement quand toute étincelle a disparu ; il est bon, pour éviter la présence de toute particule métallique, de triturer la calcine et de la soumettre une seconde fois à la chaleur rouge.

Ces deux calcines sont employées pour faire les blancs pour peindre sur émail sur pâte.

Tels sont les procédés à l'aide desquels on peut facilement faire les couleurs qui m'ont donné de bons résultats dans mon service de Sèvres pour la peinture sur émail.

Une fois qu'on a préparé et conservé d'une part les fondants, d'autre part les oxydes, rien n'est plus simple que la préparation des couleurs elles-mêmes. On a réuni dans les formules qui suivent le dosage du fondant et de l'oxyde.

Couleurs terminées.

Je suivrai, pour énumérer les couleurs qui composent la palette actuelle, l'ordre dans lequel la préparation des différents oxydes employés comme matières colorantes a été présentée dans l'exposé qui précède. J'accompagnerai la désignation des couleurs du numéro d'ordre sous lequel elles sont enregistrées à la manufacture de Sèvres. La description qu'on va lire représente donc d'une manière exacte et complète l'état de nos connaissances chimiques sur la peinture sur émail.

Tous les dosages seront rapportés à 250 grammes à peu près ; de cette façon nous pourrons trouver des points de comparaison. On verra de suite l'uniformité de la majeure partie des compositions dont la palette est formée.

N° 1. *Gris*. — On pèse et on triture :

Oxyde à noir	40
Fondant n° 1	220

N° 2. *Noir*. — On pèse et on triture :

Oxyde à noir	80
Fondant n° 1	170

N° 3. *Vert clair*. — On pèse et on triture :

Oxyde de chrome pur	85
Fondant n° 1	170

N° 4. *Vert foncé*. — On pèse et on triture :

Oxyde à vert foncé	85
Fondant n° 1	170

N° 5. *Vert bleuâtre* A. — On pèse et on triture :

Oxyde de vert bleuâtre n° 1	85
Fondant n° 1	170

On ne fond pas.

N° 6. *Vert bleuâtre* B. — On pèse :

Oxyde à vert bleuâtre n° 2	85
Fondant n° 1	170

N° 7. *Vert noirâtre* A. — On broie :

Oxyde à vert noirâtre n° 1	85
Fondant n° 1	170

N° 8. *Vert noirâtre* B. — On pèse et on triture :

Oxyde à vert noirâtre n° 2	85
Fondant n° 1	170

N° 9. *Jaune clair*. — On fond le mélange suivant :

Mine orange	120
Sable d'Étampes	40
Borax fondu	40
Antimoniate acide de potasse	40
Carbonate de zinc hydraté	30

On coule et on pile. Ce jaune est le jaune donné à l'article des oxydes. On l'a répété ici, ainsi que ceux qui suivent, afin de ne pas séparer les recettes qui nous ont paru devoir être présentées entièrement complètes.

N° 10. *Jaune moyen*. — Le jaune qui précède se mélange très-bien avec les couleurs d'or pour faire les rouges si solides et si recherchés des carnations de l'émail. Le rouge, qui est désigné sous le nom de jaune moyen, se mélange moins bien, à cause de l'oxyde de fer qu'il renferme et qui lui donne un ton plus foncé que celui préparé par le jaune clair. On fond le mélange suivant :

Mine orange	120
Sable	40
Borax fondu	40
Antimoniate acide de potasse	40
Carbonate de zinc hydraté	20
Oxyde de fer	20

On coule et on pile.

N° 11. *Jaune foncé*. — On fond et on coule le mélange suivant :

Mine orange	120
Sable	40
Borax fondu	40
Antimoniate acide de potasse	40
Oxyde de fer rouge	20

N° 12. *Ocre*. — On pèse et on triture :

Oxyde à ocre jaune	85
Fondant n° 1	170

N° 13. *Rouge orange*. — On pèse et on triture :

Oxyde à rouge orange	85
Fondant n° 1	170

N° 14. *Rouge sanguin*. — On pèse et on triture :

Oxyde à rouge sanguin	85
Fondant n° 1	170

N° 15. *Rouge de chair*. — On pèse et on triture :

Oxyde à rouge de chair	85
Fondant n° 1	170

N° 16. *Rouge carminé*. — On pèse et on triture :

Oxyde à rouge carminé	85
Fondant n° 1	170

N° 17. *Rouge laqueux.* — On pèse et on triture :

Oxyde à rouge laqueux	85
Fondant n° 1	170

N° 18. *Rouge brun.* — On pèse et on triture :

Oxyde à rouge brun	85
Fondant n° 1	170

N° 19. *Rouge violâtre clair.* — On pèse et on triture :

Oxyde de fer calciné au point de devenir violâtre	85
Fondant n° 1	170

N° 20. *Rouge violâtre.* — On pèse et on triture :

Oxyde de fer violâtre	85
Fondant n° 1	170

N° 21. — *Rouge violâtre foncé.* — On pèse et on triture :

Oxyde de fer violâtre foncé	85
Fondant n° 1	170

N° 22. *Brun roussâtre.* — On pèse :

Oxyde à brun roussâtre	85
Fondant n° 1	170

et on triture.

N° 23. *Brun de bois.* — On pèse :

Oxyde à brun de bois	85
Fondant n° 1	170

et on triture.

N° 24. *Brun mordoré.* — On pèse et on triture :

Chromite de fer	85
Fondant n° 1	170

N° 25. *Brun sépia.* — On pèse et on triture :

Oxyde à brun sépia	85
Fondant n° 1	170

On ne fond pas plus cette couleur qu'on fond les rouges et les bruns qui précèdent.

N° 26. *Brun noirâtre.* — On pèse et on triture :

Oxyde à brun noirâtre	85
Fondant n° 1	170

N° 27. *Carmin tendre.* — On prend pour faire cette couleur du précipité pourpre de Cassius, préparé comme il a été dit plus haut, et conservé humide ; on le broie sur une glace avec du chlorure d'argent et du fondant n° 2. Il ne faut que très-peu de chlorure d'argent. On fait un mélange bien intime des trois ingrédients, et on essaye. C'est une série d'expériences ainsi répétées qui indiquent s'il faut ajouter du précipité pourpre ou du chlorure, ou du fondant, pour arriver au ton demandé.

N° 28. *Carmin dur.* — Le carmin dur se compose comme le carmin tendre. On le prépare de même ; il n'y a de différence que dans les proportions relatives de fondant et de pourpre de Cassius.

N° 29. *Pourpre.* — La même observation est applicable à la fabrication du pourpre. Le fondant, le précipité pourpre et le chlorure d'argent se composent de même ; il n'y a encore de distinction que dans les proportions du précipité pourpre, qu'on met en plus grande proportion.

N° 30. *Pourpre brun.* — Le pourpre brun est un mélange à parties égales de brun mordoré, dont la composition a été donnée plus haut n° 24, et du pourpre qui précède n° 29. On prend :

Pourpre n° 29	127
Brun mordoré	128

On triture sans fondre

ÉMAILLAGE.

N° 31. *Violet d'or.* — Le violet d'or se fait encore avec le précipité pourpre de Cassius, préparé comme on l'a dit déjà plus haut ; seulement on peut, mais ce n'est pas une nécessité, opérer avec du précipité complétement desséché à l'air. On mêle le précipité sur une glace avec du fondant n° 1, et on se rend compte, par des essais et des cuissons répétées, si la proportion de l'oxyde d'or est suffisante pour donner un ton riche suffisamment glacé. J'ai commencé pour ces couleurs la même étude que celle que j'ai donnée dans le dosage des couleurs de porcelaine ; mais je n'ai pas encore de dosages assez certains pour fixer les poids de fondant de pourpre et de chlorure d'argent qu'il convient d'introduire dans les carmins, les pourpres et les violets, avec espoir de préparer un produit irréprochable.

N° 32. *Bleu d'azur.* — Le bleu d'azur se fait en partant de la base que j'ai donnée à l'article des oxydes ; on triture la fonte avec la moitié de son poids de fondant n° 1. On a de la sorte un bleu très-riche et d'un emploi facile.

N° 33. *Blancs.* — On fait de beaux blancs en fondant avec du sable du plomb oxydé (minium) et du nitre, les deux calcines dont j'ai présenté la composition dans la description des procédés à l'aide desquels j'obtiens les oxydes. On peut obtenir des blancs plus ou moins fusibles, suivant qu'on met de l'une ou de l'autre calcine en plus ou moins grande quantité ; il faut fondre à un fort feu. Voici la composition de trois blancs de fusibilités différentes qui ont chacun leur utilité. Le plus tendre sert pour empâter sans mélange, à la manière des blancs fixes dans la porcelaine dure. Les autres sont très-bons comme blancs à mêler.

N° 1.	Calcine n° 1	100
	Calcine n° 2	200
	Sable d'Étampes	200
	Nitre	40
	Minium	100

On fond à un très-fort feu.

N° 2.	Calcine n° 1	150
	Calcine n° 2	200
	Sable d'Étampes	100
	Nitre	40
	Minium	40

On fond à une chaleur très-intense :

N° 3.	Calcine n° 1	200
	Calcine n° 2	200
	Sable d'Étampes	100
	Nitre	60
	Minium	40

On fond encore comme pour les autres blancs ; on tire avec des pinces la matière fondue dans cette préparation ; pendant la fonte, il faut avoir soin que les produits de la combustion ne réagissent pas sur le composé pour le réduire. La masse fondue serait veinée de traits noirs qui saliraient la nuance.

Tels sont les procédés à l'aide desquels on peut se faire un assortiment satisfaisant de couleurs pour émail sur pâte. Passons actuellement à l'exposé des méthodes pratiques à l'aide desquelles on fait l'emploi le plus convenable des éléments dont nous venons de donner une étude chimique. Mais avant de nous occuper de cette partie essentiellement technique et descriptive, fixons l'attention sur la température à laquelle il convient de cuire l'émaillage suivant qu'on peint par empâtement ou par la méthode de l'aquarelle.

Nous avons dit plus haut que l'oxyde de fer disparaissait quand on l'étend sur une surface chargée d'oxyde de plomb. Nous rappellerons que cet effet est d'autant plus sensible, que la température à laquelle on cuit la pièce est plus élevée. Or, les couleurs que nous avons énumérées contiennent souvent de l'oxyde de fer, tantôt libre, comme les rouges, tantôt en combinaison, comme les bruns, les ocres et les noirs.

Lorsqu'on fait usage de blanc pour empâter la peinture, comme le blanc est en général une couleur dure, c'est-à-dire difficile à fondre, il faut cuire fortement la pièce pour faire glacer la couleur et lui faire prendre un glacé complet. Dans ce genre de peinture, il faudra donc ne se servir que de bruns composés obtenus par les mélanges de pourpre et de jaune foncés et violet d'or ; les rouges devront être obtenus par le mélange des pourpres et des jaunes mêlés ou par superposition. La palette devra donc être simplifiée, et nous n'aurons à faire qu'un emploi très-restreint des couleurs de fer, bruns, ocres, rouges et gris. Faute de se conformer à cette recommandation, on court le risque de perdre la majeure partie de sa peine. Si certains points exigent l'application de ces deux derniers tons, il faut les réserver pour la dernière retouche et cuire en quelque sorte exprès, c'est-à-dire à la température la plus basse possible.

Lorsqu'on fait une peinture aquarellée, la même précaution n'est plus de rigueur ; on peut faire usage de toutes les couleurs dont la préparation précède, parce que le feu qui doit les parfondre n'est pas aussi vif ; il faut toutefois ne pas perdre de vue que les couleurs ne possèdent pas par elles-mêmes assez de fondant pour glacer sous une épaisseur telle que l'influence de la pâte ne se ferait plus sentir sur la surface supérieure de la peinture. Il faut donc être très-sobre des épaisseurs exagérées pour avoir le glacé qui séduit sur les porcelaines tendres et les émaux.

MÉTHODES PRATIQUES DE L'ÉMAILLAGE.

Les procédés employés pour faire l'application sur l'émail ou sur la pâte des divers composés que nous venons d'apprendre à composer sont nécessairement variables avec les composés vitrifiables eux-mêmes. Les couleurs, que nous avons nommées parémaux, sont finement broyées, appliquées au pinceau, rendues adhésives par des huiles fixes ou des essences grasses, et sous le rapport de leur application, nous ne saurions mieux faire que de renvoyer à l'article DÉCORATION DE LA PORCELAINE.

Quant aux émaux proprement dits, opémaux ou transémaux, qu'il faut coucher sous une épaisseur considérable pour obtenir le ton, l'éclat et le glacé désiré, on ne saurait les employer par ces méthodes, qui s'éloignent de l'industrie pour constituer l'art abstrait. On a recours à des voies et moyens beaucoup plus expéditifs que nous allons examiner succinctement.

Les émaux, opaques ou transparents, sont broyés sous l'eau, en poussière qui ne doit pas être trop fine. On a remarqué que les poussières trop fines ne fournissaient que des émaux louches, sans transparence. L'air dont cette poussière est mouillée ne se dégagerait-il pas aussi facilement que lorsqu'il peut s'échapper librement. Quoi qu'il en soit, le broyage des émaux qu'on applique sur les métaux autrement qu'au pinceau mérite une grande attention. On l'exécute dans un mortier d'agate, à l'état humide, en frappant sur le pilon avec un maillet de bois pour briser et non pour écraser. La poussière trop fine est lavée par l'acide nitrique, puis à l'eau pour éliminer toute impureté. Les émailleurs prétendent que s'ils négligeaient le lavage acide, les émaux perdraient toute leur limpidité ; ce lavage est d'ailleurs répété chaque fois que l'émail est resté abandonné longtemps sous l'eau. Il serait possible qu'il ait pour effet de détruire les carbonates de plomb et d'alcalis qui se forment par suite de l'altération du verre sous l'influence de l'air et de l'humidité. S'il en était ainsi, on comprendrait qu'en négligeant cette précaution, ces carbonates, à la température de la cuisson, puissent dégager l'acide carbonique sous l'influence des silicates non altérés, et que cet acide carbonique restant interposé dans la masse vitreuse communique l'opacité, les nébulosités dont on cherche à se garantir.

Lorsque la pièce qu'on veut émailler est coupée suivant les contours qu'elle doit avoir, on la décape en la faisant bouillir avec du carbonate de potasse et en la frottant avec des cendres chaudes, puis on la lave avec de l'acide sulfurique étendu d'abord, et ensuite avec de l'eau pure. On l'essuie promptement en évitant de la toucher avec les mains. On la dessèche promptement en la plongeant dans de la sciure de bois.

Pour étendre l'émail, lorsqu'il est broyé, on le couche au moyen d'une petite spatule sur les points qui doivent être recouverts. L'eau, dont l'émail est imbibé, facilite une extension égale ; on ressuie l'ouvrage en le mettant en contact par un point avec une étoffe de toile peu serrée qui, par capillarité, s'imbibe et sèche la pièce émaillée ; on régularise ensuite la surface émaillée en promenant la partie plane de la spatule. On laisse sécher à l'air libre et on porte à cuire dans le moufle.

Ce premier travail ne peut donner qu'un émail incomplet, les grains de la matière vitreuse laissent des vides et des épaisseurs qu'il faut égaliser. On le fait par l'application d'une seconde couche d'émail placée de la même manière.

La seconde couche régularise la surface ; elle fait apparaître des bulles, des grains. Une pièce bien établie ne doit présenter aucun défaut, ni fentes ni bouillons ; il faut faire disparaître les défectuosités apparentes et prévenir celles qui peuvent se développer dans la suite du travail.

A cet effet l'émailleur est toujours muni de râpes, de limes, de burins, de poinçons en acier très-dur. Il crève les bouillons, fait sauter les grains, use et polit les exubérances, fouille les crevasses et rebouche toutes les cavités au moyen de l'émail en poudre, qu'il s'agit de cuire à nouveau pour obtenir une soudure complète avec les parties voisines.

Lorsque la pièce à mettre en émail doit présenter une grande surface unie, on préfère poser les couches successives de l'émail par saupoudration au tamis, quelquefois sans intermédiaire, ce qui vaut mieux, quelquefois après application d'une liqueur légèrement agglutinative. Il faut alors que cet intermédiaire (sorte de mordant) reçoive l'impression de la chaleur sans fondre ni bouillonner, et qu'il disparaisse en totalité par le fait de son passage dans le moufle.

Quand l'émail a été couché sur les parties qui doivent être émaillées, on s'assure si toute la pièce est parfaitement sèche avant de la porter au moufle. Nous ne décrirons pas cet appareil que tout le monde connaît. Nous nous bornerons à dire que le moufle ne reçoit de variations dans sa forme que lorsqu'il doit être employé pour l'établissement de grandes pièces. Il a dans ce cas l'aspect d'un demi-cylindre couché, librement ouvert par les deux extrémités ; des portes, placées en avant et en arrière du cylindre, se manœuvrent au moyen de leviers et de contre-poids pour être ouvertes et fermées suivant les besoins. Cette disposition permet à la plaque d'entrer par une ouverture, l'antérieure, par exemple, pour sortir par l'autre, la postérieure. Le maniement des plaques est facilité par des chaînes qui maintiennent, suspendues au plafond, les tenailles dont l'émailleur fait usage, et la plaque elle-même est d'ailleurs dirigée dans son mouvement de progression par un chariot qui glisse dans des rainures ou sur des saillies analogues aux voies ferrées. Ce chariot est aussi dirigé par une table à roulettes glissant sur des rails à demeure sur le sol de l'atelier. La hauteur de cette table est exactement celle du fond du moufle. Une table identique, disposée sur la face postérieure du moufle, attend le chariot à sa sortie du feu. Les trappes qui fonctionnent comme portes sont baissées pendant que la pièce reçoit le coup de feu voulu. La température est de la sorte régularisée dans toute la capacité du moule.

Il faut, pour cuire de grandes plaques, des outils parfaitement aménagés, et, de la part de l'émailleur, un coup d'œil exercé. C'est au jugé qu'il quitte le feu. Le travail est rendu facile, lorsque les émaux sont composés de façon à glacer tous en même temps. L'indécision du cuiseur est grande lorsque quelques points glacent avant les autres : il hésite dans la crainte de brûler les portions déjà fondues, en attendant la fonte de celles qui paraissent rebelles.

C'est à cause de ces considérations, très-importantes pour les pièces de grandes dimensions, que l'émailleur devrait savoir composer lui-même tous les matériaux qu'il met en œuvre; il s'affranchirait ainsi de bien des embarras et d'une infinité de causes de déchets, en régularisant sa fabrication. A ce titre, les documents contenus dans cet article peuvent avoir leur valeur.

SALVÉTAT.

ÉMERAUDE. Nous avons donné sous ce titre un aperçu de la valeur des pierres précieuses connues sous le nom d'émeraudes dans le commerce de joaillerie (voyez ÉMERAUDE, 3e édition de ce Dictionnaire). nous allons le compléter par un exposé sommaire d'un travail important publié par M. B. Lewy, dans les *Annales de physique et de chimie*, t. III, p. 55. Après avoir confirmé la composition de l'émeraude, M. Lewy trouve la preuve dans ses analyses que ce minerai est formé par la réunion d'équivalents égaux de bisilicate d'alumine et de bisilicate de glucine, comme Klaproth et Berzélius l'avaient observé déjà ; le titane et l'oxyde de chrome sont au nombre des éléments accidentels. Le point le plus remarquable du travail de M. Lewy est la constatation de l'eau et d'une matière organique à laquelle il pense qu'on doit attribuer la coloration de l'émeraude.

Lorsqu'on calcine une émeraude, tantôt en présence d'un courant d'azote, tantôt en présence d'un courant d'oxygène, on constate dans le premier cas un dégagement d'eau, et dans le second la formation simultanée d'acide carbonique et d'eau. En présence de la petite quantité d'oxyde de chrome que l'analyse a fait reconnaître dans cette matière, on se demande s'il doit être la cause de la coloration. M. Lewy ne le croit pas; il préfère l'attribuer à la matière organique volatile. Quoi qu'il en soit, il ne faut pas oublier que l'oxyde de chrome a, dans certaines circonstances, un pouvoir colorant très-considérable, surtout quand il entre en combinaison.

Le travail que nous venons de citer doit avoir pour conséquence de fixer l'opinion des géologues sur l'origine de ces matières qu'on regardait comme de nature ignée; la présence des matières organiques assignerait, au contraire, une origine aqueuse aux émeraudes cristallisées.

ÉMERAUDE (Vert d'émeraude). — Le commerce des couleurs pour peinture fine fournit, sous le nom de *vert émeraude*, une magnifique couleur d'un vert très-solide ; c'est de l'hydrate d'oxyde de chrome, dont la découverte remonte à l'année 1832, mais dont on n'avait publié avant 1858 aucun mode de préparation. M. Pannetier, qui l'avait découvert, avait donné son secret à M. Binet, son aide de laboratoire, qui longtemps en tira des bénéfices, étant seul à le préparer. Connaissant l'inventeur et le fabricant, je n'ai pas cru devoir faire connaître le procédé que j'ai trouvé par hasard en préparant des matières vitreuses boraciques pour un tout autre objet.

Je ne dirai rien des propriétés de cet hydrate de sesquioxyde de chrome, nettement définies dans le traité des couleurs de M. Lefort. Cet oxyde se décompose facilement en perdant son eau, lorsqu'on le chauffe, il perd son éclat et devient brun.

Lorsqu'on calcine à une chaleur d'environ 500°, un mélange d'acide borique et de bichromate de potasse il y a dégagement d'eau, d'oxygène et formation d'un borate double de sesquioxyde de chrome et de potasse.

$$8(BoO^3, 3\,HO) + 2(CrO^3)KO = 6(BoO^3)Cr^2O^3 + 2(BoO^3)KO + 24\,HO + O^3.$$

Ce borate double en contact avec l'eau se détruit, il se dissout de l'acide borique, du borate de potasse, et le sesquioxyde de chrome se combine avec l'eau pour former un hydrate qui a pour formule :

$$Cr^2O^3\,2(HO).$$

La décomposition par l'eau se manifeste par un changement dans la teinte du mélange calciné, et par un gonflement considérable du produit obtenu. On varie la nuance de ce vert en ajoutant au mélange, avant calcination, du nitrate ou du chlorhydrate d'alumine.

M. Guignet, répétiteur à l'École polytechnique, a fait breveter, en 1858 et avant toute publication (ce qui réserve entièrement tous ses droits que je me plais à reconnaître le premier), cette même méthode, qui lui permet de préparer en grand, pour les besoins de l'industrie, le magnifique vert de chrome hydraté dont l'usage est actuellement répandu sur les tissus d'Alsace par les importantes maisons de Kœchlin frères, Steinbach Kœchlin, Dolfus-Mieg, etc. Quelques essais ont été faits sur papier, par la maison bien connue Zuber de Rixheim.

Les procédés de M. Guignet ont été mis en exploitation dans l'usine de M. Kestner à Thann, où la fabrication, régulièrement installée, fournit aux besoins de l'industrie des toiles peintes.

On opère en grand dans un four à réverbère; la calcination du mélange, mis en bouillie épaisse par la quantité d'eau voulue, s'effectue avec un boursouflement sensible, en prenant une teinte foncée d'un très-beau vert d'herbe; on la retire avec un ringard pour la plonger dans l'eau pendant qu'elle est encore rouge; elle s'y désagrége; on épuise par l'eau bouillante avant de pulvériser dans un appareil à gobilles. Les eaux de lavage sont évaporées et décomposées par l'acide chlorhydrique qui régénère l'acide borique, dont la majeure partie rentre ainsi dans la fabrication, et qui n'agit en quelque sorte que comme agent provocateur de la réaction.

L'oxyde de chrome de M. Guignet est livré maintenant à la consommation soit comme couleur à l'huile, soit comme pâte pour les imprimeurs d'indiennes. Dans le premier cas, on le fait sécher, puis on le réduit en poudre; dans le second, on introduit la pâte directement dans les appareils à broyer. Ainsi préparé, ce vert est propre à l'impression de toutes sortes de tissus par les procédés dont l'emploi repose, pour fixer les couleurs minérales insolubles, sur la coagulation de l'albumine par la chaleur.

A la date du 11 mai 1859, MM. Kestner, de Thann, avaient déjà produit près de 2,000 kilogrammes d'oxyde de chrome hydraté. Cette couleur, qui avait encore, jusqu'en 1858, conservé le prix de 140 francs le kilogramme à l'état sec, se vend en pâte au prix de 10 fr. le kilogramme, contenant 37,50 p. 100 d'oxyde de chrome hydraté, ou 30 p. 100 d'oxyde de chrome anhydre. On régénère 65 p. 100 de l'acide borique employé, la vapeur d'eau qui se dégage dans la réaction en entraînant une grande partie.

Cette couleur éminemment solide, d'un vif éclat qu'elle conserve à la lumière artificielle, peut former, avec les jaunes d'application, des mélanges dont la pureté primitive n'est nullement altérée. Sortie du laboratoire du chimiste, elle est entrée dans le domaine de la pratique; elle est appelée, nous n'en doutons pas, à rendre service aux imprimeurs sur étoffes.

L'industrie des papiers peints exige un prix plus abordable; mais au nom de l'hygiène ne doit-on pas proscrire de la décoration de nos appartements toutes les couleurs à base d'arsenic ou de cuivre, dont les poussières sont constamment en contact avec les organes respiratoires ? Des règlements en prohibent l'usage à Paris pour la coloration des tissus.

La Société industrielle de Mulhouse avait fait précisément appel aux fabricants de couleurs, et demandait pour les toiles peintes par les méthodes plastiques un vert foncé métallique. Le programme rappelait l'intensité qui manque aux composés de cuivre, d'urane, de cobalt, intensité qui se définit assez bien par la teinte foncée du vert de vessie; elle faisait remarquer que les jaunes et les bleus perdent dans leur mélange le caractère de vivacité de leurs nuances propres. Le produit de M. Guignet a comblé cette lacune. L'auteur n'eût-il d'autre mérite que celui d'avoir fait connaître un moyen de préparer l'oxyde de chrome hydraté, dont la préparation était un secret, se serait montré fort utile à la science. Il ne s'est pas contenté d'une observation purement scientifique, il a doté l'Alsace d'un produit dont l'usage, jusqu'alors, lui restait interdit.

Les observations de M. Guignet ont appelé de suite l'attention des chimistes sur l'oxyde de chrome hydraté; M. Arnaudon a modifié la méthode que nous venons d'indiquer de la manière suivante :

On prend à peu près parties égales des deux sels suivants, ce qui représente sensiblement leurs équivalents, soit 128 parties de phosphate neutre d'ammoniaque et 149 parties de bichromate : on les mélange intimement au moyen de la pulvérisation, ou plutôt en les dissolvant dans le moins d'eau possible à l'ébullition et évaporant jusqu'à consistance de bouillie peu épaisse, de manière à ce que le liquide se prenne en masse solide par le refroidissement : cette masse concassée en petits morceaux est introduite dans un vase à fond plat et chauffé au bain d'huile ou de cire jusqu'à 180°.

Lorsque cette température est atteinte, le mélange se ramollit ; bientôt la masse redevenue pâteuse se boursoufle beaucoup, change de couleur avec dégagement d'eau et d'un peu d'ammoniaque, on continue à soutenir la température pendant une demi-heure environ, ayant soin de n'aller pas au delà de 200°; si l'on dépasse ce point, par exemple si l'on chauffe à la température à laquelle le vert d'émeraude se détruit, l'opération est perdue, la couleur verte disparaît et fait place à une couleur brune foncée de bioxyde de chrome; si l'on chauffait davantage le mélange, si on le portait au rouge, la couleur brune passerait à son tour à une couleur bleuâtre, stable en présence de l'eau. En s'arrêtant au point convenable, lorsque la masse est devenue verte, et lavant à l'eau chaude pour emporter les sels solubles, on finit par avoir l'oxyde de chrome en poudre presque impalpable. Sa couleur s'approche de celles des feuilles naissantes, et par l'éclat ne le cède qu'au vert de Schweinfurt; elle se rapporte au vert du premier cercle de M. Chevreul. Le vert obtenu par ce procédé, débarrassé de toute trace de phosphate soluble, dégage de l'eau lorsqu'on le chauffe au rouge et devient brun, puis gris, redevient vert par refroidissement; mais sa teinte est alors grisâtre comme celle du sesquioxyde obtenu par la calcination du bichromate.

On peut admettre, quant à la nature de ce composé, que l'acide phosphorique y reste à l'état de combinaison. D'après une expérience de M. Camille Kœchlin, cette matière bouillie pendant plusieurs heures avec de l'acide arsénieux et de l'acide acétique faible, prend une nuance plus vive qui se rapproche de celle de l'oxyde qu'on obtient au moyen des dosages de M. Guignet, lorsque des lavages suffisamment prolongés ont éliminé tout l'acide borique. Il y a plus d'énergie dans l'acide phosphorique que dans l'acide borique; il n'est donc pas surprenant que, sous l'influence de l'eau bouillante, l'acide borique disparaisse, tandis que l'acide phosphorique résiste plus longtemps. Pour arriver à la constitution chimique du produit tel que nous l'avons formulé, c'est-à-dire de l'oxyde de chrome hydraté, on passe sans doute graduellement par l'intermédiaire de borates de plus en plus basiques, mais le terme final semble devoir n'être autre chose que l'oxyde de chrome hydraté. Dans tous les cas, l'acide chlorhydrique élimine d'une manière complète l'acide borique, et sans doute éliminerait l'acide phosphorique lui-même.

La méthode générale indiquée dans le brevet de M. Guignet comprend, comme cas particulier, la substitution à l'acide borique du phosphate d'ammoniaque. J'ai préparé des sulfates d'oxyde de chrome qui sont persistants et qui permettent de comprendre les phénomènes qui se passent au contact de l'eau chaude et des borates, phosphates et sulfates d'oxyde de chrome.

La même méthode doit nécessairement conduire à la préparation de quelques oxydes hydratés isomorphes avec l'alumine. J'ai depuis longtemps préparé l'hydrate de peroxyde de fer. Mais comme la nuance est loin de présenter la richesse et la valeur que prend l'oxyde de chrome dans ces conditions expérimentales, ces observations n'ont pas le même but d'utilité que lorsqu'elles portent sur l'oxyde de chrome. SALVÉTAT.

ENCLIQUETAGE DE DOBO. — Parmi les systèmes propres à remédier aux inconvénients qu'offrent les encliquetages ordinaires (voy. MÉCANIQUE GÉOMÉTRIQUE), surtout que l'action du cliquet se produit toujours par un choc, ce qui les rend souvent inadmissibles dans certains mécanismes, il faut citer comme excellent le dispositif auquel on a conservé le nom de son auteur, Dobo.

La roue *a a* (fig. 3526), qui reçoit le mouvement et doit le transmettre à l'arbre *o*, est libre et à frottement doux sur cet arbre. Celui-ci porte quatre ailes ou leviers *bbbb*, articulés près du centre et mobiles autour des articulations *cccc*. Ces leviers sont terminés du côté de la circonférence intérieure de la roue dans laquelle ils sont placés par une courbe inscrite dans sa circonférence quand les ailes *b* tournent autour des articulations *c* en pressant les ressorts *d* fixés à l'armature des centres *cc*.

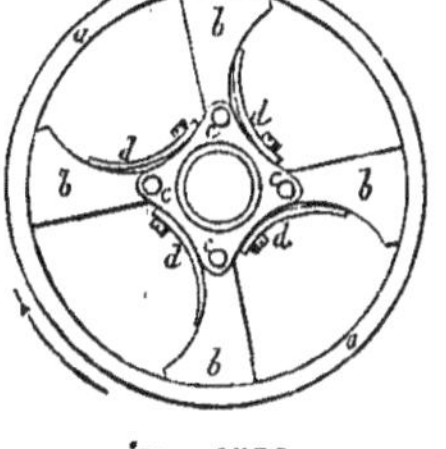

Fig. 3526.

Ces ressorts obligent les ailes *b* à tourner autour de leurs centres *c*, de façon que l'extrémité de leur courbe extérieure touche toujours la circonférence de la roue.

Ceci posé, il est facile de comprendre le jeu de l'appareil. Quand la roue tourne dans le sens de la flèche, sa circonférence intérieure frotte contre la courbe extérieure des leviers, oblige les ressorts à fléchir, et n'entraîne pas l'arbre dans son mouvement, puisque chaque aile cède et fléchit sous l'action du frottement de la roue.

Quand la roue tourne en sens inverse, elle force les leviers à tourner autour de leurs axes, l'angle qui les termine s'éloigne du centre de rotation, et comme la longueur de la ligne menée de cet arbre à l'arbre est telle que cette extrémité peut s'en éloigner à une distance plus grande que le rayon extérieur de la roue, il se produit un arc-boutement de ces leviers contre l'intérieur de la roue, ce qui les rend, ainsi que l'arbre, solidaires avec elle; l'arbre est donc alors obligé de tourner avec la roue.

Les ressorts *d* ayant pour effet d'appliquer toujours l'angle extérieur des ailes contre la surface intérieure de la roue, l'action de cet encliquetage se produit dès

ENGRENAGES.

que le mouvement de la roue a lieu en sens contraire de la flèche.

La transmission intermittente du mouvement a donc lieu, par cette disposition, sans choc et sans temps perdu ainsi que nous l'avons dit en commençant.

La forme de coin, donnée à la tranche des ailes et de rainure à la roue, permet d'exécuter cet encliquetage entièrement en métal, tandis que dans la forme de la figure on exécute partie en bois (les ailes) pour avoir un frottement et une élasticité convenables.

ENGRENAGES. Nous avons donné à l'article MÉCANIQUE GÉOMÉTRIQUE les principes généraux du tracé des engrenages, tels qu'on les expose habituellement dans l'enseignement industriel. J'y renverrai le lecteur, et quant à celui désireux de connaître cette théorie dans tout son développement, ils le trouveront dans mon *Traité de Cinématique.*

Je me propose ici de reproduire, d'après cet ouvrage, la méthode si parfaite que le savant R. Willis a introduite dans les ateliers anglais, et qui, fondée sur des principes scientifiques d'un ordre élevé, est néanmoins d'une application simple et facile.

Je reprendrai d'abord la question de la forme théorique la plus convenable de deux dents qui engrènent ensemble.

Engrenages épicycloïdaux. — Les engrenages à flancs rectilignes (voy. MÉCANIQUE GÉOMÉTRIQUE) sont ceux que la pratique a jusqu'ici généralement adoptés; leur emploi offre cependant un inconvénient très-grave : le cercle décrivant de l'arc épicycloïdal des dents devant avoir pour diamètre le rayon du cercle primitif de la roue avec laquelle ces dents engrènent, il en résulte qu'une roue d'un pas et d'un nombre de dents donnés, 40 par exemple, tracée pour marcher convenablement avec une autre roue de 50 dents, engrènera fort mal avec une autre roue d'un tout autre nombre de dents, tel que 100. Il est évident, en effet, que le diamètre du cercle décrivant étant 1 dans le premier cas, devrait être double dans le second, et engendrer par suite des arcs épicycloïdaux différents des premiers. Cette objection intéresse au plus haut degré la pratique moderne qui fait un emploi constant d'engrenages métalliques fabriqués à l'avance. Elle oblige, en effet, le fondeur à exécuter pour un pas donné autant de modèles différents qu'il veut faire engrener de roues différentes avec une seule et même roue; ce qui exige un nombre presque indéfini de modèles.

En outre, dans une foule de combinaisons mécaniques, il arrive qu'une roue principale doit conduire à la fois et directement deux, trois, quatre roues de différents diamètres.

C'est donc un grand progrès que d'adopter un tracé des dents tel, que deux roues quelconques d'un pas déterminé engrènent convenablement.

Pour satisfaire à cette condition, il suffit de choisir, pour tout un système de roues de même pas, un *cercle décrivant* convenable mais *constant*, de le faire rouler extérieurement sur chacune des circonférences primitives pour décrire les parties des dents extérieures à ces circonférences, puis de le faire rouler intérieurement à chacune d'elles pour lui faire décrire les épicycloïdes internes qui forment les dents intérieures à ces circonférences primitives.

La figure 1 montre l'application de ce principe.

A et B sont les centres de rotation. $TdD = TgG$ est le cercle décrivant constant, qui, en roulant, savoir : extérieurement sur Ff, trace les faces rq; intérieurement à Ff, les flancs rs; de même relativement à Ee, les faces mn, les flancs mp.

Ainsi qu'on l'a vu, les courbes décrites par le roulement d'un même cercle sur les deux circonférences, extérieurement sur l'une, intérieurement sur l'autre, seront enveloppes et enveloppées; le contact aura donc toujours lieu sur cette circonférence, dont un même point engendre les deux courbes. Une partie du cercle générateur GgT sera le lieu de contact avant la ligne des

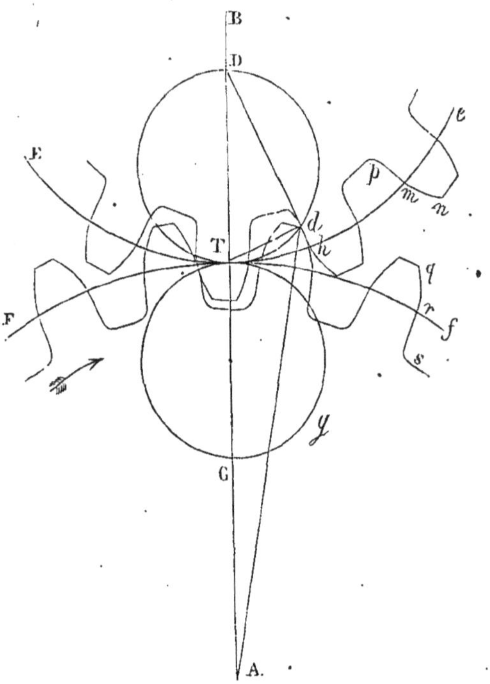

Fig. 1.

centres, une partie du cercle égal TdD sera le lieu de contact après le passage de cette ligne. Ce passage s'éloigne de plus en plus du centre de rotation de la roue qui mène, en se rapprochant du centre de la roue conduite. Il commencera avant la ligne des centres, entre la pointe n de la roue conduite et la racine s de la dent qui la conduit, remontera de n vers m sur la première et descendra de s vers r sur la seconde, jusqu'au passage de la ligne des centres sur laquelle le contact aura lieu entre les points r et m. Il s'avancera après le passage de cette ligne de r vers q et de m vers p pour cesser à la *pointe* de la dent qui mène, et à la racine de la dent menée, de telle sorte que le contact a lieu avant la ligne des centres au dedans de la circonférence primitive de la roue qui mène, et au dedans de la roue primitive de la roue menée, après le passage de cette ligne. Les dents étant symétriques, chacune des roues peut d'ailleurs indifféremment conduire ou être conduite.

Diamètre du cercle décrivant. — En aucun cas le diamètre du cercle décrivant ne doit être *plus grand* que le rayon primitif de l'une quelconque des roues du système. S'il en était autrement, les dents auraient à la racine une épaisseur beaucoup moindre que sur la circonférence primitive, défaut évident que partagent, quoique à un degré moindre, les engrenages à flancs. Lorsque, au contraire, le diamètre du cercle décrivant est plus petit que le rayon du cercle primitif, les dents s'épanouissent vers la base et acquièrent ainsi une forme qui favorise leur résistance à la rupture. Il ne faudrait pas toutefois réduire ce diamètre à l'excès; car alors les faces épicycloïdales prenant trop de courbure, les dents deviendraient trop courtes; il semble que la meilleure règle à suivre consiste à prendre pour diamètre du cercle décrivant le rayon de la plus petite de toutes les roues du système.

Tracé de l'enveloppe d'une courbe. — Le tracé donné à MÉCANIQUE GÉOMÉTRIQUE, d'après Poncelet, au moyen des normales qui deviennent communes au point de contact, est insuffisant théoriquement. Il faudrait, pour qu'il en fût autrement, que les arcs de cercle, à l'aide desquels on détermine la courbe qui doit venir en contact avec une courbe donnée, eussent pour centres non-seulement des points de la normale, mais les centres de courbure de l'enveloppe, qui sont bien situés sur ces normales, mais en des points différents de ceux où ils rencontrent les circonférences primitives. Cette détermination peut être obtenue par un tracé graphique assez simple, dont on démontre l'exactitude à l'aide de l'expression du rayon de courbure, à laquelle on parvient au moyen d'une équation qui en donne directement la valeur, et qui est due à Savary (voy. notre *Cinématique*). Nous allons le donner.

Tracé de l'enveloppe à l'aide de ses rayons de courbure. — Si le centre de courbure C' d'une courbe est connu (fig. 2), pour obtenir le centre C de la courbe en contact avec la première, on élève la perpendiculaire αD sur

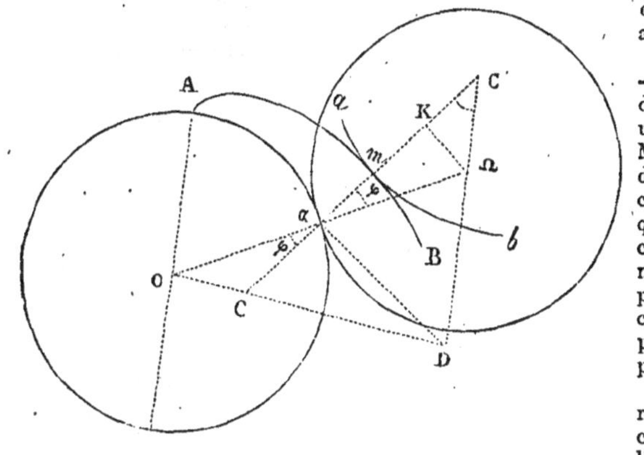

Fig. 2.

la normale commune au point de contact des circonférences primitives, on mène la droite C'ΩD, Ω étant le centre de la circonférence primitive, et le point D étant ainsi déterminé, on mènera la droite OCD qui rencontrera la normale CαmC' au centre de courbure C cherché; l'arc de cercle décrit avec un rayon égal à Cm sera, par suite, dans une petite étendue, celui qui s'écartera le moins de l'enveloppe AmB. Autrement dit, les lignes C'Ω, CO, se rencontrent en un point D, tel que αD fait un angle droit avec CC'.

Si l'enveloppée amb est définie par ses propriétés, le centre de courbure C' au point m sera connu, aussi bien que la direction de la normale CαmC'; lorsque cette courbe est seulement tracée, on a vu comment la direction de la normale pouvait s'obtenir graphiquement. Si on cherche de quel centre, sur cette normale, peut être décrit l'arc de cercle le plus approchant de la courbe AmB, on l'obtiendra au moyen de la construction qui précède, qui fera connaître le centre C et une partie de l'enveloppe AmB avec le même degré de précision que, dans une amplitude comparable, l'arc décrit de C' comme centre représente l'enveloppée.

Ainsi A et B étant les centres de rotation de deux circonférences qui se touchent en T (fig. 3), par ce point menons une droite quelconque PTQ, et soit pris arbitrairement sur cette droite un point P pour centre d'un cercle de rayon PT, l'enveloppe de ce cercle aura un centre de courbure pour le point de contact T, qu'il sera facile de déterminer. En effet, ce centre sera sur la ligne PQ, qui est la normale passant au point T, commune à l'enveloppée; si donc on élève la perpendiculaire KT sur PQ, cette ligne rencontrera AP passant par le premier centre de courbure P, en un point K; tirant BK, cette ligne rencontrera PTQ en un point Q, qui sera le centre de courbure cherché.

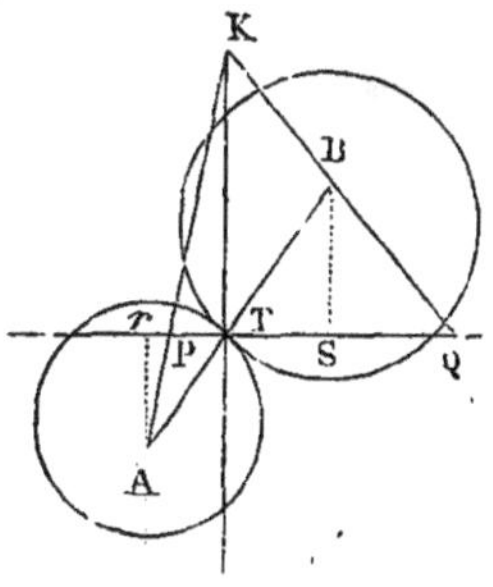

Fig. 3.

Tracé pratique des dents. — La portion de courbe qui forme le contour d'une dent a toujours un développement assez faible pour qu'on puisse lui substituer un ou deux arcs de cercle au plus, sans erreur sensible; c'est ce qui a toujours lieu dans la pratique. Toute la difficulté consiste à déterminer les centres et les rayons de ces arcs.

Tracé de la dent par un seul arc de cercle. — Si nous nous reportons à la construction de Savary donnée plus haut, nous y trouvons une méthode pour le tracé qui nous occupe. Menons par le point de contact T (fig. 3) une droite PTQ de direction qui peut être quelconque, mais qu'il est mieux de faire telle que PTA = 75° pour avoir des dents de forme convenable. Abaissons Ar perpendiculairement à cette ligne, et prenons le point r pour le centre des dents d'une des roues; le centre de courbure de l'enveloppe sera le point S obtenu en menant BS parallèle à Ar, puisque le point K est alors à l'infini.

Pour tracer rapidement les dents de la roue, il convient, du centre A, de décrire la circonférence du rayon Ar, qui devient le lieu des centres de courbure des dents de la roue; puis d'une ouverture de compas égale à rT, et en prenant pour centres les divisions tracées sur le cercle primitif en raison du nombre de dents, on trace les contours de celles-ci.

Les dents ainsi tracées se rapprochent beaucoup des dents en développantes, il suffirait que le centre r se déplaçât quelque peu pendant le tracé des dents pour qu'elles eussent cette forme. Elles participent des avantages et des inconvénients de ce genre de dents; toutefois, comme elles sont tracées à l'aide d'un seul arc de cercle, il n'y a qu'une position pour laquelle le rapport des vitesses angulaires reste rigoureusement constant, c'est celle qui répond à la position du point de contact sur la ligne des centres.

Tracé des dents par deux arcs de cercle. — On obtiendra un degré d'exactitude bien plus grand, et qui satisfera amplement à tous les besoins de la pratique, en traçant le flanc et la face de chaque dent, chacun par un arc de cercle, ayant chacun une tangente commune, avec la condition que le point d'action exact de l'un soit situé un peu en deçà de la ligne des centres, et celui de l'autre un peu au delà de cette ligne et à la même distance, égale à la moitié du pas, par exemple.

La figure 4 montre l'application de cette méthode, qui n'est qu'une extension de la précédente; c'est celle qui a été introduite par M. Willis dans les ateliers anglais, et que les constructeurs français auraient dû adopter depuis longtemps.

A est le centre de rotation de la première roue, B

celui de la seconde roue avec laquelle la première engrène.

T est le point de contact de leurs circonférences primitives; par ce point T, menez une droite Q Tq, faisant, avec la ligne des centres, un angle PTA = BTq, qui peut être quelconque; celui de 75° est très-bon pour que les dents aient une forme convenable.

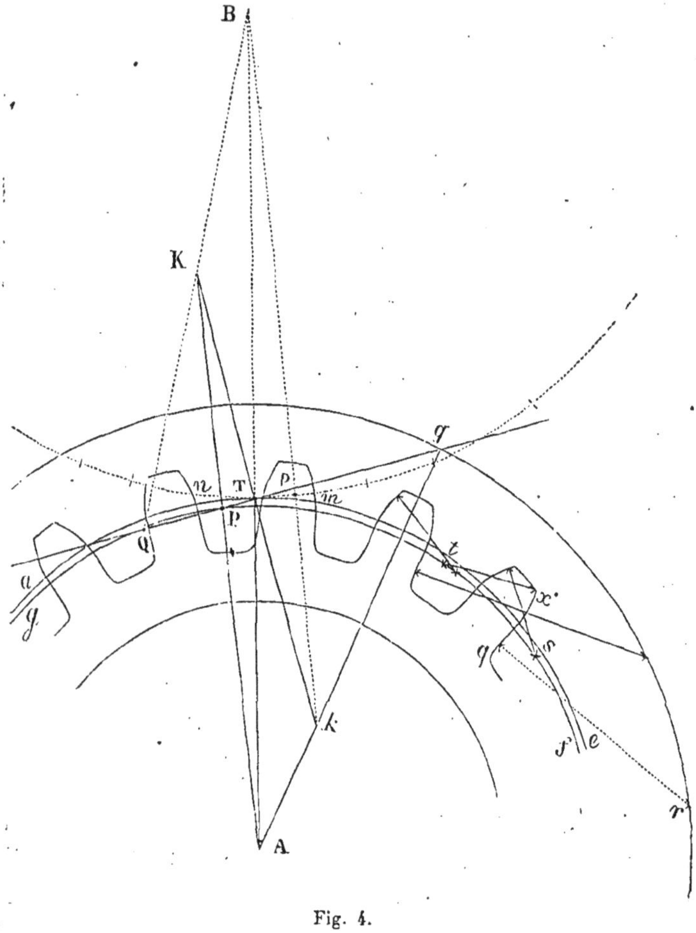

Fig. 4.

Menez à cette droite Q Tq et par le point T une perpendiculaire indéfinie, et marquez sur cette perpendiculaire deux distances égales TK, Tk, qui peuvent être quelconques, mais plus petites toutefois que le plus petit rayon primitif du système de roues dentées. Par l'extrémité K de cette perpendiculaire et par le centre B, menez BK, que vous prolongerez jusqu'à sa rencontre Q avec Q Tq. Joignez K au centre de la roue A, cette droite coupera Q Tq en un point P.

P est le centre des courbures des *faces* de la roue A, et Q est le centre de courbure des *flancs* de la roue B contre lesquels agissent ces faces.

Pour avoir les rayons de courbure, prenez sur la circonférence primitive de la roue A un point m, situé à une distance de T égale à la moitié du pas, de l'autre côté de la ligne des centres par rapport à P et à Q. Pm sera le rayon de courbure des faces de la roue A, et Qm le rayon de courbure des flancs de la roue B; les premières seront donc convexes et en saillie sur la circonférence A, les secondes seront concaves et à l'intérieur de la circonférence B. En opérant sur la roue B, comme nous l'avons fait pour la roue A, en traçant les lignes Ak et Bk, on aura les centres p et q, et les rayons de courbure pn des flancs de la roue A et qn des faces de la roue B.

Pour achever le tracé de l'engrenage, on décrira du centre A et du rayon Aq une circonférence qui sera le lieu des centres de courbure des flancs de la roue A, dont les rayons de courbure = qn. Une autre circonférence de rayon AP contiendra les centres de courbure des faces = Pm.

Il importe de remarquer que les dents de la roue A, par exemple, ne changeraient pas de forme, quand bien même la roue B, avec laquelle elle engrène, aurait un rayon différent de BT, pourvu toutefois que les distances KT = Tk = C demeurassent constantes. Quelle que puisse être, en effet, la position de B sur la ligne des centres, cette position n'affecterait que la position des centres de courbure Q et p des dents de cette même roue BT, sans rien changer à la situation des centres de courbure P et q de la roue AT.

Il en résulte que, quel que soit le nombre de roues d'un système pour lequel les lignes Qq et Kk conserveront les mêmes positions angulaires par rapport à la ligne des centres, et les droites KT = Tk la même valeur absolue C, deux quelconques de ces roues marcheront ensemble convenablement.

On peut d'ailleurs déterminer la distance KT dans un tel système en remarquant que si A se rapproche de T, Aq qui tend d'abord à devenir parallèle à Tq, dépasse ensuite cette disposition; le point q, dans le cas du parallélisme, est rejeté à l'infini, et le flanc de la roue A devient une ligne droite perpendiculaire à PTq. Lorsque la position de A qui rend Tq parallèle à PMq est dépassée, le centre de courbure q, des flancs de A, se trouve situé de l'autre côté de T, et ces flancs deviennent alors convexes, ce qui donne aux dents une forme bizarre, inadmissible à cause des arcs-boutements.

Il est donc rationnel de donner à KT, pour valeur maximum, celle qui, combinée avec le plus petit rayon du système, rendrait Aq parallèle à Tq. r étant alors le rayon de la plus petite roue d'un système d'engrenages, on a : KT = r sin. QTA ou C = r sin. θ, en appelant θ l'angle de la droite PTq et de la ligne des centres.

On peut soit déterminer graphiquement les rayons, soit calculer pour une roue quelconque la distance d du point de contingence T au centre P de courbure des faces, et celle D au même point T du centre de courbure q des flancs, on les aura facilement en des quantités connues. Nous renverrons, pour ce calcul (dont nous donnons plus loin les résultats), à notre *Cinématique*.

Odontographe. — M. Willis a fait établir, pour l'usage de sa méthode, une espèce de petit rapporteur en corne, qu'il appelle *odontographe*, qui permet de tracer rapidement les courbes des dents en indiquant les centres, ainsi qu'il vient d'être dit, et par suite les rayons, à l'aide d'une table préalablement dressée.

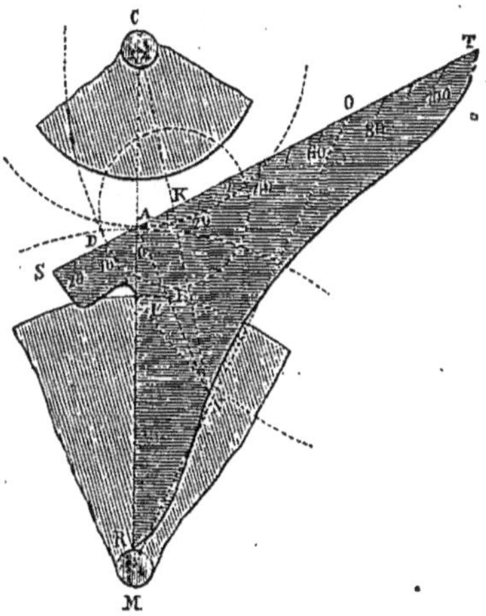

Fig. 5.

La fig. 5 représente cet instrument, espèce de fausse équerre, dont la face fait un angle de 75°. Prolongée dans les deux sens, elle est divisée en millimètres, à droite et à gauche du zéro placé au sommet de la fausse équerre. En appliquant le côté non divisé sur le rayon du cercle primitif dont on veut tracer les dents, et en faisant coïncider le zéro de l'équerre avec l'un des points de division de ce cercle, le côté divisé prend la direction de la ligne d'action (de la normale commune aux deux surfaces), une direction symétrique par rapport à la ligne des centres.

Si donc l'on connaît d'avance, pour les différents cas, la grandeur des rayons des faces et des flancs, l'opération se bornera à marquer sur le dessin les centres, puis à décrire les circonférences directrices qui servent à appuyer la pointe fixe du compas pendant que l'autre extrémité trace soit le flanc, soit la face de chaque dent successivement.

Tandis que, dans la déplorable pratique de la plupart des ateliers français, on se contente de tracer la face de la dent en plaçant la pointe du compas au point de division qui répond à la dent contiguë, ce qui donne une forme ne satisfaisant à aucune condition théorique, le petit instrument de M. Willis donne immédiatement les centres qui permettent de tracer les faces et les flancs dans les conditions excellentes qui ont été analysées.

Reste à dresser les tables nécessaires à l'emploi de l'odontographe en mesures françaises, ce qui n'offre aucune difficulté. C'est ce qu'ont fait MM. Bour et Laussedat, d'après M. Willis. Nous reproduisons ici ces tables.

Tableau pour les centres des flancs (en millimètres).

NOMBRE des DENTS.	PAS EN CENTIMÈTRES.									
	1	1,5	2	2,5	3	4	5	6	7	8
13	64	96	129	161	193	257	321	386	450	514
14	35	52	69	87	104	138	173	208	242	277
15	25	38	49	62	74	99	124	148	173	199
16	20	30	40	50	59	79	99	119	138	158
17	17	25	34	42	50	67	84	101	118	134
18	15	22	30	37	45	59	74	89	104	119
20	12	19	25	31	37	49	62	74	87	99
22	11	16	22	27	33	44	54	65	76	87
24	10	15	20	25	30	40	49	59	69	79
26	9	14	18	23	28	37	46	55	64	73
30	8	12	17	21	25	33	41	49	58	66
40	7	11	14	18	21	28	35	42	49	57
60	6	9	12	15	19	25	31	37	43	49
80	6	9	12	15	17	23	29	35	41	47
100	6	8	11	14	17	23	28	34	39	45
150	5	8	11	13	16	22	27	32	38	43
Crémaillère.	5	7	10	12	15	20	25	30	35	40

Tableau pour obtenir les centres des faces.

NOMBRE des DENTS.	PAS EN CENTIMÈTRES.									
	1	1,5	2	2,5	3	4	5	6	7	8
12	2.5	3.5	5	6	7	10	12	15	17	20
15	2.5	4	5.5	7	7	11	14	17	19	22
20	3	4.5	6	7.5	8	12	15	18	22	25
30	3.5	5	7	9	10.5	14	18	21	25	28
40	4	5.5	7.5	9.5	11	15	19	23	27	30
60	4	6	8	10	12	16	21	25	29	33
80	4.5	6.5	8.5	11	13	17	22	26	30	34
100	4.5	6.5	9	11	13.5	18	22	27	31	35
150	4.5	7	9.5	11.5	14	18	23	28	32	37
Crémaillère.	5	7.5	10	12	15	20	25	30	35	40

Dimensions des dents en fonction du pas (p).

Nous terminerons en donnant les dimensions admises par la pratique, pour les quantités de travail habituellement transmises par les engrenages.

Longueur de la dent en dehors du cercle primitif $= \frac{3}{10}$ p.

Longueur de la partie qui opère, flanc et face. . $= \frac{6}{10}$ p.

Longueur totale. $= \frac{7}{10}$ p.

Largeur de la dent comptée sur le cercle primitif $= \frac{5}{11}$ p,

Largeur du vide. . . . . $= \frac{6}{11}$ p.

On donne donc $\frac{1}{10}$ du pas en profondeur et $\frac{1}{11}$ du pas en longueur pour le jeu.

ENGRENAGES À COIN. Les propriétés des engrenages à coin reposent sur celles du coin pour accroître l'adhérence sans faire croître les pressions dans la même proportion, propriété précieuse trop peu appréciée dans l'industrie avant l'ingénieuse découverte dont nous allons parler.

Ainsi, si l'on veut conduire deux axes parallèles par le contact immédiat de deux poulies montées sur ces axes, on sait qu'il faudra, pour éviter les glissements, les presser fortement pour peu qu'il s'agisse de transmettre des forces quelque peu notables, et par suite, faire naître des frottements considérables sur les axes. Il n'en sera plus de même si, comme l'a proposé M. Minotto, l'on creuse dans la couronne extérieure de l'une des poulies une gorge tronconique dont la section soit un trapèze, et si on tourne la couronne de l'autre en forme conique (fig. 3526), de manière qu'elle puisse s'engager en partie seulement dans la gorge de la première.

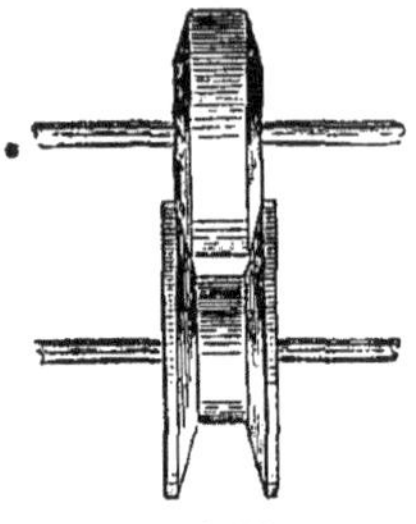

Fig. 3526.

Toutes les propriétés du coin reparaissent ici; c'est-à-dire qu'en raison de l'acuité plus ou moins grande de l'angle commun au vide et au plein des deux roues, une pression médiocre sur les axes pourra faire naître une très-grande pression au contact, et par suite, une adhérence ou engrènement par pression, en vertu duquel une roue pourra entraîner l'autre et surmonter la résistance qui s'opposera à son mouvement.

Le principe du système étant établi, cherchons à nous rendre compte des avantages ou des inconvénients de son emploi.

Du glissement. — Le caractère le plus remarquable de ce système d'engrenage, c'est que, par suite d'une variation dans les forces, un glissement peut avoir lieu. Cette propriété, qui le rend impropre à remplacer les roues dentées dans les systèmes où celles-ci ont surtout pour objet d'assurer des rotations d'angles voulus, comme dans les appareils d'horlogerie, le rend, au contraire, extrêmement précieux pour les applications dans lesquelles la force résistante peut éprouver des variations considérables, cause perpétuelle de rupture avec les roues dentées. Cette similitude avec les systèmes d'embrayage, connus sous le nom de *cônes de friction*, doit être soigneusement observée et constitue une propriété importante du nouveau système.

Du frottement. — Il semble que le frottement de glissement qui s'exerce sur les faces en contact, surtout au delà des circonférences primitives, doit être une cause d'infériorité pour ce système; mais il est à remarquer que, dans le pivotement instantané des surfaces de contact autour du point moyen qui définit les circonférences primitives, les parties les plus éloignées de ce point s'usent beaucoup plus vite que celles qui roulent seulement, et par suite la face du coin tend à prendre une forme convexe qui tend à réduire beaucoup la valeur du travail du frottement (fig. 3527). D'après le calcul, le nouveau système offrirait une supériorité notable sur l'engrenage à dents, quand l'angle au sommet du coin demeure au-dessous de 26 degrés sexagésimaux.

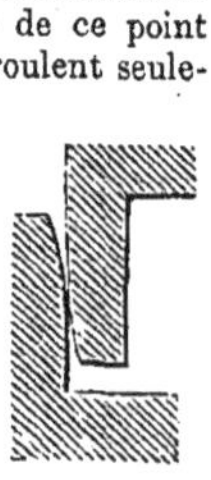

Fig. 3527.

De plus, l'auteur, M. Minotto, a observé que le graissage, qui diminue beaucoup le frottement, n'a que peu d'influence sur l'adhérence au contact, ce qui s'explique par l'expulsion presque complète de l'enduit interposé au point où s'exerce la plus grande pression.

De l'usure. — La rapidité de l'usure dans ce système d'engrenage, et la nécessité du rapprochement graduel des axes pour proportionner toujours la pression et l'adhérence à la résistance à surmonter, paraissent les obstacles les plus notables à l'adoption de ce système pour les grandes machines. Cette condition de rapprochement est parfois facile à remplir. Quant à l'usure, bien que l'auteur ait fait des expériences qui lui fassent admettre qu'elle est peu rapide, elle nous paraît la partie faible du système toutes les fois qu'il n'est pas possible de multiplier le nombre des roues placées sur les deux axes, ce que le tour permet d'exécuter avec facilité. De la sorte, la pression en chaque point de contact pouvant être toujours très-inférieure à celle pour laquelle la dégradation du métal est rapide, on peut employer pendant longtemps ce système, pourvu que l'on puisse rapprocher les axes et que la gorge tronconique soit assez profonde pour correspondre à une usure considérable.

Au reste, M. Minotto, l'inventeur de ce système, a proposé, pour remédier à l'usure, l'emploi de disques constituant des roues par leur réunion à l'aide de boulons et entre lesquels on interpose une rondelle dont il est facile de varier l'épaisseur.

Toutefois, puisque la pression exercée au contact de deux roues d'engrenages à coin doit changer en raison des forces à transmettre par les roues, la distance des axes varie quelque peu en raison de ces pressions comme de l'usure du coin par le travail; or, en général, la position des axes d'un mécanisme doit être invariable, car chacun a le plus souvent à conduire diverses autres pièces. Cette condition limitait donc beaucoup la possibilité d'employer les engrenages à coin. M. Minotto y a remédié radicalement à l'aide de roues intermédiaires, par une disposition analogue à celle des rouleaux de tension usités dans les transmissions de mouvement par courroies.

Roues intermédiaires. — En munissant les deux axes, celui qui est conduit et celui qui conduit, chacun d'une roue à gorge, une roue à coin intermédiaire suffit pour effectuer la transmission de mouvement. Cette roue étant mobile dans le coulisseau qui la guide seulement de manière à ce qu'elle reste dans le plan des deux premières roues, elle pourra se déplacer au besoin, s'il se produit quelque usure, de manière à ce que le mouvement soit toujours transmis.

Mais c'est surtout dans l'analyse des positions les plus convenables que doit occuper la roue intermédiaire et de la faible charge qu'il suffit de lui faire supporter lorsqu'elle occupe ces positions, que M. Minotto a fait preuve d'une grande finesse d'observation, qu'il a montré un esprit exercé à lutter avec les problèmes les plus délicats de la cinématique. Supposons que la ligne des centres des roues soit horizontale et que la roue conductrice tourne de gauche à droite et soit située à gauche de la roue conduite, on voit facilement qu'une roue intermédiaire, placée en dessous de la ligne des centres ou sur cette ligne, n'agira qu'en raison de la pression exercée directement sur son axe par un poids ou un ressort pour presser le coin dont son contour est formé dans les couronnes des deux roues, et que, par suite, ce poids sera considérable, s'il s'agit de grandes résistances à surmonter. Mais si le centre de la roue intermédiaire est placé au-dessus de la ligne des centres, il n'en est plus ainsi. La roue conductrice, entraînant la roue intermédiaire, tendra à l'appliquer sur la roue conduite; il se produira un arc-boutement tendant à diminuer la longueur de la ligne qui joint les points de contact de la roue conique avec les deux roues à gorge, pour peu que son axe, comme on a le soin de le faire, puisse prendre du jeu, et la roue à conduire sera bientôt entraînée, bien que le poids dont l'axe de la roue intermédiaire est chargé soit peu considérable. Si l'on considère le triangle formé par les lignes qui joignent les deux points de contact de la roue intermédiaire entre eux et avec le centre de cette roue, et aussi la perpendiculaire abaissée de ce centre sur la ligne qui réunit les deux points de contact; si on appelle α l'angle près du contact, P la pression exercée sur la roue conique pour l'appliquer sur les autres roues, R son rayon, que l'on représente par R sin α, par la longueur de la perpendiculaire, la pression P, les deux rayons R représenteront les composantes qui exerceront, à l'aide de la roue formant coin entre les deux autres, les pressions donnant la résultante P. Le rapport de ces forces sera donc celui de $\frac{1}{2}$ R à R sin α; d'où $\frac{R}{P} = \frac{1}{2 \sin \alpha}$.

On voit comment une faible pression peut suffire pour transmettre des efforts considérables, en faisant diminuer l'angle α, la valeur de $\frac{1}{2 \sin \alpha}$ devenant alors très-grande. On voit que la roue intermédiaire agit en quelque sorte doublement comme coin entre les deux roues à gorge.

Ce système n'est pas toujours à retour; le sens du mouvement de la roue conductrice venant à changer, l'arc-boutement de la roue intermédiaire contre la roue à conduire peut ne plus être produit. M. Minotto propose de placer symétriquement deux roues intermédiaires, l'une en dessus, l'autre en dessous de la ligne des centres. Celle qui sert peu pour l'autre sens du mouvement que celui produit occasionne peu de résistance, la pression qui l'applique sur les roues étant peu considérable, et le frottement est en raison de l'effet qu'elle produit pour aider au mouvement.

Mais, en principe, si la roue intermédiaire est de petit diamètre et logée en quelque sorte dans l'angle formé par les circonférences des deux roues qui se touchent presque; autrement dit, si l'angle formé par les rayons de la roue intermédiaire qui passe par le point de contact est petit, il se produit un arc-boutement suffisant pour transmettre les forces les plus considérables auxquelles puissent résister les pièces du système, et cela même quand est minime le poids dont elles sont chargées.

Les dispositions que décrit l'inventeur, pour maintenir dans le plan convenable les roues intermédiaires et les laisser libres de se déplacer latéralement et verticalement, nous semblent laisser quelque chose à désirer, et nous croyons que l'auteur ferait bien d'imiter les dispositions des rouleaux de tension qui se meuvent dans un plan bien fixe, en tournant autour d'un axe, et auxquels on donne facilement la pression voulue en faisant glisser le poids régulateur sur le levier qui le porte, levier qui devrait être recourbé pour la roue supérieure, droit comme un fléau de balance pour la roue intermédiaire placée à la partie inférieure.

Applications. — Les applications des engrenages à coin ont été tentées dans plusieurs cas, et quelquefois avec succès, surtout en Angleterre, où une compagnie s'occupe de leur exploitation.

Je citerai la machine à PERCER (voir ce mot) de Shanks, dont nous avons donné la description; un cabestan, mû par la vapeur; des ventilateurs, scies circulaires à grande vitesse, etc. Pour des mécanismes légers en général, ce système mérite l'attention de nos constructeurs. Dans la machinerie agricole notamment comme les moissonneuses, où il importe qu'un arrêt brusque ne cause pas de rupture, ce genre d'engrenage peut rencontrer d'utiles applications.

La disposition du coin convient d'une manière particulière pour des dispositions de frein, pour des assemblages momentanés, des encliquetages. Nous donnerons à PARACHUTE la description d'une application de ce genre, où le glissement initial est heureusement utilisé. Comme frein, nous citerons celui du plan incliné de la Croix-Rousse, disposé pour ne fonctionner qu'en cas de rupture du câble de traction, et alors venant serrer sur le rail et arrêtant le convoi plus efficacement qu'on ne peut l'obtenir par un frottement de glissement entre surfaces plates.

A l'Exposition de Londres, des encliquetages de scierie, dont la dent était remplacée par un secteur en coin entrant dans une gorge creuse, fonctionnaient fort bien. On pourrait établir ainsi un ENCLIQUETAGE Dobo, préférable au système ordinaire qui fonctionne par simple pression, les propriétés du coin permettant au système de fonctionner avec une moindre force motrice, pour une résistance déterminée. CH. LABOULAYE.

ÉPICYCLOIDES, COURBES ÉPICYCLOIDALES.

Famille de courbes qui mérite beaucoup d'intérêt au point de vue industriel, à cause de la variété indéfinie de leurs formes, toujours inscrites dans une même circonférence, qui les rendent très-convenables pour la gravure mécanique, dans le but de décorer la surface d'objets divers, des bijoux, des montres, par exemple, et qui sont produites avec facilité par tous systèmes de rouages ne comprenant que des rotations autour d'axes, telle que la plume épicloïdale (voy. DIFFÉRENTIEL, fig. 10) ou mieux les tours excentriques (voy. TOURS COMPOSÉS), sans l'intervention d'aucune rosette spéciale ayant une relation avec la courbe à obtenir, à déterminer par suite dans chaque cas.

Tracé des courbes épicycloïdales. — Les mouvements obtenus dans le système différentiel ne sont pas seulement curieux quant aux vitesses dont nous nous sommes surtout préoccupés dans une première étude, mais encore quant aux courbes qu'ils permettent de tracer. Bien que ne comportant que des guides du mouvement circulaire, et par suite facilement exécutables, ces systèmes fournissent des courbes transcendantes, des figures très-variées.

Bien qu'il soit difficile de prévoir par une discussion préliminaire dans chaque cas le genre, les formes de ces courbes aussi complètement que si elles étaient représentées par des équations d'un degré peu élevé, néanmoins on peut déduire les principaux caractères de leurs formes de l'étude des vitesses exposée à l'article DIFFÉRENTIEL : le nombre des points de rebroussement ou des boucles, la direction des concavités ou convexités, etc.

Complétons d'abord la description des systèmes propres à tracer les courbes épicycloïdales.

Les figures 6 et 7 de l'article DIFFÉRENTIEL représentent d'une manière générale les systèmes propres à donner toutes les courbes concaves ou convexes par rapport au centre du mouvement. Supposons le système formé de deux roues A, E, et de deux pignons b, B. Nous avons vu qu'on avait, dans le système de la fig. 6, pour le rapport des vitesses, n étant la vitesse angulaire de la roue extrême, a celle du rayon porte-roue, ε étant le rapport des vitesses de rotation :

$$n = n(1 - \varepsilon)a = \left(1 - \frac{AE}{bB}\right)a.$$

Si, au lieu de tourner dans un sens inverse du mouvement du levier, la dernière roue tournait dans le même sens, comme dans une disposition analogue à celle de la figure 7, ε serait de signe différent que dans le cas précédent, et on aurait :

$$n = (1 + \varepsilon)a = \left(1 + \frac{AE}{bB}\right)a.$$

Ces systèmes, comprenant dans l'équation de leurs vitesses des rapports quelconques pour les deux sens du mouvement, seront donc propres à fournir toutes les indications sur les courbes que nous avons à étudier ici; les équations sont tout à fait générales.

La première répond à un roulement sur l'extérieur d'un cercle avec un mouvement *inverse;* la seconde à un mouvement *direct*, à un roulement dans l'intérieur, par suite en changeant le sens de la convexité de la courbe par rapport au centre du mouvement.

Ceci posé, il est bien évident que l'on ne pourra obtenir de courbes fermées qu'autant que ε sera exprimé par une fraction dont les termes seront entiers; le point décrivant ne repassera jamais par le point de départ si un des nombres est incommensurable. Dans le cas contraire, comme on le voit aisément en considérant les révolutions relativement au levier, révolutions que ne change pas, au point de vue dont il s'agit, le mouvement d'entraînement général du système qui cause la rotation des roues dentées, en supposant le système fixe et la première roue conductrice, le point décrivant passera toujours par la position initiale; la courbe sera donc fermée.

I. Considérons d'abord le cas plus simple où il n'y a pas de pignon intermédiaire ou $b = E$, de telle sorte que $\varepsilon = \frac{A}{B}$ se réduit au rapport des rayons du cercle fixe et de l'épicycle. On aura l'épicycloïde simple, habituellement considérée, si le cercle décrivant est en contact avec le cercle fixe, et dans le cas général, une ou plusieurs roues intermédiaires étant interposées entre eux, des courbes ayant les mêmes rayons vecteurs que ces épicycloïdes, n'en différant que d'une quantité constante pour des angles plus grands ou plus petits en raison du sens de la rotation.

Examinons d'abord les courbes obtenues lorsque le numérateur de la fraction ε est l'unité.

Pour le premier cas, la forme $n = (1 - \varepsilon)\, a$ donne toujours pour le numérateur de la fraction définitive une unité de moins que le dénominateur de la fraction de la forme $\frac{1}{\alpha}$ que nous supposons être ici la forme de la valeur de ε.

Ainsi, si $\varepsilon = \frac{1}{3}$, $n = \frac{2}{3} a$.

En effet, la barre qui entraîne la roue mobile autour de la roue fixe fait un tour avant que le point traçant revienne à sa position primitive, ce qui répond à trois tours de la roue extrême pour un de la roue fixe, si on faisait mouvoir celle-ci; mais comme dans l'entraînement général une rotation inverse est en outre produite par celle de la barre, il ne s'effectue que deux tours, on ne trouve que deux points plus rapprochés du centre de rotation que ceux tracés pendant le reste du mouvement.

Donc toutes les courbes dont il s'agit ont un nombre de points de rebroussement moindre d'une unité que le dénominateur de la fraction qui exprime le rapport des rayons. Il est d'ailleurs évident que ces courbes épicycloïdales tournent leur concavité vers le centre du mouvement.

La vérification de ceci se trouve dans les figures 1 à 6 des courbes tracées par l'emploi d'un appareil mécanique, qui est une réalisation matérielle de la disposition de la figure.

1 : 1

Fig. 1.

1 : 2

Fig. 2.

Pour le rapport $\frac{1}{1}$ (fig. 1), $n = a$, c'est le cas du paradoxe de Fergusson (voir notre *Cinématique*); l'épicycle étant immobile par rapport au levier, tournant exactement comme le levier par rapport au cercle fixe, tous ses points décrivent également des cercles autour du centre du mouvement.

Pour $\frac{1}{2}$, $\frac{n}{a} = \frac{1}{2}$, en un tour le point décrivant sera revenu à sa position initiale, et un des tours indiqué pour la relation $B = 2A$ étant détruit par l'entraînement du levier, n'existant pas relativement, il n'y aura qu'un point de rebroussement.

1 : 3

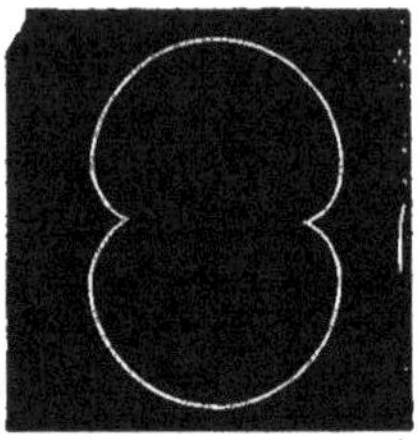

Fig. 3.

1 : 4

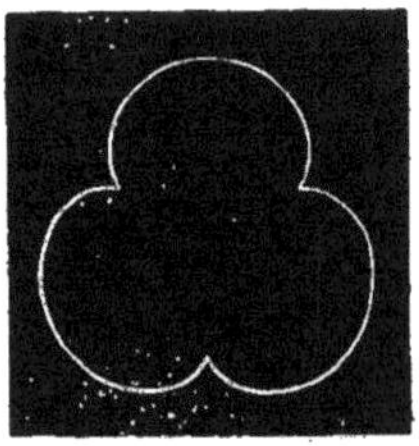

Fig. 4.

Pour le rapport $\frac{1}{4}$, $\frac{n}{a} = \frac{3}{4}$, 3 est le nombre de rotations relatives au levier; la rotation absolue étant diminuée de celle d'entraînement, il y aura trois points de rebroussement, et ainsi de suite.

Pour des valeurs plus grandes du dénominateur, les arcs épicycloïdaux égaux se multiplient, et l'apparence de ces courbes se trouve facilement déterminée.

1 : 5

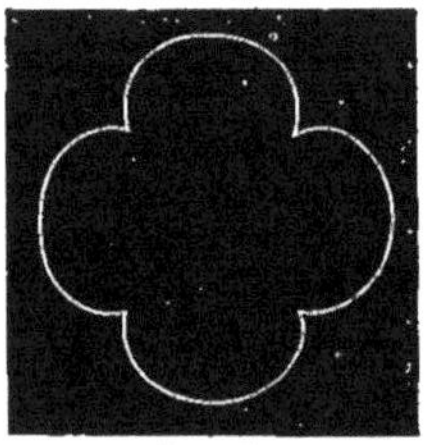

Fig. 5.

1 : 6

Fig. 6.

Passons au deuxième cas, le rapport $\frac{n}{a}$ des vitesses étant donné par $1 + \varepsilon$, on voit, en raisonnant comme ci-dessus, que le nombre des points de rebroussement

1 : 1

Fig. 7.

1 : 2

Fig. 8.

des courbes produites est plus grand d'une unité que le dénominateur de la fraction; l'entraînement du levier s'ajoutant à la rotation de la roue. Il est d'ailleurs facile de reconnaître que ces courbes tournent leur convexité vers le centre du mouvement.

Les figures 7 et 8 indiquent des courbes du genre de celles dont nous parlons.

Le rapport $\frac{1}{1}$ ou A = B et $n = 2a$, donne une ligne droite, le mouvement étant celui d'un point de la circonférence d'un cercle roulant dans l'intérieur d'un autre cercle de rayon double. Un autre point de la surface du cercle mobile décrit des ellipses d'après les propriétés de ce mouvement.

Le rapport 1 : 2 donne $n = 3a$ et trois points de rebroussement, et ainsi de suite; le genre de ces courbes est encore parfaitement défini.

1 : 3

1 . 4

1 : 5

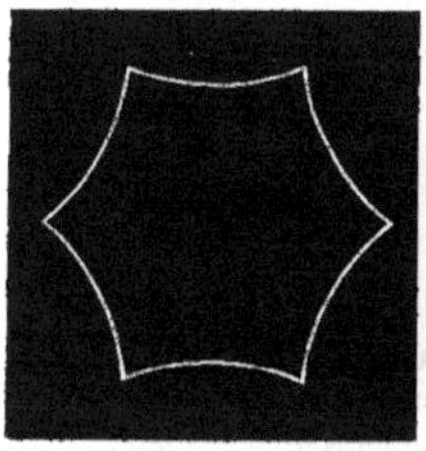

1 : 6

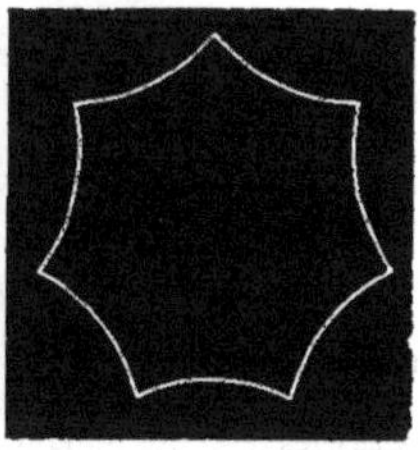

Fig. 9. Fig. 10.

Examinons maintenant ce qui arrive quand la valeur de ε n'est plus donnée par des fractions ayant le numérateur égal à 1, mais par des fractions formées de nombres entiers débarrassés de tous les facteurs communs. Dans le premier cas, les courbes toujours concaves vers le centre du mouvement, ayant leurs points de rebroussement symétriquement disposés autour de ce centre et à l'intérieur de la courbe, posséderont un nombre de points de rebroussement égal à la différence des deux termes de la fraction et un nombre d'involutions égal au numérateur (une droite rencontrera la courbe de chaque côté du centre en un nombre de points égal au numérateur). Cela résulte bien évidemment de ce que l'on doit retrancher la rotation absolue de la roue de celle du levier, de la forme de l'expression :

$$n = (1 - \varepsilon)a.$$

Soit $\varepsilon = \frac{2}{7}, n = \left(\frac{7}{7} - \frac{2}{7}\right)a = \frac{7-2}{7}a = \frac{5}{7}a,$

comme $\frac{A}{B} = \frac{2}{7}$, B devrait faire sept tours pendant que A en ferait deux s'il s'agissait d'un mouvement ordinaire de roues dentées; mais par l'entraînement du levier qui produit en outre deux tours de B en sens inverse par deux révolutions, la rotation absolue de la roue entraînée B sera 7 — 2 = 5 tours. Il existera par suite cinq points de rebroussement (fig. 14) et une droite partant du centre (répondant à une position périodique du levier) ne pourra pas rencontrer la courbe tracée en plus de deux points, puisque c'est toujours après deux tours de la roue mobile (l'entraînement ne

modifiant pas, sous ce rapport, les périodes de la courbe) que la courbe tracée sera fermée.

2 : 3

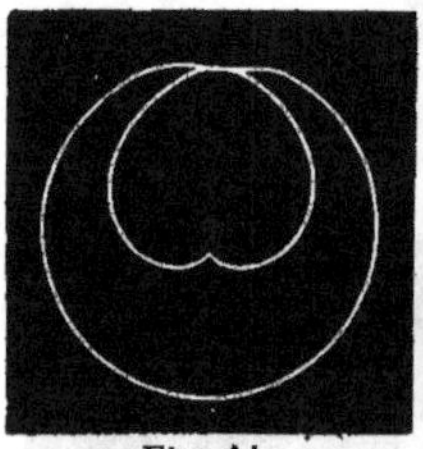

3 : 5

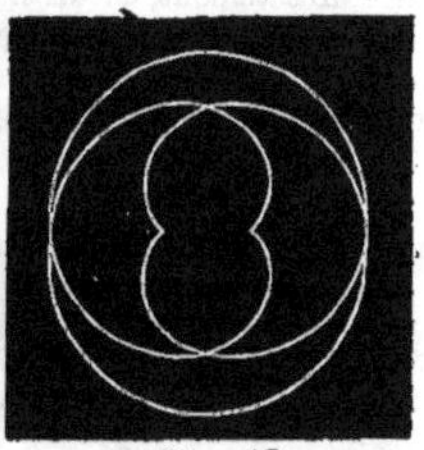

Fig. 11. Fig. 12.

On voit que les courbes les plus complexes, qui pourront le mieux convenir au guillochage, à l'ornementation des surfaces par gravure mécanique, seront surtout

2 : 5

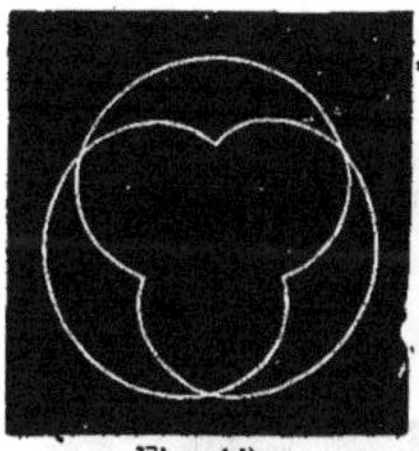

2 : 7

Fig. 13. Fig. 14.

celles pour lesquelles le dénominateur sera assez grand, et par suite aussi le nombre des points de rebroussement symétriquement disposés autour du cercle.

Nous donnons (fig. 11 à 16) les dessins de quelques-unes de ces courbes.

3 : 4

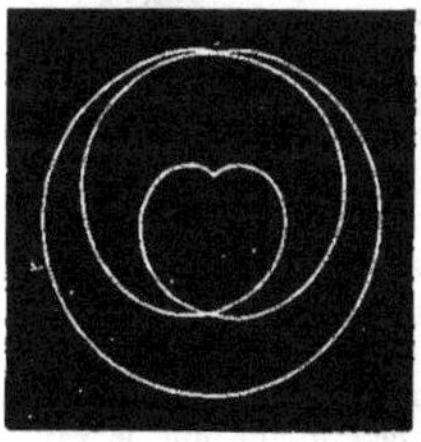

9 : 17

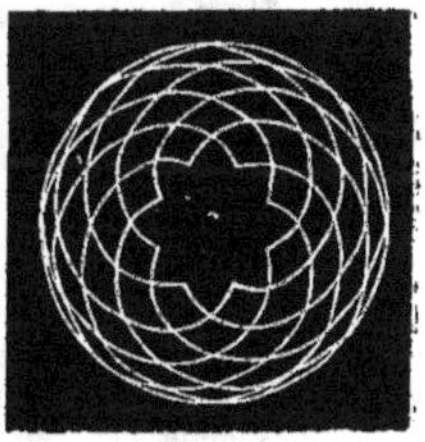

Fig. 15. Fig. 16.

Dans le second cas, l'expression de la valeur de n donne un nombre de points de rebroussement égal à la

2 : 3

2 : 5

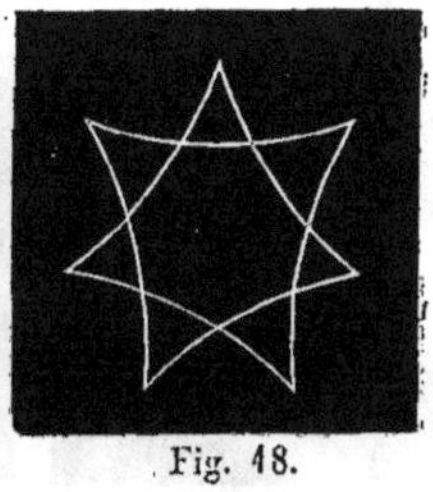

Fig. 17. Fig. 18.

somme des deux termes de la fraction, réduite en nombres premiers entr'eux, et ces points symétriquement dis-

 ÉPICYCLOIDES.

posés sont situés extérieurement. On peut encore le reconnaître directement, en distinguant les vitesses absolues, des mouvements des roues entraînées par le levier qui tracent les courbes que nous considérons, vitesses obtenues en ajoutant le mouvement du levier au mouve-

3 : 4

Fig. 19.

3 : 5

Fig. 20.

ment relatif. Ces propriétés se déduisent immédiatement de la forme de l'expression $n = (1 + \varepsilon) a$, dont nous partons toujours. Le nombre des involutions des points de rencontre d'une droite passant par le centre est toujour donné par le numérateur de la fraction qui représente ε.

Nous donnons (fig. 17 à 22), quelques-unes de ces courbes.

4 . 5

Fig. 21.

3 · 7

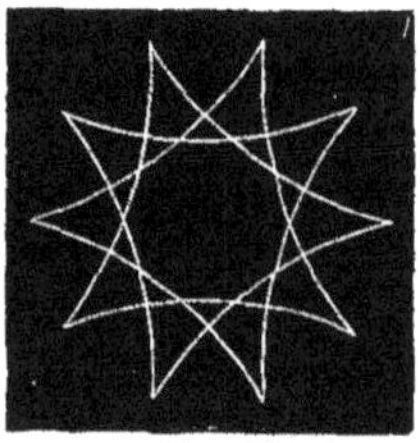

Fig 22.

II. *Effet des pignons intermédiaires.* — Considérons maintenant le cas général où le rapport $\frac{E}{b}$ de la formule générale n'est pas égal à 1, où on n'emploie pas seulement les roues ordinaires, où l'on fait intervenir des pignons. Les principaux caractères des courbes alors engendrées se déduiront comme dans le cas précédent des formules générales, en remarquant que le rayon plus ou moins grand du cercle traçant change la nature des points de rebroussement, les remplace par une boucle ou par une petite ligne, et ainsi modifie en quelque sorte l'allure de la courbe. Les courbes que l'on obtient sont toujours des courbes épicycloïdales, mais des épicycloïdes

1 : 1

Fig. 23.

$9^2 : 17^2$ ou 81 à 289

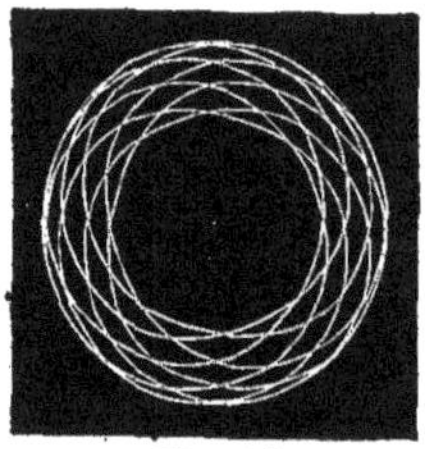

Fig. 24.

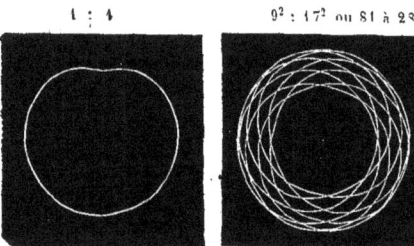

ordinaires doublement transformées, non-seulement en raison du rayon qui porte l'axe du cercle mobile, mais encore du rayon de celui-ci pour un même rapport de vitesse. C'est ce qui va être rendu clair par quelques exemples.

Citons d'abord le cas où $\frac{E}{b} = \frac{A}{B}$, le rapport ε des cas précédents sera remplacé par ε^2 pour les exemples correspondants.

Les figures similaires sont assez curieuses à étudier, et les caractères généraux des secondes dérivent de celles du cas correspondant au rapport simple, en aplatissant en quelque sorte tous les angles. On en juge aisément par les figures 23 et 24, se rapportant au mouvement inverse, et 25 et 26 au mouvement direct.

1 : 4

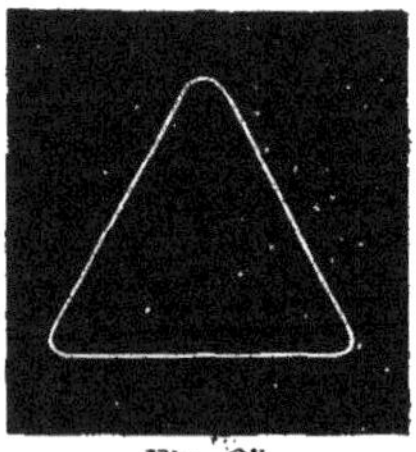

Fig. 25.

4 : 9

Fig. 26.

On pourrait encore étudier les puissances supérieures; mais il vaut mieux passer à un autre mode de classement général de toutes ces courbes dont nous allons parler.

Considérons toujours les résultats que l'on obtient en donnant au rapport $\frac{E}{b}$ du système intermédiaire diverses valeurs numériques. Comme dans l'étude précédente, nous avons compris tous les rapports possibles de vitesses, les relations indiquées subsistent toujours, les caractères généraux des courbes sont donc les mêmes pour une même valeur ε et les modifications qui résultent de l'intervention des pignons, en quelque sorte secondaires.

Cela revient à classer les courbes épicycloïdales comme le propose M. Perigal, auteur anglais, qui a tracé un grand nombre de ces courbes à l'aide de moyens mécaniques, non plus d'après le rapport des rayons, mais d'après la valeur totale de ε, ce qui range sous la même division toutes les courbes qui ont le même nombre de points de rebroussement, de boucles.

Soit à mouvement inverse $\varepsilon = \frac{1}{2}$; si $\frac{A}{B} = \frac{1}{2}$, nous retrouvons $b = E$, le cas déjà traité (fig. 2), un seul point de rebroussement.

Si $\frac{A}{B} = \frac{1}{4}$, $\frac{E}{b} = 2$, on revient au cas $\frac{1}{2^2}$. Le point de rebroussement disparaît presque.

$\frac{A}{B} = \frac{1}{1}$, $\frac{E}{b} = \frac{1}{2}$, c'est une courbe à une boucle (fig. 27) comme

1 : 1

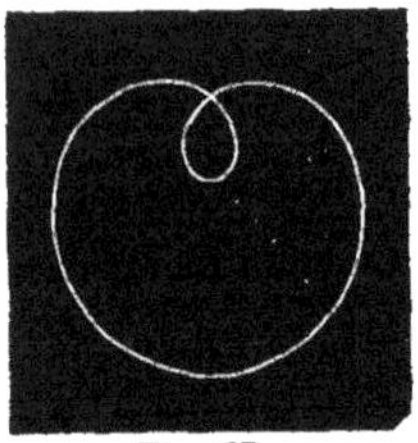

Fig. 27.

1 : 16

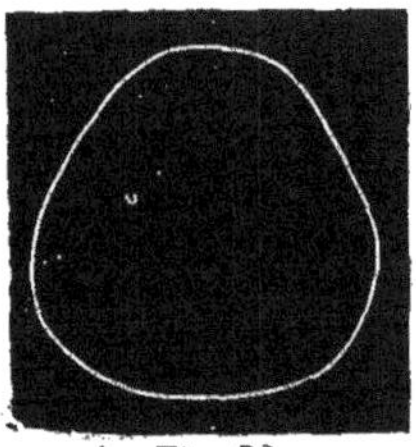

Fig. 28.

toutes les courbes de cette série. La boucle s'agrandit à

mesure que le premier facteur augmente, et le second diminue.

Les figures 28 à 30 représentent, de même que quelques courbes, pour la valeur de $\varepsilon = \frac{1}{4}$ et divers rapports des rayons des roues A et B.

1 : 4

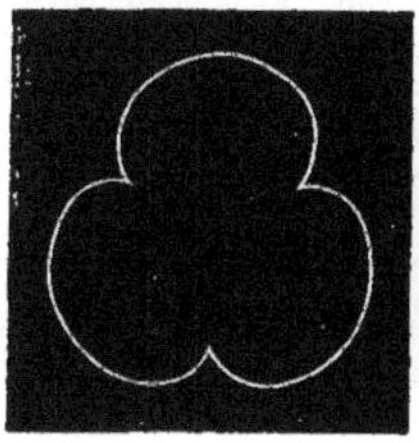

Fig. 29.

1 : 3

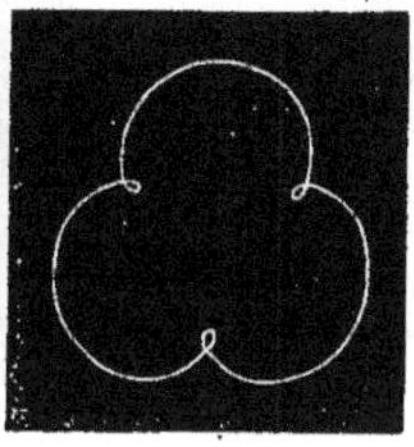

Fig. 30.

Les courbes correspondant aux épicycloïdes intérieures, produisant un mouvement direct, offrent des combinaisons analogues, faciles à analyser en partant de la formule $n = (1 + \varepsilon) a$.

Soit $\varepsilon = \frac{1}{2}$, en donnant à $\frac{A}{B}$ les valeurs $\frac{1}{2}$, 1, on a pour $\frac{E}{b}$ les valeurs 1, $\frac{1}{2}$, et on obtient les courbes à 3 boucles.

1 : 1

Fig. 31.

1 : 2

Fig. 32.

De même $\varepsilon = \frac{1}{3}$ donnera les courbes à 4 saillies ou 4 boucles

1 : 3

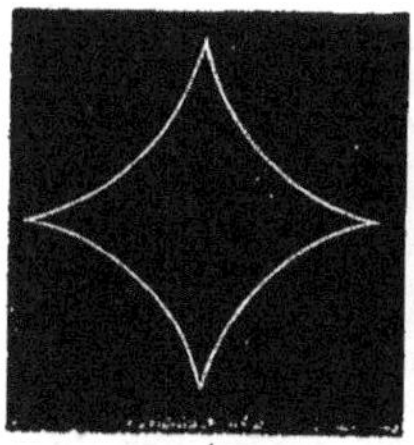

Fig. 33.

1 : 2

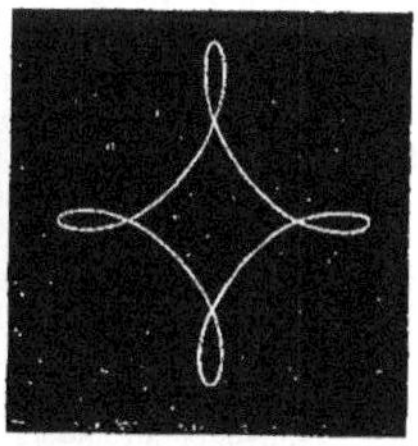

Fig. 34.

Soit encore $\varepsilon = \frac{5}{11}, \frac{A}{B} = \frac{5}{11}$, $E = b$, courbe à 6 points de rebroussement.

$\frac{A}{B} = \frac{1}{2}, \frac{E}{b} = \frac{5}{11}$, courbe à 6 nœuds (fig. 35), comme toutes celles de la série.

ÉPICYCLOIDES.

Soit encore :

$\varepsilon = \frac{2}{7}, \frac{A}{B} = \frac{3}{2}, \frac{E}{b} = \frac{4}{21}$, courbe à 5 boucles, les 5 boucles se recourbent au delà du centre (fig. 36).

1 : 1

Fig. 35.

3 : 2

Fig. 36.

Le classement ainsi effectué entre les courbes de formes variées à l'infini, pouvant être ainsi engendrées par l'emploi de simples pièces à rotation circulaire, est d'un grand intérêt au point de vue des applications possibles.

Il est bien évident que l'on pourrait obtenir, par des dispositions analogues, des tracés de courbes cycloïdales en faisant glisser un système de roues sur une crémaillère fixe ou mobile, et obtenir ainsi des courbes en boucle se reproduisant les unes à la suite des autres, ces courbes étant semblables, et les mêmes points de chaque courbe étant situés sur une droite parallèle à l'axe de la crémaillère.

Cette étude des courbes variées limite bien l'étendue de celles que l'on peut obtenir sans *rosette* spéciale.

Sans doute, suivant l'ingénieuse remarque de Bernouilly, d'une manière générale, les épicycloïdes produites par le roulement d'une courbe plane continue et quelconque sur une autre courbe, peuvent être des courbes continues et planes quelconques, et par suite on peut toujours reproduire le mouvement quelconque d'un point dans un plan par le roulement réciproque de deux courbes déterminables graphiquement, dont l'une est liée à ce plan qu'elle entraîne autour de l'autre censé fixe. Mais cette théorie, dans sa généralité même, qui fait de toute courbe une épicycloïde, prouve qu'il faut dans chaque cas une courbe directrice spéciale; ce n'est que dans le cas particulier des épicycloïdes circulaires que le guide-tour des coussinets suffit, comme nous l'avons vu à MACHINE A CALCULER. On ne peut obtenir ainsi, et c'est ce qui a été démontré, que des épicycloïdes circulaires et des courbes qui en dérivent simplement; mais la variété de courbes semblables, d'ordre ausssi élevé que l'on veut, fournit des ressources importantes à l'art de graver des surfaces par procédé mécanique, procédé dont la pratique de l'industrie peut tirer un grand profit.

Les tours composés servent à tracer les courbes ci-dessus indiquées. Tous ces éléments se rencontrent dans la machine que nous allons décrire.

MACHINE A GRAVER DE M. BARRÈRE. — La machine à graver de M. Barrère, amélioration de systèmes analogues très-appréciés en Allemagne il y a quelques années, paraît fixer la limite des combinaisons possibles par l'emploi de courbes épicycloïdales, fournir mécaniquement une multitude d'ornementations par les enroulements de boucles de tout genre, formant un ensemble circulaire, elliptique ou sinusoïdal Elle consiste essentiellement en séries de roues dentées, montées sur trois axes verticaux, que l'on met en communication à volonté, et qui ont des mouvements de rotation et de révolution suivant une multitude de rapports. Mais de plus le traçoir est porté par une tringle mûe par une manivelle montée sur la dernière roue et dont le bras est de longueur variable au moyen d'une vis, de telle sorte que les courbes épicycloïdales sont raccourcies ou allongées à volonté. Les courbes viennent se recouper et leurs boucles entrelacées donnent des contours variés à l'infini. En faisant marcher la pierre posée sur un chariot, avec une vitesse en rapport avec celle du mouvement circulaire, on forme des fonds, on dispose ces ornements à volonté rectangulairement, elliptiquement. Sans doute la multitude de courbes qu'on peut ainsi obtenir ne peut remplacer le travail du dessinateur en général, et ces ornements ont tous un même air de famille, qui ne permet de les employer que dans un certain nombre de circonstances; mais il n'en est pas moins bien curieux qu'on puisse autant multiplier les résultats décoratifs obtenus avec des tours circulaires seulement. La machine de M. Barrère nous paraît fixer la limite de ce qu'il est possible d'obtenir dans cette voie de l'emploi de courbes provenant de la famille des courbes épicycloïdales.

ÉPONGES. — Les éponges viennent presque toutes de l'Archipel grec. On en pêche cependant quelques-unes dans l'Adriatique.

Il y a trois classes principales d'éponges : 1° les fines ou blanches; 2° les fines dures employées pour le polissage; 3° les éponges dites de Venise, ou grosses éponges à lavage.

De la qualité très-commune à celle très-fine, le prix varie en Grèce de 20 à 300 francs l'ocque (l'ocque vaut 1,280 grammes).

L'éponge ayant une valeur commerciale ne se trouve guère avant 15 mètres de profondeur; elle augmente en qualité jusqu'à 50 mètres.

En général, les éponges fines se rencontrent à des profondeurs moins grandes que les éponges communes. Les premières se fixent de préférence sur les calcaires légers; les secondes sur les roches dures.

L'éponge est généralement d'autant plus belle qu'elle se trouve dans des eaux bien exposées aux rayons du soleil; dans les grottes, au contraire, le tissu en est tout à fait mou et relâché.

Le commerce des éponges va toujours en augmentant; il a produit, en 1865, une vente de 13 millions de piastres, environ 3 millions de francs (le franc vaut 4 piastres 35).

Ces éponges sont achetées moitié par la France, un tiers par l'Angleterre et le reste par l'Autriche, l'Italie, la Turquie.

Les bateaux pêcheurs sont montés par six ou sept plongeurs associés qui vont au fond de la mer à tour de rôle. Le pêcheur descend nu, attaché à une pierre plate ou ovoïde, en marbre, qui l'entraîne rapidement. Arrivé au fond, il tourne autour de la pierre avec laquelle il se tient en communication constante; il arrache les éponges et les place dans un filet qu'il a pendu au cou. On le rehisse au bout d'une minute et demie.

Lorsqu'ils plongent aux grandes profondeurs de 30 à 40 mètres, les plus exercés ne peuvent plonger que sept ou huit fois par jour. Le sang leur sort par le nez et les oreilles, par suite de ces brusques compressions et décompressions.

ÉPONGES MÉTALLIQUES. Les éponges métalliques, imitation de l'éponge de platine qui joue un grand rôle dans l'élaboration de ce métal, ont été créées industriellement par M. Chenot. On ne peut dire qu'il soit arrivé à un succès complet, car l'adoption de ses procédés eût complétement révolutionné l'industrie métallurgique, mais il est parvenu à des résultats extrêmement importants.

Étudions le cas le plus complexe auquel s'applique cette méthode, celui de la fabrication de l'acier fondu. Le traitement comprend quatre opérations principales : la réduction du minerai à l'état d'*éponge*, la *cémentation* de l'éponge, sa *compression* et sa *fusion*.

1° La réduction s'opère sur le minerai grillé et convenablement concassé, dans un fourneau prismatique de 13 mètres de hauteur, muni de chauffes extérieures placées à 7 mètres du gueulard; sur cette hauteur de 7 mètres, le minerai soumis à une chaleur graduellement croissante subit une réduction exactement dans les mêmes conditions que dans la *cuve* d'un haut-fourneau. Arrivé devant les chauffes, il est à peine au rouge cerise; le fer est entièrement réduit, mais la chaleur est insuffisante pour le fondre, ou même pour le fritter. Il forme une masse poreuse ou éponge métallique assez semblable à l'éponge de platine.

En continuant de descendre, l'éponge se refroidit lentement, et au défournement elle doit être à peu près à la température ordinaire, sans quoi elle se réoxyderait immédiatement, à cause de sa nature éminemment pyrophorique. Le défournement se fait à certains intervalles, au moyen de dispositions ingénieuses ayant pour but d'empêcher l'établissement d'un courant d'air à travers le fourneau.

2° L'éponge obtenue passe à la cémentation. A cet effet, on la plonge dans un bain de résine, de goudron, ou d'une matière grasse quelconque, en opérant à chaud, si cela est nécessaire, pour obtenir un bain fluide, qui imbibe bien complétement l'éponge. On calcine à la chaleur seulement suffisante pour chasser l'excès de matière carburante introduite; on recueille accessoirement les produits liquides enlevés par cette calcination, et on a une masse, dans laquelle il s'est fixé et répandu très-uniformément une certaine quantité de carbone. On fait une seconde *cémentation*, s'il y a lieu, pour arriver à la dose convenable, ce qui offre quelque difficulté pour obtenir des produits réguliers.

3° L'éponge est alors broyée, puis comprimée très-fortement dans des moules sous diverses formes. Cette compression est indispensable pour ne pas avoir à opérer sur une matière trop encombrante et trop oxydable.

4° Enfin la matière comprimée, concassée par petits fragments, est mise dans des creusets et traitée comme à l'ordinaire. La seule différence est qu'à la coulée on a une certaine quantité de scories provenant des matières terreuses associées au fer dans le minerai, et que les opérations antérieures n'ont pas chassées. Ce laitier très-fluide surnage sur le bain, on le coagule en le refroidissant par l'addition d'un peu de sable graveleux et d'argile, et on l'enlève aisément avec la cuiller.

Si l'on compare le procédé nouveau à la méthode ordinaire, on y reconnaît les différences caractéristiques suivantes, qui constituent, selon nous, autant d'avantages.

Le fer réduit dans l'étage supérieur du fourneau n'est point amené à l'état de fonte, comme il l'est en descendant du ventre au creuset d'un haut fourneau, transformation qui entraîne une grande dépense de combustible, des frais de machine soufflante, et surtout charge ce fer de matières nuisibles. Ces matières doivent ensuite être séparées dans l'affinage, lequel consomme encore beaucoup de combustible, et, procédant par oxydation, entraîne nécessairement un déchet considérable sur le fer lui-même. Enfin le fer en barres doit d'abord subir la cémentation, puis la fusion, opérations longues et dispendieuses et qui ne peuvent se faire dans les mêmes conditions d'homogénéité que lorsqu'on opère sur l'*éponge*.

Revenant à cette *éponge*, à la sortie du fourneau de réduction nous ferons remarquer qu'elle peut être assimilée à la loupe que l'on forme dans l'affinage ordinaire, ou, plus exactement, à celle que l'on forme dans les foyers à la catalane : c'est du fer avec la gangue du minerai interposée. Qu'après l'avoir comprimée sans la cémenter, on la chauffe et on la martelle, on aura du fer métallique; qu'après l'avoir cémentée et comprimée, on la chauffe et on la martelle, on aura de l'acier ordinaire, qui correspondra à l'acier poule, mais avec plus d'homogénéité. Ce sera pour ainsi dire de l'acier poule *plusieurs fois raffiné*.

Tels sont les traits principaux des procédés métallurgiques de M. Chenot.

Les produits obtenus sont très-bons.

Nous devons encore citer les dispositions ingénieuses à l'aide desquelles M. Chenot parvient: 1° à recueillir par son *trieur électro-magnétique* toutes les parties d'éponge métallique qui se mêlent au menu charbon à la sortie des charges par le bas du fourneau;

2° A opérer la compression de ses éponges, et au besoin de toute espèce de copeaux métalliques préparés pour le traitement ou pour des alliages;

3° A réaliser un avantage considérable dans beaucoup de cas, notamment pour la *fusion de l'acier*, en donnant à la cendre des cokes employés un degré de fusibilité tel, que les grilles soient toujours propres et dégagées de ces mâchefers visqueux qui, trop souvent, les encrassent, les corrodent et obstruent le tirage.

ÉQUIVALENTS CHIMIQUES. *Équivalents des corps simples.* — M. Dumas a repris, avec des soins tout particuliers, la détermination des équivalents chimiques des corps simples, en partie pour verifier l'hypothèse de Proust, qu'ils devaient être des multiples exacts de l'hydrogène.

Parmi les corps qu'il a étudiés, vingt-deux ont des équivalents qui sont des multiples de l'hydrogène par un nombre entier:

Oxygène.	8	Iode.	127
Soufre	16	Carbone.	6
Sélénium.	40	Silicum.	14
Tellure.	64	Molybdène.	48
Azote.	14	Tungstène.	92
Phosphore.	31	Lithium.	7
Arsenic.	75	Sodium.	23
Antimoine.	122	Calcium.	20
Bismuth.	214	Fer.	28
Fluor.	19	Cadmium.	56
Brôme.	80	Étain.	59

Sept ont des équivalents qui sont des multiples de la moitié de l'équivalent de l'hydrogène:

Chlore.	35,5	Nickel.	29,5
Magnésium.	12,5	Cobalt.	29,5
Manganèse.	27,5	Plomb.	103,5
Baryum.	68,5		

Trois ont des équivalents qui sont des multiples du quart de l'équivalent de l'hydrogène:

Aluminium.	13,75
Strontium.	43,75
Zinc.	32,75

Parmi les comparaisons que ces résultats permettent de faire, on remarquera la suivante:

Azote.	14	Arsenic.	75
Fluor.	19	Brôme.	80
Phosphore.	31	Antimoine.	122
Chlore.	35,5	Iode.	127

On voit qu'en ajoutant 108 à l'azote on obtient l'équivalent de l'antimoine, de même qu'en ajoutant 108 au fluor on obtient l'équivalent de l'iode;

Qu'en ajoutant 61 à l'équivalent de l'azote on obtient celui de l'arsenic, de même qu'en ajoutant 61 à celui du fluor on obtient celui du brôme;

On comprendra que ces résultats donnent lieu, pour la classification des métaux, à les ranger dans une table à deux entrées par séries assujetties à un double parallélisme, ce qui donne satisfaction d'ailleurs aux diverses analogies qui les unissent entre eux.

En effet, tout en les rangeant par familles naturelles, chacun d'eux se trouve placé à proximité de deux corps appartenant à deux familles voisines et rangés sur les deux droites les plus rapprochées de celle sur laquelle se trouve le métal pris pour terme de comparaison.

ÉQUIVALENT MÉCANIQUE DE LA CHALEUR. Pour appliquer la théorie mécanique de la chaleur, il faut connaître le rapport entre les unités de chaleur et de travail mécanique. Si la chaleur dans les corps est une force vive mécanique, l'unité de chaleur, la calorie, est une certaine quantité de forces vives pouvant être exprimées en kilogrammètres; c'est ce nombre de kilogrammètres qui est l'*équivalent mécanique de la chaleur*. Cette expression, qui est le résumé des principes de la théorie mécanique de la chaleur, a été introduite pour la première fois dans la science par le docteur R. Mayer d'Heilbronn, en 1842, dans un mémoire curieux inséré dans les *Annales de Liebig*, dans lequel il affirmait l'équivalence de la chaleur et du travail mécanique.

C'est surtout en partant des phénomènes bien constatés de la production de la chaleur par le frottement qu'il établissait cette vérité, en sous-entendant la permanence du travail mécanique dans la nature, aussi certaine que l'indestructibilité de la matière affirmée par Lavoisier, pour laquelle il est également exact de dire : *Rien ne se perd, rien ne se crée*. Or puisque le frottement anéantit le travail mécanique et fait apparaître de la chaleur, il faut bien qu'il y ait *transformation* de l'un en l'autre; autrement il y aurait effet sans cause, et cause sans effet. En cherchant à déterminer la valeur de l'équivalent mécanique de la chaleur au moyen des nombres alors admis dans la science, il obtint le nombre 365 pour valeur de l'équivalent mécanique de la chaleur, nombre qui, grâce à une heureuse compensation d'erreurs, se trouve très-voisin du nombre exact.

C'est à l'habile physicien anglais, M. Joule, que sont dues les déterminations de la valeur de l'équivalent mécanique généralement admises aujourd'hui, et qui oscillent autour de $\frac{1}{A} = 424$ kilogrammètres, c'est-à-dire qu'un travail de 424 kilogrammètres, entièrement converti en chaleur, engendre une calorie, ou inversement qu'une calorie entièrement transformée en travail engendre 424 kilogrammètres.

Nous allons faire voir que ce nombre, si important pour toutes les applications dynamiques de la chaleur, pour la théorie des machines à feu notamment, est trop fort, et, pour arriver à la valeur exacte, nous passerons en revue les meilleures expériences connues pour en discuter la précision, et décrirons celles que nous avons faites au Conservatoire des Arts et Métiers, avec le savant M. Tresca, dans les conditions qui nous paraissent les meilleures.

Pour chercher le rapport $\frac{1}{A}$ du travail T à la chaleur C en laquelle il se transforme pour obtenir la valeur de $\frac{1}{A} = \frac{T}{C}$, la voie la plus directe paraît consister à étudier les phénomènes calorifiques engendrés par un travail mécanique, à mesurer la chaleur.

Passons en revue les travaux accomplis.

Des conditions convenables pour la détermination de l'équivalent mécanique de la chaleur. — C'est à l'aide du frottement dont les effets calorifiques avaient été mis en pleine lumière par les expériences de Rumford, qui avait démontré la production indéfinie de chaleur par un travail mécanique, qu'il semble naturel de chercher à obtenir la valeur de l'équivalent de la chaleur. Quelques expérimentateurs ont, en effet, suivi cette voie; mais il faut faire en sorte que l'action qui produit le frottement n'altère pas la constitution du corps sur lequel on opère; car souvent les actions mécaniques exercées sur les corps ne produisent pas d'effets calorifiques, sont consommés à détruire un travail intérieur, ou ne produisent que des effets *partiellement* calorifiques, qui ne répondent qu'à une fraction du travail des forces mécaniques qui agissent.

Dans les solides, les molécules étant réunies par les forces de cohésion, l'action de la chaleur qui les écarte produit une dilatation, vient donc en partie s'annuler par l'effet du travail résistant des forces de cohésion; l'inverse a lieu si le corps se refroidit. On ne saurait donc analyser les effets calorifiques qui apparaissent dans un corps solide, sans tenir compte d'efforts intérieurs d'une évaluation difficile, impossible même, tant qu'on ne connaît pas la valeur exacte de l'équivalent mécanique de la chaleur.

Dans les liquides, dans lesquels les forces de cohésion intermoléculaire ne sont pas nulles, dont la variation est inconnue, le même effet se produit.

Dans les gaz parfaits, au contraire, les effets *intérieurs* de la chaleur sont nuls, l'attraction intermoléculaire ne paraissant pas agir aux distances qui séparent les molécules, et en même temps les effets *extérieurs* de dilatation sous pression sont considérables, et, par conséquent, faciles à observer avec grande précision.

De ceci résulte :

Que les déterminations de l'équivalent mécanique de la chaleur sont possibles en observant les effets calorifiques du frottement, mais avec bien des chances d'erreur.

Qu'elles sont à peu près impossibles s'il se produit dans les corps sur lesquels on opère des effets intérieurs, comme ceux qui accompagnent, en général, une action mécanique exercée sur un corps solide.

Qu'elles peuvent, au contraire, être faites avec grande précision, en observant les effets calorifiques et mécaniques apparaissant simultanément sur un gaz parfait.

Nous passerons successivement en revue les recherches faites en observant les effets de frottement, les effets d'actions mécaniques exercées sur les liquides ou les solides, enfin sur les gaz, c'est-à-dire la quantité de chaleur engendrée par une quantité de travail déterminé, d'où se déduit l'équivalent mécanique de la chaleur. Comme on peut, ainsi qu'il a été dit, observer les faits inverses de ceux-ci, mesurer le travail engendré par une quantité de chaleur connue, nous dirons aussi quelques mots de ce genre de détermination.

I. TRAVAIL MÉCANIQUE ENGENDRANT DE LA CHALEUR.

1° *Frottement des solides.* — Les meilleures expériences que nous connaissions sur le frottement des solides sont celles de M. Hirn. Elles ont été exécutées avec un grand soin et répétées à l'infini, enfin ont conduit à des résultats invariables.

C'est en faisant une étude fort intéressante sur les huiles et les corps lubrifiants dans des conditions où aucune altération des surfaces n'était à craindre, où des vibrations ne pouvaient se propager au loin, que M. Hirn a cherché à mesurer les phénomènes calorifiques qui se produisaient. Il en est résulté un mode de détermination de l'équivalent mécanique de la chaleur, puisqu'elles permettaient de mesurer la chaleur produite par l'emploi d'un travail mécanique faisant naître un frottement très-régulier, ne pouvant jamais devenir un mouvement de masses, par suite de l'interposition entre les surfaces des molécules d'un fluide.

C'est dans le *Bulletin de la Société industrielle de Mulhouse* (nos 128 et 129, 1865) que se trouvent rapportées ces curieuses expériences. Comme elles sont peu connues, nous en extrairons ici ce qui a trait à la détermination de l'équivalent mécanique de la chaleur. (Nous y reviendrons à un autre point de vue, à l'article GRAISSAGE.)

L'appareil adopté par M. Hirn, qu'il appelle balance de frottement, et qu'il a imaginé, comme nous l'avons dit, pour expérimenter la valeur des différentes huiles du commerce, au point de vue de leur emploi dans le graissage, est représenté figure 1.

Fig. 1.

T T est un tambour creux en fonte, parfaitement cylindrique et poli extérieurement, calé sur l'arbre F F. Le diamètre extérieur de ce tambour est de 0m,23, sa longueur de 0,22; il est fermé, à l'une de ses extrémités, par un fond en fer-blanc, formé d'une partie plane annulaire et d'une partie centrale en tronc de cône ouvert, de manière à laisser libre un espace annulaire entre sa circonférence et l'arbre F F, à l'autre extrémité, par un fond formé, comme le premier, d'une partie annulaire et d'une partie centrale en tube cylindrique.

E coussinet en bronze (alliage de huit parties de cuivre et une d'étain), parfaitement poli et ajusté sur le tambour T, dont il embrasse la demi-circonférence; dans son épaisseur est pratiquée une cavité où se loge exactement le réservoir d'un thermomètre.

L L' est un levier en chêne de 0m,08 d'équarrissage, appuyant sur les brides du coussinet par deux petits supports *m*, *m'*, vissés à leur partie inférieure sur ces brides ou rebords.

Aux deux extrémités de ce levier sont solidement fixés des appendices *l*, *l'*; en équerre, munis chacun d'un crochet à la partie inférieure. A l'un de ces appendices est suspendu un contre-poids en plomb M' fixé à une tige longue et légère, dont le plan supérieur passe par l'axe du tambour. Un repère indique quand le levier LL' est horizontal. A l'autre appendice est suspendu un plateau, sur lequel est posée une masse de plomb M, faisant équilibre à M'. Cette disposition a pour effet

ÉQUIVALENT DE LA CHALEUR.

d'amener le centre de gravité du système en dessous de l'axe du tambour, de façon que la balance ne soit pas folle.

Le coussinet, le lèvier et tous les accessoires, y compris les masses M, M', pèsent ensemble 50 kilogrammes. La distance horizontale de l'axe du tambour à la verticale passant par le point de suspension du plateau, lorsque le levier est horizontal, est de $0^{m},562$.

N est un pied fixé au sol et ouvert en pince, de manière à limiter les écarts du levier LL' de la position horizontale.

Le mouvement du tambour est accéléré ou ralenti au moyen de deux cônes parallèles liés par une courroie, et dont l'un reçoit son mouvement du moteur et l'autre le communique à la poulie H calée sur l'arbre FF.

Au moyen d'un petit tuyau introduit par l'espace annulaire de la face antérieure du tambour, on peut faire passer dans celui-ci un courant d'eau froide ou chaude, qui vient tomber dans la petite caisse en bois *r*, où se trouve un thermomètre *t*, et qui est munie d'un robinet *z*. Deux ouvertures sont ménagées dans les parois verticales de la caisse, et sont juste assez grandes pour laisser passer la partie tubulaire et l'arbre en fer FF.

On voit que par cette disposition, qui rappelle le frein de Prony, M. Hirn enregistre, par le simple examen des poids qu'il faut ajouter, pour l'équilibre, au poids M, lors du mouvement de tambour, le travail consommé par le frottement.

Reconnaissant dans ses expériences sur le graissage la production de quantités de chaleur notables, il a été conduit à chercher s'il existait un rapport constant ou variable entre le travail résistant du frottement mesuré au moyen de la balance et la chaleur développée par le frottement qu'il pouvait mesurer par l'échauffement de l'eau qu'il faisait passer dans le tambour. Rechercher la valeur de ce rapport constant ou variable, c'est bien déterminer l'équivalent mécanique de la chaleur.

Ces expériences fort délicates ont conduit l'auteur à la conclusion suivante :

« La quantité absolue de chaleur développée par le frottement médiat est directement et uniquement proportionnelle au travail mécanique du frottement. Le rapport entre cette quantité de chaleur exprimée en *calories*, et le travail mécanique du frottement exprimé en kilogrammes élevés à 1 mètre de hauteur, est à peu près égal à 0,0027, quelles que soient la vitesse et la température des corps frottants et la substance lubrifiante. En d'autres termes, le frottement donne lieu, dans tous les cas, à un dégagement de chaleur capable d'élever d'un degré centigrade la température d'autant de kilogrammes d'eau liquide que le travail mécanique de ce frottement, mesuré à la balance, contient de fois 371 kilogrammes élevés à 1 mètre de hauteur verticale. »

J'ignore pourquoi M. Hirn a renoncé à se servir des résultats de ces expériences dans son second ouvrage, dans lequel il rapporte seulement quelques expériences nouvelles faites avec le même appareil, qui lui ont fourni une valeur orthodoxe, une valeur de l'équivalent mécanique voisine de 424; mais ils me paraissent acquis à la science, à cause de la multitude des expériences et de la constance des résultats, cachet caractéristique d'une bonne série d'expériences.

Nous avons dit en quels termes affirmatifs il résume ces recherches dans son ouvrage de 1858. Je compléterai cette citation par le passage suivant de ce même travail.

« Les plus grands écarts de notre nombre sont 0,00262 et 0,00278, ce qui donne (pour la valeur de $\frac{1}{A}$, en divisant l'unité par ce rapport), 381,2 et 359,7 pour l'équivalent, dont, en ce qui concerne les frottements médiats, la valeur moyenne est 371,6. S'il m'était permis de présenter une opinion personnelle, fondée sur des détails trop longs à mentionner, et sur le sens général des défectuosités de mon expérimentation, je dirais que le nombre 371,6 pèche plutôt en plus qu'en moins; et que la moyenne réelle de mes résultats est plutôt au-dessous qu'au-dessus. Je discuterai, dans le résumé général, les résultats des expériences précédentes, et ceux de quelques expériences isolées que j'ai faites sur les frottements immédiats. Je ne mentionne pas encore ces derniers, parce que je ne suis pas aussi satisfait de leur exactitude, tandis que les premiers, *répétés sous toutes les formes imaginables*, me paraissent dignes de confiance. »

Les séries d'expériences sur les frottements immédiats dont parle ici M. Hirn, l'ont conduit à des chiffres très-variables et différents de celui, qu'au moyen d'expériences très-variées, il retrouvait constamment pour les frottements médiats.

Frottement des liquides et des solides. — Expériences de M. Joule. — (Nous traduisons ici le mémoire de M. Joule, 1849.) « La première mention que je connaisse d'expériences dans lesquelles la production de la chaleur par le frottement de fluides soit affirmée, se rapporte à celles du docteur Mayer (*Annales* de Wœhler et Liebig, mai 1842), dans lesquelles il établit qu'il a élevé la température de l'eau de 12° à 13° C., en l'agitant, mais sans indiquer les quantités de travail consommées à cet effet, ni les précautions prises pour assurer l'exactitude du résultat. En 1843, j'ai annoncé ce fait « que de la chaleur est dégagée par le passage de l'eau à travers des tubes étroits » et que, pour produire chaque degré Farh. de chaleur de l'eau ainsi engendrée, il y a consommation d'un travail mécanique de 770 livres-pieds. Enfin, en 1855 et 1847, j'ai employé une roue à palettes pour produire un frottement de fluides, et j'ai obtenu les équivalents 781,5, 782,1 et 787,6, par l'agitation de l'eau, de l'huile et du mercure. Ces résultats, concordant parfaitement entre eux et avec ceux précédemment déduits d'expériences sur les fluides élastiques et la machine électro-magnétique, ne laissent aucun doute dans mon esprit sur la relation d'équivalence entre la chaleur et le travail; je sentis la très-grande importance d'obtenir la détermination de ce rapport avec un très-grand soin. Tel est l'objet du présent mémoire.

« *Description des appareils.* — Les thermomètres employés ont leurs tubes calibrés et gradués d'après la méthode de M. Regnault. Deux d'entre eux, que j'appellerai A et B, ont été construits par M. Dancer, de Manchester; le troisième C, par M. Fastré, de Paris. La graduation de ces instruments est très-correcte, et leurs indications coïncident à moins de 1/100 de degré Fahr. près.

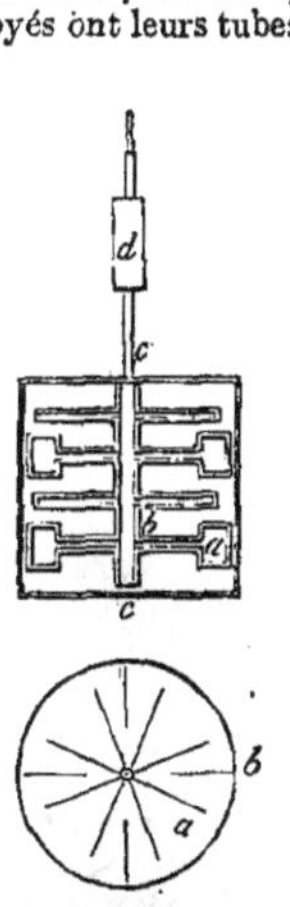

Fig. 2.

« La figure 2 représente une section verticale de l'appareil employé pour produire le frottement de l'eau, consistant en palettes de laiton garnissant huit leviers tournants, palettes qui tournent entre quatre vannes fixes pareillement en laiton. L'axe de rotation en laiton se meut librement, sans vibration, dans ses coussinets *c c*, et est interrompu en *d* par une pièce de bois qui ne permet pas à la chaleur dégagée de se perdre par conductibilité.

« La figure 2 représente aussi le vase de cuivre dans lequel l'appareil de rotation est solidement fixé; il a un couvercle de cuivre dont le bord, garni d'une bande de cuir imprégnée de blanc de plomb, peut être hermétiquement assemblé avec lui. Dans ce couvercle sont percés deux trous : le premier pour l'axe qui tourne sans le toucher, le second pour le passage du thermomètre.

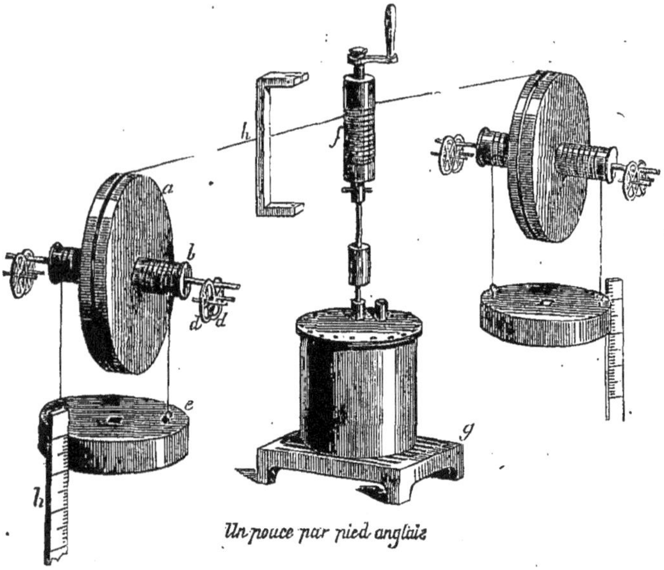

Fig. 3.

« J'ai employé un appareil semblable pour étudier le frottement du mercure. Il diffère de l'appareil qui vient d'être décrit par la grandeur et le nombre de palettes, qui sont au nombre de six et en fer ; le vase est en fonte.

« Étant désireux d'étendre mes expériences au frottement des solides, j'ai aussi établi l'appareil représenté figure 4, dans lequel l'axe *aa* entraîne dans son mouvement une roue en fonte *b*, taillée en biseau sur ses bords. Par le moyen du levier *c*, que l'axe traverse, et de deux

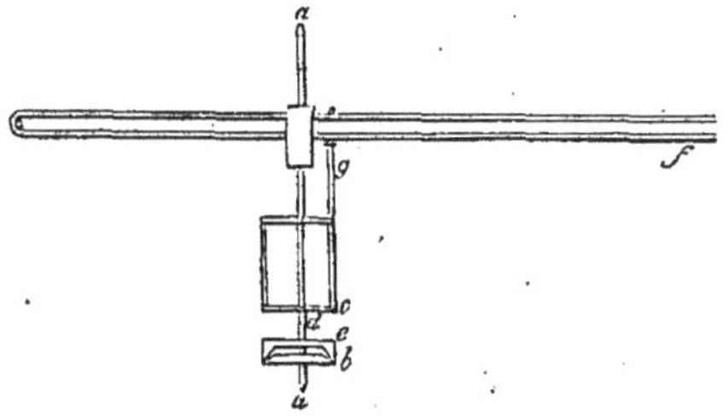

Fig. 4.

courts leviers *d*, la roue à biseau *e* peut être appliquée sur la roue tournante. La pression est réglée à la main, à l'aide du levier de bois *f*, attaché à la verge de fer perpendiculaire *g*.

« La figure 3 montre en perspective le mécanisme employé pour mettre en mouvement l'appareil servant à étudier les effets calorifiques du frottement. *a*, *a*, sont des poulies de bois de 1 pied de diamètre et 2 pouces d'épaisseur, portant des rouleaux de bois *b b* de 2 pouces de diamètre et des axes d'acier *c c*, d'un quart de pouce de diamètre. Les poulies tournaient bien rond et étaient égales. Leurs axes étaient supportés par les roues de laiton *dd*, dont les axes d'acier reposaient dans des trous percés dans des plaques de laiton attachées à une solide charpente fixée aux murailles de la salle. (Celle-ci était une vaste cave, ayant l'avantage de posséder toujours une température uniforme.)

« Les poids de plomb *ee* qui, dans quelques expériences, pesaient 29 livres et dans d'autres 10 livres sont suspendus par une corde aux rouleaux *b b*, et une ficelle attachée aux poulies *a a* les réunit avec le rouleau *f*, lequel, par le moyen d'une clavette, peut facilement être attaché ou séparé de l'appareil à frottement.

« Le support de bois *g*, sur lequel pose l'appareil, est creusé d'un grand nombre de rainures transversales, de telle sorte qu'un petit nombre de points du bois sont en contact avec le métal, et que l'air le touche par presque tous les points. De cette manière, on évite la communication de la chaleur au support.

« Un large écran (non représenté sur la figure 3) empêchait complétement l'action de la chaleur rayonnante du corps de l'expérimentateur sur l'appareil.

« La méthode d'expérimenter était la suivante. — La température de l'appareil à frottement était bien déterminée, et les poids étant remontés, le rouleau était assemblé avec l'axe à l'aide d'une broche, et la hauteur exacte des poids au-dessus du sol était mesurée exactement au moyen des règles en bois *h*. Le rouleau était remis en liberté et permettait de relever les poids après qu'ils avaient atteint le plancher du laboratoire, lorsqu'ils avaient accompli une chute d'environ 63 pouces ($1^{m},60$). Puis, le rouleau étant arrêté, les poids remontés, le frottement recommençait. Cette opération était répétée vingt fois, et on observait alors la température de l'appareil. La température moyenne du laboratoire était déterminée par des observations faites au commencement, au milieu et à la fin de chaque expérience.

« Avant ou immédiatement après chaque expérience, on déterminait l'effet de rayonnement et de conductibilité pour la chaleur, de l'atmosphère ambiante, pour diminuer ou augmenter la température de l'appareil à frottement. A cet effet, on suivait, pendant un temps égal à la durée de l'expérience, la marche du thermomètre plongé dans l'eau, l'appareil restant immobile ; on appréciait ainsi l'effet du rayonnement. La disposition de l'appareil, la quantité d'eau qu'il renfermait, la durée, la méthode d'observation des thermomètres, la position de l'expérimentateur, ont été les mêmes dans toutes les expériences dans lesquelles l'effet du frottement a été observé. »

1re série d'expériences. — FROTTEMENT DE L'EAU. — Les poids de plomb pesaient 13,158 gr. 27 chacun (l'appareil était de dimensions extrêmement minimes), l'accroissement de température moyenne, de $0°,575$, plus 0,0129, dissipés par rayonnement, ce qui conduit à une valeur de $\frac{1}{A} = 430$ kilogrammes.

 ÉQUIVALENT DE LA CHALEUR.

Le remplacement de l'eau par le mercure a conduit à la même valeur sensiblement.

En faisant les mêmes expériences sur de la fonte, M. Joule a encore retrouvé des nombres peu différents.

« Il est bien probable, dit-il, que l'équivalent pour la fonte de fer est quelque peu accru par l'arrachement de particules de métal par le frottement, ce qui ne peut avoir lieu sans l'absorption d'une certaine quantité de travail pour surmonter l'attraction qui produit la cohésion. Mais comme cette quantité de matière arrachée est trop minime pour pouvoir être pesée, l'erreur provenant de cette source ne peut être de grande importance. Je considère 430, l'équivalent déduit du frottement de l'eau, comme le plus correct, tant à cause du grand nombre d'expériences effectuées, que de la grande capacité de l'appareil pour la chaleur. Cependant comme, même dans le frottement des fluides, il est impossible d'éviter entièrement une vibration et la production d'un faible bruit, il est probable que ce nombre est un peu trop fort. »

Ces expériences sont-elles décisives, conduisent-elles à une détermination méritant toute confiance, exacte à 1 ou 2 centièmes près? Évidemment non. Le travail dont on détermine l'effet calorifique en plongeant dans l'eau un thermomètre, c'est-à-dire un instrument mauvais conducteur de la chaleur, d'une masse notable, pour évaluer un demi-degré Farenheit, guère plus d'un quart de degré centigrade, est minime et répond à moins d'une calorie. Les erreurs d'observation peuvent facilement atteindre 15 p. 100; d'autant plus, comme le remarque M. Joule, qu'il ne tient pas compte des forces vives mécaniques communiquées au liquide, des mouvements orbitaires de masse qui emmagasinent si facilement, dans les liquides, des quantités considérables de force vive. Ces considérations nous paraissent devoir faire écarter absolument toutes les observations faites avec des appareils aussi parfaits que celui de M. Joule, mais dans lesquels l'agitation d'un liquide a été à tort considérée comme produisant un effet en totalité calorifique, ce qui n'est pas vrai.

Pour ce qui est des expériences du frottement de métal sur métal, avec usure des surfaces en contact, production de vibrations qui indiquent une propagation de mouvement dans la masse des supports du système, les résultats obtenus sont encore moins probants.

II. *Écrasement du plomb.* — J'avais pensé rencontrer un cas dans lequel un travail appliqué à la déformation d'un corps solide pouvait donner des résultats satisfaisants, je veux parler de l'écrasement du plomb, dont la densité ne change pas par l'effet d'actions mécaniques. J'en concluais, ce qui aurait besoin d'être démontré, qu'il n'y a aucun travail intérieur consommé, non restitué par l'écrasement, que l'effet calorifique des ruptures était compensé par celui engendré par de nouvelles cohésions. Je rapporterai les expériences imparfaites que j'ai tentées, et qui m'ont conduit à quelques observations qui ne manquent pas d'intérêt.

Travail mécanique. — Le moyen par excellence pour obtenir un travail mécanique facilement mesurable consiste à employer la chute d'un corps. Comme le principal moyen d'éviter les erreurs, dans une nature d'expériences où la quantité de chaleur dégagée est peu considérable, consiste à grandir un peu l'échelle sur laquelle on opère, j'ai cherché à disposer de poids et de chutes notables. J'ai employé une sonnette à battre les pieux, et disposé d'un mouton du poids de 440 kilog. tombant, au besoin, d'une hauteur de plusieurs mètres. Cet appareil était malheureusement grossier pour des expériences de précision.

Il fallait que l'écrasement du plomb fût effectué sans vibrations, pouvant se communiquer aux supports, par un amortissement presque complet des forces vives, et par suite, sans que la partie inférieure de la pièce écrasée fût déformée (on verra plus loin que cela est doublement nécessaire). C'est à quoi je suis parvenu par une forme convenable du morceau de plomb fondu.

J'ai trouvé un grand avantage à remplacer dans ces expériences les formes symétriques à la partie supérieure et inférieure, du corps soumis à l'écrasement, celles de cubes, de cylindres, qui seules avaient été employées jusqu'ici dans les rares expériences faites sur les phénomènes d'écrasement, et qui se déformaient en même temps à la partie inférieure et à la partie supérieure, par des formes qui offrent à la partie supérieure une résistance bien moindre qu'à la partie inférieure.

Avec cette précaution et pour une chute convenable du mouton, l'écrasement étant limité aux parties supérieures, la base n'étant nullement déformée, l'amortissement du choc est complet, une vibration insignifiante est communiquée à l'enclume placée sur le sol, et le travail dû à la chute du mouton est employé, à bien peu près, en totalité en écrasement, en actions moléculaires intérieures.

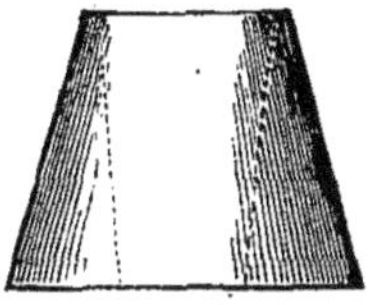

Fig. 5.

J'ai adopté la forme d'un cône droit (fig. 5), pénétré par un cône renversé, forme qu'il est facile d'obtenir par fusion et de multiplier par moulage de manière à agir sur des pièces identiques; ce qui permet de vérifier les déformations, d'étudier les variations d'effet que produit la variation du travail.

Ces morceaux de plomb, dans nos expériences, avaient 16 centimètres de hauteur; rayon à la base, 6 centimètres; en haut, 5; épaisseur à la base, 12 millimètres; au sommet, 2 millimètres; poids, 5^k,90 en plomb du commerce, pas très-pur.

Je dirai incidemment que les effets d'écrasement de ces pièces m'ont fourni des résultats curieux sur le mode de répartition des pressions; ce qui m'a suggéré une explication très-satisfaisante (ce qui n'avait pas été fait jusqu'ici à ma connaissance) de la formation des pyramides ou de cônes, lors de l'écrasement de pierres cubiques ou cylindriques. (Voir RÉSISTANCE DES MATÉRIAUX.)

Mesure de l'accroissement de température. — Pour mesurer l'accroissement de température résultant de l'écrasement du métal, je le place dans un calorimètre en cuivre de 22 centimètres de diamètre et 20 de hauteur, que j'entoure de ouate de coton sur une forte épaisseur. J'y verse de l'eau, et place dans cette eau deux thermomètres qui passent au dehors de la cuve. Pour pouvoir faire agir le mouton sur le plomb sans briser les thermomètres, j'emploie un faux pieu, une pièce de bois placée sur lui, avec interposition d'une plaque en fer pour éviter que le bois ne se brise par le choc, en ne rencontrant de résistance que sur une partie de sa surface.

Tel est l'appareil qui m'a servi et qui avait un grave défaut, à savoir le peu de conductibilité de l'eau, qui doit se mettre en équilibre de température avec le plomb.

Cet effet est si notable, que les indications du thermomètre n'avaient aucune valeur lorsqu'on n'agitait pas l'eau du calorimètre; condition tout à fait essentielle et à laquelle il n'était pas très-facile de satisfaire ici, puisqu'il fallait agiter le liquide immédiatement après le choc.

J'y suis parvenu en mettant en communication avec l'eau une poire de caoutchouc (fig. 6), terminée par un tube de même substance qui vient coiffer une tubulure placée au bas du calorimètre; de manière qu'en comprimant cette poire, puis la laissant se gonfler, alternativement je lançais l'eau sur le plomb pour le laver

 ÉQUIVALENT DE LA CHALEUR.

puis j'aspirais cette eau, enfin je mélangeais intimement toutes les couches liquides.

Le lavage extérieur du plomb était relativement facile; mais celui à l'intérieur du cône offrait des difficultés, d'autant plus qu'il ne fallait pas seulement agiter l'eau à l'intérieur, mais encore reverser cette eau à l'extérieur, de manière à ce qu'elle pût agir sur le thermomètre.

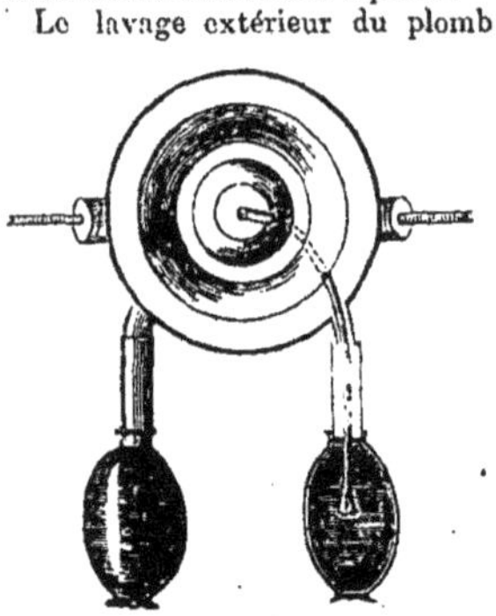

Fig. 6.

A cet effet, j'employais une deuxième poire épaisse en caoutchouc vulcanisé, disposée comme la précédente, également adaptée à l'aide d'un tube de caoutchouc à un deuxième ajutage soudé à la partie inférieure du calorimètre. Dans l'intérieur de cetté poire, je faisais entrer un tube de caoutchouc de petit diamètre, moitié environ de celui de l'ajutage; il était retenu dans la poire par une petite broche qui le traversait. Ce petit tube pénétrait à l'intérieur du plomb, en passant par une encoche pratiquée dans son pied, qui, nous l'avons vu, n'est jamais écrasé. A l'aide de ce petit tube, il y avait aspiration et envoi de l'eau à l'intérieur du cône en plomb, et comme cette eau se mélange dans la poire avec l'eau aspirée et renvoyée à l'extérieur du cône, le mélange était bientôt intime.

Une expérience à blanc montra que la chaleur produite par ce mouvement de l'eau, correspondant à un travail mécanique insignifiant, était de nulle importance, sûrement bien inférieure aux pertes de chaleur de l'appareil, que l'équilibre de température était obtenu en une ou deux minutes au plus.

La figure 7 montre la disposition générale d'une expérience.

Les résultats des expériences me firent conclure que $\frac{1}{A}$ avait une valeur inférieure à 300^{km}, mais l'impossibilité de tenir compte des résistances intérieures du système, du frottement des guides du mouton notamment, rendait ce mode d'opérer insuffisant.

Pour faire cette expérience avec précision, et en admettant qu'il n'y ait pas de différence physique entre le plomb fondu et le plomb martelé de même densité, il eût fallu employer un système dans lequel cet inconvénient eût été évité; par exemple, en écrasant le plomb entre deux corps pendulaires. C'est ce qu'a fait M. Hirn, mais alors il ne peut mesurer la chaleur dégagée qu'en versant de l'eau dans une cavité réservée au centre du plomb écrasé et y plongeant un thermomètre. Or, il ne me semble pas douteux, surtout après les observations de lavage du plomb dont je parle plus haut, qu'on ne peut observer ainsi qu'une partie de l'effet calorifique produit, et que par conséquent la valeur $\frac{1}{A} = 430$, trouvée ainsi par M. Hirn, est sûrement trop forte.

III. *Compression des gaz. — Expériences de M. Joule.* — Nous citerons encore ici un passage du mémoire original du savant physicien anglais.

« La pompe de compression, est formée d'un cylindre de bronze et d'un piston ajusté avec une garniture de cuir huilé, qui se meut facilement et légèrement pendant sa course de 8 pouces. Le cylindre a 10 1/2 pouces de longueur (27 centim.), 1 3/8 pouces de diamètre intérieur (35 millim.), et 1/4 de pouce d'épaisseur de métal. Le tuyau A, pour l'admission de l'air, est fixé à la partie inférieure du cylindre; au bas de ce tuyau il y a une soupape conique, construite en corne, s'ouvrant de haut en bas. Le réservoir du cuivre R, qui a 12 pouces de long, 4 1/2 pouces de diamètre extérieur, 1/4 de pouce d'épaisseur, et une capacité de 136 1/2 pouces cubes (2236^{cm} cubes), peut être vissé sur la pompe. Le réservoir est muni d'une soupape conique s'ouvrant de haut en bas, et reçoit à son extrémité une pièce de laiton B, dans laquelle est pratiqué un canal de 1/8 de pouce de diamètre; il est fermé par un robinet (fig. 8).

« Prévoyant que les changements de température de la grande quantité d'eau nécessaire pour entourer le réservoir et la pompe devaient être très-faibles, j'ai mis mes soins à m'assurer d'un thermomètre d'une grande sensibilité et d'une grande précision.....

« Il est important d'employer, pour renfermer l'eau, un récipient aussi imperméable à la chaleur qu'il est possible. Dans ce but, ayant pris deux vases de fer étamé dont l'un est de toutes parts moindre que l'autre, le plus petit a été placé dans le plus grand, et l'intervalle entre les deux clos hermétiquement. Par ce moyen une couche d'air, sensiblement à la même température que l'eau, est maintenue en contact avec le fond et le contour du vase intérieur.

« Ma première expérience fut conduite de la manière suivante : la pompe et le réservoir de cuivre furent plongés dans 45 livres 3 onces d'eau, dans laquelle plongeait le thermomètre très-sensible décrit ci-dessus ; deux autres thermomètres servaient à indiquer la température de la salle et celle de l'eau contenue dans le vase. Ayant bien remué l'eau, sa température fut con-

Fig. 7.

statée avec soin. La pompe fut mise en jeu avec une vitesse modérée, pour comprimer jusqu'à 22 atmosphères environ, dans le réservoir en cuivre, l'air desséché par son passage à travers des morceaux de chlorure de calcium. Après cette opération (qui durait de 15 à 20 minutes), l'eau était agitée pendant 5 minutes, afin que la chaleur se répartit bien dans toute la masse: on lisait alors la température.

« L'accroissement de température qui était observé provenait en partie de la compression de l'air, et en partie du frottement de la pompe et du mouvement imprimé à l'eau. Pour apprécier ces dernières sources de chaleur, le tuyau d'arrivée de l'air était fermé, et la pompe mise en jeu avec la même vitesse et pendant le même temps que précédemment; l'eau était de même

sion de l'air comprimé, c'est-à-dire d'environ 32 livres par pouce carré. Je me suis efforcé d'évaluer la différence entre le frottement dans les deux cas, en enlevant la soupape du réservoir, et faisant mouvoir le piston contre une pression d'environ 32 livres par pouce carré. Ces expériences alternées avec d'autres, dans lesquelles le vide se produisait sous le piston, ont montré que la chaleur dans les deux cas était très-approximativement dans le rapport de six à cinq. Quand la correction est ainsi calculée et le résultat soustrait de 0°,643, résultat brut, on obtient 0°,285 pour l'effet de la compression de 2956 pouces d'air sec à la pression de 30,2 pouces de mercure dans un espace de 136,5 pouces cubes.

« Cette chaleur est communiquée à 45 livres 3 onces

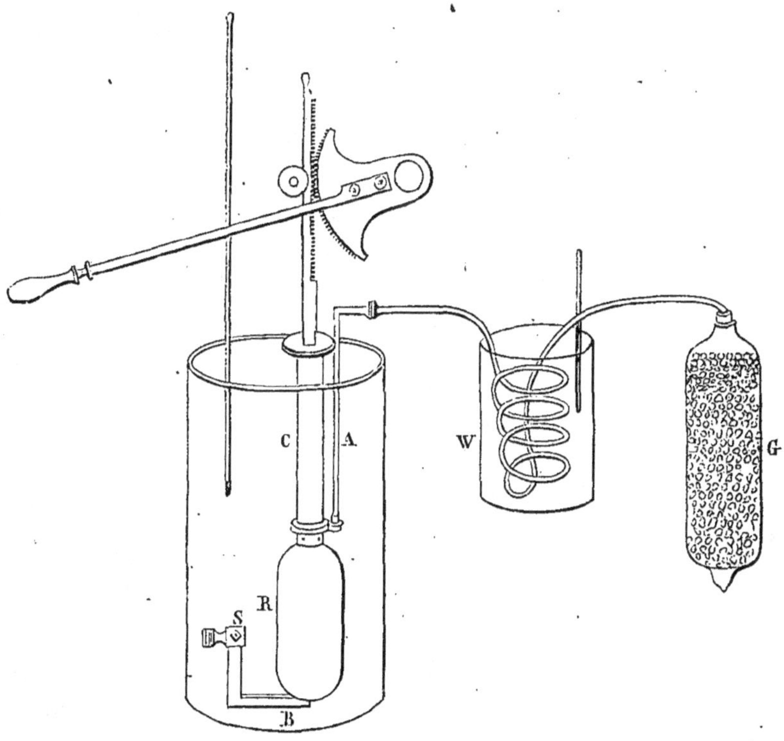

Fig. 8.

agitée. On avait ainsi l'accroissement de température dû au frottement, etc.

« Écartant alors le vase, et le réservoir étant immergé dans une cuve pneumatique, la quantité d'air comprimé qu'il renfermait a été mesurée par la méthode ordinaire, et corrigée de la tension de la vapeur, etc. Le résultat, augmenté de 136,5 pouces cubes, quantité d'air que le réservoir renfermait à l'origine donnait la quantité totale d'air comprimé.

« Le résultat qu'on en déduit est la différence entre les effets de condensation et de frottement seulement, corrigés de l'influence du réchauffement dû à l'atmosphère: il faut maintenant procéder à une autre correction, par suite de cette circonstance que le frottement du piston est considérablement plus grand pendant la compression que lors des expériences faites pour déterminer l'effet du frottement. Dans ce dernier cas, le piston travaille en faisant le vide sous lui, tandis que, dans le premier, le cuir est pressé contre le corps de pompe par la pres-

d'eau, 20 1/2 livres de laiton et de cuivre, et 6 livres de fer étamé, ce qui revient à 13°,628 pour une livre avoir-du-poids d'eau.

« Le travail consommé pour produire la condensation peut être facilement calculé par la loi de Boyle et Mariotte, dont les Académiciens français ont reconnu l'exactitude jusqu'à la pression de 25 atmosphères. Soit un cylindre fermé par une extrémité, dont la longueur soit de 21,654 pieds et la section de 11,376 pouces carrés. Un pied de ce cylindre a exactement la même capacité que le réservoir en cuivre employé dans les expériences, et sa capacité totale est de 2956 pouces cubes.

« Il est évident par suite que la force employée à pomper (considérée indépendamment de la pression), est exactement égale à celle nécessaire pour pousser le piston p, depuis une course d'un pied jusqu'au fond du cylindre. Laissant de côté la pression de l'atmosphère, la force dans le piston quand il s'élève dans le cylindre est, après un pied, de 168,5 livres, poids d'une colonne de mercure de 30,2 pouces de hauteur, et de 11,376 pouces carrés de section; et au fond elle sera 21,654 fois plus grande ou 3648,7 livres. Une aire hyperbolique *abcd* peut, par suite, représenter la force employée dans la condensation, en y comprenant la pression atmosphérique. Appliquant la formule propre à la mesure des espaces hyperboliques, on a :

$$S = 3648{,}7 \times 2{,}302585 \times \log. 21{,}654 = 11220{,}2.$$

« Le travail dépensé pour la compression est donc équivalent à celui nécessaire pour élever verticalement, à une hauteur d'un pied, un poids de 11220,2 livres.

« Comparant ce résultat avec la quantité de chaleur dégagée, on a :

$$\frac{11220{,}2}{13{,}682} = \frac{833}{1} \text{ (452 kil. mèt.).}$$

On voit encore que les effets mesurés sont peu considérables. La masse d'air est trop petite, et les effets du frottement du piston trop grands, trop difficiles à calculer exactement, pour qu'on puisse admettre le nombre 452 qu'on en déduit, plutôt que le nombre 420, déterminé d'après le frottement des liquides. Ce n'est encore qu'une approximation insuffisante.

IV. *Détente d'un gaz comprimé dans un réservoir. — Expériences de MM. Tresca et Ch. Laboulaye.* (Expériences faites au Conservatoire des Arts et métiers, en 1863.) — L'emploi des gaz permanents, entre les molécules desquels les actions intérieures sont nulles, nous offrait à n'en pas douter les conditions les plus favorables pour la détermination de l'équivalent mécanique de la chaleur, surtout si on pouvait s'affranchir de résistances passives; mais il résulte de la faible densité de ces fluides, que les observations relatives aux effets mécaniques et calorifiques sont difficiles, lorsqu'on opère avec les appareils de petites dimensions des cabinets de physique; qu'elles conduisent alors presque toujours à des résultats plus ou moins inexacts, suivant le mode d'opérer, comme M. Regnault l'a montré pour l'expérience de Clément Desormes.

Il n'en est pas de même avec le réservoir de 3208 litres en forte tôle rivée que le Conservatoire des Arts et Métiers possède dans sa galerie des machines. Déjà, en se servant de cet appareil, l'un de nous a pu observer en 1859, dans des expériences qui avaient un tout autre but, des abaissements de température atteignant parfois jusqu'à 60 degrés au-dessous de zéro, en employant l'action de l'air comprimé jusqu'à 12 ou 15 atmosphères, et celle de sa détente dans un petit cylindre de machine à vapeur.

La difficulté qui devait surtout nous préoccuper étant celle de la détermination exacte de la température de toute la masse gazeuse sur laquelle nous aurions à agir, nous avons cherché à remplacer la mesure de ces températures par celle des pressions, en convertissant en thermomètre à air notre réservoir tout entier, dont la capacité est de 3 mètres cubes.

En principe général, nous nous sommes imposé la règle de puiser tous les éléments de nos déterminations dans les observations que nous pourrons faire sur les variations de pression de la masse gazeuse dans le réservoir même.

Disons comment nous avons opéré :

De l'air comprimé étant introduit dans notre réservoir, nous avons attendu jusqu'au lendemain pour qu'il ait repris la température ambiante, ainsi que le réservoir lui-même, dont tous les joints étaient fréquemment visités et rendus étanches toutes les fois que les observations nous avertissaient de l'existence de quelques fuites.

Au moment de l'ouverture d'un gros robinet, une partie de cet air s'échappait dans l'atmosphère. L'air qui se détendait dans l'appareil sans en sortir, en développant ainsi un certain travail, devait, dans l'hypothèse de l'exactitude de la théorie mécanique de la chaleur, s'être refroidi proportionnellement au travail produit.

Pour obtenir la mesure exacte de ce refroidissement, il nous a suffi, après la fermeture du même robinet, d'attendre que la température de la masse gazeuse se fût remise en équilibre avec la température ambiante. A partir du moment de cette fermeture, notre appareil fonctionnait donc comme un thermo-manomètre d'un grand volume.

Ce procédé nous offrait l'avantage d'évaluer dans leur ensemble les variations survenues, et, en n'étudiant que les phénomènes produits dans l'intérieur même du réservoir, nous n'avions à nous préoccuper en aucune façon de la complication des circonstances de l'écoulement soit à l'embouchure de l'appareil, soit dans le jet gazeux après sa sortie. La section du robinet était d'ailleurs assez petite pour que le gaz ne pût être soumis, dans l'intérieur de l'appareil, qu'à des déplacements relativement lents.

Les physiciens qui cherchent en général à observer les phénomènes à l'état *statique*, avec les avantages de la stabilité qui appartient à cet état, reconnaîtront que si elle ne peut appartenir à la mesure d'un travail mécanique, nous avons réduit, par les dispositions adoptées, les causes d'erreur. Nous reviendrons sur les avantages de la facilité que nous donne la disposition adoptée de faire les expériences par séries.

Le but de nos observations était constamment, d'une part, de déterminer la différence des températures, et par suite la dépense correspondante de la chaleur; d'autre part, de demander aux conditions de l'expérience même et au calcul que permet la connaissance des pressions et des températures de l'air, la mesure du travail développé; par suite d'obtenir ainsi le rapport du travail à la quantité de chaleur qui l'a engendré, ou l'*équivalent mécanique de la chaleur.*

La description sommaire des appareils suppléera à l'insuffisance de ces premières explications.

Description des appareils.

Le réservoir destiné à contenir le gaz comprimé se compose d'une grande chaudière cylindrique en forte tôle, terminée par deux calottes hémisphériques. C'est au centre de l'une de ces calottes, et par conséquent suivant le grand axe de la chaudière, que le robinet d'écoulement R est placé (fig. 9).

Un petit orifice latéral sert à mettre le gaz en communication avec le manomètre à air libre, dans les deux branches duquel on peut observer la hauteur de la colonne du mercure.

Au milieu du corps cylindrique se trouve installée une très-bonne pompe à air comprimé B, dont le piston D peut être mis en mouvement par la transmission générale MM de la salle des expériences de mécanique du Conservatoire. Lorsque la compression est terminée, on retire la bielle motrice et l'on coiffe le cylindre de la pompe d'un couvercle en fonte C avec garniture de caoutchouc, dans le but d'éviter toute déperdition ultérieure par les clapets.

Cette installation et la machine à vapeur qui la dessert, permettent de comprimer l'air, dans le réservoir, jusqu'à 15 atmosphères; mais dans les expériences dont il s'agit ici, nous n'avons encore utilisé la détente du gaz qu'à partir d'une pression initiale de 3 atmosphères, ce maximum correspondant à la limite de notre manomètre. Nous opérons donc sur près de 10 kilog. d'air en commençant.

Lors des premiers essais, l'air introduit par la pompe était puisé dans l'atmosphère même; mais dans les expériences définitives, cet air a toujours, avant son introduction dans le réservoir, circulé lentement dans

ÉQUIVALENT DE LA CHALEUR.

une grande cuve rectangulaire en bois, doublée de zinc, et dans deux futailles et réservoir G à la suite. Ces vases accessoires sont garnis à l'intérieur de clayonnages couverts de chaux vive, avec laquelle l'air est pendant longtemps en contact. Ils communiquent entre eux et avec la pompe au moyen de gros tubes en caoutchouc, et afin d'éviter toute rentrée d'air par les joints et de n'opérer absolument que sur de l'air sec, le fonctionnement même de la pompe entraîne celui d'un petit ventilateur placé en amont de la première cuve, et au moyen duquel on entretient toujours, dans les vases sécheurs, un petit excès de pression par rapport à la pression extérieure.

Pour compléter la description de l'appareil, nous ajouterons qu'un flotteur, équilibré par un contre-poids, était disposé de manière à obéir à toutes les variations de la colonne de mercure du manomètre, et qu'en faisant passer, à l'aide d'un moteur chronométrique et d'un chariot mobile, une plaque de verre enduite de noir de fumée devant une aiguille horizontale que portait le fil de ce flotteur, nous avons pu tracer, pendant les périodes d'écoulement et de réchauffement, un très-grand nombre de diagrammes. Cette aiguille est aimantée afin qu'en cherchant à obéir à l'action magnétique, elle la presse constamment contre le verre sans déterminer un frottement notable; dans nos expériences, il a été nécessaire d'aider à cette action au moyen d'un barreau énergique agissant sur l'aiguille dans le plan horizontal de sa rotation.

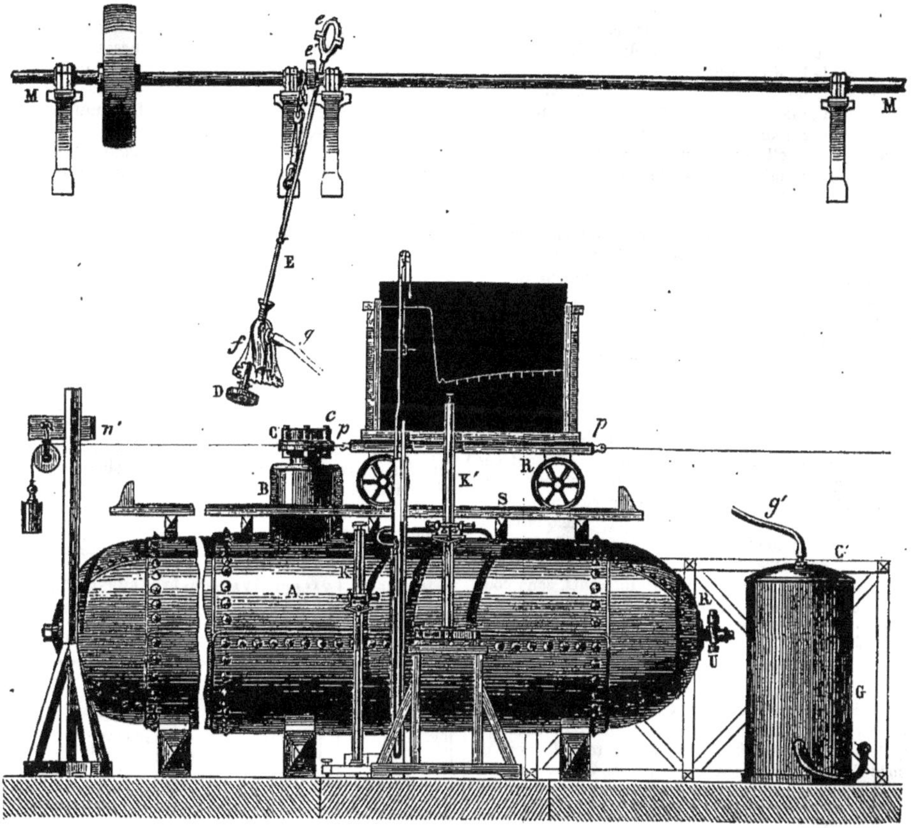

Fig. 9.

Pour plus de précision, deux cathétomètres étaient en outre placés de manière à faire connaître la différence de niveau des deux colonnes du manomètre, au commencement et à la fin de chaque expérience.

On va voir que ces moyens d'observation suffisent non-seulement pour donner la connaissance des chiffres qui doivent servir dans les calculs, mais encore pour fournir une représentation graphique de la marche des phénomènes et de l'amplitude des variations de température et de pression.

Description d'une expérience.

L'air est comprimé dans le réservoir depuis la veille; il a maintenant la température t_0 ambiante.

Les deux cathétomètres visent respectivement les deux ménisques des colonnes manométriques; les lectures faites sur les verniers indiquent, par différence, l'excès de la pression intérieure dans le réservoir, sur la pression atmosphérique H donnée par un baromètre.

Le moteur chronométrique est mis en mouvement. Le verre noirci passe devant l'aiguille du flotteur, qui y trace l'amorce d'une ligne horizontale correspondant à la pression initiale P_0 dans le réservoir.

On ouvre alors le robinet, pendant un temps très-court, l'aiguille trace sur le verre une courbe descendante, dont les abscisses sont proportionnelles aux durées de l'écoulement et dont les ordonnées représentent, à une même échelle, les pressions successives de l'air contenu dans le réservoir.

On ferme le robinet d'écoulement; le verre continue

à se mouvoir, et l'aiguille trace une nouvelle courbe, dont le relèvement très-notable, même pour de très-petites durées d'écoulement, indique, à chaque instant, l'augmentation de la pression intérieure, résultant de la restitution de chaleur faite à la masse gazeuse par la paroi métallique, que l'on peut considérer par rapport à elle comme un réservoir indéfini de chaleur.

Au bout de six à huit minutes le réchauffement est complet, et l'aiguille trace une nouvelle horizontale à la pression finale P_2 du réservoir.

On observe de nouveau, à l'aide des cathétomètres, les niveaux du mercure au moment où les colonnes deviennent stationnaires et tout est prêt pour recommencer une nouvelle expérience dans laquelle la nouvelle pression initiale sera précisément la pression finale P_2 de l'expérience précédente, à la fin du réchauffement.

Il arrive quelquefois que l'inertie du mercure fausse un peu le tracé au commencement de la période de relèvement, mais ces anomalies cessent presque aussitôt et le tracé est ensuite d'une netteté parfaite dans toute son étendue.

On le complète d'ailleurs en marquant, de minute en minute, les abscisses correspondantes, par un léger trait fait à la main, au-dessous de l'aiguille, pendant que le verre se déplace.

Il nous est arrivé de faire ainsi jusqu'à dix expériences successives avec ce qui restait, à chaque fois, de la masse d'air primitive dans le réservoir. Ce sont ces séries d'expériences successives auxquelles nous attachons le plus de prix, parce qu'elles permettent d'élaguer les expériences défectueuses par quelque cause accidentelle, ne fournissant pas des résultats formant une série régulière. On évite ainsi de prendre des moyennes entre des nombres très-différents, sans pouvoir reconnaître ceux qui sont erronés.

Lorsque les expériences sont terminées, le verre est posé sur une table; on le recouvre d'une feuille de papier bien imprégnée, au pinceau, d'un vernis léger de gomme-laque, qui se tamise dans les pores de la feuille et qui doit à peine mouiller la face opposée destinée à recevoir l'empreinte du diagramme. Un coup de brosse rapidement donné suffit pour rendre tout le noir de fumée de verre adhérent au papier, en conservant aux lignes enlevées par l'aiguille leurs formes parfaitement exactes. On réunit jusqu'à dix courbes dans un même tableau, qui n'ont pas moins de 1m,10 de longueur.

Ces courbes présentent cet intérêt particulier qu'elles appartiennent à dix expériences successives, avec écoulement et réchauffement séparés les uns des autres par dix minutes d'intervalle.

Il nous a semblé qu'aucune autre indication ne pourrait mieux démontrer la réalité, et fournir la mesure du phénomène. Dans toute question où la foi scientifique est encore incertaine, on ne saurait en effet trop s'attacher à faire écrire par les faits eux-mêmes les résultats les plus frappants; après les difficultés vaincues, l'observateur est plus satisfait et il est plus sûr de lui, quand il peut conserver la preuve matérielle des faits observés. Les faits mis ainsi hors de doute peuvent en outre servir de base à une discussion plus sérieuse et plus sûre.

CALCUL DES EXPÉRIENCES.

Lois de Mariotte et de Gay-Lussac. — L'emploi de ces lois est un élément essentiel du calcul. En ne considérant que le gaz qui est resté dans l'appareil, à la fin de chaque écoulement, son volume V_1 était celui du réservoir, sa pression P_1 était indiquée par le manomètre; et cette pression devenant P_2, après complet réchauffement jusqu'à la température initiale t_0, tandis qu'elle était P_0 à la même température avant l'écoulement, on avait toujours entre les diverses quantités que nous venons d'indiquer, la relation

$$\frac{V_0 P_0}{1+\alpha t_0} = \frac{V_1 P_1}{1+\alpha t_1} = \frac{V_1 P_2}{1+\alpha t_0}, \qquad (1)$$

α étant le coefficient de dilatation. A l'aide de cette rotation, il nous est facile de déterminer le volume initial V_0 de la masse restante et sa température intermédiaire t_1 au moment où l'écoulement cesse.

Les pressions successives P_0, P_1, P_2, sont indiquées par un manomètre. La température t_0 est observée sur un thermomètre extérieur à l'appareil. La connaissance du volume V_1 résulte d'un mesurage direct.

L'évaluation des abaissements de température est dans ces expériences fort simple, puisque, d'après les formules ci-dessus, on est conduit à la relation

$$\frac{1+\alpha t_0}{1+\alpha t_1} = \frac{P_2}{P_1},$$

d'où l'on tire facilement et avec toute l'exactitude nécessaire:

$$t_0 - t_1 = \frac{1}{\alpha}\left(\frac{P_2}{P_1} - 1\right), \qquad (2)$$

ce qui permet d'évaluer, sans aucune hypothèse, l'abaissement de température qui se produit pendant l'écoulement.

Voici quelques résultats calculés, à ce point de vue, pour les deux séries bien complètes, celles des 5 et 12 février:

Tableau des abaissements de température observés.

NUMÉROS des expériences dans chaque série.	VALEURS de $P_2 : P_1$	VALEURS de $t_0 - t_1$	VALEURS de $P_2 : P_1$	VALEURS de $t_0 - t_1$
	5 février.		12 février.	
1	1.03468	9°49	1.03459	9°41
2	1.05082	13.82	1.04338	11.80
3	1.05511	14.99	1.04206	11.44
4	1.04448	12.09	1.04350	11.83
5	1.04314	11.73	1.05781	10.28
6	1.05104	13.88	1.04729	14.26
7	1.04390	11.94	1.04080	11.10
8	1.02897	7.88	1.03162	8.60
9	1.02258	6.14	1.02805	7.63
10	1.01549	4.21	1.02142	5.83
	TOTAL...	105.86	TOTAL...	102.18

Il résulte des chiffres du tableau ci-joint que, dans la première de ces deux séries, la température du même air s'est, par suite des détentes successives, abaissée de 105°,86; dans la seconde, de 102°,18; et la différence entre ces deux nombres, si minime en présence de la grandeur de l'effet total, s'explique encore d'elle-même si l'on se reporte aux conditions de pression dans les deux expériences mises en regard.

Le 5 février la pression de départ était, en millimètres de mercure, de 2m,232131; la pression finale de 0m,78410.

Les chiffres correspondant pour le 12 sont: pression de départ: 2m,27551; pression finale: 0m,82390.

La détente a été plus grande dans la première série que dans la seconde, et cette différence est nettement accusée par un abaissement de température plus grand.

Détermination de la valeur de l'équivalent mécanique. — Dans chacune des nombreuses expériences qui ont été faites comme il vient d'être dit, il y a tout à la fois *travail produit* et *chaleur consommée* par la détente.

S'il est vrai que l'une de ces quantités soit l'équivalent de l'autre, et que l'on puisse évaluer celle-ci par celle-là en les reliant par un rapport constant $\frac{1}{A}$ que l'on appelle l'équivalent mécanique de la chaleur, on pourra former l'égalité

$$dT = \frac{1}{A} dY,$$

dans laquelle dT et dY représentent respectivement les variations élémentaires du travail en kilogrammètres et de la dépense de chaleur exprimée en calories.

Mais sans avoir à calculer directement le travail, on arrive, pour les éléments de chacune de nos expériences, à la formule :

$$\frac{1}{A} = \frac{10330\,\alpha}{c\,D}\left(1 + \frac{\log.\,P_0 : P_2}{\log.\,P_2 : P_1}\right). \qquad (3)$$

Dans cette valeur de $\frac{1}{A}$ de l'équivalent mécanique de la chaleur, α est le coefficient de 0,00367 de dilatation du gaz ; D est le poids du mètre cube de ce fluide à la pression de 1 atmosphère et à 0° ; pour l'air atmosphérique, on sait, d'après les expériences de M. Regnault, que $D = 1,293$; enfin, c représente la capacité du gaz pour la chaleur à pression constante.

Démonstration de la formule. — Nous avons démontré à l'article AIR CHAUD (MACHINE A) l'exactitude de la formule de Poisson pv^{γ} = constante, γ étant le rapport $\frac{c}{c_1}$ des deux capacités, d'où l'on tire pour deux pressions p et p' correspondant à des volumes v et v', $\log \frac{p'}{p} = \gamma \log \frac{v}{v'}$.

Si l'on que remarque que $\frac{c}{c_1}$ est précisément égal à $\dfrac{c}{c - \dfrac{10330\,A\alpha}{D}}$, en introduisant cette valeur de γ dans l'expression ci-dessus, il vient :

$$\log \frac{p'}{p} = \frac{c\,D}{c\,D - 10330\,A\alpha} \log \frac{v}{v'}.$$

D'où l'on tire

$$\frac{1}{A} = \frac{10330\,\alpha}{c\,D} \frac{\log \frac{p'}{p}}{\log \frac{p'}{p} - \log \frac{v}{v'}} = \frac{10330\,\alpha}{c\,D} \frac{\log \frac{p'}{p}}{\log \frac{p'v'}{pv}},$$

$$\text{ou d'après (1)} = \frac{10330\,\alpha}{c\,D}\left(\frac{\log \frac{v}{v'}\frac{1+\alpha t'}{1+\alpha t}}{\log \frac{1+\alpha t'}{1+\alpha t}}\right)$$

$$= \frac{10330\,\alpha}{c\,D}\left(1 + \frac{\log \frac{v'}{v}}{\log \frac{1+\alpha t'}{1+\alpha t}}\right).$$

Or, pour remplacer v et t par les pressions, il suffit de se rappeler qu'en appelant P_2 la pression observée après le réchauffement, on a :

$$\frac{P_0 V_0}{1+\alpha t_0} = \frac{P_1 V_1}{1+\alpha t_1} = \frac{P_2 V_1}{1+\alpha t_0}.$$

D'où l'on tire

$$\frac{V_1}{V_0} = \frac{P_0}{P_2} \qquad \frac{1+\alpha t_0}{1+\alpha t_1} = \frac{P_2}{P_1}.$$

Et, en substituant, on arrive à la formule (3)

$$\frac{1}{A} = \frac{10330\,\alpha}{c\,D}\left(1 + \frac{\log \frac{P_0}{P_2}}{\log \frac{P_2}{P_1}}\right)$$

Résultat des expériences. — Au moyen de la formule qui précède et qui suppose l'exactitude de la loi qu'il s'agit de démontrer, on ne saurait arriver à établir celle-ci, que si, en faisant varier les différentes quantités résultant de l'observation dans de grandes limites, on trouvait, dans tous les cas, pour $\frac{1}{A}$ une valeur constante.

En fait, les différences entre les valeurs ainsi trouvées pour $\frac{1}{A}$ sont peu considérables, pour des limites de détente comprises entre une et trois atmosphères.

Les observations du 12 février donnent pour moyenne

$$\frac{1}{A} = 476.66,$$

en prenant pour c la valeur $c = 0.237$ déterminée par M. Regnault pour l'air atmosphérique.

Les deux séries antérieures conduisent respectivement aux nombres

487.49 et 482.85.

La concordance de ces chiffres est certainement très-intéressante en ce qu'elle démontre que le principe de l'équivalent mécanique de la chaleur se trouve ainsi confirmé par des faits qui apparaissent à volonté, dans des conditions déjà très-variées.

Correction. — Toutefois la valeur dont nous venons de parler pour l'équivalent mécanique de la chaleur est certainement trop grande.

Il est clair que pendant la détente l'air renfermé dans l'appareil reçoit, par radiation et par contact, une certaine quantité de chaleur du réservoir, comme dans la période proprement dite d'échauffement. Cette chaleur concourt avec celle enlevée au gaz au développement du travail de détente.

Si nous comparons sous ce rapport les deux phases principales de chaque expérience, et si nous remarquons qu'en six minutes l'échauffement produit par le réservoir rétablit l'équilibre de température, on acquerra la certitude qu'il importe de faire, ainsi que nous l'avons dit déjà, des expériences de courte durée.

Dans l'écoulement du 18 février, par exemple, qui a été prolongé sans interruption pendant vingt-cinq secondes, la quantité de chaleur que l'on a négligé d'introduire dans la formule (causant la diminution de P_2 par suite de l'excédant de gaz sorti, et l'accroissement de P_1, par la diminution du refroidissement pendant l'écoulement), est assez grande pour que la valeur de $\frac{1}{A}$ qui est déduite de notre formule générale s'élève à

$$\frac{1}{A} = 675,$$

c'est-à-dire à un nombre beaucoup plus grand que le chiffre normal. Nous laissons de côté cette valeur et quelques autres qui sont analogues et qui proviennent uniquement de déterminations faites dans le but d'étudier l'influence d'un écoulement de trop longue durée.

Mais, même dans les meilleures expériences, la chaleur introduite par le réservoir, pendant l'écoulement, doit donner lieu à une correction, qui sera, toutes choses égales d'ailleurs, d'autant plus petite que la différence finale de la température, dans chaque expérience individuelle, sera moindre.

Nous indiquerons d'abord comment nous avons effectué cette correction dans notre mémoire.

Remarquons d'abord que si nous désignons par T un travail quelconque résultant d'une certaine dépense de chaleur trouvée d'abord égale à Y' et que nous en ayons déduit par la relation

$$T = \frac{1}{A'} Y',$$

une première évaluation $1/A'$ de l'équivalent mécanique de la chaleur, pour un travail déterminé exactement et une évaluation trop faible de la chaleur, il suffirait de connaître avec plus d'exactitude la véritable quantité de chaleur Y à substituer à Y' pour en déduire la valeur exacte de $\frac{1}{A}$. On aurait en effet :

$$\frac{1}{A'} Y' = \frac{1}{A} Y,$$

et par suite

$$\frac{1}{A} = \frac{1}{A'} \times \frac{Y'}{Y}. \qquad (4)$$

La question se réduit donc à chercher dans quelle proportion la quantité de chaleur précédemment introduite dans le calcul doit être augmentée pour tenir compte de l'échauffement pendant la détente.

Or, dans nos expériences, on doit remarquer que la chaleur transmise par le réservoir, pendant cette période, peut se déduire de l'examen de la période de réchauffement.

Dans les deux phases de l'opération la même paroi, maintenue à température constante, agit sur le gaz emprisonné, dont la température varie d'abord de t_0 à t_1, puis de t_1 à t_0. Les différences de température sont ainsi comprises, dans les deux cas, entre les mêmes limites, d'ailleurs très-rapprochées l'une de l'autre.

Toutefois il n'est pas possible d'assimiler complétement les durées de ces variations, parce que le réchauffement s'opère avec une lenteur croissante à mesure que l'excès de température diminue, que la durée devient très-grande lorsque cet excès est presque nul, tandis que, lors de l'écoulement, l'intervalle de temps correspondant a été très-petit.

Pour tenir compte de cet effet, et comme les premiers moments du réchauffement sont identiques avec les derniers de la détente, nous avons cherché, d'après la courbe de relèvement, le temps n' qui correspond à la moitié de la différence $\left(\frac{t_0 - t_1}{2}\right)$ des températures, et nous avons admis que pendant les n secondes qui forment la durée de l'écoulement, le réchauffement par la paroi a lieu dans des conditions semblables à celles de cette première période.

Comme $Y' = mc'(t_0 - t_1)$, la chaleur répondant à la correction cherchée est égale à ce réchauffement réduit dans le rapport des temps, c'est-à-dire à

$$mc'(t_0 - t_1)\frac{n}{2n'}.$$

Nous écrirons donc

$$Y = Y'\left(1 + \frac{n}{2n'}\right)$$

et par suite

$$\frac{1}{A} = \frac{1}{A'} : \left(1 + \frac{n}{2n'}\right).$$

D'après les relevés minutieusement faits de dix courbes du 12 février on trouve $\frac{n}{n'} = 0{,}10$, ce qui conduirait à la valeur corrigée

$$\frac{1}{A} = \frac{476{,}66}{1{,}05} = 453.$$

Application de la loi de Newton. — Je n'ai jamais été satisfait de ce mode de correction dans lequel on fait une assimilation inexacte des deux périodes de réchauffement, arbitrairement déterminées, ce qui le rend peu admissible. Il est bien plus exact, à mon avis, d'appliquer la loi de Newton, de partir du petit excès de température du réservoir sur la température moyenne du gaz, pendant l'écoulement indiqué par la courbe de réchauffement, pour une *durée égale* à celle de l'écoulement. Nous donnerons le calcul de cette correction pour une série complète d'expériences faites avec écoulements minimes de deux et trois secondes seulement, les plus courtes et qui nous paraissent les meilleures que nous ayons faites.

Établissons d'abord le calcul de cette correction, qui, nécessairement très-petite dans les conditions de nos meilleures expériences (écoulement de deux secondes seulement), permet de considérer les nombres définitifs comme très-approchés de la valeur cherchée.

L'écoulement ayant lieu pendant n secondes, prenons un même intervalle de temps pour le réchauffement, mesurons sur l'abcisse de la courbe que fait tracer celui-ci, une longueur égale à celle de l'abcisse de la courbe de détente ; l'ordonnée correspondante indique une température $t_1 + \theta$. Les excès moyens de température des deux périodes, qui ont eu un instant une température commune t_1, finale pour l'un, initiale pour l'autre, sont donc, t_0 étant la température ambiante, celle du réservoir ; pour l'écoulement

$$t_0 - \frac{t_0 + t_1}{2} = \frac{t_0 - t_1}{2},$$

et pour le réchauffement pendant le même temps

$$t_0 - \frac{t_1 + t_1 + \theta}{2} = t_0 - \frac{2t_1 + \theta}{2} = \frac{2(t_0 - t_1) - \theta}{2}.$$

On peut considérer, pour de petites différences, comme celles dont il s'agit ici, la variation de température, ou ce qui est la même chose pour l'air, les quantités de chaleur communiquées au gaz dans un même temps, comme proportionnelles aux excès de température, et par suite poser, θ étant le réchauffement observé, x le réchauffement cherché

$$x : \theta :: t_0 - t_1 : 2(t_0 - t_1) - \theta ;$$

ou en mettant x sous la même forme que précédemment

$$\frac{Y - Y'}{Y'} = \theta\left(\frac{t_0 - t_1}{2(t_0 - t_1) - \theta}\right) = \theta\left(\frac{1}{2 - \frac{\theta}{t_0 - t_1}}\right) = M$$

et
$$Y = (1 + M)Y'$$

ou
$$\frac{1}{A} = \frac{1}{A'} : (1 + M).$$

La valeur moyenne de θ, que nous fournissent les expériences ci-après, est moindre que $\theta = 0{,}01$ pour $t_0 - t_1 = 7°$, ce qui conduit à $M = 0{,}005$, c'est-à-dire 1/10 de la correction indiquée plus haut, pour une expérience d'une durée d'écoulement un peu plus grande. La valeur de M est très-rapprochée de $1/2\,\theta$, θ étant petit relativement à $t_0 - t_1$, et la correction est d'autant plus exacte que $t_0 - t_1$ est plus petit, que la durée de l'écoulement est moindre.

Deux séries d'expériences. — Donnons maintenant les résultats de séries d'expériences que nous considérons comme les meilleures :

SÉRIES D'EXPÉRIENCES faites sur une même masse d'air, à des intervalles suffisants pour le réchauffement complet.

Expériences du 26 février 1864.

Ecoulement 3". — Correction moyenne, 4 unités. (Les expériences ci-après montreront qu'elle est plutôt faible que forte.)

EXPÉRIENCES.	P_0	P_2	P_1	$t_0\ t_1$	RAPPORT des LOGARITHMES.	$\frac{1}{A'}$	$\frac{1}{A}$
1	2418.15	2222.75	2164.81	7.27	3.190	520.5	516.5
2	2222.75	2055.65	2004.94	6.48	3.129	512	508
3	2055.65	1886.65	1835.34	7.60	3.105	509	505
4	1886.65	1739.25	1693.50	7.33	3.055	493	489
5	1739.35	1602.95	1557.69	7.38	3.050	492.2	488.2
6	1602.95	1462.45	1412.46	9.62	2.638	451	447
7	1462.45	1349.25	1312.22	7.68	2.894	482.3	478.3
8	1349.25	1251.95	1221.29	6.82	3.020	498.4	494.4
9	1251.95	1159.55	1128.02	7.60	2.790	470	466
10	1159.55	1078.25	1049.79	7.37	2.717	461	457
11	1078.25	1009.25	984.60	6.81	2.675	455	451
12	1009.25	949.85	927.85	6.45	2.587	446.7	442.7
13	949.85	892.35	872.19	6 29	2.732	462.5	458.5
14	892.35	843.45	828.08	5.05	3.065	503.4	499.4
15	843.45	806.25	791.95	4.98	2.486	431.5	426.5
16	806.25	779.45	771.41	2.88	3.261	528.4	524.4
17	779.45	763.05	757.78	1.90	3.256	527	523
					Valeur moyenne de $\frac{1}{A}$		480.9

Expériences du 11 mars 1864.

Température extérieure, 12°. — Pression barométrique, 757mm. — Durée de l'écoulement, 2".

EXPÉRIENCES.	P_0	P_2	P_1	$t^0 - t_1$	RAPPORT des LOGARITHMES.	$\frac{1}{A'}$	CORRECTION	$\frac{1}{A}$
1	2295.87	2155.57	2119.82	4.62	3.19	591	(1)	
2	2155.57	2022.51	1981.87	5.58	3.139	513	$\theta = 0.0076$	511 (2)
3	2022.51	1903.67	1862.10	5.98	2.679	456	$\theta = 0.006$	454.60
4	1903.67	1798.07	1762.71	5.70	2.799	471.07	$\theta = 0.011$	468.5
5	1798.07	1703.07	1672.83	4.90	3.03	489.72	$\theta = 0.0094$	485.3
6	1703.07	1601.11	1570.29	5.33	3.175	517	$\theta = 0.0095$	514.5
7	1601.11	1509.03	1478.34	5.63	2.883	481.49	$\theta = 0.0036$	480.5
8	1509.03	1416.13	1384.24	6.87	2.79	470	$\theta = 0.0099$	467.4
	Valeur moyenne des sept dernières. . . .					485.47		483
	ÉCOULEMENT DE 3" POUR LES FAIBLES PRESSIONS.							
9	1420.85	1312.79	1276.77	7.62	2.843	476.16	$\theta = 0.013$	473.30
10	1312.79	1219.85	1188.41	7.18	2.811	472.46	$\theta = 0.015$	469.10
11	1219.85	1126.47	1094.43	7.97	2.761	466.36	$\theta = 0.016$	462.60
12	1126.47	1050.69	1023.99	7.26	2.706	459.54	$\theta = 0.013$	456.30
13	1050.69	980.29	955.33	7.10	2.514	435.73	$\theta = 0.013$	432.90
14	980.29	914.15	890.73	7.15	2.692	457.80	$\theta = 0.0076$	455.50
15	914.15	863.29	845.42	5.84	2.737	463.38	$\theta = 0.008$	461.10
	Valeur moyenne.					461.63		458.7

1. Courbe de la première expérience défectueuse au début du réchauffement.

2. Les valeurs de θ sont fournies par les ordonnées de la courbe de réchauffement indiquant l'accroissement de pression et la correction calculée au moyen de la formule donnée ci-dessus. Ainsi, pour la deuxième expérience, l'accroissement d'ordonnée après deux secondes est 0mm.55, d'où $\theta = 273\left(\frac{2022.51}{2023.04} - 1\right) = 0.0073$, et par suite $M = 0.0073 \times 0.5003 = 0.0037$. L'irrégularité du commencement de la courbe de réchauffement, par suite de l'inertie du mercure du manomètre, empêche une détermination très-précise de θ, ce qui n'a qu'un faible inconvénient à cause de sa petitesse — Nous prenons pour les dernières expériences $M = \frac{1}{2}\theta$, ce qui ne fait pas de différence appréciable.

Ces deux séries d'expériences, les secondes surtout faites avec des écoulements très-courts et pour lesquelles j'ai relevé avec soin sur les courbes les valeurs de θ, sont suffisantes pour montrer la valeur d'un mode d'expérimentation qui me semble excellent.

Les résultats les plus certains nous conduisent à

$$\frac{1}{A} = 483,$$

comme à un nombre sûrement plutôt faible que fort, car on néglige le mouvement vibratoire mécanique qui se produit dans la masse gazeuse et que montre bien le puissant ronflement que le gaz fait en sortant. Il est bien évident, d'après le mode d'expérimentation, que l'observation ne peut que tendre à constater la pression réelle sans pouvoir jamais l'atteindre, et que par suite le nombre trouvé est nécessairement un peu petit.

Et cependant, celles de M. Joule, qui conduisent au nombre 424, ne peuvent donner qu'un nombre plutôt trop fort que trop faible, puisque la quantité de travail employée pour agiter de l'eau, par exemple, était toujours bien connue, formait le point de départ de ses expériences, tandis que la quantité de chaleur était difficilement observée, que les nombres obtenus par l'observation ne pouvaient être que plus faibles que les nombres réels; par suite le nombre 424 résultant du rapport du travail mécanique à la chaleur ne saurait être trop petit; il est plutôt nécessairement trop grand.

On doit conclure sans aucune hésitation que le nombre 483 est inadmissible, et cependant il résulte d'une série d'expériences faites dans les meilleures conditions que la science indique. Ce ne peut être que dans l'interprétation des nombres observés qu'il y a une erreur, dans la formule qui conduit à la valeur de $\frac{1}{A}$. Or, dans cette formule tout paraît indiscutable, sauf la valeur de c, de la chaleur spécifique du gaz à pression constante, trouvée par M. Regnault, égale à 0,237 pour l'air. Or, comme je l'ai déjà dit à CHALEURS SPÉCIFIQUES (et c'est l'attentive considération de la difficulté que je viens d'indiquer qui m'a conduit à faire une distinction fort délicate), le nombre 0,237, déterminé par M. Regnault, n'est pas la valeur de la chaleur spécifique à pression, mais celle de c_1, de la *chaleur spécifique à volume constant*. C'est donc en partant de celle-ci qu'il faut faire le calcul, en établissant une formule un peu différente de celle donnée plus haut.

En conservant les mêmes notations, P_0 étant la pression initiale, P_1 la pression finale, P_2 la pression après le réchauffement; V_0 le volume initial de la masse d'air, qui devient V_1 après l'écoulement, de telle sorte que $P_0 V_0 = P_2 V_1$ d'après la loi de Mariotte, on a d'après la formule de Poisson:

$$P_1 = P_0 \left(\frac{V_0}{V_1}\right)^{\frac{c}{c_1}}, \qquad (5)$$

ou en prenant les logarithmes et d'après la relation ci-dessus:

$$\log \frac{P_1}{P_0} = \frac{c}{c_1} \log \frac{P_2}{P_0}. \qquad (6)$$

Nous avons vu à chaleurs spécifiques que

$$c = c_1 + \frac{10330\, A\, \alpha}{D}$$

faisant disparaître c de la formule (6), elle devient

$$\log \frac{P_1}{P_0} = \left(1 + \frac{10330\, A\, \alpha}{c_1 D}\right) \log \frac{P_2}{P_0},$$

d'où enfin

$$\frac{1}{A} = \frac{10330\, \alpha}{c_1 D} \left(\frac{\log \frac{P_2}{P_0}}{\log \frac{P_1}{P_0} - \log \frac{P_2}{P_0}} \right). \qquad (7)$$

Appliquons cette formule aux sept expériences du 7 mars, faites avec des écoulements de 2″ seulement, évidemment les plus satisfaisantes.

Expériences du 11 mars (de 2 à 8).

EXPÉRIENCES.	P_0	P_2	P_1	$\text{Log}\,P_2 - \text{Log}\,P_0$	$\text{Log}\frac{P_1}{P_0} - \text{Log}\frac{P_2}{P_0}$	RAPPORT.	VALEUR DE $\frac{1}{A}$
2	2155	2022	1981	— 0.02767	— 0.00098	3.11	385.64
3	2022	1903	1862	— 0.02634	— 0.00946	2.784	345.21
4	1903	1798	1762	— 0.02865	— 0.00912	2.52	312.50
5	1798	1703	1672	— 0.02358	— 0.00797	2.957	366.67
6	1703	1601	1570	— 0.02682	— 0.00849	3.18	390.32
7	1601	1509	1478	— 0.02570	— 0.00902	2.787	345.58
8	1509	1416	1384	— 0.02763	— 0.00992	2.787	345.58
					Valeur moyenne de $\frac{1}{A}$		356

Le nombre 356, ou avec les corrections trouvées 354, est donc celui qui résulte des expériences, qui, comme je l'ai dit, ne peuvent donner que des nombres un peu inférieurs au nombre réel, et ne peuvent avoir que le degré d'exactitude que l'on peut avoir avec des phénomènes étudiés à l'état *dynamique*, qui ne peut être celle d'expériences faites à l'état *statique*. Une moyenne générale est difficilement exacte à plus de la différence de moins de 5/100 qui sépare le résultat obtenu du nombre 370 trouvé par une autre voie (voy. CHALEURS SPÉCIFIQUES), nombre atteint dans plusieurs expériences.

On ne doit pas, il nous paraît, hésiter à considérer ces expériences comme confirmant ce nombre, aussi bien que l'exactitude des considérations exposées ci-dessus sur la véritable interprétation des expériences de M. Regnault, sur les chaleurs spécifiques des gaz.

Nous concluons donc que le nombre 370 est la *valeur véritable* de l'*équivalent mécanique de la chaleur*.

2° *Système de détermination de la valeur de l'équivalent mécanique de la chaleur.*

Dans les expériences qui précèdent, on cherche, en général, à déterminer la quantité de chaleur qu'engendre une quantité de travail connu; nous dirons quelques mots du procédé inverse qui consiste à chercher le travail engendré par une quantité de chaleur connue, et cela plutôt pour compléter cette étude que pour atteindre un résultat qui nous semble établi par ce qui précède.

Action de la chaleur pour engendrer un travail mécanique.

1° Sur les gaz permanents.

L'action de la chaleur sur les gaz permanents produit deux effets, l'échauffement de leurs molécules qui constitue leur chaleur spécifique à volume constant, et un travail mécanique mesuré par la dilatation sous une pression déterminée qui consomme une quantité de chaleur équivalente, obtenue en divisant l'expression de ce travail par l'équivalent mécanique de la chaleur et qui est égale à la différence des deux capacités.

La connaissance d'une des capacités et d'une relation entre ces deux capacités permettant d'en déduire leur différence, fournit donc un moyen de déterminer l'équivalent mécanique de la chaleur. C'est un semblable calcul qu'a fait R. Mayer, le fondateur de la théorie de l'équivalence du travail mécanique et de la chaleur, et, chose remarquable, en admettant pour l'air une valeur erronée de $\frac{c}{c_1} = 1,421$ déduite par Dulong d'expériences sur les tuyaux d'orgues, et une valeur également erronée de $c = 0,2630$ déterminée par Delaroche et Bérard, il est arrivé à une valeur de $\frac{1}{A} = 367$ très-approchée, par une heureuse compensation d'erreurs.

C'est en persévérant dans une voie analogue que M. Regnault a dirigé ses recherches, en se proposant de déduire $\frac{c}{c_1}$ d'expériences sur la vitesse du son, parce que ce facteur entre dans une formule donnée par Laplace sur la vitesse du son dans l'air. Or, il n'est vraiment pas admissible de déduire ainsi, par voie indirecte, un des nombres fondamentaux de la physique, en se servant d'une formule mathématique qui n'explique probablement pas complétement le phénomène complexe de la transmission du son.

2° Sur les solides et les liquides.

La séparation de la chaleur de dilatation et de la chaleur d'échauffement dans les solides et les liquides, l'évaluation des efforts surmontés pendant la dilatation est encore trop imparfaite pour qu'on puisse déduire la valeur de l'équivalent mécanique de la connaissance de l'action de la chaleur sur les solides et les liquides. C'est au contraire la connaissance de l'équivalent qui peut permettre aujourd'hui d'avancer quelque peu dans la voie de l'analyse des phénomènes qui s'y accomplissent.

3° Sur les vapeurs.

Une curieuse série d'expériences a été faite sur les vapeurs, qui mérite toute l'attention des ingénieurs, non au point de vue de la détermination de l'équivalent mécanique, mais parce qu'elle permet l'analyse des phénomènes qui se passent dans la machine à vapeur. Elle est due à M. Hirn et part d'une expérience qui vient confirmer de tout point le mode de raisonnement employé à l'article MACHINE A VAPEUR, démontrer expérimentalement un principe qui nous paraissait indispensable pour l'explication des faits. Elle est tout à fait capitale et nous devons la consigner ici.

Il a vu (*Bulletin de la Société industrielle de Mulhouse*), que si l'on fait passer de la vapeur dans un tube A (fig. 10), garni à ses deux extrémités de deux verres *l* qui se correspondent, la vapeur est parfaitement transparente tant qu'elle passe à travers le tube, et aussi lorsqu'on ferme les robinets de sortie, puis d'entrée. Si, alors, on vient à ouvrir brusquement le robinet de la sortie de la vapeur dans l'air, il se produit instantanément un brouillard très-épais. D'où cette conséquence que, par la détente, de l'eau se précipite, que la vapeur qui se détend reste toujours saturée. Les chiffres de M. Regnault, qui indiquent que la vapeur contient d'autant plus de chaleur qu'elle est à une pression plus élevée, ne prouvent pas, comme on l'avait conclu à tort dans la manière de raisonner qui était admise jusqu'ici, que dans la détente la vapeur demeure surchauffée. La détente entraîne une consommation de chaleur telle qu'il se produit non-seulement une diminution de température, de pression, comme pour les gaz, mais, de plus, précipitation d'eau; expérience qui, soit dit en passant, montre toute l'importance du rôle des enveloppes, qui ont pour fonction essentielle de vaporiser l'eau précipitée.

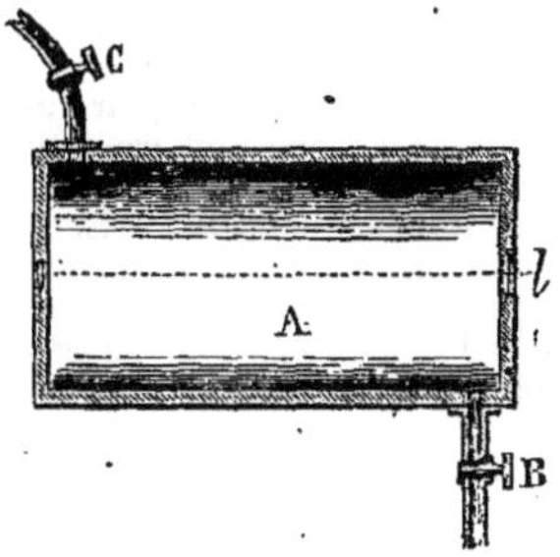

Fig. 10.

Expériences directes avec la machine à vapeur.

La machine à vapeur, comme toute machine à feu, doit fournir le moyen d'obtenir expérimentalement, et par l'utilisation des données physiques connues convenablement appliquées, une valeur des éléments du travail dû à la chaleur, et de plus fournir la confirmation directe des conceptions théoriques, de l'exactitude de la notion d'équivalent mécanique de la chaleur. En effet, en suivant le travail d'une machine à feu, d'une machine à vapeur, on pourrait mesurer la chaleur qui en sort par le condenseur, et celle dispersée extérieurement par le refroidissement, la comparer avec la quantité fournie par le foyer, et mesurer en même temps le travail produit par la machine. Si la quantité de chaleur qui disparaît dans la machine diminue proportionnellement au travail produit, le rapport de ces deux quantités sera la valeur même de l'équivalent mécanique de la chaleur, en même temps que le phénomène même prouvera l'exactitude de la nouvelle théorie, la réalité de la transformation de la chaleur en travail.

Ces expériences peuvent être faites de deux manières.

La première consisterait à employer une machine de petites dimensions, pour laquelle tous les éléments de calcul s'évalueraient avec grande facilité. Le chauffage au gaz de la chaudière, l'évaluation des résistances passives à l'aide de la manivelle dynamométrique (la machine étant assez petite pour qu'on puisse la faire marcher à bras, sans vapeur), et enfin l'emploi du travail produit pour faire surmonter à la machine une résistance constante, consistant, par exemple, à élever à une certaine hauteur l'eau du condenseur : tels sont les éléments qui faciliteraient l'étude des phénomènes qui se passeraient dans une petite machine pouvant permettre des détentes de 15 à 20 fois le volume primitif. Toutefois, le faible poids de la vapeur employée, et par suite l'influence du refroidissement extérieur, dont l'effet serait comparable à la quantité de chaleur à mesurer, rendrait ces observations peut-être inférieures à celles dont il va être parlé. Elles auraient toutefois une véritable importance à cause de la possibilité de calculer exactement la chaleur produite dans le foyer, ce qui force à se contenter de l'évaluation de la quantité de vapeur saturée, plus ou moins chargée d'eau, produisant par action directe la majeure partie du travail total, d'où autant de difficultés pour parvenir à des résultats précis.

La seconde manière d'opérer consiste à suivre pendant longtemps les circonstances du travail de puissantes machines. La grandeur des machines, et surtout la longue durée des observations amoindrissent les variations qui peuvent se produire et permettent à un habile observateur d'obtenir des résultats un peu exacts, parce que les chiffres sur lesquels on opère sont assez grands. En tout cas, nous n'avons à ce jour d'observations que dans cette voie. Elles prouvent parfaitement la disparition d'un nombre considérable de calories par la détente, et par suite la réalité de la loi physique due aux recherches des savants.

Les expériences dues à M. Hirn ont été faites avec : une machine de Watt, à un cylindre ; une machine de Wolf, à deux cylindres; avec la vapeur saturée; avec la vapeur surchauffée jusque vers 340°.

La difficulté des observations de phénomènes aussi complexes est facile à apprécier, et on comprend aisément tous les soins nécessaires pour arriver à quelque précision. Nous renverrons pour leur exposition détaillée à l'ouvrage du savant ingénieur et dirons seulement que M. Hirn a constaté des disparitions de 30 à 40 calories par coup de piston, et qu'il est arrivé à des valeurs de l'équivalent mécanique variant de 296 à 337^{km}, qui ne peuvent, obtenues dans des conditions complexes, être considérées comme d'une grande précision.

Conclusion.

Nous n'insisterons pas davantage sur ces expériences et terminerons en répétant que la valeur de l'équivalent mécanique de la chaleur nous semble devoir être fixée, avec une grande précision, à 370^{km}. C'est ce nombre que nous employons toujours dans cet ouvrage.

ÉQUIVALENT MÉCANIQUE DE L'ÉLECTRICITÉ. — L'électricité produisant de la chaleur et la chaleur de l'électricité, les deux phénomènes se convertissant l'un dans l'autre, l'équivalence de l'électricité avec la chaleur (et par suite avec le travail mécanique) doit résulter d'expériences dans lesquelles se réalise le genre de transformation dont nous venons de parler. Sans que la question soit entièrement résolue, on peut dire que les résultats déjà obtenus ne laissent plus aucun doute sur la vérification expérimentale de cette importante loi naturelle. Nous rappellerons ici deux principales séries de travaux sur ce sujet.

Le premier est celui de M. Pouillet qui, après avoir cherché à définir l'unité de quantité d'électricité en mesurant, à l'aide de la boussole des sinus, l'intensité du courant qui parcourt pendant l'unité de temps l'unité de section d'un fil qui a l'unité de longueur, a trouvé cette vérification: que la quantité d'eau décomposée par le courant était constante pour un même produit de l'intensité, mesurée comme il est dit ci-dessus, par le temps pendant lequel agit le courant.

On pourra déduire de ce résultat l'équivalent de l'électricité et du calorique, car il existe une relation intime entre la quantité d'électricité et la quantité de chaleur produite par la combustion de l'hydrogène et de l'oxygène rendus libres. (Voy. PRODUCTION DE LA CHALEUR.)

Au lieu de prendre la quantité d'eau décomposée en un temps donné par un courant comme mesure de la quantité d'électricité, et d'en conclure la correspondance avec la chaleur, on peut employer directement l'électricité à produire de la chaleur et connaître ainsi la quantité de cette dernière produite par la quantité d'électricité dégagée par une action chimique déterminée, l'oxydation d'un gramme de zinc par exemple.

M. de la Rive avait annoncé que la somme des quantités de chaleur dégagées dans l'intérieur de la pile et dans le circuit fermé, pour une même action, formaient toujours une quantité constante. M. Favre, en vérifiant et prouvant la vérité de cette loi à l'aide du calorimètre qui lui avait servi pour ses expériences avec M. Silbermann, a donné des chiffres qui permettent d'établir numériquement cette correspondance. Il a trouvé que pour 1 gramme d'hydrogène dégagé, correspondant à 33 grammes de zinc oxydé, la chaleur totale produite était toujours de 18^{cal},640. Il y a donc constance à la fois dans l'électricité qui répond à une même décomposition chimique et dans la quantité de chaleur produite par la neutralisation de cette électricité.

On voit, en résumé, que les effets calorifiques et les effets électriques se substituent les uns aux autres, suivant une loi manifeste d'équivalence. Voyons comment on est parvenu à traduire pratiquement ce résultat théorique.

PRODUCTION DE TRAVAIL PAR L'ÉLECTRICITÉ

Moteurs électro-magnétiques.

Nous avons exposé dans l'introduction et à l'art. TÉLÉGRAPHIE ÉLECTRIQUE le véritable point de vue auquel on doit se placer pour étudier ces moteurs; comment, très-précieux comme moyens instantanés de communication de mouvement et pouvant de ce chef fournir de curieuses et intéressantes applications, les forces électro-magnétiques ne sauraient être mises en parallèle avec la chaleur, au point de vue de l'économie. M. Tresca a fait, lors de l'exposition de 1855, des expériences sur les machines exposées. Nous rapporterons les résultats obtenus sur les deux meilleures et les comparerons à la machine à vapeur à l'aide de la relation indiquée ci-dessus.

La machine de M. Larmenjeat est disposée ainsi: des électro-aimants circulaires mobiles restent constamment en contact avec des armatures en fer doux en forme de galets: les électro-aimants et les galets roulent les uns sur les autres.

La machine de M. Roux est à aimants circulaires fixes et armatures en fer doux oscillantes.

On a d'abord reconnu que la machine de M. Larmenjeat, qui fonctionne avec les armatures en contact, a produit plus d'effet utile que les autres, à égalité de couples employés et lorsque la surface de ces couples n'a pas dépassé 3^d,40 carrés. Néanmoins, dans ces conditions, elle a exigé la consommation de 60 grammes de zinc par kilogrammètre et par heure, soit 4^k,5 par cheval de force. C'est donc en négligeant le prix des acides (le zinc à 70 c. le kilog.), 3^f,15 par cheval et par heure

La machine de M. Roux, qui avait donné 6^k,640 de zinc consommé par cheval et par heure avec les mêmes couples, a présenté de meilleurs résultats en employant des éléments dans lesquels la surface totale de zinc immergé dans la pile était de 21 décimètres carrés; alors elle a consommé seulement 2^k,200 de zinc par cheval et par heure, c'est-à-dire à peu près 1 fr. 50 c. pour cette force pendant ce temps. Ces expériences prouvent qu'on aurait avantage, pour abaisser le prix de revient de la force donnée par les électro-moteurs, à faire usage de couples voltaïques de plus grandes dimensions que ceux employés jusqu'ici et en moins grand nombre, tout en augmentant le diamètre des fils qui entourent les électro-aimants.

La notion d'équivalence de l'électricité avec la chaleur, et par suite le travail, permet d'analyser la valeur de ces diverses machines. On voit combien le travail produit est coûteux, combien on est loin du prix de 2 ou 3 kilog. du charbon que coûte, à l'aide de la machine à vapeur, la force du cheval-vapeur, qui est, en prenant le prix moyen de 30 fr. les 1,000 kilog., soit 0,03 le kilog., de 6 cent.

Nous décrirons, avec quelques détails, la machine de M. Roux, remarquable par la simplicité de ses dispositions.

E est un électro-aimant trifurqué (dans lequel le fil conducteur donne au centre un pôle de signe contraire de ceux des deux pôles extrêmes). Au-dessus est suspen-

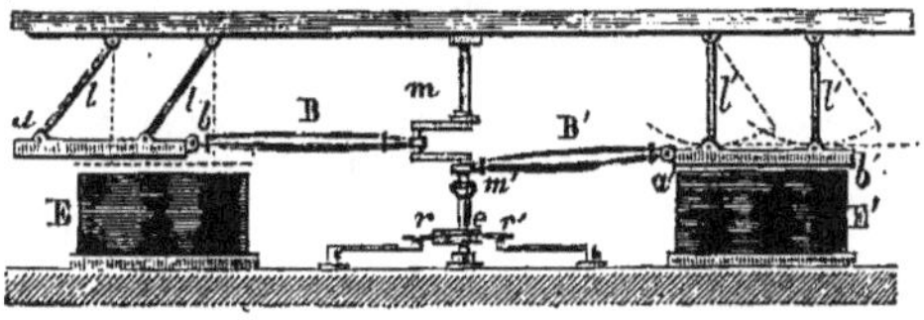

Fig. 1.

due, par des leviers articulés *l l'* (fig. 1), une large plaque de fer doux *a b*, qui, s'abaissant quand elle est attirée, s'avance en même temps horizontalement. Elle agit, par l'intermédiaire de la bielle B, sur la manivelle *m*, adaptée à l'arbre d'un volant. Quand elle est complétement abaissée, une autre plaque semblable *a' b'*, sur laquelle agit un autre électro-aimant E', est disposée comme *a b*, se trouve soulevée et repoussée vers la droite, par l'action de la manivelle *m'* et de la bielle B'. En cet instant, le courant est supprimé en E et dirigé en E', la plaque *a' b'* s'abaisse, et la plaque *a b* est soulevée et repoussée, et ainsi de suite. Pour faire passer le courant alternativement dans les électro-aimants E et E', l'arbre porte un excentrique métallique *e*, qui communique avec l'un des électrodes de la pile, et va presser alternativement des galets *r*, *r'*, montés sur des ressorts qui communiquent avec le fil des électro-aimants. Les centres polaires développés dans les plaques *a b*, *a' b'* changeant de place pendant leur mouvement, on voit qu'il faut que ces plaques soient faites en fer bien doux.

Il a été dit dans l'Introduction quelle énorme infériorité, au point de vue de l'économie, offraient les machines électro-magnétiques qui consomment du zinc et des acides, relativement à la machine à vapeur qui est alimentée avec de la houille.

La véritable question à étudier aujourd'hui et qui permettrait, même avec les machines existantes, d'abaisser le prix de revient de l'effet utile, c'est celle qui a trait à la production économique de l'électricité, voie dans laquelle on progresse chaque jour. Ce n'est que lorsque les recherches y auront conduit par l'analyse complète et la mesure de tous les phénomènes qui se rattachent à la pile, et surtout qu'on pourra amener de loin l'électricité produite à bon marché par des moteurs naturels (voy. TRANSMISSION), qu'il sera raisonnable de s'occuper de machines électro-motrices dont le travail soit constamment applicable dans certains cas déterminés, non à cause du bon marché, mais à cause de la facilité de leur emploi, de la délicatesse intelligente, en quelque sorte, de leur action. Jusque-là, il y a peu à s'intéresser à des dispositions de mécanismes que l'on peut varier à l'infini, sans utilité réelle.

Production d'électricité par travail mécanique.

Machines Dynamo-électriques.

Les machines les plus intéressantes à étudier aujourd'hui, celles qui paraissent les plus propres notamment à conduire à la véritable valeur de l'équivalent mécanique de l'électricité, sont celles qui permettent de convertir le travail mécanique en électricité. Nous passerons en revue les nombreuses machines qui ont vivement excité l'attention publique à l'Exposition de 1867, après avoir décrit la première machine réussie de cette nature, celle de l'Alliance, qui a conduit à la solution du problème de l'éclairage des phares par l'électricité dans d'admirables conditions, comme il a été dit à l'article ÉCLAIRAGE.

Machines de l'Alliance. — Nous avons résumé dans l'introduction les grandes découvertes du dix-neuvième siècle sur l'action des courants électriques sur l'aiguille aimantée et les phénomènes d'INDUCTION, d'où Faraday déduisit la production d'un courant par le mouvement d'un corps conducteur entre les pôles d'un aimant, phénomène capital faisant intervenir le mouvement dans la production de l'électricité, qui donna naissance à des machines où ce phénomène fut produit d'une manière commode, aux machines de Pixii et de Clarke qui vinrent prendre place dans les cabinets de physique.

La première tentative de construction d'une machine magnéto-électrique, destinée à la production industrielle de l'électricité, paraît remonter vers l'année 1849. Dès cette époque, M. Nollet, professeur de physique à l'École militaire de Bruxelles, se proposa de construire la machine de Clarke sur une grande échelle et en multipliant les éléments qui la constituent. Une compagnie anglo-française fut formée pour préparer de l'hydrogène par la décomposition de l'eau et s'en servir pour l'éclairage, pour lequel il eût mieux valu distiller la houille servant à alimenter la machine motrice. Malgré la mort de M. Nollet, la compagnie formée, dite l'*Alliance*, poursuivit ses travaux, secondée par l'habileté du contre-maître collaborateur de M. Nollet, M. Joseph Van Malderen, et se proposa d'exploiter la lumière électrique produite directement par l'arc voltaïque, dont l'application aux phares permettait d'espérer un emploi rémunérateur.

La machine de l'Alliance, représentée fig. 2, est

Fig. 2.

disposée de manière à permettre de multiplier les bobines et les aimants de la façon la moins encombrante possible. Les bobines sont rangées régulièrement, au nombre de seize, sur une roue en bronze, et y sont maintenues solidement par de forts colliers. Ce disque tourne entre deux rangées d'aimants en fer à cheval, supportés parallèlement au plan du disque par un bâti spécial, qui ne présente que du bois au voisinage des aimants. Chaque rangée d'aimants en compte huit, présentant seize pôles régulièrement espacés; il y a donc autant de pôles que de bobines, et, quand l'une d'elles se trouve en face d'un pôle, les quinze autres doivent se trouver dans la même position.

On peut multiplier dans une même machine le nombre des disques en les montant sur un même arbre, ainsi que le nombre des rangées d'aimants en les montant sur le même bâti; on ne dépasse pas généralement le nombre de six disques; les machines deviennent trop longues et des flexions empêchent de remplir la condition essentielle de faire passer les bobines aussi près que possible des pôles des aimants, mais sans les toucher.

Les extrémités des fils des bobines viennent se fixer à des plateaux de bois assujettis sur la roue en bronze, et là on les assemble soit en tension, soit en quantité, comme les conducteurs d'une pile. L'un des pôles du courant total aboutit à l'arbre qui se trouve en communication avec le bâti par l'intermédiaire des coussinets; l'autre pôle aboutit à un manchon concentrique à l'arbre, isolé de lui par du bois ou du caoutchouc durci; ce manchon, entraîné par l'arbre, roule dans un coussinet qui lui-même est isolé électriquement du bâti; le courant se recueille donc, d'une part, sur ce coussinet, de l'autre sur un point quelconque de la portion métallique du bâti.

Nous avons vu à ÉCLAIRAGE quelle abondance de lumière était obtenue avec cette machine, qui semble indiquer qu'elle opère la conversion parfaite du travail en électricité. M. Leroux a fait avec elle une expérience curieuse, qui lui a donné une calorie dégagée dans les fils (mesurée au calorimètre) pour 458 kilogrammètres de travail moteur, c'est-à-dire que le rendement réel ne serait inférieur que de 1/5 à peine au rendement théorique. Nous avons vu combien la conversion inverse était au contraire imparfaite, et que, comme l'a fort bien dit M. Dumas, il est aussi peu logique, dans l'état actuel de la science, de chercher à convertir l'électricité en force mécanique, qu'il le serait de convertir le diamant en charbon. Mieux vaut faire l'inverse.

Machines de Wilde et de Ladd. — On est parvenu d'une manière encore plus merveilleuse à transformer le travail mécanique en électricité, en agissant plus directement en quelque sorte, en se passant des aimants, ou ne les employant qu'accessoirement. Un physicien anglais, M. Wilde, a fait dans cette direction une découverte d'une grande valeur. Il s'est dit que les courants obtenus par la rotation de la machine pouvaient être employés à produire un électro-aimant, si on les lançait dans une bobine enroulée autour d'un morceau de fer doux et créer ainsi un électro-aimant plus puissant que l'aimant permanent qui donne naissance à ces courants. L'expérience confirme cette prévision. Avec quatre petits aimants pesant chacun une livre et pouvant porter ensemble un poids de 20 kilog., l'habile physicien obtint un électro-aimant qui portait 500 kilogrammes. Cette augmentation de pouvoir attractif peut être poussée beaucoup plus loin par un choix convenable des dimensions relatives de toutes les parties de la machine, puisque ce magnétisme est produit par le travail mécanique dont on peut faire croître la quantité indéfiniment.

Il était naturel de chercher si le gros électro-aimant obtenu par ce procédé ne pourrait pas servir à son tour à la production d'un courant très-intense dans une armature que l'on ferait tourner entre ses pôles. Cette expérience a réussi aussi bien que la première. L'électro-aimant, avec son armature, forme une seconde machine semblable à la première, mais de dimensions beaucoup plus grandes. On pose la petite sur la grande, de manière qu'elles forment ensemble deux étages, l'étage supérieur étant le diminutif de l'étage inférieur. L'aimant d'en haut (ou plutôt la rangée d'aimants parallèles, réunis en faisceau, que M. Wilde emploie pour la machine supérieure) porterait environ 160 kilogrammes; l'électro-aimant du dessous, qui puise cependant sa force dans les courants engendrés par l'aimant supérieur, en porte 5,000. Les courants qu'il engendre à son tour sont d'une intensité proportionnelle à son pouvoir portant. La même machine à vapeur, d'une force de trois chevaux, fait tourner les armatures des deux étages avec une vitesse de trente tours par seconde. Toute cette machine tient dans un mètre carré et ne pèse guère plus de 1,500 kilogrammes. Le modèle dont nous parlons est celui qui a été adopté par la Commission des phares de l'Écosse et qui doit servir à l'éclairage électrique. M. Wilde en a construit d'autres à trois étages. Dans ces appareils, l'électricité, élevée à la troisième puissance, fait fondre sur une longueur de près de 40 centimètres une baguette de fer forgé de 6 millimètres d'épaisseur, et sur une longueur de 2 mètres un fil de 1 millimètre. Dans ce formidable torrent de chaleur, les métaux les plus réfractaires fondent en un clin d'œil.

Le pouvoir éclairant de la machine Wilde n'est pas moins extraordinaire. Dans une expérience on plaça sur un toit élevé une lampe électrique garnie de deux crayons de charbon de 12 millimètres de côté, et on la mit en rapport avec une machine à triple effet. Bientôt on en vit jaillir une lumière qui projetait sur les murs les ombres des becs de gaz dans un rayon de six à sept cent pas. Jamais lumière artificielle n'avait eu cet éclat. Une feuille de papier photographique, exposée à ces puissants rayons, fut noircie en si peu de temps que, d'après un calcul fort simple, cette lumière devait produire à un mètre de distance tout autant d'effet que le soleil de midi au mois de mars.

Dans la machine de Wilde, la source première de tous les phénomènes est donc encore le magnétisme d'un aimant permanent. M. Wheastone et M. Siemens ont eu simultanément l'idée lumineuse de supprimer l'aimant, de le remplacer par un simple morceau de fer doux qui devient électro-aimant par la vertu des courants qu'il engendre lui-même dans son armature, lorsqu'elle est mise en rotation. Cela semble paradoxal; mais l'expérience n'en a pas moins bien réussi : il est vrai qu'il faut encore ici *amorcer* la machine. On prend donc un noyau de fer doux entouré d'un fil en hélice et qui simule un électro-aimant. Entre les deux pôles, on fait tourner une armature semblable à celle de la machine de Wilde. Pour le moment aucun effet électrique ne se produit encore; mais qu'on mette le fil du fer doux en rapport avec une petite pile, aussitôt ce fer s'aimante, et l'armature devient le siége de courants d'induction. Alors on supprime la pile; on constate qu'il y a encore dans le fer doux une petite quantité de magnétisme rémanent qui suffit à entretenir quelques instants les courants induits; on en profite pour lancer ces derniers dans le fil qui entoure le fer doux. Aussitôt ce dernier reprend ses forces, il donne naissance à de nouveaux courants qui reviennent toujours alimenter l'électro-aimant qui les produit, et ce jeu se continue aussi longtemps qu'on fait tourner l'armature. Une machine de ce genre produit des effets d'une intensité vraiment extraordinaire.

M. Ladd, constructeur d'instruments de physique, a exposé, en 1867, une autre machine qui repose sur le même principe. Au lieu d'un électro-aimant à deux pôles, il en emploie un à quatre pôles, formé de deux lames parallèles. Entre les premiers pôles tourne l'armature qui alimente l'électro-aimant, entre les pôles opposés, une armature indépendante dont le courant est utilisé pour produire des effets quelconques.

Dans ces diverses machines on voit un travail mécanique (la résistance est très-notable comme le montre l'expérience du disque tournant de Foucault) engendrer indéfiniment des quantités d'électricité, lorsqu'une fois pour toutes on a détruit l'équilibre des polarités opposées dans un corps qui peut s'aimanter ou s'électriser. C'est ainsi, dit M. Radau auquel nous empruntons cette description, qu'une horloge à poids toute montée ne commence à marcher que si on pousse le balancier; ensuite la pesanteur se charge et du balancier et des aiguilles.

Le seul inconvénient qu'offrent encore ces machines, c'est qu'aux grandes vitesses auxquelles il faut les faire marcher et avec la masse de chaleur produite, les coussinets s'échauffent et forcent à arrêter de temps en temps la machine, ce qui n'arrive plus avec la machine à gros aimants telle qu'elle est construite aujourd'hui.

ÉQUIVALENT MÉCANIQUE DE LA LUMIÈRE. Si l'on peut obtenir l'équivalent mécanique de l'électricité, il est naturel d'espérer qu'on pourra en déduire celui de la lumière en laquelle l'électricité se transforme si facilement quand elle est à un certain degré d'intensité. Il faudra pour y parvenir bien définir l'unité de lumière, préciser l'intensité de lumière par un éclairage déterminé, agissant pendant l'unité de temps, ou mieux évaluer l'action réductrice de la lumière sur une substance impressionnable, comme celles qu'utilise la photographie.

Il y a dans cette voie une série de recherches à faire du plus grand intérêt, et qui pourront trouver d'importantes applications dans l'analyse des phénomènes de la vie organique.

En effet, la chaleur de combustion de beaucoup de carbures d'hydrogène, du sucre notamment, formés dans les végétaux sous l'influence de la lumière solaire, est plus grande que celle des éléments qui les constituent. C'est évidemment une force vive, correspondant à la lumière absorbée dans l'acte d'assimilation du carbone, dans la nutrition végétale, qui peut rendre compte du phénomène.

La détermination de l'équivalent de la lumière fournira donc un élément précieux de l'analyse de la vie des végétaux. M. Dubrunfant, en appliquant à la genèse agricole, dans les conditions d'approximation grossière seules possibles aujourd'hui, les notions d'équivalence des forces, est parvenu à ce résultat: que dans la culture ordinaire, qui fait produire à un hectare de terre 14 ou 15 hectolitres de froment ou 25 à 30,000 kilogrammes de betteraves, le travail mécanique fourni par les agents naturels est mille fois plus grand que le travail mécanique dépensé par l'agriculteur.

ESCALIERS. — La première question à résoudre quand on veut établir un escalier est celle de la proportion des marches. Leur longueur ou emmarchement dépend de l'activité de la circulation à desservir. Leur hauteur et leur largeur sont réglées d'après l'amplitude moyenne du pas de l'homme. On se sert souvent pour les déterminer de la formule empirique:

$$G+2H=0^m,64$$

dans laquelle G représente la largeur du giron ou dessus de la marche, et H sa hauteur. H est ordinairement compris entre $0^m,11$ et $0^m,19$, G entre $0^m,42$ et $0^m,26$; les proportions les plus usuelles sont: $H=0^m,16$, $G=0^m,32$, soit une pente de 2 de base pour 1 de hauteur. On choisit des pentes d'autant plus douces, que la hauteur à franchir est plus considérable.

Dans les escaliers à plan curviligne, la largeur des marches n'est pas uniforme; on applique les proportions précédentes sur la ligne la plus commode à parcourir, qu'on appelle *ligne de foulée*: elle est choisie soit au milieu de l'escalier, soit à $0^m,60$ de la main courante.

Il ne convient pas de placer de suite plus de 21 marches, sans les séparer par un palier ou repos.

Le départ de l'escalier se place, de préférence, à gauche de la cage, de manière qu'en montant on puisse s'appuyer sur la main courante à droite.

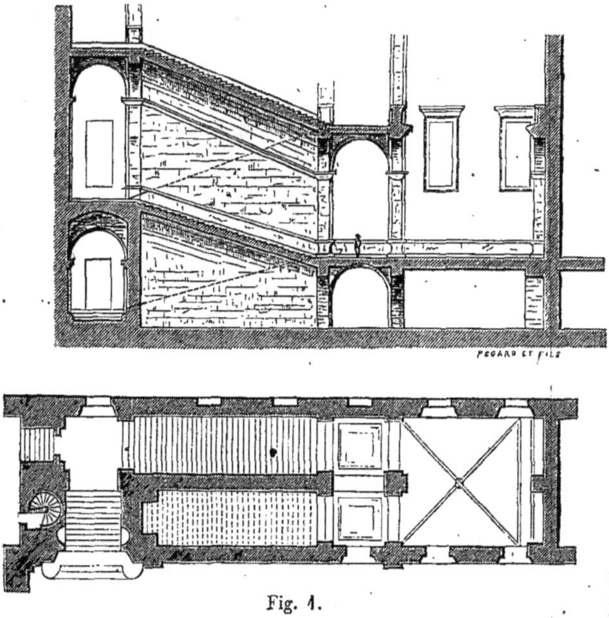

Fig. 1.

De la hauteur à franchir, on déduit le nombre des marches et le développement horizontal de l'escalier: on règle la forme à donner en plan à ce développement, d'après l'espace dont on dispose, et l'on en conclut la forme de la *cage* ou enceinte dans laquelle l'escalier se trouve enfermé.

Cette cage doit être abondamment éclairée.

Les rampes ou volées successives, qui composent un escalier, peuvent être disposées de manières très-diverses: tantôt droites, tantôt courbes, ou en quartier tournant; nous en verrons de nombreux exemples. Les grands escaliers ne comportent que des rampes droites, à cause de la divergence des marches dans les quartiers tournants. On doit se préoccuper de laisser une distance verticale suffisante entre les révolutions des volées superposées.

ESCALIERS EN PIERRE. — 1° *Escaliers droits. — Perrons.* Les marches sont formées d'une seule pierre scellée par ses extrémités dans deux murs parallèles nommés *murs d'échiffre* et se recouvrent mutuellement de quelques centimètres. Si la largeur de l'escalier est grande, on fait chaque marche de plusieurs morceaux de pierre; on dispose des murs d'appui intermédiaires, mais le dessous ne peut plus être utilisé, à moins d'avoir recours à la disposition suivante.

2° *Escaliers sur berceaux en descente.* C'est la disposition usitée dans les théâtres et amphithéâtres antiques, la plus ordinaire dans les palais italiens. Ces escaliers manquent de lumière et de gaieté. (Escaliers de Henri II, au Louvre; palais Farnèse, etc.) (Fig. 1.)

3° *Escaliers sur berceaux rampants.* La voûte repose sur des colonnes ou piliers aux extrémités de chaque rampe (nouvel escalier du Théâtre-Français).

4° *Escaliers sur voûtes d'arêtes rampantes* ou sur voûtes rampantes sphérico-cylindriques, dont la surface d'intrados est analogue à celle de l'arrière voussure de Saint-Antoine (palais de Gênes, palais Braschi, à Rome).

Dans toutes les dispositions précédentes, la vue et l'accès de la lumière sont gênés par des supports plus ou moins volumineux; les architectes français du dix-septième et du dix-huitième siècles ont trouvé des dispositions beaucoup plus hardies, dont il reste encore de nombreux exemples.

5° *Escaliers à voussures rampantes et à repos.* Les volées sont soutenues par des voussures ou demi-voûtes, appuyées contre les murs de la cage; les paliers sont supportés par des trompes coniques ou par des voûtes en arc de cloître. Ces dernières voûtes ont pour directrice une ellipse, d'où il résulte que la directrice de la voussure rampante est une parabole. Si les joints de lit normaux à l'extrémité de cette parabole font avec l'horizon des angles plus grands que celui du frottement, ou que 30°, ce qui a lieu presque toujours, on est obligé d'employer divers artifices de construction pour maintenir les assises supérieures: armatures métalliques, pierres taillées en crossettes, tenons ou queues d'aronde; assises rampantes appareillées en plates-bandes ou remplacées par des trompes cylindriques rampantes. Souvent aussi on a substitué

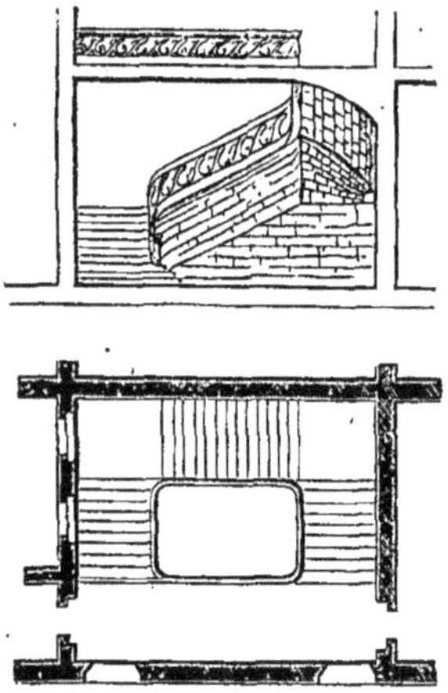

Fig. 2.

à l'intrados cylindrique, des surfaces dites cylindrico-sphéroïdes, qui présentent un bombement vers le milieu de la volée et se raccordent par transition insensible avec le parement vertical de la cage: on peut facilement imaginer divers modes de génération de ces surfaces. Ces escaliers s'arrêtent ordinairement, dans les grands hôtels du dix-huitième siècle, à la hauteur du premier étage et se divisent en trois volées, dont la première au moins est soutenue par un mur d'échiffre; le palier de repos est soutenu par une trompe; le palier d'arrivée règne sur toute la largeur de la cage, et ses extrémités sont supportées par des voûtes en quart d'arcs de cloître.

Les paliers ou repos sont quelquefois supprimés, quand la hauteur à franchir n'est pas grande et quand on ne dispose pas d'un espace suffisant en plan; alors on a dans les angles des quartiers tournants à marches balancées, qu'il faut soutenir par des trompes ou des arcs de cloître rampants.

Les voussures de ces escaliers chargent beaucoup les murs, surtout quand ils comportent plusieurs étages, et il faut se préoccuper des poussées qu'elles exercent.

Escaliers tournants. Ces escaliers tiennent moins de place que les précédents et peuvent donner accès sur un point quelconque de leur circonférence, aussi sont-ils employés de préférence dans les tours, piliers, clochers, phares, etc.

6° *Vis Saint-Gilles.* Ce système était connu des anciens. La disposition qui se présente la première à l'esprit quand on cherche le moyen de soutenir les marches d'un escalier tournant, est celle de la voûte annulaire rampante, connue sous le nom de *vis Saint-Gilles.*

Dans les grandes vis le noyau est évidé et forme une cage intérieure, dont le mur est souvent remplacé par des colonnes ou des arcades (escalier ovale du palais Barberini, à Rome).

Quelquefois on a enfermé dans une même cage deux vis, qui ont des points de départ et d'arrivée opposés.

7° *Vis à noyau plein.* Dans les plus petits escaliers, la voûte annulaire est supprimée. Chaque marche se compose de trois parties : une portion de noyau cylindrique, l'emmarchement et le scellement dans le mur de cage. La largeur du passage est quelquefois réduite à 0^{m},50. La distance verticale des révolutions est faible, et la saillie de la marche en dessous serait gênante pour la circulation : on abat cette arête, et le dessous ou coquille de la marche est une surface gauche, engendrée par une génératrice rectiligne, assujettie à rester toujours horizontale et à s'appuyer constamment, d'une part, sur le cylindre du noyau, d'autre part sur une hélice tracée sur le parement intérieur de la cage, et de

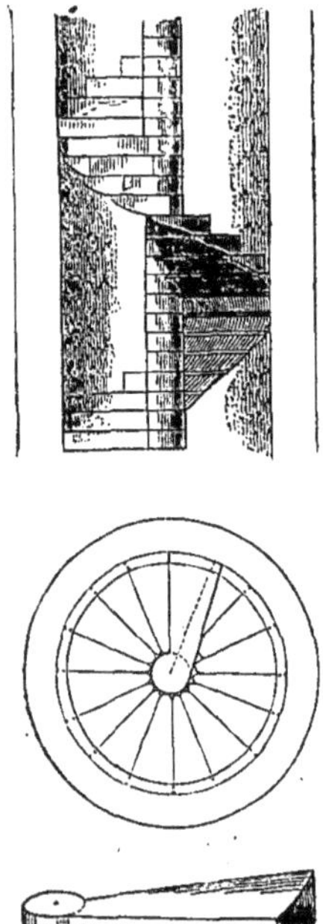

Fig. 3.

même pas que celle à laquelle appartiennent les arêtes supérieures des marches.

La grande vis du Louvre, construite sous Charles V et détruite en 1600, était établie dans ce système.

8° *Vis à noyau creux.*

Les arêtes supérieures des marches rencontrent le parement du noyau en des points régulièrement espacés,

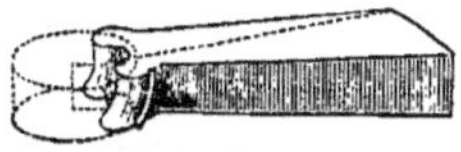

Fig. 4.

qui appartiennent à une hélice. Supposons que dans le plan d'une marche on dessine un contour ou profil quelconque, en forme de main courante, entourant le point extrême de l'arête qui est une droite horizontale passant par l'axe du noyau; cette droite, en s'élevant, toujours horizontale, sans cesser de s'appuyer sur l'hélice des arêtes et entraînant avec elle le contour qui lui est fixé, décrira une surface continue, limitant un solide ou limon qu'on pourra débiter en morceaux correspondant à chacune des marches par le prolongement des plans de giron et de coquille. Si ces morceaux de limon font corps avec les marches, en superposant celles-ci et supprimant le cylindre du noyau, on aura

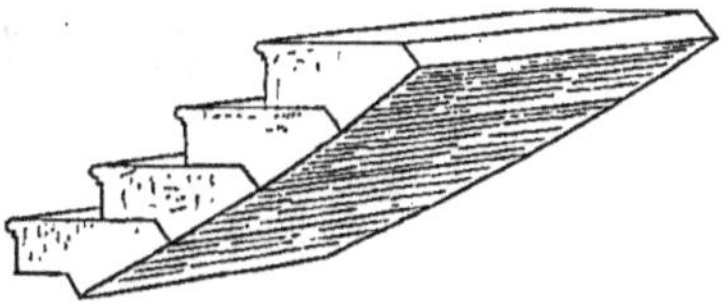

Fig. 5.

la vis à noyau creux, qui offre plus d'élégance et de facilité pour le passage que la précédente.

9° *Vis à jour.* Le système précédent n'est admissible qu'à la condition d'offrir un vide très-petit; dès que le jour s'agrandit, il faut placer une balustrade rampante à l'extrémité des marches : de plus l'emmarchement augmente d'ordinaire, en même temps que le jour de l'escalier; dans ce cas, il ne suffit pas de sceller les marches dans le mur et de les superposer, elles reposent les unes sur les autres, à la manière des voussoirs à crossettes, et sont maintenues en équilibre, à la fois, par leur scellement, par leur recouvrement et par la pression mutuelle qui s'exerce normalement à la coupe inclinée. (Fig. 4.)

A Paris, les escaliers ainsi disposés s'exécutent avec la pierre de liais; les scellements ont 0m,20; la coupe inclinée a un tiers de la hauteur de la marche et le scellement deux tiers.

Quand l'emmarchement est grand, le système est consolidé par un limon, tantôt indépendant des marches, tantôt formé par les extrémités de chacune d'elles, comme dans les vis à noyau. (Fig. 6.)

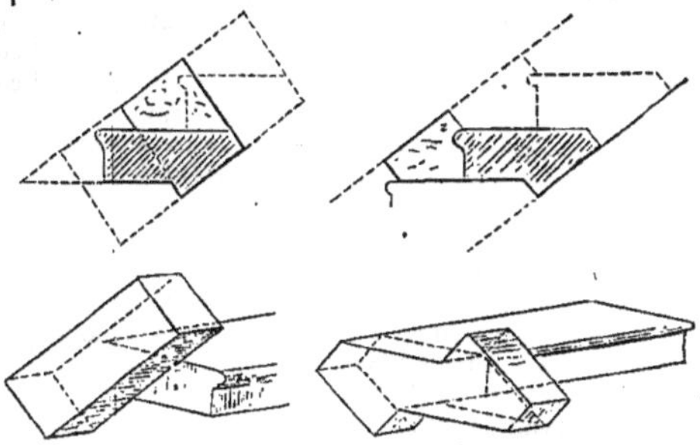

Fig. 6.

10° *Escaliers droits, avec quartier tournant, escaliers en courbe rampante.* Cette disposition est une sorte de compromis entre le système des escaliers droits et des escaliers tournants, qu'on emploie pour éviter les paliers ou repos intermédiaires des premiers qui font perdre de l'espace. La première difficulté qu'elle présente provient de la nécessité de ménager une transition entre les marches de la partie droite, qui sont d'égale largeur sur toute leur étendue, et celles de la partie courbe, qui sont très-larges vers la cage et très-étroites vers le jour. L'opération qui a pour objet de répartir progressivement la diminution des marches, en y faisant participer un certain nombre de celles de la partie droite, s'appelle le *balancement.* Elle peut s'exécuter de différentes manières : la suivante est très-simple.

On fait le développement sur un plan vertical de

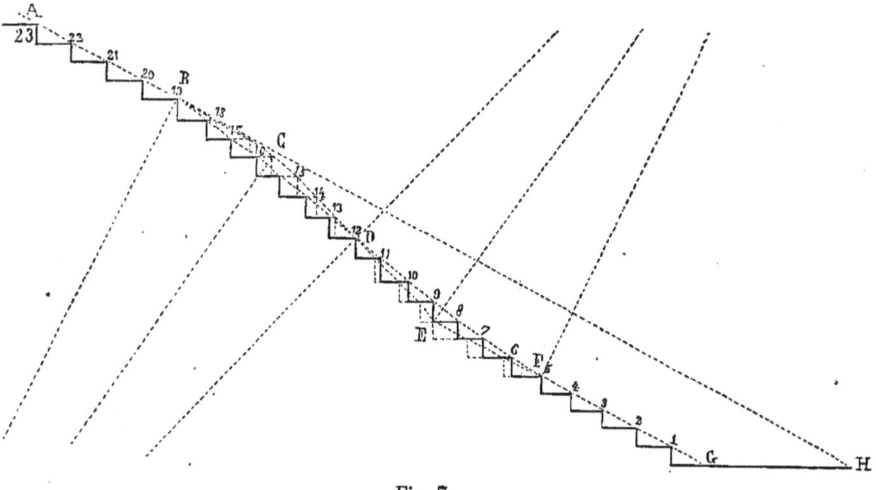

Fig. 7.

l'intersection du cylindre du jour, avec les plans des girons et des contre-marches. Dans cette figure, les traces des arêtes des marches se trouvent sur trois lignes droites AC, CE, EG; on mène deux arcs de cercle BD, DF, tangents à ces trois lignes et ayant en D un point commun; on prolonge les traces horizontales des girons jusqu'à ces arcs; les points d'intersection seront, dans le développement, les traces des nouvelles arêtes; il sera facile de trouver leur position sur la courbe de jour primitive; on fera passer des droites par ces points et par les points de division correspondants de la ligne de foulée, et l'on aura les projections horizontales des arêtes des marches balancées.

Limons. — Les limons servent à soutenir les balustrades des escaliers, et, dans les systèmes suspendus, pour les escaliers de grande dimension, ils sont très-utiles pour offrir aux extrémités des marches opposées aux murs de cage un point d'appui solide.

Nous avons vu au sujet des vis à noyau creux comment un limon peut être décrit géométriquement; plus souvent le limon s'obtient en considérant deux surfaces cylindriques équidistantes, dont l'une est celle du jour, et deux surfaces gauches parallèles à celles qui sont décrites par les arêtes des marches, l'une au-dessus, l'autre au-dessous de ces arêtes : le limon est formé par le volume compris entre ces quatre surfaces.

La disposition des limons est très-simple dans les escaliers droits : elle offre cependant vers les paliers, quand les volées sont en retour, une petite difficulté, qui a été très-heureusement résolue par les architectes français. Dans ces escaliers, les surfaces gauches deviennent planes. L'intersection des plans de deux limons successifs serait une droite; elle donnerait lieu à deux ressauts dont l'aspect ne serait pas agréable et qu'on a quelquefois dissimulé dans un dé massif; il est plus simple de raccorder les deux limons par une partie courbe, terminée par deux surfaces hélicoïdales tangentes aux plans inclinés qui limitent les limons ; dans ce cas, les arêtes des marches extrêmes des deux volées successives finissent par des arcs de cercle tangents aux droites primitives de ces arêtes d'une part, et normales à la face intérieure du limon d'autre part. Les murs d'échiffre en retour sont raccordés par un quart de cylindre.

Les limons se terminent au bas de l'escalier par une volute, qu'on peut décrire de diverses manières. Les arêtes de cette volute peuvent avoir la forme de la spirale logarithmique, de la spirale d'Archimède ou de la développante de cercle ; on préfère ordinairement une construction qui s'obtient par la règle et le compas, comme la suivante indiquée par le colonel Emy et par Rondelet.

Cette construction a pour objet d'imiter la forme de la développante du cercle : elle est analogue à celle de la volute du chapiteau ionique. Soit AIKL l'extrémité du limon; on se propose de décrire la volute de manière que la courbe extérieure ABCDEFG se raccorde tangentiellement avec la courbe intérieure HI ; pour cela, il faut que les rayons extrêmes des deux courbes aient un centre commun et que la différence de leurs longueurs soit égale à l'épaisseur AI du limon. On choisira pour centres successifs des arcs de la volute les sommets d'un hexagone régulier que l'on placera arbitrairement en dehors du limon, de manière que deux côtés soient parallèles aux projections horizontales des arêtes des marches. La volute sera composée de sept arcs de cercle de 60° d'ouverture. Le premier AB sera décrit avec le rayon AM du point M comme centre. Ce point M est la rencontre du côté 1,2 de l'hexagone avec la perpendiculaire AN aux arêtes rectilignes du limon menée à la naissance de la volute. Les rayons successifs des arcs suivants devront diminuer de manière à se raccorder tangentiellement en H avec l'arc IH décrit du même centre M. Pour obtenir ce résultat, on choisit le côté de

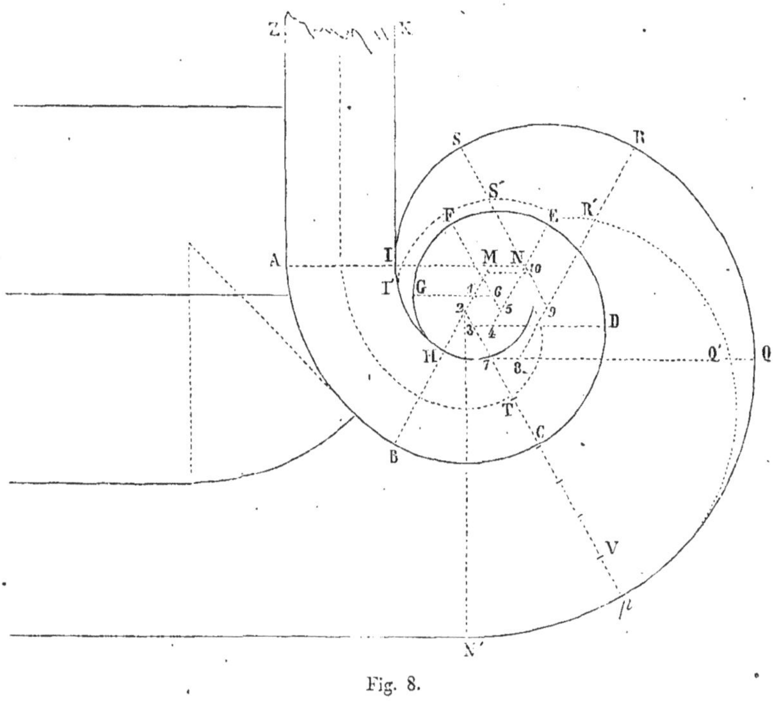

Fig. 8.

l'hexagone égal au sixième de l'épaisseur AI du limon. Cela posé, on décrit le second arc BC du point 2 comme centre avec un rayon 2B; on décrit le troisième arc CD du point 3 comme centre avec un rayon 3C, et ainsi de suite jusqu'au dernier arc GH, décrit du point 1 comme centre.

La première marche est ordinairement terminée en forme de socle de la volute du limon par une courbe analogue à la précédente et qui peut être décrite de diverses manières; par exemple, on peut s'imposer la condition de raccorder son arête tangentiellement en I avec la projection de celle du limon. Pour cela, on décrit d'abord un premier arc NP du point 2 comme centre avec un rayon 2N' égal à la longueur de la perpendiculaire abaissée du point 2 sur l'arête de cette marche. Sur la ligne 2P on porte une longueur 2S égale à MI, et on divise la distance TP en cinq parties égales. On prend une de ces divisions pour côté d'un hexagone 2, 7, 8, 9, dont deux côtés coïncident en 1,2 et 2,3 avec le premier. Le deuxième arc PQ est décrit du point 7 comme centre avec un rayon égal à 7P; le troisième arc QR est décrit du point 8 avec un rayon égal à 8Q; le quatrième RS est décrit du point 9 avec le rayon 9R; enfin le cinquième est décrit avec le rayon NS du point N comme centre pris à la rencontre du côté prolongé 9,10 de l'hexagone avec AI prolongé.

On peut adopter aussi un tracé tel que N,P'Q'R'S'M qui occupe moins d'espace.

Escaliers en bois. — Les plus simples des escaliers en bois sont les échelles ordinaires et les échelles de meunier : viennent ensuite les catégories ci-après.

1° *Escaliers droits.* — Tels sont les escaliers extérieurs employés dans beaucoup de constructions rurales et qui ne sont le plus souvent que des échelles de meunier.

2° *Escaliers en limaçon et à noyau plein.* — Ils ressemblent aux vis à noyau plein en pierre, seulement le noyau est le plus souvent ici formé par une pièce de bois verticale, montant de fond en comble, sur laquelle s'assemblent les bouts des marches qui de l'autre côté sont scellées dans les murs, ou assemblées dans les entailles des pièces montantes des pans de bois.

Plusieurs petits escaliers en bois de cette espèce sont tout à fait analogues aux escaliers en pierre des tourelles, c'est-à-dire que chaque marche porte la portion de noyau correspondante, prise dans la même pièce de bois ; un grand boulon vertical, dirigé suivant l'axe du cylindre de la cage relie fortement toutes les marches entre elles par leurs extrémités intérieures.

3° *Escaliers à plusieurs noyaux.* — D'anciens escaliers appartenant à cette catégorie suivant la place dont on a disposé, ont deux ou quatre noyaux montant de fond

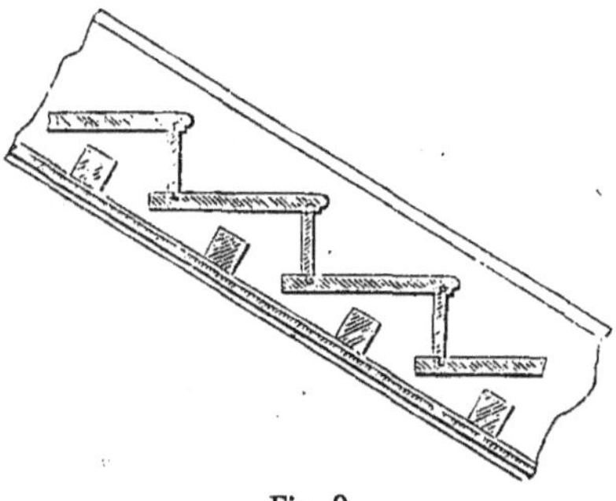

Fig. 9.

en comble ; on en voit encore beaucoup dans les anciennes maisons de Paris à deux noyaux, reliés par des limons droits inclinés ; les marches sont formées par des pièces de bois rectangulaires dont les vides sont remplis par des gravats recouverts en carreaux de terre cuite : le dessous est plafonné. Les escaliers à deux noyaux avec quartier tournant sont incommodes et disgracieux : ceux à quatre noyaux, avec piliers, sont beaucoup plus satisfaisants sous tous les rapports.

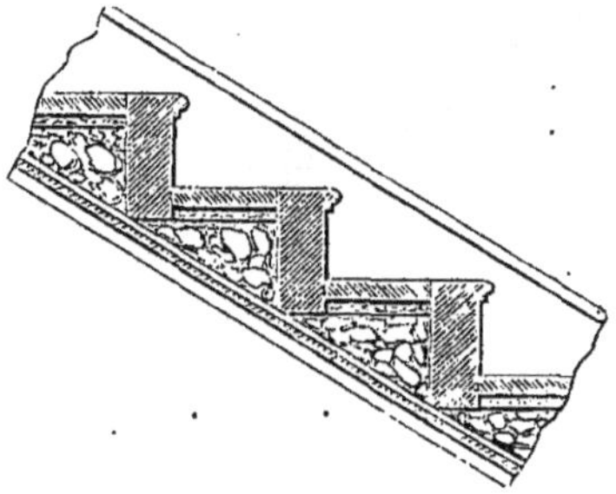

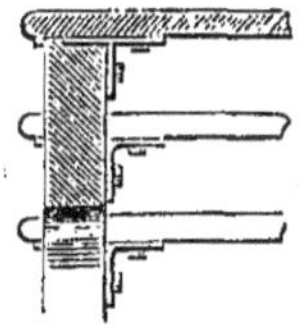

Fig. 10.

4° *Escaliers avec noyau à jour.* — Le noyau est formé d'un seul tronc d'arbre évidé en cœur et présentant l'apparence de la vis à noyau creux en pierre : cette disposition très-dispendieuse n'est plus guère employée.

5° *Escaliers à limon continu sans noyau en courbe rampante.* — Les marches portent d'une part sur le mur de cage, d'autre part sur le limon, dont les dimensions doivent être calculées comme celles d'une pièce courbe et inclinée, chargée de poids uniformément répartis. La forme du limon est déterminée ainsi que celle de ses assemblages par les procédés ordinaires de la stéréotomie. L'assemblage le plus convenable est l'enture à mi-bois avec abouts carrés et tenons ; il doit être consolidé par des boulons et des plate-bandes en fer.

Le bas du limon est consolidé par un patin reposant sur un petit mur d'échiffre. Les deux ou trois premières marches sont en pierre pour isoler le bois de l'humidité du sol.

Ces escaliers comprennent diverses variétés, à grand palier, à demi-palier, dont les dispositions sont très-faciles à combiner quand on a une fois bien saisi le tracé de l'épure du limon en stéréotomie.

6° *Escalier avec limon à crémaillère.* — Cette disposition est très-usitée à Paris pour les escaliers ordinaires des habitations; elle présente un aspect plus hardi et plus dégagé que la précédente. La face supérieure du limon, au lieu d'être formée par une surface gauche continue, présente une série de gradins sur lesquels se fixent les marches et les contre-marches en planches au moyen d'équerres en fer. Le rebord transversal des marches est orné d'une astragale qui dépasse ordinairement la face extérieure du limon, et accusant nettement aux yeux le système de la construction, produit à peu de frais une décoration rationnelle et parfaitement motivée.

Dans les escaliers de Paris la marche est souvent faite d'une dalle de pierre de liais, plus solide et plus facile à entretenir qu'une simple planche de bois peint.

La contre-marche et le limon sont peints en blanc ; le tout présente une apparence très-satisfaisante et une solidité suffisanté.

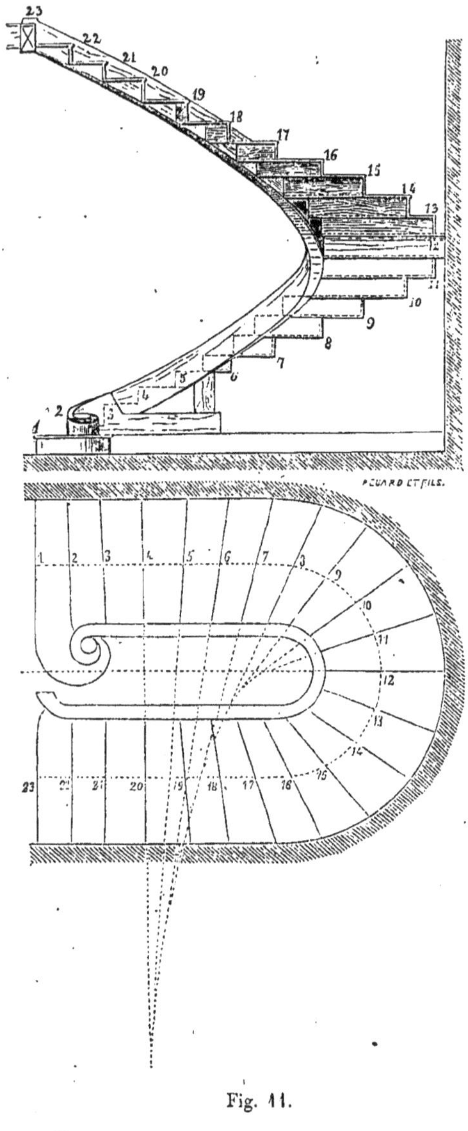

Fig. 11.

7° *Escaliers sans limons.* — On a fait aussi des escaliers dont les marches sont formées de pièces de bois pleines, suivant une disposition analogue à celle des escaliers en pierre, dits vis à jour ; mais les bois étant sujets à jouer par l'effet des variations hygrométriques de l'atmosphère, ces escaliers ne présenteraient pas une rigidité suffisante, si l'on n'avait pas la précaution de lier les marches deux à deux ou trois à trois par de forts boulons qui font du tout un ensemble indissoluble.

Cette disposition de marches pleines peut aussi être appliquée aux escaliers avec limons destinés à supporter une grande fréquentation, comme ceux des casernes.

ESCALIERS.

8° *Dispositions diverses.* — L'esprit des constructeurs et des habiles ouvriers s'est ingénié à découvrir pour les escaliers une quantité de combinaisons, souvent remar-

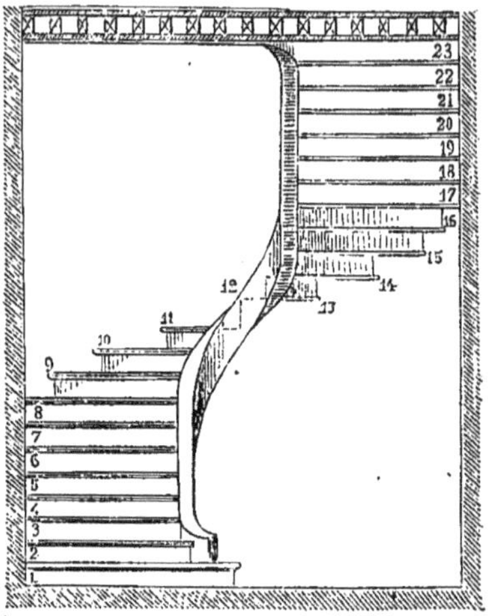

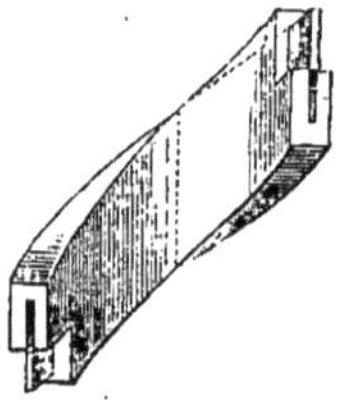

Fig. 12.

quables, mais peu usitées, parmi lesquelles on peut citer:

Les escaliers circulaires sur poteaux plus ou moins multipliés, remplaçant les noyaux ou les cages, comme ceux qu'on plaçait au moyen âge dans les angles des grandes pièces, et qui étaient souvent des meubles richement décorés de sculptures.

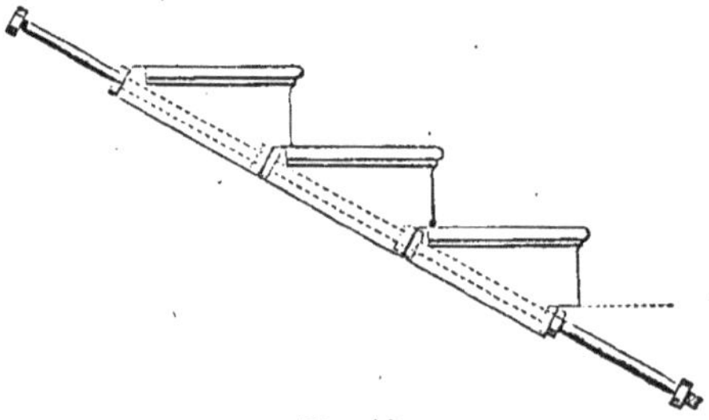

Fig. 13.

Les escaliers en limaçon, pivotant sur leurs noyaux ; escaliers secrets, établis dans une cage cylindrique en menuiserie dans une tour ronde et dont on dissimulait à volonté l'existence en les faisant tourner de quelques degrés sur leur axe.

Les escaliers doubles, dans des cages circulaires le plus souvent, dont les abouts de marches décrivent sur les parois de la cage deux hélices de même pas et pourtant équidistantes, de manière à desservir des points de départ et d'arrivée diamétralement opposés aux divers étages.

Les escaliers suspendus dont la largeur diminue d'étage en étage pour donner du jour au bas, quand on ne dispose pas d'autre moyen d'éclairage qu'un châssis vitré dans le haut.

Les escaliers à deux jours, en forme de 8 en plan, peu solides et peu usités, mais permettant de faire gagner rapidement une grande hauteur dans un petit espace.

Les escaliers à répétition, dont la largeur est divisée en deux rampes dont les marches sont égales en largeur, mais elles ont le double de la hauteur des marches ordinaires et elles sont disposées de manière que l'arête de chaque marche d'une rampe correspond au milieu de la hauteur de chaque marche de l'autre rampe : de cette manière il y a une rampe pour chacun des pieds de celui qui monte ou qui descend. Cette disposition est fondée sur l'observation qu'en général chaque pied passe d'une marche à l'autre sans s'arrêter à celle sur laquelle l'autre pied est posé. Elle permet d'établir des escaliers ayant très-peu de développement en plan.

ESCALIERS EN FER. — Les escaliers présentent une des applications les plus importantes du fer aux constructions; cette partie des édifices est ordinairement la première détruite dans les incendies, parce que la cage forme comme une haute cheminée, où les flammes sont de suite attirées et trouvent un aliment tout prêt dans le bois des marches et des limons. L'escalier est cependant la seule voie de salut pour les habitants des étages supérieurs, qui se trouvent isolés et exposés aux plus grands dangers, et ne peuvent être arrachés aux flammes que par des moyens de sauvetage très-périlleux. L'emploi du fer devrait être prescrit dans les théâtres et autres lieux de réunion publique, surtout quand on ne peut offrir à la foule qu'un petit nombre d'issues étroites et facilement encombrées.

Les limons en bois présentent un mode d'assemblage assez vicieux, principalement dans les parties courbes, et une rigidité souvent insuffisante. Il est très-facile, avec une feuille de tôle courbée et découpée convenablement, d'obtenir un limon extrêmement solide, occupant très-peu de place, et dont les assemblages ne laissent rien à désirer. Les abouts des marches se fixent sur cette feuille au moyen de bouts de cornière rivés et de vis avec la plus grande simplicité. Les constructions du nouvel Opéra offrent plusieurs exemples de bonnes dispositions d'escaliers en fer, qui très-probablement seront adoptées universellement avant peu.

Les marches des escaliers à limons et bâtis en fer peuvent être exécutées soit en pierre, soit en bois, soit en fonte.

On fait aussi des escaliers tout en fonte : les uns sont analogues aux petits escaliers de tourelle en vis à noyau plein; chaque marche comprend deux parties, dont l'une est un élément du noyau. Celles-ci forment en fin de compte, par leur réunion, un tuyau, dans l'intérieur duquel on passe un boulon, qui rend toutes les parties solidaires.

Une autre disposition est celle de la vis à jour, dont toutes les marches sont boulonnées ensemble, suivant les faces de joint ménagées exprès.

Enfin, dans les petits escaliers des phares en échelle de meunier, qui doivent occuper très-peu de place, chaque marche porte deux éléments de limon et se fixe à ses voisines au moyen de boulons.

Monte-charges. — Dans les grands hôtels modernes, on a établi pour monter les personnes et les bagages aux étages supérieurs, des monte-charges, qui dispensent de la fatigue de s'élever par les escaliers; mais ce perfectionnement est en dehors du sujet de cet article, et il faut se contenter de le signaler ici.

ESSENCES ARTIFICIELLES. L'étude de la chimie organique, et principalement des éthers de la série amylique, a produit, dans ces dernières années, un résultat sérieux, et que l'on ne peut envisager sans étonnement, dit M. Girard, dans une intéressante notice insérée dans le *Bulletin de la Société d'encouragement*, à laquelle nous empruntons ce qui suit.

On a vu des corps, qui le plus souvent trouvaient leur origine dans des matières d'une odeur infecte, donner naissance à des composés nouveaux doués des odeurs les plus suaves, et rappelant, sans aucune différence, les parfums les plus délicats employés jusqu'ici dans l'industrie. De là une source toute nouvelle d'applications. Frappés de l'odeur de fruit qu'exhalent certains éthers, les chimistes ont cherché non-seulement à démontrer l'identité de ces derniers avec les essences de fruits, mais encore ils se sont efforcés de les faire pénétrer dans l'industrie du parfumeur et du distillateur, et ils y sont parvenus. C'est ainsi que nous voyons employer journellement les essences artificielles d'ananas, de poires, de cognac, etc. La plupart de celles-ci figuraient déjà à l'exposition de Londres, où elles ont été avantageusement remarquées.

L'emploi de ces essences présente, au point de vue industriel, un grand intérêt; aussi allons-nous étudier successivement les modes de préparation de ceux de ces produits qui présentent le plus d'importance.

Essence d'ananas. — L'essence d'ananas est une solution alcoolique d'éther butyrique ; on l'obtient aisément en distillant un mélange d'acide butyrique, d'alcool fort et d'acide sulfurique concentré.

L'acide butyrique que l'on doit employer se prépare aisément en grande quantité, en soumettant le sucre à la fermentation en présence de matières azotées. Ce procédé, dû à MM. Pelouze et Gelis, est très-simple ; c'est celui que tout le monde suit aujourd'hui. On fait une dissolution de sucre (la mélasse est très-bonne pour cette préparation), qu'on amène à peser 10° au pèse-sirop; on mélange avec cette solution une certaine quantité de fromage blanc, environ 100 grammes par kilogramme de sucre, et, lorsque la matière est bien délayée, on ajoute une quantité de craie correspondant à 300 grammes par kilogramme de sucre. Lorsque la masse est parfaitement mélangée, on l'abandonne à une température constante de 25 à 30° centigrades. La fermentation s'établit doucement dans l'intérieur, et lorsque, au bout de six semaines environ, tout dégagement de gaz a cessé, elle est terminée : le lactate de chaux formé d'abord a été entièrement décomposé. On opère alors l'extraction de l'acide butyrique. Pour cela, on emploie le procédé suivant proposé par M. Beutch. On ajoute au liquide son volume d'eau froide, plus une solution de carbonate de soude cristallisé, contenant de ce dernier une quantité égale à une fois et un tiers de poids du sucre. On filtre alors pour séparer le carbonate de chaux formé ; on évapore la liqueur filtrée au sixième de son volume, et on y ajoute peu à peu de l'acide sulfurique étendu de son poids d'eau. (Il faut 5 parties 1/2 d'acide sulfurique pour 8 de carbonate de soude.)

L'addition de l'acide sulfurique détermine la séparation de l'acide butyrique : il monte à la surface du liquide sous la forme d'une huile ; on l'enlève au moyen d'un siphon ; mais, comme la liqueur en contient encore une certaine quantité, on la distille jusqu'à ce qu'un quart environ ait passé à la distillation. En ajoutant à la liqueur distillée du chlorure de calcium fondu, on obtient une nouvelle quantité d'acide butyrique, qu'on joint à la première. Ces deux quantités réunies sont saturées par du carbonate de soude ; on décompose encore par l'acide sulfurique, et l'acide butyrique ainsi obtenu, après avoir été mis en contact avec du chlorure de calcium, est soumis à la distillation. Six parties de sucre donnent de 1 1/2 à 2 parties d'acide butyrique pur.

Pour préparer avec ce corps l'éther butyrique ou essence d'ananas, on mélange parties égales d'alcool absolu et d'acide butyrique, auxquelles on ajoute une petite quantité d'acide sulfurique. On peut opérer sur 500 grammes d'alcool, 500 grammes d'acide butyrique et 15 grammes d'acide sulfurique. Le mélange est chauffé pendant quelques minutes, et l'on voit l'éther butyrique venir former une couche à la surface du liquide. On ajoute alors un volume égal d'eau, on enlève la couche supérieure, on distille la liqueur restante, ce qui fournit une nouvelle quantité d'éther, que l'on joint à la première. L'éther butyrique est alors agité avec une solution alcaline étendue, pour enlever l'acide libre. Il faut être réservé dans les lavages, parce que l'éther est sensiblement soluble dans l'eau.

L'essence d'ananas commerciale se prépare en dissolvant 1 litre d'éther butyrique dans 8 à 10 litres d'esprit-de-vin pur; quelquefois aussi, on le dissout dans de l'eau-de-vie ordinaire.

Cette essence ainsi préparée a des usages assez variés; on l'emploie dans la parfumerie, dans la confiserie; elle sert à aromatiser le rhum de mauvaise qualité. Les Anglais se servent de l'essence d'ananas pour préparer une limonade agréable, qu'ils désignent sous le nom de *pine-apple-ale*. Vingt à vingt-cinq gouttes suffisent pour donner une forte odeur d'ananas à une solution de 500 grammes de sucre additionnée d'acide tartrique.

Essence de poires. — Cette essence s'obtient en dissolvant dans l'alcool l'acétate d'amylène (éther acétique de l'huile de pommes de terre).

L'huile de pommes de terre brute n'est pas propre à la préparation de cet éther; il faut la purifier: pour cela, on l'agite avec une solution alcaline étendue, et, après l'avoir séparée, on la distille au thermomètre; on recueille les portions qui passent entre 100 et 112°.

Lorsqu'on veut préparer l'éther acétique, on prend 1 partie d'huile de pommes de terre, 1 1/2 d'acétate de soude fondu, et 1 à 1 1/2 d'acide sulfurique. Le tout, bien mélangé, est maintenu à une douce chaleur pendant quelques heures. En ajoutant de l'eau, l'éther acétique se sépare; on le recueille, on distille la liqueur restante, ce qui fournit une nouvelle quantité d'éther; puis on agite avec de l'eau et une solution de soude.

Si l'on mêle 15 parties d'éther acétique de l'huile de pommes de terre, 1 1/2 d'éther acétique de l'alcool et 100 à 120 parties d'esprit-de-vin, on obtient une essence parfaite, qui donne aux substances auxquelles on la mélange le parfum de la poire de bergamote.

Essence de pommes. — Sous le nom d'essence de pommes, on désigne une solution alcoolique d'éther valérianique de l'huile de pommes de terre. On l'obtient, comme produit secondaire, lorsqu'on prépare l'acide valérianique, en distillant l'huile de pommes de terre avec l'acide sulfurique et le bichromate de potasse; mais, pour en préparer une quantité notable, il est nécessaire d'éthérifier l'acide valérianique.

Pour préparer l'acide valérianique, 1 partie d'huile de pommes de terre est mélangée avec 3 parties d'acide sulfurique, avec précaution et petit à petit; on ajoute ensuite 2 parties d'eau. On chauffe en même temps, dans une cornue tubulée, une solution de 2 parties 1/4 de bichromate de potasse dans 4 1/2 d'eau; on introduit alors, tout doucement et par petites portions, le premier liquide, de manière à maintenir une douce ébullition dans la cornue. Le liquide distillé est saturé avec du carbonate de soude, et évaporé à siccité pour obtenir du valérianate de soude. Il suffirait, pour obtenir l'acide valérianique, de décomposer ce sel par l'acide sulfurique; mais on peut employer directement le valérianate de soude pour la préparation de l'éther.

En effet, on prend 1 partie en poids d'huile de pommes de terre, qu'on mélange avec précaution avec une quantité égale d'acide sulfurique; on ajoute 1 partie 1/2 de valérianate de soude bien sec, et l'on maintient quelque temps la liqueur au bain-marie. En ajoutant de l'eau, l'éther se sépare; on le purifie, comme on a fait pour les composés précédents. Il faut éviter avec soin de chauffer trop fort.

Lorsqu'on étend cet éther de cinq à six fois son volume d'alcool, on obtient un produit qui prend une odeur de pomme très-agréable.

Essences de cognac, essence de raisin. — La composition de ces essences n'est pas aussi bien déterminée que celles des précédentes. M. Hoffmann pense qu'elles constituent un éther ou un mélange d'éthers de la série amylique. Le rapport du jury de l'exposition de Londres, dont M. Hoffmann faisait partie, en parle en ces termes: « Un examen superficiel de ces huiles a démontré, d'une façon indubitable, que c'étaient des composés amyliques dissous dans une grande quantité d'alcool, et il est curieux de voir une substance (l'huile des pommes de terre) qu'on élimine avec le plus grand soin dans la fabrication de l'eau-de-vie, à cause de sa détestable odeur, venir, sous une autre forme et en minimes quantités, fournir le parfum même de l'eau-de-vie à celles qui en manquent. »

Ces essences sont, en effet, employées, en Allemagne surtout, à donner l'arome de l'eau-de-vie de Cognac aux eaux-de-vie de mauvaise qualité.

M. Hoffmann, qui a bien étudié la question de ces essences artificielles, pense que bien d'autres éthers pourront donner des résultats semblables; il signale surtout l'éther caprylacétique découvert par M. Bouis. D'un autre côté, *The american annual of discovery* assure que l'on peut, au moyen de certains éthers, produire presque tous les parfums: l'essence de géranium, l'extrait de mille-fleurs, etc.; mais il n'indique pas quels sont les corps que l'on peut employer dans ce but.

Huile artificielle d'amandes amères ou essence de mirbane. — Cette essence n'appartient plus à la série des éthers, c'est un composé d'un tout autre ordre. Elle provient de l'action de l'acide nitrique sur la benzine, et les chimistes la désignent sous le nom de *nitro-benzine*. MM. Hoffmann et Mansfield ont, les premiers, signalé la présence de grande quantité de benzine dans le goudron produit lors de la distillation de la houille; c'est de ce moment (1849) que date la fabrication sérieuse de l'huile artificielle d'amandes amères.

La méthode employée en Angleterre pour sa préparation a été établie par M. Mansfield, et est très-simple. Son appareil consiste en un large tube de verre ayant la forme d'un serpentin; à sa partie supérieure, il se bifurque, et chacune des deux branches porte un entonnoir. Un filet d'acide nitrique concentré coule lentement par l'un des entonnoirs; l'autre fournit la benzine. Les deux liquides se rencontrent à la bifurcation, et l'attaque s'opère avec dégagement de chaleur. En suivant le serpentin, le nouveau composé se refroidit; on le recueille à l'extrémité inférieure. La nitro-benzine, ou essence de mirbane, ainsi obtenue, a besoin d'être purifiée; pour cela, on la lave à l'eau, puis avec une solution alcaline.

La nitro-benzine ainsi préparée ressemble beaucoup, par ses caractères physiques, à l'essence d'amandes amères; elle est employée, dans l'industrie, pour parfumer les savons, et il est probable qu'elle est susceptible d'autres applications.

ÉVAPORATION. Nous avons décrit en détail, à l'article SUCRE, l'appareil Degrand, qui emploie la vapeur d'eau comme moyen de chauffage, par son passage à travers les liquides, et sa condensation par le contact des nouveaux jus avec les tubes dans lesquels circule la vapeur produite par l'ébullition des jus sucrés.

Cet appareil satisfait aux conditions de bon travail et d'économie, ce qui en a fait le succès; toutefois, postérieurement, un appareil combiné par un Français, M. Rillieux, et adopté dans les sucreries de la Louisiane, est venu lui disputer la palme, et avec le même soin apporté dans la construction, en proportionnant convenablement les diverses parties qui le composent, doit donner une plus grande économie de combustible, d'après les principes sur lesquels repose son fonctionnement. Pour analyser les différences qui existent entre ces deux appareils, nous emprunterons à M. Claudel (*Formules*, etc.) un exemple d'évaporation de jus sucrés par la vapeur, sans supposer aucun appareil spécial.

Soit à concentrer en une heure 5,000 kilog. de clairce, c'est-à-dire de sirop avant la cuisson. Ce sirop, composé ordinairement, dans les raffineries, de 30 parties d'eau pour 70 parties de sucre, pour être amené à 47° de l'aréomètre, degré ordinaire de concentration, perd à peu près 15 p. 100 d'eau, ce qui fait 750 kilog. pour 5,000 kilog. de sirop. La température d'ébullition de la clairce étant de de 110°, et sa chaleur spécifique moitié de celle de l'eau, la quantité de chaleur nécessaire pour élever la température de 5,000 kilog., de 20° à 100°, est $\frac{5{,}000 \times 80}{2} = 225{,}000$ unités, ce qui correspond à la chaleur dégagée par la condensation de $\frac{225{,}000}{550} = 409^k{,}1$ de vapeur d'eau. La quantité totale de vapeur à fournir pour élever la température de la clairce de 20° à 110°, et lui faire perdre 15 p. 100 d'eau, est donc 750 + 409,1 = 1159,1 kilog.

Cet exemple montre tout l'avantage des dispositions de l'appareil Degrand, imitées de celles qui avaient si bien réussi dans les appareils de distillation. On voit que, théoriquement, en employant des étendues de surface de condensation suffisantes, on pourra économiser cédent, économiser 412,500 unités de chaleur, l'équivalent de 750 kilog. de vapeur, si ce résultat pouvait être obtenu en échauffant seulement la clairce à cuire.

Telle est l'économie que l'appareil de Degrand peut procurer *en théorie*. Toutefois il ne semble pas impossible de diminuer encore la quantité de chaleur nécessaire pour effectuer la cuite de la clairce. Le progrès possible repose sur l'emploi de l'évaporation à de basses températures, dans le vide. Plus limitée dans la pratique pour les raffineries, l'économie possible est très-considérable lorsqu'il s'agit de jus sucré ne renfermant que 10 p. 100 de sucre. C'est, en effet, dans les sucreries de la Louisiane plutôt que dans les raffineries, que l'application de ces idées a été faite par M. Rillieux. Son appareil a parfaitement réussi, et on voit que, dans le cas d'extraction du sucre pour les proportions, indiquées, ce serait environ 4,000 kilog. à vaporiser et non plus 750 kilog., étant d'ailleurs à remarquer que l'abaissement du point d'ébullition croît rapidement avec la diminution de la richesse saccharine de la liqueur. C'est par une espèce de rotation de la vapeur, rendue utile par l'interposition des surfaces métalliques, et rendue possible par l'abaissement du point d'ébullition, par la diminution de pression, qu'opèrent l'appareil Rillieux et un autre appareil fonctionnant d'après les mêmes principes qu'avait construit, peu de temps avant sa mort, l'habile M. Pecqueur.

Soient cinq chaudières renfermant toutes 1,000 kil. de clairce, et disposées de telle sorte que la première soit chauffée par la vapeur sortant d'une chaudière à vapeur, recevant la cinquième partie de la vapeur calculée dans l'exemple ci-dessus; que la vapeur produite par l'évaporation serve à échauffer la seconde chaudière et à y produire l'évaporation, et ainsi de suite jusqu'à la dernière, dont la vapeur se rend dans un condenseur. Il est clair que si la cuite s'opérait comme nous le supposons ici, elle serait obtenue par un peu

Fig. 1.

partie de la chaleur nécessaire pour échauffer la clairce, employer pour cela la chaleur latente de la vapeur dégagée par la cuisson, c'est-à-dire, dans l'exemple pré- plus du cinquième de la chaleur qui serait nécessaire avec des appareils à feu nu, puisque toute la chaleur employée à évaporer aura successivement servi à cuire les quatre autres cinquièmes de la liqueur sucrée. Il importe de remarquer qu'une quantité de chaleur supplémentaire pour chaque chaudière, ou, ce qui est la même chose, une quantité de travail employé à mou-

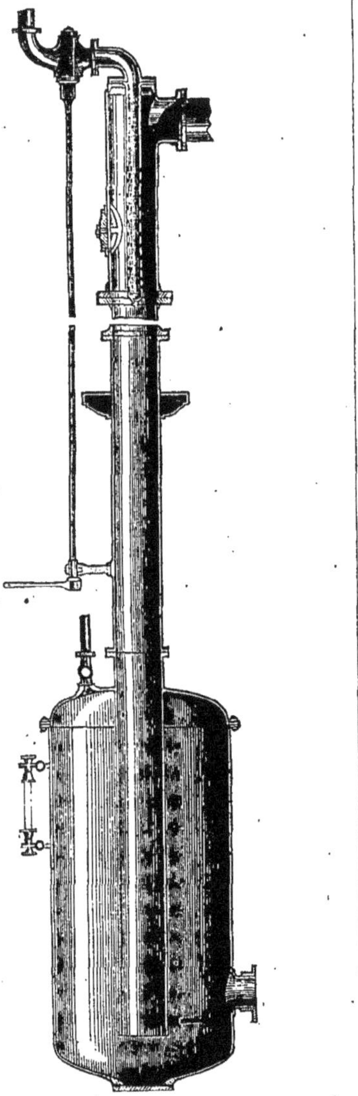

Fig. 2.

voir les pompes à air, est nécessaire pour que, dans la pratique, les choses se passent ainsi que nous l'avons supposé; autrement l'opération ne peut s'effectuer qu'avec une extrême lenteur, car la seule cause du passage de la chaleur, par condensation de la vapeur, de la chaudière qui précède celle que l'on considère, n'a lieu qu'à cause du degré moins élevé qu'exige l'évaporation de chacune d'elles à mesure qu'on se rapproche de la dernière, qui cuit dans le vide, ce qui ne correspond qu'à une assez faible différence de température, par suite à une condensation très-lente.

M. Cail, l'habile constructeur, n'admet guère qu'un nombre de chaudières supérieur à trois soit avantageux dans la pratique; et encore en augmentant considérablement les surfaces de chauffe, et surtout celle de la dernière chaudière, pour compenser la petitesse de la différence du degré d'évaporation de chaque chaudière, enfin en partant d'une pression élevée et en faisant faire un grand travail aux pompes à air. C'est cet appareil que représente la figure 1, la troisième chaudière étant figurée en coupe dans le dessin pour en montrer les dispositions intérieures.

La première ayant une surface de chauffe égale à 1, la deuxième a une surface égale à 5, et le vide est de 70 centimètres; la troisième a une surface égale à 20, et le vide de 60 centimètres, tant par l'action d'un condenseur à eau que d'une puissante pompe à air.

Nous avons insisté sur ces considérations, parce que les avantages de cette disposition ne sont pas très-faciles à apercevoir, que cet emploi multiple de la même chaleur paraît *a priori* avoir quelque chose d'analogue avec le mouvement perpétuel; mais, en réalité, on voit qu'on ne fait qu'utiliser la chaleur dégagée par la vapeur chassée de la dissolution sucrée, qu'employer la conductibilité de la chaleur à travers les solutions, à l'aide de l'interposition la plus convenable de séparations métalliques. Théoriquement, la consommation de chaleur due à la vaporisation ne répond qu'au travail mécanique produit par le volume de vapeur surmontant la pression à laquelle le liquide est soumis (à 100° et à l'air libre, c'est, par kilog., $\frac{1,70 \times 10333}{370}$, environ 48 calories, quantité qui varie peu avec la pression et ne répond qu'au dixième de la chaleur totale de vaporisation), et celle qui n'est pas consommée peut évidemment servir à effectuer des évaporations sous des pressions décroissantes. Pratiquement, il faut se tenir au-dessus de cette limite pour obtenir une rapidité de travail avantageuse ; mais les résultats sont encore considérables, puisque MM. Cail annoncent des économies de 40 à 60 p. 100 pour des appareils à triple et quadruple effet, comparés aux appareils généralement adoptés.

La figure 2 représente le condenseur final adopté avec succès par M. Cail, en utilisant le vide résultant d'une longue colonne.

EXPOSITION DES PRODUITS DE L'INDUSTRIE. L'idée d'expositions publiques des produits de l'industrie est une idée française, naturelle à notre nature demi-méridionale, qui nous rend avides de spectacles. Les premières solennités industrielles de ce genre sont nées au commencement du siècle, alors que la guerre tenait une si grande place dans la vie de la nation et mettait tant d'obstacles aux progrès de l'industrie. Aussi le ministre de l'intérieur, François de Neufchâteau, écrivait-il, après la première exposition (en 1798), qui avait réuni 110 exposants : « L'exposition n'a pas été très-nombreuse, mais c'est une première campagne, et cette campagne est désastreuse pour l'industrie anglaise. » On le voit, l'exposition était encore une machine de guerre, et déjà on débutait dans cette illusion, que l'Angleterre ne pouvait vivre sans la permission de la France; on ne savait pas se rendre compte de la vitalité de son industrie, qui se développait si rapidement, grâce aux grands travaux de Watt, d'Arkrwigth, etc.

Nous donnerons quelque idée de l'importance des Expositions des produits de l'industrie française faites à Paris, en rapportant le nombre des exposants, dont les produits ont figuré à chacune d'elles:

1re	Exposition. Année	1798	110	Exposants.
2e	— —	1801	220	—
3e	— —	1802	540	—
4e	— —	1806	1422	—

5e	Exposition.	Année	1819	1662	Exposants.
6e	—	—	1823	1648	—
7e	—	—	1827	1795	—
8e	—	—	1834	2447	—
9e	—	—	1839	3381	—
10e	—	—	1844	3963	—
11e	—	—	1849	4532	—

L'exposition de 1827, faite dans la cour du Louvre, la plus remarquable de celles faites sous la Restauration, eut un grand éclat et rendit tout à fait populaire cette nature de fêtes. Contemporaine d'un mouvement intellectuel et artistique, qui fit de cette époque un des plus beaux moments de la vie de la nation française, elle traduisit avec un grand éclat les efforts des industriels.

Le mouvement de progrès de l'industrie s'accéléra sous le règne de Louis-Philippe, grâce au maintien de la paix. Les expositions faites aux Champs-Élysées, celle de 1844 surtout, répondaient à ses accroissements incessants; celle de 1849, enfin, faite pendant des temps de crise, mais répondant à des travaux accomplis dans des temps plus prospères, excita une telle admiration, que l'idée d'Exposition industrielle conquit l'Europe, ou plutôt le monde entier, et que la cause des expositions universelles fut gagnée. C'est de celles-ci que nous parlerons un peu plus longuement.

Exposition universelle de 1851. — L'exposition faite à Londres en 1851, grâce à l'initiative éclairée du prince Albert, fut la première de ces véritables fêtes olympiques de nos Sociétés modernes, et 15,000 exposants, appartenant à toutes les nations du monde, apportèrent les résultats de leurs travaux dans l'admirable Palais de Cristal, dû au génie de sir J. Paxton.

Le spectacle de l'exposition de Londres en 1851 a été un des plus beaux que l'humanité ait jamais vus. Ce n'était pas seulement la splendeur des merveilles exposées dans le Palais de Cristal, merveilleux lui-même (voy. fig. 1 et ART INDUSTRIEL), qui attirait le plus l'attention publique, c'était surtout la satisfaction généralement éprouvée par cette splendide manifestation du triomphe d'un sentiment de concorde, de bienveillance universelle qui venait réagir contre les dangers de conflagration dont l'Europe se sentait menacée; c'était de voir l'Angleterre, dont l'égoïsme politique était proverbial, convier toutes les nations à la fête de la fraternité.

Ce sentiment est excellemment indiqué dans un beau discours du prince Albert, principal promoteur de cette grande exposition, discours qui mérite de ne pas être oublié et que nous reproduisons ici :

« C'est une grande satisfaction pour moi, dit le prince Albert au banquet qui lui avait été donné, en l'honneur de l'entreprise, par la Société des arts, c'est une grande satisfaction pour moi qu'une idée que j'avais suggérée, parce qu'elle me semblait convenir à notre temps, ait obtenu une adhésion générale et le concours de tous les efforts; car c'est la preuve que le sentiment que j'ai du caractère particulier et des nécessités du siècle est sanctionné par la conscience du pays... Quiconque a observé les traits distinctifs de notre époque ne peut mettre en doute que nous ne soyons au milieu d'une transition merveilleuse qui nous mène rapidement à la grande destination vers laquelle tous les événements de l'histoire ont acheminé nos pères et nous, l'unité de la race humaine; non pas une unité où toutes les barrières soient abaissées, où toutes les nuances soient confondues dans l'uniformité d'une teinte monotone, mais bien une unité qui soit l'harmonie de toutes les dissemblances, l'accord de tous les attributs en apparence opposés.

« Les distances qui séparaient les peuples et les contrées de la terre s'évanouissent chaque jour devant la puissance de l'esprit d'invention. Les idiomes de toutes les nations sont connus et analysés, et il est facile à

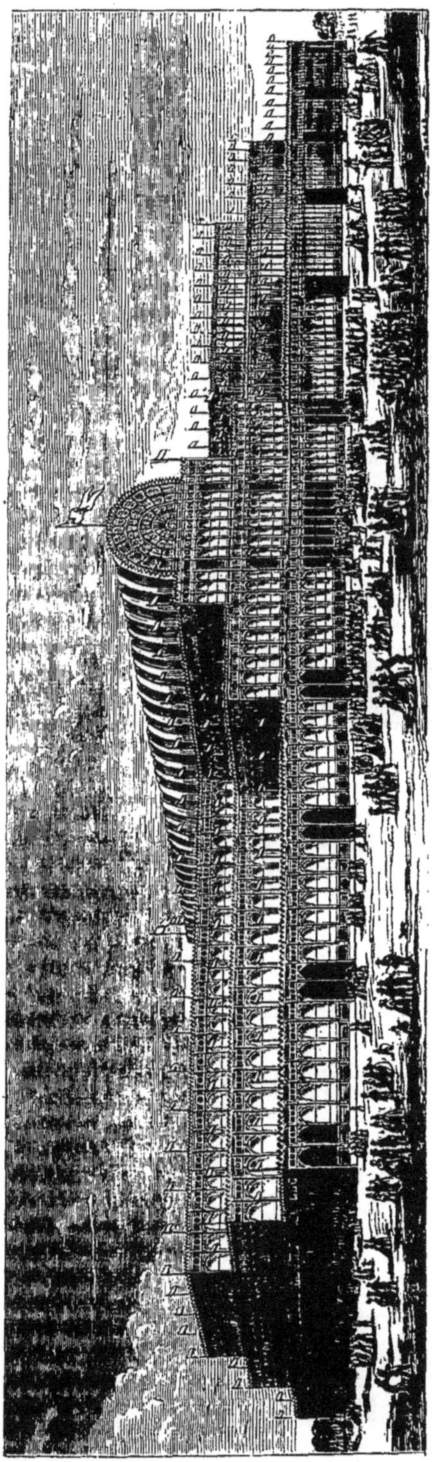

Fig. 1.

tout le monde d'en acquérir la possession. La pensée se communique d'un lieu à un autre avec la rapidité de l'éclair, et au moyen de la force qui se manifeste par l'éclair même.

« Le grand principe de la division du travail, que je ne crains pas d'appeler la force motrice de la civilisation, s'étend à toutes les branches de la science, de l'industrie et de l'art. Jadis les esprits très-bien doués pouvaient viser à l'universalité des connaissances; aujourd'hui c'est un champ qui se sous-divise sans cesse, et où chacun concentre son activité sur un espace limité, en consacrant sa vie à l'étude ou à la pratique d'une spécialité de plus en plus définie. Mais ce domaine de plus en plus vaste, tout en se sous-divisant sans cesse pour la commodité et le succès de la culture, devient de plus en plus, dans les fruits qu'il donne, le patrimoine commun de tous les hommes. Autrefois les découvertes de la science et des arts s'enveloppaient d'un profond mystère; aujourd'hui, à peine une idée ou une invention est-elle au pouvoir d'un homme, que déjà on la perfectionne et on la surpasse à côté de lui ou au loin, et les produits de tous les quartiers du globe terrestre viennent se placer sous la main de l'homme civilisé.

« L'homme ainsi remplit de plus en plus la mission sacrée par laquelle Dieu le plaça sur la terre, et que je rappelais tout à l'heure. Son âme étant à l'image de Dieu, il lui est donné, par les facultés de son esprit, de découvrir les lois auxquelles Dieu a soumis la création, et, en s'appropriant ces lois, de ployer la nature à son usage à lui, instrument de la sagesse divine. Après que, par la science, il est parvenu à connaître les lois qui président à l'équilibre, au mouvement et à la transformation de tout ce qui est, par l'industrie il applique ces lois aux substances que la terre nous rend, et qui ne deviennent utiles qu'en raison de ce que notre intelligence s'y infuse, et puis, par l'art, il a les règles du beau et de l'harmonie, et il en imprime le cachet à ses productions.

« L'exposition de 1851 nous offrira la mesure exacte et l'indication vivante du point où l'humanité est arrivée dans l'accomplissement de cette grande tâche que lui a assignée ici-bas le Créateur, et elle marquera le point de départ des efforts qui resteront à faire au genre humain pour achever l'œuvre. J'ai la confiance que le premier sentiment que cette vaste collection inspirera au spectateur sera celui d'une profonde reconnaissance envers le Tout-Puissant pour les biens qu'il a déjà répandus sur nous, et que le second sera la conviction que nous ne jouirons du patrimoine qu'il nous a donné qu'en proportion de l'assistance que nous nous prêterons les uns aux autres sous les auspices de la paix et d'une charité active et efficace, non-seulement d'individu à individu, mais de nation à nation. »

Le sentiment qui est noblement exprimé dans le discours du prince Albert s'est reproduit dans vingt autres discours auxquels l'Exposition universelle donna lieu, parce qu'il était dans tous les cœurs. Ce n'était point un fruit éphémère de la mode, non plus qu'une phraséologie inventée pour le besoin de la circonstance. C'est une pensée dont le germe est vieux comme la religion chrétienne, car celle-ci a toujours enseigné que tous les hommes sont frères; mais le germe est devenu un arbre magnifique dont les fruits sont de nos jours arrivés à maturité.

L'Exposition universelle de Londres se rattachait entièrement au système du libre échange récemment inauguré par sir Robert Peel, qui repose sur la bonne entente des nations. Contrairement à l'esprit de la civilisation chrétienne, l'ancien système commercial, qui était en honneur parmi les Anglais comme dans le reste de l'Europe, était fondé sur des sentiments d'hostilité de nation à nation. Il était admis en principe qu'en matière commerciale *le profit de l'un fait le dommage de l'autre*, comme le disait Montaigne, notion matériellement fausse, et qui cède chaque jour la place à des principes plus généreux.

EXPOSITION DE 1855. — L'Exposition universelle, faite à Paris en 1855, aux Champs-Élysées, compta 20,000 exposants, et la France y brilla avec les avantages que donne toujours la proximité du pays qui l'organise. Il fallut 115,000 mètres pour installer les produits qui

Fig. 2.

n'avaient exigé que 87,000 mètres en 1851. Nous ne parlerons pas en détail du bâtiment qui l'a abritée, malheureux mélange de verre et de pierre que la plupart de nos lecteurs connaissent (fig. 2), possédant une belle façade, mais inhabitable quand il fait froid.

Si l'on cherche l'enseignement qui s'est dégagé de l'Exposition de 1855, on peut dire que, après les étonnements de l'Exposition de 1851, qui avaient montré à chaque nation sa partie faible, à l'Angleterre notamment son infériorité au point de vue du goût relativement à la France, et après les efforts faits par chacun pour rejoindre ses rivaux, on vit clairement que les principales nations industrielles s'étaient singulièrement rapprochées par le rapide progrès de celles qui étaient entrées le plus tard dans la carrière. On peut dire aujourd'hui que, malgré la puissance incontestable de causes de supériorité dans certaines industries depuis longtemps prospères, chaque nation (nous parlons de celles qui sont livrées au travail de l'industrie moderne, parmi lesquelles les sciences sont florissantes, la France, l'Angleterre, l'Allemagne, les États-Unis, etc.) est parvenue à réunir assez sensiblement au même degré les éléments nécessaires pour créer tout genre de fabrication, pour que la supériorité d'un établissement, d'une nature de produits, résulte presque immédiatement de la supériorité personnelle du producteur. Il dispose assez aisément de toutes les ressources accumulées avant lui, pour que son génie, n'ayant plus à s'efforcer de combler une lacune considérable qui le séparait de ses rivaux, puisse se manifester aussitôt par un progrès dû aux efforts d'un travailleur éminent. Le caractère des Expositions universelles se modifie dès lors, et, de plus en plus au lieu d'indiquer une supériorité par nations, elles donnent bien plutôt la mesure des aptitudes scientifiques et du goût de chaque producteur.

EXPOSITION UNIVERSELLE DE 1862, A LONDRES. — Conçue dans les mêmes idées que la précédente, ne donnant pas satisfaction à des aspirations nouvelles, établie dans un bâtiment bien inférieur à celui de 1851 (fig. 3), n'excitant pas comme celui-ci l'admiration, ne laissant pas passer une abondante lumière, son succès a été moindre que celui des deux précédentes. Les œuvres exposées par plus de 20,000 exposants n'étaient pas moins remarquables cependant, et il était facile de reconnaître une multitude de progrès accomplis dans toutes les directions, de constater les résultats des efforts faits dans toutes les industries, par de nombreux esprits distingués, pendant six ou sept années.

Nous n'indiquerons pas ici, pour ces diverses expositions, les œuvres les plus remarquables et les plus remarquées, puisque c'est leur étude qui nous a fait remanier et compléter à trois reprises différentes cet ouvrage, et que par suite des articles spéciaux ont été consacrés à chacun de ces progrès.

Exposition universelle de 1867, a Paris. — Nous arrivons à l'Exposition de 1867, conçue sur une échelle gigantesque, et qui cependant n'a pu donner satisfaction aux 40,000 industriels qui y ont pris part, que grâce aux constructions provisoires qui sont venues se grouper autour du bâtiment central, dans toute l'étendue du Champ de Mars converti en un parc de 50 hectares. Les 11 hectares couverts par le bâtiment central de forme circulaire, divisé en galeries concentriques, ont reçu les produits les plus variés, disposés dans un ordre très-favorable pour l'étude, les produits du même ordre venant, pour tous les pays, se réunir dans les mêmes galeries.

Ce progrès important a été fort apprécié: il est seulement fâcheux qu'il ait été acheté par le mauvais effet des lignes fuyantes engendrées par les formes circulaires, qui n'étaient nullement nécessaires, car la concentricité des galeries eût pû être obtenue avec des formes rectangulaires, et la juxtaposition de constructions rappelant le Palais de Cristal de Londres eût donné un tout autre effet. Nous ne pouvons donner qu'une vue d'ensemble (fig. 4) de l'ensemble gigantesque de ces constructions.

L'immensité de l'Exposition de 1867 a fait conclure par bien des personnes, un peu vieilles et blasées par la répétition de semblables spectacles, que c'était la dernière des expositions universelles. Nous doutons que les générations nouvelles partagent cette manière de voir, et dans quelques années nous entendrons parler d'une semblable fête du travail. Si elle se réalise plus difficilement, on le devra sans doute à la faiblesse morale d'une exposition si brillante matériellement. La curiosité, l'ardeur du plaisir, avaient remplacé les idées de fraternité qui avaient jeté tant d'éclat à l'Exposition de 1851; elles ont été en quelque sorte symbolisées toutes deux par leurs bâtiments, la dernière était plus colossale, mais elle n'éveillait pas des sentiments aussi élevés que la première. Aussi les craintes de guerre, les armements coûteux, une crise industrielle d'une rare intensité, ont-ils succédé à un spectacle qui semblait devoir inaugurer une période d'entente universelle et de prospérité.

Quoi qu'il en soit, quoi qu'il y ait à dire en se plaçant à ces points de vue étrangers à notre spécialité, l'Exposition de 1867 a été un admirable spectacle par l'immense quantité de produits de l'industrie du monde entier, par la multiplicité des machines en mouvement, montrant en action le puissant outillage de l'industrie moderne. Jamais plus belle occasion d'études technologiques n'avait été offerte dans des conditions plus convenables pour en faire apprécier l'importance.

Disons toutefois, d'une manière générale, que les expositions faisant connaître bien des produits nouveaux, tout en semant beaucoup d'idées vraies, laissent cependant dans les esprits un sentiment erroné contre lequel je chercherai à réagir ici. Au milieu de l'accumulation de produits venus de tous les points de la terre, de l'œuvre de l'humanité entière, qui rappelle quelque peu la tour de Babel, la part de l'industriel tend à disparaître. On entend expliquer les progrès par la race, le climat, etc., trop rarement par le mérite de l'inventeur. C'est là une erreur grossière, et, comme dans toutes les œuvres humaines, c'est au travail de l'individu qu'il faut surtout rendre hommage. Toute la différence que l'on peut constater, c'est que les efforts sont plus énergiques, que le profit de ce travail est bien plus grand pour tous dans les pays libres, où le citoyen livré aux travaux utiles est un rouage actif de la société, que dans ceux où il est seulement un contribuable pressuré pour défrayer les fastueuses fantaisies d'un gouvernement. Pour le prouver, il suffit d'étudier l'histoire d'une industrie créée, transformée par quelques hommes dont les noms sont connus le plus souvent, et

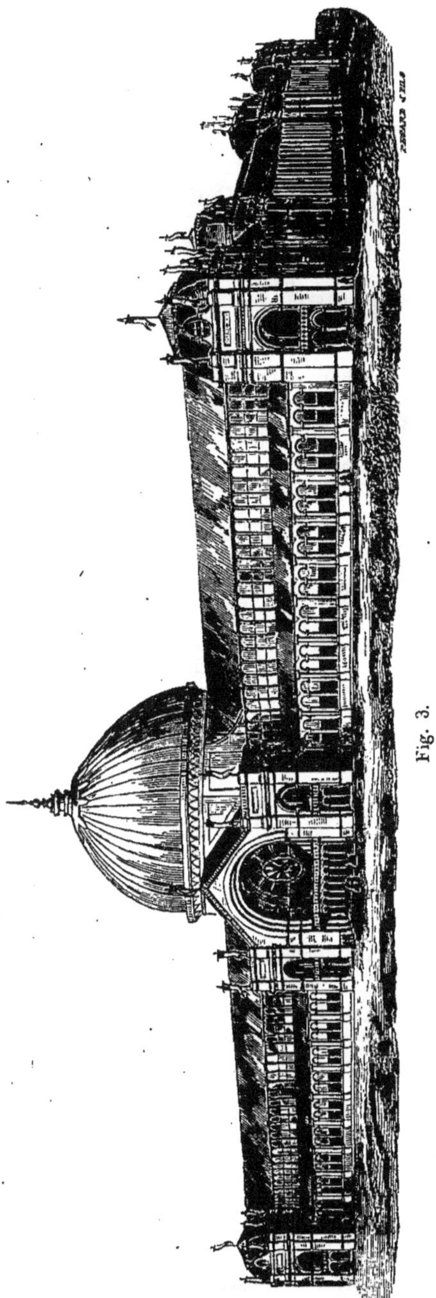

Fig. 3.

qui n'appartiennent nécessairement à aucune contrée déterminée. Citons quelques noms.

Hargraves, Crampton, Arkrwight sont les créateurs de la filature mécanique du coton, à laquelle Heilmann a apporté de nos jours son dernier degré de perfectionnement; Vaucanson, Jacquart sont parmi les plus justement célèbres des inventeurs qui ont amené l'industrie des soieries à un aussi haut degré de perfection ; Watt a créé la machine à vapeur; Stephenson, la locomotive, et par suite les chemins de fer.

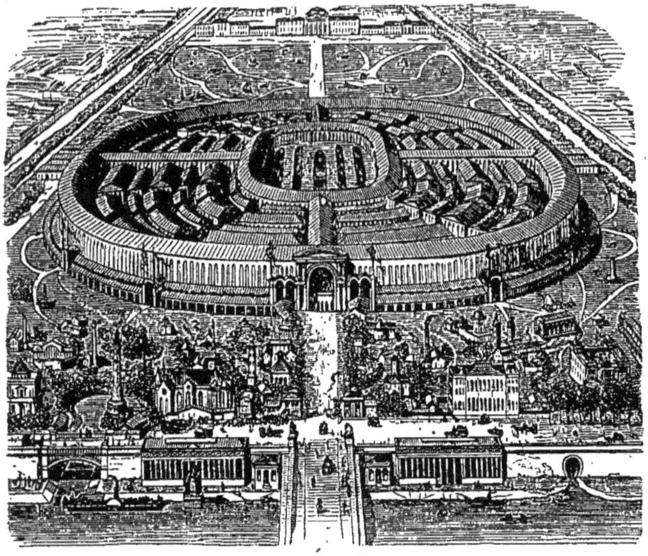

Fig. 4.

De nos jours, Krupp, Bessemer ont transformé l'industrie de l'acier; Whitworth a agrandi singulièrement la sphère d'action des machines-outils; E. Howe, en Amérique, a rendu pratique la machine à coudre; M. Perrin, à Paris, la scie à rubans; Foucault a posé les principes du régulateur qui a rendu utilisable la lumière électrique; Arago, Ampère, Morse ont créé la télégraphie électrique; Jacobi et Spencer, la galvanoplastie ; Niepce et Daguerre, la photographie, etc.

On pourrait multiplier à l'infini les exemples de progrès dus aux labeurs de l'inventeur isolé, du véritable créateur d'industrie ; en réalité, ils naissent toujours de la sorte. Ce n'est jamais de commande, sur les injonctions de la science officielle, que les grandes découvertes prennent naissance; celle-ci les déclare impossibles, jusqu'au jour où la vérité luit aux yeux d'un inventeur qui est en avance de son siècle, et que personne, par suite, ne pouvait guider.

Efforçons-nous donc de voir clair dans la voie industrielle, comme il serait si désirable que la lumière se fît dans toutes les directions, dans la politique notamment. La société n'existe pas par elle-même, n'a pas tous les pouvoirs, toutes les lumières, toutes les vertus, et le malheureux commis qui la représente dans chaque cas de la pratique n'est nullement un être d'une espèce supérieure au reste de l'humanité. Elle n'est que l'association des individus pour un but déterminé, et elle vaut par l'énergie, l'intelligence de chacun d'eux, facultés qui doivent avoir leur plein essor pour créer une grande société chrétienne digne de notre époque, et non une mauvaise société asiatique, ayant un faux éclat de grandeur par l'opposition du luxe des chefs avec la misère des multitudes.

F

FER. Les progrès de la métallurgie de fer, depuis le commencement du siècle, ont presque exclusivement consisté à organiser sa production à l'aide du combustible minéral. Ce grand progrès de la civilisation moderne, qui a permis d'abaisser considérablement le prix du fer, et d'appliquer les bois à d'autres usages qu'à faire du charbon, ne devait pas faire renoncer à la fabrication à l'aide du combustible végétal dans quelques contrées où il ne saurait avoir d'autre emploi profitable, et où la qualité des minerais permet d'obtenir des fers d'une qualité supérieure. Certains pays même, où la diminution du prix du fer menaçait une ancienne industrie, ont pu, grâce à d'heureux progrès dans la fabrication et l'organisation des usines, retrouver une prospérité que rend assurée l'adoption de procédés propres à la conversion rapide de ces excellents fers en acier.

On comprend tout l'intérêt de cette question si l'on réfléchit qu'aujourd'hui encore, dans la plus grande partie de la France et dans tout l'ouest de l'Europe, en Russie, en Suède, etc., la fabrication du fer se fait au moyen du charbon de bois, c'est-à-dire que la fonte obtenue dans un haut-fourneau à charbon de bois est affinée dans un foyer à tuyère avec le même combustible. Ce mode d'affinage, dans lequel on opère sur de petites masses, exclut presque forcément l'emploi des grandes machines à cingler et à laminer, et entraîne celui du marteau. L'opération métallurgique d'abord, puis l'élaboration mécanique, absorbent ainsi une quantité considérable de main-d'œuvre, triple environ de celle que demandent les élaborations analogues dans les usines dites à l'anglaise; la consommation de combustible est en outre fort considérable.

Par un progrès économique important, depuis une trentaine d'années, il s'est établi dans le centre et le nord de l'Europe (en Autriche, en Suède et en Russie) de grandes usines où le travail est organisé, au moyen du bois, sur les mêmes bases adoptées dans les forges à houille de l'Occident, c'est-à-dire au moyen des fours à réverbère et des laminoirs. Ce système, applicable pour toutes les usines qui peuvent recevoir, par flottage ou par quelque autre mode économique de transport, de grands approvisionnements de bois, a eu pour conséquence immédiate une grande réduction de main-d'œuvre, fort appréciée dans les pays où la population fait souvent défaut au milieu d'immenses ressources en matières premières. Toutefois, il restait encore beaucoup à faire. L'emploi du bois à son état ordinaire, pour des opérations demandant des températures très-élevées, donnait lieu à des consommations considérables et à des produits irréguliers et de qualité inférieure. Ces imperfections ont été évitées dans les établissements de M. le comte Egger, que l'on peut prendre comme type, et cela au moyen des dispositions suivantes :

1° Remplacement du bois ordinaire par du *ligneux*, ou bois débarrassé, au moyen d'une dessiccation artificielle faite à l'usine même, des 30 ou 40 p. 100 d'eau hygrométrique qu'il contient habituellement. Cette dessiccation préalable permet de réaliser, d'une manière bien plus simple et bien plus économique, les effets caloriques nécessaires.

2° Emploi de fours à reverbère spéciaux dits *gazofen* ou *fours à gaz*, pour le puddlage et le réchauffage au moyen du ligneux.

Les caractères distinctifs de ces fours sont la grande dimension du foyer dans le sens vertical, et l'emploi d'un courant d'air forcé qui se subdivise en deux courants partiels : l'un, amené sous le foyer en quantité proportionnelle à la quantité du ligneux que l'on veut brûler ; l'autre qui, après avoir été chauffé préalablement, débouche par une large tuyère à l'entrée même du laboratoire du fourneau, au-dessus du pont.

Il résulte de ces dispositions que le foyer, chargé toujours d'une grande quantité de ligneux en excès, fournit, à l'entrée du rampant, des gaz combustibles exempts de toute trace d'oxygène libre.

Pour fonctionner dans les meilleures conditions, les registres qui sont à la disposition de l'ouvrier doivent être manœuvrés de manière que la tuyère fournisse à chaque instant, en air chaud, la quantité d'oxygène nécessaire à la combustion complète de ce gaz.

On voit que le principe sur lequel se fait la combustion dans ces fours n'est pas nouveau : il est celui qui a été proposé par Ébelmen pour brûler de menus combustibles dans de bonnes conditions (Voir COMBUSTION). C'est exactement celui que nous avons vu appliquer, il y a déjà longtemps, par les métallurgistes américains, lesquels puddlent et réchauffent le fer au moyen des anthracites de la Pensylvanie, anthracites qui ne contiennent presque aucun élément volatil, et qu'on parvient cependant à faire brûler avec une très-longue flamme. Toutefois, M. le comte Egger n'en a pas moins le mérite d'avoir fait le premier l'application de ce principe au combustible végétal sur une grande échelle, et dans des conditions vraiment manufacturières. De là, le procédé nouveau s'est répandu dans un grand nombre d'autres usines et a été bientôt étendu au lignite et à la tourbe.

C'est dans la réunion du progrès économique réalisé par l'organisation de grandes forges pour le travail au bois, et du progrès technique résultant de l'emploi du combustible à l'état gazeux, c'est-à-dire de la manière la plus avantageuse, tellement avantageuse qu'elle annule dans quelques cas la différence de prix du combustible, qu'est le salut des usines qui peuvent continuer le travail au bois. Il s'agit évidemment de celles qui peuvent se procurer ce combustible en masses considérables à un prix modéré, et disposent d'un travail moteur presque gratuit, ce qui répond en général à des moyens de flottage et à de puissantes forces hydrauliques.

FIBRES VÉGÉTALES TEXTILES. La possibilité d'employer des fibres de nouveaux végétaux pour la fabrication des tissus, a été étudiée avec beaucoup d'ardeur en Angleterre, et beaucoup d'échantillons intéressants figuraient aux dernières expositions.

« Il est un groupe de végétaux, dit le rapporteur de la classe du jury de l'Exposition de 1855, où l'on peut s'attendre à trouver particulièrement des fibres textiles, c'est la famille des urticées. Aussi dans les catalogues de collections publiés en 1851 par les jurys de Londres, on trouve plus d'une espèce de cette famille. En tête de toutes les autres semble se placer l'*Urtica utilis*, ou ramieh, originaire de l'archipel indien, Java, les Moluques, etc., etc. L'un de nous, M. Decaisne, s'est particulièrement attaché dans quelques-uns de ses nombreux travaux à faire connaître et estimer les qualités des fils de ramieh, qui paraissent avoir plus de tenacité que ceux du chanvre, et une force d'extension bien supérieure à celle du lin. On s'occupe activement d'introduire en Europe la culture de l'*Urtica utilis* dans des conditions suffisamment économiques. A côté de cette espèce si précieuse, l'Exposition nous a montré le chinagrass des Anglais, *Boehmaria nivea* de la Chine, qui sans contredit est une matière textile très-estimable ; le *B. tenacissima*, dont on peut espérer des tissus souples et résistants, le *Maoutia Puya*, qui paraît avoir les mêmes qualités, puis encore le *Sarcochlamys pulcherrima*, etc. D'ailleurs, la plupart de ces plantes sont cultivées dans leur pays natal pour les fibres qu'on en extrait.

« L'Inde anglaise avait exposé de beaux chanvres, provenant du *Cannabis indica*, qui n'est sans doute qu'une variété du *sativa*. Parmi les liliacées, on paraît devoir remarquer surtout les fibres de *Corchorus olitorius*, *Triumfetta lobata* et *semitriloba*, *Grewia occidentalis* ; puis nous avons vu un grand nombre de fibres de malvacées. M. le docteur Royle et plusieurs colons de l'Inde avaient exposé une série fort intéressante de papiers fabriqués avec le jute ou *Corchorus olitorius*, le bandekai ou *Hibiscus esculentus*, le *Daphne cannabina*, le *Pandanus odoratissimus*, le *Bambusa arundinacea*, l'*Agave americana*, etc. A Ceylan, M. Thwaites nous signalait le *Gnidia eriocephala* comme particulièrement propre à la fabrication des papiers.

« En un mot, après avoir étudié toutes ces expositions, on a pu se convaincre que si nos nations de l'Occident ont à demander à la science de nouvelles ressources en matières textiles, celle-ci pourra choisir au milieu d'un grand nombre de plantes filamenteuses celles vers lesquelles il faudrait diriger les tentatives du commerce. Ce fonds de richesses, en réserve pour nos besoins, s'augmente encore si nous jetons spécialement les yeux sur les monocotylédonées filamenteuses.

« Beaucoup de ces fibres, et particulièrement celles des musacées, des yucca, des agaves, etc., si abondantes dans la plupart des pays chauds, et qui, outre leur production spontanée, semblent, par leur culture facile, promettre des tissus à très-bon marché, se sont malheureusement montrées jusqu'ici d'une extraction pénible, et n'ont pu, d'ailleurs, être employées à autre chose qu'à la corderie ou la fabrication des papiers. Enroidies et agrégées par une gomme abondante et très-difficile à séparer, elles n'ont pu jusqu'ici se prêter à la filature et au tissage. Quant à leur extraction, elle offre des difficultés sérieuses et a souvent des inconvénients graves pour les ouvriers qui la pratiquent. On doit regretter tant d'obstacles quand on songe à la réputation que sa ténacité a value, dans la marine, au chanvre de Manille, *Musa textilis* ; quand on considère les fibres brillantes des sansiviera, des yucca, des agave. »

FONDATIONS TUBULAIRES. On emploie de temps immémorial dans les Indes des puits en briques pour les fondations quand il existe un sous-sol de sable ou d'argile. Le terrain est si mouvant dans certains endroits, que des pilotages seraient sans efficacité ; une sonnette eût d'ailleurs été une machine beaucoup trop compliquée pour les Indous, et, dans certaines provinces, on n'eût pu se procurer des pilotis qu'à grands frais. Le procédé fort ingénieux qui a été adopté est tout à fait approprié à la nature du terrain et au genre de matériaux dont on dispose. Ajoutons qu'une religion qui déifie les grandes rivières, qui favorise la construction de temples sur leurs bords, et dont les cérémonies s'accomplissent, en partie, dans le lit même des fleuves, met ses sectateurs dans la nécessité de trouver un moyen de fonder dans les terrains mouvants.

La méthode indoue de fondation par puits consiste à creuser le sol jusqu'à ce qu'on rencontre l'eau, à placer alors une couronne de bois, à construire au-dessus un tube en maçonnerie de briques, et à le faire descendre par dragage intérieur et charge de poids.

Le diamètre d'un puits est généralement de 7 pieds 6 pouces (2m,29) à l'extérieur et de 3 pieds 6 pouces (1m,10) à l'intérieur. On enlève la terre d'abord avec un outil qui ressemble à une houe. Quand la profondeur de l'eau est de 4 à 5 pieds (1m,23 à 1m,54), on emploie le *jham* : c'est une drague à manche très-court, fixée à l'extrémité d'une corde qui passe sur une poulie placée au-dessus du puits. Un ouvrier plonge avec cet outil et creuse la terre ; quand le jham est chargé, on le hisse par la corde.

Les puisatiers travaillent ainsi sous l'eau, revenant à chaque instant à la surface pour prendre haleine ; ils excavent d'abord au centre du puits, ensuite près du mur et quelquefois sous la couronne, de manière à maintenir le mouvement bien vertical ; ils se relayent d'heure en heure, sans interruption, pour que les maçonneries descendent d'une manière continue, et qu'elles ne puissent pas adhérer fortement aux terres.

Les Anglais ont conservé ce procédé, en remplaçant la poulie par un treuil ; cependant, quand il faut creuser à plus de 20 pieds (6m,10) sous l'eau, ils préfèrent généralement se servir de machines à draguer. Le jham a été employé quelquefois jusqu'à des profondeurs de 40 et 50 pieds (12m,19 et 15m,24), mais avec des fatigues inouïes.

Aux fondations du pont-aqueduc de Roorkee, sir Proby Cautley s'est servi de jhams, que l'on manœuvrait sans plonger, à l'aide d'un long bâton formant repoussoir et d'un treuil élévateur.

On établit généralement les puits par files, avec des intervalles d'un pied (0m,30). Quand ils sont parvenus au terrain solide, on les remplit de béton et on les couvre séparément de voûtes.

Ce mode de fondation est employé pour les ouvrages en lit de rivière. Si la profondeur de l'eau est un peu grande au moment où l'on commence le travail, on établit un batardeau.

Les puits cylindriques laissent forcément un espace assez considérable entre eux. Lorsqu'il est nécessaire d'avoir un massif de fondation, les Indiens emploient des puits carrés qu'ils appellent *kothis*. Leurs assises sont généralement formées de pierres plates réunies par des queues d'aronde en bois.

Des ouvrages importants ont été fondés sur des khotis ; nous pouvons citer comme exemple le pont construit à Nobatpûr, sur le Caramnassa, pour la route de Calcutta à Bénarès. Il fut commencé à la fin du dix-huitième siècle par Nana Farnaviz, ministre de l'État de Pounah. Sa mort arrêta les travaux avant l'achèvement des fondations.

En 1829, Patni Mal, riche habitant de Bénarès, célèbre dans les Indes pour les temples et les ghats qu'il a fait construire, entreprit de compléter à ses frais l'œuvre de Nana Farnaviz ; il fit enlever les sables de la rivière, qui recouvraient les anciens ouvrages. On trouva un massif général de fondation de 60 pieds (18m,29) de largeur, allant d'une berge à l'autre ; il était formé de kothis de 15 pieds (4m,47) de côté, descendus à travers le sable jusqu'à un banc d'argile, à une profondeur de 20 pieds (6m,10). On dragua les sables qui se trouvaient dans les puits, et on rencontra à diverses hauteurs des massifs de remplissage en maçonnerie. On les compléta par du béton. L'édifice fut ensuite construit sans difficulté, d'après un projet de M. James Princep : 3 arches en plein cintre, de 53 pieds (16m,85) d'ouverture ; piles de 13 pieds (3m,69) d'épaisseur ; largeur de la voie, 25 pieds (7m,62).

Dans les localités où le bois est à bas prix, les Indous emploient des kothis en madriers. Enfin, dans quelques circonstances, ils se servent seulement de caisses sans fond, qu'ils appellent *sundooks*.

Les puits ne peuvent pas être jointifs, ce qui est un grand inconvénient dans certains ouvrages. Le colonel Colvin, ayant à construire un barrage sur le Somoé, afin de faire une prise d'eau pour le canal de Delhi, imagina de réunir deux puits sur le même neemchuck : c'est ainsi qu'on appelle la plate-forme inférieure en charpente qui, pour les simples tubes, a la forme d'une couronne. Il établit deux lignes contiguës de ces massifs doubles, en ayant soin de croiser les joints. Le travail a été facile, et le succès du barrage complet.

Cette disposition a été imitée. On a multiplié les massifs ayant plusieurs puits sur un même neemchuck ; c'est ce qui constitue la méthode colvinienne, que l'on appelle aussi méthode des blocs. Elle doit à sir Proby Cautley de grands développements. Au canal de Delhi on a descendu d'une seule pièce des fondations de culée avec leurs murs en aile. Au canal du Gange, on a employé des blocs qui présentent en plan un carré de 32 pieds (9m,75) de côté. Les massifs colviniens sont plus faciles à conduire que les puits isolés, mais il ne faut pas que les vides soient trop écartés ; une distance de 3 pieds (0m,91) de l'un à l'autre est considérée comme un maximum.

Au pont-aqueduc de Roorkee, une pile est fondée sur huit massifs, contenant chacun quatre puits octogonaux. Le diamètre du cylindre inscrit est de 5 pieds 6 pouces (1m,67). Les puits sont à 8 pieds 6 pouces (2m,59) d'axe en axe. Les blocs sont espacés de 3 pieds (0m,91) ; ils présentent en plan un carré de 20 pieds (6m,10) de côté. Un massif à deux puits est placé en prolongement pour chaque arrière-bec ou avant-bec. Les blocs de culée ont 26 pieds (7m,92) de côté. Enfin, pour empêcher les affouillements, deux lignes de massifs à deux puits, aussi rapprochés que possible, comprennent entre elles les empierrements du radier.

Tous les massifs, au nombre de 288, ont été descendus à 20 pieds (6m,10) de profondeur sous le lit de la rivière. Pour faciliter l'abaissement, on recouvrait chacun d'eux d'une plate-forme à contre-fiches, que l'on chargeait de sable.

Le neemchuck de l'un des blocs à quatre puits se compose de six forts racinaux croisés par sept traverses. Des madriers placés entre elles, sur les racinaux, composent le plancher.

La descente des maçonneries n'est pas un mode de construction nouveau en Europe pour les puits de village. Nous tenons de M. Le Masson, inspecteur général des ponts et chaussées, que cette méthode est suivie depuis longtemps en Alsace ; on l'emploie aussi dans le nord de la France, et probablement ailleurs. Les travaux sont faits dans les sécheresses à l'aide de petits épuisements.

En 1825, Brunel, pour établir à Rotherhite le puits qui donne accès au tunnel sous la Tamise, descendit en terre une tour de 42 pieds de hauteur et de 50 pieds de diamètre (12m,80 et 15m,24), portant une machine à vapeur. Tout le monde connaît les détails de cette belle construction ; nous rappellerons seulement que la maçonnerie était fortement serrée par des boulons entre deux préceintes, l'une supérieure, l'autre inférieure, et qu'au-dessous de cette dernière était une couronne en fonte armée d'un tranchant. Plus tard, Brunel descendit jusqu'à 80 pieds (24m,38) de profondeur les maçonneries du puits du tunnel sur la rive gauche de la Tamise à Wapping. (Voir le Mémoire de M. Henry Law, *Quarterly papers of engineering*, 1845.)

Depuis les travaux de Brunel, on a employé des puits en maçonnerie pour diverses constructions ; plus tard, on s'est servi de tubes métalliques.

L'embarcadère de Milton-on-Thames est le premier ouvrage que l'on cite comme ayant été fondé au moyen de tubes en métal employés comme batardeaux. Les fondations du pont de Chepstow sont l'une des plus belles applications de ce système.

Le docteur Potts a proposé d'enfoncer les tubes en y faisant le vide. Son brevet est daté de décembre 1843, et la spécification, de juin 1844. L'eau qui afflue dans le tube sous l'aspiration produite y soulève le sable ou la vase, et la pression atmosphérique agissant à sa partie supérieure le fait graduellement descendre. De temps en temps il faut enlever la calotte du tube, et draguer les parties soulevées du sol.

Quand le terrain est compacte et qu'à une certaine profondeur l'aspiration reste sans effet, Potts propose d'employer de larges tubes ouverts par le haut, dans lesquels on entretiendrait de l'eau. On y descendrait un tuyau d'aspiration ou trompe (*an elephant*). Dans le brevet qu'il a pris en France, Potts parle de faire des dragages dans les rivières par des trompes.

L'emploi du vide dans les tubes a donné des résultats. On a souvent cité cette méthode avec éloge ; cependant le succès n'a jamais été complet. Nous ne croyons pas que l'on ait employé des trompes. Les procédés de Potts paraissent abandonnés aujourd'hui. Nous devons remarquer que, quand on emploie des tubes avec épuisement, l'eau désagrége le sol en le traversant, comme dans la méthode de Potts.

M. Triger a fait connaître à l'Académie des sciences de Paris, dès 1841, les résultats avantageux qu'il avait obtenus de l'emploi de l'air comprimé pour ouvrir un puits de mine dans un terrain où pénétraient les eaux de la Loire. Il avait employé un tube en tôle, et l'avait fait descendre à coups de mouton. En juin 1845, rendant compte à l'Académie de nouveaux travaux de ce genre, M. Triger proposa l'emploi de tubes avec air comprimé, pour fonder des piles de pont.

Le procédé de M. Triger a été employé plusieurs fois dans les mines. Nous citerons les travaux de Strépy-Bracquegnies, où M. de la Roche épuisait en partie les eaux, et les refoulait en partie par la compression de l'air à 3,70 atmosphères.

En 1851, MM. Fox et Henderson essayèrent d'établir, par la méthode de Potts, les fondations du pont de Rochester dont ils avaient l'entreprise. Ils trouvèrent, sous les vases de la rivière, de fortes pièces de charpente que l'on suppose être les débris d'un ancien pont. Le vide ne pouvait être d'aucun avantage; il fallait repousser l'eau des tubes pour couper les bois. M. Hughes, qui dirigeait les travaux, proposa de recourir au système de M. Triger : on le fit avec un plein succès. Chaque pile a été fondée sur 14 pieux en fonte de 6 pieds 6 pouces (1^{m},98) de diamètre. La seule difficulté fut dans la sous-pression, qui ne put être vaincue que par des poids considérables, dont l'application donna quelque embarras.

Les travaux du pont de Rochester ont eu un grand retentissement, et la méthode tubulaire avec pression pneumatique est maintenant tout à fait entrée dans la pratique. Sa plus belle application est la fondation de la pile centrale du pont de Royal-Albert.

A l'endroit où elle est construite, la profondeur de l'eau à mer haute dépasse 70 pieds (21^{m},34). Le fond est une couche de vase de 13 pieds (3^{m},96) d'épaisseur, au-dessous de laquelle on trouve le rocher.

M. Brunel employa un tube de 35 pieds (10^{m},67) de diamètre, avec pression pneumatique; mais, pour diminuer la sous-pression, il a placé un deuxième tube de 27 pieds (8^{m},23) de diamètre dans l'intérieur du premier, et il ne comprime l'air que dans la *jaquette* : c'est le nom que les ouvriers donnent à l'espace annulaire compris entre les tubes. On a construit ainsi un puits en maçonnerie parfaitement enraciné dans le rocher ; on épuise à la manière ordinaire dans le cylindre intérieur, et on y drague la vase.

M. Brunel a augmenté le diamètre du grand tube de 2 pieds (0^{m},61), à une hauteur de 40 pieds (12^{m},19) environ, afin qu'on pût désassembler ses différentes parties de l'intérieur, après l'achèvement des maçonneries, et pour qu'une petite déviation dans la verticalité ne gênât pas la construction de la pile.

Nous ajouterons quelques mots à cette intéressante notice sur les ponts tubulaires, que nous empruntons à M. de la Gournerie, savant ingénieur des ponts et chaussées.

Le système du pont de Rochester a été employé avec succès dans plusieurs travaux récemment exécutés en France, au pont de la Mulatière à Lyon, aux fondations des piles du viaduc de Nogent, sur la ligne de l'Est. En principe, un tube en tôle est un admirable moyen de former un batardeau, et il suffit, par l'effet de la pression de l'air, de luter en quelque sorte le bas de l'enveloppe en tôle, pour pouvoir faire avec une grande rapidité des travaux du genre le plus difficile qui se rencontrent dans l'art des constructions. On peut dire que c'est aujourd'hui le moyen par excellence d'effectuer les fondations des ponts de premier ordre. On l'emploie pour construire les piles du pont de traversée des grands fleuves à l'imitation des travaux, si admirablement combinés, et exécutés avec autant d'intelligence que d'énergie, faits pour la traversée du Rhin à Strasbourg pour réunir les chemins de fer de France et d'Allemagne.

M. Perdonnet, administrateur du chemin de fer de l'Est, en parle ainsi dans son livre intitulé : *Notions générales sur les chemins de fer.*

Lorsqu'il s'agit de fonder les piles du pont du Rhin, à construire vis-à-vis de Kehl, dans un fond de gravier d'une profondeur indéfinie, on songea à employer le système adopté pour le pont de Rochester, mais il fut jugé long et coûteux. L'extraction des déblais, surtout au travers des écluses d'air, est très-lente et fort dispendieuse. M. Fleur Saint-Denis, ingénieur des ponts et chaussées, modifia ainsi le système.

Au lieu de cylindres en fonte, il a employé d'énormes caissons rectangulaires en tôle, longs de 7 mètres et larges de 3^{m},80, fermés dans le haut et ouverts dans le bas comme les cylindres en fonte. Le caisson étant moins haut que le cylindre, est, une fois posé sur le sol, entièrement plongé dans l'eau; dans la paroi supérieure formant couvercle sont percés trois trous cylindriques : deux trous latéraux, chacun de 1 mètre de diamètre, et un trou central de 1^{m},30. Deux tuyaux ou cheminées cylindriques en tôle sont fixées au bord des trous latéraux et s'élèvent jusqu'au-dessus de l'eau. Elles sont surmontées chacune d'une chambre à air. Le trou du milieu donne passage à un troisième tuyau ou cheminée centrale qui est ouverte aux deux bouts et descend à travers le caisson jusqu'au fond de la rivière.

Lorsqu'on vient à refouler de l'air comprimé dans les deux cheminées latérales, l'eau se retire de celles-ci et du caisson, mais non du tube du milieu. Les ouvriers sont introduits dans le caisson ou en sortent par les cheminées latérales et au moyen des écluses d'air. Quant aux déblais, ils sont extraits au moyen d'une noria logée dans la cheminée centrale en traversant une colonne liquide. Les godets se chargent à la partie inférieure du gravier que les ouvriers enlèvent avec leurs outils tout autour de la caisse et repoussent en bas de la cheminée centrale, et se vident à la partie supérieure sur un plan incliné qui conduit le gravier dans un bateau où on le recueille.

Sur les parois latérales du caisson en tôle s'élèvent au-dessus de l'eau les parois d'une caisse en bois dont les joints sont calfatés et qui est recouverte d'une enveloppe de tôle. Cette caisse imperméable sert en même temps à contenir l'eau et le sable au-dessus de la caisse en tôle. Des ouvriers placés à l'intérieur sur la caisse coulent du béton, qui sert en même temps à charger la caisse et à former le corps de la pile autour des cheminées. Les caisses en tôle sont suspendues à des treuils au moyen desquels on en modère et règle la descente.

Le caisson étant arrivé à la profondeur voulue, on le remplit de béton et de maçonnerie. On achève également de combler l'espace entre les cheminées et les parois du caisson en bois, et on peut même enlever les cheminées en remplissant le vide qu'elles occupaient.

Nous avons donné à AIR COMPRIMÉ les dessins de ce beau travail qui restera à jamais célèbre dans l'histoire de l'art de l'ingénieur, et qui a rendu facilement applicable une des plus heureuses inventions de notre époque. (Voir aussi à PONTS la description de la construction du pont de Bordeaux.)

FONDERIE. M. Karmarsch, technologue allemand justement estimé, a donné une table utile que nous croyons devoir reproduire. Elle permet de calculer approximativement le poids qu'aura une pièce fondue quand on connaît celui de son modèle. Les chiffres portés dans les colonnes expriment les coefficients par lesquels il faut multiplier ce dernier poids.

MATIÈRE du MODÈLE.	MATIÈRE DE LA PIÈCE FONDUE.					
	Fonte.	Laiton.	Cuivre rouge.	Bronze.	Métal de cloche ou de canon.	Zinc.
Pin ou sapin	14	15,8	16,7	16,3	17,1	13,5
Chêne . . .	9,0	10,1	10,4	10,3	10,9	8,6
Hêtre. . . .	9,7	10,9	11,4	11,3	11,9	9,1
Tilleul. . .	13,4	15,1	15,7	15,5	16,3	12,9
Poirier. . .	10,2	11,5	11,9	11,8	12,4	9,8
Bouleau . .	10,6	11,9	12,3	12,2	12,9	10,2
Aune. . . .	12,8	14,3	14.9	14,7	15,5	12,2
Acajou. . .	11,7	13,2	13,7	13,5	14,2	11,2
Laiton . . .	0,84	0,95	0,99	0,98	1,00	0,81
Étain avec 1/4 ou 1/3 de plomb. .	0,89	1,00	1,03	1,03	1,12	0,85
Plomb . . .	0,64	0,72	0,74	0,74	0:78	0,61

Il va sans dire que ce tableau ne peut servir lorsque le modèle contient des pièces qui ne doivent pas être reproduites dans l'objet fondu, ainsi que cela arrive souvent dans les ouvrages creux.

FONDERIE EN CARACTÈRES. La transformation générale de cette industrie que nous faisions pressentir à la fin de notre article FONDERIE, est aujourd'hui accomplie dans plusieurs pays et le sera bientôt partout, par l'adoption de la machine américaine à fondre les caractères, au moyen de systèmes qui sont des variations et modifications diverses de la machine à pompe d'injection. Quoique nous ayons déjà donné des développements peut-être exagérés à la description de cette industrie curieuse, mais peu importante au point de vue du chiffre de sa production, puisqu'elle crée seulement les outils de l'imprimerie et que ces outils sont de longue durée, nous devons la compléter par la description de cette curieuse machine et relater en quelque sorte l'histoire de l'invention première, avant que ses nombreuses modifications causent bientôt, comme il arrive d'habitude, une confusion sur l'origine de l'invention qui la fasse réclamer par plusieurs pays.

Vers 1815, M. Didot-Saint-Léger, l'inventeur, pour une bonne part au moins, de la machine à papier continu, vint expérimenter chez ses parents, MM. Firmin Didot, la première machine qui ait été tentée pour imiter le travail de l'ouvrier fondeur en caractères. On doit considérer cette machine comme la première dans laquelle on se soit posé le problème dont on voit aujourd'hui la solution se compléter. En effet, au milieu de la complication de cette machine dont on peut juger par un petit modèle qui se voit au Conservatoire des Arts et Métiers, où il a été déposé par l'inventeur, on reconnaît les organes essentiels de ce genre de machines. Le principal et le plus difficile à imaginer, la pompe plongée dans la matière, s'y trouve pour la première fois; mais comme elle n'était pas réglée de manière à pouvoir lancer une quantité de métal proportionnelle à la lettre à fondre, que les leviers portant les pièces du moule étaient très-longs et replaçaient mal le moule à la place convenable, cette machine ne put fonctionner, et projetait de tous côtés le métal fondu. On se contenta en France de la condamner comme impropre à un bon service, et on n'en parla plus.

En Amérique, au contraire, M. White, de Boston, attaqua le même problème, et, après bien des modifications à la machine primitive, en transformant, diminuant la grandeur des pièces, réglant par un ressort et un arrêt à vis le mouvement de la pompe à clapet métallique mieux établie, arriva à construire une machine à fondre qui lui donna de bons résultats vers 1835 ou 1836.

Exploitée en secret et sur une grande échelle, cette invention procura de grands bénéfices à l'inventeur, et elle était tellement peu connue qu'en Europe, lorsque les premières machines à fondre, plus ou moins analogues, furent importées d'Amérique, personne ne pensa qu'il s'agît d'une invention ancienne et expérimentée, et l'on crut n'avoir à juger que des essais dont le succès était douteux. D'ailleurs, les modèles importés n'étaient pas celui perfectionné par M. White, mais des appareils construits par des imitateurs qui avaient eu plus ou moins connaissance de l'invention première et qui avaient, soit par ignorance des moyens employés, soit pour faire des machines différentes de celle brevetée, changé les dispositions des pièces et les communications de mouvement.

La première machine qui arriva en Europe fut celle de M. Brandt, qui importa de Philadelphie la machine qui a été adoptée et construite un très-grand nombre de fois en Allemagne. Son fonctionnement simple en fit le succès, malgré la qualité assez médiocre des produits fabriqués; le métal, obligé de remonter un assez long conduit incliné à 45°, sort en pluie et donne, pour peu que le métal soit peu fusible, renferme peu d'étain, des caractères poreux, à cavités intérieures, globubulaires et peu résistants.

En France, une autre machine importée par M. Stewart, qui avait eu une communication plus incomplète de la machine de White, fonctionnait avec un moule placé horizontalement, et la matière, arrivant en ligne droite et parcourant peu de chemin, conservait sa qualité en arrivant dans le moule; malheureusement, le fonctionnement était peu assuré, les causes d'arrêt nombreuses, par l'effet des grains de métal qui s'interposaient entre le moule et l'extrémité du conduit, et qui ne pouvait plus être essuyé après la fonte de chaque lettre, comme dans le cas précédent, ce qui faisait naître des crachements fréquents. Aussi, acquéreur de ce brevet, lorsque j'exerçais la profession de fondeur en caractères, je reconnus bientôt la nécessité de placer obliquement le moule, employant une disposition prévue par le breveté (par connaissance incomplète des autres inventions), ce qui conduisait à construire la machine allemande. Aussi l'introduction en France, faite à cette époque, de la machine allemande nous sembla-t-elle impossible en présence du brevet dont nous étions acquéreur; néanmoins nous succombâmes dans une action en contrefaçon que nous dûmes intenter pour la conservation de nos droits. Nous ne nous permettrons pas d'attaquer ce jugement, auquel nous sommes redevables d'avoir appris comment se traitent les affaires de brevet devant les tribunaux civils, connaissance qu'il serait bien profitable à la plupart des inventeurs d'acquérir.

Nous donnerons seulement ici une description sommaire de la machine de Brandt perfectionnée telle qu'elle se construit en Allemagne, et dont nous donnons ci-contre le dessin (fig. 3533).

de serrage à vis *g* dans une partie cylindrique du bâti, ce qui permet de la faire tourner et de faire varier sa longueur, et donne le moyen d'assurer l'inclinaison convenable du moule pour qu'il s'applique parfaitement sur l'orifice de sortie de la matière. Le bras fait une oscillation pour chaque tour de l'axe *o*, par l'effet d'un excentrique circulaire monté sur cet axe, et portant un collier portant des branches qui viennent s'assembler avec lui, avec l'intermédiaire d'un ressort à boudin pour assurer la pression.

3533.

La pièce du dessous du moule est montée sur l'extrémité de ce bras, à l'aide de deux vis; la pièce du dessus est assemblée de même à une pièce montée à charnière sur ce bras. Cette pièce peut se mouvoir par un rappel *c'* pour varier les approches, et porte un talon saillant *a* qui reçoit l'extrémité de la tringle *e* recourbée en équerre. Le point d'assemblage par un écrou, ou plutôt le point où un écrou l'empêche d'abandonner le montant *f*, étant situé au-dessus de celui où le bras est assemblé, on voit que celui-ci ne pourra s'abaisser sans que les deux pièces du moule s'approchent, ce qui permet d'assurer le serrage au point voulu, et inversement fait ouvrir le moule lorsque le bras s'écarte du fourneau dans l'autre partie de la course de l'excentrique, par l'effet d'un arrêt placé sur la tringle *e* en avant du montant *f*. Enfin le mouvement de la matrice, toujours maintenue en place par un archet *d*, dans le système du moule américain décrit précédemment, est soulevée par une bascule fixée sur le dessus du bras qui agit par une extrémité munie d'une vis sur la matrice, et dont l'autre extrémité munie d'un rouleau

m est le fourneau dans lequel se fait le feu, *p* la cheminée, *n* la capacité qui contient le métal fondu et la pompe cylindrique, qui se meut dans un corps de pompe alésé dans la fonte du fourneau. Cette pompe, sans cesse tirée de haut en bas par un ressort en hélice placé à la partie inférieure, que l'on bande à l'aide d'un écrou placé sur la barre de fer rond qu'entoure le ressort, et repoussée à l'aide d'une tige assemblée avec le levier qui passe dans la tête de la pompe, tige mue à l'aide d'un galet qui repose sur un excentrique monté sur l'axe *o* que l'on fait tourner à l'aide d'une manivelle, et qui est calé, est de forme telle, qu'une cylindrée soit lancée par la pompe au moment convenable pour former la lettre fondue par chaque tour. Le métal sort par un conduit partant du fond de la chaudière et débouchant au milieu du bord supérieur de l'avant du fourneau. Le moule est porté sur un bras en fonte *b*, oscillant autour de la barre *f* sur laquelle il est assemblé par deux pivots à vis qui permettent d'en faire varier la position; cette barre elle-même est ronde et assemblée par un collier

est soulevée par un plan incliné glissant sur la face du bras et mû par une tringle disposée comme la tringle *e*, à l'extrémité de laquelle il est assemblé.

On voit que toutes les opérations nécessaires pour la fonte d'une lettre par tour de roue sont exécutées par cette machine. En effet, nous avons vu que la fonte d'une lettre à l'aide du moule à main comprenait les opérations suivantes :

1° Puiser le métal; 2° le verser dans le moule; 3° donner au moule une secousse convenable pour que le métal vienne bien se mouler dans la matrice; 4° ôter l'archet qui presse la matrice; 5° déchausser, faire sortir de la matrice l'œil de la lettre fondue; 6° ouvrir le moule; 7° faire tomber la lettre; 8° refermer le moule; 9° remettre l'archet.

Les opérations 1, 2 et 3, sont exécutées parfaitement par le coup du piston de la pompe qui chasse le métal fondu avec un excès de pression suffisant pour mouler les lettres les plus délicates plus sûrement que ne peut le faire la main de l'ouvrier le plus habile; on ne produit jamais de lettres imparfaites. Nous avons dit comment étaient produites les opérations 4 et 5, en imitant la solution du moule à main américain. Par l'écartement du bras en fonte qui porte le moule, du fourneau, la tringle écartant la pièce *a* ouvre le moule et fait tomber la lettre fondue. Cet effet est produit par l'ouverture même du moule à l'aide d'un petit artifice qui consiste à placer dans le blanc de la pièce de dessus une petite saillie (obtenue en passant dans un petit trou une petite broche, du diamètre d'une aiguille à coudre), qui n'altère en rien la lettre et qui la force à adhérer à la pièce du dessus. Il s'ensuit que lorsque le moule s'ouvre en décrivant un arc de cercle par l'effet de la charnière qui le réunit au bras en fonte, un crochet en tôle d'acier adapté à la pièce du dessous accroche la lettre, pousse le côté de l'œil formé dans la matrice et la détachant la fait tomber. Les opérations 6 et 7 sont donc ainsi effectuées simultanément. Enfin les opérations 8 et 9 sont produites simultanément par la continuation de la rotation de la manivelle qui replace tout dans l'état initial.

Cette machine simple, légère à manier, débarrassée des chances de crachement de matières, parce que l'écartement du moule de l'orifice de sortie de la matière permet à l'ouvrier d'essuyer celui-ci chaque fois avec un bâton entouré d'un linge huilé qu'il tient de la main droite, et cela sans ralentir le mouvement de rotation produit à l'aide de la main gauche, est une solution complète du problème de la fonte des caractères à la mécanique. Elle permet de faire, avec une économie de 75 p. 100 sur la main-d'œuvre, 20,000 bonnes lettres par jour au moins, à l'aide d'un seul ouvrier, et en Allemagne seulement on compte aujourd'hui une centaine au moins de machines semblables.

De ce que nous disons que le problème est résolu, on aurait tort de conclure que nous prétendons que cette machine est parfaite, sans aucun défaut; nous voulons dire seulement que des perfectionnements seulement sont encore à obtenir pour que le mode de fabrication se modifie complétement, qu'ils rendront seulement la révolution plus rapide et plus complète. Voyons ce qui a déjà été fait dans cette voie.

Les défauts de cette fabrication sont : 1° que les lettres sont creuses, les tiges sans grande résistance; 2° que la régularité des pentes et de l'alignement des lettres fondues est inférieure à celle de la bonne fabrication à la main.

1° Pour ce qui est du premier inconvénient, la pratique indique bientôt que les produits tout à fait défectueux résultent surtout de l'irrégularité du chauffage. Si le feu tombe, la section du long conduit qui amène la matière dans le moule se réduit par le métal qui se solidifie le long des parois, et la petite quantité qui passe sort froide et en pluie ; elle se fige donc en laissant des vides nombreux. Le remède partiel se trouve dans le soin de l'ouvrier à régulariser son feu ; le remède radical, c'est le chauffage au gaz avec insufflation d'air au milieu du bec pour produire un chalumeau qui, agissant sur la pompe et le conduit, assure le bon passage du métal, sans échauffer le moule, c'est-à-dire dans des conditions excellentes pour un bon travail. Toutefois la longueur du conduit et l'ascension de la matière empêchent d'obtenir d'aussi parfaits résultats qu'avec un conduit horizontal de peu de longueur. Mais avec un bon chauffage et une addition de 8 à 10 p. 100 d'étain au métal ordinaire, ce qui le rend plus fusible, lui donne un grain fin, on obtient de très-bons produits. L'accroissement du prix du kilogramme de caractère qui résulte de la cherté de l'étain et de sa faible densité est un inconvénient pour le fondeur en caractères, insensible pour l'imprimeur qui fond ses types lui-même et emploie le métal de ceux qui sont hors de service pour en fabriquer de nouveaux.

2° Les irrégularités de la fonte proviennent principalement du système employé pour maintenir la matrice. Un ressort très-fort pour résister convenablement à la chasse du métal, un choc brusque pour soulever la matrice, les efforts considérables mis en jeu pour fermer le moule, toutes ces causes amènent des torsions, des placements défectueux de la matrice, et ne répondent pas bien aux conditions de régularité si bien réalisées sur le moule à main. Aussi faut-il beaucoup de soins pour obtenir de bons produits. Sur des machines différentes de celle que nous venons de décrire on a cherché à diminuer ces inconvénients.

Ces machines, dont nous voulons dire quelques mots, ont été disposées pour remédier à ces défauts et de plus à un autre inhérent évidemment aux machines allemandes, nous voulons parler de l'action destructive du choc qui résulte de leur disposition, qui en limite la vitesse et est pour le moule une cause de dérangements très-nuisibles à la perfection de la production. Les diverses pièces qui le composent finissent bientôt par se déplacer sous l'influence de ces chocs répétés entre des corps métalliques.

Un inventeur anglais, M. Johnson, a combiné une machine qui supprime la plupart de toutes ces imperfections par une disposition toute nouvelle. Le moule est fixe et consiste en une simple fente dans une pièce métallique, dont les deux faces intérieures sont distantes exactement de la grandeur de la force de corps du caractère à fondre. Dans cette entaille glisse une plaque d'acier qui la fermerait exactement si elle n'était arrêtée en arrière, de manière à laisser entre son champ et la surface supérieure de la grosse pièce métallique une épaisseur égale à celle de la lettre à fondre. Le jet étant fait par le prolongement de la même pièce glissante, on voit que si le métal fondu est lancé par une pompe dans un petit conduit horizontal, dont l'orifice débouche au milieu du jet, une lettre sera formée par chaque coup de piston, une matrice étant placée à l'extrémité du vide rectangulaire, et se reculant après la fonte, le porte-matrice ayant un mouvement rectiligne, étant guidé dans des coulisses.

Dans ce système, l'espèce de moule où se forme la lettre n'a pas à s'éloigner du fourneau, parce que l'inventeur se contente de couper le jet et d'enlever la lettre par le mouvement de la plaque glissante sur laquelle la lettre s'est formée. Celle-ci est trop bien soutenue sur toute sa longueur pour qu'elle puisse en souffrir, et elle devient libre sans être faussée comme cela arrive trop souvent avec le système employé pour faire tomber la lettre dans la précédente ; enfin, à cause de la chaleur de l'orifice, le métal ne peut avoir de résistance près de l'extrémité du jet.

Cette ingénieuse machine peut fonctionner avec grande vitesse et donner de très-bons produits ; seulement l'échauffement devient bientôt trop considérable et il faut laisser refroidir le moule, et pour cela reculer le fourneau qui est disposé à cet effet. Cet inconvénient est moindre avec un chauffage au gaz, disposé pour chauffer par un dard la partie du fourneau où est placée la pompe, et si l'on fond du petit caractère qui ne dégage qu'une quantité de chaleur modérée par sa solidification. Mais rien ne remédie au plus grave inconvénient de ce système, l'usure de la plaque glissante, qui ne peut se réparer facilement, et qui bientôt, la chaleur aidant, laisse passer de petites feuilles de métal qui empêchent le mouvement de se produire avec la précision voulue.

Aussi les recherches nouvelles ont-elles porté sur le moyen de modifier la partie de la machine où se forme la lettre, en conservant l'ensemble des dispositions de la machine. On y est assez bien arrivé en reconstruisant à peu près les deux pièces du moule ordinaire, celle du dessous ayant un blanc mobile qui pousse la lettre fondue après que celle du dessus a été enlevée. Pour la fabrication des corps un peu forts, ce genre de machines offre un avantage considérable. La fig. 3534 montre cette machine telle qu'elle se construit aujourd'hui à Paris.

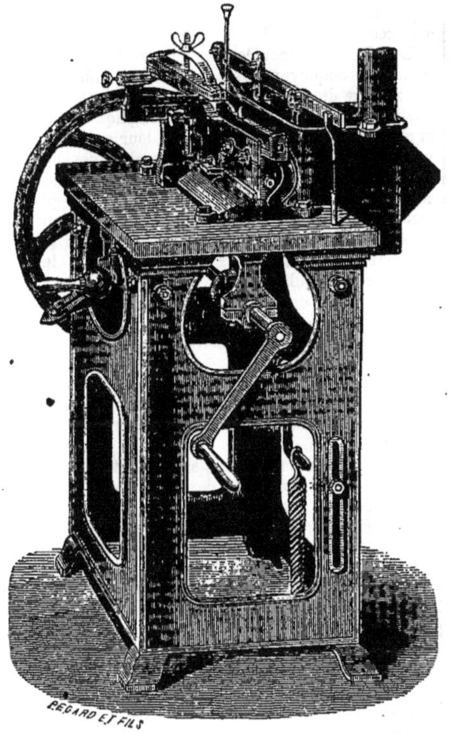

Fig. 3534.

Nous ne parlerons pas des additions de quelques inventeurs consistant à rompre, frotter et couper les lettres, en les soumettant à l'action de pièces qui peuvent facilement agir sur des lettres disposées toujours du même sens et arrivant à la même place. C'est compliquer une machine qui produit à 25 ou 30 centimes le mille la fonte qui à la main vaut 1f,20, pour faire imparfaitement des façons qui valent 10 centimes le mille. La romperie est seule admissible, parce qu'on peut la produire très-simplement, mais non les autres façons. La frotterie exige des soins assez grands pour être bien exécutée, et ce n'est pas trop de machines spéciales pour y parvenir. Nous avons tenté nous-même une machine, qui fonctionnait bien à l'aide de couteaux pouvant être réparés facilement, mais qui coûtait trop cher et ne produisait pas assez pour faire une façon d'aussi peu de valeur.

C'était en agissant sur une lettre individuellement, en s'inspirant par suite du mode d'opérer habituel, que la solution du problème avait été cherchée, et dans cette voie on ne pouvait espérer de résultats économiques. C'est ce qu'a compris un inventeur américain, M. Patrick Welch, de New-York, qui a cherché à opérer sur une ligne à la fois et a réalisé le plus grand progrès fait en fonderie depuis l'invention des machines à fondre.

Les caractères étant rangés sur la galée de droite, disposés en lignes, séparés par des interlignes, et placés de manière que la frotterie s'appuie sur la face antérieure (il est facile de voir que l'apprêt ou la coupe pouvaient être obtenus par une disposition analogue, s'il était nécessaire pour certains types de débuter par ces opérations, pour lesquels le coupoir actuel agit mieux et aussi vite que cette machine), la ligne antérieure est poussée par un poussoir entre trois paires de couteaux convenablement ajustés, qui enlèvent le talus excédant, grattent et enlèvent tout excédant de métal sur la frotterie, rétablissent au besoin le parallélisme, lorsqu'ils sont bien affûtés et disposés bien parallèlement, et qu'ils opèrent successivement de manière à ne pas enlever une trop grande quantité de métal à la fois. La ligne de types (fig. 3535) passe ainsi de la galée de

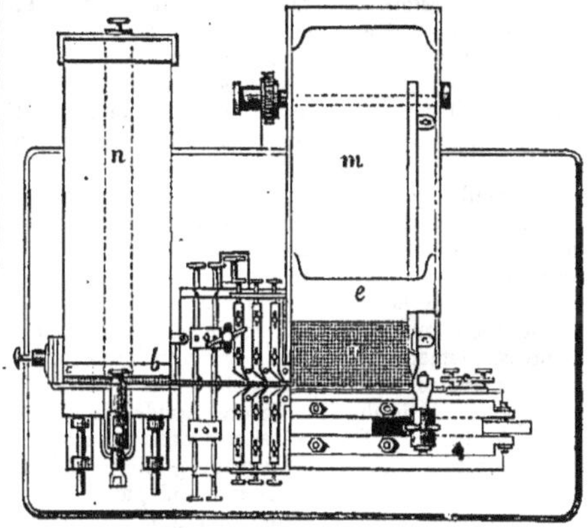

Fig. 3535.

droite à la galée de gauche, un jeu de cliquets mû par le poussoir faisant avancer les types composés sur l'une des galées et les faisant reculer sur l'autre, pour faire place à la nouvelle ligne.

Tous les détails de cette élégante machine sont très-bien entendus et font grand honneur à son inventeur. Les progrès des Américains, dans tout ce qui se rapporte à la fabrication des livres et surtout des journaux, presses mécaniques, machines à papier, machines à fondre, etc., ont suivi l'énorme débouché que leur offre une nation composée de citoyens, qui tous lisent et consomment ces produits, et où l'instruction n'est pas l'apanage d'une fraction souvent minime de la société. La machine de M. Welch figure dignement dans ce bel ensemble d'inventions, qui ont permis aux Américains, qui recevaient encore au commencement du siècle leurs types et leurs presses d'Angleterre, de se placer au premier rang dans cette industrie capitale et de rivaliser dignement avec l'Europe.

FONTE EN ZINC. — Sous le nom de *composition*, la fonte du zinc, pour remplacer le bronze par des produits à bon marché, a pris un grand développement, pour fournir des produits toujours un peu inférieurs, à cause de l'impossibilité de ciseler un métal dur et cassant, d'améliorer le travail de la fonte par celui du CISELEUR. Ce qui a surtout aidé à ce développement, c'est l'emploi de la galvanoplastie, qui a permis de déposer facilement des couches minces d'un métal précieux, et notamment en recouvrant le zinc d'une couche mince de cuivre, de lui donner l'apparence du bronze.

L'amélioration du moulage, autant que son bon marché, ont rendu l'usage du zinc admissible pour nombre d'articles du mobilier, tandis qu'à l'origine de cette industrie, il n'était vraiment admissible que pour la décoration monumentale, pour les pièces vues à grande distance.

C'est surtout par la régularité de la température qu'on est parvenu à améliorer cette fonte, le zinc ayant un point maximum de liquidité parfaitement caractérisé. Le chauffage au gaz a été très-précieux à cet effet, d'autant plus que le creuset ainsi chauffé se trouve alors enveloppé d'une atmosphère réductive très-propre à empêcher l'oxydation du zinc, oxydation très-rapide et très-funeste, la dissolution de l'oxyde dans la masse métallique altérant rapidement la liquidité.

Un procédé très-utilement employé pour produire à très-bas prix des objets courants, des chandeliers, de petites statuettes, etc., consiste à supprimer la grande dépense de chaque moulage, la fabrication du moule, qui, quand il est fait en sable, comme cela avait toujours lieu autrefois, ne peut évidemment servir qu'une fois, en employant un moule en cuivre. Un progrès important a été obtenu en remplaçant les creux en cuivre par des creux en zinc bien moins coûteux. Voici comment nous l'avons vu procéder à la fonte chez M. Miroy, fabricant à Paris, pour la fonte d'une petite statuette.

Le moule, le creux est fait de morceaux de zinc fondu, dressés et ajustés pour pouvoir former par leur réunion un moule complet, et tel que la dépouille soit possible. Ces pièces se plaçent dans un porte-moule qui les réunit et est porté sur deux tourillons. Au moment de fondre, on le dresse le jet en haut et on coule rapidement le zinc; puis après quelques instants on le renverse et on fait couler dans la chaudière la majeure partie du zinc encore liquide. En opérant ainsi, le moulage d'une substance dans un moule de même substance, qui paraît à peine possible, s'effectue très-bien; la légère couche d'oxyde qui garnit la surface du moule, empêche le métal fondu de s'y attacher, et le moule ne reste pas en contact assez prolongé avec celui-ci pour se fondre. La chaleur latente de la couche figée correspondant à l'échauffement de la masse assez notable du moule sans qu'il atteigne le point de fusion, répond à une épaisseur suffisante pour la solidité, mais assez faible pour que les objets ainsi fabriqués représentent une valeur minime.

J'ai parlé d'un moule en zinc parce que ce cas est le plus curieux; mais il est clair qu'en le fondant en cuivre, ce qui se fait le plus souvent, on a les mêmes résultats sans aucun danger d'altérer le moule par le travail, mais avec une dépense plus grande. En remplaçant par un moule métallique le moule en sable, en arrivant aux procédés de la fonderie typographique, on obtient une grande économie dans la production d'objets qui doivent être reproduits un grand nombre de fois.

Il y aurait encore un progrès à faire dans cette industrie, à l'imitation de ce qui a été fait dans les fonderies en caractères, c'est-à-dire à mouler sous pression et non en coulant simplement le métal. Ce serait le seul moyen d'avoir des arêtes vives, et par suite d'utiliser pour avoir des produits beaux et à bas prix, les avantages d'un moule en métal, indestructible, permettant par suite, sans frais, une reproduction indéfinie

FONTE MALLÉABLE. La facilité de donner à la fonte de fer une forme déterminée, à l'aide des procédés de moulage, la fait employer de préférence au fer, toutes les fois que l'application en est possible, et cela avec une économie considérable, puisque les frais de fabrication sont bien moindres.

Dans l'impossibilité de fondre le fer, il y avait à chercher si on ne pourrait pas, par une décémentation, convertir la fonte en fer malléable, après lui avoir donné la forme voulue dans son premier état. C'est ce qu'essaya Réaumur, à la suite de ses recherches sur l'art de convertir le fer forgé en acier, et il publia six mémoires successifs, sous le titre de : « *L'art d'adoucir le fer fondu.* » Il fit chauffer les objets en fonte dans des vases remplis de diverses substances, et s'arrêta à un mélange de craie ou de chaux d'os avec du charbon.

Samuel Lucas de Sheffield proposa d'employer des oxydes métalliques en poudre, capables de brûler le carbone de la fonte, et de sa patente, 1804, data l'industrie de la fonte malléable, en Angleterre, où elle a reçu une assez grande extension. Décrivons le mode d'opérer.

Les pièces sont moulées, fondues par les procédés ordinaires, en employant les simplifications indiquées pour le moulage de pièces de petites dimensions pour lesquelles il s'agit d'éviter le travail compliqué de la forge, et qui auront assez de résistance si leur surface se rapproche de la nature du fer. On emploie des fontes le plus souvent blanches, lamelleuses, à propension aciéreuse. Elles sont fondues dans des creusets pouvant contenir environ 30 kil., et coulées à une haute température pour pouvoir obtenir des parties de peu d'épaisseur, pour bien faire venir les parties les plus délicates des moules.

On démoule, on détache et on ébarbe les pièces coulées, qui sont, à cet état, d'une fragilité extraordinaire, à cassure blanche rayonnante, et absolument inattaquables par la lime.

Décarburation ou recuit. — Dans une communication intéressante à la Société des Ingénieurs civils, M. Brüll a donné des détails précis sur cette opération que nous reproduisons ici.

La décarburation s'obtient en mettant les objets dans des creusets en fonte avec des lits alternés de mine de fer (d'hématite rouge), et en faisant chauffer ces creusets empilés sur plusieurs rangées et lutés avec de la terre à four dans des fourneaux ayant la forme de chambres rectangulaires fermées. La température est elevée peu à peu et atteint le rouge vif au bout de vingt-quatre heures; on continue à chauffer pendant trois, quatre ou cinq jours, suivant la grosseur des pièces et le degré de malléabilité qu'on veut obtenir; on laisse ensuite tomber le feu, et on défourne dès que le four est refroidi. Les pièces épaisses, et celles qui doivent être forées suivant leur axe, sont soumises à un second recuit, qui s'opère comme le premier.

Nature du métal. — L'effet de décémentation ne peut être bien sensible que vers la surface; aussi pour peu que la pièce ait plus de huit à dix millimètres d'épaisseur, la cassure présente une zone extérieure de fer, tandis que l'intérieur présente une fonte grise très-douce. C'est la nature essentielle de ce produit comme le fait reconnaître l'expérimentation mécanique; aussi elle se soude mal à la forge, et il faut braser les pièces à réunir.

A la lime, la fonte malléable prend à peu près l'apparence du fer; elle se polit mieux que lui, aussi bien que l'acier. Elle n'est pas en général très-dure, les outils l'entament aisément, et elle s'use assez vite par le frottement. Elle est beaucoup plus sonore que le fer, et cette propriété permet quelquefois de la distinguer de ce métal.

Voici les résultats d'expériences faites par M. Tresca au Conservatoire, qui font bien apprécier ce qu'on peut attendre de la fonte malléable.

On commença par traiter des pièces fabriquées comme si elles eussent été en fer, et on trouva que le métal pris sur des barres de faible section était en tout comparable à du fer de bonne qualité. On put le forger, et après l'avoir cémenté à la manière ordinaire, le tremper comme de l'acier et lui faire acquérir ainsi une dureté très-grande.

Les expériences, ayant pour but de déterminer le coefficient d'élasticité, ont conduit à un chiffre intermédiaire entre celui du fer et celui de la fonte, et on se rapprochait d'autant plus du premier que les parties de la surface décarburée entraient pour une part plus notable dans l'épaisseur totale du barreau.

Le rabotage a indiqué nettement, par la nature des copeaux, qu'on ne doit pas compter que la conversion de la fonte de fer dépasse 5 millimètres, épaisseur au-dessous de laquelle on retrouve de la fonte sans altération sensible dans ses propriétés primitives. On procéda ensuite à des expériences demandées par le ministre de la guerre, pour comparer des étriers et des mors en fonte malléable à des pièces semblables en fer.

Trois étriers, deux en fer et un en fonte, ont été soumis à l'épreuve. Les deux premiers se sont rompus au bas du tirant, sous une charge de 1000 kilog.; celui en fonte s'est rompu au milieu de la grille, sous une charge de 1354 kilog. On a dû conclure que, pour une pièce dont la forge est aussi difficile que celle d'un étrier, où des soudures imparfaites subsistent fréquemment, la fonte malléable était préférable au fer.

Pour les mors, plus faciles à forger, on n'est pas arrivé au même résultat, Des allongements de 14 et de 11 millimètres, produits sur des mors en fer, pour des charges de 205 et 265 kilog., ont été produits sur des mors en fonte par des charges de 130 et 120 kilog. La résistance des courbures des branches est donc considérablement amoindrie par la substitution de la fonte malléable au fer.

Dans des échantillons de section croissante, et en opérant sur les parties de la surface et sur les parties centrales, M. Tresca a vu l'élasticité varier de 18 à 14, celle du fer étant 20.

On peut conclure de cet ensemble de recherches que la fonte malléable peut remplacer, dans nombre de cas, le fer; mais elle serait de beaucoup inférieure aux fers, même moyens, pour résister à des chocs un peu notables.

Importance de cette industrie. — Il y a à Paris quatre fonderies de fonte malléable, et en province une douzaine d'usines moins importantes; il s'en fabrique par jour de 4 à 500 kilog., dont le prix de vente moyen, pour pièces ordinaires, oscille entre 1 fr. 30 à 2 francs. On en fabrique beaucoup en Angleterre, et le prix des objets courants ne dépasse pas 0f,80 à 1 franc le kilogramme; à cause de cette différence, il s'importe en France divers articles de commerce, et entre autres des clous de chaussures à tête durcie. Mais, dans la plupart des emplois, les questions de commodité s'opposent à une large importation. On fabrique aussi de la fonte décarburée en Allemagne, en Suisse, en Belgique, en Amérique. C'est une industrie assez répandue aujourd'hui dans tous les pays civilisés.

On ne peut exécuter en fonte malléable que les objets suffisamment minces, pour peu du moins qu'il s'agisse d'obtenir quelque solidité. D'ailleurs, les objets épais ayant généralement un poids assez élevé, le forgeage n'en est pas assez coûteux pour qu'il ne soit pas avantageux de conserver le fer pour leur fabrication. Cependant, pour certaines pièces compliquées, les difficultés du forgeage, l'énorme déchet et la main-d'œuvre laborieuse qu'il laisse après lui, peuvent quelquefois conduire à admettre la fonte malléable, surtout si les soudures sont nombreuses.

C'est pour les pièces minces et légères que la fonte malléable est surtout avantageuse. Les clefs de serrure, de pendule et de lampe, les détails de balancerie, coûtent en fonte moins de moitié que les mêmes objets forgés. Les revolvers qui se fabriquent à des prix très-bas (25 fr. environ) n'ont pas une seule pièce ni en fer ni en acier. Les boutons de courroie, bagues de tringles, de rampes, vis à clef de violon, porte-mousqueton, boucles diverses, viroles coniques, pièces de coutellerie, couvercles de graisseurs, détails de lampisterie, viroles, fourchettes à découper, ne coûtent, en fonte malléable, que 2 fr. ou 2 fr. 50 le kilog., tandis qu'en fer ils dépassent souvent 8 ou 10 fr.

Dans quelques cas spéciaux, l'emploi de la fonte malléable donne, en dehors de l'économie, des avantages de qualité. Telles sont les pièces renfermant des soudures difficiles, comme l'étrier sur lequel M. Tresca a opéré.

La fabrication de la fonte malléable s'appliquant à la plupart des pièces de quincaillerie, comme celles-ci se répètent un grand nombre de fois, on a pu créer certains procédés spéciaux pour obtenir une fabrication à bon marché et quelque régularité dans la nature du métal.

L'une des applications les plus intéressantes est celle des clous de souliers qui se fabriquent en Angleterre, et dont l'importation en France remonte à un petit nombre d'années.

Cette industrie rentre dans celle de la fonte malléable par le mode de fabrication; les clous sont fondus et soumis à la décarburation; mais ce procédé n'est pas appliqué intégralement, on arrête plus tôt la décarburation, en sorte que les clous se rapprochent moins du fer que la fonte malléable ordinaire. Le métal qui les compose est un intermédiaire entre la fonte et le fer, il présente la dureté de l'acier : c'est un très-grand avantage dans ce cas particulier, puisqu'il s'agit de pièces qui s'usent par frottement.

FORETS DE LA FRANCE. L'administration des Forêts a publié pour l'Exposition de 1867 une carte forestière, qu'elle a accompagnée d'une notice que nous reproduisons ici, car elle renferme des renseignements très-intéressants sur la culture forestière de la surface de la France en général; il y est relaté des faits très-différents de ce qui paraît probable et de ce qui se dit le plus communément.

Les forêts de la France sont les débris d'immenses massifs qui, autrefois, s'étendaient uniformément sur la majeure partie du pays. Il a paru intéressant d'en montrer la distribution actuelle et de rechercher les causes qui l'ont déterminée.

Parmi elles figurent certainement la constitution géologique et minéralogique, dont le relief, l'altitude, la composition et la valeur du sol végétal, sont les conséquences.

M. Elie de Beaumont, dans la remarquable introduction placée en tête de sa description géologique de la France, a éloquemment signalé l'influence qu'exerce la structure géologique du sol sur la richesse, la culture, l'industrie d'une contrée, sur le développement des populations, jusque sur leurs qualités intellectuelles. Mettant en regard deux types extrêmes (voy. GÉOLOGIE), Paris, placé au centre d'un vaste bassin secondaire et tertiaire, et le Cantal, qui domine toute la région granitique et primaire du plateau central, il les a ingénieusement comparés aux deux pôles d'un aimant de propriétés contraires. L'un, en creux, est attractif; l'agriculture, l'industrie, y sont florissantes, les populations nombreuses, agglomérées; l'autre, en relief, est répulsif; il est pauvre, peu peuplé, sans agriculture, sans industrie.

Evidemment une influence aussi générale a dû s'exercer sur les forêts. En quel sens?

Il semble naturel d'admettre, au premier abord, que les régions accidentées ou montagneuses, et tout particulièrement celles qui se trouvent formées de roches éruptives ou de dépôts sédimentaires anciens, n'ayant pu, avec un sol maigre, généralement superficiel, devenir agricoles, ont dû, par compensation, rester forestières.

Les forêts sont si peu exigeantes, elles protégent et améliorent si efficacement par elles-mêmes leur propre sol, que les contrées répulsives semblent leur avoir été affectées par destination.

La carte forestière démontre immédiatement le peu de fondement de ces prévisions et prouve tout le contraire.

Les contrées riches, agricoles, industrielles, sont en même temps restées forestières; telle est la contrée attractive par excellence : le bassin de Paris, des Vosges aux collines du Bocage, du Morvan à l'Ardenne ; telle est l'Alsace ; tel est le bassin de Bordeaux, quoique à un moindre degré.

Les contrées pauvres, sans agriculture, sans industrie, ont exercé leur action répulsive jusque sur leurs anciennes forêts ; elles sont les plus déboisées de la France. Le plateau occidental, le plateau central surtout, tous les deux essentiellement granitiques ou primaires, en sont la démonstration évidente.

En l'état actuel, la carte forestière exprime aussi bien que la meilleure statistique le degré de prospérité de chaque région : contrée boisée, contrée prospère ; contrée déboisée, contrée pauvre. Il est peu d'exceptions à cette règle.

En y réfléchissant, ce résultat était inévitable.

La culture forestière n'est point l'ennemie de la culture agricole ; loin de là, elle en est la compagne obligée ; outre l'action météorologique bienfaisante qu'elle peut exercer, elle lui fournit des produits indispensables.

Le principe économique de l'équilibre entre l'offre et la demande s'est ici réalisé. Les pays riches, agricoles, industriels, consommant beaucoup de matière ligneuse et la payant bien, sont restés boisés, parce que les propriétaires de forêts y trouvaient le placement facile, avantageux de leurs produits. Par la cause inverse, les pays pauvres, où le bois restait sans valeur, se sont peu à peu dénudés et les forêts ont disparu devant l'insouciance des propriétaires ou par le pâturage immodéré des chèvres et des moutons.

La matière ligneuse est par sa nature encombrante et d'un transport onéreux, et il ne faut pas s'étonner que la production se soit toujours maintenue à portée des lieux de consommation. Une viabilité perfectionnée peut sans doute modifier cette loi, mais elle ne lui portera certainement pas une atteinte profonde.

Pour la généralité de la France, ce sont donc bien plutôt les considérations économiques de l'intérêt local ou privé qui ont dessiné les grands traits de la carte forestière, que les indications de la géologie. Mais si de l'ensemble on reporte les regards sur les diverses régions naturelles en lesquelles il se décompose, on ne tarde pas à s'assurer que les caractères géologiques, négligés dans la distribution générale des richesses forestières, ont repris dans chacune d'elles toute leur valeur. A peu près seuls ils y ont déterminé la répartition des forêts, et les ont fait conserver pour la plupart sur les sols qui, sans leur concours, seraient condamnés à la stérilité.

Il peut n'être pas sans intérêt de parcourir rapidement ces diverses régions naturelles de la France.

On distingue parmi elles :

1° Les régions accidentées ou montagneuses, telles que l'Ardenne, le plateau occidental, les Vosges, le plateau central et le petit massif des Maures et de l'Estérel, dont le soulèvement a précédé l'époque secondaire et dont les terrains ne peuvent être conséquemment qu'éruptifs ou primaires ; le Jura, soulevé au milieu de la période secondaire ; les Pyrénées, au commencement de la période tertiaire ; les Alpes enfin, ébauchées depuis longtemps, mais dont la dernière façon coïncide avec la fin de cette même période.

2° Les bassins, dont les terrains, de nature sédimentaire, n'ont point été violemment disloqués et forment des régions de plaines ou de coteaux. Il en est deux principaux : le bassin de Paris et celui de Bordeaux. On y peut joindre l'Alsace, lambeau d'un bassin plus étendu prolongé au delà des frontières de la France.

Ardenne. — L'Ardenne est totalement formée de terrains schisteux, primaires ; le climat en est rude, le sol impropre à la culture. Elle est restée boisée en raison de la facilité d'en déverser les produits vers le bassin de Paris qui s'étend à ses pieds.

Les forêts y sont traitées en taillis, auxquels on applique généralement la méthode du sartage ; les écorces à tan qu'elles produisent sont très-renommées. Elles ne sont peuplées que d'essences feuillues : chêne rouvre, chêne pédonculé, hêtre, charme et bois blancs.

Plateau occidental. — Le plateau occidental ou le Bocage, comprenant partie de la Normandie, la Bretagne et la Vendée, est composé de granites et de terrains schisteux primaires.

C'est l'une des contrées les plus déboisées de la France, et néanmoins l'influence géologique est bien apparente sur la distribution de quelques forêts qui s'y remarquent encore. Celles-ci sont généralement distribuées en bandes étroites et longues, le plus souvent alignées dans la direction de l'est à l'ouest, comme le sont la plupart des rides montagneuses qu'elles couronnent. (Montagnes noires, monts d'Arrez, de Domfront.)

Les faciles et économiques arrivages de bois du Nord, la possibilité d'obtenir de beaux herbages, grâce à la douceur et à l'uniformité du climat, à la multitude des petits cours d'eau qui permettent l'irrigation abondante du sol, à l'humidité de l'atmosphère, sont la cause essentielle de la destruction des forêts. Bien des landes les remplacent néanmoins sans aucun profit.

Les essences forestières du plateau occidental sont : le chêne pédonculé, le chêne rouvre, le chêne tauzin en faible proportion, le hêtre, le charme, et, vers le sud, le pin maritime, dont la culture a pris une notable extension.

Bassin de Paris. — Le bassin de Paris offre avec le plateau occidental le contraste le plus éclatant ; s'il renferme les départements les plus riches, et l'on peut ajouter aussi les plus éclairés, c'est en même temps l'une des régions forestières par excellence, l'une de celles où les forêts à contours nettement délimités forment des massifs d'une grande continuité, bien différents de ces broussailles éparpillées ou entremêlées de landes qui couvrent certaines parties du plateau central.

Il est impossible, en examinant la carte géologique et forestière, de ne pas être frappé des relations étroites et parfaitement rationnelles qui existent entre la nature des sols et la distribution des forêts. Ces relations sont surtout apparentes vers l'est.

Les terrains du trias, grès bigarré, muschelkalk et keuper, qui forment à l'est cette longue bande dirigée du sud au nord, de la Moselle à la Haute-Saône, et dont le relief est vague, tuberculeux, suivant l'heureuse expression de M. Élie de Beaumont, y sont couverts de forêts éparses, principalement distribuées sur les bancs les plus sablonneux du grès bigarré, sur les couches purement calcaires du muschelkalk.

Le terrain jurassique, qui succède au trias dans l'ordre de superposition, est, comme on le sait, formé de puissantes assises argileuses (lias, argiles d'Oxford, argiles de Kimmeridge), que séparent ou surmontent des assises non moins puissantes de calcaire, généralement très-fissuré, conséquemment très-filtrant (oolithe inférieure, oolithe moyenne, oolithe supérieure).

Le relief en est très-caractéristique. Les calcaires y forment de longues chaînes de collines à pentes assez roides, surmontées de plateaux étendus, sensiblement horizontaux, dont le sol est toujours pierreux, sec et chaud. Les argiles y constituent des dépressions qui s'étendent entre les collines calcaires ; le sol en est frais ou même humide, fertile.

Les forêts occupent les plateaux et les versants calcaires ; l'agriculture domine dans les dépressions et les plaines argileuses.

Si les terrains jurassiques forment par leur continuité l'un des traits saillants de la constitution géologique de la France, c'est surtout dans le bassin de Paris que leur influence est bien prononcée. Ils l'entourent d'une ceinture circulaire, partagée vers l'Est en une triple ligne de collines calcaires, qui, de Vervins au pied de l'Ardenne, se dirige au sud à travers toute la Lorraine, puis gagne la Bourgogne, embrasse le Morvan, de Beaune à Nevers, d'un vaste demi-cercle, pour se prolonger vers l'ouest jusqu'à Poitiers, et, en s'infléchissant brusquement au nord, aboutir aux rochers du Calvados, sur la Manche.

Or, la carte géologique n'existerait pas, que, pour les terrains jurassiques et surtout pour ceux du bord oriental du bassin, la carte forestière permettrait de la construire, tant est étroite et l'on peut ajouter logique, la relation entre les collines calcaires et les forêts. Rien n'est mieux accusé que ces zones forestières que l'œil discerne aisément de Mézières à Poitiers, en suivant toutes les inflexions de la ceinture jurassique qui sépare le centre du bassin de Paris du trias de la Lorraine vers l'est, et qui au sud vient le plus souvent s'appuyer sur les premiers contre-forts du plateau central.

On peut remarquer que cette union entre les sols jurassiques et les forêts se poursuit en dehors du bassin de Paris. Une bande des premiers se détache du plateau de Langres, et, se dirigeant vers le sud, longe le pied oriental du Morvan et du Charolais, pour se terminer aux environs de Mâcon. La carte forestière reproduit fidèlement cette disposition géologique ; une région bien boisée coïncide exactement avec elle.

Les terrains crétacés inférieurs se rapprochent, par la composition et le relief, des terrains jurassiques, dont ils suivent en outre à l'intérieur tous les contours ; l'influence qu'ils ont exercée sur la distribution des forêts est la même et les crêtes en sont également boisées.

Ce sont eux qui forment la zone forestière la plus interne bordant les terrains tertiaires du bassin de Paris, et qui, du cours supérieur de l'Aisne, se dirige par l'Argonne vers Saint-Dizier et l'est de Troyes pour aboutir à Auxerre.

Les terrains crétacés supérieurs, en totalité formés de craie blanche, sans mélange ni interposition d'argile, sont aussi improductifs au point de vue forestier [1] qu'au point de vue agricole ; ils forment cette large lacune sans forêts, très-apparente sur la carte, qui de Troyes remonte par Arcis, Châlon-sur-Marne et Rethel vers Vervins, pour se recourber en s'atténuant du côté de l'ouest et du sud et se terminer à Beauvais. Au sud de Troyes, sur la rive gauche de la Seine, cette même coïncidence est également très-prononcée, et l'on peut y voir les terrains crétacés supérieurs contraster fortement, par la nudité de leur surface, avec les crétacés inférieurs et les molasses qui les circonscrivent de toutes parts et sont couvertes de belles forêts.

Les terrains tertiaires, plus fertiles encore que les terrains secondaires, sont aussi plus complétement agricoles ; cependant des bancs de sables ou de grès, des meulières s'y rencontrent assez fréquemment, et les sols qui en résultent ne peuvent être productifs qu'avec le concours de l'abri et de l'engrais des forêts. Aussi, en ces parties, sont-ils restés boisés. Distribués sans ordre superficiel apparent, ces terrains siliceux déterminent une répartition vague des forêts, toute différente de celle qui caractérise les terrains jurassiques.

Les terrains tertiaires de la rive droite de la Seine, qui appartiennent presque tous à l'étage inférieur ou parisien, se raccordent, par une série circulaire de collines à pentes assez prononcées, avec les plaines crétacées de la Champagne. La surface argileuse ou plus souvent calcaire en est aussi çà et là sablonneuse (sables inférieurs, sables et grès moyens); quelques lambeaux sablonneux de molasse la recouvrent sur différents points.

La distribution des forêts est en harmonie avec cette structure.

Une zone forestière assez bien tracée, qui de Montereau remonte la rive droite de la Seine et se dirige par Sezanne, Épernay et la montagne de Reims pour se terminer au delà de Laon, concorde très-exactement avec les rampes qui vers l'est bordent cette région. Quant aux forêts éparses sur la surface des terrains tertiaires, elles présentent une coïncidence frappante avec les couches sablonneuses qui s'y trouvent disséminées, principalement avec celles de la molasse.

Sur la rive gauche de la Seine, les terrains parisiens sont à peine représentés; mais la molasse, qui là repose directement sur les terrains crétacés inférieurs, y occupe une très-grande étendue superficielle. Elle contient des sables et des grès (sables et grès supérieurs) qui déterminent des régions boisées, telles que celle du Gâtinais, entre Melun et Sens; celle de la forêt d'Othe, qui, par les moindres détails de son périmètre, concorde exactement avec cette sorte d'enclave de molasse que l'on aperçoit au milieu de la craie blanche entre l'Yonne et la Seine, de Joigny aux environs de Troyes.

Les essences principales du bassin de Paris sont le chêne pédonculé, le chêne rouvre, le hêtre et le charme; les bois résineux ne s'y rencontrent pas à l'état spontané, si ce n'est peut-être sur la limite extrême orientale, aux confins des basses Vosges, où çà et là apparaissent le pin sylvestre et le sapin.

Vosges. — La région des Vosges sépare le bassin géologique de Paris de l'Alsace; elle se compose, vers le sud, de roches éruptives, essentiellement granitiques (hautes Vosges), et, vers le nord, de terrain permien, nouveau grès rouge et surtout grès vosgien (basses Vosges). Elle forme une chaîne simple, dont les deux versants, se raccordant avec les plaines de la Lorraine et de l'Alsace, y déversent facilement les produits ligneux, au moyen des vallées qui les entaillent perpendiculairement à la ligne de faîte.

Cette heureuse disposition a préservé les Vosges contre le déboisement; elles sont restées la région forestière par excellence de la France. Les basses Vosges, absolument impropres à l'agriculture par la nature de leur sol purement siliceux, de leur sous-sol filtrant, sont surtout remarquables par la continuité de l'immense forêt qui en recouvre la totalité.

Les essences vosgiennes sont, en les citant dans l'ordre d'altitude: le chêne rouvre, le chêne pédonculé aux bords des eaux, le pin sylvestre, le hêtre, le sapin, l'épicéa, enfin le pin à crochets, que l'on trouve à peu près uniquement dans les tourbières des lieux élevés et qui y présente tous les caractères d'une espèce en retraite.

Alsace. — Cette belle région est essentiellement formée de grès bigarré, muschelkalk, keuper, terrain jurassique inférieur, constituant les collines sous-vosgiennes; de terrains tertiaires, de diluvium et d'alluvions étendus dans la plaine rhénane. Douée d'un sol très-fertile en général, elle est restée forestière, tout en développant son agriculture et son industrie.

Les forêts y sont parfaitement à leur place et occupent les parties les moins productives, les collines de grès bigarré entre autres, les terrains sablonneux du diluvien vosgien (forêt de Haguenau) ou les alluvions caillouteuses du Rhin (forêt de la Hardt près de Mulhouse et bords immédiats du fleuve).

Quelques forêts néanmoins sont placées dans de meilleures conditions et croissent sur des sols très-fertiles (forêts de Schélestadt, de Colmar, etc.); elles y justifient amplement leur existence par les magnifiques chênes pédonculés qui y croissent et qui fournissent pour les

1. Cette situation s'est modifiée depuis quelques années ; des semis ou plantations de pin sylvestre y ont été effectués sur une grande échelle; mais les bois y entrent rapidement en décroissance. Il y a tout lieu d'attendre de meilleurs résultats de l'introduction du pin laricio, race d'Autriche.

constructions maritimes des pièces de dimensions exceptionnelles.

Les essences principales indigènes en Alsace (Vosges alsaciennes non comprises) sont : le chêne pédonculé, pour les sols humides et fertiles de la plaine; le chêne rouvre, pour les sols frais des collines sous-vosgiennes particulièrement, le pin sylvestre sur les sables; le hêtre; le charme; les frêne, orme champêtre, orme diffus, aune commun, peuplier blanc, peuplier noir et peuplier tremble; les saules, d'espèces nombreuses aux bords immédiats du Rhin.

Les eaux du fleuve ont peuplé les rives d'un grand nombre de végétaux alpestres: aune blanc; hippophaé; saule drapé, à feuilles de laurier, à cinq étamines, noircissant, etc.

Plateau central. — On désigne sous ce nom la haute et large ampoule qui s'élève au centre de la France entre la vallée de la Saône et du Rhône, le bassin de Paris et celui de Bordeaux; de nombreuses chaînes de montagnes se dressent à sa surface; le granit en est la roche dominante; les terrains volcaniques, basaltes, trachytes et laves, puis les terrains primaires y sont aussi largement représentés.

A l'exception de quelques grandes vallées privilégiées et particulièrement de celle de la Limagne, toute couverte de terrain tertiaire (molasse), l'agriculture n'a et ne peut avoir grande extension dans le plateau central. La culture forestière y est moins bien représentée encore, moins surtout que la carte ne le ferait croire, si l'on attribuait de l'importance à ces nombreuses broussailles qui y sont éparses.

Les vraies forêts ont presque toutes disparu du plateau central; celles des bassins qui l'environnent s'arrêtent sur les bords et en dessinent nettement les contours; mais elles ne les franchissent pas en général, comme si elles étaient repoussées par ces contrées qui sembleraient au premier abord leur convenir le mieux.

Il faut faire quelques exceptions cependant.

Cette pointe septentrionale du plateau, qui, sous le nom de Morvan, pénètre dans le bassin de Paris, est restée boisée, grâce à cette situation et à l'Yonne, qui en écoulait et en écoule encore les produits jusqu'à Paris même. Les versants des grandes vallées de l'Allier, de la Loire, de la Saône, ceux des Cévennes ont aussi conservé quelques lambeaux de leurs anciennes forêts, en raison de la facilité ou de la brièveté des transports jusqu'aux lieux de consommation.

Le châtaignier est l'arbre du plateau central; mais là, pas plus qu'ailleurs en France, il ne paraît être indigène; il n'y forme point de forêts et s'y trouve à l'état d'arbres épars, plantés, le plus souvent greffés. Les vraies essences forestières sont : les chênes rouvre et pédonculé; le charme, surtout vers le nord; le pin sylvestre, commun dans le Cantal, le Puy-de-Dôme, l'Ardèche, etc., où il est représenté par des races à part; le hêtre; le sapin, qui s'avance jusqu'à la pointe la plus méridionale, dans la montagne Noire de l'Aude. Le pin à crochets y paraît disséminé, sans constituer des massifs importants.

Jura. — La région du Jura s'étend, dans la direction du nord au sud, depuis le pied méridional des Vosges et de la Forêt-Noire jusqu'à la hauteur de Chambéry; si l'on y joint la grande plaine de la Bresse, qui borde le cours de la Saône jusqu'à Lyon, elle va, de l'ouest à l'est, du plateau de Langres et du pied du plateau central jusqu'à la grande vallée de la Suisse, au delà des frontières.

En grande partie montagneuse, mais sans accidents très-brusques, cette contrée est totalement formée de terrains jurassiques et crétacés inférieurs, alternativement calcaires et argileux; la Bresse seule fait exception et repose sur un sol argilo-caillouteux, de formation récente, subapennine.

Dans ces conditions, l'agriculture est possible et s'y pratique avec succès; la culture pastorale, qui n'est pas l'unique ressource des habitants, s'y exerce avec mesure; les forêts, dont les produits sont recherchés, s'y conservent et s'y trouvent réparties conformément à l'état géologique et minéralogique du sol. Les versants rapides, les crêtes qui ne s'élèvent pas trop haut, les sols plus exclusivement calcaires, leur sont réservés. Eparses et morcelées dans la plaine bressane, elles ont une forme étroite, allongée, dans le Jura proprement dit; et par leur parallélisme, leur direction, elles expriment parfaitement la structure orographique de ces montagnes, composées de plusieurs lignes de faîte parallèles, que séparent de profondes vallées longitudinales dont l'orientation générale est N.-N.-E. à S.-S.-O.

La végétation forestière est très-remarquable dans le Jura et par la vigueur et par la beauté des produits. Les essences qui la représentent sont: les chênes pédonculé et rouvre; le charme; le hêtre; le sapin; l'épicéa. Le pin à crochet, peuple quelques lieux tourbeux.

Bassin de Bordeaux. — Limité par l'Océan, le plateau central et le pied des Pyrénées, le bassin de Bordeaux a la forme d'un triangle dont le bord oriental est formé de quelques lambeaux de trias, auxquels succède une large bande de terrains jurassiques et crétacés inférieurs s'étendant de la Sèvre à l'Aveyron. Tout le reste est composé de terrains tertiaires, principalement de mollasse et de sables marins des landes; un bourrelet de dunes borde tout le litroral.

Ce bassin est en grande partie agricole; il est, conséquemment aussi, resté forestier; il tend à le devenir tous les jours davantage.

L'influence géologique et minéralogique du sol est presque aussi prononcée sur la distribution des forêts que dans le bassin de Paris. Une zone forestière bien prononcée, dirigée du nord-ouest au sud-est, se poursuit, quoique interrompue, des environs de Niort à ceux de Montauban et coïncide avec la bande jurassique de semblable direction. Les forêts sont également assez nombreuses snr les terrains crétacés inférieurs, de Rochefort au Lot, dans les environs de Cahors.

Mais le trait principal de cette région est évidemment ce large espace triangulaire dont la base va de l'embouchure de la Gironde à celle de l'Adour, et dont le sommet aboutit vers Nérac, sur la Garonne. Ce sont là les landes, ces terres siliceuses à sous-sol d'alios imperméable, arides et brûlantes en été, marécageuses en hiver, que la culture forestière a transformées, enrichies par ses développements extraordinaires. Les forêts de pins maritimes, si productives par les produits résineux du gemmage, s'y sont rapidement multipliées et couvrent une grande partie de la contrée.

Enfin, il faut mentionner cette ligne de forêts qui, à l'aide des étangs, complète la barrière opposée aux dunes et en fixe les sables.

L'altitude du plateau central, qui s'avance jusque vers Carcassonne sous une des latitudes les plus méridionales de la France, y détermine un climat froid et donne à la végétation forestière qui le recouvre un cachet septentrional. Il n'en est pas de même du bassin de Bordeaux: les essences en sont variées et plusieurs d'entre elles sont spéciales aux contrées chaudes.

Les plus importantes d'entre elles sont : le chêne rouvre; le chêne pédonculé, qui, sur les rives souvent inondées de l'Adour, a une végétation d'une rapidité surprenante, une qualité et des dimensions qui le rendent très-précieux pour les constructions maritimes; le chêne tauzin, qui s'écarte peu du littoral; le chêne yeuse et le chêne occidental, au sud-ouest; ce dernier encore confondu avec le chêne-liége et dont les produits sont similaires; le pin maritime, cette précieuse espèce qui résiste si bien aux mutilations que lui fait subir le gemmage et qui, après avoir fourni pendant de longues années des produits résineux abondants et très-productifs, offre à la consommation un bois de qualité remarquablement améliorée pour une foule d'emplois. Le pin pinier s'y rencontre à l'état de dissémination, le pin d'Alep y apparaît du côté méditerranéen.

Pyrénées. — Les Pyrénées sont à l'égard du bassin de Bordeaux ce que sont les Vosges à l'égard de celui de Paris; elles forment une chaîne simple dont le versant français se raccorde avec les plaines du Languedoc et de la Gascogne et dont les produits forestiers trouvent un débouché par les grandes et profondes vallées qui s'y frayent passage. L'analogie cependant n'est point complète; les Pyrénées sont plus élevées, plus épaisses, plus âpres que les Vosges et l'écoulement des bois y offre plus de difficultés.

Cette circonstance amoindrit sur place la valeur de la matière ligneuse, et, quoique les forêts soient encore assez nombreuses et assez étendues dans les Pyrénées pour en désigner parfaitement l'emplacement sur la carte forestière, elles n'y ont été ni conservées ni entretenues avec les mêmes soins que dans les Vosges. Trop d'extension donné au pâturage leur a fait et leur fait encore subir tous les jours bien des atteintes.

Puisque le soulèvement définitif des Pyrénées ne remonte qu'au commencement de la période tertiaire, les terrains qui s'y rencontrent peuvent être et sont en effet très-variés. Ils sont représentés, outre les roches éruptives, par tous les termes de la série primaire et de la série secondaire. Cependant les terrains crétacés supérieurs y font défaut et l'on est d'accord pour rattacher les dépôts nummulitiques aux terrains tertiaires inférieurs. Les terrains granitiques, de transition ou primaires, triasiques, jurassiques, crétacés inférieurs et nummulitiques en sont en résumé les éléments constitutifs.

Il faut reconnaître ici que l'influence de la nature géologique ou minéralogique du sol sur la distribution des forêts dans la région pyrénéenne reste fort obscure et qu'aucune relation bien saisissable ne peut être aperçue sur la carte. Cependant il est impossible de ne pas signaler cette zone, plus forestière que tout le reste, qui, dans les départements de la Haute-Garonne et de l'Ariége, s'étend de l'est à l'ouest de Saint-Girons à Bagnères-de-Bigorre; on remarque qu'elle correspond presque en totalité à la seule région de calcaire jurassique qui se trouve sur le versant français des Pyrénées: nouvelle preuve de l'appropriation de ce terrain à la culture forestière.

Les essences de la chaîne appartiennent à plusieurs zones successives de végétation, depuis la méditerranéenne jusqu'à l'alpine. Les plus importantes d'entre elles sont: le chêne occidental pour le versant océanique, le chêne-liége pour le méditerranéen; le chêne yeuse; le chêne tauzin; le pin maritime; le chêne rouvre; le pin sylvestre; le sapin, et, sur les points les plus élevés, le pin à crochets en massifs étendus et importants. Le pin des Pyrénées (*Pinus pyrenaïca*, Lap.), qui n'est très-probablement qu'une race du pin laricio, s'y rencontre çà et là; l'épicéa y est rare, à l'état de dissémination; le mélèze et le pin cembro ne s'y rencontrent pas et sont l'apanage exclusif des Alpes.

Alpes. — Le massif de la Grande-Chartreuse montre tout ce que peut produire le travail intelligent; les forêts dues au labeur des trappistes peuvent compter parmi les plus belles de la France, et prouvent qu'on peut obtenir d'admirables résultats dans bien des parties des Alpes dénudées aujourd'hui.

Résumé et conclusions. — De ce rapide voyage se dégagent nettement quelques points principaux qu'il importe maintenant de rassembler pour en tirer les conclusions qui sont le but de cette étude.

Le déboisement s'est très-inégalement étendu sur les diverses régions naturelles de la France, étudiée dans son ensemble. Contrairement aux prévisions fondées sur l'état géologique et minéralogique, sur l'aptitude bien connue des forêts à croître encore là où l'agriculture n'est plus possible avec profit, on constate que les bassins y ont le mieux résisté, eux et les montagnes qui les bordent immédiatement et les alimentent; que les grands massifs accidentés, plateaux ou groupes montagneux, sont, au contraire, presque totalement dénudés, surtout dans les parties les plus répulsives, les parties centrales.

Les besoins de la consommation, la nature encombrante de la matière ligneuse, la difficulté et le prix élevé des transports, ont en grande partie déterminé ce premier résultat.

Mais on remarque, d'autre part, que, dans chaque bassin considéré isolément, la répartition de la production agricole et forestière y est parfaitement logique, parfaitement subordonnée à la structure géologique, à la composition minéralogique du sol. On y voit qu'à peu d'exceptions près l'agriculture est en possession de toutes les terres fertiles, que la sylviculture n'occupe plus que celles qui, sans son concours, resteraient vouées à la stérilité: les grès et les sables siliceux, les calcaires, puis les crêtes des collines, les versants rapides.

Satisfaisante dans les groupes secondaires, la répartition des forêts ne l'est donc pas dès qu'on envisage la surface entière de la France. On y regrette le déboisement, sans compensation, des grands massifs montagneux, et l'on peut entrevoir le moment où, grâce aux développements rapides de la viabilité, il sera possible de remettre toutes choses à leur place, de faire cesser l'anomalie constatée.

Reboiser les contrées élevées et pauvres dans une juste mesure, en se conformant aux indications de la géologie, est sans contredit un bienfait; pour elles-mêmes d'abord, puis pour les bassins qu'elles dominent et qu'elles doivent fertiliser de leurs eaux, loin d'être pour eux une cause toujours menaçante de dévastations. C'est l'unique moyen d'y développer un peu d'agriculture, d'y affermir l'industrie pastorale; c'est rendre le sol à sa production naturelle et créer pour l'avenir d'importantes ressources d'intérêt général; c'est enfin fixer les populations, qui ne sont jamais tentées d'abandonner les régions forestières où le travail leur est assuré pendant la mauvaise saison (Ardennes, Vosges, Jura), mais qui émigrent de celles qu'un déboisement exagéré a atteintes et réduites à une chétive exploitation pastorale, les laissant inactives et sans ressources en hiver (Cantal, Savoie).

Mais le reboisement des montagnes n'entraîne nullement, comme corollaire, la destruction des forêts qui restent dans les bassins.

Dans ceux-ci, toute l'œuvre utile du déboisement est consommée; le pousser au delà serait nuisible, la carte forestière l'atteste. Les sols restés boisés soit par le relief, soit par la composition minérale, ne comporteraient généralement pas la culture agricole, et si quelques-uns d'entre eux, en bien petite proportion, font exception à cet égard, qui pourrait s'en plaindre en voyant les magnifiques chênes qui y croissent, ne peuvent croître que là, et sont d'un besoin de premier ordre pour la grande industrie et les constructions maritimes?

Qu'on le remarque bien d'ailleurs, la végétation forestière des bassins n'a aucune analogie avec celle des montagnes; les chênes des plaines et des grandes vallées ne seront jamais remplacés par les sapins et les épicéas des régions montagneuses, pas plus qu'ils ne remplaceront ces derniers; les uns et les autres sont nécessaires et s'appliquent à des usages différents. Et quand même cette considération serait écartée, quand même le succès des reboisements, soumis à tant de vicissitudes, serait assuré, ne sait-on pas combien est long le terme au bout duquel les produits principaux des forêts à recréer de toutes pièces sous l'âpre climat des montagnes deviennent réalisables? Que l'on étudie les échantillons qui représentent plus spécialement la végétation des lieux élevés, et l'on verra ce que sont les arbres de cent vingt à cent cinquante ans; on s'y convaincra qu'il ne faut y espérer de produits utiles qu'au bout d'un temps fort reculé, d'autant plus reculé que l'altitude des lieux à reboiser est plus considérable. Jusqu'à ce moment, et dans l'hypothèse impossible où les produits des montagnes pourraient suppléer ceux des plaines, le maintien des forêts des bassins ne saurait faire élever le moindre doute.

La crainte d'une surabondance de produits ligneux est la dernière objection possible, objection peu sérieuse si l'on rappelle le prix des bois de travail et de constructions, croissant au delà de toute proportion avec celui des autres matières premières de consommation; la rareté de plus en plus grande de certaines essences, et particulièrement du chêne; le chiffre toujours plus élevé des importations forestières.

La conservation de ce qui reste des forêts des bassins, le reboisement des plateaux et des montagnes, tel est le dernier mot de l'étude de la carte forestière et géologique de la France, l'un des moyens les plus certains de maintenir, de développer la prospérité de notre pays.

FREIN. On appelle frein tout système permettant de consommer par un travail résistant, produit à volonté, la somme de forces vives emmagasinée dans un corps en mouvement afin de l'arrêter.

Nous dirons d'abord un mot des systèmes employés en dehors de l'industrie des chemins de fer, où ils ont rencontré une application de chaque instant : tel est le système représenté figure 3536, qui permet à l'aide d'un levier d'exercer une pression considérable sur la circonférence d'une poulie montée sur l'arbre de rotation.

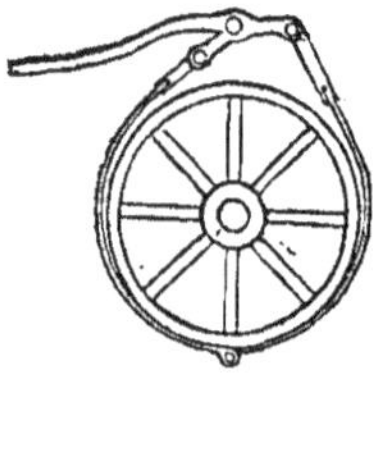

Fig. 3536.

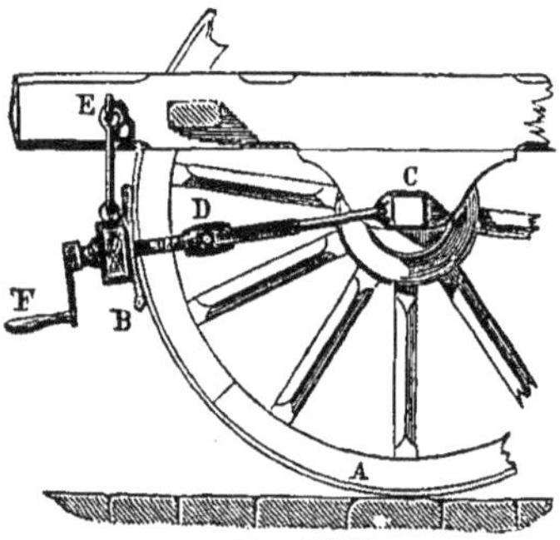

Fig. 3537.

La figure 3537 représente le frein employé sur les voitures pour modérer la vitesse aux descentes; la partie frottante est serrée sur la jante de la roue au moyen d'une vis.

Le système représenté dans la figure, appliqué par M. Molard aux diligences, mû par le conducteur de son siége au moyen d'une vis et de tringles formant mouvements de sonnette, a été un grand progrès, et a fourni la forme primitive de frein pour chemins de fer. M. Baude a donné à l'article CHEMINS DE FER une étude complète des freins agissant par frottement, par usure d'un sabot en bois, nous n'y reviendrons pas ici. Nous parlerons seulement des systèmes conduisant par une nouvelle voie à la solution du problème, et d'abord nous dirons quelques mots des conditions auxquelles il s'agit de satisfaire.

Prétendre arrêter et clouer, pour ainsi dire sur place, un train lancé qui doit à sa vitesse acquise une énorme accumulation de travail mécanique, c'est vouloir arrêter dans leur course plusieurs boulets de canon à la fois, dit avec raison un compte rendu de l'Exposition. Admettons que ce soit possible, et qu'à la vue d'un danger les wagons puissent, par un frein puissant, suspendre tout à coup leur marche : les voyageurs, eux aussi, tendent à continuer leur mouvement en vertu de la loi d'inertie, et le même effet qui pulvérise à terre l'imprudent qui descend d'un wagon en marche les projettera l'un contre l'autre avec une effroyable violence. C'est effectivement là ce qui se passe dans les accidents sur les chemins de fer. Ce frein instantané que cherchent des inventeurs, il existe dans cet obstacle que heurte le train, dans cette locomotive ou ce véhicule déraillé contre lequel culbutent les wagons et auquel les voyageurs doivent leur secousse peut-être mortelle, les wagons eussent-ils résisté au brisement.

La condition essentielle, comme le dit M. Combes, pour la sûreté de la circulation sur les chemins de fer, consiste dans la puissance des moyens mis à la disposition du mécanicien pour détruire, à la vue d'un signal ou d'un obstacle qu'il aperçoit sur la voie, la vitesse du train, de façon qu'il soit arrêté, après avoir parcouru une distance aussi petite que possible, sans que toutefois l'arrêt soit assez brusque pour exposer les voyageurs à des chocs dangereux ou incommodes, ou le matériel à des pressions capables de l'endommager. Les moyens d'arrêt dont le mécanicien dispose sont la suppression, et, en cas d'urgence seulement, le *renversement* de la vapeur, outre le serrage du frein du tender. Il avertit en même temps, par un ou plusieurs coups de sifflet, les conducteurs garde-freins des voitures placées en queue et dans la longueur du train, de serrer les freins dont la manœuvre leur est confiée. Le frein du tender est aujourd'hui le seul sur lequel le mécanicien ou le chauffeur, son assistant, puissent agir directement. L'accroissement de dépense que nécessiterait l'augmentation du personnel des conducteurs garde-freins n'est pas la seule ni même la principale raison qui empêche les Compagnies de chemins de fer de placer dans les trains un plus grand nombre de voitures munies de freins qu'elles ne le font généralement. Le nombre de ces voitures, tel qu'il est aujourd'hui fixé par l'usage de chaque Compagnie et par les règlements, suffit aux besoins du service, sauf les cas extraordinaires, purement accidentels et fort rares par conséquent, dans un service d'ailleurs bien organisé. Si on augmentait le nombre des conducteurs garde-freins, on peut prevoir que ces hommes, qui, dans la plupart des cas, pourraient, sans inconvénient, se dispenser d'agir, deviendraient moins attentifs à leur service, de sorte que leur concours simultané pourrait bien manquer présisément lorsqu'il deviendrait nécessaire. Tout le monde comprend donc que, s'il importe de multiplier les moyens d'arrêt, le nombre des freins pour la sûreté des trains en marche, il importe encore plus de les mettre à la disposition directe du mécanicien qui, prévenu de l'existence d'un obstacle sur la voie, ayant en face de lui le danger, dont il apprécie l'imminence et dont il serait la première victime, agira aussitôt lui-même avec une énergie et une promptitude proportionnées à cette imminence, sans avoir de signal à transmettre à personne. Aussi la construction de freins appliqués à toutes les voitures d'un train, liés les uns aux autres ou avec celui du tender par des mécanismes tels que le serrage de celui-ci, opéré par le mécanicien ou son chauffeur, mette tous les autres en action, a-t-elle été, depuis l'origine des chemins de fer, l'objet des recherches d'un grand nombre d'ingénieurs et de mécaniciens.

La question présentait un problème de mécanique difficile à résoudre. Les mécaniques qui lient les freins entre eux doivent être fort simples et n'ajouter aucune difficulté nouvelle à la composition des trains, qui doit être opérée avec une extrême promptitude. Les freins doivent agir d'une manière certaine, mais graduée, en obéissant à la manœuvre du mécanicien ; en même temps il est indispensable qu'ils ne puissent être mis en jeu par les seules réactions mutuelles des voitures, dans la marche ordinaire du train, dans le mouvement de recul, dans les manœuvres de gare. Il faut qu'ils cessent d'agir dès qu'ils ont produit l'effet voulu, c'est-à-dire dès que le train est arrêté, et que le mécanicien puisse repartir aussitôt qu'il aura desserré lui-même le frein du tender.

Ces conditions sont pour la plupart remplies par le frein Guérin (voy. CHEMINS DE FER), un peu abandonné depuis qu'on emploie plus souvent des locomotives en queue pour gravir les fortes rampes, et mieux encore par le frein Achard, qui fait agir les roues sur les freins dès que le conducteur du train met en mouvement un courant électrique qui détermine le placement de cliquets qui rendent alors cette action possible pour chaque paire de roues. Cette élégante solution d'un difficile problème exige quelques soins lors de l'attelage des voitures, pour la transmission du courant électrique, d'un emploi peu délicat, qui exige quelques simplifications que fournira sans doute la pratique.

Un progrès que nous voulons signaler ici, et qui nous semble dans la véritable voie de l'avenir, est celui de l'emploi de la contre-vapeur.

Contre-vapeur. — On donne ce nom à un emploi de la vapeur comme force résistante.

Habituellement pour arrêter un train, on ferme le régulateur de la machine, et on serre les freins, c'est-à-dire qu'on consomme inutilement, par le travail des résistances passives, la force vive du train. Le piston, entraîné par la roue motrice, marche alors à vide.

Pour augmenter cet effet, il était naturel d'employer la vapeur comme force résistante, de la faire agir sur l'autre face du piston ; mais alors le mouvement de celui-ci produit l'aspiration des gaz de la combustion qui sont renvoyés dans la chaudière. Il s'ensuit que la pression s'élevant aussitôt dans celui-ci, les soupapes perdent, et le cylindre peut s'altérer par l'effet des gaz chauds, dont la compression élève encore la température.

L'envoi de l'air dans une capacité close, ne le laissant sortir que par un très-petit orifice, capacité dans laquelle la pression, et par suite la résistance, croît avec chaque coup de piston, est une solution bien préférable, et a donné naissance au frein de De Bergue, qui offre d'assez grands avantages; mais outre le défaut de produire un échauffement nuisible pour les tiroirs surtout, il a l'inconvénient d'entraîner la consommation de la force vive du train.

Il n'en est pas de même du système de contre-vapeur dans lequel on emploie cette force vive à comprimer, et par suite à échauffer la vapeur de la chaudière elle-même, dans des conditions qui n'occasionnent pas des accroissements brusques de pression entraînant des pertes par les soupapes. Cette heureuse combinaison, expérimentée d'abord sur les chemins à fortes pentes du nord de l'Espagne, est due à MM. Lechatelier et Ricour.

La locomotive est munie d'un *tube d'inversion* que l'on adapte à l'un des robinets réchauffeurs, et qui, après s'être bifurqué sous la boîte à fumée, se termine de part et d'autre aux conduits de l'échappement. On fait aboutir dans ce tuyau un autre tube, celui qui sert à purger le niveau d'eau. Pour marcher à contre-vapeur, le mécanicien ouvre les deux robinets du tube d'inversion, qui se remplit d'un mélange de vapeur et d'eau; puis il renverse la marche des tiroirs; le mouvement des roues continuant en vertu de la vitesse acquise, les pistons puisent dans les conduits d'échappement le mélange d'eau et de vapeur que le tube d'inversion y amène, et le refoulent dans la chaudière. La compression de ce mélange n'entraîne pas d'élévation de température trop grande à cause de la grandeur de la chaleur latente de l'eau, si la quantité de celle-ci est suffisante ; la chaleur produite est entièrement employée à convertir la partie de celle-ci en vapeur et est ainsi restituée à la machine.

Par cette ingénieuse invention, la descente d'une pente est utilisée pour la transformation en chaleur d'une portion du travail moteur produit par la gravité, de sorte que la locomotive accumule en descendant une pente un excès de puissance dont elle dispose ensuite pour gravir la rampe qui la suit; mais surtout la force vive possédée par un train est convertie en chaleur quand il s'agit d'arrêter celui-ci, et bientôt cette chaleur, convertie en travail, viendra mettre le train en mouvement et lui rendre sa vitesse. Ce sytème est donc tout à fait remarquable et comme ingénieux système de frein, et comme application très-heureuse de la théorie mécanique de la chaleur, de l'équivalence de celle-ci et de travail mécanique.

FUMÉE. La question de la fumivorité des fourneaux a acquis beaucoup d'intérêt dans ces dernières années, parce que les administrations municipales de Londres et de Paris, dans des vues d'assainissement et de propreté de ces grandes capitales, ont assujetti les établissements industriels à brûler leur fumée, à ne plus jeter dans l'air les flots de fumée noire qui sortaient de leurs cheminées. Les résultats consignés dans le savant article FUMÉE de M. Debette ont été utilisés, c'est-à-dire que les systèmes décrits ont été employés, sans qu'aucun ait été jugé tout à fait satisfaisant pour tous les cas.

Plusieurs autres moyens permettent d'atteindre le but. Le premier, d'une application malheureusement un peu compliquée, est celui de la conversion des combustibles en gaz combustibles, que nous avons donné à l'art. COMBUSTIBLES; la chaudière Beaufumé rend ce système pratique pour le chauffage des chaudières à vapeur.

Un second système à la réalisation pratique duquel un ingénieur distingué, M. Dumery, s'est appliqué, repose sur une modification de la grille, partie du fourneau mal étudiée jusqu'ici, et qui règle la température de la combustion, comme la section de la cheminée et des conduits de fumée la quantité de combustible qui peut être brûlé dans l'unité de temps. Ce système consiste à ne pas laisser la fumée se produire, à ne permettre aux produits de la distillation préalable du combustible de prendre naissance que dans des conditions favorables à leur combustion immédiate. Bien que son prix un peu élevé, le trop grand nombre de pièces métalliques dressées, au contact du foyer, en aient empêché le succès, il mérite d'être conservé dans un ouvrage de la nature de celui-ci, car il était fondé sur une étude excellente de la question.

Nous empruntons à des notices de M. Dumery l'exposition des principes sur lesquels repose son appareil, qui se résument en disant qu'au lieu de chercher à brûler la fumée, ce qui est presque impossible, il l'empêche de prendre naissance.

Il établit d'abord que la fumée est un corps incombustible utilement, profitablement, et qu'une fois formée, elle est incapable d'aucun effet utile.

Le système actuel, même avec le meilleur mode de chargement, ne permet pas aux gaz, une fois surtout qu'ils ont dépassé le combustible placé sur la grille, de brûler assez bien pour qu'il n'y ait pas de fumée.

Le système de combustion à flamme renversée donne une combustion complète, parce que le charbon frais se place là sur le charbon incandescent, se distille rapidement, et le tirage de la cheminée forçant les gaz combustibles à traverser une couche de houille embrasée, la combustion est entière, mais le rayonnement est perdu, et le faible rendement utile des combustibles par ce système y a fait renoncer.

Pour réunir les avantages de ce système à ceux du foyer ordinaire, M. Dumery a supprimé en partie la grille horizontale du foyer et n'a conservé que les deux barreaux du centre.

A chacun des deux rectangles formés par les barreaux restants et la paroi de brique du cendrier, il a fait aboutir deux cornets circulaires de section croissante à mesure qu'ils avancent vers le foyer et ayant une de leurs ouvertures à l'intérieur du foyer et l'autre à l'extérieur de la maçonnerie.

On introduit le combustible par la petite section de l'extérieur, et c'est dans la plus grande, vers le foyer, que tout brûle. La partie intérieure du cornet est percée de fentes qui permettent l'arrivée de l'air atmosphérique ; deux *pistons presseurs courbes*, placés des deux côtés du foyer et conduits par une manivelle et des engrenages, s'engagent dans la partie extérieure des courbes et poussent le combustible à mesure que la combustion l'exige. Un fort bâti en fonte relie tout le système d'une manière invariable, et permet de le placer sous un générateur quelconque.

Pour allumer le foyer on remplit les courbes de combustible jusqu'à la naissance des fentes. On place par-dessus un lit de coke éteint à la fin du service de la veille et des bûchettes en bois qu'on allume par le haut. Le coke embrasé échauffe et enflamme la houille; l'hydrogène carboné qu'elle dégage, prenant naissance en un lieu porté à la plus haute température et trouvant de l'air pur, se brûle complétement.

Le combustible est introduit sans peine de l'extérieur par l'action des pistons, sans interrompre le travail du feu, même pour les nettoyages, puisque les scories fondues se retirent à la partie supérieure du foyer.

Pour éteindre le feu, on enlève séparément, au moyen des portes, la houille fraîche et le coke incandescent que l'on étouffe pour servir à l'allumage du lendemain.

Ainsi la houille en contact avec la chaleur par une de ses surfaces ne se distille que d'un côté. L'air frais qui avoisine la grille où repose le charbon froid s'infiltre dans le foyer par l'action du tirage.

Le mélange d'air pur en abondance et de gaz combustibles naissants s'enflamme au contact de la couche incandescente qu'il traverse, et le développement de la flamme s'opère au-dessus d'une couche de combustible en ignition. Enfin, aucun charbon frais ne peut intercepter le rayonnement du combustible vers la chaudière.

La combustion se règle à volonté en couches minces ou épaisses, et la porte du foyer ne s'ouvre plus pour des chargements réitérés, mais seulement toutes les trois ou quatre heures pour enlever les scories.

Les chauffeurs ne souffrent plus du rayonnement du foyer par la porte; les nettoyages du foyer sont très-faciles et les barreaux de grille durent plus longtemps; la puissance des générateurs est considérablement augmentée par cet appareil, la quantité de houille brûlée par heure pouvant varier de 1 à 6.

Enfin on obtient une combustion complète de la fumée.

Ce système, dont nous donnons une coupe (fig. 3538), a été appliqué à un certain nombre de foyers industriels. A la gare de l'Est, on l'a soumis à des expériences comparatives, avec un foyer ordinaire, en employant deux chaudières toutes semblables, pour arriver à constater le rendement des deux systèmes en vapeur.

Le foyer Dumery a brûlé par heure 60, 80, 100 et

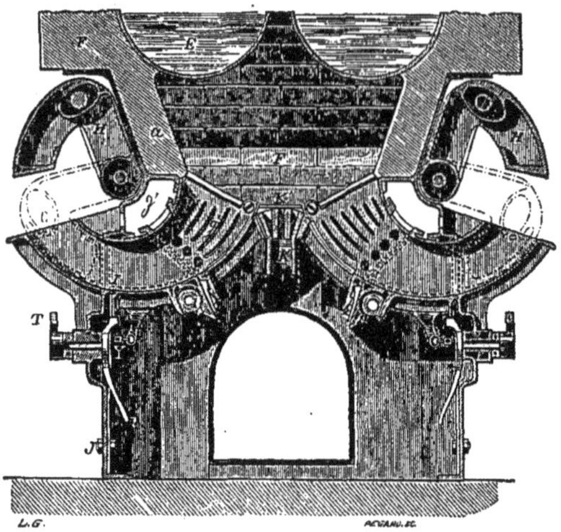

Fig. 3538.

120 kilog. de houille de Sarrebruck, *en tout-venant*, sans une trace de fumée ; au-dessus de 120 kilogr., la combustion languissait; mais avec des *gaillettes*, on l'a portée à 150 kilogr., sans une trace de fumée. Le foyer ordinaire, à surface égale, a brûlé jusqu'à 98 kilogr. de *tout-venant* et 103 de gaillettes.

Ces deux foyers étaient établis pour 40 kilogr. à l'heure ; le foyer ordinaire n'a donc pas pu dépasser deux fois et demie sa consommation de règle; le foyer Dumery est allé à près de quatre fois.

Et, chose remarquable, le rendement en vapeur a augmenté avec la quantité brûlée à l'heure.

Avec 80 kilog. brûlés à l'heure, le rendement de vapeur a été de. 5,35
Avec 100 kilogrammes. 5,80
Avec 120 kilogrammes. 6,11

Quant au produit du mètre carré de chaudière en vapeur, qui est de 6^{kil}.2 par mètre carré de chaudières de Cornouailles, nos meilleurs constructeurs de machines fixes vont de 6 à 10. Les auteurs estimés donnent de 15 à 20 kilogr. comme une bonne proportion. M. Nozo, ingénieur au chemin du Nord, a fait produire 27^{kil}.5 à une locomotive; les chaudières tubulaires de M. Molinos avec une double insufflation d'air rendent 31 kilogr. par mètre carré. Le foyer Dumery atteint 41^{kil}.6 avec du tout-venant et 51^{kil}.75 avec de la gaillette, et l'économie réalisée enfin par le foyer est de 22 p. 100, à produit égal de vapeur.

Enfin, ajoutons qu'avec de la houille de Sarrebruck et le foyer ordinaire consommant de 60 kilogr. par heure, la fumée a duré 0.67 du temps total de la combustion. Avec 112 kilogr., au maximum, elle a duré 0.87 du temps.

Les foyers de M. Dumery, au contraire, brûlent complétement la fumée, même des houilles les plus grasses. Ce sont les seuls à notre connaissance qui réalisent complétement ce résultat.

La faculté de pouvoir augmenter beaucoup la consommation de houille d'un foyer sans nuire à la production de vapeur est d'une grande importance. Il est probable que cette faculté est due à ce que la combustion de la houille grasse s'opérant de la manière la plus complète à une très-haute température et par conséquent sans le grand dégagement de flamme allongée que donnent toujours les foyers ordinaires, cette combustion s'opère ici dans les mêmes conditions que celle du coke des locomotives, et la presque totalité de la production de vapeur a lieu à la surface directement exposée au rayonnement des foyers.

La facilité du passage de l'air à travers les cornets, qui remplacent une partie de la grille ordinaire souvent encrassée par le mâchefer, permet d'accumuler le combustible et d'obtenir, sans possibilité de production de fumée, ni d'oxyde de carbone, la couche de combustible n'étant jamais épaisse, une modération de la quantité d'air qui traverse le fourneau relativement à la quantité de houille brûlée. Or, les expériences de M. Burnat tendent à modifier toutes les idées reçues jusqu'ici, et qui, en effet, n'étaient fondées sur aucune donnée positive. Il a constaté, en mesurant pour la première fois la quantité d'air passant par le cendrier des fourneaux à vapeur, que le maximum de rendement, pour une qualité moyenne de houille, correspond à 8 ou 9 mètres cubes, à zéro de température et 0,76 du baromètre, par kilogramme de houille. Ce chiffre est peu éloigné du chiffre théorique indiqué par la théorie comme nécessaire à la combustion, en admettant qu'il n'échappe pas d'oxygène et, au contraire, très-différent du chiffre de 15 ou 18 mètres cubes habituellement indiqué comme nécessaire pour la combustion complète.

La combustion la plus avantageuse répondant à une production abondante de fumée dans les fourneaux ordinaires, l'utilité de systèmes fumivores fonctionnant sans air additionnel est par cela même démontrée, lorsqu'on est astreint à satisfaire aux conditions de salubrité exigées aujourd'hui presque partout.

Four à la houille pour cuire la porcelaine. — L'emploi de la houille en remplacement du bois, en évitant la fumée qui avait fait juger que la houille ne pouvait jamais être employée, est un progrès réalisé aujourd'hui pour la cuisson de la porcelaine. Un fourneau construit par M. Vital Roux a été adopté à la manufacture de Sèvres pour la porcelaine blanche, c'est-à-dire par la fabrique qui recherche par-dessus tout la perfection des produits, et bientôt imité par l'industrie.

L'intérieur de ce four est le même que celui des fours au bois, seulement le nombre des alandiers est plus considérable; ainsi un four marchant au bois avec 6 alandiers à dix foyers à la houille. Au-dessous de ces foyers sont des cendriers très-profonds, qui reçoivent l'air de l'extérieur par un conduit souterrain.

Voici le résultat d'expériences faites en 1847 par Ébelmen, sur ce système qui a reçu les développements consignés à l'article POTERIE.

Chacun des dix foyers a été chargé tous les quarts d'heure pendant les trois premières heures; puis on a diminué les intervalles compris entre deux charges consécutives.

Après une cuisson de 44 heures, ayant consommé 214 hectolitres de houille, on a défourné; les résultats étaient très-satisfaisants.

La porcelaine était généralement belle et d'une bonne teinte, ne renfermant pas une seule pièce vraiment jaune.

Les cazettes ne sont pas vitrifiées à l'extérieur, ainsi que cela arrive pour les fours chauffés au bois, à cause de la nature alcaline des cendres entraînées par le courant d'air, ce qui est une cause de plus grande durée pour les cazettes.

Le même four qui consomme en moyenne 220 hectolitres de houille qui, à raison de 1 fr. 80 c., valent 396 francs, consommait par fournée 120 stères de bois à 7 fr., soit 840 fr. L'économie est donc de 444 fr. ou 53 p. 100. L'économie définitive sur le prix de revient de la porcelaine courante est évaluée par M. Ébelmen à 16 p. 100 environ; elle est donc considérable.

Ce qui a surtout contribué au succès de ce four, c'est son mode de chargement simultané qui, tout en laissant subsister une atmosphère réductrice, y fait pénétrer un excès d'air qui entrant dans le four par toutes les portes des foyers à la fois, au moment du chargement de la grille, expulse une grande quantité de fumée noire. Il en est de même de la cuisson au bois, pendant la durée de ce qu'on appelle *le poste*. On sait que, pendant cette partie de la cuisson, les ouvriers font tomber à courts intervalles, dans l'alandier, tout le bois qui le recouvre. La bouche supérieure de l'alandier se trouve découverte, un grand volume d'air pénètre dans le four et en chasse une fumée noire et abondante (voy. POTERIES).

Les fabricants sont unanimes pour affirmer que, sans cette opération, la porcelaine serait généralement jaune et enfumée; pendant les dernières heures de cuisson, on cesse d'agiter le bois et de découvrir l'alandier; une fois, en effet, que l'émail a commencé à fondre, la pâte de porcelaine ne peut plus s'imprégner de fumée.

Ébelmen remarquait avec raison que la conséquence probable de cette découverte sera de forcer le déplacement des fabriques de porcelaine, qui seront bien mieux placées près de houillères que près des gisements de kaolin où elles se trouvent en général aujourd'hui. Il faut en effet 7 ou 8 parties de houille pour cuire une partie de porcelaine; on conçoit d'après cela qu'il sera beaucoup plus économique de transporter les pâtes préparées vers les mines de houille, que d'amener la houille près des carrières de kaolin. Aussi depuis l'époque où il énonçait cette conséquence économique, les usines du Berry, Vierzon et autres, ont-elles considérablement augmenté leur fabrication, et ont pris un développement que n'ont pas suivi celles du Limousin.

Il paraîtrait possible de faire un nouveau progrès dans cette fabrication, en employant le chauffage au moyen des gaz combustibles, ce qui permettrait sûrement de diminuer beaucoup les dépenses de chauffage, et rendrait facile la cuisson au milieu d'atmosphères réductives ou oxydantes, ayant défaut ou excès d'oxygène, dont on peut tirer grand parti pour des fonds colorés grand feu, en raison de leur action sur les oxydes métalliques qui servent à produire ces colorations.

G

GALVANOPLASTIE. Une des plus belles découvertes de notre siècle, qui a illustré à bien juste titre les noms de Jacobi et de Spencer, est celle de la galvanoplastie. Pouvoir déposer, mouler à froid un métal sur une surface donnée, obtenir ainsi un moule résistant à la chaleur, aux frottements, etc., c'est sans contredit fournir à la plastique, à toutes les industries basées sur la reproduction de formes-modèles, le plus puissant moyen d'action qu'on pût espérer découvrir.

Les applications se multiplient chaque jour et nous pouvons compléter l'article déjà consacré à ce procédé par l'indication de divers perfectionnements que la pratique a fait reconnaître, d'heureuses combinaisons qui ont permis de faire d'excellentes applications des produits galvanoplastiques.

Reproduction en cuivre des gravures sur bois. — C'est dans la reproduction des surfaces plates finement gravées, comme celles qui servent à l'illustration du Dictionnaire, que nous suivrons les progrès d'une fabrication qui nous est spécialement connue, progrès qui se sont répétés dans la plupart des autres applications.

Le moule se fait toujours en gutta-percha, substance admirable pour cet emploi. Malaxée dans l'eau chaude, elle devient parfaitement plastique, sans s'écraser trop facilement, de telle sorte qu'elle prend parfaitement les empreintes les plus fines. Par un trop long usage, elle perd de sa plasticité, et se rapproche de la cire à cacheter, mais le mélange avec un quart de gutta-percha neuve lui rend des propriétés plastiques convenables, forme même un mélange préférable à la matière qui n'a pas servi.

Dans les cas de rondes-bosses très-tourmentées ou surtout d'empreintes à prendre sur des matières peu résistantes, on emploie la gélatine mélangée à la mélasse (matière plastique des rouleaux d'imprimerie) ou à la glycérine à la place de la gutta-percha.

La métallisation des moules s'obtient toujours à l'aide de la plombagine, et le tour de main capital pour avoir de magnifiques produits consiste à faire adhérer au relief la plombagine, avant d'appliquer la gutta-percha. Celle-ci se trouve plombaginée et brillante à l'intérieur, comme le sera plus tard le cuivre déposé.

Les piles simples sont toujours les meilleures de toutes, les seules qui ne donnent pas des dépôts de dureté variable, en raison du plus ou moins d'intensité du courant, qui n'exigent pas des frais d'entretien considérables. Seulement il faut avoir soin de veiller à ce que le bain de sulfate de cuivre ne devienne pas trop acide, ce à quoi on parvient en ajoutant un peu de craie qui précipite l'excès d'acide sulfurique à l'état de sulfate de chaux.

M. Bouilhet a fait la curieuse observation que la qualité du cuivre est parfaite quand on ajoute au bain une quantité infinitésimale de gélatine.

Creux en cuivre. — L'emploi de la galvanoplastie pour obtenir des matrices d'objets gravés en relief, afin de les reproduire par les procédés de la fonderie en caractères, est devenu général. Malheureusement le progrès qui en est résulté a un immense inconvénient, je veux parler de la facilité qu'y a trouvée la contrefaçon. Du moment qu'on a pu à l'aide d'un plomb obtenir une matrice en cuivre, on ne s'est pas fait faute de conquérir à peu de frais les richesses de ses confrères, et on cite en Allemagne des fonderies qui possèdent la presque totalité des produits précieux des autres fonderies de l'Europe. Il faut dire que ces produits sont souvent défectueux, à cause des petites imperfections du modèle et du surmoulage qui s'ajoutent les unes aux autres; mais dans beaucoup de cas et avec des soins suffisants, ils sont bien assez parfaits pour que le créateur du type original soit entièrement dépouillé de sa propriété. C'est là un déni de justice regrettable non-seulement au point de vue moral, mais encore au point de vue industriel, en ce qu'un graveur ne peut plus accumuler sur un produit une grande quantité de travail et de soins, lorsque le surmoulage doit venir le priver des bénéfices de l'exploitation, l'empêcher de retrouver la rémunération de son travail. Il faut espérer que les traités internationaux qui s'appliquent à la piraterie artistique, comme à la contrefaçon littéraire, permettront d'arrêter les progrès d'une aussi déplorable industrie.

Une observation importante à faire au point de vue technique, c'est qu'il est erroné de croire, comme cela paraît généralement reçu, que la galvanoplastie permet de graver sur les substances les moins résistantes les objets qu'il s'agit de reproduire en cuivre. La reproduction peut sans doute avoir toujours lieu, mais non la gravure en relief, dont les finesses sont nécessairement en raison de la résistance que le corps travaillé offre à l'action du burin. C'est pour cela que les emplois d'un savon dur de résine au lieu de bois, de bois au lieu d'acier, n'ont pas réussi au grand étonnement d'inventeurs qui, préoccupés de la reproduction, avaient tout à fait négligé les conditions nécessaires pour la création, avec un degré de perfection convenable, du type primitif.

Planches plates. — On a tenté de nombreuses applications de la galvanoplastie aux planches plates qui sont employées pour l'impression en taille-douce, surtout pour reproduire et multiplier ces planches qui sont mises hors de service par le tirage d'un nombre d'exemplaires très-limité, qui n'atteint pas en général 3,000, nombre bien insuffisant quand les planches font partie d'une publication de librairie, et doivent faire recourir souvent à la gravure sur planche d'acier qui est plus coûteuse.

La difficulté de cette reproduction consiste dans l'adhérence que contracte le dépôt sur la planche de cuivre. Elle est telle que l'on en a fait la base d'un procédé pour corriger les planches, en faisant déposer un peu de cuivre sur une partie soigneusement décapée.

Le procédé qui a le mieux réussi pour obvier à cette adhérence consiste à ioder et à exposer ensuite à la lumière la planche à reproduire. L'exposition à la lumière est si utile, qu'en l'absence du soleil, l'exposition à l'air ne suffit pas, tandis qu'après l'action solaire, l'adhérence ne se produit jamais.

Au lieu de reproduire la planche-type, on a trouvé le moyen bien préférable de lui donner à peu près la résistance au tirage de la planche d'acier. Ce moyen, inventé par MM. Salmon et Garnier, consiste à la couvrir d'un vernis de fer, d'un dépôt très-fin et très-adhérent de ce métal, à l'aide d'un bain de chlorure de fer dissous dans l'ammoniaque. Les finesses des traits ne sont nullement altérées, et le long service de ce vernis métallique, qui peut être renouvelé au besoin, assure le tirage indéfini des planches. Aussi ce système est-il universellement pratiqué aujourd'hui, même pour les planches de la plus grande valeur.

Galvanoplastie du fer. — La galvanoplastie du fer a déjà été l'objet de plusieurs essais. Elle est employée d'une manière habituelle pour l'aciérage en lame très-mince des planches de cuivre, par le procédé de MM. Salmon et Garnier dont nous venons de parler. Mais si on voulait augmenter l'épaisseur de la lame, le fer serait friable et facile à réduire en poudre. M. Collas s'est servi de cette propriété négative pour obtenir du fer chimiquement pur, qu'on pulvérise sans peine dans un mortier.

En 1846, MM. Boch-Buschmann et Liet, de Sept-Fontaines, près Saarbruck, présentèrent à la Société d'encouragement un cliché galvanique d'une gravure, en fer cohérent obtenu dans une dissolution de sulfate de fer aussi neutre que possible. En 1847, M. Rœttger indiquait l'emploi du sel double du protoxyde de fer et d'ammoniaque pour obtenir un dépôt de fer cohérent et d'un brillant métallique. Enfin en 1862 et en 1867, M. Feuquières a exposé, à Londres et à Paris, des reproductions d'objets divers (médailles, etc.) en fer galvanique, échantillons qu'il a présentés à la Société d'encouragement.

Ce fer a des propriétés particulières : il est pur, plus dur et moins dense que le fer doux ; il est peut-être forgé à froid après avoir été recuit plusieurs fois; il est susceptible d'être aimanté comme l'acier faiblement trempé; il paraît être *passif*, comme le fer traité par l'acide nitrique bouillant.

Ces propriétés et celle de pouvoir prendre les formes

les plus dures rendront ce fer précieux pour la reproduction des gravures des clichés d'imprimerie, des fers pour les relieurs ou les fleuristes, pour la copie d'antiquités et d'objets d'art, et pour une foule d'autres usages.

Le procédé de M. Klein, qui n'est autre que celui de M. Feuquières, consiste à associer un sel ammoniaque à un sel de protoxyde de fer; le dépôt qu'on obtient alors est très-dur, a quelques-unes des qualités de l'acier trempé, est passif et paraît contenir de l'azote.

Ces faits sont du plus grand intérêt et auront les résultats les plus importants pour l'industrie. Tels qu'ils sont, dès à présent, ils font naître des vues nouvelles sur la théorie de l'acier.

GAZ (Constitution des). L'analyse de la constitution des corps gazeux à laquelle conduit la théorie mécanique de la chaleur, et que nous allons nous efforcer d'établir avec quelque précision, conception qui s'est introduite peu à peu et sans bruit dans la science, doit être considérée comme le point de départ d'un progrès important dans la science qui éclairera nombre de points obscurs. Non-seulement elle est plus vraie que celle admise jusqu'à présent, mais elle est plus satisfaisante pour l'esprit. Bientôt on ne comprendra pas comment on a pu supposer un état statique impossible à imaginer, un système de propriétés des molécules gazeuses, qui avait l'apparence d'une explication et qui n'était en réalité qu'une autre manière d'énoncer les faits constatés par l'expérimentation.

Caractères généraux des gaz. — Les faits constatés par expérience conduisent à établir que les forces d'attraction ne s'exercent pas d'une manière sensible entre les molécules des gaz; qu'elles sont à des distances trop grandes pour que cette action nettement manifestée par la constitution des liquides et surtout par celle des solides puisse être observée; enfin que ces molécules sont dans des conditions telles qu'elles tendent vers une expansion indéfinie, effet que l'on voit se produire toutes les fois qu'un obstacle ne vient pas l'empêcher.

Les gaz proprement dits, soumis aux actions mécaniques de compression, se comportent tous de la même manière, suivant la loi de Mariotte; échauffés, ils se dilatent tous également, d'une même fraction de leur volume à zéro : c'est la loi de Gay-Lussac, et cela bien que les masses des molécules de ces gaz soient très-différentes. Il faut donc que les actions réciproques de ces molécules soient insensibles, autrement de semblables lois générales ne sauraient exister. C'est ce qu'on voit bien clairement, quand on étudie les gaz imparfaits dans le voisinage de leur point de liquéfaction; alors les actions de masse doivent intervenir. Aussi les lois générales des gaz cessent de s'appliquer exactement.

La loi du mélange des gaz semble donner à la conception dont nous parlons un caractère de nécessité absolue. Si dans les gaz les forces moléculaires pouvaient s'exercer, avaient une valeur sensible, cette valeur ne saurait être la même pour les actions qui s'exercent entre deux molécules de même nature et de masse différente. Les lois que devrait suivre un mélange de deux gaz devraient être autres que celles auxquels est soumis un gaz simple. Or, il n'en est nullement ainsi, et, par exemple, entre l'oxygène et l'air atmosphérique, il n'y a, au point de vue mécanique, d'autre différence que celle de la densité.

A première vue, les gaz se présentent à nous comme formés de molécules possédant une très-grande mobilité; c'est la première remarque que nous suggère la facilité avec laquelle nous accomplissons nos mouvements dans l'air. Aussitôt que nous passons à une étude plus attentive, que nous apprenons à les renfermer dans des enveloppes extensibles, nous reconnaissons que cette mobilité est tout autre que celle due à la facile divisibilité des liquides, puisque, tandis que ceux-ci sont sensiblement incompressibles, les gaz sont essentiellement compressibles. C'est là leur caractère distinctif, dont on fait naturellement découler l'analyse de leur constitution moléculaire.

Celle admise jusqu'ici, bien que fictive, paraissait assez satisfaisante, tant qu'on n'a pensé à considérer les phénomènes qu'on étudie en physique qu'à l'état statique et jamais à l'état dynamique. Elle consistait à considérer les molécules gazeuses comme possédant une force répulsive, appartenant essentiellement à leurs molécules par suite de leur combinaison avec le calorique auquel Lavoisier donnait toutes les propriétés essentielles des corps gazeux, car il l'imaginait surtout pour les expliquer, qu'il définissait un fluide impondérable d'une élasticité parfaite. Cette constitution des gaz, que l'on enseigne encore trop souvent, dont on part pour l'analyse des phénomènes, n'est plus acceptable lorsqu'on n'admet pas l'existence du calorique, quand on reconnaît la vérité de la théorie mécanique de la chaleur démontrée par nombre d'expériences qui infirment d'une manière absolue la théorie du calorique.

Proposons-nous d'analyser la constitution moléculaire des gaz, en partant de leurs réactions, lorsqu'ils sont soumis aux actions mécaniques qui sont celles que nous connaissons le mieux.

Élasticité des gaz. — Loi de Mariotte. — L'élasticité des gaz se manifeste dès qu'ils sont soumis à des compressions, et la mesure des pressions et des volumes correspondants mène à une des lois les plus considérables de la physique, à la loi de Mariotte, qui a conduit à considérer les gaz comme formés de molécules équidistantes. En effet, pour un volume moitié du volume primitif, ou pour un nombre de molécules double sous un volume égal, la loi de Mariotte indique une pression double, c'est-à-dire que les volumes sont en raison inverse des pressions, et que, en général, V, V' étant deux volumes d'un gaz, P, P' les pressions correspondantes, on a toujours :

$$PV = P'V'.$$

Cette loi qui se vérifie facilement par des observations directes, comme en enfonçant dans le mercure un tube fermé renfermant du gaz à la partie supérieure, est-elle absolument exacte? Cela ne semblait pas douteux, il y a peu d'années encore, bien que les expériences qui avaient servi à établir la loi de Mariotte fussent d'une médiocre précision. Nous avons rapporté à COMPRESSIBILITÉ les variations qu'a trouvées M. Regnault et vu combien elles sont minimes pour les gaz parfaitement stables.

Mouvements des molécules gazeuses. — Si le calorique n'existe pas en tant que fluide élastique impondérable se combinant avec les molécules pondérables, il n'en est pas moins évident que c'est l'action de la chaleur sur celles-ci qui est la cause des propriétés de l'état gazeux. Non-seulement la chaleur donne naissance aux gaz par le phénomène de la vaporisation des liquides, mais encore il est évident que, sans les effets qui lui sont dus, les molécules séparées et sans action les unes sur les autres ne produiraient aucune pression extérieure; cet amas de molécules inertes ne ressemblerait en rien à un corps gazeux. Mais si on suppose ces molécules en mouvement, ce qui est une conséquence nécessaire de leur formation par la chaleur définie dynamiquement, si la temperature indique la vitesse de leur vibration, aussitôt apparaissent toutes les propriétés de ces corps que l'expérience a fait reconnaître. Ce mode de constitution fournit des moyens d'analyser des faits de la plus haute importance, dont l'ancienne théorie ne rendait pas compte.

La conséquence nécessaire du mouvement dans toutes les directions possibles de molécules indépendantes les unes des autres, séparées par de très-grands intervalles qu'indique l'accroissement considérable de volume produit lors de la gazéifaction du liquide qui leur donne naissance, c'est que ce mouvement tend à se poursuivre indéfiniment, sans être modifié dans ses effets en tant que consommation de quantité de travail, par les actions mutuelles d'attraction qui peuvent se produire entre les molécules; il peut tout au plus en résulter des modifications de la forme des trajectoires, par des actions qui ne peuvent durer qu'un instant très-court, puis les molécules s'écartent de rechef les unes des autres, et rentrent dans les conditions générales du système. Si on admettait qu'elles se rencontrent et se choquent, comme les masses des molécules sont égales aussi bien que les vitesses, celles-ci ne feraient que changer de direction sans changer de grandeur; l'action exercée par un pareil système sur les parois qui le limitent peut donc être considérée comme identique à celle d'un système dont toutes les molécules chemineraient sans cesse en ligne droite, sans jamais se rencontrer.

Cette conclusion est encore forcée, si au lieu de considérer les mouvements de molécules indépendantes, on les considère comme liées avec celui de l'éther, ce qui est plus que probable. Alors les mouvements moléculaires dont il y a à tenir compte ne sont plus des mouvements indéfinis de translation, mais des mouvements vibratoires en tous sens, un mouvement dans une direction entraînant nécessairement un autre mouvement transversal, vibrations de sens alternativement opposés, s'accomplissant suivant de petits éléments linéaires à légères inflexions.

Les molécules gazeuses en mouvement venant à rencontrer les parois immobiles du vase qui les renferme, rebondissent en sens contraire, ce qui change la direction de leur mouvement mais non leur vitesse; de telle sorte que l'état du système reste invariable, ces effets se produisant deux à deux en sens contraire. Ce fait fondamental que rend nécessaire le principe de la conservation des forces vives et l'immobilité absolue des parois que choquent des molécules dont la masse est extrêmement petite, quelle que soit la cause qui fait que les choses se passent de la sorte, suffit pour déterminer, d'une manière parfaitement satisfaisante, la pression des parois d'un vase qui renferme un gaz, en partant de la force vive dont sont animées les molécules gazeuses. Donnons le calcul d'après MM. Waterson et Krœnig.

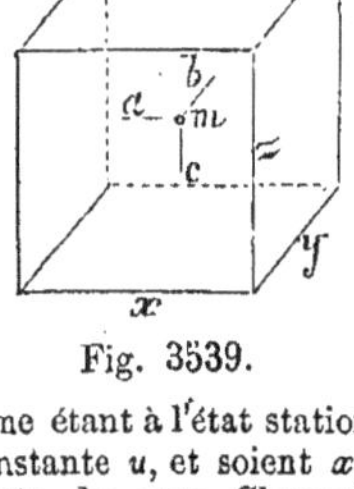

Fig. 3539.

Soit un vase de forme parallélipipédique, fig. 3539, divisons-le en $\frac{n}{3}$ petits cubes élémentaires (n étant le nombre des molécules), contenant chacun trois atomes gazeux placés à des distances moyennes égales, le système étant à l'état stationnaire, animées d'une vitesse constante u, et soient x, y, z les grandeurs des trois côtés du vase. Chaque atome vibre nécessairement parallèlement à l'une des faces du parallélipipède, c'est un résultat forcé de la symétrie du système et du mouvement en tous sens des molécules.

Cherchons la pression p exercée sur l'une des parois. Cette pression résulte du nombre de chocs des atomes gazeux et de leur intensité. Si un seul atome rencontrait la paroi, la pression serait proportionnelle à a, a désignant le nombre des rencontres avec la face pendant l'unité de temps. D'ailleurs u étant la vitesse de la molécule gazeuse, et m sa masse, $m\,u$ sera la pression qu'elle exercera lorsqu'elle sera sur la paroi; la pression sera donc mua. Si l'on désigne par z l'arête du parallélipipède perpendiculaire à la paroi pour laquelle on cherche la pression, il est facile de voir que chaque atome qui se meut parallèlement à cette dimension doit rencontrer la paroi considérée toutes les fois qu'il a parcouru le chemin correspondant à l'aller et au retour, c'est-à-dire $2z$; d'où il suit que l'on a :

$a = \frac{u}{2z}$. La pression totale p produite par chaque atome sera donc $\frac{mu^2}{2z}$, et en multipliant pour une face du cube entier par le nombre des atomes se mouvant parallèlement à une face ou à $\frac{n}{3}$, et divisant par l'étendue $x\,y$ de la paroi considérée, on aura la pression rapportée à l'unité de surface, ou

$$p = mu\frac{u}{2z}\,\frac{n}{3}\,\frac{1}{xy} = \frac{1}{6}\,\frac{nmu^2}{v},$$

puisque le volume $v = xyz$, ou $pv = \frac{n}{6}mu^2$.

Ce mode de calcul revient à ramener tous les mouvements moléculaires élémentaires à trois axes rectangulaires, ce que permet la nature du mouvement tendant à l'expansion en tous sens.

Conséquences de la formule obtenue. — La formule ci-dessus offre beaucoup d'intérêt par les conséquences curieuses qu'on peut en tirer.

1° Elle établit sur une base bien compréhensible la loi de Mariotte, assez obscure dans l'ancienne théorie; c'était quelque chose d'insolite, dans les phénomènes naturels, que cette action répulsive variant proportionnellement à l'écartement des molécules. Au contraire, ici la constance de pv est le résultat nécessaire de la constance du nombre de molécules, u^2 étant également constant.

Les variations de compressibilité des divers gaz, relativement à la loi de Mariotte, ne sont pas contraires à ce mode de constitution de corps gazeux. L'accroissement de compressibilité s'explique d'une manière satisfaisante par l'attraction qui, à mesure que la pression est plus voisine de celle qui répond au point de liquéfaction, vient concourir de plus en plus à produire le même effet de réduction de volume que la compression. La force d'attraction et la densité, le poids atomique, quand on compare des corps différents, ont une influence dont il importe de tenir compte dans chaque cas particulier. Si, pour les gaz parfaits, elle est à peu près nulle, toutefois un corps réel ne saurait jamais être réduit, si ce n'est pour l'étude générale et préliminaire, à une abstraction mathématique. Les lois ainsi obtenues ne peuvent jamais, sans introduire dans les formules les éléments propres à chaque cas, s'appliquer à un corps déterminé, et il doit y avoir, dans les gaz et les vapeurs, des variations considérables depuis le point où l'attraction agit entre les molécules presque comme dans un liquide, où il est une vapeur saturée, jusqu'au point où cette attraction était presque nulle, l'écart moléculaire est très-grand et la densité minime.

Dans le premier cas, comme je l'ai déjà dit, la diminution de la distance moyenne des molécules et l'accroissement de la force d'attraction qui en résulte rendent bien compte de l'accroissement de compressibilité; dans le second, dont nous avons un exemple dans l'hydrogène, gaz qui doit être rangé dans une classe à part, à cause de sa faible densité, et de la grande vitesse tout exceptionnelle du mouvement de ses atomes dont le poids est très-faible, pour les compression considérées, on peut admettre que, bien avant le point où l'attraction intervient par suite d'une diminution notable de l'écartement moléculaire, un bien moindre rapprochement des molécules matérielles et de l'éther, plus dense que l'éther ambiant qui les entoure, fait naître une résistance supplémentaire qui explique pourquoi la diminution de volume n'est pas proportionnelle à la force de compression, comment peut diminuer la compressibilité.

2° Elle montre qu'un accroissement ou une diminution de la vitesse moléculaire doit accompagner nécessairement une augmentation ou une diminution du volume v, p restant constant, c'est-à-dire une production, une consommation de travail extérieur. On entrevoit comment, d'après cela, la chaleur engendre du travail mécanique et inversement. On en déduit le principe de l'explication de ce genre de phénomènes, qui me paraît une excellente vérification des principes précédents.

C'est, en effet, un résultat capital de la nouvelle conception de la constitution des gaz considérés comme formés de molécules en mouvement, que d'expliquer parfaitement comment prennent naissance les phénomènes calorifiques et mécaniques qui apparaissent lors de la compression ou de la dilatation des gaz et des vapeurs, et la lumière qu'elle apporte dans l'analyse, impossible auparavant, de phénomènes d'une importance tout à fait majeure.

La conséquence nécessaire de cette constitution est évidemment que lorsqu'un gaz se détend, lorsque, par exemple dans une machine à vapeur, le piston s'avance par l'effet de la pression de la vapeur, les molécules gazeuses venant choquer une paroi qui se meut dans le même sens qu'elles, ne peuvent retourner en arrière qu'en vertu de la différence des deux vitesses, c'est-à-dire avec une vitesse moindre que celle initiale. Le gaz se refroidit donc, et la diminution des forces vives des molécules gazeuses, qui est la variation de la chaleur, est précisément égale au travail que transmet la tige du piston.

Un effet exactement inverse répond à la compression, et on comprend facilement de même, comment le travail consommé engendre un échauffement, un accroissement de forces vives calorifiques précisément égal à ce travail.

Il est bien curieux de voir que le mode de constitution des corps gazeux auquel parvient la science moderne a été formulé plus d'un demi-siècle avant que Lavoisier eût imaginé l'hypothèse du calorique; qui nous paraît plus simple uniquement parce qu'on nous l'a professée dès les premières leçons de physique que nous avons pu entendre. Il est certes moins aisé de concevoir un fluide impondérable produisant les effets de la chaleur quand il entre dans un corps, quand il se combine avec ses molécules, que de considérer celles-ci comme animées d'un mouvement. La logique comme l'ancienneté militent en faveur de la constitution des corps gazeux, formulée en effet dès 1738 par D. Bernouilli, et retrouvée de nos jours par Waterson, Hérapath, Krœnig et Clausius.

Nous reproduirons ici le passage le plus remarquable de l'ouvrage de D. Bernouilli :

HYDRODYNAMIQUE. — Chap. X. — *Des propriétés et des mouvements des fluides élastiques et principalement de l'air.*

« Supposons donc un vase cylindrique posé verticalement, dans lequel peut se mouvoir un piston mobile EF chargé d'un poids P, et que la capacité ECDF renferme de petites particules agitées de mouvements rapides en tous sens. Alors ces particules, pendant qu'elles choquent le piston EF et le soutiennent par leurs chocs continuellement répétés, constituent un fluide élastique qui augmentera de volume si on enlève ou diminue le poids P, qui diminuera de volume si on l'augmente; enfin qui ne pèsera pas autrement sur le fond CD, que s'il n'était doué d'aucune élasticité; car soit que les particules soient en repos, soit qu'elles se meuvent, la gravité n'est pas changée, aussi le fond supporte-t-il à la fois le poids et la pression élastique du fluide.

« Tel est par suite le fluide possédant les mêmes propriétés fondamentales que les fluides élastiques que nous substituerons à l'air, et nous pourrons ainsi expliquer par suite non-seulement les propriétés déjà reconnues à l'air, mais encore d'autres qui n'ont pas encore été suffisamment analysées. »

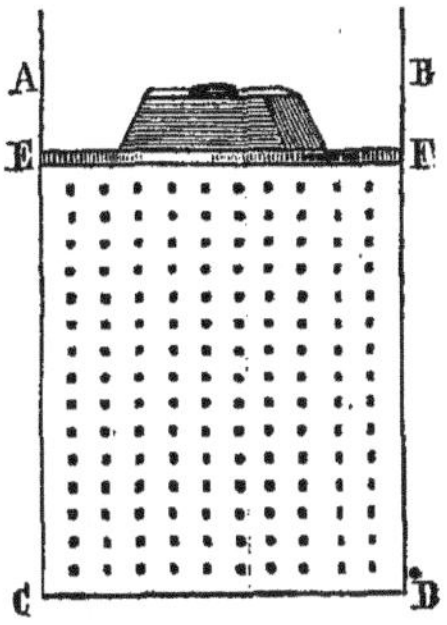

Fig. 3539 *bis.*

Ces conséquences, conformes à l'expérience, à l'emploi de la chaleur pour produire un travail mécanique, rendent ces phénomènes de production ou mieux de communication de forces vives, de vibrations moléculaires parfaitement nets. Ils remplacent avec grand avantage une obscure correspondance entre des quantités hétérogènes, travail mécanique et chaleur, qui, dans l'ancienne physique, n'offrait rien de satisfaisant à l'esprit, que la certitude du fait forçait seule d'accepter malgré ce qu'elle présentait d'illogique.

3° On peut enfin de l'équation fondamentale déduire la valeur de u, de la vitesse rectiligne moyenne du mouvement de la molécule gazeuse. On a ainsi pour 1 mètre cube et la pression atmosphérique par mètre carré égale à 10330, $p = 10330 = \frac{1}{6} n m u^2 = \frac{1}{6} \frac{\pi}{g} u^2$, π étant le poids du mètre cube.

	Poids du mètre cube.	Vitesse par seconde.
Air.	1 k,299	623m
Hydrogène.	0 ,088	2,396
Oxygène.	1 ,433	593
Azote	1 ,268	624
Chlore	4 ,209	347
Protoxyde d'azote.	1 ,977	504
Oxyde de carbone.	1 ,243	620
Acide carbonique. .	1 ,981	500
Acide sulfureux. .	2 ,849	320
Ammoniaque . . .	0 ,766	811

Ces vitesses de vibration sont sans doute énormes et étonnent à première vue quand il s'agit de molécules qu'on était habitué à considérer comme en repos; mais il faut, quand la science entre dans des voies nouvelles, savoir ne pas se trop préoccuper de ce que l'on a autrefois admis par habitude. Il faut se rappeler d'ailleurs que les vibrations des molécules ne nous sont pas perceptibles sous forme de mouvement, mais seulement sous celle de chaleur, non-seulement à cause de leur extrême ténuité, mais à cause de la nature alternative de leur mouvement. Il est d'ailleurs des faits inexplicables dans l'ancienne manière de raisonner, et qui sont en rapport avec des vitesses aussi grandes. Telles sont les ruptures des vases les plus résistants produites par une gazéification instantanée, comme on le voit dans des cas inexplicables d'explosions de chaudières à vapeur et dans l'emploi de certaines poudres brisantes. Elles sont d'ailleurs petites (et d'autant moindres que la masse de l'atome est plus grande, l'unité de volume renfermant le même nombre de molécules gazeuses, d'après la loi de Gay-Lussac sur les combinaisons des corps gazeux en rapport simple de volumes), relativement à celle de l'éther qui leur imprime sans aucun doute les vitesses déterminées ci-dessus.

4° Enfin elle permet de déterminer la somme totale de forces vives que possède l'unité de poids d'un gaz, à un état déterminé, nombre qui paraît devoir représenter mieux que tout autre le corps même, donner le moyen de prévoir la manière dont il se comportera dans un cas déterminé.

L'équation fondamentale étant mise sous la forme

$$3pv = \frac{nmu^2}{2},$$

puisque nm est la masse pour le volume v, la valeur $\frac{nmu^2}{2}$ est la force vive des molécules gazeuses pour le volume v; on en déduit :

Que, pour des volumes égaux à même pression, les gaz parfaits ont tous la même force vive moléculaire; par suite les dilatations seront égales, comme le montre l'expérience, puisqu'on aura

$$6pv = nmu^2,\ 6pv(1 + \alpha t) = nm(u + \Delta u)^2,$$

et que, pour tous les gaz $m(u + \Delta u)^2$ sera constant comme mu^2.

De là se déduit aussi l'égalité des chaleurs spécifiques des gaz simples pour un même volume, ce qui permet de calculer facilement les chaleurs spécifiques des divers gaz pour l'unité de poids.

Pour l'unité de poids, connaissant la densité D, le poids du mètre cube sous la pression atmosphérique, pour lequel $vD = 1$, ou $v = \frac{1}{D}$, il viendra :

$$\frac{3 \times 10330}{D} = \frac{nmG^2}{2},$$

c'est-à-dire que la somme des forces vives de l'unité de poids est en raison inverse de la densité.

On trouve ainsi pour les principaux gaz, pour 1 kilogramme, à zéro:

	Densités.			En chaleur
	0,088	Hydrogène.	352160k	951,7
	1,433	Oxygène.	21784	58,8
	1,268	Azote.	24447	65,2
	1,243	Oxyde de carbone. .	24955	66,2
Gaz liquéfiables.	1,989	Acide carbonique. .	15650	41,7
Gaz liquéfiables.	1,977	Protoxyde d'azote. .	15685	41,8
Gaz liquéfiables.	0,766	Ammoniaque.	40468	107,9
Gaz liquéfiables.	2,849	Acide sulfureux. . .	10880	29,0

Pour l'unité de volume, ou $v = 1$, on a pour tous les gaz $nm\frac{G^2}{2}$ = Constante = 30990 par mètre cube, et en chaleur $\frac{30990}{370} = 83,7$, et par litre 0,0837. Cette égalité, qui résulte du mode de raisonnement ci-dessus, est d'accord avec l'égalité des chaleurs spécifiques des gaz simples, rapportées à un même volume.

Démonstrations expérimentales.

Écoulement des gaz à travers un corps poreux. — Le savant chimiste anglais Graham a fait des expériences qui démontrent directement la vérité du mode de constitution des gaz que nous venons de résumer. Nous empruntons ce qui suit au mémoire dans lequel il décrit ses recherches.

Ayant fait passer des gaz différents à travers un tube capillaire extrêmement fin, il avait trouvé, pour le passage de volumes égaux d'hydrogène, d'oxygène et d'acide carbonique, les temps suivants :

Oxygène	1,00
Acide carbonique.	0,72
Hydrogène.	0,44

En remplaçant le verre par du biscuit de porcelaine, et mieux encore du graphique, corps poreux, mais dont les pores sont bien plus petits que les orifices capillaires artificiels, alors un filet de gaz ne peut plus passer, ce sont les molécules qui, individuellement, traversent les intervalles inter-moléculaires du graphite, et les lois du mouvement diffèrent de celles des mouvements de masse. En effet, le passage des mêmes gaz sous la pression d'une colonne de mercure de 100 millimètres de hauteur, ayant été observé en faisant usage d'une plaque de graphite artificiel de 1/2 millimètre d'épaisseur, donne les résultats suivants.

Temps employé pour le passage moléculaire.

		Racine carrée de la densité.
Oxygène.	1,00	1,00
Acide carbonique .	1,1886	1,1760
Hydrogène.	0,2472	0,2502

C'est-à-dire que l'expérience montre la proportionnalité du temps de l'écoulement à la racine carrée de la densité, vérification précieuse de la conception dynamique des gaz. En effet, l'écoulement d'un volume de gaz à travers des orifices ω, pendant un temps t, est toujours, pour une vitesse u, $V = \omega u t$; or si la vitesse est celle de vibration, comme on a pour deux gaz $V = ut = u't'$, et $nm = \frac{D}{g}$, D étant le poids du mètre cube,

$$u = \sqrt{\frac{6pvg}{D}},\ u' = \sqrt{\frac{6pvg}{D'}};\ \text{donc :}$$

$\frac{K}{\sqrt{D}}t = \frac{K}{\sqrt{D'}}t'$, ou $\frac{t}{t'} = \frac{\sqrt{D}}{\sqrt{D'}}$, c'est-à-dire exactement le résultat observé pour la diffusion des gaz.

Endosmose des gaz. — *Action de l'hydrogène.* — La notion de la constitution dynamique des gaz a déjà conduit à l'explication de divers faits mal compris auparavant. C'est surtout l'hydrogène qui, grâce à la force vive si grande de ses atomes, répondant à sa densité minime, fournit les résultats les plus surprenants.

Expérience de M. H. Deville et Troost. — MM. Deville et Troost ont pris un tube en fer d'une épaisseur de 3 à 4 millimètres, aux extrémités duquel ils ont soudé à l'argent deux tubes en cuivre d'un plus plus petit diamètre. Le tube de fer, ayant été entouré d'un tube de porcelaine, fut chauffé dans un fourneau où l'on pouvait alimenter la combustion avec le vent d'un soufflet. Un courant d'hydrogène circulait dans le tube et se dégageait par un long tube abducteur plongeant dans le mercure; on a arrêté le dégagement d'hydrogène en fermant à la lampe le tube qui l'entraînait; le mercure est alors remonté dans le tube vertical jusqu'à une hauteur de $0^m,74$, peu différente de la hauteur barométrique. Les parois du fer font donc l'effet d'une pompe parfaite qui aspirerait l'hydrogène dans le tube pour l'amener au contact de l'atmosphère.

On peut varier cette expérience ainsi qu'il suit: On entoure un tube de terre d'un tube de verre plus large; on fait arriver de l'acide carbonique dans l'espace annulaire compris entre les deux tubes, et de l'hydrogène dans le tube de terre. Les gaz sortent par deux tubes abducteurs communiquant directement l'un avec l'espace annulaire, l'autre avec le tube poreux; et l'on constate que le tube qui communique avec l'espace annulaire laisse dégager un gaz inflammable, tandis que l'autre laisse dégager principalement de l'acide carbonique : les deux gaz changent presque instantanément d'enveloppe en traversant les pores du tube, l'hydrogène se diffusant de manière à faire place à l'acide carbonique.

Cherche-fuite. — *Appareil à grisou de M. Ancel.* — Ces propriétés remarquables ont été utilisées de plusieurs manières : ainsi M. Ancel les a mises à profit pour construire un petit appareil destiné à faire reconnaître les fuites de gaz d'éclairage. Ce *cherche-fuite*, représenté en élévation fig. 3540 et en coupe fig. 3540 *bis*, se compose essentiellement d'un vase rempli d'air atmosphérique et fermé par une paroi poreuse. Ce vase est en communication avec l'une des branches d'un tube en U contenant

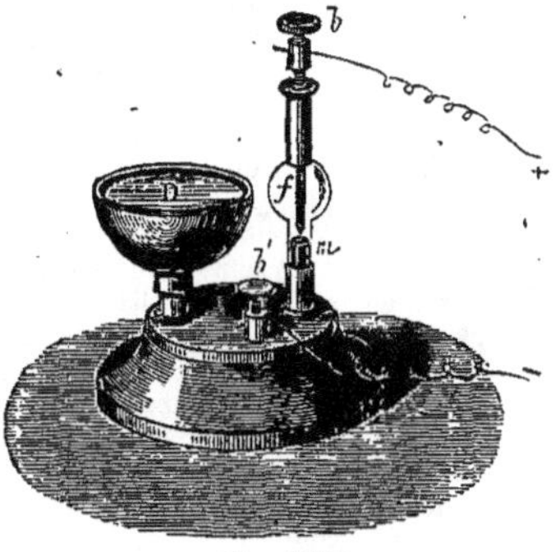

Fig. 3540.

du mercure. Les deux surfaces de ce liquide sont de niveau dans l'état ordinaire; mais, quand la pression

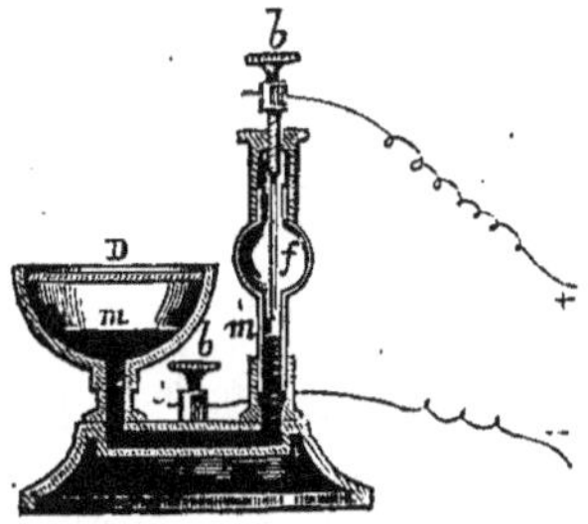

Fig. 3540 *bis*.

augmente dans le vase, la dénivellation du mercure amène la surface de la deuxième branche à être en contact avec une pointe métallique, et ce contact ferme le circuit d'un courant électrique qui met en mouvement un carillon. Cet effet se produit lorsque l'atmosphère dans laquelle cet instrument est plongé contient de l'hydrogène ou du gaz d'éclairage, ces gaz sont absorbés par la paroi poreuse qui les condense dans le vase fermé; la pression opère la dénivellation du mercure, et le carillon est mis en mouvement.

On ne comprendrait comment les divers faits que nous venons de rapporter pourraient être expliqués par une manière de concevoir les gaz autrement que comme formés de molécules animées d'une force vive considérable, telle que celle que nous avons tenté de formuler ci-dessus, et qui constitue un mode de conception en rapport avec les lois de la mécanique.

GAZ (MÉTHODE POUR LES RECUEILLIR). — L'air nous est connu par une foule de phénomènes qui nous impressionnent. Aristote en fit un des quatre éléments de l'univers : l'air, la terre, le feu et l'eau. La connaissance de l'état aériforme nous est donc en quelque sorte naturelle, mais il s'est passé bien des siècles avant que la notion d'*airs* différents de l'air atmosphérique, de diverses espèces d'*airs* entrât dans les esprits.

C'est lorsque l'étude des réactions chimiques a mis les expérimentateurs en présence de fréquents dégagements d'airs, qu'on put commencer à constater des propriétés spéciales, et l'air inflammable, l'air nitreux et autres prirent place dans la science. Scheele fit dans cette voie de très-beaux travaux.

Mais cette étude n'atteignit une précision complète que lorsque Priestley eut trouvé le moyen de recueillir et par suite de manier facilement les *airs*, auxquels Lavoisier donna le nom de gaz.

Le principe des appareils propres à recueillir les gaz consiste à faire que ceux-ci se dégagent dans une capacité pleine de liquide, d'eau pour tous ceux qui ne sont pas très-solubles dans l'eau. En vertu de leur légèreté spécifique, les gaz s'élèvent à la partie supérieure et sont ainsi conservés. Si le récipient est une éprouvette, un large tube fermé à la partie supérieure, ou un flacon retourné sur l'eau après en avoir été rempli et par suite étant restée en cet état par l'effet de la pression atmosphérique jusqu'à ce que le gaz y soit arrivé, on peut manier les gaz, y faire passer des réactifs liquides ou solides, les envoyer dans une éprouvette graduée pour les mesurer, les mélanger en les réunissant dans une même éprouvette, etc. On peut en un mot procéder à leur étude, les soumettre à diverses actions physiques et chimiques.

La fig. 1 montre un appareil disposé pour recueillir et laver le gaz avant de l'envoyer dans un flacon, genre d'appareil dont le montage avec un tube recourbé et des bouchons percés pour lui donner passage est la première opération de l'apprentissage du chimiste.

Lorsqu'on agit sur des quantités de gaz un peu considérables, la cloche devient un petit gazomètre, et l'on voit, en grandissant les appareils, que le système principal des appareils d'éclairage au gaz n'est, en réalité, que l'exécution sur une grande échelle du système employé dans les laboratoires.

En réalité, ce système est fondé sur deux principes : celui d'une fermeture parfaite et obtenue facilement; la fermeture hydraulique est évidemment supérieure à toute autre sous ces deux points de vue; le second, c'est l'absence de tout air dans le gaz préparé, ce qui exige que l'on parte d'un vide absolu, impossible à obtenir directement, aisé au contraire à réaliser par le

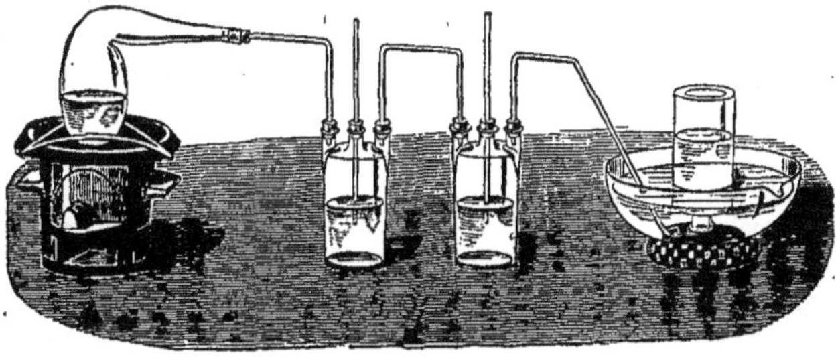

Fig. 1.

déplacement du liquide ou de la cloche devant le gaz à mesure qu'il se dégage.

Bien qu'usuelle et parfaitement connue de quiconque a passé quelques heures dans un laboratoire de chimie, il n'était pas sans intérêt de s'arrêter un peu sur une méthode qui a été, en réalité, un des plus puissants éléments du progrès de la chimie, et de faire comprendre qu'elle est fondée sur une application ingénieuse de principes de physique, qui font qu'elle est aussi sûre que simple et élégante.

GÉOLOGIE DE LA FRANCE. — Nous ajouterons ici quelques mots au court, mais si remarquable extrait du grand travail de MM. Élie de Beaumont et Dufrenoy, sur le caractère essentiel de la géologie de la France, donné à l'article GÉOLOGIE, en suivant l'ordre des formations, afin d'en bien fixer les grandes lignes.

Terrains primitifs. — Le granit constitue les protubérances montagneuses dont les lignes culminantes encaissent les bassins plus circonscrits, où se sont effectués les dépôts d'un âge plus récent. On voit apparaître ces terrains anciens, dont les arêtes élevées déterminent les tracés les plus généraux des bassins hydrographiques dans cinq régions distinctes : 1° Dans cet ensemble montagneux du centre de la France comprenant les monts du Vivarais, du Forez, du Limousin, de l'Auvergne et des Cévennes ; 2° dans les Vosges, sous forme d'un noyau allongé faisant face au massif de la Forêt-Noire et formant avec lui le défilé qui détermine le cours du Rhin, depuis Bâle jusqu'à Strasbourg ; 3° dans le massif surélevé des Alpes, dont la ligne de faîte constitue notre frontière du côté de la Suisse et de l'Italie ; 4° sur notre frontière du côté de l'Espagne, affectant la forme d'îlots tantôt raccordés entre eux, tantôt isolés les uns des autres, depuis Bayonne jusqu'au cap Creux ; 5° enfin, dans la presqu'île de Bretagne et le département de la Vendée.

Terrains de transition. — Les terrains de transition proprement dits apparaissent constamment adossés aux flancs des massifs couronnés par le granit et les roches schisteuses qui lui sont associées ; c'est dans la presqu'île de Bretagne qu'il présente un développement complet. Le terrain silurien y forme deux bassins : l'un vers le Sud et l'autre au Nord. C'est au milieu de roches arénacées et schisteuses que se trouvent les ardoises, à Angers, Saint-Sauveur et Vitré, vers la Bretagne ; à Monthermé, à Fumay, dans les Ardennes. Le terrain dévonien apparaît sur une large échelle en Vendée. On le rencontre sous la forme d'un noyau oblong dans le bas Boulonnais, où il doit être considéré comme le prolongement du puissant dépôt dévonien de la Belgique.

Dans les Pyrénées, les terrains de transition les plus étendus de la chaîne en forment la partie centrale et s'étendent d'un bout à l'autre sans interruption.

Terrain houiller. — Le terrain houiller occupe en France une surface de 400,000 hectares environ. On en partage les bassins en cinq groupes ; 1° Groupe du Nord, comprenant les exploitations du Nord et du Pas-de-Calais, prolongement du bassin belge ; 2° le groupe de l'Est, l'exploitation de Ronchamps, dont les couches se prolongent probablement au-dessous des terrains secondaires de la Moselle pour se raccorder avec les couches de Sarrebruck ; 3° le groupe de l'Ouest : houillères de la basse Loire et de la Vendée ; 4° le groupe du centre, embrassant les houillères de Blanzy, du Creusot, de Saint-Étienne et tous les centres d'exploitation situés entre ces points et l'Auvergne ; 5° le groupe du Midi : houillères de l'Aveyron du Gard et du Tarn.

Terrain permien. — Peu développé en France. Ce n'est que dans la partie des Vosges se reliant à l'Allemagne, où il est beaucoup plus étendu, qu'il a été rencontré sur des surfaces un peu notables. Il consiste en grès rougeâtres, recouverts de calcaires dolomitiques, ou même sans interposition de calcaires, surmontés d'un autre étage arénacé désigné sous le nom de grès vosgien.

Terrain triasique. — La formation du trias est encore représentée en Allemagne sur des surfaces beaucoup plus étendues qu'en France. On la rencontre cependant dans l'Est et dans quelques bassins méridionaux. Le grès bigarré apparaît dans la Moselle, les Vosges, l'Aveyron, et s'exploite pour pierres de taille ; le calcaire conchylien dans les environs de Lunéville et dans l'Alsace ; les marnes irisées, avec leurs puissants dépôts de sel gemme et leurs lits accidentels de gypse et d'anhydrite, dans le département de la Meurthe.

Terrain jurassique. — A la formation jurassique appartiennent de vastes dépôts, dont l'ensemble met très-nettement en lumière la distribution géographique des massifs anciens qui les encaissent. On les voit contourner le plateau central, de manière à tracer une courbe fermée, puis projeter deux rameaux latéraux, l'un adossé aux Vosges, l'autre au massif de la Bretagne et de la Normandie.

Terrain crétacé. — Les dépôts crétacés suivent complétement le tracé précédent. Ils apparaissent adossés aux couches jurassiques, se moulant sur leurs contours, de manière à dessiner au nord du plateau central une portion de courbe elliptique, jalonnée par le Havre, Mortagne, le Mans, Châtellerault, Sancerre, Auxerre, et Vervins ; elle prend en Champagne un développement considérable ; un second bassin côtoie la lisière occidentale du même plateau, depuis l'île d'Oléron jusqu'au sud du Gourdon ; un troisième, la lisière orientale, et s'étend depuis Montpellier jusqu'au nord d'Annecy, conservant cette même direction d'alignement jusqu'au-delà de Schweiz et de Glaris, en Suisse. Enfin, une autre bande s'étend d'une manière presque continue en suivant les Pyrénées, depuis Saint-Jean-de-Luz jusqu'à Narbonne.

Terrains tertiaires. — Les terrains tertiaires se partagent avec les terrains d'alluvion les surfaces non recouvertes par les dépôts précédents. Ils apparaissent dans toute cette contrée peu élevée, limitée au nord par les collines de Picardie, au midi et latéralement par ces deux rameaux montagneux issus des Cévennes, au point de jonction de cette chaîne avec la Côte-d'Or, l'un se dirigeant vers Alençon, par le Nivernais, l'Orléanais et le Perche ; l'autre, tourné d'abord vers les Vosges, puis vers les Ardennes. On retrouve encore au sud-ouest les terrains tertiaires joints aux dépôts d'alluvions anciennes, dans cette vaste plaine représentant à peu près l'ancien royaume d'Aquitaine, comprise entre les Pyrénées, l'Océan et une ligne sinueuse tracée de Carcassonne à l'embouchure de la Gironde, en passant par Alby, Cahors et Bergerac. Les sédiments ameublis, dus aux alluvions anciennes, se retrouvent pareillement sous forme d'une bande allongée, d'une largeur à peu près uniforme de 40 kilomètres, se dirigeant du nord au sud, depuis Gray jusqu'à Saint-Marcellin.

Terrains d'alluvion. — Les alluvions modernes apparaissent dans toutes les grandes vallées, sous forme de sédiments, présentant toute la suite des débris des couches superficielles traversées par les cours d'eau qui y circulent, mais à des hauteurs incompatibles avec le régime actuel des eaux.

GLYCÉRINE. La glycérine ($C^6H^8O^6$), appelée autrefois *principe doux des huiles*, a été découverte par Scheele. Elle se rencontre dans la saponification des huiles et des graisses (Voyez SAVON, BOUGIE) ; le développement de cette industrie a fait de la glycérine une substance abondante et d'un prix peu élevé ; on a par suite cherché avec ardeur les applications possibles d'une substance douée de propriétés particulières.

Concentrée dans le vide à la température de 100°, la glycérine est liquide ; inodore, incolore, d'une saveur très-sucrée, sans arrière-goût désagréable.

GLYCÉROCOLLE. — M. Mandet de Tarare a utilisé la glycérine pour fabriquer une substance propre à l'encollage des étoffes, qui ne durcit pas comme la colle d'amidon par la sécheresse, et par suite n'exige pas que les métiers à tisser soient placés dans des locaux humides, au grand détriment de la santé des tisserands.

Pour préparer la glycérocolle on prend : dextrine blanche soluble, très-adhésive, 500 grammes ; glycérine blonde à 28°, 1 kil. 200 ; sulfate d'alumine, 100 ; eau de rivière, trois litres : la dextrine est ajoutée peu à peu à l'eau bouillante ; après quelques minutes d'ébullition on retire du feu, on fait dissoudre le sulfate d'alumine, on mélange la glycérine, puis on met en bouteilles et on conserve pour l'usage. Avec l'emploi de la glycérocolle les fils deviennent élastiques, souples, glissants ; ils cassent moins et ne déposent pas de duvet ; les tissus fabriqués acquièrent la douceur de maniement et la fermeté que réclame la vente en écru.

Nitroglycérine. — Parmi les combinaisons des carbures d'hydrogène avec l'acide nitrique qui donnent des produits fulminants si curieux (voyez POUDRE), celle obtenue au moyen de la glycérine est particulièrement remarquable par ses effets, à l'intensité desquels contribue, sans aucun doute, l'état liquide du produit.

Propriétés de la nitroglycérine. — La nitroglycérine constitue une huile jaune ou brunâtre, plus lourde que l'eau, dans laquelle elle est insoluble, soluble dans l'alcool, l'éther, etc. Exposée à un froid même peu intense, mais prolongé, elle cristallise en aiguilles allongées. Un choc très-violent constitue le meilleur moyen pour la faire détoner. Son maniement est du reste très-facile et peu dangereux, lorsqu'elle vient d'être préparée. Répandue à terre, elle n'est que très-difficilement inflammable par un corps en combustion et ne brûle que partiellement; on peut briser sur des pierres un flacon renfermant de la nitroglycérine sans que cette dernière détone; elle peut être volatilisée sans décomposition par une chaleur ménagée; mais si l'ébullition devient vive, la détonation est imminente.

Une goutte de nitroglycérine tombant sur une plaque en fonte moyennement chaude, se volatilise tranquillement; si la plaque est rouge, la goutte s'enflamme immédiatement et brûle comme un grain de poudre, sans bruit; mais si la plaque sans être rouge est assez chaude pour que la nitroglycérine entre immédiatement en ébullition, la goutte se décompose brusquement avec une violente détonation.

La nitroglycérine, surtout lorsqu'elle est impure et acide, peut se décomposer spontanément au bout d'un certain temps, avec dégagement de gaz et production d'acide oxalique et glycérique.

Il est probable que c'est à une pareille cause que sont dues les explosions spontanées de la nitroglycérine dont les journaux nous ont fait connaître les effets désastreux. La nitroglycérine étant renfermée dans des bouteilles bien bouchées, les gaz produits par sa décomposition spontanée ne pouvaient se dégager; ils exerçaient donc une très-forte pression sur la nitroglycérine, et dans ces conditions, le moindre choc et le plus léger ébranlement pouvaient déterminer l'explosion.

La nitroglycérine possède une saveur à la fois sucrée, piquante et aromatique; c'est une substance toxique; en très-petites doses, elle provoque de forts maux de tête. Sa vapeur produit des effets analogues, et cette circonstance pourrait bien être un obstacle à l'emploi de la nitroglycérine dans les galeries profondes des mines, où la vapeur ne peut se dissiper aussi aisément que dans les carrières à ciel ouvert.

M. Kopp, qui a suivi des essais faits dans les carrières d'Alsace pour l'emploi de la nitroglycérine, a publié une note à laquelle nous empruntons ce qui suit, relativement aux conditions de son emploi et à sa préparation sur place, car le transport de ce corps expose à de grands dangers.

1° *Préparation de la nitroglycérine.* — On commence par mélanger dans une tourie de grès, placée dans de l'eau froide, de l'acide nitrique fumant à 49 ou 50 degrés Baumé, avec le double de son poids d'acide sulfurique le plus concentré possible. D'un autre côté on évapore dans une marmite de la glycérine du commerce, mais qui doit être exempte de chaux et de plomb, jusqu'à ce qu'elle marque 30 à 31 degrés Beaumé. Cette glycérine concentrée doit être sirupeuse après complet refroidissement.

L'ouvrier verse ensuite 3300 grammes du mélange d'acides sulfurique et nitrique bien refroidis dans un ballon de verre (on peut aussi employer un pot de grès ou une capsule de porcelaine ou de grès) placé dans un baquet d'eau froide, et il y fait couler lentement, et en remuant constamment, 500 grammes de glycérine. Le point important est d'éviter un échauffement sensible du mélange qui déterminerait une oxydation tumultueuse de la glycérine avec production d'acide oxalique. C'est pour cette raison que le vase où s'opère la transformation de la glycérine en nitroglycérine doit être constamment refroidi extérieurement par de l'eau froide.

Le mélange étant opéré bien intimement, on abandonne le tout pendant 5 à 10 minutes, puis on verse le mélange dans cinq à six fois son volume d'eau froide, à laquelle on a préalablement imprimé un mouvement de rotation. La nitroglycérine se précipite très-rapidement sous forme d'une huile lourde, qu'on recueille par décantation dans un vase plus haut que large; on l'y lave une fois avec un peu d'eau, qu'on décante à son tour, puis on verse la nitroglycérine dans des bouteilles, et elle est prête à servir.

Dans cet état, la nitroglycérine est encore un peu acide et aqueuse; mais cela est sans inconvénient, puisqu'elle est employée peu de temps après sa préparation et que ces impuretés ne l'empêchent nullement de détoner.

2° *Mode d'emploi de la nitroglycérine.* — Supposons que l'on veuille détacher une assise de roches. A 2m.50 ou 3 mètres de distance du rebord extérieur, on fonce un trou de mine d'environ 5 à 6 centimètres de diamètre, et de 2 à 3 mètres de profondeur. Après avoir débarrassé ce trou *grosso modo*, de boue, d'eau et de sable, on y verse, au moyen d'un entonnoir, de 1,500 à 2,000 grammes de nitroglycérine.

On y fait ensuite descendre un petit cylindre en bois, en carton ou en fer-blanc d'environ 4 centimètres de diamètre et 5 à 6 centimètres de hauteur, rempli de poudre ordinaire. Ce cylindre est fixé à une fusée de mine qui y pénètre à une certaine profondeur pour assurer l'inflammation de la poudre. C'est au moyen de la mèche ou fusée qu'on fait descendre le cylindre, et le tact permet de saisir facilement le moment où le cylindre arrive à la surface de la nitroglycérine.

A ce moment, on maintient la mèche immobile, et l'on fait couler du sable fin dans le trou de mine jusqu'à ce qu'il soit entièrement rempli. Inutile de comprimer ou de tamponner le sable. On coupe la mèche à quelques centimètres de l'orifice du trou et l'on y met le feu. Au bout de huit à dix minutes, la combustion de la mèche étant arrivée au cylindre, la poudre s'enflamme. Il en résulte un choc violent, qui fait détoner instantanément la nitroglycérine. L'explosion est si subite, que le sable n'a jamais le temps d'être projeté. On voit toute la masse du rocher se soulever, se déplacer, puis se rasseoir tranquillement sans aucune projection; on entend une détonation sourde. Ce n'est qu'en arrivant sur les lieux qu'on peut se rendre compte de la puissance de la force que l'explosion a développée. Des masses formidables de roc se trouvent légèrement déplacées et fissurées dans tous les sens et prêtes à être débitées mécaniquement. Le principal avantage réside dans le fait que la pierre n'est que peu broyée et qu'il n'y a que peu de déchet. Avec les charges de nitroglycérine indiquées, on peut détacher ainsi de 40 à 80 mètres cubes de roc assez résistant.

GOUVERNAIL. Le gouvernail est l'appareil qui sert à déterminer la marche d'un navire et à le faire tourner. L'amplitude du cercle décrit pendant cette évolution, doit être réduit le plus possible, sans qu'il en résulte cependant une trop grande résistance à la marche; c'est l'expérience qui a fixé les proportions convenables des gouvernails, et il en est résulté que le rapport de leur surface à celle du plan diamétral longitudinal, ou plan de dérive, est une quantité constante. Lorsque l'on cherche à se rendre compte par le calcul, dit M. Fréminville (*Guide du Marin*), des résultats probables de cette règle, on est conduit à conclure que la durée des virements de bord doit être en raison inverse de la longueur des bâtiments, et que les rayons des cercles décrits seront proportionnels à cette même longueur; ce résultat se trouve d'ailleurs confirmé par l'expérience, et il est reconnu que les grands navires sont beaucoup plus lents à virer et décrivent des cercles beaucoup plus étendus que les petits.

Nous donnons ci-contre un tableau dans lequel sont relatées les surfaces des gouvernails des bâtiments de différents rangs, ainsi que leur rapport au point diamétral : on reconnaît qu'en écartant quelques anomalies, ce rapport reste compris entre 45 et 50. Bien que notre tableau ne comprenne que des bâtiments à voiles et des bateaux à vapeur à roues, les proportions des gouvernails qui en résultent seront également applicables aux navires à hélice.

DÉSIGNATION.	SURFACE du gouvernail.	SURFACE du plan diamétral.	RAPPORT.
	m²	m²	
Vaisseaux de 1er rang	10.65	498.00	46.80
— de 2e rang	10.19	477.50	46.80
— de 3e rang	9.65	447.70	48.40
— de 4e rang	8.95	377.74	42.20
Frégates de 1er rang	7.06	344.89	48.70
— de 2e rang	6.54	331.75	51.00
— de 3e rang	4.82	250.17	51.00
Corvettes de 32 canons	3.80	199.98	52.00
— de 24 —	3.42	168.87	49.00
Bricks de 20 canons	3.03	138.52	45.70
Bateaux à vapeur de 450 chevaux	6.90	356.73	51.61
— de 320 —	5.05	247.94	48.00
— de 220 —	3.63	221.35	60.00
— de 160 —	2.67	166.50	62.00

Installation et charpente des gouvernails. — La charpente du gouvernail se compose : de la mèche *abc* (fig. 1, A), dirigée parallèlement à l'étambot; du safran *dd*, qui le limite à l'arrière, et de remplissages intermédiaires *ee*. Le safran et la mèche sont en chêne, les remplissages sont en sapin. La mèche pénètre à l'intérieur du bâtiment par la *jaumière*; son extrémité supérieure ou tête reçoit la barre, qui sert à lui imprimer le mouvement. Les gonds ou ferrures qui fixent le gouvernail à l'étambot sont en bronze; les ferrures mâles ou aiguillots *mn* sont adaptées au gouvernail, au moyen de deux branches latérales qui contribuent puissamment à sa consolidation; les ferrures femelles, ou femelots *p*, sont fixées à l'étambot, et présentent deux branches prolongées sur la carène de la quantité nécessaire pour assurer leur solidité. Les ferrures sont écartée les unes des autres de 1m.50 à 1m.60 environ; la dernière doit être placée le plus haut possible, c'est-à-dire à la naissance de la jaumière. Il est nécessaire que les aiguillots et femelots soient alignés avec le plus grand soin suivant l'axe de rotation du gouvernail, sans quoi il se produirait des frottements et des résistances qui pourraient déterminer la rupture de quelque aiguillot mal centré, ou qui, dans tous les cas, ne pourraient manquer d'avoir de mauvais effets; ces pièces doivent en outre être tournées et alésées. Il convient, en un mot, de ne négliger aucune précaution pour rendre leur fonctionnement doux et régulier, et pour prévenir l'usure des parties en contact.

La barre qui s'ajuste dans la mortaise *r* de la mèche est un levier en bois, auquel on donne le plus de longueur possible; elle est placée dans la batterie basse des vaisseaux, et dans le faux-pont des frégates; en tout cas, son excursion s'accomplit immédiatement au-dessous des baux du pont supérieur. En outre de la barre ordinaire, il en est toujours disposé une deuxième, destinée à servir dans le cas d'avarie survenue à la première; elle s'ajuste dans une mortaise *s*, pratiquée sur le prolongement de la tête du gouvernail, et placée dans la deuxième batterie des vaisseaux et dans la batterie unique des frégates. Cette barre dite de combat est en fer; elle est habituellement démontée et n'est mise en place que pendant un combat, ou, comme nous le disions tout à l'heure, dans le cas de quelque avarie survenue à la barre ordinaire.

Les mèches de gouvernail droites, telles que nous venons de les décrire, nécessitent des jaumières très-largement ouvertes ce qui conduit à des arrières à voûte saillante d'une construction difficile; on les a remplacées par des mèches dites dévoyées (fig. 1, C), dont l'axe de figure coïncide avec l'axe de rotation du gouvernail, ce qui permet de réduire la section de la jaumière à un cercle, dont le diamètre est égal à l'épaisseur de la mèche.

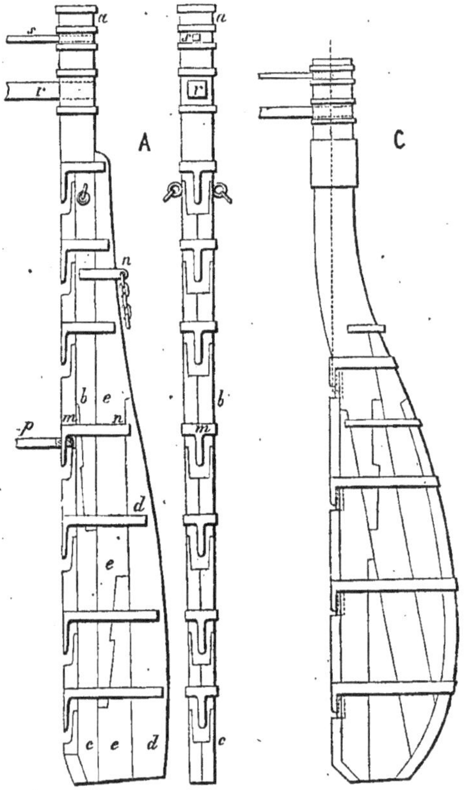

Fig. 1.

Les mèches dévoyées sont d'un très-bon usage, à condition que leur contour soit étudié de façon à éviter les courbures trop prononcées; on arrive à ce résultat en abandonnant, pour la partie inférieure de la mèche, la direction parallèle à l'etambot, et en l'écartant avec l'une des pièces de remplissage, ainsi que l'indique la figure. Avec une mèche de cette espèce travaillée avec

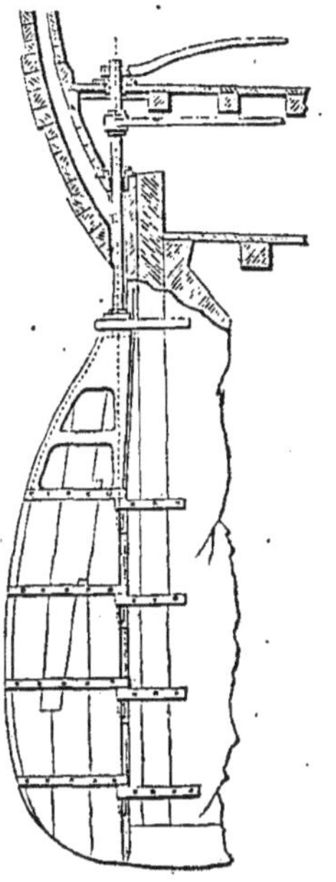

Fig. 2.

soin, l'on peut supprimer la braie, et la remplacer par un véritable presse-étoupe adapté à son passage à travers la muraille. Il convient seulement, dans ce cas, de la recouvrir d'un manchon en bronze dans toute la partie exposée au contact des garnitures, afin que les frottements s'exercent sur des surfaces régulières et polies.

Depuis quelque temps, on a pris le parti d'exécuter les mèches de gouvernail en fer, ce qui réduit la jaumière à des dimensions tout à fait minimes, et supprime en même temps les difficultés de construction qu'elle pouvait occasionner. A la partie inférieure, la charpente du gouvernail reste alors disposée comme à l'ordinaire, mais à son sommet elle est terminée par une armature en bronze dans laquelle s'ajuste la mèche; ce système, représenté figure 2, est actuellement en usage sur tous les grands bâtiments de guerre de la flotte à hélice.

Lorsque les bâtiments sont animés d'une certaine vitesse, il arrive presque toujours que le gouvernail éprouve de fortes trépidations qui fatiguent les ferrures et produisent un bruit insupportable. Ces vibrations sont la conséquence du jeu indispensable conservé entre les aiguillots et les femelots; on peut les atténuer en apportant un soin tout particulier à l'établissement de ces ferrures; mais, malgré les précautions les plus minutieuses, elles ne tardent pas à se produire au bout de quelque temps de service. Pour arriver au moyen de supprimer les trépidations, il faut remonter à la cause qui les produit : lorsque le bâtiment est animé d'une vitesse assez considérable, la face arrière du gouvernail coupé carrément se comporte à la manière d'un plan traîné dans la masse liquide, c'est-à-dire que, par suite de la difficulté que les filets liquides éprouvent à abandonner leur direction rectiligne, il se forme à l'arrière de cette surface un véritable vide qui appelle le gouvernail vers l'arrière; ce vide est d'ailleurs très-variable d'intensité suivant la nature des remous formés par les filets liquides; par suite les forces qui sollicitent le gouvernail le sont également, et il n'est pas douteux que les variations de ces forces n'occasionnent ses trépidations. Elles pourraient être annulées de deux manières : 1° en rendant constant ou à peu près le vide formé à l'arrière du gouvernail; 2° en supprimant complétement ce vide. Le premier de ces deux moyens a en effet été mis en usage, et l'on est arrivé au résultat voulu, en clouant sur la face arrière du safran et de chaque côté deux tringles en sapin de 3 centimètres d'épaisseur environ (fig. 3, A), laissant entre elles une cannelure dans laquelle les filets liquides n'accèdent que très-difficilement; le vide formé à l'arrière subsiste alors constamment, au moins dans cette partie, et suffit pour maintenir les aiguillots appliqués par leur face arrière. Ce procédé paraît avoir réussi; mais il présente l'inconvénient d'accroître la résistance opposée à la marche du navire. Lorsque l'on se propose de faire disparaître le vide produit à l'arrière du gouvernail, il suffit de lui donner des sections effilées, permettant aux filets liquides de se rejoindre à l'arrière sans éprouver de déviations brusques (fig. 3, B). Ce procédé est évidemment bien

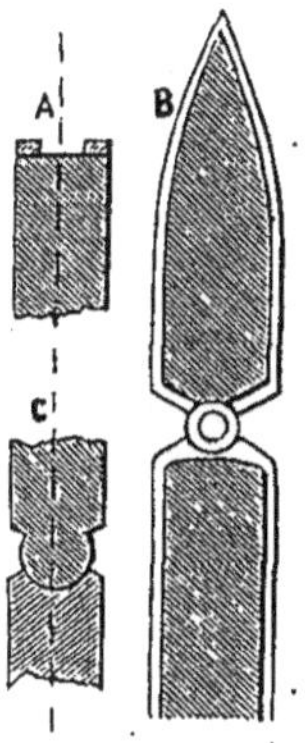

Fig. 3.

supérieur au premier, puisqu'il conduit au même résultat, tout en atténuant la résistance propre du navire; c'est le mode de construction adopté actuellement sur tous les nouveaux bâtiments de la flotte.

Barres et drosses de gouvernail. — Dans le but de diminuer l'effort nécessaire pour faire mouvoir le gouvernail, on est conduit à donner à la barre le plus de longueur possible, et, en effet, dans les anciens vaisseaux, elle était prolongée jusqu'au mât d'artimon : lorsque la barre atteignait des proportions aussi considérables, elle ne pouvait rester simplement suspendue dans la mortaise de la mèche, et son extrémité avant devait être soutenue à l'aide d'un taquet reposant sur un secteur circulaire adapté sous les baux, et nommé la tamisaille. Dans le système le plus simple employé pour manœuvrer la barre, la drosse, fixée à son extrémité *a*

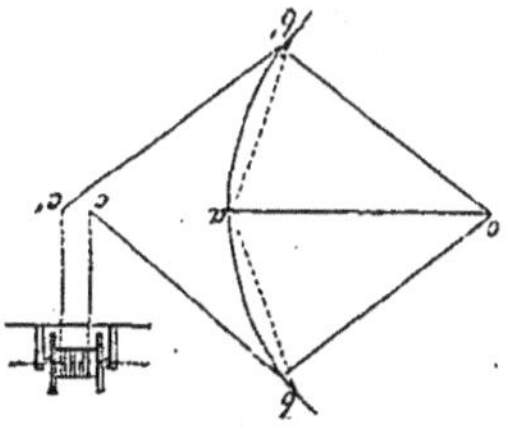

Fig. 4.

(fig. 4), fait retour en un point *b* placé sur le cercle décrit par le point *a*, vient passer sur une poulie *c* située dans le plan diamétral, pour remonter verticalement et s'enrouler sur un treuil horizontal nommé la roue de gouvernail (pour rendre visible cette partie du parcours de la drosse, nous l'avons rabattue sur le plan de la figure); après avoir décrit plusieurs révolutions sur la roue, la drosse redescend verticalement, fait retour sur les poulies c' et b', et vient se fixer de nouveau au point a, après avoir décrit du bord opposé le circuit $c'\ b'\ a$ égal au circuit $c\ b\ a$. Si l'on imprime à la roue un mouvement de rotation quelconque, l'un des cordons s'enroule d'une certaine quantité en entraînant la barre, tandis que l'autre se déroule d'une quantité égale. La tension de la drosse est égale à l'effort qu'il est nécessaire de produire à l'extrémité de la barre; mais, en proportionnant convenablement les leviers sur lesquels les hommes agissent pour manœuvrer la roue, on peut réduire dans une certaine proportion l'effort qu'ils ont à exercer; nous disons dans une certaine proportion seulement, parce que, d'une part, les leviers de la roue ne doivent pas recevoir des dimensions exagérées qui les rendraient trop encombrants, et que, de l'autre, le cylindre du treuil ne doit pas avoir un diamètre trop petit, ce qui entraînerait une prompte usure des drosses. D'après les anciens usages, le diamètre du treuil, ou, suivant l'expression consacrée, du marbre du gouvernail, est déterminé par la condition que cinq tours de roues suffisent pour faire exécuter à la barre une évolution complète de tribord à bâbord. D'après cette règle, si on désigne par :

R, la longueur de la barre;
α, l'angle décrit par la barre;
r, le rayon du treuil;
i, l'angle décrit par le treuil, correspondant à α,

on aura la relation suivante :

$$R\alpha = ri, \qquad \frac{R}{r} = \frac{i}{\alpha}.$$

Si l'excursion de la barre est de 35° de chaque côté du plan diamétral, soit 70° en tout, si d'un autre côté, l'angle correspondant décrit par la roue est de 5 fois 360°, on aura l'égalité :

$$\frac{R}{r} = \frac{1800}{70} = 25.70.$$

En d'autres termes, le rayon du treuil devrait être environ 1/25 de la longueur de la barre : c'est, en effet, la proportion que l'on adoptait autrefois ; mais dans la pratique, au lieu de prendre le rapport des rayons on prenait celui des arcs décrits par la barre et par la roue, en opérant de la manière suivante : on mesurait avec un fil la longueur exacte de l'arc de cercle décrit par le bout de la barre, et le cinquième de cette longueur donnait la circonférence du marbre.

Pour que le fonctionnement du gouvernail fût entièrement satisfaisant, il faudrait que les deux portions de drosses $a\ b$, $a\ b'$ fussent toujours également tendues, ce qui ne saurait avoir lieu qu'à la condition que la somme des cordons $ab + ab'$ soit une constante ; or, cette condition n'est remplie que si la courbe décrite par le point a est une ellipse ayant pour foyers les points $b\ b'$; mais comme l'extrémité de la barre décrit simplement un arc de cercle, elle ne sera pas satisfaite; le cordon qui appelle la barre sera tendu, tandis que le cordon opposé présentera un excédant de longueur, ou une certaine quantité de *mou*, que l'on devra embraquer, avant que l'action de la roue ne se fasse sentir sur la barre, dans la direction opposée à celle qu'elle avait primitivement. L'existence du mou dans les drosses est considérée comme un grave défaut ; il expose le gouvernail à des secousses qui peuvent rompre les drosses ou blesser les hommes employés à la manœuvre.

La réduction de l'effort à produire pour mouvoir le gouvernail et la suppression du mou dans les drosses sont donc les deux points importants de son installation. Pour réduire l'effort à produire, on a employé primitivement des barres de grande longueur, et l'on est parvenu de la sorte à établir entre les bras de leviers, de l'effort résistant appliqué au centre de gravité du gouvernail, et de l'effort moteur appliqué à l'extrémité de la barre, un rapport d'environ 1 à 10 ; bientôt cependant on a renoncé aux barres de grande longueur, qui sont encombrantes et d'une installation difficile, et on les a réduites de moitié, mais en même temps on a modifié l'installation des drosses, en prenant leur dormant sur la muraille et leur faisant faire retour sur le bout de la barre, de manière à constituer un palan à deux cordons ; d'ailleurs, en agissant de la sorte, rien n'a été changé ni dans le rapport de la puissance à la résistance, ni dans les dimensions relatives de la roue, ni dans la quantité de mou. On est souvent conduit à faire usage de barres plus courtes encore ; il n'est pas possible de donner de règle précise à cet égard, et l'on peut dire que la longueur de la barre est limitée par l'étendue des espaces disponibles, qui, surtout dans les navires à hélice, sont souvent très-restreints ; dans chaque cas particulier, on devra avoir soin de constituer avec la drosse des palans dont le nombre de brins soit tel, que le rapport de la résistance à l'effort moteur soit toujours de 1 à 10 comme dans le cas primitif. Si l'on désigne par P la résistance opposée par le gouvernail, par p le bras de levier de cette résistance, par P' l'effort exercé sur le dernier cordon de la drosse, par n le nombre de ces cordons, et par p' la longueur de la barre, on aura :

$$Pp = nP'p', \qquad \text{d'où } np' = p\frac{P}{P'};$$

et si le rapport $\frac{P}{P'}$ est donné, comme nous le supposons, on déduira de cette relation soit n, soit p', suivant que la longueur de la barre ou le nombre des cordons seront imposés *à priori*.

Pour supprimer le mou, il a été imaginé un grand nombre de dispositions fort ingénieuses, remplissant toutes plus ou moins leur but; mais c'est celle des barres à chariot qui l'emporte par sa simplicité et en même temps par ses bons résultats. Dans ce système (fig. 5), les drosses, au lieu d'être adaptées immédiatement sur la barre, agissent sur un chariot a, maintenu entre des

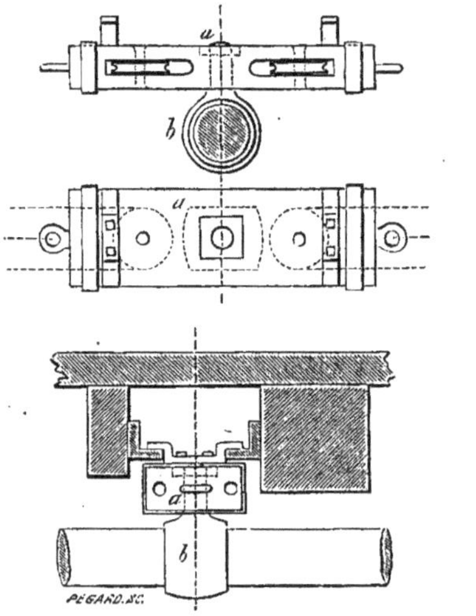

Fig. 5.

coulisses rectilignes, perpendiculaires au plan diamétral, qui forment une *tamisaille droite;* ce chariot entraîne la barre au moyen d'un collier à lunette *b*, susceptible de tourner autour d'un axe vertical de manière à suivre ses directions variables. Il est évident que dans ce système la suppression du mou est complète ; mais il présente une autre particularité, c'est que le moment de la force transmise à la barre est constant, tandis que celui de la résistance croît avec les obliquités ; il serait préférable que le moment de la force motrice augmentât avec l'intensité de la résistance, ainsi que cela se présente dans l'installation ordinaire, mais ce n'est là qu'un inconvénient secondaire qui ne saurait faire une objection sérieuse à l'emploi des barres à chariot.

GRAISSAGE. La propriété des corps gras de diminuer les frottements, par l'interposition de leurs molécules entre deux surfaces auxquelles elles adhèrent par leur viscosité, est utilisée dans toute machine; elle est la base du moyen le plus important d'empêcher le travail moteur de se perdre en résistances passives pour donner un travail utile, un résultat industriel maximum. Nous avons déjà donné les compositions les plus convenables pour voitures, pour surfaces entre lesquelles il s'exerce des pressions considérables; nous voulons ici parler surtout des applications où les pressions sont petites et les vitesses très-grandes, comme dans la filature, et qui ont été étudiées par M. Dollfus et M. Hirn (*Bulletin de la Société de Mulhouse*).

La question d'un graissage convenable, c'est-à-dire de l'emploi d'appareils bien disposés, mais surtout de substances lubrifiantes de bonne qualité, est d'une extrême importance dans ce cas, et des variations de 25 p. 100 dans le travail moteur consommé ne sont pas rares, en raison de la qualité des huiles.

Recherches de M. G. Dollfus. — M. G. Dollfus a fait ses recherches sur les qualités lubrifiantes des huiles, à l'aide d'un appareil employé en Angleterre et connu sous le nom d'*éprouvette* de Mac-Naught, qui permet de mesurer des quantités proportionnelles aux frottements et par suite de comparer les huiles entre elles.

Il se compose essentiellement (fig. 3541 et 3542) d'une broche maintenue par un collet et une crapaudine. Cette

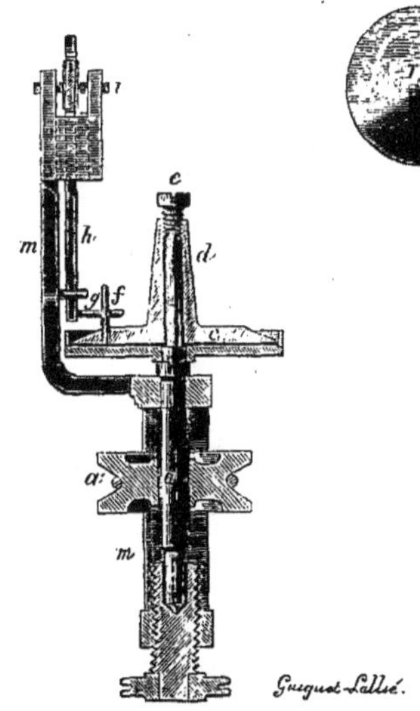

3541.

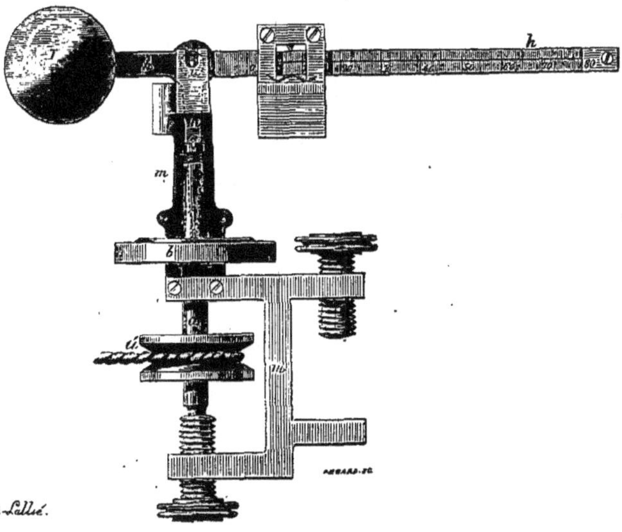

2354.

broche *a* porte, en *b*, un plateau en cuivre, tournant avec elle. Ce plateau a les bords relevés et forme ainsi une capacité qu'on remplit de l'huile à essayer. Sur ce plateau ou disque vient s'en appliquer un second *c* parfaitement rôdé sur le premier; son centre porte un canon *d*, au bout duquel se place une petite vis *e*, venant reposer sur l'extrémité de la broche et servant de pivot au disque. Cette vis sert à régler l'écartement des deux plateaux, lequel doit être ménagé de manière à ce que leur distance soit la plus petite possible, sans qu'ils se touchent. Ce sont alors des surfaces parfaitement graissées qui se trouvent en contact. Le disque *c* porte une goupille *f* placée excentriquement, et qui vient heurter contre une autre goupille *g* fixée dans l'une des branches du levier coudé *h*. Ce levier peut osciller autour du tourillon *i* et porte en *k* un poids mobile le long d'une tige graduée. Un second poids *l* fixe équilibre le système du levier, le poids *k* étant sur la division *o*. Le support ou bâti *mm* sert à fixer l'appareil contre une table ou un établi au moyen de la vis *n*. La vis inférieure sert de crapaudine à l'arbre *a*.

L'appareil est construit de telle sorte que le levier, appuyant sur la goupille en vertu du poids *h*, forme une force résistante, appliquée en un point tel, que le moment de cette force égale le moment du frottement produit par le mouvement du disque *k*, c'est-à-dire que la goupille ou point d'application de la force résistante se trouve aux deux tiers du rayon du disque.

Si *a* et *b* sont les deux longueurs de branches du levier coudé, P le poids mobile, *n* le nombre de tours de l'appareil, le travail sera donc exprimé par :

$$Tf = P\frac{a}{b} \times \frac{4}{3}\pi n.$$

En supposant le nombre de tours constant, ainsi que les autres quantités, et *a* seul variable, on aura $\frac{Tf}{Tf'} = \frac{a}{a'}$, c'est-à-dire que le travail du frottement pour différentes huiles, sera proportionnel aux longueurs de la branche graduée, ou au nombre de divisions indiquées par le curseur.

Nous donnons, dans le tableau suivant, les résultats d'essais de diverses huiles obtenues par l'éprouvette de Mac-Naught, à la même température et après dix minutes de marche.

Huiles.	Nombre proportionnel au frottement.	Valeur comparative du frottement.
Spermaceti (1re qualité) . . .	18 à 19	1,00
Spermaceti impur.	30	1,66
Huile de pieds de bœuf. . . .	34	1,89
— pavots	34	1,89
— olive lampante . . .	38	2,11
— colza pelé de Strasbourg.	39 à 40	2,22
— lentisque	42	2,34
— graisse (lard oil) . .	45	2,50
— coco	46 à 47	2,61
— colza épurée.	55	3,05

Par une marche prolongée, les huiles s'épaississent, s'acidifient à l'air, et les frottements augmentent. C'est un élément important dont il faut tenir compte dans la pratique. M. Dollfus a trouvé les variations suivantes :

En 8 jours. — Spermaceti.. . . .	29	p. 100
En 5 jours. — Huile d'olive lampante.	22 1/2	—
En 4 jours. — Huile de lentisque.	38	—
En 3 jours. — Huile de graisse. .	23	—
En 7 jours. — Huile de coco. . .	40,07	—
En 4 jours. — Huile de colza épurée.	25,50	—

En comparant le frottement et la densité d'une huile, on trouve :

	Densité.	Frottement.	Rapport.
Spermaceti.	8840	19	46,60
Huile animale	9380	45	20,80
— de colza	9147	40	22,80
— d'olive.	9170	38	24,00

Le rapport entre les densités et le frottement n'étant pas constant, on ne peut donc se servir d'un aréomètre pour déterminer la propriété lubrifiante d'une huile.

Tous les essais d'huile doivent être faits sensiblement à la température où elles doivent être employées, car on sait qu'une diminution apparente du frottement se produit par l'élévation des températures. Nous reviendrons plus loin sur cette question spécialement étudiée par M. Hirn, mais nous pouvons toujours de ce fait incontestable tirer cette conséquence que pour les coussinets qui chauffent, il ne faut pas employer de l'huile trop fluide. La chaleur rend ces huiles d'une fluidité telle, qu'elles ne lubrifient plus, qu'elles sont chassées. Il convient, dans ce cas, d'employer une huile de graisse, ou un mélange d'huile et de saindoux.

Expériences de M. Hirn. — Nous avons déjà vu (ÉQUIVALENT DE LA CHALEUR) l'appareil dit *balance de frottement* que M. Hirn a combiné pour ces expériences, en rapportant les résultats qu'il a obtenus relativement au dégagement de la chaleur produite par le frottement.

Il est aisé de voir que le tambour de cet appareil avec son coussinet constitue un véritable frein de Prony, avec cette seule différence que la pression variable des mâchoires du frein y est remplacée par la pression constante du coussinet sur le tambour due au poids du coussinet et de ses agrès (ce poids était de 50 kilog.). Si donc nous nommons L la longueur. EL du levier, N le nombre total de tours du tambour, P le poids mis sur le plateau, on aura $2\pi NPL = T$ pour la valeur du travail total dû au frottement.

M. Hirn, après avoir établi l'impossibilité d'apprécier avec un seul appareil d'épreuve, de petite dimension, tel que l'éprouvette de Mac-Naught ou la balance de frottement, toutes les qualités mécaniques d'une huile, donne les préceptes suivants :

I. On trempera l'index d'une main dans l'huile qu'on veut éprouver, et l'index de l'autre main dans l'huile qu'on prend pour type de comparaison : des deux côtés et de la même manière, on frictionnera l'index contre le pouce. Si l'huile essayée est plus mauvaise que l'huile type, on éprouvera d'abord autour de l'index qu'elle mouille un plus fort sentiment de chaleur, et au frottement elle sera plus *onctueuse.* Si elle est meilleure, le sentiment de chaleur sera moindre qu'avec l'huile type, et au frottement l'huile paraîtra plus *rude.*

Une huile est d'autant plus mauvaise qu'elle paraît, à cette épreuve, *plus grasse, plus onctueuse.* Une très-bonne huile est nécessairement *très-rude* au frottement. Une huile rude, au contraire, n'est pas nécessairement bonne ; c'est-à-dire que ce seul caractère est loin de suffire pour nous permettre d'affirmer sa supériorité. Le caractère opposé est, au contraire, suffisant pour nous permettre d'affirmer l'infériorité de l'huile. Au moyen de quelques exercices comparatifs, on arrive ainsi promptement à un tact qui ne trompe plus en ce sens ; cette épreuve est donc un premier jalon fort utile.

II. En versant successivement un même poids de différentes huiles dans un vase convenable, percé d'un petit trou à sa partie inférieure, et comparant, à l'aide d'une montre à secondes, le temps qu'il faut à chacune pour s'écouler, on aura le rapport de leur fluidité relative. Cela posé :

La meilleure huile sera toujours la plus fluide, et la plus mauvaise sera la moins fluide ; mais ici encore, il n'y a que la seconde affirmation qui soit décisive. De ce qu'une huile est très-fluide, il ne s'ensuit pas nécessairement qu'elle soit très-bonne ; cependant ce caractère devient décisif, lorsqu'on opère sur des huiles d'une même et bonne espèce : ainsi, de deux huiles d'olive ou de deux huiles de spermaceti, la plus fluide sera à coup sûr la meilleure au métier dynamomètre. (Je n'ai pas besoin d'insister sur ce point : l'expérience au *fluidosomètre* doit être faite à des températures rigoureusement constantes.)

III. Après ces deux épreuves préalables, qui nous permettent déjà de rejeter une huile inférieure à l'huile type, on opérera sur la balance de frottement, sur l'éprouvette de Mac-Naught (ou sur tout autre appareil équivalent).

On graissera une fois pour toutes l'appareil au commencement de l'expérience ; on aura soin que, pour toutes les huiles, il marche à la même vitesse et reçoive au début la même dose de lubrifiant ; on aura soin aussi que l'appartement ait toujours, du moins à 2 ou 3 degrés près, la même température, si l'on veut s'éviter la peine de mesurer la température même de l'appareil. Au bout d'un certain temps plus ou moins long (selon l'espèce d'huile selon la vitesse, selon la pression, etc.), l'instrument atteint sa température maxima, et la charge étant devenue constante, on prend note. Si toutes les précautions indiquées ont été observées, les charges minima qu'on obtient ainsi pour différentes huiles donnent déjà une idée juste de leurs qualités mécaniques relatives ; mais, comme je l'ai dit, cette comparaison ne répond pas encore assez exactement aux exigences de la pratique. En laissant l'appareil continuer de marcher dans les mêmes conditions, on acquiert ensuite une connaissance précieuse sur la persistance du pouvoir lubrifiant de l'huile essayée ; il est bien clair, en effet, que la charge minima se maintiendra d'autant plus longtemps que l'huile sera d'une nature moins siccative, moins résineuse, etc., etc.

Une remarque importante est nécessaire ici cependant, et, faute de s'y arrêter, on courrait risque de porter souvent un jugement défavorable fort injuste contre une huile (c'est ce qui m'est arrivé fréquemment au début). Dans nos usines, la plupart des pièces sont graissées par intermittences assez rapprochées (soit à la main, soit mécaniquement); pourvu donc que le pouvoir lubrifiant se soutienne d'un intervalle à l'autre, notre but est atteint: d'obtenir un frottement minimum pendant tout cet intervalle. Il suffit donc que l'huile soit d'assez bonne qualité (au point de vue chimique), pour que chaque nouveau graissage enlève le peu de cambouis produit, et que celui-ci ne s'accumule pas. En un mot, une huile peut être bien moins persistante qu'une autre sur la balance de frottement, et mériter cependant la préférence : c'est ici à la méthode directe à décider. Pour donner cependant ici une indication pratique, je dirai que, lorsque la charge minima ne persistait pas au moins deux ou trois heures sur la balance de frottement, je pouvais, de confiance, rejeter l'huile comme impropre au service. Il suffira à chaque observateur d'étudier son instrument pour arriver aussi à une mesure semblable assez fidèle.

IV. A côté de l'épreuve à la balance peut se ranger un procédé fort pratique, que j'ai vu employer chez MM. Gros, Odier et Roman, à Wesserling. Quoique je ne l'aie pas essayé moi-même, je me permets de le citer, parce qu'il me semble à la fois commode et passablement concluant. Ayant graissé les tourillons d'un tambour de carde avec l'huile qu'on veut éprouver, on laisse marcher pendant une, deux, trois..... heures ; puis, à un moment donné, on abat la courroie de commande, et l'on compte le nombre de tours que fait le tambour pour arriver au repos [1]. Comme c'est uniquement la résistance de l'air et le frottement des tourillons qui annihilent peu à peu l'impulsion primitive, et que c'est le frottement qui est ici la *force accélératrice négative* dominante, on conçoit aisément que le nombre de tours du tambour donne une idée très-approximative du pouvoir lubrifiant de l'huile.

Il est évident que beaucoup de pièces de nos machines pourraient être employées de la même manière que ce tambour de carde. Les résultats seront d'autant plus exacts que le moment d'inertie de ces pièces sera plus grand, et que cette espèce de volant improvisé offrira moins de prise à l'air.

V. Pour les pièces lourdes qui tournent très-lentement (tels sont les tourillons des roues hydrauliques, etc.), une huile très-fluide est certainement à déconseiller.

Pour les pièces qui marchent avec une vitesse moyenne ou grande, avec des pressions moyennes ou faibles, c'est à l'huile de la meilleure qualité mécanique qu'on devra s'arrêter.

Le même conseil peut encore être donné quant aux transmissions de fortes dimensions, du moins lorsqu'on y use de la méthode ordinaire de graissage, qui est à la fois logique et sensée. On sait que l'habitude générale est de placer un morceau de suif (ou autre graisse concrète) dans le chapeau des coussinets, et puis d'alimenter, en outre, ceux-ci d'huile, par intermittences rapprochées, ou d'une manière continue. L'huile ici ne peut pécher par un excès de bonne qualité (et par suite de fluidité), car, tant qu'elle lubrifie convenablement, les pièces changent peu de température et il se consomme peu de suif; qu'au contraire, par une raison ou une autre, l'huile soit momentanément expulsée d'entre les surfaces en regard, à l'instant les pièces vont s'échauffer davantage et il y affluera plus de suif en raison de sa plus grande viscosité, il séparera davantage les surfaces, et le frottement diminuera. Pour peu qu'on y réfléchisse, on reconnaîtra aisément que l'espèce d'équilibre qui s'établit ainsi, par suite du mélange spontané de deux graisses, l'une très-fluide, l'autre concrète, est précisément tel qu'on obtient un minimum de frottement. Nous profitons par suite encore ici des bonnes qualités de l'huile employée.

M. Hirn a cherché à formuler les résultats de ses expériences sur les frottements entre surfaces abondamment lubrifiées et pour de grandes vitesses. Ils sont très-différents des lois classiques du frottement, déterminées, il est vrai, dans des conditions différentes, et doivent par suite éveiller l'attention sur cette importante question.

1° Au point de vue de la température, il a trouvé que, pour toutes les huiles, si A est le poids qui fait équilibre au frottement à la température zéro, on aura le poids p faisant équilibre au frottement à la température t par l'équation

$$p = \frac{A}{1{,}0492^t}$$

et B étant le poids qui correspond à i°

$$p = \frac{B}{1{,}0492^{(t-i)}}$$

2° Au point de vue des vitesses, le frottement est proportionnel à la vitesse quand les surfaces sont abondamment lubrifiées; mais lorsqu'il n'en est pas ainsi, les charges faisant équilibre au frottement sont proportionnelles aux vitesses élevées à une certaine puissance inférieure à l'unité et s'approchant d'autant plus de la racine carrée des vitesses, que la quantité d'huile interposée entre les surfaces de contact a plus diminué.

3° Enfin, par rapport à l'étendue des surfaces, M. Hirn dit avoir été conduit à cette conclusion avec une exactitude suffisante pour la pratique, que la valeur du frottement médiat (avec interposition de corps lubrifiant entre les surfaces de contact) est sensiblement proportionnelle à la racine carrée des surfaces et à celle des pressions, selon que l'on fait varier à la fois l'un ou l'autre de ces éléments, ou tous les deux à la fois.

Des systèmes de graisseurs.

Les systèmes de graisseurs peuvent se diviser en deux espèces :

Les premiers sont des applications du siphon ou des robinets; ils graissent d'une manière continue, que l'arbre marche ou soit en repos. Le graissage qui s'effectue dans ce dernier cas est en pure perte. Les mèches (que nous avons décrites à graissage) sont des graisseurs de la première espèce. Elles ont comme les autres l'inconvénient de graisser pendant les heures de chômage aussi bien que pendant la marche; de plus c'est un graissage d'une surveillance difficile et très-irrégulier.

Les robinets fixes dont on peut modifier l'ouverture se prêtent à l'emploi de différentes qualités d'huile; ces graisseurs ont les défauts des mèches, c'est-à-dire de graisser d'une manière continue. On pourrait les fermer pendant les heures de repos; mais cette manœuvre devient impossible lorsqu'ils sont employés en grand nombre.

La deuxième espèce de graisseurs est celle où le graissage dépend du mouvement de l'arbre. Cette espèce, préférable à la première, comprend les robinets à capacité variable et à pente mobile, et les graisseurs à chapelet diversement modifiés.

Les robinets à capacité variable dont il s'agit ici, qui prennent de l'huile en raison du vide que l'on fait varier en général à l'aide d'une vis, sont mus par les arbres de la transmission et cessent par suite de fonctionner quand l'usine est au repos. Ces systèmes sont bons, mais un peu compliqués.

Les chapelets sont d'une surveillance difficile; l'expérience les a fait abandonner par nombre d'établissements. Un mode de graissage analogue, mais bien préférable, est celui de M. Decoster, qui lubrifie les arbres

[1] Il est bien évident que pour cette opération le tambour doit être dépouillé de coton.

de transmission au moyen de disques qui tournent dans l'huile, par l'emploi d'un bourrelet saillant ménagé autour de l'arbre à graisser, dans le milieu du coussinet. La partie inférieure de ce bourrelet, plongeant toujours dans l'huile, entraîne avec lui une portion suffisante de ce liquide pour lubrifier d'une manière continue les surfaces. On voit que l'huile n'est déplacée que pendant le mouvement de l'arbre, c'est-à-dire seulement quand ce déplacement est nécessaire. Les paliers graisseurs de M. Decoster permettent seuls de marcher à grande vitesse avec des surfaces de frottement peu considérables; aussi ce constructeur les a-t-il appliqués au système d'arbres légers à grande vitesse, dont il est le principal promoteur. (Voy. GRAISSAGE, *Dictionnaire.*)

L'ingénieux Froment, en construisant pour M. Girard ses turbines à rotation extrêmement rapide, a reconnu que pour des axes verticaux faisant 12 à 15,000 tours par minute, la circulation régulière de l'huile pouvait seule empêcher l'adhérence de l'axe et du palier, le grippement qui entraîne bientôt la rupture de l'axe. L'huile chassée par la force centrifuge, au contact de l'axe, cesse bientôt de lubrifier à de semblables vitesses. Il y est arrivé d'une manière parfaite, en employant la force centrifuge elle-même pour renouveler l'huile sur les surfaces. L'arbre étant percé en son centre d'un petit canal cylindrique, avec lequel communiquent, au-dessous du niveau de l'huile, un petit canal horizontal et une petite entaille dans le palier, l'huile prendra un mouvement dans ce canal, et la lubrification sera parfaite pour peu que les forces centrifuges aux deux extrémités des entailles soient différentes, ce qui nécessite, aux vitesses dont il s'agit, une minime différence entre les deux rayons de l'arbre qui correspondent aux deux canaux horizontaux. C'est une solution excellente d'un problème qui offrait de très-grandes difficultés dans la pratique.

GRAPHIQUES (REPRÉSENTATIONS) *d'un phénomène mécanique.* — L'étude des phénomènes mécaniques se fait souvent aujourd'hui à l'aide d'un moyen d'observation extrêmement précieux dont nous avons indiqué de nombreux exemples; nous voulons parler des tracés graphiques produits par le mouvement même. Mais comme on peut, dans les applications spéciales, ne pas toujours distinguer la méthode générale qui y est appliquée, la valeur d'un moyen d'observation qui peut être utilisé avec avantage dans nombre de cas, il est toujours bon de fixer l'attention sur le procédé d'expérimentation en lui-même, afin d'en faire bien apprécier les avantages et d'apprendre à l'appliquer dans tous les cas qui peuvent se présenter.

Un corps étant en mouvement, un quelconque de ses points décrira une certaine ligne, qui, par une disposition convenable, pourra produire un tracé permanent sur une surface.

Cette ligne produite (à l'aide d'un crayon ou d'un style) indiquera la forme géométrique du chemin parcouru, résultant des forces et des liaisons du système. On sait d'ailleurs qu'une ligne équivaut à une équation entre ses deux coordonnées, depuis l'admirable conception du génie de Descartes, sur laquelle repose la géométrie analytique. Celle-ci fournit le moyen de simplifier et de compléter l'étude des courbes par celle de l'équation entre leurs coordonnées qui résulte de leur nature; par suite elle permet réciproquement d'apprécier une relation qui existe entre deux quantités (l'espace et le temps, par exemple) par l'inspection de la courbe qui la représente, si on prend ces quantités pour valeur des coordonnées.

Pour l'étude des phénomènes naturels, pour l'expérimentation qui fournit les moyens d'arriver à en déterminer les lois, la forme géométrique, plus facile en général à obtenir, est souvent préférable à la forme algébrique qu'elle peut souvent révéler de suite et remplacer lorsque celle-ci est très-complexe ou même impossible à formuler; elle procure à simple vue une idée nette des rapports qui existent entre deux quantités qui dépendent l'une de l'autre, et manifeste toutes les propriétés de la relation cherchée.

I. REPRÉSENTATION GRAPHIQUE D'UNE FONCTION. — Avant de traiter des moyens d'obtenir une représentation graphique des relations entre des quantités qui varient simultanément lors d'un phénomène, quelque compliquée qu'elle soit, lors même qu'elle dépasse les ressources de l'analyse mathématique, nous étudierons d'abord la représentation graphique des fonctions algébriques, et notamment des plus simples (en nous aidant d'un excellent travail de M. Carl de Ott de Prague), ce qui montrera bien les ressources du procédé, et fera connaître *à priori* les courbes que l'on doit rencontrer dans les cas les plus fréquents.

Méthode graphique. — Pour se rendre compte du sens des fonctions $y = f(x)$, on donne à x diverses valeurs $x_1\ x_2\ x_3 \ldots$ qui, mises dans l'équation, donneront les valeurs correspondantes de $y\ y_1\ y_2\ y_3 \ldots$ Il en résulte un tableau qui nous donne une première notion; mais une construction graphique nous fournit une idée bien plus nette de la variation de la fonction correspondante à l'augmentation ou à la diminution continue de x.

A cet effet, considérons les valeurs $x_1\ x_2\ x_3 \ldots\ y_1\ y_2\ y_3 \ldots$ (fig. 1) comme celles de coordonnées rectangulaires; portons ensuite les valeurs de x sur XX' à partir de l'axe des abscisses, les positives dans un sens et les négatives dans le sens opposé des abscisses; élevons aux extrémités des abscisses $x_1\ x_2\ x_3 \ldots$ des perpendiculaires et portons-y les valeurs correspondantes de $y\ y_1\ y_2\ y_3 \ldots$ en dirigeant au-dessus de l'axe les valeurs positives de y et au-dessous les valeurs négatives. Nous aurons ainsi une suite de points aussi rapprochés et aussi multipliés qu'on le voudra, qui, joints par un trait continu, ce que permet la continuité de variation des valeurs, détermineront une ligne qui sera la représentation de $y = f(x)$ et montrera clairement, fera voir d'un seul coup d'œil, toutes les variations de la fonction, ce qu'elle offre de particulièrement remarquable.

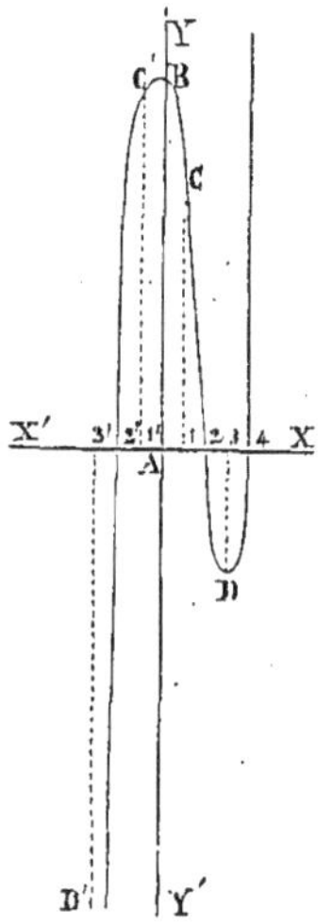

Fig. 1.

Ce que nous disons pour une courbe $y = f(x)$ serait vrai pour une surface $z = f(x, y)$ pour une fonction à trois variables; de semblables représentations géométriques cessent d'être possibles, même théoriquement, quand le nombre des variables est supérieur à trois.

Fonctions algébriques. — Les fonctions algébriques les plus simples sont celles dans lesquelles la variable x est seule soumise à des opérations algébriques, ou d'une manière générale est de la forme $y = a x^n$.

I. Soit d'abord $n = 1$, $y = a x$ est l'équation d'une droite, passant par l'origine des coordonnées (à une distance $\pm b$ si l'équation était $y = a x \pm b$), a est la tangente trigonométrique de l'angle α, que cette droite fait avec l'axe des x.

Soit $n = -1$ $y = \frac{a}{x}$ ou $x y = a$.

Pour $x = 0$ $y = \infty$ et pour $x = \infty$ $y = 0$, les deux axes sont des asymptotes et la courbe, une hyperbole équilatère facile à tracer par points, toute valeur de x donnant la valeur correspondante de $y = \frac{a}{x}$. On pro-

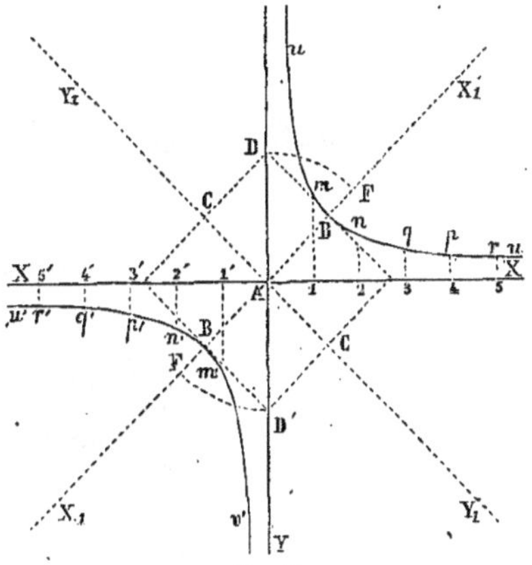

Fig. 2.

cède en général en donnant successivement à x les valeurs $0, \pm 1, \pm 2 ....$, comme nous le faisons explicitement dans les exemples ci-après:

II. Passons à la construction de la fonction $y = x^n$, lorsque n n'est pas égal à l'unité. Son caractère dépend d'abord de la nature de l'exposant n, pour lequel nous distinguons quatre cas.

1° Si n est un nombre entier et positif, il faut d'abord savoir si n est un nombre pair ou impair

(α) Si n est pair, par exemple $n = 2$, nous avons $y = x^2$, et pour chaque valeur positive ou négative de x nous trouvons une ordonnée positive, en sorte que la courbe des abcisses, symétriquement des deux côtés de l'axe des ordonnés.

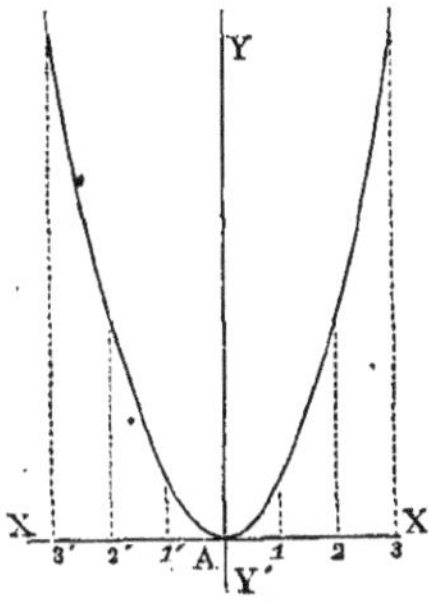

Fig. 3.

Nous avons (fig. 3) pour

$x = 0$ $\quad y = 0$

$x = \pm 1$ $\quad y = (\pm 1)^2 = +1$

$x = \pm 2$ $\quad y = (\pm 2)^2 = +4$

$x = \pm 3$ $\quad y = (\pm 3)^2 = +9$

$x = \pm \frac{1}{2}$ $\quad y = \left(\pm \frac{1}{2}\right)^2 = +\frac{1}{4}$

$x = \pm \frac{1}{3}$ $\quad y = \left(\pm \frac{1}{3}\right)^2 = +\frac{1}{9}$, etc.

Cette courbe est une parabole, dont l'axe coïncide avec l'axe des ordonnées.

(β) Si n est impair, par exemple $n = 3$, on a $y = x^3$ et (fig. 4) pour

GRAPHIQUES.

$x = 0$ $\quad y = 0$

$x = \pm 1$ $\quad y = (\pm 1)^3 = \pm 1$

$x = \pm 2$ $\quad y = (\pm 2)^3 = \pm 8$

$x = \pm 3$ $\quad y = (\pm 3)^3 = \pm 27$, etc.

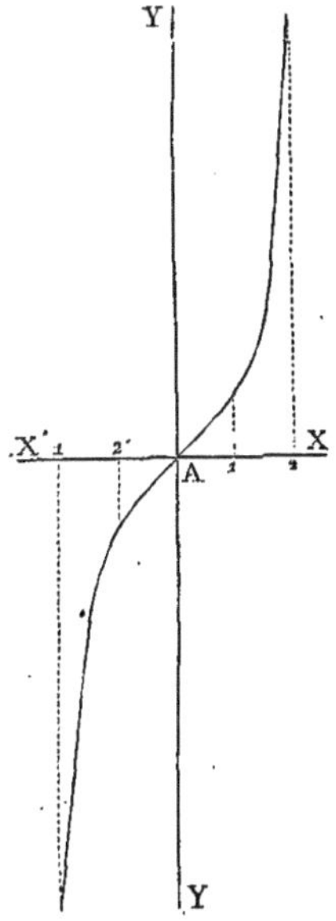

Fig. 4.

Ainsi, à chaque valeur positive ou négative de x correspond une valeur également positive ou négative de y, et la courbe s'étend dans le premier et le troisième angle des axes de coordonnées.

2° Si n est positif, mais plus petit que 1.

Si $n = \frac{1}{m}$ $y = x^{\frac{1}{m}}$, ce qui revient à y $= x$; les courbes sont donc les mêmes que les précédentes, sauf qu'elles sont placées relativement à l'axe des x, comme celles-ci l'étaient par rapport à l'axe des y. On le voit en donnant à y les valeurs successives, d'où l'on déduit les valeurs de n, précisément les mêmes que celles trouvées pour y. Ainsi, la fig. 5 représentera $y = \sqrt[3]{x}$, et

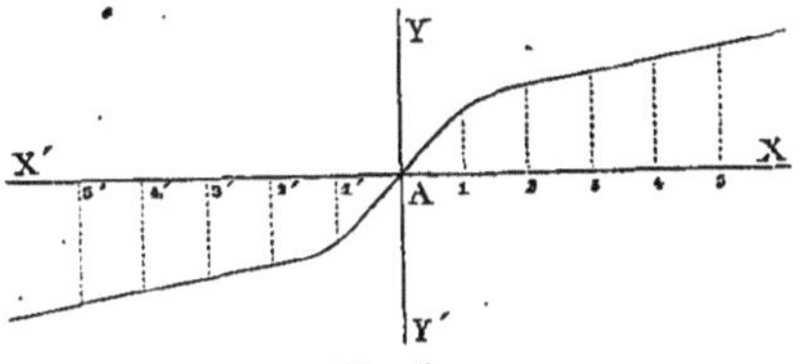

Fig. 5.

on voit son rapport avec la fig. 4, qui répond à $y = x^3$.

Si $x^{\frac{1}{q}}$, écrivons $y = \left(x^{m^{\frac{1}{q}}}\right) = z^p$ et nous pourrons construire la courbe d'après ce qui précède, les valeurs de y pour une valeur de x résultant de deux équations $x^{\frac{1}{q}} = z$ et $z^p = y$.

Soit, par exemple, $n = \frac{2}{3}$ $y = x^{\frac{2}{3}} = \left(\sqrt[3]{x}\right)^2$, des valeurs positives et négatives de x donnent toujours des valeurs positives de y, et la courbe est située au-dessus de l'axe des abscisses et symétrique par rapport à celui des ordonnées.

3° Si n est négatif, on a $y = x^{-n} = \frac{1}{x^n}$.

(α) Si n est un nombre pair, par exemple 2, nous tirons de $y = \frac{1}{x^2}$, pour

$x = 0 \quad y = \infty$

$x = \pm 1 \quad y = +1 \qquad x = \pm\frac{1}{2} \quad y = +4$

$x = \pm 2 \quad y = +\frac{1}{4} \qquad x = \pm\frac{1}{3} \quad y = +9$

$x = \pm 3 \quad y = +\frac{1}{9} \qquad x = \pm\frac{1}{4} \quad y = +16$

$x = \infty \quad y = 0$

La courbe à deux branches séparées (fig. 6) dans le premier et le deuxième angle des axes des coordonnées, ces axes en étant d'ailleurs des asymptotes.

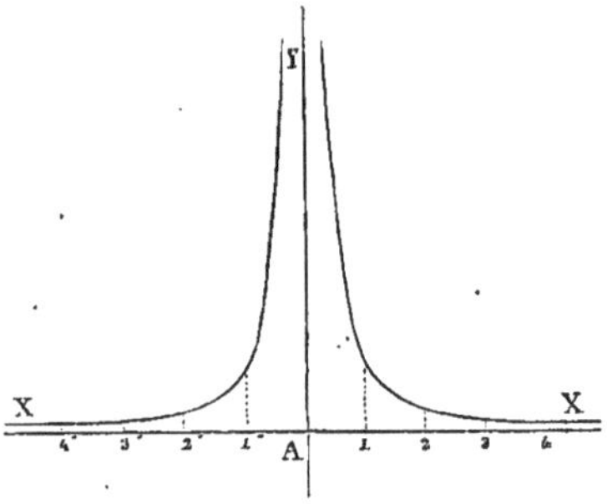

Fig. 6.

(β) Si n est un nombre impair, par exemple $n = 3$, il résulte de $y = \frac{1}{x^3}$, pour

$x = 0 \qquad y = \infty$

$x = \pm 1 \quad y = \pm 1 \qquad x = \pm\frac{1}{2} \quad y = \pm 8$

$x = \pm 2 \quad y = \pm\frac{1}{8} \qquad x = \pm\frac{1}{3} \quad y = \pm 27$

$x = \pm 3 \quad y = \pm\frac{1}{27} \qquad x = \pm\frac{1}{4} \quad y = \pm 64$

$x = \infty \quad y = 0$

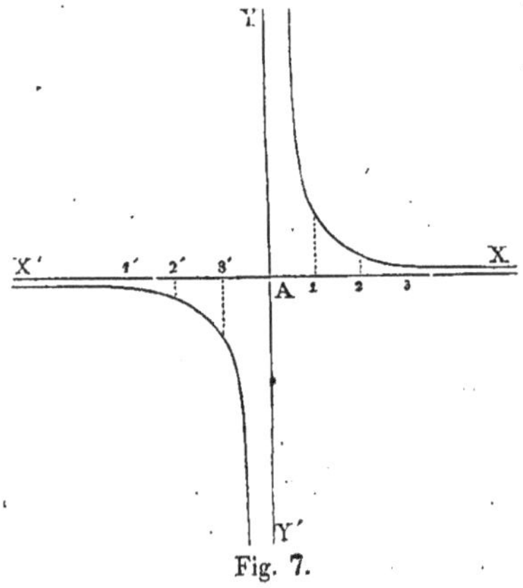

Fig. 7.

La courbe (fig. 7) se trouve dans le premier et le troisième angle des axes, et ceux-ci en sont encore les asymptotes. Elle appartient à la famille des hyperboles, dont la courbe $y = \frac{1}{x^1}$ est un cas particulier, 1 étant impair.

4° Soit x négatif et plus petit que 1, $x = \frac{1}{m}$.

La question revient à la précédente, ainsi que cela a eu lieu dans le cas précédent, car au lieu de

$$y = \frac{1}{\sqrt[m]{x}},$$

on peut, en élevant les deux termes à la puissance m, écrire $x = \frac{1}{y^m}$, comme ci-dessus.

Le système des courbes de la fonction $x = y^{\pm\frac{1}{n}}$ ne diffère de celles de la fonction $y = x^{\pm\frac{1}{n}}$ que par la position par rapport aux axes des coordonnées.

Équations. — Ce qui précède montre bien la manière de construire la courbe représentative des valeurs d'une équation $f(x) = z$, $f(x)$ étant un polynome algébrique.

Ainsi la fig. 1, donnée au début, répond à l'équation

$$y = x^3 - 4x^2 - 4x + 16$$

qui donne pour $x = 0 \qquad y = 16 = AB$
$x = 1 = A1 \qquad y = 9 = 1C$
$x = 2 = A2 \qquad y = 0$
$x = 3 = A3 \qquad y = -5 = 3D$
$x = 4 = A4 \qquad y = 0$
$x = -1 = A1' \qquad y = 15 = 1'C'$
$x = -2 = A2' \qquad y = 0$
$x = -3 = A3' \qquad y = -35 = 3'D'$, etc., etc.

On voit que $y = 0$ pour $x = 2$, $x = 4$ et $x = -2$. Ces trois nombres sont donc les racines de l'équation

$$x^3 - 4x^2 - 4x + 16 = 0.$$

La construction de la courbe est donc un moyen de trouver les racines d'une équation, comme de démontrer d'importants théorèmes de la théorie générale des équations, comme il a été dit dans l'INTRODUCTION.

Fonctions transcendantes. — La représentation par des courbes de fonctions transcendantes, dont on sait déterminer les valeurs pour une valeur donnée de la variable, s'obtient aussi facilement que celle des fonctions algébriques. Nous passerons en revue les principales fonctions transcendantes.

Logarithmiques et exponentielles. — Les fonctions logarithmiques sont $y = e^x$ et $y = a^x$ où $e = 2{,}718...$, base des logarithmes naturels, et $a = 10$, base des logarithmes ordinaires. Dans les deux cas $x = 0$ donne $y = e^0 = a^0 = 1$; ainsi les deux courbes passent par le même point B de l'axe des ordonnées (fig. 8).

Pour $x = \ \ 1$, $y = e^1 = 2{,}718$ et $y = a^1 = 10$
$x = \ \ 2$, $y = e^2 = 7{,}389 \quad y = a^2 = 100$
$x = \ \ 3$, $y = e^3 = 20{,}085 \quad y = a^3 = 1000$

Pour $x = -1$, $y = e^1 = \frac{1}{e} = 0{,}368$, $y = a^{-1} = 0{,}1$
$x = -2$, $y = e^2 = 0{,}135$, $y = a^{2-2} = 0{,}01$
$x = -3$, $y = e^3 = 0{,}049$, $y = a^{-3} = 0{,}001$

Pour $x = -\infty$, on a dans les deux cas:

$$y = \frac{1}{e^\infty} = \frac{1}{a^\infty} = 0.$$

Ainsi, pour les valeurs positives de x, celles de y croissent rapidement ; pour les valeurs négatives de x, celles de y diminuent pendant que celles de x augmentent, les courbes se rapprochent de plus en plus de l'axe AX', qui devient asymptote commune à toutes deux.

Comme $y = e^x$ donne $x =$ log. nat. de y et $y = a^x$

$x = \log.y$, la courbe $y = e^x$ donne la série des logarithmes naturels, et celle $y = a^x$ la série des logarithmes

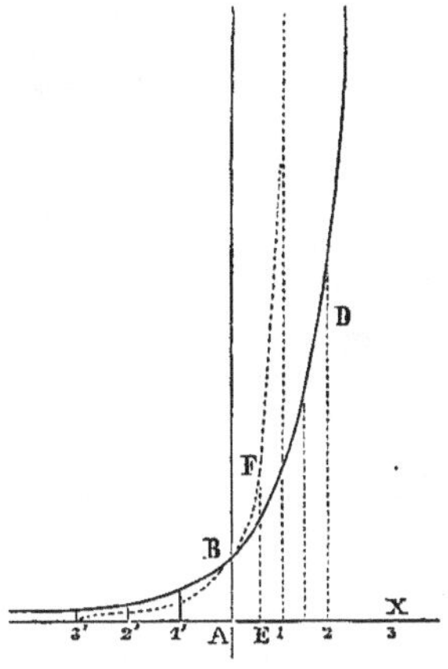

Fig. 8.

ordinaires; les abscisses sont les logarithmes des ordonnées correspondantes.

Fonctions circulaires. — La fonction $y = \sin\ x$ (le sinus étant calculé pour le rayon 1) donne:

Pour $x = 0, \qquad y = 0$

$x = \frac{\pi}{2} = 1{,}5708, y = 1$

$x = \frac{3\pi}{2}, \qquad y = -1$

Pour $x = \frac{\pi}{4} = 0{,}7854 \qquad y = 0{,}707$

$x = \pi = 3{,}1416 \qquad y = 0,$

$x = 2\pi \qquad y = 0$ etc.

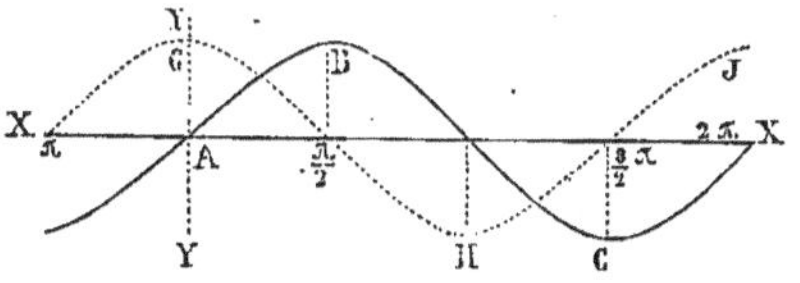

Fig. 9.

En portant (fig. 9) les longueurs des arcs x comme abscisses et les valeurs correspondantes de $y = \sin\ x$ comme ordonnées, on obtient une courbe continue à ondulations ABCD..., dite sinusoïde, qui s'étend à l'infini des deux côtés de l'axe des abscisses.

La cosinusoïde ou la courbe représentant la fonction $y = \cos\ x$ ou $y = \sin\left(\frac{\pi}{2} - x\right)$ sera identique à la précédente, en arrière seulement de celle-ci sur l'axe des x, d'une longueur égale à $\frac{1}{2}\pi = 1{,}5708$...

De la même manière on tracera la courbe de la fonction $y = \text{tang}.\ x$ (fig. 10).

On a pour $x = 0 \quad y = 0 \quad x = \frac{\pi}{4}, y = 1$

$x = \frac{\pi}{2} \quad y = \infty \quad x = \frac{3}{4}\pi, y = -1$

$x = \pi \quad y = 0;$

puis pour

$$x = \frac{5}{4}\pi, y = 1 \quad x = \frac{3}{2}\pi, y - \infty, \text{ etc.}$$

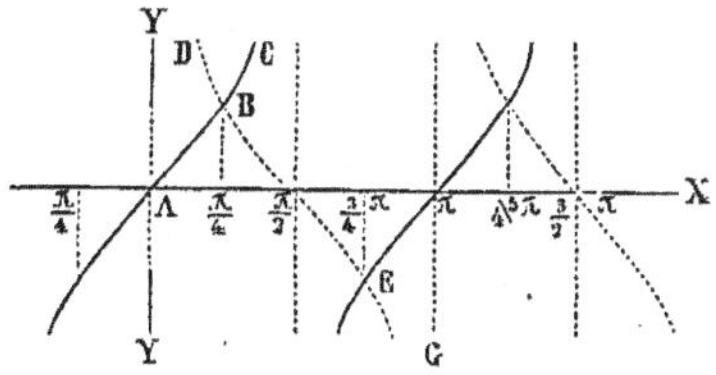

Fig. 10.

En continuant à donner des valeurs croissantes ou décroissantes à x, les valeurs de y se répètent toujours, et on obtient une suite de courbes égales à ABC..., qui, dans la direction de l'axe des x, sont distantes l'une de l'autre de la quantité $\pi = 3{,}1416$, et qui ont pour asymptotes les ordonnées passant par les points

$$\frac{\pi}{2}, \frac{3\pi}{2}, \frac{5\pi}{2}.$$

L'équation $y = \cot\ x = \text{tang}\left(\frac{\pi}{2} - x\right)$, conduit à des courbes identiques avec les premières, ayant avec elles un point commun, répondant à $\frac{\pi}{4}$, et inversement placées.

II. Lois naturelles. — Le mode de représentation de toute loi exprimée par une relation entre deux quantités que nous venons d'étudier, montre clairement que la loi de tout phénomène naturel dans lequel deux quantités x et y varient simultanément, sont fonction l'une de l'autre, pourra être représentée par une courbe, quelle que soit la loi connue ou inconnue de cette fonction. La connaissance d'un nombre suffisant de valeurs simultanées de x et de y suffit pour tracer la courbe de la fonction qui réunit ces deux quantités, quelle que soit la nature de celle-ci, algébrique ou transcendante, qu'elle soit exprimable ou non par de semblables formules.

Or, dans les phénomènes mécaniques, c'est le rapport entre l'espace parcouru et le temps, la fonction $f(e, t) = 0$, qu'il s'agit de déterminer; le problème sera donc résolu par une courbe, dont les ordonnées représenteraient les valeurs successives de e, et les abscisses celles de t; cette courbe sera la représentation géométrique, l'équivalent de $f(e, t) = 0$, de la fonction cherchée.

De l'aire des courbes. — Du triangle de Galilée. — La représentation par une courbe de la relation qui existe entre x et y, ne donne pas seulement une représentation de cette relation, un moyen d'obtenir par interpolation des valeurs intermédiaires entre celles déterminées directement, et enfin un moyen de reconnaître la fonction qui répond à la forme trouvée. Elle permet encore de calculer directement l'aire de cette courbe, qui donne le produit des variables, la valeur $\int y\,dx$, c'est-à-dire une quadrature par une simple mesure graphique, quelle que soit la forme de la fonction connue ou inconnue, c'est-à-dire même quand celle-ci ne peut être exprimée par une formule. C'est là une propriété très-précieuse, dont l'expérimentation mécanique tire un bien utile parti, et, comme méthode logique, il est curieux de remarquer qu'elle est antérieure à l'invention du calcul infinitésimal qui résout le même problème. Elle a son point de départ dans le triangle de Galilée, dans la méthode qu'il sut imaginer pour démontrer les lois du mouvement de la chute des corps. Nous la rappellerons ici, pour montrer qu'elle conduit directement, par la seule interprétation d'une figure géométrique, à l'établissement des lois fondamentales du mouvement.

En prenant comme abscisses les temps écoulés (t) et comme ordonnées les vitesses correspondantes (v), le mouvement uniforme sera représenté par une droite parallèle à l'axe des x, puisque pour tous les temps les vitesses sont égales.

Le chemin parcouru est $s = vt$, c'est-à-dire est représenté par la surface d'un rectangle, construit en cherchant à représenter graphiquement le mouvement uniforme, dont la base est le temps écoulé t, et la hauteur la vitesse v.

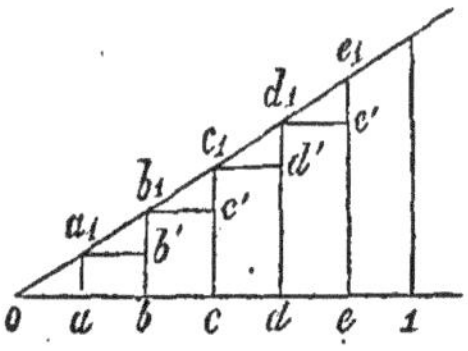

Fig. 11.

Le mouvement uniformément accéléré, dans lequel la vitesse croît proportionnellement au temps, est représenté graphiquement par une droite $oa_1\, b_1$... (fig. 11) inclinée sur l'axe des abscisses. On voit aisément, par les triangles semblables, que les ordonnées ou les vitesses sont proportionnelles aux abscisses ou aux temps. En effet, en représentant par g la vitesse après l'unité de temps, on a par les triangles semblables (pour la vitesse v après le temps t) $v : t :: g : 1$, ou $v = gt$.

Quant au chemin parcouru après le temps t, il est égal à l'aire du triangle qui a v pour base et t pour hauteur, ou

$$s = v \times \frac{1}{2}\, t = g\, t \times \frac{1}{2}\, t = \frac{gt^2}{2}.$$

En effet, on peut supposer que, pendant un élément de temps infiniment petit bc, le mouvement ait lieu uniformément avec la vitesse bb_1, en sorte que l'élément parcouru dans cet élément de temps soit représenté par le produit $bc \times bb_1$, ou par la surface du trapèze bb_1cc_1 considéré comme un rectangle (en prenant pour valeur de la vitesse l'ordonnée moyenne). Si l'on imagine ensuite le triangle entier, décomposé par les ordonnées successives en un nombre infini de tranches infiniment étroites, leurs surfaces seront les éléments du chemin parcouru dans les éléments de temps successifs et la somme de tous ces éléments de surface, c'est-à-dire la surface du triangle entier, indiquera la somme de tous les éléments du chemin, ou le chemin total s parcouru pendant le temps t. D'où la formule établie ci-dessus.

Cette méthode due à Galilée s'applique évidemment à toute espèce de courbe et fournit le produit de deux facteurs, ou l'intégrale $\int y\,dx$, quelle que soit la relation des quantités x et y.

III. **Des tracés produits par les corps en mouvement.** — *Méthodes expérimentales.* — Dans nombre de circonstances, un corps en mouvement laisse une trace, par suite de frottement surtout, sur un corps fixe. Tel est, par exemple, le cas d'un point d'une roue qui rencontre un plan fixe et y marque un arc de cycloïde. Mais ce n'est que depuis un assez petit nombre d'années qu'on a compris quel parti il y avait à tirer de ces courbes, et qu'on a cherché à les faire naître dans les divers cas pour déduire de leur interprétation les lois des phénomènes. Le célèbre Thomas Young a le premier formulé le principe de ce genre d'expérimentation, et c'est probablement à ses écrits que l'on doit les premiers emplois pratiques que nous connaissions, ceux faits par Eytelwein et par Watt.

Pinceau ou crayon adapté au corps en mouvement. — Cette disposition est celle imaginée par Eytelwein, en 1804. — Ce physicien, se proposant d'étudier le mouvement de la soupape d'un bélier hydraulique, fixa sur la soupape un petit pinceau imbibé d'encre de Chine, dans une direction perpendiculaire au mouvement, et, pour avoir autre chose qu'une verticale tracée par la superposition des positions successives de la soupape, fit mouvoir le papier qui recevait le tracé du pinceau dans un plan perpendiculaire.

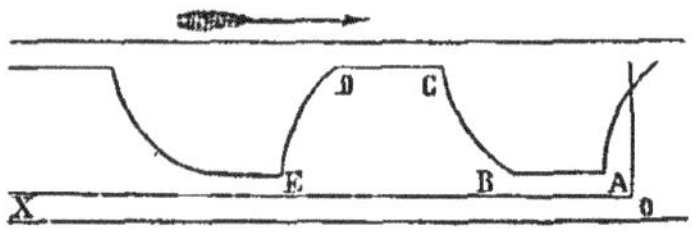

Fig. 12.

Soit ABCDE... la courbe tracée. Rapportons cette courbe à deux arcs rectangulaires OX, OY, dont le premier soit parallèle et de sens contraire avec le mouvement du papier. Les ordonnées seront proportionnelles à l'élévation de la soupape, et si la vitesse du papier est constante, comme on cherche à l'obtenir pour ce genre d'observation, les abscisses seront proportionnelles aux temps écoulés depuis l'instant où le pinceau se trouvait sur l'axe des y. On aura par la tangente trigonométrique de l'angle que la tangente à la courbe fait avec l'axe des x, $\left(\frac{de}{dt}\right)$, la vitesse de la soupape. S'il est une partie rectiligne dans la courbe tracée, c'est que pendant le temps correspondant la vitesse de la soupape a été nulle, ce qui a lieu dans l'exemple choisi lors des intervalles de repos qui séparent les coups de bélier.

L'analyse du mouvement est donc parfaite avec ce mode d'expérimentation; il a pourtant été peu compris et peu utilisé en France, jusqu'à l'époque où Poncelet en fit apprécier toute la valeur dans son beau cours de Metz, moins toutefois pour analyser les lois d'un mouvement que pour l'appliquer à la mesure du travail, ainsi que l'avait déjà fait Watt, l'inventeur par excellence, qui n'a presque jamais étudié un problème sans en trouver la plus satisfaisante, la plus complète solution. Nous reviendrons plus loin sur cette importante extension de l'emploi des courbes.

Je donnerai encore l'exemple de l'emploi d'un mouvement pour représenter le temps, combiné avec un mouvement vertical d'un corps, pour démontrer les lois de la chute des corps pesants, en décrivant l'appareil qui a été disposé à cet effet par M. Morin.

Pour plus de commodité le plan qui se meut horizontalement étant enroulé sur un cylindre qui tourne uniformément (le tracé sur le cylindre étant le même en chaque instant que sur son plan tangent au point où se fait le tracé), on place en regard de ce plan un poids cylindro-conique, qui porte un crayon dont la pointe s'appuie sur le papier et qui porte des oreilles glissant sur des fils verticaux. En appuyant sur un levier, on fera ouvrir une pince et partir le poids à un moment donné. On attend pour cela que le mouvement de rotation du cylindre régularisé par un volant à ailettes soit devenu uniforme.

Il suit de cette disposition que si on a bien réglé la position du crayon, il tracera une ligne qui, sur une feuille de papier déroulée sur le plan, aura la forme indiquée par la figure 13.

Menons par l'origine de la courbe une droite horizontale, prenons sur cette droite des longueurs égales, et par leurs extrémités traçons des perpendiculaires jusqu'à la rencontre de la courbe; il est clair, puisque le mouvement du plan est uniforme, que la longueur de chaque verticale est l'espace parcouru par le corps, après un certain intervalle de temps représenté par l'écartement de ligne horizontale. Or, on reconnaît par

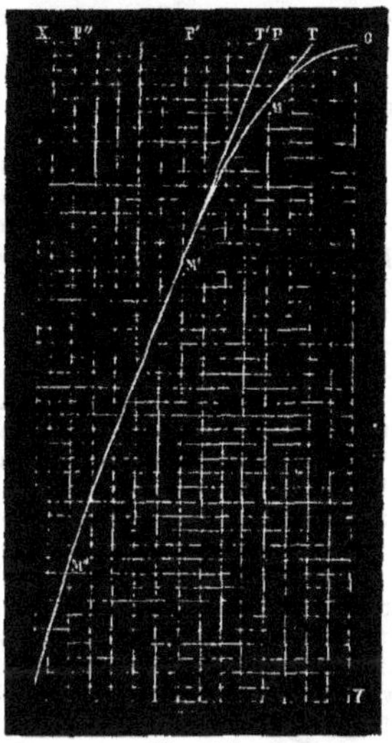

Fig. 13.

la mesure directe que pour une abscisse double de la première, la verticale est égale à 4 fois la première, pour une triple égal à 9 fois... : donc, les *espaces parcourus sont proportionnels aux carrés des temps employés à les parcourir*. On peut multiplier ainsi les vérifications. Pour rendre plus rapides les mesures des lignes verticales et horizontales, on peut employer du papier quadrillé, tracer par avance sur une feuille de papier ordinaire des traits verticaux et horizontaux équidistants.

La courbe dans laquelle les carrés des ordonnées sont proportionnels aux abscisses, dont l'équation est $y^2 = 2px$, est une parabole. La question est donc de vérifier, si on le préfère, si la courbe tracée est une parabole, et le caractère le plus commode à cet effet est la constance de la sous-normale.

Inutile d'insister sur la perfection d'un mode d'expérimentation, qui permet de trouver ainsi la loi d'un phénomène mécanique à l'aide d'une courbe nettement tracée. C'est le mode par excellence, de l'expérimentation mécanique précise.

Noir de fumée déposé sur la surface qui reçoit le tracé. — Emploi du diapason. — Un pinceau et surtout un crayon consomme un certain travail pour produire un tracé, et la méthode qui vient d'être décrite ne pourrait s'appliquer à l'enregistrement des mouvements de corps très-légers. Mais si on fait déposer sur une surface du noir de fumée, en l'exposant à la flamme d'une bougie, une petite tige flexible, un crin fort, ou une petite aiguille aimantée (en dehors du méridien magnétique), dans certains cas, suffiront pour tracer des mouvements extrêmement rapides. C'est ainsi que M Duhamel a, le

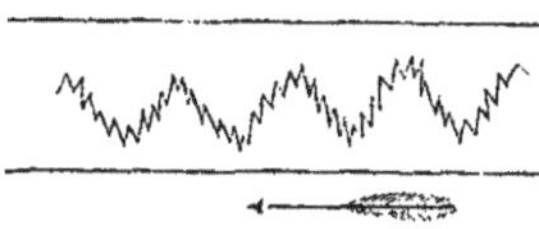

Fig. 14.

premier, enregistré les vibrations d'une corde sonore, sur la surface d'un cylindre métallique tournant (fig. 14).

L'interprétation du tracé d'un très-grand nombre de vibrations dans l'unité de temps eût été fort difficile s'il avait fallu la déduire à cet effet de la vitesse de rotation du cylindre. Wertheim y parvint au contraire avec une grande facilité et créa un mode de mesure du temps d'une grande précision, en faisant tracer en même temps que le mouvement à étudier, les mouvements vibratoires d'un diapason rendant un son déterminé et par suite produisant par seconde un nombre de vibrations bien connu, 8 ou 900 par exemple. D'où l'on voit qu'une petite fraction de seconde, le millième, si l'on veut, correspondra à une partie de courbe comprise entre deux sommets, qui pourra être assez grande avec une vitesse convenable du cylindre, et que par suite il est aisé de disposer l'appareil de telle sorte que le dix-millième de seconde y soit d'une facile observation. Nous avons vu à CHRONOSCOPES comment on avait appliqué cette méthode à l'étude expérimentale des phénomènes presque instantanés produits par l'explosion de la poudre.

Pour certaines applications, ce procédé avait un défaut grave sur lequel nous devons nous arrêter; les vibrations du diapason s'arrêtent bientôt et les observations ne peuvent se faire par suite que pendant peu de temps.

M. Lissajous réussit le premier, dès l'année 1857, à prolonger indéfiniment les vibrations du diapason, au moyen de deux électro-aimants agissant chacun sur une des branches; un courant électrique étant envoyé périodiquement dans ces électro-aimants par un trembleur réglé à l'unisson, à l'octave ou à la double octave du diapason, il en résulte des attractions périodiques des branches, et le mouvement vibratoire ainsi entretenu peut durer indéfiniment.

M. Helmhotz a substitué à la lame ordinaire du trembleur un diapason réglé à l'unisson du premier, de cette façon la persistance de l'accord entre les deux parties de l'appareil et le fonctionnement de l'ensemble sont facilités et assurés.

M. Niaudet-Bréguet a eu l'heureuse idée d'employer les ressources ordinaires de l'horlogerie pour prolonger les vibrations du diapason; ce qui fournit les deux curieux résultats d'enregistrer le nombre des vibrations et de construire un nouveau genre d'horloges dans lequel les vibrations isochrones du diapason remplacent les oscillations isochrones du pendule ordinaire.

L'appareil qu'il a construit se compose, comme une horloge ordinaire, d'un rouage et d'un diapason, mis en rapport par l'intermédiaire d'un échappement. Le diapason règle le débit de rouage; le rouage donne au diapason, à chaque vibration, une petite impulsion nécessaire pour prolonger son mouvement oscillatoire. Le mouvement des aiguilles portées par les axes du rouage permet de compter le nombre des vibrations du diapason.

Ce système n'a guère pu être appliqué qu'à des diapasons ne faisant pas plus de deux cents vibrations par seconde, ce qui peut souvent suffire, la méthode optique si précise imaginée par M. Lissajous permettant de comparer facilement des sons à l'octave et à la double octave.

La délicatesse de l'emploi du diapason pour l'expérimentation des phénomènes vibratoires est bien évidente, mais elle est encore plus admirable par son application à la division exacte d'intervalles de temps infiniment plus courts que ceux qu'on tentait auparavant d'observer expérimentalement.

Mesure du travail. — Au lieu de laisser arbitraire le mouvement du plan sur lequel s'effectue le tracé pour obtenir seulement des traces d'un mouvement à étudier, ou mieux de le rendre régulier par l'emploi d'un moteur chronométrique pour lui faire représenter le temps, il est des cas où, en rattachant ce second mouvement au mécanisme qui produit le premier, on peut obtenir l'indication du chemin parcouru et en même temps la variation des efforts au jeu, par suite résoudre le problème capital de toute question de mécanique appliquée, obtenir la mesure du travail mécanique consommé pour le produire. Tel est le principe sur lequel Watt avait fait reposer la construction de son indicateur, et qui, mis en pleine lumière par Poncelet, a été appliqué par ce dernier et par M. Morin à la construction de nombreux dynamomètres traceurs, permettant aux machines de tracer elles-mêmes les diagrammes qui servent à la mesure de leurs effets.

Ainsi, si on interpose un ressort entre le corps qui doit être mis en mouvement et le point d'application de la puissance, un pinceau attaché à ce ressort tracera, sur une feuille de papier mue dans une direction perpendiculaire à celle de l'effort, une courbe. Les ordonnées de cette courbe représenteront les tensions du ressort, et par suite seront proportionnelles aux efforts; tandis que si on fait mouvoir le papier par le corps en mouvement, de manière à ce qu'il parcoure un chemin (fig. 15) qui

Fig. 15.

soit dans un rapport constant avec celui que ce corps parcourt, les abscisses seront proportionnelles en chaque instant au chemin parcouru par le corps en mouvement. L'aire de la courbe représentera donc le travail à une certaine échelle facile à déterminer dans chaque cas. (Voir DYNAMOMÈTRE.)

Les tracés graphiques, si utiles comme moyen de constater et mesurer un mouvement, sont encore plus utiles pour l'étude du travail; ils fournissent de la sorte l'évaluation du phénomène complet, ce qu'il importe surtout de connaître dans l'usage industriel.

L'utilité du mode d'observation dont nous parlons a fait que, dans ces dernières années, on a cherché à étendre les applications des procédés d'enregistrement automatique des phénomènes, et qu'on a combiné à cet effet des moyens d'une grande délicatesse. Nous décrirons ici les plus curieux, qui constituent des modes d'expérimentation très-délicats. Nous reviendrons ailleurs sur l'excellent emploi fait par les météorologistes de la méthode graphique. Ils emploient pour leurs observations des appareils variés, enregistrant sans cesse : la force et la direction du vent, la température et la pression barométrique ainsi que leurs variations diurnes, la quantité d'eau tombée dans un temps donné, etc. Ces appareils réalisent chaque jour le travail aride et fastidieux qu'on ne pourrait obtenir du personnel restreint auquel la plupart des observatoires sont réduits; ils fournissent des documents authentiques et infiniment plus complets que ceux dont se servaient autrefois les météorologistes observateurs.

IV. MOUVEMENTS INTÉRIEURS DES CORPS VIVANTS. — Nous allons étudier ici les curieux appareils enregistreurs dont disposent aujourd'hui les physiologistes. Leur science s'était exercée depuis longtemps à interpréter les phénomènes qui se manifestent à nos sens; il fallait, pour réaliser de nouveaux progrès, rendre perceptible et mesurable ce qui échappait à nos moyens observation. Les mouvements très-lents ou très-rapides, très-faibles ou très-compliqués, ne sauraient être étudiés qu'au moyen d'appareils enregistreurs, car ils échappent à nos sens beaucoup trop imparfaits pour les saisir.

Chronographie physiologique. — Helmholtz a réussi à déterminer la vitesse avec laquelle l'*agent nerveux* circule dans l'organisme. Il employa d'abord la méthode de Pouillet, dite chronoscopie électrique. Plus tard il enregistra sur un cylindre qui tournait avec une vitesse connue deux signaux, dont l'un correspondait au moment où l'on excitait le nerf d'un animal, tandis que l'autre signal résultait du mouvement produit par l'animal lui-même et indiquait le moment où l'agent nerveux était arrivé au muscle.

Dans l'expérience de Helmholtz la vitesse de rotation du cylindre n'était pas connue avec une exactitude suffisante. M. Marey modifia l'expérience en combinant avec les procédés de Helmholtz l'emploi de la *chronographie*, telle que M. Duhamel et Wertheim l'avaient introduite en physique. Un diapason d'une tonalité bien déterminée trace sur le cylindre tournant les vibrations dont chacune correspond à une fraction connue de seconde. Le nombre des vibrations enregistrées dans l'intervalle qui sépare les deux signaux exprime exactement le temps qui s'écoule entre l'excitation du nerf et la réaction du muscle.

En Hollande, Donders a employé la même méthode pour mesurer le temps nécessaire pour la perception des impressions visuelles ou auditives, ainsi que la durée de certaines opérations intellectuelles.

Les astronomes ont aussi recours à la chronographie pour déterminer la valeur de l'*erreur personnelle* dans les observations astronomiques. M. Wolf, de l'Observatoire de Paris, a institué sur ce sujet des expériences très-importantes au double point de vue de l'astronomie et de la physiologie.

Appareils enregistreurs des pressions. — Au siècle dernier, un physiologiste anglais, Stales, imagina d'appliquer un manomètre aux artères d'un animal vivant. Il obtint ainsi la première mesure exacte de la pression sous laquelle le sang circule dans les artères; il vit que cette pression varie sans cesse, s'abaissant pendant l'intervalle des contractions du cœur et se relevant à chacune d'elles. Ludwig, aujourd'hui professeur de physiologie à Leipzig, imagina d'enregistrer les variations du niveau du manomètre appliqué aux artères. Un flotteur entraîné par les mouvements de la colonne de mercure portait un pinceau et traçait sur un cylindre tournant chacune des oscillations du manomètre. Cet appareil, le premier enregistreur qui ait été construit

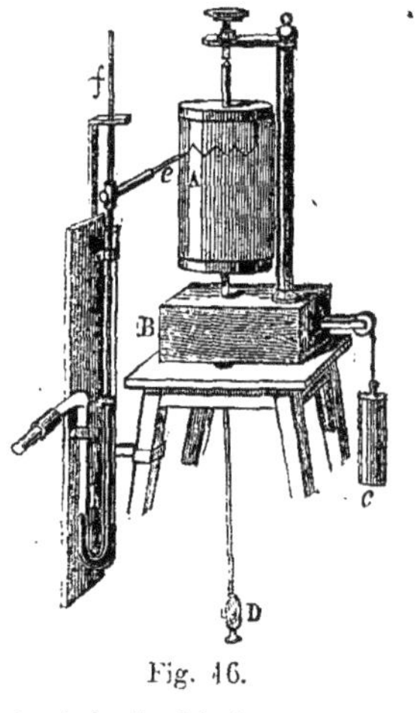

Fig. 16.

pour les besoins de la physiologie, est représenté fig. 16; il a rendu de grands services et est encore d'un usage très-répandu.

Sphygmographes. — Le professeur Vierardt, de Tubingen, eut le premier l'idée d'enregistrer les battements du pouls et construisit un *sphygmographe;* mais son appareil équilibré et oscillant à la façon d'un pendule, n'était en réalité qu'un compteur du pouls. M. Marey a construit un enregistreur du pouls qui donne avec une grande précision les caractères de ce mouvement délicat. La fig. 17 représente le sphygmographe de M. Marey. Nous allons donner quelques détails sur la construction de cet appareil; les principes sur lesquels ce sphygmographe est établi, ont permis à son auteur de construire un grand nombre d'autres appareils pour étudier les différents mouvements qui accompagnent les fonctions de la vie.

Dans la plupart des appareils enregistreurs, le mouvement, dont on voulait avoir le graphique, se communiquait à des pièces plus ou moins lourdes qui devaient le transmettre à la pointe écrivante. Mais une masse animée de vitesse n'obéit pas fidèlement à l'impulsion qui lui a été communiquée; elle tend par sa *vitesse acquise* à continuer le mouvement commencé et à déformer ainsi le graphique en exagérant son amplitude et même en altérant sa forme.

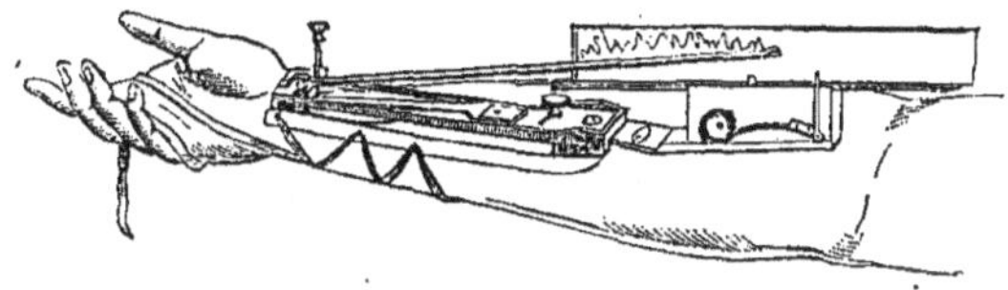

Fig. 17.

D'autre part, il faut qu'une certaine pression soit exercée sur le vaisseau dont on explore le pouls. Ce pouls, en effet, n'est autre que la manifestation extérieure de la pression du sang dans l'artère explorée. C'est un changement dans la dureté du vaisseau qui tantôt se laisse écraser par une pression extérieure, tantôt réagit contre le corps comprimant et le repousse. Pour presser sur le vaisseau, M. Marey, au lieu de se servir d'un poids, employa un ressort qui, au moyen d'une vis de réglage, était amené au degré de pression voulue et qui, n'ayant qu'une masse insignifiante, recevait et suivait fidèlement les mouvements qui lui étaient communiqués par le pouls artériel. Ces mouvements devaient être amplifiés; pour cela, M. Marey les communiqua à un levier de bois très-léger, qui recevait l'impulsion du ressort très-près de son centre de mouvement, et qui, par son extrémité libre munie d'une plume, exécutait et enregistrait sur une feuille de papier glacé des mouvements cent ou deux cents fois plus grands que ceux que le ressort recevait de l'artère. La légèreté extrême du levier amplificateur et l'union de ce levier au ressort dont il suit forcément les mouvements, sont les conditions nécessaires pour obtenir un bon graphique.

Le sphygmographe de M. Marey révèle dans les caractères du pouls artériel des nuances délicates, que le toucher le plus exercé ne saurait percevoir et qui fournissent des renseignements importants sur l'état de la circulation. Voici quelques-uns de ces tracés (fig. 18, pouls de malade, et 19, pouls normal) :

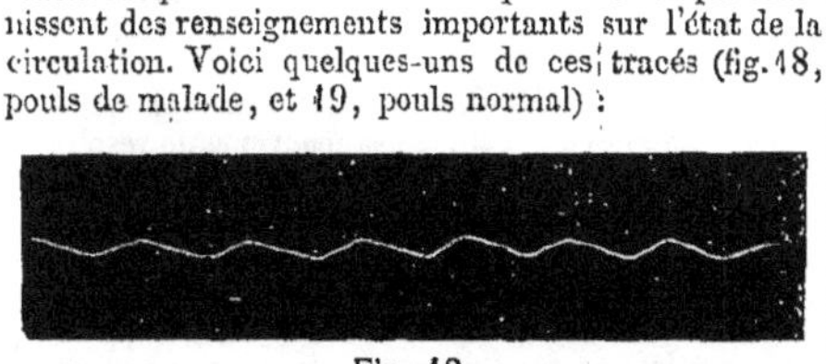

Fig. 18.

Cardiographe. — Il y avait, dans ces dernières années, parmi les physiologistes, des discussions sur la nature et la succession réelle des mouvements du cœur.

GRAPHIQUES.

A chaque seconde, à peu près, les oreillettes et les ventricules entrent en mouvement pour chasser dans l'aorte et l'artère pulmonaire une ondée sanguine. Chacune de ces impulsions du sang s'accompagne d'un battement du cœur contre les parois de la poitrine; l'oreille appliquée contre ces parois entend deux bruits que l'on attribuait avec raison au claquement des *valvules* ou soupapes du cœur. La complexité des mouvements qui s'accomplissent dans un court intervalle de temps, rendait impossible l'analyse exacte de ce que l'on appelle une *révolution du cœur.* M. Marey et M. Chauveau, professeur à l'école vétérinaire de Lyon, entreprirent de résoudre ces difficultés en recourant à la méthode graphique. Mais il fallait enregistrer des mouvements qui se passent, les uns dans l'intérieur des cavités du cœur, et les autres à l'extérieur de cet organe. Un appareil de transmission devait aller chercher chacun de ces mouvements et les amener chacun sous le levier d'un sphygmographe chargé de les traduire par une courbe. Voici comment cette difficulté fut résolue au moyen d'un appareil d'observation très-délicat et qui peut trouver des applications dans l'étude de nombreux phénomènes de variation de pression.

Fig. 19.

Soit fig. A et B deux ampoules de caoutchouc gonflées d'air et réunies par un tube flexible (fig. 20). Si l'on comprime l'ampoule A, une partie de l'air qu'elle contient s'en ira par le tube gonfler l'ampoule B. Si un levier de sphygmographe repose sur cette seconde ampoule, il sera soulevé et traduira par son soulèvement la pression exercée sur l'ampoule A. Le tracé que ce levier écrirait sur un papier animé d'une translation uniforme exprimerait la forme du mouvement par lequel l'ampoule A aurait été comprimée, il en indiquerait la brusquerie ou la lenteur, la force ou la faiblesse, la brièveté ou la durée. Or, dans le *cardiographe* trois systèmes d'ampoules conjuguées sont employés. Les ampoules exploratrices

Fig. 20.

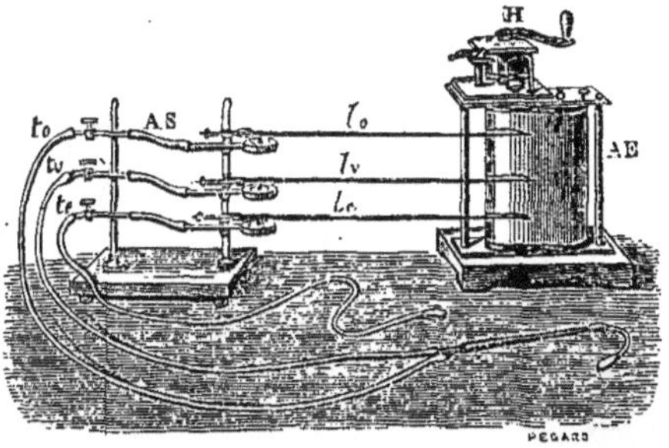

Fig. 21.

(celles qui reçoivent le mouvement) sont introduites, l'une dans l'oreillette, l'autre dans le ventricule, la troisième en dedans de la poitrine, entre les parois thoraciques et le cœur. Les veines du cou présentent une voie assez facile pour le passage des deux premières ampoules, la troisième est introduite par une plaie pratiquée entre deux côtes. Les ampoules extérieures ou indicatrices sont posées de façon que le gonflement de chacune d'elles soulève un levier particulier. Les trois leviers qui écrivent simultanément sont de même longueur, leurs plumes sont placées dans un même plan et sur une même verticale, elles écrivent sur une large bande de papier. La disposition générale de l'appareil est représentée fig. 21.

Quand l'appareil est appliqué sur un grand animal, un cheval, par exemple, on peut constater que la présence des ampoules dans les cavités du cœur et dans la poitrine ne change rien à la fonction circulatoire, et que le cœur continue sensiblement à battre avec son système normal. On obtient un graphique dont la fig. 22

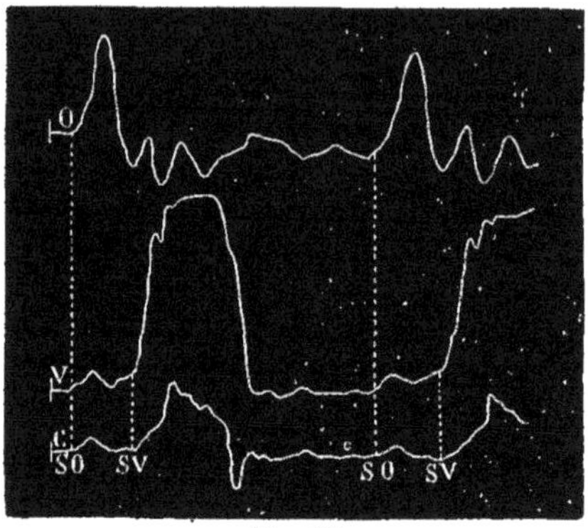

Fig. 22.

représente un spécimen, et de l'analyse duquel on peut tirer une foule d'indications sur la succession, la durée, la force et la *forme* des mouvements divers qui constituent une révolution du cœur. Dans ce graphique, la ligne supérieure correspond aux battements de l'oreillette droite, la seconde à ceux du ventricule droit, l'inférieure au choc du cœur contre les parois de la poitrine.

MM. Marey et Chauveau ont varié de différentes manières leurs expériences de cardiographie, et déterminant ainsi la succession des mouvements des cavités droites et gauches du cœur, de ceux-ci avec le pouls de l'aorte et des différentes artères, ils ont fixé la science sur ce qu'on appelle la *théorie des mouvements du cœur*, point de départ indispensable aux autres études de physiologie et de médecine.

Cardiographie humaine. — M. Marey a cherché à obtenir sans mutilation le graphique du choc du cœur. Pour cela, il fallait appliquer sur la poitrine d'un homme un appareil assez analogue au ressort du sphyg-

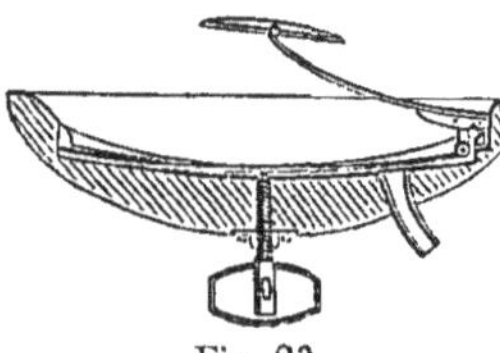

Fig. 23.

mographe, et transmettre les mouvements de ce ressort à l'aide d'un tube à un levier semblable à celui de l'appareil ci-dessus décrit. La construction spéciale porte tout entière sur l'appareil *explorateur* du mouvement. La fig. 23 représente une coupe de ce petit appareil.

C'est une capsule de bois encavée légèrement et de forme elliptique, du fond de laquelle s'élève un ressort que l'on peut tendre plus ou moins à volonté. Ce ressort est muni d'une plaque d'ivoire qui presse sur la région du cœur au point où le doigt sent le battement de cet organe. Pendant l'application de l'instrument, il se produit des mouvements incessants de la peau de la poitrine, qui tantôt s'avance et pousse le ressort lorsque le ventricule fait sentir son battement, et tantôt n'étant plus soutenu par le cœur, rétrograde en cédant à la pression du ressort. Or, comme la peau de la poitrine s'applique exactement aux bords de la capsule, il en résulte un mouvement continuel imprimé à l'air de cette cavité. Ce mouvement se transmet par un tube au levier du cardiographe.

L'appareil enregistreur lui-même diffère peu du cardiographe déjà décrit; il est seulement plus portatif et déroule, à la manière du télégraphe Morse, une longue bande de papier au devant de la plume du levier. La fig. 24 représente le cardiographe tel que M. Marey

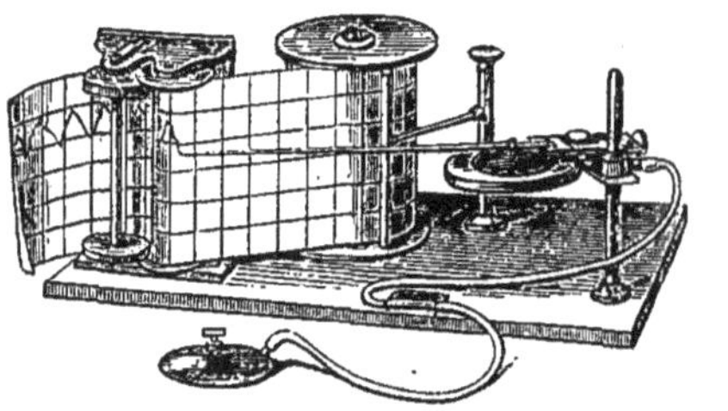

Fig. 24.

l'emploie pour les études de physiologie humaine et de clinique.

Le tracé fourni par cet instrument, et dont la fig. 25

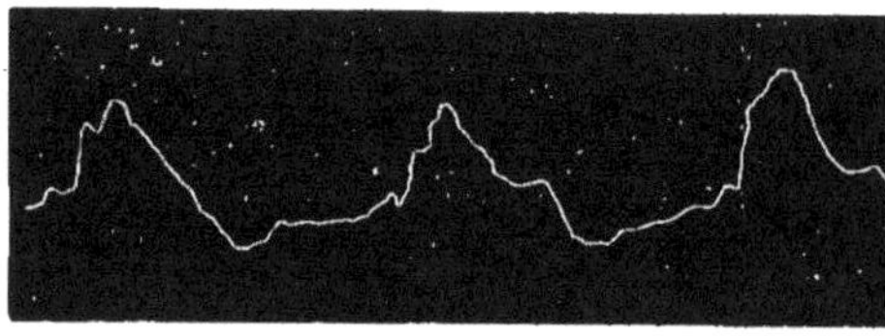

Fig. 25.

montre un spécimen, présente les mêmes détails que celui qui, dans la fig. 22, correspond au choc du cœur chez les grands mammifères. Ces analogies permettent de conclure que chez l'homme les mêmes éléments de la courbe sont dus aux mêmes causes que chez le cheval, par exemple, et l'on peut d'après les caractères du tracé pris à l'extérieur juger de l'état de la circulation dans le cœur, et porter avec sûreté le diagnostic de certaines maladies.

Pneumographe. — M. Marey a également appliqué la méthode graphique à l'étude des mouvements respiratoires. Le pneumographe ne diffère du cardiographe que par l'appareil explorateur. Celui-ci consiste en un ressort boudin revêtu de caoutchouc et formant un cylindre creux, extensible, dont les deux bouts sont fermés. Un tube latéral met l'intérieur de cet appareil en communication avec l'appareil enregistreur. Toute traction ou compression, exercée suivant la direction de l'axe de ce cylindre élastique, produit un mouvement de soufflet qui réagit sur le levier enregistreur. Or, le cylindre élastique est placé sur le trajet d'un lac inextensible qui entoure la poitrine comme une ceinture. L'appareil est donc soumis à l'extension pendant que la poitrine se dilate et revient à sa brièveté normale quand la poitrine se resserre. Les graphiques obtenus avec cet appareil varient avec le rhythme de la respiration; celui-ci à son tour varie avec les obstacles plus ou moins grands que l'air rencontre dans les voies respiratoires; on peut donc, ainsi que M. Marey l'a démontré, tirer de la forme des mouvements de la poitrine des renseignements importants sur l'état de la fonction respiratoire. La fig. 26 montre la forme du mouvement respiratoire normal.

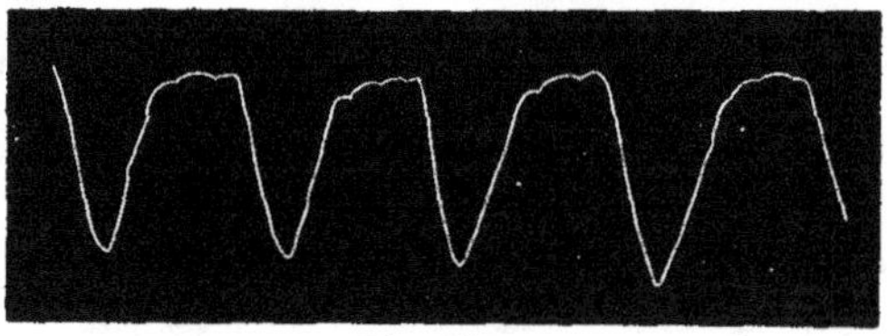

Fig. 26.

Myographie. — Helmholtz, le premier, construisit un appareil enregistreur du mouvement musculaire. Un muscle de grenouille, fixé à l'une de ses extrémités à un point immobile, était attaché par son tendon à une sorte de bascule dont les mouvements se traçaient sur un cylindre tournant. M. Marey a ramené le *myographe* à l'emploi d'un levier léger, et a remplacé les poids dont on chargeait le muscle par l'élasticité d'un ressort. Alors seulement il a été possible d'avoir l'expression fidèle des mouvements musculaires, car ces mouvements, souvent très-énergiques et durant à peine six ou huit centièmes de seconde dans certains cas, communiquaient aux appareils munis de poids des vitesses acquises qui déformaient entièrement leurs indications.

Avec le myographe de Marey on peut étudier les caractères des mouvements provoqués dans un muscle par les différentes sortes d'excitations électriques et les modifications que ces mouvements éprouvent sous l'influence des poisons ou des agents physiques appliqués au muscle.

Les appareils ci-dessus décrits enregistrent des mouvements véritables. M. Marey a cherché à montrer que la méthode graphique peut s'étendre au delà des limites de l'étude du mouvement proprement dit. Certains artifices permettent de transformer en mouvement d'un levier enregistreur des phénomènes de natures variées. Ainsi, ce physiologiste a enregistré, au moyen de son *thermographe*, les différentes phases des changements de température chez un animal. Avec un autre appareil il a pu obtenir la courbe d'absorption des gaz sous l'influence de la respiration. Mais ces études, encore à leur début, montrent seulement que le champ de la méthode graphique en physiologie pourra s'étendre encore beaucoup.

GRAPHITE. — Le graphite ou mine de plomb est du carbone presque pur, dans un état d'agrégation particulier. Il sert à fabriquer les crayons, et la meilleure qualité se tirait autrefois de la mine de Brokldale, en Angleterre, aujourd'hui épuisée. M. Alibert en a trouvé un magnifique gisement en Sibérie. Le graphite paraît dû à la précipitation du charbon lors de la décomposition de l'hydrogène carboné; c'est ainsi qu'il se forme dans les cornues à gaz.

H

HÉLICE. Les grands avantages qu'a présentés l'emploi de l'hélice dans la navigation à vapeur, de cet opérateur entièrement plongé dans le fluide, ont fait de l'étude des formes les plus convenables à donner à l'hélice une des plus intéressantes questions qu'on puisse se proposer. Ajoutons que c'est une des plus difficiles par suite du petit nombre de données dont on dispose, par l'ignorance où nous sommes de la manière dont l'eau se comporte sur les palettes de l'hélice ; comment se produit l'entraînement croissant avec la vitesse, comment l'eau arrive par le centre du propulseur et s'écoule, eau déjà animée de vitesses variables en raison de son cheminement le long des façons arrière du navire.

Les résultats d'expériences tentées en modifiant les formes et dimensions de l'hélice sous l'influence des notions fondamentales admises généralement sur la résistance des fluides, en cherchant, par exemple, à faciliter l'entrée et à diriger la sortie de l'eau, ont toutefois fourni des éléments importants qui, s'ils ne permettent pas de fixer, pour chaque cas, la forme, les dimensions et les vitesses les plus convenables, permettent cependant d'en approcher et d'arriver dans la pratique à des résultats satisfaisants.

L'hélice, dans sa donnée première, est une vis à un ou plusieurs filets, qui, mue dans l'eau avec rapidité, trouve dans l'inertie de celle-ci une résistance analogue à celle qu'elle trouverait dans un écrou métallique; d'où résulte la progression, le mouvement en avant du navire qui la porte. La condition essentielle de l'emploi de l'hélice est donc une vitesse assez grande pour que l'eau résiste, malgré l'extrême mobilité de ses molécules; et comme d'ailleurs elle communique nécessairement une vitesse aux molécules liquides qui choquées ne peuvent rester immobiles, il est bien clair que toute la vitesse imprimée dans le plan perpendiculaire à l'axe de l'hélice correspond à un travail consommé inutilement pour la propulsion, tandis que toute celle parallèle au mouvement du navire est utilisée, en ce sens qu'elle est la réaction qui correspond à l'impulsion communiquée au corps flottant.

Comme c'est évidemment par suite de l'inclinaison de son plan autour de l'axe que l'hélice opère, que la régularité de cette inclinaison, tout à fait logique quand il s'agit d'une vis dont les filets doivent se succéder dans le même chemin, n'a plus de raison d'être lorsque l'action doit se produire à diverses distances de l'axe sur de l'eau animée de vitesses différentes, on en est venu à adopter des surfaces hélicoïdales diversement inclinées, et à remplacer l'hélice par des palettes hélicoïdales séparées, laissant par suite une entrée plus facile à l'eau qu'un filet continu.

Passons en revue les éléments de l'hélice et les résultats de l'emploi des principaux systèmes, savoir : le nombre des bras, le diamètre et la longueur, la surface agissante des palettes, le pas, le recul et la force motrice utilisée. Nous mettrons à profit, pour l'évaluation de l'influence de ces divers éléments, d'intéressantes expériences dont M. Taurines, l'ingénieux inventeur d'un dynamomètre, vient de publier les résultats. Ce sont les seules, à notre connaissance, qui soient faites dans des conditions scientifiques, à savoir avec l'interposition de deux dynamomètres donnant l'un la mesure du travail réellement transmis à l'hélice, et l'autre la mesure de la poussée de l'hélice, c'est-à-dire de la résistance du bateau, qui, multipliée par le chemin parcouru, donne exactement le travail utile. Le rapport entre ces deux quantités de travail donnait exactement la valeur mécanique du propulseur.

Il est sans doute fort regrettable que ces expériences n'aient porté que sur des hélices de petite dimension, mais les résultats qu'elles fournissent sont encore très-précieux, et ne sont en contradiction avec aucun des résultats de la pratique.

1° *Nombre de bras.* — Depuis l'invention de l'hélice, deux principes sont en présence : celui d'après lequel l'hélice reste toujours à son poste, et celui d'après lequel, lorsque le bâtiment veut naviguer à la voile seulement, elle est remontée au-dessus de la surface de l'eau par un puits disposé à cet effet. Le premier système est applicable aux bâtiments où la vitesse est la première nécessité du service qu'ils ont à accomplir ; dans ce cas, lorsque cependant ils veulent se servir des voiles seules, l'hélice est affolée, et quand la vitesse donnée par le vent est suffisante, elle tourne par l'effet seul du sillage du bâtiment ; toutefois, lorsque ce sillage est au-dessous de trois à quatre nœuds, il n'est généralement plus assez puissant pour vaincre l'inertie de l'hélice, pour la mettre en mouvement, et elle oppose alors, dans son immobilité, une résistance qui réduit considérablement la vitesse.

Dans le second système, on est réduit à employer des hélices à deux branches seulement, afin de n'être pas forcé de donner au puits par où elles doivent remonter une dimension exagérée, nuisible à la solidité que réclame l'arrière du bâtiment, surtout lorsque, comme à bord des bâtiments de guerre, cette partie doit porter de l'artillerie. Cette hélice, généralement adoptée en Angleterre, produit beaucoup de secousses, son action étant interrompue périodiquement à chaque tour, lorsqu'elle vient se cacher derrière l'étambot.

Dans les expériences dont nous avons parlé, tandis que les hélices à deux branches donnaient, pour le rapport du travail utilisé au travail dépensé, 0,57, celles à quatre ailes donnaient 0,62.

Hélice Sollier. — Comme les hélices à quatre branches sont celles qui jusqu'à présent ont semblé donner les vitesses les plus avantageuses, M. Sollier a essayé de vaincre la difficulté, en imaginant une hélice qui réunit l'avantage d'être à quatre branches à celui de pouvoir être remontée par un puits de dimension ordinaire. Son système se compose de deux hélices à deux branches qui, au moyen d'un mécanisme qui se meut à l'intérieur du bâtiment, peuvent à volonté, ou se disposer en croix et faire l'effet d'une hélice à quatre branches, ou bien se placer l'une sur l'autre, et ne former qu'une hélice à deux branches, qui peut alors se remonter par le puits.

Ce système d'hélice a fonctionné d'une manière satisfaisante à bord du vaisseau de cent canons *l'Austerlitz* ; mais on ne peut se dissimuler que ce système, s'il est ingénieux, n'en est pas moins compliqué. Tous les mouvements qui se passent dans l'eau, là où il est difficile d'atteindre, doivent être simples, et nous craignons que l'hélice de M. Sollier n'ait pas tout à fait cet avantage.

Hélice Mangin. — Celle proposée par M. Mangin, ingénieur de la marine, consiste dans la réunion de deux hélices ordinaires à deux ailes. Ces deux hélices, coulées d'une seule pièce, sont placées à 50 centimètres environ l'une en avant de l'autre, de manière à n'avoir qu'une seule et même projection, sur le plan vertical latitudinal du bâtiment. Il résulte de cette dernière disposition que la largeur nécessaire du puits de remontage de cette hélice est moindre que celle nécessaire au puits ordinaire d'une hélice à deux ailes, puisqu'alors chaque aile n'a plus besoin d'avoir un si grand développement. Cette circonstance est fort importante sur les vaisseaux de ligne, dont les sabords de retraite doivent être tenus aussi dégagés que possible. Les résultats présentés par l'hélice nouvelle ont été assez favorables pour que la commission chargée de les constater ait reconnu que l'hélice Mangin donnait, à la traction au point fixe, des chiffres un peu supérieurs à ceux de l'hélice ordinaire ; qu'en marche, pour un même nombre de tours des machines, elle donnait des avances par tour, des reculs et des vitesses identiques, et que, pour obtenir ces résultats identiques, elle dépensait une quantité de travail un peu plus forte que l'hélice ordinaire.

Un fait remarquable et inattendu a été constaté, savoir : cette hélice a fait disparaître à peu près complétement les trépidations à l'arrière du bâtiment.

Dans le cours de la navigation du *Phlégéthon*, de 400 chevaux, les avantages de l'hélice Mangin n'ont pas tardé à se manifester. Les ailes de cette hélice ne dépassent que de $0^m,13$ les étambots, lorsqu'elle est placée verticalement au repos ; le bâtiment peut ainsi naviguer et manœuvrer à la voile sans perte de temps, sans avoir à rentrer son hélice, et être toujours prêt à remettre en marche à la vapeur.

Le puits se trouve alors réduit à des proportions restreintes, qui n'ôtent plus rien à la solidité des façons arrière du bâtiment.

En escadre, en croisière, dans toutes les circonstances qui demandent l'économie du combustible et la rapidité des mouvements, l'hélice Mangin permet ainsi de passer instantanément de la vapeur à la voile et de la voile à la vapeur, sans avoir absolument besoin de remonter ou d'affoler l'hélice, en conservant au bâtiment toutes ses qualités.

L'hélice Mangin semble ainsi d'une application appropriée aux bâtiments de guerre, en ce qu'elle permet de concilier le puits avec la solidité de construction, et la voile avec la vapeur, sans rien ôter aux qualités essentielles du bâtiment dans ces deux conditions.

2° *Diamètre de l'hélice.* — Cette dimension est déterminée par le tirant d'eau du navire, l'hélice devant être noyée sous une épaisseur d'eau de $0^m,50$ au moins. On admet assez généralement que l'on doit donner à l'hélice toute la grandeur possible, d'après le travail moteur des machines, afin de la faire agir sur une masse d'eau considérable, qui ne prenne pas facilement un mouvement giratoire qui annule l'action du propulseur. Dans les expériences de M. Taurines, le diamètre variant de 0,47 à 0,64, le coefficient d'utilisation a varié de 0,55 à 0,73.

3° *Aire de l'hélice.*—Dans les expériences nombreuses faites sur des hélices variées, et, par suite, on peut dire, pour tous les cas sensiblement, les expériences relatives à l'aire de l'hélice ont donné des résultats très-nets, qui indiquent bien la nécessité de laisser l'eau arriver facilement sur l'hélice et l'abandonner de même, avec un minimum de perte de travail. D'après J. Bourne, si on compare le disque entier de l'hélice, la surface du cercle décrit par l'extrémité de ses ailes, à la surface résistante du navire, le rapport doit être de 1 à 3, et la surface projetée des ailes ne doit occuper que $\frac{1}{5}$ de la surface totale du disque, quel que soit leur nombre, les intervalles entre les ailes correspondant aux $\frac{4}{5}$. Cette dernière conséquence a été mise en lumière par les expériences de M. Cavé, qui a vu les vitesses croître avec une même hélice, lorsqu'on diminuait la surface des ailes jusqu'à ce qu'on eût atteint cette proportion, tandis que la vitesse diminuait lorsqu'elle était dépassée. Toutefois, cette limite paraît répondre à une vitesse de rotation très-grande ; dans le plus grand nombre de cas, la surface de l'hélice doit dépasser cette limite.

4° *Pas de l'hélice et recul.* — Le pas de l'hélice ou la distance de deux points situés sur une même génératrice du cylindre de deux spires consécutives (en supposant continu le filet de vis auquel appartient la palette de l'hélice) est la mesure de l'inclinaison de l'hélice sur l'axe, puisqu'on a $2\pi r$ tang. $\alpha = p$ (r rayon, α inclinaison, p le pas) dans tout plan incliné.

Le rapport correspondant à un angle de 45° est souvent employé en Angleterre par la majeure partie des constructeurs. En France et en Amérique le rapport employé correspond à une inclinaison de 30°, d'après M. Gaudry. On ne peut guère déduire de là aucune règle générale, car il est impossible de rien conclure de la forme de l'hélice, si l'on ne tient pas compte en même temps de la vitesse avec laquelle elle est mue, et qui est, comme nous allons le voir, très-différente dans les divers cas. Il faut aussi remarquer que la variation d'inclinaison des parties diverses des palettes les fait appartenir à plusieurs spires héliçoïdales, dont la valeur moyenne est assez difficile à estimer.

Le pas de l'hélice devrait être la mesure de l'avancement du bateau pour chaque tour ; ainsi, si une hélice a 5 mètres de pas et si elle fait deux tours par seconde, le bateau devrait filer $5 \times 2 = 10$ mètres par seconde, si l'hélice fonctionnait comme dans un corps solide. Mais à cause de la mobilité des molécules liquides, la progression du bateau est moindre que celle déterminée théoriquement ; la différence est ce qu'on appelle le recul de la vis.

Calcul des effets de l'hélice. — Ce n'est que pour expliquer les effets de l'hélice dans l'eau qu'on suppose qu'elle agit comme une vis qui s'avance dans le bois. Si la vitesse était pour ainsi dire infinie et non pas seulement de 7 ou 8 mètres par seconde, la transmission du mouvement de l'hélice à l'eau n'aurait pas le temps de s'effectuer ; mais ce qui serait vrai d'une vitesse de 200 à 300 mètres par seconde, comme celle de la balle de fusil qui traverse une porte sans la faire remuer, n'est pas applicable à la vitesse si inférieure de l'hélice. On peut, par suite, établir les calculs de l'hélice, en admettant qu'elle agite l'eau et commmunique sa propre vitesse aux couches qui viennent en contact avec elle, de la même manière que cet effet se produit par une surface plane qui se meut en ligne droite, c'est-à-dire en tenant compte de l'inflexion des filets fluides qui s'écartent des bords.

Le recul, qui est le mode habituel d'estimer la perfection de l'hélice, se rapporte seulement à l'action exercée sur l'eau et indique pour un même rapport de travail moteur et de travail résistant que le déplacement de l'eau se fait d'autant plus facilement, occasionne d'autant moins de résistance que ce recul augmente. La grandeur de celui-ci ne prouve pas absolument que le travail moteur soit mal employé ; c'est le travail utile obtenu pour un même travail moteur, la grandeur de la vitesse imprimée à un même bateau par une même consommation, qui est le vrai moyen de comparaison, bien qu'il soit vrai, en général, que la meilleure utilisation correspond à un moindre recul.

La meilleure hélice est évidemment celle qui imprime à la moindre quantité de liquide un mouvement giratoire, complétement inutile pour la propulsion ; qui produit peu de tourbillonnements, de communication du mouvement circulaire résultant surtout d'un écoulement difficile de l'eau ; qui imprime à une masse d'eau mue en ligne droite, dans une direction opposée à celle du navire, un minimum de forces vives.

L'équation complète de l'hélice, c'est-à-dire la formule qui permettrait d'obtenir l'expression du travail utile que peut fournir une hélice (variable avec le navire qui la porte, dont la résistance variable pour chaque vitesse détermine le nombre de tours par minute), ne saurait être obtenue dans l'état actuel de la science, à cause de la loi inconnue, suivant laquelle les filets liquides s'infléchissent sur une surface qui agit sur elle. L'équation du travail absorbé par le fluide peut, au contraire, être obtenue facilement et fournit un guide précieux pour discuter les résultats de l'expérience. Cherchons comment il est possible de l'établir, remarquant que l'impulsion qui meut le navire est égale à la réaction qui donne à l'eau un mouvement de direction opposée. Le mouvement giratoire de l'eau est presque le seul produit lorsque la surface de l'hélice ou plutôt son action est très-petite relativement à la résistance du bateau.

Soit V la vitesse du bateau, M le maître-couple immergé, K le coefficient de résistance correspondant aux formes du navire ; la résistance qu'il oppose au mouvement est KMV^2 et le travail résistant par seconde KMV^3.

Soit v la vitesse de l'hélice supposée constante, telle que pour un point situé à une distance r de l'axe $v = r\omega$, ω étant une vitesse angulaire constante.

L'hélice étant formée par l'enroulement autour du cylindre d'une ligne droite faisant un angle α avec la perpendiculaire aux génératrices, par l'action de rotation du cylindre dans l'eau, pour un tour, toutes les molécules d'eau rencontrées par le plan incliné élémentaire sont déplacées suivant la ligne du mouvement d'une quantité égale au pas. Mais l'hélice tout entière étant entraînée par le bateau, il faut en déduire la vitesse de celui-ci, c'est-à-dire que l'action sera nulle pour le point donnant v tang. $\alpha = V$, et que l'eau parcourra un chemin en ligne droite, en raison de la valeur de v tang. $\alpha - V$ ou $r\omega$ tang. $\alpha - V$.

Soit ρ le rayon du centre d'impulsion de l'hélice, le point par lequel passe la résultante de toutes les pressions sur l'eau parallèles à l'axe du navire, R le rayon extérieur de l'hélice, πR^2 sera le cercle d'action de l'hélice, la base du cylindre d'eau qui sera mise en mouvement par la surface héliçoïdale, cylindre dont la hauteur sera la vitesse V du navire, car il est clair que si cette vitesse était nulle, ce serait toujours la même tranche qui serait agitée (s'il ne se produisait une aspiration par le centre, due au second élément dont nous parlons ci-après), et que la majeure partie recevra l'action de cette surface héliçoïdale, puisqu'elle se meut plus rapidement que le bateau. Nous multiplierons l'expression de ce volume par un coefficient K' pour tenir compte de l'eau non agitée, et $K'\pi R^2V$ deviendra l'expression du volume d'eau soumis directement à l'action de l'hélice.

La force vive du liquide qui sera mis en mouvement parallèlement au mouvement du bateau sera donnée par la formule

$$T_u = K'\frac{\pi R^2 V}{2g}(\rho\omega \text{ tang. } \alpha - V)^2.$$

La valeur de K', qui entre dans cette expression, pourrait être déterminée expérimentalement, puisqu'on peut connaître la poussée de l'hélice égale à la réaction du liquide.

Outre cet effet, d'après le mode d'action de l'hélice, une partie du liquide doit prendre un mouvement giratoire, en glissant le long des ailes sous l'influence de la force centrifuge. Sous l'action de l'hélice l'eau prend à la fois les deux vitesses, comme le montre la forme conique de l'eau qui est chassée par l'hélice en mouvement. Elle possède, quand elle quitte l'hélice, au moins en grande partie la vitesse de celle-ci, et si nous appelons $\rho'\omega$ la vitesse moyenne de la masse, nous aurons pour la force vive correspondante, tant pour le mouvement giratoire que centrifuge :

$T_p = K'' \frac{\pi R^2 V}{2g} (\rho' + \rho'^2)\, \omega^2$, et enfin le travail moteur total consommé par le liquide sera :

$$T = KMV^3 + \frac{\pi R^2 V}{2g}\left[K'(\rho\omega \tan\alpha - V)^2 + K''(\rho' + \rho'^2)\,\omega^2\right]$$

en ajoutant aux termes précédents le travail correspondant à la progression du bateau pour avoir l'effet total produit par les machines sur le liquide dont l'inertie, en définitive, consomme tout le travail moteur.

C'est à accroître $K \frac{\pi R^2 V}{g} (\rho\omega \text{ tang. } \alpha - V)$ et par suite la valeur des premiers termes de l'équation, en diminuant celle du dernier, que les constructeurs doivent s'appliquer ; nous allons indiquer les travaux faits dans le but d'atteindre ce résultat, en discutant les divers éléments qui entrent dans les formules.

Je ferai d'abord remarquer que lorsque l'hélice se meut rapidement sans que le bateau change de place, il se produit un mouvement d'aspiration par l'effet de la force centrifuge qui amène de l'eau sur l'hélice, et entraîne, sans production de travail utile, une consommation considérable de travail moteur. Cet effet, qui n'est pas représenté explicitement dans les formules, qui répond à des valeurs particulières que prennent alors les coefficients K' et K'', est un des plus importants à considérer dans l'emploi de l'hélice. Tandis que les roues se meuvent lentement lors de la mise en marche d'un bateau muni de ce propulseur, au contraire, sur un navire à hélice, la machine tend à s'emporter au départ, à projeter l'eau en cascade. Ceci serait de peu d'importance, si cet effet ne se produisait qu'au départ ; mais il tend à se manifester d'autant plus que le navire a plus de peine à marcher, qu'un vent debout s'oppose à son mouvement, que V est nécessairement très-petit. Dans ces cas, tout le travail de la machine s'épuise d'une manière coûteuse à produire un mouvement giratoire de l'eau parfaitement inutile. Ceci montre la nécessité de naviguer avec l'hélice comme avec la voile, c'est-à-dire de louvoyer par vent contraire, sans pouvoir marcher vent debout comme le fait le bateau à roues. C'est là le seul point de supériorité du bateau à roues, ce qui le fait préférer pour le service postal ; c'est encore la cause principale des grands résultats que doit fournir la réunion sur un même navire des deux moyens de propulsion, comme je l'ai indiqué à l'art. BATEAU A VAPEUR.

Coefficient K'. — Pour que le coefficient K' soit le plus grand possible, il faut que l'eau arrive facilement sur l'hélice et qu'elle l'abandonne facilement dans la direction du mouvement; autrement elle est entraînée dans le mouvement giratoire. Cet effet est obtenu en laissant entre les ailes de l'hélice un espace suffisant en raison de leur inclinaison; d'après les résultats d'expérience, il ne faut pas que la projection de la totalité des surfaces héliçoïdales sur le cercle de base du cylindre d'eau, dépasse le tiers de la surface de ce cercle, comme nous l'avons dit.

Cette prescription répond à l'arrivée sur l'hélice d'une grande quantité de liquide pour prendre un des deux mouvements considérés. Pour faire que ce soit surtout le mouvement de même direction que celui du navire qui lui soit imprimé, il est d'autres éléments à considérer dont nous allons parler.

Valeur de R. — La valeur de R ou le diamètre de l'hélice est en général le plus grand qu'il soit possible, de manière à ce que l'hélice reste plongée de 2 ou 3 décimètres. En effet, plus l'hélice descend dans le fluide, plus elle rencontre des pressions hydrostatiques considérables qui lui fournissent un meilleur point d'appui. C'est pour ce motif entre autres que l'hélice fournit de bien meilleurs résultats avec les navires à fort tirant d'eau (quand le travail moteur est assez grand pour leur imprimer une vitesse notable) que pour les navires légers, et qu'on augmente le tirant d'eau à l'arrière des navires à hélice.

Valeur de ρ. — L'accroissement de la valeur de ρ, les dispositions qui rapprochent le centre d'action de la circonférence extérieure de l'hélice sont les plus importants pour obtenir les formes les plus avantageuses. Le pas ne doit pas être trop allongé, ce qui tend à diminuer la valeur de ρ. De plus, les ailes doivent, autant que le permet l'emplacement de l'hélice près du gouvernail, avoir beaucoup plus de largeur vers l'extrémité que vers le centre, cette dernière partie étant réduite aux dimensions nécessaires pour la solidité. En effet, en ces points, la valeur ρ tang. $\alpha - V$ est négative, la réaction du liquide est remplacée par une résistance. C'est à cause de l'inutilité de la partie centrale qu'on a pu avantageusement, selon plusieurs ingénieurs, remplacer cette partie par une sphère dont partent les ailes de l'hélice. Un cône peu allongé conviendrait sans doute mieux.

Valeur de ω *tang.* α. — L'inclinaison de l'hélice doit varier avec la vitesse. Si on veut faire celle-ci petite, ce qui peut être nécessaire pour de très-grandes machines à action directe, dans lesquelles de grandes masses sont en mouvement, il faut augmenter l'angle de l'hélice; cela n'est pas nécessaire, lorsque les machines sont divisées en plusieurs cylindres, et l'expérience montre que les résultats sont à peu près équivalents lorsque le produit ω tang. α est constant, lorsque la vitesse angulaire augmente en même temps que l'inclinaison de l'hélice diminue. Des résultats bien peu différents entre eux ont été fournis par des hélices dont les inclinaisons variaient de 25 à 45°, les nombres de bras variant. Il se produit probablement ici des phénomènes de proue liquide qui accompagne l'hélice.

Coefficient K'' *et valeur de* ρ'. — Pour que les valeurs de ces termes, dont dépend la grandeur des mouvements giratoires de l'eau, soient minimes, il faut que l'hélice ait une forme courbe prononcée perpendiculairement à l'axe. L'eau quitte alors la surface avant d'avoir pu prendre le mouvement giratoire, tandis que, se succédant toujours sur la palette allongée dans le sens de l'axe, elle prend une vitesse parallèle au sillage. C'est ainsi qu'on peut se rendre compte des excellents effets de l'hélice en queue de poisson de Cavé, dont le développement était de près d'une demi-circonférence pour chaque aile. Malheureusement ces hélices se prêtent mal à occuper la place qui leur est destinée sur les navires, elles ont trop de largeur, et il semble difficile d'utiliser leurs propriétés, à moins d'en loger deux latéralement sur les flancs arrière du bateau. Cela a déjà été fait sur des bateaux de rivière, mais ne paraît pas réalisable sur des steamers.

On aurait, nous pensons, partie de ces avantages avec des hélices dont les surfaces seraient disposées en marches d'escalier, parallèlement à l'axe de rotation, et en augmentant ainsi, autant que possible, le chemin à parcourir par l'eau pour prendre le mouvement giratoire, lui donnant une vitesse inverse dans son parcours de celle nuisible qu'elle tend à prendre. L'hélice serait formée de fragments de surface héliçoïdale.

Cette disposition nous paraîtrait bien préférable à celle qui avait été proposée par M. Holm, et dont on avait annoncé d'excellents résultats que la pratique n'a pas justifiés. Il pensait que par l'évidement en forme de cuiller qu'il proposait de pratiquer à l'extrémité des hélices, il détruirait en partie le mouvement giratoire perpendiculaire à l'axe, et le convertirait en un autre parallèle à l'axe. Ce résultat ne pouvait être obtenu par les dispositions qu'il a proposées.

Les rebords ou cannelures saillantes, dont on avait un moment annoncé d'excellents résultats, paraissent dissimuler, répartir dans une masse d'eau plus considérable le mouvement giratoire de l'eau, bien plutôt que diminuer la déperdition du travail moteur qui en provient.

Nous terminerons par quelques données sur l'hélice du *Napoléon*, le premier navire qui ait donné une excellente utilisation de la puissance motrice. Son pas était variable; la surface hélicoïdale de propulsion se composait de surfaces ayant trois pas différents :

Le pas d'entrée de ces spirales était de. . . $7^m,30$
Le pas du milieu. . . . . $8^m,50$
Le pas de sortie. . . . . $9^m,40$

Dans les voyages qui ont donné les vitesses les plus grandes, le *Napoléon* a avancé de $8^m,60$ par tour d'hélice (Ch. Dupin, *Rapport sur l'Exposition de 1851*), c'est-à-dire que le recul avait pour ainsi dire disparu, ce que l'on doit expliquer par la grande puissance appliquée à un propulseur de grande dimension et par la perfection des formes du navire.

Les expériences de MM. Moll et Bourgois, qui ont servi à la détermination des hélices des principales constructions de la flotte, leur ont permis de tracer le tableau suivant qui résume les résultats obtenus :

Table des proportions convenables des hélices propulsives.

CLASSE DES NAVIRES.	CATÉGORIES par résistances relatives.	HÉLICES A 2 AILES.		HÉLICES A 4 AILES.	
		Rapport du pas au diamètre.	Fraction du pas.	Rapport du pas au diamètre.	Fraction du pas.
Vaisseaux mixtes (force motrice faible)..	4.0	1.205	0.378	1.607	0.378
Frégates mixtes	3.5	1.279	0.355	1.705	0.355
Vaisseaux à gr^des^ vitesse......	3.0	1.357	0.334	1.810	0.334
Frégates à gr^de^ vitesse......	2.50	1.450	0.313	1.933	0.313
Corvettes à gr^de^ vitesse......	2.0	1.560	0.294	2.080	0.294
Avisos à grande vitesse......	1.50	1.682	0.275	2.243	0.275

Dans la pratique, c'est surtout par la grande vitesse des hélices que l'on a obtenu un bon fonctionnement; il se produit sans doute un effet analogue à la proue liquide observée par Dubuat pour des formes qui, théoriquement imparfaites, donnent cependant d'assez bons résultats.

Emploi de deux hélices. — L'emploi de deux hélices offre des avantages notables : celui d'évoluer dans de petits espaces, en arrêtant une des hélices, et celui d'être mus simplement par deux roues engrenant avec une roue centrale mise en mouvement par la machine motrice. Un constructeur anglais, M. Dudgeon, s'est fait, un moment, une spécialité de ce genre de constructions. C'est à lui que furent dus les *blokade runner* destinés lors de la guerre d'Amérique à forcer le blocus des fleuves des États du Sud de l'Amérique. Il fallait des bateaux à faible tirant d'eau, et, dans ces conditions, les hélices doubles donnèrent d'excellents résultats. Il semble que c'est dans ce genre de constructions que se rencontre leur véritable emploi. Elles ne paraissent pas, en effet, avoir offert d'avantages pour les grands navires sur les hélices simples mues par des machines à action directe, tandis qu'elles sont appliquées avec succès dans la navigation fluviale. Nous citerons, pour exemple, leur emploi dans les élégants petits navires, construits par M. Cochot, qui naviguent directement entre Paris et Londres.

HOUILLE. — La nécessité de développer la production de la houille, dont l'industrie consomme chaque jour de plus grandes quantités, a fait améliorer les moyens de production, l'échelle de l'exploitation de toutes les mines. Nous allons passer en revue les progrès les plus importants accomplis dans cette voie.

Progrès de l'exploitation. — A mesure que les moyens de transport intérieur dans les mines se sont améliorés, soit par l'emploi des chevaux, soit par l'usage de plus en plus général des chemins de fer, le champ d'exploitation de chaque puits a pu prendre une étendue plus considérable, et les puits ont pu être d'autant moins multipliés; cela constitue un avantage très-important dans les cas fréquents où l'établissement de ces puits est très-difficile, et forme la majeure partie de la dépense à faire pour la mise en valeur d'une exploitation. Toutefois, il a fallu en même temps accroître les moyens de production de chaque puits, pour continuer à tirer d'un périmètre donné la même production, et pour la développer même au fur et à mesure de l'accroissement de la consommation. Il y a, d'ailleurs, au point de vue purement technique, des avantages nombreux et évidents à faire en sorte qu'un champ d'exploitation donné soit exploité le plus promptement possible. Tous ces motifs réunis ont amené ce résultat, que la production journalière des puits a été constamment en croissant. Des puits donnant 500 ou 600 hectolitres ne sont plus aujourd'hui justifiables que dans des circonstances toutes spéciales. La plupart du temps on tire au moins 1,000 à 1,200 hectolitres avec les moyens les moins perfectionnés. Il est peu de mines, installées d'une manière convenable, dans lesquelles on ne cherche pas à obtenir au moins 1,800 à 2,500, ou même 3,000 hectolitres. Il en est enfin dans lesquelles on tire 5,000, 6,000 et jusqu'à 10,000 hectolitres par jour. Une pareille production suppose naturellement des couches d'une richesse appropriée et surtout d'une allure bien régulière, et des moyens puissants d'extraction. Quant à la profondeur, c'est en réalité un des éléments les moins importants; il arrive même souvent que ces puits à production exceptionnelle sont en même temps au nombre des plus profonds, et cela s'explique par cette profondeur même, qui, forçant à en restreindre beaucoup le nombre, conduit à outiller chacun d'eux de manière à lui faire rendre le plus possible.

La première condition d'un semblable outillage est un moteur d'une force suffisante. Au lieu de ces anciennes machines de 10 à 15 chevaux, quelquefois 30 à 40 au plus, on monte aujourd'hui des machines de 60, 80, 100, 150 chevaux et au delà. Aux tonneaux ou cuffats si lourds et si encombrants, que l'on remplissait aux accrochages et que l'on vidait à la recette supérieure en les faisant basculer, on substitue des cages guidées, lesquelles reçoivent et amènent au jour les wagons ou bennes à roulettes qui vont chercher le charbon à la taille, et le conduisent sans aucun transbordement jusqu'au magasin ou au point de chargement. Cette disposition, toute simple qu'elle puisse paraître à imaginer, n'en doit pas moins être regardée comme un immense progrès au point de vue de la célérité du service, de l'économie de main-d'œuvre et de la conservation du matériel, comme à celui de la réduction des déchets sur le gros charbon et de la facilité du contrôle sur le travail des ouvriers mineurs.

En résumé, un bon outillage de puits d'extraction comprend aujourd'hui :

En premier lieu, une machine à vapeur dont la force est calculée très-largement, de manière à suffire à toutes les éventualités du service le plus actif que puisse comporter la richesse des couches à exploiter. Cette machine sera généralement à deux cylindres accouplés, ce qui, en évitant les points morts et dispensant d'un volant, permet de faire avec une grande facilité toutes les manœuvres de changement de marche nécessaires.

Les cylindres pourront d'ailleurs être fixes ou oscillants, verticaux ou horizontaux; mais les cylindres fixes et horizontaux, faciles à établir dans d'excellentes conditions de stabilité, obtiendront souvent la préférence, surtout quand les machines ne devront pas être très-puissantes.

La manœuvre de changement de marche se fera très-convenablement au moyen de la coulisse Stephenson.

Dans les très-grandes machines, on pourra avoir un petit cheval pour le jeu de cette coulisse.

Les deux bielles attaqueront directement l'arbre des tambours ou bobines, ce qui, en supprimant des engrenages, simplifie tout le système et évite des chances d'accident.

Les tambours, ou bien un volant léger placé sur le même arbre, recevront un frein puissant qui fonctionnera par la pression même de la vapeur, admise au moyen d'un robinet placé à la portée du machiniste. Enfin, ces tambours seront disposés pour des câbles plats de préférence à des câbles ronds, qui, à résistance égale, sont moins flexibles et ont moins de durée.

Ces câbles, pour des puits profonds, pourront être à section décroissante, depuis le point d'attache sur la bobine jusqu'à l'autre extrémité, afin d'obtenir une résistance proportionnée à la charge dans les différents points, avec le moins de poids et de matière possible.

En second lieu, on établira un système de cages convenablement guidées pour recevoir les wagons venant des tailles. On peut dire d'une manière générale que ce système devra être employé à l'exclusion des tonnes sur tous les puits où une circonstance particulière, telle qu'une section insuffisante du puits, ne le rendra pas absolument impossible; enfin, comme complément utile dans tous les cas, et principalement lorsque les cages doivent servir à l'entrée et à la sortie des ouvriers, on emploiera des dispositions propres à arrêter les cages dans le puits si le câble vient à se rompre. (Voy. PARACHUTE.)

HUILE DE SCHISTE. L'industrie des huiles de schiste n'est pas nouvelle : dès 1823, M. Bergounioux, de Clermont-Ferrand, avait pensé à obtenir divers produits par la calcination, en vases clos, des schistes bitumineux dont un gisement assez considérable existe aux mines de Menat, dans le même département : il en retirait un charbon décolorant, des liquides ammoniacaux, des corps gras; mais son attention s'était surtout arrêtée sur les deux premières substances; il ne pressentait pas encore comment on pourrait tirer parti des produits huileux.

En 1824, MM. Chervau frères, de Dijon, ont pris un brevet d'invention pour un procédé propre à extraire, par la *distillation des roches qui en contiennent*, un liquide propre aux arts, et spécialement à l'éclairage, à la composition du vernis et à la production du gaz hydrogène.

MM. Chervau avaient principalement pour but, dans leur description, le traitement des schistes bitumineux de Saône-et-Loire, et, tout en indiquant la possibilité de l'emploi direct de ces huiles à l'éclairage, ils ne donnent aucune notion sur les moyens de les préparer, de manière à ce qu'on puisse en obtenir une combustion convenable.

Les travaux de leur usine n'avaient cependant rien de stable, et ce ne fut qu'en 1827 que le petit bourg d'Igornay, aux environs d'Autun, vit établir la première usine dans laquelle on procédât régulièrement à l'extraction de l'huile de schiste.

En 1832, MM. Blum et Moneuse, dans cet établissement, commencèrent à opérer la séparation des divers produits oléagineux qu'ils obtenaient, à l'état de mélange, par une première distillation à laquelle ils soumettaient la matière brute; leurs procédés d'épuration, consignés dans leur brevet du 17 novembre de cette même année, tout imparfaits qu'ils soient, ont néanmoins servi de base à la plupart des procédés employés depuis cette époque, à laquelle on peut faire remonter la pensée de faire servir les liquides extraits à l'éclairage direct.

Leurs essais industriels sont loin d'avoir été couronnés d'un succès immédiat, et M. Selligue, qui devint plus tard possesseur des usines de MM. Blum et Moneuse, dans les environs d'Autun, ne parvint pas de suite à faire brûler ces huiles dans des lampes.

Autun est encore le siége principal de cette industrie, et, avant de jeter un coup d'œil sur les moyens qu'elle met en œuvre, il ne sera pas inutile de nous arrêter un instant sur la matière première elle-même.

La pierre de laquelle on retire l'huile, à Autun, est un schiste presque noir, assez pesant, dont la plupart des échantillons se réduisent assez facilement en plaques minces, surtout lorsqu'ils ont été exposés pendant quelque temps aux influences atmosphériques.

Cette pierre ressemblerait à l'ardoise, si elle était moins noire et plus légère; mais elle est d'une formation géologique beaucoup plus récente; elle accompagne, ou plutôt elle se trouve superposée aux houilles de qualité souvent médiocre que renferme cette localité.

L'abondance en est très-grande à Autun, et il n'est pas un des nombreux cours d'eau qui s'échappent des montagnes voisines qui n'en rencontre quelque gisement sur son passage, et qui n'en charrie les débris à de grandes distances; leur inaltérabilité est telle que, même dans l'eau, les parcelles les plus minimes se conservent intactes pendant de longues années. Les gisements jusqu'ici reconnus et exploités sont superficiels, souvent d'une grande puissance en profondeur, et jusqu'à vingt ou trente mètres.

Le délit de cette roche est parfaitement marqué, et comme elle résiste plus facilement que les roches environnantes, c'est chose assez curieuse que de voir de grands espaces presque entièrement dallés avec cette pierre noire en grandes plaques, présentant souvent une inclinaison assez faible.

Cette matière si inaltérable malgré son peu de dureté, et cette inaltérabilité qui, sans doute, est due aux matières bitumineuses qui entrent dans sa composition, est encore très-remarquable à d'autres titres; elle renferme peu d'empreintes végétales, alors que les schistes houillers proprement dits en sont pour ainsi dire remplis, et offre au contraire une multitude d'empreintes de poissons la plupart du temps représentés par des écailles disséminées; mais souvent aussi et dans quelques gisements surtout ces poissons sont entiers, avec leur queue et leurs nageoires; rien n'est déformé, si ce n'est la tête dont les éléments sont, la plupart du temps, méconnaissables.

Dans un chemin creux, voisin d'Igornay, à Mure, on ne trouve, pour ainsi dire, que du schiste, et l'on n'en saurait briser un morceau sans y rencontrer une empreinte animale.

On ne peut douter cependant que cette formation schisteuse ne soit presque contemporaine de la formation houillère, car des schistes semblables existent, en petite quantité il est vrai, au toit de l'une des couches de la houillère d'Épinac, et, dans la houille comme dans le schiste, on retrouve ce fer carbonaté en rognons, dit minerai de fer des houillères qui est si rare en France, et auquel l'Angleterre doit une partie de sa prospérité.

Autun est situé dans un immense entonnoir, formé de toutes parts par les montagnes du Morvan, qui ne laissent absolument passage qu'à la rivière de l'Arroux qui reçoit, en définitive, toutes les eaux, quelquefois fort abondantes, qui tombent au milieu de cette ceinture de montagnes : le tiers au moins de cet espace est formé de terrain qui recèle des schistes bitumineux, bien que d'une manière discontinue et en amas isolés, qui ne forment qu'une minime partie de la superficie totale.

C'est presque, en France, le seul gisement important de cette matière, et encore bien que beaucoup d'autres localités renferment de puissantes mines de schistes bitumineux d'une formation beaucoup plus moderne, ces schistes n'ont pu jusqu'ici être employés à la fabrication d'huiles propres à l'éclairage.

Et ce qu'il y a de très-remarquable à cet égard, c'est que cette matière, si abondante à Autun, soit déjà très-rare et presque exceptionnelle dans le bassin houiller de Blanzy, qui n'est séparé de celui d'Autun que par quelques montagnes de granit. On n'y trouve presque partout que le schiste houiller ordinaire, qui y affecte cependant un caractère un peu différent. A cette fameuse mine de Saint-Bérain, par exemple, si célèbre par certaines infortunes que tout le monde se rappelle, la texture du schiste est littéralement formée de débris de roseaux, tout aussi rapprochés que le sont les tiges végétales dans une botte de foin.

Dans une autre localité, aux environs de Montet-aux-Moines, dans l'Allier, des schistes bitumineux moins abondants, mais plus riches en bitume, présentent sur une assez grande surface un caractère un peu différent de ceux d'Autun, avec lesquels ils contribuent déjà depuis plusieurs années à fournir des huiles propres à l'éclairage. Là, les schistes sont de véritables dalles, et, sous le nom d'olivandes, sont depuis longtemps employés à divers usages. Taillés en plaques minces, et de toutes dimensions, qui s'élèvent quelquefois jusqu'à 8 ou 10 mètres carrés pour une seule dalle, ils sont fort recherchés pour cet usage, et les débris de la taille sont employés au chauffage des habitants pauvres de la localité; car, par la grande proportion de bitume qu'ils renferment, ces débris sont jusqu'à un certain point propres à entretenir le feu, surtout si on les mélange avec la mauvaise houille des environs.

Telle est cette matière qui ne se trouve réellement dans cet état que dans les deux localités que nous venons de désigner, ou, si on la rencontre ailleurs en petite quantité, toujours est-il qu'aujourd'hui encore elle n'y est point exploitée.

Dans la description de son brevet du 14 novembre 1838, M. Selligue indique les procédés d'épuration qui lui paraissent les plus convenables, et classe ainsi les matières utiles qu'il était parvenu à isoler les unes des autres :

1° Huile brute, propre à la fabrication du gaz ;

2° Huile rectifiée, propre à la combustion dans des lampes ;

3° Goudrons susceptibles des mêmes applications que les goudrons végétaux ;

4° Graisse minérale dont l'emploi n'est pas encore bien défini.

Jusqu'alors le produit le plus important consistait en cette huile brute que M. Selligue employait à carburer le gaz hydrogène qu'il produisait par la décomposition de l'eau dans son usine des Batignolles, et une partie servait également à l'usine à gaz de Dijon.

Ce fut seulement à l'exposition de 1839 que les produits de M. Selligue se présentèrent avec quelque importance, et l'on y remarquait déjà, quoique en petite quantité, quelques échantillons de parafine, substance grasse d'un blanc parfait, plus transparente que le blanc de baleine, qu'il obtenait, comme les précédentes, du traitement des huiles brutes obtenues par la distillation en vases clos des schistes bitumineux.

Mais M. Selligue recherchait peut-être trop ces produits accessoires de faible importance, parmi lesquels nous pourrions encore citer une matière colorante assez riche, et son esprit aventureux ne se bornait pas volontiers à la seule fabrication des produits réellement industriels : l'huile d'éclairage est encore le seul de ces produits qui soit franchement entré dans la consommation.

La matière première, le schiste, n'est exploitée jusqu'ici qu'à ciel découvert, et la résistance de cette matière, dans toute autre direction que celle du délit, ne permettra peut-être jamais de songer à un autre mode d'exploitation. A l'aide de coins et de leviers, on la débite généralement en plaques de cinq à dix centimètres d'épaisseur, et de toutes dimensions dans les autres sens. Cette dimension est assez indifférente, puisque les plaques sont destinées à être cassées en fragments plus petits encore que ceux qui servent à l'entretien de nos routes ; ce cassage s'opère comme à l'ordinaire à l'aide de petites masses, et il importe qu'il soit effectué à couvert ; l'excès d'humidité pourrait nuire au rendement dans les opérations suivantes, et notamment dans la première de toutes, la distillation en vases clos.

Cette opération consiste en une véritable distillation dans des cornues de fonte d'un grand volume, qui s'élève quelquefois jusqu'à un mètre cube pour chacune.

Un grand nombre de dispositions ont été proposées ; mais celle qui paraît jusqu'ici préférable avec le chauffage à feu nu, et c'est la seule qui ait donné de bons résultats en pratique, est celle-ci : Six cornues semblables sont placées verticalement dans un même fourneau carré, portant à ses quatre angles quatre foyers différents, alimentés avec de la houille en général d'assez médiocre qualité, parce qu'il se trouve que c'est celle-là que l'on rencontre aux environs des schistières : les produits des quatre foyers qui agissent simultanément se rendent dans une cheminée unique, et des carneaux sont convenablement disposés pour que la flamme circule autour de toutes les cornues et y maintienne une température uniforme.

Les cornues, de forme cylindrique, sont placées verticalement et portent, haut et bas, de larges ouvertures par lesquelles s'opèrent le chargement et le déchargement ; des appendices métalliques, sous forme de cloisons, partent des parois métalliques extérieures, et sont destinées à porter la même température jusqu'au centre de la masse, malgré le peu de conductibilité pour le calorique de tous les petits fragments de schiste qui composent le chargement, et un tuyau central maintenu libre sert à recueillir les produits gazeux et les vapeurs huileuses qui se forment pendant la distillation. Ce sont ces vapeurs qui, conduites dans des barillets convenablement placés et suffisamment refroidis, s'y condensent sous la forme liquide, et constituent, avec les produits ammoniacaux qui les accompagnent, les éléments véritablement utiles de la fabrication.

Malheureusement le rendement est assez peu considérable sur les meilleurs schistes, qui, en Saône-et-Loire surtout, varient beaucoup d'un lieu à un autre, souvent aussi suivant les couches dont ils proviennent. Telle couche est même si pauvre qu'il faut renoncer à l'employer.

Lorsque les feux sont bien actifs, douze heures suffisent pour effectuer une opération à laquelle succède, sans interruption, une opération nouvelle.

C'est déjà une difficulté que d'obtenir, à une température élevée, une obturation complète pour de grandes ouvertures, de manière à éviter toute déperdition de gaz : on y est arrivé cependant en employant pour chacune de ces ouvertures deux couvercles superposés entre lesquels on dispose une couche de terre glaise, d'un retrait aussi faible que possible, et en pressant ces couvercles l'un sur l'autre au moyen de brides et de vis de pression, comme dans les cornues à gaz ordinaire. On peut ajouter encore à la sécurité que présentent ces clôtures, en rendant un peu conique à l'intérieur la tubulure qui reçoit les couvercles, de sorte qu'à mesure que la terre se dessèche et que la plaque qu'elle forme se rétrécit, les vis de pression la font parvenir à des largeurs d'ouvertures successivement plus petites. Ce mode de clôture, étant parfaitement efficace, pourra recevoir plus d'une application, et l'on va comprendre comme il se prête à la facilité du renouvellement des opérations.

Quand la distillation est terminée, ce que l'on reconnaît à la petite quantité de liquide qui vient se condenser dans les barillets, on enlève les couvercles inférieurs qui sont en dehors de la maçonnerie et qui sont placés sur des tubulures qui débouchent toutes sous une petite voûte qui traverse le fourneau au-dessous des cornues : une petite voiture en tôle reçoit les résidus solides de la distillation qui tombent par l'ouverture, et s'il arrive que, par suite du tassement, il en reste dans la cornue, on les fait tomber facilement avec un ringard.

Aussitôt qu'une cornue est déchargée, la voiture part, et l'ouvrier qui a suivi cette opération la referme comme précédemment, en replaçant les couvercles, la terre, ainsi que la bride et la vis qui servent à presser tout ce système de clôture.

Un signal convenu avertit les ouvriers placés sur le fourneau que tout est remis en place : ils enlèvent alors les couvercles supérieurs en desserrant la vis et en les ébranlant; s'il arrive que de légers chocs ne suffisent pas, on les mouille un peu avec de l'eau froide, ils se contractent par le froid et se détachent aussitôt. Des manœuvres sont là tout prêts à engouffrer, dans la cornue ouverte, le schiste cassé nécessaire pour la remplir dans ses différents compartiments; ce remplissage se fait en un instant, et, les couvercles étant remis en place, cette cornue travaille de nouveau, la double opération du chargement et du déchargement n'ayant pas duré plus de dix minutes.

Comme les tuyaux d'amenée des vapeurs dans les barillets plongent toujours dans le liquide que ces barillets contiennent, les autres cornues continuent à distiller pendant que l'on procède au rechargement de l'autre : on effectue successivement la même opération pour chaque cornue, et bientôt chacune d'elles envoyant son contingent dans les barillets dont le trop-plein se vide à l'extérieur, on voit par la grosseur du jet si l'opération marche bien ou mal, si le feu est conduit convenablement.

Quant aux gaz non condensables, une sortie leur est ménagée après qu'ils ont barboté dans le liquide des barillets, et ils vont se perdre par un conduit incliné qui traverse, pour plus de sûreté, un réservoir d'eau froide, le réservoir même qui renouvelle constamment l'eau froide dans lequel les barillets sont plongés.

Trois produits différents sont donc obtenus : 1° les résidus solides de la distillation; 2° les produits liquides qui, à cause de la différence des densités, se séparent d'eux-mêmes en deux couches, l'une inférieure, uniquement formée d'eau ammoniacale; l'autre qui surnage est l'huile brute.

Cette huile brute est grasse au toucher, d'un vert olive lorsqu'on la voit par réflexion, d'un brun assez foncé au contraire lorsqu'on la place entre l'œil et la lumière; peu de corps, dans leur état naturel, présentent ce phénomène de double couleur d'une manière aussi marquée. Cette huile, c'est un mélange de plusieurs substances contenant toutes beaucoup d'hydrogène et de carbone, qui la constituent en presque totalité; ce sont, pour employer le langage chimique, de véritables hydrocarbures, comme la plupart des essences, comme le gaz d'éclairage lui-même lorsqu'il est dans un très-grand état de pureté.

Parmi ces hydrocarbures, les uns, s'ils étaient isolés, seraient solides à la température ordinaire, comme cette parafine dont nous avons déjà dit un mot en passant; d'autres auraient la consistance du goudron, d'autres celle de la graisse; d'autres enfin, et ce sont ceux-là surtout qu'il faut isoler sans déperdition, sont de véritables essences d'une limpidité parfaite; il n'est aucun liquide usuel qu'on puisse leur comparer sous ce rapport; mais malheureusement aussi, comme les essences, ils ont une odeur souvent insupportable et qu'il faut autant que possible éviter.

La séparation de ces produits divers, qui, sous l'action de la chaleur, se transforment en d'autres produits analogues avec la plus grande facilité, ne laisse pas que d'être une opération délicate que l'action de l'air sur certains d'entre eux vient encore compliquer; et cependant c'est par des distillations successives, après quelques réactions préparatoires, que cette séparation a lieu, non pas sans doute d'une façon aussi économique qu'on pourrait le désirer, et non sans éprouver en partie quelques-unes de ces faciles transformations, mais enfin d'une manière assez satisfaisante pour obtenir de 30 à 40 pour 100 de ce liquide dont la flamme est si belle et qui a d'abord appelé notre attention. Un peu d'acide sulfurique concentré, agité avec le liquide brut, se précipite ensuite avec le goudron et décolore beaucoup toute la masse, dont un lavage alcalin diminue encore la coloration. Sans ces précautions indispensables, la rectification s'opérerait mal; les premières portions qui sortiraient de l'alambic seraient encore d'une assez belle nuance; mais une certaine quantité de goudron ou d'huile résinifiable qui aurait été distillée en même temps ne tarderait pas à se colorer sous l'action de l'air, et ce liquide, parfaitement blanc aujourd'hui, reprendrait de lui-même en peu de temps une teinte qui pourrait aller jusqu'à celle d'un vin peu coloré. Quand, au contraire, les opérations préliminaires ont été faites avec soin et rapidité; quand surtout on a pris la précaution de ne pas pousser les distillations trop loin, deux de ces distillations suffisent pour obtenir un liquide parfait, et ces rectifications peuvent s'opérer à très-peu de frais dans un alambic ordinaire, dont le service n'exige pas même une grande quantité d'eau froide autour du serpentin, parce que ces vapeurs d'essence, en se condensant à l'état liquide, échauffent assez peu les appareils, beaucoup moins, par exemple, que s'il s'agissait d'une égale quantité de vapeur d'eau.

A chaque distillation il reste un résidu plus ou moins visqueux que nous retrouverons dans les produits accessoires : on donne le nom d'huile légère à celle qui est destinée à l'éclairage dans les lampes.

Cette huile, en effet, ne doit pas peser plus de 800 à 830 grammes par litre pour être d'un bon usage; si la distillation a été poussée plus loin, le produit contient toujours une portion d'huile résinifiable qui se résinifie au contact de l'air, soit dans les vases qui le contiennent, soit même pendant la combustion; et la résine ainsi formée, quoiqu'en proportion très-minime, ne pouvant se volatiser comme l'huile légère, imprègne la mèche, la durcit et lui fait bientôt perdre sa capillarité, en même temps que son extrémité se carbonise, tandis qu'avec des huiles convenables ce dernier effet est très-peu marqué, et qu'une mèche pourrait servir plusieurs jours sans être rafraîchie.

L'huile, telle qu'elle se trouve aujourd'hui dans le

commerce, a encore une odeur empyreumatique assez désagréable, beaucoup moins cependant que les hydrocarbures de la houille, qui entrent à l'état de mélange avec l'alcool et l'essence de térébenthine dans ce liquide connu sous le nom d'hydrogène liquide, dont l'emploi n'est pas sans danger; l'huile de schiste ne présente pas les mêmes dangers d'inflammation, et l'on ne saurait même parvenir à l'allumer par l'approche d'un corps en ignition, si elle n'était disséminée comme dans la mèche d'une lampe.

Nous ne saurions attacher une grande importance aux procédés par lesquels on prétend enlever complétement l'odeur de l'huile de schiste; ceux dont nous avons pu examiner les résultats consistent plutôt en des moyens de déguiser cette odeur qu'en opérations dont la véritable industrie puisse tirer un parti utile. Distinguons toutefois : il n'arrive que trop souvent que les huiles provenant d'un premier traitement mal conduit, et obtenues à une température trop élevée, sont chargées d'une odeur étrangère assez analogue à l'odeur de la créosote, et qui n'est pas leur odeur *essentielle* propre (voy. HYDROCARBURES). Cette odeur étrangère, il faut attacher le plus grand prix à ne pas la produire, et l'on conçoit qu'il soit même possible de s'en débarrasser; quant à l'odeur propre de l'huile de schiste, on ne saurait l'enlever qu'en dénaturant l'huile elle-même, qu'en la transformant en un autre hydrocarbure moins odorant; mais ces produits sont si fugaces, ils se transforment si facilement en d'autres produits du même genre, qu'il vaut mieux, quant à présent du moins, ne pas s'exposer à des déceptions pour réaliser une amélioration importante sans doute, mais en l'absence de laquelle l'huile n'en est pas moins assez recherchée pour que tous les produits soient facilement vendus aussitôt qu'ils sont fabriqués.

On ne pourra compter sur des améliorations sérieuses à cet égard que quand les procédés d'extraction seront assurés d'une température parfaitement régulière dans toute la masse soumise à la distillation; c'est en effet cette constance de température qui est par-dessus tout désirable, car c'est là l'élément dominant pour extraire tel ou tel hydrocarbure, et si la température était parfaitement égale, on pourrait peut-être obtenir exclusivement celui d'entre eux qui aurait le moins d'odeur; l'emploi de la vapeur d'eau surchauffée réalisera sans doute à ce point de vue une amélioration considérable, car elle est le moyen le plus assuré de régler parfaitement la température de production qui, dans les foyers ordinaires, est variable suivant le plus ou moins d'activité du feu, et qui ne saurait jamais se communiquer suffisamment jusqu'au centre, pour que toute la masse soit également chaude. La fabrication par la vapeur surchauffée a été, en effet, montée avec succès à Autun.

Les essences, comme on sait, se prêtent difficilement à une combustion complète : leur richesse en carbone fait qu'elles fument facilement, et elles seraient, sous ce rapport, essentiellement propres à fabriquer du noir de fumée; aussi faut-il prendre quelques précautions de plus qu'avec le colza; pour que chaque lampe n'en soit pas une petite usine, il faut, de toute nécessité, faire arriver l'air plus régulièrement et en plus grande abondance autour de la flamme.

Aussi les dispositifs de tous les constructeurs de lampes ont-ils eu pour but de satisfaire à cette condition. Il va sans dire que la lampe à double courant d'air, la lampe d'Argant, a dû être le point de départ commun de tous ces dispositifs; car, dans cette lampe, l'air arrivant à l'extérieur de la flamme, et aussi à son centre par un conduit spécial que la mèche entoure, la flamme se trouve en quelque sorte emprisonnée entre deux lames d'air, dont l'oxygène agit sur toutes les parties volatiles qui se sont dégagées dans la première action d'une haute température sur le liquide, qui arrive incessamment à la mèche; la cheminée en verre, dont la flamme est coiffée, a pour objet tout à la fois de maintenir ce contact en empêchant les produits de la combustion de s'éparpiller, et d'activer le courant d'air, de telle sorte que l'oxygène soit toujours en excès.

Dans les lampes destinées à brûler l'huile de schiste, ces précautions ne sont pas encore suffisantes; il faut que le courant d'air soit plus abondant; il faut que le mélange de l'oxygène ou de l'air atmosphérique avec les produits gazeux soit plus intime. A cet effet, on a proposé diverses dispositions : ici c'est le verre qui est plus rétréci au-dessus de la flamme pour que le courant d'air soit plus rapide, condition qui ne peut être réalisée, toutefois, sans augmenter assez notablement la consommation des verres qui se brisent; là c'est la cheminée qui n'est rétrécie brusquement qu'un peu au-dessus de la flamme pour revenir ensuite à des dimensions ordinaires; mais c'est un grand inconvénient que d'être obligé d'avoir des verres spéciaux qu'il n'est pas possible de se procurer partout, et que cette espèce d'étranglement ne contribue pas, du reste, à faire durer davantage. Tels sont les principaux moyens qui ont plus particulièrement une action directe sur l'air extérieur à la flamme : lorsqu'on veut rendre plus efficace celui qui arrive par le tuyau central, on garnit cette ouverture d'un petit disque métallique maintenu au milieu de la flamme (voy. ÉCLAIRAGE). L'air affluent le rencontre, est obligé de le contourner, et se mêle, par conséquent, d'une manière parfaite avec les produits de la combustion. Ce moyen est le plus pratique, il n'exige pas de verres spéciaux.

Si, dans les dispositions du bec, les lampes à huile de schiste exigent quelques précautions spéciales, elles sont, d'un autre côté, bien favorisées sous le rapport de l'alimentation. Ces huiles s'élèvent avec une très-grande facilité dans la mèche, que l'on choisit, du reste, assez épaisse, par l'effet de la capillarité, et cette action est parfaitement suffisante pour fournir, pendant toute la combustion, une alimentation régulière, sans mécanisme, et sans l'emploi de ces ingénieuses dispositions qui ont été mises à profit dans les lampes à niveau constant. Une différence de niveau de 10 centimètres, dans le réservoir, n'est pas appréciable au point de vue de la flamme, en telle sorte que rien n'empêche de se servir d'un réservoir inférieur, et par conséquent d'employer des lampes dont la forme extérieure est tout à fait semblable à celles des lampes Carcel, mais elles sont privées de tout mécanisme : leur simplité est extrême, et jamais le liquide qu'elles sont destinées à brûler ne saurait contribuer, comme les huiles ordinaires, à les salir.

Le seul inconvénient que ces lampes présentent, c'est l'odeur même du liquide, qui n'est pas appréciable pendant la combustion, mais qui ne laisse pas que d'être très-grande lorsque la lampe ne brûle pas, et surtout lorsque l'on doit renouveler le liquide ou la mèche.

Le premier de ces inconvénients, tout futile qu'il paraisse, est peut-être le plus important; dans la plupart des petits ménages la lampe est un objet d'ornement, et combien de gens se refuseront à payer une lampe assez cher si, pendant la journée, ils n'en peuvent faire parade!

Quant au service du nettoyage de chaque jour, il n'a pas, à nos yeux, la même importance; l'huile de colza, telle qu'on la trouve dans le commerce, ayant aussi une odeur plus désagréable peut-être et plus persistante. Il est vrai que cette odeur ne lui est pas propre, et qu'elle provient de son mélange avec de l'huile de baleine, quelquefois, suivant les prix relatifs de ces deux substances, dans la proportion de 70 pour 100. D'ailleurs les dérangements de mécanisme, la nécessité fréquente d'un nettoyage à la potasse par le lampiste, sont aussi dans l'éclairage ordinaire des inconvénients qui ont bien leur prix.

Sans doute la lumière d'une bonne lampe mécanique, d'une lampe Carcel, est extrêmement intense et fort agréable; mais cette lumière est d'un prix élevé, et combien la lumière de l'huile de schiste est plus vive et plus pure!

Des expériences directes qui nous sont propres nous permettent d'établir l'économie qui résulte de l'emploi de l'huile de schiste à égalité de lumière produite.

D'après les expériences de M. Péclet, sur la consommation des différentes lampes qu'il a examinées au nombre de douze, une seule, la lampe Thilorier n° 4, a donné un résultat plus favorable sous le rapport de la consommation que la lampe Carcel, et pour cette raison, il nous a paru convenable de prendre la lampe Carcel pour point de comparaison; c'est, du reste, la lumière fournie par cette lampe qui sert de base dans tous les contrats d'éclairage. Nous avons toutefois comparé la lumière produite par le bec à huile de schiste de 11 millimètres de diamètre à celle d'une lampe Carcel alimentée avec de l'huile de colza dont le bec était un peu plus grand, 13 millimètres.

La lampe Carcel, dans ces circonstances, éclairait davantage dans la proportion de 100 à 105; les consommations respectives ont été par heure de 33 et 20 grammes, en telle sorte que, pour la même quantité de lumière, les consommations respectives seraient 157 grammes d'huile de colza pour 100 grammes d'huile de schiste.

Ce chiffre ayant été le plus favorable à la lampe Carcel parmi les différents chiffres que nous avons obtenus, nous pouvons, en toute conscience, nous en servir pour calculer l'économie relative du nouveau mode d'éclairage.

Un kilogramme d'huile de colza dans la vente en détail ne vaut guère moins de 1 fr. 50 c., pour peu que l'on prétende qu'elle est pure; le kilogramme d'huile de schiste vaut encore 2 fr. 20 c., et il serait possible de la vendre à un prix beaucoup moindre. Les prix respectifs de 100 grammes d'huile de schiste et de 157 grammes d'huile de colza sont donc 22 et 24 c., ce qui établit un avantage d'un douzième en faveur de l'huile de schiste : cet avantage serait bien autrement grand avec des appareils moins parfaits que la lampe Carcel, et il ne peut manquer de s'accroître par la diminution du prix du nouveau liquide.

Mais il est un fait très-remarquable dont l'appréciation précédente ne saurait tenir compte. Tout le monde sait que les nuances vertes et bleues ne peuvent se distinguer l'une de l'autre lorsqu'on les examine le soir sous l'action d'une lumière artificielle : le bleu paraît vert; il serait de même impossible de distinguer le rose du jaune, même avec la lumière si brillante du gaz. Ces impossibilités disparaissent complétement avec la plus petite lampe à huile de schiste; la lumière est si blanche et si pure, que les couleurs de tous les objets extérieurs n'en sont nullement affectées, le bleu se distingue du vert, et le rose du jaune, absolument comme en plein jour, à la clarté du soleil.

Une comparaison semblable a été faite par nous entre un bec de gaz de houille, alimenté par les conduits de la compagnie Manby Wilson et Cie, et deux lampes à huile de schiste différentes.

Le bec de gaz était un bec rond, à double courant d'air, percé de vingt trous du diamètre d'un tiers de millimètre, disposés sur une circonférence de 9 millimètres de rayon; la consommation du gaz, estimée directement sur un compteur, après un temps considérable, était de 125 litres par heure.

La première des deux lampes, d'un diamètre de 15 millimètres, consommant 40 grammes à l'heure, éclairait plus que le gaz dans la proportion de 100 à 88; la deuxième, d'un diamètre de 11 millimètres seulement, consommant 24 grammes à l'heure, éclairait moins que le gaz dans la proportion de 100 à 138, d'où il résulte que, pour produire une lumière égale à celle de notre bec de gaz brûlant 125 litres par heure, la première lampe consommerait 35 grammes, la deuxième 33 grammes, soit en moyenne 34 grammes, en observant toutefois que l'avantage de l'huile de schiste est plus considérable avec les petits becs qu'avec les gros; ce qui peut encore s'exprimer en disant qu'une consommation d'un mètre cube de gaz équivaut à une consommation de 272 grammes d'huile de schiste.

Le bec de gaz ordinaire brûlant 120 litres par heure coûte en moyenne à l'éclairage privé 6 centimes par heure et par bec, soit 50 centimes par mètre cube (le prix actuel à Paris est de 49 centimes par mètre cube pour l'éclairage au compteur [1]). Le mètre cube équivaut à 272 grammes d'huile de schiste, ce qui porterait la valeur du kilogramme d'huile de schiste à 1 fr. 80 c. environ, pour produire la même quantité de lumière au même prix que le gaz ordinaire; ce serait à peu près le prix auquel la vente en gros pourrait s'effectuer à Paris, et l'huile de schiste ne nécessiterait pas ces dispositions nombreuses que le gaz exige.

On le voit donc, l'huile de schiste est appelée à jouer dans l'éclairage un rôle important. Les lieux voisins de la production la préfèrent à tout autre liquide, et l'éclairage public de la ville de Beaune s'effectue de cette façon; nous passerons cependant sous silence, dans cette notice, la comparaison que nous avions également établie au point de vue de l'éclairage public, et nous nous bornerons à indiquer que tout ce qui arrive à Paris se vend avec une facilité qui serait bien plus grande encore si l'irrégularité de la production n'avait dégoûté un grand nombre de consommateurs. Mais les entrepreneurs d'éclairage, qui s'occupent plus particulièrement de ce système, n'ont pour ainsi dire en vue que l'éclairage des salons; ils suivent là une route fâcheuse. Tant que l'odeur n'aura pas été évitée, et nous croyons difficilement à ce progrès, l'huile de schiste ne sera employée qu'exceptionnellement dans les salons. Sa place est dans ces modestes ateliers où l'éclairage est pour l'ouvrier une lourde charge, et où cependant la routine maintient l'usage de la chandelle, le plus cher et le plus insupportable des éclairages. Sa place est au grand air, dans les magasins où le gaz ne peut arriver facilement et où quelquefois il serait dangereux par les dégâts qu'il peut causer, dans les gares de chemins de fer, etc.; c'est dans tous ces cas que la consommation doit être immense.

C'est bien déjà quelque chose que d'avoir utilisé une matière minérale, improductive jusqu'ici, et d'en avoir tiré un produit nouveau qui remplace une production correspondante en colza, et par conséquent ramène à la culture des céréales une partie du sol consacré à la culture de cette plante oléagineuse.

A l'intéressante étude sur l'extraction de l'huile de schiste qui précède et que nous empruntons à une publication industrielle qu'a fait paraître trop peu de temps M. Tresca, professeur au Conservatoire des Arts et Métiers, nous ajouterons quelques mots:

Le procédé de distillation à feu uni a le défaut, comme il a été expliqué, de fournir plus d'huiles lourdes que n'en donnerait un chauffage qui ne pourrait dépasser la limite de température qui est celle de la vaporisation des produits les plus convenables, à la-

[1] La réduction du prix du gaz à Paris, à 30 centimes le mètre cube, rend la consommation de l'huile de schiste désavantageuse, aux prix indiqués, dans le cas où celle du gaz peut lui être substituée et si le prix de l'huile de schiste ne peut être abaissé.

quelle ne se décomposent pas les huiles légères qui ont le plus de valeur. C'est assez dire qu'il faut savoir faire un emploi intelligent des meilleurs procédés de distillation; c'est ce qui a été fait sur une grande échelle, et les plus importantes fabriques d'huile de schiste emploient aujourd'hui la vapeur d'eau surchauffée dont M. Tresca a indiqué clairement la nécessité.

Il est curieux de voir les produits condensables de la distillation devenir assez importants dans une industrie qui rappelle tout à fait la fabrication de l'éclairage au gaz, pour qu'elle puisse se soutenir en perdant le gaz dégagé. Ce ne peut être évidemment qu'en évitant avec soin la décomposition des produits qui peuvent subsister à l'état liquide. C'est un problème qui a été encore résolu d'une manière avantageuse dans la pratique, en employant le chauffage à température assez élevée et fixe, à l'aide du bain de plomb, système déjà décrit, et qui permet de distiller le riche boghead d'Écosse, pour tirer surtout parti des produits liquides.

Les progrès de ces intéressantes industries ne sont qu'affaire de science et d'amélioration de procédés tant de combustion que d'extraction des produits, combinés avec ceux de l'exploitation des mines de schiste et surtout des espèces de houille très-riches en hydrocarbures. La récolte journalière qu'on peut en faire dans les mines doit conduire à des produits nécessairement bien moins coûteux que ceux que donne la récolte annuelle des plantes oléagineuses, mais qui rencontrent dans le pétrole extrait, à moins de frais encore, de ses gisements naturels, un dangereux rival.

I

IMPRIMERIE. — COMPOSITION. — Les inventions successives de machines à composer ont prouvé, par l'ingéniosité même de leur combinaison, toute la difficulté, nous dirons volontiers l'impossibilité pratique de réussir dans la voie tentée jusqu'ici, à savoir de faire mouvoir les lettres successivement poussées hors de leurs réservoirs pour fournir de longues lignes de composition. Les causes d'accident, de dérangement dans cette multitude de types en mouvement, sont si grandes, que les résultats pratiques deviennent tout différents de ceux que ferait présumer un essai de courte durée.

Compositeur Flamm. — Une tentative curieuse, dans une voie toute nouvelle, s'est manifestée, à l'Exposition de 1867, par deux ingénieuses machines dues, l'une à M. Flamm, l'autre à un Américain, M. Sweet; toutes deux reposant sur la production de clichés à l'aide de moules en matière plastique formés par l'enfoncement successif des types.

Je décrirai ici la machine de M. Flamm. La partie supérieure de cette petite machine est formée d'une roue sur laquelle sont gravées les diverses lettres, rappelant par son aspect le télégraphe électrique à cadran. Plus près du centre, et tournant autour du même axe, se trouvent disposés des types d'imprimerie, maintenus entre une double couronne en cuivre, de manière à pouvoir glisser seulement d'une petite quantité suivant leur longueur, et placés de telle sorte que chaque type se trouve celui de la lettre gravée sur la jante de la grande roue, sur le prolongement du rayon passant par ce type.

Il résulte clairement de cette disposition, que si on amène la jante de la roue portant, par exemple, la lettre A, en face d'un index placé à la face antérieure de la machine, le type A se trouvera sur le même rayon, et il suffira de faire mouvoir de la main gauche un axe transversal, portant un petit excentrique, pour le faire descendre et l'imprimer par pression sur une substance placée en dessous.

On imprimera ainsi une lettre quelconque, et avec d'autant plus de rapidité que les lettres qui sont employées le plus fréquemment étant peu écartées sur la roue, il y aura peu de mouvements à faire pour les faire arriver successivement devant l'index, la roue marchant d'ailleurs indifféremment dans tous les sens.

Mais il ne suffit pas d'imprimer des lettres les unes à la suite des autres, il faut que leur écart soit d'une grande régularité, et que les lignes qu'elles forment soient également espacées. M. Flamm y parvient d'une manière très-heureuse.

La substance sur laquelle une pression doit être exercée est placée sur un support à chariot, à mouvements rectangulaires, d'où résulte immédiatement la plus grande facilité d'espacer également les lignes, par le mouvement d'une vis, sur la tête de laquelle est monté un disque divisé que l'on fait mouvoir à la main quand on veut passer d'une ligne à une autre, et aussi d'espacer convenablement les lettres entre elles. A cet effet, le mouvement de progression dans le sens des mots est communiqué au chariot par un cliquet agissant sur un cylindre à denture très-fine, cliquet dont le mouvement est limité par celui d'une partie en équerre qui vient s'appliquer dans une entaille du grand cadran correspondant à la lettre considérée. Cette disposition remplit bien le but proposé, tant parce que le bec de l'équerre en pénétrant dans une entaille amène le cadran exactement à la position voulue, que parce que sa course étant limitée par une vis, l'espacement pourra être varié en raison de l'épaisseur de chaque lettre, dans les limites toutefois de la finesse de la denture du cylindre-écrou qui donne le mouvement transversal.

M. Flamm a attaqué aussi le difficile problème de la justification des lignes et l'a *approximativement* résolu d'une manière ingénieuse. Les épaisseurs successives des lettres viennent s'ajouter et s'indiquer sur un cadran divisé parcouru par une aiguille mise en rapport avec le cylindre du rochet. Lorsque l'ouvrier approche de la fin de la ligne, ce dont il est prévenu par un timbre, il débraye le poinçon imprimeur et continue la composition comme si les types fonctionnaient. Arrivé à la fin de la ligne, ou il tombera juste, ou il trouvera quelques points en plus ou en moins, dont il tiendra compte pour répartir cette différence entre les blancs des mots à composer (comme le fait le compositeur, sauf qu'il ne dispose ici que des blancs des derniers mots). Engrenant alors le poinçon imprimeur, il intervertit, en touchant un bouton, la marche du chariot, et compose à rebours, en commençant par la fin, les mots qui doivent entrer dans la ligne à achever.

Ces détails montrent bien comment les types successifs sont rapidement appelés et pressés, mais n'indiquent pas comment il en résulte quelque chose d'analogue à ce qu'on appelle une composition; c'est ce qu'il nous reste à dire pour les deux genres d'impression auxquelles l'inventeur applique son procédé, la lithographie et la typographie.

Dans le premier cas, on place sous les types un papier de report recouvert d'une feuille de papier très-mince enduite d'une couche légère d'encre grasse. Par la pression l'œil de chaque type s'imprime en noir avec une grande netteté, et on obtient ainsi des lignes une composition parfaitement disposée pour être reportée sur pierre ou sur zinc, puis imprimée par les procédés ordinaires de la lithographie.

Grâce à cet appareil d'un prix modéré, les lithographes pourront ainsi obtenir rapidement des compositions et surtout mélanger les caractères typographiques à leurs travaux habituels sur pierre, ressource considérable qui nous paraît devoir étendre le cercle de eurs travaux d'une manière très-avantageuse pour le public comme pour eux.

Pour la typographie, il faut mettre sous les types soit de la pâte de papier, soit une pâte plastique dans laquelle ils se moulent bien en s'y enfonçant, sans produire d'entraînement latéral sensible. On obtient ainsi, lettre à lettre, le moule en creux d'une page entière, qui, après avoir été séché, sert à couler un cliché identique à celui que l'on obtient aujourd'hui à l'aide d'une composition en caractères mobiles. C'est, on le voit, la facilité du clichage au papier, procédé que l'on a appris à manier avec tant de facilité, qui a fourni le moyen d'entrer dans une voie toute nouvelle.

C'est la même route qu'a suivie l'inventeur de la machine américaine, M. Sweet, machine qui, par ses dispositions, rappelle le télégraphe imprimeur à clavier de M. Hughes.

Malgré l'ingéniosité de ces procédés, un examen attentif conduit à reconnaître qu'ils ne donnent pas, en admettant levées bien des difficultés de détail pour atteindre une bonne exécution, la solution du problème de la composition mécanique pour les travaux importants de la typographie. En effet, fournissant un cliché dès le premier travail du compositeur, ils ne permettent aucun remaniement de lignes, aucune correction importante; c'est là, comme le sait quiconque a fait imprimer, une objection capitale, le travail de l'auteur devenant en quelque sorte impossible. On ne saurait donc admettre que ce procédé soit le point de départ d'une révolution dans les procédés du travail du compositeur de typographie.

Impression. — Les presses mécaniques peuvent se diviser en trois types principaux : les presses en blanc, les presses à retiration et les presses à journaux.

Presses en blanc. — Les presses en blanc, simples, d'une conduite facile, s'appliquent aux tirages de luxe, ce que permet surtout le développement que l'on peut donner à l'encrage, que l'on peut même rendre double en disposant un encrier et un jeu de rouleaux à chaque extrémité de la presse, et en donnant une course suffisante au marbre qui porte la forme pour que celle-ci puisse passer sous les rouleaux des deux côtés.

Deux habiles constructeurs, M. Dutartre, de Paris, et MM. Kœnig et Bauër, d'Augsbourg, avaient mis à l'Exposition de 1867 des presses à deux couleurs, dans lesquelles l'encrage de deux formes placées sur le marbre est obtenu au moyen des deux encriers de la presse, et qui produisait, au moyen de deux tours du cylindre imprimeur, l'impression successive de deux couleurs sur la même feuille avec une grande perfection de repérage. C'est là une machine précieuse pour l'impression de la musique, des éditions rouge et noir, des gravures à fonds teinté, etc.

Machines à retiration. — Les machines à deux cylindres de petit diamètre, répondant au seul développement de la forme, se soulevant pour la laisser passer quand elles ne l'impriment pas (système Rousselet-Normand), remplacent tout à fait la presse de Cooper à gros cylindres, si lourde et qu'on ne saurait faire marcher avec la même vitesse. Avec le perfectionnement apporté par M. Normand au JOINT DE CARDAN, avec de bonnes dimensions du genou, des pièces formant l'articulation qui se redresse pour amener le cylindre à la position du foulage, avec le passage de feuilles de décharge, cette presse est un excellent outil, donnant 1000 à 1200 feuilles à l'heure bien imprimées des deux côtés.

Machines à journaux. — La facilité d'exécuter des clichés au papier, a fait songer à exécuter à bon marché une presse presque équivalente à la machine continue de Hoë, que nous avons décrite.

Les premiers essais datent presque de l'invention du clichage au papier, qui permettait de reproduire l'idée de l'impression continue de Nicholson. La tentative la plus sérieuse, qui a bien failli être un succès, fut faite vers 1840 par M. Worms. On se proposait alors de proportionner autant que possible le diamètre du cylindre au développement du format, pour obtenir le maximum de vitesse, la continuité absolue de l'impression avec un seul cylindre presseur; mais malgré le concours de plusieurs ingénieurs distingués et celui du fondateur du journal *la Presse*, on ne put arriver à un bon résultat, moins à cause de la difficulté d'obtenir rapidement un cliché cylindrique d'un petit rayon, qui ne laissait pas que d'être assez grande, que, parce que, quelle que fût l'habileté des margeurs, la réception de la feuille avec un seul receveur ne permettait pas de profiter de la vitesse qu'on aurait pu obtenir par la réduction minimum du diamètre des cylindres. De nouveaux progrès ont fourni le moyen de lever cette difficulté.

MM. Marinoni et J. Derriey avaient mis à l'Exposition de 1867 deux presses circulaires avec un seul cylindre de pression; celles du premier constructeur, à 4 et 6 margeurs, ont été appliquées avec succès au tirage considérable du *Petit Journal*. Le cylindre en est beaucoup plus gros que celui employé dans l'essai décrit plus haut (en abandonnant la continuité absolue), mais porte deux clichés (moins cintrés et par suite d'une fabrication plus facile). On est parvenu à multiplier les margeurs comme à recevoir les feuilles au moyen de deux ou quatre receveurs de feuilles, des raquettes de l'invention de M. Hoë, en faisant agir successivement par leur déplacement alternatif le jeu de cordons qui conduisent les feuilles.

Numéroteurs. — Une nouvelle typographie, en quelque sorte, est née dans ces dernières années du perfectionnement des numéroteurs, l'impression avec nombres croissant d'une unité par exemplaire imprimé.

Nous donnerons d'abord la description du système de Bramah pour numéroter, qui est, croyons-nous, la plus ancienne invention de ce genre. Il fut combiné et appliqué par lui, sous la forme représentée figure 1, à

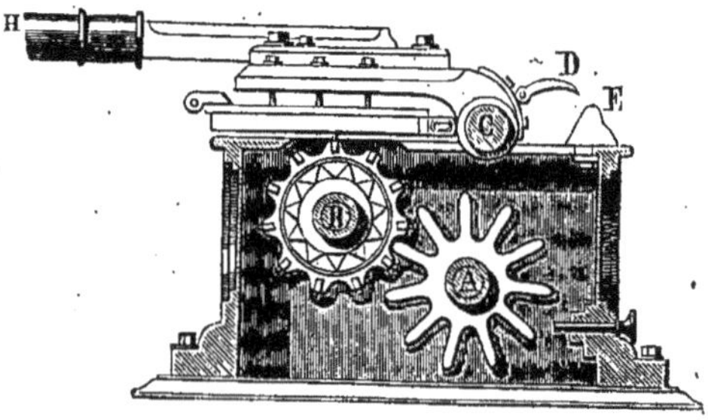

Fig. 1.

la presse servant à l'impression des billets de la banque d'Angleterre. Le numéro de chaque billet est imprimé vers le haut, et un nombre étant ainsi imprimé par un coup de presse, la figure de la dernière unité change, lorsqu'on change la feuille de papier à imprimer, et est remplacée par celle de la suivante, et ainsi jusqu'au complément de la dizaine; les dizaines fonctionnent de même jusqu'à la centaine, et ainsi de suite.

Cette machine, réduite à sa plus grande simplicité, se compose d'un bâti supportant trois axes transversaux A, B, C; au dernier est attaché le manche H, lequel est élevé, puis abaissé pour chaque opération, et qui porte le tympan de la presse. Quand le manche est levé verticalement, la planche est découverte, et peut être placée dans une position convenable à l'aide de deux guides; puis le papier étant placé et la plaque étant recouverte, les types des nombres passent à travers des trous qui y sont pratiqués, pour venir en contact avec le papier. Sur l'axe B sont placés cinq cercles de cuivre semblables à celui que montre la figure; chacun porte onze dents, sur chacune desquelles sont percées des cases recevant des types gravés : 0, 1, 2......9, et une qui reste inoccupée. Une roue montée sur l'axe A a aussi onze dents, de manière que le mouvement d'une de ses dents fera également tourner d'une dent la roue B, avec laquelle elle engrène. Sur le même axe est montée une seconde roue semblable à la première, et enfin une troisième par laquelle le mouvement est communiqué. Quand le manche revient de la position verticale à la position horizontale, le cliquet D passe sur la partie supérieure d'une roue A, en s'infléchissant sans exercer de pression; mais lorsque le manche est redressé, le cliquet résistant dans cette direction rencontre la dent supérieure et la force à s'avancer de l'intervalle d'une dent, et par suite fait tourner la roue B d'une dent; conséquemment, le chiffre supérieur augmente d'une unité, 0 est remplacé par 1, 1 par 2, etc., les chiffres étant disposés sur le contour de la roue suivant un ordre croissant.

Des cinq cercles montés sur l'axe B, si l'on suppose que les quatre à droite ont l'espace vide placé en haut, et que la première roue marque le n° 1, l'impression 1 sera obtenue par un coup de la presse. Le manche étant relevé, le billet est enlevé, un autre est introduit, le cliquet D rencontre et pousse la roue A, et par suite la roue B, de manière à amener le chiffre 2 à la partie supérieure pour le coup suivant. L'impression a lieu de même; puis, par la répétition de semblable opération, on imprime les numéros 3, 4..... jusqu'à 9.

Ayant fait le nombre de mouvements nécessaires pour faire parcourir dix places au n° 1, la seconde roue montée sur l'axe A est alors poussée par un taquet en coin, correspondant à la case vide, et, par suite de cette action, elle glisse un instant sur son axe, contre l'action d'un ressort qui la ramène à sa place l'instant suivant, après qu'elle a été en prise pour un coup avec le cercle de laiton voisin qui avait avant le vide en haut; le chiffre 1 de la seconde roue étant ainsi amené à la partie supérieure, la rotation suivante qui amènera le 0 à la roue des unités produira le nombre 10, les coups suivants donneront 11, 12, 13... 19. La deuxième roue est alors poussée jusqu'à ce que 2 soit le chiffre supérieur, et on aura, comme ci-dessus, 21, 22, etc. En opérant ainsi, on arrivera jusqu'à 99.

La troisième roue représentant des centaines, comme la seconde des dizaines et la troisième des unités, par une action sur la seconde roue de A de la roue des dizaines, semblable à celle de la roue des unités, que nous venons d'expliquer, on aura de même 100, 101, etc., 110, 111, etc. Enfin, on arrivera ainsi jusqu'au chiffre 99,999, qui est le plus élevé qui puisse être obtenu avec cinq chiffres.

Longtemps limitée à son application faite à la Banque d'Angleterre, l'espèce de compteur imprimeur de Bramah a été simplifiée par des combinaisons ingénieuses qui se sont multipliées dans ces dernières années, et qui ont rencontré de nombreuses applications dans la fabrication des titres si multipliés qui se fabriquent chaque jour.

Numéroteurs Lecocq. — Le système de numéroteurs exploité par M. Lecocq, le plus certain et le plus résistant de tous, consiste essentiellement en un système de griffes, dont les pointes forment cliquets pour entraîner des plaques dentées assemblées avec les rondelles portant les figures des dix chiffres gravées sur leur circonférence. L'entaille placée après le 9, étant plus creuse que les autres, laisse descendre la griffe davantage, et le second bec, jusque-là inutile, vient engrener dans le rochet des dizaines et les fait tourner d'une unité. Il en est de même des centaines, des mille, etc., dans les limites que permet le diamètre des rondelles entaillées à des profondeurs décroissantes, en partant des unités.

C'est avec ces compteurs, excellents pour le timbrage à la main, que se construisent les petites machines à imprimer les billets pour les chemins de fer, avec une rapidité et une facilité de surveillance, résultat du numérotage de chacun d'eux, qui en ont fait le succès. Le mécanisme consiste en un axe de rotation fournissant les cartes-billets par une espèce de main-poseur, donnant un mouvement de va-et-vient vertical à un axe portant la composition et le numéroteur, enfin un mouvement transversal au rouleau encreur qui chemine de la table à encre au numéroteur et inversement. Ces mécanismes peuvent être variés, mais ils équivalent tous à la réunion de dispositions qui vient d'être indiquée.

Numéroteurs Trouillet. — M. Trouillet exploite un système de numéroteurs qui peut être construit, pour ainsi dire, sans pièces apparentes. Il est représenté, fig. 2, tel qu'il est habituellement employé pour le

Fig. 2.

numérotage à la main. Il consiste en une petite chape glissant à frottement sur un arbre vertical où elle est commandée par un ressort à boudin. Deux guides d'acier lui servent de guides dans son mouvement de va-et-vient. La tige de droite, fixée après la boîte, glisse dans un coussinet adapté au manche, tandis que celle de gauche est assemblée au manche et pénètre dans la boîte; elle est terminée par un chanfrein.

Dans l'intérieur de l'appareil il existe un arbre fixe et horizontal en acier portant des molettes mobiles. La molette est un corps circulaire, ressemblant à peu près à une pièce de monnaie et portant sur sa tranche les dix chiffres. Chaque molette a sur sa surface gauche une garniture en cuivre, munie à la hauteur et en dessous du chiffre 1 d'une goupille, commandée par un ressort à boudin; la molette des unités porte seule une roue à dents calée à l'arrière par un crochet à cliquet et engrenée à l'avant par le crochet d'un ressort fixé en face la tige de gauche.

Lorsque, pour timbrer, on saisit le numéroteur de la main droite, alors que le ressort à boudin, monté sur l'arbre vertical, est détendu, on frappe l'outil sur le tampon convenablement encré; par la secousse, le ressort, se trouvant comprimé, laisse un crochet d'acier pénétrer dans la chape de cuivre au moyen d'une ouverture garnie d'une petite platine d'acier. Le nombre encré peut alors être imprimé.

Mais ce mouvement de recul n'a pas eu ce seul résultat, car le grand ressort, engrenant dans la roue des unités, a avancé d'une dent, et lorsqu'on laissera le ressort vertical se détendre en appuyant sur la pédale, qui, oscillant autour de son axe, dégagera l'arrêt de dedans la chape, il appellera la roue dentée à lui et la fera avancer d'une unité, et tout est disposé pour l'impression d'un nombre plus grand d'une unité, en opérant comme précédemment.

Tout ira ainsi jusqu'à ce que le chiffre 9 ait imprimé : mais alors la goupille vient talonner sur le chanfrein de la tige, rentre dans l'intérieur de la molette en comprimant son ressort, et va s'engager dans la garniture à jour de la molette suivante, qui se trouve alors entraînée dans le mouvement rotatoire.

Le chanfrein de la tige de gauche, une fois évité, les goupilles reprennent leur état normal, les molettes deviennent indépendantes les unes des autres, et la molette des unités travaille seule. Lorsque 99 se présente, la goupille des dizaines la fait pénétrer dans la garniture de la molette des centaines, qui se trouve entraînée, et ainsi de suite autant de fois qu'il y a de molettes dans le compteur.

Châssis-numéroteur. — La petite dimension du numéroteur qui vient d'être décrit, la possibilité de réduire son mécanisme extérieur à l'action de va-et-vient d'un cliquet, ont permis de l'appliquer à la confection d'un châssis permettant d'imprimer, en même temps que des caractères, tous les numéros des coupons d'une action ou obligation couvrant une feuille, et même en employant une presse Dutartre à deux couleurs, sans retirer la feuille de la presse, et cela avec une perfection qui défie la contrefaçon, perfection que ne pouvait atteindre le numérotage à la main.

A ce châssis est adaptée une poignée ou un taquet (fig. 3) qui reçoit un mouvement de va-et-vient par chaque ouverture ou fermeture de la presse, d'où résulte l'impulsion nécessaire pour que la première roue de chaque cylindre tourne par l'action d'un cliquet agissant sur un rochet monté sur le même axe, d'une unité à chaque fois. De plus, chaque couronne de chiffres fait avancer la suivante d'une unité pour chaque tour, par la rencontre de la goupille qu'elle porte et qui est refoulée lors de son passage près du bras qui porte le cliquet, comme il a été expliqué ci-dessus. Le départ étant 000,000, par exemple, on aura successivement 000,001, 000,002..., puis 000,010, 000,011 etc., la pénétration de la goupille à travers la molette la faisant agir une seule fois par tour complet de la première molette sur la seconde. Cet effet s'étend, par la rencontre des goupilles, à la troisième, à la quatrième, et, en général, à deux roues consécutives pour chaque rotation complète de la roue des unités de l'ordre le moins élevé. On arrivera ainsi à 999,999, c'est-à-dire 1 million avec 6 couronnes.

La réalisation de ce système a été longtemps arrêtée par l'impossibilité de graver un aussi grand nombre de molettes, ayant exactement la hauteur des types, avec assez de précision pour que l'impression eût la netteté

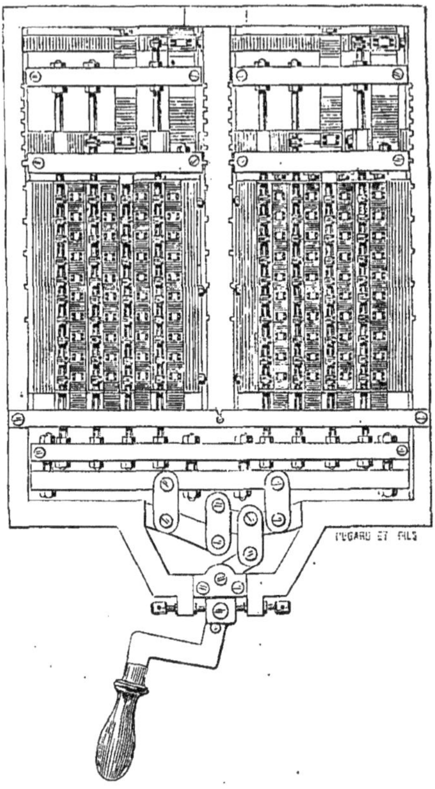

Fig. 3.

voulue. Le problème était évidemment du ressort de la fonderie en caractères; c'est ce qu'a reconnu M. C. Derriey, l'esprit le plus inventif aussi bien que l'artiste le plus distingué de cette industrie; il a résolu le problème, en fondant ces molettes à l'aide d'un moule à pompe, les matrices des dix signes étant disposées pour former un cylindre dont le rayon s'agrandit pour laisser sortir les chiffres formés dans chacune d'elles par une très-heureuse application du principe de la virole brisée.

Le système ainsi complété est destiné à faire disparaître les numérotages après l'impression, qui ne peuvent donner la perfection de l'impression à la presse et exigent en tout cas une double impression et par suite une double dépense.

Machines pour billets de banque. — M. Derriey, revenant au problème résolu par Bramah, a construit pour la Banque de France une remarquable machine pour numéroter les billets de banque en des endroits voulus, progressant par unités et par numéros de série, avec la netteté et la perfection de l'impression typographique. Les billets placés dans une boîte à l'extrémité droite de cette machine sont enlevés, un par un, par une plaque mobile percée de trous en communication avec une pompe aspirante, apportés au milieu de l'appareil où ils reçoivent l'impression de cinq compteurs, encrés par le mouvement alternatif horizontal de rouleaux encreurs et portés par un cadre placé à l'extrémité d'une tige guidée qui reçoit un mouvement vertical alternatif. Ces compteurs impriment des nombres variant d'une unité à chaque coup, sauf un qui ne varie que de 10 en 10, qui donne le numéro de la série. Après l'impression, le billet est enlevé par la plaque qui l'encadre et déposé dans une boîte à la gauche de la machine; puis l'opération recommence.

L'impression excellente et produite par l'action d'une machine à vapeur aux endroits voulus, avec toute la netteté d'une bonne impression typographique, augmente dans une proportion notable les difficultés de la contrefaçon, en même temps que l'action automatique des compteurs facilite la surveillance dans les ateliers de fabrication. L'adoption de la machine de M. Derriey, par la Banque de France, a montré toute la valeur de cette élégante invention.

IMPRIMERIE MÉCANIQUE EN TAILLE DOUCE. — Le problème de l'impression mécanique de la taille douce qui paraissait inabordable, l'essuyage à la main de la planche encrée ne paraissant pouvoir ressortir que du travail soigneux de l'ouvrier, a été attaqué et résolu pour certaines applications spéciales.

Impression cylindrique. — La solution la plus remarquable est celle qu'a montrée M. Godchaux à l'Exposition de 1867 pour l'exécution des cahiers d'école, au moyen des procédés de l'impression sur étoffe convenablement modifiés, c'est-à-dire par l'emploi du rouleau et de la râcle.

Jusqu'ici, au bas prix auquel il faut établir ces cahiers, en général 10 centimes pièce, ce n'était qu'à l'aide de la typographie que l'on pouvait, au moyen des procédés connus, exécuter la réglure et l'impression du modèle d'écriture, qui doit se trouver en tête de chaque page; mais ce n'était que bien imparfaitement qu'il était possible d'y parvenir, dans des conditions bien inférieures à ce que pouvait produire la taille douce, la gravure en creux sur planche de cuivre appliquée à la production de modèles de ce genre. Le problème était donc de produire des impressions de gravures en creux, dans les mêmes conditions d'économie que celles des types en relief.

C'est en imitant l'impression des étoffes au moyen du rouleau, que M. Godchaux a pu atteindre la solution qu'il cherchait. Il a modifié la machine pour l'appliquer au cas particulier et difficile de l'impression sur papier, et surtout le mode de gravure du cylindre, de manière à produire des finesses bien supérieures à celles qui avaient été jamais obtenues dans la fabrication du papier peint. Le papier pris en rouleau d'une grande longueur, comme il est fourni par la machine à papier, vient s'imprimer d'une manière continue des deux côtés, ses deux faces passant successivement, le premier côté imprimé s'étant séché dans son parcours, à l'aide de petits jets de gaz qui l'ont chauffé sous deux cylindres gravés. Il vient ensuite se faire couper en feuilles, par l'action d'un couteau hélicoïdal.

La possibilité d'employer de l'encre plus ou moins analogue à l'encre à écrire, et non de l'encre grasse qu'une râcle n'enlèverait pas complétement sur le rouleau, a dû faciliter à l'inventeur la réussite de ses premiers essais, et bientôt, maître de son procédé, il est parvenu à composer une encre indélébile qui s'imprime parfaitement, et rappelle plus l'encre d'écriture que l'encre grasse de la typographie, pendant que la réglure pointillée est d'une grande finesse.

Impression avec la planche plate. — Nous donnerons, comme renseignement intéressant, un extrait du rapport de l'Exposition de 1855 sur un système d'impression mécanique de la taille douce, à l'encre grasse, par la reproduction mécanique du mode de travail de l'ouvrier, système évidemment inacceptable pour des œuvres d'art, mais qui paraît avoir trouvé son application dans l'impression des timbres-poste en taille douce, fabrication pour laquelle le système Godchaux conviendrait bien mieux, en encre délébile, ou pour laquelle on pourrait employer un cylindre gravé en relief à la molette (comme on en a vu à l'Exposition de 1867), imprimé en typographie, si l'encre grasse était nécessaire, ce qui nous paraît fort douteux.

« La machine exposée par M. Robert Neale, pour imprimer en taille douce d'une manière continue par la vapeur, est une chose nouvelle dans l'art de l'imprimerie. Cette machine a été brevetée en Angleterre en janvier 1855. Elle consiste en deux chaînes sans fin, auxquelles sont attachées une ou deux tables-impression. Les chaînes sont mises en mouvement par deux rouleaux placés aux deux extrémités de la machine; entre ces deux rouleaux s'en trouvent d'autres intermédiaires pour supporter la table-impression à l'endroit où l'impression se fait. Quand les chaînes sont mises en mouvement, leur partie supérieure met la plaque gravée en contact avec un rouleau d'impression, tandis que la partie inférieure met la même plaque en contact avec des appareils à encrer, nettoyer et polir la plaque gravée. Ces dernières dispositions sont les plus importantes de la machine; nous allons les examiner :

« 1° L'encrage consiste en une boîte et rouleau encreur ordinaire avec un rouleau preneur, qui étend l'encre non-seulement sur les parties gravées de la plaque, mais encore sur la plaque entière. Il s'agit alors d'enlever l'encre qui se trouve sur la plaque en y laissant toutefois celle qui est sur la partie gravée. Cette opération se fait par un blanchet sans fin en cuir, qu'un rouleau met en contact avec la plaque, et qui a une vitesse supérieure à celle de la plaque gravée, d'où il résulte que ce blanchet prend l'encre qui se trouve sur ladite plaque à l'exception de la partie creuse. Il y a, en outre, un râteau en fer qui enlève l'encre posée sur le blanchet, de façon que ce dernier est toujours propre pour recevoir l'encre de la plaque gravée, le râteau étant combiné avec une boîte ou réservoir à encre, afin que l'encre superflue ne soit pas perdue; 2° le polissage de la plaque gravée consiste en deux rouleaux en cuir mis en contact avec la plaque gravée, et ayant à leur circonférence une vitesse supérieure à celle de cette dernière. Pour tenir la surface de ces rouleaux propre, ils sont, dans leur partie inférieure, mis en contact avec un long blanchet sans fin, en laine, animé d'un mouvement continu; pour maintenir ce blanchet dans un bon état, il y a un rouleau dans une boîte contenant de la craie pilée qu'une brosse met sur le blanchet, reprenant ensuite ce qu'il y a de superflu pour le rejeter dans la boîte.

« Le papier à imprimer est placé sur une table, et, au moyen des marges, au moment où la plaque gravée arrive par l'entraînement des chaînes, la feuille est posée sur la plaque et passée entre elle et le cylindre pour recevoir l'impression.

« Si, dans certains cas, on juge convenable de chauffer les plaques gravées, comme on le fait quelquefois, ce que l'expérience a démontré ne pas être nécessaire avec ce système, il existe dans la table-impression une disposition qui permet d'introduire des fers chauds dans une partie creuse de cette table, et de la maintenir ainsi au degré de chaleur que réclame ce cas particulier.

« Plusieurs de ces machines fonctionnent en Angleterre pour l'impression des timbres-poste. Cette machine produit 2,000 impressions par jour, y compris le temps perdu, c'est-à-dire environ 300 par heure. »

PRESSION HYDRAULIQUE. — M. J. Silbermann a combiné une application nouvelle de la pression des liquides pour obtenir la pression considérable nécessaire pour l'impression en taille douce. La surface supérieure de la presse est formée d'une partie élastique remplie d'eau et recouverte de laine. L'eau communique par un petit tuyau avec un réservoir supérieur. On peut donc, en tournant un robinet, exercer immédiatement une pression très-considérable.

Une très-élégante application de ce système est la possibilité d'imprimer des surfaces de toute forme, ce qu'on ne sait pas faire aujourd'hui. Ainsi, une sphère creuse pourrait recevoir une pression à l'intérieur, à l'aide d'une boule de caoutchouc mise en communication avec le réservoir. L'inventeur poursuit les applications qu'il peut faire de son système à diverses industries; nul doute qu'il n'arrive à d'intéressants résultats que font entrevoir ses premiers essais.

INCRUSTATIONS. Il y a peu à ajouter à l'exposition des principes et aux conclusions indiquées dans l'article INCRUSTATIONS de M. Mallet pour les chaudières à vapeur *sur terre*. Toutes les fois notamment (et c'est le cas le plus général) que les incrustations tendent à être formées principalement de carbonate de chaux, elles conservent facilement, par l'emploi de matières convenables, la forme de boues non adhérentes. Une des compositions qui a eu le plus de succès est la suivante due à M. Bevenot :

Sel marin.	83
Sel de soude.	14
Extrait de tan sec.	3
	100

La soude, en saturant les acides, le tan en précipitant à l'état de tannate insoluble le fer notamment, assurent le bon usage de cette composition pour beaucoup d'eaux; car, il faut bien le répéter, ce n'est qu'après avoir fait l'analyse d'une eau d'alimentation, et surtout des dépôts incrustants, qu'on peut déterminer la composition du mélange qui peut empêcher leur formation à l'état solide, leur adhérence à la chaudière. C'est ainsi que l'emploi du chlorure de barium s'introduit aujourd'hui avec succès dans l'industrie pour purifier les eaux chargées de sulfate de chaux.

Chaudières marines. — Aucun travail analytique sérieux n'avait jamais été fait pour les incrustations si considérables et si fâcheuses qui se déposent dans les chaudières à vapeur alimentées avec l'eau salée; et ce n'est que dans ces derniers temps qu'il a été l'objet des recherches de M. Cousté, directeur de la fabrique des tabacs de Dieppe, qui a traité avec grand talent la question des incrustations marines, et a publié, dans les *Annales des mines*, le résultat de ses travaux. Ce qu'il a trouvé de plus saillant, c'est que le dépôt incrustant était formé presque complétement de sulfate de chaux qui, se déposant hydraté, devient anhydre par l'effet de la chaleur qu'il éprouve quand il est déposé sur la paroi métallique. Il devient amorphe par la cuisson, et contracte une grande dureté et une grande adhérence avec le fond des chaudières. Il a trouvé que ces dépôts étaient composés de 0,81 à 0,85 de sulfate de chaux, 0,022 à 0,032 de carbonate de magnésie, de 0,06 à 0,10 de magnésie libre, d'un peu de fer, d'alumine et d'eau.

On concevra facilement tout l'intérêt que mérite la question des incrustations à la mer, quand on aura remarqué la rapidité effrayante avec laquelle elles se forment, et leur épaisseur s'élevant à 5 ou 6 millimètres après quelques jours. On voit de suite le ralentissement de la vaporisation, la difficulté pour la transmission de la chaleur qui résulte de l'interposition d'une couche terreuse. Il est tel qu'il est reconnu que, pour les transatlantiques, le nombre de tours de roue par minute diminue au moins de 1/5e trois jours après avoir quitté le port où s'est effectuée la désincrustation totale de la chaudière.

Nous allons passer en revue, en profitant des travaux de M. Cousté, les moyens employés pour combattre les incrustations à la mer, ou pour supprimer l'emploi de l'eau de mer dans les chaudières, solution complète, mais difficilement praticable, du problème de se mettre à l'abri des inconvénients qui s'attachent à l'emploi de l'eau salée.

1° *Pompe à désaturation.* — L'eau de mer renferme 1/33e environ de matières salines et laisse déposer des cristaux lorsqu'elle en contient 12/33e. Après peu de temps, la vaporisation n'entraînant que de l'eau pure, on voit que, si rien ne s'y opposait, de grandes quantités de matières solides viendraient remplir la chaudière. Le moyen qui a été employé pour éviter cet inconvénient consiste à enlever, à l'aide d'une pompe, une suffisante quantité d'eau saturée de sels, en la puisant au fond de la chaudière où se réunit l'eau saturée et par suite très-dense. Il suffirait, au point de vue de la saturation, que cette pompe enlevât deux ou trois douzièmes de l'eau apportée par la pompe alimentaire, mais il n'en est pas de même pour les incrustations. L'expérience a prouvé que lorsque la pompe de désaturation n'enlevait pas une proportion bien plus considérable de l'eau fournie par la pompe alimentaire, les incrustations se produisaient avec une très-grande rapidité. C'était dans ces faibles proportions indiquées ci-dessus qu'était réglée la marche de la pompe de désaturation, il y a quelques années, et les incrustations étaient telles que les premiers essais de chaudières tubulaires à la partie supérieure, tentés par M. Gingembre, furent abandonnés, par suite des incrustations qui réunissaient bientôt tous les tubes en une seule masse.

Lorsqu'au contraire on s'est décidé, comme on le fait aujourd'hui, à faire enlever à la pompe de désaturation moitié de l'eau envoyée dans la chaudière par la pompe alimentaire, le sulfate de chaux, de moins en moins soluble avec la chaleur, comme l'a montré M. Cousté, et insoluble dans l'eau à 150°, se trouve précipité et entraîné en partie au dehors, d'où résultent une diminution de l'incrustation sur les surfaces directement exposées à l'action du feu, incrustation malheureusement encore bien notable, et la suppression des incrustations sur les surfaces indirectes de chauffe, sur celles qui ne sont chauffées que par la circulation de la fumée.

Ce résultat très-considérable fera, nous pensons, toujours maintenir le jeu de la pompe de désaturation plus étendu qu'il n'est indispensable pour purger l'eau de mer des sels solubles, quel que soit, dans l'avenir, le sort des découvertes de matières anti-incrustantes qui pourront être faites pour combattre avec quelque succès les incrustations. D'où cette conséquence, au point de vue même de ces découvertes, qu'elles peuvent difficilement consister dans l'addition de substances solubles (comme le carbonate de soude proposé pour l'eau douce par M. Kuhlmann), puisqu'elles devraient s'appliquer à une grande quantité d'eau et être répandues en grande partie dans la mer en pure perte, au lieu de se combiner avec les substances incrustantes.

En second lieu, il est évident qu'il faut reprendre à l'eau expulsée la chaleur qu'elle renferme; car la quantité en devient importante. On y parvient en faisant sortir l'eau chaude par des tubes placés au centre des tuyaux qui conduisent l'eau froide à la pompe alimentaire; dans ce mouvement en sens inverse, s'il est suffisamment prolongé, il y a échange, déplacement de la chaleur. Dans la pratique, les incrustations qui se produisent par le moindre échauffement de l'eau salée, par suite du dégagement de l'acide carbonique qu'elle tient en dissolution, ce qui cause la précipitation de matières terreuses, s'opposent au bon échange de la chaleur entre les deux colonnes d'eau. La pompe de désaturation gêne, comme les incrustations qui rendent dangereux un chauffage énergique, l'emploi de la haute pression à la mer; elle peut difficilement puiser de l'eau à une température un peu élevée, celle-ci se réduisant en vapeur qui remplit le corps de pompe à chaque coup de piston.

2° *Moyens chimiques. — Compositions désincrustantes.* — Les moyens chimiques, qui suffisent avec les eaux douces pour éviter l'adhérence des dépôts de carbonate de chaux, n'ont pas réussi à la mer; ceux qui paraissent avoir eu quelques succès partiels, le sel de soude et le tan, par exemple, deviennent trop coûteux par la grande quantité qu'il est nécessaire d'employer à la mer, et que double encore l'extraction considérable de la pompe de désaturation.

On peut établir qu'une condition essentielle d'une matière anti-incrustante est d'être insoluble, de se déposer sur les surfaces métalliques, de manière à se trouver en position d'agir aussitôt que l'incrustation commence. C'est le résultat de ce que nous avons établi ci-dessus.

D'un autre côté, on peut établir que les seuls procédés qui aient donné des résultats de quelque importance à la mer sont les deux suivants :

Le premier est le graissage du fond de la chaudière. Tant que la moindre parcelle de graisse persiste, aucun dépôt terreux ne peut le recouvrir sans que, par suite de l'accroissement de température qui en résulte pour la paroi métallique qui cesse d'être en contact avec l'eau, cette graisse ne se décompose, brise et pénètre la matière incrustante qui cesse d'être adhérente. Malheureusement il est bien évident que l'effet du graissage de la chaudière, effectué à la main lors du départ, ne peut durer que quelques jours.

Le second moyen consiste dans l'emploi de l'argile, qui a la propriété de rendre les matières déposées boueuses, et cet effet est assez prononcé pour qu'un instant on ait annoncé que l'argile allait remédier à tous les défauts des incrustations. Malheureusement il a été bientôt reconnu que l'argile entraînait des inconvénients graves qui devaient la faire rejeter complétement, ou pour le moins (et c'était l'avis du plus petit nombre) en restreindre l'application à l'emploi de quantités insuffisantes pour combattre efficacement les incrustations. L'argile, rendant l'eau visqueuse, est entraînée avec elle dans les tiroirs et dans les cylindres et est bientôt une cause de destruction.

Toutefois, il nous semble que les résultats ci-dessus mettent sur la voie d'une solution complète, et c'est pour cela que nous sommes revenus sur ces procédés. Leur réussite partielle paraît indiquer l'emploi d'un savon alumineux, formé de corps gras et d'alumine en gelée, pouvant (sauf quelques difficultés de répartition égale dans la masse, dans les moyens d'assurer une densité convenable par mélange, ce qui demande quelques expériences) faire disparaître les incrustations, tant par l'action de la graisse qui lubrifierait les faces de la chaudière, que par celle de l'alumine, qui donne à l'argile ses propriétés anticristallines, grasses, boueuses. Il y a là une magnifique question à résoudre, du plus haut intérêt pour la navigation à vapeur.

Surchauffe de l'eau. — M. Cousté, ayant remarqué que le sulfate de chaux, qui formait exclusivement la base des incrustations, était entièrement insoluble à 150°, a proposé de chauffer l'eau à cette température (sans la laisser se vaporiser), puis de la filtrer avant de la faire puiser par la pompe alimentaire. La disposition qu'il a proposée, à cet effet, nous paraît d'une application pratique assez difficile, et le nettoyage du surchauffeur presque aussi compliqué que celui de la chaudière; mais l'idée n'en est pas moins parfaitement logique, et il n'y a pas théoriquement de perte de chaleur à échauffer l'eau qui doit être vaporisée ensuite. On peut donc espérer que cette idée portera ses fruits.

C'est par un effet de cette nature que peuvent s'expliquer les curieux effets de la chaudière à diaphragmes de M. Boutigny d'Évreux, qui fournit peut-être le moyen pratique cherché par M. Cousté. L'eau, tombant sur les premiers diaphragmes, paraît chauffée assez brusquement à l'état d'eau, sans se vaporiser, pour que toutes les matières incrustantes se déposent sur ceux-ci, et que par suite leur facile changement effectue le nettoyage de la chaudière.

Il est constaté aujourd'hui que le premier effet de l'échauffement de l'eau est de faire déposer d'abord les carbonates, tenus en dissolution dans l'eau par l'acide carbonique qui se dégage, puis les sulfates, si on atteint des températures plus élevées. C'est ce que l'on constate facilement, par exemple, dans les tubes réchauffeurs des chaudières Farcot. Il semble, d'après cela, qu'en prenant pour l'eau d'alimentation partie de celle du condenseur, puis la réchauffant par un jet de vapeur vers 80 degrés, après y avoir ajouté une petite quantité de chlorure de barium, produit aujourd'hui à bon marché, enfin en faisant traverser à l'eau un filtre convenable avant de la faire arriver à la pompe alimentaire, on approcherait bien près de la solution complète de l'important problème de supprimer les incrustations à la mer.

Condenseur de Haal. — Un système fort séduisant et auquel on n'a renoncé qu'après l'avoir appliqué à plusieurs reprises et sur une grande échelle, consiste à condenser la vapeur d'eau, non plus par le contact direct de l'eau de condensation, mais par son action indirecte, par l'intermédiaire de surfaces métalliques refroidies par cette eau. Le produit de la condensation, c'est-à-dire de l'eau distillée, retournant dans la chaudière pour l'alimenter, toute la question des incrustations eût été résolue, toutes les difficultés qui peuvent résulter de l'emploi de l'eau de mer eussent été levées, puisque c'eût été une même quantité d'eau distillée, successivement vaporisée et condensée, qui eût effectué le travail dans la machine.

Haal disposait son condenseur sous forme de longs tubes enroulés (de plusieurs milles de longueur pour de puissantes machines), recevant la vapeur à condenser à l'intérieur et plongés dans l'eau enlevée à mesure de l'échauffement par la partie supérieure. Il pensait avoir reconnu qu'une surface condensante de 1m.68 était suffisante par force de cheval. Un laborieux inventeur, M. Sauvage, a récemment établi un condenseur de ce genre, dans lequel une surface de 0m.50 était suffisante par force de cheval, en faisant marcher l'eau condensante en sens inverse de la vapeur renfermée dans un tube placé à l'intérieur du tube qui contenait l'eau.

Il n'y aurait rien à désirer de mieux que ce système, s'il fonctionnait toujours, après quelque temps de service, comme lors de la mise en train. Malheureusement les dépôts que l'eau de mer fait sur les tuyaux, et aussi la graisse qui tapisse leur intérieur et qui provient de la vaporisation de celle qui a servi à lubrifier les organes de la machine, font que le contact entre la vapeur et l'eau n'est plus seulement gêné par un passage à travers des corps métalliques bons conducteurs de la chaleur, mais encore à travers des substances qui la conduisent fort mal et qui s'opposent à une rapide condensation.

En pratique, le système de Haal, fort bien accueilli par l'amirauté anglaise, a été abandonné après bien des essais, et les appareils de condensation à surface supprimés. Nous avons proposé de les adopter partiellement (voir BATEAU A VAPEUR), c'est-à-dire de modifier les dispositions, de manière à pouvoir nettoyer les surfaces de condensation, en faisant passer l'eau dans des tubes verticaux analogues aux tubes à fumée des locomotives dans lesquels on peut faire passer un écouvillon. L'expérience n'a pas encore prononcé sur ce système, qui ne paraît applicable que sur une échelle restreinte, à cause de l'embarras et de la difficulté du nettoyage.

Refroidissement de l'eau de condensation. — M. Cousté

ne croit pas possible d'abandonner le condenseur à eau ; d'un autre côté, reconnaissant les grands avantages d'employer à la mer de l'eau distillée, il propose de chercher les moyens de refroidir l'eau de condensation qui resterait toujours la même. Ce système semble peu acceptable, puisqu'on agirait sur des poids d'eau considérables et qu'en réalité tout refroidissement produit mécaniquement correspond à un travail résistant, à une consommation de travail ; toutefois il n'est pas impossible que, dans certaines circonstances et avec certains systèmes de réfrigérant peu dispendieux, empruntant surtout leur effet à l'atmosphère ou à la mer, il puisse être applicable. Sa conception est assez heureuse pour être notée comme un progrès industriel peut-être réalisable quelque jour. Cela deviendra d'autant plus possible, que la plus parfaite utilisation du travail mécanique que peut produire la vapeur aura entraîné la consommation d'une plus grande quantité de chaleur, comme nous l'avons vu à l'article ÉQUIVALENT DE LA CHALEUR, et que par suite l'eau de condensation sera moins échauffée ou sera en quantité moindre.

INDICATEUR DE NIVEAU D'EAU. — Quand un phénomène se passe à l'intérieur d'une capacité, on ne peut l'utiliser qu'autant que l'on parvient à en communiquer les effets à l'extérieur, à l'aide d'appareils qui permettent cette transmission sans établir de communication avec l'air extérieur. Tels sont les stuffing-box, ou boîtes à étoupes des machines à vapeur. Il est bien évident que de semblables systèmes ne peuvent fonctionner que par l'effet d'une pression qui empêche la rentrée de l'air, et par suite en faisant naître un travail résistant de frottement.

Cet inconvénient ne pourrait être évité que si l'on disposait d'une force d'attraction qui pût s'exercer à travers les parois de la capacité, de telle sorte que la pièce qui glisse dans son intérieur pût entraîner une pièce extérieure.

Ce problème est insoluble aujourd'hui quand il s'agit de forces considérables ; mais, pour des résistances minimes et de petites vitesses, lorsqu'il s'agit d'appareils indicateurs et non d'opérateurs, on a, dans le magnétisme, une force qui remplit toutes les conditions voulues. L'appareil que nous allons décrire est le premier, je crois, où l'on ait rendu pratique une semblable disposition qui présentera des avantages précieux dans tous les cas où les ouvertures à une capacité offrent de grands inconvénients.

Le flotteur-indicateur de niveau d'eau, inventé par M. Lethuillier-Pinel, de Rouen, se compose d'un flotteur métallique creux (fig. 3611, 3612, 3613) suspendu à une tige dont la partie supérieure se meut dans une boîte rectangulaire en cuivre fixée au dôme de la chaudière, et est munie d'un barreau d'acier fortement aimanté. Extérieurement, et contre l'une des faces de la boîte, se trouve une petite aiguille en fer isolée de tout support et maintenue contre la boîte par l'attraction seule de l'aimant. Ce dernier monte et descend avec le flotteur, et entraîne avec lui l'aiguille qui parcourt les divisions d'une échelle dont le zéro correspond au niveau normal de l'eau dans la chaudière.

Le tout est habituellement recouvert d'une glace qui protége l'aiguille et maintient l'échelle constamment propre. Pour surcroît de précaution, M. Lethuillier-Pinel a soin de dorer toute la face de la boîte, afin qu'elle reste constamment brillante et que les divisions y soient bien apparentes.

Dans l'indicateur complet, tel qu'il est figuré sur le dessin, le dessus de la boîte porte une tubulure fermée par une soupape qui s'ouvre de haut en bas et est maintenue en place par un petit ressort à boudin. Lorsqu'elle est ouverte, elle dirige un jet de vapeur sur le sifflet d'alarme qui est établi à peu près comme dans les appareils ordinaires. Un système de leviers ouvre cette soupape, soit lorsque le barreau aimanté

3612.

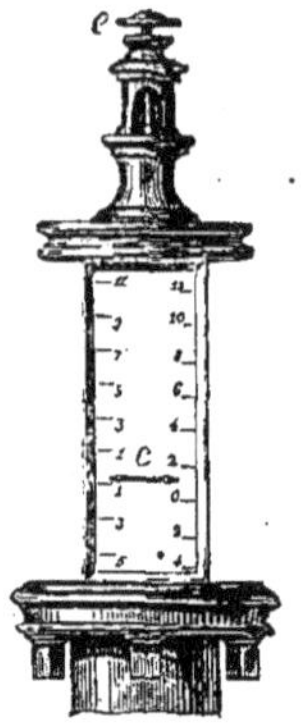

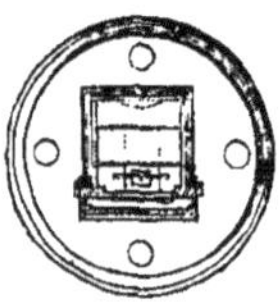

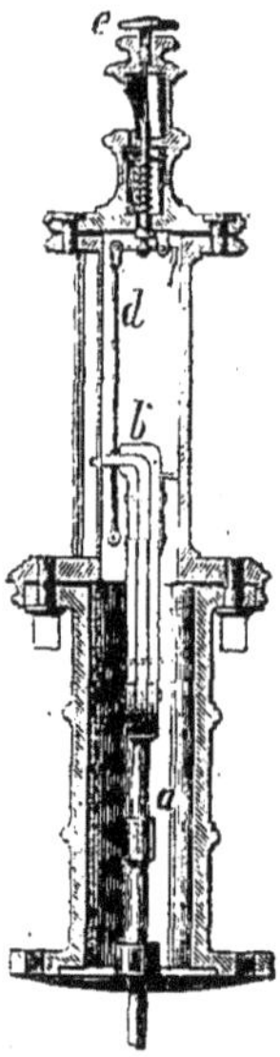

3613. 3614.

descend à $0^{m}.05$ au-dessous de son niveau normal, soit lorsqu'il s'élève à $0^{m}.12$ au-dessus.

Cet appareil présente plusieurs avantages sur les flotteurs ordinaires. Ceux-ci, en effet, sont loin, en général, de donner des résultats satisfaisants. Suspendus habituellement à un fil de cuivre qui traverse le dessus de la chaudière dans une petite boîte à étoupes, ils ne laissent presque jamais que le choix entre deux inconvénients, ou de trop serrer la garniture, ce qui rend l'appareil peu sensible ou même inutile, ou de ne pas la serrer suffisamment, ce qui occasionne presque toujours une fuite de vapeur. En outre, ce fil de cuivre est assez rapidement détruit, et, quand le chauffeur le remplace, on est exposé à ce que le fil nouveau n'ait pas toujours exactement la longueur convenable, de sorte qu'après ce remplacement les indications de l'appareil peuvent être entachées d'inexactitude. Au contraire, le flotteur de M. Lethuillier-Pinel est muni d'une tige solide de longueur invariable et réglée selon le diamètre de la chaudière. Cette tige a un autre avantage, c'est qu'on la démonte en faisant sauter une simple clavette ; ce qui permet d'enlever le flotteur avec la plus grande facilité, lorsque le chauffeur entre dans la chaudière pour la nettoyer. Enfin, M. Lethuillier-Pinel, en réunissant sur une même tubulure le flotteur ordinaire, le sifflet d'alarme et, quand on le veut, une soupape de sûreté, évite de pratiquer un aussi grand nombre d'ouvertures sur le dessus de la chaudière, ce qui n'est pas sans quelque intérêt lorsque celle-ci est de petite dimension.

Quelques personnes pourraient craindre peut-être que l'influence prolongée d'une température souvent supérieure à 150° ne finît par produire le même effet qu'un recuit à une température plus élevée, c'est-à-dire ne fît disparaître l'aimantation du barreau d'acier ; mais il paraît qu'il n'en est rien, et que des appareils en service depuis plusieurs années fonctionnent toujours parfaitement.

La petite aiguille indicatrice se meut par petits

soubresauts, comme cela a toujours lieu dans les indications de mouvements de cette nature; la force d'attraction magnétique ne pouvant agir pour mouvoir l'aiguille que sous une certaine obliquité, après avoir appliqué l'aiguille sur le tableau, et l'inertie du corps en mouvement lui faisant dépasser quelque peu le point correspondant à la plus petite distance. Il n'en résulte, au reste, aucun inconvénient dans la pratique.

INDUCTION (COURANTS D'). Les courants électriques dits d'induction jouissent de propriétés remarquables, faciles à constater à l'aide d'un ingénieux appareil construit par M. Ruhmkorff, qui permet de les produire facilement. Nous en donnons ici la description d'après M. E. Becquerel.

On sait que, lorsqu'on aimante un barreau de fer doux, il se manifeste, dans un fil conducteur enroulé autour de lui, un courant induit instantané et dirigé en sens inverse des courants que l'on suppose devoir circuler dans l'aimant d'après la théorie d'Ampère; lors de la désaimantation de ce barreau, il se produit dans le même fil un courant induit, également instantané, mais en sens inverse du précédent, c'est-à-dire dans le même sens que ceux que la théorie indique comme parcourant le fer aimanté, et que nous nommerons courant direct. Si, maintenant, l'on provoque une succession rapide d'aimantations et de désaimantations dans le fer, par un moyen quelconque, il se produira simultanément, dans le fil conducteur voisin, des courants induits dans les deux sens; mais l'expérience a prouvé que l'état électrique du circuit, au lieu d'être nul, est semblable à celui qui serait donné par une succession de courants directs, c'est-à-dire produits lors des différentes désaimantations du barreau de fer doux. Les courants induits directs sont donc prédominants et par leur excès de tension masquent l'effet des courants inverses que donnent les diverses aimantations.

MM. Masson et Bréguet ont observé, les premiers, que les courants d'induction avaient une tension assez grande; ils parvinrent ainsi à charger un condensateur et à produire des effets lumineux dans le vide, mais n'obtinrent pas l'étincelle à distance dans l'air. Ce résultat a pu être réalisé par M. Ruhmkorff à l'aide de l'appareil d'induction à la construction duquel il a apporté toutes les connaissances d'une personne versée dans l'étude de l'électricité et tous les soins d'un constructeur habile.

Cet appareil (fig. 3614) consiste en une longue bobine en carton mince avec rebords en verre ou en bois, recouverte d'un premier circuit formé par un fil de cuivre isolé gros et court, lequel doit donner passage au courant électrique inducteur destiné à provoquer l'aimantation de la masse centrale en fer doux. Sur ce premier circuit se trouve enroulé un fil de cuivre entouré de soie, mais d'un très-petit diamètre et dont la longueur varie entre 8 et 10 kilomètres; car la longueur du fil, par la résistance qu'il oppose à la transmission de l'électricité, est la première condition pour que celle-ci acquière une grande tension. Ce second fil est, en outre, isolé avec le plus grand soin par un vernis à la gomme laque, et ses extrémités aboutissent à deux colonnes isolantes en verre. Dans l'axe de la bobine se trouve un faisceau de fils de fer dont la surface oxydée ne permet pas de communication d'un fil à l'autre de manière à éviter que des courants d'induction circulant autour de la masse de fer ne diminuent la rapidité de transmission des courants induits dans le circuit intérieur.

On voit donc que le principe de l'appareil consiste à faire passer, à des intervalles très-rapprochés, une succession de courants électriques dans le premier circuit ou dans le gros fil inducteur; le faisceau central en fer doux, en s'aimantant et se désaimantant, réagira, par induction, sur le circuit de fil fin, et produira une série de courants induits donnant lieu aux étincelles et aux effets d'inflammation dont on parlera plus loin.

Pour produire cette succession rapide de courants dans le fil inducteur, M. Ruhmkorff a employé le système d'interrupteur, utilisé par MM. Neef et Delarive : il est disposé de façon à être mis en jeu par le courant électrique qui anime l'appareil. Pour atteindre ce but, le faisceau central de fils de fer est terminé par une rondelle de fer doux qui fait saillie hors de la bobine et qui est destinée à attirer une petite masse de fer doux toutes les fois que l'aimantation a lieu; cette petite masse de fer doux, attachée à un bras de levier très-mobile, est terminée, à sa partie inférieure, par une lame en platine qui repose, dans les conditions ordinaires, sur un morceau de cuivre également couvert de platine. Or comme la masse de fer doux communique à une des extrémités du fil inducteur et que le morceau de cuivre touche à l'un des pôles du couple ou de la pile qui produit le courant, il en résulte que le circuit sera fermé toutes les fois que les deux masses métalliques seront en contact; mais, quand cela aura lieu, les fils de fer s'aimanteront, le morceau de fer doux sera attiré et le circuit sera rompu; aussitôt le courant cessant de passer, le fer doux retombera, touchera de nouveau le cuivre, d'où résultera un nouveau passage de l'électricité; de là nouvelle attraction, nouvelle rupture du circuit, et ainsi de suite. On comprend dès lors qu'il se produira une succession très-rapide de passages du courant attestée par des étincelles éclatant entre le marteau de fer et le morceau de cuivre; mais

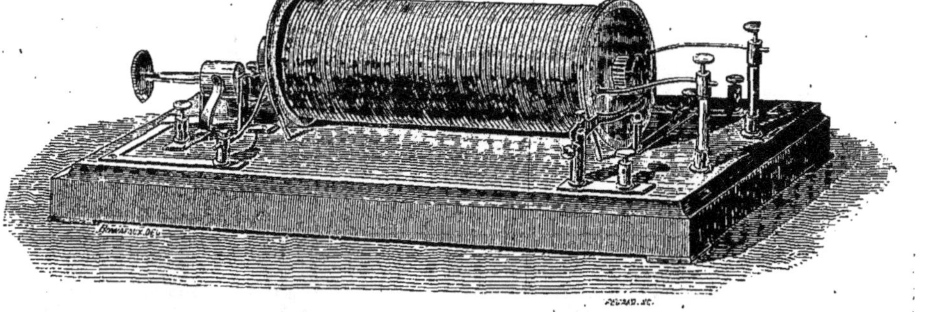

3614.

comme ces masses métalliques sont recouvertes de platine, il ne se produit pas d'oxyde entre les surfaces de contact, et l'action peut se continuer ainsi pendant plusieurs heures.

Quand l'appareil fonctionne de cette manière, on peut, en faisant usage d'un ou deux couples de Bunsen comme source électrique, avoir un courant induit capable de donner, entre les deux extrémités du fil fin, des étincelles de plusieurs millimètres. Quand la pile est plus puissante, les effets statiques augmentent d'intensité. On doit remarquer que l'extrémité du fil par laquelle l'excès de tension est donné quand on en approche un corps conducteur est celle qui forme les derniers tours de spire, c'est-à-dire l'extrémité extérieure du fil fin; l'autre extrémité, ou l'extrémité intérieure ne produit aucun effet de ce genre.

M. Ruhmkorff a adapté à son appareil d'induction un condensateur dont on met les deux faces en rapport avec les deux extrémités du fil inducteur; ce condensateur, en réagissant sur l'extra-courant qui passe dans ce fil, ainsi que l'a montré M. Fizeau, augmente la longueur des étincelles éclatant dans l'air entre les bouts du fil induit. Cet effet provient d'un excès de tension plus considérable de l'électricité induite, qui acquiert alors plus de facilité à vaincre les résistances. Ce condensateur est formé d'une bande de taffetas gommé de 3 mètres environ de longueur, sur les deux faces de laquelle sont fixées des lames d'étain; le tout est replié et mis dans le support de l'appareil.

Enfin M. Foucault, en montrant le moyen de faire agir simultanément plusieurs appareils, en a accru singulièrement les effets.

Un grand nombre de physiciens ont déjà fait, au moyen de cet appareil d'induction, des recherches fort intéressantes. C'est ainsi qu'on a pu étudier la lumière électrique dans le vide, les apparences lumineuses et les différences des actions calorifiques aux deux pôles.

L'appareil dont il s'agit n'offre pas seulement un intérêt purement spéculatif, si l'on considère les services qu'il a déjà rendus et ceux qu'il peut rendre à l'art des mines. Les procédés employés jusqu'à ce jour pour enflammer la poudre dans les mines sont impraticables dans certains cas, et le plus souvent insuffisants et dangereux. L'incandescence d'un fil métallique interposé dans un circuit voltaïque avait déjà permis de provoquer une explosion à distance à un moment donné; mais quelques imperfections de cette méthode et l'embarras de la disposition des couples, dont le nombre dépend de la longueur du circuit à parcourir, étaient tels, que l'on n'a pas utilisé la puissance calorique de l'électricité voltaïque. L'appareil de M. Ruhmkorff n'offre plus les mêmes embarras de manipulation; au lieu d'une pile de plusieurs éléments, il n'en exige qu'un seul, et encore pourrait-il être remplacé par une machine magnéto-électrique toujours prête à fonctionner. Quand on veut opérer, on place, là où l'explosion doit avoir lieu, une fusée de Stateham; puis le circuit est formé à l'aide de deux fils enduits de gutta-percha, ou même d'un seul fil et de la terre, qui joignent les deux extrémités du fil de l'appareil d'induction avec les deux fils qui terminent la fusée. Un grand nombre d'essais ont été faits par MM. Ruhmkorff et Verdu, par M. Savart, et l'on a expérimenté successivement sur une longueur de fil variable de 400 mètres à 26 kilomètres, et le succès a toujours été complet. M. du Moncel, qui s'est également occupé de ce sujet, a pu, par une ingénieuse disposition, produire simultanément l'inflammation de plusieurs fourneaux de mines très considérables faites pour les travaux de la rade de Cherbourg. Ainsi à la sécurité et à la facilité que présente l'emploi de cet appareil pour provoquer l'explosion de la poudre vient se joindre l'avantage de pouvoir opérer simultanément l'inflammation en des points différents.

INJECTEUR pour l'alimentation des chaudières a vapeur. Inventé par M. H. Giffard. — Cette curieuse invention, déjà passée d'une manière sérieuse dans la pratique industrielle, malgré sa nouveauté, mérite autant d'intérêt au point de vue théorique qu'au point de vue pratique; car, comme nous essayerons de le montrer, il est presque impossible de ne pas conclure qu'elle conduit au mouvement perpétuel, si on n'applique pas convenablement la théorie dynamique de la chaleur que je m'efforce de formuler dans cet ouvrage.

Décrivons d'abord cet appareil et indiquons son importance industrielle.

Un appareil simple, économique et sûr, pouvant remplacer les pompes alimentaires et les retours d'eau, fonctionnant seul, une fois réglé, était bien désirable pour la pratique industrielle. C'est le rôle que remplit l'injecteur de M. Giffard.

La vapeur sort de la chaudière par le tuyau AB (fig. 3615) muni d'un robinet d'arrêt; elle pénètre dans

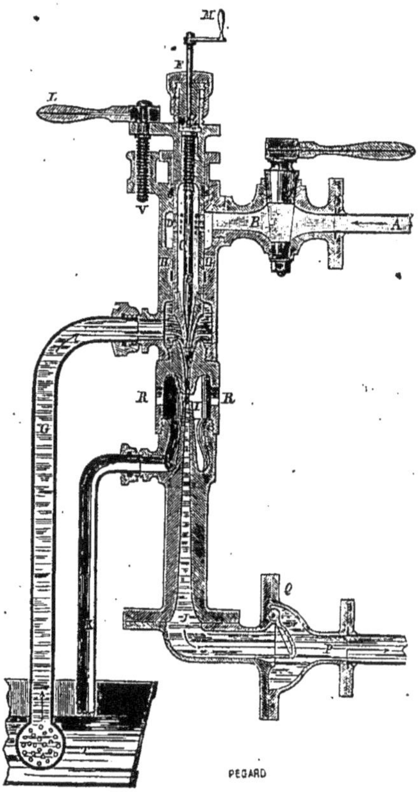

3615.

un second tube C, perpendiculaire au premier, par de petits trous : ce second tuyau est terminé en cône du côté de la chaudière.

L'extrémité du tube C est conique en dedans et en dehors, et elle peut être rapprochée ou écartée de la pièce H, qui est conique intérieurement, par le jeu du levier L; celui-ci agit sur une vis à pas rapide, et fait marcher le tuyau C, avec tout son système.

Une autre tige à vis E, terminée d'un bout par un cône, et de l'autre par une manivelle M, en reçoit le mouvement, et sert à régler ou même à intercepter entièrement le passage de la vapeur qui vient de la chaudière.

Un tuyau d'aspiration G plonge dans la bâche, et conduit l'eau aspirée par l'injecteur à l'extérieur du tuyau C.

JJ est un ajutage divergent qui reçoit l'eau amenée par le tuyau d'aspiration, et à laquelle la vapeur de la chaudière, en s'échappant par le bout conique du tube C, imprime une grande partie de sa vitesse en se condensant. Cet ajutage va en augmentant de diamètre du côté de la chaudière, et il est muni d'un clapet de retenue qui empêche l'eau de sortir du générateur quand l'appareil ne fonctionne pas. Un bouchon à vis Q permet de visiter à volonté le clapet. P est un tuyau qui conduit ensuite l'eau d'alimentation dans la chaudière.

Il y a enfin un tuyau de trop-plein ou de purge K, par lequel s'écoule l'excès d'eau que l'appareil peut aspirer.

La marche du système est facile à comprendre. La distance entre la bague H et l'extrémité conique du tuyau C, doit être réglée en raison du volume d'eau à introduire dans la chaudière en un temps donné; elle ne doit jamais être moindre d'un centimètre. Le levier L et sa vis permettent ce règlement. L'eau ne doit jamais sortir par le tuyau de purge K quand l'alimentation fonctionne.

Lorsque l'appareil ne fonctionne pas, la tige à vis EE est à fond dans le cône et intercepte entièrement la vapeur. Dès qu'on fait faire un tour à la manivelle et que la vapeur, à la pression de la chaudière, s'échappe avec une très-grande vitesse par l'ouverture conique du tube C, elle fait le vide dans l'espace annulaire resté au milieu de la bague H; l'eau de la bâche monte, appelée à une hauteur de 3 ou 4 mètres : le jet de vapeur qu'elle rencontre là se condense immédiatement, et en même temps cette vapeur imprime au volume d'eau appelé une vitesse et une force vive telles, que celle-ci soulève le clapet et pénètre dans le générateur. La vitesse de la colonne d'eau introduite est même telle que l'on est obligé de prendre des précautions pour ne pas produire des désordres à l'intérieur des chaudières.

Manœuvre de l'appareil. — La section annulaire qui sert de passage à l'eau étant réglée à un centimètre par exemple, qui est la section minima, et la tige à vis et à cône étant serrée à fond, à l'aide de la manivelle, pour intercepter le passage de la vapeur :

On ouvre le robinet B de la chaudière; puis on fait faire un tour à la manivelle pour donner passage à la vapeur qui s'échappe avec vitesse et qui entraîne l'air contenu dans le système. Le vide se fait dans le tuyau d'aspiration, et l'eau qui monte remplit l'espace annulaire et condense la vapeur en s'échauffant.

Aussitôt que l'eau est arrivée et coule par le tuyau de trop-plein, on fait faire plusieurs tours à la manivelle, de manière à ouvrir entièrement le passage de vapeur.

L'eau qui sortait par le tuyau de trop-plein entre alors dans la chaudière, en vertu de la force vive et de la vitesse que lui a imprimées la vapeur.

On reconnaît que l'eau pénètre dans la chaudière à un sifflement particulier facile à reconnaître.

On doit régler le volume introduit en manœuvrant le levier L et ouvrant ou fermant plus ou moins le passage de l'eau, de manière que rien ne sorte par le tuyau de purge; un regard R, qui est à l'origine du tuyau divergent, permet de voir le courant alimentaire injecté dans la chaudière.

Applications de l'appareil.—M. L. Bougère, ingénieur à Angers, a publié, en 1859, un mémoire sur l'injecteur de M. Giffard dans lequel la question des applications est traitée d'une manière complète.

Il fait remarquer que *les jets de vapeur* n'ont été utilisés jusqu'à ce jour dans les générateurs que comme sifflets d'alarme et comme moyens de tirage pour les locomotives; l'injecteur en est une nouvelle et importante application.

M. Bougère signale quatre applications d'une grande utilité :

1° A la navigation à vapeur;
2° Aux locomotives;
3° Aux machines fixes des usines;
4° A des usages divers.

Alimentation des bateaux à vapeur. — Les pompes qui alimentent les chaudières sur les bateaux à vapeur ont le défaut de ne plus fonctionner quand le bateau est arrêté, à des escales ou autrement; ce qui force à jeter inutilement dans l'air la vapeur produite en excès, par suite de l'arrêt des machines.

L'injecteur remplacera très-avantageusement les pompes alimentaires pour les petits bateaux, et permettra d'utiliser à l'alimentation la vapeur en excès développée au moment des stoppages. Sur les grands steamers, on remplacera par un appareil simple et peu coûteux le petit cheval de 12 à 15 chevaux de puissance qui sert à alimenter les générateurs de mer, petit cheval qui occupe beaucoup de place et coûte très-cher d'entretien comme de graissage.

L'*injecteur* servira aussi, au besoin, de pompe de cale, et, pendant les combats, il enlèvera très-rapidement toute l'eau qui pourrait entrer à bord par une grande voie d'eau due à un boulet. Il servira aussi de pompe à incendie, et aucun incendie naissant ne pourra résister à son énergie.

Alimentation des locomotives. — L'utilité de l'injecteur est encore plus grande ici. Les pompes alimentaires des locomotives ne peuvent fonctionner et alimenter le générateur que quand la locomotive marche. Il faut donc pour alimenter, quand un convoi est arrêté, faire courir la locomotive seule sur la voie, ou s'exposer à des dangers. Plusieurs explosions produites après un repos eussent été sûrement évitées par l'emploi de cet appareil.

L'injecteur, au contraire, alimente sans moteur, sans que la locomotive se déplace, en utilisant l'excès de vapeur qui se produit lors des arrêts; de plus, les pompes alimentaires ordinaires marchant à la vitesse des locomotives, c'est-à-dire à deux cents tours au moins par minute, sont dans de mauvaises conditions de service et d'effet utile, les clapets se dérangeant très-fréquemment à cette vitesse et s'usant très-vite.

Dans les machines à cylindres extérieurs, les pompes installées en dehors gênent beaucoup, et seront très-heureusement remplacées par l'injecteur. L'emploi sur les machines du chemin de l'Est de l'injecteur Giffard a tout à fait réussi; pendant les froids intenses notamment, on a bien apprécié sa supériorité sur les pompes alimentaires dont les gelées empêchent le bon fonctionnement.

Alimentation des machines fixes des manufactures. — Avec l'injecteur, on alimentera à bon marché; on supprimera alors les pompes alimentaires, qui sont toujours un outil sujet à dérangement. Dans beaucoup d'ateliers, on se sert de chaudières à vapeur sans machines à rotation, comme pour les marteaux-pilons, les raffineries de sucre, etc.; l'injecteur rendra les plus grands services. Il remplacera avec grand avantage des *retours d'eau* très-compliqués et chers de construction et de service.

Théorie de l'injecteur.—La théorie de l'injecteur Giffard a été donnée dans le Bulletin de la Société d'Encouragement par M. Combes (de l'Institut), et elle permet de préciser le mode d'action de cet appareil. Nous rapporterons ici cet intéressant travail.

Un mètre cube de vapeur d'eau saturant l'espace à la température de 152 degrés et sous la pression correspondante de 5 atmosphères ou 5k,165 par centimètre carré pèse, en calculant son poids conformément aux lois de Mariotte et de Gay-Lussac, 2k,5962. Si l'on admet que la vapeur à cette densité et sous cette pression maintenues constantes s'écoule du vase qui la renferme dans l'atmosphère par un orifice qu'elle franchit en conservant toute sa densité, comme le ferait un liquide, sa vitesse de sortie serait, abstraction faite des résistances occasionnées par la forme de l'orifice, égale à $\sqrt{2g\frac{P-p}{q}}$, expression où g désigne la gravité, P et p les pressions respectives de la vapeur et de l'atmosphère sur l'unité superficielle et q le poids spécifique de la vapeur. Dans les conditions indiquées précédemment, $\frac{P-p}{q}=\frac{51650-10330}{2,5962}=15916$. D'ailleurs, $g = 9,8088$. La vitesse de sortie de la vapeur serait donc, dans l'hypothèse admise, de 558m,79 par seconde, et la hauteur génératrice de vitesse $\frac{P-p}{q}$ de 15916 mètres.

Si l'on admet que, par suite de la forme du vase, de l'orifice, du tuyau qui y amène la vapeur, ou de toutes autres circonstances, la vapeur se dilate en avant de l'orifice, de manière à le franchir sous la densité correspondante à la pression atmosphérique même, sa température ayant été entretenue constante par une source de chaleur, pendant la dilatation qui a lieu à l'intérieur du vase, la vitesse de sortie sera, dans ce cas, donnée par l'expression $\sqrt{2g\frac{p}{q}\text{log. hyp.}\frac{P}{p}}$,

où q exprime le poids spécifique de la vapeur sous la pression atmosphérique et à la température de 152 degrés, P, p et g ayant la même signification que précédemment. Le poids q est donné par l'équation :

$$q = 0,622 \times 1,299 \times \frac{1}{1+0,00366\times 152} = 0^k,519,$$

le rapport $\frac{P}{p} = 5$; $\frac{p}{q} = \frac{10330}{0,519}$. En introduisant ces données numériques dans la formule (*a*), on trouve pour la vitesse d'écoulement de la vapeur sortant sous la pression atmosphérique, 792m,82 par seconde. La hauteur génératrice de cette vitesse :

$$\frac{p}{q}\text{log. hyp.}\frac{P}{p} = 32044 \text{ mètres}^1.$$

Ceci signifie que la vapeur est animée, à sa sortie, d'une vitesse en vertu de laquelle ses particules considérées comme isolées et sans action les unes sur les autres remonteraient à une hauteur de 15916 mètres dans un espace vide de toute matière. En d'autres termes, la force vive dont la vapeur est animée à sa sortie correspond à un travail moteur égal au poids de cette vapeur élevé à une hauteur de 15916 mètres.

Ceci posé, la vapeur rencontre, immédiatement avant de passer dans l'atmosphère, de l'eau qui en opère brusquement la condensation et forme avec elle un jet entièrement liquide. La vitesse de l'eau qui vient condenser la vapeur est négligeable par rapport à la vitesse de celle-ci. Les réactions intérieures qui déterminent la condensation ne peuvent modifier la quantité de mouvement. Si donc on désigne par m la masse de vapeur qui s'écoule dans l'unité de temps, par M la masse de l'eau qui se mêle à cette vapeur condensée, pour former le jet liquide, par v la vitesse d'écoulement de la vapeur, par u la vitesse du jet après la condensation, on a la relation :

$$(m+M)\,u = mv, \quad \text{d'où : } u = v \times \frac{m}{m+M}$$

La masse d'eau M doit être suffisante pour opérer la liquéfaction complète de la vapeur.

Soit la température de l'eau égale à 15 degrés. Nous pouvons, pour un calcul approximatif, admettre que la vapeur abandonne, en se condensant, 550 unités de chaleur. Si l'on veut que le jet liquide soit à la température de 60 degrés, le rapport de M à m sera déterminé par l'équation :

$$M \times 15 + m \times 650 = (m+M)\,60, \text{ d'où :}$$

$$M = \frac{590}{45} \times m = 13,11 \times m.$$

Il faudra donc que le poids de l'eau soit, dans les conditions fixées ci-dessus, 13 fois environ le poids de la vapeur.

En admettant que le poids de l'eau soit 15 fois celui de la vapeur, on trouvera que la température du jet liquide serait de 57 à 58 degrés, l'eau étant toujours prise à la température de 15 degrés. Soit donc $M = 15m$; la vitesse u du jet sera $\frac{1}{16}$ de la vitesse de la vapeur, et la hauteur à laquelle il remonterait en vertu de cette vitessse serait par conséquent $\frac{1}{16^2}\frac{v^2}{2g}$, tandis que les particules de vapeur isolées seraient remontées à la hauteur $\frac{v^2}{2g}$. Mais le poids du jet liquide étant égal à 16 fois celui de la vapeur, on voit que sa force vive est égale à $\frac{1}{16}$ de celle de la vapeur, avant sa condensation.

La vitesse du jet liquide étant toujours $\frac{1}{16}$ de celle de la vapeur sera $\frac{558^m,79}{16} = 34^m,92$ par seconde. Si elle est supérieure à celle avec laquelle l'eau à la température du jet jaillirait de la chaudière dans l'atmosphère sous la pression intérieure de 5 atmosphères, on comprend fort bien que le jet liquide, étant lancé dans un ajutage de forme appropriée communiquant à l'intérieur de la chaudière, entrera dans celle-ci en refoulant l'eau qui tendrait à en sortir. Or si, faisant abstraction de l'influence et de la dilatation de l'eau de 15 degrés à 57 ou 58 degrés, nous prenons 1 kilogr. pour le poids du litre d'eau composant le jet liquide, nous aurons, pour la vitesse avec laquelle l'eau à cette température tendrait à passer de la chaudière dans l'atmosphère, $\sqrt{2g\times 41^m,32}$, 41m,32 étant la hauteur d'une colonne d'eau qui fait équilibre à une pression de 4 atmosphères, $\sqrt{2g\times 41,32} = 28^m,37$, vitesse assez au-dessous de la valeur trouvée de la vitesse du jet liquide, pour que l'on puisse regarder comme certaine la possibilité de faire entrer dans la chaudière, avec la vapeur condensée qui en émane, un poids d'eau égal à 15 fois celui de cette vapeur. L'eau entrante sera à la température d'environ 57 degrés.

On voit que le jet liquide ne pourrait plus entrer dans la chaudière, si sa vitesse tombait jusqu'à 28m,37

[1] Nous ne suivrons pas l'auteur dans l'application de cette seconde manière de faire le calcul de la vitesse ; on doit la considérer comme bien plus éloignée de la vérité que la première depuis que Poncelet a établi, en discutant les expériences de Pecqueur, que les formules d'écoulement des liquides s'appliquaient à l'air comprimé.

par seconde. Or, c'est ce qui arriverait pour un poids d'eau égal à $\frac{558,79}{28,37} - 1 = 18,7$ fois le poids de vapeur. Ainsi, la quantité d'eau qu'il est possible d'introduire dans la chaudière, au moyen de l'appareil injecteur, serait au plus 18 fois le poids de la vapeur qui alimente l'appareil.

Le volume d'eau alimentaire qu'il est possible de faire entrer dans une chaudière, au moyen de l'injecteur de M. Giffard, va en augmentant à mesure que la pression effective, c'est-à-dire l'excès de la vapeur sur celle de l'atmosphère extérieure, diminue. Ainsi, par exemple, si la pression effective n'est que d'une demi-atmosphère, le poids du mètre cube de vapeur, sous cette pression et à la température correspondante de 111°, sera de 0k.8349.

La formule $V = \sqrt{2g\frac{P-p}{q}}$ donne, dans ce cas, pour la vitesse de la vapeur jaillissant dans l'atmosphère,

$$V = \sqrt{2 \times 9,8088 \times \frac{4710}{0,8349}} = 332 \text{ mètres par seconde.}$$

La vitesse avec laquelle l'eau liquide jaillirait, sous la pression de 5m.165 d'eau, hauteur équivalente à une demi-atmosphère, serait seulement de 10 mètres par seconde en nombre entier; d'où il suit que la vapeur pourrait entraîner plus de 30 fois son poids d'eau, le jet liquide conservant encore une vitesse suffisante pour pénétrer dans la chaudière. La limite déterminée ainsi grossièrement est sans doute trop élevée, parce que, d'une part, la vitesse de la vapeur est diminuée par les résistances des tuyaux et de l'embouchure, et que, d'autre part, la densité du jet liquide est diminuée par l'élévation de température, par la vapeur imparfaitement condensée peut-être et l'air entraîné. Mais il n'en est pas moins certain que l'alimentation sera d'autant mieux assurée et pourra être d'autant plus abondante que la pression effective sera moindre dans la chaudière.

Il n'en résulte pas cependant, comme la pratique l'a montré sur les locomotives, que l'appareil réglé pour une pression élevée le soit pour une pression moindre. Ainsi, si l'appareil est monté pour alimenter en utilisant la totalité du jet liquide une chaudière dans laquelle la pression soit de 7 atmosphères, par exemple; si la pression vient à s'abaisser à deux atmosphères, le poids de vapeur pour une même ouverture diminuant rapidement pendant l'unité de temps, en raison composée des décroissements de vitesse et de densité, la quantité d'eau mêlée à la vapenr devient trop grande et sort par l'orifice d'évacuation. Il faut enfoncer le cône pour diminuer le passage de l'eau, car la quantité injectée pour un même passage de vapeur doit décroître avec la pression intérieure, bien que le rapport du poids de l'eau à celui de la vapeur aille en augmentant.

Considéré comme appareil d'alimentation des chaudières à vapeur, l'injecteur de M. Giffard est, sans contredit, le meilleur de tous ceux que l'on ait employés ou même que l'on puisse employer, comme il en est le plus ingénieux et le plus simple. Si l'on suppose, en effet, que, conformément aux notions anciennement admises, la quantité de chaleur contenue dans les corps se conserve intégralement à travers les changements de volume et d'état qu'ils subissent, indépendamment des quantités de travail moteur ou résistant qui sont les conséquences de ces changements, il est clair que le jeu de l'appareil de M. Giffard ne donnera lieu à aucune autre perte de chaleur qu'à celle qui aura lieu par radiation ou contact de la chaudière et de ses appendices avec le milieu ambiant. L'alimentation aurait lieu gratuitement.

Si, conformément aux principes plus rationnels de la nouvelle théorie dynamique de la chaleur, on admet que la chaleur se transforme en travail moteur et réciproquement, de sorte que tout travail moteur ou résistant, toute force vive développée ou détruite dans les changements de volume ou d'état des corps, soient accompagnés d'une disparition ou d'une production de chaleur équivalente, la quantité de chaleur dépensée, dans le jeu de l'appareil Giffard, sera précisément, abstraction faite des pertes par radiation ou contact avec le milieu ambiant, équivalente au travail moteur qui correspond à l'élévation de la quantité d'eau alimentaire du réservoir où elle est située et à son refoulement dans la chaudière sous la pression qui y existe. Nous sommes donc fondé à dire que l'appareil de M. Giffard est un appareil d'alimentation théoriquement parfait pour les chaudières à vapeur. L'auteur a prouvé que les dimensions peuvent en être combinées de manière qu'il fonctionne dans des conditions matérielles qui approchent beaucoup de cette perfection théorique.

Mais les machines qui seraient construites sur les mêmes principes que l'appareil de M. Giffard, pour être appliquées à l'élévation de l'eau, ou plus généralement à la mise en mouvement de masses liquides ou gazeuses, la chaleur contenue dans le jet formé du mélange de la vapeur et des liquides ou gaz entraînés par elle étant inutile au résultat final, seraient de très-mauvaises machines au point de vue de l'économie du travail moteur. Ainsi, nous avons vu que, si la vapeur entraîne n fois son poids d'eau ou de tout autre fluide, la force vive du jet est réduite à la fraction $\frac{1}{1+n}$ de la force vive dont la vapeur était primitivement animée, de telle sorte que la force vive perdue est la fraction $\frac{n}{n+1}$ de la force vive primitive. Cette perte augmente énormément avec le rapport du poids entraîné au poids de la vapeur, et ce rapport serait en général très-grand.

Un jet de vapeur sortant avec la vitesse due à une pression de 5 atmosphères peut entraîner 50 fois son poids d'eau et l'élever à une hauteur qui sera à peu près égale à $\frac{1}{2g} \times \left(\frac{558,79}{51}\right)^2 = 6$ mètres en nombre rond. La perte de travail moteur sera, dans cette hypothèse, les $\frac{50}{51}$ du travail total qu'aurait pu développer la vapeur agissant à pleine pression, sans détente et sans condensation, contre la pression atmosphérique extérieure.

Si un jet de vapeur, animé de la même vitesse que précédemment, entraîne 10 fois son poids d'air atmosphérique, jouant ainsi le rôle de machine soufflante, quelque bien disposé que l'on suppose l'appareil, la force vive dont sera animé le jet d'air humide ne pourra dépasser $\frac{1}{11}$ de la force vive de la vapeur, c'est-à dire du travail théorique que la vapeur, agissant contre la pression atmosphérique et sans condensation, aurait pu développer.

Les appareils de ce genre, dont on fait et dont on pourrait à l'avenir faire usage, peuvent être sans doute d'un emploi avantageux, dans des circonstances spéciales, en raison de leur extrême simplicité; mais ils n'en restent pas moins de très-mauvaises machines, au point de vue de l'économie de la force motrice. C'est ce dont M. Giffard s'est très-bien rendu compte. Le mérite de son ingénieuse invention consiste donc dans l'application aux chaudières à vapeur et dans l'exécution d'un appareil qui fonctionne avec une facilité et une régularité parfaites; qui, par exemple, à la manufacture impériale des tabacs, suffit pour alimenter des chaudières de 200 chevaux de force, où il injecte par heure, suivant ce qui nous a été dit, jusqu'à 4 mètres cubes d'eau.

Quelques personnes ont élevé des prétentions à l'antériorité de l'invention de M. Giffard. Si elles n'ont pas utilisé le jet de vapeur d'une chaudière pour l'alimentation de cette chaudière elle-même, ou réalisé d'autres applications où la chaleur contenue dans le jet entraîné par la vapeur joue le rôle principal, elles n'ont fait, à notre avis, que de mauvaises machines, fondées sur le fait bien connu et appliqué depuis longtemps dans les trompes, les tuyères des locomotives, etc., de l'entraînement des liquides ou des gaz par communication latérale.

Observations. — La savante analyse de M. Combes me paraît insuffisante en un point qu'il importe de compléter. Il admet comme conséquence de la théorie dynamique de la chaleur qu'il disparaît une quantité de chaleur correspondant exactement à l'élévation et au refoulement de l'eau dans la chaudière, et il en conclut que l'appareil est théoriquement parfait. Or, il est facile de voir que les choses ne se passent pas tout à fait ainsi. La force vive de la masse liquide qui est en mouvement pour pénétrer dans la chaudière, ne suit pas d'autres lois que les lois de la mécanique; il n'y a là qu'un fait mécanique ordinaire, et le travail correspondant à cette force vive ne se convertit nullement en chaleur. La soupape est repoussée par l'eau en mouvement, et celle-ci pénètre dans la masse de l'eau de la chaudière où sa vitesse s'amortit par des tourbillonnements, absolument comme si elle était lancée par une pompe foulante.

Toute la chaleur contenue dans la vapeur se retrouvant d'ailleurs dans l'échauffement de l'eau qui la condense, le calcul de la chaleur ou du travail dépensé dans l'injecteur Giffard se réduit à celui de la force vive imprimée à la vapeur par la pression intérieure de la chaudière; c'est l'action directe de la vapeur qui fait alors mouvoir une espèce de pompe exempte de toutes *résistances nuisibles*. Cet avantage, aussi bien que la simplicité de l'appareil, doivent en assurer la supériorité sur tout système de pompes; mais au point de vue exclusif de l'économie du travail moteur, il peut exister des cas où une pompe conduite par une machine à vapeur à longue détente, utilisant très-complétement le pouvoir moteur de la vapeur et injectant l'eau avec une très-petite vitesse, serait plus économique que l'injecteur Giffard. Ainsi, prenant les chiffres de M. Combes, qui admet, avec raison, que la vitesse d'entrée doit être bien plus grande que celle virtuelle de sortie de l'eau, et comparant la force vive $\frac{mv^2}{2}$ pour $V = 35^m$, et pour 1 kilog. dans le cas d'une pression de 5 atmosphères, le travail consommé par l'alimentation ou celui de la force vive qui se détruit dans la chaudière est de 68 kil. mèt., et le travail PV d'une pompe alimentaire (en négligeant les frottements intérieurs et supposant nulle la vitesse de l'eau injectée, qui peut seulement être très-petite) est pour 1 kilog. peu supérieur à $10330 \times 5 \times 0,001 = 51$.

A cela, il importe d'ajouter que l'injection élevant la température de l'eau d'injection, on ne peut utiliser toute la chaleur de l'eau qui sort du condenseur à une température de 40°. En effet, l'eau est alors portée à 80°; à cette température, la condensation ne se fait plus convenablement, et l'injecteur crache, comme l'a constaté expérimentalement M. Dollfus, de Mulhouse.

Il est intéressant d'examiner comment se produit la consommation de chaleur qui correspond au travail d'alimentation, d'après la nouvelle théorie, car pour l'ancienne, son inexactitude est évidente par le jeu de l'appareil dont nous parlons, puisqu'un effet sans cause serait produit, si on l'admettait, toute la chaleur communiquée à la chaleur passant dans l'eau d'alimentation.

Il faut remarquer que le travail de la vapeur, lorsqu'elle arrive dans le cylindre d'une machine à vapeur, qu'elle travaille à pleine pression, ne coûte en apparence aucune chaleur; on retrouve dans le condenseur toute la chaleur que la vapeur a dû apporter dans le cylindre, et M. Hirn a démontré surabondamment que ce n'est que lorsque la détente a lieu qu'il y a consommation de chaleur. Il y aurait donc là un effet sans cause, et c'est une erreur dans laquelle sont tombés plusieurs savants du premier ordre, en traitant de la machine à vapeur. Elle résulte de ce qu'on ne considère que le cylindre à vapeur, tandis qu'on doit considérer la totalité de la vapeur qui travaille, c'est-à-dire celle qui est renfermée dans la chaudière qui, lors de l'action directe, travaille aussi bien que celle du cylindre, vapeur dont le volume est très-grand relativement à celle qui est déjà parvenue dans le cylindre. C'est dans cette chaudière que se produit la consommation de chaleur qui correspond à l'action directe, à la force vive de la vapeur qui sort de la chaudière.

Il est facile, d'après cela, de calculer le travail consommé par l'injecteur Giffard. Ayant déterminé le volume V de vapeur qu'il consomme, ce qui est facile, connaissant l'orifice de sortie et la pression P de la vapeur, PV sera le travail en kilogrammètres qui correspondra à la force vive de la vapeur. Cette dépense, d'après les calculs de M. Combes, correspond au travail direct d'environ $\frac{1}{16}$ du poids de l'eau ou de la vapeur utilisée dans la machine et qui y a en quelque sorte un double emploi. On en tiendra compte dans le calcul du travail utile de la machine à vapeur, relativement à la consommation du combustible, en prenant $\frac{1}{16}$ du travail de l'action directe de la vapeur, si on ne le calcule directement. Cette fraction de force vive, d'après l'analyse précédente, sera consommée pour l'alimentation à l'aide de l'injecteur Giffard, et fournira (divisée par l'équivalent mécanique de la chaleur) la mesure de la quantité de chaleur qui aura été consommée dans la chaudière par la détente de la masse de vapeur qui y est contenue, pour lancer la petite quantité qui produit l'alimentation.

INJECTION, CONSERVATION DES BOIS. Tandis que les besoins en bois de toute nature augmentent dans une proportion d'autant plus grande que les chemins de fer s'étendent ou renouvellent leur matériel en traverses, les forêts s'éclaircissent et disparaissent. Aussi les esprits se sont-ils tournés, dans ces derniers temps surtout, vers la recherche des moyens de préserver le bois en œuvre d'une destruction certaine ou tout au moins rapide. Déjà, à l'époque où le bois abondait, on s'était occupé de prolonger sa durée. Mais, outre que les essais faits à ce sujet, dans les temps les plus reculés, sont tombés dans l'oubli, ils n'avaient pas cette valeur industrielle qu'on exige de nos jours des applications scientifiques. Il est évident que, dès les temps les plus reculés, on a dû être frappé des propriétés conservatrices des résines, comme aussi du changement qu'opéraient la silice ou les bicarbonates de chaux dans les diverses espèces de bois pétrifiés.

Nous avons vu nous-même des blocs de châtaignier imprégnés de sulfate de baryte parfaitement conservés dans des terrains très-anciens.

On trouve dans beaucoup de mines des madriers qui ne pourrissent pas. Ce phénomène est surtout remarqué dans les exploitations de sel gemme.

Mais ce qui peut paraître extraordinaire au premier abord, c'est la conservation du bois dans un petit lac d'eau limpide et pure, le lac de l'Agoraia, situé sur les escarpements des Apennins. Les eaux de ce lac sont fraîches et se maintiennent toujours, été comme hiver, à la même température. Il existe dans ce lac un véritable amas de sapins échafaudés les uns sur les autres et dans un état parfait de conservation.

Depuis quand ces arbres sont-ils enfouis dans ces eaux? Personne ne le sait : mais la date de leur immersion dans le lac est certainement très-reculée, puisque tout à l'entour il n'existe plus, à dix lieues à la ronde, aucun arbre de la même essence. Tous les sommets qui dominent et embrassent aujourd'hui la gorge de l'Agoraia sont exclusivement occupés par du hêtre.

Il faut bien en conclure que l'eau ayant lavé les matières albumineuses du tissu ligneux, les sapins du lac de l'Agoraia toujours maintenus dans un même milieu et à une température constante se trouvent placés dans des conditions de conservation indéfinie.

Nous devons ajouter que nous n'avons pu découvrir aucun être vivant dans cet estuaire ; mais à peine l'eau s'en est-elle échappée en formant un petit ruisseau, que la vie animale apparaît tout aussitôt par la présence de la salamandre et d'une multitude d'insectes aquatiques.

Nous ne doutons pas que si les sapins du lac de l'Agoraia étaient enlevés aux conditions normales dans lesquelles ils se trouvent, pour être exposés à des alternatives de sécheresse et d'humidité, ou soumis à des absorptions de substances azotées, à l'abri desquelles ils paraissent être aujourd'hui, ils n'éprouvassent en peu de temps une altération rapide, comme la plupart des bois employés à l'état ordinaire par l'industrie et l'architecture.

Il faut reconnaître que le choix des substances pour injecter le bois en vue de sa conservation constitue un problème d'une solution difficile, qui doit peut-être différer selon les circonstances auxquelles la matière doit servir. Ainsi le sulfate de cuivre, qui est accepté en France comme un des meilleurs préservatifs, ne résiste pas dans des terrains imprégnés de déjections ammoniacales. Le bois préparé avec cette substance ne jouit pas dans cette circonstance de plus de durée que le bois naturel. C'est ce qui explique, aux approches des villages, la destruction facile des poteaux de télégraphe et des traverses de chemin de fer, injectés au sulfate de cuivre. On sait que le cuivre est dissous par l'ammoniaque.

Il est probable que, par la même raison, le sulfate de cuivre, à part même l'atteinte des chlorures, ne tiendrait pas davantage dans les eaux d'un port de mer exposé à recevoir les égouts et les immondices de la ville.

De même, les madriers qui ont une durée indéfinie dans les mines de sel gemme subiraient une destruction certaine, s'ils étaient placés dans des circonstances autres que celles où ils se trouvent, comme, par exemple, à un lavage continu d'une eau mouvante.

Le sulfate de baryte, une des substances les plus insolubles que l'on connaisse, qui résiste aux décompositions ammoniacales comme à l'action des chlorures, et possédant d'ailleurs des qualités antiseptiques suffisantes, nous paraît la matière la plus convenable qu'on puisse adopter pour l'injection des bois.

Ces qualités spéciales du sulfate de baryte n'avaient pas échappé à Payn, et l'Angleterre a longtemps exploité le procédé de cet inventeur. C'est par la double décomposition, dans le corps du bois, du sulfate de fer et du sulfure de barium, deux sels solubles, que l'injection avait lieu.

En France, un brevet a été pris par M. Lemonnier pour une opération semblable, en faisant usage du sulfure de strontium, au lieu d'un sel de baryte.

Le reproche que l'on adresse au sulfate de baryte, comme au sulfate de strontiane, c'est leur trop grande inertie. Mais ce défaut, si défaut il y a, est facile à corriger par l'addition simultanée d'un sel à réaction plus active. Toutefois, nous devons faire observer ici que la double décomposition entre le sel de fer et le sel de baryte ou de strontiane, présente dans le tissu ligneux des difficultés qui en rendent le succès incertain et incomplet. L'albumine d'abord empêche par sa présence l'opération de s'effectuer. Ensuite l'injection du sulfate de fer n'étant pas simultanée avec l'injection de l'autre sel, il arrive que l'un des liquides dans les tubes capillaires du bois chasse l'autre, sans que le mélange, et, par conséquent, la double décomposition aient lieu.

Nous dirons plus tard comment l'injection au sulfate de baryte doit être faite pour donner un résultat assuré. Quoi qu'il en soit, le sulfate de baryte, dans les conditions où on l'employait, et, avec lui, le système d'injection du bois par double décomposition, durent être abandonnés pour d'autres substances et pour le procédé de simple injection.

Il est certain que, sans parler des époques qui ne sont pas de notre ère, l'injection simple ou directe est de plus vieille date que la double décomposition. Dès 1813, M. Champy introduisit du suif dans des bois destinés à servir de revêtements aux murs intérieurs d'une poudrerie, afin de la préserver contre l'humidité. L'opération fut faite par immersion dans un bain de suif fondu.

Kyan fit usage, pour une serre du duc de Devonshire, du bichlorure de mercure.

Mohl préconisa le premier la créosote et l'injecta dans le bois en exposant celui-ci à la vapeur de cet agent.

M. Bréant (1831) essaya diverses substances; mais celle à laquelle il semble, avec raison, avoir donné la préférence est un mélange de résine et d'huile de lin lithargirée. On ne peut reprocher qu'un prix trop élevé à cette préparation.

M. Boucherie, dès 1837, appela l'attention des savants sur le sulfate de cuivre surtout.

L'amirauté anglaise a, de son côté, longtemps protégé l'emploi du chlorure de zinc.

L'acide arsénieux, le pyrolignite de fer, les chlorures de barium, divers sels de chaux et plusieurs autres substances antiseptiques ont été tour à tour essayées et abandonnées.

M. Costin indiqua, contre les termites, l'arsénite de potasse en mélange avec le savon demi-liquide.

M. Gay-Lussac proposa l'usage des phosphates et des borates d'ammoniaque, et M. Fuchs du silicate soluble de potasse, mais dans le but spécial de préserver le bois contre l'inflammabilité. M. Carteron paraît aujourd'hui avoir repris cette question en la développant et en l'appliquant à divers usages.

Nous ne parlerons pas de l'injection des bois comme moyen de coloration, cette question ayant déjà été traitée dans ce dictionnaire au mot : COLORATION DES BOIS.

Aujourd'hui les deux substances le plus souvent employées pour la conservation du bois sont : le sulfate de cuivre et la créosote, ou mieux les goudrons liquides provenant de la distillation de la houille dans la fabrication du gaz et qui sont riches en créosote. En France, on fait principalement usage de la première de ces substances, et en Angleterre, de la seconde.

Nous avons dit les défauts du sulfate de cuivre, nous exposerons à leur tour les inconvénients de la créosote. On lui reproche d'être d'un prix trop élevé en France, d'exhaler une odeur forte et désagréable, qui limite l'emploi des bois qui en sont injectés, et d'ajouter à leur inflammabilité. Nous laissons à nos lecteurs le soin d'apprécier à quel degré et dans quels cas ces reproches doivent être acceptés. Mais un fait qui a quelque importance pour les chemins de fer, c'est que les chevilles qui rivent les coussinets aux traverses éprouvent à leur surface, noyée dans la traverse, un commencement de décomposition, si la substance injectée a été du sulfate de cuivre. Cela se comprend aisément. Il en résulte que ces chevilles prennent si fortement racine dans les traverses qu'il n'y a pas d'autre remède que de les briser dans un remaniement de la voie ferrée, quand il s'agit d'un changement de coussinets. Il n'en est pas ainsi pour la créosote ni pour le sulfate de baryte.

Après avoir énuméré la plupart des substances préservatrices qui ont été essayées par l'industrie dans l'injection des bois, il convient de jeter un coup d'œil sur les moyens qui servent à opérer l'introduction de ces substances dans le tissu ligneux.

Le bois semble être formé d'une suite de cellules à paroi ligneuse, placées l'une au bout de l'autre, de manière à former, du pied de l'arbre à la cime, comme un faisceau de conduits capillaires. C'est par ces conduits que la plante distribue la séve des racines jusqu'à l'extrémité des feuilles. C'est par ces conduits aussi que l'industrie arrive à introduire ses réactifs dans le corps du bois et qu'elle va atteindre l'albumine végétale, soit pour la chasser, soit pour la modifier.

L'albumine, en effet, de concert avec les autres principes azotés que la séve transporte, est considérée comme la cause principale de l'altération que les végétaux éprouvent, aussitôt que, par une cause quelconque, ils se trouvent soustraits aux conditions de leur existence. C'est par l'albumine que la fermentation se transmet et se développe dans les bois coupés. Elle sert, en outre, d'aliment ou d'engrais aux végétations cryptogamiques, d'amorce et de nourriture aux vers et aux insectes, qui concourent tous à la destruction anticipée de la plante.

On comprend donc l'importance qu'il y a d'enlever au bois les principes azotés qu'il retient dans les cellules de son tissu. Les arbres plongés dans le lac de l'Agoraia démontrent surabondamment cette vérité. C'est au simple lavage de l'albumine par les eaux pures du lac que ces arbres doivent leur état de conservation.

Mais si la simple soustraction de l'albumine suffit déjà pour donner au bois, dans des positions spéciales, une durée indéfinie, il convient, en outre, de préserver le tissu ligneux de nouvelles absorptions, capables de l'altérer, en le mettant à l'abri par des préparations chimiques possédant tout à la fois la propriété de transformer l'albumine qui n'aurait pas été éliminée et celle de résister elles-mêmes à l'action des milieux où le bois doit être employé.

Il était utile de bien caractériser ce double mouvement d'endosmose et d'exosmose, d'absorption et d'expulsion auquel on peut soumettre le tissu ligneux et qui a lieu dans le sens de la longueur de la plante, jamais ou rarement du moins d'une couche annulaire à l'autre, pour bien faire comprendre les moyens et les appareils imaginés pour l'injection.

Le moyen le plus simple qui a dû se présenter à l'esprit pour imbiber le bois d'une substance préservatrice a été l'immersion dans un bain de cette substance, comme le prouvent les expériences du baron de Champy, qui fit digérer ses bois dans un bain de suif fondu, maintenu à 130° de température.

La plus grande portion de l'eau engagée dans le tissu ligneux fut chassée par la chaleur du bain; et les pièces soumises à l'expérience purent absorber en suif jusqu'au cinquième de leur poids.

L'immersion a été employée par M. Knab pour injecter au sulfate de cuivre, soit à froid, soit à chaud, les traverses déjà débitées des chemins de fer.

Un des appareils dont M. Knab a fait usage mérite d'être signalé par son originalité : c'était dans un bassin en caoutchouc qu'il disposait son bain. Cela lui permettait de transporter facilement son chantier d'injection sur tous les points d'une voie ferrée en construction et de l'établir là où il y avait des traverses à opérer. Il lui suffisait, pour changer de place, de plier son bassin et de le charger sur un simple chariot.

D'ailleurs, le caoutchouc avait l'avantage sur les vases de fer de ne pas introduire le sulfate de fer dans le bois. On sait, comme M. Bréant l'a fait connaître, que ce sel à l'état de protosulfate surtout conserve une réaction acide, qui par son action prolongée sur le tissu ligneux finit par y déterminer des effets de désagrégation.

Aussi, quand on fait usage, comme substance d'injection, du sulfate de cuivre, doit-on tenir la dissolution dans des récipients de cuivre même, comme l'ont très bien compris MM. Legé et Fleury-Pironnet dans leur appareil perfectionné.

Quelques injecteurs, en présence du prix trop élevé de ce métal, se sont contentés de revêtir de bois la tôle de fer dont ils font usage, afin d'empêcher le contact immédiat de la dissolution cuivreuse avec le fer. Mais nous doutons que ce moyen soit d'une efficacité irréprochable, surtout dans le cas d'injection à vase clos et par pression.

L'injection par pression et à vase clos semble avoir été employée pour la première fois par M. Bréant, dans le but d'obtenir une pénétration plus profonde et plus parfaite du tissu ligneux par les substances préservatrices.

La pression peut être exercée par la différence de niveau du liquide injectant, ou par l'entremise d'une pompe foulante.

Il est évident que si on ajoute au vase d'injection un tube plein de la dissolution voulue, la pression qu'on exercera dans l'intérieur de ce vase sera proportionnelle à la hauteur du tube au-dessus du bain. Mais les élévations nécessaires pour obtenir une pression supérieure à une atmosphère sont trop considérables pour que le système soit, en fait, d'une application facile. Avec la pompe foulante, on peut arriver jusqu'à 10 et 12 atmosphères.

M. Bréant ne tarda pas, dans ses expériences, à s'apercevoir que lorsque les vaisseaux capillaires du bois étaient engorgés naturellement, ils présentaient une résistance souvent invincible à l'injection ; il pensa donc à leur enlever avant tout les gaz et les liquides qu'ils pouvaient recéler. Pour cela faire, il commença par opérer le vide au moyen d'une pompe aspirante, dans le vase clos où il enfermait ses bois ; puis le vide opéré, il ouvrait le robinet de communication avec le récipient du liquide injectant. Le vase clos en était bientôt rempli. Il fermait alors cette communication pour soumettre son appareil à la pression voulue.

C'est par ce moyen qu'il parvint même à faire pénétrer dans le bois l'alliage fusible de Darcet.

Toutefois, les appareils de M. Bréant étaient exécutés sur une échelle trop modeste pour être parfaitement industriels. MM. Rethel et Payn, en Angleterre, construisirent sur de grandes dimensions un cylindre d'injection, où le vide s'obtenait par un jet de vapeur qu'on soumettait ensuite au refroidissement et même à l'absorption d'une pompe aspirante, afin que le résultat en fût plus parfait. Mais ce refroidissement, en contractant les pores du bois, ne nuisait-il pas à l'opération ?

Nous ne décrirons pas cet appareil, parce que, ayant été encore perfectionné dans ces derniers tempes en France par MM. Legé et Fleury-Pironnet, il est inutile que, décrivant celui de ces derniers inventeurs, nous fassions une description qui se trouve nécessairement comprise dans l'autre.

L'appareil de MM. Legé et Fleury-Pironnet consiste dans un cylindre horizontal de 12 mètres de long sur $1^{m},60$ de diamètre, en cuivre laminé, puisque ces deux inventeurs emploient le sulfate de cuivre comme liquide injectant.

Le cylindre est fermé sur un de ses bouts par une cloison semi-sphérique fixe et sur l'autre par une porte en calotte, qui s'ouvre autour d'une charnière glissante.

Les parois de ce vaste récipient ont dix millimètres d'épaisseur, afin qu'elles puissent résister à la pression extérieure quand on fait le vide dans l'intérieur, et tout à la fois à la pression intérieure quand on y exerce un refoulement de 10 à 12 atmosphères.

Un chemin de fer, qui peut être mis, au moyen d'un truck, en communication avec des chemins de fer extérieurs, est pratiqué dans le corps du cylindre.

Les bois à injecter sont placés sur de petits chariots, dont les garnitures métalliques et les roues sont en cuivre. Trois de ces chariots, chargés chacun de 40 traverses, peuvent être introduits en file dans l'appareil (fig. 3616).

La porte de celui-ci étant ouverte, on chasse facilement le convoi sur le chemin de fer intérieur. Une fois entré, on ferme la porte derrière les wagons, et, pour plus de précaution, on la boulonne au cylindre sur un rebord ou couronne disposé à cet effet.

Ces précautions prises, on commence tout aussitôt les opérations d'injection.

Première opération. — Toutes les communications du cylindre sont fermées, excepté celle qui mène au générateur à vapeur.

Ce générateur est celui d'une machine locomobile de la force de 12 chevaux, placée sur un des côtés du cylindre et qui est destinée à faire mouvoir les divers corps de pompe annexés à l'appareil et dont on verra plus tard l'usage.

Au moment où l'introduction de la vapeur dans le corps du cylindre a lieu, on ouvre un robinet percé en contre-bas de ce cylindre du côté opposé à celui de l'arrivée de la vapeur.

La vapeur chasse l'air du cylindre, chauffe les pièces de bois et les dilate; elle lave les matières solubles que ces pièces renferment et qui sont plus ou moins abondantes, suivant l'âge d'abatage des plantes; puis, s'échappant par le robinet ouvert, elle traverse tout un système de serpentins ménagés dans les cuves où la dissolution cuivreuse se trouve emmagasinée. Cette dissolution est portée à 45° de température environ par ce passage de la vapeur.

Cette première opération est d'une durée variable, suivant l'essence, les dimensions, l'âge d'existence des bois soumis à l'expérience et même leur âge d'abatage. Toutefois on peut calculer qu'elle exige en moyenne 20 minutes de temps.

Deuxième opération. — Après avoir fermé le robinet d'introduction de la vapeur et celui de sortie *m*, on opère le vide, par la condensation de la vapeur accumulée dans le cylindre et tout à la fois par l'absorption de cette vapeur et des gaz du bois, au moyen d'une pompe aspirante.

MM. Béthel et Payn opéraient la condensation dans le cylindre lui-même, en y faisant arriver un jet d'eau froide. L'action de la pompe aspirante suivait ensuite. Mais le refroidissement, qui était la conséquence de ces opérations, devait contrarier l'injection en resserrant les pores du bois.

MM. Legé et Fleury font usage d'un condenseur E séparé du corps de cylindre.

3616.

Quand l'opération du vide commence, que les robinets d'entrée et de sortie de la vapeur dans le cylindre sont fermés, la pompe à air agit dans ce système à l'intérieur de ce cylindre à travers du condenseur, qui reçoit seul le jet d'eau froide. La pompe à air absorbe à la fois la vapeur condensée et les gaz libres, pour les refouler dans une bâche disposée à cet effet.

Cette opération dure 14 minutes environ. On pousse le vide jusqu'à faire descendre la tension intérieure du cylindre à $0^m,06$ de mercure.

Troisième opération. — Le vide effectué, on passe à l'injection. On ferme le robinet du condenseur, pour ouvrir celui *m* qui est en communication avec la dissolution cuivreuse, placée dans des cuves au-dessous de l'appareil.

Cette dissolution a été chauffée, comme nous l'avons dit, par la vapeur de la première opération.

La dissolution s'élève dans le vide du cylindre, et quand l'équilibre est rétabli, on referme le robinet *m*, pour ouvrir les robinets *c* et *a*, qui mettent l'intérieur du cylindre en relation avec les cuves à dissolution, à travers une pompe aspirante et foulante *p*, qui absorbe le liquide des cuves et le refoule dans le cylindre. On obtient ainsi un refoulement à 12 atmosphères, qu'on soutient au même degré, à mesure que le bois se pénètre de liquide injectant.

Cette opération dure plus de 53 minutes.

Quatrième opération. — On ferme les robinets *a* et *c*,

et l'on arrête le mouvement de la pompe p'. On ouvre le robinet ou soupirail d'air v du cylindre et le robinet de cuve m. Le liquide qui a servi à l'injection s'écoule aussitôt du cylindre et retourne dans les réservoirs.

Il faut 40 minutes pour que cet écoulement ait lieu.

L'injection est terminée. Il ne reste plus qu'à ouvrir la porte de fermeture du cylindre pour en sortir les chariots chargés des pièces injectées.

La durée totale de l'opération est donc de 101 minutes, qui, jointes à 19 minutes environ qu'il faut pour introduire les chariots déjà tout chargés dans le cylindre et pour les en sortir, font 120 minutes ou 2 heures. En comptant donc six injections en 12 heures de travail, on aura, à 120 traverses par fois, 720 traverses par jour.

Il est presque inutile de faire observer qu'avec l'appareil de MM. Legé et Fleury, les opérations qu'on peut exécuter sur le bois sont indépendantes les unes des autres. Ainsi, on peut très-bien faire l'injection par simple pression sans vide, en ne se servant que de la pompe foulante et aspirante p', tant pour charger le cylindre de liquide que pour faire éprouver à celui-ci le degré de refoulement voulu dans l'appareil.

Le système d'injection des bois par la pression et le tube, il faisait pénétrer dans la section même le liquide injectant. Ce liquide suivait en effet le mouvement de la séve, s'élevait dans le tronc de l'arbre et passait de là dans les branches et les rameaux, pour injecter toutes les parties de l'arbre qui correspondaient à la surface coupée.

Mais, à l'usage, ce procédé, tout ingénieux qu'il était, ne fut pas trouvé assez industriel. Peut-être même que l'excès de séve retenue par l'arbre nuisait, sous le rapport de la conservation des bois, à l'excellence de l'opération.

On fut amené à modifier le système. On abattit l'arbre, et, après l'avoir dépouillé de ses branches inutiles, on le coucha à terre en le tenant un peu incliné. On plaça une calotte, qui formait récipient sur la surface de la section de coupe (fig. 3617). Un tube fut mis en communication de ce récipient avec les cuves de la dissolution saline, auxquelles on donna une élévation plus ou moins grande au-dessus du niveau de l'arbre, de manière que le liquide exerçât une certaine pression sur les conduits capillaires du tissu ligneux.

La séve chassée par le liquide injectant et une partie du liquide injectant lui-même s'échappaient bientôt

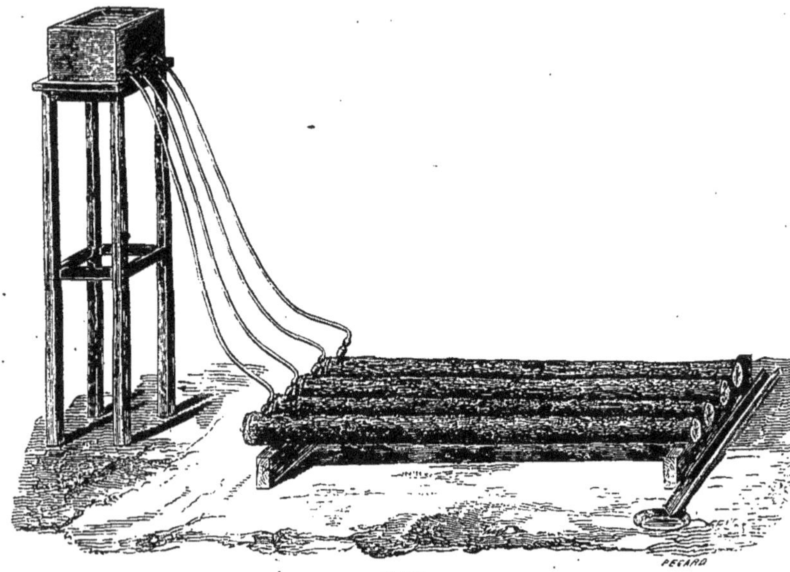

3617.

vide n'avait guère été appliqué dans l'industrie qu'à la créosote jusqu'à MM. Legé et Fleury-Pironnet. L'injection au sulfate de cuivre s'obtenait par le procédé de M. Boucherie, qui cependant diffère essentiellement.

Procédé Boucherie. — M. le docteur Boucherie, à peu près à la même époque où M. Bréant faisait ses recherches sur l'injection du bois à vase clos, tentait une autre voie pour résoudre le problème. Frappé du mouvement ascensionnel de la séve dans les arbres, il pensa qu'il pourrait aussi les imbiber de dissolutions salines par l'intermédiaire de cette force naturelle. Il commença donc par exécuter, au moyen d'une forte scie, une section partielle au tronc de l'arbre soumis à l'essai et qui restait sur pied. Il couvrait la circonférence de cette section par une toile imperméable, et, au moyen d'un

à l'autre extrémité de l'arbre et s'écoulaient dans un bassin de réception.

Aujourd'hui, on a encore simplifié le système, surtout pour l'injection des billes destinées à devenir des traverses de chemins de fer.

On laisse aux billes (fig. 3618) le double de la longueur voulue pour les traverses, et tout juste sur leur milieu on fait avec une scie une section perpendiculaire à la longueur, comme si on voulait couper chaque bille en deux parties égales ; mais on s'arrête à une profondeur suffisante pour que les deux parties ne se détachent pas l'une de l'autre. On introduit ensuite dans le vide de la section, et à la manière des calfats, un bourrelet en corde pour fermer la circonférence de cette section.

On place alors, dans une position à peu près horizontale, la pièce de bois ainsi traitée en la faisant poser sur ses deux extrémités, le point d'attache de la section en bas, de sorte que les deux parois de cette section tendent à se rapprocher et pincent fortement, comme entre les deux mâchoires d'un étau, la corde qui en forme la circonférence ; ce qui rend parfaitement étanche l'intérieur de la section.

De plus, on perce avec une tarière dans une des deux parties de chaque bille et vers le sommet, mais à 6 centimètres environ de distance de la section, un trou incliné qui va rejoindre à son centre l'intérieur de cette section.

On introduit dans ce trou un bec de tube, qui reçoit lui-même le tuyau de caoutchouc par lequel le liquide injectant, le sulfate de cuivre, doit arriver.

Ce liquide est placé dans des cuves à 10 ou 15 mètres au-dessus du sol.

A peine la communication est-elle établie entre les cuves et la section que la filtration commence à la fois dans les deux côtés de la bille, et qu'au bout de quelques minutes, surtout si le bois est fraîchement coupé

3618.

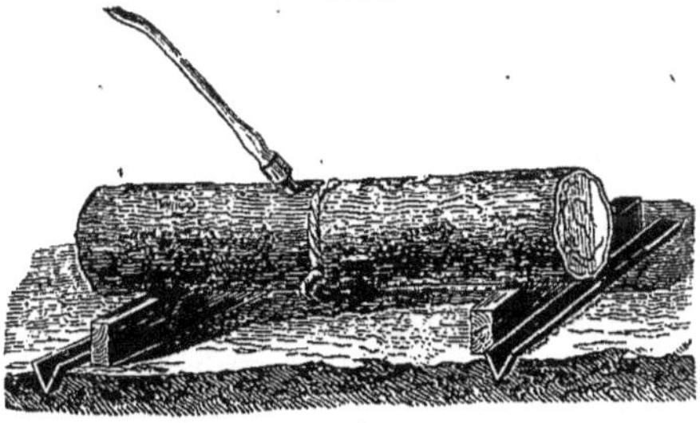

3619.

et d'un tissu lâche, on voit sur les deux faces suinter la séve que chasse le liquide filtrant, puis le liquide lui-même. On laisse cette filtration se faire pendant deux jours de suite.

Le bois retient une partie du sulfate dissous, car la liqueur qui sort des billes, après l'expulsion de la séve, perd bientôt de son degré de saturation. On regarde l'injection comme terminée quand la dissolution s'échappe de nouveau au même titre que celui des cuves.

Quant aux pièces qui ne peuvent pas être injectées au moyen d'une section, comme les billes pour traverses, on y arrive au moyen d'un plateau de bois qu'on visse sur la surface de base des pièces à injecter, et qui presse entre lui et cette surface la corde de fermeture.

Alors rien ne s'oppose plus à l'opération d'injection, en mettant en communication avec les cuves, au moyen du bec de tube et du tuyau de caoutchouc, le petit intervalle laissé entre le plateau et la surface de base de la plante.

Nous avons vu que dans le système Legé et Fleury, grâce à leur appareil de 12 mètres, on pouvait injecter 170 traverses par jour. Avec le procédé Boucherie, et moyennant un chantier de 50 billes, ce qui est le nombre ordinaire, on injecte 200 traverses en deux jours, soient 100 traverses par jour.

Avec le système de filtration Boucherie, on ne peut opérer que sur les bois en grume, nouvellement coupés.

Avec le système Legé et Fleury-Pironnet, on opère tout aussi bien sur les bois équarris et d'un âge de coupe plus ou moins avancé. Toutefois, il semblerait résulter des expériences faites par ces deux inventeurs que l'époque où les bois paraissent le mieux disposés à recevoir l'injection serait trois mois après leur abatage. La séve fraîche des plantes semble donc nuire à l'injection. Nous pensons qu'en faisant un lavage à l'eau chaude et distillée et que même en prolongeant seulement la durée du passage de la vapeur dans l'appareil d'injection, on remédierait à cet inconvénient.

Tandis que la séve qui a subi un commencement de dessiccation dans les pièces coupées depuis longtemps n'oppose, après l'action de la vapeur, de la dilatation et du vide, aucune résistance à l'injection dans l'appareil Legé et Fleury, elle nuirait au contraire à l'opération dans le procédé Boucherie, si, au moment de mettre les pièces en œuvre, on n'avait soin de scier à nouveau leurs extrémités, afin d'en détacher les parties où la coagulation des matières albumineuses se trouve naturellement plus avancée. On est donc obligé de donner aux billes qu'on veut injecter par la méthode de M. Boucherie une longueur plus grande qu'elles ne doivent réellement avoir.

Les essences qui s'injectent le mieux par le système de l'infiltration sont le hêtre, le charme, le bouleau, le platane, l'orme, le pin sylvestre et le pin maritime; mais le chêne se refuse à l'injection, non-seulement dans son cœur, mais souvent même dans l'aubier.

Toutefois, comme le chêne présente déjà par lui-même une puissance de durée suffisante, la question d'injection n'est pas aussi importante à son égard que pour les espèces repoussées d'un grand nombre de services, à cause de leur peu de résistance naturelle.

L'injection semble être plus uniforme avec le système de MM. Legé et Fleury, et plus profonde qu'avec le procédé Boucherie. Voici le tableau des moyennes de sel de cuivre absorbé par mètre cube de diverses essences, que nous extrayons d'un rapport de M. Versignié, ingénieur de la marine.

	Quantité absorbée.	Observations.
Chêne sec	2k,834	Le cœur n'a pas été pénétré.
Chêne frais. . . .	0 ,643	Le cœur intact, et l'aubier à peine pénétré.
Orme sec	9 ,484	Pénétration d'une uniformité suffisante.
Orme frais. . . .	4 ,816	dito dito.
Hêtre sec	8 ,189	Pénétration complète.
Hêtre frais. . . .	3 ,794	
Peuplier sec . . .	8 ,030	Pénétration parfaite.
Peuplier frais. . .	4 ,357	
Frêne sec	2 ,347	Comme le chêne.
Acacia sec. . . .	1 ,041	Résiste à l'injection.
Charme sec . . .	4 ,709	Comme le hêtre.
Bouleau sec . . .	4 ,007	Variable dans le résultat.
Pin sylvestre sec.	13 ,174	L'aubier seul est pénétré.
Pin maritime. . .	4 ,297	dito dito.
Pin du Nord sec. .	2 ,207	dito dito.
Châtaignier frais.	0 ,936	Résiste à l'injection.

Il ne faut pas attacher trop d'importance à ces chiffres, car il a été constaté par de récentes expériences que les bois injectés, placés verticalement, laissaient descendre au pied la majeure partie de la substance conservatrice.

Après avoir décrit les deux moyens d'injection qui semblent prédominer aujourd'hui, il nous reste à dire quelques mots sur les systèmes mixtes, dont on a trop méconnu l'importance, selon nous.

Nous avons vu, par l'expérience du baron Champy, que la pénétration de l'huile dans le bois avait été profonde par simple immersion.

Il est évident que la pénétration plus ou moins facile du bois dépend non-seulement de la nature de son tissu ligueux, mais encore des qualités du liquide injectant: ainsi l'infiltration du sulfate de fer est plus rapide que celle du sulfate de cuivre; les acides s'injectent plus aisément que les sels; la soude et la potasse sont facilement absorbées.

Si donc le procédé d'infiltration, d'une part, et celui d'injection par la pression à vase clos, de l'autre, peuvent être nécessaires pour certaines substances et pour certaines qualités de bois, il n'en est pas de même pour d'autres, pour lesquelles on peut employer d'autres moyens.

D'ailleurs on arrive très-bien à injecter au sulfate de cuivre le hêtre, par exemple, si, en plaçant les pièces debout dans le bain et la tête dehors, on ajoute l'action de la chaleur à la pression du liquide, qui, à part même le secours de l'absorption capillaire du tissu ligneux, tend à prendre son niveau dans les conduits verticaux des sujets soumis à l'expérience.

Quelques personnes ont ajouté à l'injection par infiltration le vide à l'extrémité opposée à celle par laquelle le liquide est introduit dans une plante, que ce vide fût fait à l'abri d'une ligature imperméable et bien étanche, au moyen d'une pompe aspirante, ou plus simplement par la combustion de matières légères et flambantes en vase clos. Pendant la combustion, on laisse ouvert un robinet, que l'on ferme dès que l'air du récipient est raréfié.

Mais ce dernier procédé, excellent d'ailleurs, exige qu'on opère sur chaque pièce séparément, et demande, par conséquent, un grand nombre d'appareils simultanés, et beaucoup de bras ou beaucoup de temps.

Pour opérer l'injection des bois par double décomposition, dont nous avons exposé les avantages au début de cet article, il n'est pas de système préférable à celui de l'immersion mixte, pratiquée d'après les règles que nous allons indiquer, et qui constitue avec les substances qu'on y emploie un procédé tout nouveau, proposé par nous.

On a une première cuve en tôle, plaquée de plomb à l'intérieur, pour recevoir un bain contenant 1 pour 100 d'acide sulfurique, auquel on ajoute 1/2 pour 100 d'un agent variable suivant les qualités spéciales que l'on veut donner au bois, et pris dans la série des sulfates et des aluns.

Cette cuve est munie à sa partie inférieure d'un fourneau, accompagné de sa cheminée verticale comme une locomotive. Le tout, d'ailleurs, peut être monté sur des roues et former chariot.

Une autre cuve de même modèle, mais de simple tôle, est destinée à recevoir un bain de chlorure de barium.

La grandeur de ces appareils est variable. Toutefois, on peut en fixer la hauteur intérieure à la longueur d'une traverse, $2^m,60$; la largeur, à $1^m,60$, et la longueur, à 5,30.

On place les traverses à injecter debout, dans des paniers quadrangulaires en fort treillis de fer, et qui sont faits de manière à s'adapter au vide de la cuve. La hauteur de ces paniers est égale à celle de la caisse; ils sont larges à peu près comme elle, $1^m,55$, et pour l'autre dimension ils ont $1^m,25$.

On les enlève au moyen d'un truck suspendu pour les plonger, l'un à la suite de l'autre, dans le bain d'acide sulfurique, dont le niveau, d'abord peu élevé, se déplace par suite de cette immersion. Des barres d'arrêt, mises transversalement dans l'intérieur de la cuve, à 10 centimètres environ au-dessus du fond, empêchent les paniers de descendre plus bas.

Le bain est déjà chaud au moment de l'immersion. On peut ensuite pousser la température jusqu'à 100°.

On maintient d'ailleurs la hauteur du bain dans la cuve jusqu'au bord, en y faisant arriver la dose convenable de nouvelle dissolution à mesure que le niveau baisse par suite de l'absorption du liquide de la part des traverses.

Il faut peu de temps pour que cette première injection ait lieu. Aussitôt qu'on reconnaît sur les têtes des traverses qui surmontent le bain que le liquide injectant y est parvenu, on retire les paniers, nous allions dire les quatre paniers, pour les immerger dans la seconde cuve, placée latéralement à côté de la première, et qui contient la dissolution de chlorure de barium.

L'immersion dans cette seconde cuve peut avoir lieu de deux manières : avec les pièces mises toujours debout, comme dans la première opération, ou avec les pièces couchées et noyées dans le liquide.

Si on place les pièces debout, comme il est important que la pression du nouveau liquide dans les tubes capillaires du bois ne chasse pas le premier liquide sans réagir sur lui, il faut qu'au moment de l'immersion le bain de chlorure ait son niveau très-bas et à la hauteur, tout au plus, des barres transversales. Puis, on ne le remplit que lentement pour le faire monter jusqu'au bord du bassin.

Si on préfère coucher et noyer les traverses dans le bain, on commence par renverser les paniers sur un pont établi à cet effet entre les deux cuves; on les saisit ensuite avec les crochets du treuil du truck par des anneaux disposés dans ce but sur les milieux latéraux des paniers, et l'on descend ensuite ceux-ci dans la cuve au chlorure de barium, où on les laisse séjourner le temps voulu, en maintenant le bain à une température de 60 à 100°.

S'il faut trois heures pour faire la première injection à l'acide, il en faut bien six pour la seconde au chlorure.

Chaque cuvée, avec les dimensions données ci-dessus aux récipients, pouvant représenter un mouvement de 100 traverses à la fois, nous aurions donc 200 traverses d'injectées en douze heures de temps, plus, une nouvelle cuvée en train, qui, dans la succession des opérations, peut être évaluée, pour la vérité des appréciations, à 50 traverses au moins; ce qui donne, en tout, 250 traverses pour douze heures de travail.

D'ailleurs, les divers procédés d'injection en usage peuvent s'appliquer au système de double décomposition.

On peut infiltrer l'acide sulfurique par le procédé Boucherie, comme on peut se servir, pour l'introduction de cette substance dans le bois, des appareils de MM. Legé et Fleury. Seulement, dans l'un et dans l'autre cas, on doit faire éprouver une modification à la seconde opération de la double décomposition, c'est-à-dire à l'injection du chlorure de barium. On doit se contenter, pour cette dernière, de l'immersion avec ou sans pression. Nous avons déjà vu que l'on peut supprimer à volonté dans l'appareil Legé et Fleury l'opération du vide, pour obtenir l'injection par immersion avec pression.

Un moyen très-simple pour effectuer la double décomposition, et qui est emprunté au système d'infiltration, consiste à injecter d'abord l'acide sulfurique par le procédé Boucherie, comme nous venons de le dire, en faisant usage du plateau de fermeture sur l'une des extrémités de la pièce. On laisse couler par l'autre extrémité le liquide séreux que l'injection chasse, et, quand l'acide commence à apparaître seul, on couv cette autre extrémité par un second plateau de ferm ture (fig. 3619), et l'on fait arriver le chlorure de barium dans ce nouvel appareil, en tenant le niveau du réservoir de cet agent un peu plus élevé que celui de l'acide sulfurique.

Le rôle d'un diaphragme placé entre deux liquides de nature diverse, et qui finissent par se mélanger à travers ce diaphragme, vient ici à la pensée pour expliquer comment les deux liqueurs injectantes doivent se rencontrer en traversant les pièces soumises à l'injection.

Aussitôt qu'on aperçoit les deux extrémités de ces pièces blanchir sous l'effet de la rencontre des deux dissolutions, on peut considérer l'opération comme terminée.

On pourrait peut-être penser que la formation du sulfate de baryte dans le tissu du bois déterminerait une obstruction à l'entrée des liquides injectants, et que, par conséquent, l'opération ne fût que partielle ; mais il n'en est pas ainsi. Outre que le dépôt n'est pas gélatineux, il a lieu au moyen de liquides d'un degré de saturation si faible que la double décomposition atteint dans toute leur longueur les pièces soumises à l'injection.

Il ne nous reste plus, pour compléter cet article, qu'à donner les prix de revient d'injection par les différents systèmes.

Prix de revient du procédé Boucherie.

Main-d'œuvre pour mise en préparation. . .	4 fr.
Sulfate de cuivre, y compris la perte, 6 kilog., dont le prix varie, mais dont la moyenne est de 100 fr.	6
Construction et entretien du chantier. — Amortissement en dix ans à 5 p. 100 de la valeur du chantier. — Location de terrain. . . .	1 50
Frais généraux.	1
Prix de revient d'injection pour 1 mètre cube de bois	12 50

Procédé de MM. Legé et Fleury-Pironnet.

12 hommes à la charge et à la décharge injectant 700 traverses, à 2 fr. 50 l'un.	30 fr.
Un chauffeur.	5
Un conducteur de chantier.	6
Chauffage de la machine.	20
Entretien et graissage.	5
Sulfate de cuivre, 385 k. à 100 fr., à raison de 5 k. 5 par mètre cube.	385
Amortissement en dix ans à 5 p. 100 d'une somme de 61,000 fr. représentant la valeur des appareils. Par jour de travail, à raison de 300 jours par an.	27 50
	478 50

700 traverses représentent 70 mètres cubes de bois environ, le prix de revient par mètre cube se réduit par conséquent à 6 fr. 93 environ, soit 7 fr.

L'injection à la créosote revient, dit-on, à 15 fr. Nous royons ce prix exagéré.

Procédé de double décomposition par l'acide sulfurique et le chlorure de barium.

5 manœuvres à 2 fr. 50 pour 250 traverses. .					17 50
Un conducteur de chantier à 5 fr.					5
Chauffage des bains à la tourbe, à 3 fr. l'un.					9
Entretien et graissage.					2
Acide sulfurique,	65 k.	50	à 25 f.	16 375	
Chlorure de barium,	34	50	15	5 175	
Agent intermédiaire,	37	50	30	10 250	
				31 800	31 80
Amortissement en dix années à 10 p. 100 par an du matériel de la valeur de 20,000 fr. sur 200 jours de travail seulement.					10
					75 30

Ce qui met à un peu plus de 3 fr. le prix de revient d'injection par mètre cube de notre système.

Cte A. ADHÉMAR.

INSALUBRES (ÉTABLISSEMENTS ET OPÉRATIONS) Les établissements industriels gênent presque toujours leur voisinage, dans des limites plus ou moins grandes, par leurs émanations ou leur fumée. Pendant longtemps aucune mesure générale n'a été prise à leur égard; on statuait en raison des plaintes et du mal causé; une ordonnance du préfet de police du 12 février 1806 défendit d'établir dans Paris aucun atelier, aucune manufacture ou laboratoire qui pourraient compromettre la santé publique ou causer un incendie, sans avoir déclaré à la préfecture de police la nature des matières à employer et du travail à faire.

Des visites de lieux et des enquêtes *de commodo et incommodo* devaient suivre ces déclarations.

Ces utiles prescriptions n'ayant pas été observées, le ministre de l'intérieur consulta l'Institut sur les mesures dont l'industrie manufacturière pouvait être l'objet dans l'intérêt de la salubrité publique.

Le rapport de Guyton de Morveau, de Chaptal et de Cuvier servit de base au décret du 15 octobre 1810 et à l'ordonnance du 14 janvier 1815.

D'après cette législation, les établissements insalubres ou incommodes sont divisés en trois classes, en commençant par ceux dont l'insalubrité est la plus grave; une autorisation préalable, accordée sur l'avis du conseil de salubrité, et des formalités déterminées sont prescrites.

Les établissements de *première classe* (voy. ÉTABLISSEMENTS INSALUBRES) sont ceux qui doivent être éloignés des habitations particulières; ils peuvent cependant s'établir dans l'enceinte des villes, mais dans de certaines positions et à de certaines conditions dont l'administration est juge.

La demande d'autorisation est adressée au préfet du département et à Paris au préfet de police, avec deux plans, celui du terrain choisi par rapport aux propriétés voisines, et celui de la distribution intérieure de l'usine. La demande est affichée un mois dans toutes les communes dans un rayon de 5 kilomètres, où des enquêtes *de commodo et incommodo* sont faites par les maires. Le maire de la commune où doit se faire l'établissement doit visiter lui-même les voisins et recevoir leurs déclarations sur la question. Les pièces sont transmises au préfet, qui les soumet au conseil de salubrité ou de préfecture s'il y a lieu, et qui envoie le tout au ministre avec son avis motivé.

L'avis du conseil d'État est demandé, et le chef de l'État prend un arrêté qui autorise ou qui refuse.

Le préfet est chargé de l'exécution.

Les établissements de *seconde classe* sont ceux dont l'éloignement des habitations n'est pas rigoureusement exigé, mais dont le travail doit être assez perfectionné pour ne pas nuire aux voisins.

Les autorisations sont ici accordées par les préfets, sur l'avis des conseils de salubrité.

Les établissements de *troisième classe* sont ceux qui peuvent fonctionner sans inconvénient près des habitations, sous la surveillance de la police; l'autorisation est accordée dans les sous-préfectures par les sous-préfets, par les préfets dans les arrondissements de leurs chefs-lieux, et par le préfet de police à Paris.

Ces dispositions n'ont aucun effet rétroactif, tant que les établissements formés avant le décret de 1810 ne changent pas d'emplacement et ne modifient rien à leurs conditions d'installation; ils ne sont soumis à aucune mesure, même après vente.

Les établissements non classés peuvent être suspendus provisoirement par le préfet.

L'ordonnance du 22 mai 1843, sur les appareils à

vapeur, les met tous dans la *deuxième classe*, quelle que soit leur pression.

Dans le travail qui suit, nous avons usé presque partout des cartons et des travaux de Darcet notre oncle, qui a tant fait, pendant toute sa vie, pour les questions de salubrité, en y joignant tout ce qu'une longue expérience nous a appris personnellement. Nous avons aussi puisé souvent dans l'excellent *Dictionnaire d'hygiène* du docteur Tardieu.

Dans les articles CHAUFFAGE et VENTILATION de ce dictionnaire, on trouvera d'ailleurs toutes les questions relatives à l'assainissement des ateliers par la ventilation, et ce qui regarde les chaudières à vapeur et leur législation, dans le *Guide du chauffeur* (4e édition [1]).

Nous avons, de plus, suivi l'ordre des trois classes du décret de 1810, complété comme il l'est aujourd'hui pour les industries insalubres ou incommodes, de l'assainissement desquelles nous avons parlé, et dans chaque classe nous avons adopté l'ordre alphabétique, comme le décret. Toutes les industries dont nous avons traité sont indiquées dans la table qui suit cet article.

On verra facilement par ce qui suit que les moyens de détruire l'insalubrité se rapportent en général aux trois méthodes suivantes :

1° Ventilation, moyen par excellence, toujours suffisant pour les ouvriers employés aux opérations insalubres, pour les industriels et souvent pour le voisinage, lorsque les gaz et les poussières peu délétères sont mélangés avec de grandes masses d'air et versés dans l'atmosphère à une grande hauteur.

2° Décomposition des gaz par la chaleur et la combustion.

3° Actions chimiques détruisant ou transformant en produits utiles les substances insalubres. Dilution de ces substances dans de grandes masses d'eau

N° 1. DES RAPPORTS DE DISTANCE QU'IL EST UTILE DE MAINTENIR ENTRE LES FABRIQUES INSALUBRES ET LES HABITATIONS QUI LES ENTOURENT.

Si tous les vents soufflaient pendant des temps égaux, il est évident qu'il faudrait placer chaque fabrique à émanations insalubres au centre d'un cercle dont la circonférence servirait de limite aux habitations du voisinage, et auquel il faudrait donner un rayon d'autant plus grand que les émanations de la fabrique seraient plus intenses, plus nuisibles : c'est d'après ce principe qu'à l'origine du développement de notre industrie manufacturière, l'administration voulut déterminer l'emplacement que devait occuper chaque fabrique insalubre ou incommode; mais on s'aperçut promptement qu'agir ainsi était une erreur, et on laissa depuis au libre arbitre des conseils de salubrité, ou, à défaut, à MM. les architectes-voyers, le soin de fixer la distance des habitations environnantes, à laquelle une fabrique peut être légalement établie.

Le Code forestier (art. 151) exige que les fours à chaux soient soumis à une autorisation quand on veut les construire à moins de 1 kilomètre des forêts. Il en est de même pour l'établissement des tuileries, des briqueteries et des dépôts de boues et d'immondices.

Membre du conseil de salubrité du département de la Seine, Darcet y rencontra beaucoup de difficultés pour accorder, dans chaque cas particulier, les intérêts de la propriété avec ceux de l'industrie. Il a donc pensé à former le tableau de l'influence des vents, qui fait le sujet de la présente note. Cette figure lui a été très-utile ; aussi avons-nous pour but, en la publiant avec les explications nécessaires, d'en bien faire comprendre la disposition et l'usage, et d'engager chacun des nombreux conseils de salubrité qui existent maintenant, tant en France qu'à l'étranger, à composer une figure analogue pour leur localité, et à s'en servir pour donner à leurs rapports la rectitude qui, entraînant la conviction, peut seule faire taire l'intérêt particulier, froissé par suite de son opposition avec l'intérêt public.

Ayant à représenter graphiquement la sphère d'action des principaux vents autour d'une fabrique insalubre, et manquant d'observations directes et de données positives à ce sujet, Darcet a pris, pour mesure de sa *nuisance*, les nombres indiquant combien de jours par an chacun des principaux vents passe sur cette fabrique, avant d'arriver aux habitations du voisinage.

La figure ici donnée a été construite d'après le relevé des observations météorologiques faites à l'Observatoire de Paris, depuis le 1er juillet 1835 jusqu'au 1er juillet 1843, c'est-à-dire chaque jour, pendant huit années consécutives. Voici le tableau de ces observations :

Termes moyens des observations météorologiques faites pendant huit années consécutives.

(Les nombres composant la seconde colonne de ce tableau indiquent combien de jours chacun des vents a soufflé par année.)

Désignation des principaux vents.	Nombres de jours par année moyenne et pour chaque vent.
Nord	20
Nord-nord-est	14
Nord-est	31
Est-nord est	17
Est	15
Est-sud-est	10
Sud-est	17
Sud-sud-est	15
Sud	31
Sud-sud-ouest	26
Sud-ouest	41
Ouest-sud-ouest	32
Ouest	37
Ouest-nord-ouest	22
Nord-ouest	25
Nord-nord-ouest	13

Les observations météorologiques dont il s'agit ont été faites, chaque jour, à l'heure de midi, circonstance tout à fait favorable à l'usage que l'on doit en faire, puisque le voisinage n'a pas à souffrir des fabriques insalubres pendant la nuit, et que l'on peut, sans grande erreur, considérer les observations faites à midi comme donnant la direction moyenne des vents pendant les autres heures de la journée.

Observations. — Il y a eu, pendant les 8 années, 5 jours de calme.

Un vent, ne se chargeant des émanations d'une fabrique insalubre qu'en passant sur elle, et ne nuisant au voisinage que du côté de la fabrique opposé à celui d'où il vient, Darcet a porté les nombres relatifs à chaque vent, non du côté d'où ils soufflent, mais bien du côté opposé où ils arrivent après avoir passé sur la fabrique, et s'y être chargés d'émanations insalubres : c'est ainsi qu'ont été tracés les seize rayons dont les extrémités extérieures ont déterminé le contour du polygone qui, pour le département de la Seine, donne la surface spéciale exposée à l'influence nuisible d'une fabrique insalubre.

Ce qui suit fera mieux comprendre la question. Représentons une fabrique insalubre par le massif ombré (fig. 3620), et supposons cette fabrique orientée comme l'indique la flèche qui est sa méridienne.

En plaçant la figure le nord en haut, et en comparant les cotes du tableau imprimé ci-dessus avec celles du polygone, on remarquera que le vent d'est, par exemple, qui ne souffle, terme moyen de 8 années, que 15 jours par an, ne commençant à nuire qu'après avoir

1. *Guide du Chauffeur*, par M. Grouvelle, librairie du *Dictionnaire des Arts et Manufactures*.

passé sur la fabrique, a sa sphère de *nuisance* au delà de la fabrique du côté de l'ouest, et c'est ce qui a été indiqué dans la figure en y plaçant la cote de ce vent d'est, non du côté d'où il souffle, mais bien du côté de l'ouest (fig. 3620).

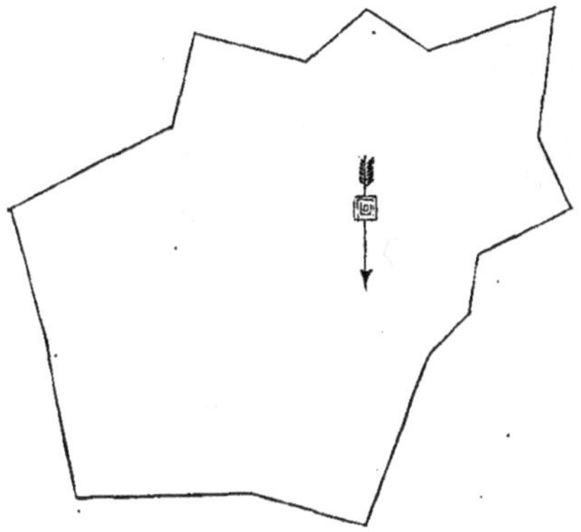

3620.

C'est en inversant ainsi toutes les cotes du tableau qu'a été construite cette figure, qui, en résumé, fait voir que le vent du nord nuit au voisinage de la fabrique 20 jours par an, tandis que le vent du sud lui nuit annuellement pendant 31 jours; que les inconvénients occasionnés par le vent est-sud-est ne se font sentir du côté de l'ouest-nord-ouest que pendant 10 jours chaque année, tandis que les habitations qui sont au nord-est de la fabrique ont à souffrir de ses émanations pendant 41 jours par an, sous l'influence du vent du sud-ouest, qui, comme l'indique la figure, est le vent régnant pour le département de la Seine; il n'est pas nécessaire de prolonger davantage cette explication, pour faire comprendre le système de construction de cette figure.

Lorsqu'il s'agit d'établir une fabrique insalubre, incommode ou désagréable, on doit commencer par l'orienter dans le centre de cette localité, au moyen d'une boussole; on pose sur le terrain le polygone (fig. 3620), et on place la boussole sur cette figure en l'y centrant, et de manière à faire coïncider, ou à rendre parallèles les méridiennes de la boussole et du plan; on n'a plus alors qu'à examiner : 1° la disposition générale du terrain et des habitations du voisinage; 2° si la distance de la fabrique aux maisons les plus voisines, du côté opposé aux vents de l'ouest et du sud-ouest, qui sont *pour nous* les vents régnants, est assez grande, pour que ce côté du voisinage ne puisse pas avoir à souffrir des émanations de la fabrique projetée; 3° s'il est possible de faire construire la fabrique demandée sur le terrain choisi, de telle manière qu'en se trouvant placée sur ce terrain, comme le massif l'est sur la figure 3620, les habitations qui l'entourent soient réparties autour d'elle, comme le sont les angles et les côtés du polygone autour du centre de cette figure.

On conçoit qu'en joignant les données générales ainsi acquises aux autres renseignements puisés sur les lieux, aux niveaux relatifs à la fréquence des pluies qui condensent certains gaz acides, etc., enfin à ceux qui résultent de l'étude des pièces du dossier de chaque affaire, on peut prononcer avec sécurité et conviction entière sur les demandes en érection de fabriques.

S'il était établi, pour chaque grand centre d'habitations, des figures analogues à celle que Darcet a tracée, ces figures rendant, pour ainsi dire, palpable l'influence des principaux vents sur les pays, seraient très-utiles aux agriculteurs, qui y trouveraient sans peine tout ce qu'ils peuvent avoir à désirer sous le rapport de la fréquence des vents. Les propriétaires sauraient toujours quel est le côté de leur voisinage qu'ils doivent le plus surveiller, et les architectes auraient là un moyen facile de bien placer, relativement aux habitations environnantes, les nouvelles maisons qu'ils ont à construire : quant aux conseils de salubrité et aux architectes-voyers, cette notice leur facilitera les travaux importants qui leur sont confiés.

Il est évident que la surface du polygone reconnu nécessaire pour l'établissement d'une fabrique devra être d'autant plus grande que les opérations faites dans cette fabrique seront plus insalubres, et que les émanations en seront plus fréquentes et plus expansibles; mais il est certain aussi qu'à mesure que l'on assainira les fabriques, on pourra les établir au centre de polygones de plus en plus petits, en les maintenant toujours symétriques entre eux : on arrive ainsi à ce rapprochement, c'est que la fixation des rapports de distances, rendue palpable par la figure qui fait le sujet de cette note, en posant clairement la question, pourra hâter l'assainissement de nos manufactures, et agir ainsi dans le même sens que l'a fait, depuis 1810, la grande mesure de la classification des établissements industriels.

Première Classe.

N° 2. ABATTOIRS ET FONDOIRS DE SUIF.

Les abattoirs sont des établissements publics destinés à l'abatage de tous les animaux employés dans la boucherie, la charcuterie et la préparation des nombreux produits que l'on en tire. On sent combien la réunion, dans un seul local construit exprès, de tous les travaux de ce genre est une condition nécessaire de salubrité et rend facile la surveillance de l'administration.

Un abattoir complet se compose de quatre parties principales :

1° Celles où sont renfermés les animaux,

2° L'abattoir proprement dit;

3° Les lieux où l'on prépare les viandes des animaux abattus;

4° Les lieux où l'on travaille les graisses et le suif.

Les bouveries et les porcheries doivent être spacieuses, aérées, lavées tous les jours.

Les conditions principales imposées dans tous les abattoirs de Paris et de la Seine rendront très-claires les conditions d'assainissement d'un abattoir et celles de la boucherie et de la charcuterie.

Les ordonnances de police qui règlent ces questions sont divisées en plusieurs sections.

1° Ouverture de l'abattoir et classement des bouchers par voie de tirage au sort. Chaque échaudoir recevant deux bouchers au moins.

2° Abatage des bestiaux et des porcs. Les bouchers peuvent abattre le jour et la nuit.

Pour les échaudoirs et les brûloirs, jamais on ne travaille dans les cours. Les portes doivent être toujours fermées au moment de l'abatage.

Les bœufs, vaches et taureaux, solidement attachés à des anneaux scellés dans le sol.

Les bœufs et taureaux d'espèces dangereuses seront amenés à l'abattoir, entravés ou accouplés.

Les veaux et les moutons seront saignés dans des baquets et des tinettes clos.

Les échaudoirs doivent être lavés après chaque abatage et leurs murs grattés.

Des réservoirs considérables et une large quantité d'eau seront affectés au service des abattoirs. Cent mille litres au moins par jour à chaque abattoir de Paris.

Des moyens très-faciles seront préparés pour l'écoulement des eaux, jamais sur le sol des rues, mais dans des égouts à grande pente et avec des cuvettes hydrauliques, pour éviter toute émanation putride. Les *issues* et *graisses* ne restent jamais dans les échaudoirs, et les vidanges sont enlevées tous les jours. Le sang ne devra être recueilli que dans des futailles closes, enlevées chaque jour. Le mobilier des échaudoirs fourni par les cessionnaires est tenu très-propre. Les viandes et issues trouvées corrompues sont enterrées, et celles avancées portées au Jardin des Plantes.

Les *eaux rousses* des abattoirs et des tueries particulières coulent presque partout dans les rues et le long des routes, où elles sont une grave cause d'insalubrité, parce qu'elles se décomposent rapidement.

Dans les villes qui ont des abattoirs, on s'en débarrasse en les envoyant dans les égouts, avec les précautions que nous avons indiquées.

On peut assainir les tueries et les charcuteries particulières :

1° En réunissant les eaux rousses de chaque établissement dans des vases ou des citernes étanches ;

2° En ne les coulant dans la rue, qu'après les avoir filtrées et mêlées à une matière qui en empêche la putréfaction ou à des matières qui les désinfectent, et la nuit.

FONTE DU SUIF. — Depuis l'établissement des abattoirs publics, la fonte du suif ne peut être faite que dans les ateliers de la ville. Cette industrie donnant lieu à des vapeurs très-incommodes pour les voisins, Darcet a rédigé une instruction et disposé des fourneaux qui brûlent les produits gazeux du travail des suifs et le rendent tout à fait salubre.

La graisse des animaux est renfermée dans les alvéoles des tissus cellulaires. Pour les extraire, il faut crever ces alvéoles et les séparer ensuite des membranes qui y sont mélangées.

Plusieurs procédés sont employés.

1er *Procédé*. Le plus ancien et le plus usité encore consiste à crever les sacs adipeux en élevant le suif en branches, coupé en morceaux, à la température nécessaire pour crisper les membranes, en faire sortir le suif fondu et séparer ensuite le plus de suif possible par la presse, qui laisse encore beaucoup de graisse dans les pains de cretons. La graisse surchauffée se colore en dissolvant des membranes, et ce système présente de grands dangers de feu.

2e *Procédé*. Quelquefois le suif est fondu sur de l'eau ou sur une dissolution saline. Moins de dangers ici, et du suif plus beau ; mais il faut le recuire à une température très-élevée pour en séparer l'eau qu'il retient.

3e *Procédé*. La fonte a lieu par la vapeur, soit directe, soit dans un serpentin ; une seconde fusion est encore ici nécessaire.

4e *Procédé*. Ici, le suif est fondu dans moitié de son poids d'eau, avec 2 p. 100 d'acide sulfurique à 66°. On chauffe l'eau par la vapeur. On lave et on refond le suif à 110°. 100 de suif en branches donnent ainsi 92 de suif pur.

Ce procédé est certainement le plus parfait et presque sans inconvénient comme salubrité, en faisant couler de suite les eaux acides et celles de lavage, qui se corrompent très-rapidement. Le premier procédé est le seul qui exige des dispositions spéciales de fourneaux pour être assaini, résultat que Darcet a obtenu en fondant le suif en branches dans une chaudière en cuivre, dont nous donnons le tracé. Un couvercle en tôle, tout en permettant un service facile aux ouvriers, empêche les vapeurs dégagées dans le travail de se répandre au dehors et les force à se brûler sur la grille même du fourneau.

Mégisseries. — Suif d'os. — Cuisson des têtes de mouton. — Les autorisations pour ces établissements n'ont été accordées, sur le rapport de Darcet, que sous condition :

1° Que les fourneaux de fusion soient établis d'après les principes de l'instruction qui précède ;

2° Que les cuves de macération des têtes de mouton soient placées sous un hangar pavé, avec pente convenable ;

3° Que les peaux, les laines et bourres ne soient lavées que dans l'établissement et non dans une rivière industrielle, où les eaux ne doivent pas être salies de graisse, de chaux et de savon de chaux ;

4° Qu'un grand puisard absorbant reçoive les eaux qu'y conduira un ruisseau bien pavé.

Fourneau pour la fonte du suif. — Les fig. 3621 et

3621.

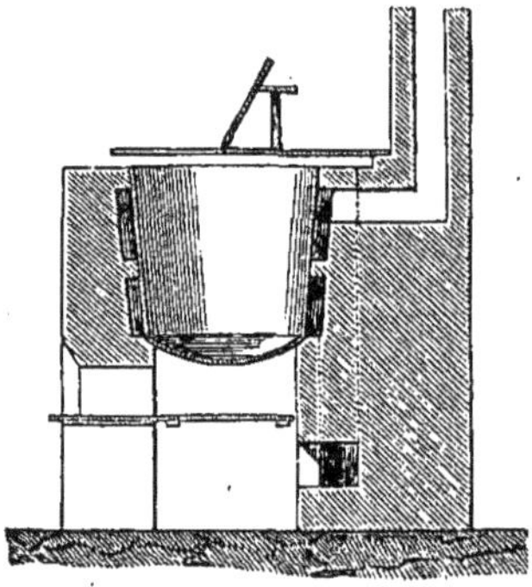

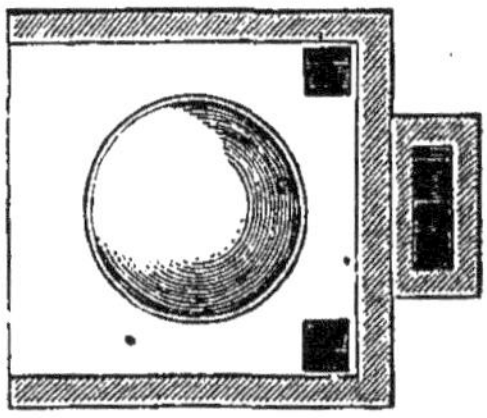

3621 *bis*.

3621 *bis* représentent le fourneau construit par Darcet, dans lequel les vapeurs provenant de la fonte du suif en branches passent à travers le foyer, pour le brûler avant d'arriver à la cheminée.

L'air ainsi chargé de ces vapeurs descend par deux carneaux verticaux dans le cendrier du fourneau, et comme ce cendrier est fermé par une porte, les vapeurs et les gaz dont l'air est chargé sont brûlés sur le foyer avant de se rendre dans la cheminée de l'usine.

La chaudière de cuivre est fermée par un couvercle en tôle, porté sur des tasseaux en brique et muni d'une porte à charnière qui s'ouvre et permet de décharger la chaudière et de travailler les matières.

Une ceinture circulaire qui entoure la chaudière à moitié de sa hauteur, et qui sépare le carneau en deux parties égales, est percée d'ouvertures de grandeurs décroissantes à partir du devant du fourneau, pour égaliser le passage de la flamme autour de la chaudière.

Les carneaux doivent avoir une section égale partout et le double de la section que présente l'entrée de l'air sur la chaudière, le couvercle étant baissé.

L'expérience a fait reconnaître l'utilité de l'interposition dans la flamme de briques creuses chauffées au rouge, pour mélanger entièrement les gaz plus ou moins combustibles avec l'air en les échauffant par l'action des parois rougies, de manière à assurer la combustion des gaz.

Adipocire — provenant des chairs des chantiers d'équarrissage traitées par la vapeur dans des caisses de fonte. Cette fabrication n'est autorisée que sur des bateaux placés en travers de la rivière.

Les débris d'animaux doivent toujours être recouverts d'eau, et aucune émanation ne peut s'échapper des matières par-dessus lesquelles coulent toujours des eaux rapides.

N° 3. Savon.

Appareil pour empêcher les savonniers de tomber dans les chaudières de cuite.

Les ouvriers savonniers sont exposés à tomber et à périr dans les chaudières de cuite, quand ils travaillent pour liquéfier ou pour marbrer le savon, travail qui se fait avec un bouloir, et pour lequel on marche sur un madrier étroit placé au-dessus de la chaudière, et rendu glissant par le savon et la vapeur que dégage la chaudière.

Darcet a fait disparaître ce danger à l'aide d'un système très-simple. L'ouvrier, pendant ce travail, porte une ceinture avec un anneau sur le derrière, comme les ceintures des pompiers; il passe dans cet anneau un crochet fixé au bout d'une corde, dont l'autre extrémité est attachée à une chape de poulie, qui court sur une pièce de bois fixée par ses deux bouts au plafond, et au-dessus du madrier qui traverse la chaudière à marbrer.

Attaché à cette poulie, qui court dans toute la largeur de la chaudière, l'ouvrier, libre de ses mains et de son corps, fait son travail avec toute sécurité, car si le pied lui glisse sur le madrier savonné, la corde l'empêche de tomber dans une chaudière de savon bouillant et d'y périr à l'instant.

N° 4. Acides sulfurique et chlorhydrique, sel ammoniac et produits chimiques.

Avant 1830, presque toutes les fabriques d'acide sulfurique perdaient une proportion considérable de l'acide produit; les chambres de plomb se dérangeaient à tout moment. Il était alors souvent très-difficile de leur assurer un travail normal, et le rendement de 100 de soufre ne dépassait pas 150 ou 200 en acide; toutes les fabriques d'acide sulfurique jetaient donc, sur les terrains qui les entouraient, des masses de gaz sulfureux et nitreux, et des vapeurs d'acide sulfurique qui détruisaient tout, arbres et récoltes, à une très-grande distance.

Le procédé de M. Holker, employé pour la première fois à la fabrique de la Folie, près de Nanterre, avec sa combustion régulière de soufre et la constance de son système d'alimentation d'acide nitreux, ses chambres multiples et la marche rationnelle de la production et de la condensation de l'acide, porta cette industrie d'un seul coup à une production d'acide de 310 p. 100 de soufre, c'est-à-dire à la perfection de la théorie.

Ce système, appliqué partout de 1830 à 1840, tripla, à cube égale des chambres, la production de l'acide en Europe et en fit tant baisser les prix de vente, qu'il fallut chercher partout de grands et nouveaux emplois à une grande partie de l'acide produit; la bougie stéarique, le sulfate d'alumine, etc., concoururent, avec l'augmentation de la consommation de la soude, à remplir ce résultat.

Comme résultat hygiénique, le nouveau procédé a opéré une révolution dans cette industrie, en supprimant le travail intermittent, en rendant très-rares les dérangements des chambres de plomb, et en n'évacuant dans l'atmosphère qu'un courant léger d'acide nitreux; cependant une quantité triple d'acide fabriquée dans chaque chambre a augmenté le volume de gaz acides jetés dans l'air, et les dérangements des chambres, quoique très-rares, n'ont pas disparu entièrement.

M. Kuhlmann a annulé le dégagement d'acide sulfureux, en même temps que celui d'acide nitreux, en interposant entre les chambres de plomb et le tuyau de dégagement du gaz une série de *trente bonbonnes* reliées entre elles par de larges coudes en grès. Les dix premières bonbonnes, celles qui viennent immédiatement après la dernière chambre de plomb, contiennent un peu d'eau et ne servent que comme moyen de condensation, sans action chimique; les dix suivantes sont remplies presqu'à moitié d'une solution concentrée d'*azotate de baryte;* les dix dernières contiennent de l'eau et de la *withérite* concassée (la withérite est du carbonate de baryte naturel, qui se trouve en Écosse surtout). La deuxième série de bonbonnes sert à la condensation de tout l'acide sulfureux et d'une partie des vapeurs nitreuses. L'acide sulfureux passe à l'état de sulfate insoluble de baryte, les vapeurs nitreuses à l'état d'acide azotique qui s'ajoute à celui qui devient libre par la décomposition de l'azotate de baryte. Pour opérer la transformation de l'acide sulfureux en sulfate de baryte et celle des vapeurs nitreuses en azotate de baryte, on introduit dans la première bonbonne un faible jet de vapeur d'eau, en même temps qu'on y laisse entrer un peu d'air. Le jet de vapeur, tout en appelant l'air extérieur, favorise le tirage provoqué par la cheminée de sortie qui termine le système des chambres de plomb. Mais en même temps que la vapeur d'eau opère ce phénomène physique, l'oxygène de l'air entraîné ramène les vapeurs nitreuses à l'état d'acide azotique; une partie de cet acide transforme l'acide sulfureux en acide sulfurique qui passe à l'état de sulfate de baryte; une autre partie se dissout dans l'acide où le sulfate de baryte s'est produit, la majeure partie est entraînée par le courant gazeux et va attaquer la withérite pour se fixer à l'état d'azotate de baryte.

Ajoutons, pour faire apprécier tout le mérite de ce moyen d'absorption, que le sulfate de baryte produit en définitive, préparé ainsi chimiquement et par suite à un haut degré de finesse, a une grande valeur dans la peinture en bâtiment, pour être mêlé à la céruse et même la remplacer.

Une production utile vient donc payer les frais de l'assainissement pour ainsi dire absolu qu'a obtenu M. Kuhlmann. Aussi allons-nous voir un système analogue adopté dans ses usines pour l'absorption de l'acide chlorhydrique, le conduisant, avec ce qu'il a appelé avec grande raison, à la constitution de l'*industrie de la baryte.*

Acide chlorhydrique. — On rencontre de grandes difficultés dans la pratique à faire disparaître complétement tout dégagement d'acide chlorhydrique.

Le bas prix de cet acide, et les énormes quantités que produisent les fabriques de soude, font qu'on ne peut pas faire beaucoup de frais pour le condenser; ensuite, cette condensation est beaucoup plus difficile à opérer en grand que celle de l'acide sulfurique.

A Marseille, d'après les conseils de Péclet, on emploie de longues galeries souterraines, creusées dans la *pierre calcaire*, toujours humectées d'eau, et communiquant à une haute cheminée. Darcet a jeté longtemps, près de Paris, les vapeurs perdues d'acide chlorhydrique dans des carrières de pierre calcaire abandonnées.

Des galeries dans la craie ne pouvant pas se faire partout, voici le procédé simple et sûr que M. Kuhlmann leur a substitué.

Le système de condensation se compose d'une série de *soixante-deux bonbonnes en grès d'une capacité de 175 litres chacune;* ces bonbonnes sont à trois tubulures, dont deux grandes sur le côté et une petite au centre; ces bonbonnes sont sur *un même plan horizontal*. Elles sont reliées entre elles à l'aide de larges tubes courbés en grès qui viennent s'adapter sur la tubulure du côté de chaque bonbonne. Une couche de mastic, qui conserve toujours ses propriétés plastiques, et formé de *goudron de houille*, de *résine*, d'*argile* et de *sable fin*, est appliquée sur les jointures, de manière à empêcher, soit la sortie du gaz qui traverse le système, soit l'introduction de l'air extérieur dans les appareils.

Les cinquante-quatre bonbonnes contiennent de l'acide de plus en plus faible, puis, à mesure qu'on s'éloigne du four, de l'eau pure, et cela à peu près à moitié de leur capacité ; elles servent à condenser la majeure partie du gaz acide et à produire l'*acide chlorhydrique marchand*.

Les six suivantes renferment également de l'eau, ainsi que de la *withérite* concassée en morceaux, qui les remplissent presqu'en entier. Celle-ci est très-rapidement attaquée par l'acide. Il se produit du chlorure de barium *fixe et soluble* dans l'eau.

Les gaz non absorbés passent par les deux dernières bonbonnes contenant de l'eau pure ; elles servent de *témoins* pour accuser la marche des appareils.

M. Stass, dans un rapport intéressant, compris dans une publication belge intitulée : *Fabriques de produits chimiques, Rapport à M. le ministre de l'intérieur par la commission d'enquête instituée par arrêté royal du 5 septembre* 1855 (excellente et consciencieuse publication à laquelle nous empruntons ces détails), apprécie ainsi, après examen attentif, le système que nous venons de décrire : Le système de bonbonnes sur un plan horizontal, combiné avec l'emploi de la withérite, irréprochable en lui-même comme moyen de condensation de l'acide chlorhydrique qui le traverse, lorsque le système est dans son état d'intégrité, laisse à désirer en ce sens qu'il exige un siphonnage, opération dans laquelle une partie de l'appareil se vide sans remplacement immédiat, et qui entraîne fatalement avec elle un dégagement d'acide chlorhydrique dans l'air.

M. Kuhlmann a cherché à transformer son système horizontal et à récolte intermittente en un autre à cascade et à récolte continue, exempt de cet inconvénient.

Le sulfate de soude étant produit partie sur une *cuvette* en plomb placée à la suite du four principal, chauffée par les gaz de la combustion, et partie dans ce four même, où le produit de la réaction de l'acide sulfurique et du sel marin est chauffé au rouge (et le gaz chlorhydrique mélangé d'un grand volume de gaz étrangers, si ce n'est dans les nouveaux fours à moufle [1]), il faut un double système de condensation. A Loos, où M. Kuhlmann a établi son premier appareil à cascade, le double système est disposé ainsi :

Il consiste dans une série de cent vingt-quatre bonbonnes divisées en deux parties, l'une mise en communication avec les gaz de la *cuvette*, l'autre en communication avec les gaz de la *calcine*. Voici comment chacune est disposée : on a établi, à environ 1 mètre de l'ouverture par laquelle l'acide chlorhydrique sort du four, un massif en maçonnerie en forme d'escalier ; et afin de ménager l'espace, on l'a replié trois fois sur lui-même. On a placé sur chacun des replis seize bonbonnes de 175 litres environ. Les quarante-huit bonbonnes qui sont ainsi rangées sont reliées entre elles par des raccords bien mastiqués, de manière à forcer le gaz acide qui entre par la première bonbonne d'en bas à monter successivement au travers de toutes les bonbonnes et à sortir par le raccord de la dernière, appelé qu'il est vers un second système de condensation, par la grande cheminée. Les bonbonnes qui se trouvent ainsi placées sur cette espèce d'escalier sont mises en communication entre elles par des tubulures qu'on y a pratiquées sur les côtés, vers les deux tiers supérieurs. Dans l'intérieur d'une tubulure de chaque bonbonne se trouve soudé un tube en grès arqué, qui se dirige dans l'intérieur de la bonbonne, à peu près jusqu'au fond. Cette tubulure étant mastiquée avec celle de la première bonbonne, le liquide qui pénètre dans la seconde se déverse dans la première du moment qu'il s'est élevé à un niveau suffisant. Le liquide déversé vient du fond du second vase, et, par suite, est le plus dense qu'il est possible, puisque le tube arqué par lequel il doit s'écouler descend jusqu'au fond. La même disposition existe entre toutes les bonbonnes successives, d'où il résulte que le liquide qui pénètre dans la quarante-huitième bonbonne doit s'écouler par la première, après avoir traversé successivement la quarante-septième, la quarante-sixième... la troisième, la deuxième, la première. Comme d'ailleurs les gaz entrent par la première bonbonne et s'échappent par la dernière, on a une application bien complète de la méthode de déplacement par ce cheminement en sens inverse des gaz et du liquide de moins en moins acide, et, par suite, de plus en plus apte à les dissoudre.

On conçoit qu'en réglant convenablement l'écoulement de l'eau dans la quarante-huitième bonbonne, la première doit déverser constamment de l'acide chlorhydrique à un degré de saturation constant. On doit comprendre aussi que si l'on multipliait considérablement le nombre des bonbonnes disposées ainsi en *cascade*, on arriverait à absorber presque la totalité du gaz acide dégagé par le four, sans avoir à recourir à d'autres moyens de condensation. Mais un système de ce genre exigerait un emplacement très-considérable, serait très-coûteux et ne produirait pas, à beaucoup près, ce qu'il exigerait en frais d'installation et d'entretien. M. Kuhlmann a donc ajouté à ce système une serie de douze bonbonnes, renfermant de l'eau et de la withérite, et deux bonbonnes à moitié remplies d'eau pure ; celles-ci devant servir de témoins. Les bonbonnes à la withérite et les deux témoins sont mis en communication entre eux et avec le système des bonbonnes en cascade, par des raccords ordinaires. Tout l'appareil de condensation est mis en rapport avec la cheminée d'appel, qui est chargée de déterminer le courant gazeux et la combustion dans le foyer du four.

Cet appareil est, on peut dire, parfait ; il fournit un écoulement continu d'acide, qui est reçu en vases clos. On pourrait toutefois reprocher un peu de roideur au système et la difficulté de changer une bonbonne en cas d'accident. L'emploi du caoutchouc vulcanisé, qui résiste très-bien à l'action des acides, pour mettre en rapport les tubulures latérales, fait heureusement disparaître cet inconvénient.

Nous avons cru devoir donner en détail ce système complet, qui peut être répété assez de fois pour donner telle section que l'on voudrait pour le passage de gaz non condensables, qui fonctionne dans des conditions de perfection absolue, sans grande cheminée dont l'appel répond toujours à une diffusion assez considérable au dehors de gaz nuisibles. Dans des cas où la préparation de produits barytiques serait impossible, le passage des gaz acides à travers des tours de 4 à 5 mètres de hauteur remplies de gros coke, servant à diviser l'eau qui arrive à la partie supérieure, peut être suffisant et plus simple dans la pratique. En multipliant suffisamment de semblables appareils, et avec une dissolution de chaux dans les derniers, on peut toujours faire disparaître les inconvénients qui ont été trop longtemps considérés, à tort, comme inhérents à la fabrication de la soude.

[1] La commission belge a proposé l'interdiction des fours dans lesquels les gaz du fourneau sont mélangés aux gaz acides, considérant que le grand volume des premiers rend à peu près impossible, dans la pratique, la parfaite condensation des seconds.

Noir animal, sel ammoniac. — D'après Darcet, les fabriques de noir animal et celles de sel ammoniac ne sont autorisées que sous condition.

1° De placer leurs fourneaux au centre d'une propriété de grande étendue, et de ne jamais les adosser à des maisons ou à des propriétés voisines.

2° De n'employer que des fourneaux fumivores et qui brûlent même les vapeurs produites par la distillation des os, en les faisant passer sur un foyer d'appel.

Quelques soins que l'on prenne, la fabrication du sel ammoniac est accompagnée de quelques vapeurs ammoniacales et empyreumatiques qui se font sentir assez loin, mais qui n'ont rien de dangereux pour la santé des hommes, ni pour les cultures ou les arbres.

Ces fabriques sont ordinairement éloignées des villes ainsi que des villages, et maintenues isolées.

N° 5. Assainissement des ateliers d'affinage d'or et d'argent.

L'assainissement des ateliers d'affinage, l'une des industries les plus dangereuses pour les industriels qui l'exercent, pour les ouvriers et pour les voisins, est dû tout entier à Darcet, qui a aussi rédigé des instructions officielles sur cet assainissement.

Le bel et vaste atelier de MM. Poisat, Saint-André et Cᵉ, est le premier où ces procédés complets d'assainissement aient été appliqués, et il est impossible aux voisins de s'apercevoir qu'ils sont auprès d'un atelier où des masses énormes de matières sont affinées chaque jour.

L'affinage est l'art de traiter les matières d'or et d'argent, pour les séparer les unes des autres et des métaux auxquels elles sont mélangées. Il consiste à former un alliage dans lequel entre une certaine proportion d'argent et de cuivre, proportion la plus favorable à la complète séparation de l'or et de l'argent. Ensuite on grenaille cet alliage que l'on a fondu, en le coulant rouge dans l'eau froide, pour le diviser et le rendre très-attaquable aux acides. On place cette grenaille dans des chaudières de platine closes et munies d'un chapiteau et d'un tuyau pour la sortie des vapeurs. On y jette de l'acide sulfurique à 66°, que l'on a porté à un degré supérieur de concentration par une ébullition nouvelle. Cet acide dissout l'argent et le cuivre que l'alliage contient, et dégage de l'acide sulfureux provenant de la décomposition de l'acide sulfurique par l'argent et le cuivre, et des vapeurs chargées d'acide sulfurique. Tout l'argent et le cuivre sont dissous, et l'or que peut contenir l'alliage reste non dissous dans la chaudière, où on le traite une seconde fois par de l'acide nouveau.

Les chaudières de platine sont placées sous une hotte ventilée par la cheminée générale de l'établissement, pour que les gaz et les vapeurs dégagés en ouvrant les cornues ne s'échappent pas dans l'atelier. Puis on lave l'or à l'eau, et on le met en masses compactes en le comprimant à la presse hydraulique; on le fond enfin dans des creusets réfractaires.

L'argent est séparé de la dissolution acide par du cuivre métallique; on le lave, on le comprime à la presse hydraulique, et on le fond dans des creusets en fer forgé ou en terre réfractaire.

Ainsi les vapeurs incommodes et dangereuses que cette industrie émet, et qui nuisaient gravement aux propriétés voisines, sont de l'acide sulfureux chargé d'une grande quantité de vapeurs sulfuriques.

Le système créé par Darcet pour assainir le travail de l'affinage consiste à condenser les vapeurs acides en faisant passer les produits sortant des cornues en platine dans de gros tuyaux en plomb, entourés d'eau, et dans cinq ou six grands tambours en charpente garnis intérieurement en plomb, remplis à la partie inférieure d'eau froide, qui passe d'un tambour à l'autre, en descendant et en sens contraire des gaz produits par la distillation.

Les gaz entrent dans chaque tambour par le haut et en sortent par le bas, à l'angle opposé, de manière à contrarier les courants et à forcer les vapeurs, qui sont toujours très-lourdes, à se condenser en passant sur l'eau. Cette eau, chargée d'acide sulfurique, arrive à un degré de concentration assez fort dans les premiers tambours, et on l'emploie dans d'autres industries, comme la fabrication du sulfate de fer artificiel, le travail des peaux, etc., etc.

L'acide sulfureux provenant de la décomposition de l'acide sulfurique par les métaux dissous est ensuite absorbé par de l'hydrate de chaux placé dans une caisse mue mécaniquement sur son axe, ou dans une caisse munie de plusieurs grillages superposés recouverts tous de chaux, comme les épurateurs à gaz.

Une cheminée de 55 mètres jette très-haut dans l'atmosphère les vapeurs, les gaz et la fumée du combustible brûlé.

Dans l'atelier de MM. Poisat et Cᵉ, il y a trois ou quatre tambours en plomb placés à la suite l'un de l'autre dans la cave qui est au-dessous de l'atelier. Là l'acide sulfureux, débarrassé de vapeurs acides, dans les tambours, vient se condenser sur l'hydrate de chaux; ce qui n'est pas condensé est conduit à une certaine hauteur, dans la cheminée générale de l'atelier, qui le verse à 60 mètres de hauteur dans l'atmosphère, avec la fumée des fourneaux et les vapeurs acides échappées aux chaudières de platine, pendant qu'on les remplit ou qu'on lave l'or qui y reste.

Au-dessus du fourneau des chaudières de platine est établie une hotte qui recouvre les chaudières et la table sur laquelle se fait leur charge et leur vidange, le lavage et le décantage de l'or qui y reste. Cette hotte est fermée en avant par trois tabliers mobiles en tôle, manœuvrés par des poulies et des contrepoids. Ces tabliers permettent de faire tout ce travail sans qu'aucune vapeur se répande au dehors, en rétrécissant à volonté l'ouverture antérieure de la hotte, pour en activer le tirage.

La hotte est mise en communication avec la grande cheminée par un canal souterrain qui passe sous le sol de l'atelier.

Le tirage déjà puissant d'une cheminée de 55 mètres de hauteur est encore activé par les chaudières d'évaporation du sulfate de cuivre, montées au pied de la cheminée, et qui, avec tous les foyers si nombreux de l'usine, produit jusqu'au point le plus éloigné de l'appareil d'assainissement un appel si énergique, que jamais aucune vapeur ne peut être versée dans l'atelier.

Pour manœuvrer l'appareil, on met en place les chaudières de platine avec leur charge de métal; on réunit le col du chapiteau au tuyau général de plomb. On abaisse presque entièrement les trappes en tôle, et on allume les fourneaux.

Un appel très-puissant est ainsi déterminé dans la hotte, et la dissolution des matières par l'acide a lieu sans que rien se dégage au dehors.

Quant à la décomposition du sulfate d'argent et à l'évaporation du sulfate de cuivre, pour que ces opérations se fassent sans inconvénients, il suffit de ne pas traiter ces dissolutions à une trop haute température, avant de les avoir amenées à l'état neutre, ce que l'on fait sans peine avec du carbonate ou de l'oxyde de cuivre.

L'atelier de MM. Guichard et Legendre, où Darcet neveu, créateur de l'affinage par l'acide sulfurique, réalisa avec avantage les nouveaux procédés trouvés par lui en 1802, avait donné lieu à des plaintes de la part des voisins.

J.-P. Darcet y établit un système d'appareils d'assainissement complet, que les lieux le forcèrent de développer au même niveau. Il y avait là huit chaudières de platine avec leurs fourneaux.

Un cylindre en plomb de 0,30 de diamètre, avec pente de droite à gauche, servit à condenser les premières vapeurs chargées d'acide, et reçut les vapeurs et les gaz des huit chaudières.

Un entonnoir en plomb est fermé par un tampon de bois, à l'aide duquel on introduit de l'eau dans le cylindre pour laver et emporter le sulfate d'argent qu'y jette quelquefois l'acide boursouflé des chaudières.

Une cloison transversale en plomb, de 7 ou 8 centimètres de hauteur, arrête, au bas du cylindre, les eaux de condensation ou de lavage, qui s'écoulent dans le réservoir par un tuyau de 0,37.

Un réservoir en plomb reçoit les condensations et les lavages du grand cylindre.

A la suite est un tambour de condensation en plomb. Les vapeurs non condensées dans le cylindre sortent du premier tambour par un tuyau en plomb, et pénètrent dans le bas du deuxième tambour, pareil au premier.

3622.

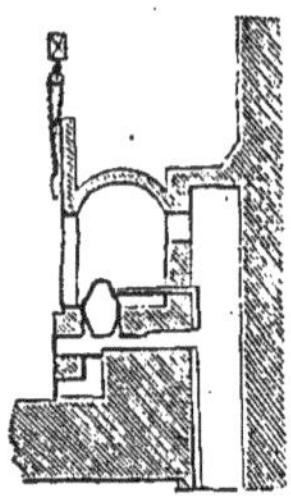

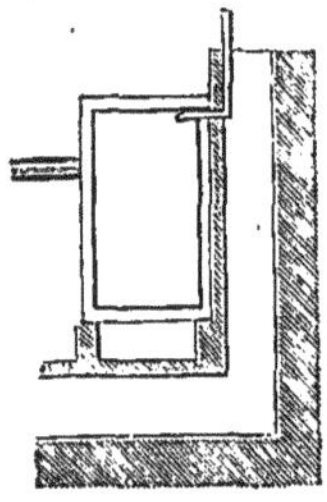

3623.

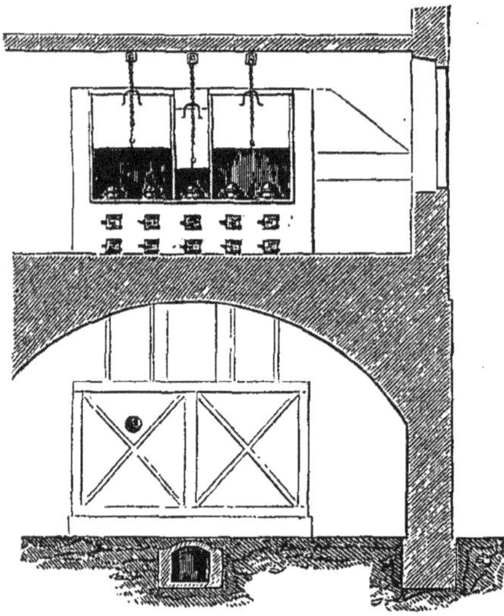

3624.

Enfin il y a deux caisses tournantes, en plomb (fig. 3626), que l'on charge d'hydrate de chaux, destiné à absorber les parties d'acide non encore condensées, et l'acide sulfureux.

On voit que ces boîtes tournent sur des moyeux fixes, en fonte, dans lesquels passe le tuyau en plomb qui amène les vapeurs du premier tambour, et celui qui les emmène au dehors.

Des engrenages et des manivelles permettent de faire tourner les caisses, sans gêner le passage des gaz. En sortant des deux caisses mobiles, les gaz non-condensés, mais désinfectés, sont conduits dans la grande cheminée de l'usine, où un tirage très-puissante les porte au dehors et à une grande hauteur.

Il ne passe dans ces boîtes tournantes que de l'acide

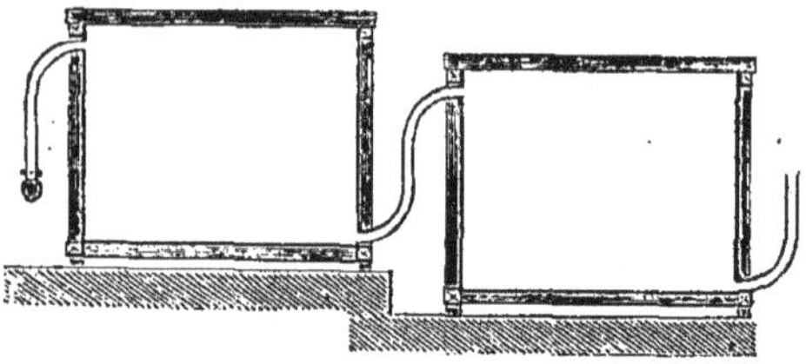

3625.

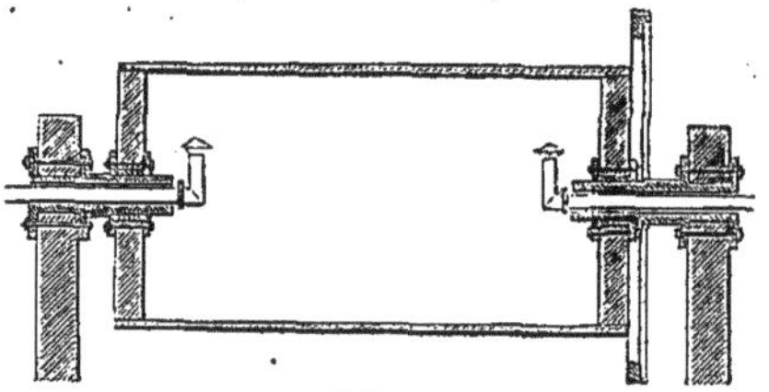

3626.

sulfureux, dont l'hydrate de chaux, toujours agité, s'empare facilement, et il n'arrive dans la grande cheminée que la petite portion d'air qui a pénétré dans l'appareil, soit à travers ses joints, soit par les tubulures des chaudières, qu'on ouvre pendant le travail. En ménageant convenablement le feu sous les chaudières, et en faisant suffisamment tourner la caisse mobile, on peut facilement faire le travail dont il s'agit, sans laisser répandre aucune vapeur insalubre au dehors de l'atelier.

Il faut aussi laisser refroidir les chaudières de platine avant de les enlever de dessus leurs fourneaux, ou, si en les enlevant elles produisent encore quelques vapeurs acides, on les porte sous une petite hotte construite pour cet usage, et que l'on peut faire communiquer par un tube de plomb, soit avec la grande cheminée, soit avec les cendriers des fourneaux, en ayant soin d'en fermer exactement les portes. Quant aux chaudières de plomb dans lesquelles on décompose le sulfate d'argent, nous pensons que comme elles ne donnent que de la buée peu gênante, il suffira, ou de laisser sortir cette buée de l'atelier par un toit à claire-voie, ou, si l'on veut mieux faire, de la conduire, par des hottes convenablement disposées, dans la grande cheminée.

Dans un établissement des environs de Paris, l'auteur de cet article a organisé tout récemment un excellent système de condensation avec un long tuyau en plomb, et un grand nombre de tambours successifs de grandes dimensions.

N° 6. Engrais.

Les substances qui concourent au développement des plantes, en rendant à la terre ce que celles-ci lui enlèvent, sont ou minérales ou végétales, et surtout animales. Les premières ne donnent lieu à aucune observation pour la question de salubrité, sauf les cendres des fonderies de plomb ou de zinc, et autres cendres métalliques, qui, jetées sur des trèfles, ont empoisonné plusieurs vaches. Les autres engrais, composés de substances végétales et surtout de substances animales, ont besoin de fermenter ensemble pour atteindre leurs qualités les plus parfaites, et de rester longtemps entassés pour attendre, soit cette fermentation, soit leur emploi. (Voir *Guide de la fabrication des engrais*, par M. Rohart, pour les conditions à remplir relativement à la salubrité de la fabrication industrielle des engrais, pour l'absorption immédiate à l'aide de substances convenables, telles que le plâtre et le sulfate de fer, des gaz dégagés par la fermentation.) Les boues des villes et les fumiers des campagnes, formés de paille employée comme litière et de déjections animales, sont dans ce cas, et leurs amas sont très-insalubres et très-incommodes pour le voisinage.

Les fumiers des campagnes sont, dans presque toute la France, amassés devant les portes, dans les cours et souvent dans les rues, où ils reçoivent les pluies d'automne et du printemps, qui les lavent et emportent la plus grande partie des sels ammoniacaux et des substances solubles, les plus précieuses matières à conserver, outre leur danger pour la salubrité des maisons et des communes.

Les administrations communales et les conseils d'hygiène agissent donc en même temps dans le véritable intérêt des cultivateurs, et dans un intérêt bien entendu de salubrité municipale, en prenant tous les moyens propres à faire disparaître les fumiers des rues ou des petites cours, et à les faire entasser à l'abri des grandes pluies, là où ils ne peuvent nuire à personne par les vapeurs qu'ils dégagent.

Les dépôts des boues de Paris sont rejetés à 2,000 mètres du mur d'enceinte, disséminés sur un grand nombre de points différents, et ne peuvent pas être établis sans une autorisation. Les chevaux morts ou abattus sont aussi trop souvent abandonnés au milieu des champs, au lieu de servir d'un précieux engrais, comme ils le sont réellement.

Les parties non utilisées dans l'industrie des animaux tués dans les abattoirs publics, la chair musculaire, le sang, les poumons, sont préparés avec de la terre végétale calcinée, et forment un engrais appelé *noir animalisé*, dont on expédie de grandes masses pour les champs de cannes des colonies; on y expédie aussi beaucoup de poudrette préparée, et on amène par contre, du Pérou en France, des quantités considérables de guano, produit des déjections des oiseaux de mer, accumulés depuis bien des siècles.

Les transports de ces matières ne sont pas sans danger, surtout quand elles peuvent prendre de l'humidité, et donner lieu à une fermentation très-active, surtout avec la chaleur des tropiques. On cite des navires qui ont ainsi perdu une partie de leur équipage.

Les produits des déjections de l'homme servent, dans la Flandre et ailleurs, à arroser directement les terres. Il est difficile de croire que les odeurs qu'ils dégagent et la consommation, par les bestiaux, des plantes qui en sont couvertes, n'aient pas quelque danger.

Les chantiers d'équarrissage des chevaux sont rangés dans la première classe des établissements insalubres; cependant, il résulte d'un très-beau travail de Parent-Duchâtelet que leurs émanations infectes n'ont pas de danger pour les enfants ni pour les ouvriers qui vivent au milieu de ces chantiers.

Il est facile du reste de les organiser de manière qu'aucune partie des chevaux abattus ne soit perdue, et que les parties mêmes que nous avons désignées plus haut comme sans usage servent à faire des engrais. (Voy. ABATTOIR.)

Deuxième Classe.

N° 7. APPAREIL SALUBRE A ÉTEINDRE LE COKE DANS LES USINES A GAZ.

Tous les hommes qui ont monté ou dirigé des usines à gaz savent quelle masse de vapeur d'eau chargée d'ammoniaque, d'hydrogène sulfuré et d'autres vapeurs dangereuses se dégage d'un tas de coke embrasé, au moment où on l'arrose rapidement d'eau pour l'éteindre au sortir des cornues. Pour que le coke conserve un bel aspect métallique, il faut que cet arrosage soit rapide et qu'il atteigne toutes les parties du coke brûlant.

Dans les grandes usines, surtout dans les usines placées au milieu des villes, le travail et la masse de vapeurs que l'on produit ainsi sont dangereux pour les ouvriers de l'usine, et surtout incommodes pour tout le voisinage.

L'usine à gaz Lacarrière, à Paris, dont le travail avait pris un développement trop considérable pour les bâtiments où elle était limitée, en était venue à répandre dans les quartiers qui l'entourent des masses de vapeur infecte dont nous parlons.

Les chefs de cette grande usine demandèrent à Darcet de leur trouver et de faire construire un appareil d'extinction du coke qui satisfît à toutes les conditions de salubrité, sans nuire à la bonté du travail.

L'appareil que nous donnons ici, construit sous la direction de Darcet à l'usine de la rue de la Tour, remplit toutes ces conditions. Nous l'avons vu marcher de la manière la plus parfaite, et les administrateurs de la compagnie, qui nous en ont donné les plans, s'en félicitaient beaucoup.

Le principe est l'extinction du coke dans trois cases en brique, fermées de trois côtés, où le coke est porté sur des chariots en fer, en sortant des cornues; des trémies plates en tôle, percées de trous sont descendues ensuite sur le coke et de l'eau est jetée rapidement sur la trémie, par des tuyaux et des robinets d'un gros diamètre. Ces plateaux percés de trous répartissent très-également l'eau sur toute la surface du coke et l'éteignent rapidement, en lui conservant toutes ses qualités.

La vapeur fétide dégagée l'abandonne dans cet instant, et, mêlée à l'air de l'atelier qui arrive par le devant de la case, elle est emportée à travers de larges ouvertures, pratiquées au mur du fond des cases, et qui communiquent par-dessous terre à de vastes carneaux souterrains qui amènent la vapeur à une certaine hauteur dans la grande cheminée de l'usine (fig. 3628).

A l'usine Lacarrière, trois cases de 2 mètres de côté suffirent pour l'extinction de tout le coke produit.

Voici la description de l'appareil :

3627.

La figure 3627 est une coupe verticale par une des cases, sur le plateau percé de trous, les moufles qui le manœuvrent, et les tuyaux et robinets à eau. On voit aussi l'ouverture réservée dans le fond de la case, et les carneaux souterrains par lesquels l'air et les vapeurs infectes sont emportés dans la cheminée.

Dans toutes nos figures, les flèches indiquent la marche des courants d'air et de vapeur.

A, A (fig. 3628) sont trois cases de 2 mètres de côté, entourées de murs en briques sur trois côtés et servant à éteindre le coke.

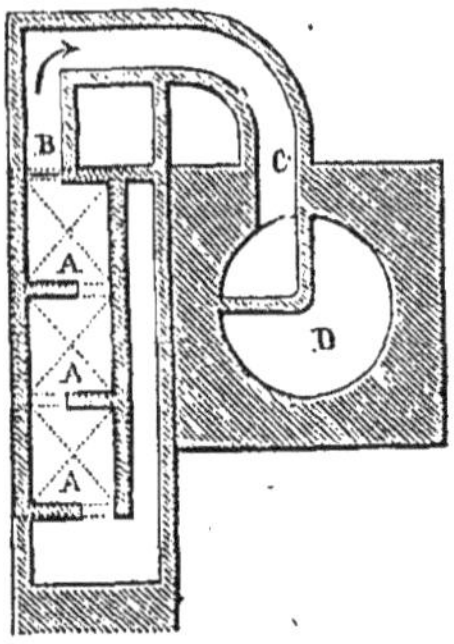

3628.

BB, ouvertures pratiquées dans le mur de face des cases, et qui emportent les vapeurs sous l'appel de la grande cheminée.

C. Carneaux souterrains par lesquels les vapeurs se rendent des cases d'extinction à la cheminée.

D. Partie de la cheminée limitée par une cloison qui monte à 10 mètres de hauteur, et qui reçoit l'air et les vapeurs d'extinction du coke, sous l'appel des fours à gaz; l'autre partie de la cheminée reçoit la fumée des fours à gaz de l'usine.

J. Trémies en tôle percée de trous (fig. 3629), ser-

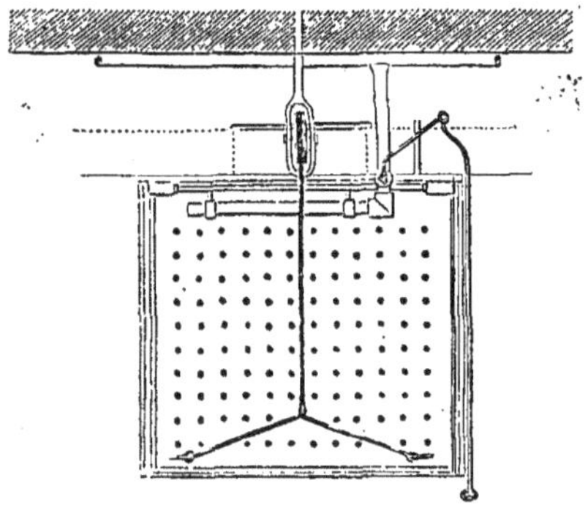
3629.

vant à éteindre le coke, dans les trois cases, et manœuvrées par des contre-poids. A la partie supérieure sont les tuyaux et robinets d'eau, pour l'extinction du coke.

Cet appareil n'a jamais été publié nulle part.

N° 8. Colle animale et gélatine.

On prépare surtout ces colles avec des membranes, des peaux, des aponévroses, des tendons, des cartilages et surtout des os. La gélatine qui sert à faire les colles fortes se prépare avec des os que l'on traite par la vapeur ou au bain-marie, après les avoir fait macérer plusieurs jours dans un lait de chaux, pour en enlever la graisse.

On extrait aussi la gélatine des os en les traitant par de l'acide chlorhydrique étendu d'eau, industries qui ont été créées par Darcet.

Tous ces établissements donnent des odeurs incommodes aux voisins; tous ceux où l'on traite des *matières membraneuses*, où l'on emploie la *carnasse*, sont placés dans la première classe, tandis que ceux où l'on se sert des os pour préparer les colles font partie de la troisième classe.

Les eaux de ces fabriques sont chargées de matières animales infectes et très-faciles à putréfier, ou elles sont chargées d'acide, quand on en emploie; on doit alors les envoyer avec précaution dans un égout, en les écoulant chaque jour et en les saturant d'abord avec de la craie.

N° 9. Buanderies et lavoirs.

Ce qu'il y a de dangereux pour la santé publique dans les buanderies, ce sont les grandes masses d'eaux chargées de *substances savonneuses*; ces eaux contenant presque toujours des *sulfates*, donnent, par leur mélange avec le savon, un grand dégagement d'acide hydrosulfurique. Celui-ci porté, en effet, son infection à une grande distance; les puisards sont à tout moment bouchés par les savons calcaires, formés par les matières grasses; un facile et sûr écoulement de ces eaux est donc la première condition imposée à une buanderie. Aussi les buanderies sont de la deuxième classe, quand elles n'ont pas d'écoulement pour leurs eaux, ou qu'elles doivent les transporter au loin; elles sont de la troisième classe quand elles ont un écoulement direct.

Enfin, celles qui sont sur des bateaux, ayant le moyen le plus parfait d'évacuation des eaux, ne sont plus soumises qu'à des règlements de police locale et aux règlements de la navigation; il est toutefois défendu à Paris d'étendre le linge sur les berges; on ne peut pas non plus laver dans la Seine ailleurs que sur les bateaux. Deux procédés ont été indiqués par Darcet pour extraire les matières grasses des eaux de savon : l'un par l'acide sulfurique qui isole les acides gras, que l'on recueille; l'autre par le plâtre en poudre ou les vieux plâtras. Il se fait là une double décomposition, et il se produit du sulfate de soude.

N° 10. Fonderies de plomb.

Les foyers des fourneaux de fusion du plomb sont toujours fumivores, par suite de la haute température du plomb dans la chaudière; on peut donc brûler de la houille en nature, dans cette industrie, sauf à allumer avec du bois, jusqu'à ce que le fourneau soit bien chaud.

Le traitement des cendres de plombier ne doit se faire dans une ville qu'avec des procédés perfectionnés, qui ne laissent dégager à l'extérieur aucun produit plombifère. Des chambres et des galeries de circulation d'une dimension suffisante doivent permettre le dépôt de toutes les poussières; autrement, on devrait renvoyer hors des villes le traitement de ces cendres.

N° 11. Travail du caoutchouc pour faire des sondes, des fils et des étoffes imperméables.

Le caoutchouc destiné à ces fabrications n'est pas mis en dissolution, mais seulement ramolli, en le chauffant à vases clos, dans de l'éther contenant quelques centièmes d'huile pyrogénée de caoutchouc.

La préparation de cette liqueur se fait aussi à vases clos; le danger d'incendie est donc l'objet qu'on doit prévoir ici.

Ces fabriques sont autorisées sous condition :

1° Que le magasinage de l'*éther*, les préparations du *dissolvant*, et la conservation de ce liquide aient lieu dans un bâtiment construit *ad hoc*, avec planchers en fer, et isolé des maisons et des fabriques.

2° Que l'atelier où l'on ramollit le caoutchouc soit ventilé convenablement, ainsi que celui où l'on emploie le caoutchouc pour la fabrication des sondes, des fils et des étoffes imperméables.

Quant aux grands ateliers où l'on prépare et où l'on vulcanise le caoutchouc, ce sont des établissements assez grands et assez isolés des constructions voisines pour ne pas être un danger d'incendie ou une source d'odeurs désagréables pour les voisins; les ateliers de travail du caoutchouc, et les étuves où l'on chauffe à une haute température les produits préparés avec le caoutchouc, vulcanisé ou non, sont avec raison toujours isolés des murs d'enceinte, par conséquent des propriétés qui les entourent.

N° 12. Fulminate de mercure.

Cette fabrication est très-dangereuse. Le conseil de salubrité de la Seine interdit le transport du fulminate hors de la fabrique où on le produit, avant qu'il ne soit converti en *amorces fulminantes*, quoique quelques fabricants affirment qu'humide, il ne peut faire explosion ni par le choc, ni par le contact d'un corps enflammé. Les fabriques doivent être aussi isolées de toute habitation. (Voy. Capsules.)

N° 13. Cuirs, toiles et cartons vernis; fanons de baleine.

Les inconvénients des premières fabriques sont des incendies fréquents et des odeurs désagréables, dont le voisinage souffre beaucoup.

Quant aux dernières : 1° les eaux de macération des *fanons*, qui se putréfient très-promptement, ne doivent pas avoir d'écoulement dans les ruisseaux de la rue, mais directement dans un égout;

2° Des précautions doivent être prises pour jeter la buée de la chaudière de macération dans une cheminée plus haute de 3 ou 4 mètres que les toits voisins.

3° On ne doit jamais non plus brûler sous cette chaudière les résidus de la division et de la préparation des fanons.

4° Les fourneaux doivent être disposés comme ceux de la fonte de suif, pour être parfaitement fumivores.

5° Les eaux de macération doivent être entièrement désinfectées avant d'être jetées dans les égouts, ou portées à la rivière dans un tonneau clos.

Les industries principales qui travaillent la baleine, sont :

1° Les aplatisseurs : les fanons sont le plus souvent aplatis et refendus dans le travail de macération;

2° Les fabricants de peignes;

3° Les ateliers de cuisson de fanons de baleine;

D'après Darcet, l'eau de macération des fanons de baleine est alcaline et contient de l'*ammoniaque*. Par le repos, il s'y fait un dépôt noir.

Le plâtre cru enlève son odeur et la clarifie en en précipitant le noir; le *plâtre cuit* développe au contraire son odeur; le chlorure de chaux filtré la désinfecte, mais employé à petite dose.

Cette industrie est rangée dans la troisième classe. (Ordonnance du 27 mai 1838.)

N°. 14. Galvanisation du fer.

Cette industrie, qui est encore récente, a déjà fait des progrès depuis sa création, par M. Sorel.

Il est toujours très-facile d'assainir complétement ce travail de la galvanisation, en y appliquant le système trouvé par Darcet pour les fabriques de fer-blanc, que nous donnons plus loin. Cette industrie sera un jour placée dans la troisième classe, mais comme la galvanisation est encore nouvelle et recevra évidemment des perfectionnements importants, elle a été mise d'abord dans la deuxième classe des établissements insalubres, pour lui laisser le temps de se développer et de se constituer complétement.

N° 15. Fabrication du tabac.

Des véritables influences que le tabac peut avoir sur la santé des ouvriers occupés aux différentes préparations qu'on lui fait subir. — Fourneau fumivore pour brûler les côtes de tabac.

Un travail très-complet et très-remarquable a été fait sur cette grave question, par Darcet et Parent-Duchâtelet, en voici le résumé et les conclusions :

En récapitulant tout ce que les auteurs du mémoire ont vu dans la fabrique de Paris et ce que rappellent des observations semblables, faites dans les huit autres manufactures de France, c'est-à-dire sur un nombre de 4,518 ouvriers, on voit :

1° Que dans la plupart des fabriques il est sans exemple qu'un individu ait été dans l'impossibilité de s'accoutumer aux émanations du tabac; qu'il n'y a guère que la démolition des masses qui ait été nuisible à quelques-uns, et qu'en général ceux qui sont exposés à toutes les émanations de cette substance, pendant un, deux ou trois mois, n'en sont pas incommodés;

2° Que si le travail du tabac laisse ceux qui le font exposés à toutes les infirmités humaines, ce qu'ils ont de commun avec les autres classes de la société, livrées à des occupations qui n'ont aucune analogie avec celle-ci, c'est à tort qu'on la regarde comme la cause d'une multitude de maux dont on trouve l'énumération dans les ouvrages de plusieurs auteurs qui ont écrit sur l'influence des professions.

Tout ce qu'on a publié sur la fréquence des nausées, des vomissements, des diarrhées, des coliques, des hémorragies chez les *râpeurs de tabac*, peut être considéré comme une pure supposition; il en est de même des céphalalgies, des sternutations, de la perte d'appétit, de la fétidité de l'haleine, des affections aiguës et chroniques de la poitrine, des cancers et autres maladies semblables; ce que disent les mêmes auteurs sur la décoloration de la peau des ouvriers employés au tabac, sur la teinte jaunâtre de leur facies, sur leur maigreur et leur émaciation, prouve qu'ils n'ont pas observé par eux-mêmes, ou, du moins, qu'ils n'ont vu que les exceptions à la règle générale; ils n'ont pas non plus mis cette classe de la population en parallèle avec d'autres ouvriers de la même ville, occupés à des travaux tout différents. Les auteurs de ces remarques se sont longuement étendus sur ce point important d'hygiène publique, et ont multiplié les preuves; la fabrique de Paris leur en a fourni beaucoup.

Nous engageons donc ceux qui seraient curieux de s'instruire par eux-mêmes à visiter les ateliers de la manufacture du Gros-Caillou, pour se procurer en peu de temps une conviction parfaite.

3° Loin de déterminer chez ceux qui le préparent la mort et le narcotisme, comme le disent quelques auteurs, et comme le croient encore beaucoup de personnes, le travail du tabac n'a aucune influence sur leur système nerveux, et les vertiges, les syncopes, les tremblements musculaires et autres maux semblables qu'on lui a reprochés n'ont jamais existé dans les manufactures, ou au moins ne peuvent pas leur être attribués.

Tout prouve donc que les accidents observés par Percy sur des soldats qui manœuvraient au Champ de Mars, et dont il attribue la cause à du tabac contenu dans leurs shakos, n'ont pas pu être déterminés par cette substance. Les faits que nous avons rapportés le démontrent jusqu'à l'évidence. Une chaleur très-intense n'est-elle pas capable, à elle seule, de produire la syncope, surtout lorsqu'on reste exposé à un soleil ardent, pendant tout le temps que durent des manœuvres longues et fatigantes? Les exemples de syncopes, et même de morts subites, arrivées en pareilles circonstances, sont trop nombreux pour que nous les rapportions.

Percy ayant visité, après l'accident, tous les shakos du régiment, trouva que la plupart contenaient du tabac à fumer et à mâcher. Pourquoi, lorsque presque tous les hommes portaient du tabac dans leurs shakos, quelques-uns seulement furent-ils indisposés? Pourquoi ces soldats, qui avaient habituellement du tabac au-dessus de leur tête, n'en ont-ils été incommodés que pendant une manœuvre? L'opinion de Percy porte donc avec elle sa réfutation.

4° Non-seulement le travail du tabac n'altère pas la santé d'une manière visible, dans les premières années consacrées à sa manipulation, mais il ne lui apporte pas même le moindre préjudice dans un âge plus avancé. S'il en était autrement, les ouvriers deviendraient impropres au travail, et il faudrait les réformer : or, il n'arrive rien de semblable.

5° Il existe des professions qui, sans nuire d'une manière évidente à la santé, abrégent cependant la vie, et empêchent tous ceux qui l'exercent de dépasser un certain âge; le travail de Darcet et de Parent-Duchâtelet, démontre que celle dont nous nous occupons n'est pas dans cette catégorie, puisqu'elle permet à un grand nombre d'ouvriers d'atteindre, et même de dépasser de beaucoup, la limite ordinaire de la vie humaine, et les fabriques de tabac peuvent être autorisées au milieu des villes.

Fourneau fumivore à brûler les côtes de tabac. — L'incinération des côtes du tabac, résidu considérable de cette fabrication, qu'il importe de faire disparaître, en utilisant sa richesse notable en sels de potasse, a été assez longtemps une des opérations les plus nuisibles pour le voisinage des fabriques de tabac. Darcet a fait disparaître ces inconvénients par l'emploi d'un fourneau rendu fumivore en faisant passer les produits de la combustion au milieu de ceux d'un second fourneau placé à la suite du premier.

Le premier fourneau fumivore, dans lequel le combustible peut brûler à flamme renversée, est suivi d'une voûte qui vient déboucher dans un second foyer à double grille, l'une supérieure, l'autre inférieure au premier conduit de fumée; les cendriers sont placés latéralement du même côté. Voici les précautions à prendre pour brûler les côtes de tabac sans incommoder le voisinage de la manufacture :

On allume du bois sec et fendu dans les trois foyers; lorsque la voûte du foyer et les passages voûtés sont portés au rouge, on peut brûler des côtes de tabac sur la grille. Pour cela, on en charge peu à peu cette grille, en ayant soin de ne placer les côtes humides que sur le devant; on pousse successivement vers le fond du foyer celles qui sont allumées, avant d'en faire une nouvelle charge, et on continue à conduire ainsi le travail, tant que l'on a des côtes à brûler, ou jusqu'à ce qu'il devienne nécessaire de nettoyer le fourneau.

On facilite la chute des côtes incinérées, ou seulement enflammées, dans le cendrier, au moyen d'un ringard qui se manœuvre par un ouvreau. Le cendrier doit être fermé par une porte en tôle; on peut y mettre, lorsqu'il est assez échauffé et qu'il contient déjà des cendres rouges, des côtes de tabac humides, qui y brûlent très-bien.

L'air nécessaire à cette double combustion pénètre dans le cendrier et dans le foyer, à travers l'ouverture, ménagée en avant du fourneau, non-seulement pour produire convenablement cet effet, mais encore pour s'opposer à l'échauffement de l'air sur le devant du fourneau, où se trouve placé l'ouvrier qui alimente le foyer de côtes de tabac. La fumée sortant du cendrier et du foyer se mêle à la quantité convenable d'air nouveau introduit par les ouvertures; le tout passe dans le carneau voûté, s'y brûle, et en sort presque sans odeur et sans fumée.

On peut se contenter, en fabrique, des résultats qui précèdent. Si cependant on voulait y brûler complétement la fumée, il faudrait allumer du bois sec et fendu sur la grille du premier fourneau fumivore; ce combustible y brûlerait à flamme renversée, comme dans les alandiers des fours à porcelaine.

La flamme se jetterait en contre-bas, se mélangerait à de l'air nouveau, entrant par les ouvertures latérales, et pénétrerait dans le carneau voûté, dont elle occuperait le haut. La fumée venant du foyer serait alors obligée de se mélanger avec cette flamme, qui contient un excès convenable d'oxygène, et de traverser avec elle le carneau voûté dans toute sa longueur, d'où elle ne sortirait qu'après y avoir été complétement brûlée.

Ce n'est donc que par excès de précaution que Darcet a fait construire le second foyer fumivore, qui agirait comme il suit, si l'on s'en servait.

La flamme du bois sec et fendu que l'on brûlerait sur la grille de ce fourneau, obéissant à l'appel de la cheminée générale, prendrait une direction horizontale, se mélangerait à de l'air nouveau entrant par les ouvreaux, occuperait la partie inférieure du carneau, et la fumée arrivant du foyer, en grande partie brûlée pendant son passage à travers le carneau rouge, serait en outre obligée de traverser le carneau dans toute sa longueur, entre deux courants horizontaux de gaz enflammés, et contenant un excès d'oxygène, ce qui en brûlerait infailliblement les moindres fuliginosités.

Ce n'est que pour indiquer la perfection à laquelle on peut arriver en ce genre que Darcet, inventeur de ce fourneau, a réuni dans le même appareil tous les moyens d'atteindre le but proposé. Néanmoins, si l'on voulait s'en servir, il a cherché à utiliser la chaleur que produirait la combustion des côtes de tabac et celle que donnerait le bois dans les deux foyers : il a donc fait établir au-dessus de la voûte et à la suite un calorifère, qui pourrait échauffer un volume d'air considérable à employer très-utilement au chauffage de la manufacture. Ajoutons enfin que l'on peut remplacer ce calorifère par une chaudière servant à faire chauffer l'eau employée pour le lessivage des cendres de tabac, ou bien à faire évaporer les lessives provenant de cette dernière opération.

Troisième Classe.

N° 16. AMPHITHÉATRES DE DISSECTION.

En admettant que les salles de dissection ne soient pas, à proprement parler, nuisibles à la santé des jeunes gens qui y passent une grande partie de leur temps, il est au moins certain que la présence de nombreux cadavres en dissection, la vue des débris qui en proviennent et l'odeur qui se dégage de ces substances animales, souvent dans un état avancé de putréfaction, rendent le séjour de ces amphithéâtres fort désagréable, surtout pour les élèves qui ont à y commencer leurs études anatomiques : il n'est donc pas sans utilité d'aviser aux moyens d'assainir les salles de dissection. C'est dans ce but rempli d'intérêt que nous proposons l'établissement des appareils dont nous allons donner la description.

Du Dépôt des cadavres et de leur conservation.

Les cadavres envoyés aux salles de dissection proviennent, presque toujours, de sujets morts récemment et ne donnent ordinairement lieu à aucune odeur désagréable, surtout si on a employé les procédés de conservation des cadavres destinés à la dissection, dus au docteur Sucquet, et qui paraissent remplir très-bien leur objet.

Les cadavres destinés à la dissection qui, à Paris, ne peut se faire que dans les amphithéâtres créés par l'administration des hôpitaux, proviennent des hôpitaux, et doivent être apportés, la nuit, dans des voitures couvertes.

Peu après leur arrivée, on les injecte de sulfite de soude, à raison de 4 litres environ par cadavre : les corps entiers sont injectés par la carotide; ceux qui sont ouverts, par les artères sous-clavières, iliaques et carotides. Le liquide transsudant à travers les pores des vaisseaux ne tarde pas à imbiber tous les tissus, et après quelques heures, on peut injecter au suif le système artériel des sujets destinés à l'étude de l'angéiologie. Les tissus ainsi préparés se trouvent fermes quand on les découvre, et dans l'état normal du cadavre. Les sujets disséqués s'altèrent cependant promptement au contact de l'air; tous les matins on imprègne de chlorure de zinc, avec une éponge, les préparations qui vont se putréfier, les tissus ramollis perdent à l'instant toute odeur.

Avec ce système, les cadavres se conservent de quinze à trente jours au moins; on les dissèque sans en éprouver la moindre incommodité.

Pour que le sulfite de soude à 22° de l'aréomètre n'altère pas les instruments dont on se sert, on les laisse séjourner deux jours sur du zinc, ce qui ajoute à la solution un peu de sulfite de zinc.

Ce système doit être employé partout où l'on dissèque, et là surtout où il n'y a pas d'amphithéâtre organisé par une administration.

Une excessive et constante propreté est imposée, avec raison, aux amphithéâtres de dissection par l'ordonnance de police du 25 novembre 1834, qui règle ceux de Paris.

Voici les plans et coupes d'un amphithéâtre de dissection, avec table ventilée disposée par Darcet.

De la Dissection des cadavres.

L'aérage, les lavages à l'eau et l'emploi du chlore et des chlorures d'oxydes ont été jusqu'ici les seuls moyens employés pour désinfecter les salles de dissection : mais l'on sait que ces procédés ne conduisent que très-imparfaitement au but. Darcet a proposé d'y ajouter l'emploi de la ventilation forcée, et il a fait établir sur ce plan, à la Pitié et dans le cabinet de M. Serres, médecin en chef, la table de dissection que nous allons décrire :

La table de dissection dont il a proposé l'usage peut être construite en fonte ou en bois; elle doit être creuse dans toutes ses parties; son couvercle doit être percé de trous nombreux, et il faut que son intérieur soit mis en communication avec un canal souterrain allant aboutir à une cheminée dans laquelle le tirage convenable doit être bien établi. Le service de la salle de dissection exigeant qu'on y place un poêle, une étuve et une chaudière, c'est de ces appareils qu'il faut se servir comme de fourneaux d'appel; c'est dans ce but qu'ils ont été tous trois réunis et placés au pied de la grande cheminée. Les figures 3630 et 3631 indiquent la disposition générale dont il s'agit.

En allumant du feu dans le fourneau de la chaudière, dans le poêle ou sous l'étuve, on établit un courant ascensionnel dans la grande cheminée, ce qui attire l'air contenu dans le canal souterrain et dans l'intérieur de la table de dissection, d'où il suit que l'air de la salle est entraîné vers le cadavre placé sur la table, et que cet air, après avoir entouré le corps, passe par les trous du couvercle de cette table, pour aller, à travers son pied et le canal souterrain, satisfaire à l'appel de la cheminée. Le dessus de la table de dissection et le cadavre qui y est placé sont ainsi continuellement ventilés par un courant descendant, qui se charge des émanations du corps et les entraîne vers le fourneau d'appel, dans la cheminée et en dehors de la salle de dissection.

On voit donc qu'avec ce système de construction il ne peut plus y avoir dégagement d'odeurs désagréables dans la salle, et que l'on pourrait même y disséquer des cadavres en putréfaction, sans que l'odorat pût y indiquer la présence de ce foyer d'infection.

Le système de construction étant conçu, il restait d'autres conditions à remplir :

Description des tables de dissection ventilées, en fonte.

Les eaux provenant du lavage du cadavre posé sur la table de dissection et celles qui s'en échappent coulent dans une caisse étamée, plus profonde d'un bout, et qui les envoie dans un seau placé au-dessous; des trous égaux en somme à la section du canal souterrain sont percés tout autour de la caisse, pour égaliser la ventilation sur le cadavre.

On voit en S la grille en cuivre qui reçoit le corps. Un pied creux, portant le dessous de la table, reçoit l'air qui a balayé le cadavre, sous l'appel de la cheminée et par des foyers d'appel et qui débouche dans un conduit souterrain d'appel, allant de la table au bas de la cheminée. O est le fourneau d'appel de l'amphithéâtre de dissection.

Terminons ce chapitre en indiquant ce que l'anatomiste doit faire pour tirer le meilleur parti possible de l'appareil.

Supposons que c'est en hiver que l'on a à se servir de cette table de dissection : on doit commencer par allumer le feu dans le poêle à courant d'air, on établit ainsi facilement l'appel dont on a besoin dans la cheminée générale, et l'on peut en outre donner à l'air de la salle la température jugée la plus avantageuse, pour le travail que l'on a à y faire.

Nous ferons observer que si la ventilation établie autour du cadavre était trop forte, il en pourrait résulter un refroidissement gênant et une trop grande évaporation de la transpiration cutanée à la surface des mains et du visage de l'opérateur, ce qui ne laisserait pas que d'être un grave inconvénient. Il est donc important de réduire la ventilation justement au point convenable; or, les clefs ou soupapes placées sur le canal c et sur ses embranchements donnent facilement le moyen d'arriver à ce but : il suffira donc de s'en bien servir pour se placer, sous le double rapport de la ventilation et de la chaleur, dans les conditions où l'on désirera se trouver.

De la Macération des pièces anatomiques.

Le procédé par lequel on désorganise les tissus animaux, en les tenant, pendant un temps convenable, en macération dans l'eau froide, est certainement, de toutes les opérations qui se pratiquent dans les salles de dissection, celle qui donne lieu aux émanations les plus repoussantes et aux plaintes les plus graves. Nous croyons qu'à l'avenir il suffira, pour arriver à ce résultat sans aucune odeur, d'y établir l'appareil ventilateur que l'on voit sur la fig. 3630 et 3631, placé après la salle de dissection, et dont nous avons déjà parlé plus haut.

Cet appareil se compose :

1° D'un vasistas placé, autant que possible, du côté du nord et au haut d'une fenêtre ou de la porte de la pièce.

2° D'une hotte générale, occupant tout le côté de la pièce où se trouve placée la cheminée, et communiquant avec cette cheminée, dans toute sa largeur, par une large ouverture.

3° D'une série de tables montées à charnières sur la pièce de bois qui règne dans toute la longueur de la hotte, et qui se trouve isolée du mur près duquel elle est placée parallèlement par un espace vide, ayant 1 décimètre de large. Ces tables, relevées le long du mur de fond, donnent la facilité de bien conduire les macérations dans les baquets : étant abaissées et posées sur les poteaux montants, elles servent, comme des tables ordinaires, soit à y poser les cadavres que l'on conserve pour la dissection, soit à y achever la pré-

l'auteur de cet article (fig. 3632), sont composées de deux pièces ajustées ensemble; d'un pied cylindrique creux, fixé dans une pierre de taille, sur le caniveau,

3630.

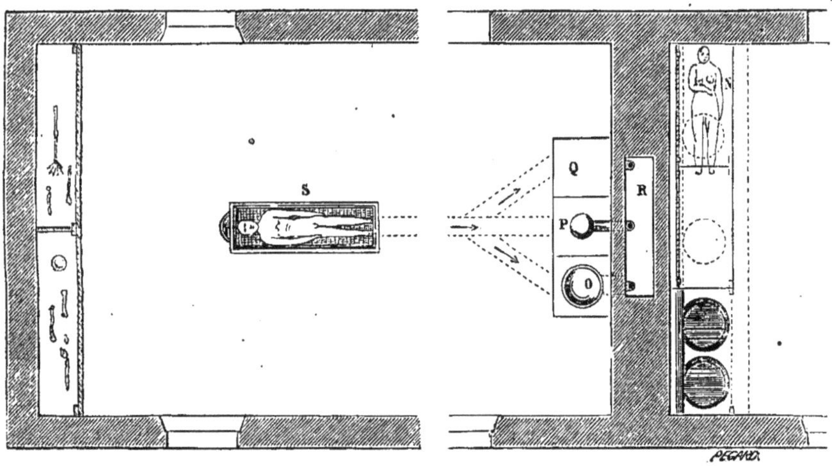

3631.

paration des pièces anatomiques, après qu'elles ont été soumises à la macération dans les baquets placés au-dessous de ces tables.

4° De rideaux en toile d'un tissu serré descendent presque jusqu'au sol et sont garnis, à leur partie inférieure, de balles de plomb destinées à leur faire conserver la position verticale, malgré l'action du courant d'air auquel ils doivent être continuellement exposés.

Tables de dissection ventilées en fonte.

Par suite du succès obtenu dans la construction qui vient d'être décrite, deux tables de dissection en fonte ont été établies à l'Hôtel-Dieu, pour le service de la salle d'autopsie. Quelques modifications de détail ont été faites à leurs premières dispositions; quelques autres, dont l'utilité a été reconnue, seront introduites dans les tables que l'on construira, sans doute, pour d'autres établissements semblables. Ces diverses modifications, indiquées par l'expérience, sont effectuées dans la description que nous donnons des tables de dissection ventilées, proposées pour ces nouveaux établissements.

Les tables de dissection en fonte, construites par

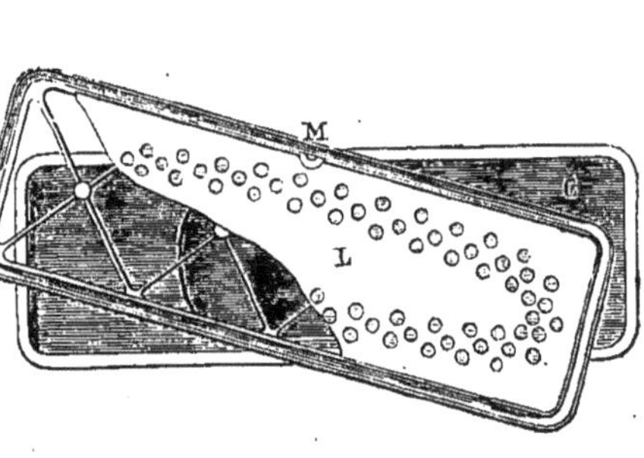

3632.

qui communique au cendrier du fourneau d'appel, et d'une table creuse, alésée de manière à entrer à frottement gai sur le pied.

Les moulures du pivot de la table et celles du pied, qui se raccordent, portent chacune à l'intérieur une rainure demi-cylindrique, qui reçoit de petites sphères de fer ou d'acier, servant de galets, pour faciliter le mouvement de la table autour de son pied; une clef F, ajustée dans ce pied, sert à régler le tirage.

La construction de ces tables en fonte a permis de supprimer la cuvette de cuivre qu'il avait été nécessaire d'adopter dans les tables en bois de la Pitié. En effet, sur les tables destinées dans les hôpitaux aux seules autopsies cadavériques, on prodigue l'eau, ce qui, quand on peut l'éviter, n'a pas lieu sur les tables de dissection, où l'on a à craindre l'infiltration des cadavres. Cette eau aurait pu passer dans le pied de la table, et rendre son mouvement difficile, en couvrant de rouille les galets et le pivot.

Avec la disposition ici adoptée, l'eau tombe dans la table de fonte, sous laquelle se trouve un robinet, qui retient ou laisse à volonté écouler cette eau. A l'intérieur, autour de l'ouverture d'appel du pied, est un rebord, coulé avec la table même, et qui retient les eaux tombées à travers le grillage ; sur ce rebord se trouve ajusté un chapeau de cuivre, par lequel sont couverts et aussi garantis de la chute des eaux, le pied et le caniveau.

On a remarqué dans les tables de l'Hôtel-Dieu que la section des ouvertures du plateau à grillage et l'espace ventilé sont trop larges, de sorte que la vitesse de l'air s'y trouve trop petite, et le courant d'air trop peu concentré sur le cadavre ; qu'ensuite, les ouvertures carrées du grillage sont difficiles à nettoyer, et qu'une portion de ce plateau réservée sans ouvertures serait fort avantageuse au service pour y déposer les instruments et les organes à examiner ; d'après ces deux motifs, nous avons définitivement adopté la construction ici tracée.

Le plateau, ainsi qu'on le voit, fig. 3632, au lieu de s'enlever en une ou plusieurs parties, avec des poignées, est fixé à la table par un seul boulon en acier autour duquel il tourne, comme sur un pivot.

Il en résulte que, sans enlever le cadavre en dissection, on peut avec peu d'efforts ouvrir la table, et en retirer un instrument.

Ce plateau est formé d'un châssis, avec rebords et croisillons en fonte ou en cuivre, couvert d'une feuille de cuivre percée de trous ronds en quinconce, suivant un losange très-allongé, donnant à peu près la forme générale du cadavre. A l'essai de la table, on élargira ces trous par tâtonnement, suivant les besoins. Ces trous doivent être inégaux entre eux ; de telle sorte qu'au centre de la table, où est plus vive l'action du tirage, qui s'opère par le pied placé directement au-dessous, se trouvent les plus petits trous, et qu'ils deviennent de plus en plus grands, en s'approchant des deux extrémités.

On parviendra ainsi sans peine à régulariser complétement le tirage sur toute la longueur de la table.

Le châssis du plateau de la table qui porte la feuille de cuivre doit être assez fort pour ne pas se briser sous le poids du cadavre, lorsqu'étant ouvert il se trouve à moitié en porte-à-faux, et retenu seulement par le boulon qui lui sert de pivot, ou quand on y brise des os à coups de marteau.

La clef du robinet sert de crochet pour attacher le seau qui reçoit les eaux réunies dans la table.

Le fourneau d'appel, qui sert en même temps de poêle et de foyer d'appel, a été destiné spécialement au service de la salle d'autopsie de l'Hôtel-Dieu, qui, placée dans ses caves, est humide et froide, où les autopsies se font pendant toute l'année, et où le chauffage d'un poêle n'est pas inutile, souvent même en été. Dans toute autre salle de dissection, on doit craindre, en l'échauffant, de hâter la corruption des cadavres, et alors, le fourneau est le seul à employer.

N° 17. Exhumations.

Les exhumations particulières ont lieu à tout moment dans les cimetières des grandes villes ; les exhumations juridiques, pratiquées pour reconnaître un crime, sont aussi très-fréquentes, depuis les travaux d'Orfila qui a, par la certitude de ses recherches sur les poisons, créé la médecine légale.

Des précautions doivent être prises pour opérer les exhumations, qui sont beaucoup moins dangereuses qu'on ne le croyait ; 15 ou 20,000 cadavres, à tous les degrés de putréfaction, ont été extraits, en 1785 et 1786, en six mois de temps, du cimetière et de l'église des Innocents, sans qu'aucun accident en soit résulté, soit parmi les ouvriers qui faisaient le travail, soit dans le voisinage. Il n'y a de véritable danger que quelques jours après l'inhumation, quand la putréfaction est dans toute sa force ; il s'échappe alors du cadavre une liqueur et des gaz fétides et très-dangereux.

S'il s'agit d'extraire un cadavre d'une fosse particulière, il faut le faire le matin, de bonne heure, avec un nombre suffisant d'ouvriers, pour que l'opération marche vite, et arroser la fosse et le cercueil de chlorure de chaux, en prenant garde d'en arroser le cadavre, dont on hâterait ainsi la décomposition.

Quand on fait une exhumation juridique, il est important de faire immédiatement les recherches qui doivent avoir lieu, l'expérience ayant prouvé qu'un cadavre qui a été exposé à l'air entre bien plus vite en décomposition. Les exhumations qui ont pour objet l'évacuation d'un cimetière exigent beaucoup plus de précautions.

On choisit la saison la plus froide, et on ne doit jamais continuer par le *vent du sud* ; on emploie un nombre assez grand d'ouvriers pour que le travail ait lieu rapidement, et on remplace les ouvriers qui sont indisposés. On aura soin de bien aérer tous les jours les vêtements des ouvriers et de ne se servir que d'outils à long manche. Quand on est obligé de pénétrer dans des caveaux, ce ne doit être qu'après les avoir parfaitement aérés, soit par un fourneau d'appel, soit par une injection d'air, et lorsqu'une bougie descendue dans le caveau y brûle parfaitement.

Il faut que les premiers ouvriers qui y entrent soient attachés sous les aisselles et aient au nez et à la bouche du linge trempé dans du vinaigre. Quand un caveau est rempli d'eau, on le vide avec une pompe.

Exhumation des victimes de Juillet. — Les victimes de Juillet, qui avaient été enterrées sur plusieurs points de Paris, ont été exhumées pour être déposées sous la colonne de la place de la Bastille, le 28 juillet 1840. Darcet, comme membre du conseil de salubrité, fut chargé de présider à l'exhumation des corps qui avaient été enterrés devant la colonnade du Louvre.

Un procès-verbal a été rédigé par lui. La fosse avait été creusée d'avance jusqu'au niveau du sol, où l'on apercevait les ossements. On commença à extraire les ossements de la fosse ; on les trouva tout à fait mis à nu, sans vestiges notables de chair ni même d'habillement ; ces ossements étaient séparés de la terre, et ils étaient ensuite mis dans les cercueils de plomb destinés à être portés dans les caveaux de la colonne. La recherche et l'enlèvement de tous les ossements furent faits sans difficulté. En 1830, on avait inhumé les corps dans une fosse maçonnée partout et où il y avait eu de la chaux, ce qui avait hâté la dessiccation des ossements.

Cette opération s'est faite, du reste, en une heure de temps et sans que la moindre odeur ait été sentie.

N° 18. — Brochage de livres.

Le grand défaut de cette industrie est le danger constant d'incendie; les exemples de graves incendies de ce genre sont très-fréquents, comme celui qui a détruit les ateliers de la rue du Pot-de-Fer.

Les conditions de sûreté à imposer sont :

1° D'exiger une déclaration préalable pour les grands établissements qui se forment;

2° De construire les bâtiments en moellon et roche, avec planchers en fer et tout à fait isolés;

3° Les séchoirs seront bien plafonnés et sans communication directe avec le reste des bâtiments. Les poêles et les tuyaux qui traversent les ateliers doivent être entourés de grillage en fil de fer de 1 centimètre de maille, et il ne faut pas déposer de papiers en tas près des fenêtres des séchoirs, parce que c'est toujours là que se porte la flamme au premier moment, à cause des courants d'air.

4° L'instruction doit conseiller aux grands établissements la substitution du chauffage à vapeur ou au moins de calorifères à air chaud aux simples poêles, et l'emploi des cordes trempées dans l'alun, ce qui leur ôte leur inflammabilité; on ne doit se servir la nuit que des lampes à cheminée de verre; enfin il faut nettoyer souvent les tuyaux de poêle et n'y brûler que de la houille, dont la suie n'est pas facilement combustible.

N° 19. — Art du doreur.

La dorure sur bronze ou sur cuivre se fait par trois procédés différents : à l'aide d'un amalgame d'or, au trempé, ou par les procédés galvaniques.

Pour exécuter la *dorure au mercure*, la pièce de bronze ou de cuivre est d'abord recuite et dégagée de toute graisse, de tout oxyde, en la chauffant au rouge cerise sur la forge, bien entourée de charbon de bois ou de mottes à brûler, puis on la laisse refroidir lentement. Au plus fort du tirage de la forge, cette opération dégage des oxydes de zinc et de cuivre en vapeur et des gaz délétères.

Les pièces sont ensuite soumises au *dérochage* ou *décapage* : pour enlever à la pièce recuite l'oxyde formé à sa surface, on la trempe dans un baquet rempli d'acide azotique, nitrique ou sulfurique très-étendu d'eau, on la frotte avec une brosse rude, on lave à l'eau et on sèche; on trempe ensuite la pièce dans un bain d'acide nitrique à 36 degrés, puis du même acide mêlé de suie et de sel marin; on lave et on sèche à la sciure de bois.

L'acide sulfurique, qui ne dégage aucune vapeur nitreuse, est très-bon pour commencer le décapage.

L'amalgame d'or, mis dans un plat de terre sans couvercle, s'applique en trempant une grosse brosse à fils de cuivre dans une dissolution de nitrate de mercure, en prenant de l'amalgame et en frottant la pièce, jusqu'à ce qu'elle en ait assez.

Cette opération est très-dangereuse pour les ouvriers, qui doivent toujours porter là des gants de vessie ou de taffetas ciré et ne travailler que sur une forge couverte d'une hotte et à grand tirage; un quinquet placé sur la forge augmenterait au besoin le tirage.

La pièce couverte d'amalgame est chauffée sur des charbons ardents, placée sur un gant épais et frappée avec une brosse pour répartir l'amalgame, puis remise au feu jusqu'à complète évaporation du mercure; on lave à l'eau acide, à l'eau de vinaigre, avec la brosse, puis à l'eau, et on sèche à la sciure de bois.

Cette opération est la plus dangereuse de l'art du doreur; un mauvais tirage ou des courants descendants tiennent les ouvriers dans l'acide carbonique, l'azote et l'oxyde de mercure, les vapeurs de mercure, d'acide nitrique et nitreux.

Pour assainir ce travail, il faut que les gants soient doublés de vessie ou de taffetas ciré, afin que le mercure ne pénètre pas jusqu'à la main de l'ouvrier et ne lui donne pas un tremblement mercuriel.

Il faut passer les pièces sous le manteau de la hotte avec un très-bon tirage, sans jamais les sortir, prendre toutes les précautions pour que rien ne s'échappe de la cheminée dans l'atelier, qu'on ne quittera jamais sans se laver les mains et la figure, et où on ne mangera jamais.

Les pièces dorées sont alors, ou brunies à l'hématite, ou passées au mat, en les chauffant avec un mélange de sel marin, de nitre, et d'alun fondu dans l'eau.

Cette opération, qui dégage des vapeurs de sublimé corrosif, mêlées de vapeurs de mercure et d'acide azotique, est très-dangereuse, et ne doit être pratiquée que sous le manteau de la hotte où l'on a mis le poêlon au mat et son foyer, le petit four ou moufle où l'on chauffe la pièce, et le baquet où on la trempe.

L'or moulu et la couleur d'or rouge s'obtiennent par des opérations moins dangereuses que la précédente, mais qu'on ne doit cependant pratiquer que sur une forge à bon tirage, et avec les précautions que nous avons indiquées.

Des Moyens de salubrité trouvés par Darcet, pour la dorure au mercure.

Voici les principes qui servent de base à la construction d'un atelier salubre de dorure, et la manière de les appliquer à chaque cas particulier.

Le doreur qui veut monter un atelier doit choisir un local assez grand, exposé au nord ou au levant, bien aéré et bien éclairé. La cheminée de l'atelier doit être large, et avoir au moins 5 ou 6m de hauteur; elle doit dépasser de 2 ou 3m les toits voisins, à une assez grande distance; elle ne doit recevoir aucun tuyau de poêle ni aucune cheminée dans sa hauteur, et ne servir qu'à la forge seule. Si la cheminée est obstruée de mitres et de tuyaux, on les enlève, pour les remplacer par un chapeau horizontal en tôle.

Le tirage n'est que l'effet produit par l'action de la pression de l'air dans la cheminée. Pour l'obtenir et qu'il soit puissant, il faut échauffer l'air dans le tuyau, et laisser affluer l'air du dehors pour remplacer celui qui est toujours entraîné vers le haut du bâtiment; l'air introduit dans une chambre qui fume, par l'ouverture des portes et des croisées, est trop abondant, et forme surtout des courants rapides, qui s'opposent souvent à l'effet à produire.

Il vaut mieux installer en haut de chaque fenêtre un bon vasistas à soufflet, s'ouvrant en dedans, et avec lequel on règle à volonté l'air extérieur, qui se mélange à l'air le plus chaud de la pièce sans abaisser la température de l'atelier; les fenêtres et les portes sont ainsi toutes fermées, sans nuire au tirage de la cheminée ni à la santé des ouvriers. Si on peut tirer l'air frais d'une cave, c'est une très-bonne chose en ayant soin d'en introduire une quantité égale à l'autre bout de la cave.

Ces précautions étant prises pour l'introduction de l'air nécessaire au tirage, et une hotte étant construite assez large et assez longue pour recevoir tous les appareils nécessaires, il ne s'agit plus que de construire sous la forge un petit foyer d'appel, pour échauffer à volonté l'air de la cheminée.

Le foyer d'appel sert à gouverner tout l'appareil; on doit l'allumer tous les jours et utiliser sa chaleur, soit à échauffer le poêlon au mat, soit à tout autre service utile à l'atelier. La cheminée du foyer d'appel doit être en brique, assez haute et assez épaisse pour porter la chaleur à plusieurs mètres de hauteur; elle est amenée au centre de la grande cheminée par un tuyau en tôle de 12 ou 13 centimètres de diamètre, pour diminuer le moins possible la section de la cheminée.

Le foyer d'appel brûlera de la houille, chauffage le plus économique.

Le poêle de l'atelier, s'il est assez grand et muni de bonnes et larges bouches de chaleur, peut remplacer, en hiver, le vasistas et le foyer d'appel, en versant de l'air dans l'atelier, et donnant un bon tirage dans la cheminée, avec son tuyau de fumée, qui montera verticalement de 2^m, au moins, et qui aura un coude.

Pour que le tirage soit très-rapide sous le manteau de la forge, l'ouverture antérieure de celle-ci, où l'ouvrier travaille, doit être rétrécie par une cloison en plâtre, ou par des châssis vitrés, s'ouvrant verticalement, avec des contre-poids et des rideaux qui servent à régler le tirage suivant le besoin, et à faire avec sécurité et commodément les opérations les plus dangereuses de la dorure sur bronze.

Nous donnons ici trois figures, tirées de la forge de Lenoir-Ravrio [1], et qui représentent d'une manière claire les dispositions d'une forge de doreur complète et parfaitement salubre.

On y voit les châssis vitrés, les contre-poids et les rideaux de toile, le foyer d'appel avec ses détails, portant le poêlon au mat, la forge où est allumé le charbon de bois, le baquet à dérocher, et celui à tremper les objets au mat. Une forge complète doit avoir au moins six divisions, séparées par des cloisons verticales, mais soumises au même appel de la cheminée générale et du foyer d'appel.

Le combustible placé sur la grille du foyer d'appel brûle à flamme renversée. Nous n'entrerons pas dans le détail de la marche que doit suivre l'ouvrier dans son travail; on doit laisser toujours refroidir les pièces sous le manteau ventilé, et ne passer à une autre opération que quand les pièces sont parfaitement refroidies, sous la hotte à ventiler.

Toutes les opérations accessoires auxquelles sont soumises ces pièces dorées sont faites avec les mêmes précautions de salubrité que celles dont nous avons parlé. On a pensé qu'en supprimant le mercure du travail de la dorure, on rendrait cette industrie salubre : c'est une erreur, car les causes d'insalubrité de ce travail, sont, en grande partie, indépendantes du mercure. D'ailleurs, tous les efforts faits pour dorer à chaud sans mercure ont été tout à fait infructueux.

On doit insister beaucoup sur la nécessité, pour les ouvriers, de se laver avec soin en finissant leur travail, et de ne jamais manger dans l'atelier; avec ces soins, l'industrie de la dorure au mercure sera parfaitement salubre. Les eaux acides du dérochage détruiraient bien vite les égouts et la voie publique, on doit les saturer avec de la craie, avant de le laisser couler au dehors.

La dorure au trempage, employée pour les bijoux de cuivre, se fait en les plongeant parfaitement décapés, dérochés et avivés, dans une dissolution bouillante de chlorure d'or, dans un carbonate alcalin; au bout d'une demi-minute, ils ont pris ce qu'ils peuvent prendre d'or.

Les mesures prescrites par le conseil de salubrité de Paris, sur le rapport de Darcet, sont :

1° De rétrécir le plus possible l'ouverture de chaque foyer, sans gêner le travail.

2° De donner à la cheminée 2^m, au moins, au-dessus du faîtage des maisons voisines.

3° De faire établir un bon foyer d'appel dans chaque forge, et un bon vasistas à soufflet dans l'atelier.

4° D'avoir dans l'atelier un flacon d'ammoniaque, en cas d'accident causé par des vapeurs nitreuses et du carbonate de chaux, pour saturer de suite les eaux acides. Les établissements des doreurs sur métaux sont rangés dans la troisième classe.

Assainissement de la dorure par la voie humide et par le procédé galvanique. — Ces procédés ont donné des produits de dorure si économiques et si abondants, qu'ils ont envahi en partie l'ancien travail au mercure, mais sans le remplacer entièrement.

On avait espéré que la dorure, par la voie humide, rendrait cette industrie tout à fait salubre.

Les vapeurs nitreuses dégagées dans le dérochage des pièces, au milieu d'une fabrication excessivement active, ont été plus dangereuses encore que celles du mercure.

Dans un rapport fait au préfet de police, en 1842, sur l'assainissement des ateliers de dorure par la voie humide, et en particulier celui de M. Elambert, Darcet constate que les anciens ateliers de dorure au mercure étaient rendus bien plus insalubres par les vapeurs acides provenant, soit du dérochage, soit de l'application de l'amalgame sur le bronze, soit de la mise au mat, que par le contact du mercure et de vapeurs mercurielles avec les organes des ouvriers.

Dans le procédé par la voie humide, l'ouvrier a non-seulement à recuire et à dérocher les pièces plus fortement encore que quand il met au mat, il doit opérer tout à fait en grand avec l'eau régale, l'acide nitrique et l'acide sulfurique, pour dissoudre l'or, le platine et l'argent.

Les ateliers de dorure par la voie humide sont donc bien plus insalubres que ceux au mercure, et l'altération rapide de la santé, la mort même, résultat nécessaire de la respiration des vapeurs acides dans un petit atelier où se fait une immense fabrication, sont bien plus graves qu'un accident par le mercure, toujours guéri promptement. Les beaux services rendus par Ravrio aux ouvriers doreurs conservent donc toute leur actualité, car tout ce qui a été fait pour assainir les ateliers de dorure au mercure doit être fait, à plus forte raison, pour ceux par la voie humide; mais les dispositions, si utiles pour les premiers, suffiront largement pour rendre les autres ateliers parfaitement salubres, et pour préserver entièrement les voisins des dangers et des incommodités d'un pareil atelier.

En conséquence, sur la proposition de Darcet, il a été arrêté, par le conseil de salubrité de Paris, que toutes les dispositions d'assainissement prescrites pour les ateliers de doreur au mercure seraient exigées aussi pour les ateliers par la voie humide.

Forge salubre. — Les figures 3633, 3634 et 3635 représentent la forge assainie de Lenoir Ravrio.

Fig. 3633. Elévation générale de la forge de doreur vue de face.

A. Forge à recuire.

B. Baquet à dérocher.

C. Forge à passer; on y volatilise tout le mercure qui a servi à dorer.

D. Forge où l'on met au mat les pièces dorées; en enlevant la plaque de fonte qui sépare ces deux dernières forges, on a le moyen de pouvoir dorer sans danger de très-grandes pièces.

E. Tonneau dans lequel se trempent les objets mis au mat.

H. Forge où l'on fait sécher les pièces de bronze dorées, lorsqu'elles sont achevées et lavées avec soin.

G. Cases réservées sous la forge à dorer pour y mettre en magasin du charbon de bois, ou tout autre objet.

Des rideaux servent à fermer, en tout ou en partie l'ouverture de la forge à recuire, la niche où se trouv placé le tonneau au mat, et la forge à sécher. Do châssis vitrés sont destinés à rétrécir, par le haut, l'ouverture de la forge et la forge à sécher; les rideaux servent à couvrir le reste de l'ouverture de ces foyers.

La figure 3635 représente une coupe verticale du fourneau d'appel placé au milieu. On voit que le charbon placé en A brûle à flamme renversée, comme dans les alandiers des fours à porcelaine, tandis que le bois, le coke ou le charbon de terre, se brûlent sur les grilles par le procédé ordinaire. Les gaz produits par la combustion de ces deux grilles se réunissent dans le passage voûté et se rendent dans la cheminée du fourneau

[1] *Mémoires* de Darcet, tome 1er, chez Lacroix et Baudry, libraire-éditeur.

d'appel, d'où ils passent dans la cheminée générale de la forge ; de là ils vont, fig. 3634, porter de la chaleur et déterminer le tirage qui rend tout l'appareil salubre.

Des bouches de tôle ferment une ouverture réservée dans le bas du fourneau d'appel. Cette ouverture sert à introduire le col du matras dans lequel on prépare la dissolution mercurielle, nommée *gaz*, employée pour dorer. On prépare aussi au-dessous de cette fente l'amalgame d'or et de mercure, et on évite ainsi les vapeurs délétères qui se dégagent pendant le cours de ces deux opérations. Ces vapeurs sont rapidement entraînées au dehors, par suite de la grande aspiration qui s'établit dans la cheminée du fourneau d'appel.

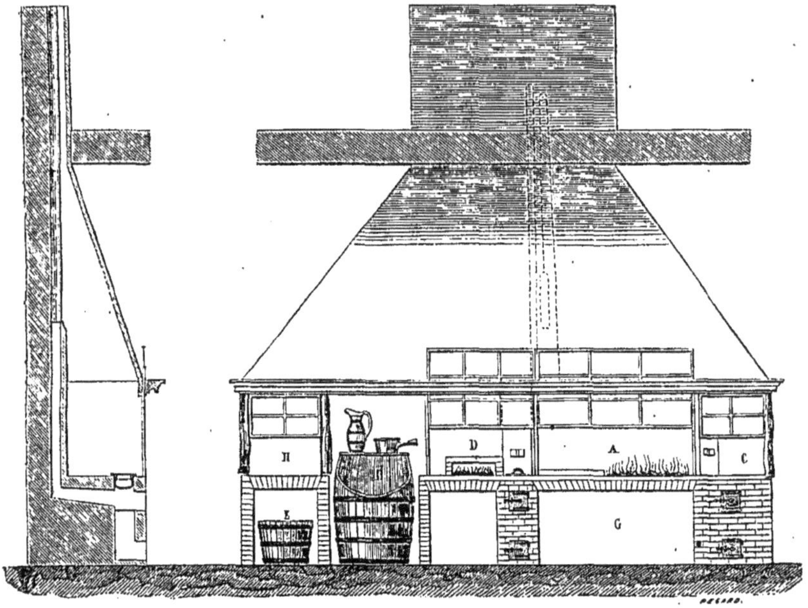

3634. 2633.

Les grands châssis mobiles, verticalement tenus en équilibre par les contre-poids, ferment plus ou moins et même tout à fait les ouvertures des forges. On a ainsi le moyen d'y accélérer autant qu'on le désire le courant d'air, et, en abaissant entièrement les châssis, on peut rendre extrêmement rapide le passage de l'air à travers les autres forges, ce qui est utile lorsqu'on pratique des opérations dangereuses.

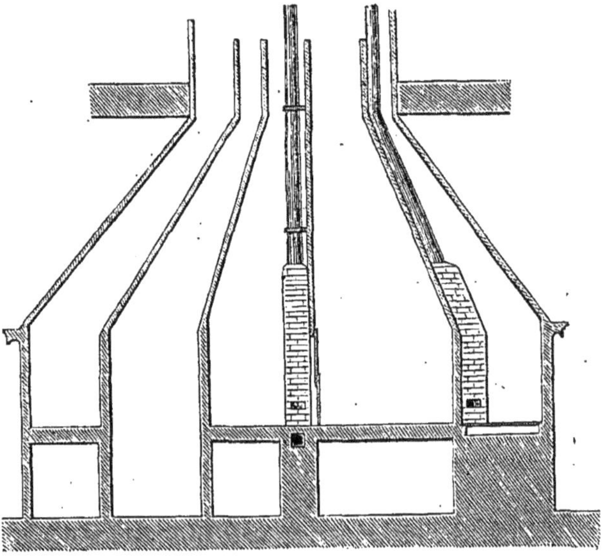

3635.

On voit, fig. 3635, que les cinq forges sont séparées les unes des autres par des languettes qui s'élèvent au-dessus du plafond de l'atelier ; on y voit aussi que les tuyaux H, H, des fourneaux d'appel montent un peu plus haut que ces languettes, et qu'ils commandent ainsi le tirage des forges lorsqu'ils portent dans la cheminée de la chaleur, qui, en dilatant l'air, établit le courant ascendant dont on a besoin.

En résumé, les conditions imposées pour assainir une forge de doreur insalubre, sont :

1° De surhausser et de dégager la cheminée, si elle n'est pas assez haute et assez libre.

2° D'établir un bon fourneau d'appel sous la forge pour assurer un fort tirage, et y mettre la forge à passer et celle au mat.

3° De rétrécir le plus possible l'ouverture antérieure de la forge.

4° De placer de bons vasistas à soufflet aux fenêtres qui sont en face de la forge et au nord ou à l'est, quand on le peut.

5° De saturer avec de la craie les eaux de dérochage et les autres eaux avant de les laisser écouler sur la voie publique.

Ramonage des cheminées de doreur. — Le ramonage des cheminées du doreur est lié à son industrie; des conditions prescrites d'avance doivent présider à leur ramonage, qui, sans cela, serait très-dangereux pour les ramoneurs; c'est là que s'amasse le mercure volatilisé et toutes les vapeurs acides qui proviennent des dernières opérations.

La suie contient, en effet, plusieurs métaux, du mercure et de l'or surtout; elle est d'autant plus lourde qu'elle est ramassée plus bas. La quantité de mercure est considérable, et un ramonage fait sans précautions dans de pareilles conditions causerait une grave maladie à l'enfant qui le ferait.

Le ramoneur, choisi bien portant, doit mettre des gants et un serre-tête de cuir ou de toile cirée; on doit lui envelopper le visage de deux serviettes bien lâches et lui faire mettre ses habits à part. Après le travail, il se lave à fond, boit du lait, remet ses habits, et l'opération ainsi conduite est sans inconvénient.

Pour l'*exploitation des eaux mercurielles et des cendres de doreur*, le traitement des eaux chargées de mercure provenant des ateliers de doreur et celles des cendres de doreur, pratiqué par les procédés perfectionnés et simples qu'on emploie aujourd'hui, sont deux industries autorisées dans les villes et qui ne nuisent pas à leurs voisins.

Elles sont de la troisième classe.

N° 20. — Féculeries.

Les conditions à imposer à ces établissements sont :

La suppression de brasiers très-dangereux pour sécher les fécules, leur remplacement par un calorifère à air chaud placé à l'étage au-dessous, et l'emploi des planchers en fer au lieu de planchers en bois.

Ils doivent jeter les eaux de lavage des pommes de terre et de la féculerie, qui se corrompent si vite et qui sont très-abondantes, dans un égout et non pas dans la rue; et si la féculerie est dans un village, ils ne doivent les jeter que dans un ruisseau pavé.

N° 21. — Assainissement des fabriques de fer-blanc.

L'assainissement de tous ces ateliers, par la ventilation forcée repose sur des principes si simples qu'il est inutile d'y revenir; mais il n'en est pas de même pour les applications à chaque industrie spéciale, où l'ingénieur est obligé de varier ses moyens d'action pour satisfaire à tous les cas particuliers.

La fabrication du fer-blanc se divise en deux opérations distinctes : le décapage parfait des feuilles de tôle et l'étamage des tôles bien dérochées. Le décapage des feuilles de tôle se pratique en les mettant tremper dans de l'acide sulfurique ou de l'acide hydrochlorique faible; les feuilles, retirées de ce bain, sont ployées en deux, par le milieu et en travers de leur longueur, en leur donnant la forme d'un toit, et portées toutes mouillées d'acide dans un four assez échauffé pour vaporiser promptement l'eau, faire réagir l'acide sur le fer, détacher et faire tomber les écailles d'oxyde de fer formées sur les surfaces de la tôle. Les feuilles sont remises aussitôt dans un bain d'eau acidulée, et le décapage est achevé par des moyens purement mécaniques. Les tôles, bien décapées, sont enfin étamées en les plongeant successivement dans divers bains composés de suif seul, d'étain couvert de suif et d'étain pur, tous chauffés presque jusqu'au degré de chaleur où le suif peut s'enflammer.

Il ne peut donc y avoir d'insalubrité dans la fabrication du fer-blanc que par la production du gaz hydrogène qui se dégage sous l'action des acides faibles sur les tôles, et surtout par des vapeurs infectes et insalubres que donne le suif rance, continuellement en contact avec des oxydes métalliques, et le fer chauffé au point de le vaporiser et de l'enflammer.

Pour assainir le décapage des tôles avec des acides faibles, il suffit de le pratiquer sous une hotte dont l'ouverture antérieure soit très-étroite et communique avec une cheminée de 10 ou 12 mètres de hauteur et dont la section soit égale au dixième de l'ouverture de la hotte. On donnera au courant ventilateur une vitesse convenable au moyen d'un fourneau d'appel spécial ou de tout autre moyen d'échauffer la colonne d'air, au-dessous de la hotte, disposition semblable à celle que nous donnons plus loin pour l'étamage des tôles décapées.

La partie du décapage des tôles qui se fait dans un fourneau à réverbère donne aussi lieu au dégagement de gaz et de vapeurs insalubres; mais comme ils se mélangent aussitôt à la fumée, ils sont portés avec elle, à une grande hauteur. Le four à réverbère, bien fumivore, doit seulement être chauffé avec du coke, et, dans les deux cas, la cheminée aura assez de hauteur pour que le voisinage n'en souffre pas. L'étamage des tôles dérochées est sans contredit l'opération la plus insalubre de cette industrie. Donnons donc la description détaillée de l'appareil ventilateur que M. L. Mertian a fait établir dans sa fabrique de Montataire, sous la direction de Darcet[1].

Cet appareil se compose d'un grand fourneau, adossé à l'un des gros murs de l'atelier et couvert, à une hauteur convenable, par une hotte conduisant au dehors, et à une élévation suffisante au-dessus du toit, la fumée des fourneaux, la graisse vaporisée, et les produits gazeux pyrogénés auxquels le travail de l'étamage donne lieu. Voici la description des différentes élévations et coupes de cet appareil.

[1] La lettre suivante de M. L. Mertian à Darcet sera utile pour compléter cette note :

« Monsieur,

« J'ai l'honneur de vous remettre le plan que vous me demandez, de l'étamerie de Montataire. Elle a été construite conformément aux indications que vous avez bien voulu me donner dans le temps, et elle ne laisse rien à désirer sous le rapport de la salubrité. Sans aucun appareil spécial de ventilation, le tirage est déterminé naturellement par l'appel que produisent les foyers des creusets qui contiennent l'étain et la graisse. Pour obtenir un tirage qui entraîne toutes les vapeurs sans incommoder les étameurs par un courant d'air trop vif, il a fallu tâtonner la distance entre l'âtre et le manteau de la cheminée. On a adopté celle de 0m,80, qui remplit ces deux conditions. L'ancienne étamerie avait l'inconvénient de manquer de tirage. Les vapeurs des creusets se répandaient dans l'atelier et occasionnaient aux étameurs des malaises et des nausées qui allaient quelquefois jusqu'aux vomissements.

« Depuis la reconstruction, non-seulement ces inconvénients ont cessé; mais il n'y a plus même la moindre odeur dans l'atelier.

« Ce changement n'a eu aucune influence sur les consommations en combustible, graisse et étain.

« L'atelier du dérochage a été organisé d'une manière tout à fait analogue à celle de l'étamerie.

« Je joins à cette lettre un flacon contenant un échantillon de graisse pris sur un bain d'étain.

« Agréez, monsieur, la nouvelle assurance de ma haute considération.

« Signé : Mertian. »

Les figures 3636 et 3637 représentent le fourneau salubre pour fabriquer le fer-blanc.

A. Massif qui porte le système.

I K L M. Portes des quatre fourneaux nécessaires au travail complet.

B. Grande hotte qui recouvre les fourneaux, les creusets et le travail.

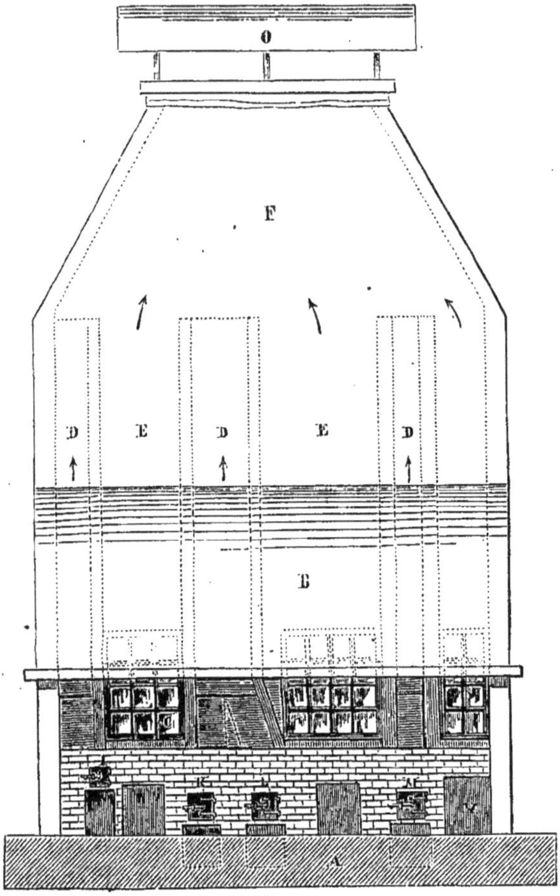

3636.

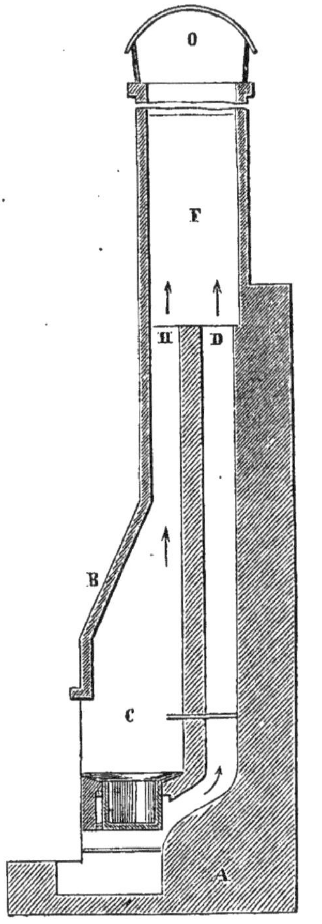

3637.

C. Ouverture de 0,807 de hauteur, que laisse la hotte au-dessus des fourneaux.

D D' D'' D'''. Cheminées qui desservent les quatre fourneaux, et qui viennent déboucher sous la hotte dans la cheminée générale F.

F. Cheminée générale qui monte assez haut sur le toit pour porter au loin les vapeurs dégagées dans le travail du fer-blanc.

O. Chapeau en tôle qui recouvre la cheminée générale.

H. Vide réservé devant les cheminées D pour la communication de la hotte avec la cheminée générale; cette ouverture est munie de trappes pour régler le tirage qui, s'il était trop fort, gênerait les ouvriers.

N. Les six creusets servant à la fabrication du fer-blanc sont couverts par la grande hotte de ventilation; quatre seulement par des foyers spéciaux, les deux autres par la chaleur du fourneau.

L'ouvrier étameur met les feuilles de tôle étamée dans une première caisse remplie d'étain ordinaire

INSALUBRES.

et par paquets, le brosseur les en retire pour les brosser une à une et les plonge ensuite dans le deuxième compartiment rempli d'étain plus pur; il les en retire et les pose de champ dans un grillage plongé dans la caisse, qui ne contient que de la graisse.

Enfin, après avoir été brossées, l'ouvrier les porte à la dernière caisse en fonte; elle est chauffée par un foyer, et ne contient que peu d'étain pur fondu. C'est dans cette caisse que l'on plonge la partie inférieure des feuilles de fer-blanc, pour en enlever l'excès d'étain qui s'est accumulé en bourrelet vers le bas des feuilles, par suite de leur refroidissement dans la position verticale, lors de leur placement dans la caisse à égoutter. Ce bourrelet d'étain formant, comme on le dit, *lisière*, étant ainsi fondu, est enlevé, en donnant brusquement à chaque feuille un léger coup au moyen d'une baguette; il ne reste plus alors qu'à dégraisser et nettoyer les feuilles de fer-blanc, ce qui se fait en les frottant convenablement avec du son bien sec, etc., etc.

D'après la description qui précède, on voit :

1° La relation qui existe entre la partie inférieure de la grande hotte et la devanture du fourneau dont la paillasse est élevée de 1m au-dessus du sol de l'atelier.

2° Les dispositions intérieures de la première caisse en fonte, de son foyer et de son cendrier.

3° Comment la cheminée qui sert aux quatre fourneaux donne lieu à un puissant appel dans la cheminée générale.

Un chapeau en tôle est sur la cheminée, pour s'opposer à la chute de la pluie et aux effets du vent.

On verra, maintenant, comment la ventilation s'opère sous la grande hotte, et produit l'assainissement complet de l'atelier où s'étament les tôles.

Pour faire comprendre le jeu de l'appareil ici décrit, il suffira de résumer ce qui a été dit plus haut. L'établissement de la ventilation forcée, dans l'intérieur de l'appareil, a lieu dès qu'on allume du feu dans l'un des quatre fourneaux, ou plutôt dès que la fumée sortant de la petite cheminée dans la grande, le courant ascensionnel augmente aussi de vitesse dans la cheminée générale, avec le nombre de fourneaux allumés, ou avec l'intensité du feu. L'échauffement du massif dans lequel les quatre foyers sont établis, ainsi que les surfaces très-échauffées des six caisses, dilatent aussi l'air sous la grande hotte C, y augmentent le tirage, et, en outre, y entretiennent la ventilation forcée pendant les heures de repos. Même pendant les jours de repos, l'appel opéré dans la cheminée générale par le service de la petite cheminée fait entrer l'air de l'atelier sous la hotte, entraîne les vapeurs infectes et les gaz délétères produits à la surface des creusets, les conduit dans le haut de la cheminée générale, et de là dans l'atmosphère, ce qui produit l'assainissement complet de l'atelier.

Ajoutons qu'en outre, la même cause empêche l'échauffement de l'air en avant de la hotte, y maintient les ouvriers dans un léger courant d'air pur et continuellement renouvelé, ce qui facilite ainsi doublement le travail pénible qu'ils font pour convertir les tôles noires en fer-blanc.

L'appareil Darcet, fonctionnant indépendamment de la volonté des ouvriers, satisfait à toutes les exigences de la question, et dans toutes les fabriques de fer-blanc qui établiront convenablement cet appareil, on aura, sans peine et sans dépense, le grand avantage de conserver la santé des ouvriers employés à la fabrication du fer-blanc, tout en rendant leurs travaux moins pénibles, et, par conséquent, plus productifs.

N° 22. Laiterie, conservation du lait, surveillance du lait a Paris.

Une ordonnance de police du 27 février 1838 régit aujourd'hui les laiteries de Paris.

Les conditions imposées sont le rejet des laiteries entre les murs d'enceinte et plusieurs grandes lignes, qui ne leur permettent pas de s'établir au centre de Paris.

L'enlèvement des fumiers, l'isolement des magasins à fourrage, de grandes conditions de propreté, sont les dispositions principales de l'ordonnance.

Darcet a fait, le 21 septembre 1841, un rapport au conseil de salubrité sur une eau vendue dans le commerce, et employée à conserver plus longtemps le lait. Cette eau marquait 5 degrés à l'aréomètre, et contenait par 100, 2g,70 d'acide carbonique, et 55 grammes par litre de carbonate de soude. Elle avait dû être préparée en faisant dissoudre du *carbonate de soude* cristallisé, et y ajoutant de l'acide carbonique, ou en dissolvant du bicarbonate de soude dans de l'eau bouillante.

Il montre ensuite que l'on peut conserver longtemps du lait en l'alcalisant convenablement.

Dans une visite faite en 1826, à la belle ferme de Wewelghem, en Belgique, Darcet et Gay-Lussac reconnurent que la moyenne du lait de cet établissement était fortement alcaline.

A Vichy, on ajoute de l'eau minérale contenant du bicarbonate de soude au lait pur, pour les malades qui ne peuvent le digérer.

Partant de là, Darcet pensa à alcaliser le lait, pour le rendre conservable et transportable plus longtemps.

Ce procédé est employé, depuis 1829, à la ferme Sainte-Anne, près Paris, où il a donné les meilleurs résultats. On doit régler à 1 ou 2 décigrammes de bicarbonate de soude par litre de lait le dosage alcalin, et ce dosage n'a jamais été trouvé trop fort, c'est celui que nous conseillons d'adopter.

N° 23. Vernis noir pour les ferrures de harnachements et éperonniers.

Ce travail, qui se fait en chauffant les objets de harnachement en fer, au-dessus d'un tas de fumier allumé, et en plein air, et en les chauffant une seconde fois, après les avoir frottés d'huile de lin, est évidemment incommode pour le voisinage, et ne peut être autorisé qu'en faisant l'opération dans des fourneaux disposés de manière à être salubres.

Quant aux éperonniers ou fabricants de *mors et d'éperons en fer étamé*, cette industrie, qui n'était pas encore classée, a été l'objet d'un rapport de Darcet.

Il a fait remarquer que ce sont de petites fabriques de *fer-blanc*, et qu'on devrait les mettre dans la troisième classe, mais que comme l'industrie du fer-blanc en grand est aujourd'hui parfaitement assainie avec les dispositions données par lui, il vaut mieux ne pas augmenter le nombre des ateliers classés. Les vapeurs et les gaz produits par l'étamage des mors et éperons, a-t-il ajouté, qui peuvent se répandre au dehors, proviennent de l'emploi de l'acide chlorhydrique pour le dérochage du fer, et du grand degré de chaleur donné à la couche de suif qui recouvre le bain d'étain. Ce sont là les inconvénients des fabriques de fer-blanc mal montées; par conséquent, l'assainissement des ateliers d'éperonniers est très-facile :

1° En donnant à la hotte et à la cheminée des proportions suffisamment larges et en rétrécissant l'entrée.

2° En y établissant un foyer d'appel et un vasistas à soufflet, pour avoir un bon tirage.

N° 24. Clarification des eaux de rivière, emploi de l'alun.

Pendant longtemps, de nombreux porteurs d'eau de Paris clarifiaient chez eux l'eau de Seine destinée à leurs pratiques au moyen de l'alun, qui est converti alors en alun insoluble, par le carbonate de chaux entraîné en suspension dans les eaux de rivière, et aussi par l'acide carbonique qu'elles ont dissous.

L'alun ainsi précipité en flocons insolubles et volumineux enveloppe les substances hétérogènes et solides que l'eau contient, et les entraîne complétement et rapidement avec lui.

Darcet, dans un rapport très-complet sur cette question, a prouvé que ce système de clarification ne donnait que de bons résultats, et que l'alun employé ainsi à la dose de 1 gramme par 8 litres d'eau de Seine était entièrement précipité; que, de plus, il restait encore dans l'eau une quantité de *carbonate de chaux suffisante* pour précipiter plusieurs fois cette dose d'alun; qu'enfin, l'eau ainsi filtrée conservait la saveur la plus pure et la plus franche.

Il a ajouté que ce procédé était loin d'être nouveau; qu'il était employé dans de sages proportions à l'usine de clarification du quai des Célestins.

En Égypte, on clarifie les eaux en frottant les jarres de dépôt avec des pains de tourteaux d'huile.

Les filtres Fonvielle sont très bons, comme moyen de clarification; mais le filtrage y est beaucoup trop cher, par suite de leurs trop petites dimensions.

Le filtrage à travers les sables des bords des rivières, arrangés en filtres artificiels, comme à Toulouse, a le grand défaut de diminuer tous les jours de puissance de filtration (Voy. FILTRATION).

Le procédé de filtrage le plus parfait et le plus économique est certainement celui monté par M. Jégoux, ingénieur en chef des ponts et chaussées pour les eaux de la ville de Nantes, dans les réservoirs mêmes de la ville et avec une première filtration, sur la rivière même.

Ce système est bien connu de l'auteur de cet article, qui a monté là, avec MM. Windsor, de Rouen, et Granger, les machines, les pompes et le système d'élévation d'eau de cette ville.

N° 25. Assainissement et séchage des maisons et des ateliers humides.

Asphyxies lentes causées par l'insalubrité des logements.

Darcet a eu l'occasion d'observer des cas très-graves d'asphyxie, causés par l'insalubrité des logements. La gravité de la question nous engage à donner ces faits; nous y ajoutons ce qui a été fait jusqu'à présent pour sécher les murs des bâtiments nouvellement construits, et ce qui, à notre avis, doit être fait pour obtenir sûrement des résultats complets et rapides.

Première observation d'asphyxie lente. — Un menuisier de Nancy, bien constitué et âgé de 35 ans, occupait, avec sa femme et trois enfants, une maison achetée depuis peu; lui et sa famille éprouvaient les mêmes symptômes : douleurs de tête, lassitude, dégoûts, nausées, coliques continuelles, dévoiement, enflure et engourdissement des jambes, symptômes qui avaient beaucoup de rapport avec ceux d'un empoisonnement. Ses ouvriers travaillant et mangeant avec lui, mais ne couchant pas dans la même maison, n'avaient rien éprouvé, les voisins non plus.

Quelle était donc la cause évidemment générale qui agissait sur cette malheureuse famille? Le pain était de bonne qualité. L'eau d'un puits commun avec la maison voisine, habitée par un fabricant de papiers peints, qui employait une grande quantité de substances minérales en partie vénéneuses, fut analysée par M. Braconnot, qui la trouva de bonne qualité et sans aucune substance vénéneuse ou minérale.

Une visite des lieux, faite par MM. de Haldat et Braconnot, à la demande de Darcet, apprit que dans la fabrique de papiers peints, on employait des quantités énormes d'arsenic et d'oxyde de cuivre pour la préparation du vert de Schweinfurt.

Le menuisier habitait, au premier, un logement propre, bien exposé et sur le devant.

Dans la boutique à rez-de-chaussée, sur l'indication de Darcet, les professeurs de Nancy reconnurent une large tache humide qui s'étendait fort au delà du plafond et qui correspondait à une cour obscure, au-dessus de laquelle était un premier étage appartenant à la fabrique de papiers peints.

Cette cour, visitée avec une lanterne, ne recevait le jour que par un châssis vitré de 1 mètre carré, placé dans la toiture.

Elle était restée sans usage depuis plus d'un demi-siècle, et on y jetait tous les débris de la fabrique par une croisée obscure. Un puits abandonné existait là, près de celui du menuisier et sous sa chambre à coucher. Une bougie allumée continuait à brûler dans ce puits, mais se dégageait de l'intérieur de l'eau des bulles rendues très-abondantes par le jet d'une pierre, qui troublait la vase. Ce gaz analysé se trouva être du gaz *hydrogène des marais*, provenant de la décomposition des matières organiques contenues dans ce puits.

On ne connaît pas la véritable cause des maladies engendrées par le gaz des marais, mais ce sont des maladies d'une nature putride, dites aussi *fièvres d'automne*, comme la maladie observée chez le menuisier, qui était beaucoup plus intense au mois de novembre, et présentait des symptômes analogues.

MM. de Haldat et Braconnot conseillèrent de combler le puits et d'aérer la cour. On se rappela alors qu'un homme d'une taille et d'une force athlétiques était déjà mort dans la même maison, avec sa femme et ses trois enfants, d'une maladie semblable; il paraissait aussi certain que les causes mortifères étaient devenues beaucoup plus intenses depuis quelques années. Deux femmes y ont aussi successivement trouvé la mort, chacune avec des enfants.

D'après Darcet, voici la cause de la maladie en question. A l'entrée de l'hiver, au mois de novembre, on faisait du feu dans le logement du menuisier. L'air extérieur pénétrait dans la cour par l'ouverture du toit, s'infectait et était attiré dans l'appartement par l'appel des cheminées, en passant à travers le mur par les joints et les fentes des maçonneries. Pour remédier à ce dangereux état de choses, il fallait :

1° Ventiler abondamment la cour, en y amenant de l'air pris en bas et l'évacuant par le haut;

2° Supprimer toute communication entre la cour et la maison, mettre des enduits hydrofuges sur le mur;

3° Introduire enfin dans la maison de l'air pur et pris à l'extérieur, pour suffire au tirage des cheminées.

Deuxième observation. — Trois garçons de bureau jeunes et vigoureux étaient morts successivement dans un logement de $2^m,05$ de hauteur, composé d'une chambre à coucher avec cheminée et d'une antichambre non ventilée. Un tuyau de descente des lieux passait dans l'angle de l'alcôve et avait légèrement infiltré le mur, mais sans odeur sensible. Darcet attribua cette mortalité à l'action lente des émanations du tuyau de chute, qui, surtout pendant la nuit, étaient attirées autour de la tête du lit par l'appel de la cheminée.

Troisième observation. — Une mère, ne voulant pas laisser sortir sa fille de sa chambre pendant la nuit, la faisait coucher avec elle dans un cabinet de 5 mètres de long, étroit, et n'ayant que deux portes à l'extrémité opposée au lit, et où l'air se renouvelait mal. La jeune fille dépérit, et mourut d'une maladie du poumon, bien qu'il n'y eût jamais eu de phthisique dans la famille.

Quatrième observation. — Un employé du Mont-de-Piété dépérissait dans son appartement, où Darcet reconnut bien vite la présence de l'acide carbonique, appelé par la cheminée de la chambre à coucher, toujours chauffée en hiver par du feu, et, en été, par l'élévation forcée de température d'une petite chambre où l'on couche. Le soir, ce gaz descendait par la cheminée du salon, que l'on ne chauffait presque jamais, et qui était commune à une cuisine de l'étage supérieur. Une bonne cheminée à courant d'air, prenant l'air à l'extérieur et placée dans la chambre à coucher, une trappe à la cheminée du salon, et des bourrelets à la porte, entre le salon et la chambre, arrêtèrent le mal.

Cinquième observation. — Une famille était attaquée d'une salivation, due au mercure d'un baromètre cassé, que l'on avait versé sur une assiette oubliée sur une armoire. C'était une petite cause qui aurait produit à la longue de funestes effets.

Sixième observation. — Deux dames ont été asphyxiées, une nuit, par l'acide carbonique, entré dans leur chambre à coucher par le poêle de la salle à manger, où l'on n'avait pas fait de feu depuis longtemps. L'acide était appelé à travers le salon par le feu fait dans la chambre. La cheminée où donnait le tuyau de poêle dépendait d'un appartement placé au-dessous, et où l'on avait, la nuit précédente, cuit, avec du charbon de bois, une grande quantité de dents artificielles, cause évidente de la mort de ces dames.

Septième observation. — Les vapeurs mercurielles sortant d'un atelier de doreur ont rendu malade une famille qui occupait un logement où se trouvait un poêle, communiquant par son tuyau avec la cheminée du doreur. C'est encore ici l'action de la cheminée des malades, qui appelait, par le tuyau de poêle, dans tout l'appartement le mercure en vapeur.

En résumé, Darcet a montré que pour des assainissements de ce genre, il faut bien choisir l'endroit où l'on prend l'air pur destiné à alimenter les cheminées d'appartement. Car si l'on ne fournit pas à ces cheminées de l'air pur en quantité suffisante, elles en prennent dans des lieux infects, comme des tuyaux de descente des lieux, des cours malsaines, des cheminées voisines, ou bien elles fumeront. La moindre ventilation, qu'elle s'opère soit par en haut soit par en bas, suffit pour assainir un appartement. On a assaini ainsi une loge d'acteur, en la faisant communiquer par un tuyau de fer-blanc de 4 cent. avec l'appel du lustre de la salle. Un calorifère placé dans la cave amenait dans la loge, de l'air chaud en hiver et frais en été.

Huitième observation.— Un ouvrier en casquettes, sa femme, son enfant et une jeune ouvrière étaient tous quatre malades, avec les gencives et les lèvres fortement enflées ; la lèvre supérieure touchait au nez et la tête de la femme était enflée aussi. L'enfant était le plus malade.

Le médecin, qui crut trouver là les effets des émanations mercurielles, reconnut qu'à l'étage inférieur travaillait un doreur sur métaux qui employait beaucoup de mercure dans son travail. Darcet, le lendemain, visita les malades avec le médecin. L'enfant avait déjà perdu quatre dents. Le logement se composait d'une chambre avec fenêtre ouvrant sur une cour ; au milieu un poêle, dont le tuyau donnait dans un coffre de cheminée. L'air de la chambre était lourd et infecté par les peaux employées au travail des casquettes.

L'atelier du doreur avait des fourneaux bien faits, avec un excellent tirage. Le conduit de cheminée était celui même où donnait le tuyau de poêle. La cause de la maladie était évidente, le doreur mettait sur ses fourneaux des marchandises combinées avec le mercure. Le mercure volatilisé se condensait dans le coffre, tombait dans le tuyau de poêle, et, volatilisé de nouveau par le feu, se répandait dans la chambre, où il causait ces dangereux effets. Un morceau d'or fin frotté contre les parois du poêle s'est blanchi de suite, par la présence du mercure.

On fit démonter le poêle et boucher le trou donnant dans la cheminée du doreur.

Neuvième observation. — Un doreur sur cuivre pour broderies habitait depuis quatre ans une maison très-peuplée, avec sa femme, deux enfants, une bonne et un ouvrier ; une petite cuisine lui servait d'atelier, mais le tirage de ses fourneaux, bien construits, emportait au dehors toutes les vapeurs dangereuses. Personne n'avait été malade chez lui ni dans les étages inférieurs et supérieurs. Le logement au-dessus avait changé plusieurs fois de locataires, sans plaintes. La cheminée de l'atelier était accolée aux cheminées de la maison et perdue dans les murs. En novembre, une famille de quatre personnes occupa le logement vide, et au bout de huit jours tous étaient gravement malades.

Abondante salivation, gonflement affreux des gencives et de la bouche, l'enfant perdit plusieurs dents. Ces symptômes indiquaient l'action des vapeurs mercurielles. Mais par où arrivaient-elles dans le logement sans atteindre personne chez le doreur? Des crevasses qui venaient de se produire laissaient passer les vapeurs mercurielles du coffre de la cheminée du doreur dans le logement, sous l'appel de la cheminée de la chambre où l'on faisait du feu à l'entrée de l'hiver.

La fermeture hermétique de ces crevasses supprima tout le mal.

Dixième observation. — Navire infecté par le mercure. L'exemple le plus remarquable des dangereux effets des vapeurs mercurielles est dans les accidents arrivés à l'équipage du vaisseau de ligne britannique *le Triomphe*. A la suite d'un orage qui, en 1810, avait jeté à la côte un bâtiment espagnol chargé de mercure pour les colonies, le *Triomphe* reçut à bord 130 tonneaux de mercure. La plupart des boîtes qui le contenaient furent mises dans la soute au pain, où le mercure se versa, ce qui occasionna de graves maladies à un grand nombre d'hommes de l'équipage, à des munitionnaires et à des officiers. Ulcères à la bouche, paralysie partielle du corps. Deux cents personnes furent atteintes en trois semaines. On fit promptement décharger du *Triomphe* le mercure et les munitions, même le lest, et on lava avec soin partout.

Malgré ces soins, un grand nombre d'hommes furent attaqués de nouveau de maladies, dans le retour à Cadix et en Angleterre.

Le navire ayant marché quelque temps vent en poupe, on laissait les sabords ouverts, et l'équipage se tint le plus possible sur le pont, ce qui diminua beaucoup le nombre des malades. Quelques hommes devinrent phthisiques. Un autre mourut de salivation et d'ulcères gangrenés à la bouche.

La cause de ces graves accidents est la vapeur du mercure, qui avait pénétré dans les bois, malgré les lavages répétés.

Séchage des bâtiments et des murs. — L'humidité des bâtiments neufs, ou établis dans de mauvaises conditions de salubrité, de sécheresse, ou sans caves, est une question très-importante pour la santé des personnes qui les habitent, et pour la conservation des boiseries, des peintures et des papiers de tenture. Dans des constructions faites sans que l'on ait pris des précautions suffisantes contre l'invasion de l'humidité, venant d'un sol trop humide ou pénétré de sources, ou dans des constructions occupées trop tôt, outre la destruction des papiers et peintures, la santé des habitants est rapidement compromise ; ils sont perclus de douleurs rhumatismales ou de rhumatismes aigus.

Dans les constructions publiques, pour s'assurer contre toute invasion de l'humidité venant du sol, les architectes habiles étendent, sous toute la construction, une nappe non interrompue de matière imperméable à l'eau.

C'est ainsi que M. Gilbert aîné, de l'Institut, a mis à la maison Mazas, sous toutes les parties intérieures aux murs, une couche continue de bitume de 3 centimètres, et sous les murs, une feuille de plomb reliée avec soin au bitume. Le bitume aurait été écrasé par la charge des murs.

Un bon bétonnage et l'exhaussement de la construction au-dessus du sol donnent aussi de très-bons résultats.

Darcet a trouvé un enduit hydrofuge, que nous avons donné dans le Ier volume de ses *Mémoires*, et qui est composé de :

1 partie de cire [1];

3 parties huile cuite avec $\frac{1}{10}$ de son poids de litharge.

Cet enduit, appliqué à plusieurs couches et à chaud, sur les murs, les protége de la manière la plus complète contre toute pénétration de l'eau ou de l'humidité extérieure, sous condition que les murs seront séchés à fond d'avance. C'est avec cet enduit que Darcet et Thénard ont fait préparer et enduire la coupole du Panthéon pour recevoir les peintures de Gros. Jamais trace de pluie ou d'humidité n'est venue altérer depuis ces magnifiques peintures.

Drainage des ateliers. — Nous avons fait employer

[1] *Mémoires de Darcet*, 1 vol. Lacroix et Baudry.

le drainage pour assainir un grand atelier dont le sol devenait très-humide à chaque pluie.

Des fossés autour de la filature, communiquant à un puits, et un système de tuyaux de drainage, ont asséché entièrement le sol. Il vaut toujours mieux prévenir l'invasion de l'humidité pendant la construction, comme nous l'avons dit, que d'avoir à la combattre ensuite. Il ne faut pas, surtout, enfermer l'humidité sous des boiseries ou des peintures mises sur des murs neufs, et qui n'ont pas eu le temps de sécher. Les peintures et les papiers sont bien vite moisis et perdus, et exigent un remplacement complet après le premier été.

Il ne faut pas surtout habiter des maisons trop nouvellement construites, sous peine des graves dangers que nous avons signalés plus haut. Il est toujours utile, nécessaire même, de faire sécher artificiellement et profondément les murs des maisons nouvelles ou des appartements récemment distribués.

Ce séchage des murs, pour s'opérer dans des conditions rapides et économiques, doit se faire avec des dispositions et des appareils tout différents de ceux que l'on a employés jusqu'à ce jour.

Les foyers extérieurs et le ventilateur à palettes, essayés seuls jusqu'à présent par plusieurs compagnies, prennent trop de force et sèchent trop lentement, pour que cette entreprise ait pu donner de bons résultats industriels. L'auteur de cet article a combiné, avec MM. Bouillon et Muller, ingénieurs à Paris, des appareils de séchage, à foyer clos, où le ventilateur employé est le ventilateur à ailettes ou à hélice du général Sabloukoff. Ce ventilateur, qui coûte peu d'établissement, débite, avec une faible puissance mécanique, un volume considérable d'air. Il rend ainsi possible, industriellement et en pratique, le séchage des murs et des appartements, en réunissant la rapidité, la puissance et l'économie du travail.

Un appareil est préparé chez MM. Bouillon et Muller [1], à la disposition des architectes et des propriétaires qui voudront sécher et assainir rapidement, et avec toute certitude, leurs maisons ou leurs logements. Des appareils doivent aussi être expédiés aux personnes qui en demanderaient.

N° 26. Extinction des feux de cheminée.

Un rapport de Darcet sur la poudre anti-incendiaire de M. Barrau rend compte d'expériences faites pour éteindre des feux de cheminée, expériences qui ont très-bien réussi avec des feux encore peu intenses.

Darcet reconnut que cette poudre était composée, pour la majeure partie, de soufre, dont l'emploi, pour éteindre les incendies, est connu depuis 1786. Son avis fut donc que l'emploi de cette poudre ne peut pas être autorisé à Paris, ni dans les villes où les secours sont bien organisés, parce qu'il y a toujours du danger à laisser les particuliers essayer d'éteindre eux-mêmes les incendies; mais, dans les campagnes et les fermes, cette poudre doit être très-utile.

N° 27. Accidents causés par des vases culinaires en maillechort.

De la sauce hollandaise pour turbot, composée de beurre fondu, de jus de citron, de sel et de poivre, restée près d'une heure dans un vase en maillechort, avait incommodé fortement les personnes qui en avaient mangé.

Darcet, chargé d'étudier cette grave question, fit faire cinq vases :

N° 1. Un d'argent au 1er titre ou à 950 millièmes.
N° 2. Un d'argent au 2e titre ou à 800 millièmes.
N° 3. Vase en maillechort.
N° 4. Vase en cuivre rouge.
N° 5. Vase en cuivre jaune.

Une portion de sauce hollandaise fut répartie dans les cinq vases.

Après six heures d'expérience, la sauce commençait à se colorer en vert dans le vase en maillechort. La coloration était moins prononcée dans le vase d'argent au 2e titre, et n'était pas appréciable dans celui au 1er titre, ni dans le cuivre rouge et le jaune.

Après douze heures de séjour, l'argent au 2e titre était plus coloré que le maillechort, et le cuivre rouge commençait à se charger de sels cuivreux; l'argent à 950 n'était pas attaqué; le cuivre jaune commençait à peine à l'être.

Après vingt-quatre heures, voici l'ordre des colorations :

Argent au 2e titre, beau vert.
Maillechort, vert-brun terne.
Cuivre rouge, vert-brun.
Cuivre jaune, vert-brun léger.
Argent au 1er titre, parfaitement blanc.

Après trente-six heures :

Cuivre rouge, vert-brun terne.
Maillechort, vert noirâtre terne.
Argent à 800 millièmes, beau vert.
Cuivre jaune, vert moins terne que le maillechort.
Argent à 950, rien.

De ces expériences, il résulte que :

1° Le maillechort n'a pas été plus fortement attaqué par la sauce hollandaise que l'argent au second titre, dont l'emploi est autorisé partout; que, de plus, le maillechort n'a été attaqué qu'après un assez long séjour, et que la teinte noirâtre qu'il prend dans ces conditions a l'avantage de prévenir de la présence des sels cuivreux et des dangers que peut présenter l'usage de la sauce à moitié altérée.

N° 28. Accidents causés par les cornichons.

De nombreux accidents sont arrivés après avoir mangé des cornichons qui *ont un beau vert*. Les analyses de ces substances alimentaires prouvent qu'ils contiennent alors de l'*acétate de cuivre* et du *tartrate double de cuivre et de potasse*, en quantité suffisante pour occasionner des indispositions, des coliques et des vomissements. Darcet a aussi étudié cette question.

On reconnaît facilement la présence du cuivre dans les cornichons en écurant bien une lame de couteau avec du sable et de la cendre, et l'engageant profondément dans le cornichon à essayer; on trempe ensuite le cornichon et le couteau dans un verre contenant du vinaigre où étaient les cornichons. Après une demi-heure on retire le couteau, on lave bien la lame.

Si cette lame a pris la couleur rouge du cuivre, les cornichons sont vénéneux et on doit les rejeter ; mais si la lame est restée brillante ou a pris seulement une couleur brune, les cornichons peuvent être employés sans aucun danger. Pour être à l'abri de tout danger, on ne doit employer que des cornichons préparés *à froid* ou avec du vinaigre qui n'a pas séjourné dans un vase de cuivre, ces cornichons n'ont pas la belle *couleur verte* des premiers et sont jaunâtres ; mais leur goût est bien meilleur et ils ne sont jamais dangereux.

N° 29. Emploi des balances de cuivre.

Les bouchers et les charcutiers emploient presque toujours des balances de cuivre sur lesquelles ils mettent des rondelles de cuir verni qui s'imprègnent de graisse, pour préserver leur marchandise de l'action du cuivre, d'où résultent de la malpropreté, ou des fraudes de poids ; on peut autoriser ces rondelles, sous condition de les changer dès qu'elles sont sales, et de les équilibrer par un poids ajouté à l'autre plateau.

Il est bon aussi d'obliger les bouchers et les charcu-

[1] Rue de Chabrol, 33, à Paris.

INSTRUMENTS D'OPTIQUE.

tiers à n'employer que des balances en cuivre étamé; cette mesure doit être appliquée à toutes les denrées dont la salubrité peut être altérée par le contact du cuivre. Quant aux fraudes de poids, c'est évidemment aux acheteurs à s'en défendre, ce qui est toujours facile.

N° 38. Curage des égouts

En avril 1842, cinq ouvriers périrent asphyxiés lors du curage de l'égout de la Villette. Cette opération dangereuse ayant dû être reprise et complétée par les égoutiers de Paris, Darcet et Labarraque furent chargés par le conseil de salubrité de suivre ce travail. Les mesures de précaution qui furent indiquées d'avance par eux, étaient: 1° de ne faire cette opération qu'en hiver et la nuit, au lieu de la faire pendant les chaleurs de l'été;

2° D'installer sur place et sous une tente un pharmacien muni de tout ce qui pourrait être utile en cas d'accidents;

3° Le lavage et la désinfection la plus complète possible de l'égout, qui doivent toujours précéder un curage dangereux, aujourd'hui surtout que les matières désinfectantes sont si abondantes et à si bon marché.

L'emploi de l'appareil Galibert (Voy. Plongeur) peut être fait avec grand avantage pour de semblables opérations. PH. GROUVELLE.

INSTRUMENTS D'OPTIQUE. — Tous les instruments d'optique, à fort peu d'exception près, sont composés de verres de courbures diverses, qui sont, en nombre variable, disposés de différentes façons, selon le but qu'ils sont appelés à remplir. Ces verres sont reliés entre eux par des tubes métalliques qui les maintiennent dans une position déterminée, les uns relativement aux autres, et qui, en écartant la lumière étrangère, permettent à l'œil d'être seul avec le sujet de son observation, et, conséquemment, de n'être pas distrait par les objets environnants.

Il arrive souvent que les instruments d'optique sont pourvus de certains mécanismes dont le but est de leur permettre d'être dirigés dans une direction choisie; quelquefois aussi ils portent avec eux des appareils micrométriques servant à déterminer, soit la distance angulaire de deux points, soit les dimensions d'un objet.

Quelle que soit la complication d'un instrument, ou, autrement, quel que soit le nombre des pièces qui le constituent, la partie essentielle, et toute spéciale, est la partie *purement optique*, c'est-à-dire les différents verres qui entrent dans l'instrument. En effet, s'ils ne sont pas établis dans les conditions convenables, ce dernier ne signifie plus rien et n'a plus du tout raison d'être. Aussi, les constructeurs apportent-ils d'abord tous leurs soins, non-seulement à la confection des verres, mais encore au choix de la matière qui les compose.

Nous allons donc, avant de passer en revue tous les instruments d'optique, commencer par exposer le procédé usité pour tailler les verres et leur donner la courbure assignée d'avance par la théorie. Nous trouvons, à ce sujet, dans le livre de M. Arthur Chevalier, intitulé *Hygiène de la vue*, des renseignements précieux qui vont nous permettre, en partie, d'initier le lecteur à l'art de l'opticien, art généralement si peu connu.

Mais, avant d'aborder la taille des verres, nous croyons utile de renvoyer le lecteur à l'article Verre ou mieux encore au Guide du verrier de M. Bontemps, afin qu'il sache d'abord quelle est la composition des verres que l'on emploie dans l'optique ainsi que leur mode de fabrication.

Taille des verres d'optique. — On commence d'abord par examiner très-attentivement avec une loupe les différents morceaux de verre dont on compte se servir, dans le but de s'assurer qu'ils ne contiennent aucune bulle d'air ni stries. Les bons verres sont mis de côté; quant à ceux contenant des défauts, on les jette au rebut.

On sait que les verres d'instruments d'optique affectent des formes diverses qui les ont fait classer en deux groupes. Cette classification est fondée sur la considération des effets optiques qu'ils exercent. Le premier groupe comprend ceux qui ont la propriété de provoquer la convergence des rayons lumineux : on les appelle *lentilles convergentes*. Le second groupe réunit les lentilles qui au contraire font diverger les rayons : ce sont les *lentilles divergentes*. Ces deux groupes sont figurés ci-dessous, fig. 1 et 2.

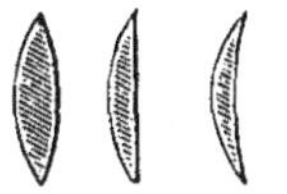

Fig. 1.

Fig. 2.

Quelle que soit la courbure que l'on veuille donner à une lentille, le procédé qui la fait obtenir est toujours le même. Ainsi, tout ce que nous allons dire est applicable aussi bien aux lentilles convergentes qu'à celles divergentes.

Pour donner au verre la forme lenticulaire, on l'use avec de l'émeri mouillé sur des calottes ou dans des bassins en cuivre, selon que l'on désire se procurer des lentilles divergentes ou convergentes. L'outil représenté fig. 3 se nomme *balle;* celui fig. 4, *bassin;* le premier

Fig. 3.

Fig. 4.

sert à la confection des lentilles concaves, le second à celle des lentilles convexes. Dans les ateliers on a un grand nombre de ces outils, ayant tous des courbures diverses, classées et numérotées. Pour les construire, on fait d'abord un *calibre*, en traçant sur une planche de cuivre une courbe d'une courbure déterminée; puis on découpe la planche en suivant la courbure. On obtient ainsi deux calibres, l'un convexe, l'autre concave, qui servent à fabriquer la balle et le bassin. Il importe de remarquer que les outils marchent par paires, c'est-à-dire qu'à un bassin correspond une balle de même courbure.

Pour le travail, l'outil, qui est monté sur une tige à vis, se place sur le *tour* de l'opticien, soit dans un écrou fixe, soit sur un arbre vertical susceptible de recevoir un mouvement de rotation.

Examinons maintenant les opérations successives que l'on exécute dans les ateliers d'optique pour amener le verre à la forme voulue.

On commence d'abord par donner au verre la forme d'un disque, à moins qu'il n'ait déjà cette forme en sortant de la verrerie. Pour cela on emploie une pince avec laquelle on casse tout ce qui est en excès, c'est-à-dire tout ce qui est compris au delà de la circonférence devant former le pourtour de la lentille. Le disque obtenu, on le *déborde* (dans le cas des surfaces convexes), ou autrement on enlève, à l'aide d'une meule, sur ses faces et vers les bords, de la matière, de telle sorte qu'il soit biseauté et qu'il ait ainsi une première forme *grossière* de lentille.

C'est alors que l'on *dégrossit* le verre, c'est-à-dire qu'on lui donne une première courbure, se rapprochant de celle qu'il doit avoir, en l'usant sur une balle ou dans un bassin en fonte de fer avec du grès tamisé et mouillé.

INSTRUMENTS D'OPTIQUE.

Le dégrossissage obtenu, on *apprête* le verre : on le passe dans un outil en fer dont la courbure se rapproche davantage de la courbure définitive. Cette opération se fait sur le tour en employant comme corps usant de l'émeri 1 et 2.

L'émeri est une espèce particulière de corindon pulvérisé. On le désigne dans le commerce par le nombre de minutes qui en opèrent la séparation quand on le traite par lévigation dans l'eau.

Lorsque l'on a opéré le dégrossissage et l'apprêtage, on procède à la taille proprement dite, ou autrement, on passe le verre dans l'outil précis en cuivre, avec l'émeri 5.

L'outil, ainsi que nous l'avons dit, peut être fixe ou mobile. Dans le second cas, on lui imprime son mouvement circulaire au moyen d'une manivelle placée sur le tour, à la gauche de l'ouvrier. La manivelle est adaptée sur un arbre vertical pourvu d'un volant qu'une corde réunit à une poulie fixée sur l'arbre qui porte l'outil. Si donc la main gauche saisit la manivelle et met le volant en mouvement, ce mouvement se communiquera à l'outil sur lequel la main droite maintiendra le verre. Pour maintenir le verre, on se sert d'une *molette*, espèce de petit manche en liége que l'on fait adhérer au verre à l'aide d'un mastic de poix et de cendre ramolli par la chaleur.

Quand l'outil est fixe, l'ouvrier doit avec la main imprimer au verre un mouvement circulaire et varié, de façon à distribuer également l'action dans tous les sens.

Après l'émeri 5, on en emploie d'autres de plus en plus fins, jusqu'à celui 30 ou 60 lequel est destiné à donner au verre son *douci*.

Avant l'application de ce dernier émeri, on *réunit* l'outil, c'est-à-dire qu'on prend la balle et le bassin correspondants, et qu'on les rode l'un sur l'autre de manière à éviter les déformations résultant des opérations antérieures. Ce rodage effectué, on dispose une petite quantité d'émeri sur la partie utile (balle ou bassin), puis on y verse quelques gouttes d'eau, après quoi on étale à l'aide d'un morceau de glace ordinaire, mis à la courbure de l'outil et appelé *verre* d'épreuve. C'est grâce au verre d'épreuve que l'on s'assure que l'émeri ne contient aucun corps étranger susceptible d'altérer la surface de la lentille.

Le douci est une opération excessivement délicate, attendu que le moindre grain de poussière forme une raie et que tout le travail fait, l'est en pure perte. Ainsi il arrive souvent que l'on est obligé de repasser le verre avec l'émeri n° 10. C'est pourquoi l'on apporte le plus grand soin à effectuer le douci.

Après le douci vient le *polissage* qui est destiné à donner au verre un poli vif et éclatant. Voici comment il s'opère : L'outil étant parfaitement nettoyé, on y colle à l'empois une feuille de papier mince dont la trame paraisse aussi égale que possible; au moyen d'une sorte de ménisque en verre appelé *colloir*, on chasse l'excès d'empois vers les bords, le papier est ainsi intimement appliqué sur l'outil; puis on frotte légèrement ce papier avec une éponge humide pour en détacher des parcelles, on *dégarnit* ce papier de façon à soulever une pluche qui, une fois séchée, retient utilement les poudres à polir. Il faut encore passer la pierre ponce et brosser ensuite pour l'enlever, après quoi on étend, avec un chiffon de papier froissé, du tripoli ou du rouge d'Angleterre, selon l'usage auquel est destinée la lentille que l'on taille. Le polissoir est alors prêt et le verre douci est mis en contact avec lui. On frotte pendant quelques heures, puis enfin on détache le verre de la molette et on le lave à l'alcool. Les très-petits verres se polissent sur des polissoirs en poix collée sur l'outil, et à l'aide de potée d'étain mouillée. Le spath d'Irlande se polit sur de la soie avec de la potée d'étain.

Dans le cours des opérations que nous venons de détailler, on a soin que le verre soit toujours bien centré, c'est-à-dire que les centres de courbure de chacune de ses deux faces doivent toujours être situés sur l'axe du cylindre formant le pourtour de la lentille. Ce pourtour est obtenu à l'aide d'instruments spéciaux nommés *barrettes*.

Dans les verres achromatiques, on réunit ensemble le crown et le flint au moyen du baume du Canada que l'on emploie à chaud. C'est une résine transparente que l'on extrait de l'*abies balsamea*.

Ainsi que nous l'avons déjà dit, tous les verres d'optique se taillent de la même manière. Cependant, pour les verres destinés aux besicles à bon marché, à des instruments de peu de valeur, ou bien à des instruments auxquels on ne tient pas à donner une exactitude optique parfaite, tels que certaines jumelles de théâtre, on procède différemment. Les verres sont taillés *au bloc*, ou en masse, c'est-à-dire que pour les faire on colle, à l'aide d'un mastic compacte, cinquante ou cent morceaux de verre sur le bassin ou sur la balle, après quoi et avant que le mastic ne soit refroidi, on place pardessus l'outil inverse; on n'a plus alors qu'à prendre l'outil armé de verres, et à le frotter avec le corps usant sur l'outil opposé. Quant au poli, il s'obtient sur du drap épais enduit de rouge d'Angleterre. Nous ferons remarquer que cette méthode est vicieuse, attendu que pour les verres placés près de la circonférence, la courbure n'est pas régulière et que le poli est ondulé. Il est vrai que c'est la machine à vapeur qui fait mouvoir les outils; mais quoi qu'il en puisse être, la taille au bloc ne vaut rien, attendu que tous les verres ainsi obtenus sont défectueux; peut-être ceux placés au centre de l'outil sont-ils moins mauvais, mais encore ne réunissent-ils pas les qualités d'un verre taillé isolément.

Nous croyons utile et surtout intéressant de dire ici quelques mots de la taille des miroirs en verre des télescopes. La méthode employée à cet effet nous a été laissée par Foucault, ce physicien si profond dans ses conceptions, qu'une maladie nous a ravi il y a quelque temps d'une manière si prématurée.

Tout d'abord, Foucault s'était demandé s'il n'existe pas des caractères auxquels on reconnaît qu'une surface réalise sensiblement la figure qui convient aux circonstances où elle doit fonctionner. Après examen il a conclu par l'affirmative. Et voici les trois méthodes qu'il employait pour vérifier la surface réfléchissante d'un miroir sphérique concave. Toutes trois sont basées sur la propriété que possède un pareil miroir de renvoyer au centre de courbure et sans aberration aucune tous les rayons émanés de ce même centre. De plus, elles s'appuient sur ce que, autour de ce point et à très-petite distance, sont repartis dans l'espace une infinité de foyers conjugués jouissant semblablement de la même immunité.

Dans la première méthode, Foucault plaçait un point lumineux à côté et tout près du centre de courbure, puis, avec un microscope faible, il observait l'image qui se formait de l'autre côté.

Si cette image était nette, entourée des anneaux de la diffraction, et si les altérations qu'elle subissait en deçà et au delà du foyer, par la variation de la mise au point, étaient symétriques, il en concluait que la surface était parfaite.

Si, au contraire, l'image manquait de netteté, mais cependant était ronde avec un maximum de condensation de lumière au centre, il était averti que la surface du miroir, sans être exactement sphérique, était du moins de révolution autour de son axe principal. Et, pour voir dans quel sens se produisait la variation du rayon de courbure, il portait son microscope au-devant des rayons réfléchis pour observer l'état du faisceau avant son point de convergence. S'il remarquait une condensation prématurée de lumière, cela lui prouvait qu'une des zones concentriques du miroir avait un foyer plus court; dans le cas contraire il concluait que le foyer était plus long.

Si enfin l'image cessait d'être ronde et se déformait en se partageant en concamérations d'intensités inégales, la surface à étudier cessait pour lui d'être de révolution.

Dans la seconde méthode, Foucault plaçait dans une région voisine du centre de courbure un réseau régulier à mailles carrées se détachant, vu du miroir, sur un fond éclairé, et il observait à l'œil nu l'image qui s'en formait au foyer conjugué. Si l'image était comme dans la fig. 5, c'est que la surface était parfaite; si elle était

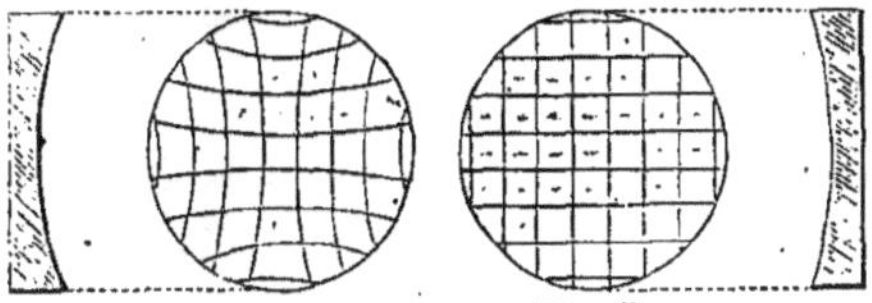

Fig. 6. Fig. 5.

comme dans la fig. 6, c'est que la surface, exactement sphérique dans sa partie centrale, s'évasait vers les bords par un allongement progressif du rayon de courbure; si l'image était comme dans la fig. 7, c'est que la surface était déformée dans le sens inverse : les bords se relevaient trop rapidement; si enfin l'image était

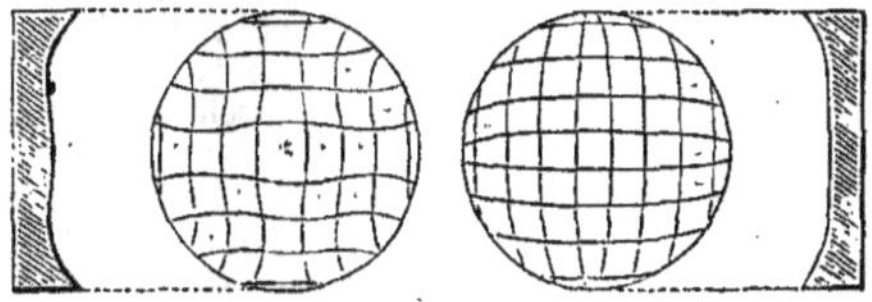

Fig. 8. Fig. 7.

comme dans la fig. 8, c'est que les bords du miroir étaient abaissés au-dessous du niveau sphérique et que la partie centrale présentait une éminence. Telles sont, avait remarqué Foucault, les quatre seules formes qu'affecte l'image dans un miroir taillé avec soin.

Dans la troisième méthode, Foucault plaçait un point lumineux auprès du centre de courbure, puis il plaçait son œil dans le cône divergent formé par les rayons réfléchis, pour ensuite le porter au-devant du foyer jusqu'à ce que la surface lui parût entièrement illuminée. Alors, au moyen d'un écran à bord rectiligne, il interceptait l'image au point de la faire disparaître entièrement. Si, par une marche progressive de l'écran, il remarquait une extinction successive et continue de l'éclat du miroir, et si cet éclat, tout en diminuant de valeur, conservait jusqu'au dernier moment, dans toute l'étendue de sa surface, une intensité uniforme, il en concluait que le miroir était parfait. Si, au contraire, l'extinction n'avait pas lieu simultanément sur tous les points, c'est que la surface était imparfaite et qu'il existait des proéminences et des dépressions qui, pour l'observateur, sont perçues avec un sentiment de relief exagéré. La fig. 9 nous montre comment on doit interpréter les parties qui paraissent lumineuses et celles qui paraissent obscures. L'écran marchant dans le sens de la flèche, on voit que les rayons, tels que AB, réfléchis par un versant incliné du côté de l'écran, sont d'abord cachés et que, conséquemment, ce versant sera dans l'ombre, tandis que les autres paraîtront encore lumineux. Il est donc facile, avec une attention soutenue, de se rendre un compte exact de l'état de la surface. Cette troisième méthode est la plus sensible.

Tels sont les trois artifices qui, en se contrôlant mutuellement, fournissaient à Foucault tous les renseignements désirables sur la configuration des miroirs sphériques. Les ayant en sa possession, Foucault s'est alors dit : « Nous ne sommes donc plus assujettis à observer un miroir en son centre de courbure, et puisque le but

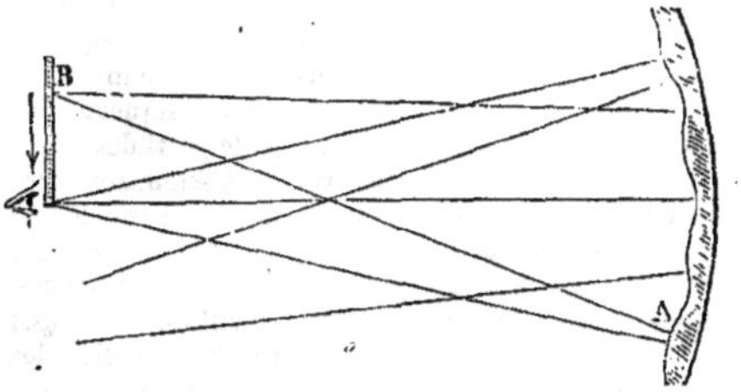

Fig. 9.

proposé est de construire des télescopes pour observer des objets situés à l'infini, nous allons prendre le miroir concave tel qu'il sort des mains de l'artiste et le conduire, par une série de transformations, à la figure qu'il convient de lui donner pour le faire fonctionner utilement sur les corps célestes. »

En effet, ayant rapproché du miroir le point lumineux, Foucault transforma par des retouches ce miroir, de façon que les rayons réfléchis se coupassent encore en un point unique. Il obtint ainsi un ellipsoïde. Ayant encore rapproché le point lumineux, il put construire un nouvel ellipsoïde plus allongé que le premier. En procédant ainsi, il arriva de proche en proche à la surface limite, c'est-à-dire à la surface paraboloïde.

Voici maintenant comment Foucault taillait ses miroirs. Il commençait d'abord par se procurer deux disques de verre épais, bien recuits et terminés chacun par un revers convexe. Il les faisait amener, par un premier travail de dégrossissage mécanique, à la courbure voulue, et les faisait ensuite déborder circulairement en laissant un excès de diamètre à celui qui devait jouer le rôle de balle (car pour les grands miroirs on frotte verre contre verre). Ensuite, sur le pourtour de chacun d'eux, il faisait creuser une gorge destinée à recevoir des cordages devant faciliter les manœuvres. C'est alors qu'on commençait la taille, de la manière que nous avons décrite pour les lentilles. Le miroir était suspendu à un ressort à hélice fixé au plafond de l'atelier, au moyen des cordages qui l'entouraient.

Le miroir taillé et poli, il le soumettait aux trois épreuves et le faisait passer par la série d'ellipsoïdes, grâce aux retouches locales qu'il exécutait avec des polissoirs en verre ayant la forme de lentilles sphériques. Ces polissoirs, de diamètres différents, étaient préalablement construits, en frottant deux disques de verre l'un contre l'autre.

Foucault exécutait ses opérations dans un atelier obscur d'une longueur égale à cinq fois la longueur focale du miroir. Le miroir était observé à l'un des bouts. Il effectuait la dernière retouche, pour obtenir la surface parabolique, en intervertissant l'image et le point lumineux. Il montait son miroir en télescope newtonien, et observait un objet extérieur situé à une grande distance. L'image devait alors se montrer au foyer exempte d'aberration, et présenter des traces de diffraction aux contours de l'objet (1).

Il nous a été permis d'assister, dans l'atelier même dont se servait Foucault chez M. Secrétan, à la suite des opérations que nous venons de détailler, et nous avons pu constater par nous-même le degré de perfec-

(1) Smith, professeur à l'université de Cambridge au siècle dernier, expose, dans son *Traité d'optique* traduit et édité à Brest en 1767, une méthode pour juger de la perfection de la sphéricité d'un miroir. Foucault l'ignorait probablement, puisqu'il n'en parle pas dans le Mémoire qu'il a publié (*Annales de l'Observatoire*) sur la taille des miroirs de télescopes.

tionnement auquel Foucault arrivait. L'observatoire de Marseille possède un télescope dont le miroir, de $0^m.80$, a été taillé par Foucault, et il n'a qu'à se louer tous les jours de cette acquisition. Grâce à cet instrument d'une puissance énorme et d'une justesse parfaite, les planètes se trouvent rapprochées d'une quantité beaucoup plus grande qu'elles ne l'avaient jamais été. Un champ nouveau est donc ouvert aux observations physiques; nous formons le vœu qu'elles en tirent tout le parti désirable.

Une fois terminés, Foucault argentait ses miroirs par le procédé Drayton (Voy. VERRE), moyen dans lequel l'argent est déposé sur le verre par l'action de la lumière sur un mélange de sel d'argent, de résines et d'essences. Ce procédé est d'un usage excessivement délicat; aussi M. Adolphe Martin lui a-t-il substitué la réduction des sels d'argent par une dissolution de sucre interverti. Cette seconde méthode est d'une application beaucoup plus facile.

Foucault ne s'est pas borné à la vérification des surfaces réfléchissantes, il s'est aussi occupé de la vérification des lentilles. Malheureusement il n'a jamais rien publié à ce sujet, et nous avons le vif regret de ne pouvoir donner aucun détail sur la méthode qu'il employait à cet effet. Cependant quelques vagues renseignements qui nous ont été fournis nous permettent de dire par quel procédé il rendait observables les rayons lumineux émanant d'une source, après qu'ils ont traversé la lentille à vérifier.

La lentille étant posée verticalement dans un support, il plaçait un point lumineux à côté et tout près de son foyer O. Un miroir *parfaitement plan* AB, perpendiculaire à l'axe OC, interceptait les rayons après leur sortie de la lentille et les réfléchissait.

On sait que si l'on place un point lumineux au foyer d'une lentille, les rayons qu'il émet, et qui d'abord sont divergents, deviennent parallèles après avoir traversé la lentille. En sorte que si l'on met un miroir dans la

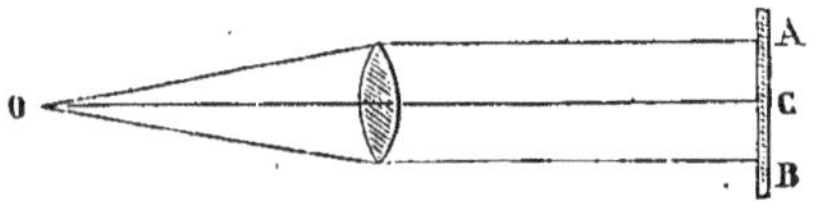

Fig. 10.

position que nous venons d'indiquer, ils seront réfléchis et iront, après avoir traversé de nouveau la lentille, converger en un point qui sera précisément le foyer conjugué du point lumineux. Foucault plaçait un microscope faible en ce point, et observait le faisceau réfléchi. Comment maintenant interprétait-il les défectuosités de ce faisceau? C'est ce que nous ignorons complétement. Aussi sommes-nous obligés de nous arrêter, et de prier le lecteur d'attendre la publication des œuvres de Foucault, que le gouvernement est en train de faire imprimer en ce moment; il y trouvera les renseignements que nous ne pouvons lui donner ici.

Nous allons maintenant aborder une question non moins intéressante que celle de la taille des lentilles et des miroirs, c'est celle relative à la confection des anneaux catadioptriques et des lentilles à échelons des phares (pour la description, voir l'article PHARE). Une visite faite par nous dans les magnifiques ateliers de MM. Sauter et Cie, avenue de Suffren, et les explications que nous devons à l'amabilité de M. Sauter lui-même, vont nous permettre de donner quelques détails à ce sujet.

Supposons d'abord qu'il s'agisse d'obtenir un anneau catadioptrique. On commence par l'établir solidement, au moyen d'un mastic consistant, sur une disque de fer qui se trouve placé sur un plateau circulaire, auquel un mécanisme spécial imprime un mouvement de rotation. Tandis donc que l'anneau tourne sur lui-même, des polissoirs P et P', en contact avec ses deux

INSTRUMENTS D'OPTIQUE.

faces extérieures (cas de notre figure), se meuvent autour des points M et M', dans des plans passant par l'axe de rotation du plateau. Le mouvement de ce plateau se combine dès lors avec celui des polissoirs, et

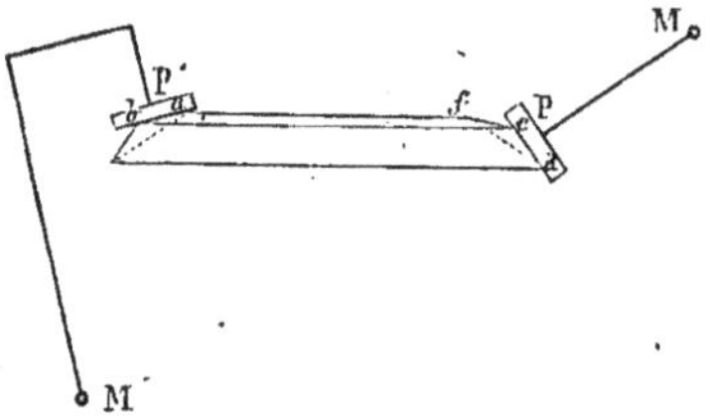

Fig. 11.

l'anneau se trouve ainsi poli dans tous les sens. Nous ferons remarquer que, à cause du mouvement circulaire des polissoirs autour de leurs points d'attache, la face *ab* sera convexe, tandis que la face *cd* sera concave; mais on s'arrange en sorte, en allongeant ou raccourcissant d'une manière convenable les tiges des polissoirs, que les courbures de ces deux faces soient complémentaires l'une de l'autre, c'est-à-dire qu'une fois terminé et mis en place, l'anneau devra se comporter *absolument* comme si le triangle *fcd*, formant la section méridienne, avait ses côtés *cd* et *df* rectilignes. Une fois les deux faces, dont nous venons de parler (faces dioptriques), taillées, on retourne l'anneau sens dessus dessous et l'on procède au polissage de la face réfléchissante *df*. C'est au moyen d'un polissoir coudé, tel que P', que se fait le polissage de cette face, qui, conséquemment, a une courbure convexe. D'un anneau à l'autre le rayon de cette courbure varie, et cela en raison de la position qu'occupe l'anneau dans le phare, relativement à la source lumineuse: on donne donc à la tige du polissoir une longueur égale à celle du rayon de courbure de cette face de l'anneau que l'on considère.

Les poudres usantes et à polir que l'on emploie sont les mêmes que pour les lentilles et les miroirs, et l'on s'en sert dans le même ordre.

Quant aux anneaux des lentilles à échelons, ils s'exécutent exactement de la même manière que les anneaux catadioptriques.

La question relative à la fabrication des verres d'optique étant épuisée, nous allons passer en revue les principaux instruments d'optique. Et, pour cela, nous les diviserons en deux catégories: 1° Instruments catoptriques; 2° instruments dioptriques.

1° INSTRUMENTS CATOPTRIQUES.

Miroir magique. — Cet instrument (fig. 12) est le résultat de la combinaison de deux miroirs *m* et *m'*, qui

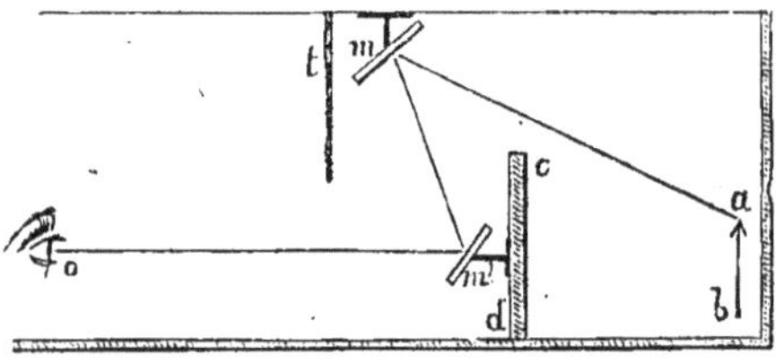

Fig. 12.

sont inclinés de telle façon qu'un observateur placé en o peut voir un objet *ab* situé derrière une cloison *cd*. Autrefois les astrologues employaient cet artifice pour prédire l'avenir: une scène quelconque, préparée à l'avance, se passait dans la pièce voisine, et le spectateur croyait voir dans le miroir *m'* les événements futurs

INSTRUMENTS D'OPTIQUE.

de son existence. Une tenture *t*, artistement drapée, cachait le miroir *m*.

Sextant. — Le sextant est un instrument qui sert aux marins pour déterminer la distance angulaire de deux étoiles. Il est basé sur le principe suivant : Si un rayon lumineux *rm* (fig. 13) se réfléchit sur deux mi-

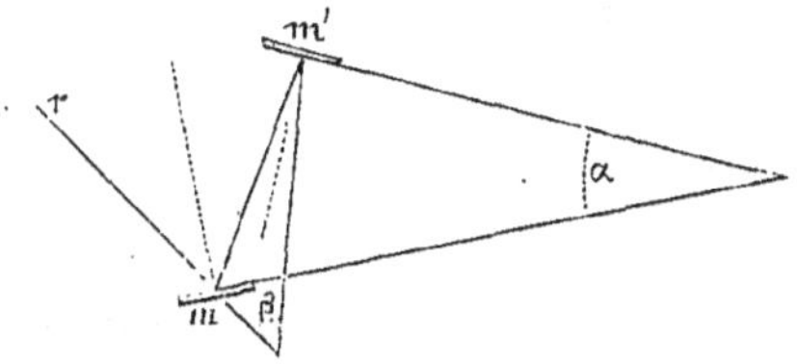

Fig. 13.

roirs *m* et *m'*, formant entre eux un angle α, et si le plan d'incidence est perpendiculaire à la ligne d'intersection des deux miroirs, l'angle β, formé par le rayon d'incidence et le second rayon réfléchi, est égal au double de l'angle des deux miroirs. Nous ne donnons pas la démonstration, qui est très-simple à trouver.

Le sextant (fig. 14) se compose d'un limbe gradué AA',

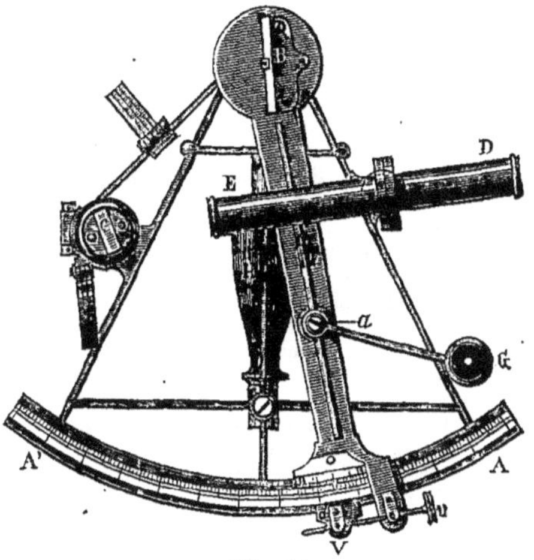

Fig. 14.

qui forme la sixième partie d'un cercle entier. Deux miroirs plans B, C lui sont adaptés perpendiculairement à sa surface. Une lunette DE est montée sur le bord de l'instrument dans la direction du miroir C, qui est fixe. Quant au miroir B, il peut tourner autour du centre du limbe, en entraînant dans son mouvement une alidade F, avec laquelle il fait corps. Cette alidade porte à son extrémité un index et un vernier, qui permettent de lire sur le limbe la quantité dont le miroir A a tourné. Une vis V sert à fixer l'alidade dans une position déterminée; une autre vis *v*, tournant à frottement dans un écrou *d*, a pour but d'imprimer à l'alidade de très-petits mouvements. Un microscope G est adapté à l'alidade F; il est mobile autour du point *a*, de manière à pouvoir être amené au-dessus des divisions du vernier.

Les deux miroirs sont faits avec deux petits morceaux de glace à faces bien planes et parallèles ; ils sont étamés sur leur face postérieure. Le miroir C n'est cependant pas étamé dans toute sa hauteur : une moitié seulement l'est, jusqu'à la ligne *mn* (fig. 15), en sorte que toute la partie située au-dessus de cette ligne est transparente.

Voici maintenant comment on se sert de cet instrument. On le prend par la poignée H, qui est fixée derrière, et on le place devant l'œil, en l'inclinant de façon à l'amener dans le plan de l'angle que l'on veut déterminer. On le dirige ensuite, dans ce plan, de telle sorte que l'on puisse voir avec la lunette l'une des deux étoiles, au travers de la partie non étamée du miroir C et *tout près* de la ligne *mn;* puis on fait tourner le miroir B jusqu'à ce que l'on aperçoive la seconde étoile sur la partie étamée du miroir C et *tout près* de la ligne *mn*. On fixe l'alidade et l'on fait la lecture qui correspond à la distance angulaire des deux étoiles, grâce à la graduation double que porte le limbe (1).

Fig. 15.

Il est très-essentiel que l'étoile vue directement et que celle vue par réflexion soient le plus près possible de la ligne *mn*. Les choses doivent se passer de façon que les deux points lumineux n'en forment qu'un seul.

Kaléidoscope. — (Voir l'article KALÉIDOSCOPE.)

Goniomètre. — C'est un instrument que les minéralogistes emploient pour la détermination des angles formés par les différentes faces d'un cristal. Il existe des goniomètres de diverses sortes ; le plus usité est celui de Wollaston.

Le goniomètre de Wollaston (fig. 16) se compose d'un limbe gradué vertical LL', dont l'axe horizontal est

Fig. 16.

monté sur un support *pqv*. On fait tourner ce limbe au moyen de la virole *r*. Un vernier fixe *uu*, sert à noter l'angle dont le limbe a tourné. L'axe portant le limbe est creux ; il est traversé par une tige munie d'un bouton *s*. Cette tige peut tourner sur elle-même indépendamment du cercle gradué. A l'extrémité *c* de l'arbre *ac* est fixée une pièce articulée en *g*. Une tige *b* traverse à frottement le cylindre *fe*, et porte par son extrémité *d*, terminée en forme de pince, un petit plateau, sur lequel on fixe le cristal.

Pour mesurer l'angle de deux faces d'un cristal, voici comment on opère. On dispose l'instrument en face d'un mur ou d'une maison présentant plusieurs lignes horizontales bien tranchées, dont deux sont choisies pour mires. On le rend vertical au moyen des vis

1. On n'a pas perdu de vue le principe sur lequel est basé le sextant. L'angle que l'on mesure étant double de l'angle des deux miroirs, la graduation qui est sur le limbe est faite de telle sorte qu'un demi-degré est compté comme un degré.

calantes x, x, x, en même temps que l'on dirige le plan du limbe perpendiculairement à la maison. On fixe ensuite le cristal sur son support, avec de la cire molle, de façon que l'arête de l'angle à mesurer soit perpendiculaire au plan du limbe, et par contre parallèle aux deux mires. Pour rendre cette perpendicularité rigoureuse, on place l'œil très-près du cristal, dans une position qui permette de voir la mire inférieure dans sa direction; puis au moyen de s, et l'œil ne bougeant pas, on fait tourner le cristal jusqu'à ce que l'on voie, par réflexion, sur l'une des faces de l'angle à mesurer, la mire supérieure, dont l'image devra être parallèle à la mire inférieure, vue directement; si ce parallélisme n'a pas lieu, on l'obtient à l'aide de l'articulation g et de la tige b. On dirige enfin par le même procédé la seconde face de l'angle à mesurer, de telle sorte que le même parallélisme ait lieu, l'œil conservant toujours la même position. Dès lors l'arête de l'angle est perpendiculaire au limbe. Il faut quelques tâtonnements pour arriver à ce résultat.

Les choses étant dans cet état, on fixe le limbe au zéro du vernier; on amène ensuite l'une des deux faces dans une position telle que l'image de la mire supérieure et la mire inférieure se confondent sensiblement; puis, au moyen de la virole v, on fait tourner le cristal jusqu'à ce que la seconde face soit dans une position qui produise le même résultat que pour la première. On lit alors sur le limbe la quantité dont il a tourné. La lecture correspond, non à l'angle du cristal, mais au supplément de cet angle; il est facile de voir pourquoi.

Nous insisterons sur ce point, que dans le cours de la détermination d'un angle, l'œil doit rester rigoureusement dans la même position, sans quoi la lecture serait fausse.

Télescope. — Ainsi que l'indique son étymologie (τῆλε, loin; σκοπέω, observer), télescope se dit de tout instrument, soit à réflexion, soit à réfraction, qui sert à observer les objets éloignés, tant sur la terre que dans le ciel. Dans ce sens, la lunette de Galilée et la lunette astronomique sont des télescopes. Toutefois, lorsque les astronomes parlent de télescopes, ils n'entendent parler que des instruments d'optique qui servent à observer et à rapprocher les objets éloignés, mais où les images de ces objets sont perçus par réflexion.

Il a été fait des télescopes de plusieurs genres. Ils diffèrent les uns des autres, non par la partie essentielle qui est un miroir concave, mais par la manière d'observer l'image renvoyée par ce miroir.

Newton est le premier qui découvrit la différence de réfrangibilité des divers rayons colorés qui constituent un rayon de lumière blanche. C'est cette différence de réfrangibilité qui produit les iris que l'on remarque autour des objets, lorsqu'on les regarde avec une lunette non achromatique. Newton, avec tout son génie, ne vit point de remède à apporter au défaut de l'image ainsi irisée : il n'entrevit pas l'achromatisme; mais comme il était toujours fécond en ressources, il trouva le moyen de se passer de la réfraction, tout en produisant les mêmes effets, c'est-à-dire multiplication des rayons de lumière et agrandissement des objets. Il inventa le télescope. Il prit donc un tuyau, dont il ferma l'une des extrémités, sur laquelle il appliqua intérieurement un miroir sphérique, où venaient se peindre les objets, grâce à l'autre extrémité restée ouverte; puis, au moyen d'une loupe, il considéra, en la grossissant, l'image qui vient se former au foyer du miroir. Mais comme il est peu commode d'appliquer l'œil au foyer, et comme, d'ailleurs, dans cette position de l'œil, la tête de l'observateur intercepte dans leur trajet une assez grande partie des rayons émanant de l'objet examiné, Newton imagina et établit un peu avant ce foyer un miroir plan et incliné (fig. 17), qui reçoit cette image et la réfléchit vers un trou pratiqué dans les parois du tube; les rayons sortent par cette ouverture, et c'est là qu'il plaça la loupe ou l'oculaire pour saisir ces rayons et grossir l'objet.

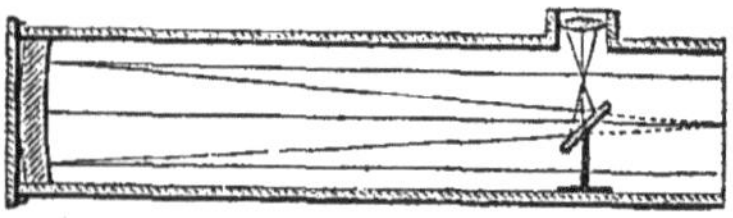

Fig. 17.

Newton n'est cependant pas le premier qui inventa le télescope; la date de son invention est vers 1666. Jacques Grégori, géomètre habile, avait devancé Newton de trois ans. Dans le télescope de Grégori, un miroir concave est établi au fond du tube. Le miroir ainsi que le tube sont percés en leur centre d'un orifice circulaire, auquel est adapté l'oculaire. Les rayons incidents, après s'être réfléchis sur ce miroir, vont un peu

Fig. 18.

au delà du foyer (fig. 18) se réfléchir sur un second miroir concave dans la direction de l'oculaire.

Dans le télescope de Newton l'image est renversée, tandis qu'elle ne l'est pas dans celui de Grégori.

Récemment Foucault attira fortement l'attention sur les télescopes, en substituant aux miroirs métalliques employés jusqu'à lui, des miroirs de verre argentés. Il leur donnait une forme parabolique, ainsi que nous l'avons dit plus haut, et les montait en télescope newtonien. Seulement, au lieu du petit miroir qui renvoie dans la direction de l'oculaire les rayons déjà réfléchis par le grand, il employait un prisme à réflexion totale; et, à la place de l'oculaire ordinaire, il adaptait un microscope composé de manière à ne pas introduire de nouvelle aberration dans une image qui en est complétement dépourvue. Ces miroirs argentés donnent une netteté et une clarté surprenantes que nous avons pu constater nous-même avec le télescope à miroir de 0m,80 de diamètre, que Foucault a fait construire chez M. Secrétan pour l'observatoire de Marseille. Nous reviendrons plus loin sur cet instrument, en parlant de l'équatorial.

2° Instruments dioptriques.

Chambre noire. — Voir l'article PHOTOGRAPHIE où elle est décrite.

Mégascope. — Cet instrument, qui est une application

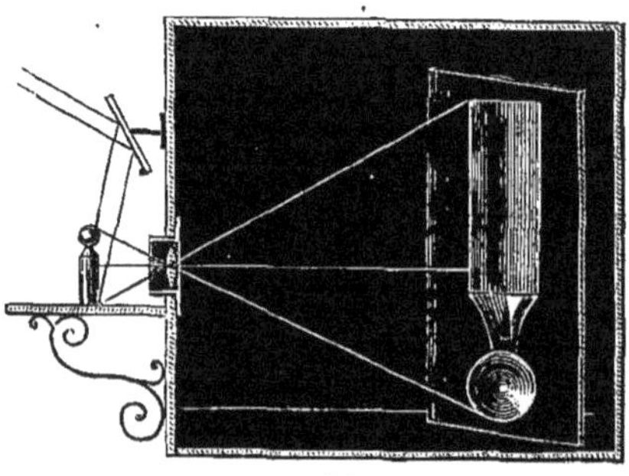

Fig. 19.

de la chambre noire, sert, ainsi que l'indique son étymologie (μέγας, grand; σκοπέω, regarder), à faire la copie amplifiée de dessins, statuettes, tableaux, gravures. Il se compose d'un écran (fig. 19), d'une lentille grossissante, d'un porte-objet et d'un miroir. Voici comment on dispose l'opération : l'objet est placé sur le porte-objet à une distance de la lentille telle que l'image renversée qui se forme sur l'écran soit de la grandeur que l'on désire. L'image étant amplifiée, elle aura moins d'éclat que l'objet, puisque les rayons partant de celui-ci seront répartis sur une grande surface. C'est pour éviter cet inconvénient que l'on emploie un miroir, lequel renvoie les rayons solaires sur les parties de l'objet tournées du côté de la lentille. Quant au dessinateur, il se place derrière l'écran, et suit avec un style les contours de l'image.

Microscope solaire (μικρός, petit; σκοπέω, regarder). — Le microscope solaire (fig. 20) fut inventé, vers 1743, par

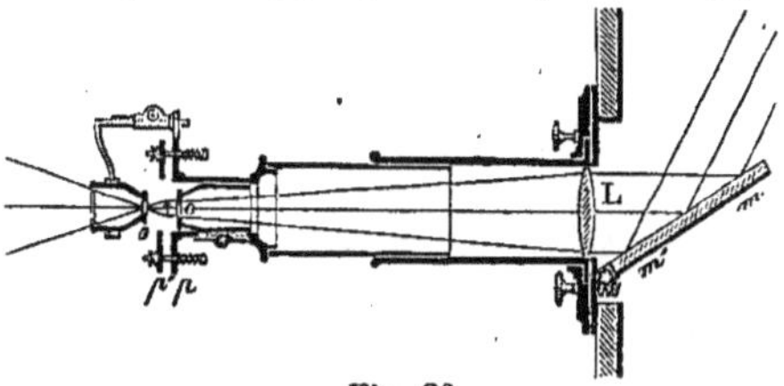

Fig. 20.

Leiberkuyn. Il est fondé sur les mêmes principes que le mégascope, et sert à faire voir, au moyen d'images considérablement grossies, des objets tellement petits, qu'il n'est pas possible de les distinguer à l'œil nu. De même que dans le mégascope, on est obligé de concentrer sur l'objet une certaine quantité de lumière; mais cette quantité doit être beaucoup plus grande, attendu que le rapport de la dimension de l'image à celle de l'objet est aussi beaucoup plus grand. C'est ce à quoi l'on arrive, au moyen d'un miroir *m m'*, qui renvoie les rayons solaires sur l'objet après leur avoir fait traverser deux lentilles L et *c*, dont le but est de les rassembler en un focus : les rayons solaires se trouvent ainsi concentrés en un point qui est l'image très-petite et très-éclatante du soleil. La lentille *c* est mobile, grâce à une crémaillère et un pignon denté, ce qui permet d'amener exactement l'image du soleil sur l'objet qui est fixé sur une lame de verre, laquelle est maintenue entre deux plaques trouées *p*, *p'*. Les rayons lancés par l'objet vont, après avoir traversé une lentille à court foyer *o*, former à grande distance une image qui est d'autant plus grande que l'objet est plus près du foyer de la lentille. La lentille *o* est mobile et peut conséquemment être mise dans une position telle que l'image amplifiée de l'objet se fasse exactement sur un écran, placé de manière qu'un certain nombre de personnes puissent à la fois suivre l'expérience.

Parmi les faits que le microscope solaire met en évidence, et qui jusqu'à son invention n'avaient pu être observés, nous citerons la cristallisation des sels. Une goutte de la dissolution d'un certain sel est mise sur la lame de verre; bientôt l'évaporation se fait, activée par la chaleur qui règne au focus, et l'on voit sur l'écran les cristaux qui se forment en se croisant et s'enchevêtrant, de manière à produire une image qui souvent présente des effets très-curieux et très-bizarres.

Nous ferons remarquer que souvent on est obligé de se servir de verres colorés en vert pour amortir la chaleur accumulée au focus. On emploie préférablement une dissolution d'alun que l'on introduit dans une auge très-étroite, pouvant être placée entre l'objet et la lentille *c*.

Quand les objets sont par trop petits, on en fait d'abord sur une lame de verre une photographie modérément grossie, que l'on porte ensuite dans le microscope solaire, qui en donne un grossissement qui, par rapport à l'objet, est égal au produit des deux grossissements successifs.

Foucault et M. Donné ont imaginé, pour éclairer l'objet, d'employer la lumière excessivement vive de l'arc voltaïque.

Phares. — Voir l'article PHARE.

Stéréoscope. — Voir l'article STÉRÉOSCOPE. (*Complément.*)

Microscope. — Voir l'article MICROSCOPE.

Lunette. — Frascator, philosophe né à Vérone en 1483, est le premier qui a dit que si l'on pose deux verres l'un sur l'autre, on verra les objets plus grands que par un seul. Il a donc presque touché à la théorie des lunettes; mais un siècle devait encore s'écouler avant que cette théorie fût connue; il était réservé au hasard de mettre Galilée en possession du premier instrument qui ait diminué la distance de l'œil aux objets qu'il considère. Effectivement, les enfants d'un lunetier de Middelbourg, Zacharie Jans, jouant un jour avec des verres dans la boutique de leur père, tombèrent sur la combinaison qui grossit les objets.

La renommée porta la nouvelle de cette découverte à Galilée. Il ne lui en fallut pas davantage; cette étincelle embrasa son génie. Il eut bientôt épuisé toutes les combinaison des verres et des distances. La disposition qu'il adopta fut celle de deux lentilles : une convergente pour objectif et une divergente pour oculaire. Cette disposition offre deux avantages : d'abord elle ne renverse pas les objets, ainsi qu'on peut s'en rendre compte facilement; ensuite, avec un même objectif, elle a moins de longueur que la lunette ordinaire, dont l'oculaire est convergent. Ces deux avantages, qui, pour les observations astronomiques, ont une mince valeur, ont fait conserver la disposition de Galilée pour la construction des lorgnettes de spectacle.

Le plus fort grossissement dont s'est servi Galilée, dans ses observations astronomiques, est de 32. Peu de temps après, Huyghens et Cassini poussèrent ce grossissement jusqu'à 100; mais ils furent obligés de donner à leur lunette une longueur de 8 mètres. Plus tard, Auzout construisit un objectif qui permettait d'obtenir un grossissement de 600; mais sa distance focale était de 98 mètres. Une telle longueur contraignit Auzout à se passer du tube qui relie l'objectif à l'oculaire. Il imagina alors de placer l'objectif sur le sommet d'une tour en bois, disposée à cet effet dans les jardins de l'Observatoire de Paris, tandis que l'oculaire était tenu à la main par l'observateur, qui devait nécessairement se placer près du lieu où se formait l'image de l'astre vers lequel était tourné l'objectif, qui à cette seule fin était mobile.

Ce fut Kepler, contemporain de Galilée, qui le premier imagina de remplacer par une lentille convexe la lentille concave qui sert d'oculaire dans la lunette de Galilée; mais cette invention resta enfouie pendant trente ans dans son optique, c'est-à-dire jusqu'au moment où elle fut renouvelée par le père de Rheita qui en a fait jouir le monde savant.

Malgré cette dernière découverte, les lunettes n'auraient rendu que des services assez restreints, si Dollon, en 1758, n'eût trouvé le moyen de faire disparaître les franges irisées qui bordent les images dans la lunette de Galilée et dans celle du père de Rheita. Il imagina pour cela les objectifs achromatiques, lesquels sont formés par la juxtaposition de deux lentilles, dont l'une est convergente et l'autre divergente : la première est en crown-glass et la deuxième en flint-glass. Dans ces objectifs (fig. 21), la lentille convexe fait converger le faisceau lumineux en même temps qu'elle en disperse la lumière; quant à la lentille concave, comme elle agit en

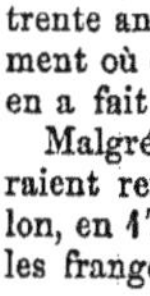

Fig. 21.

sens contraire, elle détruit la dispersion qui a lieu, et diminue la convergence sans cependant l'annuler. Ces deux lentilles, en fonctionnant simultanément, produisent donc l'effet d'une lentille convergente qui ne disperserait pas la lumière. C'est grâce à cette invention que l'on a pu porter les grossissements jusqu'à 3,000 et plus, sans pour cela cesser de donner aux lunettes des dimensions qui permettent de les manœuvrer facilement.

Cependant, comme au fur et à mesure que le grossissement augmente, on est obligé de donner à l'objectif un diamètre plus considérable afin que la clarté des images ne soit pas trop affaiblie, il en résulte qu'on est encore limité dans l'accroissement du grossissement, à cause de la difficulté d'obtenir des grandes masses de verre assez homogènes pour servir à la construction des objectifs.

Jusqu'ici nous avons supposé que l'oculaire était formé d'une seule lentille faisant fonction de loupe. En réalité il est formé de plusieurs lentilles dont la disposition a pour but de fournir plusieurs avantages qu'une lentille unique ne peut donner. Ces avantages, de natures différentes, selon la disposition des lentilles, entraînent la distinction des lunettes en lunettes astronomiques et en lunettes terrestres.

Lunette astronomique. — Si l'on veut un grossissement considérable, on sacrifie quelque chose de la netteté de l'image et l'on emploie un oculaire simple. Si, au contraire, l'on tient à conserver à l'image toute sa netteté, on se sert d'un oculaire achromatique. On pourrait construire cet oculaire achromatique en superposant deux lentilles; mais le grossissement serait alors trop faible. On préfère employer une autre disposition qui porte le nom d'oculaire positif ou de Ramsden. Cet oculaire se compose de deux lentilles plan-convexes, de même substance, situées au delà de l'image focale fournie par l'objectif, et dont les surfaces convexes sont tournées l'une vers l'autre. L'achromatisme d'un tel oculaire s'obtient en compensant l'une par l'autre l'aberration de refrangibilité et l'aberration de sphéricité qui, du reste, ne sont sensibles que pour les rayons qui traversent les lentilles à une certaine distance de l'axe.

Nous allons maintenant donner la disposition des pieds sur lesquels on place les lunettes astronomiques, pieds qui ont pour but de permettre aux lunettes qu'ils supportent d'être dirigées vers la région du ciel que l'on a choisie pour être observée.

Deux cadres C et D (fig. 22) sont reliés entre eux par une charnière; le cadre D peut glisser le long de la face inclinée *Pp* du bâti A. Ce glissement, en s'effectuant, permet, grâce aux charnières, au cadre C de s'incliner plus ou moins sur l'horizon. Deux chaînes sans fin *q*, *q*, sont disposées de chaque côté du bâti A, et sont attachées chacune à une des extrémités du côté inférieur *oo* du cadre D. Un axe *r*, terminé par deux manivelles *s*, *s*, engrène par un pignon avec une roue dentée montée sur un second axe *t*, lequel est muni à chacune de ses extrémités d'un pignon dont les dents s'engagent dans les anneaux de l'une des chaînes sans fin. On comprend facilement qu'en faisant tourner l'axe *r* au moyen des manivelles, le cadre D et partant le cadre C entreront en mouvement ainsi que la lunette que ce dernier supporte. Quant à celle-ci, elle est installée et maintenue par des courroies dans une espèce de rigole posée sur le cadre C et susceptible de tourner autour d'un boulon situé vers l'extrémité *n* de ce cadre. Cette rigole est munie à son autre extrémité d'un bouton *v* portant un pignon qui engrène avec le bord denté du cadre C. Si donc on fait tourner le bouton *v* sur lui-même, on fait mouvoir la lunette dans le plan du cadre C autour du

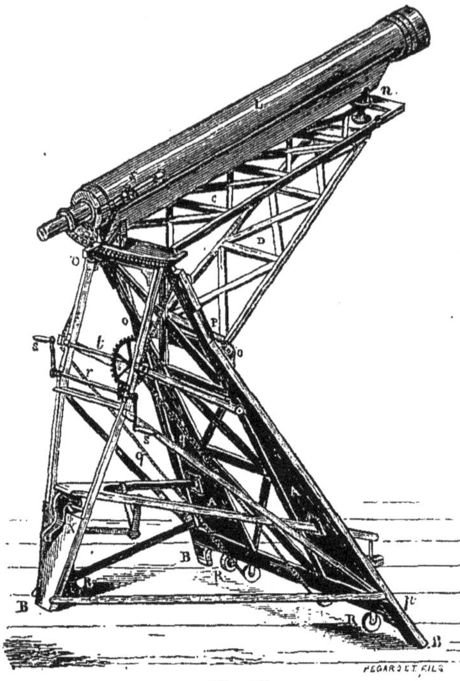

Fig. 22.

boulon qui se trouve vers l'extrémité *n* de ce cadre.

Il est bien évident que le pied tout entier doit d'abord être placée de telle sorte que la lunette soit à peu près dirigée vers le point du ciel que l'on veut observer. Pour cela, on se sert des roulettes R. Ces roulettes sont adaptées à un système qui, grâce à un levier x, permet à tout l'appareil de reposer soit sur les roulettes lorsqu'on veut faire mouvoir l'instrument, soit sur les trois pieds B, B, B, lorsqu'on veut que le bâti reste dans une position déterminée.

Une petite lunette *z*, dite *chercheur*, est adaptée au tuyau de la lunette astronomique. Son axe est maintenu parallèle à celui de la lunette astronomique au moyen des deux vis que l'on voit sur la figure. Ce chercheur, dont le champ est beaucoup plus vaste que celui de la grande lunette, est destiné à faciliter l'opération qui consiste à diriger la lunette L vers l'astre à observer. On commence donc par regarder le ciel avec le chercheur et l'on fait mouvoir l'appareil jusqu'à ce que l'astre se trouve au point de croisement de deux fils rectangulaires entre eux qui se trouvent sur l'axe du chercheur.

La lunette astronomique est destinée à faire des observations physiques.

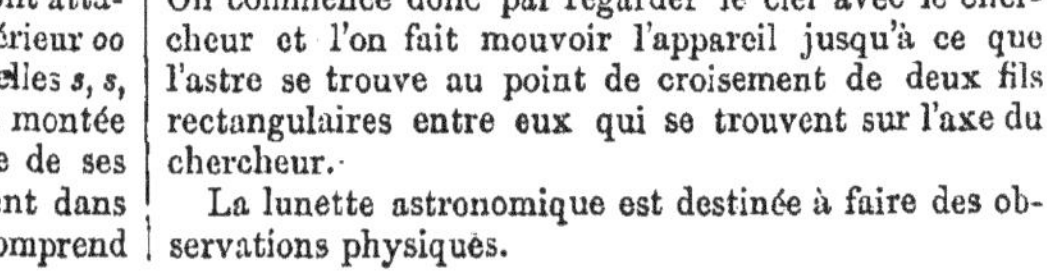

Fig. 23.

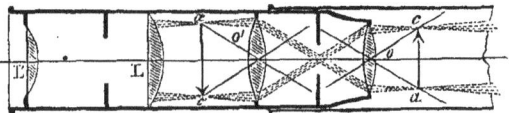

Lunette terrestre. — Elle diffère de la lunette astronomique en ce que les images ne sont pas renversées.

INSTRUMENTS D'OPTIQUE.

C'est Kepler qui, le premier, proposa de redresser les images, et c'est le père de Rheita qui inventa la lunette terrestre ou longue-vue, telle qu'on l'exécute encore aujourd'hui. La fig. 23 représente le porte-oculaire de cet instrument; *ac* est l'image réelle renversée fournie par l'objectif. Une première lentille *o* est placée à une distance de cette image égale à la distance focale principale. Il en résulte que les rayons partis d'un point de l'image sortent tous de cette lentille parallèlement à l'axe optique qui leur correspond, ainsi qu'on le voit sur la figure pour les points *a* et *c*. Une seconde lentille *o'* située au delà du point de croisement, fait converger les rayons de chaque faisceau parallèle sur l'axe secondaire correspondant à ce faisceau : on obtient ainsi une image *a'c'* renversée par rapport à *ac*, et conséquemment droite relativement à l'objet. L'image *a'c'* est ensuite vue à travers le système oculaire L L', comme dans la lunette astronomique.

Dans la lunette terrestre, la clarté est un peu diminuée par les réflexions aux surfaces des verres. On y remédie en donnant à l'objectif une plus grande ouverture. C'est ce que l'on fait surtout pour les lunettes de nuit, afin que l'objet, malgré son peu d'éclat, donne une image distincte.

Instruments de nivellement. — Voir l'article NIVELLEMENT.

Cercle répétiteur. — Cet instrument (fig. 24) consiste en

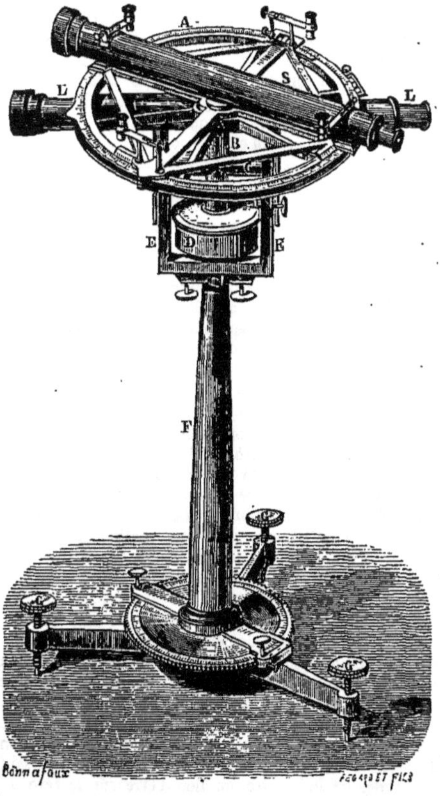

Fig. 24.

un cercle A muni d'un limbe gradué. Ce cercle, auquel sont adaptées deux lunettes à réticule, est porté par un pied qui permet de lui donner toutes les directions possibles. Le cercle peut tourner dans son plan autour d'un axe qui lui est implanté perpendiculairement et en son centre. Cet axe traverse une douille B, laquelle est fixée sur un axe horizontal C et est terminée au delà de cet axe par une pièce métallique D destinée à faire contrepoids à l'ensemble du cercle et des lunettes, lorsqu'on imprime un mouvement de rotation au système autour de l'axe C. Les extrémités de l'axe C sont supportées par les montants E, E d'une fourchette qui surmonte la colonne F et peuvent tourner librement dans les ouvertures circulaires pratiquées dans ces montants. Enfin la colonne F peut elle-même tourner, avec tout ce qu'elle porte, autour d'un axe qui pénètre à son intérieur dans une partie de sa hauteur et qui est fixé au pied de l'instrument. On conçoit aisément que, grâce aux mouvements combinés du cercle autour de l'axe C et de tout l'instrument autour de l'axe de la colonne, on peut amener le plan du cercle à avoir telle direction que l'on voudra, et que, par suite, les lunettes qui sont ainsi mobiles peuvent également coïncider avec les côtés de l'angle que l'on se propose de mesurer.

Une lunette S est installée sur la face supérieure du cercle, suivant un diamètre, et peut tourner autour de son centre indépendamment du cercle. Une autre lunette LL est adaptée sur la face inférieure du cercle, non plus suivant un diamètre, à cause de l'axe du cercle, mais dans une position excentrique. Cette seconde lunette peut également tourner autour de l'axe du cercle.

Nous ferons remarquer que cette position excentrique n'entraîne aucune erreur appréciable dans l'observation des objets éloignés, attendu que la grandeur de la distance à laquelle se trouve le point visé fait que l'on peut regarder l'axe optique comme étant parallèle à la direction qu'il aurait s'il rencontrait le centre.

Lorsque le plan du limbe a été amené dans le plan passant par les deux points à observer et par le poste d'observation, on le fixe au moyen de vis de pression disposées à cet effet. Dès lors le cercle ne peut plus se mouvoir que dans son plan en entraînant les deux lunettes qui, ainsi que nous l'avons dit, peuvent se mouvoir indépendamment du cercle. Chacun de ces trois mouvements du cercle avec les lunettes, et de l'une ou l'autre des lunettes indépendamment du cercle, s'effectue en deux fois : en donnant d'abord avec la main, soit au cercle, soit aux lunettes, une position approchant de très-près celle qu'on veut leur faire prendre; et précisant ensuite cette position approchée au moyen d'une vis de rappel.

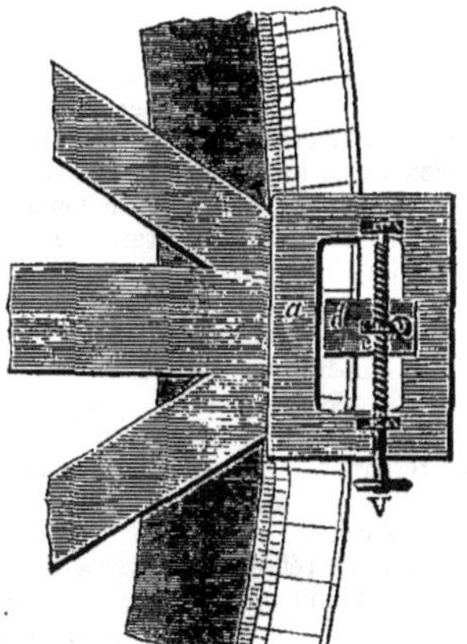

Fig. 25.

Voici comment fonctionne la vis de rappel adaptée à chacune des lunettes. Une pièce *a* (fig. 25), faisant corps avec la lunette, porte deux collets dans lesquels une vis V peut tourner librement. Cette vis traverse un écrou *c* adapté à une pince *d* dont les deux mâchoires embrassent le bord aminci du cercle. On comprend dès lors comment, la lunette étant mise dans la position approchée, et le bord du limbe étant serré par les deux mâchoires au moyen de la vis *v*, il est possible d'imprimer à cette lunette un mouvement excessivement faible, en tournant la vis V.

Voyons maintenant comment fonctionne la vis de rappel destinée à imprimer au cercle lui-même un mouvement faible. L'axe du cercle, après avoir traversé la douille B ainsi que le contre-poids D, se prolonge d'une petite quantité au delà et porte une roue dentée de même diamètre que ce contre-poids. Une vis sans fin V (fig. 26), portée par des collets fixés au contre-poids, en-

Fig. 26.

grène avec cette roue. Une petite pièce *a*, en se redressant, sert à éloigner la vis de la roue lorsque l'on veut que celle-ci tourne librement; un ressort *e* est destiné à rapprocher la vis de la roue lorsque la pièce *a* est baissée, ainsi que dans notre figure.

Nous allons actuellement donner la théorie du cercle répétiteur, laquelle est basée sur le principe de la répétition des angles. Soient A et B deux points éloignés, vers lesquels sont dirigés les côtés de l'angle à mesurer. Après avoir fixé la lunette supérieure au cercle, de telle sorte que son index coïncide avec le zéro du limbe, on amène le plan du cercle dans le plan passant par A et B et par le poste d'observation; puis on fait tourner le cercle dans ce plan, jusqu'à ce que la lunette supérieure soit dirigée vers le point A; ensuite on fait mouvoir la lunette inférieure seule, jusqu'à ce qu'elle soit dans la direction de B. Les choses étant ainsi, on fait tourner le cercle avec les deux lunettes, de manière que la lunette inférieure regarde le point A, après quoi l'on fixe le cercle pour en détacher ensuite la lunette supérieure et l'amener dans la direction de B. Il est bien clair qu'après ces différentes opérations, l'index de la lunette supérieure se trouve sur une division du limbe correspondant au double de l'angle à mesurer. En divisant donc la lecture par 2, on a l'angle lui-même. Si maintenant, au lieu de faire la lecture, on dirige de nouveau la lunette supérieure vers A, après l'avoir serrée sur le limbe, et si l'on recommence ensuite la série d'opérations que l'on a effectuées lorsque cette lunette, déjà braquée sur A, correspondait au zéro du limbe, il est facile de voir que la lecture que l'on fera correspondra au quadruple de l'angle à mesurer et que la valeur de l'angle correspondra à cette lecture divisée par 4.

Pour peu que l'on réfléchisse au procédé de mesure que nous venons d'indiquer, on voit que l'erreur de lecture est diminuée d'une manière d'autant plus notable que l'on a répété davantage l'angle, puisque cette lecture étant divisée par 2, 4, 6..., l'erreur se trouve par cela même divisée aussi par 2, 4, 6... Quant aux pointés successifs, il n'en est pas de même, il y a une compensation d'erreurs, attendu que l'erreur commise dans

INSTRUMENTS D'OPTIQUE.

chacun d'eux se trouve l'être tantôt dans un sens et tantôt dans l'autre.

On remarquera qu'avant d'être divisée par 2, 4, 6..., l'erreur est du même ordre que celle que l'on commettrait dans la mesure directe de l'angle cherché.

Donc : système de compensation entre les erreurs de pointés et atténuation de l'erreur de lecture, tels sont les avantages du cercle répétiteur. Il en est un troisième qui permet de diminuer encore l'erreur de lecture. Voici en quoi il consiste : quatre verniers sont adaptés au châssis qui porte la lunette, répartis régulièrement sur le contour du cercle; chacun d'eux porte un microscope, servant à observer facilement ses divisions. Un seul des index qui accompagnent ces verniers sert à déterminer le nombre entier de divisions, dont la lunette a tourné en totalité; tandis que les quatre verniers donnent chacun la fraction de division que l'on doit ajouter à ce nombre entier, et c'est la moyenne de leurs indications que l'on prend comme valeur exacte de cette fraction de division.

Il arrive souvent que l'on emploie le cercle répétiteur pour déterminer la distance zénithale d'un point. (Angle formé par la verticale du lieu de l'observation, avec le rayon visuel aboutissant au point à observer.) Pour cela, on commence par rendre la colonne F parfaitement verticale, ce à quoi l'on arrive au moyen des vis calantes G que porte l'instrument, et d'un niveau à bulle d'air adapté à la lunette inférieure. Voici comment on procède pour obtenir cette verticalité : on fait tourner le cercle autour de l'axe CC, de manière à rendre son plan à peu près vertical, après quoi on amène ce plan à être sensiblement parallèle à la ligne, que nous appellerons α, passant par deux des vis calantes; on donne ensuite à la lunette une direction horizontale, en se servant du niveau qu'elle porte, et l'on fait tourner tout l'instrument autour de l'axe de la colonne d'une quantité égale à un demi-tour. Si après cette demi-rotation la bulle a cessé d'occuper le milieu du niveau, c'est que la colonne n'est pas verticale dans le sens de la ligne α, ce que l'on rectifie au moyen des vis calantes, situées aux extrémités de cette ligne. Ceci fait, on amène le plan du cercle à être sensiblement parallèle à la ligne, que nous appellerons β, passant par la troisième vis calante et perpendiculaire à α. On vérifie alors la verticalité de la colonne dans le sens de β, de la même manière que dans le sens de α. Quant à la verticalité du plan du cercle, elle s'obtient au moyen d'un fil à plomb.

L'instrument installé, on pince la lunette supérieure sur le zéro du limbe, après quoi on l'amène dans la direction du point à observer, que nous désignerons par X. On fait ensuite faire à l'instrument un demi-tour autour de l'axe de la colonne, et l'on ramène la lunette, sans que le cercle bouge, dans la direction de X. Il est clair alors que la lecture que l'on fera correspondra au double de la distance zénithale à déterminer, et que la moitié de cette lecture sera cette distance zénithale elle-même.

Si, au lieu du double de cet angle, on veut déterminer la valeur d'un multiple plus grand, on fait de nouveau tourner l'instrument d'un demi-tour autour de l'axe de la colonne; puis on fait tourner le cercle dans son plan, jusqu'à ce que la lunette, qui lui est restée fixée, passe par X. L'instrument se trouve ainsi dans une position identique avec celle qu'il occupait tout d'abord, sauf que l'index de la lunette, au lieu d'être sur le zéro du limbe, se trouve sur une division correspondant au double de l'angle à mesurer. On exécute alors une opération semblable à celle que nous venons de décrire, et l'on obtient une lecture égale à quatre fois la distance zénithale cherchée; ainsi de suite.

Nous parlerons plus loin du petit cercle gradué, que

l'on voit au bas de la colonne qui supporte l'instrument, ainsi que du rôle qu'il remplit.

Théodolite. (θεάομαι, je vois; δόλος, stratagème ?) — Cet instrument est employé à deux fins, soit en géodésie, pour mesurer l'angle compris entre les deux plans verticaux passant par chacun des deux points à observer et par le poste d'observation, soit en astronomie, pour déterminer les azimuts et les hauteurs des astres.

On appelle azimut d'un astre l'angle compris entre les deux plans verticaux, passant par le poste d'observation et passant en outre, l'un par l'astre, et l'autre par un point pris à volonté sur la voûte céleste. La hauteur est l'angle compris entre le rayon visuel aboutissant à l'astre et sa projection sur le plan de l'horizon du poste d'observation. L'azimut et la hauteur d'un astre varient lorsque le poste d'observation change.

Le théodolite (fig. 27) se compose de deux cercles gra-

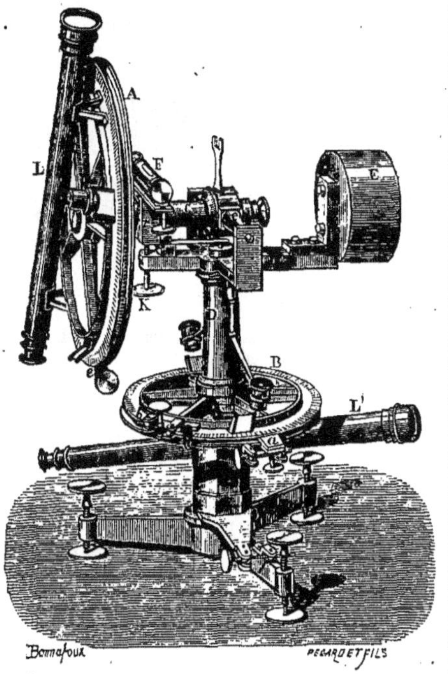

Fig. 7.

dués A et B, dont l'un est vertical et l'autre horizontal. Le cercle A est adapté à l'extrémité d'un axe horizontal C, autour duquel il peut tourner. L'axe C est traversé par un autre petit axe *c*, avec lequel il fait corps et qui s'engage, ainsi qu'on le voit, dans les montants d'une fourchette, laquelle fourchette est adaptée à l'extrémité supérieure d'un arbre vertical D. Un contre-poids E sert à équilibrer le cercle et la lunette qu'il porte. Le tout est mobile autour de l'axe D. Le cercle B a son centre sur l'axe D et peut tourner autour de cet axe. Une lunette L est adaptée au cercle A, au moyen d'un autre cercle auquel elle est fixée et qui, étant comme incrustée dans le cercle A, se meut à son intérieur sans cesser de le toucher dans tout son contour. Il en est de même de toute la partie de l'instrument, qui se trouve située au-dessus du cercle B, c'est-à-dire que cette partie fait corps avec un cercle qui se meut à l'intérieur du cercle B, en se raccordant avec lui de toutes parts. Une pince *a*, avec vis de pression et vis de rappel, sert à fixer le cercle B au pied de l'instrument, ou bien à lui donner un mouvement lent autour de l'axe D. Une seconde pince *b* sert à fixer tout le haut de l'instrument au cercle E. Une troisième pince *e* sert à fixer le limbe A, de telle sorte qu'il ne puisse plus tourner autour de son centre. Une quatrième pince, invisible sur la figure, sert à fixer la lunette L sur le cercle A. Une seconde lunette L' est adaptée au pied de l'instrument; elle ne peut recevoir que de faibles mouvements dans différentes directions.

Nous allons maintenant examiner le moyen que l'on emploie pour installer l'instrument dans la position qui lui est convenable pour servir aux observations. On commence d'abord par rendre l'axe D parfaitement vertical. A cet effet, le pied de l'instrument est pourvu de trois vis calantes. De plus, un niveau F, placé près de la face intérieure du cercle vertical A, sert à obtenir cette verticalité, en opérant comme nous l'avons dit pour le cercle répétiteur. Ce niveau est indépendant de l'axe C et ne peut, par conséquent, tourner avec lui: une petite vis *v*, située à l'une de ses extrémités, permet d'élever ou d'abaisser cette extrémité en le faisant tourner autour d'un petit axe adapté à son autre extrémité. Grâce à ce mouvement, il est possible d'amener la bulle exactement au milieu du tube du niveau, lorsque l'axe C est vertical.

La verticalité de l'axe D une fois obtenue, il importe de rendre le plan du cercle A parfaitement vertical.

Fig. 28.

Pour cela, on emploie un niveau représenté fig. 28, que l'on pose sur l'axe C. Si la bulle n'est pas au milieu, on l'y amène, en imprimant au cercle A un léger mouvement de rotation autour de l'axe K, au moyen de la vis *c*, après quoi on enlève le niveau pour le reposer de nouveau en le retournant. On examine alors si la bulle se replace dans la même position. S'il en est ainsi, c'est que l'axe C est horizontal et que, par suite, le cercle A, qui est perpendiculaire à cet axe, est bien vertical. Si au contraire la bulle occupe une autre position, on donne à l'axe C de légers mouvements, dans le sens convenable, jusqu'à ce qu'elle se mette bien au milieu du niveau. Il importe de remarquer que cette bulle doit occuper la même position dans chacun des sens où l'on pose le niveau.

Pour mesurer avec le théodolite l'angle compris entre les deux plans verticaux passant par deux points, voici comment on procède. On fait d'abord tourner la partie supérieure de l'instrument, indépendamment du limbe B, jusqu'à ce que l'index du cercle qui se meut à l'intérieur de ce limbe coïncide avec le zéro de la graduation; puis on fixe ce cercle au limbe B, avec la pince *b*; on fait ensuite tourner le limbe B avec la partie supérieure, qui lui est fixée, jusqu'à ce que l'axe optique de la lunette L, que l'on a en même temps fait mouvoir autour de l'axe C, passe par le premier point à observer. On desserre alors la pince *b*, on serre celle *a* pour fixer le limbe B dans cette position, et l'on fait tourner la partie supérieure de l'instrument jusqu'à ce que l'axe optique de la lunette L passe par le second point à observer. L'index du cercle qui se meut à l'intérieur du limbe B correspond, après ces opérations, à une division de ce limbe, qui indique précisément la quantité dont il a tourné, et qui par suite donne la valeur de l'angle cherché.

On peut aussi, avec le théodolite, employer le principe de la répétition des angles. Nous n'expliquerons pas comment on fait pour cela, pensant que le lecteur le verra facilement, surtout après avoir lu ce qui est relatif au cercle répétiteur.

Nous avons dit, en commençant, que le théodolite sert en astronomie à déterminer l'azimut et la hauteur d'un astre. L'azimut, étant un angle compris entre deux

INSTRUMENTS D'OPTIQUE.

plans verticaux, se mesure comme nous venons de l'expliquer. Quant à la hauteur, on l'obtient au moyen du cercle A. Voici comment: on fixe la lunette L sur le limbe A, de manière que le zéro du limbe corresponde à l'index du cercle, sur lequel est adaptée la lunette et qui tourne à l'intérieur de ce limbe; une pince invisible sur la figure sert à cet effet. Ensuite on fait tourner le limbe avec la lunette qui lui est fixée, jusqu'à ce que celle-ci soit horizontale, ce dont on s'assure au moyen d'un niveau que l'on pose sur elle. On maintient alors le limbe dans cette position au moyen de la pince *e*; on desserre l'autre, et on fait tourner la lunette L, indépendamment du limbe, jusqu'à ce que son axe optique passe par l'astre. L'index correspond ainsi à une direction du limbe, qui donne la valeur de la hauteur.

On remarque au pied de la colonne du cercle répétiteur (fig. 24) un petit cercle qui peut servir à mesurer les azimuts d'une manière peu exacte.

Lunette méridienne. — La lunette méridienne est un instrument qui sert à mesurer les ascensions droites des astres.

On appelle ascension droite d'un astre l'angle compris entre le méridien céleste passant par cet astre et le méridien passant par le point vernal. Le point vernal ou équinoxe du printemps est le point qui, situé à l'infini, appartient à la droite d'intersection du plan de l'équateur céleste avec le plan de l'écliptique.

La sphère céleste mettant vingt-quatre heures (temps sidéral) à effectuer une rotation complète, il en résulte que si l'on prend pour origine des heures le moment où le point vernal passe au méridien du poste d'observation, et que si l'on fait marquer 0 heure, au moment de ce passage, à une pendule dont le cadran est divisé en vingt-quatre parties égales, l'ascension droite demandé pourra être considérée comme étant l'heure marquée par la pendule au moment du passage de cet astre au méridien, attendu qu'il sera toujours facile, par un calcul simple, de convertir, si l'on veut, ce temps en arc (en multipliant l'heure par 15, puisque 360° est égal à 15 fois 24). On a coutume, dans les observatoires, de faire les observations des ascensions droites en temps, et de les publier ainsi.

La lunette méridienne est donc, en définitive, un instrument destiné à faire connaître l'heure *exacte* du passage d'un astre au méridien. On l'appelle aussi, pour cette raison, *instrument des passages*.

La lunette méridienne se compose essentiellement d'une lunette astronomique L L, susceptible de se mouvoir dans le plan du méridien, de telle sorte que son axe optique puisse prendre toutes les positions possibles dans ce plan sans jamais en sortir. A cet effet, la lunette (fig. 29) est enchâssée entre deux troncs de cône *cc'*, identiques et *ayant même axe*. L'axe optique de la lunette doit être perpendiculaire à l'axe des troncs de cône, lequel à son tour doit être perpendiculaire au plan du méridien. Ces troncs de cône, sorte d'essieu solide, sont terminés chacun par un tourillon, ayant même axe que l'essieu. Les deux tourillons, qui sont parfaitement égaux, reposent dans des coussinets, en forme de V, portés par de forts piliers en maçonnerie, qui ont leurs fondations propres, afin d'être entièrement indépendants du bâtiment dans lequel se trouve l'instrument. Les tourillons peuvent se mouvoir librement à l'intérieur des deux coussinets; en sorte que la lunette peut tourner librement aussi avec son essieu, et prendre une infinité de directions différentes dans le plan du méridien.

Afin d'éviter la trop grande usure qui résulterait du frottement des tourillons sur les faces inclinées des coussinets, on fait équilibre à une grande partie du poids de la lunette, au moyen de deux contre-poids P P'. Chacun de ces contre-poids est suspendu à l'extrémité d'un levier horizontal qui, pouvant tourner autour de son point d'appui, exerce une force de traction, de bas en haut, sur une tringle verticale accrochée à son autre extrémité. Cette tringle porte inférieurement un collier

Fig. 29.

à galets, qui entoure l'essieu de la lunette, et dans lequel cet essieu tourne en roulant sur les galets. Une partie du poids étant ainsi équilibrée, les tourillons sont soulagés d'autant, et ils ne supportent plus que la partie de poids total de la lunette qui n'est pas équilibrée : l'usure est donc considérablement atténuée.

Pour déterminer d'une manière précise l'instant du passage d'un astre au méridien, la lunette porte au foyer de son objectif un réticule composé généralement de cinq fils verticaux (fig. 30) et bien parallèles, dont celui du milieu doit être dans le plan du méridien. Il y a en outre deux fils horizontaux, dont le but est d'atténuer l'erreur qui pourrait provenir du défaut de parallélisme des fils verticaux : c'est dans la portion des fils verticaux, comprise entre ces deux fils horizontaux, que doit s'effectuer la coïncidence de l'astre avec les fils, lorsqu'il traverse le champ de la lunette. Nous verrons un peu plus loin quel rôle joue le réticule dans les observations.

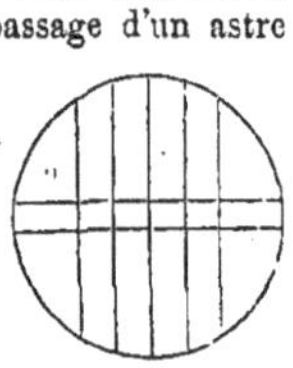

Fig. 30.

Dans le jour, les fils du réticule se détachent bien sur le ciel qui est éclairé; mais dans la nuit, il ne pourrait en être ainsi, si l'on n'avait imaginé un artifice qui permet d'éclairer ces fils et qui, par suite, les laisse se détacher sur le fond obscur du ciel. Voici la disposition qui a été introduite dans l'instrument pour éclairer ainsi les fils pendant la nuit. L'un des troncs de cône qui forment l'essieu est creux, ainsi que le tourillon qui le termine. Une lampe à réflecteur, placée en face de l'ouverture de ce tourillon, envoie de la lumière dans la direction de l'axe; cette lumière arrive jusqu'au corps de la lunette, où elle rencontre un miroir incliné qui la réfléchit et la renvoie au réticule.

Il arrive souvent que l'astre que l'on observe n'est pas visible à l'œil nu, bien que l'on en connaisse la position. On se sert alors d'un petit cercle gradué *a* que porte la lunette, aux environs de l'oculaire. Une alidade portant un niveau est adaptée à ce cercle et peut se mouvoir autour de son centre. Les choses sont disposées de telle sorte que lorsque, la lunette étant braquée vers l'horizon, l'alidade est rendue horizontale, elle passe par le zéro de la graduation du limbe du petit cercle. Il est donc facile de faire marquer au vernier de l'alidade la hauteur, connue d'avance, de l'astre à observer; de fixer ensuite, au moyen d'une vis, l'alidade dans cette position et de faire mouvoir la lunette jusqu'à ce que la bulle du niveau que porte cette alidade soit dans ses repères. Dès lors, on est certain que l'astre, en passant au méridien, le fera dans le champ de la lunette. Il n'y aura plus alors qu'à imprimer à la lunette un très-petit mouvement, au moment où l'astre entre dans le champ, pour qu'il effectue son passage entre les deux fils horizontaux du réticule.

Nous avons dit plus haut que chaque seconde de temps sidérale correspond à un arc de 15 secondes. Il faut donc, dans les observations, ne pas se contenter d'avoir le temps du passage d'un astre au méridien à une seconde près, sans quoi le degré d'approximation serait loin d'être suffisant. Il est important, dès lors, que l'instrument satisfasse bien aux conditions d'installation que nous avons énoncées. De plus, comme il peut arriver que des accidents amènent dans l'instrument des dérangements capables de fausser les résultats d'observation, l'astronome doit avoir par devers lui des moyens qui lui permettent de s'assurer, aussi souvent qu'il le juge convenable, si les conditions d'installation ne cessent pas d'être remplies. Ce sont ces moyens de vérification que nous allons donner, en même temps que les procédés d'atténuer les erreurs d'installation qu'ils mettent en évidence.

Les conditions d'installation sont au nombre de quatre :

1° L'axe de rotation doit être horizontal;

2° L'axe optique de la lunette doit être perpendiculaire à l'axe de rotation;

3° L'axe optique de la lunette doit être dans le plan du méridien;

4 Les fils du réticule, ou fils horaires, doivent être verticaux.

A chaque condition d'installation correspond un moyen de vérification :

1° Pour vérifier l'horizontalité de l'axe de rotation, on se sert d'un niveau à bulle d'air, représenté fig. 30 *bis*.

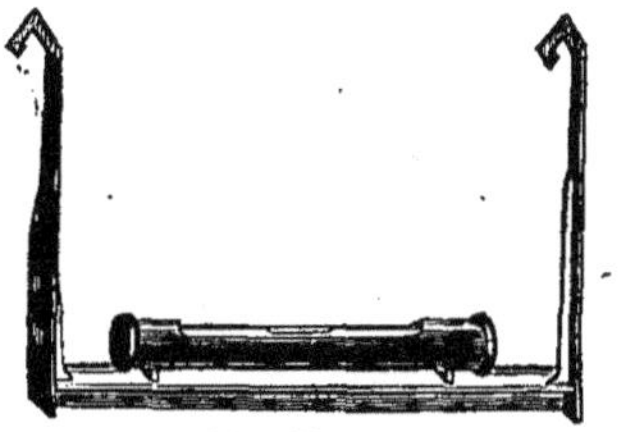

Fig. 30 *bis*.

Ainsi qu'on le voit, ce niveau est posé sur une règle plate, aux extrémités de laquelle sont deux crochets. Ces deux crochets sont distants l'un de l'autre, de telle sorte qu'ils puissent se placer sur les tourillons de la lunette, dans la portion de ces tourillons qui se trouve comprise entre chaque coussinet et la partie conique correspondante de l'essieu de la lunette.

On accroche ce niveau aux tourillons et l'on observe les points où s'arrêtent les deux extrémités de la bulle d'air, ensuite on retourne le niveau en mettant sur le tourillon de gauche le crochet qui était sur celui de droite et *vice versa*, puis on regarde si, dans cette seconde position du niveau, les extrémités de la bulle s'arrêtent bien aux mêmes points. S'il en est ainsi, c'est que l'axe de rotation est horizontal. Si, au contraire, la bulle ne s'arrête pas au même endroit du niveau, dans les deux positions où l'on met ce niveau, l'axe n'est pas horizontal.

Lorsque l'axe n'est pas horizontal, on le rend tel, en élevant ou abaissant, selon le sens de l'inclinaison, l'un des coussinets, lequel est susceptible, à cet effet, de se mouvoir dans le sens vertical.

Pour pouvoir constater à chaque instant l'horizontalité de l'axe de rotation, sans avoir recours chaque fois au niveau à crochets que nous venons de décrire, on adapte quelquefois aux lunettes portatives deux petits niveaux à bulle d'air *n*, *n'*, que l'on fait porter par un axe *a a'*, faisant corps avec la monture de la lunette. Cet axe, qui est *bien parallèle* à l'axe de rotation, est éloigné du corps de la lunette d'une manière suffisante, pour que les niveaux *n*, *n'* puissent tourner librement autour de lui et être amenés verticalement l'un au-dessus de l'autre, quelle que soit la direction que l'on donne à la lunette. Nous ajouterons que les deux niveaux *n*, *n'* sont exactement parallèles à l'axe *a a'*.

2° Si l'on veut être certain que l'axe optique de la lunette est perpendiculaire à l'axe de rotation, on place sur le terrain, à une grande distance, une mire pouvant être aperçue avec la lunette, et l'on pointe la lunette sur cette mire. On note le point qui se trouve caché par le fil méridien, puis on enlève la lunette de ses coussinets, au moyen d'un appareil à ce destiné, pour la retourner et placer le tourillon, qui était dans le coussinet de droite, dans celui de gauche et réciproquement. On vise de nouveau la mire, et si c'est le même point qui est caché par le fil méridien, on en conclut que l'axe optique de la lunette est bien perpendiculaire à l'axe de rotation. S'il en est autrement, on déplace latéralement le réticule, à l'aide de deux vis dont il est armé, de manière à amener le fil méridien dans la position où cela a lieu.

Nous dirons en passant que l'on appelle *position directe*, la position de la lunette dans laquelle le tourillon creux est à l'est; au contraire, on appelle *position inverse*, la position dans laquelle le tourillon creux est à l'ouest.

3° Dès qu'on est assuré que l'axe optique est perpendiculaire à l'axe de rotation, on vérifie si cet axe optique est bien dans le plan du méridien. Pour cela on vise, lors de ses deux passages au méridien, une étoile circumpolaire, c'est-à-dire une étoile qui, étant située près du pôle, reste toujours au-dessus de l'horizon. Si le temps qui s'écoule entre un passage supérieur et le passage inférieur suivant est égal au temps qui s'écoule entre ce passage inférieur et le passage supérieur qui vient après, c'est que l'axe optique est dans le plan du méridien. S'il en est autrement, il faut alors ramener l'axe optique dans le plan du méridien. Pour cela, on fait mouvoir horizontalement le second coussinet, qui, à cet effet, est susceptible de recevoir un mouvement de translation parallèle au plan du méridien.

4° Enfin, pour s'assurer que les fils horaires sont bien verticaux, on vise une mire placée à grande distance, et l'on examine si, en faisant mouvoir la lunette autour de son axe de rotation, les fils couvrent toujours les mêmes points de la mire. Si cela n'a pas lieu, on tourne le réticule dans son plan, de manière à lui faire remplir cette condition qui en même temps prouve que les fils sont tous parallèles entre eux.

Pour voir si, dans une suite d'observations, la lunette ne se dérange pas, il suffit de vérifier si le fil méridien couvre toujours un trait tracé sur une mire placée à grande distance et à poste fixe. Ce trait est indiqué une fois pour toutes à la suite d'une vérification rigoureuse.

Maintenant que nous connaissons la lunette méridienne et que nous avons en notre possession les différents moyens de l'amener à fonctionner utilement sur la voûte céleste, voyons quelle est la manière de s'en servir pour déterminer les ascensions droites ou mieux les moments des passages.

Tout naturellement la lunette doit être accompagnée d'une horloge d'une grande précision, destinée à indiquer le temps correspondant à chaque observation. Cette horloge, dont le moteur est un poids et le régulateur un pendule, est disposée de manière à marquer le temps sidéral. En conséquence, elle est pourvue de deux cadrans dont l'un, divisé en 24 parties égales, est parcouru par une aiguille dans l'espace d'un jour sidéral, et dont l'autre, divisé en 60 parties égales, est parcouru par deux aiguilles : l'une de ces aiguilles fait un tour entier en une heure sidérale, tandis que l'autre le fait en une minute sidérale. De plus, chaque oscillation du pendule s'effectuant en une seconde de temps sidéral, le commencement des secondes successives est accusé par le bruit que fait l'échappement de l'horloge à chaque oscillation du pendule. L'observateur peut donc, grâce à ce bruit et s'il a regardé, avant de mettre l'œil à la lunette, la position qu'occupaient les aiguilles, compter les secondes successives et connaître à chaque instant l'heure marquée par l'horloge, sans pour cela se distraire de son observation.

On comprend dès maintenant comment on peut déterminer, à une seconde près, l'heure du passage d'un astre au méridien. Mais nous avons dit plus haut que ce degré d'approximation n'est pas suffisant : l'heure doit être notée à un dixième de seconde. Pour évaluer les fractions de seconde, les astronomes emploient un procédé particulier qui consiste à conserver mentalement la trace des positions successives qu'occupe, à chaque battement du pendule, l'image de l'astre dans le déplacement qu'elle éprouve dans le plan du réticule, et à évaluer, en dixièmes et pour chacun des fils du réticule, les distances qui séparent le fil des deux positions qu'occupait l'image avant et après son passage derrière ce fil lors de deux battements consécutifs. La position de l'image, après son passage derrière le fil, est perceptible à l'œil au moment de l'estimation, mais celle qu'elle occupait avant ne l'est plus : c'est celle-là dont on doit conserver mentalement la trace.

Les instants des passages de l'astre derrière chacun des fils étant connus, on en prend la moyenne : on a ainsi l'heure du passage derrière le fil moyen. L'erreur que l'on commet en observant aux cinq fils est moindre que celle que l'on commettrait en observant au fil méridien seulement, puisque, d'après la théorie des probabilités (*Méthode des moindres carrés*), l'erreur que l'on commet en prenant le milieu entre plusieurs résultats ou observations est inversement proportionnelle à la racine carrée du nombre des observations.

Lorsque l'astre à observer se trouve être le soleil, la lune ou une des planètes supérieures, c'est-à-dire, si cet astre a un diamètre sensible, c'est l'heure du passage du centre de l'astre qu'il faut alors obtenir. Mais comme il n'est pas possible de voir quand cet instant a exactement lieu, on note les heures de la pendule au moment du contact des bords occidental et oriental du disque avec chacun des fils du réticule, puis on prend la moyenne de ces heures : c'est cette moyenne qui donne l'heure du passage du centre de l'astre au fil méridien.

Quelle que soit l'habileté d'un observateur et quelle que soit l'attention qu'il mette à faire son observation, il ne fournira jamais un résultat rigoureusement exact, attendu qu'il commettra toujours une erreur indépendante de sa volonté, qui lui est *personnelle* et qui prend sa source dans la *façon* dont il apprécie l'époque des passages derrière les fils du réticule. Cette erreur qui varie d'un observateur à l'autre, mais qui reste constante pour un même observateur, du moins pendant un temps assez long, porte le nom d'*équation personnelle*. On a coutume dans les observatoires de la déterminer exactement pour chaque observateur, par un procédé spécial que nous ne décrirons pas, et d'en corriger les observations.

Puisque les observations des passages se font au moyen d'une pendule, il est nécessaire que cette pendule ait une marche régulière et qu'elle donne l'heure exactement. Mais comme il est impossible de réaliser une pendule théorique, on est obligé de se contenter d'une pendule *aussi bonne que possible* et d'en étudier alors la marche, ainsi que la façon dont cette marche varie. Voici comment on fait pour cela. On choisit, une fois pour toutes, parmi les plus belles étoiles, un certain nombre d'entre elles, réparties à peu près uniformément sur toute la voûte céleste. On calcule chaque année et pour toute l'année, de dix en dix jours, la position exacte de ces étoiles que l'on appelle *fondamentales*. Ces étoiles étant donc parfaitement connues, on fait en sorte, dans une série d'observations consécutives, qu'il y en ait quelques-unes d'observées ; on compare leurs positions observées avec leurs positions théoriques et on en déduit, en procédant par différence, la correction qu'il faut apporter à la pendule pour qu'elle marque l'heure exacte. L'état de la pendule étant ainsi déterminé, il est facile de corriger les observations des autres astres, de l'erreur provenant de l'inexactitude de l'heure indiquée.

Nous allons maintenant donner le moyen que l'on emploie dans les observatoires pour avoir l'heure exacte en temps moyen, de façon à pouvoir régler les horloges publiques. Mais avant, nous croyons utile de dire ce que l'on entend par temps vrai et temps moyen.

On appelle *temps solaire vrai*, le temps qui s'écoule entre deux passages consécutifs du soleil au méridien. Si l'on considère attentivement ce temps, on remarquera bientôt qu'il varie d'un jour à l'autre. Cherchons quelle est la cause de cette variation (1). Soient pour

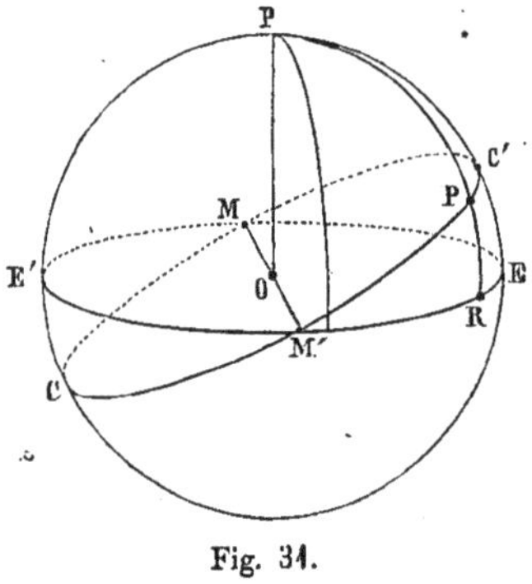

Fig. 31.

cela EE' (fig. 31) le plan de l'équateur, P le pôle et CC' le plan de l'écliptique. On sait d'abord que, le soleil parcourant son orbite conformément à la loi des aires (2e loi de Kepler), son mouvement angulaire autour de la terre est plus ou moins rapide, selon qu'il est plus ou moins rapproché d'elle : cette circonstance seule donne déjà lieu à des variations dans la vitesse avec laquelle l'ascension droite de l'astre augmente. D'autre part, l'obliquité de l'écliptique sur l'équateur fait que, lors même que le soleil parcourrait l'écliptique d'une manière uniforme, son ascension droite ne varierait pas égale-

(1) Dans tout ce que nous allons dire, nous supposerons que la terre soit fixe, et que ce soit le soleil qui tourne autour de la terre.

ment dans des temps égaux. Ainsi l'excentricité de l'orbite du soleil, qui lui fait parcourir cette orbite avec une vitesse variable, et l'obliquité de l'écliptique sur l'équateur, sont les deux causes de l'inégalité de durée des jours solaires. Cela posé, imaginons qu'un premier soleil fictif S parcourt l'écliptique CC' d'un mouvement uniforme et dans le même temps que le soleil vrai Sv. Supposons que les deux soleils partent du périgée au même instant, il est clair qu'ils passeront à l'apogée aussi au même instant. Imaginons maintenant qu'un second soleil fictif S*m*, se mouvant uniformément sur l'équateur EE' avec la vitesse dont le premier soleil fictif est animé, parte de l'équinoxe M', au moment où le soleil réel y passe. A tous les instants les deux soleils fictifs S, S*m* seront dans des positions telles que les arcs M'P, M'R seront égaux; de plus, ces deux soleils, partis ensemble de l'équinoxe du printemps M', passeront ensemble aussi à l'équinoxe d'automne et reviendront au même moment à l'équinoxe du printemps. C'est le second soleil fictif S*m* qui, par ses passages successifs au méridien, détermine la succession des *jours moyens*; et c'est ce temps moyen que l'on fait marquer aux horloges publiques depuis 1806, grâce à l'astronome Lalande.

On appelle *équation du temps*, l'intervalle de temps compris entre le passage du soleil moyen et celui du soleil vrai. La connaissance des temps donne chaque année une table contenant les valeurs de l'équation du temps pour tous les jours de l'année. On peut, au moyen de cette table, et en observant l'heure du passage du soleil, déterminer l'*heure moyenne* qu'il faut faire marquer aux horloges.

Dans les observatoires, on a coutume de chercher l'heure moyenne exacte, sans pour cela observer le soleil. On y arrive de la manière suivante: on commence d'abord par regarder simultanément les deux pendules de temps sidéral et de temps moyen, qui pour cela sont à proximité l'une de l'autre, puis on attend l'instant où le bruit produit par l'échappement de chacune d'elles se fait entendre en même temps; on note ensuite l'heure indiquée par chaque pendule à cet instant, après avoir toutefois corrigé l'heure de la pendule sidérale, de la quantité fournie par des observations d'étoiles fondamentales: on a ainsi, au même instant, l'heure sidérale exacte et l'heure marquée par la pendule de temps moyen. Il s'agit alors de savoir si l'heure accusée par la pendule de temps moyen est exacte. Pour cela on cherche dans la connaissance des temps, et sur une table qui donne le temps sidéral à midi moyen pour tous les jours de l'année, l'heure sidérale qu'il est au midi moyen qui précède la vérification qui nous occupe. On établit la différence entre l'heure sidérale exacte de la pendule et l'heure sidérale à midi moyen, et on convertit cette différence en temps moyen, en se servant de tables spéciales. Le temps converti donne précisément l'heure moyenne exacte au moment où l'on a observé les deux pendules, et permet de corriger l'heure fournie par la pendule de temps moyen.

La lunette méridienne que nous venons de décrire est celle que l'on emploie dans les opérations géodésiques. Dans les observatoires, où la lunette méridienne est à poste fixe, on l'installe dans des coussinets non mobiles. On est obligé alors non plus de rectifier la position de la lunette lorsqu'elle est défectueuse, mais de constater la valeur exacte de cette défectuosité et d'en corriger les observations, ce qui évidemment revient au même.

Cercle mural. — Le cercle mural (fig. 32) est un instrument destiné à mesurer les distances polaires des astres. Il se compose essentiellement d'un grand cercle A A', divisé sur sa tranche, et portant une lunette BB. La lunette est fixée au cercle suivant un de ses diamètres, et peut tourner avec lui autour d'un axe passant par son centre et perpendiculaire à son plan. Le plan du cercle doit coïncider exactement avec celui du méridien. L'axe de rotation se compose d'une sorte d'essieu analogue à l'une des moitiés de celui qui supporte la lunette méri-

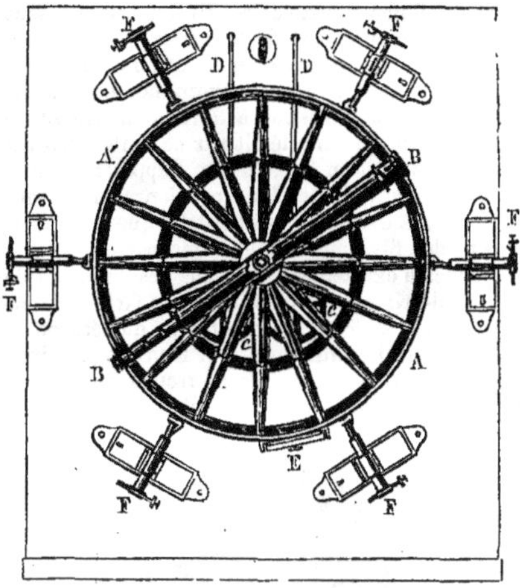

Fig. 32.

dienne. Cet essieu traverse un mur très-solidement établi, et tourne dans des coussinets fixés au mur. Le cercle et la lunette qu'il porte sont adaptés à cet essieu, à une petite distance du mur. De même que, dans la lunette méridienne, une partie du poids du cercle et de la lunette est supportée par un système de galets *c*, *c* suspendus à des tringles D, D, tirées de bas en haut par des contre-poids qui se trouvent derrière le mur. Une pince E, avec vis de pression et vis de rappel, analogue à celle que nous avons décrite à l'occasion du cercle répétiteur, est fixée au mur. Elle est destinée à amener l'axe optique de la lunette à être exactement dirigé vers l'astre que l'on veut observer, après qu'on lui a donné approximativement la direction voulue, en faisant tourner tout l'instrument avec la main.

Six micromètres F, F,..... sont repartis régulièrement sur tout le contour du cercle et servent à faciliter la lecture des angles dont on fait tourner ce dernier. Ces six micromètres sont formés chacun d'une sorte de pe-

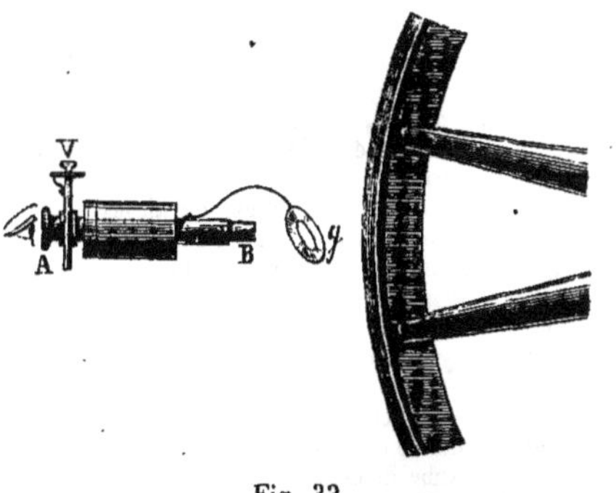

Fig. 33.

tite lunette A B (fig. 33), munie d'un réticule, et fixée invariablement en regard des divisions du limbe. Le réticule se compose de deux fils en croix, lesquels peuvent prendre un mouvement de translation perpendiculaire à l'axe de la lunette, à l'aide de la vis à tête graduée V. Un miroir concave *g* est adapté au micromètre de telle sorte qu'il puisse renvoyer sur les divisions du limbe qui se trouvent en face du micromètre la lumière d'une lampe; ce miroir, situé entre le limbe et l'objectif du micromètre, est percé en son milieu d'un trou circulaire qui permet à l'observateur de voir les divisions du limbe. Lorsque les fils du réticule sont amenés au commencement de la course que la vis V peut leur faire décrire, l'axe optique du micromètre occupe une position parfaitement déterminée qui constitue, en réalité, l'index destiné à faire connaître sur le limbe l'extrémité de l'arc décrit par ce limbe, lorsqu'il est passé d'une position à une autre. Supposons que le cercle, en tournant, parte d'une position connue, pour s'arrêter ensuite dans une position telle que le point de croisement des fils, amenés au commencement de leur course, coïncide exactement avec une des divisions du limbe, l'arc décrit par le limbe sera alors facile à déterminer, puisqu'il suffira de connaître le numéro de ce trait de division. Le plus souvent il n'en est pas ainsi : le point de croisement des fils se trouve placé entre deux traits consécutifs du limbe, ainsi qu'on le voit

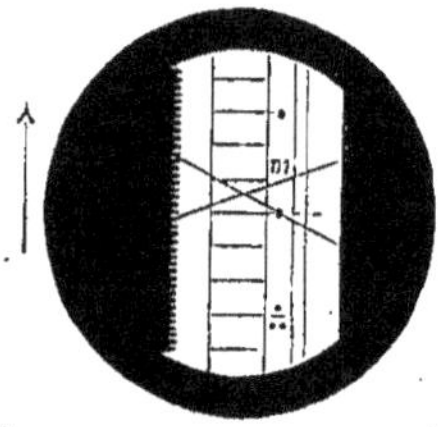

Fig. 34.

sur la fig. 34. Il s'agit dans ce cas d'évaluer la distance qui sépare ce point de croisement, du trait *m* qui, dans le mouvement du limbe, a dépassé le dernier le point de croisement, et d'ajouter cette distance à la valeur qu'aurait l'arc décrit, s'il se terminait au trait *m*. (Nous supposons que les traits du limbe, vus avec le micromètre, ont marché dans le sens de la flèche.) A cet effet, on fait mouvoir le réticule à l'aide de la vis V, jusqu'à ce que le point de croisement de ses fils vienne se placer sur le trait *m*. Supposons que les traits du limbe soient distants de cinq minutes, que la vis du micromètre soit obligée de faire dix tours pour que le point de croisement des fils avance d'une division à la division suivante, et que la tête de la vis soit divisée en 60 parties égales : dès lors chaque tour de la vis fera marcher le réticule d'une quantité égale à un arc de 30" pris sur le limbe, et chaque division de la tête de la vis d'une quantité égale à 0",5. Il est donc facile, grâce à cette disposition, de déterminer d'une manière assez exacte l'angle que décrit le cercle, en passant d'une position à une autre.

Nous avons dit que, dans le cercle mural, les micromètres sont au nombre de six. L'un d'eux sert d'index et doit conséquemment indiquer le nombre entier de divisions dont l'instrument a tourné. Quant à la fraction qui doit être ajoutée à ce nombre entier, elle est fournie par la moyenne des indications que donnent les six microscopes.

L'oculaire de la lunette que porte le cercle est muni d'un réticule formé de deux fils horizontaux et de trois fils horaires. Le tube de cette lunette est pourvu intérieurement d'un réflecteur métallique qui renvoie sur le réticule la lumière d'une lampe qui pénètre dans la lunette par une ouverture circulaire *o*, faite dans le tube et fermée par un verre dépoli. Cette lampe est la même qui sert à éclairer le limbe au moyen des réflecteurs que portent les micromètres.

Le cercle mural doit remplir trois conditions :

1° L'axe optique de la lunette doit être parallèle au plan de l'instrument.

2° Le plan du cercle doit être perpendiculaire à l'axe de rotation.

3° Le plan que décrit l'axe optique de la lunette, en tournant avec le cercle, doit coïncider avec le plan du méridien.

La première de ces conditions se vérifie au moyen

Fig. 35.

d'une *lunette d'épreuve*. Cette lunette (fig. 35), munie d'un réticule, est montée par ses deux extrémités dans deux espèces de collets saillants à contour carré et égaux entre eux. Le réticule est placé de telle sorte que l'axe optique soit parallèle aux arêtes du prisme carré dont les collets seraient les bases. Pour vérifier le parallélisme du plan du cercle mural et de l'axe optique de la lunette qu'il porte, il suffit de poser la lunette d'épreuve sur le cercle, en l'appuyant par ses deux collets, et de voir si son axe optique et celui de la lunette adaptée au cercle peuvent être dirigés vers un même objet très-éloigné. Si cela n'a pas lieu, on déplace alors transversalement le réticule de la lunette murale, jusqu'à ce que le parallélisme soit obtenu.

La seconde condition doit être remplie par l'artiste qui a construit l'instrument. On est averti qu'elle ne l'est pas, lorsqu'une fois installé, l'instrument produit, en tournant dans les coussinets, des frottements irréguliers.

Enfin, la troisième condition d'installation se vérifie en comparant le cercle mural à la lunette méridienne, à côté de laquelle il est toujours installé dans les observatoires : dès qu'on s'est assuré, par les procédés que nous avons décrits, que la lunette méridienne remplit bien toutes les conditions qui doivent présider à son installation, on la dirige vers une étoile, et l'on fait en sorte que, quelle que soit cette étoile, l'axe optique de la lunette du cercle puisse se diriger au même instant vers cette étoile. Lorsque ce résultat a lieu, on est certain que la troisième condition est remplie.

Voyons maintenant comment le cercle mural peut servir à la détermination des distances polaires.

Il est nécessaire tout d'abord de bien connaître la direction exacte de l'axe du monde. Pour la déterminer, voici comment on procède : on observe une étoile circumpolaire lors de ses passages supérieur et inférieur au méridien; la moyenne des deux nombres de degrés, minutes et secondes de la graduation du cercle que fournit le micromètre principal, pour ces deux observations, donne le nombre qu'indiquerait ce micromètre principal, si l'on visait directement le pôle. Dès lors on comprend aisément comment, la lecture au pôle étant connue, il est possible de déterminer la distance polaire d'un astre.

Il est une correction importante que l'on doit faire subir aux distances polaires observées, correction provenant de la déviation (réfraction) que subissent les rayons lumineux émanant des astres en traversant notre atmosphère. Cette déviation varie proportionnellement à la distance zénithale : pour une distance zénithale de 80° elle atteint 5',20".

Pour faire cette correction, on détermine la lecture au zénith, par un procédé particulier, ce qui permet de déduire de la distance polaire observée la distance zénithale. Il est vrai que cette distance zénithale n'est qu'approchée, mais cela est suffisant pour le calcul de la réfraction. La réfraction étant connue, il n'y a plus qu'à la retrancher de la distance polaire observée ou à l'y ajouter, selon que l'astre est au nord ou au sud du zénith. Pour les passages inférieurs des circumpolaires on devra toujours ajouter, bien que l'astre soit au nord du zénith. Il est bien entendu que le cercle est gradué de telle sorte que les graduations vont en augmentant du sud vers le nord, en passant par le zénith.

Il existe bien encore d'autres corrections à introduire; mais le cadre de notre ouvrage nous contraint de nous taire à ce sujet. Nous renvoyons les personnes qui désireraient les connaître au mémoire de M. Yvon Villarceau (*Annales de l'Observatoire de Paris*).

Cercle méridien. — On a donné ce nom à un instrument que l'Observatoire de Paris possède depuis quelques années et qui a été construit dans les ateliers de M. Secrétan, sous la direction de M. Eichens. Dans cet instrument se trouvent réunis la lunette méridienne et le cercle mural.

Il se compose d'une lunette méridienne ordinaire dont l'un des tourillons dépasse le coussinet sur lequel il porte. A l'extrémité de ce tourillon est fixé un cercle gradué jouant le rôle de cercle mural.

Le cercle méridien ainsi que le cercle mural et la lunette méridienne sont installés dans l'intérieur d'une même salle qui présente pour chacun d'eux une ouverture longue et peu large, pratiquée dans le toit et dans les murs du sud et du nord, suivant le plan méridien, absolument comme si l'on avait fait passer un large trait de scie à travers le bâtiment. Ces ouvertures qui permettent aux instruments d'être dirigés vers tous les points du ciel situés dans le méridien du lieu où ils sont établis, n'ont pas besoin d'ailleurs de rester toujours entièrement béantes : des trappes, indépendantes les unes des autres, servent à en fermer les diverses parties et peuvent chacune être ouvertes séparément par des mécanismes spéciaux mis à la portée de l'observateur.

Équatorial. — Il arrive souvent que l'on a besoin d'observer un astre au-dehors du méridien, soit parce qu'il est nouveau et que l'on en veut connaître immédiatement la position, soit parce qu'il n'apparaît que rarement et qu'il est nécessaire alors de profiter de toutes les circonstances qui permettent de déterminer la place qu'il occupe sur la voûte céleste. On est obligé dans ce cas de se servir d'un instrument qui puisse prendre toutes les directions possibles et qui, pour cette raison, porte le nom de lunette parallactique (du grec παραλλασσω, varier alternativement). On l'appelle aussi équatorial.

L'équatorial se compose essentiellement d'un axe AA dirigé suivant l'axe du monde et autour duquel peut tourner tout l'instrument. Cet axe est pourvu d'un cercle gradué BB pouvant tourner dans son plan et autour de son centre. Une lunette astronomique LL est adaptée au cercle BB et participe à son mouvement. Un second cercle gradué CC est fixé en son centre à l'axe AA, de telle sorte qu'il tourne en même temps que tout l'instrument autour de cet axe; il a en outre son plan parallèle au plan de l'équateur céleste.

On voit que, grâce à la disposition que nous venons de décrire, l'axe optique de la lunette peut recevoir toutes les directions possibles sur le ciel : en tournant autour de l'axe AA, la lunette coïncidera successivement avec tous les méridiens; et, en tournant avec le cercle BB autour de ce dernier, elle passera par toutes les positions dans le plan d'un même méridien.

Des micromètres GG servent à lire les divisions du cercle BB. Des pinces PP, avec vis de pression et vis de rappel, sont fixées à des pièces FF faisant corps avec l'axe AA, et servent à arrêter la lunette dans une position déterminée. D'autres micromètres M permettent de lire les graduations du cercle D. Enfin un mécanisme K peut à volonté établir la communication de l'instrument avec un mouvement d'horlogerie ayant pour but de faire tourner le cercle DD et par suite tout l'instrument autour de l'axe AA en un jour sidéral. Il est donc possible, lorsque cette communication est établie, et la lunette étant dirigée sur un astre

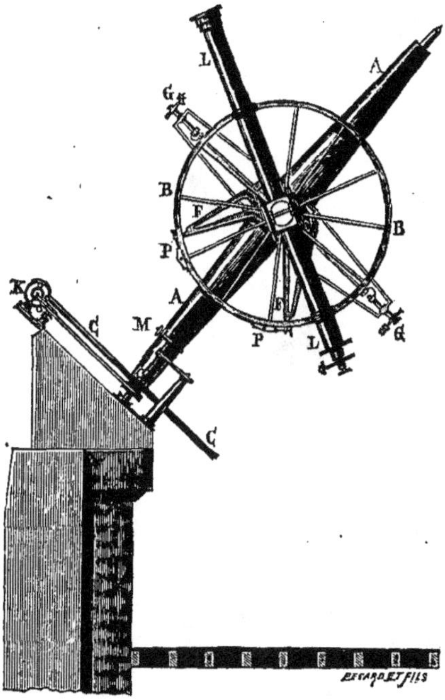

Fig. 36.

choisi, de suivre cet astre dans son mouvement pendant un temps durable, et par suite d'en étudier la constitution physique.

L'équatorial pourrait servir à la détermination des ascensions droites et des distances polaires si son axe AA pouvait être dirigé exactement et invariablement suivant l'axe du monde. Mais, comme cette condition est très-difficile à réaliser, et comme d'ailleurs les moyens employés pour vérifier si elle a lieu sont *très-longs* et *très-pénibles*, on ne s'en sert que pour trouver les différences d'ascensions droites et de déclinaisons qui existent entre l'astre qu'on étudie et un astre qui lui est voisin. Nous pensons que le lecteur se rendra aisément compte du procédé usité pour déterminer ces différences : aussi n'entrons-nous dans aucun détail à ce sujet.

Dans les observatoires, on installe l'équatorial sur la partie supérieure de l'édifice et dans l'intérieur d'une salle recouverte d'un toit hémisphérique. Ce toit présente une ouverture longue et peu large, dirigée suivant un plan vertical et pouvant être fermée au moyen de trappes susceptibles de glisser latéralement dans des coulisses; il peut en outre tourner autour de la verticale passant par son centre de manière à amener l'ouverture à être dirigée vers telle région du ciel que l'on désire. On comprend dès lors comment il est possible de braquer l'instrument sur tous les points de la voûte céleste situés au-dessus de l'horizon.

Le grand télescope à miroir de $0^{m},80$ que Foucault a fait construire pour l'observatoire de Marseille et sur lequel nous avons promis de revenir est, ainsi qu'on le voit sur la figure que nous en donnons (fig. 37), monté équatorialement. On peut donc le diriger de telle sorte qu'il soit possible de suivre un astre pendant toute la durée de son séjour au-dessus de l'horizon. Un mouvement d'horlogerie que l'on aperçoit sur le devant sert, une fois en communication avec l'instrument, à maintenir continuellement le tube du télescope dans la direction de l'astre que l'on observe.

Fig. 37.

Héliomètre. — Nous ne terminerons pas cet article sans dire quelques mots de l'un des instruments les plus ingénieux que nous possédons, que nous devons à l'esprit inventif de Bouguer et qui a été perfectionné par Dollond. Cet instrument, appelé héliomètre (de ἥλιος, soleil, et μέτρον, mesure), sert, ainsi que l'indique son nom, à mesurer le diamètre du soleil. Il est basé sur ce qu'il n'est pas nécessaire qu'une lentille soit entière pour que l'image d'un objet éloigné se forme en son foyer.

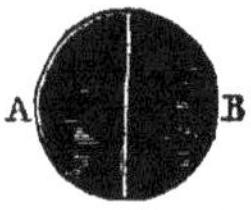

Fig. 38.

L'héliomètre est une lunette dont l'objectif est formé des deux moitiés d'une lentille partagée en deux parties égales; l'une de ces moitiés est fixe tandis que l'autre est mobile. Lorsqu'elles sont juxtaposées, comme dans la fig. 38, l'œil ne perçoit qu'une seule image; au contraire, si l'on fait glisser la moitié A sur la moitié B (fig. 39), l'image se dédouble pour en former deux moins éclairées il est vrai que celle que l'on voyait avant d'opérer le glissement, mais qui lui sont identiques. Une vis micrométrique sert à faire mouvoir l'une des moitiés sur l'autre (1).

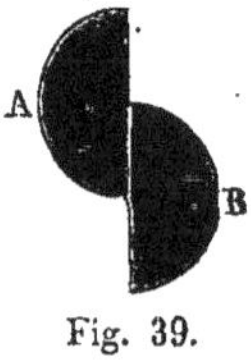

Fig. 39.

(1) Lorsque les deux moitiés sont juxtaposées, l'image unique qui se produit est formée par la superposition des deux images fournies par chacune des deux moitiés, lesquelles images, ainsi que nous venons de le dire, sont identiques.

On conçoit que, par ce mouvement de glissement, il se produira nécessairement un instant où les deux moitiés seront dans une position telle que l'image mobile du soleil sera tangente à l'image fixe, et cela en un seul point. Il est clair alors que, à partir du moment où les deux images coïncidaient, la première s'est déplacée d'une quantité précisément égale au diamètre de la seconde image, qui est parallèle au plan de séparation des deux moitiés de l'objectif. La vis micrométrique sert à déterminer cette quantité (en angle).

L'héliomètre sert en outre à constater que le soleil est parfaitement circulaire, c'est-à-dire que tous les diamètres sont égaux. Voici comment : dès que la tangence des deux images est obtenue, on fait tourner ensemble les deux moitiés de l'objectif autour de l'axe de la lunette, au moyen d'un mécanisme spécial, sans les déranger l'une relativement à l'autre. On s'aperçoit alors qu'à chaque instant de cette rotation la tangence ne cesse pas d'avoir lieu; d'où l'on conclut que le soleil est circulaire.

L'héliomètre sert aussi à mesurer le diamètre apparent des planètes. Il est monté sur un pied parallactique et est pourvu d'un mouvement d'horlogerie.

Électro-chronographes. — Nous terminerons cet article par la description des procédés que l'on emploie dans les observatoires d'Amérique et d'Angleterre pour recueillir sur du papier les résultats de toutes les observations. Les instruments que l'on emploie à cet effet portent le nom d'*électro-chronographes*.

L'électro-chronographe est un instrument qui, au moyen d'un électro-aimant, trace sur une feuille de papier certains signes également espacés correspondant aux divisions du temps. Il enregistre aussi par un signe l'instant de l'apparition d'un phénomène. En sorte que la position relative qu'occupe le signe de l'apparition du phénomène, entre deux des signes correspondant aux secondes consécutives, indique d'une manière précise l'instant auquel s'est produit le phénomène.

Dans tous les chronographes l'enregistrement s'effectue sur une feuille de papier que l'on fixe sur un cylindre. Une horloge mise en communication avec le cylindre par une série d'engrenages lui fait faire un tour par minute. Ce cylindre ayant pour axe de rotation une vis fixe dont le pas est égal à $0^m,002$, se comporte comme un écrou, c'est-à-dire qu'il se transporte parallèlement à son axe en même temps qu'il tourne sur lui-même : en d'autres termes, il est animé d'un *mouvement hélicoïdal*. Si donc un crayon fixe est mis en contact continu avec le papier pendant le mouvement du cylindre, il tracera sur ce papier un trait qui sera une hélice dont le pas aura $0^m,002$.

Si maintenant, au lieu d'être uniformément continu, le trait présente certains signes particuliers correspondant aux battements successifs de l'horloge, on voit que chaque portion de ce trait correspondant à un tour du cylindre sera divisé en 60 parties égales, puisque ce cylindre tourne sur lui-même en une minute d'une façon régulière. On comprend donc comment certains signaux étant intercallés sur le trait entre deux signes consécutifs de secondes et à une certaine distance de chacun de ces deux signes, il est possible d'apprécier les instants exacts auxquels se sont produits les phénomènes représentés par ces signaux.

Au lieu d'un crayon, on emploie habituellement une plume, et c'est un électro-aimant qui force cette plume à être en contact avec le papier du cylindre.

Quant aux moyens d'obtenir sur le trait des signes exprimant les secondes, on y arrive soit en se servant d'un courant que l'on interrompt à chaque battement du pendule de l'horloge, soit au contraire en établissant simplement un courant lors de chaque battement du pendule. Dans le premier cas, les secondes sont accusées par les interruptions que présente le trait (fig. 40), et dans le second cas, par de simples points

Fig. 40.

allongés (fig. 41). Habituellement on préfère un trait

Fig. 41.

continu sur lequel sont marqués des petits signes

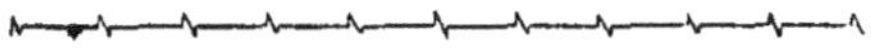

Fig. 42.

(fig. 42) que l'on obtient en faisant mouvoir latéralement la plume au moyen d'un certain mécanisme.

Dans chacun des trois systèmes de notation que nous venons d'indiquer, les phénomènes sont constatés par des signes identiques à ceux qui représentent les se-

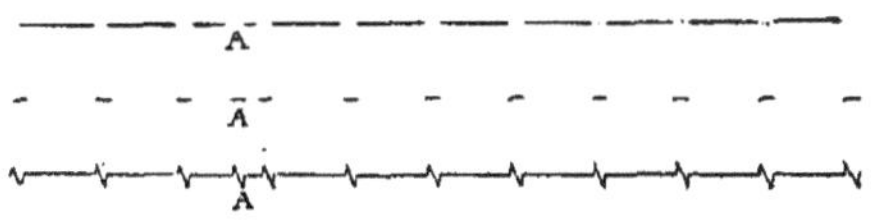

Fig. 43.

condes. La figure 43 fait voir d'une manière comparative les trois systèmes ayant été employés pour enregistrer le même phénomène A.

Lorsque l'on veut que les secondes soient accusées par les interruptions d'un trait uniformément discontinu, on se sert, avons-nous dit déjà, d'un courant électrique dont on ouvre le circuit à chaque battement du pendule d'une horloge. On obtient ces interruptions dans la propagation du courant, en employant un procédé excessivement simple que M. Saxton du Coast Survey a imaginé, et que nous allons décrire.

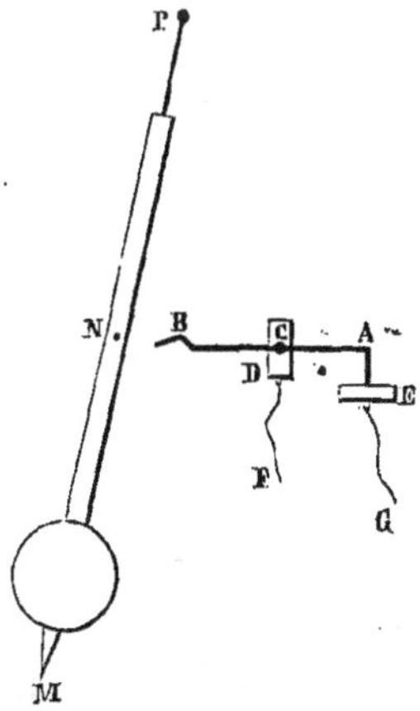

Fig. 44.

Une petite pièce en fil de platine AB (fig. 44) est montée sur un pivot C. La portion CA de cette pièce est légèrement plus lourde que la portion CB, en sorte que tant que la pièce est abandonnée à elle-même, l'extrémité A repose sur une plaque métallique E. Le tout est disposé de telle manière que le sommet B de l'angle obtus qui termine la branche CB se trouve exactement situé sur la verticale passant par le point de suspension du pendule et au-dessous de ce point. Un petit appendice N que porte la tige du pendule vient à chaque oscillation faire descendre l'extrémité B et conséquemment relever l'extrémité A. Deux fils métalliques F et G sont adaptés aux pièces métalliques D et E : le premier F est en communication immédiate avec l'un des pôles d'une pile, le second G communique avec le second pôle de la pile après avoir rencontré l'électro-aimant qui agit sur la plume qui trace les indications. Lorsque la pièce AB est au repos, le circuit est fermé, le courant passe et l'électro-aimant établit le contact entre la plume et le papier. Quand l'appendice N passe sur B, l'extrémité A se relève, le circuit est interrompu, le courant cesse de passer, et l'électro-aimant suspendant son action sur la plume, celle-ci se relève et produit une discontinuité dans le trait.

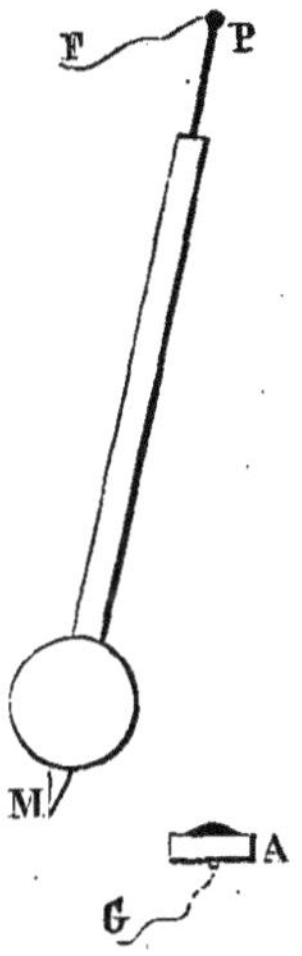

Fig. 45.

Si au lieu d'un trait uniformément interrompu, on préfère une série de points allongés et équidistants, on a recours, comme nous l'avons dit, à un courant qui ne dure que le temps suffisant pour marquer les points allongés. Voici dans ce cas l'artifice que l'on emploie : Un premier fil métallique F (fig. 45), fixé au point de suspension du pendule de l'horloge aboutit à l'un des pôles de la pile. Un second fil G est adapté à une pièce métallique A terminée en coupelle à sa partie supérieure, et aboutit au second pôle de la pile. Dans cette coupelle se trouve une petite quantité de mercure qui, ainsi qu'on le voit sur la figure, forme un ménisque convexe dépassant le plan des bords de la coupelle. Une aiguille M qui termine le pendule vient, à chaque oscillation de celui-ci, effleurer ce ménisque et fermer conséquemment le circuit des fils F et G. Dès lors le courant passe et la plume fonctionne ; mais comme le temps durant lequel le circuit est fermé est très-court, la plume ne marque que des points allongés. De même que dans le cas précédent, l'action de la plume est sollicitée par un électro-aimant que le fil G traverse.

Nous connaissons donc maintenant les moyens d'enregistrer le temps sur du papier ; voyons actuellement par quel procédé un observateur pourra enregistrer les moments des phénomènes auxquels il assiste. Une petite pièce de bois MN (fig. 46), dans laquelle est enchâssée une

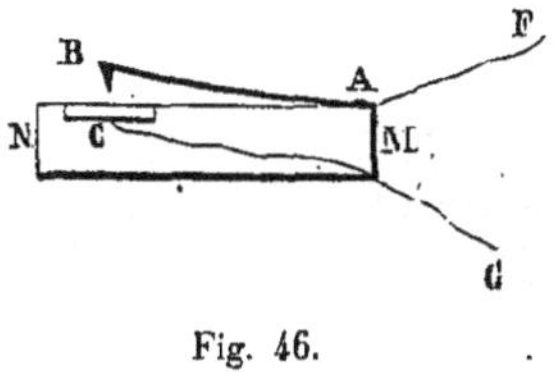

Fig. 46.

plaque métallique C, est mise à sa portée pendant qu'il observe. Les fils F et G formant le circuit dans lequel passe le courant (quel que soit le système de notations) aboutissent à cette pièce en A et C. Un petit ressort très-faible AB, terminé par un petit marteau B, est fixé en A et est en contact avec le fil F. Si donc, en appuyant avec le doigt sur le marteau B, on met ce marteau en contact avec la plaque C, le circuit sera fermé et le courant passera. On comprend dès lors comment l'observateur, maître d'ouvrir ou fermer le circuit à volonté, pourra enregistrer tel phénomène qu'il jugera convenable.

Il importe, en terminant, de faire une remarque très-essentielle. Quand la plume est arrangée de telle sorte qu'elle presse sur le papier par la traction qu'exerce l'électro-aimant sur son armature, une certaine petite fraction de temps s'écoule après l'ouverture du circuit (par l'horloge ou l'observateur) avant que la plume commence son trait sur le papier : ce temps est appelé *temps d'armature*. S'il y avait constance dans la valeur de ce temps d'armature, il n'aurait aucune influence sur les résultats. Mais ce temps varie *probablement* avec la force variable de la batterie et la longueur du fil à travers lequel le courant passe. Il en résulterait dès lors une erreur variable dans les résultats. Cette erreur est évitée ou du moins beaucoup atténuée en employant comme notation le trait à interruptions partielles de la fig. 40 ; car l'intervalle de temps qui s'écoule entre l'interruption du circuit et la cessation de l'action de l'aimant est *probablement* plus petit et plus constant que celui entre le rétablissement du circuit et le commencement de l'action du courant.

Nous dirons d'ailleurs que l'on prend pour moment du signal (soit des secondes, soit d'un phénomène) le commencement de l'interruption dans le cas de la fig. 40, le commencement du point allongé dans le cas de la fig. 41, et le commencement du crochet dans le cas de la fig. 42.

EM. LEJEUNE.

J

JAUGEAGE. Nous compléterons ce que nous avons dit à l'article HYDRAULIQUE, relativement au jaugeage de l'eau fournie par des distributions d'eau, en donnant un compteur heureusement combiné et qui, construit par MM. Breguet et Cie comme on sait le faire dans cette maison, donne les meilleurs résultats.

Combiner un compteur à eau qui pût se placer partout comme le compteur à gaz, qui fût propre à contrôler les consommations grandes et petites, et cela presque sans entretien, était un problème difficile à résoudre et qui cependant devait précéder l'établissement de grandes distributions d'eau dans les principales villes de France, que réclament les besoins de la salubrité.

Nous donnerons une idée claire du système inventé par MM. Loup et Koch, en disant qu'ils ont combiné une turbine légère, plongée dans le tuyau, munie d'un indicateur magnétique pour enregistrer le nombre de tours, après avoir préalablement diminué une vitesse trop grande pour l'action magnétique. C'est le seul moyen de supprimer les ajustements susceptibles de laisser passer l'eau au dehors, c'est-à-dire en faisant disparaître la cause principale d'altération et de résistances variables.

Nous en empruntons la description à une publication des inventeurs (fig. 3638).

L'appareil se compose, comme pièce essentielle, d'une turbine K, ou roue à ailettes, mise, par le passage de l'eau, en mouvement d'autant plus rapide que la quantité d'eau est plus grande, quelle que soit, du reste, la pression, puisque l'eau est incompressible.

Une roue à directrice fixe est placée au-dessus de celle mobile ; ses ailes sont disposées à peu près perpendiculairement à celles de la première roue, dans le but d'augmenter l'action de l'eau sur cette turbine.

Grâce à la simplicité de cet appareil, la perte de charge qu'il occasionne dans les tuyaux est très-petite, beaucoup moindre que dans les autres compteurs imaginés jusqu'à ce jour ; elle a été reconnue inférieure à 2 mètres sur 40 de pression.

Pour que l'instrument tienne compte d'écoulements d'eau presque nuls, on a disposé à l'orifice d'arrivée H une soupape *t*, qu'on a chargée de plomb et qui ne s'ouvre que sous l'effort d'une quantité d'eau assez notable ; sur le tuyau qui porte cette soupape est soudé un petit tube de cuivre *u*, qui descend entre les directrices supérieures jusqu'aux ailettes de la turbine, et par lequel l'eau s'écoule quand elle ne suffit pas à ouvrir la soupape ; dans ces conditions, cette petite quantité d'eau n'agissant que sur une seule directrice de la turbine, lui communique un mouvement sensible. Grâce à cette disposition, un écoulement d'un litre par minute est apprécié, mais compté d'une manière exagérée ; elle a été imaginée pour empêcher la fraude que pourraient commettre les abonnés en produisant un écoulement constant, trop faible pour mettre l'appareil en mouvement. De cette manière,

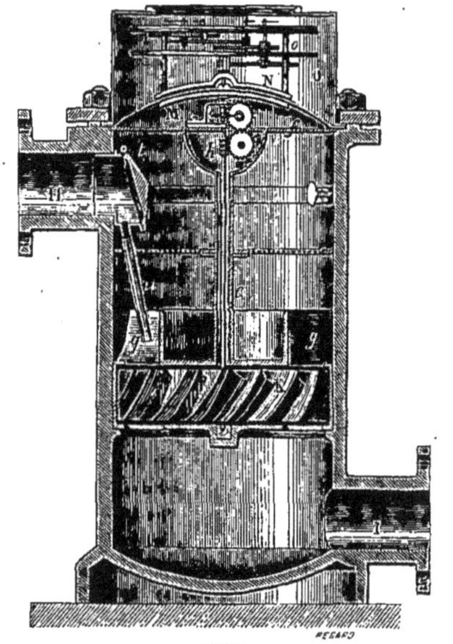

3638.

l'abonné, qui peut toujours ouvrir son robinet assez pour que la mesurage se fasse exactement, n'est jamais frustré, et la compagnie est garantie contre la mauvaise foi des particuliers par une espèce de compensation, qui serait à son profit entre les écoulements faibles trop comptés, et ceux qui ne le seraient pas.

Il reste à expliquer comment se mesure le nombre des tours de la turbine que nous venons de décrire. Le compteur proprement dit est placé dans une chambre supérieure O, qui ne communique par aucune ouverture à la chambre inférieure, de telle façon qu'il n'y a aucun danger que l'eau vienne rouiller les rouages du compteur et en empêcher les fonctions. Le mouvement de la turbine est transmis par l'intermédiaire de deux vis sans fin, et de deux roues, à un aimant M (argenté pour éviter la rouille), qui tourne autour de l'axe de l'instrument, au-dessous de la cloison *f* de cuivre, qui sépare les deux chambres du compteur. Un second aimant N, placé juste au-dessus du premier, mais dans la chambre supérieure, est entraîné par son mouvement, et le communique aux rouages du compteur, qui portent quatre aiguilles marquant sur leurs cadrans respectifs des unités, dizaines, centaines et mille.

On comprend qu'un appareil de ce genre a besoin d'être étalonné; cependant, l'unité mesurée pour un instrument, se trouve très-sensiblement la même pour tous ceux de même dimension fabriqués en même temps.

Des expériences faites à la pompe à feu de Chaillot, sous les yeux de M. Baude, inspecteur général des ponts et chaussés, ont donné les résultats suivants, que nous extrayons de son rapport à la Société d'encouragement.

Sous une certaine pression, un écoulement de 278 litres a produit 13 unités du compteur, soit 21 litres 385 par unité; il passait environ 5 litres 36 par seconde; sous une pression différente, 280 litres ont donné 13 unités, soit 21 livres 237 par unité; il passait $0^l,809$ par seconde.

La compagnie générale des eaux a installé un nombre assez grand de ces appareils pour le service de Lyon, et les résultats qu'ils ont donnés ont satisfait pleinement. Il a été construit, jusqu'ici, deux modèles. Le premier a un orifice de sortie de 20 millimètres de diamètre; il débite, sous quatre atmosphères de pression, environ 100 litres par minute; le second a un orifice de 40 millimètres de diamètre; il débite 400 litres par minute, sous la pression de 4 atmosphères.

L

LIÉGE. On a remarqué, à l'Exposition de 1855, la fabrication des bouchons à la mécanique, établie à Marseille par M. Duprat. Cette fabrication s'accomplit à l'aide de trois machines : une *coupeuse*, une *perceuse* et une *tourneuse*.

La première, simple couteau circulaire, ne sert qu'à diviser les planches de liége en bandes de largeur égale à la longueur des bouchons à fabriquer. Au lieu de diviser encore ces bandes en petits parallélipipèdes de base à peu près carrée, ainsi que cela se faisait dans le travail à la main, M. Duprat évite les déchets inévitables de ce procédé, en découpant la bande en bouchons cylindriques au moyen de sa machine *perceuse*. Celle-ci consiste en un châssis vertical portant une série de huit emporte-pièces cylindriques de diamètres différents, et animés d'un mouvement rapide de rotation; l'épaisseur de la bande de liége, variant d'une manière irrégulière d'un point à l'autre de sa longueur, l'ouvrier peut ainsi choisir, pour chaque bouchon qu'il va couper, un emporte-pièce de grandeur convenable.

La troisième machine, la *tourneuse*, enlève sur toute la surface courbe du bouchon une pellicule d'épaisseur décroissante d'un bout à l'autre, et lui donne la figure conique tout en rendant sa surface plus unie et comme glacée. Cette machine est alimentée par une chaîne sans fin, sur laquelle les cylindres de liége sont posés à la main; chaque bouchon est ainsi conduit entre deux griffes qui le saisissent par ses deux bases et l'entraînent dans leur mouvement de rotation, tandis qu'un couteau à tranchant horizontal glisse en coupant le bouchon suivant une direction inclinée à son axe. A cette opération, que l'on nomme la *tourne*, en succède une dernière qui ne s'exécute cependant que pour les bouchons qui présentent des défauts sur quelques points de leur surface : cette opération, la *retouche*, consiste à enlever une petite couche de liége dans le seul endroit défectueux; elle s'exécute par la même machine *tourneuse* en plaçant le bouchon de manière qu'il se trouve saisi excentriquement entre les griffes. Les opérations de la tourne et de la retouche pour les petits bouchons, dits *topettes*, s'exécutent sur une machine spéciale, qui diffère à quelques égards de celle employée pour les gros bouchons.

LIGNES TRIGONOMÉTRIQUES. Nous donnerons ici une table des longueurs des principales lignes trigonométriques, c'est-à-dire des sinus et des tangentes (et des cosinus et cotangentes des angles complémentaires) dont on peut avoir souvent besoin. Le rayon de la table est 10000000.

Degrés.	SINUS.	TANGENTES.	Degrés.	SINUS.	TANGENTES.
0	0	0	90	10000000	infinie.
1	174524	174551	89	9998477	572899620
2	348995	349208	38	9993908	286362530
3	523360	524078	87	9986295	190811370
4	697565	699268	86	9975640	143006660
5	871557	874887	85	9961947	114300520
6	1045285	1051042	84	9945218	95143645
7	1218693	1227846	83	9925462	81443464
8	1391731	1405408	82	9902680	71153697
9	1564345	1583844	81	9876883	63137515
10	1736482	1763270	80	9848077	56712818
11	1908090	1943803	79	9816271	51445540
12	2079117	2125565	78	9781476	47046301
13	2249511	2308682	77	9743701	43314759
14	2419219	2493280	76	9702957	40107809
15	2588190	2679492	75	9659258	37320508
16	2756374	2867454	74	9612617	34874144
17	2923717	3057307	73	9563048	32708526
18	3090170	3249197	72	9510565	30776835
19	3255682	3443276	71	9455185	29042109
20	3420202	3639702	70	9396926	27474774
21	3583679	3838640	69	9335804	26050891
22	3746066	4040262	68	9271839	24750869
23	3907311	4244749	67	9205049	23558524
24	4067366	4452287	66	9135454	22460368
25	4226183	4663077	65	9063078	21445069
26	4383712	4877326	64	8987940	20503038
27	4539905	5095254	63	8910065	19626105
28	4694716	5317094	62	8829476	18807265
29	4848096	5543090	61	8746197	18040478
30	5000000	5773503	60	8660254	17320508
31	5150381	6008606	59	8571673	16642795
32	5299193	6248694	58	8480481	16003345
33	5446390	6494076	57	8386706	15398650
34	5591929	6745085	56	8290376	14825610
35	5735764	7002075	55	8181521	14281480
36	5877853	7265426	54	8090170	13763819
37	6018150	7535540	53	7986355	13270448
38	6156615	7812856	52	7880107	12799416
39	6293204	8097840	51	7771460	12348972
40	6427878	8390996	50	7660444	11917536
41	6560590	8692868	49	7547096	11503684
42	6691306	9004041	48	7431448	11106125
43	6819984	9325151	47	7313537	10723687
44	6946584	9656888	46	7193398	10355303
45	7071068	10000000	45	7071068	10000000

LIQUÉFACTION DES GAZ.

LIQUÉFACTION ET SOLIDIFICATION DES GAZ.

L'étude de la liquéfaction des gaz, la connaissance de la possibilité de convertir un gaz donné en un liquide, est intéressante au point de vue théorique comme au point de vue pratique. Connaître la puissance des ressorts moléculaires formés par les molécules gazeuses qui s'opposent aux actions de compressibilité, mesurer le travail total nécessaire pour produire la liquéfaction, c'est déterminer la valeur mécanique d'un gaz; c'est obtenir un chiffre qui a la même valeur que le coefficient d'élasticité d'un corps solide. La mesure de ces éléments est malheureusement très-difficile dans la plupart des cas, et les quelques expériences que l'on possède sont en général trop imparfaites, quant à la précision des observations, pour qu'on en déduise les conséquences théoriques importantes qu'on en pourrait retirer.

Au point de vue pratique, le changement d'état des gaz a surtout fourni le moyen de produire des froids très-intenses, comme nous le verrons en expliquant le moyen d'appliquer ces froids à la liquéfaction d'autres gaz. Nul doute que d'autres intéressantes applications ne se rencontrent quelque jour, la réduction d'un gaz à l'état liquide ou solide pouvant être considérée comme un emmagasinement de travail, facilement utilisable, sous un faible volume.

Procédé mécanique. — L'emploi de pompes de compression pour liquéfier les gaz, comme pour les réduire à un moindre volume sans causer de changement d'état, est le procédé qui vient le premier à l'esprit; son application présente, toutefois, beaucoup de difficultés quand les pressions s'élèvent, la quantité de gaz qui demeure dans les espaces nuisibles devenant suffisante pour empêcher le jeu des soupapes. On remédie à cette difficulté, dans les expériences de physique, en employant le mercure comme intermédiaire pour la compression, et le refoulant au lieu de gaz.

Nous donnons ici la disposition employée par M. Pouillet (fig. 3639).

Il renferme dans un tube cylindrique le gaz à comprimer, et dans un autre, voisin, l'air destiné à donner la mesure de la pression. Le bas de ces tubes est assemblé à vis, dans une caisse pleine de mercure, communiquant avec une autre caisse pleine du même liquide, dans lequel se trouve un piston plongeur. La partie supérieure de ce piston est une vis qui passe dans la partie supérieure de la caisse, taillée en écrou; de la sorte, il est facile de faire descendre le plongeur, et de produire à la main des pressions très-considérables.

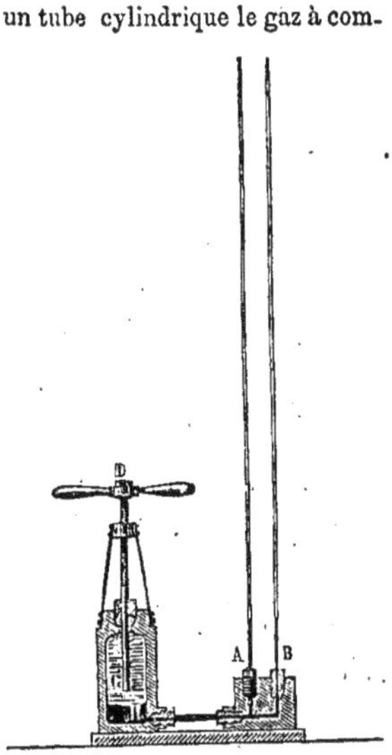

3639.

Voici les résultats obtenus par ce savant.

La compression, poussée jusqu'à 100 atmosphères, n'a eu aucun effet sur l'oxygène, l'hydrogène, l'azote, le bioxyde d'azote et l'oxyde de carbone. Ils se sont comprimés à peu près comme l'air atmosphérique. Les gaz hydrogène protocarboné et bicarboné ne se sont pas liquéfiés non plus; ils sont sensiblement plus compressibles que l'acide carbonique. Nous verrons plus loin que M. Faraday est parvenu à liquéfier le second par le froid.

2° L'acide carbonique s'est liquifié à 45 atmosphères, la température étant de 10°; le protoxyde d'azote s'est liquifié à 43 atmosphères, la température étant de 11°; l'ammoniaque s'est liquifiée sous une pression de 5 atmosphères à 10°, et le gaz sulfureux à 8° sous une pression de 25 atmosphères. Ces gaz sont notablement plus compressibles que l'air dès que leur volume est réduit au tiers ou au quart, et cet effet va en croissant à mesure qu'on se rapproche du point de liquéfaction.

Calcul du travail. — On peut se demander de calculer le travail nécessaire pour produire la liquéfaction d'un gaz, et ce calcul serait assez simple si sa compression suivait la loi de Mariotte. Nous le donnerons ici ainsi fait, comme approximation assez grande pour le moins.

Soit P la pression d'un gaz en un instant quelconque, V son volume, le travail qui sera nécessaire depuis la pression atmosphérique P_0 et le volume V_0 jusqu'à la pression P_1 et au volume V_1, correspondant au point où les forces élastiques sont annulées, où la liquéfaction commence, sera donné, en admettant comme approximation très-grande la loi de Mariotte, par l'intégrale $\int_{v_0}^{v_1} P dv$, dans laquelle on peut remplacer P la pression en chaque instant, qui correspond à l'accroissement élémentaire de volume dv pendant lequel elle peut être considérée comme constante (ce qui donne la différentielle Pdv du travail) par la valeur

$$P = \frac{P_0 V_0}{V}, \text{ d'où } P_0 V_0 \int_{v_0}^{v_1} \frac{dv}{V} = P_0 V_0 \text{ Log. hyp. } \frac{V_0}{V_1}$$

pour le travail.

A ce travail il faut ajouter

1° Celui nécessaire pour achever la liquéfaction du gaz, qui reste toujours à la pression P_1 pendant qu'il continue de se transformer en liquide. Le volume du liquide produit étant très-petit par rapport à celui du gaz, ce travail sera très-voisin de $P_1 V_1 = P_0 V_0$. Plus exactement on devrait remplacer V_1, D étant la densité du liquide formé, d celui du gaz qui commence à se liquéfier, par $V_1 (1 - \frac{d}{D})$, $\frac{d}{D}$ étant, en général, petit, mais pas toujours négligeable. Le travail total de la liquéfaction de 1 litre de gaz sera donc donné par la formule $10330 \times \frac{1}{1000} (1 + \text{Log. hyp. } \frac{V_1}{V_0})$, à partir de la pression atmosphérique jusqu'au point de liquéfaction.

2° Le travail de compression du gaz dû à la pression atmosphérique, déjà effectué avant toute autre compression, qui correspond à la consommation d'une quantité de travail intérieur, nécessaire pour le soulèvement de la colonne atmosphérique, par exemple, à une quantité de chaleur équivalente lorsque la gazéification se produit par l'échauffement à l'aide d'une quantité égale à la chaleur latente, communiquée au liquide. Ce travail est égal pour 1 lit. à 10,33 kilog. mèt. qui devra être ajouté aux nombres trouvés en appliquant la formule ci-dessus.

Voici les chiffres trouvés par un semblable calcul pour un litre des principaux gaz dont le point de liquéfaction est connu.

	Km.
Gaz oléfiant	58,88
Acide carbonique	57,33
Protoxyde d'azote	55,83
Acide chlorhydrique	53,33
Gaz sulfhydrique	44,00
Hydrogène arseniqué	42,73
Ammoniaque	37,15
Acide sulfureux	33,78

Nous donnons plus loin les chiffres déterminés expérimentalement des valeurs $\frac{V_1}{V}$ ou $\frac{P}{P_1}$ correspondant aux points de liquéfaction des divers gaz qui ont servi à obtenir les nombres ci-dessus.

Compression et refroidissement par procédé chimique.— On doit à M. Faraday un procédé de liquéfaction du gaz, différent de celui entièrement mécanique décrit plus haut.

Il consiste à renfermer dans un tube de verre épais, fermé à la lampe, des substances qui, par leurs réactions chimiques dégagent abondamment le gaz sur lequel on veut expérimenter. C'est le gaz qui se comprime lui-même à mesure qu'il se dégage, et l'on peut aisément produire ainsi des pressions de 40 à 50 atmosphères (sauf les cas où la réaction chimique s'arrête sous une pression moindre ; ainsi on sait que le dégagement de l'hydrogène préparé par le zinc et l'acide sulfurique s'arrête sous une pression de 25 à 30 atmosphères). De plus, on peut refroidir l'extrémité du tube en la plongeant dans un mélange réfrigérant.

M. Faraday a obtenu ainsi, dans une première série d'expériences déjà anciennes, les chiffres suivants, qui ne peuvent être considérés que comme de premières approximations.

Tableau de liquéfaction du gaz.

Gaz liquéfiés.	Température en degrés centigr.	Tensions des liquides en atmosphères.
Acide sulfureux	+ 7	2
Cyanogène	+ 7	3,6
Chlore	+ 15,5	4
Ammoniaque	0	5
Idem	+ 10	6,5
Hydrogène sulfuré	— 16	14
Idem	+ 10	17
Acide muriatique	— 16	20
Idem	— 4	25
Idem	+ 10	40
Acide carbonique	— 11	20
Idem	0	36
Oxyde nitreux	0	44
Idem	+ 7	51

Le procédé Faraday frappa vivement un ingénieux inventeur, M. Thilorier, qui avait, sans grands résultats pratiques, presque épuisé les combinaisons possibles des pompes de compression. Disposer l'appareil de manière à pouvoir agir sur des quantités de gaz un peu considérables et accumuler le liquide obtenu par des opérations successives, tel est le but qu'il s'était proposé d'atteindre. Les résultats obtenus ont dépassé toutes ses espérances, et, appliqué à l'acide carbonique, son appareil fournit si facilement de grandes quantités d'acide liquide et même solide, qu'on peut aujourd'hui considérer ce puissant agent comme acquis pour de nouveaux progrès de la science et de l'industrie.

J'emprunterai la description de son appareil et de la manière de conduire l'expérience à l'excellent *Traité de chimie* de M. Regnault.

L'appareil se compose de deux parties :

1° Le *générateur*, dans lequel on produit l'acide carbonique liquide ;

2° Le *récipient*, dans lequel on fait passer l'acide carbonique par voie de distillation, de manière à le séparer des autres produits de la réaction, et dans lequel on accumule ainsi les produits de plusieurs opérations successives.

L'acide carbonique liquide s'obtient en décomposant le bicarbonate de soude par l'acide sulfurique dans le générateur, qui est un vase hermétiquement fermé. Les premières parties d'acide carbonique dégagées prennent l'état gazeux, mais bientôt la pression devient assez considérable pour que l'acide carbonique se liquéfie.

Le générateur de Thilorier consistait en un cylindre de fonte de fer très-épais. Mais la fonte est un métal dangereux à employer pour les pièces qui ont besoin d'une grande résistance : un accident terrible, produit par l'explosion d'un de ces cylindres, en a fait proscrire l'emploi.

Le générateur, tel qu'on le construit actuellement, est une chaudière cylindrique en plomb (fig. 3640), re-

3640.

couverte de cuivre rouge et renforcée par des cercles et par des barres de fer forgé. La capacité de cette chaudière est de 6 à 7 litres. Le cylindre de cuivre qui enveloppe le vase en plomb lui est exactement appliqué dans toutes ses parties. Les deux fonds sont renforcés par des plaques de fer reliées entre elles par des barres de ce métal.

Le générateur est suspendu entre les deux pointes d'un support en fonte.

La construction du récipient est semblable à celle du générateur.

L'ouverture du générateur A est fermée par un bouchon à vis, percé suivant son axe et muni d'un robinet *r*. On manœuvre ce bouchon à l'aide d'un double manche. Un anneau de plomb se trouve comprimé dans une double gorge qui existe sur le générateur et sur le bouchon, et rend la fermeture hermétique.

Le récipient B porte de même une ouverture sur son arête supérieure ; on engage dans cette ouverture un tube de cuivre qui descend presque jusqu'au fond du récipient, et qui porte au dehors un robinet *r'*.

On peut établir la communication entre le récipient et le générateur au moyen d'un tube de cuivre *st* qui se fixe à l'aide de deux brides et d'un joint au minium sous les tubulures *s* et *x*.

Pour faire une préparation d'acide carbonique liquide, on enlève le bouchon et l'on introduit dans le générateur 1800 grammes de bicarbonate de soude,

4 demi-litres d'eau à 35 ou 40° et un vase cylindrique (fig. 3641) en cuivre contenant 1000 grammes d'acide sulfurique concentré. Ce cylindre vient se placer dans l'axe du générateur, et tant qu'il reste vertical, l'acide sulfurique n'arrive pas en contact avec le bicarbonate de soude.

On remet le bouchon en place, le robinet *r* étant fermé. En inclinant le générateur jusqu'à lui faire dépasser l'horizontale, on fait couler l'acide sulfurique renfermé dans le tube de cuivre, la réaction commence aussitôt. On fait osciller un certain nombre de fois le générateur autour de son axe pour mélanger les matières.

Au bout de dix minutes, on peut faire passer l'acide carbonique dans le récipient. Pour cela, on établit la communication entre le générateur et le récipient, au moyen du tube en cuivre *s t*, on ouvre les robinets *r* et *r'*; l'acide carbonique du générateur distille immédiatement, et vient se condenser de nouveau à l'état liquide dans le récipient. Cette distillation a lieu, en vertu de la différence de température qui existe entre le générateur et le récipient. La température du géné-

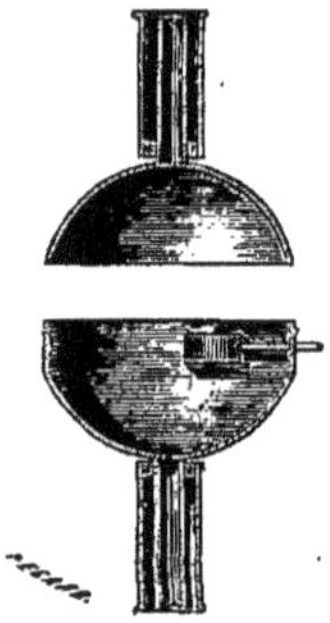

3642.

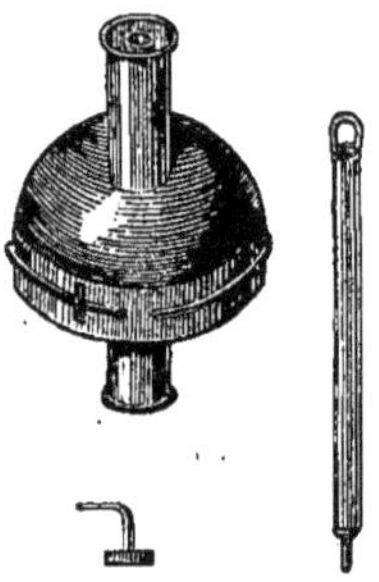

3641.

rateur n'est pas inférieure à 30° ; ainsi la tension de l'acide carbonique y est d'environ 75 atmosphères. Si le récipient présente la température de 15°, que je supposerai être celle du laboratoire, la tension maximum de l'acide carbonique n'étant pour cette température que de 50 atmosphères, la distillation devra avoir lieu en raison de la différence de pression 75—50=25 atmosphères, c'est-à-dire qu'elle sera extrêmement rapide. Il suffit, en effet, de moins d'une minute pour faire passer l'acide carbonique du générateur dans le récipient.

On procède alors à une nouvelle préparation d'acide carbonique, et l'on fait passer cette seconde portion dans le récipient. On recommence ces opérations cinq ou six fois, de façon à accumuler dans le récipient environ 2 litres d'acide carbonique liquide. Il est alors rempli, aux deux tiers, d'acide carbonique liquide, qui se trouve surmonté d'une atmosphère gazeuse, exerçant une pression de 50 atmosphères, si la température du laboratoire est de 15°. Il est clair que si l'on ouvre le robinet *r'* du récipient, l'acide carbonique liquide sera projeté avec force hors du vase. Mais si ce liquide est lancé dans l'air extérieur, il prendra immédiatement l'état gazeux, en produisant un nuage blanc sur son passage. Il régnera nécessairement, dans ce courant gazeux, un froid considérable. Si l'on dirige le jet d'acide carbonique liquide dans une boîte métallique très-mince, ou mieux dans deux coquilles pouvant se réunir momentanément (fig. 3642), une grande partie de l'acide carbonique se volatilise, en prenant la chaleur nécessaire pour le changement d'état aux parois du vase et à la partie d'acide carbonique restée liquide; la température s'abaisse alors au-dessous de 70°; l'acide carbonique devient solide et se condense sous la forme d'une neige blanche cotonneuse. L'acide carbonique peut être conservé sous cette forme beaucoup plus longtemps qu'à l'état liquide. L'évaporation de cet acide neigeux est très-lente, à cause de la mauvaise conductibilité de la matière. Un flocon d'acide carbonique neigeux peut être placé sur la main, sans que l'on éprouve une sensation de froid très-considérable, parce que l'acide solide est constamment isolé de la main par un courant gazeux, qui se dégage continuellement et empêche le contact; mais, si l'on vient à comprimer le flocon entre ses doigts, on éprouve une sensation douloureuse, semblable à celle que produit un corps chaud, et la peau est désorganisée, comme elle le serait par une brûlure.

Si l'on verse sur l'acide carbonique un liquide qui ne se combine pas chimiquement avec cet acide, et qui ne se congèle pas à une très-basse température, l'évaporation de l'acide carbonique devient beaucoup plus rapide, parce que le liquide interposé augmente considérablement la conductibilité, et on obtient un mélange réfrigérant extrêmement énergique.

C'est l'emploi d'une pâte d'éther et d'acide carbonique solide, qui a permis à M. Faraday de reprendre avec un plus puissant moyen d'action ses expériences de liquéfaction et de solidification des gaz. Il a d'abord déterminé les températures qu'il obtenait à l'aide de cette pâte placée sous la cloche d'une bonne machine pneumatique, de manière à activer l'évaporation, en faisant fonctionner la machine. Il a obtenu, pour des pressions sous la cloche, en centimètres de mercure de

72,1 49,3 23,9 18,8 13,7 8,6 6,1 3,5 3,0

les températures de

—77°,—80,—85,—87°,—91,—95,—99,—107,—110

En refroidissant le gaz comprimé, au besoin, à l'aide d'une pompe de compression, dans des tubes de verre plongés dans ce mélange réfrigérant, il est parvenu à une température de — 80°, et sous une pression inférieure à une atmosphère, à obtenir, à l'état liquide ou solide, les gaz ci-après :

Chlore, cyanogène, ammoniaque, acide sulfhydrique, hydrogène arseniqué, acide iodhydrique, acide bromhydrique, acide carbonique.

Pour les gaz qui ont pu être solidifiés, M. Faraday a déterminé les points de fusion des solides formés, qui sont :

Cyanogène	—25°	Acide sulfureux . .	— 76°
Acide iodhydrique. .	—51°	Acide sulfhydrique.	— 86°
Acide carbonique . .	—54°	Acide bromhydriq.	— 88°
Oxyde de chlore. . .	—60°	Protoxyde d'azote. .	—100°
Ammoniaque	—75°		

Les six gaz suivants n'ont pu être solidifiés, même à —110° :

Gaz oléfiant, acide fluosilicique, hydrogène protophosphoré, acide fluoborique, acide chlorhydrique, hydrogène arseniqué.

Les cinq gaz ci-après n'ont donné aucun signe de liquéfaction, même en les maintenant à la température de 110°, et à la pression de 27 atmosphères pour les deux premiers, de 40 pour le troisième, de 50 pour les deux derniers :

Hydrogène, oxygène, oxyde de carbone, azote, bioxide d'azote.

Enfin, on a résumé, dans le tableau suivant, la marche des températures et des pressions en atmosphères pour les principaux gaz liquéfies, avec une approximation assez minime, la pression étant mesurée par un petit manomètre renfermé dans le tube en verre dans lequel se faisait la liquéfaction du gaz.

Températures.	GAZ oléfiant.	ACIDE carbonique.	PROTOXYDE d'azote.	GAZ chlorhydrique.	GAZ sulfhydrique.	HYDROGÈNE arsénié.
— 87°,2	»	»	1,0	»	»	»
78°,9	»	1,2	1,4	»	»	»
73°,3	9,3	1,8	1,8	1,8	1,0	»
59°,4	»	4,6	3,6	»	»	0,9
51°,1	13,9	7,1	5,4	5,1	1,9	1,4
40°,0	17,7	11,1	8,7	7,7	2,9	2,3
28°,9	21,2	16,3	13,3	10,9	4,2	3,5
17°,8	27,2	22,2	19,3	15,0	6,1	5,2
6°,7	36,8	30,7	26,8	21,1	8,1	7,4
+ 1°,1	42,5	37,2	31,1	25,3	9,9	8,7
+ 2°,4	»	»	»	30,7	11,8	10,0

Ce tableau peut permettre de ramener approximativement à zéro le travail de compression déterminé ci-dessus, en donnant, par interpolation, la pression qui répond à cette température.

Cela est toujours possible fictivement; mais non pas réellement dans tous les cas. C'est là une observation intéressante qu'il importe de faire pour ne pas tirer des conclusions erronées des résultats négatifs obtenus par M. Faraday, pour quelques gaz simples, tels que l'hydrogène, qu'il avait espéré liquéfier.

On sait que M. Cagniard-Latour a montré qu'à une certaine température, et à une pression suffisante, un liquide se changeait en un gaz transparent, sans changer de volume. C'est, par exemple, ce qui arrive pour l'éther à une pression de 38 atmosphères, pour l'eau qui remplit un tube fermé, à peu près à la température de la fusion du zinc. A cette température et pour une pression correspondante de 115 à 120 atmosphères, il n'y a, pour ainsi dire, plus de différence entre le gaz et le liquide : il n'est pas vraisemblable qu'aucune augmentation de pression, à moins qu'elle ne soit énorme, puisse liquéfier le gaz.

Si donc la température de —110° est, pour l'hydrogène, supérieure à celle de ce point de transformation, il ne résulte nullement de ce qu'on n'a pu le liquéfier, qu'il eût fallu, pour cela, un travail très-considérable; il faudrait seulement, pour lui faire quitter l'état gazeux, un froid encore plus intense que celui qu'on a pu produire jusqu'ici.

Il est infiniment probable que les gaz qui résistent à une pression de 27 à 50 atmosphères, à une température de — 110°, ne peuvent être liquéfiés par pression seulement, ne peuvent perdre leur état gazeux à la température ordinaire.

LIQUIDES (Constitution des). L'état liquide est un état de la matière parfaitement défini comme les deux autres, l'état gazeux et l'état solide, avec cette particularité toutefois qu'il est compris entre eux et s'en rapproche dans le voisinage des points de changement d'état ; car on ne peut chauffer un liquide sans le convertir en gaz, on ne peut lui soustraire de la chaleur, le refroidir sans le faire passer à l'état solide.

On peut donc établir *a priori*, que l'expression dynamique des liquides doit se composer de deux termes qui répondent aux deux autres états, et que la prédominance de l'un de ces termes répond à l'état gazeux ou à l'état solide; que leur constitution doit être déterminée à la fois par des forces analogues à celles qui produisent l'union des molécules des solides, et par des forces vives résultant des vibrations dont l'effet est cause que les molécules gazeuses tendent à se répandre et à s'éloigner indéfiniment les unes des autres. Mais, avant de chercher à appliquer ces éléments à l'analyse de la constitution des liquides, commençons par résumer la manière dont ils résistent aux actions mécaniques exercées sur eux, ce qui peut le mieux faire comprendre leur constitution.

Divisibilité. — Ce qui caractérise essentiellement les liquides, c'est l'absence de résistance à la séparation de leurs diverses parties. Cette séparation, cette division a lieu aussitôt qu'ils sont libres d'obéir à l'action des forces qui agissent sur eux, par exemple à la pesanteur. C'est ainsi qu'ils s'écoulent par un orifice lorsque les parois des vases qui les renferment viennent à disparaître en quelque point. Les liquides nous apparaissent donc comme formés de molécules extrêmement mobiles, qui ne forment pas une chaîne continue, comme celles des solides; mais, tandis que leur séparation se produit avec la plus grande facilité, il est loin d'en être ainsi, même comparativement aux solides, de leur rapprochement. Tout au contraire, les liquides sont incompressibles, ou presque incompressibles par l'action des forces les plus énergiques.

Résistance des liquides à la compression. — Les académiciens de Florence avaient conclu de leurs expériences l'incompressibilité absolue des liquides, et si les expériences des physiciens modernes ont constaté une diminution de volume proportionnelle à la pression, cette diminution est tellement minime, qu'il est permis de partir de l'incompressiblité pour analyser la constitution des liquides.

On reconnaît une propriété semblable dans les sables, souvent employés dans la pratique à cause de leur incompressibilité, dans les limites des pressions qui ne détruisent pas les petits corps élémentaires dont ils sont formés. Cet effet résulte évidemment de ce que ceux-ci reposent directement les uns sur les autres, de ce que les sables sont formés d'une multitude de petits corps distincts entre lesquels la pression se répartit; et l'analogie doit faire penser que la constitution des liquides a quelque analogie avec celle-ci, qu'ils doivent être formés de systèmes indépendants en nombre infiniment grand, entre lesquels se partage la pression, exercée en un point de leur surface, qui se répartit dans toute la masse.

Je rapporterai ici les coefficients de compressibilité qui ont été déterminés avec le plus de soin. Voici les fractions de volume dont se compriment quelques liquides pour une pression de 1 atmosphère ou un poids de 10,330 kilog. par mètre carré.

Mercure.	0,00000295
Eau.	0,0000503
Alcool	0,0000828
Éther	0,00012

On voit que la compressibilité des liquides est bien minime, qu'elle est à peine appréciable, si ce n'est pour ceux facilement vaporisables, dont la constitution est sur la limite en quelque sorte de l'état liquide et de l'état gazeux.

Hydrostatique. — Toute la statique des liquides peut se déduire de leur incompressibilité. Ainsi le principe de l'égalité des pressions, duquel Pascal a tiré la théorie de la presse hydraulique, en résulte nécessairement.

Si un liquide renfermé dans un vase inextensible est pressé en un point par un piston mobile de surface A, avec une pression égale à P, toute partie de la surface égale à A sera soumise à la pression P, puisque, si elle devenait mobile, elle se mouvrait évidemment par l'effet de cette pression, le fluide incompressible ne pouvant rien détruire du travail moteur par action intérieure, mais seulement le transmettre. Ce qui est vrai pour une surface A l'est pour toute la surface du vase, et spécialement pour une surface d'étendue nA comme le grand piston de la presse hydraulique qui donne une pression n fois plus grande que celle du petit, bien entendu avec une course n fois plus petite, puisqu'il n'y a que transmission et non création de travail.

La répartition des pressions, le principe d'Archimède, etc., sont des conséquences directes du principe d'incompressibilité, et nous n'avons pas à nous y arrêter, ne voulant ici que bien définir la nature des liquides, pour arriver à l'analyse de leur constitution intime.

Hydrodynamique. — La mobilité extrême des liquides, combinée avec l'absence de toute consommation de travail par action intérieure, résultat de leur incompressibilité, est de même la base de l'hydrodynamique.

La facilité avec laquelle les molécules s'écartent devant tout corps étranger, et notamment devant des parties du liquide même qui tombent, donne le principe de la théorie de l'écoulement des liquides pesants qui sortent par le fond d'un vase avec la vitesse même qu'ils auraient s'ils tombaient de la hauteur qui sépare la surface du liquide du fond du vase. C'est le célèbre théorème de Torricelli, principe fondamental de toute cette théorie vérifiée par de nombreuses expériences.

La quantité de liquide d'une densité D, sortant d'un vase où son niveau est à une hauteur h, est pour un orifice de section ω, $D\omega V = D\omega\sqrt{2gh}$.

Mouvements orbitaires. — Je rappellerai ici une autre conséquence de la mobilité des fluides, dans un cas où elle n'est pas seule en jeu. Lorsqu'on jette une pierre dans l'eau, il se forme ce qu'on appelle un tourbillon, une circonférence d'eau en mouvement qui va en s'agrandissant de moins en moins rapidement; car, d'après les observations de Léonard de Vinci, la vitesse des différentes couches des tourbillons croît en raison inverse de la longueur du rayon correspondant. C'est le contraire de ce qui se passe dans une roue, dans laquelle les vitesses croissent proportionnellement à la distance au centre.

Lorsque après un moment la surface de l'eau est devenue tranquille, il ne faut pas croire que le liquide soit rentré en repos. D'où serait venue la consommation du travail qui avait engendré son mouvement? Celui-ci, bien que n'étant plus aussi apparent, persiste dans la masse. Les molécules agitées rencontrant d'autres molécules, il en résulte une infinité de petits tourbillons, de mouvements orbitaires analogues à ceux plus apparents qui se manifestent toutes les fois que de l'eau tombe d'une certaine hauteur ou qu'un cours d'eau rencontre un obstacle déposé dans un courant. La production des mouvements orbitaires qui s'engendrent si naturellement dans les liquides est le mode de dissimulation de la force vive dans les changements brusques des vitesses des fluides, comme les mouvements vibratoires constituent celui de sa dissémination dans les solides. Ces tourbillons, entraînés comme des corps étrangers par le fluide en mouvement, constituent un mode spécial d'emmagasinement de force vive. Ce grand fait de l'état dynamique des liquides, causé à la fois par leur mobilité et par une certaine adhérence mutuelle, nous paraît devoir conduire à l'analyse de leur constitution, comme la facile production des vibrations à celle des solides. Bien qu'observés dans des masses sensibles, ce n'est qu'à cause de la nature intime des corps que ces mouvements se produisent sous une forme qui doit se reproduire d'une manière analogue dans ceux des éléments moléculaires dont les forces vives sont calorifiques.

Conséquence de la mobilité et de l'attraction moléculaire. — La mobilité extrême des molécules liquides, qui doit faire conclure leur mouvement incessant, entourées qu'elles sont d'éther en vibration, ne suffit pas à elle seule pour expliquer les propriétés des liquides, qui n'appartiendraient nullement à un amas de molécules sans action les unes sur les autres. Il est aisé de voir quel autre élément intervient. La seule communication d'une impulsion suffit pour rendre compte de l'état gazeux, l'attraction ne jouant alors qu'un rôle secondaire; mais quand par la compression le corps gazeux devient liquide, quand la distance des molécules diminue, c'est la force d'attraction (quelle qu'en soit la cause), dont les corps solides nous prouvent si manifestement les effets, qui vient s'exercer entre des molécules plus rapprochées. L'expérience permet de bien constater l'existence de cette force, qui entraîne, avec la mobilité, la nécessité des mouvements orbitaires, des trajectoires elliptiques plus ou moins étendues, des molécules des liquides les unes par rapport aux autres. C'est le résultat nécessaire d'un certain rapport entre la vitesse d'impulsion, la force d'attraction et l'écartement moléculaire, que la formation d'une infinité de petits systèmes planétaires.

Attraction des molécules des liquides. — Capillarité. — L'attraction mutuelle des molécules des liquides, les unes pour les autres, se constate par des expériences directes; elle joue un rôle important dans nombre de phénomènes. Il n'en est pas de plus probant, à cet égard, que ceux de capillarité.

Ce point de vue avait vivement frappé Newton, qui, parlant des phénomènes capillaires dans la question XXXI, jointe à son Optique, les considère comme dérivant d'attractions qui s'étendent à si petites distances, qu'elles ont échappé jusqu'ici à nos observations.

« Si deux plaques de verre planes et polies, dit-il (supposons deux fragments d'un miroir bien poli), sont jointes ensemble, leurs côtés parallèles et à une très-petite distance l'une de l'autre; et que, par leurs extrémités inférieures, on les enfonce un peu dans un vase plein d'eau, l'eau montera entre les deux verres. Et à mesure que les deux plaques seront moins éloignées, l'eau s'élèvera à une plus grande hauteur. Si leur distance est environ la centième partie d'un pouce, l'eau montera à une hauteur d'environ un pouce; et si la distance est plus grande ou plus petite, en quelque proportion que ce soit, la hauteur sera à peu près réciproque de la distance. Car la force attractive des verres est la même, soit que la distance qu'il y a entre eux soit plus grande ou plus petite; et le poids de l'eau attiré en haut est le même si la hauteur de l'eau est en proportion réciproque à la distance des verres. C'est encore ainsi que l'eau monte entre deux plaques de marbre poli lorsque leurs côtés polis sont parallèles et à une fort petite distance l'un de l'autre. Et si l'on trempe dans l'eau le bout d'un tuyau de verre fort mince, l'eau montera dans le tuyau à une hauteur réciproque à la cavité du tuyau, et égale à la hauteur à laquelle elle monte entre deux plaques de verre, si le demi-diamètre de la cavité du tuyau est égal à la distance entre les plaques ou environ. Du reste, toutes ces expériences réussissent tout aussi bien dans le vide ou en plein air, et, par conséquent, elles ne dépendent en aucune manière du poids ou de la pression de l'atmosphère. »

On voit que Newton appréciait parfaitement tout l'intérêt qu'offraient les phénomènes capillaires comme démonstratifs de l'attraction moléculaire à petite distance des molécules des solides sur les molécules des liquides, et par suite de l'attraction de celles-ci, en vertu de l'égalité de l'action et de la réaction, mais n'a pas tenu assez compte de l'attraction mutuelle de ces dernières, qui seule peut faire comprendre comment, quand le liquide est du mercure, il y a dépression au lieu d'élévation dans les tubes de verre capillaires.

Sans reprendre en détail la théorie des phénomènes capillaires exposée dans tous les traités de physique, je donnerai seulement ici l'analyse du cas principal pour montrer le mode de raisonnement que l'on emploie pour arriver à une théorie que vérifie l'expérience.

Soit un liquide s'élevant dans un tube capillaire jusqu'au niveau moyen AB, fig. 1, les parties du tube placées au-dessus de ce niveau concourront à l'action qui le soulèvera. Il en résultera une force verticale dont l'intensité sera évidemment proportionnelle au périmètre p de la section du tube ; elle pourra généralement se représenter par $p\alpha$. Les parties du tube comprises entre AB et CD attireront le liquide qu'elles contiennent ; mais, à cause de la symétrie, elles ne l'élèveront ni ne l'abaisseront. Enfin les molécules du tube placées au-dessus de CD agiront sur les parties du liquide placées au-dessous, dans le prolongement du canal, et les soulèveront avec une force qui sera encore $p\alpha$. Le tube sollicitera donc le liquide avec une force totale $2p\alpha$. Mais, d'un autre côté, on peut se figurer un tube liquide CDMN prolongeant le tube de verre, et les molécules de l'épaisseur de ce tube attireront celles qui renferment les parties supérieures du canal, avec une force $p\alpha'$. En définitive, $p(2\alpha - \alpha')$ sera l'expression de la force qui soulèvera le liquide, et suivant que $2\alpha - \alpha'$ sera positif, nul ou négatif, il y aura élévation (fig. 2), niveau égal ou dépression (fig. 3).

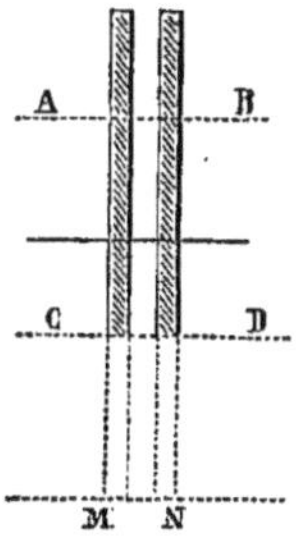

Fig. 1,

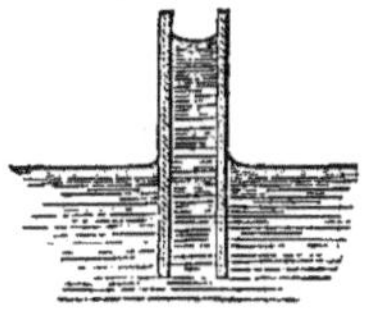
Fig. 2.

Fig. 3.

Cette force est équilibrée par la colonne liquide soulevée ou abaissée, dont le poids est égal au produit de la section s du tube par la hauteur h et la densité d du liquide, et l'on aura :

$$p(2\alpha - \alpha') = shd, \quad \text{ou} \quad h = \frac{p}{s}\frac{(2\alpha - \alpha)}{d} = \pm \frac{p}{s}\alpha^2,$$

en désignant par α^2 une constante spécifique.

C'est cette formule que l'on vérifie par expérience et qui s'applique fort bien aux divers cas qui peuvent se présenter.

Nous avons rapporté à CAPILLARITÉ les si curieuses expériences de M. Plateau, qui montrent clairement les effets de l'attraction mutuelle des molécules liquides, lorsqu'elles sont entièrement libres, lorsque le liquide considéré est libre d'obéir à ses seules forces intérieures, comme on le voit déjà pour le mercure, qui, placé sur une plaque de verre qu'il ne mouille pas, prend la forme d'une gouttelette arrondie, au lieu de s'y étaler en couche mince sous l'action de la gravité.

Nous ferons observer, en passant, que la capillarité offre un moyen d'évaluer l'attraction mutuelle des molécules des liquides par rapport à celles d'un liquide pris pour unité, l'eau par exemple. L'action α' du liquide sera en raison inverse des hauteurs h auxquelles s'élèveront les divers liquides dans un même tube pris pour unité, ayant par exemple 1 mill. de diamètre. L'action du tube sera toujours la même, celle du liquide seule variera.

Figures de cohésion des liquides. — M. Tomlinson a fait de curieuses expériences sur les figures que prend une goutte d'un liquide déposé sur la surface d'un autre liquide, figures qui ne sont souvent que des apparences fugitives à cause de la rapidité avec laquelle la goutte déposée se dissout dans le liquide qui la supporte. La variation considérable de ces apparences ne peut se comprendre que par des résistances spéciales, des groupements atomiques rappelant quelque peu les formes cristallines des solides. Le meilleur moyen d'examiner ces figures consiste à déposer avec précaution, sur la surface d'une eau pure, une goutte d'un liquide qui n'y soit que peu soluble, de la créosote ou une huile essentielle par exemple ; le vase doit être en verre, et parfaitement net de matière grasse. L'adhésion de cette goutte pour l'eau la détermine d'abord à s'étaler en forme de membrane, forme contre laquelle réagit la cohésion intermoléculaire ; si c'est une goutte d'huile de lavande, la membrane s'ouvre en une multitude de points, comme une étoffe rongée par les vers.

Les figures ci-contre, très-stables pour les huiles

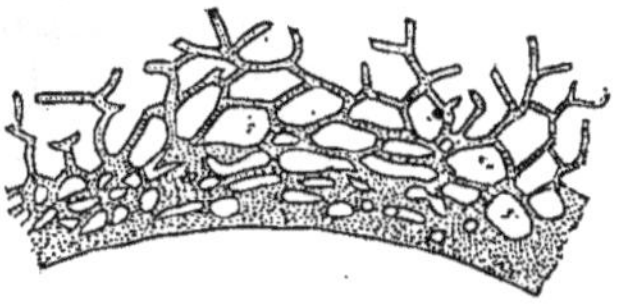
Fig. 4.

fixes, comme celle de l'huile d'olive (fig. 4) ou l'huile de

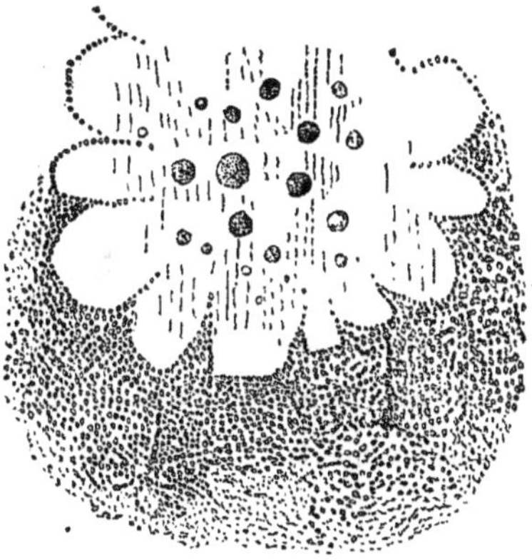
Fig. 5.

noix (fig. 5) montrent que chaque liquide donne un

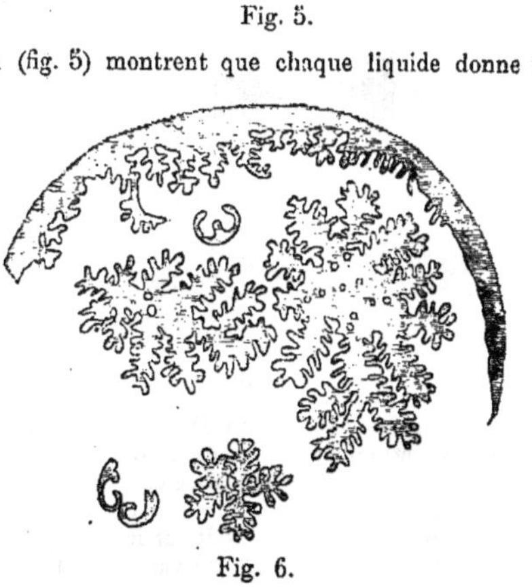
Fig. 6.

dessin spécial, une figure particulière qui peut servir

à le distinguer de tous les autres. Ces figures sont plus ou moins permanentes, selon que le liquide expérimenté est plus ou moins soluble dans l'eau. Plus le liquide est soluble, moins la figure a de durée. Celle de l'essence de lavande (fig. 6) dure moins que celles ci-dessus. La figure de la créosote (fig. 7) dure cinq minutes; celles de l'éther ou de l'alcool seulement une fraction de seconde.

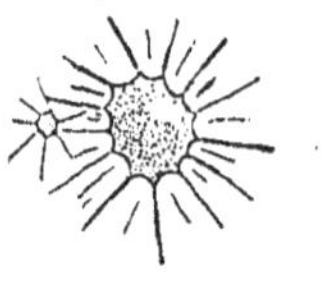

Fig. 7.

M. Tomlinson pense que l'on peut reconnaître par ce genre d'observations un mélange de deux huiles.

Diffusion des liquides. — Si les faits que nous venons de rappeler démontrent l'attraction mutuelle des molécules des liquides, il est d'autres faits qui démontrent directement leur mouvement, la permanence dans leurs molécules de partie au moins de la force vive moléculaire, qui leur appartient à l'état gazeux. C'est Graham qui a su démontrer le premier fait par ses expériences de la diffusion des gaz, qui a réuni en une série intéressante les faits de diffusion des liquides, qui prouvent, il nous semble, manifestement le second.

Si on laisse arriver dans un même vase deux liquides susceptibles de former un mélange permanent, mais de densités différentes, ils se pénètrent et se mélangent peu à peu. Ainsi, si on remplit une éprouvette d'une infusion bleue de tournesol, et qu'au moyen d'une pipette à long bec on introduise à la partie inférieure un peu d'acide sulfurique, on constatera après deux ou trois jours que l'acide s'est diffusé dans le liquide, qui a pris en conséquence une teinte rouge. On peut, dans l'intervalle, observer les progrès du mélange, et le changement graduel de couleur, qui s'opère de bas en haut. C'est le phénomène de la diffusion.

Graham a employé dans ses recherches un appareil très-simple. Il se servait d'un certain nombre de fioles de 114 centimètres cubes de capacité et dont les cols avaient tous un même diamètre, d'environ 31 millimètres. Ces fioles étant d'abord presque entièrement remplies de la dissolution saline, on achevait de les remplir d'eau. On les recouvrait d'une plaque de verre, et dans cet état on les plaçait au fond d'un vase cylindrique contenant 0,567 litres d'eau distillée, de telle sorte que le col se trouvât à moins de 25 millimètres au-

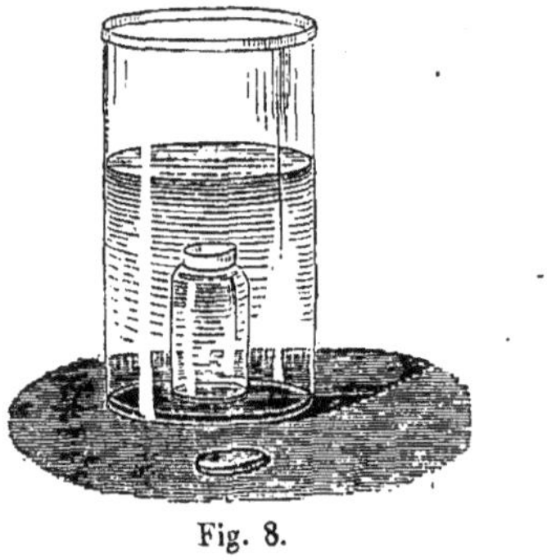

Fig. 8.

dessous de la surface de l'eau dans le vase (fig. 8). La fiole introduite de cette manière, on enlevait la plaque de verre, et l'appareil était ensuite laissé en repos pendant plusieurs jours, à une température constante. Au bout du temps convenable, on remettait sur le col la plaque de verre et l'on retirait la fiole. On vaporisait l'eau du vase, et en pesant la quantité de sel qui formait le résidu, on avait la mesure de la diffusion.

Pour un même sel, les quantités diffusées croissent avec la concentration de la solution, sont à peu près proportionnelles à la quantité de substance dissoute. Pour des corps différents, de densité assez peu différente, les diffusibilités varient dans des limites très-étendues. C'est ce que montre le tableau suivant :

SUBSTANCES EMPLOYÉES.	POIDS spécifique de la substance à 16° C.	POIDS en grains de la substance diffusée.
Chlorure de sodium. . . .	1.1265	58.68
Sulfate de magnésie. . . .	1.185	27.42
Nitrate de soude.	1.120	51.56
Acide sulfurique.	1.108	69.32
Sucre candi.	1.070	26.74
Mélasse de sucre de canne.	1.069	32.55
Gomme arabique.	1.060	13.24
Albumine.	1.053	3.08

Les dernières substances, pâteuses, à peine liquides. ont été appelées par Graham colloïdes, par opposition à celles susceptibles de cristalliser, qu'il a appelées cristalloïdes, et qui possèdent un pouvoir de diffusion bien plus considérable. On a trouvé que les substances salines peuvent se classer en groupes d'égale diffusibilité, qui coïncident dans beaucoup de cas avec des groupes d'isomorphisme. Les groupes les plus importants sont les suivants : le premier groupe comprend les acides chlorhydrique, iodhydrique, bromhydrique, peut-être l'acide nitrique. Ces acides sont les substances les plus diffusibles. Le second se compose de l'hydrate de potasse et probablement de l'ammoniaque. Le troisième comprend les nitrates de potasse et d'ammoniaque, le chlorure, le bromure et l'iodure de potassium, le chlorure d'ammoniaque et le nitrate de potasse. Le quatrième, le nitrate de soude, le chlorure, le bromure et l'iodure de sodium, etc.

La diffusibilité dépend évidemment à la fois de l'affinité des corps dissous pour l'eau, et de la force vive du liquide formé par la solution. Ce qui montre bien l'influence de ce dernier élément, c'est la rapidité avec laquelle la diffusion augmente quand la température s'élève. Ainsi on a trouvé pour l'acide chlorhydrique les résultats suivants :

Diffusion à. . . .	15°,5	= 1
—	27°	= 1,3545
—	38°	= 1,7732
—	49°	= 2,1812

Le mélange de liquides s'effectue encore à travers les corps poreux et constitue le phénomène de l'endosmose qui est rendu sensible à l'aide d'une expérience fort simple. On place de l'alcool dans une vessie ou tout autre sac membraneux, sans la remplir complétement; on lie l'ouverture assez fortement pour qu'aucune particule liquide ne puisse s'échapper; on jette ce sac fermé dans un bassin plein d'eau; après quelques heures on le trouve gonflé. Si l'action se prolonge, si les liquides ont été convenablement choisis et dosés, l'extension pourra aller jusqu'à la rupture de l'enveloppe elle-même. Il ne s'est pas produit un courant unique et dans un seul sens, comme le gonflement du sac a dû le faire croire, mais bien deux courants en sens inverse; et si le sac s'est gonflé, c'est que le courant de liquide sortant avait moins d'énergie que le courant entrant (voy. OSMOSE).

CONSTITUTION DES LIQUIDES. — L'analyse des faits qui permettent le mieux d'apprécier la constitution des liquides nous conduit donc à les considérer comme formés de molécules essentiellement mobiles, bien qu'exerçant les unes sur les autres des attractions. Que peut-il résulter de là, si ce n'est une infinité de mouvements moléculaires à orbites fermés, seuls compatibles avec la facile division des liquides et leur non-expansion spontanée?

Lorsqu'un liquide vient à se former par la fusion d'un corps solide, chaque molécule qui devient libre tend à se mouvoir sous l'action des forces diverses qui agissent sur elle; elle ne se sépare pas d'une molécule voisine à laquelle elle adhérait plus particulièrement dans le solide, mais se meut autour d'elle; emportées ensemble, toutes deux tendent à constituer un tourbillon élémentaire semblable à ceux plus considérables que nous voyons se former dans les liquides en mouvement. Le travail, la force vive emmagasinée dans ces molécules ne saurait s'éteindre par communication au vase inextensible et immobile dans lequel le liquide est renfermé.

Un liquide doit donc être considéré comme formé par une réunion de molécules décrivant les unes autour des autres, sans se séparer, de petites trajectoires courbes, effectuant, par l'influence des vibrations de l'éther ambiant et de l'attraction, des mouvements orbitaires formant des systèmes groupés d'une manière propre à chaque liquide; c'est sous cette forme que s'emmagasine dans les liquides la force vive calorifique. L'attraction, sans déterminer la réunion des molécules comme dans les solides, n'y est pas négligeable comme dans les gaz; elle courbe les trajectoires et fait que les mouvements se produisent dans des courbes fermées et sont assimilables aux mouvements planétaires. Pris en masse, rapportés à la moyenne d'une infinité de molécules se mouvant simultanément en tous sens, ceux-ci peuvent être considérés comme circulaires.

On doit observer que, tous ces orbites fermés en nombre infini, tous ces petits tourbillons élémentaires roulant les uns sur les autres, constituent autant de petits systèmes résistant à la compression et nullement à la division, sauf en raison de leurs faibles attractions mutuelles qui donnent naissance à ce qu'on nomme la *viscosité* des liquides. L'incompressibilité des liquides résulte du nombre infini de ces systèmes indépendants, la pression se communiquant des uns aux autres en se divisant également à l'infini, en devenant presque nulle pour chacun d'eux, au lieu de se propager de proche en proche comme dans les solides, à cause de l'adhérence de leurs molécules.

Déjà Huyghens, l'immortel auteur de la théorie des ondulations, attribuait au mouvement vibratoire la propriété qu'ont les liquides, quand on les verse dans un vase, que leur surface devienne de suite horizontale. Un amas de grains change ses talus inclinés pour une surface horizontale, lorsqu'on lui donne de légères secousses. La chaleur, d'après Huyghens, imprimerait de même aux molécules liquides de petits mouvements analogues à des secousses qui produiraient le même effet final.

On doit pouvoir trouver quelque rapport entre les mouvements des molécules des liquides et les ondulations de l'éther qui adhère avec elles, et qui leur communique l'impulsion calorifique lors de la propagation de la chaleur par rayonnement. Peu de recherches ont encore été faites sur la question obscure des dimensions des orbites ou des rayons d'action de l'attraction moléculaire. M. Jamin a reconnu que les espèces d'atmosphères éthérées qui entourent chaque molécule des liquides se comportent comme si elles étaient en contact. En effet, il a constaté que des franges apparaissent lorsqu'on fait interférer deux rayons lumineux partant d'une même source lumineuse et ayant traversé deux tubes pleins d'eau, lorsqu'on vient à exercer sur l'un d'eux la pression minime mesurée par un millimètre de mercure, c'est-à-dire que la moindre pression modifie la densité de l'éther.

Confirmation. — On entrevoit une confirmation de la vérité du mode de constitution des liquides, que je viens d'indiquer, dans les intéressantes expériences de M. Dufour (Voy. ÉBULLITION). On sait que ce physicien a trouvé que les points de solidification et d'ébullition des liquides n'étaient pas absolument fixes; que des liquides soustraits à des influences extérieures, nageant sous forme de globules dans un milieu de densité convenable, résistent en quelque sorte au changement d'état. Il a pu ainsi, par exemple, maintenir du soufre liquide à 110° au-dessous du point de fusion du soufre solide. Il faut nécessairement que la constitution des liquides ait quelque chose de particulier, pour que la somme des forces vives moléculaires puisse y varier dans des limites aussi étendues; c'est ce qui se comprend bien pour les mouvements orbitaires, les tourbillons moléculaires que nous avons cherché à définir. Il ne saurait en être de même pour l'état solide où l'état gazeux, et l'expérience semble bien indiquer qu'il ne se produit pas, en effet, lors de leurs changements d'état, de phénomènes semblables.

Formule de l'état dynamique des liquides.—Placées au milieu de l'éther en vibration, à une certaine vitesse pour une température déterminée, les molécules liquides essentiellement mobiles prennent une certaine vitesse vibratoire qui répond pour chaque molécule à une force vive $\frac{mL^2}{2}$ et pour toutes celles de l'unité de poids à $\Sigma\frac{mL^2}{2}$.

Les forces d'attraction mutuelle entre les molécules que nombre de phénomènes, ceux de capillarité notamment, démontrent exister chez les liquides, ne permettraient leur séparation qu'autant qu'on consommerait une quantité de travail (ou de la chaleur équivalente dégagée lors de la formation du liquide, lors de la condensation de la vapeur), que nous représenterons par A' pour l'unité de poids. L'état dynamique d'un liquide sera donc représenté par :

$$-AA'+\Sigma\frac{mL^2}{2};$$

ce sera l'expression de la quantité de travail qui lui appartient en raison de sa nature propre. La valeur de A' qui entre dans cette expression (que nous ramenons à de la chaleur, parce que c'est sous cette forme que nous supposons évaluée la force vive moléculaire et que nous avons montré la possibilité de déterminer) (voy. CHALEURS LATENTES), peut servir à comparer les liquides différents, comme le coefficient d'élasticité, avec lequel elle a beaucoup d'analogie, permet de comparer les solides entre eux.

LISAGE. Le tissage mécanique des étoffes brochées, l'emploi du métier à la Jacquart et de ses cartons, suppose préalablement exécutée l'opération du lisage, c'est-à-dire du percement des cartons en raison de la nature du dessin, chaque trou correspondant au passage d'un fil coloré de la trame sur un fil de la chaîne. Ce lisage est fait à la main, soit à l'aide de poinçons, soit mieux à l'aide de machines à touches, à l'aide desquelles on peut lire le dessin tracé sur papier quadrillé, chaque touche mettant en mouvement le poinçon qui perce le carton. Cette opération assez délicate semble pouvoir être rendue automatique à l'aide de l'électricité. Ce n'est pas précisément sous cette forme que se présente l'invention que j'ai en vue, c'est sous celle, évidemment équivalente, de la suppression du lisage dans la modification du métier Jacquart, connu sous le nom de métier électrique, de l'invention de M. Bonelli.

Le dessin étant rapporté sur une feuille d'étain,

reproduit, à l'aide d'un vernis non conducteur, il suffit de tracer une ligne avec un traçoir métallique mis en communication par de bons conducteurs avec les systèmes qui servent à mouvoir successivement les poinçons qui correspondent à la place que doit occuper chaque fil, pour qu'à chaque interruption du courant, c'est-à-dire pour chaque point du dessin, un trou soit percé, et que sans mise en carte préalable, les cartons soient percés et propres à être employés dans une Jacquart ordinaire. Dans le métier dont nous parlons, chaque interruption faisait livrer un fil par l'effet de poids que combattaient habituellement les électro-aimants qui maintenaient chaque fil.

Cet emploi si curieux de l'action presque intelligente de l'électricité pour produire le tissage des façonnés avait séduit l'habile constructeur Froment, qui avait espéré, à l'aide d'appareils malheureusement trop coûteux, le rendre pratique.

LOCH. L'appareil usité vulgairement pour mesurer le sillage d'un navire se compose de trois parties principales : le bateau de loch, la ligne de loch et le tour de loch.

Le bateau de loch est un secteur en bois dont le rayon a seulement quelques pouces et dont l'arc est plombé, en sorte que dans l'eau il prend, si on l'abandonne à lui-même, une position verticale.

Si maintenant on imagine chacun des angles traversé, de part en part, par un brin de fil ou une ficelle de 1 mètre environ de longueur, et qu'on se figure tenir à la main les extrémités réunies de ce fil, on aura l'image exacte du bateau de loch, au moment où le timonier va le lancer par-dessus le bord.

On appelle ligne, en termes de marine, un petit cordage attaché par un de ses bouts aux extrémités réunies des trois fils dont nous parlions tout à l'heure; elle est fixée par l'autre bout à une sorte de dévidoir fort simple, sur lequel elle s'enroule comme un peloton de soie sur sa bobine. C'est ce dévidoir qui se nomme *tour de loch*.

Deux choses sont à remarquer sur la ligne : la houache et les nœuds.

La houache est un morceau d'étamine habituellement rouge; il est attaché sur la ligne à une distance du bateau de loch égale à la longueur du navire.

Les nœuds sont d'ordinaire de petites lanières de cuir de 5 centimères ou un peu plus, épissées sur la ligne; elles marquent ses divisions. D'un nœud à l'autre, — le premier est à la houache, — il y a, en théorie, la 120e partie d'un mille marin, c'est-à-dire 15 mètres 42 centimètres; mais, en fait, on ne met entre les nœuds que 15m,40, ou même 14m,77 : cela, d'un côté, parce qu'à l'usage, la ligne s'allonge toujours très-sensiblement, et d'un autre côté, parce qu'il est moins dangereux, quand on mesure sa course, surtout à l'approche d'un atterrisssage ou d'un récif, de se croire en avant qu'en arrière.

Ces dispositions données, décrivons l'opération de *jeter le loch* ou de mesurer le sillage : nous supposerons que le navire fait prompte route.

Au commandement : *Au loch !* — ce commandement se répète, règle générale, de demi-heure en demi-heure; — un timonier et deux matelots désignés d'avance passent à l'arrière, sur la dunette. De ces trois hommes, l'un, le timonier, prend d'une main le bateau de loch, de l'autre main un long bout de la ligne roulé; le second, un vigoureux matelot, saisit le tour par les deux bouts de l'axe sur lequel il tourne et l'élève au-dessus de sa tête; le troisième, enfin, s'empare d'un sablier-horloge, — deux ampoulettes de verre, comme on sait, qui, au centre de trois légers montants en bois, se touchent par le sommet et versent l'une dans l'autre le sable qu'elles contiennent par un petit trou pratiqué à cette fin dans la plaque de métal qui les sépare. Il y a à bord des sabliers ou ampoulettes de différentes durées : les plus communes se vident en une demi-minute, c'est-à-dire dans la 120e partie d'une heure.

En jetant le bateau de loch par-dessus la rampe de la dunette, le timonier commande : *Attention ! — Attention !* répète le matelot au sablier. On laisse courir le navire, perdant la ligne de loch, jusqu'à ce que la houache, lambeau très-visible, passe précisément sur la rampe. A cet instant : *Tourne !* dit le timonier, et le matelot répète *Tourne !* renversant en effet son ampoulette, le côté plein sur le côté vide. Il la maintient ainsi, il la surveille jusqu'à l'instant où le dernier grain de sable passe de l'ampoulette supérieure à l'ampoulette inférieure. *Stop !* crie-t-il alors, et brusquement le timonier arrête la ligne de loch. Le matelot, qui roidissait avec effort ses bras contre les secousses violentes et saccadées imprimées au tour par la ligne dans son mouvement de fuite, abaisse le tour, et tous trois constatent combien de nœuds de la ligne ont passé sur la rampe de la dunette depuis la houache. Supposons qu'il y en a dix : le navire file dix nœuds; c'est-à-dire qu'en une demi-minute, durée du sablier, il parcourt, approximativement, dix fois la 120e partie d'un mille marin de 1852 mètres; qu'en une heure, par conséquent, il parcourt dix fois le mille marin tout entier, ou 18,5 kilomètres.

Notre excellent et si regrettable ami, Vincendon-Dumoulin, le compagnon de Dumont-d'Urville, et l'un des hommes qui ont donné la plus heureuse impulsion aux travaux hydrographiques et à la science nautique dans ces dernières années, a fait observer, dans l'article NAVIGATION, dont il a enrichi cet ouvrage, les avantages que l'on trouverait à employer des instruments plus précis que le loch ordinaire, qui ne fournit qu'une approximation grossière, et en quoi consistaient les meilleurs systèmes adoptés. Toutefois, comme l'extrême simplicité et le bon marché de l'ancien loch le fera toujours conserver dans le plus grand nombre de cas, on doit accueillir avec intérêt les perfectionnements qu'on pourra lui apporter.

Tel est l'instrument proposé par M. Pecoul, qui est disposé pour donner des résultats très-précieux dans certaines circonstances de navigation.

Ce loch, dit loch-sondeur, consiste en une petite bouée en cuivre, capable de supporter un plomb de 3 kilogrammes. Cette bouée a la forme d'une pyramide triangulaire, qui a pour base un triangle équilatéral, et dont les faces latérales sont des triangles isocèles. Au sommet de la pyramide est adaptée une poulie où passe la ligne de loch, ayant un plomb à son extrémité. Un ressort est adapté à cette poulie et presse sur la ligne. Celle-ci glisse sans difficulté, tant qu'elle est sollicitée par le poids du plomb, et est arrêtée par le ressort, aussitôt que le plomb ayant touché le fond, la bouée s'incline sur l'eau.

On voit, d'après cette description, qu'en fixant la ligne à la poulie, on a un loch qui, maintenu par un poids plongé assez profondément, doit être moins impressionnable par les courants que le loch actuel, et, par suite, fournit des indications moins défectueuses. On voit encore comment, en laissant filer la ligne, on peut sonder en marchant rapidement, sans carguer les voiles, opération qui ne saurait être répétée souvent, et qui cependant, dans l'état actuel, est nécessaire pour connaître la profondeur de l'eau et éviter les échouements dans des mers difficiles, surtout lorsqu'on ne connaît pas bien la position où l'on se trouve, lorsque des courants ont changé la route que le navigateur croit suivre.

Plusieurs commissions ont vérifié l'exactitude des indications fournies par le loch-sondeur, et l'on ne peut que faire des vœux pour la propagation, malheureusement trop lente, de cet utile instrument.

MACHINES A VAPEUR.

M

MACHINE A VAPEUR. L'Exposition de 1867 a montré le progrès incessant des machines horizontales, qui viennent se substituer chaque jour davantage aux machines verticales. Ce résultat est dû avant tout à l'économie du prix d'achat que permet la construction plus simple de ces machines, mais évidemment il n'aurait pu se produire si la consommation de combustible y était plus considérable que dans les premières. C'est surtout à M. Farcot, à son système de détente par le régulateur, à sa construction excellente, qu'est dû le succès de ces machines en France; mais même en Angleterre, le pays des grandes machines de Watt, à allure lente, si bien équilibrées, ne s'usant pour ainsi dire pas, mais fort pesantes et par suite très-chères, les machines horizontales à grande vitesse de piston, et par suite produisant une grande quantité de travail avec un appareil d'un poids modéré, se multiplient aujourd'hui. Leur propagation a été entreprise par la célèbre compagnie Whitworth, de Manchester, qui reproduit la machine Allen.

Cette machine est représentée fig. 3643. Le régulateur employé est celui de Porter, servant, comme celui de la machine Farcot, à faire varier l'entrée de la vapeur en raison du travail résistant.

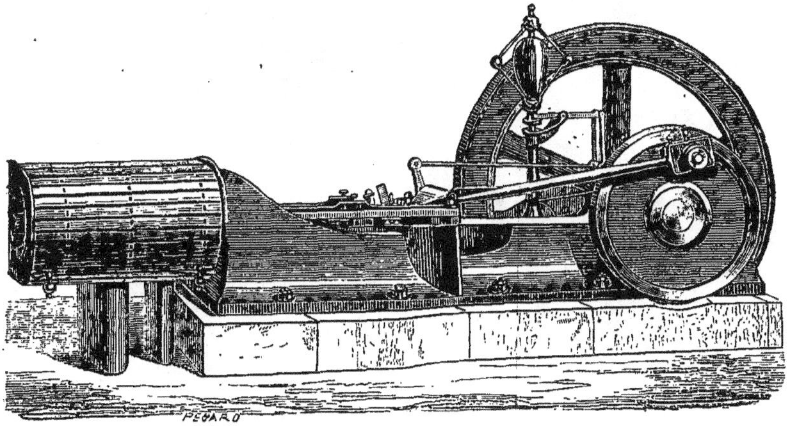

Fig. 3643.

Une excellente machine, qui vient d'Amérique, comme la précédente, est celle de Corliss, surtout remarquable par ses quatre orifices, un d'entrée et un de sortie de la vapeur à chaque extrémité du cylindre; disposition très-utile pour éviter les pertes de chaleur, surtout dans les puissantes machines, et très-heureusement réalisée dans celle dont nous parlons, au moyen de petits pistons ouvrant et fermant les orifices par leur mouvement alternatif.

MACHINES A VAPEUR ROTATIVES. La recherche de la combinaison la plus convenable pour la construction d'une machine à vapeur produisant immédiatement un mouvement circulaire continu est une de celles qui ont fait le plus de victimes dans le monde des inventeurs. La plupart, ignorant le véritable mode d'action de la bielle et de la manivelle, sont constamment partis de ce principe, que dans le mouvement rectiligne alternatif de la machine à piston, il y avait une destruction de travail par l'effet du changement de sens du mouvement. Nous ne pouvons que renvoyer aux traités de mécanique ou à l'article BIELLE de cet ouvrage pour la démonstration de cette erreur grossière; on voit qu'il n'y a pas grande importance à attacher, une fois cette erreur reconnue, aux essais de machines dans lesquelles on voulait faire agir la vapeur dans les mêmes conditions que dans la machine ordinaire, mais en produisant immédiatement le mouvement circulaire.

Il semble donc qu'il n'y a guère lieu de s'occuper de ces inventions; toutefois la simplicité possible de ces machines, le faible poids qu'elles pourraient avoir, leur application directe pour divers usages, ne laissent pas que de donner quelque intérêt à ces recherches, lorsqu'il s'agit de les appliquer à de petites forces et d'obtenir non une machine avantageuse comme économie de combustible, mais comme bon marché et légèreté.

Le grand Watt avait fixé un instant son attention sur la question des machines rotatives, sur le moyen de faire mouvoir un piston circulairement, et avait aussitôt imaginé le type, d'où sont nées des pompes rotatives, et dont la plupart des machines inventées depuis n'ont été et ne pouvaient être que des variations. Elle consistait en un piston à section rectangulaire tournant autour de l'axe horizontal d'un cylindre, et pressé d'un côté par la vapeur, tandis que l'autre face était en communication avec l'air ou le condenseur. Ces deux zones différentes ne peuvent exister et la vapeur prendre de point d'appui pour pousser le piston, que par l'effet d'un plan s'appuyant sur l'axe et fermant le cylindre, plan qui, mobile, rentre dans une cavité disposée à cet effet quand le piston va le rencontrer, à moins que ce ne soit le piston lui-même qui rentre dans l'épaisseur de l'arbre central, à la rencontre d'une cloison fixe, comme on l'a encore proposé.

Watt reconnut bien vite l'impossibilité d'appliquer son système à de grandes forces, la difficulté d'empêcher les passages de la vapeur, et cessa de s'occuper d'une machine si inférieure à la machine à piston cylindrique, si bien disposée pour obtenir de bonnes garnitures de piston, utiliser la détente, etc. Indépendamment de leur forme qui est un obstacle presque toujours insurmontable, la différence des chemins parcourus par les divers points du piston diamétral et par suite la différence d'usure ne peut permettre évidemment d'obtenir des garnitures comparables à celles du piston de la pompe cylindrique, pour lequel l'usure est la même en tous les points.

Parmi un grand nombre de systèmes plus ou moins ingénieux, nous citerons ceux qui nous paraissent les moins imparfaits et les plus curieux. Nous décrirons parmi ceux qui nous semblent offrir le plus d'intérêt : la machine française de l'ingénieux Pecqueur et la machine à disque, le *disc-Engine*, de Bishop et Rennie que ce dernier constructeur a employée avec quelque succès pour faire mouvoir l'hélice d'un bateau à vapeur de 80 chevaux de force.

Fig. 3644.

Avant de parler des deux systèmes qui ont eu le plus de succès, nous donnerons les plus intéressants qui aient figuré à l'Exposition de 1867, et qui doivent être surtout considérés comme curieux, comme fournissant des solutions originales d'un problème tenté par bien des esprits.

Machine de Thomson. — Cette curieuse machine rotative est à deux pistons, dont les mouvements relatifs dépendent des propriétés des engrenages elliptiques. Elle est vraiment intéressante au point de vue cinématique.

La vapeur agit à la fois sur deux pistons composés chacun de deux secteurs pleins, diamétralement opposés et fixés tous deux à des arbres, dont l'axe coïncide avec celui du cylindre. L'arbre du piston A porte une roue d'engrenage elliptique ; le rapport des axes de l'ellipse primitive est de 1:2. Le piston B se termine de l'autre côté du cylindre par un arbre qui porte aussi une roue dentée elliptique égale à la première, mais calée à angle droit avec celle-ci.

L'arbre qui porte le volant-poulie est muni de deux ellipses dentées égales aux premières et calées à angle droit l'une avec l'autre, engrenant respectivement avec ces premières.

La vapeur s'introduit entre les pistons A et B (fig. 3645) et s'en échappe par quatre lumières deux à deux, diamétralement opposées. Le tuyau d'admission et le tuyau d'émission sont placés l'un à côté de l'autre et ouverts ou fermés par un seul robinet, dont la clef est percée de deux trous rectangulaires placés à angle droit, l'un pour le tuyau d'admission, l'autre pour celui de décharge. Donc le robinet est placé dans la position qu'il occupe dans la figure, lorsque la machine est au repos. Il suffit de le faire tourner d'un petit angle vers la droite pour que les lumières L_1 et L_2 mettent le cylindre en communication avec la chaudière, et les lumières L_3 et L_4 en communication avec la décharge. Au contraire, une petite rotation vers la gauche ferait des lumières L_3 et L_4 les lumières d'admission, et de L_1 et L_2 celles d'émission, et la rotation de la machine serait de sens opposé à celui qu'elle prendrait dans le premier cas, indiqué par des flèches sur la figure. On voit par là combien il est facile de renverser la marche.

Lorsque la vapeur est introduite entre les pistons A et B, elle les pousse également dans des sens opposés ; mais par suite de la liaison entre les axes du piston et l'arbre du volant et de l'engrènement de roues elliptiques, c'est-à-dire à rayon variable, le piston B marche plus rapidement que le piston A pendant un certain temps, après lequel sa vitesse diminue et celle du piston A augmente, chaque période durant un quart de révolution de l'arbre du volant.

Au départ, ω étant la vitesse angulaire constante du volant, a le grand axe de l'ellipse primitive, b le petit axe, la vitesse du secteur A est $\omega \frac{b}{a}$, celle du secteur B, $\omega \frac{a}{b}$, et le rapport des deux vitesses est $\frac{b^2}{a^2}$, ou dans les conditions supposées ici $\frac{1}{4}$. C'est en raison de cette différence de vitesse, de la différence des mouve-

Fig. 3645.

ments des deux pistons que s'engendre le travail utile de la vapeur.

Le piston A marche d'abord lentement, puis plus vite, pour atteindre quand son axe est parvenu à 45°, la même vitesse que le secteur B ; sa vitesse augmente ensuite rapidement, si bien que les deux pistons ont décrit dans le même temps un angle de 90°. A cet instant la position est inverse de celle du départ. Le mouvement va donc recommencer dans les mêmes conditions que ci-devant ; seulement le rôle des pistons est interverti. (Voir notre *Traité de cinématique* pour la théorie des roues elliptiques.)

Pour réduire l'espace mort à son minimum, il faut donner aux secteurs une dimension telle qu'ils se touchent au moment où la vitesse de B va devenir supérieure à celle de A dès que, par suite, celui-ci pourra utiliser le travail de la vapeur ; mais il faut que la sortie de la vapeur ait lieu avant que l'accroissement de la vitesse de A ne rende son travail résistant considérable.

Cette machine, où la détente ne peut être appliquée et dans laquelle les garnitures ne sauraient avoir la précision de celles des pistons des machines ordinaires, ne saurait lutter avec celles-ci. Mais il existe un assez grand nombre de cas où il est nécessaire d'avoir une assez grande force avec une machine peu volumineuse, présentant de grandes facilités de renversement de marche ; telles sont celles employées pour les grues, les cabestans, etc.

Sa construction est difficile à cause de l'emploi des roues elliptiques et les chocs des dents, par suite de l'alternance des parties qui conduisent, engendrent les vibrations des pièces animées d'un mouvement rapide. Elle ne paraît donc pas pouvoir être admise pour de grandes vitesses et ne vaudrait pas alors la simple machine rotative, composée de deux roues d'engrenage, à longues dents, renfermées dans une boîte cylindrique ; système le plus simple de tous, souvent essayé et que nous avons encore vu exposé en 1867, par Pilliner et Hill, constructeurs anglais. Ils annonçaient que cette machine avait fonctionné dans une corderie, à commettre directement les torons, sans avaries, pendant quatorze mois, avec une vitesse de 550 révolutions par minute.

Machine de Behrens. — La machine rotative de Behrens peut être considérée comme un perfectionnement du dernier système dont nous venons de parler, chaque roue étant réduite à une dent de grande dimension, les deux axes tournant en sens contraire par l'effet des roues dentées extérieures. Il en résulte, pour les contacts qui ont lieu sur une grande partie de la circonférence, que les fuites sont considérablement réduites, et en marchant à grande vitesse, les résultats sont assez passables.

Ils deviennent bien meilleurs, en appliquant à cette machine qui, tournant très-vite et toujours appliquée à des petites forces, est d'un petit volume, le principe de Woolf, c'est-à-dire en montant sur le même arbre une seconde machine semblable à la première, de dimension double, par exemple, dans laquelle la vapeur prend un volume quadruple en venant de la première, ce qui fait qu'elle est mieux utilisée et que les fuites toujours notables, malgré les bons ajustements que peut permettre l'exécution à l'aide du tour, sont bien moins nuisibles.

Si enfin, comme l'a fait M. Petau, constructeur à Paris, cessionnaire du brevet pour la France, on monte sur le même axe une troisième petite machine employée comme pompe rotative pour élever de l'eau, alimenter une chaudière, etc., on aura un système d'une grande simplicité, sans perte de travail notable par

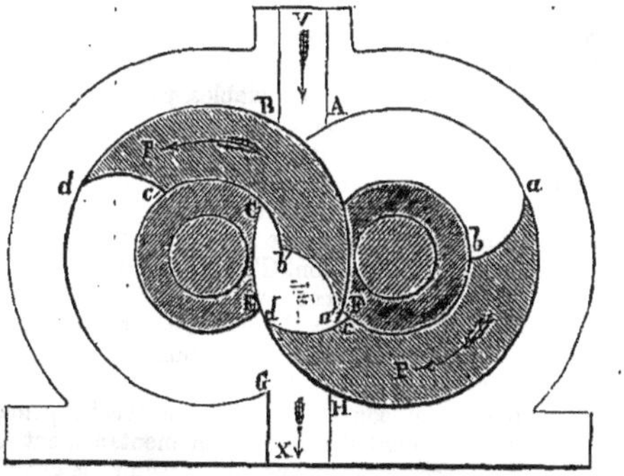

Fig. 3646.

les frottements, qui pourra être avantageux, bien que les espaces nuisibles y soient assez grands, et surtout sera d'un prix d'achat relativement minime.

Les figures 3646 et 3647 représentent deux positions

presque opposées des secteurs : la première, lorsque la vapeur agit sur le secteur de droite; la seconde,

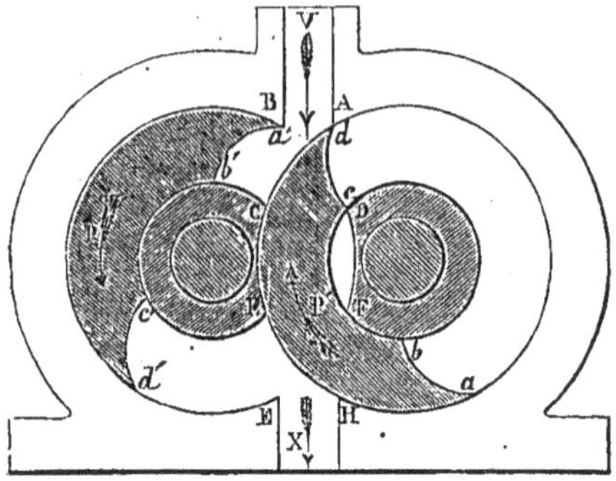

Fig. 3647.

lorsque la vapeur, qui agissait sur celui de droite, cesse d'agir et que c'est celui de gauche qui va fonctionner à son tour. Elles suffisent pour faire comprendre le mode de fonctionnement des deux pistons secteurs ayant près d'une demi-circonférence et terminés par des arcs de cercle voisins de la courbe théorique facile à tracer, mais qui ne peut être adoptée, parce qu'elle ferait naître un vide en arrière du contact. On voit facilement que cette machine a des espaces morts assez grands, l'un près de l'extrémité du piston, au moment où elle arrive devant le tuyau d'entrée, l'autre compris entre le creux de la douille et la face extérieure du piston.

Machine Pecqueur. — La machine rotative de Pecqueur dont nous donnons une coupe horizontale (fig. 3648), peut être considérée comme réalisant assez bien les conditions de bon travail de la machine rotative par l'emploi de dispositions excellentes pour de petites machines. C'est en effet dans les ateliers de passementerie, de fabrication d'articles de Paris, qu'elle a trouvé et devait trouver ses meilleurs débouchés.

L'idée qui paraît avoir présidé à la forme qu'on a donnée à son piston (celle d'un double cœur très-élargi) semble avoir été d'éviter les angles dans lesquels il est difficile d'obtenir une obturation complète. Le piston a donc la forme d'un cœur très-évasé, dont la pointe est coupée, et qui est fixé, par cette section, sur un arbre creux dans la partie comprise entre deux pièces nommées *bouchons*, parce qu'en effet ils servent à fermer la machine; mais ils ont une autre fonction. L'un d'eux est en même temps un véritable prolongement de la boîte à vapeur, avec laquelle il communique; un autre est constamment en communication avec l'échappement, et cela dans les conditions convenables, par l'effet du jeu d'un tiroir semblable aux tiroirs ordinaires, dont nous parlons plus loin. La partie de l'arbre qui tourne dans ces bouchons est percée de deux ouvertures, dont l'une, celle de l'admission, va communiquer derrière le piston, et dont l'autre, celle de l'échappement, va communiquer devant le piston. C'est par le vide pratiqué dans l'arbre que cette communication a lieu; un diaphragme, placé dans ce vide, sépare la vapeur qui arrive de la vapeur qui s'échappe. Quant à la boîte à vapeur, elle est percée de trois lumières, dont une est constamment en communication avec l'échappement par le tiroir, et dont l'autre n'est momentanément fermée par le recouvrement que pour produire la détente, car si l'on veut marcher sans détente, le dessous du piston reste constamment en communication avec la chaudière. Si l'on déplace le tiroir de manière que la lumière que nous venons de supposer être celle d'admission soit mise en communication avec l'échappement, il en résulte tout naturellement un changement de marche instantané.

Les autres pièces essentielles de cette machine sont deux palettes horizontales, et placées dans le même plan, qui pénètrent dans la boîte où se meut le piston de manière à pouvoir séparer cette boîte en deux parties égales. Au moyen d'un système de cadres, ces palettes sont mises en mouvement par un excentrique qui, pendant une demi-révolution, n'agit que sur l'une d'elles et laisse l'autre fixe. Le mouvement imprimé à celle qui se meut est un mouvement de retraite du dedans en dehors, mouvement calculé de telle sorte qu'au moment où le piston va passer, la palette est au point le plus éloigné de sa course, et qu'aussitôt que ce passage a lieu, un ressort la ramène brusquement, de manière à produire une obturation complète. A cet instant, mais à cet instant seulement, les deux palettes sont fermées; car aussitôt l'excentrique agit sur la palette qui précédemment était fixe, et lui imprime le mouvement de dedans en dehors qui la fait s'éloigner successivement de l'arbre.

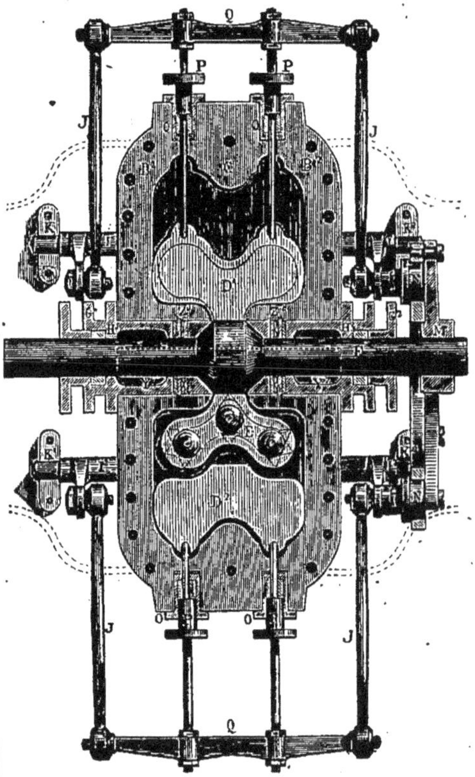

Fig. 3648.

Le jeu de la machine est maintenant facile à comprendre. Aussitôt que le piston a dépassé la palette arrivée à son maximum d'éloignement, celle-ci se rapproche brusquement et vient servir d'appui, de fond de cylindre, si l'on veut, à la vapeur qui se dégage incessamment derrière le piston pour le pousser. Comme l'autre palette a, au même instant, par le mouvement qu'elle reçoit de l'excentrique, commencé à s'éloigner de l'arbre, tout l'espace autre que celui compris entre la palette maintenant fixe et le piston est en communication avec l'échappement. Quand la demi-révolution est terminée, il se passe exactement la même chose; seulement le rôle des deux palettes est interverti, de là un mouvement de rotation continu et une action continue de la vapeur, avec ou sans détente, selon la manière dont on a réglé le tiroir, ou plutôt l'excentrique qui commande ce tiroir.

M. Moret annonce qu'avec la machine non perfectionnée, des expériences au frein ont indiqué une consommation de 3 kilog. par heure et par force de cheval, et il espère qu'en marchant avec détente et condensation, il lui sera possible de descendre à 1 et demi ou 2 kilogrammes. Le perfectionnement réel apporté à la machine Pecqueur par M. Moret, par l'addition des seconds bouchons métalliques extérieurs en métal doux augmente sa valeur qui réside surtout dans son peu de volume et de poids (800 kilog. pour six chevaux, volant compris).

Machine à disque. — Depuis 1842, l'emploi de la machine à disque a pris quelque extension en Angleterre, et sa composition curieuse mérite l'attention. Elle consiste essentiellement dans une enveloppe fixe, formée intérieurement d'une zone sphérique et de deux surfaces coniques, ou plutôt deux nappes d'une même surface conique ayant même centre que la zone sphérique (fig. 3644 et 3645). Les deux surfaces coniques sont

3644.

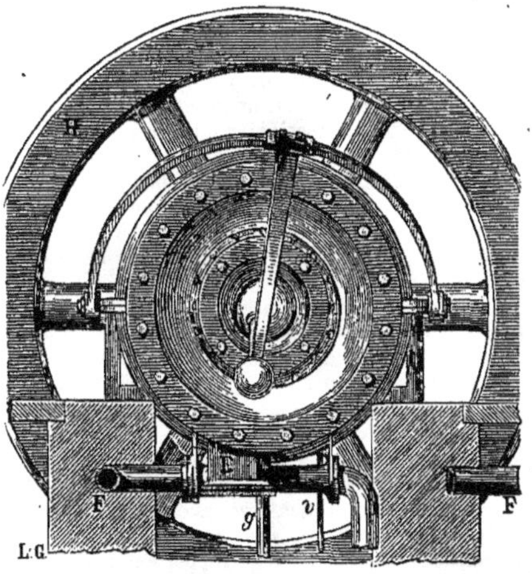

3645.

interrompues près de leur sommet commun, et remplacées par une sphère mobile à laquelle sont invariablement fixés un disque circulaire de même diamètre que la zone sphérique et un bras implanté perpendiculairement au plan du disque. L'angle au centre des nappes coniques étant supérieur à 90 degrés, lorsque le disque touche ces deux nappes suivant deux génératrices placées sur le prolongement l'une de l'autre, le bras est contenu dans l'intérieur de l'une des nappes, et quand le disque se meut en restant toujours tangent aux nappes coniques, ce bras décrit dans l'espace un cône dont le demi-angle au centre est égal au complément du demi-angle au centre des nappes coniques, et son extrémité décrit une circonférence de cercle dont le centre est situé sur l'axe de ces nappes (fig. 3646). Dans l'espace annulaire limité par la zone sphérique, par les deux portions de nappes coniques et par la sphère centrale à laquelle sont fixés le disque et le bras mobile, est une cloison plane fixée à l'enveloppe, qui se prolonge jusqu'à la sphère centrale et dont la forme est celle d'un secteur circulaire. Le disque mobile est fendu suivant un de ses rayons, pour laisser passer la cloison fixe, des deux côtés de laquelle sont situés les orifices pour l'admission et la sortie de la vapeur. Il résulte de ces dispositions que la vapeur motrice remplit, dans l'enveloppe, au-dessous du disque, un espace limité par la cloison fixe, et par la génératrice de contact de la face inférieure du disque avec l'une des nappes coniques, au-dessus du disque, un espace limité par la cloison fixe et par la génératrice de contact de la face supérieure du disque avec l'autre nappe conique, génératrice qui est le prolongement de la première et en est, par conséquent, écartée d'un angle de 180 degrés dans le plan du disque.

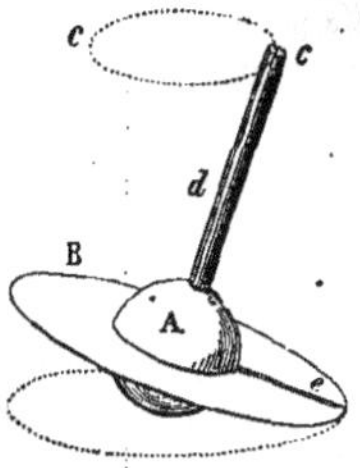

3646.

Supposons le disque amené contre l'orifice de la vapeur et que celle-ci soit admise, elle pressera d'un côté sur le diaphragme et de l'autre elle cherchera à passer le point de contact du disque et du cône ; mais comme elle ne peut le faire, elle le poussera comme un coin, en changeant constamment le point de contact, le faisant reculer et augmentant l'espace qu'elle occupe. Quand cet espace est assez grand, le courant de vapeur s'arrête et il y a détente, jusqu'à ce que l'autre côté du diaphragme devienne libre. Un mouvement oscillatoire et de rotation est ainsi communiqué à la manivelle et le mouvement circulaire directement engendré, le disque se mouvant en restant constamment tangent aux deux nappes coniques, il entraîne avec lui la sphère centrale et le bras fixé à cette sphère, qui transmet un mouvement de rotation continu à un arbre de couche extérieur.

Machines rotatives du deuxième genre. — Dans ce qui précède, nous avons eu en vue les machines rotatives dans lesquelles la vapeur agit sensiblement de la même manière que dans les machines ordinaires à faible vitesse de piston, et nous avons vu que les recherches dans cette direction étaient dépourvues d'avenir. Nous ne saurions être aussi explicites pour l'espèce de machines qui nous reste à examiner et dans lesquelles la vapeur se meut avec une grande vitesse. Bien que jusqu'ici ce genre de machines n'ait donné aucun résultat avantageux, et quoiqu'il soit fort douteux que l'on possède des moyens convenables de transmettre à un récepteur la force vive de la vapeur, toutefois la théorie indique qu'il y a espoir d'arriver dans cette voie à des résultats importants. Cette catégorie correspond, comparée aux moteurs hydrauliques, à ceux qui emploient l'eau en mouvement, comme les turbines, les roues à aubes courbes, tandis que la machine à piston à petite vitesse correspond aux machines hydrauliques dans lesquelles l'eau agit dans son poids, comme les roues à augets, les machines à colonne d'eau, etc.

La vitesse du mouvement du fluide est, dans de semblables machines, l'élément important à considérer, celui qui entre comme élément principal dans l'expression du travail possible. En effet, ce qui caractérise essentiellement la vapeur en mouvement s'échappant d'une chaudière où elle s'est formée, c'est que la vitesse est très-grande et la masse très-petite. C'est de là que résultent les principales difficultés qui se rencontrent quand on cherche à utiliser le travail de la vapeur en mouvement.

Soit P la pression initiale de la vapeur, p la pression finale, π sa densité; sa vitesse de sortie du réservoir est donnée par la formule $U = \sqrt{2 \frac{P-p}{\pi}}$.

En calculant les vitesses d'après les volumes de la vapeur, déterminés comme on le fait habituellement dans la théorie de la machine à vapeur; en combinant la loi de Mariotte avec celle de Gay-Lussac, on arrive à des résultats possédant le seul degré d'approximation qu'on puisse obtenir, jusqu'à ce que des expériences directes aient permis de déterminer directement la densité de la vapeur saturée aux diverses pressions. Il est au reste suffisant pour la question qui nous occupe. On dresse ainsi le tableau suivant :

Poids et vitesses de la vapeur s'échappant dans l'atmosphère à diverses pressions.

Pression absolue de la vapeur qui s'écoule.	Poids du mètre cube.	Vitesse d'écoulement par seconde.	Pression absolue de la vapeur qui s'écoule.	Poids du mètre cube.	Vitesse d'écoulement par seconde.	Pression absolue de la vapeur qui s'écoule.	Poids du mètre cube.	Vitesse d'écoulement par seconde.
5.00	2.568	562	1.60	0.900	368	1.09	0.630	170
4.75	2.457	554	1.50	0.854	343	1.08	0.626	164
4.50	2.334	549	1.45	0.830	334	1.07	0.622	154
4.25	2.247	546	1.40	0.890	318	1.06	0.619	140
4.00	2.096	537	1.35	0,778	302	1.05	0.610	129
3.75	1.972	530	1.30	0.450	285	1.04	0.607	116
3.50	1.855	520	1.25	0.722	265	1.03	0.604	104
3.25	1.734	512	1.22	0.705	252	1,02	0.598	83
3.00	1.614	502	1.20	0.693	242	1.01	0.595	58
2.75	1.487	488	1.18	0.684	232	1.00	0.590	41
2.50	1.363	472	1.16	0.670	220	1.00	0.588	0
2.25	1.238	454	1.14	0.658	213	»	»	»
2.00	1.114	427	1.12	0.647	194	»	»	»
1.75	0.984	394	1.10	0.636	178		»	»

On voit par ce tableau combien les vitesses de la vapeur sont considérables, puisque celles qu'il s'agirait d'utiliser dans les machines dont nous avons à parler dépassent 500 mètres par seconde, la vitesse du boulet sortant de la bouche à feu!

MACHINES A VAPEUR.

Passons à la description des machines qui ont été tentées ou plutôt projetées.

Nous remarquerons, d'abord, qu'il est un cas simple dans lequel, depuis l'antiquité, on utilise l'action de la vapeur en mouvement, c'est lorsqu'il s'agit de souffler l'air. Les éolipyles employés à cet effet, décrits par Vitruve, agissent évidemment par les mêmes principes que les parties de la locomotive qui servent à conduire la vapeur dans la cheminée de manière à produire le tirage et l'insufflation de l'air. Seulement la vue de celle-ci montre bien comment la vapeur ne produit dans de semblables conditions qu'une partie du travail qu'elle pourrait produire, sa vitesse étant amortie aussitôt qu'elle rencontre l'air dans lequel elle s'écarte en tous sens, et qu'elle se refroidit à une température peu élevée, qu'elle se condense. Nul besoin d'insister sur ce cas, qui ne tire son avantage que d'une application toute spéciale, ni, à cause des mêmes inconvénients, du système de Branca, qui proposait de souffler de la vapeur sur les ailes d'une roue à palettes.

Nous avons déjà parlé, à l'article MACHINE A VAPEUR, des machines à réaction de Héron d'Alexandrie, qu'il ne faut considérer que comme un moyen de démontrer un intéressant principe de physique, mais non un moyen d'application acceptable. On revient aujourd'hui à la recherche des moyens de réaliser des machines rotatives de cette nature, et les grands succès obtenus dans ces dernières années avec les turbines hydrauliques ont fait reprendre par plusieurs inventeurs et savants distingués l'idée de turbines à vapeur.

Il importe de bien remarquer à cet égard que l'analogie des deux cas n'est que très-éloignée; que les vitesses en jeu dans les turbines hydrauliques ne sont jamais en général égales à $\frac{1}{80}$e de celles dont nous venons de parler, mais surtout que de la vapeur ou un fluide élastique se comporte tout autrement que de l'eau. Au lieu de presser comme l'eau, constamment dans le sens de la résultante des forces qui agissent sur lui, il rebondit par son élasticité, forme des remous qui changent le sens du courant; il ne suit nullement la voie indiquée et fournit des résultats tout autres que ceux qui étaient attendus. Aussi le travail obtenu s'est-il toujours trouvé dans les systèmes imaginés jusqu'ici insuffisant pour permettre de les mettre en comparaison avec les machines à cylindre et à piston.

Ce que nous disons là est vrai de machines formées de tuyaux recourbés à angle droit avec leurs extrémités, qui avaient été importées d'Amérique il y a quelques années, et aussi, bien qu'à un moindre degré, de celle de M. Isoard, dans laquelle la vapeur circule avec une vitesse de 500 tours par minute, dans une spirale en fer forgé, du centre vers l'extrémité, condition excellente pour forcer la vapeur à prendre une vitesse de translation de sens opposé à celui de l'émission.

Les vitesses de ces machines étant insuffisantes, il fallait un nouveau principe; car dans la pratique, pour des pièces d'un certain poids, des vitesses de plus de 10 à 20 tours par seconde sont difficilement admissibles, et elles ne le sont même que pour des pièces légères. Ce nouveau principe a été formulé dans des conditions conformes à ce que la théorie indique par M. Tournaire, ingénieur des mines, qui a réuni ses efforts à M. Burdin, lequel, après avoir été le créateur des turbines hydrauliques, s'est appliqué avec ardeur à l'étude des questions qui se rapportent à l'emploi de l'air échauffé à l'aide des machines à réaction. M. Tournaire a fait connaître les résultats de ses recherches sur les turbines multiples et à réactions successives, propres à utiliser le travail moteur que développe la chaleur dans les fluides élastiques, par une note envoyée à l'Académie des sciences, que nous allons citer, et qui est une étude théorique de la question.

« Les fluides élastiques, dit-il, acquièrent d'énormes vitesses sous l'influence de pressions même assez faibles. Pour utiliser convenablement ces vitesses sur de simples roues analogues aux turbines à eau, il faudrait admettre un mouvement de rotation extraordinairement rapide, et rendre extrêmement petite la somme des orifices, même pour une grande dépense de fluide. On éludera ces difficultés en faisant perdre à la vapeur ou au gaz sa pression, soit d'une manière continue et graduelle, soit par fractions successives, et en la faisant plusieurs fois réagir sur les aubes de turbines convenablement disposées. »

L'auteur rapporte l'origine des recherches auxquelles il s'est livré sur ce sujet à des communications que M. *Burdin* lui a faites en 1847. Cet ingénieur, qui s'occupait alors d'une machine à air chaud, voulait projeter successivement le fluide comprimé et échauffé sur une série de turbines fixées sur un même axe. Chacune d'elles, renfermée dans un espace hermétiquement clos, devait recevoir l'air lancé par des orifices injecteurs et le déverser avec une très-faible vitesse. L'auteur songeait aussi à comprimer l'air froid au moyen d'une série de ventilateurs disposés d'une manière analogue. L'idée d'employer des turbines successives afin d'user en plusieurs fois la tension du fluide est simple et vraie; elle peut seule fournir le moyen d'appliquer aux machines à vapeur ou à air le principe de la réaction.

Dès que les différences de tension sont considérables, comme cela a lieu dans les machines à vapeur, on reconnaît qu'il est nécessaire d'avoir un grand nombre de turbines pour amortir suffisamment la vitesse du jet fluide. La légèreté et les dimensions très-faibles des pièces mises en mouvement permettent, d'ailleurs, d'admettre des vitesses de rotation très-grandes par rapport à celles des machines usuelles. Il faut que, malgré la multiplicité des organes, les appareils soient simples dans leur agencement; qu'ils soient susceptibles d'une grande précision; que les vérifications et réparations en soient rendues faciles. Ces conditions essentielles sont remplies au moyen des dispositions suivantes :

Une machine se composera de plusieurs axes moteurs, indépendants les uns des autres et agissant, par l'intermédiaire de pignons, sur une même roue chargée de transmettre le mouvement. Chacun des axes portera plusieurs turbines; celles-ci recevront et verseront le fluide à une même distance de l'axe. Entre deux turbines sera placée une couronne fixe d'aubes directrices. Les directrices recevront le jet sortant d'une roue à réaction et lui imprimeront la direction et la vitesse le plus convenables pour que ce jet exerce son action sur la roue suivante. Chacun de ces systèmes d'organes mobiles et d'organes fixes sera renfermé dans une boîte cylindrique. Les aubes directrices feront partie de bagues ou pièces annulaires qui se logeront dans le cylindre fixe et qui devront s'adapter exactement les unes au-dessus des autres. Les turbines auront aussi la forme de bagues et viendront s'enfiler sur un manchon dépendant de l'axe. Les directrices supérieures, qui feront simplement office de canaux injecteurs, pourront appartenir à une pièce pleine dans laquelle se logera la fusée ou le tourillon de l'axe, et qui servira à fixer celui-ci. Un appareil ainsi composé sera facile à monter et à démonter. Pour la transmission du mouvement, il faudra que l'axe traverse le fond de la boîte cylindrique dans une douille offrant une fermeture hermétique; une seule fermeture suffira pour chaque série de roues à réaction.

Après avoir agi sur les turbines dépendant du premier axe et avoir ainsi perdu une plus ou moins grande partie de son ressort, le fluide exercera son action sur les turbines du second axe, et ainsi de suite. A cet effet, de larges canaux mettront en communication le fond de chaque boîte cylindrique avec la partie antérieure de celle qui la suit. L'ensemble des boîtes et de ces canaux pourra faire partie d'une même pièce en fonte. Comme la vapeur ou le gaz se détendra au fur et à mesure qu'il parcourra les aubes des roues et des directrices, il faudra que ces aubes offrent des passages de plus en plus larges, et les derniers appareils auront des dimensions plus grandes que les premiers.

Plusieurs causes tendront à diminuer l'effet utile de ces appareils et à le rendre inférieur à l'effet théorique. Une partie du fluide s'échappant par les intervalles de jeu qu'il est nécessaire de laisser entre les pièces mobiles et les pièces fixes n'aura point d'action sur les turbines, et ne sera point guidée par les directrices; il se produira des chocs et des tourbillonnements à l'entrée et à la sortie des aubes. Les frottements, que l'exiguïté des canaux rendra considérables, pourront absorber une assez notable partie du travail théorique.

Tous ces effets nuisibles se produisent dans les turbines hydrauliques, les uns avec une intensité qui semble devoir être à peu près égale, les autres, tels que les frottements, à un degré moindre. Ces roues à réaction sont pourtant d'excellentes machines. Pour que les appareils à vapeur ou à air chaud de nature analogue pussent les égaler sous le rapport de l'effet moteur utilisé, il faudrait une construction très-parfaite, qu'il sera peut-être difficile d'atteindre complétement à cause de la petitesse des organes. Mais, en considérant les résultats obtenus avec les machines à piston mues par la vapeur, on verra qu'on pourra faire une large part aux pertes de forces vives sans que les nouvelles turbines cessent de fonctionner dans des conditions relativement bonnes. Plusieurs causes de pertes inhérentes à l'emploi des cylindres et des pistons seront évitées. Ainsi le refroidissement provenant du rayonnement des parois extérieures et de leur contact avec le milieu ambiant sera négligeable, puisque les boîtes cylindriques ne présenteront qu'une masse et un volume très-faibles parcourus par un très-grand flux de calorique.

L'avantage principal des appareils moteurs proposés est la légèreté et le peu de volume qu'ils présentent. Appliquées aux machines à vapeur, l'auteur pense que ces turbines multiples permettraient de réduire les dimensions des réservoirs ou magasins de fluide; car la consommation et la production de l'agent moteur se feraient très-régulièrement dans la chaudière, et l'on aurait moins à craindre l'entraînement d'une forte proportion d'eau.

Cet appareil n'a pas été exécuté, et, par les causes que l'inventeur explique, les pertes de travail moteur y seraient très-grandes. Les remous et résistances au passage de la vapeur dans tous les canaux fixes et immobiles laissent peu de chances au succès pratique d'une disposition qui n'est pas sans valeur théorique.

Quant à l'idée d'employer l'air échauffé, comme l'avait proposé M. Reich, au moment de l'enthousiasme pour les machines à air chaud d'Ericson, si, en effet, des turbines à air chaud peuvent séduire en permettant d'envoyer directement dans l'appareil moteur les produits mêmes de la combustion, sans aucune perte de chaleur (le foyer étant fermé), il faut toujours remarquer que l'alimentation de semblables machines exige, non plus, comme dans le cas de l'eau, une pompe alimentaire surmontant un travail résistant correspondant à un volume d'eau minime relativement à celui de la vapeur produite, mais un moyen d'envoyer dans l'appareil un volume d'air égal à plus de moitié de celui qui travaille. La machine rencontre là, par sa nature même, un énorme travail résistant qui rend impossible une semblable combinaison.

Roue-hélice de M. Girard. — Un des ingénieurs les

plus hardis et les plus novateurs de notre époque, M. Girard, dont nous avons décrit l'écluse, les procédés d'hydropneumatisation, etc., a entrepris la solution du problème qui nous occupe, et, avec l'aide de l'habile M. Froment, a essayé d'appliquer à la vapeur le système de roues-hélices, de turbines sans directrice, qu'il a imaginé et construit avec succès pour utiliser le travail moteur d'une rivière à niveau variable, et qu'il a établi sur la Marne, à Noisiel, dans l'usine de M. Ménier. Nous emprunterons la description de l'une et l'autre machine à M. Léon Foucault, grand admirateur du génie inventif de M. Girard.

« Pour donner une première idée, dit-il, de la roue-hélice employée comme moteur hydraulique, que l'on se représente, dans un cours d'eau, une cloison percée verticale qui sépare les eaux d'amont et d'aval, puis le moteur installé dans l'orifice de communication, de telle sorte que la roue se présente transversalement au courant, pendant que son axe demeure horizontalement placé suivant la direction du cours d'eau. L'orifice de communication qui permet au fluide de passer d'amont en aval est encore réduit, par un obstacle central, à une forme annulaire (fig. 3647 et 3648). Sur le bord extérieur

3647.

3648.

de cet orifice s'appuie une paroi qui s'évase vers l'amont en un vaste entonnoir; sur le bord intérieur s'appuie une autre paroi circulaire qui, s'effaçant en sens inverse, se termine bientôt en pointe dans les eaux d'amont. Toutes ces parties sont fixes; elles ont pour objet d'accélérer graduellement la vitesse du fluide qui se présente, jusqu'au moment où il s'échappe par l'orifice annulaire. Passons donc en aval de la cloison, et si l'orifice est découvert, nous verrons les eaux sortir avec la vitesse acquise après s'être moulées en un cylindre creux ou en fraction de cylindre suivant la hauteur du niveau d'amont. Lorsque les eaux sont hautes et que l'orifice est masqué, la figure des eaux mouvantes n'est plus visible, mais elle n'en existe pas moins; c'est ce cylindre d'eaux courantes qu'il s'agit maintenant de faire travailler.

« Les choses étant là, tout le monde aura l'idée de placer une couronne de palettes obliques en regard de cette ouverture, qui vomit un cylindre d'eaux vives. Mais voici l'embarras : si vous mettez des aubes planes, il y aura des chocs, des tourbillonnements et perte inévitable de force vive; si vous mettez des aubes courbes, le fluide, graduellement retardé, obstruera les interstices, et l'évacuation du fluide n'aura plus lieu librement. Il suffit du plus simple tracé pour s'assurer au premier coup d'œil que les aubes, en se courbant, se rapprochent les unes des autres de manière à rétrécir le canal formé par leurs parois; et si d'ailleurs ces aubes conservent suivant l'usage la même hauteur depuis leur origine jusqu'à leur terminaison, il est clair que la section de tous les canaux curvilignes, considérée dans le sens de la marche du liquide, va en diminuant progressivement depuis l'orifice d'admission jusqu'à l'orifice d'évacuation. Ce rétrécissement de la section transversale occasionne un engorgement fâcheux auquel on n'avait su obvier jusqu'ici que par l'emploi des directrices, sortes d'aubes fixes qui pincent la veine et la réduisent à des dimensions inférieures à celles de la section minimum du canal à franchir.

« Mais comme nous l'avons annoncé, M. Girard supprime les directrices; il fallait donc imaginer quelque nouvel artifice pour rétablir la libre circulation du liquide dans les canaux intersticiels des aubes. Puisque, par le fait de leur courbure, la section des canaux interposés diminue en largeur, établissons une compensation, s'est dit M. Girard, en augmentant la hauteur, et si les variations inverses de ces deux dimensions sont convenablement combinées, la section du canal, tout en changeant de forme, conservera la même étendue, et, par suite, le fluide circulera sans obstacle depuis son entrée dans les aubes jusqu'à sa sortie. Cette considération a conduit M. Girard à accroître la hauteur des aubes à mesure qu'elles se courbent et à insérer leurs bords adhérents sur des parois évasées dont la disposition est analogue à celle des parois fixes établies en amont de la cloison pour produire l'accélération des eaux. Abstraction faite des aubes, ces parois concentriques et mobiles interceptent un espace annulaire disposé symétriquement en aval de la cloison avec celui qui existe en amont.

« Le même genre de symétrie affecte les eaux dans leur marche : en effet, engagées dans la partie évasée de l'infundibulum d'amont, elles gagnent en s'accélérant la partie la plus étroite. Ayant ainsi acquis leur maximum de vitesse, elles franchissent le détroit annulaire, qui les dirige dans la couronne des aubes; mais à ce niveau l'espace s'élargit de nouveau, et le ralentissement que le fluide éprouve correspond admirablement au travail absorbé par le moteur. De quelque manière qu'on envisage la question, cet évasement des parois de la roue apparaît comme la solution vraie, unique et nécessaire du problème des turbines sans directrices, car s'il inflige au liquide un ralentissement dans sa vitesse absolue, il conserve à ce liquide toute sa vitesse relative par rapport aux aubes. En même temps que ces deux conditions sont satisfaites, l'espace est occupé par le fluide travailleur en long, en large et en travers; il n'y a pas un centimètre de perdu; c'est, en un mot, qu'on nous passe l'expression, c'est une heureuse exploitation de la troisième dimension.

« La roue-hélice ne donne toute sa puissance que lorsqu'elle plonge entièrement sous l'eau et que la chute conserve une hauteur convenable, car alors toutes ses aubes travaillent à la fois. Quand elle émerge, ce qui est le cas ordinaire, la partie active se réduit d'autant; mais comme en général la hauteur de chute augmente à mesure que le niveau baisse, il en résulte dans l'énergie du moteur une sorte de compensation qui, sans être rigoureusement exacte, est cependant fort avantageuse dans la pratique. Depuis que M. Menier est en possession du nouveau moteur, le niveau a déjà varié maintes et maintes fois, la gelée même a sévi rigoureusement sans que jamais l'usine ait suspendu ni ralenti ses travaux.

« Le nouveau principe d'évacuation des fluides par évasement transversal des aubes présente, quand on l'applique aux moteurs hydrauliques, un grand nombre d'avantages qui seront de plus en plus appréciés dans les applications qu'on en fera par la suite. Les turbines, débarrassées de leurs directrices, deviennent plus simples et plus faciles à construire; elles sont pour ainsi dire à l'abri des désordres occasionnés par l'introduction des corps étrangers, elles débitent beaucoup d'eau, elles sont susceptibles de tourner très-vite, et par suite elles constituent, sous un volume donné, de très-puissants moteurs; enfin elles sont construites pour marcher noyées, ce qui les fait échapper aux embarras résultant de la crue des eaux.

« Mais quand il s'agit d'utiliser la vitesse d'écoulement d'un gaz, la possibilité de supprimer les directrices ouvre aussitôt une bien plus vaste carrière. Tous les essais qu'on avait faits jusqu'à présent pour réaliser la turbine à air ou à vapeur avaient échoué devant l'impossibilité de faire tourner ces machines assez vite pour récolter une proportion avantageuse de l'effet utile. La machine tournant toujours trop lentement, par rapport à la vitesse d'écoulement d'un fluide très-léger, il arrivait que celui-ci se réfléchissait sur les aubes presque instantanément, en conservant la plus grande partie de sa vitesse, et s'échappait, emportant avec lui presque toute sa force vive. Il en résultait une perte évidente qui a suggéré la pensée de faire agir le fluide par cascades. Au sortir d'une première couronne d'aubes, le fluide était repris par une seconde rangée de directrices qui le faisait agir sur de nouvelles aubes; il traversait ainsi successivement dix, vingt, trente systèmes, et il finissait par s'échapper avec une vitesse expirante, après avoir cédé en détail la majeure partie de sa force motrice.

« Théoriquement, cette disposition paraissait très-satisfaisante, mais à l'exécution une pareille machine a présenté des difficultés qu'on n'a jamais pu surmonter. Les parties fixes et les parties mobiles, alternant les unes avec les autres, formaient un ensemble compliqué difficile à construire, et qui laissait échapper le fluide moteur par autant de points qu'il y avait de cascades. M. Girard, en supprimant les directrices, rend le tout solidaire, il fait disparaître tous les joints, il bénéficie du principe des cascades sans en subir les inconvénients. Dans la machine qu'il a imaginée, le fluide moteur, gaz ou vapeur, arrivant par le centre, agit sur une première couronne d'aubes courbes, évasées suivant le nouveau système; de là le fluide se répand dans une rigole circulaire sans aubes; plus loin se trouve une nouvelle couronne d'aubes, puis une nouvelle rigole, et ainsi de suite, autant qu'il en faut pour éteindre la totalité de la force vive. Tous ces espaces, alternativement pourvus et dépourvus d'aubes, sont disposés concentriquement les uns aux autres, et leurs hauteurs, considérées dans le sens où le fluide progresse, varient périodiquement de manière à croître dans les zones garnies d'aubes et à décroître dans celles qui en sont dépourvues. Leur ensemble est compris entre deux plateaux qui tournent tout d'une pièce avec les couronnes d'aubes sous l'impulsion du fluide moteur. La machine, agissant par cascades, n'est pas obligée, pour fonctionner utilement, de prendre des vitesses impossibles; néanmoins elle tourne avec une grande rapidité; mais dès que cette vitesse cesse d'être menaçante, dès qu'elle rentre dans les limites accessibles à la pratique, elle devient précieuse et elle assure au moteur une puissance extraordinaire. M. Girard a calculé qu'une turbine à vapeur de cinquante centimètres de diamètre, marchant sous une pression de quatre ou cinq atmosphères à raison de cent tours par seconde, ne rendra pas moins de deux cents chevaux de force.

« L'emploi de ce nouveau moteur n'exclut pas l'adjonction du condenseur, complément ordinaire des machines à vapeur; mais si le service s'en fait comme de coutume, par la pompe à air, on trouve que l'accessoire l'emporte de beaucoup sur le principal en poids ou en dimension; aussi M. Girard a-t-il songé à opérer l'épuisement des eaux de condensation au moyen d'un appareil analogue, pour les proportions et pour la manière d'agir, au moteur lui-même. Appliquant le principe des cascades au ventilateur à force centrifuge, il arrive à former un aspirateur qui, mis en mouvement par la turbine, épuise le condenseur d'une manière continue. L'agencement des parties forme alors un système tellement réduit, que la machine de vingt chevaux est représentée en grandeur naturelle sur une feuille de papier à écolier. L'exécution en revient de droit au constructeur d'instruments de précision, et l'inventeur prétend l'emporter sous son bras. Il va sans dire que la réduction de prix sera du même ordre que la réduction de volume. »

Malgré les espérances de succès contenues dans l'intéressant article que nous venons de citer, la roue-hélice de M. Girard, qui avait si bien réussi comme moteur hydraulique, n'a pas donné encore de résultats publics comme appareil à vapeur. Il y a sur la manière d'agir de la vapeur dans cet appareil une observation importante à faire. L'accroissement de volume qui se produit en passant d'une série de palettes à la série suivante produit une diminution subite de pression de la vapeur, qui n'est pas utilisée, et par suite une perte notable si le nombre des turbines n'est pas très-grand, ce qui n'est pas possible pratiquement, puisque leur dimension allant en croissant, il faudrait donner aux plus grandes une vitesse bien moindre que celle que l'on peut donner aux plus petites. Or, c'est dans la possibilité de donner une énorme vitesse par un parfait équilibrement des poids, une excellente lubrification du pivot que réside la chance de succès de cet appareil toujours un peu délicat pour la pratique industrielle, presque autant que de la bonne circulation de la vapeur.

De ce qui précède, nous conclurons que l'on peut admettre avec quelque probabilité que, sans faire concurrence aux puissantes machines à vapeur pour produire de très-grandes quantités de travail, un système fondé sur des principes analogues à ceux exposés au sujet des turbines à vapeur pourra donner des résultats dynamiques assez passables pour que son emploi puisse se faire dans l'industrie, dans quelques cas exceptionnels où les opérateurs doivent être animés de vitesses extrêmement considérables. On pourra obtenir ainsi des machines extrêmement légères et très-curieuses, sinon économiques.

MACHINE A VAPEUR (THÉORIE). L'ancienne théorie des effets de la vapeur dans les machines à vapeur consistait essentiellement à appliquer à la vapeur saturée les lois de Mariotte et de Gay-Lussac, qui ne sont exactes que pour les gaz parfaits. Cette assimilation n'est pas admissible, et il est temps de formuler une théorie complétement satisfaisante. C'est ce que doivent permettre de faire les progrès de la théorie mécanique de la chaleur, et c'est, en quelque sorte, une dette qu'elle a à acquitter envers la machine à vapeur, qui, grâce à une pratique plus avancée que la théorie, ayant fait passer dans l'usage journalier de l'industrie le grand fait de la production du travail mécanique à l'aide de la chaleur, a conduit presque forcément à comprendre la nature intime de ce phénomène.

Les recherches faites dans ces dernières années, notamment les grands travaux de M. Regnault, avaient surtout pour but de corriger l'ancienne théorie de Navier et Poncelet; or, cela était impossible. En effet, si la connaissance, pour les gaz, de la formule théorique qui lie en chaque instant les pressions et les volumes ($pv^\gamma =$ Const.), lorsque leur température varie par suite de la production de travail par leur détente, permet d'établir en chaque instant l'équation différentielle du travail élémentaire engendré dans les machines à air chaud, et par suite d'arriver aisément au calcul de leurs effets; cela devient plus difficile quand il s'agit de gaz qui ne suivent pas très-exactement les lois de Mariotte et d'égale dilatation sur lesquelles repose la formule fondamentale, mais est tout à fait impossible lorsque ces lois ne s'appliquent plus aucunement. Tel est précisément le cas de la détente des vapeurs saturées, comparée à celle des gaz chauffés; dans l'intérieur des premières se passent des phénomènes spéciaux, qui n'existent pas pour les gaz; c'est ce qui fait qu'une correction de l'ancienne théorie est tout à fait insuffisante, et qu'on ne peut espérer de résultats satisfaisants que d'une théorie complétement nouvelle, utilisant les nombreux résultats obtenus par les expériences précises faites sur les vapeurs.

Méthode. — La méthode que nous pouvons appeler *analytique*, adoptée pour l'étude des machines à air chaud, consiste à utiliser la connaissance des variations de pression et de volume d'un gaz chauffé qui engendre un travail mécanique, pour calculer le travail qui se produit successivement. Or, grâce à l'équivalence du travail et de la chaleur, la connaissance du travail conduit immédiatement à celle de la quantité de chaleur consommée pour le produire, et par suite à celle que le gaz a perdu entre son état initial et son état final.

C'est à cette détermination de la somme des forces vives moléculaires transformées en travail mécanique que l'on peut ramener le mode de calcul adopté; il serait indifférent d'obtenir celle-ci, ou le travail déterminé au moyen de l'analyse des effets successifs, puisqu'on repasse immédiatement de la différence entre la chaleur initiale et celle que conserve le gaz à l'état final, au travail équivalent à cette quantité de chaleur utilisée. Ce mode d'opérer constitue une méthode *synthétique*, n'exigeant pas la connaissance des variations relatives des éléments du travail.

Telle est la méthode que je propose d'appliquer au calcul des effets de la vapeur dans la machine à vapeur, qui dispense de la détermination d'éléments qu'il est difficile de faire entrer dans le calcul, et conduit, comme dans la plupart des applications de la mécanique aux machines, à la mesure de l'effet utile par la variation des forces vives; leur manifestation tantôt sous forme de quantité de travail, tantôt sous forme calorifique, n'en changeant pas la nature intime.

Nous diviserons donc en deux chapitres cette étude, savoir : 1° CHALEUR DE LA VAPEUR; 2° MACHINE A VAPEUR.

1° CHALEUR DE LA VAPEUR. — Les expériences de Regnault ont donné très-exactement la quantité de chaleur de condensation de l'unité de poids de vapeur saturée, ce qui doit permettre de déterminer exactement la chaleur constitutive apparente de la vapeur, que l'on peut diviser en ses éléments pour mieux analyser les phénomènes.

La chaleur totale de la vapeur, au moment de la condensation, peut être divisée en trois parties (voy. CHALEUR LATENTE), et l'on peut poser :

$$\text{Ch. totale} = U_1 + A\Lambda + A\,pv \qquad (1)$$

U_1 est la force vive qui appartient aux molécules de la vapeur qu'elles possèdent à l'état gazeux et conservent à l'état liquide; Λ est le travail mécanique qui sera effectué par l'attraction mutuelle des molécules, lorsqu'elles se réuniront pour passer à l'état liquide lors de la condensation, le travail qu'il faudrait alors consommer pour les séparer; AΛ est la quantité de chaleur équivalente; pv est le travail consommé par la vapeur, lorsque le liquide prend la forme gazeuse sous le volume v, en engendrant un travail sous la pression p; il n'existe pas dans la vapeur formée dans un vase clos, à parois inextensibles. Ce travail extérieur coûte une quantité de chaleur Apv, qui est restituée lors de la condensation du volume v, sous la pression p. La somme de ces trois quantités comprend toute la chaleur qui appartient à la vapeur et celle qui apparaît lors de sa condensation.

Passons en revue les divers résultats obtenus pour la détermination de ces diverses quantités, pour les diverses pressions et températures.

Valeur de U_1. — La vapeur étant un gaz, sa force vive totale doit se calculer comme pour les gaz, c'est-à-dire que l'on a $3\,pv = \frac{1}{2} nmu^2$.

On peut craindre que le raisonnement qui sert à établir cette formule ne soit pas applicable aux vapeurs saturées, parce que les actions moléculaires, qui font que la loi de Mariotte ne s'y applique plus, y peuvent facilement apparaître; mais comme cela n'a lieu que lors d'un changement de pression ou de température, tant que ces effets ne se produisent pas, à l'état de vapeur permanente, l'état gazeux persistant sans altération la formule est exacte. On doit donc poser

$$U_1 = 3\,A\,pv$$

pour la somme totale des forces vives calorifiques de la vapeur saturée à la température t, sous la pression p et dont le volume est v. Cette quantité sera donc facilement calculable toutes les fois que p et v seront déterminés. Ainsi, pour 1 atmosphère à 100° $U_1 = 141^c$ par kil.; à $2^{at},25$ et 123°,64 $U_1 = 144^c$. (Voir plus loin.)

Valeur de p. — Tensions de la vapeur d'eau saturée aux diverses températures. — La tension d'une vapeur saturée ne dépend que de sa température, c'est-à-dire que l'on a $p = f(t)$, mais on ne connaît pas la forme de la fonction. Comme la pression croît rapidement avec la température, ce sont des fonctions exponentielles qui conviennent pour représenter les résultats d'expériences, et cela d'autant mieux qu'on les compose d'un plus grand nombre de termes, dont les coefficients arbitraires font rentrer exactement dans la formule un plus grand nombre de résultats d'expériences.

La formule simple qui convient le mieux est celle de M. Roche, que M. Regnault emploie sous la forme

$$p = \frac{t + 20}{a\,\alpha^{1 + m(t+20)}}$$

et dans laquelle

$m = 0{,}004788$, $\log a = \bar{1}{,}9590414$, $\log \alpha = 0{,}03833818$.

C'est en mettant l'eau en ébullition dans des atmosphères d'air comprimé sous des pressions croissantes, que les pressions de la vapeur saturée ont été déterminées avec une grande précision par M. Regnault. Nous donnons ci-après les résultats obtenus, dans les limites qui intéressent dans l'étude de la machine à vapeur, et les renfermons dans un tableau où nous avons réuni les divers nombres qui peuvent être utilisés dans le même but.

Valeur de v. — La valeur du volume de la vapeur saturée aux diverses pressions est d'une détermination difficile, parce que le point exact de saturation est d'une observation très-délicate. Il faut obtenir un volume de vapeur, à une température bien uniforme, dont aucune partie ne soit surchauffée, dans l'intérieur de laquelle il n'y ait pas de précipitation d'eau sur les parois. On n'a pas de méthode qui permette d'éviter sûrement ces inconvénients, le premier se présentant fréquemment pour les températures élevées et le second pour celles peu élevées.

Il semble que l'on devrait conclure de la constance de la valeur de l'action directe de Apv pour les vapeurs des divers liquides, que nous avons indiquée à l'article GAZ LIQUÉFIÉS (MACHINES A) et à CHALEURS LATENTES, que cette même constance a lieu pour la vapeur d'eau aux diverses pressions. Il en serait nécessairement ainsi, si cette loi était une loi rigoureuse, ce qui n'est pas démontré, mais on peut l'admettre comme loi approchée suffisante pour des applications analogues à celle du calcul des effets de la machine à vapeur.

Ainsi 1 kil. de vapeur à 100° ayant un volume de 1,689 sous la pression atmosphérique, de 10330 kil. par mètre carré,

$$pv = 1,689 \times 10330 = 17447 \text{ kilom.},$$

le volume à 5 atmosphères serait, si la constance de pv était certaine, $\frac{1,689}{5} = 0,363$. M. Hirn a trouvé 0,355 par expérience.

MM. Fairbairn et Tate, qui ont fait aussi une série de recherches, ont représenté les nombres trouvés par une relation de la forme

$$v - a = \frac{b}{p + c},$$

dans laquelle a et c sont petits, c'est-à-dire les résultats d'expérience très-voisins de $pv =$ Const. (voy. VAPEUR).

Nous donnons dans les tableaux ci-après les volumes calculés par interpolation par M. Zeuner, d'après les résultats de ces diverses expériences.

Valeur de Apv. — La valeur de Apv ressort de la détermination des valeurs de p et de v. On voit que si elle n'est pas constante, elle varie peu, et de 1 atmosphère à 10 atmosphères la variation, en admettant les chiffres insérés au tableau ci-après, est de 47 à 52,751. Elle est facile à déterminer dans chaque cas (avec une précision assez limitée, à cause de la faible précision des expériences relatives aux volumes de la vapeur saturée), et nous prendrons pour les approximations la valeur 48 pour moyenne, celle qui correspond à 2at,25. A 100°,

$$Apv = \frac{1}{370} \times 10332 \times 1,689 = 47.$$

Valeurs de L (Chaleur latente proprement dite). — M. Regnault, dans son beau travail sur les chaleurs latentes de la vapeur d'eau, a montré que les résultats d'expérience étaient représentés pour la quantité de chaleur dégagée lors de la condensation de la vapeur, mesurée à partir de zéro, par la formule

$$606,5 + 0,305\,t \qquad (2)$$

0,305 étant une espèce de chaleur spécifique de la vapeur d'eau, la quantité de chaleur qu'il faut lui ajouter pour que sa température de formation s'élève à 1°, toujours à l'état de saturation.

Cette quantité considérable de chaleur appartient presque tout entière au changement d'état; on peut facilement en séparer celle qui appartient aux molécules de l'eau à la température t, avant que la vaporisation n'ait lieu. C'est une séparation théorique, une division en deux parties des éléments d'un phénomène physique.

La chaleur spécifique moyenne de l'eau de 0 à 200° est 1,013, par suite

$$L = 606,5 + 0,305\,t - 1,013\,t = 606,5 - 0,708\,t.$$

La valeur de la chaleur totale de M. Regnault n'est pas identique avec celle de AA, mais égale à $AA + Apv$; elle comprend la chaleur due au travail de compression pendant la condensation.

Valeur de AA. — Nous avons vu à CHALEURS LATENTES comment on pouvait déduire la valeur de A' de l'équation (1), à l'aide de l'observation faite ci-dessus.

Cette valeur de A peut être vérifiée au moyen de résultats d'expériences.

En assimilant ce qui est permis pour une très-petite compression, la valeur trouvée pour A' (CHALEUR LATENTE), $488,33 \times 370 = 180867$ par kilogr., à un coefficient d'élasticité, puisque ce sont, dans les deux cas, des forces moléculaires qui sont en jeu, en posant $P : x :: E : 1$

$$x = \frac{P}{E} = \frac{10333}{1808670000},$$

pour 1 atmosphère et 1 mètre cube, on trouve

$$x = 0,000057.$$

La compressibilité trouvée pour l'eau est à zéro

$$0,0000503,$$

c'est-à-dire bien peu différente.

Si on avait la chaleur latente du mercure, congelé facilement par l'acide carbonique solide, on pourrait faire le même calcul pour ce corps.

Chaleur réelle de la vapeur. — En résumé, la chaleur propre de la vapeur contenue dans le corps de pompe, à l'origine du mouvement du piston, plus celle de condensation, est

$$606,5 + 0,305\,t + 2Apv, \qquad (3)$$

et en prenant pour Apv la valeur moyenne 48 établie ci-dessus :

$$\text{Chaleur initiale} = 702,5 - 0,305\,t,$$

Je dis $2Apv$ et non $3Apv$, parce que la quantité Apv est déjà comprise une fois dans la valeur de L et que celle qui appartient au troisième terme de (1) n'est pas, comme nous le verrons, produite par la condensation de la vapeur, mais par l'effet de la pression sous laquelle celle-ci peut avoir lieu.

Nous reviendrons plus loin sur ce point; donnons d'abord le tableau des divers éléments examinés, aux diverses températures.

De l'état de la vapeur à la fin de la course. — Il semble à première vue, et c'est ainsi que l'on a raisonné jusque dans ces dernières années, que l'on doit raisonner de la même manière pour la vapeur d'eau qui s'introduit dans le cylindre au commencement du mouvement du piston et pour celle qui s'y trouve à la fin de la course. Les poids étant les mêmes aux pressions p et p', par suite aux températures t et t', les quantités de chaleur dégagées par la condensation seraient par kilog.

$$606,5 + 0,305\,t \text{ et } 606,5 + 0,305\,t'.$$

Et la seule quantité de chaleur convertie en travai ne paraît répondre qu'à la différence de ces quantités ou

$$AT = 0,305(t - t').$$

 MACHINES A VAPEUR.

PRESSION en atmosphères.	PRESSION en millimètres de mercure.	PRESSION en kilogrammes par mètre carré. p	Température (centigrade) t	Volume de 1 kil. de vapeur v, en mètres cubes.	Densité. Poids d'un mètre cube en kilogr.	Chaleur totale r d'après Regnault.	Valeur de $A p v$.	Valeur de ρ $(r - A p v.)$
0.1	76	1033.4	46.21	14.5044	0.069	620.59	40.48	580.11
0.2	152	2066.8	60.45	7.5256	0.133	624.90	41.87	583.03
0.4	304	4133.6	76.25	3.9079	0.256	629.70	43.56	586.14
0.6	456	6200.4	86.32	2.6648	0.375	631.40	44.57	586.83
0.8	608	8267.2	93.88	2.0314	0.492	634.90	45.33	589.60
1.0	760	10333.0	100.00	1.6200	0.620	637.00	45.40	591.80
1.1	836	11367.4	102.68	1.5046	0.665	637.81	46.20	591.60
1.2	912	12400.8	105.17	1.3861	0.722	638.52	46.45	592.07
1.3	988	13434.2	107.50	1.2855	0.778	639.27	46.65	592.62
1.4	1064	14467.6	109.68	1.1988	0.834	639.95	46.86	593.10
1.5	1140	15501.0	111.74	1.1235	0.890	640.58	47.06	593.52
1.6	1216	16534.4	113.69	1.0575	0.946	641.17	47.20	593.97
1.7	1292	17567.8	115.54	0.9986	1.001	641.74	47.30	594.44
1.8	1368	18601.2	117.30	0.9463	1.057	642.27	47.55	594.72
1.9	1444	19634.6	118.99	0.8994	1.112	642.79	47.70	594.90
2.0	1520	20668.0	120.60	0.8571	1.167	643.28	47.90	595.00
2.1	1596	21701.4	122.15	0.8186	1.222	643.60	48.01	595.54
2.2	1672	22734.8	123.64	0.7836	1.276	644.01	48.11	595.90
2.3	1748	23768.2	125.07	0.7515	1.331	644.63	48.20	596.43
2.4	1824	24801.6	126.46	0.7221	1.385	645.00	48.27	596.23
2.5	1900	25835.0	127.80	0.6949	1.439	645.47	48.50	596.70
2.6	1976	26868.4	129.10	0.6698	1.493	645.85	48.30	597.55
2.7	2052	27901.8	130.35	0.6464	1.547	646.15	48.56	597.60
2.8	2128	28935.2	131.57	0.6247	1.601	646.50	48.90	597.70
2.9	2204	29968.6	132.76	0.6045	1.654	646.86	48.92	597.90
3.0	2280	31002.0	133.91	0.5856	1.708	647.30	49.02	598.10
3.1	2356	32035.4	135.03	0.5678	1.761	647.70	49.09	598.60
3.2	2432	33068.8	136.12	0.5511	1.814	648.00	49.24	598.75
3.3	2508	34102.2	137.19	0.5355	1.867	648.22	49.30	598.90
3.4	2584	35135.6	138.23	0.5207	1.920	642.60	49.37	599.23
3.5	2660	36169.0	139.24	0.5067	1.973	648.90	49.40	599.40
3.6	2736	37202.4	140.23	0.4935	2.026	649.20	49.50	599.70
3.7	2812	38235.8	141.21	0.4810	2.079	649.56	49.70	599.84
3.8	2888	39269.2	142.15	0.4691	2.132	649.85	49.77	600.12
3.9	2964	40302.6	143.08	0.4578	2.184	650.16	49.89	600.27
4.0	3040	41336.0	144.00	0.4471	2.237	650.40	49.97	600.43
4.1	3116	42369.4	144.89	0.4368	2.289	650.69	50.04	600.65
4.2	3192	43402.8	145.76	0.4271	2.341	650.95	50.07	600.88
4.3	3268	44436.2	146.61	0.4178	2.393	651.26	50.09	601.17
4.4	3344	45469.6	147.46	0.4089	2.446	651.47	50.12	601.35
4.5	3420	46503.0	148.29	0.4003	2.498	651.70	50.27	601.60
4.6	3496	47536.4	149.10	0.3922	2.550	651.97	50.30	601.67
4.7	3572	48569.8	149.90	0.3844	2.602	652.22	50.40	601.82
4.8	3648	49603.2	150.69	0.3769	2.653	652.46	50.45	602.00
4.9	3724	50636.6	151.46	0.3697	2.705	652.70	50.49	602.20
5.0	3800	51670.0	152.22	0.3627	2.757	652.90	50.52	602.40
5.2	3952	53736.8	153.70	0.3497	2.859	653.37	50 82	602.45
5.5	4180	56837.0	155.85	0.3318	3.014	654.00	50.90	603.10
5.7	4332	58903.8	157.22	0.3209	3.116	654.44	51.10	603.34
6.0	4560	62004.0	159.22	0.3058	3.270	655.00	51.24	603.80
6.2	4712	64070.8	160.50	0.2966	3.371	655.45	51.30	604.15
6.5	4940	67171.0	162.37	0.2838	3.523	656.00	51.50	604.50
6.7	5092	69237.8	163.58	0.2759	3.624	656.40	51.60	604.80
7.00	5320	72338.0	165.34	0.2648	3.776	656.90	51.70	605.20
7.25	5510	74921.5	166.77	0.2563	3.902	657.34	51.74	605.60
7.50	5700	77505.0	168.15	0.2483	4.027	657.75	51.85	605.90
7.75	5890	80088.5	169.50	0.2408	4.152	658.00	51.94	606.25
8.00	6080	82672.0	170.81	0.2338	4.277	658.60	52 01	606.58
8.25	6270	85255.5	172.10	0.2271	4.403	658.99	52.20	606.79
8.50	6460	87839.0	173.35	0.2209	4.527	659.37	52.22	607.15
8.75	6650	90422.5	174.57	0.2150	4.651	659.74	52.45	607.30
9.00	6840	93006.0	175.72	0.2094	4.775	660.10	52.50	607.60
9.25	7030	95589.5	176.94	0.2042	4.897	660.46	52.70	607.80
9.50	7220	98173.0	178.08	0.1991	5.023	660.79	52.80	608.00
9.75	7410	100756.5	179.21	0.1944	5.144	661.65	52.90	608.25
10.00	7600	103340.0	180.31	0.1899	5.266	661.49	53.00	608.45
11.00	8360	113674.0	184.50	0.1737	5.757	663.00	53.36	609.64
12.00	9120	124008.0	188.41	0.1602	6.242	663.90	53.37	610.50
13.00	9880	134342.0	192.08	0.1487	6.725	665.00	53.70	611.30
14.00	10640	144676.0	195.53	0.1388	7.205	666.10	54.27	611.90

Prenons un exemple. Soit de la vapeur à 6 atmosphères à 159°, qui passe dans un cylindre à vapeur à la pression d'une atmosphère (100°)

$$(t-t') = 59 \text{ et } 0,305 \times 59 = 18^c,$$

qui seraient seules utilisées sur les

$$605,5 + 0,305 \times 159 = 657^c$$

communiqués à la vapeur, c'est-à-dire moins de 3 p. 100 de la chaleur totale.

Ces résultats indiqués par divers savants (voy. Regnault, *Préface des expériences sur la vapeur d'eau*) ont fait conclure à plusieurs d'entre eux que pour arriver à des moteurs économiques, il fallait abandonner la machine à vapeur et s'occuper des machines à air chaud.

La conclusion serait fondée si le calcul était exact, mais il n'en est rien : non que la quantité de chaleur contenue dans l'unité de poids de vapeur qui entre dans le corps de pompe ne doive donner en se condensant la quantité de chaleur ainsi évaluée, et qu'on ne puisse appliquer à l'état final de la vapeur les mêmes formules d'évaluation de la chaleur que pour l'état initial; mais il n'est pas exact d'admettre que la quantité de vapeur finale, c'est-à-dire après l'action, après avoir agi sur le piston, et la production du travail, soit la même que celle initiale. Là est l'élément essentiel de la théorie vraie de la machine à vapeur, sans lequel il était impossible de rien formuler de satisfaisant. Nous en montrerons plus loin, en traitant de la détente, toute la solidité.

Nous aurons égard à ce nouveau principe, en étudiant les divers états de la vapeur dans le cylindre de la machine à vapeur lorsqu'elle y engendre du travail, afin d'arriver à établir sa quantité à la fin de la course du piston et la comparer à la quantité initiale, ce qui nous permettra de calculer la chaleur consommée et par suite le travail engendré.

II. Machine a vapeur. — La machine à vapeur, dont nous n'avons pas ici à donner la description, doit être considérée, dans sa forme la plus générale, comme disposée de telle sorte que la vapeur puisse y passer par des pressions décroissantes.

La vapeur engendrée dans la chaudière, capacité fermée qui renferme un volume considérable d'eau et de vapeur formée par la chaleur du foyer, vient de là passer dans le cylindre à vapeur, lors de l'ouverture d'un robinet ou du glissement d'un tiroir, et pousse le piston mobile dans le cylindre. Tant que la communication entre la chaudière et le cylindre persiste, le travail mécanique est engendré par l'*action directe* de la vapeur, par l'effet sensiblement constant de la pression de la vapeur dans la chaudière.

Lorsque la communication entre la chaudière et le cylindre est interceptée, le piston continuant à se mouvoir est poussé par la vapeur renfermée dans le cylindre, dont les pressions vont en décroissant. Cette vapeur agit par *détente.*

Enfin, quand le piston est parvenu à l'extrémité de sa course, la vapeur est, dans les machines les plus économiques, mise en communication avec le *condenseur*, capacité fermée dans laquelle de l'eau est projetée en pluie, de manière à réduire rapidement la vapeur en eau et à annuler presque subitement sa pression.

Les trois principales parties en lesquelles se partage l'étude de la machine sont donc : *L'action directe.* — *La condensation.* — *La détente.* Nous allons chercher à analyser les phénomènes, à calculer les effets produits.

1° *Action directe.* — Le calcul du travail engendré par l'action directe de la vapeur est d'une grande facilité. La pression P de la vapeur, fournie en quantité relativement indéfinie au cylindre, par la chaudière de grandes dimensions dont la masse et le réservoir de vapeur forment régulateur de pression, est constante. S étant la surface du piston, L la longueur de la course pendant qu'il est en communication avec la chaudière, PSL ou PV sera le travail engendré, puisque $SL = V$ le volume engendré par le piston mobile, et enfin APV sera la chaleur équivalente.

Nous nous rendons aisément compte de la manière dont se produit ce travail, en examinant ce qui se passe dans la chaudière pendant l'action directe, pendant que la chaudière et le cylindre à vapeur sont en communication. Le piston se déplaçant, la quantité de vapeur en contact avec lui qui pénètre dans le cylindre perd une partie de sa force vive en rebondissant sur le piston qui fuit devant elle, mais reçoit une quantité égale, au moins, de l'impulsion de celle qui arrive avec une grande vitesse de la chaudière. Elle peut être considérée comme formant une sorte de bouchon élastique poussé par la détente de la vapeur de la chaudière, qui se refroidirait et diminuerait de pression, si l'action du foyer et des masses chauffées n'agissait pas sur la vapeur renfermée dans la chaudière.

L'action de la vapeur peut être considérée ici comme celle d'un intermédiaire entre la chaudière et le piston, de telle sorte que si la pression est la même dans le cylindre à vapeur et dans la chaudière, ce qui a sensiblement lieu pour des passages de vapeur suffisamment grands et une vitesse modérée du piston, la pression P est précisément la tension normale de la vapeur, et la quantité APV est identique à celle Apv dont nous avons parlé en traitant de la chaleur totale de la vapeur déduite des expériences de M. Regnault. La quantité de travail pv ne peut se produire dans la chaudière à parois inextensibles, et la vapeur qui y est formée n'a absorbé pour sa vaporisation qu'une quantité de chaleur déduite de ces expériences, diminuée de Apv; celle-ci apparaît et est consommée, elle est empruntée à celle de la masse de la chaudière aussitôt que le travail extérieur peut être produit.

De la chaleur totale de la vapeur déterminée par les expériences, la quantité Apv qui n'atteint pas $\frac{1}{10}$ de la chaleur totale de la vapeur est donc la seule qui puisse être utilisée par l'action directe, et la machine à vapeur fondée sur cette utilisation, ne peut donner que des résultats bien éloignés de l'utilisation de la totalité de la chaleur communiquée à la vapeur.

Si, comme il arrive souvent, la pression est moindre dans le cylindre que dans la chaudière, par suite, par exemple, de la grande vitesse du piston, la vapeur entrera dans le cylindre avec la vitesse due à la différence de pression qui y existe avec celle de la chaudière; la vapeur emmagasinera sous forme de tourbillonnements, une certaine quantité de force vive; elle choquera inutilement les parois du cylindre (et, pour une faible part, utilement le piston); la quantité utilisée ne répondra plus à la totalité de Apv, et on aura pour l'unité de poids

$$APV + \frac{U^2}{2g} = Apv.$$

Ainsi : la vapeur qui agit par action directe sur le piston d'une machine à vapeur consomme, en plus de celle nécessaire pour sa formation dans la chaudière. une quantité de chaleur égale à Apv, pv étant le travail maximum produit quand la vitesse du piston n'est pas très-grande, que sa résistance est sensiblement égale à celle qui répond à la pression de la vapeur dans la chaudière, ce que tendent à établir la grandeur des orifices, la conduite du feu, etc.

2° *Condensation de la vapeur.* — Le condenseur séparé, tel qu'il a été disposé par Watt, est une capacité fermée, refroidie à l'aide d'un jet d'eau froide, de telle sorte que la vapeur d'eau mise en communication avec lui s'y condense instantanément. Le condenseur a donc pour objet de faire disparaître toute pression sur une des faces du piston, pendant que l'autre face reçoit l'action de la vapeur de la chaudière. Pour analyser plus facilement l'effet du condenseur, on peut supposer qu'il possède une perfection théorique, qu'il produit le vide absolu, tandis que, dans la pratique, la quantité limitée d'eau que l'on doit employer pour la condensation et l'air qui se dégage de cette eau, font que la température de l'eau d'injection s'élève à environ 40° et la pression à 20 centimètres de mercure.

Le travail Apv que nous avons vu résulter de l'action directe de la vapeur formée à la pression p est bien celui qui est produit, mais nullement le travail habituellement utilisé. Si p est la pression atmosphérique et si le piston se meut librement dans l'atmosphère, le travail utile est nul. C'est le cas des machines atmosphériques, qui ne produisent aucun travail utile lors du soulèvement du piston ; le travail utile n'étant produit que par l'effet de la pression atmosphérique, à la descente, lorsque le vide est produit par la condensation de la vapeur reçue par le cylindre. L'action du condenseur résulte clairement de ce fait; il permet de transporter aux organes de la machine, de rendre utile le travail produit par toute la pression de la vapeur qui dépasse la pression minime du condenseur. C'est le résultat du changement de la vapeur en eau, sans modification de la quantité de chaleur, ou plus exactement la chaleur empruntée à la chaudière étant :

$$U_1 + A\Lambda + Apv,$$

celle retrouvée dans le condenseur sera égale à $U_1 + A\Lambda$ seulement, si la pression dans le condenseur était absolument nulle, et :

$$U_1 + A\Lambda + Ap'v',$$

p' étant la faible pression du condenseur, v' le volume du condenseur et de la partie du cylindre en communication avec lui. La chaleur utilisée sera donc égale à $A(pv - p'v')$. L'expérience devra donc faire trouver, même pour l'action directe seule, une diminution dans les quantités de chaleur, mais la différence égale à $A(pv - p'v')$ pourra être cachée au milieu de quantités 12 ou 15 fois plus grandes et surtout par des différences notables de pression entre la chaudière et le cylindre, génératrices de force vive qui se convertit en chaleur.

Le grand avantage du condenseur n'est pas seulement d'utiliser l'action directe de la vapeur sous des pressions peu élevées et par suite dans des conditions pratiques excellentes, mais encore de permettre de tirer parti de l'action de la vapeur jusqu'à une pression très-minime, de multiplier les doublements de volume sans partir de pressions et de températures très-élevées, et sans que le volume final soit très-grand, ce qui produirait dans la pratique de nombreux et graves inconvénients. C'est ce que va nous faire bien apprécier l'étude des phénomènes de détente.

3° *Détente de la vapeur saturée.* — L'action directe de la vapeur agissant à pleine pression sur le piston d'une machine à vapeur, munie du condenseur le plus parfait, ne peut pas permettre d'utiliser plus d'une fraction (Apv) de la quantité de chaleur dépensée, qui ne s'élève pas à plus de 1/10e de celle-ci et n'augmente pas sensiblement aux pressions élevées. (Résultat assez curieux, remarquons-le en passant, qui explique la préférence souvent critiquée de Watt et des constructeurs anglais fidèles à sa tradition, pour les très-basses pressions, dans les machines sans détente.)

Est-ce là la limite théorique de l'utilisation possible de la chaleur au moyen de la machine à vapeur? Chacun sait qu'il n'en est rien, et que l'on produit de grands effets dans la plupart des machines à vapeur modernes au moyen de la détente, qui permet théoriquement de convertir en travail le reste de la chaleur de la vapeur. La détente se produit lorsque la communication entre la chaudière et le cylindre à vapeur venant à être interceptée, le piston continue sa course poussé par la vapeur qui remplit le cylindre, en raison de son excès de pression, sur celle qui agit sur l'autre face du piston, qui est celle du condenseur, ou, dans d'autres cas, la pression de l'atmosphère dans laquelle on rejette la vapeur.

Nous n'avons pas à insister sur la production du travail par la détente, déjà analysée pour le cas le plus simple, en traitant des machines à air; et comme nous l'avons expliqué, puisque c'est en choquant contre la face du piston que les molécules de la vapeur produisent du travail, en perdant une partie de leur force vive moléculaire, de leur chaleur, tout travail engendré par le piston entraîne la consommation d'une quantité équivalente de chaleur dans la vapeur en contact avec lui et par suite entraîne la condensation d'une fraction de la vapeur saturée. Nous avons seulement a analyser les phénomènes calorifiques spéciaux qui accompagnent la détente de la vapeur et qui font des machines à vapeur des appareils très-supérieurs aux machines à air chaud, à l'opposé de ce qui a été trop souvent répétée dans ces dernières années. Il importe de bien établir cette vérité et montrer la cause d'une supériorité qui n'avait pas jusqu'ici été clairement formulée.

Quand un piston est poussé par une action de détente d'un corps à l'état gazeux, le travail élémentaire, en chaque instant, est pdv pour la pression variable p et la quantité de chaleur consommée est $A\int pdv$, l'intégrale étant prise entre les éléments du volume final et initial.

Le phénomène essentiel qui résulte de cette consommation de chaleur, de sa transformation en travail mécanique, c'est que lorsque la détente se produit, les phénomènes ne sont plus ceux d'un simple refroidissement comme pour les gaz; il se forme en effet un brouillard dans la masse, une condensation, une liquéfaction d'une fraction de cette vapeur saturée. C'est ce que M. Hirn a établi par une expérience directe que nous avons rapportée à ÉQUIVALENT DE LA CHALEUR, et qui montre bien que, par l'effet de la détente, il se reforme de l'eau, que la vapeur subsistante est toujours saturée.

Les nombres trouvés par M. Regnault pour la valeur croissante des chaleurs latentes de la vapeur d'eau à des pressions croissantes sont bien loin de prouver, comme on l'avait conclu à tort, qu'elle était surchauffée après une détente (engendrant un travail mécanique), comme on devait le faire quand on n'établissait pas de rapport entre le travail produit et la quantité de chaleur de la vapeur; il est facile de voir qu'ils conduisent à prouver qu'il se produit une condensation de partie de la vapeur. Je le montrerai par un exemple.

Soit de la vapeur saturée à deux atmosphères et 120°,60; elle renferme $606,5 + 0,305\,(120,6) = 643,28$ calories, tandis que celle à une atmosphère 100° n'en renferme que 637, différence de 6 calories (en négligeant les variations des valeurs de Apv très-peu différentes dans les deux cas). Le volume de l'unité de poids de la vapeur à deux atmosphères est 0,857; posons $6 = AP\Delta V$ comme pour $P = 2 \times 10333$, $AP = 55,85$, $APV = 47,86$; il suffirait donc que l'accroissement du volume V fût de 1/8e du volume primitif (en négligeant la diminution successive de pression pour cette approximation) pour que le travail produit eût consommé la quantité de chaleur de la vapeur à deux atmosphères qui excède celle de la vapeur à une atmosphère. On ne devrait donc trouver dans le cylindre que la pression d'une atmosphère pour un accroissement de 1/8e du volume; or, comme on sait très-bien qu'il n'en est rien, que les pressions de la vapeur se rapprochent assez dans la pratique des machines de celles indiquées par la loi de Mariotte, il faut en conclure que la vapeur qui remplit le cylindre n'est pas de la vapeur à 100° et 1 atmosphère, mais de la vapeur saturée sensiblement à 1 atm. 8/10e, à plus de 117°, dont le poids est moindre que celui de la vapeur primitive d'une fraction égale à $k = 1/100$ ou 1/100 à peu près, qui a fourni $(642 - 117)\,k = 525\,k$ calories.

C'est sur l'évaluation exacte de ces effets que nous allons revenir pour apprendre à calculer le travail de la détente; mais nous avions d'abord à analyser un mode d'action, qui nous montre tout l'avantage que nous offre la vapeur pour la construction des machines à feu. C'est en effet parce qu'il s'agit de vapeur, que la quantité de chaleur que nous avons représentée par AA, engendrée par l'action réciproque des molécules les unes sur les autres, lorsqu'un corps passe de l'état gazeux à l'état liquide, et qui répond à la plus grande partie de la quantité de chaleur de la condensation de la vapeur, apparaît dans tous les points de celle-ci, qui se refroidit, par suite, lentement par la détente. Cette chaleur se trouve ainsi dégagée dans des conditions très-favorables pour sa parfaite utilisation, et fait jouir les vapeurs d'une propriété très-précieuse pour leur emploi dans les machines à feu, qui manque tout à fait aux gaz qui ne peuvent fournir un travail un peu notable par détente, sans que de suite la pression devienne trop faible pour être pratiquement utilisable. Il n'en est pas ainsi pour la vapeur; la diminution de pression se produit surtout lors de la détente de la vapeur par la diminution de la quantité de celle-ci. Elle peut théoriquement conduire à l'utilisation totale de la chaleur, et le calcul ci-après nous permettra de déterminer la limite de la détente possible dans chaque cas, bien avant la limite indiquée par la pression dans le condenseur; car il faut qu'une machine produise un travail bien supérieur à celui consommé par ses résistances passives pour que son emploi soit profitable dans la pratique.

Calcul du travail de la détente. — C'est à l'évaluation de la variation de la quantité de vapeur qui agit dans le cylindre, et au calcul de la quantité de chaleur de la vapeur qui se condense, et qui est égale à AT, T étant le travail cherché, que se ramène donc le calcul du travail de la détente.

M étant la quantité de vapeur qui agit par action directe, supposée sèche (il y aurait à tenir compte de l'eau mélangée, si on reconnaissait un entraînement d'eau, et à en mesurer la proportion, ce qui est facile en opérant comme il suit, en tenant compte du refroidissement de cette eau), $M = m + m'$ à la fin de la détente, m étant la vapeur qui persiste, m' le poids de la vapeur liquéfiée.

La quantité de chaleur dégagée par la condensation de la vapeur, qui possède au commencement de la détente la chaleur ρ_0, comme à la fin la quantité de vapeur condensée est de l'eau à la température t, est donc $m'(\rho_0 - t_1)$, la chaleur spécifique de l'eau étant égale à l'unité.

La vapeur restante m est passée de la température t_0 à la température t_1 inférieure, sa chaleur spécifique à saturation étant $c = 0{,}305$, elle a perdu de sa chaleur intime la quantité $mc(t_0 - t_1)$.

La quantité de chaleur convertie en travail mécanique par la détente est donc :

$$Q = m'(\rho_0 - t_1) + mc(t_0 - t_1).$$

Il est bon d'observer que m' grandit et m diminue à mesure que $t_0 - t_1$ augmente, que t_1 diminue; qu'à la limite m s'évanouit et la chaleur totale de la vapeur est convertie en travail mécanique; ce qui démontre encore une fois que l'emploi de la vapeur n'est la cause d'aucune perte nécessaire, que la machine à vapeur n'a pas de vice théorique qui la rende inférieure aux machines à air chaud.

La formule ci-dessus donne la valeur de $T = \frac{Q}{A}$ du travail produit par la détente au moyen de déterminations expérimentales faites pour chaque machine, en plus grand nombre que celles qui étaient nécessaires avec la théorie de Poncelet, qui avait l'avantage d'exiger un petit nombre de déterminations simples, mais dont l'inexactitude appelait des corrections par des coefficients d'expérience de 0,50 ou 0,60. Il suffisait de déterminer la pression initiale, puis admettant la loi de Mariotte (assez bien vérifiée pour des détentes médiocres et des enveloppes réchauffant bien la vapeur), la seule détermination du volume initial et du volume final de la vapeur donnait la tension finale et, par suite, le travail produit.

On pourrait difficilement déduire des résultats contenus dans les tableaux ci-dessus une formule empirique pouvant être employée comme la loi de Mariotte, donnant les pressions de vapeur saturée répondant à des volumes déterminés, en tenant compte de la précipitation de vapeur qui répond au travail produit. Au contraire, avec leur aide et avec une observation de la pression finale, assez facile à obtenir et qui, prise sur la machine étudiée, permet de tenir compte des conditions particulières de sa construction plus exactement qu'avec une évaluation des volumes, on peut déduire des nombres renfermés dans le tableau précédent tous les éléments nécessaires pour calculer le travail engendré par la détente, et notamment m et m'.

En effet, la pression finale étant connue, et la vapeur renfermée dans le cylindre étant toujours de la vapeur saturée, cette pression indique immédiatement quelle est la température et la densité de cette vapeur, et par suite quel est le poids m contenu dans le volume connu. Comme on connaît déjà le poids M de la vapeur ayant agi directement, $M - m = m'$ sera le poids condensé.

Faisons le calcul avec des nombres quelconques pour montrer le mode d'opérer.

Soit $M = 1$ kil. et $P = 3$ atm., on voit sur les tables que $t_0 = 133°$ et le volume $V = 0{,}585$ par kilogramme. Soit la détente égale à trois fois le volume primitif, soit $4V = 2.340$. La pression finale observée, au lieu d'être $1/4 = 0.75$, sera trouvée par exemple égale à 0,6 atm. On devra en conclure que la vapeur contenue dans le cylindre à la fin de la détente est de la vapeur saturée pouvant se former à 90° (nombre lu sur le tableau en face de 0.6). Le kilogramme de cette vapeur occupe à cette pression un volume de 2mc.66 (voir le tableau); or, la vapeur existante n'en occupe que 2mc.340, donc

$$m = 1^{k}.\frac{2.34}{2.66} = 0.88 \quad \text{et} \quad m' = 0^{k},12$$

est la quantité de vapeur condensée.

On a dès lors dans les tableaux donnant les résultats des meilleures expériences tous les nombres qui sont nécessaires pour calculer le travail engendré par la détente d'après la formule indiquée plus haut.

Si, au lieu de la pression finale, on déterminait la température finale t_1, on verrait sur le tableau la nature, la pression de la vapeur saturée qui est contenue dans le cylindre à la fin de la détente et par suite le calcul précédent serait possible. Or, cette détermination est très-possible, mais un peu moins simple que celle des pressions par le système que nous avons indiqué. En effet, on pourrait loger la boule d'un thermomètre sensible, d'un pyromètre à air à parois métalliques, vers le point de sortie de la vapeur, lorsqu'elle passe du cylindre au condenseur. Il atteindrait rapidement la température t_1, que le froid du condenseur lui ferait bientôt abandonner.

Calcul du travail total. — Après avoir déterminé les quantités équivalentes de chaleur et de travail pour chaque période, il suffit de les ajouter algébriquement pour obtenir la mesure cherchée du travail engendré. On aura ainsi :

En chaleur :

$$Q = APv + m'(\rho_0 - t_1) + mc(t_0 - t_1) - Ap'V,$$

et en travail comme $Q = AT$:

$$T = Pv + m'\left(\frac{\rho_0 - t_1}{A}\right) + mc\,\frac{(t_0 - t_1)}{A} - p'V. (4)$$

$$m + m' = M.$$

P est la pression initiale de la vapeur, v le volume de l'action directe, M le poids de vapeur initial, m' la partie qui se liquéfie dans le cylindre, m la vapeur qui subsiste à la fin de la course, V le volume total engendré par le piston, p' la tension du condenseur.

L'indicateur de Watt, dont nous disons un mot ci-après, donne la mesure des pressions pour les diverses positions du piston et permet par suite de déterminer P, v, p'. Les observations à la chaudière, contrôlées par la valeur de P dans le cylindre, donnent à l'aide des tableaux renfermant les résultats des expériences de M. Régnault, t_0, ρ_0 et M. Reste à obtenir t_1 et m, puisque $m' = M - m$, qui se déduisent comme nous l'avons dit de la pression finale à la fin de la détente donnée par la même expérimentation.

Dans le cas où la pression dans le cylindre est bien la même que celle de la chaudière, on peut se dispenser de calculer directement APv, et, partant des expériences de M. Regnault, poser

$$Q = m'(606,5 - 0,708\, t_1) + 0,305\, m(t_0 - t_1) - Ap'V.$$

Indicateur de Watt. — La nécessité de régler convenablement la marche des tiroirs des machines, les moments d'entrée et de sortie de la vapeur, a fait adopter par les constructeurs l'indicateur de Watt, qui fournit par ses diagrammes une évaluation du travail de la vapeur agissant sur le piston. (Voy. Dynamomètres.) Il opère en traçant une courbe dont l'aire est proportionnelle au travail engendré et donne le produit du chemin parcouru par les pressions successives pour les diverses positions du piston, par suite, pour les divers volumes de la vapeur, c'est-à-dire fournit tous les éléments convenables pour l'application de la nouvelle théorie que nous venons d'exposer.

Il semble que pratiquement nous n'arrivons à rien d'utile, puisque les formules doivent ramener au travail indiqué par les tracés de l'indicateur, mais il faut observer que par les formules nous entrons dans la connaissance directe des phénomènes qui se passent dans le cylindre, nous obtenons la quantité de chaleur consommée et par suite son rapport avec celle disponible, le coefficient réel d'effet utile de la machine, connaissance qui peut seule conduire à de réels perfectionnements en montrant comment les divers changements que l'on peut tenter rapprochent de la limite de maximum théorique. C'est dans cette voie seule que peuvent se rencontrer de grands progrès.

L'observation du combustible consommé, est, il n'est pas besoin de le dire, sans valeur scientifique, si elle est capitale au point de vue des applications industrielles, puisqu'elle confond ensemble l'utilisation de la chaudière et celle de la machine ; questions d'ordre différent qui doivent être étudiées séparément.

Applications de la nouvelle théorie. — La nouvelle théorie de la machine à vapeur, dont nous avons indiqué les bases, permet d'analyser, beaucoup mieux qu'on ne le faisait avec l'ancienne, divers phénomènes qui se produisent dans le fonctionnement de ces machines, et conduit à divers perfectionnements importants qui tendent à s'introduire dans leur construction et qui doivent conduire à une notable réduction dans la dépense du combustible.

Entraînement d'eau. — L'entraînement de l'eau par la vapeur, qui se produit dans presque toutes les machines et qui est quelquefois très-grand avec des chaudières qui ont des réservoirs de vapeur de trop faibles dimensions, était considéré comme un fait de très-grande importance. En négligeant de tenir un compte suffisant de cet élément, en comptant comme poids de vapeur produite toute diminution du poids de l'eau renfermée dans la chaudière, on est souvent arrivé à des résultats tout à fait inexacts, propres à induire en erreur, à faire considérer comme excellents des appareils de vaporisation fort défectueux. Mais s'il importe beaucoup, au point de vue de la comparaison de la valeur des appareils de vaporisation, de tenir grand compte du fait de l'entraînement de l'eau, celui-ci paraît de peu d'importance au point de vue théorique de la machine à vapeur. Ainsi μ étant la quantité d'eau entraînée et qui devrait être ajoutée à la masse M déduite du volume de la vapeur, l'équation du travail reste celle ci-dessus en y ajoutant un terme $\mu\,(t_0 - t_1)$ très-petit, μ n'étant pas grand par rapport à M.

Nous montrerons comment cet entraînement expose aux plus graves erreurs quand on cherche à évaluer la quantité d'eau vaporisée dans une chaudière. M. Hirn, dans ses additions au livre de M. Zeuner, indique un curieux résultat.

« Dans le concours de chaudières à vapeur provoqué si utilement en 1859 par la Société industrielle de Mulhouse, on a observé un phénomène fort extraordinaire à première vue.

« Les chaudières soumises au concours servaient alternativement à fournir de la vapeur à une machine à détente variable, à un cylindre sans enveloppe à vapeur, qui avait à donner un travail externe presque constant. Or, il est arrivé que tandis qu'il existait des différences apparentes très-notables entre les poids de vapeur produits pour 1 kilog. de houille avec ces diverses chaudières, tandis que les unes allaient à 8 kilog. de vapeur pour 1 kilog. de houille et les autres vaporisaient seulement à 6k,50, la quantité de combustible nécessaire pour la marche de la machine a, au contraire, peu varié. »

Cette bizarrerie apparente devait nécessairement dépendre de la quantité d'eau variable qu'entraînait la vapeur des diverses chaudières essayées, et qui, dans les expériences, était dosée comme vapeur produite. C'est ce qu'un calcul bien simple permet d'établir facilement.

La vapeur étant fournie à 5 atm., à 152°, une chaudière A, produisant de la vapeur sèche, consommait pour la production d'un kilog. de vapeur

$$\left\{606,5 + 0,305 \times 152\right\} = 652,92 \text{ calories.}$$

Une chaudière B produisant de la vapeur qui entraînait 0,2 d'eau, consommait, pour effectuer un même travail, pour fournir un kilog. de vapeur saturée à la même pression, la quantité ci-dessus plus

$$0,2 \times 152 = 30,20 \text{ ou } 652,92 + 30,20 = 683,12 \text{ cal.}$$

La différence de production des deux chaudières est en eau enlevée à la chaudière de 20 %, et la différence de consommation de combustible n'est que $\frac{30.2}{652.9} = 4.6\,\%$, c'est-à-dire une quantité qu'il est déjà difficile de constater dans de semblables expériences.

Des Enveloppes. — L'utilité des enveloppes de vapeur, qui dans l'ancienne théorie de la chaleur paraissait fort douteuse, puisqu'on ne pouvait guère comprendre leur effet que comme empêchant le refroidissement du cylindre à vapeur, ce qui les a fait successivement adopter et rejeter, est aujourd'hui parfaitement analysée, grâce à la nouvelle théorie de la chaleur. Leur adoption générale et leur meilleure disposition constituent peut-être le progrès le plus important qu'ait reçu la machine à vapeur à longue détente.

Ce sont MM. Wicksted en Angleterre, et Combes en France, qui ont signalé les premiers et démontré expérimentalement les avantages des enveloppes, mais c'est surtout à M. Hirn que l'on doit d'avoir établi comment se passent les phénomènes sous l'influence de la source de réchauffement que constitue la vapeur renfermée dans l'enveloppe arrivant de la chaudière.

L'enveloppe doit être considérée comme fournissant un moyen de chauffage de la vapeur pendant la détente, c'est-à-dire lorsqu'elle se refroidit et se condense par suite du travail qu'elle produit, effet doublement profitable non-seulement en ce qu'elle permet de produire une plus grande quantité de chaleur avec un appareil donné, mais encore parce que la chaleur ainsi communiquée est complétement convertie en travail mécanique, sans augmenter aucunement les pertes que subit celle incorporée, dès la chaudière, dans la vapeur agissant dans la machine. C'est ce que nous allons montrer en suivant la série d'expériences faites par M. Hirn sur une machine à vapeur par Wolf, à deux cylindres, qui est très-propre à faire apprécier les divers éléments dont il faut tenir compte quand on calcule les effets d'une machine réelle et non pas purement théorique.

Dans cette machine, dont les deux cylindres avaient une chemise de vapeur commune, la vapeur agissait à pression pleine sur le petit piston pendant toute sa course et se détendait dans le grand cylindre.

Le volume occupé par la vapeur à la fin de la course des pistons était, dans le petit cylindre de $0^{mc},47098$ plus $0^{mc},01136$ d'espace nuisible; soit $0^{mc},18234$ pour volume total. Lorsque la communication avec le grand cylindre s'établissait, ce volume devenait brusquement $0^{mc},21634$, en admettant que l'espace nuisible qui était de $0^{mc},034$ et qui ne contenait que de la vapeur à la faible tension du condenseur, fût complètement vide; puis, jusqu'à la fin de la course, il se détendait dans le grand cylindre jusqu'à occuper un volume de $0^{mc},7885$. En d'autres termes, la détente se faisait jusqu'à $\frac{0,7885}{0,18234} = 4,3243$ fois le volume à pression pleine.

La machine marchait sous la pression de 3 atm. 75 dans le petit cylindre et était à condensation.

En faisant marcher la machine, l'enveloppe recevant la vapeur, à la vitesse de 47 coups de pistons par minute, sous la pression de $3^{atm},75$ dans la petit cylindre et le robinet d'admission tout ouvert, le travail mesuré a été de 7800 kilogrammètres par seconde ou 104 chevaux vapeur.

Lorsqu'on faisait arriver la vapeur dans le petit cylindre sans traverser l'enveloppe, le travail diminuait de 1838 kilogrammètres ou 24,5 chevaux vapeur, quoique tout fût semblable dans les conditions du fonctionnement.

La quantité de vapeur consommée par coup de piston était de $0^{k},4125$ lorsque l'enveloppe fonctionnait, et elle s'élevait à $0^{k},4355$ lorsque la vapeur arrivait directement au cylindre. La condensation se faisait beaucoup mieux dans le premier cas que dans le second; la tension était abaissée dans l'un à $0^{m},07$ ou 0,075 de mercure, et dans l'autre à $0^{m},095$ ou $0^{m},100$.

Pendant la durée des expériences, des indicateurs de Watt placés sur les cylindres indiquaient les pressions suivantes :

Sans vapeur dans l'enveloppe.		Avec vapeur dans l'enveloppe
$3^{atm},75$	Tension dans le petit cylindre avant l'ouverture du tiroir de communication.	$3^{atm},75$.
$1^{atm},62$	Tension dans le grand cylindre à l'instant de l'ouverture de ce tiroir. .	$2^{atm},20$.
$0^{atm},685$	Tension dans le grand cylindre à la fin de la course	$0^{atm},84$

En passant de 0,18234 à 0 21634 le volume de vapeur aurait dû, si elle avait suivi la loi de Mariotte, être à la pression de $3^{atm},16$ et à la fin de la course à 0,86.

L'accroissement de travail étant de 24,5 chevaux par l'effet de l'enveloppe, c'est-à-dire passant de $104 - 24,5 = 79,5$ à 104, est donc de $\frac{24,5}{104} = 0,235$ ou 23,5 pour 100 du travail total de la machine. Quant à l'économie de combustible, il semble que fournissant le même nombre de courses à la seconde, avec ou sans enveloppe, et consommant alors $0^{k},4125$ de vapeur dans le premier cas, et $0^{k},4355$ dans le second, le bénéfice en combustible semblerait devoir être

$$23,5 \times \frac{0,4355}{0,4125} = 24,8\ \%_0 ;$$

mais il est réellement un peu moindre, à cause de la quantité de chaleur de réchauffement empruntée à la vapeur de l'enveloppe. Pour l'évaluer, M. Hirn a recueilli avec soin la quantité d'eau qui se condensait dans l'enveloppe par chaque coup de piston et s'attache par une action toute spéciale aux parois, le long desquelles elle s'écoule, par suite des refroidissements internes et externes. Il l'a trouvée de 0,0443, quantité qui comprend l'eau entraînée de la chaudière et qui se dépose dans l'enveloppe et qui a été trouvée dans les conditions de l'expérience égale à 1,5 %. Cette eau pèse

$$0,015 \times 0,4125 = 0^{k}.0062 ;$$

la vapeur condensée à la température de 142°, qui dégage par suite

$$645,8 - 142 = 603,8 \text{ calories,}$$

ne pesait donc que $0,0443 - 0,0062 = 0^{k},0381$ dégageant $603,8 \times 0,0381 = 23$ calories.

Influence des parois. — La vapeur, au moment où elle passe dans le grand cylindre, éprouve brusquement un grand abaissement de pression pour un très-faible accroissement de volume produit subitement; ainsi, dans des expériences de M. Hirn, elle devenait $2^{atm},2$ avec enveloppe de vapeur, et seulement $1^{atm},62$ sans vapeur dans l'enveloppe. Il se produit évidemment à l'entrée de la vapeur dans le grand cylindre qui est en communication avec le condenseur, et par la même raison dans les machines à un cylindre, une condensation d'une fraction de la vapeur au contact des parties froides, qui, dans le mode de calculer ci-dessus, ne devra pas être comptée comme engendrant de travail. L'effet de l'enveloppe est de diminuer cette condensation, et, en fournissant de la chaleur, de permettre la vaporisation de l'eau condensée, lorsque la pression diminue, de telle sorte que le travail relatif soit réellement accru de tout celui que peut produire la chaleur transmise par l'enveloppe.

Deux faits constatés expérimentalement par M. Hirn prouvent bien que les choses se passent comme il est indiqué ici.

1° Lorsque l'enveloppe a fonctionné pendant quelque temps et que l'on cesse brusquement d'y envoyer la vapeur dirigée directement dans le petit cylindre, la machine continue à marcher quelque temps comme si rien n'était changé, et les premières courbes de pressions, relevées à l'aide de l'indicateur, ne varient pas. Ce n'est qu'au bout de 10 ou 20 minutes qu'elles sont progressivement ramenées au point où la diminution du travail devient régulièrement moindre de 23,5 p. 100, lorsque toute la provision de chaleur, mise en magasin par la masse de fonte et empruntée à la vapeur de l'enveloppe, est épuisée.

2° L'enveloppe augmente bien positivement la température de la vapeur pendant la détente; car, tandis qu'elle fonctionne, la vapeur qui arrive dans le condenseur, où la tension n'est plus que de $0^{atm},075$, possède encore une température de 64°; et quand elle cesse de fonctionner, cette vapeur, qui arrive dans le condenseur, où la tension est de $0^{atm},095$, ne possède qu'une température de 58°.

Emploi de la fumée. — Une preuve que l'enveloppe pleine de vapeur agit bien comme moyen de réchauffement, c'est l'inanité des tentatives faites, pour lui substituer l'emploi des produits de la combustion, qui, malgré leur température élevée, ne produisent qu'un effet insignifiant, parce que les gaz ne se condensent pas, ne dégagent pas les quantités de chaleur considérables que la vapeur saturée fournit pour un abaissement même fort limité de température.

Réchauffement direct de la vapeur. — L'analyse des résultats avantageux procurés par les enveloppes et surtout les progrès de la théorie mécanique de la chaleur appliquée à l'étude des phénomènes qui se passent dans la machine à vapeur, conduisant à reconnaître que l'effet de la détente est de faire précipiter de l'eau à l'état vésiculaire, menaient à un ordre de combinaisons nouvelles propres à réchauffer efficacement la vapeur pendant la détente. C'est en faisant passer la vapeur, après qu'elle s'est détendue en partie, dans un appareil propre à la chauffer, que l'on a obtenu d'excellents résultats.

Le premier essai de cette nature que nous connaissions, est dû à M. Normand fils (du Hâvre), qui a transformé les deux cylindres indépendants d'une machine oscillante de Penn, montée sur un petit bateau à vapeur (*le Furet*), en deux cylindres d'une machine de Woolf, c'est-à-dire en alimentant le second cylindre avec la vapeur sortant du premier. Les résultats ont été excellents, et le bateau marchait aussi bien qu'auparavant, c'est-à-dire avec une consommation de vapeur sensiblement moitié moindre. Il faisait circuler la vapeur après qu'elle avait agi dans le premier cylindre, avec une détente assez étendue, dans un conduit placé dans le réservoir de vapeur de la chaudière, où elle reprenait la température primitive, et où l'eau condensée par suite de la détente se vaporisait de nouveau. De là résultait un accroissement de pression, une utilisation excellente des calories communiquées par le réchauffement.

Les constructeurs anglais ont apprécié les heureux effets que l'on pouvait obtenir dans cette voie, et je citerai ici les machines de May et Cie et de Wendham qui figuraient à l'Exposition de 1862, dont la description a été donnée à l'article MACHINES A VAPEUR.

Toutefois, la nécessité de faire passer la vapeur à travers un réchauffeur, dont la pression augmente pendant l'intervalle des émissions, fait naître une cause de résistance qui réduit beaucoup les avantages de ce système, relativement au simple système de Wolf à deux cylindres.

Vapeur surchauffée. — Une vapeur surchauffée, c'est-à-dire portée à une température plus élevée que celle de l'ébullition du liquide qui lui a donné naissance à l'état de saturation, peut être considérée comme un corps gazeux à un état voisin de celui de gaz permanent. Les lois des gaz, inexactes pour les vapeurs saturées sont d'autant plus applicables aux vapeurs surchauffées que celles-ci sont à une température plus élevée, qu'elles deviennent de véritables gaz.

Une conséquence nécessaire des lois des vapeurs saturées, est que toute vapeur saturée, mais sèche, qui se précipite d'un réservoir où elle est soumise à une pression constante, dans un autre où elle est soumise à une pression moindre, *se surchauffe spontanément*. En effet, du passage de la vapeur d'un réservoir dans un autre, il ne résulte pas nécessairement une consommation de chaleur, si les parois des réservoirs sont inextensibles; c'est ce que prouve l'expérience de Joule sur les gaz. Or, si on remarque que les quantités de chaleur constitutives de la vapeur, qui répondent aux pressions les plus élevées, sont les plus considérables, le principe énoncé s'en déduit forcément. Ainsi, par exemple, de la vapeur saturée à 5 atmosphères, à la température de 152°,2 a reçu une chaleur totale par kilog., à partir de zéro, de

$$606 + 0,305 \times 152,2 = 652,9 \text{ calories.}$$

Si elle passe à une pression de 1 atm. sans consommation de chaleur, comme la chaleur totale de la vapeur saturée à cette pression est égale à 637 calories, il y a donc un excédent de 652,9 — 637 = 15,9 calories qui surchauffent la vapeur d'un nombre de degrés égal à $\frac{15,9}{c} = \frac{15,9}{0,47} = 33°$. La vapeur à 1 atm. est donc à la température de 133° pour renfermer la même quantité de chaleur que la vapeur saturée à 5 atm. De là cette conséquence remarquable que toute vapeur surchauffée peut être considérée comme due à une vapeur saturée dont le volume aurait été subitement accru, et on passera facilement de l'une à l'autre, en refaisant, à l'inverse, le calcul précédent. On repassera par exemple de la vapeur à 133° à un atmosphère possédant une chaleur totale égale à 652,9, à la vapeur saturée à 5 atmosphères qui possède cette quantité à saturation.

C'est en partant de cette considération, que M. Hirn s'est efforcé de constituer une théorie analytique des effets de la vapeur surchauffée. Il nous paraît suffisant de tirer de l'observation des consommations de chaleur qu'entraîne la production de travail mécanique, cette conséquence :

1° Une machine à vapeur alimentée avec de la vapeur surchauffée est absolument une machine à gaz, et les effets sont ceux étudiés précédemment, jusqu'au point où le refroidissement de la vapeur l'amène à l'état de vapeur saturée. $mc\,(t - t_1)$ est le travail correspondant à l'utilisation de la chaleur de surchauffe, jusqu'à la température t_1 où elle est saturée.

2° A partir de ce point, le calcul doit se poursuivre comme pour une machine à vapeur ordinaire.

En réalité ce n'est pas pour convertir la machine à vapeur en machine à gaz, ce qui n'offrirait pas d'avantages, que la surchauffe a été utilement employée, c'est pour combattre le refroidissement des parois produit lors de la mise en communication du cylindre à vapeur et du condenseur, cause de diminution nuisible de pression à l'entrée de la vapeur dans le cylindre à vapeur, que Wethered en Amérique et M. Hirn en France ont prouvé l'utilité de son adoption, en la limitant à des températures qui n'entraînent pas de graves inconvénients pratiques. Voy. SURCHAUFFE.

MACHINES SOUFFLANTES. L'avantage de substituer aux machines soufflantes de grande dimension des machines plus petites, dans lesquelles le piston se meut rapidement, avantage que M. Debette avait si bien fait sentir dans cet ouvrage, antérieurement à l'époque où la pratique les a adoptées, a conduit à modifier les dispositions des puissantes souffleries néces-

 MACHINES SOUFFLANTES.

saires pour la marche des hauts fourneaux. MM. Cadiat et Thomas et Laurens ont employé des machines à vapeur à haute pression et à action directe qui ont donné de très-bons résultats. Ces derniers ont remplacé avec succès, par des tiroirs commandés par la machine, les clapets d'entrée et de sortie d'air, dont l'action est bien moins sûre.

On est arrivé à donner aux pistons, au lieu de $0^{m},60$ à 1 mètre, des vitesses de $3^{m},25$ à $3^{m},80$.

Nous donnons ci-contre la figure d'une construction de ce genre exécutée en Angleterre et fort bien disposée pour une marche rapide du piston (fig. 3649 et 3650) par l'action directe de la machine à vapeur.

Fig. 3649.

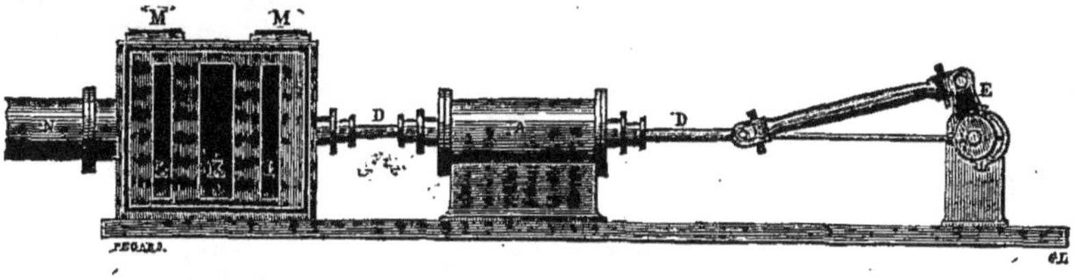

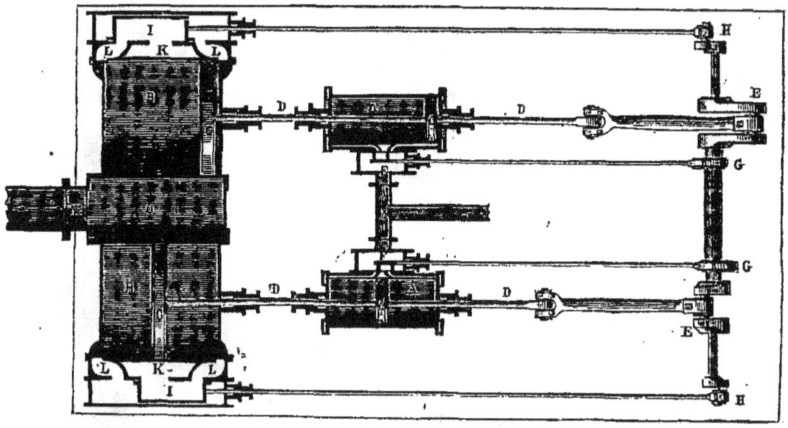

Fig. 3650.

En ramenant l'air à 0° et à la pression $0^{m},76$, la quantité à insuffler en une minute par chaque kilog. de carbone solide à convertir en oxyde de carbone dans le même temps, est, d'après MM. Thomas et Laurens de $4^{mc},41$; ces ingénieurs ont reconnu qu'un kilog. de charbon de bois, débarrassé de 7 p. 100 d'eau, de 2 p. 100 de cendres et de 14 p. 100 de matières volatiles, ne présente plus chargé au gueulard d'un haut fourneau que $0^{k},765$ de charbon solide, exigeant alors $3^{mc},374$ d'air à la tuyère par minute.

Le coke moyen renfermant 5 p. 100 d'eau, 3 p. 100 de matières volatiles et 12 p. 100 de cendres donne $0^{k},800$ de carbone solide par kilog. de coke chargé au gueulard, et exige $3^{mc},528$ pour être converti en oxyde de carbone.

En prévision des pertes d'air on peut, en pratique, injecter 25 p. 100 d'air, en plus de la quantité calculée.

Ventilateur. — Un beau travail de M. Dollfus, inséré dans le *Bulletin de la Société industrielle de Mulhouse*, permet d'établir ainsi qu'il suit les règles qui doivent présider à l'établissement des ventilateurs :

1° Le diamètre des ouvertures d'aspiration doit être les $\frac{5}{8}$ de celui de l'enveloppe; il y a avantage à leur donner la forme d'un ovale dont le grand axe est dans la direction de l'échappement.

2° Les orifices de sortie, dont la direction est tangente à la circonférence extérieure, ont la même largeur que l'enveloppe, et une hauteur égale aux $\frac{3}{10}$ du diamètre du ventilateur.

3° Le nombre des ailes se règle d'après le diamètre: il est de 4 pour un diamètre de $0^{m},30$ à 0,50; de 6 pour $0^{m},50$ à 70, et de 8 pour $0^{m},70$ à 1 mètre.

4° La longueur des ailes doit être égale à $\frac{11}{10}$ de la moitié du rayon.

5° La meilleure forme des ailes est celle demi-concave de $\frac{1}{10}$ du rayon, leur direction passant par l'axe.

6° La circonférence de l'enveloppe doit être excentrique par rapport à l'axe; l'excentricité la plus convenable paraît être celle égale à $\frac{1}{3}$ du diamètre. La largeur de l'enveloppe doit être égale aux $\frac{3}{4}$ du diamètre du ventilateur.

7° Les effets d'un ventilateur croissent comme le carré des vitesses; comparés au diamètre, ces effets croissent comme le double des rapports des carrés, et les effets comparés à la force absorbée augmentent environ dans le rapport de 42 à 36. Il est donc préférable d'employer des ventilateurs de grand diamètre à vitesse moindre que des ventilateurs de petit diamètre à vitesse plus grande.

M. E. Dollfus a reconnu également que la puissance d'aspiration était intimement liée à la puissance d'expulsion, et que les conditions dans lesquelles un ventilateur fournit le plus d'air à la sortie sont aussi celles qui répondent à l'absorption la plus considérable de ce fluide par les orifices d'entrées.

Il importe, lorsqu'un ventilateur soufflant est employé comme soufflerie, de le placer aussi près que possible du point où il doit agir, une grande déperdition se produisant par les résistances qui naissent dans les conduits et celles-ci croissant très-rapidement avec la longueur.

On estime qu'un ventilateur soufflant, lançant l'air avec une vitesse assez grande par un orifice réduit, ne rend que 0,20 du travail moteur; il lance environ 6 à 700 mètres cubes d'air à l'heure par cheval-vapeur. Le ventilateur aspirant en donne environ 3700 à 3800 par force de cheval, avec des vitesses réduites à $0^m,80$ ou 1 mètre par seconde. D'après M. Combes, ils donneraient 50 p. 100 d'effet utile, et en courbant les ailes 60 p. 100. Cette courbure des ailes a été peu adoptée par la pratique, jusqu'ici; il n'en sera sans doute bientôt plus ainsi, car elle a été utilisée, avec d'autres ingénieuses dispositions, par M. Lloyd de Londres, pour construire des ventilateurs, qui ne produisent pas, même avec d'assez grandes vitesses, le bruit que produisent les ventilateurs ordinaires. C'est surtout en diminuant la largeur des palettes à l'extrémité, en donnant à l'enveloppe extérieure la forme de deux cônes très-évasés accolés par la base qu'il a obtenu cet intéressant résultat.

MANOMÈTRE DESBORDES. Dans ce manomètre, la pression de la vapeur s'exerce sur la tête d'un petit piston, par l'intermédiaire d'une membrane de caoutchouc vulcanisé qui est destinée à isoler la vapeur des pièces du mécanisme, comme dans les manomètres de M. Galy-Cazalat (fig. 3651 et 3652). Ce piston agit par

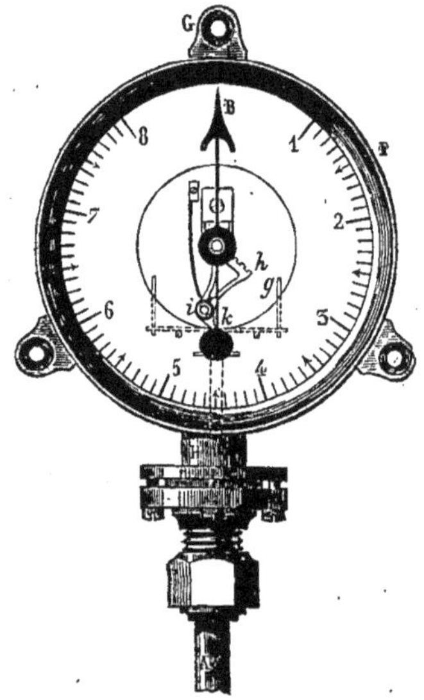

Fig. 3651.

son extrémité opposée sur le milieu d'une petite lame d'acier trempé, dont les oscillations correspondent, par leur amplitude plus ou moins grande, à l'intensité de la pression de la vapeur. Pour rendre ces variations plus sensibles, la flexion de la lame est transmise à une aiguille qui se meut circulairement sur un cadran divisé, et dont les mouvements sont multipliés dans un rapport suffisamment grand. Quand la pression a cessé, l'aiguille est ramenée à son point de départ par une petite lame faisant ressort.

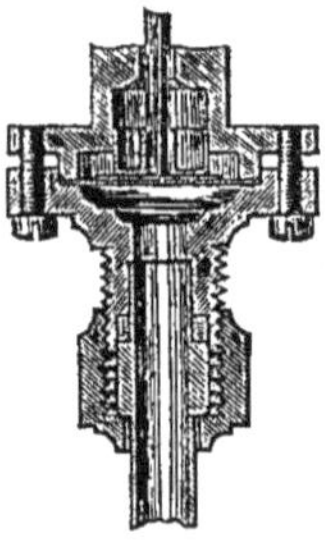

Fig. 3652.

Cet appareil ne peut évidemment être d'une grande precision, mais il est fort simple, et n'est sujet en marche à aucun dérangement. Il échappe, par sa construction même, à l'influence perturbatrice exercée par les vibrations et les secousses, quand il est appliqué à des machines en mouvement, ce qui l'a fait adopter fréquemment pour les locomotives. Après une longue durée de fonctionnement, ce manomètre a besoin d'être retouché, en raison de l'usure qui peut se produire sur le petit levier en laiton qui reçoit l'action de la lame d'acier. Son peu de complication fait qu'il peut être livré au commerce à très-bon marché, puisqu'on peut l'obtenir au prix de 25 francs et même au-dessous ; aussi est-il maintenant très-répandu, tant dans les ateliers industriels que dans les compagnies de chemins de fer.

MANOMÈTRE BRÉGUET. L'inertie d'un long tube élastique entièrement libre rend les observations assez difficiles avec le manomètre Bourdon, qui, à la mer, et sur les locomotives surtout est dans une agitation perpétuelle. Le manomètre Desbordes est peu sûr, et tout à fait insuffisant pour donner les indications de petite fraction

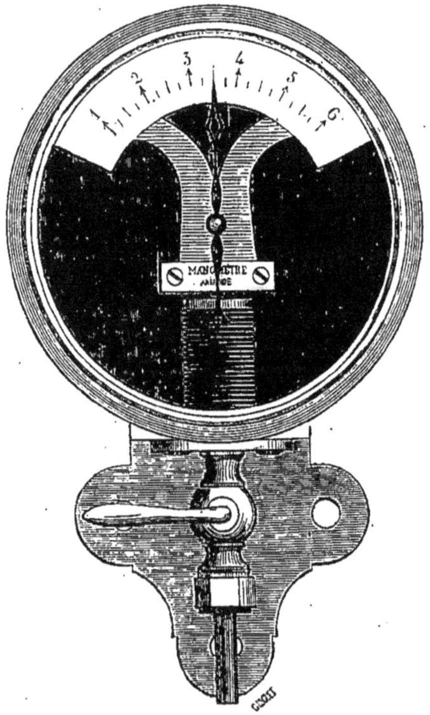

Fig. 3653.

d'atmosphère. Cet inconvénient est évité par les manomètres inventés par M. Vidi, l'ingénieux inventeur des baromètres anéroïdes, qui sont si habilement construits aujourd'hui par M. Bréguet. La fig. 3653 représente cet instrument qui consiste essentiellement en un tube plissé qui s'allonge ou se racourcit en raison de la pression que le gaz exerce sur son fond, et cela proportionnellement à cette pression, tant qu'on ne dépasse pas les limites de l'élasticité du métal. Comme on peut faire varier le nombre des spires et l'épaisseur du métal, il est toujours *theoriquement* possible de construire un instrument qui donne un résultat exact dans tous les cas possibles, et *pratiquement* on y parvient très-bien dans tous les cas où les pressions ne sont pas énormes, où l'opération du plissement du métal aurait besoin d'être produit sur un métal trop épais, pour que son elasticité ne fût pas altérée par un travail qui ne serait plus un simple repoussé.

MARCHE. Les questions de mécanique animale n'ont pas encore été étudiées avec tout le soin qu'elles méritent, je ne dis pas au point de vue physiologique, mais au point de vue mécanique. Lorsqu'on voit dans le mécanisme de la patte de homard le joint universel le mieux caractérisé, et qu'on pense que l'invention de cet organe de machine n'a eu lieu qu'au dix-septième siècle, il semble qu'indépendamment de son intérêt propre, l'étude des organes des animaux, des insectes notamment, souvent organisés d'une manière si curieuse, pourrait fournir des résultats applicables à l'industrie. Sans doute on ne trouverait rien qui se rapportât au mouvement circulaire continu, mouvement capital dans les machines et impossible dans les corps organisés (si ce n'est peut-être des moyens de diminuer les frottements des axes de rotation rendus si minime dans les corps vivants), mais pour ce qui est des leviers et combinaisons de leviers articulés les uns aux autres, on y trouve des modèles variés à l'infini. Nous en indiquerons un cas particulier en analysant la marche chez l'homme.

La fig. 3661, représentant la position de l'homme au départ : *m* étant le centre de gravité, *m'* le fémur, *m"* le tibia; ces os, comme ceux du pied, sont articulés autour des centres de rotation O, P, Q.

Le mouvement de ces leviers est produit par la traction des muscles qui leur sont attachés. En se redressant, ils élèvent le centre de gravité, et cela assez lentement dans le cas de la marche. Le corps, étant reporté sur la jambe gauche, par exemple, par l'action du pied droit, la jambe droite devient libre et se porte en avant. La même action est répétée sur l'autre pied, et la progression se produit.

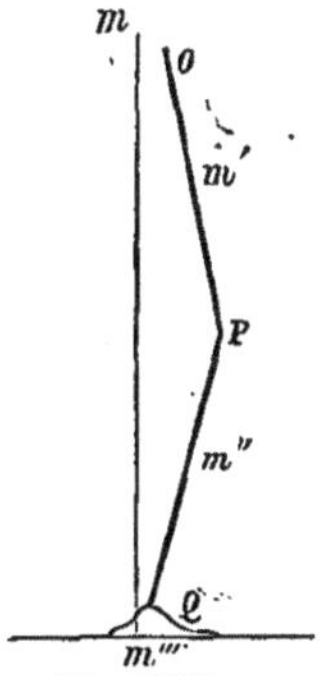

Fig. 3661.

Un curieux résultat des recherches de M. Weber, physicien allemand fort distingué, c'est que le membre inférieur tend à osciller autour de l'articulation O comme un pendule, que la durée de l'oscillation naturelle peut se déterminer d'après la loi du pendule pesant, et que par suite le pas de marche, qui cause le moins de fatigue, bien moins qu'une vitesse inférieure à celle qui correspond à ce seul mouvement pendulaire, est uniquement en raison de la longueur et du poids de ces membres.

Il en résulte que pour des hommes ne différant que par la grandeur des dimensions respectives de leur corps, tout étant égal d'ailleurs, le pas du plus grand embrassera une étendue plus grande, mais le chemin parcouru ne sera pas pour cela plus considérable, car en même temps la durée de chaque oscillation sera plus grande ; par suite, le nombre des pas dans un temps donné sera moindre.

Ce qui précède fait bien comprendre le peu de travail que consomme la marche en terrain horizontal ; il se réduit presque aux frottements des articulations si parfaites, le centre de gravité du corps ne se déplaçant pas sensiblement, n'éprouvant que des balancements insensibles, et qui ne consomment pas de travail à cause de l'élasticité des supports. Nous supposons, bien entendu, qu'il s'agit d'un terrain incompressible, car il y aurait à ajouter sur un terrain mou, sur la neige, tout celui employé à la compression du sol.

Nous avons supposé que l'action moléculaire qui produit le redressement des leviers se faisait assez lentement dans la marche pour ne pas imprimer au corps une vitesse sensible. S'il en est autrement, si l'effet est brusque et est aidé par le mouvement articulaire du pied qui s'appuie sur le sol, on a le saut. La vitesse acquise par le haut du corps entraînera la séparation momentanée du sol et du corps ; la partie supérieure en mouvement rappelant à elle les extrémités inférieures.

Chez les quadrupèdes, ce sont les jambes postérieures toujours bien plus longues, si on les suppose allongées en ligne droite, que les membres antérieurs, qui projettent en avant la masse du corps pour le saut ou la marche. La disproportion devient considérable dans les races exercées à la marche rapide ou au saut, comme celle des chevaux de course. Les membres postérieurs subsistent presque seuls avec un développement considérable chez les animaux sauteurs tels que le kangourou.

MATÉRIAUX DE CONSTRUCTION. Les matériaux employés dans les constructions sont de trois sortes : les pierres et diverses substances minérales naturelles ou obtenues artificiellement, les bois et les métaux. Nous renvoyons pour les deux dernières catégories aux articles du dictionnaire BOIS, CHARPENTE, MENUISERIE, FER, etc. Nous ne parlerons ici que des matériaux employés dans les travaux de maçonnerie.

Les pierres sont, de toutes les substances appliquées à l'art de bâtir, les plus répandues et celles dont les propriétés physiques se prêtent le mieux à former des édifices sains, économiques, solides, incombustibles et d'un caractère monumental.

Les qualités que l'on recherche dans les pierres à bâtir sont la finesse et l'homogénéité du grain, la compacité de la texture, la facilité du travail, l'adhérence au mortier, la résistance à l'écrasement, au choc, à la rupture, à l'usure par frottement, la dureté, l'inaltérabilité sous l'action des agents atmosphériques.

On tient compte, suivant l'usage auquel on les destine, de leur densité, de leur structure, de leurs dimensions.

On évite les défauts désignés sous les noms suivants:

Les fils, solutions de continuité suivant des surfaces plus ou moins irrégulières (pierres filandreuses, terrasseuses);

Les moyes, parties terreuses (pierres moyées);

Le bousin, parties tendres, adjacentes au lit de carrière; les pierres doivent être ébousinées à vif;

Les trous;

Les pierres fières résistent mal au choc, sont dures, cassantes, difficiles à travailler;

Les pierres moulinées, pouffes, graveleuses, s'égrènent à l'humidité.

Les pierres hygrométriques absorbent par capillarité l'humidité du sol et de l'air ambiant, et rendent les habitations humides et malsaines.

Les pierres gélives conservent l'eau des carrières dans leurs pores, et par les grands froids la dilatation de cette eau congelée les fait éclater. M. Brard a donné un moyen de reconnaître les pierres gélives, en les faisant sécher après avoir bouilli dans une dissolution saturée de sulfate de soude, dont la force d'expansion, due à la cristallisation, remplace celle de la congélation.

Quand on doit choisir la pierre destinée à une construction, il faut étudier, indépendamment des observations précédentes, l'usage auquel elle est le plus propre, en raison de ses qualités physiques, de sa cou-

MATÉRIAUX DE CONSTRUCTION.

leur, de sa valeur vénale, les procédés de travail les plus convenables pour en tirer bon parti, le caractère architectonique qu'elle comporte.

On est ordinairement guidé par l'examen des constructions existantes; si l'on est obligé d'ouvrir de nouvelles carrières, on trouve des indications précieuses dans les cartes géologiques; mais on n'est pas dispensé de faire des essais sur la résistance, la gélivité, etc. Ces épreuves préliminaires peuvent être confiées, soit au laboratoire de l'École impériale des ponts et chaussées, soit au service spécial des recherches statistiques sur les matériaux de construction, dirigé par M. l'ingénieur en chef Michelot.

Sous le rapport de leur emploi, on distingue encore les pierres par diverses désignations :

Pierres de haut et de bas appareil, suivant l'épaisseur des bancs des carrières;

Pierres de taille, débitées en formes plus ou moins régulières;

Libages, pierres grossièrement taillées, employées dans les fondations;

Moellons, pierres plus petites, qu'un homme seul peut manier, dits *piqués*, quand ils sont taillés avec soin, comme de petites pierres de taille; *smillés*, quand ils sont plus grossièrement travaillés; *têtués*, quand les faces de lits et de joints sont seules taillées; *bruts*, quand ils sont employés sans aucun travail préliminaire.

MATÉRIAUX NATURELS.

PIERRES SILICEUSES ET FELDSPATHIQUES.

Granits. — Les granits sont principalement formés du mélange de trois substances minérales en quantités variables : 1° le quartz ou silice en grains; 2° le mica, noir, vert ou argentin, cristallisé; 3° le feldspath, dont la structure est très-variable ainsi que la couleur, rose, blanche ou gris-bleuâtre, rarement verte.

Leur densité varie de 2,30 à 2,60.

On compte parmi les variétés de granit les plus connues :

Les *gneiss*, granits rubannés ou schisteux, dont la structure est due à la disposition parallèle des lames de mica; ils sont ordinairement très-inférieurs comme matériaux de construction aux granits proprement dits;

Les *pegmatites* ou granits graphiques; ils contiennent peu de mica; le quartz s'y trouve en cristaux incomplets orientés parallèlement, qui donnent au minéral une apparence particulière qu'on a comparée à celle des caractères hébraïques;

Les *protogynes* ou granits talqueux dans lesquels le mica est remplacé par le talc (Mont-Blanc);

Les *syénites*, granit rouge oriental (Égypte) contenant une proportion considérable d'amphibole;

Les *granits porphyroïdes*.

Les granits de bonne qualité sont très-durs, résistants, difficiles à travailler, prennent bien le poli, et comptent parmi les matériaux les plus durables. Cependant ils peuvent offrir certains défauts, glaces et solutions de continuité, bavures de peroxyde de fer, etc., contre lesquels il faut se tenir en garde; certaines variétés sont susceptibles de se dégrader à l'air.

La dureté et la durée de ces matériaux les font rechercher pour les constructions exposées aux causes de destruction les plus redoutables ou pour les monuments destinés à passer à la postérité la plus reculée, d'autant plus qu'ils ne sont guère susceptibles d'être détournés de leur destination primitive pour être employés à d'autres usages. Le granit s'applique très-bien à la construction des socles, soubassements, bordures de trottoirs, pavés, dallages, marches d'escalier, meules, quais, digues, travaux maritimes.

Les principaux gisements de granits exploités en France sont ceux de l'Ouest (Vire, Saint-Brieuc, Sainte-Honorine (Orne), Saint-Sever (Calvados), Flamanville (Manche), etc.,) très-recherchés à Paris, où ils coûtent 160 à 200 fr. le mètre cube; ceux de Bourgogne, des Vosges, des Alpes, des Pyrénées, de la Corse.

On consomme aussi à Paris du granit de Belgique. Les autres gisements célèbres sont ceux de Suède, d'Écosse et de Cornouailles, de Baveno (Milanais), d'Égypte, etc.

Porphyres. — Les porphyres sont des roches d'origine ignée, composés de cristaux de feldspath noyés dans une pâte feldspathique, rougeâtre quand le feldspath est seul, et verdâtre quand il est mêlé d'amphibole.

Les principales variétés sont :

Les porphyres quartzifères à grains de quartz;

Les feldspaths glanduleux à nœuds cristallins;

Les feldspaths compactes, sans cristaux, pétrosilex;

Les felpspaths résinites, pierres de poix;

Les porphyres verts des Vosges.

A cause de leur extrême dureté, les porphyres ne sont guère employés que comme moellons, pavés (Lessines, Quenast (Belgique) usités à Paris), ou comme pierres de grand luxe.

Serpentines. — Les serpentines sont des hydrosilicates de magnésie, formant des masses puissantes, intercalées dans les terrains de transition; elles sont généralement vertes, veinées de blanc, quelquefois brun-marron ou rouge vif.

Leur dureté est celle du marbre : elles se taillent et se polissent facilement; mais elles ont peu de cohésion, résistent mal aux chocs; il est rare d'en trouver de gros blocs sans fissures.

Ce sont de belles pierres d'ornements, plus recherchées pour la marquetterie que pour construire : les principaux gisements de France sont à Saint-Vérans, Maurins (Hautes-Alpes), Éloye (Vosges), en Corse, dans le Lot, l'Auvergne, etc. Les serpentines du cap Lizard (Angleterre) sont fort belles; celles d'Italie, connues sous les noms de verts de Suze, de Gênes, de Prato sont célèbres de tout temps.

Pierres volcaniques. — Les plus communes sont les suivantes :

Les *basaltes*, très-durs, très-résistants, très-difficiles à travailler (moellons, pavages);

Les *trachytes*, parmi lesquels on compte l'obsidienne, la pierre-ponce;

Les *laves*, tantôt compactes, tantôt bulleuses et très légères.

PIERRES SILICEUSES.

Leurs variétés sont très-nombreuses; on peut citer :

Le *quartz hyalin* ou cristal de roche, qui ne constitue pas à lui seul des roches, mais qui entre dans la composition de beaucoup d'entre elles.

Le *quartz améthyste, agate;* en forme de géode, globuleux.

Le *jaspe*, quartz compact, opaque, fortement coloré (Arménie, Égypte, Sibérie, Bohême, Espagne, environs de Saint-Gervais (Haute-Savoie), colonnes de l'Opéra).

Le *quartz compacte* (Alpes, Mont-Cenis).

Les *quartzites*, roches passant au grès des terrains de transition (Normandie, Bretagne, Pyrénées).

Les *silex*, ordinairement en rognons ou géodes dans la craie ou le calcaire jurassique; pierre à feu : peu propre aux constructions, en petits fragments, elle adhère mal au mortier.

Les *galets* ou *cailloux*, débris de roches siliceuses, sont dans le même cas; on en fait encore, dans beaucoup de localités, des pavés extrêmement désagréables.

Les *poudingues*, conglomérats de galets unis par une gangue très-compacte.

Les *meulières*, excellentes pierres à bâtir, résistantes, adhérant très-bien au mortier, légères; hourdées en mortier de ciment, elles forment des massifs presque immé-

 MATÉRIAUX DE CONSTRUCTION.

diatement incompressibles; elles sont presque exclusivement employées pour les fondations des grands édifices et les travaux hydrauliques à Paris.

Les *caillasses*, espèce de meulières à cassure lisse, adhérant mal au mortier, mais très-bonnes pour les chaussées d'empierrement.

Les *grès*, roches arénacées formées de fragments anguleux ou arrondis par le frottement, cimentés par une pâte de composition différente et généralement de formation postérieure; parmi les matériaux se rapprochant plus ou moins de ce mode de contexture et pouvant passer au grès par transitions insensibles, on distingue :

Les *brèches*, formées de fragments anguleux;

Les *poudingues*, composés de fragments arrondis;

Les *grès* proprement dits, dont les principales variétés sont les suivantes :

Les *grauwackes*, des terrains de transition, fragments de roches anciennes, avec ciment argileux, ordinairement grisâtres, quelquefois rouges (*old red sand stone* des Anglais).

Les *grès houillers*, à galets siliceux et ciment argileux, micacé, grain grossier, pierres de grande dimension, mais d'un aspect triste;

Les *grès rouges*, ciment argileux et sablonneux coloré par l'oxyde de fer (Vosges, Forêt-Noire);

Les *grès bigarrés*, à grains fins, ciment sablonneux et ferrugineux, alternant du rouge au gris verdâtre (Phalsbourg);

Les *grès verts*, qui se trouvent à la partie inférieure des formations crétacées;

Les *grès de Fontainebleau*, à ciment calcaire et siliceux, qui se rencontrent à la séparation des terrains tertiaires inférieurs et moyens;

Les *mollasses*, formés de grains et débris divers agglomérés par un ciment calcaire et argileux.

Les grès à ciment siliceux sont ordinairement ceux qui résistent le mieux à l'action de l'atmosphère. Les grès compactes, fortement cimentés, sont durs, supportent bien l'épreuve du choc et font de bons pavages (Paris, Caen, Toulon, Marseille, Erquy, Florence).

Les grès de bonne qualité ont servi à édifier des villes importantes et de grands monuments (cathédrales de Bâle, Strasbourg, Mayence, Trèves; Florence, Carcassonne, Brives, Bayonne, etc.).

PIERRES CALCAIRES CARBONATÉES.

Les caractères généraux des pierres calcaires sont les suivants : elles ne font pas feu au briquet; la chaleur les décompose en acide carbonique et en chaux; elles font effervescence avec les acides.

On distingue parmi leurs principales variétés :

Les *calcaires saccharoïdes*, dont les marbres de Paros et de Carrare sont les types les plus connus;

Les *calcaires compactes*, renfermant souvent dans leur masse du sable disséminé, de l'argile, du fer, du bitume (calcaire de transition, calcaires oolithiques (Jura), calcaires coquilliers, lumachelles, calcaires à polipiers);

Les *calcaires crayeux*, entièrement composés de lits de mollusques microscopiques (terrains secondaires supérieurs);

Les *calcaires siliceux*, ordinairement compactes, blancs, à cassure conchoïde, renfermant des coquilles d'eau douce (terrains tertiaires);

Les *calcaires marneux*, mêlés d'argile : quand la proportion de celle-ci s'accroît, ils passent aux *marnes*, se délitent à l'air et sont impropres aux constructions;

Les *calcaires bitumineux*, exploités pour en tirer le bitume et l'asphalte;

Les *calcaires concrétionnés*, formés à la manière des stalactites des grottes modernes;

Les *calcaires lithographiques*, compactes, à grains très-fins;

Les *calcaires magnésiens*, formés de carbonate de chaux et de magnésie (variétés saccharoïdes (Saint-Gothard), variétés compactes et terreuses).

Au point de vue des constructions on distingue les marbres, les calcaires durs et les calcaires tendres.

Marbres. — On appelle marbres les pierres calcaires susceptibles de prendre le poli. Les marbres sont le plus souvent formés par des calcaires métamorphosés par l'action de roches ignées, arrivées au jour postérieurement à leur dépôt. La nomenclature des marbres varie à l'infini, suivant la couleur, le ton, l'apparence des veines et des taches, la provenance; il est très-difficile d'établir parmi eux une classification rationnelle. On admet cependant quelques dénominations qui s'appliquent à des groupes plus ou moins nombreux.

Les *marbres antiques*, employés par les anciens et exploités dans les ruines de leurs monuments. Beaucoup de leurs carrières sont épuisées ou perdues. Favorisés par la richesse minéralogique du sol de l'Italie, les Romains ont employé le marbre avec profusion; ils ont mis à contribution tout l'univers connu de leur temps, et leurs marbres sont ordinairement des qualités les plus belles et les plus précieuses.

Les *marbres statuaires*, blancs, saccharoïdes, homogènes, à grain fin et brillant;

Les *lumachelles*, composées d'une multitude de fragments de coquilles;

Les *brocatelles*, formées de petits fragments de tons variés;

Les *griottes*, ordinairement d'un rouge brun avec taches blanches, rouges et noires;

Les *marbres fleuris*;

Les *granits*, ainsi nommés à cause de leur ressemblance avec les pierres siliceuses du même nom;

Les *marbres cipolins*, à grandes veines blanches et bleu-verdâtre ou tirant sur le gris;

Les *bleus turquins*, d'un ton gris-bleuâtre uni ou veiné;

Les *portors* à fond noir avec veines blanches et d'un beau jaune;

Les *brèches*, composés d'une multitude de fragments de couleurs variées;

Les *albâtres*, calcaires concrétionnés translucides, veinés de blanc et de jaune.

La France est un des pays du monde les plus riches en beaux marbres; ils ont été exploités par les Romains, presque entièrement abandonnés au moyen âge et remis en vogue par François I, Henri IV et Louis XIV. Ce dernier prince a donné une impulsion extraordinaire à l'exploitation des carrières françaises pour les travaux des Tuileries, du Louvre, de Versailles, etc. Les dépôts de marbres formés par lui ont suffi aux règnes suivants jusqu'à Napoléon I. Les colonnes de rouge incarnat de l'arc de triomphe du Carrousel provenaient encore des magasins de Louis XIV.

Jusqu'au commencement de ce siècle, l'exploitation des marbres avait lieu sous la direction de l'État; les marbriers achetaient au garde-meuble. Des capitaux considérables sont nécessaires pour ouvrir les carrières de marbre, extraire, scier, polir, transporter les blocs; le long espace de temps pendant lequel ces capitaux sont exposés à rester improductifs, l'insuffisance de la main-d'œuvre et des moyens de communication, les changements de modes, les révolutions, sont autant de causes qui expliquent comment l'industrie privée a longtemps hésité à entrer dans cette voie et comment les marbres les plus beaux, qui ne sont pas toujours ceux dont l'exploitation est la plus lucrative, ne sont pas non plus les plus recherchés par elle. Cependant l'ouverture des chemins de fer et le développement des travaux de Paris ont donné une nouvelle activité à l'industrie des marbres. Les travaux du nouvel Opéra marqueront dans l'histoire des marbres français.

Quelques chiffres significatifs, empruntés au rapport

de M. Delesse, ingénieur en chef des mines, sur l'Exposition de 1867, montreront les progrès réalisés dans ces dernières années. L'exportation des marbres, qui était de 350,405 fr. en 1855, a suivi depuis une progression croissante et s'est élevée en 1866 à 1,140,279 fr.; elle porte surtout sur les marbres sculptés et ouvrés; cependant les marbres en blocs et en tranches, provenant des carrières françaises, sont de plus en plus appréciés au dehors.

L'importation, qui a surtout pour objet les marbres bruts, s'est élevée de 1,038,271 fr. en 1855 à 2,357,115 fr. en 1866. Dans cette somme le marbre blanc statuaire entre pour environ 100,000 fr.

Les marbres en tranches tendent de plus en plus à se substituer aux stucs; les plaques de $0^m,02$ reviennent en moyenne à Paris, pour les marbres ordinaires des Pyrénées, à 21 fr. 35, savoir:

Prix de la tranche brute sur carrière. . .	12 fr.	00
Polissage	3	50
Transport (850 kilomètres; 70 kilog. à 83 fr. 60 la tonne).	5	85
Total.	21	35

chiffre qui pourrait être abaissé à 12 fr., si les frais généraux se répartissaient sur une plus grande masse de produits. Les stucs reviennent à 12 fr. pour imitation de marbre uni, 15 à 18 fr. pour les brèches, 18 à 20 fr. pour les jaspes ou cipolins; ils ne peuvent lutter ni comme aspect, ni comme durée avec les matériaux naturels. C'est d'ailleurs un mode de décoration peu recommandable que celui qui consiste à imiter avec des substances de peu de valeur des matières plus précieuses; il est donc permis d'entrevoir pour l'industrie des marbres une ère de prospérité dont notre architecture tirera un ample profit.

Les principales régions où s'exploitent les marbres français sont les suivantes:

1° Les Pyrénées, où les variétés les plus connues sont les marbres de Sarrancolin, les Campans, verts et rouges de moulins, griottes, portors; les blancs statuaires de Saint-Béat; les incarnats de Caune aux magnifiques couleurs. Les usines de Bagnères de Bigorre travaillent les marbres des Pyrénées sur une grande échelle.

2° Les Alpes, où l'on rencontre les noirs antiques de Saint-Crépin, les portors de Chorges, les noirs de Sainte-Luce; des usines importantes sont occupées à scier les marbres à Gap, la Mure, etc.

3° Les Vosges, où l'on cite les marbres blancs de Chippal, de Laveline, les marbres Napoléon;

4° Le Nord, qui fournit un marbre gris ou noir, analogue aux marbres belges très-communs à Paris (Sainte-Anne, petit granit, rouge royal, marbre Napoléon de Boulogne-sur-Mer).

5° L'Ouest, qui offre les variétés grises, jaunâtres et brunes de la Mayenne et de la Sarthe, qui commencent à se répandre à Paris.

6° La Corse, région très-riche, mais d'une exploitation difficile (bleu turquin de Corse, marbres cipolins, mosaïques de Moltifao, etc.).

7° L'Algérie, qui offre des gîtes abondants, voisins de la mer et d'une grande beauté, parmi lesquels il faut citer:

Les marbres onyx d'Aïn Techbalet (province d'Oran), dont la couche de 6 à 10 mètres d'épaisseur est explorée sur une superficie de 100 hectares; les brèches de la pointe Pescade, du Fondouk, du cap Matifou, les marbres du Chenouah, du Filfila (blanc saccharoïde), de l'Oued el Aneb, du Fort génois. La plupart de ces marbres ont été exploités par les Romains.

Parmi les autres pays producteurs de marbres il faut citer en première ligne l'Italie, dont la France est encore tributaire pour le blanc statuaire de Carrare, le bleu turquin, le portor de Spezzia, le jaune de Sienne, etc.

La Belgique exporte une grande quantité de marbres communs.

A la dernière Exposition universelle on a beaucoup remarqué les collections des marbres de l'Espagne, de la Prusse (Silésie, Westphalie, Nassau), du Portugal, de l'Autriche, de la Grèce.

Les calcaires proprement dits se divisent en deux classes:

Les calcaires durs, qui se débitent à la scie sans dents;

Les calcaires tendres qui se débitent à la scie dentée.

Dans la première classe on distingue à Paris les liais, cliquards, roches, bancs francs, bancs royals; dans la seconde les vergelés et lambourdes, les Saint-Leu et pierres grasses.

Les carrières des environs de Paris ne suffisent plus aux besoins de cette capitale, et son rayon d'approvisionnement s'étend aujourd'hui, grâce aux chemins de fer, jusqu'aux Alpes et aux Pyrénées.

Pierres argileuses. — Les pierres argileuses sont en général des matériaux d'assez mauvaise qualité: il faut faire exception pour quelques schistes du terrain de transition. Voyez ARDOISES.

Pierres gypseuses. — Voyez PLATRE.

MATÉRIAUX ARTIFICIELS.

Nous ne pouvons que renvoyer pour ce sujet à l'article PLATRE et à la notice très-complète insérée par M. H. Mangon dans le dictionnaire, au mot MORTIER. Nous n'avons à signaler comme fait nouveau survenu depuis l'impression de cet article que l'extension de plus en plus grande de l'emploi des ciments et surtout des ciments Portland.

Pierres artificielles. — Il est étonnant que, dans un pays aussi riche que la France en matériaux naturels excellents, tant d'inventeurs se soient occupés de fabriquer des pierres artificielles: ce sont en général des mélanges plus ou moins soignés, analogues aux mortiers et bétons. Nous citerons parmi les principaux:

Les ouvrages moulés en ciments de Vassy, Grenoble, Moissac, etc. (dalles, carreaux, corniches, marches, tuyaux, etc.).

Les ouvrages moulés en mortier ou béton de ciment (réservoirs de la rue Racine, de l'Estrapade, à Paris, de la Croix-Rousse, à Lyon).

Les blocs artificiels en béton, employés pour la première fois par M. Poirel au port d'Alger, et depuis sur la plus grande échelle, à Marseille, Cette, Livourne, Cherbourg, Brest, etc.; l'une des plus importantes innovations introduites dans l'art des constructions maritimes.

Les constructions en béton de M. Lebrun, architecte à Montauban (ponts, habitations).

Les moellons en mortier de trass et gros sable des environs d'Andernach et de Coblentz.

Les marbres artificiels et compositions diverses, fabriqués depuis longtemps par les Italiens avec une grande habileté, pour dallages et revêtements, connus sous les noms de terrazzi, lastrico, scagliola.

Le pisé (voir ce mot dans le DICTIONNAIRE) excellent pour les constructions rurales, quand il est bien fait.

Les produits, dits bétons agglomérés, fabriqués par M. F. Coignet, qui ne sont autre chose que des mortiers maigres, préparés avec très-peu d'eau, malaxés avec grand soin, battus et pilonnés dans des moules par couches minces. On a déjà construit avec ces substances plusieurs kilomètres d'égouts, à Paris, des maisons, des massifs de machine.

La pierre artificielle de Ransome (Angleterre); on la fabrique en mêlant du sable, de la craie et au besoin d'autres substances minérales avec de l'hydrosilicate de soude. Ce mélange, après avoir été moulé suivant les formes convenues, est plongé dans une dissolution de chlorure de calcium, ce qui donne lieu à une double décomposition : il se produit de l'hydrosilicate de chaux, qui à l'instant même cimente fortement le sable ainsi que les autres substances minérales, tandis que le chlorure de sodium qui s'est formé peut être éliminé par des lavages.

Les pierres artificielles de M. Oudry, formées simplement d'un mortier de chaux et de ciment comprimé dans des moules.

La pierre artificielle de Broklyn (New-York), en sable quartzeux mêlé à de la résine et à une matière grasse ;

Les bétons de coaltar ou de bitume proposés par divers inventeurs, mais généralement trop coûteux.

Les laitiers cristallins des hauts fourneaux de Vezin Aulnoye, près Maubeuge (Nord) et de Novéant (Moselle), avec lesquels on a fait des pavés très-denses. Si ce procédé parvenait à entrer dans la pratique, ce serait un grand service rendu aux forges qui sont encombrées de scories inutiles.

Les similipierres, similimarbres, similibronzes de MM. Lippmann et Schnekenburger, composés de ciment ou de chaux, mêlés au sable, au marbre ou à la brique pilée, avec addition de matières filamenteuses hachées, telles que le chanvre ou le crin végétal, d'eau sulfatée et d'huile. On peut fabriquer avec ce produit des bas-reliefs et même des statues. Il est léger, il peut se laver, et offre une résistance à l'écrasement comparable à celle des bonnes pierres du bassin de Paris.

Les stucs (voyez PLATRE).

Le ciment d'oxychlorure de magnésium de M. Sorel, obtenu en gâchant de la magnésie avec du chlorure de magnésium. Ce ciment peut être mêlé à des matières colorantes diverses dans une forte proportion, et former des mosaïques et des dessins d'un bel effet décoratif, ou des imitations de marbre.

Le ciment ferrugineux de M. Alfred Chenot.

Les composés bitumineux de M. Sébille, formés de débris d'ardoise, mêlés au brai des usines à gaz (dallages, pavages blindés, tuyaux, etc.).

TERRES CUITES. Voyez les articles ARGILES, BRIQUES, POTERIE, du *Dictionnaire*, BRIQUES CREUSES, du *Complément*. Nous n'avons pas à revenir sur les détails donnés dans ces diverses notices.

Les travaux de MM. Botta, Flandin et Place, sur l'architecture assyrienne, ont appelé dans ces derniers temps l'attention sur l'emploi vraiment extraordinaire et très-habile que les anciens habitants des bords du Tigre et de l'Euphrate ont fait de l'argile crue dans leurs constructions ; non-seulement les massifs de leurs palais et de leurs remparts étaient formés de briques crues simplement recouvertes d'un léger enduit ; mais encore il paraît certain que les voûtes de leurs édifices, qui avaient jusqu'à 7 à 8 mètres de portée, étaient aussi entièrement faites en argile crue et recouvertes de terrasses de même matière.

Nous appellerons encore ici l'attention sur le four à cuire les briques et poteries de M. Hoffman, de Berlin, qui a été très-remarqué à l'Exposition universelle de 1867 et qui mérite d'être plus connu en France.

Le four se compose essentiellement d'une galerie annulaire de deux mètres de haut sur trois de large, dans laquelle on pénètre par des portes ménagées dans le mur extérieur. Le combustible est introduit par un grand nombre de petites ouvertures pratiquées dans le dessus. Les produits de la combustion s'échappent en contre-bas par des conduits dirigés vers une cheminée centrale et pourvus de trappes régulatrices. Des registres en tôle verticaux, également espacés et en nombre égal aux conduits de fumée, permettent d'établir à volonté des cloisons dans la galerie. Ce four ainsi disposé fonctionne sans discontinuité de la manière suivante. Supposons-le en action : l'un des registres en tôle sera fermé ; dans la galerie, d'un côté de ce registre, la trappe du conduit de fumée le plus voisin sera levée ; toutes les autres seront baissées ; de l'autre côté les deux portes extérieures les plus voisines seront ouvertes ; par la première s'opérera l'enfournement des poteries crues ; par la seconde aura lieu le défournement des produits cuits ; en suivant la galerie dans ce sens, on y rencontrera successivement des produits à la température rouge, des objets soumis au plus grand feu, et à partir de là, en achevant le circuit jusqu'au registre baissé, des objets soumis à tous les degrés intermédiaires de chaleur entre le feu le plus intense et le plus modéré.

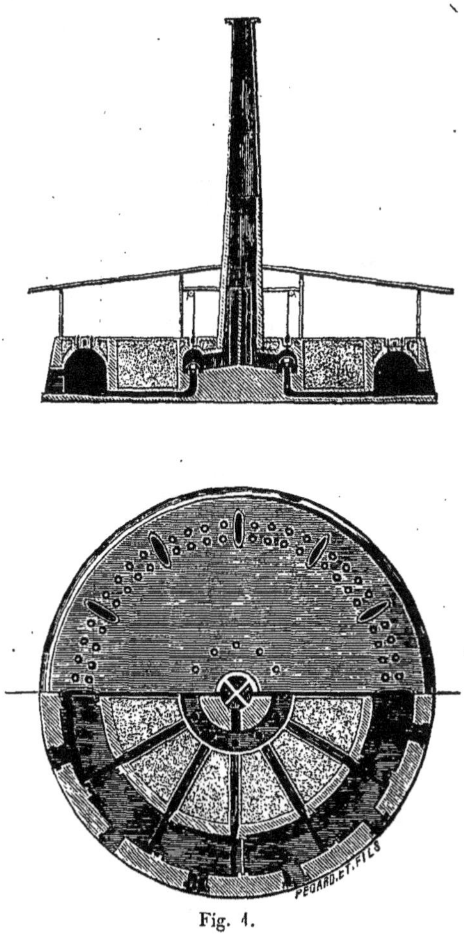

Fig. 1.

On reconnaît par ces indications que l'air frais entrant dans le four par les deux portes ouvertes pour l'enfournement et le défournement, se réchauffe de plus en plus en passant sur les poteries cuites à mesure qu'il approche de la partie du four en ignition ; il arrive à sa plus haute température au point où la combustion se produit, et à partir de ce point il se dirige vers le dernier orifice d'évacuation en abandonnant successivement sa chaleur aux objets enfournés qu'il rencontre jusqu'aux derniers, voisins du registre baissé, qui sont en quelque sorte simplement enfumés. Quand l'enfournement et le défournement sont terminés à l'origine du circuit, on baisse le registre en tôle qui fait suite à celui dont il vient d'être question : on lève celui-ci et la même série d'opérations se reproduit de proche en proche indéfiniment. Ces dispositions sont parfaitement combinées pour produire une grande économie de combustible : M. Hoffman annonce qu'elle atteint les deux tiers de ce que l'on consomme dans les fours ordinaires. Il est d'ailleurs facile, au moyen des nombreuses ouvertures qui servent à l'introduction de ce combustible et des registres, de se rendre compte des progrès de la cuisson et d'en modérer ou d'en accroître à volonté l'activité.

Plus de deux cents fours du système Hoffmann fonctionnent en Allemagne, et environ une trentaine en Angleterre. Le vaste établissement de M. Henri Drasché, à Vienne (Autriche), en occupe à lui seul dix-neuf qui sont en état de produire chacun huit millions de briques par an. Les produits de cette immense fabrique ont particulièrement attiré l'attention à l'Exposition universelle de 1867 : M. Drasché occupe plus de 4500 ouvriers, et sa fabrication annuelle s'élève à 198 millions de briques ; elle comprend en outre les divers objets en terre cuite employés dans les bâtiments, et les motifs d'ornements, frises, chapiteaux, bas-reliefs, vases, statues, très-employés en Autriche, où la pierre sculptée est considérée comme trop chère, à la décoration des édifices : plusieurs des plus importants monuments de Vienne sont construits avec ces matériaux.

Bibliographie. — Parmi les documents où l'on trouve les renseignements les plus complets sur les matériaux de construction, il faut citer les traités généraux de MM. *Rondelet, Sganzin, Reynaud, Demanet;* les rapports de M. *Delesse* ingénieur en chef des mines, membre des jurys des Expositions universelles de 1855, 1862 et 1867 ; la publication de M. *Prisse d'Avennes* sur les marbres de France et d'Algérie ; les *Annales des ponts et chaussées*, où l'on trouve beaucoup de renseignements sur les chaux, mortiers, ciments, pouzzolanes, matériaux de pavage et d'empierrement des routes, et les résultats des recherches de M. l'ingénieur en chef Michelot sur la résistance à l'écrasement d'un très-grand nombre de pierres, les rapports inédits de cet ingénieur, la pratique de l'art de construire de MM. *Claudel et Laroque.*

E. BAUDE.

MENUISERIE. La menuiserie a pour objet principal le travail des bois de petite dimension, destinés à produire les parquets, cloisons, portes, croisées, meubles, en usage dans nos habitations.

L'art de l'ébéniste, du tablettier, du caissier-emballeur, du tonnelier, etc., sont des branches détachées de la menuiserie : on ne se propose ici que d'indiquer les applications relatives à l'industrie du bâtiment. On y distingue deux sortes d'ouvrage : la menuiserie dormante et la menuiserie mobile.

On recherche pour ces ouvrages les bois sains, bien secs, dépourvus de vices ou maladies, avec plus de soin encore peut-être que pour la charpente ; on préfère les bois gras qui ont moins de force, mais qui présentent plus de régularité, et se prêtent plus facilement au travail des outils et à la décoration.

Le commerce fournit à la menuiserie des bois dont les dimensions sont constantes ; il importe de les connaître, et quand on projette des ouvrages de ce genre, d'en disposer tous les éléments de manière à utiliser les bois du commerce avec le moindre déchet possible. Le tableau suivant indique les désignations et les dimensions en usage à Paris.

DÉSIGNATIONS DES BOIS.	DÉSIGNATIONS COMMERCIALES.	LONGUEUR.	LARGEUR.	ÉPAISSEUR.	OBSERVATIONS.
		m.	m.	m.	
Chêne de bateau....	De rebut.............	»	»	0.027	Remplissages. Longueurs
	Cloisons de cave........	»	»	0.027 à 0.041	et largeurs variables.
Chêne de Champagne.	Feuillet.............	2.00	0.230	0.013	Le chêne de Champagne
	Panneau.............	2.00	0.230	0.020	à Paris est généralement
	Entrevoux............	2.00	0.230	0.027	flotté.
	Planche.............	2.00	0.330	0.034	
	Id.............	2.00	0.220	0.041	
	Id.............	2.00	0.200	0.047	
	Doublette............	2.00	0.320	0.054	
	Petit battant..........	2.00	0.234	0.075	
	Membrure............	2.00	0.16	0.080	
	Battant de porte-cochère.	2.00	0.320	0.110	
	Chevrons............	2.00	0.080	0.080	
Sapin de bateau.....	De rebut............	»	»	0.027	Remplissages ; ouvrages
	Marchand............	1.95 à 5.85	0.220	0.027	provisoires.
	D'échafaudage.........	»	»	0.034 à 0.041	
	Plats-bords...........	17 à 22.75	0.33 à 0.36	0.054 à 0.055	
Sapin de Lorraine...	Roannais............	16.00	0.320	0.08	
	Feuillet............	3.57	0.320	0.013	Menuiserie commune.
	Planche............	3.57	0.320	0.027	
	Id............	3.90	0.320	0.034	
	Id............	3.90	0.250	0.041	
	Madrier............	3.90	0.220	0.054 à 0.065	
Sapin du Nord......	Feuillet............	2.00	0.220	0.013	Non flotté.
	Panneau............	2.00	0.220	0.020	
	Planche............	2.00	0.220	0.027	
	Id............	2.00	0.220	0.034	
	Madrier............	2.00	0.220	0.080	
	Chevrons............	2.00	0.080	0.080	
	Bastingage...........	2.00	0.160	0.04 à 0.065	
Peuplier..........	Volige............	»	»	»	Couvertures.

La difficulté principale de la composition des ouvrages en menuiserie résulte de ce que par leur destination et par la forme des éléments qui les composent, ils sont exposés à varier de dimensions sous l'influence de l'humidité. Des expériences ont montré dans quelles limites des planches exposées alternativement à un air humide et à un air sec étaient susceptibles de varier. Voici les résultats cités par M. L. Reynaud :

DÉSIGNATION DES BOIS.	CONTRACTIONS.		
	Maximum.	Minimum.	Moyenne.
Chêne	0,0180	0,0026	0,0090
Sapin de France. .	0,0184	0,0064	0,0110
Sapin du Nord. . . .	0,0184	0,0026	0,0103

Ces contractions ont lieu perpendiculairement aux fibres; dans le sens de la longueur des fibres elles sont insensibles.

Les variations sont d'autant plus dangereuses et la durée des ouvrages est d'autant moins assurée que le bois est moins parfaitement purgé de séve; aussi recommande-t-on comme un principe essentiel de laisser séjourner dans l'eau courante deux ou trois mois les bois destinés à la menuiserie, pour que la séve ait le temps d'être complétement entraînée, et de ne les mettre en œuvre qu'après avoir été conservés quatre ou cinq ans en magasin dans de bonnes conditions d'aération.

Ce procédé immobilise des capitaux considérables, et l'on a cherché des moyens de hâter l'expulsion de la séve et la dessiccation des bois par l'emploi de la vapeur, de la fumée, d'étuves, etc; aucun de ces procédés n'a réussi à se généraliser. Quand on a de grands travaux à diriger il est prudent, dès le début, de faire provision de bois de menuiserie, dût-on ne les employer que de longues années après.

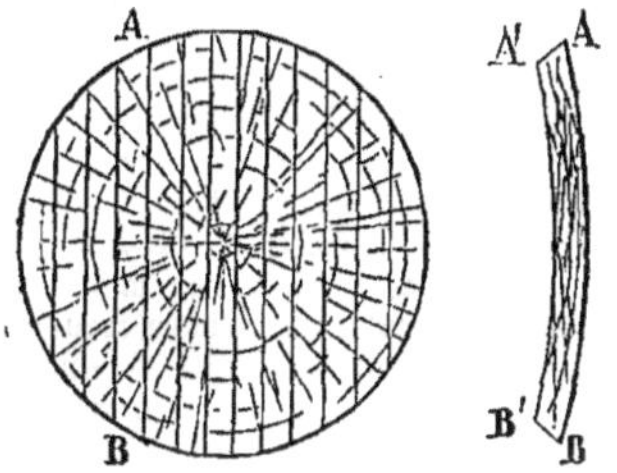

Fig. 1.

Une autre circonstance est de nature à exercer une influence considérable sur la conservation des ouvrages de menuiserie : c'est la manière dont les bois ont été débités. En effet, toutes les parties du bois ne sont pas également hygrométriques; dans le chêne, par exemple, les mailles, ces taches luisantes produites par la section oblique des prolongements médullaires qui vont de la moelle à l'écorce, sont beaucoup plus susceptibles d'absorber l'humidité que les parties foncées du tissu ligneux. Si l'on considère une bille de bois débitée en planches par des traits de scie parallèles, et si l'on prend à part la planche AB, les mailles seront plus rapprochées sur la face AB de cette planche que sur la face opposée A'B'. Dans le cas où elle serait exposée à l'humidité, cette première face s'allongera plus que la seconde; il faudra donc que la planche se voile ou se gauchisse; l'effet inverse se produira si le bois est au contraire exposé à la sécheresse. La planche prise au milieu, c'est-à-dire dans la direction d'un diamètre serait seule exempte de cet inconvénient. On a cherché à se rapprocher de cette condition en débitant le bois non plus par traits de scie parallèles dans toute sa section transversale, mais comme il est indiqué dans les figures ci-contre. Pendant longtemps on a employé, à Paris, sous le nom de chêne de Hollande des bois de Champagne et de Lorraine, qui allaient subir cette main-d'œuvre en Hollande et nous étaient ensuite rapportés à grands frais. Le procédé hollandais est aujourd'hui employé partout. L'excès de main-d'œuvre et le déchet qu'il occasionne sont amplement rachetés par la meilleure qualité du bois.

Fig. 2.

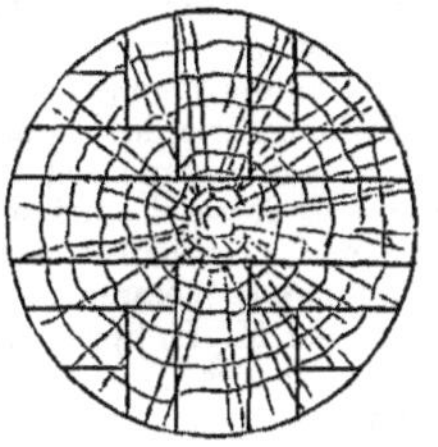

Fig. 3.

Ainsi le problème posé au menuisier consiste en général à faire des constructions de dimensions invariables avec des matériaux dont le volume change sans cesse, suivant l'état hygrométrique de l'air. Il a été résolu par un des procédés les plus ingénieux et les plus simples qu'ait produit l'art de construire, l'assemblage à embrèvement longitudinal. Ce procédé consiste à former des cadres ou châssis de pièces assemblées entre elles, à tenon et mortaises, et dans leurs faces intérieures à pratiquer des rainures où viennent se loger les bords des planches qui forment les panneaux de remplissage, en laissant le jeu nécessaire pour que les contractions et les dilatations du bois puissent se produire librement : elles cessent alors d'être apparentes au regard. Cet assemblage est susceptible de recevoir des dispositions très-diverses; ordinairement les arêtes de la planche la plus épaisse sont abattues et ornées de moulures qui arrêtent l'œil et contribuent à dissimuler la déformation du panneau. Les lambris, dont il sera question plus loin, nous offrent l'application la plus complète et la plus fréquente de cette disposition.

Les rainures doivent être d'autant plus profondes que les planches ou panneaux embrevés sont plus larges; pour les planches de $0^m,22$ de large, on leur donne $0^m,008$ de profondeur; pour les panneaux $0^m,015$ à $0^m,018$.

Les menuisiers emploient, du reste, la plupart des assemblages désignés à l'article CHARPENTE et notamment les assemblages à tenon et mortaise, à rainure et languette, à onglet, à bois de fil, etc.

OUTILLAGE.

Les outils employés par les menuisiers sont à peu de chose près les mêmes que ceux désignés à l'article CHARPENTE. Il serait superflu de répéter la nomenclature donnée à cette occasion, et les détails contenus dans plusieurs articles spéciaux : RABOT, SCIE, TARIÈRE, TOUR, OUTILS. Les menuisiers font un fréquent usage de la colle, sur laquelle toutefois on ne doit compter que comme auxiliaire utile, qui ne dispense pas d'exécuter les joints et assemblages avec toute la précision possible et de les consolider au besoin par des armatures métalliques; de là quelques appareils spéciaux, serre-joints, etc., qui servent à maintenir les pièces au contact jusqu'à ce que la colle soit bien durcie.

Depuis quelques années le travail des bois pour la menuiserie est entré dans une voie toute nouvelle et très-rationnelle. En effet, dans l'industrie du bâtiment les ouvrages de menuiserie, parquets, lambris, portes, croisées, etc., se composent de pièces identiques se répétant un très-grand nombre de fois; il en est de même dans la plupart des industries qui procèdent de l'emploi du bois comme matière première; l'application des machines-outils à ces travaux était naturellement indiquée pour y apporter l'économie, la régularité et la rapidité nécessaires.

Parmi les plus intéressantes tentatives faites dans ce but on peut citer la fabrication des poulies installée par M. Brunel père, à l'arsenal de Portsmouth, modèle déjà ancien de l'organisation complète d'une industrie de cette nature rendue entièrement mécanique; l'atelier de tonnellerie de l'arsenal de Woolwich; plusieurs ateliers de carrosserie, soit pour l'artillerie, les voitures de luxe et de service, les omnibus ou les chemins de fer; dans ces dernières années, la fabrication des roues de voiture à la mécanique a été organisée très-parfaitement par M. Philippe, dont on a décrit précédemment les scieries. C'est, en effet, le perfectionnement de ce mode si rapide de travailler le bois qui a permis surtout de rendre ces diverses fabrications presque entièrement automatiques; c'est surtout l'emploi de la scie circulaire de Brunel, si facilement conduite et guidée sur un chariot, qui a permis de pratiquer avec rapidité des sillons parallèles. On a donné à l'article SCIE les derniers perfectionnements de la scie, l'invention de la scie continue, qui, n'ayant qu'une largeur minime, et mue avec une grande vitesse, est parfaitement propre à obtenir à très-bon marché une foule de formes à génératrice rectiligne que réclame l'ébénisterie. Aujourd'hui, à Paris, les travaux de cette industrie se réduisent presque au montage et à l'assemblage des bois; le reste s'exécute, à prix fait, dans une dizaine d'ateliers montés mécaniquement, établis dans le faubourg Saint-Antoine d'après les types primitivement organisés par M. Perrin. La dernière Exposition universelle a montré que l'action mécanique tend de plus en plus à se substituer, ici comme ailleurs, à la main de l'homme.

On doit s'assurer avant de soumettre les bois à l'action des machines qu'ils sont bien exempts de pointes, clous ou tous autres corps durs qui pourraient briser les outils et amener des accidents.

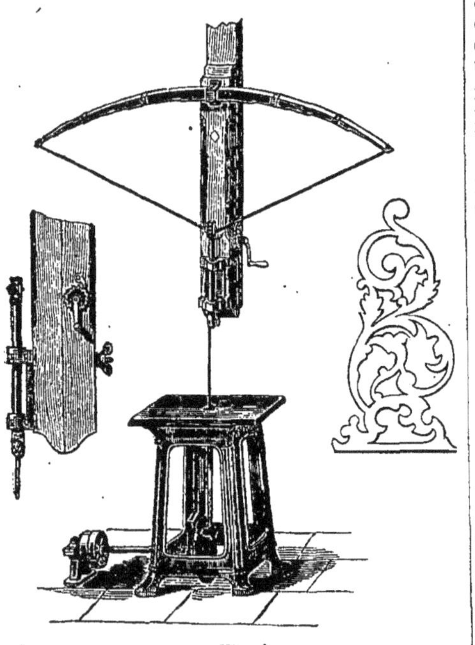

Fig. 4.

Les machines-outils pour la préparation des bois se classent en diverses catégories suivant leur objet, savoir :

1° Les *scies*, dont on distingue trois espèces principales : les scies à lames verticales et mouvement alternatif, les scies circulaires, les scies en rubans sans fin, à lames verticales et mouvement continu. Ce sujet a été traité complétement par M. H. Mangon, à l'article SCIERIE MÉCANIQUE du Dictionnaire; nous ne pouvons mieux faire que d'y renvoyer le lecteur.

Nous appellerons cependant l'attention sur la scie à découper à mouvement alternatif, dont l'usage s'est considérablement répandu depuis quelques années; c'est avec cette machine que l'on exécute les ouvrages en bois découpé qui décorent les chalets et autres constructions légères aujourd'hui si employées. La scie est fixée par des vis de pression entre deux coulisseaux et actionnée par un petit volant logé entre les pieds de la table. Le degré de tension convenable lui est donné par le moyen de la petite manivelle figurée à droite du dessin. Les lignes à découper sont tracées sur la face du bois qui peut glisser dans tous les sens sur la table de fonte en tordant légèrement la lame de scie pour suivre tous les contours du trait dessiné. Pour les découpures intérieures on introduit la lame dans un trou préalablement percé dans la masse à enlever. On a pu admirer à l'Exposition universelle de 1867, parmi les produits présentés par M. Perin, l'un des industriels qui ont fait faire les plus grands progrès au travail mécanique du bois, l'extrême variété et l'extrême délicatesse des ouvrages obtenus au moyen de cette machine.

M. Perin construit aussi des scies à lames sans fin à quatre poulies, pour charpentiers, qui sont très-commodes pour fabriquer les tenons : ces machines se composent essentiellement de deux scies à rubans très-rapprochées se mouvant dans des plans verticaux perpendiculaires entre eux, et desservant un même établi; la pièce de bois, présentée d'abord à l'un de ces outils, peut y recevoir deux traits de scie parallèles correspondant aux joues du tenon; en la déplaçant de quelques centimètres seulement, elle se trouve présentée pour recevoir deux autres traits de scie dans un sens perpendiculaire aux premiers et correspondant à l'about de la pièce; le tenon se trouve fait en quelques instants.

2° Les *tours*, voir ce mot au Dictionnaire. Signalons toutefois en passant la machine américaine à tourner les bâtons de chaise, baguettes et pièces analogues, qui a été remarquée à la dernière Exposition.

Dans cet appareil, contrairement au principe ordinaire du tour à bois, l'objet est fixe et le couteau est mobile.

On connaît la variété presque infinie de machines-outils qui dérivent du principe du tour : parmi les plus remarquables applications qui en aient été faites au travail des bois, il faut au moins rappeler les machines à faire les formes de cordonnier, les bois de fusil, etc.

3° Les *outils à corroyer, raboter, blanchir ou planer* le bois, remplaçant l'herminette, la varlope ou le rabot de l'artisan; on a imité directement dans ce genre d'outils le travail de l'homme en animant d'un mouvement alternatif, au moyen d'une bielle actionnée par un moteur quelconque, un outil semblable à la varlope du menuisier et convenablement guidé (Varlope mécanique).

On s'est aussi servi d'outils composés d'une seule lame tranchante, glissant parallèlement à la surface du bois et enlevant d'un seul coup tout ce qui dépasse le niveau du plan que l'on veut obtenir. Ces outils sont analogues à ceux que l'on emploie pour débiter les bois de placage, dont les figures 5 et 6 offrent une coupe et un plan. La pièce de bois à débiter en plaques minces est fixée sur une table en fonte que l'on peut élever au moyen de quatre vis à mesure que le travail avance. L'outil proprement dit, qui, par le fait, n'est qu'un couteau ou fer de rabot de grande largeur, est fixé vers ses deux extrémités à des crémaillères, qui sont poussées en avant par une série de pignons et d'engrenages, commandés eux-mêmes par une poulie motrice.

Dans d'autres cas, c'est le fer qui est fixe, c'est le bois qui vient à sa rencontre ; ces machines exigent une grande puissance motrice.

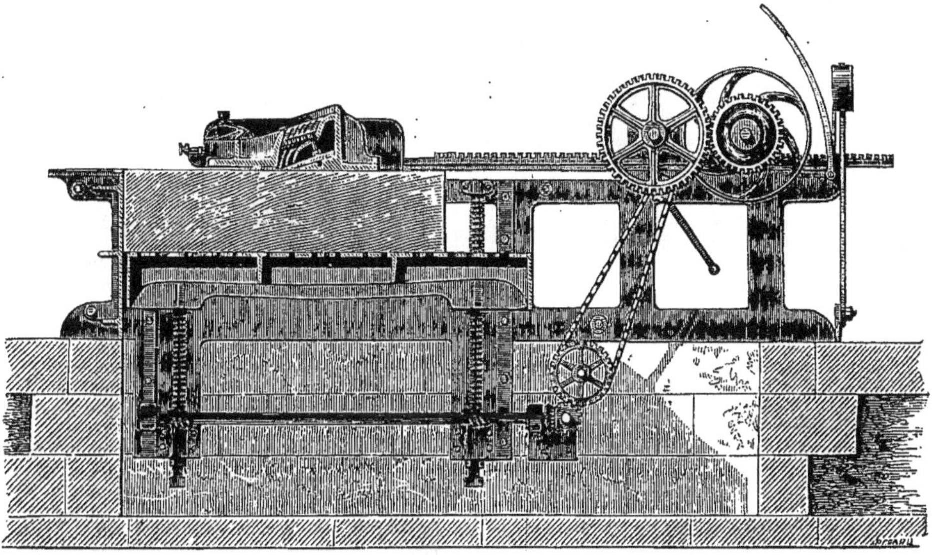

Fig. 5.

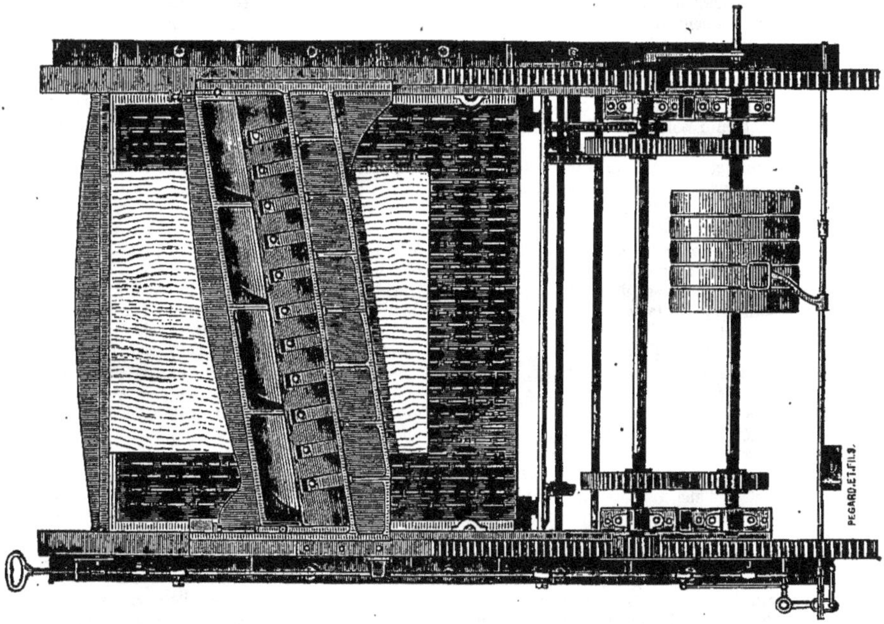

Fig. 6.

D'autres machines à débiter les feuilles de placage permettent de les obtenir de grande largeur et de longueur presque indéfinie ; mais elles ne sont applicables qu'à des bois compacts, homogènes et flexibles. Dans ces appareils, analogues au tour, la pièce de bois est fixée par les extrémités de son axe sur deux poupées ; elle est animée d'un mouvement de rotation lent : dans ce mouvement elle rencontre l'arête d'une lame tranchante, parallèle à son axe, qui détache son enveloppe, et se rapprochant de plus en plus de l'axe ne s'arrête que quand le diamètre de la pièce est réduit au minimum indiqué par la pratique.

Nous reproduisons du reste la description des ces machines donnée dans la précédente édition du Dictionnaire.

Machine à débiter le bois de placage de M. Garand. « Couper les bois en plaques minces par procédés mécaniques est une chose fort anciennement connue, surtout pour la boissellerie. L'application au placage en avait également été faite par M. Picot, à une date ancienne, mais ces essais avaient présenté des inconvénients tels que l'ébénisterie en avait toujours repoussé les produits, fabriqués d'ailleurs en petites dimensions et pour des usages assez restreints.

« On comprend l'importance qu'il y a, lorsqu'on emploie des bois d'un prix élevé, à ne pas faire de perte comme dans le débitage à la scie, dans lequel l'épaisseur du trait, c'est-à-dire de la perte, se rapproche de celle du bois utilisé.

« C'était donc un problème fort curieux à résoudre s'il était possible, que de remplacer la scie par un couteau qui ne laissât pas de déchet. Voici comment était disposée la machine mise à l'Exposition de 1855, par M. Garand.

« Le bois, passé à la vapeur, est placé sur une table horizontale qui s'élève à volonté. Deux crémaillères poussent horizontalement un bâti armé d'une lame de 1^{m},40 de longueur; cette lame est placée obliquement par rapport au mouvement qu'elle reçoit; à chaque course, elle détache une feuille de bois.

« Dans la machine construite antérieurement à la précédente, et sur laquelle nous allons donner quelques détails, le même inventeur s'était proposé de découper les feuilles circulairement, et, à cet effet, il donne au couteau un mouvement de translation, pendant que le bois reçoit un mouvement de rotation.

« La grande difficulté était d'avoir un couteau très-mince de tranchant, n'éclatant pas des bois très-difficiles à couper, et cependant présentant une rigidité complète pour ne pas s'engager ou être repoussé. M. Garand l'a bien résolue. Les feuilles sont d'une épaisseur très-égale et fort bien coupées; de plus, le bois n'est pas brisé, ce qui était un point indispensable pour la vente des produits. Il y a donc là un service important rendu à une industrie fort étendue et évitant une perte de matière première d'un prix élevé. Il semble que cette machine offre le seul moyen d'employer en placage certains bois précieux, qui ne se trouvent pas en grandes dimensions et qui par suite ne peuvent être obtenus ainsi que par le déroulement spiral de la feuille. C'est en effet ce résultat qui a fait le succès de cette machine; car le bois gardant, relativement à celui débité à la scie, une certaine élasticité, des fibres longues, exige au placage une meilleure colle et plus de soins au polissage.

« Ce n'est guère, dit M. Poncelet, avant les années 1849 à 1851 que les machines construites par cet artiste, avec une remarquable précision, purent fonctionner couramment et d'une manière vraiment profitable au point de vue commercial; ce qui jusqu'alors n'avait point eu lieu pour les petites machines à dérouler le bois de Pape ou de Faveryer, et ce qu'elles doivent principalement à la disposition ingénieuse du couteau, imitée toujours de celle de la varlope, mais où l'on aperçoit de plus, comme dans la scierie de M. Frentz, l'emploi de deux règles biseautées en fer, serrant fortement entre elles la lame effilée et amincie jusqu'auprès du tranchant, tout en l'empêchant de mordre dans la bille de bois au delà de l'épaisseur jugée dans chaque cas nécessaire. Cette épaisseur est ici d'ailleurs réglée par l'avance continue d'un large chariot horizontal en fonte, à patins et coulisses à grains d'orge, conduit parallèlement par une vis centrale, et portant l'outil soutenu, épaulé de distance en distance par de forts étriers postérieurs à vis de serrage, cette fois disposé presque verticalement et tangentiellement à la bille de bois, de manière à agir non plus au sommet, mais latéralement à cette bille, qui, en tournant lentement au-dessus d'une bassine à eau chaude, où elle baigne légèrement, est simplement montée, aux deux bouts, sur de fortes pointes de tour pyramidales et munies de croisillons variables de forme, de dimension, avec le diamètre de cette même bille, à laquelle, selon la couleur, la contexture ou l'essence, l'application de l'eau chaude et le déroulage qui tend à ouvrir intérieurement les fibres lors du redressement permanent des feuilles destinées au placage, ne laissent pas que de faire subir certaines modifications plus ou moins favorables, et qui probablement se reproduisent, mais avec moins d'intensité ou de persistance, dans le tranchage à plat des bois.

« Quant aux arbres moteurs du tour, ils étaient, dans ces premières machines de M. Garand, mis en rotation de part et d'autre de la bille au moyen de rouages dentés solidaires et symétriquement situés, soutenus par des poupées verticales, l'une entièrement fixe, l'autre, à suspension supérieure, susceptible d'être déplacée latéralement ou horizontalement d'après la longueur de la pièce à dérouler, mais dont l'arbre central, fileté à vis, pouvait lui-même glisser, recevoir un déplacement relatif longitudinal dans l'intérieur du moyeu de la grande roue motrice, enveloppant extérieurement les filets de vis, auxquels il était simplement uni par un tenon glissant dans une feuillure rectiligne pratiquée au travers de la partie carrée et saillante de ces mêmes filets. Il est sans doute peu nécessaire d'ajouter que, dans cette ingénieuse machine, l'avance de la vis horizontale, conductrice du chariot porte-outil le long de ses coulisses, est subordonnée à la rotation même de la bille, au moyen d'engrenages, de poulies à cordons sans fin, dont il est toujours facile de faire varier les rapports de vitesse proportionnellement à l'épaisseur qu'il s'agit de donner aux feuilles de placage à dérouler; mais il importe beaucoup, au contraire, de faire remarquer qu'ici la marche de l'outil à inclinaison transversale légèrement variable au moyen de vis de rappel, pour régler la profondeur du mordant ou de la prise, ne serait point suffisamment assurée si, à l'imitation de ce qui avait lieu dans la machine primitive de M. Pape, la partie extérieure ou détachée des feuilles n'était soutenue, au point même où s'opère le déroulement de la bille, à l'aide d'un butoir à talon arrondi dont la position, par rapport au tranchant de l'outil, toujours réglée au moyen de vis de rappel, détermine en réalité l'invariabilité de l'épaisseur des feuilles.

« Malgré la complication apparente de la machine à dérouler de M. Garand et sa cherté relative, conséquence inévitable de tout système de construction en fer et en fonte, elle paraît destinée à rendre d'utiles services à l'industrie du placage, du moins si l'on en juge d'après les résultats qu'en obtient depuis plusieurs années M. L. Maréchal dans ses ateliers de la rue de Charonne, à Paris, où une puissance de six chevaux-vapeur, appliquée à une machine de cette espèce, produit journellement, et sans déchet appréciable, des feuilles de plus de 2 mètres de largeur sur 100 mètres de longueur, tirées de billes d'essences diverses, à raison de trente au pouce, vendues aux ébénistes du faubourg Saint-Antoine et de l'étranger même, sous la forme de rouleaux découpés en volutes ou spirales, et toutes prêtes à recouvrir par le collage des surfaces d'une étendue pour ainsi dire quelconque. Un atelier de pareilles machines, dont le couteau et la bille marchent avec une vitesse relative d'environ 8 mètres par minute, serait capable de livrer la majeure partie des feuilles de placage nécessaires à la consommation d'une ville telle que Paris, si la demande ou la vogue s'en mêlait, et si l'affûtage trop fréquent d'aussi longs outils, pour lequel M. Garand a imaginé une ingénieuse et simple machine où la lame, serrée entre deux mâchoires verticales, passe et repasse horizontalement devant des meules à rotation rapide, n'entraînait des chômages qui ralentissent considérablement la production, quand on vise à obtenir des feuilles nettement tranchées et d'une épaisseur uniforme dans toute leur étendue; ce qui suppose des ouvriers aussi intelligents qu'attentifs, outre un biseau d'acier très-aigu, non-cassant et néanmoins assez fortement épaulé pour résister dans toute sa longueur à l'inégalité d'action des fibres du bois.

« Dans le fait, le système par déroulement, malgré l'avantage de la rapidité, ne paraît pas destiné à remplacer complétement, pour certains bois, le débit par sections véritablement planes, lequel donne lieu à des effets très-différents, souvent préférables et dépendant essentiellement de la disposition des nœuds ou des veines dans les diverses essences; mais, comme l'emploi des scies dentées entraîne forcément des déchets très-appréciables, on est revenu dans ces derniers temps, avec une nouvelle ardeur, aux machines à trancher à plat, particulièrement favorables aux bois ronceux. »

Il faut convenir toutefois que l'avantage si apprécié de diminuer le déchet du bois, qui résulte de l'emploi de ces machines, peut être compensé pour certaines essences par la perte de matière colorante due à l'immersion dans l'eau chaude et par la diminution de force du tissu ligneux. Le noyer paraît être de tous les bois celui dont l'aspect serait le moins altéré.

Revenons maintenant aux machines à raboter les plus usuelles.

L'outil à planer les bois le plus répandu, le moins volumineux, le plus léger, le plus facile à mouvoir et à entretenir imite le travail de l'herminette et non celui du rabot. Il se compose d'un massif en fonte, calé sur l'arbre moteur et portant des lames plus ou moins espacées, et diversement disposées suivant la nature du bois à travailler. Ces lames sont fixées sur le porte-outil au moyen de vis, et sont faciles à changer quand elles ont besoin d'être affutées : on y a souvent ajouté des contre-lames, comme dans le rabot ordinaire, soit pour consolider le tranchant, soit pour éviter les éclats du bois. L'inconvénient de ce système est de donner lieu à des chocs répétés absorbant beaucoup de travail et produisant des trépidations nuisibles. Pour l'atténuer, tantôt on a réparti les lames sur le porte-outil,

Fig. 7.

Fig. 8.

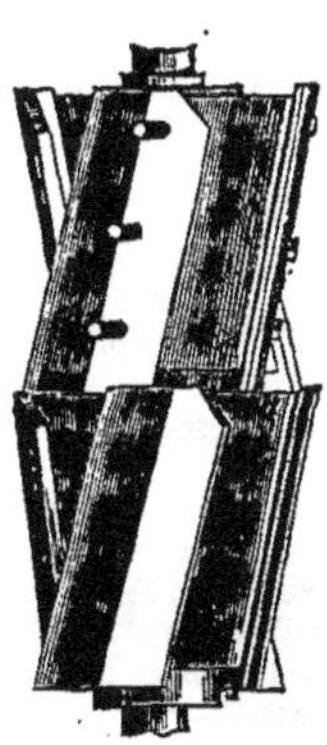

Fig. 9.

de manière que chacune ne frappe qu'une fraction de la largeur de la planche; tantôt on les a inclinées sur l'axe de l'arbre moteur, de façon que leur tranchant est dirigé suivant des portions d'hélice; tantôt on a combiné ces deux arrangements.

Les figures 7, 8 et 9 donnent un exemple d'une disposition d'outils analogue à celle dont nous venons de parler et qui a été employée par M. Dietz dans la machine à planer les bois de ce constructeur. Deux outils semblables, tournant autour d'axes verticaux, et entre lesquels passe la planche de champ, la rabotent dans la perfection : deux autres outils plus petits la travaillent sur les bords et elle sort de la machine blanchie sur les quatre faces.

M. Fréret de Fécamp donne à ses porte-outils la forme de cylindres ne présentant que les évidements nécessaires pour le passage des lames : cette disposition a surtout pour objet de diminuer la résistance de l'air; elle permet d'augmenter la vitesse de l'outil.

M. Mareschal a résolu directement le problème, en adoptant des lames hélicoïdales ayant toute la longueur

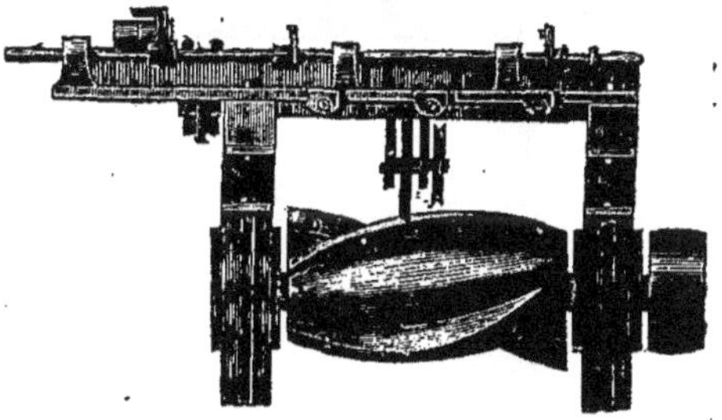

Fig. 10.

du porte-outil (fig. 10). Ces lames seraient d'un affûtage difficile si le constructeur n'y avait pourvu par une combinaison automatique très-ingénieuse. L'expérience seule pourra prononcer si l'économie de force motrice, due à l'absence de chocs que présente cet appareil, n'est pas compensée par la complication de quelques-unes de ses parties.

Parmi les autres organes importants des machines à raboter les bois, on compte ceux qui sont destinés à faire progresser la planche, à la guider et à l'empêcher de se soulever et de se déplacer sous l'action des outils. On emploie pour le premier de ces objets soit un chariot, alors on ne peut dresser le bois que sur une seule face à la fois; soit des cylindres cannelés dont la vitesse de rotation est obtenue et réglée par un système d'engrenages ou de courroies actionnées par l'arbre moteur de tout le système; cette disposition est la plus ordinaire; soit une chaîne sans fin garnie de talons mobiles. Pour empêcher la planche de se soulever et de se déplacer on la maintient au moyen d'autres cylindres non cannelés appuyant aussi fortement sur elle qu'on peut le désirer, par l'effet de poids ou de ressorts à boudin faciles à régler.

L'axe de rotation de l'outil peut être déplacé parallèlement à lui-même, suivant l'épaisseur des planches à dresser, grâce à son assemblage à grain d'orge sur le bâti (fig. 13).

Dans certaines machines la planche rabotée rencontre à sa sortie une lame fixe de rabot montée sur le bâti qui achève de dresser parfaitement sa surface.

La vitesse de rotation du porte-outil est ordinairement par minute d'environ 2,000 tours, et la vitesse de progression du bois de $2^m,50$.

4° Les *outils à faire les rainures, languettes et moulures* de toute forme remplaçant le guillaume, le bouvet, etc. On distingue deux classes principales d'outils à faire les moulures : les premiers sont disposés comme ceux que nous venons de décrire ; seulement les fers au lieu d'avoir le tranchant rectiligne présentent la contre-partie du profil demandé pour la moulure, comme les fers des bouvets et guillaumes du menuisier.

Fig. 11.

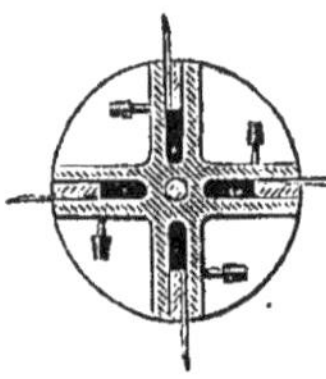

Fig. 12.

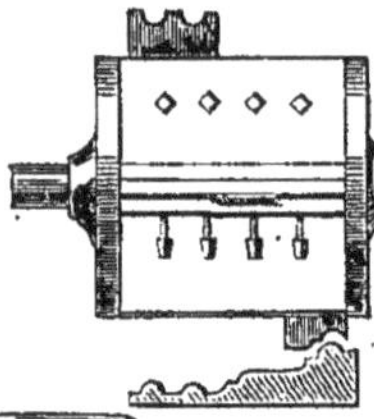

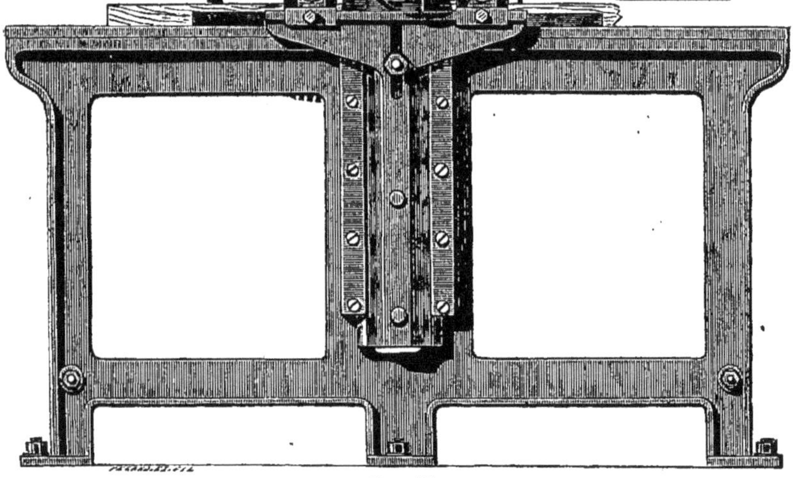

Fig. 13.

Une de ces machines est représentée suffisamment en élévation par la fig. 13 pour que l'on puisse en comprendre le jeu; les fig. 11 et 12 offrent la coupe et l'élévation de l'outil disposé pour fabriquer une planche moulurée de chambranle de porte ou de croisée. Cette machine ne peut faire que des moulures droites.

Les outils à moulurer de la seconde classe sont beaucoup plus simples et nous offrent l'une des innovations les plus fécondes introduites dans le travail mécanique

Fig. 14.

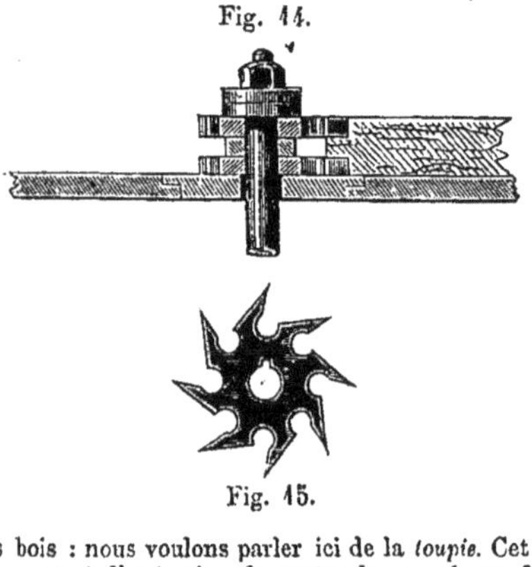

Fig. 15.

des bois : nous voulons parler ici de la *toupie*. Cet outil, propre à l'exécution de toutes les moulures, feuillures, rainures, languettes, etc., droites ou cintrées, est fondé sur le même principe que les précédents, mais il en diffère en ce que son axe de rotation est vertical et perpendiculaire à la largeur de la planche à travailler, comme dans les fig. 14 et 15, au lieu d'être parallèle à la largeur de la planche et horizontal.

Dans beaucoup de cas plusieurs des outils précédents sont réunis sur un même bâti ; la pièce de bois en avançant sur la table ou sur le chariot qui la porte, les rencontre successivement et ne quitte la machine qu'après avoir reçu le profil demandé sur toute sa longueur et sur tout son contour.

Telles sont les machines à fabriquer les frises des parquets, qui peuvent travailler les bois sur trois faces à la fois. Nous donnons ici (fig. 16 et 17) la coupe et le plan d'une de ces machines, construite par MM. Arbey et Cie. La fig. 18 représente la projection transversale sur un plan vertical de la partie supérieure de la machine. On y distingue les parties principales suivantes :

a planche en préparation;
b établi;
c poulie motrice et mécanisme pour faire progresser la planche;
d rouleaux avec paliers à ressort pour maintenir et fixer la planche au droit des outils, tout en tenant compte des irrégularités de sa surface;
e raboteuse et sa poulie motrice;
f outil à faire les languettes;
g outil à faire les rainures.

MM. Fréret et Cie emploient dans leurs usines de Fécamp des machines à dresser les bois sur les quatre faces, dont la disposition diffère des précédentes : le bois y est travaillé de champ; les raboteuses ont leur axe

MENUISERIE.

vertical; elles font 3500 tours par minute et portent trois fers; le bois reçoit plus de 10 coups d'outil par centi-

Fig. 46.

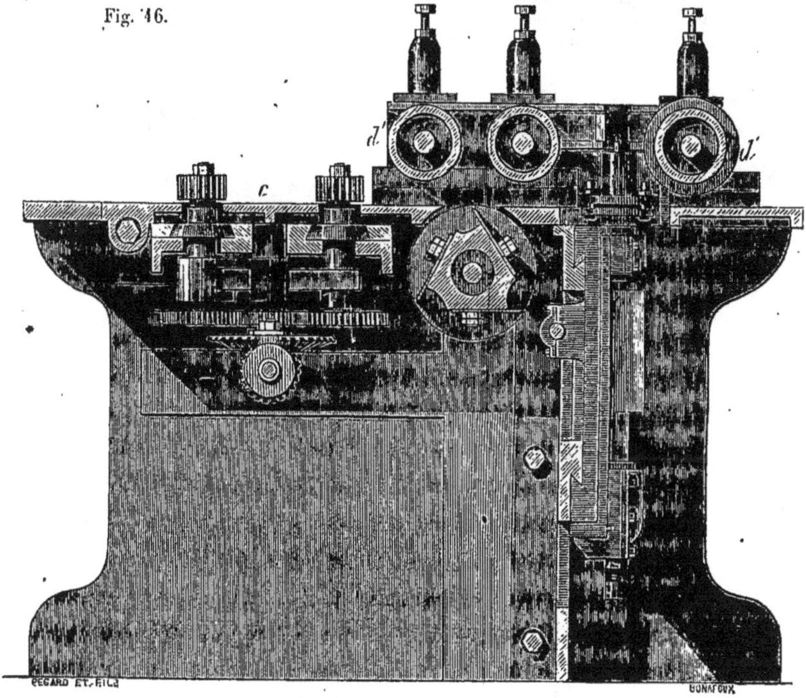

Fig. 47.

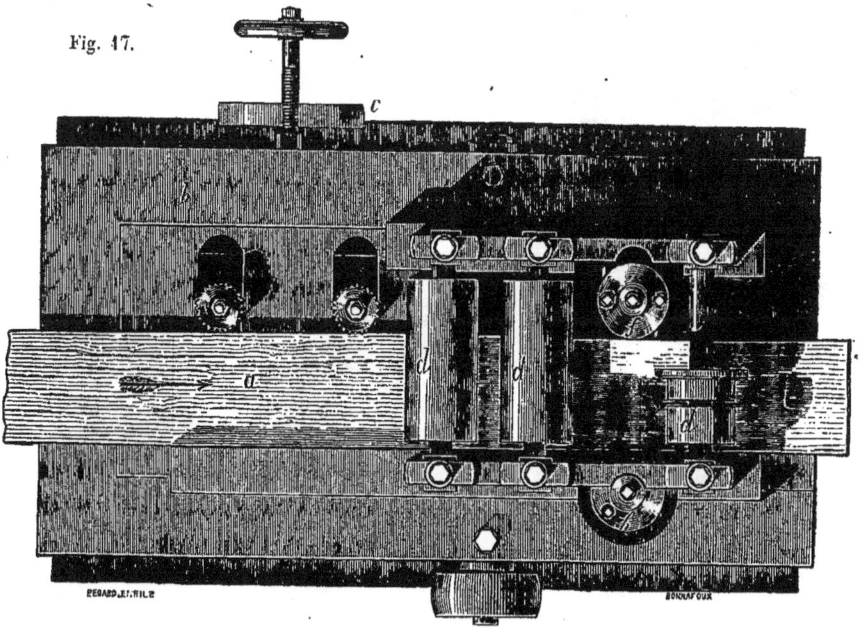

mètre linéaire. La machine débite 10 mètres de longueur de planche par minute, soit environ 4000 mètres, par journée de 10 heures en tenant compte des arrêts. Cette machine se prête à toute espèce de travaux; en donnant aux fers des outils des formes convenables, elle peut servir à établir les grands cadres de lambris,.

MENUISERIE.

battants et dormants de portes et croisées, jets d'eau, pièces d'appui, plinthes, chambranles, etc., sans qu'il soit nécessaire d'y faire aucune retouche.

5° Les *outils tranchants par percussion* remplacent l'action du ciseau, du bédâne, de la bisaiguë; tels sont ceux des machines à faire les tenons; ils sont encore

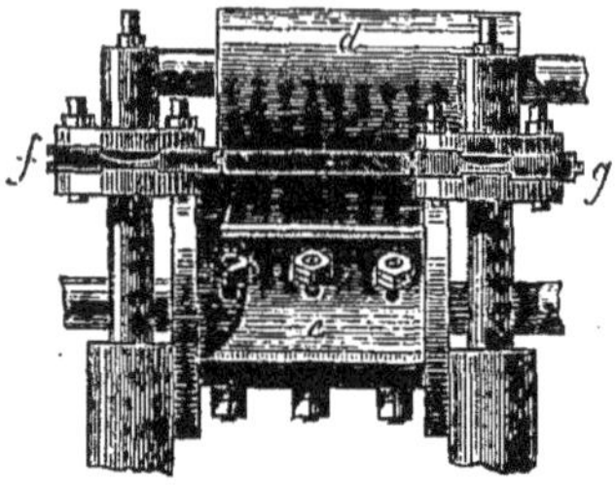

Fig. 18.

fondés sur le même principe, la substitution d'un mouvement circulaire continu au mouvement rectiligne alternatif donné par la main de l'homme. La forme du fer est modifiée pour résister aux chocs violents auxquels il est exposé.

Nous empruntons encore aux albums de MM. Arbey et Cie les croquis ci-contre d'une machine à faire les tenons et doubles tenons, droits ou obliques, dont la

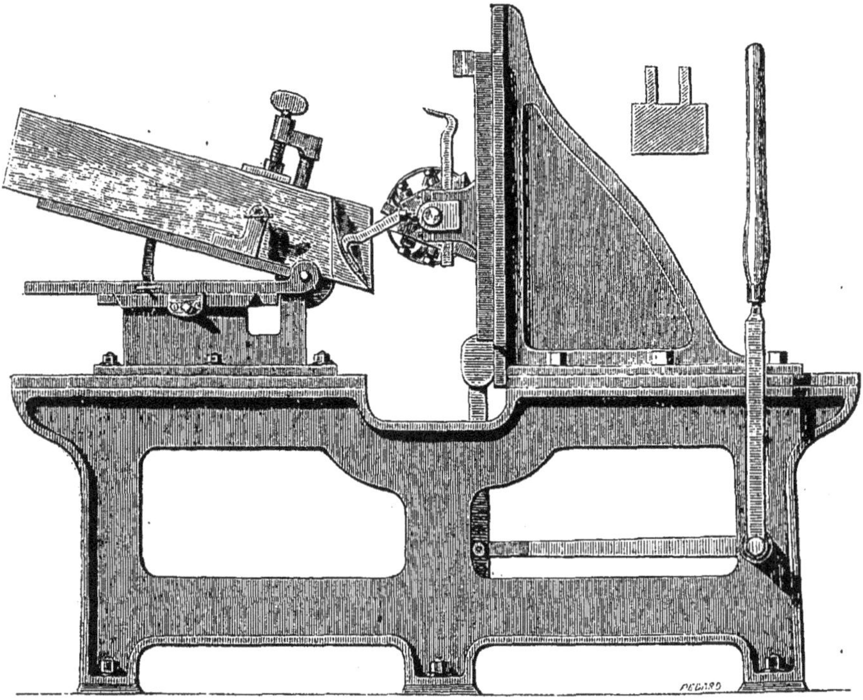

Fig. 19.

disposition et le mode d'action sont faciles à saisir (fig 19, 20 et 21). La pièce à travailler porte sur un plateau dont l'inclinaison peut varier à volonté.

Ces outils donnent lieu à des chocs multipliés et violents, et l'on semble aujourd'hui incliner vers des formes qui se rapprochent davantage de celles indiquées dans

Fig. 20.

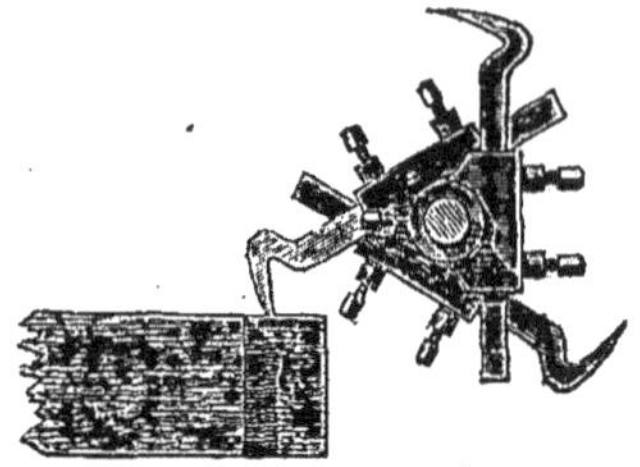

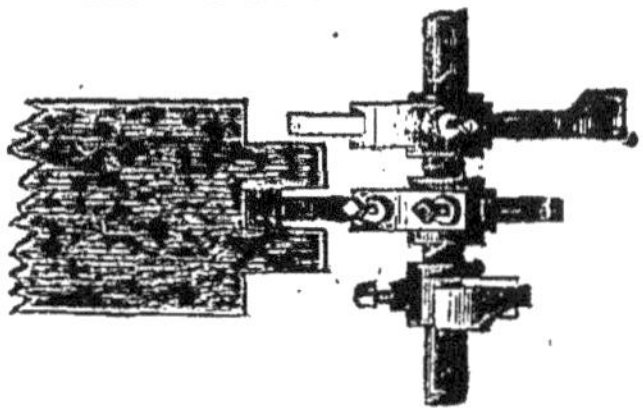

Fig. 21.

le paragraphe précédent pour les outils à raboter. Rappelons que l'on peut aussi faire les tenons avec la scie circulaire et avec la scie à rubans.

6° Les *outils perforateurs*, remplacent l'action de la tarière et souvent celle de plusieurs des instruments rappelés ci-dessus, comme dans les machines à mortaiser le bois (telle est la machine à percer horizontalement représentée par la fig. 22). Dans cette catégorie nous ferons entrer les outils des machines à percer proprement dites, qui se composent d'une tarière animée à la fois d'un mouvement de rotation et d'un mouvement rectiligne pour pénétrer dans le bois, et les ou-

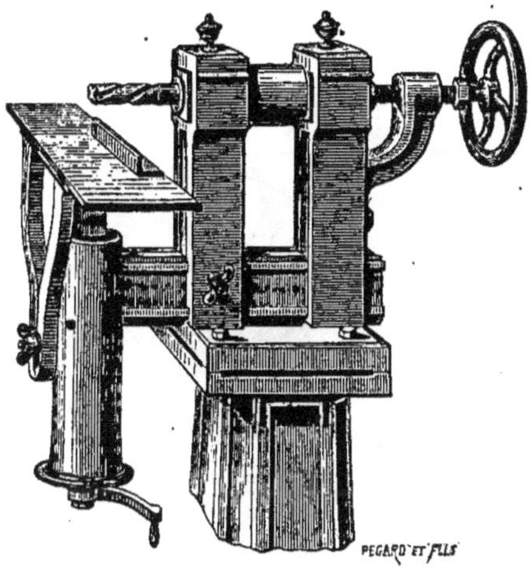

Fig. 22.

tils des machines à mortaiser. Dans celles-ci trois dispositions principales ont été usitées jusqu'à ce jour :

MENUISERIE.

3° La mèche pénètre du premier coup au fond de la mortaise, et en une seule course horizontale elle atteint l'extrémité de celle-ci. (Mèches à filets hélicoïdaux de MM. Hanelle et Guilliet, fig. 24).

Les mèches tournent avec une vitesse d'environ 2,500 tours par minute.

La mèche hélicoïdale exige une disposition spéciale de meule pour être affutée convenablement; on a représenté par la fig. 25 le petit appareil qui est destiné à cet usage.

Fig. 25.

Fig. 26.

Les meules sont des accessoires très-importants des machines-outils : la fabrication des meules artificielles formées soit d'émeri et de caoutchouc vulcanisé, soit d'émeri et de gomme laque, montées à l'extrémité de leviers articulés, susceptibles de recevoir toutes les inclinaisons et toutes les formes, d'affûter les outils les plus divers, a marqué un progrès très-notable dans la mécanique pratique.

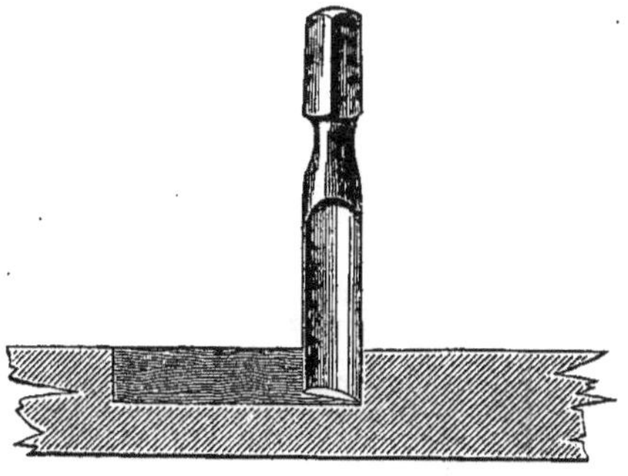

Fig. 23.

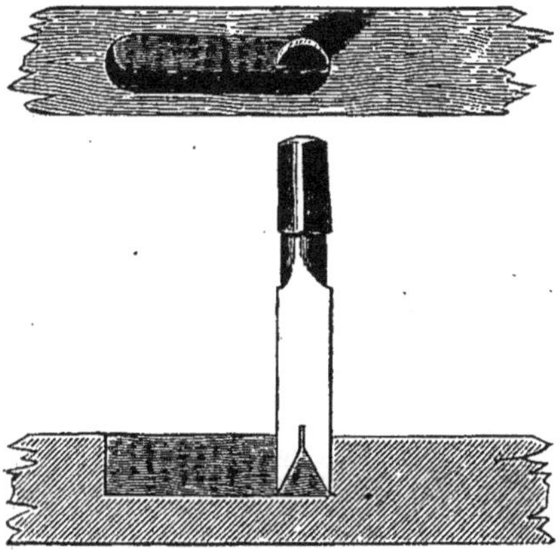

Fig. 24.

1° Un trou ayant été préalablement percé au milieu de la mortaise, un bédâne animé d'un mouvement alternatif rectiligne fait la première moitié de l'excavation et se retourne ensuite pour achever la seconde.

2° Une mèche animée mécaniquement d'un mouvement de rotation pénètre verticalement de quelques millimètres dans le bois; puis elle se déplace horizontalement jusqu'à la largeur déterminée pour la mortaise, en enlevant une certaine épaisseur de bois; elle revient ensuite sur elle-même, après être descendue de la même quantité que dans son premier mouvement, et ainsi de suite, jusqu'à ce qu'elle soit parvenue à la profondeur voulue. Un outil spécial en forme de V ou double bédane termine les deux extrémités et leur donne la forme plane à vives arêtes (fig. 23 et 24).

La fig. 27 offre le type entier d'une machine pouvant servir soit à percer verticalement, soit à pratiquer les mortaises. M. Perin construit des machines qui servent à la fois à mortaiser les bois de charpente et à les enlacer, c'est-à-dire, à percer les trous des chevilles qui traversent les tenons et les pièces mortaisées.

On voit encore dans les ateliers de MM. Fréret et Cie des machines à tenons et à mortaises réunissant plusieurs outils, et combinées de manière à produire les pièces de menuiserie à multiples assemblages avec beaucoup de régularité et de rapidité.

La machine à tenons en fait deux à la fois, ce qui permet d'obtenir des arasements parfaitement justes : l'ouvrier n'a qu'à placer les traverses sur une chaîne sans fin qui les entraîne sous des pinces se serrant d'elles-mêmes et les fait passer entre les deux outils. A mesure qu'une traverse se présente aux outils, une autre terminée tombe de l'autre côté de la machine.

La machine à mortaises en fait cinq à la fois. La pièce à mortaiser est maintenue sur une table horizontale; un

les études de MM. Raux et Vigreux sur l'Exposition universelle de 1867, etc.

Nous avons maintenant à étudier les principales applications des ouvrages de menuiserie.

Fig. 27.

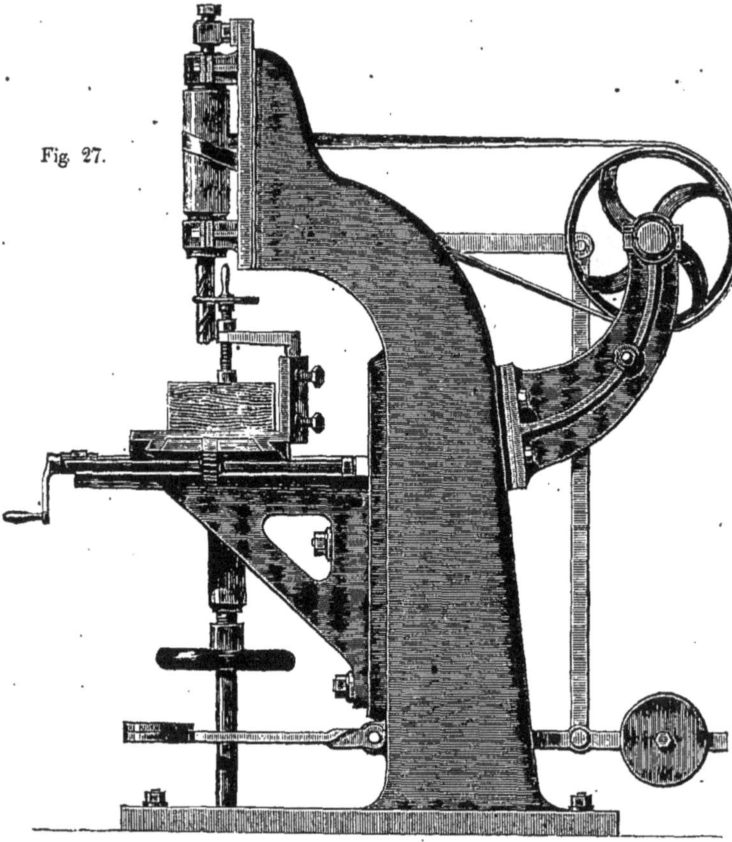

simple mouvement de la main suffit pour la faire avancer contre cinq forets, tournant avec une vitesse de 3000 tours par minute, et en même temps doués d'un mouvement de va et vient réglé suivant la largeur de la mortaise; quand les outils sont à fond, la table s'arrête d'elle-même et la pièce terminée est remplacée par une autre.

Le bel établissement dirigé par M. Fréret, à Fécamp, comprend encore plusieurs autres machines très-intéressantes, telles que les appareils à pratiquer les coupes d'onglets, à entailler les battants de persienne, etc. : il n'est pas moins remarquable par la bonne direction de son ensemble que par l'ingénieuse disposition de ses parties

Tels sont les principaux types de machines-outils employés aujourd'hui au travail du bois : dans cette rapide énumération nous avons dû omettre beaucoup de détails très-intéressants, nous avons dû passer sous silence bien des tentatives ingénieuses dont la description nous aurait entraîné au delà des limites qui conviennent à cette publication. Le lecteur préoccupé de recherches plus approfondies trouvera des renseignements plus complets dans les albums des fabricants, MM. Perin, Bernier, Arbey et Compagnie, Girard, etc., dans l'album de l'usine de Graffenstaden, dans la publication industrielle de M. Armengaud, dans

TRAVAUX DE MENUISERIE. LAMBRIS.

Les lambris nous offrent le type le plus complet et le plus général du travail du menuisier; utilisant entre autres propriétés du bois sa faculté de mal conduire la chaleur, ils sont ordinairement destinés à former des cloisons ou des revêtements; on en distingue plusieurs sortes :

1° Les lambris d'appui qui règnent autour des salles à hauteur d'appui.

2° Les lambris de hauteur qui s'élèvent beaucoup plus haut et même couvrent complétement les murs.

3° Les lambris formés de planches de toute leur largeur assemblées dans des montants et traverses, plus étroits, mais plus épais. On fait aussi des lambris de ce genre avec des planches toutes égales assemblées à joints couverts. Aujourd'hui que les bois bien secs sont très-rares on tend avec raison à préférer ces systèmes simples aux panneaux d'assemblage, qui sont d'autant plus exposés à jouer qu'ils sont plus larges.

4° Les lambris à petits cadres, formés de panneaux composés chacun de plusieurs planches de même épaisseur assemblées entre elles à rainure et languette, et réunies dans un même châssis : on peut obtenir avec les lambris à petits cadres des effets décoratifs très-variés, en employant des panneaux de formes et de largeurs diverses, des tables saillantes, etc.

La figure 29 offre les dispositions d'ensemble d'un lambris à petits cadres; la figure 28 montre une coupe horizontale sur un montant du bâtis, attenant à une

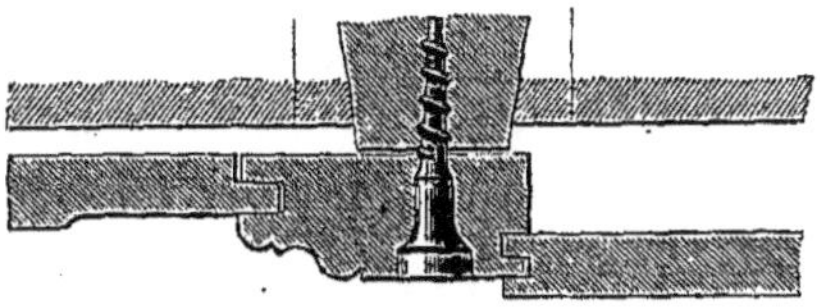

Fig. 28.

planche saillante, avec des détails d'assemblage de ce montant et du panneau, dans le système de l'embrèvement longitudinal; la figure 30 montre l'assemblage du

Fig. 29.

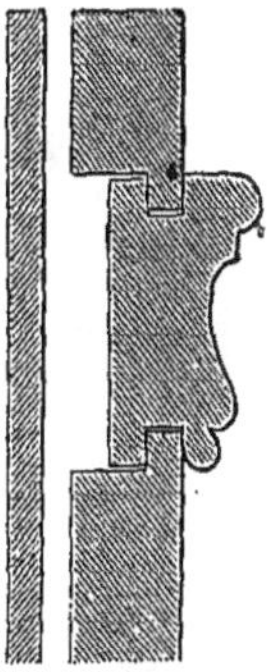

Fig. 30.

lambris d'appui avec le lambris de hauteur, au moyen d'une pièce horizontale intermédiaire nommée cymaise.

5° Les lambris à grands cadres diffèrent des précédents, en ce que des cadres saillants sont interposés entre les panneaux et les bâtis.

La figure 31 indique le mode d'assemblage qui caractérise le système des lambris à grands cadres.

6° Les lambris à grands cadres avec plusieurs panneaux assemblés dans un même cadre.

7° Lambris à glace.

8° Lambris arasés.

On ajoute encore aux lambris, à la base, des socles ou plinthes qui règnent au niveau du sol tout autour des salles; à hauteur d'appui, des cymaises qui séparent le lambris d'appui du lambris de hauteur; au sommet, des corniches en bois volantes, c'est-à-dire composées de plusieurs planches assemblées à rainure et languette, ou simplement clouées.

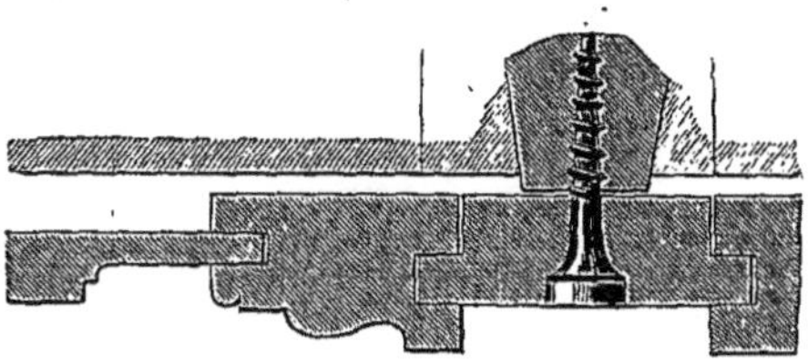

Fig. 31.

Les panneaux sont en planches de 0m,013 à 0m,034 d'épaisseur, assemblées à rainure et languette et collées; consolidées par derrière, si les panneaux sont grands, par des traverses engagées à queue d'aronde dans la face postérieure des planches, ou par une forte toile collée sur toute la surface.

Les montants et traverses des bâtis sont en bois de 0m,027 à 0m,054 d'épaisseur, assemblés entre eux à tenon et mortaise, et d'onglet.

Les cadres sont en bois de 0m,041 à 0m,080 d'épaisseur.

Les lambris de cloisons isolées sont dits à double parement.

Les bois doivent être maintenus à quelque distance du mur pour que l'air circule librement autour d'eux; ils sont fixés au moyen de vis sur des tampons enfoncés dans la maçonnerie. On a soin par derrière de les blanchir et même d'y passer une couche de peinture grossière.

PORTES.

Les espèces de portes les plus usuelles sont les suivantes:

1° Portes sur barres composées d'un panneau de planches jointives ou assemblées à rainures et languettes verticalement et clouées sur des barres horizontales plus ou moins espacées.

2° Portes pleines, formées de planches assemblées entre elles à rainure et languette, emboîtées haut et bas dans des traverses en chêne.

3° Portes sur châssis, portes charretières, composées de planches assemblées entre elles à rainure et languette comme les précédentes, emboîtées dans un châssis qu'elles affleurent extérieurement; en arrière, elles sont consolidées par des traverses, des bracons ou des croix de Saint-André.

4° Portes lambrissées ou à panneaux, à petits cadres ou à grands cadres; elles sont construites absolument comme les lambris. On y emploie ordinairement pour les bâtis des bois des épaisseurs suivantes:

Portes de 3 mètres	de hauteur. .	0m,032	à 0m,040
— 4	id.	0 ,040	à 0 ,050
— 4 à 5	id.	0 ,052	à 0 ,058

Ces portes sont accompagnées d'un bâti dormant fixé dans les feuillures du tableau. On y ajoute au besoin des embrasures lambrissées, avec chambranle et contre-chambranle en menuiserie.

5° Portes cochères.

6° Portes bourgeoises ou bâtardes, portes d'entrée à un seul battant.

7° Portes roulantes.

8° Guichets, petites portes pratiquées dans les grandes dont la construction n'offre rien de bien particulier.

CHASSIS VITRÉS ET CROISÉES.

Les châssis vitrés dormants se composent d'un bâti dans lequel viennent s'assembler les *petits bois* profilés avec la forme et la solidité suffisantes pour recevoir les

Fig. 32.

vitres, tout en interceptant le moins de jour possible. Ces châssis sont fixés sur les feuillures du tableau au moyen de pattes en fer scellées dans la maçonnerie.

Les croisées sont des châssis vitrés mobiles qui comprennent les éléments suivants:

Partie dormante.

	Largeur.	Épaisseur.
Deux montants ou battants.	0,06 à 0,08	0,054 à 0,07
Une traverse de haut. . . .	0,06 0,08	0,070 0,09
Une pièce d'appui.		0,08 0,11

Partie mobile. — Chaque vantail.

	Largeur.	Épaisseur.
Un battant de noix. . . .	0m,06 à 0m,08	0,07 à 0,09
Un battant meneau, de gauche.		0,054 0,08
Un battant meneau, de droite. .		0,09 0,12
Une traverse du haut. .		0,07 0,10
Un jet d'eau.	0m,10 0m,14	0,08 0,11
Petits bois.		0,034 0,054

Quand la fenêtre est très-haute, on ajoute un imposte qui peut être ouvrant ou dormant, comme l'indique la partie à droite de la figure.

MENUISERIE.

Les figures ci-contre représentent la forme des principales coupes usitées dans la construction des croisées ordinaires:

Fig. 33. Coupe d'un petit bois, pièce à double feuillure pour loger les vitres;

Fig. 33.

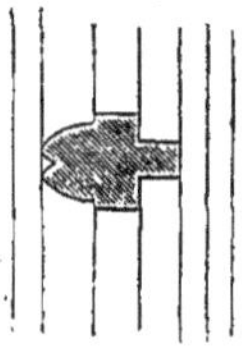

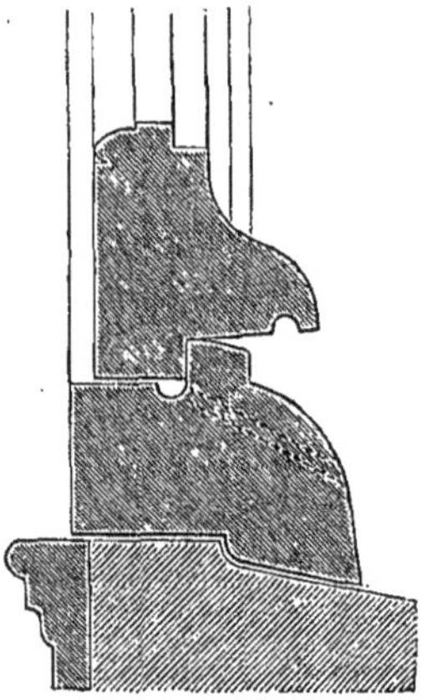

Fig. 34.

Fig. 34. Coupe de la pièce d'appui et du jet d'eau;

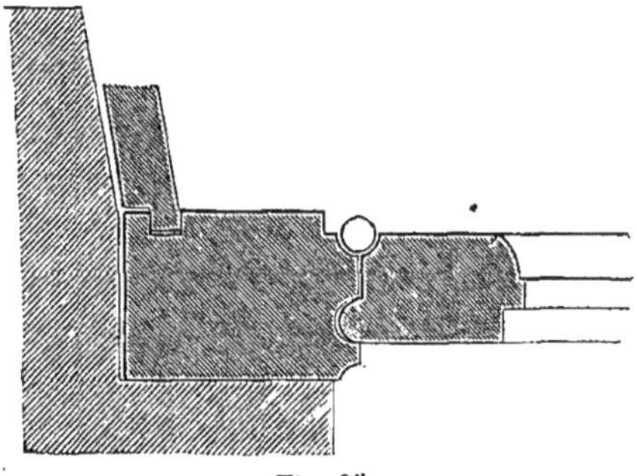

Fig. 35.

Fig. 35. Coupe d'un montant dormant et du battant de noix adjacent;

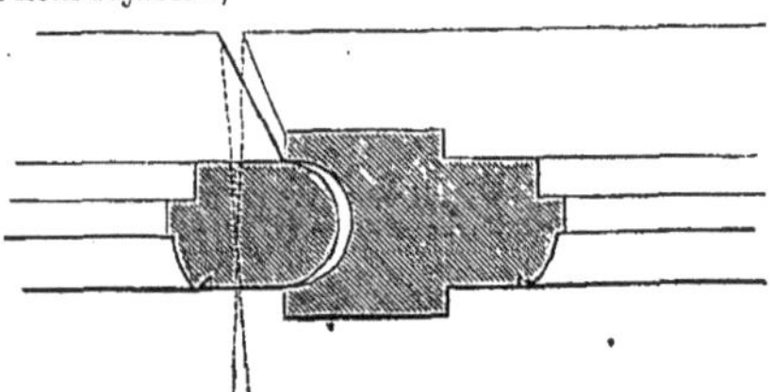

Fig. 36.

Fig. 36. Coupe des battants meneaux à noix et

gueule de loup, système de fermeture le plus en usage; il oblige à ouvrir les deux vantaux à la fois;

Fig. 37. Coupe des traverses du haut et assemblage avec l'imposte.

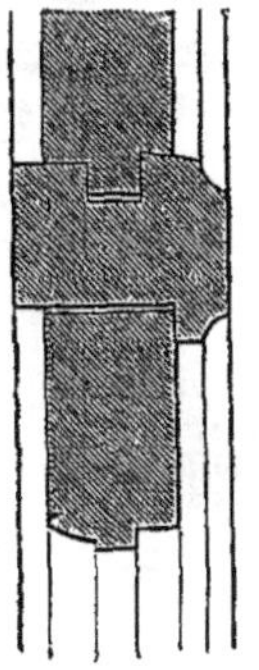

Fig. 37.

Il arrive souvent que la pluie chassée par les vents violents s'introduit par les joints des battants; pour éviter qu'elle pénètre dans les appartements on pratique dans l'arrête de la feuillure de la pièce d'appui une petite rigole que l'on aperçoit dans la figure 34 ; elle rejette les eaux vers le dehors par un canal percé à la vrille, qu'il faut avoir soin d'entretenir libre en le dégageant de temps en temps de la poussière et des dépouilles d'insectes qui s'y accumulent.

Fig. 38. Coupe de la fermeture à doucine employée pour les portes et fenêtres, quand on veut n'ouvrir qu'un seul battant à la fois.

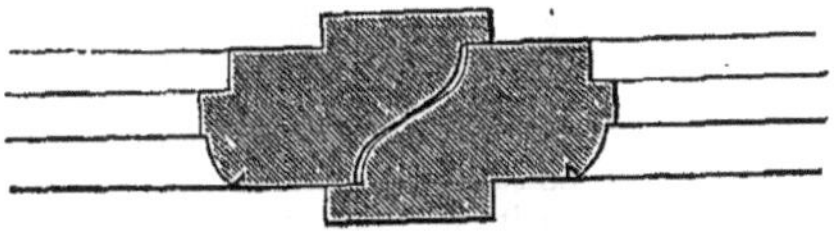

Fig. 38.

Indépendamment des fenêtres à deux ouvrants, les plus ordinaires, que nous venons de décrire, on construit encore des châssis vitrés mobiles, connus sous les désignations suivantes :

Fenêtres basculantes ou vasistas mobiles autour d'un axe horizontal placé soit vers le milieu de la fenêtre, un peu au-dessus du centre de gravité, soit en bas, soit en haut; on les manœuvre à distance avec une corde et une poulie de retour; il n'est pas toujours facile de les fermer bien hermétiquement,

Fenêtres ou châssis en tabatières; elles sont posées sur les toits et servent à éclairer les combles; elles rentrent dans la catégorie précédente; on doit prendre les plus grands soins pour éviter qu'elles donnent lieu à des infiltrations;

Fenêtres pivotantes, dont le châssis tourne autour d'un axe vertical, rarement employées;

Fenêtres roulantes ou glissantes, employées quand on veut éviter l'encombrement produit à l'intérieur par les saillies des battants;

Fenêtres à guillotine, dont la partie haute est fixe et la partie inférieure mobile; celle-ci peut avoir tout au plus une hauteur égale à la précédente; elle se relève à la hauteur convenable en glissant dans des rainures ou guides verticaux ménagés dans le dormant : quand le châssis mobile est grand et lourd on lui fait équilibre au moyen de contre-poids suspendus aux angles supérieurs du bâti au moyen de cordes et de poulies et dissimulés dans des cheminées en menuiserie ménagées dans les embrasements : ces fenêtres sont les plus employées en Angleterre; elles peuvent donner lieu à des accidents très-graves, si elles ne sont pas établies et entretenues avec beaucoup de soin.

Dans les constructions soignées, les embrasements des portes et croisées sont ordinairement lambrissés et accompagnés d'un encadrement ou chambranle à profil plus ou moins accentué.

VOLETS, PERSIENNES.

Les volets s'établissent de diverses manières, comme les portes, mais plus légèrement, soit à l'intérieur, soit à l'extérieur. Dans le premier cas, on fait usage de volets brisés qui se logent dans les embrasements.

Les persiennes ne diffèrent des volets à panneaux que par la substitution de lames inclinées à 45 degrés aux panneaux de ceux-ci : ces lames peuvent être ou fixes ou mobiles.

PARQUETS.

Les parquets doivent présenter une surface unie pour la circulation; on a dû tourner la difficulté qui avait été résolue directement par l'assemblage à embrèvement longitudinal, dans la construction des lambris : on n'y emploie que des frises ou lames de bois de faible largeur, 0m.11 environ, assemblées entre elles, à rainures et languettes, et clouées isolément sur des pièces nommées *lambourdes;* les frises sont d'une largeur si faible que leurs déformations sont peu à craindre. Les clous sont posés dans la rainure, de manière que le bois venant à s'user par le frottement ils ne présentent pas de saillies incommodes. On distingue, suivant leur disposition, les planchers par les noms suivants :

Planchers à l'anglaise, formés de frises toutes posées parallèlement;

Planchers à point de Hongrie ou en feuilles de fougère;

Planchers à compartiments.

Le menuisier a ordinairement recours à l'aide du serrurier pour consolider ses ouvrages, les assembler entre eux et les mettre en état de fonctionner; tel est l'objet des équerres d'assemblage, pattes de scellement, pentures, fiches, paumelles, gonds, charnières, etc., sans parler des clous, vis à bois, boulons, etc., et autres accessoires dont il a été question dans d'autres parties du Dictionnaire auxquelles nous renvoyons le lecteur. On doit avoir grand soin entre autres détails que les vis à bois soient bien vissées et non enfoncées à coups de marteau, comme des clous, ainsi que cela n'arrive que trop souvent.

Bibliographie. Les traités généraux sur l'art de construire, que nous avons déjà cités ailleurs de *MM. Rondelet, Reynaud, Demanet*, le *Dictionnaire de l'architecture française* de *M. Viollet-le-Duc*, le *Manuel de M. Nosban*, de la collection Roret, le *Traité de l'évaluation de la menuiserie*, par *A. Boileau* et *F. Bellot* (Paris, 1847), etc., donnent sur la menuiserie des détails plus complets que nous n'avons pu le faire ici; quand on veut en approfondir toutes les ressources c'est encore à l'ouvrage de *Roubo*, l'*Art du menuisier*, publié en 1769, qu'il faut recourir, bien que cet ouvrage se ressente du goût de l'époque pour des compositions compliquées, où l'on a souvent perdu de vue les propriétés naturelles des matériaux et les conditions économiques et rationnelles de leur emploi : enfin le *Journal de menuiserie* tient les praticiens au courant des travaux contemporains.

E. BAUDE.

MÉTÉOROGRAPHES. La météorologie a pour objet l'étude des phénomènes qui se passent dans l'atmosphère.

Dans la plupart des sciences physiques et naturelles le savant peut faire varier les circonstances au milieu desquelles les phénomènes qu'il étudie se manifestent. Ainsi, le chimiste et le physicien sont libres de fixer les conditions dans lesquelles ils veulent expérimenter; le naturaliste, s'il ne peut toujours commander aux faits qu'il veut approfondir, peut du moins transporter dans tel lieu qui lui convient le sujet qu'il observe et tirer à loisir ses conséquences. Le météorologiste, au contraire, est esclave de la nature; il est forcé d'être là où le phénomène se produit. De plus, comme tout s'enchaîne dans l'atmosphère, et comme les causes des changements qu'elle subit n'existent pas seulement aux endroits où ces changements sont constatés, il ne peut embrasser dans son ensemble les causes du phénomène dont il est le témoin, ni déterminer les circonstances qui devront présider à son retour.

La météorologie doit donc avoir pour champ d'études le monde entier : plus les postes d'observations dont elle pourra disposer seront nombreux, plus il sera facile de relier et de discuter les observations dans un travail d'ensemble.

En outre, les observateurs doivent être continuellement en vigie : s'ils perdent un seul instant, ils courent le risque de laisser échapper, sans pouvoir l'étudier, un phénomène qui peut-être ne se reproduira pas de sitôt. Mais, indépendamment de la fatigue inhérente à un travail aussi pénible, il est bien peu facile de n'être jamais distrait et d'être certain de ne rien oublier dans la constatation des causes qui concourent à l'apparition d'un météore.

Aussi s'est-on appliqué depuis quelques années à trouver des procédés d'observations qui, en même temps qu'ils donnent des résultats sur lesquels on peut compter, allègent le travail du météorologiste en ne le forçant plus d'être toujours aux aguets. On a inventé des appareils qui enregistrent automatiquement et d'une *façon continue* les diverses variations que subit l'atmosphère. C'est la description de ces appareils, dont l'usage se répand chaque jour de plus en plus, qui va faire l'objet de notre article.

BAROMÉTROGRAPHES.

Barométrographe de M. Bréguet. — Cet instrument, que l'on a pu voir à l'Exposition de 1867, se compose de trois parties principales : 1° une boîte barométrique; 2° une pendule ordinaire à balancier; 3° un cylindre enregistreur.

La boîte barométrique B (fig. 1) est formée par la réunion de quatre boîtes métalliques, dont les faces supérieures et inférieures sont ondulées comme dans le baromètre anéroïde ordinaire. Cette réunion a pour but de rendre quatre fois plus grand, pour une même variation dans la pression atmosphérique, le mouvement qu'aurait une boîte seule. Au-dessus de la boîte B est fixé un ressort fort R en acier, qui, en agissant en sens contraire de la pression atmosphérique, favorise pour l'enregistration le jeu des boîtes. A l'extrémité libre de ce ressort est adaptée une tige T qui, se trouvant attachée à la petite branche d'un levier LL, produit à l'extrémité de la grande branche une multiplication considérable du mouvement que subit la boîte B par suite des variations de pression.

La pendule est destinée à communiquer un mouvement régulier au cylindre sur lequel doit s'effectuer l'enregistration. Ce mouvement est obtenu à l'aide d'un pignon faisant partie de la pendule et engrènant avec

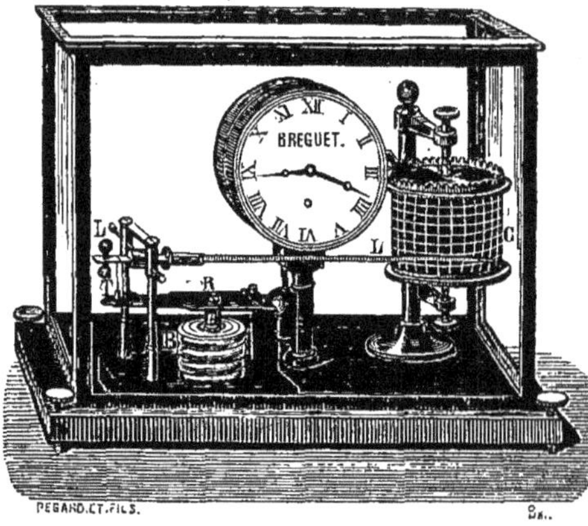

Fig. 1.

une couronne dentée qui surmonte le cylindre enregistreur.

Le cylindre enregistreur C, grâce au mouvement qu'il reçoit de la pendule, fait un tour entier en une semaine. Il porte à sa surface une feuille de papier glacé sur laquelle on a déposé préalablement une couche de noir de fumée en l'exposant au-dessus de la flamme d'une chandelle. Sur cette feuille sont tracées des lignes horizontales et verticales (fig. 2) : les premières servent à indiquer les hauteurs barométriques; aux secondes correspondent les divisions du temps. L'intervalle de deux traits verticaux représente une durée de six heures, en sorte que le jour se trouve divisé en quatre parties.

L'extrémité de la grande branche du levier LL porte un ressort très-mince, terminé en pointe, qui vient appuyer sur le cylindre et y tracer, tandis que celui-ci tourne, une ligne blanche sur le fond noir. Cette ligne est la courbe barométrique.

Il est facile, au moyen d'une règle divisée, de déterminer l'heure exacte des maxima et des minima, ou bien encore la pression à une certaine heure. A la fin de chaque semaine, la feuille est enlevée de dessus le cylindre et trempée dans un vernis qui fixe le noir de fumée; une fois enlevée, on la remplace par une autre.

On voit que les lignes verticales de la fig. 2 qui représente une feuille ayant servi aux observations d'une semaine, sont légèrement courbes. On les trace ainsi, afin qu'elles soient parallèles au déplacement qu'éprouve la pointe du levier lorsque les pressions

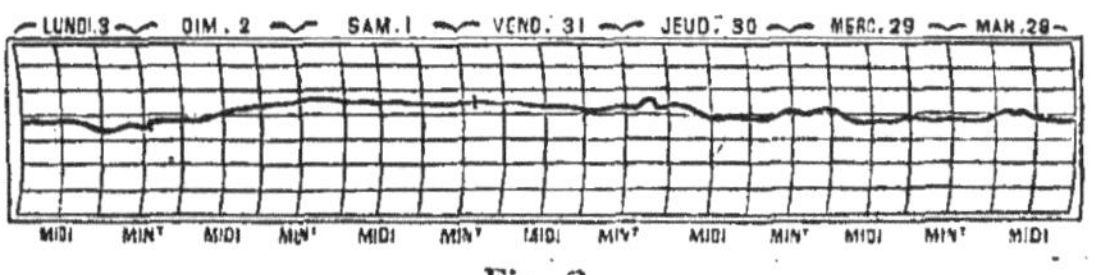

Fig. 2.

changent, déplacement qui s'effectue circulairement autour de l'axe sur lequel est monté ce levier.

Nous ferons remarquer que, pour que ce barométrographe fonctionne avec exactitude, il est nécessaire qu'il soit à l'abri des trépidations du sol, sans quoi le levier LL, à cause de son excessive mobilité, s'agiterait, et l'on ne pourrait plus compter sur l'exactitude de la courbe qu'il trace.

Barométrographe de M. Hipp. de Neufchâtel. — Il se trouve représenté théoriquement dans la fig. 3. K est

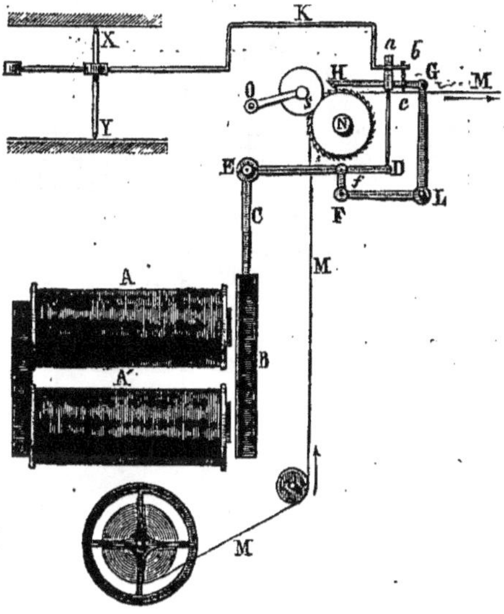

Fig. 3.

une aiguille montée sur un axe XY, autour duquel elle peut tourner. Cette aiguille est reliée par un mécanisme spécial au baromètre anéroïde dont elle doit donner les indications. MM est une bande de papier qui se déroule dans le sens de la flèche et qui passe sur le cylindre N. Un électro-aimant AA', dans lequel circule toutes les dix minutes un courant, attire toutes les dix minutes également une pièce en fer doux B. Cette pièce fait corps avec un système coudé en E ainsi qu'en D, qui est susceptible de tourner autour du point E qui est fixe. Tandis donc que B est attirée par l'électro-aimant, l'extrémité D s'abaisse en entraînant avec elle l'aiguille K qu'un étrier *a* entoure; une pointe *bc* qui termine l'aiguille fait alors un petit trou dans la bande de papier M. Mais pendant que la branche ED s'incline, elle appuie en *f* sur une pièce *f*FLGH pouvant tourner autour du point L qui est fixe, et avec laquelle elle est articulée. La partie *f*F descendant, la portion GH, qui est articulée en G, s'avance de la droite vers la gauche en s'appuyant continuellement, par l'ancre H qui la termine, sur l'une des dents d'un plateau fixé à l'une des extrémités du cylindre N. La quantité dont s'avance GH est précisément suffisante pour que l'ancre H, après avoir glissé tout le long de cette dent, vienne tomber dans le creux qui existe entre elle et la dent suivante. L'électro-aimant cesse alors son action et toutes les pièces reprennent leurs positions primitives : l'aiguille K se relève, et l'ancre H revient sur elle-même de gauche à droite en faisant tourner d'une dent le cylindre N.

Une fourchette O, susceptible de tourner autour de son point d'attache O, porte un second cylindre S en drap qui s'appuie de la totalité de son poids sur le cylindre N. Dès lors, la bande de papier MM, étant pressée entre les deux cylindres N et S, pourra s'avancer dans le sens de la flèche lorsque l'ancre H fera tourner le cylindre N, et se tenir prête à recevoir l'indication suivante de l'aiguille K.

Sur la bande de papier et dans le sens de sa longueur sont tracées des lignes qui correspondent aux pressions. Quant aux heures convenant à ces pressions, elles sont enregistrées par le fait même que l'intervalle compris entre deux trous faits dans la bande de papier correspond à dix minutes.

Nous ferons remarquer que l'étrier *a* porte une petite pointe qui fait un trou dans la bande de papier en même temps que la pointe *bc*. La suite de ces trous forme l'axe de la bande et correspond à la pression moyenne du lieu d'observation.

Barométrographe de M. Gros-Claude de Genève. — Cet instrument, qui figurait à l'Exposition de 1867, se compose de deux parties bien distinctes : 1° un baromètre à siphon; 2° un appareil enregistreur.

1° Le baromètre est en tout semblable à ceux que l'on emploie pour les baromètres à cadran. L'aiguille indicatrice est montée sur un pivot *a* (fig. 4), qui porte une

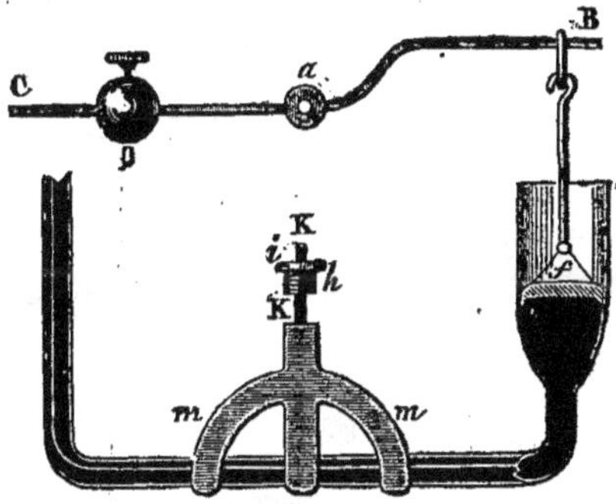

Fig. 4.

pièce métallique BC comparable à un fléau de balance; à l'extrémité B de ce fléau est accrochée, au moyen d'un couteau, la tige qui supporte le flotteur, lequel repose sur la surface du mercure contenu dans la petite branche du baromètre. Ce flotteur, d'un diamètre sensiblement égal à celui de la petite branche, a sa face inférieure concave, de façon à bien coïncider avec la surface libre du mercure qui, comme on le sait, forme un ménisque convexe. Sur la branche *a*C du fléau est adapté un poids Q qui peut glisser le long de cette branche, et qui, équilibrant par la position qu'il occupe une plus ou moins grande partie du poids du flotteur, diminue ou augmente la pression de ce flotteur sur le mercure. Le couteau de suspension du flotteur peut également glisser le long de la branche sur laquelle il pose, et faire décrire ainsi à l'aiguille indicatrice des arcs plus ou moins grands.

La tige qui supporte le flotteur est composée de deux métaux, dans des proportions telles que les variations de longueur qu'elle subit avec les variations de température compensent assez bien la dilatation ou la contraction qu'éprouve le mercure dans les mêmes conditions. Cette disposition a pour effet d'annuler l'influence de la température sur les indications de l'aiguille.

Le baromètre est en outre suspendu à une griffe *mm*, à laquelle est fixée une tige K qui traverse librement la pièce *h*, et qui se visse dans le bouton *i*. On peut ainsi monter ou descendre le baromètre et donner conséquemment à l'aiguille indicatrice une direction telle, qu'elle se trouve toujours au-dessus de l'enregistreur, malgré les plus grandes variations de pressions.

2° L'appareil enregistreur se trouve représenté (fig. 5) en plan et en élévation. EE est l'aiguille indicatrice, qui se termine par une pointe *x* sur laquelle vient frapper à des intervalles égaux, tous les quarts d'heure par exemple, un marteau MM'M" à tête circulaire *aa'*. La tête est circulaire, afin de toujours rencontrer la pointe que porte l'aiguille, quelle que soit la position que celle-ci occupe au-dessus de la carte, lorsque le marteau s'a-

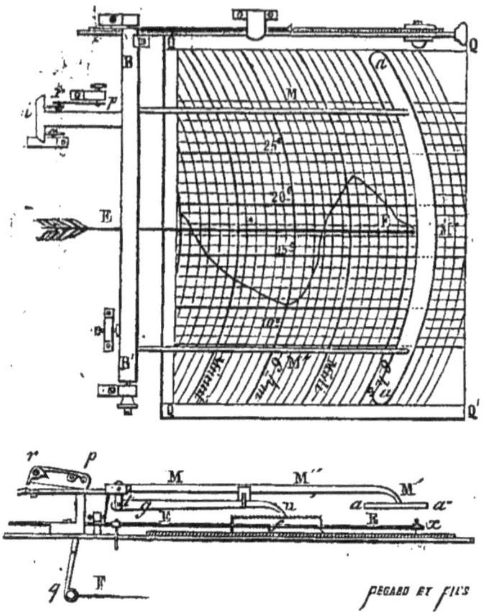

Fig. 5.

baisse. Ce marteau, qui est monté sur un axe BB′, est soulevé par l'intermédiaire d'un levier coudé *qpr*, dont l'extrémité *q* est en communication par un fil de laiton avec le mécanisme de sonnerie d'un *coucou* de la Forêt-Noire. Ce mécanisme a reçu une légère modification qui lui permet de tirer le fil au moment voulu (tous les quarts d'heure).

Sur l'axe du marteau est adaptée un pièce *t* qui supporte un cliquet *g*, dont la pointe recourbée *u* repose continuellement sur un râteau *f* composé de 96 dents de rochet. Quand le marteau se soulève, le cliquet *g* avance, et son extrémité *u*, qui est engagée entre deux dents du râteau, force ce dernier à avancer également; lorsque, au contraire, le marteau retombe, le cliquet revient sur lui-même en sautant par-dessus une dent, tandis que le râteau reste à l'endroit où il a été poussé. Ce râteau est solidaire d'un cadre QQ′, dans lequel est engagée la carte qui doit recevoir les indications, et l'entraîne dans son mouvement.

Le marteau se soulevant tous les quarts d'heure, c'est-à-dire 96 fois en 24 heures, et le râteau ayant 96 dents, la carte reçoit 96 indications en 24 heures, nombre suffisant pour tracer la courbe barométrique. La carte est remplacée par une autre toutes les 24 heures.

Nous ferons la même remarque, au sujet des lignes courbes qui sont tracées sur la carte, que celle que nous avons faite en parlant du barométrographe de M. Bréguet.

Barométrographe du R. P. Secchi. — Le R. P. Secchi, directeur de l'Observatoire du Collége romain, a exposé au Champ de Mars, en 1867, un météorographe qui lui a valu un grand prix. Cet instrument enregistre les principaux phénomènes météorologiques : pression atmosphérique, vitesse et direction du vent, pluie, humidité et température de l'air.

Le baromètre qui, dans cet appareil, sert à fournir les indications de pression, est le baromètre à balance, inventé à la fin du dix-septième siècle par Morland. Il se compose d'un tube en fer forgé B (fig. 6) ayant 2 centimètres de diamètre et suspendu à l'une des extrémités d'un fléau de balance *ll*. Un poids (invisible sur la figure), fixé à l'autre extrémité du fléau, fait équilibre à une partie

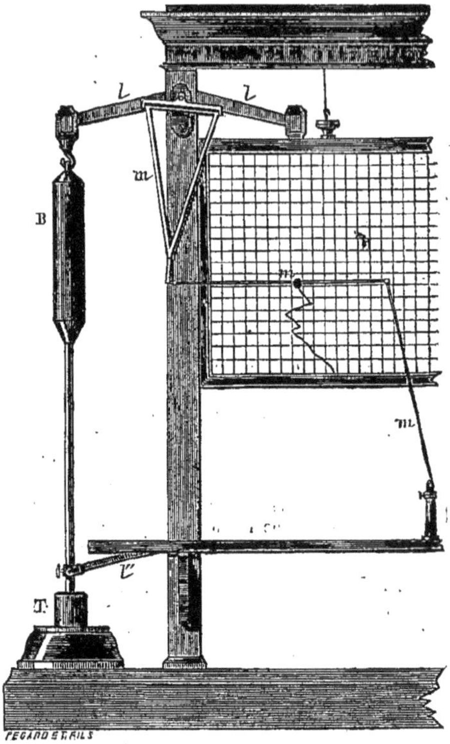

Fig. 6.

du poids du tube, tandis que l'autre partie est équilibrée par la poussée du mercure que ce tube déplace dans la cuvette où il plonge. A son extrémité supérieure, le tube se termine par une chambre cylindrique de $0^m,06$ de diamètre, et à son extrémité inférieure par un manchon en bois T d'un peu moins de $0^m,06$, qui plonge dans la cuvette remplie de mercure.

Si la pression croît, le mercure s'élève dans le tube qui conséquemment augmente de poids : l'équilibre est alors rompu, et le baromètre s'enfonce dans la cuvette en entraînant avec lui le bras du fléau auquel il est suspendu, jusqu'à ce que l'équilibre soit rétabli par suite du relèvement de l'autre bras du fléau. Si la pression décroît, le contraire se produit. Afin de maintenir le tube toujours parfaitement vertical, quand il s'élève ou s'abaisse, on l'engage dans une pince qui termine une tige *l″*, laquelle étant articulée en son point d'attache, se trouve constamment parallèle au bras du fléau qui supporte le tube, quelle que soit la direction que prenne ce fléau.

Quant à l'enregistration, elle s'effectue sur une carte qu'une horloge fait mouvoir de haut en bas, au moyen d'un crayon que porte un petit ressort fixé à un système articulé *mmm* mis en mouvement par la rotation de l'axe du fléau sur lequel il est monté.

C'est sur la même carte, et au moyen de mécanismes indépendants de celui du baromètre, que le R. P. Secchi enregistre les autres phénomènes atmosphériques.

Baromètre à index automobile. — Cet instrument, imaginé par M. de Vésian, ingénieur des ponts et chaussées, enregistre à chaque instant la tendance qu'a le baromètre à monter ou à descendre. Il se compose d'un baromètre métallique ordinaire qui, au lieu de posséder une aiguille mobile à la main, est muni d'un index automobile que l'aiguille même du baromètre entraîne dans son mouvement.

Tant que le baromètre est descendant, l'aiguille entraîne l'index en se superposant à la branche gauche B (fig. 7). Au contraire, tant que le baromètre est mon-

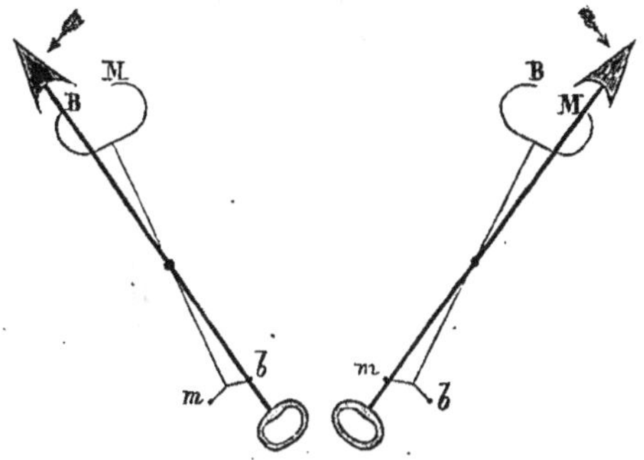

Fig. 7.

tant, l'aiguille entraîne l'index en se superposant à la branche droite M. Cet entraînement de l'index est produit par la pression de l'aiguille sur l'une des deux petites pointes *m* et *b* que présente le contre-poids de l'index.

Au point de vue de la prévision du temps pour le jour même et pour le lendemain, cet instrument offre un avantage. Dans les baromètres métalliques ordinaires, on se sert en effet pour cela d'un index avec lequel on repère à la main la position de l'aiguille barométrique, ou bien l'on frappe légèrement et à plusieurs reprises sur la boîte jusqu'à ce que l'aiguille ait réalisé son mouvement virtuel; mais ces deux procédés ne peuvent plus être employés, du moment que plusieurs personnes doivent venir successivement consulter l'instrument. L'index automobile, au contraire, accuse à tout instant la tendance du baromètre à monter ou à descendre, sans qu'on soit obligé d'y porter la main.

Thermométrographes.

Thermométrographe de M. Wild. — M. Wild, directeur de l'Observatoire de Berne, a fait construire à MM. Hasler et Escher un météorographe qui enregistre les variations barométriques, les variations thermométriques, la vitesse et la direction du vent, ainsi que les hauteurs d'eau tombée. Nous allons donner la description du thermomètre qui fait partie de cet instrument.

Il se compose de deux branches, l'une en laiton durci et l'autre en acier, soudées ensemble et enroulées en spirale. L'extrémité intérieure de cette spirale B (fig. 8) est solidement fixée au moyen de pointes à la partie pleine C de la colonne CD. L'appareil est soutenu en l'air par l'intermédiaire de la pièce GHF qui se compose de deux tubes, dont l'un HG est attaché à la cage contenant l'enregistreur, et dont l'autre F s'emboîte dans la colonne CD, qu'un collier à vis E peut serrer contre. L'extrémité libre de la spirale porte une tige en laiton *t* dont la partie supérieure *i* s'engage entre les deux branches d'une fourchette *f* à manche courbe F *h*. Ce manche pénètre dans l'intérieur de la cage et vient se fixer en *h* sur un axe en acier terminé par deux pointes *o o'*, fixes et très-dures, qui peuvent tourner entre deux vis également en acier. Cet axe porte la tige de marquation T T', laquelle porte à son tour à sa partie supérieure un contre-poids T' destiné à équilibrer le style *b* dans toutes les positions qu'il prend, lorsque la spirale en se resserrant ou se desserrant (par les variations de température) fait tourner l'axe *o o'*.

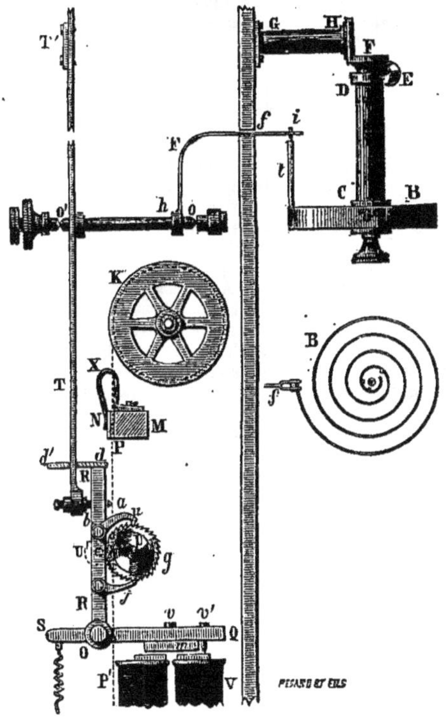

Fig. 8.

Quant à l'enregistration, elle s'effectue sur une bande de papier PP qui, au fur et à mesure qu'elle se déroule de dessus un cylindre K, passe d'abord dans un conducteur MN. Ce conducteur est formé de deux parties, l'une fixe M, et l'autre N, de même largeur que la bande de papier, que deux ressorts X, placés à chaque extrémité, viennent presser contre la partie fixe : cette pression a pour but de toujours maintenir bien tendue la bande de papier. En sortant du conducteur, la bande passe entre deux cylindres U U' tangents l'un à l'autre.

Aux deux extrémités de l'appareil se trouvent deux électro-aimants V qui, lorsqu'un courant passe dans leur circuit, attirent une barre en fer doux *m* qu'une vis *v* maintient fixée à la branche horizontale QS d'une pièce SOR'. Une vis *v'* empêche la barre de fer doux, en limitant sa course, de se mettre en contact avec le pôle de l'électro-aimant, lorsque le courant passe. Les branches verticales RR' des pièces SOR' supportent une règle *dd'* dans laquelle est pratiquée une fente égale en longueur à la largeur de la bande de papier: cette fente livre passage à la tige de marquation. Les branches RR' portent en outre, chacune, un crochet *u* qui s'engage successivement dans les 60 dents d'une roue *g* fixée au cylindre U.

Une horloge ferme toutes les dix minutes le circuit électrique. Dès lors la branche horizontale OQ s'abaisse, tandis que la branche verticale RR' s'incline de gauche à droite en entraînant avec elle la règle *dd'* et la tige de marquation T; cette dernière se trouvant alors pressée contre la bande de papier y fait un trou avec la pointe *a*. Pendant ce mouvement de la branche RR' vers la droite, le crochet *u* avance d'une dent sur la roue dentée. Dès que le circuit est rouvert, un ressort fait relever la branche horizontale O Q ; la branche verticale revient sur elle-même en faisant tourner le cylindre U de la valeur d'une dent, et la règle *dd'* sépare la tige T du papier. Le cylindre U tangent au cylindre U' l'entraîne dans son mouvement, et la bande de papier qui est pressée entre eux deux avance d'une petite quantité.

Un contre-crochet *j* est fixé à l'appareil de manière à empêcher que la roue avance de plus d'une dent lors du retrait rapide de la branche qui porte la barre de fer doux.

Pendant que la bande se déroule, une petite poulie à bords déliés trace sur le papier une rainure que M. Wild nomme *ligne médiane :* c'est cette ligne qui sert de point de départ aux évaluations de température. Il importe de remarquer que la pointe *a* de la tige de marquation doit être sur cette ligne lorsque la température se trouve être la température moyenne du lieu d'observation.

Afin de pouvoir déduire les températures des positions des piqûres sur la bande, on soumet d'abord le thermomètre à des essais préalables ayant pour but de déterminer la température de la spirale dans l'air extérieur, lorsque la pointe de marquation est exactement sur la ligne médiane, ainsi que le nombre de degrés correspondant à un écart de la pointe à gauche ou à droite de cette ligne médiane.

Thermométrographe de M. Gros-Claude de Genève. — Il se compose d'un ressort bi-métallique *d d'* (fig. 9) formé

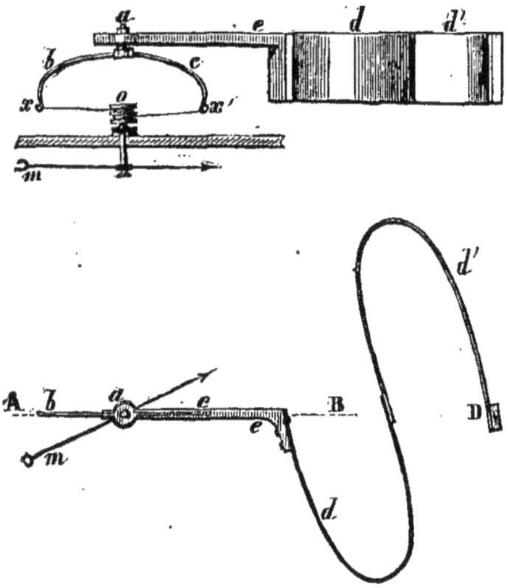

Fig. 9.

de deux fers à cheval réunis l'un à l'autre. L'une des extrémités D de ce ressort est fixe, tandis que l'autre peut se mouvoir suivant une ligne droite A B, lorsque la température varie. L'extrémité libre est fixée à une pièce *a* qui supporte un arc *bc* dont les deux bras sont reliés par un fil de soie qui s'enroule sur une poulie *o*, laquelle est montée sur le même axe que l'aiguille indicatrice *m*.

On voit que l'arc *b c* fonctionne comme un archet à percer sur lequel agit l'extrémité libre du thermomètre. Si donc la température varie, l'archet entre en mouvement, et l'aiguille tourne d'une certaine quantité, dans un sens ou dans l'autre, selon que la température augmente ou diminue.

M. Gros-Claude a adopté pour système d'enregistration le même que pour son barométrographe que nous avons décrit plus haut.

Thermométrographe de M. Hipp de Neuchâtel. — M. Hipp se sert d'un thermomètre métallique de Bréguet, acier et laiton, dont les variations sont transmises à une aiguille et enregistrées sur une bande de papier au moyen d'un mécanisme entièrement semblable à celui de son barométrographe que nous avons déjà décrit.

ANÉMOMÉTROGRAPHES.

Anémométrographe de l'École des Ponts et Chaussées. — Cet appareil se compose de deux parties parfaitement distinctes : 1° l'anémomètre proprement dit ; 2° l'enregistreur.

1° L'anémomètre que l'on a adopté est celui imaginé par M. le Dr Robinson, de l'observatoire d'Armagh (Irlande). Il se compose d'un axe verticale dont la partie inférieure est creuse et conique, ce qui permet d'établir l'appareil à l'extrémité d'un mât plus ou moins élevé. L'extrémité supérieure porte quatre tiges horizontales, rectangulaires entre elles, et terminées chacune par une demi-sphère creuse en métal, très-légère et soudée de telle manière que la partie concave de l'une quelconque d'entre elles regarde la partie convexe de la suivante.

Lorsque le moulinet formé par ces quatre demi-sphères se trouve exposé à l'action d'un courant aérien le vent frappe toujours sur une des demi-sphères au moins, suivant sa face concave, tandis qu'il glisse sur la face convexe des trois autres. Sous l'influence de cette action, le moulinet prend un mouvement de rotation autour de son axe. M. Robinson a démontré que le nombre des tours de ce moulinet est toujours proportionnel à la vitesse du vent. Il a trouvé que le nombre 3 représente assez exactement le rapport qui existe entre le chemin parcouru par le vent et celui parcouru par les ailes. Ainsi, un anémomètre, dont la circonférence passant par les centres des quatre ailes aurait 1m,67, donnerait pour chaque tour des ailes 5m,01, comme devant correspondre au chemin parcouru par le vent.

Au dessous du moulinet se trouve un compteur qui, au moyen de fils électriques, transmet à l'enregistreur les indications de vitesse.

Plus bas encore, et sur un arbre horizontal, sont fixées deux grandes roues dont les rayons sont formés de petites palettes inclinées, et tournant sous l'influence du moindre courant d'air.

Voyons maintenant comment fonctionne le compteur : Les tiges du moulinet sont réunies sur un moyeu en cuivre que porte un axe verticale *c c* (fig. 10). Cet axe, par sa partie inférieure qui est terminée en pointe, repose dans une crapaudine dont le fond est en pierre dure. Une vis taraudée sur l'axe commande une roue dentée *d d*, de 200 dents, laquelle porte, fixées aux extrémités d'un même diamètre, deux chevilles métalliques qui viennent successivement toucher un ressort *e e*. Un fil métallique *g* part de ce ressort et va aboutir à une borne *i* dans laquelle on le fixe.

La tige qui supporte le moulinet, ainsi que le compteur, est creuse, afin de livrer passage au fil électrique *g*. Elle est en outre réunie à la partie supérieure de l'anémomètre par un taraudage *f*. On voit sur la figure un chapeau J, dont le but est de protéger l'axe de rotation du moulinet contre la pluie et la poussière.

Nous avons dit plus haut qu'au dessous du moulinet et de son compteur, et sur un arbre horizontal, sont fixées deux grandes roues RR' dont les rayons sont formés de petites palettes inclinées (1). L'arbre horizontal, au moyen des roues et pignons *v v"* (voir le plan fig. 11), ainsi que du pignon *p*, engrène avec une couronne dentée

1. Cette partie de l'instrument est basée sur le principe de l'anémoscope d'OEsler.

MÉTÉOROGRAPHES.

fixe *c c*, faisant corps avec le bâti X Y Z qui supporte tout l'instrument. Grâce à cette disposition, lorsque les roues se mettent à tourner sous l'influence du vent, le pignon *p* tourne aussi ; mais, en vertu de la ré-

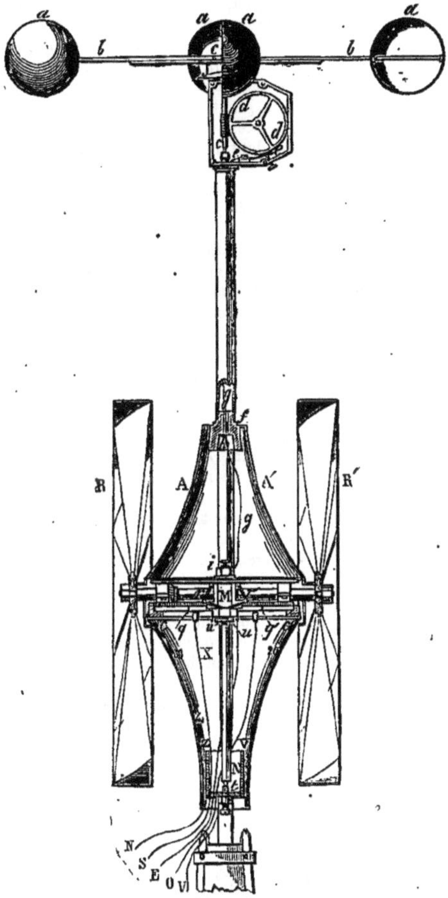

Fig. 10.

action qu'il reçoit des dents de la couronne five *cc*, il se déplace, et les roues prennent alors un mouvement

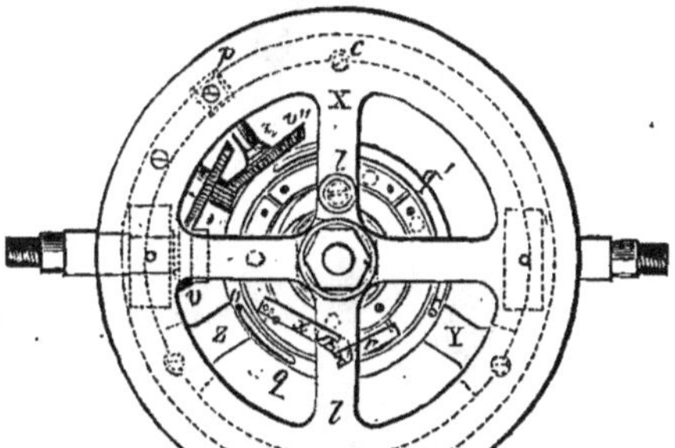

Fig. 11.

de translation autour de l'axe vertical M N (fig. 10), jusqu'à ce que le plan de leurs ailes soit devenu parallèle à la direction du vent. Quant à l'axe M N, il repose dans une crapaudine *t* ; de plus, une bague en laiton *u*, fixée par la vis *u'*, l'empêche de sortir de la crapaudine, en même temps qu'elle s'oppose à la séparation de la partie mobile et de la partie fixe de l'instrument.

Une traverse *l l* (fig. 11), faisant corps avec la partie mobile, porte deux ressorts *x r*, qui, entraînés dans le mouvement de translation, frottent successivement sur quatre secteurs métalliques, séparés les uns des autres et incrustés dans un disque isolant *q q'*. De ces secteurs. qui correspondent aux quatre points cardinaux, partent quatre fils N, S, E, O. La borne *i* communique à un autre ressort qui frotte dans toutes les positions sur une couronne métallique également incrustée dans le disque isolant. Les contacts métalliques des ressorts sur les secteurs ou sur la couronne suffisent pour établir les communications électriques.

2° L'enregistration s'effectue sur une bande de papier *e e* (fig. 12) qui se déroule d'une bobine A et qui, après

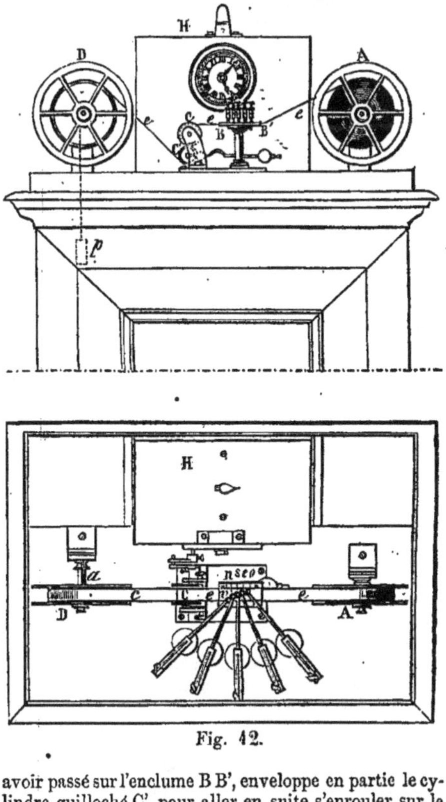

Fig. 12.

avoir passé sur l'enclume B B', enveloppe en partie le cylindre guilloché C', pour aller en suite s'enrouler sur le moyeu en bois d'une poulie D. L'axe de cette poulie porte un petit tambour sur lequel s'enroule un fil de soie soutenant un poids *p*, lequel a pour but de faire tourner la poulie D et d'enrouler dessus la bande de papier *e e*. Le cylindre C' est commandé par un mouvement d'horlogerie comtoise renfermé dans la boîte H, ce qui permet à la bande de papier de se mouvoir d'une manière uniforme. L'inscription des phénomènes sur cette bande a lieu au moyen de cinq pointes d'acier *v*, *n*, *s*, *e*, *o*, mises en mouvement par le passage du courant électrique dans l'électro-aimant correspondant à chaque pointe. Ces cinq électro-aimants sont absolument identiques aux trembleurs des sonneries électriques. C'est M. Hervé Mangon, ingénieur en chef des ponts-et-chaussées, qui a eu l'heureuse idée de substituer des trembleurs aux électro-aimants ordinaires. Grâce à cette substitution, la variation d'intensité du courant n'a plus aucune influence sur l'enregistration.

Voici comment sont disposés ces cinq appareils. L'un des pôles de la pile communique avec l'extrémité *a* (fig. 13) du fil enroulé sur la bobine A. L'autre extrémité du fil de cette bobine est fixée par la vis *b*

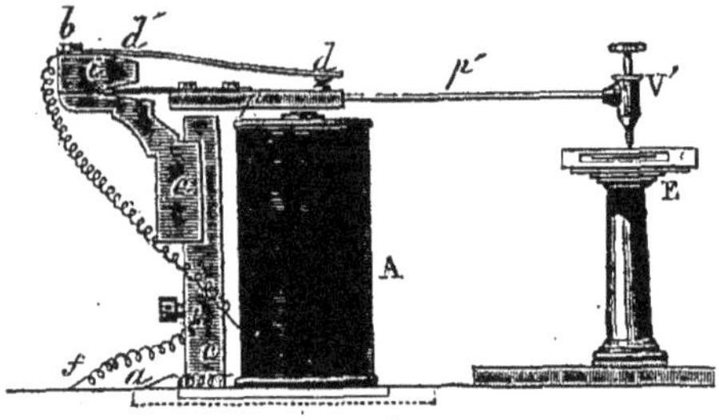

Fig. 13.

au ressort d'acier *d' d*. Le second pôle de la pile communique par le fil *f* à la pièce métallique *cc*, qui supporte par un ressort d'acier la palette en fer doux *p*, la tige *p'* et la pointe traçante V. Un isoloir *i* sépare le ressort *b d' d* de la pièce *cc*. On voit dès lors que le courant entrant en *a* traverse le fil de la bobine, arrive en *b d' d*, passe par le contact *d* dans la palette *p*, rejoint la pièce *cc* et sort par le fil *f*. Aussitôt donc que l'on établit un courant dans ce circuit, la pièce de fer doux qui forme l'axe de la bobine s'aimante et attire la palette *p*; la pointe V s'abaisse et vient frapper le papier placé au-dessous d'elle sur l'enclume E. Mais dans cette nouvelle position, il n'y a plus de contact en *d* entre le ressort *d' d* et la palette *p* : conséquemment le courant entrant en *a* ne passe plus dans le fil de la bobine, et la palette *p*, obéissant au ressort qui la soutient, se relève rapidement pour reprendre sa position première. Le contact se rétablit en *d*, et les phénomènes précédents se reproduisent. La pointe V est donc animée d'un mouvement vibratoire rapide dans un plan vertical, tout le temps que le courant est maintenu.

Cela posé, et en se reportant à la figure 10, on comprend que la pointe *v* frappera toutes les fois que le courant sera fermé par le contact de la goupille de la roue *d d* et des ressort *e e*, c'est-à-dire toutes les fois que le moulinet des vitesses aura fait cent tours.

Quant à la direction, on se rappelle que les ressorts frotteurs sont toujours en contact avec un ou au plus deux des quatre secteurs répondant aux quatres aires de vent. Il en résulte que le courant passera seulement par un ou par deux au plus des électro-aimants N, S, E, O. Les traces laissées sur la bande de papier indiqueront donc les directions successives du vent. Si les deux ressorts sont en contact simultanément avec deux secteurs, les deux électro-aimants correspondant à ces deux secteurs fonctionneront simultanément aussi, et l'on sera averti par là que la direction du vent est comprise entre les deux points cardinaux auxquels répondent les deux secteurs.

Si le courant passait d'une manière continue, les piles et les électro-aimants se fatigueraient assez vite. Pour obvier à cet inconvénient, les quatre fils N, S, E, O, après avoir traversé les quatre électro-aimants, viennent aboutir sur l'axe d'une des roues de l'horloge. Cette roue porte plusieurs chevilles qui viennent successivement (de 10 en 10 minutes) rencontrer un petit ressort métallique auquel aboutit le fil qui va de la pile à l'anémoscope.

Les piles, au nombre de deux, se composent chacune de deux éléments au sulfate de cuivre. De l'un des pôles de la première pile, part un fil qui se réunit au fil partant du pôle de même nom de la seconde pile. Le fil unique, résultant de cette réunion, se rend alors à l'anémométrographe, qui est entièrement métallique, pour s'y fixer en un endroit quelconque. Du second pôle de la première pile, part une autre fil qui va s'attacher en un endroit quelconque de la couronne métallique incrustée dans le disque isolant. Quant au second rhéophore de la seconde pile, il va se fixer sur le ressort rencontré par la roue de l'horloge dont l'axe reçoit les quatre fils N, S, E, O. On voit par la disposition des fils qu'il n'y a qu'un seule et même courant servant à la fois aux enregistrations de direction et de vitesse. Seulement ce courant peut être simple, double ou triple. Il est simple dans le cas où le contact du ressort *e e* avec l'une des chevilles de la roue *d d* s'établit entre deux contacts de la roue de l'horloge avec le ressort qui lui correspond ; il est également simple lorsque les deux ressorts *r* et *x*, étant sur un même secteur, le contact de la roue de l'horloge avec le ressort qui lui correspond s'établit entre deux contacts du ressorts *e e* avec les chevilles de la roue *d d*. Il est double si les deux ressorts *r* et *x*, reposant chacun sur un secteur, le contact de la roue de l'horloge et du ressort qui lui correspond a seul lieu; il est également double dans le cas où les deux contacts ont lieu en même temps, les ressorts *r* et *x* étant sur un même secteur. Enfin, il est triple lorsque les deux contacts s'opèrent simultanément, les ressorts *r* et *x* s'appuyant chacun sur un secteur. Suivant l'un ou l'autre de ces cas, l'un des trembleurs V, N, S, E, O fonctionnera seul, ou bien deux d'entre eux fonctionneront ensemble, ou bien enfin le trembleur V fonctionnera en même temps que deux des trembleurs N, S, E, O.

Nous ferons remarquer que, bien que le courant puisse être double ou triple, il n'en forme pas moins toujours un courant unique.

Anémométrographe du R. P Secchi. — Il se compose de deux appareils essentiellement distincts l'un de l'autre : l'un pour la direction du vent, l'autre pour la vitesse.

Direction. — L'appareil qui sert pour la direction, et qui rappelle beaucoup celui de M. du Moncel, comprend une girouette G (fig. 14) de forme angulaire, fixée à l'extré-

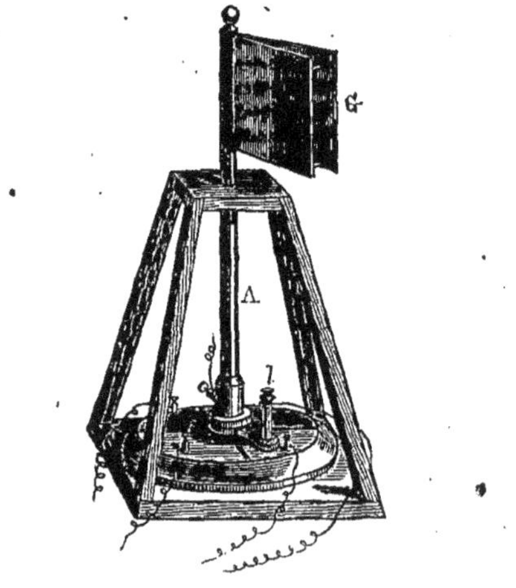

Fig. 14.

mité d'un arbre plus ou moins élevé A. Dans son mouvement de rotation, cet arbre entraîne avec lui une languette *l* qui, de même que dans l'anémoscope d'Œsler, se meut au-dessus de quatre secteurs circulaires en métal et garnis de platine, isolés les uns des autres et correspondant aux quatre points cardinaux. Les fils sont disposés exactement comme nous l'avons dit pour l'instrument que nous venons de citer.

On comprend dès lors facilement comment s'enregistrent les vents N, S, E, O. Quant aux vents intermédiaires, ils sont enregistrés par le seul fait que le vent ne possède jamais pendant un long temps une direction constante et que la languette *l* passe, en oscillant entre eux, de l'un à l'autre des deux secteurs qui comprennent le vent intermédiaire. Autrement, on sera averti, en regardant la feuille d'enregistration, qu'un vent intermédiaire a soufflé, N O par exemple, lorsque cette feuille présentera dans chacune des colonnes N et O des traits presque en regard les uns des autres et offrant une simultanéité assez sensible.

L'enregistration s'effectue sur une feuille de papier contenue dans un cadre vertical animé d'un mouvement régulier de descente (1). Quatre crayons sont fixés aux extrémités de quatre tiges verticales jouant le rôle d'armatures de quatre électro-aimants trembleurs. Lorsqu'un vent souffle, le trembleur correspondant fonctionne, et le crayon qui se trouve à l'extrémité de son armature trace sur le papier une série de petits traits horizontaux assez peu espacés, eu égard au mouvement assez rapide du trembleur et au mouvement assez lent de la feuille.

Vitesse. — Quant à l'appareil qui sert à fournir les indications de vitesses, il se compose d'un moulinet du Robinson semblable à celui que nous avons décrit en parlant de l'anémométrographe de l'École des ponts-et-chaussées. L'axe A (fig. 15) sur lequel est monté ce moulinet

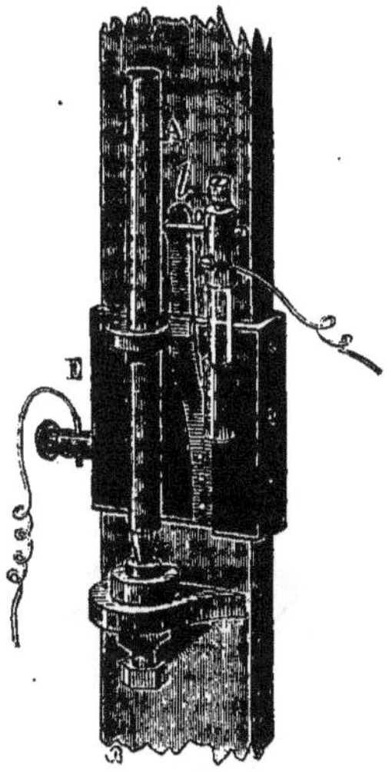

Fig. 15.

repose dans une crapaudine, et porte un disque E qui lui est adapté *excentriquement*. Ce disque, en participant au mouvement de rotation de l'arbre, vient rencontrer une lame flexible et métallique *l*, qui, lorsqu'elle repose sur la tige *o*, ferme le circuit formé par les deux fils d'une pile, qui aboutissent, l'un à la tige *o* et l'autre à un bouton fixé sur le côté de la pièce métallique E qui supporte la lame *l*. Lorsque, au contraire, l'excentrique, en tournant, éloigne la lame de la tige, le courant est interrompu.

1. Se reporter à ce que nous avons dit à la fin de la description du barométrographe Secchi.

MÉTÉOROGRAPHES.

L'appareil est mis en communication avec un compteur qui est en relation constante avec le courant. A chaque tour du moulinet, et pour une certaine position de l'excentrique qui est toujours la même, le courant se trouve fermé, et la roue à échappement du compteur avance d'une dent sous l'influence de ce courant.

Si chaque tour du moulinet correspond à une vitesse de vent égale à 10 mètres par exemple, et si la roue du compteur possède cent dents, chaque fois que la roue aura effectué un tour entier, ce tour correspondra à un chemin parcouru par le vent égal à 1000 mètres. La roue porte une aiguille qui se meut sur un cadran ; elle est en outre en relation, par un système de roues et de pignons, avec une autre roue dentée qui avance d'une dent lorsqu'elle a fait un tour entier, et qui conséquemment enregistre les kilomètres, grâce à une aiguille qu'elle porte et qui se meut sur un second cadran.

Cet appareil, ainsi qu'on le voit, donne le chemin parcouru par le vent dans un certain laps de temps ; mais il ne fournit pas d'indications relatives à la vitesse pour chaque instant de la journée, ce qui, selon nous, est un inconvénient ; car il peut très-bien se faire que le chemin constaté, au bout de trois heures par exemple, ait été parcouru en une demi-heure, et que tout le reste du temps l'air ait été complétement calme.

Le R. P. Sacchi a cherché à enregistrer en même temps sur la carte la vitesse. Le mécanisme qu'il emploie à cet effet nous paraît peu susceptible de fournir des indications sûres : aussi nous ne le décrirons pas.

PLUVIOMÉTROGRAPHES.

Pluviométrographe de M. Salleron. — M. Salleron a construit pour l'École de Grignon un météorographe dans lequel la quantité d'eau tombée est enregistrée de la manière suivante :

L'udomètre destiné à recevoir la pluie se compose, ainsi que tous les udomètres, d'un entonnoir E (fig. 16),

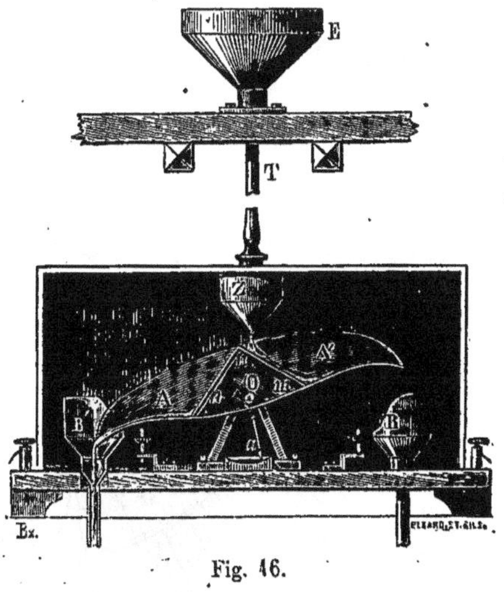

Fig. 16.

ayant 4 décimètres carrés d'ouverture libre et fixé à une certaine hauteur au-dessus du sol. Cet entonnoir se termine par un tube T qui, soit directement, soit par l'intermédiaire d'un tube en caoutchouc, conduit l'eau dans un appareil placé à couvert dans le voisinage de l'enregistreur. Cet appareil se compose d'une espèce de corbeille en cuivre argenté, partagée en deux compartiments A et A' par les deux plans inclinés *mn* et *np*. Cette corbeille peut tourner autour d'un axe horizontal O qui est situé à sa partie médiane et vers le bas. Il résulte de cette disposition qu'il n'y a d'équilibre stable qu'autant que l'un des compartiments étant relevé, l'autre se trouve abaissé et appuyé sur l'un des entonnoirs B, B'. Le compartiment le plus élevé reçoit l'eau et tend, au fur et à mesure que la charge augmente, à faire basculer la corbeille autour de l'axe de suspension. Quand la charge est suffisante, la rotation s'opère, et le compartiment rempli d'eau vient, en s'abaissant, se vider dans l'entonnoir qui lui correspond. Mais dans ce mouvement l'autre compartiment s'est relevé pour recevoir à son tour l'eau qui tombe du tube de l'entonnoir.

La corbeille porte à sa partie inférieure une aiguille *a*, qui, à chaque oscillation, vient plonger dans le mercure contenu par une petite auge métallique située au-dessous. L'un des pôles d'une pile est mis en communication avec cette auge, tandis que l'autre communique avec la corbeille. Donc, à chaque oscillation, et lorsque l'aiguille plonge dans le mercure, le courant est fermé momentanément, et un électro-aimant trembleur, par lequel passe le courant, exerce une attraction sur son contact. Cette attraction, en ayant lieu, fait frapper deux ou trois fois de suite sur le papier une pointe de cuivre qui se trouve à l'extrémité libre du contact et qui marque plusieurs petits points très-rapprochés n'en formant en quelque sorte qu'un seul.

La feuille de papier, sur laquelle s'effectue l'enregistration, est recouverte d'une couche de blanc de zinc et est fixée sur un cylindre qu'un mouvement d'horlogerie fait tourner régulièrement en 24 heures. Le nombre de points tracés sur la feuille de papier en 24 heures correspond donc au nombre d'oscillations de la corbeille; mais, comme chaque oscillation correspond à son tour à 1 millimètre d'eau tombée, le nombre de points indique en millimètres la quantité de pluie. De plus, comme sur la feuille d'enregistration sont tracées des lignes équidistantes et parallèles à l'axe de rotation du cylindre, la position des points, relativement à ces lignes, fait connaître le moment de la journée auquel la pluie est tombée.

Au lieu de s'écouler directement de l'entonnoir dans les compartiments, l'eau arrive d'abord dans un petit récipient Z terminé inférieurement par un orifice capillaire par lequel l'eau tombe goutte à goutte dans l'un des compartiments A ou A'. Cette disposition a pour effet d'empêcher que le liquide, en tombant abondamment, fasse basculer l'appareil avant qu'il ait reçu sa charge, et que, au moment du mouvement de bascule, il

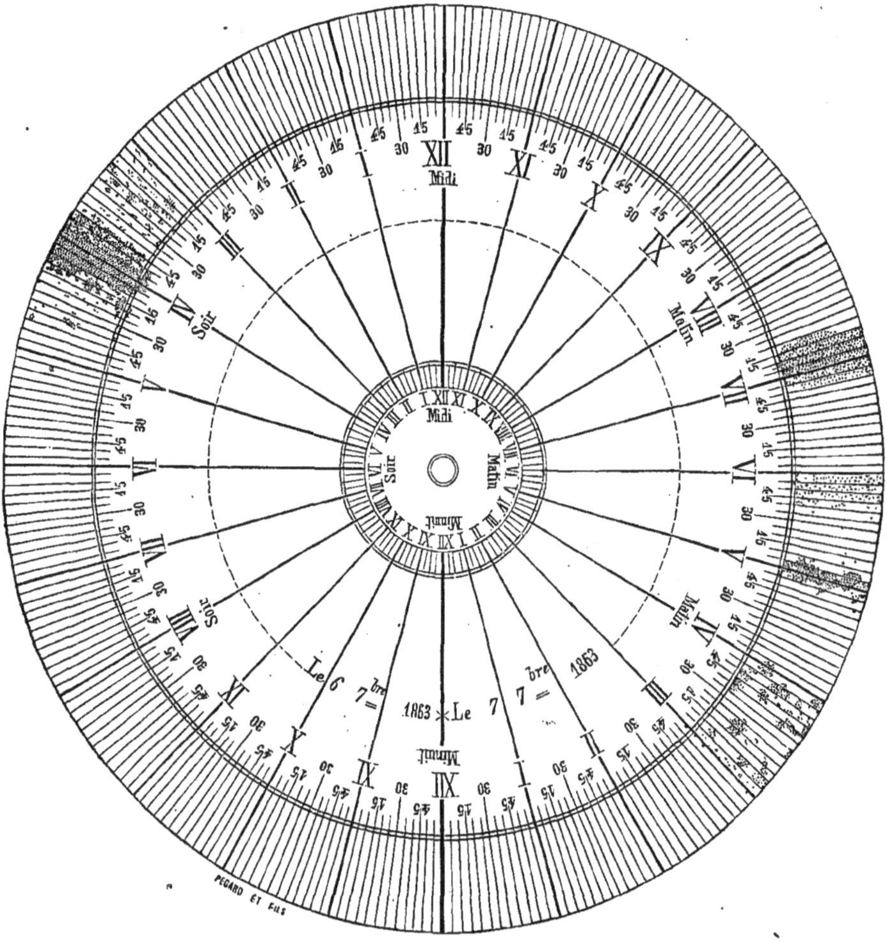

Fig 17.

continue à tomber quelques instants encore dans le compartiment qui a reçu son contingent de pluie.

Pluvioscope à cadran de M. Hervé Mangon. Cet instrument se compose essentiellement d'un plateau circulaire monté sur un pivot auquel un mouvement d'horlogerie communique un mouvement de rotation qui s'effectue complétement en 24 heures. Sur ce plateau on établit une feuille de papier de forme également circulaire (fig. 17) ayant $0^m,45$ de diamètre, et divisée au moyen de rayons en 24 parties égales, correspondant aux 24 heures de la journée. Chacune de ces divisions est à son tour divisée en douze parties égales, dont chacune aussi correspond à un laps de temps de 5 minutes. Cette feuille est préalablement trempée dans une dissolution au dixième de sulfate de fer, puis séchée et frottée avec de la noix de galle réduite en poudre extrêmement fine. Ainsi préparée, cette feuille jouit de la propriété de devenir d'un gris foncé au contact de l'eau.

L'horloge et le plateau muni de sa feuille sont établis dans une boîte que l'on installe à l'air libre. Dans le couvercle de cette boîte est pratiquée une fente convergeant vers le centre du plateau, dont la largeur est égale précisément à une division de 5 minutes, et dont la longueur est égale à la différence qui existe entre le rayon de la feuille entière et le rayon de la circonférence double qui se trouve tracée auprès des chiffres de division. Si maintenant le plateau entre en mouvement, la feuille participera à ce mouvement et chacune de ses divisions viendra se placer successivement au-dessous de la fente : d'où il résulte qu'une pluie venant à tomber, des gouttes entreront par la fente, mouilleront un certain nombre de divisions, selon la durée de la pluie, et noirciront conséquemment la feuille aux endroits mouillés.

Chaque jour, à midi, on renouvelle la feuille, ce qui fait qu'une même feuille sert pour la seconde moitié d'un jour et pour la première moitié du jour suivant. La fig. 17 est la reproduction exacte d'une feuille qui, en 1863 (6 et 7 septembre), a été employée dans un pluvioscope à cadran. C'est M. Hervé Mangon lui-même qui a bien voulu nous la communiquer. On voit par les taches que présente cette figure que le 6 septembre, de 3^h45 à 4^h15 du soir, il est tombé une pluie très-abondante, et que le 7 il est tombé, de minuit à midi, plusieurs ondées, savoir : quelques gouttes seulement entre 3^h et 4^h; fort peu de chose à 4^h15, puisque la feuille ne présente qu'une seule tache; une pluie assez forte de 4^h55 à 5^h5; une pluie fine de 5^h40 à 6^h, et une pluie fine, mais fournie, de 6^h45 à 7^h20. Cet instrument, excessivement ingénieux, offre l'avantage d'enregistrer immédiatement l'heure des chutes aqueuses sans le secours d'aucun agent, soit mécanique, soit électrique. De plus, en fonctionnant à côté d'un pluviomètre, il complète les indications fournies par ce dernier en faisant connaître la nature des pluies, pluie fine, pluie d'orage, etc.

Nous ne terminerons pas cet article sans dire que nous avons puisé de très-utiles renseignements dans des notices que M. Pouriau, professeur à l'Ecole de Grignon, a publiées sur les appareils de météorologie qui se trouvaient à l'Exposition universelle de 1867.

EM. LEJEUNE.

MORTIER. CIMENT A PRISE LENTE, *dit de Portland*. — A l'époque où l'article MORTIER a été publié on connaissait à peine les ciments à prise lente. Les incertitudes qui existaient encore sur leurs avantages ou leurs inconvénients ne permettaient pas de les mentionner dans le *Dictionnaire des Arts et Manufactures*, où ne doivent prendre place que les faits complétement acquis à la science ou à la pratique industrielle.

Depuis lors, les *ciments à prise lente*, dits *de Portland*, ont conquis une place des plus importantes dans l'art des constructions; ils permettent d'exécuter avec économie et facilité les travaux les plus difficiles. On en fabrique des quantités énormes, et tout porte à penser qu'ils remplaceront avec le temps, d'une manière générale, tous les autres composés calcaires employés jusqu'à présent dans la confection des mortiers, ainsi que le plâtre pour les enduits et moulures d'ornement.

Les mortiers fabriqués avec les ciments à prise lente, dits de Portland, présentent des qualités toutes spéciales qui leur donnent une incontestable supériorité sur tous les produits anciennement connus. Leur maniement est presque aussi facile que celui des mortiers ordinaires, leur adhérence et leur dureté dépassent de beaucoup celle des meilleurs *ciments à prise rapide*, dits *ciments romains* (voir MORTIER). Enfin, ils résistent à l'action de l'eau de mer et aux causes habituelles de destruction des autres mortiers.

La fabrication du ciment de Portland est encore ignorée de la plupart des chaufourniers malgré son intérêt, et beaucoup de personnes ne soupçonnent même pas les ressources que peut fournir aux constructions ce précieux produit. Il convient donc de faire connaître d'abord avec détails la *fabrication* de ce ciment et d'indiquer ensuite quelques-unes de ses *applications*.

Fabrication. L'étude de la fabrication du ciment de Portland comprend : le choix et la préparation des matériaux, leur cuisson, la pulvérisation du produit et, enfin, l'indication d'essais généralement imposés par l'acheteur, et que tout fabricant soigneux doit régulièrement exécuter dans son usine avant de livrer ses produits au commerce.

§ I. *Choix et préparation des matériaux.* Le choix parfait des matières premières de la fabrication est la condition essentielle du succès pour les fabricants de ciment de Portland. Les soins ultérieurs les plus minutieux deviennent inutiles si la matière soumise à la cuisson n'a pas exactement la composition et les propriétés requises.

Le ciment de Portland n'est autre chose que le produit désigné par Vicat sous le nom de calcaire à *chaux limite*, cuit jusqu'à un commencement de vitrification. Il suffit donc, pour obtenir du ciment à prise lente, de cuire, jusqu'à ce qu'il commence à se ramollir, un composé contenant de 21 à 23 p. 100 d'argile et de 77 à 79 p. 100 de carbonate de chaux, mélangés à quelques autres matières, dont on parlera dans un instant, et qui, sans être essentielles, jouent cependant un rôle important dans la fabrication, et ne laissent pas d'exercer une influence marquée sur les propriétés des produits fabriqués.

Le tableau, page suivante, donne la composition d'un certain nombre d'échantillons de ciment dit de Portland, de bonne qualité, choisis parmi le grand nombre de ceux dont j'ai eu l'occasion de faire l'analyse.

Si on recherche, par le calcul, la composition des calcaires qui ont donné par la calcination les différents ciments dont on vient d'indiquer la composition, on reconnaît, que le rapport de l'argile au carbonate de chaux s'éloigne assez peu, soit en plus, soit en moins, du rapport 22/78 précédemment indiqué.

Quand un calcaire s'écarte de cette composition, il devient impropre à la fabrication du ciment à prise lente. Que l'argile ou la silice augmente seulement de 4 ou 5 p. 100, et le produit devient une sorte de Pouzzolane qui ne fait plus prise avec l'eau; que la proportion du carbonate de chaux tombe à 70 p. 100, et on ne peut obtenir que des ciments à prise très-rapide de mauvaise qualité et facilement altérables par les agents extérieurs.

On rencontre quelquefois dans le commerce des matières vendues sous le nom de ciment à prise lente ou de Portland, qui s'écartent notablement de la composition normale que nous venons d'indiquer. Ces produits

	a	b	c	d	e	f	g
Silice	24,45	25,10	24,50	24,45	21,10	23,30	26,15
Alumine	10,95	8,60	9,20	8,70	1,35	7,75	10,35
Peroxyde de fer		1,30	2,30		8,65	3,00	
Chaux	59,30	63,15	60,35	65,60	57,75	62,75	60,20
Magnésie	0,80	0,95	traces.	traces.	traces.	0,85	0,85
Acide sulfurique	1,75	0,90	0,70	0,45	1,45	2,35	1,05
Alcalis	2,75		0,45	0,80	1,20		1,40
Eau, acide carbonique et matières non dosées			2,50		8,50		
	100,00	100,00	100,00	100,00	100,00	100,00	100,00

a Ciment anglais.
b Ciment de Boulogne.
c Ciment de Boulogne de fabrication ancienne.
d Très-bon ciment pesant 1500 kil. le mètre cube, employé à Boulogne.
e Ciment de fabrique anglaise.
f Ciment sturge.
g Ciment anglais des environs de Londres.

sont des mélanges de matières inertes avec du véritable ciment à prise lente de composition normale, ou bien, ce qui est plus grave, des mélanges de ciment à prise rapide avec des chaux hydrauliques, du plâtre, des oxisulfures de calcium, etc., mélanges qui simulent jusqu'à un certain point, au moment de l'emploi, le ciment à prise lente, mais qui ne tardent pas à s'altérer. On ne saurait assez se mettre en garde contre ces falsifications.

Pour en revenir au véritable ciment à prise lente, nous devons indiquer l'influence des matières qui s'y rencontrent habituellement en petite quantité et sur lesquelles cependant doit se porter l'attention du fabricant et du consommateur. Le fer existe toujours dans le ciment. A l'état de peroxyde, il ne paraît agir qu'à la manière d'un corps inerte, sans importance, à cause de sa faible proportion. Mais à l'état de silicate de protoxyde, son rôle ne doit pas être indifférent. Tout porte à penser qu'il concourre utilement à la solidification de la masse. L'influence de la magnésie n'est pas bien connue. Je n'ai jamais rencontré ce corps qu'en très-faible proportion dans les bons ciments; je l'ai au contraire trouvé à la dose de 4 à 5 p. 100 dans des ciments médiocres, mais je ne saurais affirmer qu'on dût lui attribuer la mauvaise qualité des produits. L'acide sulfurique et les sulfures nuisent incontestablement aux qualités des ciments à prise lente, surtout pour les ouvrages à la mer. Les alcalis paraissent sinon absolument indispensables, au moins excessivement utiles à la bonne fabrication des ciments à prise lente. Quand les matériaux dont on dispose n'en renferment pas naturellement, il faut ajouter à la pâte de 1/2 à 1 p. 100 de carbonate de soude ou de potasse, ou, plus simplement, de chlorure de sodium. J'ai indiqué, dès 1852, l'utilité de cette addition à laquelle plusieurs fabriques de l'intérieur des terres ont dû leurs succès.

De nombreux essais, que je n'ai malheureusement pas eu le temps de faire en grand, me portent à penser que la baryte pourrait jouer dans les ciments un rôle analogue à celui des alcalis et plus énergique encore. L'abaissement du prix de cette base permettrait sans doute de l'utiliser industriellement, en l'ajoutant à la dose de 4 à 5 p. 100 dans la pâte des ciments avant cuisson. Des essais dirigés dans ce sens méritent d'être entrepris.

Le fabricant de ciment à prise lente doit par conséquent savoir analyser avec précision les matières qu'il emploie, pour varier les dosages en raison des changements de composition que présentent souvent, d'un point à un autre, certains bancs marneux. Les connaissances chimiques ne lui sont pas moins utiles qu'au métallurgiste lui-même.

Les procédés pratiques de ces analyses (1) ne diffèrent pas de ceux employés pour les analyses des chaux et des calcaires ordinaires, mais on peut abréger beaucoup les opérations dans les fabriques de ciment par l'emploi de liqueurs titrées appropriées dont j'ai depuis longtemps fait connaître l'usage.

Il est également utile de faire des essais de cuisson en petit. Le four d'épreuve dont le dessin est donné dans l'article MORTIER est très-convenable pour ces opérations. On peut le chauffer à la houille, ou, plus simplement aujourd'hui, avec des huiles minérales lourdes, à l'aide de l'appareil de combustion si simple et si ingénieusement imaginé par M. P. Audouin, ingénieur de la Compagnie du gaz parisien.

Le ciment à prise lente peut s'obtenir en cuisant à un degré convenable, soit un mélange de chaux grasse ou de calcaire friable et pur et d'argile, soit un mélange d'argile ou de calcaire pur et de marne, soit, enfin, un calcaire argileux naturel présentant la composition indiquée ci-dessus.

Il est rare de rencontrer des bancs d'une composition convenable, étendus et assez homogènes pour alimenter longtemps une fabrication un peu considérable. Quelques fabriques ont eu cependant cette bonne fortune, et se bornent à faire cuire la roche naturelle réduite par le cassage en fragments pouvant passer dans un anneau circulaire de 0m,06 à 0m,08 de diamètre. Mais ces conditions sont très-rares, et nous devons indiquer comment s'effectuent en général le mélange et la préparation des matériaux.

Les fabriques de ciment, dit de Portland, établies aux environs de Londres, qui produisent par an de 200,000 à 300,000 tonnes, emploient la craie pure qui forme plusieurs collines peu éloignées de la ville, et l'argile des dépôts d'alluvion plus ou moins récents de la Tamise. La formation crétacée et les dépôts argileux sont très-homogènes, ce qui rend les dosages très-réguliers et n'a pas peu contribué à la réputation des ciments des environs de Londres.

Des conditions analogues se rencontrent près de Paris, au bas Meudon, où la craie la plus pure et l'argile

1. On analyse d'ailleurs *gratuitement* au laboratoire des ponts et chaussées, les échantillons de chaux, de ciments, de calcaires, d'argile et autres matières intéressant l'art des constructions ou l'agriculture, qui sont adressés *franco* à M. le Directeur de l'École des ponts et chaussées, 28, rue des Saints-Pères, à Paris.

la plus fine se trouvent réunies. Il serait vivement à désirer qu'une très-grande usine à ciment s'établit dans cette localité; elle aurait à bas prix, relativement, le coke des usines à gaz, le meilleur des combustibles pour la fabrication du ciment à prise lente, et pourrait fournir avec économie des produits excellents, dont la consommation locale serait considérable, et dont l'expédition, à grande distance, serait facile par la Seine, les canaux et les chemins de fer.

Dans d'autres parties de l'Angleterre, en Allemagne et en France, on emploie pour fabriquer le ciment Portland des marnes calcaires de compositions différentes, mêlées ensemble ou additionnées de craie pure ou d'argile, de manière à obtenir un mélange présentant exactement à l'état sec la composition nécessaire, c'est-à-dire environ 78 p. 100 de carbonate de chaux, et 22 p. 100 d'argile et quelques centièmes d'oxyde de fer et d'alcalis. Ces mélanges sont toujours faciles à former quand on connaît la composition d'une matière trop riche en argile et d'une autre trop riche en calcaire. Le calcul le plus simple permet de déterminer leur proportion relative.

Quels que soient les matériaux employés, s'ils doivent être mélangés pour présenter la composition voulue, il faut qu'ils se délaient facilement dans l'eau, et qu'ils se réduisent sans difficulté en poussière impalpable, condition essentielle de la bonne préparation du mélange.

Fig. 1. — Mélangeur (coupe).

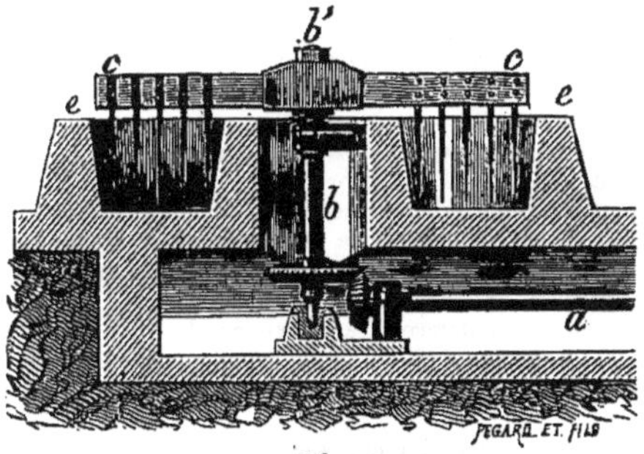

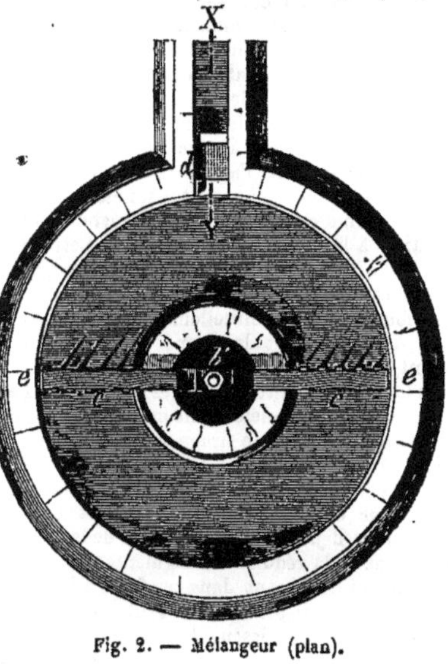

Fig. 2. — Mélangeur (plan).

Le *mélange intime*, en proportion convenable, des matières à employer est la première opération de la fabrication des ciments à prise lente. Ce travail s'exécute ordinairement dans un bassin annulaire *ee* (fig. 1 et 2) pavé avec de grandes pierres très-dures. Deux grands râteaux à dents en fer dont les pointes sont aciérées *cc*, excessivement solides, tournent dans cette auge et agitent violemment dans l'eau qui la remplit les matières calcaires et argileuses. Ce mouvement et le frottement qui en résulte réduit assez vite le mélange en une bouillie très-claire, ou plutôt en un lait argilo-calcaire parfaitement homogène. Les râteaux font habituellement 12 tours par minute dans une fosse annulaire dont le diamètre est de six mètres environ.

On attache quelquefois avec des chaînes aux bras mobiles qui portent les râteaux de lourdes herses en fer qui traînent au fond de l'auge et ajoutent leur action à celle des râteaux. Dans certaines fabriques on supprime même complétement les râteaux, et deux herses pesant chacune 3 à 400 kilog., entraînées au fond de l'auge par les bras horizontaux indiqués par la figure, exécutent parfaitement le mélange et la trituration des matériaux employés.

Pour une petite fabrication, on pourrait même exécuter le mélange avec l'auge à roue, décrite à l'article MORTIER.

L'auge circulaire, où se meuvent les râteaux, ou les herses en fer dont on vient de parler, est alimentée d'eau par un fort tuyau garni d'un robinet pour régulariser l'écoulement. Elle présente sur un de ses bords extérieurs une échancrure de 0m,50 à 0m,60 de largeur, formant déversoir. La surface de ce déversoir est arasée au niveau occupé par l'eau en repos dans le bassin (fig. 3). Une toile métallique très-fine *d* prolonge horizontalement le bord du déversoir et s'étend sur une longueur de 0m,80 à 1 mètre au-dessus du canal d'écoulement du liquide boueux argilo-calcaire. Lorsque l'appareil fonctionne, le passage des râteaux ou des herses produit une sorte de vague qui s'élève au-dessus du niveau du liquide en repos, et qui dépasse par conséquent le déversoir et tombe dans le canal d'écoulement à travers la toile métallique *d* destinée à retenir les corps flottants d'un certain volume qui pourraient se trouver accidentellement contenus dans le liquide.

Fig. 3. — Coupe suivant XY de la figure 2, du déversoir d'écoulement et de sa toile métallique.

Les sables, graviers ou noyaux résistants qui pourraient se trouver dans les matières employées ne sont jamais soulevés par la vague liquide qui franchit le déversoir, et restent nécessairement au fond de l'auge circulaire, d'où on les extrait à l'aide d'une vanne de fond spéciale, ou simplement à la pelle lors des interruptions du travail.

La mise en marche de l'appareil mélangeur que l'on vient de décrire, exige une force de 6 à 10 chevaux-vapeur. On peut traiter par journée de travail de 35 à 45 tonnes de matière selon que le produit est plus ou moins facile à pulvériser et à mélanger. La machine est servie par 3 ou 4 ouvriers, dont un surveillant.

Les matières calcaires ou argileuses sont versées régulièrement à la brouette, ou autrement, dans l'auge circulaire, et sans interruption pendant le mouvement de rotation de la machine; l'eau y est amenée par le tuyau d'alimentation, et le lait calcaire s'écoule régulièrement par le canal d'échappement. Le travail est ainsi parfaitement continu. Le chargement de l'auge en argile et en calcaire, ou autres matériaux équivalents, exige une attention continuelle : le succès de toute la suite de la fabrication dépend de ce point de départ. Ainsi qu'on l'a déjà dit, la composition chimique des ciments à prise lente ne peut varier que dans des limites excessivement étroites, et, par conséquent, la proportion relative des matériaux employés est exactement déterminée. Si on employait des matières parfaitement sèches, il suffirait donc de les peser pour faire un mélange bien défini, mais en pratique l'humidité des marnes et des argiles varie d'un instant à l'autre. On ne peut donc pas procéder par pesage et on opère par mesurage en volumes, méthode qui ne comporte, dans ce cas, quelque exactitude qu'autant qu'elle est suivie avec une attention soutenue.

Dans les fabriques importantes et bien dirigées, l'ouvrier qui surveille l'appareil à mélanger, prélève tous les quarts d'heure deux litres du liquide sortant de la machine. On réunit 4 ou 8 puisages successifs, et on analyse sommairement la matière solide contenue dans ce liquide, ou bien on en forme une briquette que l'on cuit dans un four spécial et dont on examine la qualité. Le fabricant parvient ainsi à suivre exactement sa fabrication et peut corriger en temps utile les erreurs de dosage qui tendraient à se produire.

La bouillie très-claire qui sort du mélangeur est conduite par une rigole convenable (fig. 2 et 3) dans une série de bassins placés les uns à côté des autres et construits en briques ou en maçonnerie ordinaire. Ces bassins ont ordinairement de $0^m,90$ à 1 mètre de profondeur, 30 mètres de longueur et 20 mètres de largeur. Chacun d'eux est muni d'une petite vanne servant à écouler l'eau claire lorsque les matières solides se sont déposées au fond par l'effet du repos. On amène de nouveau liquide trouble qui dépose une seconde couche de matière solide sur la première, et on continue ainsi jusqu'à ce que le bassin soit rempli.

Le nombre de ces bassins de dépôt varie avec l'importance de la fabrication. Il faut qu'ils puissent recevoir le produit de 55 à 65 journées de travail.

Lorsque le mélange a acquis la consistance d'une pâte molle, on le brasse énergiquement à l'aide de griffes en fer, pour assurer l'homogénéité du produit que le dépôt par ordre de densité de certaines substances aurait pu modifier, aussi bien que les erreurs de dosage. L'évaporation et l'infiltration enlèvent l'eau en excès, et peu à peu le mélange argilo-calcaire prend assez de consistance pour que l'on puisse avec une bêche ou un louchet le diviser en briquettes, dont la dessiccation se termine en plein air si le climat le permet ou sous des hangars.

Quand le combustible est à bon marché, on accélère l'évaporation en faisant passer au fond des fosses des tuyaux de fumée et d'air chaud, et la dessiccation s'obtient en plaçant le mélange, aussitôt qu'il peut s'enlever à la bêche, sur des plaques en métal chauffées par des foyers spéciaux ou par la chaleur perdue par les fours à coke, si l'usine fait elle-même son coke, ou enfin par la chaleur perdue des fours à cuire le ciment.

L'emploi de la chaleur artificielle pour sécher le mélange argilo-calcaire permet de gagner beaucoup de temps, de travailler même en hiver et de diminuer considérablement l'étendue des bassins de repos et des hangards de séchage. Certains fabricants pensent que le chauffage à 80 ou 100° des matières pâteuses, améliore leur qualité, rend la cuisson plus facile et plus régulière. Je ne saurais citer à cet égard d'expériences absolues, mais de nombreux essais et l'observation attentive de certains faits me portent à partager cette opinion, tout au moins en ce qui concerne les mélanges de craie et d'argile pure.

Les procédés que l'on vient de décrire pour préparer les matières destinées à produire par la cuisson le ciment à prise lente sont employés en France et en Angleterre d'une manière générale. M. Lipowitz, dans son *Traité allemand de la fabrication des ciments*, indique une autre méthode utile à faire connaître en peu de mots.

Les marnes ou autres matériaux choisis pour la fabrication sont d'abord complétement desséchés dans un four. On les réduit alors en poudre fine en les faisant passer d'abord dans un casse pierre, d'une forme spéciale, puis sous deux lourdes meules verticales, et enfin dans un moulin à farine à meules horizontales.

La poudre très-fine ainsi obtenue est arrosée avec une faible dissolution alcaline et versée dans un tonneau à mortier, avec une très-petite quantité d'eau, et sort, à la base de ce tonneau, sous forme de briquettes en pâte ferme. Ces briquettes sont dessséchées et soumises à la cuisson.

La méthode de M. Lipowitz présente sur celles que nous avons décrites avec détails, plusieurs avantages. En opérant sur des matières sèches le dosage peut être fait avec une grande exactitude; elle supprime les bassins de dépôt et les pertes de temps et d'espace qu'ils entraînent; elle fournit la matière en fragments plus réguliers qui doivent donner un ciment d'une cuisson plus uniforme. Mais, d'un autre côté, les procédés de M. Lipowitz exigent beaucoup plus de force mécanique pour la mise en marche des appareils de broyage que la méthode par voie humide, et, pour certaines marnes, il est difficile d'admettre que le broyage mécanique puisse atteindre l'extrême finesse que procure, presque sans dépense, le délayage et l'agitation à grande eau. Quoiqu'il en soit, on conçoit que la fabrication par voie sèche puisse être utilement appliquée dans certaines circonstances déterminées : par exemple, quand le temps et l'espace font défaut et que la saison est mauvaise; il convenait par conséquent de la signaler.

§ II. *Cuisson.* La cuisson du ciment exerce sur sa qualité la plus grande influence; elle peut, jusqu'à un certain point, corriger une certaine erreur sur la composition chimique normale du composé, et c'est à elle, dans tous les cas, qu'il doit la densité considérable que présentent les produits de bonne qualité.

La cuisson du ciment à prise lente n'a pas seulement pour objet de chasser l'acide carbonique du calcaire, elle doit encore déterminer entre ses éléments une combinaison intime et produire un commencement de vitrification à la surface des fragments. Cette opération exige de la part des ouvriers cuiseurs une grande expérience et une extrême attention.

Les fours les plus habituellement employés en France et en Angleterre ont la forme d'un tronc de cone, ou sont formés par la réunion de plusieurs troncs placés les uns à la suite des autres (fig. 4 et 5). Le gueulard est surmonté d'une coupole ou d'une partie conique destinée à régulariser le tirage. Si l'on doit utiliser la chaleur perdue du four, il est entièrement fermé à sa partie supérieure, et communique avec la cheminée d'appel par des rampants sur lesquels on effectue, comme on l'a déjà dit, la dessiccation de la matière pâteuse avant de la réduire en fragments.

La cuisson du ciment dans ces fours a lieu à feu intermittent. On dispose sur la grille quelques fagots, puis une certaine épaisseur de gros fragments de coke pour faciliter l'allumage, et au-dessus, jusqu'à la partie supérieure du four, des couches alternatives de coke et de matière à calciner réduite en fragments n'excédant pas la grosseur du poing.

Fig. 4. — Coupe verticale d'un four à ciment.

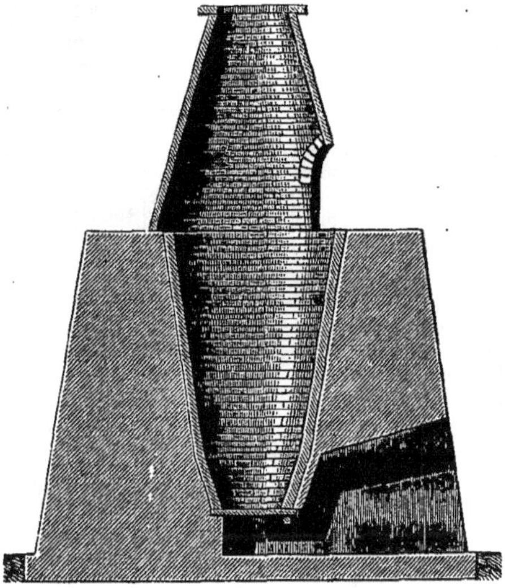

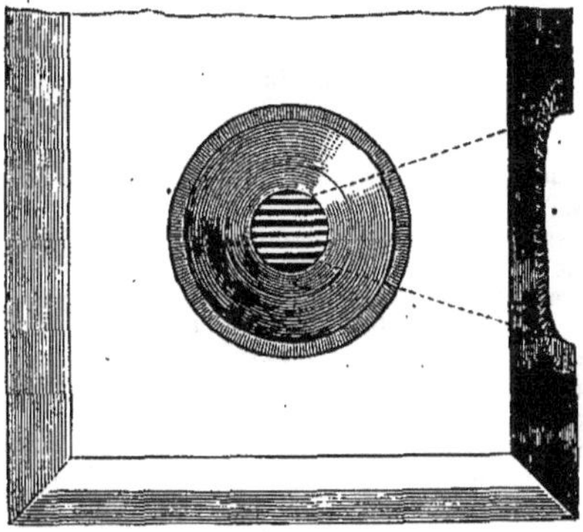

Fig. 5. — Plan du four à ciment fig. 4.

Quand la cuisson est terminée on laisse refroidir la masse, et on défourne en enlevant les barreaux de fer, de 0m,05 d'épaisseur, qui forment la grille.

La dimension des fours varie avec l'importance de la fabrication et aussi avec les habitudes locales; on en construit qui renferment jusqu'à 60 tonnes de ciment cuit, et d'autres qui n'en fournissent que 6 à 7 tonnes à chaque opération. Les fours contenant de 20 à 25 tonnes de ciment cuit sont les plus généralement adoptés. La cuisson d'un four de cette capacité dure de 24 à 50 heures, quand tout va bien. Le refroidissement exige deux à trois jours.

On peut cuire le ciment à la houille, mais le coke est de beaucoup le meilleur combustible pour ce genre de fabrication. La proportion de combustible à employer varie selon la qualité, la nature de la matière employée et son degré de sécheresse au moment de l'enfournement: en moyenne, on admet qu'il faut brûler dans le four de 200 à 350 kilog. de coke par tonne de ciment cuit obtenu. Mais, on le répète, l'expérience de l'ouvrier cuiseur peut seule lui apprendre la meilleure proportion de coke à employer dans chaque cas particulier, pour obtenir la cuisson la plus uniforme dans toutes les parties du four et le moindre déchet.

On doit rechercher des combustibles bien privés de sulfures, dont l'influence sur le ciment est très-mauvaise. La température de cuisson du ciment est beaucoup plus élevée que celle qui est nécessaire à la cuisson de la chaux.

Les fours à ciment doivent être solidement établis. Le massif extérieur doit être fortement contreventé, et au besoin entouré de ceintures en fer. — La chemise intérieure est formée de briques réfractaires. Pour les conserver plus longtemps et éviter leur adhérence avec la masse de ciment, on les enduit de temps en temps d'un badigeon de la matière même qui sert à la fabrication du ciment. Les fours sont ordinairement réunis en plus ou moins grand nombre dans un même massif. Ce massif a été interrompu dans la fig. 5 par une ligne d'arrachement.

La proportion de chaleur perdue par les fours intermittents que l'on vient de décrire est très-considérable, et, comme la cuisson est un des éléments principaux de la dépense de la fabrication des ciments à prise lente, il serait très-désirable que l'on perfectionnât la construction des fours. Les essais de cuisson à feu continu, dans des fours coulants, n'ont réussi que très-médiocrement; le retrait considérable de la matière pendant la cuisson et le commencement de fusion qu'elle éprouve rendent en effet le problème difficile à résoudre. Il est probable que la solution de la cuisson économique du ciment à prise lente s'obtiendra par l'application à ce travail particulier des fours Siemens. Dans son ouvrage, déjà cité, M. Lipowitz parle avec beaucoup d'éloges du four sans fin qu'il a fait construire en perfectionnant les dispositions employées par Hoffman et Licht. (Voy. MATÉRIAUX DE CONSTRUCTION.) Les fours de cette espèce se composent, comme on sait, d'une série de compartiments que l'on chauffe à tour de rôle, chacun d'eux pouvant à volonté communiquer avec une cheminée ou un ventilateur aspirant, ou avec les compartiments précédents. L'air arrive au compartiment en feu après avoir traversé les compartiments qui viennent de servir à une cuisson; il s'échauffe et utilise ainsi la chaleur du refroidissement, tandis que les produits de la combustion du compartiment en feu commencent à échauffer, en se dégageant, les matériaux des compartiments suivants préalablement remplis de la matière qui doit être soumise à la cuisson.

§ III. *Défournement et broyage.* Quelle que soit la disposition du four, on procède au défournement aussitôt que le ciment est à peu près refroidi. Les fragments sont soumis à un premier triage pendant le défournement; on rejette avec le plus grand soin tous les fragments mal cuits ou de mauvaise qualité, faciles à reconnaître à leur couleur, à l'aspect de leur surface, ou à leur défaut de densité.

Les fragments de bonne qualité sont transportés à l'atelier de broyage.

Les machines employées pour arriver à pulvériser le ciment sont de deux sortes : les premières sont chargées de réduire les morceaux sortant du four en petits fragments; les secondes réduisent en poudre fine le produit de cette première opération.

Le premier concassage du ciment peut être obtenu de différentes manières. Un simple moulin à noix conique peu aiguë, de très-solide construction, peut suffire dans une petite fabrique, mais cet appareil très-simple, il est vrai, est sujet à s'engorger ou à se briser, et nous n'en recommandons pas l'usage, malgré son bas prix d'achat.

Dans beaucoup de fabriques, on concasse le ciment brut en le faisant passer dans un double jeu de cylindres broyeurs analogues à ceux employés pour écraser les os. Les cylindres de ces laminoirs sont formés d'une série de rondelles dentées en fer aciéré ou en fonte dure, montées sur un même arbre carré de forte dimension. L'isolement des rondelles rend facile leur remplacement en cas d'usure ou même de rupture de dents. Cet appareil donne de bons résultats et n'a d'autre inconvénient que les fréquentes réparations d'entretien qu'il exige.

Un moulin à meules, à roues verticales très-pesantes, en fonte ou en granit, constitue également un excellent instrument de concassage.

Dans les très-grandes usines on emploie une véritable machine à briser les pierres pour commencer le concassage, et on le termine avec le moulin à meules verticales.

Cette dernière disposition est très-convenable et assure au travail la régularité la plus satisfaisante.

Quels que soient les appareils employés au concassage, le produit doit passer sur un crible qui retient les fragments trop volumineux que l'on soumet à un second passage dans les concasseurs.

La matière réduite ainsi en fragments suffisamment petits est portée à la machine qui doit la réduire en poussière impalpable. Le meilleur instrument, et à peu près le seul employé pour cette deuxième opération, est un moulin à meules horizontales disposées comme les meules d'un moulin à farine ordinaire.

La poussière en sortant des meules passe dans un bluteau ordinaire, qui fournit enfin le ciment prêt à ensacher ou à mettre en baril pour la vente.

Le ciment trop gros pour passer à travers le bluteau est naturellement reporté à la trémie des meules pour subir un second broyage.

Les meules des moulins à ciment ont de $1^m,20$ à $1^m,50$ de diamètre, leur vitesse doit être de 100 à 120 tours par minute. On les construit en bonnes pierres meulières de la Ferté-sous-Jouarre ou autres pierres analogues. Ces meules ont besoin de fréquents rhabillages, et il faut compter qu'il y a presque toujours un beffroi en reparation sur trois en mouvement.

Chaque paire de meules absorbe 6 à 8 chevaux-vapeur et peut pulvériser 12 à 15 tonnes de ciment en douze heures de travail.

Propriétés, essais et emploi des ciments. — L'analyse chimique des ciments ou des matériaux employés à leur fabrication s'exécute, comme on l'a déjà dit, par des méthodes semblables à celles indiquées à l'article MORTIER, et sur lesquelles il est inutile de revenir ici. On se bornera donc à indiquer les caractères que doivent présenter les bons ciments, et les moyens employés pour les constater et vérifier la résistance du produit.

Les ciments bien préparés sont d'un gris plus ou moins foncé, légèrement verdâtre, en poudre la plus fine possible. On doit rejeter tout ciment laissant une quantité appréciable de résidu sur un tamis en toile métallique n° 2 de 185 largeurs de maille au moins au décimètre.

La densité d'un ciment est un des indices les plus sûrs de sa bonne qualité. On ne doit jamais acheter ce produit qu'au poids; et les ingénieurs devraient toujours, dans les devis, indiquer la composition des mortiers de ciment en poids, et non pas en volume, pour ne pas exciter les entrepreneurs à employer des ciments légers. L'hectolitre ras et non tassé pèse de 14 à 1600 kil. pour des ciments de très bonne qualité destinés aux travaux de sujétion, et de 1300 à 1400 kil. pour les travaux ordinaires. On doit refuser tout ciment pesant moins de 1200 kil.

MORTIER.

Des mortiers formés de 2 de sable pour 1 de ciment ont donné les résultats suivants :

	RÉSISTANCE À L'ARRACHEMENT APRÈS			
	5 jours.	15 jours.	1 mois.	3 mois
Mortier de ciment pesant 1200 kil. le m. c.	51^k	76^k	90^k	130^k
Mortier de ciment pesant 1500 kil. le m. c.	78	130	150	196

L'analyse que j'ai faite de ces deux ciments, vendus comme ciments à prise lente, m'a donné :

	CIMENT PESANT	
	1200	1500
Silice.	26.30	24.45
Alumine et peroxyde de fer. .	8.75	8.70
Chaux.	62.35	65.60
Acide sulfurique.	0.35	0.45
Alcalis et perte.	2.25	0.80
	100.00	100.00

Ces analyses démontrent nettement que le deuxième échantillon se rapproche seul du vrai type Portland; le premier échantillon est beaucoup plus voisin de la composition des ciments à prise rapide, analogues aux ciments dits romains de Pouilly, de Vassy, etc. J'ai ensuite délayé deux grammes de chacun de ces ciments dans un demi litre d'eau contenant 10 grammes de nitrate d'ammoniaque. Après 24 heures de contact, le ciment léger avait abandonné 0,825 de chaux, et le ciment lourd $0^g,565$ seulement : ainsi l'attaque était d'autant moindre que la qualité était meilleure et la densité plus considérable.

De ces expériences, et de beaucoup d'autres, on peut conclure avec certitude que, dans l'état actuel de la fabrication des ciments, il est impossible de réunir à coup sûr, dans un même produit, la légèreté et les précieuses qualités du véritable ciment de Portland. On doit donc proscrire des chantiers les ciments légers.

Tout ciment qui ne présente pas une tenuité suffisante et une pesanteur assez forte est de mauvaise qualité, mais ces deux propriétés ne suffiraient pas seules pour garantir que la poudre examinée jouit de toutes les propriétés du bon ciment. Il faut faire un essai direct en faisant du mortier de ciment, et s'assurer qu'il prend avec le temps une résistance suffisante.

A cet effet, on moule le mortier sous forme de briquettes ayant la forme indiquée fig. 6. On laisse durcir

Fig. 6. — Briquette d'essai de mortier de ciment.

ces briquettes dans le sable humide ou dans l'eau. Après un nombre de jours déterminé, on place la briquette dans un étrier fixe, fig 7. On suspend au-dessous un plateau que l'on charge de poids jusqu'à ce que la rupture ait lieu.

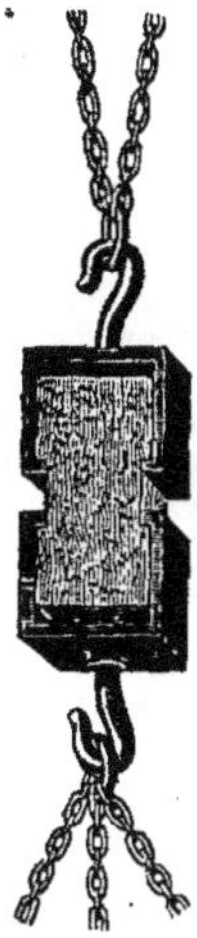

Fig. 7. — Briquette placée dans les étriers pour l'essai de sa résistance à l'arrachement.

On se borne quelquefois à essayer la résistance du ciment, en collant des briques à plat les unes à la suite des autres avec le produit à examiner, fig. 8.

Avec de bon ciment pur, on peut, après une huitaine de jours, laisser la poutre en porte à faux, fig. 8, sur une longueur de 2m,64 et la charger en outre à son extrémité d'un poids de 6 à 8 kil. Avec du mortier fait avec le même ciment mêlé à son volume de sable, la longueur de la poutre placée en porte à faux se réduit à 2m,07. Le poids placé à l'extrémité étant encore, comme dans la première expérience, de 7 à 8 kil. (fig. 8).

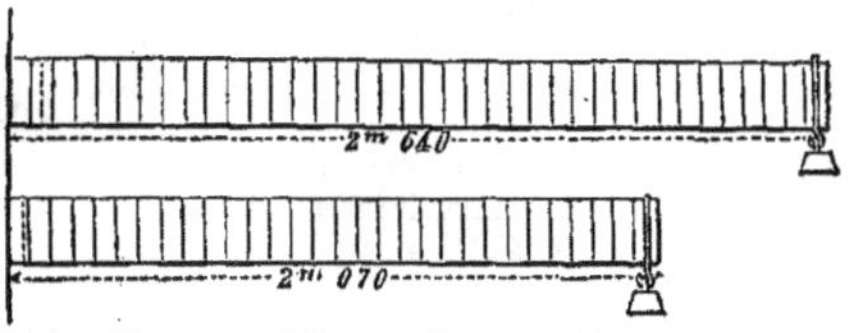

Fig. 8. — Briques collées avec du ciment.

Dans les fabriques de ciment, dans les laboratoires de recherches et sur les chantiers importants, on évite d'avoir à charger un plateau de poids, opération toujours délicate et fatigante, en le remplaçant par un vase jaugé où l'on fait arriver de l'eau. On se sert avec plus d'avantage encore d'un fléau de romaine, disposé spécialement pour cet usage, fig. 9.

La briquette à essayer B est saisie par un étrier supérieur porté par le petit bras du fléau de romaine et par un étrier inférieur retenu par un crochet que l'on amène à la longueur nécessaire à l'aide de l'écrou D. On place dans le plateau des poids A en quantité insuffisante pour déterminer la rupture, puis on fait avancer le poids P sur le levier jusqu'à ce que la briquette se brise. Ce mouvement du poids P s'obtient à l'aide d'une fourchette entraînée par une vis à pas allongé, mise en mouvement par la manivelle C'. Après la rupture, on ramène le poids par un mouvement rapide imprimé à la manivelle C, et l'on peut recommencer l'expérience.

Le mortier formé d'une partie de ciment et de deux parties de sable ne doit pas faire prise en moins de 6 à 10 heures, et la briquette d'essai ayant 0m,04 de côté dans sa partie la plus étroite, ou 16 centimètres

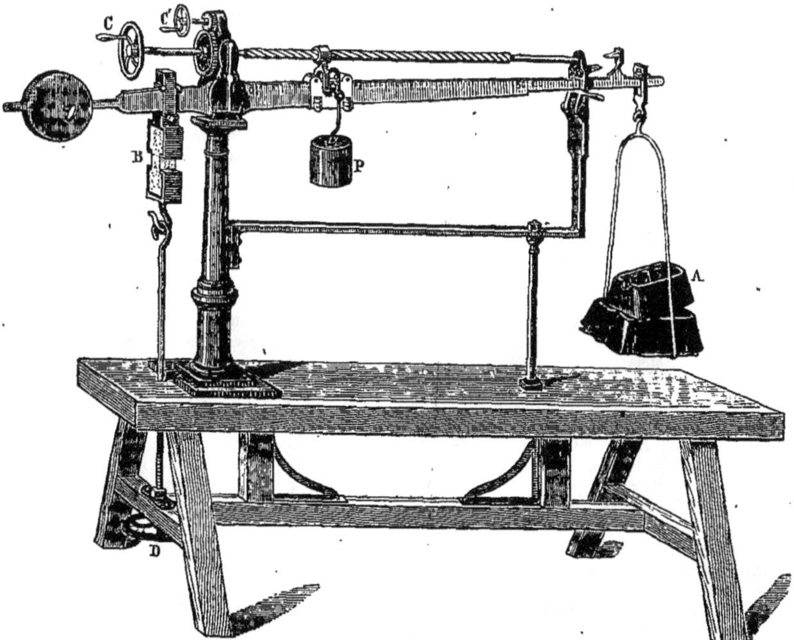

Fig. 9. — Appareil à essayer les ciments construit par M. Suc, pour le laboratoire de l'École des ponts et chaussées, sur les indications de M. Mangon.

carrés de section, doit supporter après cinq jours de fabrication au moins 70 kilos sans se rompre.

Les applications du ciment de Portland sont extrêmement multipliées. Le mortier de ciment est à peu près aussi facile à employer que le mortier de chaux hydraulique. Les maçonneries en ciment de Portland sont d'une solidité à toute épreuve et résistent même à l'action de l'eau de mer. C'est avec le ciment que l'on exécute ces voûtes si légères et si hardies qui font aujourd'hui l'étonnement des constructeurs. Il sert à maçonner et à enduire les grands réservoirs d'eau des villes, il donne des enduits aussi fins et des moulures aussi délicates que le plâtre, et d'une inaltérabilité absolue; il sert à exécuter des dallages d'une dureté comparable à celle des pierres les plus résistantes, et d'un prix des plus modiques. Enfin, il entre dans la composition des *bétons agglomérés* de M. Coignet, employés en si grande quantité dans les travaux de Paris, et en particulier dans l'établissement du grand aqueduc de dérivation des eaux de la Vanne. H. MANGON.

MOUCHE. Nous avons vu, à l'article ASTICOTS, comment la chair des animaux morts, au lieu de se transformer en produits putrides, pouvait servir au développement d'une multitude de larves, qui, parvenues à un état de grosseur suffisante, se transforment en mouches. Munies d'ailes, elles paraissent destinées à remplir le même rôle qu'en venant au monde, c'est-à-dire qu'elles vont faire leur nourriture de tous les produits animaux en putréfaction, et d'après une double application de la loi de Malthus, grâce à la facilité de leur multiplication et à celle de leur nourriture, leur nombre se multiplie en raison des substances animales qu'il importe de faire disparaître; c'est ce que l'on reconnait facilement exister, au moins dans les conditions normales, dans celles des contrées salubres où subsistent les proportions d'eau et de chaleur convenables pour l'entretien de la végétation.

Les mouches, après une courte existence, arrêtée le plus souvent par les toiles des araignées qui couvrent les cultures, viennent apporter sur les terres les principes azotés des substances animales qui ont contribué à leur existence. Elles remplissent donc, on le voit, un rôle souvent utile, qui échappe facilement à l'observation, à cause de la petitesse de ces insectes, mais qui n'en est pas moins réel, vu leur multitude.

MOULINS A MARÉE. Le mouvement périodique d'élévation des eaux de l'Océan est un immense réservoir de travail moteur dont l'utilisation industrielle a été à peu près nulle jusqu'ici. L'élévation des eaux n'ayant lieu que toutes les douze heures, et variant avec la position de la lune, on n'a pas là une source de travail qui convienne à la régularité des travaux de l'industrie moderne. Toutefois la gratuité de cette source de travail (qui ne peut néanmoins être utilisée qu'avec des dépenses d'établissement et d'entretien fort notables) l'a fait utiliser dans quelques circonstances spécialement favorables, pour la mouture des grains.

La question mérite quelque attention, malgré sa minime importance actuelle, parce qu'il n'est pas douteux que le jour où l'on découvrira un moyen d'accumuler du travail (un des *desiderata* de l'industrie), de manière à le rendre transportable, comme de la houille, on pourra songer à exploiter sur une grande échelle cette source indéfinie de travail.

C'est sur les côtes granitiques, comme celle de la Bretagne, où les ensablements ne sont pas à craindre, que l'on a établi des moulins à marées. Ils consistent essentiellement dans un canal communiquant avec la mer servant à remplir un réservoir à la marée haute, dont l'eau se vide à la marée basse par un canal où elle met en mouvement la roue d'un moulin.

MUSÉE D'ART INDUSTRIEL. *De l'importance de l'art industriel.* — Il y a à peine quelques années, lorsqu'on se proposait de développer l'industrie française, de seconder les efforts de nos producteurs pour rivaliser avec ceux des nations les plus avancées et de les dépasser, s'il était possible, les mesures que l'on proposait et que l'on adoptait, se rapportaient exclusivement à la vulgarisation des moyens de fabrication les plus parfaits, à l'amélioration de l'enseignement des sciences industrielles. C'était par des missions de nos ingénieurs à l'étranger, par l'introduction de machines et d'appareils perfectionnés, par la création de cours de mécanique, de physique et de chimie que l'on tendait vers le but indiqué. L'expérience a prouvé que ces efforts avaient été utiles, et les progrès si merveilleux de nos industries mécaniques et chimiques ont amplement justifié l'utilité du concours qui a pu leur être prêté par le genre de mesures dont nous parlons.

Étaient-elles les seules qu'il fût possible d'adopter pour favoriser les progrès de l'industrie? On eût sans hésitation répondu affirmativement il y a quelques années, et on eût été fort étonné d'entendre quelqu'un soutenir qu'il y eût une autre œuvre possible que la vulgarisation des connaissances scientifiques qui forment la théorie des procédés industriels; de la mécanique qui fournit la théorie des machines et donne les règles de leur construction; de la chimie qui apprend les lois qui président à la transformation des corps, à leurs réactions mutuelles. Cependant aujourd'hui la réponse serait toute autre, et il est parfaitement démontré que si la vulgarisation des sciences est une condition essentielle d'un grand développement industriel chez une nation, elle n'est pas la seule; il en est une seconde d'égale importance, c'est la diffusion du sentiment du beau, c'est l'état prospère des beaux-arts.

Sans entrer ici dans l'étude d'une question analysée en détail dans l'Essai sur l'art industriel qui termine ce volume, nous rappellerons seulement une vérité universellement admise en disant que : si en France la notion de l'importance de l'intervention de l'art dans l'industrie est restée longtemps latente en quelque sorte, c'est qu'elle paraissait toute naturelle. Le talent de nos nombreux artistes formés dans des écoles justement célèbres, la splendeur des musées de la capitale, fréquentés les jours de fêtes par la classe laborieuse, l'éclat du luxe des classes riches dans une société où le goût de briller est dominant, ont rendu vulgaire une certaine connaissance des questions d'art, ont élevé assez haut le niveau des diverses fabrications artistiques pour que la France y ait conquis une véritable supériorité. Aussi, lorsque à l'Exposition universelle de Londres en 1851, les produits de l'industrie des diverses nations furent mis en présence, ceux de notre pays se distinguèrent-ils d'une manière toute spéciale et furent-ils proclamés les plus élégants, ceux du goût le plus pur.

L'industrie anglaise n'avait cependant en rien déchu : c'était toujours l'industrie des grandes machines, des puissantes fabrications, et si la supériorité lui échappait pour certains produits, c'était bien certainement parce que, dans ces cas, elle ne résultait pas des progrès de la mécanique ou de la puissante organisation des ateliers, car ils n'avaient pas cessé d'être dignes d'admiration dans ce pays tout industriel. C'était, en effet, d'art qu'il s'agissait, et, sous le bénéfice d'exceptions importantes, l'élégance des poteries de Wedgwood, par exemple, le goût tenait une moindre place que la mécanique dans l'industrie anglaise.

Aussi sans s'aveugler par un sot amour-propre, les Anglais se proposèrent de mettre à profit l'enseignement qui ressortait clairement de la comparaison des produits de l'industrie des diverses nations à l'Exposition de 1851, et avec leurs grandes facultés d'organisation pratique songèrent à développer dans la nation anglaise les fa-

MUSÉE D'ART INDUSTRIEL.

cultés artistiques qui lui faisaient défaut. Les mêmes mesures qui peuvent les conduire à ce résultat ne doivent pas nous être moins utiles pour accroître celles que les Français peuvent posséder; nous avons donc le plus grand intérêt à les étudier, à en apprécier la valeur pour les imiter s'il y a lieu.

Elles peuvent en réalité se réduire à des fondations de deux genres principaux: l'organisation de nombreuses écoles de dessin, dont l'utilité est bien connue et qui doivent être assez multipliées pour que, dans toutes nos villes industrielles, l'enfant s'initie à la langue universelle pour tout ce qui se rapporte au goût; et la fondation des musées d'art industriel de Kensington et du Cristal Palace de Sydenham, musées tout différents de ceux que nous possédons et que représentent ceux du British-Museum ou de la National Gallery de Londres. C'est sur ce nouveau genre de musée, fondé en Angleterre à côté d'autres semblables aux nôtres, qui paraissent donc ne pas s'exclure les uns les autres, que nous voulons attirer l'attention. Sans prétendre que par de semblables mesures une nation, plus remarquable en général par le bon sens et l'esprit pratique que par l'imagination, va être transformée en un peuple d'artistes; elle doit en retirer d'excellents effets. Il est déjà certain que l'industrie anglaise a fait des progrès très-remarquables depuis que les questions d'art sont à l'ordre du jour, et le voyageur qui voit aujourd'hui Londres et la société anglaise ne peut manquer de reconnaître que toutes les créations récentes, les nouvelles constructions, le mobilier, les toilettes des dames notamment, y sont d'aussi bon goût, en général, que dans aucune autre capitale de l'Europe.

C'est autour d'un véritable musée d'art industriel, l'œuvre capitale pour la vulgarisation des connaissances que doit posséder l'artiste industriel, pour l'épuration du goût du public qui doit juger ses œuvres, que viennent naturellement se grouper les fondations propres à assurer un puissant enseignement des arts du dessin, ainsi que l'ont fait les Anglais à Kensington. Il faut créer un milieu où les vocations réelles viennent se développer et l'éducation des véritables artistes se compléter. C'est ce que fait déjà si heureusement l'École des beaux-arts, au grand profit des progrès et de l'avenir des beaux-arts en France. Si on ne comprend pas l'enseignement de la première des industries artistiques, de l'architecture, sans un musée, une école, des prix, etc., pourquoi l'orfévrerie, la sculpture sur bois, la gravure industrielle, etc., ne seraient-elles pas développées par les mêmes moyens?

De l'utilité d'un musée industriel. — J'insisterai sur l'utilité de la création d'un Musée d'art industriel, et à cet effet je demanderai la permission au lecteur de le ramener encore un instant au point de vue auquel je me suis placé au début, à la considération des institutions diverses propres à aider aux progrès de l'industrie. Si nous cherchons d'abord à analyser les moyens employés pour répandre les connaissances scientifiques, nous trouvons des cours nombreux, appuyés de magnifiques collections de machines comme celles qui font la richesse du notre Conservatoire des arts et métiers. A quelles sciences se rapporte cet ensemble? A des sciences positives, mathématiques, dont toutes les théories découlent d'un petit nombre de propositions d'un ordre supérieur; à des sciences qui permettent par de simples déductions logiques de calculer d'une manière certaine tous les éléments des applications, par exemple toutes les dimensions des pièces qui entrent dans l'exécution d'une construction voulue. Sans entrer dans des détails plus précis, et d'ailleurs bien connus, ce que je tiens à établir, c'est que même pour cet ordre de connaissances, pour l'acquisition desquelles des livres paraîtraient pouvoir suffire, on a jugé nécessaire de créer un musée considérable de modèles. En contestera-t-on l'utilité? nous ne le pensons pas. Il n'est pas une personne élevée à Paris qui ne se rappelle l'admiration qu'a excitée en elle la vue de toutes ces ingénieuses machines, lorsque enfant elle les a visitées pour la première fois; les utiles leçons qu'elle a été y chercher, si, ayant eu quelque jour une velléité d'inventer quelque chose, si, désirant un éclaircissement sur une question relative à quelque question de machines, elle est retournée parcourir ces riches collections. Je me rappelle qu'à mon arrivée à l'École polytechnique, lorsque nous causions entre camarades de la carrière que nous avions déjà parcourue, je fus étonné de voir combien était grand le nombre de ceux qui, comme moi, avaient souvent parcouru les galeries du Conservatoire, et y avaient trouvé les étincelles du feu sacré qui les avait animés et leur avait donné le courage de travailler énergiquement. C'est là, je crois, un des plus grands avantages que l'on doit reconnaître aux collections publiques, que de déterminer et de seconder chez les jeunes intelligences le développement d'une féconde énergie, de faire éclore les vocations chez des enfants qui deviennent les citoyens qui sont, plus tard, l'honneur et la richesse d'un pays.

Si nous passons maintenant aux connaissances sur lesquelles repose encore la prospérité industrielle d'un pays, à celles qu'utilise dans leur développement complet le talent des grands artistes, nous ne trouvons rien de comparable aux ressources que présentent les sciences d'ordre mathématique. Il n'y a plus possibilité de déduire, d'une manière rigoureuse, toutes les règles d'un premier principe; on est dans la région du sentiment, et non plus dans celle du raisonnement logique. C'est assez dire que les livres, les cours n'ont plus la même importance pour faire sentir le beau que pour faire comprendre la vérité. En est-il de même des musées, des collections? Evidemment non, et ceux-ci deviennent mille fois plus utiles que dans le premier cas. Si la beauté ne peut se définir, se mesurer, si on peut seulement la sentir, comment peut-on mieux développer la faculté qui nous permet de l'apprécier, le goût qui nous met à même de juger, qu'en rassasiant la vue des chefs-d'œuvre de l'art, qu'en les étudiant sans cesse?

Lorsqu'il s'agit des beaux-arts proprement dits, la question ne peut être douteuse pour personne; chacun sait que c'est en s'exerçant dans nos musées à copier les tableaux des maîtres que nos jeunes artistes parviennent à se former, à dérober à ces maîtres quelque chose de leur faire, à force de les pratiquer. Or, il est facile d'établir que cette utilité est plus grande peut-être encore pour l'art industriel que pour les beaux-arts proprement dits, et cela à cause de la nécessité pour l'artiste industriel d'acquérir une connaissance complète des styles des diverses époques.

En effet, suivant que la marche de l'humanité a fait prévaloir des idées, des mœurs particulières dans les divers pays, l'architecture, les vêtements, les meubles, les bijoux, etc., tous les produits du travail, en un mot, se sont imprégnés des idées régnantes, et en sont devenus des manifestations. Il suffit de citer les noms de quelques styles: grec, renaissance, Louis XIV, mauresque, etc., pour définir des formes, des ornementations complétement distinctes, et la plus grande faute que puisse faire un artiste industriel, c'est de mélanger des éléments appartenant à ces styles différents; la première connaissance qu'il ait à acquérir, c'est d'être assez maître de chacun d'eux pour pouvoir exécuter une œuvre sans sortir du style adopté.

De là résulte la nécessité, pour un musée d'art industriel vraiment digne d'une grande nation et d'une grande industrie, d'être riche en monuments anciens et étrangers. Des œuvres purement modernes n'apprendraient que pour le présent, mais n'enseigneraient rien pour l'avenir, lorsque la marche des idées viendra rapprocher en quelque point l'époque actuelle d'une époque

MUSÉE D'ART INDUSTRIEL.

antérieure, et que le style ancien qui y correspond deviendra presque nécessairement le point de départ des œuvres d'art modernes.

L'utilité, la nécessité des musées d'art industriel, comme moyen capital d'assurer le développement d'intéressantes industries, en contribuant puissamment à l'éducation des artistes qui en assurent la supériorité, en leur fournissant de nombreux éléments de création, des thèmes excellents dont les variations élégantes séduisent le public, nous paraît si incontestable, qu'il nous semble inutile d'insister plus longtemps sur ce point. Nous passerons donc à la seconde partie de notre thèse, qui pourra peut-être quelque peu contribuer, sinon dans le présent, au moins dans l'avenir, lorsque les idées que nous venons d'exposer seront devenues tout à fait vulgaires, à faire penser à l'organisation d'un musée d'art industriel en France, digne de la splendeur des beaux-arts et de l'état avancé des industries artistiques dans notre pays.

Que doit être un musée industriel? — Pour arriver à établir d'une manière précise ce que doit être un musée d'art industriel, il faut d'abord arriver à bien déterminer le champ de cet art. On doit comprendre, sous la dénomination d'art industriel, tout emploi du goût, toute élégance apportée à la création d'un produit utile, ce qui revient en réalité à autant d'applications des beaux-arts proprement dits à la fabrication des objets qui servent à la satisfaction de nos besoins ou de nos plaisirs. Chaque partie des beaux-arts vient y coopérer d'une manière essentielle, et les maîtres qui par leurs travaux font la gloire d'une époque et fixent le goût, ont à coopérer utilement aux progrès de l'art industriel aussi bien qu'à ceux de l'art pur.

Les architectes n'ont pas seulement à élever de grands monuments propres à symboliser les aspirations d'une époque et à construire des édifices pour la postérité; bien plus souvent ils ont à édifier des maisons d'habitation, à en indiquer la décoration extérieure et intérieure, à diriger la fabrication des cheminées, des meubles, à demander à l'industrie qui profite de leurs conseils, les tapisseries, les papiers peints, etc., qui devront recouvrir les murs.

Les sculpteurs ne doivent pas seulement se livrer à la poursuite de la beauté manifestée par le corps humain, chercher à faire comprendre l'idéal par cette représentation matérielle, ils ont à se mêler aux travaux, à inspirer les nombreux artistes industriels qui se livrent à la production des produits usuels qui valent surtout par l'élégance des formes. Les orfèvres, les bijoutiers, les fabricants de bronzes, de poteries et nombre d'autres rentrent dans ce cas. On sait qu'en Grèce, comme en Italie lors de la Renaissance, les sculpteurs étaient souvent aussi orfèvres, potiers, etc.; que Benvenuto Cellini n'est pas moins célèbre par ses bijoux, ses coupes, que par sa statue de Persée; et enfin, de nos jours, pour ne citer qu'un exemple entre beaucoup d'autres, nous avons vu notre célèbre sculpteur Pradier donner les modèles de délicieux bronzes pour ameublement, qui n'ont certes pas nui à sa juste renommée, et ont eu la meilleure influence sur les progrès d'une de nos plus brillantes industries.

Les peintres sont peut-être les artistes dont l'influence est la moins directe sur les produits de l'industrie, quand on se place au point de vue si élevé qu'ils ont à poursuivre, la représentation des sentiments. Sans doute dans quelques cas, la décoration consiste en de véritables tableaux, c'est le cas de certaines porcelaines de grand luxe; mais c'est là la réunion d'un objet d'art et d'un produit industriel, ce n'est pas de la décoration proprement dite. C'est surtout dans l'emploi de couleurs franches que celle-ci consiste, mais toutefois elle exige dans le tracé des contours, dans le mélange des tons, de véritables qualités de dessinateur et de coloriste. Il suffit de citer nos habiles dessinateurs industriels pour papiers peints, pour tapisseries et étoffes, pour châles cachemires, pour montrer combien l'industrie a encore là l'emploi de grands talents artistiques.

De ce rapide aperçu résulte nettement, qu'un musée d'art industriel doit être principalement sculptural. Les industries qui relèvent de la sculpture, la poterie, l'orfèvrerie et les bijoux notamment, sont d'une grande importance à toutes les époques, et parfaitement suffisantes pour donner une notion complète des styles aux diverses époques. L'architecture ne peut guère être représentée dans un musée que par sa partie sculpturale. On peut y donner quelque idée de la cathédrale de Strasbourg par la représentation d'une porte et des sculptures qui la décorent; nul autre moyen de rappeler par quelque chose de praticable l'immense monument. C'est à cette conséquence que sont arrivés, par expérience, les architectes qui ont dirigé les constructions du palais de Sydenham, créé dans le but de propager la connaissance des grandes créations architecturales, dans lesquelles les styles sont le plus complétement matérialisés, et d'aider ainsi puissamment aux progrès de l'art industriel en Angleterre. En réalité, sauf la ravissante reproduction de l'Alhambra, que les petites dimensions de cet édifice rendaient possible, on peut dire qu'il n'y a eu de réussite dans la voie susindiquée, que quelques façades, quelques fragments de galerie sculptée; succès accru surtout par celui incontestable de la juxtaposition des statues célèbres de la même époque, obtenues par un surmoulage exact qui en a reproduit le mérite artistique.

Quant à la peinture, elle ne doit, ce nous semble, être nécessairement représentée que par des décorations, des tentures, des étoffes. Une galerie de tableaux donnant quelque idée des écoles diverses de peinture qui se sont succédé et de leur manière de faire, peut y être utilement annexée, mais ne paraît pas indispensable. Ce sont les musées d'art pur où ces collections seront toujours plus complètes, qui doivent fournir la base de cette partie de l'enseignement artistique; pour les dessinateurs industriels l'étude n'a pas besoin d'avoir la même étendue, ni d'être dirigée de la même manière.

Un musée d'art industriel doit donc, à notre avis, comprendre pour chaque époque quelques statues encadrées dans des constructions de style correspondant, dont on peut donner comme excellent exemple la Glyptothèque de Munich. Dans ce petit temple grec, à colonnes doriques, les statues grecques, toujours un peu petites, ont infiniment plus de charme que dans les rez-de-chaussée du Louvre de Louis XIV. A un choix de statues doivent se joindre les poteries, les verres, les bijoux, l'orfèvrerie, les meubles, etc., tout ce qui tire son charme de la forme, de l'élégance des contours, et cela pour tous les styles, pour toutes les grandes époques de la vie de l'humanité. Ces objets ne peuvent être séparés de leur décoration par des couleurs, par émaux, peintures, etc., et la collection doit être complétée à ce point de vue par des étoffes, tapisseries, etc.

Des musées de Sydenham et de Kensington en Angleterre. — Si nous étudions ce qui a été fait en Angleterre dans la voie du genre de musée dont nous venons de parler, nous trouvons d'abord le palais de Sydenham, dont nous venons de parler, qui n'est pas même un musée dans l'acception que nous donnons à ce mot, mais plutôt une collection d'études et de surmoulages propres à donner une notion exacte des styles d'architecture. L'utilité manifeste de ce genre d'enseignement, la haute idée que tous les voyageurs rapportent de cette belle création, indépendamment de l'effet ressenti par une création splendide de jardins qui rappellent Versailles, dus à sir John Paxton, montrent surabondamment qu'il y a là quelque chose d'utile à imiter. On y sent la création réussie d'un cadre pour un véritable musée, le moyen de constituer le milieu harmonieux propre à faire valoir les éléments de tout genre que l'on peut posséder, les pièces authentiques des époques les plus reculées, les modèles les plus précieux, susceptibles d'inspirer le sentiment de l'art à cause de leur beauté et de leur antiquité.

Le second, le véritable musée d'art industriel qui a été créé en Angleterre après l'Exposition de 1851, et commencé à l'aide de dons de la reine et de riches citoyens, est le musée de Kensington. Il m'est impossible de décrire ce musée tel qu'il est ordinairement; je ne puis me le rappeler que bien plus beau, tel que je l'ai vu enfin dans une circonstance toute particulière. Le 6 juin 1862, le duc de Cambridge et la famille royale, assistés de la commission royale présidée par lord Granville, voulant faire honneur aux jurés des diverses nations de l'Exposition universelle, les invitèrent à une grande soirée qui fut donnée en leur honneur au musée de Kensington. Inutile de parler des conditions de toute fête, qui furent admirablement remplies: éclairage splendide à la mode anglaise, par un nombre infini de becs de gaz placés à la partie supérieure de vastes salles, musique excellente, nombreuse compagnie de dames en élégantes toilettes de soirée, rafraîchissements à foison dans les galeries de peinture placées au premier étage, tout cela n'était qu'une conséquence nécessaire de la position élevée des personnages qui offraient la fête. Mais ce qu'elle présentait de tout particulier, c'était que les vitrines renfermant les curiosités de l'art en forme de trophées, demeurées à leur place ordinaire, brillaient d'un éclat extrême, et qu'autour de chacune d'elles une nombreuse société demeurait sans cesse. On le comprendra facilement quand on saura que les possesseurs des plus belles collections d'œuvres remarquables, plusieurs lords possesseurs de galeries justement célèbres, avaient mis leurs collections à la disposition de la commission royale pour rehausser et compléter les richesses du musée. Aussi pouvait-on admirer des collections d'émaux, de verres de Venise, comme on ne peut en voir nulle part, des pièces d'orfévrerie admirables (plusieurs, le grand bouclier de Wechte notamment, avaient été empruntées à l'Exposition), des faïences extrêmement remarquables de la grande époque italienne, en un mot, une multitude d'œuvres merveilleuses, dues dans chaque genre à de véritables artistes, ayant vraiment fait œuvre de génie en les créant, en levant des difficultés d'exécution incroyables.

Nous ne pensons pas qu'un seul des spectateurs présents ait pu hésiter un instant, à la vue de ce beau spectacle, à proclamer quelle admirable chose ce peut être qu'un musée d'art industriel qui possède des richesses suffisantes en produits anciens, même quand il ne s'y mêle absolument aucun produit des beaux-arts proprement dits. Pour les nombreux spectateurs de cette belle fête, pour les jurés français notamment, il a dû en résulter nécessairement le désir de voir leur pays doté d'une création de ce genre, si évidemment utile pour élever les aspirations des fabricants français, épurer leur goût et fournir d'admirables modèles pour une étude fructueuse.

D'un musée d'art industriel en France. — Le Musée du Louvre à Paris est bien connu par ses richesses en chefs-d'œuvre des beaux-arts; nous n'avons pas à rappeler ici toutes les admirables statues, toutes les toiles des grands maîtres qui en font un des principaux centres artistiques du monde.

A côté du musée des Beaux-Arts se trouvent des collections d'un grand intérêt, des émaux, des bijoux égyptiens surtout, des vases étrusques, en un mot une foule de magnifiques produits d'art. Et cependant, tout cela, classé uniquement au point de vue de l'élégance, de la valeur artistique, de la curiosité qui s'attache à leur ancienneté, ne constitue en rien un musée d'art industriel. Ceci résulte nécessairement du but qu'on a dû chercher à atteindre, qui est de mettre en lumière des pièces hors ligne, sans avoir à prendre aucun souci des procédés de fabrication, et surtout de ce que l'exposition de ces produits au milieu d'œuvres d'art pur du premier ordre, les amoindrit en quelque sorte, et leur ôte singulièrement de leur valeur et de leur éclat. Ils se trouvent effacés par le voisinage d'œuvres d'un ordre supérieur.

Le seul musée qui réponde à l'idée d'un musée d'art industriel est celui qui a été si étonnamment créé par la persévérance et le goût de M. Dussommerard, je veux parler du musée de Cluny. Le grand nombre de pièces remarquables qu'il renferme, et qui à peu près toutes appartiennent à l'époque de la Renaissance, en font une école excellente pour certaines études, et lorsqu'un de nos habiles fabricants de meubles ou de bronzes veut faire une création dans le style de la Renaissance, il a soin d'aller étudier les collections du musée de Cluny pour s'inspirer ou vérifier par la comparaison le produit de ses inspirations. Mais où s'adressera un orfévre qui voudra s'inspirer des œuvres de Goutière, un ébéniste qui voudra imiter les diverses créations de Boule, pensera à des types étrangers, orientaux, etc.?

Malgré toute sa valeur, le mouvement artistique de la Renaissance n'occupe qu'une place limitée dans l'histoire de l'art, et il faudrait plusieurs musées de l'importance de celui dont nous venons de parler pour constituer un ensemble suffisant pour assurer l'avenir de nos industries artistiques.

D'une manière sommaire, on doit distinguer comme styles principaux : le style grec et romain, le byzantin et le gothique, les styles de la Renaissance, de Louis XIV et de Louis XV. (Voy. ART INDUSTRIEL.)

Laissant de côté la Renaissance, qui nous paraît trouver une représentation convenable dans le musée de Cluny, et aussi le style de Louis XIV qui, tant qu'on admettra la séparation de semblables musées, ne devra être reproduit qu'à Versailles, où se trouvent déjà bien des éléments, et surtout le premier de tous, la demeure même du grand roi consacrée déjà à un musée, on voit que, au moins pour combler la plus importante lacune, la formation d'un musée d'art industriel en France devrait surtout représenter convenablement les styles grec et romain, si importants, qui ont été produits par une civilisation remarquable à tant d'égards, par un mouvement primitif de l'art d'autant plus nécessaire à étudier qu'il est le plus ancien, et qu'il a constitué la tradition à laquelle l'humanité s'est toujours reportée, lorsqu'après les époques de barbarie ou de sommeil, elle a voulu reprendre les routes de l'art. Or, il s'est trouvé, par une circonstance vraiment heureuse, que cette lacune considérable dans les richesses artistiques de la France a été comblée d'une manière extraordinaire par l'achat d'une collection d'une richesse vraiment incomparable après tout ce qui avait déjà été extrait du sol de l'Italie, si souvent fouillé. Je veux parler de la collection Campana.

On ne s'est peut-être pas assez rendu compte de la richesse étonnante de cette collection, si ce n'est peut-être comme mérite de nombre de pièces intéressantes qu'elle renferme, des bijoux étrusques notamment que l'on ne se lasse pas d'admirer, car beaucoup sont merveilleux; mais on a trouvé qu'elle possédait une bien grande quantité de vases assez médiocrement remarquables, et il est certain que s'il fallait les placer dans un musée d'art pur, où l'on recherche nécessairement toujours le maximum de beauté, d'éclat, on se laisserait nécessairement entraîner à entasser nombre de ces produits dans des endroits peu abordables, dans des armoires plaquées contre les murs, proscrites en Angleterre comme ne permettant pas de voir, de dessiner les objets. On ne mettrait en pleine lumière que les plus remarquables par leur forme et leur décoration. Pour un musée d'art industriel au contraire, dans la multiplicité et la variété de ces vases se trouve l'enseignement manifeste de la succession des diverses formes, des divers ornements d'un même style. La leçon qu'y puisera une jeune intelligence à la vue d'un ensemble aussi considérable, surtout après que le dessin de quelque vase en aura bien fixé les contours dans la mémoire, bien fait apprécier les formes caractéristiques, sera mille fois plus profonde, plus définitive lorsqu'elle aura été puisée dans l'étude qu'on a pu en faire au Palais de l'Industrie, lorsque ces produits s'y trouvaient largement espacés, où des pièces inférieures, si l'on veut, donnaient le courage de rivaliser, quand les chefs-d'œuvre effrayent le débutant par leur beauté même, que dans quelques salles d'un musée d'art pur où ils sont plus resserrés, disposés au seul point de vue de l'art, pour exciter l'admiration plutôt que pour l'instruction, et toujours et par-dessus tout écrasés par le voisinage des œuvres d'art, par les plus belles productions des grands artistes de tous les pays et de tous les temps. Je reviendrai encore, et m'arrêterai un instant sur ce point, beaucoup plus important que l'on ne pourrait penser.

Les musées, tels que celui du Louvre, sont nés de la réunion des œuvres remarquables acquises par les souverains des diverses époques pour embellir leurs demeures. Sans doute, par un mouvement des esprits qui montre notre estime des œuvres d'art, les collections ont été peu à peu considérées plus au point de vue des œuvres des grands artistes qui s'y rencontrent qu'au point de vue de l'embellissement de palais souvent complétement envahis par leur grand nombre. Toujours est-il, toutefois, que les idées qui ont présidé à leur création persistent toujours, et tant par ce motif que par suite de l'éclat projeté par les œuvres magistrales, on éprouve un sentiment de dédain, en se promenant dans ces galeries, pour toute œuvre qui n'est pas absolument de premier ordre. Combien de produits qui, par ce motif, ont été remplir les réserves!

Ce que je dis là est bien manifeste dès qu'il s'agit d'objets d'industrie. Prenez pour exemple le musée Charles X, décoré avec tant d'éclat à cette belle époque de notre histoire à laquelle on peut rendre justice aujourd'hui, à la fin de la Restauration, lorsque la littérature et les arts jetaient un si vif éclat, quand la vie intellectuelle etait si remarquable, et que les aspirations généreuses de la jeunesse parlaient plus haut qu'à aucun autre moment de notre siècle. Qu'y trouve-t-on, à première vue, de remarquable? D'admirables plafonds, parmi lesquels l'*Homère* de Ingres, une décoration splendide, des armoires magnifiques séduisent le public qui peut bien encore conserver quelque peu d'admiration pour les beaux bijoux égyptiens qui garnissent les vitrines du centre, mais n'en a plus guère pour les caisses à momies, les vases pour l'usage usuel qui garnissent le bas des armoires. Il y a pourtant là tous les éléments du style si curieux propre à cette ancienne civilisation, et si on est parvenu à faire un musée splendide pour le visiteur, des galeries magnifiques dont les riches décorations modernes tirent un éclat tout particulier de leur opposition avec les curieux produits, extraits, après tant de siècles, des sables de l'Egypte où ils étaient enfouis, la disposition générale est évidemment tout autre que celle qui conviendrait à un musée d'art industriel, à l'étude et à la compréhension facile et complète du style égyptien.

Il nous est permis de conclure que ce n'est pas en accumulant des richesses nouvelles dans le musée du Louvre, sous l'empire des idées qui dominent et doivent y dominer dans leur classement et leur disposition, qu'on réalisera jamais en France un véritable musée d'art industriel, supérieur à celui de Kensington pour la fécondité et la facilité de l'enseignement que sa vue doit procurer. Sous ce rapport, nous regrettons beaucoup la fusion dans les collections au Louvre du musée Campana, qui a fait avorter tout espoir de voir former immédiatement un musée d'art industriel grec et romain, dont le succès eût entraîné bien probablement la création d'un musée complet, immense création qui trouverait certainement dans les parties obscures des salles du Louvre et dans les réserves, bien des éléments pour être réalisée avec un grand éclat. C'est de là qu'on pourrait tirer les éléments d'un musée d'art industriel complétant celui de Cluny et celui qui pourra si facilement être établi à Versailles.

Ce qui presse surtout, c'est l'organisation d'un musée consacré à l'Art grec renfermant les moulages des plus belles statues grecques, des marbres du Parthénon et autres œuvres célèbres. Une salle romaine placée à la suite devra renfermer de même quelques beaux moulages, celui du Faune Barberini, par exemple. Une salle renfermant des essais du style byzantin, par exemple quelques détails de Sainte-Sophie, cette œuvre si grandiose sur laquelle une étude si complète et si exacte a été publiée en Allemagne; enrichie des curieuses couronnes des rois visigoths, qui sont si étonnées de se trouver parmi les œuvres de la Renaissance du musée de Cluny.

Avec le concours de la direction des musées, en lui empruntant toutes les richesses dont elle ne tire pas bon parti, les pièces qu'elle cache plus qu'elle ne montre, ne les trouvant pas d'une assez grande beauté, il est certain qu'un tel musée serait bientôt égal au musée de Kensington. Le meilleur moyen d'y parvenir, si jamais on reconnaît que la chose est désirable et possible, c'est de profiter des occasions bien rares, je dirai presque providentielles, quand elles se présentent, pour en réaliser des fragments. Ce fut une idée on ne peut plus heureuse que celle qui fit acheter, il y a vingt ou vingt-cinq ans, le musée Dusommerard pour fonder le musée de Cluny, c'est-à-dire une collection poursuivie après les années de la révolution, lorsque le pillage des châteaux en avait fait sortir toutes les œuvres curieuses qui les ornaient. Il est douteux qu'un ensemble analogue pût être constitué aujourd'hui, à n'importe quel prix.

De même la collection Campana, poursuivie à Rome par un homme habile à acheter tout ce qui pouvait être distrait des collections privées, enrichie de tout ce qu'ont produit des fouilles dirigées d'après de nouveaux indices reconnus propres à faire découvrir les quelques sépultures étrusques qui ont pu encore échapper à vingt-cinq siècles de recherches, peut former un magnifique point de départ d'un riche musée d'art industriel pour l'époque grecque et romaine. Espérons qu'on entrera bientôt dans une voie qui peut conduire à d'importants résultats avec de la volonté et de la persévérance. Ce qui importe c'est de se mettre en route; ce qui est préjudiciable au plus haut degré à notre industrie, c'est l'inertie.

C'est surtout pour la fabrication de Paris, vouée à la production d'objets de luxe, due à plus de quatre cent mille ouvriers, et qui fournit du travail à plus d'un million d'ouvriers habitant la province, que cette création importe; car elle ne peut soutenir la concurrence étrangère que par la supériorité du goût. Plus que toute autre, elle est menacée; plus que toute autre, elle doit sentir la nécessité de se dérober à la tutelle des ateliers de dessins industriels, qui la maintiennent dans une ornière étroite s'ils ne se multiplient considérablement.

Il est très-désirable que Paris possède bientôt une institution rivale de celle de Kensington, institution féconde, vraiment nationale, et de nature à immortaliser les noms de ses fondateurs.

Réponses aux objections. — Lorsqu'il s'agit de créer un musée d'art industriel, comme couronnement de tous les

MUSÉE D'ART INDUSTRIEL.

moyens propres à développer le goût des ouvriers et des fabricants, on rencontre deux natures d'objections complétement opposées, partant les unes des praticiens, les autres des artistes. Nous essayerons de répondre en quelques mots aux uns et aux autres.

Au nom des praticiens, qui pour la plupart savent parfaitement combien sont utiles les études propres à sortir de la voie de la routine, on dit : A quoi bon de semblables fondations? est-ce que nos apprentis n'apprennent pas bien leur métier dans les ateliers? n'y deviennent-ils pas d'habiles ouvriers qui sauront bien, une habileté suffisante étant acquise, exécuter des œuvres remarquables?

Il n'y a pas à insister beaucoup sur cette nature d'objections qui ne rencontre aujourd'hui que peu de défenseurs. Il est trop évident, en effet, que des institutions propres à aider l'acquisition du savoir qui peut lentement être acquis dans les ateliers (en supposant possible d'y puiser la connaissance de ce qui ne s'y fait pas à une certaine époque), ne gênant nullement l'action de ceux-ci, ne peuvent qu'être utiles. On ne prouvera jamais qu'un mode quelconque d'enseignement, ajouté à ceux existants, ne soit nécessairement profitable; que l'installation d'une galerie de bons tableaux dans une ville puisse ne pas être utile aux personnent qui apprennent à peindre. On ne doit jamais oublier que l'homme n'est pas une machine, qu'il va loin s'il est soutenu par une volonté, une inspiration, un désir de rivalité. Rien de plus propre qu'un musée pour décider, chez les jeunes gens surtout, ces vocations qui font les artistes, qui donnent à la volonté l'énergie qui permet de surmonter les difficultés.

L'autre objection est faite par des artistes qui n'admettent ni l'art industriel, ni les moyens de le développer. Il n'y a pas deux espèces d'art, disent-ils avec raison, mais ils ont tort d'ajouter d'une manière trop exclusive : Faites des sculpteurs et des peintres, et ne vous occupez de rien autre. Si l'on doit admettre que les commencements des études de tous les artistes doivent être les mêmes, il n'en résulte nullement que les routes ne puissent être de bonne heure différentes. L'artiste en bijoux ne pourra pas passer sa vie à faire des statues, il devra bientôt s'exercer dans sa voie spéciale; et cependant le statuaire aurait tort de dédaigner des œuvres qui peuvent être de tout point remarquables. Il y a de la part de quelques artistes, en bien petit nombre, quelque peu de vanité mal placée; ce n'est pas le genre du travail, mais la dépense de talent et de génie qu'il faut seulement considérer. Non-seulement un objet d'utilité peut être un objet d'art, mais dans tout pays où les objets d'un usage journalier ne sont pas beaux, on ne peut espérer un grand développement de l'art national. De même qu'il ne faut pas chercher à posséder, pour la prospérité de l'industrie, seulement des savants voués à la recherche de la vérité pure, mais encore des ingénieurs instruits capables d'appliquer à la pratique les progrès de la science, de même il faut, outre les artistes qui se consacrent à l'art pur, à la poursuite de l'idéal, des dessinateurs et des artistes industriels, qui ont leur œuvre bien déterminée. Je trouve au reste sur ce point et sur la mission de l'artiste industriel une note excellente d'un artiste fort distingué, J. Klagmann, par laquelle je termine :

« Depuis bien des années, et dans ces derniers temps surtout, la science a largement contribué au développement de l'industrie; elle n'a pas cru déroger en quittant la sphère des théories pour se mêler aux labeurs de la pratique. La science n'a rien perdu pour cela dans l'estime du monde, elle n'en parait que plus grande. Il n'en a pas été de même de l'art, qui cependant ne déroge pas plus que la science quand il travaille à introduire l'élégance, la pureté des formes, le bon goût des dessins et des couleurs dans les choses de la vie publique et privée.

« Nous croyons que cette pensée d'étendre l'art à toutes choses ne peut nuire à son développement et à sa grandeur, parce que nous croyons que le sentiment si précieux de l'art a été accordé par Dieu à la plus parfaite de ses créatures pour la compléter, élever et ennoblir sans cesse l'usage de ses sens, jusqu'à ce qu'elle arrive à concevoir la perfection idéale, jusqu'à ce que ses œuvres dominent de haut la matière... L'industrie française doit sa supériorité sur tous les marchés du monde au bon goût, à l'imagination, à l'art en un mot, qui président à ses produits; et ses qualités qui lui assurent le succès et lui ouvrent sans cesse de nouveaux débouchés, lui viennent des artistes qui se sont voués à cette carrière... Les écoles de haut enseignement de l'art n'enseignent rien que les artistes de l'industrie ne soient obligés d'étudier et de savoir. Ils doivent posséder des connaissances étendues en histoire et en archéologie, pour satisfaire aux variations du goût public qui se plaît à s'entourer, dans les choses de la vie, tantôt des images d'une époque, tantôt de celles d'une autre époque; en outre, ils sont tenus de connaître les procédés d'un grand nombre d'industries, afin de se maîtriser eux-mêmes dans la lutte qui s'établit naturellement entre l'imagination et le possible... Il ne faut pas se faire trop d'illusions sur les récents triomphes de l'industrie française. Ces succès peuvent être le prélude de succès plus grands encore, mais à la condition qu'on se préoccupera de la position de l'art qui les fait naître, à la condition de lui accorder la possibilité de se développer sans entraves.

« Les artistes peintres et statuaires, disait encore en 1846 Léon Feuchères, un des plus brillants artistes industriels que la France ait possédés (dans un écrit qui avait pour objet, entre autres choses, de réclamer la fondation d'un musée d'art industriel), n'accordent généralement pas toute l'importance qu'ils méritent aux arts industriels; ils oublient trop que chez les peuples de l'antiquité, qui ont porté le plus haut leur civilisation, ces arts ont reçu leur impulsion des hommes les plus éminents par leur génie.

« Les Indiens, les Égyptiens, les Étrusques, les Grecs et les Romains nous ont laissé dans leurs meubles, leurs vases, leurs bronzes, leurs bijoux, etc, des types d'une inimitable perfection dus au génie de leurs artistes les plus remarquables; aux quatorzième, quinzième et seizième siècles, l'Italie, l'Allemagne et la France eurent tout un peuple d'artistes qui ne dédaignèrent pas de devoir une partie de leur célébrité aux arts industriels. Tels furent Maso Finiguerra, Lucca della Robia, Benvenuto Cellini, Martin Schengaur, Albert Durer, Aldegraf, Bernard de Palissy, le père de la géologie et de la céramique en France, Jean Cousin, Léonard de Limoges, les frères Pinagrier, Boule, et tant d'autres, dont quelques-uns ne nous ont laissé que des chefs-d'œuvre en oubliant de nous laisser leurs noms.

« Forts de ces illustres exemples, nous demandons sérieusement s'il est possible que l'enseignement industriel puisse avoir une direction trop intelligente et trop élevée. »

N

NACRE DE PERLES. L'illustre physicien David Brewster a le premier expliqué les effets d'irisation de la nacre, en montrant qu'ils sont dus à des réseaux formés de raies très-fines. On ne peut les distinguer à l'œil, car elles sont si déliées qu'il en entre plus de trois mille dans un pouce anglais. La démonstration de ce fait résulte bien clairement de la possibilité d'obtenir les mêmes effets sur d'autres surfaces, en reproduisant ce mode de texture; cette propriété a même été le point de départ de plusieurs curieuses fabrications. On peut, par exemple, avec de la gomme arabique ou de la colle de poisson solidifiées, déposées sur de la nacre, obtenir une impression très-parfaite de sa surface, qui donne de belles couleurs quand la lumière est reçue soit par réflexion, soit par transmission. Une plaque de colle de poisson comprimée entre deux surfaces de nacre jouit de cette propriété au plus haut degré.

NAVIRES (CONSTRUCTION DE). A l'article CONSTRUCTION DE NAVIRES, nous avons donné quelques détails sur les principes qui guident pour la détermination des formes des navires. Nous les compléterons par quelques indications sur le progrès accompli dans la navigation à voiles par un changement notable des formes qui a conduit aux navires à grande vitesse, dits *clippers.*

Les clippers ont franchi tout d'un coup les limites de vitesse jusqu'alors réalisées à l'aide de la voile seule. En comparant, pour de longs parcours, leurs moyennes de traversée avec celles d'un navire à vapeur ordinaire, il se trouve qu'elles sont comme 5 est à 7. Qu'est cette différence, en présence de la différence du prix de construction et du prix de navigation? Longs, peu larges, très-creux, excessivement aigus aux extrémités, leur forme se rapproche de celle que l'on donne aux navires à vapeur. En effet, la résistance directe étant plus puissante contre l'avant d'un navire large et court comme les navires à voiles ordinaires, que contre un navire fin de l'avant comme un bâtiment à vapeur, une partie de la force de propulsion donnée par le vent est tout d'abord perdue pour vaincre cettre première résistance; on n'a donc pas hésité, dans la construction des clippers, à sacrifier un ancien principe, celui d'un avant renflé.

En donnant à ces bâtiments un avant au contraire très-effilé, il pouvait advenir que cet avant, sous le poids de la cargaison, tendît à plonger trop profondément dans la lame. On a remédié à cet inconvénient en transportant le maître couple du bâtiment, c'est-à-dire sa plus grande largeur, sur l'arrière du milieu; le centre de gravité de la carène et celui de la charge se trouvent ainsi sur l'arrière du navire; c'est cette portion du bâtiment qui tend constamment à immerger, et en même temps, par conséquent, à faire relever l'avant du navire, malgré sa finesse.

C'est dans l'Inde anglaise que les clippers ont pris naissance. Ils servaient depuis longtemps à introduire l'opium en Chine. Les Américains du Nord n'ont pas tardé à les adopter, et les résultats considérables de vitesse qu'ils réalisent, les défis excentriques qui ont suivi leurs premiers succès, sont des faits dont le retentissement a été très-grand dans le monde maritime.

Bien qu'aux États-Unis, dans un pays où les capitaux confiants dans la marine, ne lui font pas défaut, les clippers soient d'un prix très-élevé, ils se sont cependant multipliés; les autres nations n'ont pas hésité à entreprendre d'introduire la forme du clipper dans un certain nombre de leurs constructions. Toutes ont saisi de suite l'avenir du navire à grande vitesse à la voile, et le progrès commercial considérable qui doit en résulter.

Comme bâtiment de mer, le clipper n'offre pas sans doute les conditions de sécurité qu'offre le navire construit selon les anciens errements. C'est ce que l'on peut appeler un bâtiment de beau temps. Sa grande longueur le rend difficile à gouverner; on croit même qu'un clipper engagé ne pourrait pas arriver. Ce sont là de graves inconvénients; mais, même dans leur état actuel, les clippers sont appelés à rendre d'utiles services, et, jusqu'à ce que la navigation à vapeur soit moins dispendieuse, ils sont destinés à envahir les ports de commerce, à mesure surtout que l'expérience apprendra à remédier aux inconvénients que nous avons signalés.

Toutefois, il importe de ne pas exagérer la longueur des navires. Dans les clippers, on semble vouloir la limiter à cinq fois la largeur. Celle des vapeurs est très-variable et atteint dans les transatlantiques à grande vitesse jusqu'à 7 fois la largeur.

Sans doute ces immenses longueurs ont de grands avantages, commercialement parlant; mais, au milieu des vagues de l'Océan, ces constructions, que l'on peut encore appeler anormales, présentent des dangers sérieux, surtout si la machine, par une cause quelconque, ne pouvait pas fonctionner. Il deviendrait excessivement difficile de gouverner, et, en fait, on peut dire que, à la mer, le salut de navires d'une si grande longueur dépend exclusivement de l'efficacité de la machine. On peut inférer de ces considérations que si la tendance à accroître la longueur des navires reprenait faveur, on finirait, sans doute, par y adapter une petite hélice mobile agissant dans le sens de la largeur du bâtiment, et destinée à le faire évoluer.

NEIGE. *Moyens de débarrasser les chemins de fer des neiges qui arrêtent les convois.* — La grande quantité de neige qui tombe souvent l'hiver dans le nord de l'Europe a révélé dans l'exploitation des chemins de fer un inconvénient grave, qui avait été peu prévu à l'origine. Nous voulons parler des arrêts qui résultent de l'accumulation des neiges et qui suspendent d'une manière absolue le seul mode de communication qui subsiste souvent entre deux villes.

Lorsqu'un convoi se meut sur un chemin de fer couvert de neige, sans que l'épaisseur de celle-ci soit considérable, il n'y a à tenir compte que de celle qui recouvre les rails. Pour les en débarrasser on se contente de garnir le chasse-pierres d'un balai qui nettoie la surface du rail, et dont l'action est suffisante si la couche est sans épaisseur. Mais quand il n'en est pas ainsi, le chasse-pierres refoule la neige qui va en s'accumulant en avant; à mesure que la quantité ainsi accumulée devient plus grande, il est de plus en plus noyé dans une espèce de boule de neige, et celle-ci repasse en arrière du balai, dont l'action est pour le moins nulle. Les roues de devant et bientôt les roues motrices tournant sur la neige se mettent à patiner, l'action de la locomotive pour déterminer le mouvement de progression diminue, et bientôt un plan peu incliné, qu'en temps ordinaire la locomotive franchit facilement, ne peut plus être gravi; le train est arrêté.

L'action du chasse-pierres et du balai qu'on peut y adapter devient donc insuffisante lorsque la quantité de neige est assez grande pour qu'elle s'accumule en avant au lieu de se séparer par les côtés. Le remède consiste précisément à produire cet effet, et c'est ce qu'on obtiendra en imitant une opération bien connue, celle du labourage à la charrue. Dans cette opération, la terre est retournée à côté de la charrue, de manière à permettre le mouvement en avant, par une pièce courbe appelée *versoir*. C'est un versoir qu'on devrait adapter à chaque extrémité antérieure du châssis, et qui, passant à 1 centimètre environ du rail, renversera de côté toute la neige excédant la quantité que le balai chassera ensuite facilement.

Pour une quantité assez notable ce système pourra être employé avec avantage, mais il serait évidemment insuffisant dans les cas où les quantités de neige accumulées dans les tranchées sont assez grandes pour les faire presque disparaître, niveler en quelque sorte le terrain. Cela n'est jamais dû, dans nos contrées, à de la neige tombée directement, mais à l'effet du vent qui entraîne la neige horizontalement et vient ainsi l'accumuler dans les tranchées. Le seul remède efficace est dans l'établissement d'abris convenables pour éviter cet effet, et il n'en est pas de plus simple et de plus durable que celui obtenu par des plantations. Nous emprunterons un exemple de la manière d'opérer, des dépenses et des résultats obtenus, à une excellente étude parue dans les *Annales des ponts et chaussées*.

L'effet dont nous venons de parler se produisait avec une intensité remarquable, avant 1849, sur la route impériale n° 82 de Roanne au Rhône, entre Saint-Étienne et Bourg-Argental, sur le plateau dit *de la République*, et au grand tournant, près le village de Ruthiange. Dans cette partie de son parcours, la route s'élève de 540 mètres au-dessus du niveau de la mer à 1,140 mètres, pour franchir la chaîne du Pila au col du Grand-Bois; à partir de ce col, elle descend vers Bourg-Argental, en suivant la rive gauche du ruisseau d'Argental, et en se développant sur les versants des ravins secondaires qui se jettent dans ce cours d'eau. Il règne dans ces régions élevées des tourmentes d'une violence inouïe; la neige, soulevée par le vent, se transporte rapidement à des distances considérables et se dépose dans les bas-fonds à des hauteurs de plusieurs mètres; la route disparaissait alors complétement dans la neige, et les voyageurs n'avaient pour se diriger que des pyramides en pierre, construites de distance en distances le long de la route; l'interruption de la circulation avait des inconvénients d'autant plus graves que la malle-poste de Paris à Marseille passait à cette époque par Sainte-Étienne, et franchissait le Pila en suivant la route de Roanne au Rhône; l'enlèvement des neiges nécessitait chaque année des dépenses dont le chiffre dépassait souvent 5,000 fr., non compris les crédits spéciaux affectés à ce service par l'administration des postes.

La route était plus particulièrement interceptée sur les plateaux découverts ou sur les versants très-inclinés que rien n'abritait contre les vents du nord; mais au milieu des bois la circulation n'était jamais interrompue; quelle que fût la rigueur du temps, il suffisait d'ouvrir une tranchée dans la neige et le passage se maintenait pendant tout l'hiver. Dans les parties où la route était à découvert, les tranchées se comblaient à mesure qu'elles étaient exécutées, et il fallait souvent travailler nuit et jour pour maintenir la circulation. La malle-poste ne passait qu'après des efforts incroyables et attelée de dix paires de bœufs ou de dix à quinze chevaux; les habitants du pays et leurs attelages étaient souvent mis en réquisition, et quelquefois inutilement.

L'idée d'abriter la route par des plantations se présenta naturellement. Un projet fut étudié dans ce but en 1847, et mis à exécution quelques années plus tard. Les parties de route où la circulation était toujours interrompue pendant la mauvaise saison ont été défendues par quatre massifs d'arbres verts, d'autant plus épais que le terrain avait une déclivité plus grande. L'épaisseur des massifs varie de 24 à 46 mètres; deux de ces massifs ont été plantés sur le plateau de la République : le premier a 283m,60 de longueur et 24m,70 de largeur, le second a 1,113m,80 de longueur et 27m,68 de largeur. Les deux autres ont été plantés le long du Grand-Tournant, sur un terrain fortement incliné : l'un a 328 mètres de longueur et 44m,88 de largeur, l'autre 213 mèt. de longueur et 46m,25 de largeur.

Les plantations, commencées en mars 1849, se sont continuées jusqu'à la fin d'avril 1851. Les arbres qui ont été plantés sont des arbres verts de toutes les variétés, tels que épicéas, sapins blancs d'Europe et d'Amérique, pins laricio, mélèzes, etc.; ils sont espacés de 1 mètre les uns des autres; leur hauteur à l'époque où ils ont été plantés variait de 0m,50 à 1m,50. Les plus petits forment la première file du côté de la route, et les plus grands en sont les plus éloignés. Tous ont été plantés avec leur motte et livrés à l'administration le lendemain du jour où ils étaient retirés des pépinières.

La surface plantée est égale à 6 hectares 10 ares; la dépense faite s'est élevée à 37,174 fr. 46, soit 6,064 fr. par hectare. Cette dépense se décompose de la manière suivante :

Acquisition de terrain.			14,384f 83
1,171m,50 de déblai pour plantation, à.	1,144	1,239 12	22,792 63
42,380 arbres. . . .	0,455	19,282 90	
1,767 arbres cassés par la neige. . . .	0,455	303 985	
32,227 tuteurs, à.. .	0,0455	1,466 328	
Total.			37,174 46

Ces plantations étaient à peines terminées que le résultat dépassait les espérances : dès la première année, la neige, retenue par les jeunes sapins, n'encombrait plus les parties de route qui avaient été protégées. Depuis lors, la circulation n'a plus été interceptée, et avec des dépenses peu élevées il est facile d'ouvrir partout un passage aux voitures, et de le maintenir pendant toute la mauvaise saison.

Il eût été possible de procéder à la plantation de chaque massif au moyen d'arbres plus jeunes; la dépense eût été beaucoup moindre; mais l'effet produit n'aurait pas été immédiat, et l'expérience faite n'aurait pas été aussi concluante. On peut affirmer aujourd'hui qu'il n'y a pas de localités où il ne soit possible de prévenir les amoncellements des neiges sur les routes au moyen de plantations convenablement disposées, dont la dépense dépassera rarement 20 fr. par mètre courant.

Si néanmoins il fallait protéger une grande longueur de route, il serait avantageux de procéder plus économiquement en plantant des arbres plus jeunes; c'est-à-dire les pins et les mélèzes à deux ans, les sapins et les épicéas à trois ans. L'effet se ferait attendre quelques années de plus, mais le succès n'en serait pas moins assuré; dans ce cas, le prix de revient de la plantation ne dépasserait pas 150 fr. par hectare, réparti ainsi qu'il suit :

10,000 arbres, à 0f,01.	100 fr.
Plantation de 10,000 arbres à 0f,005 l'un. .	50
Total.	150 fr.

Il faudrait ajouter à cette évaluation le prix du terrain, variable suivant les pays.

Le succès des travaux de cette nature dépend surtout

du choix des essences résineuses qu'il convient de planter dans chaque localité, et des soins apportés à la plantation des jeunes arbres; il ne sera peut-être pas inutile d'entrer à cet égard dans quelques détails.

Les arbres résineux conviennent particulièrement aux montagnes élevées, froides et pentueuses ; les pins silvestres aux terrains de toute nature, les pins laricio aux pentes exposées à l'ouest et au midi, les pins maritimes aux sables et aux terrains d'alluvion peu elevés, les pins de lord Weymouth aux terres franches, profondes et abritées du sud-ouest.

Les sapins croissent sur les plus hautes montagnes, dans les terrains frais, profonds, et sur les pentes exposées au nord et à l'ouest. L'épicéa est le plus facile à planter; ses racines multipliées et chevelues facilitent sa reprise depuis la hauteur de 0m,15 jusqu'à celles de 3 mètres. Le mélèze doit être planté dans des terrains légèrement frais et assez profonds, loin des arbres d'essence différente et au midi. Quant aux cèdres, peu de terrains leur conviennent; les pentes exposées à l'est et abritées du nord doivent être préférées, ainsi que les terrains profonds et plutôt secs que frais; ils sont difficiles à la reprise, eu égard à la nature de leurs racines qui sont longues, cassantes et peu ramifiées.

Les méthodes de plantation varient suivant la dimension des arbres : pour ceux dont la hauteur dépasse 0m,50, les trous doivent avoir 0m,30 carrés et 0m,40 de profondeur; la terre végétale extraite du trou doit être placée d'un seul côté, l'arbre planté avec sa motte et entouré jusqu'au collet de terre ameublie, bien divisée, et le gazon provenant de chaque trou retourné et placé au pied de l'arbre, afin de maintenir une certaine fraîcheur autour des racines; si le gazon manque, on peut recourir à des pierres qui remplissent le même objet.

Les arbres de trois à cinq ans se plantent assez économiquement par deux bons ouvriers travaillant ensemble : l'un fait les trous avec une pioche carrée, et les approfondit avec un outil plus pointu; l'autre plante immédiatement, afin que la terre ne se dessèche pas. Il porte les arbres dans un panier couvert, pour les mettre à l'abri de l'action de l'air ou du soleil; il emploie pour la plantation une bêche à manche court, au moyen de laquelle il évide le trou ; il y jette d'abord un peu de terre, et y place le plant après avoir écarté les racines dans toutes les directions, en ayant le plus grand soin de n'en retrancher aucune; il les recouvre ensuite de terre fraîche et meuble et termine l'opération en appuyant avec précaution la terre contre l'arbre, soit avec le pied, soit avec le manche de la pioche. Deux ouvriers bien exercés peuvent planter ensemble de 500 à 1,000 arbres par jour.

Les arbres résineux, quelle que soit leur essence, doivent être plantés serrés, à 1 mètre au plus de distance les uns des autres, afin de se protéger mutuellement ; il est facile, quand ils ont atteint les dimensions convenables, d'élaguer les moins vigoureux, afin de faciliter la croissance de ceux qui restent.

En résumé, les plantations d'arbres résineux faites avec discernement préviendront les amoncellements de neige et les dépenses considérables que nécessite leur enlèvement sur les routes où la circulation est interceptée pendant la mauvaise saison. Le succès ne saurait être douteux, si l'on choisit convenablement l'essence qui convient le mieux au terrain à reboiser, à sa nature, à sa profondeur et à son exposition. L'expérience faite depuis quelques années le long de la route impériale n° 82, à des hauteurs qui varient de 900 mètres à 1,120 mètres au-dessus du niveau de la mer, ne laisse aucun doute à cet égard, et a donné dès la première année les résultats les plus satisfaisants.

On peut en conclure que les plantations auront également leur utilité sur les chemins de fer, et remplaceront avec avantage les écrans mobiles que l'on dispose en hiver le long des tranchées profondes et des parties habituellement encombrées par les neiges.

NICOL ou PRISME DE NICOL. Cet appareil fait partie de presque tous les systèmes optiques à l'aide desquels on utilise les phénomènes de double réfraction. Il permet de faire disparaître le rayon ordinaire pour ne conserver que le rayon extraordinaire que l'on veut étudier, résultat obtenu avec une grande simplicité.

Il se construit de la manière suivante : on prend un long parallélipipède de chaux carbonatée, on le coupe en deux par un plan perpendiculaire au plan des grandes diagonales des bases, et passant par les sommets obtus les plus rapprochés; puis on rejoint les deux moitiés, dans le même ordre, avec du baume de Canada. La lumière qui entre par l'une ou l'autre des bases tombe très-obliquement sur le baume de Canada; or, son indice de réfraction est plus petit que l'indice ordinaire de la chaux carbonatée, mais plus grand que l'indice extraordinaire; il en résulte que le rayon ordinaire éprouve la réflexion totale, tandis que le rayon extraordinaire passe pour sortir par l'autre base.

Le *prisme de Nicol* ne laisse donc passer que l'image extraordinaire des objets que l'on regarde. Il devient ainsi un moyen de distinguer l'image ordinaire de l'image extraordinaire produite par le cristal; il suffit de mettre dans un même plan la section principale du cristal et d'un prisme de Nicol; l'image unique qui passe est l'image extraordinaire.

Comme il faut que le plan coupant le cristal d'angle en angle forme avec les bases un angle de près de 90 degrés, pour que les bases restent entières, il faut que le parallélipipède obtenu par clivage ait des proportions telles que les arêtes longitudinales dépassent en longueur trois fois celle du côté des bases.

M. Foucault est arrivé à peu près au même résultat en coupant le solide de clivage par un plan moins incliné sur l'axe de figure, en remplaçant le baume de Canada par un milieu moins réfringent.

Il incline la coupe à 59 degrés sur le plan de l'une et de l'autre base, le solide strictement nécessaire se réduit alors au tiers de la longueur qu'il comporte dans le prisme de Nicol, et après avoir poli les nouvelles faces, il remet les morceaux en place, en ménageant entre eux l'épaisseur d'une lame d'air. Ce système fonctionne comme le prisme de Nicol et constitue un polariseur capable d'exercer une action complète sur un faisceau de lumière dont la divergence n'excède pas un angle de 6 à 8 degrés.

O

OSMOSE. Les phénomènes de diffusion dont il a été parlé à l'article LIQUIDES et ceux d'endosmose évidemment du même ordre, fournissant des résultats variables en raison de la nature des corps dissous, ont été fort ingénieusement utilisés par M. Dubrunfaut pour le traitement des mélasses.

On sait que la cuite des jus sucrés donne, par le refroidissement, des cristaux de sucre et des sirops qui renferment tous les sels, obstacle principal à la cristallisation du sucre qui se trouve dissous. La séparation des sels devait permettre et a permis en effet d'obtenir une cristallisation abondante; mais il était difficile d'arriver à un appareil industriel, de fabriquer en grand avec des systèmes utilisant les propriétés de surfaces poreuses, peu résistantes. C'est en multipliant en quelque sorte, en juxta-posant une série d'appareils que M. Dubrunfaut a atteint, autant qu'il paraît possible, le but qu'il poursuivait.

L'osmogène (fig. 1) est formé de la répétition d'élé-

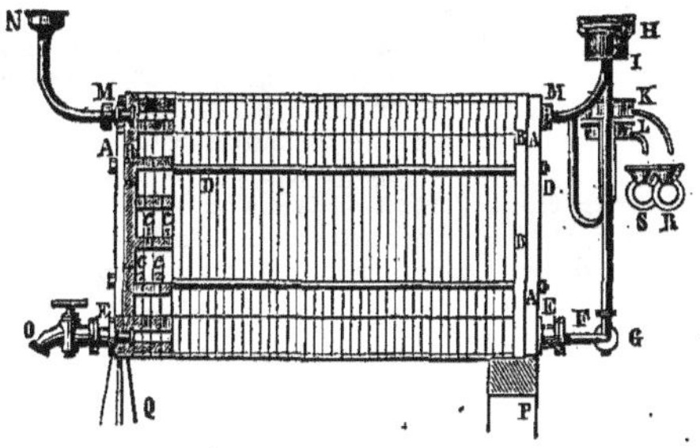

Fig. 1.

ments qui consistent essentiellement en un cadre d'une épaisseur de 1 à 2 cent., et dont la surface a plus de 1 mètre carré, portant une cloison membraneuse en papier parchemin. Il résulte de la réunion de semblables cadres des cases séparées par une membrane; dans une des séries on fait passer un courant de mélasse à la température de 75 degrés entrant par un orifice placé à la partie inférieure du cadre, et dans la deuxième un courant d'eau pure à la température de 85 degrés.

On juxtapose 25 ou 30 éléments semblables et on ouvre dans l'épaisseur des cadres des conduits qui font passer la mélasse d'un couple à l'autre, sans qu'elle pénètre directement dans les espaces où circule l'eau destinée à dissoudre les sels.

On fait passer dans un appareil de ce genre 1,800 à 2,000 kilog. de mélasse par jour. Elle entre à 40 degrés de l'aréomètre et sort à 20 degrés; l'énergie de l'action d'endosmose est telle, que si la liqueur sucrée contient quatre parties de sucre et une de sel, l'eau évacuée renferme quatre parties de sel pour une de sucre. Ces sels sont surtout du nitrate de potasse et du chlorure de potassium.

On arrête le travail tous les deux jours pour laver l'intérieur des appareils, premièrement avec de l'eau acidulée à l'acide chlorhydrique, puis avec un jet de vapeur; cette opération prend environ quatre à cinq heures. Le succès de l'osmogène n'a été assuré et complet qu'à partir du jour où l'on a suivi scrupuleusement ces prescriptions; les irrégularités qui ont pu décourager les industriels lors des premiers essais provenaient uniquement de l'absence de lavage et du défaut de propreté. Un homme et un enfant suffisent à la marche d'un groupe d'appareils, quel qu'en soit le nombre; cela va tout seul, en réglant l'arrivée des liquides à l'aide de robinets. La dépense en main-d'œuvre, charbon, papier-parchemin, noir animal, façon pour monter et démonter les appareils quand on change les papiers, est à peu près de 2 fr. par hectolitre, ou 1 fr. 40 cent. par 100 kilogrammes.

Ces 100 kilog. donnent au moins 25 kilog. de sucre nº 15, entraînant une dépense de 5 fr. 58 c. par sac, ce qui est bien peu de chose quand on songe que le produit vaut 56 à 57 fr. le sac, au cours de 54 fr. le nº 12, prix très-peu élevé.

Ce procédé pourrait recevoir un emploi plus avantageux, en ne perdant pas les eaux d'exosmose. Ces eaux, qui ont servi à épurer les sirops en leur enlevant une partie de leurs sels, ne peuvent accomplir cette fonction sans emporter en même temps une certaine quantité de sucre. Ainsi, le plus souvent on est obligé de perdre des eaux qui contiennent plus d'une partie de sucre pour une partie de sels.

On en tirerait facilement parti en soumettant ces eaux à la fermentation alcoolique, puis à la distillation. L'osmose gagnerait beaucoup, comme système épurateur, par l'adoption de cette méthode.

OUTILS COUPANTS. L'histoire des perfectionnements lents et successifs des instruments et machines à outils tranchants, perforants, etc., se lie, dit Poncelet, auteur de cette belle étude, aux progrès mêmes de la civilisation chez les différents peuples, et cette histoire, considérée au point de vue philosophique, critique et descriptif, serait, comme celle des machines à moudre et de quelques autres non moins essentielles, du plus haut intérêt pour l'avancement, le progrès futur des arts mécaniques; car il n'est aucun organe dans la classe des opérateurs qui offre des combinaisons aussi ingénieuses, aussi originales et aussi variées, sous le rapport de la forme et des effets physiques, j'ajouterai même, aussi parfaites et qui approchent autant des œuvres du Créateur, dans les instruments naturels de travail ou de conservation répartis aux divers animaux, instruments dont l'homme fut en quelque sorte entièrement dépourvu, et auxquels il dut suppléer par son intelligence, en les prenant parfois pour modèles et pour types d'imitation. Depuis l'origine des sociétés, en effet, où, à l'état sauvage, il s'est créé, avec le silex et les débris solides des animaux et des végétaux, des armes pour la pêche, la chasse, la guerre, etc., jusqu'à nos jours, où l'on a tant perfectionné, multiplié l'emploi du fer et de l'acier dans une foule d'opérations réclamées par l'état avancé des industries humanitaires ou civilisatrices, les outils coupants ou perforants ont subi les plus étonnantes et les plus admirables transformations, qui toutes ont eu pour point de départ essentiel l'expérience et l'observation, mais où le raisonnement et une sorte de théorie instinctive chez les plus habiles artistes ont exercé une influence non moindre et toujours active.

Qu'y a-t-il, notamment, de plus ingénieux que les ciseaux, les gouges à couteaux courbes, les varlopes, les bouvets servant à creuser, dresser le bois pour y pratiquer des rainures, des languettes et des moulures diverses; que les vrilles, les tarières, les vilebrequins à lames courbes en cuiller, en hélices ou tire-bouchons dégorgeoirs, déjà connus de Vaucanson, perfectionnés depuis en Amérique, et en Angleterre par M. Church, de Birmingham; que les grandes et puissantes mèches dites *anglaises*, à pivot central, à couteaux rectilignes, symétriquement appariés et agissant dans des sens diamétralement contraires pour détacher, du fond plat du trou à forer, des lames en couronnes circulaires ou cylindriques, qui s'élèvent ensuite verticalement sous la forme de nappes hélicoïdes, autour de la tige centrale de l'instrument; mèches qui comportent, en outre, aux extrémités extérieures de leurs couteaux de fond, d'autres petits tranchants perpendiculaires aux précédents, parallèles à la tige centrale, et dont les biseaux aigus détachent incessamment la matière solide des parois latérales du trou cylindrique, par une action qui rappelle celle du coutre avancé de la charrue? Qu'y a-t-il de plus ingénieux encore que ce dernier instrument, réduit à la simplicité d'une ancre chez les anciens, et où l'on remarque aujourd'hui non-seulement ce même coutre, véritable couteau en talus, qui ouvre, fend la terre latéralement et verticalement, mais aussi le soc à sabot triangulaire et appointé qui la tranche horizontalement au fond plan du sillon; le sep en bois qui en maintient postérieurement la direction rectiligne, par son glissement contre les faces horizontale et verticale déjà formées dans ce même sillon; enfin le versoir latéral en surface gauche, qui, placé en arrière du coutre et du soc, sert à retourner progressivement la motte de terre déjà détachée en dessous et sur l'un des côtés, de manière à la faire, en quelque sorte, pivoter par glissement et déchirement simultanés, sur le côté opposé encore adhérent au sol?

Quant à l'âge ou longue tige en bois, inclinée et directrice, qui surmonte l'ensemble de ce merveilleux instrument, sans inventeur connu et dont le perfectionnement est le fruit accumulé de l'expérience des siècles, on sait assez qu'il a pour but de régler et d'assurer la marche et le piquage du soc et du coutre, en prenant appui, tantôt sur le joug des bœufs comme chez les anciens, tantôt sur l'avant-train comme chez les modernes, ou restant tout à fait libre comme dans l'araire flamand, dont l'âge est simplement maintenu par de longs mancherons postérieurs, que dirigent les puissantes mains du laboureur, de manière que la résultante des forces actives de tirage, etc., vienne se confondre sans cesse avec celle des résistances du coutre, du soc et du versoir, dans la direction rectiligne même du sillon à ouvrir, grâce à la réglementation préalable de la hauteur du point d'attache des chaînes de tirage dans les meilleures charrues. L'agriculture, nommée avec raison la *mère nourricière des hommes*, la coutellerie et la chirurgie instrumentale, tant perfectionnées par les Sir-Henry, les Charrière, en France, par les Savigny, les Philp et les Coxeter, en Angleterre, pour la satisfaction de besoins également impérieux, nous offriraient d'autres exemples d'outils coupants, mécaniques ou composés, non moins dignes d'intérêt que la charrue, si ingénieuse dans son apparente simplicité, mais en réalité si savante dans ses principales dispositions et combinaisons.

Quoi de plus remarquable encore que l'ensemble des outils à perforer le sol, aujourd'hui employés dans l'art du fontainier sondeur, et qui, décrits avec tant de soin dans l'ouvrage de notre savant compatriote l'ingénieur Garnier, ont été si heureusement modifiés, perfectionnés et agrandis en puissance ou en dimension par les Mulot, les Degousée et les Kind, que, à leur aide, on parvient aujourd'hui, par des procédés en quelque sorte automatiques, à percer la terre à des profondeurs de six cents à sept cents mètres, pour y découvrir des sources jaillissantes ou d'autres richesses minérales indispensables à l'existence des sociétés modernes?

Enfin la scie droite elle-même, la scie à main, connue des Égyptiens et d'apparence si simple, si primitive, constitue en réalité un instrument beaucoup plus complexe et plus savant qu'on ne le suppose ordinairement, en raison de la forme triangulaire et prismatique de ses dents à évidements alternatifs pour loger la sciure, à taillants inférieurs obliques et dirigés vers le dehors pour trancher latéralement les fibres du bois, tandis que leurs biseaux inclinés antérieurs et leurs sommets pyramidaux avancés s'y enfoncent de droite ou de gauche et alternativement, à la manière des clous, des poinçons, pour mordre, déchirer le fond du sillon, en outre élargi au moyen d'une légère inflexion donnée à la pointe de ces mêmes dents, de part et d'autre de l'axe ou du dedans au dehors, ce qui constitue la voie et supprime le frottement, le pincement latéral et postérieur de la lame de scie, et, par suite, son trop grand échauffement. A ces ingénieuses dispositions il faudrait en joindre d'autres non moins essentielles et relatives, soit à la meilleure inclinaison à donner à ces biseaux dirigés de manière, tantôt à agir, tantôt à glisser sur le bois, sans l'entamer pendant le retour de la scie; soit à la forme même des dents de cette scie, susceptible de varier avec la dureté, l'épaisseur de la pièce à débiter, avec la direction des fibres à trancher, avec la possibilité d'opérer dans chacun de ces cas, à simple ou à double effet, en allant et en venant; différences qui s'aperçoivent très-bien dans les scies à crochets courbes et évidés des scieurs de long, dans les scies à dents isocèles et symétriques des menuisiers, dans le passe-partout à dents doubles ou à cornes dont se servent les charpentiers pour le sciage en travers, etc.

Ces dispositions si variées, si intelligentes, et les moyens mécaniques non moins ingénieux adoptés pour le bandage des lames dans leurs châssis rectangulaires, dans leur monture en arc de ressort métallique, en double T servant d'appui intérieur aux membrures extrêmes contre l'action de la vis ou de la corde de tension, ces dispositions originales et simples sont également dignes d'admiration, et elles supposent, de la part des inventeurs méconnus ou ignorés et des ouvriers qui dirigent le travail de tels outils et en soignent l'entretien ou l'affûtage, une étude non moins délicate qu'attentive et réfléchie.

D'ailleurs leurs combinaisons multiples, en y comprenant même celles qui concernent les instruments employés au travail du fer, du marbre, etc., ne sont pas aussi étrangères les unes aux autres qu'on pourrait le croire au premier abord. Leurs progrès, comme le perfectionnement même des diverses branches d'industrie, sont solidaires, et c'est, à coup sûr, une chose fort regrettable en soi et pour ses conséquences probables, que les auteurs aient autant négligé l'étude de leurs propriétés physiques et mécaniques, surtout en ce qui se réfère proprement à la classe des outils coupants, tranchants et perforants; car, on le sait par maints exemples, la vitesse, la masse, les formes et les proportions géométriques de ces outils jouent, en raison de l'inertie, du frottement et de la résistance de la matière à la pénétration, un rôle bien défini et non moins essentiel que leur élasticité et leur dureté relatives, ou que le degré du poli et le mode de graissage. C'est à tel point, en effet, qu'un simple changement dans l'ouverture, l'inclinaison d'un tranchant, l'altération du poli ou le manque de graissage, peuvent occasionner une déperdition, en travail moteur, variant du simple au quadruple, sans compter les déchets en matière première et les malfaçons, qui viennent justifier le proverbe : *On reconnaît l'ouvrier à l'outil.*

On sait, par exemple, qu'il est tel scieur de bois de chauffage, qui, par la manière d'affûter, de graisser et conduire sa scie, gagne, avec moins de fatigue journalière, trois ou quatre fois autant que tel autre peu intelligent ou inhabile. Ici, il est vrai, l'ouvrier est incessamment averti par sa fatigue même, tandis que, dans les machines conduites automatiquement, rien, pour ainsi dire, ne le guide, s'il n'est pas doué d'un esprit naturel d'observation, de bon vouloir comme surveillant et d'une expérience antérieurement acquise; faute de quoi la machine, malgré la bonté de son installation première, fonctionne mal et dans des conditions très-onéreuses. Or, cela prouve, en général, non pas simplement que l'on doit s'imposer un sacrifice pécuniaire, comparativement très-faible, pour s'approprier un excellent conducteur de machines, ce qui paraît assez évident en soi, mais cela démontre surtout l'importance que pourraient avoir des règles théoriques et expérimentales sur la forme, les proportions, la vitesse, etc., les plus avantageuses à donner, dans chaque cas, aux outils coupants; règles que des expériences en bloc sur l'ensemble d'une machine, telles qu'on en entreprend quelquefois en agriculture ou ailleurs, ne sauraient que bien rarement suppléer et contribuer à établir.

Ces règles, en effet, dont on possède quelques-unes pour les outils à choc ou à compression, à roulement et glissement directs, n'auraient pas moins d'utilité pratique que celles qui se rapportent aux récepteurs ou moteurs inanimés dont les Bernouilli, les Euler, les Parent, les Deparcieux, les Smeaton se sont tant préoccupés à partir de la première moitié du dernier siècle ; car, par une instruction anticipée, elles serviraient tout au moins à abréger la durée de l'apprentissage des ouvriers, des contre-maîtres et des mécaniciens, sinon à préparer les meilleures bases et conditions d'établissement des machines en projet.

A la vérité, on a depuis longtemps fait la remarque capitale que tous les outils tranchants, perforants, etc., participent plus ou moins des propriétés et de la forme du coin ; mais, malheureusement, la théorie de cette machine simple est exposée dans les traités de statique à un point de vue purement abstrait, c'est-à-dire sans égard aux qualités physiques de la matière ou des parties en contact, notamment à l'adhérence et au frottement, qui croissent très-rapidement à mesure que l'angle au sommet du coin diminue, tandis que l'inverse a lieu par rapport à la résistance que l'élasticité et la cohésion de la matière opposent à la séparation des parties le long de ses côtés. Or, la considération des mêmes forces inséparables des effets physiques du coin conduit, dans chaque cas d'application, à d'intéressantes études théoriques et pratiques, relatives au minimum de dépense ou de travail mécanique nécessaire pour atteindre un but déterminé; problème qui se reproduit pour tous les outils tranchants composés, et forme le pendant de celui qui concerne le maximum même d'effet utile des récepteurs dans les machines, mais dont les éléments de calcul ou d'appréciation manquent presque entièrement pour la classe d'opérateurs qui nous occupent : l'établissement mécanique en est effectivement demeuré aujourd'hui même, et pour beaucoup de cas, une affaire d'expériences incertaines, de tâtonnements empiriques et onéreux dans les ateliers qui prétendent sortir des voies de la routine ou d'une simple et servile imitation.

Ces dernières réflexions s'appliquent essentiellement aux machines à découper, hacher, déchirer, pulvériser plus ou moins grossièrement les matières végétales et animales, fibreuses, granuleuses, etc., réduites, amenées, pour certaines d'entre elles, à un état de siccité convenable, au moyen d'appareils à torréfier dont on a vu seulement quelques modèles à l'Exposition universelle de Londres, beaucoup plus riche en machines à scier, à tailler, à travailler diversement les bois, les métaux, les pierres et autres corps durs, à l'aide d'outils parvenus à un degré de perfection fort avancé, parce que, appartenant à des industries déjà anciennes, le besoin s'en est fait aussi plus vivement sentir en raison de la puissance des moyens à employer, de l'excessive fatigue qu'ils occasionnent et de la cherté relative des mains-d'œuvre.

L'expérience a depuis longtemps appris, par exemple, que, dans le travail des métaux et des corps les plus durs, l'angle des taillants doit, à cause de la solidité, être très-voisin de 90°; que, pour les bois, cet angle se rapproche plus ou moins de 30° [1], et qu'il doit décroître ou le biseau s'effiler progressivement à mesure que la substance animale, végétale ou minérale est plus molle, plus mince, plus flexible ou plus déliée. En outre, pour ces dernières substances, et à moins que, agglomérées, elles ne soient très-fortement comprimées les unes sur les autres, cas auquel elles se comportent à peu près comme les solides d'une nature analogue, la vitesse, et, jusqu'à un certain point, la masse même de l'outil convenablement acéré, doivent croître avec la flexibilité, de manière à mettre à profit la résistance due à l'inertie, en joignant, dans tous les cas, à l'action normale ou directe du coin celle du glissement longitudinal du tranchant au travers de la matière à couper, c'est-à-dire de manière à opérer à la façon des scies véritables, dont, comme on sait, les dents sont, même pour les lames de rasoirs, remplacées par une série de crans imperceptibles, donnant lieu à de véritables arrachements et sans lesquels ils ne couperaient que bien difficilement. Ces dentelures microscopiques, comme l'expérience l'apprend encore, ne doivent pas être confondues avec ce qu'on nomme ordinairement le *morfil*, dont les barbes ou aspérités métalliques, irrégulières et extérieures au véritable tranchant, proviennent d'un premier repassage sur des pierres trop vives, et disparaissent par un second repassage des deux faces sur des matières plus fines, plus onctueuses, mais assez grenues néanmoins pour produire, dans des directions anguleuses et convergentes d'une face à l'autre, bien que parallèles sur chacune d'elles, les dentelures microscopiques dont il vient d'être parlé et qui constituent le véritable mordant de la lame. Enfin, on sait que l'inclinaison du tranchant par rapport à la direction naturelle des fibres de certaines substances et sa courbure même peuvent, dans quelques cas, exercer une très-grande influence pour empêcher la matière d'être attaquée sur trop de points à la fois, ou de glisser, d'échapper à l'action, à la pression directe, exercée par l'arête aiguë de ce tranchant. C'est ce qui arrive notamment dans les ciseaux à double branche des jardiniers et des ferblantiers, dans certaines cisailles à couper le fer, la paille, etc., où les biseaux doivent se rencontrer sous des angles dont le maximum dépend essentiellement de celui du frottement des substances en contact, et qui doivent, selon les cas, demeurer constants ou varier seulement entre des limites déterminées.

[1] Voir à l'article OUTILS le principe posé d'après Nasmyth, observant toutefois que le minimum de l'angle de l'outil n'est pas toujours admissible avec de puissantes machines-outils, et que si la petitesse de l'angle de l'outil rend moindre la force nécessaire pour son usage, elle limite aussi l'effort qu'il est possible de lui appliquer.

OUTREMER. Quoique la préparation de l'outremer date déjà de plus d'un quart de siècle, ce n'est guère que depuis cinq années que la fabrication en grand a acquis un certain degré de régularité et de perfection.

Nous croyons être utile, dit M. Stass (*Rapport du Jury de* 1855, auquel nous faisons cet emprunt) à la production en général en faisant connaître le procédé qui est actuellement employé dans les fabriques bien organisées, et qui n'a pas l'inconvénient d'exposer les ouvriers à des émanations sulfureuses. Ce procédé a pris naissance en Allemagne.

Matières premières. — Les matières employées sont le kaolin ou china-clay à l'état de division extrême, le sulfate de soude, le carbonate de soude, le soufre et le charbon de bois. Ce sont là les éléments de l'outremer pur bleu. Pour obtenir de l'outremer violet ou des violets rosés résistant à l'action de l'alun, il est nécessaire de faire intervenir le silex réduit en poussière impalpable.

Les rapports des matières premières varient suivant les qualités et les nuances que l'on veut obtenir. Désire-t-on produire de l'outremer pur bleu ; on doit forcer considérablement la dose du sulfate de soude dans le mélange ; veut-on produire de l'outremer destiné à l'azurage, on doit forcer la dose de carbonate de soude : on peut même supprimer presque entièrement le sulfate, mais alors il est indispensable d'ajouter à l'argile du silex porphyrisé, de manière à ce que le mélange renferme, sur 100 parties de matière argileuse supposée anhydre, 65 parties d'acide silicique et 35 d'alumine.

Voici les rapports qui nous ont été fournis pour la préparation de l'outremer pur bleu :

Argile blanche réduite en poudre impalpable.	37
Sulfate de soude anhydre.	15
Carbonate de soude	22
Soufre pur.	18
Charbon de bois.	8
	100

Suivant les nuances, on augmente plus ou moins le sulfate ou le carbonate, mais en diminuant proportionnellement l'un ou l'autre, suivant l'addition faite. Le bleu est d'autant plus riche et colorant qu'on est parvenu à y fixer une plus grande quantité de soufre à l'état de sulfure sodique. Les plus beaux bleus Guimet renferment de 8 à 10 p. 100 de soufre. Par l'emploi du sulfate de soude, on arrive à ce résultat. Certains outremers violets rosés ne contiennent que 4 à 5. p. 100 de soufre ; aussi résistent-ils mieux à l'action de l'alun.

Pour procéder à la fabrication de l'outremer, on commence par réduire toutes les matières premières en poudre. Elles sont ensuite mêlées. Le mélange tamisé est introduit dans des creusets pouvant contenir chacun de 12 à 15 kilogrammes. Ces creusets, au nombre de 150 à 200, sont placés dans un four et empilés les uns sur les autres, de manière à ce que le fond de l'un serve de couvercle à l'autre. Quand le four en est complétement rempli, ils sont portés *très-lentement au rouge sombre et maintenus à cette température pendant deux fois vingt-quatre heures*. Le règlement de la température est d'une importance extrême; d'elle dépend le résultat de l'opération : si elle est trop basse, la réduction du sulfate en bisulfure ne se produit pas, et l'outremer ne prend pas naissance; si elle est trop élevée, l'outremer produit se détruit et la masse fond. Pendant la réaction, il se dégage de l'acide carbonique et de la vapeur de soufre qui se transforme en acide sulfureux.

Au bout de quarante-huit à cinquante heures environ, on laisse refroidir le four. Si l'air n'a pas pénétré dans les creusets pendant la calcination et pendant le refroidissement, il s'est produit de l'*outremer vert*, mêlé de bisulfure de sodium ; dans le cas contraire, une partie de l'outremer vert et du sulfure sodique est passée, sous l'influence de l'oxygène de l'air, à l'état d'outremer bleu et de sulfate de soude. Dans l'un et l'autre cas, si l'opération a été bien conduite, le mélange se présente sous la forme d'une masse à peine agglutinée, très-friable. On extrait ensuite cette masse des creusets, on la lave à l'eau pour enlever toutes les matières solubles. Après dessiccation, la poudre verte obtenue est introduite soit dans de grands cylindres de fer ou de grès, soit dans des fours qui ont la forme des fours des boulangers, et soumise là à une température qui ne doit pas dépasser le rouge le plus sombre. Sous l'influence de la chaleur, il se fait une absorption d'oxygène, une certaine quantité de soufre se brûle, et se transforme en acide sulfureux qui devient libre. Malgré ce dégagement, l'*outremer vert*, en se transformant en *outremer bleu*, augmente très-notablement de poids. Quand on opère cette transformation dans des cylindres, il est indispensable de remuer constamment la masse pour renouveler les surfaces, afin de mettre successivement tout l'outremer déjà chauffé au contact de l'air. Lorsqu'on se sert d'un four, on peut se dispenser de renouveler les surfaces, à cause de la moindre épaisseur de la couche ; l'air, dans ce cas, pénètre suffisamment toute la masse. On laisse l'outremer ainsi exposé jusqu'à ce que l'on ait obtenu le maximum de coloration. Ce terme s'atteint quelquefois en quelques heures; d'autres fois, il faut une demi-journée de *torréfaction*. L'outremer, pendant qu'il est chaud, paraît le plus souvent terne ; il acquiert un plus grand éclat pendant le refroidissement.

Sous l'influence de la chaleur et de l'air, une certaine quantité du sulfure sodique combiné s'est oxydé et s'est transformé en sulfate ou en hyposulfite, mais le plus souvent en hyposulfite. Il arrive aussi souvent que du sulfure de sodium et de la soude deviennent libres. L'outremer obtenu doit donc être soumis à un nouveau lavage, qui doit être excessivement soigné, car la présence des hyposulfites et du sulfure sodique lui communique des défauts très-considérables, au point de vue de tous ses usages. L'enlèvement complet de tous ces sels, même par l'eau chaude, est parfois excessivement difficile à obtenir manufacturièrement. Aussi trouve-t-on souvent dans le commerce que les outremers les plus beaux exhalent une odeur d'acide sulfhydrique, ou que, mis en contact avec un sel métallique, ils communiquent à celui-ci une teinte grisâtre ou ardoisée, défaut énorme quand il s'agit de leur emploi dans l'impression sur tissus mordancés à l'aide de sels métalliques. On observe également que quelques outremers d'une grande richesse en matière colorante exhalent de l'acide sulfhydrique lorsqu'on les mêle à de l'huile de lin. Ce dégagement est quelquefois assez grand pour incommoder le peintre qui se sert de cette matière colorante. Nous devons ajouter que presque tous les outremers bleu pur exposés, et nous dirons *même les plus beaux*, présentent à un degré plus ou moins prononcé ce défaut. Quelques-uns, enfermés dans des bocaux, exhalent spontanément une odeur d'acide sulfhydrique; d'autres perdent leur couleur pure, qui devient ainsi légèrement ardoisée quand on les mêle à du blanc de plomb et de l'huile de lin. Il n'y en a même que trois qui aient conservé dans cet essai la pureté de leur teinte. D'autres enfin ont produit une véritable effervescence d'acide sulfhydrique lorsqu'on les a incorporés à de l'huile de lin siccative.

En attribuant à un lavage insuffisant les défauts que nous venons de signaler, nous sommes bien loin de prétendre que certains outremers, les mieux lavés, ne les offrent pas à la longue. Nous sommes même disposés à admettre ce fait, mais il ne se présentera qu'autant que, dans la préparation de l'outremer, on aura employé *trop de sulfate* et *pas assez de carbonate* de soude, afin d'obtenir des nuances d'un bleu très-pur ou d'un bleu très-légèrement teinté de vert et excessivement éclatant.

L'eau dont on se sert pour opérer le lavage doit contenir le moins possible de matières étrangères, et notamment de sels de chaux, qui ont le défaut de se déposer sur l'outremer et de lui enlever une partie de son éclat. Quelques-uns des outremers exposés renfermaient ainsi du carbonate calcaire, au point de produire une effervescence d'acide carbonique par leur contact avec une solution d'alun.

L'outremer tel qu'il résulte du lavage est très-grossier, quoiqu'il ait été préparé avec les matières les plus divisées, mais il jouit d'un éclat très-vif et d'une intensité de couleur extraordinairement grande.

Pour le rendre propre aux différents emplois, il est indispensable de le porphyriser. Généralement, on exécute cette opération en le broyant sous des meules horizontales de silex. Le broyage terminé, il est convenable de le soumettre à un nouveau lavage, qui souvent enlève des matières solubles qui ont échappé en premier lieu ou qui se sont produites par l'opération du broyage. Il ne reste plus alors qu'à abandonner l'outremer à la dessiccation de l'étuve.

De toutes les matières colorantes, il n'y en a aucune dont la consommation soit aujourd'hui aussi considérable que celle de l'outremer artificiel. L'inaltérabilité de l'outremer bleu pur, sous l'influence de l'air, de l'eau, de la lumière, des matières grasses, la richesse de sa couleur, la beauté de sa nuance, l'ont fait employer, dès l'origine de sa découverte, pour la peinture à l'huile, à la miniature, à l'aquarelle. Quand son prix a été abaissé, ces mêmes qualités l'ont fait rechercher pour les impressions sur tissus, pour les impressions typographiques et lithographiques, pour la fabrication du papier de tenture, pour la peinture murale. La propriété que possèdent les outremers violacés, et surtout les outremers à reflet rosé, de résister plus ou moins à l'action de l'alun, a permis de les utiliser pour l'azurage des papiers dans le collage desquels entre l'alun. La faculté dont jouit l'outremer, quand il est d'une très-grande finesse, de se tenir en suspension dans l'eau plus longtemps que ne le font la plupart des autres matières minérales bleues, l'avantage qu'il a sur le bleu de Prusse de résister à l'action des alcalis, le font employer exclusivement aujourd'hui pour l'azurage des tissus, des fils, du linge, etc. L'inaltérabilité de l'outremer vert, par les alcalis et par les vapeurs ammoniacales, le fait rechercher pour la fabrication du papier vert de tenture, pour les impressions sur papiers et sur tissus, pour la peinture murale et pour le badigeonnage en vert.

Tous ces usages réunis portent sa consommation actuelle à 2,500,000 kilogrammes, représentant une valeur moyenne de 5,000,000 de francs, car l'outremer de première qualité qui, dans l'origine de sa découverte, se payait 600 francs le kilogramme, se vend aujourd'hui de 2 fr. 20 cent. à 3 fr. D'après des indications fournies par M. Guimet, il existerait aujourd'hui en Europe environ quatre-vingts fabriques d'outremer, dont la plupart se trouvent en Allemagne, où la vulgarisation de la chimie pratique a engendré de nombreux et excellents coopérateurs pour les industries chimiques un peu délicates, qu'ils font prospérer plus rapidement aujourd'hui que dans aucun autre pays.

La production de l'outremer artificiel est incontestablement une des applications les plus belles et les plus fécondes de l'analyse chimique. Elle a donné naissance à une industrie considérable, répondant à un besoin réel de la société; elle a ouvert ainsi une voie nouvelle à l'activité humaine; elle a créé de plus une source de richesse et de jouissances. L'initiative de la fabrication de l'outremer artificiel appartient, sans contestation aucune, à la Société d'encouragement pour l'industrie nationale de France; elle en a été réellement la promotrice, en proposant un prix pour cette découverte et excitant les recherches de M. Guimet, qui l'a remporté.

OUVRIER. L'ouvrier est le principal rouage du grand mécanisme que nous appelons l'industrie; ce n'est qu'en proportion de son énergie, de son intelligence, de son goût, qu'elle peut grandir et se développer. Les peuples sans énergie n'ont pas d'industrie, le travail leur paraît un fardeau, et ils aiment mieux végéter dans la misère que de s'efforcer d'en sortir.

L'intelligence de l'ouvrier, développée par la pratique et l'observation, peut l'élever au rang d'un savant; il faut qu'il connaisse admirablement les propriétés des substances sur lesquelles il opère pour proportionner exactement l'effort qu'il exerce au but à atteindre. Son goût est en jeu chaque fois que l'élégance du produit importe, et il arrive à pouvoir être confondu avec un artiste dans bien des cas.

La vulgarisation des principes des sciences, la vue des chefs-d'œuvre de l'art forment les plus puissants moyens de développer des facultés qui se traduisent, pour une nation tout entière, en accroissements de richesse et de bien-être qui élèvent le niveau général.

Toutes les institutions, toutes les libertés qui augmentent la valeur morale de l'ouvrier et le poussent à multiplier ses efforts, sont autant de causes de richesses pour tous, car les bras de l'homme n'agissent qu'autant qu'ils sont incités au travail par l'esprit, et c'est l'agrandissement des esprits, on le comprend bien aujourd'hui, qui fait les grandes nations, formées de citoyens sachant accomplir courageusement et intelligemment tous les devoirs qui leur incombent, comme producteurs, comme pères de famille, comme membres actifs et utiles d'une grande association.

Nous sortirions trop de notre cadre, si nous voulions traiter ici de toutes les questions qui se rapportent à l'éducation de l'ouvrier, à l'instruction professionnelle, à l'apprentissage, etc.; nous les passons en revue en parlant de l'ÉCONOMIE INDUSTRIELLE : mais nous pouvons dire que cet ouvrage tout entier est consacré à fournir aux producteurs de tout genre l'ensemble des renseignements, des connaissances de toute nature qui peuvent leur être utiles dans toute industrie, et que rien ne nous a plus soutenu, dans le cours de longs travaux, que la conscience que nos efforts viendraient aider aux succès et mieux encore aux progrès de nombre d'entre eux.

OXALIQUE. La fabrication de l'acide oxalique avait été jusqu'à ces derniers temps exécutée par le procédé de Bergmann, en oxydant l'amidon et non le sucre, dont Bergmann faisait usage, par l'acide nitrique dont il avait lui-même fait l'emploi.

Cependant Vauquelin avait transformé l'acide pectique en acide oxalique par la potasse, et Gay-Lussac, en agissant avec l'hydrate de potasse sur la sciure de bois, avait montré comment, elle aussi, pouvait donner de l'acide oxalique par une action oxydante de l'eau, que la chimie pure a utilisée plus tard d'une manière heureuse. Mais la chimie industrielle n'en avait pu encore tirer parti, malgré les tentatives de M. Persoz, qui, en montrant qu'un mélange de soude et de potasse fonctionnait mieux que chacun de ces alcalis isolément, avait fait faire un nouveau pas à une question intéressante; les travaux de M. Dale, à Manchester, l'ont résolue complétement. Nous donnerons ici la description de cette fabrication, d'après le savant M. Balard.

M. Dale, utilisant les dernières expériences que j'ai rappelées, opère avec un mélange de deux équivalents de soude pour un de potasse : la liqueur alcaline, complétement caustifiée, est amenée par la concentration à la densité de 1,35; on la mêle dans cet état avec la sciure de bois, de manière à faire une pâte qui, placée sur des plaques de fer établies en plein air et chauffées par-dessous, est constamment retournée avec des ringards. Elle se dessèche d'abord, et la température s'élevant ensuite, il se dégage de l'hydrogène et des carbures d'hydrogène; il se manifeste en même temps une odeur aromatique particulière. Après que le mélange a été maintenu pendant une ou deux heures à la température d'environ 200 degrés centigrades, cette première phase de l'opération peut être considérée comme terminée; le bois est transformé en produit ulmique entièrement soluble dans l'eau. La masse contient déjà de 1 à 4 p. 100 d'acide oxalique, un peu d'acide formique, mais point d'acide acétique, comme on aurait pu le soupçonner. On continue l'action de la chaleur en retournant la matière avec le plus grand soin, pour éviter que la température trop élevée ne vienne détruire l'acide oxalique formé aux dépens de la matière brune qui s'était produite d'abord. L'action de la chaleur est continuée jusqu'à ce que cet acide fasse de 28 à 30 p. 100 du poids de la matière sèche. On transporte alors cette matière pulvérulente, de couleur foncée, dans une chaudière en tôle, où on la traite par une petite quantité d'eau à 30 degrés environ. Tout se dissout, excepté de l'oxalate de soude, sel peu soluble, qui se réunit au fond du vase. Ainsi, quoique la potasse ait contribué à l'action, c'est, conformément aux lois de Berthollet, sous la forme d'oxalate de soude que l'on obtient l'acide oxalique. La liqueur qui surnage cet oxalate et qui n'en renferme que très-peu en dissolution, est évaporée à siccité; le résidu placé dans un four à révèrbère régénère, par suite de la destruction de la matière organique, un mélange de carbonates alcalins qui, caustifiés de nouveau, peuvent servir à une autre opération, pourvu, bien entendu, qu'on leur ajoute une quantité de soude égale à celle qui est restée sous la forme d'oxalate. Il est nécessaire, en effet, que les proportions des deux alcalis soient celles que nous avons indiquées, et avant de faire usage d'une lessive, il convient de titrer ce qu'elle renferme.

L'oxalate de soude ainsi obtenu est lavé et décomposé à l'ébullition par l'hydrate de chaux. Il se produit de la soude caustique, qui rentre dans le roulement général des opérations, et de l'oxalate de chaux, qu'on recueille, qu'on lave et qu'on égoutte rapidement. Pour cela on le place sur une toile étendue elle-même sur une couche de gros sable siliceux; celui-ci est placé sur le double fond d'une chaudière qui communique par sa partie inférieure avec un appareil où on fait le vide.

L'oxalate de chaux, ainsi bien lavé, est traité par l'acide sulfurique faible, mais employé en grand excès, car on ajoute trois équivalents d'acide sulfurique pour un d'oxalate; la liqueur, séparée par décantation du sulfate de chaux qui s'est produit, est évaporée dans des chaudières de plomb, et refroidie dans des cristallisoirs de ce métal; elle donne des cristaux d'acide oxalique, colorés en brun par un peu de matière organique, mais qu'une nouvelle cristallisation rend tout à fait purs. La sciure de bois, ainsi traitée, fournit la moitié de son poids d'acide oxalique, produit qui n'a consommé en définitive que des matières d'un bas prix, de l'eau, de la chaux, de l'acide sulfurique et du combustible; car les alcalis, plus coûteux, rentrent dans l'opération, et n'éprouvent que cette perte insignifiante qui accompagne nécessairement le maniement d'un produit quelconque. Aussi le prix de l'acide oxalique a-t-il baissé presque de moitié, depuis que la fabrication que nous décrivons est montée sur une grande échelle.

Comme elle est pratiquée en ce moment, elle exige un emploi de combustible tel qu'il paraît peu probable qu'on pût l'exécuter d'une manière fructueuse dans d'autres localités que dans le voisinage des houillères. Une tonne d'acide oxalique consomme pour sa production 40 tonnes de houille : aussi M. Dale et ses associés, profitant de leur expérience et des facilités que leur donne pour cette production la contrée si riche en charbon dans laquelle ils sont placés, sont en mesure de fabriquer 15 tonnes d'acide oxalique par semaine, quantité énorme qui suffirait maintenant à la consommation totale des manufactures des différents pays.

OXYCHLORURES. M. Sorel, bien connu par son invention du zincage ou galvanisation du fer, a montré le parti qu'on pouvait tirer de l'oxychlorure de zinc comme matière plastique, durcissant lentement et acquérant une grande dureté. L'analogie du zinc et du magnésium est telle, qu'on devait compter, par avance, retrouver des propriétés analogues à l'oxychlorure de magnésium. L'expérience a réalisé ces prévisions; le nouveau composé s'applique, avec le plus grand succès, à tout ce à quoi l'oxychlorure de zinc était employé. Les produits obtenus sont durs, élastiques, à surface lisse et brillante. Il a, de plus, l'avantage d'être à très-bas prix, au point de pouvoir lutter, sous ce rapport, avec les ciments usuels. Il a une cohésion remarquable et peut servir à agglomérer, avec une cohésion suffisante, vingt et même trente-quatre fois son volume de matières inertes. Il peut aussi être allié au sulfate de baryte et former des bas-reliefs qui ont le poids et toutes les qualités extérieures du plus beau marbre blanc. Enfin, employé en peinture, il recouvre les corps friables d'une surface très-adhérente et dont la dureté est très-grande.

Toutes ces propriétés doivent être utilisées tôt ou tard par diverses industries. Par exemple, les oxychlorures résolvent une difficulté pratique d'un certain intérêt, celle de faire des peintures décoratives à l'intérieur d'un appartement sans incommoder les personnes qui l'habitent, comme le font les peintures à l'huile.

OXYGÈNE. L'industrie de l'oxygène, le moyen de préparer à bon marché le gaz qui produit la combustion, a reçu plusieurs solutions qui vont la constituer bientôt à l'état pratique.

Nous laisserons de côté la préparation bien connue à l'aide du peroxyde de manganèse usitée dans tous les laboratoires de chimie, et qui ne peut guère convenir pour la production sur une grande échelle.

L'expérience fondamentale de Lavoisier consistant à oxyder le mercure avec l'oxygène de l'air, puis à décomposer par la chaleur l'oxyde rouge formé par la première opération, peut être considérée comme le modèle de tous les systèmes propres à préparer l'oxygène industriellement; car naturellement ils se réduisent à l'extraire du réservoir indéfini que nous offre l'atmosphère, formé d'un mélange d'oxygène et d'azote, par une série d'opérations continues, d'oxydations et de désoxydations successives.

M. Boussingault avait pensé rencontrer dans la baryte une substance propre à effectuer les opérations précédentes dans des conditions convenables pour la pratique industrielle. Au rouge sombre, la baryte caustique traversée par un courant d'air se transforme en deutoxide (ou sesquioxide) de barium, et celui-ci se décompose au rouge vif, en donnant de l'oxygène et de la baryte. Il semble donc qu'en répétant l'opération, on a un moyen de préparation satisfaisant, et en effet il arrive assez souvent qu'il paraît en être ainsi. Mais, généralement, la production de l'oxygène va en diminuant avec le nombre des chauffages sans doute par un effet de vitrification, de diminution de porosité de la baryte, difficile à éviter dans la pratique industrielle, en opérant sur de grandes masses.

La route était bien tracée par M. Boussingault, et la question se réduisait à trouver une substance qu'il ne fût pas nécessaire de chauffer à une température élevée pour dégager l'oxygène. C'est dans ce but que MM. Tessier du Motay et Maréchal ont eu recours aux manganates alcalins pour préparer l'oxygène destiné à l'éclairage, pour faire passer dans la pratique courante la lumière Drummond.

Lorsqu'on chauffe dans une cornue en fonte, et à une température de 450 degrés environ du manganate de soude, en y faisant passer un courant de vapeur d'eau, ce sel se décompose en oxyde de manganèse et en soude hydratée. Le courant de vapeur entraîne avec lui l'oxygène qui provient de cette réduction; et si on force cette vapeur à traverser un réfrigérant, elle s'y condense, tandis que l'oxygène s'accumule dans un gazomètre disposé à cet effet. Le mélange qui reste dans la cornue peut reconstituer le manganate employé; il suffit de remplacer le courant de vapeur par un courant d'air et de chauffer seulement au rouge sombre.

Cette manœuvre peut être répétée un très-grand nombre de fois, sans que l'oxyde de manganèse, en présence de la soude, perde de sa propriété absorbante. Dans le cours de ses expériences, M. Tessier du Motay a constaté que 50 kilogrammes de manganate de soude fournissaient encore 400 à 450 litres d'oxygène par heure, après quatre-vingts réactions successives.

Nous pensons qu'il est nécessaire, si l'on désire que la succession des opérations puisse être indéfinie, de purger l'air atmosphérique employé de toute trace d'acide carbonique, en lui faisant traverser, avant son entrée dans la cornue, une dissolution alcaline ou des couches de chaux vive, comme on le fait pour la purification du gaz d'éclairage. Sans cette précaution, les faibles quantités d'acide carbonique contenues dans l'air, s'accumulant à la longue sur la soude, détruiraient sa causticité; or celle-ci est indispensable pour déterminer la transformation du sesquioxyde de manganèse en acide manganique.

Ce procédé fournit, selon les inventeurs, l'oxygène à 72 centimes le mètre cube, à Paris, et à 50 centimes au plus, dans les contrées où la houille est à meilleur marché qu'à Paris.

M. Mallet a proposé pour la préparation industrielle du gaz oxygène, l'emploi du protochlorure de cuivre qui a la propriété de se transformer au contact de l'air froid en oxychlorure de cuivre, et de céder par la simple action de la chaleur à 400 degrés, l'oxygène qu'il a absorbé pour revenir à l'état de protochlorure. M. Mallet annonce qu'il obtient de 100 kilogrammes de protochlorure de cuivre, mélangé à une substance inerte, du sable ou du kaolin, qui le défende de la fusion ignée, de 15 à 18 mètres cubes de gaz oxygène, au prix de 50 à 60 centimes. Un avantage de ce mode de préparation est la facilité de faire succéder la production de l'oxygène à celle du chlore, en faisant passer sur le protochlorure revivifié, l'acide chlorhydrique gazeux des fours à soude, qui le transforme en bichlorure de cuivre, qu'on peut ramener par la chaleur à l'état de protochlorure. Le chlore dégagé servirait à la préparation directe du chlorure de chaux ou autre dans des conditions de nature à fixer l'attention des industriels. Lente à la température ordinaire, l'absorption de l'air ou du chlore de l'acide chlorhydrique par le protochlorure de cuivre est presque instantanée, quand l'air est à la fois humide et chaud; à 100 et 200 degrés, il se précipite sur le sel comme dans le vide.

P

PAPIER MACHÉ. Une foule d'articles, tels que coffrets, guéridons, écrans, etc., sont le produit d'une industrie assez considérable en Angleterre, dont le centre est à Volverhampton et à Birmingham; ils sont dits en papier mâché et devraient être dits en papier collé. Les procédés de cette fabrication sont peu connus, et nous en avons trouvé pour la première fois la description dans l'ouvrage de M. Jobard sur l'Exposition universelle de 1855. Nous la reproduisons ici.

Commençons par la matière première, qui est un papier gris-bleu, sans colle, fort doux, dont la pâte est très-fine. Les feuilles peuvent être comparées au papier lithographique d'Annonay, sauf la blancheur dont on ne s'occupe pas; le coton en fait la base.

Ces feuilles sont collées les unes sur les autres, à grands flots de dextrine ou d'amidon, appliqué à la spatule d'acier. Quand on en a l'épaissseur désirée, depuis une ligne jusqu'à un pied, on porte cette masse sous une presse hydraulique, agissant dans un séchoir à haute température. Sous cette pression énergique il se forme une planche solide et dure comme du bois de buis ou d'ébène, d'une planimétrie parfaite ou de la forme du moule chauffé dans lequel on a comprimé cette matière première, si ductile pendant qu'elle est humide, et si solide quand elle est sèche, sous forme de socles, pieds de guéridon, bras de fauteuil, feuilles d'acanthe, rosaces ou moulures quelconques, car elle se prête à tout.

Cette espèce de bois sans pores, sans séve, sans fibres, sans nœuds, se laisse parfaitement travailler à la scie, à la gouge, à la râpe et au tour; elle se laisse polir au besoin, bien que cette dernière opération soit réservée pour le vernis noir, dur et épais, dont on la charge à plusieurs reprises, après l'avoir laissé passer une nuit dans les séchoirs à air chaud, extrêmement chaud, d'où il sort très-dur, sans bouillons et sans gerçures.

Nous croyons que ce beau vernis du Japon, ces beaux laques de Chine, sur lesquels on nous a fait tant de contes bleus, en nous disant qu'ils provenaient d'un arbuste particulier au pays (*verniz japonica*), ne sont autre chose qu'un mélange de gomme copal, de bitume, de goudron, de résine, d'arcanson et autres hydrocarbures imprégnés de noir de fumée et de couleurs, dans certaines proportions.

Le point de cuisson est le point important: trop cuit, le vernis s'écaille et se gerce; trop peu, il poisse. Il ne faut donc pas dépasser certaine température toujours supérieure à 100 degrés.

Nous avons dit que ce prétendu papier mâché se laisse tourner avec grande facilité et qu'on en fait des boules et des grains de chapelet incassables et légers, qu'on le creuse en encriers, en écrins, en cylindres.

C'est avec cette matière qu'on fabrique tous ces bracelets à gros grains noirs semés de diamants faux d'Écosse, tous ces colliers, ces épingles, ces fermoirs, ces bijoux de toutes sortes que l'on prend pour du jayet ou quelque bois précieux antédiluvien.

Ces charmants bracelets, composés de globules semilucides et opalins qui semblent taillés dans une roche formée de couches concentriques, comme certaines pierres précieuses, ne sont encore que du papier mâché collé au vernis blanc et recouvert de même.

Ces beaux plateaux, coffrets, guéridons et écrans nacrés, peints et dorés, connus sous le nom d'ouvrages du Japon, ne sont aussi que du papier mâché; mais les Japonais ne connaissent qu'une seule espèce de dorure, et nous en avons deux: le doré mat et brillant. Nous avons aussi la nacre liquide, tirée des ablettes, qui fait si bien les grains de groseilles blanches et certaines baies transparentes. La nacre est incrustée solidement avec la presse hydraulique. Enfin la surface est poncée pour obtenir un plan parfait, et recouverte d'un vernis incolore de première qualité.

PARACHUTE. On donne aujourd'hui le nom de parachute à des appareils employés surtout dans les mines pour empêcher la chute d'une tonne, lors de la rupture d'un câble.

Ces appareils, comme les roues à déclic et à rochet, d'un usage si ancien, les butoirs à ressort d'encliquetage, si ingénieusement disposés par M. Dobo, etc., constituent, comme le fait remarquer le savant M. Poncelet, autant de moyens de s'opposer au mouvement de recul, par une action spontanée du mécanisme, résultant de l'arc-boutement énergique des tasseaux, lequel donne lieu, comme le montre la théorie du frottement, à une résistance bien autrement absolue que n'en comportent des freins modérateurs, dont le dispositif, emprunté aux anciens moulins à vent, présente aussi, en raison de l'étendue, de la continuité des surfaces d'appui, de la sûreté et de la facilité de la manœuvre en l'un ou l'autre sens, de bien grands avantages. D'autre part, ajoute M. Poncelet, je ne dois pas laisser échapper l'occasion de faire remarquer que, déjà en 1821, Claude Perrault proposait, en termes assez obscurs, il est vrai, sous le nom de *main mécanique*, d'*analemme*, un système de tasseaux-butoirs qui, en s'arc-boutant de part et d'autre sur une corde verticale en charge, l'empêchent de rétrograder d'une manière absolue, tout en lui laissant la liberté de cheminer en sens contraire : le seul cas où la corde devient complétement libre correspondant à celui où l'homme de service, appliqué à une tiraude verticale, oblige les tasseaux à s'ouvrir, contre l'action de ressorts, d'un angle que limitent d'ailleurs des brides transversales unissant, avec jeu, les têtes ou sommets butants de ces tasseaux.

Revenons à l'objet spécial de cet article :

La descente et l'ascension journalières par des échelles dans les puits de mines profonds occasionnent aux ouvriers mineurs des fatigues qu'ils deviennent incapables de supporter à un âge peu avancé, et qui, dans la période active de leur vie, absorbent une partie du travail musculaire qu'ils sont susceptibles de fournir. Aussi préfèrent-ils descendre et remonter dans les tonnes mises en mouvement par les machines qui servent à l'extraction des minerais. Cette pratique donne lieu à des accidents nombreux causés par les ruptures de câbles, les chocs de tonnes l'une contre l'autre ou contre les parois des puits. On en a éloigné le retour en s'assurant fréquemment du bon état des câbles, et surtout en guidant les tonnes au moyen de longuerines en bois ou de tiges en fer établies dans toute la hauteur des puits. On a aussi remplacé les tonnes dans plusieurs mines de premier ordre par de grands appareils à mouvement alternatif, destinés à l'ascension et à la descente des ouvriers. Ce mode d'introduction et de sortie des ouvriers n'est pourtant pas tout à fait exempt de dangers; d'ailleurs l'appareil occupe un puits tout entier ou au moins une grande partie d'un puits; il exige une machine spéciale; il coûte, en conséquence, assez cher et ne peut être appliqué qu'à des mines d'une très-grande importance.

M. Machecourt a publié, en 1845, la description d'un parachute qu'il avait appliqué aux tonnes dans un puits de mine de houille de Decize (Nièvre). Cet appareil, interposé entre la tonne et le câble auquel elle est suspendue, est formé de deux barres de fer qui se croisent et tournent, à peu près comme les deux branches des ciseaux de tailleur, autour d'un même boulon horizontal. Lorsque le câble de suspension est tendu par le poids de la tonne, les deux barres se croisent sous un angle peu ouvert, et les extrémités de leurs branches inférieures sont maintenues à une petite distance des longuerines en bois qui guident la tonne. Des ressorts tendent à augmenter l'ouverture de cet angle; mais cet effet est empêché par des chaînes qui rattachent les extrémités supérieures des barres à un point du câble de suspension situé plus haut. Le câble vient-il à se rompre, sa tension cesse, les ressorts deviennent libres d'agir; les extrémités inférieures des barres du parachute viennent s'appuyer contre les longuerines en bois dans lesquelles elles pénètrent par une arête tranchante, et la tonne reste suspendue au parachute, qui est ainsi accroché aux longuerines-guides. L'usage de cet appareil ne s'est pas répandu, malgré la publicité qui lui avait été donnée.

En 1849, M. Fontaine, chef d'atelier aux mines d'Anzin (Nord), a installé dans un puits, dit *Fosse Tinchon*, un parachute fondé sur le même principe que celui de M. Machecourt, mais dont la construction est mieux entendue. Dans le parachute Fontaine (fig. 3662), les deux barres de fer terminées par des griffes, qui doivent au besoin pénétrer dans le bois des longuerines-guides, tournent autour de deux boulons horizontaux parallèles, portés par une sorte de chape invariablement fixée sur une tige verticale en fer qui est accrochée au câble de suspension. Lorsque la tonne est portée par le câble tendu, les bras du parachute forment entre eux un angle dont l'ouverture est limitée, de manière que les griffes ne touchent pas les longuerines. Le câble vient-il à se rompre, l'action du ressort à boudin tire vers le bas la tige et tout l'appareil parachute. Il en résulte infailliblement un plus grand écartement des bras en fer, dont les griffes viennent s'en-

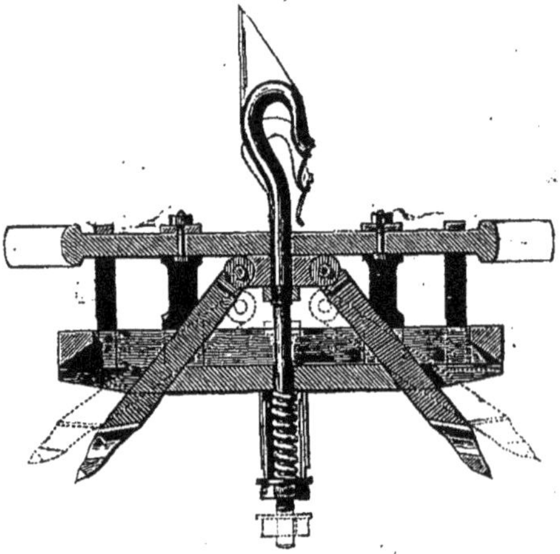

Fig. 3662.

foncer dans les longuerines. Un chapeau en tôle, heureusement ajouté par M. Fontaine à son appareil, couvre la cage, et reçoit la partie du câble inférieur à la section de rupture, qui, sans cela, tomberait sur la tête des ouvriers et pourrait les tuer ou les blesser grièvement.

Le parachute Fontaine avait déjà, en 1854, sauvé la vie à seize ouvriers; l'appareil avait toujours très-bien fonctionné.

Parachute à friction. — Le défaut de tous les parachutes, c'est l'intensité effrayante du choc qui peut se produire au moment de la rupture de la corde, et engendrer des effets quelquefois aussi funestes que ceux que l'on a cherché à éviter. M. Nyst s'est proposé de produire l'arrêt par un frottement assez grand pour retenir le poids de la cage chargée, mais trop faible pour vaincre instantanément la force vive dans le cas de grands chocs : le problème se réduit alors à trouver un frein capable de retenir un poids déterminé et d'absorber en un peu de temps une grande force vive.

Il a eu recours à cet effet aux propriétés du coin surtout précieuses pour obtenir des freins très-puissants. Ainsi, pour faire glisser horizontalement une pièce de fer de 500 kil. à surface plane sur une autre pièce de fer plane, il faut un effort de $500 \times 0{,}138 = 69$ kilog.; mais si, au lieu d'être planes, ces pièces s'emboîtent en forme de coin, ayant à la tranche un angle de 10°, il faudra, pour faire glisser la pièce de 500 kilog., un effort de $500 \times 0{,}138 \times 11{,}45 = 790$ kilog.

Le multiplicateur 11,45 est le rapport de la hauteur à la demi-base du triangle isocèle formant le coin, et ce multiplicateur est d'autant plus grand que l'angle de la tranche est plus petit. Or, on peut rendre l'angle à la tranche aussi petit que l'on veut, parce que les faces latérales seules donnant le résultat précité, on peut tronquer le coin sans changer ce résultat. On trouve donc dans l'emploi du coin un frottement assez grand pour produire l'arrêt de très-grandes charges avec une faible pression; de là l'idée de donner aux guides la section d'un coin tronqué, et de faire prendre sur ces guides, par un mécanisme convenable, des griffes également cunéiformes.

La figure 3662 *bis* représente la cage munie de l'appareil fondé sur les principes qui viennent d'être rappelés.

Deux longerons en bois ou en fer A A ayant la section d'un coin tronqué servent de guides à la cage, qui porte à cet effet deux patins BB à la partie supérieure et deux autres B'B' à la partie inférieure.

Sous le toit de la cage, les deux côtés latéraux de celle-ci sont reliés par deux traverses CC qui portent les centres d'oscillation DD de deux leviers EE. Le bras le plus court de ces leviers se termine en fourche cunéiforme, l'autre est légèrement plié de côté. Par cette disposition les deux grands bras de levier peuvent se juxtaposer alors que les deux petits bras de levier se projettent horizontalement sur une même droite avec les guides. Les deux grands bras de levier sont saisis par une chape F qui glisse entre deux guides G G et qui se termine par une tige à laquelle est attachée la corde. Les deux leviers étant ainsi solidaires l'un de l'autre, il ne pourra pas arriver, comme cela a eu lieu pour le parachute Fontaine, que l'une des griffes fasse prise quand l'autre ne le fait pas. Enfin, entre la chape et le toit de la cage se trouve un ressort qui tend constamment à abaisser la chape et par conséquent à ramener les leviers dans l'horizontalité.

Si donc la corde soulève la cage, le poids de celle-ci comprime le ressort et les leviers sont inclinés. Cette inclinaison et une faible excentricité résultant de ce que les centres d'oscillation des leviers se trouvent plus élevés que les centres de figure, font que les griffes se rapprochent l'une de l'autre et ont un écart moindre que celui des guides. Mais aussitôt que la corde ne retient plus la chape, le ressort exerce sur celle-ci son effet, elle s'abaisse et entraîne avec elle les deux leviers. Les deux fourches se relèvent donc, s'écartent et viennent bientôt s'appuyer sur les guides. Comme les griffes se présentent aux guides sous un angle, elles serrent avec énergie, et serrent nécessairement de plus en plus par l'effet d'arc-boutement qui se produit. Pendant ce serrage, il y a amortissement de la chute et lorsque les leviers sont devenus perpendiculaires aux guides, c'est-à-dire lorsque l'écart des griffes est maximum, ils trouvent un arrêt infranchissable dans la chape qui les maintient. Si à ce moment le choc n'est pas entièrement amorti ou si la chute du câble sur le toit de la cage en produit un second considérable, les griffes glisseront sur les guides ; mais dès que les chocs seront amortis, la cage trouvera un frein insurmontable dans le frottement.

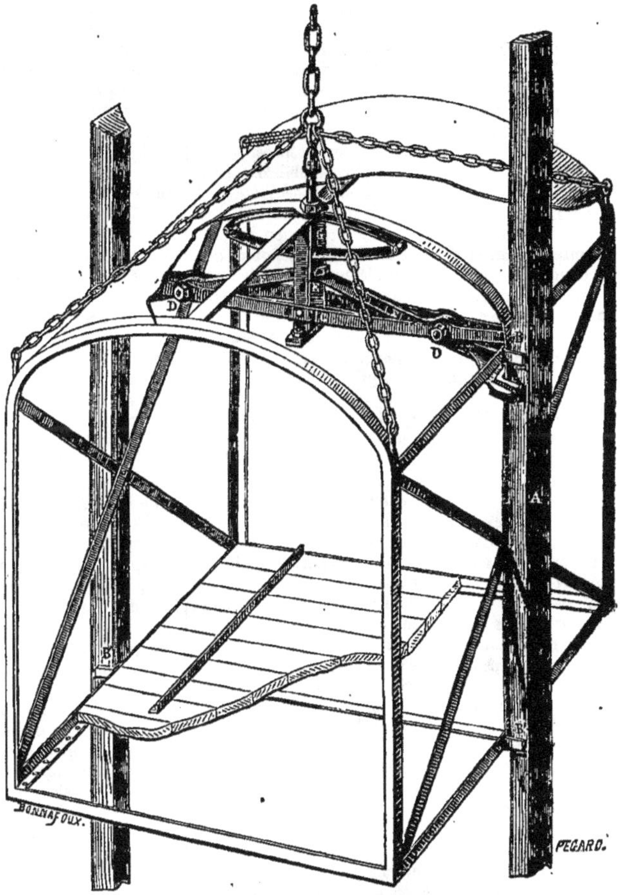

Fig. 3662 *bis.*

PARFUM. M. Milon a fait, en Algérie, d'intéressantes recherches sur les procédés d'extraction des parfums des fleurs, qui ont été résumées dans une curieuse communication à l'Académie des sciences, que nous reproduisons ici :

« Déjà plusieurs de nos colons africains ont réussi dans la production des essences, et leurs échantillons ont été appréciés; mais, pour tirer un bon parti des fleurs, on doit incorporer leur parfum à l'huile ou à l'axonge, et cette opération très-compliquée exige des huiles et des graisses d'une grande finesse, en même temps qu'elle nécessite des installations dispendieuses. D'autre part, comme on n'emploie pour la fabrication des parfums de première qualité que des fleurs parfaitement fraîches, il faut que la production de celles-ci se groupe et se concentre, en quelle sorte, sur le point même où l'exploitation fonctionne. Or ces conditions que nous voyons réunies à Grasse, sont difficiles à réaliser en Algérie, où cependant les fleurs précieuses, telles que la cassie, le jasmin, la rose, la tubéreuse, croissent parfaitement.

« M. Milon a cherché à modifier les procédés actuels de l'exploitation des fleurs, et à les rendre d'une pratique facile pour l'Algérie; il y est parvenu en extrayant tout le parfum des fleurs à l'aide de divers dissolvants volatils et surtout de l'éther. Il réduit ainsi la partie aromatique de la plante à un très-petit volume, de telle sorte que 1 gramme d'extrait, provenant de 1 kilogramme de fleurs, aromatise au même degré les corps gras, et, sous un poids mille fois moindre, produit les mêmes effets. Ce n'est pas encore le parfum pur et isolé de toute autre substance; mais cette limite suffit à l'art de la parfumerie, et, à la faveur des nouveaux produits, on remplace des manipulations laborieuses par un simple mélange ou par une dissolution que l'on peut faire en tout lieu et au moment que l'on juge le plus convenable.

« Comme cette méthode d'extraction conserve le parfum avec fidélité, on peut substituer la préparation et l'arome même de la fleur à ces mélanges d'essences avec lesquels on imite très-imparfaitement les parfums naturels. Ces dernières compositions, la plupart assez grossières, sont souvent la cause du peu de succès que la parfumerie obtient près des consommateurs délicats.

« Les recherches de M. Milon lui ont fourni l'occasion de faire une étude nouvelle des parfums, substances très-distinctes de la plupart des essences, et qui se caractérisent surtout par leur inaltérabilité à l'air. Ainsi, des couches minces de parfum, étalées au fond de tubes ouverts, se conservent pendant plusieurs années sans déperdition sensible. La proportion de parfum contenue dans les fleurs est tellement faible, que si l'on cherchait à l'isoler complétement et à le purifier, son prix surpasserait celui de toutes les matières connues : pour certaines fleurs, 1 gramme de parfum coûterait plusieurs milliers de francs. Les Orientaux consentent déjà à payer l'essence de jasmin, malgré son odeur empyreumatique, jusqu'à 750 et 800 francs l'once. »

PÊCHE MARITIME. Un des spectacles les plus intéressants que l'on puisse admirer est celui que présentent les bords de l'Océan. On y assiste en quelque sorte au commencement de la vie. Aux rochers viennent s'attacher des mousses, des fragments de fucus, de varechs, qui se développant viennent faire partie de ces champs étendus, de ces vastes communaux exploités par les populations du littoral pour engraisser les terres et alimenter l'industrie du varech qui fournit l'iode et des sels de potasse, en attendant que les efforts de nombreux chercheurs apprennent à en tirer un meilleur parti qu'en partant de l'incinération.

En même temps apparaissent des corps vivants, ou plutôt des corps intermédiaires entre le règne végétal et le règne animal, dont quelques-uns se distinguent à peine de simples mucosités; puis des vers, des coquillages et surtout les moules qui viennent recouvrir les rochers de bancs épais. La vie prend alors une incroyable activité : les crabes, les crevettes sans nombre, les soles, plies et poissons plats vivant dans le sable, les poissons de tout genre, les congres ou chiens de mer, ces brochets du littoral, se multiplient à l'infini, grâce à une fécondité inouïe (un hareng a un million d'œufs), et se développent avec une grande rapidité, se dévorant les uns les autres. Aussi en résulte-t-il une richesse incroyable.

Sur toute l'étendue des côtes une population nombreuse (plus de 50,000 marins vendant 35 ou 40 millions de fr. de poissons) vit exclusivement des produits de la pêche, et malgré l'ardeur avec laquelle ils s'y livrent, malgré la puissance des filets et engins qui permet de porter à l'intérieur des quantités de poisson de mer très-considérables, qui constituent une partie notable de l'alimentation générale, la fertilité de ces champs d'une espèce particulière ne varie pas sensiblement.

On ne peut comprendre ces faits qu'en se rendant compte des conditions d'existence de ces animaux, en faisant une application de la loi de Malthus qui n'a pas encore, croyons-nous, été faite.

L'eau salée chargée des sels les plus solubles des résidus des lavages des terrains que parcourent les eaux qui se rendent à la mer (et que l'évaporation n'enlève pas) ne peut, pas plus que l'eau douce, servir directement à l'alimentation de ses habitants. Dans les deux cas, ce n'est que grâce à des substances organiques (ayant dans quelques cas fait naître d'abord des végétaux) que ceux-ci peuvent exister. Or ces substances ne peuvent se rencontrer en proportion notable au milieu de mers profondes et de grande étendue, au fond desquelles la végétation ne saurait se produire, à moins que des courants rapides n'y amènent des eaux de la provenance dont nous allons parler. C'est sur les côtes, près des estuaires des grands fleuves surtout, que les substances organiques entraînées en masses considérables par les cours d'eau (dont la fermentation destructive s'arrête dans l'eau salée) viennent apporter des quantités énormes de substances pouvant servir à l'alimentation d'animaux qui font passer à travers leurs ouïes des quantités d'eau très-grandes, en conservant ce qui leur est bon.

Chacun sait que tandis que les poissons se trouvent en abondance près des côtes, ils ne se rencontrent pas en pleine mer, sauf quelques espèces voyageuses qui montrent seules quelques rares représentants à des distances un peu grandes, lorsqu'il n'y a pas de courants aliménteurs en quelque sorte. Disons un mot de ces courants.

Lorsqu'une masse d'eau considérable, lorsque les eaux de grands fleuves traversent l'Océan sur de grandes longueurs, il est évident qu'elle constitue un milieu analogue à celui qui existe le long des côtes, et par suite peut être peuplée de diverses espèces de poissons. La rencontre de ceux-ci pourrait, dans certains cas, être utile pour constater les courants, et des observations de ce genre, faites par des navigateurs, pourraient être plus utiles qu'on ne serait tenté de le croire à première vue.

C'est ainsi que le Gulf-Stream, le courant le plus considérable et le mieux constaté qui, partant du golfe du Mexique vient passer au nord de l'Écosse, puis réchauffer les côtes de la Norvége est, sans aucun doute, une des causes de la richesse de la production des poissons qui se trouve en cet endroit, de la pêche incroyable qui se fait depuis si longtemps, de harengs et de morues, dans ces contrées et autour des îles Lofoden, si élevées au Nord.

Nous avons insisté sur un point, un peu étranger à nos études, parce que nous avons été très-frappé de voir comment se complétait, par la pêche, le circulus des produits organiques qui semblait en défaut pour la quantité considérable de substances de cette nature charriées par les eaux. Ce sont les moissons à récolter dans les champs formés dans la mer (les varechs forment l'engrais des cultures maraîchères du littoral rafraîchi par les brises de mer), mais c'est surtout la capture des animaux qui la peuplent, qui vient combler tout déficit, absolument comme si ces produits organiques avaient été employés directement à amender des champs, à nourrir du bétail de ferme.

Instruments de pêche. — Les instruments de pêche se divisent en deux classes, ceux qui se réduisent à l'emploi des hameçons, des lignes et les filets.

Lignes et hameçons. — C'est en comptant sur l'extrême voracité du poisson, que l'on parvient avec des hameçons et des appâts convenables à obtenir des pêches suffisantes pour défrayer, même sur les côtes des pays civilisés, où les salaires sont élevés, le pêcheur de ses peines.

Les vers du sable de mer, les intestins de la sèche, la rogue, etc., sont les principaux appâts dont les pêcheurs garnissent les hameçons des nombreuses lignes qu'ils laissent pendre autour de leurs barques.

Filets. — Les filets, de forme quelconque, peuvent servir à prendre les poissons plus gros que ceux qui peuvent traverser leurs mailles. Chacun connaît les filets d'assez petite dimension pour qu'on puisse les pousser à bras et qui, à petite maille, servent surtout à la pêche des crevettes, en les poussant à l'extrémité du flot de la marée descendante.

Le grand outil pour la pêche en mer est le *chalut*,

grand filet reposant par une pièce de bois sur le fond de la mer, et que traîne une barque pontée, ayant assez de voilure pour lui donner avec un peu de vent, une assez grande vitesse. La grande masse d'eau ainsi parcourue, dans laquelle il rencontre le poisson toujours en mouvement à la recherche de sa nourriture, laisse des produits abondants aux pêcheurs, tellement qu'on les oblige à donner aux mailles du filet d'assez grandes dimensions pour empêcher la destruction du petit poisson. Il y en aurait toujours assez de très-petit, mais le moyen et surtout le gros deviendraient rares.

PÊCHES DE LA NORVÉGE. — Nous donnerons comme exemple des grandes pêches celle qui a lieu sur les côtes de Norvége. Les habitants des côtes de la Norvége, depuis la frontière de la Russie jusqu'au cap Lindesnæs, sont presque tous pêcheurs. La pêche de la morue, en particulier, et la pêche du hareng ont, dans ce pays, une très-grande importance.

Pêche de la morue. — Vers le milieu du mois de janvier, on voit arriver des masses considérables de morues (*Gadus marrhua* Linné), qui, venant du grand Océan, pénètrent dans le Vestfjord, à l'entrée de l'archipel de Lofoden, où elles déposent leur frai sur les bancs dont cet archipel est entouré. En même temps arrivent, montés sur 5,000 bateaux, vingt mille pêcheurs habitants des côtes du Finmark. Bergen, Christiansand, etc., envoient 900 à 1,000 bateaux de 50 à 80 tonneaux pour acheter le poisson des pêcheurs et le préparer.

La pêche se fait soit à l'aide de filets, soit à l'aide de lignes.

Chaque bateau porte ordinairement soixante filets de 120 pieds de longueur sur 20 pieds de profondeur. Ceux qui pêchent avec les lignes portent chacun vingt pièces ; chaque pièce est armée de 200 hameçons.

On met dehors à la fois 25 à 30 filets noués les uns aux autres. Sur le hallin ou haussière, et à 6 pieds l'une de l'autre, sont fixées des pierres qui tiennent les filets en place. En outre, des bouées formées de sphères en verre, en liége ou en bois, maintiennent la partie supérieure des filets à une distance déterminée de la surface de la mer. A chaque bout se trouve un petit baril portant le nom du propriétaire.

Les lignes sont tendues par 10 ou 12 à la fois. On se sert pour appât de harengs salés, et quand ils manquent on emploie les rogues de morues ou de petits morceaux de poisson même. La pêche se fait à une distance de deux lieues norvégiennes (15 au degré) de la terre, dans une profondeur de 300 à 500 pieds. Les filets sont mis à la mer le soir et n'en sont retirés que le matin; avec les lignes on pêche le jour et la nuit.

Dès que les pêcheurs sont revenus à terre avec leur poisson, ils en ôtent le foie, la rogue (les œufs), la tête et les entrailles, et ils suspendent le corps pour le sécher et en faire du stockfisch, ou ils se contentent de le vendre aux fabricants de klipfisch. Les rogues sont salées dans des barils qu'on perce de trous pour laisser écouler la saumure. Le froid ne permettant pas aux foies de se liquéfier, on les garde dans des barils de chêne jusqu'à l'arrière-saison. La tête et les entrailles se sèchent et se vendent plus tard à la grande fabrique de guano de poisson établie à Lofoden.

Le stockfisch, une fois suspendu, est abandonné à l'action des vents très-secs qui règnent au printemps dans cette contrée.

Les fabricants de klipfisch fendent la morue, enlèvent presque toute l'arête, la salent, la lavent, la mettent en presse pour en extraire les liquides qu'elle contient, puis la sèchent au soleil, sur les rochers de Nordland, ce que la disposition des lieux ne permet pas de faire à Lofoden.

Cette pêche dure ordinairement jusqu'à la mi-avril, et l'on évalue son produit à 20 millions de poissons.

Mais ce n'est pas seulement en Nordland et dans le Finmark que la morue abonde. Chaque année, dans les mois de février, mars et avril, entre le cap de Stat et l'embouchure méridionale du Trondhjmsfjord, on prend encore quatre à cinq millions de ces poisssons.

Enfin, pendant tout l'été et l'automne, on pêche encore, le long de la côte de Bergen, de grandes quantités de différentes espèces de morues, dont 4 à 5 millions de kilogrammes sont livrés au commerce.

Pêche du hareng. — C'est vers les premiers jours de janvier qu'arrive l'avant-garde des grands harengs d'hiver, à la côte méridionale et occidentale de l'île de Karnsa, près de la ville de Stavanger. Ces premiers harengs sont bientôt suivis de masses plus ou moins nombreuses qu'accompagnent toujours des centaines de cétacés, qui, suivant l'opinion des pêcheurs, les poussent vers la côte où ils doivent frayer. Un autre ennemi plus redoutable pour le hareng, c'est le sei (*Gadus virens*), qui se jette souvent en grand nombre entre les masses et les disperse, au grand préjudice des pêcheurs. Dès le commencement de l'année, ceux-ci se trouvent réunis dans les mêmes parages, au nombre d'environ 15,000, montés sur 3,000 bateaux, accourus de toute la côte méridionale de la Norvége.

La pêche se fait ordinairement avec des filets de 80 à 100 pieds de longueur sur 20 à 24 pieds de largeur, tout près de la côte ou à l'entrée des baies nombreuses qu'on trouve dans ces parages. Chaque bateau embarque à son bord 40 à 60 filets de ce genre, mais il n'en met en mer que 10 ou 20, suivant les localités

Lorsque le hareng pénètre dans l'intérieur des baies, on le barre avec de grands filets (*net*) de 800 à 900 pieds de longueur, sur une largeur de 100 à 120 pieds ; on se sert ensuite de filets plus petits pour l'amener à terre.

La mi-janvier passée, d'autres masses de harengs se jettent tous les ans sur les côtes de Bremanger, de Batalden et de Kinn, à environ dix à douze lieues au nord de Bergen, où les attendent 15,000 pêcheurs montés sur environ 2,800 bateaux. Ici la pêche se fait presque exclusivement à l'aide de filets ordinaires, les localités se prêtant moins au barrage des harengs que les parages au sud de Bergen. A mesure que la saison avance, les masses de harengs se dirigent un peu vers le sud-est, et après avoir frayé vers le milieu de mars, elles quittent la côte.

Le produit de la pêche qui se fait au nord de Bergen se sale sur les lieux mêmes ; on l'évalue à 500,000 ou 600,000 barils (le baril contient de 450 à 500 poissons). Ce sont les harengs d'hiver.

Cette pêche finie, on commence à apercevoir dans les environs de Bergen les avant-coureurs des harengs d'été. Ceux-ci sont d'abord petits et maigres; mais à mesure que la saison avance, on les voit grossir et devenir de meilleure qualité.

C'est vers le mois de juillet que la pêche commence à se faire en grand dans les environs de Bergen et de Christiansand. En août et septembre, elle se fait sur toute la côte jusqu'à Tromsa et même Haimmerfest.

En été, la mer est pleine de crustacés et de salpes dont le hareng se nourrit. Si à cette époque le hareng était pêché immédiatement après l'opération du barrage et salé sur-le-champ, il s'altérerait vite. Il importe que la nourriture qu'il a prise au moment du barrage soit digérée avant de le retirer de l'eau. A cet effet, on le laisse séjourner dans la barre pendant quatre jours, après lesquels on le pêche et on le prépare.

Le produit de la pêche du hareng d'été est au moins de 400,000 barils.

PEIGNEUSE HEILMANN. Les plus grandes difficultés que présente la filature des substances filamenteuses, dit le rapport du jury de l'Exposition de 1855, proviennent de l'inégalité de longueur des filaments et des boutons qui y sont adhérents; ces difficultés ont, pendant de longues années, fait le désespoir des industriels qui se livraient à la filature du coton, à celle de la laine peignée, et elles étaient d'autant plus sensibles que l'on cherchait à produire un fil d'un numéro plus élevé. On avait beau faire éplucher à la main à grands frais, passer aux cardes une nappe extrêmement fine, on ne se débarrassait que d'une partie des boutons, on ne se débarrassait d'aucune partie des filaments courts; les boutons se retrouvaient dans le fil et ensuite dans le tissu; les filaments courts, échappant à l'action des cylindres étireurs, nuisaient à la régularité du fil, et, pour nous servir d'expressions familières aux filateurs, produisaient des grosseurs et des coupures.

Si, il y a dix ans, on avait dit à l'industrie, tout avancée qu'elle était alors, qu'une machine allait être découverte qui, dans la laine, dans le coton, dans l'étoupe de lin, dans la bourre de soie, séparerait les filaments courts des filaments longs, choisissant les derniers avec plus de discernement qu'il ne serait possible de le faire à l'aide des meilleurs instruments d'optique, et mettant à part les premiers, jetant en même temps dans ces filaments courts toutes les impuretés, tous les boutons, de manière que les filaments longs resteraient seuls parfaitement purs, propres à produire un fil uni et par suite un tissu brillant et d'une régularité irréprochable; si, disons-nous, on avait annoncé qu'une pareille machine allait être inventée, il n'est personne qui n'eût répondu qu'une semblable invention serait un prodige, mais que ce prodige n'était point réalisable, et cependant un an après il était réalisé.

En 1846, Josué Heilmann découvre la peigneuse qui porte son nom, machine admirable, dont le principe, aussi nouveau qu'ingénieux, a pu s'appliquer avec le même succès à toutes les substances filamenteuses, en modifiant seulement les dimensions de la machine. La peigneuse Heilmann pour la laine, celle pour le coton, sont aujourd'hui répandues en France, en Angleterre, sur tout le continent. La peigneuse pour étoupes de lin conquit son rang à côté de ses sœurs aînées; celle pour la bourre de soie ne paraît pas destinée à un moins brillant avenir. Cette machine si compliquée, mais dont tous les organes fonctionnent avec un accord si parfait, est aujourd'hui en usage dans les établissements de filature, comme la carde, le banc à broches et le métier à filer; elle a permis d'employer pour les numéros fins des matières qui, à cause de l'inégalité de leurs filaments ou de l'énorme quantité de boutons qu'elles renfermaient, y paraissaient tout à fait impropres; elle a permis de produire, soit en laine, soit en coton, des fils d'une propreté, d'une régularité extrordinaires; elle constitue, en un mot, le plus grand progrès fait en Europe dans la filature des substances filamenteuses, depuis la découverte faite, en 1810, par Philippe de Girard, de la filature du lin.

La peigneuse Heilmann est une combinaison d'un appareil alimentaire avec un appareil peigneur et avec un appareil à la fois arracheur et réunisseur.

L'appareil alimentaire est fait de manière à délivrer successivement et à intervalles égaux de petites quantités des filaments à peigner préalablement réunis en ruban à chaque alimentation; le bout du ruban est saisi par une pince à double mâchoire qui s'ouvre et se ferme, et il est présenté à l'action de l'appareil peigneur, composé d'une série de peignes travailleurs montés sur un cylindre tournant autour de son axe. Ces peignes travailleurs séparent les filaments courts et les boutons, les entraînent; une brosse et un cylindre garni de cardes les retirent ensuite de ces peignes sous forme de nappes. Le bout du ruban alimentaire ainsi peigné est alors saisi par l'appareil arracheur composé de deux cylindres; ces deux cylindres détachent du ruban alimentaire les filaments saisis par un bout, en arrachant l'entrebout à travers un peigne appelé *peigne fixe*. Ce peigne fixe pénètre dans l'extrémité peignée des filaments au moment où l'arrachage doit se faire et où la pince s'ouvre et lâche l'autre extrémité. Par cet arrachage à travers le peigne fixe, cette autre extrémité des filaments, déjà peignés à l'autre bout, se trouve être peignée aussi, de manière que les filaments détachés du ruban alimentaire sont peignés par les deux bouts et prêts à être rattachés à ceux précédemment détachés, et ainsi de suite. Cette soudure des mèches successivement peignées s'obtient au moyen d'un mouvement en sens inverse des cylindres arracheurs : les extrémités des mèches sont superposées de manière qu'il en résulte un ruban continu que la machine délivre régulièrement.

Dans cette courte description nous avons tâché de résumer les principes fondamentaux de la peigneuse Heilmann; ces principes se retrouvent dans la peigneuse pour coton, dans celle pour laine, dans celle pour étoupes de lin et pour la bourre de soie; il n'existe entre ces diverses machines d'autres différences que celles résultant de la longueur des filaments qu'il s'agit de travailler. Ces modifications sont infinies, de manière qu'étant donnée une certaine longueur de filaments, on peut immédiatement, en suivant les règles posées par Heilmann, créer une machine convenable pour les peigner. On change à volonté la finesse des peignes suivant la nature des filaments et aussi suivant le degré plus ou moins avancé de peignage qu'on désire obtenir.

L'ensemble mécanique, inventé par Heilmann pour traduire son invention en une machine que l'industrie pût employer comme les autres machines de filature, est un chef-d'œuvre presque aussi admirable que l'idée éminemment originale de l'inventeur.

Josué Heilmann, l'auteur de cette magnifique invention, est mort avant d'avoir pu jouir du succès merveilleux de sa machine, de son triomphe en Angleterre, sur la terre classique de la filature; mais aujourd'hui l'expérience a proclamé son succès de la manière la plus éclatante : il n'y a plus qu'une voix dans toute l'Europe industrielle pour dire que c'est la plus belle invention faite depuis quarante ans dans l'industrie de la filature.

Il s'agit ici d'une ces découvertes exceptionnelles qui ne se présentent dans l'industrie qu'à de longs intervalles.

On trouvera dans le *Bulletin de la Société d'encouragement*, qui a donné à la belle invention de M. Heilmann son prix de 12,000 francs, les dessins bien complets des diverses peigneuses propres au travail des divers filaments. Je donnerai seulement ici, pour bien faire comprendre les principes essentiellement nouveaux résumés plus haut, sur lesquels repose le fonctionnement de cette machine, la coupe de la peigneuse propre au travail du coton, à l'aide de laquelle on parvient, comme il vient d'être dit, non-seulement à débarrasser le coton de toute impureté, mais encore à faire disparaître les fibres trop courtes pour permettre la fabrication d'un fil irréprochable, et en disposant les fibres parallèlement avec une exactitude parfaite sans qu'aucune puisse demeurer repliée; en un mot, on réalise toutes les conditions qui peuvent conduire à la perfection de la filature.

A est un rouleau garni d'une nappe de coton sortant des cardes; il est porté par deux tambours en bois B, C qui guident le déroulement de la nappe en se mouvant comme les rouleaux alimentaires *a* et *b*.

D est un guide qui conduit la nappe entre les rouleaux alimentaires *a* et *b*, le premier cannelé, en acier, le second couvert de cuir. Ils reçoivent un mouvement intermittent d'une roue à étoiles qui leur fait faire un dixième de tour par chaque révolution du cylindre peigneur E, dont nous allons parler (fig. 3663).

supérieure métallique *c*, l'inférieure *d* garnie de cuir; cette dernière, par l'action d'un ressort, tend toujours à s'appuyer contre la première. La mâchoire supérieure

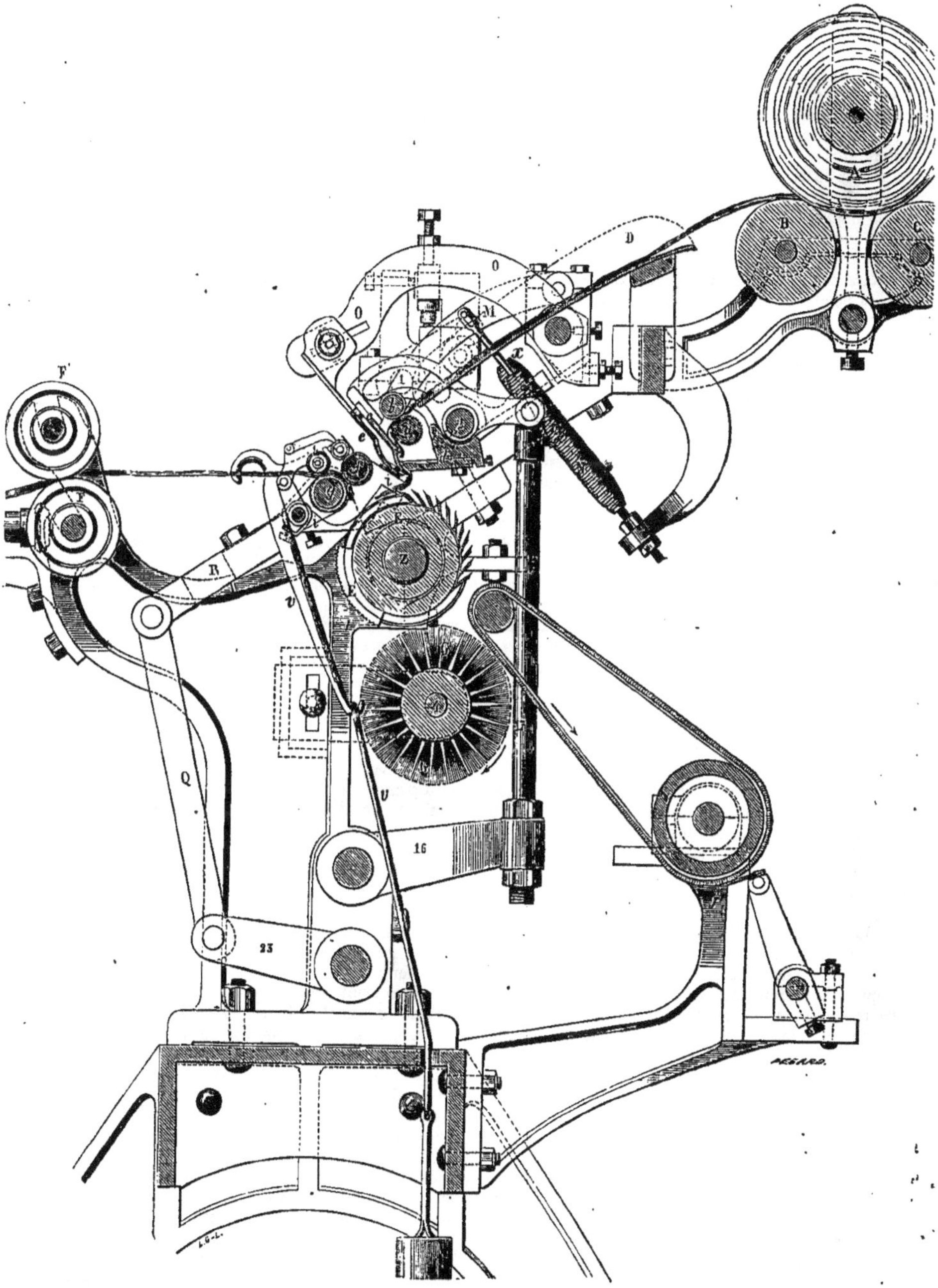

3663.

A sa sortie des cylindres alimentaires, la nappe arrive dans la pince formée de deux mâchoires, l'une reçoit un mouvement d'oscillation autour du centre 1, et la mâchoire *d* autour du centre 2, mouvement imprimé à l'aide d'une canne qui meut le levier 18, la verge 17, le levier 17 et enfin l'axe 15. Le mouvement étant produit de bas en haut, la mâchoire supérieure s'élève, et celle inférieure la suit jusqu'à la rencontre des points fixes du bâti contre lesquels elle vient buter; alors la mâchoire *c* continue de s'élever seule, et par conséquent la pince s'ouvre.

C'est à ce moment que les cylindres *a* et *b* font avancer la nappe dont la tête vient s'engager dans la pince, en la dépassant d'une quantité déterminée par le réglage de l'alimentation, en raison de la longueur des fibres élémentaires.

Aussitôt ce mouvement accompli, la mâchoire *c* redescend, vient s'appuyer contre la mâchoire *d*, en serrant la nappe, et toute la pince, entraînée par l'oscillation de la mâchoire supérieure, tourne autour du centre 1 et vient présenter la tête de la nappe aux peignes parallèles qui garnissent une partie de la surface du tambour peigneur E. La surface du tambour peigneur E est divisée en quatre parties inégales par les peignes parallèles assemblés sur partie de sa surface, d'un côté, et un segment cannelé E' de l'autre, les intervalles entre ces parties étant unis.

Les peignes sont faits avec des aiguilles d'acier réunies dans du plomb (comme on le fait pour celles du métier à bas) : les premières sont les plus grosses, font la majeure partie du travail; les dernières très-fines, ayant 40 dents au centimètre, le rendent parfait.

Une brosse circulaire G, montée sur l'arbre 4, tourne dans le même sens que le tambour peigneur, mais avec une vitesse plus grande. Cette brosse, à chaque révolution du tambour, débarrasse les peignes des matières étrangères, des boutons et des brins très-courts dont ils sont chargés. Un ruban de carde H, monté en toile sans fin, nettoie les brosses G, et un peigne à mouvement alternatif fait tomber dans une caisse destinée à cet effet tous les déchets qu'il détache des dents de la carde.

Quand les peignes du tambour peigneur ont accompli leur fonction, la pince remonte en s'ouvrant, et le peigne fixe *e*, placé en avant, s'introduit vers la limite de la portion déjà épurée de la nappe.

Au même moment, un cylindre garni de cuir 5, oscillant autour d'un cylindre cannelé *g*, vient s'appuyer vivement contre la partie cannelée E' du tambour peigneur, et par suite comprimer les fibres peignées qui demeurent appliquées sur le tambour. Cet abaissement est produit au moyen d'une came qui met en mouvement au moment voulu l'axe 22, et par suite le système 23, Q, R. Les deux surfaces en contact continuant à tourner retirent du peigne fixe *e* la queue des filaments, et par conséquent la détachent complétement du reste de la nappe. Ils passent ensuite entre le rouleau *g* et un autre rouleau *h* qui opère après le rouleau *f*.

Voici maintenant comment se soudent en un ruban parfaitement continu les différentes mèches successivement arrachées. Après l'arrachage, les cylindres arracheurs *f* et *g*, entre lesquels la mèche est engagée, opèrent un léger mouvement de recul de manière à dégager une portion de la queue arrachée; il en résulte que la tête de la mèche suivante vient se placer sur cette portion de queue précédente, se soudera avec elle sous l'action des cylindres *f*, *g*, *h*, et il en résultera un ruban continu dont la longueur sera nécessairement égale à la somme des mouvements d'avance ou d'arrachage, diminuée de la somme de leurs mouvements de recul.

Ainsi soudé, le ruban est saisi par les rouleaux d'appel qui le dirigent hors de la machine.

Une seule machine peut avoir six têtes semblables, agir sur six nappes à la fois, chacune d'elles ayant 20 à 25 centimètres de largeur. Les peignes donnent en général un coup par seconde, 60 par minute.

PERFORATEUR. L'opération de percer des trous de mine, à l'aide d'aiguilles frappées à coup de masse, travail qui permet d'appliquer la puissance de la poudre à l'excavation des galeries à travers les roches dures, est une des grandes dépenses de l'exploitation des mines et une de celles qu'il semblait le plus impossible de réduire. C'est cependant ce qui a été heureusement réussi, au mont Cenis d'abord, en même temps qu'on a résolu le problème d'appliquer l'air comprimé à la mise en action des perforateurs que déjà M. Cavé d'abord, puis plusieurs inventeurs et surtout Bartlett avaient montré pouvoir être mus mécaniquement, c'est-à-dire, être formés d'aiguilles mises en mouvement sans la main de l'ouvrier. Ce grand travail a montré que l'air comprimé offrait pour les mines la merveilleuse propriété, non-seulement d'être un excellent moyen de transmission de travail à de grandes distances, mais encore de servir à la ventilation des galeries dans des conditions où aucune autre disposition que l'insufflation directe ne serait possible. Dans les cas où l'eau employée à mettre en mouvement le perforateur peut être facilement évacuée, celle-ci forme encore un excellent moyen de transmission de travail, pouvant dans beaucoup de cas agir avec des pressions élevées et, par suite, avec des machines de petites dimensions.

Le premier genre de perforateur consiste en un fleuret actionné directement par la tige d'un piston, mû dans un cylindre tout à fait semblable à celui d'une machine à vapeur. Tout le système repose sur un chariot que l'on rend fixe. Pour faire tourner le foret et le faire avancer à chaque coup, on emploie diverses dispositions qui se réduisent à des communications du mouvement de la tige du piston. Une des plus simples est d'obtenir ces effets à l'aide de petits cylindres à air comprimé, comme le cylindre qui est destiné à produire la percussion. La possibilité de juxta-poser plusieurs appareils semblables, disposés sur un même bâti, d'attaquer tout le front de la galerie, comme au mont Cenis, ont fait de ce système le plus puissant instrument de percement de galeries dont ait disposé jusqu'ici l'art de l'ingénieur.

Un appareil fondé sur un autre principe est celui de M. Leschot. Son organe principal est un tube de 5 à 6 millimètres d'épaisseur, et un peu plus long que son diamètre. Sur l'une de ses tranches sont incrustés des diamants noirs, à une distance de 7 à 8 millimètres les uns des autres, et présentant une saillie de $0^m,0005$ au maximum. L'autre extrémité présente un emmanchement à baïonnette. Sur la moitié de la longueur correspondante, l'épaisseur est diminuée et offre un épaulement intérieur contre lequel vient s'appuyer un tube assez long, au bout duquel s'emmanche l'outil.

Si l'on vient presser avec cette couronne contre une surface de dureté moindre (ce qui a lieu pour toutes les pierres), et si on lui imprime un mouvement de rotation, l'outil agira à la façon d'une fraise circulaire pour rôder la pierre ou la roche, et découper un cylindre qui ne tiendra que par sa base et qu'on pourra facilement détacher une fois l'opération terminée. La surface attaquée n'est que le tiers environ de celle que présente la section du trou percé.

Le bâti de la machine se compose de deux flasques ou montants en fer à nervures, réunis entre eux par deux entretoises, dont l'une est armée de pointes et sert de semelle, et l'autre est traversée par une vis dont l'écrou s'appuie sur l'entretoise.

Cette colonne peut être facilement installée dans une galerie; il suffit de faire reposer l'entretoise inférieure sur le mur par l'intermédiaire d'une semelle et de presser contre le toit au moyen de la vis, dont la tête s'appuie également sur une autre semelle en bois.

Ainsi disposé, le bâti présente une rigidité et une adhérence considérables.

Chacune des flasques est percée d'une rainure longitudinale, et parallèlement à celle-ci est fixée sur leur face extérieure une crémaillère avec laquelle engrène, de chaque côté, un pignon qui sert à faire glisser sur le bâti le chariot portant le mécanisme de l'outil. Des cliquets maintiennent ce chariot à la position convenable.

Tout le système du tube perforateur et de son mécanisme peut osciller autour d'un boulon et prendre toutes les inclinaisons au-dessus et au-dessous du plan horizontal passant par l'axe. On pourra donc percer suivant toutes les inclinaisons.

Une fois la direction du trou à percer établie, on fixe le système au moyen de deux vis placées à l'avant, et dont les têtes armées de pointes pressent la paroi que l'on perfore. Le système devient ainsi complétement rigide, et l'on peut mettre l'appareil en marche.

L'outil étant en marche produit un rôdage sur la roche, et y produit une rainure circulaire considérable.

Quand on veut procéder à l'éclatement à la poudre, on fait rentrer tout le mécanisme entre les montants. L'appareil se transforme alors en un véritable chariot qu'un homme s'attelant à une traverse peut rouler loin du front d'abattage.

En mettant le foret en mouvement par une petite machine à colonne d'eau, comme l'a fait M. de la Roche-Tolay, on a constaté qu'une dépense de 75 litres d'eau à 8 atmosphères produit 100 tours de foret qui réalisent les avancements suivants :

Quartz du mont Cenis, 14 millimètres ;
Calcaire dolomitique très-dur, 20 millimètres.

Des machines proposées ou essayées jusqu'à ce jour. M. Fellot, dans les *Mémoires de la Société des Ingénieurs civils*, donne une énumération fort complète des machines proposées pour percer les tunnels et galeries, que nous reproduirons ici. Elles peuvent se diviser en trois classes :

1° Machines procédant par le percement de trous de mine nombreux, disposés les uns pour recevoir, les autres pour limiter l'effet de la poudre.

Les appareils de cette classe, dont nous venons de parler, peuvent se diviser en deux catégories : ceux agissant par percussion à l'aide d'un fleuret, et ceux agissant par rotation au moyen d'une tarière ou d'une bague armée de saillies suffisamment dures.

2° Machines supprimant l'action de la poudre et procédant par la division des masses au moyen de sillons étroits qui y sont creusés, soit par un outil à mouvement alternatif armé de couteaux, c'est la haveuse à pression d'eau de MM. Carrett, Marshall et Cie; soit par un pic oscillant, c'est la machine à découper la houille de MM. Jones et Lewick, marchant à l'air comprimé; soit au moyen de disques tournants armés de ciseaux ou de dents de scie. Ces dernières ne peuvent s'appliquer qu'aux pierres tendres susceptibles de se tailler au couteau ou au pic; les deux premières sont spéciales à l'exploitation des mines de houille.

3° Machine mixte étendant son action à toute la section de la galerie en perforant un trou cylindrique de $1^m,80$, et réunissant à l'action d'un fleuret percusseur chargé de percer au centre un trou de mine, celle de ciseaux découpant en même temps un sillon d'égale profondeur sur le contour de la galerie dans le but de limiter l'effet de la mine centrale aux parties qu'il est utile de faire sauter. Tel est le perforateur des capitaines Beaumont et Locock, mis à l'Exposition de 1867 par M. Donkin, de Londres, qui constitue une machine puissante mue par l'air comprimé, mais qui remplissant toute la galerie, doit être retirée au loin, lorsqu'il faut faire agir la poudre, pour enlever l'anneau massif qui, en raison de son volume et du défaut d'homogénéité si fréquent dans les roches, ne saurait toujours se détacher complétement et régulièrement.

On voit, en résumé, que toutes les machines dont il vient d'être parlé, propres à attaquer les roches dures, sont basées sur l'emploi du puissant magasin de travail mécanique que constitue la poudre de mine pour avancer rapidement.

Inconvénients qui résultent de l'emploi de la poudre. Ces inconvénients sont les suivants : interruption du travail causée par la nécessité de retirer les machines perforatrices à l'arrière pour le bourrage des mines, leur explosion et l'enlèvement des débris après l'explosion (période qu'on n'a pas pu réduire au mont Cenis au-dessous de 4 à 5 heures); dans beaucoup de cas, ébranlement des couches au-delà des parois de la galerie, nécessitant quelquefois un boisement provisoire; difficulté d'enlèvement de débris inégaux, plus ou moins volumineux, dans une galerie étroite et réduite encore par la présence des machines; production de gaz délétères dont l'action nuisible ne peut être diminuée qu'au prix d'une ventilation énergique; irrégularité et insuffisance de cette action dans les roches fissurées; enfin, dépense d'achat de la poudre qui devient un élément important du prix de revient.

Une conséquence forcée du percement de trous isolés dans la masse est la nécessité de réduire en poussière tout le volume correspondant à l'action de l'outil, sans pouvoir mettre à profit la propriété que présentent en général les roches dures de se diviser en éclats plus ou moins volumineux sous l'action du choc.

Perforateur du capitaine Penrice. Ce système se distingue des précédents par les caractères suivants : 1° il supprime entièrement l'emploi de la poudre; 2° il opère sur toute la section de la galerie au moyen de couteaux taillés en biseau et disposés de manière à désagréger la roche par éclats; ces couteaux frappent rapidement, en même temps qu'ils tournent d'un mouvement lent autour de l'axe de percussion; 3° les débris résultant de cette action sont de petite dimension et rejetés mécaniquement à l'arrière de la machine; 4° son travail est continu; les seules interruptions inévitables sont celles qui se rapportent au remplacement des couteaux.

Le principe de cette machine est évidemment de reproduire, dans un plan horizontal, l'action verticale du trépan des appareils de sondage. Il était naturel, après avoir reconnu, par tant de beaux travaux, la puissance avec laquelle on peut faire agir le trépan, pour percer des puits de grande section au moyen d'un moteur à vapeur, de reproduire ce système pour le percement de galeries de mines.

Les difficultés spéciales que l'on rencontre alors, et que l'invention dont il s'agit a pour objet de lever, résultent de ce que la puissance de la gravité n'agissant plus dans une direction constante pour mouvoir le trépan, il faut appliquer sur sa tête un piston mû par la vapeur ou l'air comprimé. Il faut de plus, et c'est peut-être là dans la pratique le plus grand obstacle au succès, que le bâti, mobile à volonté, de la machine soit assez bien fixé pour fournir un point d'appui à la vapeur, résister à toutes les réactions plus ou moins variables qui résultent de la différence de résistance des roches.

Déjà la machine dont nous parlons a produit dans une carrière $0^m,305$ de galerie par heure, avec une puissance d'un peu plus de 40 chevaux-vapeur. Il nous paraît certain qu'il y a, dans la voie qu'elle a ouverte, grande chance d'arriver à l'exécution de travaux impossibles à exécuter autrement, qui pourront augmenter la richesse des exploitations métallurgiques, et améliorer singulièrement les chemins de fer, pour le tracé desquels on a admis des rampes qui en rendent l'exploitation coûteuse, par crainte de dépenser des sommes exagérées pour le percement des tunnels qui permettraient de les éviter.

PÈSE-MONNAIE. Nous donnerons ici la description de l'ingénieux appareil inventé par M. Seguier.

Chaque pièce arrive par un plan incliné près duquel tourne un tambour à axe horizontal, garni de pointes, qui repoussent les pièces pour les faire passer une à une. Arrivées au bas du plan incliné, les pièces sont placées sur la balance par un *poseur*. La balance est multiple, et chaque plateau est suspendu à une extrémité du fléau par une tige verticale dont une partie est enveloppée par un très-petit cône. Cette tige enfile librement un petit anneau porté par un bras implanté dans la pièce qui soutient le couteau central et qui sert à soulever le fléau. Le petit anneau, dont le poids est précisément égal au poids de tolérance, se trouve, dans l'état de repos, à une très-petite distance au-dessus du sommet du cône.

Supposons que l'étalon ou le poids *droit* soit placé sur un plateau et la pièce sur l'autre : 1° Si la pièce a le poids de l'étalon ou à peu près, le fléau reste horizontal; une pièce amenée par le poseur pousse celle qui est sur le plateau et la fait descendre par un canal du milieu dans la case des bonnes pièces. 2° Si la pièce est plus lourde que l'étalon, le fléau tend à s'élever du côté de l'étalon, la tige monte avec son cône qui pénètre dans le petit poids annulaire, s'en charge, et alors du côté de l'étalon on a un poids fort égal au poids droit augmenté de la tolérance. Si l'oscillation du fléau est arrêtée, la pièce est dans les limites de la tolérance et se rend dans la case des bonnes pièces. Mais quand ce poids annulaire est insuffisant pour arrêter l'oscillation, la balance trébuche et la pièce est poussée dans un canal latéral qui la conduit dans la case des pièces trop fortes. 3° Enfin, si la pièce est plus légère que l'étalon, le fléau monte du côté de la pièce, le cône monte aussi et se charge de son poids annulaire. Si ce poids ajouté à la pièce arrête l'oscillation, la pièce s'en va par le canal du milieu; mais, s'il n'arrête pas l'oscillation, la pièce se rend par un autre canal latéral dans la case des pièces faibles. La séparation, le triage des pièces, s'opère au moyen d'une aiguille placée au-dessus du fléau et dirigée verticalement entre deux touches dans l'état d'équilibre. Quand une pièce est dans les limites de la tolérance, l'aiguille, qui n'a que de petites oscillations, ne heurte pas les touches, et la voie du milieu reste ouverte pour conduire la pièce au récipient des pièces acceptées. Mais quand une pièce est trop légère ou trop lourde, l'aiguille vient heurter une des touches qui commandent l'extrémité des conduits latéraux, et la pièce prend l'une ou l'autre des deux voies latérales conduisant au récipient des pièces rejetées comme trop faibles ou trop fortes.

Avec chaque balance on peut peser 50 pièces par minute; et par suite, en les multipliant, obtenir un appareil vérifiant rapidement un grand nombre de pièces.

Un système analogue, dû au colonel Cotton, est employé avec grand succès à Londres. De nombreuses machines de ce genre fonctionnent d'une manière continue à la banque d'Angleterre.

PIERRES PRÉCIEUSES ARTIFICIELLES. La recherche des moyens propres à produire artificiellement des pierres précieuses, qui avait accompli un si important progrès par les travaux du savant Ebelmen, progrès si malheureusement arrêté par la mort de son auteur, a été reprise avec quelque succès.

Nous devons d'abord citer M. de Sénarmont, qui a obtenu des cristaux d'alumine et de silice en exposant des tubes en verre scellés (contenant de l'eau et des hydrates d'alumine et de silice) à une température de 480 degrés. Sous l'influence de la chaleur ces terres abandonnent leur eau de combinaison et se transformait en cristaux microscopiques anhydres isolés, d'une rare perfection.

M. Gaudin, qui avait essayé il y a longtemps de fabriquer le rubis à l'aide du chalumeau oxyhydrogène, a produit, par un autre procédé, des cristaux plus gros avec une extrême facilité. C'est à l'aide d'un creuset brasqué que l'auteur opère; mais, au lieu de charbon ordinaire, contenant généralement de la silice, il met à l'intérieur du creuset du noir de fumée, qui est du charbon pur. Préalablement il calcine au rouge un mélange, à parties égales, d'alun et de sulfate de potasse, qu'il réduit ensuite en poudre. Après avoir rempli à moitié avec cette poudre la cavité du creuset brasqué, il achève avec du noir de fumée bien tassé, sur lequel il pose le couvercle, qu'il lute soigneusement avec de la terre réfractaire.

Le creuset ainsi préparé et séché est soumis à un feu de forge violent, qui doit atteindre le blanc éblouissant et durer un quart d'heure, pour les creusets ne dépassant pas 4 centimètres de diamètre. M. Gaudin fait usage, comme combustible, de graphite des cornues à gaz, de coke, de goudron et de houille. Si le feu a été suffisant, en cassant le creuset on trouve dans la cavité de sa brasque une petite concrétion noire, hérissée de points brillants : cette concrétion se compose de sulfure de potassium empâtant des cristaux d'alumine. En la plaçant dans une capsule, sur un feu doux, avec de l'eau régale étendue d'eau, le sulfure se dissout avec effervescence, et laisse au fond de la capsule des saphirs blancs qui ressemblent assez à du sable fin, avec un certain éclat adamantin qui les ferait confondre, à première vue, avec la poudre de diamant. Au microscope chaque grain apparaît comme un cristal parfait, d'une limpidité merveilleuse. Malgré les corps colorants introduits, les saphirs sont toujours incolores. Cependant, vers la fin de l'opération, il se produit de petites pierres de couleur qui se posent sur les cristaux incolores.

On a trouvé que la dureté de ces pierres était notablement supérieure à celle des rubis naturels qu'on emploie pour les trous à pivots, et déjà les saphirs de M. Gaudin sont assez gros pour servir dans les petites montres. Il a fallu vingt minutes pour en percer un avec un foret d'un dixième de millimètre de diamètre, garni de poudre de diamant, qui exécutait cent tours par seconde. Ce saphir percé, qui avait un tiers de millimètre d'épaisseur, a été présenté à l'Académie à l'appui de ce que l'auteur avançait. Si ces pierres peuvent déjà servir dans l'horlogerie, on peut croire qu'avec des moyens de fabrication sur une certaine échelle, on arrivera à les faire assez grosses pour servir dans les chronomètres et les pendules.

Mais l'auteur espère mieux encore : il pense obtenir les pierres de cette taille à l'état de rubis. Ceux-ci seraient naturellement préférés, à cause de leur riche couleur, à ceux employés jusqu'à ce jour, et qui sont de couleur pâle, et toujours à un bon marché incomparable, relativement aux pierres naturelles, qui ne se trouvent qu'avec des frais de recherche très-considérables.

MM. Sainte-Claire Deville et Caron ont proposé un autre procédé qui repose sur la réaction mutuelle des fluorures métalliques volatils sur des composés oxygénés fixes ou volatils à de hautes températures; il peut être appliqué dans un grand nombre de cas, par la raison que les fluorures métalliques ne sont presque jamais doués d'une fixité absolue.

1° *Corindon.* On le prépare aisément et en remarquables cristaux en introduisant du fluorure d'aluminium dans un creuset en charbon, au-dessus duquel on assujettit une petite coupelle de charbon remplie d'acide borique. Le tout est muni d'un bon couvercle, et chauffé au blanc pendant une heure environ. La vapeur de fluorure d'aluminium rencontre celle d'acide borique, et leur action mutuelle donne naissance à du fluorure de bore et à du corindon; on obtient ce minéral à l'état de cristaux très-larges, ayant souvent un centimètre de long, mais en général peu épais. Ces cristaux sont des rhomboèdres avec les faces du prisme hexagonal régulier; ils n'ont qu'un axe, sont négatifs, et présentent la dureté du corindon naturel et toutes ses propriétés physiques et chimiques.

2° Le *Rubis* s'obtient de la même façon; on ajoute au fluorure d'aluminium un peu de fluorure de chrome et l'on opère dans des creusets d'alumine, en ayant soin de placer l'acide borique dans une coupelle en platine. La teinte de ces rubis, qui est due au sesquioxyde de chrome, est exactement celle du rubis naturel.

3° Le *Saphir* bleu se produit dans des circonstances semblables aux précédentes; la coloration est également obtenue avec l'oxyde de chrome; il y a seulement une différence dans les proportions de matière colorante et peut-être dans l'état d'oxydation du chrome; mais la quantité de matière colorante est si petite dans ces composés, que l'analyse ne peut rien indiquer de précis à cet égard.

4° *Corindon vert.* Quand on augmente la dose d'oxyde de chrome, les cristaux sont d'un beau vert, semblable à celui que présente l'*ouvarowite* que M. Damour a analysée, et où il a rencontré 25 p. 100 d'oxyde de chrome.

5° *Fer oxydulé.* La réaction du sesquifluorure de fer sur l'acide borique fournit de longues aiguilles composées d'un chapelet d'octaèdres réguliers de fer oxydulé: ce qui indique une réduction partielle du sesquioxyde de fer par une température très-élevée.

6° *Zircone.* La zircone produite par ce procédé est en cristaux réguliers groupés sous forme d'arborisations d'un très-bel effet; elle est insoluble dans les acides minéraux, même concentrés, elle est inattaquable par la potasse fondue; mais le bisulfate de potasse la dissout en laissant le sulfate double insoluble caractéristique de la zircone.

7° *Staurotide* et silicates divers. Si l'on remplace l'acide borique par la silice, on peut obtenir, avec les fluorures volatils, des silicates en cristaux, petits, mais très-nets; c'est ainsi qu'on prépare la staurotide, qui se présente alors avec l'aspect et la composition de la staurotide naturelle; c'est un silicate basique dont la formule est $SiAl^2$. Cette substance s'obtient aussi avec facilité en chauffant de l'alumine dans un courant de fluorure de silicium gazeux. L'alumine se change en cristaux entrelacés qui ont la composition de la staurotide. Ces deux méthodes sont applicables aux silicates dont les bases donnent des fluorures volatils, tels que la glucine et l'oxyde de zinc.

Ces expériences viennent à l'appui de l'opinion émise par certains géologues que le fluor est intervenu dans la production des minéraux des filons.

PILE ÉLECTRIQUE. Une nouvelle disposition de la pile électrique, due à M. Marié Davy, professeur de physique, offre des avantages particuliers qui la font essayer avec grand soin pour la télégraphie électrique. Elle n'a pas les inconvénients des dégagements de vapeurs nitreuses si incommodes de la pile de Bunsen, et, relativement à la pile de Daniell, si simple et si commode du reste, elle offre l'avantage d'éviter l'incrustation des vases poreux par le métal réduit, grâce à l'emploi d'un métal liquide, avantage compensé en partie par la moindre solubilité du sel métallique. C'est en remplaçant le sulfate de cuivre par du sulfate de mercure, et le cuivre par un cylindre de charbon, que s'obtient la nouvelle pile. Les choses s'y passent avec le sulfate de mercure comme elles se passaient avec le sulfate de cuivre, si ce n'est que la réduction du sel, au lieu de donner un produit galvanoplastique, fournit du mercure coulant qui se détache à mesure et laisse intacte la surface du charbon.

Le sulfate de mercure se dissout en partie dans l'eau qui l'imprègne; puis, à mesure que la partie dissoute est réduite par l'électrolisation, elle est remplacée par d'autres jusqu'à ce que finalement tout le sel disparaisse. Et ce qui prouve que réellement la dissolution a lieu, c'est qu'à travers le vase poreux il en passe assez d'une cellule dans l'autre pour maintenir le zinc constamment amalgamé. Cette particularité est pour la nouvelle pile un avantage qui sera vivement apprécié par tous ceux qui ont manié l'appareil voltaïque, et qui ont reconnu par expérience l'importance de l'amalgamation du zinc et la difficulté de la maintenir. Dans la pile de Daniell, la transsudation du sulfate de cuivre à travers le vase poreux a non-seulement l'inconvénient d'occasionner sur le zinc des actions locales qui s'exercent en pure perte; mais en outre elle donne naissance à des dépôts floconneux de cuivre réduit, qui se prolongent jusque dans l'épaisseur du vase poreux et déterminent la formation d'incrustations métalliques qui, se développant, oblitèrent les pores de la terre dégourdie, et mettent bientôt le vase hors de service. Rien de pareil n'arrive avec le sulfate de mercure.

A l'administration des télégraphes, 38 couples de la nouvelle pile ont été mis à l'essai côte à côte avec 60 couples de Daniell pour faire le service permanent de jour et de nuit; du 28 juin au 25 décembre, autrement dit pendant près de six mois, sans aucun entretien, ils ont fait fonctionner les appareils. Pendant toute la durée d'une aussi longue épreuve, la surface des zincs est restée aussi nette que le premier jour, et les nécessités de l'entretien se sont exactement bornées à l'obligation de réparer une fois par mois environ les pertes que l'évaporation faisait subir à l'eau du vase poreux!

Au moment où la pile n'a plus été assez forte pour faire le travail de la ligne, les vases poreux contenaient un fort culot de mercure métallique pur et une boue noirâtre dans la partie supérieure. Ces produits, traités par l'acide sulfurique, procurent de nouveau sulfate.

La préparation et l'emploi de la pâte de sulfate de mercure ne présentent aucune difficulté. On délaye dans de l'eau le sel que l'on a préalablement bien pulvérisé; on laisse reposer, on décante, et il reste une masse pâteuse légèrement jaunie par du sous-sulfate. On prend ensuite les charbons que l'on tient à la main bien au milieu du vase poreux, et on remplit complétement les vides avec la pâte de sulfate, en s'aidant d'une spatule en bois; on distribue ensuite dans les divers vases la liqueur acide qui a été décantée, et on achève de remplir avec de l'eau pure.

PILOTIS, PIEUX A VIS. Le battage des pieux est une des opérations les plus fréquentes des travaux de fondation des ouvrages hydrauliques. Soit qu'il s'agisse de fonder avec caissons ou grillage sur pilotis, de construire une enceinte en charpente en lit de rivière, d'installer un pont de service, etc., on se trouve conduit à enfoncer dans le sol naturel des pièces de bois plus ou moins fortes, destinées à fournir des points d'appui suffisamment résistants.

La lenteur, le prix élevé et souvent la difficulté même du battage des pieux, ont conduit les ingénieurs depuis un certain nombre d'années à remplacer par des appareils mus par la vapeur les anciennes machines à bras employées au battage des pieux et à réduire d'ailleurs, autant que possible, l'emploi des pilotis en bois, en remplaçant cet ancien mode de fondation par des procédés plus puissants et plus en rapport avec les progrès récents de l'emploi des machines et des métaux dans les constructions.

On décrira, dans ce qui va suivre, quelques moyens nouveaux d'enfoncer les pieux, en renvoyant d'ailleurs à l'article FONDATIONS TUBULAIRES, page 257, pour les procédés d'établissement de certains grands ponts.

On sait que le battage des pieux s'exécute à l'aide d'une masse d'un poids assez considérable, que l'on soulève à une certaine hauteur pour la laisser retomber ensuite sur la tête du pieu à enfoncer. L'élévation de cette masse pesante, que l'on nomme mouton, a lieu à l'aide d'un appareil appelé sonnette, que tout le monde connaît.

On a imaginé un grand nombre de dispositions pour appliquer aux sonnettes ordinaires l'action d'un moteur mécanique. Parmi les nombreuses solutions de ce problème, il suffira de citer les deux suivantes :

La sonnette que l'on décrira d'abord a été imaginée par M. J. Bower, et brevetée en Angleterre le 3 février 1853. Sa disposition générale ne présente rien de particulier, mais le mouton est soulevé par des taquets fixés sur une chaîne sans fin, qui s'enroule sur une roue ou un treuil animé d'un mouvement continu de rotation.

Les figures 3673, 3674 et 3675 feront facilement comprendre la disposition générale et les détails de cet appareil simple et ingénieux.

En arrière du bâti B de la sonnette (fig. 3673) est

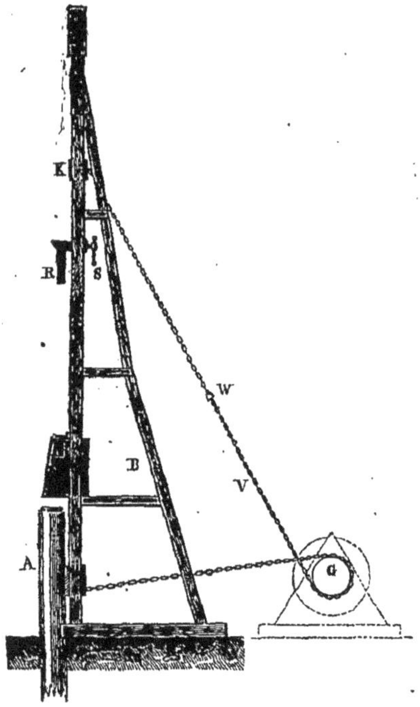

Fig. 3673. — Élévation latérale de la sonnette.

placé un treuil G sur lequel s'enroule une corde ou une chaîne sans fin V.

Des taquets W, fixés sur cette chaîne, s'engagent successivement dans une pince placée sur la tête du mouton P et le soulèvent jusqu'à ce que la pince soit ouverte par le décliqueteur fixe R. Le mouton dégagé tombe et vient frapper la tête du pieu en fiche A. La chaîne sans fin V continue son mouvement. Un second taquet vient immédiatement s'engager dans la pince ; le mouton s'élève de nouveau jusqu'en R pour retomber sur le pieu. Ces chocs successifs se reproduisent aussi longtemps que le treuil G continue à tourner.

Le décliqueteur R se fixe à la hauteur convenable entre les montants de la sonnette à l'aide de la vis de pression S.

La distance des taquets sur la chaîne sans fin est réglée en raison de sa vitesse et de la hauteur de chute, de manière à ce qu'il y ait le moins de temps perdu possible entre chaque chute du mouton et l'élévation suivante.

La fig. 3674 fait voir, sur une plus grande échelle, la disposition du taquet W sur la chaîne sans fin V.

Fig. 3674. — Taquet de la chaîne.

Enfin la figure 3675 montre clairement en perspective la forme de la pince à déclic fixée sur la tête du mouton. Le taquet est plus gros que la petite branche quand elle est fermée, et entraîne, par conséquent, le mouton dans son mouvement ascensionnel.

Fig. 3675. — Vue du mouton et de son déclic.

Le décliqueteur R en forme de coin (fig. 3673) s'introduit entre les longues branches (fig. 3675) de cette pince, les écarte et fait ouvrir l'autre extrémité, qui laisse alors passer le taquet W : ce qui détermine la chute du mouton.

La chaîne sans fin VV (fig. 3673) passe sur deux poulies de renvoi A et K, placées entre les montants du bâti de la sonnette. Ces poulies servent à régler la tension de la chaîne sans fin, quand la longueur se modifie, ou bien quand on change la position relative du treuil et de la sonnette.

La poulie inférieure est tirée de haut en bas par le ressort à boudin fixé au patin de la machine.

La position de la poulie supérieure K est réglée à l'aide d'une vis, qui traverse un écrou fixe placé entre les montants.

Une disposition plus simple encore et qui a reçu la sanction de nombreuses applications a été imaginée par M. Janvier, ingénieur des ponts et chaussées, attaché au service du port de Toulon (*Annales des ponts et chaussées*, 1856, t. I, p. 6).

Les figures feront facilement comprendre cette application remarquable par la simplicité de la machine locomobile aux travaux des chantiers de construction.

La locomobile est montée sur la plate-forme d'une grande sonnette ordinaire (fig. 3676), installée sur un ponton, ou roulant sur des rails parallèles à la ligne de pieux à enfoncer, comme l'indique la figure. L'arbre moteur des treuils de mise en fiche et de battage communique par un enclanchement avec l'arbre A (fig. 3677 qui porte la poulie où s'enroule la courroie de la locomobile. Un levier F permet d'embrayer l'arbre A et

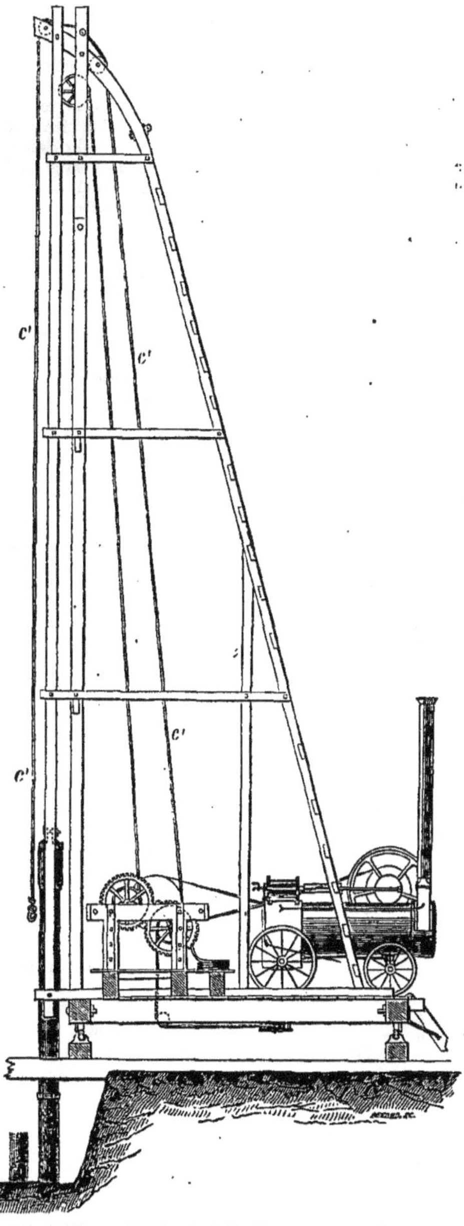

Fig. 3676. — Élévation latérale d'une sonnette à vapeur. (Echelle de 0,01.)

celui des treuils. Un autre levier semblable, que l'on voit à droite, sert à engrener, selon le besoin, le treuil de mise en fiche ou le treuil du mouton avec l'arbre moteur.

Cela posé, le battage d'un pieu s'exécute comme on va l'indiquer.

La sonnette étant amenée au-dessus de l'emplacement du pieu à enfoncer, on arrête le mouton à la hauteur d'une des moises en arrêtant le tambour du treuil par un taquet, et, de plus, pour éviter tout accident, en le supportant sur une barre placée

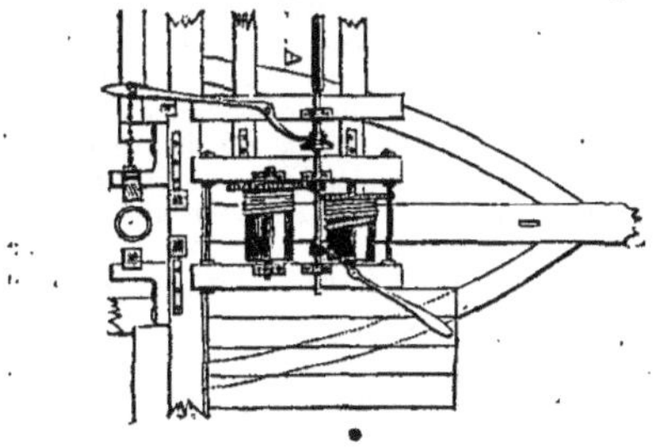

Fig. 3677. — Plan des treuils de la sonnette à vapeur. (Echelle de 0,01.)

transversalement sur les moises. Un manœuvre est à la fourchette de débrayage F, un second à l'autre fourchette. Le mécanicien, attentif au commandement, a la main sur le levier de mise en marche de la machine. Il faut d'abord mettre en fiche. Un gabier accroche le pilot avec la corde c', le manœuvre de la fourchette *f* engrène le tambour de mise en fiche, et le manœuvre de la fourchette F enclanche l'arbre moteur avec l'arbre du pignon. Le gabier commande : *En avant!* la machine à vapeur tourne et soulève le pilot. Quand il est assez élevé, au commandement de *stop*, la machine s'arrête, on engage le pieu dans les coulisses de la sonnette. Au commandement : *En arrière!* la machine tourne en sens contraire et laisse descendre le pieu. Il s'enfonce un peu dans le sol par son poids, on le cale et on l'assujettit. On détache alors la corde de mise en fiche, on déclanche le tambour de mise en fiche, et on engrène le treuil du mouton. Au commandement : *Un tour en avant!* la machine soulève le mouton d'une petite quantité, qui permet d'enlever la barre et le taquet d'arrêt. *En arrière, doucement!* et le mouton vient se poser sur la tête du pieu et achève, par son poids, de le mettre en fiche.

Le battage proprement dit peut alors commencer. Le gabier commande : *En avant!* le mouton s'élève rapidement, la tenaille vient s'engager dans la cheminée, le poids de celle-ci la fait ouvrir et le mouton tombe ; la tenaille, débarrassée du mouton, continuant à monter, la cheminée est soulevée. Dans ce mouvement, elle tire une chaînette attachée à la fourchette F, et, par suite, prévient le manœuvre qu'il faut déclancher l'arbre A. Dès lors le tambour du mouton se trouvant libre, la corde du mouton se déroule. La cheminée s'arrête sur ses boulons de retenue, et la pince, continuant son chemin, vient accrocher le mouton. On enclanche aussitôt l'arbre moteur, et le mouton s'élève de nouveau pour continuer la même série d'opérations jusqu'à ce que le pilot soit battu au refus.

La mise en place d'un faux pieu se comprend sans difficulté d'après ce qui précède. Le déplacement de la sonnette s'effectue à l'aide de leviers, quand il s'agit de mouvements peu considérables. La machine à vapeur sert au contraire à effectuer les déplacements de quelque importance. A cet effet, une corde attachée à un point fixe situé dans la direction à parcourir vient passer sur des poulies de renvoi placées sous la plate-forme de la sonnette, et s'enroule sur le treuil de mise en fiche, qui sert ainsi à remorquer tout l'appareil.

La même installation de sonnette peut avoir lieu sur un ponton pour battre dans l'eau ; tous les mouvements de l'appareil se font alors avec la plus grande facilité.

Le mouton de la sonnette dont il s'agit pèse 800 kilogrammes, et la tenaille 50. La locomobile donnant de 80 à 90 coups par minute, le mouton frappe 100 à 110 coups en moyenne par heure. La même sonnette, manœuvrée à bras par deux gabiers et six manœuvres, ne donne que 16 à 18 coups. Tandis que l'on bat 1 pilot à bras, on en bat 3,37 à la vapeur.

La journée de la sonnette conduite à bras coûte 21 francs ; savoir :

Deux gabiers à 3 francs	6f,00
Six manœuvres à 2f50	15,00
	21,00

La journée de la même sonnette conduite à la vapeur revient à 27 francs ; savoir :

Un mécanicien	3,50
Un chauffeur	2,50
Deux gabiers	6,00
Deux manœuvres	5,00
Quart de journée de porteur d'eau	0,50
Bois à brûler, déchets de pilotage	6,50
Huile, graisse, chiffons	0,50
Intérêt et amortissement de la machine (5,000 fr.)	2,50
Amortissement du châssis	0,50
	27,50

Dans ces conditions, le battage à bras d'un pilot revenait à 11f,05, et celui du battage à vapeur, à 4,25 seulement.

Dans les travaux de battage très-considérables où le terrain présente des difficultés exceptionnelles, et où l'on est pressé de gagner du temps, on emploie une machine spéciale connue sous le nom de pilon à vapeur de Nasmyth.

On décrira ici la machine de cette espèce qui a été employée au viaduc de Tarascon, sur le Rhône, où elle a produit des résultats excellents et impossibles à réaliser avec les sonnettes à déclic les plus puissantes.

La nature du terrain rendait très-difficile l'enfoncement des pieux. D'après la manière dont le battage avait marché, on pensa qu'un certain nombre de pieux avaient dû se briser dans le sol. Une circonstance imprévue est venue éclaircir cette question de manière à ne laisser aucun doute. Une palée du pont de service, que l'on n'avait pas eu le temps d'enrocher, ayant été affouillée par une crue subite, est restée suspendue au pont de service par l'intermédiaire de la haute palée, de sorte que tous ces pieux, flottant comme des bois amarrés, ont pu être démontés, examinés et mesurés. Aucun pieu n'avait conservé son sabot, et tous les bois étaient cassés dans le sol et sur des hauteurs variables atteignant 4 mètres. Après une telle expérience, il était impossible de ne pas considérer le battage au déclic comme tout à fait insuffisant pour les enceintes, surtout pour les piles à établir sur les parties peu profondes du Rhône, enceintes que l'on devait draguer à 8 ou 9 mètres sous l'étiage ; c'est pourquoi on a jugé nécessaire d'essayer le battage à la vapeur d'après le système Nasmyth. Un pilon à vapeur acheté en Angleterre au prix de 39,380 fr. 27 c., transport et droits de douane compris, a été essayé et a donné, après d'assez longs tâtonnements et des modifications importantes, des résultats tellement satisfaisants, qu'il a été employé exclusivement, sur les points difficiles, au battage de 682 pieux. L'emploi du déclic n'a plus été admis que pour les palées.

L'appareil du pilon à vapeur posé sur la tête du pieu pesait 4,000 kilogr. ; son mouton, du poids de 1,500 kilogr., battait de 80 à 100 coups par minute, avec une chute de 0m,98 ; le pieu se trouvait ainsi continuellement ébranlé et pénétrait de 8 à 10 mètres dans un terrain où les sonnettes à déclic les plus puissantes ne pouvaient pas lui donner plus de 5 mètres de fiche. Dans ces circonstances, le battage d'un pieu s'exécutait en une dizaine de minutes, c'est-à-dire en trois ou quatre fois moins de temps que n'en exigeait la mise en fiche. Où le battage au déclic coûtait 35 à 40 francs par pieu, le battage à la vapeur est revenu de 15 à 17 francs, y compris les réparations de l'appareil.

La machine (fig. 3676) est portée sur une plate-forme mobile sur deux rails parallèles à la ligne de pieux à battre. Ces rails sont posés sur un échafaudage ou sur un bateau.

Les parties principales de l'appareil sont les suivantes :

1° Une petite machine à vapeur destinée à faire fonctionner successivement, selon les besoins, ou le treuil sur lequel s'enroule la chaîne qui supporte le pilon à vapeur, ou un tambour sur lequel s'enroule la chaîne servant à soutenir le pieu à mettre en fiche, ou enfin à faire avancer sur ses rails, dans un sens ou dans l'autre, l'ensemble du mécanisme.

2° Le pilon à vapeur proprement dit, suspendu à l'aide d'une chaîne passant sur la poulie placée au haut de la bigue, et assujetti à glisser le long de cette bigue par quatre brides à crochets fixées sur la boîte en tôle où se meut le mouton, et embrassant les bords de fortes bandes de tôle boulonnées sur cette pièce de bois.

Cette petite machine auxiliaire et le pilon sont alimentés par une même chaudière à vapeur. On va décrire successivement ces deux parties du mécanisme.

Machine auxiliaire. — L'échelle de la figure ne permet pas de suivre tous les détails du mécanisme, mais elle suffit pour bien indiquer sa disposition générale. On aperçoit nettement la roue d'angle qui transmet le mouvement à l'essieu des galets qui portent toute la plate-forme. L'arbre de cette roue d'angle porte le tambour sur lequel s'enroule la petite chaîne de manœuvre du pieu à mettre en fiche. Un autre tambour, placé plus à gauche, reçoit la grosse chaîne qui sert à remonter l'appareil du pilon à vapeur. Des embrayages convenablement disposés permettent de ne faire fonctionner que les parties du mécanisme nécessaires pour chaque manœuvre.

La bâche et la pompe d'alimentation sont à droite de la plate-forme, en dehors de la ligne de rails.

Voici les principales dimensions de la machine à vapeur auxiliaire :

Diamètre du cylindre de la machine à vapeur.			0m,145
Course du piston			0m,272
Lumières du cylindre.	Arrivée de la vapeur.	Longueur.	0m,022
		Largeur.	0m,078
	Échappement	Longueur.	0m,034
		Largeur.	0m,078
Diamètre du plongeur de la pompe alimentaire.			0m,090
Course			0m,108

Pilon à vapeur. — La vapeur est introduite dans le cylindre du pilon par un tuyau en fonte de 0m,06 de diamètre intérieur, articulé à l'aide de genouillères, de manière à suivre, en se développant plus ou moins, le cylindre dans toutes ses positions depuis le sommet jusqu'au bas de la bigue.

La tige du piston est liée au mouton comme l'indiquent les lignes ponctuées de la fig. 3679. Des rondelles un peu élastiques empêchent les chocs de se transmettre au piston avec toute leur violence.

Dans la première machine, le mouton frappait di-

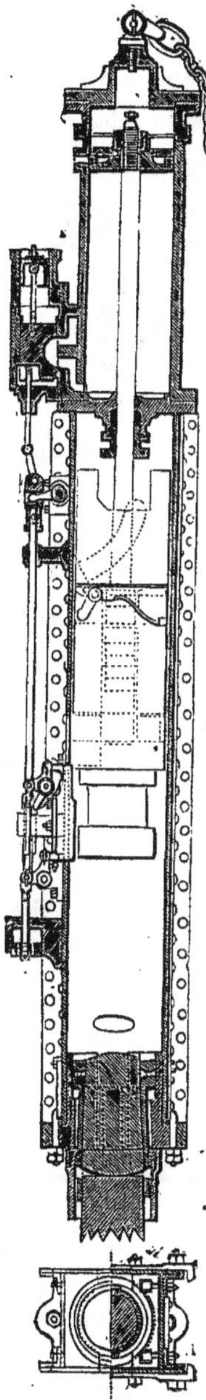

Fig. 3678. — Coupe du piston à vapeur, la boîte du mouton. (Echelle de 0,03.)

rectement sur la tête du pieu, et ne tardait pas à l'écraser. On était obligé de le receper et de remettre une frette, ce qui entraînait une perte de temps considérable. L'emploi d'un faux pieu, disposé comme l'indi-

que la partie inférieure de la fig. 3679, a fait disparaître cet inconvénient. Le faux pieu en bois de frêne transmettait parfaitement les chocs et s'usait fort peu, car on a pu battre quatre-vingts pieux sans le remplacer.

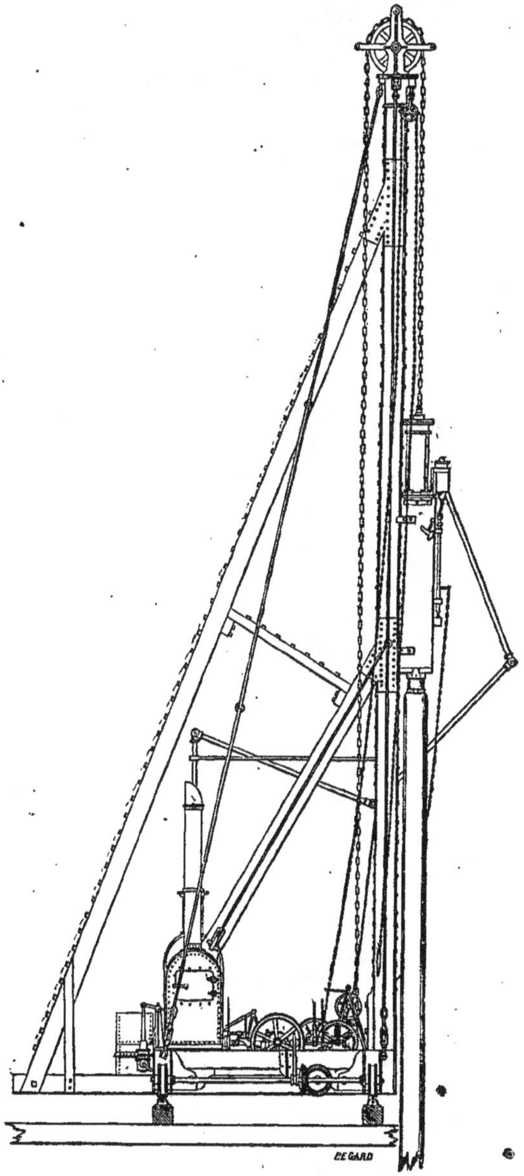

Fig. 3679. — Elévation latérale du marteau-pilon de Nasmyth. (Echelle de 0,008.)

Ainsi que le montre la disposition du tiroir et du cylindre, la vapeur ne peut être introduite que sous le piston ; elle sert à soulever le mouton qui redescend par son propre poids, en entraînant le piston, aussitôt que l'échappement de la vapeur peut avoir lieu dans l'air extérieur.

Les ouvertures pratiquées à la partie supérieure du cylindre (fig. 3679) servent à laisser sortir l'air lorsque le piston remonte, et à le laisser rentrer lorsqu'il descend. La capacité fermée de toutes parts, ménagée au-dessus de ces ouvertures, forme un matelas d'air qui empêche le piston de venir, en vertu de sa vitesse acquise, frapper le fond supérieur du cylindre.

Le tiroir et le mécanisme de distribution appliqués à ce genre de machine à vapeur présentent des dispositions spéciales utiles à signaler.

Le tiroir (fig. 3679) est fixé, d'une part, à sa tige de mouvement, qui traverse la boîte à étoupes de la partie inférieure de la chambre de distribution, et, d'autre part, à la tige d'une espèce de piston plongeur glissant dans la boîte à étoupes placée à la partie supérieure de cette même chambre de distribution.

La pression de la vapeur, en agissant sur ce piston, tend constamment à le soulever et à ramener le tiroir dans la position opposée à celle que représente la figure, c'est-à-dire dans la position où le tiroir fait communiquer le cylindre avec la chaudière, et non pas avec le tuyau d'échappement.

Le tiroir est donc ainsi constamment sollicité de bas en haut, comme il le serait par un ressort puissant; le mécanisme de distribution n'a d'autre fonction que de faire agir ou de supprimer l'action de cette force en temps opportun; à cet effet, le corps du mouton en remontant, avant d'arriver à la limite supérieure de sa course, rencontre le levier coudé dont la grande branche est figurée en lignes ponctuées dans le haut de la boîte en tôle (fig. 3679), et dont la petite branche s'engage dans l'œil de la tige directrice du tiroir. La grande branche de ce levier, ainsi poussée de bas en haut, produit naturellement sur l'extrémité de la petite branche un mouvement de haut en bas qui amène le tiroir dans la position indiquée par la figure. Pendant ce mouvement, un doigt porté par le mécanisme que l'on voit au bas de la boîte en tôle, près de la tête du mouton, et constamment poussé par un ressort qui le presse contre la tige directrice du tiroir, vient s'appuyer contre un talon venu de forge sur cette tige. Ce doigt ou taquet s'oppose au relèvement de la tige du tiroir et du tiroir lui-même; de sorte que l'échappement de la vapeur a lieu aussi longtemps qu'un nouvel effort ne vient pas enlever le doigt de la position qu'il a prise au moment de l'abaissement du tiroir par l'action du premier levier dont on a parlé.

Mais aussitôt que la communication du cylindre avec l'ouverture d'échappement a été établie comme on vient de le dire, le mouton retombe par son propre poids en entraînant le piston avec lui. Dans sa chute, il presse, par un levier logé dans l'intérieur de sa masse, sur le grand côté d'une espèce de parallélogramme faisant saillie dans l'intérieur de la caisse en tôle, et qui porte le doigt qui retenait la tige directrice du tiroir dont on a déjà parlé. Cette pression, ou plutôt ce choc, produit l'échappement du doigt ou taquet de retenue; le tiroir se trouve libre alors d'obéir à la pression de la vapeur qui tend à le relever, la lumière d'échappement de vapeur se trouve fermée et celle d'introduction ouverte de nouveau. Le piston remonte en soutenant le mouton, et la succession de mouvements que l'on vient de décrire peut se produire de nouveau.

Si, par une cause accidentelle, le mécanisme de déclanchement du doigt d'arrêt ne fonctionne pas au moment de la chute du tiroir, il suffit, pour produire le même effet, de tirer une corde ou une chaîne attachée au levier de ce mécanisme.

L'extrémité inférieure de la tige directrice du tiroir porte un piston engagé dans une capacité alésée, dont l'air fait matelas pour amortir les chocs qui résulteraient dans le mécanisme du mouvement rapide d'ascension du tiroir, lorsque la vapeur agit tout à coup pour le faire remonter.

Voici les dimensions principales du mouton à vapeur et de la chaudière qui met en jeu toutes les parties du mécanisme :

Longueur du foyer	0m,685
Largeur du foyer	0m,835
Hauteur de la boîte à feu au milieu du dôme	1m,060
Hauteur de la boîte à feu sur les côtés	0m,900
Nombre des tubes	45
Diamètre intérieur des tubes	0m,040
Diamètre extérieur des tubes	0m,048
Surface intérieure des 45 tubes	15mq,7691
Surface de chauffe directe	3mq,6538
Surface de chauffe réduite	8mq,9402
Surface de chauffe totale	19mq,4229
Surface de la grille	0mq,572
Longueur des tubes	2m,790
Diamètre intérieur de la partie cylindrique de la chaudière	0m,700
Diamètre extérieur de la partie cylindrique de la chaudière	0m,726
Diamètre intérieur de la cheminée	0m,32
Hauteur de la cheminée au-dessus de la boîte à fumée	2m,90
Hauteur de la cheminée au-dessus de la grille	4m,35
Capacité de la chaudière, espace occupé par l'eau et la vapeur	2mc,220
Capacité de la bâche	0mc,710
Section de la lumière du cylindre du pilon	0m,150 × 0m,032
Diamètre du piston	0m,354
Course du piston ou volée du mouton	0m,82
Poids du mouton seul	1,150 kil.
Poids du piston et de sa tige	350 kil.
Poids de la caisse du mouton, du cylindre et de toutes les pièces qui composent le pilon proprement dit	4,000 kil.
Tension de la vapeur employée	3 atm. et demi.

Il est maintenant facile de comprendre la manœuvre du battage d'un pieu à l'aide du pilon à vapeur placé sur un bateau ou ponton flottant.

Après avoir amarré le bateau à l'emplacement du battage, au moyen de cordes enroulées sur deux treuils et sur un cabestan, on relève jusqu'au sommet de la bigue la caisse en tôle qui renferme le pilon en faisant fonctionner le treuil de la grande chaîne. On procède alors à la mise en place du pieu à battre en le hissant au moyen de la petite chaîne et du treuil correspondant, et en le maintenant verticalement le long de la bigue à l'aide de cordes, comme on le ferait pour une sonnette ordinaire. Lorsque le pieu est en place et que sa pointe repose sur le sol, on laisse descendre sur sa tête le pilon à vapeur. Ce mouvement décharge le bateau du côté du pilon; pour rétablir l'équilibre, on rapproche du bord opposé deux waggons chargés de lest disposés à cet effet. On donne alors, avec précaution, quelques coups de mouton pour faire prendre fiche au pieu, et aussitôt qu'il présente une stabilité suffisante, on le dégage des amarres qui le maintenaient vertical et on bat jusqu'au refus le plus activement possible.

En moyenne, la mise en fiche a exigé une heure; un enfoncement de 9 mètres exigeait trente volées de cinquante coups, ou quinze cents coups de mouton. La durée d'une volée est de 1',2'',5, soit 1'',25 par coup. Le refus était fixé à 0m,02 ou 0m,03.

Les pieux battus au pilon ont traversé en moyenne une couche de gravier plus épaisse de 3 mètres au moins que les pieux battus au déclic, et on a vu que ceux-ci étaient presque toujours brisés, tandis que ceux battus au mouton n'ont éprouvé que de rares accidents. A ces avantages s'ajoute une grande économie.

La dépense quotidienne d'une sonnette, au pont de Tarascon, était en effet, en moyenne, la suivante :

Un marin	4f,00
Un charpentier enrimeur, chef d'atelier	5 00
Huit manœuvres de choix	24 00
Faux frais, cordages, graisse	2 00
Dépense quotidienne	35f,00

Le battage des pieux à la sonnette a été payé de 40 à 45 francs. A cette somme il faut ajouter 10 francs pour détérioration des appareils, ce qui porte la dépense d'un pieu battu au déclic de 50 à 55 francs.

La dépense du battage d'un pieu à la vapeur s'établit, au contraire, de la manière suivante, en moyenne :

Un mécanicien	5f,00
Un chauffeur	3 00
Un charpentier enrimeur	4 50
Deux marins	8 00
Deux aides-marins	6 50
Quatre manœuvres ordinaires	10 00
Salaires	37f,00
Combustible de mise en train, extinction et temps perdu pendant une journée de dix heures, 450 kil. à 3 fr.	13 50
0k,60 par volée de 50 coups, soit par huit pieux ou 240 volées, moins de 150 kil.	4 50
Réparations, 6f,18 par pieu, soit pour huit pieux	49 44
Faux frais, huile, etc.	4 00
Dépense quotidienne	108f,44
Soit par pieu	13 50
On peut tenir compte de la moins-value de l'appareil, qui a été vendu 25,000 fr., en ajoutant par pieu	21 52
Dépense totale	35f,02

Un dernier mode d'enfoncement des pieux de fondation dont l'usage se répand beaucoup, et qui permet d'exécuter des travaux impossibles à entreprendre autrement, doit encore être signalé. Nous voulons parler des pieux à vis imaginés par M. A. Mitchell de Belfast. Les pieux de cette espèce présentent une très-grande résistance à l'arrachement ou à la compression, et permettent d'établir des constructions solides sur des sols et dans des conditions extrêmement difficiles.

Fig. 3680. — Pieux en fer forgé.

Pour ponts (63 kil.) — Pour phares (305 kil.) — Dans une roche madréporique.

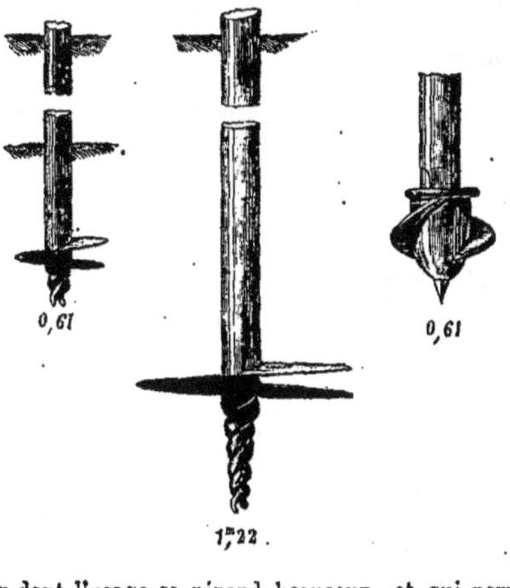

La forme des vis Mitchell varie nécessairement beaucoup avec la nature du terrain et le but à atteindre. Comme le montrent les figures, la vis est large et le filet fait peu de tours pour les terrains peu résistants; au contraire, dans les terrains très-durs et dans le rocher, on le réduit à une espèce de tarière de forme conique, à filets peu saillants et faisant plusieurs tours.

Fig. 3681. — Vis et sabot en fonte réunis par une tige en fer, pour porter un pieu de bois (457 kil.)

Fig. 3682. — Vis en fonte pour terrain résistant (190 kil.)

L'enfoncement de ces vis est extrêmement simple. On place sur la tête du pieu des barres de cabestan, auxquelles on imprime un mouvement de rotation. La vis s'enfonce ainsi jusqu'à ce qu'on rencontre un terrain suffisamment résistant pour l'effort à supporter.

Les vis Mittchell s'appliquent aussi bien aux constructions les plus considérables qu'aux usages les plus ordinaires. Elles conviennent très-bien, par exemple, pour poser rapidement et solidement, avec peu de main-d'œuvre, des montants de grilles, de barrières, des poteaux télégraphiques, des palées de ponts de service, etc. Ce mode de fixation des pieux est appelé à rendre de grands services à l'art des constructions.

HERVÉ MANGON.

PISCICULTURE. Les recherches qui se sont multipliées depuis que l'on a cherché à développer les moyens directs de production des poissons, de fécondation des œufs, ont bien souvent échoué, et l'expérience a ramené sur un terrain plus pratique que celui sur lequel on s'était d'abord placé. Je donnerai une connaissance très-satisfaisante des résultats obtenus en rapportant ici les règles pratiques fixées par un homme très-expérimenté, M. Millet, inspecteur des forêts, qui depuis longtemps s'occupe de pisciculture. Il a fait à la Société d'encouragement, dans la séance du 9 juillet 1856, une communication verbale dans laquelle il a exposé les modifications et les perfectionnements qu'il a apportés dans la récolte, la fécondation, le transport et l'éclosion des œufs, dans l'établissement des frayères artificielles, et dans la dissémination et l'élevage des jeunes poissons; il a, en outre, décrit divers appareils servant à l'éclosion des œufs, à la conservation et au transport des poissons vivants.

Voici, à ce sujet, les différentes instructions données par M. Millet.

1° La pêche des poissons destinés aux opérations de fécondation artificielle doit être faite de telle sorte que les œufs et la laitance soient arrivés à un état convenable de maturité et se présentent dans un état parfaitement sain. A cet effet, il recommande de faire la pêche, autant que possible, sur les frayères mêmes ou à proximité de ces frayères. Il indique qu'on doit éviter avec soin de tenir le poisson en captivité, parce que plusieurs espèces (l'ombre notamment) ne sauraient supporter cet état, dans lequel les œufs et la laitance tendent toujours à s'altérer.

2° Pour plusieurs de nos meilleures espèces, continue l'auteur, telles que saumon, truite, ombre, etc., la ponte est successive et s'opère souvent à plusieurs jours d'intervalle ; aussi doit-on tenir compte de cette circonstance pour ne prendre les œufs et la laitance que lorsqu'ils sont complétement mûrs, ou bien lorsqu'ils s'écoulent soit naturellement, soit sous une faible pression.

3° La vitalité des spermatozoïdes, et, par conséquent, l'action fécondante de la laitance sont de très-courte durée, notamment chez les salmonoïdes (saumon, truite, ombre, etc.) ; cette durée n'étant souvent que de quelques secondes, les œufs doivent donc être mis en contact avec les particules de la laitance à mesure qu'elles tombent dans l'eau. En conséquence, on doit opérer simultanément d'une part avec une femelle, et d'autre part avec un mâle, en ayant soin de ne pas diluer la laitance dans l'eau.

4° Toute eau contenant en dissolution, comme l'eau de mer, du chlorure de sodium, fût-ce même en faible proportion, agit d'une manière très-énergique sur les œufs et la laitance des poissons d'eau douce ; elle paralyse ou annihile les mouvements des spermatozoïdes et leur fait perdre leur pouvoir fécondant : elle cause, en outre, dans l'œuf, une perturbation telle, que tout genre d'organisation y est promptement détruit ; cependant cette action ne s'exerce que dans la première période de l'incubation.

5° Le développement de l'embryon peut s'effectuer en dehors de l'eau, pourvu qu'il ait lieu dans un milieu humide et aéré et sous des conditions de température appropriées à chaque espèce. Cette propriété permet de transporter, à de grandes distances, des œufs fécondés. Pour cela, on les place par couches dans des caisses en bois, en ayant soin de les disposer de telle sorte que chaque couche soit comprise entre deux linges humides. Grâce à ces soins, des œufs de saumon, de truite et d'ombre ont pu, sans souffrir la moindre altération, supporter des transports d'une durée de trente-cinq à quarante jours.

6° L'incubation s'effectue dans d'excellentes conditions lorsque les œufs reposent sur des claies tenues en suspension dans l'eau, ou mieux encore lorsqu'ils sont disposés au milieu des eaux naturelles dans des appareils flottants.

7° Dans la nature, le saumon, la truite, etc., enterrent en quelque sorte leurs œufs entre des pierres pour que l'éclosion puisse avoir lieu à l'ombre ; aussi doit-on éviter d'exposer les œufs des salmonoïdes à l'action d'une vive lumière ou à celle des rayons solaires, si on ne veut les voir promptement périr. Selon M. Millet, c'est à ce manque de précaution que doit être attribué l'insuccès de grand nombre de pisciculteurs qui ont exposé leurs œufs à l'action des rayons solaires, et n'ont fait que rendre cette influence plus nuisible encore en les plaçant sur des claies formées de baguettes de verre.

8° Pendant la première période de l'incubation, on doit s'abstenir de remuer et de nettoyer les œufs. Tout déplacement ou nettoyage, soit à l'aide d'une plume, soit avec une brosse ou un pinceau, a pour effet de nuire au développement de l'embryon et de détruire une grande quantité d'œufs.

9° Au lieu d'élever et de nourrir les jeunes poissons dans des espaces circonscrits, il est préférable de les abandonner à eux-mêmes dans les eaux naturelles, en ayant soin, toutefois, de les protéger contre leurs ennemis.

10° En résumé, la pisciculture consiste moins dans la fécondation artificielle que dans l'art de favoriser la fécondation naturelle. Ainsi la fécondation artificielle ne peut être utilisée que pour un certain nombre d'espèces, et encore pour ces espèces ne donne-t-elle souvent que des résultats inférieurs à ceux que fournit la fécondation naturelle favorisée avec soin. De là l'utilité des frayères artificielles.

Frayères artificielles. — Les frayères artificielles ont pour but de venir en aide à la nature. M. Millet les organise de deux manières différentes, suivant le mode de ponte des diverses espèces de poissons :

Pour les poissons dont les œufs sont libres ou s'attachent aux pierres (saumon, truite, ombre, barbeau, etc.), il dispose le gravier ou les cailloux en tas ;

Pour ceux, au contraire, dont les œufs se fixent aux plantes aquatiques (carpe, tanche, brème, perche, etc.), il établit, sur les eaux, des claies garnies de brindilles ou de rameaux, et les munit de flotteurs qui leur permettent de suivre tous les mouvements de hausse ou de baisse du niveau, tout en conservant aux œufs l'humidité nécessaire.

Transport des poissons vivants. — Le transport des poissons vivants offre un grand intérêt, tant sous le rapport de l'approvisionnement des marchés qu'au point de vue des diverses opérations de pisciculture.

Quand il s'agit d'un long trajet et que le récipient est de petite dimension, le transport présente de grandes difficultés. Pour satisfaire aux exigences de la respiration des poissons, on est obligé d'agiter l'eau, de la fouetter pour l'alimenter d'air, et souvent même de la renouveler quand il s'agit d'espèces à respiration très-active.

Il a été récemment inventé, dans les Vosges, un appareil de transport à l'aide duquel on obtient l'agitation nécessaire de l'eau par la rotation continue d'une chaîne à godets ; mais, suivant M. Millet, cet appareil ne semble pas devoir réunir de bonnes conditions, surtout au point de vue de la simplicité et de la dépense. L'auteur cite alors le mode de transport qu'il a imaginé, et qui a servi à amener les poissons vivants qui ont figuré à l'Exposition de l'industrie et au Concours universel agricole. En étudiant le mode de respiration des poissons et les conditions d'absorption de l'air par l'eau, il a été conduit à injecter ou même à insuffler de l'air dans le liquide. Son appareil consiste en un soufflet ordinaire muni d'un tube qui plonge au fond du récipient, et l'on comprend la facilité avec laquelle on peut injecter de l'air suivant le besoin des diverses espèces à transporter. Lorsqu'il s'agit de faire voyager une grande quantité de poissons, ce qui nécessite l'emploi de plusieurs bâches ou cuves, on met tous ces récipients en communication, soit par des tuyaux adaptés à leur partie inférieure, soit au moyen de siphons, et à l'aide d'une petite pompe on prend l'eau dans la dernière cuve pour la rejeter dans la première par une pompe d'arrosoir. De cette manière, il s'établit un courant continu qui permet à l'eau d'absorber toute la quantité d'air nécessaire.

Des moyens d'alimentation. — On doit conclure des recherches sur la pisciculture, que sauf les cas d'acclimatation d'espèces nouvelles, l'alevin est toujours assez abondant, que l'assistance de frayères artificielles, tout au plus, est bien suffisant pour le rendre excessif. Mais ce qui manque le plus souvent, ce sont les moyens d'alimentation; c'est la loi de Malthus qu'il faut appliquer ici avant tout; ce ne sont pas les germes, il s'en faut de beaucoup, c'est la subsistance qui limite la population.

Ce qu'il importe donc de multiplier d'abord, ce sont les espèces herbivores, comme Remy l'avait voulu faire pour multiplier les poissons des rivières, et pour les espèces marines, ce sont les champs de varechs, le long des côtes, les bancs de moules et les bancs d'huîtres qui, les premiers surtout, accompagnent les premières formations de matière animale qui vient fournir la nourriture de tous les poissons, qui se dévorent les uns les autres. L'étude des moyens d'alimentation doit accompagner celle de la production des espèces, comme le savent les propriétaires d'étangs, qui ont soin d'établir une proportion convenable entre les brochets et les carpes. Peut-être peut-on obtenir dans cette direction des résultats supérieurs à ceux que donne la fecondation artificielle des œufs pour activer la production de poissons, qui sont détruits presque aussitôt que créés, lorsqu'on les place dans des conditions où l'existence d'une quantité supérieure à celle qui y subsiste déjà est impossible.

PLASTIQUES (CORPS). La plasticité est la propriété d'un corps de prendre par pression une forme voulue et de la conserver quand la pression a cessé. L'argile et la cire sont les corps plastiques par excellence, et beaucoup de leurs emplois résultent de cette propriété, notamment celui qu'en font les sculpteurs pour créer leur œuvre originale, le premier type réalisant leur conception, que la sculpture et surtout la fonte reproduisent ensuite.

De la plasticité de l'argile résultent des modes particuliers de la travailler : le travail sur le tour du potier, d'abord, moyen général de production de la grande industrie céramique; puis le passage par pression à travers des filières de section convenable, dont nous avons montré l'application à la fabrication des tuyaux de drainage, des briques creuses, etc.

Ce mode de travail par compression s'applique à d'autres substances, notamment aux pâtes alimentaires pour la fabrication du vermicelle, du macaroni; mais, chose qui a paru plus extraordinaire à l'origine, à la fabrication des tuyaux de plomb (Voy. TUYAUX, *Complément*) à l'aide de la presse hydraulique. Dans cette curieuse invention, pour laquelle, comme dans tant de cas, l'industriel a précédé le savant, il y avait l'application d'un principe nouveau à dégager, que j'énoncerai en disant : que *la plasticité d'un corps n'est que sa malléabilité, lorsqu'il est soumis à une pression suffisante pour faire glisser ses molécules les unes sur les autres.*

En effet, si nous reconnaissons que l'argile est plastique, c'est parce que nous lui donnons avec nos doigts toutes les formes que nous voulons; sa facile transformation dépend donc de deux éléments : de sa nature et de l'intensité des forces que nous développons facilement avec la main. N'est-il pas évident que ce second élément ne se rapporte nullement au corps, et que celui-ci pourra être parfaitement plastique, c'est-à-dire susceptible de changer de forme par pression, sans déchirures, bien que nous ne puissions le transformer à la main, que la pression que nous pouvons ainsi exercer soit tout à fait insuffisante pour cela?

Il est naturel de conclure de là que tous les corps malléables, comme les métaux, c'est-à-dire la plupart des corps, à l'exclusion seulement des corps cristallins ou terreux, essentiellement dénués de malléabilité, qui tombent en poussière lorsqu'ils sont soumis à des pressions suffisamment grandes, sont susceptibles de plasticité, lorsqu'ils sont soumis à des pressions considérables, eu égard à leur nature propre.

C'est ce que vérifient les expériences de M. Tresca sur l'*écoulement* des *solides* (voy. RÉSISTANCE DES MATÉRIAUX), qui, ayant soumis à une forte pression des rondelles superposées de divers métaux, dans un cylindre résistant portant un piston actionné par une presse hydraulique, et ayant un orifice dans son fond, a pu faire sortir par celui-ci des cylindres de divers métaux, absolument comme une pâte molle. Et ce n'est pas seulement pour le plomb qu'il a pu faire une expérience qui rappelle tout à fait la fabrication des tuyaux de plomb, mais encore pour l'étain qui nécessite des pressions à peu près doubles de celles nécessaires pour le plomb. Avec l'argent et le cuivre il a pu obtenir les mêmes résultats, avec des pressions très-grandes et en recuisant fréquemment le métal, dont la malléabilité paraît notablement diminuée par l'écrouissage. Il est facile de constater les mêmes phénomènes dans les pièces de fer travaillées à chaud, dans les effets produits par le marteau ou le laminoir.

Les expériences dont nous parlons donnent des résultats qui peuvent s'énoncer en disant : Qu'à une pression suffisamment grande un métal paraît se comporter comme un liquide. C'est bien aussi la définition qu'on pourrait donner de la plasticité absolue; il est clair qu'à la limite où il obéit aux pressions qui le forcent à s'écouler par un orifice de petite dimension, un corps semblable transmettrait les pressions comme un liquide.

Au point de vue industriel, ce qui nous paraît un résultat acquis particulièrement intéressant, c'est la plasticité parfaite du plomb. Non-seulement on peut fonder sur cette propriété la fabrication des objets en plomb par pression, comme celle des tuyaux de plomb; non-seulement il est infiniment précieux pour assurer des joints étanches, des contacts parfaits, comme dans des jonctions de tuyaux à rebords, ou entre des pierres, s'écrasant plus dans les parties où la pression est la plus grande que dans celles où elle est moindre, mais surtout il peut être employé très-utilement pour opérer à volonté de véritables fermetures hydrauliques. Ceci existe pour des assemblages à demeure de tuyaux mâle et femelle, dans l'intervalle desquels on mate du plomb, qui empêche le passage de l'eau et même du gaz. Mais cet effet peut s'obtenir instantanément, par écrasement du plomb, ce qui peut fournir la solution de problèmes industriels très-intéressants, insolubles autrement.

Je citerai comme exemple les capsules à percussion centrale de M. Chaudun. Dans ces capsules, la poudre fulminante est placée dans une petite masse en plomb qui remplit la petite calotte de cuivre qui se place dans une cavité pratiquée dans le culot solide de la cartouche d'une arme se chargeant par la culasse. La percussion de cette capsule, s'il n'y avait pas de plomb, donnerait à l'arrière un insupportable dégagement de gaz provenant tant de la capsule que de la cartouche percée. Mais grâce au plomb, écrasé et soutenu par le chien qui l'a percuté, tout dégagement extérieur de gaz est évité, l'occlusion produite par le plomb dilaté, refoulé dans la cavité qui le reçoit, étant parfaite. Nous ne connaissons pas de solution aussi élégante et aussi satisfaisante d'un problème difficile.

Nous ne doutons pas qu'on ne rencontre d'assez nombreuses applications plus ou moins analogues d'un métal qui doit déjà beaucoup de ses emplois industriels à sa plasticité, sous des pressions facilement produites dans les arts; c'est un caractère tout particulier qu'il était bon de mettre en lumière pour faire penser à en tirer parti à l'occasion.

Corps plastiques avec retour à la forme primitive. — J'ai défini la plasticité par la manière dont l'argile et la cire obéissent à la pression. Ce sont en effet des types de plasticité, des corps qui ont toujours été connus comme tels. Aujourd'hui nous en connaissons d'autres dont le caoutchouc est le type, qui reviennent à leur forme primitive dès que la pression a cessé, et qui, pratiquement, sont tout autres que les corps élastiques ordinaires, c'est-à-dire tous les corps entre certaines limites, à cause précisément de l'étendue considérable et toute particulière que peuvent recevoir ces déformations.

A cause de ces propriétés le caoutchouc reçoit dans l'industrie moderne une foule d'applications qui le rendent infiniment précieux, et que nous rencontrons en décrivant ses applications diverses. Pour en donner idée, nous citerons ses emplois, comme rondelles interposées entre les tuyaux des conduites d'air comprimé; pour transmettre la pression des liquides (voy. APPRÊTS); à l'état de poches recevant du gaz, ce qui constitue un régulateur pour de faibles pressions en raison de l'élasticité du sac distendu qui tend à revenir à sa dimension primitive; enfin comme pipette ou tâte-vin pour aspirer les liquides, etc.

PLATINE. La famille des métaux du platine a un caractère particulier qui l'isole complétement des autres familles plus ou moins naturelles que l'on a formées avec les autres métaux. A part le palladium, que l'on ne rencontre d'ailleurs que très-rarement seul, ces métaux ne se trouvent pas séparés les uns des autres. Plus ou moins altérables sous l'influence du chlore et de l'oxygène, ils sont tous remarquables par la facilité avec laquelle ils cèdent aux réducteurs les éléments auxquels ils sont combinés. Ils possèdent tous la faculté curieuse de déterminer des actions chimiques par simple contact (action catalytique); cette propriété ne tient pas à l'état de porosité de ces métaux, car le platine fondu et travaillé la possède au même degré que la mousse.

Les différences essentielles que présentent les propriétés physiques et chimiques de ces métaux ne sont pas moins importantes à connaître que leurs analogies. Un coup d'œil jeté sur le tableau suivant permettra de s'en convaincre :

PRINCIPALES PROPRIÉTÉS DES MÉTAUX DU PLATINE.

1 *Osmium.* Considéré comme un métalloïde, en raison surtout de sa faculté de changer complétement de propriétés physiques et chimiques, suivant la manière dont il a été préparé.

a). *Osmium ordinaire* préparé par les procédés de Berzélius. Masse spongieuse, semi-métallique, exhalant une odeur très-sensible d'acide osmique. Densité = 7.

b). Obtenu en réduisant un mélange de vapeur d'acide osmique et d'hydrogène. Métallique. Densité = 10.

c). *Osmium pulvérulent.* Obtenu par MM. Deville et Debray en réduisant le sulfure d'osmium par la chaleur, métal brillant d'un bleu un peu plus clair que le zinc. Densité variant entre 21,5 et 21,4, supérieure à celle du platine. Cet osmium est sans odeur; il peut être chauffé jusqu'à la température de fusion du zinc sans s'oxyder.

d). *Osmium cristallisé.* Obtenu par MM. Deville et Debray, en dissolvant dans l'acide muriatique un alliage d'osmium et d'étain convenablement préparé. Cristaux très-petits, brillants, blanc bleuâtre. L'osmium fond à la température de fusion du ruthénium; il se volatilise alors très-sensiblement.

2. *Ruthénium.* Après l'osmium, c'est le métal le plus réfractaire que l'on connaisse. Sa densité est caractéristique; elle est de 11 à 11,4. Le ruthénium roche comme le platine et le rhodium; il est dur et cassant comme l'iridium.

3. *Palladium.* Le plus fusible de tous les métaux du platine. A la température de fusion de l'iridium, le palladium disparaît en tournant et en répandant des vapeurs vertes qui se condensent en une poussière d'une couleur bistre, mélange de métal et d'oxyde. Le palladium roche comme l'argent au moment de sa solidification. Le palladium, très-voisin de l'argent, est plus oxydable que lui à basse température. La densité du palladium pur, fondu et non écroui, est de 11,4 à la température de 22°,5.

4. *Rhodium.* Le rhodium fond moins facilement que le platine. Le même feu qui liquéfie 300 grammes de platine ne peut fondre que 40 à 50 grammes de rhodium dans le même temps. Le rhodium n'est pas volatil. Il s'oxyde très-superficiellement comme le palladium et roche de la même manière que lui. Il a à peu près le même ton de couleur que l'aluminium. A l'état d'une grande pureté, il est ductile et malléable. Fondu et pur, il a pour densité 12,1.

5. *Platine.* Après le palladium, le platine est le métal le plus fusible du groupe. Une fois fondu, si l'on élève la température, ce métal se volatilise sensiblement. En se solidifiant, il présente le phénomène du rochage qui, jusqu'à MM. Deville et Debray, n'avait été observé que pour l'argent. Quand on laisse refroidir lentement le platine, il ne roche pas. Le platine fondu et affiné est un métal aussi doux que le cuivre. Il est dépourvu de la porosité du platine ordinaire et peut être employé pour la fabrication du doublé. Le platine fondu possède la propriété de condenser les gaz à sa surface et de produire les phénomènes de la lampe sans flamme. Sa densité est égale à 21,15.

6. *Iridium.* Un lingot d'iridium est d'un blanc pur, ressemblant un peu à l'acier dont il a l'éclat. Il est cassant. Sa densité est la même que celle du platine fondu, c'est-à-dire 21,15.

Les métaux du platine peuvent se diviser en deux catégories distinctes :

Équivalent=53	Densité.	Équivalent=98,5	Densité.
Ruthénium	11,3	Osmium	21,4
Rhodium	12,1	Iridium	21,15
Palladium	11,8	Platine	21,15

Chacun de ces métaux, dans sa catégorie, est rangé, suivant l'ordre inverse de la fusibilité, le métal lourd étant toujours plus réfractaire que le métal léger qui lui correspond, de telle sorte que l'ordre inverse des fusibilités est celui-ci :

Osmium.
Ruthénium.
Iridium.
Rhodium.
Platine.
Palladium.

Les métaux du platine font donc une série régulière et complète; dont il ne paraît pas manquer de terme.

Alliages. — MM. Deville et Debray ont obtenu un certain nombre d'alliages cristallisés de ces métaux, qui méritent d'être rapprochés à cause de leur composition et de leur résistance singulière aux acides; en voici la liste :

L'osmium ne forme aucun alliage à proportions définies.

Rhodium et étain	Rh. Sn.
Ruthénium et étain	Ru. Sn^2, cubique.
Iridium et étain	Ir. Sn^2, cubique.
Rhodium et zinc	Rh. Zn^2.
Iridium et zinc	$Ir.^2$ Zn^3.
Platine et étain	$Pt.^2$ Sn^3, cubique.
Platine et zinc	$Pt.^2$ Zn^3.
Palladium et étain	$Pd.^3$ Zn^2.

Avant de parler de la composition des minerais de platine, nous allons décrire l'appareil à l'aide duquel MM. Deville et Debray ont cherché à opérer la fusion de l'osmium. La figure 3683 représente la disposition de l'expérience. La description du chalumeau et la manière dont on doit diriger l'opération nous ont semblé importantes à connaître.

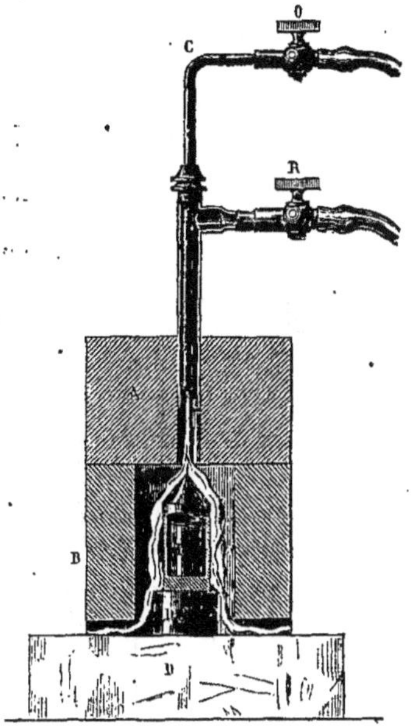

3683.

Cet appareil se compose d'un chalumeau CC', d'un foyer ABD et d'un creuset I, où on met l'osmium.

Le chalumeau est composé d'un cylindre E en cuivre, de 12 millimètres de diamètre, terminé à sa partie inférieure par un ajutage légèrement conique et de 40 millimètres de longueur, et qui est en platine. Un tube de cuivre C, de 3 à 4 millimètres de diamètre intérieur et terminé par un *bout* de platine C' qui s'y ajuste à vis, pénètre dans le premier cylindre par sa partie supérieure et y est maintenu par une vis de pression P, qui permet, quand elle est desserrée, de donner au bout C' la hauteur que l'on veut par rapport à l'extrémité inférieure.

Un robinet R de *grande section* est appliqué latéralement avec un ajutage très-large aussi au cylindre E. Un robinet O termine l'extrémité coudée du tube C. C'est par le robinet R que l'on fera arriver, au moyen d'un tube de caoutchouc, l'hydrogène ou le gaz de l'éclairage servant de combustible, c'est par le robinet C que sera introduit l'oxygène destiné à le brûler. Le *bout* C' est percé d'un trou dont le diamètre varie de 2 à 3 millimètres, suivant les dimensions de l'appareil que l'on veut construire.

Le four ABD est composé de trois pièces qui sont toutes les trois en chaux vive bien cuite, légèrement hydraulique et juste assez compacte pour résister au travail du tour. On n'a aucun avantage à se servir de chaux très-dure, sur laquelle l'outil ne *mord* pas avec une extrême facilité. L'espèce de chaux dont se servent MM. Deville et Debray est très-commune à Paris et provient de la calcination du calcaire grossier du terrain tertiaire de Paris. Un premier cylindre AA est percé d'un trou un peu conique qui laisse pénétrer à frottement, dans l'extrémité inférieure du chalumeau, jusqu'à la moitié environ de son épaisseur, le *bout* CC' n'arrivant lui-même qu'à une distance de 2 à 3 centimètres de l'ouverture inférieure de ce trou. Un second cylindre de chaux BB est percé d'un trou cylindrique beaucoup plus large que le premier, et dont la dimension est telle, qu'il doit laisser entre ses parois et le creuset H une distance de 3 à 4 millimètres au plus. Sa hauteur est un peu plus grande que la hauteur du creuset. Un troisième cylindre D, sur lequel le second repose, est sillonné sur sa base supérieure par quatre rainures KK, profondes et rectangulaires entre elles, qui donnent passage au gaz de la combustion. Au centre de cette base supérieure et tenant à la substance même du cylindre on ménage un petit support D', sur lequel repose le creuset.

Le creuset lui-même est ainsi construit : Une pièce cylindrique HH en chaux, creusée dans la plus grande partie de son épaisseur pour recevoir un creuset I plus petit en charbon de cornue, muni de son couvercle, et dans lequel on introduit la matière à chauffer.

Le creuset de chaux est surmonté d'un cône circulaire, dont le sommet doit être situé verticalement au-dessous du *bout* de platine C', à une distance de 2 à 3 centimètres, variant d'ailleurs avec la rapidité du courant de gaz. Ce cône est ainsi fait afin de forcer la flamme qui vient du chalumeau à se répartir également autour du creuset H, pour sortir ensuite par les ouvertures inférieures.

Toutes les pièces cylindriques A, B, D doivent être fortement cerclées avec des fils de fer très-doux et placés à petite distance les uns des autres, pour maintenir la chaux, qui se fissure toujours un peu pendant le chauffage.

Pour se servir de l'appareil, on ajuste d'abord les creusets (l'osmium ayant été introduit dans le petit creuset de charbon) sur la base D, puis on soulève la pièce A avec le chalumeau, dont on a ouvert le robinet R qui amène le gaz de l'éclairage ou l'hydrogène. On enflamme le gaz en C', puis on donne peu à peu l'oxygène en ouvrant le robinet O, de manière cependant à laisser dominer beaucoup le gaz combustible, puis, *introduisant* la flamme dans l'appareil, on met tout en place comme c'est indiqué dans la figure. Au moyen de la vis de pression horizontale P qu'on desserre, on donne à C' la position convenable, et on l'y maintient indéfiniment en serrant fortement la vis. On augmente alors peu à peu la vitesse du courant d'oxygène et du courant d'hydrogène, jusqu'à ce qu'on ait la température maximum. On en juge directement en regardant par les fissures de l'appareil, puis en se réglant sur le bruit que produit le chalumeau. Ce bruit doit être aussi faible que possible lorsque les volumes de gaz sont en proportion convenable. Quand tout est bien réglé, au bout de huit minutes le creuset est porté jusqu'à son centre, à la température de fusion du rhodium.

COMPOSITION DES MINERAIS DE PLATINE.

Les minerais de platine contiennent les éléments suivants :

1° Sable. C'est le reste d'un lavage qui ne peut jamais être complet. Ce sable contient du quartz, du zircon, du fer chromé, et, dans les minerais russes, beaucoup de fer titané.

2° *Osmiure d'iridium.* — L'osmium s'observe dans tous les minerais de platine, avec les différents aspects que Berzélius a déterminés depuis longtemps dans le platine de Russie et de Colombie : en plaques brillantes, très-rarement munies de facettes cristallines ; en petites pépites munies d'aspérités que l'eau régale semble avoir creusées quand on les examine dans les résidus ; enfin en petites lamelles graphitoïdes qu'on sépare très-bien par le tamis, parce qu'elles sont en même temps de très-petite dimension.

3° Du platine, de l'iridium, du rhodium et du palladium, qui sont sans doute à l'état d'alliage intime, sans qu'on puisse admettre une quantité sensible d'osmium : car la plupart des minerais perdent fort peu d'acide osmique pendant l'attaque à l'eau régale, quoique l'odeur de cette matière se décèle facilement dans les gaz nitreux qui s'échappent du vase où l'on fait l'attaque.

4° Du cuivre, du fer, qui sont à l'état métallique dans le minerai; car le fer, qui se rencontre en outre dans le sable, ne s'y trouve pas à l'état soluble dans les acides.

5° De l'or et, peut-être plus souvent qu'on ne le croit, un peu d'argent. Le chlorure d'argent se dissout très-notablement dans l'eau régale d'attaque et dans le sel ammoniac. Ce ne serait pas dans le résidu insoluble qu'il faudrait le chercher pas plus que dans le platine, mais bien avec le palladium, avec lequel on le précipite toujours à l'état de cyanure d'argent. Il est très-rare de se procurer du palladium bien exempt d'argent et même de cuivre, quand on prépare ce métal par les procédés usités jusqu'ici.

Nous ne pouvons entrer ici dans les détails des procédés analytiques entièrement nouveaux qu'ont suivis MM. Deville et Debray dans l'étude de la composition des minerais de platine. Il importait à ces savants de connaître exactement la composition des minerais qu'ils voulaient soumettre au traitement métallurgique. Nous donnons, sous forme de tableau, les résultats des analyses de quatorze sortes de minerais de platine. Les douze premières appartiennent à MM. H. Deville et Debray, les deux dernières à M. Claus et à M. Bleekerode.

MATIÈRES.	COLOMBIE.			CALIFORNIE.			ORÉGON.	ESPAGNE.	AUSTRALIE.		RUSSIE.	
	1	2	3	4	5	6	7	8	9	10	11	12
Platine. . .	86,20	80,00	76,82	85,50	79,85	76,50	51,45	45,70	59,80	61,40	77,50	76,40
Iridium . .	0,85	1,55	1,18	1,05	4,20	0,85	0,40	0,95	2,20	1,10	1,45	4,30
Rhodium. .	1,40	2,50	1,22	1,00	0,65	1,95	0,65	2,65	1,50	1,85	2,80	0,30
Palladium.	0,50	1,00	1,14	0,60	1,95	1,30	0,15	0,85	1,50	1,80	0,85	1,40
Or.	1,00	1,50	1,22	0,80	0,55	1,20	0,85	3,15	2,40	1,20	(1)	0,40
Cuivre. . .	0,60	0,65	0,88	1,40	0,75	1,25	2,15	1,05	1,10	1,10	2,15	1,10
Fer	7,80	7,20	7,43	6,75	4,45	6,10	4,30	6,80	4,30	4,55	9,60	11,70
Osmiure d'iridium . .	0,95	1,40	7,98	1,10	4,95	7,55	37,30	2,85	25,00	26,00	2,35	0,50
Sable . . .	0,95	4,35	2,41	2,95	2,60	1,50	3,00	35,95	1,20	1,20	1,00	1,40
Plomb ? . .						0,55						
Osmium et perte. . .					0,05	1,25		0,05	0,80		2,30	
	100,25	100,15	100,28	101,15	100,00	100,00	100,25	100,00	100,00	100,20	100,00	100,50

(1) Or (s'il y en a), compté avec la perte.

MATIÈRES.	GORO-BLAGODAT.	MATIÈRES.	BORNÉO.
	13		14
Platine.	85,97	. . . .	70,21
Iridium.	0,54	. . . .	6,13
Rhodium.	0,96	. . . .	0,50
Palladium.	0,75	. . . .	1,41
Osmium	0,54	. . . .	1,15
Fer.	6,54	. . . .	5,80
Cuivre	0,86	. . . .	0,34
Chaux	0,50	Or.	3,97
Portion insoluble dans l'eau régale	1,60	Oxyde de fer.	1,13
Perte.	1,30	Oxyde de cuivre	0,50
		Osmiure et sable	8,86
	100,00		100,00

Essais des minerais. — La seule matière absolument dénuée de valeur dans les minerais de platine est le sable; il est donc très-important de connaître la quantité qu'en contient un minerai. Le procédé de dosage du sable indiqué par MM. Deville et H. Debray est très-simple et s'exécute avec rapidité.

1° *Sable.*

Pour doser le sable, on prend 2 grammes de minerai choisi de telle manière qu'il représente la composition moyenne du lot que l'on examine aussi bien que possible, et pesé avec une grande exactitude. On a préparé à l'avance un petit creuset de terre semblable à ceux qui servent à calciner les cornets d'or à la Monnaie, ou bien un petit creuset ordinaire à parois lisses; on y fond un peu de borax, de manière à bien vernir ses parois, et on y met de 7 à 10 grammes d'argent pur et grenaillé, par-dessus le minerai de platine une dizaine de grammes de borax fondu, et enfin un ou deux petits fragments de charbon de bois. On fond l'argent, en ayant soin de le maintenir quelque temps à une température un peu supérieure à son point de fusion, pour que le borax soit bien liquide et puisse dissoudre les matières vitreuses qui accompagnent le platine et qui constituent le sable. On peut d'ailleurs agiter le borax avec un tuyau de pipe. On laisse refroidir, on détache le culot d'argent qui contient l'osmium et le platine avec toutes les matières métalliques qui l'accompagnent, et au besoin, pour enlever les dernières portions de borax, on le fait digérer avec un peu d'acide fluorique faible. Enfin on le sèche, on le fait rougir faiblement et on le pèse. En retranchant le poids du culot de la somme des poids du minerai et de l'argent employé, on obtient la quantité de sable que contient le minerai.

2° *Or.*

On enlève l'or avec du mercure bouillant en petite quantité, par lequel on traite le minerai pendant quelques heures. On lave avec du mercure chaud et pur, on réunit le mercure qu'on distille dans une petite cornue en verre. Le résidu chauffé au rouge et pesé donne l'or ou presque tout l'or du minerai. On peut également traiter le minerai par de l'eau régale faible, évaporer la liqueur dans un creuset de porcelaine taré, calciner et peser. Le premier procédé donne un minimum, le second un maximum; mais le premier nombre se rapproche plus souvent du chiffre exact de la teneur en or que le second. Cependant ils sont toujours suffisamment exacts. On opère sur 10 grammes : les minerais américains donnent ordinairement de 60 à 110 milligrammes d'or, ce qui fait en moyenne 1 pour 100. Mais par le mercure on en perd toujours une petite quantité dans les lavages et pendant la distillation, si on n'opère avec un grande prudence. C'est cependant ce mode de dosage que recommandent MM. Deville et Debray.

3° *Platine.*

On prend 50 grammes de minerai choisi de telle manière qu'il représente la composition moyenne du lot; on le fait fondre dans un creuset ordinaire avec 75 grammes de plomb pauvre et 50 grammes de galène pure bien cristallisée. On met 10 à 15 grammes de borax, et l'on pousse le feu jusqu'au rouge de la fusion de l'argent; on agite de temps en temps avec un tuyau de pipe, et l'on ne cesse de chauffer que lorsque tous les grains de platine ont disparu dissous dans le plomb et qu'ils cessent de se présenter sous le tuyau de pipe. On ajoute alors une cinquantaine de grammes de litharge, en poussant toujours la température et ne mettant que peu à peu la litharge, au fur et à mesure de sa réduction et jusqu'à ce qu'elle soit en excès, ce dont on s'aperçoit à la nature de la scorie qui attaque le tuyau de pipe et à la cessation du dégagement d'acide sulfureux. On laisse refroidir lentement; on casse le creuset; on détache la scorie, qui doit être plombeuse et chargée de fer, et on nettoie bien le culot, qui doit peser environ 200 grammes. Le fer et le cuivre se sulfurent et passent dans la scorie, et l'osmiure d'iridium, insoluble dans le plomb, mais susceptible d'être mouillé par lui, va au fond et reste dans le culot. En ajoutant de la litharge, on détruit la galène et le sulfure de fer : il se forme du plomb et des oxydes, qui sont absorbés par le borax.

Quand le culot est bien nettoyé, on le pèse, puis on scie la partie inférieure, qui doit faire à peu près le dixième du poids du culot que l'on pèse. On recueille la sciure; on broie la partie supérieure du culot cristallisée et très-cassante; on y ajoute la sciure de plomb platinifère; on mélange bien : on pèse encore. On prend alors de la poudre de plomb platinifère, en quantité telle qu'elle représente le neuvième du poids total du culot, on coupelle cette matière par les procédés que nous allons décrire, et on pèse le platine après l'avoir fondu.

Coupellation du platine.

Pour obtenir la séparation complète du plomb et doser le platine par la voie sèche, on peut employer deux méthodes.

Premier procédé. Coupellation par l'intermédiaire de l'argent. — On ajoute à l'alliage cinq à six fois environ autant d'argent qu'on suppose de platine dans l'alliage. On remet au besoin du plomb; on coupelle et on pèse le bouton. L'excès de poids du bouton sur l'argent ajouté donne le poids du platine.

Ces coupellations se font de préférence dans un fourneau dont les moufles, chauffés par la flamme d'un four à réverbère, peuvent être amenés à une température extrêmement élevée, sans que les parois du moufle soient détruites par les cendres de la houille, ce qui arrive très-promptement quand on veut pousser au delà d'une certaine limite la température dans les fourneaux à coke.

Deuxième procédé. Coupellation simple. — On introduit le plomb platinifère dans des coupelles ordinaires de grande dimension. Dans le moufle bien chauffé d'un fourneau de coupelle ordinaire, on arrive facilement à amener l'alliage à l'état solide, et le platine encore plombifère se montre sous la forme d'une masse étalée en forme de chou-fleur, qui se détache avec assez de facilité du fond de la coupelle, quand on a mouillé celle-ci pendant qu'elle est encore rouge.

Mais il ne faut pas en général détacher cette masse coupellée : pendant qu'elle est rouge, on la soumet à l'action du chalumeau représenté dans la fig. 3683, en ayant soin de donner peu d'hydrogène et beaucoup d'oxygène en excès. De cette manière, on ne chauffe pas la masse d'une manière excessive, mais on la fond partiellement et surtout on l'oxyde avec une grande rapidité.

Quand on a enlevé ainsi la plus grande partie du plomb de l'alliage de platine, on le détache de la coupelle d'os et on le transporte sur une autre coupelle de même forme taillée grossièrement dans un morceau de chaux. On chauffe alors peu à peu la masse, qui fume très-fortement; enfin on fond le platine dans un feu oxydant, on le rassemble en un seul globule en faisant tourner la coupelle, et on le laisse refroidir. Il faut éviter avec soin les projections qui arriveraient au commencement de l'opération si l'on chauffait trop vite et si on brûlait trop rapidement les dernières traces de plomb. On sépare le culot de platine, on le nettoie dans l'acide muriatique bouillant, et on le pèse.

RÉSIDUS DE PLATINE.

Ils sont de deux sortes : 1° les résidus insolubles, 2° les résidus précipités. Les premiers, comme le montre le tableau suivant, contiennent tous les métaux du platine, mais en particulier de l'osmiure d'iridium et du sable en quantité très-variable.

Deux échantillons de résidus précipités ont été analysés par MM. Deville et Debray, et leur ont donné les résultats suivants :

1° Résidu provenant de la Monnaie de Russie :

Palladium	0,8
Platine	0,8
Rhodium	2,4
Rhodium, iridium et osmiure d'iridium.	21,8
Métaux communs, etc.	74,2
	100,0

2° Résidu remis par M. Mathey, de Londres :

Osmiure d'iridium	2,2
Palladium	1,2
Platine	0,5
Iridium	23,3
Rhodium	6,4
Métaux communs, etc.	66,4
	100,0

COMPOSITION DE RÉSIDUS INSOLUBLES.

	1	2	3	4	5	6	7	8	9
Osmiure d'irid.	12,35	34,00	29,15	92,50	96,10	94,20	26,60	83,60	60,10
Palladium . . .	0,18	0,00	0,003	0,02	0,12	0,02	0,70	0,00	0,37
Platine et traces d'iridium. . .	0,53	0,00	0,90	0,78	0,18	0,86	7,00	0,00	2,14
Rhodium. . . .	0,15	0,00	0,13	0,10	0,20	0,88	0,20	0,00	1,36
Sable.	86,79	66,00	69,82	6,60	3,50	4,04	65,50	16,40	36,03[1]
	100,00	100,00	100,00	100,00	100,00	100,00	100,00	100,00	100,00

[1] Avec des métaux communs et en particulier de l'argent.

Nous renverrons au mémoire de MM. Deville et Debray (*Ann. de Chimie et de Physique*, 3e série, t. LVI) pour les détails des procédés d'analyse employés par eux. Le défaut d'espace nous oblige aussi à renvoyer au même travail pour l'analyse des osmiures d'iridium, dont nous présenterons seulement ici les résultats numériques.

COMPOSITION DE QUELQUES OSMIURES D'IRIDIUM.

MATIÈRES.	COLOMBIE.		CALIFORNIE	AUSTRALIE	BORNÉO.	RUSSIE.				
	1	2[1]	3	4	5	6	7	8	9	10
Iridium	70,40	57,80	53,50	58,43	58,27	77,20	43,28	64,50	43,94	70,36
Rhodium.	12,30	0,63	2,60	3,04	2,64	0,50	5,73	7,50	1,65	4,72
Platine.	0,10	»	»	»	0,15	1,10	0,62	2,80	0,14	0,41
Ruthénium.	0,00	6,37	0,50	5,22	»	0,20	8,49	»	4,68	»
Osmium	17,20	35,10	43,40	33,46	38,94	21,00	40,11	22,90	48,85	23,01
Cuivre.	»	0,06	»	0,15	»	traces.	0,78	0,90	0,11	0,21
Fer.	»	0,10	»	»	»	»	0,99	1,40	0,63	1,29
	100,00	100,06	100,00	100,00	100,00	100,00	100,00	100,00	100,00	100,00

[1] Dans cette analyse, l'osmium a été dosé directement.

MÉTALLURGIE DU PLATINE.

Nous allons exposer maintenant les procédés de voie sèche par lesquels MM. Deville et Debray sont arrivés : 1° à révivifier par fusion le platine qui a servi ; 2° à préparer du platine pur industriellement ; 3° à préparer un alliage contenant, en outre des métaux qui accompagnent le platine dans son minerai, ceux que renferme l'osmiure d'iridium lui-même ; 4° à préparer un alliage triple de platine, d'iridium et de rhodium présentant des qualités convenables.

RÉVIVIFICATION DU PLATINE.

Pour utiliser de nouveau les débris du platine du commerce, il faut le mettre en lingots, après l'avoir dépouillé de toutes les matières étrangères qu'il contient. Voici la méthode par fusion employée dans ce but par MM. Deville et Debray. Le combustible employé est un mélange de gaz d'éclairage, ou d'hydrogène pur et d'oxygène préparé avec le bioxyde de manganèse d'Allemagne, qui marque 75° et coûte 26 fr. les 100 kilog. Les résidus sont achetés par les verriers à raison de 10 fr. les 100 kil. On se sert du chalumeau représenté dans la figure 3683.

Le four (voyez fig. 3684) où se fait la combustion est en chaux cerclée avec des fils de fer. Il se compose de deux parties : 1° la voûte AA prise dans un morceau de chaux cylindrique, légèrement cintrée à sa partie inférieure et percée en Q d'un trou conique par où pénètre le chalumeau CE ; 2° d'une sole B creusée dans un autre morceau de chaux également cylindrique. On doit lui donner une profondeur telle, que le platine fondu y occupe une épaisseur de 3 à 4 millimètres au plus. A la partie antérieure D, qui doit faire une légère saillie, on pratique avec une râpe une rainure, légèrement inclinée en dedans, qui doit en même temps servir de trou de coulée et d'issue pour la flamme. Pour faire une fusion, on ajuste les diverses pièces en chaux de cet appareil de manière à leur donner la disposition figurée dans notre dessin, puis, tenant à la main le chalumeau, on ouvre le robinet H (fig. 3683) ; on donne un assez faible courant de gaz combustible, et, en tournant le robinet O, l'oxygène nécessaire pour le brûler. On plonge aussi la flamme dans l'appareil par le trou Q (fig. 3684), de manière à éviter une petite explosion qui pourrait projeter la chaux de l'appareil. On chauffe lentement les parois du four en augmentant peu à peu la vitesse des gaz, jusqu'à ce qu'on ait atteint le maximum de tempéra-

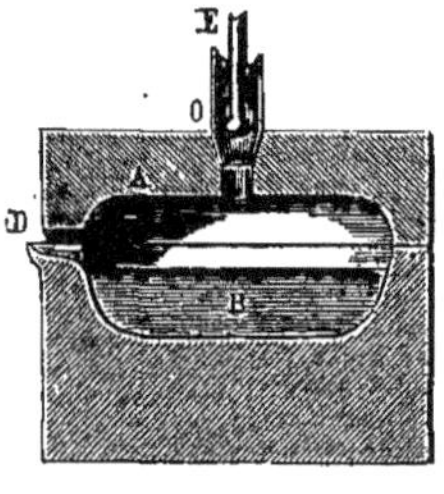

3684.

ture. Avec une lame de platine qu'on introduit par le rampant D, et que l'on met sur le jet de gaz, on voit où est fixé le maximum de température, c'est-à-dire le point où la fusion se fait le plus vite; on l'abaisse ou on le relève au besoin en desserrant la vis P (fig. 3683), et abaissant ou élevant l'orifice du *bout* de platine qui amène l'oxygène. On assujettit la vis et on introduit peu à peu le platine par l'ouverture D. Si ce platine est en lames minces de moins d'un millimètre d'épaisseur, on a à peine le temps de les introduire. On les voit disparaître et fondre presque au moment où elles entrent dans le four. L'oxygène doit arriver avec une certaine pression, de 4 à 5 centimètres de mercure environ, et doit agiter le platine d'un mouvement giratoire, ce qui régularise la température dans toute sa masse.

Quand on ne veut pas couler le platine, la fusion étant complète, l'affinage terminé, ce que l'on voit lorsqu'il ne se forme plus de matière vitreuse à la surface du platine, on diminue peu à peu la vitesse des deux gaz, laissant toujours dominer le gaz réducteur, mais en très-léger excès. Ce gaz détermine une production d'eau ou d'acide carbonique très-rapide aux dépens du gaz combustible et de l'oxygène dissous dans le platine; il se manifeste alors une ébullition très-sensible dans la masse métallique. Peu à peu la solidification s'opère jusqu'au centre, et l'on éteint entièrement le foyer. Il y a toujours projection de platine à la voûte du four; on le recueille après l'opération avec la plus grande facilité.

Quand on veut couler le platine, on prépare une lingotière, soit en fonte épaisse et bien frottée avec de la plombagine, soit en charbon de cornues, ou en chaux. Ces dernières se fabriquent avec la plus grande facilité avec des plaques de la matière, sciées et maintenues par du fil de fer. On enlève la voûte, on saisit le foyer avec des pinces, et on coule le platine sans se presser, comme on le ferait pour un métal ordinaire. La seule difficulté, que l'habitude apprend à surmonter, c'est de pouvoir en même temps distinguer la surface éblouissante du platine et l'ouverture béante de la lingotière, afin de verser à coup sûr.

Les principes sur lesquels MM. Deville et Debray se sont appuyés pour construire leurs appareils sont les suivants :

1° La chaux est peut-être le corps le plus mauvais conducteur que l'on connaisse, si bien qu'à travers une épaisseur de 2 centimètres au plus, l'appareil étant plein de platine fondu, l'extérieur est à peine à 150 degrés.

2° La chaux est le corps qui rayonne la chaleur et la lumière avec le plus de perfection; c'est à cause de cela qu'on l'a choisi pour obtenir la lumière Drummond. Ce sont donc les meilleures parois que l'on puisse donner à un four à réverbère de cette espèce.

3° La chaux agit sur toutes les impuretés dont on a intérêt à débarrasser le platine, fer, cuivre, silicium, etc., et les transforme en combinaisons fusibles qui pénètrent sa substance si poreuse. Elle agit comme une coupelle dont la matière purifierait le métal qu'on y fond.

Aucun métal étranger, excepté l'iridium et le rhodium, ne peuvent exister dans le platine après qu'il a été fondu et affiné par les procédés que nous avons décrits. Toutes les matières qui attaquent le plus facilement le platine : le soufre, le phosphore, l'arsenic, l'or avec lequel on le soude, le fer, le cuivre, le palladium, l'osmium, s'en séparent soit par l'oxydation et l'absorption par la chaux, soit par la volatilisation. Le platine contenant de l'or, du palladium, laisse échapper ces métaux à l'état de vapeur, et on peut les recueillir avec facilité en faisant entrer la flamme qui sort du four dans un tuyau de terre, où elle dépose toutes les matières étrangères volatiles, sauf l'acide osmique, qui se condense lui-même, si l'on met un vase plein d'ammoniaque dans le trajet des vapeurs. D'ailleurs une partie de l'osmium se dépose dans le tube à l'état métallique, soit qu'il se volatilise dans le courant gazeux de la flamme, soit que l'acide osmique produit dans le foyer se réduise plus loin dans le tube de condensation.

La révivification d'un kilogramme de platine exige au plus 60 litres d'oxygène, ce qui correspond à $0^f,24^c$ par kilogramme.

PRÉPARATION DU PLATINE PUR INDUSTRIELLEMENT.

Nous allons maintenant décrire les procédés de préparation industrielle du platine pur.

Le plomb et les métaux du platine s'allient avec une grande facilité; mais le fer qui est uni au platine soustrait les grains de minerai à l'action du plomb avec une très-grande énergie : cependant la dissolution peut à la longue devenir complète. Le plomb n'exerce aucune action sur l'osmiure d'iridium, et si on fond ensemble du plomb et du minerai de platine, on retrouve tout l'osmiure sans la moindre altération à la partie inférieure du culot de plomb platinifère.

Pour faire la séparation de l'osmiure et du platine, il suffit donc de les fondre avec du plomb, en employant toutefois un artifice pour hâter la dissolution du platine. Pour cela, il faut se servir non pas de plomb, mais de galène ou sulfure de plomb qui est décomposé par le fer, comme on le sait, en produisant du plomb, lequel s'allie au platine. Le plomb a de plus cet avantage, qu'il forme des sous-sulfures ou mattes plombeuses très-riches en métal et très-propres à cette opération.

Traitement en petit.

Dans un creuset on met quelques kilogrammes de minerai de platine qu'on fond avec leur poids de galène et un peu de verre, ou mieux d'un mélange de verre et de borax. On chauffe au rouge vif de la fusion de l'argent, et on agite de temps en temps avec un barreau de fonte jusqu'à ce que tout le minerai ait disparu et qu'on ne sente plus sous la pression du ringard que quelques grains d'osmiure. Dans cette opération, la galène, au contact du fer contenu dans le minerai et du ringard lui-même, fournit le plomb pour dissoudre le platine. On augmente alors la chaleur et on verse sur la matière de la litharge, jusqu'à ce que tout dégagement d'acide sulfureux cesse et jusqu'à ce que la scorie devienne manifestement plombeuse et oxydée. Pour favoriser la réaction entre la litharge et la galène, on agite de temps en temps avec un ringard en fonte. L'opération doit être conduite de telle façon qu'à la fin le plomb soit entièrement privé de soufre; le poids de l'alliage est environ le quadruple du poids du platine employé.

On laisse refroidir lentement le creuset, et lorsque le plomb est entièrement solidifié, on détache le culot; on enlève à la scie le dixième inférieur qui contient l'osmiure d'iridium et qu'on conserve pour l'ajouter à l'opération suivante. On coupelle alors, et en prolongeant la coupellation à haute température et dans un vif courant d'air, on finit par enlever presque tout le plomb, et il ne reste plus qu'à introduire ce platine plombeux dans un four en chaux, à le fondre et à l'affiner par les procédés déjà décrits. Dans les premiers moments de la fusion, il se dégage des fumées de plomb qu'on dirige dans une cheminée d'appel. Pendant l'affinage, l'odeur de l'osmium est à peu près insensible.

Traitement en grand.

On modifie facilement ce procédé pour l'appliquer en grand.

1° *Fusion avec la galène.* — Cette fusion peut s'opérer dans un petit four à réverbère dont la sole en marne ou en brique doit être hémisphérique, de manière à ressembler entièrement à la sole d'un fourneau de coupelle. Pour traiter à la fois 100 kilogrammes de minerai, il suffit que cette sole ait une capacité de 50 litres environ. Dans le cas qui nous occupe, il vaudrait mieux employer pour la sole la forme d'une calotte empruntée à un ellipsoïde de révolution. Un petit four ayant une longueur de sole d'environ 1 mètre, de 1 décimètre $\frac{1}{2}$ environ de profondeur moyenne et une largeur de 50 centimètres, suffirait amplement au traitement de 100 kilogrammes de minerai. En donnant au foyer la même largeur que la sole, c'est-à-dire 50 centimètres sur 35 à 40 centimètres dans l'autre dimension horizontale, on aurait une chaleur suffisante. Mais il faudrait opérer avec une épaisseur de combustible de 30 centimètres au moins pour avoir constamment une flamme réductrice et ne pas précipiter par trop l'oxydation de la galène, et par suite la production du plomb.

Une fois le four chauffé, on jette le mélange de galène et de minerai à poids égaux, on fond en brassant constamment jusqu'à ce qu'on ait produit une matte plombeuse et l'alliage de platine et de plomb. Alors en jetant un peu de verre fusible sur la matière, poussant la chaleur, on introduit peu à peu les 200 kilogrammes de litharge qui sont à peu près nécessaires pour terminer l'opération et chasser le soufre. Lorsque la réaction est terminée, on laisse le bain métallique dans le repos le plus complet pour que l'osmiure se précipite au fond, et après avoir fait couler la scorie plombeuse, on décante le platine plombifère au moyen d'une cuiller de fonte et on le coule dans des lingotières. La partie inférieure du bain contenant l'osmiure d'iridium est ajoutée à la fonte suivante, jusqu'à ce qu'il soit devenu très-riche en osmiure.

La sole du four à réverbère devra être, autant que possible, garnie dans toutes ses parties inférieures et latérales, même du côté de l'autel, au moyen d'une caisse de fonte sur laquelle reposeront les briques, de manière que du plomb platinifère très-fusible ne puisse pénétrer bien profondément entre les briques, et exiger, pour le retrouver, la démolition des pièces du four les plus importantes et le plus solidement reliées entre elles. L'autel devra, pour la même raison, être creux et refroidi par un courant d'air intérieurement.

Coupellation. — Cette opération se fait de la même manière que la coupellation de l'argent et dan mêmes appareils. Seulement à la fin de l'opération, quoiqu'on pousse le feu, l'alliage très-riche en platine se solidifie, et on peut l'enlever après avoir refroidi brusquement sa surface avec de l'eau. La plus grande partie du plomb peut être brûlée dans un appareil analogue aux fours destinés à la liquation du cuivre argentifère. Seulement ici les pains de platine plombifère, soumis à l'action d'une flamme oxydante et dont la température est très-élevée, laissent transsuder des gouttelettes de litharge et se transforment enfin en un gâteau en forme de chou-fleur qu'on n'a plus qu'à fondre après l'avoir mis en fragments.

Fusion du platine. — La fusion et l'affinage du platine devront se faire dans des fours contenant 15 à 20 kilogrammes de platine. En versant dans le même moule la matière fondue dans trois ou quatre de ces fours, on pourra obtenir des lingots de 60 à 80 kilog., plus pesants par conséquent que les plus grosses pièces que l'on ait jamais eu à faire en platine. D'ailleurs, rien n'empêchera d'augmenter les dimensions de ces fours à fusion, qui, évidemment à cause des principes de leur construction, peuvent recevoir des dimensions illimitées en largeur. Il suffira de déterminer par l'expérience la profondeur qu'on devra donner aux bains de platine et peut-être aussi le nombre des tuyères à oxygène qu'il conviendra d'y placer.

Extraction du platine par simple fusion. — Rien n'est plus simple que de préparer, avec un minerai de platine convenablement choisi, un alliage triple de platine, d'iridium et de rhodium, ayant toutes les qualités du platine, avec l'avantage de présenter un peu plus de roideur et une résistance sensiblement plus grande à l'action des réactifs et de la chaleur.

Il est évident que si on enlève au minerai de platine toutes les matières oxydables ou volatiles qu'il contient, on aura un alliage de platine, d'iridium et de rhodium. L'or, dont on peut priver le minerai avant son traitement, le palladium, sont volatils, et si on les laisse dans la matière avant de la fondre, on les trouvera dans les fumées condensables. L'osmium se volatilisera à l'état d'acide osmique. Le cuivre, le fer s'oxyderont, et si on les met en contact avec la chaux, le dernier formera un ferrite de chaux fusible. La plus grande partie du cuivre passera dans les flammes.

Le tableau qui suit donne la composition des alliages que fournissent ces minerais, quand on en a expulsé les parties oxydables et volatiles qui se rapportent aux minerais les plus importants.

MATIÈRES.	COLOMBIE.			CALIFORNIE.		RUSSIE.	
	1	2	3	4	6	11	12
Platine	96,10	94,09	90,70	96,80	90,50	93,00	94,00
Iridium	2,40	2,98	7,90	2,10	7,20	3,70	5,70
Rhodium	1,50	2,93	1,40	1,10	2,30	3,30	0,30
	100,00	100,00	100,00	100,00	100,00	100,00	100,00

Fondant. — Il suffira pour obtenir ces alliages de fondre le minerai dans de la chaux, il se dégagera de l'acide osmique, qu'on pourra recueillir au besoin au moyen d'un tube engagé dans une cheminée à fort tirage et dans lequel on dirigera la flamme contenant l'osmium (un bassin plein d'ammoniaque dont les gaz seront obligés de lécher la surface permettra d'y recueillir l'acide osmique, si on ne préfère le perdre). Mais, pour éviter d'attaquer la chaux du four lui-même, il est bon d'ajouter au minerai un fondant qui s'empare de l'oxyde de fer pour le transformer en une matière fusible, laquelle s'imprégnera dans la chaux du four comme dans une coupelle. Ce fondant sera la chaux elle-même, et il conviendra d'en employer une quantité égale à la proportion de fer qui existe dans le minerai.

En effet, la chaux a le même équivalent que le fer, de sorte que pour obtenir la combinaison Fe^2O^3CaO, spinelle ferrico-calcaire, il suffit de la moitié seulement de la chaux introduite comme fondant; le reste se combine avec la silice, l'alumine, le fer, la zircone et les autres matières contenues dans le sable des minerais.

Appareil. — Après avoir mêlé le minerai avec son fondant, on l'introduira dans le four à réverbère de la fig. 3685, qui est construit d'après les mêmes principes que ceux que nous avons déjà décrits. Seulement on a ménagé un peu en avant du chalumeau EC un trou T muni d'un bouchon en chaux par où on introduira le minerai. On remarquera que le chalumeau EC est placé un peu vers le fond de l'appareil, de manière que le minerai tombe sur un point de la sole où la chaleur est maximum, et qui sera situé un peu en avant du centre de la sole. On introduira le minerai peu à peu de manière à fondre presque tout un lot avant d'en introduire un autre, et on ne s'arrêtera que lorsque la sole sera tout à fait détruite par les scories, ce qui arrive au bout d'un certain temps, variable avec la nature des minerais. On coule le platine fondu et on nettoie le four avec le plus grand soin en mettant les fragments, où l'on suppose quelques grains de platine, en digestion avec l'acide muriatique et lavant à grande eau. La silice gélatineuse qui reste avec les grains très-fins de platine est entraînée par l'eau, et le platine reste. On refond le platine dans un autre four, et on ne peut le considérer comme pur que lorsqu'il ne répand plus l'odeur d'osmium dans la flamme oxydante et qu'il n'attaque plus la chaux. Quelquefois une troisième fusion avec affinage par les procédés déjà décrits pour le platine est une opération indispensable.

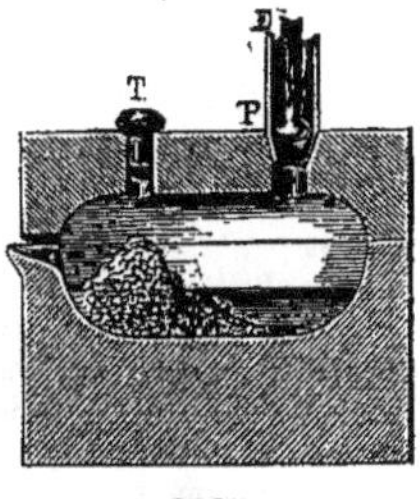

3685.

Préparation d'alliages en proportions variées.

La méthode que nous venons d'indiquer nous permettra de produire des alliages ternaires dans des proportions à peu près quelconques, soit en mélangeant convenablement des minerais de compositions diverses, soit en mélangeant à des minerais connus des osmiures d'iridium ou des résidus dont la composition a été déjà donnée. La fusion s'opère de la même manière : elle est cependant un peu plus longue, à cause de la quantité d'osmium plus considérable qu'il faut oxyder et de la fusibilité un peu moindre de l'alliage. Il faut également un affinage plus parfait que pour le platine pur quand on veut avoir des matières en même temps très-riches en iridium et suffisamment malléables.

Un certain nombre de médailles de différents modules ont été frappées à la Monnaie de Paris, avec des alliages de platine et d'iridium fondus au laboratoire de l'École normale par les procédés de MM. H. Deville et Debray. Elles avaient la composition suivante :

I.		II.		III.	
Platine. .	80	Platine. .	90	Platine. .	95
Iridium. .	20	Iridium. .	10	Iridium. .	5
	100		100		100

Elles ont été laminées à froid et sans recuit avec une extrême facilité, présentant les qualités des métaux les plus ductibles. Elles ont pris sous le balancier un poli aussi parfait que le poli des coins, accusant, par des alliages riches en iridium, une dureté un peu plus grande que celle de l'or à 0,916. Cette dureté est proportionnelle à la quantité d'iridium qui s'y trouve, tout aussi bien que la résistance de l'alliage à l'action de l'eau régale, laquelle devient presque complète à partir du titre de 20 pour °/₀ d'iridium.

Le minerai fondu directement par les mêmes procédés a donné un alliage composé de

Platine.	92,6
Iridium.	7,0
Rhodium.	0,4
	100,0

Cette matière s'est laminée avec une perfection aussi grande que les alliages fabriqués directement; elle a résisté à une épreuve des plus concluantes, en permettant la fabrication d'une médaille dont le relief dépasse 5 millimètres, ce qui n'avait jamais été fait, même avec le platine pur. La matière, quoique devenue très-dure par un écrouissage très-énergique, s'est relevée avec une grande uniformité, pour fournir à la saillie de la figure la substance métallique provenant des parties latérales. Il arrive souvent que les médailles d'or à 0,916 se brisent sous le coin dans les mêmes circonstances.

Les usages du platine, fort restreints aujourd'hui, tendront à se généraliser quand le prix de ce métal aura diminué notablement. Ce résultat peut être obtenu par l'exploitation régulière et suffisante des gisements connus, soit dans l'Oural, soit dans les pays aurifères. Il sera nécessaire alors d'avoir un mode de traitement plus expéditif et plus pratique que le mode de traitement adopté aujourd'hui.

Nous sommes convaincu que les procédés entièrement nouveaux consignés dans le beau travail de MM. Deville et Debray ne tarderont pas à être appliqués partout à l'exclusion du procédé ancien, dû en grande partie, comme on le sait, à Wollaston. Une grande économie dans la révivification et dans l'extraction du platine et des métaux utilisables qui l'accompagnent en rendront l'usage beaucoup plus répandu; nous espérons, avec les savants chimistes auxquels sont dues toutes les méthodes que nous venons de décrire, que les savants pourront avoir dans leurs laboratoires des vases en platine de grande dimension qui leur seraient si précieux. Peut-être même le platine pourra-t-il alors entrer dans les usages de la vie partout où sa densité considérable et sa couleur un peu terne ne seront pas un obstacle, partout où son inaltérabilité absolue aura une certaine importance.

L. GRANDEAU.

PLONGEUR (CLOCHE DE) *et appareils pour travailler sous l'eau.* — M. de la Gournerie a publié dans le rapport du jury de l'Exposition de 1855 des renseignements historiques sur les inventions qui se sont fait successivement jour. Nous reproduirons ici une grande partie de cette intéressante étude.

En 1665, un mécanicien dont le nom n'a pas été conservé retira trois canons de l'un des vaisseaux de *l'Armada*, qui était coulé, depuis soixante-dix-sept ans, dans un port de l'île de Mull, voisine des côtes occidentales de l'Écosse. Il se servit d'un appareil à plonger composé d'un escabeau sur lequel il se tenait debout, et d'une cloche qui couvrait la partie supérieure de son corps.

Saint-Clair fit connaître ce travail avec quelques détails (*Georgii Sinclari Ars nova et magna gravitatis et levitatis;* Roterodami, 1669, lib. II, dial. v). Son récit fit une grande sensation. Sturm présenta la cloche à plonger comme une des plus grandes découvertes du dix-septième siècle; il en composa un dessin d'après la description de Saint-Clair (*Collegium experimentale*; Norimbergæ, 1676).

Cependant Sturm, ayant étudié la question avec plus de soin, reconnut que l'on s'était déjà servi de cloches pour plonger; il le prouva par des textes de Bacon, de Taisnier et d'Aristote. (*Tentam. Collegii curiosi quæd. Append.*).

François Bacon avait en effet parlé, en 1620, de cuves en métal que l'on descendait renversées au fond de l'eau. Elles étaient soutenues par trois pieds d'une longueur un peu moindre que la hauteur d'un homme. Les plongeurs, au lieu de remonter à chaque instant à la surface de l'eau, allaient y reprendre haleine, et recommençaient leurs opérations. (*Nov. Organ.*, lib. II, aphor. L.)

Taisnier dit avoir vu, en 1538, deux Grecs plonger à Tolède, dans les eaux rapides du Tage, en présence de Charles-Quint et de près de dix mille spectateurs, sans se mouiller et sans éteindre un feu qu'ils portaient. Ils s'étaient servis d'un vaste chaudron (*cacabus*) renversé, suspendu à des cordes, et portant un plancher dans son intérieur. (*Opusc. perpetua memoria dignissimum.... de Motu celerrimo;* Coloniæ, 1562.)

Enfin, du temps d'Aristote, on employait des cloches pour porter de l'air aux hommes qui travaillaient sous l'eau à la récolte des éponges.

Le *Journal des Savants* reproduisit le dessin de Sturm et résuma sa dissertation (numéro du 31 janvier 1678). Dès que son article eut paru, Panthot, médecin à Lyon, écrivit au rédacteur qu'il avait vu une cloche fonctionner avec succès dans le port de Cadaques, en Catalogne, pour retirer des piastres de navires coulés. Elle était de bois avec cercles de fer; de gros boulets suspendus à son bord formaient le lest nécessaire à l'immersion. Deux Maures s'en servaient alternativement. Un dessin accompagne la lettre de Panthot, que l'on trouve dans le numéro du journal du 4 avril 1678.

Presque tous les savants qui se sont occupés de philosophie naturelle à la fin du dix-septième siècle et au commencement du dix-huitième ont parlé de la cloche à plonger; plusieurs la représentent comme un appareil assez fréquemment employé, mais on ne trouve aucun fait nouveau dans leurs livres; il faut toujours revenir aux Grecs de Tolède, aux Maures de Cadaques et au mécanicien de l'île de Mull. Robert Boyle dit cependant que deux personnes s'étaient servi de cloches pour des explorations, l'une sur les côtes de l'Afrique, l'autre dans les régions du Nord. (*Relations about the bottom of the sea*, section II.)

L'air n'était pas renouvelé dans ces appareils, et, par suite, il fallait les remonter souvent. Halley proposa de les alimenter par des seaux renversés dont on aurait composé des norias à air. Il indique, pour permettre au plongeur de travailler hors de la cloche, une espèce de scaphandre communiquant avec elle par un tube flexible. (*Phil. Trans.*, vol. XXIX, p. 492, et vol. XXXI, p. 177.) Nous ne nous arrêterons pas aux dispositions proposées par Halley, parce que nous croyons qu'elles ont été peu employées.

En 1788, Smeaton employa à Ramsgate une cloche en fonte pour enlever des pierres couvertes de 9 à 10 pieds (de $2^m,74$ à $3^m,04$) d'eau. Elle avait 4 pieds 6 pouces ($1^m,37$) de longueur et de hauteur, et 3 pieds (91 cent.) de largeur. Son poids était suffisant pour déterminer l'immersion. Une pompe placée dans un bateau lui envoyait un courant d'air. C'est la première fois que nous trouvons cette disposition, qui a été si fréquemment employée depuis cette époque.

Rennie se servit d'une cloche analogue à celle de Smeaton pour la fondation des quais de Sheerness à 7 et 8 mètres sous l'eau, et de la jetée de Howth à 30 pieds.

La manœuvre a été perfectionnée, mais les cloches elles-mêmes n'ont reçu, depuis Smeaton, que peu de modifications. On a continué de les faire en fonte; cependant celles de bois n'ont jamais été abandonnées entièrement. M. Rendel en a employé une de ce genre, il y a quelques années, pour les fondations du pont de Lary, près Plymouth.

Les cloches ont rendu de grands services pour les travaux; mais elles ne peuvent contenir qu'un petit nombre d'ouvriers, quatre au plus, et leur manœuvre, toujours difficile, devient dangereuse quand le courant est un peu rapide.

Bateau à air. — Dès 1778, Coulomb avait proposé, pour les petites profondeurs, un bateau dont la partie centrale eût été disposée en forme de cloche : on l'aurait échoué sur le lieu du travail. Un *bateau à air* (c'est ainsi que Coulomb a nommé cet appareil) a été construit en 1845 pour des déblais de rocher dans la passe d'entrée du port du Croisic; il portait une machine à vapeur, et des pompes pour la compression de l'air.

On obtenait le lest nécessaire pour déterminer l'échouage et résister à la sous-pression, en laissant l'eau entrer dans une caisse qui formait la partie inférieure du bateau autour de la cloche. Pour la mise à flot, on refoulait la plus grande partie de l'eau en faisant agir sur elle l'air comprimé : la machine à vapeur achevait l'épuisement. On échouait le bateau au jusant, on le relevait au flot; les manœuvres étaient faites très-rapidement. Cet appareil a donné de bons résultats pour des travaux à $2^m,25$ sous l'eau dans un courant très-rapide. Dans les années 1848 et 1849, M. Cavé a fait, pour le Nil et pour la Seine, des bateaux à air qui restent à flot pendant le travail. Un tube télescopique prolonge la cloche jusqu'à une profondeur de $4^m,75$; il est relié à elle par une nappe en cuir qui se déroule suivant son abaissement et arrête le passage de l'air. La sous-pression est détruite par une simple diminution du déplacement. Une chambre intermédiaire, qui fonctionne comme un sas, permet de communiquer avec la cloche sans interrompre le travail : cette disposition avait été indiquée par Coulomb et a été réalisée par M. Triger dans ses travaux remarquables.

Les bateaux à air sont de bons appareils pour les petites profondeurs; ils permettent de descendre sous l'eau un atelier un peu nombreux : la chambre de travail des bateaux du Nil a une section de 40 mètres carrés. Dans les rivières, il paraît préférable de les tenir à flot; mais, à la mer, il est bon de les échouer pour les assujettir fortement contre les courants des marées et l'agitation de l'eau.

Nous empruntons la description du bateau de M. Cavé à M. Mongel qui l'a fait construire pour les grands travaux du barrage du Nil.

L'appareil se compose :

1° D'un bateau en tôle de 5 millimètres d'épaisseur, ayant 33 mètres de longueur sur $10^m,30$ de largeur.

Il a dans son milieu une ouverture de 8 mètres de longueur sur 6 mètres de largeur, un peu arrondie dans les angles. Cette ouverture, servant de fourreau à la cloche, est revêtue de montants en bois très-rapprochés, qui sont comme des guides, pour empêcher la cloche de se déverser dans le sens du courant du fleuve.

2° D'une grande chambre en tôle de 15 mètres de longueur et $5^m,40$ de hauteur, dite *chambre à air*, et d'une antichambre, également en tôle, qu'on peut appeler *écluse à air*, car elle sert à passer de la pression extérieure à la pression intérieure, au moyen de deux robinets communiquant l'un avec l'intérieur et l'autre avec l'extérieur. La chambre à air est consolidée par des montants en bois, des tirants et des boulons en fer; elle a une galerie supérieure sur laquelle sont fixés deux forts treuils pour monter ou descendre la cloche, qui n'est autre chose qu'une caisse en tôle de 5 millimètres, ouverte par le bas et par le haut.

Vis-à-vis de ces deux treuils il y en a deux autres plus petits pour mouvoir des matériaux.

L'intérieur de la chambre à air est éclairé par une série de lentilles placées tant sur le toit que contre les parois verticales.

Pour empêcher les fuites d'air entre la cloche et son fourreau, une chemise en cuir gras est fixée d'une part au fourreau et de l'autre à la cloche.

3° D'une machine à vapeur de la force de dix chevaux, donnant le mouvement à une pompe à air aspirante et foulante qui communique par un tuyau avec la chambre. Il y a également deux pompes à eau aspirantes et foulantes, dont on fixe les tiges au balancier quand on veut employer le bateau aux épuisements.

Il y a, en outre, deux cadres indicateurs qui, dans leur mouvement rotatif, agitent une sonnette; ils sont destinés à communiquer, l'un avec le machiniste, l'autre avec le chef de manœuvre. Enfin, quand on veut cesser le travail, il y a un disque circulaire qui s'ouvre au moyen d'un levier et laisse échapper l'air comprimé.

On n'a pu dépasser, avec ce bateau, une profondeur de 4m,75; au delà, les parois de ce bateau commencent à fléchir, et par l'effet de la pression il se faisait de telles pertes d'air par les ceintures des boulons et des cornières qu'on ne gagnait plus rien. Pour lui donner une résistance suffisante à l'action de l'air comprimé, il a fallu lui donner un fort lest, ce qui a été fait en plaçant 280 tonneaux de gueuses, de manière à lui faire caler 1m,10 d'eau.

Quant aux avantages de ce système pour les travaux en lit de rivière, ils sont évidents :

On peut faire travailler à la fois 40 ouvriers à l'aise à de petites profondeurs, et par suite exécuter rapidement des travaux considérables. Le bateau forme bâtardeau pour fonder facilement des piles de pont, dans des cas où la nature sablonneuse du sol rendrait très-difficile ou même impossible l'exécution de bâtardeaux à demeure, toujours plus coûteux.

Nautilus. — L'emploi de l'air comprimé, non-seulement pour empêcher l'eau de pénétrer dans un espace, mais encore comme moyen d'immersion ou d'émersion, comme force motrice communiquée à distance, a été fait fort heureusement pour améliorer la cloche à plongeur par des inventeurs américains, MM. Hallett et Williamson. Leur appareil, auquel ils ont donné le nom de *nautilus*, paraît susceptible d'applications précieuses pour les constructions hydrauliques à de grandes profondeurs.

Cet appareil est représenté en élévation fig. 3686, et en coupe fig. 3687.

Le nautilus se compose essentiellement d'une capacité plus ou moins grande, dans laquelle se placent les ouvriers, entourée d'autres capacités plus petites dans lesquelles on peut, à volonté, faire pénétrer de l'eau ou de l'air. On comprend dès lors que cet appareil peut flotter à la surface de l'eau ou descendre à la profondeur nécessaire, selon que ce volume d'air est plus ou moins considérable.

Un tuyau flexible solidement construit met l'appareil en communication avec un vaste réservoir d'air comprimé, placé à bord d'un ponton ordinaire. Une machine à vapeur de six chevaux, installée sur le même ponton, met en jeu la pompe foulante qui alimente ce réservoir d'air comprimé.

Le mouvement de la machine est extrêmement simple. Un grand trou d'homme placé à sa partie supérieure permet d'y pénétrer facilement, comme dans la cale d'un navire ordinaire, lorsqu'elle flotte à la surface de l'eau. On ferme cette ouverture aussitôt que les hommes, les matériaux et les outils sont entrés dans la machine. A l'aide de robinets dont la disposition est facile à concevoir, le conducteur du nautilus, placé à l'intérieur, fait aussitôt pénétrer assez d'eau dans les chambres à air pour que la machine s'immerge. La marche du manomètre lui indique à chaque instant la profondeur à laquelle il se trouve, et lui permet de régler la vitesse de la descente en augmentant ou en diminuant le volume d'eau des chambres à air.

Lorsque l'appareil est arrivé au fond de l'eau, on fait pénétrer, dans la chambre de travail, de l'air à une pression précisément égale à celle qui répond à la profondeur à laquelle on se trouve, ce qu'un second manomètre permet facilement de reconnaître. On peut alors, sans craindre de voir l'eau pénétrer dans la cloche, enlever la partie mobile du plancher qui forme le fond de l'appareil, et travailler sur le sol comme on le ferait à la surface de la terre.

Le nautilus n'est point suspendu à son ponton, comme les cloches à plongeur ordinaires; il ne communique avec lui que par le tuyau flexible, tenu toujours très-long, pour laisser à la cloche toute liberté de mouvement. La rupture de ce tuyau flexible ne compromettrait en rien, d'ailleurs, la sûreté des tra-

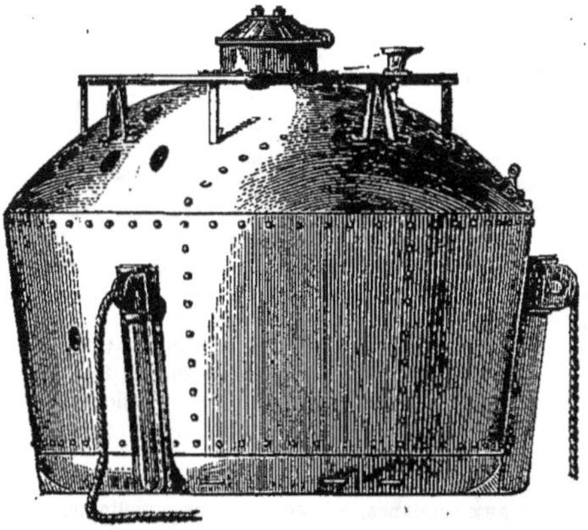

3686.

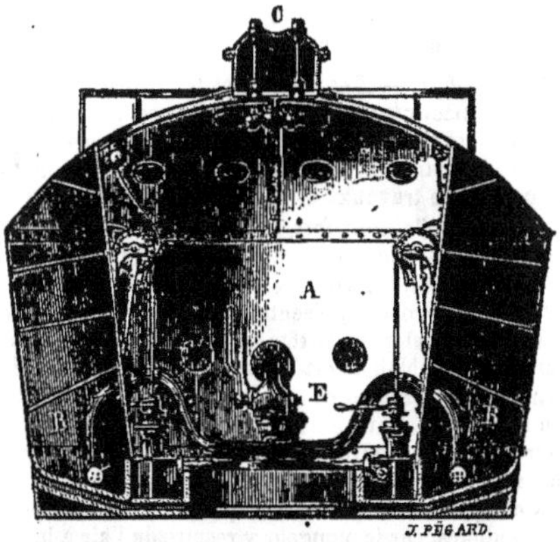

3687.

vailleurs. En enlevant avec une petite pompe à main une partie de l'eau formant lest, l'appareil reviendrait de lui-même flotter à la surface.

Le nautilus est retenu par trois ou quatre cordes fixées à de petites ancres, ou à d'autres points fixes. Ces cordes traversent des boîtes à étoupes d'une forme spéciale et viennent s'enrouler sur des petits treuils placés dans la chambre de travail, de sorte que les ouvriers peuvent eux-mêmes se transporter dans toutes les directions nécessaires.

Une des propriétés les plus utiles du nautilus est la possibilité de l'employer comme *grue* pour transporter des fardeaux au fond de l'eau. Cette manœuvre est extrêmement facile; on attache l'objet à une forte chaîne réunie à l'appareil; puis on fait sortir des chambres à air un volume d'eau suffisant pour faire flotter l'ensemble du système.

Quand il suffit de soulever la cloche de quelques centimètres, les ouvriers marchent sur le sol et poussent facilement l'appareil dans la direction voulue. Si l'on se maintenait à une certaine hauteur au-dessus du fond, on se halerait de l'intérieur de la chambre de travail à l'aide des cordes d'amarre. La machine actuelle peut soulever ainsi un poids de 6 tonnes 1/2, mais rien ne serait plus simple que de lui donner plus de puissance. A l'aide de cette machine, on peut donc exécuter à toute profondeur sous l'eau les travaux d'appareillage de maçonnerie les plus délicats. Rien ne serait plus facile, par exemple, que de faire des jetées à la mer, en blocs artificiels jointifs, maçonnés et rejointoyés entre eux, qui exigeraient un cube bien moins fort que nos jetées à blocs perdus, et seraient beaucoup moins altérables qu'eux par l'action de l'eau salée.

Un grand nombre de dispositions très-ingénieuses sont réunies dans le même appareil pour lui permettre d'exécuter les différents travaux que réclame l'art de l'ingénieur. Nous n'en citerons ici qu'une seule. C'est une petite machine à piston et à cylindre, fonctionnant à l'intérieur de la chambre de travail par l'air comprimé. Ce moteur peut être employé à tous les travaux de force à exécuter sous l'eau, et, en particulier, à forer les trous de mines qu'elle creuse avec une grande facilité. Le moteur du ponton, sans autre transmission de mouvement qu'un tuyau flexible, envoie ainsi, presque sans perte, une partie de sa force au fond de l'eau, comme on le ferait à terre avec la courroie d'une locomobile.

Scaphandres. — Les cloches et les bateaux à air ont le grave inconvénient de ne pouvoir servir que quand les ouvriers doivent travailler sous leurs pieds.

Les scaphandres ont résolu le problème pour tous les genres de travaux.

Ces appareils sont fort anciens, dit M. La Gournerie, que nous allons encore citer. Dans un de ses célèbres manuscrits écrits à rebours, celui qui est coté B, Léonard de Vinci représente un scaphandre plongeur fait pour envelopper la tête et une petite partie de la poitrine, semblable, dit-il, à un appareil usité dans l'Inde pour la pêche des perles. Un tube flexible fait communiquer l'air extérieur avec l'atmosphère; son extrémité est soutenue au-dessus de l'eau par un flotteur.

Cet appareil ne peut servir que pour de très-petites profondeurs, car le plongeur y respire de l'air à la pression atmosphérique. Coriolis pensait que la différence de pression entre l'air extérieur et celui de la poitrine ne peut guère dépasser celle qui correspond à une colonne d'eau de $0^m,60$.

Dans le croquis de Léonard de Vinci, le flotteur est représenté à une hauteur de quatre hauteurs de tête environ au-dessus de la bouche. Venturi parle de cet appareil, mais le dessin qu'il en donne diffère beaucoup de l'original.

On trouve dans le recueil de Gerli deux dessins de scaphandres plongeurs, extraits de celui des cahiers de Léonard de Vinci qui est coté N, et qui appartient à la bibliothèque Ambrosienne. Le premier de ces appareils se compose d'un tube flexible ayant l'une de ses extrémités soutenue hors de l'eau par un flotteur, tandis que l'autre s'élargit et enveloppe la bouche du plongeur. Pour se servir de cet appareil, il faudrait faire les inspirations par la bouche et les expirations dans l'eau par le nez; on aurait alors de l'air toujours pur, avantage que ne donne pas le scaphandre indien.

Le second appareil consiste en une outre (probablement cerclée) disposée comme ces larges cravates que l'on appelle cache-nez. La bouche s'ouvre dans son intérieur. Un aussi petit réservoir d'air ne peut être d'aucune utilité, car un homme exhale par minute près d'un quart de litre d'acide carbonique.

Saint-Clair dit, en parlant du plongeur de l'île de Mull, qu'un tuyau en cuir ne lui amenait pas, à travers l'eau, l'air nécessaire à sa respiration, mais qu'il en entraînait, à chaque descente, une quantité suffisante pour une heure presque entière. Ce passage pourrait faire supposer que Saint-Clair connaissait le scaphandre de la mer des Indes.

Du temps d'Halley, on se servait quelquefois pour plonger d'un vêtement imperméable, composé, en partie, d'une armure, dont les joints étaient rendus étanches par du cuir. Deux tuyaux établissaient la communication avec l'atmosphère, et remplissaient, pour l'air, le rôle d'artère et de veine; on établissait le courant par des soufflets placés à l'extrémité de l'un d'eux. Cet appareil était trouvé convenable pour les petites profondeurs jusqu'à 12 et 16 pieds ($3^m,66$ et $4^m,88$); mais au delà, la pression de l'eau arrêtait la circulation du sang dans les membres.

On voit que l'on était arrêté, pour les scaphandres, par la difficulté de donner à l'air inspiré une pression assez grande; tandis que, dans les cloches, comme le remarque Saint-Clair, l'équilibre s'établit spontanément entre les pressions qui agissent à l'intérieur et à l'extérieur.

Lorsque Smeaton eut employé des pompes pour refouler de l'air dans des cloches, l'idée aurait dû venir naturellement de s'en servir pour les scaphandres; cependant, on a pensé d'abord à un réservoir d'air comprimé (*Mechanic's Magazine*, 25 june 1825). Les scaphandres avec courant d'air continu paraissent avoir été employés pour la première fois en Amérique, d'où ils ont été introduits en Angleterre vers 1830. Ce n'étaient alors que de simples casques. MM. Dean et Siebe ajoutèrent, en 1837, un vêtement imperméable analogue à celui dont parle Halley. Les scaphandres ont pris alors une grande importance. Maintenant la quantité d'air qui enveloppe le corps du plongeur est assez grande pour que sa vie ne coure aucun danger, si le jeu des pompes est interrompu pendant quelques instants, et tout son corps est à la même température; de graves accidents arrivaient quand la tête était entourée d'un air échauffé par la compression, et qu'une grande partie du corps était dans une eau plus ou moins froide.

Des perfectionnements ont été apportés aux oculaires, aux soupapes, à la composition du vêtement et aux pompes.

Ces appareils sont d'une manœuvre assez facile pour qu'on les regarde comme donnant à l'ingénieur un nouveau procédé de fondation. On s'en est servi avec succès au nouveau môle d'Aurigny, pour commencer les maçonneries sous l'eau.

Dans les travaux du pont de Tarascon, les plongeurs

travaillaient par relais de cinq heures. Deux d'entre eux étaient alimentés d'air par la même pompe, et faisaient la moitié du travail que l'on eût obtenu de l'un d'eux hors de l'eau.

Le scaphandre se compose :

1° D'une pompe à air contenue dans une caisse de $0^m,60$ à 0,80 de côté, dont le poids est de 125 kilog. environ ;

2° D'une autre caisse contenant des souliers plombés, des plaques de plomb et des vêtements de laine ;

3° D'un vêtement imperméable en caoutchouc d'une seule pièce, qui part du milieu du dos et couvre tout le corps en formant un pantalon à pieds ;

4° D'une épaulière en métal, dont le collet circulaire porte un pas de vis, et la partie inférieure un système de bandelettes en cuivre qui sert à fixer le haut du vêtement imperméable ;

5° D'un casque en métal, de forme ovoïde, dont la hauteur est de $0^m,35$ et la largeur $0^m,27$. La partie inférieure du casque, à la hauteur du col, est ouverte circulairement, et porte un écrou en métal qui s'adapte au pas de vis de l'épaulière et permet la réunion complète du casque au vêtement imperméable. La face du casque est munie à hauteur des yeux de deux carreaux fixes en verre fort épais de $0^m,13$ de diamètre ; à la hauteur de la bouche existe aussi un carreau mobile de même diamètre, qui est placé dans un châssis en métal formant le pas d'une vis dont l'ouverture du casque forme l'écrou ; ou bien un simple robinet, ce qui permet au plongeur de respirer librement sitôt sa sortie de l'eau. Ces carreaux sont préservés des chocs par de petites grilles en métal.

Le conduit d'aspiration d'air pur et celui de décharge de l'air vicié sont formés à l'intérieur du casque par de petits canaux placés autour des carreaux ; l'air pur arrive par le dessus ; le casque est muni à cet effet d'un pas de vis qui reçoit l'écrou d'un tuyau en caoutchouc de $0^m,035$ de diamètre, au moyen duquel la pompe envoie l'air pur ; l'air vicié sort par une petite soupape dont la fermeture s'opère sans permettre à l'eau de rentrer.

Dans les scaphandres de M. Heinke, la soupape de sortie de l'air est entourée d'un étui qui l'ouvre ou la ferme hermétiquement à la volonté du plongeur. Le vêtement, quand la soupape est fermée, se gonfle de tout l'air qui arrive, et bientôt le plongeur, rendu ainsi plus léger que l'eau, monte à la surface. S'il est en danger au fond, si ses signaux sont mal compris, il dépend toujours de lui de reparaître à la surface. Il a encore la possibilité de descendre dans l'eau aussi lentement qu'il le désire, tandis qu'avec les autres appareils, entraîné par les poids énormes à l'aide desquels on assure une immersion durable, il est maintenu au fond jusqu'à ce qu'on le soulage à l'aide de la corde attachée autour de son corps.

Nous avons vu que pendant plus de deux siècles les scaphandres n'avaient pu être utilement employés, parce qu'on ne savait pas donner une tension assez grande à l'air intérieur. Maintenant que cette difficulté est vaincue, quelques personnes cherchent à faire respirer aux plongeurs de l'air suffisamment renouvelé, mais maintenu à la pression atmosphérique, et des brevets d'invention ont été pris pour des dispositions que l'on dit propres à atteindre ce but. Il n'est donc pas hors de propos de rappeler les travaux qui ont été faits sur les corps immergés.

Comment se fait-il qu'un homme qui plonge à de grandes profondeurs ne soit pas écrasé par la pression ? Cette question, moins simple qu'il ne semble au premier abord, a été examinée au dix-septième siècle. Stévin s'en occupe dans son *Art pondéraire ;* Descartes dans une lettre au P. Mersenne, et ce père dans ses *Phénomènes hydrauliques*. Pascal l'étudie dans le *Traité de l'équilibre des liqueurs*. Il propose de jeter une mouche dans de l'eau tiède que l'on comprimerait fortement : l'insecte ne devrait éprouver aucune lésion. Boyle, ayant tenté l'expérience sur des têtards, les vit se mouvoir librement dans de l'eau, sous des pressions correspondantes à des profondeurs de 200 et de 300 pieds ($60^m,96$ et $91^m,44$) ; leur volume paraissait seulement un peu diminué. (*Hydrost. Parad.*, Appen. II.)

Ces expériences et ces études montrèrent qu'un plongeur ne recevait aucune lésion, parce que les charges se faisaient équilibre sur son corps ; mais il faut pour cela que l'air contenu dans les cavités intérieures puisse être amené, par la diminution du volume, à une pression égale à celle du milieu. Il est facile de reconnaître que les organes se prêtent parfaitement au resserrement nécessaire, pour les profondeurs auxquelles il est constaté que des hommes sont parvenus sans appareil.

On ne peut estimer à moins de 132 pouces cubes (2163 cent. cub.) le volume d'air que contient la poitrine d'un homme lorsqu'il se lance à l'eau après une inspiration. (Voir la *Physiologie de Muller*, traduction de M. Jourdan, vol. I, p. 247.) La contractilité des organes est telle que ce volume peut être réduit, sans lésion et sans douleur, à 35 pouces cubes (573 centimètres cubes), ou environ au quart. La pression de l'air inspiré peut donc être portée à quatre atmosphères par la compression, et la chaleur des poumons vient encore l'augmenter.

Nous n'avons eu égard qu'au volume de la cage thoracique, mais celui des cavités contiguës (trachée, larynx, etc.) peut aussi être diminué, surtout si le plongeur admet une certaine quantité d'eau dans sa bouche. On voit donc que lorsqu'un homme plonge sans appareil, la pression de l'air contenu dans sa poitrine peut faire parfaitement équilibre à celle de l'eau, jusqu'à 30 mètres et plus au-dessous de sa surface.

Le fait bien constaté que des hommes peuvent descendre à de grandes profondeurs en eau libre ne prouve donc pas que la pression dans la poitrine puisse être très-inférieure à celle du milieu. On dit que certains appareils permettent aux plongeurs de respirer impunément de l'air à la tension atmosphérique, sous 30 mètres d'eau. Nous supposons qu'il y a quelque malentendu. Si le fait est certain, il faudra chercher comment, dans le corps d'un homme, les parois des cavités peuvent supporter des pressions de trois atmosphères ; et quelle force permet aux membranes délicates des capillaires des cellules du poumon de résister dans le conflit de l'air à la pression atmosphérique et du sang, qui, circulant dans des organes comprimés, doit être à une tension élevée.

Appareil Rouquayrol-Denayrouze. Dans la pratique l'emploi du scaphandre offre plus d'un inconvénient, surtout pour l'emploi de chaque instant que peut avoir besoin d'en faire le navire à hélice, pour dégager celle-ci, visiter la carène, etc. Les plongeurs pouvant résister à la mer sont en petit nombre, et leur travail est peu considérable, même dans les meilleures conditions de travail, quand les ouvriers manœuvrant les pompes sont soigneux et exercés. Sans qu'on s'en rendît, en effet, parfaitement compte, c'étaient surtout les variations de pression produites par les acoups de la pompe et la chaleur de l'air comprimé, qui augmentaient beaucoup la fatigue et le malaise du plongeur. Un grand progrès a été accompli par l'invention dont nous parlons et qui repose essentiellement sur l'emploi d'un régulateur à gaz semblable à celui décrit à l'article RÉGULATEUR. Le réservoir de l'appareil de MM. Rouquayrol et Denayrouze (fig. 3688) est en métal, capable de résister à une très-forte pression. Il est surmonté d'une chambre qui régularise l'air. Le réservoir-régulateur se porte sur le dos.

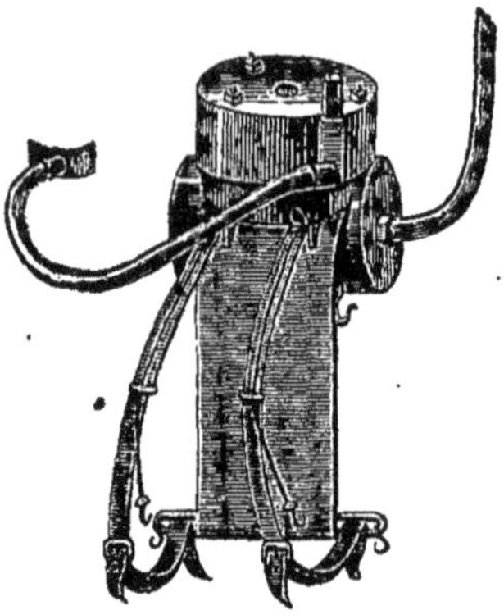

Fig. 3688.

Un tuyau de respiration part de cette chambre et se termine par un ferme-bouche fait d'une simple feuille de caoutchouc qui s'applique entre les lèvres et les dents du plongeur.

Le tuyau de respiration est muni, sur un point quelconque de sa longueur, d'une soupape qui se prête à l'expulsion, mais s'oppose à la rentrée de l'air.

La chambre à air est située au-dessus du réservoir d'air; elle est fermée au-dessus par un plateau d'un diamètre moindre que le diamètre intérieur de la chambre et recouvert d'une feuille de caoutchouc qui, d'une surface plus grande que celle du plateau, le relie hermétiquement aux parois centrales de la chambre.

On voit donc qu'il est susceptible de céder à une pression soit intérieure, soit extérieure, et de s'élever dans le premier cas et de s'abaisser dans le second.

Entre le réservoir et la chambre à air, la communication s'établit par un orifice d'un faible diamètre, fermé par une soupape conique qui s'ouvre de haut en bas. Enfin le plateau de la chambre à air supporte une tige dont l'axe se confond avec celui de la soupape.

Qu'une pression soit exercée sur le plateau, cette pression se transmettra par la tige à la soupape, et celle-ci dégageant l'orifice de communication, tout à l'heure fermé, une partie de l'air comprimé contenu dans le réservoir pénétrera dans la chambre à air. Voyons l'appareil (fig. 3689) en fonctions :

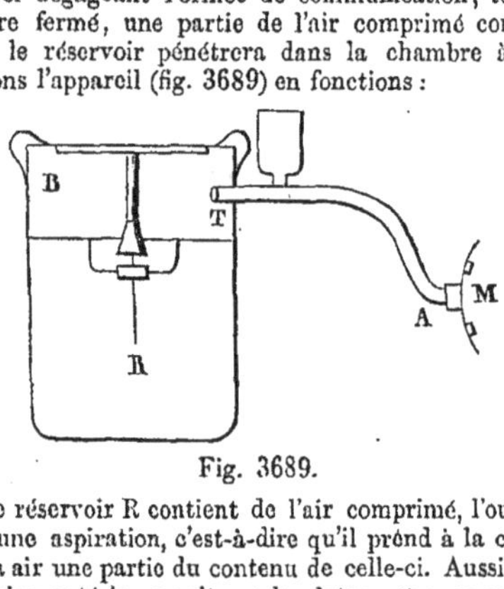

Fig. 3689.

Le réservoir R contient de l'air comprimé, l'ouvrier fait une aspiration, c'est-à-dire qu'il prend à la chambre à air une partie du contenu de celle-ci. Aussitôt la pression extérieure agit sur le plateau et avec celui-ci fait descendre la tige qu'il porte, la soupape s'ouvre, l'air du réservoir pénètre dans la chambre à air, rétablit l'équilibre entre l'intérieur de celle-ci et le milieu ambiant, fait remonter le plateau, et la soupape conique, revenant à sa position primitive, intercepte de nouveau la communication entre le réservoir et la chambre à air, jusqu'à ce qu'une aspiration nouvelle renouvelle le jeu qui vient d'être décrit.

On voit que cet appareil donne exactement la quantité d'air nécessaire à la respiration, qu'il le donne à la pression à laquelle est le plongeur et sans exiger aucun effort de la part de l'ouvrier.

Fig. 3689 *bis*.

Dès que le plongeur respire, la soupape qui se trouve sur le tuyau s'ouvre et laisse échapper dans l'eau l'air qui sort de la poitrine.

La fig. 3689 *bis* représente le plongeur travaillant au fond de la mer, portant un vêtement en caoutchouc souple et bien plus libre dans ses mouvements qu'emprisonné dans le scaphandre.

Bateaux plongeurs. — Bacon parle de ces appareils. Boyle raconte les merveilleux essais de navigation sous-marine de Cornelius Drebell, qui plongeait dans la Tamise avec un bateau contenant douze rameurs et des passagers. Quand leur respiration commençait à altérer l'air confiné, Drebell le révivifiait par les émanations d'une liqueur dont il n'a révélé à personne la composition. (*New Experiments physico-mechanical.*)

Le P. Mersenne a proposé pour naviguer sous l'eau un appareil qui n'a jamais été exécuté (*Ars navigandi super et sub aquis*). Le P. Schott nous apprend que de son temps on disait d'un projet étudié avec quelque science, mais qui cependant n'aurait pu être réalisé, que c'était le bateau de Mersenne. (*Technica curiosa.*)

Les tentatives récentes, les plus remarquables dans cette voie, sont celles de M. Payerne.

Le premier appareil qu'il construisit, et qu'il nomma bateau-plongeur ou bateau sous-marin, avait 9 mètres de long et 4 mètres de large; il était construit en fer chaudronné à rivets, ayant supporté par voie d'écartement une pression de plus de 8 atmosphères; sa forme était ovoïde; la partie supérieure portait le trou d'homme pouvant se fermer hermétiquement avec des vis, et des verres lenticulaires très-épais destinés à donner de la lumière. Il déplaçait 37 mètres cubes d'eau, soit 37,000 kilogr., et il pouvait descendre à une grande profondeur; mais ayant éprouvé quelques avaries, il ne fut pas jugé prudent de dépasser habituellement celle de 8 mètres.

En 1847, il fut employé avec succès à l'extraction d'une roche dure, de 58 mètres cubes, qui se trouvait dans le port de Brest, en avant de la cale où était alors en construction le vaisseau de premier rang *le Valmy;* il fallut pour ce travail descendre jusqu'à 12 mètres de profondeur.

En 1849, le même bateau-plongeur fut occupé dans la Seine à l'enlèvement de l'ancien Pont-au-Double. Enfin, en 1852, il fut envoyé à Cherbourg, pour travailler à l'approfondissement du port Chantereine.

En 1853, ce même bateau, qui ne pouvait contenir que quatre travailleurs, fut coupé en deux pour être agrandi par l'intercalation d'une chambre de travail pouvant renfermer douze hommes. Il eut alors 15 mètres de long, et c'est ainsi qu'il enleva à Cherbourg, avec des contre-maîtres et des ouvriers peu dressés à ce genre de travail, 1 mètre cube de roche granitique par jour.

Avant l'immersion, on comprime de l'air dans les compartiments extrêmes, et les plongeurs s'enferment dans la chambre du milieu. Cela fait, on foule de l'eau dans les compartiments extrêmes, dont l'air se rend dans la chambre intermédiaire supérieure, et, par suite de l'augmentation de poids due à cette eau, l'appareil s'immerge progressivement. Arrivé sur le fond, on ouvre la porte de la cloison horizontale, l'air comprimé refoule l'eau de la chambre inférieure, et les ouvriers y descendent pour travailler. On maintient l'air de l'appareil à l'état respirable en le faisant passer, à l'aide d'un fort soufflet, dans une dissolution alcaline. La tuyère de ce soufflet est munie d'une pompe d'arrosoir, laquelle, divisant l'air en petits filets, le met en contact intime avec la dissolution. C'est le seul système avec lequel on puisse rester plusieurs heures, sans communication avec l'air extérieur, et cela sans inconvénient.

M. le docteur Payerne voulait aller plus loin ; il prétendait construire un nouveau bateau-plongeur à hélice, mû par la vapeur.

Dans le foyer hermétiquement clos, il proposait de faire brûler le combustible dont il voulait faire usage, en le mêlant avec un corps oxygéné, tel que l'azotate de soude ou de potasse, pour suppléer à la suppression complète du courant d'air. Un entonnoir, garni d'un robinet à dé, transmettrait au foyer les boules du combustible dosé d'azotate, sans donner issue à la flamme. Les gaz de combustion s'échapperaient en soulevant par leur propre tension la soupape, qui se refermerait aussitôt par la pesanteur de la colonne atmosphérique. La vapeur d'eau serait engendrée dans une chaudière tubulaire ainsi chauffée. Ce système soulèverait bien des difficultés dans la pratique, mais qui ne paraissent pas absolument insurmontables.

On a construit, comme essai de machine de guerre, un bateau ne devant être qu'accidentellement immergé, et employant de l'air préalablement comprimé dans un réservoir, pour mettre à volonté une hélice en mouvement. Il est bien difficile d'enmagasiner ainsi une quantité de travail moteur assez grande pour que la navigation du bateau sous l'eau soit suffisamment longue pour devenir redoutable.

POINÇONNEUSE. Un moyen élégant de préparer la déchirure du papier suivant une ligne voulue et qui a été appliqué universellement aux timbres-poste, con-

BONNAFOUX PIGARD. sc

siste à pratiquer une file de trous séparés par de petits intervalles, par l'enfoncement d'une file de petits poinçons d'acier. Le mode d'opérer de ces petites machines se comprendra facilement par la figure, dans laquelle on voit ce système d'une série de poinçons mus par un axe portant deux excentriques, qui est souvent combiné avec un chariot pouvant marcher dans des directions rectangulaires. De semblables machines, plus puissantes, servent pour perçer les tôles.

POLISSAGE DU MARBRE ET DES GLACES. Le dressage des pierres pour les grandes constructions monumentales des Romains, dit Poncelet, s'opérait probablement, comme aujourd'hui chez certains de nos marbriers et fabricants de miroirs, en faisant osciller, mouvoir en tous sens, rectilignement et circulairement, avec interposition d'eau et de sable ou de poudre usante quelconque, à divers degrés de finesse, une pierre, une dalle de même nature, mais de moindre échantillon, nommée *moellon*, à la surface supérieure horizontale de la pièce principale, mise en place ou calée, scellée au besoin avec du plâtre, sur une table, une plate-forme d'appui solide, dont la surface doit être elle-même parfaitement dressée, quand on la destine à recevoir une ou plusieurs dalles minces et jointives, telles que des glaces de miroir, par exemple.

Dans la marbrerie ordinaire, comme on sait, mais surtout quand le sciage mécanique ou à bras a été bien exécuté, on se contente aujourd'hui encore de dresser, doucir ainsi, sans beaucoup de frais, la surface supérieure des pierres par le frottage d'un petit moellon dont la rotation sur lui-même est indispensable pour éviter le creusement mutuel des surfaces qui, dans le simple glissement rectiligne, amène le milieu plus fréquemment en contact que les extrémités. Mais, quand il s'agit d'obtenir des surfaces parfaitement planes, ces moyens deviennent insuffisants, et c'est ce qui a lieu notamment pour le dressage des pierres lithographiques, où l'on se sert d'un petit moellon à châssis en fonte, percé à jour pour recevoir, à la surface supérieure, le mélange d'eau et de poudre de grès versé de loin en loin par l'ouvrier, qui en même temps promène et fait pirouetter le châssis-moellon en agissant sur la manette excentrique dont il est surmonté verticalement. Toutefois, le résultat de ce long et pénible travail serait imparfait encore si l'on ne faisait frotter l'une sur l'autre, dans des conditions pareilles et avec des poudres usantes extra-fines, etc., deux pierres lithographiques déjà préparées isolément à l'aide de cet ingénieux procédé.

Sauf l'état plus avancé de dégrossissement préalable des surfaces et les moyens de vérification, de repérage par la coloration et l'application de règles parfaitement vérifiées, c'est aussi, si je ne me trompe, le procédé employé aujourd'hui même pour le finissage, le moirage ou le polissage de surfaces métalliques obtenues à l'aide des planeuses à outil fixe et chariot porte-pièce mobile dans le genre de celles exposées à Londres par M. Whitworth, notamment quand il s'agit de *marbres*, de platines à dresser les formes d'imprimerie, etc. Mais les procédés, facilement applicables aux surfaces épaisses et résistantes de la fonte, ne sauraient évidemment convenir au dressage de très-grandes plaques minces et fragiles.

Pour les grandes glaces en particulier, le moellon ou traîneau à doucir, autrefois composé d'un châssis mobile en charpente, convenablement chargé et muni en dessous de sa petite glace, etc., se trouvait lié à une large jante circulaire par des rais en bois léger, constituant la *table à roue*, que deux hommes vigoureux promenaient et faisaient tourner sur elle-même le long de la grande table-support ou banc fixe, dont les rebords, parfaitement dressés dans un même plan, servaient à diriger par glissement les rais et les jantes de la roue. Cette manœuvre, en apparence grossière quand elle n'est point accompagnée, lors du retournement de la glace, de moyens de vérification et de repérage indispensables pour assurer le parallélisme, le parfait dégauchissement des deux faces, cette manœuvre était employée, longtemps après 1809, au faubourg Saint-Antoine, à Paris, dans un établissement appartenant à la manufacture des glaces de Saint-Gobain, bien qu'on se servît déjà à Saint-Ildéfonse, en Espagne, et sans doute ailleurs encore, de diverses machines à moteurs hydrauliques, dont le principal caractère consistait à procurer à un traîneau unique ou à une série de petits moellons, surmontés de manettes excentriques, rangés en ligne droite, à côté ou au-dessus les uns des autres, un mouvement de glissement et de rotation simultanés le long des tables ou bancs à dresser, au moyen d'équipages de tringles, de tirants ou bielles à manivelle, compris dans des plans verticaux distincts et dont le va-et-vient était transmis à l'axe du traîneau ou aux manettes des moellons, tantôt par d'autres tringles transversales, tantôt par des cordons croisés sur un tambour central, tantôt enfin par un rochet à *dent de loup*, de manière à obtenir automatiquement une série de passes et repasses successives. Les résultats de celles-ci, vérifiés de loin en loin et en différents sens, par des procédés suffisants peut-être pour des glaces d'une petite étendue, ne l'étaient pas à beaucoup près pour de plus grandes, surtout à l'égard du gauchissement général ou du manque de parallélisme des faces, dont les fâcheux reflets, joints à ceux que produisaient de nombreuses stries ou ondulations, n'accusaient que trop les imperfections du dressage aux yeux les moins exercés.

M. Dartigues, l'ancien membre du bureau consultatif des arts et manufactures, fondateur des cristalleries de Vonèche et de Baccarat, paraît être le premier en France qui se soit préoccupé, au point de vue mécanique, d'améliorer cet état de choses, dans un brevet d'invention du 13 mai 1820, rédigé d'une manière incomplète et obscure, mais dans lequel on aperçoit cependant l'intention de procurer au traîneau ou rodoir le mouvement épicycloïdal indispensable, en le surmontant d'un petit pignon placé entre deux crémaillères parallèles, établies transversalement sur les bords supérieurs et opposés du banc-support, l'une momentanément fixe, l'autre mobile par va-et-vient longitudinal, toutes deux susceptibles de glisser parallèlement sur des guides ou règles de soutien en fer fixées sur les longs côtés du banc, à une hauteur exactement repérée au moyen d'une vis à cadran, et correspondant à l'épaisseur qu'il s'agit de donner successivement et définitivement à la glace doucie ou polie.

C'est aussi vers cette époque que la manufacture de Saint-Gobain, dirigée par les conseils de feu Clément Désormes, le célèbre professeur de chimie industrielle au Conservatoire des arts et métiers de Paris, munit ses ateliers de machines à dresser construites en Angleterre par le mécanicien Hall de Dartford, d'après un système plus ou moins analogue à ceux dont il vient d'être parlé, mais qu'il me serait impossible de préciser, grâce au mystère dont ce profitable monopole aime aujourd'hui encore à s'envelopper.

Dans un projet ou brevet en date de mars 1826, M. Hoyau, ingénieur mécanicien et graveur, plus particulièrement connu pour son ingénieuse petite machine à fabriquer les agrafes en fer étamé, s'est proposé d'obtenir un dressage plus parfait des grandes glaces au moyen d'une machine dont l'idée principale, applicable même au dressage des surfaces métalliques et à la taille des verres d'optique de forme sphérique, conique ou cylindrique, consiste dans la rotation rapide d'un outil rodant quelconque, et, plus spécialement, d'un moellon ou disque frottant, mobile autour d'un axe emporté lui-même circulairement autour d'un axe parallèle ou convergent, fixe ou lié à un dernier système d'axes pareil, tandis que la pièce à raboter ou à dresser, placée sur un chariot-support à rotation excentrique par rapport au système précédent, présente successivement tous ses points à l'action de l'outil. C'est, comme on voit, la généralisation du principe du tour figuré appliquée au dressage mathématique des plus grandes surfaces solides.

Dans le cas spécialement réalisé par l'auteur, des glaces de miroir ou dalles de marbre brutes sont placées sur un disque circulaire horizontal en fonte, tournant à l'extrémité supérieure d'un arbre conique ou support vertical à pivot fixe, tandis que le moellon, pareillement horizontal, mais surmonté d'une trémie alimentaire d'eau et de sable, est animé, au-dessus de ce disque, d'un double mouvement rotatoire, l'un autour d'un arbre vertical situé à l'extrémité extérieure d'un volet ou châssis trapézoïde mobile sur charnières ou colliers, l'autre autour de l'arbre en fer vertical et fixe qui, servant d'axe inébranlable à ces colliers, est situé au-dessus et extérieurement par rapport au plateau-support de la pièce à dresser. L'arbre mobile du moellon-rodoir demeurant d'ailleurs à une distance invariable de l'arbre excentrique et parallèle du vantail tournant, on conçoit comment il devient possible de communiquer simultanément à ce rodoir et au disque-support, et cela pour toutes les positions arbitrairement données au vantail, le mouvement rotatoire continu, tiré de celui d'un arbre moteur vertical et également extérieur au disque-support, par le moyen de roues dentées horizontales, de poulies à courroies sans fin, partant de ces arbres respectifs.

Toutefois, la disposition par laquelle l'arbre du rodoir et son équipage sont susceptibles d'être élevés, soutenus, à différentes hauteurs au-dessus du disque-support, par le moyen d'une romaine à contre-poids de décharge et d'un appareil à vis micrométrique en relation avec un cadran dont les divisions correspondent aux épaisseurs de la glace à dresser; cette disposition, il faut le dire, présentait, quant à la solidité, à la précision des ajustements, de sérieuses difficultés ou imperfections auxquelles devaient se joindre d'autres inconvénients relatifs à la mobilité, à l'instabilité du plateau ou chariot-support. Ces inconvénients expliquent la cause probable de l'abandon du système, malgré l'accueil qu'il a reçu en 1838 de notre Société d'encouragement; accueil fondé, sans doute, sur le mérite des idées théoriques de l'auteur et les résultats de quelques expériences favorables, exécutées, les unes sur des dalles granitiques destinées au péristyle du Panthéon, les autres sur des pierres lithographiques de grande dimension présentées par M. Chevalier à l'Exposition française de 1834, enfin, les dernières sur divers morceaux de glaces de rebut, d'inégales épaisseurs, et qui, juxtaposées et scellées sur la plate-forme ou table tournante de la machine, furent promptement redressées, dégrossies par le moellon-rodoir.

Quant à appliquer un mécanisme aussi compliqué, aussi lourd et aussi colossal en hauteur et en largeur, au rabotage des grandes pièces de fonte et au douci des grandes et fragiles glaces de miroir, cela devait offrir plus d'un genre de difficultés, qui n'ont pourtant pas empêché, si mes informations sont exactes, le mécanicien Ranvez d'en faire une application plus ou moins étendue au dressage des glaces de Cirey (Meurthe).

Ces difficultés expliquent, d'un autre côté, comment M. Carillion, l'ancien et très-estimable garde du génie à la brigade topographique, devenu, après 1815, le collaborateur des Dartigues et des Clément Desormes, aujourd'hui ingénieur constructeur très-distingué à Paris, a été conduit, plusieurs années avant 1848, à composer, pour les manufactures de glaces, en France et en Belgique, une machine à doucir qui réunit les avantages des anciennes planeuses à raboter la fonte de fer à ceux des rodoirs ordinairement employés au dressage des glaces; je veux dire des moellons tournant sur eux-mêmes pendant la translation qu'ils éprouvent longitudinalement ou transversalement à la pièce à dresser, dont les dimensions, souvent portées à trois mètres de largeur sur 6 et 7 mètres de longueur, devaient exclure toute idée de mettre en œuvre les planeuses anglaises à chariot porte-pièce, rectiligne et mobile, pour y substituer le système à table ou banc fixe, d'après le principe déjà appliqué par MM. de Lamorinière et Mariotte, au dressage des longues tables de fonte employées au coulage même des glaces dans la manufacture de Saint-Gobain. Ce banc, en effet, est ici composé d'un lit horizontal de pierres de taille jointives, dressées à leur superficie avec tout le soin possible, au moyen de la machine elle-même, pour y recevoir les glaces sur le côté uni, par lequel elles reposaient primitivement sur la sole plane de la table à couler, et être dégrossies ensuite parallèlement sur la face opposée, venue du coulage, plissée, ondulée irrégulièrement, malgré l'espèce de laminage qu'elle a primitivement subi, sur cette même table, au moyen de lourds cylindres en fonte.

Le banc en pierre dont il s'agit, porté sur des supports à châssis-consoles en fonte, reliés par des entretoises pareilles, est entouré d'escarpements, de rigoles également en fonte, où le résidu de l'eau et de la poudre usante va se rendre de toutes parts, en s'échappant de dessous du rodoir; ses longs côtés sont accompagnés extérieurement, et à une petite distance, de rails ou règles triangulaires placées debout et servant à guider, à soutenir des patins à coulisses que surmontent les flasques verticales en fonte et à entretoises solides de l'équipage à chariot, mobile longitudinalement, qui porte à la fois les rouages et le système, mobile transversalement, du rodoir horizontal à trémie alimentaire et auget oscillant, susceptible, au moyen d'une romaine ou bascule à contre-poids curseur, d'être maintenu dans une sorte d'équilibre à la hauteur minimum réclamée par l'épaisseur de la glace ou l'avancement du rodage aux divers instants du travail de la machine; hauteur réglée d'ailleurs par le moyen de dentures et de vis micrométriques à cadran qui permettent d'atteindre jusqu'aux fractions de quinze centièmes de millimètre. D'autre part, à l'aide d'un solide et ingénieux dispositif de support à plaque verticale et coulisses horizontales en fonte régnant dans tout l'intervalle compris entre les flasques de l'équipage à chariot, le porte-rodoir lui-même, la roue d'angle qui en surmonte l'arbre vertical, leurs chaises ou porte-coussinets, ceux mêmes de la romaine ou bascule de décharge et du pignon engrené dans cette roue, dont le manchon, la boîte glisse, à rainure et languette, le long de l'arbre horizontal supérieur qui reçoit, spontanément ou automatiquement, le mouvement rotatoire du mécanisme à embrayage de friction de la machine; tout cet ensemble, dis-je, reçoit d'une crémaillère horizontale à fuseaux et pignon oscillant, qui rappelle celle des presses à calandres et d'imprimerie automatique, un mouvement parallèle transversal très-lent, dépendant du mouvement translatoire même du chariot le long de son banc à coulisses, et s'étendant à l'intervalle entier compris entre l'un et l'autre de ses flasques ou supports, c'est-à-dire de manière que le rodoir puisse atteindre successivement, comme l'outil des planeuses ordinaires, toutes les parties ou bandes rectilignes parallèles dans lesquelles on peut concevoir la glace décomposée dans le sens de la longueur du banc.

Quant au mécanisme qui imprime le mouvement à l'équipage et aux divers organes du chariot, il consiste dans un courant de lanières ou cordons sans fin passant sur une paire de poulies verticales fixes, l'une motrice, l'autre de renvoi, placées en dehors et aux deux extrémités du banc ou de la course du chariot, et venant embrasser, extérieurement et intérieurement, deux autres poulies verticales sans gorge, dont les arbres horizontaux, montés sur ce chariot parallèlement à ses entretoises et cheminant avec lui le long des rails ou du banc, impriment le mouvement rotatif, d'un côté, au manchon d'embrayage de l'arbre moteur horizontal du rodoir, de l'autre, à un équipage de roues dentées ou à courroies motrices, dont les arbres, parallèles aux précédents, donnent le va-et-vient, soit intérieurement à la crémaillère à chevilles du porte-rodoir glissant sur ses coulisses horizontales, soit extérieurement aux flasques à patins du chariot, par des roues d'angle qui mettent en action de petits pignons à arbres verticaux engrenant le long de crémaillères dentées horizontales, fixées latéralement ou extérieurement aux chapeaux des consoles de soutien du banc à dresser, et par lesquelles la marche, progressive ou rétrograde, mais très-lente, est imprimée au chariot, tandis que ses alternatives d'aller et de retour sont réglées par les basculements d'un auget à boule roulante, que des cliquets à cames fixes ou *tocs*, placés aux extrémités de sa course, viennent alternativement pousser.

Il serait nécessaire de compléter cette rapide description par celle de plusieurs autres ingénieuses dispositions de détail qui, ne se rencontrant pas dans les anciennes planeuses anglaises ou françaises, offraient toutes de très-grandes difficultés à vaincre dans la nouvelle combinaison des pièces; mais cette description, tout imparfaite qu'elle soit, doit suffire, sans autre démonstration, pour convaincre que ce genre de machines, d'une puissance et d'une précision très-remarquables, a atteint une supériorité incontestable entre les mains habiles et savantes de M. Carillion, jugé digne de la médaille d'or à l'Exposition française de 1849, pour l'ensemble de ses travaux, et qui, successeur en quelque sorte de l'honorable M. Pibet, le vétéran de nos grands constructeurs de machines, a rendu de particuliers services aux manufactures de glaces, en les dotant d'utiles appareils pour le laminage, le transport, le retournement de ces glaces, sources, jusque-là, de tant de fatigues et de dangers pour les ouvriers.

Quoique beaucoup d'établissements, en France ou à l'étranger, soient tentés de n'accorder qu'un assez faible intérêt ou mérite industriel à des perfectionnements de cette espèce, parce qu'ils apportent, comme la machine même ci-dessus, plutôt des moyens de sûreté et de précision mathématique qu'une forte et appréciable réduction de prix dans les travaux et les produits des manufactures; néanmoins on doit espérer que le sentiment public et le goût de plus en plus sévère et épuré des consommateurs ne tarderont pas à répandre, à consacrer les belles et utiles conceptions mécaniques de l'ingénieur Carillion.

Dans la machine à polir les glaces que M. Carillion a mise à l'Exposition de 1855, le mouvement de va-et-vient des polissoirs doit être donné par une machine à vapeur horizontale de la force de six chevaux; l'amplitude de ce mouvement doit être de 80 centimètres; la translation de la pierre a lieu au moyen d'une série d'engrenages et d'une crémaillère; la pierre est transportée de 5 millimètres pour deux mouvements de polissoirs.

L'ouvrier qui conduit la machine est complétement le maître de ce mouvement; il peut rendre la pierre immobile, si cela est nécessaire, et faire mouvoir les polissoirs, soit à droite, soit à gauche, à sa volonté.

De temps en temps, c'est-à-dire environ toutes les quatre heures, il faut remettre les polissoirs en état, en les imprégnant de nouveau rouge (peroxyde de fer); il faut enlever les mains qui les font mouvoir pour les retirer, et ces mains reposent alors sur un support qui les empêche de toucher à la glace.

Le mouvement du moteur est transmis aux polissoirs par l'intermédiaire de leviers assez longs pour que les ouvriers qui servent cette machine puissent passer sous les bielles qui les font mouvoir, et ces leviers sont fixés sur la plaque de fondation. Ce système n'est pas celui adopté ordinairement; dans la plupart des machines à polir, les leviers sont fixés au plafond du local dans lequel elles fonctionnent, ce qui oblige à construire un bâtiment spécial, très-élevé et très-solide, et comme ce bâtiment doit être large, il y a nécessairement sous le toit un espace qu'il serait convenable d'occuper, mais qui est inhabitable à cause du mouvement que lui donnent ces leviers.

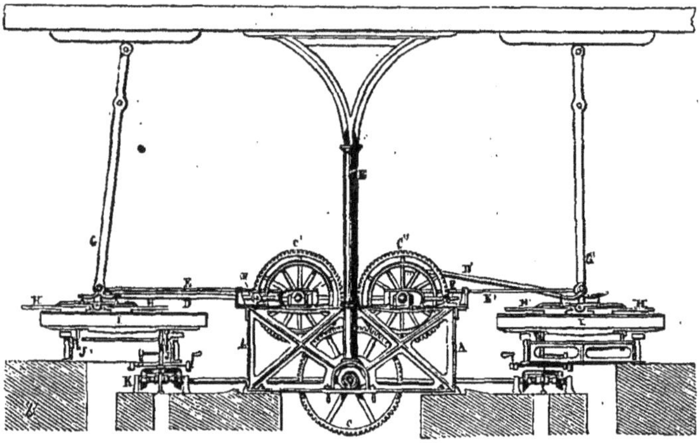

Machine à polir les glaces, construite à Seraing (Belgique).

Cet inconvénient n'est pas le seul. Le tremblement donné au plafond détermine sur la glace la chute de corps étrangers qui, s'ils sont durs, la rayent, et, pour enlever ces rayures, on fait toujours des bassins, ce qui détruit la régularité de la réflexion, qualité très-précieuse d'une glace.

Ces inconvénients ont provoqué la nouvelle disposition donnée aux leviers.

Les pierres ont $2^m,65$ de côté, et sont tarées; sur ces pierres on scelle des glaces de dimensions diverses et assorties pour couvrir toute la surface, qui est de 7 mètres carrés; toutes ces glaces ainsi réunies sur une pierre se nomment levée.

Pour sceller ces glaces, il y a un appareil spécial qui oblige toutes les glaces d'une levée à être sur le même plan, du côté où les polissoirs doivent frotter.

Sur une levée on place 8 polissoirs doubles; la surface d'un polissoir double est de $0^m,1080$; la surface des 8 polissoirs est donc de $8 \times 0,1080 = 0^m,8640$.

Le poids d'un polissoir double est de 24 kilogrammes, donc le poids des $8 = 24 \times 8 = 192$ kilogrammes. Il y a donc sur chaque mètre carré de la levée une surface de polissoirs de $0^m,1234$, dont le poids est de $27^k,4$.

La machine qui fait mouvoir ces polissoirs donne 40 coups de piston par minute, et la course du piston est de 80 centimètres, donc le chemin parcouru est de $40 \times 80 = 3200$ centimètres, et par seconde de $\frac{3200}{60} = 53,3$.

Les polissoirs font le même chemin.

Il faut pour polir une levée 28 heures, donc il faut pour polir 1 mètre carré $\frac{28}{7} = 4$ heures. Nous voyons donc que, pour polir 1 mètre carré de glace, il faut une surface de polissoir de $0^m,12$, chargée d'un poids de 27 kilogrammes, et se promenant 4 heures, avec une vitesse de 53 centimètres par seconde; et, comme la machine est double, 4 heures suffisent pour polir une glace de 1 mètre carré des deux côtés.

Nous donnerons ici un croquis de ce genre de machines, telle qu'elle a été établie dans un des premiers ateliers de la Belgique.

Légende.

A bâtis.
B colonne.
C roue d'engrenage motrice.
C' C'' roue de transmission du mouvement des polissoirs.
D D' bielles.
E E' guides des polissoirs.
F F embrayages des roues C' et C'' servant à arrêter le mouvement de l'une des tables.
G G' balanciers des polissoirs.
H H' polissoirs en bois.
I I tables de pierres supportées par un cadre en fonte et douées d'un mouvement perpendiculaire à celui des polissoirs.
J' galets en fonte sur lesquels glisse la table.
K engrenages armés d'un manchon d'embrayage, mis en mouvement par un levier manœuvré à la main et donnant le mouvement de translation à la table. L'engrenage reçoit le sien de la roue motrice C.

PORTE-AMARRES. Les sinistres les plus fréquents à la mer ont lieu près des côtes, lorsqu'une fausse direction fait faire trop tard les manœuvres qui eussent pu faire éviter un écueil, ou qu'une tempête pousse un navire avec une puissance très-grande, danger auquel, quand il ne dispose que de ses voiles, il n'a, pour ainsi dire, rien à opposer. Dans ces circonstances, le salut de l'équipage dépend de la possibilité d'attacher à la côte un câble partant du navire, qui permet d'assurer les communications, d'établir un va-et-vient. Comment parvenir à ce résultat, lorsque la mer est si grosse qu'un canot est immédiatement retourné, que le meilleur nageur ne peut se tenir sur les vagues? L'industrie humaine est-elle impuissante au point de laisser toujours périr près de la côte des navires auxquels on ne peut porter secours?

Toute la question, avons-nous dit, consiste à porter, soit du navire à la côte, soit inversement, l'extrémité d'un cordage, à une distance de quelques centaines de mètres. L'idée qui se présentait naturellement à l'esprit, surtout pour les navires de guerre, c'était de lancer à l'aide d'un canon un projectile pesant attaché à l'extrémité d'un cordage. Proposé plusieurs fois, ce système fut, en Angleterre, l'objet de nombreuses expériences du capitaine Manby. Le projectile était un boulet armé d'un grappin ; la corde était lovée sur le sol en rond ou en zigzag dans une caisse. Il est bien clair que ce système rencontre un obstacle très-grand dans l'inertie de la corde, qui doit se rompre pour peu que la vitesse du boulet, qui doit lui être communiquée immédiatement, est considérable D'un autre côté, si cette vitesse est faible, elle est amortie presque aussitôt par la communication de mouvement à la corde et la résistance de l'air. Aussi, malgré quelques succès dans les expériences, le système Manby était oublié quand M. Delvigne, l'ingénieux inventeur de la carabine Delvigne, fit connaître son porte-amarres dont nous emprunterons la description au Rapport du jury de 1855. Il se compose d'une enveloppe très-légère et de la corde servant à établir le va-et-vient, laquelle, roulée en bobine dans cette enveloppe, constitue le projectile et lui donne, à cause de sa forme allongée, un poids supérieur à celui d'une bombe ou d'un obus de même diamètre. Ce projectile se lance avec toute pièce d'artillerie dont on dispose. On le fait d'un calibre en rapport avec celui de la pièce que l'on veut employer ; il se lance comme les projectiles ordinaires, en fixant seulement près de la pièce l'extrémité de la corde, qui se dévide de la bobine renfermée dans l'enveloppe pendant sa course.

Aussi, dans son mouvement de translation, ce projectile n'éprouve-t-il, au lieu de la grande résistance due à l'entraînement de la corde, que celle qui résulte du dévidement intérieur, résistance qui est presque nulle.

En outre, à mesure que diminue la force d'impulsion qui lui a été communiquée par l'explosion de la charge de poudre, la corde se dévide, et diminue graduellement le poids du projectile, jusqu'à ce que, complétement vidé, il ne reste plus que l'enveloppe, qui, faite de bois et fermée à sa partie supérieure par un fort bouchon en liége, flotte et forme une petite bouée que l'on peut facilement saisir, et qui, si elle tombe sur terre ou sur un navire, ne peut occasionner aucun accident, à cause de sa légèreté.

Quant aux applications, elles sont aussi simples que nombreuses ; car, en outre du cas de naufrage, le porte-amarres Delvigne peut simplifier des manœuvres longues et souvent difficiles, soit pour transmettre des dépêches entre deux navires, lorsque la mer est grosse et qu'il devient dangereux de hasarder une embarcation, soit pour prendre une remorque, soit pour porter secours à un homme tombé à la mer, en envoyant dans sa direction ce projectile flottant, qui peut le soutenir et lui donner une amarre pour le faire ramener à bord.

En outre de ces avantages, le prix de revient du porte-amarres est très-minime, et sa construction assez facile pour permettre de l'employer et de le confectionner partout.

C'est là surtout son avantage, et M. Delvigne a ainsi rendu un service éminent à la navigation. Nous ne nous dissimulons pas cependant, d'une part, que la corde lancée par son appareil est très-mince : elle est de 7 à 8 millimètres de diamètre ; et en second lieu, que la bobine qui sert de projectile ne peut rester fixée sur le sol, là où elle tombe. Il faut quelqu'un pour la saisir. En outre, la corde qu'elle a entraînée, qui est très-faible, ne peut servir que pour amener à terre une autre corde plus forte, destinée à devenir le va-et-vient qui doit sauver les naufragés.

Un autre système de porte-amarres figurait aussi à l'Exposition, celui de M. Tremblay, capitaine d'artillerie de marine. Son appareil est plus puissant que celui de M. Delvigne. Il consiste en un grappin en fer, dont la verge est enveloppée d'un bourrelet en bois, et à l'organeau duquel est fixée une chaîne de quelques mètres, au bout de laquelle s'attache la corde, qui est l'amarre que l'on veut lancer. Cette corde est roulée dans une caisse, d'où elle se dévide à l'appel du grappin projectile. C'est une fusée de guerre qui lance ce grappin ; les premiers essais ont été faits avec une fusée de 9 centimètres, de la marine ; les derniers, avec une fusée de 12 centimètres, de la guerre.

Une série d'expériences a démontré que le grappin atteignait des distances de 3 à 400 mètres ; c'est une distance égale à celle qu'atteint le projectile de M. Delvigne. Mais, contrairement au système de ce dernier, la corde que lance M. Tremblay n'a pas moins de 13 millimètres de diamètre ; elle peut donc servir elle-même tout d'abord de va-et-vient, et en outre le grappin qui l'entraîne se fixe dans le sol où il tombe, et on peut exercer sur lui tout l'effort nécessaire au sauvetage que l'on veut opérer.

L'appareil Tremblay est incontestablement plus puissant et plus efficace que l'appareil Delvigne ; mais la nécessité de l'emploi d'une fusée de guerre fait qu'il n'est à la portée que des bâtiments de l'État, et à terre dans des stations d'une certaine importance, par conséquent d'un usage restreint.

Il est arrivé que dans une expérience faite par M. Tremblay, en présence de l'Empereur, la corde s'est rompue. On ne doit pas en inférer l'inefficacité de l'instrument. On connaît en kilogrammes la force de projection de chaque fusée, on peut régler la force de la corde en proportion. C'est une sorte de dosage que M. Tremblay sait faire aujourd'hui. Il n'est plus à craindre que la corde casse.

Quoi qu'il en soit, MM. Delvigne et Tremblay ont inventé des appareils qui ne manquent pas de valeur pratique. Il faut espérer que les navires, aussi bien que des stations à terre, ne tarderont pas à être pourvus de l'un ou de l'autre. Nous aurons moins souvent la douleur d'apprendre que des hommes ont péri en vue de terre, quelquefois presque à toucher la terre, faute d'avoir pu établir un va-et-vient entre leur navire prêt à sombrer et le rivage.

Voici donc deux moyens de résoudre le problème, l'un qui consiste à supprimer l'inertie de la corde, en en faisant le projectile même et par suite le déroulant pendant le mouvement ; l'autre faisant naître successivement la force motrice qui entraîne la corde. L'un et l'autre ont surmonté la difficulté capitale de l'emploi de la poudre à canon pour envoyer une corde à terre ; la précision du tir n'est pas très-grande, mais lorsqu'il s'agit de viser au rivage, cela n'a qu'une médiocre importance.

Le système Tremblay, disposé de telle sorte que le navire en danger puisse se suffire, qui peut le mieux obtenir des portées étendues (celles des expériences du Champ de Mars n'ont pas dépassé 400 mètres) en employant des fusées de fort calibre, en nombre suffisant (M. Tremblay en emploie souvent trois), nous paraît surtout appelé à rendre de véritables services, si on peut l'établir à un prix peu élevé et de manière qu'il se trouve en état au moment du danger. En évitant le cercle vicieux de ne pouvoir lancer à grande distance une grosse corde par une explosion instantanée, parce que le poids et l'inertie croissant, la puissance instantanément développée fait rompre la corde ; en faisant développer successivement le travail, il a fait faire un grand pas à la question ; et il faut espérer que l'on verra prochainement passer dans la pratique ce moyen de diminuer les malheurs qu'entraînent les échouages près des côtes.

POTERIES. Nous avons déjà fait connaître, à l'article POTERIE de la 2e édition de ce *Dictionnaire*, les différents procédés à l'aide desquels l'homme transforme des terres ou limons sans valeur, en ustensiles de première nécessité, en matériaux d'une très-grande importance industrielle, puisqu'ils sont les auxiliaires indispensables de plusieurs grandes fabrications, en objets d'un prix souvent considérable par suite du concours de l'art le plus pur et le plus élevé. Nous chercherons, sans revenir sur ce qui reste vrai, même dans cette période de progrès, à préciser les divers points qui font de la fabrication des poteries un art complet, un corps de doctrine, à présenter aussi succinctement que possible la théorie des diverses opérations qui par leur réunion composent l'ensemble des connaissances qu'on nomme aujourd'hui l'art céramique. Quelques considérations générales nous mettront à même de comprendre l'avenir de l'une des plus anciennes industries auxquelles l'homme ait demandé sur terre, tout à la fois, le bien être matériel et toutes les jouissances intellectuelles.

Les produits céramiques, en effet, considérés dans leurs applications les plus étendues, ne doivent-ils pas être classés au rang des plus variés et des plus importants? Des rapprochements historiques d'une puissante valeur ne les rattachent-ils pas à l'histoire des peuples, à celle des diverses phases de la civilisation, à celle enfin du progrès des arts? Leur emploi fréquent dans les usages de la vie, soit comme objet d'ornementation, soit comme ustensile de ménage, n'en rend-elle pas la production d'un intérêt général? Enfin presque toutes les industries n'ont-elles pas avec les arts céramiques des rapports plus ou moins directs? ignore-t-on que, par une réciprocité bien naturelle, l'art céramique se développe et prospère à son tour sous l'influence des progrès réalisés par le mécanicien, le chimiste, le physicien?

C'est grâce à la mécanique, à la chimie, à la physique, que le potier de terre réalise les conditions essentielles de fabrication rapide, économique et régulière qui peuvent lui assurer un bénéfice considérable; c'est par l'application des beaux-arts à l'industrie qu'il obtient des formes commodes, élégantes, et bien appropriées aux usages que le consommateur, de plus en plus difficile, recherche et réclame.

§ I. DES POTERIES

Considérées dans leur passé, leur présent et leur avenir.

Placées sur les bords des grands fleuves, les premières sociétés trouvaient dans les limons déposés par les eaux une matière ductile, facile à travailler, prenant et conservant sans peine une forme convenable pour contenir les grains, et acquérant assez de solidité pour pouvoir être transportée sans rupture à quelque distance du lieu de production. A cette première période appartiennent des poteries déjà remarquables par la forme et l'ornementation, poteries échappées pour la plupart à la destruction par une destination, je n'ose dire religieuse, qui les faisait enfouir avec la dépouille de ceux qui les avaient possédées.

Un premier progrès fut réalisé lorsqu'on découvrit qu'en soumettant les vases de terre à l'action d'une chaleur intense, on leur enlevait, avec leur fragilité, l'inconvénient de se délayer dans l'eau; il faut rapporter à cette seconde époque toute la plastique des anciens, et les poteries attribuées à l'art italo-grec ou romain.

Mais les vases qui ne sont pas cuits à des températures très-élevées, ou qui n'ont pas reçu d'une composition particulière la propriété d'être imperméables, restent poreux et absorbants; un grand et nouveau progrès a donc été réalisé le jour où l'on a su recouvrir les terres poreuses d'une couche vitreuse imperméable, c'est-à-dire d'une glaçure; c'est alors et seulement alors, que les poteries ont présenté les deux éléments des poteries modernes, le corps du vase ou la pâte, et la glaçure, c'est-à-dire le vernis, l'émail ou la couverte.

Les premières glaçures qui furent employées paraissent avoir été les glaçures silico-alcalines; le vernis de plomb ne fut découvert que longtemps après, mais il prit alors le caractère d'une véritable fabrication : on le fait remonter, en dehors des spécimens exceptionnels qu'on peut citer, à l'année 1283. Cette découverte est attribuée par les historiens à la ville de Schelestadt; mais Passeri réclame en faveur de Pesaro, fabrique de Toscane, l'application du vernis plombifère, d'abord sur pâte, en l'année 1100, et deux siècles plus tard sur engobe, en 1300. Depuis ces époques, le vernis plombeux s'est enraciné dans les usages des classes peu fortunées, contrairement aux sages principes de l'hygiène; il résistera malheureusement longtemps encore aux tentatives faites pour le remplacer.

On ne connaissait alors que des argiles donnant au feu des pâtes plus ou moins colorées; les vernis plombeux, transparents et minces, étaient incapables de dissimuler la couleur de la terre; l'introduction de l'oxyde d'étain dans la glaçure la rendit blanche, opaque, et donna toute facilité pour cacher, sous une couche plus ou moins épaisse d'un véritable émail, le ton plus ou moins rougeâtre de l'argile cuite : la faïence émaillée, née chez les Arabes et les Maures d'Espagne, peut-être chez les Persans, se répandit en Italie, qu'elle illustra pendant les quinzième et seizième siècles. A peu près à la même époque, la faïence émaillée s'étendait en Allemagne à Nuremberg, qui devint célèbre; en France, un homme estimé de tous, Bernard Palissy, créait par les seules ressources de son génie des poteries émaillées d'un genre tout nouveau, et des faïences bien voisines par leurs qualités des véritables terres de pipe.

Lorsque les porcelaines de la Chine et du Japon, fabriquées dans ces contrées depuis bien des siècles, furent importées en Europe, d'abord par les Portugais, puis par les Hollandais, l'industrie des produits d'art en reçut une vive atteinte. A mesure que les porcelaines devenaient plus communes et moins chères, la faïence abandonnée par les riches ne trouva plus que des consommateurs ou trop pauvres ou trop indifférents pour que la fabrication pût se maintenir à la hauteur qu'elle avait atteinte pendant le seizième siècle. Bien déchue maintenant de son ancienne splendeur, elle lutte à peine aujourd'hui contre les faïences fines qui lui retirent la consommation populaire, comme les porcelaines autrefois l'ont dépouillée de sa clientèle opulente; on peut prédire sa ruine complète avant la fin du siècle. La supériorité, comme poterie d'usage et de luxe, des porcelaines de la Chine et du Japon ne fut pas la seule cause de l'abaissement dans lequel tomba la faïence émaillée; l'émulation qu'excita la vue de ces admirables produits de l'Orient conduisit à la découverte des deux porcelaines, l'une dure, l'autre tendre. C'est en Saxe que Boëtger obtint pour la première fois en Europe de la véritable porcelaine dure. Cette découverte se répandit de 1709 à 1765 dans différentes contrées de l'Europe, malgré tous les efforts de l'Electeur de Saxe pour en conserver le monopole.

Plusieurs années avant qu'on découvrît en Saxe le kaolin et le secret de la fabrication de la porcelaine dure, on fabriquait une poterie très-remarquable à laquelle Sèvres doit en grande partie sa première célébrité. La fabrication de ces deux poteries a certainement été cause de l'abandon dans lequel sont tombées les faïences émaillées.

Pendant que le continent s'occupait de la fabrication de la porcelaine dure, l'Angleterre perfectionnait celle de la terre de pipe. L'introduction vers 1725 par Astbury du silex broyé dans les pâtes formées autrefois uniquement d'argile plastique, puis les travaux de

Wedgwood, avaient amené vers la fin du dix-huitième siècle les poteries anglaises à un degré de perfection fort avancé. Wedgwood créait encore, vers la même époque, ses grès fins aux formes imitées de l'antique, aux sculptures pleines d'élégance et de délicatesse dans l'exécution. La fabrication de la porcelaine, de son côté, réalisait de nouveaux progrès; on découvrait les kaolins et les pegmatites altérées de Cornwall. Les grandes guerres de la Révolution n'avaient pas arrêté l'essor industriel du Royaume-Uni; celles du premier Empire n'avaient pu gêner le développement de ses ateliers, ni ralentir ses exportations. Maîtresse des mers, l'Angleterre avait vu ses débouchés s'accroître de tous ceux qu'elle avait enlevés au commerce des nations rivales.

A la paix générale de 1816, l'Angleterre possédait une fabrication très-développée de ces terres de pipe perfectionnées que nous nommons cailloutage, de grès cérame, de porcelaine tendre. En variant la composition des pâtes et des vernis, Wedgwood et ses imitateurs avaient créé plusieurs sortes de poteries généralement d'un bon usage, et bien supérieures par l'aspect ou la solidité aux terres de pipe et aux faïences émaillées, c'est-à-dire à glaçures stannifères, qu'on fabriquait alors sur le continent. La bonne fabrication de ces produits et leur forme commode leur auraient conquis tous les marchés de l'Europe, si les gouvernements n'avaient cru devoir protéger les industries similaires par des tarifs de douane très-élevés, ou même maintenu, comme en France, une prohibition complète des produits anglais. La loi du 15 mars 1791, autorisant l'importation en France de la poterie commune et de la porcelaine, avait été rapportée par le décret du 1er mars 1793, qui interdisait toute relation commerciale avec les nations coalisées contre la France, et rangeait les poteries des deux dernières espèces parmi celles dont le commerce était expressément défendu. La loi du 10 brumaire an V confirma cette prohibition, et si les lois de douane postérieures n'ont pas modifié cet état de choses, elles ont changé tacitement du moins cette mesure de guerre en un moyen de protection.

Si l'Exposition universelle de Londres avait eu lieu trente ans plus tôt, elle aurait permis de constater certainement en faveur de l'Angleterre, en dépit des efforts de toutes les autres nations, une immense supériorité dans la fabrication des poteries à l'usage des classes moyennes; mais l'exemple donné chez nos voisins et l'expérience qu'ils avaient acquise n'ont pas été sans porter leur fruit, surtout chez nous, et les progrès que l'art céramique a faits en France depuis le commencement de ce siècle sont de la plus grande importance. Bien plus, la fabrication des cailloutages serait capable, au point de vue de la qualité, de lutter aujourd'hui contre ces produits similaires anglais, si des considérations d'un tout autre ordre, la question économique, qui domine de si haut ce sujet, n'engageait encore à présent à n'admettre qu'avec la plus grande réserve, en concurrence sur nos marchés avec les produits français, les productions des fabriques étrangères.

Les expositions de Londres et de Paris ont mis en présence l'industrie céramique anglaise et celle de toute l'Europe manufacturière; on a pu constater, dans ces deux circonstances, combien est générale, supérieure et variée la céramique moderne; l'ensemble de toutes ces fabrications, qui forment un faisceau des plus complets et des plus instructifs, met en lumière les causes de ces améliorations, évidemment liées avec le développement et la diffusion des sciences qui prêtent ou des matériaux ou leur concours efficace aux arts céramiques. L'Exposition de Londres n'a guère précédé que de cinq années celle de Paris, et personne n'a manqué d'observer l'amélioration générale que les produits anglais, au point de vue de la forme, doivent à la vue des produits sortis de la manufacture de Sèvres. A peine hors du Palais de l'industrie, la fabrication de Limoges, comprenant qu'il ne fallait pas laisser à l'Angleterre seule le droit de nous copier, a fait des sacrifices considérables pour modifier ses formes et la perfection de son travail. Tous ceux qui ont eu le bonheur de voir l'Exposition de la France centrale en 1858 ont été surpris du développement réalisé par les manufactures limousines, depuis longtemps endormies sur leur vieille réputation. Les expositions régionales que le gouvernement semble prendre à tâche de protéger offrent une arène nouvelle aux nouveaux venus qui, trop jeunes pour se présenter en concurrence avec des réputations justement classées, aiment à se tenir à l'écart lors des expositions universelles, et préfèrent le silence à des classements incertains. Les concours régionaux nous paraissent appelés maintenant à rendre les services qu'on attendait autrefois des expositions nationales; elles stimulent au même degré l'industrie locale, source des progrès généraux. Cette manière de voir est parfaitement d'accord avec l'opinion du public, et l'empressement avec lequel il a visité cette année les expositions de Rouen et de Bordeaux. Quant à l'industrie nationale, il faut plus aujourd'hui: c'est avec le monde entier qu'elle doit compter, et des expositions universelles séparées par des intervalles d'une dizaine d'années peuvent seules lui profiter. Qu'on me permette d'émettre ici un vœu, celui de voir accepter en principe la mise hors concours de tous les vainqueurs des expositions précédentes, lorsqu'ils ont progressé. Cette mise hors concours, avec citation honorable, ajouterait un degré de plus aux récompenses que le jury décerne. Dans cette situation, dans une direction donnée, les seconds auraient chance de devenir premiers; à cette seule condition l'émulation serait stimulée, les abstentions impossibles.

Pour en revenir aux poteries, les expositions qui ont eu lieu depuis le commencement de ce siècle permettent d'établir des faits incontestables qui donnent à l'historien impartial le moyen de s'y reconnaître dans l'exposé de tous les perfectionnements dont le consommateur constate la succession rapide.

Cherche-t-on à se faire une idée réelle des progrès réalisés pendant ces cinquante dernières années dans la fabrication des poteries; veut-on connaître ce qu'étaient, au commencement de ce siècle, les différentes industries qui s'y rattachent et ce qu'elles sont aujourd'hui; nous remarquerons que toute l'action utile pour améliorer ces produits doit être partagée pendant cette période entre trois puissances: l'Angleterre, la France et les pays allemands. Nous croyons qu'on nous accordera que nulle part la transformation des produits et leur amélioration n'a été plus profonde qu'en France. Cette circonstance nous paraît tenir, non pas à ce que nous avons pu suivre avec plus de facilité chez nous que partout ailleurs la marche des progrès céramiques, mais à ce que notre fabrication était restée dans le plus grand état de médiocrité. Nos terres de pipe, la seule poterie à la portée de la majeure partie des consommateurs, était restée stationnaire, tandis qu'en Angleterre, depuis les travaux de Wedgwood, cette fabrication s'était transformée d'une manière complète en des cailloutages de qualité très-remarquable. Quant à l'Allemagne proprement dite, la fabrication de la porcelaine dure était beaucoup plus répandue, même à l'usage des masses, que dans tout autre pays, et l'on s'y était à peine préoccupé de la fabrication des faïences fines, qui devaient bientôt prendre un très-grand développement dans les provinces rhénanes.

Les améliorations dont les faïences fines ont été l'objet tirent presque toutes leur origine de l'Angleterre. Établie ensuite sur les bords du Rhin, cette fabrication avait pénétré chez nous. Les terres de pipe françaises, faites pour la première fois par Potter vers l'époque de la paix d'Amérique, sortirent d'assez bonne qualité d'abord des fabriques de Montereau, dirigées par un Anglais du nom de Hall; les fabriques de Choisy-le-Roi, de Creil, de Paris, de Chantilly, négligèrent leurs produits, la pâte devint de moins en moins cuite, et la glaçure de plus en plus tendre pour épargner le combustible. Ces éléments défectueux ne constituèrent bientôt qu'une poterie honteusement médiocre, sale et d'un mauvais usage; une seule manufacture, celle de Sarreguemines, conserva la bonne qualité de ses produits et par conséquent sa réputation. Dans ces circonstances, vers 1824, se placent les publications de M. Saint-Amand, sur les produits anglais recueillis et examinés par lui pendant plusieurs voyages en Angleterre; d'après M. Brongniart, les premiers essais datent d'une manière authentique de 1824, 1827 et 1830. A cette époque, les établissements de Creil, de Montereau, de Choisy-le-Roi, de Toulouse, d'Arboras et de Bordeaux, ou n'existaient pas ou n'avaient rien produit d'analogue à ce que le commerce nomme actuellement porcelaine opaque. C'est donc aux idées répandues par M. Saint-Amand, et aux premières notions publiées par lui, quelque incomplètes qu'elles aient été, qu'il est juste d'attribuer l'élan que prit dans notre pays la fabrication de ces poteries; nous pouvons dans nos expositions en suivre le développement pour ainsi dire pas à pas, et les voir si mauvaises en 1829, si médiocres encore en 1834, meilleures en 1839, devenir dès 1844 presque irréprochables sous le rapport des qualités intérieures et extérieures.

Mais si l'idée, pour ainsi dire théorique, appartient à M. de Saint-Amand, c'est à la fabrique de Montereau, puis bientôt après à celle de Creil qu'on doit la réalisation pratique de l'idée, c'est-à-dire la véritable introduction de la poterie dite en France *porcelaine opaque*.

En ce qui concerne plus particulièrement les faïences fines, l'Exposition de 1855 a permis de constater que les poteries à pâte fine et sonore, celles du Staffordshire, de Creil, de Montereau, de Mettlach, de Bordeaux, de Kéramis, réunissent un ensemble de qualités qui en font une poterie bien précieuse pour les usages domestiques: la dureté de la glaçure, la blancheur de la pâte, la variété des formes, l'éclat de l'ornementation, obtenue sous glaçures par une seule cuisson, au moyen des méthodes rapides de l'impression, font des cailloutages une poterie bien voisine des porcelaines dures, et permettront à ces produits d'occuper longtemps encore leur place sur la table des classes moyennes, servie, il y a près d'un siècle, par la faïence commune à glaçure stannifère.

Cette fabrication a toujours été mise en pratique en France dans des établissements considérables, et c'est à cette circonstance que sont dues la rapidité des progrès et la persévérance avec laquelle le succès a été poursuivi. La difficulté des transports, le bas prix des produits ont forcé le producteur à se placer dans des centres de consommation, de manière à livrer ses produits sans avoir à redouter une concurrence ruineuse ou par trop menaçante. Grâce à ces précautions, la plupart de nos fabriques de cailloutage, assurées du placement de leurs produits, montées avec des capitaux suffisants, débarrassées d'une rivalité qui n'aurait d'autre effet que d'amener sans nécessité des baisses de prix malencontreuses, sont dans un état assez prospère. Toutefois, il ne faut pas se dissimuler que la concurrence créée par le réseau de chemins de fer qui traversent la France rendra prochainement possible une lutte sérieuse entre nos différentes manufactures, et que plusieurs pourront succomber. Les plus faibles ont d'ailleurs le droit de compter sur l'augmentation de la consommation.

La véritable source de gain dans ces usines sera bientôt la substitution des procédés mécaniques aux opérations manuelles regardées, il y a quelques années, comme les seules applicables à la confection des poteries.

Les conditions d'existence des manufactures de porcelaine dure en France sont bien différentes. La fabrication de cette poterie n'a reposé jusqu'à ce jour que sur de petits capitaux, disséminés dans plus de quarante fabriques, qui pour la plupart n'ont eu qu'une existence éphémère, et qui passent de main en main. La cuisson de la porcelaine au moyen de la houille, lorsque toutes les conditions de réussite auront été bien étudiées, doit permettre un jour ou l'autre, et ce jour n'est peut-être pas très-éloigné, de grouper autour des mines de houille les manufactures de porcelaine. Le déplacement progressif des fabriques, et la concentration inévitable de la fabrication dans de grands établissements changeront radicalement sans doute la situation des manufactures, alors surtout qu'on reconnaît comme possible actuellement l'introduction des moyens mécaniques même dans le façonnage des pièces; et vraisemblablement à ce moment, des recherches plus suivies, des directions de plus en plus intelligentes, ajouteront encore aux mérites déjà si grands de la fabrication de la porcelaine française.

Dans tout ce qui précède, nous n'avons rien dit de la poterie de terre grossière, de la poterie commune à glaçure stannifère, des grès communs vernissés ou non. Ces produits qui se font à peu près partout, et qui s'adressent principalement aux consommateurs malaisés se consomment généralement sur place; ils doivent être livrés, peut-être la faïence exceptée, à des prix tellement bas qu'il n'y a guère possibilité de les grever de frais de transport. Ces poteries, objet d'une fabrication journalière et considérable, se fabriquent en nombre immense, et la quantité va toujours en augmentant, au moins en ce qui concerne la fabrication française. Ce développement est remarquable, même en présence de la concurrence que font aux poteries de terre la fonte, la tôle émaillée et le fer-blanc qui, depuis quelques années, satisfont sous forme d'ustensiles de ménage aux besoins les plus pressants des classes les plus nécessiteuses, et sont appliqués chaque jour à des emplois nouveaux.

La faïence commune, très-répandue il y a cent ans, abandonnée par le riche, lutte à peine maintenant avec les faïences fines, qui lui enlèvent la consommation populaire comme autrefois la porcelaine l'a privée de la clientèle opulente. Toutefois, elle voit s'ouvrir devant elle un nouvel avenir; elle cherche à pénétrer dans le domaine de l'art et à reconquérir la position élevée dont elle eût pu ne jamais déchoir. Quoi qu'il en soit, il est certain que cette faïence a disparu en grande partie déjà devant les terres de pipe, et celles-ci devant les cailloutages anglais. Que deviendra cette fabrication? Nous croyons probable que dans un avenir prochain, ceux-ci, à leur tour, perdront de leur importance devant les porcelaines dures, la poterie par excellence pour les objets de service.

Mais en France, ainsi que nous l'avons dit à l'article acide borique, l'existence des manufactures de faïence fine pourrait être menacée par toute crise commerciale entravant l'entrée de l'acide borique. L'introduction de cet acide et celle du borax dans les glaçures des faïences furent l'une des causes principales de l'amélioration de ces poteries; et si d'une part on n'arrivait pas à se créer d'autres sources capables de fournir cette matière et de suppléer à celles de la Toscane, l'intérêt des consommateurs serait en droit de demander au gouvernement telles mesure qui conduirait à leur ruine plusieurs de nos fabriques aujourd'hui florissantes.

Quoi qu'il doive advenir, nous engageons les fabricants qui nous consultent à diriger tous leurs efforts vers l'amélioration de la porcelaine dure; la pureté des formes nous donne l'avantage sur les autres pays. Mais il ne faut pas oublier que l'Angleterre possède à la fois de grandes richesses en combustibles minéraux et tous les matériaux propres à la confection de la porcelaine dure. Quant à l'économie de la main-d'œuvre, quant à l'achat des matières premières, les événements qui se préparent en Chine et que j'avais prévus dès 1851 sont peut-être de nature à donner aux porcelaines leur plus grande extension, en rendant complétement ouvert un pays qui, convenablement exploité, doit conquérir et conserver le monopole de la fabrication. En Europe, d'ailleurs, de nouveaux gîtes de kaolins sont exploités et quantité d'argiles blanches ou légèrement ferrugineuses, associées à des roches granitiques suffisamment fondantes, peuvent servir à faire à bas prix des porcelaines communes bien supérieures à toutes les autres poteries opaques.

Dans les circonstances présentes, la fabrication de la poterie donne lieu presque partout à des transactions considérables. D'après M. Schnetz, les arts céramiques y compris la fabrication des tuiles, des carreaux et des briques, créeraient une valeur de 94 millions de francs. L'exportation anglaise, relevée par l'administration, porte sur des objets qui représentent 25 millions en 1850; le chiffre s'élève à 32 millions pour 1854. L'organisation céramique anglaise diffère considérablement de celle que nous avons signalée pour la France; il peut être utile de la faire connaître ici. Loin d'être éparse sur toute la surface du territoire, elle se trouve à peu près circonscrite dans la même localité qu'on nomme pour cette raison les Potteries; c'est une partie du Staffordshire. On comptait dans cet arrondissement à l'époque à laquelle j'y suis allé, pendant l'été de 1851, sur une étendue d'environ 1 myriamètre, 144 fabriques de cailloutages, grès cérames, porcelaines tendres, occupant plus de 60,000 ouvriers de tout sexe et de tout âge; ce chiffre représente en moyenne 417 individus par établissement.

Plusieurs cours d'eau, le canal du grand Tronc, le canal de Newcastle, traversent ce canton et mènent au pied même des fabriques, les bateaux dans lesquels on charge les produits fabriqués en échange des matières premières; une circulation par voie ferrée relie encore aux principaux points du littoral ce centre d'une fabrication colossale. De tels éléments de succès doivent assurer pour longtemps un avenir prospère; ils autorisent à redouter pour les produits des manufactures françaises dans une époque assez rapprochée de nous une lutte sérieuse que nous n'aurions pas à craindre avec les autres nations.

En effet la Suède, la Norvége et le Danemark reçoivent des quantités considérables de produits anglais; l'Italie que l'Angleterre approvisionne aussi de poteries, cherche à fabriquer par elle-même, mais de longtemps elle ne peut songer à l'exportation. En Espagne, plusieurs fabriques cherchent à perfectionner leurs poteries, mais dans le cas même où toutes atteindraient le développement de celle de Séville, la consommation intérieure enlèverait tout, avant que les produits ne soient arrivés sur les marchés français. En Portugal, les établissements de Coïmbre et de Vista Alegre ne sauraient encore réserver pour l'exportation une partie de leurs faïences et de leurs porcelaines.

L'organisation céramique de la Belgique se rapproche beaucoup plus de celle de la France que celle de l'Angleterre; la porcelaine dure, la faïence fine et les grès y sont fabriqués sur une grande échelle, et les conditions avantageuses qu'entraînent la présence simultanée d'un combustible de bonne qualité et de prix modéré, d'excellentes terres et des communications promptes et faciles permettront peut être un jour sur nos marchés une concurrence sérieuse, au moins pour les grès et les faïences fines.

La Belgique est reliée par le Luxembourg et les provinces rhénanes à nos manufactures de l'Est, mais en dehors de notre frontière; toutes les manufactures étrangères qui de ce côté pourraient approvisionner notre marché se trouvent placées à peu près dans les mêmes conditions que la production belge, c'est-à-dire quelles jouissent des mêmes avantages pour le transport, la houille, les terres et le choix des matières premières. Les fabriques de Mettlach, Vaudrevange, Septfontaine et Keramis, sont admirablement placées pour écouler à la fois, sur les deux côtés du Rhin, aussitôt qu'il leur sera permis de le faire, les divers produits qu'elles établissent. Quant aux pays allemands, la Prusse, l'Autriche, la Bohême, la Saxe, leur production céramique principale est la porcelaine dure; la faïence et les grès que le consommateur réclame proviennent surtout des provinces rhénanes dont les produits circulent au loin faute d'une concurrence sérieuse. On ne compte en dehors de Mettlach et Vaudrevange que quelques petites manufactures qui fassent des faïences.

Il ne saurait entrer dans le cadre de cet article de faire une histoire plus complète du passé, du présent et de l'avenir des arts céramiques. Nous renverrons le lecteur que ce sujet intéresserait à l'ouvrage important publié par M. Brongniart, sous le titre de *Traité des arts céramiques*, et aux *Leçons de céramique* dans lesquelles nous avons réuni tous les faits et les considérations qui sont tout à la fois du domaine de l'histoire et de la technologie. Nous nous bornerons à présenter ici une esquisse qui pourra servir d'introduction à l'article qui a déjà paru dans ce Dictionnaire; les diverses phases par lesquelles passent les poteries pendant leur fabrication seront étudiées et classées avec méthode et considérées théoriquement. Toutefois, comme depuis dix ans la science s'est enrichie de nouvelles méthodes et de nouveaux produits, nous en parlerons en temps voulu, tout aussi longuement que le sujet le comportera.

§ II. DES POTERIES

Considérées sous le rapport des procédés qui servent à les produire.

Nous commencerons par introduire dans ce travail un élément de division qui n'a jusqu'à ce jour été proposé par personne, et qui rend facile l'étude pratique de tous les produits céramiques : lorsqu'on examine attentivement toutes les poteries, quelle que soit leur nature, quelles que soient les qualités qu'elles possèdent, on est frappé du caractère de généralité que ces sortes de produits présentent et qui permet de les séparer en deux grandes classes : les *poteries simples* et les *poteries composées*, c'est-à-dire les poteries mates et les poteries à glaçures.

J'appellerai poteries simples, celles qui sont homogènes dans toute leur texture, qui présentent partout, à l'intérieur comme à l'extérieur, c'est-à-dire sur leur surface, les mêmes matières terreuses ou vitreuses, plastiques ou non plastiques, associées de la même manière. Les poteries simples peuvent être formées de divers matériaux mélangés en diverses proportions, pourvu qu'ils soient toujours réunis partout de la même manière. Les poteries que j'appelle composées sont formées au contraire de matières de compositions différentes, non réparties uniformément dans la masse. Dans presque toutes les poteries composées, le corps de la pièce est une poterie simple, recouverte sur toute la surface ou sur une partie seulement de sa surface d'une couche vitreuse généralement très-mince, qui reçoit suivant la composition chimique qui lui est propre, les noms de *vernis*, *émail*, *couverte*, et que je nommerai *glaçure*. L'enduit peut être terreux ; ce sera l'engobe de certaines poteries, dont nous avons déjà parlé dans l'article DÉCORATION CÉRAMIQUE.

Dans tous les cas, la fabrication des poteries exige l'intervention du feu : une température plus ou moins élevée devient nécessaire pour donner au corps de pâte une dureté, une solidité, une imperméabilité suffisantes ; on peut prendre une idée de l'influence du feu sur le développement de ces propriétés en comparant une assiette de porcelaine crue, une assiette dégourdie et une même pièce cuite au grand feu des fours à porcelaine.

La glaçure exige aussi l'emploi d'une température élevée. C'est un verre appliqué par couche mince sur la surface de la poterie, et l'on sait que les matières pulvérulentes destinées à donner des verres ont besoin, pour prendre l'aspect vitreux, d'une température au moins égale à la chaleur rouge.

Ainsi, que les poteries soient simples ou composées, leur fabrication implique la connaissance la plus complète des terres et des verres, celle des agents de combustion et des combustibles : nous n'avons qu'à rappeler ici de quel secours sont ces notions pour la décoration de ces mêmes produits. On peut dire avec raison que la céramique est l'étude spéciale des composés que la chimie désigne sous les noms de silicates, borates, phosphates, etc., alcalins terreux et métalliques simples ou multiples.

Le potier de terre devrait être familiarisé non-seulement avec le langage chimique, mais avec les notions les plus étendues de cette science, car si quelques-uns des silicates qu'il emploie sont directement fournis par la nature, beaucoup de ces corps doivent être préparés par lui, suivant ses besoins et dans des conditions voulues de pureté ; le fabricant doit savoir reconnaître les substances qu'il met en œuvre, vérifier la composition par les propriétés, passer des formules aux poids au moyen des calculs convenables, et s'assurer par lui-même de l'état de pureté dans lequel on lui livre les matériaux qu'il doit transformer, et qu'il n'a pas économie à faire préparer sous ses yeux.

Les réactions qui se passent sous l'influence de la chaleur au contact des divers éléments que le potier met en jeu sont essentiellement du domaine de la chimie : l'aspect particulier que présente le composé, formé quant à la fusibilité, devient un sujet intéressant de recherches, et personne ne niera que l'étude de la fusibilité des silicates, des borates et des phosphates ne résume toutes les connaissances du fabricant de poteries. Tous ses efforts doivent en effet se diriger vers ces différents buts :

Diminuer la fusibilité pour établir des pâtes qui puissent résister à la déformation, acquérir de la résistance sans fragilité, etc.

Augmenter la fusibilité, pour obtenir des vernis (glaçure, lustre, émaux, couvertes).

Mettre en rapport la fusibilité de la glaçure avec la composition de la pâte, afin d'éviter le coulage, le ressui, le truitage.

S'opposer aux réactions qui peuvent intervenir entre les éléments des glaçures et ceux des pâtes, lorsque ces réactions ont pour effet de faire naître des précipitations d'oxydes ou de sels basiques qui, ne se dissolvant plus, donneraient à la surface un aspect rugueux.

Corriger ces défauts quand, accidentellement, ils se sont produits. Dans tous les actes de la fabrication des poteries, ces notions sont indispensables, ainsi que nous allons l'établir.

Tout produit céramique doit être examiné sous quatre points de vue très-différents : la composition, le façonnage, la cuisson et la décoration. Nous ne dirons rien de ce dernier objet, que nous avons suffisamment étudié à l'article DÉCORATION.

A la composition se rattache la connaissance de tous les matériaux des pâtes céramiques, leur histoire, leur origine, leur position dans la nature.

Au façonnage appartient l'histoire des machines et des procédés, soit mécaniques, soit chimiques, au moyen desquels on prépare, on mélange, on combine ces matières pour en faire des poteries. A la fabrication se rattache encore le dosage des divers matériaux destinés à la confection des différents objets que le commerce réclame.

La cuisson comporte l'étude des combustibles, celle des appareils dans lesquels la poterie acquiert la dureté nécessaire aux diverses usages pour lesquels elle est créée, celle enfin des moyens à l'aide desquels on protège dans le four les objets fabriqués contre l'action de la flamme, des cendres, de la fumée. Il convient encore d'y rattacher les méthodes de conduire et de juger le feu. Nous insisterons surtout sur la nature de l'atmosphère au sein de laquelle a lieu la cuisson : cette dernière notion, introduite récemment dans l'art de fabriquer la porcelaine est appelée sans contredit à régulariser le travail, en assurant le succès de l'opération. Non-seulement la force du feu, c'est-à-dire l'intensité de la chaleur, exerce sur la qualité des produits une influence considérable, mais la nature des gaz qui remplissent le four est en rapport avec la coloration que ces produits peuvent présenter.

La composition, le façonnage et la cuisson des pâtes d'une nature déterminée présentent d'ailleurs certains rapports essentiels dont l'existence complique la question et qu'il faut savoir apprécier. La composition de la pâte limite les procédés de façonnage, car si presque toutes les pâtes sont plastiques, quelques-unes n'ont aucune plasticité ; on leur en donne une artificielle au moyen de mucilages et de savons ; les diverses poteries offrent à cet égard des intermédiaires nombreux. La cuisson fait apparaître plusieurs défauts inhérents aux procédés de façonnage. Les méthodes d'application de glaçure sont variées avec l'état dans lequel sont les pièces au moment de la pose de la glaçure. Quant aux relations que la composition présente avec les phénomènes qui se rattachent à la cuisson, ils sont tellement évidents qu'il suffit de rappeler que toutes les poteries, même la plupart des grès cérames, se déformeraient et fondraient souvent en prenant l'aspect vitreux ou cristallisé, si nous les soumettions avec ou sans glaçure aux températures qu'exige la porcelaine dure pour acquérir la translucidité qui la caractérise.

Pour moi, j'attache une telle importance à la connaissance des modifications que la chaleur engendre dans les terres ou les mélanges terreux et métalliques, colorés ou non, que je regarde, dans une fabrication quelconque, la température à laquelle on doit cuire le corps de pâte et la glaçure comme le premier point à fixer. Ce point d'abord établi sert à faire déterminer la forme des appareils de cuisson qui, dans leurs dispositions et dans leurs dimensions, peuvent offrir des différences considérables. Ce n'est qu'après être fixé complétement à cet égard qu'on peut passer à la composition des pâtes et des glaçures. Les qualités de la poterie résultent de la nature et des propriétés des silicates qui la forment, qualités qu'il est possible d'apprécier *à priori*. Il ne restera plus à chercher parmi les matériaux que le potier peut mettre en œuvre que ceux qui le conduiront, avec le plus d'économie, avec les meilleures chances de succès, à la poterie possédant les qualités qu'il désire.

Nous ne saurions, sans trop de longueur pour cet article, donner tous les caractères des silicates, borates et phosphates simples ou composés, considérés au point de vue de leur fusibilité ; on les trouvera détaillés d'une manière très-circonstanciée dans les *Leçons de céramique* que nous avons déjà citées, et que je signale de nouveau à l'attention du lecteur qui voudrait lire avec fruit les ouvrages qui traitent de la céramique. Nous nous bornerons à faire apprécier ici le rôle que chaque élément peut remplir dans la constitution des pâtes.

Constitution des pâtes.

Si l'on examine toutes les pâtes céramiques cuites, quelle que soit l'espèce à laquelle on les rapporte, on es voit formées de silice, quelquefois de silice presque exclusivement, mais c'est l'exception ; quelquefois aussi de silice en combinaison avec l'alumine, et c'est le cas le plus général ; quelquefois enfin, le silicate d'alumine est en mélange avec des silicates étrangers alcalins ou terreux, de l'introduction desquels il résulte pour la pâte des inconvénients ou des qualités. Dans certaines pâtes, le silicate d'alumine peut être remplacé, en tout ou en partie, par des silicates de magnésie, mais ce cas se présente assez rarement. En général donc, les pâtes céramiques sont formées de silice en combinaison ou en mélange avec divers principes, accessoires utiles ou nuisibles. Quels sont ces principes ? Quel rôle peuvent-ils jouer ? Nommons-les d'abord, pour étudier une question dont la solution donne la clef de bien des réactions qui se passent dans la fabrication des poteries ; ce sont, comme l'analyse chimique les décèle : l'alumine, l'oxyde de fer, l'oxyde de manganèse, la chaux, la baryte, la magnésie, la potasse et la soude. On y rencontre aussi parfois les acides carbonique, sulfurique et phosphorique.

Alumine. — Les poteries qui renferment le plus d'alumine sont celles qui cuisent à la plus haute température, lorsqu'elles ne renferment que peu d'éléments étrangers ; le maximum correspond aux porcelaines dures de Sèvres, le minimum correspond aux pâtes de porcelaine tendre françaises.

Les silicates doubles qui se trouvent souvent en mélange intime avec le silicate d'alumine introduisent dans les pâtes céramiques des principes différents, tels que l'oxyde de fer et l'oxyde de manganèse, la chaux et la magnésie, la potasse et la soude, qui varient entre certaines limites, et qui, sans nul doute, exercent l'influence la plus considérable sur la température à laquelle ces poteries peuvent être soumises sans se déformer, et sur la qualité que ces poteries peuvent acquérir par le fait d'une cuisson produite dans les meilleures condition de fabrication (température et atmosphère).

Oxyde de fer. — Les nombreuses analyses qui sont connues maintenant démontrent que les proportions de l'oxyde de fer varient, dans les pâtes céramiques, dans des limites étendues. L'oxyde de fer ne peut exister dans les pâtes de porcelaine dure ou tendre qu'en proportions très-minimes : on sait que ces pâtes tirent leur caractère principal de leur blancheur complète. Cette condition n'est plus impérative dans la fabrication des grès fins, blancs ou communs, ou dans la terre de pipe ; une quantité d'oxyde de fer surpassant 0,10 conduit à des compositions qui ne peuvent supporter des températures élevées sans se déformer. Il est urgent alors de ne les cuire que dans des conditions d'atmosphère parfaitement étudiées, en arrêtant au point convenable la température nécessaire à la cuisson.

Je ferai remarquer ici que la coloration que présente une poterie cuite, même en biscuit, n'est pas toujours en rapport avec la quantité d'oxyde de fer qu'elle donne à l'analyse. Cette coloration, liée tout d'abord à la nature comme à la quantité des matières introduites dans la pâte, telles que le charbon dans les poteries à pâte noire, dépend considérablement et de l'état d'oxydation et de l'état de combinaison de l'oxyde de fer ; elle tient en général, moins de la composition centésimale du composé que de l'atmosphère dans laquelle la pièce a cuit ou s'est refroidie.

Des expériences précises empruntées à des fabrications variées ont fait voir :

1° Que plusieurs briques faites avec une même terre, renfermant par conséquent la même quantité d'oxyde de fer, suivant la place qu'elles occupent dans le four, sont tantôt incolores, tantôt roses ou rouges, tantot enfin complétement brunes.

2° Que les biscuits de faïence commune, quoique très-chargés d'oxyde de fer, sont tantôt d'un jaune presque clair, tantôt d'un rouge pâle, tantôt d'un rouge brun, tantôt d'un jaune légèrement verdâtre : ces teintes si diverses sont souvent offertes par les différentes parties d'une même pièce. Il importe au fabricant de faïence de produire un biscuit peu coloré, car on cherche à masquer sous une couche d'émail opaque le ton rougeâtre de la pâte : plus la coloration de la pâte est foncée, plus il faut d'opacité dans l'émail ; cette opacité coûte cher ; on évite la coloration en cuisant dans une atmosphère réductrice.

3° Que certaines pâtes de terre de pipe, en général peu colorées, cuisent avec une teinte jaunâtre, lorsque l'atmosphère dans laquelle elles cuisent n'est pas enfumée.

4° Que les mêmes pâtes de porcelaine, souvent très-colorées en rouge au dégourdi, ne le sont plus lorsqu'elles ont été transformées, dans le grand feu de porcelaine, en porcelaine transparente, l'oxyde de fer passant alors à l'état de silicate de protoxyde de fer.

5° Que la même pâte de porcelaine cuit tantôt blanche et translucide, tantôt opaque et jaune ; blanche si l'oxyde de fer est maintenu, surtout pendant la période à laquelle la glaçure commence à fondre, à l'état de silicate de protoxyde, ce qui a toujours lieu dans une atmosphère réductive ; jaune, au contraire, lorsque l'oxyde de fer peut se séparer à l'état de peroxyde de fer, ce qui se présente au sein d'une atmosphère oxydante ; la coloration jaune se fait moins sentir, toutes choses égales d'ailleurs, dans les pâtes très-chargées de silice.

6° Les poteries cuites avec glaçure offrent des colorations plus ou moins intenses que la même poterie simple, suivant la nature de la glaçure et suivant la quantité de fer que le corps de pâte contient. Les cailloutages anglais dont le biscuit n'est pas entièrement blanc acquièrent une grande blancheur par le fait de l'application de la glaçure, dans la composition de laquelle on fait entrer du borax ou de l'acide borique ; l'oxyde de fer qui colore l'épiderme de la pâte en contact avec la glaçure est dissous par le borax ; si l'on considère en effet la cassure fraîche d'une pièce en faïence fine, on observe une coloration jaunâtre marquée, dissimulée sous la glaçure. On ne peut attribuer cet effet à l'espèce d'opacité que présente la glaçure, puisqu'elle laisse parfaitement apercevoir les impressions bleues, noires, vertes, roses, appliquées sur biscuit sous glaçure.

Oxyde de manganèse. — L'oxyde de manganèse ne se rencontre qu'accidentellement dans les pâtes céramiques ; il accompagne d'ailleurs presque toujours l'oxyde de fer dans les terres qui contiennent cet oxyde.

Chaux. — Personne n'ignore que la chaux introduite dans les pâtes ajoute à leur fusibilité, lorsque cet élément n'arrive pas à des proportions par trop considérables. En effet, la chaux diminue la valeur des argiles comme produits réfractaires ; sa présence dans les pâtes céramiques facilite leur déformation par affaissement ou ramollissement, aussitôt qu'on les cuit à des températures élevées.

Les poteries composées avec des argiles plastiques, avec ou sans addition de sable, ne contiennent que fort peu de chaux; elles peuvent subir sans se déformer des températures souvent fort élevées; les grès cérames fins et grossiers sont dans ce cas, et ce n'est sans doute qu'à la présence des faibles parties d'oxyde le fer, de chaux et d'alcalis, qui souillent ordinairement toutes les argiles plastiques, qu'est due l'appaence vitreuse présentée par la cassure fraîche de ces ortes de poteries.

Les poteries à pâte tendre, même d'une fabrication soignée, renferment une proportion de chaux plus forte que la pâte des grès cérames. La chaux qu'on a mise à l'état de marne reste à l'état calcaire, lorsque la température n'a pas dépassé celle à laquelle le carbonate de chaux abandonne son acide carbonique. Si la température est plus élevée, la chaux existe dans la pâte à l'état de silicate de chaux; elle ne fait plus effervescence. C'est sous cette forme que le carbonate de chaux persiste dans les pâtes des porcelaines dures et des porcelaines tendres françaises. Dans ces deux poteries, il forme une partie notable des silicates fusibles qui communiquent à ces pâtes, avec les silicates alcalins, leur transparence caractéristique.

A côté de ce rôle chimique que joue la chaux dans les pâtes céramiques, il en existe un autre très-important et physique mis en lumière par l'étude des faïences communes. Les bonnes qualités de la faïence dépendent de la manière dont elles prennent et conservent l'émail qui les recouvre. L'expérience a démontré la nécessité de la présence de la chaux dans les pâtes que le fabricant veut enduire de glaçure opacifiée par l'oxyde d'étain. La chaux contenue dans de bonnes faïences communes peut s'élever jusqu'à 0,15.

Baryte. — Quelques poteries de grès, principalement les grès de fabrication anglaise, admettent dans leur composition du sulfate de baryte; l'acide silicique réagissant à la température de la cuisson a dû chasser l'acide sulfurique; on n'en retrouverait la présence que dans les poteries cuites à de basses températures. Lorsqu'on fait usage de ce sel, il faut cuire dans une atmosphère oxydante, pour éviter la formation du sulfure de baryum.

Magnésie. — La magnésie peut remplacer, en tout ou partie, l'alumine des argiles; mais on n'a pas remarqué des qualités spéciales résultant de l'emploi de cet auxiliaire, qui n'existe généralement qu'à l'état de principes étrangers, au même titre que les traces de chaux et d'oxyde de fer contenus dans les argiles de la meilleure qualité.

Alcalis (potasse et soude). — A ce même titre, la potasse et la soude font toujours partie des pâtes céramiques. Cuites à la chaleur des fours à porcelaine, beaucoup de pâtes prennent une cassure brillante, une texture serrée que l'oxyde de fer seul ne donnerait pas toujours. A des températures peu élevées, l'influence de ces éléments est nulle; car ils ne peuvent agir que comme fondants, et provenant de poussières feldspathiques ou micacées, ils ne sauraient fondre tant qu'on n'atteint pas leur point de fusion, très-élevé d'ailleurs.

Si les alcalis qu'on introduit avec les argiles dans les pâtes des terres cuites, des briques et des faïences communes, sont en proportion minime et sans importance, la présence de ces mêmes éléments dans les pâtes de porcelaine produit, au contraire, un résultat tout spécial; les alcalis doivent communiquer à la pâte sa transparence caractéristique, aidée souvent par l'addition de la chaux. Les pâtes de porcelaine dure de Limoges, de Saxe, de Berlin et de Chine, ne contiennent en effet que la chaux introduite accidentellement par les matériaux mis en œuvre; les alcalis (potasse et soude) s'élèvent de 0,12 à 0,06. C'est aussi ce dernier chiffre que contenaient les anciennes pâtes de Sèvres, connues sous le nom de pâtes artificielles (*vieux Sèvres*).

Acide carbonique. — Nous avons dit que si la chaleur de la cuisson n'a pas été suffisamment élevée pour décomposer tout le carbonate de chaux, une partie de ce sel se retrouve à l'état de calcaire; une autre partie existe à l'état de silicate. Lorsqu'on traite par l'eau pure la pâte de ces poteries, on enlève encore de la chaux, qui se trouve hors de combinaison et qui ne saurait exister qu'à l'état de chaux caustique. Sous l'influence de l'air, cette chaux reprend son acide carbonique pour se transformer en carbonate de chaux avec augmentation de volume; cette circonstance doit ajouter aux autres causes de détérioration du produit sous l'influence de la gelée; il faut donc, par une cuisson convenable, engager la chaux décomposée dans une combinaison plus stable avec l'aide silicique. Ces inconvénients, joints à ceux qui résultent déjà de la porosité, doivent se présenter dans les briques marneuses dont la cuisson n'aurait pas été suffisamment développée.

Acide sulfurique. — Cet acide ne peut se rencontrer que dans les poteries cuites à basse température, et dans une atmosphère oxydante; il peut provenir du sulfate de chaux ou du sulfate de baryte. Nos expériences nous ont démontré qu'il n'en reste pas dans les pâtes de porcelaine dure, dont la composition comporte quelquefois d'assez fortes proportions de gypse.

Acide phosphorique. — Quant à l'acide phosphorique, on le rencontre en forte proportion dans les pâtes de porcelaine tendre anglaise; il provient du phosphate de chaux, qui fait la base de ces sortes de produits. On peut le rencontrer aussi dans les pâtes de boutons phosphatiques préparées avec le dosage de M. Bapterosse. Il ajoute à la fusibilité et quelquefois à l'opacité du produit, qui prend une sorte d'opalescence.

Ces considérations sur les effets produits par l'introduction de ces divers éléments dans les pâtes de porcelaine et des poteries moins perfectionnées nous forcent à modifier l'opinion de M. Brongniart, qui séparait à titre général les éléments qui composent les poteries en principes essentiels et en principes accessoires. Il nous semble qu'en considérant seulement comme essentielles l'alumine et la silice, on se ferait une idée fausse de la fabrication des produits qui, comme les porcelaines dures ou tendres, par exemple, doivent à d'autres éléments, chaux, potasse, soude, leur transparence, c'est-à-dire leur caractère principal. On ne pourrait comprendre la fabrication des faïences communes, qui ne possèdent leurs propriétés fondamentales, application d'un émail opacifié par l'oxyde d'étain, qu'à la condition de présenter à la glaçure un excipient calcarifère.

Les pâtes cuites contiennent, en plus des éléments que nous venons d'énumérer, un principe à peu près essentiel qui joue dans la fabrication un rôle important, tant au point de vue de l'économie du façonnage qu'à celui de la réussite des pièces : je parle ici de l'eau.

L'eau que la chaleur chasse de sa combinaison avec le silicate d'alumine n'existe plus dans la pâte cuite, si toutefois la cuisson s'est faite au-dessus de 450 degrés. Quelques poteries en retiennent encore environ 10 p. 100, mais ces poteries sont à peine cuites, et rien ne prouve qu'elles n'aient été simplement soumises à la chaleur solaire.

L'eau développe la plasticité dans les argiles; il est essentiel par conséquent d'imbiber la pâte; mais comme, à la cuisson, cette eau ne se dégage pas sans effort, il est convenable de prendre, au moment de la dessiccation et de la cuisson, certaines précautions. Toutefois, nous devons dire que si la plasticité, qui rend économique la fabrication de la grande généralité des poteries, est indispensable dans certains cas, elle ne l'est que lorsqu'on fait usage de quelques méthodes déterminées; dans d'autres conditions, elle n'est pas absolument nécessaire, comme, par exemple, lorsqu'on opère au moyen du coulage ou par moulage mécanique effectué sur des pâtes pulvérulentes. L'eau n'est pas au surplus le seul agent qui donne la plasticité voulue. On obtient une plasticité tout artificielle, en ajoutant aux pâtes qui n'en ont aucune des matières mucilagineuses telles que le lait, l'huile, la colle de peau, le savon vert. Dans certaines limites, l'eau combinée dans les pâtes crues n'est donc pas elle-même un élément indispensable.

PRÉPARATION DES PATES.

Sous quelle forme convient-il d'introduire, dans la fabrication que nous étudions, les éléments dont nous venons de reconnaître et d'apprécier le rôle? Quels sont les matériaux auxquels on les emprunte?

En général, les uns sont pris dans la nature, et c'est le plus grand nombre; les autres proviennent d'une préparation spéciale, ce sont des produits d'art. On peut classer ces différents matériaux soit sous le point de vue de leur nature, soit sous le point de uue du rôle qu'ils jouent dans la fabrication. Cette méthode serait la plus naturelle, s'il ne s'agissait point de produits pour lesquels il faut tenir compte des différentes températures de cuisson. Or, dans telles circonstances données, une même substance a des effets tout opposés. C'est ainsi que la chaux qui ne fond pas devient un élément très-actif pour faciliter la fusion, quand elle est unie à des proportions convenables d'argile et que le mélange subit à la fois une température suffisamment élevée.

Néanmoins, en regardant comme essentielle la plasticité de la pâte, on est autorisé dans le plus grand nombre des cas à distinguer parmi les matériaux employés dans l'art céramique ceux qui sont plastiques et ceux qui ne le sont pas; ces deux sortes de matériaux ont, en effet, leur utilité, leur rôle dans l'industrie.

Si, d'une part, la plasticité de la pâte permet un façonnage rapide, une ébauche facile, une trop grande plasticité, d'autre part, s'opposerait à la rapidité du tournage, et principalement à la dessiccation uniforme de la pièce fabriquée: il existe donc pour le fabricant un intérêt réel à diminuer la plasticité lorsqu'elle est trop développée dans les matériaux plastiques qui composent la pâte dont il fait usage. On donne le nom de matières dégraissantes aux substances qui remplissent ce double but, d'enlever une trop grande plasticité et de faciliter le départ de l'eau d'imbibition ou de combinaison soit à la dessiccation, soit au four. M. Malaguti se sert du mot *antiplastique* pour désigner la qualité de ces matières; nous croyons l'expression heureuse; car elle peint parfaitement le but qu'on veut atteindre.

Les matières plastiques sont:

1° Les *argiles plastiques*, employées plus spécialement dans la fabrication des faïences fines et des terres cuites en grès.

2° Les *argiles figulines* qui sont la base des terres cuites, desquelles on n'exige pas les qualités réfractaires.

3° Les *argiles marneuses*, auxquelles les faïences communes doivent leur propriété de recevoir une glaçure stannifère.

4° Les *marnes argileuses*, dont l'usage est le même que celui des précédentes, mais auxquelles on ajoute des argiles plastiques ou figulines.

5° Nous classerons encore dans ce groupe les collyrites, les cymolites, les talcs, qui n'ont été jusqu'à ce jour employés que dans des circonstances très-rares.

6° Les marnes calcaires et limoneuses sont encore employées; mais leur plasticité très-faible les ferait classer aussi bien parmi les matériaux antiplastiques.

7° Les éléments les plus importants de cette classe, si l'on tient compte de la valeur vénale, sont les kaolins, espèces d'argiles dont nous avons donné les qualités et l'histoire détaillée dans notre article ARGILE de ce Complément. Ces matériaux sont la base des porcelaines dures.

Les matières dégraissantes sont beaucoup plus nombreuses et plus répandues sur la surface du globe ou plus faciles à produire dans les ateliers industriels. On distingue:

1° Le quartz (sable ou silex);
2° Les feldspaths, l'orthose, l'albite et la pegmatite;
3° Le ciment et les escarbilles;
4° La craie, le sulfate de chaux, le sulfate de baryte;
5° Le phosphate de chaux;
6° Les frittes vitreuses;

Les matériaux que nous venons de nommer n'entrent dans la fabrication qu'après avoir été lavés et broyés. Nous ne voulons ni ne devons répéter ici les divers moyens usités pour obtenir ces résultats. On procède généralement par écrasage, délayage et décantage. Le broyage comporte le cassage, le pilage et la porphyrisation.

Ces opérations sont rendues plus économiques et plus rapides quand on les fait précéder de la *calcination*, qui, sans apporter de modifications dans la composition chimique des matériaux à broyer, fait naître un grand nombre de fissures qui les rendent fragmentables. La calcination offre encore cet autre avantage de rendre plus facile un épluchage soigné; elle détermine des différences de coloration qui rendent possible l'élimination des parties ferrugineuses, point important lorsqu'on se propose de fabriquer des poteries comme les porcelaines, pour lesquelles la plus grande blancheur est de rigueur.

La description des divers appareils au moyen desquels on obtient le concassage et la porphyrisation proprement dite ferait double emploi, sans avantage aucun, avec l'article précédemment cité. Nous devons donc nous borner à renvoyer le lecteur au *Dictionnaire*, t. II, en rappelant qu'il faut, avant de mettre les matières en fabrication, vérifier si le broyage est suffisant. A cet effet, on compare les matières à des poussières prises pour *étalon*: on choisit donc un bocal cylindrique pouvant contenir 500 grammes environ, divisé dans sa hauteur en parties égales. Si l'on délaye 250 grammes de matière broyée dans 500 grammes d'eau, et qu'on observe le temps que cette matière mettra pour se déposer et prendre un niveau déterminé, on aura tous les éléments nécessaires pour faire la comparaison, en admettant toutefois que toute matière de même nature, amenée par le broyage au même état de ténuité, doive se comporter de la même manière. Si le temps mis par la poudre pour atteindre le niveau marqué sur le vase est moins court que dans l'expérience *normale*, il faudrait nécessairement ajouter au broyage. Ces méthodes, auxquelles il faut joindre le craquement sous la dent ou même entre les ongles des deux pouces, suffisent, quoique purement empiriques, dans la pratique des arts céramiques.

Certains liquides augmentent la viscosité de l'eau, comme d'autres, au contraire, hâtent la précipitation des matières que ce liquide peut tenir en suspension. Le vinaigre, une solution faible de gomme arabique, ont une influence très-marquée sur la lenteur avec laquelle s'effectue le dépôt. La température à laquelle l'expérience se fait agit sur les résultats. Il est donc indispensable, comme le fait remarquer M. Brongniart, d'opérer toujours dans les mêmes circonstances.

Lorsque les matériaux ont été broyés et lavés par décantation, on procède au dosage des matières, tantôt par des pesées directes, tantôt en employant des volumes déterminés. Le mélange intime s'obtient à l'état liquide dans des gâchoirs, ou dans des tines à malaxer, à l'état de bouillies plus ou moins pâteuses. On a pratiqué sur une très-grande échelle ce dernier système, pour les pâtes de faïence fine dans la fabrication anglaise. On a remplacé de la sorte le travail à la main, le battage, ou la marche de la pâte, par des moyens mécaniques d'une grande puissance et de beaucoup plus économiques.

Quelques fabrications grossières peuvent employer la pâte telle qu'elle sort des tines à malaxer; il n'en est plus de même pour les pâtes fines dont les éléments sont fournis par des matériaux qu'on a mélangés à l'état de bouillies claires, amenées à des densités déterminées et contrôlées par des trébuchets chargés d'un poids faisant équilibre à un volume déterminé de la bouillie. Ces pâtes se déposeraient par ordre de densité, si l'on n'avait le soin de les ramener à l'état pâteux : c'est à cette opération qu'on donne le nom de ressuage ou de raffermissement des pâtes.

En cherchant à dénommer les différentes méthodes employées dans ce but, d'après les principes qui leur servent de base, on voit qu'on enlève à la pâte l'eau qu'elle contient en excès : 1° par évaporation spontanée; 2° par évaporation aidée du concours de la chaleur, à l'ébullition ou à des températures inférieures; 3° par évaporation aidée du concours des matières absorbantes et poreuses; 4° par filtration avec ou sans pression; 5° par filtration au moyen de la compression.

On sait, d'après les expériences qu'ont faites différentes manufactures, qu'à composition identique, la pâte pressée acquiert plus de plasticité que les pâtes raffermies par ébullition; mais cette méthode est dispendieuse à cause des sacs dont le renouvellement est fréquent. On a proposé pour les conserver de les faire bouillir dans un bain d'huile qui protége la fibre ligneuse contre l'action énervante et dissolvante de l'eau, agissant même à la température ordinaire.

La pâte, amenée par les différents moyens que nous venons d'indiquer au degré de consistance désirée pour être travaillée, doit encore être pétrie, battue, maniée, pour acquérir l'homogénéité voulue, seule capable de donner une masse se travaillant avec succès, c'est-à-dire sans chances de rebuts, gauchissements fentes, trous, etc. Cette homogénéité des masses qu'on cherche à produire par tous les engins propres à battre, à malaxer, à rebattre encore les pâtes raffermies, est surtout atteinte pour les pâtes de porcelaine dans l'opération de l'ébauchage sur le tour qui consiste à façonner des cylindres grossiers qu'on appelle *mandrins*, pleins ou creux, qu'on réduit ensuite en copeaux auxquels on donne le nom de *tournassures*; le mélange de ces tournassures avec des pâtes neuves constitue des pâtes qui présentent toutes les meilleures qualités comme facilité de travail, régularité de cuisson, etc.

On ajoute encore aux qualités de ces pâtes par un moyen détourné. Les fabricants admettent généralement que les pâtes anciennes se travaillent mieux que les pâtes nouvelles, qu'elles se gauchissent et se fendent beaucoup moins, soit en séchant, soit en cuisant.

On s'accorde à reconnaître que les argiles et les marnes lavées gagnent pour faire les faïences communes à l'exposition aux intempéries des saisons, la gelée, le froid. Les Chinois conservent, dit-on, leurs pâtes pendant plus de cent ans avant de les employer. On accepte en France, en Angleterre, en Allemagne l'influence de la conservation des pâtes pendant plusieurs années sur l'économie de la fabrication; mais il serait, il faut l'avouer, difficile de citer à l'appui de cette opinion des expériences précises faites avec assez de soin et répétées un assez grand nombre de fois pour la faire considérer comme entièrement exacte.

Tous les résultats obtenus dans le but de constater l'influence que l'âge d'une pâte exerce sur ses qualités sont modifiés par des circonstances qui ont une action efficace, et dont on ne s'est pas préservé. C'est ainsi qu'on laissait la pâte se pourrir en même temps que vieillir; c'est ainsi qu'on la mélangeait, avant de l'employer, avec des tournassures qui représentent en définitive de la pâte maniée, pétrie et remaniée, c'est-à-dire de la pâte dans les conditions les plus avantageuses d'une grande facilité de travail, offrant les chances d'un succès presque certain.

On a remarqué que les pâtes, quelle que soit leur nature, abreuvées d'humidité, réunies en masses assez volumineuses pour que l'action de l'air ne s'étende pas jusque vers leur centre, prennent une couleur d'abord grisâtre, puis ensuite entièrement noirâtre; elles répandent une odeur prononcée d'hydrogène sulfuré; elles conservent ces deux propriétés tant qu'elles contiennent de l'eau, tant qu'elles sont abritées du contact de l'air par une écorce assez épaisse. Cette coloration de la pâte est d'autant plus prompte et d'autant plus prononcée que les eaux dont elle est abreuvée se trouvent être moins pures. Mais la coloration noire disparaît à l'air, il se dégage de l'acide carbonique, et la liqueur que l'on obtient renferme de l'oxyde de fer à l'état soluble.

Or la retraite des pâtes pourries étant moins grande que celle des pâtes neuves, les défauts que présentent ces dernières diminuent dans les pâtes qui ont subi la putréfaction : on a cherché les moyens d'accélérer la pourriture dans les pâtes nouvellement composées. Les eaux marécageuses, les eaux de fumier la développent en raison de l'espèce de fermentation qui s'y établit; les garnisseurs font pourrir la barbotine qui leur sert à faire les collages. M. Brongniart expliquait l'influence de la pourriture sur les pâtes neuves par le mouvement moléculaire auquel donnait lieu la fermentation putride, pendant laquelle il devait se produire des particules gazeuses.

Les causes qui déterminent l'amélioration résultant pour les pâtes céramiques de la pourriture et de l'ancienneté sont encore tellement obscures, qu'on n'a présenté jusqu'à ce jour, pour en expliquer l'influence, que des hypothèses; une pareille étude est difficile, et pour être traitée convenablement et par l'expérience, elle exige un temps qui manque généralement aux manufacturiers; l'interprétation que je propose, si l'analyse venait me donner raison, me semble de nature à jeter un grand jour sur cette question; elle est purement hypothétique quant à présent; mais elle est si simple, elle rend si bien compte de tous les faits observés, qu'elle me paraît excessivement probable.

L'eau pure n'est nullement apte à communiquer aux pâtes céramiques les bonnes qualités qu'elles tiennent de la pourriture; mais l'eau chargée de matières en putréfaction peut, au contraire, dans certaines conditions toutefois mal définies, les développer d'une manière notable. On s'accorde à reconnaître que dans l'acte de la pourriture utile, il se développe une quantité très-sensible d'hydrogène sulfuré. Ce gaz prend naissance très-vraisemblablement par suite de la transformation du sulfate de chaux en sulfure de calcium sous l'influence de certaines matières organiques, et se dégage quand ce sulfure se trouve en contact avec l'acide carbonique de l'air. La coloration de la pâte en noir, son blanchiment à l'air libre, s'expliquent par la formation du sulfure de fer noir brûlant à l'air libre, et s'échappant, avec les eaux de lavage, à l'état de sulfate de fer à réaction acide, qui dégage une certaine partie de l'acide carbonique abandonné par le calcaire introduit à dessein dans les pâtes de porcelaine de Sèvres.

Or, on sait que dans certaines localités cette réaction du sulfate de chaux sur les matières organiques, qui donne naissance à des dégagements considérables d'hydrogène sulfuré, se trouve accompagnée de la formation d'une substance particulière glaireuse. Ne peut-on pas supposer que cette matière devient la cause de la plus grande plasticité que prend la pâte dans les circonstances de la pourriture? On n'ignore pas d'ailleurs qu'on donne à la pâte une certaine plasticité par des mélanges appropriés.

Quant à l'ancienneté, nous avons avancé, M. Ebelmen et moi, dans notre travail sur les matières employées, en Chine, à la fabrication de la porcelaine dure, qu'un long séjour des pâtes sous l'eau pouvait bien déterminer la décomposition d'une partie de l'élément feldspathique qu'elles renferment. Nous avons trouvé, en effet, par des analyses précises que les pâtes de la Chine paraissent être composées de 1 partie de kaolin pour 1 de pétro-silex, tandis que les documents synthétiques les plus dignes de foi s'accordent à donner 2 de pétro-silex pour 1 de kaolin. L'altération de felspath suivie de la dissolution d'une certaine quantité de potasse fournit une nouvelle proportion de l'élément plastique; cette décomposition peut être, du reste, facilement admise; car pendant la végétation, les roches granitiques fournissent aux plantes, assez rapidement encore, les alcalis nécessaires à leur développement. La transformation kaolinique doit être, en outre, sollicitée par le jeu des décompositions particulières dans lesquelles la pourriture prend son origine, et nous avons déjà dit que l'action prolongée de l'eau sur les silicates alcalins devait avoir pour résultat forcé la formation d'un silicate d'alumine privé de silicates alcalins (voyez ARGILE).

Une dernière observation que nous ferons sur ce sujet porte sur les améliorations que la pâte doit subir sous le rapport de sa pureté, lorsqu'on s'occupe de la porcelaine. L'oxyde de fer est le plus grand obstacle à la blancheur; il est évident que la pourriture des pâtes tend à l'éliminer à l'état de sulfate soluble; l'expérience prouve, en effet, que des pâtes primitivement colorées en jaune, parce qu'elles avaient admis dans leur composition des kaolins ferrugineux, ont fini par donner des pâtes presque irréprochables sous le rapport de la blancheur, lorsqu'on les avait laissées suffisamment pourrir.

Façonnage des pâtes. — Les pâtes pétries, malaxées, et pourries, lorsqu'on juge que cette dernière opération devient utile, nécessaire même à l'économie de la fabrication, sont amenées dans des ateliers spéciaux dans lesquels on leur donne la forme que le consommateur réclame.

On peut diviser en deux classes les procédés de façonnage. Les uns ont pour but d'ébaucher les pièces, les autres ont pour objet de les terminer. Il est certaines fabrications grossières qui ne comporteraient pas les dépenses qu'on ajouterait à l'ébauche; il est aussi des moyens d'ébauche assez parfaits pour donner presque immédiatement et de premier jet, en quelque sorte, des pièces terminées.

Parmi les procédés d'ébauchage qu'on trouvera décrits à l'article POTERIES du Dictionnaire, on distingue :

1° L'ébauchage à la main, au colombin ou à la balle;

2° L'ébauchage au ballon et sur le tour;

3° Le moulage comprenant le calibrage, le coulage et le tréfilage, ou moulage à la presse.

On nomme achevage l'ensemble des procédés variés qui ont pour but de terminer les pièces. Il comprend diverses opérations distinctes, savoir :

1° Le tournassage, comprenant le guillochage et le gaudronnage;

2° Le réparage, comprenant l'évidage et le sculptage;

3° Le molletage et l'estampage;

4° L'applicage et le collage.

Chacune de ces dénominations rappelle l'opération qu'elle représente. Nous n'aurons donc pas à revenir sur ces diverses opérations avec plus de détails que nous n'en avons donné dans le premier paragraphe. Cependant certaines méthodes ont conduit dans ces derniers temps à des résultats tellement parfaits, lorsqu'on les employait dans certains cas spéciaux, qu'il nous est impossible de les passer ici sous silence. Nous profiterons de cette occasion pour expliquer quelques pratiques générales dont ne s'écartent jamais les ouvriers, même dans les opérations les plus connues de l'ébauchage sur le tour.

On avait cru pendant longtemps qu'il n'était pas possible de faire usage de tours mus à la vapeur. On sait aujourd'hui que la combinaison du tournage et du moulage conduit, même dans les fabriques de porcelaine dure, à des résultats pratiques de la plus haute importance, et qu'il est très-avantageux de faire mou-

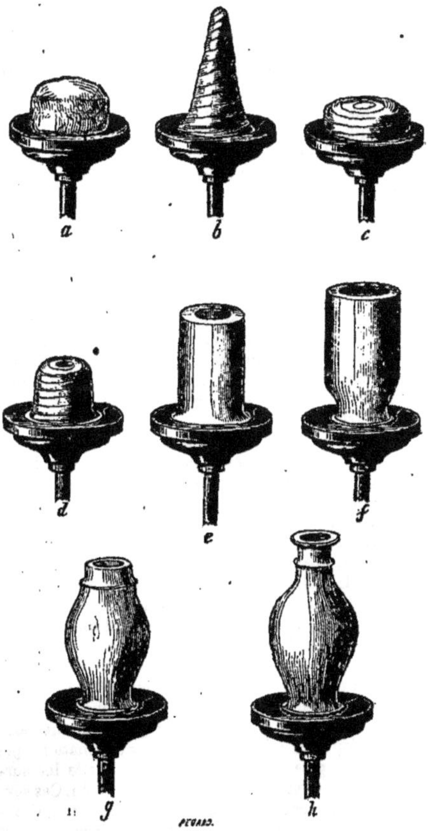

3690.

voir simultanément tous les tours d'un même atelier; il faut toutefois ménager à chaque tourneur la possibilité de ralentir ou d'accélérer, d'arrêter même le mouvement de son tour sans gêner en rien le mouvement de son voisin. On y arrive au moyen de freins qui sont placés à proximité de chaque tour, et qui permettent de régler le mouvement des arbres indépendamment les uns des autres. J'ai vu, dans l'une de nos plus importantes fabriques, des tours ainsi montés sur lesquels, au moyen de surface de frictions mobiles et de pédales, on pouvait ébaucher par moulage et tournage. Ce résultat résout de la manière la plus heureuse le difficile problème de l'ébauchage mécanique sur le tour.

L'opération de l'ébauche sur le tour prend alors une grande régularité; personne n'ignore que la fabrication sur le tour est l'une des plus délicates de l'industrie de la porcelaine; la porcelaine dure elle-même peut être faite mécaniquement; on évite alors un grand nombre de défauts, entre autres celui du vissage; on économise ensuite un temps considérable, puisque le moulage supprime les lenteurs du tournassage. On n'a plus à se préoccuper de l'épaisseur considérable à laquelle on devait ébaucher, puisque la pâte n'a reçu, dans toutes ses parties, qu'une pression identique, ce qui ne se présente pas dans l'opération du tournage ordinaire. Comment donc s'effectue l'ébauchage sur le tour sans le secours du moulage? Quelles précautions cette opération exige-t-elle? Répondre à ces questions c'est exposer la théorie des opérations du tournage. Nous allons entrer dans quelques détails.

Nous avons dit que toute pâte céramique doit, pour pouvoir entrer dans une fabrication régulière, présenter une homogénéité des parties et des masses. C'est en raison de cette circonstance que les tourneurs élèvent puis abaissent, relèvent, pour abaisser encore, la masse informe qui doit devenir une tasse, une coupe, un vase. On peut voir dans la figure 3690 d'autre part la série des formes par lesquelles doit passer, par exemple, un ballon de pâte pour devenir une bouteille à conserver l'encre.

Je pense que pour conduire à des produits fabriqués dans des conditions normales, chaque ballon de pâte doit joindre aux sortes d'homogénéité que nous avons rappelées l'homogénéité de tendance. Il est évident que la pièce ébauchée peut être considérée comme formée par une lame de pâte hélicoïdale qui s'appliquerait sur une surface de révolution occupant le milieu de l'épaisseur de la pièce. C'est en sens inverse du mouvement qui a développé cette bande de pâte, c'est-à-dire en sens inverse du mouvement rotatoire du tour, que la retraite a lieu pendant la cuisson. Or, il faut, pour qu'il n'y ait ni déchirures ni fentes, que toutes les particules qui composent la pièce, celles du haut, celles du bas, celles de l'intérieur de la pâte, aient, lors de la retraite, la même direction avec la même vitesse. Elles ne suivront cette direction que lorsqu'elles auront toutes et tour à tour reçu l'impression de la main du tourneur, élevant et aplatissant la masse lenticulaire sous laquelle se présente tout d'abord le ballon qui doit fournir l'ébauche. Cet usage, qui ne souffre pas d'exception, n'aurait ainsi d'autre but que d'entraîner toutes les molécules d'une pièce dans une direction unique.

La pâte de porcelaine plus que toute autre pâte, en raison de sa fusibilité propre, est ébauchée sous une épaisseur considérable; cette pratique a moins pour effet de s'opposer à la fente ou à la déformation, que d'éloigner le plus possible de la pièce réelle les surfaces interne et externe de l'ébauche terminée. Ces surfaces ont reçu toutes les pressions successives qui ont amené la transformation de la masse lenticulaire, et dont l'influence n'est plus sensible à une certaine distance. On a donc d'autant plus de chances d'éviter les vissages, qu'on ira chercher plus au loin dans le bloc de l'ébauche la pièce qu'on veut fabriquer. La fig. 3691, qui représente une coupe de l'ébauche d'une soucoupe conforme au dessin donné, fait bien voir la place occupée dans l'ébauche par la pièce elle-même.

Le tournage ne peut donner que les pièces de révolution. On a fait emploi du moulage, qu'on peut diviser en moulage à la presse, s'exerçant sur pâte sèche ou simplement mélangée d'une substance très-agglutinative, et moulage en pâte molle, à la balle, à la croûte, à la housse, s'exerçant sur la terre réduite à la consistance pâteuse, molle et plastique.

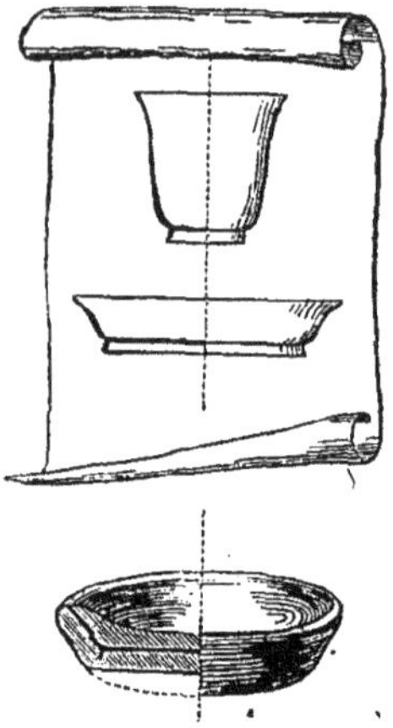

3691.

On a fait, dans ces derniers temps, l'application la plus heureuse du mode de façonnage par l'emploi de la presse à la fabrication des briques creuses et des tuyaux de drainage. C'est encore à l'aide de la presse qu'on fabrique les énormes tuyaux pour conduite d'eau ou pour cheminées que le commerce rencontre aujourd'hui. Nous indiquons dans la figure qui suit une disposition en usage en Angleterre pour faire les gros tuyaux de drainage.

Un fort cylindre en fonte, fixe d'une manière invariable dans une position bien verticale, après avoir été rempli de pâte dans l'état voulu pour un travail rapide, se vide par l'effet du piston qui monte et descend alternativement au moyen d'une crémaillère (fig. 3692).

La pâte comprimée dans le cylindre ne peut s'échapper que par une ouverture annulaire qui se trouve dans le fond du cylindre. A l'intérieur, on voit par la coupe (fig. 3693), une sorte de noyau suspendu, solidement fixé sur des traverses métalliques, dont le but est d'arrêter la descente du piston; elles sont élevées à l'intérieur pour que la fissure qu'elles forment ait le temps de se ressouder sur elle-même; le noyau forme avec la couronne qui sert de base au cylindre un espace annulaire qui détermine la section du tuyau de drainage. Il est reçu à sa sortie du cylindre sur une tournette qui descend avec lui, puis coupé de longueur voulue.

J'ai vu dans plusieurs établissements en France une disposition semblable employée pour la confection des tuyaux de cheminées dans le système Gourlier, avec cette seule modification qu'il y a deux cylindres au lieu d'un seul. Ils sont fixés sur un chariot qui glisse sur des rails, et se place de telle sorte que lorsque l'un des cylindres est en travail, l'autre est en charge à droite ou à gauche en dehors de l'action du piston; il n'y a pas de temps perdu, comme dans la première disposition que nous avons décrite.

Le moulage se pratique encore sur les pâtes liquides; on a donné le nom de *coulage* à ce procédé spécial. Nous entrerons ici dans quelques détails au sujet de ce dernier mode de façonnage, surtout à cause de l'extension considérable qu'il a reçue dans la manufacture de Sèvres depuis ces dix dernières années : on s'en est servi dans plusieurs circonstances pour obtenir soit des pièces si minces, qu'il eût été difficile de les obtenir par les procédés du tournage ordinaire, soit des pièces d'une dimension et d'une épaisseur telles, qu'il eût été de toute impossibilité de les mouler ou de les ébaucher au tour. C'est ainsi que des tasses minces comme des coquilles d'œuf et de grandes jattes chinoises ont été faites avec une rare perfection par le procédé du coulage.

Un moule en plâtre *a*, fig. 3695, donne intérieurement la forme que la pièce doit avoir; une ligne tracée sur

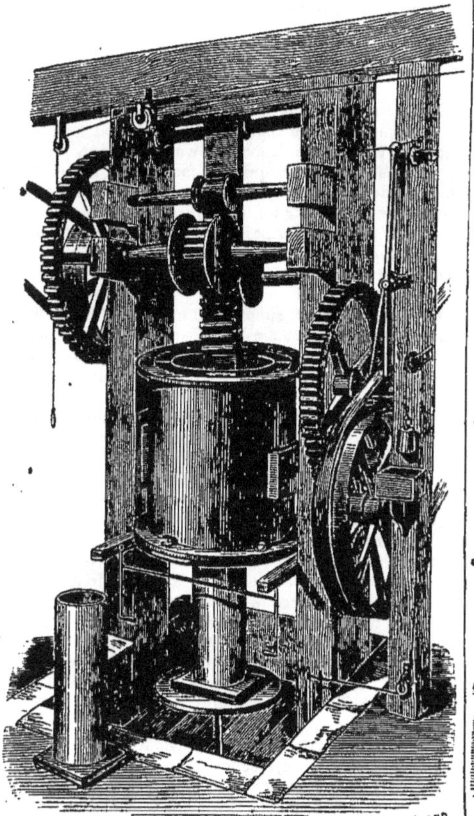

3692.

la partie supérieure donne la hauteur. On l'emplit de barbotine, on verse, après quelques minutes, l'excédant de pâte, puis on la laisse adhérente au moule se ressuyer un peu; on met sur le tour le moule, ou le centre, et, avec une lame, on détache sans effort le bord supérieur de la pièce moulée; la dépouille se fait tout naturellement, et pour éviter la déformation, on place sur un renversoir *b* la tasse tirée du moule; la dessiccation s'opère spontanément. Le pied de la tasse se rapporte quand la pièce est faite; on le prend dans un mandrin de pâte ébauché sur le tour, on le colle comme à l'ordinaire, et l'on finit l'ouverture de la tasse en coupant à la hauteur voulue l'excédant indiqué par le trait que donne directement le moule.

3693.

Les anses sont creuses; on les fait par coulage dans des moules en plâtre *c*; mais comme la barbotine qu'on

3694.

verserait dans ces moules ne tarderait pas à boucher l'entrée du creux en s'y fixant, on injecte le liquide à l'aide d'une petite pompe aspirante et foulante *f*. On ajuste à cet effet, sur l'ouverture d'entrée et sur le trou de sortie, deux tubes minces en cuivre *e*, et par l'un de

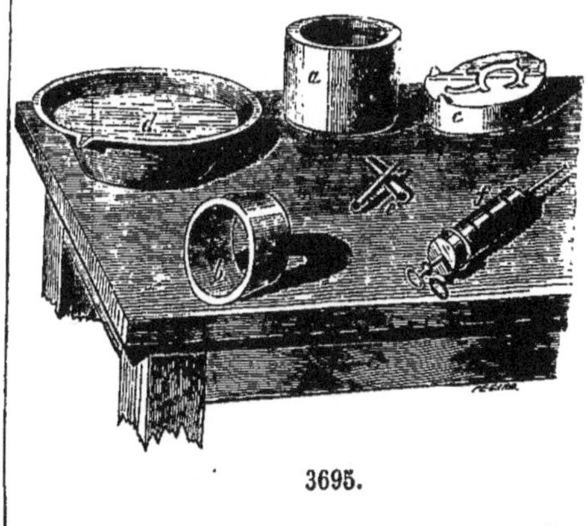

3695.

ces tubes on chasse avec la pompe assez de barbotine prise dans le vase *d*, pour qu'elle s'élève au niveau supérieur du second tube. Si l'anse doit avoir une certaine épaisseur, on répète l'injection, mais en prenant pour orifice d'entrée celle qui servait d'orifice de sortie dans l'expérience précédente; on opère de la même manière. Si la largeur du canal évidé de l'anse est considérable, on doit avoir le soin de retourner le moule de façon que la face supérieure devienne l'inférieure, afin que toutes les parties aient, autant que possible, la même épaisseur. On évite ainsi, le liquide séjournant les deux fois dans les mêmes parties inférieures, que le fond prenne plus d'épaisseur que les points donnés par la coquille supérieure.

Les soucoupes de tasses minces sont aussi préparées par le coulage; il faut éviter que le flot de barbotine, en arrivant dans le moule, n'éclabousse, et n'occasionne un frémissement qui se traduit sur la pièce cuite par des ondulations. Dans ce but, on dispose sur le moule un faux bord incliné, métallique, sur lequel le jet de barbotine s'aplatissant déverse sans secousse le flot dans l'intérieur du plâtre.

On a pu voir aux Expositions de Londres et de Paris de grandes jattes de forme chinoise de $0^{m},83$ de diamètre. On peut se faire une idée de la manière dont on procède par l'inspection de la fig. 3694.

a représente la bâche qui fournit la barbotine, et *b* le moule percé d'un trou par la partie inférieure : un tuyau qui s'ajuste dans ce trou introduit par le bas la pâte liquide, qui monte graduellement sans bulles ni secousses. Une cuve *c*, placée sous la table qui supporte le moule, reçoit l'excédant de barbotine qu'on soutire au moyen d'un robinet.

S'il n'est pas déjà sans difficulté de couler une pièce de cette dimension, les difficultés s'accroissent encore par la nécessité de boucher le trou qui transperce le fond de la pièce. On s'y prend de la manière suivante : Après avoir nettoyé le moule, c'est-à-dire après avoir enlevé avec une lame compacte la partie de pâte qui s'est épanchée sur la surface horizontale qui le termine, et coupé les bavures de l'ouverture pratiquée dans le fond et qu'il s'agit de boucher, on laisse tomber dans le fond du moule, par cette ouverture, un bouchon de plâtre parfaitement sec et bien ajusté, pour qu'il complète la calotte sphérique que présente la partie inférieure du moule. On verse alors de la barbotine très-épaisse qu'on mélange légèrement avec les parties un peu raffermies qui limitent l'ouverture à boucher et qui vient s'y souder d'une manière intime. On donne au fond formé de la sorte une assez grande consistance, et on le finit par un tournassage qui le ramène à une épaisseur convenable. Le pied de la jatte est coulé d'autre part, et sert de support à la pièce pendant la cuisson au grand feu : il reste indépendant; on le réunit par des liens métalliques après toute cuisson. On a remarqué que toutes les fois qu'on voulait coller le pied soit en pâte, soit au moyen de la glaçure, les différences de retraite, occasionnées par la distance des deux centres de contraction de la jatte et du pied nécessairement coulés séparément, entraînaient ou le décollage, si le collage était mal fait, ou la casse lorsque le collage était bien fait.

On a modifié le procédé de coulage d'une manière heureuse pour en obtenir sûrement les plateaux qui complètent les cabarets minces. Au lieu de remplir le moule de pâte liquide, on fait glisser légèrement ce moule dans un bain de barbotine. Le moule se recouvre extérieurement et intérieurement de pâte raffermie d'une épaisseur en rapport avec le temps de l'immersion, l'épaisseur du moule et la viscosité du bain. On nettoie le moule au dehors; on enlève avec un couteau la pâte adhérente sur la face horizontale, en même temps qu'avec une pointe on détache légèrement, pour faciliter la dépouille, le faux bord du plateau. On examine attentivement s'il ne se fait pas quelques fissures pendant la dessiccation et la retraite qui l'accompagne, et on arrête par un trait de pointe et en travers toutes celles qui se déclarent tant qu'elles restent sur le champ du faux bord. Ce plateau n'a pas de pied

On combine souvent les deux méthodes du moulage et du tournage pour obtenir dans une même opération des ébauches plus fines et de meilleure réussite.

Dans le *moulage à la housse*, on fait une ébauche sur le tour sans secours d'appui ou de moule; on la termine par le moulage. Tantôt, suivant le cas, on place la *housse* sur le moule, qui a la forme d'un noyau et qui peut donner directement des dessins à l'intérieur. Le moule est placé sur un tour. Le tourneur comprime avec une éponge la housse contre le moule; tantôt on la met à l'intérieur du moule, dont la forme est creuse, et qui peut donner alors directement les reliefs dont la surface extérieure est ornée.

La housse peut être simplement une balle, lorsque le moule est creux; c'est ainsi que pour mouler mécaniquement un grand nombre de pièces dites de petit creux, on se borne à placer dans le moule, animé d'un mouvement circulaire qu'il tient du tour, une balle de pâte qu'on fait monter en la perçant avec les doigts le long des parois du moule. On modifie cette méthode en faisant descendre dans le creux une sorte de noyau qui remplace les doigts. Cette méthode est appelée sans contredit à modifier notablement le prix de revient des pièces de porcelaine.

On donne le nom de *calibrage* au procédé mixte résultant de la combinaison du moulage et du tournage dans lequel le moule donnant la forme intérieure ou extérieure de la pièce, la surface extérieure ou intérieure est donnée par le tournage avec l'aide d'un profil fixé d'une manière invariable. On obtient, au moyen du calibrage, des pièces d'une régularité, d'une minceur, et partant, d'une légèreté remarquables; on ne fait pas autrement à Sèvres les assiettes de toute dimension, unies ou à reliefs.

Pour ces derniers objets, il convient d'apporter le plus grand soin à la confection des moules. A ce titre, nous relaterons ici le procédé proposé par M. Hubert Moreau de Mehun, pour obtenir des mères d'une exécution irréprochable, seules capables de reproduire les moules dont on a besoin pour la fabrication des assiettes. Le travail de l'auteur a reçu de la Société d'encouragement l'accueil le plus favorable, et le rapport que j'ai fait peut trouver ici, en substance au moins, une place convenable. Les considérations suivantes nous paraissent de nature à faire comprendre les avantages de ce système, tant au point de vue de l'économie, qu'à celui de la régularité, de la perfection et de la rapidité du travail.

La fabrication de l'assiette nécessite l'établissement du modèle; qu'on enduit d'une couche d'huile siccative; il donne l'intérieur de l'assiette; sur ce modèle on coule un plâtre qui prend le nom de *mère;* on le durcit aussi par l'huile siccative; c'est sur cette mère qu'on coule ensuite les moules en plâtre sur lesquels on moule les croûtes. Ces procédés sont ceux qu'on pratique généralement et depuis longtemps dans toutes les manufactures de porcelaine. Ils entraînent certains inconvénients qui ne peuvent être évités par la plus scrupuleuse attention, car ils sont inhérents au plâtre. On sait, en effet, que pendant qu'il fait prise, le plâtre augmente de volume; or, l'expérience a démontré que, après vingt tirages dérivés l'un de l'autre, la dernière épreuve d'un modèle de 25 centimètres en présente 27.

Indépendamment de cet inconvénient qui conduit à l'altération du volume des objets, et quelquefois aussi de leur forme, on est exposé, par le gauche que peuvent prendre les moules, à fabriquer des assiettes plus défectueuses encore que le moule lui-même. Enfin la nécessité de faire par le tournassage la poignée des moules fait perdre, sous forme de copeaux inutiles, une quantité considérable de plâtre.

Dans la disposition du moule proposé par M. Hubert Moreau et représenté par la fig. 3696, le gonflement graduel du plâtre, qui dénature les dimensions de l'objet moulé, n'est possible en aucune façon; le diamètre des assiettes, par exemple, ne peut plus augmenter; la durée des mères est prolongée dans une proportion notable. On évite le gauche des moules, et comme le moulage de ceux-ci s'obtient immédiatement et d'une seule opération, on n'a plus à faire disparaître par le tournassage ni l'extérieur du moule pour le dresser, ni l'intérieur pour former la poignée.

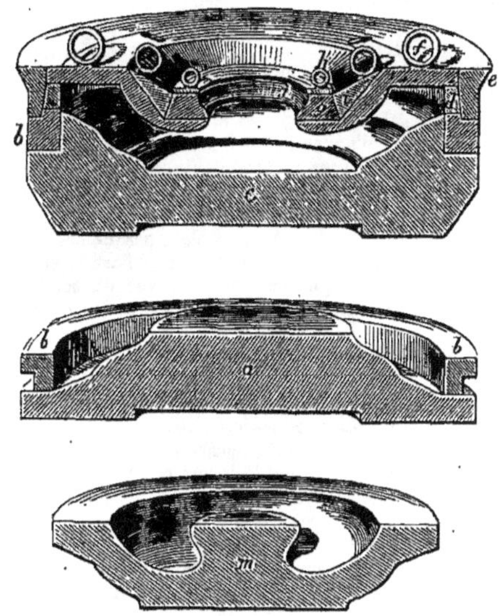

3696.

Supposons qu'on ait une mère en plâtre durci par de l'huile grasse *c*, et donnant la forme intérieure de l'assiette : on la surmonte d'une couronne en zinc d'une seule pièce *b*, dont l'usage est de faire obstacle au gonflement du plâtre à l'instant de la coulée; ce cercle est adhérent; on le surmonte d'une nouvelle couronne en trois pièces *d*, qui servent à régler la hauteur et le diamètre du moule. Ces trois parties sont réunies dans une chape *e*, qui s'emboîte dans le cercle adhérent à la mère; les autres parties du moule, la base, la poignée, l'évidement que forme celle-ci sont données par des pièces en zinc et leur chape *f,g,h,i*, qu'il est facile de séparer pour opérer le démoulage. Le maniement de ces diverses pièces est facilité par des anneaux métalliques. Une ouverture centrale *j* permet l'introduction du plâtre liquide.

Pour opérer le moulage, on enlève les parties supérieures qui mettent à jour le fond du moule; on les a graissées, et avec un pinceau on imbibe le tout d'une couche de plâtre liquide pour former l'épiderme du moule; on rapporte ensuite l'espèce de couvercle sur lequel doit se mouler la face supérieure, et on verse le plâtre liquide pour remplir le moule; l'air se dégage par quatre trous, et l'expulsion du gaz se fait entièrement lorsqu'on a soin d'agiter le moule aussitôt qu'on l'a rempli.

Lorsqu'on a dégagé les parties du moule extérieur, on enlève la partie moulée; pour la terminer, on détruit, sur le tour, les coutures qu'ont laissées les joints correspondants aux diverses parties du moule métallique. Ce travail s'exécute facilement au moyen du tournassin. La pièce isolée se voit en *m*, débarrassée de son moule. Ce que nous avons dit suppose la confection de la mère. Pour l'obtenir, après avoir graissé le modèle *a* comme à l'ordinaire, on le garnit d'un cercle *b* qu'on dresse au moyen du tour; on entoure le diamètre extérieur d'une bande de plomb, puis on verse du plâtre. Quand il est assez dur, on le tournasse.

Ce procédé doit s'appliquer aux pièces plates avec plus d'avantage qu'aux pièces creuses; néanmoins, dans tous les cas, il doit donner une économie notable aux manufacturiers qui font un grand usage de moules de plâtre et qui sont éloignés de gisements de gypse.

J'ai vu pratiquer ce moyen dans l'usine de Mehun, chez M. Pilliwuyt. A Bordeaux, si le même moyen n'est pas employé, celui dont on se sert en donnerait bien une idée, même à première vue.

Que les pièces soient moulées ou tournées, qu'elles soient ébauchées par l'une ou l'autre des méthodes mixtes que nous venons d'étudier, il faut les finir. Le tournassage ne s'applique guère qu'à certaines fabrications soignées; en un mot, il consiste dans un tournassage qui rappelle, quant au principe, le travail du tourneur en bois, en métaux, etc. On enlève l'excédant de pâte présenté par l'ébauche, qu'il ne faut dès lors considérer que comme un bloc dans lequel on va chercher la pièce qu'on veut obtenir. Le tour a tantôt l'axe vertical, comme dans la fabrication de la porcelaine, tantôt l'axe horizontal, comme dans les fabriques de faïences fines. Contrairement à ce qu'on avait supposé pendant trop longtemps, le tour en l'air peut également convenir pour le tournassage des porcelaines dures, et j'ai vu dans beaucoup d'usines du centre le tour français remplacé par le tour anglais pour le rachevage des pièces de petits creux en pâte de porcelaine; on gagne de la sorte en temps et en régularité.

Le fait le plus considérable qui s'est produit dans ces dernières années, relativement au rachevage en ce qui concerne la porcelaine dure, est l'usage qu'on a fait du tour à guillocher; nous ne saurions, sous peine de donner trop de longueur à cet article, en faire ici la description; nous renverrons le lecteur à la définition que j'en expose dans mes *Leçons de céramique*, t. II, p. 130 et suivantes.

Le réparage des pièces comprend des opérations qui se définissent nettement par le nom qu'on leur donne : ce sont le *grattage*, pour enlever par ablation toutes les coutures, toutes les saillies nécessaires à l'ébauchage; le *remplissage*, pour boucher les trous, les cloques accidentelles mises à nu par le démoulage ou par le grattage. Le *sculptage*, qui ne diffère du grattage que par les différents résultats obtenus, participe à la fois des méthodes de grattage et de remplissage; nous en trouvons un exemple remarquable dans ce que l'on appelle à Sèvres *sculpture en pâte, cru sur cru*. On a fait, à l'aide de cette méthode, des pièces de dimensions très-variées. Elle donne des objets d'une valeur artistique réelle et d'une grande importance industrielle, si celui qui la met en usage joint au talent du sculpteur l'habileté du praticien.

La première idée de ce genre de décoration se trouve très-nettement dévoilée dans quelques poteries fines de l'époque romaine; les Chinois en ont certainement tiré le parti le plus avantageux, et le musée céramique offre des exemples fort remarquables fournis par les peuples qui ont créé cette sorte de poterie.

On établit par l'un quelconque des procédés décrits précédemment la pièce que l'on veut décorer d'ornements en relief. On maintient la pâte humide pour appliquer en relief au pinceau avec précaution et par couches successives, en évitant les bouillons et les trous, la pâte qu'on peut modeler ensuite par incision et grattage, comme s'il s'agissait d'une ébauche moulée; on obtient de la sorte des saillies assez vives, très-nettes, si le réparage est fait avec tout le soin nécessaire. Cette méthode permet de conserver religieusement la touche du sculpteur, si souvent altérée par les opérations du moulage. Elle ajoute encore à la valeur artistique de la pièce faite par ce moyen le mérite de constituer en quelque sorte un objet unique, puisqu'il n'a pas été confectionné dans le but de multiplier les épreuves. Le même motif, encadré différemment, ajusté dans d'autres données, peut présenter, sans frais de composition la plus grande variété d'aspects. Par le moulage, au contraire, pratiqué comme on est dans l'usage de le faire, on n'obtient qu'une reproduction fâcheuse pour des objets d'art.

Lorsqu'on fait usage de pâtes de diverses couleurs, on peut produire les effets les plus heureux, et les plus belles productions en ce genre qu'ait offertes la manufacture de Sèvres sont les vases dits en céladon, rehaussés de sculptures en pâte blanche. Au lieu des pâtes vert d'eau, on peut faire un fond de toute autre nuance, et créer de la sorte des poteries très-variées et du meilleur goût. L'industrie privée n'aurait assurément qu'à gagner en entrant dans cette voie nouvelle ouverte par la manufacture impériale. Les pâtes colorées par la pechblende, l'oxyde d'urane et d'autres oxydes conduiraient infailliblement à des pièces recherchées. L'oxyde de chrome sous le poids de 3 à 4 pour 100 donne avec la pâte de service une couleur olivâtre avec une nuance de rose qui acquiert à la lumière artificielle une couleur rose du plus vif éclat.

Nous n'aurons pas l'occasion de revenir plus tard sur ce sujet. Pour l'épuiser, nous signalerons ici quelques accidents que peuvent présenter les pâtes céladon, et les moyens d'y obvier. Quelque soin qu'on ait pris pour enlever le sel soluble de chrome que l'oxyde mêlé dans la pâte blanche emporte avec lui, lorsque, pour une cause ou pour une autre, le four se charge pendant la cuisson d'une grande quantité d'humidité, il se développe et se répand, sur les reliefs blancs ou sur certaines parties de la pièce, un sel soluble de chrome qui dépose plus tard de l'oxyde vert ou brun. La pâte céladon cuit généralement avec un ton plus agréable dans une atmosphère réductrice que dans une atmosphère oxydante; on vient de voir que, dans tous les cas, pour obtenir des nuances unies, il est indispensable de cuire dans une atmosphère dépouillée d'humidité.

L'*évidage*, qui consiste à faire des jours dans les parois des pièces suivant des traits indiqués par le moule, l'estampage et le moletage, le collage et l'applicage, qui consistent dans la réunion des garnitures ou des différentes parties d'une même pièce, complètent la série des opérations au moyen desquelles les poteries sont mises en état de supporter l'action du feu qui doit leur donner consistance et dureté, imperméabilité ou brillant. Il n'y a plus, pour ne pas perdre le bénéfice des mains-d'œuvre déjà faites, qu'à conserver à la pièce sa forme intacte, sans fente ni déformation, par une dessiccation très-lente. A cet effet, les poteries, qu'elles soient simples ou composées, doivent être lacées dans des séchoirs convenablement aménagés, ur des planches superposées, exposées à des températures progressives.

L'établissement de ces séchoirs laisse encore beaucoup à désirer dans un grand nombre d'usines. On profite souvent des jours de soleil pour exposer au dehors les marchandises prêtes à porter au four. Il faut veiller au temps, et s'il vient à pleuvoir subitement, la rentrée brusque de toutes les pièces, rentrée qui ne peut être exécutée que par le plus grand nombre de bras, met la perturbation dans tous les ateliers. Ce système d'ailleurs ne dispense pas, pendant l'hiver, de séchoirs artificiels; et c'est peut-être cette partie de la fabrication qui devrait devenir le sujet des plus sérieuses études.

Le chauffage des ateliers, dans lesquels on place les moules et marchandises terminées pour les sécher, a lieu presque partout au moyen de poêles disposés au centre de la pièce, et dont les longs tuyaux servent de surface de chauffe. Mais il ne suffit pas d'élever la température, il faut chasser, au moyen d'une ventilation bien réglée, la vapeur d'eau qui se répand dans l'atmosphère. Ordinairement le chauffage est intérieur, et la présence dans l'atelier d'appareils à feu répandant des poussières n'est pas sans inconvénients pour les poteries, d'ailleurs irrégulièrement échauffées.

Toute disposition qui permettrait d'employer au séchage des pièces fabriquées la chaleur perdue des fours de cuisson remédierait à beaucoup d'embarras, et deviendrait économique au point de vue du combustible, tout aussi bien qu'à celui de la perfection du travail.

Je donne ici celle que les manufacturiers anglais emploient aujourd'hui. La description peut être suffisamment comprise, sans qu'on ait besoin de recourir à des dessins représentant les appareils.

Deux fours accolés sont placés près d'une cheminée commune; les fours, dont le laboratoire forme un cône surmonté d'une calotte sphérique, sont séparés par une galerie qui donne accès, d'une face à l'autre, à deux chambres où se tiennent les cuiseurs; les alandiers, au nombre de six par chaque four, trois de chaque côté, sont placés immédiatement au-dessous du volume des marchandises à cuire. Les produits de la combustion s'élèvent au travers d'arcadons dont la surface supérieure forme le sol du four; ils traversent les matériaux qu'ils doivent porter à la température rouge, et s'échappent ensuite par une ouverture qui existe dans la calotte sphérique limitant le laboratoire dans sa partie supérieure. Les fours n'ont donc pas de cheminée comme les fours ordinaires. Un canal horizontal, qui se recourbe pour passer dans les ateliers dits séchoirs, conduit ces gaz chargés de fumées épaisses, et portant encore une température élevée dans des tuyaux circulant dans l'atelier, de manière à maintenir l'atmosphère à 30 ou 40 degrés centigrades. La vapeur d'eau produite par la dessiccation des matériaux encore humides est conduite, au moyen d'ouvertures communiquant avec le canal qui dirige les fumées et les gaz chauds, dans la cheminée d'appel.

En sortant des séchoirs qu'ils ont échauffés sans dépense nouvelle, les gaz et les fumées reviennent dans la partie inférieure du four, se partageant en deux courants qui circulent entre les trois rangées de fourneaux; là, rencontrant les plaques de fonte portées au rouge, qui forment les parois latérales du foyer, ils se brûlent en dégageant une chaleur assez intense pour déterminer un tirage très-violent dans la cheminée verticale dont la hauteur règle l'appel de l'air froid sur les grilles des alandiers chargés de charbon de terre.

Avec deux systèmes de fours accolés, placés chacun à l'extrémité des séchoirs, on pourrait chauffer d'une manière continue; car on peut toujours avoir un four en feu, pendant qu'on en emplit un ou qu'on vide les deux autres; on a de la sorte toute facilité pour cuire un four tous les trois jours. Différentes espèces de registres permettent d'interrompre à volonté la communication des conduits d'un four avec la cheminée d'appel, pour qu'il y ait isolement d'un appareil pendant qu'il ne fonctionne pas, c'est-à-dire pendant qu'on l'emplit ou pendant qu'on le vide.

On voit que cette méthode peut s'appliquer facilement, et qu'un des grands avantages qu'elle présente est de pouvoir s'adapter, sans de grandes dépenses, à des fours déjà construits. Du reste, le procédé de l'auteur s'applique à toute espèce de fours en usage dans les fabrications céramiques.

M. Bonnet a fait breveter, en 1845, un four pour les mêmes usages, dans lequel on remarque les dispositions employées en Angleterre. On voit, d'après la faveur avec laquelle les procédés de M. Hand ont été suivis, que cet intéressant problème de la combustion complète de la fumée et du chauffage économique des séchoirs a reçu de l'autre côté du détroit une solution pratique.

CUISSON DES POTERIES.

Quand les poteries, quelles qu'elles soient, ont été séchées convenablement, on les porte au four, pour les cuire lorsque ce sont des poteries simples, pour les préparer à recevoir les glaçures lorsqu'elles sont composées.

Nous n'avons rien à dire, dans cet article, des procédés dont on se sert pour enfourner et encaster les pièces, soit pour les cuire en biscuit ou dégourdi, soit pour les cuire en vernis, que ces vernis soient ou des *émaux*, ou des *vernis* proprement dits, ou des *couvertes*. Nous n'avons même pas à rappeler les méthodes au moyen desquelles on prépare, on broie, on applique ces

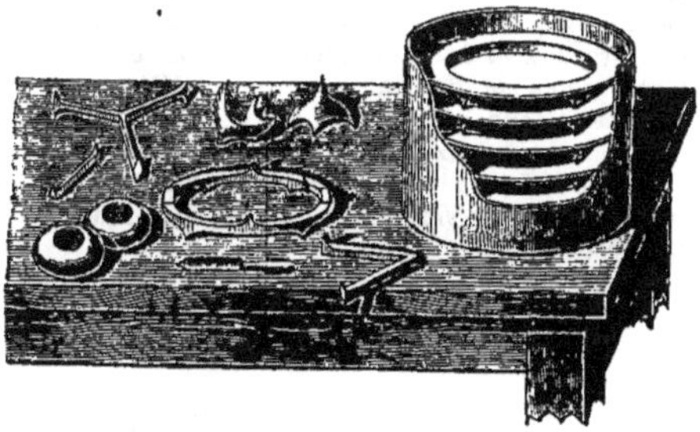

3697.

glaçures. Mais avant de nous occuper des combustibles dont on fait usage dans la cuisson, nous dirons qu'en Angleterre on trouve des établissements qui ne font autre chose que de préparer les pernettes, pattes de coq ou colifichets, dont on fait usage pour isoler les pièces dans le four, et les empêcher de se coller entre elles ou sur les pièces qui les supportent dans les étuis. Ces pernettes, de forme toute particulière, s'obtiennent par moulage et sans la moindre difficulté. La figure ci-dessus représente leurs principales dispositions. Le moule est en métal, cuivre ou bronze; il est en deux coquilles; il donne plusieurs exemplaires disposés symétriquement et de telle façon, que les points supérieurs soient donnés par la coquille supérieure du moule, les points inférieurs par la coquille inférieure. On obtient la pression sur la croûte, qu'on a mise entre les deux coquilles, au moyen d'une presse à vis. On chauffe le métal pour obtenir la dépouille nécessaire au démoulage. On prépare ainsi tous les modèles dont on a besoin et que représente la fig. 3697.

On sait qu'on fait emploi de bois et de charbon de terre pour cuire la poterie de terre, la faïence commune et la faïence fine; la cuisson de la porcelaine dure au moyen du combustible végétal était seule regardée comme possible par un grand nombre d'industriels : aussi les expériences qui ont eu pour but la cuisson de la porcelaine dure au moyen de la houille ont-elles fixé très-vivement l'attention générale. On a déjà vu la notice de M. Ebelmen et son savant rapport sur le four de Noirlac à l'article Houille. Nous compléterons ces renseignements intéressants par l'extrait d'un travail consciencieux de M. Redon sur les tentatives suivies de succès exécutées à Limoges pendant l'année 1857. Ces expériences ont été dirigées par la chambre consultative, demandant à s'éclairer sur un fait industriel qui, bien que déjà traité dans d'autres contrées manufacturières, n'en avait pas moins pour le Limousin un grand intérêt de nouveauté d'abord, et un intérêt plus grand encore au point de vue de la production économique et du développement de l'industrie de la porcelaine. Depuis longtemps, la cherté toujours croissante des bois et la crainte de leur insuffisance inquiétaient non-seulement les fabricants, mais encore la population ouvrière, dont l'existence et le bien-être dépendent en grande partie de la prospérité des manufactures de porcelaine.

On doit à M. Marquet, de Limoges, d'avoir été le premier instigateur de la cuisson à la houille par des méthodes perfectionnées que nous allons décrire. Il a fait ses essais d'abord avec le système Bordone, qui consiste dans l'application des grilles à gradins, puis avec celui de M. Mourot, au sujet duquel nous allons entrer dans quelques détails et qui conduit à des données pratiques.

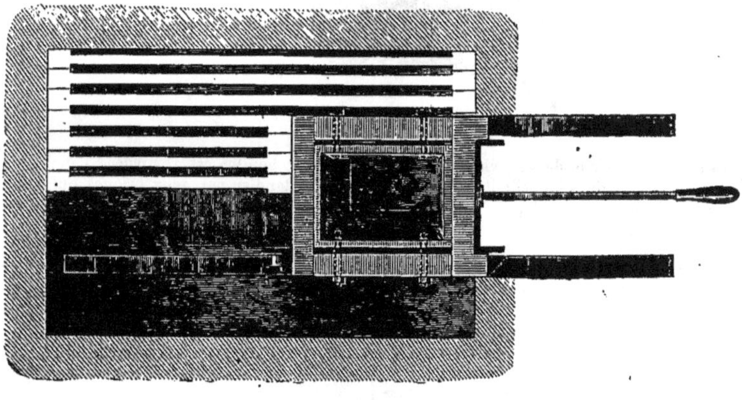

3698.

Les premiers essais de ce dernier système furent faits dans un four de 2 mètres de diamètre cubant de 7 à 8 mètres cubes; la réussite presque complète encouragea les inventeurs, désormais assurés que l'application de leurs appareils aux fours de plus grande dimension se ferait avec plein succès. On les disposa de suite pour cuire un four de 5m,33 de diamètre. Deux fournées ont été suivies comme expériences pour étudier la marche du four après sa modification. Nous donnons en détail les circonstances dans lesquelles on s'est placé. C'est le meilleur moyen de faire connaître les conditions dans lesquelles on obtiendra de bons résultats. Les procès-verbaux qui suivent pourront ainsi servir d'enseignement utile. Nous commencerons par inscrire la dépense et l'allure du même four avant l'addition de l'appareil pour cuire à la houille.

Le four, précédemment au bois, cubant 92m,250, était muni de six alandiers; la durée moyenne de sa cuisson était de quarante-cinq heures, et sa consommation de 104 stères 47 centistères de bois valant, rendu dans la cage du four, environ 1320 francs.

Par suite de sa transformation, rien n'a été changé dans les profils et la dimension intérieure de ce four; les foyers ou alandiers ont été portés au nombre de dix; les orifices d'entrée de la flamme dans le four, dits bouches à feu, ont été conservés dans les mêmes dimensions qu'au bois; la cheminée de même, et les carneaux de pourtour augmentés de quatre, en tout dix.

L'appareil à combustion, dont la disposition constitue toute la nouveauté, se compose d'une grille horizontale formée de barreaux ordinaires en fonte, espacés de 0,0015. Sa longueur est de 0m,90, et sa largeur de 0m,75, donnant une surface de 0m,6750. Cette grille est munie en son milieu d'une boîte rectangulaire formant trémie, dont le but est d'alimenter la grille par la partie inférieure (fig. 3698).

L'alimentation se fait à l'aide d'un chariot en fonte, ou en forte tôle rivée, contenant environ 3 kilog. de houille, et qui, glissant sur les deux guides en fer, visibles en plan dans la figure ci-dessus, vient se placer directement sous la trémie dans laquelle il est élevé en pesant sur un levier; le combustible, d'abord soutenu au moyen d'une petite grille mobile placée au fond du chariot, qui s'accrochait sous la trémie au moment où l'ascension était accomplie, est, d'après le nouveau système, maintenu par le fond qui monte ou descend à l'aide de la disposition que représente la figure 3699. Dans sa position normale, le chariot en dehors du foyer présente la caisse ouverte et pleine de combustible; la queue de l'appareil fait le fond de la trémie et retient le combustible; pour charger, on pousse le chariot, on appuie sur le levier pour faire monter le fond guidé dans son mouvement ascensionnel par les glissières qui forment les joues latérales de l'appareil, et on ramène le chariot en avant; on ne relève le levier pour faire descendre le fond que lorsque la boîte à combustible est complétement en dehors du foyer. Dans le premier système, à chaque chargement la petite grille devait être retirée.

Aussitôt que le chariot est engagé sous la trémie, le combustible du foyer se renouvelle par la nouvelle charge qui, s'élevant, soulève constamment devant elle les couches de houille déjà en ignition. L'introduction du combustible se fait ainsi sans ouverture de porte, et, par conséquent, sans admission d'air froid sur le foyer.

Le four ainsi préparé, l'enfournement fait dans les mêmes conditions qu'au bois, on procède à l'allumage. Les grilles sont chargées de 85 kilogrammes de houille; à l'aide d'une ouverture ménagée dans le mur de face du foyer, on introduit du menu bois auquel on met le feu avec un peu de paille. Cela fait, l'orifice d'allumage est bouché et bien luté; le feu gagne rapidement la houille, et, un quart d'heure après, la première charge est élevée dans chaque grille; pendant les deux premières heures, les charges ne sont faites que de douze en douze minutes, et augmentées progressivement jusqu'à douze heures de feu. A cet instant, on commence le grand feu, en chargeant toutes les trois minutes au plus, et en ajoutant à la houille trois bûchettes de bois. La flamme commence alors à se dépouiller de sa fumée, et au bout de six heures de grand feu, c'est-à-dire après dix-huit heures de chauffe, le globe est parfaitement purgé, et la flamme s'élève en gerbes très-pures des carneaux et de la cheminée; à partir de cet instant jusqu'à la fin de l'opération, l'élévation des charges ne donne plus la moindre production de fumée.

Après vingt-deux heures de feu, les montres peuvent être retirées; la glaçure doit être brillante, et généralement après vingt-neuf à trente heures la porcelaine est cuite.

Lorsqu'on a jugé la cuisson suffisante, la dernière charge de houille est remplacée dans le chariot de chaque alandier par deux briques qui achèvent d'élever sur la grille le combustible contenu dans la trémie. Après la cessation des charges, les appareils, contenant alors une couche de houille de 30 à 40 centimètres, ont pu fournir encore de la flamme pendant près de deux heures.

Dans ces fournées, la consommation est ordinairement pour le four des dimensions indiquées :

Houille de Commentry ordinaire . .	7,935 kilog.
Houille de Charleroy	3,965 —
	11,900 kilog.

Bois en bûchettes, 2 stères 1/2.

Dépense évaluée comme suit :

7,935	kil. houille de Commentry, à 40 fr. 75 c. la tonne	323,35
3,965	— houille de Charleroy, à 64 fr. 75 c.	256,45
2,5	st. bois à 13 fr.	32,50
	Total.	612,30

3699.

La fournée au bois coûtant . . . . 1319,11 il y a pour la fournée au charbon de terre une économie de 706 fr. 81 c.

Si nous prenons le rapport de la capacité du four au combustible brûlé, on trouve 129 kilog. par mètre cube. Ces chiffres donnent la mesure de l'économie qui résulte de l'emploi du système Mourot. En s'en rapportant aux documents recueillis sur le terrain de l'expérience, le Berry brûle en moyenne dans des fours de 100 mètres cubes 210 à 220 hectolitres de houille de Commentry, c'est-à-dire de 180 à 190 kilog. par mètre cube.

Quant à la marche et à la conduite des appareils dans le nouveau système, l'élévation des charges se fait avec rapidité, le travail du chauffeur est commode et peu fatigant; il était cependant quelque peu gêné par la chute des escarbilles qui dérangeaient le jeu des organes du petit mécanisme au moyen duquel on soutenait la grille mobile dans l'appareil primitif; la chaleur rayonnée se trouve être si faible qu'elle n'élève pas sensiblement la température de la cage du four. Les grilles restent, après les feux, dans un parfait état de conservation.

Depuis que M. Marquet a donné le mouvement dans Limoges, le système Mourot a reçu de nouvelles applications : il devait en être ainsi; car il représente un perfectionnement notable sur les premières méthodes dans lesquelles on s'était contenté de remplacer l'alandier au bois par une grille pour recevoir le combustible minéral. On compte aujourd'hui plus de dix fabricants qui l'ont adopté dans leurs manufactures. Je tiens ces renseignements de M. Marquet, qui a bien voulu m'admettre dans l'usine, et chez lequel j'ai vu pratiquer cette méthode dont les avantages ne sont plus douteux.

On sait que la manufacture de Bordeaux fait aujourd'hui des quantités considérables de porcelaine dure; cette fabrication n'y eût pas été possible, si M. Vieillard n'avait appliqué l'un des premiers la cuisson à la houille dans une localité complétement privée de combustible végétal.

J'ai visité plusieurs fois cette belle manufacture, et ce n'est pas sans étonnement qu'on y voit des fours d'une dimension si considérable cuits avec un combustible auquel on reprochait tout d'abord de ne pas donner de flamme.

Une dimension plus grande encore des fours ne serait pas un obstacle à la régularité de la chauffe : M. Gosse a fait breveter une disposition qui, par un foyer spécial, déverse au centre du four les quantités de chaleur qui n'y arriveraient pas par les seuls foyers de la circonférence.

Le système fonctionne économiquement dans l'usine de Bayeux, où je l'ai vu mettre en pratique. Si les renseignements qui me sont parvenus sont exacts, il est probable que plusieurs fabriques d'Allemagne l'ont également adopté.

FABRICATIONS SPÉCIALES.

Nous terminerons cet article, qui comble quelques lacunes présentées par celui du Dictionnaire, en décrivant trois produits céramiques nouveaux dont l'immense succès à leur apparition n'est que parfaitement mérité. Je veux parler de la confection du parian, de celle des boutons en pâte feldspathique par les procédés ingénieux de M. Bapterosses et des carreaux incrustés que M. Minton a fabriqués en Angleterre sous le nom d'*encaustics tiles.*

Les Expositions de Londres et de Paris ont de suite classé ces produits parmi les plus intéressants.

Parian ou Paros.

Le parian ou porcelaine imitant le paros est d'origine anglaise; il paraît avoir été fait pour la première fois par M. Copeland vers 1848; quelques auteurs en attribuent la découverte à M. Battam, d'autres à M. Minton : des discussions ouvertes à ce sujet, il nous a paru que M. Copeland était le fabricant qui l'avait préparé le premier. On en a tiré dès le principe un parti très-avantageux pour les objets de sculpture. Plusieurs fabricants anglais et français le font maintenant avec succès.

L'idée d'une pâte céramique imitant le paros n'est pas nouvelle; il existe, parmi les produits de M. Kühn de Meïssen, des médaillons d'une composition particulière se rapprochant assez du ton des calcaires exploités comme marbre dans l'antiquité. On trouve de même, parmi les figurines fabriquées à Nymphembourg, de petites statuettes présentant avec le marbre statuaire beaucoup d'analogie; ces productions tiennent, par leur composition, de la porcelaine dure. Le parian présente des avantages réels sur le biscuit de cette porcelaine; la teinte est plus jaunâtre, moins froide, plus analogue à celle du marbre des antiques. Elle est aussi plus fusible, et prend par l'action du feu, sans secours d'aucun vernis, un glacé bien plus flatteur que celui des biscuits de porcelaine. Cette qualité rend cette pâte propre surtout à la reproduction des objets d'art.

La composition de cette pâte est assez variable; la coloration s'obtient sans addition de matières colorantes; elle est simplement due à la quantité de l'oxyde de fer accidentellement et naturellement contenu dans les matériaux que fournissent les éléments; elle tient aussi, soit à la température qui n'est pas assez forte pour réduire tout le fer à l'état de silicate de protoxyde, soit à la séparation du peroxyde pendant le refroidissement. Dans tous les cas, les fours à faïence fine paraissent satisfaire à toutes les conditions convenables au développement de cette teinte et comme température et comme composition d'atmosphère gazeuse.

La pâte est peu plastique; elle se rapproche par sa nature de la pâte de porcelaine tendre anglaise; elle prend 30 p. 100 de retraite, et ne se façonne avec facilité que par le procédé de coulage. Cependant elle peut être moulée; le façonnage au moyen du tour ne lui serait appliqué qu'avec les plus grandes difficultés. Elle cuit en une seule fois dans le four à faïence fine, mais elle peut recevoir une glaçure plombifère dure et brillante, et s'appliquer de la sorte aux articles de consommation ménagère. Dans le Staffordshire, on cuit à plusieurs feux de biscuit, jusqu'à ce que le ton ait acquis la nuance jaunâtre qui plaît au consommateur.

L'Exposition de Londres, en mettant sous les yeux des fabricants français les produits remarquables de la fabrication si variée de M. Minton, a stimulé le zèle de plusieurs manufacturiers; Creil, Bordeaux, Sarreguemines et Choisy-le-Roi font aujourd'hui cette poterie d'une manière remarquable.

J'ai fait une pâte qui donne de bons résultats, et je la donne ici comme exemple autour duquel peuvent osciller les compositions de ces diverses fabriques :

Feldspath cristallisé de Bayonne . . .	100
Kaolin lavé.	40
Argile de Dreux	10

On fait cuire au feu de porcelaine tendre. L'argile de Dreux et le feldspath de Bayonne peuvent être remplacés par des matériaux analogues. La proportion de kaolin peut être diminuée si le ton n'est pas assez jaunâtre et si la fusibilité n'est pas assez considérable; on augmente, pour obtenir la coloration, le dosage de l'argile, qui doit être plastique.

Boutons en pâte feldspathique.

S'il est une fabrication qui puisse donner une idée de l'avantage des procédés mécaniques appliqués à la céramique, c'est assurément celle des boutons en pâte feldspathique; il est vrai que la petite dimension des objets fabriqués se prêtait à merveille à leur façonnage par la voie des machines.

La fabrication des boutons en pâte céramique se rapprocherait de l'art de la vitrification si les procédés de leur façonnage avaient le moindre rapport avec ceux employés par le verrier. La nature de la masse fondue est plutôt vitreuse, et la composition de la pâte ne renferme aucun élément plastique soit à froid, soit à chaud. Mais les procédés employés pour façonner ces boutons, l'introduction du phosphate de chaux dans la préparation, les méthodes de cuisson appliquées à leur cuite soit en blanc, soit en couleur, ont tant d'analogie avec les moyens correspondants employés par le potier de terre, que ces boutons ont reçu dans le commerce le nom de boutons en pâte céramique. Créée en Angleterre par Potter, cette fabrication a été reprise, il y a vingt ans, par M. Prosser, qui substitua la pâte de porcelaine tendre à celle de porcelaine dure, et qui modifia complétement les procédés de fabrication. Les brevets furent exploités simultanément par deux manufactures, celle de M. Minton et celle de M. Chamberlain, de Worcester.

En France, la fabrication des boutons est pratiquée sur une très-grande échelle; dans la manufacture de Creil, on suit à peu près les méthodes anglaises. A Briare, où M. Bapterosses a transporté son établissement de la rue de la Muette, on travaille suivant le procédé dont il est l'inventeur et que nous avons décrit à l'article BOUTONS de ce Dictionnaire, t. I. Nous indiquerons ici seulement quelques données numériques qui complètent notre premier travail.

Pour préparer la pâte dite agate, on ajoute à 2,000 kilogrammes de pâte feldspathique légèrement humide, puisqu'à la dernière dessiccation ils se réduisent à 1,930 kilogrammes, 125 kilogrammes de phosphate de chaux. On emploie, pour débarrasser cette quantité de feldspath de l'oxyde de fer qu'elle contient, 140 kilogrammes d'acide sulfurique. Ce passage à l'acide est nécessaire pour obtenir une pâte qui cuise blanc; nous avons vu qu'il fallait attribuer à l'oxyde de fer la cause de la coloration des pâtes de porcelaine quand elles cuisent dans une atmosphère oxydante; c'est ici le cas d'enlever jusqu'aux dernières traces d'oxyde de fer.

Une petite quantité de lait est introduite dans la pâte, quelle que soit sa nature, pour la rendre facile à mouler. On ajoute pour la quantité de pâte indiquée plus haut 45 litres de lait. Dans la manufacture de Creil, on se sert d'huile de lin au lieu de lait. Ce mélange empêche la rouille des machines; le fer et le cuivre peuvent être employés dans la confection des presses.

Une presse marche souvent deux heures sans réparation des picots, poinçons, etc. Dans l'origine, chaque presse donnait 350 boutons nº 1 : c'étaient les plus petits; on en faisait 3,520 avec chaque kilogramme de pâte; les frappeurs étaient payés à la journée, à raison de 3f,25 par journée de dix heures.

En sortant de la presse, les boutons viennent se ranger d'eux-mêmes sur une feuille de papier maintenue dans un fer rectangulaire, d'où, par un tour de main très-simple, ils se trouvent placés sur la plaque de terre qui doit les supporter dans le four.

La cuisson se paye aux ouvriers chargés de ce travail à raison du poids de boutons cuits : dans le principe, lorsque l'établissement était à Paris, rue de la Muette, on payait 36 francs les 100 kilog. de boutons strass ou transparents, et 32 francs les 100 kilog. de boutons agate.

Si l'on n'avait la précaution d'enlever par des lavages acides l'oxyde de fer contenu dans la pâte, les boutons cuiraient jaune ou rougeâtre; ils sont d'un blanc parfait quand on enlève les dernières traces de cet oxyde.

Un même ouvrier chargé de la surveillance d'une même rangée de moufles travaille pendant douze heures consécutives.

La manœuvre des plaques est facilitée par la *tournette* : c'est une plaque métallique à deux rebords verticaux de la largeur des plaques de terre qu'elle doit recevoir, fixée horizontalement sur un axe vertical qui peut recevoir un mouvement de rotation.

Les boutons cuits sont reçus dans des espèces de caisses à claire-voie, disposées par juxtaposition, de manière à tourner autour d'un axe vertical, ce qui leur permet de se présenter tour à tour devant l'ouvrier se préparant à vider sa plaque de terre incandescente et chargée de boutons cuits.

Une plate-forme fixe est solidement rivée sur la caisse commune qui doit réunir après leur refroidissement les boutons provenant d'une série de cuissons successives; chacune des caisses à claire-voie a son fond mobile autour d'une arête qui fait charnière. Il suffit d'appuyer sur de petites tiges attachées à ce fond, pour le faire descendre; les boutons tombent dans la caisse commune, et lorsque la pression ne s'exerce plus, des ressorts à boudin ramènent le fond dans sa position primitive et ferment les caisses. Le refroidissement a lieu pendant que les caisses font leur circonvolution autour de l'axe. On les vide quand elles se présentent devant la plate-forme fixe sur laquelle on place la plaque incandescente.

En introduisant dans la pâte des boutons différents oxydes métalliques, on obtient des boutons teints dans la masse; ces pâtes colorées se cuisent exactement comme si les boutons étaient en pâte blanche.

Les boutons blancs ou colorés dans la masse sont triés et livrés à l'encartage, mais ils peuvent être dorés ou peints des couleurs très-variées que fournit la palette du peintre en porcelaine. La dorure et la peinture se font au moyen de l'impression. Des cylindres d'acier gravés permettent d'obtenir le transport de la couleur sur un papier sans fin. L'impression s'exécute par des moyens très-économiques sur des boutons collés préalablement sur une feuille de papier, et la cuisson s'opère dans des fours analogues à ceux qui servent à cuire les boutons blancs, c'est-à-dire à feu continu, à simple vue et très-rapidement.

La dorure appliquée par ces moyens deviendrait dispendieuse; on l'emploie volontiers pour faire des filets sur le bouton. Il doit alors recevoir du brunissage un éclat qui le complète. Les boutons à brunir sont placés circulairement sur une plate-forme qui est mobile sur son axe et les présente tour à tour devant l'outil brunisseur. Indépendamment de ce mouvement, chaque bouton est porté par un pivot qui le fait tourner sur lui-même pour en présenter tous les points à l'action du brunissoir.

L'encartage se fait sur des cartes piquées à la machine; l'encartage proprement dit est la seule opération qui ne se fasse pas mécaniquement; aussi coûtait-il d'abord 48 à 50 centimes par masse, c'est-à-dire en moyenne les 0,30 du prix de la masse des boutons blancs. Cette façon ne coûte plus que 10 ou 15 centimes par masse.

Les moyens perfectionnés par M. Bapterosses, et la concurrence qui se maintient entre ses produits et ceux des manufactures où les procédés anglais sont en usage, ont amené sur les prix de vente une baisse considérable. L'accroissement de la consommation a dû s'en ressentir. Les prix se sont abaissés de 8 francs, la masse encartée (prix de 1848) à 1 fr. 75 c. et même 1 fr. 25 c. La fabrication de M. Bapterosses atteint aujourd'hui de 800 à 1,000 masses par jour, y compris 150 masses de boutons imprimés, ces derniers au prix moyen de 4 francs la masse.

On fera remarquer ici ce résultat des plus honorables pour l'industrie française : la fabrication des boutons a cessé complètement aujourd'hui dans la Grande-Bretagne, et les cessionnaires du brevet Prosser achètent maintenant en France les boutons qu'ils vendent en Angleterre.

En présence de ces faits, plusieurs fabriques spéciales ont tenté de s'établir à Paris et dans quelques contrées voisines ; à Paris les tentatives ont échoué ; elles n'ont pas réussi davantage en Espagne ; mais il paraît que l'Allemagne et le duché de Bade possèdent des manufactures de ce genre en état de grande prospérité.

Carreaux incrustés.

Il n'y a guère qu'une centaine d'années que l'attention s'est portée sur ces anciens carreaux incrustés qu'on retrouve employés au pavage des vieilles églises. On y remarque de nombreuses inscriptions qui se composent d'armoiries, de devises, de monogrammes. Il résulte de découvertes faites en Angleterre que la terre argileuse qui servait à faire ces carreaux était

3700.

moulée et séchée au soleil assez fortement pour conserver l'empreinte du moule en relief à l'aide duquel on imprimait un dessin quelconque à sa surface. Sur ce dessin en creux, on appliquait une terre d'une couleur différente, ordinairement de la terre de pipe blanche ou colorée. Puis on enfournait. Une fois les carreaux dans le four, on les saupoudrait d'une couche mince de minerai de plomb en poudre et de sable blanc bien fin ; on obtenait ainsi par l'action du feu un vernis vitreux qui, ajoutant à leur éclat tout en les empêchant de s'altérer, donnait à l'argile blanche une légère teinte jaunâtre. On nomme *encaustiques (encaustic tiles)* ces divers produits.

Un M. Wright, des poteries du Staffordshire, fit de nombreux essais pour faire revivre ces procédés anciens; mais ce fut M. Herbert Minton, propriétaire du brevet de Wright, qui triompha de tous les obstacles, et parvint à fabriquer des produits bien supérieurs et plus variés que ceux d'autrefois. A la série restreinte des couleurs obtenues par les potiers du moyen âge, il ajouta celles du café au lait, du gris, du noir, du fauve, obtenues dans toute la masse, et celles du bleu, du vert, du lilas et du pourpre placées par engobes minces sur la surface et par voie d'incrustation.

Les terres rouges et jaunes, qui font à Stoke-upon-Trent la base de la fabrication, sont extraites du sol même de l'usine. On emploie pour les autres couleurs des oxydes métalliques, de ceux que nous avons indiqués à l'article DÉCORATION pour préparer les engobes. On compense les retraits que prennent les diverses matières premières pendant la cuisson par des additions de pegmatite ou de kaolin de Cornwall, ou de silex de Kent ; les dosages ont une très-grande importance.

Après que les pâtes ont été broyées et ressuyées au point d'être à l'état de barbotine, on les tamise, surtout pour celles qui sont destinées à donner les parties incrustées. La pâte est ensuite raffermie; on l'amène à consistance pâteuse. Un plâtre préparé d'avance et donnant le relief du dessin qu'offrira le carreau est disposé dans un moule métallique, dont les dimensions sont calculées en vue du retrait qui se produira pendant la fabrication. Ce moule, pour une surface carrée de 38 centimètres doit en avoir une de 42.

On fait avec de l'argile de première qualité la surface du carreau, on lui donne une épaisseur d'un peu plus de 6 millimètres, et on la presse sur le plâtre qui laisse en creux une empreinte du dessin. On surcharge cette première couche d'une seconde plus commune, puis d'une troisième, jusqu'à ce qu'on ait obtenu l'épaisseur qu'on veut obtenir. On alterne les qualités de terre de telle sorte qu'en diminuant la dépense on évite les irrégularités de retraite. Quand on a placé la dernière couche, on donne un fort coup de presse, afin d'obtenir une compacité suffisante; après quoi l'on coule dans les creux du dessin les couleurs convena-

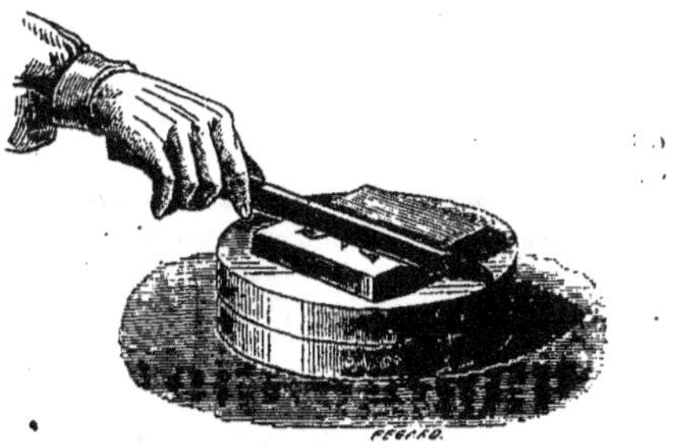

3701.

bles à l'état de pâtes liquides, de telle sorte que la surface du carreau soit entièrement recouverte. On attend deux ou trois jours, puis on racle la surface du carreau pour enlever toutes les inégalités; cette opération fait apparaître le dessin, qui ne reçoit sa couleur propre que pendant la cuisson. On a représenté fig. 3700 et 3701 ces deux temps de la fabrication.

Les carreaux ainsi préparés vont au séchoir ; ils y restent dix ou quinze jours pour ne pas gercer. La cuisson dure soixante heures. La combinaison des oxydes se fait avec les pâtes, et les couleurs apparaissent avec les nuances qui leur sont propres. Si le carreau doit recevoir une glaçure, on le trempe dans un vernis spécial, puis on le fait cuire de nouveau dans un four convenablement disposé.

Les dessins bleus et verts sont obtenus par l'addition à la pâte de porcelaine des oxydes de chrome et de cobalt, auxquels on ajoute une certaine quantité d'oxyde de zinc. Ces couleurs sont coûteuses.

L'application des couleurs aux carreaux devient fort chère encore, à cause de la nécessité dans laquelle on se trouve d'affecter aux produits à cuire un laboratoire d'une grande étendue, chaque carreau devant être protégé sur sa face ornée par une brique commune et sans aucune valeur.

Il se fait pendant la cuisson un transport par volatilisation des oxydes les uns sur les autres. Lorsqu'on ne veut avoir sur les carreaux qu'une glaçure très-mince, les parois internes des gazettes sont recouvertes de vernis volatils, d'abord pour éviter le ressui du carreau, puis pour remplir l'étui d'une vapeur saline, qui se transporte sur l'objet à cuire et lui communique un glacé suffisant.

En Angleterre, les argiles du Staffordshire et de Broseley sont réputées les seules propres à fournir une belle couleur rouge, qui se conserve même sous la glaçure; elles sont employées presque exclusivement pour les carreaux encaustiques; M. Minton, en mettant en lumière cette précieuse qualité des terres du Staffordshire, s'est assuré pour longtemps une grande supériorité dans ce genre de fabrication, et ses concurrents ont jugé convenable de s'établir sur les carrières mêmes de Broseley. MM. Maw et Cᵉ sont aujourd'hui des concurrents sérieux. Quoi qu'il en soit, M. Herbert Minton a le mérite incontestable, je dis plus, incontesté, d'avoir fait revivre les carreaux encaustiques et d'en avoir porté la fabrication à son plus haut degré de perfection. Les difficultés qu'il a vaincues ont été nombreuses, mais aussi les succès qu'ont obtenus ses produits ont été en raison même de l'importance des obstacles à surmonter. Les carreaux de Stoke-upon-Trent sont aujourd'hui répandus dans les églises, les chapelles, les hôtels, les habitations particulières et les établissements publics; on cite comme étant des plus remarquables les pavages des parlements d'Osborne, de Washington, du palais de Saint-Georges et de l'hôtel de ville de Liverpool, des cathédrales d'Ely, Salisbury et Gloucester. Une fabrication similaire manque complétement en France.

§ III. DES POTERIES

Considérées dans leurs rapports avec les beaux-arts.

Il n'est à ma connaissance que bien peu d'industries qui puissent offrir avec les beaux-arts autant de rapports que celle qui nous occupe en ce moment. A l'exception des bronzes et de l'ameublement, qui nécessitent l'application immédiate et générale des arts du dessin, la sculpture et la peinture, je ne vois aucun fabricant qui ait plus que le potier à se préoccuper de l'application des beaux-arts à son industrie. Et cette situation n'est nullement moderne. Nous trouvons dans la céramique antique des types très-recherchés au double point de vue de la forme et du dessin, et les spécimens les plus authentiques de l'art chez les peuples civilisés de l'ancien comme du nouveau monde nous sont fournis par les poteries que certains usages ont fait parvenir jusqu'à nous beaucoup mieux conservées que les bronzes et les édifices.

Sans vouloir présenter ici les principes de ce qu'on peut appeler le *beau dans les arts*, il nous suffira de constater la grande variété qu'on rencontre dans les pièces d'usage ou d'ornement, tant vases et ustensiles divers que figures, groupes et sculptures que les potiers des différentes époques ont produits tour à tour. On a pu voir par une étude attentive du musée céramique de Sèvres, en suivant l'ordre chronologique des productions de la Manufacture impériale, l'histoire la plus évidente de l'art céramique dans ses transformations ou ses rapports avec le goût du jour. Cet établissement, qui a généralement pris la tête du mouvement, fait voir par conséquent toutes les variations de ce que, suivant des époques peu séparées les unes des autres, les gens de l'art réputés hommes d'un goût exquis ont regardé comme beau.

Nous devons dire à la gloire de notre pays que depuis le commencement du siècle, il marche le premier dans la voie de l'application des beaux-arts à l'industrie; il est inutile de rappeler ici la supériorité qu'ont mise en lumière les Expositions universelles de Londres et de Paris pour tout ce qui touche aux objets de goût. Nos voisins eux-mêmes se sont émus de cette tendance, qui contribue dans une large proportion à maintenir la prépondérance des produits de fabrication française sur les marchés étrangers; ils ont bien compris leur infériorité sous ce rapport dès la première exposition universelle, et c'est sur une grande échelle, avec des ressources immenses, qu'ils ont cherché de suite à répandre chez le peuple la vue des objets de bon goût, à faire sans fatigue l'éducation artistique de leurs ouvriers. On les a vus créer Marlborough-house, et pour ce qui regarde particulièrement la poterie, instituer dans leur centre de fabrication des écoles gratuites de dessin, de sculpture et de peinture. On a remarqué en France l'influence salutaire de ces établissements, presqu'au début de leur installation, à l'époque de l'Exposition de Paris, et personne n'a, je le pense, oublié l'effet produit sur le public par l'exhibition de M. Minton. Les meilleurs modèles de la manufacture de Sèvres avaient été reproduits à ce point, que l'administration jugea prudent, pour conserver son rang et ses droits, de faire placer dans son exposition les plâtres, avec leur date, des objets reproduits et exposés par les fabricants anglais.

On commence en France à profiter de l'influence de la manufacture de Sèvres. Il faut qu'on sache que toutes les richesses accumulées dans le musée céramique y sont déposées tout autant pour servir au développement de l'industrie que pour conserver les bonnes traditions et condamner les formes d'un style équivoque. Depuis vingt ans surtout, les collections ont pris un accroissement considérable. Et si, dès l'origine, on acceptait de préférence un vase grec, romain, étrusque ou mexicain, avec des défauts qui font connaître les principes de sa fabrication, à un vase grec, romain ou mexicain qui représenterait le sujet le plus instructif pour l'histoire de ces peuples, on a quelque peu modifié cette loi; le côté que je nomme artistique a conquis sa place, et fort heureusement aujourd'hui le musée céramique présente un égal intérêt à ceux qui s'occupent de technologie comme à ceux qui suivent la fabrication des poteries dans ses rapports avec les beaux-arts. Il devait en être ainsi. Le musée reçoit, en effet, de trois sources ses éléments de formation et d'accroissement: ce sont celles où puisent ordinairement toutes les collections, les achats, les échanges et les dons volontaires. La première a été peu employée, mais la dernière a été la plus féconde; elle a fourni plus des sept huitièmes des pièces que le musée possède. Or, une très-grande partie des dons a suivi les expositions et portent sur des objets artistiques créés à grands frais en vue des concours nationaux ou universels.

Il suffit de dire ici les avantages que le musée céramique de Sèvres peut procurer aux fabricants français pour empêcher que cette institution ne soit utile qu'aux étrangers, et la faire servir, conformément aux intentions libérales de l'administration supérieure, aux progrès de l'une des plus remarquables industries du pays.

Nous ne sommes sans doute pas éloignés non plus de l'époque où le Conservatoire des arts et métiers (archives naturelles de l'industrie française) sera doté d'une chaire de céramique, bien utile, au sens de tous les fabricants, pour répandre les notions indispensables à leur succès et compléter une œuvre violemment interrompue par la mort d'un savant dont le concours avait été le plus précieux à la rédaction de ce Dictionnaire. Nous avons nommé M. Ebelmen, l'habile administrateur de la Manufacture impériale de Sèvres.

C'est surtout, comme il a été dit à l'article MUSÉE D'ART INDUSTRIEL, par des fondations comme celle du musée céramique de Sèvres et de celui plus récemment créé à Limoges que l'on peut agir puissamment sur le goût des producteurs. Au reste, ces questions sont traitées en détail dans les études sur l'ART INDUSTRIEL, qui terminent ce volume, et nous ne voulons pas nous y arrêter ici. La partie de ce travail consacrée à la céramique y est assez développée pour en faire apprécier toutes les ressources qu'elle fournit pour créer des produits élégants et inaltérables.

SALVÉTAT.

POUDRE. Pendant de très-longues années à partir du huitième siècle, époque à laquelle le mélange de salpêtre, soufre et charbon, connu plus tard sous le nom de poudre à tirer ou poudre à canon, fut introduit en Europe par les Arabes, dans les nombreuses compositions de feu grégeois, il ne se fit que de très-lents perfectionnements dans le mode d'emploi de ce mélange.

Peu à peu, on arriva à découvrir en quelque sorte par hasard les propriétés balistiques de la poudre, et à reconnaître qu'elles étaient d'une utilité bien supérieure dans l'art de la guerre aux propriétés incendiaires. Mais ce n'est guère qu'au quatorzième siècle que l'on arriva à utiliser généralement ces propriétés balistiques.

Il fallut fort longtemps encore pour reconnaître l'avantage que présentait la poudre grenée sur le simple pulvérin, et ce n'est que vers le milieu du seizième siècle que ce dernier fut définitivement abandonné. A partir de cette époque, et par suite du perfectionnement successif des bouches à feu et des armes portatives employées à la guerre et à la chasse, ainsi que des besoins nouveaux créés par le développement de l'industrie, les propriétés de la poudre durent être modifiées successivement, ce qui conduisit aux fabrications diverses dont le détail a été donné à l'article POUDRE DE GUERRE du Dictionnaire.

Depuis le commencement du siècle, l'influence des progrès des sciences appliquées se fit sentir sur la question de la poudre, et un grand nombre d'inventions nouvelles surgirent. Malheureusement, dans le plus grand nombre des cas, les inventeurs ne se rendaient pas un compte suffisamment exact des données du problème, en sorte que leurs inventions ont été impuissantes à révolutionner la fabrication de la poudre. Mais si quelques-unes de ces inventions ont dû être immédiatement rejetées dès qu'elles ont été soumises à des expériences précises faites dans les véritables conditions de la pratique, il en est d'autres sur lesquelles la science appliquée ne s'est pas encore définitivement prononcée, et auxquelles l'avenir appartient peut-être.

Quoi qu'il en soit, il y a dans les divers travaux faits en vue de modifier la composition et les propriétés de la poudre, une somme considérable d'intelligence et de science accumulée ; à ce titre, il est donc intéressant de les passer en revue en se bornant bien entendu aux plus importants.

Pour introduire quelque ordre dans cette étude, nous envisagerons successivement : 1° les modifications portant sur les propriétés physiques seules de la poudre ; 2° les modifications portant sur sa composition chimique.

I. MODIFICATIONS PHYSIQUES DE LA POUDRE.

Nous nous arrêtons ici sur trois inventions différentes : 1° les charges comprimées, qui ont pour but de supprimer les enveloppes nécessaires dans l'emploi de la poudre en grain ; 2° les poudres prismatiques à canaux, qui dérivent des poudres comprimées ; 3° les mélanges destinés à rendre la poudre inexplosible à l'air.

POUDRES COMPRIMÉES. — L'idée des poudres comprimées nous vient de l'Amérique du Nord. Elle date du commencement de la guerre de sécession, et des préparatifs de guerre faits par le gouvernement de Washington. La nécessité de fabriquer dans un très-bref délai les munitions de toute nature qui manquaient dans les arsenaux, avait conduit à supprimer le grenage et le lissage de la poudre. Au sortir des pilons et des meules, les matières pulvérulentes étaient comprimées sous une pression considérable dans des tubes, de manière à former des solides de dimensions appropriées aux calibres des diverses pièces en usage.

D'Amérique, cette idée s'est propagée successivement dans les divers pays d'Europe. En France, les essais sur les poudres comprimées datent de l'année 1861 ; ils ont été entamés par l'Administration des poudres et salpêtres à la poudrerie du Bouchet.

Procédé du sieur Brown. — Le 15 juin 1860, le sieur Brown avait pris un brevet en France pour des perfectionnements dans l'emploi de la poudre. Le but de son invention était de préparer la poudre en morceaux ou charges compactes, s'adaptant aux divers calibres des canons, carabines, mousquets et autres armes à feu, sans détruire les granulations de la poudre ni diminuer sa force explosive, de façon que les charges puissent rester en magasin sans se détériorer, et qu'on puisse placer la charge sans la renfermer dans du papier ou autre matière étrangère, et cependant sans qu'aucun grain détaché risque de se loger dans les rainures.

L'Empereur ayant eu connaissance de l'invention du sieur Brown et des essais heureux qui en avaient été faits en Angleterre pour les charges du canon Whitworth, se chargeant par la culasse, fit inaugurer de semblables essais à la poudrerie du Bouchet.

La description du procédé du sieur Brown indiquait deux opérations :

1° Couvrir uniformément les grains de poudre d'une couche de mucilage gommeux, en les étendant sur une table préalablement enduite de cette substance ;

2° Placer la poudre gommée dans un cylindre creux où elle est fortement comprimée et d'où elle sort à l'état compact.

La composition du mucilage gommeux était indiquée de la manière suivante. Une livre de gomme arabique est dissoute dans deux livres d'eau froide, puis un quart de livre de salpêtre dans cinq fois son poids d'eau. Le mélange est ensuite additionné d'alcool et trituré jusqu'à formation d'un fluide opaque. Mais les conditions de la compression n'étaient définies par aucune indication suffisante : il était dit seulement que la pression nécessaire pour faire les charges était considérable et qu'elle devait être appliquée avec un pressoir à vis (fly-press.) Les proportions de mucilage employé n'étaient pas précisées non plus.

Des essais nombreux furent faits par M. d'Hubert, alors directeur de la poudrerie du Bouchet, pour déterminer toutes ces conditions, et pour fabriquer des charges appropriées aux différentes pièces en usage dans l'artillerie.

Fig. 1.

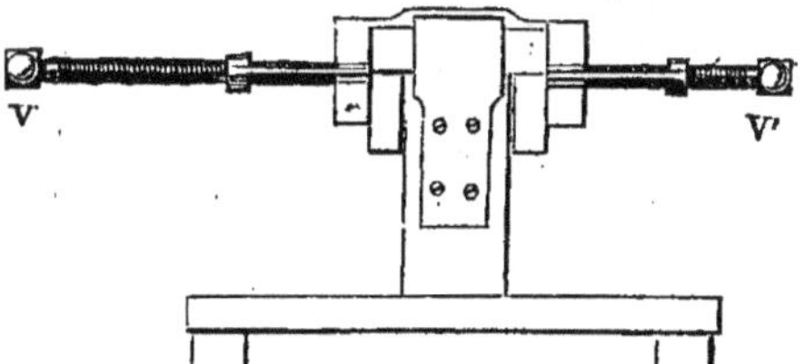

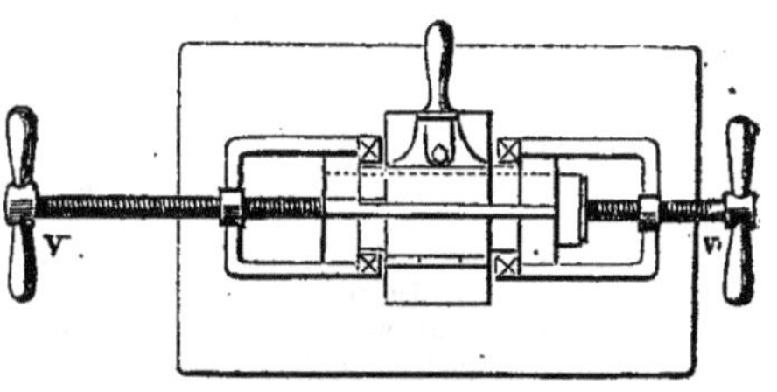

Fig. 2.

L'appareil employé dans ces essais est représenté dans les deux figures ci-dessus (1 et 2).

Le tube de compression est en bronze très-résistant pour éviter toute déformation. Il est ouvert à ses deux extrémités et muni de deux fortes rondelles glissant a frottement dans l'intérieur du tube et jouant le rôle de pistons compresseurs. Les pressions sont exercées à l'aide de deux vis dont le pas est de 2 millimètres. Les écrous de ces vis s'adaptent à deux couronnes en fer, fixées aux deux extrémités du tube. On a donné à une de ces vis une longueur plus considérable afin de la faire servir à pousser la charge hors du tube après la compression.

Le tube est établi horizontalement dans un manchon à charnières, solidement fixé sur un support massif, faisant corps avec une table.

On opère alors de la manière suivante :

On commence par étendre sur une table de marbre la quantité de mucilage à employer en une couche aussi régulière que possible, puis on y verse la poudre, en l'étendant aussi d'une manière très-régulière. Les grains enduits de mucilage sont ramassés et versés dans le tube à compression, que l'on met ensuite en position, les deux rondelles portant exactement sur la masse.

En amenant alors les vis au contact des rondelles, et repérant leurs positions, on mesure la longueur primitive de la charge, et par la connaissance du pas des vis on en déduit le nombre de tours à faire pour obtenir une compression déterminée. Cette compression se fait en agissant alternativement par quantités égales sur les deux vis. Lorsqu'elle est terminée, on retire en arrière la vis la plus courte V' et l'on fait marcher la vis la plus longue V jusqu'à ce que la charge avec ses deux rondelles soit sortie du tube à compression.

M. d'Hubert trouva par tâtonnements que la proportion de mucilage devait être un peu inférieure à 1 p. 100.

Malgré la multiplicité des essais entrepris, on dut renoncer à préparer de cette manière des charges pour le fusil. Quant aux charges pour le canon, il fut également impossible d'arriver à une solidité convenable, sans détériorer assez notablement les grains, et former une certaine quantité de pulvérin, ce qui altérait la puissance balistique de la poudre; on en vint alors à envelopper les charges dans une feuille d'étain, ce qui ne répondait plus à l'idée du sieur Brown. On pensa que cet insuccès tenait à ce que la poudre française, beaucoup moins fortement lissée que la poudre anglaise, ne pouvait se prêter à la compression; mais bientôt on sut qu'en Angleterre même l'emploi de la feuille d'étain avait été reconnu nécessaire.

Il restait toutefois aux charges comprimées cet avantage, sur lequel nous devons insister comme pouvant supprimer une cause de danger dans les usages de l'artillerie, de ne brûler à l'air libre qu'avec une certaine lenteur. En plein air en effet, les gaz produits par la combustion ayant leur libre échappement dans l'atmosphère ne peuvent entamer la masse de la charge, laquelle brûle par couches concentriques allant presque régulièrement de l'extérieur à l'intérieur. Dans les armes, au contraire, l'inertie du projectile s'opposant, pendant les premiers instants de la déflagration, à l'expansion des gaz produits, la charge est complétement rompue et transformée en un mélange de grains plus ou moins irréguliers que les gaz peuvent traverser dans tous les sens, ce qui ramène la charge comprimée aux conditions ordinaires de la charge en grains. Outre cet avantage, dont l'importance ne peut échapper, il restait encore aux charges comprimées celui d'un maniement facile et d'une grande régularité d'effet.

Mais à l'apparition du procédé Dorémus, celui du sieur Brown fut complétement abandonné.

Procédé du sieur Dorémus. — Le sieur Dorémus avait imaginé un procédé de fabrication des charges comprimées qui ne différait de celui du sieur Brown que par la suppression du mucilage gommeux. Ce procédé ayant été appliqué en grand en Amérique, le sieur Dorémus vint en France dans le courant de 1862 pour en offrir la cession au Gouvernement français. Avant d'entrer en arrangement avec lui, M. le ministre de la guerre demanda à ce que des expériences préalables fussent faites sur les poudres françaises.

Dès le mois de mai 1862, les essais commencèrent à la poudrerie du Bouchet; ils furent poussés très-activement, et l'on reconnut bientôt que la compression à sec et à froid, qui constituait le procédé Dorémus, tout en laissant aux charges une force balistique suffisante, permettait de les réduire à un volume moindre que celui des charges Brown.

On conçut tout d'abord de grandes espérances sur les applications des charges comprimées dans l'Artillerie, et le Ministre de la guerre fit au prix de 100,000 fr. l'acquisition du brevet Dorémus. Voulant donner une grande impulsion à ces études, le ministre de la guerre, par ordre du 4 novembre 1862, forma une commission spéciale dite des charges comprimées, sous la présidence d'un général de division d'artillerie. M. d'Hubert, le directeur de la poudrerie du Bouchet, faisait partie de cette commission, et ce fut au Bouchet que l'on fit tout d'abord et successivement des charges pour les différentes armes. Nous ne nous arrêtons pas dans ce moment sur le procédé employé, à cause de son analogie avec celui que nous décrirons plus loin en détail pour les charges comprimées de mine.

Charges comprimées pour armes de guerre. — Les essais nombreux poursuivis en 1862, 1863 et 1864 donnèrent tout d'abord des résultats très-favorables. La compression n'altérait en rien la puissance balistique de la poudre : au contraire, elle diminuait le volume des approvisionnements, elle rendait le maniement des charges plus facile, et supprimait la formation du poussier. Vers la fin de 1864, la période d'essais paraissant terminée pour toutes les charges comprimées à employer dans les bouches à feu, l'École de pyrotechnie fut chargée d'entreprendre une fabrication régulière pour approvisionner les diverses Écoles d'artillerie.

Pendant le même temps, la commission de tir de Gavre poursuivait une série d'essais pour l'application des charges comprimées aux canons de la marine, et faisait au Bouchet un très-grand nombre de charges avec des compressions variables et des poudres de qualités diverses.

Les armes portatives n'étaient pas non plus oubliées, et dès le mois d'août 1862, la poudrerie du Bouchet eut à fabriquer des cartouches pour le fusil modèle 1842, que l'on envoya au Mexique pour être expérimentées. Les diverses armes faites à la suite du programme de l'Empereur, telles que le fusil Chassepot, la carabine à aiguille Delvigne et son fusil modèle 1842 transformé, ainsi que la carabine du commandant Maldan, trouvèrent un aide fort utile dans l'emploi des cartouches comprimées qui leur furent faites également au Bouchet.

Mais bientôt on reconnut dans le tir des polygones que les charges comprimées détérioraient très-rapidement les bouches à feu. La poudre comprimée, toutes choses égales d'ailleurs, brûle plus lentement dans les armes que la poudre en grains. Mais par suite de la réduction notable du volume primitif de la charge, qui entraîne, à inertie égale du projectile, une diminution de l'espace initial dans lequel se développent les gaz, il peut arriver que la tension des gaz, dans les premiers instants, soit très-supérieure avec les charges comprimées à ce qu'elle est avec la poudre en grains. En somme, il peut se faire et généralement on observe que la poudre comprimée est plus brisante que la poudre en grains.

Au point de vue de l'artillerie, cet inconvénient est très-grave. Le matériel existant a été établi pour une puissance balistique déterminée de la poudre. Comme ce matériel coûte des sommes considérables, on ne peut songer à le modifier qu'en vue d'un perfectionnement très-important que ne réalisait pas en somme l'emploi des charges comprimées.

Plusieurs éclatements de bouches à feu, survenus à Gavre et dans d'autres polygones, vinrent bientôt démontrer le danger des qualités brisantes des charges comprimées. D'autre part, les cartouches envoyées au Mexique ne donnèrent que des résultats très-médiocres, en raison de leur peu de solidité. Peu à peu on en vint à réduire l'emploi des charges comprimées à l'éclatement des projectiles creux, et bientôt même les grandes espérances conçues à l'origine furent complétement oubliées.

Du reste, il en a été de même pour les différents pays où les charges comprimées ont été successivement expérimentées. En Amérique même on n'a pas tardé à les abandonner, et dès 1864, un colonel de l'artillerie française, M. de Chanal, envoyé pour étudier leur emploi dans les armées du Nord, n'en trouvait aucune trace.

Charges comprimées pour la chasse et les mines. — En même temps qu'il poursuivait au Bouchet les divers essais relatés ci-dessus sur les charges comprimées à employer dans les bouches à feu et armes portatives de guerre, M. d'Hubert avait essayé d'appliquer la compression à la poudre de chasse et à la poudre de mine.

Disons tout de suite que les cartouches de chasse n'ont pas fourni des résultats très-avantageux, la compression n'ayant pu leur donner une solidité suffisante pour résister aux divers accidents de la chasse. Toutefois la question mériterait certainement d'être reprise, surtout pour les fusils qui se chargent par la bouche.

Quant aux cartouches de mine, il n'est pas sans intérêt de s'y arrêter.

Les premiers essais de fabrication de charges comprimées de mine furent entrepris à la demande même du sieur Dorémus, en vue de rechercher ultérieurement si l'emploi de la poudre de mine en charges comprimées permettrait de substituer le nitrate de soude au salpêtre dans la composition de cette dernière. La compression des charges devant remédier à l'hygrométricité du nitrate de soude, l'emploi de ce sel permettrait de réaliser une économie notable dans la fabrication des poudres de mine. Cette idée ne fut pas poursuivie, et, du reste, l'abaissement actuel du prix du salpêtre rend la substitution du nitrate de soude sans intérêt.

Quoi qu'il en soit, dans le courant de novembre 1862, le Directeur du service des poudres donna l'ordre à M. d'Hubert de faire l'étude d'un appareil propre à fabriquer des charges comprimées de poudre de mine. La machine installée dès lors était en état de faire environ 300 charges par jour.

Des envois furent d'abord faits, à titre d'échantillons et pour permettre des expériences spéciales, à Marseille, et sur les lignes en construction du Dauphiné.

En juillet 1864, les travaux considérables poursuivis par les ingénieurs de l'État dans la tranchée de Guerbastion (commune de Plouarec), sur le chemin de fer de Saint-Brieuc à Brest, dans des roches granitiques très-compactes, fournirent une nouvelle occasion d'expériences. M. d'Hubert fut envoyé sur les travaux pour juger des conditions dans lesquelles les expériences allaient être faites et les diriger d'une manière fructueuse. Il put rapporter des résultats favorables aux charges comprimées dont l'emploi devait, suivant les chefs de chantier, amener une régularité inconnue jusqu'alors et en outre supprimer tout coulage.

Une note de M. Pugnet, ingénieur des ponts et chaussées, portant la date du 12 octobre 1864, précisait par les chiffres suivants l'avantage des charges comprimées :

1° Avec la poudre de mine ordinaire (469 coups de mine) on avait dépensé $70^k,990$ de poudre pour extraire $87^{mc},750$ de roc, soit $0^k,809$ par mètre cube.

2° Avec la poudre granulée comprimée (241 coups de mine) on avait dépensé $42^k,500$ de poudre pour extraire $53^{mc},380$, soit $0^k,780$ par mètre cube.

3° Avec le pulvérin de mine comprimé (20 coups de mine) on avait dépensé $29^k,250$ pour extraire $40^{mc},750$, soit $0^k,718$ par mètre cube.

Ainsi, en résumé, pour un mètre cube de roc extrait, les consommations en poudre étaient :

$0^k,809$ avec la poudre granulée ordinaire;
$0^k,780$ avec la poudre granulée comprimée;
$0^k,718$ avec le pulvérin comprimé.

Ces résultats donnaient ainsi un avantage marqué à la poudre comprimée sur la poudre ordinaire et, chose curieuse à noter, dans les charges comprimées même au pulvérin sur la poudre granulée. Ils faisaient entrevoir la possibilité de supprimer toute la main-d'œuvre du grenage de la poudre de mine.

Les coups de mine cités ci-dessus avaient été tirés dans la cunette inférieure de la tranchée, il parut utile de recommencer les essais en abattage. De nouveaux envois de charges diverses furent faits à Plouarec, et les essais entrepris alors furent, au dire de M. Pugnet, plus favorables encore que les premiers à la poudre comprimée. Malheureusement, ils furent interrompus par la mort subite de M. Pugnet, et l'on ne put trouver, dans les papiers de ce dernier, aucune trace des résultats obtenus.

Vers la même époque, par suite d'un accord fait entre M. d'Hubert et l'ingénieur des travaux hydrauliques de Brest, des charges comprimées de mine furent envoyées à Brest pour être expérimentées dans les travaux du nouveau port à Saloon. Les essais ne purent être faits dans des conditions favorables, le bref délai assigné à l'entrepreneur pour l'achèvement des travaux l'ayant forcé à multiplier les attaques sans chercher les moyens d'économiser la poudre. En somme, soit en raison de la presse des travaux, soit par esprit d'opposition à une nouveauté dérangeant leurs habitudes, les agents de l'entrepreneur parurent peu satisfaits de l'emploi de la poudre comprimée.

A la fin de 1864, par lettre du 22 septembre, MM. Bianchi et Davey, le premier, constructeur d'appareils de physique, le second, fabricant de mèches de sûreté, s'offrirent au Directeur du service des poudres comme propagateurs de la poudre comprimée dans son application aux mines et à la chasse. L'État fabriquant les charges comprimées sous les formes les plus convenables en raison de leur emploi, MM. Bianchi et Davey se chargeaient d'en faire le placement, demandant pour leurs soins, essais et frais de déplacement, la somme de 2 centimes par cartouche de mine et un demi-centime par cartouche de chasse.

Cette proposition n'était évidemment pas acceptable, l'État ne pouvant admettre pour l'exploitation du monopole de la poudre l'emploi à quelque titre que ce soit de simples particuliers. Elle était d'ailleurs sans utilité, car avec son personnel d'ingénieurs et d'employés, l'État pouvait propager aussi rapidement que qui que ce soit cette invention nouvelle.

C'est ainsi que dans le courant d'octobre 1864, le Directeur du service des poudres obtint du Directeur général des contributions indirectes le concours des Entreposeurs. Les nouvelles charges comprimées devaient être livrées, au prix de la poudre ordinaire, à tout entrepreneur ou directeur de mines et de carrières qui en ferait la demande, à la seule condition de fournir des détails sur les résultats obtenus.

Une nouvelle impulsion fut donnée alors à la fabrication des charges comprimées de mine. Cette impulsion s'accrut encore lorsque le Ministre des travaux publics eut prescrit aux Ingénieurs des mines et des ponts et chaussées de pousser les divers industriels qui se trouvaient dans leurs arrondissements à faire l'essai de ces charges. La poudrerie du Bouchet fut autorisée alors par le Ministre de la guerre à fabriquer sur la commande directe des Ingénieurs.

La machine primitivement installée par M. d'Hubert devint insuffisante. Une nouvelle machine fut installée par lui et M. L. Faucher sur le même principe; mais par suite du triplement des tubes à compression, elle pouvait donner environ 1 000 charges par jour.

Les figures 3 et 4 ci-jointes représentent cette machine en plan et élévation.

Fig. 3.

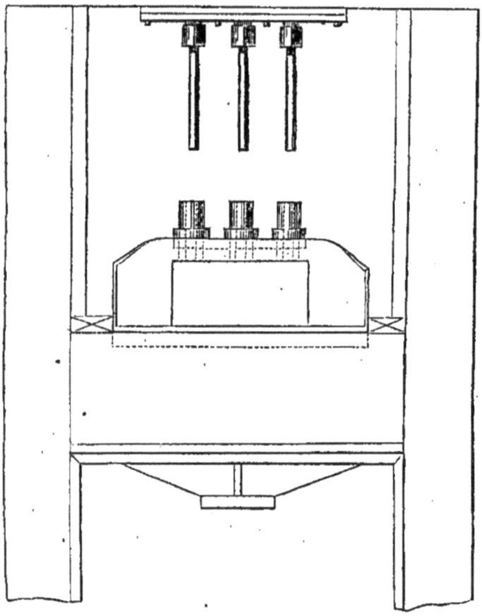

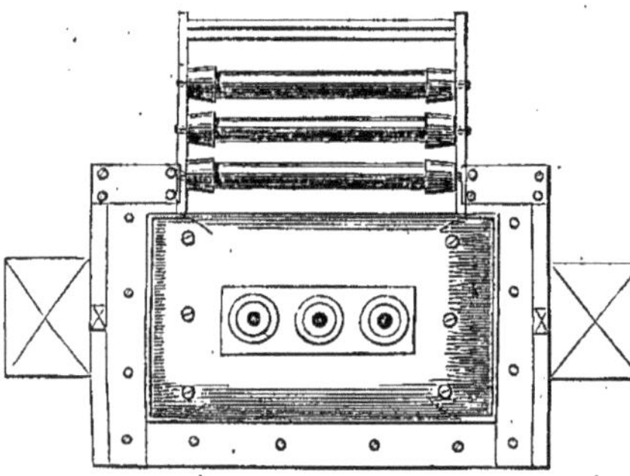

Fig. 4.

Sur le plateau d'une presse hydraulique, dont le mouvement vertical est dirigé par des guides en fer, est fixé une sorte de billot en bois qui porte les trois tubes à compression. En dessous des tubes dans le billot en bois est pratiquée une ouverture alternativement fermée et ouverte par un tiroir mobile, dont la course est limitée en avant et en arrière par des arrêts fixes.

Sur le sommier de la presse sont fixées des règles en fer, formant rainures et supportant la tête des mandrins à compression, lesquels peuvent être déplacés de manière à ce que leur axe coïncide avec celui des tubes à compression.

Ceci posé, entrons dans le détail des opérations.

A l'origine, le tiroir est repoussé sur les rouleaux de bois installés en arrière du billot; on passe alors dans les tubes un linge légèrement imbibé d'huile. Ce graissage est destiné à diminuer l'adhérence de la poudre contre les parois du tube pendant la compression; il est indispensable pour que les charges présentent dans toute leur longueur le même degré de compression. Disons tout de suite, au reste, que ce résultat n'est jamais obtenu dans la pratique, la compression étant toujours plus forte à la partie supérieure de la charge.

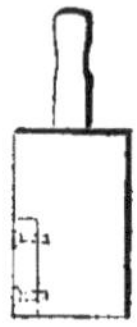

Fig. 5.

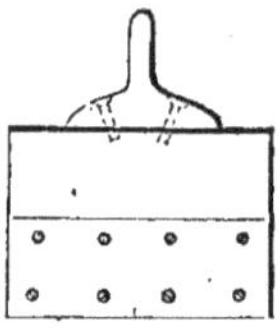

Fig. 6.

Après le graissage, on met le tiroir (fig. 5 et 6) en place en l'attirant en avant jusqu'à ce qu'il bute contre l'arrêt fixe. On introduit alors dans chaque tube un tampon en bronze qui, en reposant sur la plaque supérieure du tiroir, ferme le tube. Ce tampon est taillé à sa partie supérieure suivant la forme à donner à la charge; le plus souvent, c'est une surface plane.

On verse ensuite dans chaque tube la charge de poudre pesée à l'avance, laquelle doit conserver 0,75 à 1 p. 100 d'humidité. Puis on place par-dessus de nouveaux tampons en bronze.

On pompe alors, le plateau de la presse s'élève, les mandrins entrent dans les tubes et portent sur les tampons en bronze. Dès lors, la compression commence. Par tâtonnements on a déterminé à l'avance la longueur à donner aux charges en raison de la compression adoptée. Par suite, il faut enfoncer les mandrins dans les tubes d'une hauteur déterminée.

Dans le cas où le plateau de la presse hydraulique ne se déplace pas horizontalement, il faudrait pour chaque mandrin des enfoncements différents. Pour remédier à cet inconvénient, les mandrins sont formés de deux parties distinctes : la tête terminée par une vis s'enfonce dans le corps faisant écrou. Dès lors, la longueur de chaque mandrin peut être réglée à volonté.

La compression terminée, on rend un peu d'eau pour desserrer le tiroir que l'on repousse en arrière et l'on continue à pomper. Les mandrins poussent alors les tampons et la charge devant eux, et l'on reçoit successivement le tout sur une planchette légère.

Les charges ainsi obtenues, pesant 50 grammes chaque, étaient cylindriques, au diamètre de 32 millimètres et d'une hauteur de 45 millimètres, ce qui correspondait presque à une compression de moitié en volume.

Quant à leur mode d'emploi, le trou de mine doit se faire comme d'ordinaire. Seulement ses dimensions doivent être très-voisines du diamètre de 32 millimètres, afin d'éviter les matelas d'air qui absorberaient en pure perte une portion notable de la force de la poudre; d'autre part, elles doivent être telles que la charge puisse bien descendre à fond, pour que la mine ne puisse débourrer. En somme, la tête du fleuret doit avoir de 33 à 34 millimètres.

Le mode de chargement est d'ailleurs le même qu'avec la poudre ordinaire. Si l'on veut faire usage pour la mise en feu de mèches de sûreté, il suffit de pratiquer avec un couteau sur le côté de la charge une sorte de rainure, où l'on loge la mèche que l'on assujettit par une bague en caoutchouc ou simplement par un tour de ficelle.

La machine que nous venons de décrire n'était pas à l'abri de toute critique. La plus grave, c'est que l'opération est divisée en deux temps : 1° compression ; 2° extraction de la charge, ce qui en prolonge inutilement la durée. Mais il y a, soit dans l'emploi proposé par M. E. Faucher, directeur de la raffinerie de Marseille, de l'eau comprimée, soit dans l'emploi proposé par M. L. Faucher d'un mode de compression calqué sur celui de la presse monétaire, de quoi remédier à ces inconvénients.

Quoi qu'il en soit, dans le courant de 1865, une certaine quantité de charges, que l'on peut évaluer à 4 000 ou 5 000 kilogrammes, furent envoyées par la poudrerie du Bouchet, principalement dans les districts métallurgiques et houillers du nord, à Anzin, à Douzy, à Aniche, etc. Une livraison de 1000 charges fut également faite à l'Ingénieur en chef du chemin de fer du Midi.

A partir de 1866, la poudrerie du Bouchet ayant cessé de fabriquer les poudres destinées au commerce, la machine à comprimer fut envoyée à la poudrerie d'Angoulême. Mais aucune commande n'a été faite, et il résulte des rapports des ingénieurs des mines et des ponts et chaussées que le peu d'empressement du public tient à ce que les résultats obtenus avec les charges comprimées sont loin d'être concluants.

La fixité du diamètre des charges présente en particulier un inconvénient assez grave dans la pratique en raison du diamètre variable des trous de mine. Pour obtenir des charges de diamètres différents, il faudrait un outillage varié dont la dépense ne pourrait être faite par l'État que s'il se présentait des commandes suffisamment nombreuses des particuliers.

En somme, l'idée de la compression de la poudre, accueillie d'abord avec une si grande faveur, finit par rencontrer l'indifférence générale. Pour ce qui est des applications militaires, l'inconvénient des qualités brisantes est si grave qu'il rend l'emploi des charges comprimées impossible. Mais, quant aux usages industriels, l'avantage que présentent les charges comprimées d'être d'un maniement facile et de mettre obstacle au coulage inévitable dans les grands chantiers, est certainement très-précieux. Dans le cas surtout où les trous sont percés avec des perforateurs mécaniques, l'emploi des charges comprimées de mine pourrait présenter de grands avantages. Il y a donc lieu de souhaiter, dans l'intérêt des exploitations des mines et carrières, que cette question soit un jour remise à l'ordre du jour.

POUDRES PRISMATIQUES A CANAUX. — L'idée des poudres prismatiques à canaux est originaire d'Amérique; comme celle de la compression, elle appartient au major Rodmann.

Voici quels raisonnements théoriques lui ont donné naissance.

Pour fatiguer les bouches à feu aussi peu que possible, tout en donnant aux projectiles une vitesse maximum, il faudrait que la tension des gaz de la poudre atteignît son maximum au moment où le projectile est sur le point de sortir de l'âme. Autrement dit, il faurait que les quantités de gaz produites fussent de plus en plus grandes, à mesure que le projectile s'avance dans l'âme.

Avec la poudre ordinaire en grains, il se produit presque un effet contraire. La tension des gaz croît très-rapidement et atteint son maximum dès les premiers instants du déplacement du projectile. Par suite, les bouches à feu doivent présenter dans le voisinage de la chambre à poudre une résistance correspondante au maximum de tension des gaz, tandis que les effets du projectile ne sont déterminés que par la pression moyenne, laquelle est très-inférieure au maximum.

Le major Rodmann eut l'idée de former la charge de grains prismatiques en poudre comprimée se raccordant exactement par leurs surfaces extérieures, et présentant une série de canaux cylindriques intérieurs.

Dans ces conditions, si l'on admet que la combustion se fasse uniquement par la surface des canaux intérieurs, comme cette surface va en croissant, le volume des gaz produits ira également en croissant. Si même les éléments présentent une solidité suffisante pour conserver leur forme malgré la déflagration, cette permanence de la forme conduira à une production régulièrement progressive des gaz.

Théoriquement cette idée est bonne. Mais dans l'intérieur des bouches à feu, la déflagration de la poudre ne se produit pas avec cette régularité et cette simplicité toute théorique. Dès l'origine, la masse entière de la charge est brisée, les poudres prismatiques à canaux se présentent alors dans les mêmes conditions que les charges comprimées, avec cette différence seule que leur volume primitif est sensiblement le même que celui des poudres en grains, ce qui en écarte les qualités brisantes.

En somme, les essais faits en Amérique, sur la proposition du major Rodmann, ont été infructueux, l'amélioration du tir ne compensant nullement les difficultés de fabrication des charges.

De l'Amérique, l'idée des poudres prismatiques à canaux s'est propagée en Russie. Bien que les essais y aient été également infructueux, nous décrirons ces poudres russes, parce qu'il en a été fabriqué également une certaine quantité en France, à la poudrerie du Bouchet.

Les charges sont formées par des grains prismatiques réunis dans un sachet en serge ordinaire et rangés par couches régulières. Chaque grain a la forme d'un prisme, ayant pour hauteur 25.2 millimètres, et pour base un hexagone circonscrit à un cercle de 35.2 millimètres de diamètre. Ce prisme est percé de sept trous de forme tronconique, dont les deux diamètres sont, l'un de 5.1 millimètres, et l'autre de 4.8 millimètres; l'un des trous est au centre de l'hexagone, et les six autres se trouvent sur les rayons qui aboutissent aux six sommets de l'hexagone, les centres étant à 11 millimètres du centre de l'hexagone (fig. 7).

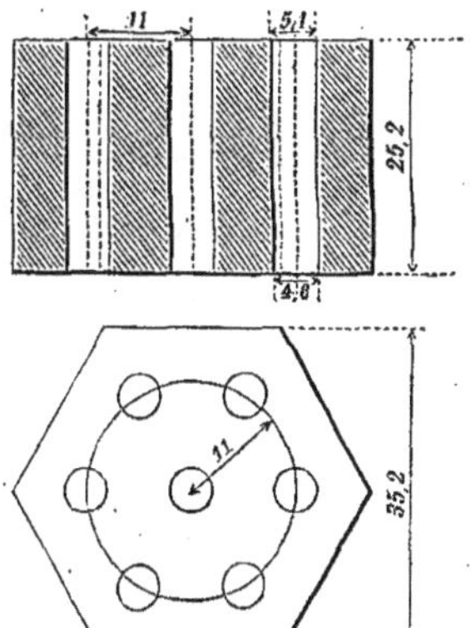

Fig. 7.

Chacun de ces grains fait l'objet d'une fabrication spéciale. On prend 37 grammes de matière ternaire de poudre à canon ordinaire que l'on comprime dans un moule en fonte, ayant les dimensions extérieures du prisme, avec un piston qui porte sept broches ayant les dimensions des trous à réserver dans la masse. La densité finale de la poudre ainsi comprimée est de 1,64.

En Russie et en France, la fabrication de ces poudres n'a pas été continuée.

En Prusse, une fabrication de poudre prismatique, semblable à la poudre russe, a été installée à la poudrerie d'Essen. Quelques essais ont été faits, particulièrement avec les canons en acier Krupp, et il semble que l'on tend à adopter cette poudre pour les canons de gros calibre employés dans la marine; mais il n'y a rien de définitif et de concluant.

En résumé, l'idée des poudres prismatiques à canaux du major Rodmann n'est qu'une conception élégante, sans utilité dans la pratique.

MÉLANGES INEXPLOSIFS DE POUDRE. — Quelles que soient les précautions prises pour la conservation des poudres, les magasins à poudre et poudrières ne sont pas à l'abri des chances d'accidents tenant à l'imprudence et à la maladresse, ainsi qu'aux cas fortuits d'incendie ou de feu du ciel. Comme ces magasins renferment généralement des quantités considérables de poudre, et sont souvent situés dans l'enceinte même des villes, les accidents de cette nature présentent même une gravité exceptionnelle. Depuis longtemps déjà, on s'est proposé pour but de diminuer les dangers d'explosion tenant à la conservation de la poudre en magasin, en diminuant sa vitesse d'inflammation par des mélanges convenables.

M. Piobert a poursuivi, dans le courant de 1835, une série d'expériences dont les résultats ont été communiqués à l'Académie des sciences, dans la séance du 24 février 1840, et qui sont résumés dans son *Traité d'artillerie* (2e volume, pages 213 à 221). Ces expériences, faites sur des mélanges de poudre avec charbon, salpêtre, soufre ou pulverin, ont montré que quand la poudre en grains est mélangée avec environ le tiers en poids d'une autre matière pulvérisée, la vitesse d'inflammation est considérablement réduite; avec du salpêtre, la combustion peut même être limitée aux couches superficielles. M. Piobert a proposé dès lors, pour diminuer les dangers des explosions, de ne mettre la poudre en magasin que mêlée avec un poids égal de poussier, de charbon, de soufre ou de salpêtre trituré. Au moment de l'emploi, il suffisait de tamiser la poudre avec un tamis convenable pour lui rendre ses propriétés balistiques. Il insistait surtout sur ce point, que les approvisionnements de salpêtre que l'on est obligé d'avoir en réserve dans les poudreries de l'État, pour écarter toute crainte de disette en cas de guerres maritimes, seraient ainsi utilisés, en sorte que la conservation de la poudre par le salpêtre n'entraînerait aucune dépense nouvelle.

Il faut remarquer toutefois que l'énorme accroissement de volume du mélange de la poudre avec la matière pulvérulente protectrice augmenterait dans une notable proportion les frais d'embarillage. En outre, pour ce qui est du salpêtre, l'hygrométricité de ce sel présenterait un obstacle grave à son emploi comme préservateur. On sait en effet qu'à moins de le conserver dans un lieu absolument sec, le salpêtre en poudre se transforme rapidement en mottes d'une grande dureté. Dans les magasins à poudre et surtout dans les poudrières à l'abri de la bombe, qui sont toujours plus ou moins humides, cet effet se produirait certainement, et la séparation ultérieure nécessaire pour rendre à la poudre ses propriétés balistiques présenterait sans doute des difficultés sérieuses.

A la suite de la publication de M. Piobert, M. Fadeieff, professeur de chimie à l'École d'artillerie de Saint-Pétersbourg, a fait de nombreuses expériences en grand pour déterminer la matière la plus convenable à mêler avec la poudre. Dans une note adressée à l'Académie des sciences, dans la séance du 17 juin 1844, M. Fadeieff établit qu'un mélange d'égales parties de charbon de bois et de charbon minéral (graphite), réparti dans les interstices d'un poids double de grains de poudre, remplissait parfaitement le but de conservation inoffensive cherché par M. Piobert. Cette matière ne se sépare pas de la poudre dans les transports, s'en sépare facilement par le tamisage, et la présence de l'humidité n'altère en rien ses propriétés. D'autre part, le mélange une fois fait s'enflamme très-difficilement, même avec une lance à feu ; la flamme peut être éteinte et la combustion complétement arrêtée au moyen de pompes à incendie: les barils n'éclatent pas, lors même que les gaz ne peuvent sortir que par le trou servant à mettre le feu. En un mot, la poudre, par le moyen du mélange proposé, devient absolument inexplosive.

Malgré l'efficacité du procédé de M. Fadeieff, ce mode de conservation n'a pu passer dans la pratique. Outre le surcroît très-notable de frais de conservation, tenant à l'accroissement de volume, la nécessité de tamiser la poudre au moment d'en faire usage présente en effet de nombreux inconvénients. Il en résulte forcément qu'on ne peut appliquer la préservation qu'aux poudres conservées en magasin. Mais dans ce cas même, il y aurait à l'époque de l'entrée en campagne une manutention considérable qui, faite nécessairement avec une grande précipitation, présenterait des dangers plus graves même que ceux à éviter.

Dans le courant de 1862, des expériences nombreuses furent faites en Angleterre au tir de Wimbledon, devant Son Altesse royale le duc de Cambridge, par M. Gale, sur un procédé dont il était l'inventeur, et qui permettait d'enlever et de rendre à volonté à la poudre ses propriétés explosives.

Tout d'abord, M. Gale montra la poudre protectrice qui avait l'apparence d'une fine poussière blanche.

En mêlant par parties égales la poudre protectrice et la poudre à canon, on enlevait à cette dernière sa force de projection; elle fusait lentement sans détoner. En augmentant la quantité de poudre protectrice jusqu'au rapport de 4 à 1, la poudre devenait complétement incombustible. On pouvait la remuer dans des barils avec des lances à feu à la chaleur rouge, ou y faire éclater des fusées, le tout impunément.

Un paquet de mélange étant projeté dans le feu, le papier était immédiatement consumé sans qu'il y eut explosion ; le feu était presque éteint par le poids du mélange. Un baril de mélange étant placé de même sur le feu, le baril se consumait lentement. En variant de mille manières le contact du feu et du mélange, il n'y avait jamais explosion.

D'ailleurs, dans chaque expérience on prenait une certaine quantité de mélange, on le tamisait avec soin pour séparer la poudre protectrice, et l'on constatait que le résidu possédait intégralement les propriétés explosives de la poudre. Donc la possibilité de rendre à volonté la poudre à canon inexplosible était absolument démontrée.

M. Gale ayant fait breveter son procédé, on sait que la poudre protectrice est formée de verre pulvérisé aussi fin que possible. Le principe de son procédé n'est donc pas nouveau; il rentre dans les faits déjà exposés par M. Piobert.

L'emploi du verre pilé présente quelques avantages sur les mélanges proposés par M. Piobert, et même par M. Fadeieff; n'étant aucunement hygrométrique, il ne peut altérer en rien les qualités de la poudre. Toutefois, dans les transports, il pourrait se faire qu'en raison de la très-grande différence de densité entre le verre pilé et la poudre, les deux poudres ne se séparent complétement, ce qui enlèverait au procédé toute son efficacité.

Quoi qu'il en soit, ce que nous avons dit au sujet des travaux de M. Piobert et de M. Fadeieff, des inconvénients de l'accroissement de volume pour la conservation dans les magasins et des inconvénients du tamisage au moment de l'entrée en campagne, subsiste pour le procédé de M. Gale. On comprend dès lors comment les expériences faites à Wimbledon, après avoir fait un grand bruit, ont été si rapidement oubliées.

En résumé, le procédé de M. Gale, quoique d'une efficacité incontestable, ne présente pas dans la pratique d'avantages marqués. L'idée de rendre la poudre inexplosible dans toutes les circonstances, autres que celles de son emploi normal, a cependant son importance et nous y reviendrons bientôt.

Lors de la publication en France du procédé Gale, surgit une réclamation de priorité de M. Pascalis, pharmacien à Bar-sur-Seine, en faveur d'un de ses compatriotes nommé Boyer. Il paraîtrait que le sieur Boyer avait imaginé, pour rendre la poudre incombustible, de la noyer en quelque sorte dans une atmosphère de gaz acide carbonique. La simple agitation de la poudre dans l'air, au moment de l'emploi, suffisait pour lui rendre ses propriétés explosives. Ce procédé, expérimenté devant une commission militaire, aurait donné de très-bons résultats.

Ce que nous avons dit plus haut des travaux faits par M. Piobert et par M. Fadeieff dans la même voie, écarte tout d'abord cette réclamation de priorité. Quant à la valeur pratique de l'idée de M. Boyer, il est certain d'une part que la suppression du tamisage au moment de l'emploi est fort avantageux, mais il nous semble bien difficile, d'autre part, que les barils renfermant la poudre soient suffisamment étanches, surtout après quelques mois de séjour dans les magasins, pour que le gaz acide carbonique y séjourne sans pertes considérables. Il n'y a donc pas lieu de s'y arrêter.

En résumé, tout ce qui a été fait jusqu'ici pour rendre la poudre incombustible par des mélanges convenables, quoique fort intéressant, et même fort efficace, ne peut soutenir l'épreuve de la pratique.

II. — Modifications chimiques de la poudre.

Si l'on voulait entrer dans le détail de toutes les modifications proposées dans la composition chimique de la poudre, il faudrait compulser toute la collection des brevets expirés. Il n'est pas, en effet, une seule matière chimique douée de propriétés explosives, qui n'ait attiré l'attention des inventeurs, et conduit à une nouvelle formule de poudre. Seulement beaucoup de ces formules, établies sans connaissance préalable de la question et sans expériences précises, n'ont aucune valeur pratique. Nous nous arrêterons seulement : 1° sur les pyroxyles ; 2° sur les poudres au nitrate de soude; 3° sur les poudres au chlorate de potasse; 4° sur les poudres au picrate de potasse; 5° sur les poudres inexplosibles.

Pyroxyles. — L'importance des pyroxyles, au point de vue chimique, ainsi que les nombreuses expériences faites en vue de leur application aux arts techniques et militaires, nous ont conduit à en faire une étude spéciale (voir art. *Pyroxyles*). Nous n'avons pas à y revenir ici. Nous signalerons toutefois les différences d'effet que présentent dans les applications les poudres formées de diverses substances que nous appellerons *composées* et les poudres formées d'un seul corps défini que nous appellerons *élémentaires*. Les pyroxyles rentrent dans cette dernière catégorie.

Toutes choses égales d'ailleurs, les poudres *élémentaires* sont toujours plus brisantes que les poudres *composées*, et cela se conçoit facilement. En effet, les poudres *élémentaires*, pyroxyles, argent fulminant, fulminate de mercure..., se résolvent, au moment de l'inflammation ou du choc qui déterminent leur explosion, en un certain nombre de corps gazeux ou solides, préexistant à l'avance dans leur composition. Pour les poudres composées, il se produit au contraire, au moment de l'explosion, une série de combinaisons diverses, et non préexistantes entre les divers éléments constituants. Par suite, le temps pendant lequel durent les divers phénomènes physiques et chimiques qui constituent l'explosion est forcément plus court dans le premier cas que dans le second. De là résulte forcément une plus grande action sur les parois de l'arme ou de l'enveloppe, quelle qu'elle soit, avec les poudres élémentaires qu'avec les poudres composées.

Poudres au nitrate de soude. — Pendant longtemps, le nitrate de soude était d'un prix très-inférieur au salpêtre, puisqu'on le trouvait tout formé au Pérou et au Chili, tandis que le salpêtre ne s'obtenait qu'en traitant le même nitrate de soude avec des sels de potasse d'origines diverses mais d'une production très-restreinte. Le mélange de nitrate de soude, soufre et charbon, produisant des effets très-analogues à ceux de la poudre ordinaire, on a cherché à substituer complétement le nitrate de soude au salpêtre. MM. Bottée et Riffault, dans le *Traité de l'art de fabriquer la poudre à canon*, qui porte la date de 1811, donnent déjà le résultat d'expériences faites dans ce sens.

A différentes époques, cette question a été reprise dans les poudreries de l'État, mais l'hygrométricité du nitrate de soude, qui s'oppose à la conservation de la poudre, a paru un obstacle invincible. Pour ne citer qu'un exemple, un échantillon de poudre de mine au nitrate de soude, fabriqué au Bouchet, qui avait immédiatement après sa fabrication une portée de 156 mètres au mortier éprouvette, ne donnait plus deux mois après que 52 mètres.

M. Mayer, actuellement ingénieur en chef des manufactures de l'État, a cherché à mélanger par parties égales les nitrates de soude et de potasse; en lissant fortement les grains et les recouvrant d'une couche de vernis destinée à les soustraire à l'action de l'humidité, il a obtenu une poudre susceptible de se conserver. Malgré cela, la substitution du nitrate de soude au nitrate de potasse n'a pas paru admissible pour la poudre fabriquée par l'État. En raison du monopole exercé par lui dans cette fabrication qui l'oblige de se mettre à l'abri de tout reproche, et de la nécessité où il peut se trouver de conserver des poudres dans des magasins plus ou moins humides pendant de longues années, l'État ne pouvait diminuer la puissance de conservation de la poudre, même en vue d'un bénéfice réel.

Dans l'industrie, la question d'économie l'emporte sur toute autre; en outre, dans un certain nombre de cas, on peut employer la poudre aussitôt qu'elle est fabriquée, ce qui supprime les inconvénients de l'hygrométricité du nitrate de soude. Nous citerons, par exemple, les travaux du port Saïd, dans le percement de l'isthme de Suez, où l'on n'a jamais fait usage que de poudre au nitrate de soude fabriquée sur place.

En France, pour se soustraire à l'impôt qui résulte du monopole que s'est réservé l'État, on a fait avec des matières diverses de peu de valeur, telles que le tan, la houille, la sciure de bois, etc., jointes au soufre et au nitrate de soude, des poudres qui ont donné des résultats suffisants dans les mines. Telles sont les poudres Martineddu et Dussaud et le lithofracteur.

Nous citerons seulement avec quelques détails le pyronome composé par M. Reynaud en 1861, à cause de la simplicité de sa fabrication.

Le pyronome se compose de nitrate de soude 52,5 parties; résidu de tan (écorce ayant servi au tannage des peaux), 27,5 parties; soufre pilé, 20 parties. Sa préparation comprend les opérations suivantes : 1° faire dissoudre à chaud le nitrate de soude dans une quantité d'eau suffisante; 2° mêler le tan dans cette dissolution de manière que toutes les parties en soient imprégnées; 3° mêler de la même manière le soufre pulvérisé; 4° retirer le produit du feu et faire sécher d'une manière complète.

L'avantage du pyronome c'est de pouvoir être mouillé et séché à nouveau sans rien perdre de ses qualités premières. Il est particulièrement avantageux dans l'exploitation des carrières à pierre. Mais il ne peut être conservé pendant un certain temps à cause de l'hygrométricité du nitrate de soude. Pour donner une idée de cette tendance à absorber l'humidité, je citerai des échantillons qui, mis le 22 avril 1861 dans le bas d'une armoire du laboratoire du dépôt central, contenaient, le 26 mars 1864, 28,2 p. 100 d'humidité en moyenne. La poudre de mine ordinaire conservée dans les mêmes conditions ne contenait que 1,1 p. 100 d'humidité.

Mais il ne faut pas oublier que la fabrication de toute matière propre à remplacer la poudre constitue un délit. C'est ainsi qu'un procès intenté dans le courant de 1856, par l'Administration des contributions indirectes, contre des entrepreneurs de Marseille (précisément MM. Murtineddu et Dussaud), qui fabriquaient la poudre sur leurs chantiers, a été terminé par un arrêt de la Cour de cassation, en date du 2 janvier 1858, qui statue définitivement dans le sens du monopole.

D'après ce jugement, le privilége exclusif, attribué au gouvernement par la loi du 13 fructidor an V, pour la fabrication et la vente des poudres, s'étend à toute agrégation de matières susceptibles d'explosion par l'action du feu et produisant des effets identiques ou analogues à ceux de la poudre ordinaire, quels que soient d'ailleurs les éléments dont elle est formée.

Si donc un industriel trouvait un intérêt véritable à employer une poudre d'une composition donnée et à la fabriquer, il faudrait qu'il obtînt l'autorisation préalable de l'Administration, et avant tout qu'il acquittât d'une manière directe l'impôt indirect perçu sur la consommation en poudre. Dans ces conditions, il est douteux que la poudre fabriquée par lui puisse être plus avantageuse que la poudre de l'État.

En résumé, le nitrate de soude ne peut être employé par l'État pour sa poudre de mine à cause de son hygrométricité. Du reste, un abaissement très-notable s'est produit dans le prix du nitrate de potasse, en raison des résidus de potasse obtenus en si grandes quantités dans les fabriques de sucre et d'alcool de betteraves, et surtout par la découverte du chlorure de potassium natif dans les mines de sel gemme. Dès lors, la substitution du nitrate de soude au salpêtre devient sans intérêt.

POUDRES AU CHLORATE DE POTASSE. — Les premiers essais sur l'emploi du chlorate de potasse remontent à l'année 1788 et sont dus à Berthollet.

En étudiant les composés oxygènes du chlore, Berthollet avait reconnu que le chlorate de potasse était un oxydant énergique. Il eut l'idée de le mélanger avec le soufre et le charbon, et obtint de cette manière un mélange qui détonait au feu et par la percussion, avec des effets éminemment plus énergiques que ceux de la poudre ordinaire au salpêtre. Il crut devoir appeler sur ces faits l'attention de la Régie des poudres et salpêtres.

Au commencement de la Révolution, l'Assemblée nationale, craignant que le salpêtre nécessaire pour l'approvisionnement des armées ne vînt à manquer, chargea, par arrêt du 8 juin 1792, le Ministre des contributions publiques de faire répéter les expériences nécessaires relativement à l'emploi du chlorate de potasse au lieu de salpêtre dans la fabrication de la poudre.

Ces expériences furent faites par la Régie des poudres et salpêtres à la poudrerie d'Essonne, sous la direction de Berthollet, mais elles furent interrompues par un terrible accident. La trituration se faisait comme d'ordinaire dans des mortiers en bois avec pilons en bois en présence d'une grande quantité d'eau. M. Letort, directeur de la poudrerie, étant entré dans une usine avec sa fille et Berthollet, toucha malheureusement avec le bout de sa canne une petite motte de poudre séchée sur les bords. Une explosion formidable se produisit, dans laquelle M. Letort, sa fille et quatre ouvriers trouvèrent la mort. Berthollet seul fut sauvé comme par miracle.

Quatre ans plus tard, on reprit ces expériences dans le laboratoire de la raffinerie de salpêtre à Paris, sous la direction de Lavoisier et de Berthollet. A peine avait-on obtenu de quoi remplir deux bocaux, qu'une explosion se produisit par le seul frottement du tourteau dans le tamis à grener.

Vers 1800, de nouveaux essais furent faits par M. de Cossigny, à l'Ile-de-France. En broyant le chlorate de potasse à part dans un mortier de marbre en présence d'une suffisante quantité d'eau, et mélangeant ensuite avec le charbon et le soufre préalablement réduits en poussière fine, il parvint à écarter tout danger. Il put même, en faisant varier les divers éléments, déterminer, comme la plus avantageuse, la proportion de 3/4 chlorate de potasse, 1/8 soufre et 1/8 charbon. Mais on dut reconnaître que la poudre au chlorate de potasse présenterait de grands dangers dans les transports, et qu'elle était en outre éminemment brisante. D'ailleurs, elle oxyde très-rapidement les armes à cause du chlore mis en liberté au moment de l'explosion, en sorte qu'elle ne présente aucun avantage pour les usages de la guerre et de la chasse. Dans les mines, elle est inférieure à la poudre de mine ordinaire; d'abord, à cause de sa trop grande rapidité d'action, ensuite, à cause de son prix plus élevé.

Malgré l'expérience résultant de ces faits nombreux, il surgit à chaque instant des inventeurs qui font entrer le chlorate de potasse dans la composition de nouvelles poudres. Nous citerons seulement celles qui ont le plus attiré l'attention.

M. Augendre, essayeur à la monnaie de Constantinople, a présenté à l'Académie des sciences (séance du 18 février 1850) une poudre formée de :

Chlorate de potasse.	2 parties.
Sucre blanc..	1 partie.
Prussiate jaune de potasse. . .	1 partie.

Suivant M. Augendre, sa poudre a l'avantage : 1° d'être d'une fabrication rapide; 2° d'être inaltérable par l'air et l'humidité. Quant aux inconvénients, M. Augendre avoue que cette poudre détériore rapidement les armes et qu'elle peut détoner par le choc, surtout en présence des moindres parcelles de soufre ou de charbon. Ajoutons qu'elle est notablement plus chère que la poudre ordinaire.

M. Pohl a donné une autre formule :

Prussiate de potasse.	28
Sucre de canne.	23
Chlorate de potasse.	49

Mais cette poudre ne présente pas un avantage marqué sur la précédente.

En 1860, un fabricant de produits chimiques allemand, M. Hochstadster a proposé une nouvelle poudre blanche qui ne fait pas explosion par le choc. Sur du papier non collé il étend une couche d'une pâte formée de chlorate de potasse et de charbon en poudre avec une petite quantité de sulfure d'antimoine et d'amidon ou de gomme. Ce papier séché à l'air et mis en rouleaux peut être employé dans les armes à feu. Mais il ne présente bien entendu aucune régularité d'action.

Nous le répétons, tous ces mélanges ne peuvent remplacer avec avantage la poudre ordinaire, parce qu'ils sont d'une fabrication dangereuse et qu'ils sont facilement enflammés par le choc, ce qui en empêche le transport. Nous signalerons toutefois, pour l'emploi dans les mines, un mélange de chlorate de potasse, de soufre et de tan, fabriqué à Plymouth, en Angleterre.

On trempe d'abord les morceaux de tan dans une dissolution chaude de chlorate de potasse, puis on les recouvre d'une couche de soufre en poudre. La poudre ainsi formée ne brûle que lentement à l'air, mais, dans le trou de mine, elle agit avec une énergie assez grande. Outre l'avantage de l'économie, elle rentre dans la catégorie des poudres inexplosibles, sur lesquelles nous insisterons à cause de la sécurité que présenteraient leur fabrication et leur emploi.

POUDRES AU PICRATE DE POTASSE. — Les picrates ou carbazotates sont des sels cristallisés, qui fusent et brûlent avec un vif éclat lorsqu'on les chauffe brusquement, et peuvent même détoner par le choc. Cette propriété a été utilisée pour la formation de mélanges divers pouvant remplacer la poudre.

L'acide picrique (de πικρός, amer), ou acide carbazotique, est connu depuis longtemps; il a été obtenu, en 1788, par un manufacturier de Colmar, Jean-Michel Haussmann, en traitant l'indigo par l'acide azotique d'où lui est venu son nom d'amer d'indigo. En 1795, Welter l'a obtenu en faisant agir l'acide azotique sur la soie, et lui a donné le nom d'amer de Welter qui lui est resté. On l'obtient aussi par l'action de l'acide azotique sur la fibrine, la salicine, la coumarine et sur un grand nombre de produits pyrogénés. Laurent est le premier qui ait démontré que l'acide picrique dérive de l'acide phénique, et qu'on peut le considérer comme de l'acide phénique dans lequel trois équivalents d'hydrogène sont remplacés par trois équivalents d'acide hypoazotique.

L'idée de faire servir l'acide picrique à la composition d'une poudre était venue, dès 1795, à Welter. Mais le prix élevé de l'indigo et de la soie, et, par suite, de l'acide picrique, rendaient cette application impossible. Depuis les recherches récentes sur les résidus obtenus dans la fabrication du gaz, cette idée a pu être reprise avec avantage.

En effet, on peut retirer très-facilement l'acide phénique des huiles de goudron de houille. On recueille la partie de ces huiles qui distille entre 150° et 200°, et on la mêle avec une dissolution de potasse très-concentrée, il se forme une masse cristalline que l'on traite par l'eau; le phénate de potasse se dissout seul. Cette dissolution, traitée par l'acide chlorhydrique, donne l'acide phénique sous forme de cristaux blancs peu solubles dans l'eau et solubles en toutes proportions dans l'alcool et l'éther.

Traité par l'acide azotique, l'acide phénique se change, suivant la réaction indiquée par Laurent, en acide picrique :

$$C^{12}H^6O^2 + 3AzO^5 = C^{12}H^3(AzO^4)^3O^2 + 3HO.$$

Ainsi l'acide picrique ou carbazotique rentre dans la catégorie des pyroxyles, et il y a lieu de s'attendre à ce qu'il présente des propriétés brisantes.

En 1859, M. Bobeuf avait fait expérimenter au Dépôt central des poudres à Paris, sous le nom de poudre sans soufre, un composé d'acide picrique, de potasse et d'oxyde de plomb. La formule véritable de la poudre sans soufre n'a pas été donnée par lui, mais il y a lieu de croire que c'était un mélange de picrate de plomb et de picrate de potasse. Dans les essais au fusil-pendule, on reconnut que cette poudre était éminemment brisante, le canon de fusil creva au premier coup.

Mais ce fait pouvait tenir surtout à la présence du picrate de plomb qui détone par le choc seul, et la question méritait d'être reprise. Elle le fut, vers 1867, par un chimiste d'Auxerre, M. Désignolles, qui se borna à l'emploi du picrate de potasse.

M. Désignolles a recherché tout d'abord les phénomènes qui accompagnent la déflagration du picrate de potasse dans diverses conditions. Suivant lui, dans la déflagration à l'air libre, il se forme de la vapeur d'eau, de l'azote, du bioxyde d'azote et de l'acide cyanhydrique avec un résidu de charbon et de carbonate de potasse. La réaction est indiquée par l'équation suivante :

$$C^{12}H^2(AzO^4)^3O, KO =$$
Picrate de potasse
$$= Az + AzO^2 + 4CO^2 + H, C^2Az + HO +$$
Produits gazeux
$$+ KO, CO^2 + 5C$$
Résidus solides.

Au contraire, dans la déflagration en vases clos ou dans un espace limité tel que l'âme d'une bouche à feu, le bioxyde d'azote, l'acide cyanhydrique et la vapeur d'eau disparaissent. La réaction est indiquée par l'équation suivante :

$$C^{12}H^2(AzO^4)^3O, KO = 3Az + 5CO^2 + 2H + O +$$
Picrate de potasse — Produits gazeux
$$+ KO, CO^2 + 6C$$
Résidus solides.

C'est là un fait important, car l'acide cyanhydrique, dont on reconnaît facilement la formation, à son odeur caractéristique, dans la déflagration à l'air, serait un obstacle presque insurmontable pour les applications dans l'industrie et dans l'artillerie.

M. Désignolles a recherché ensuite les différents corps à mélanger avec le picrate de potasse pour obtenir des poudres de qualités diverses. Avec le salpêtre seul, il forme des poudres éminemment brisantes, pouvant être utilisées avec avantage dans le tir des projectiles creux ou de torpilles sous-marines. Avec le charbon et le salpêtre, en proportions diverses, il forme des poudres à canon ou à mousquet, et, en général, par tâtonnements il espère obtenir des poudres propres à être employées dans les armes et bouches à feu de calibres divers.

Dans le courant de 1867, il a fait expérimenter au dépôt central des poudres quatre échantillons présentant la composition suivante :

	A.	B.	C.	D.
Picrate de potasse	47	38	29	23
Salpêtre	53	58	65	69
Charbon	»	4	6	8

Les deux premiers échantillons sont des poudres éminemment brisantes, qui mettent rapidement les armes hors de service. Les deux derniers, que l'on peut regarder comme de la poudre noire dans laquelle le soufre aurait été remplacé par le picrate de potasse, donnent des résultats satisfaisants, bien qu'ils exercent encore une vive action sur les armes. Ainsi les poudres C et D offrent sensiblement la même force balistique que la poudre de chasse superfine.

Depuis, M. Désignolles a obtenu du Ministre de la guerre l'autorisation de faire fabriquer à la poudrerie militaire du Bouchet des quantités considérables de ses nouvelles poudres.

Les divers échantillons mis en expérience comprennent trois espèces de poudres : 1° poudres brisantes pour torpilles; 2° poudres à canon; 3° poudres à mousquet, dont le tableau ci-dessous indique les dosages qui ne doivent pas d'ailleurs être regardés comme définitifs.

	POUDRE pour torpilles.		POUDRE A CANON ordinaire.		POUDRE A CANON gros calibre.	POUDRE à mousquet.	
	A.	B.	C.	D.	E.	F.	G.
Carbazotate de potasse	55	50	16.4	9.6	9	28.6	22.9
Charbon	»	»	9.2	10.7	11	6.4	7.7
Salpêtre	45	50	74.4	79.7	80	65.0	69.4
	100	100	100.0	100.0	100	100.0	100.0

La fabrication a été réglée de manière à employer les appareils ordinaires.

Les matières pesées sont mélangées et touillées à la main comme d'ordinaire avec une proportion d'eau variable de 6 à 14 p. 100 suivant la nature du mélange. Elles sont ensuite portées sous les pilons, où elles subissent un battage de 3 heures pour les poudres pour torpilles, de 9 heures pour les poudres à canon, de 6 heures pour les poudres à mousquet. Les rechanges se font toutes les demi-heures.

Après le battage, les matières sont essorées pendant quelques jours, puis mises en galette à la presse hydraulique. La pression varie de 30,000 kilogrammes à 120,000 kilogrammes, suivant que l'on veut des poudres à combustion vive ou à combustion lente.

Les galettes sont essorées, puis concassées et, enfin, grenées au grenoir mécanique en grains de grosseurs variables, suivant les effets à obtenir.

Le lissage, le séchage et l'époussetage se font par les procédés ordinaires.

Les poudres pour torpilles ont été essayées à Brest et à Toulon et ont donné de bons résultats. Les poudres à mousquet et à canon ont donné à charge égale au fusil-pendule et au pendule à canon des portées supérieures à celles de la poudre noire ordinaire, sans que l'on ait observé d'effets brisants bien marqués. D'ailleurs, le picrate de potasse paraît à l'abri des décompositions spontanées que présentent d'ordinaire les pyroxyles, en sorte que les poudres qui en sont formées sont d'une conservation aussi sûre que la poudre ordinaire.

En somme, les principaux avantages des poudres Désignolles tiennent à la suppression du soufre. Il n'y a plus dans les produits de la déflagration ni hydrogène sulfuré, ni sulfures de potassium, ce qui supprime d'une part les inconvénients que présente le tir de la poudre ordinaire dans les espaces imparfaitement aérés, tels que les batteries basses des navires et les casemates, ainsi que les mines en galeries couvertes. D'autre part, cela ralentit beaucoup la détérioration des armes et des bouches à feu. Mais, en regard de ces avantages, il faut signaler que ces poudres sont d'une fabrication moins simple que la poudre ordinaire, et aussi plus dangereuse, à cause des propriétés explosives particulièrement énergiques du carbazotate de potasse. En outre, le prix de ces poudres est forcément plus élevé que celui de la poudre noire, ce qui en restreint les applications à quelques cas particuliers, comme le tir des projectiles creux, des torpilles, ou des mines de guerre. Quant aux mines et aux carrières, la poudre ordinaire devra toujours y être préférée.

A côté des poudres de M. Désignolles, il faut ranger la poudre pour torpilles de M. Fontaine, laquelle est formée de picrate de potasse et de chlorate de potasse. Un tel mélange possède certainement des propriétés explosives tout à fait extraordinaires, mais sa manipulation présente par cela même des dangers très-grands.

Un épouvantable accident, survenu le 16 mars 1869 dans le laboratoire même de M. Fontaine, place de la Sorbonne, à Paris, est une preuve malheureusement trop certaine de ces dangers. Vingt-sept kilogrammes de picrate de potasse, destinés à la confection des torpilles, ont fait explosion subitement, sans cause connue. Cinq personnes, parmi lesquelles se trouvait le fils de M. Fontaine, ont été tuées ou plutôt hachées en morceaux, car les membres épars des victimes ont été projetés au loin. Un grand nombre de personnes ont été blessées, soit dans les rues, soit dans les maisons environnantes, et les dégâts matériels causés par l'explosion et par l'incendie qui en a été la suite, ont été considérables.

On ne peut attribuer cette catastrophe au picrate de potasse seul, car ce corps ne détone que très-difficilement par le choc. D'autre part, M. Fontaine affirme que le mélange avec le chlorate de potasse ne se faisait qu'à Toulon même au moment du chargement des torpilles. Sans doute, il a été commis quelque imprudence ou quelque maladresse, mais la véritable cause de l'explosion est et demeurera très-probablement toujours inconnue. Le seul enseignement à en tirer, est que les matières comme le chlorate de potasse et le picrate de potasse ne peuvent être traitées qu'avec un soin et des précautions minutieuses, pour lesquels le maniement même le plus habituel des produits chimiques ne constitue pas une expérience suffisante.

Pour résumer ce qui précède, on voit que, sans méconnaître l'intérêt que présentent les poudres au picrate de potasse, on peut affirmer qu'elles ne peuvent remplacer avantageusement, dans les usages techniques et militaires, la poudre aux trois éléments : salpêtre, soufre et charbon.

POUDRES INEXPLOSIBLES. — Nous avons déjà parlé d'expériences faites pour rendre les poudres inexplosibles à l'air, en les mélangeant avec diverses substances. Il s'agit ici de travaux faits dans le même but, mais par des modifications dans la composition normale de la poudre. Pour éviter les accidents qui peuvent résulter dans la fabrication, les transports ou le bourrage des mines des propriétés explosives de la poudre ordinaire, le problème à résoudre, c'est de faire une poudre fusant à l'air sans explosion et retrouvant toute son énergie dans la mine.

La plupart des poudres au nitrate de soude jouissent de cette propriété; ainsi la poudre faite à Marseille par M. Murtineddu avec le nitrate de soude et la sciure de bois était parfaitement inexplosible. Elle brûlait à l'air sans explosion et donnait dans les trous de mine des effets très-comparables à ceux de la poudre ordinaire.

Dans le courant de 1864, MM. Schaeffer et Budenberg envoyèrent de Magdebourg au Dépôt central deux échantillons de poudres inexplosibles présentant les compositions suivantes :

	A.	B.
Nitrate de potasse	30	38
Nitrate de soude	40	40
Soufre	12	8
Charbon de bois	8	7
Charbon de terre	4	3
Tartrate de potasse et de soude	6	4

Dans une notice jointe à leurs échantillons, MM. Schaeffer et Budenberg exposaient ainsi leurs avantages :

D'abord, leur poudre brûle sans explosion à l'air libre, ce qui supprime les dangers de la fabrication et aussi ceux des transports, d'où résultent de grandes facilités. De plus, elle n'a pas besoin d'être granulée. Enfin, comme il n'y a pas de fumée après le tir, on peut diminuer l'intervalle entre les coups de mine sans danger pour les mineurs. D'ailleurs, dans le trou de mine, sa force est égale à celle de la poudre de mine.

Les expériences faites au Dépôt central vérifièrent l'exactitude de ces assertions, surtout pour l'échantillon B. Seulement, on reconnut que la présence du nitrate de soude rendait ces poudres très-hygrométriques, ce qui excluait la possibilité de leur adoption par l'État. En outre, bien que MM. Schaeffer et Budenberg signalent leur poudre comme moins chère que la poudre ordinaire, à cause de la simplicité de la fabrication, le prix élevé de quelques-uns des composants et, en particulier, du tartrate de potasse et de soude, en augmentaient le prix de telle sorte qu'elle ne pouvait être adoptée.

M. Fehleisen, de Munich, fit breveter en France, à la date du 29 septembre 1866, un mélange dit haloxyline, présenté comme absolument inexplosif. La composition donnée au brevet était :

Charbon de bois	3	parties.
Cellulose	9	—
Nitrate de potasse	45	—
Ferrocyanure de potassium	1	—

Dans un certificat d'addition au brevet primitif, M. Fehleisen a supprimé le ferrocyanure de potassium, et l'a remplacé par une partie de nitrate de potasse. Dès lors la composition de l'haloxyline était en centièmes :

Charbon de bois	5.2
Cellulose	15.5
Nitrate de potasse	79.3
	100.0

M. Fehleisen fabrique à Munich environ 400,000 kilogrammes d'haloxyline par an. Il prend la sciure de bois provenant des menuisiers, la tamise et la mêle avec le salpêtre et le charbon pulvérisés séparément. Il triture d'abord les trois matières dans des tonnes et ensuite sous les pilons. L'avantage de l'haloxyline est, suivant M. Fehleisen, de ne produire d'effet que lorsqu'elle est bien bourrée dans la mine; à l'air libre, elle ne peut brûler complétement. En outre, elle ne peut faire explosion ni par le choc, ni par le frottement, ce qui écarte tout danger dans la fabrication et les transports. Enfin, comme elle ne contient pas de soufre, elle ne donne ni fumée ni résidus dangereux dans sa déflagration.

Dans le courant de 1867, M. Fehleisen demandait que des expériences fussent faites au Dépôt central des poudres pour contrôler l'exactitude de ces diverses assertions. En raison des essais analogues faits à diverses reprises, il n'y avait nul doute que l'haloxyline ne fût une bonne poudre de mine. Mais si l'on considère qu'elle contient près de 80 p. 100 de salpêtre, on reconnaît que son prix de revient est, malgré la simplicité de la fabrication, très-supérieur à celui de la poudre ordinaire. Dès lors, l'adoption de l'haloxyline par l'État devenait impossible, et il était sans intérêt de la soumettre à des expériences spéciales.

Il nous reste à parler de la poudre Newmeyer qui a fait un moment beaucoup de bruit.

Dans le courant de 1866, M. le Dr Klein, de Munich, vint en France pour propager une poudre inexplosible de l'invention de M. Newmeyer. Grâce aux appuis puissants dont il disposait, M. le Dr Klein obtint de faire des expériences sur les chantiers de terrassement alors ouverts au Trocadéro, en présence de MM. Beuret, général de division d'artillerie, Puymori, lieutenant-colonel d'artillerie, délégués du Ministère de la guerre, et de M. Roux, directeur du Dépôt central des poudres, délégué du Ministère des finances. Ces expériences furent faites en une seule séance, le 19 septembre 1866, sur les poudres de mine de chasse et à canon composées par M. Newmeyer. Elles eurent pour but de démontrer que, tant qu'elle se trouve au contact de l'air, la poudre Newmeyer brûle sans explosion, et que dans les trous de mine ou dans les armes, quand le bourrage est suffisant, elle donne des effets comparables à ceux des poudres françaises.

L'expérience la plus frappante est celle de la maisonnette. On avait fait une petite hutte, ayant 1 mètre cube environ de capacité avec des moellons superposés, elle était couverte d'une toiture légère, dans laquelle restait ouverte une cheminée carrée de $0^m,40$ à $0^m,45$ d'ouverture. On y mit trois barillets ouverts contenant: 1° de la poudre à canon, 2° de la poudre à mousquet, 3° de la poudre de chasse. Il n'y avait pas de poudre de mine, parce qu'on la réservait pour les essais dans les trous de mine. Ces diverses poudres étaient d'aspect jaunâtre, assez bien granulées et ne paraissaient différer que par la grosseur du grain. Le chargement total était de 12 à 15 kilogrammes.

Le feu ayant été mis aux tonneaux à l'aide d'une mine, la poudre a fusé lentement par l'ouverture de la cheminée, il s'est fait seulement vers la fin une légère explosion qui a soulevé la toiture et projeté quelques tuiles.

Pour comparer avec les poudres françaises, on a rétabli la maisonnette, et on y a mis 1 kilogramme de poudre de mine ronde et 100 grammes environ de poudre de chasse. La toiture a volé en éclats et les murs ont été en partie détruits.

Malgré ce résultat, les expériences du Trocadéro ne parurent pas suffisamment concluantes, parce qu'il fut constamment impossible de procéder scientifiquement, par comparaison rigoureuse, des effets des poudres présentées en air libre et en espace fermé.

Au Dépôt central des poudres, on reconnut que la poudre de mine contenait 72 à 73 p. 100 de salpêtre avec du soufre et du charbon. Toute la différence avec les poudres françaises consistait en ce que les matières étaient grossièrement pulvérisées, et que l'ensemble était peu homogène. Le défaut de ténuité explique la lenteur de la combustion; en pulvérisant plus finement, la combustion devient identique à celle de nos poudres de mine.

Les poudres de chasse et à canon contenaient 75 p. 100 de salpêtre, et le charbon était remplacé par une matière organique qui paraissait être la sciure d'un bois résineux. Quant au tir au fusil-pendule, à la charge de 5 grammes, on n'obtenait aucune vitesse. Toutefois, en accumulant les bourres et enveloppant la balle, on arrivait à des résultats plus satisfaisants, quoique toujours inférieurs aux portées des poudres de chasse françaises. Ces poudres font constamment long feu, les amorces ratent fréquemment et l'encrassement est toujours considérable.

En résumé, les poudres Newmeyer pour la chasse et le fusil étaient mauvaises sous tous les rapports. Quant aux poudres de mine, l'incertitude des résultats obtenus au Trocadéro et les variations singulières observées dans les communications de MM. Klein et Newmeyer ne permettaient pas de donner suite à l'offre qu'ils avaient faite de faire cession de leurs procédés au gouvernement français.

Le 3 juillet 1867, MM. Klein et Newmeyer prirent un brevet en France pour la poudre de mine seulement. La composition indiquée par eux, était :

Salpêtre	72
Charbon	18
Soufre en fleurs	10
	100

Les matières sont mélangées en présence de 40 p. 100 d'eau et incorporées dans un cylindre mis en mouvement par un axe central muni de bras pour agiter avec force. Après 15 minutes de trituration, on enlève et on étend les matières que l'on sèche sans les grener, en remuant seulement de manière à ce qu'elles ne fassent pas masse pendant le séchage. On tamise ensuite à divers degrés de finesse, suivant l'effet à produire.

Suivant les inventeurs, cette poudre est inoffensive en cas d'inflammation accidentelle, elle n'est pas enflammée par le choc ou la pression; lorsqu'elle brûle dans un espace libre, elle laisse un résidu considérable et, au contraire, dans un espace clos, elle donne moins de résidu que la poudre ordinaire. Enfin, elle est meilleur marché que la poudre noire; elle donne moins de vapeurs nuisibles au moment de la déflagration.

MM. Klein et Newmeyer revinrent alors à la charge pour faire essayer leur poudre par l'administration. Mais les expériences déjà faites montraient que ces poudres devaient seulement à leur trituration très-imparfaite leurs propriétés spéciales, et qu'elles étaient en somme beaucoup moins bonnes et aussi plus chères que les poudres françaises.

Dans une communication faite au directeur du dépôt central, M. Klein a indiqué de la manière suivante la composition de la poudre Newmeyer :

Nitrate de potasse	70
Soufre	10
Charbon de bois	12
Lignite	8
	100

Les trois premières matières sont identiques à celles qui entrent dans la composition de la poudre ordinaire. Quant au lignite présenté par le docteur Klein, il était fibreux, lourd, sec et très-sonore, il ne donnait à l'analyse qu'un faible résidu siliceux. Dans le cas où l'on voudrait faire varier la proportion de salpêtre et diminuer jusqu'à 62 p. 100, il faudrait laisser la quantité de soufre constante et compléter avec les deux espèces de charbon, maintenues dans la même proportion relative.

Suivant M. Klein, c'est l'emploi du lignite et d'une forte proportion d'eau (8 p. 100) dans la fabrication qui donnent à la poudre sa spécialité.

Cette dernière assertion n'a pas encore été vérifiée, car les dires si variables de MM. Klein et Newmeyer ont fini par lasser l'Administration; elle mérite toutefois de l'être.

L'idée des poudres inexplosibles est, en effet, une idée éminemment féconde et qui doit attirer l'attention des inventeurs. Si l'on arrivait par des modifications dans la composition ou la granulation à les rendre complétement inoffensives dans toutes les circonstances autres que celles de leur emploi normal, ce serait un résultat extrêmement important. Il serait possible d'adopter une telle poudre dans le cas même où son prix serait plus élevé. En raison des simplifications qui résultent dans la fabrication, de la sécurité, ainsi que de la suppression des dégâts produits par les explosions, elle devrait être regardée comme moins chère que la poudre ordinaire, sans compter la question d'humanité dont l'importance ne peut échapper.

C'est donc, en somme, aux poudres inexplosibles que l'avenir appartient sans doute pour toutes les applications industrielles et militaires. Ajoutons toutefois que le problème n'est pas résolu même par la poudre Newmeyer.

RÉSUMÉ. — Dans tout ce qui précède, nous n'avons pas la prétention d'avoir passé en revue toutes les inventions diverses qui ont surgi depuis le commencement de ce siècle et qui ont eu pour but le perfectionnement des qualités ou de la fabrication de la poudre. Il aurait fallu donner à cette étude une étendue bien plus considérable, car la liste des brevets expirés comprend un très-grand nombre de formules ou d'appareils divers imaginés dans ce but. Nous avons dû nous borner aux inventions auxquelles l'expérience a reconnu une certaine valeur pratique.

Il y a donc lieu de s'étonner qu'à part l'idée des poudres inexplosibles sur laquelle nous avons insisté, nos conclusions aient presque toujours été défavorables. Encore est-il nécessaire d'ajouter pour les poudres inexplosibles que, tout en vantant l'utilité du problème posé, nous n'admettons pas qu'il soit encore résolu. C'est là un fait important sur lequel nous devons revenir.

Le procès de la poudre noire aux trois éléments : salpêtre, soufre et charbon, a été fait bien souvent. Tous les inventeurs, pour exalter la valeur de leurs produits, font ressortir (souvent très-bruyamment) les inconvénients de cette poudre. Parmi les travaux de cet ordre, nous citerons seulement comme les plus importants : 1° la brochure de M. E. Schultze, intitulée *la Nouvelle poudre à canon et ses avantages sur la poudre à canon ordinaire et autres produits analogues* ; 2° *la Poudre à tirer et ses défauts*, par MM. Andreas Rützky et Otto von Grahl, traduction de M. Joulin, ingénieur des manufactures de l'État.

On trouve dans ces deux ouvrages bien des exagérations et même des inexactitudes; en particulier, une sorte d'obstination à qualifier d'explosions spontanées des accidents divers causés soit par l'imprudence, soit par diverses imperfections des machines. Néanmoins, il faut avouer que la poudre noire présente divers inconvénients qui peuvent être résumés sous les chefs suivants : 1° elle peut faire explosion par des causes diverses pendant la fabrication, en magasin ou dans les transports; 2° elle se détériore facilement sous l'action de l'humidité; 3° elle laisse dans les armes au moment de la combustion des résidus qui les encrassent; 4° elle dégage dans sa déflagration des quantités notables de gaz lourds, très-lents à se dissiper et qui sont d'ailleurs incommodants.

Mais, s'il est si facile de reconnaître les inconvénients de la poudre noire, il est plus difficile d'y remédier. Toutes les inventions faites dans ce but présentent des inconvénients au moins aussi graves et souvent même doivent être absolument repoussées par la pratique. On arrive ainsi à cette conclusion curieuse, mais inévitable, que l'ancienne poudre noire, découverte depuis si longtemps et dans des siècles si étrangers à la science, est encore supérieure à toutes les poudres de compositions diverses, à l'invention desquelles a conduit dans notre siècle le développement si admirable d'ailleurs de toutes les sciences appliquées.

Il ne faut pas toutefois décourager les efforts des chercheurs et se rappeler, au contraire, la lenteur avec laquelle la poudre noire s'est perfectionnée dans son emploi et sa fabrication. Si la poudre noire est encore sans rivales dans l'état actuel de la science, on ne peut affirmer qu'elle le sera toujours. Au contraire même, il faut croire et espérer qu'il se fera, dans le mode d'emploi et la fabrication de la poudre, quelque révolution semblable à celles que nous avons vu se produire depuis quelques années dans la plupart des industries physiques et chimiques. Pour cela, il importe surtout que les inventeurs ne rentrent pas dans l'ornière des expériences infructueuses déjà faites, et dont nous avons donné les résultats dans ce travail.

L. FAUCHER.

POUDREUSE ou BRONZEUSE MÉCANIQUE. — Lorsqu'on veut imprimer en or argent, etc., au moyen de la typographie ou de la lithographie, on opère ainsi qu'il suit. Les feuilles sont d'abord imprimées avec un vernis ou mordant convenable (fait avec de l'huile cuite, comme il a été dit à l'article ENCRE D'IMPRIMERIE), puis des ouvrières, à l'aide de tampons en coton ou en drap, étalent la poudre métallique (ou toute autre poudre de couleur) sur les parties imprimées, enfin frottent et époussetent la surface pour la rendre brillante et enlever la poudre en excès.

Cette opération est lente, et surtout insalubre à cause de la grande quantité de poudre métallique de cuivre qui se répand dans l'air, et forme une atmosphère vraiment dangereuse pour les organes respiratoires; aussi a-t-on plusieurs fois tenté de l'exécuter mécaniquement, d'autant plus que des travaux considérables, les étiquettes dorées pour le commerce réclament une production très-rapide des ateliers de lithographie.

Le problème a été parfaitement résolu par la réunion

des tentatives de deux inventeurs, MM. Abadie et Poirier. La poudre venant adhérer à un rouleau garni de velours, est déposée par lui sur la feuille de papier imprimée au mordant, qui vient se placer sur un gros cylindre tournant, analogue à celui d'une presse mécanique. La

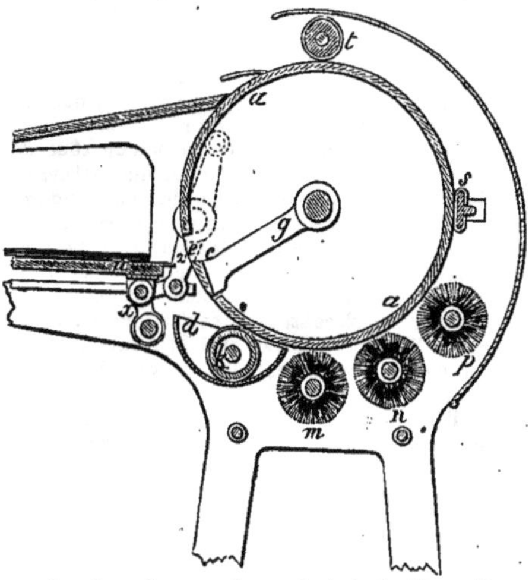

pression du rouleau sur le vernis de la feuille applique parfaitement la poudre, et il suffit de faire suivre son action de celle de brosses hélicoïdales, tournant à grande vitesse, pour épousseter la feuille. Au besoin, des frotteurs rectilignes ou cylindriques peuvent être disposés pour rendre la surface métallisée plus brillante.

Il va sans dire que ces divers organes sont enveloppés dans une boîte, de telle sorte qu'aucune parcelle de poudre ne se perd ni se répand dans l'atmosphère. Ce travail n'est donc plus en rien insalubre, et devient en même temps très-économique; avec une petite force motrice et une margeuse, il est facile de métalliser parfaitement 7 ou 800 feuilles à l'heure.

Par une ingénieuse disposition due à M. Poirier, la feuille est saisie par une pince-étau à recouvrement *c*, pendant que le cylindre continue son mouvement circulaire, par le rapprochement de la table *u* sur laquelle elle a été déposée par la margeuse.

POULIES (FABRICATION DES POULIES). Nous compléterons ce qui a été dit à l'article POULIES sur la fabrication des poulies qui a illustré le nom de Brunel.

Les machines de Brunel peuvent se diviser en quatre séries : 1° la scierie servant à débiter les grosses pièces de bois, que fournit le commerce, en blocs de dimensions convenables pour le travail ultérieur; 2° la machinerie propre à fabriquer la chape; 3° les machines servant à fabriquer les rouets; 4° les machines servant pour obtenir les axes.

A l'arsenal de Portsmouth, la machinerie servant à fabriquer en même temps trois genres de poulies de différentes grandeurs est mise en mouvement par deux machines à vapeur de 30 chevaux chacune. L'ordre du travail est celui-ci : les troncs d'orme sont d'abord débités et préparés pour les poulies de diverses grandeurs par deux puissantes scies, l'une à action alternative, l'autre circulaire. Ces plaques de bois sont amenées au carré, en raison des grandeurs à obtenir, par quatre scies circulaires montées sur des bancs glissants.

Nous donnerons d'abord, d'après Poncelet, quelques renseignements sur les progrès réalisés par Brunel, principal promoteur des scies circulaires, dans l'établissement des scieries à lames droites.

Scierie à action alternative. — Les scieries de Brunel, établies sous sa direction par l'habile Henri Maudslay, se distinguaient de celles de Belidor par plusieurs points essentiels : 1° le rochet à déclic ou pied-de-biche recevait l'action d'une came ou onde adaptée au bras même de la manivelle au moyen d'un système de leviers articulés, qui faisaient avancer le chariot porte-pièce pendant la descente même du châssis de la scie, lequel avait de plus la faculté de se retirer légèrement en arrière, pour éviter l'accrochement des dents pendant la montée; 2° le châssis lui même était monté sur une courte bielle oscillante, à fourche droite ou inférieure, et ce châssis était muni latéralement de forts montants cylindriques en fer, évidés, remplis de bois élastique, et glissant dans des œillères vers leurs extrémités supérieures et inférieures; 3° les lames de scies, verticales et parallèles, étaient maintenues, haut et bas, à des distances respectivement égales, au moyen de calibres ou planchettes de bois posées sur des couples de boulons horizontaux parallèles, taraudés et ajustés aux montants, de manière à pouvoir, à l'aide d'écrous placés à l'un des bouts, serrer à la fois les calibres et les lames contre les épaulements fixés aux montants de l'autre bout, et, par suite, maintenir dans une position invariable et sans tâtonnement ces mêmes lames de scies, dont les étriers inférieurs ou supérieurs embrassaient, à l'ordinaire, les faces verticales des entretoises correspondantes du châssis; ceux du haut étant terminés en dessus par des crochets destinés à être saisis successivement, lors du montage des lames, par la branche la plus courte d'une forte bascule à contre-poids ou romaine locomobile, qui, au moyen de cales transversales glissées entre les étriers et la face supérieure de l'entretoise correspondante, permettait de tendre individuellement ces lames de quantités rigoureusement égales entre elles; 4° enfin, la pièce à débiter était elle-même fixée et retenue sur le chariot au moyen de procédés ingénieux, dont le plus important consistait dans deux forts étriers à montants articulés, et couronnés de chapeaux qui maintenaient cette pièce en dessus, en avant et en arrière, comme cela s'est vu depuis dans les scieries les plus perfectionnées.

Fabrication des chapes. — On perce d'abord les trous pour les axes à l'aide de la machine à percer (donnée fig. 2200), en raison du nombre de systèmes de rouets que doit porter la poulie, et en même temps des outils, placés à angle droit, percent des trous qui forment les extrémités des mortaises qui devront recevoir les rouets.

Les poulies sont alors placées sur la machine à mortaiser que nous allons décrire, assemblées sur un chariot mobile qui les amène sous le ciseau, se mouvant avec une très-grande rapidité (400 coups par minute, dit-on). Pour chaque coup de ciseau, il avance quelque peu, et l'opération continue ainsi jusqu'à ce que la mortaise soit achevée dans toute sa longueur. Les copeaux sont chassés de la mortaise par de petites pièces d'acier passant sous les ciseaux qui coupent le bois; elles sont placées à angle droit avec les ciseaux et renvoient dans le sens de la largeur le copeau fait à chaque coup, condition indispensable pour la perfection du travail. Les angles de la poulie sont alors enlevés à l'aide d'une scie circulaire (voir fig. 2202), puis elle est placée sur les circonférences de deux roues égales, fixées sur le même axe et écartées en raison des diverses grandeurs de poulies, chaque roue ayant dix rainures dans chacune desquelles peut se placer une poulie. Ces roues tournent avec une grande rapidité devant un tranchant placé sur un support à chariot, placé sous une inclinaison convenable, et guidé de manière à entailler, de la forme voulue, l'extérieur de la chape. Quand l'outil a parcouru toute la longueur de la poulie, les roues sont débrayées, et on fait faire aux poulies un quart de tour pour exposer une nouvelle surface à l'action de l outil tranchant. Quand toutes les faces ont été ainsi travaillées, les poulies sont enlevées et on effectue la dernière opération de la machine à entailler, qui est de pratiquer le trou qui doit traverser la tête de la chape. Les surfaces obtenues par ces opérations ne demandent plus qu'un petit poli donné à la main, et la chape est terminée.

Fabrication des rouets. — Les rouets sont faits en gaïac; ils sont débités dans des planches ayant leur épaisseur à l'aide d'une scie circulaire, puis placés sur une scie à couronne, qui perce le trou du centre en même temps qu'elle forme la circonférence (voir fig. 2204). Le rouet est placé dans une machine qui le retient pendant qu'on enfonce dans son milieu, l'axe tourné à ses extrémités. Le mécanisme à l'aide duquel cette opération s'effectue est très-ingénieux; un seul coup de marteau est nécessaire pour mettre l'axe en place. Un trou étant percé à travers l'axe et le bois, une goupille y est chassée et rend le tout solidaire.

Ces axes eux-mêmes sont faits, tournés et polis sur une machine spéciale; une fois placée, sauf les brides faites en fer ou avec des cordes (fig. 2198), la poulie est complète.

Il nous reste à donner la description et le dessin de la machine à mortaiser et de celle à travailler les chapes.

Machine à mortaiser, représentée fig. 3702. — Sur le bâti de la machine, glisse le chariot *e* portant la poulie dans laquelle on pratique la mortaise, assujettie sur le chariot à l'aide de la vis *e*; *d* est l'un des ciseaux, leur nombre dépendant de celui des rouets de la poulie; *g* le porte-outil se mouvant verticalement entre des guides placés sur deux montants; *j* partie ronde terminant le porte-outil et guidée dans un collier. Le porte-outil est mené par une manivelle, mise en mouvement par l'axe *m*, qui tourne par l'effet d'une courroie motrice qui passe sur le tambour *n*, et qui fait mouvoir le volant *o*. Le volant est rendu libre ou dépendant de la courroie, suivant l'action du cône de friction *p* qui pénètre dans l'intérieur du tambour *n*, et qui est mis en mouvement à l'aide du levier coudé *q*. *r* est une vis à double filet qui fait avancer le chariot; elle traverse un écrou, portant la roue à rochet *o* et la roue dentée *w*; *x* est un pignon agissant sur *w* et tourné à l'aide de la poignée *y*, système qui sert à amener la poulie en place, sous le couteau, au commencement de l'opération; après quoi le mouvement du chariot continue par le seul effet de la machine ainsi qu'il suit :

Sur l'axe *m* est placé un excentrique 1, qui agit sur un rouleau porté par un levier 2, dont l'extrémité inférieure est réunie à une barre horizontale 4, lequel a une dent agissant sur les dents de la roue à rochet; à chaque révolution de l'axe, l'excen-

3702.

trique, élevant l'extrémité supérieure du levier 3, fait mouvoir dans une direction opposée la roue à rochet *v*, laquelle au moyen de son écrou fait tourner la vis et avancer le chariot, et, par suite, une nouvelle partie de bois à enlever se présente sous le ciseau. Quand toute la longueur de la mortaise est coupée, le mouvement du chariot est arrêté par une série de leviers assemblés aux colonnes; le chariot, arrivé au point indiqué comme fin de sa course, soulève un levier, et, par l'effet d'une communication, le levier 4 cesse d'agir sur les dents des roues à rochets.

Machines à faire les chapes (fig. 3703). — A est une grande couronne circulaire solidement assemblée sur l'axe B; une seconde couronne C est disposée parallèlement à A. Cette dernière n'est pas fixée sur l'axe, mais elle peut glisser de manière à varier de distance avec A, en raison des diverses grandeurs des poulies; des boulons, passant à travers des trous correspondants des deux couronnes et des cales d'épaisseur voulue, servent à fixer l'écartement et le parallélisme; F F sont des disques dont l'axe traverse la roue A et porte d'un côté une petite croix; la couronne C porte des vis opposées dont l'intérieur renferme un anneau circulaire d'acier, tournant à frottement doux. Chaque poulie, lors de l'opération de percer les trous avant de passer à la machine à mortaiser, a eu sa ligne d'axe déterminée par l'impression d'un double cercle d'acier sur une extrémité et d'un cercle sur l'autre. Les marques du double cercle fixent la position de la croix, et le cercle de la vis est avancé par celle-ci jusqu'à ce qu'il serre, en coïncidant avec le cercle tracé, l'autre face du bloc. N est le support à chariot porté sur le bâti H et attaché à la barre circulaire J ayant même centre que l'axe B; K est le porte-ciseau, outil formé d'un petit cylindre horizontal, coupant parfaitement par ses bords et dans tous les sens; M, double barre courbe qui sert à guider la course de l'outil à l'aide du levier G, des deux barres courbes, l'une déterminant la forme de l'une des faces des poulies, et la seconde celle de l'autre face. C'est un levier attaché au chariot, servant à le faire marcher sur le bâti H, à angle droit avec le mouvement de glissement de l'outil, en décrivant une portion de cercle autour du centre de rotation de cette barre.

3703.

Le travail de la machine s'effectue ainsi : les chapes ayant été montées sur les couronnes, elles sont mises en mouvement à l'aide d'une courroie passant sur le tambour T, monté sur l'axe B. Le ciseau ayant été ajusté avec soin dans une position convenable, l'ouvrier, tenant le levier C dans sa main droite, fait glisser lentement le chariot le long de H, pendant que, tenant le levier G dans l'autre main, il maintient le contact avec les courbes M, et fait, par suite, que le ciseau engendre une forme semblable à celle de ces modèles.

Quand la première face est terminée, les machines sont arrêtées, et on fait faire aux poulies un quart de conversion, pour qu'elles viennent présenter au ciseau la face voisine de celle déjà formée. On y parvient par le moyen suivant : l'extrémité extérieure de chaque disque F porte une roue V qui engrène avec une vis sans fin W; à l'extrémité de chaque axe, portant une semblable vis, est monté un pignon Y, engrenant avec une roue dentée, montée à frottement doux par l'axe central. Quand il faut faire tourner les poulies, cette roue est fixée au bâti à l'aide d'un verrou (qu'on ne voit pas sur la figure), et l'ouvrier fait tourner d'un quart de révolution la couronne A; les pignons font marcher la vis sans fin, et on a ainsi exactement un quart de tour, d'après les proportions adoptées. Les couronnes remises en mouvement et le chariot poussé à travers le bâti, la seconde face est bientôt ainsi faite, et l'opération répétée de la même manière pour les deux autres.

PRESSES ANTIFRICTION *de M. Dick de Philadelphie*.—La déperdition du travail est énorme, dit M. Poncelet, par la percussion et le frottement dans l'ancien balancier à vis employé pour frapper la monnaie, et bien que cette déperdition soit, en majeure partie, évitée dans la presse à genou, il s'en faut qu'elle le soit entièrement, eu égard au jeu, au glissement relatif, inévitable dans les articulations ou surfaces d'appui des rotules. A plus forte raison en est-il ainsi dans les machines à estamper, à découper, où l'on fait usage d'excentriques circulaires à frottement ou glissement étendu.

Dans le but d'éviter ces inconvénients, M. Dick se sert uniquement, pour transmettre la pression d'un bout à l'autre de sa machine d'une succession de disques, de galets, en fer et acier (fig. 3704, 3705, 3706), pleins, très-solides, tournant autour d'autant chine, que terminent toujours des secteurs à oscillations d'amplitude limitée, et correspondant respectivement l'un à une pièce ou coussinet d'appui fixe, l'autre au coussinet mobile ou à la pièce qui doit transmettre directement l'effort vertical à l'objet qu'il s'agit de comprimer, percer, découper ou estamper.

Or, si l'on se rappelle que le tracé en développante de cercle a la propriété de répartir la pression d'un axe à un autre, suivant des directions invariables, en passant à des distances fixes et assez petites de ces axes, on comprendra sans peine que l'arbre horizontal auquel est directement appliqué le moteur, la manivelle, et qui correspond tantôt à un simple galet circulaire, tantôt à une double came interposée entre deux secteurs ou excentriques à développantes, entraînés par simple frottement, sans glissement relatif, etc., on comprendra, dis-je, sans peine, que cet arbre moteur essentiellement fixe, étant sollicité par une couple d'actions et de réactions normales, parallèles, symétriques et de sens contraire, il ne peut en résulter qu'un frottement insensible sur ses tourillons. Cette remarque, qui s'applique, *à fortiori*, aux tourillons des arbres, libres de céder aux résultantes de pressions normales, peut s'étendre également aux pivots ou couteaux des sec-

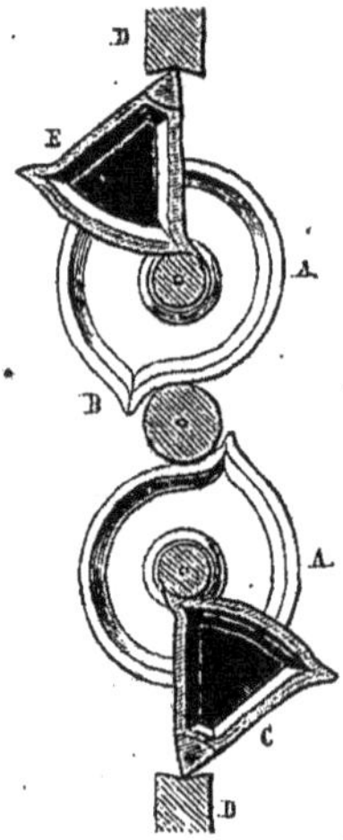

3704.

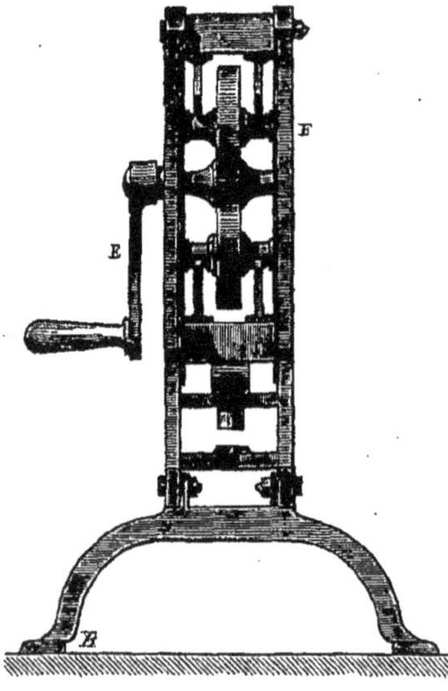

3705.

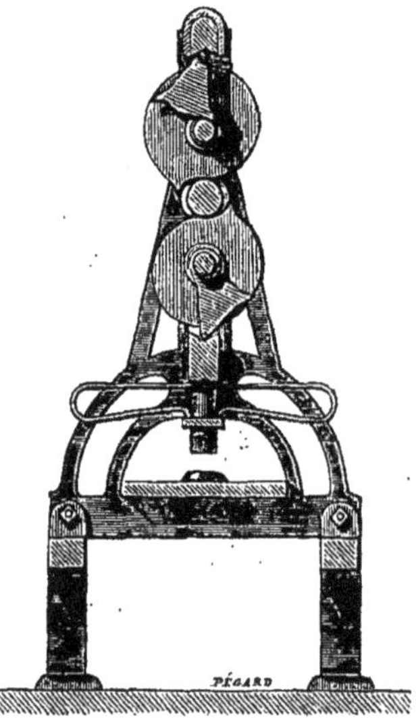

3706.

d'axes horizontaux, tantôt fixes, tantôt susceptibles de céder à la pression par le glissement de leurs porte-coussinets le long de coulisses verticales pratiquées aux montants des châssis-supports. Ces disques ou galets composés, les uns de cylindres à tourillons ou de secteurs à couteaux arrondis d'un profil circulaire, les autres de cames doubles et opposées, en S, ou d'excentriques tracées, dans une portion plus ou moins grande de leur contour extérieur, suivant la forme de la développante du cercle, ces pièces, dis-je, réagissent entre elles par leurs contours entièrement lisses, sans glissement relatif, à simple roulement et en s'entraînant, dans leur rotation, autour des axes correspondants, en vertu même de leur frottement tangentiel; les pressions ou réactions normales étant d'ailleurs transmises d'axe en axe, depuis une extrémité jusqu'à l'autre de la machine teurs extrêmes, d'un rayon très-petit par rapport au leur propre.

Néanmoins, malgré tout ce que cette combinaison à galets et secteurs roulants, qui en rappèlle d'autres déjà connues, offre d'ingénieux quant à la réduction des frottements, et ce qu'elle fournit de ressources précieuses dans une infinité de circonstances, il ne faut pas perdre de vue qu'elle a, comme la presse hydraulique, comme le cric ou la vis elle-même, simple ou combinée avec des rouages, l'inconvénient d'une manœuvre d'autant plus lente que la pression doit être plus énergique relativement à l'effort moteur, et cela, conformément au principe qui veut que les efforts exercés soient, pour chaque petit déplacement du système, *en raison inverse des chemins respectivement parcourus* dans le sens de leur direction propre. Il faudrait d'ailleurs de tout autres dispositions pour agrandir le champ de la machine ou l'étendue des excursions de l'outil autant que le réclament certains travaux; cette presse ne saurait donc remplacer les autres, notamment lorsqu'il s'agit de matières très-compressibles. C'est pour ce motif que M. Poncelet range l'invention originale de M. Dick dans la classe des machines devant proprement servir à estamper, emboutir, poinçonner, etc., les pièces métalliques d'une assez faible épaisseur, n'exigeant par suite qu'une faible amplitude de course et un temps relativement peu considérable.

PRODUCTION DE LA CHALEUR PAR LES COMBINAISONS CHIMIQUES. — L'analyse, l'explication du phénomène physique le plus capital qui puisse être l'objet des recherches des savants, de la production de la chaleur, s'est successivement transformée avec les progrès de la science, ou pour mieux dire, les théories proposées jusqu'ici se sont successivement détruites les unes les autres, sans en laisser debout aucune quelque peu satisfaisante. Il m'a paru, dès 1854 (époque à laquelle j'ai adressé à l'Académie des sciences un mémoire dont cet article est la reproduction peu modifiée), que des déductions nécessaires de la notion de l'équivalence du travail mécanique et de la chaleur permettaient d'établir d'une manière tout à fait satisfaisante la théorie de la production de la chaleur par les affinités chimiques, et par suite de poser les bases de la mécanique moléculaire, dont le chimiste étudie aujourd'hui les effets sans y introduire la notion scientifique de mesure; c'est en réalité une seule et même question. Plus d'un chimiste de nos jours serait étonné, en ouvrant le *Traité de Chimie* de Lavoisier, le principal promoteur du mouvement scientifique qui a amené la chimie à son état actuel, de voir que l'étude des phénomènes calorifiques y occupe la plus grande place; car cet homme de génie sentait bien que là seulement pouvaient se trouver la mesure et la loi des phénomènes.

Je commencerai par rappeler en quelques mots les systèmes successivement proposés pour rendre compte des faits.

Théorie du phlogistique. — Stahl essaya le premier d'établir un lien général entre les phénomènes du feu observés dans les combinaisons chimiques. Frappé des phénomènes d'échauffement lors de l'oxydation, et des effets inverses lors de la réduction des métaux, il regarda les corps combustibles comme dégageant, lors de leur combinaison, le principe inflammable qu'il nommait *phlogistique*, qui produisait le feu. Quelle était la nature propre du phlogistique? C'est ce qui ne fut jamais bien défini. On entendait bien que c'était une substance d'une nature particulière, mais cependant douée des attributs principaux des corps matériels. Ce système, bien qu'inspiré par un sentiment vrai de la réalité, parce que son auteur voyait que la chaleur se dégageait du corps lors de sa combinaison, cependant n'expliquait rien, et revenait à bien peu près au simple énoncé du phénomène lui-même. Il ne pouvait guère résister à l'objection fondamentale que lui fit Lavoisier après une analyse plus précise de la combustion.

Théorie du calorique. — Il était sous-entendu dans la théorie du phlogistique, puisqu'il se dégageait un élément lors de la combustion, dont la nature était plus ou moins assimilée à celle des corps matériels, qu'un corps combustible devait probablement perdre de son poids par la combustion, mais sûrement n'en pouvait gagner. Or, Lavoisier prouva que celle-ci consiste dans la combinaison du corps combustible avec le gaz oxygène, et constata que le poids final est celui du corps combustible augmenté du poids de l'oxygène. Il devenait difficile, par suite, de soutenir l'ancienne théorie, et il fallut chercher une nouvelle explication des faits.

Lavoisier, assimilant le calorique à un gaz parfaitement élastique, sans pesanteur, posa en principe qu'il se combine avec les corps, comme ceux-ci se combinent entre eux. C'est ainsi qu'il explique la production de l'état gazeux. Rien de plus simple, dit-il, que de concevoir qu'un corps devient élastique en se combinant avec un autre qui est lui-même doué de cette propriété au plus haut degré.

Quant à l'apparition du calorique lors de la combustion, elle devient, dans ce système, le résultat de réactions semblables à toutes les autres. Ainsi, après avoir décrit la combustion du phosphore dans l'oxygène, il ajoute : « Cette expérience prouve d'une manière évidente qu'à un certain degré de température l'oxygène a plus d'affinité avec le phosphore qu'avec le calorique; qu'en conséquence le phosphore décompose le *gaz oxygène*, qu'il s'empare de sa base, et qu'alors le calorique, qui devient libre, s'échappe et se dissipe en se répartissant dans les corps environnants. »

Malgré ses belles expériences de calorimétrie, dans lesquelles il sut le premier comparer les quantités de chaleur et non plus seulement les températures, Lavoisier ne put arriver à d'importants résultats. C'est qu'en effet, limitée à ce qui précède, la théorie du calorique n'est encore guère qu'un moyen d'énoncer les faits. Pour aller au delà, pour qu'on pût l'appliquer à des mesures d'effets, à la prévision des phénomènes, il fallait pénétrer plus profondément dans l'analyse des forces. C'est un travail que Lavoisier ne put compléter, mais il fut admis par ses collaborateurs que c'était la condensation qui était la cause du dégagement, de la séparation du calorique, comme la dilatation était la cause de sa combinaison, de son absorption, ainsi qu'on le voit dans la vaporisation des liquides et la condensation des gaz. C'était par la compression du métal, par exemple, que Berthollet, défendant la théorie triomphante du calorique contre celle des vibrations que reprenait Rumford, prétendait expliquer la chaleur que celui-ci produisait par le frottement de métal sur métal. Il était, en effet, naturel de penser d'après les propriétés de l'oxygène, le grand rôle qu'il joue dans la nature, la multiplicité de ses combinaisons très-fréquemment solides et liquides, après avoir établi les lois de la chaleur latente et reconnu que les gaz consomment, pour être produits, une grande quantité de chaleur, de conjecturer que la chaleur qui apparaît lors des combinaisons chimiques provenait de la condensation de l'oxygène.

Si, dans beaucoup de cas, appliquée à la combustion du phosphore, des métaux, etc., aux combinaisons dans lesquelles l'oxygène passe de l'état gazeux à l'état solide, cette théorie paraît conforme aux faits, il en est un grand nombre aussi qui démontrent qu'elle est tout à fait insuffisante. C'est ce qu'il est facile de mettre hors de doute, en citant l'exemple le plus saillant, les combustions et les explosions de corps solides, comme la poudre à canon, cas dans lesquels des corps solides produisant des volumes gazeux très-considérables devraient, si cette théorie était vraie, engendrer un très-grand froid en raison de la dilatation produite, ou encore celui de corps gazeux produisant un liquide en dégageant de la chaleur, comme le chlore et l'hydrogène; l'expérience faisant reconnaître qu'il se dégage alors de grandes quantités de chaleur condamne la théorie et prouve qu'elle ne peut donner l'explication des phénomènes.

On a voulu encore expliquer la production de la chaleur par les différences des chaleurs spécifiques du composé et des composants. Il suffit de poser des chiffres pour reconnaître que les faits ne s'accordent pas avec cette manière de mesurer les effets produits, et qu'on ne peut ainsi se rendre compte des grandes quantités de chaleur qui apparaissent dans certains cas. Nous verrons plus loin pour quelle part cet élément entre dans l'analyse complète de la combustion. Les objections à la théorie l'ont fait à peu près abandonner; mais au

PRODUCTION DE LA CHALEUR.

lieu de chercher à la réformer, les chimistes, en présence des nombreuses découvertes que leur procuraient les travaux de chaque jour, ont laissé de côté toute question de théorie générale. Il est indigne de l'état avancé de cette science de ne pas accomplir un progrès qui fasse sortir sa méthode de celle des sciences naturelles; il est temps de constituer la mécanique chimique, de formuler les lois des forces en jeu dans les réactions chimiques. Les matériaux sont assez nombreux pour que, même avec la plus sage réserve, on puisse penser à la construction de l'édifice.

Théorie électro-chimique. — La décomposition des corps par l'électricité a conduit à expliquer, par l'intervention de cet agent, les combinaisons de la chimie. Formulée par Ampère, un des plus grands esprits qui se soient occupés de philosophie naturelle, elle a été développée par Berzélius et plusieurs autres éminents chimistes. Toutefois, les progrès de la chimie ont été contraires à son adoption pour l'explication universelle des phénomènes chimiques, et elle n'est plus guère aujourd'hui qu'une réserve pour le cas où on ne peut, sans elle, trouver une explication satisfaisante des faits.

Au point de vue de la production de la chaleur, nous rappellerons que la théorie électro-chimique consiste à considérer la chaleur comme engendrée par la neutralisation des électricités opposées des atomes qui se combinent. Il est facile de voir combien cette explication est insuffisante : 1° Elle suppose qu'il y a toujours neutralisation lors d'une combinaison chimique, tandis que l'expérience démontre qu'il y a, en général, au contraire, dégagement d'une grande quantité d'électricité rendue libre. C'est sur ce fait que repose la construction de la pile électrique, l'instrument par excellence pour la production de l'électricité. De même M. Becquerel a reconnu que dans la combustion du charbon il se développe beaucoup d'électricité, et rien n'indique la neutralisation d'une autre quantité. Cette neutralisation est une conception de l'esprit née du désir d'expliquer les faits, et qui n'est pas plus l'expression exacte de la réalité que l'hypothèse de deux fluides différents, qui est aujourd'hui généralement abandonnée.

2° Si l'électricité appartenait aux atomes des corps on ne verrait pas un changement perpétuel de rôle d'un même corps tantôt électro-négatif, tantôt électro-positif, suivant le corps avec lequel il se combine.

En résumé, l'explication du phénomène de la production de la chaleur par la puissance mystérieuse de l'électricité n'est pas le résultat de la discussion des faits, n'a pas d'existence réelle, ne présente pas de vérifications nombreuses qui lui donnent de la valeur. Elle est un simple aperçu provoqué par le grand nombre d'expériences qui prouvent que les phénomènes calorifiques et électriques s'accompagnent les uns les autres ou qu'ils se provoquent mutuellement lors des combinaisons. Elle est abandonnée aujourd'hui de tous les chimistes, et bien loin qu'elle doive expliquer les faits de la chimie, la loi de la production de l'électricité se déduira plutôt de la connaissance plus approfondie des lois qui président aux combinaisons chimiques, que celles-ci de la première.

DE LA CHALEUR ET DE SON ÉQUIVALENCE AVEC LE TRAVAIL MÉCANIQUE.

L'équivalence de la chaleur et du travail mécanique, l'intervention certaine des actions moléculaires dans la métamorphose d'un phénomène en l'autre, comme nous l'avons vu en étudiant les frottements, les mouvements moléculaires (voy. ÉQUIVALENT MÉCANIQUE), offre aux sciences physiques des ressources bien précieuses. Toute réaction dans laquelle il y a production de chaleur pouvant s'interpréter en quantité de travail ou inversement, peut être analysée à l'aide de résultats qui jusqu'ici n'avaient aucun sens parce qu'ils paraissaient hétérogènes, de deux natures, qu'on ne voyait pas de rapport entre eux. Ils prennent, au contraire, une signification dont on comprendra l'importance extrême dans la question, si on remarque que les réactions qu'étudie la chimie sont produites par des forces d'affinité qui, réunissant les molécules du composé, produisent de la chaleur, et que cette chaleur représente une quantité de travail moléculaire d'après la théorie de l'équivalence, qu'elle vient par suite fournir la mesure du phénomène mécanique de combinaison.

C'est l'introduction dans l'analyse des phénomènes de la production de la chaleur, de cette correspondance entre éléments considérés jusqu'ici comme étrangers les uns aux autres, qui permet d'établir la théorie de cette production par le jeu des affinités chimiques. C'est ce qui existe déjà pour l'effet semblable du travail mécanique considéré ordinairement, car la théorie de l'équivalent mécanique de la chaleur, dans l'état actuel de la science, doit être considérée comme la théorie de la production de la chaleur par travail mécanique ou inversement. En effet, en établissant la loi de correspondance entre les deux ordres de phénomènes, elle fournit le moyen de mesurer l'un quand l'autre est connu. Ainsi, connaissant dans une action mécanique la quantité de travail consommée en frottements, en chocs, qui ne se retrouve pas sous forme de travail mécanique, on aura, en calories, la quantité de chaleur produite, en divisant par 370 (en admettant notre détermination de l'équivalent), cette quantité de travail exprimée en kilogrammètres. Inversement la chaleur, le nombre de calories qui disparaît, dans d'autres cas, en produisant un travail mécanique, engendrera un nombre de kilogrammètres qui sera obtenu en multipliant par 370 ce nombre de calories.

Cet exemple nous montre la nécessité de considérer toujours des quantités de travail et des quantités de chaleur, c'est-à-dire des unités complètes, et non pas, comme on le fait souvent à tort en mécanique, seulement des forces ou des vitesses, ou en physique des degrés de thermomètre, comme on ne le fait aussi que trop souvent. La substitution dans la pratique des quantités de chaleur aux degrés, introduite par Laplace et Lavoisier dans leurs expériences de calorimétrie, est aussi nécessaire aux progrès de la physique que l'a été l'introduction de la quantité de travail dans la mécanique appliquée.

La correspondance entre la chaleur et la travail mécanique, en nous fournissant le moyen de réduire tous les effets en unités de même nature, va nous permettre, dans l'étude de la chaleur produite par les affinités chimiques, d'appliquer le principe de permanence du travail sous la double forme qu'il peut prendre.

Posant comme un axiome de toute évidence que la chaleur produite dans une réaction chimique ne peut pas plus être anéantie que la matière, qu'elle doit se retrouver sous forme de chaleur ou de travail aussi bien que celle qui appartient aux composants, nous devons pouvoir le vérifier en *pesant* en quelque sorte la chaleur comme Lavoisier pesait la matière, en posant l'équation du travail des forces en jeu et des sommes des forces vives initiales et finales, comme on en établit une entre les éléments des corps qu'on examine et ceux qu'on en retire par l'analyse. Une semblable vérification n'existe pas en fait, quand on s'en tient à la chaleur seule, mais nous savons que lorsque de la chaleur disparaît, il se produit une quantité de travail mécanique *équivalente* à cette quantité de chaleur, d'où l'on peut conclure qu'il y a à tenir compte d'une semblable transformation, lorsque nous constatons en même temps la production d'un travail.

Ainsi donc, en ayant soin d'évaluer simultanément la chaleur et le travail moléculaire, on pourra mesurer exactement toute la chaleur et tout le travail qui correspondront à une réaction chimique étudiée expérimentalement, et retrouver une équation qui relie les quantités qui appartiennent aux composants et celles qui reviennent au composé. Ce qui suit n'est que l'application de ce principe, au milieu des transformations de chaleur en travail et de travail en chaleur.

Je le répète, j'arrive ainsi, pour les forces en jeu, exactement au résultat obtenu par Lavoisier pour la matière pondérable. Je citerai ici les paroles de ce grand homme, qui s'appliquent également aux deux ordres de recherches : « Je puis considérer, dit-il, les matières mises en jeu et le résultat obtenu comme une équation algébrique; et *en supposant successivement chacun des éléments de cette équation inconnu, j'en puis tirer une valeur et rectifier ainsi l'expérience par le calcul et le calcul par l'expérience.* J'ai souvent profité de cette méthode pour corriger les premiers résultats de mes expériences et pour me guider dans les précautions à prendre pour les recommencer. »

De l'attraction et de l'affinité. — Dans cet essai destiné à faire rentrer dans le domaine de la mécanique les phénomènes physico-chimiques des combinaisons moléculaires, il nous faudrait, pour être tout à fait rigoureux, ne pas employer les mots d'attraction, d'affinité, qui répondent à des propriétés innées de la matière, qui ne sauraient appartenir à la matière essentiellement inerte. Aussi n'est-ce pas dans ce sens que nous les employons, mais dans celui admis par Newton, c'est-à-dire comme moyen de résumer des modes d'action dont les causes sont incomplétement analysées. Les observations astronomiques ont démontré manifestement que les lois de la gravitation réglaient les mouvements des corps célestes, que tout se *passait comme si tous les corps matériels s'attiraient en raison inverse du carré de la distance;* de même, dans les combinaisons tout se *passe comme si les molécules des divers corps avaient des affinités les unes pour les autres.*

Avec cette restriction, on peut employer les mots d'attraction et d'affinité pour représenter des effets d'une cause inconnue, étant bien certain d'ailleurs que cette cause n'est pas une vertu propre à la matière.

Dans l'état actuel de nos connaissances, nous entrevoyons nettement en quoi elle consiste, sans pouvoir l'établir avec assez de précision pour qu'il y ait avantage à abandonner des mots qui sont l'expression des faits. Nous dirons brièvement ce qu'on peut établir comme très-probable pour le moins.

Ce que nous appelons force, par une abstraction de l'esprit, n'existe pas dans la nature; c'est dans les cas de transmission du mouvement que nous sommes conduits à voir naturellement des causes de mouvement, lorsqu'il se produit des applications du principe général de la conservation des forces vives, de la permanence du travail dans la nature. Or, nous voyons apparaître des attractions dans des cas analogues aux mouvements atomiques et lorsqu'un mouvement général paraît infiniment probable. Ce cas, qui semble bien voisin de celui considéré dans les combinaisons chimiques, est celui des attractions électriques que l'on voit se produire entre des courants de cette nature, c'est-à-dire presque certainement de déplacements de l'éther intermoléculaire, éther qui remplit l'univers, comme le prouve la propagation de la lumière à travers les espaces interplanétaires comme à travers les corps transparents; on doit penser que les mouvements des atomes libres de la matière sont intimement liés à celui du milieu, vibrant avec une vitesse considérable et en raison de la température, dans lequel ils sont placés, milieu dont la diffraction, les interférences, etc., montrent la nature.

On comprend facilement comment des corps placés dans un milieu en mouvement modifient la nature de leurs mouvements propres, de manière à se rapprocher rester réunis ou se séparer, suivant les cas; ce sont des phénomènes, dont nous peuvent donner quelque idée ceux que nous voyons se produire dans les fluides en mouvement dans le sable qui recouvre une plaque vibrante. Tel est, sans doute, le genre de phénomènes qui se produit dans les combinaisons; mais, pour préciser davantage l'explication des phénomènes, il faudrait analyser, mieux que nous ne savons le faire encore, ces actions; il faut que la mécanique moléculaire fasse encore des progrès importants. En attendant, nous pouvons, sans inconvénient, continuer à nous servir des mots d'attraction ou d'affinité, sauf à les remplacer plus tard par ceux qui répondront aux causes qui font que les atomes se comportent comme s'ils possédaient des forces qui les produisent.

ÉLÉMENTS D'ORDRE PHYSIQUE. — Il est bien évident que, pour procéder à une semblable étude, il faut tenir compte de tous les phénomènes physiques de changement d'état, d'échauffement, etc., qui répondent à des quantités souvent très-importantes de travail moléculaire et sont exactement de même ordre que ceux dont il s'agit. On arrive là à un point de réunion des phénomènes classés dans deux sciences, qui ne sont en réalité que deux chapitres de la science de la nature, la physique et la chimie.

On trouve une démonstration surabondante de cette nécessité dans ce fait curieux que les seules lois générales établies en chimie sont des lois fondées sur des faits d'ordre physique; je veux parler des lois de Berthollet formulées en détail dans l'INTRODUCTION (voy. CHIMIE) et qui se rapportent aux différences de solubilité, de fusibilité, de volatilité, etc., des corps. Un professeur de chimie, M. E. Robin, a résumé la plupart des raisonnements à l'aide desquels on cherche à prévoir, par de semblables considérations, l'effet des réactions, par une loi qu'il appelle *loi de stabilité* et qu'il énonce ainsi : *Les composés qui prennent naissance dans les réactions chimiques sont ceux qui ne sont pas décomposables à la température et dans les conditions où l'on opère.* Cela revient à dire que la stabilité comprenant la cohésion, la non-volatilité, l'insolubilité dans les cas de dissolution, enfin, la difficile séparation des éléments, règlent toute réaction, et tous ces éléments, sauf le dernier, sont d'ordre physique. On est donc fondé à dire que les éléments physiques dominent bien souvent.

On pourrait multiplier à l'infini les exemples de vérification de cette loi, mais ce qui doit surtout être remarqué, et c'est sur cette base qu'elle repose, c'est le rôle tout à fait capital de la chaleur pour déterminer des combinaisons nouvelles, en détruisant celles préexistantes; les affinités ne pouvant, en général, triompher seules, sans l'aide de la chaleur, des forces qui s'opposent à une combinaison nouvelle, telles que celles qui causent la cohésion des solides. Tantôt, et c'est le cas le plus fréquent, le rôle de la chaleur se borne à amener les corps à l'état liquide pour que les réactions puissent se produire. D'autres fois on utilise la facile volatilisation d'un élément par la chaleur, et celle-ci sert à intervertir l'ordre des affinités naturelles. Par exemple, tandis que le potassium décompose l'oxyde de fer en vertu des forces d'affinité, le fer décompose la potasse à une température élevée, à cause de sa fixité et de celle de son oxyde, enfin de la facile distillation du potassium. Or, puisque la chaleur intervient dans la presque totalité des réactions chimiques, on ne peut éviter de conclure que les effets d'affinité et de chaleur, ceux des forces chimiques et des forces physiques, sont homogènes, de même nature. Autrement elles ne sauraient agir en sens opposés, comme cela a lieu presque toujours.

Cette homogénéité est le point de départ des recherches qui vont suivre, le travail des forces de cohésion étant toujours considéré comme de signe contraire avec les forces vives calorifiques. L'étude des changements d'état (voy. CHALEURS LATENTES) nous a mis à même de calculer le travail qui se produit alors, d'en calculer l'équivalent en quantité de chaleur, comme celle des chaleurs spécifiques nous permet d'évaluer les variations de forces vives qui correspondent aux changements de température. La pénurie de déterminations physiques des éléments dont nous venons de parler s'oppose autant que celle d'éléments chimiques à la solution complète du problème posé ici.

ÉLÉMENTS D'ORDRE CHIMIQUE. — On a toujours expliqué les phénomènes chimiques, les combinaisons et décompositions indéfinies des corps par l'effet, le travail des forces d'affinité, et s'il n'est pas admissible que la matière inerte agisse par attraction, il est certain, comme nous l'avons déjà observé, que l'on peut dire ici, comme Newton pour la gravitation, que tout se passe comme si celle-ci existait. Quels sont les phénomènes qui constamment apparaissent lorsque se produit ou se détruit une combinaison? Constamment des effets calorifiques.

A priori, nous pouvons établir d'après ce que nous connaissons déjà, et avec toute certitude, quelques principes fondés sur l'expérience qui nous conduiront sans erreur possible, sans hypothèse contestable, à l'analyse de la production de chaleur.

1° Les combinaisons chimiques sont produites par de véritables forces tout à fait de la nature de l'attraction, exercée entre leurs premiers éléments dont les masses relatives sont mesurées par leurs équivalents, agissant dans les mêmes conditions, comme Newton l'a établi depuis longtemps, de même ordre que l'attraction des astronomes. On doit considérer les forces qui agissent sur la matière comme les mêmes pour les infiniment petits que pour les infiniment grands.

2° Les atomes composés sont formés d'atomes composants réunis par ces forces; ils ne peuvent, par suite, être séparés que par l'application d'un travail mécanique ou la consommation d'une quantité de chaleur équivalente.

3° Nous connaissons très-bien les effets calorifiques qui accompagnent l'apparition de la cohésion entre molécules semblables, qui au point de vue des phénomènes calorifiques et mécaniques ne peut différer de celle qui prend naissance entre les molécules de corps différents. Nous savons que la cohésion ne peut être rompue que par l'emploi d'une certaine quantité de travail mécanique, ou par la consommation d'une certaine quantité de chaleur équivalente dite *chaleur latente*, et que lorsque cette cohésion s'établit, lorsqu'un corps passe de l'état liquide à l'état solide, il dégage une quantité de chaleur égale à cette chaleur latente.

4° Ce qui est vrai pour les atomes semblables est évidemment vrai également pour les atomes différents. On vérifie à chaque instant le fait de la destruction de la cohésion d'un composé par une certaine quantité de chaleur qui est ainsi consommée à produire ce travail de séparation. Inversement le dégagement de cette chaleur, lors de la naissance de la cohésion chimique du composé, est un fait général qui est constaté lors de chaque combinaison; c'est ce qui constitue la source générale de toute la chaleur que nous savons faire naître pour l'utiliser, la combustion. On ne peut révoquer en doute l'un des deux phénomènes, car nécessairement le résultat est inverse quand la cause agit en sens opposé.

Par une simple extension parfaitement fondée et parfaitement logique de résultats d'expériences se rapportant aux cohésions entre molécules semblables, pour analyser les cohésions atomiques entre molécules différentes, c'est-à-dire le jeu des mêmes forces, on arrive donc à ce principe fondamental :

Les combinaisons formées entre éléments libres (pour ne pas tenir compte de leur constitution physique) *produisent le dégagement d'une quantité de chaleur équivalente au travail mécanique qui serait nécessaire pour rompre leur cohésion atomique; les décompositions consomment, au contraire, cette même quantité de chaleur.*

Ce principe, qui ne paraît pas discutable, qui n'est que l'application du principe de la conservation des forces vives, suffit pour l'analyse du phénomène de la production de la chaleur, pour le mesurer même, si on le combine avec la notion de permanence. On voit qu'il était impossible de le formuler nettement, de comprendre le fait de l'apparition de la chaleur dans les réactions chimiques autrement que ne le faisait Lavoisier, tant que la notion de la corrélation de la chaleur et du travail mécanique dans les actions moléculaires était inconnue, qu'on ignorait qu'une consommation de chaleur correspondait à une destruction de travail, que la catégorie d'idées qui devait naître de l'étude de la production du travail mécanique par la chaleur n'avait pas pris un grand développement, enfin que la détermination de l'équivalent mécanique de la chaleur manquait pour tirer parti des chiffres fournis par les expériences connues. C'est là le principe nouveau dont l'application doit changer la face de la science.

Nous examinerons successivement les combinaisons chimiques formées par des corps simples ou des corps dont les atomes sont indivisibles dans les combinaisons étudiées, puis celles qui se rapportent aux corps composés, qui empruntent leurs éléments à la décomposition préalable de semblables corps.

RÉSULTATS D'EXPÉRIENCES.

Il semble que l'on devrait disposer de résultats d'expériences en nombre infini, comme celui des réactions connues, ce qui permettrait de faire reposer, sur une base parfaitement solide, l'édifice de la mécanique moléculaire. Il n'en est rien. Bien que des phénomènes calorifiques apparaissent dans toutes les réactions chimiques, les chimistes négligent de mesurer la quantité de chaleur qui apparaît et qui renferme en quelque sorte toute la théorie de l'opération dont la pratique les préoccupe.

Nous ne disposons donc que d'une quantité de matériaux fort limitée, résultant d'études calorimétriques dues surtout à un petit nombre de savants qui en pressentaient la grande importance.

En premier lieu, on doit citer Lavoisier, le principal créateur de la chimie moderne, qui créa son calorimètre à glace surtout en vue de l'étude de la mesure de la quantité de chaleur que dégage la combustion de l'hydrogène, du carbone, du soufre, du phosphore, etc. On ne peut se défendre d'admirer ce grand génie qui pressentait si bien que c'était dans ces questions que se trouvait la clef de la science, ce qui n'a été rendu sensible pour tous que par la création de la théorie mécanique de la chaleur, qu'il consacre à ces questions la moitié du premier volume de sa Chimie, quand la plupart de nos traités modernes n'en parlent pas!

C'est à Dulong que revient l'honneur d'avoir repris ces recherches à la fin de ses beaux travaux expérimentaux sur la chaleur, et malheureusement à la fin de sa vie, avec le soin et la précision qu'il apportait à ses travaux.

Enfin, MM. Favre et Silbermann, dans une très-importante et excellente série d'expériences, ont repris ces recherches et publié, en 1852 et 1853, dans les *Annales de physique*, trois grands mémoires qui ont depuis fourni le point de départ de toutes les déductions théoriques qui ont pu être tentées.

On doit faire appel au zèle des physiciens-chimistes pour étendre ces séries de déterminations calorimétriques, qui conduiront à connaître pour chaque corps son

PRODUCTION DE LA CHALEUR.

équivalent mécanique comme nous connaissons son équivalent chimique. Les deux nombres sont nécessaires pour le définir entièrement et calculer les quantités de chaleur que produiront les combinaisons.

Nous donnerons, dans le tableau ci-après, les résultats déjà obtenus, faisant remarquer que la chaleur mesurée dans ces expériences est celle de l'échauffement du corps composé, lorsqu'on le ramène à la température de 15° pour la série de Favre et Silbermann, à 0° pour celle de Dulong, dont les nombres pour une même réaction doivent être par suite un peu plus forts.

CORPS COMBINÉS.	PRODUITS.	CHALEUR DÉGAGÉE.		
		FAVRE et SILBERMANN.	DULONG.	
			pour un gramme du corps.	pour un gramme d'oxygène.
1 gr. de charbon avec oxygène.	Acide carbonique	8,086	7,295	2,735
1 gr. diamant avec oxygène.	Idem.	7,770	»	»
1 gr. charbon avec oxygène.	Oxyde de carbone	5,367	»	»
1 gr. hydrogène avec oxygène.	Eau	34,462	34,600	4,325
1 gr. hydrogène avec chlore.	Acide chlorhydrique	23,783	»	»
1 gr. hydrog. protocarboné C^2H^4 avec oxygène.	Eau et acide carbonique	13,063	13,350	3,337
1 gr. hydrogène bicarboné C^4H^4 avec oxygène.	Idem	11,857	12,203	3,560
1 gr. éther sulfurique (C^4H^5O) avec oxygène.	Idem.	9,027	9,431	3,659
1 gr. éther formique $(C^2H^2)^3O^4$ avec oxygène.	Idem.	»	»	5,278
1 gr. éther acétique $(C^2H^2)^4O^4$ avec oxygène.	Idem.	»	»	6,292
1 gr. blanc de baleine $(C^2H^2)^{32}O^4$ avec oxygène.	Idem.	»	10,342	»
1 gr. alcool $(C^2H^2)+H^2O$ avec oxygène.	Idem.	7,183	6,962	3,386
1 gr. soufre avec oxygène.	Acide sulfureux	2,260	2,601	2,600
1 gr. phosphore avec oxygène.	Acide phosphorique (Lavoisier).	7,500	»	»
1 gr. sulfure de carbone avec oxygène.	Acides sulfureux et carbonique.	3,400	»	»
1 gr. essence de térébenthine avec oxygène.		»	11,567	3,511
1 gr. cyanogène avec oxygène.		»	5,244	»
1 gr. huile d'olive avec oxygène.	Eau et acide carbonique	»	9,862	»
Fer	Oxydes	»	»	4,327
Étain		»	»	4,531
Protoxyde d'étain		»	»	4,509
Antimoine		»	»	3,848
Zinc		»	»	5,275
Cobalt		»	»	3,983
Nickel		»	»	3,706
Cuivre		»	»	2,594
Protoxyde de cuivre		»	»	2,479

I. — COMBINAISONS DES CORPS GAZEUX RESTANT GAZEUSES.

L'homogénéité des actions d'attraction moléculaire qui produisent les cohésions physiques entre molécules de même nature, et celles des forces d'affinité qui engendrent les combinaisons entre les atomes de corps différents, nécessite généralement la solution du problème physique avant qu'on puisse atteindre le problème chimique. C'est ce que nous verrons bientôt plus en détail, en étudiant le cas général, mais on n'a guère à étudier que la seconde partie dans le cas où il s'agit de corps gazeux produisant un composé gazeux, puisque l'intervention des forces d'attraction inter-moléculaire est alors négligeable. Cela est surtout vrai pour les gaz simples, les gaz parfaits, l'oxygène, l'hydrogène, etc., dont nous allons étudier les combinaisons. Au lieu de commencer par l'état liquide, comme nous l'avions fait dans un premier essai, il vaut donc mieux commencer par l'état gazeux, comme l'a fait depuis, dans un travail de thermochimie appliquée aux composés organiques, M. Berthelot. (Pour les calculs ci-après nous partirons de l'équivalent de l'hydrogène H = 1 gr.)

La valeur totale connue des forces vives des corps gazeux permet d'établir une équation fort simple dans laquelle entre le travail mécanique qui serait nécessaire pour séparer les atomes combinés. F étant la force vive totale d'un élément, F' celle du second élément, F'' celle du composé, E le travail de combinaison, Q la chaleur dégagée, l'équation de la combinaison est :
$F + F' + AE = Q + F'' + AP\Delta V$ (4) le dernier

terme étant relatif au travail extérieur qui répond à la variation du volume. On voit que le volume relatif du composé par rapport à ceux des gaz composants est important, puisque, d'après la formule (voy. GAZ) qui donne la mesure de cette force vive $3vp = 1/2\, nmu^2$, il n'y a pas de variation pour les forces vives des gaz lorsque le volume final est la somme des volumes élémentaires; il y a diminution s'il est moindre, accroissement s'il est plus grand. Quand le volume ne varie pas, on a donc $F + F' = F''$, et comme ΔV est exprimé par la différence $F'' - F' - F$ divisée par une constante, la pression ne variant pas, l'équation (1) se réduit simplement à $AE = Q$.

1° *Combustion de l'oxyde de carbone dans l'oxygène.*— La combustion de 1 gramme d'oxyde de carbone, gaz très-stable, dans l'oxygène, produit, d'après Dulong, 2,634 calories, et, d'après Fabre et Silbermann, 2,403, admettons 2,450, ou pour un équivalent (ou 28 grammes en posant H=1, C=12, O=16), 68,600. Ce chiffre correspond à la transformation suivante, opérée à 0° :

$$C^2O^2 + O^2 = C^2O^4.$$

S'il s'agissait du cas le plus simple, considéré ci-dessus, on pourrait poser, pour le travail nécessaire pour séparer les éléments d'un équivalent d'acide carbonique (44 gr.), ce que nous apellerons son équivalent mécanique:

$$\overline{C^2O^4} = 68{,}6 \times 370.$$

Mais cela suppose que l'acide carbonique est un gaz parfait comme l'oxyde de carbone et l'oxygène, dont les molécules n'exercent aucune action les unes sur les autres. On peut voir comment M. Berthelot cherche à évaluer cet effet, à l'aide des chaleurs spécifiques, ce qui le conduit au reste à une correction insignifiante.

D'ailleurs, nous venons d'établir que le principe de la conservation des forces vives conduisait à l'équation :

$$F + F' + \overline{C^2O^4} = 68{,}6 + F'' + AP\Delta V.$$

Pour des gaz parfaits sous la pression ordinaire, par litre, $3Apv$ ou $F = 0{,}0837$, on a donc :

$$\text{Pour } C^2O^2,\ F = \frac{0{,}0837}{1{,}243} \times 28^g = 1{,}80;$$

$$\text{Pour } O^2,\ F' = \frac{0{,}0837}{1{,}43} \times 16^g = 0{,}98;$$

$$\text{Pour } C^2O^4,\ F'' = \frac{0{,}0837}{1{,}98} \times 44^g = 1{,}86;$$

au lieu de 2,70 et $F'' - F - F' = -0{,}84$; c'est environ 1/3 de moins, et en effet la réduction de volume par la combinaison est de 1/3. On a donc :

$$APV\,1/3 \times 0{,}044 = \frac{1{,}0333}{370} \times \frac{44}{1{,}98} \times -0{,}33 = -0{,}207.$$

D'où $\overline{C^2O^4} = 68{,}60 - 0{,}84 - 0{,}20 = 67{,}60$ pour 44 grammes.

Et pour 1 gramme $\overline{C^2O^4} = 1^c{,}54$, et en kilogrammètres 569,80.

Et enfin pour 1 kilogramme $\overline{C^2O^4} = 1540$ calories et 569,800 kilogrammètres.

2° *Combustion de l'hydrogène. — Formation de l'eau.* — Les nombres trouvés pour l'oxygène et l'hydrogène doivent nous permettre d'obtenir immédiatement l'équation de l'eau, qui sûrement, à la température si élevée de sa formation, de la combinaison de l'oxygène et de l'hydrogène et même bien au-dessous, mais non à 100°, est à l'état de gaz parfait.

Nous connaissons la quantité de chaleur dégagée qui est, d'après Dulong, de $4^c{,}325$ par gramme d'oxygène, ou pour 16 grammes d'oxygène entrant dans un équivalent (18 gr. d'eau) 69 calories, mesurées sur l'eau produite ramenée à zéro, qui a par suite dégagé de la chaleur en passant de l'état gazeux à l'état liquide, par suite de son changement d'état. Il y a donc de ce fait une correction importante à faire relativement au changement d'état, genre de correction sur lequel nous reviendrons bientôt.

Nous savons que la chaleur totale dégagée par la vapeur d'eau à 100°, passant à l'état d'eau à zéro (voy. CHALEUR LATENTE), est donnée par la formule $(606{,}5 + 0{,}305\, t)$, ou

$$(606{,}5 + 0{,}305 \times 100) \times 0{,}018 = 11{,}46;$$

quantité de chaleur considérable engendrée par la pression atmosphérique et l'attraction moléculaire des éléments de l'eau liquide.

Cette quantité, retranchée de 69, nous donne 57,54.

Équivalent dynamique. — Nous pouvons maintenant chercher l'équivalent dynamique et écrire l'équation.

$$F + F' + AE = F'' + 57{,}54,$$

$$\text{Pour } H^2,\ F = \frac{0{,}0837}{0{,}088} \times 2 = 1{,}96;$$

$$\text{Pour } O^2,\ F' = \frac{0{,}0837}{1{,}433} \times 16 = 0{,}928.$$

Les trois volumes donnant deux volumes de vapeur d'eau, on a $F'' = 1{,}85$, et $F'' - F - F' = -0{,}96$,

$$AP\Delta V = \frac{10{,}333}{370} \times \frac{18}{0{,}81} \times -0{,}33 = -0{,}20.$$

L'équation (1) donne donc

$$\overline{H^2O^2} = 57{,}54 - 0{,}96 - 0{,}20 = 56{,}40,$$

et en kilogrammètres = 2208,68.

Pour 1 gramme :

$\overline{H^2O^2} = 3{,}13$, et en kilogrammètres 1158,10.

Et pour 1 kilogramme :

$\overline{H^2O^2} = 3130$ calories, et 1,158,100 kilogrammètres.

Quantité énorme, comme les forces vives de l'oxygène et de l'hydrogène, qui expliquent le grand rôle de ces corps *limites* dans la nature, par la quantité de forces vives qu'ils représentent.

3° *Combinaison du chlore et de l'hydrogène.* — MM. Favre et Silbermann ont trouvé pour la chaleur dégagée par la combustion de 1 gramme d'hydrogène avec $35^g{,}5$ de chlore pour former l'acide chlorhydrique, une quantité de chaleur de $23^c{,}7833$.

Nous avons donc l'équation :

$$F + F' + \overline{HCh} = 23{,}7833 + F''.$$

$$\text{Pour H},\ F = \frac{0{,}0837}{0{,}088} \times 1 = 1;$$

$$\text{Pour Ch},\ F' = \frac{0{,}0837}{4{,}209} \times 35{,}5 = 0{,}71;$$

$$\text{Pour HCh},\ F'' = \frac{0{,}0837}{1{,}622} \times 36{,}6 = 1{,}88;$$

c'est-à-dire qu'il n'y a pas de changement de volume.

L'acide chlorhydrique ne peut être considéré comme un gaz parfait, mais il en est de même du chlore, et la différence qui résultera de ce fait est peu importante.

On a donc pour $\overline{HCh} = 36^g{,}5$ approximativement la valeur:

En chaleur $\overline{HCh} = 24$ calories, et en kilogrammètres, 8880 kilogrammètres;

Et pour 1 gramme, $\overline{HCh} = 0^c{,}605$, et en kilogrammètres, $223^{km}{,}85$.

Dans les cas qui viennent d'être considérés, l'influence des éléments physiques est faible. Il n'en est plus de même quand un des corps considérés est liquide ou solide; la grandeur des nombres qui représentent les quantités de chaleur, qui répondent aux changements d'état, le fait aisément pressentir.

II. — GAZ SIMPLES SE COMBINANT AVEC UN CORPS SIMPLE NON GAZEUX.

En raisonnant comme précédemment, et conformément à ce qui a été dit au commencement de ce travail, il faut, dans ce nouveau cas, faire entrer dans l'équation qui exprime l'application du principe de la conservation des forces vives aux phénomènes calorifiques et mécaniques de la réaction, dans laquelle figurent les forces vives avant et après la combinaison, le travail de séparation physique, la quantité de chaleur nécessaire pour transformer le solide ou le liquide en un gaz parfait, terme qui doit être affecté du signe —, répondant à de la chaleur consommée, la chaleur dégagée étant considérée comme positive.

1° Dans le cas d'un liquide, cette quantité de chaleur répond à la partie de la chaleur latente que nous avons représentée par $A\text{A}'$, à l'équivalent de la quantité de chaleur nécessaire pour détruire le travail de la cohésion moléculaire par un accroissement de force vive calorifique des molécules liquides, consommée par la destruction de ce travail et reproduite, quand l'état liquide reparaît, par l'attraction moléculaire; plus à la chaleur nécessaire pour amener la vapeur formée à la température originelle du liquide, sous la pression à laquelle l'expérience a lieu, à l'état du gaz parfait. La connaissance de la densité théorique de la vapeur fournit un élément précieux; elle conduit à la détermination de la force vive totale de la vapeur amenée à l'état de gaz parfait.

2° Dans le cas d'un solide, il faut à la quantité précédente ajouter la chaleur nécessaire pour le liquéfier; une quantité de chaleur $A\text{A}$, qui peut quelquefois se déduire de combinaisons multiples d'une même série, comme nous allons le tenter pour le cas important de la combustion du carbone.

Combustion du carbone. — La combustion du carbone solide produisant de l'acide carbonique C^2O^4 peut être représentée par l'équation :

$$-A(\text{A}+\text{A}')+O^4+C^2+\overline{\overline{C^2O^4}}=AT+C^2O^4,$$

en représentant par O^4, C^2, C^2O^4 les forces vives totales des gaz parfaits, vapeur de carbone, oxygène, acide carbonique, et par $\overline{\overline{C^2O^4}}$ l'équivalent mécanique, le travail de la combustion estimée en chaleur.

D'après MM. Favre et Silbermann, la combustion d'un gramme de carbone dégage 7,800 calories, en partant du graphite et du diamant, de l'état cristallin, normal, du charbon; ce qui donne $T=93{,}60\ (7{,}8\times 12)$ calories.

Pour deux équivalents de carbone pesant 12 grammes, $O^2=16$ grammes.

$$O^4=16\times 2.=\frac{0{,}0837}{1{,}413}\times 16\times 2=1{,}85,$$

$$C^2=12^g=\frac{0{,}0837}{1{,}077}\times 12=0{,}924,$$

$$C^2O^4=\frac{0{,}0837}{1{,}981}\times 44=1{,}86,$$

mais la réduction du volume est de 1/3, qui conduit à une diminution d'une calorie, et l'équation devient :

$$-A(\text{A}+\text{A}')+1{,}85+0{,}924+\overline{\overline{C^2O^4}}=92{,}60+1{,}86,$$

ou, en réduisant :

$$-A(\text{A}+\text{A}')+\overline{\overline{C^2O^4}}=91^c{,}85,\ \text{pour 44 grammes.}$$

On a trouvé pour la combustion de l'oxyde de carbone, pour le même poids :

$$\overline{\overline{C^2O^4}}=68.$$

De la différence entre ces deux nombres conduisant tous deux à la formation d'un même poids d'acide carbonique, par la combinaison des mêmes éléments, on en conclut habituellement que la différence de ces deux nombres répond à la chaleur de formation de l'oxyde de carbone, qui serait, on le voit, seulement de

$$91{,}85-68=23^c{,}85.$$

L'établissement complet des équations montre qu'il n'est pas rigoureusement exact de poser ainsi :

$$\overline{\overline{C^2O^4}}-\overline{\overline{C^2O^4}}=91{,}85-68=23{,}85,$$

$\overline{\overline{C^2O^4}}$ répondant à la décomposition de l'équivalent d'acide carbonique en carbone et oxygène, et $\overline{C^2O^4}$ à la décomposition en oxyde de carbone et oxygène; mais qu'on doit écrire :

$$-A(\text{A}+\text{A}')+\overline{\overline{C^2O^4}}-\overline{C^2O^4}=23{,}85.$$

Si l'on considère la stabilité des deux composés, comment notamment l'acide carbonique se forme naturellement toutes les fois qu'on ne réalise pas les conditions particulières qui permettent de produire l'oxyde de carbone, il semblera naturel d'admettre, comme on le reconnaît dans divers cas, comme l'égalité de l'action et de la réaction tend à en faire un cas général, que la même chaleur se dégage par la fixation du premier comme du second atome d'oxygène avec le carbone. C'est-à-dire, puisque

$\overline{C^2O^4}=68$, de poser $\overline{\overline{C^2O^4}}=2\times 68=136$,

et $-A(\text{A}+\text{A}')+136=91{,}85$, ou $A(\text{A}+\text{A}')=44{,}15$, quantité bien considérable pour 12 grammes de carbone, car elle revient à $3^c{,}67$ par gramme ou 3670 par kilogramme.

L'infusibilité du carbone, qui paraît absolue pour nos moyens d'expérimentation, peut expliquer une chaleur de fusion et de volatilisation supérieure à ce que nous connaissons, d'autant plus qu'on ne peut l'assimiler aux corps que nous connaissons à l'état de vapeur qu'après l'avoir chauffé à une très-haute température, et qu'une quantité qui pourrait s'évaluer à l'aide de la chaleur spécifique, doit se joindre sur toute cette étendue à la chaleur latente proprement dite. Si on avait l'élasticité du diamant, ce qui s'obtiendrait facilement avec un diamant noir, il serait curieux d'appliquer au carbone la loi de Person pour calculer la chaleur de fusion; on voit par la dureté du diamant qu'elle est supérieure à celle de tout autre corps.

La belle théorie d'Ébelmen sur le froid produit dans les hauts fourneaux par la conversion de l'acide carbonique en oxyde de carbone, au contact du charbon solide, s'explique bien par la grande valeur de $A(\text{A}+\text{A}')$. La destruction de l'acide carbonique en oxyde de carbone et oxygène produit bien probablement un froid égal à la chaleur dégagée par la combustion du charbon en vapeur par l'oxygène, et la chaleur consommée, le refroidissement répond à la chaleur latente du carbone, à la quantité suffisante pour le faire passer de l'état solide à l'état de gaz parfait.

Combustion du soufre. — La combustion du soufre, c'est-à-dire d'un corps vaporisable à basse température et, par suite, dont on peut déterminer expérimentalement la chaleur totale de fusion et de vaporisation, nous offre un cas où la méthode est plus complétement applicable que le précédent. L'équation générale sera :

$$-A(\text{A}+\text{A}')+S+2O+\overline{SO^2}=T+SO^2,$$

$T=2^c{,}25$ pour 1 gramme de soufre produisant de l'acide sulfureux, l'équivalent du soufre est $S=200$ pour $O=100$ (2 gr. soufre, 1 gr. oxygène). La densité de l'acide sulfureux est $2^g{,}849$ par litre; la force vive F″ pour 1 gr. de soufre est donc :

$$F''=SO^2=0{,}0837\,\frac{2}{2{,}849}=0{,}058,$$

$$F'=O=\frac{0{,}0837}{1{,}43}=0{,}058.$$

La densité théorique du soufre en vapeur est 2,2 par

rapport à l'air, ou $2,2 \times 1,29 = 2,84$, par suite, $F = 0,029$ pour 1 gramme.

On a donc :

$$-A(A+A')+0,029+0,058+\overline{SO^2} = 2^c,25+0,058$$

ou enfin :

$$\overline{SO^2} = 2^c,22 + A(A+A').$$

Les valeurs de $A+A'$ ne sont pas connues avec assez de certitude pour que nous puissions donner exactement la valeur de l'équivalent mécanique de l'acide sulfureux, mais ce n'est plus qu'une affaire d'expérimentation relativement facile.

Nous ne pouvons ici indiquer le plus souvent que la méthode; c'est aux chimistes et physiciens expérimentateurs qu'incombe le travail de déterminer les nombres propres à chaque corps, comme ils en ont déterminé jusqu'ici les équivalents, les densités, etc., les seuls nombres réclamés jusqu'à ce jour par l'état de la science.

Oxydation des métaux. — Dulong a trouvé pour la chaleur dégagée par 1 gr. d'oxygène, se combinant avec les métaux ci-après pour former des oxydes à l'état solide :

Zinc	$5^c,275$
Fer.	$4,327$

Ce cas diffère du précédent, en ce que loin qu'un gaz soit produit, l'oxygène est absorbé, passe à l'état solide, par suite, en dégageant d'abord, du seul fait du changement de volume, la quantité APV, ou pour 1 gr.

$$\frac{10,333}{1,43}\,\frac{1}{370} = 0,02 \text{ et pour sa force vive } 3\,Apv = 0,06.$$

Nous aurons une valeur approchée en considérant la réaction comme se passant à l'état liquide, et tenant compte de la seule chaleur de fusion L, en posant

$$\overline{ZnO} = AT - LZn - 0,08$$

Zinc. — Pour $O = 1^g$ $Zn = 4,03$ $L = 28,13$

$$ZnO = 5,275 - 28,13 \times 0,004 - 0,08 = 4,613$$

Et pour 1^g de zinc $1^c,153$ ou $426^{km},60$.

Fer. — Pour $O = 1^g$ $Fe = 3,39$ $L = 64$ (par calcul)

$$\overline{FeO} = 4,327 - 64,8 \times 0,00339 - 0,08 = 4,02$$

Et pour 1^g de fer, $1^c,21$ ou $447^{km},70$.

III. — Cas général.

Réactions entre corps simples dont l'état physique est gazeux, liquide ou solide. — Les équations que nous venons de poser pour les cas les plus simples, et qui nous ont permis de calculer le travail qui serait nécessaire pour séparer les atomes des composés, *les équivalents mécaniques des corps*, peuvent s'écrire dans tous les cas, quel que soit l'état physique des corps simples et des corps composés formés par leur combinaison. Il suffit, pour qu'elles soient exactes, d'y faire entrer tous les éléments convenables pour qu'elles soient l'expression rigoureuse de la permanence du travail, d'y faire entrer chaque corps avec sa valeur dynamique. Ainsi un liquide ne sera pas représenté seulement par sa force vive calorifique $\Sigma \frac{L^2}{2}$, mais aussi par sa cohésion par A', par $-AA' + \Sigma \frac{mL^2}{2}$, sa valeur dynamique complète, dont le premier terme représente le travail moléculaire produit par l'attraction, lorsque le corps a pris l'état liquide.

D'une manière générale, A, B, étant les forces vives de deux corps composants, $-a$, $-b$, le travail des forces de cohésion atomique, celui qu'il faudrait dépenser pour séparer leurs atomes, C, $-c$, les mêmes quantités pour le corps composé formé par leur combinaison, E l'équivalent mécanique du corps exprimé en chaleur, T la chaleur dégagée, on aura, que les corps soient solides, liquides ou gazeux (les valeurs de a, b, c, variant en raison de cet état, étant nulles pour l'état gazeux), la température demeurant constante, on aura :

$$A - a + B - b + E = T + C - c,$$

ce qui n'est que l'expression de la permanence de travail; la somme de la puissance dynamique des éléments, plus le travail de la combinaison exprimé en chaleur comme les forces vives atomiques, égale la chaleur dégagée, plus la puissance dynamique du composé; appelant puissance dynamique d'un corps la somme des forces vives calorifiques qu'il possède, diminuée du travail qu'il serait nécessaire de consommer pour rompre ses cohésions moléculaires.

La valeur de E sera donc connue par la détermination de T, par une mesure calorimétrique, toutes les fois que les corps simples qui se combinent auront été complétement étudiés ; que l'on connaîtra leur force vive A, et leur travail de cohésion a. Nous avons vu comment on pouvait y parvenir à l'article CHALEURS LATENTES; malheureusement, les méthodes indiquées ne s'appliquent pas aux corps fusibles et volatilisables à des températures très-élevées, mais on peut les obtenir pour un très-grand nombre de corps, travail qu'il serait important d'exécuter ; de la connaissance de ceux-ci on passerait, par l'étude des relations variées conduisant à un même composé, en multipliant les équations, à une semblable détermination pour tous les corps.

Nous avons supposé que la réaction se passait à la température pour laquelle on a déterminé les éléments de l'équation ci-dessus. Lorsqu'il n'en est pas ainsi, il faut, à l'aide des chaleurs spécifiques et de la loi de variation des chaleurs latentes, établir l'équation pour la température à laquelle se produit la réaction.

RÉACTIONS ENTRE CORPS LIQUIDES. — Nous examinerons d'abord le cas où les éléments et le composé restent liquides, par exemple lors du mélange de dissolutions des éléments, donnant une dissolution du composé.

Il semble qu'on est fondé, en présence d'une égale dilution des éléments et du composé, pour une même température, à considérer les forces vives des particules comme sensiblement les mêmes, lorsqu'elles sont isolées ou comprises dans une combinaison, également à l'état de dissolution; de telle sorte qu'on est fondé à écrire, au moins avec une assez grande approximation:

$$A - a + B - b = C - c, \text{ d'où } E = AT \text{ simplement.}$$

Ce cas est intéressant, car à cause du libre mouvement des molécules et de leur rapprochement dans les liquides, l'état de liquidité est l'état par excellence pour obtenir les réactions chimiques. Des corps solides dont les atomes sont enchaînés par des forces de cohésion ne sauraient agir les uns sur les autres. *Corpora non agunt nisi soluta*, disait-on avec raison dans l'ancienne chimie. Les gaz mêmes, dont les molécules sont libres, mais à des distances relativement très-grandes les unes des autres, ne se combinent en général qu'autant que la chaleur, l'étincelle électrique ont produit en un point un choc, une action qui se propage de proche en proche en raison de la chaleur dégagée.

Appliquons cette équation à l'étude d'un cas simple, à la combinaison de bases puissantes, la potasse et la soude, par exemple. Le travail en jeu pour produire ces combinaisons étant bien moindre que celui capable de décomposer les composés binaires qui en font partie (c'est là l'explication de la loi de dualisme qui s'applique si souvent en chimie), on ne saurait douter que ces combinaisons ne soient binaires, ne soient formées par l'acide et la base, sans décomposition aucune, se comportant exactement comme des corps simples.

MM. Favre et Silbermann ont trouvé, pour la combinaison de 1 équivalent de potasse ou de soude avec

1 équivalent des acides ci-après, l'unité d'équivalent étant 1 g d'hydrogène, les quantités de chaleur suivantes :

ACIDES	sulfurique,	azotique,	chlorhydrique,	iodhydrique.
Potasse.	16,083	15,510	15,656	15,698
Soude..	15,810	15,283	15,128	15,097
ACIDES	phosphorique,	acétique,	citrique,	oxalique.
Potasse.	16,920	13,973	13,658	14,156
Soude..	15,655	13,600	13,178	»

Ces nombres doivent fournir une valeur des équivalents mécaniques assez approchée.

On aura une valeur approchée des équivalents mécaniques des différents sels en multipliant les nombres ci-dessus par 370, ce qui donnera, pour les sulfates de potasse et de soude 5949 km et 5846 km, et pour les acétates des mêmes bases 5170 km et 5032 km.

Ces chiffres sont bien conformes à ce qu'on sait : que la potasse est une base plus énergique que la soude, et l'acide sulfurique un acide plus énergique que l'acide acétique.

Par des observations analogues sur la formation de sels ayant pour base les divers oxydes métalliques, MM. Favre et Silbermann ont déterminé les quantités de chaleur dégagées dans la formation de sels solubles, sûrement formés sans décomposition de leurs éléments. Il n'est plus admissible de considérer ces quantités comme fournissant des valeurs exactes des équivalents mécaniques ; les différences entre ces chiffres et les chiffres réels sont toutefois probablement assez faibles pour qu'on puisse penser que les rapports de ces nombres sont semblables à ceux des équivalents mécaniques.

BASE A UN ÉQUIVALENT D'OXYGÈNE.	Équivalents de ces bases (H = 1 gr.)	Unités de chaleur dégagées avec l'équivalent d'acide sulfurique (40 gr.)
	gr.	
Potasse	47	16,083
Soude	31	15,810
Oxyde d'ammonium	26	14,690
Magnésie	20	14,440
Oxyde de manganèse	35	12,075
— de nickel	38	11,932
— de cobalt	38	11,780
— de fer	36	10,872
— de zinc	41	10,455
— de cadmium	64	10,240
— de cuivre	40	7,720

Formation d'un précipité ou dégagement de gaz. — La relation approchée dont nous sommes partis dans le paragraphe précédent devient tout à fait inexacte, lorsque l'hypothèse de la permanence supposée de l'état physique ne se réalise pas. Si un précipité se forme, il faudra retrancher sa chaleur de fusion de la quantité de chaleur dégagée, pour avoir celle due à la seule réaction, puisqu'en se solidifiant le corps dégage une quantité de chaleur qui fait partie de la quantité observée. Si un gaz se dégage, il faudra ajouter au contraire la chaleur de formation de ce gaz, quantité qui a été soustraite de celle mesurée.

Pour obtenir des résultats rigoureux, il faut partir de l'équation des forces vives posée au début, et les quantités dont nous venons de parler se retrouvent dans celles que nous avons désignées par a, b, c, dans les éléments physiques de la réaction.

IV. — RÉACTIONS ENTRE CORPS COMPOSÉS.

Les réactions entre corps composés diffèrent de celles que nous venons d'étudier par la nature complexe des atomes des corps entre lesquels elles se produisent. L'effet de la cohésion qui constitue ceux-ci, par la réunion d'atomes simples qui forment autant de petits solides élémentaires, auxquels s'appliquent toutes les lois établies relativement à la rupture des cohésions moléculaires, est de faire que leur décomposition, qui précède la formation du nouveau composé, entraîne une consommation de chaleur correspondante à la quantité de travail mécanique nécessaire pour effectuer la désunion moléculaire.

C'est la conséquence forcée de l'analyse précédente de la combinaison des corps simples.

De même qu'il faut une certaine quantité de chaleur pour faire naître des combinaisons, en déterminant la rupture des cohésions moléculaires de corps solides, afin de permettre le libre mouvement des atomes qui doivent entrer en combinaison, de même il faut l'emploi d'une quantité de chaleur égale à celle dégagée lors de leur combinaison, pour rompre les cohésions entre atomes dissemblables, pour leur rendre leur mobilité. Autrement, le plus souvent, toute réaction est impossible.

En effet, si l'on doit dire que les composés prennent naissance dans une réaction chimique, en raison de la nature des éléments simples qui se trouvent en présence, il faut toutefois poser cette restriction : que ces éléments puissent se mouvoir librement, soient en état de produire le travail qui appartient à leur nature propre ; ce qui n'est pas possible, en général, sans addition de chaleur étrangère, à cause de la chaleur antérieurement dissipée, lorsque se sont effectuées les combinaisons qui ont produit les corps mis en présence.

Si donc on veut établir l'équation de la conservation des forces vives, il faudra pour deux corps dont les équivalents mécaniques sont A, B, faire entrer ces quantités avec le signe —, comme les quantités a, b, qui se rapportent aux cohésions moléculaires physiques, comprendre ces éléments dans la quantité de chaleur qu'il faut communiquer aux molécules, pour qu'elles soient libres. Au contraire, la chaleur dégagée par la formation du composé C sera positive. A', B', C', représentant les forces vives des corps, et T la chaleur dégagée, pour le phénomène total, on aura :

$$A' - A - a + B' - B - b + C = T + C' \pm c,$$

ce qui revient à dire que les forces vives des éléments, moins le travail consommé pour mettre en liberté les molécules et les atomes, plus la quantité de chaleur produite par la combinaison, égalent la chaleur dégagée, plus les forces vives du composé, plus ou moins encore la chaleur consommée ou dégagée par la constitution de l'état physique sous lequel il se trouve, gazeux, liquide ou solide.

Cette équation se rapporte à une réaction ayant lieu à une température déterminée, pour laquelle on connaît les valeurs des divers éléments qui en font partie ; si on ne connaît quelques-uns d'entre eux qu'à d'autres températures, il faut les ramener, pour tous les corps considérés, à celle de la réaction, à l'aide des chaleurs spécifiques et des lois des chaleurs latentes.

Nous supposons, pour l'étude du phénomène chimique, la chaleur dégagée T connue par expérience ; inversement, si les éléments du phénomène chimique étaient connus, c'est la quantité de chaleur qui serait donnée par l'équation qui répondrait à la question de fournir l'expression de la quantité de chaleur produite par une réaction chimique déterminée.

Mais, combien d'éléments sont à déterminer, en partant,

comme nous l'avons montré en commençant, des combinaisons les plus simples, pour obtenir tous les nombres qui représentent les actions de mécanique moléculaire qui constituent les corps? Il y a là une série de travaux considérables à effectuer, qui ne présentent pas de difficultés, mais sans lesquels nous ne pouvons aller plus avant. C'est l'œuvre à laquelle nous avons déjà convié les chimistes et les physiciens auxquels nous serions heureux d'avoir montré la voie, sans pouvoir aller beaucoup au-delà. Nous nous contenterons d'examiner quelques cas en simplifiant les calculs.

1° *Réactions entre corps gazeux.*—Dans ce cas, s'il n'y a pas de changement de volume (et cette influence, facile à calculer, s'il y a lieu, n'est pas très-grande comme nous l'avons vu), les termes A', B', C' disparaissent comme *a*, *b*, *c*, et l'équation devient simplement

$$-A-B+C=T.$$

2° *Décomposition de corps gazeux par des réactions donnant des produits également gazeux.*— Ce mode d'opérer en partant d'une décomposition nous va permettre de trouver l'équivalent de quelques composés fort intéressants, à l'aide de quantités déjà connues; nous pourrons ainsi, à l'aide des résultats du tableau précédent, déterminer les équivalents des combinaisons gazeuses de l'hydrogène et du carbone, au moyen de la quantité de chaleur dégagée par leur combustion dans l'oxygène.

Hydrogène proto-carboné, C^2H^4 (Éq. 16g). — Le gramme de ce gaz donne d'après Dulong 13g,35, et suivant Favre 13,06, soit en moyenne pour 16g 210c. Pour se combiner avec l'oxygène, le carbone et l'hydrogène ont dû se séparer. On a donc

$$-\overline{C^2H^4}+C^2O^4+2H^2O^2=210.$$

Or l'équivalent de carbone produisant de l'acide carbonique dégage 136 calories, et celui d'hydrogène 69 pour donner de l'eau ; on a donc

$$-\overline{C^2H^4}+136+2\times 56,4=-\overline{C^2H^4}+248=210.$$

D'où $C^2H^4=38$ calories avec le carbone en vapeur, et $64-44=-6$, c'est-à-dire est impossible avec le carbone.

Hydrogène bi-carboné, C^4H^4 (équivalent 28). — En raisonnant absolument comme dessus pour ce corps, dont la combustion donne exactement les mêmes produits, il vient

$$-\overline{C^4H^4}+2C^2O^4+2H^2O^2=332,08,$$

$$\text{ou}-\overline{C^4H^4}+272+112,80=-\overline{C^4H^4}+384,8=332,08.$$

D'où $\overline{C^4H^4}=52,4$, et 8c avec le carbone fixe.

3° *Combustion d'un liquide donnant des produits gazeux connus.* — Nous raisonnerons encore comme précédemment pour ce cas, et obtiendrons une approximation fondée sur l'hypothèse assez probable que la force vive du liquide diffère peu de celle de ses éléments qui deviennent gazeux.

Chaleur de combustion de l'alcool. — Nous prendrons pour exemple le calcul d'un liquide pour lequel nous connaissons à peu près tous les éléments du calcul. Je veux parler de l'alcool qui donne en brûlant de l'acide carbonique et de l'eau, et qui ne peut brûler qu'autant que le carbone et l'hydrogène constituants sont préalablement séparés, et aussi que la cohésion atomique mesurée par la plus grande partie de la chaleur latente est également détruite. On a l'équation

$$-\overline{C^4H^6O^2}-A\,A'+2C^2O^4+3H^2O^2+APV=390;$$

330 est le chiffre donné par Dulong.

APV répond au volume gazeux formé, mais en prenant pour AA' la chaleur latente (209) qui comprend le terme APV correspondant à la vaporisation de l'alcool, il y a compensation au moins approchée. L'équivalent pesant 46 grammes, il vient

$$-\overline{C^4H^6O^2}-209\times 0,046+136\times 2+56,4\times 3=390.$$

PRODUCTION DE LA CHALEUR.

D'où $\overline{C^4H^6O^2}=60$ calories ; et pour 1 gr., 1c,30 et 481 kilogrammètres.

4° *Combustion de corps solides.* — On peut ainsi, par des hypothèses sûrement peu éloignées de la vérité, simplifier la formule dans bien des cas et obtenir des nombres approchés, peu éloignés du nombre vrai. Je donnerai pour dernier exemple la décomposition de l'eau par le potassium et le sodium, qui conduit à la détermination des équivalents mécaniques de la potasse et de la soude.

Les grands faits de cette réaction étant l'oxydation de ces corps, la décomposition de l'eau et le grand volume d'hydrogène qui se dégage malgré la pression atmosphérique, cause de consommation de chaleur, on peut écrire, pour obtenir une valeur approchée:

$$\overline{KaO}-AQ=T+APV\,(H).$$

Oxydation du potassium. — MM. Favre et Silbermann ont trouvé pour l'oxydation d'un gramme de potassium par décomposition de l'eau 1c,075, soit pour 1 équivalent (H = 1) égal à 39,2, 41c,98. L'équation devient :

$$\overline{KaO}=56,4+41,98+4,6=103^c,$$

et pour 1 gr. de potassium, 2c,6.

Oxydation du sodium. — Les mêmes expérimentateurs ont trouvé pour 1 gr. de sodium 1c,697, et pour 1 équivalent égal à 23, 39,031. L'équation donne

$$\overline{NaO}=56,4+39,031+2,76=98^c,20,$$

et pour 1 gr. de sodium, 4c,29.

V.— REMARQUES SUR LES ÉQUIVALENTS MÉCANIQUES.

Il n'est pas besoin d'un long examen pour comprendre l'utilité de la détermination des équivalents mécaniques des corps composés. Non-seulement elle conduit à la mesure exacte de la chaleur qui apparaît lors des combinaisons, mais encore il en résulte la constitution de la science des actions moléculaires, de la mécanique chimique, dont les progrès doivent singulièrement accélérer ceux de la chimie.

C'est ce que l'on saisira bien en cherchant à suivre dans le corps composé le rôle du corps simple, ce qui se réduit à un problème de mécanique d'une grande simplicité.

Considérons deux atomes *m*, M, de masse différente, qui vont entrer en combinaison, qui sont nécessairement mobiles et, par suite, à un autre état qu'à l'état solide; qui agissent l'un sur l'autre par des forces attractives *f*, F (quelle qu'en soit la cause ou la nature). La vitesse vibratoire de ces molécules augmente du fait de cette attraction, et cette accélération fournit la mesure de la force, c'est-à-dire que l'on a $f=\frac{dv}{dt}$, $F=\frac{dV}{dt}$ pour l'unité de masse, et pour chacun des atomes considérés, les forces attractives sont $m\frac{dv}{dt}$, $M\frac{dV}{dt}$.

Quel est l'effet produit par ces forces? Nécessairement de rapprocher les atomes qui entrent en combinaison si intime que la division, quelque loin qu'on vienne à la pousser, ne fait jamais rencontrer l'élément des corps composants, mais toujours des parcelles du composé nouveau. Si donc on appelle *de*, *d*E, les éléments du chemin parcouru par chacun des atomes, le travail élémentaire producteur de forces vives calorifiques sera en chaque instant $m\frac{dv}{dt}\,de$, $M\frac{dV}{dt}\,dE$. D'ailleurs, on a toujours $de=v\,dt$, $dE=V\,dt$; si donc on appelle dT la quantité de chaleur dégagée par la combinaison de deux atomes, on aura

$$mfv\,dv+MfV\,dV=A\,dT,$$

et par suite

$$\frac{1}{2} m\,(v_1^2 - v_0^2) + \frac{1}{2} M\,(V_1^2 - V_0^2) =$$
$$= AT = \frac{1}{2}(m + M)\,V_1^2 - \frac{1}{2}\,mv_0^2 - \frac{1}{2}\,MV_0^2;$$

car les vitesses finales v_1, V_1 sont nécessairement égales, puisque c'est celle que prend la molécule composée.

Les variations de vitesse et de forces vives lors d'une combinaison dépendent de deux causes : 1° des masses et des forces vives des atomes des éléments; 2° de l'intensité des forces F, *f*, qui s'exercent entre eux, ce qui pourra permettre d'analyser l'étude des effets produits dans chaque cas, la détermination de la part qui revient à chaque élément dans la chaleur dégagée lors de la combinaison.

C'est dans cette voie qu'il y a à s'avancer aujourd'hui; nous avons déjà sur ce point la loi capitale de Dulong sur les chaleurs spécifiques, la constance du produit de l'équivalent des corps par leur chaleur spécifique. Nous avons aussi la loi de Faraday, que la quantité d'électricité qui met en liberté un équivalent d'hydrogène est celle qui est également consommée pour un équivalent d'un corps quelconque.

Équivalents de divers ordres. — La détermination des équivalents mécaniques au moyen des réactions entre molécules complexes qui ne se décomposent pas, qui agissent comme corps simples (la séparation d'un acide et d'une base formant un sel, par exemple), conduit à d'autres valeurs que celles obtenues en les considérant comme le résultat de la combinaison de leurs éléments simples. Il en résulte des équivalents de second ordre. Ainsi, l'équivalent mécanique de l'acide sulfurique $\overline{SO^3}$ considéré comme formé de soufre et d'oxygène sera différent de l'équivalent $\overline{\overline{SO^3}}$, représentant l'acide sulfurique d'un sel. Cela est parfaitement conforme aux faits, et il est certain que le travail des forces d'affinité, nécessaire pour constituer certains corps neutres, est très-différent, à une même température, de celui que ces corps peuvent produire en entrant dans d'autres combinaisons. M. Dumas cite dans sa philosophie chimique la différence des forces qu'il faut mettre en jeu pour décomposer des silicates ou pour isoler le silicium. Les exemples pourraient être multipliés à l'infini.

Ces divers ordres d'équivalents, loin d'obscurcir la science, procureront d'importantes lumières sur les phénomènes de combinaison. Les résultats calorifiques de leur étude indiqueront l'équivalent qui devra être employé, c'est-à-dire s'il y a ou non décomposition des éléments, et permettront de répondre à une des questions les plus ardues de la chimie.

VI. — COMPARAISON DES QUANTITÉS DE CHALEUR DÉGAGÉES LORS DE LA FORMATION DES CORPS.

D'une manière générale, lorsqu'on connaîtra les équivalents mécaniques des corps, on aura la mesure des quantités de chaleur qui se manifestent lors des combinaisons. Ces quantités, leur grandeur et leur sens positif ou négatif, viendront rendre raison, donner la mesure de phénomènes tout à fait mystérieux dans l'état actuel de la science. On pourra enfin analyser les questions de groupements atomiques, d'états de cohésion particuliers, d'isomérie, etc., et porter la lumière dans les parties les plus obscures, aujourd'hui, de la chimie.

Ces grands résultats, et tant d'autres que procurera la comparaison des *qualités* des corps avec les *quantités* de travail mécanique qui les expliquent, seront obtenus en mesurant les effets calorifiques que les chimistes négligent systématiquement aujourd'hui. Les plus éminents d'entre eux sentent bien que ces effets sont en rapport avec les forces en jeu et peuvent seuls conduire à leur mesure; mais on ne savait pas établir ce rapport et l'inutilité des efforts tentés jusqu'ici avait fait renoncer à ce genre de recherches les savants peu nombreux qui avaient pu en entrevoir l'importance extrême.

On se rapprochera ainsi du but assigné à la chimie par Lavoisier, but trop oublié de nos jours, en complétant les moyens de mesure, c'est-à-dire ce qui peut constituer la science véritable, en permettant de prévoir et d'évaluer. Après avoir énuméré les forces qui interviennent dans les combinaisons (et en premier lieu la chaleur), il ajoutait : « Connaître l'énergie de toutes ces forces, parvenir à leur donner une valeur numérique, les calculer, est le but que doit se proposer la chimie : elle y marche à pas lents, mais il n'est pas impossible qu'elle y parvienne. »

Malgré toutes les lacunes qui existent encore, de très-importants résultats, au point de vue théorique surtout, ont déjà été obtenus, et prouvent d'une manière irréfutable l'utilité de ce genre d'études. Nous donnerons ici les deux conséquences capitales auxquelles elle a déjà conduit.

Mode de formation de corps formant séries indiqué par les quantités de chaleur dégagées. — Le mode de cohésion, de formation interne d'un corps, peut se déduire de la détermination des quantités de chaleur dégagées dans certains cas.

En comparant les quantités de chaleur dégagées lors de la combustion d'un gramme par les carbures d'hydrogène dont la composition est de la forme $H^{2n}C^{2n}$ et dont les états physiques sont à peu près semblables, MM. Favre et Silbermann ont trouvé les résultats suivants :

Amylène	($C^{10}H^{10}$),	11,491.
Paramylène	($C^{20}H^{20}$),	11,303.
Carbure bouillant à 180°	($C^{22}H^{22}$),	11,262.
Cetène	($C^{32}H^{32}$),	11,055.
Métamylène	($C^{40}H^{40}$),	10,938.

Nombres qui conduisent à cette loi : chaque fois que les éléments du carbure type (C^2H^2) entrent une fois de plus dans la constitution d'un nouveau carbure isomère, la chaleur de combustion diminue de $0^c,0378$.

M. Berthelot, en rapportant les observations non plus au gramme mais aux équivalents des corps, a pu fixer nettement le sens de cette loi et l'étendre à nombre de composés de la chimie organique, les alcools, les éthers, les acides gras à équivalent considérable. Le nombre (157) auquel il arrive, pour raison de la progression, est très-voisin de la quantité de chaleur que les éléments ajoutés C^2+H^2 dégagent par leur combinaison (consomment par suite pour leur séparation). D'où l'on doit conclure que le composé C^2H^2 reste permanent dans le corps considéré; ce ne sont pas ses éléments qui s'ajoutent séparément au corps de formation moins complexe, mais le corps composé. Nul besoin de montrer la gravité d'une semblable déduction au point de vue de la philosophie de la science.

Des corps qui dégagent de la chaleur en se décomposant. — L'étude des quantités de chaleur produites par la combustion de quelques corps a conduit à ce résultat imprévu, que la quantité de chaleur dégagée était supérieure à celle qu'eût produit la combustion des éléments des corps simples qui entrent dans leur composition. D'où il a fallu conclure que ces corps ont la propriété de *dégager* de la chaleur en se décomposant, par suite qu'ils ont *absorbé* de la chaleur en se formant.

Ces phénomènes paraissent, à première vue, la négation des principes établis jusqu'ici; mais il faut observer qu'il s'agit ici de corps qui ne sont pas formés par le seul effet des attractions moléculaires, qu'il intervient des causes secondaires qui masquent les effets de la loi générale. Ce sont notamment des groupements de molécules produits dans les végétaux, et c'est peut-être là le seul caractère essentiel des substances que

PRODUCTION DE LA CHALEUR.

l'on doit considérer comme spéciales aux corps vivants. Entrons un peu profondément dans l'étude de constitution des corps.

Et d'abord nous avons admis jusqu'ici que les atomes élémentaires d'une molécule chimique composée constituaient par leur réunion un petit corps solide, et il est bien clair qu'il doit en être presque toujours ainsi, puisque le composé ne prend ordinairement naissance que parce que les atomes, libres de se combiner, se trouvent en présence et sont susceptibles d'obéir aux forces d'attraction, d'où résulte la production d'une cohésion atomique.

Mais, de même que les molécules de même nature ne constituent pas seulement des corps solides, malgré l'existence des forces d'attraction; que par l'action de la chaleur les corps solides passent à l'état liquide, puis à l'état gazeux, les mêmes phénomènes doivent se produire nécessairement sur les atomes qui constituent la molécule chimique lorsqu'on élève suffisamment la température. On sait, en effet, que la chaleur est le moyen par excellence pour décomposer les molécules complexes, et au moment où la séparation des atomes élémentaires s'effectue, ils sont les uns par rapport aux autres exactement dans le même état que les molécules similaires d'un gaz entre elles. Auparavant elles ont dû passer par l'état liquide qui a une certaine stabilité. Cet état de dissociation, comme a proposé de le nommer M. Deville, qui est arrivé de son côté à formuler des idées analogues à celle-ci, lui paraît exister pour l'eau à partir de 1000°, et persister de 1000 à 2500°, point où se produit seulement la décomposition. L'action de la chaleur ou le non-dégagement de celle qui eût dû se manifester conduisent au même résultat.

Il n'y a donc aucune difficulté à admettre des corps composés dont les molécules, au moins à une certaine température, sont liquides, sont dans l'état des molécules du soufre mou ou liquide; peuvent par suite être désunies avec une extrême facilité. Mais il y a plus, cette liquidité peut répondre à une vitesse de mouvements orbitaires extrêmement considérable, comme nous l'avons vu pour l'état liquide dit sphéroïdal, et en rappportant les expériences de M. Dufour (voy. ÉBULLITION). Alors il correspond à une quantité de chaleur considérable; c'est, relativement au cas d'une combinaison atomique solide supposée exister, une véritable quantité de chaleur latente de fusion qui est emmagasinée, et qui fournit la raison et la mesure des phénomènes observés.

On ne saurait expliquer autrement les phénomènes d'explosion auxquels donnent lieu certains corps, non ceux pour lesquels une semblable conception ne paraît pas nécessaire *à priori*, qui, comme la poudre à canon, produisent des effets considérables en donnant naissance à des volumes considérables de composés gazeux à haute température, cause du travail produit (bien que ce soit probablement la cause première de la puissance dynamique de tout corps explosif), mais ceux qui, comme le chlorure d'azote, détonent par le moindre frottement, par la moindre secousse, et produisent une explosion formidable en se décomposant en leurs éléments simples. Il n'y a donc pas là de chaleur dégagée par suite de la formation d'un composé nouveau.

L'explosion ne s'explique pas par la seule instabilité de ce genre de corps, comme on le dit habituellement, il faut encore nécessairement que la décomposition soit accompagnée d'un dégagement de chaleur considérable; il est bien clair que si les gaz simples qui tendent à se former par la décomposition du corps avaient à emprunter aux corps voisins la chaleur latente qui leur est nécessaire pour passer à l'état gazeux, il n'y aurait pas d'explosion instantanée, mais décomposition produite en un temps notable.

Cherchons à nous rendre compte des conditions dans lesquelles peut se produire un semblable emmagasinement de forces vives par un exemple particulier.

Lorsque, dans la préparation du chlorure d'azote, le chlore naissant vient se combiner avec l'azote d'un sel ammoniacal dissous dans l'eau, pendant que se produit en même temps la combinaison normale dégageant une grande quantité de chaleur, du chlore et de l'hydrogène, le chlorure d'azote qui se forme simultanément avec difficulté, emmagasine une partie de cette chaleur sous forme de forces vives orbitaires, et ce corps, qui est liquide, peut renfermer la chaleur latente nécessaire pour, lors de l'explosion, produire la gazéifaction, parce qu'elle conserve partie de celle produite par la combinaison énergique du chlore et de l'hydrogène de l'ammoniaque qui s'est effectuée en même temps. Elle ne peut être incorporée à la molécule élémentaire que si celle-ci est dans un état analogue à celui des corps liquides animés d'une grande vitesse, possédant une force vive considérable.

On peut se proposer de déterminer l'excès de quantité de chaleur. Proposons-nous de le faire pour le protoxyde d'azote, gaz pour lequel MM. Favre et Silbermann ont reconnu que la décomposition entraînait un dégagement de chaleur, et qu'un combustible, brûlé dans le protoxyde d'azote, dégageait une quantité de chaleur plus grande que quand il est brûlé dans l'oxygène.

Voyons donc comment on pourrait déterminer la différence qui pourrait exister entre l'équivalent mécanique que donnerait le calcul en raisonnant comme précédemment, et celui résultant de la somme des équivalents mécaniques des éléments représentés par $\overline{OAz}$. La formation de ce composé normal serait représentée (pour deux volumes) par une équation semblable à celle donnée précédemment, conduisant à une certaine quantité de chaleur T, si $\overline{OAz}$ est déduit des valeur des effets connus de l'affinité chimique.

$$FO + 2F'Az + E = 2T \times 370 + F''2OAz.$$

En réalité, au lieu de $\overline{OAz}$, l'équivalent mécanique du protoxyde d'azote est $E = \overline{OAz} - T' \times 370$, T' devant, par rapport à une combinaison normale, être considéré comme une quantité de chaleur latente incorporée, et $T - T'$ sera la chaleur observée, qui permettra de calculer T', si T est déterminé théoriquement par la première équation.

On raisonnerait de même pour l'eau oxygénée; et, dans ce cas, l'instabilité du composé, qui ne peut subsister qu'à basse température, la grandeur de la chaleur observée lors de la décomposition (1c,349 par gramme d'oxygène), et le dégagement d'un gaz aussi énergique dans ses combinaisons que l'oxygène, indiquent bien que de grands changements dans les états moléculaires peuvent seuls fournir l'explication de ce curieux phénomène.

C'est ainsi qu'autrefois, M. Persoz proposait, comme seul moyen de rendre compte des effets de l'eau oxygénée, de considérer le second équivalent de l'oxygène comme *calorifié* (combiné avec de la chaleur, c'est-à-dire, comme nous le comprenons aujourd'hui, possédant une force vive considérable). Ce corps, qui ne peut se préparer qu'à basse température, qui se décompose par l'action de tous les corps qui condensent l'oxygène, renferme certainement ce corps dans des conditions toutes particulières relativement à la plupart des oxydes; et ces particularités ne peuvent s'analyser que comme le pressentait M. Persoz.

C'est à une semblable conséquence que parvient l'ingénieux et savant M. Henri Deville, en parlant des composés renfermant de l'azote qui fait essentiellement partie de presque tous les composés explosifs. « L'azote, dit-il, n'est pas un corps comme les autres, il a trop de chaleur emmagasinée, ses molécules sont écartées violemment par cette chaleur, et sa densité est trop faible de moitié. Un grand nombre de ses composés est détonant à cause de cette chaleur retenue, condensée, qui s'échappe souvent violemment et brise la molécule complexe qui la renferme.

« L'iodure d'azote de Gay-Lussac, le chlorure d'azote qui a procuré à Dulong l'occasion de montrer son courage indomptable, détonent sous le plus léger frottement, sous la plus faible élévation de température. Enfermez l'acide azotique anhydre dans un tube soudé à la lampe, placez ce tube dans une boîte remplie de sable, enterrez-le dans une cave : pas la moindre élévation de température ne viendra mettre ses molécules en mouvement. Cependant, ouvrez la boîte après trois semaines d'attente, et vous trouverez le tube en miettes, l'acide azotique a détoné. — Les fulminates de mercure et d'argent, qui éclatent sous le choc et servent aux armes à percussion, sont encore des substances azotées. L'azote est semblable à ces larmes de verre tombées incandescentes dans l'eau froide, et qui, figées subitement, ont conservé leur chaleur intérieure et se cassent en mille pièces quand on casse la fine pointe qui les termine. L'azote est un corps trempé. »

L'observation si bien exprimée de M. Deville se rapporte à nombre de composés organiques, et là se retrouve une différence curieuse entre les composés organiques et inorganiques, qui était peu prévue. Tandis que l'on est parvenu à produire des composés organiques par la synthèse, par de simples réactions chimiques, de manière à les assimiler à des composés minéraux, on arrive d'autre part à montrer que l'action solaire, agissant sur de délicats organismes végétaux, conduit à des composés qui jouissent de propriétés et de compositions spéciales, précisément pour s'être assimilé les forces vives infusées par cette action dans leurs atomes, comme dans les combinaisons indirectes au milieu d'une source de chaleur, comme dans la préparation de l'eau oxygénée. La détermination de cette quantité de chaleur est la donnée la plus importante qui puisse être obtenue pour acquérir la connaissance de la nature propre du corps.

On conçoit quel rôle important joue dans la nutrition des animaux, dans la production de la chaleur animale, équivalent du travail mécanique qu'ils engendrent, cette nature particulière des composés végétaux et animaux, qui ont emmagasiné des quantités considérables de chaleur que leur décomposition, leur fermentation met en liberté. Il est temps de nous arrêter dans cette excursion sur le terrain de la philosophie chimique, où nous agitons des questions d'un si haut intérêt, mais un peu éloignées de la production de la chaleur et du domaine technologique qui est le nôtre.

PRODUCTION DU FROID ou mieux SOUSTRACTION de la chaleur. — Puisque tout travail mécanique appliqué à produire des actions moléculaires a son équivalent en chaleur, tout travail mécanique négatif sera un moyen d'engendrer du froid. C'est de cette production spéciale d'effets, point de départ d'une industrie fort intéressante, que nous voulons traiter ici.

I. COMPRESSION D'UN GAZ. — La compression de l'air dégage de la chaleur; nous avons montré à AIR COMPRIMÉ comment on devait la calculer. Il suit de là que si on laisse refroidir cet air, on aura une source de froid lorsqu'on le laissera s'échapper du réservoir où il a été comprimé, et que restituant le travail dépensé, il empruntera aux corps environnants une quantité de chaleur équivalente à ce travail. Les grandes dimensions que doivent avoir des appareils fondés sur ce principe, la difficulté de rendre leur action continue, les rendent trop inférieurs aux autres systèmes pour qu'il y ait lieu de s'y arrêter, pour baser une fabrication sur leur emploi.

II. APPAREILS A CHALEUR LATENTE. — Un changement d'état, consommant une grande quantité de chaleur, fournit le point de départ des appareils les plus convenables pour la production du froid.

Nous avons parlé à l'article GLACIÈRE de l'emploi de la chaleur latente de fusion des solides pour obtenir de la glace dans des conditions peu économiques. Nous n'y reviendrons ici que pour dire que Siemens a essayé, en 1855, de réaliser une fabrication continue de glace au moyen d'un mélange réfrigérant produit par un corps dissous, puis concentré d'une manière continue. Ainsi, par exemple, autour d'un congélateur se trouverait de l'eau dans laquelle on ferait tomber du nitrate d'ammoniaque; on obtiendrait de cette façon un abaissement de température pouvant aller à 10° au-dessous de zéro, dans des circonstances favorables. La dissolution une fois parfaite et l'effet de refroidissement une fois épuisé, on la ferait écouler en la remplaçant par de l'eau et du nitrate d'ammoniaque solide. Il est bien entendu que le nitrate d'ammoniaque nouveau est obtenu par l'évaporation à siccité de la solution qui s'est produite.

Dans la pratique, on n'est jamais arrivé à une disposition d'appareil satisfaisante, pour l'emploi de ce procédé qui a été abandonné.

La chaleur latente de volatilisation se prête bien mieux à l'établissement d'appareils continus. La célèbre expérience de Leslie est le point de départ des appareils de ce genre.

La production mécanique du vide par machine à vapeur est la base du premier appareil de M. Carré que nous allons décrire; dans le second, c'est la pression de la vapeur même qui produit du travail; enfin l'emploi de l'acide sulfurique pour absorber les vapeurs a été proposé par son frère Ferdinand Carré, et peut trouver d'heureuses applications dans certains cas, dans les distilleries, par exemple, où l'on emploie de l'acide dilué et où de la glace peut être très-utile pour arrêter les fermentations.

1er SYSTÈME DE M. CARRÉ. — *Production de la glace par travail mécanique.* — L'article ÉQUIVALENT MÉCANIQUE DE LA CHALEUR est consacré à l'étude des phénomènes de production de la chaleur par action mécanique. Nous n'y reviendrons ici que pour décrire une nouvelle application industrielle de théories d'une grande importance : je veux parler de la facile production du froid, de la glace, à l'aide d'un travail, procédé qui peut rencontrer une foule d'applications.

Si l'on réfléchit à la manière dont agit le piston d'une pompe qui comprime un gaz, on voit de suite que, s'il réduit le volume d'un côté, il augmente de l'autre; que toute compression, et par suite toute production de chaleur d'un côté, est accompagnée d'une dilatation et d'un refroidissement de l'autre côté. Ce second effet est parfaitement insensible si le piston est par sa seconde face en contact avec une masse de gaz indéfinie comme l'atmosphère; mais si c'est avec les vapeurs qui se dégagent d'un liquide facilement vaporisable, comme l'éther, le chloroforme, le refroidissement est aussitôt observé et ses effets peuvent être utilisés. C'est à la fois à l'aide de ces deux genres d'effet que fonctionne la machine que nous allons décrire, en reproduisant ici le rapport que nous avons fait à la Société d'encouragement, à la suite duquel elle a donné à son inventeur, M. Carré, une médaille d'or.

Tout le monde connaît la belle expérience de Leslie répétée aujourd'hui dans tous les cours de physique, qui consiste à congeler l'eau dans le récipient de la machine pneumatique, en enlevant les vapeurs qui se forment par l'action du mouvement des pistons de la machine au moyen d'acide sulfurique concentré placé près de l'eau.

La théorie de cette curieuse expérience est une

application directe de celle de la chaleur latente. La conversion de l'eau en vapeur à la minime pression établie sous le récipient ne peut avoir lieu sans une consommation d'une quantité proportionnelle de chaleur de vaporisation, de chaleur latente, qui ne peut être empruntée qu'aux corps voisins et spécialement à l'eau. La température de celle-ci s'abaisse, et bientôt elle est convertie en glace.

Les résultats obtenus par l'appareil inventé par M. Carré, pour tirer industriellement parti de cette expérience, sont si remarquables et si intéressants au point de vue de la physique, qu'il nous a semblé nécessaire de procéder à la mesure de tous les éléments, mesure qui seule pouvait permettre de bien apprécier les phénomènes. Bien que l'expérimentation d'un appareil industriel soit bien éloignée de la précision d'expériences purement scientifiques, surtout dans les conditions d'installation provisoire dans lesquelles l'appareil était placé, toutefois l'échelle et la rapidité de la production devaient permettre d'atteindre quelques résultats intéressants.

L'appareil représenté fig. 3707, pour la production de la glace de M. Carré, se compose :

1° D'un cylindre A en tôle de $0^m,65$ de diamètre à la base et de $0^m,65$ de hauteur, que nous appellerons le *calorimètre*. Sa partie supérieure est formée d'une plaque de cuivre dans laquelle sont pratiqués dix-huit trous circulaires de 1 décimètre de diamètre, dont les bords sont redressés d'équerre par un emboutissage. Des cylindres en cuivre descendant près du fond du calorimètre sont réunis à ces amorces par une soudure à l'étain sur une longueur assez grande pour en obtenir un excellent assemblage. Le long de ces cylindres sont étagés de petits cônes, de telle sorte que l'éther qui revient au centre, à la partie supérieure, vient se déverser sur les rigoles qui garnissent ces cylindres, et fournit une surface très-grande d'évaporation que l'auteur évalue à 3 mètres carrés. Le calorimètre, pesant 125 kilogr. et renfermant 15 kilogr. d'éther, a reçu, dans l'expérience dont nous allons rapporter les résultats, dix-huit cylindres pleins d'eau glissant librement dans ceux dont nous venons de parler, avec interposition d'eau alcoolisée pour éviter les adhérences. Il plongeait par sa partie inférieure dans un baquet plein d'eau, et la partie cylindrique supérieure était enveloppée d'étoupe.

2° D'une pompe aspirante et foulante, à double effet G, mise en mouvement par une bielle mue par une manivelle dont l'axe porte un volant recevant une courroie qui passe sur celui d'une locomobile de 3 chevaux dans l'expérience dont nous voulons vous rendre compte, mais la machine pourrait recevoir aussi bien tout autre moteur.

Cette pompe, dont le piston a $32^c,5$ de diamètre (surface 864 cent. carrés) et 0,72 de course, est mise à l'abri des rentrées de l'air par un stuffing-box hydraulique recevant de l'huile (versée dans le godet ouvert m où l'on suit son niveau) entre deux garnitures; solution simple et excellente. Le volume décrit par la pompe est de 64 litres par coup de piston.

3° D'un condenseur à tubes inclinés P placé sur le côté du long bâti qui porte la pompe placée horizontalement, les guides de la tige du piston et l'axe de la manivelle. La vapeur d'éther, refoulée par la pompe dans les tubes, vient s'y condenser par l'effet de l'eau froide arrivant par le tuyau R qui entoure ces tubes et qui s'écoule d'une manière continue par le tuyau Q. La surface du condenseur est de 6 mètres carrés, et l'eau froide se meut en sens inverse de la vapeur chaude d'éther qui arrive par le tube O'. Lorsqu'on arrête la circulation de l'eau, l'échauffement du condenseur est rapide par suite de la chaleur dégagée par la compression des vapeurs. Alors la pression s'élevant, la fermeture hydraulique qui empêche la sortie de la vapeur, et qui n'est autre qu'un baromètre à cuvette V en communication par sa colonne avec le condenseur, laisse passer la vapeur d'éther. C'est ainsi que se fait la *purge*, qu'en peu de temps tout l'air est expulsé de l'appareil, condition essentielle d'une parfaite condensation.

4° Enfin, d'un tube S permettant le retour de l'éther liquide du condenseur au calorimètre par l'effet de la différence de la tension des vapeurs dans ces deux parties de l'appareil dont les températures sont très-différentes. Ce retour est réglé au moyen d'une valve qui, pour ne pas laisser rentrer d'air, est attachée au-dessous d'une plaque fixe formant parqi du conduit, valve que l'on abaisse ou que l'on relève au moyen d'une vis de pression dans les limites parfaitement suffisantes de l'élasticité de la plaque.

L'appareil étant décrit, indiquons les résultats de nos expériences. Une première fois, en une heure trente minutes, on a congelé les cylindres pleins d'eau; mais, le jour où nous avons pris des mesures, il a fallu une heure quarante minutes et purger plusieurs fois l'appareil de l'air qui rentrait par quelque fuite

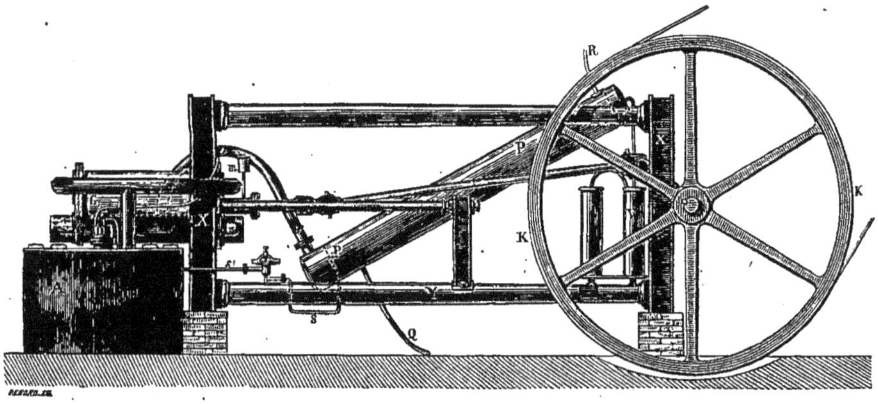

3707.

minime, dont les effets devenaient sensibles après trente minutes de travail.

Dans ces conditions, les effets calorifiques produits ont été les suivants, que nous traduirons en calories.

Calorimètre, Glace dans les 18 cylindres.	67k
Glace enveloppant le bas du cylindre. .	33
	100

Soit à 79,55 par kil., 7955 calories.

Le réchauffement par la surface métallique supérieure est difficile à évaluer ; la comparaison des résultats obtenus par M. Péclet pour le chauffage à la vapeur n'est pas applicable ici, vu qu'il n'y a pas de condensation de vapeur sur une des faces, cause principale d'une rapide déperdition.

Nous serons donc peu éloignés de la vérité en admettant 8,000 calories pour mesure de la quantité totale absorbée.

L'éther, revenant du condenseur à + 14° au moins (voir plus loin) et passant à — 10,80 environ dans le calorimètre, est refroidi en consommant une chaleur pour 85 kilogr. d'éther qui ont circulé (chiffre déterminé plus loin) de $85 \times 0,51 \times 24 = 1040$ calories, quantité importante dont l'effet sur le haut des cylindres de glace est très-sensible ; car leur centre ne peut s'y congeler à cause de l'action de cette quantité de chaleur.

Pendant ce travail, un indicateur du vide de Bourdon indiquait 61 ou 62 centimètres de mercure, soit 14 à 15 centimètres pour la pression de l'éther à — 10°.

En même temps que le froid se produit dans le calorimètre, de la chaleur, avons-nous dit, se produit par la compression de la vapeur, et peut se mesurer par l'échauffement de l'eau qui sort du condenseur, ce que nous n'avons pu faire qu'avec une précision assez médiocre, l'emplacement ne nous permettant pas de recueillir et jauger l'eau échauffée. Le volume de cette eau, dans notre expérience, a été trouvé par le jaugeage du réservoir à eau froide d'où elle provenait, de 2m.c,750 (diamètre 2,72 du réservoir cylindrique, différence de niveau du commencement à la fin de l'expérience 0m,48), 2,750 kilogr. d'eau à 10° dans le réservoir sortaient à 12,80 du condenseur, emportant $2750 \times 2.8 = 7700$ calories. De cette quantité il faudrait déduire la chaleur d'une petite quantité d'eau chaude que l'on fait couler sur le cylindre de la machine pour empêcher l'éther de s'y liquéfier, et qui se réunit ensuite à l'eau du condenseur, et ajouter une quantité de chaleur assez notable qui se dégage par le conduit qui mène la vapeur d'éther comprimée par la pompe au condenseur, dans des conditions qui se rapprochent de celles des expériences de M. Péclet, car de l'éther condensé garnit sûrement alors la face interne de la paroi.

Admettant que ces deux effets, tous deux relativement assez faibles, se balancent à peu près, on voit que nous trouvons presque égalité entre la chaleur qui sort du condenseur et celle empruntée au calorimètre, sauf le dernier élément sur lequel nous aurons à revenir.

La chaleur qui sort du condenseur donnera la mesure de la quantité d'éther qu'elle a servi à condenser, et dont la chaleur latente est 91. Elle est donc de $\frac{7700}{91} = 85$ kilogr., nombre un peu trop grand toutefois, car la compression dépasse toujours nécessairement le point précis où la condensation peut se produire, et le condenseur reçoit ainsi une certaine quantité de chaleur qui ne répond pas à une condensation, puisque celle-ci ne se produit avec quelque rapidité qu'en raison de l'excès de la température de la vapeur sur celle du condenseur.

Le vide du condenseur est mesuré théoriquement par 46 centimètres de mercure, d'après la loi approchée de Dalton, la pression de l'éther à + 14° au moins (supérieure nécessairement, comme nous venons de le voir, à celle de l'eau du condenseur) étant 0,76 — 0,46 = 30 centimètres de mercure. Dans l'appareil qui ne permet pas de prendre cette mesure exactement, la pression se rapproche plus ou moins de cette limite sans l'atteindre jamais ; le vide, en raison de l'état de l'appareil, se réduit à 25 quand il est imparfait.

Venons maintenant au travail moteur.

Ayant placé un frein sur le volant de la locomobile et obtenu la même vitesse que lorsqu'elle conduisait l'appareil, à une pression peu élevée de 4 1/4 à 4,2 atmosphères qui n'avait guère été dépassée, nous avons trouvé 2,3 chev. vap., sûrement moins de 2 1/2 chevaux.

Avec les chiffres précédents nous pouvons conclure déjà, au point de vue industriel, ce qu'on peut attendre de la machine actuelle. Avec une dépense de combustible nécessaire pour l'alimentation de 2,5 chevaux vapeur pendant 1h,66, c'est-à-dire avec de puissantes et bonnes machines brûlant 1,5 kilogr. par cheval et par heure, au moyen de $1,6 \times 2,5 \times 1,66 = 6^k,25$ de houille et de 2750 kilog. d'eau de condensation à un niveau convenable (avec un poids moindre, une condensation moins efficace, effectuée à une plus haute température, exigerait plus de travail) on a produit 100 kilog. de glace.

La dépense en argent, déjà très-faible, serait encore réduite si on employait pour moteur une chute d'eau, fournissant le travail moteur à meilleur marché que la machine à vapeur, et toujours l'eau de condensation à une hauteur suffisante sans aucune dépense pour son élévation.

Il faut remarquer, toutefois, que dans ces dépenses nous ne faisons nullement entrer les frais généraux, c'est-à-dire les dépenses de chauffeur, de mécanicien, du personnel nécessaire pour le travail, dépenses qui diminuent à mesure que la fabrication est plus importante, ni surtout les dépenses d'achat et d'entretien de la machine. Ce dernier article est impossible à prévoir, la durée d'un appareil que la moindre fuite force d'arrêter ne peut être qu'un résultat d'expérience ; mais le bon service de celui que nous avons expérimenté, et qui est le premier établi dans des proportions un peu grandes, permet de penser que les dépenses d'entretien ne seront pas très-considérables.

Le prix fût-il plusieurs fois supérieur à celui qu'espère l'inventeur, le succès de l'appareil de M. Carré, pourvu qu'il résiste à un service prolongé, ne nous paraît pas moins devoir récompenser les intelligents efforts de l'inventeur. Sans doute, on ne le placera pas en Norvége ou dans les pays septentrionaux où la glace est si abondante une grande partie de l'année, et où il est si facile d'en conserver ; mais à mesure qu'on s'approche du Midi, dans des pays comme la France, où l'hiver est souvent assez peu rigoureux pour ne pas permettre de remplir les glacières, l'appareil de M. Carré devient indispensable au moins comme puissant auxiliaire pour les entreprises de commerce de glace. Mais combien son utilité va en croissant, si on passe aux pays méridionaux, à ceux surtout comme la Havane, Calcutta, etc., dont les chaleurs, si dangereuses pour les Européens, font de la glace une nécessité absolue ! Avec quelle supériorité, par exemple, cet appareil pourra, dans l'Inde, lutter avec la glace amenée de Boston !

Ayons soin de bien faire remarquer, ce qui n'échappera à l'attention de personne, que la fabrication de la glace n'est ici qu'une application à une production déterminée d'un moyen puissant de produire du froid, qui pourra trouver bien d'autres applications industrielles, ou plutôt qui s'appliquera naturellement toutes les fois qu'un refroidissement sera utile. Les brasseries, les exploitations de marais salants, qui, pour l'application de l'admirable procédé Balard, ont alternativement besoin du froid et du chaud, l'appliquent, sur une plus grande échelle, chaque jour.

Après avoir applaudi aux chances de succès de l'ingénieux inventeur dont nous avons rapporté les travaux, revenons sur le grand intérêt que présente son appareil au point de vue de la science, aux progrès de laquelle il peut, croyons-nous, prêter un utile concours.

Obtenir par une action mécanique un froid de 10 ou 12°, comme celui produit dans l'expérience décrite ci-dessus, est déjà un résultat important, et qui, industriellement, a un grand prix, puisqu'il répond à tous les cas nombreux où il faut employer des mélanges réfrigérants de glace et de sel assez coûteux. Mais l'effet possible n'est pas limité à cette température. Dans une expérience, nous avons fait marcher la pompe sans mettre de l'eau dans le calorimètre, et nous avons obtenu, en moins d'une heure de marche, un froid de — 35°. L'indicateur marquait 708, ce qui donnerait pour la tension de l'éther, à cette température, 50 millimètres environ. La loi de Dalton donne 30.

Outre la possibilité de vérifier la loi de la tension des vapeurs aux diverses températures, ce qui serait facile en employant un instrument précis au lieu du manomètre de Bourdon placé sur la machine, on voit comment, en faisant, au besoin, se succéder des liquides convenables, elle peut permettre de produire, d'une manière durable, des températures extrêmement basses, en opérant sur des masses considérables avec un appareil suffisamment puissant. Nous nous contenterons de rappeler les célèbres travaux de M. Faraday sur la liquéfaction du gaz, pour indiquer l'intérêt de la production facile de très-basses températures, en employant un mode d'action semblable.

Le second point de vue auquel nous voulons considérer l'appareil de M. Carré est celui des relations du travail mécanique et de la chaleur.

Nous avons vu que le calorimètre se refroidissait d'une quantité supérieure de $1040 + 300 = 1340$ calories à celle qui se trouve dans le condenseur. Cette quantité est celle qui correspond au travail mécanique de la pompe qui comprime les vapeurs d'éther dans le condenseur, et l'analyse de cet effet permet de bien comprendre la manière dont les phénomènes se passent dans la machine.

Dans le calorimètre, l'éther donne des vapeurs dont la température est — 10° et la pression de 15 centimètres de mercure. Cette vapeur, si elle était conduite dans un condenseur renfermant de l'eau à + 10°, ne pourrait que s'y surchauffer et nullement s'y condenser. Mais si, par l'effet d'une pompe et d'un travail mécanique, on la comprime de manière à augmenter sa densité et ainsi élever sa température à + 10°, elle deviendra susceptible de se liquéfier dans le condenseur, *mais non de perdre la chaleur sensible* produite par ce travail, puisqu'elle n'a pas une température supérieure à celle du condenseur. On peut ainsi faire deux parts de la chaleur : celle latente de vaporisation engendrant le refroidissement du calorimètre et le réchauffement de l'eau du condenseur, et la chaleur sensible qui réchauffe l'éther et se perd en partie par rayonnement. L'équilibre stable du système, l'égalité entre le refroidissement du calorimètre et le réchauffement du condenseur n'existe que si l'on tient compte du travail consommé par la pompe, car la quantité de chaleur sensible conservée par l'éther liquéfié qui repasse dans le calorimètre est celle produite directement par le travail mécanique de la pompe, et elle est assez considérable pour que son calcul puisse offrir de l'intérêt.

T étant le travail produit, $\frac{1}{A}$ l'équivalent mécanique de la chaleur, on doit avoir $AT = 1340$ calories, réchauffement des 85 kilog. d'éther produit par le travail mécanique, plus la différence trouvée en commençant, qui comprend surtout les pertes de chaleur pour les surfaces.

La quantité T peut se calculer assez facilement d'après le volume et la pression de la vapeur d'éther.

La densité de la vapeur d'éther est 2,54; celle de l'air étant 1 sous la pression 0,76 sera, pour 15 centimètres de mercure, 0,50 à température constante et à — 10°, 0,54, 1 mètre cube pèsera 0k,70, et 85 kilog. auront un volume de 121 mètres cubes. La pression passant de 15 à 30, comme $\frac{76}{15} = 5$, on a, pour le travail utile de la pompe, estimé en général à 0,60 du travail moteur :

$$T = \frac{10330}{5} \times 121 = 249286;$$

d'où

$$\frac{1}{A} \times 0,60 = 186, \text{ et enfin } \frac{1}{A} = 310.$$

Nous ne donnons cette première détermination que comme approximation grossière, et pour montrer comment la machine installée convenablement pourrait conduire à de bonnes valeurs de l'équivalent mécanique de la chaleur, les phénomènes qui s'y passent étant bien connus, ne pouvant donner de pertes difficilement appréciables, comme cela a lieu quand on emploie des frottements pour produire de la chaleur, et tous les éléments du calcul, et surtout les pressions, pouvant s'y mesurer avec précision.

Le volume décrit par la pompe de la machine de M. Carré étant de 0m,061, on aurait dû, en $\frac{121}{0,061} = 2015$ coups de piston, produire le résultat théorique. En réalité, il fallait plus de deux fois ce nombre, ce qui prouve que l'on peut améliorer l'appareil, bien que cela soit pratiquement difficile, éviter des compressions et dilatations alternatives de vapeur par suite du jeu imparfait des soupapes, des espaces nuisibles, etc.

En résumé, l'industrie possède désormais un appareil pouvant pratiquement fournir du froid dans une foule de cas, comme avec un fourneau on produit de la chaleur, conquête pour l'industrie d'un moyen d'action tout à fait capital.

2e SYSTÈME DE M. CARRÉ. — Après être arrivé au succès en luttant contre toutes les difficultés que présente l'application d'un travail mécanique agissant sur des vapeurs, malgré les multiplications des pertes d'effet utile les unes par les autres, M. Carré s'est proposé de produire directement le travail par des actions intérieures. Il s'est rapproché ainsi de la célèbre expérience de Faraday, qui l'a conduit à la liquéfaction de la plupart des gaz. On sait qu'elle consiste à employer un tube recourbé, fermé à la lampe et très-résistant : une des extrémités du tube a reçu un corps pouvant, sous l'influence de la chaleur, dégager en abondance les gaz à étudier; l'autre extrémité plonge dans un mélange réfrigérant. En employant du chlorure d'argent bien sec, ayant absorbé des quantités considérables de gaz ammoniac, on obtient du gaz ammoniac liquide.

Faraday remarqua qu'en abandonnant le tube à lui-même il se refroidissait lentement, et que, pendant le temps du refroidissement, le gaz ammoniac se volatilisait en venant se réabsorber dans le chlorure d'argent;

il remarqua même que la volatilisation du gaz ammoniac produisait, en s'effectuant ainsi, un froid très-intense.

Telle est la manière d'agir de l'ammoniaque dans l'appareil Carré, car c'est ce gaz facilement liquéfiable qu'il a adopté; mais au lieu du chlorure d'argent, extrêmement coûteux, il emploie la solution concentrée de l'ammoniaque dans l'eau.

L'appareil intermittent (fig. 3708) est l'application directe de ces principes.

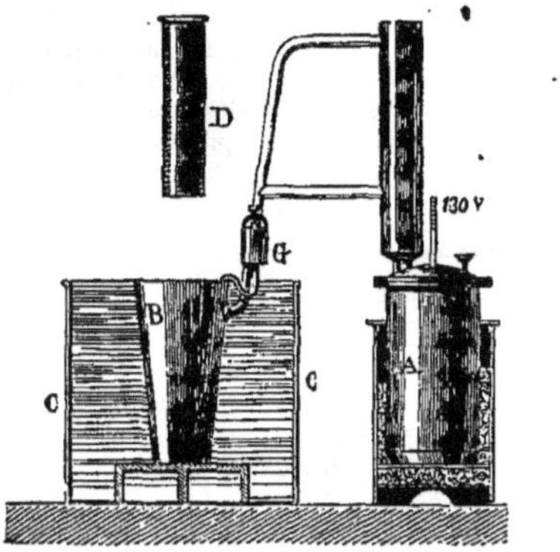

Fig. 3708.

Cet appareil était insuffisant pour de grandes applications industrielles pour lesquelles M. Carré a combiné son appareil continu, qui s'établit sur des dimensions considérables. Nous le décrirons plus loin, en suivant le rapport de Pouillet à l'Académie. Donnons d'abord l'appareil intermittent.

« L'appareil intermittent, dit l'inventeur, est d'une simplicité tout à fait rudimentaire. Que l'on se figure deux cornues suffisamment résistantes, d'une capacité respective de 1 à 4 volumes, et dont les deux cols un peu élevés et allongés seraient soudés par leurs extrémités; la plus grande, remplie aux trois quarts d'une solution ammoniacale concentrée, est placée sur le feu, tandis que la plus petite plonge dans l'eau froide. On chauffe la solution jusque vers 130 ou 140 degrés, point où presque tout le gaz s'est séparé de l'eau pour venir se liquéfier dans la seconde cornue; on constate facilement la température sur un thermomètre placé dans un tube fermé qui pénètre dans la solution. La séparation terminée, on met au contact de l'eau froide le récipient contenant l'eau épuisée; la réabsorption du gaz liquéfié commence immédiatement, et sa volatilisation détermine dans la petite cornue un froid qui peut facilement congeler l'eau dont on l'entoure. Ce froid est très-intense et peut descendre au-dessous de — 40 degrés. M. Balard, en faisant fonctionner l'appareil au Collége de France, a pu solidifier le mercure.

« Au lieu de cornues, j'emploie dans la pratique de simples récipients cylindriques reliés par un tube. Il est nécessaire que ces vases soient exactement clos et purgés d'air pour faciliter la liquéfaction et l'absorption; celle-ci se trouve en outre favorisée par la disposition en couches superposées du liquide dans le récipient où elle se produit. Cette même disposition intervient encore pour épurer le gaz de vapeur d'eau pendant son dégagement, qui a lieu progressivement de bas en haut, à travers des liquides de plus en plus riches, qui retiennent la plus forte partie de l'eau entraînée.

« Malgré le lavage du gaz pendant son dégagement, il entraîne toujours un peu de vapeur d'eau qui reste liquide dans le réfrigérant après chaque opération, et l'appareil se trouverait bientôt hors de service s'il n'était disposé pour restituer l'eau de l'un à l'autre récipient après une série d'opérations. Cette restitution s'opère d'elle-même en maintenant pendant quelques secondes le réfrigérant au-dessus de la chaudière. Cet instrument intermittent, spécialement destiné aux usages domestiques, produit un minimum de 5 kilogrammes de glace par kilogramme de charbon brûlé dans un fourneau de cuisine. »

Passons à la description du grand appareil.

La dissolution ammoniacale y subit quatre changements d'état :

1° Elle est vaporisée par une chaudière;

2° Cette vapeur est condensée par un liquéfacteur : dans ce nouvel état le liquide est reçu par un distributeur qui l'introduit ou plutôt qui le distribue en juste mesure dans le réfrigérant;

3° Ici le liquide se vaporise de nouveau pour produire le froid;

4° Ces nouvelles vapeurs sont aspirées au moyen d'un large tube et condensées par un réservoir absorbant où elles se trouvent en présence d'un liquide appauvri, tiré de la chaudière elle-même; le liquide pauvre, devenu riche par l'absorption de la vapeur d'ammoniaque, est soumis au double effet d'une pompe aspirante et foulante qui l'aspire au fond du réservoir absorbant pour le refouler dans la chaudière d'où il était sorti, partie à l'état de vapeur, partie à l'état liquide.

Ainsi tout se réduit à une circulation complète du liquide volatil, dont les deux éléments, l'eau et l'ammoniaque, se trouvent tour à tour réunis ou séparés, soit par la condensation, soit par l'évaporation, leur affinité mutuelle jouant ici un rôle important qui doit être remarqué.

Pour mieux faire comprendre comment cette circulation s'opère indéfiniment, et toujours avec le même liquide primitif, nous la séparerons en deux parties, savoir : *le trajet de la chaudière au réfrigérant*, et *le trajet du réfrigérant à la chaudière*.

Trajet de la chaudière au réfrigérant. — Dans le modèle de 2,500 calories à l'heure, dont nous avons pu observer le travail (fig. 3708 *bis*), la chaudière est un cylindre vertical de $1^m,20$ de hauteur sur $0^m,40$ de diamètre; dans sa capacité de 1 hectolitre et demi elle se charge seulement de 80 à 90 litres d'une dissolution ammoniacale très-concentrée.

Elle est maintenue à une température qui ne dépasse pas 130°; alors la tension des vapeurs réunies d'eau et d'ammoniaque se trouve être de 8 atmosphères.

La moitié supérieure de la chaudière est en dehors du fourneau et au contact de l'air; elle est garnie intérieurement d'une série de vases superposés, constituant une sorte de cascade de rectification, où la vapeur d'ammoniaque se dépouille en grande partie des vapeurs d'eau qu'elle contient. Cette vapeur déshydratée s'échappe par un long tube de section convenable qui la conduit au chevet d'entrée du liquéfacteur.

Le liquéfacteur se compose de 4 serpentins plans et parallèles, espacés à 5 centimètres l'un de l'autre; le tube de chaque serpentin s'ouvre dans le chevet d'entrée qui est horizontal; ensuite il se prolonge en ligne droite sur une longueur de $1^m,50$ avec la pente nécessaire à l'écoulement du liquide; là il se courbe pour revenir, toujours en descendant dans le même plan vertical, faire un deuxième pli, puis un troisième pli semblable au premier, à la fin duquel il s'ouvre dans le chevet de sortie, qui est parallèle au chevet d'entrée. Ce système de serpentins en zigzag est plongé dans une grande bâche d'eau froide B qui se renouvelle en quantité suffisante pour que sa température n'arrive pas à 30°, par l'effet des condensations de vapeur qui s'opèrent à l'intérieur des tubes.

Le chevet de sortie du liquéfacteur reçoit ainsi tout

le liquide qui a pu se former dans les serpentins, tant par l'effet du refroidissement que par l'effet de la pression des 8 atmosphères de la chaudière, pression qui se communique directement et sans aucune entrave jusqu'au point où nous sommes maintenant arrivés. Ici la transformation est accomplie dans le reste du trajet, et, jusqu'au réfrigérant, c'est du liquide qui circule, mais il n'en reste pas moins soumis à la pression de la chaudière tant qu'il n'y aura pas d'obstacle qui en modifie la libre transmission.

Ce liquide ne doit arriver au réfrigérant qu'en très-juste mesure et avec une parfaite régularité; il faut donc un distributeur qui en règle la dépense.

Le distributeur est un vase cylindrique D de 25 à 30 centimètres de hauteur, ayant une capacité de 4 ou 5 litres, et portant vers le haut une tubulure latérale pour l'entrée du liquide. Un tube part du fond de ce vase, se prolonge au-dessous et dans l'axe même du cylindre; il a 15 ou 20 centimètres de longueur et seulement 2 centimètres de diamètre intérieur, sauf en bas où il est rétréci de quelques millimètres, et rodé pour faire en quelque sorte un boisseau de robinet. Là il est fermé et porte latéralement vers le milieu de la hauteur de ce boisseau une petite ouverture pour la sortie du liquide. Un flotteur mince et léger, ouvert en haut, fermé en bas, à l'exception d'un trou qui correspond à celui du boisseau, peut se mouvoir librement dans le vase dont il a la forme, si ce n'est qu'il est plus étroit, et le touche seulement dans la hauteur du boisseau. Tout le mouvement du flotteur se réduit à une oscillation verticale qui ne dépasse pas 10 ou 12 millimètres, et qui s'accomplit toujours sans qu'il puisse tourner autour de son axe.

Voici comment s'accomplissent les fonctions de cet ingénieux distributeur. Un tube établit la libre communication entre le chevet de sortie et la capacité du distributeur; le premier liquide qui arrive tombe entre les parois du vase et celles du flotteur; bientôt celui-ci est soulevé et son ouverture cesse de correspondre à celle du boisseau. Le liquide continuant d'affluer, son niveau dépasse les bords du flotteur, qui, à partir de cet instant, se charge de plus en plus; quand il est à moitié plein ou à peu près, son poids l'emporte sur celui du liquide qu'il déplace; alors il descend, et au moment même où il prend sa position de repos, son ouverture correspond à celle du boisseau et le liquide s'échappe au dehors. Par là il s'allége de plus en plus, et, si le chevet de sortie du liquéfacteur ne compensait pas la perte qu'il fait, il ne tarderait pas à remonter et à suspendre ainsi la distribution qu'il est chargé de faire au réfrigérant. Mais, comme on le voit, cette suspension n'aurait lieu que quand elle devient nécessaire, c'est-à-dire quand le liquide en réserve est près de s'épuiser.

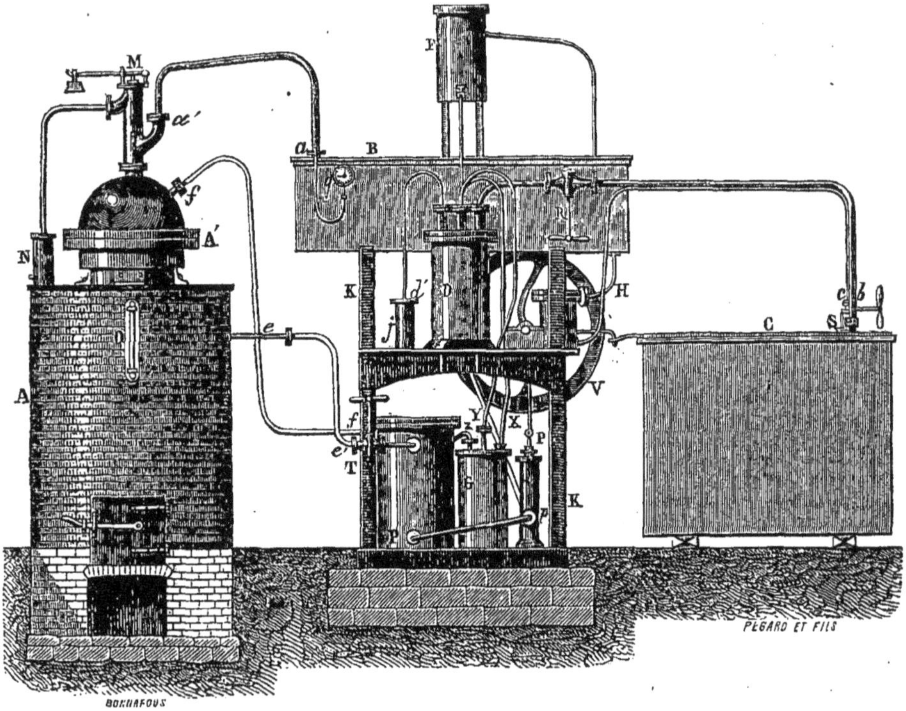

Fig. 3708 *bis*.

A l'ouverture de sortie du distributeur est adapté un tube de petit diamètre, arbitrairement long, arbitrairement sinueux, qui apporte enfin dans l'intérieur du réfrigérant le liquide producteur du froid et qui termine ainsi le premier trajet. Ce tube, avant de pénétrer dans le réfrigérant, est muni d'un robinet qui est le premier qui se présente à partir de la chaudière ou de l'origine même de la circulation. Pour faire sentir combien ce point d'arrêt est nécessaire, il suffit de remarquer que la tension de la vapeur dans le réfrigérant doit être d'environ 1 atmosphère ou peut-être un peu plus, comme nous le verrons tout à l'heure, tandis qu'elle est de 8 atmosphères dans la chaudière. Avec cet excès de 7 atmosphères, la vapeur de la chaudière ferait donc irruption dans le réfrigérant, si ce premier robinet n'était pas interposé; il est donc indispensable; c'est lui qui modère l'effet de cet excès de pression, qui l'arrête au besoin, et qui le réduit à ce qu'il doit être pour que le liquide soit lancé dans le réfrigérant avec une impulsion convenable.

Il serait superflu de décrire ici le réfrigérant, parce que sa forme et ses dimensions dépendent de l'effet que l'on veut produire; elles sont très-différentes s'il s'agit de faire de la glace ou de refroidir des masses liquides qui se renouvellent avec ou plus ou moins de vitesse. Nous nous bornerons à dire que la forme du réfrigérant est loin d'être arbitraire et que, dans tous les cas, il y a deux conditions essentielles auxquelles elle reste assujettie, savoir : d'offrir à l'évaporation de grandes surfaces toujours mouillées par le liquide en même temps qu'une très-libre circulation à la vapeur; ensuite de rassembler dans un espace circonscrit les résidus de l'évaporation, qui deviennent de plus en plus hydratés, et dont il faut de temps à autre purger le réfrigérant par des moyens sûrs et faciles.

Trajet du réfrigérant à la chaudière. — La puissance de l'appareil est proportionnelle à la chaleur latente du liquide volatil et au nombre des kilogrammes de vapeurs qui se forment par heure dans le réfrigérant. Ce poids de vapeurs ne dépend lui-même que de deux choses : de la forme du réfrigérant, et de la différence qui existe entre la force élastique générale qui règne dans sa capacité libre et la force élastique maximum qui appartient à cette vapeur d'après la température du liquide qui mouille les surfaces. En effet, si la capacité libre était elle-même saturée de vapeurs, aucune nouvelle vapeur ne serait formée et aucun froid ne serait produit; si au contraire la capacité libre était maintenue sans vapeurs, c'est-à-dire à l'état de vide parfait, le poids de vapeurs formé par heure serait au maximum, et la production du froid atteindrait elle-même son maximum.

Il faut donc aspirer cette vapeur, qui n'est pas plutôt formée dans le réfrigérant qu'elle y devient un obstacle; il faut en débarrasser cet espace libre qu'elle encombre, afin de le reconstituer sans cesse à l'état de vide parfait, ou du moins aussi près de cet état qu'il soit possible. Il y a pour cela divers moyens; mais le plus avantageux est incontestablement celui que l'on peut pratiquer ici, savoir de lui offrir un corps qui la condense rapidement par une affinité dissolvante, et qui puisse la dégager ensuite avec la même rapidité par un accroissement suffisant de température.

La chaudière est disposée de telle sorte que, dans sa partie inférieure, la dissolution ammoniacale est fort affaiblie; un tube *e*, muni d'un robinet, est placé là pour en faire sortir un certain volume qui se gradue par le degré d'ouverture que l'on donne au robinet. Ce tube de fer, étroit et de 20 ou 30 mètres de longueur, se replie deux fois à diverses distances pour composer deux serpentins hélicoïdes qui sont entourés de liquides rafraîchissants. Alors le liquide contenu dans le tube, sorti de la chaudière à 130°, ainsi refroidi à environ 20 ou 25°, arrive au sommet du réservoir absorbant, pour tomber en pluie dans son intérieur. C'est cette pluie continuelle de liquide appauvri, qui devient la puissance capable de maintenir et de renouveler sans cesse le vide dans la capacité libre du réfrigérant. A cet effet, un large tube, de quelques mètres de longueur, part du sommet du réfrigérant pour arriver aussi au sommet du réservoir absorbant. Aussitôt que l'on ouvre le robinet qui règle cette communication, les vapeurs ammoniacales du réfrigérant affluent au milieu de la pluie du liquide pauvre, s'y condensent par absorption et en reconstituent un liquide riche qui tombe au fond du réservoir; la chaleur qui se dégage ici est enlevée par les plis d'un serpentin où coule de l'eau froide; il ne reste plus qu'à reprendre ce liquide riche pour le réintroduire dans la chaudière, afin de compenser les pertes d'ammoniaque qu'elle fait à chaque instant, ou plutôt afin d'y réintégrer tout ce qui en était sorti, et de terminer ainsi cette longue circulation, où il n'y a que des changements de forme et des changements d'état sans gain ni perte de matière.

C'est une pompe aspirante et foulante, d'une construction toute particulière et bien appropriée à l'effet qu'il s'agit d'obtenir, qui est chargée d'accomplir ce dernier mouvement de la circulation. Elle vient aspirer au fond du réservoir absorbant le liquide enrichi à mesure qu'il s'y forme; elle le fait entrer dans une capacité spéciale destinée à le recevoir; ensuite, par le refoulement, elle l'oblige à parcourir un long tube où il se réchauffe, pour arriver enfin au sommet de la cascade dont nous avons parlé et qui constitue la partie supérieure de la chaudière. Ce liquide, quoique réchauffé dans son parcours, est loin d'être à 130°; sa présence détermine donc une condensation dont l'effet ne peut être que favorable à la rectification des vapeurs hydratées d'ammoniaque qui se trouvent en ce point.

Essayons maintenant de faire comprendre à quoi tient la puissance économique de l'appareil, jusqu'où elle peut aller et où elle doit s'arrêter.

Cette discussion repose sur un petit nombre de données, savoir :

Sur la chaleur latente et la tension de vapeur de l'ammoniaque liquide et des dissolutions ammoniacales plus ou moins hydratées; sur les changements de densité qu'éprouvent les dissolutions ammoniacales, à raison du poids d'ammoniaque qu'elles contiennent.

Davy avait autrefois dressé une table de la teneur en ammoniaque des dissolutions plus ou moins denses; cette table, qui ne porte que sur deux expériences, est reproduite dans tous les traités de chimie; il serait à désirer qu'elle fût reprise et étendue à diverses températures. En attendant et en nous appuyant sur les observations pratiques de M. Carré, nous sommes portés à croire que, dans l'état actuel des choses, le kilogramme de dissolution pauvre qui arrive refroidi dans le réservoir absorbant, peut s'y charger de 50 grammes d'ammoniaque, pour devenir l'ammoniaque riche qui est réintroduite dans la chaudière.

M. Regnault, dans son grand travail sur les vapeurs, donne la table complète des tensions de l'ammoniaque liquide entre les températures de — 40° et + 100°; pour les basses températures que nous avons surtout à considérer ici, ces tensions se trouvent être :

Températures	—20°,	—30°,	—40°,
Tensions en atmosphères.	1,84,	1,16,	0,70.

Pour appliquer ces nombres à l'ammoniaque un peu hydratée du réfrigérant, il faut apprécier la réduction qu'ils doivent subir; en l'estimant à 1/4 on arriverait aux résultats suivants :

Températures du réfrigérant.	—20°,	—30°,	—40°,
Tensions en atmosphères . .	1,4,	0,9,	0,5,

qui se rapprochent beaucoup des opérations pratiques de M. Carré.

Enfin, d'après les recherches de MM. Favre et Silbermann, on peut évaluer à environ 500 calories la chaleur latente du gaz ammoniac absorbé par une masse d'eau assez grande pour former une dissolution étendue; nous admettrons comme probable que ce nombre peut s'appliquer à l'ammoniaque contenant très-peu d'eau.

Il résulte de ces données que, pour construire un appareil dont la puissance serait, par exemple, de 100,000 calories à l'heure, il faudrait par heure vaporiser 200 kilogrammes d'ammoniaque dans le réfrigérant; il faudrait donc dans le même temps condenser les 200 kilogrammes dans le liquéfacteur et les absorber ou liquéfier une seconde fois dans le réservoir absorbant. Les 100,000 calories se retrouvent donc ou à très-peu près dans chacun de ces organes de l'appareil, où elles doivent être prises et emportées par les eaux destinées à les rafraîchir. En admettant que la température de ces eaux ne doive s'élever que de 10° dans cette opération, on voit que la dépense à en faire serait de 20,000 kilogrammes ou 20 mètres cubes à l'heure, savoir : 10 mètres cubes pour rafraîchir le liquéfacteur, et 10 autres mètres cubes pour rafraîchir le réservoir absorbant.

Nous ne parlons pas de la dépense de combustible à faire dans la chaudière ; en résultat efficace, elle doit être aussi de 100,000 calories à l'heure ; mais là il y a des pertes nécessaires qui sont très-variables.

En un mot, les quatre changements d'état, bien qu'ils s'opèrent dans des conditions différentes, doivent être accompagnés des mêmes phénomènes ou à peu près, en ce qui tient aux quantités de chaleur. La chaudière et le réfrigérant, procédant par évaporation, empruntent la même quantité de chaleur, l'un au foyer, l'autre au liquide qu'il refroidit ; le liquéfacteur et le réservoir absorbant, procédant par liquéfaction, doivent dégager la même quantité de chaleur, dont il faut les débarrasser par le renouvellement des masses liquides rafraîchissantes.

Le travail mécanique de la pompe aspirante et foulante peut aussi s'évaluer approximativement.

Puisqu'il se produit par heure 200 kilogrammes de vapeur dans le réfrigérant, il faudra 4000 kilogrammes de liquide pauvre pour les absorber ; car chaque kilogramme en absorbe seulement 50 grammes ou 1/20 de son poids : le résultat sera donc 4200 kilogrammes de liquide riche. L'effort nécessaire pour les réintroduire dans la chaudière, dont la pression pour cet objet peut être estimée à 10 atmosphères ou à 100 mètres de hauteur, sera par conséquent de 420,000 kilogrammètres ou environ 2 chevaux de vapeur, auxquels il faudrait ajouter environ 1/10 pour l'effort d'aspiration ; mais ceci suppose que dans le jeu de la pompe le dégagement des fluides élastiques n'occasionne aucune perte considérable de travail.

Quant au plus grand degré de froid que l'appareil puisse produire, il dépend presque exclusivement des phénomènes qui se passent dans le réservoir absorbant, parce que là se trouve en effet la cause déterminante de la formation rapide des vapeurs dans le réfrigérant. Si, d'une part, le liquide qui donne ces vapeurs était de l'ammoniaque pure et dépouillée d'eau ; si, d'une autre part, le liquide appauvri qui vient de la chaudière dans le réservoir absorbant était de l'eau pure et dépouillée de gaz ammoniac, on ne peut pas douter que le réfrigérant ne doive aisément descendre à 50 ou 60° au-dessous de zéro. Mais, en fait, le liquide du réfrigérant contient une certaine proportion d'eau ; le liquide appauvri qui arrive au réservoir absorbant contient une proportion très-notable d'ammoniaque ; ces deux causes sont concordantes pour ralentir l'absorption de la vapeur, et par conséquent pour empêcher le degré de froid de descendre aussi bas dans l'échelle thermométrique. Il y a là une étude à faire pour que la chaudière donne un liquide encore plus pauvre en ammoniaque et le liquéfacteur un liquide plus complétement dépouillé d'eau.

Toutefois cette dernière limite de la puissance économique de l'appareil dépend encore d'une autre circonstance : elle varie nécessairement avec la température de l'air, par conséquent avec les saisons et les climats. Supposons, en effet, que le réfrigérant *travaille à vide*, c'est-à-dire sans fabriquer de la glace, sans refroidir un liquide, en un mot sans produire d'*effet utile* : il n'en arriverait pas moins à une certaine limite de froid, qui serait sa limite extrême, par exemple 50° au-dessous de zéro. Admettons que, dans cette expérience, l'air ait une température de 10°, ce qui lui donne un excès de 60° sur le réfrigérant : une fois parvenu à cette limite, après un travail plus ou moins prolongé, durant lequel on a pu voir le réfrigérant gagnant progressivement du froid, d'abord très-vite pour les premiers degrés perdus, ensuite très-lentement pour les derniers, il faut se demander comment il est possible de maintenir cet état de choses. Peut-on éteindre le feu de la chaudière, arrêter la pompe, enfin mettre l'appareil au repos, sans que le réfrigérant se réchauffe ? Non assurément ; au contraire, il est indispensable qu'il continue à marcher et qu'il conserve toute son activité. Sa force entière est alors une force perdue en ce sens qu'elle est sans effet utile ; mais elle n'est pas sans effet, car elle est exclusivement employée à maintenir le réfrigérant en équilibre contre l'invasion de la chaleur du dehors. On peut arrêter le mouvement d'une machine, mais il ne nous est pas donné d'arrêter le mouvement de la chaleur ; quelques précautions qui aient été prises pour protéger le réfrigérant, la chaleur pénètre toujours jusqu'à lui, seulement sa vitesse a pu être plus ou moins ralentie. Le nombre des calories qui arrivent ainsi au réfrigérant dans un temps donné, toutes choses étant d'ailleurs égales, est à peu près proportionnel à l'étendue des surfaces qu'il présente à l'air d'une manière plus ou moins directe et à l'excès de la température de l'air sur celle du réfrigérant.

Par conséquent, si le même appareil est soumis à cette épreuve du fonctionnement à vide dans un air à 30° au lieu de 10°, il ne pourra jamais, malgré toute son activité, faire descendre le réfrigérant jusqu'à 50° au-dessous de zéro ; mais il le fera descendre seulement à environ 30° au-dessous de zéro, afin que l'excès de la température de l'air sur le réfrigérant soit encore de 60°, comme il était à la première épreuve.

Les considérations précédentes permettent aussi de conclure que le réfrigérant destiné à fabriquer de la glace sera beaucoup plus favorable pour descendre à de très-basses températures que le réfrigérant destiné à refroidir les liquides, parce que, en général, celui-ci devra offrir à l'invasion de la chaleur du dehors ses surfaces beaucoup plus grandes que le premier.

Telles sont les causes principales qui font varier la limite extrême du froid auquel le réfrigérant peut descendre, et qui font varier dans le même sens la puissance économique de l'appareil.

Il en résulte que le poids de vapeur qui se forme par heure dans le réfrigérant d'un appareil donné doit être considéré comme une somme à peu près constante, mais composée de deux parties qui s'appliquent à des services différents : la première est destinée à l'effet utile, la seconde est destinée à la force perdue. Celle-ci, sans être jamais nulle, reste très-petite quand le réfrigérant, pour produire l'effet qu'on lui demande, travaille à une température très-éloignée de sa limite extrême ; mais elle s'accroît assez vite, et toujours au détriment de l'effet utile, à mesure que le réfrigérant doit travailler à une température plus basse ; enfin elle absorberait la totalité ou la presque totalité de l'effet utile, si le réfrigérant devait travailler à une température très-voisine de sa limite extrême.

On arrive ainsi à produire, avec ces machines, 15 à 18 kilog. de glace par kilogramme de houille brûlée ; c'est un beau résultat, assez éloigné toutefois du résultat théorique que devrait donner le renversement de l'effet produit par les 7,000 calories du kilog. de houille.

Remarquons aussi qu'il faut, pour la pompe et surtout pour le mouvement de l'eau froide, consommer une quantité de travail notable qui se traduit encore en consommation de houille quand il faut, comme c'est le cas le plus ordinaire, employer une machine à vapeur pour produire ce travail.

PUITS DE MINES *par sondage*. — Un des grands prix de l'Exposition de 1867 a été décerné à MM. Kind et Chaudron, qui venaient de réussir, d'une manière si remarquable, le puits d'extraction de la houillère de

Saint-Avold, sur le prolongement des formations de Saarbruck, au milieu de couches aquifères, dans des conditions qui rendaient le travail ordinaire impossible (voyez MINES) en employant la sonde, c'est-à-dire en travaillant constamment dans l'eau. Ce grand progrès technique est un des plus grands progrès accomplis depuis longtemps dans l'art des mines, et doit permettre de tirer parti de bien des richesses qu'il n'était pas possible d'atteindre jusqu'ici. En effet les roches des terrains secondaires et tertiaires sont souvent perméables. Dans ce cas, les roches perméables ou fissurées renferment toujours des niveaux d'eau, véritables cours d'eau souterrains qui, dès que le mineur a suffisamment affaibli la roche imperméable superposée, soulèvent et rompent cette barrière opposée à leur force ascensionnelle et s'élèvent plus ou moins haut. De là le besoin d'épuiser les eaux et de dominer la *venue des niveaux* par des pompes assez puissantes pour protéger le travail des mineurs. En employant les appareils de sondage, on évite les frais et les graves inconvénients de l'épuisement des eaux, qui rendent quelquefois le travail impossible, le mouvement des eaux délitant les roches peu cohérentes, déterminant des affouillements et des éboulements.

La disposition des trépans à course limitée, permettant de forer des puits d'un assez grand diamètre, il est évidemment possible à l'aide de trépans successifs d'obtenir des puits de dimensions très-considérables. Le poids des trépans employés par M. Kind pour les puits de Saint-Avold (Moselle), un de ses plus beaux succès, a varié de trois à huit tonnes, suivant le diamètre des trous et la dureté de la roche.

Dans la concession de Saint-Avold, le puits d'aérage a été foncé au diamètre de $2^m,56$ et le puits d'extraction au diamètre de $4^m,10$. Le forage des puits a été exécuté sur deux diamètres successifs pour le petit puits et sur trois diamètres pour le grand. On assure la verticalité de l'action des trépans élargisseurs en les garnissant de dents de différentes longueurs.

Les tiges employées consistaient dans de longues pièces de sapin de 15 à 20 mètres, avec des emmanchements n'ayant que 4 centimètres de diamètre; la tige ne participait pas au choc donné par l'outil, par suite de l'interposition de la coulisse entre la tige et le trépan.

Chaque puits de fonçage est muni d'un cylindre batteur et d'une machine-cabestan, mus par la vapeur.

Le batteur se compose d'un cylindre vertical muni de soupapes de Cornouailles, mues à la main, faisant osciller un grand balancier en bois formé de deux pièces de $0^m,75$ de hauteur sur $0^m,35$ de largeur.

La pièce supérieure est en sapin, et la pièce inférieure en hêtre; le sapin est mis à la partie supérieure à cause de sa plus grande élasticité.

La machine-cabestan est destinée à descendre et à remonter les outils.

Cette machine d'une force de 25 chevaux doit pouvoir exercer des efforts de 50,000 kilogrammes, équivalant au poids du câble, des tiges, des outils et des engagements d'outils dans le cas d'un accident.

Une tour en maçonnerie a été établie sur l'emplacement du grand puits. Un simple abri en bois et un bâti en charpente ont suffi pour le fonçage du puits d'aérage.

Un chemin de fer placé à 10 mètres au-dessus du sol, permettait d'éloigner les outils de l'orifice du puits aussitôt qu'ils en étaient sortis, pour être visités et réparés, et pour dégager le puits pendant qu'on faisait agir la cuiller à clapets. (Voy. SONDAGE.)

Les accidents qui sont survenus pendant le travail n'ont occasionné que des arrêts de courte durée. Trois ou quatre jours ont toujours suffi pour retirer les outils laissés dans le puits, par suite de rupture des emmanchements ou des outils eux-mêmes, dans les cas les plus compliqués.

Les outils de sauvetage que l'on a employés sont de trois espèces :

Le crochet de salut terminé en forme d'épicycloïde très-allongée, pour ramener les pièces dans l'axe du puits et pour saisir les tiges sous un épaulement ;

La fauchère, composée de deux branches dentées, tendant à se rapprocher l'une de l'autre et à être maintenues par l'effet d'une bague dans l'intérieur d'un manchon conique en fer et entre lesquelles on place un tampon de bois. Ce tampon tient les branches écartées jusqu'au moment où l'objet que l'on veut ramener se trouve saisi, et repousse le tampon pour prendre sa place;

Enfin, le grappin pour retirer les dents des trépans ou tout autre débris. Les matières triturées par les trépans se rassemblaient dans le puits central de 1,37, que l'on poussait toujours en avant et étaient ramenées à la surface par une cuiller à clapets, qu'on descend avec des tiges par l'intermédiaire de la machine-cabestan, et qu'on fait battre pendant dix minutes ou un quart d'heure à la façon des trépans.

Une fois le fonçage terminé, on a procédé à la descente du cuvelage. Le cuvelage est composé d'anneaux en fonte juxtaposés et à faces de joint parfaitement dressées. L'épaisseur de ces anneaux a été calculée au moyen de la formule arrêtée par M. Chaudron :

$$E = 0,2 + \frac{RP}{500}$$

dans laquelle R est le rayon du puits, P la pression et 500 kilogrammes la résistance de la fonte à l'écrasement.

Chaque anneau a été essayé isolément à la presse hydraulique, la pression s'exerçant du dehors en dedans.

Le poids du cuvelage complet a été de 640,000 kilogrammes pour le grand puits, et de 258,000 kilogrammes pour le puits d'aérage; l'épaisseur des anneaux a varié, pour le grand puits, de 60 à 28 millimètres; le poids d'un des anneaux inférieurs ayant 1,58 de hauteur était de 8,000 kilogrammes.

C'est ce poids énorme que l'on a pu descendre lentement dans le puits au moyen de la disposition suivante.

L'avant-dernier anneau est terminé par une calotte sphérique assemblée sur une nervure de l'anneau, et au centre de laquelle on monte une colonne de plus petit diamètre dite d'équilibre.

Ces anneaux assemblés successivement les uns aux autres, au jour, sont supportés par des tiges, au nombre de six, qui viennent se fixer à un collet à oreilles, portées par la troisième pièce au-dessus de la boîte à mousse par laquelle on débute.

Ces tiges sont manœuvrées à la partie supérieure par des vis mues par des engrenages coniques, et c'est en tournant en même temps les six pignons correspondants que l'on fait descendre le cuvelage verticalement.

Ce cuvelage flotte sur l'eau contenue dans le puits, et c'est en emplissant plus ou moins l'espace compris entre la colonne d'équilibre et les parois du cuvelage que l'on fait descendre le cuvelage.

Le joint se fait au contact de la roche par l'interposition de la boîte à mousse inventée par M. Chaudron.

Le premier anneau, qu'on appelle boîte à mousse, a un collet de $0^m,15$, extérieur, à la base, destinée à s'appuyer sur le fond du puits, et il reçoit la mousse maintenue, pendant la descente, au moyen d'un filet. L'anneau suivant possède deux collets en sens opposé. Celui du bas, extérieur comme le précédent, vient s'appuyer sur la mousse quand tout ce système est arrivé sur la roche. Celui du haut forme un joint composé de la même façon que tous les autres joints du cuvelage. — La boîte à mousse est suspendue, pendant la descente, au moyen de tirants à la première pièce, lesquels permettent la compression de la mousse.

La mousse, qui avait à l'origine 1m,80 de hauteur, n'a plus que 0m,23 d'épaisseur à la suite de la compression.

Tous les autres joints des anneaux se font avec une rondelle de plomb de 3 millimètres d'épaisseur, préparée d'avance, enduite ainsi que les faces du joint d'une peinture au minium et à la céruse.

Lorsque le cuvelage est descendu et assis sur la roche, on procède au bétonnage de toute la partie comprise entre le terrain et le cuvelage.

Le béton employé avait la composition suivante :

1/4 de ciment de Vassy ou de Ropps;
1 de chaux hydraulique;
1 de sable;
1 trass d'Andernacht.

Ce béton est descendu à l'aide d'une cuiller à soupape.

On a laissé durcir le béton pendant six semaines; puis on a enlevé l'eau du puits à l'aide du tonneau et de la machine-cabestan. Après avoir vidé le cuvelage, on a placé à 2 mètres au-dessous de la boîte à mousse, par mesure de précaution, deux trousses à picoter, en fonte, de 0m,20 de hauteur chacune; puis on a fermé l'espace compris entre le picotage et la boîte à mousse par un cuvelage en fonte composé de panneaux.

M. Lévy qui a dirigé ce beau travail, et auquel nous empruntons ces détails, donne le tableau détaillé des éléments servant à établir le prix de revient des deux puits foncés à l'Hôpital.

	Puits d'aérage.	Puits d'extraction.
Frais d'installation . . .	65,000 fr.	104,000 fr.
Forage des puits	93,008	142,000
Prix du cuvelage et frais de pose.	80,000	169,000
Bétonnages.	12,000	15,000
Picotage des trousses, et raccord de cuvelage. .	6,000	10,000
Divers	14,000	40,000
Totaux. . . .	270,000 fr.	480,000 fr.

Tels sont les résultats auxquels on est arrivé comme dépense pour foncer des puits à la profondeur de 160 mètres. On voit que la réunion des efforts de MM. Kind et Chaudron ont permis de réaliser des économies considérables sur l'ancien procédé, et que le succès est certain dans les conditions les plus difficiles.

Le grand puits a été terminé en 814 jours, y compris 80 jours de chômage. L'avancement moyen a été de 0m,63 avec le trépan de 1m,37, de 0m,38 avec le trépan intermédiaire de 2m,40 et de 0m,30 avec le trépan de 4m,10.

PYROSCOPES. — Nous complèterons, en prenant pour exemple d'application la cuisson des poteries, les documents que nous avons donnés à l'article THERMOMÈTRE. Il faut une très-grande expérience, un coup d'œil sûr pour apprécier exactement dans les diverses industries qui sont basées sur l'emploi des températures élevées la marche du feu, son accélération; il faut une habitude qui ne s'acquiert qu'après de longues années pour savoir reconnaître si la température s'élève également dans toutes les parties d'un four, et s'il convient, les objets ayant atteint leur degré de cuisson, d'arrêter le feu brusquement pour l'empêcher de dépasser le degré voulu.

Lorsqu'on cuit des poteries, on juge si le tirage est bon et égal d'après la flamme qui s'échappe des cheminées et des carneaux, c'est-à-dire d'après sa longueur, d'après sa couleur plus ou moins bleuâtre, plus ou moins fuligineuse.

Couleur du feu. — Lorsque les pièces qui sont dans le four commencent à rougir, on examine, par des ouvertures réservées à cet effet dans les différentes parties du four, la couleur du feu; l'état d'incandescence des pièces placées dans le four peut donner aux praticiens expérimentés le moyen de juger de la force et de la régularité du feu.

D'après M. Pouillet, les divers degrés d'incandescence correspondant à des températures que nous réunissons dans le tableau suivant, en plaçant en regard du nombre de degrés centigrades le point de fusion de quelques métaux, sont les suivants :

Rouge naissant. .	525 degrés.	
Rouge sombre. . .	700 —	
Cerise naissant. .	800 —	
Cerise.	900 —	
Cerise clair. . . .	1000 —	fusion de l'argent.
Orangé très-foncé.	1050 —	fusion de la fonte blanche.
Orangé foncé. . .	1100 —	fusion de la fonte grise.
Orangé clair. . . .	1200 —	fusion de l'or.
Blanc naissant. . .	1300 —	fusion de l'acier.
Blanc éclatant. . .	1400 —	
Blanc éblouissant.	1500 —	fusion du fer forgé; cuisson de la porcelaine dure.
Blanc éblouissant.	1600 —	

Montres ou Pyroscopes. — Pour ne pas être exposé dans les fabriques aux erreurs auxquelles la vue seule pourrait donner lieu, on place, dans divers endroits du four, des pièces de même nature que les poteries à cuire; on les retire vers la fin de la cuisson pour les examiner avec attention : ces petites pièces prennent le nom de *montres* ou *pyroscopes*; elles diffèrent de forme avec les fabriques et les usages des pays.

A Sèvres, ce sont des fragments d'assiette percés d'un trou qui permet de les aller saisir dans le four au moyen d'un ringard en fer et placés sur un patin de terre à cazette. Pour que le four ne se refroidisse pas par le courant d'air qui pénétrerait dans le laboratoire, chaque fois qu'on veut juger de la couleur du feu, on empêche l'air froid d'avoir accès dans l'intérieur du four : on dispose à cet effet des visières qu'on enlève au moment de retirer les montres. Ces visières s'engagent par un talon carré dans un trou de même forme réservé dans la porte; elles se terminent par une partie conique portant sur la gorge antérieure, enchâssée dans une rainure, une petite plaque en verre à vitre qui bouche complétement l'ouverture. Lorsqu'on veut voir la couleur du four, on soulève une petite tôle qui glisse dans une seconde rainure.

Dans quelques fabriques les montres sont de petites tasses carrées ou légèrement coniques qu'on enlève, soit par un trou fait exprès, soit au moyen d'une anse.

L'état dans lequel sont ces pièces fait connaître assez exactement le degré de cuisson de la poterie qui remplit le four, car les changements physiques qu'elles éprouvent indiquent la manière dont la température s'élève. En comparant entre elles les montres d'une même fournée dans un même moment, on voit comment la chaleur s'est répartie dans les diverses parties du four; en comparant entre elles les montres de plusieurs fournées consécutives, on établit expérimentalement à quel degré de cuisson il faut les amener pour donner à chaque fournée le feu qui lui convient.

J'ai dit que les montres faisaient connaître assez exactement l'état de cuisson des pièces placées dans le four; il est évident qu'étant mises dans des étuis ouverts, recevant directement l'air froid quand on les retire, refroidies promptement, elles doivent être généralement un peu moins cuites, et peut-être aussi moins brillantes que les pièces contenues dans le four.

Plusieurs fabriques, comme celles de Creil et de Montereau, jugent expérimentalement et d'une manière rigoureuse l'état d'avancement du feu d'après la coloration d'un mélange de terres plus ou moins manganésiennes et ferrugineuses, ou par la retraite qu'elles prennent en cuisant. On façonne ces pyroscopes sous forme de *sphères* ou de *boules creuses* qui doivent, lorsque la pâte est cuite, passer par un trou déterminé; elles sont percées de part en part. Après la cuisson elles prennent une couleur qui varie du rouge pâle au rouge brun, en passant par le ton rougeâtre qui dénote une cuisson convenable.

Pour cuire le vernis, on a recouvert les pyroscopes rougeâtres d'un vernis plombifère très-fusible, qui prend une couleur déterminée sous l'influence d'une même température. La coloration de ces boules varie alors du rouge clair au brun rouge très-foncé, suivant la température qu'elless ont reçue.

Quoiqu'on admette aujourd'hui que ces méthodes de juger le feu soient les plus convenables, il serait erroné de penser qu'on n'ait jusqu'à ce jour fait aucune recherche pour doter les arts céramiques et les autres industries qui réclament l'emploi de la chaleur rouge de pyromètres exacts. Or, les conditions que ces instruments ont à remplir suffisent pour faire comprendre les difficultés du problème, augmentées encore par la haute température à laquelle il s'agit de monter.

L'exposé fait par M. Brongniart des conditions auxquelles un bon pyromètre doit satisfaire indique les obstacles à surmonter.

Il faut, en effet, et ces conditions sont d'impérieuse nécessité :

« 1° Qu'il soit d'un emploi facile, c'est la première de toutes les conditions auxquelles il doive satisfaire pour que son usage puisse s'introduire dans l'industrie;

« 2° Qu'il fasse connaître promptement la température du four dans lequel sont placées les pièces à cuire;

« 3° Qu'il indique sûrement la marche du feu dans le four;

« 4° Qu'il donne ces indications avec exactitude, d'une manière précise, absolue, transmissible dans tous les lieux et dans tous les temps. » (BRONGNIART.)

Le premier *pyromètre* employé fut celui de Wedgwood; il est fondé sur la propriété qu'ont les pâtes argileuses de diminuer de volume sous l'influence de la chaleur. Les indications de cet instrument, dont on ne se sert plus guère qu'en Angleterre, ne sont pas assez précises pour qu'on puisse recommander actuellement le pyromètre de Wedgwood; la nature de l'argile dont on a fait usage pour former les billes pyrométriques a des influences sur la retraite de la pâte pour une même température donnée : d'ailleurs, suivant qu'on élève la température plus ou moins rapidement, suivant que les cylindres ont été moulés ou tournés, les indications de l'instrument pour une même température et pour une même pâte argileuse sont très-variables.

Malgré ses imperfections, cet appareil est très-connu; nous allons néanmoins en donner ici la description exacte.

Sur une plaque métallique, ordinairement en cuivre, on soude deux règles dont l'une est divisée en deux cent quarante divisions égales. Ces règles forment entre elles un canal de 61 centimètres; l'extrémité la plus large donne une ouverture de 14 millimètres. On compte les degrés depuis l'ouverture large jusqu'à la plus étroite. Cette dernière correspond à 240, la première indiquant 0 degré; c'est sur cette extrémité que doit être ajustée la bille pyrométrique avant d'être mise en usage.

Wedgwood composait ses billes pyrométriques avec un mélange à parties égales d'argile de Cornouailles, et d'alumine calcinée provenant de la décomposition de l'alun par l'ammoniaque et lavant à l'eau bouillante. On mélange l'alumine et l'argile, on forme des cylindres par le moyen d'un moule, on les égalise pour la longueur, on les aplatit sur une face et on les fait rougir faiblement en les soumettant à la température du rouge naissant. On les ajuste alors pour les faire entrer dans le canal du pyromètre jusqu'à la division marquée 0 degré. Lorsqu'on veut employer un cylindre pour le pyromètre, on l'expose au feu dont on veut connaître l'intensité. On retire le cylindre au bout de quelque temps; quand il est froid, on l'introduit dans la rainure, on examine à quelle division il s'arrête. C'est la température qu'il a dû subir exprimée en degrés de Wedgwood.

Mais le retrait que prend l'argile étant variable avec la température, suivant une loi qui n'est pas encore connue, ces indications ne peuvent être comparables qu'entre elles; il n'est pas rigoureux de les rapprocher de celles que fournit le thermomètre centigrade. Il n'est pas possible même de calculer à combien de degrés correspond 1 degré de Wedgwood. Si l'on admettait 20 degrés pour la valeur moyenne du degré correspondant aux températures inférieures à la fusion de l'argent, et en supposant que zéro corresponde à 525 degrés, on trouverait moins de 10 degrés pour la valeur moyenne du degré correspondant aux températures comprises entre la cuisson de la porcelaine et le zéro de l'échelle. Il est probable que la contraction est plus sensible vers les températures basses qu'à celles qui sont très-élevées, le coefficient de contraction n'étant pas le même pour toute la longueur de l'échelle.

Quoi qu'il en soit, on admet les indications suivantes comme exprimant d'une manière suffisamment exacte les différences de fusibilité des diverses poteries connues :

Cuisson de la porcelaine de Nankin. . .	160	degrés.
Cuisson de la porcelaine chinoise commune.	140	—
Fusion de la fonte de fer.	135	—
Cuisson de la porcelaine anglaise de Chelsea.	105	—
Cuisson de la porcelaine anglaise de Worcester.	94	—
Cuisson des grès anglais.	86	—
Cuisson de la faïence commune.	57	—
Fusion de l'or fin.	32	—
Fusion de l'argent.	28	—

Alliages métalliques. — MM. Appolt, fabricants de produits chimiques, ont disposé, pour mesurer les chaleurs intenses qu'ils veulent régler, une série d'alliages de zinc et de cuivre composés et dosés exactement, dont le point de fusion est déterminé préalablement par des expériences spéciales et rapporté par comparaison aux degrés centigrades.

1 partie de zinc,	4	de cuivre fondant à	1050
— —	5	—	1100
— —	6	—	1130
— —	8	—	1160
— —	12	—	1230
— —	20	—	1300

Ces indications paraissent donner au cuivre un point de fusion moins élevé que celui que l'on admet généralement. Pour employer ces alliages, on creuse sur une large barre de fer, à quelques centimètres de son extrémité, plusieurs cavités hémisphériques dans lesquelles on place une parcelle de chaque alliage. Ces parcelles sont environ de la grosseur d'un pois; on les choisit de telle sorte que leur degré de fusion ne soit pas éloigné de la température du fourneau. Un peu d'habitude permet bientôt de faire ce choix sans se tromper. On couvre les grains d'alliage avec une plaque de fer pour les garantir de l'oxydation, puis on place la barre dans le fourneau. Pour que l'expérience soit concluante, il faut qu'une partie seulement des alliages se fonde, et l'on apprécie la température en choisissant dans le tableau celle qui correspond à la moins fusible des parcelles qui sont liquéfiées. La température indiquée par le point de fusion de certains alliages, très-convenable théoriquement, présente encore pratiquement des embarras tels que ce procédé n'a pas encore été mis en usage dans les industries céramiques.

On a fait à Sèvres l'essai du thermomètre à air; mais il se présente pour cuire la porcelaine la difficulté de trouver une enveloppe parfaitement imperméable pour conserver la même quantité d'air pendant toute la durée d'une même fournée, et pendant les fournées subséquentes. On conçoit qu'on doive rencontrer des obstacles sérieux dans la mesure des températures capables de faire fondre des alliages contenant 53 parties de platine pour 47 d'or. SALVÉTAT.

PYROXYLES. On donne le nom de pyroxyles (du grec πῦρ, feu, et ξύλον, bois) à des composés très-inflammables et détonants, produits par l'action de l'acide azotique concentré sur les matières cellulosiques, telles que le coton, le chanvre, le lin, le papier, le bois.... Le plus connu de ces produits est celui qui dérive du coton, et qui a reçu le nom de coton-poudre ou fulmi-coton; c'est à lui que se rapportent généralement les divers faits que nous allons détailler.

Dans les derniers mois de 1846, le bruit se répandit en France, par la voie des journaux politiques, qu'un chimiste de Bâle avait trouvé le moyen de transformer le coton en une substance explosive comme la poudre noire. On ajoutait que cette substance jouissait de propriétés merveilleuses : elle pouvait être plongée dans l'eau et y séjourner plus ou moins longtemps sans perdre sa force, qu'elle retrouvait intégralement en séchant; elle brûlait sans donner de fumée et sans encrasser les armes; enfin sa force était trois ou quatre fois supérieure à celle de la poudre.

L'annonce de cette découverte fut d'abord accueillie par une incrédulité générale, entretenue par les moqueries des journaux satiriques. Mais bientôt l'Académie des Sciences fut saisie elle-même de cette découverte, et, dans les séances des 21 et 26 septembre, des renseignements étaient donnés par MM. Arago, Dumas et Pelouze sur la transformation du coton en une matière fulminante. Dans la séance du 5 octobre 1846, M. Dumas donna lecture d'une lettre à lui adressée par M. Schœnbein, qui expliqua et précisa les propriétés de son coton explosif, sans donner toutefois aucun détail sur sa préparation.

Mais cette précaution était vaine, car tous les chimistes avaient deviné le secret de cette préparation. Dans cette même séance du 5 octobre, M. Morel avait présenté à l'Institut des échantillons de coton explosif, et, dans la séance suivante, il déposait un paquet cacheté contenant la description complète et détaillée de sa préparation.

On s'était rappelé, en effet, la xyloïdine découverte par Braconnot en 1833, et étudiée d'une manière très-complète, en 1838, par Pelouze. Dès l'origine, les chimistes étaient arrivés à cette conclusion : que les propriétés assignées à la poudre-coton de Schœnbein la rangeaient à côté de la xyloïdine.

En dissolvant à chaud l'amidon par plusieurs fois son poids d'acide azotique très-concentré, Braconnot avait reconnu que l'eau précipitait de cette dissolution une substance blanche pulvérulente, très-explosive, à laquelle il avait donné le nom de xyloïdine. En traitant de même, par l'acide azotique concentré, les matières cellulosiques, et précipitant par l'eau, Braconnot avait obtenu un produit qu'il jugeait identique à la xyloïdine. Dans l'étude complète qu'il avait faite de la xyloïdine, Pelouze avait montré que ce corps n'était autre qu'un nitrate d'amidon. En expérimentant de même les matières cellulosiques, Pelouze avait trouvé qu'il n'était pas nécessaire de les dissoudre, et qu'une rapide immersion dans l'acide azotique concentré, suivie de lavages répétés, suffisait pour donner à ces matières des propriétés explosives. Tout d'abord, Pelouze avait conçu la pensée que ces composés explosifs pouvaient avoir quelques applications dans l'artillerie. Il pria un capitaine d'artillerie de les expérimenter ; mais ce dernier étant mort, les expériences furent interrompues, et Pelouze perdit de vue cette idée d'application, dont la trace fut cependant conservée dans le *Traité de chimie* de Dumas. (Tome VI, p. 12.)

Mais, à l'annonce de la découverte de M. Schœnbein, il était impossible à Pelouze et aux chimistes français d'oublier les produits découverts anciennement, en faisant agir l'acide azotique sur les matières cellulosiques. Aussi vit-on paraître de tous côtés des procédés de fabrication du coton explosif.

Sans vouloir citer tous les inventeurs qui s'adressèrent successivement à l'Institut, nous pouvons rappeler, toutefois, d'abord M. Morel et M. Meynier, de Marseille; puis M. Otto, de Brunswick; le docteur Knopp, de Leipzig; le docteur Bley, de Bernburg. Pendant ce temps, M. Schœnbein persistait à tenir son procédé secret, et même dans une lettre adressée au journal *le Times*, le 13 novembre 1846, il affirmait qu'il n'y avait aucune relation entre la xyloïdine et son fulmi-coton, s'appuyant surtout sur ce fait : que le premier corps était entièrement soluble dans l'acide azotique; et le second, au contraire, complétement insoluble dans cet acide.

Pour résumer cet exposé historique, il n'est pas douteux que M. Schœnbein ait employé le corps préparé par lui, et désigné par lui sous le nom de fulmi-coton, à diverses expériences d'artillerie, dès la fin de l'année 1845.

En mars 1846, M. Schœnbein avait envoyé des échantillons à MM. Faraday, Herschell et Grove pour faire des expériences de tir. En avril 1846, des expériences avaient été faites par lui dans le Wurtemberg, à l'arsenal de Ludwigsburg et à Stuttgard. En mai, juin et juillet, de nouvelles expériences avaient été faites par lui à Bâle avec des armes diverses : pistolets, carabines, mortiers et canons. Il avait même fait sauter des rochers à Istein, dans le grand-duché de Bade.

C'est une note insérée dans les annales de Poggendorf, par M. Schœnbein lui-même, et, plus tard, les renseignements donnés par M. Grove, à Southampton, devant l'Association britanique, sur le coton explosif, qui attirèrent sur ce produit l'attention de la France. Mais, cette priorité étant admise, il est évident que M. Schœnbein n'avait fait que retrouver un produit déjà découvert en France par Pelouze, puisque, malgré le secret qu'il a gardé sur son procédé, et d'après le seul souvenir des expériences antérieures de Pelouze, il surgit de tous côtés des modes de préparations de coton explosif.

D'ailleurs, lorsque la Diète germanique eut acheté à M. Schœnbein et à son associé, M. Bœttger de Francfort-sur-Mein, le secret de leur procédé, les révélations faites par M. Schœnbein n'ajoutèrent rien à ce que l'on savait déjà.

PRÉPARATION. — Nous l'avons déjà dit plus haut, le pyroxyle se forme toutes les fois que l'on trempe les matières cellulosiques (coton, lin, chanvre, papier, etc.) dans l'acide azotique très-concentré. Toutefois, on reconnut bientôt qu'à défaut d'acide azotique concentré, qui était alors très-rare, on obtenait le même résultat avec un mélange d'acide azotique ordinaire et d'acide sulfurique; ce dernier acide servant à concentrer l'acide azotique.

Nous allons, du reste, décrire le procédé de préparation du pyroxyle, tel qu'il était suivi à la Poudrerie du Bouchet, où l'on en eut de grande quantités à fabriquer de 1847 à 1849, pour répondre aux demandes des diverses Commissions d'expériences instituées durant cette période, ainsi que des industriels ou propriétaires miniers qui furent autorisés à faire des essais de ce produit. Les détails qui vont suivre sont empruntés, presque textuellement, à un Mémoire présenté à l'Institut, dans la séance du 12 mars 1849, par M. Maurey, alors directeur de la Poudrerie du Bouchet.

PROCÉDÉ DU BOUCHET. — On opérait au Bouchet sur du coton cardé ordinaire, livré tel qu'il sort de la carde en gros, c'est-à-dire en ouates enroulées sur des cylindres de bois.

Mélanges. — Les mélanges d'acides étaient faits d'avance, la veille généralement. Les proportions les plus ordinaires : 1 d'acide azotique et 1 d'acide sulfurique, formant le mélange dit à volumes égaux; et 2 d'acide azotique à 40°, et 3 d'acide sulfurique à 68°, formant le mélange dit à volumes inégaux. Dans une suite d'expériences entreprises en vue de déterminer le dosage conduisant à la plus grande force balistique, on était arrivé à la proportion suivante : 3 volumes d'acide azotique et 7 volumes d'acide sulfurique, équivalant en poids à 1 d'acide azotique pour 2,86 d'acide sulfurique.

Supposons l'emploi du mélange à volumes inégaux : on mesurait d'abord 4 litres d'acide azotique que l'on versait dans une tourie de grès, puis 6 litres d'acide sulfurique que l'on ajoutait peu à peu en agitant avec une baguette de verre, et attendant chaque fois que la masse fût suffisamment refroidie. On ajoutait ensuite 4 litres d'acide azotique et 6 litres d'acide sulfurique, et ainsi de suite, successivement, jusqu'à ce que l'on ait obtenu la quantité de mélange jugée nécessaire.

Trempage. — Le trempage s'effectuait de la manière suivante : dans un vase en grès d'environ $0^m,20$ de diamètre et $0^m,14$ de profondeur, muni d'un disque en verre servant de couvercle, on versait d'abord 1 litre de mélange, puis on plongeait rapidement, en quatre ou cinq fois, 100 grammes de coton pesés à l'avance, en l'enfonçant au moyen d'un tampon de verre.

Cette première portion est la plus difficile à imbiber. Il faut surveiller la masse, et, lorsqu'on reconnaît à leur couleur plus blanche des points non imprégnés, presser dessus avec le tampon de verre pour faire pénétrer la liqueur. Lorsque l'imbibition est mal conduite, il se produit en certains points un dégagement de vapeurs rutilantes, bientôt suivi d'une décomposition très-rapide de toute la masse, que l'on ne peut arrêter qu'en la noyant en quelque sorte dans les acides.

Cela fait, on ajoutait d'abord dans le même vase un deuxième litre de mélange, puis une deuxième portion de ouate pesant 100 grammes. Chaque vase contenait ainsi 200 grammes de coton et 2 litres d'acides; on les recouvrait avec le disque de verre pour arrêter les émanations gênantes de l'acide azotique, et aussi pour empêcher l'affaiblissement du mélange par l'humidité de l'air, et on laissait macérer le coton pendant au moins une heure.

Pressage. — Pour exprimer les acides en excès, on soumettait à la fois le contenu de vingt vases, soit 4 kilogrammes environ, à l'action de la presse à acides.

Cette presse comprenait une vis manœuvrée par un levier pouvant descendre dans une auge en grès, dont la paroi antérieure était remplacée par une planche mobile recouverte de plomb, et dont le fond était percé de trous pour le passage des acides.

Le coton était rangé par assises horizontales, puis recouvert d'un plateau en fonte sur lequel agissait la vis. La quantité d'acide exprimée avec la presse du Bouchet représentait environ 7 pour 100 du mélange employé au trempage. Le mélange, recueilli dans une tourie placée au-dessous de la presse, recevait le nom d'acides n° 2, pour le distinguer du mélange neuf, dit acides n° 1.

Le déchargement de la presse se faisait après l'enlèvement de la paroi mobile en bois, au moyen d'une fourche en fer.

Premier lavage à l'eau. — Le coton bien ouvert était placé dans des paniers en osier, que l'on trempait vivement dans le courant même de la rivière. On agitait le coton avec des bâtons, et on le laissait ainsi exposé à l'action de l'eau pendant une heure ou une heure et demie.

Au sortir de l'eau, le coton était pressé fortement dans une nouvelle presse, où on le débarrassait en partie des liquides qui l'imbibaient.

Deuxième lavage dans une lessive alcaline. — Pour neutraliser les dernières traces d'acides, on plongeait le coton pendant vingt-quatre heures dans des cuviers en bois pleins d'une lessive faite avec des cendres, et maintenue parfaitement alcaline.

Troisième lavage à l'eau. — Au sortir de la lessive alcaline, le coton était lavé de nouveau à la rivière dans des paniers. Puis on le soumettait à l'action de la presse à eau pour en extraire la majeure partie des liquides qui l'imbibaient.

Séchage. — Pour le séchage, il fut d'abord fait au moyen de la vapeur à la sécherie artificielle (voir l'article *Poudre*); mais un accident ayant démontré qu'il pouvait y avoir explosion à une température de 44°, on renonça à l'emploi de toute chaleur artificielle.

Pendant longtemps ensuite, on exposait le coton à l'action du soleil sur les tables du séchoir à l'air; mais on renonça à ce procédé après avoir observé des échauffements allant jusqu'à 69°.

En résumé, le seul procédé qui soit à l'abri de toute crainte d'explosion consiste à sécher le coton-poudre à la sécherie artificielle au moyen d'un simple courant d'air à la température ordinaire. On n'arrive pas ainsi à enlever les dernières traces d'humidité (1 à 2 pour 100), mais l'expérience a démontré que cette quantité d'eau est sans influence sur les propriété balistiques du coton-poudre.

Triage et emballage. — Après le séchage, le coton était trié à la main par des femmes qui enlevaient avec soin toute portion ayant subi un commencement de décomposition. Il ne restait plus qu'à l'emballer, ce qui se faisait dans des barils ordinaires de 50 et 100 kil., employés pour la poudre noire.

Emploi des acides n° 2. — Nous avons vu plus haut que les acides n° 2, exprimés de la masse du coton dans la presse à acides, étaient recueillis avec soin. En effet, ils étaient ravivés par l'addition d'acide sulfurique nouveau, dans la proportion de deux parties en volume d'acide sulfurique pour trois parties d'acides n° 2, et ils étaient employés de la même manière que les acides neufs; ils donnaient un produit presque égal à celui de ces derniers.

Quant aux acides n° 3, obtenus en exprimant le coton traité par les acides n° 2, ils ne pouvaient plus être ravivés. Ils étaient distillés pour recueillir l'acide azotique et l'acide sulfurique restant était concentré, en sorte qu'on les transformait en acides neufs qui rentraient en fabrication.

Rendement. — A l'origine, les décompositions étaient nombreuses : on obtenait en moyenne, avec 100 de coton sec, 154,40 seulement de pyroxyle. Mais, par la suite, lorsque la fabrication présentait une certaine régularité, on est arrivé à un rendement moyen de 165,25, qui peut être regardé comme sensiblement maximum pour une production en grand.

Prix de revient. — M. Maurey, que nous avons déjà cité, établit de la manière suivante, dans son Mémoire de 1847, le prix de revient du pyroxyle sur une fabrication de $599^k,68$, dans laquelle les acides n° 2 avaient été ravivés, et les acides n° 3 donnés aux fournisseurs en réduction sur le prix des acides neufs :

1403k06 d'acide azotique, à 1 fr. 25. . . .	1753 fr.	83
3308k34 d'acide sulfurique, à 0 23. . . .	760	92
294k40 de coton, à 1 90. . . .	749	36
Frais de fabrication (sur pointages)	928	25
Total.	4192 fr.	36

Ce qui donne 6 fr. 99 ou environ 7 fr. le kilog. pour le prix de revient du pyroxyle.

Tel fut le procédé employé au Bouchet sur plus de 5,000 kilog. de pyroxyle fabriqués en 1847 et 1848; mais cette fabrication fut complétement interrompue à la suite de l'explosion du 17 juillet 1848.

PROCÉDÉ DU GÉNÉRAL LENK. — En Autriche, les essais sur le pyroxyle ont continué jusqu'à ce jour, grâce surtout à la persévérance du baron Lenk, de Wolfoberg. Le général Lenk faisait partie de la première commission de Mayence, en 1846; depuis il n'a pas cessé de s'occuper du pyroxyle, et il a imaginé un procédé de fabrication conduisant, suivant lui, à un produit toujours identique, et n'ayant aucun des inconvénients signalés tant de fois, et sur lesquels nous aurons à revenir plus tard.

Le point de départ du général Lenk, c'est qu'il faut se placer dans les conditions les plus favorables à l'azotisation, pour obtenir le pyroxyle ayant le plus de résistance à la décomposition. Voici en quoi consiste son procédé appliqué en grand à la fabrique de Hirtenberg, d'après les renseignements donnés par lui-même, et relatés dans le mémoire sur la poudre-coton, par MM. Pelouze et Maurey. (*Annales de physique et de chimie*, 4e série, tome III.)

Le mélange adopté par le général Lenk est de 1 d'acide azotique à 40° pour 3 d'acide sulfurique à 66°.

Il emploie pour opérer le trempage une auge rectangulaire, divisée dans sa longueur en trois compartiments, et maintenue à une température constante au moyen d'un courant d'eau qui circule entre de doubles parois. Le premier compartiment sert de réservoir pour les acides. On y fait arriver chaque acide séparément par un orifice de petite dimension, de manière à ce que le mélange s'y fasse sans élévation notable de la température.

Dans le deuxième compartiment on entretient constamment un bain de 30 kilog. d'acides, dans lequel on plonge le coton par masse de 100 grammes, c'est-à-dire que l'on trempe le coton dans 300 fois son poids d'acides. On agite légèrement le coton dans le bain, et lorsqu'il paraît complétement imbibé, ce qui n'exige qu'une minute environ, on le retire pour le mettre sur un égouttoir disposé au-dessus du bain, et on le soumet à une pression réglée, de manière à lui laisser toujours le même poids d'acides. Avec l'habitude, on arrive à obtenir un poids normal de 1k150 pour le poids du coton trempé, d'où il résulte que les 100 grammes de coton ont absorbé 1k050 d'acides.

Le coton pressé est mis dans le troisième compartiment.

On ajoute alors dans le deuxième compartiment 1k050 d'acides, et l'on fait un nouveau trempage de 100 gr. de coton. On continue de même indéfiniment dans le même bain, en remplaçant chaque fois par 1k050 de mélange neuf, ce qui a été enlevé par le coton. Le coton pressé est mis dans le troisième compartiment.

De là, le coton est placé dans des vases entourés d'eau, pour éviter toute élévation de température, et y séjourne 48 heures.

Puis on le place dans une essoreuse où il perd, en quelques minutes, les 3/4 des acides non combinés, lesquels sont rendus aux fournisseurs et ne rentrent pas en fabrication. Pour enlever le restant des acides, on lave le coton en l'agitant dans une eau courante, et en l'y laissant immergé pendant six semaines.

Au bout de ce temps, le coton est essoré de nouveau, puis lessivé dans une dissolution bouillante de carbonate de potasse à 2 degrés Beaumé. On le laisse ensuite dans l'eau pure, jusqu'à ce qu'il n'y ait plus trace d'alcalinité.

Après un troisième et dernier essorage, le coton-poudre est séché à l'air ou dans une étuve maintenue à la température de 20°.

Enfin, le pyroxyle est entièrement enduit de verre soluble, dans le but de fermer les fibres du coton par la précipitation du silicate, de retarder le développement en gaz, et puis d'éliminer les traces de l'acide qui pourraient s'y trouver. Cette opération est faite dans une espèce d'essoreuse, où débouche un tuyau qui verse dessus de la dissolution de verre à 12° Beaumé. On sèche le pyroxyle imprégné de cette manière, et on l'abandonne à l'air pendant un laps de temps suffisant pour que l'acide carbonique de l'air se combine avec la soude du verre, ce qui détermine la formation d'un silicate insoluble.

Le carbonate de soude étant enlevé par des lavages, le silicate de potasse insoluble reste comme une sorte de gaîne adhérente aux fibres du coton, auquel il ajoute environ 2 pour 100 du poids du pyroxyle.

FABRICATION ANGLAISE. — Depuis 1864, époque à laquelle le général Lenk a donné communication de ses procédés de fabrication à l'Angleterre comme à la France, de notables quantités de coton-poudre ont été préparées à l'arsenal de Woolwich. Mais, d'après les détails donnés par M. F. Abel dans une lecture faite par lui à la Société royale de Londres, il n'a été apporté aucune modification au procédé Lenk, si ce n'est en ce qui concerne la silicatisation, dont on paraît avoir reconnu l'inutilité.

COMPOSITION CHIMIQUE. — Dans le mémoire déjà cité de M. Maurey (1840), la réaction qui donne naissance au pyroxyle est ainsi établie :

$$\underset{\text{Cellulose.}}{2(C^{12}H^{10}O^{10})} + \underset{\text{Acide nitrique.}}{5(AzO^5HO)} =$$

$$= \underset{\text{Pyroxyle.}}{C^{24}H^{17}O^{17},5(AzO^5)} + \underset{\text{Eau.}}{8HO}$$

ce qui revient à dire que le pyroxyle est de la cellulose pentanitrique.

Cette composition a été confirmée pour les études faites par M. Béchamp (*Annales de physique et de chimie*, 3e série, t. XXXVII), qui établit l'existence des trois composés suivants :

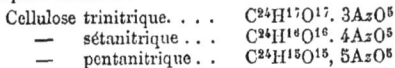

Cellulose trinitrique. . . .	$C^{24}H^{17}O^{17}.\ 3AzO^5$
— sétanitrique . . .	$C^{24}H^{16}O^{16}.\ 4AzO^5$
— pentanitrique . .	$C^{24}H^{15}O^{15},\ 5AzO^5$

ce dernier étant précisément le pyroxyle.

En Allemagne, MM. Redtenbacher, Schrotter et Scheider, analysant le pyroxyle du général Lenk, ont été conduits à la formule

$$C^{12}H^7O^7.\ 3\,Az\,O^5$$

qui correspond à un trinitrate.

Mais des analyses très-nombreuses faites sous les yeux de Pelouse, par MM. Faucher et Chapoteaux (voir *Mémoire sur la poudre-coton* de MM. Pelouze et Maurey, *Annales de physique et de chimie* 4e série, tome III), sur des pyroxyles donnés par M. Lenk lui-même, ont établi la formule

$$C^{24}H^{15}O^{15}.\ 5\,(Az\,O^5) + 3\,HO.$$

En raison du soin avec lequel ont été faites ces analyses, qui porte surtout sur la détermination de l'azote, élément le plus différent dans les deux formules, il est permis de donner toute confiance à la formule française, et d'affirmer que le coton-poudre est un pentanitrate.

Toutefois, il est bon de remarquer (voir *Notes sur les pyroxyles*, par M. Melsens, *Bulletin* de l'Académie royale de Belgique, 2e série, tome XIX no 2) que cette composition est celle du véritable pyroxyle, du pyroxyle *balistique*, et que, d'après les analyses mêmes de M. Béchamp, il existe des celluloses nitriques à différents degrés d'azotisation.

PROPRIÉTÉS PHYSIQUES ET CHIMIQUES. — La transformation des matières cellulosiques en pyroxyle n'est accompagnée d'aucun changement dans leur forme et leur aspect. Toutefois, le coton-poudre est moins doux au toucher que le coton ordinaire, et ses fibres sont devenues cassantes.

Le coton-poudre est un des corps qui se chargent le plus facilement d'électricité. Au Bouchet, lorsque l'on séchait encore le coton-poudre à la sécherie à vapeur, on a reconnu souvent, qu'en promenant légèrement la main dessus, on en tirait des myriades de petites étincelles très-visibles pendant la nuit, et qui se révélaient le jour par une sorte de décrépitation.

Le pyroxyle est complétement insoluble dans l'eau, soit à chaud, soit à froid. Il est insoluble dans l'alcool et l'éther, et même dans le mélange d'alcool et d'éther. Nous insistons sur ce dernier point, qui donne un moyen sûr de distinguer un coton-poudre imparfait ou photographique, propre à être converti en collodion, de tout pyroxyle parfait ou balistique.

Le pyroxyle s'enflamme vers 140 ou 150°; mais lorsqu'il est maintenu pendant un certain temps à une température de 100°, et même entre 60 et 80°, il dégage des vapeurs rutilantes, s'altère plus ou moins profondément, et souvent même se décompose en détonant. Lorsqu'il est bien pur, il brûle sans donner de résidus, et se transforme complétement en azote et en vapeur d'eau.

Toutefois, sa combustion est presque toujours accompagnée d'un dégagement de vapeurs rutilantes, et même de gaz prussiques. Cette dernière observation, à laquelle on n'a pas donné une attention suffisante, est due à MM. Fordos et Gélis. (Comptes rendus de l'Institut, séance du 23 novembre 1846.)

A la température ordinaire, le pyroxyle n'est attaqué par l'acide azotique qu'avec une grande lenteur. A chaud, il se dissout facilement; l'eau et l'acide sulfurique précipitent de cette dissolution une matière très-analogue à la xyloïdine.

A une température de moins de 100°, le coton-poudre se dissout complétement dans l'acide sulfurique, en formant un liquide incolore. Cette réaction permet de reconnaître si le pyroxyle est pur et non mélangé de coton encore intact et non imprégné.

L'éther acétique, l'acétone, l'acétate de méthylène le dissolvent complétement.

Traité à chaud par le perchlorure de fer et en général par les corps réducteurs, le pyroxyle est régénéré en coton ordinaire. (Voir *Recherches sur la pyroxyline*, par M. A. Béchamp, *Annales de physique et de chimie*, 3e série, tome XXXVII.)

DÉCOMPOSITIONS SPONTANÉES DU PYROXYLE. — Le pyroxyle est un corps très-instable qui se décompose spontanément, d'une manière lente ou rapide, c'est-à-dire avec ou sans explosion. Plusieurs chimistes ont cité des cas de décomposition du pyroxyle à la température ordinaire; en général, ils ont signalé comme produits de cette décomposition, des vapeurs nitreuses, des corps très-oxydés, comme l'acide formique, l'acide oxalique et l'acide acétique, et comme résidus des matières gommeuses et sucrées.

Du reste, il importe de revenir sur ces décompositions spontanées du pyroxyle à la température ordinaire et sous l'action de températures même inférieures à 100°; car c'est là le point le plus grave à citer contre son emploi à la guerre ou dans l'industrie.

Dès les premiers temps de la découverte du pyroxyle, on signala des cas d'explosion à des températures très-inférieures à celles de l'inflammation.

Ainsi, M. Piobert cite une explosion dans une étuve maintenue entre 75 et 80°, et M. Payen en cite même survenues entre 50 et 60° seulement. (Comptes rendus de l'Institut, séance du 30 novembre 1846.) Bientôt des accidents graves vinrent affirmer la possibilité de ces décompositions.

Explosion à la sécherie du Bouchet. — Le 25 mars 1847, une explosion se produisit, à la sécherie du Bouchet, sur 23 kilog. de pyroxyle, quelques minutes après que le surveillant avait constaté au thermomètre, dans la masse même du pyroxyle, une température de 44° seulement. L'enquête faite à la suite de cette explosion assigne pour unique cause à cet accident une décomposition spontanée.

Explosion de Vincennes. — Le 2 août 1847, une explosion se produisit à Vincennes sur 76 kil. 80 de pyroxyle contenus dans 11 barils, dans un magasin fermé, dans lequel personne n'était entré depuis deux jours. L'explosion survenue à cinq heures du matin ne put être expliquée encore que par une décomposition spontanée.

Explosion dans le magasin du Bouchet. — Le 17 juillet 1848, une explosion se produisit dans le magasin du Bouchet, au moment où l'on embarillait le pyroxyle, sur une quantité de 1,064 kil. 92. La température venait d'être observée à l'instant, elle était de 25° seulement; et comme nulle cause d'explosion ne peut surgir dans l'embarillage, cet accident doit être attribué encore à une décomposition spontanée.

Ce fut une épouvantable catastrophe, dont les effets doivent être signalés. (Voir Mémoire sur le pyroxyle, *Mémorial de l'artillerie*, n° VII.)

Quatre élèves maîtres poudriers, jeunes gens pleins d'avenir et de dévouement, furent tués; trois autres personnes ont été blessées. On n'a retrouvé que des débris littéralement hachés du cadavre de la seule victime qui fût sans doute dans le magasin; un lambeau de la poche du gilet de ce malheureux, sans traces de brûlures, renfermait une lettre intacte.

Les désastres furent énormes.

Le bâtiment, dont les murs avaient 1 mètre et 50 centimètres d'épaisseur, a été détruit de fond en comble. A sa place, il s'est produit un large entonnoir d'environ 4 mètres de profondeur sur 16 mètres de diamètre.

Toutes les douelles et les cercles des barils, où le pyroxyle était renfermé, avaient disparu entièrement, comme s'ils eussent été volatilisés; néanmoins, des pièces de bois, faisant partie de la construction, ont été trouvées brisées, et sans trace de carbonisation. Cent soixante-quatre arbres à l'entour ont été ou complétement emportés ou coupés, les uns à ras-de-terre, les autres à diverses hauteurs, dans le prolongement des directions de l'entonnoir formé. Les plus voisins de l'explosion étaient dépouillés de leur écorce, et clivés jusqu'aux racines en filaments ressemblant à des chènevottes. Des chevrons en fer de la toiture étaient enroulés en spirales autour des débris; d'autres, lancés au loin, étaient en morceaux ou tourmentés en tous sens. Dans le prolongement du grand axe du bâtiment, jusqu'à 300 mètres environ, se trouvait une ligne de matériaux classés par ordre de densités, les bois les plus près, puis les pierres, et enfin les débris de fer plus loin.

Explosion de Dartford. — A l'étranger, des faits analogues furent observés. Pour n'en citer qu'un, à la poudrerie de Dartfort, en Angleterre, où la fabrication du pyroxyle avait été installée par M. Schœnbein lui-même, une explosion survenue sans cause connue, dans le courant de 1848, coûta la vie à 20 ou 24 personnes, et détruisit tout l'ensemble des ateliers. On venait, quelques instants avant, de constater que la température n'était que de 40 et quelques degrés.

EXPLICATIONS PAR DE MAUVAIS LAVAGES. — On

crut d'abord expliquer les faits de décomposition spontanée du pyroxyle par de mauvais lavages ayant laissé des portions d'acides dans la masse du coton. Mais cette explication est inexacte : d'abord, parce que le lavage du coton est facile en eau courante; ensuite, parce que le séjour prolongé dans une lessive maintenue alcalinée devait saturer tout acide en excès.

Les faits observés dans les laboratoires venant s'ajouter à ceux déjà cités, il fallut reconnaître que le pyroxyle était exposé à des décompositions spontanées souvent accompagnées d'explosion. Dès lors, on interrompit en France comme en Angleterre toute fabrication en grand du pyroxyle.

TRAVAUX DU GÉNÉRAL LENK. — Comme nous l'avons déjà dit, en Autriche, on fut plus persévérant. La fabrication du pyroxyle fut continuée en grand sous la direction de M. Lenk, à Hirtenberg. Un matériel d'artillerie fut même construit pour le tir au coton-poudre.

Dès 1855, l'artillerie autrichienne possédait cinq batteries de pièces de 12 à fulmi-coton prêtes à entrer en campagne. Sans la paix de Villafranca, ces batteries auraient été mises en service en 1859, et opposées au canon de 4 rayé français, dont les effets meurtriers eurent tant d'influence sur l'issue de la campagne d'Italie.

Malgré l'inactivité de ces batteries spéciales, le mystère de la fabrication du pyroxyle autrichien piquait la curiosité des gouvernements étrangers. Aussi le général Lenk fut-il reçu avec empressement par la France et l'Angleterre quand il vint, dans le courant de 1864, offrir la communication de ses procédés. Nous avons indiqué en quoi ils consistent; on a pu voir qu'ils ne différaient de la fabrication du Bouchet que par l'emploi des essoreuses au lieu de presses, par la proportion des acides et le mode de trempage, par l'emploi du carbonate de soude, au lieu de lessive de cendres, enfin par l'addition du silicate de potasse.

Rien dans ces différences de préparation ne pouvait en modifier la composition chimique et les propriétés. Cependant M. S. Lenk affirmait que son pyroxyle était à l'abri de toute décomposition spontanée, soit à la température ordinaire, soit à toute température inférieure à 136°.

TRAVAUX FRANÇAIS SUR LE PYROXYLE LENK. — En France, les expériences furent faites, par ordre de l'Empereur, sur le pyroxyle Lenk, par MM. Maurey et Pelouze, assistés de MM. Faucher et Chapoteaux.

Le point important à vérifier, c'était la résistance du pyroxyle Lenk à toute température inférieure à 136°. Des expériences extrêmement nombreuses furent faites à cet effet (voir *Mémoire sur la poudre-coton*, par MM. Pelouze et Maurey, *Annales de physique et de chimie*, 4e série, tome III) avec des matras d'essai fermés ou non, que l'on plongeait dans un bain-marie d'eau bouillante ou dans une étuve de Gay-Lussac à huile.

Le résultat de ces expériences fut qu'aucun échantillon de pyroxyle ne peut résister à une température de 100° prolongée. Tous se décomposent dans un temps plus ou moins long, et, dans tous les cas, il suffit de quelques minutes pour constater un dégagement de vapeurs nitreuses. A 60° et même à 55°, le pyroxyle est encore décomposé avec le temps. On a même signalé un cas de détonation dans l'étuve de Gay-Lussac chauffée à 47° seulement.

Suivant les cas, la décomposition se produit de plusieurs manières différentes, que l'on ne peut reproduire à volonté. On peut signaler quatre modes divers de décomposition, caractérisés tous, dans les premiers instants, par un dégagement de vapeurs rutilantes.

1° Le pyroxyle détone violemment.

2° Il se décompose sans détonation, en laissant un résidu blanc, pulvérulent, acide, incomplétement soluble dans l'eau, et ne contenant plus d'azote, résidu qui forme environ la moitié du poids du pyroxyle.

3° Il laisse un résidu jaune, amorphe, inexplosible, parfaitement soluble dans l'eau, et réduisant, comme le glucose, le tartrate de cuivre et de potasse.

4° Il donne un faible résidu, 8 à 10 p. 100 seulement de son poids, d'une matière noire ayant l'apparence du charbon. Dans ce cas, le matras est entièrement tapissé d'une poudre jaune, qui semble être de l'ulmate d'ammoniaque.

A côté de ces cas de décompositions diverses à des températures variables, de 47 à 100°, il faut ranger les cas d'altération à la température ordinaire. Le pyroxyle Lenk, primitivement alcalin, exposé à l'action de la lumière même obscure pendant quelques semaines, dans un flacon de verre, c'est-à-dire en contact avec des parois à tendances alcalines, finit par donner des réactions acides.

Ainsi le pyroxyle Lenk n'est pas, plus que tout autre, à l'abri des décompositions spontanées, soit sous l'influence de la chaleur à moins de 100°, soit sous l'influence de la lumière seule, même obscure. De là aux explosions spontanées il n'y a qu'un pas.

L'altération du protoxyle, très-faible en commençant, peut quelquefois traverser des années sans grandir ni présenter d'inconvénients; mais tout d'un coup, et sans qu'on puisse en prévoir la cause, elle peut se développer et donner une élévation de température qui occasionne une détonation.

Du reste, le pyroxyle Lenk a aussi son contingent d'explosions. Sans nous arrêter sur le fait cité par un rapport autrichien d'un échantillon ayant fait explosion à la température de 69°, nous devons signaler une explosion survenue, dans le magasin n° 9 du Simmering, le 31 juillet 1862. Comme il y avait à la fois dans ce magasin du coton-poudre et de la poudre noire, le général Lenk ne manque pas d'attribuer l'explosion à une décomposition spontanée de cette dernière; mais ce fait serait tout à fait sans exemple, et l'explication est inadmissible.

Dans le courant de 1864, une explosion très-grave s'est produite de même à Hirtemberg, dans un atelier où l'on tressait le coton-poudre.

C'est donc avec raison que MM. Maurey et Pelouze ont déclaré le pyroxyle Lenk susceptible de décomposition spontanée, dans des conditions qui peuvent se rencontrer, soit dans son emmagasinage, soit dans ses usages techniques et militaires, et qu'ils ont repoussé son emploi dans l'artillerie.

OBSERVATIONS DE M. MELSENS. — Dans un travail que nous avons déjà cité (*Note sur les pyroxyles*, *Bulletin de l'Académie royale de Belgique*, 2e série, tome XIX, n° 2), M. Melsens attribue la divergence entre les résultats obtenus par MM. Pelouze et Maurey et ceux annoncés par M. Lenk à ce que les expériences ont porté sur des produits différents. Il insiste sur ce que, dans la fabrication de Paris, on a fait usage de presses à vis, tandis que dans celle d'Hirtenberg on employait des essoreuses; l'emploi des essoreuses lui paraît constituer *un tour de main industriel* qui modifie d'une manière complète les propriétés du pyroxyle.

M. Melsens croit pouvoir affirmer, sans du reste appuyer son affirmation sur des expériences positives, qu'il faut soumettre le pyroxyle après sa préparation à l'action prolongée d'un courant d'eau. L'air, l'eau, la chaleur, la lumière agissent sur les parties du pyroxyle susceptibles de se décomposer, lesquelles sont entraînées par le courant, et il reste alors un produit absolument stable, et à l'abri de toute décomposition spontanée.

Sans vouloir nous arrêter à la discussion de cette hypothèse, nous rappellerons seulement que les expériences faites dans le laboratoire de Pelouze, dans lesquelles ont été signalées un si grand nombre de décompositions, portaient en très-grande partie sur des pyroxyles fournis par M. Lenk lui-même, comme provenant de la fabrication d'Hirtenberg. D'ailleurs il ne faut pas oublier non plus les explosions de Simmering et d'Hirtenberg causées par des décompositions spontanées de pyroxyles fabriqués sous la direction de M. Lenk.

TRAVAUX ANGLAIS SUR LE PYROXYLE LENK. — En Angleterre, depuis la communication faite en 1864 par M. S. Lenk de son procédé, les essais n'ont pas cessé à l'arsenal de Woolwich.

Dans une note lue dans le courant de 1868 à la Société royale de Londres, M. Abel donne comme résultant d'une expérience de quatre années, et en contradiction avec les dires de MM. Pelouze et Maurey, que le coton-poudre préparé par la méthode de Lenk avec du coton convenablement purifié, et emmagasiné à l'état de sécheresse ordinaire, ne subit plus aucune altération, sauf le développement peu après l'emballage d'une légère odeur et de faibles réactions acides.

D'après lui, ce coton-poudre peut être exposé à la lumière diffuse du jour, soit à l'air, soit dans des caisses fermées, sans subir la moindre altération. Aux rayons directs du soleil, il peut s'altérer, mais d'une manière très-lente. Enfin, aux diverses températures inférieures à 100°, l'altération ne serait jamais que très-faible.

M. Abel explique les faits observés en France par un défaut de purification du coton. Le coton contient toujours des matières organiques diverses, grasses ou sucrées, qui, sous l'action de l'acide azotique, donnent des produits très-instables dont la décomposition entraîne celle de toute la masse du coton-poudre. De là, la nécessité absolue pour avoir un pyroxyle parfait de traiter préalablement le coton par un mélange d'alcool et d'éther destiné à le purifier complétement. Dans tous les cas, M. Abel affirme que la présence du carbonate de soude (1 p. 100) suffit pour arrêter tout dégagement d'acide et par suite toute décomposition ultérieure.

Il nous serait facile de contredire cette assertion par ce seul fait, déjà rappelé au sujet du travail de M. Melsens, que la plus grande partie des expériences citées par MM. Pelouze et Maurey ont été faites sur des pyroxyles préparés à Paris sous la direction de M. Lenk lui-même, ou sur des pyroxyles donnés par lui comme provenant de la fabrication d'Hirtenberg, lesquels étaient carbonatés et silicatisés. Nous nous contenterons de repousser, comme n'étant pas suffisamment concluantes au sujet de la stabilité du coton-poudre, des expériences faites seulement dans le laboratoire

D'ailleurs, il faut remarquer que l'on a signalé en Angleterre même des explosions de coton-poudre, qui ne peuvent être expliquées que par une décomposition spontanée. Ainsi, le 1er octobre 1866, un magasin de Woolwich rempli de pyroxyle, empaqueté dans des boîtes, a été entièrement détruit par une explosion sans cause connue. Citons encore l'explosion survenue le 12 septembre 1867, dans une manufacture de poudre à Strow-Market (Angleterre); le pyroxyle a sauté dans un séchoir chauffé par de l'air chaud à une température de moins de 70°.

Ici nous insisterons sur la nécessité de bien distinguer les explosions qui ne sont dues qu'à des accidents de fabrication, tels qu'un choc, un gravier, une imprudence d'ouvrier, un dérangement de mécanismes, et celles qui se produisent postérieurement à la fabrication, par des réactions entre les éléments de la poudre. Quelque fortuites que soient quelquefois les premières explosions, elles ne doivent pas être dites spontanées. On conçoit d'ailleurs qu'à force de précautions, elles puissent être rendues de moins en moins fréquentes et même supprimées, tandis que les explosions tenant à des réactions entre les éléments de la poudre ne peuvent être supprimées qu'en modifiant ses propriétés mêmes, ce qui n'est pas toujours possible.

CONCLUSION. — La conclusion à tirer des différents travaux que nous venons d'analyser, c'est que le coton-poudre est un corps éminemment instable (du moins dans l'état actuel de la science), exposé à des décompositions lentes sous l'influence de la lumière diffuse et même obscure, et susceptible de détoner spontanément.

PROPRIÉTÉS BALISTIQUES. — Les propriétés balistiques du pyroxyle attirèrent tout d'abord l'attention du public; mais les essais faits sans terme de comparaison, tout en constatant jusqu'à un certain degré sa supériorité sur la poudre noire, ne pouvaient en donner une mesure régulière.

Dès le 3 novembre 1846, la direction des poudres et salpêtres institua une commission pour l'étude du pyroxyle. Le 6 novembre 1846, à la suite des offres de coton explosif faites par MM. Morel et Chodsko au président du comité d'artillerie, une commission fut également instituée par son ordre pour l'étude du pyroxyle. Pendant ce temps, le conseil de salubrité examinait, sur l'ordre du préfet de police, le parti que l'industrie privée pouvait tirer du pyroxyle. De son côté, également, le ministre des travaux publics faisait exécuter des expériences dans les carrières d'Issy, par M. Combes, ingénieur en chef des mines, et M. Ch. Flandin.

On reconnut dès lors la nécessité de réunir toutes ces commissions en une seule, afin de donner aux recherches un caractère d'unité et d'ensemble indispensable pour l'étendue et la précision des conclusions. Le 3 décembre 1846, le ministre de la guerre forma une commission unique et comprenant dans son sein des représentants de tous les corps savants intéressés, qui prit le nom de commission du pyroxyle.

COMMISSION DU PYROXYLE. — Cette commission, après avoir pris connaissance des résultats obtenus par les commissions particulières, organisa un vaste ensemble de recherches sur les effets balistiques du pyroxyle.

Malheureusement, il y eut interruption dans les travaux par suite de la révolution de 1848. Mais sur l'ensemble des documents recueillis, une commission nouvelle formée en exécution d'un ordre du ministre de la guerre, en date du 4 janvier 1849, put produire un travail très-complet qui fut inséré dans le n° 7 du *Mémorial d'artillerie*, sous le titre de *Rapport sur le pyroxyle à base de coton, et sur les autres matières explosives analogues, comparées à la poudre.*

EFFETS DU PYROXYLE DANS LES ARMES DE GUERRE. — Les conclusions tirées d'un très-grand nombre d'expériences de tir, faites avec les armes portatives et les bouches à feu, sont les suivantes:

1° *Dans les armes portatives.* — Les charges de pyroxyle et de poudre de guerre, qui produisent dans les fusils d'infanterie la même vitesse, sont entre elles dans le rapport de 1 à 2,86. Les vitesses imprimées par le pyroxyle aux balles de fusil d'infanterie suivent, jusqu'aux charges de 4 à 5 grammes, la loi de la racine carrée des charges; mais aux charges supérieures, les balles sont déformées et le tir devient de plus en plus irrégulier.

La plupart des canons de fusil d'infanterie éclatent, dès les premiers coups, à la charge de 7 grammes de pyroxyle, tandis qu'ils peuvent supporter des charges de 30 grammes de poudre de guerre.

Dans le tir prolongé des fusils d'infanterie, à la charge de 2gr,86 de pyroxyle, les canons éclatent après 500 coups environ, tandis qu'avec la poudre noire ces canons peuvent ne pas être hors de service après 25,000 ou 30,000 coups tirés à la charge de 8 grammes.

On peut donc, avec la poudre à canon, obtenir des vitesses plus grandes qu'avec le pyroxyle, et sans danger d'éclatement des armes.

2° *Dans les bouches à feu.* — Le pyroxyle employé dans les canons de bronze met la bouche à feu hors de service au bout de quelques coups, même à des charges moindres que celle qui équivaut à la charge de guerre en poudre ordinaire.

Un mortier en fonte a été brisé par le tir, avec le pyroxyle, à la charge donnant les portées d'épreuve.

Le tir des mortiers en bronze n'a pas été assez prolongé pour que l'on pût observer la marche des dégradations produites dans ces armes.

Les projectiles creux chargés de pyroxyle et de balles de plomb éclatent dans l'âme des bouches à feu.

En présence de ces différents résultats, la Commission n'hésite pas à déclarer que l'emploi du pyroxyle est inadmissible pour les armes et les projectiles creux de tous genres en service dans les armées.

EFFETS DU PYROXYLE DANS LES MINES. — Les premiers essais faits par MM. Combes et Flandin, dans les carrières d'Issy, avaient paru assigner une grande supériorité au pyroxyle sur la poudre ordinaire.

Après la formation de la Commission du pyroxyle, M. Combes reprit ces essais dans les carrières de calcaire de la Folie-Nanterre, et dans les carrières de pierres à plâtre, dites de l'Amérique, à Belleville. Les résultats obtenus montrèrent que le pyroxyle produit des effets équivalents, à peu près, à ceux d'un poids triple de poudre de guerre ou de chasse, et quadruple de poudre de mine.

Dans ces essais, on reconnut que le pyroxyle donne en brûlant des quantités considérables d'oxyde de carbone, qui, en s'échappant par les fissures, peut donner naissance à des accidents graves, et nécessiter en tous cas de longues interruptions dans le travail. M. Combes imagina alors de rendre la combustion du pyroxyle plus complète au moyen de sels oxydants.

En mélangeant le pyroxyle avec 10 pour 100 de salpêtre, il se transforme complétement dans la combustion en vapeur aqueuse, en acide carbonique et en azote. Ses effets deviennent tels qu'il agit comme environ sept fois son poids de poudre de mine, et cinq à six fois son poids de poudre de guerre.

Il y a lieu, toutefois, de rapprocher ces différents résultats du prix de revient des matières employées. A cet effet, nous rapporterons le tableau ci-après, donné dans le rapport sur le pyroxyle déjà cité.

MATIÈRES explosives EMPLOYÉES.	PYROXYLE.	SALPÊTRE et PYROXYLE.	POUDRE DE GUERRE.						POUDRE de chasse extrafine.
			Fusil.	Canon.	Mortier.	Projectiles creux.	MINES. Dans un calcaire tendre.	MINES. Dans du plâtre en galeries souterraines.	Fusil.
Quantités équivalentes pour un même effet produit.	1^k	$1^k 20$	$2^k 86$	$2^k 50$	$2^k 10$	$3^k 20$	2^k	3^k	$1^k 728$
Prix du kilogr.......	7^f	$4^f 37$	$1^f 463$	$1^f 463$	$1^f 463$	$1^f 463$	$1^f 463$	$1^f 463$	$2^f 392$
Dépenses pour le même effet.	7^f	$5^f 24$	$4^f 17$	$3^f 66$	$3^f 08$	$4^f 68$	$2^f 93$	$4^f 39$	$4^f 20$

Il est vrai que le prix de 7 fr. par kilogramme pour le coton-poudre serait actuellement trop élevé par suite de l'abaissement des prix des acides, et qu'il serait possible de le fixer à 5 fr. ou 5 fr. 50 c. Quoi qu'il en soit, à effet produit égal, le pyroxyle est encore la plus chère de toutes les poudres.

La Commission du pyroxyle fut amenée à conclure que le coton-poudre ne pouvait avoir aucun emploi dans les mines, à cause de sa cherté et du danger que présente sa conservation en magasin.

Ces conclusions n'ont pas été modifiées par les travaux ultérieurs.

BATTERIES AUTRICHIENNES A FULMI-COTON (LENK). — Nous avons déjà dit que malgré les premiers insuccès de la Commission de Mayence, en 1846, le baron Lenk avait dû à sa persévérance la création de cinq batteries à fulmi-coton, qui étaient prêtes à entrer en campagne au moment de la guerre d'Italie, en 1859. Mais le peu de confiance accordé dans l'artillerie autrichienne à ce matériel spécial le condamna à l'immobilité.

Après la campagne, on reprit les études sur l'emploi du fulmi-coton. M. Lenk ayant imaginé un système de rayure d'une simplicité très-grande et d'une réelle efficacité, on construisit un grand nombre de canons de divers calibres sur ce modèle. Mais les Commissions autrichiennes se sont constamment opposées à leur adoption définitive.

On peut donc considérer l'emploi du pyroxyle Lenk comme abandonné en Autriche même.

OBSERVATIONS FRANÇAISES SUR LE PYROXYLE LENK. — Lors des études faites en 1864 par MM. Pelouze et Maurey, sur le pyroxyle Lenk, les propriétés balistiques n'ont pas été oubliées. La rupture d'un canon de fusil et d'un canon de bronze de 24 donnèrent la preuve que la préparation spéciale de ce pyroxyle ne lui avait aucunement enlevé ses propriétés brisantes. Quant aux divers moyens proposés par M. Lenk, pour empêcher le pyroxyle de développer ses propriétés brisantes, il fut reconnu qu'ils neutralisaient une partie de la force propulsive du pyroxyle. En sorte que le problème de l'application du pyroxyle aux armes de guerre ne pouvait être regardé comme résolu, même par M. Lenk.

Cette conclusion demeure entière, même après les travaux de M. Abel, qui n'a pas cru devoir employer le pyroxyle Lenk autrement que dans l'éclatement des projectiles creux.

RÉSUMÉ. — Il est donc permis d'affirmer que, dans l'état actuel de la science, le pyroxyle est sans application utile possible, soit dans l'artillerie, soit dans les mines. Toutefois, il faut insister sur le mot que nous venons d'employer, *dans l'état actuel de la science*. La poudre noire, dont l'introduction en Europe remonte au quatorzième siècle, n'est réellement conquise par la science appliquée que depuis un siècle à peine; on ne peut donc affirmer que le pyroxyle restera toujours, dans l'avenir, sans application possible.

Le pyroxyle est, et restera toujours certainement,

une poudre brisante par le fait même de sa composition. Si l'on réfléchit, en effet, à la manière dont agit la poudre noire, qui n'est qu'un mélange et qui forme, au moment de l'explosion, un très-grand nombre de combinaisons distinctes, les unes solides, les autres gazeuses (voir à l'article *Poudre* du Dictionnaire, les produits indiqués par MM. Bunsen et Schisckoff), on comprend qu'elle n'agisse qu'avec une lenteur relative, ayant pour effet de ménager l'arme. Le pyroxyle, au contraire, est un composé solide; certainement très-insensible aux hautes températures, qui se résout en quelque sorte au moment de l'explosion en un certain nombre de produits, tous gazeux, ce qui implique une rapidité de décomposition entraînant presque forcément des détériorations dans l'arme.

Il n'est pas impossible, toutefois, de restreindre cette action brisante. Déjà M. Lenk a essayé, avec quelques succès, de tresser le coton-poudre, ou de le comprimer dans des cartouches de forme spéciale. MM. Prentice, de Stow-Market, ont fait également des charges de pulpe de coton-poudre comprimée à la presse hydraulique. L'avenir nous réserve peut-être quelque solution inattendue de ce désideratum particulier du problème.

D'ailleurs, il pourrait y avoir avantage à créer un matériel spécial, dans lequel les propriétés brisantes du pyroxyle seraient rendues inoffensives, soit par la nature du métal employé, soit par les formes adoptées. En outre, dans certaines applications de l'art des mines et carrières, les propriétés brisantes du coton-poudre, loin d'être un inconvénient peuvent devenir très-avantageuses.

En tous cas, il restera toujours au pyroxyle cet avantage de pouvoir être fabriqué rapidement, sans l'emploi de machines spéciales, coûteuses et longues à établir. Si donc la chimie peut arriver à lui donner une stabilité suffisante et à le mettre à l'abri des décompositions spontanées si dangereuses, sur lesquelles nous avons insisté, les applications ne manqueront pas. Il y a donc là une carrière importante pour le génie des inventeurs.

Rappelons seulement, à ce sujet, que l'État s'est réservé le monopole de la fabrication des poudres, tant dans un intérêt fiscal que dans l'intérêt de la sécurité publique. Les expériences sur les matières explosives en général, et sur le pyroxyle en particulier, ne peuvent donc s'étendre au dehors des laboratoires sans donner naissance à des délits justiciables des tribunaux.

POUDRE SCHULTZE. — Comme nous l'avons déjà dit, quelle que soit la matière cellulosique employée, les pyroxyles obtenus présentent les mêmes propriétés, et surtout les mêmes inconvénients dans la pratique. Il n'y a donc pas lieu de revenir spécialement sur chacun d'eux. Toutefois, nous donnerons quelques détails sur la poudre Schultze.

M. E. Schultze, ancien capitaine dans l'artillerie prussienne, est l'inventeur d'une poudre spéciale dont il a détaillé tous les avantages dans une brochure intitulée : *La poudre nouvelle à canon, dite poudre Schultze*, et qui a fait l'objet d'un assez grand nombre d'essais en 1863 et 1864, à la poudrerie du Bouchet et au dépôt central des poudres.

M. Schultze prend du bois parfaitement desséché, qu'il débite à la scie à rubans, en grains presque cubiques, ayant un peu plus d'un millimètre de côté. Traités à l'ébullition par une dissolution alcaline et par le chlorure de chaux, de manière à détruire toute la matière incrustante, ces grains sont ensuite lavés à grande eau dans un bain chauffé à la vapeur, puis dans un bain d'eau froide, et enfin desséchés avec soin.

Les grains de bois sont alors traités pendant deux ou trois heures par un mélange d'acides azotique et sulfurique, qui les transforme en pyroxyle. Ils sont ensuite essorés, puis saturés par le carbonate de potasse, relavés à grande eau, et enfin desséchés complétement. Au moment de l'emploi, ils sont saturés de nitrate de potasse ou de baryte, et desséchés de nouveau.

M. Schultze signale sa poudre comme susceptible d'être conservée indéfiniment sans décomposition; cette prétention n'a, du reste, jusqu'ici, pas été contredite par l'expérience.

Quant à l'emploi de cette poudre dans les armes, tous les essais faits au Bouchet et au dépôt central des poudres ont prouvé qu'elle était éminemment brisante.

Au fusil-pendule, il a été constamment impossible d'approcher des vitesses obtenues avec la poudre noire sans déformer les balles et sans produire de graves détériorations dans les armes; deux canons de fusil ont même éclaté. Au canon-pendule, on a dû se tenir très-au-dessous des vitesses normales dans la crainte de faire éclater le canon.

Bien que M. Schultze poursuive ces essais avec l'espoir de diminuer les qualités brisantes de sa poudre, il n'y a pas lieu de croire qu'elle puisse avoir un grand avenir. Malgré le bas prix de la matière première, par suite des manipulations nombreuses à lui faire subir, la poudre Schultze est encore d'un prix supérieur à celui de la poudre noire.

NITROGLYCÉRINE. — La nitroglycérine a été découverte en 1847, par M. Sobrero, dans le laboratoire de Pelouze, lors des premières expériences sur le coton. Mais l'attention du public n'a été appelée sur ce produit que depuis quelques années par les travaux de M. Nobel, ingénieur des mines suédois.

La nitroglycérine s'obtient par l'action de l'acide nitrique concentré, ou d'un mélange d'acide nitrique à 40° et d'acide sulfurique à 66° sur la glycérine. Elle se forme commme le pyroxyle, et n'est autre chose qu'un trinitrate de glycérine; la réaction peut être représentée de la manière suivante :

$$\underset{\text{Glycérine.}}{C^6H^8O^6} + \underset{\text{Acide azotique.}}{3\,AzO^5.HO} = \underset{\text{Nitroglycérine.}}{C^6H^5O^3.3AzO^5} + \underset{\text{Eau.}}{6\,HO}$$

La nitroglycérine est jaune, liquide, ressemblant à de l'huile d'olives, inodore, d'une saveur douce, aromatique et légèrement piquante. Absorbée par l'estomac ou par une muqueuse quelconque, même par la peau des mains, elle est très-vénéneuse. Ses vapeurs provoquent des maux de tête extrêmement violents.

Sa densité est de 1,06.

Elle est insoluble dans l'eau, soluble dans l'alcool et dans l'éther.

On peut la chauffer jusqu'à 100° sans décomposition aucune; mais, vers 180°, elle détone avec violence. Elle s'enflamme difficilement, et ne brûle qu'au contact des corps en ignition.

Elle cristallise en longues aiguilles blanches, susceptibles de détoner au moindre frottement.

Lorsqu'on répand de la nytroglycérine sur une surface dure, et que l'on frappe avec un marteau, l'explosion est limitée au point où s'est faite la percussion, le reste n'est pas altéré. Elle ne peut être renfermée dans des bouteilles hermétiquement fermées, parce que les vapeurs qui s'en dégagent exercent une forte pression sur la masse liquide, et, alors, le plus léger ébranlement peut occasionner une explosion.

La nitroglycérine bien pure paraît à l'abri de toute décomposition spontanée. Si elle est impure et acide, elle se transforme en acide oxalique et glycérine, et peut faire explosion.

Les alcalis caustiques la décomposent en nitrates alcalins et glycérine, et avec les corps réducteurs, la glycérine est remise en liberté.

PRÉPARATION. — La préparation industrielle de la nitroglycérine a été indiquée de la manière suivante, par M. E. Kopp, dans une note adressée à l'Académie, le 23 juillet 1866.

On commence par mélanger dans une tourie en grès, placée dans l'eau froide, de l'acide azotique fumant à 46 ou 50°, avec le double de son poids d'acide sulfurique concentré. D'autre part, on évapore dans une marmite de la glycérine du commerce bien exempte de chaux et de plomb, jusqu'à ce qu'elle marque 30 ou 31° Beaumé; après refroidissement, elle doit former une masse sirupeuse.

On verse alors 3,300 grammes du mélange d'acides dans un vase placé dans un baquet d'eau froide, et on fait couler lentement, en remuant constamment, 500 gr. de glycérine. Il est important d'empêcher tout échauffement de la masse du mélange, parce qu'il pourrait se produire une oxydation tumultueuse, et même une explosion; le vase où s'opère le mélange doit être refroidi constamment.

Une fois le mélange fait, on l'abandonne pendant cinq à dix minutes, puis on le verse dans cinq ou six fois son volume d'eau froide, en agitant régulièrement. La nitroglycérine se précipite sous forme d'une huile lourde que l'on sépare par décantation, et que l'on lave à grande eau.

Dans ces conditions, la nitroglycérine reste un peu acide et aqueuse; mais en l'employant de suite, cela est sans inconvénient.

Depuis sa première publication, M. E. Kopp a perfectionné cette préparation (voir *Annales du génie civil*, 7e année, n° 10). Pour éviter les inconvénients inhérents aux mélanges et aux pesages des acides dans les mines, il emploie de l'acide azoto-sulfurique et des vases gradués au moyen desquels la manipulation est simplifiée et rendue très-pratique.

MODE D'EMPLOI DANS LES MINES. — Nous avons déjà dit que M. Nobel est le premier qui ait fait usage, dans le courant de 1863, de la nitroglycérine dans les mines.

Le trou de mine étant fait comme d'ordinaire, on bouche les fissures, qui peuvent s'y rencontrer, au moyen de terre glaise, puis on y coule la nitroglycérine. On prend alors un cylindre en bois, en fer ou en carton, rempli de poudre ordinaire et portant une mèche ou fusée de sûreté, que l'on enfonce dans le trou de mine jusqu'à ce qu'elle vienne toucher la surface de la nitroglycérine. On coule du sable fin par-dessus la cartouche de poudre jusqu'à ce que le trou soit exactement rempli, mais sans comprimer ni tamponner.

En mettant le feu à la mèche, la poudre s'enflamme et produit un choc qui fait détoner la nitroglycérine. L'explosion est tellement subite que le sable n'est pas projeté.

AVANTAGES DE LA NITROGLYCÉRINE. — D'après M. Nobel, les avantages de la nitroglycérine sont les suivants :

1° Étant presque insoluble dans l'eau et plus dense qu'elle, la nitroglycérine peut être employée avec avantage dans des trous de mine mouillés et même submergés.

2° Ses effets sont huit à dix fois aussi grands que ceux de la poudre de mine ordinaire dans les roches compactes, et près de vingt fois dans les roches tendres, fissurées, grâce à la rapidité de l'explosion.

3° Elle ne nécessite aucun bourrage, ce qui correspond à une économie notable de temps et ne laisse aucun résidu.

Voici, du reste, quelques-uns des résultats des expériences qui ont été faites à la mine d'Altenberg, le 7 juin 1865, en présence de MM. Decken et Nœggerath, et d'un grand nombre d'ingénieurs allemands et belges.

Les trous étaient faits dans une dolomie dure et saine, mais traversée par de nombreuses fissures. Dans une première expérience, un trou de 34 millimètres de diamètre et 2 mètres de profondeur fut chargé de 1,5 litres de nitroglycérine; il restait une longueur de 0m,50, dans laquelle on coula la fusée, puis on remplit de sable et on alluma la mèche. L'effet produit fut considérable, et la masse rocheuse fut entièrement fissurée; quelques fentes avaient 6 et même 15 mètres de longueur.

Dans une autre expérience, sur un trou de mine foré dans un endroit plus dégagé, on employa 0,75 litres de nitroglycérine. L'explosion fut formidable, la roche était comme pulvérisée, et un quart de la masse avait été emporté.

Une autre expérience fut faite avec un bloc de fonte de 1 mètre de longueur, 0m,58 de largeur et 0m,27 d'épaisseur, pesant 1 000 kilogrammes, dans lequel on avait percé un trou de 0m,20 de profondeur, et 0m,015 de diamètre. Ce trou ayant été rempli de nitroglycérine sur une hauteur de 11 centimètres, et fermé par un bouchon de fer, on mit le feu comme d'ordinaire avec une mèche et une cartouche de poudre de mine. Le bloc fut divisé en quatre grands et dix ou douze petits morceaux.

En résumé, d'après M. Éric, ingénieur en chef des mines suédois, l'économie résultant de l'emploi de la nitroglycérine est de 23 pour 100, et le surcroît de rapidité dans le déblayement des matériaux peut être évalué à 87 pour 100. Ces avantages ont paru si importants, que cinq grandes usines ont été fondées à Hambourg, à Stockholm, à Christiania, à Helsingfors et à New-York pour produire la nitroglycérine sur une vaste échelle.

En Angleterre, aucune usine n'a encore été fondée pour cette fabrication, mais les applications de la nitroglycérine y sont très-importantes.

En France, l'emploi en a été fait dans les carrières de grès rouge de la vallée de la Zorn, près Saverne (Bas-Rhin), appartenant à MM. Schmitt et Dietsch. Le succès a paru complet, tant sous le rapport de l'économie que sous celui de la facilité et de la rapidité du travail, en sorte que l'emploi de la poudre de mine y est complétement abandonné.

Il n'est pas sans intérêt de s'arrêter sur la question de l'économie résultant de l'emploi de la nitroglycérine.

En tenant compte du rendement qui est au maximum de 700 grammes de nitroglycérine, en employant 500 grammes de glycérine et 3300 grammes d'acide azotosulfurique, on peut (à défaut de renseignements plus précis) évaluer le prix de la nitroglycérine de la manière suivante :

500	gr. de glycérine, à 1 fr. 45 le kilog.	0fr.725
1100	— d'acide azotique, à 0 fr. 80 le kil.	0 888
2200	— d'acide sulfurique, à 0 fr. 22 le kil.	0 484
	Main-d'œuvre, 2 pour 100.	0 042
	Frais généraux, 10 pour 100	0 209
	Total.	2fr.340

soit une dépense de 2 fr. 340 pour 700 grammes de nitroglycérine, ce qui fait environ 3 fr. 30 par kilogramme.

Or, en écartant toute exagération, on peut admettre que la nitroglycérine est en moyenne 6 fois 1/2 aussi forte que la poudre de mine, dont le prix de revient ne dépasse pas 0 fr. 80. Donc, à égalité d'effet produit, la dépense en nitroglycérine serait de 3 fr. 30 (pour 1 kilog.), tandis que la dépense en poudre de mine serait de 5 fr. 28 (pour 6,5 kilog.)

Ajoutons que l'État qui s'est réservé le monopole de cette fabrication vend la poudre 2 fr. 25 le kilog., ce qui porte les dépenses correspondantes en nitroglycérine et en poudre à 3 fr. 30 et 14 fr. 60 environ.

Mais il résulte de ceci que les économies réalisées avec la nitroglycérine tiennent, pour la majeure partie, à ce que le consommateur s'est soustrait à l'impôt prélevé par l'État sur la consommation de la poudre. Ce n'est donc que par tolérance, et en vue de faciliter les progrès de l'industrie minière, que l'Administration a permis jusqu'ici l'emploi de la nitroglycérine dans les carrières de la vallée de la Zorn; mais les raisons de sécurité publique tendent actuellement à l'emporter, et on va mettre fin à la fabrication en grand de la nitroglycérine.

INCONVÉNIENTS DE LA NITROGLYCÉRINE. — La propriété que possède la nitroglycérine de faire explosion par les chocs présente en effet des dangers très-graves démontrés par plusieurs catastrophes.

En avril 1866, un navire anglais, *The European*, de Liverpool, chargé de 72 caisses de nitroglycérine, avec 20,000 capsules et autres matières combustibles, se trouvait à quai, en déchargement à Aspinwal (Californie). Le déchargement se faisait avec une grue à vapeur. Une caisse de nitroglycérine montée trop rapidement vint heurter contre une poutre et fit explosion. La commotion entraîna l'explosion des autres caisses, et le navire fut coulé à fond. Plus de cinquante personnes furent tuées ou blessées, et plusieurs maisons s'écroulèrent ou furent notablement endommagées. Pas une fenêtre ne resta intacte dans toute la ville, et les dégâts s'élevèrent à une perte de plus d'un million de dollars.

Quelques jours après, une caisse de nitroglycérine faisait explosion dans une rue de San-Francisco, sans cause connue. Il y eut vingt personnes tuées et un nombre considérable de blessés, plusieurs maisons furent complétement ruinées.

Dans le courant de la même année 1866, un journal de Hirschberg, en Silésie, rapporta un accident survenu avec de la nitroglycérine congelée. On l'employait dans la construction d'un chemin de fer; elle était emmagasinée dans des vases en verre, enveloppés de paille et placés dans des paniers. La masse ayant fait prise, on la maniait avec précaution en détachant des fragments avec un morceau de bois. Un jour, un surveillant eut malheureusement l'idée de frapper le bloc de nitroglycérine avec un pic de sept à huit livres; il y eut explosion et l'infortuné fut lancé en l'air. Deux ouvriers, qui se trouvaient à quelque distance, en furent quittes avec des blessures sans gravité.

En présence de ces accidents, M. Nobel imagina la nitroglycérine *préservée*. En mêlant 5 à 10 pour 100 d'alcool à la nitroglycérine, elle perd complétement ses propriétés explosives, elle peut alors être transportée dans des vases pleins ou non, par des chemins unis ou pierreux; elle peut être agitée, ou frappée sans danger. D'ailleurs, l'évaporation spontanée de l'alcool contenu dans la nitroglycérine préservée a lieu même en vase ouvert, d'une manière si lente que la propriété explosive ne se manifeste qu'après vingt-cinq jours environ. De là, la possibilité de la faire voyager dans des climats très-variables sans aucune crainte.

Au moment de l'emploi, on lave la nitroglycérine préservée avec de l'eau; l'alcool se dissout, et le liquide huileux gagne le fond et peut être séparé facilement par décantation.

Mais le surcroît de dépense résultant de l'emploi de l'alcool faisant disparaître tous les avantages de la nitroglycérine, cette précaution ne paraît pas s'être généralisée. Aussi voyons-nous encore, le 24 juin 1868, une formidable explosion à Quenast (Belgique).

M. Grillet, représentant-associé d'une maison de Hambourg, arrivait vers 3 heures 1/2 aux carrières de M. Zaman, à Quenast (Belgique), avec une voiture chargée de 2000 kilogrammes de nitroglycérine. La voiture était sous l'escorte de trois artilleurs, deux ouvriers de la carrière furent employés à la décharger. Le nombre d'hommes qui se trouvaient autour de la voiture était donc de 7: le conducteur, M. Grillet, les trois artilleurs et les ouvriers. A quelque distance travaillaient deux scieurs de long, une petite fille ramassait des copeaux. Vers les 3 heures 45 minutes une effroyable détonation eut lieu; les dix personnes disparurent dans une commotion d'une violence telle, que le choc en fut ressenti à Loth, à une distance de près de trois lieues, et l'on ne retrouva, de leurs corps, qu'un paquet de chair littéralement hachée, dont on remplit un panier. Les deux chevaux furent lancés contre un wagon neuf qui se trouvait à une cinquantaine de mètres de distance, et qui fut complétement démoli. Du grand magasin il ne resta que quelques briques; quant aux planches, aux tuiles, on n'en a pas retrouvé trace. Toutes les maisons à 500 mètres de distance furent saccagées, les arbres rompus, les champs dévastés.

Au dire d'un ouvrier de la carrière, il paraîtrait qu'un des paniers contenant les bombonnes de nitroglycérine ayant glissé, tomba et fut brisé. De là une explosion qui mit le feu à toute la charretée.

Il importe de remarquer que les explosions citées ci-dessus ne sont pas de même nature que les accidents souvent très-graves signalés dans l'emploi de la poudre noire. Quelles que soient les précautions prises, il est évidemment impossible d'éviter, dans l'exploitation des mines et carrières, ou dans les transports, qu'il se présente des chocs plus ou moins violents sur les barils ou vases contenant la poudre; dès lors on doit rejeter, dans l'intérêt de la sécurité publique, l'emploi d'une poudre faisant explosion par les chocs seuls.

En outre, bien qu'on ait prétendu que la nitroglycérine bien pure était à l'abri de toute décomposition spontanée, comme il est à peu près impossible de se procurer dans le commerce de la glycérine convenablement purifiée, la fabrication industrielle de la nitroglycérine doit être regardée comme éminemment dangereuse. Ce qui le prouve d'ailleurs, c'est que dans le laboratoire même de M. Nobel, où toutes les précautions possibles devaient être prises en vue d'éviter les accidents, il s'est produit, le 11 juin 1868 (quelques jours après la catastrophe de Quenast), une explosion dont on n'a pu connaître la cause et dans laquelle quatorze victimes ont péri, ne laissant que des restes méconnaissables.

Le mois suivant, en juillet 1868, la fabrique de Winterviker, près de Stockholm (qui appartient également à M. Nobel), a été détruite par une explosion survenue le matin quand tout le personnel était encore absent. Cette circonstance doit être notée avec soin, parce qu'elle écarte toute idée d'imprudence, et démontre que l'explosion doit être attribuée d'une manière certaine à une décomposition spontanée de la nitroglycérine.

A la suite de l'explosion de Quenast, et vu l'incertitude sur le mode d'emploi rationnel de la nitroglycérine, le roi des Belges, par décret portant la date du 13 juillet 1868, en interdit la préparation et la vente. En France, l'État s'étant réservé le monopole de la fabrication et de la vente de la poudre, cette interdiction est de droit. Déjà, dans le courant de 1867, un avis inséré au *Moniteur*, ainsi que des circulaires adressées par les préfets aux sous-préfets et maires de chaque département, ont rappelé au public que la fabrication de la nitroglycérine, comme de toutes les matières explosives, constituait un délit. Malgré le tort fait au Trésor, l'Administration, comme nous l'avons dit, a pu tolérer l'emploi de la nitroglycérine dans les carrières de la Zorn, dans une vue de progrès; mais comme il est bien démontré actuellement que la propriété que possède la nitroglycérine de se décomposer spontanément et de faire explosion par le choc peut donner naissance à des accidents extrêmement graves, l'Administration est désormais dans l'intention de s'opposer à tout emploi industriel de la nitroglycérine.

DYNAMITE. — M. Nobel a obtenu tout récemment une nouvelle combinaison, qui rend la nitroglycérine tout à fait inoffensive, et à laquelle il donne le nom de *dynamite*. C'est du gravier fin saturé de nitroglycérine.

D'après une note insérée au *Méchanic's Magazine*, un grand nombre d'expériences ont été faites pour démontrer la parfaite innocuité de la dynamite dans toute circonstance autre que celle du tir dans la mine. Ainsi, une petite boîte de sapin, contenant environ 3k,6 de dynamite, fut jetée d'une hauteur de 20 mètres sur des rochers, sans autre effet que la rupture des coins de la boîte par suite du choc. Cette même boîte ayant été placée dans un bon feu de bois, il y eut inflammation et dégagement de gaz et de fumée sans aucune explosion. Ce qui montre que la dynamite ne présenterait aucun danger dans une collision ou dans un incendie.

Quant au mode d'emploi dans les mines, M. Nobel prépare des cartouches de différentes dimensions, formées simplement de sacs en papier contenant la dynamite, à chacun desquels est fixée une fusée qui se termine par une capsule qui détermine l'explosion de la nytroglycérine. L'effet produit est considérable.

Il est donc permis d'espérer que la puissance explosive de la nitroglycérine ne restera pas sans application, et que les progrès de la science en supprimeront les dangers. L. FAUCHER.

R

RÉGULATEUR LA RIVIÈRE. — En construisant son régulateur, dit M. Grouvelle dans son *Guide du chauffeur* (2e partie consacrée aux machines à vapeur), M. La Rivière a eu pour but de corriger les défauts du régulateur Molinié, et surtout le principal, la rapide destruction d'un soufflet en cuir placé près d'une machine à vapeur ou d'une chaudière.

L'appareil consiste en un cylindre de fonte muni de son piston métallique garni de caoutchouc et conduit par la machine sur laquelle on le monte.

L'air est aspiré à chaque course du piston à travers des ouvertures munies de clapets, pratiquées aux deux bouts de la petite pompe à double effet, et il est refoulé sous un piston qui monte et descend dans un cylindre en fonte accolé au premier, et dont la tige sort par le plateau supérieur pour conduire la valve de règlement de la machine.

On conçoit facilement qu'en faisant varier la quantité d'air aspirée et la hauteur dont s'élève à chaque course la tige du piston qui conduit la valve, ce qui a lieu en rendant ce piston un peu plus ou un peu moins lourd, on arrive, dès que la machine s'accélère trop, à fermer instantanément la valve et à régler rigoureusement la quantité de vapeur introduite, en raison des besoins du travail seul que la machine doit faire, et à ouvrir instantanément aussi la valve, pour augmenter le volume introduit à pleine pression quand la machine se ralentit. Cet appareil a un petit volume, il s'applique sans peine et à peu de frais à toutes les machines à vapeur; il ne coûte presque aucun entretien, et donne en pratique une détente réglée très-exactement en raison de la charge que la machine entraîne à chaque instant, règlement de détente dont les résultats sont :

Régularité entière de vitesse qui se maintient, même avec la suppression presque complète de la charge; disparition des secousses que produisent ces brusques variations de travail et économie notable de combustible due aux proportions parfaites entre la dépense de vapeur et la charge réelle à chaque instant.

De nombreux régulateurs La Rivière fonctionnent avec succès en France et en Angleterre.

RÉSISTANCE DES MATÉRIAUX. — Une expérience rapportée à l'article *Équivalent mécanique de la chaleur* m'a permis d'expliquer un phénomène d'écrasement des corps durs qui était fort obscur jusqu'ici, à savoir, leur décomposition en pyramides ou en cônes, suivant que le corps soumis à la compression a une forme prismatique ou cylindrique.

Lorsqu'on laisse tomber un corps pesant, comme le mouton de la sonnette à battre les pieux que j'employais dans mes expériences, sur un morceau de plomb coulé de la forme d'un tronc de cône droit, pénétré par un tronc de cône renversé, forme préférable à celles de cubes ou de prismes qui résistent également par leurs faces opposées, sur lesquelles seules on avait fait de rares expériences, les déformations ont toujours été de la forme représentée par la fig. 3708; c'est-à-dire que

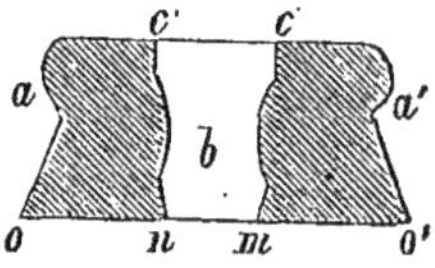

Fig. 3708.

le métal, écrasé seulement à la partie supérieure du cône, s'écarte perpendiculairement à la direction de l'écrasement, de manière à présenter sa plus grande largeur extérieurement, à y former un bourrelet en tulipe, tandis qu'à l'intérieur, près de la surface, une paroi circulaire verticale bien nette montre bien que le phénomène se passe tout différemment à l'extérieur qu'à l'intérieur.

Cette différence d'effets est facile à analyser.

A l'extérieur, le métal, ne trouvant pas de soutien, puisque les circonférences successives vont en croissant, s'écarte sans rencontrer de résistance, et par la succession des couches superposées prend extérieurement la forme en tulipe *a*. Pour les couches intérieures, au contraire, le mouvement du métal vers le centre tend à faire naître une résistance particulière.

La forme des parties *cc* est due évidemment à la résistance produite par le glissement vers l'intérieur, dans une direction où les circonférences successives vont en diminuant de rayon, ce qui fait naître la résistance bien connue de la voûte, de la roue de voiture. Ce résultat indique l'explication très-satisfaisante, et qui n'avait pas encore été donnée, du très-curieux phénomène dont j'ai déjà parlé, qui se produit lors de l'écrasement des corps durs.

Fig. 3708 *bis*.

Considérons un prisme et d'abord la face supérieure qui reçoit la pression (fig. 3708 *bis*). Les molécules du bord tendent à se mouvoir extérieurement, à s'écarter dans la limite de l'élasticité du corps, tandis que vers le centre, par une réaction nécessaire de ce premier effet, les molécules tendant à glisser vers l'intérieur résistent en faisant voûte. Il est évident que les molécules situées vers le bord, qui s'écartent dans la limite de l'élasticité du corps, qui se déplacent quelque peu, tendent à entraîner extérieurement les molécules placées au-dessous d'elles, et transmettent mal la pression verticale à la section sous-jacente, où les mêmes effets se reproduisent sur une surface moindre, diminuée d'un petit contour comparativement à la section placée au-dessus. C'est par la répétition de cet effet que la section des parties résistantes, qui ne tendent pas à se réduire en poussière, va en diminuant; d'où la forme de cônes, de pyramides, où l'effet de voûte vers l'intérieur est bien démontré par la convexité des faces. Quant aux parties situées en dehors des pyramides dont l'élasticité est forcée, et qui tendent à être repoussées, elles tombent en poussière.

Les pyramides ou cônes sont doubles, le sommet étant au milieu de la hauteur, à cause de la transmission générale de la pression de la partie supérieure à la partie inférieure, aux moments qui précèdent celui de sa désagrégation, et dans le cas seulement de pressions lentes; car, avec un choc, la surface en contact avec l'obstacle n'étant pas la section la plus grande du corps, le choc est amorti par le contact, et il se produit une pyramide partant de la face choquée et un glissement relatif du reste du corps le long des faces de la pyramide, variant de forme en raison du choc et de la ténacité des substances, comme l'expérience l'a fait reconnaître dans le choc des boulets.

Il me semble que l'inégalité des surfaces supérieures et inférieures adoptée pour la première fois dans mes expériences, au lieu de l'égalité des formes cubiques et cylindriques employées par Rennie et Vicat, ouvre une voie tout à fait nouvelle aux observations relatives aux phénomènes de rupture, aussi bien pour les compressions que pour les chocs; questions aussi intéressantes que difficiles, qui appellent les recherches des physiciens, car les travaux faits jusqu'ici ont, la plupart, une assez faible valeur.

Ces expériences montrent encore la consommation énorme de travail qui se fait par l'écrasement de la saillie d'un corps aigu, et qui amortit par suite rapidement sa force vive. Cet effet justifie l'emploi proposé par Whithworth de projectiles plats à l'extrémité et non aigus, pour agir sur les cuirasses des navires blindés, au moyen des canons rayés qui lancent des projectiles allongés.

RÉSISTANCE DES CORPS MALLÉABLES. — Nous venons de traiter des phénomènes de déformation, de pulvérisation des corps durs de nature cristalline. Les connaissances acquises sur la déformation des corps malléables se sont aussi précisées par les recherches de M. Tresca qu'il a définies : *Recherches sur l'écoulement des solides.*

On sait que les métaux soumis à la compression s'écrouissent, augmentent de densité, dans une proportion bien moindre qu'on n'est disposé à le croire, puis remplissent les capacités, sortent par les intervalles qui subsistent entre le contour du corps qui comprime et la matrice qui résiste; c'est sur cette propriété que reposent les nombreux procédés de fabrication dans lesquels on utilise la malléabilité des métaux. Mais on ignorait les lois que suivaient ces parties du corps qui se déplaçaient.

M. Tresca ayant eu l'heureuse idée de faire des expériences, non sur une masse de plomb, comme on avait fait avant lui, mais sur une série de disques superposés, a pu suivre dans la masse les joints du contact des diverses plaques, et reconnaître la forme des trajectoires des molécules : telle est la figure 3709 qui représente une section longitudinale par l'axe d'un solide produit par le refoulement du plomb à travers un orifice circulaire. Il a ainsi reconnu que, sous pression, les solides s'écoulaient comme les liquides placés dans les mêmes conditions, lorsqu'on vient à pratiquer une ouverture dans le vase qui les contient.

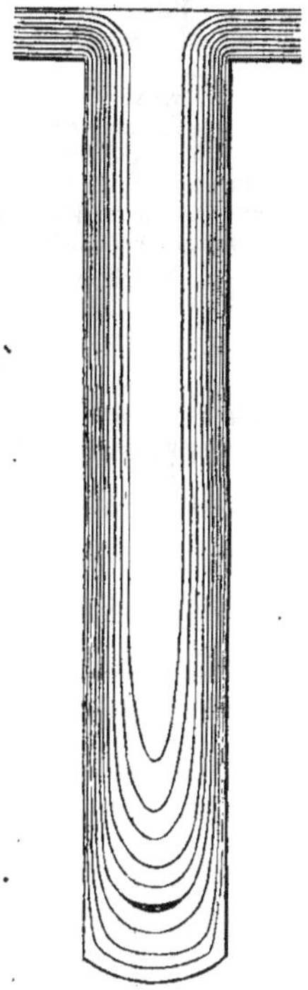

Fig. 3709.

« Lorsqu'un solide se déforme sous l'influence d'actions extérieures, cette déformation, dit-il, peut être considérée comme le résultat d'un écoulement qui a lieu dans la masse même du solide, à partir des points les plus pressés et dans la direction où les obstacles à cet écoulement sont les moindres. »

Dans le cas le plus simple, celui d'une ouverture pratiquée dans la base de l'enveloppe rigide, les molécules sont animées de deux mouvements : l'un parallèle à l'axe du jet, l'autre perpendiculaire à ce même axe, ce qui explique le mouvement de torsion que manifeste l'apparence extérieure des veines solides ou fluides, dont l'équilibre instable peut être troublé par la moindre différence de pression ou de vitesse.

C'est ainsi, encore, qu'en faisant dans le jet obtenu par l'écoulement d'un bloc composé de lames de plomb par un orifice carré, des sections normales à sa direction, les tubes extérieurs plus minces avaient pour sections transversales des polygones d'un même nombre de côtés que celui de l'orifice; mais les sommets de ces polygones s'effaçaient de plus en plus à mesure que l'on examinait les tubes à une plus grande distance de la surface, et ces sommets étaient, dans le voisinage de l'axe, remplacés par des contours arrondis. Or, ce sont là exactement les phénomènes observés et signalés par M. Bazin dans l'écoulement des liquides, dans ses recherches sur les lois de la répartition des vitesses dans les sections transversales des canaux.

Les divers faits constatés par M. Tresca peuvent se résumer de la manière suivante :

1° Dans tous les échantillons, sans exception, les faces planes des plaques primitives se sont modifiées au centre, de manière à former des surfaces de révolution presque cylindriques dans le jet, et se terminant par une calotte qui tourne sa convexité vers l'extrémité de ce jet;

2° Les lignes de joint font voir que toutes les molécules qui composaient le bloc primitif viennent individuellement se placer dans le jet, absolument comme le feraient les molécules d'un liquide qui s'écoulerait sur le bord de l'orifice comme sur la crête d'un déversoir circulaire;

3° Les épaisseurs des calottes qui terminent les plaques dans le jet vont en augmentant à partir de son extrémité;

4° Dans les parties où l'un des tubes a pris une forme à peu près cylindrique, l'épaisseur de ce tube est telle que sa section diffère très-peu de celle qui représenterait la section du tube divisée par le nombre des plaques;

5° Lorsque, par suite de la formation du jet, l'épaisseur du bloc est descendue au-dessous d'une certaine limite, le jet devient creux, et en même temps il se contracte, de manière à présenter sous ce double rapport les phénomènes reconnus dans l'écoulement des liquides, lorsque la hauteur de la chute devient petite par rapport aux dimensions de l'orifice.

Les phénomènes étudiés ici sont évidemment ceux qui se passent lors du martelage et du laminage des métaux froids ou rendus plus malléables par la chaleur, de l'action des découpoirs, etc., et en un mot de tous les outils qu'emploie l'industrie, pour utiliser la malléabilité des corps, pour les amener à une forme déterminée.

REVOLVER. Multiplier le nombre de coups, chargés à l'avance, qu'il est possible de tirer avec une même arme, c'est augmenter beaucoup sa puissance. Il est clair toutefois qu'on n'y peut songer lorsqu'on emploie des armes auxquelles on donne, dans leur plus grande simplicité, le maximum du poids admissible dans la pratique pour avoir la plus grande portée possible. C'est ce qui arrive notamment pour les fusils de guerre, lorsque cependant il serait important de pouvoir réitérer le feu qui laisse le soldat sans autre défense que celle que peuvent lui fournir les armes blanches. C'est donc naturellement pour les pistolets, dont le poids est assez limité, que l'on a pu reprendre des essais d'arme à nombre de coups multipliés que l'on rencontre dans les principaux musées d'artillerie et qui ont été assez nombreux lors de l'invention de la poudre à canon. Ce ne sont toutefois pas les besoins de la grande guerre ni un développement de la tradition qui ont donné naissance aux armes dont nous voulons parler. C'est en Amérique pour les besoins des pionniers, souvent en lutte avec les sauvages, que se sont multipliés des essais que l'Eurppe a surtout connus sous la forme perfectionnée que leur avait donnée leur principal promoteur le colonel Colt. Le gouvernement des États-Unis regardait aussi comme un problème très-important l'invention d'une arme à plusieurs coups, parce que le mode d'attaque habituel aux cavaliers indiens consistait à fondre en grand nombre sur de petits détachements de soldats, à essuyer leur feu, et à les accabler pendant que la nécessité de recharger leurs armes les laissait presque sans défense.

La première disposition à laquelle il parvint consistait à unir un certain nombre de longs canons tournant autour d'une broche par l'effet du mouvement qui armait la platine, comme dans les revolvers actuels ; mais l'arme ainsi disposée était si massive et si pesante, que M. Colt, qui ignorait les essais faits depuis longtemps en Europe, reconnut l'avantage d'employer un seul canon et une culasse tournante à plusieurs tonnerres. Il prit, en 1835, une patente pour cette disposition. Cependant les armes qu'il construisit d'abord se composaient d'un grand nombre d'organes mécaniques dont l'assemblage était compliqué, et l'on y reconnut bientôt plusieurs inconvénients pratiques, causés surtout par le désir qu'avait eu l'auteur de construire des pistolets solides et d'une belle apparence. Ses premiers essais avaient tous été faits sur des armes réduites aux seules pièces nécessaires pour l'exécution des expériences. Dans cet état, il n'existait pas de causes pour la communication latérale du feu ; mais lorsque l'on posa derrière le tambour tournant une masse métallique destinée à subir l'effort du recul, et devant les chambres une plaque dont l'objet était d'en couvrir les embouchures, le feu se trouvant concentré entre ces pièces et le tambour se communiqua d'une capsule aux capsules les plus proches, et quelquefois même la flamme, s'étendant sur les côtés devant le tambour, alla faire détoner les charges voisines.

Ces explosions intempestives ont donc obligé d'établir des cloisons entre les cheminées pour empêcher l'inflammation de s'étendre ; mais cette addition n'a obtenu qu'un succès incomplet. On avait encore à redouter l'explosion provenant de l'extension de la flamme entre la base du canon et l'extrémité du tambour. Pour obvier à cet inconvénient, on a supprimé la plaque de métal qui était attachée au canon et qui formait un recouvrement sur les tonnerres. On a ainsi diminué le danger sans le supprimer absolument, jusqu'à ce qu'enfin l'auteur ait imaginé de ménager, à l'orifice de chaque chambre à la paroi interne, un petit biseau destiné à porter au dehors, par réflexion, la flamme qui s'étendait latéralement devant les bouches des tonnerres, et qui, frappant maintenant obliquement la surface du biseau, se trouve projetée au dehors loin de la charge.

Quelque peu importante que semble cette modification, elle est tellement efficace que, si l'on répand de la poudre en grains sur les charges voisines de celle qui sert à faire feu, cette poudre ne s'enflamme pas. Par ces perfectionnements et par les autres améliorations qui y ont été apportées, la nouvelle arme est devenue sûre et efficace, et l'auteur regarde comme impossible, que, dans aucun cas, plusieurs tonnerres prennent feu à la fois, si le métal est sain et que les chambres soient convenablement chargées.

Le pistolet-revolver de M. Colt est représenté, fig. 3710. Il se compose essentiellement d'un canon A, ouvert par ses deux extrémités, et d'un tambour B, dans lequel on a foré six chambres *c*, *c*, destinées à contenir les charges. Ce tambour tourne autour de la broche en fer C, et porte six échancrures *a*, *a*, qui reçoivent les cheminées des chambres. Par conséquent, entre ces échancrures, il se trouve six renflements R,

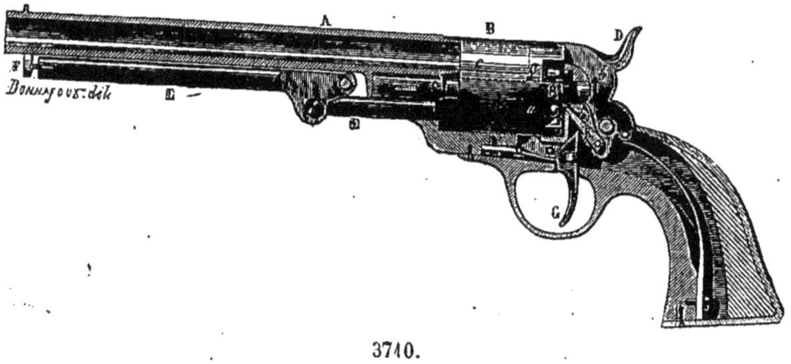

3710.

qui empêchent l'inflammation de se propager d'une capsule aux capsules voisines. Chacun de ces renflements porte une pointe, sur laquelle on abat le marteau du chien, lorsqu'on veut transporter le pistolet. Cette disposition rend l'arme plus sûre, puisque l'on n'a point à craindre qu'une chute ou un choc vienne déterminer l'explosion, ce qui pourrait avoir lieu si le marteau reposait sur la capsule.

Derrière le tambour se trouve le corps de platine, composé en partie d'un bloc hémisphérique dont la partie plane s'appuie presque contre la culasse du tambour B en ne laissant que le jeu nécessaire pour la facilité du mouvement. Ce bloc n'a pu être qu'indiqué en partie dans la figure par l'arc *b*, qui forme l'intérieur du chien.

Le chien D se meut librement dans une entaille pratiquée au milieu du bloc hémisphérique; on l'arme, comme à l'ordinaire, avec le pouce, et lorsqu'il s'abat, il vient frapper la capsule sur la cheminée de la chambre qui lui fait face et déterminer l'explosion.

Lorsqu'on le relève, le tambour exécute un douzième de révolution pendant que la gâchette parvient au cran du repos, et un autre douzième tandis qu'elle passe de ce cran à celui du bandé, en sorte qu'il suffit d'armer le pistolet, après l'avoir déchargé, pour amener devant le marteau la chambre et la cheminée voisines de celles qui viennent de faire feu. Si l'on arrête l'arme au repos, on voit, au contraire, en face du chien, une des pointes dont nous avons parlé; et, en dégageant le chien du cran d'arrêt, on peut l'abattre doucement sur cette pointe et fixer ainsi le tambour.

Pour charger l'arme, on amène le chien au repos, et l'on peut alors faire tourner le tambour avec la main. On place donc successivement dans chacune des six chambres la poudre et la balle qui doit être assez grosse pour n'entrer que de force. Afin de chasser ainsi la balle dans le tonnerre, on dégage le levier-baguette L de l'arrêtoir à ressort F qui en retient l'extrémité, et on l'éloigne du canon, ce qui pousse en avant la broche articulée E. Cette broche vient s'appuyer sur la balle et la force de pénétrer dans la chambre du tambour.

Après avoir répété cette opération pour les six chambres, on relève le levier-baguette L et on le fixe de nouveau par le moyen de l'arrêtoir F.

Quant aux capsules, on les place sur les cheminées par une échancrure ménagée dans le côté du bloc hémisphérique qui fait partie du corps de platine.

En examinant attentivement les pièces de la batterie, on peut s'expliquer facilement les divers effets que nous venons d'exposer.

On voit, en effet, que le chien D, terminé en bas par une noix, reçoit successivement dans ses deux crans l'extrémité de la détente-gâchette G, poussée constamment contre la noix par le ressort H. Or le profil de cette noix est tel, qu'à mesure que l'on relève le chien, la détente-gâchette tourne autour de son axe de rotation, assez pour permettre au ressort H de venir peser sur la goupille qui forme une saillie sur l'arrêtoir I. Cet effet n'est pas sensible lorsque le chien n'est encore parvenu qu'au repos, et l'on peut alors tourner le tambour avec la main; mais, quand le chien est armé, la pression du ressort fait pénétrer l'extrémité de l'arrêtoir dans une des six entailles *a*, *a*, creusées sur la périphérie du tambour qui se trouve ainsi solidement fixé, jusqu'à ce que le coup soit parti.

Quant au mouvement de rotation du tambour, il est produit par le levier K que l'on voit fixé sur le côté de la noix du chien D. Lorsque l'on élève le chien, ce levier tourne autour de son axe, et par son autre extrémité engagée dans les dents d'un rochet R, taillé derrière le tambour, pousse ce tambour de gauche à droite, en le forçant d'exécuter successivement deux douzièmes de révolution, comme nous l'avons dit, pendant que la détente-gâchette parvient jusqu'au cran du bandé.

Une petite entaille pratiquée sur la tête du marteau sert, conjointement avec le guidon, à diriger la visée, lorsque le pistolet est armé.

Les premiers revolvers ont été fabriqués par l'auteur, de 1836 à 1842, en partie par le travail manuel, et en partie par le travail mécanique, à l'usine de la compagnie des armes brevetées (*Patent arms' company*), établie à Patterson (États-Unis).

Cette compagnie dépensa d'abord près de 780,000 fr. sans autre avantage que l'acquisition de l'expérience.

En 1837 éclata la guerre de la Floride où les Indiens retirés dans leurs déserts bravèrent longtemps avec succès, quoiqu'en petit nombre, les troupes envoyées contre eux par les États-Unis. Ces sauvages se servaient de la carabine tout aussi habilement que leurs ennemis, qui ne faisaient pas de progrès. Dans cette situation fâcheuse, le gouvernement s'adressa à M. Colt qui se transporta sur le théâtre de la guerre avec une certaine quantité d'armes à plusieurs coups. Ces armes, malgré l'état d'imperfection où elles étaient encore, furent trouvées si efficaces, que le gouvernement en demanda d'autres qu'il mit entre les mains des éclaireurs commandés par le général Harney, et qui frappèrent de terreur les Peaux-Rouges. Ces sauvages, en effet, lorsqu'ils virent que leurs ennemis faisaient feu six fois de suite sans abaisser les armes pour les recharger, comprirent que leur tactique était inutile et mirent fin à la lutte en se soumettant. Ce succès, si glorieux pour le gouvernement, fut néanmoins préjudiciable à l'auteur, parce que, en supprimant la guerre, il supprima aussi la vente de ces armes. Elles furent cependant employées depuis avec beaucoup d'avantages par le commodore Moore de la marine du Texas, par le colonel Jack Hays, et par plusieurs autres officiers distingués du Texas, pendant la guerre contre le Mexique et les Indiens de 1837 à 1848.

Lorsque en 1847 commença la campagne contre le Mexique, le général Taylor, qui avait apprécié les revolvers dans la Floride, en fit demander d'autres à l'auteur, et un rapport constate que les chasseurs du Texas qui en furent munis marchèrent droit sur les villes et les hameaux des Mexicains, et surmontèrent toutes les résistances.

M. Colt emploie maintenant des machines-outils pour les huit dixièmes de sa fabrication, et il obtient ainsi beaucoup plus d'économie, d'exactitude et d'uniformité. Le remplacement des pièces hors de service est également beaucoup plus facile.

Les appareils nécessaires pour cette fabrication, qui réclame un grand nombre de travaux distincts, paraissent d'abord compliqués, et ne se composent cependant que d'éléments fort simples qui répètent constamment les mêmes opérations.

Comme toutes les autres parties, le corps de platine est forgé dans des matrices qui le forment d'un seul coup. Les machines commencent par forer et fraiser le centre du bloc hémisphérique où l'on fixe solidement la broche C, préparée d'avance, dont on a fileté l'extrémité inférieure, et sur laquelle on a creusé une rainure hélicoïde destinée à recevoir de l'huile et à la retenir. Cette broche fournit une base pour toutes les autres opérations, et pour le montage de toutes les autres pièces. Le dressement et le forage du bloc hémisphérique, qui reçoit l'effort du recul, le creusement des cavités centrales, la taille des cannelures et des orifices, le planage de toutes les parties plates, l'exécution des surfaces courbes, préparent le corps de platine à passer entre deux calibres d'acier trempé, à travers lesquels tous les trous sont percés, alésés et taraudés, en sorte qu'après avoir subi vingt-deux opérations distinctes, le corps de platine est prêt pour l'achèvement manuel ; travail qui consiste seulement dans l'enlèvement des ébarbures, l'adoucissement des arêtes, la trempe et le dernier poli.

Le tambour B est tiré d'une barre d'acier fondu massif ; on le forge, on le tourne, on le creuse, on le taraude, on le polit et on le grave, puis on y fore les tonnerres sur une machine, ce qui assure la parfaite uniformité du travail.

Le canon est aussi pris dans une barre d'acier fondu ; on le forge plein ; puis, après l'avoir foré et calibré, on le soumet à différents appareils qui le dressent et y façonnent la saillie qui sert à le fixer au moyen d'une goupille ; on le taraude ensuite et on le raye intérieurement au moyen d'une machine qui s'ajuste d'elle-même et qui y trace une hélice dont le pas se resserre de plus en plus à mesure que le filet s'éloigne de la culasse.

En un mot, toutes les pièces du revolver sont fabriquées séparément et arrivent presque finies par les machines outils, mais tout à fait isolées les unes des autres, dans l'atelier des ajusteurs, qui les assortissent, les terminent et les montent.

M. Adams a fabriqué un autre revolver qu'il a fait breveter, et qui porte un caractère particulier et différent ; car la pression du doigt sur la détente suffit pour armer d'abord le pistolet, puis pour faire partir le coup, tandis que le revolver Colt doit être armé six fois par un mouvement spécial pour que les six charges fassent explosion.

Les partisans du système du colonel ont répondu que cette disposition avait déjà été essayée et abandonnée en Amérique ; qu'elle exige un ressort faible mû par le faible effet du doigt pour faire tourner le tonnerre et sujet à manquer promptement de puissance, si l'on veut que la détente ne soit pas très-dure ; enfin qu'elle est défavorable à la justesse du tir, lorsque le ressort est assez fort.

Revolver Devisme. — M. Devisme, arquebusier à Paris, a inventé un genre de pistolet revolver qui offre diverses dispositions nouvelles et heureusement combinées.

Les revolvers semblent *à priori* devoir être des armes très-défectueuses, au point de vue de la portée et au point de vue de la justesse du tir. Toutefois, si l'on ne peut espérer obtenir d'une arme dont le canon est partagé en deux parties une justesse absolument parfaite, il était assez naturel de penser qu'il était possible de la rendre assez satisfaisante en lui appliquant tous les perfectionnements apportés à la carabine par MM. Delvigne, Tamisier, etc., etc., qui ont rendu cette dernière arme si précieuse. C'est cette idée parfaitement juste qui a guidé M. Devisme et lui a inspiré le perfectionnement qui donne une grande valeur à son invention ; nous voulons parler de la tige qu'il assemble à la culasse et dans chaque chambre par le prolongement de la cheminée, et sur laquelle il force par percussion sa balle cylindro-conique.

Dans ces conditions, la balle, recevant une vitesse considérable de l'inflammation d'une quantité de poudre suffisante (plus grande que celle qu'on emploierait pour un pistolet ordinaire), vient traverser le canon rayé en hélice et conserve une vitesse considérable malgré son forcement, tout en prenant un mouvement de rotation autour de son axe qui assure la justesse du tir.

Dans des expériences comparatives que nous avons faites, la balle s'est rarement écartée de plus de 10 à 15 centimètres de la mouche (le tireur étant assez habile) ; elle a traversé à 25 pas trois planches de sapin de plus de deux centimètres d'épaisseur chacune, tandis que, avec les mêmes charges, les balles des revolvers Colt et Adams n'en ont traversé que deux. Il est juste de dire que nous avons employé pour le tir des revolvers du colonel Colt des balles sphériques, qu'on peut employer aussi avec cette arme des balles cylindro-coniques, mais jamais dans les conditions de la carabine à tige. En effet, il ne parvient à forcer la balle dans le canon, sans écraser la poudre, qu'en lui donnant une forme conique ; mais malgré l'ingénieuse combinaison de son levier pour bourrer, il ne peut écraser la balle (supposée fondue avec une précision mathématique), de manière à la faire adhérer très-fortement, de telle sorte que ce pistolet se décharge fréquemment quand on le place dans les fontes d'un cavalier, inconvénient grave dans un des cas où l'application de ces armes a le plus d'avenir.

Les diverses parties des revolvers Devisme sont combinées en raison de la nécessité de faire le chargement de la balle par percussion, et en vue de remédier à quelques inconvénients révélés par la pratique de ce genre d'armes.

Pour charger le pistolet, on le démonte en tournant une clef qui permet de retirer le canon, monté sur un axe central ; puis on retire le tambour qui glisse sur le même axe. Rien de plus facile que de charger celui-ci, d'y déposer la poudre, y entrer les balles, les forcer en frappant avec la crosse du pistolet sur une petite étampe cylindrique portant en creux la forme de l'extrémité de la balle (et montée à vis sur la crosse pour qu'on l'ait toujours sous la main). On y place enfin les capsules ; puis, faisant glisser les deux pièces sur l'axe et serrant la clef, le pistolet est prêt à faire feu.

On ne peut se dissimuler qu'il n'y ait quelque chose de fâcheux dans cette obligation de démonter le pistolet en trois pièces pour procéder au chargement, mais il y a des compensations à cet inconvénient, même en supposant qu'on puisse charger dans les conditions indiquées ci-dessus sans cette précaution ; nous voulons parler de l'impossibilité pour les capsules d'abandonner les cheminées et de la grande rapidité du chargement. Toutefois ce dernier avantage n'est pas de très-grande importance, pas plus que l'inconvénient du démontage dont nous avons parlé n'est grave, parce qu'avec ses six coups, le revolver n'est pas une arme à recharger continuellement en présence de l'ennemi. Aussi on admettra facilement que la pratique puisse donner toute raison à un système comme celui dont nous parlons, s'il est bien établi dans ses détails. Sous ce rapport encore, le revolver de M. Devisme offre beaucoup d'intérêt.

Les inconvénients des soins nécessaires pour le chargement de ces armes et les perfectionnements apportés aux cartouches à culot, font donner la préférence aujourd'hui par beaucoup de personnes aux revolvers qui emploient de semblables cartouches préparées à l'avance : tels sont ceux construits par M. Lefaucheux, arquebusier à Paris.

ROTATION. La granulation des métaux, leur réduction en poussière fine est souvent utile pour plusieurs opérations industrielles, notamment pour multiplier les surfaces, afin de faciliter leur oxydation, leur attaque par les acides. Pour les métaux facilement fusibles, l'étain notamment, on emploie quelquefois un procédé qui consiste à le verser dans une capacité métallique qu'on secoue vivement jusqu'à ce qu'il soit solide. Mais ce procédé, difficilement praticable sur une quantité un peu grande de matières, ne pourrait nullement être employé pour des substances difficilement fusibles. Au contraire, celui que nous allons décrire ici, et dont l'invention est due à M. de Rostaing, s'applique aussi facilement à la fonte de fer, à des mattes cuivreuses qu'à du zinc ou du plomb.

L'appareil qu'il a disposé est représenté fig. 3744, et consiste essentiellement en un axe vertical mis en rotation rapide par une communication de mouvement recouverte par une espèce de boîte cylindrique en fonte

3711.

portée sur cet axe. La partie supérieure est recouverte d'une plaque de terre cuite.

On voit que cet appareil étant mis en mouvement, toute substance fondue, versée commodément en couche mince par un trou pratiqué dans un plancher supérieur, rencontrant une surface animée d'une grande vitesse, sera projetée en tous sens par la force centrifuge, et saisie à un grand état de division par l'air ou l'eau disposée autour de l'appareil, sera ainsi réduite en poussière, qu'on pourra à volonté séparer en divers degrés de finesse par décantation ou autres procédés.

Il est probable que ce moyen d'obtenir facilement et à peu de frais des poudres fines de substances très-dures trouvera d'heureuses applications dans diverses industries.

ROUET A FILER. Le rouet, d'origine relativement moderne (elle ne paraît pas remonter plus haut que les premières années du seizième siècle), qui est venu se substituer au simple travail de la main fait à l'aide de l'antique quenouille, est, comme le remarque avec

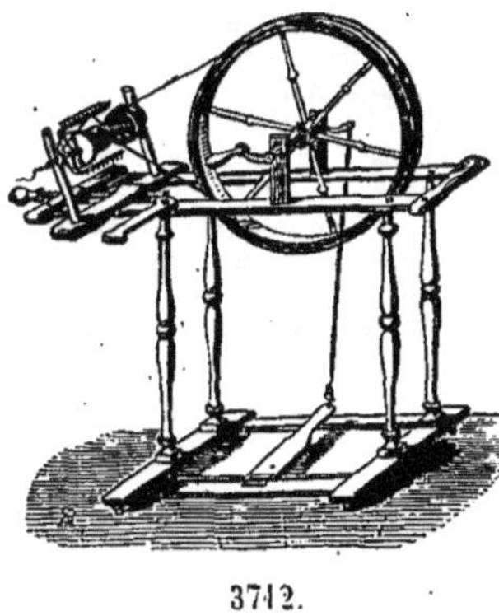

3712.

raison M. Poncelet, une admirable invention, digne d'une étude sérieuse et réfléchie (fig. 3712).

En effet, dans cette petite machine vraiment complète, outre le volant et le mécanisme de la bielle et de la pédale, qu'ont été lui emprunter les constructeurs de la machine à vapeur pour produire le mouvement circulaire continu à l'aide de mouvements alternatifs, on doit remarquer la disposition extrêmement ingénieuse du cordon sans fin, à deux branches inégales ou à mouvement différentiel, par laquelle des vitesses de 600 à 800 tours à la minute sont transmises simultanément à la broche et à la bobine, tout en maintenant entre ces vitesses absolues une différence ou vitesse relative aussi petite que le réclament et le tirage de la filasse hors de la quenouille et le très-lent enroulement autour de la bobine du fil qui en résulte, et dont la torsion continuelle est, à son tour, réglée par la vitesse rotative même de la broche *à ailettes et à épingliers* ou crochets servant à diriger ce même fil sur la bobine ; d'autre part, le chariot à poupées verticales porte-broche, glissant horizontalement le long des jumelles supérieures de la petite machine, et que conduit parallèlement, à l'instar de ce qui a été pratiqué plus tard dans de grands tours, une vis centrale extrême, servant à régler la tension du cordon sans fin moteur, d'après l'état hygrométrique de l'atmosphère et le grossissement progressif de la bobine, grossissement qui tend à produire un surcroît correspondant du tirage du fil, en partie corrigé cependant par le glissement relatif de ces mêmes cordons sur leurs poulies motrices respectives.

Supposez que le pied de la fileuse soit remplacé par un moteur quelconque ; que l'épinglier, l'ailette à crochets, le soit aussi par un mécanisme qui permette au fil de s'enrouler d'un mouvement de va-et-vient spontané sur la bobine devenue verticale ainsi que la broche, etc. ; que le rapport de la vitesse de l'enroulement ou de l'étirage du fil à la torsion soit rendu indépendant du grossissement de la bobine ; qu'enfin les doigts qui produisent et règlent l'étirage du fil dans la masse de la quenouille soient remplacés par une succession de mécanismes rangeant ces fibres les unes à côté des autres parallèlement, et les étirant de quantités proportionnelles convenablement allongées et tendues et l'on aura l'indication de toutes les conditions auxquelles ont à satisfaire les machines modernes qui produisent la filature automatiquement. Nous avons vu comment ces conditions étaient en partie satisfaites dans le rouet que l'on doit considérer comme un pas très-important fait vers la solution du problème.

ROULEAUX. — Le frottement exercé par les axes de rotation consomme dans les ateliers, sur les chemins de fer, une grande partie du travail mécanique du moteur et les travaux des ingénieurs et des inventeurs se sont multipliés dans ces derniers temps, surtout depuis le développement des chemins de fer, pour diminuer autant que possible le travail consommé sans profit par ces résistances passives.

On peut dire que les seuls vrais perfectionnements réalisés dans la pratique consistent dans des moyens d'améliorer et de parfaitement distribuer les matières lubrifiantes, soit mécaniquement par des systèmes de graisseurs, soit physiquement par des compositions de graisses convenables pour chaque emploi. Des tentatives ont été faites pour supprimer autant que possible le frottement, et bien que n'ayant pas été couronnées d'un succès complet, elles ont spéculativement assez d'intérêt pour qu'il convienne de les examiner.

D'abord cela est-il théoriquement possible ?

On ne peut s'empêcher de faire une réponse affirmative si l'on réfléchit que l'huile ou la graisse diminue le frottement précisément parce que leurs molécules roulent comme de véritables sphères entre les deux surfaces dont elles empêchent le contact intime. D'ailleurs, l'emploi de rouleaux pour réduire le travail de transport des fardeaux en terrain horizontal est bien connu, le fardeau se déplaçant deux fois plus vite que le rouleau. Si on imagine de semblables rouleaux répartis autour d'un axe de rotation (fig. 3713), le frottement de glissement se trouvera théoriquement supprimé, les rouleaux progressant tout en tournant également moins vite que la roue et par suite dans une excellente condition pour de très-grandes vitesses. Ils empêcheront toute friction comme les molécules d'huile, bien plus parfaitement même puisqu'ils ne peuvent être chassés par la pression.

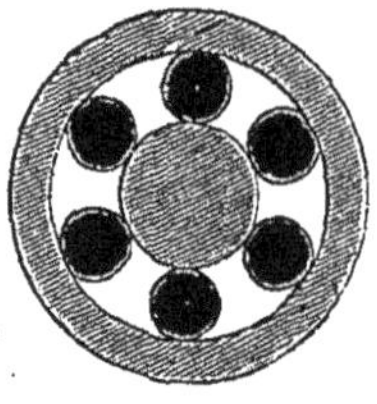

3713.

Mais là commence la difficulté pratique qui jusqu'ici n'a pas été résolue d'une manière complète, et qui ne paraît soluble qu'en partie. Comment guider ces rouleaux ?

On ne peut songer à guider ces rouleaux par des axes, car on perdrait les avantages des rouleaux, le frottement de glissement reparaîtrait sur des axes faibles et bientôt faussés si de grandes puissances sont en jeu. Nous avons déjà vu à l'article *Coussinets* comment ces galets n'étaient admissibles que lorsqu'il s'agit d'appareils très-légers.

Restent les deux solutions tentées jusqu'ici : 1° garnir toute la circonférence de l'axe de rouleaux s'appuyant les uns sur les autres, ne pouvant par suite se déplacer, ou 2° n'employer qu'un certain nombre de rouleaux espacés en employant un moyen propre à assurer la constance de cet espacement. Nous allons les passer en revue.

Rouleaux serrés. — Si les rouleaux pressés les uns contre les autres n'étaient soumis qu'à l'action de l'axe tournant, la solution serait aussi parfaite que simple; mais leur contact mutuel tendant à faire tourner tout couple de rouleaux successifs en sens contraire l'un de l'autre, tandis que l'axe central tend à les faire mouvoir dans le même sens à l'encontre l'un de l'autre, il se produit un frottement de glissement et une usure qui rendent le système inacceptable.

MM. Mathieu Chauffour ont essayé de tourner cette difficulté par un mode de construction fort ingénieux. Ils forment la moitié de chaque rouleau d'un axe entouré d'un tube et les disposent successivement tête bêche. Ces tubes, peu comprimés sur leur axe, obéissent à l'action du rouleau voisin, et le rouleau se transporte sans frottement contre ceux qui sont dans son voisinage. L'exécution de ce système demande trop de précision pour éviter que les tubes ne compriment la partie du rouleau qui leur est intérieure pour avoir pu passer dans la pratique, et les inventeurs eux-mêmes paraissent avoir renoncé à l'établir.

Rouleaux régulièrement espacés. — Ce système a été proposé sous le nom de *circonvecteur* par M. A. Brussaut. Pour assurer la régularité de l'espacement, sans faire naître des résistances, des frottements considérables dans les brides qui maintiennent les rouleaux, il emploie simplement des brides en caoutchouc qui ont une élasticité parfaite. Elles sont disposées par couples alternatifs et passent dans des gorges pratiquées dans le corps même des rouleaux. C'est ce qu'on voit bien dans la figure 3714.

Les effets des brides élastiques sont ainsi expliqués à

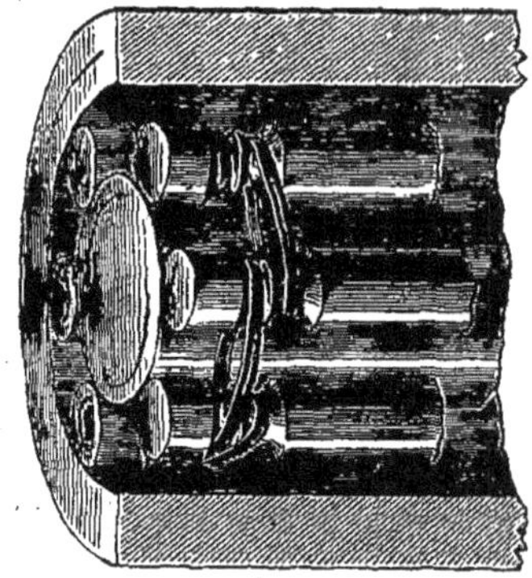

3714.

l'inventeur. Supposez une irrégularité quelconque, par exemple que les rouleaux circonvecteurs ne soient pas de diamètre parfaitement régulier et par conséquent ne marchent pas tout à fait également sous la pression de l'arbre qu'ils supportent. Les brides élastiques cèdent sans inconvénient à ces légères variations, tandis que des liens inflexibles se déformeraient ou rompraient, en compromettant immédiatement le fonctionnement de l'appareil. Si, enfin, par suite de quelque secousse ou autre cause accidentelle, les rouleaux se sont un peu dérangés, ils reprennent, grâce à l'élasticité de leurs liens, leur équidistance et leur parallélisme (parallélisme qui ne peut guère varier grâce à la forme de la paroi concave) *dans la partie où ils roulent librement.*

C'est cette dernière condition qui limite singulièrement l'application du système. Il faut que les rouleaux soient libres dans une partie de la circonférence, et il faut être certain qu'ils rentreront sans difficulté et exactement au moment voulu dans la partie où ils ne sont pas libres. Il n'y a pas là une certitude suffisante pour les grandes applications, aux chemins de fer notamment, et le système ne nous semble applicable qu'à des appareils très-légers.

L'auteur a insisté avec raison sur l'utilité d'employer des rouleaux d'un assez fort diamètre pour éviter les effets d'écrasement qui se produisent avec de plus petits, M. Vicat ayant constaté par expérience que les résistances à la rupture des cylindres employés comme rouleaux sont proportionnelles aux produits de leurs longueurs par les diamètres.

S

SAC. Un ingénieux inventeur, M. Bréval, a construit pour la fabrication des sacs en papier une machine fort élégamment combinée et qui peut fonctionner assez rapidement pour lutter avantageusement avec le travail de la main, malgré le bas prix de semblables façons.

Nous ne saurions mieux faire que de reproduire ici le rapport fait par M. Duméry à la Société d'encouragement pour l'industrie nationale sur cette machine.

Former un sac parfait, c'est-à-dire une espèce de tuyau carré fermé à l'une de ses extrémités et ouvert à l'autre, ce n'est pas autre chose que commencer un paquet, c'est-à-dire envelopper de papier un petit cube de la forme voulue, puis rabattre les quatre côtés sur un de ses fonds, et enfin coller le tout pour que, à l'encontre de l'enveloppe d'un paquet, il maintienne sa forme sans le secours d'une ligature extérieure de fil ou de ficelle.

Or, si l'on suppose que l'on ait construit une petite armoire, sans sol ni plafond, dont les dimensions extérieures soient exactement celles de l'intérieur du sac à confectionner, que cette armoire n'ait pas seulement ses deux portes à charnières, mais que les deux parois latérales, qui tiennent les portes, soient également articulées après le fond vertical de l'armoire, de manière à ce que les différents panneaux, qui ne sont, en réalité, que les diverses feuilles d'un même volet, étant complétement ouverts ou développés, puissent former, avec le fond vertical de l'armoire, qui seul est immobile, un seul et même plan.

Si l'on admet encore que, devant cet ensemble, on ait placé un petit cube de la dimension intérieure du sac, on aura une idée des principaux organes dont se compose le moule du sac qui forme le point de départ de la machine de M. Bréval.

Les choses étant dans l'état indiqué, c'est-à-dire les pans de l'armoire développés et formant un seul plan, si l'on introduit une feuille de papier entre ce plan et le cube placé au-devant; si les deux côtés latéraux de l'armoire viennent se ranger, se plaquer sur les deux surfaces latérales du petit cube, le papier sera ployé à angle droit et formera une espèce de gouttière triangulaire placée verticalement; si, le mouvement continuant, les deux portes de mouvement de l'armoire se ferment entièrement, le tuyau carré sera complété, et il n'y aura plus qu'à rabattre les quatre côtés du fond sur l'extrémité inférieure du cube, pour que le sac soit terminé.

Cette fermeture, cette clôture du fond se fait de la manière la plus simple : à la partie inférieure de chacun des quatre plans, c'est-à-dire dans le prolongement des panneaux de l'armoire, se trouvent appendus et articulés, par leur base, de petits triangles pouvant, en se repliant deux à deux, occuper la totalité du fond; et c'est effectivement ce qui a lieu dès que les quatre panneaux de l'armoire ont entouré le cube.

Dès que ces annexes ont accompli leur travail, elles sont abandonnées à elles-mêmes, redeviennent pendantes, les portes s'ouvrent, et le sac reste adhérent à son moule intérieur, duquel il faut le détacher.

Dans cette prévision, le petit cube ou moule intérieur a été construit contractable ou réductible de dimensions par l'effet d'un coin central. Ce coin, en plongeant de haut en bas sans entraîner les angles, laisse rapprocher ceux-ci dans le sens des diagonales pendant qu'il pèse intérieurement sur le fond du sac et le force à se détacher du moule pour tomber sur une toile sans fin qui le transporte hors de la machine.

Ici se termine l'opération relative au pliage mécanique du sac; mais il se présentait, pour arriver à la solution complète du problème, une difficulté dont M. Bréval a très-habilement triomphé. Nous voulons parler de l'application de la colle sur les diverses lèvres ou croisements de la feuille.

Appliquer la colle, dans un temps très-court, à la place qu'elle doit occuper, en quantité déterminée, et sans que les organes de la machine aient à souffrir de son voisinage, était une question capitale.

Reconnaissant que certaines colles de pâte sont composées de globules féculents et forment une réunion de petites vésicules gonflées ou remplies d'eau, que ces globules ainsi enflés peuvent rouler sur des surfaces métalliques sans les mouiller sensiblement, et surtout sans y adhérer comme le ferait de la gomme ou une matière plastique, M. Bréval, mettant à profit ces propriétés des colles féculentes, fait passer la feuille destinée à former le sac entre deux rouleaux métalliques : l'un de ces rouleaux est complétement lisse et ne sert uniquement que de pressoir; l'autre, également lisse dans la plus grande partie de sa surface, est gravé en creux seulement aux endroits où l'on veut déposer la colle, et tourne dans un bain de colle portant sur un de ses rebords une lame destinée à débarrasser les parties lisses du rouleau, de façon à ne laisser de colle que dans les parties creuses et striées.

Celles-ci la déposent sur la feuille comme le feraient les creux d'un rouleau d'impression sur étoffe, alors que la feuille avec laquelle on veut confectionner le sac lui est amenée par un système de cordons analogues à ceux des presses typographiques, et c'est au sortir de cette espèce de laminoir à encoller que la feuille descend, toujours conduite par des cordons, entre le plan développé des divers côtés de l'armoire dont nous avons parlé en commençant et le moule rectangulaire autour duquel doit se plier le sac.

Ces deux opérations d'encollage et de pliage constituent, en réalité, l'ensemble des fonctions de la machine; mais il n'est peut-être pas inutile d'indiquer l'ordre dans lequel elles se produisent en suivant la feuille de papier.

Placées sur une table inclinée, ces feuilles sont poussées l'une après l'autre devant une prise de cordons comme dans les machines typographiques; celle qui est saisie est conduite entre les rouleaux encolleurs. L'un d'eux la garde en contact pendant une portion de sa circonférence, de manière à lui faire opérer le mouvement de conversion nécessaire pour qu'elle descende verticalement entre le moule intérieur et le plan développé.

C'est là que commence le pliage.

Les parties latérales de l'armoire se reploient deux à deux contre le moule, et font de chaque côté un premier pli qui donne au papier l'aspect d'une gouttière rectangulaire; les deux portes de devant, continuant à envelopper le moule, achèvent le tuyau. Ce sont des bras mus par un arbre de rotation réglé par une came qui commandent ces mouvements. Enfin, les quatre triangles appendus à chacune des portes se reploient également deux à deux, relevés par des leviers posant sur des cames, et terminent le sac.

Les portes se rouvrent, le moule se contracte, le coin intérieur pousse les sacs un à un, lesquels tombent sur une toile sans fin, d'où ils ne sont enlevés, pour être placés sur des claies, qu'après avoir séjourné sur cette toile un temps suffisant pour que le collage ait commencé à prendre un peu de consistance.

Cette machine produit en moyenne vingt sacs à la minute, soit, en douze heures de travail, près de quinze mille sacs parfaitement confectionnés.

SANGSUES. Le prix des sangsues s'étant beaucoup augmenté dans ces dernières années par suite de leur destruction résultant d'une exploitation exagérée dans tous les pays qui en fournissaient autrefois de grandes quantités, on s'est occupé d'en élever dans les parties marécageuses de la Gironde et de la Charente, et on a obtenu les plus brillants succès.

Nous donnerons idée du mode d'exploitation adopté et des progrès qu'il y a encore à faire, en rapportant les observations consignées par M. Focillon dans le rapport du jury de 1855, après une enquête sur cette industrie.

« J'ai trouvé, dit-il, dans le département de la Gironde, une étendue de 5,000 hectares environ occupée par des marais à sangsues. Les eaux couvrent ces terrains tourbeux depuis le mois de septembre jusqu'au milieu de juin. En hiver, les sangsues, enfoncées dans la terre, échappent à tous les yeux; il n'y a rien à faire au marais; mais, dès les premiers beaux jours du printemps, elles reparaissent, pour la plupart, cherchant quelque proie. A ce moment on les *gorge*, c'est-à-dire que l'on pousse dans le marais des chevaux dont elles sucent le sang, en se fixant à leurs jambes. Ces chevaux, tous animaux de rebut, qui sont employés à ce dernier service, au lieu de passer par les mains de l'équarrisseur, succombent bientôt, et leur dépouille embarrasse le marais, d'où il faut la retirer, souvent avec beaucoup de peine. Quoi qu'il en soit, jusque vers le 15 juin, les chevaux se succèdent ainsi dans les marais; puis on fait écouler les eaux; le fond tourbeux, piétiné et défoncé par les chevaux, est mis à découvert pendant le temps où les sangsues pondent et déposent leurs œufs dans la terre, c'est-à-dire du 15 juin au 25 août environ. A peine les eaux sont-elles ramenées dans le marais qu'on se livre à la pêche; et, à mesure qu'elle a eu lieu dans un barrail, on y introduit de nouveau les chevaux, pour gorger les sangsues qui peuvent encore en avoir besoin. Aux premiers froids, on suspend tout et on attend le retour de la saison plus douce. Telle est, en quelques mots et dans son ensemble, l'industrie de l'élevage des sangsues. »

Voici les conclusions du rapport :

« 1° Dans le département de la Gironde, l'industrie de l'élevage des sangsues mérite, à tous les points de vue, d'attirer l'attention du pays et du gouvernement.

« 2° D'une part, elle a pour but la multiplication et la conservation d'une espèce utile, indispensable, que nous tirions en quantité insuffisante des pays lointains, après avoir épuisé les ressources de nos propres marais. La valeur commerciale de cet animal si utile augmentait tous les jours, de manière que les riches seuls pouvaient se procurer des sangsues; et un remède que rien ne remplace efficacement devenait de plus en plus un objet de luxe.

« 3° En même temps, cette industrie a pris un développement immense, et de grands intérêts y sont désormais engagés; ils doivent être pris en considération et sauvegardés le mieux possible.

« 4° Mais, d'une autre part, on est forcé de reprocher à l'industrie actuelle des sangsues deux choses également déplorables et qui compromettent son avenir : les *marais* et les *chevaux*.

« 5° Les marais offrent des inconvénients graves, au point de vue de l'élevage bien entendu des sangsues propres aux usages de la médecine; ils inspirent les craintes les mieux fondées et les mieux justifiées pour la santé publique, ils entravent le progrès agricole et l'assainissement du pays, en empêchant, au moins sur les bords de la Garonne, l'opération si utile du colmatage.

« 6° L'emploi des chevaux est un procédé odieux, insalubre, et qui, chez la plupart des éleveurs, donne un gorgement inégal et sans mesure, capable de compromettre la santé des annélides, qu'il est destiné à faire croître.

« 7° Le progrès consisterait, pour la nouvelle industrie, à élever les sangsues médicinales dans des marais beaucoup moins étendus, sans desséchement temporaire; ou même à les élever sans avoir aucunement recours aux marais.

« 8° Il consisterait aussi dans la découverte de procédés d'alimentation ou gorgement capables de remplacer plus ou moins complétement les chevaux.

« 9° Des tentatives ont été faites dans ces diverses directions, et elles nous permettent d'espérer que cette belle industrie s'affranchira bientôt de ces deux conditions fatales et pourra faire jouir notre pays de ses bienfaits, sans entraîner avec elle ces abus redoutables qui nécessitent aujourd'hui une réglementation sévère et soulèvent les plus légitimes réclamations. »

SAVON. Pendant longtemps Gênes, l'Espagne, et plus tard Marseille, qui avait en quelque sorte hérité de leur privilége, fournirent, dit M. Balard, des savons en quelque sorte au monde entier. Mais les progrès de l'industrie devaient bientôt étendre partout la fabrication d'un produit dont le développement de l'aisance générale augmentait tous les jours l'emploi, et qui, contenant le tiers de son poids d'eau, rendait onéreux le transport à de grandes distances : aussi chaque pays a-t-il aujourd'hui ses fabriques de savon; aussi voit-on chaque jour, à côté des grands centres de production, en créer de nouveaux qui, chose bien remarquable, et qui atteste bien les progrès de l'aisance générale, l'emploi du linge, devenu de plus en plus général, fabriquent des quantités considérables de produits, tout en laissant les grands centres accroître aussi d'une manière rapide leur production.

La fabrication des savons fait usage de deux sortes de matériaux. Elle emploie, pour ses produits, des corps gras et des alcalis proprement dits, les seuls qui puissent donner, avec ces corps gras, des composés solubles dans l'eau. Ces alcalis sont la potasse, le seul qu'on pût se procurer, dans l'origine, dans les pays qui sont loin de la mer, et la soude fournie longtemps, d'une manière exclusive, par la combustion des plantes qui croissent dans les lieux salés, mais que la découverte de Leblanc a permis plus tard de fabriquer partout. Obtenus avec la potasse, les savons sont mous, et s'ils se prêtent éminemment au frottement des draps, au foulonnage, dans lequel le fabricant fait intervenir des quantités de matières déterminées en rapport avec la proportion de tissus qu'il traite, ils sont beaucoup moins aptes à servir au lavage dans l'économie domestique, où on ne pourrait pas régler leur emploi et où la friction, exercée par le savon sur l'étoffe, est une circonstance qui vient aider son pouvoir détersif. Cette consistance des savons dépend aussi de la mollesse plus ou moins grande des corps gras avec lesquels ils ont été obtenus.

Les corps gras qui entrent dans la composition des savons sont d'origines les plus diverses. A l'huile d'olive, la seule dont on faisait usage dans l'origine, sont venues s'ajouter successivement les huiles de graines les plus variées, de sésame, d'arachis, de lin, de navette, etc.; celles de palme et de coco, d'yllipe, de lentisque, etc.; les suifs animaux purs, ou provenant du traitement des os; l'axonge, dont les États-Unis importent en Europe des quantités considérables pour cet usage, ainsi que les graisses de charcuterie dites *flambarts*. Dans la composition de quelques savons spéciaux destinés surtout au lavage à l'eau de mer, on a fait entrer la résine, qui, à dose limitée, contribue à diminuer le prix de ces produits, sans en altérer la qualité. La fabrication de la bougie stéarique est venue, dans ces derniers temps, fournir aux savonniers un élément des plus utiles à la fabrication de leurs produits, dont la substitution, de plus en plus générale, de la bougie à la chandelle ne peut qu'accroître de plus en plus la production. Les corps gras sont souvent associés dans des proportions diverses, sans que le produit soit modifié dans les qualités essentielles qu'on recherche dans son emploi. La nature de ces corps gras n'exerce d'influence que sur les qualités accessoires qui, tout en lui conservant le même degré d'utilité, peuvent rendre son emploi plus ou moins agréable.

Les qualités essentielles qu'on demande au savon sont une aptitude à émulsionner les corps gras, qui rend sa solution susceptible de délayer les matières grasses qui altèrent nos tissus, et de désagréger les petits amas de poussière auxquels elles servaient de lien, ainsi qu'une adhésion pour ces petits fragments de matière qui les rende susceptibles de sortir du tissu avec le plus de liquide, quand on exprime l'eau savonneuse dont les tissus étaient imprégnés. Les qualités accessoires sont de ne pas avoir de mauvaise odeur et de ne pas en acquérir par l'action de l'air à laquelle il doit être soumis; d'avoir une pâte homogène qui ne permette à l'eau de n'agir qu'à la surface, et une dureté qui lui permette d'exercer une friction utile à l'effet détersif à la surface du tissu.

C'est cet ensemble de qualités, que possèdent, à un haut degré, les savons d'huile d'olive, qui en avaient si généralement popularisé l'usage. On les retrouve aussi dans les savons d'huile de palme qui, pas plus que ceux d'huile d'olive, ne rancissent à l'air, et prennent même par la vétusté une odeur agréable. Sans avoir absolument les mêmes qualités, l'huile de coco peut intervenir d'une manière utile, et surtout, en s'alliant aux autres corps gras, fournir les éléments d'un bon savon. Mais on conçoit que si ces corps gras, et plus spécialement l'huile d'olive et l'huile de palme, se prêtent le mieux à la confection d'un excellent savon, les suifs, où domine toujours l'odeur des acides gras odorants; les huiles de poisson, plus odorantes encore; les huiles de navette et de lin, altérables à l'air et si disposées au rancissement; les graisses d'os, des qualités les plus infimes et odorantes, peuvent être, avec avantage, employés à la fabrication de savons susceptibles de servir à des usages grossiers divers; et l'on doit encourager toute tendance à profiter des matières grasses, même les moins pures, pour en fabriquer un savon possédant les propriétés essentielles de ce genre de produits.

On a cru pendant longtemps que la fabrication des savons consistait dans une combinaison pure et simple des corps gras et de l'alcali, et la pratique avait appris à préparer d'excellents produits avant qu'elle pût être éclairée par la théorie. Les beaux travaux de M. Chevreul sont venus, il y a quarante années, apprendre aux savonniers ce qu'ils faisaient, et montrer aux chimistes que ces corps gras se décomposaient sous l'influence de l'alcali, et que de cette décomposition résultaient des corps nouveaux dans la production desquels interviennent les éléments de l'eau, des acides gras se combinant avec la soude et constituant le savon, et un corps neutre, la glycérine, qui est étrangère à ses propriétés. Les savons sont donc des sels, et l'on conçoit qu'on peut les obtenir dans un état de pureté plus ou moins grande, selon les méthodes employées pour leur fabrication.

La plus simple de toutes est celle que l'on emploie pour fabriquer les savons mous, à base de potasse, dont la production a certainement précédé celle des savons durs, savons dont l'usage pourra bien se maintenir dans les manufactures de draps, dans le foulonnage, mais qui sont destinés à disparaître de l'emploi domestique et à être remplacés par des savons doux, à base de soude, malgré la qualité qu'ils ont de communiquer une souplesse remarquable aux tissus qu'ils ont contribué à blanchir. Elle s'opère en faisant bouillir, dans des chaudières en fer à fond conique, des huiles de chènevis, de colza et de navette, etc., etc., avec des lessives de potasse caustique que l'on y introduit à trois reprises, en commençant par les plus faibles. Lorsque le mélange est parvenu à une consistance convenable, qu'il est homogène et transparent, on le coule dans des tonneaux pour l'embariller après le refroidissement, et le livrer au commerce. Mais on conçoit qu'avec un pareil mode de fabrication, le produit doit contenir toutes les impuretés du corps gras, toutes celles qu'a apportées l'acali, qui est aussi loin d'être pur, ainsi que la glycérine provenant de son dédoublement.

Ce fut une découverte réelle que l'observation de celui qui, utilisant, sans s'en douter, la faible solubilité des sels dans une solution saturée d'un sel de même base, se servit du sel marin ou des soudes salées pour précipiter le savon de soude, et obtenir ainsi ces savons dits *lavés sur lessives* ou *sur gras*, produit aussi pur que le serait un sel qui se serait cristallisé ou qu'on obtiendrait par précipitation, et qui abandonne dans les lessives qu'il surnage toutes les matières qui lui sont étrangères. C'est là la base du procédé dit *à la grande chaudière*, et dont il serait important de voir étendre et généraliser l'emploi.

C'est là le mode exclusif de fabrication des savons de Marseille.

Dans cette ville, où se sont conservés sans altération les procédés de fabrication dont une longue expérience avait appris l'utilité, on emploie ordinairement, pour la fabrication du savon, une partie d'huile et deux parties de cette soude brute, dite *saconnière*, qui est préparée dans les nombreuses fabriques de produits chimiques de cette localité pour cet usage spécial. La soude mêlée avec de la chaux est obtenue par un lessivage fait dans des réservoirs en maçonnerie, sous la forme de lessives caustiques plus ou moins concentrées, que l'on mêle de manière à obtenir une moyenne de 10 degrés. Dans des chaudières de 10 mètres cubes de capacité, dont le fond est en fonte et les parois en maçonnerie, on verse les 9/10es de cette lessive, et lorsqu'elle a été amenée à l'ébullition, on ajoute toute l'huile destinée à l'opération. Les deux substances se mêlent et se pénètrent, la masse devient pâteuse; de là le nom d'empâtage qu'on donne à cette première phase de la fabrication. La masse pourrait adhérer à la chaudière chauffée seulement par le fond et à feu nu et s'y brûler; mais l'ouvrier qui dirige l'opération emploie le dixième de la lessive qu'il a tenue en réserve, et en la versant au moment opportun, il empêche cette adhérence. Le premier effet de la solution alcaline a été d'émulsionner l'huile, c'est-à-dire de la rendre miscible au liquide aqueux. Dans cet état de contact intime de l'alcali et du corps gras, la saponification commence; mais, pour la rendre complète, il faut, après cette opération de l'empâtage, maintenir la masse à la température de l'ébullition de la lessive et cuire le savon. Quand cette cuisson, qui dure plusieurs jours, c'est-à-dire, quand la saponification est complète, on ajoute des lessives dites *salées*, qui ne sont presque en réalité qu'une solution de sel marin, dans lequel les savons de soude sont peu solubles; ce savon, par cette opération, désignée sous le nom de *relargage*, se sépare de son eau mère qui en baigne les petits fragments, et que l'on écoule par ce qu'on appelle l'*épinage*, au moyen d'un robinet placé au fond de la chaudière. Ce savon précipité est loin d'être pur; il contient, outre l'eau mère qui en baigne les fragments, le savon insoluble dont l'alumine et le fer que renfermaient les soudes ont pu déterminer la formation. Il faut donc procéder à la purification; c'est là la partie la plus délicate du travail. Enlever cette eau mère salée et la remplacer par des lessives faibles plus pures, dans lesquelles le savon puisse la dissoudre sans se dissoudre, purifier par le dépôt des matières insolubles, sans cependant absorber une trop grande quantité d'eau, est le but de l'opération, que l'on atteint plus aisément en ajoutant dans la chaudière des lessives plus fortes ou plus faibles, de manière à maintenir la liqueur à 17 degrés du pèse-sel environ. L'ouvrier, placé sur une planche qui traverse la chaudière, en pourra rompre, avec un agitateur de bois, la pâte savonneuse, tandis qu'un autre verse la lessive dans le sillon qu'il a fait, et cette opération se continue jusqu'à ce que la masse, qui présentait une agglomération de grumeaux, soit devenue homogène. Elle est alors maintenue chaude pour que, conservant sa fluidité, elle puisse s'épurer par le repos.

Si cette épuration est complète, et si le fabricant, décantant en quelque sorte la couche supérieure du savon épuré dans un réservoir en maçonnerie, appelé *mise*, laisse au fond de la chaudière toutes les matières insolubles, mêlées à une certaine quantité de savon qui doit rentrer dans le roulement des opérations pour être épuré de nouveau, on obtient le *savon blanc;* mais si l'on arrête l'opération au moment où ce dépôt s'opère, ces flocons de savon insoluble de soude et d'alumine, saisis avant leur précipitation par la solidification du savon, et disséminés dans la masse d'une manière à peu près régulière par points, autour desquels s'est opérée l'agglomération de leurs particules, donnent lieu à cet aspect marbré régulier, qui implique la nécessité d'une solidification assez prompte, et dès lors l'absence dans ce savon d'une trop grande quantité d'eau qui l'aurait ralentie. Cette marbrure, en prenant l'aspect granitoïde, indique au contraire que le savon qui s'est solidifié trop vite contenait moins d'eau que quand il est marbré; une teinte bleuâtre presque uniforme serait la preuve d'une solidification opérée trop promptement avant que les molécules insolubles se fussent déposées, et serait l'indice d'un savon contenant très-peu d'eau. On voit donc que la forme de cette marbrure, marbrure grenue, qui porte le nom de *madrure*, et qu'il ne faut pas confondre avec la marbrure artificielle dont il sera question un peu plus loin, donne au savonnier, sans autre analyse, la mesure de la régularité de la fabrication, et au consommateur la preuve que le savon ne contient pas ces excès d'eau contre lesquels il a tant d'intérêt à se prémunir, ainsi que la garantie d'avoir un produit toujours identique à lui-même. Ce savon insoluble, qui n'est en réalité qu'une impureté du savon, joue, comme on le voit, un rôle très-utile; aussi les fabricants, obligés de substituer aux soudes naturelles qui contenaient abondamment les matériaux de leur production des soudes naturelles plus pures, ont-ils généralement adopté la coutume d'ajouter aux cuites pour les produire du sulfate de fer.

Ces procédés sont-ils arrivés à leur maximum de simplicité, et doit-on louer Marseille de ne les avoir modifiés en rien? Le raisonnement et l'expérience s'accordent pour montrer qu'ils sont susceptibles de quelques améliorations qui commencent à s'introduire dans ses fabriques en même temps que dans celles du nord de la France. Chauffage à la vapeur, addition, au tuyau d'épinage, d'un tube vertical destiné à introduire les liquides par le bas de manière à ne pas refroidir par l'agitation la pâte savonneuse, sont des modifications d'une faible importance; la plus sérieuse consisterait dans une plus complète lixiviation des soudes qui permettrait de ne pas rejeter des masses encore alcalines, comme aussi dans une caustification de la lessive qui, contenant souvent 8 à 10 pour 100 de carbonate indécomposé, doit concentrer dans les eaux d'épinage des produits alcalins que plusieurs fabricants de savon ont essayé d'utiliser. Les lessives, qu'il faut bien obtenir fortes en premier lieu pour que la moyenne puisse être employée directement à la saponification, ne se caustifient jamais d'une manière complète comme les lessives à 8 à 10 degrés que l'on peut amener aisément à un état de causticité presque absolue, sauf à les concentrer ensuite par l'évaporation pour leur donner le degré auquel elles doivent être pour servir à la fabrication. Cette double opération du lessivage et de la caustification se fera toujours du reste chez le savonnier d'une manière moins parfaite que dans les usines de produits chimiques; aussi la substitution à la soude brute de lessives de soudes parfaitement caustiques fournies par les grands centres de production de la soude apportera une simplification notable dans l'art du savonnier. La plus grande consisterait dans la suppression du sel marin, dont le rôle est inerte dans la saponification, et qui, s'accumulant dans des lessives, rend nécessaire l'écoulement d'un liquide qui entraîne toujours quelque chose d'utile.

Ce n'est pas seulement avec l'huile d'olive qu'on peut fabriquer des savons marbrés, le suif et la graisse se prêtent à la même fabrication. La saponification de ces corps gras est même plus prompte, et l'empâtage indispensable pour les huiles est ici inutile. On peut donc se servir de vieilles lessives de recuit les plus chargées pour que, la séparation des corps gras et de la lessive étant constante, les matières grasses, généralement de qualité très-inférieure, ainsi lavées, puissent abandonner à la lessive l'odeur désagréable qu'elles exhalent. Mais on conçoit que ces sortes de savons sont plus disposés à rancir, que les proportions notables de stéarate et de margarate les rendent plus grenues et dès lors plus disposées à se laisser pénétrer par l'eau et à s'y dissoudre sans utilité pour le lavage, qui doit surtout utiliser le savon desséché par la friction, et qu'elles ne jouissent pas de tous les avantages que possèdent les savons obtenus avec des corps gras plus mous, tels que l'huile et l'axonge, et présentant dès lors une pâte plus fine et plus homogène telle qu'elle existe surtout dans les savons obtenus avec l'acide oléique. On retrouve ces qualités dans ces sortes de savons composés de suif, d'huile de palme et de résine, si généralement employés en Angleterre, où leur production s'est maintenue dans les pratiques d'une fabrication loyale, tandis que leur introduction en France était suivie de fraudes toujours croissantes qui ont fini par faire repousser ce produit sur les marchés et par en annuler presque l'emploi. Ces sortes de savons, qui, lorsqu'ils contiennent de la résine dans les proportions de 13 p. 100 environ de leur poids, ont une pâte fine, bien liée et transparente, une odeur agréable et la faculté de produire une mousse abondante, ont bien vite perdu toutes ces qualités lorqu'on y a eu introduit, en proportions considérables, de la résine dont la saponification n'était pas même toujours complète et qui d'ailleurs, n'étant pas un corps gras, ne neutralise l'alcali que d'une manière trop incomplète. Ils sont tombés bientôt en France dans un discrédit qui a laissé le champ libre à la fabrication marseillaise.

L'avenir des savons fabriqués avec les acides gras liquides provenant de la fabrication de la bougie stéarique ne saurait être aussi éphémère. Ces acides, pendant longtemps vendus à bas prix et sans emplois fructueux commençaient, d'après les conseils de M. Péligot, à être utilisés pour le filage de la laine, quand la persistance de M. de Milly à leur donner l'emploi le plus rationnel qu'ils pussent recevoir finit par faire adopter du public l'emploi de savons obtenus avec ces produits; savons dont la production, liée nécessairement à la fabrication de la bougie stéarique, ne peut que s'accroître avec elle.

Le mode de fabrication de ces sortes de savons est facile, car la saponification est ici toute faite, et l'on n'a qu'à combiner l'acide gras avec la soude qu'on a soin de choisir dans un état de solution concentrée. Le reste de l'opération se pratique d'ailleurs comme dans le procédé suivi à Marseille. Quand l'opération a été bien faite, ce savon ne rancit pas, mais il a malheureusement une odeur caractéristique, celle qui est due aux acides volatils du suif. Sa pâte, fine et homogène, le rend d'une coupe très-douce, ne lui permet de dissoudre que par la surface, enfin sa consistance molle ne lui permet pas d'absorber, tout en contenant la solidité convenable, plus de 22 à 25 p. 100 d'eau; il se présente donc comme plus riche en savon réel que le savon de Marseille et est préféré pour beaucoup d'usages, à un prix même supérieur. Ce prix devra d'ailleurs subir toutes les diminutions que pourra déterminer l'abaissement des droits des huiles d'olive dans les savons fabriqués avec ce corps gras; car l'acide oléique est un résidu nécessaire de la fabrication de l'acide stéarique, et trouvera toujours dans la confection des savons son emploi le plus fructueux comme le plus rationnel.

Puisque les procédés dits de la *grande chaudière* fournissent des produits définis et purs, comment caractériser le procédé dit de la *petite chaudière*, *à froid*, ou *par empâtage*, dans lequel le corps gras et la dose d'alcali nécessaire pour le saponifier sont ajoutés successivement, le savon soumis à la coction, et le produit obtenu sans séparation de la glycérine ou des impuretés du corps gras et de la lessive, et livré immédiatement à la consommation? On ne peut guère considérer ce retour au mode de fabrication, qu'il faut bien accepter pour les savons noirs, que comme un pas rétrograde fâcheux dans la fabrication des savons durs.

C'est à l'introduction de l'huile de coco dans la fabrication des savons et à un peu de fraude que ce pas rétrograde doit être attribué, en France du moins. Tant que la consommation des savons durs marbrés fut générale et que l'on n'y employa des savons blancs d'huile d'olive que dans quelques cas spéciaux, le commerce de la savonnerie fut loyal : la marbrure rendait la fraude impossible; mais dès que les progrès de l'industrie et du bien-être eurent fait fabriquer partout des savons unicolores, dans lesquels on pouvait introduire des poudres inertes blanches, sans en changer l'aspect et sans éveiller la crainte du consommateur, la falsification du savon ne connut plus de bornes, on y introduisit de l'amidon, de la silice, de l'argile, des os calcinés, du sulfate de baryte en proportions considérables, mais qui, faciles à reconnaître au plus simple essai, ont dû disparaître dès que l'huile de coco a permis de les remplacer par un des éléments mêmes du savon, c'est-à-dire par l'eau.

Riche en acides gras des séries peu élevées, formant un savon plus dur, susceptible d'absorber beaucoup d'eau sans acquérir une consistance molle et difficile à séparer de l'eau par le sel marin, dans lequel ce savon est moins insoluble que le savon ordinaire, l'huile de coco se présente aux savonniers comme un corps gras dont la saponification ne pouvait s'opérer industriellement que par des moyens plus simples que ceux de la fabrication ordinaire, et dont le rendement, indépendant bien entendu de la faculté détersive, était considérable. C'est dire avec quel empressement elle dut être accueillie par les fabricants désireux de donner à leurs produits l'appât d'un bon marché fictif, à la réalité duquel le consommateur est toujours d'autant plus disposé à croire, que ces savons ont une très-belle apparence, produisent une mousse abondante et semblent ne rien laisser à désirer pour leur qualité. Ils se fondent plus vite cependant, et manifestent en se délayant un pouvoir détersif qui ne peut être évidemment que proportionnel à leur titre en savon réel; mais c'est là un défaut que reconnaissent bien vite, sans doute, l'industriel employant des masses de ce produit, la blanchisseuse même, qui est un industriel d'un certain ordre, mais dont l'appréciation dut échapper longtemps à la mère de famille qui ne s'en sert pas dans son ménage d'une manière continue. Aussi ces savons de coco, altérés par un excès d'eau, sont-ils toujours vendus sous les noms de savon économique, savon des ménages, savon des familles.

SERRURERIE. L'art du serrurier a été l'objet d'une remarquable étude d'ensemble, insérée dans le Dictionnaire et due à M. Curtel. Depuis cette publication, l'importance des diverses branches de la serrurerie s'est accrue considérablement. En ce qui concerne la petite serrurerie, la fortune des particuliers se trouvant aujourd'hui en grande partie sous la forme d'effets en papier au porteur qu'il est facile d'anéantir ou de voler, sans laisser au légitime détenteur aucun moyen de reconnaître sa propriété dans d'autres mains, il est devenu plus que jamais nécessaire de mettre à la disposition du public des moyens simples, sûrs et en même temps économiques, de protéger son bien contre l'adresse et l'audace des voleurs de profession. De ce point de vue, les progrès de cet art modeste, qu'on appelle la petite serrurerie ou la quincaillerie, acquièrent une véritable importance morale et sociale : décourager complétement par d'ingénieuses combinaisons les efforts pervers de ceux qui vivent du vol et de l'effraction, n'est-ce pas ruiner leur coupable industrie et les soustraire à la tentation d'y persévérer? Ainsi s'est établie une lutte instructive et curieuse entre les serruriers et les voleurs, entre l'art d'attaquer le bien d'autrui et celui de le défendre. L'Exposition universelle de 1867 offrait à cette occasion les enseignements les plus intéressants.

« S'il est un objet qui indique le développement de la richesse publique et privée, dit M. Viollet-Leduc dans le rapport du jury de la 65e classe, c'est certainement le coffre-fort. L'Exposition de 1867 abonde en caisses de sûreté des plus ingénieusement combinées. L'Angleterre, les États-Unis, la France, la Belgique, la Prusse, l'Autriche, la Suisse ont envoyé au Champ de Mars une quantité prodigieuse de ces gardiens des trésors publics et particuliers. On peut même, en examinant les combinaisons diverses qu'ils adoptent, prendre une idée des habitudes des voleurs de chaque pays. Aux États-Unis, les coffres-forts se gardent contre l'explosion, c'est-à-dire contre les pétards que les voleurs cherchent à introduire dans les serrures pour les faire sauter, moyen expéditif et pratiqué, paraîtrait-il, avec beaucoup d'adresse. En Angleterre, c'est aux cornières, aux assemblages que les voleurs s'attaquent, en dédaignant les serrures; aussi les coffres-forts anglais cherchent-ils à rendre leurs assemblages inattaquables et à si bien multiplier les pênes qu'on ne puisse espérer faire une pesée entre eux. En Prusse, en Autriche et en Suisse, c'est au contraire par les combinaisons de clefs et de serrures que l'on prétend se garantir contre les tentatives de vol. En France, il semblerait aussi que les voleurs emploient plutôt l'adresse que la force pour ouvrir ces caisses de sûreté, à voir les précautions infinies et les subtilités que les fabricants apportent dans la composition des moyens de fermeture. »

C'est au serrurier qu'il appartient, en y mettant la dernière main, de rendre possible et commode l'usage de la plupart des ouvrages du menuisier, de l'ébéniste, du gaînier, du tabletier, etc., qui servent à chaque instant aux mille usages de la vie. On peut compter parmi les petites misères de l'existence les plus insupportables celles qui résultent de l'imperfection de ces ouvrages, tandis que leur bonne exécution, leur jeu facile, leur longue durée, caractérisent les produits de l'industrie des pays civilisés, où la vie matérielle est organisée sur les bases les plus rationnelles et les plus confortables.

Ces considérations justifient l'essai que nous tentons pour ajouter quelques indications supplémentaires sur la serrurerie à l'article du Dictionnaire.

FERRURES DES PORTES ET FENÊTRES.

Il ne suffit pas, pour qu'un ouvrage de menuiserie offre les garanties de solidité nécessaires, que sa boiserie soit bonne et sa serrure forte et sûre; il faut que toutes les autres ferrures soient en rapport avec les causes de destruction auxquelles l'ouvrage peut être exposé. On distingue parmi les ferrures : 1° celles qui sont destinées à consolider les assemblages de la menuiserie et de la charpente, T, équerres, etc.

2° Les attaches qui assurent le mouvement des parties mobiles, leur rotation autour d'un axe vertical ou horizontal, pentures, gonds, etc.

3° Les ferrures appelées à concourir avec les serrures à la fermeture de la porte, verrous, etc., mais offrant moins de sûreté.

4° Les serrures proprement dites.

1° FERRURES D'ASSEMBLAGE.

Les plus ordinairement employées sont des équerres placées au droit des assemblages à tenon et mortaise des traverses et pièces montantes des châssis. On peut placer dans la même catégorie les clous à tête saillante au moyen desquels on consolide les portes formées de cours de planches superposées; c'est un assez bon moyen de défense pour les portes exposées à être démolies à coups de hache; le tranchant de l'outil ne résiste pas au choc contre ces clous.

Les chevilles, boulons, goupilles, vis, clameaux, frettes, étriers, brides, etc., peuvent être considérés encore comme rentrant dans la même classe.

Les tirants diagonaux fixés à l'angle supérieur d'une porte sur le battant dormant d'une part, et d'autre part à l'angle inférieur sur le battant meneau, ne sont employés que dans les portes très-grandes comme celles des écluses pour les empêcher de donner du nez.

2° ATTACHES MOBILES.

Pentes et Pentures. Ce sont des bandes de fer arrêtées sur la porte par des clous et terminées par un œil dans lequel entre le gond qui est lui-même fixé dans la feuillure de la porte (fig. 1).

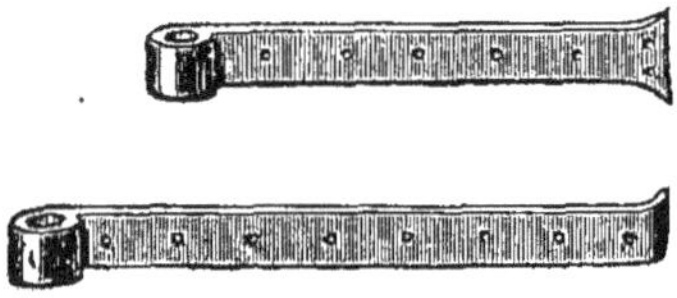

Fig. 1.

Les pentures peuvent acquérir beaucoup de développement et servir à la fois au mouvement, à la consolidation des portes et à leur décoration. L'art du moyen âge et de la renaissance en a tiré des motifs d'ornement extrêmement remarquables; on ne peut qu'en regretter l'abandon. Parmi les plus célèbres de ces ouvrages, on cite les pentures des portes de Notre-Dame de Paris. M. Viollet-Leduc a donné, dans son *Dictionnaire de l'architecture française*, leur description accompagnée de beaucoup d'exemples de travaux analogues et d'intéressants détails sur leur fabrication dont il a retrouvé les procédés oubliés.

Pentures à pivot. Elles se fixent dans une crapaudine

Fig. 2.

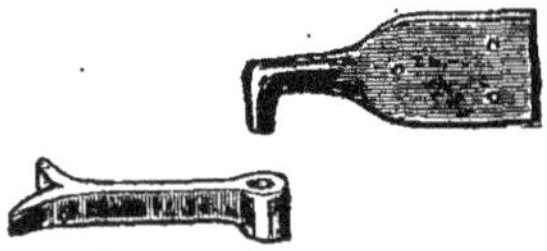

à scellement ou en pointe, suivant la nature du dormant (fig. 2).

Fig. 3.

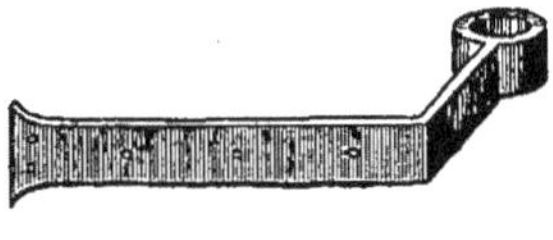

Pentures coudées (fig. 3).

Pentures à équerre, qui servent à la fois de penture et d'équerre d'assemblage.

Pentures flamandes, embrassant les deux côtés de la porte (fig. 4).

Fig. 4.

Pivots. Les grandes portes sont soutenues sur un pivot. Pour les ouvrages rustiques, écuries, granges, etc., le pivot n'est qu'un simple étrier composé de deux branches entre lesquelles se loge le chardonnet de la porte et d'un mamelon (fig. 5).

Dans les ouvrages plus soignés, ce pivot a la forme d'une équerre; il tourne sur une crapaudine scellée dans une pierre (fig. 6).

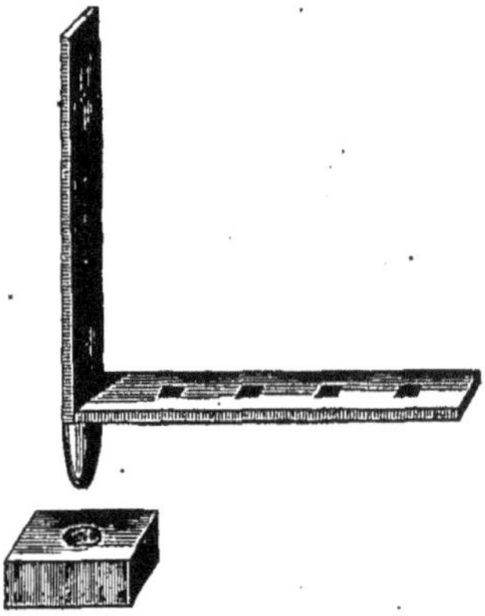

Fig. 5. Fig. 6.

Bourdonnière. C'est la ferrure du haut d'une grande porte qui sert à empêcher son déversement. Elle est formée d'une douille ou collier en fer scellé en haut du jambage, et dans laquelle entre un gond à deux branches fixé sur le haut du chardonnet (fig. 7).

Fig. 7.

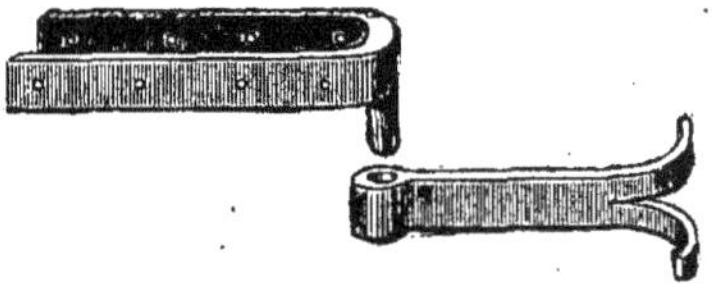

Gonds. — On y distingue : le *mamelon* qui sert de pi-

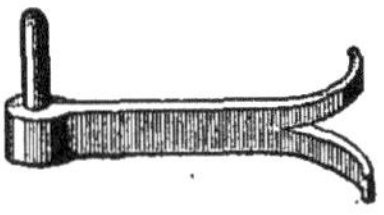

Fig. 8.

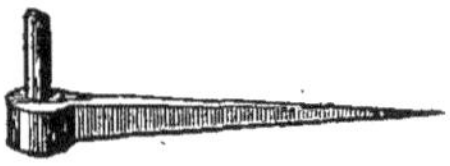

Fig. 9.

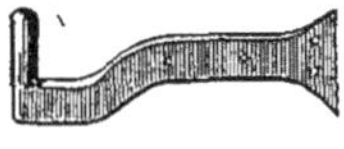

Fig. 10.

vot, le *corps* ou *nœud* sur lequel repose le mamelon, ordinairement soudé dans un œil, et la *tige* qui se termine de différentes façons ; on a ainsi les variétés suivantes :

Gond de scellement qui finit en queue de carpe pour les ouvrages scellés dans une feuillure en pierre (fig. 8).

Gond à pointe pour les ouvrages fixés sur un dormant en bois (fig. 9).

Gond à patte qui se fixe sur le bois au moyen de vis (fig. 10).

Gonds droits. — Gonds coudés.

Paumelles. — C'est un système de gonds qui s'emploie pour les fenêtres et portes légères à dormant en bois; elles présentent assez peu de largeur pour se loger dans l'épaisseur des feuillures, assez de hauteur pour donner les garanties de solidité nécessaires. Elles se fixent sur le bois au moyen de vis à tête fraisée (fig. 11 et 12).

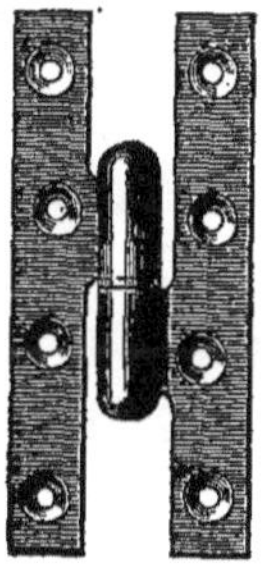

Fig. 11.

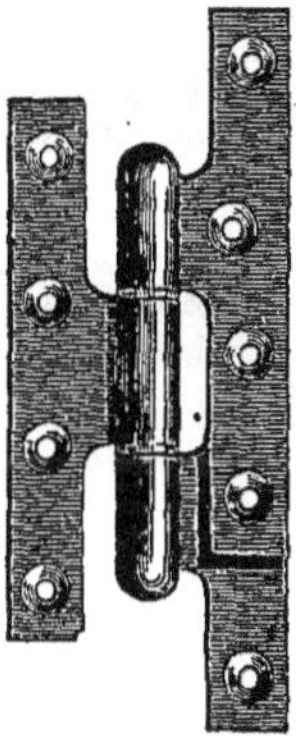

Fig. 12.

Dans celles que nous représentons ici, une rondelle en cuivre est interposée entre les deux pièces afin de rendre leur frottement plus doux.

La figure 12 représente une paumelle à trois branches qui permet de faire tourner sur le même axe fixe le vantail de la fenêtre et celui d'un volet intérieur.

Fiches. — Ces attaches diffèrent des précédentes en ce qu'on les fait pénétrer dans l'épaisseur du bois,

Fig. 13.

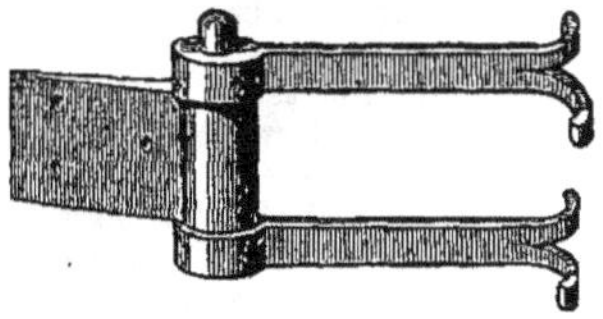

comme un tenon; on y distingue l'*aileron*, qui pénètre dans le bois où il est pris par des pointes, et la boîte sur l'axe de laquelle s'opère la rotation (fig. 13).

Fiches à gond (fig. 14).

Fiches à boule ou à vase, ainsi nommées de l'ornement qui les termine.

Fiches à nœud, dites fiches à chapelet quand elles

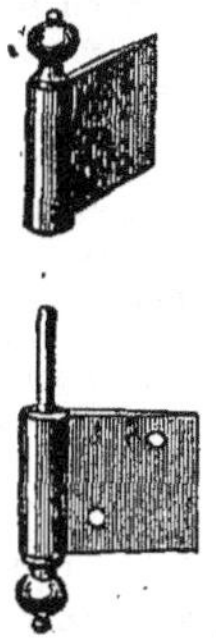

Fig. 14.

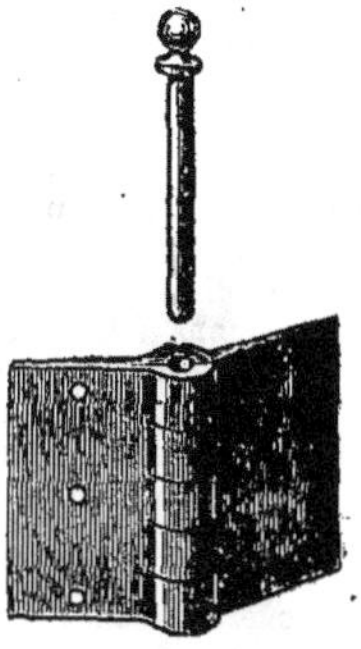

Fig. 15.

sont très-grosses. Ce sont de vraies charnières; au lieu de boîte, elles ont un nombre de nœuds plus ou moins grand : ils sont retenus ensemble par une broche qui les enfile tous (fig 15).

Les fiches sont aujourd'hui généralement remplacées par des paumelles dans les portes et fenêtres de dimension moyenne.

Couplets. — Petites charnières à trois nœuds, pour les ouvrages légers (fig. 16).

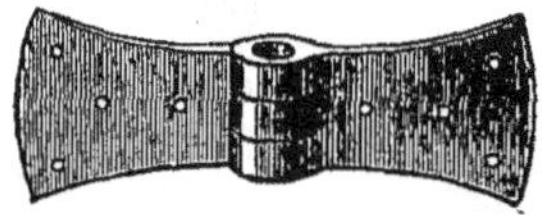

Fig. 16.

Fig. 17.

Briquets. — Couplets qui ne peuvent se fermer que d'un côté (fig. 17).

Charnières. — Système d'attache analogue aux précédents qui ne s'emploie que pour les ouvrages les plus légers.

La monture des volets, persiennes et contrevents n'offre pas de différence bien essentielle avec celle des portes et fenêtres; on y fait contribuer, suivant les cas, les paumelles avec gond à scellement ou à pointe, arrêts, battements, etc. Nous représentons ci-contre le moyen employé par MM. Cairol et Conseil pour fermer des volets brisés sans ouvrir la fenêtre (fig. 18).

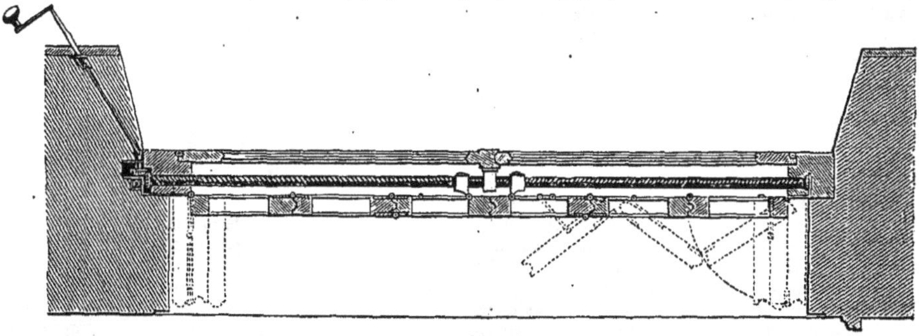

Fig. 18.

Les stores, les bannes nous offrent d'autres mécanismes du ressort du serrurier en bâtiment, qui laissent souvent bien à désirer à cause du peu de précision apportée dans leur exécution et dans leur pose.

Le meilleur système de store est le plus simple et peut-être installé par le premier serrurier venu. Il consiste dans une pièce d'étoffe rectangulaire ; sur le côté inférieur est fixée une tringle en fer assez pesante pour entraîner le système : le côté supérieur est fixé sur un rouleau de bois, terminé par deux tourillons reposant sur des coussinets ; à l'un de ses bouts ce rouleau porte une poulie à large gorge : la corde de manœuvre y est attachée et disposée de manière à s'enrouler quand le store abandonné à lui-même est entraîné par le poids de sa tringle ; pour le relever, il faut donc dérouler cette corde, et pour le maintenir dans cette position il faut fixer l'extrémité de cette corde par l'un des nombreux moyens qu'il est facile d'imaginer.

FERMETURES AUTOMOBILES. — PORTES VA-ET-VIENT.

On recherche dans les lieux très-fréquentés, où l'on veut conserver une température égale, des portes qui se ferment automatiquement. Ce résultat peut être obtenu de diverses manières.

1° En faisant tourner la porte non plus autour d'un axe vertical, mais autour d'un axe légèrement incliné et placé au moyen d'un pivot coudé dans un plan différent du plan vertical où se trouve le centre de gravité de la porte quand elle est fermée; toutes les fois que la porte sera écartée de ses feuillures en s'ouvrant, son propre poids tendra à l'y ramener.

2° On s'est beaucoup servi de contre-poids avec cordes et poulies; ils ont l'inconvénient de faire grand bruit.

3° On peut encore ramener la porte à la position de fermeture au moyen de ressorts à boudin ou de ressorts en caoutchouc attachés à la porte d'une part et au dormant de l'autre.

4° Quelquefois on fixe au bas du battant dormant d'une part et au bas du battant de feuillure d'autre part un fil de fer de toute la hauteur de la porte; dans le mouvement de rotation, ce fil est tordu et son élasticité ramène la porte dans son bâti.

5° M. Beillard fixe le pivot dans un barillet contenant un ressort en spirale.

6° MM. Bricard et Gautier montent le pivot sur un galet qui peut rouler sur une surface hélicoïdale; la feuillure et la bourdonnière sont disposées de manière à laisser échapper la porte quand elle s'ouvre : ce système paraît très-satisfaisant et applicable aux plus grandes portes.

MENUISERIE DE FER.

Nous ne ferons que mentionner sous ce titre des ouvrages que jusqu'ici on n'avait produit que sur une échelle assez restreinte, mais dont l'emploi tend à se répandre de plus en plus avec le bon marché des métaux. Les anciens ont fait de la menuiserie métallique; les belles portes en bronze du Panthéon d'Agrippa nous en offrent un admirable témoignage. Les exemples de revêtements en bronze des vantaux des vieilles basiliques sont encore nombreux. De notre temps, on a fait des portes de bronze très-belles à la Madeleine, au Panthéon, etc. On emploie des portes en tôle de fer dans les magasins, docks, banques, etc., soit pour mieux protéger des trésors, soit pour empêcher la propagation de l'incendie. Leur construction est fort simple.

Les châssis vitrés métalliques sont aussi très-anciens; on en trouve en bronze à Pompéi. Dans les temps où le verre à vitres ne s'obtenait qu'en petits fragments, ils ont été d'autant plus recherchés qu'ils interceptent moins de lumière. Les vitraux du moyen âge ne pouvaient se monter que sur des châssis de métal; ils offrent des combinaisons d'assemblages ingénieuses. Aujourd'hui la fabrication des fers laminés tend à donner un vaste développement à ce système. Les gares de chemins de fer, les palais d'exposition, les cours couvertes d'innombrables édifices, les serres, etc., nous en offrent de belles applications.

On fait maintenant d'excellentes fenêtres en fer d'un aspect très-agréable pour les appartements ordinaires.

Les volets métalliques commencent aussi à se répandre. Indépendamment de la résistance supérieure qu'ils offrent à l'effraction, ils doivent à leur faible épaisseur l'avantage très-grand de se replier facilement dans le tableau des fenêtres où ils occupent très-peu de place.

Les devantures de boutique, si souvent forcées autrefois par les voleurs, ne se font plus autrement qu'en tôle de fer.

3° FERMETURES DIVERSES.

Verrous. — C'est la plus simple et probablement la plus ancienne de toutes les fermetures.

Verrou rural. — C'est un simple barreau de fer rond qui glisse dans deux crampons et se manœuvre au moyen d'une queue ou poignée rivée sur lui (fig. 19).

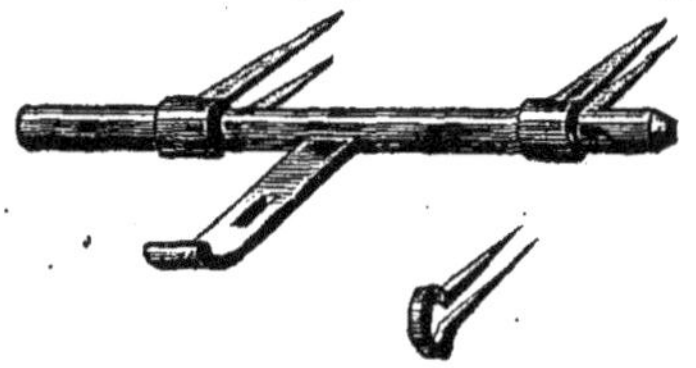

Fig. 19.

On peut y adapter un cadenas qui passerait dans l'œil d'un autre crampon fixé au-dessous sur la porte. On fait aussi de cette queue une *auberonnière* que l'on fixe avec une serrure : c'est elle alors qui porte un crampon ou *auberon* en dessous.

Verrou plat à bouton, ou à queue, à auberonnière.

Verrou intérieur à crochet à ressort qui empêche de faire glisser le verrou de l'intérieur à travers les fentes de la porte.

Targettes. — Elles se composent d'une gâche, d'une platine, de deux cramponnets servant de coulisse et du verrou proprement dit avec son bouton.

Verrous verticaux. — Ils servent ordinairement à fixer par le haut et par le bas le vantail dormant d'une baie à deux vantaux.

Les anciennes croisées étaient pourvues au milieu d'un montant dormant ou meneau et d'un imposte; la baie était ainsi divisée en quatre parties : les deux parties inférieures étaient seules garnies de vantaux mobiles; on fermait les petites avec des targettes et les grandes avec des verrous verticaux assez longs pour rester à portée de la main, malgré la hauteur de la croisée.

Verrous à chanfrein pour tenir compte du jeu des bois (fig. 20).

Fig. 21.  Fig. 20.

Verrous à crochet pour fermer le haut en tirant d'en bas, ce qui est plus commode et empêche le verrou de tomber par ébranlement (fig. 21).

Les croisées modernes sont à recouvrement ou à noix, dans ce dernier système, il suffit de fermer un des vantaux pour que l'autre se trouve en même temps complétement assujetti. On a cherché à perfectionner leur fermeture par une seule manœuvre au lieu de deux qu'exigent les verrous verticaux du haut et du bas. C'est ce qu'on peut obtenir avec un seul verrou à crochet ayant toute la hauteur de la baie; mais pour une ouverture de grande dimension, l'appareil est lourd et

Fig. 24.

Fig. 22.

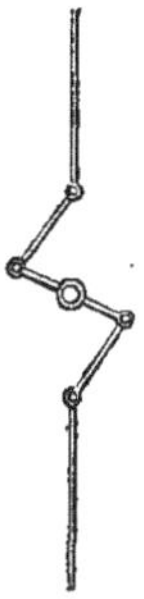

Fig. 23.

incommode. Les crémones et les espagnolettes offrent une meilleure solution.

Fig. 25.

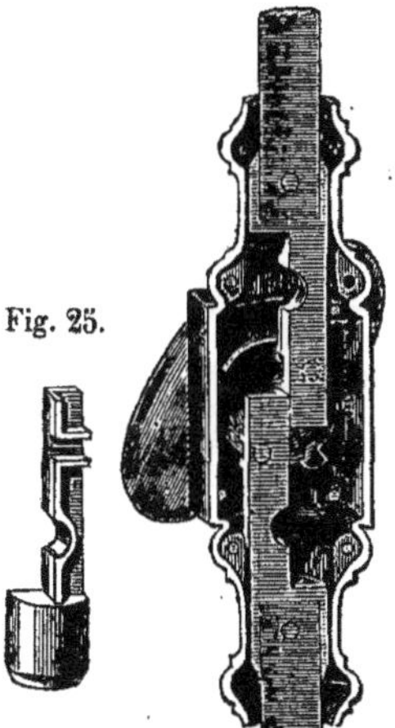

Fig. 26.

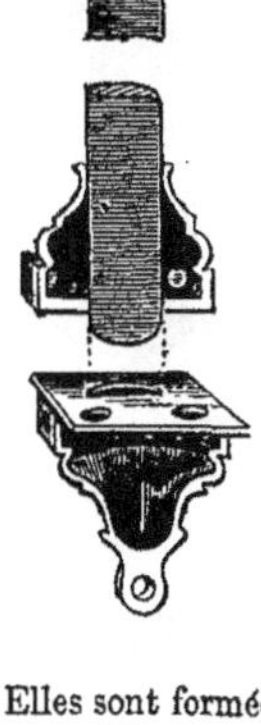

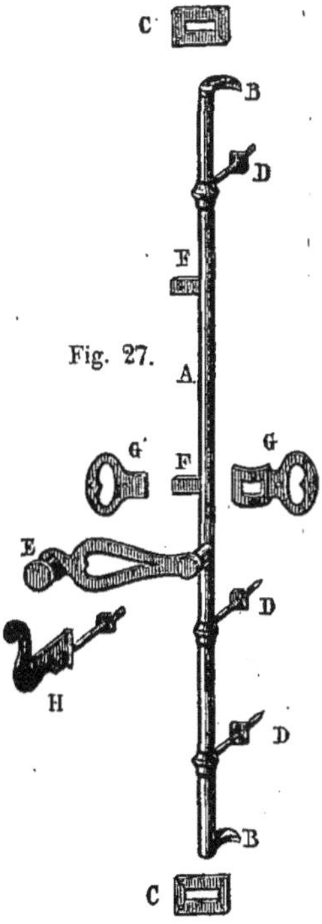

Fig. 27.

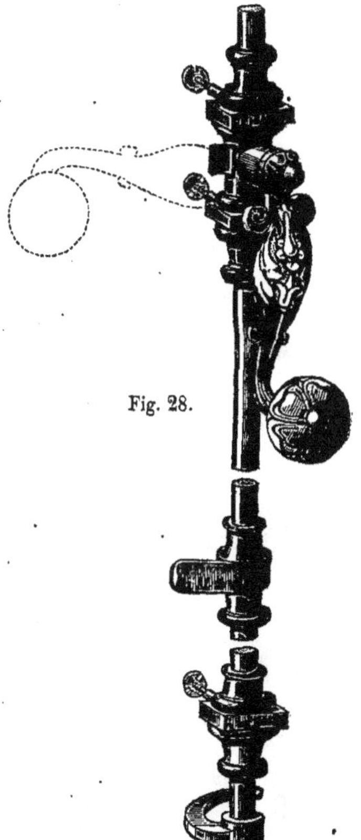

Fig. 28.

Crémones. — Elles sont formées de deux verrous qui se manœuvrent ensemble par une même poignée, grâce à un mécanisme très-simple.

Tous les mécanismes propres à transformer un mouvement circulaire alternatif en mouvement rectiligne alternatif sont applicables à la construction des crémones.

Les figures 22, 23 et 24 représentent les crémones à bascules et à pignon qui ne sont plus guère employées que pour les baies de très-grande dimension.

Les figures 25 et 26 représentent le système le plus généralement appliqué aux baies de dimensions ordinaires, avec une de ses gâches.

Espagnolettes. — Elles présentent l'avantage de permettre la fermeture de la croisée lors même que les bois se sont voilés, et de les ramener à leur position normale. Ces appareils sont trop connus pour nécessiter une description; il suffit d'énumérer leurs parties principales (fig. 27).

A Tige ou verge;
B Crochets ou agrafes;
C Gâches fixées sur le dormant;
D Pitons à vis qui fixent l'espagnolette sur le battant meneau à gueule de loup;
E Poignée de manœuvre;
F Pannetons pour tenir les volets fermés;
G, G' Garnitures des volets, dans lesquelles entrent les pannetons F, quand les volets sont fermés;
H Crochet de repos à charnière fixé sur le battant meneau à noix pour recevoir la poignée de manœuvre quand la croisée est fermée.

Les espagnolettes sont moins employées aujourd'hui

que les crémones ; cependant on fait un assez fréquent usage de l'espagnolette à poignée verticale dont le mécanisme est moins encombrant et la forme plus élégante (fig. 28).

Fléau ou bascule. — Cette fermeture est applicable aux portes charretières, cochères, portes extérieures, notamment quand la porte n'est pas maintenue par le haut (fig. 29).

férence une crémone ou espagnolette très-forte, qui est commandée par la serrure principale.

LOQUETS.

Loquet ordinaire (fig. 30).

A Battant ou clinche tournant autour de l'axe B;

C Crampon qui limite la course de la tête du battant;

D Mentonnet ou gâche du battant.

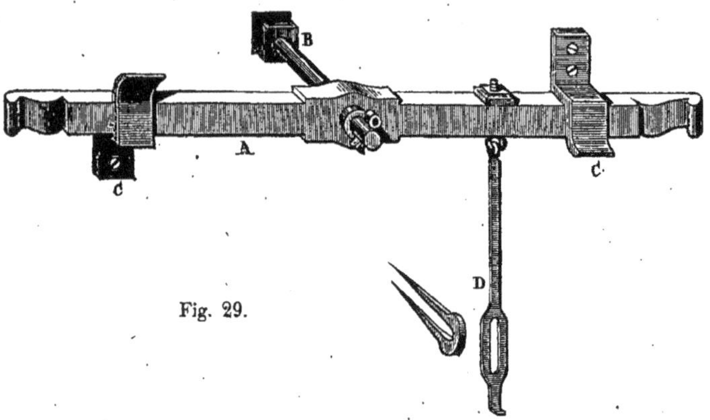

Fig. 29.

On y remarque :

A Le fléau basculant en son milieu sur un boulon fixé sur le montant de la porte;

Fig. 30.

B Boulon d'axe, platine, rondelle, écrou;

C Pannetons posés sur la porte en sens contraire, pour arrêter le fléau dans la position horizontale;

Pour élever le battant au-dessus du mentonnet on emploie différents moyens :

Le *poucier* (fig. 31).

Le *bouton* à olive ou à boucle (fig. 30).

Loquet à vielle (fig. 32). — Il s'ouvre avec une clef.

Loquet à la cordelière. — Il s'ouvre avec une clef qu'on ne tourne pas mais qu'on lève.

Loqueteaux à ressort (fig. 33). — Ils s'appliquent au haut des volets, des vasistas, dans les points élevés qu'on ne peut atteindre avec la main et se manœuvrent avec une ficelle. On leur substitue maintenant des loqueteaux ou verrous à ressort à boudin qui sont moins volumineux.

Becs-de-canne. — Ce sont de petites serrures qui remplacent avantageusement les loquets et se manœuvrent avec un bouton fixe, qui n'est autre chose qu'une clef dormante : le panneton est ordinairement remplacé

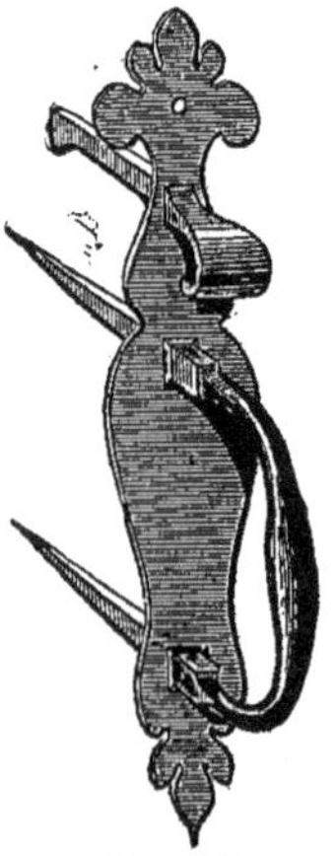

Fig. 31.

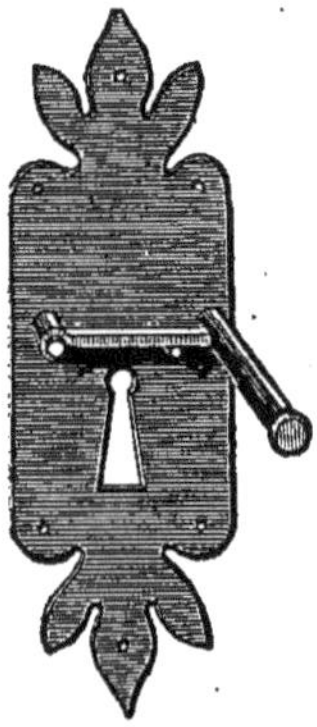

Fig. 32.

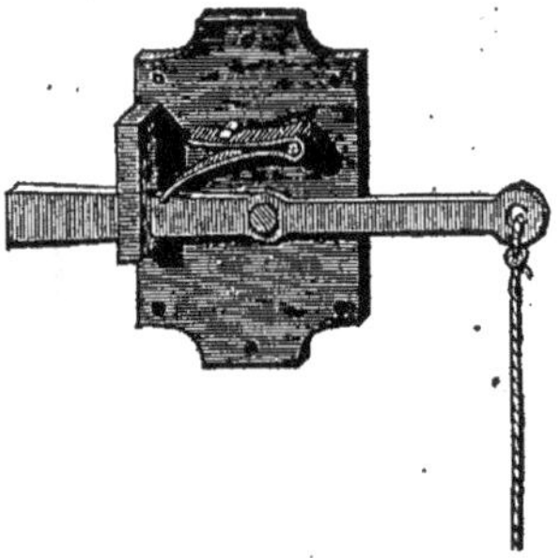

Fig. 33.

D Barre à auberon et son cramponnet que l'on ferme avec un cadenas.

Pour les portes cochères, à Paris, on emploie de pré-

par un levier nommé foliot, qui permet d'agir sur le pêne en tournant le bouton à droite ou à gauche indifféremment. Le bout du pêne est habituellement taillé en chanfrein pour que la porte puisse se fermer d'elle-même en le poussant, d'où le nom de bec-de-canne.

4° SERRURES.

Il y a une innombrable quantité de types de serrures; ils se rapportent à trois classes principales :

1° Les anciennes serrures à gardes fixes, encore aujourd'hui les plus répandues, parce qu'elles sont les plus économiques et les plus simples, mais n'offrant aucune sûreté; rien de plus facile que de les forcer : une pareille serrure n'est guère que l'expression d'un désir du maître de laisser sa porte fermée, s'en rapportant du reste à la discrétion du public.

2° Les serrures à combinaisons ou à lettres, ou à secret, qui n'offrent souvent que des garanties illusoires et ne résistent pas aux adroits tâtonnements des voleurs expérimentés.

3° Les serrures dites à gardes, à gorges ou à garnitures mobiles, qui jusqu'ici ont donné des résultats plus satisfaisants; on peut les associer à des combinaisons diverses empruntées aux types précédents, et obtenir ainsi les meilleurs moyens de fermeture dont on dispose aujourd'hui.

1° *Serrures à gardes fixes.* — Voici la description d'une de ces serrures, dont la disposition est des plus simples. C'est la serrure à pêne dormant à un tour.

A Palâtre : boîte en tôle dans laquelle est enfermé tout le mécanisme; il se fixe sur la boiserie au moyen de vis placées en dedans.

B Cloison : le côté dans lequel passe le pêne se nomme le rebord. Dans les serrures soignées, le rebord est accompagné d'un couvre-joint qui soustrait entièrement le pêne aux regards et aux atteintes des outils avec lesquels on pourrait tenter de la couper.

C Gâche fixée sur le battant dormant de la porte.

D La clef : elle se compose essentiellement d'un *anneau*, d'une *tige* et d'un *panneton* : on distingue dans celui-ci le *corps* attenant à la tige et le *museau* qui le termine; le panneton est ordinairement garni d'entailles qui lui permettent de passer à travers les gardes.

E *Garde* ou *garniture* : elle est ici composée d'une plaque de tôle parallèle au palâtre; elle s'oppose au mouvement de toute clef qui ne serait pas pourvue d'une entaille correspondante. La garde qui correspond comme ici au milieu de la clef s'appelle planche.

F Levier d'arrêt du pêne avec sa *gorge* représentée en contact avec le museau de la clef qui le soulève.

G Ressort de l'arrêt du pêne;

H Le *pêne*; pièce essentielle de la serrure dont la mobilité produit l'ouverture ou la fermeture; on y distingue la *tête* qui vient s'engager dans la gâche, la queue qui porte d'un côté des *barbes* saillantes ou une partie entaillée pour donner prise au panneton de la clef, et de l'autre des encoches K dans lesquelles peut passer l'ergot de l'arrêt du pêne pour le fixer ouvert ou fermé.

I Entaille-guide de la queue du pêne et *picolet;* les picolets reçoivent aussi la forme de crampons;

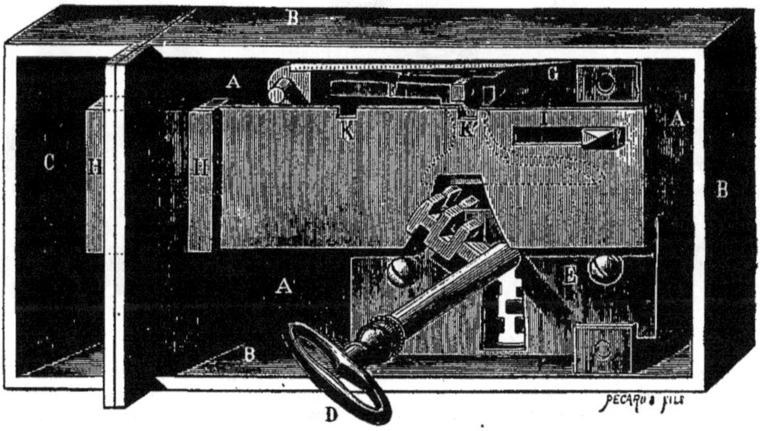

Fig. 34.

K K' Encoches d'arrêt du pêne.

Le tout est recouvert d'une plaque de tôle formant couverture et fixé à la boiserie au moyen de vis.

La serrure est représentée au moment où elle va être complétement fermée : pour cela, la clef, après avoir été introduite par son *entrée*, a commencé à opérer sa révolution à travers la garniture fixe; dans ce mouvement, le museau du panneton a rencontré la gorge du petit levier d'arrêt F, dont l'ergot était engagé et maintenu dans la première encoche K par la pression du ressort G; il a soulevé ce levier, fait sortir l'ergot de l'encoche K, et, continuant son mouvement de rotation, il a rencontré le pêne devenu libre et l'a poussé en avant jusqu'au point où il est représenté dans la figure; continuant encore à tourner, le panneton laissera retomber l'ergot de l'arrêt dans la seconde encoche K', et le pêne se trouvera fixé invariablement dans sa nouvelle position.

Pour ouvrir, on n'aura qu'à imprimer à la clef un mouvement de rotation dans le sens inverse; les mêmes effets se reproduiront dans un ordre opposé jusqu'à ce que le pêne soit revenu dans la position primitive où il est complétement rentré dans la serrure et n'offre plus aucun obstacle à l'ouverture de la porte.

Telles sont les dispositions générales qu'on a considérées comme suffisantes pendant bien longtemps; pour plus de sûreté et de commodité, on a apporté quelques modifications et additions, sur lesquelles nous devons appeler un instant l'attention.

On a cherché les principales garanties contre l'ouverture de la serrure dans la complication des entrées et des gardes; ces garanties sont complétement illusoires. Rien n'est plus facile que de prendre avec de la cire l'empreinte des entrées et des gardes et de fabriquer une fausse clef; il suffit même le plus souvent d'un simple crochet d'acier pour passer à travers les garnitures les plus compliquées et ouvrir les serrures de cette classe les mieux fabriquées. D'ailleurs, le nombre des combinaisons des gardes est restreint; il arrive même qu'on livre des serrures pourvues de clefs présentant de nombreuses entailles qui ne correspondent à aucune garniture intérieure; des milliers de serrures sont mises en circulation avec des garnitures toutes pareilles et pouvant toutes s'ouvrir avec la même clef.

2º *Serrures à combinaisons ou à lettres*.—Le système de combinaison le plus connu est celui qui fut mis en vogue, vers le milieu du dix-septième siècle, par Regnier de Paris. Une disposition analogue se trouve décrite dans un ouvrage intitulé *Silvestri à Petrasancta symbola heroica*, publié en 1682 à Amsterdam. Elle a été principalement appliquée aux cadenas, mais elle a aussi été employée sous forme de serrures à cadrans composés de zones concentriques, sur lesquelles sont gravées les lettres de l'alphabet; le principe est en tous cas le même que celui du cadenas que nous allons décrire.

Fig. 35. — Vue perspective du cadenas avec arrachement des bagues extérieures et intérieures, et du canon. Le pêne est démonté et séparé de la broche.

Fig. 36. — Vue du pêne.

Fig. 37. — Vue au bout du cadenas, le pêne enlevé.

Fig. 38. — Vue du cadenas fermé.

Fig. 39. — Vue perspective de la moitié de l'une des bagues intérieures.

A Gâche mobile à charnière;

B Pêne : il se compose d'une plaque circulaire portant vers le haut un renflement avec un trou dans lequel pénètre l'ergot du bout de droite de la gâche quand on pousse le pêne de droite à gauche pour fermer la serrure;

C Broche fixée à pas de vis dans le centre du pêne et portant quatre barbes également espacées, et une cinquième, la barbe extrême visible sur la figure, formant arrêt de la pièce circulaire qui constitue le pêne proprement dit;

D Pièce circulaire pareille à B, portant à sa partie supérieure la charnière de la gâche mobile, et à son centre un canon cylindrique entaillé parallèlement à ses génératrices. La broche C peut se déplacer parallèlement à la même direction dans l'intérieur de ce canon, guidée par ses barbes qui passent dans l'entaille; sa course est limitée par une goupille fixée sur le canon traversant une petite fente longitudinale pratiquée dans ce but; en faisant avancer ou reculer de la quantité déterminée par la longueur de cette fente la broche, on engage ou on dégage l'ergot de la gâche mobile A, on ferme ou on ouvre le cadenas; il faut maintenant comprendre comment ce mouvement peut être arrêté par la combinaison à lettres;

Fig. 39.

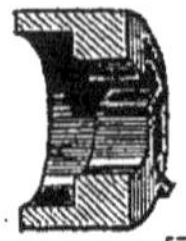

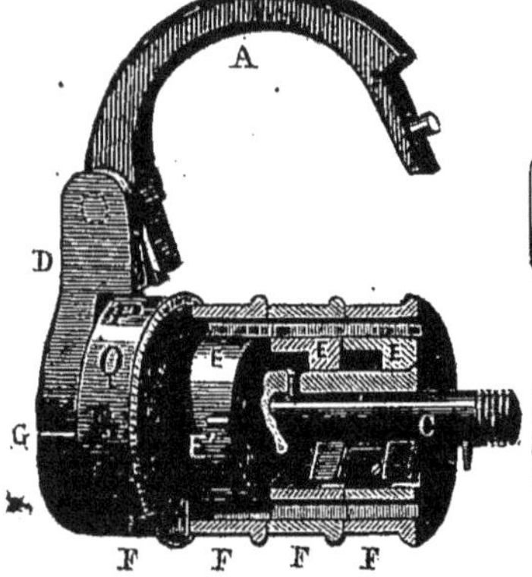

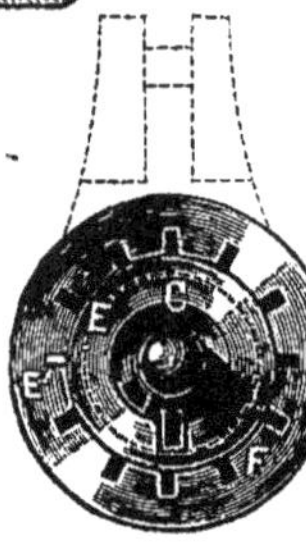

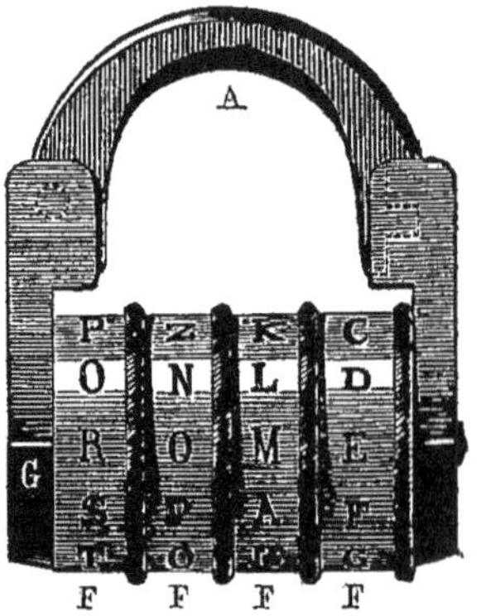

Fig. 35. Fig. 36. Fig. 37. Fig. 38.

E E E E Bagues ou rondelles intérieures en laiton; chacune est pourvue intérieurement d'une entaille circulaire placée vers sa base à gauche, et d'une entaille rectiligne à droite. Quand le cadenas est fermé, la broche C est entièrement rentrée dans le canon; les saillies des barbes correspondent à l'entaille annulaire des bagues E; les bagues peuvent tourner librement, mais la broche ne peut prendre aucun mouvement. Pour qu'on puisse la déplacer, il faut que les quatre entailles rectilignes des bagues soient placées en prolongement les unes des autres et en regard de l'entaille du canon; c'est ce qui a lieu lorsque quatre petites marques saillantes en fer E' implantées dans la surface extérieure des quatre bagues, se trouvent sur une même arête cylindrique et en regard d'une marque G tracée sur le rebord le plus en vue des pièces D et B. Voici comment ce résultat s'obtient au moyen d'une combinaison de lettres convenue d'avance et facile à changer.

F F F F Bagues extérieures en laiton superposées aux précédentes E, par le moyen des marques E'; elles portent sur leur contour externe la série des lettres de l'alphabet; elles portent sur leur contour interne autant de rainures rectilignes correspondantes à chacune de ces lettres. Supposons que l'on veuille établir la fermeture du cadenas sur le mot CLEF : on commencera par ouvrir et par démonter le pêne; on fera sortir les quatre bagues extérieures; on mettra en regard de la marque G les quatre petites marques des bagues intérieures; ensuite on remettra en place la première des bagues F en ayant soin que la lettre C corresponde à la marque G; de même pour la lettre L de la seconde des bagues F, pour la lettre E de la troisième et pour la lettre F de la quatrième. Il en résultera que toutes les fois que le mot CLEF sera lu sur une ligne droite en face de la marque G, les entailles des bagues intérieures E, solidaires avec les baques F, se trouveront en regard des barbes de la broche et le cadenas pourra s'ouvrir; pour aucune autre combinaison des lettres tracée sur le contour des bagues extérieures il n'en sera de même, et le cadenas restera fermé.

Ces cadenas sont peu solides à cause des faibles dimensions des parties appelées à résister à leur ouverture.

Les anciens systèmes de fermeture à combinaisons offraient tous un inconvénient grave; il existait une relation trop directe entre les organes extérieurs et intérieurs du mécanisme: il est des gens doués d'un tact si exercé qu'ils parviennent à découvrir par tâtonnements et sans aucun indice apparent à l'extérieur les combinaisons les plus ingénieuses; leurs opérations sont d'autant moins difficiles que les diverses parties du mécanisme ont pris du jeu par l'usage, et que les combinaisons sont restées plus longtemps les mêmes. Un mécanicien nommé Robin, de Rochefort, ouvrit avec facilité toutes les serrures à combinaison présentées à l'Exposition des produits de l'industrie en 1834, à Paris, et démontra leur complète insuffisance. Il proposa en même temps un nouveau système de serrures à l'abri de cet inconvénient; le même problème fut abordé et heureusement résolu par M. Gringoir de Paris, par l'interposition d'une pièce nommée *va-et-vient* entre le mécanisme de la combinaison et le pêne; il obtint ainsi des garanties nouvelles et très-sérieuses. La serrure de Gringoir a été décrite par M. le baron Séguier dans le *Bulletin de la Société d'encouragement*, année 1835; elle est depuis longtemps tombée dans le domaine public, et elle a subi entre les mains de nombreux inventeurs des modifications qui n'en ont pas altéré le principe. Nous en décrivons une variante, telle qu'elle est fabriquée aujourd'hui par M. Delarue, successeur de Gringoir.

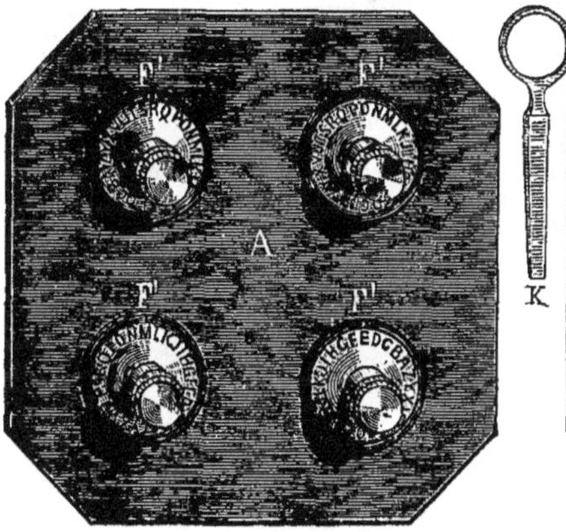

Fig. 40.

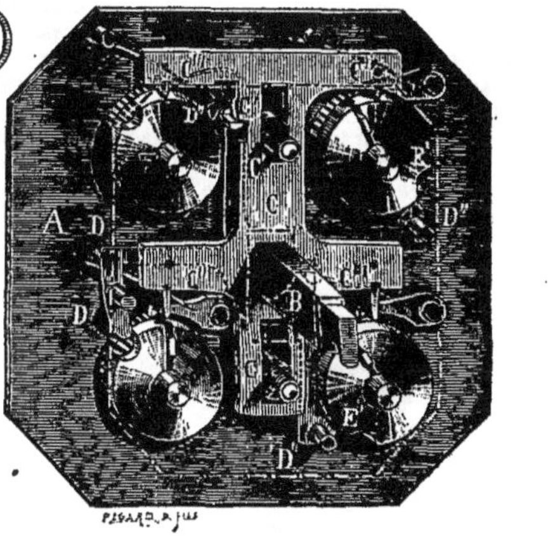

Fig. 41.

La serrure ci-contre offre les combinaisons de quatre lettres, c'est-à-dire $24^4 = 331,776$ combinaisons.

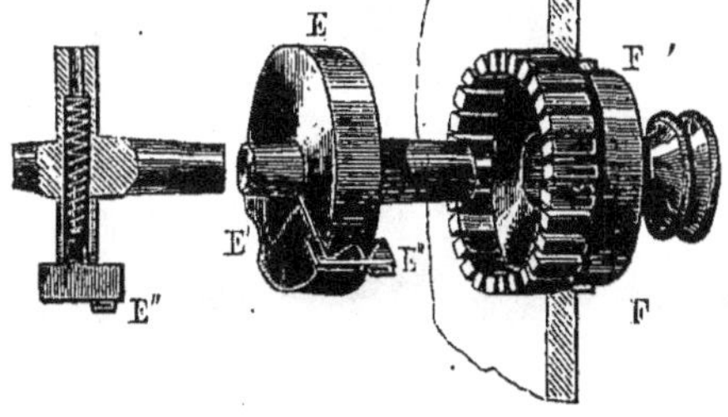

Fig. 42.

Fig. 40. — Serrure vue du dehors;

Fig. 41. — Serrure vue par derrière, — la planche de fond supposée enlevée;

Fig. 42. — Détails d'une rondelle;

A Palâtre;

A' Planche ou couverture; elle est supposée enlevée sur la figure 41 et représentée seulement par un trait pointillé qui en marque le contour;

B Pêne rivé sur le va-et-vient; ce peut être le pêne proprement dit, ou bien, comme dans les coffres-forts, un simple arrêt qui entre dans une encoche d'un pêne plus fort, et l'empêche d'obéir à la clef quand les rondelles ne sont pas sur la combinaison convenue;

C *Va-et-vient*; il a la forme de deux T superposés et peut prendre le mouvement rectiligne alternatif et vertical, d'où lui vient son nom, dans les limites indiquées par les deux guides C'; pour dégager le pêne, il faut qu'il puisse descendre; son propre poids suffirait pour obtenir ce résultat s'il n'était maintenu par un ergot C'' engagé dans une encoche pratiquée sur la gauche de sa branche verticale.

D Levier en croix ou à quatre branches d'équerre; son axe est au centre du palâtre; la branche supérieure porte l'ergot C'' qui empêche le va-et-vient de tomber. Pour obtenir ce résultat, il faudrait que le levier en croix se déplaçât de droite à gauche; il y est sollicité par le ressort D' qui agit en dessous sur la branche opposée à la précédente, mais il en est empêché par les retours d'équerre D'' placés au bout des quatre branches qui appuient à la fois sur le contour des quatre rondelles; ce contour porte une encoche E'; le levier en croix ne peut tourner et dégager le va-et-vient que si les quatre encoches sont simultanément en regard des quatre crochets du levier: or cela n'a lieu que quand les quatre rondelles sont mises sur la combinaison convenue.

Les rondelles se composent de deux parties représentées à part dans la figure 42.

E Pièce extérieure composée d'un disque en laiton monté sur un axe; sur ce disque on remarque: 1° l'encoche E' dont l'objet vient d'être expliqué; 2° une entaille dirigée suivant un rayon dans laquelle se meut une petite plaque d'arrêt E'' poussée au dehors par un petit ressort à boudin; son usage va être expliqué.

F Pièce intérieure de la rondelle; la partie en vue se compose d'un cadran sur lequel sont gravées les vingt-quatre lettres de l'alphabet; elles peuvent être amenées avec un bouton en regard d'un repère F' tracé au dehors sur le palâtre; la partie qui pénètre dans la serrure présente vingt-quatre encoches en regard des vingt-quatre lettres précédentes.

Ces deux pièces étant juxtaposées de manière que l'axe de la pièce E pénètre dans le vide ménagé pour elle dans la pièce F, la petite plaque E'' s'engage dans une entaille correspondant à l'une des lettres du disque extérieur; la solidarité est établie entre les deux pièces, de manière que quand on tourne l'une avec le bouton de manœuvre extérieur, on entraîne l'autre.

Les quatre rondelles sont disposées d'une manière identique.

Pour mettre la serrure sur une combinaison déterminée, il faut procéder de la manière suivante. Soit encore le mot CLEF celui de la combinaison.

La serrure ayant été ouverte et placée sur la combinaison précédente, on calera le pêne (B) en dessus, avec la broche K, de manière à forcer le va-et-vient à s'abaisser au-dessous de son niveau ordinaire; dans cette position, les lames C''' placées aux quatre extrémités des branches horizontales de ce va-et-vient appuieront sur les plaques à ressort E'' et dégageront les cadrans; ceux-ci pourront tourner librement. On mettra, pour le premier, la lettre C en regard du repère; pour le second, la lettre L; pour le troisième, la lettre E; pour le quatrième, la lettre F. On dégagera le pêne, le va-et-vient remontera, les plaques E'' s'engageront dans les entailles correspondant respectivement aux quatre lettres du mot *clef*, et la combinaison nouvelle sera établie.

On a justement reproché à ce système de combinaison d'avoir trop de pièces apparentes au dehors, susceptibles de donner des indications ou d'offrir une prise aux attaques par la violence. Voici un autre système qui écarte cette objection; il est dû à M. Fichet. Il sera représenté ici par une petite serrure à trois rondelles qui se manœuvre sans clef: pour mieux dire, le bouton de manœuvre est une clef à poste fixe.

Fig. 43. — Vue perspective de la serrure par derrière.
Fig. 44. — Détails d'une rondelle.

Fig. 44.

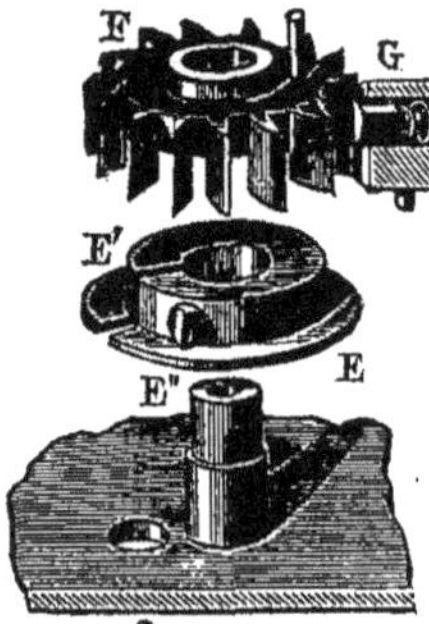

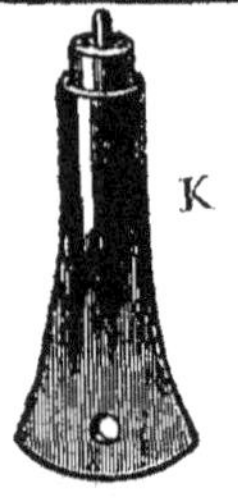

Fig. 45.

Fig. 45. Broche pour fixer les rondelles quand on change la combinaison.

SERRURERIE.

A Palâtre;

B Pêne; B' ergot du pêne;

C Va-et-vient; il est fixé sur le pêne qui l'entraîne dans son mouvement. Pour permettre le déplacement du pêne, il faut qu'il puisse s'abaisser en pénétrant par ses trois branches dans les entailles E' des rondelles.

D Gorge mobile autour de l'axe D'; c'est une feuille de cuivre découpée intérieurement suivant un profil qui offre à l'ergot B' du pêne un point d'appui tel que celui-ci ne peut se mouvoir que quand la gorge mobile D est écartée par le panneton de la clef.

D'' Ressort de la gorge mobile.

Les rondelles se composent encore de deux parties; mais aucune n'est visible du dehors.

E Disque en laiton monté sur un axe de rotation en fer rivé sur le cadran. Le disque porte une entaille E' dont l'usage va être indiqué. Dans sa gorge est logé un petit ressort à boudin qui pousse au dehors un petit arrêt E'' dont l'usage va aussi être indiqué.

F Roue dentée mobile autour du même axe que le disque E; les dents ont deux fois l'épaisseur du corps; elles ont une face cylindrique et une autre plane. La roue F est liée au disque E par le petit arrêt E''. En effet, ce petit arrêt a son extrémité taillée en biseau; elle vient s'introduire entre les prolongements des dents de la roue, et elle établit entre les pièces une solidarité telle que, dans l'état normal, l'une ne peut pas marcher sans l'autre.

G Arrêt à ressort à boudin dont la tête passe entre les dents de la roue et est taillée en biseau; de cette manière, quand celle-ci est poussée de gauche à droite, la surface cylindrique de la dent agissant sur la face en biseau de l'arrêt, la force à rentrer dans l'intérieur de son alvéole; quand, au contraire, on exerce un effort de gauche à droite, la face plane de la dent s'applique tout entière contre l'arrêt et y rencontre un obstacle invincible.

H Panneton de la clef, disposé d'une façon pareille à l'arrêt précédent; il en résulte que la clef ne peut agir

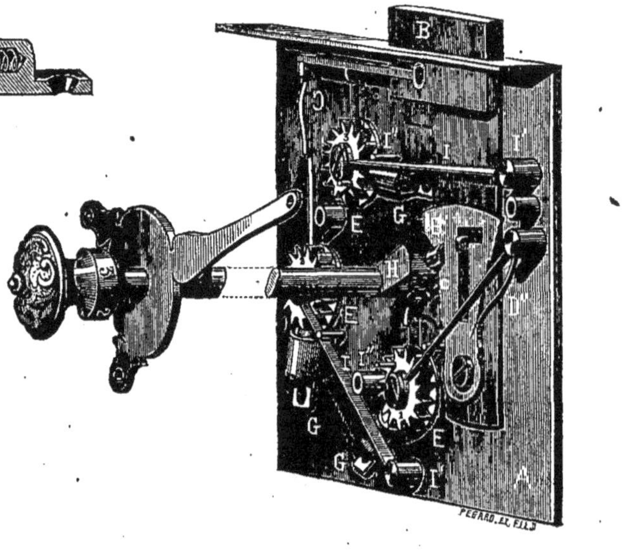

Fig. 43.

sur les roues qu'en les faisant tourner de droite à gauche, et qu'elle peut tourner elle-même de gauche à droite pour passer d'une rondelle à l'autre sans éprouver de résistance sensible.

I Ressort fixé sur l'étoquiau I' contenu vers le haut par l'étoquiau I", et susceptible de se déplacer dans le sens opposé quand il est rencontré par l'ergot K fixé sur la roue dentée. Celle-ci poursuivant son mouvement de rotation entraîne un instant l'extrémité de ce ressort, puis le lâche avec un bruit caractéristique dû au choc du ressort sur l'étoquiau I". Ce bruit marque le moment à partir duquel on doit compter les dents qui passent sur l'arrêt G.

En effet, dans ce système aucun mécanisme n'est visible; c'est seulement par le son qu'on peut déterminer la combinaison convenue. On peut prendre, soit des mots, soit des chiffres. Supposons, par exemple, qu'on ait choisi le mot anglais BAD; on mettra le panneton sur la rondelle n° 1, dans la position indiquée par un numéro gravé sur le bouton. On donnera au bouton un léger mouvement alternatif jusqu'au moment où l'on entendra le bruit caractéristique produit par le choc du ressort I; à partir de ce moment on comptera autant de chocs du petit ressort G qu'il y a d'unités dans le rang alphabétique de la lettre D; on dira A, B, ou 1, 2; on passera à la deuxième rondelle, et, après l'avertissement du ressort, on comptera A ou 1; on passera à la troisième et, après le même signal, on comptera A, B, C, D, ou 1, 2 3, 4; puis on tournera le bouton, le panneton écartera la gorge mobile, appuiera sur la barbe du pêne, et les branches du va-et-vient se trouvant en regard des trois entailles E' des rondelles, rien ne s'opposera plus au déplacement du pêne.

Pour changer la combinaison, il faut fixer le disque E de la rondelle, et déplacer la roue dentée de telle manière qu'entre la dent à laquelle correspond le signal du ressort et celle à laquelle correspond l'entaille E', où doit glisser la branche du va-et-vient, il y ait un nombre convenu d intervalles. Pour cela, il faut déplacer la roue dentée indépendamment de son support; on fixe celui-ci au moyen d'une petite cheville K (fig. 45) que l'on passe dans l'entaille E' par un petit trou percé exprès dans le palâtre; on pousse la roue dentée avec le panneton G jusqu'au signal; on compte le nombre de dents que l'on veut laisser passer pour former la nouvelle combinaison; puis on retire la cheville : la solidarité se trouve rétablie entre les deux pièces de la rondelle en vue de cette combinaison.

Au lieu de trois rondelles, on peut en avoir quatre ou même davantage, et obtenir, par le moyen qui vient d'être indiqué, des serrures de toute dimension qui présentent les plus sérieuses garanties de sécurité.

3° *Serrures à garnitures mobiles.* — Il en existe une infinité de modèles; elles reposent sur ce principe que la clef, avant de rencontrer le pêne pour le faire avancer ou reculer, doit écarter une série d'obstacles mobiles dont il est impossible d'apprécier du dehors la disposition.

La serrure égyptienne en bois, décrite par Denon dans le grand ouvrage sur l'Égypte, est le plus ancien exemple de ce genre de serrures, et remonte à une bien haute antiquité, puisqu'on en voit la représentation dans les bas-reliefs du temple de Karnak. Elle est encore en usage dans le pays. Il paraît qu'elle est aussi employée de temps immémorial en Cornouailles et dans les îles Fœroë, où elle aurait été apportée par les Phéniciens. Nous ne reviendrons pas sur la description qui en est donnée dans le Dictionnaire.

Nous y renverrons aussi le lecteur pour l'étude de la serrure de Bramah, qui jouit encore d'une si grande renommée. Nous nous arrêterons seulement à décrire un des types les plus répandus aujourd'hui de serrure à gardes mobiles, d'après la figure ci-jointe, qui représente une serrure à deux tours et demi, c'est-à-dire comprenant un pêne dormant à deux tours et un bec-de-canne.

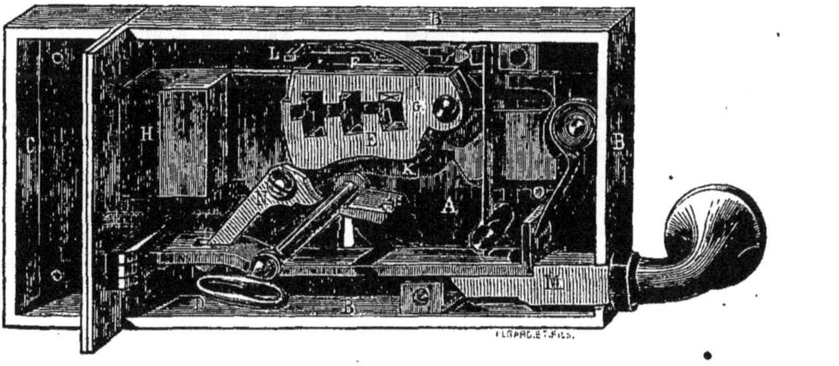

Fig. 46.

A Palâtre;
B Cloison;
C Gâche;
D Clef; le panneton est découpé par redans offrant sept degrés; c'est le dernier, le plus voisin de la cloison, qui agit sur les barbes du pêne.
E Garnitures mobiles; elles sont formées ici de six plaques de cuivre susceptibles de prendre un mouvement de rotation autour d'un axe commun, qui sert en même temps de guide à la queue du pêne. Ces plaques sont maintenues dans leur position normale, appuyées d'une part sur leur axe de rotation, de l'autre sur l'ergot du pêne, au moyen de six ressorts en acier F, fixés au côté supérieur de la cloison; elles sont découpées intérieurement et par-dessous suivant des profils divers.
F Ressorts des garnitures mobiles;
G Ergot rivé sur la queue du pêne;
H Pêne; il est évident que pour que le pêne puisse se mouvoir, il faut que l'ergot G cesse d'être arrêté par les saillies des découpures des gardes mobiles et glisse dans les intervalles étroits ménagés entre les trois échancrures principales de ces découpures. Celles-ci sont variées de forme; il faut donc que chacune des plaques soit soulevée à une hauteur différente pour que, au moment précis où le museau du panneton vient rencontrer la barbe du pêne, les six intervalles se trouvent en regard et livrent simultanément passage à

l'ergot. Cet effet s'obtient en établissant une concordance parfaite entre la forme du profil inférieur des plaques mobiles et celle des redans de la clef. On voit d'après ces dispositions que la serrure à garniture mobile, fabriquée avec le soin convenable, est un instrument de précision. Il doit être très-difficile de fabriquer une fausse clef, même sur modèle; il est inutile de songer à prendre des empreintes intérieures.

L Délateur; cet ingénieux mécanisme ajoute une garantie de plus à la sûreté de la serrure. Il permet de reconnaître si l'on a fait quelque tentative pour la forcer, et, dans ce cas, il s'oppose à tout mouvement du pêne, tel que celui qu'on chercherait à obtenir par un instrument d'acier tranchant assez habilement fabriqué et manié pour couper et détruire du dehors les plaques de garniture. Le délateur se compose d'un petit levier dont l'axe de rotation est vers le milieu; il se termine d'un côté en crochet d'équerre, et de l'autre en ergot biseauté. Il est maintenu dans sa position habituelle par un petit ressort vertical, muni d'une plaque à rainure dans laquelle s'engage l'arête en biseau du levier.

Si l'on essaye d'ouvrir la serrure avec un autre instrument que la clef véritable, en soulevant les garnitures, on viendra rencontrer le crochet du délateur; on le dégagera ainsi de la pression du ressort vertical et il viendra tomber sur le pêne où il s'engagera par la barbe qu'il porte en dessous dans une encoche ménagée pour lui. Le pêne ne pourra plus, par suite de cet obstacle, recevoir aucun mouvement.

Quand on viendra ouvrir la serrure avec la véritable clef, on éprouvera une résistance qui avertira de la tentative criminelle dont elle a été l'objet. Pour faire revenir le délateur à sa position normale, il suffira de donner un tour de clef comme pour fermer la serrure.

M Bec-de-canne, avec son bouton de manœuvre, son ressort et tous ses accessoires.

N Levier fixé à mouvement de rotation sur le pêne qui permet de manœuvrer le bec-de-canne avec la clef.

Les premières de ces serrures, dont la sûreté est fondée sur l'emploi des gorges mobiles, sont dues à Baron, serrurier anglais, dont la patente date de 1774. Dans son système il n'y avait que deux plaques; les ergots étaient attachés sur elles et pénétraient dans des encoches du pêne, ou bien, ils étaient disposés à l'inverse, comme dans la serrure précédente.

En 1790, Bird eut l'idée du système des découpures intérieures des plaques, tel qu'il est appliqué aujourd'hui; il employait quatre garnitures.

Le délateur a été introduit par Mitchell et Lawton en 1815. Mais il n'a reçu sa forme définitive qu'en 1818 de M. Chubb, qui l'a fait servir à la fois pour l'avertissement du maître et pour l'arrêt définitif du pêne, comme nous l'avons expliqué. La maison Chubb est restée une des plus renommées de l'Angleterre pour l'excellence de ses produits.

Ces perfectionnements ont été introduits en France par M. Fichet, en 1829. Ce fabricant, en associant les serrures à gorge mobile au système de combinaisons invisibles dont nous avons essayé de donner précédemment une idée, et en introduisant dans les détails de la fabrication courante des serrures une précision inconnue en France jusque-là, est parvenu à livrer d'excellents produits à des prix abordables. Il a donné à cette intéressante industrie une impulsion qui mérite à son nom une place des plus honorables dans les annales de la serrurerie française.

Cependant les plus renommées de ces ingénieuses combinaisons ont eu leurs heures de revers. Pendant bien des années, on vit exposée à la devanture de la maison Bramah, à Piccadilly, une serrure accompagnée d'une affiche offrant 200 guinées à celui qui saurait la forcer. En 1851, M. Hobbs, mécanicien américain, accepta le défi et fut vainqueur. Il ouvrit aussi les serrures à gorge mobile de Chubb.

M. Hobbs était d'avis que, toutes les fois que les parties d'une serrure qui sont en contact avec la clef peuvent être affectées par une pression exercée sur le pêne, cette serrure peut être forcée dans un temps qui dépend de l'habileté et de l'expérience de l'opérateur. Il proposa divers perfectionnements qui étaient destinés à écarter cette cause de danger. Mais ces produits perfectionnés ne purent à leur tour résister à l'habileté de M. Goater, agent de la maison Chubb. A la suite de ces défis réciproques eurent lieu d'intéressantes discussions sur l'art de la serrurerie à l'Institution des ingénieurs civils de Londres, et plusieurs ouvrages importants sur ce sujet furent publiés; c'est ce qu'on appela chez nos voisins *the lock controversy*, la controverse des serrures. Nous donnons plus loin la liste de ces documents pour ceux qui seraient curieux d'approfondir ce sujet.

COFFRES-FORTS.

Les moyens de fermeture et de défense que nous avons étudiés jusqu'ici, sont considérés comme insuffisants pour les chambres ou les meubles destinés à renfermer des objets précieux.

Les coffres-forts modernes sont composés d'une double enveloppe en tôle, dont l'intervalle est rempli de substances isolantes, terre cuite, ciment, etc. Des expériences souvent répétées ont suffisamment mis en évidence l'efficacité de ces enveloppes protectrices en cas d'incendie. Les assemblages des tôles sont l'objet d'une attention toute spéciale. Toutes les précautions sont prises pour éviter que la porte puisse être ouverte par le moyen de pesées agissant sur son pourtour. Enfin, les systèmes de serrures les plus sûrs et les plus ingénieux sont employés pour les fermer. Ces serrures commandent en général plusieurs pênes qui pénètrent dans les quatre feuillures de la porte. Plusieurs fabricants emploient des pênes circulaires et les combinent avec des pênes droits.

SIGNAUX, SONNETTES, etc.

L'ancien système de sonnettes est aujourd'hui remplacé dans la plupart des grands établissements par des arrangements beaucoup plus satisfaisants.

Les signaux électriques et les tubes acoustiques lui ont été presque partout substitués.

Les industries dont nous venons d'étudier les principaux produits, autrefois exercées par des ouvriers isolés, tendent depuis plusieurs années à se transformer par l'intervention des machines; le régime des manufactures s'est déjà imposé à plusieurs d'entre elles. Les machines ont permis de livrer certains objets à un bon marché inouï : toutefois il ne faut pas se dissimuler que souvent ce bon marché n'est que trop largement compensé par l'imperfection de ces produits. La ferronnerie (crémones, espagnolettes, paumelles, fiches, verrous, vis, boulons) a ses principales fabriques à Charleville (Ardennes), Laigle (Orne), Rugle (Eure), Saint-Étienne (Loire), Beaucourt (Haut-Rhin) et dans le département de la Somme. La serrurerie proprement dite (fermeture des bâtiments et des meubles) est principalement exercée dans les départements de la Somme (Feuquières, Bourg d'Ault, Escarbotin, Bettancourt), de l'Orne, du Jura, de la Loire (Saint-Étienne, Saint-Bonnet-le-Château), du Haut-Rhin et de la Haute-Saône. Les fabricants du faubourg Saint-Antoine, à Paris, sont renommés pour la serrurerie de meubles, et pour la fabrication de tous les objets délicats et d'ornement où l'intelligence et l'habilité de l'ouvrier ont à lutter avec l'élégance de la forme et la richesse de la décoration. Les produits de Saint-Étienne, d'un aspect plus grossier, se distinguent par leur solidité et par leur bon marché. La serrurerie de Picardie et de Franche-Comté a sa place entre ces deux extrêmes. Ce commerce a son principal entrepôt à Paris et donne lieu à une exportation considérable.

Bibliographie. — *De la fidelle ouverture de l'art du serrurier*, par Mathurin Jousse, 1627; *Nouveau livre de serrurerie*, par Louis Fordrin, 1724, in-fol.; Duhamel du Monceau, *Art du serrurier*, 1767; *Encyclopédie, recueil de planches*, 1771; Manuels Roret, *Manuel du serrurier*, 1866; *A Dissertation on the construction of locks*, by Joseph Bramah, London, 1815; *Minutes of proceedings of the institution of civil engineers*, Londres, 9e vol., 1849-1853; *On the construction of locks and keys*, by John Chubb; 13e vol., 1853-1854, *On the principles and construction of locks*, by Alfred-Charles Hobbs; *Journal of the Society of arts*, 1 vol.; *Aperçu historique de la serrurerie chez les anciens*, par le colonel Ch. Emy, Metz, 1851; *Treatise on the construction of locks*, by M. Hobbs, London, 1853 (Weale's rudimentary series); *Treatise on fire and thief proofs depositories and loks and keys*, by George Price, London, 1856; *Treatise on Gunpowder proof locks, gunpowder proof lock chambers, drill proof safes*, etc., by Price, 1860; *Bulletin de la Société d'encouragement*, 1834, 1835, etc., Félibien; Viollet Leduc. *Dictionnaire de l'architecture française*, 1866; *Tomlinson cyclopædia of useful arts and manufactures*, London and New-York, 1853, 1866.

SILICIUM. M. Deville a donné le moyen d'obtenir le silicium en masse agglomérée.

La préparation se conduit de la manière suivante : on fait rougir un creuset de terre et on y verse un mélange fait avec soin de trois parties de fluosilicate de potasse, d'une partie de sodium coupé en petits fragments, et d'une partie de zinc en grenaille. Une réaction faible accompagne la réduction du silicium, et elle serait insuffisante à produire la fusion complète des matières mises en présence. Il faut donc chauffer le creuset au rouge et le maintenir pendant quelque temps à cette température jusqu'à ce que la scorie soit parfaitement fondue. A partir de ce moment on laisse la masse se refroidir lentement et on attend que la solidification soit complète pour casser le creuset. On trouve alors, comme produit de l'opération, un culot de zinc pénétré dans toute sa masse, et surtout à sa partie supérieure, de longues aiguilles de silicium. Ce sont des chapelets d'octaèdres réguliers emboîtés les uns dans les autres. Pour les extraire, il suffit de dissoudre par l'acide chlorhydrique le zinc qui sert de gangue et de faire bouillir le résidu avec l'acide nitrique.

Si l'on préfère chasser le zinc par distillation à haute température, le silicium reste dans le creuset, se réunit en culot et peut être coulé dans des moules; par ce moyen on obtient le silicium en lingots.

C'est ainsi que MM. Deville et Caron sont parvenus à se procurer en quantité notable une matière qui n'existait qu'en petits échantillons qu'on n'osait sacrifier en vue des applications, et ont pû consacrer le produit de leurs opérations à étudier les propriétés que le silicium communique aux métaux usuels en s'y unissant. C'est le cuivre qui a fourni les résultats les plus intéressants : 12 p. 100 de silicium rendent le cuivre cassant et blanc comme le bismuth. Mais à la dose de 4,8 p. 100, l'alliage possède une belle couleur bronze-clair; il est un peu moins dur que le fer, il se comporte à la lime, à la scie et au tour exactement comme le fer, tandis que le bronze ordinaire, beaucoup moins dur, graisse les outils. Sa ductilité est parfaite, il passe à la filière sans se rompre et il donne des fils d'une grande ténacité.

Les autres alliages deviennent d'autant plus durs que la quantité de silicium augmente, mais ils perdent en même temps leur ductilité. Ils sont tous également remarquables par cette particularité que le silicium est uniformément distribué dans toute la masse et ne donne pas lieu au phénomène de la liquation.

SILO. Parmi les divers moyens de conserver les grains, une coutume traditionnelle enseigne à certains peuples la pratique de greniers souterrains. C'est surtout dans les contrées chaudes du bassin méditerranéen que cette coutume se retrouve. On la trouve encore en vigueur dans certaines parties de l'Espagne (Estramadure, Andalousie), de la Sicile et de l'Italie (Toscane, Italie méridionale) et surtout en Algérie et dans plusieurs autres contrées occupées par les Arabes. En Espagne, on donne à ces greniers souterrains le nom de *silo* que nous avons adopté en France. Généralement les silos que l'on trouve en usage dans les pays qui viennent d'être cités sont très-anciens, et beaucoup d'entre eux ont été construits certainement par les Romains ou les Arabes. L'habitude d'y conserver les grains s'est perpétuée de génération en génération dans les localités où se trouvaient les meilleurs silos. Il y a donc là une expérience séculaire qu'il est de la plus haute importance de connaître à fond, avant d'imiter aujourd'hui cette antique méthode de conservation. C'est là ce que comprit parfaitement L. Doyère, lorsque, abordant cette question en 1852, il débuta par des voyages en Espagne et en Algérie pour examiner scrupuleusement les silos en usage et le blé conservé par ce moyen. C'est alors qu'il put discerner les vraies conditions de la conservation des grains en silos (qu'il nomma *ensilage*), expliquer les insuccès trop connus de Ternaux à Saint-Ouen, et établir définitivement les faits suivants : le blé se conserve bien dans les silos souterrains hermétiquement clos, sans vide préalable ni introduction d'aucun gaz, d'aucune vapeur; il n'y subit ni déchet, ni dépréciation; il n'exige, pendant tout le temps qu'il reste dans le silo, aucun soin, aucune dépense d'entretien. Pour se conserver pendant un temps indéterminé, dit M. Focillon, auquel nous empruntons ces lignes, le blé doit, au moment où on le met en silo, contenir 15 à 16 p. 100 de son poids d'humidité, être exempt de toute odeur ou saveur, et n'en avoir jamais eu depuis la moisson; le blé contenant plus de 15 à 16 p. 100 d'humidité ne se conserverait pas au delà de 6 années. Les silos doivent être souterrains, parce qu'une température basse comme celle des caves et des puits arrête la fermentation du grain et le développement des insectes et autres animalcules; du moment où le silo, hermétiquement clos, ne peut donner nul accès à l'air extérieur ni à l'humidité, la conservation du blé ne dépend en rien du climat ni de la nature du sol. Après une dizaine d'années d'expériences et d'études, L. Doyère est arrivé à proposer aux agriculteurs, pour la conservation absolue des grains, un procédé d'ensilage que l'on peut résumer ainsi : dans un terrain sain, creuser une excavation cylindrique dont les dimensions dépendent du volume de blé que le silo recevra, mais ne sauraient guère excéder 6 mètres en diamètre et 8 mètres de profondeur, et peuvent être notablement moindres; revêtir intérieurement cette excavation de ciment, de bitume ou d'une bonne maçonnerie imperméable, et placer dans ce revêtement un grand vase en tôle forte ($0^m,003$ d'épaisseur), représentant assez bien une grosse bouteille qui préservera sûrement contre toute humidité et sur lequel sera moulé le revêtement indiqué précédemment. Un orifice de $0^m,40$ à $0^m,60$ vient se présenter à fleur du sol; on le ferme hermétiquement avec un opercule en tôle et on recouvre avec une légère couche de terre sèche.

Les récoltes de céréales ne sont pas seules susceptibles de se conserver dans les silos; ce moyen est même plus fréquemment employé pour les récoltes de carottes, betteraves, choux, pommes de terre. Un sol bien sain est encore la condition première à remplir, et on doit se placer à l'abri de l'arrivée et du séjour des eaux. Les conditions d'exécution varient suivant la nature de la récolte, dont, au reste, cette conservation ne comporte que quelques mois et n'excède pas une année.

SOLIDES (CONSTITUTION DES CORPS).—On ne peut traiter de l'état des solides sans parler de suite de ce qui constitue leur caractère dominant, à savoir de la cohésion qui en réunit les molécules et qui est, dans quelques-uns d'entre eux, assez grande pour qu'il soit nécessaire d'exercer des effets extrêmement considérables pour rompre ces corps ou pour les déformer.

C'est en soumettant ces corps à l'action de forces qui en modifient les formes, que nous pouvons le mieux nous rendre compte de leur constitution; leur résistance prouvant bien clairement l'existence de forces intermoléculaires dont l'énergie est l'objet des nombreuses recherches des physiciens et des ingénieurs.

Nous savons que ces forces agissent à une certaine distance, que les molécules matérielles ne sont jamais en contact dans aucun corps solide, même dans ceux qui sont les plus durs. Cette porosité, cet écartement des molécules, se vérifie par un grand nombre de propriétés diverses : tantôt par le passage à travers le solide d'un liquide, d'un gaz; tantôt par la transparence qu'acquiert la substance réduite à une faible épaisseur. Mais c'est surtout la diminution de volume qui accompagne le refroidissement, qui démontre le constant écartement des molécules des corps solides.

Élasticité statique des solides. — La résistance que tout corps solide oppose à une action de traction démontre, comme nous venons de le dire, l'existence d'une force produisant la *cohésion*. La résistance à la compression indique de même l'existence d'une force agissant en sens contraire de la première.

Quand on soumet un prisme solide quelconque à un effort extérieur de traction ou de compression, et qu'on étudie les effets produits avec un appareil suffisamment délicat, on voit que les molécules dont il se compose s'écartent dans certaines directions, se rapprochent dans d'autres, et que le corps subit une déformation générale, qui dépend: d'une part, de la direction et de l'intensité de l'effort, de sa durée et du point auquel il est appliqué; d'autre part, de la figure extérieure de ce corps, du nombre, de la forme et de la disposition des points d'appui, etc. Les expériences que l'on possède à ce sujet, qui sont d'une précision assez grande pour pouvoir servir de base à des déductions théoriques, se rapportent surtout à quelques cas très-simples, tels que celui des corps cylindriques ou prismatiques, tirés ou refoulés dans le sens de leur axe. C'est ce que nous avons déjà vu à l'article RÉSISTANCE *des matériaux*.

Notions sur la raideur et la résistance élastique des prismes. — Nous avons défini, à l'article RÉSISTANCE, le coefficient d'élasticité, et avons vu qu'en appelant E ce coefficient, i l'allongement proportionnel par mètre et P la traction exercée, S étant la section du corps considéré, on avait : $P = ESi$ kilog., pour calculer la valeur de P capable de produire un allongement i par mètre, dans l'étendue pour laquelle cet allongement est proportionnel à la charge, ne produit pas de déformation permanente.

Pour en acquérir une notion plus précise, si l'on suppose l'aire S des sections transversales de la barre égale à l'unité superficielle, que l'on cherche le poids P' capable de faire $i = 1$, c'est-à-dire qui pourrait allonger la barre d'une quantité égale à sa propre longueur, si un pareil allongement était possible dans les conditions de proportionnalité admises ci-dessus, on aurait $P' = E$; c'est-à-dire *que le coefficient d'élasticité d'une substance homogène est le poids qui serait capable d'allonger une barre élastique de cette substance, ayant l'unité de surface pour section transversale, d'une quantité égale à sa longueur primitive.*

J'essayerai de compléter cette définition, qui, pour beaucoup d'esprits, semble une simple convention, et de bien faire comprendre la valeur physique de ce nombre, qui représente *la résultante de la totalité des forces de cohésion qui agissent dans la direction de l'action mécanique exercée sur le corps.*

En effet, la barre élastique de longueur 1, pouvant être considérée comme un ressort parfait (dans les limites de l'élasticité),

un poids K le comprimera de la quantité δ ;
— 2K — — 2δ;
. . . .
— $\frac{1}{\delta}$K — — $\frac{1}{\delta}\delta$.

Or $\frac{1}{\delta}\delta$, c'est l'unité, $\frac{1}{\delta}$ K, le rapport du poids à l'allongement qu'il produit, c'est E; donc ce coefficient est égal au poids produisant l'aplatissement complet du ressort à boudin de forme conique par lequel on peut remplacer pour un instant la barre élastique, et mesure bien la totalité du travail résistant, pour l'unité de longueur que peut produire la force élastique de ce ressort suivant son axe. Chaque élément de cette résistance étant la cohésion qui réunit deux molécules, sa totalité représente la résultante de l'action des forces de cohésion.

Nous rapporterons ici les coefficients d'élasticité pour les principaux métaux, déterminés par un physicien qui a apporté à ces expériences la plus admirable précision, Wertheim. Nous citons des corps fondus pour la plupart, et qui satisfont le moins imparfaitement aux conditions d'homogénéité. (Ces valeurs de E se rapportent à une section d'un millimètre, et résultent d'observations directes d'allongement.)

	Coefficient E.
Plomb.	1775
Étain	4172
Or	5584
Argent.	7140
Zinc.	9021
Platine	15683
Cuivre.	10519
Fer	20794
Acier fondu	19561

Du coefficient d'élasticité, de sa valeur virtuelle en quelque sorte, obtenue à l'état statique, il faut prendre garde de tirer des résultats erronés si on vient l'appliquer à l'état dynamique, puisqu'il y a alors à tenir compte d'un phénomène secondaire de contraction ou de dilatation qui se produit lorsque la charge s'établit. En effet, nous avons admis implicitement que le corps soumis à une traction était formé de fibres ou files de molécules parallèles et équidistantes. En réalité, il n'en est pas ainsi, et les réseaux ou losanges formés par les molécules, dont les côtés sont obliques par rapport à la direction générale de la traction, tendent à se resserrer dans un sens quand on les allonge de l'autre.

La longueur primitive L devenant $L + l$, ou $L(1 + i)$, si la section moyenne S diminue par suite de l'effet que je viens d'indiquer et devient égale à $S(1 - \alpha)$, on voit que le volume du prisme, au lieu d'être LS, deviendra $LS(1 + i)(1 - \alpha)$, ou, en négligeant un terme très-petit, $LS(1 + i - \alpha)$. On voit qu'à moins d'égalité entre i et α, le volume varie avec l'allongement.

Wertheim, en expérimentant sur du caoutchouc, a trouvé que l'allongement produit, pour cette substance, une augmentation du volume, et $i - \alpha$ était sensiblement égal au tiers de l'allongement i.

Observation. — Les expériences très-précises de Wertheim ont établi qu'une vraie limite d'élasticité n'existait pas, et que si l'on n'observe pas d'allongement permanent pour les premières charges, c'est qu'on ne les a pas laissées agir assez de temps, ou que la verge soumise à l'expérience est trop courte relativement au degré d'exactitude que peut donner l'instrument qui sert à mesurer. On doit en conclure que la seule étude des corps solides, considérés comme formés de molécules en repos, est insuffisante pour l'analyse complète des phénomènes.

Corps durs. — Toutes les expériences sur l'élasticité des solides se rapportent essentiellement, comme nous l'avons dit, aux corps homogènes ; elles deviennent d'une grande difficulté lorsquil s'agit de corps non homogènes, dont les molécules sont groupées d'une manière non uniforme dans toutes les directions. Tels sont les corps cristallisés, dont l'élasticité n'est pas la même dans tous les sens.

La science est parvenue à atteindre indirectement les phénomènes d'élasticité dans ces corps, à l'aide de la théorie qui établit un rapport entre celle-ci et les vibrations sonores.

Peut-être pourrait-on directement obtenir une notion qui aurait beaucoup d'intérêt, je veux parler de la mesure approchée du travail correspondant à la rupture des cohésions moléculaires, de celui nécessaire pour réduire un solide en poudre impalpable, pour pratiquer le broyage si usité dans les arts.

On sait fort bien qu'il faut des quantités de travail très-différentes pour pulvériser des substances de nature diverse; mais l'approximation que l'on pourrait déduire de fabrications industrielles serait tout à fait sans valeur. Ce n'est pas seulement parce qu'elle est grossière, mais parce qu'elle néglige un élément essentiel de la question : je. veux parler de la quantité de travail qui est consommée à ébranler les supports du mortier dans lequel s'effectue le broyage. Ainsi, s'il s'agit d'un corps vitreux, tandis qu'il sera brisé par le moindre choc s'il est en porte à faux, s'il est soutenu seulement par ses extrémités, il pourra, au contraire, supporter des chocs nombreux sans être brisé, s'il est placé bien à plat au fond du mortier, et, par suite, le travail apparent, auquel ils correspondront, sera employé à tout autre chose qu'à vaincre les cohésions moléculaires du corps.

Il y aurait de curieuses expériences à faire avec des instruments de broyage plus perfectionnés, en adoptant des dispositions permettant d'evaluer le travail mécanique réellement employé au broyage. La comparaison de cette quantité fournirait pour quelques corps durs et cristallins, le soufre par exemple, un chiffre intéressant ayant, pour l'analyse de leur constitution intime, une valeur analogue à celle des coefficients d'élasticité pour les corps malléables.

Du travail des forces qui produisent la solidification. — La constitution d'un corps solide, sa résistance à la désunion des molécules qui le composent, doit être représentée par une quantité de travail A qui répond à cette séparation. Le coefficient d'élasticité répond bien à la résultante des forces intermoléculaires qui produisent la cohésion, mais n'indique rien sur l'étendue du chemin que ces forces peuvent suivre avant que la séparation moléculaire se produise. Les différences sont sans doute assez limitées pour les corps qui paraissent doués de constitutions semblables, pour les corps malléables par exemple, qui parviennent à la rupture par des allongements peu différents, mais si on compare ceux-ci aux corps durs, les différences doivent être très-grandes, et toujours en raison du mode de groupement moléculaire.

Mais cette quantité de travail A ne représente pas, dans son application aux corps malléables aussi bien qu'aux corps durs, la constitution entière du corps; il faut y ajouter la force vive correspondant à la température du solide, à ses vibrations qui sont d'une nature spéciale; cherchons à les analyser.

DES VIBRATIONS DANS LES SOLIDES. — *Élasticité à l'état dynamique.* — Le caractère essentiel des solides, le résultat direct de leur formation par l'agrégation de molécules adhérentes, la conséquence de leur élasticité, est que tout ébranlement produit en un point d'un solide se communique de proche en proche aux molécules successives sous forme de vibrations; c'est ce qui se reconnaît aisément dans les applications des solides où cet effet est surtout recherché, par exemple dans l'emploi des cordes, des tables d'harmonie, etc., des instruments de musique.

En effet, une force ne peut agir un instant en un point d'un solide sans produire un allongement ou une compression qui engendre l'instant suivant une réaction en sens contraire; de telle sorte que l'action se propage de proche en proche dans le corps, c'est-à-dire que celui-ci entre en vibration et reste indéfiniment dans cet état si ses vibrations ne peuvent se communiquer aux corps voisins.

Une propriété essentielle des mouvements vibratoires, c'est que *l'état vibratoire d'un solide n'exige pas la consommation d'une quantité de travail considérable par cela seul que le nombre des vibrations pendant l'unité de temps est très-grand.* En effet, il ne faut pas confondre les nombres de vibrations, dont l'amplitude peut être extrêmement petite, avec des vitesses, puisque celles-ci sont égales au produit du nombre de vibrations dans l'unité de temps par leur amplitude. Pour une action minime, un ressort élastique ou une corde tendue, résistant et réagissant aussitôt, l'impulsion reçue par un élément étant aussitôt transmise à l'élément suivant qui adhère au premier, il se produit un grand nombre de vibrations par seconde, d'amplitude extrêmement petite, pour la consommation d'une très-petite quantité de travail.

C'est un résultat capital de l'étude des corps qui donnent des vibrations sonores, que d'avoir établi d'une manière certaine que la grandeur de la force qui agit sur un corps élastique n'est nullement proportionnelle au nombre des vibrations par seconde; que celui-ci est déterminé par la nature et la forme du corps vibrant. Tous les instruments à cordes fournissent la démonstration la plus complète de cette proposition. Je citerai aussi la théorie du spiral réglant des chronomètres, qui, ainsi que l'a démontré M. Philips, oscille comme le pendule, en un temps proportionnel à la racine carrée de sa longueur.

Vibrations transversales. — Ainsi lorsqu'une corde est mise en vibration par un archet mû par une force bien minime, elle vibre uniquement en raison de sa longueur; en la raccourcissant, on peut atteindre jusqu'à 73,000 vibrations par 1", perceptibles à l'oreille.

La formule générale est $n = \sqrt{\frac{gP}{lp}}$ (P le poids tenseur, l la longueur de la corde, p son poids, n le nombre des vibrations). — L'expérience a indiqué que l'accroissement de rigidité de la substance de la corde produisait le même effet qu'un accroissement de poids tenseur.

Je rappellerai ci-après un fait d'expérience fort curieux, qui montre que, même au point de vue des amplitudes du mouvement vibratoire, on risquerait de se tromper si, pour apprécier les effets dynamiques qui se passent dans l'intérieur des corps solides, on considérait la grandeur des forces qui les font naître comme égales à celles qui pourraient produire *statiquement* le même effet.

Vibrations longitudinales. — Savart ayant fixé dans un étau une verge de laiton de 1m,4 de longueur et 35 millim. de diamètre, plaça vis-à-vis de son extrémité un sphéromètre qu'elle ne touchait pas à l'état de repos, mais qu'elle venait frapper à chaque oscillation, lorsqu'on avait mis la barre en vibration par un frottement longitudinal. Ces chocs s'entendaient encore quand la distance du sphéromètre était égale à 0mm,6 et par conséquent l'amplitude des oscillations était au moins double de cette quantité. Il aurait fallu un poids de 1700 kil. pour produire cet allongement sans vitesse, tandis qu'il était engendré à l'état de vibration à l'aide d'une force tout à fait insignifiante.

Verges élastiques. — C'est surtout à des verges élastiques encastrées par une extrémité, que peuvent être assimilées les files de molécules d'un corps solide. La formule d'Euler, vérifiée par l'expérience, qui donne le nombre de vibrations, est $N = \frac{n^2 e}{l^2} \sqrt{\frac{g r}{\delta}}$. N est ce nombre, e l'épaisseur de la verge dans le sens du mouvement, l sa longueur, δ sa densité, r sa rigidité, n une variable qui dépend du mode d'encastrement de la verge.

On voit que N augmente en raison de la rigidité élastique de la substance. Comme, dans tous les cas, N ne dépend nullement de l'intensité de la force qui détermine la vibration, celle-ci détermine l'étendue, mais nullement le nombre des oscillations; nécessairement pour chacune le chemin parcouru est extrêmement petit, si le nombre est très-grand et la force motrice très-faible.

Chaleur spécifique des solides. — On voit aisément d'après cela que la chaleur dans les corps étant un mouvement vibratoire, l'accroissement du nombre de vibrations que tend à produire l'augmentation de rigidité rend compte du fait si obscur de la diminution de la chaleur spécifique des solides à mesure que leur dureté augmente : celle du charbon étant par exemple 0,241, celle du diamant est 0,147; et c'est par un effet semblable que la chaleur spécifique de l'eau étant 1, celle de la glace est 0,47.

Membranes, plaques. — L'étude expérimentale des corps solides conduit à établir, d'après les études des surfaces nodales formées sur des plaques des diverses substances, que tout corps solide peut vibrer à l'unisson d'un autre, et que ces vibrations peuvent être facilement transmises par celles d'un fluide élastique dans lequel ils sont plongés.

Toutefois, il y a de grandes différences d'un corps à un autre, au point de vue de la facile division des plaques en parties vibrantes.

CONSTITUTION DES SOLIDES. — Nous devons conclure que les corps solides, formés de molécules adhérentes, sont essentiellement des corps vibrants, que leurs molécules entrant facilement en vibration ne sauraient demeurer en repos au milieu de l'éther ambiant, en vibration en raison de la température.

La seule notion de la vibration moléculaire ne fournit pas une explication complète de la constitution des solides, car les vibrations en sens alternatifs des molécules, de nature pendulaire, qui produisent un écartement, ne rendent pas raison de l'existence de la disposition de ces molécules, des causes qui s'opposent à leur rapprochement, à leur contact absolu, comme on peut l'admettre pour les mouvements orbitaires des liquides chez lesquels les vitesses sont d'ailleurs plus grandes que dans les solides, qui ne vibrent qu'à des températures inférieures à celles des liquides qui leur donnent naissance en se solidifiant.

Le complément de cette analyse doit se trouver dans l'intervention de l'atmosphère éthérée de densité décroissante du centre à la circonférence qui entoure chaque molécule. Tandis que dans les gaz d'une si faible densité comparativement à celle des solides de même composition chimique, ces atmosphères sont écartées les unes des autres par des intervalles notables, que dans les liquides elles sont en contact, d'après les expériences de M. Jamin, on doit admettre que dans les solides elles empiètent les unes sur les autres.

La parfaite élasticité de l'éther engendrerait l'action répulsive qui s'oppose au contact des molécules des solides, comme c'est sans doute par son intervention qu'on arrivera à expliquer la cohésion à laquelle les molécules matérielles ne peuvent contribuer que par leur inertie. Nous ne cherchons au reste ici qu'à indiquer la voie qui conduira à l'analyse philosophique de la constitution des solides.

On trouve une confirmation de cette manière de comprendre l'état solide en l'étudiant dans les circonstances les plus propres pour l'analyse, lorsque les atomes encore libres obéissent uniquement aux forces normales qui agissent sur elles, au moment où le solide prend naissance.

Cristallisation des corps solides. — Les faits essentiellement propres à l'état solide et les plus capables de manifester le jeu des forces moléculaires qui les produisent sont évidemment ceux qui se rapportent à la cristallisation.

On sait que lorsqu'un corps fondu passe à l'état solide, dans des conditions convenables, qui consistent surtout à évaporer sa dissolution dans un liquide à l'abri de toute agitation perturbatrice; il prend une forme cristalline spéciale, caractéristique de sa nature.

Le fait de la cristallisation sous une forme polyédrique prouve, d'une manière générale, la présence d'une force qui donne naissance aux cohésions et d'une polarité propre aux premiers éléments des corps, l'action des forces moléculaires dominant, dans les conditions où apparaît la cristallisation, celle des forces extérieures pour produire un arrangement déterminé des molécules. La variété et la constance des formes cristallines, pour chaque corps, montrent que le phénomène se produit entre des éléments d'une forme particulière, sous l'influence des forces bien déterminées.

Ce n'est qu'au point de vue des formes géométriques des cristaux que ceux-ci ont été étudiés, et bien qu'on n'ait pas encore envisagé la question au point de vue des forces moléculaires qui les produisent, nul doute qu'on ne doive un jour déduire des formes des cristaux la nature et le mode d'action de forces, qui agissent dans chaque cas, sur les molécules qui leur obéissent librement.

De semblables recherches ne sont possibles que pour des cristallisations régulières, car les effet des forces moléculaires sont toujours plus ou moins cachés, dans la plupart des corps sur lesquels on peut opérer habituellement, par diverses causes, et surtout par des actions mécaniques, qui s'ajoutent aux causes perturbatrices qui ont empêché la disposition normale des molécules.

L'étude de l'élasticité dans les cristaux a été l'objet des derniers travaux de Savart, qui comprenait bien l'importance de l'étude des forces moléculaires. C'est ainsi qu'il a trouvé, par exemple, dans le cristal de roche, trois axes d'élasticité; qu'il a reconnu qu'il existait trois directions autour desquelles les élasticités sont symétriques, ce que lui montrait la régularité des lignes nodales tracées par du sable sur des plaques minces convenablement taillées dans le cristal, lorsqu'on les met en vibration.

Comment se fait le groupement moléculaire qui détermine la formation des cristaux sur lesquels l'élasticité, variable dans diverses directions, donne un renseignement qui vient s'ajouter à la connaissance des diverses formes cristallines? Comment en passant de l'état liquide à l'état solide, les molécules se disposent-elles? On sait peu de chose à ce sujet, et, dans l'impossibilité de suivre expérimentalement la production des phénomènes, il faut que des travaux quelque peu hypothétiques, comme ceux d'Ampère et de M. Gaudin, viennent fournir des systèmes dont la vérité sera démontrée, s'ils conduisent à des résultats conformes à l'ensemble des faits.

L'étude expérimentale des cristaux fait reconnaître l'existence de plans de clivage, c'est-à-dire la possibilité de détacher de la surface des cristaux des lamelles diminuant les dimensions du cristal primitif, mais conduisant toujours à obtenir un corps entièrement semblable au premier. L'existence de ces plans de moindre résistance, la possibilité de continuer à l'infini de semblables séparations a fait admettre comme base certaine de la cristallographie, que la molécule cristalline élémentaire, le premier groupement d'atomes, a la même forme que le cristal définitif, que celui-ci est formé par le groupement de molécules semblables. Mais on n'était pas allé plus loin, et on ne s'était pas demandé pourquoi ces groupements d'atomes, effets d'actions mécaniques, laissaient ainsi subsister des parties de résistance moindre, d'où résultait leur mode de distribution dans le corps; quelles forces produisaient cet effet, agissaient sur les atomes eux-mêmes, en dehors de l'attraction qui ne peut guère expliquer que la cohésion en masse homogène.

Un fait quelquefois contesté, mais qui paraît avoir une part de vérité, pouvait indiquer la voie de l'explication probable. Une barre de fer fibreux, employée à fabriquer un essieu de voiture, présentera souvent, si elle vient à se rompre, une cassure cristalline, c'est-à-dire que la structure aura changé sous l'influence des ébranlements nombreux auxquels elle a été soumise, des vibrations qui s'y sont produites. (Le réchauffement et le refroidissement lent du fer laminé paraissent produire le même effet.) Savart a constaté que des lames minces qu'il faisait vibrer se modifiaient avec le temps et que leur structure changeait pendant des années. C'est, au reste, un fait bien connu, que des instruments de musique neufs s'améliorent, lorsqu'ils sont joués par d'habiles artistes, et qu'ils acquièrent des propriétés qu'ils ne possédaient pas auparavant.

L'influence des vibrations sur la structure des corps solides paraît donc certaine, et cependant il ne s'agit ici que des vibrations de masses de molécules maintenues par des forces de cohésion. Combien doit être plus grande l'influence des vibrations des premières molécules des corps, c'est-à-dire des forces vives calorifiques, au moment où le corps solide prend naissance, où s'opère le passage de l'état liquide à l'état solide? Il était réservé à un géomètre de notre époque, au savant M. Lamé, d'établir, par ses beaux travaux d'analyse, la théorie physique suivante de la formation des cristaux qui rend parfaitement compte de l'existence de surfaces de moindre résistance.

Il déduit de la forme périodique des formules de la propagation de la chaleur dans les cristaux l'indication : *que toute dissolution saline concentrée se partage en concamérations polyédriques par l'effet des vibrations.* Il résume comme il suit la théorie physique à laquelle il se trouve ainsi conduit :

« Les lois de la propagation de la chaleur et celles « des vibrations dans les cristaux solides peuvent être « étendues au liquide salin concentré, qui dépose ces « cristaux s'il se refroidit lentement, sans courant intérieur, et si les molécules ne se déplacent que pour « osciller autour de leurs positions d'équilibre. Dès « l'abord, ce liquide se partage en concamérations concordantes, par des vibrations qui y naissent ou qui lui « sont communiquées. Il en résulte des volumes élémentaires polyédriques qui se solidifient progressivement, se refroidissent et finissent par se déposer sur « la masse cristallisée, à laquelle chacun donne une de « ses faces. »

Si l'on compare cette explication physique, ajoute le savant académicien avec une admirable force d'intuition, à toutes les idées qui ont été émises jusqu'ici sur le même sujet, on reconnaît d'abord qu'elle ne leur est pas inférieure comme moyen de coordination. Puis, en y réfléchissant, on trouve qu'elle est la seule qui puisse rendre compte, sans exception, de tous les phénomènes physiques observés sur les cristaux naturels. Mais il y a plus : « quand on admet la réalité de cette théorie, on « ne comprend pas que les volumes élémentaires qui « vibraient dans le liquide cristallin cessent de vibrer « quand ils font partie du cristal formé. Et l'on se « trouve sur une voie nouvelle, qui peut conduire au « véritable principe de la mécanique moléculaire. »

M. Lamé arrive donc, on le voit, exactement aux principes que nous tentons de formuler.

Comme confirmant cette théorie, je citerai les phénomènes de *dimorphisme*, c'est-à-dire de changement de forme cristalline d'un même corps lorsqu'il s'est solidifié à des températures différentes de celles qui ont donné une première forme. Comment l'intervention de la chaleur peut-elle produire un si grand changement que de modifier la forme du cristal en faisant varier les vitesses des vibrations des molécules, si celles-ci n'avaient pas une influence dominante sur ces formes? Est-il besoin de rappeler encore l'intervention, si étrange en apparence, d'un petit cristal qui, projeté dans une solution saturée, détermine la cristallisation de la masse, ce que produit parfois aussi un simple ébranlement, c'est-à-dire la grande influence de tous les moyens de faire naître les vibrations qui jouent évidemment dans toutes les circonstances un rôle capital dans les phénomènes de cristallisation ?

Résumé. Nous trouvons, il nous semble, dans tout ceci une précieuse confirmation des principes que nous avons tenté de formuler, et nous définirons les corps solides : *des corps composés de molécules maintenues par des forces résistantes (pas plus nécessairement actives que celles du frottement) et vibrant en raison de leur température.*

En représentant par A le travail résistant qu'il serait nécessaire de consommer pour détruire les cohésions des molécules liquides, par AA ce travail en chaleur,

$$-\mathrm{AA}+\Sigma\frac{m\mathrm{S}^2}{2}$$

sera l'expression dynamique d'un solide.

SOLUBILITÉ DES GAZ. M. Bunsen, le savant chimiste d'Heidelberg, a inventé une méthode pour analyser les mélanges gazeux à l'aide de leur degré de solubilité dans l'eau. Il a repris à cet effet la détermination des solubilités des divers gaz, et a fixé les coefficients de la formule empirique qui permet de déterminer les volumes dissous aux diverses températures. Nous lui emprunterons les chiffres qui se rapportent à la température de 10° et à la pression 0,76, la solubilité étant directement proportionnelle à cette pression.

Gaz.	Solubilité en fraction du volume de l'eau.	Solubilité dans l'alcool (densité 0792 à 20°).
Azote.	0,01607	0,12276
Hydrogène	0,01930	0,06786
Oxygène	0,03250	0,28397
Acide carbonique. . . .	1,1847	3,5140
Oxyde de carbone. . . .	0,2635	3,20443
Protoxyde d'azote . . .	0,9196	3,5108
Gaz des marais.	0,04372	0,49535
Gaz oléfiant.	0,1837	3,0859
Hydrogène sulfuré. . .	3,5858	11,922
Acide sulfureux	56,647	190,31
Ammoniaque.	812,8	»
Air atmosphérique. . .	0,01953	»

On voit que les gaz les plus facilement liquéfiables sont en général plus solubles que ceux qui le sont moins. Ils offrent moins de résistance à passer à l'état liquide; mais l'effet ne saurait être proportionnel à la facilité de liquéfaction, puisque le principal élément de la dissolution, leur affinité pour le liquide dissolvant, varie pour chacun d'eux.

SOLUBILITÉ DES SELS DANS L'EAU. Gay-Lussac a déterminé la solubilité des principaux sels dans l'eau aux diverses températures et a dressé le tableau que nous reproduisons ci-après. Le fait le plus remarquable qu'il ait constaté est celui qu'offre le sulfate de soude qui présente un maximum vers 33°. Mais on doit remarquer que ce sel offre alors une transformation, c'est-à-dire que le sel qui se précipite de la liqueur saturée au-dessous de 33° est du sulfate hydraté, et au-dessus de ce point du sulfate anhydre.

	Température.	Sel dissous par 100 parties d'eau.
Chlorure de potassium	0°	29,21
	19,35	34,53
	52,29	43,59
	79,58	50,93
	109,60	59,26
Chlorure de barium anhydre	15,64	34,86
	49,31	43,84
	74,89	50,94
	105,48	59,58
Chlorure de sodium	13,89	35,81
	16,90	35,88
	59,93	37,14
	109,73	40,38
Sulfate de potasse	12,72	10,57
	49,08	16,91
	63,90	19,29
	101,50	26,33
Sulfate de magnésie anhydre	14,58	32,75
	39,86	45,05
	49,08	49,18
	64,35	56,75
	97,03	72,30
Sulfate de soude anhydre	0,00	5,02
	11,67	10,12
	13,30	11,74
	17,91	16,73
	25,05	28,11
	28,76	37,05
	30,75	43,05
	31,84	47,37
	32,73	50,65
	33,88	50,04
	40,15	48,78
	45,04	47,81
	50,40	46,82
	59,79	45,42
	70,61	44,35
	84,42	42,96
	103,17	42,65
Azotate de baryte	0,00	5
	14,95	8,18
	17,62	8,54
	37,87	13,67
	49,22	17,07
	52,11	17,97
	73,75	25,01
	86,21	29,57
	101,65	35,18
Azotate de potasse	0,00	13,32
	5,01	16,72
	11,67	22,23
	17,91	29,31
	24,94	38,40
	35,13	54,82
	45,10	74,66
	54,72	97,05
	65,45	125,42
	79,72	169,27
	97,66	236,45
Chlorate de potasse	0,00	3,33
	13,32	5,60
	15,37	6,03
	24,43	8,44
	35,02	12,05
	49,08	18,96
	74,89	35,40
	104,78	60,24

En représentant ces résultats par des courbes tracées en prenant les températures pour abscisses et les solubilités pour ordonnées, on a des lignes qui indiquent à première vue les solubilités relatives des divers sels et la marche de l'accroissement de cette solubilité en raison des accroisssements des températures.

SPHÉROIDAL (ÉTAT). Les travaux de M. Boutigny (d'Evreux) sur les phénomènes qu'on appelait autrefois de caléfaction, et qu'il rapporte à ce qu'il a nommé l'état sphéroïdal des corps, l'ont conduit à des résultats du plus haut intérêt qu'il a rapportés dans un volume qu'il a publié sous le titre d'*Etudes sur l'état sphéroïdal des corps*, et qui se tient aux nouvelles idées sur la construction des corps gazeux exposés à l'article GAZ.

Lorsque, après avoir chauffé au rouge une capsule métallique d'argent ou de platine, par exemple, l'on y verse quelques grammes d'eau, le liquide ne s'y étale plus et ne la mouille pas comme il le fait à la température ordinaire ; il prend la forme d'un globe aplati, ce que M. Boutigny exprime en disant qu'il passe à l'état sphéroïdal. A cet état l'eau prend un mouvement giratoire rapide et elle ne se vaporise plus que très-lentement, 50 fois moins vite que dans les cas ordinaires à 200°. Enfin si la capsule se refroidit, il arrive un moment où l'état sphéroïdal cesse ; l'eau mouille alors la capsule et une ébullition violente, une espèce d'explosion, se produit subitement.

Tous les liquides peuvent prendre l'état sphéroïdal, à des températures d'autant plus élevées que leur point d'ébullition est plus élevé. Pour l'eau la capsule doit être chauffée à 200° (et il se maintient jusqu'à 142°), pour l'alcool jusqu'à 134°.

Si l'on cherche à déterminer la température des sphéroïdes, on reconnaît qu'elle est inférieure à celle du point d'ébullition, quelle que soit d'ailleurs la température du corps qui les contient. Elle paraît d'ailleurs invariable et pour l'eau s'élève à 96°,5, pour l'alcool à 75,5, l'éther à 34°, environ 3 ou 4 degrés au-dessus du point d'ébullition. C'est cette propriété des liquides qui a conduit M. Boutigny à une bien curieuse expérience, que l'on ne peut jamais voir sans surprise, et qui consiste à changer de l'eau en glace dans une capsule chauffée au rouge blanc. Si l'on y verse de l'acide sulfureux liquide qui se vaporise vers — 10°, la température du sphéroïde qu'il forme sera inférieure à — 10°, et par suite une petite quantité d'eau versée dans celui-ci formera immédiatement un glaçon. L'expérience réussit encore dans le vide. On peut congeler de même le mercure avec l'acide carbonique.

Par une application directe des principes sur lesquels repose cette expérience, on peut :

1° Remuer dans l'eau, avec les mains, du verre incandescent qui constitue à l'état sphéroïdal l'eau qui l'approche.

2° Plonger le doigt dans le plomb fondu après l'avoir mouillé avec de l'éther, ce qui fait éprouver une sensation de froid.

3° De même couper avec la main un jet de fonte de fer sortant d'un haut fourneau.

Si l'on étudie expérimentalement ces curieux phénomènes, on reconnaît bientôt que le fait de la constitution de l'état sphéroïdal coïncide avec un écartement du liquide de la paroi échauffée ; ainsi M. Boutigny a pu très-nettement voir la flamme d'une bougie entre l'eau et une plaque rougie. Il est donc naturel de supposer que la vapeur dégagée au contact de la goutte d'eau, dont la température est en raison de celle de la capsule, soulève l'eau, et la soustrayant ainsi par sa formation continue à l'action de la pesanteur, à peu près comme dans l'expérience de M. Plateau rapportée à l'article CAPILLARITÉ, permet à l'attraction de faire naître la forme sphérique. Ceci posé, étudions avec soin les mouvements de rotation dont M. Boutigny ne nous paraît pas avoir tenu un compte suffisant dans l'explication des faits :

La chaleur communiquée aux liquides produisant des mouvements moléculaires orbitaires, dans le cas où la pesanteur gêne ces mouvements, ils ne peuvent être, pour la plus grande part au moins, qu'horizontaux. Mais lorsque cet effet se trouve détruit, les mouvements résultant de l'échauffement peuvent se produire dans tous les sens ; dans l'état de liberté engendré par cette cause, et de division de la masse en globules qui en résulte, ces mouvements orbitaires s'étendent et passent de l'état de mouvements moléculaires à la nature des mouvements de masse. Ceci seulement peut rendre compte de la puissance extrême des explosions produites, lorsque toute la chaleur de l'eau à l'état sphéroïdal, *plus la force vive enmagasinée à ce même état*, et repassant à l'état de forces vives atomiques, c'est-à-dire de chaleur, viennent à agir en même temps sur les parois du vase qui renferme l'eau. Sans cet élément de transformation de force vive en chaleur ou pression de vapeur, on ne peut se rendre compte de certaines explosions effrayantes, telle qu'une explosion de locomotive notamment brisant les rails et les enfonçant dans le sol par une pression énorme.

Les mouvements orbitaires sont manifestés, lorsqu'on projette une poussière fine sur les sphéroïdes, par des ellipses qui s'entre-croisent et se succèdent avec une grande rapidité, par des sons, variables en raison de la température, que rend la capsule dans laquelle est le sphéroïde.

Cette explication fait comprendre comment l'effet d'évaporation à la surface peut abaisser la température du sphéroïde au-dessous de celle du point d'ébullition du liquide, la chaleur rayonnante produisant principalement une force vive au lieu d'un échauffement, se transformant ainsi sans que la conversion en gaz ait eu le temps de se faire, mode habituel de communication de cet excédant de forces vives.

Nous ne croyons pas absolument nécessaire d'admettre avec M. Boutigny que les sphéroïdes sont maintenus en l'air par l'action répulsive du calorique rayonnant, ni encore qu'ils réfléchissent toute cette chaleur. La chaleur rayonnante, émise par une source de chaleur à une haute température, les traverse facilement pendant qu'une partie produit, croyons-nous, des accélérations de mouvements orbitaires généraux comme nous venons de le dire. La répulsion naissant au contact du liquide et du métal incandescent, par l'action de ressort qu'exerce la vapeur instantanément formée, nous semble parfaitement suffire pour rendre compte du phénomène de la suspension du sphéroïde, même dans le cas où M. Boutigny fait naître l'état sphéroïdal entre les spires non serrées d'un fil de platine.

L'intérêt de cette étude pour analyser certains cas d'explosion de chaudières à vapeur, difficilement explicables, doit nous faire entrer dans quelques détails sur l'étude expérimentale de ces curieux phénomènes.

Nous rapporterons ici l'expérience fondamentale :

Une petite chaudière, dont le fond est chauffé jusqu'au rouge par une lampe, est fermée par un bouchon à travers lequel passe un tube terminé à l'extérieur par une ouverture de 1/2 millimètre de diamètre par lequel passe un petit jet de vapeur qui ne paraît pas avoir de tension tant elle est rare, tant que l'eau mise dans la chaudière est à l'état sphéroïdal (fig. 3747). Aussitôt que la température est abaissée suffisamment, après qu'on en a retiré la lampe, pour que l'eau mouille la chaudière, un jet de vapeur d'une grande vitesse passe par le tube, et le bouchon est aussitôt jeté violemment en l'air malgré la présence de cette espèce de soupape de sûreté.

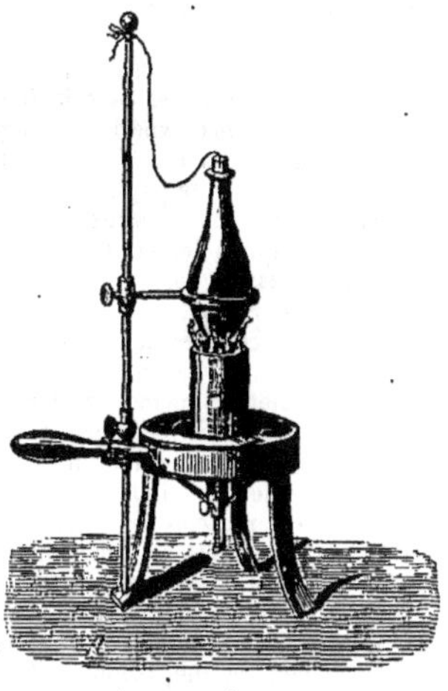

3747.

Une remarque très-importante est que la pression indiquée par le manomètre baisse brusquement lorsque l'eau passe de l'état ordinaire à l'état sphéroïdal. On comprend alors quel danger fait courir l'introduction d'une grande quantité d'eau froide ; la seule chance de salut est de supprimer l'alimentation, et, sans diminuer les feux, de vider la chaudière par tous les moyens dont on dispose.

M. Boutigny a conclu des dangers des explosions l'utilité de construire des chaudières sans eau. Il emploie à cet effet des cylindres portant à l'aide d'un axe central des diaphragmes percés de trous, dont la surface est alternativement convexe et concave. L'eau versée à la partie supérieure est vaporisée presque complétement avant d'arriver en bas ; malgré des surfaces de chauffe extérieure assez exiguës, ces chaudières ont donné des résultats assez satisfaisants. (Voy. *Guide du Chauffeur.*)

STÉRÉOSCOPE. L'idée première de cet instrument est due à M. Wheatstone ; il l'avait réalisée, dès 1838, sous une forme peu commode, il est vrai, mais suffisante pour faire ressortir le principe éminemment neuf qu'il avait introduit dans la théorie de la vision binoculaire. En effet, avant M. Wheatstone, les physiciens et les physiologistes ne s'étaient pas rendu compte, d'une façon suffisamment nette, de l'influence que la double impression reçue par l'organe visuel pouvait avoir sur l'appréciation de la forme que les objets présentent. On pensait bien que le mouvement plus ou moins grand de convergence, communiqué aux axes optiques des deux yeux pour les diriger en même temps sur un même objet, permettait de reconnaître la distance plus ou moins grande à laquelle il se trouve ; on savait aussi que les personnes privées d'un œil manquent de précision dans l'appréciation des distances et ne peuvent arriver à suppléer à la vision binoculaire que par le sentiment de la perspective aérienne et par l'appréciation des effets de parallaxe produits par de légers déplacements de l'œil ; mais on n'avait pas pensé que la dissemblance entre les apparences produites sur les deux yeux par la vision d'un objet unique pût faire naître dans notre esprit le sentiment du creux ou du relief, ou du moins aider puissamment aux notions déjà fournies par la perspective et par le jeu des ombres et des lumières.

M. Wheatstone mit le premier ce principe en évidence, au moyen d'une série d'expériences ingénieuses qui se réduisent toutes à la combinaison suivante : tracez sur une même feuille de papier, à une certaine distance l'un de l'autre, deux dessins en perspective d'un même objet, tels qu'ils doivent être pour produire sur chaque œil l'impression correspondant à la vision de l'objet direct, puis, ramenez, par un moyen quelconque, les images de ces dessins sur les points des deux rétines qui sont impressionnées simultanément dans la vision de l'objet lui-même, et alors cet objet apparaîtra comme s'il existait réellement dans l'espace avec ses trois dimensions. Pour déterminer cette superposition apparente de deux images, il suffit d'agir par la volonté sur les muscles des yeux de façon à produire un degré convenable de strabisme. Cette faculté ne peut s'acquérir qu'avec un certain exercice, et peu de personnes y parviennent sans difficulté ; aussi M. Wheatstone eut-il la pensée de substituer, à ce moyen fatigant pour la vue, l'emploi d'un appareil propre à produire le même effet, et il imagina le stéréoscope à réflexion. Cet instrument se compose de deux miroirs, inclinés à 90°, dont l'arête d'intersection est verticale. On place les yeux devant le système de ces deux miroirs, de façon que la direction commune de la vision soit parallèle au plan qui divise en deux parties égales l'angle des miroirs. Les deux dessins sont placés latéralement à égale distance, l'un à droite, l'autre à gauche ; leurs images apparaissent donc derrière les deux miroirs dans un plan perpendiculaire à la direction de la vision. Si elles sont placées à la même hauteur, il suffit d'un léger mouvement d'avant en arrière pour amener leur coïncidence apparente et, par suite, l'effet stéréoscopique.

Le stéréoscope de M. Wheatstone, malgré la simplicité de son principe, ne présentait pas une construction assez commode pour être utilisé autrement que comme appareil d'étude ; aussi, malgré tout l'intérêt que cette question devait présenter, ne fut-il construit en France que quelques-uns de ces appareils qui restèrent enfouis dans les cabinets de physique.

La disposition qui devait populariser le stéréoscope consistait à produire la superposition des images, non plus par réflexion, mais par réfraction ; en effet, avec cette disposition, le stéréoscope devenait un instrument portatif et commode.

Des essais furent faits dans cette direction par M. Wheatstone ; mais le but ne fut complétement atteint que par sir David Brewster. Cet éminent physicien imagina de couper en deux une lentille et de placer la moitié gauche devant l'œil droit, la moitié droite devant l'œil gauche, en laissant la ligne de section bien perpendiculaire au plan des deux yeux. De cette manière, les deux lentilles faisaient l'office de prismes, et tous les objets vus par l'œil droit étaient déviés vers la gauche, tous les objets vus par l'œil gauche étaient rejetés vers la droite. On pouvait donc, au moyen de deux dessins convenablement espacés et placés vis-à-vis des yeux, obtenir la superposition apparente des images et, par suite, l'effet stéréoscopique. Les lentilles avaient, en outre, l'avantage de rejeter les images à la distance de vision distincte en les grossissant, ce qui ajoutait à l'effet de l'instrument et permettait l'emploi de dessins plus petits et plus chargés de détails.

Quoique l'invention de M. Brewster datât de 1844, elle n'avait pas été appréciée en Angleterre, et ce fut en 1850 seulement que M. Brewster put trouver en France, chez MM. Soleil et Dubosq, le concours nécessaire pour exécuter cet instrument qui devait être plus tard si populaire.

Après avoir cherché, mais en vain, à obtenir des opticiens de Londres qu'ils construisissent le stéréoscope et qu'ils fissent exécuter, pour cet instrument, des épreuves binoculaires, M. Brewster apporta, à Paris, dans le printemps de 1850, un stéréoscope fait par M. London, opticien à Dundee, et un portrait photographique binoculaire du Dr Adamson de Saint-Andrews, obtenu par lui-même ; il montra l'instrument, le portrait et quelques épreuves stéréoscopiques à M. l'abbé Moigno, à M. Soleil et à son gendre M Dubosq, opticiens éminents de Paris. Ces messieurs saisirent aussitôt la valeur du nouvel appareil ; ils comprirent qu'il n'était pas un simple amusement, mais un puissant auxiliaire des arts, de la sculpture et du portrait. M. J. Dubosq construisit immédiatement pour le commerce un très-grand nombre d'appareils ; il produisit en même temps une série de très-belles images photographiques binoculaires représentant des personnes vivantes, des statues, des bouquets de fleurs, des objets d'histoire naturelle, etc. : des milliers de personnes les virent et les admirèrent.

A la belle collection d'appareils d'optique qu'il présenta à la grande exposition de 1851, et pour laquelle il reçut une médaille de première classe, M. Dubosq avait ajouté un stéréoscope binoculaire construit sur les principes que M. Brewster avait posés. Le stéréoscope attira l'attention particulière de S. M. la Reine, et M. J. Dubosq exécuta pour elle un magnifique instrument que le physicien anglais lui présenta au nom de l'artiste français. Par suite de cette exhibition publique, M. J. Dubosq reçut beaucoup de commandes d'Angleterre, et un très-grand nombre de stéréoscopes lenticulaires furent ainsi importés dans cette contrée ; les demandes devinrent même si considérables, que les artistes anglais se livrèrent, à leur tour, à sa fabrication, et, en peu de temps, des milliers d'instruments furent vendus. Les détails qui précèdent sont extraits d'un article publié en mai 1852 par sir David Brewster dans une revue écossaise (*North british Review*).

Tel était, en mai 1852, le jugement de sir David Brewster sur la part que M. Dubosq avait eue dans le succès du stéréoscope, dit M. Lissajous, auquel nous empruntons cette intéressante étude. Méconnu d'abord en Angleterre, l'instrument de MM. Wheatstone et Brewster rentrait avec un éclatant succès dans son pays natal, grâce au concours habile et intelligent de cet artiste français.

A partir de ce moment, M. Dubosq s'occupa de perfectionner le stéréoscope, d'en étendre les applications, de faciliter les moyens d'exécution des dessins stéréoscopiques.

Le stéréoscope de M. Brewster convenait seulement à des dessins opaques, tels que lithographies, photographies sur papier ou plaques daguerriennes.

M. Dubosq eut l'idée heureuse d'enlever le fond du stéréoscope de façon à placer, dans l'instrument, des images translucides obtenues sur verre albuminé. Ces images, à raison de leur transparence presque complète, laissaient passer les rayons venus des objets extérieurs, ce qui troublait la vision ; M. Dubosq plaça derrière l'épreuve un verre dépoli afin de diffuser la lumière ; dès lors l'illumination de l'image devint irréprochable, la netteté complète, l'effet saisissant. Cette importante invention a doublé le charme du stéréoscope. Qui de nous ne s'est oublié, dans un profond sentiment d'admiration et d'enthousiasme, devant ces admirables vues des beaux sites de la Suisse, des grands monuments de l'Italie? Est-il un moyen qui puisse rendre plus complétement, dans un aussi petit cadre, les beautés de la nature ou les merveilles des arts ?

Les effets stéréoscopiques peuvent, on le sait, être obtenus à l'aide du strabisme. Le stéréoscope évite le déplacement des yeux en déviant les pinceaux qui arrivent des divers points des images; or cette déviation doit être telle que les images occupent la même position dans l'espace à la distance à laquelle elles se font.

Il résulte de là qu'un stéréoscope, réglé pour un myope, ne l'est pas pour un presbyte, et inversement. Quand l'effet est satisfaisant pour une vue moyenne, les autres vues s'en accommodent par une légère déviation des axes optiques, qui se fait instinctivement par suite de l'habitude que nous avons de la vision binoculaire. Néanmoins cette accommodation exige une tension des muscles d'autant plus forte que la distance à parcourir est plus considérable; de là ce tiraillement des yeux et cette fatigue continue que certaines personnes éprouvent en regardant dans le stéréoscope. Il arrive même que, pour certaines personnes, la superposition ne peut pas se faire, malgré l'effort instinctif de l'organe visuel.

Pour remédier à cet inconvénient, M. Duboscq a séparé dans le stéréoscope la partie de l'appareil qui produit la déviation de celle qui rejette l'image à la distance de la vision distincte. Dans le stéréoscope de M. Brewster, ces deux fonctions étaient remplies par les demi-lentilles; dans le stéréoscope nouveau, elles sont séparées. La déviation est produite par des prismes fixes, le grossissement par des lentilles, que l'on peut avancer ou reculer à volonté. Telle est la disposition représentée fig. 3718, telle évidemment que les deux images placées en *n*, *n'* viennent se superposer en *m*.

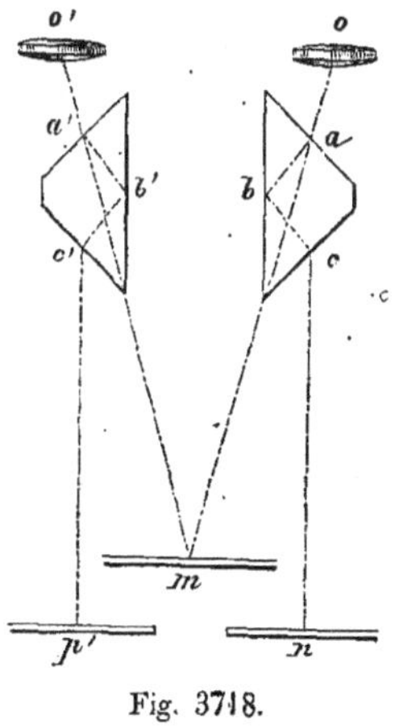

Fig. 3718.

On peut donc, en déplaçant les lentilles, rendre l'effet satisfaisant pour chaque vue. Quand on opère avec ce stéréoscope, le relief se produit sans que l'œil éprouve de fatigue, pourvu que les lentilles aient une position convenable; mais, dès que l'on déplace le système, les yeux éprouvent un tiraillement qui augmente jusqu'au moment où ils ne peuvent plus maintenir la coïncidence des images, ce qui confirme les principes sur lesquels l'appareil est fondé.

Cette séparation du prisme et de la lentille a, en outre, permis de corriger un défaut qui se présente quand on regarde des épreuves de grande dimension. Par suite de l'effet prismatique, les lignes verticales et horizontales, comme, par exemple, les arêtes des monuments, paraissent courbées d'avant en arrière, comme si la partie moyenne avait reculé dans certaine quantité. Cet effet, qui exagère la proportion de certains dessins parce qu'il fait fuir la partie centrale de l'image, s'explique de la manière suivante. Quand on regarde à travers un prisme une ligne verticale, elle paraît courbe, et la partie centrale est moins déviée que les parties extrêmes; cette impression, se produisant en sens inverse sur les deux yeux par l'effet prismatique des deux lentilles, donne donc le sentiment d'un arc curviligne dont le centre n'est pas sur le même plan que les extrémités.

M. Duboscq corrige ce défaut en donnant aux lentilles une légère inclinaison, de façon que les parties contiguës des deux lentilles soient plus près de l'œil que les bords opposés. De cette manière, les lentilles produisent dans les lignes de l'image une incurvation inverse de celle produite par des prismes; ces deux effets déterminent donc une compensation plus ou moins complète, et, par suite, une rectification satisfaisante. On peut donc, avec le stéréoscope ainsi disposé, obtenir de bons effets, même avec de grandes épreuves.

Nous devons signaler, en terminant, un perfectionnement important apporté par MM. Knight et Dubosq aux lentilles du stéréoscope. Autrefois les lentilles employées étaient de petit diamètre, et montées sur des bonnettes susceptibles d'un mouvement transversal pour les amener à l'écartement des deux yeux. MM. Knight et Dubosq ont remplacé ces lentilles étroites par des lentilles à large surface qui viennent se toucher par leur bord : les bonnettes sont donc supprimées, et une cloison intermédiaire terminée à un double diaphragme permet d'écarter les images étrangères à la production de l'effet stéréoscopique.

STÉRÉOTOMIE. Jusqu'à la fin du siècle dernier les appareilleurs ne se servaient, pour l'application du trait sur les matériaux qu'ils employaient, que des méthodes isolées, particulières à chaque problème et se rattachant à quelques principes généraux et abstraits. Le Père Derand avait déjà bien donné, en 1643, l'art du trait appliqué à la coupe des pierres et à la charpente, lequel reposait sur la théorie des projections. Dezargues aussi avait bien montré l'analogie qui existait entre différents procédés pratiques. Frézier enfin, officier supérieur du génie, dans son excellent traité de stéréotomie, édité à Strasbourg en 1737, avait bien donné suite aux idées de généralisation de Desargues, et avait bien traité géométriquement diverses questions qui devaient se présenter dans plusieurs parties de la coupe des pierres et de la charpente.

Mais tous ces principes, qui résumaient une foule de questions pratiques, découlaient eux-mêmes d'autres principes plus simples qui leur sont communs. Ce sont ces règles élémentaires que le génie de Monge a aperçues dans les opérations de la stéréotomie, a créées et a réunies en une seule doctrine à laquelle il a donné le nom de géométrie descriptive.

C'est lorsqu'il n'était encore que chef des travaux graphiques à Metz que Monge fut conduit aux considérations générales qui sont la base de sa géométrie descriptive. Effectivement, parmi les travaux que cette fonction lui imposait, il avait à exécuter des épures de défilement, c'est-à-dire à déterminer les conditions que doivent remplir les différentes parties d'un front de fortification, pour que tous les points de la place fortifiée soient à l'abri des boulets que lancerait une batterie installée sur l'une ou l'autre des collines qui peuvent avoisiner cette place, à une distance inférieure ou égale à une portée de canon : il avait donc à chercher la hauteur à donner à chacune de ces parties pour que tous les plans menés par leurs arêtes supérieures respectives, ou crêtes des parapets, tangentiellement à l'une ou à l'autre des collines, laissassent à $2^{m},50$ [1] au moins, au-dessous d'eux, chacun des points du terrain formant l'intérieur de la place. C'est dans la construction de ces plans tangents que Monge entrevit des méthodes générales qu'il chercha à appliquer, non-seulement au cas particulier qui l'occupait, mais encore à la coupe des pierres et à la charpente; et ce sont ces méthodes qui, à leur tour, lui firent découvrir les principes simples qui forment le fond de sa doctrine.

Monge a donc considérablement simplifié l'étude des corps; et, grâce à lui, la coupe des pierres et la charpente, ainsi que toutes les applications de la géométrie descriptive, sont devenues à la portée de tous, puisque, pour les comprendre, il n'est guère nécessaire que de connaître les cinq premiers livres de la géométrie élémentaire.

Disons toutefois avec M. Chasles que la géométrie descriptive n'est qu'un instrument et non une science. L'ingénieur ou l'architecte ne s'en servent que pour traduire leur pensée et exécuter sur le papier les opérations que la géométrie générale leur indique. La géométrie descriptive exécute, mais elle ne crée pas.

De même que ses devanciers, Monge représenta les formes de l'étendue à trois dimensions au moyen de ses projections sur deux plans rectangulaires, dont on rabat l'un sur l'autre.

C'est aussi au moyen de deux projections orthogonales qu'un architecte donne les indications nécessaires pour l'intelligence du monument qu'il projette : il dessine d'abord les élévations ou projections verticales des différentes façades; ensuite il dresse les coupes, c'est-à-dire les sections faites dans le monument par des plans horizontaux ou verticaux, convenablement choisis.

Une fois les plans bien arrêtés, l'architecte les passe à l'appareilleur, pour ce qui concerne la maçonnerie, et au maître-charpentier, pour tout ce qui touche à la charpente. Le premier étudie la meilleure forme à donner aux pierres, afin que la construction offre dans son ensemble le plus de stabilité possible. Quant au second, il cherche comment il devra relier entre elles les différentes pièces de bois qui doivent entrer dans le monument, de façon qu'elles forment, tant avec la maçonnerie qu'entre elles, un seul tout parfaitement solide. Ce sont ces deux opérations qui sont l'objet de la STÉRÉOTOMIE et de l'étude qu'elle fait des meilleures méthodes à employer.

Nous diviserons donc notre article en deux parties : la première traitera de la coupe des pierres ou stéréotomie proprement dite; la seconde, des diverses questions relatives à la charpente.

Dans l'une comme dans l'autre de ces deux parties, nous nous placerons à un point de vue exclusivement géométrique, c'est-à-dire que nous n'étudierons que le côté relatif à l'application du trait sur la pierre ou sur le bois, indépendamment des questions de résistance et de poussée.

PREMIÈRE PARTIE.

COUPE DES PIERRES.

Nous admettrons toujours que la forme et les dimensions de la voûte projetée sont assignées dans leur ensemble, d'après les lois de la mécanique et les règles de l'architecture : en sorte que le problème de stéréotomie consistera dans les trois opérations suivantes :

1° Trouver le mode de division le plus avantageux pour partager cette voûte en *voussoirs*, c'est-à-dire en parties telles que, sous un volume relativement petit et réunies dans l'ordre convenable, elles se soutiennent mutuellement comme si elles ne faisaient qu'un seul tout. C'est ce qu'on appelle tracer l'*appareil* de la voûte.

1. Hauteur moyenne d'un homme à cheval.

2° Déterminer exactement les contours de toutes les faces de chacun des voussoirs qui devront composer la voûte.

3° Appliquer le trait sur la pierre, ou, autrement, donner aux matériaux que l'on emploie les formes que l'on a trouvées.

Le mode de division en voussoirs devant évidemment changer avec la forme de la voûte, nous indiquerons dans chaque cas quel système il est préférable d'adopter.

Pour effectuer la seconde opération, on choisit un mur bien plan sur lequel on applique une couche de plâtre parfaitement dressée. C'est sur ce mur que l'on trace les données de l'épure, dans des dimensions égales à celles que doit avoir la voûte. Ensuite on y détermine les contours de toutes les faces de chaque voussoir, d'abord en projection, puis en vraie grandeur au moyen de rabattements.

Quant à la troisième opération, c'est-à-dire l'application du trait sur la pierre, elle varie, ainsi que la première, suivant les cas. C'est pourquoi nous n'en dirons rien ici, nous réservant d'expliquer à la fin de chaque problème les procédés qu'il faut employer pour tailler les voussoirs.

Nous allons maintenant donner quelques définitions que nous croyons indispensables pour l'intelligence de ce qui doit suivre :

Ainsi que nous l'avons déjà dit, on donne le nom de *voussoirs* aux différentes pierres qui composent une voûte; les *joints de lit* sont les faces par lesquelles un voussoir est en contact avec celui de l'assise inférieure et avec celui de l'assise supérieure; tandis que les *joints d'assise* ou *joints montants* sont les faces de contact de deux voussoirs d'une même assise, lorsque celle-ci est trop longue pour être composée d'une seule pierre. On appelle *tête* du voussoir la face vue qui termine une assise en faisant *parement*.

On nomme *intrados*, ou *douelle* d'une voûte, la surface intérieure et visible de cette voûte; l'*extrados* est la surface extérieure, laquelle est réelle ou idéale, suivant que la voûte est isolée ou fait corps avec d'autres constructions. Enfin les *pieds-droits* sont les murs, piliers, pilastres ou colonnes qui, en montant jusqu'à la *naissance* de la voûte, supportent les premiers voussoirs.

Comme il existe deux règles générales auxquelles on doit toujours s'assujettir et dont il ne faut se départir que pour des motifs graves, nous les énoncerons dès à présent.

Attendu que, dans les carrières, les pierres se trouvent disposées par couches sensiblement parallèles, on les en extrait sous formes de prismes droits dont les bases sont précisément les *deux lits de carrière;* et, comme c'est dans le sens perpendiculaire à ces lits que la pierre offre la plus grande résistance à la compression, il faudra toujours avoir soin, dans un ouvrage quelconque, qu'elle soit placée de telle sorte que la charge qu'elle aura à supporter s'exerce suivant la verticale au sens des lits. Dans les chantiers, l'appareilleur a soin, pour guider le *Poseur*, de marquer du signe (fig. 1) le lit de dessus et du signe (fig. 2) le lit de pose.

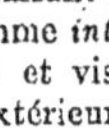
Fig. 1.

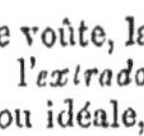
Fig. 2.

Tel est le premier principe. Quant au second, nous le formulerons ainsi : les joints doivent toujours être normaux à l'intrados. Car, si cette condition n'était pas remplie, de deux voussoirs contigus, l'un présenterait un angle obtus et l'autre un angle aigu; or, ce dernier n'étant pas susceptible d'une résistance aussi grande que le premier, il en résulterait que, la voûte une fois décintrée et abandonnée aux effets de son poids, les réactions mutuelles des voussoirs feraient éclater l'angle le plus faible, et pourraient occasionner des accidents graves, en compromettant la stabilité de cette voûte. Il est bien certain que si, en observant cette règle, on courait le risque de tomber dans un inconvénient plus grave, il faudrait alors chercher à concilier la règle avec les exigences de la construction.

Nous ajouterons que les lignes d'appareil, qui conviennent le mieux pour la construction d'une voûte, sont les lignes de plus grande et de plus petite courbure de la surface qui forme l'intrados : d'abord, parce que ces lignes se rencontrent toujours à angle droit, comme on le démontre en géométrie descriptive, et qu'elles partagent ainsi la douelle en rectangles; ensuite, parce que les joints normaux, qui ont ces courbes pour directrices, sont nécessairement développables, ce qui, nous le verrons plus tard, est très-important.

Ici doivent prendre place quelques remarques relatives à la pose des pierres.

Lorsqu'on élève une construction, on place d'abord dans toute la longueur d'une même assise les diverses pierres qui la composent, puis on vérifie avec la règle et le niveau si leurs lits de dessus sont bien tous dans un même plan horizontal; s'ils n'y sont pas, il faut que le tailleur de pierres *rase le tas*, c'est-à-dire vienne retoucher sur place. Ceci fait, on procède à la pose de l'assise suivante. Pour cela, on asseoit chaque pierre sur des *éclisses* ou cales de bois très-minces, choisies de telle sorte qu'elles maintiennent parfaitement le niveau; puis, en soulevant la pierre autour d'une de ses arêtes, on introduit au-dessous une couche de mortier clair et fin, telle qu'en laissant retomber la pierre sur les éclisses, elle fasse souffler le mortier tout autour du joint horizontal. Ensuite on abreuve les joints verticaux avec du mortier très-liquide.

Cet usage de poser sur cales est sans doute beaucoup plus commode pour les ouvriers, puisqu'il leur permet de compenser les défauts d'une mauvaise taille; mais il offre des inconvénients très-graves pour les parties des constructions qui sont appelées à supporter de fortes charges. En effet, la dessiccation faisant éprouver au mortier un retrait assez considérable, il en résulte que la pierre finit par ne plus reposer que sur les éclisses qui se trouvent aux quatre coins, et rompt sous les efforts de la charge.

Il existe une autre coutume non moins vicieuse dans ses résultats, c'est celle qui consiste à payer la taille des pierres au mètre carré de *parement vu*. Car l'ouvrier met tous ses soins à exécuter les parties qui dans la construction seront visibles, tandis qu'il se contente pour les joints de faire tout autour une bande bien dressée à la règle, laissant le milieu brut, sous prétexte de donner plus de prise au mortier. Il arrive même quelquefois qu'il dépasse le plan du joint pour former une partie concave. Il est facile de se rendre compte combien une telle manière de procéder est défectueuse, et combien elle peut occasionner d'accidents graves dans la suite d'une construction.

Rondelet, dans son *Art de bâtir*, raconte que c'est à un fait de ce genre que l'on doit attribuer la rupture et l'affaissement des colonnes qui dans le principe devaient soutenir le dôme du Panthéon. Il paraîtrait que l'appareilleur, dans le but de rendre insensibles à l'œil les joints de lit de ces colonnes, aurait fait tailler les tambours qui les composaient, de telle sorte que le lit de dessus fût un peu concave.

Nous voyons, au contraire, avec quel soin et quelle exactitude les Romains dressaient les joints des pierres de leurs constructions. Dans le pont du Gard, par exemple, les joints horizontaux sont tellement peu sensibles que plusieurs observateurs, parmi lesquels Rondelet, prétendent que, pour établir un contact aussi parfait, les pierres ont dû être frottées sur le tas.

Il résulte de ce que nous venons de dire que, dans les constructions importantes, on devrait proscrire l'emploi du mortier et surtout celui des éclisses. Les ouvriers, après avoir parfaitement soigné la taille de leurs pierres, les poseraient sur leurs joints à nu; puis, pour remplir les petits intervalles laissés par l'imperfection de la taille, ils couleraient un mortier très-fin et très-liquide au moyen de petites rigoles ménagées dans le haut du joint.

Disons actuellement le procédé usité pour dresser une face plane sur une pierre brute.

Sur l'une des faces, MNP par exemple (fig. 3), l'ou-

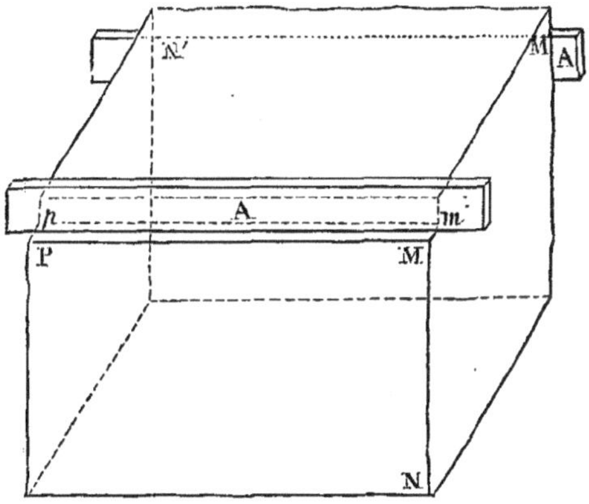

Fig. 3.

vrier trace une ligne noire MP; puis, au moyen d'un ciseau et d'un maillet, il taille une petite ciselure MmpP bien plane, ce qui est facile, vu son peu de largeur. Cela fait, il pose sur cette bande une règle A; ensuite il se transporte vers la face opposée de la pierre; il y applique une seconde règle A' en s'arrangeant de manière que son bord supérieur et le bord inférieur de la première soient bien dans un même plan, ce dont il est sûr, lorsque son rayon visuel rase simultanément ces deux bords. Alors il trace une seconde ligne M'P', qu'il réunit à la première MP par une troisième MM'. Il exécute, le long de ces deux nouvelles lignes, deux autres entailles qui forment avec la première les bords du plan demandé. Enfin il enlève la partie intérieure qui se trouve au-dessus de ces entailles, en ayant soin d'appliquer de temps en temps une règle sur son travail, pour s'assurer si tout en s'appuyant sur MP et sur M'P', cette règle coïncide avec la taille, et par suite si celle-ci est bien plane.

Les quelques principes que nous avons posés étant bien établis, nous passons à l'étude des différents appareils qui se présentent dans la construction. Et d'abord nous dirons quelques mots des murs.

MURS.

Un *mur droit* est celui qui se trouve compris entre deux plans verticaux parallèles. Pour édifier un tel mur, on emploie divers procédés dont nous allons indiquer les plus usités.

Un mur est dit construit en *parpaings*, lorsque toutes les pierres qui le composent en tiennent toute l'épaisseur dans le sens de la largeur (fig. 4). Si c'est la longueur de la pierre qui forme l'épaisseur du mur, comme B, B (fig. 5), elle s'appelle *boutisse*. Les parpaings ainsi que les boutisses, ont deux parements; mais il arrive quelquefois que la pierre n'en offre qu'un, elle s'appelle alors *carreau*, C, C (fig. 5). On donne le nom de *libages* aux pierres L, L qui servent à remplir les intervalles laissés par les carreaux. Il arrive souvent, qu'au lieu de se servir de libages pour combler l'espace

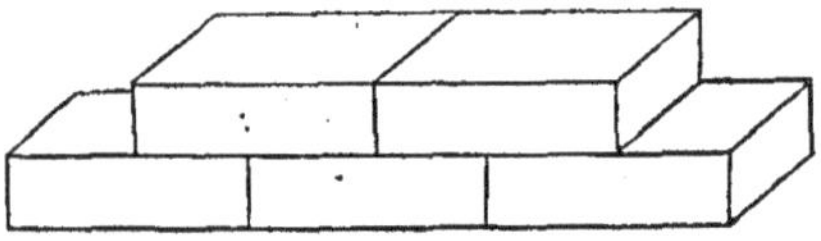

Fig. 4.

vide compris entre les carreaux, on emploie des moellons posés à bain de mortier, ou bien des *blocages* ou petites pierres que l'on met sans ordre avec du mortier.

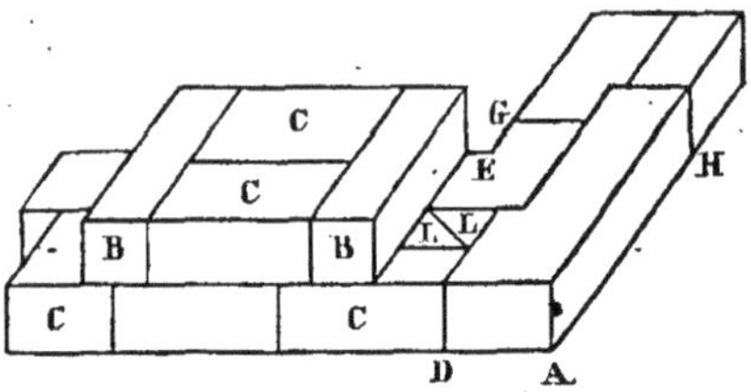

Fig. 5.

Quelle que soit la manière dont un mur est bâti, c'est-à-dire, que les pierres qui le composent soient des parpaings, des boutisses ou des carreaux, on doit toujours éviter avec le plus grand soin que les joints verticaux de deux assises consécutives se correspondent. De plus, lorsque le mur forme un coude, comme dans la figure 5, les pierres qui forment l'arête verticale A doivent être disposées de telle façon que la plus longue soit tantôt dans le sens AH et tantôt dans le sens AD; quant au point E, à l'angle intérieur, on doit également éviter qu'il s'y trouve un joint; c'est pourquoi l'on prend soin de tailler la pierre qui se trouve en cet endroit, en forme de coude, ainsi que l'indique notre figure.

Un mur est *biais*, lorsque les deux plans entre lesquels il est compris, bien que tous deux verticaux, ne sont pas parallèles.

Un mur est en *talus*, quand les deux parements sont, l'un vertical et l'autre incliné à l'horizon.

PLATES-BANDES.

Une *plate-bande* est une espèce de voûte dont l'intrados est plan et horizontal; elle sert ordinairement à former le *linteau*, c'est-à-dire le dessus d'une porte ou d'une fenêtre (fig. 6). La dernière assise de chaque pied-droit s'appelle *sommier*. Les faces A'A", B'B" sont le *tableau* de la porte; la *fouillure* est l'espace rectangulaire N'N"Q'Q" où l'on place les *vantaux*. Enfin on nomme faces d'*ébrasement* les faces verticales N"M', Q"P', qui comprennent l'embrasure de la porte, et qui, ainsi qu'on le voit sur la figure, divergent un peu, afin de donner plus de course à chaque vantail de la porte. Les *claveaux* sont les divers voussoirs qui composent la plate-bande.

Pour diviser une plate-bande en claveaux, et afin de permettre à ceux-ci de se soutenir mutuellement, on fait converger habituellement les joints AR, ST..., vers un même point O, qui est le sommet d'un triangle équilatéral dont AB est la base. De plus, on a toujours soin que les directions de ces joints forment entre elles des angles égaux et que les claveaux soient en nombre impair. Il y aura ainsi un claveau placé au milieu : on lui donne le nom de *clef*. Si cette dernière condition n'était pas remplie, c'est-à-dire si le nombre des claveaux était pair, il y aurait un joint au milieu qui faciliterait le glissement ou la rotation de ceux-ci; et, par suite, la stabilité de la plate-bande serait compromise. L'expérience a démontré, en effet, que lorsqu'une plate-bande vient à se rompre sous la charge qu'elle supporte, c'est par un effet de glissement et un autre de rotation, lesquels font ouvrir un joint en dedans vers la clef et un autre en dehors vers le sommier. Les effets combinés de ces deux écartements ont pour résultat de soulever le pied-droit en ouvrant un de ses joints en dedans : l'espace compris entre les deux pieds-droits se trouve donc agrandi et la plate-bande s'écroule. On a imaginé plusieurs moyens d'obvier à cet inconvénient : l'un d'eux consiste à donner aux deux claveaux d'angles une *crossette* CVU par la-

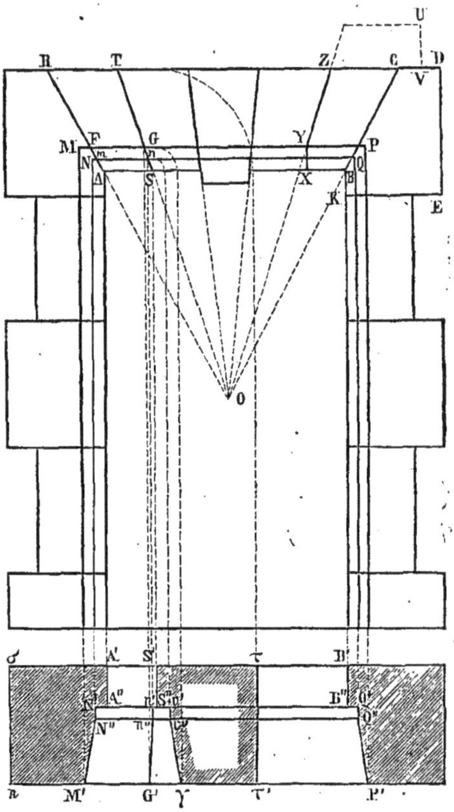

Fig. 6. — Plate-bande.

quelle ils s'appuient sur les deux sommiers. Quelquefois on ajoute une crossette à chaque claveau, afin qu'il puisse s'appuyer également sur le précédent.

Lorsque la plate-bande est longue, les joints voisins des deux sommiers forment avec l'intrados des angles assez aigus, ce qui est vicieux, ainsi que nous l'avons dit en commençant. Afin d'éviter cette acuité d'angles, on arrête le joint à quelques centimètres de l'intrados, et on le continue verticalement, ainsi que nous le voyons en XYZ. Pour la clef, on ne devra jamais employer ces joints brisés, pas plus que les crossettes, parce que pour la poser on l'abandonne à son proprepoids, et on la laisse descendre jusqu'à ce qu'elle soit en parfait contact avec les deux *contre-clefs*, dont les joints doivent être également plans.

Quoi qu'il en soit, les crossettes sont d'un mauvais usage, et il est préférable, pour relier tous les claveaux avec les sommiers, de se servir d'un *tirant* en fer qui traverse le tout, et qui est fixé à chaque bout au moyen d'un écrou.

Nous allons actuellement indiquer la manière de tailler les claveaux, en prenant pour exemple celui qui est projeté verticalement en ASTR.

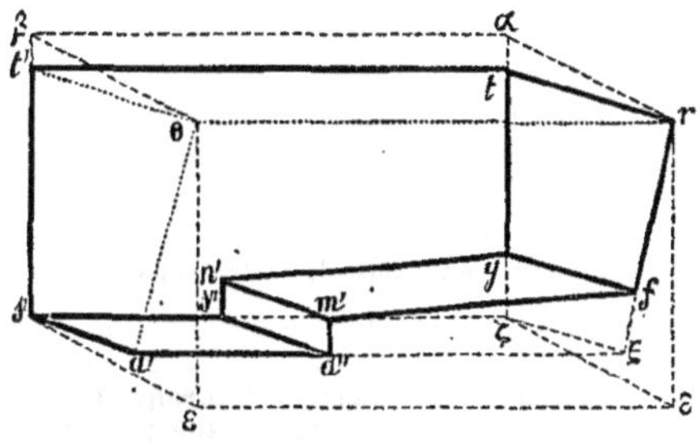

Fig. 7. — Claveau d'une plate-bande.

On prend un bloc *rs'* (fig. 7) capable du claveau. On commence par bien dresser l'un des lits de carrière *αβs'ζ* que l'on destine, pour les raisons que nous avons exposées, à devenir l'un des joints de lit, celui AR par exemple. Ceci fait, on applique sur ce lit dressé un panneau en carton, en lattes de bois ou en tôle, découpé sur le rabattement du joint AR, rabattement que nous n'avons pas effectué pour éviter les confusions, et on trace le contour *tt's's''n'g*. Ensuite, d'équerre sur cette face, on exécute les deux plans parallèles *αζδr* et *βs'εθ* qui sont destinés à former les deux têtes du voussoir; sur chacun de ces deux plans on trace, en se servant du même panneau découpé sur SART, les deux contours égaux *t's'a'θ* et *tζξr*, après quoi on exécute le prisme *t's'ζtrξa'θ*. Enfin, sur le plan *rθa'ξ* on trace le contour *rθa'a''m'f*, en se servant d'un panneau découpé sur le rabattement du joint ST, rabattement que l'on voit sur la fig. 6 en S'S''*v'v''γτ'τ*; et, au moyen de ce dernier contour et du contour *tt's's''n'g*, tracé dès le début, on taille les trois faces *fgn'm'*, *m'n's''a''* et *a''s''s'a'* en se servant, respectivement pour chacune, des deux directrices *gn'* et *fm'*, *n's''* et *m'a''*, *s''s'* et *a''a'*.

La méthode que nous venons d'exposer, pour la taille des claveaux, est dite *par dérobement*. Il en existe une seconde appelée méthode par *beuveaux*. Le beuveau est une fausse équerre formée par deux règles de bois assemblées à frottement. Cette seconde méthode diffère de la première en ce qu'au lieu d'employer des panneaux de développement, l'ouvrier, après avoir taillé l'une des faces de son voussoir, exécute toutes celles qui lui sont contiguës au moyen d'un beuveau auquel il a donné une ouverture égale à l'angle que fait la face qu'il considère avec celle déjà taillée.

On sent fort bien que ce procédé est très-défectueux, puisque le beuveau peut changer d'ouverture. Aussi, dans la suite de cet article, et dans chaque exemple que nous étudierons, ne parlerons-nous que de la méthode par dérobement, bien que dans les chantiers les ouvriers lui préfèrent assez généralement celle par beuveaux, à cause de l'économie de temps qu'elle leur procure.

VOUTES PLATES.

Lorsqu'on veut couvrir l'espace compris entre deux murs parallèles, on se sert d'un appareil dans lequel les voussoirs sont disposés exactement comme dans celui de la plate-bande, sauf que chaque assise, au lieu de ne se composer que d'un seul claveau, en comprend plusieurs. La voûte ainsi formée s'appelle *voûte plate*. Nous verrons plus loin que l'on peut employer une autre voûte nommée *berceau*.

La voûte plate, dans le cas où elle couvre l'espace résultant de la rencontre de deux galeries, s'appareille, comme nous le voyons dans la figure 8, qui est la projection horizontale de l'intrados. Pour mieux faire com-

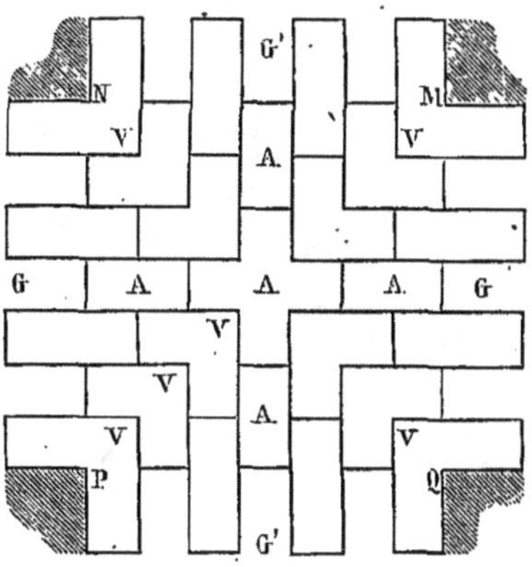

Fig. 8. — Voûte plate.

prendre la forme des voussoirs, nous en avons représenté un en perspective dans la figure 9. Il arrive quel-

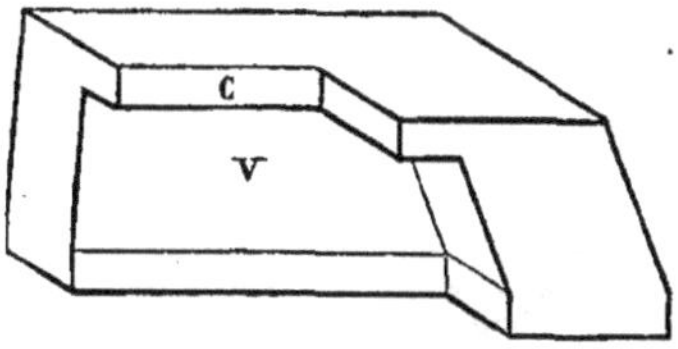

Fig. 9. — Voussoir d'une voûte plate.

quefois que, pour donner plus de solidité à la voûte, on munit les voussoirs de crossettes C. Il est préférable cependant de les éviter, pour les raisons que nous avons indiquées déjà précédemment. Toujours est-il, et quoiqu'il en soit, les clefs A ne doivent jamais avoir de crossettes.

L'application du trait sur la pierre n'offre aucune difficulté, à l'exception des voussoirs d'angle, pour l'exécution desquels le lecteur voudra bien se reporter aux voûtes d'arêtes qui sont étudiées plus loin.

Au lieu d'employer la voûte qui vient de nous occuper, on se sert plus souvent d'une autre voûte, également plate, dont les voussoirs sont disposés différem-

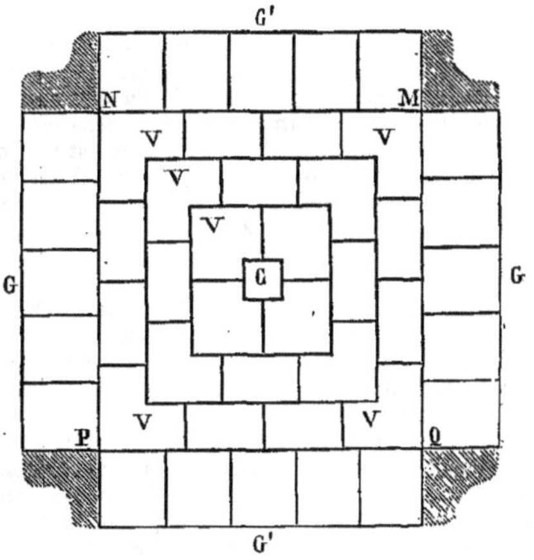

Fig. 10. — Voûte plate.

ment. Nous donnons dans la figure 10 la projection horizontale de son intrados. Cette voûte offre sur la précédente l'avantage de permettre d'éclairer l'endroit qu'elle recouvre par la suppression non-seulement de la clef C, mais encore de plusieurs rangées de claveaux concentriques. Pour cela, on fait autour de chacune de ces rangées une crossette, de sorte que la voûte entière peut être considérée comme composée de châssis rectangulaires s'emboîtant les uns dans les autres.

Nous ferons remarquer que le plafond qui recouvre l'espace carré MNPQ, dans le cas de la figure 8, est formé de claveaux en retour d'équerre, dont chacun des côtés est respectivement le prolongement des assises qui forment les voûtes des galeries GG, G'G'; en sorte que, si les galeries étaient de largeurs différentes, elles devraient néanmoins avoir toutes deux leurs voûtes composées d'un même nombre d'assises. Au contraire, dans l'appareil représenté figure 10, il est indifférent que le nombre des assises des voûtes GG et G'G' soit le même, puisque ces dernières ont dû être arrêtées précisément aux côtés du carré MNPQ.

Nous ajouterons, pour terminer ce qui concerne les voûtes plates, que les deux galeries pourraient se rencontrer sous un angle autre qu'un angle droit. Dans ce cas, soit que l'on employât l'appareil figure 8, soit que l'on se servît de l'appareil figure 10, les choses se passeraient exactement de même que précédemment, sauf que les joints d'assises et les joints de lit, au lieu d'être perpendiculaires entre eux, formeraient un angle égal à celui que feraient les deux galeries en se coupant.

BERCEAUX.

On désigne sous le nom général de *berceau* toutes les voûtes à intrados cylindrique qui servent à recouvrir l'espace compris entre deux murs verticaux parallèles. On appelle *débouché* de la voûte l'intervalle des deux murs, et *plan de naissance* le plan horizontal passant par les deux droites suivant lesquelles le berceau se raccorde avec les murs. La *hauteur sous clef* est la distance comprise entre le plan de naissance et le point le plus élevé de la voûte.

Le berceau est dit en *plein cintre* lorsque l'intrados a pour section droite une demi-circonférence. Il est *surbaissé* quand la hauteur sous clef est moindre que la moitié du débouché, et *surhaussé* dans le cas contraire. Si le berceau est surbaissé, la section droite de son intrados est une demi-ellipse dont le grand axe est horizontal, ou bien une courbe à plusieurs centres à laquelle on a donné le nom d'*anse de panier*. Si, au contraire, le berceau est surhaussé, son intrados a pour section droite une demi-ellipse dont le grand axe est vertical, ou bien une *ogive*, cintre composé de deux arcs de cercles décrits des deux naissances comme centres.

Enfin, on appelle voûte en *arc de cercle* un berceau dont la section droite est un arc de cercle moindre qu'une demi-circonférence.

La théorie et l'expérience ont fait voir que lorsque l'intrados est circulaire, l'extrados doit avoir la forme d'une courbe AB, asymptotique du plan de naissance, ainsi qu'on le voit dans la figure 11. Comme dans la pratique il est impossible de réaliser une telle condition, on y supplée en donnant à l'extrados la forme d'un arc de cercle CD, dont le centre est au-dessous de la clef à une distance égale aux 2/3 ou aux 3/4 du débouché, et dont le rayon est égal à cette distance, plus l'épaisseur de la clef. Quant à cette épaisseur, elle est essentiellement variable, attendu qu'elle dépend, non-

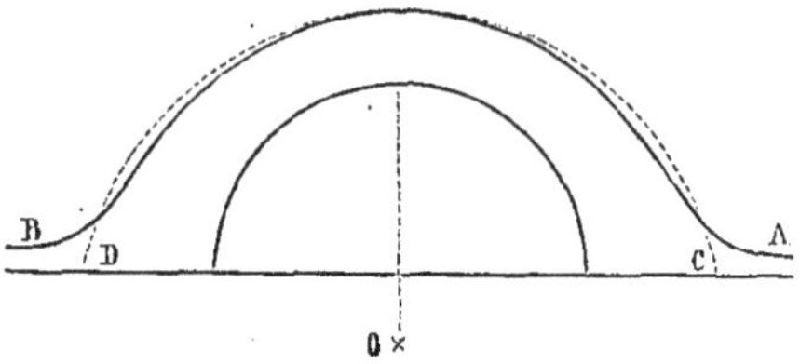

Fig. 11. — Courbe théorique de l'extrados d'une voûte.

seulement du débouché de la voûte et de la charge qu'elle doit supporter, mais encore du degré de résistance qu'offrent les matériaux que l'on emploie.

Lorsqu'un berceau a une longueur très-peu considérable, égale à l'épaisseur d'un mur, il prend le nom de *porte*.

Comme une porte fait généralement corps avec le mur dans lequel elle est pratiquée, on se contente dans le cas où l'on veut former un bandeau apparent, d'extradosser parallèlement à l'intrados, et l'on termine la tête de chaque voussoir par un arc de cercle concentrique avec l'intrados, ainsi que l'indique la figure 12, dans laquelle l'arc ponctué AB indique l'extrados d'une porte ainsi appareillée. Cependant on termine plus souvent chaque voussoir par une face horizontale CD et une verticale DE, de façon que ces joints se raccordent avec les assises du mur. Quelquefois on ajoute des crossettes aux voussoirs qui alors sont dits en *tas de charge*; mais cette disposition est sujette à de graves inconvénients. En effet l'un quelconque des voussoirs présente à la partie inférieure un angle rentrant, tandis que celui qui se trouve immédiatement en dessous présente à sa partie supérieure un angle saillant. Or, il est très-rare que dans la pratique on parvienne à faire ces deux angles parfaitement égaux : il en résulte donc des *porte à faux*, et la voute une fois décintrée éprouve un tassement considérable qui fait que la charge, au lieu d'être également répartie sur toute l'étendue des joints, est portée seulement par les quelques points qui se trouvent en contact avec les cales dont le poseur s'est servi pour remédier à l'inégalité des angles.

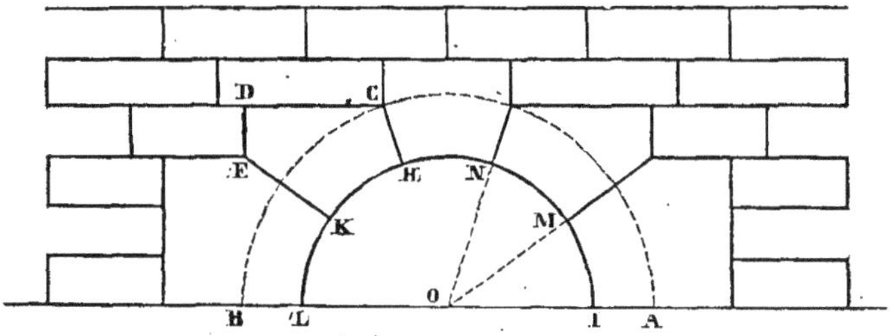

Fig. 12. — Voûte en plein cintre.

Comme un berceau ne diffère d'une porte que parce qu'il est plus long, on l'appareille à peu près de la même manière. La seule différence qu'il y ait consiste en ce que dans la porte chaque assise n'est composée que d'un seul voussoir, tandis que dans un berceau on est obligé, vu sa plus grande longueur, de décomposer les assises en plusieurs voussoirs, en ayant soin toutefois de faire en sorte que les joints d'assises de deux assises consécutives ne soient pas en face les uns des autres. Nous nous contenterons donc d'étudier l'appareil des portes, et tout ce que nous en dirons s'appliquera aux berceaux.

Et d'abord nous allons commencer par une porte droite, qui est celle pratiquée dans un mur dont les deux parements sont perpendiculaires à son axe.

PORTE DROITE.

Pour former les joints, qui doivent être normaux à l'intrados, on mène des plans par l'axe O (fig. 12) de la porte, en nombre tel que les voussoirs soient en nombre impair; puis on termine ceux ci par deux joints, l'un vertical ED, l'autre horizontal CD.

Quant à la question relative à l'application du trait sur la pierre, elle offre, dans ce cas-ci, une certaine difficulté : nous voulons parler de l'exécution de la douelle cylindrique. Aussi allons-nous donner le moyen de tailler l'un des voussoirs, HCDEK par exemple.

On prend un bloc de pierre capable du voussoir; on dresse parfaitement d'abord le lit de carrière qui est destiné à former le lit de pose KE; et, perpendiculairement à cette première face, on exécute les deux autres faces $abK'c$ et $eK''d$ (fig. 13), qui deviendront par la suite

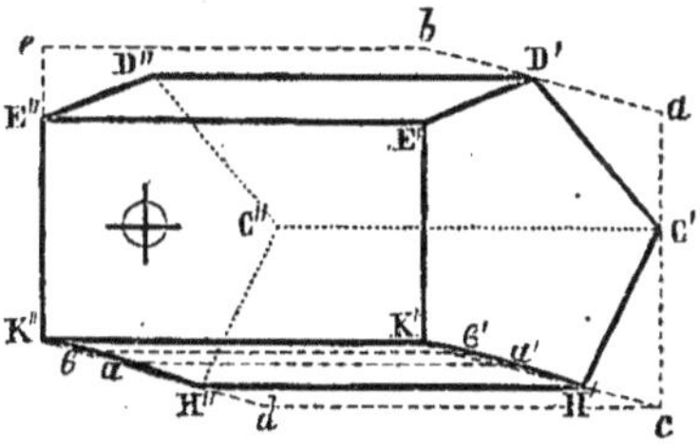

Fig. 13. — Voussoir d'une voûte en plein cintre.

les deux têtes du voussoir. Ceci fait, on trace sur $beK''K'$ le rectangle E'E'' K''K', dont K'K'' doit être égal à l'épaisseur du mur, et E'K' = EK; puis, sur les deux faces $abK'c$, $eK''d$, on construit les pentagones

$$D'E'K'H'C' = D''E''K''H''C'' = DEKHC.$$

Il est alors facile de tailler toutes les autres faces du voussoir, puisque pour chacune d'elles on a deux directrices; à part cependant la face de douelle K'K'' H''H', laquelle s'exécute en divisant les deux arcs H'K', H''K'' en un même nombre de parties égales

$$H'\alpha' = \alpha'6' = 6'K' = H''\alpha = \alpha 6 = 6K'',$$

et en faisant appuyer une règle sur les repères ainsi obtenus. En un mot, on procède comme pour un plan; sauf que dans ce cas-ci les deux directrices sont des courbes, et que la règle, qui est la génératrice, doit toujours rester parallèle à elle-même, ce qui n'est pas absolument nécessaire lorsque l'on dresse une surface plane.

En général, dans toutes les questions de stéréotomie, lorsque l'on a à réaliser une surface, quelle qu'elle soit d'ailleurs, on tache d'employer un moyen pratique qui soit la traduction matérielle du mode de génération de cette surface. Nous avons vu, en effet, que pour le plan nous nous sommes servi d'une règle glissant sur deux droites parallèles, et que dans le problème de la porte droite, pour tailler la douelle cylindrique, nous avons eu recours au mode de génération du cylindre.

PORTE DROITE [1] RACHETANT UN BERCEAU EN MAÇONNERIE.

La porte est pratiquée dans un mur vertical et rachète un berceau dont nous supposons le plan de naissance à la même hauteur. Le problème n'est donc autre chose que la recherche de l'intersection de deux cylindres circulaires dont les axes sont dans un même plan et perpendiculaires entre eux. C'est ce plan des deux axes que nous prenons comme plan horizontal de projection.

Pour tracer l'appareil, on opère exactement comme s'il s'agissait d'une simple porte droite. Aussi ne nous occuperons-nous pas de ce tracé; nous allons seulement donner, pour l'un des voussoirs, le moyen de déterminer la tête qui fait parement sur l'intrados du berceau en maçonnerie.

Soit MNPQR ce voussoir (fig. 14). Il est bien évident

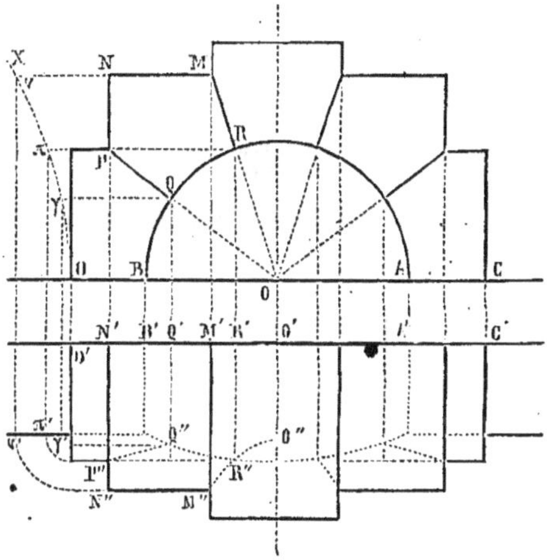

Fig. 14. — Porte droite rachetant un berceau en maçonnerie.

qu'en déterminant l'intersection que produit dans le berceau le prisme MNPQR, nous aurons la tête que nous cherchons. Or, la détermination de cette intersection se fera en menant des plans verticaux parallèles aux arêtes des voussoirs, lesquels donneront dans le prisme des droites, et dans le berceau des demi-circonférences : donc, si nous décrivons sur le plan vertical et sur la ligne de terre, comme diamètre, une demi-circonférence DX, puis que nous menions des parallèles $N\nu$, $P\pi$... à la ligne de terre, correspondant aux différents plans sécants, et qu'ensuite nous ramenions dans leur véritable position les points ν, π, γ... ainsi obtenus, nous aurons les points N'', P'', Q''... où les droites déterminées dans le prisme par les plans sécants viennent percer le berceau; et, par suite, la tête du voussoir que nous cherchons sera parfaitement déterminée. Remarquons que les lignes de joint M''R'', R''Q'', étant le résultat de l'intersection du berceau par les plans MOO'', POO'', sont des portions d'ellipses passant par le point O'' et tangeantes en ce point à la droite $\pi'O''$.

Il n'y aura plus alors qu'à exécuter sur la pierre ce que l'épure nous aura fourni. Mais, comme cette exécution présente une certaine difficulté, nous allons donner le moyen de tailler ce voussoir.

On dresse d'abord parfaitement l'un des lits de carrière de la pierre que l'on destine à former le joint de pose PQ. Perpendiculairement à cette première face on en dresse une autre, sur laquelle on vient poser un panneau découpé suivant MNPQR : on obtient ainsi le contour $m'n'p'q'r'$ (fig. 15). Ceci fait, suivant les droites $m'n'$, $n'p'$, $p'q'$, $r'm'$ de ce contour, on fait passer des plans perpendiculaires à la tête $m'n'p'q'r'$, au moyen de l'équerre; et, suivant la courbe $r'q'$, on exécute un cylindre également normal à la tête.

On a ainsi les cinq faces de joints et de douelle, que l'on détermine exactement, quant aux faces de joints, avec des panneaux obtenus sur l'épure par des rabattements, et, quant à la douelle, au moyen d'un morceau

[1]. Elle pourrait être biaise.

de carton dont le contour n'est autre chose que le développement de la portion de cylindre qui a pour projection verticale RQ, et pour projection horizontale R'Q'Q"R". Il ne reste plus alors à exécuter que la tête *mnpqr* dont nous avons les contours, grâce aux

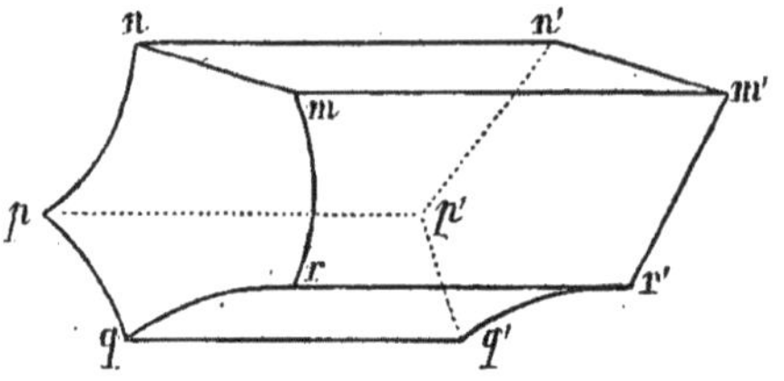

Fig. 15. — Voussoir d'une porte rachetant un berceau en maçonnerie.

opérations qui précèdent. Or, cette tête fait partie du berceau : donc elle doit être cylindrique; donc elle se taillera en se servant d'une règle que l'on appuiera sur le contour *mnpqr*, en la maintenant toujours parallèle à la droite *mn*, qui est une portion de génératrice du berceau. Le voussoir est maintenant complétement terminé.

BERCEAU TOURNANT.

C'est une voûte dont l'intrados est formé par une demi-circonférence tournant autour d'un axe vertical situé dans son plan.

On pourrait remplacer la demi-circonférence par une demi-ellipse. Dans ce cas le berceau tournant serait surbaissé ou surhaussé, selon que ce serait le grand ou le petit axe qui se trouverait horizontal.

Dans notre épure (fig. 16), nous avons supposé que

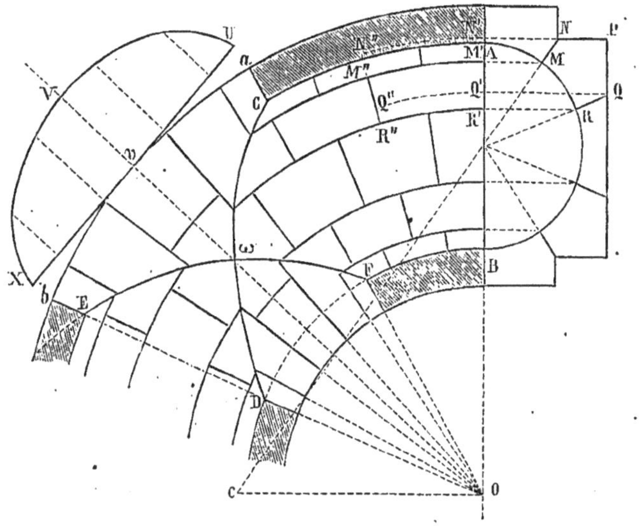

Fig. 16. — Voûte en tour ronde.

le berceau est circulaire, et qu'il est vu par dessous, c'est-à-dire que nous donnons la projection de l'intrados.

Pour tracer l'appareil de cette voûte, on rabat une section méridienne sur le plan de naissance, et l'on opère sur ce rabattement comme s'il s'agissait d'un berceau cylindrique. Puis on imagine que les différentes droites MN, RQ... tournent autour de l'axe O : elles engendrent des surfaces coniques qui formeront les joints de lit, et dont les sommets seraient sur l'axe O de la tour ronde. Quant aux joints d'assise, on les obtiendra en menant des plans méridiens.

Pour tailler les voussoirs d'une telle voûte, on procède comme nous allons l'indiquer figure 17. Pour effec-

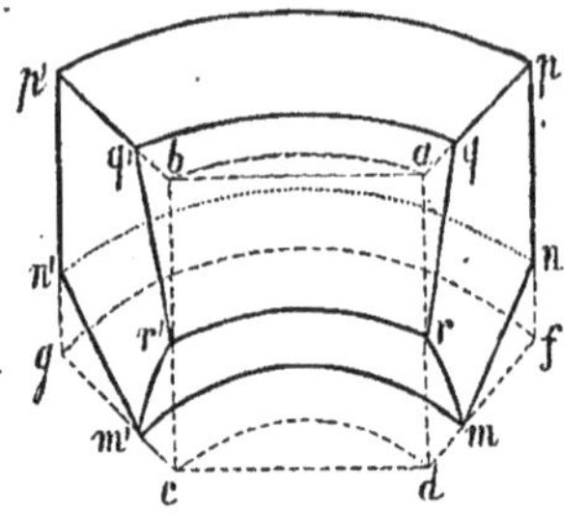

Fig. 17. — Voussoir d'une voûte en tour ronde.

tuer nos opérations, nous choisirons le voussoir qui a pour projection R'R"N"N'. On commence d'abord par tailler un prisme droit ayant pour base le trapèze curviligne R'R"N"N', et pour hauteur la différence des hauteurs des deux points M et Q. Sur les faces planes verticales on applique le panneau de tête MNPQR. Au moyen d'une règle flexible on trace les arcs *rr'* et *nn'*. Quant aux arcs *qq'* et *mm'*, on les trace avec des panneaux découpés sur N'N"Q"Q' et sur N'N"M"M'. Ensuite on taille les joints coniques au moyen d'une règle s'appuyant, pour le joint de lit supérieur, sur les arcs *qq'*, *rr'*, et pour le joint de lit inférieur, sur les arcs *nn'*, *mm'* : on a préalablement divisé ces arcs en un même nombre de parties égales, et on a soin que la règle pose sur les points de division correspondants. Il reste à tailler la douelle annulaire *rr'mm'*. Pour cela on se sert d'une cerce[1] découpée sur la méridienne du berceau, en opérant comme pour les joints coniques;

1. La *cerce*, *cerche* ou *cherche*, est une planche de bois mince ou une simple latte, dont le bord est taillé suivant le contour convexe ou concave d'une courbe déterminée, et que l'on promène comme un patron mobile sur les diverses parties d'une face courbe qu'il s'agit d'exécuter.

c'est-à-dire que les arcs rr' et mm', étant divisés en un même nombre de parties égales, on fait poser la cerce sur les points de division correspondants, en maintenant son plan toujours normal aux courbes rr' et mm'.

Tel est le moyen de tailler un voussoir. Il n'est applicable qu'aux assises inférieures, attendu que pour celles supérieures il entraînerait un trop grand déchet de pierre. Pour ces dernières, on emploie une autre méthode qui consiste à tailler d'abord un prisme ayant pour base la projection du voussoir sur le plan méridien qui le partage en deux parties égales.

Toutes les constructions qui, sur la figure 16, sont comprises dans le quadrilatère E C F D, sont relatives à une voûte que nous étudierons plus loin.

BIAIS PASSÉ.

On donne ce nom à la voûte dont les plans de têtes, bien que parallèles entre eux, ne sont pas perpendiculaires à l'axe du berceau.

On peut former l'intrados de cette voûte de deux manières :

1° Les deux arcs de tête étant des demi-circonférences, on suppose qu'une droite se meut en s'appuyant sur ces deux courbes, tout en restant constamment parallèle au plan de naissance, c'est-à-dire horizontale;

2° Les deux arcs de tête étant encore des demi-circonférences, l'intrados sera engendré par une droite qui s'appuiera encore sur les deux courbes, mais qui en outre sera assujettie à toucher la droite qui, perpendiculaire aux deux plans de tête, passe par le centre O' du parallélogramme formé par les deux diamètres des circonférences de tête et par les deux droites qui joignent deux à deux les extrémités de ces mêmes diamètres.

Dans le premier cas, la surface qui forme la voûte est un cylindre; dans le second, c'est une surface gauche à laquelle on donne le nom de *corne de vache.*

Occupons-nous d'abord du tracé de l'appareil du biais passé à douelle cylindrique.

Nous avons, dès le début, posé comme principe que les joints doivent toujours être normaux à l'intrados. Dans le cas que nous étudions, si cette condition de stabilité est remplie, un grave inconvénient se présente. En effet, les plans de joint étant perpendiculaires à la douelle du berceau, ne sauraient l'être en même temps aux faces de tête qui sont obliques au cylindre. Alors on voit que si l'on décompose le poids de chaque voussoir en deux forces, l'une sera perpendiculaire au joint et l'autre parallèle à ce même joint. Or cette dernière, par suite du biais, ne se trouvant pas parallèle aux faces de tête, produira une composante perpendiculaire à ces dernières, laquelle aura une tendance à *pousser au vide*, c'est-à-dire à faire glisser les voussoirs horizontalement. Lorsque la voûte a une certaine importance, on préfère cependant conduire les plans de joint normaux à l'intrados; si, au contraire, la voûte n'est pas destinée à supporter une forte charge, on rend les plans de joint perpendiculaires aux faces de tête, ce qui offre un avantage au point de vue de la taille, puisque l'on peut procéder avec l'équerre, sans avoir recours au développement des panneaux de douelle.

Si l'on désire que les joints soient normaux à l'intrados, on commence, pour appareiller, par construire une section droite du cylindre, laquelle est évidemment une ellipse; puis on mène à cette ellipse différentes normales équidistantes, par lesquelles on fait passer des plans qui en même temps doivent contenir les génératrices du cylindre correspondant aux normales : ce sont ces plans qui forment les joints de lit. Les joints d'assise seront formés par des plans perpendiculaires aux joints de lit.

Lorsque l'on veut que les plans de joint soient normaux aux faces de tête, il faut qu'ils soient menés par une perpendiculaire commune à ces faces; on choisit celle qui se trouve être la troisième directrice du biais passé, dit corne de vache. Dans ce cas, les arêtes de douelle ne sont plus des lignes droites; ce sont des ellipses allongées qu'il est facile de construire par points.

BIAIS PASSÉ, DIT CORNE DE VACHE. — Pour le tracé de l'appareil, on mène par la droite directrice OO' (fig. 18) une série de plans (ici nous en avons conduit

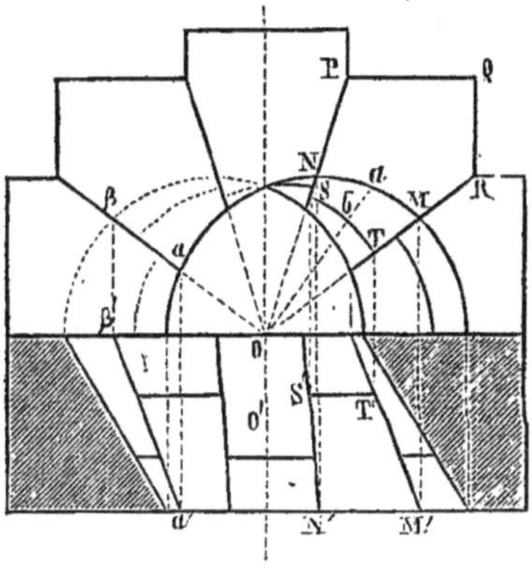

Fig. 18. — Biais passé, dit Corne de vache.

cinq) qui sont les joints de lit. Ces plans coupent la douelle suivant des droites qui sont des génératrices de la surface formant l'intrados. Il est facile de se procurer les projections horizontales de ces génératrices, arêtes de douelle; car il n'y a qu'à joindre par des droites les différents points α' et β', projections des points où les plans de joints coupent les courbes de tête. Quant aux joints d'assise, on n'a qu'à mener des parallèles aux faces de tête. Les voussoirs ainsi obtenus n'offrent aucune difficulté pour la taille, puisque tous les joints sont plans, et que la douelle peut s'exécuter d'une manière analogue à celle d'une douelle cylindrique, en se procurant sur les arcs de tête des points de repère et en faisant passer par ces points une règle. Ces points de repère se déterminent en conduisant par la droite OO' des plans tels que Oba, qui, en rencontrant les arcs MN, TS, fournissent, pour le voussoir projeté en RQPST, les points b et a.

Il est une autre corne de vache qui a été employée avec avantage, au pont de Neuilly, par le célèbre Perronet, pour raccorder les arches, qui sont en anse de panier, avec les avant-becs des piles, afin d'éviter que les eaux, lorsqu'elles sont hautes, ne viennent rencontrer un obstacle perpendiculaire à leurs cours, ce qui aurait occasionné des remous violents qui auraient pu être la source d'affouillements considérables sous les piles. Cette corne de vache a pour courbes directrices deux courbes dont les points culminants sont situés sur une droite perpendiculaire au plan de tête.

ARRIÈRE-VOUSSURES.

ARRIÈRE-VOUSSURE DE MARSEILLE. — On veut, dans un mur, pratiquer une porte dont la première partie soit voûtée en berceau suivant la demi-circonférence AB (fig. 19). Cette portion de la voûte est projetée horizontalement sur le rectangle A'B'B"A". Un petit berceau fait suite au premier en formant retrait : il est destiné à recevoir les vantaux de la porte. Ensuite les pieds-droits vont en divergeant, afin de donner plus de jeu aux vantaux. Mais, comme ces derniers sont terminés à leur partie supérieure par un quart de cercle, il est nécessaire d'exhausser l'intrados qui recouvre l'espace compris entre les faces d'*ébrasement*. C'est à cette dernière partie de la voûte que l'on donne spécialement le nom d'*arrière-voussure de Marseille.*

Pour en former la douelle, on commence par décrire

sur le plan de tête E'F' (fig. 19), un arc de cercle, dont le centre soit sur O'X' prolongé, dont le point culmi-

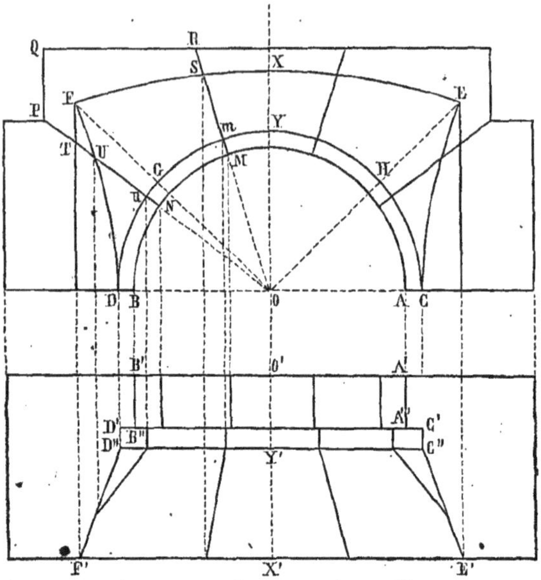

Fig. 19. — Arrière voussure de Marseille.

nant X soit au-dessus de Y d'une quantité égale à la moitié environ de X'Y', et dont le rayon soit assez grand pour que les points E et F soient plus élevés que le sommet Y de la *feuillure;* puis on imagine une surface gauche engendrée par une droite mobile assujettie à s'appuyer constamment sur l'axe O, sur le cercle de feuillure CYD et sur l'arc EF. La surface ainsi engendrée ira couper les faces d'ébrasement suivant des courbes qui, en général, ne permettront pas aux vantaux de venir s'y appliquer librement : aussi a-t-on le soin d'ajouter à la directrice EXF deux autres branches EC et FD, tracées sur les faces d'ébrasement. A partir des points E et F ces deux courbes étant substituées, comme directrices, à l'arc EF, on est obligé de les construire de telle sorte que les portions de surfaces FGD et EHC se raccordent parfaitement avec la première surface, afin d'éviter que l'intrados ne présente en cet endroit une brisure choquante à la vue.

Pour tracer l'appareil, on mènera des plans par l'axe O, qui couperont la douelle gauche et les douelles cylindriques, chacune suivant des génératrices. La figure 20 représente en perspective la forme de l'un des

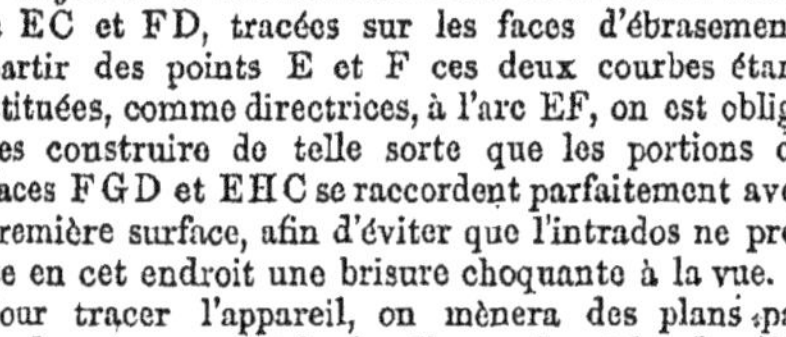

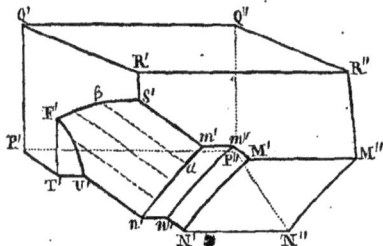

Fig. 20. — Voussoir d'une arrière-voussure de Marseille.

voussoirs d'une telle voûte, celui projeté suivant MNPQR. Les droites ponctuées telles que αβ sont des génératrices de la douelle gauche, suivant lesquelles le tailleur de pierre applique sa règle pour construire la portion m'S'F'U'n'.

ARRIÈRE-VOUSSURE DE MONTPELLIER.

Elle ne diffère de celle de Marseille que par une droite que l'on substitue à l'arc EF (fig. 19). On l'emploie ordinairement pour les embrasures des fenêtres qui sont cintrées par le haut, à moins cependant que celles-ci n'aient une imposte.

ARRIÈRE-VOUSSURE DE SAINT-ANTOINE.

On donne ce nom à une voûte qui existait à Paris, auprès de l'ancienne Bastille, à la porte qui servait de communication entre la ville et le faubourg Saint-Antoine. Nous ne donnerons pas le mode de génération de cette voûte, attendu qu'elle n'est jamais employée; et si nous l'avons citée, c'était simplement dans le but de faire voir combien les constructeurs anciens cherchaient à apporter de complications dans leurs ouvrages, puisque les vantaux de cette porte étant rectangulaires, il n'était pas du tout nécessaire de faire une voûte.

VOUTE SPHÉRIQUE.

C'est une voûte formée par une demi-sphère. L'appareil de cette voûte se détermine de la manière suivante : On commence par diviser la demi-circonférence ACB (fig. 18) en un nombre de parties égales, puis on suppose que les droites, telles que DE, tournent autour de l'axe OZ de la voûte, de manière à former un cône : ces cônes

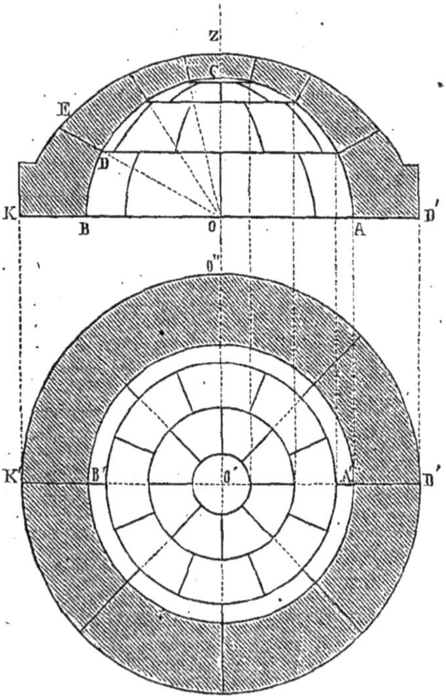

Fig. 21. — Voûte sphérique.

seront les joints de lit; quant aux joints d'assises, on les obtiendra en menant des plans méridiens de la surface. On voit que de cette manière tous les joints seront normaux à l'intrados.

Nous croyons bon de faire observer qu'une pareille voûte peut se maintenir en équilibre, sans que pour cela on l'élève jusqu'à la clef, pourvu toutefois que les assises inférieures soient achevées dans toute leur circonférence. En effet, les joints coniques décomposant les actions de la pesanteur sur les voussoirs en des forces dirigées vers le centre O, les voussoirs d'une même assise ne pourront céder à cette dernière tendance, puisque chacun d'eux a une surface d'extrados plus considérable que celle d'intrados. Aussi arrive-t-il souvent que, dans une voûte sphérique, on supprime plusieurs assises voisines de la clef, pour ménager une ouverture par où arrive la lumière, ou bien pour élever sur la dernière assise conservée, une petite lanterne ou tour cylindrique.

Les voussoirs peuvent se tailler de deux manières, qui sont précisément les mêmes que celles employées pour les voussoirs de la tour ronde. De même que pour cette dernière voûte, l'une des deux méthodes sert pour les voussoirs des assises inférieures, et l'autre pour les voussoirs des assises supérieures. Il existe encore une autre méthode, dite *par écuelle*, laquelle consiste à creuser d'abord dans la pierre une calotte sphérique égale à celle que détacherait de l'intrados le plan qui passerait par les quatre sommets de la douelle du voussoir.

NICHE SPHÉRIQUE.

C'est une cavité cylindrique ménagée dans un mur et surmontée d'un quart de sphère. Pour se représenter le mode d'appareillage de cette voûte, il n'y a qu'à supposer que la partie D'O"K' de la figure 18 est la projection verticale du quart de sphère, et que DZK est la projection horizontale.

VOUTES ELLIPTIQUES.

Ces voûtes, dont le grand axe est toujours horizontal, sont tantôt un ellipsoïde à trois axes, et tantôt un ellipsoïde de révolution autour du grand axe.

Comme ces voûtes se présentent très-rarement dans la construction, et que leur appareillage est d'ailleurs très-compliqué, nous nous contenterons de les avoir définies, renvoyant aux traités spéciaux le lecteur qui désirerait les étudier.

TROMPES.

On donne ce nom aux voûtes qui supportent les parties qui, dans une construction, sont en saillie sur le reste du monument : par exemple une tourelle qui commence seulement à partir d'une certaine hauteur, en faisant saillie sur le parement d'un mur droit, ou à la rencontre de deux murs. On l'emploie aussi pour supporter les étages supérieurs d'une maison placée au détour d'une rue, et dont on supprime le rez-de-chaussée par un pan coupé, afin d'agrandir la voie publique.

Dans les anciennes constructions, les architectes multipliaient les trompes de tous genres; dans le nombre on en remarque quelques-unes qui nous étonnent par leur hardiesse. Mais c'est bien avec juste raison que les architectes modernes ont banni l'usage de placer dans les bâtiments toutes ces parties en surplomb.

Cependant les trompes sont intéressantes à étudier au point de vue stéréotomique, et peuvent d'ailleurs encore être utiles lorsqu'il s'agit de tirer parti de constructions déjà existantes, pour les relier entre elles. Aussi allons-nous donner l'appareil d'une trompe. Nous avons choisi la trompe conique, parce qu'ainsi nous pourrons faire voir en même temps comment on trace l'épure d'une voûte conique.

Deux murs se rencontrent sous un angle ACB (fig. 22), qu'ici nous supposons droit pour plus de simplicité, mais qui pourrait être quelconque. Pour agrandir la voix publique, on veut supprimer la portion triangulaire ABC depuis le sol jusqu'à une certaine hauteur, tout en la conservant pour les étages supérieurs. Il faut donc établir une trompe, dont nous formerons l'intrados avec un cône ayant son sommet en S, et qui aura pour directrice une demi-circonférence projetée suivant AB et A'C"B'.

Nous établirons les joints au menant des plans par

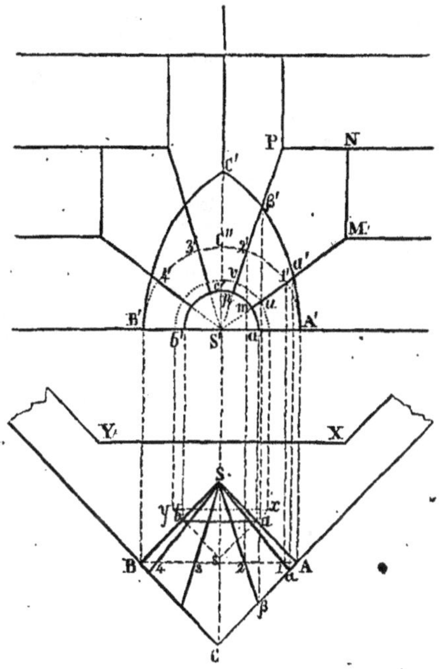

Fig. 22. — Trompe conique.

l'axe du cône. Ces plans couperont la surface suivante des droites que l'on fera passer par les points A'1'2'... qui, sur la demi-circonférence A'C"B', sont équidistants. Quant aux arcs de tête A'C' et C'B', ils seront formés par l'intersection du cône avec chacun des plans AC et CB : ce sont des portions de paraboles dont on se procurera les projections verticales A'C' et C'B' au moyen des lignes de rappel $\alpha\alpha'$, $\beta\beta'$...

Si l'on fait attention à la forme de cette voûte, on sent très-bien que l'on ne doit pas prolonger les joints jusqu'au sommet du cône, attendu qu'en ce point les voussoirs offriraient des parties trop aiguës. Aussi arrête-t-on les joints à une petite distance de S', et le reste de la voûte est formé d'une seule pierre à laquelle on a donné le nom de *trompillon*. Le joint du trompillon est un cylindre; seulement, vu l'inclinaison de la surface conique de la trompe, on ne prolonge pas ce joint cylindrique jusqu'à la douelle de la voûte; on le termine par une seconde surface conique ayant son sommet en S, et dont la directrice est la demi-circonférence $a'c'b'$. Il reste maintenant à se procurer en vraie grandeur les têtes des voussoirs et les panneaux de joint. Nous n'avons pas exécuté ces deux opérations, pensant que le lecteur pourrait facilement y suppléer par la pensée.

Pour tailler un voussoir, celui projeté verticalement en MNPpm, par exemple, on prendra un bloc, dans lequel on commencera par tailler un prisme ayant pour section droite MNPpm, et pour hauteur la distance qui, sur le plan horizontal, sépare les deux points qui sont, l'un le plus éloigné, et l'autre le plus rapproché du plan vertical. Sur les faces Pp et Mm, on appliquera les panneaux de joint correspondant à chacune d'elles; ce qui est facile, puisque pour cela on peut les guider sur la face postérieure du voussoir, qui se termine carrément au plan XY. La tête se taillera au moyen d'une règle qui devra toujours s'appuyer sur les droites Pβ' et Mα'. On tracera ensuite sur cette tête l'arc $a'\beta'$, et sur la face cylindrique du prisme un arc mp, à une distance de sa face antérieure égale à $\alpha\beta$: la douelle conique s'exécute alors simplement au moyen de points de repère choisis convenablement sur les courbes $\alpha'\beta'$ et mp ainsi tracées. Enfin, sur la face postérieure du prisme, on appliquera le panneau MNPvu et l'on taillera un cylindre uv dont la longueur devra être égale à la distance comprise entre XY et xy, et que l'on continuera par un petit cône normal à celui de la douelle.

Quant à la taille du trompillon, elle n'offre aucune difficulté.

PONTS BIAIS.

Il arrive souvent, dans le tracé d'un chemin de fer, que l'on est obligé de traverser obliquement des routes ou des canaux, dont quelquefois il est impossible de changer la direction. Les ponts que l'on construit dans ce cas ont reçu le nom de *ponts biais*.

Nous avons dit déjà que les lignes d'appareil qui conviennent le mieux pour la construction d'une voûte, sont les lignes de plus grande et de plus petite courbure.

Mais les avantages qu'offrent ces lignes, bien qu'énormes, ne compensent pas toujours les inconvénients qui peuvent résulter des conditions particulières auxquelles doit satisfaire la question proposée. Ainsi, par exemple, dans les voûtes cylindriques, les lignes de plus grande et de plus petite courbure sont évidemment les génératrices et les sections droites; cependant ces dernières courbes ne peuvent pas être employées dans la construction des ponts biais qui ont une grande obliquité, attendu que les joints d'assise rencontreraient les plans de tête suivant des angles très-aigus, ce que nous savons être mauvais. Cet inconvénient disparaîtrait, il est vrai, si l'on se servait, pour former ces joints, de plans parallèles aux plans de tête; mais nous tomberions alors dans un autre non moins grave. En effet, les voussoirs des assises supérieures, agissant comme des coins, et tendant par conséquent à écarter les pieds-droits, la résultante de toutes les pressions se décomposerait en deux forces latérales qui, exerçant leur action perpendiculairement aux faces des murs, tendraient à renverser les deux angles aigus A et B (fig. 23), c'est-à-dire exerceraient une *poussée au vide*.

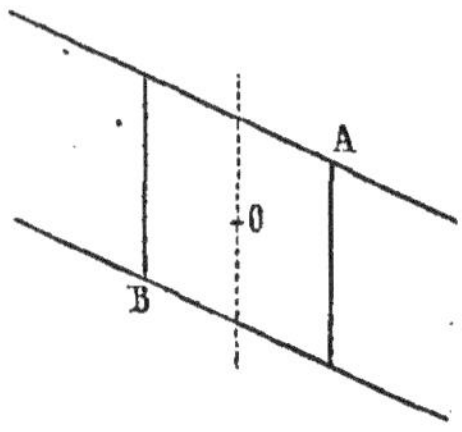

Fig. 23.

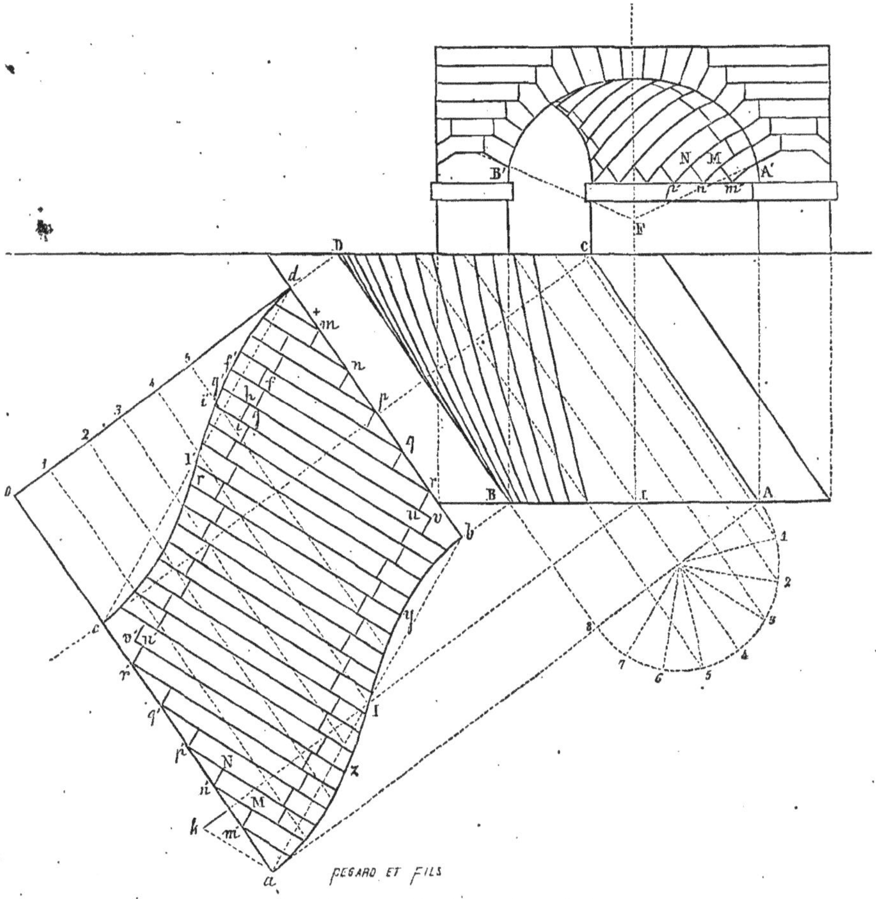

Fig. 24. — Pont biais à appareil hélicoïdal.

On a cherché à remédier aux inconvénients que nous venons de signaler de deux manières, dont l'une consiste à employer, comme surface de douelle, un biais passé cylindrique, et l'autre une corne de vache. Ces deux méthodes, il est vrai, détruisent bien la poussée au vide; cependant on ne s'en sert guère, parce que les joints de lit ne sont normaux à l'intrados que vers le centre, et les angles qu'ils forment avec lui, ainsi qu'avec les plans de tête, sont d'autant plus aigus près de la naissance de la voûte, que celle-ci est plus longue et plus inclinée. En outre, autre inconvénient, les matériaux de toute espèce ne peuvent convenir, à cause du non parallélisme des joints de lit.

Aujourd'hui, on construit les ponts biais en se servant de deux appareils : le premier porte le nom d'appareil hélicoïdal et le second celui d'appareil orthogonal. Nous allons les décrire tous les deux.

APPAREIL HÉLICOIDAL. — Le plan ou projection horizontale de la voûte à construire étant le parallélogramme ABCD (fig. 24), on se propose de le couvrir avec un berceau cylindrique et *circulaire*, dont la section droite est la demi-circonférence A48.

On commence par développer l'intrados, ainsi qu'on le voit en *abdc;* puis on divise *ab* et *cd* en un nombre impair de parties égales, et par le point *b* on élève une perpendiculaire sur *ab*. Si cette perpendiculaire ne passe pas par un des points de division de *cd*, on la fait passer par celui des deux points, entre lesquels elle tombe, pour lequel elle forme avec les génératrices du cylindre le plus petit angle : cet angle porte le nom d'*angle intradossal rectifié.* Cette première ligne menée, on trace des parallèles par tous les autres points de division. Ensuite, perpendiculairement à ce système de parallèles, on mène des droites, telles que *fg* et *hi*, qui doivent être à des distances des sinusoïdes *d*I'*c*, *b*I*a*, alternativement égales à *ff'* et à *ii'*; de même, par les points *m*, *n*, *p*... et *m'n' p'*... on conduit des parallèles à la direction *ab*. Ces différents tracés effectués, on cherche par points ce que deviennent toutes ces droites, lorsqu'on les ramène sur les projections : ce seront évidemment des hélices, dont les unes, telles que *ry*, serviront à former les joints de lit, et les autres, telles que *fg*, les joints d'assises. Tous ces joints, aussi bien ceux de lit que ceux d'assises, seront engendrés par une droite glissant le long de l'hélice correspondant à chacun d'eux, et restant constamment normale à l'intrados. Quant aux portions triangulaires M*m'n'*, N*n'p'*..., elles portent le nom de *coussinets* ou *redans*, et doivent faire partie de la dernière assise des pieds-droits.

Nous ferons remarquer que nous avons arrêté en *v* et en *v'* les droites partant de *g'* et de *z;* la raison en est que si nous les avions prolongées jusqu'en *b* et *c*, nous aurions eu en ces points des angles aigus. Nous ajouterons que le point F, appelé *foyer*, et qui est situé sur le petit axe de l'ellipse de tête, est le point vers lequel convergent les tangentes menées aux courbes résultant de l'intersection des joints de lit avec le plan de tête, et conduites par les points où ces courbes rencontrent l'ellipse de tête.

Pour effectuer la taille des voussoirs, on commence d'abord par se procurer leurs projections horizontales, ainsi que leurs projections verticales sur un plan de section droite. Ensuite on imagine un parallélipipède rectangle, qui verticalement comprend sous le plus petit espace possible le voussoir que l'on considère, et qui horizontalement est limité par deux plans verticaux parallèles au plan vertical de projection, et menés par le point le plus rapproché et le point le plus éloigné de ce dernier.

On doit donc tailler tout d'abord un parallélipipède ABCDEFG (fig. 25) égal à celui dont nous venons de parler ; puis on y exécute les surfaces cylindriques HIJK et NLM identiques à celles d'intrados et d'extrados du pont. Ensuite on abat la portion OPQRS, ainsi que celle analogue, qui se trouve du côté du point I.

Il n'y a plus alors qu'à effectuer les surfaces hélicoïdales qui passent suivant SQV et OTU, ce qui se

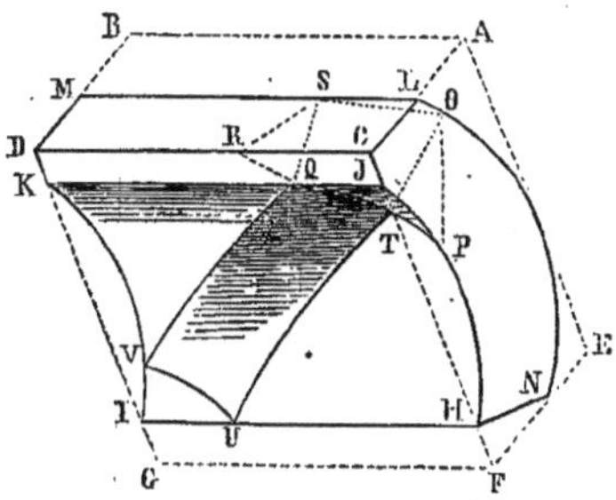

Fig. 25. — Procédé de taille de l'un des voussoirs d'un pont biais à appareil hélicoïdal.

fait, en se procurant sur l'épure des points de repère. Nous représentons dans la figure 26 la perspective

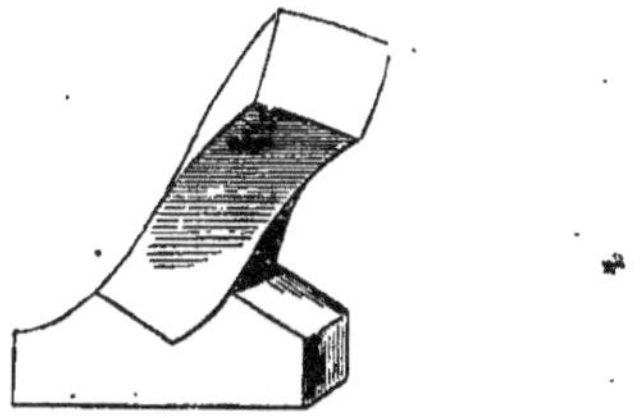

Fig. 26. — Voussoir de la fig. 25 supposé mis en place.

d'un voussoir situé immédiatement sur un coussinet; nous le supposons mis en place. Dans cette figure, ainsi que dans la précédente, nous avons exagéré la courbure des lignes, afin de rendre les formes plus sensibles à l'œil.

APPAREIL ORTHOGONAL. — Nous avons vu dans l'appareil hélicoïdal que les arêtes des joints d'assises étant perpendiculaires à celles des joints de lit sont à peu près parallèles à la corde de la sinusoïde. Par conséquent elles ne sont pas parallèles à l'arc de tête. Or, il peut arriver que, pour certains motifs que nous ne détaillerons pas, il soit nécessaire que cette condition soit remplie, et qu'en même temps les arêtes de joints se rencontrent partout à angle droit. Dans ce cas, on emploie un autre mode d'appareil qui porte le nom d'*appareil orthogonal* et qui se trace de la manière suivante :

Nous supposerons pour simplifier les constructions, que l'arc de tête est une demi-circonférence; en sorte que les lignes de joints d'assises seront aussi des demi-

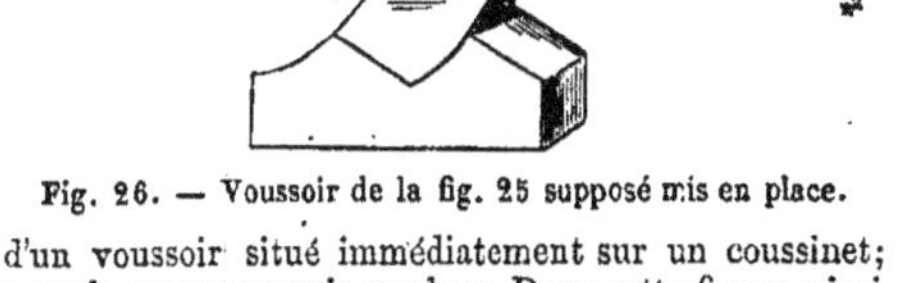

Fig. 27. — Tracé théorique des trajectoires d'un pont biais à appareil orthogonal parallèle.

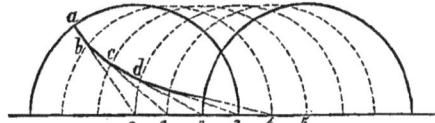

circonférences, ainsi qu'on le voit sur la figure 27, sur laquelle les lignes pleines indiquent les deux têtes du pont, et les lignes ponctuées, les lignes de joints d'assises.

Cherchons maintenant à obtenir les lignes de joints de lit; et, pour indiquer le moyen d'y arriver, choisissons celle qui, par exemple, part du point *a*, ce point étant l'un des points de division de l'arc de tête. On trace d'abord le rayon *a*0; puis, par le point *b* où ce rayon rencontre la première circonférence, on mène le rayon *b*1 de cette circonférence, et ainsi de suite, en ne conservant de tous ces rayons que les portions *ab*, *bc*, *cd*... On obtient de cette façon une ligne polygonale *abcd*..., qui est la ligne cherchée, et qui se rapprochera d'autant plus de la ligne vraie, que le nombre des circonférences comprises entre les deux têtes sera plus grand, et conséquemment les plans qui les contiennent plus rapprochés.

Il est bien entendu que la figure 27 est une projection verticale, et que, par suite, la ligne *abc*... est elle-même la projection verticale de l'un des joints de lit ou *trajectoires*.

Dans le tracé que nous venons d'effectuer, les lignes d'appareil sont normales entre elles, ainsi qu'on s'en rend compte aisément.

Le mode d'appareil orthogonal ne peut convenir qu'aux ponts dont la voûte est en maçonnerie, et dont la tête seule est en pierres de taille : encore y introduit-on deux modifications que nous étudierons tout à l'heure.

Lorsque la voûte est entièrement en pierres d'appareil, il est préférable de faire un berceau circulaire et d'employer l'appareil hélicoïdal, parce que, si l'on se servait de l'appareil orthogonal, il deviendrait nécessaire de construire une épure pour chaque pierre, vu la variation de courbure des lignes d'appareil, non-seulement d'un voussoir à l'autre, mais encore le long d'un même voussoir. Et alors, quelle difficulté n'éprouverait-on pas pour la taille et la pose des pierres!

La première modification que l'on apporte dans le tracé théorique que nous avons donné consiste à considérer les deux têtes comme deux petits berceaux indépendants l'un de l'autre, et à les appareiller à la façon d'un berceau ordinaire. Cette modification résulte de ce que les surfaces de joints diffèrent très-peu d'un plan auprès des têtes. Quant à la partie du pont qui est en maçonnerie, on la construit avec des moellons dont on règle la pose en traçant sur les couches du cintre toutes les trajectoires.

La seconde modification est usitée dans le cas où le berceau est d'une grande longueur. Elle consiste à partager la voûte ABCD en trois parties par les deux plans verticaux OX et O'Y (fig. 28). La partie du milieu s'appareille comme un berceau ordinaire. Dans les autres parties on prend pour arête des joints d'assises les sections de la voûte par les plans verticaux dont les traces convergent en O et en O'. Les trajectoires, dans ce cas, seront un peu plus difficiles à obtenir.

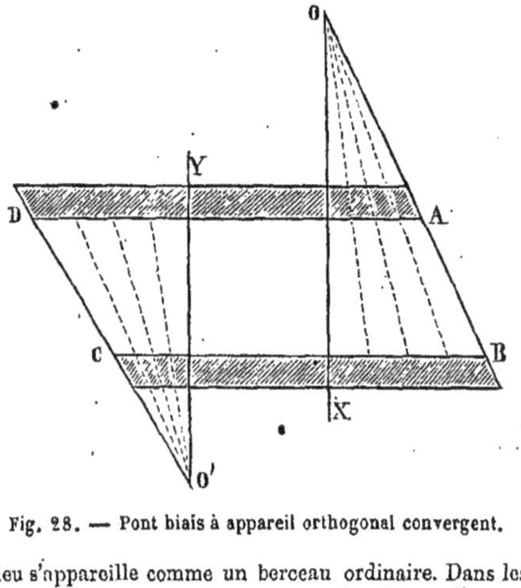

Fig. 28. — Pont biais à appareil orthogonal convergent.

Comme nous ne pouvons nous étendre plus longuement sur ce sujet, nous nous contenterons de dire que pour les tracer on n'aura qu'à faire mouvoir un plan, de manière qu'il coupe successivement à angle droit toutes les courbes produites dans la voûte par les plans émanant de O et de O'.

Ce dernier mode d'appareil porte le nom d'*appareil orthogonal convergent*. De même que l'*appareil orthogonal parallèle*, il est très-rarement employé, à cause de la complication, non-seulement des tracés, mais encore de l'exécution. On leur préfère l'appareil hélicoïdal, surtout si l'on remplace le demi-cylindre d'intrados par une voûte en arc de cercle.

VOUTE D'ARÊTE ET VOUTE EN ARC DE CLOITRE.

On appelle *voûte d'arête* la voûte formée par la rencontre de deux berceaux qui ont même plan de naissance et même montée. On voit que cette voûte est le résultat de l'intersection de deux cylindres ayant leurs axes dans un même plan horizontal et ayant en outre un plan tangent commun également horizontal. Or on sait que, lorsque deux cylindres se coupent dans ces conditions, la courbe d'intersection présente un nœud; de plus, comme les bases ou sections droites des deux berceaux sont toujours des courbes du second degré, il en résulte que cette courbe d'intersection se compose de deux branches situées respectivement dans les plans verticaux conduits par les diagonales du parallélogramme que forment les parements intérieurs des pieds-droits. Il est bien évident que l'angle des axes des deux cylindres peut cesser d'être droit, sans que pour cela les deux branches de l'intersection cessent d'être planes. La figure 29 (à droite) représente la projection horizontale de

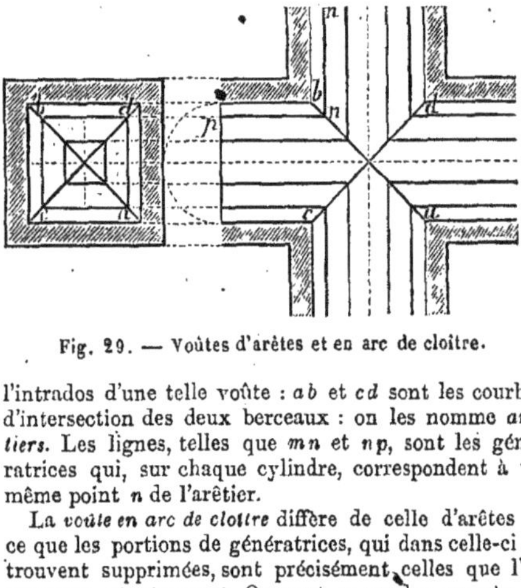

Fig. 29. — Voûtes d'arêtes et en arc de cloître.

l'intrados d'une telle voûte : *ab* et *cd* sont les courbes d'intersection des deux berceaux : on les nomme *arêtiers*. Les lignes, telles que *mn* et *np*, sont les génératrices qui, sur chaque cylindre, correspondent à un même point *n* de l'arêtier.

La *voûte en arc de cloître* diffère de celle d'arêtes en ce que les portions de génératrices, qui dans celle-ci se trouvent supprimées, sont précisément celles que l'on conserve, et *vice-versâ*. On peut se rendre compte de cette particularité sur la figure 29 (à gauche). La voûte en arc de cloître offre l'avantage de pouvoir subsister quand bien même on supprimerait la clef et même plusieurs rangées de voussoirs adjacents, tandis que dans la voûte d'arête cela ne peut avoir lieu.

Si l'on se reporte aux voûtes plates, que nous avons étudiées plus haut, on ne tardera pas à saisir l'analogie qui existe entre celle de la fig. 8 et la voûte d'arête, et entre celle de la fig. 10 et la voûte en arc de cloître. Le lecteur comprendra alors pourquoi nous l'avons prié d'attendre jusqu'ici l'explication relative au mode de taille des voussoirs d'angle des voûtes plates.

Dans la voûte d'arête, les courbes *ab* et *cd* sont saillantes; dans celle en arc de cloître, elles sont rentrantes.

Afin d'étudier simultanément ces deux voûtes, nous allons donner l'épure d'un berceau coudé, qui précisément réunit les deux cas.

Considérons donc deux galeries qui se rencontrent

sans se prolonger au delà, mais qui forment un retour d'équerre suivant les directions OO' et OO" (fig. 30).

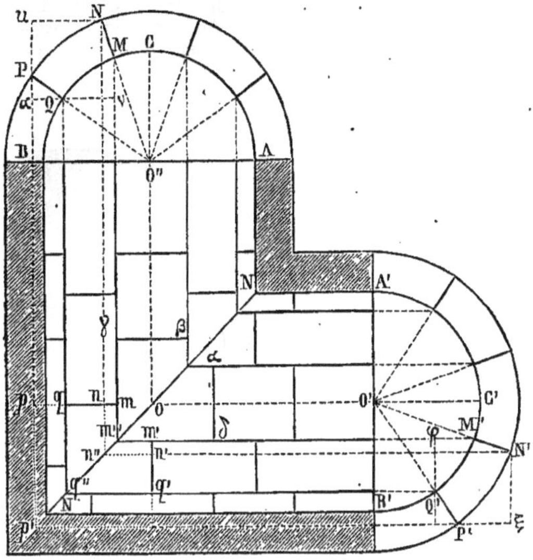

Fig. 30. — Berceau coudé.

Nous avons pris deux berceaux circulaires, mais ils pourraient être quelconques.

Pour former les joints de lit, on divise les deux arcs ACB et A'C'B' en un même nombre de parties égales, cinq par exemple; puis, par les points obtenus et les axes des cylindres, on mène des plans qui sur chaque douelle fournissent les arêtes correspondant à un même point de la courbe NN' d'intersection des deux berceaux. Nous ferons remarquer que cette courbe est entièrement située dans le plan vertical NN' et qu'elle peut être considérée comme composée de deux parties, dont la première NO fait saillie, et dont la seconde ON' forme une arête rentrante : de sorte que le berceau coudé se trouve être une voûte d'arête de N en O, et une voûte en arc de cloître de O en N'.

Les voussoirs du berceau coudé se taillent exactement comme ceux d'un berceau ordinaire, à part ceux qui sont à cheval sur la courbe NN'. Nous allons donc étudier, pour ces derniers, le moyen d'appliquer le trait sur la pierre; et, pour cela, nous choisirons le voussoir qui est projeté horizontalement suivant *m'm"mpp"p'*.

Après avoir pris un bloc de pierre d'une grandeur convenable, on commencera par le convertir en un prisme

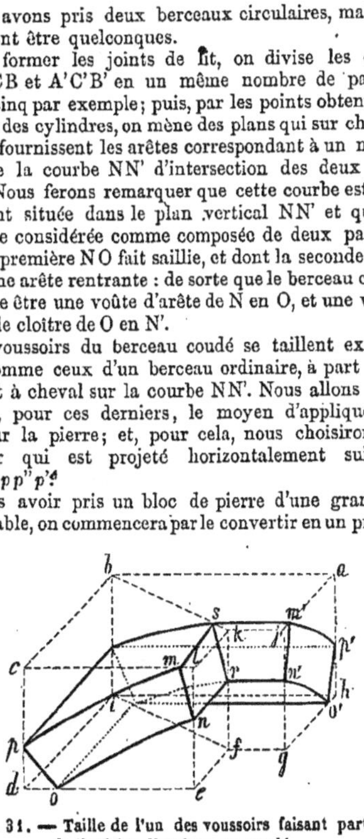

Fig. 31. — Taille de l'un des voussoirs faisant partie de l'arêtier d'un berceau coudé.

droit ayant pour section droite le polygone *m'm"mpp"p*, de la fig. 30, ainsi que nous le voyons dans la fig. 31. Ensuite, sur la face *lcde* de ce prisme, on marquera les points *n*, *m*, *p* et *o*, en prenant $en = \varphi M'$, $eo = \varphi Q'$, $cp = \xi P'$ et $cm = \xi N'$; puis on tracera les droites *mn* et *po*, ainsi que les arcs *mp* et *no* au moyen de cerces. Ceci fait, par les quatre points *n*, *m*, *p*, *o*, on mènera des droites parallèles à la direction *cb*, et on leur fera faire un retour d'équerre, ainsi qu'on le voit sur la figure : on se procurera ainsi les points *m'*, *n'*, *o'*, *p'*. On joindra par des droites *m'* et *n'*, *p'* et *o'*, et par des arcs de cercle (avec des cerces) *m'* et *p'*, *n'* et *o'*. Enfin, d'équerre sur la face *mnop* et suivant *mn*, on exécutera un plan qu'il sera facile d'arrêter à la droite *sr*, puisqu'on a les points *s* et *r*; on taillera de même, d'équerre sur *m'n'o'p'* et suivant *m'n'*, un autre plan que l'on arrêtera également à *sr*. On agira ainsi pour toutes les autres lignes *no* et *n'o'*, *op* et *o'p'*, *pm* et *p'm'*.

VOUTE D'ARÊTES EN TOUR RONDE.

Nous avons déjà défini la voûte en tour ronde.

Lorsque l'on veut pratiquer dans ce berceau une porte qui soit comprise entre deux plans verticaux convergeant vers l'axe de la tour, et qui de plus ait la même montée et le même plan de naissance, il en résulte une voûte d'arêtes dite *en tour ronde*. Cette voûte d'arêtes est formée par l'intersection du berceau tournant avec un conoïde engendré par une droite horizontale glissant sur l'axe de la tour et sur une certaine courbe que nous allons définir.

Rectifions, fig. 46, l'arc *avb* suivant la tangente UvX qui le touche en son milieu; puis, après avoir décrit sur UX, comme grand axe, une ellipse UVX dont le demi-axe vertical soit égal au rayon du berceau, imaginons que le plan vertical de cette ellipse soit roulé sur le cylindre extérieur qui a pour base le cercle *avb* : telle est la courbe qui sert de seconde directrice au conoïde.

Le conoïde et le berceau se coupent suivant deux courbes qui sont les arêtiers et qui se déterminent par points, en employant pour surfaces auxiliaires des plans horizontaux.

Pour appareiller le conoïde, on considère les génératrices situées à la même hauteur que les joints de lit du berceau; puis, par chacun des points de ces génératrices, on mène des normales au conoïde : l'ensemble de ces normales forme les joints de lit du conoïde. Quant aux joints d'assises, on les obtient au moyen de cônes ayant leurs sommets sur l'axe de la tour ronde, ainsi que nous avons fait pour les joints de lit du berceau.

Les voussoirs situés sur les arêtiers se taillent comme ceux des voûtes d'arêtes, sauf que certaines faces de ces derniers sont remplacées par des surfaces gauches. Mais comme les surfaces gauches ne sont pas plus difficiles à exécuter que d'autres, si l'on a soin de se procurer des points de repère en nombre suffisant, nous n'en dirons pas davantage sur les voûtes d'arêtes en tour ronde.

LUNETTES.

On donne le nom de *lunette* à la voûte formée par la rencontre de deux berceaux qui n'ont pas la même montée, bien qu'ils aient ordinairement le même plan de naissance.

Nous allons donner l'épure d'une lunette, et pour cela nous choisirons le cas le plus complexe, c'est-à-dire celui où la lunette est biaise.

Nous avons vu que l'arêtier de la voûte d'arêtes est une courbe plane; ici il n'en est plus de même; car l'arêtier se trouve être une courbe à double courbure. En outre, il n'est plus possible dans les lu-

STÉRÉOTOMIE.

nettes de placer à la même hauteur les divisions des deux cintres principaux, parce que cela donnerait aux douelles du grand berceau des largeurs trop inégales entre elles : il y a alors lieu d'introduire quelques modifications dans le raccordement des arêtes de douelles des deux voûtes.

Soit $a'z'b'$ (fig. 32) le cintre de face du petit ber-

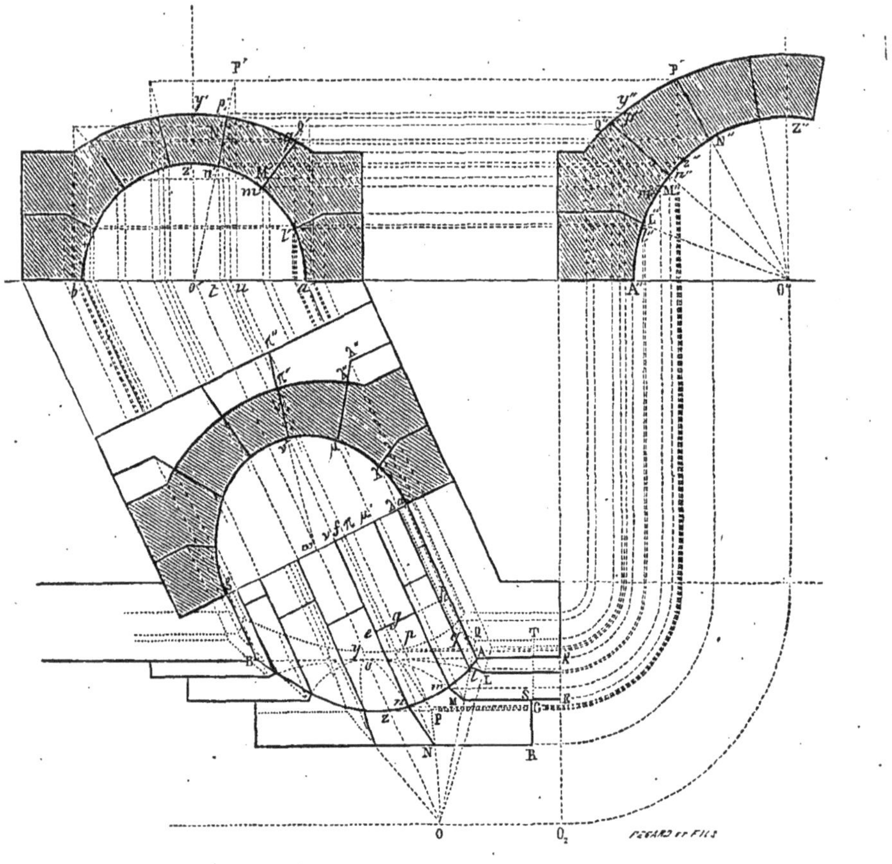

Fig. 32. — Lunette biaise dans un berceau.

ceau dont l'axe horizontal $o'O$ est oblique à l'axe OO_2 du grand, et soit A"Z" la section orthogonale du grand berceau, laquelle est ici rabattue sur le plan vertical, mais qui devra toujours, dans la suite des raisonnements, être censée ramenée dans le plan vertical A_2O_2 perpendiculaire à l'axe OO_2.

On commencera par tracer l'appareil de cette dernière voûte, en divisant pour cela l'arc A"Z" en parties égales A"L", L"M"..., et en menant par les points L", M"..., ainsi obtenus des normales à l'intrados; ensuite on divisera le cintre du petit berceau, de telle sorte que le premier point de division l' se trouve moins élevé que L", ce qui est très-important. En effet, lorsque l' est plus bas que L", il en est de même pour m' et n' relativement à M" et N"; et alors ce sont les joints du petit berceau qui vont tous couper l'intrados du grand; tandis que si l' était plus haut que L", il arriverait bientôt qu'un des points suivants n' se trouverait plus bas que N", et conséquemment les traces des joints seraient apparentes tantôt sur le petit berceau et tantôt sur le grand, ce qui offrirait une irrégularité choquante pour l'œil. Le cintre du petit berceau étant divisé en un nombre impair de parties égales, on en construit les joints normaux et l'extrados comme à l'ordinaire.

Cela posé, on obtiendra la projection horizontale $AlmnB$ de l'intersection des deux berceaux, en coupant ces deux cylindres par une série de plans horizontaux, tels que $l'l''$, $m'm''$, $n'n''$; car si nous considérons l'un de ces plans, $n'n''$ par exemple, nous voyons qu'il coupe le petit berceau suivant la génératrice (n', tn), et le grand berceau suivant une génératrice qui est projetée au point n'' sur le rabattement, mais qui doit être évidemment ramenée suivant En sur le plan horizontal; donc la rencontre des droites tn et En fournira un point n de la courbe demandée. Les autres s'obtiendront de la même façon.

Quant au plan de joint $p'n'o'o$, comme l'arête de douelle du petit berceau aboutissant en n' est située plus bas que l'arête du grand aboutissant en N", il coupera l'intrados du grand berceau suivant un arc d'ellipse nN qui s'étendra jusqu'à sa rencontre avec l'arête de douelle N". Ce point de rencontre N s'obtiendra en menant le plan horizontal N"N', lequel coupera le grand cylindre suivant la génératrice RN, et le plan de joint $p'o'o$ suivant fN.

On remarquera que l'ellipse, dont nN est une portion, doit passer par le point o et être tangente à AB.

A partir du point N, le joint $p'n'$ coupe le joint N"P" du grand berceau suivant une droite NP dont le point P s'obtient encore au moyen d'un plan horizontal P"P'. D'ailleurs, cette droite NP prolongée doit passer par le point O où se coupent les axes des deux berceaux, attendu que ces axes sont les traces des plans de joint $p'o'o$, P"N"O", et que NP, étant l'intersection de ces deux plans, doit passer par le point d'intersection de leurs traces.

Le joint N"P" du grand berceau se terminera à l'horizontale PG suivant laquelle il rencontre l'extrados, et il sera ainsi projeté suivant NPGR. Ce même extrados sera coupé par le joint $n'p'$P' suivant un arc d'ellipse Pp, dont chaque point p s'obtiendra en conduisant un plan horizontal tel que $p'p$"; quant à l'extrados du petit berceau, il est coupé par ce même joint $p'n'$ suivant la droite $p\pi$. Le joint $p'n'$ a donc pour projection horizontale νnNP$p\pi$.

Après ce que nous venons de dire, on comprendra aisément comment se déterminent les autres joints; on verra en outre que la courbe ypq est la projection de l'intersection des deux extrados. Nous n'avons pas cru devoir détailler comment on obtient la section droite que l'on aperçoit sur la figure : le lecteur y suppléera par ses connaissances en géométrie descriptive. Disons toutefois que la courbe $\alpha\lambda'\mu'\beta$ est une demi-ellipse surhaussée.

Nous avons supposé dans notre épure que la voûte est vue par-dessous : en sorte que les lignes de joints des deux intrados, ainsi que l'arêtier, sont en plein, tandis que les lignes appartenant aux extrados sont en pointillé.

Pour faire voir comment on peut effectuer la taille des voussoirs d'une pareille voûte, nous allons considérer le voussoir qui a pour projection horizontale henNRTQq. On commencera par équarrir un prisme droit (fig. 33) dont la base soit égale précisément à

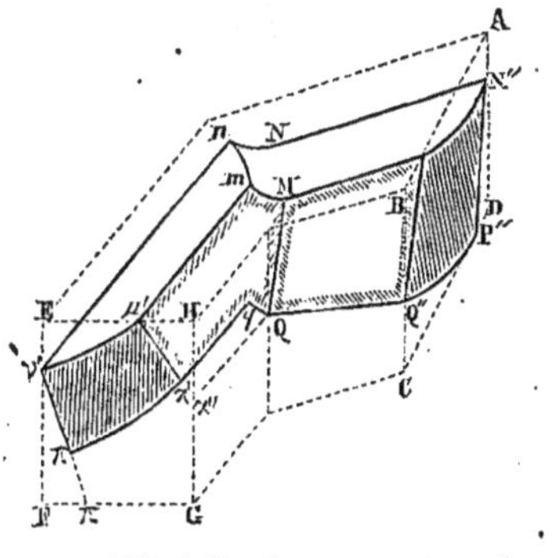

Fig. 33. — Taille de l'un des voussoirs d'une lunette biaise dans un berceau.

cette projection horizontale, et dont la hauteur égale la différence de niveau des points μ' et π'; puis, sur la face ABCD de ce prisme on applique un panneau découpé sur la tête M"N"P"Q", de telle façon qu'il y occupe exactement la même position que sur le plan vertical de l'épure relativement aux horizontales et aux verticales; on agira de même sur la face EFGH. Ensuite, comme pour les voûtes d'arête, on exécutera la douelle cylindrique $\mu'\nu'nm$ et les deux joints du petit berceau, et sur ces faces on appliquera les panneaux correspondants que l'on construira au moyen de l'épure, afin de déterminer les limites mn, mM, MQ, Qq.... Cela fait, on taillera la douelle et les joints du grand berceau, dont les contours seront alors entièrement connus. Quant aux extrados, on les taillerait aisément au moyen de cerces concaves; mais on a coutume de les laisser presque toujours bruts. Dans notre figure nous avons supposé le voussoir renversé sens dessus dessous, pour laisser voir les deux douelles.

VOUTES EN PENDENTIF.

On appelle ainsi une voûte hémisphérique qui est pénétrée par deux berceaux de même montée, circulaires, et ayant pour diamètres les côtés du carré inscrit dans le grand cercle de naissance de la voûte. Le plan de naissance doit être le même pour cette dernière et pour les berceaux. Il arrive donc que ce qui reste de l'hémisphère ainsi tronqué se compose : 1° de la calotte projetée horizontalement sur le cercle ABCD (fig. 34);

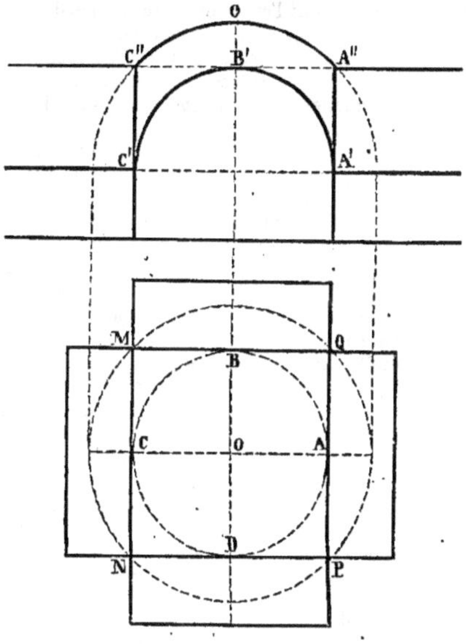

Fig. 34. — Voûte en pendentif.

2° de quatre triangles sphériques projetés aussi horizontalement, suivant ABQ, BCM, CDN et DAP. Ce sont ces quatre triangles auxquels on donne spécialement le nom de *pendentifs*.

La voûte en pendentif s'appareille comme la voûte hémisphérique, sauf que l'on doit raccorder ses voussoirs avec ceux des deux berceaux.

Il arrive quelquefois que les voûtes en pendentif sont avec *fermerets*. Dans ce cas, les demi-cercles verticaux tels que A'B'C', au lieu de former les intrados de berceaux se prolongeant au delà de la voûte en pendentif, sont comblés par des murs verticaux. On appelle fermerets les portions de mur comprises dans ces quatre demi-cercles.

Souvent, et afin d'éviter que les pendentifs se terminent en pointe aiguë, ainsi qu'on le voit en M, N, P, Q (fig. 34), on ajoute des *trumeaux*. Pour cela, on augmente le diamètre de la calotte sphérique, tout en conservant aux lunettes le même débouché : il en résulte que les pieds droits des berceaux, au lieu de se terminer carrément aux points M, N, P, Q, sont tronqués par un cylindre qui aurait pour diamètre précisément celui de la calotte spécifique. Ce sont ces parties tronquées que l'on appelle trumeaux.

Les voûtes en pendentif offrent sur les voûtes d'arête deux avantages. D'abord elles sont d'un aspect beaucoup plus grandiose qui convient mieux au recouvrement du point central d'un édifice; ensuite, elles permettent de tirer le jour par en haut, en supprimant les dernières assises de la calotte sphérique, ce qu'il est impossible de faire dans une voûte d'arête.

ESCALIERS.

On donne aux escaliers des formes bien diverses; mais, dans tous, on doit observer certaines conditions établies sur nos besoins ou sur les convenances. Comme les différentes formes d'escaliers et les règles qui président à leur construction sont exposées ailleurs (voir ESCALIER), nous n'en parlerons pas ici.

Nous nous contenterons de donner l'appareil d'un escalier suspendu ou en *vis à jour*. Ensuite, nous expliquerons l'épure du limon d'un escalier également suspendu. De cette façon, nous aurons complétement épuisé la question relative à l'escalier suspendu qui, du reste, est celui dont l'étude présente le plus de difficultés. Pour les autres escaliers, le lecteur n'aura qu'à introduire certaines hypothèses dans l'exemple que nous avons choisi, hypothèses qui le conduiront facilement aux déductions qui concernent le cas particulier qu'il désirera approfondir.

ESCALIER SUSPENDU, dit VIS A JOUR. — Supposons que le polygone formé sur le plan horizontal par les murs verticaux de la cage soit quelconque. Nous ne figurons ici (fig. 35) qu'une partie de la cage et de l'escalier, vu le peu d'espace dont nous pouvons disposer.

On commence par prendre sur chacune des perpendiculaires, telles que OB, élevées sur le milieu des côtés du polygone, une longueur AB égale à l'*emmarchement* que l'on veut donner à l'escalier; on en retranche ensuite une distance Aa égale à 48 centimètres; puis, par les différents points tels que *a* ainsi obtenus, on mène des parallèles aux côtés de la cage : on se procure ainsi un polygone équidistant de celui formé par la cage, dans lequel on inscrit une courbe *aceg*..... qui soit tangente à tous les côtés et qui sera la *ligne de foulée*. Le plus généralement, cette courbe est quelconque et se compose d'arcs se raccordant entre eux. On divise cette courbe en parties égales *ac* = *ce* = *eg*..., dont le nombre doit être tel, que leur grandeur ainsi que la différence de niveau existant entre chaque marche soient comprises entre les limites fixées par les règles de la construction (voir ESCALIER). Ces opérations effectuées, par tous ces points de division, ainsi que par les points milieux de leurs distances respectives, on mène des normales à la courbe *aceg*..., lesquelles en se coupant forment un polygone dont l'enveloppe est précisément la développée de la ligne de foulée[1]. Sur chacune de ces normales, on porte des longueurs *a*A, *c*C, *e*E..., égales à 48, et la courbe ACEG est la *courbe de jour*.

Imaginons maintenant un cylindre vertical *aceg*..... sur lequel on ait tracé une hélice dont les ordonnées aient avec les abscisses curvilignes un rapport constant égal à celui qui existe entre la différence de niveau de deux marches consécutives et la largeur de l'une d'elles, cette différence de niveau et cette largeur étant les mêmes pour toutes les marches et étant comptées sur la ligne de foulée. Si nous supposons que le point de départ de cette hélice soit l'arête de la première marche, et si nous supposons en outre qu'une droite horizontale se meuve en s'appuyant constamment sur l'hélice, tout en ne cessant pas d'être tangente au cylindre élevé sur la développée de la ligne de foulée, nous obtiendrons un hélicoïde gauche à plan directeur, qui sera la surface d'extrados de notre escalier, puisqu'elle contiendra les arêtes de toutes les marches.

Quant à l'intrados, c'est également un hélicoïde dont l'hélice directrice, tout en restant située sur le cylindre *aceg*..., s'est abaissée d'une certaine quantité qui dépend de l'épaisseur que l'on veut donner à la voûte. On voit facilement que l'intrados est une surface continue, contrairement à l'extrados dont quelques géné-

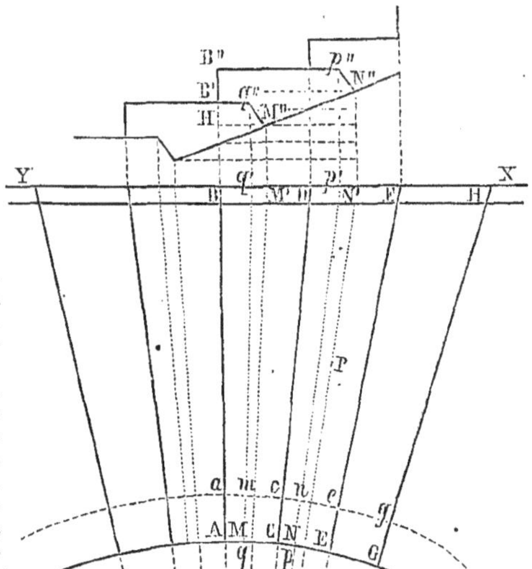

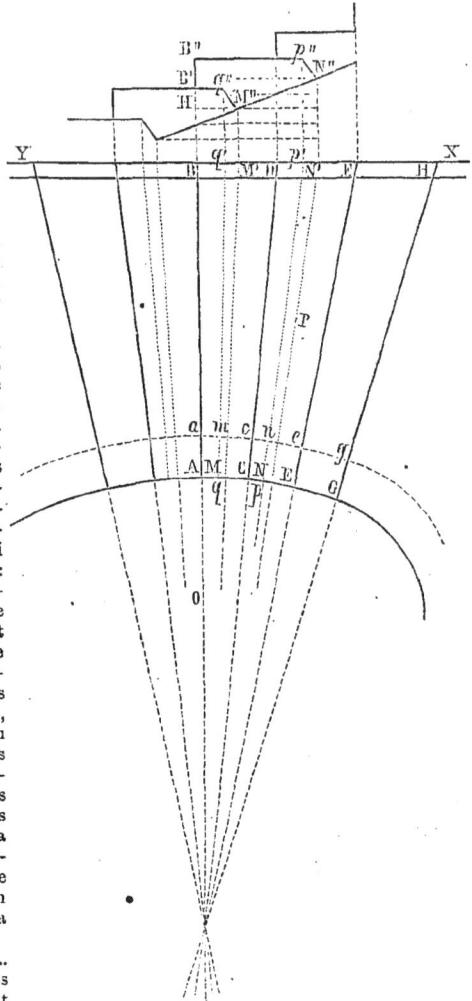

Fig. 35. — Escalier suspendu, dit vis à jour.

ratrices seules subsistent. Pour diviser l'intrados en douelles partielles, nous adopterons pour arêtes de douelles les normales M*m*, N*n*... menées par les milieux *m*, *n*..... des girons : l'une des marches s'étendra donc en plan depuis AB jusqu'à NN'. Ensuite, pour former le joint qui passe par NN' et pour qu'il soit normal à l'intrados tout le long de cette droite, il faudrait construire les normales de l'hélicoïde gauche relatives à chacun des points de cette génératrice, ce qui conduirait à un paraboloïde hyperbolique; mais, dans la pratique on se contente de prendre pour ce joint le plan passant par NN et par la normale de la surface gauche au point P milieu de cette droite. Or, cette normale s'obtient en déterminant le paraboloïde de raccordement de l'hélicoïde au point P, afin d'avoir le plan tangent de la douelle en ce point. Nous n'avons pas exécuté les constructions, dans le but de ne pas embrouiller la figure. On n'aura plus ensuite qu'à

1. Il se trouve, dans notre épure, que toutes ces normales se rencontrent en un même point; mais habituellement il n'en est pas ainsi.

chercher l'intersection de ce plan de joint avec la marche, pour que le voussoir soit complétement déterminé, à part les deux têtes.

Pour obtenir la tête qui est engagée dans le mur, il n'y a qu'à chercher l'intersection du plan vertical XY avec les diverses horizontales qui composent la marche. Quant à l'autre tête située sur le cylindre de jour, on développera ce cylindre; puis, sur ce développement, on tracera les génératrices correspondantes des points où les horizontales de la marche percent le cylindre; ensuite, on portera sur ces génératrices, à partir de la base de développement, des longueurs respectivement égales aux distances qui séparent chacun de ces points du plan horizontal; enfin, on réunira deux à deux les extrémités de ces longueurs, au moyen de lignes qui seront droites ou courbes, selon qu'elles seront le résultat des intersections du cylindre avec les marche et contre-marche, ou bien avec les autres faces.

Pour tailler le voussoir, on choisit une pierre capable du prisme droit, qui aurait pour base NN'BA et pour hauteur HB". On dresse la face supérieure, sur laquelle on trace le contour AB*p'p*; puis, avec une équerre, on taille la contre-marche à laquelle on donne une hauteur égale à B'B", et la face BN' sur laquelle on applique le panneau N"*p*"B"B'*q*"M". On taille encore avec l'équerre la tête qui est du côté du jour, ce qui est possible, puisqu'elle est formée par un cylindre normal à la marche, et sur ce cylindre on applique le panneau de la deuxième tête. Le reste étant facile à prévoir, nous n'en parlerons pas.

Remarque. — Le plus souvent on laisse subsister à la tête de la marche située du côté du jour, une saillie appelée *collet*, ainsi qu'on le voit dans la figure 36.

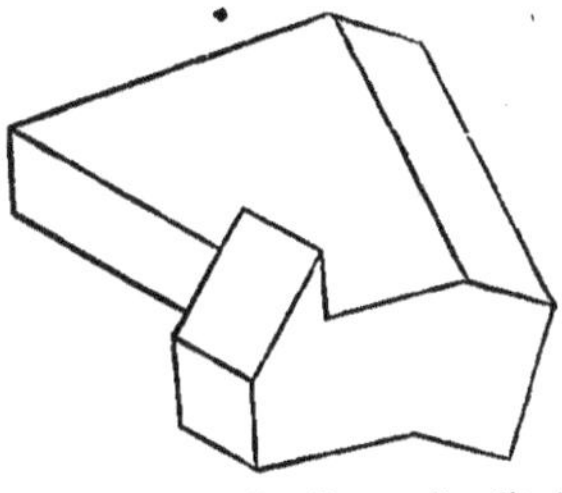

Fig. 36. — Marche avec collet d'un escalier dit vis à jour.

LIMON D'UN ESCALIER EN VIS A JOUR. — Soit ABC... (fig. 37) la courbe de jour (nous supposons que les marches sont parfaitement déterminées). Si l'on prend sur les normales AA', BB'... des distances AA', BB'... égales toutes à l'épaisseur que l'on veut donner au limon, ce dernier se trouvera compris tout entier entre les deux cylindres verticaux ABC... et A'B'C'... Quant à l'intrados et à l'extrados de ce limon, ce sont deux surfaces hélicoïdales identiques avec celles de l'escalier, mais dont les hélices directrices, toujours tracées sur le cylindre de foulée, sont telles, que le limon dépasse un peu, en dessus et en dessous, les têtes de marche.

Pour diviser ce limon en plusieurs parties, on forme des joints qui tous doivent être normaux à la *courbe moyenne*, c'est-à-dire à la courbe résultant de l'intersection du cylindre A"B"..., équidistant des deux cylindres AB... et A'B'..., avec la surface gauche qui serait comprise entre les faces supérieure et inférieure du limon à égales distances de l'une et de l'autre.

Soit donc P et R les projections horizontales des points de la courbe moyenne par lesquels on veut faire passer un joint. Comme la détermination exacte de ces joints nécessite l'emploi de considérations géométriques excessivement délicates; comme aussi les constructions relatives à cette détermination compliquent énormément la figure; comme enfin, dans la pratique, on se contente de tracés approximatifs, nous supposerons les joints obtenus, et nous allons simplement indiquer les moyens de se procurer toutes les données nécessaires à l'application du trait sur la pierre.

Pour cela, on projette d'abord le voussoir que l'on

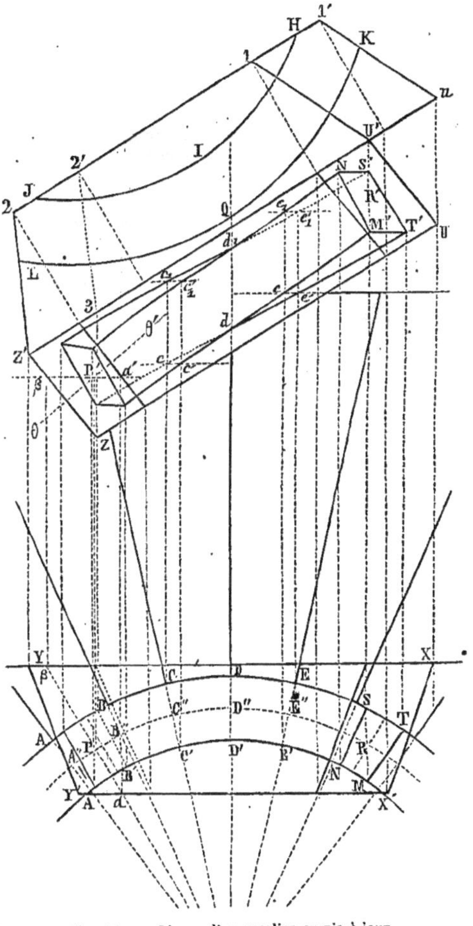

Fig. 37. — Limon d'un escalier en vis à jour.

considère sur un plan vertical, que l'on choisit tel, que ce voussoir soit compris sous le plus petit espace possible entre ce plan et un autre plan qu'on lui mène parallèle.

Soient XY et X'Y' ces deux plans verticaux, et supposons qu'on veuille projeter sur le premier. Pour obtenir cette projection, on détermine d'abord les projections des quatre hélices qui forment les quatre arêtes du voussoir; puis, au moyen de lignes de rappel telles que TT', NN'..., on fixe les projections verticales des points où les joints coupent les hélices.

Le voussoir ainsi connu par ses deux projections, on imagine deux autres plans UZ et U'Z', parallèles entre eux, qui soient perpendiculaires aux deux premiers XY et X'Y' et qui comprennent également le voussoir sous le plus petit espace possible. Ensuite, par le point P', on mène une horizontale $\alpha'\beta'$ qui est évidemment la projection verticale de la normale à l'hélice moyenne au point P'; on relève en α' et β' les points α et β où cette normale perce les plans XY et X'Y'; et, par ces points α' et β', on abaisse des perpendiculaires sur la droite $\theta\theta'$ tangente en P' à l'hélice moyenne. On exécute les mêmes constructions pour le point R'. De cette façon, les panneaux de tête sont connus en projection; il n'y a plus qu'à les rabattre pour les avoir en vraie grandeur. Il résulte de là, que le solide capable du voussoir est ici un parallélipipède rectangle qui a été tronqué par deux plans obliques aux arêtes latérales.

Nous avons figuré en 1 2Z'U' et 1'2'3u les rabattements des faces supérieure et inférieure du solide capable : les courbes que l'on y voit représentent les intersections de ces deux faces avec les deux cylindres verticaux ABCD..., A'B'C'D'...

Pour tailler le voussoir, voici comment l'on opère : après avoir choisi une pierre capable de parallélipipède, on taillera les quatre faces latérales de ce corps, et on appliquera sur les faces supérieure et inférieure les deux panneaux 1 2Z'U', 1'2'3u; puis on exécutera les deux têtes qui sont deux plans passant chacun par deux droites, dès lors connues. Ensuite, on taillera les deux cylindres qui comprennent le voussoir au moyen des courbes HIJ et KQL, en se servant pour cela d'une règle qui devra toujours passer par des points de repère choisis sur ces deux courbes et se correspondant. Enfin, sur chacun de ces deux cylindres, on tracera, avec une règle pliante, les hélices qui forment les quatre arêtes du limon. Ces opérations préliminaires effectuées, il n'y aura plus qu'à tailler les deux surfaces gauches.

pareil hélicoïdal; seulement les déchets sont alors considérables.

DEUXIÈME PARTIE.

CHARPENTE.

Lorsque l'on a à établir une construction importante en charpente, et que l'on veut lui donner une solidité durable, il faut que toutes les pièces que l'on emploie soient équarries à vive arête, et que leurs faces soient bien dressées, afin que les assemblages puissent être tracés exactement et exécutés avec toute la précision nécessaire à la solidarité des pièces entre elles. Si l'on n'avait le soin de prendre cette précaution, il arriverait bientôt que le système prendrait du jeu, et qu'une dégradation continue ne tarderait pas à se produire.

L'exactitude des assemblages est donc la question importante qu'il s'agit d'étudier tout d'abord.

Comme les différents modes d'assemblages ont déjà été donnés dans l'article CHARPENTE, nous nous abstiendrons de les énumérer, nous contentant de dire que c'est ici qu'ils devraient prendre place.

Lorsque l'on fait le projet d'une construction en charpente, on commence par établir, dans des proportions réduites, un *avant-projet*, ou dessin, sur lequel on représente par de simples lignes les diverses pièces qui doivent entrer dans la composition du système. Ce premier dessin terminé, on indique par d'autres lignes, parallèles aux premières, les épaisseurs des pièces, lesquelles sont déterminées d'ailleurs d'après les fonctions que celles-ci seront appelées à remplir dans la construction. Dans cette indication des épaisseurs, on fait

Fig. 40.

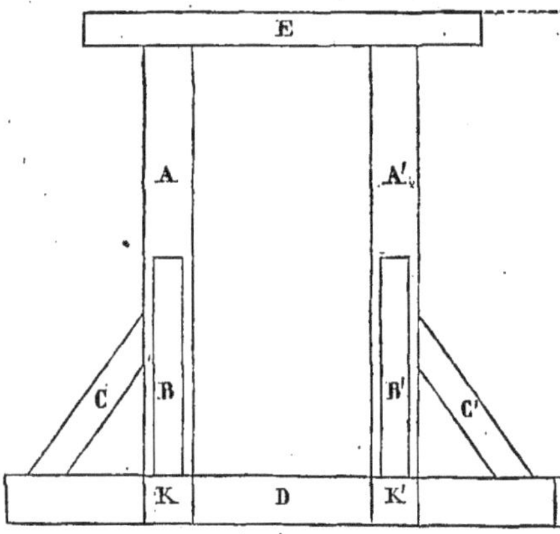

Fig. 39.

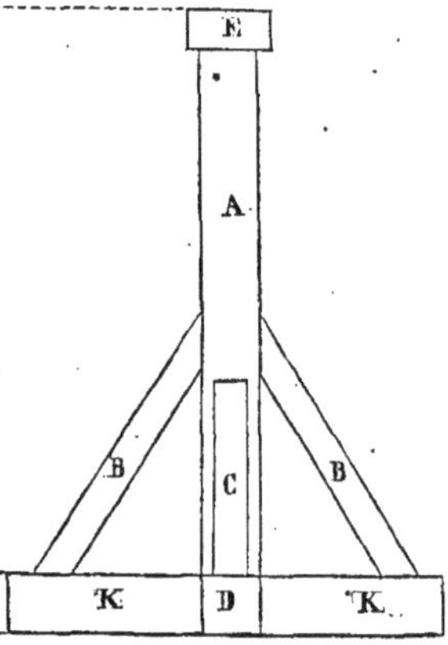

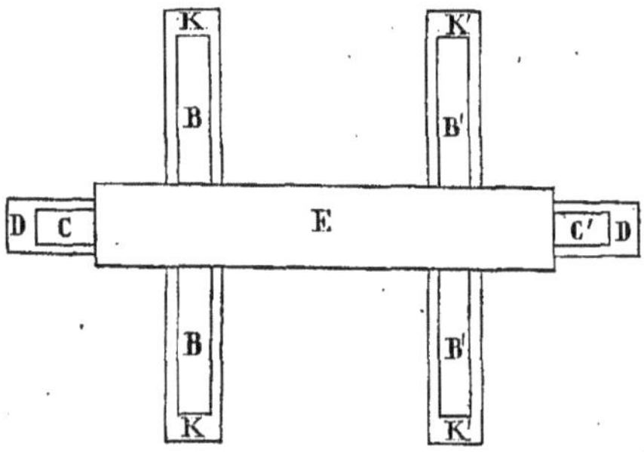

Fig. 38.

Nous ferons remarquer, en passant, que les voussoirs peuvent être taillés d'une manière analogue à celle que nous avons indiquée en étudiant les ponts biais à ap-

correspondre les axes des pièces aux lignes déjà tracées.

Ce travail préliminaire est fait par l'architecte lui-même qui le passe au maître-charpentier, pour qu'il étudie le mode d'assemblage propre à chaque pièce, en raison du rôle qu'elle devra remplir dans l'ensemble du système. Cette étude nécessitant des dessins de proportions beaucoup plus grandes que ceux faits par l'architecte, le maître charpentier trace une épure sur laquelle il décrit d'une manière complète les assemblages, en même temps qu'il s'assure que les principes de l'art sont observés, et qu'il vérifie la possibilité d'exécution de la chose projetée.

Il s'agit, l'épure terminée, de passer à l'application des résultats qu'elle fournit. C'est alors que l'on procède au *piqué du bois*, opération au moyen de laquelle on marque sur les pièces les limites des joints et des assemblages. Pour procéder au piqué des bois d'un pan de charpente, on établit toutes les pièces qui le composent à plomb au-dessus des places qu'elles doivent occuper dans ce pan, ces places ayant été tracées d'avance sur le sol. On fait porter, pour cela, ces pièces les unes sur les autres de la quantité nécessaire à la coupe des assemblages, en les maintenant bien de *niveau* et de *dévers*, c'est-à-dire horizontales dans le sens de la longueur et celui de la largeur, au moyen de chantiers et de cales.

On appelle *ételon* l'ensemble des lignes qui sont tracées sur le sol. Il n'est autre chose que la reproduction, en grandeur d'exécution, de l'avant-projet de l'architecte. Quant à l'opération qui consiste à poser les pièces au-dessus de l'ételon, elle porte le nom d'*établissement des bois*.

Afin de mieux faire comprendre en quoi consistent le tracé de l'ételon, ainsi que l'établissement et le piqué des bois, nous allons les appliquer à une construction de charpente fort simple.

Soit donc la charpente représentée figures 38, 39, 40, la première étant une projection horizontale et les deux autres deux projections verticales perpendiculaires entre elles. Ainsi qu'on le voit, cette charpente contient quatre pans : le premier comprend les pièces E, A, A', D, C, C'; le second, les pièces D, K, K'; le troisième et le quatrième, qui sont semblables, comprennent, l'un les pièces A, K, B, B, l'autre les pièces A', K', B', B'.

Il s'agit, avant tout, de tracer l'ételon relatif à chaque pan. Mais comme il est certaines pièces qui font partie de deux pans, comme aussi ces pièces pourraient être lourdes et conséquemment difficiles à manier, comme enfin le plus souvent l'espace est insuffisant, on a coutume de dresser les ételons sur le même terrain préalablement bien dressé. Ainsi, les lignes ponctuées de la fig. 41 représententent les ételons de tous les pans de notre charpente. Comme dans cette figure nous avons désigné les lignes par les mêmes lettres que les pièces auxquelles elles correspondent, le lecteur séparera facilement par la pensée les ételons les uns des autres. Les lignes, telles que *ab*, indiquent la longueur que l'on doit donner aux pièces.

Les ételons tracés, on procède à l'établissement des bois. Le niveau et le dévers se vérifient avec un niveau à bulle d'air, et l'aplomb avec un fil à plomb. Lorsqu'une pièce est commune à plusieurs pans, on a soin de marquer sur l'ételon et sur cette pièce des repères, afin qu'en établissant sur ligne pour un pan, sa position soit d'accord, par rapport aux autres pièces, avec celle qu'elle doit avoir dans son établissement sur ligne, pour un autre pan. Ce signe, dont les charpentiers font usage, est appelé *trait ramèneret*.

Toutes les pièces d'un même pan sont mises sur ligne, en les faisant reposer les unes sur les autres par leurs extrémités, de manière qu'elles se croisent et soient maintenues de niveau, au moyen de chantiers convenables, ainsi qu'on peut le voir dans la fig. 41 qui représente la mise sur ligne de l'un des deux pans semblables. Cet ensemble forme ce qu'en terme du métier on appelle *le tas*.

Le tas établi, on *pique* les bois, on trace et l'on coupe les assemblages. Ces différentes opérations, exigeant

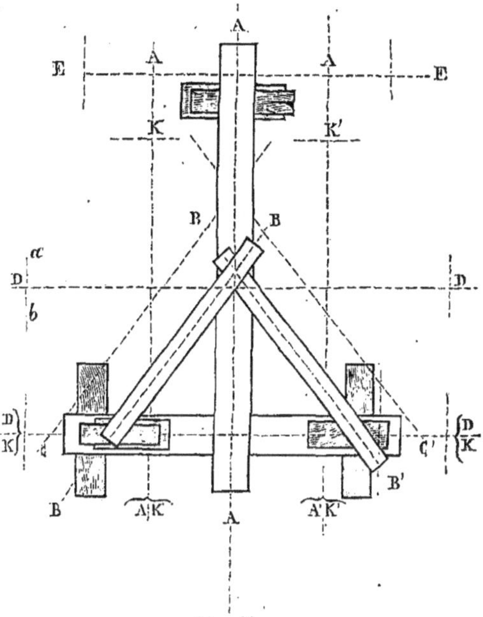

Fig. 41.

des détails longs et minutieux, nous donnerons le conseil au lecteur d'aller visiter un chantier de construction, où, en peu de temps, il en apprendra davantage que par une description qui pourrait lui paraître inintelligible.

Nous allons maintenant étudier les combles qui sont les parties d'un monument où l'on trouve le plus de variété dans la manière où les pièces de bois se présentent les unes aux autres; d'ailleurs, c'est le genre de construction que les charpentiers ont à exécuter le plus souvent. On sait qu'un *comble* est la partie du bâtiment sur laquelle on applique la couverture.

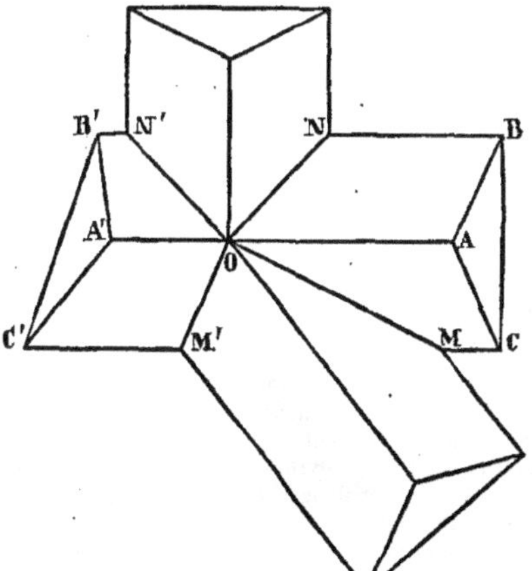

Fig. 42.

On appelle *croupe* les portions triangulaires telles

que ABC (fig. 42) : elle est *droite*, lorsque la base BC du triangle est perpendiculaire à la direction OA du toit; au contraire, elle est *biaise* quand cette base est oblique comme dans A'B'C'.

Les *noues* sont les arêtes suivant lesquelles deux toits se coupent en se pénétrant : elle est *droite*, lorsque les toits se rencontrent à angle droit; elle est *biaise* verticale sur un plan perpendiculaire à la direction du toit, ainsi qu'on le voit dans la fig. 43. Le tirant T repose sur le mur, dans une entaille dont la profondeur est telle, qu'il dépasse le niveau supérieur de ce mur d'une quantité précisément égale à l'épaisseur que l'on veut donner à la sablière S; celle-ci doit affleurer le tirant et présenter la même saillie dans le sens hori-

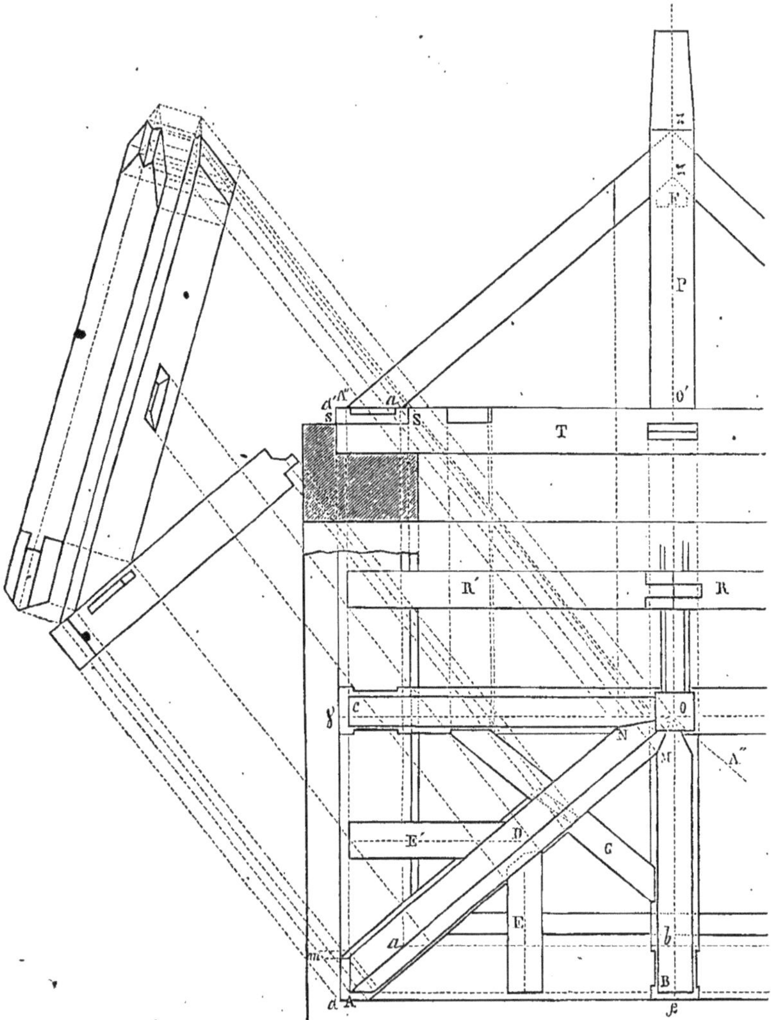

Fig. 43. — Croupe droite.

dans le cas contraire. Ainsi les noues ON, ON' sont droites, celles OM, OM' sont biaises.

CROUPE DROITE.

Pour simplifier l'épure, nous supprimerons les arbalétriers et conséquemment aussi les pannes; nous ne conserverons que les chevrons qui, d'ailleurs, ont des fonctions et des assemblages tout à fait analogues à ceux des arbalétriers [1].

Nous commencerons par déterminer la projection zontal sans jamais atteindre tout à fait le parement extérieur du mur. Ensuite, on place les abouts A' des chevrons qui doivent reposer par leurs autres extrémités sur le faîtage F, lequel se trouve à une hauteur déterminée par la question. Les droites A'Z, a'Z seront les traces verticales des *plans de lattis* supérieur et inférieur. Ces plans de lattis couperont le plan horizontal des sablières suivant deux droites projetées en A' et a' et que l'on appelle *ligne d'about* et *ligne de gorge*. La *ligne de couronnement* est celle qui résulte de l'intersection des deux plans de lattis supérieurs.

Procurons-nous maintenant la projection horizon-

1. Nous renvoyons encore le lecteur à l'article CHARPENTE pour l'explication des termes employés.

tale. Nous commencerons par indiquer les traces des parements extérieur et intérieur du mur. Nous traçons ensuite les lignes CA et AB, de manière qu'elles soient à la même distance des parements extérieurs des murs; puis, on marquera la position O que doit occuper le sommet de l'angle solide de la croupe; on joindra OA qui sera l'une des arêtes saillantes, et c'est à cette droite OA que l'on devra terminer la ligne de gorge *a'a* pour la diriger en retour d'équerre suivant *ab;* même remarque pour les bords extérieurs et intérieurs de la sablière, lesquels devront se couper aussi sur OA, ainsi qu'on le voit en *α* pour les bords extérieurs. Il résulte de ce tracé qu'il n'y a que le point A qui soit situé sur la diagonale qui joint l'angle intérieur du mur à l'angle extérieur, et que les chevrons de la croupe auront une épaisseur qui sera proportionnelle à l'inclinaison du toit de croupe. Cette remarque est importante, puisque sur un toit la charge s'exerce en raison inverse de l'inclinaison.

Ces opérations préliminaires effectuées, on place le poinçon P dont la section est un carré à dimensions fournies par la question. Un des côtés de ce carré doit être inscrit dans l'angle AOA" des deux arêtiers OA et OA" de la croupe; le carré est alors facile à achever. Nous ferons remarquer que le centre de figure du poinçon ne correspond pas avec le point O; aussi dit-on que le poinçon est *dévoyé.* On détermine ensuite la projection du tirant, en ayant soin de le dévoyer de la même manière que le poinçon, c'est-à-dire que son épaisseur devra être divisée par la droite OC en deux parties, dont le rapport soit égal à celui des deux parties suivant lesquelles le carré a été partagé lui-même par la droite OC. Quant à l'arêtier, on le dévoie en élevant en A une perpendiculaire A*m* à OA, égale à l'épaisseur que l'on veut donner à cet arêtier et en menant par *m* une parallèle à AB qui, en rencontrant la ligne d'about, détermine un point par lequel il n'y a plus qu'à conduire une parallèle à A*m*. Par les extrémités de cette dernière parallèle, on trace deux autres lignes, parallèles à OA : la position de l'arêtier est ainsi complètement fixée. Il se trouve bien dévoyé, puisque OA ne divise plus sa largeur en deux parties égales.

Maintenant, comme cet arêtier doit présenter définitivement deux faces extérieures qui coïncident avec les lattis supérieures de croupe et de long pan, on le *délarde*, c'est-à-dire qu'on le coupe dans toute sa longueur par ces deux plans de lattis qui ont pour traces les lignes d'about AB et AC. Ensuite, pour le fixer, on engage son pied dans le coyer par embrèvement et tenon; quant à la tête, elle s'appuie simplement sur le poinçon, par deux faces verticales, dites faces d'engueulement, après avoir été toutefois *déjouté* par les plans verticaux OM et ON. Ce déjoutement résulte de ce que l'arêtier avant d'atteindre le poinçon rencontre les deux chevrons de ferme.

Entre l'arêtier et chacun des chevrons OB et OC on a coutume de placer un ou plusieurs *empanons* dont les axes doivent concourir deux à deux en un même point de OA, ainsi qu'on le voit en D pour les empanons E et E'. Ces empanons s'assemblent dans l'arêtier par un tenon et sur la sablière par un embrèvement. La sablière s'engage par un bout dans le coyer au moyen d'un tenon et dans le tirant par une entaille à mi-bois.

Les chevrons du courant, tels que R et R', s'appuient sur la sablière par un embrèvement, et dans le haut sont posés sur le faîtage en se liant deux à deux par un assemblage à enfourchement.

Quant au faîtage, c'est une pièce horizontale qui a pour section verticale l'hexagone F dont deux côtés coïncident avec les plans de lattis inférieurs, et qui s'assemble avec le poinçon au moyen d'un tenon à renforts.

Le *coyer* est la pièce qui part du point *α*; elle joue le même rôle que les tirants. Conséquemment, elle s'appuie d'un côté sur le mur, et de l'autre, sur le gousset G par un tenon avec renfort. Le gousset est relié aux deux tirants Oγ et Oβ au moyen d'entailles. On dévoie le coyer de la même manière que l'arêtier.

Il ne reste plus, pour compléter les données nécessaires à la taille des différentes parties, qu'à se procurer des profils relatifs à chaque pièce, ainsi que nous l'avons fait pour le coyer et l'arêtier; de plus, on détermine les projections des pièces sur le plan de lattis supérieur. Pour cette dernière détermination, on développe sur un plan les trois faces de l'angle trièdre dont le sommet est en O. Ce développement porte le nom de *herse.*

CROUPE BIAISE.

La croupe biaise diffère, ainsi que nous l'avons dit, de la croupe droite, en ce que la ligne d'about AB de la croupe n'est pas perpendiculaire aux murs de long pan.

Le poinçon est dévoyé de la même manière que pour la croupe droite; seulement les deux côtés latéraux 1-4, 2-3 de sa base, rencontrant OA et OB en deux points 4 et 3, on les limite à ces points que l'on joint ensuite par une droite 4-3, qui est évidemment parallèle AB.

Quant aux chevrons C et C', on les divise suivant le rapport des deux parties de la ligne moyenne 5-6 du trapèze 1-2-3-4.

Le tirant, que nous n'avons pas figuré ici, serait dévoyé d'une manière analogue.

La position des arêtiers se détermine comme nous l'avons fait pour la croupe droite : nous n'y reviendrons donc pas. Les empanons seuls offrent un intérêt nouveau.

Ils peuvent être disposés de deux manières : soit comme celui E, avec ses faces latérales dans des plans verticaux parallèles à OD : dans ce cas, il porte le nom d'*empanon délardé*, attendu que, pour que ses faces supérieure et inférieure coïncident avec les deux lattis de croupe, on est obligé de le délarder; soit comme celui E', en le *déversant*, c'est-à-dire en dirigeant ses arêtes parallèlement à OD, tout en lui conservant sa forme de parallélipipède, et en appuyant sa face supérieure sur le lattis de croupe : dans ce second cas, il porte le nom d'*empanon déversé.*

L'empanon déversé offre sur le délardé l'avantage d'une économie de main-d'œuvre et de matière.

La détermination de la projection de l'empanon déversé présente une certaine difficulté. Aussi les charpentiers avaient-ils choisi ce problème comme exercice d'épreuve pour être reçus compagnon.

Cette projection peut s'obtenir en se servant de la herse; mais il existe un moyen direct de se la procurer, voici comment :

Soient AB et AB' (fig. 45) les lignes d'about de croupe et de long pan; *ad* et *ax* les deux lignes de gorge; soit O la projection horizontale de l'angle solide de comble : AO sera l'arête saillante de l'arêtier qui, disposé suivant les règles déjà énoncées, aura pour pas le pentagone BAB'*b' b*.

On construira d'abord le profil de croupe, c'est-à-dire la section que le plan vertical OD, perpendiculaire à la ligne d'about, tracerait dans les plans de lattis supérieur et inférieur, ainsi qu'on le voit en D'Z*d' z'*; enfin on se donnera la projection horizontale FE de la ligne *milieu* de l'empanon, laquelle doit être parallèle à la ligne d'about AB' de long pan, ainsi que la ligne milieu OE_2 du chevron de croupe.

Cela posé, comme les faces supérieure et inférieure de l'empanon doivent coïncider avec les plans de lattis, il arrivera nécessairement que les faces latérales, au lieu d'être verticales, se trouveront *déversées.* Il en résulte que la projection horizontale de l'empanon ne peut pas être tracée immédiatement d'après la grandeur de son équarrissage; mais, si l'on projette cette pièce sur le lattis supérieur, elle y sera tout entière comprise entre deux droites parallèles que nous pourrons tracer directement, et c'est, nous le savons, cette dernière projection qui porte le nom de *herse*.

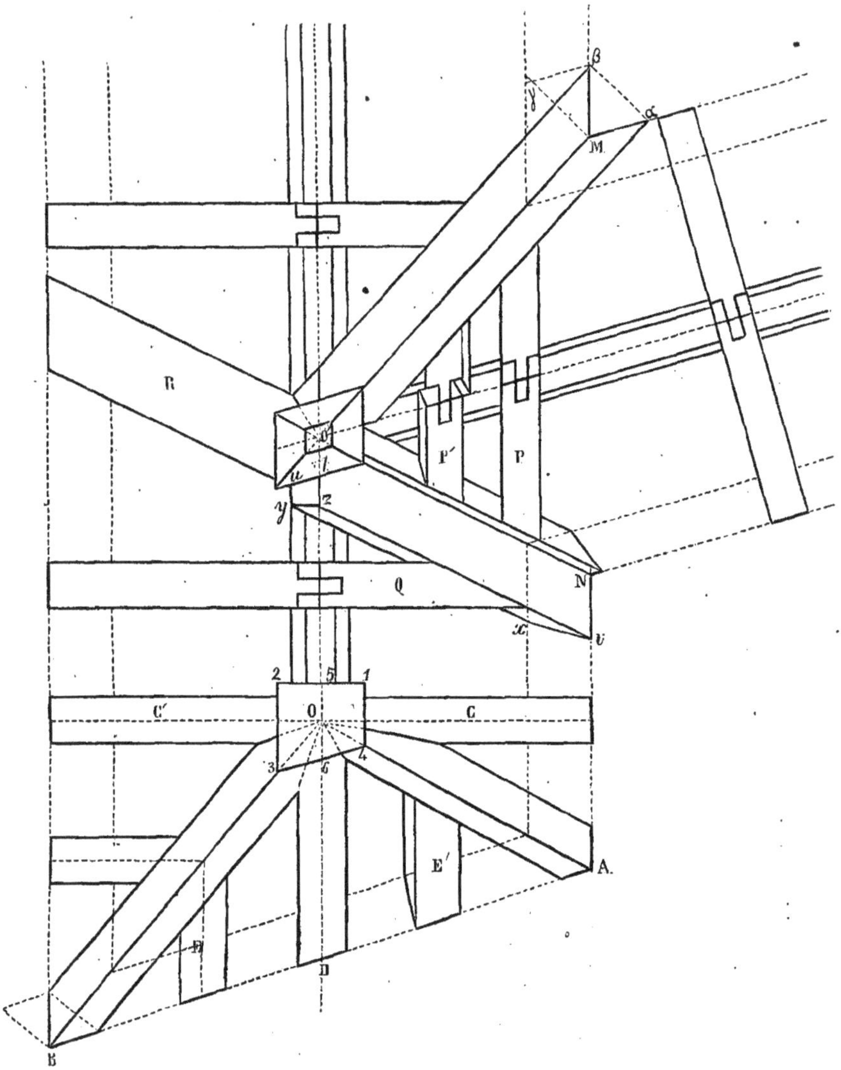

Fig. 44. — Comble avec croupe biaise, noue délardée et noue déversée.

Pour tracer cette projection à la herse, rabattons d'abord le lattis supérieur sur le plan horizontal. Alors un point quelconque de la ligne milieu EF, celui qui, par exemple, se projette en G sur la ligne de gorge, et en G' sur le profil, ira se transporter en g; donc Eg est la ligne milieu de l'empanon rabattu sur le plan horizontal. Si on mène deux droites 2H, 3K parallèles à Eg, distantes de cette dernière d'une quantité égale au demi-équarrissage de la pièce, ces parallèles formeront les limites de l'empanon projeté à la herse. Si d'ailleurs on projette la ligne de gorge bd sur le lattis supérieur et qu'on la rabatte sur le plan horizontal, on obtiendra la droites d_2d_3 pour projection à la herse de la ligne de gorge; en sorte que le parallélogramme HKlm sera le pas de l'empanon sur la herse.

Il sera à présent facile de transporter les résultats sur le plan horizontal. Car les points m, l, se ramèneront en M, L sur la ligne de gorge ad, au moyen de perpendiculaires mM et lL à la charnière AE, et HKLM sera le pas horizontal de l'empanon. Il n'y aura plus qu'à mener par les quatre points H, K, L, M des parallèles à EF que l'on terminera à la face verticale BC de l'arêtier, et ces parallèles seront les projections horizontales des arêtes latérales de l'empanon.

Construisons actuellement la projection verticale de

STÉRÉOTOMIE.

l'arêtier. Pour cela, formons le triangle A'I'Z" dont la hauteur I'Z" soit égale à O'Z', puis par les points B' et b' menons des parallèles B'C' et b'c' à A'Z". Si alors

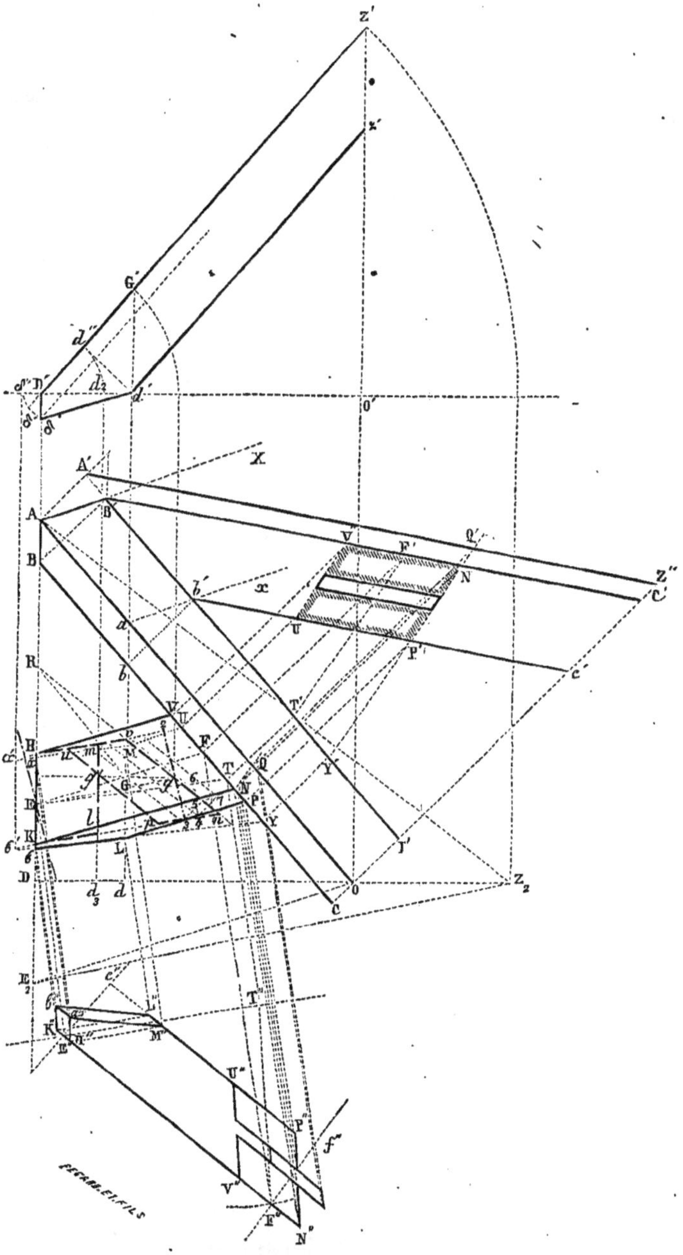

Fig. 45. — Empanon déversé d'une croupe biaise.

nous projetons les quatre points V, U, N, P en V', U', N', P' nous obtiendrons le parallélogramme V'U'N'P' qui sera l'*occupation* ou la face de contact de l'empanon avec l'arêtier. Ce parallélogramme, étant partagé en cinq parties égales, offrira la partie moyenne comme entrée au tenon de l'empanon.

Quant au tenon de l'empanon, il est terminé d'un côté par le prolongement de la face déversée, ce qui produit deux arêtes parallèles à celles de la pièce; et de l'autre, par un plan normal à la face verticale BC et conduit suivant la droite (NP, N'P') qui a pour trace horizontale le point Y. Ce plan normal a donc pour traces YY' et Y'P'N', et il coupera les deux joues du tenon suivant deux arêtes parallèles à la section NQ qu'il trace dans le lattis supérieur.

Mais c'est la projection à la herse qui doit servir à effectuer les opérations pratiques, attendu que cette projection est parallèle à l'une des faces de la pièce; il s'agit donc d'y rapporter le contour de la tête de l'empanon que nous avons déjà tracé sur l'arêtier. Seulement, afin d'éviter dans notre figure la confusion des lignes, et, puisque dans un prisme toutes les sections parallèles sont identiques, nous allons couper la pièce par un autre plan parallèle à BC, et mené par le point qui horizontalement est projeté en G et qui se rabat avec la herse en *g*. Ce plan sécant aura pour trace horizontale la droite GR parallèle à BC, et coupera la face supérieure de l'empanon suivant une droite dont le rabattement avec la herse est R*g*. Ce même plan coupera la face inférieure de l'empanon suivant une autre droite qui, pour des raisons que l'on conçoit aisément, se rabattra avec la herse suivant *ug'p* parallèle à R*g*. Le parallélogramme *vnpu* sera dès lors la projection à la herse de la tête de l'empanon.

Si maintenant on remarque que toute droite parallèle à la ligne d'about ABD conserve la même grandeur en se projetant sur la herse, et qu'une ligne perpendiculaire à ABD se projette à la herse suivant une droite qui est encore perpendiculaire à cette ligne d'about, on comprendra facilement que les procédés que nous allons indiquer doivent nécessairement conduire à la projection à la herse du tenon de l'empanon.

On partagera d'abord le parallélogramme *uvnp* en cinq parties égales, et l'on tirera l'horizontale 4-5-6, sur laquelle on prendra deux parties 4-6 et 4-5 respectivement égales aux distances analogues tracées sur la projection horizontale du tenon; puis, par le point 6, on mènera une parallèle à *vn*, et, par le point 5, une perpendiculaire 5-7 à 6-4. Cette perpendiculaire déterminera un point 7 qui, joint au point 4, fournira une des arêtes du tenon : dès lors le reste du tenon se tracera sans aucune difficulté.

Il s'agit enfin de projeter sur la herse l'embrèvement qui a la forme d'un prisme triangulaire dont la section droite est le triangle D'*d'* δ tracé à volonté sur le profil. Or, sur la herse, les deux arêtes de ce prisme correspondant aux angles D' et *d'* sont évidemment représentées par les droites HK et *ml*; quant à la troisième, on projette le point δ en δ' sur le lattis supérieur; puis, en rabattant ce plan, δ' vient en δ'', ce qui fournit la droite $\beta'\alpha'$ pour l'arête inférieure de l'embrèvement projetée à la herse (les points α' et β' sont les points où la droite $\alpha'\beta'$ rencontre les droites *m*H et *l*K prolongées). Ensuite on ramène les points α' et β' sur le plan horizontal en β et α; et les deux bases obliques du prisme d'embrèvement, qui sont en prolongement des faces déversées de l'empanon, se trouveront projetées horizontalement sur les triangles HMβ et K*l*α.

Il reste encore à projeter l'empanon sur un plan parallèle aux deux faces déversées. Pour cela, par la ligne milieu dont EF est la projection horizontale, menons un plan parallèle à ces faces déversées. Ce plan coupera la face supérieure de l'empanon, la face verticale BC de l'arêtier et le plan horizontal, suivant trois droites qui, en se rencontrant, forment un triangle projeté sur EFT, lequel, transporté parallèlement vers le bas de la figure et rabattu autour de la la base E"T", deviendra le triangle E"T"F", qu'il est facile de construire, puisque l'on connaît E"T" égal et parallèle à ET, le second côté T"F" qui doit être égal à T'F', et la ligne FF" sur laquelle doit tomber le sommet.

Or, sur le plan de ce triangle perpendiculaire au lattis, la face supérieure de l'empanon est tout entière projetée suivant E"T"; la face inférieure y sera aussi projetée suivant une droite *e"f"* dont la distance *e"*E" à la droite E"F" doit être égale à la distance *d'd"* des deux lattis prise sur le profil.

Cela posé, on rapportera sur E"F" et *e"f"* les points H, K, L, M par des perpendiculaires à la ligne de terre E"T"; on agira de même pour les points α, B de l'embrèvement, en les projetant sur $\alpha''\beta''$ parallèle à E"F", et distante d'elle d'une quantité égale à $\delta\delta'$ prise sur le profil (l'horizontale δ, sur laquelle sont les points α et B, étant parallèle à la face supérieure de l'empanon). Quant à la projection de la tête de l'empanon, elle se déduit facilement de la projection horizontale, ainsi qu'on peut s'en rendre compte sur la figure.

Nous avons cru devoir nous étendre sur la solution de l'empanon déversé, attendu que c'est peut-être le point le plus délicat de toute la charpente.

NOUES.

Nous avons défini les noues. Elles peuvent, ainsi que les croupes, être droites ou biaises. Les noues droites s'obtiennent en projection, exactement comme les arêtiers de la coupe droite. Nous allons donc passer immédiatement à l'étude des noues biaises.

Une noue biaise est dite délardé lorsque sa face supérieure d'équarrissage αB est parallèle à OM (fig. 44). Sa position se détermine alors en employant encore un parallélogramme M$\alpha\beta\gamma$, attendu qu'elle doit être dévoyée.

Elle est déversée quand on lui donne de chaque côté une face, telle que *vxyz*, normale au lattis correspondant.

A proprement parler, la locution de déversée n'est pas applicable à cette dernière noue, puisque par le fait elle n'est pas déversée. Seulement on la qualifie ainsi, attendu que deux de ses faces se trouvent normales aux lattis supérieurs qui correspondent à chacune; et si, dans la pratique, l'on a coutume de donner à une noue biaise des faces déversées, c'est dans le but exclusif de permettre aux chevrons-empanons, tels que P, P' et Q, de venir tomber perpendiculairement sur ces faces, et conséquemment de faciliter la taille des assemblages qui, dans le cas d'un non-déversement, seraient peu commodes à exécuter.

Nous ferons remarquer que les chevrons-empanons peuvent être simplement délardés, comme P, ou bien déversés comme P'. Ce second mode de disposition offre l'avantage, ainsi que nous l'avons dit pour les empanons de la croupe biaise, de permettre l'emploi de bois d'un moindre équarrissage.

Nous terminerons ce qui est relatif aux noues biaises en disant que leurs têtes viennent s'appuyer sur le poinçon par des faces d'engueulement, exactement comme les arêtiers d'une croupe. De plus, il est d'habitude de les prolonger au delà du faîtage, à la condition de les délarder par les plans de lattis, ainsi que nous le voyons en *tuzy*.

La pièce R est une *contre-noue* qui a pour but de contrebalancer la tendance qu'aurait le poinçon de fléchir sous les pressions additionnées des deux noues O'M et O'N.

ESCALIERS.

Nous avons donné, dans la coupe des pierres, l'épure d'un limon. Comme cette épure est parfaitement applicable à un limon en bois, nous nous abstiendrons de revenir sur cette question.

Nous dirons simplement que la seule différence qui existe entre un limon en pierres et un limon en bois consiste dans le mode de jonction de deux pièces consécutives. Dans la coupe des pierres on emploie des joints plans normaux à l'*hélice moyenne*; en charpente ce sont des assemblages par entures à mi-bois, également normaux à l'hélice moyenne, avec abouts carrés et tenons.

Bibliographie. — Voici la liste des ouvrages que le lecteur pourra consulter avec fruit s'il désire approfondir les diverses questions de stéréotomie :

Pour la coupe des pierres, le *Traité d'architecture* de Philibert Delorme écrit en 1576; les *Secrets de l'architecture* par Mathurin Jousse, ouvrage publié en 1642 et revu en 1702 par Lahire; l'*Architecture des voûtes* par le Père Durand (1643); l'ouvrage de Desargues; le *Traité de coupe des pierres* de Delarue (1728); le *Traité de la stéréotomie* de Frézier (1738); le *Traité de stéréotomie* de C.-F.-A. Leroy; la *Coupe des pierres* et le *Traité théorique et pratique des ponts biais* d'Adhémar; l'*Art de bâtir* de Rondelet; le *Traité d'architecture* de M. Léonce Reynaud; le Mémoire de M. Lefort sur les ponts biais inséré aux *Annales des Ponts et Chaussées*, tome XVII; un Mémoire de M. E. Ormières sur les ponts biais à appareil hélicoïdal, inséré aux *Annales du Génie civil* (juillet 1867); enfin le *Manuel des ponts et chaussées*, par l'ingénieur Buck.

Pour la charpente : les *Secrets de l'Architecture* de Mathurin Jousse; le *Traité de la stéréotomie* de Frézier; l'*Art du trait* de Fourneau, maître-charpentier (1786); le *Traité de l'art de la charpenterie* du colonel Emy, œuvre classique qui est ce qu'il y a de plus complet sur la charpente; la *Charpente* d'Adhémar; le *Traité de stéréotomie* de C.-F.-A. Leroy.

Nous avons fait de nombreux emprunts à ces divers ouvrages. ÉM. LEJEUNE.

SULFURE DE CARBONE. — Le sulfure de carbone, dit M. Balard, rend aujourd'hui à l'industrie de nombreux services. Il est par sa nature susceptible de dissoudre les corps gras, et M. Deiss, en le préparant à bas prix et en l'appliquant à cet usage, a créé ainsi une industrie nouvelle dont l'importance ne peut que s'accroître.

C'est vers 1854 que M. Deiss a commencé à préparer ce produit, que MM. Gérard et Aubert fabriquèrent en grand à leur tour et utilisèrent plus tard pour ramollir le caoutchouc, et lui permettre d'être transformé en fils cylindriques par la même méthode qui sert à préparer le vermicelle. L'appareil qu'ils employaient consistait en une cornue de fonte placée verticalement dans un fourneau, et portant à la partie inférieure un tube incliné, par lequel on introduisait le soufre au bas de l'appareil plein de charbon de bois.

M. Deiss, s'appuyant sur ce principe que la production du sulfure de carbone, pour être abondante, exige des températures élevées qu'on ne pouvait facilement atteindre avec la fonte ou le fer si faciles à fondre ou à sulfurer, emploie au contraire un cylindre de terre réfractaire, qui porte, vers sa partie inférieure, un petit rebord intérieur sur lequel peut se placer une grille, de terre aussi. Ce cylindre porte à sa partie supérieure une tubulure latérale pour le dégagement des vapeurs. Il est muni d'un couvercle circulaire, traversé à son centre par un tube droit, aussi en terre réfractaire, qui traverse la grille par son centre, et pénètre dans l'espèce de chambre que forme l'intervalle compris entre cette grille et le fond du cylindre.

Concevons maintenant que le cylindre, ayant été rempli de grenaille de charbon de bois, on le chauffe à une température très-élevée, et qu'on introduise par le tube droit du soufre contenu dans des cartouches de papier susceptibles d'y glisser facilement, ce soufre tombera dans la chambre intérieure, ses vapeurs seront obligées de passer par les trous de la grille et de circuler autour du charbon, dont elles détermineront la combustion. Il se formera du sulfure de carbone que M. Deiss condense dans un condenseur particulier.

Ce condenseur se compose de cloches ouvertes par le bas et plongeant dans des caisses de plomb pleines d'eau. Le sulfure qui s'y rassemble peut, dans le cours de la fabrication, être enlevé avec un siphon, et conduit en lieu sûr dans une citerne contenant de l'eau, de manière à ce qu'on n'ait rien à craindre de son extrême inflammabilité. Le soufre qui a été distillé peut aussi être enlevé sans difficulté. L'opération peut durer huit jours consécutifs, au bout desquels il faut nettoyer les cornues pour en retirer les cendres.

On voit par cette description que tout est arrangé de manière à rendre cette opération très-économique. Aussi le sulfure de carbone ainsi obtenu, dont le prix de revient varie entre 40 et 50 francs les 100 kilog., selon les localités, peut être appliqué à une foule d'usages auxquels il n'est devenu propre que depuis qu'il a pu être obtenu à des prix aussi bas.

Ces usages consistent dans l'extraction des corps gras des matières les plus viles, qui avaient été rejetées jusqu'ici. Les noirs d'acidification pressés des fabriques, et généralement tous les résidus provenant de l'industrie de l'acide stéarique, les pains de creton de la fonte du suif, les chiffons gras des filatures, des chemins de fer, les tourteaux d'huile de graines et d'huile d'olive, fournissent, au moyen de ce dissolvant, des quantités considérables de corps gras qui auraient été complétement perdus.

Pour les extraire, on entasse ces corps dans une caisse en fer, où ils sont soumis à un lavage méthodique de bas en haut, au moyen du sulfure de carbone qui, s'écoulant dans un appareil distillatoire chauffé à la vapeur, reproduit du sulfure propre à un nouveau lavage, et un corps gras qu'on n'écoule au dehors que lorsqu'il a laissé échapper tout le sulfure qu'il retenait. On conçoit que si on chauffe aussi à la vapeur la matière lavée jusqu'à ce qu'elle ait été séchée de tout le sulfure de carbone qui l'imprégnait, cette matière peut être extraite sans perte de dissolvant.

L'usage de ce procédé d'extraction des corps gras se répand de plus en plus. Outre les usines que lui et ses associés possèdent à Paris, à Bruxelles et à Londres, M. Deiss en a construit à Séville, à Lisbonne et à Pise, qui fonctionnent d'après les mêmes procédés, principalement pour l'extraction des huiles retenues dans les tourteaux d'olives. Ces huiles, contenant plus d'acide margarique que celles qu'on obtient par expression, conviennent aussi davantage à la fabrication du savon. Il est inutile d'ajouter que les tourteaux ainsi privés de leur huile peuvent être utilement employés comme engrais, ainsi que le démontrent des essais faits par la Société impériale d'agriculture dans le but de combattre quelques préjugés qui existaient à ce sujet chez quelques cultivateurs.

On sait que les os de cuisine sont une source abondante de corps gras, mais l'ébullition dans l'eau ne peut en extraire que 5 1/2 p. 100 de suif. Le sulfure de carbone bouillant peut, au contraire, les dégraisser complétement, et en extraire une quantité de corps gras deux fois plus grande.

Dans les grandes villes manufacturières de l'Angleterre, le dégraissage des chiffons provenant des chemins de fer et des manufactures de coton peut fournir deux produits utiles, le corps gras d'une part, et de l'autre la matière dégraissée qui peut servir à la fabrication du papier.

Quand on songe aux quantités considérables de corps gras qui se perdent chaque jour sous des formes si diverses, on ne peut que constater avec un vif intérêt l'extension d'un procédé qui, permettant de les utiliser d'une manière complète, contribuera à alimenter de matières premières d'un prix peu élevé nos fabriques de bougies et de savons.

Insistons sur ces diverses applications. Les résidus actuellement soumis au *lavage* par le sulfure de carbone sont :

1° Les dépôts bruns dits glycérine goudronneuse provenant de l'un des procédés encore en usage ou accidentellement produits dans la saponification sulfurique, préparatoire à la distillation des corps gras. Ces dépôts bruns, avant d'être soumis au traitement qui doit en extraire environ 18 à 20 centièmes d'acides gras, sont mélangés avec de la sciure de bois, afin de les rendre assez perméables pour faciliter la filtration du sulfure de carbone au travers de la masse.

2° Les *cambouis* ou résidus bruns des matières grasses employées au graissage des essieux de voitures et wagons, les graisses de cuisine, etc. Ces matières doivent également, et par les mêmes motifs, être mélangées avec de la sciure de bois avant qu'on les place dans l'extracteur, où s'effectue la filtration du sulfure de carbone (les cambouis des wagons sont préalablement traités à chaud par l'acide sulfurique, lavés et séchés pour décomposer l'émulsion savonneuse et mettre à nu la matière grasse).

3° Les étoupes et chiffons gras qui ont servi au nettoyage des parties frottantes des machines fixes et mobiles (des filatures, des divers ateliers et des chemins de fer) lubrifiées avec des graisses ou des huiles. Ces filaments et lambeaux de tissus sont assez facilement perméables pour être traités sans mélange préalable; un triple avantage peut résulter de l'extraction des matières grasses qu'ils contiennent : les soins que l'on doit prendre de les renfermer dans des vases clos pour les expédier ultérieurement évitent les graves dangers d'incendie occasionnés en maintes circonstances par l'accumulation en tas, dans les coins des ateliers, de ces tissus ou filaments graissés qui, absorbant et fixant l'oxygène de l'air, peuvent s'échauffer au point de s'enflammer spontanément; le deuxième avantage résulte de la valeur même de la matière grasse que l'on a extraite, et le troisième, de l'emploi ultérieur que l'on peut faire pour le même service des débris de filaments ou de tissus ainsi nettoyés.

4° Les résidus lavés et pressés de l'extraction directe de la cire; ce sont encore des résidus retenant une matière soluble dans le sulfure de carbone, habituellement perdue. A la vérité on les utilise comme engrais; ils se vendent pour cet usage 18 à 20 fr. les 100 kil., mais leur valeur réelle ne serait en rien diminuée si l'on en extrayait, par un dissolvant spécial, 20 p. 100 de cire dont on pourrait se servir pour frotter ou pour fabriquer des bougies brunes, économiques et donnant beaucoup de lumière. Ces résidus doivent donc être traités à part, puisque le produit que l'on en tire, ayant les propriétés spéciales des cires, s'applique à des usages différents de ceux des matières grasses qui sont économiquement saponifiables.

5° Les sciures de bois après qu'elles ont servi à la filtration des huiles épurées par l'acide sulfurique et subi une forte pression; ces tourteaux de sciure cèdent au sulfure de carbone 15 à 18 d'huile pour 100 de leur poids.

6° Les fèces acides, dépôts boueux des huiles battues avec 2,5 pour 100 d'acide sulfurique; ces résidus contiennent 0,50 d'huile que le sulfure de carbone enlève après qu'on les a lavés à l'eau bouillante pour décomposer les acides sulfo .gras, séchés puis mélangés avec de la sciure qui facilite la filtration.

7° Les os des animaux de boucherie, provenant de la consommation des viandes alimentaires; ces résidus ramassés dans les maisons ou dans les rues, constituent la matière première de la fabrication du noir animal, ou de la gélatine. On en récolte annuellement en France plus de 20 millions de kilogr., qui, après avoir fourni de la graisse, puis du charbon d'os appliqué à la décoloration des sirops, retournent à l'agriculture : celle-ci emploie très-avantageusement ce résidu comme engrais sous le nom de noir animal. Les os bruts, encore frais, dits *os gras*, après avoir été concassés, sont traités habituellement par ébullition dans l'eau. Ils ne donnent alors, en moyenne, que 6 à 7 centièmes de matière grasse, vendue sous le nom de petit suif ou suif d'os, et employée dans la savonnerie ou la fabrication des produits stéariques par distillation. On obtient jusqu'à 10 et 11 centièmes de leur poids de la même matière grasse, lorsqu'on les soumet, dans l'appareil de M. Deiss, à l'action dissolvante du sulfure de carbone, en prenant quelques précautions spéciales.

8° Les tourteaux des graines oléagineuses, colza, navette, sésame, cameline, lin, arachides, lorsqu'ils ne sont pas destinés à l'alimentation ou à l'engraissement des bestiaux, soit qu'ils se trouvent produits en excès pour cette consommation soit que leur qualité les y rende moins favorables ou qu'ils y soient devenus tout à fait impropres par suite de certaines altérations spontanées (fermentation, rancidité, moisissures, etc.) qu'ils ont pu subir. En tout cas, avant de soumettre à l'action du sulfure de carbone ces tourteaux, il faut les diviser; on y parvient à l'aide de cylindres cannelés qui les réduisent en fragments gros comme la moitié d'une noix : la surface qu'ils présententent en cet état est suffisante pour que leur épuisement soit complet.

SURCHAUFFE DE LA VAPEUR. L'idée d'employer la vapeur d'eau surchauffée, c'est-à-dire chauffée hors du contact de l'eau à un degré plus élevé que celui qui correspond à la saturation, est une de celles que les inventeurs reproduisent le plus fréquemment de nos jours. C'est assez dire que bien des conceptions qui ne sont pas fondées sur des lois physiques se produisent à ce propos; mais y a-t-il quelque emploi véritablement utile à faire de la valeur surchauffée? C'est là une question intéressante à se poser et qu'a fort bien étudiée expérimentalement un ingénieux observateur, M. Hirn de Logelbach, près Colmar, dont les travaux sur les frottements et les machines à vapeur sont si justement remarqués parmi ceux qui remplissent les bulletins de la savante Société industrielle de Mulhouse.

La première observation de M. Hirn, observation parfaitement juste, c'est que la plupart des inventeurs se trompent grossièrement en combinant des dispositions propres à séparer la vapeur à surchauffer de celle qui remplit la chaudière, de manière à en élever la pression en même temps que la température. En effet, comme il faut toujours que la vapeur soit à une pression plus élevée dans le récipient dont elle sort que dans celui dans lequel elle entre, on voit que la pression ne saurait être sensiblement plus élevée dans la capacité où elle est surchauffée sans qu'il y ait difficulté d'y faire rentrer de nouvelle vapeur, d'autant plus que l'on voudra la chauffer davantage, ce qui nécessitera l'accroissement de surface et, par suite, de volume de l'appareil. Il faudra pourtant que le volume de vapeur d'un cylindre suffise pour permettre la rentrée de la vapeur de la chaudière, c'est-à-dire que l'accroissement de pression soit peu de chose; autrement il faudra une alimentation consommant une grande quantité de travail, parce qu'elle répondra à un grand volume, enfin un jeu de tiroirs au milieu des parties fortement chauffées, c'est-à-dire où les huiles se décomposent et où il est impossible de les faire bien fonctionner.

Ainsi donc, on doit établir en principe que le surchauffage de la vapeur ne peut être raisonnablement tenté que pour la vapeur restant en communication avec la chaudière, avec la capacité qui reçoit l'eau d'alimentation.

Quel bénéfice peut-on retirer de ce mode d'opérer, qui, éloignant la vapeur de son point de saturation, lui communiquant en partie les propriétés de gaz permanents, augmente un peu la quantité de chaleur qu'elle renferme sous le même poids?

Au point de vue de la machine à vapeur théorique, c'est-à-dire de celle dans laquelle la détente serait poussée jusqu'à la liquéfaction de toute la vapeur, l'avantage serait nul, le travail étant toujours en raison de la chaleur employée. Ce n'est donc qu'au point de vue de la pratique que la surchauffe peut offrir quelques avantages qui proviennent de ce que la chaleur de surchauffe peut être complétement transformée en travail, qu'elle ne fait pas partie de celle qu'on ne peut utiliser à cause de la nécessité de limiter la détente.

Voici les avantages que M. Hirn a constatés dans ses expériences :

1° Vaporisation de l'eau entraînée par la vapeur à l'état vésiculaire et dont la chaleur est perdue; cette quantité n'est presque jamais inférieure à 5 pour 100 et est souvent bien plus considérable.

2° Réchauffement des parois du cylindre à vapeur refroidi par la détente et la communication avec le condenseur. Cette action, bien que répondant à une partie de l'effet de l'enveloppe, ne dispense nullement de celle-ci; elle ne peut la remplacer pour fournir de la chaleur à la vapeur qui continue à se détendre après que l'on est revenu au point de saturation de la vapeur.

3° Augmentation de volume de la vapeur pour une même pression, ce qui conduit (surtout avec un large emploi de l'enveloppe pleine de vapeur saturée, la seule qui dégage beaucoup de chaleur par son refroidissement qui produit une condensation) à une diminution de dépense de vapeur et aussi de combustible, dans le cas où il s'agit d'un système de machine à vapeur dans laquelle l'action directe produit la majeure partie du travail utile.

M. Hirn a constaté, dans toutes ses expériences, une économie produite par l'emploi de la vapeur surchauffée. Cette économie a varié de 5 pour 100 pour une machine de Wolf (enveloppe vide de vapeur), genre de machine qui n'éprouve pas de refroidissement dans le petit cylindre, où la vapeur agit par action directe et qui n'est jamais en communication avec le condenseur, à 22 pour 100 pour la même machine avec vapeur saturée dans l'enveloppe. Pour une machine de Watt sans enveloppe l'économie a dépassé 30 pour 100. Le plus grand intérêt de ces expériences est de bien montrer la très-grande influence des masses métalliques qui renferment la vapeur et de leur refroidissement qu'on est trop disposé à négliger, en considérant la machine à vapeur comme une machine abstraite. Nous citerons à ce sujet les observations de M. Hirn.

« Pendant que la vapeur afflue de la chaudière au cylindre, les parois et le piston se mettent au moins à la température qui correspond au point de saturation; car la vapeur ne peut cesser de s'y condenser que quand ce degré est atteint. (L'écart de 1/2 ou 3/4 d'atm. entre la chaudière et le cylindre, si fréquemment observé est dû à ce refroidissement à l'entrée.) Au moment où les communications sont coupées et où la détente commence, ses parois se trouvent en contact avec de la vapeur dont la température baisse; le calorique qui s'y était accumulé et celui qui produit le frottement du piston sont donc cédés en partie à la vapeur en détente. Il s'ensuit que dans aucune machine la vapeur ne se détend sans recevoir de calorique. »

Il suit de là que de la vapeur surchauffée renfermant sous un même volume une moindre quantité de chaleur, la température du cylindre (sans enveloppe) n'est pas nécessairement plus élevée que quand on emploie de la vapeur saturée, surtout si le mouvement du piston est rapide, ce qui explique plusieurs anomalies que présentent les expériences.

L'analyse de l'effet de la chaleur sur les masses en contact avec elles conduit M. Hirn à recommander une disposition déjà réalisée avec succès, et qui consiste à substituer quatre tiroirs (deux d'admission de vapeur et deux de sortie) au tiroir unique généralement employé aujourd'hui. On évitera ainsi des espaces perdus considérables et surtout de mettre de la vapeur à 120, 150, 200°, pour ainsi dire en contact avec de la vapeur à 60° au plus. C'est un contre-sens palpable et très-grave de faire passer la vapeur rejetée des cylindres par une boîte métallique entourée de vapeur d'admission. C'est augmenter les pertes qui résultent nécessairement du refroidissement du cylindre et de sa mise en communication prolongée avec le condenseur.

Dans toutes ces expériences, la vapeur surchauffée n'a jamais dépassé 240°, et ce n'est qu'avec les plus grands soins que l'on peut même employer pratiquement la vapeur à cette température. C'est en effet l'emploi de la vapeur surchauffée offre des inconvénients graves dans la pratique, qui y ont fait renoncer tous les constructeurs qui avaient cru reconnaître qu'elle pourrait produire des économies analogues à celles que M. Hirn a constatées. En effet :

1° La vapeur surchauffée emporte une quantité beauboup plus considérable de *vapeur de graisse ou d'huile* que la vapeur saturée, inconvénient grave dans la pratique.

2° La vapeur saturée, outre qu'elle emporte toujours un peu d'eau en globules, se condense partiellement sur tous les corps dont la température est inférieure à la sienne. Pendant la marche d'une machine, l'eau ainsi amenée ou condensée s'interpose entre toutes les pièces frottantes en rapport avec la vapeur, les lubrifie et ferme absolument comme un enduit gras les passages peu considérables; elle rend ainsi hermétiques les fermetures des pistons, des tiroirs qui ne le seraient pas autrement; en gonflant les étoupes des garnitures des tiges, elle les rend beaucoup plus propres à joindre exactement. La vapeur surchauffée, au contraire, est un gaz essentiellement sec qui ne possède pas cet avantage; elle se fraye, et en grande quantité, une route là où la vapeur saturée ne peut pas passer. De plus, en raison de sa température, loin de mouiller les étoupes des garnitures, elle les sèche et les brûle promptement si l'on ne prend pas les précautions nécessaires pour éviter cet inconvénient.

M. Hirn a reconnu qu'avec des garnitures en étoupe bien faites (les garnitures métalliques ne peuvent être employées que difficilement pour de grands pistons), bien graissées, on peut, et c'est la limite supérieure, surchauffer la vapeur à 240°. Il l'amène à ce degré par une circulation dans des tuyaux plongés dans la fumée (et ne pouvant être atteints par la flamme qui les brûlerait).

Nous pensons que dans la pratique on doit toujours adopter une légère surchauffe, 30 ou 40° au-dessus du point de vaporisation, suivant son élévation; on arrive ainsi à faire disparaître la vapeur vésiculaire, et à réchauffer le cylindre dans lequel travaille la vapeur, avec un grand profit et sans aucun des inconvénients graves que présente dans la pratique l'emploi de la vapeur fortement surchauffée. C'est, ce nous semble, le résultat que l'on doit tirer des intéressantes expériences de M. Hirn; c'est ce qui est en partie obtenu avec des chaudières tubulaires à la partie supérieure quand le réservoir de vapeur est très-grand, genre de disposition tout à fait à recommander pour obtenir des avantages notables dans la pratique.

Chaudière à vapeur sphéroïdale de M. Testud de Beauregard. — Cet inventeur, sous l'influence des phénomènes étonnants présentés lors du passage des liquides à l'état sphéroïdal, avait combiné un système propre à utiliser la puissance en apparence illimitée qui apparaît lors des explosions attribuées à cet état. La pratique, comme une théorie plus avancée le fait bien concevoir, n'a pu conduire qu'à faire naître des quantités de travail proportionnelles aux quantités de chaleur communiquées au liquide, et a fait disparaître des espérances mal fondées d'effets sans rapport avec leur cause. Toutefois de nombreux essais de chauffage de chaudières ne renfermant pas d'eau à des températures élevées, l'analyse des causes de destruction rapide ont conduit cet inventeur à l'établissement d'une chaudière extrêmement remarquable. Elle offre les avantages : 1° de ne pas renfermer d'eau à l'état liquide et par suite d'être à l'abri de toutes chances d'explosion; 2° de pouvoir fournir immédiatement une grande quantité de vapeur; 3° de fournir de la vapeur surchauffée, mais qui ne peut dépasser une limite de température déterminée. Enfin elle paraît être dans de bonnes conditions au point de vue de l'économie du combustible, vu la conductibilité des masses métalliques qui la constituent. Tous ces avantages font de cette chaudière un appareil très-précieux pour tous les cas où la vapeur doit agir seulement par action directe ou sans détente prolongée, et l'on sait que c'est, dans la pratique, le cas du plus grand nombre de machines. Je montrerai plus loin pourquoi il en est ainsi; quant aux avantages ci-dessus annoncés, ils résulteront manifestement de la seule description de l'appareil, étant admis toutefois, ce qui est vrai en partie, que l'emploi des garnitures métalliques permet, sans trop d'inconvénients, dans le cas de pistons de dimensions modérées mus avec une grande vitesse, l'emploi d'une vapeur sèche et chaude; surtout si, comme l'inventeur dit l'avoir observé, les grippements ne sont pas à craindre lorsque la température de la vapeur reste constante et que ce sont surtout les variations de température qui les font naître.

La chaudière dont il s'agit, formée d'un cylindre vertical à fond plat, porte à sa partie inférieure un bain d'étain fondu. Dans celle que nous avons vue et qui était destinée à une machine de 10 chevaux environ, il y avait 600 kilog. d'étain, c'est-à-dire, lorsqu'il est fondu $600 \times 14,25 = 8550$ calories emmagasinées par la chaleur latente de l'étain et qui sont au besoin communiquées instantanément à de l'eau à vaporiser, le point de fusion de l'étain étant à 235°. Le fond de la chaudière sur lequel repose cette masse métallique, et qui était rapidement détruit avant son addition, est préservé contre les altérations que peuvent produire des variations peu considérables de température par sa masse même, et pour des changements considérables, par un tube central, percé d'orifices bouchés par du plomb coulé, qui fond et laisse sortir la vapeur qui met en jeu le sifflet d'alarme si la température s'élève à 360, point de fusion du plomb. Disons que les fuites par les rivets qui assemblent le fond ont été évitées par l'emploi d'un cercle sertisseur mis à chaud sur des rivets à tête perdue.

L'eau n'est pas injectée directement sur l'étain, mais sur une plaque en tôle qui recouvre une partie du bain métallique et qui a la même température que celui-ci. L'eau se réduit donc instantanément en vapeur à une température voisine de celle de la fusion de l'étain, dont une couche se solidifie un instant près de la surface supérieure, et est bientôt liquéfiée de nouveau par suite du facile passage de la chaleur du foyer à travers la masse métallique. La vapeur saturée à cette température aurait une pression de 25 atmosph. environ. La chaudière n'étant disposée, ne recevant de l'eau que pour obtenir des pressions bien moindres, de 3 atmosph. par exemple, la vapeur formée est en réalité de la vapeur surchauffée, renfermant une quantité de chaleur qu'il sera facile de calculer en ajoutant à celle nécessaire pour vaporiser l'eau, sous la pression existant dans la chaudière, celle nécessaire pour l'amener à la température observée. On obtient ainsi un volume considérable, comme dans une machine à air chaud, sans perdre l'avantage d'une alimentation peu coûteuse, vu le faible volume d'eau.

La nature de la vapeur surchauffée rend compte des phénomènes. Pour l'action directe, elle agit comme la vapeur saturée, mais une fois la chaleur de surchauffe consommée par la détente, que reste-t-il dans le cylindre? De la vapeur saturée, mais déjà considérablement détendue, ayant 5 ou 6 fois le volume qu'elle aurait si on était parti d'une vapeur saturée, dont par suite la pression est minime. Cet effet se manifeste bien lorsqu'on laisse échapper cette vapeur à l'air; à une distance de moins d'un mètre on éprouve une véritable sensation de froid, comme avec un gaz comprimé.

Ceci montre l'impossibilité d'employer avantageusement la détente avec de la vapeur surchauffée, effet qui sera d'autant plus sensible qu'on aura plus mis à profit ce moyen d'accroître le volume. La théorie revient par cette conséquence à celle des machines à air, comme on eût pu le prévoir à *priori*.

Cette conséquence explique très-bien une propriété curieuse de la vapeur sphéroïdale que l'inventeur ne désigne guère de ce nom que parce qu'il la voit se comporter dans ce cas différemment de la vapeur ordinaire: je veux parler de sa facile condensation. La vapeur, dit-il, refroidie subitement, forme un vide presque absolu dans un condenseur, quoique l'eau réfrigérante y soit portée à la température de 90 à 95 degrés.

Il y a ici exagération; mais il résulte de ce qui précède que la vapeur surchauffée sortant de la machine et amenée dans la capacité du condenseur, s'y trouve à une pression peu élevée, est très-détendue; que, par suite, l'action d'un condenseur par contact paraît infiniment plus énergique avec cette vapeur qu'avec la vapeur saturée, sans qu'il y ait là un phénomène nouveau qui échappe à la théorie ordinaire. Il en résulte toutefois l'avantage, comparativement aux machines à faible détente, qu'il faut moins d'eau pour la condensation, pour un volume donné de vapeur, et que les pertes en eau chaude sont par suite moindres.

On voit que les chaudières que nous étudions offrent des résultats assez intéressants pour donner à penser que l'industrie pourra les employer avec avantage dans quelques circonstances particulières.

Disons que, pour injecter convenablement une petite quantité d'eau, l'alimentation se règle au moyen d'un robinet fermant plus ou moins le tuyau d'arrivée partant d'un réservoir cylindrique dans lequel elle est comprimée par un poids constant, que l'inventeur appelle pompe d'équation et qui reçoit directement l'eau de la pompe alimentaire, eau chaude qui provient de la vapeur condensée dans le condenseur à surface métallique.

Emploi de la vapeur d'eau surchauffée. — Nous avons déjà parlé à l'article NOIR ANIMAL de l'application que MM. Thomas et Laurens avaient faite de la vapeur d'eau surchauffée à la révivification du noir animal. Ils avaient également appliqué ce procédé à l'extraction des huiles de schiste; mais, quoique donnant de bons résultats, il avait été abandonné par suite des explosions auxquelles il donnait parfois lieu.

La cause de ces explosions tient à ce que la vapeur d'eau, en circulant dans les appareils en fer ou en fonte qui servent à la porter à la température de 200 ou 300 degrés, se décompose parfois au contact du métal lorsque ce dernier arrive accidentellement au rouge; il se produit alors de l'hydrogène qui, dans certains cas, peut former dans l'intérieur des appareils des mélanges explosifs. Il nous semble, cependant, qu'avec des appareils convenablement étudiés et un peu de soin dans la conduite de l'opération, il est possible, dans la plupart des applications de la vapeur d'eau surchauffée, de se garantir de ces explosions. Il nous semble qu'on y parviendra dans tous les cas en disposant les serpentins ou autres appareils à surchauffer la vapeur, de manière à éviter les coups de feu et toutes les causes qui, en les brûlant, facilitent la formation de l'hydrogène, et surtout en purgeant, préalablement à l'action de la vapeur surchauffée, aussi complétement que possible d'air, la totalité des appareils par un courant de vapeur ordinaire, et en enlevant ainsi l'un des éléments des mélanges explosifs qui seraient susceptibles de se former. C'est un résultat auquel on est arrivé dans la pratique pour la distillation des corps gras.

M. Violette a fait ou indiqué de nombreuses applications de la vapeur d'eau surchauffée à la carbonisation des bois en vase clos, à la cuisson du pain, des pierres à plâtre et à chaux, la distillation du mercure, etc. Dans ces diverses applications, comme dans celles précédemment indiquées, la vapeur d'eau surchauffée agit comme mode de transport de la chaleur et comme corps très-avide d'eau; en outre, elle agit mécaniquement pour faciliter le dégagement de l'acide carbonique et autres corps susceptibles d'être séparés par la distillation. Nous décrirons une intéressante application qu'il a faite de ce moyen de chauffage à l'extraction de l'essence de térébenthine, substance que la chaleur altère aisément.

Son appareil pour opérer la fusion, la filtration et la distillation de la matière résineuse brute ou gomme, sans le contact direct du feu, par la seule action de la vapeur, a la forme d'un œuf et se compose de deux coupoles reliées par une partie cylindrique. Il est en cuivre et peut contenir 16 barriques ou 4000 kilog.; sa coupole inférieure est munie d'une coupole concentrique en fonte, faisant double fond; un trou d'homme permet d'introduire la matière, et le tuyau qui donne issue aux vapeurs communique avec un réfrigérant. Une tige en cuivre, se mouvant dans un écrou fixe, est garnie d'une bonde, qui ferme le trou de vidange. La vapeur arrive par le tube annulaire extérieur, pénètre dans l'intérieur de l'appareil par huit tubes injecteurs et provoque la distillation. La vapeur pénètre aussi par le tube dans un serpentin intérieur, puis dans le double-fond, et enfin sort à l'extérieur, soit par le robinet, soit dans le petit serpentin. La vapeur agit comme agent calorique; elle fond la matière par son passage dans le serpentin et empêche, par le double fond, la matière distillée de se concréter dans le tuyau de vidange.

Voici maintenant la manière d'opérer : on introduit par le trou d'homme 16 barriques, soit 4000 kilog. de gomme brute, et l'on ferme cette ouverture; on ouvre les robinets; la vapeur entre dans le serpentin, passe dans le double fond et s'échappe, avec l'eau condensée, par le robinet; à ce contact, la gomme fond peu à peu et sa fusion est complète après deux heures. A ce moment, on ouvre peu à peu les robinets des tubes injecteurs restés jusque-là fermés; la distillation commence et se manifeste par l'apparition du mélange d'eau et d'essence à la sortie du réfrigérant. Il faut bien ménager l'introduction de la vapeur, pour éviter l'entraînement de la matière. Pendant ce temps la vapeur ne cesse pas, d'autre part, de circuler dans le serpentin intérieur. Après huit heures, la distillation est terminée et l'alambic ne contient plus que des brais secs, gardant néanmoins encore un peu d'eau; on l'en dépouille complétement en continuant à faire passer la vapeur dans le serpentin, jusqu'à ce qu'il ne s'écoule plus d'eau par l'issue du réfrigérant.

T

TANNAGE. M. Knapp, qui a fait sur le tannage d'intéressantes recherches, pour arriver à formuler la théorie de cette opération si obscure jusqu'à ce jour, a mis hors de doute quelques principes fondamentaux que nous allons rapporter.

Le but qu'on se propose d'atteindre par l'opération du tannage est double. Il faut d'abord détruire autant que possible les tendances de la peau à se putréfier, puis faire que, lorsqu'elle se sèche, elle reste maniable, élastique.

C'est à tort que l'on veut considérer les opérations effectuées comme constituant seulement une véritable réaction chimique, que l'on veut voir dans la peau un corps s'unissant au tannin ou aux matières tannantes, et le comparer à la gélatine; on a été même jusqu'à dire que le cuir ordinaire est du tannate de gélatine, etc.

Il suffit de la simple discussion des faits connus pour démontrer combien cette manière de voir est éloignée de la vérité. D'abord, les os acidulés, qui donnent de la gélatine aussi bien que la peau, ne sont pas susceptibles de donner un produit qui, de près ou de loin, ressemble à du cuir, quelle que soit la quantité du tannin, quel que soit le temps du contact. Puis, les sels de fer et d'alumine qui tannent le cuir ne précipitent pas la gélatine; enfin, la graisse qui tanne parfaitement bien n'a aucun rapport avec le tannin.

Pour M. Knapp, la matière tannante a seulement pour fonction d'envelopper les fibres de la peau, de telle manière que leur adhérence devienne impossible, et que la peau conserve sa qualité maniable après la dessiccation, ou tout au moins puisse la retrouver par une action mécanique; ce qui est pour lui le vrai caractère du tannage. Pour démontrer sa proposition, il a institué une série d'expériences dans le but de tanner la peau sans l'emploi de substances tannantes.

En considérant que les filaments ne se collent que lorsqu'ils sont pénétrés par l'eau, il est arrivé à l'idée de mettre la peau détrempée en contact avec un liquide (l'alcool ou l'éther, par exemple) qui, chassant l'eau par endosmose, pût ôter par cela seul aux filaments cette propriété de se coller. Selon ses prévisions, il a obtenu par la seule action de l'alcool une peau mégissée bien blanche, d'une constitution telle, que tout praticien est forcé de la reconnaître comme peau mégissée. Or, c'est bien là le vrai cuir sans matières tannantes, qui dans l'eau redevient peau et par la cuisson se change en colle.

Cette dernière expérience prouve surabondamment que le tannage n'est pas une action chimique, que c'est une opération qui produit la conversion de la peau, que la dessiccation rendrait cornée, en une matière qui reste flexible, malgré la dessiccation. Quant aux autres qualités que le cuir peut prendre dans l'opération du tannage, telles que l'imputrescibilité, etc., on peut dire qu'elles ne sont pas absolument inhérentes à la nature du cuir; elles ne sont d'ailleurs que relatives, et on les obtient à des degrés variables, selon les produits employés et selon les épreuves que la peau doit subir.

On comprend qu'en outre du caractère de cuir, la peau reçoive de l'action des sels métalliques d'autres propriétés, qu'elle devienne, par exemple, relativement imputrescible; les sels d'alumine et de chrome étant des antiseptiques et formant d'ailleurs autour des filaments une enveloppe qui les préserve du contact de l'air et les rend moins hygrométriques. On comprend aussi qu'une peau soit plus ou moins bien tannée : ainsi, par exemple, il n'est pas plus difficile d'admettre qu'un cuir tanné *au tan* résiste mieux au carbonate de soude qu'un cuir préparé au tannin, que d'admettre qu'une matière tinctoriale (bon teint) tienne mieux à la matière qu'une autre (mauvais teint), sans que l'on veuille pour cela admettre deux modes d'action dans la teinture ou deux modes d'action des substances tannantes.

En dernière analyse : 1° le tannage n'est pas une opération chimique. Le cuir tanné n'est pas plus du tannate de gélatine que le cuir mégissé n'est une combinaison de gélatine avec le sous-sulfate d'alumine.

2° La preuve en est dans les faits suivants :

Certaines matières qui peuvent, comme la peau, se convertir en colle, ne donnent pas de cuir.

Les matières tannantes ne sont pas absorbées par la peau en proportions définies.

Les divers sels tannants ne s'unissent pas à la peau en raison de leur équivalent chimique.

Les sels tannants, le tannin lui-même, peuvent par des lavages être séparés du cuir, de manière que celui-ci redevienne peau.

Les corps gras qui n'ont aucun rapport avec les composés astringents tannent le cuir, et cela sous des poids minimes.

Les peaux peuvent acquérir les propriétés que donne le tannage sans l'emploi de composés tannants.

Enfin, des substances peuvent s'unir à la peau et la rendre imputrescible et non susceptible de former de la gélatine, sans pour cela lui donner les qualités du cuir.

Pour l'auteur, le cuir diffère de la peau sèche en ce que dans celle-ci les fibres sont adhérentes les unes aux autres, tandis que dans celui-là elles restent isolées les unes des autres; le rôle de la matière tannante est de produire et de maintenir cet isolement.

TÉLÉMÈTRES. A une époque où les armes à feu sont en quelque sorte les seules armes employées sur les champs de bataille, et où ces mêmes armes ont acquis une justesse de tir presque incroyable, le besoin s'est fait sentir de posséder des instruments qui permissent de déterminer la distance à un but, non-seulement rapidement, mais encore simplement et d'une façon suffisamment exacte.

Et d'ailleurs, un procédé de mesure rapide peut être utilisé avec avantage pour des études relatives à un avant-projet et serait assurément d'un grand secours pour les voyageurs qui ont à faire des levés chorographiques.

Ces différentes considérations, et surtout les deux dernières, nous ont décidé à donner un article sur les *télémètres* ou *télomètres*, c'est-à-dire sur les instruments servant à déterminer rapidement les distances.

Nous n'entreprendrons pas de décrire tous les télémètres imaginés jusqu'à ce jour : d'abord ce serait beaucoup trop long, vu leur nombre assez considérable; ensuite nous déclarons que beaucoup d'entre eux, bien qu'ingénieux, sont ou trop encombrants ou trop compliqués, pour que nous les portions à la connaissance de nos lecteurs; enfin il en est qui valent à peine une description.

Nous attirerons simplement l'attention sur deux télémètres, dont l'un a été inventé par le chef de bataillon du génie Goulier, et l'autre par le capitaine d'artillerie A. Gautier, inspecteur des études à l'École polytechnique.

L'instrument de M. Goulier s'appuie sur ce principe de trigonométrie : que dans tout triangle rectangle l'un des côtés de l'angle droit est égal à l'autre côté multiplié par la tangente de l'angle opposé ou par la cotangente de l'angle qu'il forme avec l'hypothénuse :

$$b = c \text{ tg. } B; \quad b = c \text{ cotg. } C.$$

Le *télomètre à prismes*, car tel est le nom que M. Goulier a donné à son appareil, repose sur l'emploi simultané de trois prismes en verre, dont deux agissent par réflexion et le troisième par réfraction.

Les deux prismes réflecteurs ont pour section celle qui est représentée fig. 1. L'angle A est de 90° et

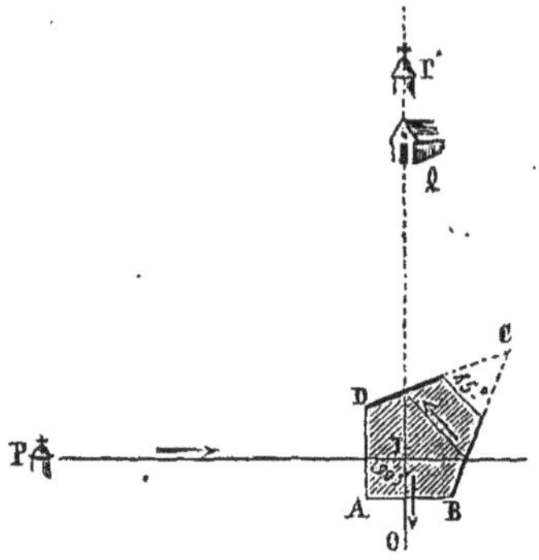

Fig. 1.

l'angle C de 45°. Les faces AB et AD sont transparentes, tandis que les deux faces CB et CD sont étamées. Il résulte de cette disposition que les rayons lumineux tels que PI, provenant d'un point P, prendront, après avoir été réfractés et réfléchis deux fois, une direction IO, qui formera avec PI un angle droit : en sorte que les rayons émergents IO sembleront émaner d'une image de P située en P", dans le plan qui serait mené par P, *normalement* aux génératrices du prisme. Si ce plan se trouve être précisément la base supérieure du prisme, l'œil placé en O, dans le plan de cette base, verra à la fois, à l'aide de rayons doublement réfléchis le point P en P", et directement le point Q. Et si ces deux points sont dans la même direction, c'est que l'instrument est au sommet d'un angle droit dont l'un des côtés passerait par le point P et l'autre par le point Q.

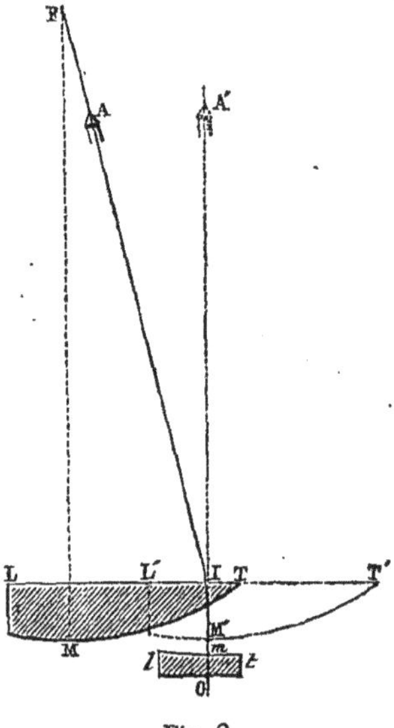

Fig. 2.

Le prisme réfracteur se compose de deux lentilles de même foyer (fig. 2) : l'une *lt* plane concave, et l'autre

LT plane convexe. Elles ont leurs faces planes parallèles et perpendiculaires au rayon visuel O*m*. Celle LT est mobile dans une coulisse et composée d'une longue bande, large d'un centimètre, taillée dans une grande lentille.

Ces deux lentilles ayant le même foyer permettent à l'œil placé en O de voir les objets comme il les verrait à travers un verre à faces planes. En outre, la lentille LT étant mobile, les objets sont vus là où ils sont réellement, lorsque les centres optiques M' et *m* des lentilles se correspondent, c'est-à-dire lorsque les faces planes et les faces courbes sont en même temps parallèles deux à deux, tandis que pour toute autre position de la lentille LT, le faisceau émané d'un objet A éprouvant une déviation, l'œil voit cet objet dans la direction OA', quand en réalité il est situé vers la gauche.

Le système des deux lentilles agit donc comme un prisme variable à faces planes, et les déviations AIA', que ce système produit, sont sensiblement proportionnelles aux déplacements MM' de la lentille convexe que M. Goulier appelle *lentille déviatrice*. Cette proportionnalité se démontre aisément si l'on remarque que l'angle AIA' est toujours assez petit pour que le déplacement rectiligne MM' soit sensiblement égal à l'arc MI compris entre FM et FI, F étant le foyer de la lentille LT, FM son axe principal, et FI le rayon visuel partant de l'œil O et aboutissant en F après avoir éprouvé une déviation à travers la lentille. On peut donc poser, sans erreur sensible,

$$\text{tg. déviation ou tg. F} = \frac{\text{MM}'}{\text{FM}}.$$

Décrivons maintenant le télomètre.

Il comprend deux instruments distincts A et B reliés par une chaîne *c* (fig. 3).

L'instrument A se compose d'un prisme réflecteur enveloppé dans le cube C auquel est adapté un viseur V muni d'un œilleton O. Par cet œilleton, grâce à la double réflexion, on voit devant soi les objets que l'on a à *sa droite* et dont les rayons lumineux entrent dans le cube par la fenêtre F. Au cube C se trouve adaptée, au moyen d'une charnière G, une plaque de voyant Y pourvue d'une ligne de foi correspondant au rayon visuel qui entre par l'œilleton O. Cette plaque est percée, suivant sa ligne de foi, d'une fenêtre F' qui permet à l'observateur de voir directement, et tangentiellement à la base horizontale du prisme, les objets situés devant lui. A la poignée P est fixée une bobine B, dans laquelle est enroulé, par le secours d'une manivelle *m*, un fil *f* long de 40 mètres. Un verrou K, situé sur le côté de cette bobine, peut, en s'engageant dans une sorte de navette placée au milieu du fil, réduire de moitié la longueur de la base que ce fil détermine. Un ressort-verrou *r* sert à fixer dans la position perpendiculaire au viseur V la plaque de voyant Y, laquelle, pour le transport de l'instrument, peut, en pivotant sur la charnière G, être rendue parallèle à ce même viseur.

L'instrument B comprend, ainsi que l'instrument A, une poignée P, un prisme réflecteur renfermé dans le cube C et recevant par la fenêtre F les rayons émanant de l'objet, un viseur V pourvu d'un œilleton O et d'une plaque de voyant Y percée d'une fenêtre (invisible sur la figure). La fenêtre F, par laquelle entrent les rayons lumineux, font voir, en avant de l'observateur, les objets situés à *sa gauche*. Le viseur V et le cube C peuvent pivoter sur la charnière G et être rendus, comme dans l'instrument A, parallèles à la plaque de voyant Y, afin de faciliter le transport. Un ressort *r* maintient dans la position qui convient aux opérations l'équerre E ainsi que le cube C et le viseur V qu'elle supporte.

L'instrument B possède en outre un prisme variable dont la lentille plan concave est maintenue dans une pièce de cuivre fixe *l* et dont la lentille déviatrice L est

Fig. 3.

adaptée dans un châssis M susceptible de se mouvoir latéralement dans une coulisse N. Le châssis M porte trois index *i*, *i'*, *i''* servant à faire les lectures sur trois échelles dont nous aurons occasion de parler tout à l'heure. Un ressort *r'* peut en s'abaissant permettre de retirer le châssis M de la coulisse N, lorsque cela est nécessaire pour le nettoyage. Un bouton molleté *m* sert à faire mouvoir le châssis dans la coulisse. Enfin, *q* est un porte-mousqueton auquel est adaptée la chaînette c qui retient le fil *f*.

Voyons maintenant comment on procède pour déterminer une distance A C (fig. 4).

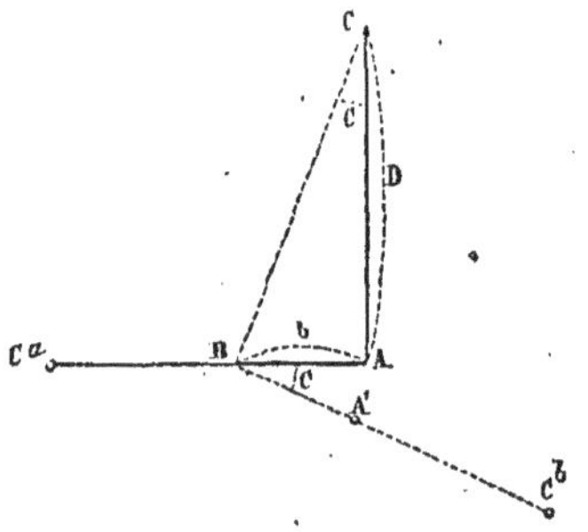

Fig. 4.

Deux observateurs A et B, portant chacun l'instrument de même nom que lui, concourent à l'opération. B s'éloigne d'abord de A, en suivant une direction AB sensiblement perpendiculaire à la distance à mesurer AC, puis il s'arrête en faisant face à A, à une distance réglée par la longueur du fil *f*. L'observateur A se déplace alors latéralement jusqu'à ce qu'il voie l'image doublement réfléchie C^a de C dans la direction de B, ce qui n'a lieu qu'au moment où l'angle CAB est droit. Dès qu'il est bien placé, il donne une légère secousse au fil *f* afin d'en avertir l'observateur B. En même temps celui-ci voit C^b, image doublement réfléchie de C, dans une direction perpendiculaire à CB, de sorte que l'on a

$$\text{angle } ABC^b = \text{angle } C.$$

Alors B déplace la lentille déviatrice jusqu'à ce que la ligne de foi du voyant A, qu'il aperçoit au travers d'elle, soit déviée en A' dans la direction BC^b, et il lit la distance qui convient à AC sur l'échelle convenable.

Les observateurs A et B peuvent, en répétant plusieurs fois de suite la même opération et en prenant une moyenne, obtenir un résultat plus exact.

Voici comment ont été tracées les trois échelles :

Voyons d'abord pour celles qui correspondent aux index *i* et *i'*. Or, nous savons que la déviation produite est égale à l'angle F (fig. 2). Soient *d* le déplacement donné à la lentille déviatrice pour produire une certaine déviation, *f* la distance focale principale de ladite lentille, D la distance à mesurer, et *b* la distance connue AB, laquelle peut être égale à 40^m ou 20^m selon la longueur de AC. On aura d'abord, comme nous l'avons vu,

$$\text{tg déviation} = \text{tg } C = \frac{d}{f};$$

mais le triangle ABC (fig. 4) donne

$$\text{tg } C = \frac{b}{D},$$

donc

$$\frac{d}{f} = \frac{b}{D} \quad \text{et} \quad d = \frac{bf}{D}.$$

Dans cette valeur de *d*, remplaçons *f* par la valeur $1^m,20$, et *b* par 40 ou 20, nous obtiendrons les deux formules

$$d = \frac{40^m \times 1^m,20}{D} = \frac{48^m}{D}, \text{ pour fil long,}$$

et $$d = \frac{20^m \times 1^m,20}{D} = \frac{24^m}{D}, \text{ pour fil court.}$$

C'est au moyen de ces deux formules, et opérant sur des distances D connues d'avance que l'on a pu graduer les deux échelles en question.

Quant à la troisième échelle, celle qui correspond à l'index *i''*, on a tracé quatre traits que l'on a marqués 20, 50, 100, 200, nombres correspondant aux cotangentes des déviations produites, lorsque l'on amène l'index *i''* en face d'eux.

C'est avec cette troisième échelle que l'on détermine les distances inférieures à 400 mètres, ces distances ne pouvant plus être mesurées au moyen des deux premières échelles. Cette impossibilité provient de ce que, la course maximum de la lentille déviatrice étant $0^m,06$, et la tangente de la déviation produite par ce déplacement maximum ayant conséquemment pour valeur $\frac{0,06}{1,20} = \frac{1}{20}$, la distance à mesurer ne peut pas évidemment être inférieure à 20 fois la petite base, ou 400 mètres.

Pour les distances moindres que 400 mètres, il devient donc nécessaire de diminuer la base. Voici alors comment on opère :

On place l'index *i''* en face de l'un des quatre traits, celui 50 par exemple, puis, sans changer la position de la lentille déviatrice, les deux observateurs se déplacent jusqu'à ce que chacun d'eux voie l'image doublement réfléchie du point C dans la direction du voyant de l'autre. L'angle C qui est égal à celui de déviation aura pour tangente $\frac{1}{50}$. La distance s'obtiendra donc en multipliant par 50 la distance qui sépare les deux instruments A et B, distance qui se mesure au moyen d'un ruban divisé dit *roulette*.

M. Goulier, après avoir fait différents essais sur les matières avec lesquelles on pouvait fabriquer le fil *f* qui relie les deux instruments, s'est arrêté au maillechort recuit. Le fil ayant alors $0^{mm},55$ de diamètre est suffisamment souple et résistant; en outre, il est inoxydable.

Nous ne nous étendrons pas davantage sur le télémètre à prismes. Nous renvoyons le lecteur qui désirerait en connaître plus à fond la théorie et l'emploi, à un mémoire que M. Goulier a fait paraître dans le tome III de la 2ᵉ série du *Mémorial de l'officier du Génie*.

Passons à l'instrument de M. A. Gautier, qu'il appelle *télémètre de poche*, à cause de sa petitesse qui permet de le mettre effectivement dans la poche. Il repose sur le principe suivant :

Soit AC (fig. 5) une distance à mesurer; prenons une base quelconque AB et formons le triangle ABC. Soit M un point pris sur le prolongement de la base; le triangle sera déterminé si l'on connaît les deux angles MAC, MBC et la base AB.

La différence de ces angles est égale à l'angle au sommet C du triangle ABC; et si ce triangle est rectangle en B, on aura

$$AC = \frac{AB}{\sin C}.$$

Si l'angle B diffère peu d'un angle droit, l'expression $\frac{AB}{\sin C}$ est encore très-sensiblement égale à la valeur de AC, ainsi que nous allons le démontrer.

Abaissons pour cela du point A une perpendiculaire AD sur BC; on a

$$AD = AB \cos BAD,$$

$$AC = \frac{AD}{\sin C} = \frac{AB}{\sin C} \cos BAD.$$

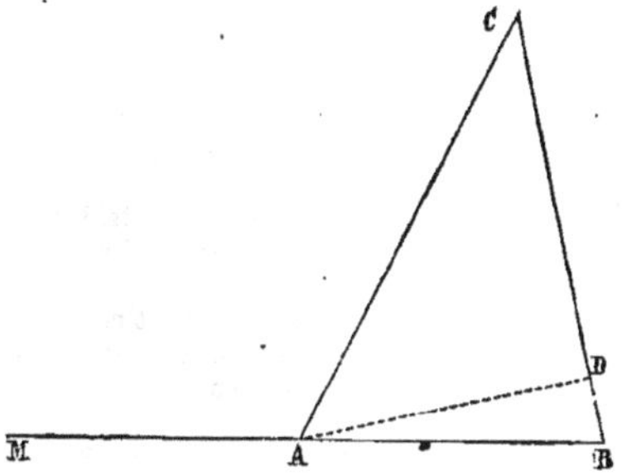

Fig. 5.

Cette dernière expression peut être mise sous la forme

$$AC = \frac{AB}{\sin C} - \frac{AB}{\sin C}(1 - \cos BAD).$$

Or, les tables des cosinus naturels donnent :

Cos 2° 30' = 0,999	1 — cos 2° 30' = 0,001
Cos 3 40 = 0,998	1 — cos 3 40 = 0,002
Cos 4 25 = 0,997	1 — cos 4 25 = 0,003
Cos 5 8 = 0,996	1 — cos 5 8 = 0,004
Cos 5 43 = 0,995	1 — cos 5 43 = 0,005
Cos 6 17 = 0,994	1 — cos 6 17 = 0,006
Cos 6 47 = 0,993	1 — cos 6 47 = 0,007
Cos 7 15 = 0,992	1 — cos 7 15 = 0,008
Cos 7 42 = 0,991	1 — cos 7 42 = 0,009
Cos 8 0 = 0,9903	1 — cos 8 0 < 0,01

Par ce tableau on voit que la direction de la base peut varier entre des limites assez étendues sans que l'expression $\frac{AB}{\sin C}$ diffère sensiblement de la valeur cherchée. D'ailleurs, l'instrument est construit de telle façon que l'angle BAD ne peut excéder 8 degrés.

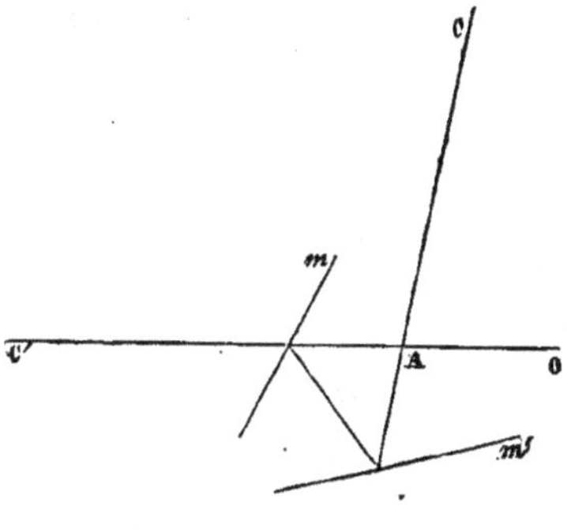

Fig. 6.

Soient maintenant deux miroirs *m* et *m'* (fig. 6) faisant un certain angle; l'œil d'un observateur placé en O verra dans la direction OC' l'image doublement réfléchie d'un point C, et si le plan de visée est perpendiculaire à l'intersection des miroirs, l'angle C'AC sera exactement double de l'angle des miroirs, ainsi que je l'ai déjà dit en parlant du sextant (voy. l'article INSTRUMENTS D'OPTIQUE, *Compl.*, auquel celui-ci peut faire suite).

Supposons ces miroirs disposés au point A (fig. 7), et

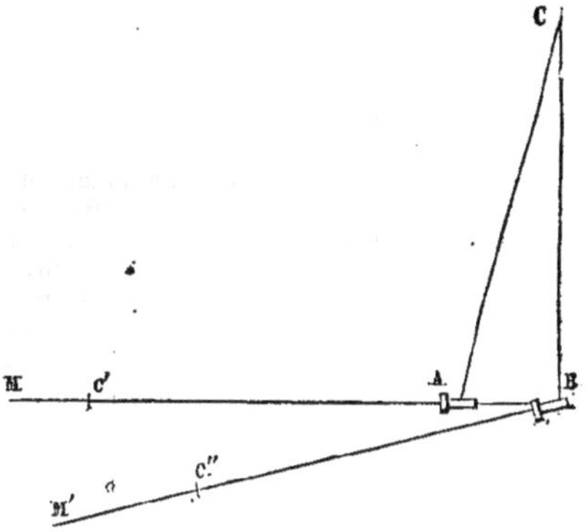

Fig. 7.

soit M un point fixe sur la direction AC'; transportons les miroirs sans changer leur angle en un point B de la direction MA prolongée, nous verrons actuellement l'image du point C en C'', de telle sorte que l'angle C''BC sera égal à l'angle C'AC et que l'angle C'BC'' sera égal à l'angle C du triangle ABC. Si maintenant par un procédé quelconque on amène l'image du point M, en la déviant, en M' sur la direction BC'', on pourra déterminer la valeur de $\frac{1}{\sin C}$.

Le télémètre de poche de M. Gautier se compose d'un petit tube cylindrique dans lequel sont disposés (fig. 8)

Fig. 8.

deux miroirs formant entre eux un angle d'environ 45 degrés, qu'on peut faire varier entre certaines limites, en agissant sur l'un d'eux par une vis dont la tête est placée extérieurement, afin de diriger l'image réfléchie d'un point C sur un point M. En arrière des miroirs, et dans un anneau qui peut tourner autour du tube, est fixé un prisme réfracteur dont le déplacement modifie la direction de l'image de l'objet M que l'on voit à travers. A la partie antérieure de l'instrument se trouve une petite lunette à l'aide de laquelle on voit en même temps les objets qui sont devant soi et ceux que l'on a à sa droite : les premiers à travers le prisme et par-dessus l'un des miroirs, les derniers par double réflexion.

L'anneau mobile peut faire tourner le prisme d'une demi-circonférence, ce qui correspond à un déplacement de l'image du point M, vers la gauche, d'environ 3 degrés. Cet anneau porte une graduation qui indique, en face d'un index fixe, les valeurs de $\frac{1}{\sin C}$ correspondant aux diverses grandeurs de la rotation effectuée; ces grandeurs sont inscrites à partir de la position initiale du prisme et dans l'ordre décroissant depuis l'infini jusqu'à 20.

La rotation de l'anneau mobile est toujours au moins quatre-vingts fois plus grande que celle du miroir mobile du sextant, pour une même variation de l'angle observé: c'est cette propriété qui permet de faire les lectures avec précision et facilité.

Pour opérer avec cet instrument, voici comment on procède :

On commence d'abord par tourner l'anneau mobile de façon à amener le prisme dans sa position initiale, et à placer le mot infini en face de l'index. On se pose alors en A (fig. 7); et, en faisant tourner le miroir mobile, on amène l'image du point C dans la direction du point M. Ensuite on se transporte en B sur la direction MA ; l'image du point C ne sera plus sur la direction BM. On tourne alors le prisme jusqu'à ce que le point M paraissant se déplacer vienne sur la nouvelle direction BC" de l'image du point C. On lit sur l'anneau la valeur de $\frac{1}{\sin C}$ correspondant au mouvement qu'on lui a imprimé, et on la multiplie par la base AB pour avoir la longueur BC.

Il résulte des soixante-douze observations faites par une commission, que l'erreur que l'on commet avec cet instrument ne dépasse pas 0,033, c'est-à-dire 33 mètres par 1000 mètres. Cette erreur peut diminuer d'une manière assez notable si l'instrument est entre les mains d'une personne exercée.

Lorsque l'emplacement dont dispose l'opérateur ne permet pas de prendre une base supérieure au centième, une opération simple ne donnerait pas une approximation suffisante, mais on peut alors avoir recours à la méthode de la répétition, qui donne les résultats les plus satisfaisants.

L'opération consiste, dans ce cas, en une série de visées faites des deux extrémités de la base qui, pour plus de simplicité, doit être autant que possible exprimable par un nombre entier; à l'une des extrémités on ramène la coïncidence, à l'aide du bouton molleté, à l'autre en tournant l'anneau portant le prisme réfracteur.

Il est clair qu'au bout de deux *n* visées, on aura multiplié par *n* l'angle sous-tendu par la base, ou, ce qui revient au même, on se sera placé dans les conditions d'une base *n* fois plus grande.

Nous ne craignons pas de dire que le télémètre de poche est préférable au télomètre à prismes : d'abord un seul observateur suffit; il est plus maniable; il fournit *peut-être* des résultats plus exacts; enfin il permet d'opérer plus rapidement.

Ces deux instruments sont en ce moment soumis à l'examen d'une commission qui doit décider celui que l'on emploiera définitivement dans les corps spéciaux de l'armée. ÉM. LEJEUNE.

THERMOMÈTRE. Le thermomètre est l'instrument qui a pu permettre d'arriver à la découverte de toutes les lois qui règlent les phénomènes calorifiques, c'est-à-dire à la série la plus importante des découvertes des temps modernes en introduisant, dans leur étude, la possibilité de *mesurer* et par suite d'établir des lois. Il doit être défini l'instrument qui sert à la mesure des températures; on ne peut donc, comme on le fait trop souvent, définir la température par le nombre de degrés de thermomètre, ce qui est un cercle vicieux; la mesure d'un phénomène n'en est pas la définition.

L'idée de température qui est implicitement contenue dans la première notion que notre esprit se forme quand nous percevons les phénomènes de la chaleur, est une idée première qui ne peut pas plus se définir que le temps en mécanique, mais nous pouvons définir l'égalité de température comme l'égalité de temps, ce qui doit nous conduire, dans un cas comme dans l'autre, à constituer l'unité, à obtenir la mesure.

Les premiers phénomènes que l'expérience nous montre comme intimement liés aux températures, sont la variation du volume des corps et l'échauffement d'un corps froid en contact avec un corps chaud. On doit donc établir :

1° Qu'un corps placé dans des conditions identiques de tout point, par rapport à sa distance d'un corps échauffé, à la pression, s'il s'agit d'un gaz, etc., a une même température.

2° Que la température des deux corps est la même, si, étant rapprochés l'un de l'autre, ils n'éprouvent aucun changement.

3° Que s'ils éprouvent des changements, l'un se refroidissant pendant que l'autre s'échauffe, ils arriveront à l'égalité de température.

Ces premières déductions parfaitement certaines des effets les plus généraux et les mieux constatés de la chaleur permettent d'établir un instrument servant à constater les *différences* de température des deux corps; pourra-t-il fournir leur *rapport*, leur *mesure*? En effet, le corps type, que l'on comparera à un autre corps, ayant un certain volume lorsqu'il est en contact avec lui, en raison de sa température, en indiquera une plus élevée lorsqu'il prendra un plus grand volume au contact d'un autre corps. On ne pourra conclure de la variation de volume du corps étalon qu'une différence, mais non un raport, à moins d'avoir constaté la proportionnalité des variations de volume et des variations de température.

Admettons cette condition remplie, elle ne permettra pas seule de passer à l'étude des phénomènes calorifiques; il faudra, comme dans la mécanique où la mesure des vitesses est tout à fait insuffisante et doit, pour arriver à la constitution de la science, être complétée par celle du travail, des forces vives, dépasser la notion de température, employer celle-ci à déterminer la quantité de chaleur contenue dans un corps à une température donnée, à l'aide de sa *chaleur spécifique*. C'est à l'aide de celle-ci que l'on obtient l'unité complète, dont la constitution était indispensable pour constituer la théorie de la chaleur sur des bases inébranlables.

L'établissement d'un thermomètre convenable nécessite la constitution d'une échelle de variation de volume, de degrés proportionnels aux échauffements et aux quantités de chaleur du corps type. Supposons, pour le moment, cette condition remplie pour les liquides par des degrés égaux représentant l'excédant de leur dilatation sur celle de l'enveloppe de verre qui les renferme, et décrivons la construction de cet appareil le plus simple et presque le seul qu'il soit nécessaire d'employer dans les applications.

Thermomètre à mercure. — Inventé, suivant les uns, par Galilée, selon d'autres par Drebbel, médecin hollandais, perfectionné par les académiciens de Florence et surtout par Newton qui l'améliora en montrant la nécessité d'introduire dans son échelle de graduation des points fixes, on voit que le thermomètre est né du concours des fondateurs de la physique moderne qui comprenaient la nécessité d'introduire un moyen de comparaison, de mesure, au milieu des phénomènes calorifiques, pour arriver à la découverte de leurs lois. Il consista d'abord en un simple tube cylindrique renfermant de l'esprit-de-vin ou du mercure. Mais cette forme n'étant pas susceptible de donner une grande sensibilité à l'instrument, on souda bientôt à l'extrémité du tube un réservoir dont les dimensions soient considérables relativement au diamètre du tube, ce qui rend les variations du liquide beaucoup plus sensibles. Telle est la forme adoptée.

1. *Construction du thermomètre à liquide.* — La construction du thermomètre se réduit à un petit nombre d'opérations. Il faut préparer le tube, intro-

duire le liquide, régler la course de l'intrument, le fermer et le graduer.

Les tubes de thermomètres doivent avoir un diamètre intérieur très-petit, et qui soit partout le même, afin que des longueurs égales correspondent à des volumes égaux. Pour vérifier si cette dernière condition est remplie, on fait passer dans l'intérieur du tube que l'on veut employer une petite colonne de mercure de 1 ou 2 centimètres de longueur ; ensuite, par une inclinaison convenable, ou par une légère pression que l'on peut exercer à l'aide d'une poire de gomme élastique, on fait marcher cette colonne dans le tube jusqu'à ce qu'elle en ait parcouru toute l'étendue : si, dans chaque position, elle occupe la même longueur, on est sûr que le tube est partout d'un égal diamètre. On soude alors à l'une des extrémités du tube (voir SOUFFLER LE VERRE) un réservoir cylindrique ou sphérique, et à l'autre un réservoir ouvert.

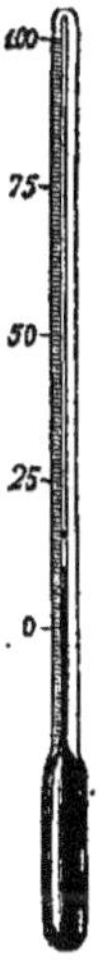

3735.

Pour introduire le liquide dans la capacité inférieure, on le met d'abord dans le réservoir supérieur, puis on chauffe le réservoir inférieur afin d'en dilater l'air qui sort en bulles à travers le liquide; par le refroidissement, l'air intérieur diminue d'élasticité, et la pression atmosphérique pousse le liquide dans le réservoir; dès qu'il y en a quelques gouttes, on les chauffe jusqu'à l'ébullition; l'air est complétement chassé par les vapeurs qui remplissent bientôt toute la capacité de la boule et du tube, et en laissant refroidir, on est presque assuré de les remplir tous deux entièrement. Si cela n'avait pas lieu, on recommencerait l'opération. Le liquide introduit, on le fait bouillir à la fois dans le réservoir inférieur, dans le tube et dans le réservoir supérieur, afin de le purger entièrement d'air.

La thermomètre étant à une température suffisante pour remplir le tube, on en présente l'extrémité du tube au dard de la lampe d'émailleur, et on le ferme.

2. *Points fixes.* — Si l'on plonge un thermomètre construit comme on vient de le dire, et que nous supposerons fait avec du mercure, dans un vase plein de glace très-froide, placé dans une salle un peu chaude, on remarque qu'à mesure que la glace s'échauffe sans se fondre, l'instrument indique, par ses dilatations successives, ces accroissements de chaleur; mais dès que la glace commence à fondre, il devient stationnaire, et conserve son état tant que celle-ci n'est pas tout à fait fondue. Cependant l'air extérieur étant plus chaud que la glace et que l'eau résultant de la fusion, il est clair qu'il leur communique continuellement de la chaleur; et puisque le thermomètre ne l'indique point, c'est une preuve qu'elle ne lui parvient pas. Elle est donc employée tout entière à fondre la glace que l'eau contient; et sa disparition a lieu ainsi, jusqu'à ce que le mélange renfermé dans le vase soit entièrement liquide. Alors seulement la chaleur communiquée à l'eau se transmet au thermomètre.

Si l'on continue à chauffer, le thermomètre continue à monter jusqu'à ce que l'eau soit arrivée à l'ébullition. Quelque chaleur que l'on applique ensuite au vase, tant que toute l'eau n'est pas vaporisée, le thermomètre ne varie plus. Ici donc toute la chaleur introduite dans l'eau est employée à la vaporiser, de même que toute celle qu'on a introduite dans la glace fondante est employée à la fondre. Lorsque l'eau est convertie en vapeurs, si l'on bouche le vase qui la renferme et que l'on continue à le chauffer, le thermomètre indique des températures continuellement croissantes, et cela indéfiniment.

3. *Graduation du thermomètre centigrade.* — Ces deux températures, considérées dans l'eau, se nomment respectivement *température de la glace fondante* et *température de l'eau bouillante ;* on les emploie à la graduation des thermomètres. A cet effet, on place l'instrument à graduer, successivement et en entier, dans de la glace fondante et dans de l'eau bouillante, et l'on marque sur le tube par un trait fin, fait à l'encre de Chine, ou plutôt avec la pointe d'un diamant, l'extrémité de la colonne mercurielle qui correspond à chacune de ces températures; on divise ensuite l'intervalle compris entre les points ainsi obtenus en 100 parties égales, et l'on a les *degrés.* On marque les degrés, soit sur le tube, soit sur une échelle particulière qui l'accompagne; on cote l'échelle en écrivant 0 au point qui correspond à la glace fondante et 100 à celui de l'eau bouillante; et l'on continue d'ailleurs à diviser et à numéroter, tant au-dessous de 0° qu'au-dessus de 100°, en profitant de l'étendue que présente le tube au delà de chacun de ces points.

Les températures de la glace fondante et de l'eau bouillante étant les bases de la graduation des thermomètres, il est très-important d'examiner si elles sont parfaitement constantes, ou si quelques causes accidentelles peuvent les faire varier.

Causes qui influent sur la température de la glace fondante. — D'abord, en commençant par la température de la glace fondante, il est nécessaire de remarquer qu'il ne faut pas la confondre avec celle de l'eau qui commence à se geler ; l'eau, en effet, peut être refroidie jusqu'à 6° ou même jusqu'à 12° au-dessous de zéro sans cesser d'être liquide ; par conséquent la température à laquelle elle se gèle ne peut pas être regardée comme fixe.

Il n'en est pas de même de la température à laquelle la glace et la neige se fondent : celle-ci est constamment la même, pourvu que l'eau qui a donné cette neige ou cette glace soit pure, car l'eau chargée de sels fond à des températures beaucoup plus basses.

Causes qui influent sur la température de l'eau bouillante. — Il y a beaucoup plus de variations dans le terme de l'ébullition de l'eau. D'abord il faut exclure l'eau chargée de sels; car elle bout à des températures qui varient avec la nature et la quantité des sels qu'elle contient[1]. Mais même en se servant d'eau pure, on n'obtient pas l'ébullition aux mêmes points du thermomètre, quand la hauteur de la colonne barométrique, c'est-à-dire la pression de l'air, n'est pas la même dans les divers essais : la température de l'ébullition augmente ou décroît avec la pression qui répond à la pression moyenne de l'atmosphère au niveau des mers. Lorsqu'on règle des thermomètres sous une pression différente de $0^m,76$, il est nécessaire de faire subir à la graduation une correction dépendante de cette différence de pression. On y parvient au moyen du résultat suivant, fondé sur l'observation que, dans le cas où la pression barométrique ne diffère pas beaucoup de $0^m,76$, une augmentation ou une diminution de $0^m,0254$ dans cette pression répond exactement à 1° de l'échelle centésimale dans la température de l'ébullition de l'eau ; c'est-à dire, par exemple, que si la pression, au lieu d'être $0^m,76$, est de $0^m,7346$, le terme de l'ébullition, au lieu d'être à 100°, répond à 99°; de manière que si l'on veut régler un thermomètre dans cette circonstance, et qu'on ait marqué le point d'ébullition, ainsi que celui de la glace fondante, il fau-

[1] M. Rudberg a reconnu que si les sels influent sur le point d'ébullition de l'eau, ils ne modifient aucunement la température de la vapeur ; par suite, le point 100 est parfaitement exact en faisant plonger le thermomètre dans une étuve pleine de vapeur à la pression atmosphérique.

THERMOMÈTRE.

dra diviser l'intervalle correspondant en 99 parties, pour avoir des degrés centésimaux, ou pour que le thermomètre marque 100° dans l'eau bouillante, quand le baromètre sera à 0m,76. Le contraire arriverait si le baromètre était à 0m,7854 ; alors le terme de l'ébullition serait à 101 degrés ; il faudrait donc diviser en 101 parties l'intervalle compris entre ce point et celui de la glace fondante.

4. *Thermomètre de Réaumur.*—La division centésimale du thermomètre n'est pas la seule qui soit employée. Quelques physiciens se servent d'une division en 80 parties, due à Réaumur, et qui porte son nom ; mais puisque la graduation ne sert qu'à marquer des fractions de la dilatation totale, on conçoit que cette division, comme toute autre, ne saurait empêcher tous les thermomètres d'être comparables entre eux et avec les thermomètres centigrades.

Comme 80 degrés Réaumur valent 100 degrés centigrades, ce qui donne pour un degré Réaumur 10/8 du degré centigrade, il suffit, pour traduire un nombre de degrés de Réaumur en degrés centésimaux, de le multiplier par 10/8. Réciproquement, un nombre de degrés centésimaux étant donné, on le convertira en degrés Réaumur en le multipliant par le rapport 8/10.

5. *Thermomètre de Farenheit.* — On se sert en Angleterre d'une division imaginée par Farenheit, dans laquelle le terme de la glace fondante est marqué 32, et le terme de l'eau bouillante 212. L'intervalle de ces deux termes se trouve donc divisé en 180 parties égales. Ainsi, chaque degré Farenheit vaut 10/18 ou 5/9 du degré centésimal, et il vaut 8/18 ou 4/9 du degré de Réaumur. Ces données suffisent pour pouvoir comparer les températures exprimées suivant ces différents modes de division.

6. *Manière de calibrer les tubes des thermomètres.* — Nous avons supposé jusqu'ici les tubes des thermomètres parfaitement cylindriques ; mais il n'en est point qui soient tels dans la réalité ; il est même fort rare de trouver un tube qui soit cylindrique dans une étendue seulement de quelques centimètres. Il s'ensuit que tandis que dans un thermomètre dont le tube est supposé parfaitement cylindrique, les degrés, égaux en longueur, correspondent tous à des volumes égaux ; dans un tube irrégulier, au contraire, une division en parties égales ne peut plus correspondre à des volumes égaux. Mais l'on conçoit que cet inconvénient disparaîtra, si l'on peut opérer la division du tube en degrés d'égal volume ; or, voici comment on y parvient.

L'intérieur des tubes étant conique, par suite de leur fabrication même, on doit déterminer, en mesurant la place qu'occupe aux extrémités du tube une même colonne de mercure, la loi suivant laquelle on doit faire varier la longueur des divisions, ce que rend facile dans la pratique l'emploi moderne de machines à diviser dans lesquelles le traçoir est mû par une vis que fait tourner un système de roues, d'engrenages à denture très-fine.

7. *Altération que les thermomètres subissent avec le temps.* — La qualité du verre de l'enveloppe est encore une cause de variation très-importante, surtout si l'on a donné trop peu d'épaisseur à la boule du réservoir, en vue de rendre le thermomètre plus impressionable aux variations de température. L'élasticité, la résistance des réservoirs aux pressions croissantes ne reste plus la même et souvent n'est plus comparable pour deux instruments. C'est par le déplacement du zéro que ces phénomènes se manifestent.

On a observé, en effet, que le zéro des thermomètres à mercure surtout, qui sont ceux dont on fait un plus fréquent usage, s'élève avec le temps, comme si la boule devenait plus petite. Ce fait montre qu'il faut vérifier souvent la graduation de ces instruments.

8. *Thermomètre métastatique de M. Walferdin*, permettant de mesurer avec beaucoup d'exactitude de petites différences de température.

Il est souvent nécessaire de mesurer une température avec une très-grande exactitude, avec l'approximation d'un centième de degré, par exemple. Dans ce cas, l'usage du thermomètre ordinaire est très-incommode, si ce n'est impossible, les degrés devant être très-espacés. Il en résulterait pour l'instrument, surtout s'il devait contenir les deux points extrêmes 0 et 100, une longueur excessive. On peut bien remplacer l'échelle thermométrique par une série de plusieurs instruments ; mais pour peu que les degrés aient un centimètre d'écartement, le nombre des thermomètres serait assez considérable pour qu'une telle collection devînt très-coûteuse. M. Walferdin a proposé de mesurer, avec un seul instrument dont les degrés n'auraient pas moins de plusieurs centimètres, toutes les températures comprises entre la congélation et l'ébullition du mercure. Son thermomètre *métastatique* (fig. 3736) est un thermomètre à mercure ordinaire, dont la partie supérieure est terminée par une pointe effilée et ouverte qui pénètre dans un réservoir contenant du mercure.

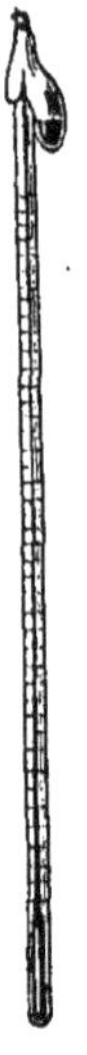

3736.

Cette disposition permet de faire à volonté sortir du mercure de la tige ou de l'y faire rentrer, et, par suite, d'employer le même instrument pour toutes les températures.

La quantité de mercure, dont la dilatation est mesurée par le thermomètre métastatique, varie avec la température à laquelle on opère. La valeur de la division change donc à chacune de ces températures ; c'est pourquoi ces instruments ne peuvent être gradués immédiatement en degrés thermométriques. Ils portent une échelle arbitraire dont on détermine la valeur à chaque expérience.

Ce thermomètre servira pour déterminer une température maximum lorsque, plongé dans un milieu chaud, partie du liquide se déversera dans le réservoir. Il suffira pour la déterminer de le replacer dans un liquide dont la température sera mesurée par un thermomètre ordinaire, et de l'échauffer jusqu'au point où le déversement commençait dans le thermomètre métastatique.

THERMOMÈTRE À AIR. — L'emploi de la dilatation des gaz pour mesurer les températures offre cet avantage pratique que cette dilatation étant très-grande, l'influence de la variation de l'enveloppe est comparativement nulle. De plus, la grande distance qui sépare les températures à mesurer du point de liquéfaction des gaz permanents rend infiniment probable la proportionnalité de leurs degrés, l'égalité des quantités de chaleur qui correspondent à des accroissements de volumes égaux.

M. Regnault qui, après Dulong et Petit, a repris l'intéressante question du thermomètre à air par voie expérimentale, ayant reconnu que la meilleure disposition du thermomètre à air, pour un chauffage égal, était celle qui consistait à lui conserver un volume constant, et par suite à augmenter la pression dans le manomètre à mercure dans lequel aboutit le tube très-fin qui part du réservoir d'air, il s'est posé cette question : Des thermomètres à air, chargés avec de l'air à des densités très-différentes, sont-ils comparables entre eux, et des thermomètres à gaz, chargés avec des gaz de nature différente, marchent-ils d'accord entre eux, lorsqu'ils sont réglés entre les points fixes de 0 à 100 degrés ? Voici les conclusions auxquelles il arrive :

1° L'air atmosphérique suit la même loi de dilatation depuis 0 jusqu'à 350 degrés, lors même que sa force élastique initiale à zéro varie depuis $0^m,4$ jusqu'à $1^m,3$.

2° L'air atmosphérique et le gaz hydrogène possèdent entre 0 et 350 degrés sensiblement la même loi de dilatation.

3° Les chaleurs spécifiques de ces gaz simples, pour une même dilatation, sont égales pour des volumes égaux.

On est donc fondé à admettre la proportionnalité des effets calorifiques avec le nombre des degrés mesurés avec le thermomètre à air et le considérer comme l'instrument essentiel pour des recherches très-précises. Son emploi étant bien moins commode que celui du thermomètre à mercure, il semble que l'on pourrait ramener la graduation de ce dernier à correspondre avec celle du thermomètre à air, au moyen d'une correction convenable. Malheureusement, les différences de nature et de dilatation des verres de compositions diverses ne permettent pas de fixer cette correction d'une manière générale. C'est ce que prouve la table suivante établie par M. Regnault; elle ne commence qu'à 100 degrés parce que, jusqu'à ce point, les deux genres d'instruments s'accordent ou ne diffèrent que de quantités trop petites pour pouvoir être mesurées.

TEMPÉRATURES du thermomèt. à air.	TEMPÉRATURES DU THERMOMÈTRE A MERCURE.		
	Cristal de Choisy-le-Roi.	Verre ordinaire.	Verre vert.
100°	100°	100°	100°
110	110,05	109,98	110,03
120	120,12	119,95	120,08
130	130,20	129,91	130,14
140	140,29	139,85	140,21
160	160,52	159,74	160,40
180	180,80	179,63	180,60
200	201,25	199,70	200,80
250	253,00	250,05	251,85
290	295,10	290,80	293,30
300	305,72	301,08	
350	360,50	354,00	

On voit que, si ce n'est lorsque l'on s'approche du point d'ébullition du mercure, les différences sont encore assez petites pour être négligeables dans la plupart des applications.

Au moyen de quelques points de fusion parfaitement certains et fixes, comme ceux fournis par la glace et la vapeur d'eau, par exemple, la fusion de l'étain, de la cire, l'ébullition de l'ammoniaque liquéfié, on pourrait établir une table de correction et faire de bonnes observations avec un thermomètre quelconque, gradué d'une manière arbitraire. Cette méthode d'observation analogue à plusieurs méthodes employées dans divers cas fournirait le moyen d'obtenir des nombres exacts avec des instruments médiocres, en se débarrassant de la difficulté d'exécuter et de conserver dans l'état initial des instruments parfaits.

Thermomètres a solides. — Les dilatations des solides étant minimes, et par suite les observations de leur allongement étant difficiles, ces corps ne sauraient être substitués dans la pratique pour constituer des thermomètres aux liquides dont l'effet se multiplie en raison du rapport de la capacité du réservoir et de l'échelle, et par suite il n'y a pas à s'occuper du plus ou du moins de régularité de leur dilatation aux diverses températures.

Un curieux système, d'une grande impressionnabilité, a été combiné par Breguet, sous le nom de thermomètre métallique. Il est fondé sur l'inégale dilatation des métaux à cet effet formé de trois lames superposées de platine, d'or et d'argent. Elles sont soudées ensemble avant d'être passées au laminoir pour ne former qu'un ruban métallique très-mince qui a une grande surface et peu de masse; on le contourne en hélice pour multiplier la déviation angulaire qu'il peut produire, et qui est indiquée par une aiguille légère suspendue à une extrémité, tandis que l'autre est fixée à un support, comme le montre la figure 3737. L'argent, qui est le

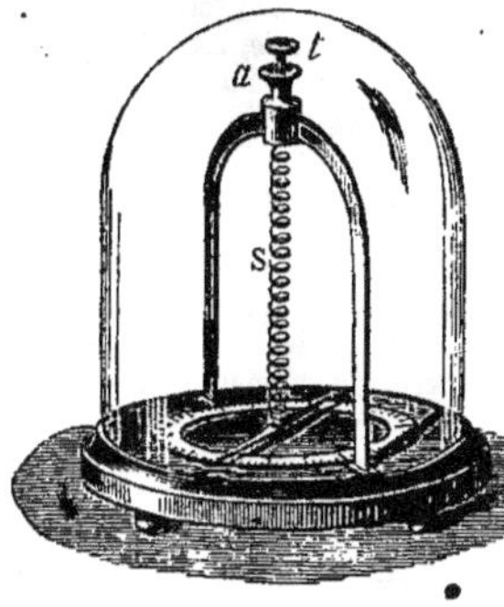

3737.

plus dilatable des métaux employés, forme la face intérieure de l'hélice; le platine, qui est le moins dilatable, est à l'extérieur, et l'or est entre les deux; sa dilatation moyenne entre les deux autres empêche les ruptures. Lorsque la température s'élève, l'argent se dilatant plus que le platine et l'or, l'hélice se déroule. L'effet inverse a lieu lorsque la température baisse. Les degrés de cet appareil ne sont pas comparables entre eux; il doit être gradué à l'aide d'observations simultanées d'un thermomètre à mercure.

TIROIRS ÉQUILIBRÉS. Comme s'il ne devait laisser rien d'incomplet dans sa machine à vapeur, dit M. Tresca dans un excellent rapport à la Société d'encouragement que nous reproduisons ici, Watt s'était tout d'abord rendu compte des inconvénients qu'entraînait la pression de la vapeur sur les tiroirs, et il n'a jamais construit que des tiroirs équilibrés. La vapeur se rendait d'abord dans un coffre qui régnait sur toute la longueur du cylindre; elle s'introduisait par les lumières, et à sa sortie du cylindre elle était d'abord recueillie dans les extrémités des boîtes à tiroir, maintenues en communication constante entre elles et avec le condenseur.

Le conduit qui établissait la communication entre les deux extrémités se trouvait par conséquent plongé dans la vapeur d'admission, et rempli avec la vapeur d'échappement se rendant au condenseur. Les pressions déterminées dans tous les sens, pour chacune de ces deux vapeurs, se trouvaient respectivement équilibrées d'elles-mêmes, par cela seul que leur action s'exerçait dans tous les sens, à l'intérieur comme à l'extérieur, sur toute la surface latérale du conduit cylindrique. Les communications entre les trois chambres de la boîte à tiroir étaient interceptées au moyen de garnitures demi-cylindriques sur le côté opposé à l'admission, et du côté des orifices d'admission par les lèvres mêmes du tiroir.

Sans qu'il soit possible d'indiquer d'une manière certaine les motifs qui conduisirent plus tard les constructeurs à disposer leur échappement dans le milieu du cylindre et non plus vers les extrémités, on peut dire cependant que cette disposition a le mérite d'éviter un contact trop prolongé du conduit d'échappement avec le cylindre et, par conséquent, de diminuer les condensations résultant de ce contact.

L'admission ayant lieu désormais par les extrémités

TIROIRS ÉQUILIBRÉS.

de la boîte à tiroir, on a trouvé plus commode, pour les machines à pression moyenne, de couvrir les orifices par une coquille qui, dans toutes les machines actuelles, constitue le tiroir proprement dit, et de faire arriver librement la vapeur dans la boîte au-dessus de cette coquille.

La boîte à vapeur de Watt se composait de trois chambres isolées par une garniture et disposées à la suite l'une de l'autre dans le sens de l'axe du cylindre et des mouvements du tiroir. La boîte à vapeur, généralement adoptée aujourd'hui, se compose de deux chambres dont la séparation n'est établie que par la surface frottante du tiroir.

Cette disposition très-simple, avantageuse sous le rapport du refroidissement qu'on évite à l'échappement, ne présentait aucun inconvénient sérieux, tant qu'elle s'appliquait à de petites machines fonctionnant à pression modérée, avec faible recouvrement des bandes du tiroir, et qui exigent par conséquent un faible déplacement de cet organe.

Tant que les machines puissantes étaient pour la plupart à basse pression, on s'est très-peu occupé, pour les autres, qui étaient généralement de puissance faible, de la dépense de travail que la pression exercée sur la coquille pouvait entraîner. Aussi les essais de tiroirs équilibrés furent-ils pendant longtemps peu nombreux, quoique l'on doive citer la distribution de la première machine de Taylor et Martineau, au moyen de pistons mobiles dans une boîte de tiroir cylindrique représentée fig. 3738 et 3739.

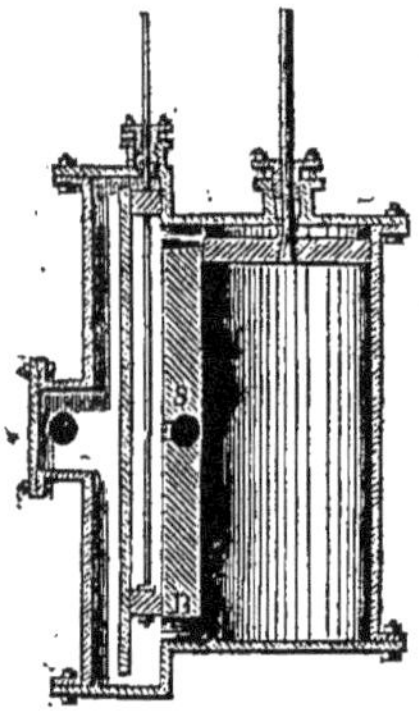

3738.

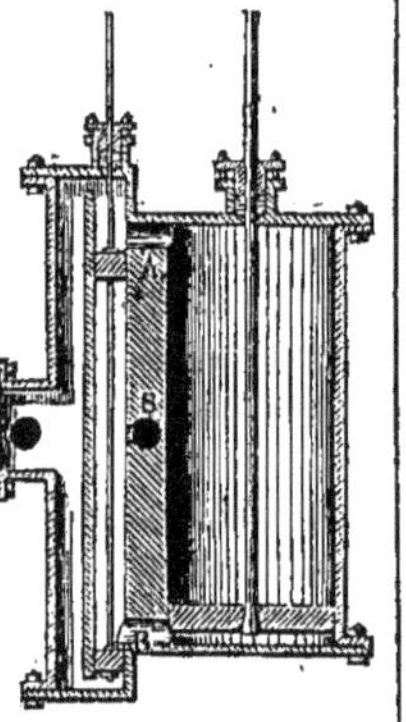

3739.

Dans les vingt dernières années, surtout depuis le développement des lignes de fer, la pression de la marche a successivement été portée de 2 à 8 atmosphères; la détente variable, pour être obtenue simplement par un seul tiroir, est venue exiger un élargissement notable dans les bandes des tiroirs, et par conséquent une course plus grande dans leurs mouvements. La pression sur la coquille devenant plus considérable en même temps que le chemin parcouru, la distribution a consommé des quantités notables de travail dans les machines puissantes, et la question des tiroirs équilibrés est devenue d'un grand intérêt. Aussi le nombre des dispositions proposées est-il chaque jour plus considérable, et parmi les derniers pouvons-nous citer les distributions à cylindres à garnitures métalliques, les plaques glissant entre deux plans parallèles, les tiroirs déchargés au moyen de la pression même de la vapeur par des pistons et bielles, etc.

Si nous cherchons à analyser les effets du frottement, nous trouvons que le travail consommé par le frottement du tiroir s'élève à 10 ou 12 chevaux-vapeur, pour une machine Crampton marchant à 180 tours par minute. En effet, sur un tiroir dont la coquille a une surface de $0,285 \times 0,360$ ou 1,026 centimètres carrés, l'effort en kilogrammes pour une pression de 8 atmosphères doit être évalué à $1,026 \times 1,033 \times 8 = 8,478$ kilogrammes.

Ainsi chaque tiroir résiste comme s'il était chargé d'un poids de 8,500 kilog., et le déplacement simultané de deux tiroirs équivaut à celui d'une charge de 17,000 kilog.

Le rapport du frottement à la charge pour des surfaces onctueuses, fonte sur fonte, ne saurait être moindre que 0,15 ; l'effort à exercer pour déterminer le déplacement des tiroirs serait donc $0,15 \times 17,000 = 2,250$ kilog.

Il est vrai que par suite du découvrement des lumières, par suite des dispositions prises pour que dans la plupart des positions la vapeur pénètre sous une partie de la plaque du tiroir, par suite aussi de la contre-pression exercée sous la coquille, cet effort n'est pas constant, et en tenant compte de ces éléments on peut évaluer que sa valeur moyenne est réduite à 1,800 kilog.

Le chemin parcouru par cette résistance étant $0^m,08$ au minimun pour chaque course sera mesuré par $60 \times 0^m,08 = 0^m,48$ par seconde pour trois tours, et par conséquent le travail dépensé par seconde pour cette cause aura pour expression 1,800 kilogrammètres $\times\ 0^m,48 = 864$ kilogrammètres, c'est-à-dire 12 chevaux-vapeur environ.

Cette perte, relativement considérable, n'est cependant que le moindre des inconvénients de la pression exercée sur les tiroirs ordinaires, et c'est surtout aux manœuvres de changement de marche que son influence est grave.

On sait, en effet, que c'est en agissant sur le levier de mise en marche que le mécanicien, par l'intermédiaire de la coulisse, doit placer le tiroir de manière à marcher en sens contraire; cette manœuvre est surtout importante en cas de danger, et il faut qu'elle soit effectuée promptement.

Si nous consultons le *Guide du mécanicien conducteur de locomotives*, relativement à la distribution d'une machine Crampton, nous voyons que le changement de marche est obtenu par un déplacement de $1^m,50$ à l'extrémité du bras du levier.

La résistance moyenne étant de 1,800 kilog. et le chemin parcouru de $0^m,08$, on peut en conclure que l'effort moyen à l'extrémité du levier sera

$$\frac{1,800 \times 0,08}{1,50} = 96 \text{ kilog.}$$ L'entier déplacement des tiroirs exigera un travail total de $1,800 \times 0,08 = 144$ kilogrammètres.

Ces chiffres indiquent assez combien la manœuvre est pénible, et pourquoi il est impossible qu'elle soit faite avec la promptitude que des circonstances graves peuvent exiger. Sans doute, en faisant, au préalable, fermer le régulateur on peut décharger les tiroirs, mais il en résulte une perte de temps qui peut être d'une extrême gravité.

Tout ceci montre bien l'importance de l'emploi des tiroirs équilibrés dans les locomotives, tant au point de vue de la perte du travail en marche courante, qu'au point de vue des accidents à prévenir; il est inutile d'ajouter que des efforts aussi considérables ne peuvent manquer de hâter l'usure des pièces et d'amener une prompte destruction des organes intéressés au mouvement des tiroirs.

Le tiroir équilibré de M. Jobin ressemble beaucoup, quant aux principes, au tiroir de Watt, si ce n'est que l'admission de la vapeur a lieu par les extrémités, l'échappement par la partie moyenne. Les deux chambres extrêmes sont mises en communication par un canal cylindrique percé dans la longueur du tiroir; l'isolement des différentes chambres est obtenu par le frottement du tiroir lui-même contre les parois de la boîte.

Dans les machines de Watt, ce contact est assuré par deux garnitures en chanvre, épousant la forme demi-cylindrique du tiroir; dans la disposition actuelle, il résulte de la juxtaposition des parois fixes de la boîte et des parois mobiles des bandes du tiroir, dont la forme générale est celle d'un prisme triangulaire à section équilatérale.

La disposition représentée figure 3740 réalise donc ces deux conditions particulières :

1° Suppression de la garniture, et frottement direct

3740.

des surfaces métalliques dans les machines à haute pression.

2° Section triangulaire de la pièce mobile des tiroirs.

En ce qui concerne la suppression de toute garniture, l'expérience a prouvé qu'elle était possible puisque ces nouveaux tiroirs se sont maintenus, au chemin de fer de l'Est, pendant cinq, six ou huit mois, dans un excellent état d'entretien, durée que les tiroirs ordinaires sont loin d'atteindre en service courant.

Quant à la forme de la section, le constructeur paraît y avoir été conduit par le désir de n'employer que des surfaces planes bien dressées, qui lui permettent de régler facilement le degré de serrage et, par conséquent, d'éviter l'usure qui serait la conséquence inévitable d'un ajustage trop serré.

Le tiroir de Watt, comme celui-ci, était équilibré par rapport aux pressions qui pouvaient s'exercer tout autour du tiroir, à l'intérieur et à l'extérieur; il ne l'était pas par rapport à la pression exercée à travers des lumières sur les bandes du tiroir, puisque aucune pression ne venait la contre-balancer; cette pression était supportée par les garnitures du dedans au dehors. M. Jobin l'a également éliminée d'une manière simple au moyen d'une rainure transversale, faite dans tout le pourtour intérieur de la boîte, en face des lumières d'introduction. Cette rainure est toujours une communication avec les lumières, parce que celles-ci dépassent légèrement les limites latérales des bandes du tiroir, et de cette disposition il résulte que la compensation a toujours lieu, même pendant la période de détente.

Quelques personnes ont pu craindre que les tiroirs, maintenus comme dans des glissières au contact du plan des lumières, n'amenassent, dans certaines circonstances, des ruptures : on comprend, en effet, que le soulèvement des tiroirs peut être nécessaire toutes les fois qu'on oublie de purger les cylindres, parce qu'alors l'eau condensée, ne pouvant s'échapper par les lumières, devra faire bélier contre les fonds des cylindres lorsque les pistons viendront en contact. L'expérience a prouvé qu'aucun accident de cette nature ne s'est produit; il est moins à craindre sur les locomotives que sur toute autre machine, par cela seul que la température est plus élevée et que l'on purge souvent. Mais, à supposer que, dans d'autres cas, cette prévision s'accomplit, on y échapperait certainement, comme le faisait Watt dans ses premières machines, en plaçant sur les cylindres eux-mêmes des soupapes de sûreté.

Ajoutons enfin que le déchargement des tiroirs permet au constructeur l'éloignement des lumières et, par suite, la diminution des espaces nuisibles, et une meilleure utilisation du travail de la vapeur.

TISSAGE DES ÉTOFFES FAÇONNÉES. Le savant général Piobert, qui connaît aussi bien les procédés des industries qui s'exercent dans la ville de Lyon, dont il est originaire, que les théories de l'artillerie auxquelles il a fait faire tant de progrès, a consigné, dans le rapport du jury de l'Exposition universelle de 1855, le résumé suivant, d'une netteté parfaite, des découvertes successives accomplies dans les moyens de fabrication des étoffes façonnées; découvertes qui ont singulièrement contribué à l'admirable développement de notre belle industrie des soies.

Dès le milieu du siècle dernier, on avait généralement reconnu tout ce que la perfection des étoffes de soie devait à l'incessante activité, aux soins infatigables des fabricants de Lyon : goût exquis, élégance et richesse dans les dessins, légèreté, délicatesse et variété dans les compositions, fraîcheur et harmonie dans les couleurs, tout était répandu avec profusion dans leurs admirables productions. Cet état brillant est encore celui de nos jours. Si cette partie importante de la fabrication, objet constant de tant de soins, obtient depuis si longtemps un tel succès, il n'en a pas toujours été de même pour les moyens mécaniques employés au tissage, que la routine a souvent fait négliger. En effet, pendant plus de deux siècles, nous voyons mettre en usage, pour tisser les plus belles étoffes, le métier connu des Chinois depuis des milliers d'années, modifié seulement dans une de ses parties. La modification apportée vers 1606 consistait à ramener horizontalement, au moyen des poulies d'un cassin, les cordes de rame qui primitivement étaient verticales et soulevées par un deuxième ouvrier placé au-dessus du métier; par suite, cet ouvrier, nommé tireur des lacs et placé sur le côté du métier, dut agir au contraire de haut en bas sur le rame, soit directement au moyen des cordes de lisage, soit par l'intermédiaire d'un ou de plusieurs samples, systèmes de cordes descendant verticalement dans un même plan jusqu'au sol où elles étaient fixées. Cette dernière disposition, dite *grande-tire*, permit d'augmenter presque indéfiniment le nombre de lacs ou la hauteur et les couleurs du dessin. Avec la première disposition, dite *petite-tire*, on put bien accélérer le travail en facilitant le tirage par l'emploi de boutons agissant sur les cordes de lisage et placés sous une planche à portée du tireur (1620-1625); mais la confusion des cordes dans le corps de lisage, diminuée, il est vrai, par les dispositions ingénieuses de Galantier, de Blache et de Talandier frères, n'en subsistait pas moins encore pour les grands dessins. Aussi l'emploi de ce système fut toujours assez restreint; il le fut davantage lorsque les petites mécaniques, comme celles de Ponson et de Verzier, qui dispensaient d'un tireur de lacs, prirent un peu d'extension et qu'on parvint, au moyen de cette dernière, à exécuter avec la plus grande facilité des dessins qui avaient cent vingt cordes ou ligatures, et deux cent quatre-vingt-huit coups de hauteur. Quant aux autres mécanismes inventés pour remplacer le tireur, ils ne purent jamais entrer dans la pratique : tels furent les métiers à clavier, à tambour ou cylindre d'orgues, à cylindres percés ou avec relief, à bec de cane, à chapelet; enfin, les inventions tant vantées de Regnier aîné (1755), de Fleury-Dardois (1776) et de Perrin (1778), de Paulet (1777) et de Claude Rivey (1779).

Cependant, on avait trouvé depuis longtemps un procédé qui devait un jour l'emporter sur tous les autres, et être universellement employé pour toutes les espèces de tissus façonnés : l'idée de Basile Bouchno (1725), bientôt fécondée par le chef d'atelier Falcon, mettait entre les mains des ouvriers le moyen le plus propre à soustraire les métiers de grand façonné à la complication inextricable des nœuds et des cordes, en substituant à chaque lac une bande de carton percée de trous en des points déterminés par le dessin et enlacée avec ses voisines, de manière à former une surface continue et flexible. Chaque corde de sample, ou mieux encore chaque corde de rame ramenée verticalement sur le côté du métier au moyen d'un double cassin, était fixée, par son extrémité inférieure, à un long crochet vertical en fil de fer passé dans la boucle d'une aiguille horizontale ; les crochets étaient placés sur plusieurs rangs, et les aiguilles disposées en autant de couches superposées les unes aux autres; le tireur, étant assis, présentait successivement chaque bande de carton aux extrémités des aiguilles, pour repousser celles qui ne correspondaient pas aux trous; puis il enfonçait une pédale qui faisait descendre, au moyen d'une griffe, les crochets déplacés par ces aiguilles; c'était à très-peu près la mécanique en usage actuellement, en la supposant renversée.

Un transport de lisage avec perçage accéléré des cartons était la seule chose qui restât à trouver, afin de diminuer la dépense et le temps nécessaire au montage des dessins. Ce ne fut qu'après vingt années de recherches (1748) que Falcon arriva à perfectionner son métier et à compléter son œuvre, en inventant la machine à lire et à percer les cartons au moyen d'une transmission d'emporte-pièces et de plusieurs abatages successifs, procédé qui resta un secret de famille jusque dans ces derniers temps. Malgré tous les avantages des mécaniques à la Falcon, qui portaient 200, 400 et même 600 crochets, malgré le privilége que leur accorda, en 1744, le règlement sur les manufactures, il n'y en eut jamais plus de cent; quelques-uns de ces métiers travaillaient encore à Lyon en 1817.

A peu près à l'époque de ces perfectionnements, c'est-à-dire il y a plus d'un siècle, Vaucanson, qui avait inventé le premier métier mécanique pour les étoffes unies (1745), essaya également de supprimer le tireur de lacs. A cet effet, il se rapprocha du métier primitif des Chinois, en supprimant cordes de rame, sample et cassin; puis, plaçant sur le métier, sens dessus dessous, la mécanique de Falcon, il remplaça le tireur par un mécanisme de son invention; mais il eut le tort d'abandonner la série ou chaîne de bandes de carton de cet inventeur; ou plutôt d'en revêtir un cylindre en bois également percé de trous. Ce cylindre effectuait à chaque coup ou descente de la marche un petit mouvement de rotation, et avait en même temps, au moyen d'un chariot, un mouvement horizontal de va-et-vient, pour présenter successivement de nouvelles rangées de trous aux aiguilles des crochets et repousser ceux de ces derniers qui ne devaient pas être enlevés par la griffe.

Cinquante années s'écoulèrent sans que ce métier, exposé d'abord dans la collection du grand mécanicien, puis au Conservatoire des arts et métiers, fût employé ou imité. Ce ne fut qu'après avoir pris un brevet de dix ans, *le 23 décembre 1801, pour une machine destinée à suppléer le tireur de lacs dans la fabrication des étoffes brochées et façonnées*, mécanique analogue à celle de Verzier, que Jacquard, venu à Paris, en 1803, pour présenter son métier à fabriquer le filet de pêche, eut l'idée très-simple de rétablir, sur le mécanisme de Vaucanson, la séparation des bandes de carton de Falcon qui fonctionnaient parfaitement à Lyon depuis soixante-quinze ans, et dont l'application sur un cylindre limite toujours beaucoup trop le nombre des lacs ou la hauteur du dessin. Mais cette simple réunion ou plutôt juxtaposition de deux inventions, dont l'une n'était jamais entrée dans la pratique, ne put marcher couramment dans les ateliers que lorsque le mécanicien Breton l'eut sensiblement améliorée, 1° en s'associant, vers 1805, avec Jacquard pour inventer les élastiques des aiguilles, en remplacement des talons des crochets, retirer les repères de la planche aux aiguilles et les placer sur chacune des quatre faces du cylindre, afin de mieux diriger le développement des cartons ; 2° en imaginant bientôt, lui seul, de renfermer les élastiques dans une boîte et, vers 1807, de substituer un battant ou balancier au chariot de Vaucanson ; 3° en adaptant, au commencement de 1815, une presse à la griffe pour écarter le battant à la levée et le rapprocher à la descente, de manière à serrer le cylindre contre la machine afin de repousser les aiguilles ; 4° enfin en construisant, dès 1812, une machine à transporter le lisage des dessins sur les cartons ; puis en inventant, vers 1816, sa machine à lire et à percer les cartons dans un système analogue à celui de Falcon, mais perfectionné. Alors seulement la mécanique dite *à la Jacquard* put devenir d'un usage avantageux dans la pratique, et l'adoption de ce métier, qui d'abord avait été très-lente, devint bientôt générale : là commence une ère nouvelle pour la fabrication de toutes les espèces de tissus façonnés.

Ce grand progrès ne fut obtenu, on le voit, qu'après beaucoup d'hésitation et de longs tâtonnements, quoique tous les éléments du système fussent connus depuis longtemps; ce fut faute de coordonner ensemble ces éléments, et de les simplifier en les adaptant les uns aux autres, qu'on resta tant d'années pour atteindre le but; mais simplifier c'est le lot du génie, tandis que le vulgaire croit inventer lorsqu'il multiplie outre mesure des moyens très-ordinaires. Combien de fois n'a-t-on pas pris de fausses directions, et même rétrogradé, pendant ces quatre-vingts années de tentatives diverses, avant d'arriver à la véritable solution! Falcon trouva d'abord de nombreux contradicteurs ; un seul fabricant le soutint vigoureusement; plus tard il fut approuvé, puis imité par Vaucanson dans le métier qui supprimait le tireur de lacs; mais ce grand mécanicien faillit lui-même faire reculer la question, faute de bien connaître les besoins de la fabrication des étoffes façonnées, en fixant les bandes de carton de Falcon sur un cylindre qui n'aurait pu convenir tout au plus que pour l'exécution de petits dessins.

Trente années plus tard, un homme qui eut dans son temps une certaine renommée pour les améliorations qu'il apporta à la grande-tire, de Lasalle, se trompa également, mais en sens contraire, dans la croyance que le progrès consistait à faciliter les moyens d'augmenter indéfiniment le nombre des cordes de rame et celui des coups de hauteur des dessins. On monta, à cette époque, des grandes tires à trois mille deux cents cordes de rame et à quatre-vingts samples; mais, à peine montés, ces immenses appareils furent abandonnés; quelques-uns même n'ont jamais rien exécuté, et ces essais infructueux furent bientôt complétement oubliés. Le progrès n'était pas là; ce ne fut qu'une leçon achetée chèrement par la fabrique de Lyon.

Ces alternatives presque périodiques, ces aberrations qu'on serait tenté de juger sévèrement aujourd'hui, qui tantôt font négliger les procédés les plus avantageux, et tantôt jettent dans l'emploi exagéré des moyens ordinaires, sont peut-être plus près de se renouveler qu'on ne le pense. Voyons ce qui s'est passé de nos jours.

Les observateurs qui ont suivi pendant les cinquante années écoulées depuis Jacquard et les premiers travaux de Breton les états successifs par lesquels le tissage des étoffes de soie façonnées a passé, ont pu remarquer combien les époques de progrès ont été courtes et rares; le temps pendant lequel la fabrication a été stationnaire ou même rétrograde, relativement aux perfectionnements rapides des autres tissus, a occupé la presque totalité de ce demi-siècle. Cependant le commencement de cette longue période avait été fécond en améliorations de toute espèce, et la fabrique de Lyon avait fait d'immenses progrès dus aux travaux des Dutilleu, des Camille Beauvais, des Charles Depouilly et Schirmer; mais, comme les faveurs de la fortune n'avaient pas été en rapport avec la grandeur de ces efforts, une excessive prudence a empêché la plupart de leurs successeurs de pousser plus avant, et les a fait errer timidement sur le terrain conquis par ces hardis pionniers. Pourtant les inventeurs et les inventions n'ont pas fait défaut depuis lors; mais chaque fabricant a plus visé au certain qu'au progrès, et a surtout redouté les chances des essais que demande toujours une invention, une innovation quelque légère qu'elle soit.

Cette indifférence dans le choix des meilleurs procédés à employer pour la fabrication des étoffes de soie façonnées se prolonge encore, et ce qui se passe à présent en donne une nouvelle preuve; car, si nous consultons les faits, nous voyons M. Meynier, déjà connu par d'ingénieuses et utiles inventions, imaginer en 1850 (brevet du 7 février 1851) un nouveau montage de métier pour les grands dessins dans lesquels la découpure se fait par plusieurs fils à la fois; montage très-avantageux, sous le rapport de la composition des dessins, pour opérer tous les effets de trame et qui dispense des lisses de rabat, dont l'emploi énerve la chaîne, complique et ralentit le tissage. La chambre de commerce de Lyon et vingt-cinq fabricants achètent le brevet, en 1852, pour que tous puissent profiter de ce grand perfectionnement. Qu'arrive-t-il? Depuis plus de trois années que l'emploi du procédé de M. Meynier est facultatif, deux maisons seulement adoptent et mettent en pratique ce montage de métier, tandis que les autres s'en tiennent aux anciens errements pour obtenir les grands façonnés; il en est même qui pensent arriver ainsi à des produits exceptionnels, et que, pour cela, il suffit de multiplier les procédés ordinaires de fabrication sans craindre d'augmenter outre mesure les embarras du tissage. Cette mauvaise direction, dans laquelle on se laisse entraîner par la routine, n'a pas d'issue; on sera bientôt acculé dans cette voie et forcé de rétrograder; l'histoire de la fabrique de Lyon a montré, on l'a vu, de tels exemples dans le siècle dernier.

Ce n'est pas la première fois qu'on a fait fausse route en prenant des tours de force pour des progrès; ils éblouissent la foule, il est vrai; mais bientôt ces fantômes brillants disparaissent, entraînant avec eux les industriels qui se sont lancés à leur poursuite. Le prix de revient étant alors hors de proportion avec l'objet fabriqué et avec ce qu'il est raisonnablement possible d'admettre dans le commerce, le produit ne peut entrer dans la consommation. Le progrès n'est pas encore là, et les hautes récompenses distribuées à l'industrie devraient tomber ailleurs; par exception, cela eût-il lieu, le jury manquerait complétement à sa mission, s'il laissait croire à un encouragement de sa part à suivre cette fausse direction, en ne récompensant pas, au moins au même degré, ceux qui marchent résolûment dans la voie du progrès; cette voie ne saurait être autre que la recherche des procédés les plus simples, ou les plus faciles à employer pour arriver à chaque espèce de produits, même aux plus beaux, afin d'en étendre l'utilité, d'en modérer les prix et, par suite, d'en augmenter la consommation.

Métier F. Durand. — Nous ferons suivre cette intéressante notice de quelques mots sur une tentative d'un grand avenir due à l'ingénieux M. F. Durand, pour produire, dans des conditions tout à fait semblables à celle de l'espoulinage, les tissus façonnés les plus compliqués, et cela en s'appuyant uniquement sur le métier à la Jacquard. Les tentatives faites jusqu'ici reposent, en général, sur des appareils connus sous le nom de *battants-brocheurs;* mais, comme ils ne peuvent exécuter que des dessins disposés d'une manière spéciale et qu'ils exigent le concours d'ouvriers intelligents et habiles, leur usage présente de la lenteur et occasionne en partie les frais qu'entraîne le travail des Orientaux.

Ce qui caractérise, au contraire, l'invention capitale de M. Durand, c'est de n'entrelacer le fil de couleur, destiné aux effets façonnés ou modelés, qu'au point où il doit apparaître, sans que le travail soit plus difficile et que le métier présente plus de complication qu'un métier ordinaire à la Jacquard. Loin de modifier celui-ci, l'inventeur a eu l'heureuse inspiration d'en étendre les services en le chargeant de nouvelles fonctions. A la série des crochets ordinaires, destinés au mouvement des fils de la chaîne, pour livrer passage à la trame dans une direction uniforme et continue d'une lisière à l'autre, M. Durand ajoute une autre série de crochets, destinés à faire pour la trame ce que ceux du système Jacquard n'ont exécuté jusqu'ici qu'en vue de la chaîne.

Ces crochets pour le service de la trame portent, à l'extrémité inférieure, une petite bobine. Lorsqu'une couleur est demandée en un point quelconque, le crochet avec la bobine de la couleur demandée s'abaisse spontanément à l'endroit convenable. Supposons, par exemple, que six fils, sur une chaîne de mille, doivent être entrelacés par un fil de couleur quelconque, ces fils seront soulevés comme à l'ordinaire par le mécanisme Jacquard, et en regard du premier de ces six fils, à une hauteur correspondante au plan passant par le milieu de l'angle formé par ces fils et ceux de la chaîne restés immobiles, le même mécanisme et le même carton qui a fait soulever ces six fils feront abaisser 1° un crochet-bobine avec la couleur voulue; 2° un second crochet-bobine vide après le sixième fil. Les choses étant en cet état, une navette, modifiée dans ses détails, est chassée comme à l'ordinaire; seulement cette navette n'a pas de cannette à son départ et n'est pas chargée de trame, attendu que dans sa course elle enlève la bobine du crochet qui l'attend et développe ce fil jusqu'à ce qu'elle rencontre le second crochet-bobine vide qui lui reprend la bobine, puis les deux crochets remontent spontanément à leur position initiale. Ces mouvements de la navette des crochets-bobines, de la livraison et de la reprise de celles-ci ont lieu avec une rapidité et une précision vraiment merveilleuses. Pour simplifier l'exposé et faire saisir le principe, nous n'avons parlé que d'un élément; leur nombre, on le conçoit, pourra se multiplier autant que de besoin.

Ce qui est important à signaler dès aujourd'hui, c'est l'apparition d'un système nouveau qui fractionne les effets de trame et permet d'entretenir sur la même ligne et dans la même direction, d'une manière contiguë et avec une solidité irréprochable, une infinité de petites trames de couleur, ce qui était impossible jusqu'à ce jour.

Cette invention paraît destinée à doubler la puissance du métier Jacquard, et datera sans doute comme celle qu'elle vient compléter.

TOURS COMPOSÉS ET MACHINES A GRAVER ET A SCULPTER. Le savant Poncelet, dans son admirable étude sur l'histoire des inventions industrielles depuis la fin du siècle dernier, a repris la question des tours composés qu'avaient obscurcie, comme à plaisir, nombre d'auteurs d'énormes volumes remplis d'une foule de choses, sauf de l'exposé des principes mêmes sur lesquels reposent ces appareils. Il l'a élucidée, en la traitant en maître, et a encore rendu là un service à ceux qui sont heureux de profiter des excellentes leçons qu'il a su donner sur toutes les parties de la mécanique industrielle, qui feront vivre son nom attaché au grand développement que cette science a reçu de nos jours. Nous lui emprunterons la majeure partie de cette étude en cherchant à en rendre la conception facile par des figures et des descriptions des principaux appareils.

§ 1er. TOURS ET MACHINES A ÉQUIPAGES MOBILES.

Le tour usuel à pointes et poupées-supports fixes, le tour à mandrin et à collets ou lunettes d'appui, qui se réfèrent plus particulièrement à la rotation des corps autour d'un axe fixe ou changeant; les divers chariots mécaniques, les chariots à va-et-vient cheminant sur galets, rails ou coulisses, qui, d'autre part, se réfèrent plus spécialement au glissement, à la translation rectiligne ou curviligne ; les tours et les chariots, dis-je, considérés isolément, soit comme porte-objets destinés à être façonnés diversement, soit comme porte-outils coupant, rabotant, rodant, sciant, etc.; les tours et les chariots enfin, tantôt simples, tantôt combinés entre eux ou avec eux-mêmes, constituent les instruments de travail par excellence, des outils pour ainsi dire universels. Ce sont surtout des instruments de précision pour dresser les surfaces planes ou cannelées, façonner les corps ronds et même les surfaces obliques ou rampantes autour d'un axe rectiligne. Ces dernières surfaces, en effet, bien que privées du caractère rigoureux de symétrie qu'on observe dans les corps de révolution, n'en sont pas moins susceptibles d'être exécutées avec régularité et promptitude au moyen des organes élémentaires dont il vient d'être parlé, aidés de dispositions plus ou moins savantes et délicates, qui se laissent apercevoir dans les machines à raboter à mortaiser, perforer, polir ou dresser; dans les machines à scier, débiter les pierres ou les bois en dalles, en planches plus ou moins minces; mais plus particulièrement encore dans les tours à guillocher, graver et sculpter, nommés *tours à combinaisons*, *à portraits* ou *figurés*.

Ces derniers tours, munis de mandrins porte-objets, comme le *tour en l'air* proprement dit, s'en distinguent, on le sait, non-seulement parce que le mandrin n'y est point simplement fixé au bout ou *bec* de l'arbre tournant, et comporte quelquefois une combinaison de pièces nommées *ovales*, *excentriques*, pour sculpter, tailler les objets suivant des formes elliptiques et épicycloïdales, mais en ce que l'arbre lui-même est susceptible de se mouvoir longitudinalement ou par glissement dans ses collets à poupées-supports fixes, ou transversalement et parallèlement, avec ces collets et leurs poupées, par glissement, translation directe ou rotation sur un châssis-support à charnières inférieures, elles-mêmes fixes. A cet effet, les tours dont il s'agit comportent extérieurement ou intermédiairement, tantôt à l'extrémité opposée de l'arbre, tantôt transversalement à sa direction, des repoussoirs formés jadis de contre-poids, aujourd'hui principalement de ressorts qui obligent cet arbre à s'appuyer sans cesse par une touche émoussée, soit contre des plans obliques ou des surfaces taillées en hélice, pour exécuter des surfaces rampantes, biaises, torses, etc., soit contre des gabarits à couronnes de champ, à rosettes ondulées latéralement ou extérieurement ; et qui, montés transversalement sur l'arbre même du tour, obligent le mandrin à subir divers mouvements indépendants de celui de sa rotation propre, en face de l'outil tranchant dont les biseaux variés, à support intérieur ou latéral immobile, parcourent l'objet, le taillent suivant des contours ou des formes nommés proprement *guillochis*.

Mais ces différents tours, qui rentrent tous essentiellement dans la catégorie de ceux à combinaisons, ne sont pas uniquement employés pour l'exécution rigoureuse de formes mathématiquement définies; ils le sont encore pour le tracé, la copie et la réduction de figures artistiques, sur le plan ou le relief, au moyen de procédés qui constituent de véritables transformations géométriques de ces figures, et nécessitent, par là même, des transformations correspondantes du mouvement, rentrant plus spécialement dans le domaine de cette partie de la science que notre illustre Ampère a nommée *Cinématique:* transformations et combinaisons qui, à dater du quinzième siècle, ont aussi exercé le génie inventif du grand peintre Léonard de Vinci et des célèbres académiciens ou géomètres de Lahire, de Lacondamine et Clairaut. C'est que, en effet, ces tours et leurs analogues offrent un sujet intéressant d'études pour la richesse et l'élégance des solutions géométriques auxquelles ils donnent lieu, et qui se rattachent, comme on sait, à l'antique problème des épicycles, des courbes mécaniques et des mouvements relatifs sur le plan ou dans l'espace.

Le tour, envisagé dans son primitif état de simplicité, celui où une pièce déjà dégrossie ou arrondie, tournée par une impulsion plus ou moins directe, sur des appuis fixes horizontaux ou verticaux, en présence et sous l'action lente d'un outil que l'ouvrier transporte, promène successivement le long d'un support fixe, parallèle à l'axe de rotation; dans cet état de simplicité, dis-je, le tour a dû être connu dès la plus haute antiquité, et c'est ce qu'attesteraient, au besoin, divers passages de Vitruve, en tant qu'il s'agisse d'instruments à travailler les objets de petites dimensions. Mais s'en servait-on également pour arrondir le fût de certaines colonnes monolithes, les arbres de moulins ou enfin les vases précieux que nous ont légués les Grecs, les Romains, les Chinois même des époques contemporaines? Cela est tout aussi probable, pourvu encore qu'il s'agisse d'outils, de procédés mécaniques analogues à ceux généralement employés aujourd'hui dans l'art du charpentier, du marbrier ou du potier; soit que d'ailleurs la pièce elle-même tourne sous l'impulsion directe de manivelles à bielle, ou de tiraudes à main, de roues, de volants à pédales, etc.; soit qu'au contraire cette pièce restant fixe, l'outil soit dirigé au moyen d'un châssis à gabarit, à profil tournant sur l'axe de symétrie de cette pièce.

Quant aux tours figurés et à combinaisons, nécessaires pour exécuter les surfaces rampantes, excentriques, ovales, à guillochis, etc., leur usage ne doit guère remonter au delà du quinzième siècle, où le célèbre Léonard de Vinci, suivi à un siècle de distance par le Lyonnais Jacques Besson et par Salomon de Caus, l'ingénieur français des princes palatins, y ajouta divers perfectionnements ou artifices auxquels le célèbre mathématicien et médecin Jérôme Cardan lui-même n'aurait point été étranger, d'après les auteurs italiens, et qui prouvent tout au moins qu'on avait senti dès le seizième siècle le besoin de découvrir quelque procédé mécanique pour exécuter sur le tour les objets d'une forme différente de celles des corps de révolution, notamment les surfaces rampantes et à sections elliptiques quelconques.

Au surplus, la plupart des tours à combinaisons, avec axes et mandrins diversement mobiles et tels qu'on en employait dans les deux derniers siècles, ces tours rentrent dans la classe de ceux qui étaient bien plutôt destinés à exercer la patience de nos ancêtres qu'à développer leur industrie manufacturière ou artistique, et, si l'on en juge par les modèles exposés au Conservatoire des arts et métiers, ainsi que par les planches des ouvrages de Plumier, de Bergeron et du tome X (1772) de la grande *Encyclopédie*, il est tout au moins douteux qu'ils aient appliqué le tour rampant à d'autres matières que l'ivoire, le buis, etc., dans des proportions naturellement très-petites; ce qui doit s'entendre également des tours à rosettes et à couronnes servant à guillocher, et où l'on employait exclusivement les supports à outil fixes. On peut voir dans ces ouvrages ce qu'étaient devenus, à la fin du dernier siècle ou au commencement de celui-ci, ces différents tours, et combien on était loin encore d'y faire marcher automatiquement l'outil, comme Besson l'avait anciennement tenté, au moyen d'une longue barre horizontale supérieure et parallèle à l'axe de rotation, portant une coulisse ondulée où l'outil pouvait occuper des positions diverses, tandis que la barre elle-même, susceptible de descendre et de monter alternativement dans d'autres coulisses verticales, y était animée d'un va-et-vient horizontal, déterminé par des guides ou platines de soutien tournantes, découpées en rosettes, en ovales, de dimensions et situations identiques, et dont les plans inclinés, parallèles, étaient fixés sur l'arbre même du tour, extérieurement et symétriquement, par rapport à ces poupées.

L'obscurité des termes et de la figure explique le dédain qu'en a fait Plumier dans la préface de son *Traité sur le tour*, dont la seconde édition contient d'ailleurs, sous forme d'appendice, les mémoires déjà cités de Lacondamine, ainsi que la description du rabot servant à guillocher les manches de couteaux, attribué aux Anglais, et dont le porte-outil, conduit par une longue vis suivant l'angle de la pièce ou du manche monté sur un arbre à rayon et cadran diviseur, est dirigé dans ses excursions verticales par un gabarit qui offre quelque analogie avec le dispositif, un peu vague, adopté par Besson. On a bien plus lieu encore d'être surpris que Plumier et son imitateur Bergeron aient accordé si peu d'attention aux tours à outils mobiles véritablement automatiques et dont il existait pourtant à leur époque un remarquable exemple dans la machine à copier et réduire les médailles, d'origine très-ancienne, incontestablement allemande, mais qu'ils mentionnent à peine, et dont les planches 43 et suivantes de l'*Encyclopédie* de 1772 offrent un spécimen d'autant plus digne d'intérêt qu'elles appartiennent à une forte machine construite entièrement en fer, avec la perfection que comportaient les tours à plusieurs fins ou à combinaisons multiples dont on voit divers modèles au Conservatoire des arts et métiers de Paris : parmi ces modèles, on admire surtout le tour à guillocher de Merklein, construit en 1780 pour Louis XVI, et celui à portraits donné par le czar Pierre le Grand, sans autre indication d'origine, mais qui, remontant à une date de beaucoup antérieure, peut servir à constater le point où en était déjà arrivée la construction de ce genre d'outils en Allemagne.

Pour faciliter l'intelligence de ce qui précède, je donnerai ici les figures et les descriptions du tour ovale et du tour à guillocher.

Le tour ovale ou elliptique consiste dans une disposition particulière du mandrin porte-objet dont nous chercherons à donner une idée nette. Ce mandrin consiste en trois parties : le plateau, le chariot glissant, enfin l'excentrique. Le plateau est assemblé avec le mandrin par une vis (fig. 3741) de manière à prendre le même mouvement que celui-ci. La face du plateau porte deux guides *i*, *i*, maintenant le chariot glissant *gh*, portant en son centre la vis saillante *h* sur laquelle se monte le mandrin de bois qui porte la pièce à façonner. Le mouvement de glissement qui apparaît avec le mouvement de rotation est produit par le moyen d'un cercle excentrique (fig. 3742) en laiton attaché à la poupée du tour et à travers lequel passe librement la vis d'assemblage qui passe par l'ouverture *l*; le châssis *m*, qui porte le cercle dont il vient d'être parlé, est fixé par deux vis placées en face l'une de l'autre, dont la pointe entre dans deux petits trous ; le dessous du châssis repose sur la surface plate *c*. Ces deux vis sont horizontales et leur direction commune rencontre l'axe.

3741. 3742.

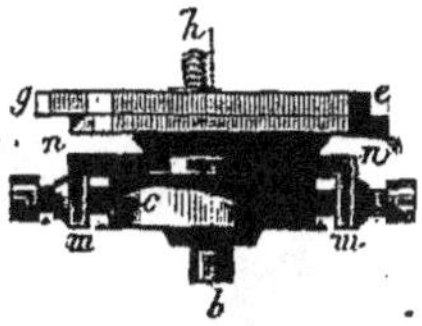

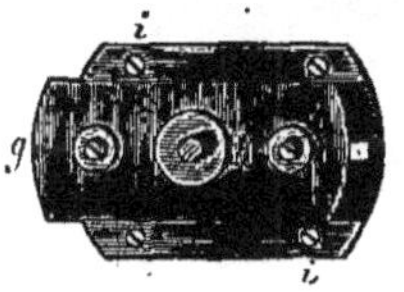

3743. 3744.

En faisant avancer une des vis et reculer l'autre, on peut obtenir des excentricités variables. Le plateau porte deux rainures parallèles à la longueur du chariot, destinées à laisser passer librement deux vis qui assemblent les deux pièces d'acier parallèles entre elles, dont l'écartement est égal au diamètre du cercle qu'elles pressent, forçant ainsi le chariot à suivre ses mouvements, à se déplacer en raison de son excentricité.

La grandeur d'excentricité, la différence entre le grand et le petit axe, résultent donc clairement de la position du châssis *mn*, qui agit comme une véritable excentrique circulaire, et c'est la combinaison de ce mouvement avec le mouvement circulaire qui engendre la forme ovale fort utile pour les arts; ce qui rend ce tour très-précieux pour nombre d'industries qui en font grand usage.

Tour à guillocher. — Le tour à guillocher fournit le moyen d'obtenir des décorations, des tracés de courbes entrelacées, à volutes symétriques, très-propres à l'ornement dans une foule de cas analogues à celui que représente la figure 3745, exécutée avec ce tour, notamment pour la gravure peu profonde d'une foule de

3745.

pièces d'orfévrerie, d'horlogerie. C'est à l'aide de disques aux contours desquels on a donné des formes convenables, de *rosettes* qu'on y parvient.

Le tour à guillocher diffère du tour ordinaire en ce que le centre du cercle que décrit, en chaque instant, chaque point de la surface sur laquelle on opère, n'est plus un point fixe, mais éprouve un petit mouvement d'oscillation qui engendre des courbes d'autant plus différentes de la circonférence d'un cercle, que pour une même rotation les oscillations sont plus fréquentes et ont plus d'amplitude par rapport à la distance au centre.

La pièce étant montée à l'aide d'un mandrin sur l'extrémité de l'arbre T (fig. 3746), il s'agit de donner

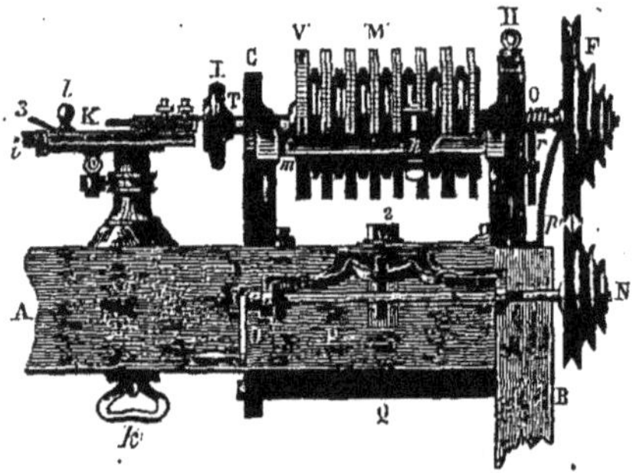

3746.

à cet arbre le mouvement voulu pour que l'outil coupant étant fixe produise le contour cherché. A cet effet, les deux supports de l'axe C et H, au lieu d'être fixés directement au banc comme dans les autres tours, descendent entre les deux jumelles d'une part de banc en fonte, jusqu'au-dessous de l'établi en acajou A; ils sont réunis par l'axe P parallèle à celui du tour et qui est supporté sur des pivots vers ses extrémités, pivots portés par des pièces de fonte garnissant les jumelles et consolidés par la barre de fer Q qui les réunit. Les deux supports CH ne forment plus ainsi qu'une seule pièce.

L'extrémité de l'axe portant donc la pièce à travailler, l'outil étant monté sur le support à chariot et amené à une distance de l'axe convenable pour la courbe à tracer, un mouvement d'oscillation est communiqué à l'axe par les rosettes de métal qui lui sont adaptées comme on le voit dans la figure 3747.

Ces rosettes sont poussées par un petit rouleau porté par l'extrémité de la pièce *n* glissant dans une coulisse portée par une barre triangulaire *m* parallèle à l'axe et montée à l'extrémité d'un support courbe. Quand l'axe tourne, les saillies et les creux de la rosette en prise s'appliquant sur le rouleau dont l'axe ne peut se déplacer, c'est l'axe du tour et du bâti CH qui prend un mouvement d'oscillation. Cet effet est assuré par l'action d'un fort ressort caché dans l'intérieur de l'établi A, qui fait toujours presser la rosette sur la roue *n*. Celle-ci peut glisser le long de la barre de manière à venir se mettre en contact avec une quelconque des rosettes au nombre de 15 ou 20 en général montées sur le tour.

Dans quelques cas, lorsque les creux ont peu de largeur, on ne peut se servir du rouleau qui garnit une extrémité de la barre *n*; on se sert alors de l'autre extrémité qui est arrondie et polie avec soin pour diminuer le frottement.

En donnant au mandrin seulement la faculté de se mouvoir en ligne droite, les modèles montés sur le tour peuvent fournir des guillochés en ligne droite, au lieu de guillochés dans une direction circulaire.

Un moyen de varier les dessins que l'on peut obtenir avec les mêmes rosettes consiste à les faire tourner

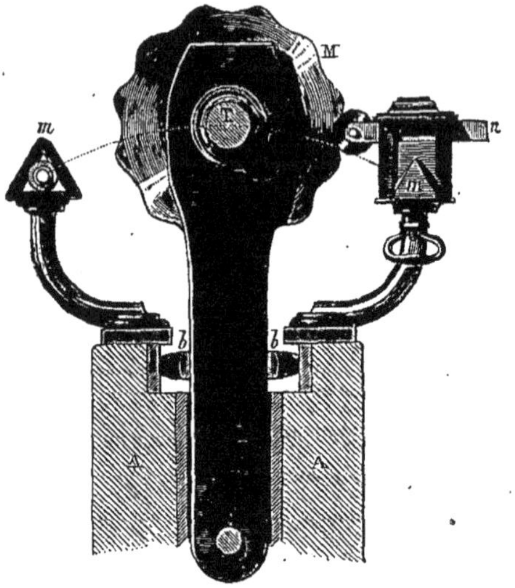

3747.

un peu sur leur axe pendant le travail. La fig. 3744 est un exemple des résultats obtenus par ce mode d'opérer. C'est une rose à 24 saillies. Après avoir tracé la ligne extérieure, et le ciseau ayant été amené par le support à la position convenable pour tracer la seconde ligne, on a fait tourner la rosette autour de l'axe de 1/4 d'une saillie ou 1/96e de la circonférence du cercle; les extrémités des saillies de cette seconde ligne ne tombent plus alors sur les rayons correspondants de la première, mais sont un peu en avance. On a opéré de la même manière pour les lignes successives et on a eu des résultats semblables.

Les cercles concentriques sont tracés équidistants au moyen de divisions tracées sur le chariot K ou sur la tête de la vis qui fait mouvoir l'outil, et les rosettes sont fixées dans la position convenable à l'aide d'une plaque circulaire montée sur l'axe vers l'extrémité H. C'est une chose surprenante que la multitude d'effets différents qui peuvent être obtenus d'un certain nombre de rosettes en variant les positions. Par exemple, si, après avoir tracé une ligne ondulée, la rosette est avancée d'une demi-division, sans changer la position de l'outil, les deux lignes s'entrelacent et forment une chaîne, une série de boucles.

Pour orner la surface d'un cylindre, l'outil n'est plus placé comme sur la figure; on fait faire au support à chariot porte-outil un quart de tour; c'est ainsi que l'on grave beaucoup de rouleaux pour l'impression sur étoffes. C'est l'axe qui se meut sous l'action de rosettes qui portent des ondes sur leur plat, pendant qu'une rotation du cylindre, d'un arc déterminé, est produite. Par cette disposition, des lignes ondulées peuvent être gravées sur la surface d'un cylindre dans le sens de sa longueur.

Tour à portraits. — Le tour à portraits, à peine connu en France à l'époque de 1749 où parut la 2e édition de Plumier, était déjà mentionné en 1733 dans le second mémoire de Lacondamine, et ce fut, si je ne me trompe, seulement dans la traduction allemande de ces ouvrages, que fit paraître, en 1776, l'imprimeur Breitkopf à Leipsick (p. 45 à 49), que se trouve reproduite, d'une manière, à la vérité, imparfaite, la description d'un tour à médailles (*contre-fait-werks*), extraite d'un autre livre publié en 1740, par Jean-Martin Teubers, de Ratisbonne, dont la famille s'était, depuis plus d'un siècle déjà, acquis une certaine célébrité dans l'art du tourneur au guillochis, art qui s'était singulièrement propagé à Nuremberg, la patrie des jouets mécaniques, etc. On y aperçoit, en effet (pl. 80), l'arbre à roue motrice, cordon sans fin, etc., parallèle à celui du mandrin, muni à ses extrémités de la médaille à copier et du disque à graver; les deux tambours, à diamètres inégaux d'après l'échelle de réduction, où s'enroulent les petites chaînes horizontales qui servent à faire mouvoir, avec la lenteur indispensable et du centre à la circonférence des médailles, la touche-repoussoir de l'arbre du mandrin, lui-même retenu par une lame de ressort horizontale, et l'outil à grain d'orge servant à entailler circulairement ou en spirale l'objet fixé au bout opposé; enfin les petits chariots ou traîneaux porte-touche et porte-outil, glissant de part et d'autre de l'arbre du tour dans des coulisses horizontales parallèles, et que sollicitent des contre-poids de recul remplacés par des bascules à ressort dans le tour moderne et plus parfait de l'*Encyclopédie*. Ce dernier tour comporte, en outre, comme je l'ai dit, des équipages de rosettes ou de couronnes multiples, le tout surmonté, vers le haut, d'une roue motrice verticale, à cordon sans fin croisé et vis de tension, avec volant régulateur et manivelle conduite par une tiraude qui sert à donner le mouvement automatique à l'ensemble muni d'ailleurs d'un équipage de roues dentées et de vis sans fin, enfermées dans une boîte, sur l'un des côtés de la machine, pour ralentir au besoin, et dans une proportion convenable, la vitesse relative des divers organes du tour à portraits : des combinaisons analogues, mais sous des conditions mécaniques moins parfaites, existent dans les tours de Martin Teubers et de Pierre le Grand, qui, sans nul doute, ont donné lieu aux tours à guillocher, à graver, à sculpter modernes, où, à l'inverse de ce qui se faisait auparavant, l'outil est conduit d'une manière purement automatique, tandis que l'arbre du mandrin, tournant sur lui-même, est maintenu immobile dans ses collets.

Au surplus, je ne dois pas laisser échapper l'occasion de faire remarquer, avec M. Willis, que les planches 37, 38, 84, 85, et 86 de l'*Encyclopédie* (t. X, 1772) comportent une collection de porte-outils tournant, glissant en différents sens et munis de coulisses, de manivelle, de vis de réglage, etc., qui montrent que ce n'est point aux artistes de l'Angleterre, aux célèbres Joseph Bramah et Henry Maudslay notamment, que nos ateliers sont redevables de ces ingénieux et utiles appareils, qui, susceptibles d'être adaptés à vis et écrou en un point quelconque de l'établi d'un tour, rendent à cet égard les plus grands services; mais ce qui paraît leur appartenir en propre, c'est, il faut bien le reconnaître, l'usage de ce même appareil comme support à chariot (*slide-rest*), glissant le long de tiges ou coulisses en fer dans les tours parallèles à travailler les métaux; encore doit-on ne pas perdre de vue qu'on s'est servi dans le dernier siècle, en France, de moyens analogues pour diriger spontanément la course du chariot porte-outil, moyens dont M. Willis fait remonter le premier exemple à l'année 1648, où le R. P. Magnan, minime de Toulouse, le même dont Plumier parle avec éloge dans la préface de *l'Art du tourneur* sans en citer les ouvrages, publia à Rome les dessins de deux tours fort curieux pour exécuter automatiquement les surfaces de miroirs métalliques, sphériques, hyperboliques ou plans. Or, les Anglais ont eu l'incontestable mérite d'étendre les applications de ce genre d'outils à leurs grandes machines à aléser, tourner, fileter les fortes pièces de fonte ou de fer, machines dans lesquelles l'équipage à chariot est conduit parallèlement, d'une manière vraiment spontanée, par un système d'engrenages à roues fixes de rechange ou quadrature, à crémaillère ou à chaîne sans fin; mais cela n'ôte rien au mérite des originales conceptions des Nicolas Focq, des Lelièvre, des Gédéon Duval, des Taillemard, des Ferdinand Berthoud et des Caillon, ni même à celui des combinaisons, en quelque sorte inverses, par lesquelles les Plumier, les Grandjean, les Frédéric Japy et autres ont imaginé de tailler de petites vis cylindriques ou coniques, en imprimant à l'arbre du tour un mouvement direct en hélice, au moyen de vis mères, de plans inclinés mobiles avec la roue motrice, etc.

Tours anglais. — La limite que je me suis imposée relativement aux anciens tours à guillocher, dont l'usage, remontant au moins au dix-septième siècle, fut, pour ainsi dire, délaissé vers la fin du dix-huitième, à cause de leur extrême complication, puis repris au commencement de celui-ci, sous des formes et des combinaisons plus simples, plus délicates et jouissant d'un véritable caractère automatique, cette limite ne doit pas m'empêcher de rappeler ici, d'après le témoignage de notre collègue, M. Séguier, aussi habile qu'éclairé dans l'art difficile de tourner, que MM. Holtzappfel et Deyerlein, de Londres, avaient, en 1825, fait un excellent usage du support à chariot porte-foret des anciens tours pour guillocher et sculpter, par des recoupements réguliers, variés à l'infini au gré de l'artiste, divers objets de tabletterie, au moyen d'outils trempés, de formes diverses et tournant avec vivacité sous l'action d'un cordonnet sans fin substitué à la manivelle motrice autrefois directement conduite à la main. Mais ce qui distingue particulièrement ce nouveau genre d'outils des anciens et puissants tours à guillocher, c'est que l'équipage à chariot y est dirigé, orienté d'une manière précise et géométrique, par une règle à coulisse graduée, une vis micrométrique et un cercle ou plateau diviseur, qui, sous la main d'un intelligent artiste, lui permettent d'occuper toutes les positions obliques ou symétriques par rapport à la matière qu'il s'agit d'attaquer, montée elle-même sur un tour ou porte-objet ordinaire, et par là découpée en creux ou en relief, d'après des combinaisons fort remarquables, mais également géométriques.

D'ailleurs, cet instrument, nommé, improprement peut-être, *tour anglais*, avait été précédé ou suivi de quelques autres appareils ou *chariots géométriques* analogues, proposés par J.-H. Ibbetson, en vue de graver, buriner légèrement, sur différentes matières, des figures en ovales, en conchoïdes, en épicycloïdes, etc., entrecoupées, recroisées de diverses manières, et qui rappellent celles obtenues autrefois sur le tour excentrique ou les instruments traceurs de Lacondamine, de Suardi (*plume géométrique*), etc., chariots, on doit le dire, entièrement dirigés à la main, et dont M. Ibbetson prétend avoir réalisé les combinaisons principales, de 1817 à 1820, pour s'opposer à la contrefaçon des billets de banque, mais qui, ayant été par lui communiquées en 1829 à MM. Holtzappfel et Cie, de Londres, auraient été ajoutées à leurs catalogues de tours d'amateurs.

Nous donnerons ici la description du mandrin excentrique d'Ibbetson dont nous trouvons la description dans un ouvrage.

Sur une plaque de cuivre suffisamment épaisse sont fixés, au moyen de vis, deux guides en acier (fig. 3748 et 3749) guidant le mouvement de glissement d'un chariot, susceptible de prendre un mouvement de rotation, maintenu d'ailleurs sur la plaque par un tenon que traverse une vis *k* qui le fait mouvoir à volonté et détermine l'excentricité; *f* est une plaque circulaire sur la circonférence de laquelle sont taillées des dents, et qui pourrait tourner si elle n'était maintenue en place par un cliquet et le ressort *h*. Au centre est fixée la vis *g*, dont les filets servent à maintenir en place la pièce à travailler.

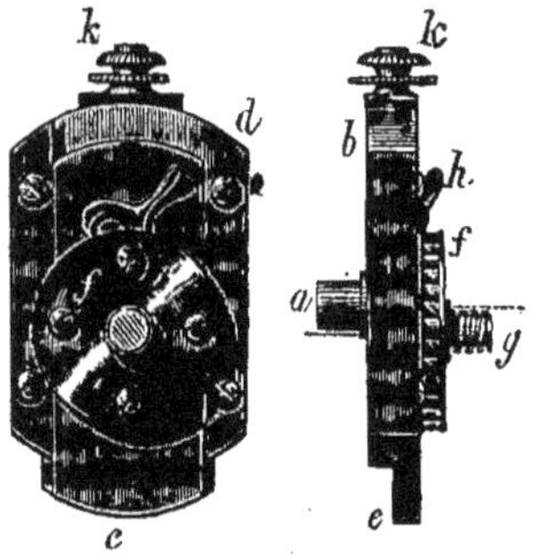

3748. 3749.

Le rayon du cercle que produit sur la pièce ainsi montée l'outil situé sur le support du tour passant par l'axe est la distance de cet axe au centre *g*, et leur succession dépend du mouvement du mandrin, succession en ligne droite si on fait agir la vis *d*, circulaire si on fait tourner *f*.

Si donc on établit ce mandrin tout à fait complet, c'est-à-dire de manière à pouvoir mesurer le mouvement de progression de la vis, dans toutes les directions, aussi bien que le nombre de degrés de rotation circulaire, on pourra obtenir un très-grand nombre de divisions, obtenir des figures variées par des successions, multiplier des intersections de cercle.

Enfin, on voit que si l'on fait tourner d'une manière continue la roue divisée, on obtiendra des courbes épicycloïdales.

Machines à graver. — L'Américain Perkins, à qui l'on doit, après Gengembre, les moyens de reproduction indéfinie des matrices ou clichés en acier des billets de banque, devait se servir de quelque procédé analogue au tour anglais pour y graver des figures en lignes continues et recroisées, telles qu'on peut en obtenir sur le tour au guillochis; mais le caractère essentiellement géométrique de ces lignes plus ou moins déliées et d'une certaine étendue n'ayant pas semblé offrir une garantie absolue ou suffisante contre le talent d'imitation ou de reproduction de quelques dessinateurs exceptionnels, dont la main et le coup d'œil acquièrent, à la longue, un sentiment instinctif de la continuité et de la courbure des lignes, c'est précisément ce qui a donné à M. Grimpé et à d'autres artistes habiles l'idée des figures étoilées polygonales, à angles vifs et d'une petitesse microscopique, pour la fabrication des papiers de sûreté. Ce sont aussi ces figures, obtenues par des procédés et dans des degrés de précision divers, que le mécanicien Barrère, à Paris, depuis l'époque où s'ouvrait le concours relatif à cette fabrication, a tenté de produire d'une manière plus parfaite encore, sur la pierre lithographique et sur l'acier, à l'aide d'une charmante et délicate petite machine jusqu'ici inédite, mais dont les produits ont figuré à l'Exposition française de 1849, avec d'autres non moins remarquables, d'un caractère différent.

La machine de M. Barrère, ex-apprenti horloger à Toulouse, qui doit tout à lui-même et dont nous aurons souvent à citer les travaux, constitue, en effet, un véritable tour automate, dont l'arbre vertical, à fourreaux ou manchons emboîtés les uns dans les autres à diverses fins, porte, vers le bas, une aiguille de centrage très-déliée, et, vers le milieu de sa hauteur, des roues d'angle motrices que conduit un mécanisme d'horlogerie, à roues d'échappement et mentonnets de rencontre, trop complexe pour en donner ici même une simple idée, mais dont le but spécial est de mettre en action, par un renvoi de bascules et de tringles, les divers organes de la machine : tels sont, notamment, et les rosettes à fourreaux-enveloppes de l'arbre central, destinées à faire mouvoir extérieurement les touches, et les pantographes de réduction à ressorts-repoussoirs, qui font aller, à leur tour, les quatre aiguilles fixes à pointes diamantées et inclinées, traçant sur le vernis de la plaque d'acier ou cliché à graver autant d'étoiles microscopiques, groupées symétriquement autour de chacune des positions relatives et distinctes données à l'aiguille directrice ou centrale, je veux dire au mécanisme entier de l'équipage, susceptible de prendre automatiquement et successivement diverses positions parallèles aux côtés rectangulaires de cette même plaque immobile sur la plate-forme d'un tour ovale ou excentrique, munie, en outre, de diviseurs universels fonctionnant d'une manière également automatique.

L'ensemble de cette délicate machine, aussi bien conçue qu'exécutée, et dont les multiples combinaisons constituent un véritable tour de force mécanique, est le fruit de dix années de persévérants efforts pour la production de figures étoilées, de bordures régulières vraiment identiques, mais, par cela même, d'une imitation pour ainsi dire impossible. C'est, si l'on veut encore, le dernier mot d'une série d'ingénieuses tentatives pour améliorer le système des machines destinées à la gravure des billets d'échange ou de commerce, et dont M. Barrère avait, avec une louable perfection, précédemment fabriqué des modèles pour les graveurs des banques du Brésil, de Constantinople, de Madrid, etc.

On remarquera à ce sujet que le point de départ réel des anciennes machines à graver est dans l'appareil à châssis vertical rectangulaire, porte-plaque ou objet, doublement mobile dans des coulisses perpendiculaires entre elles, à orientations diverses autour de son centre, et dont les artistes tourneurs, Bergeron notamment, reportent la première idée aux académiciens de Lahire, de Lacondamine et Dufay, mais qu'ils nomment *machine carrée*, peut-être aussi parce que la plaque à buriner au guillochis, contenue par des vis de serrage dans un châssis en fer pareil à celui des formes d'imprimerie, est animé de ce double mouvement rectangulaire avec ce châssis ou coffre, dont le fond plat peut, comme dans le tour à ovales, prendre diverses inclinaisons autour de l'axe d'une roue dentée et graduée, remplissant la fonction de cercle diviseur. Cette roue, ce châssis, sont, pour cette fin, montés sur un plateau vertical en bois, véritable chariot ou traîneau à coulisses horizontales, montées sur un second plateau lui-même à coulisses verticales, le long desquelles il est élevé, au moyen d'une vis à manivelle, traversant un chapeau supérieur, tandis que le précédent est soumis, d'une part, à l'action horizontale d'un ressort-repoussoir, d'une autre, à celle d'une touche à pointe mousse, qui, en s'appuyant contre les ondulations d'une réglette verticale parallèle au côté correspondant du chariot porte-châssis ou objet, imprime à celui-ci, pendant son ascension, un mouvement horizontal oscillatoire en face de l'outil traceur ou burineur, monté sur un support à coulisse et vis de serrage, immobile au-dessus d'un établi solide servant aussi de point d'appui à la machine.

Ce lourd équipage, à double plateau vertical et glissant, d'ailleurs soulagé dans son ascension par un contre-poids à corde et poulie de renvoi, est, comme on voit, fondé sur le principe des anciens tours à mandrin mobile et outil fixe. Employé autrefois principalement à guillocher les faces planes des tabatières, des boîtes de montre et objets similaires, il ne tarda pas à l'être à la gravure en taille-douce des planches de cuivre pour l'impression des étoffes peintes; gravure qui, née en France ou en Suisse, fut bientôt, comme on l'a vu encore, étendue, perfectionnée dans ses applications aux manufactures de l'Angleterre. Malheureusement la 2e édition du *Manuel* de Bergeron, publiée peu après l'époque où s'opérait une si utile transformation, ne contient sur ce sujet que des indications fort vagues, et tout à fait insuffisantes, dans les sections III et IV du chapitre VIII (p. 413 à 423), où, en donnant dans la planche 511 un spécimen de ce que, en 1816, l'on savait faire de mieux en ce genre au moyen du tour à guillochis et de la *machine carrée*, le texte nous apprend que l'auteur de cette planche, feu Collard, l'un des artistes guillocheurs les plus distingués d'alors, en avait obtenu des figures gravées directement sur le cuivre par des procédés divers, dont le plus remarquable était sans contredit celui de la figure 16, destinée à représenter deux têtes en bas-relief, au moyen de tailles, de traits également fins, ondulés suivant la forme et la saillie du modèle. Ce procédé, purement mécanique, est indiqué par Collard même en ces termes : « Le profil, figure 16 se fait sur la machine « carrée au moyen d'une vis de rappel adaptée au « porte-touche et divisée comme la vis de rappel du « support. En faisant avancer la touche sur une mé« daille mise en place de la règle et dans la même pro« portion que l'outil qui coupe, on peut couper en « taille douce toute sorte de sujets. Non-seulement ce « moyen est propre à figurer le plan des sujets qu'il « représente, mais il a l'avantage de figurer les bas« reliefs par *l'illusion des effets de la lumière.* »

Il est évident qu'ici Collard entend parler d'une machine restée inédite, d'une constitution fort simple, dont l'outil et la touche marchaient automatiquement, et non pas de la machine carrée que Bergeron avait précédemment (1793 à 1796) décrite dans la première édition du *Manuel*. Cela, joint au peu d'encouragement commercial que ce genre de produits reçut avant ou après l'édition de 1816, explique comment la gravure en taille-douce d'après le relief, improprement nommée aujourd'hui *gravure numismatique*, est demeurée en oubli pendant plus de quinze années, au bout desquelles l'apathie du public et des artistes fut enfin stimulée chez nous par le succès des Américains et des Anglais dans ce nouvel art, qui, sauf le perfectionnement des outils et du mécanisme des machines, ne paraît pas avoir subi des modifications bien essentielles.

Quant à l'ancienne et soi-disant machine carrée, réduite au simple rôle de buriner des lignes droites ou ondulées sur des plaques de cuivre, elle ne pouvait être préférée par les graveurs en taille-douce à l'ingénieux et léger instrument imaginé en 1803 par Conté, réalisé par Gallet, pour l'exécution des planches du grand ouvrage sur l'Égypte, dont les ciels, les eaux, les faces de monuments, exigeaient le tracé d'une multitude de lignes droites ou ondulées équidistantes, à écartements et finesse gradués; instrument constitué d'une simple équerre en cuivre à deux branches, dont l'une, dirigée par une vis à cadran et aiguille micrométrique, marche parallèlement à l'un des côtés de la table, tandis que l'autre chemine perpendiculairement, munie d'un chariot à coulisses portant, selon les cas, ou le diamant pour enlever légèrement le vernis à la surface de la planche exactement maintenue, ou la pointe sèche à ressort pousseur pour entamer le métal à la profondeur voulue, ou enfin la molette à lignes ondulées, bientôt remplacée à moins de frais par une réglette en cuivre servant à diriger le porte-outil du chariot; réglette aujourd'hui fabriquée expéditivement et avec beaucoup de précision au moyen d'une petite machine automatique, tout au moins perfectionnée par M. Barrère, et dont la fraise et le porte-outil tournant exécutent des révolutions très-rapides en face de plusieurs de ces lames superposées, serrées entre les mâchoires d'un chariot à coulisses mené, horizontalement et transversalement à la fraise, par une longue vis, dont l'exécution a besoin d'être parfaite pour la succession régulière et identique des diverses branches sinusoïdes des lames, variables à l'infini de forme et de proportion, au moyen d'un compteur servant à régler les avancements du chariot, etc.

Je n'ai parlé ici des machines à diviser les instruments de physique que pour faire mieux apprécier le caractère de précision que M. Perreaux a su apporter à sa machine à graver de l'Imprimerie impériale, dont il a aussi disposé le mécanisme de manière à pouvoir, au besoin, obtenir très-facilement, par le tracé de l'outil mobile, la représentation, en plans, des bas-reliefs, que d'autres avaient depuis longtemps tentée avec succès d'après l'ingénieux système de Collard. Ce système, de même que l'instrument traceur de Conté et ses dérivés immédiats, ne constituaient pas en eux-mêmes des machines automatiques, et il faut remonter à l'époque de 1830 à 1832 pour les États-Unis d'Amérique ou l'Angleterre, et à celle de 1833 à 1834 pour la France, afin de retrouver la trace, si longtemps perdue, des anciens travaux de Collard; travaux que M. Collas, l'un des plus ingénieux artistes tourneurs de Paris, a remis en honneur chez nous dans l'importante publication du *Trésor de numismatique*, ouvrage où les médailles sont imitées par la taille-douce avec une vérité d'expression, une dégradation de nuances et de tons généralement admirées des amateurs, qui, s'attachant exclusivement au résultat final et artistique, s'inquiètent assez peu de savoir si les figures tracées au diamant ont reçu, après coup, des retouches au burin, des applications d'ombres par l'approfondissement de certains traits à l'eau-forte, ni même si elles n'ont pas subi une légère déformation résultant du déplacement général des saillies du relief, de la droite vers la gauche, ou de la gauche vers la droite, etc., selon le sens même dans lequel s'effectue l'opération mécanique qui, en réalité, consiste en un rabattement de diverses tranches parallèles du relief ou profils perpendiculaires au fond plan de la médaille. Dans toutes les machines en usage, celle-ci, marchant parallèlement à elle-même et de quantités égales sous l'action intermittente d'une vis à pas micrométrique, est, en effet, parcourue à chaque fois, transversalement et rectilignement, par une touche à pointe mousse et ressort pousseur, dont les alternatives d'abaissement ou d'élévation, le long du relief, mettent en jeu un système de tringles, de bascules à leviers coudés oscillant, tournant autour de leurs axes d'appui respectifs; alternatives elles-mêmes transmises au porte-fourreau du burin, à pointe diamantée traçante, placé à l'autre bout de l'appareil, où il décrit une série correspondante de lignes ondulées sur la planche à graver, qui, à son tour, marche parallèlement, de quantités rigoureusement égales aux précédentes et subordonnées à la marche même de la vis micrométrique principale, à déclic et rochet, dont les propres alternatives sont mises en harmonie avec le va-et-vient du chariot porte-touche.

Dans le système anglais qu'indique l'ouvrage si connu de M. Babbage, la médaille et le cuivre à graver, mus toujours et respectivement de quantités égales et parallèles, étaient placés dans des plans différents, rectangulaires entre eux, et l'opticien John Bate, de Londres, s'était, à ce qu'il paraît, dès 1831, créé une méthode pour éviter les inconvénients résultant d'une trop grande saillie du relief. Mais, d'après le peu qu'en dit le savant professeur de l'université de Cambridge, rien ne prouve qu'il s'agit là d'autre chose que d'un procédé restreint de correction obtenue par un tâtonnement tel que l'expérience en suggère aux artistes habiles, et ressortant des moyens mêmes fournis par la marche de l'outil ou de la touche à inclinaison variable dans cette sorte de machine. Ce qui tendrait à le prouver, c'est, d'une part, que M. Freebairn a publié en 1840, c'est-à-dire huit ans après l'apparition de l'ouvrage ci-dessus, une grande carte topographique représentant le relief des Pyrénées, et qui, exécutée d'après les procédés de M. Bate, paraît offrir encore partiellement le caractère de déformation dont il vient d'être parlé; d'autre part, c'est que M. Babbage n'a pas cru superflu d'indiquer un moyen d'atténuer, dans un rapport variable, les trop grandes saillies du relief ou des tranches rabattues, tout en insistant sur d'autres modes de représentation, qui consistent, soit dans un système à pantographe où la largeur des traits, l'enfoncement du burin, varieraient proportionnellement aux saillies du modèle, soit dans la reproduction du relief, au moyen de tranches planes horizontales et équidistantes, d'après le principe des ingénieurs topographes.

Toutefois, il semble qu'on obtiendrait plus de chances encore de succès, si l'on substituait au système des tranches horizontales, dont il vient d'être parlé, la projection, sur le plan qui sert de base au relief, de tranches également équidistantes, mais inclinées toutes, d'un même angle approprié à la saillie et à la nature des objets. Sauf, en effet, les difficultés d'exécution mécanique, les résultats d'une telle méthode, déjà anciennement soumise à des essais purement graphiques par un ingénieux et savant professeur des dessin aux Écoles de services publics, M. Bardin, de tels résultats seraient particulièrement aptes à représenter les ondulations du relief des corps, en évitant cette déformation, ce déplacement apparent de leur ensemble, qui, pour les médailles à saillies un peu prononcées, mais surtout pour les objets d'ornement à formes régulières ou mathématiques, devient intolérable dans le système ordinaire de la gravure dite numismatique, où le resserrement naturel des lignes du dessin dans la descente de la touche, et leur écartement dans son ascension sur les parties en relief, donnent lieu à une opposition naturelle d'ombre et de lumière d'un effet vraiment merveilleux, mais qui ne se reproduirait plus aussi bien pour la projection orthogonale de tranches planes obliques.

Quant à la machine réalisée en 1833 par M. Collas (voir GRAVURE), elle se distingue des précédentes à plans rectangulaires en ce que le bas-relief et la planche à graver sont mobiles aussi parallèlement, de sens contraires, sur un plan horizontal formant le dessus d'une table solide surmontée de la barre à coulisse fixe, dont le chariot à va-et-vient entraîne parallèlement les équipages de la touche et du burin; ce qui amène, pour tous les cas, une très-grande simplification dans le jeu des divers organes mis en action, d'un côté par une manivelle, d'un autre, par l'appareil à rochet et divisions conduit à la main. Cette machine comporte d'ailleurs des moyens non moins simples de soulever le poinçon aux retours du chariot, et de faire varier, entre certaines limites, et l'inclinaison du porte-touche ou des tranches planes du relief, et la proportion des saillies ou ordonnées de ces tranches par rapport à celles qui les représentent sur le dessin : un simple déplacement des porte-touche et burin sur le levier à bascule qui règle les excursions permet ainsi de changer à volonté le mode de représentation du relief par le rabattement, le transport parallèle de ses tranches.

D'un autre côté, M. Barrère, l'habile mécanicien dont j'ai plusieurs fois parlé, adoptant, il y a près de quinze ans, le système ancien à deux plans rectangulaires conduits, parallèlement à leur intersection commune, par des vis à action intermittente, graduelle et solidaire, l'un, horizontal, portant la planche ou le marbre à graver, l'autre, vertical, portant la médaille ou sa copie, M. Barrère, dis-je, imitant en cela le système des petites planeuses de Whitworth à fourche oscillante que conduit un bouton de manivelle à curseur, imprime, au chariot à coulisses horizontales soutenant à la fois la touche et le burin, un retour accéléré qui produit une notable économie de temps et s'applique, de même, au va-et-vient parallèle du chariot à coulisse et porte-planche inférieur, par une seconde tringle ou bielle, dont l'articulation, fixée plus près ou plus loin du centre d'oscillations de la fourche, permet de faire varier, dans un rapport donné, l'étendue relative de la course de ces deux chariots, et par conséquent la grandeur même des réductions qu'on n'obtenait auparavant qu'à l'aide d'une réduction préalable des médailles par les moyens qui seront indiqués ci-après.

Ajoutons que le chariot porte-touche et outil est surmonté de deux volets à charnières et à ressorts-repoussoirs, dont les châssis mobiles, liés entre eux parallélogrammiquement, reçoivent séparément, à leurs traverses supérieures, la touche et le burin, également susceptibles de diverses inclinaisons pour le refouillement des creux, mais incapables, d'après la nature du système, d'apporter aucun changement appréciable dans le mode de représentation des tranches planes du relief. Néanmoins, ici encore la saillie de ces tranches peut être réduite sur le dessin, dans un rapport arbitraire, par le rapprochement du porte-touche à l'égard de la charnière de rotation; rapprochement indispensable dans la machine Barrère, quand il s'agit d'opérer la réduction même des médailles sur la planche à graver.

En se reportant à ce qui a été dit ci-dessus des avantages géométriques inhérents à la projection rectangulaire d'un système de sections obliques et équidistantes, qu'on obtiendrait sur le relief en inclinant, d'un angle invariable convenablement fixé pour chaque cas, soit le plan même de la médaille, s'il s'agit de la machine Barrère, soit la direction propre de l'axe du porte-touche, s'il s'agit de la tige conductrice à leviers coudés de la machine Collas, il est facile d'apercevoir comment le moyen de réduction dont il vient d'être parlé en dernier lieu pourrait faire obtenir, sur le plan même du dessin ou du cuivre à graver, non le rabattement, mais cette projection exacte des tranches obliques du modèle, dont on diminuerait les saillies ou ordonnées respectives dans la proportion constante de l'unité au cosinus de leur angle d'inclinaison sur le plan du bas-relief. Or, on arriverait à ce résultat par des modifications très-simples apportées au jeu de l'une ou de l'autre des machines ci-dessus, sans que pour cela, évidemment, il soit nécessaire de rien changer au mode ni à l'égalité des avancements parallèles des deux plans sous l'action intermittente et simultanée de leurs vis, poulies ou chaînes conductrices, non plus qu'aux oscillations transversales du porte-outil et du porte-touche. Il y a plus, au lieu de recourir à la réduction des ordonnées, ou déplacements obliques de la touche d'après la proportion du cosinus, on pourrait terminer l'extrémité postérieure de l'équipage de cette touche par un talon ou retour rectiligne, dirigé perpendiculairement au plan du bas-relief, et qui imprimerait à une tige parallèle à ce même plan un mouvement ondulatoire dont les excursions seraient répétées par l'outil au moyen d'un mécanisme approprié à la nature de la machine.

En terminant ce qui concerne ce sujet, dont l'importance, au point de vue géométrique et artistique, ne saurait être mise en doute, je ferai observer que, dans la machine Collas, l'inclinaison à 45° du porte-touche sur le plan horizontal du relief est aussi susceptible de donner une projetion exacte des tranches correspondantes; ce qu'explique la nature particulière de l'appareil, dans lequel les excursions de la touche sont transmises au burin par une tringle munie de deux leviers égaux et coudés à angles droits. Pour toute autre inclinaison du porte-touche, la proportion de la saillie des tranches à celle des rabattements est altérée dans un rapport invariable, il est vrai, mais différent de celui de l'unité au cosinus de l'angle de cette inclinaisou; et c'est ce qui avait lieu aussi, à ce qu'il paraît, dans la machine de Bate, où la transmission des déplacements de la touche au burin se faisait par des combinaisons fondées principalement sur un système de poulies et de cordons ou chaînettes de renvoi.

Enfin, je ne saurais passer sous silence une autre petite et élégante machine à deux pointes diamantées, servant, à volonté, à graver sur pierre ou sur cuivre des lignes parallèles droites ou ondulées, des figures de médailles, des bordures à entrecoupements microscopiques, etc., due au talent inventif de M. Barrère : elle offre une remarquable simplification de ses conceptions antérieures relatives à la gravure des billets de banque, et, à ce titre comme à celui de la facilité de conduite, du bas prix et de l'excellente exécution, elle paraît aujourd'hui assez généralement adoptée par les lithographes et les graveurs en France et à l'étranger, à qui elle rend les plus grands services.

Pour la caractériser en deux mots, il me suffira de dire que le corps de cette machine, établi au-dessus du mandrin horizontal d'un tour, rendu à volonté fixe, ovale ou excentrique, comprend la planche ordinaire à chariot vertical, porte-modèle ou bas-relief, le chariot porte-touche et outil, ainsi que leurs équipages accessoires ou moteurs, le tout monté sur des rails à coulisses transversales fixes, et accompagné latéralement d'un petit équipage à roues dentées de rechange, faisant mouvoir horizontalement, au sommet, un bouton d'excentrique, qui, au moyen d'un système de tringles et de bascules de renvoi, transmet à l'équipage même du porte-outil le mouvement oscillatoire destiné à produire les vignettes, etc.

Tours à portraits. — Machines à sculpter. — La gravure dite numismatique, sur laquelle nous avons beaucoup insisté à cause de la célébrité qui lui a été justement acquise par les travaux de l'ingénieux M. Collas, plus intelligent et habile artiste encore que mécanicien et constructeur, ce genre de gravure nous ramène forcément au tour automate à portraits de l'*Encyclopédie*. Or, il est à remarquer qu'à l'époque de 1772, et postérieurement encore, son emploi offrait de grandes imperfections, tant à cause des difficultés du pointage rigoureux de la touche et du poinçon burineur, par rapport aux centres de rotation des médailles en coïncidence exacte avec l'axe mathématique commun aux mandrins opposés du tour, qu'en raison de la surveillance continuelle exigée de la part d'un ouvrier intelligent, habile même, pour faire avancer graduellement, à l'aide d'une vis micrométrique, le taillant de l'outil, qui, malgré tous ses soins, laissait sur les médailles une suite d'empreintes, d'inégalités spirales, qu'on ne pouvait faire disparaître qu'après coup, au moyen d'un rodage à la brosse et de retouches qui ne sont pas sans exemple, aujourd'hui encore, dans les tours perfectionnés de cette espèce. Ces derniers tours, d'ailleurs, s'ils n'ont plus l'inconvénient de ne fournir que la contre-épreuve des coins et médailles comme les machines allemandes, en conservent d'autres assez fâcheux au point de vue artistique, mais nonobstant lesquels ils continuent, bien plus qu'on ne se l'imagine ordinairement, à être employés dans les ateliers monétaires, tout au moins pour la reproduction, réduite ou amplifiée et en ébauche, du burin de nos plus célèbres artistes.

Je ne m'étendrai pas ici sur l'ancien tour à portraits de Lacondamine, qui ne peut guère servir qu'à tracer isolément et linéairement des figures planes au moyen de platines, de rosettes cylindriques, biaises ou droites, si ce n'est pour faire remarquer que ce tour constitue véritablement par lui-même une machine à outil automate, qui, d'après la combinaison de ses rouages et la rotation distincte des deux figures dans un même plan, a pu conduire au tour moderne à réduire les médailles, le même que Hamelin-Bergeron attribue, on ne sait trop pourquoi, au fils du célèbre P.-C. Hulot qui laissa inachevé l'*Art du tourneur mécanicien*, dont, comme on l'a vu, la première partie seulement fut publiée en 1776 par l'Académie des sciences, tandis que le fils, attiré en Angleterre par Georges III, vers 1766, en aurait reçu la commande d'un tour à guillocher et d'un tour à portraits, dont, s'il avait vécu, Hulot père nous eût entretenus dans la seconde partie de son Traité. Ainsi c'est dans le *Manuel* de Bergeron encore qu'il faut aller puiser des notions un peu certaines sur cette dernière machine, où la médaille et sa copie étaient non plus simplement montées, comme dans celle de Martin Teubers, etc., aux bouts d'un arbre de tour à deux mandrins, mais bien disposées dans un même plan vertical, perpendiculairement aux extrémités de deux arbres horizontaux parallèles, conduits par un troisième arbre transversal à double engrenage sans fin et situés à la hauteur et en face d'une forte barre de fer qui, horizontale dans sa position moyenne, sert de guide, de soutien, à la touche et au burin. Ceux-ci, montés horizontalement sur des poupées ou supports curseurs à vis de serrage et de centrage, sont fixés sur la barre mobile, comme les arbres mêmes du tour sur leurs traverses supérieures horizontales, dans des positions dépendantes de la grandeur des réductions à opérer, grandeur elle-même évidemment variable en raison des distances respectives de l'outil et de la touche par rapport à la charnière de rotation de la barre, articulée doublement, au moyen d'un genou à la Cardan, avec un arbre-support, parallèle à ceux des mandrins et situé à l'extrémité gauche de la machine. D'un autre côté, cette barre tournante, soumise à l'action d'un ressort d'acier qui tend à presser simultanément le burin et le porte-touche contre les reliefs respectifs des médailles animées d'un mouvement égal et uniforme de rotation, s'abaisse lentement et graduellement vers l'extrémité opposée à sa charnière, où elle est munie, parallèlement à sa direction, d'une couple de petits rouleaux d'acier entre lesquels passe une cheville horizontale qui leur sert de guide et de soutien pendant la descente de la barre seulement. Enfin, cette cheville elle-même est liée à un écrou, à coulisses latérales fixes au bâti, mobile le long d'une vis verticale dont l'arbre, de direction invariable, est conduit par un système de vis sans fin et d'engrenages extérieurs qui empruntent leur mouvement propre à l'arbre du mandrin porte-modèle, et, par suite, au système à volant, poulies et cordons sans fin, servant de moteur à toute la machine rendue ainsi parfaitement automatique.

Il n'est pas hors de propos de rappeler ici que l'admirable machine de Hulot fils, dont la date, au dire de Bergeron, serait antérieure à 1766, a été exécutée en fer, sans changement notable, mais sous de fortes proportions, pour le Conservatoire impérial des arts et métiers, qui depuis l'apparition de la 2me édition du *Manuel du tourneur*, en 1816, en a commandé le modèle à l'habile M. Collas, auquel sont dues de nouvelles applications de la machine à la reproduction, amplifiée ou réduite, des bas-reliefs sur des matières tendres et plastiques, par des procédés dont il sera parlé ci-après, et qui ont exigé des modifications essentielles dans le système de la barre porte-touche et outil, système par trop rigide pour des matières de cette espèce. D'ailleurs, si le tour à deux arbres de Hulot offre l'avantage de faire éviter le changement du creux en relief, ou réciproquement, il présente, en revanche, l'inconvénient que la touche et le taillant n'y marchent plus rectilignement, mais bien sur des arcs de cercle partant de chacun des centres de médailles, et dont la courbure, à la vérité peu appréciable pour de faibles diamètres, ne permet pas de renverser le sens de la rotation de l'un des mandrins, afin d'obtenir la contre-partie du profil de la médaille à copier, sans amener des altérations plus ou moins sensibles, dues au déplacement angulaire relatif des spirales tracées par la touche et le burin, sorte de distorsion qui croît avec leur éloignement des centres respectifs de rotation. D'un autre côté, les difficultés du centrage des médailles étaient restées les mêmes que dans l'ancien tour allemand; et si le mécanisme de la barre porte-outil permettait de régler à volonté la saillie proportionnelle du relief de la copie, au moyen d'une petite tringle latérale à vis de réglage ajustée sur cette barre et conduisant la tête de l'outil dans une position telle que la ligne droite qui l'unit à celle de la touche eût l'inclinaison jugée nécessaire sur le plan vertical commun aux deux médailles, il n'en est pas moins vrai que, d'une part, l'égalité, l'invariabilité, à tous les instants, de la vitesse angulaire des arbres de mandrins, d'où résultaient des inégalités considérables dans la vitesse même de travail du burin aux diverses distances du centre; d'une autre, la rapidité trop grande de la descente de la barre; enfin le prompt échauffement de l'outil en acier, travaillant pour ainsi dire à sec, et par conséquent susceptible de s'user, de se détremper promptement, ces différentes causes, dis-je, amenaient des difficultés, des défauts d'exécution très-fâcheux, et qu'on n'évitait que bien imparfaitement en recourant à des passes successives, à des affûtages et remontages répétés de l'outil ; nouvelles sources de pertes de temps et de déformations qui ne permettaient pas aux artistes de considérer les résultats comme autre chose que des ébauches en elles-mêmes peu satisfaisantes, et impropres à servir de coins pour le frappage des monnaies ou des médailles.

Parmi les perfectionnements qu'ont subis les tours à portraits, il en est un surtout de la plus haute importance, et qui en a fait tripler, quadrupler les produits : c'est celui par lequel on a remplacé l'ancien burin à pointe d'acier fixe par une fraise à rotation rapide, dont quelques personnes attribuent la première application, en 1816, à un sieur Poterat, de Paris, comme aussi elles accordent à M. Contamin l'invention du procédé par lequel la mobilité de la touche et du burin le long de la barre directrice corrige les défauts qu'on observait dans l'ancien système lorsqu'on voulait obtenir, sans altération sensible, le retournement symétrique de la figure, de la gauche à la droite, ou son contre-profil, en faisant tourner les mandrins en sens opposé. Mais quels que soient les avantages de ce dernier procédé, qui valut au tour à portraits de M. Contamin les honneurs de l'Exposition de 1839 et une utile application à la monnaie de Munich, leur importance et leur mérite ne sauraient être comparés à ceux des perfectionnements divers que M. Collas, vers la même époque, et M. Barrère, postérieurement, ont introduits dans le mécanisme des machines à portraits. Malheureusement, ces perfectionnements ne se trouvant décrits nulle part, il règne, à leur sujet, une sorte de doute ou de mystère dont les estimables travaux de Gambey, de Grimpé et de plusieurs autres artistes habiles ont offert des exemples d'autant plus fâcheux, que ces travaux, en leur supposant une supériorité mécanique incontestable, seront à peu près perdus pour l'avancement et le progrès industriel de notre pays.

A l'égard du tour Contamin en particulier, il faut se contenter de savoir, d'après M. Amédée Durant, que l'outil et la touche possédaient, sur la barre, des mouvements qui leur étaient propres, et dont les arcs respectifs avaient des *centres différents;* la touche étant d'ailleurs montée sur un manchon à poupée, glissant le long de la barre, de manière à décrire un arc de cercle opposé à celui que parcourt le porte-outil.

La modification la plus importante apportée par M. Collas à l'ancien tour à portraits de Hulot consiste, sans contredit, dans l'application, déjà mentionnée ci-dessus, qu'il en a faite à la réduction ou à l'amplification même des bas-reliefs ou médaillons de grandes dimensions, en matière plastique destinée à des moulages ultérieurs. Cette application, en effet, a conduit notre honorable et modeste artiste à allonger notablement la barre porte-touche et outil du tour Hulot, à la rejeter en dehors de l'établi, à une distance variable avec l'épaisseur du modèle et de la copie ; ce qui permet d'abaisser à volonté le chiffre de la réduction, et doit s'entendre également du mécanisme à vis sans fin, etc., qui règle le mouvement de cette barre. D'un autre côté, l'arbre horizontal à manchons filetés qui mène les deux roues taraudées des mandrins verticaux se trouve ici placé au sommet de ces roues, de manière à retenir constamment l'huile qui sert à en lubrifier les dentures. Enfin M. Collas, dont les premiers travaux en ce genre remonteraient à 1835, a su appliquer au système de la touche et de l'outil un mécanisme en vertu duquel ils décrivent non plus des arcs de cercle concentriques, mais bien des parallèles verticales, quand il s'agit de contre-profils d'une certaine dimension, et tout cela sans ôter à l'ensemble du tour son caractère automatique primitif, attendu que les modèles, reproduits au besoin en plâtre, etc., sont capables de résister à la pression douce et élastique de la touche qui détermine les déviations horizontales de l'outil.

Quant à M. Barrère, il s'est plus particulièrement attaché à modifier le tour à portraits, de manière à le rendre apte non plus simplement à ébaucher, mais à finir entièrement, et sans retouches subséquentes, les coins d'acier et les médaillons ou camées en pierres dures, telles que l'agate et la cornaline, dont ce mécanicien a offert, à l'Exposition française de 1848, des échantillons fort admirés du public, lesquels lui ont valu les éloges mérités du jury et des nombreux artistes graveurs de timbres ou de médailles, qui n'ont pas cessé depuis de recourir à l'usage expéditif de ses machines toutes les fois qu'il est devenu nécessaire d'obtenir des réductions d'une perfection suffisante quoique sans retouches.

Non-seulement M. Barrère a substitué aux anciens burins fixes, en acier trempé, des burins en diamant montés d'après le procédé qui lui est propre (centrés dans l'instrument, dans la masse du métal) ; non-seulement il a pu les faire tourner sur leur axe avec une vitesse qui s'élève de deux à trois mille tours par minute, en les maintenant, ainsi que leur boîte à pivot supérieur, constamment baignés dans un liquide rafraîchissant, sans lequel le diamant lui-même se briserait en éclats ; mais de plus, il a disposé les choses de manière que les vitesses angulaires des mandrins et de la barre porte-touche et outil décroissent en raison réciproque du rayon des diverses branches spirales, dont la finesse et le rapprochement offrent une continuité, un caractère microscopique qui expliquent la perfection des produits, en même temps que l'extrême vitesse rotatoire imprimée au diamant explique, malgré le ralentissement graduel de la vitesse des mandrins, l'accélération du travail dans une proportion au moins triple de ce qui avait lieu auparavant, en un mot telle qu'il devient possible de terminer automatiquement, ou sans aide étranger, le coin d'une petite médaille dans un intervalle de quinze à vingt heures au plus.

La machine qui produit de tels résultats mériterait bien, à cause de l'originalité de ses combinaisons, d'être décrite avec le plus grand soin, et l'on peut, à juste raison, s'étonner que cela n'ait point eu lieu jusqu'ici. Il me suffira de dire que les arbres de mandrins, au lieu de la position horizontale ordinairement adoptée pour le tour à portraits, sont disposés verticalement et mus par un équipage de roues et de vis sans fin inférieur, qui offre un moyen de débrayage ingénieux pour changer le sens de la rotation du modèle, lorsqu'il s'agit d'en obtenir le contre-profil; que la vitesse angulaire des mêmes arbres de mandrins est rendue variable dans les conditions ci-dessus, au moyen d'une couple de cônes alternes ou différentiels à courroie sans fin, conduite par une griffe dont la position varie solidairement avec celle de la barre directrice de la touche et du burin; que cette barre est mobile dans un plan horizontal au-dessus du plan supérieur et parallèle de l'établi, affleuré par les mandrins des médailles; ce qui offre de grandes facilités pour le centrage, et la faculté de maintenir le mandrin à rebord de la pièce à buriner constamment recouvert d'huile; que cette même barre, articulée doublement à son pivot, l'est aussi, à l'extrémité opposée, avec deux petites pièces transversales agissant horizontalement de chacun des côtés de sa direction, de manière que l'une, à libre pivotement vers son bout extérieur, tend à la soulager d'une portion arbitraire de son poids par un ressort transversal inférieur fixe, tandis que l'autre, véritable arbre tournant, est conduit par un engrenage sans fin, à vis et écrou micrométriques, dont la rotation et la translation excessivement lentes, mises en rapport avec la rotation propre des mandrins ou des cônes alternes, sert à imprimer à la barre de guide supérieure le mouvement horizontal, circulaire et concentrique, qui écarte progressivement la touche et le burin des centres respectifs de leurs médailles, etc.

Serait-il vrai que la disposition horizontale des mandrins du tour à portraits, ici impérieusement exigée pour le rafraîchissement perpétuel de l'outil, eût déjà fort anciennement été mise en usage par feu Dupeyrat, graveur et guillocheur à Charenton près Paris, qui, vers 1830, inventa pour les billets de banque les timbres *coïncidents*, au sujet desquels il obtint les éloges de la Société d'encouragement? Cela paraît d'autant plus difficile à vérifier que les procédés mécaniques de ce graveur ont été tenus secrets, comme ceux de tant d'autres artistes français éminents. Quant à l'usage que l'on a pu faire de cette même horizontalité des mandrins pour imprimer simultanément la rotation au modèle et à la copie en ronde bosse à sculpter, il n'a avec le tour de M. Barrère qu'un rapport fort indirect, et sur lequel il serait d'autant moins nécessaire d'insister que les outils y remplissent un rôle tout différent, étant conduits par des systèmes de tringles à mouvements parallélogrammiques, dans le genre de ceux des machines à dessiner ou à graver.

M. Babbage nous apprend, dans le livre déjà cité (p. 132 et 133), que James Watt s'amusa, il y a fort longtemps, à construire une pareille machine, demeurée inédite, et que, antérieurement à l'année 1832, l'Anglais Hawkins en aurait inventé une autre qui, entre les mains d'un artiste de Londres, a servi à faire les copies en ivoire d'un grand nombre de bustes. De semblables moyens de reproduction ou de réduction ont été également tentés aux États-Unis d'Amérique et en France à une date postérieure. Je me contenterai de citer, comme étant des plus connus, ceux inventés ou perfectionnés dans notre pays par M. Sauvage (mai 1836, 1840 et 1844), par M. Dutel (novembre 1836 et 1844), par M. Collas (mars 1837 et 1844), enfin par M. Alexandre Contzen, successeur de M. Dutel, en 1844, pour la copie, en ébauche, des grandes statues de marbre. Les moyens automatiques notamment employés par M. Collas pour opérer, sur le tour à portraits de Hulot, la réduction et l'amplification des médaillons et bas-reliefs; ses procédés, d'un genre différent, pour réduire les bustes et les statues de rondes bosses destinés au moulage en bronze ; ces moyens ou procédés en particulier ont obtenu, tant par les travaux de cet artiste que par l'intelligente et consciencieuse coopération de son associé M. Barbedienne, un assez grand succès commercial pour qu'il ne soit pas superflu de le rappeler ici, en faisant observer toutefois que la forme de certains modèles se prête difficilement à l'application des procédés mécaniques sans démontage des parties, les bras, les jambes, etc. En outre, il ne faut pas oublier qu'il s'agit là d'un sculptage mécanique appliqué à des matières plastiques, telles que le plâtre, l'argile, le savon, la craie, servant ensuite de modèles pour le moulage du plâtre même, de la fonte de fer, du zinc et du bronze; modèles qui, en raison de leur perfectionnement et de leur bon marché relatifs, ont rendu des services réels aux arts en mettant à la portée du grand nombre des copies de chefs-d'œuvre propres à répandre et développer le goût du beau, en se substituant, dans les objets d'ameublement, à de pâles et médiocres copies de l'antique.

Quant à l'art de sculpter la pierre et le bois en général, peut-être serait-ce une illusion de croire que l'on possède aujourd'hui même des procédés mécaniques vraiment satisfaisants, et propres à exécuter autre chose que des ornements d'architecture, quelques bas-reliefs très-simples, etc., etc. On a, il est vrai, des moyens expéditifs d'ébaucher, copier et réduire même les grandes statues de marbre à l'aide de fraises ou forets à rotation rapide, dont l'enfoncement, les positions successives, sont réglés d'après les formes, les proportions du modèle, sur lequel la main de l'artiste ou le mécanisme même de la machine, comme l'a tenté en 1844 M. Contzen, promène délicatement une touche à pointe mousse, liée aux articulations d'une ingénieuse combinaison de pantographes articulés, mobiles dans les trois dimensions du relief, au moyen d'un genou à la Cardan, et qui servent à diriger, à l'autre extrémité de l'appareil, le porte-foret ou burin, non sans donner lieu, il est vrai, à de légères altérations de forme provenant de la vibration, du fléchissement des tiges du pantographe, et telles qu'on en observe pour le tracé des figures sur un plan parfaitement uni, notamment dans le cas de la ligne droite.

On se rappelle les tentatives, déjà anciennes et assez peu fructueuses, faites par divers ingénieurs ou artistes distingués, notamment par Philippe de Girard (1830), par M. Grimpé (1839) et par MM. Barros et Decoster (1848), pour sculpter, fabriquer des bois de fusil, des bas-reliefs ou autres objets similaires, au moyen de gouges, de fraises tournantes conduites automatiquement par des gabarits, des patrons en fonte ou d'autres bas-reliefs découpés ou non à jour, et servant, comme dans les tours à guillocher ou à portraits, de repoussoirs à un équipage de porte-touches coniques, annulaires, etc., muni, ainsi que le porte-outil, de ressorts, de moyens d'avance convenables et également susceptibles, dans certains cas, d'être dirigés par des pantographes de réduction, analogues à ceux employés par MM. Sauvage, Collas, Dutel, etc. Il serait fort inutile de rechercher la cause du faible succès commercial de ce genre de machines ailleurs que dans la complication même des procédés ou la difficulté de surveiller, faire fonctionner rapidement et d'une manière durable un équipage multiple d'outils en acier, fût-ce dans le bois le plus tendre, sans les voir se détériorer promptement, et sans être obligé par conséquent à un entretien, à des pertes de temps très onéreux si l'on ne veut pas se contenter de produits grossièrement ébauchés, tels qu'en donneront toujours des fraises tournantes coupant les fibres du bois dans tous les sens et non sous l'inclinaison et la vitesse les plus favorables, qui se font remarquer dans les instruments à main ou certains outils automates.

On doit applaudir aux efforts ingénieux tentés à cet égard par M. Decoster dans les machines publiées en son nom et en celui de l'ingénieur portugais M. de Barros, machines qui forment comme le complément de celles de leurs nombreux prédécesseurs, et il est regrettable que l'on en soit encore réduit à de simples conjectures relativement aux procédés mécaniques de sculpture de Philippe de Girard et autres ingénieurs qui se sont occupés de cette question.

Nous donnerons, en terminant, un *tour pour tourner des formes irrégulières par M. Blanchard* (de Boston) (fig. 3750). Cette machine permet de tirer d'un bloc de

Fig. 3750.

bois une forme simple exactement semblable à celle d'un modèle donné. Le modèle et le bois sont montés sur un même axe mis en mouvement par une courroie (cachée en partie sur la figure). Sur le banc du tour sont montés trois supports portant les coussinets qui guident l'axe des roues servant à couper et à *frotter*. La roue coupante, qui a environ 30 centimètres de diamètre, porte à sa circonférence une succession de taillants en forme de gouge. Cette roue est appliquée sur le bloc dégrossi. La roue de friction, qui a le même diamètre que la roue coupante, appuie contre le modèle. A l'axe de ces roues est fixée une poulie mue par une courroie qui passe sur un gros tambour. C'est ce tambour qui reçoit l'action du moteur, et c'est au moyen de roues dentées et d'une vis que l'on donne à l'axe porte-roues un mouvement continu de progression.

Le modèle et le bloc s'approchent ou s'éloignent des roues, en raison des inégalités de la surface, grâce à la manière dont ils sont supportés dans un châssis tournant autour de deux pivots, et après un temps suffisant on obtient un solide tout à fait semblable au modèle donné.

C'est en perfectionnant cet appareil, en faisant mouvoir le modèle et le bloc sur des axes différents que M. Blanchard est parvenu à la machine qui a été admirée à l'Exposition de 1855, avec laquelle il exécutait avec une rapidité remarquable la réduction de bustes sur bois, sur ivoire et même sur marbre.

TRANSMISSION DES FORCES A DISTANCE.

Les courroies métalliques de M. Hirn, et surtout l'emploi de l'air comprimé, sont des conquêtes importantes de l'industrie moderne pour transmettre à des distances limitées le travail mécanique. Nous n'y reviendrons pas ici, voulant traiter d'une solution radicale du problème, qui repose sur l'emploi de l'électricité, et qui, n'ayant encore qu'une valeur théorique, pour les grandes forces, est sans doute destinée à fournir d'admirables résultats dans l'avenir.

La transmission par les fils métalliques de l'électricité qui met en mouvement les moteurs électro-magnétiques a donné la solution du problème capital de la transmission des forces à distance, de supprimer, pour ainsi dire, l'élément distance, au moins pour les petites forces. La télégraphie électrique est la plus admirable application de ces moteurs, mais elle est loin de devoir être la seule, et toutes les fois qu'il s'agit de faire mouvoir une multitude de transmissions, comme dans les orgues, les machines à composer, les machines à lire et tant d'autres, on peut remplacer par des fils et des contacts qu'établit la touche motrice, tout appareil de transmission d'un effet plus ou moins incertain.

Une seconde série d'applications qui annonce également devoir être féconde en résultats, c'est l'application des transmissions magnétiques aux appareils régulateurs et avertisseurs. La réduction à l'établissement d'un contact métallique de la production d'un effet déterminé, est évidemment la simplification la plus merveilleuse que l'on pût espérer pour l'établissement d'appareils de cette nature.

Il est aisé de vérifier, dans chaque cas, comment dans tout régulateur avertisseur on détermine un contact par suite d'un mouvement de l'appareil à régulariser, colonne thermométrique ou barométrique par exemple, faisant monter un flotteur métallique qui, directement ou indirectement (en employant du fer aimanté), vient établir le contact, cloche mobile pour la pression d'un gaz, etc. Tel est encore le système de remise à l'heure de M. Bréguet, décrit à l'article HORLOGERIE.

Dans l'état actuel de la science, on est arrêté complétement par le faible rendement des machines électro-magnétiques; toutefois de la difficulté d'établir des machines puissantes, dans lesquelles les électro aimants temporaires soient les principaux moyens d'action, il serait erroné de conclure qu'ils ne peuvent entrer que dans de petits mécanismes. On sait déjà leur trouver un emploi dans des machines très-puissantes, à la seule condition de les employer, comme M. Achard en a donné l'exemple dans son frein pour arrêter les trains des chemins de fer, non pas à produire la force qui doit jouer le rôle principal, mais seulement à mouvoir l'organe qui détermine le sens de l'action d'une force extérieure. Ainsi, dans l'appareil de M. Achard, c'est la locomotive elle-même qui produit le mouvement circulaire alternatif d'un axe muni de deux cliquets pouvant agir sur une couronne qui agit sur le frein. Indépendamment de l'action magnétique, les deux cliquets sont soulevés par des ressorts et aucun effet n'existe. Pour un sens du courant le cliquet de serrage du frein est abattu, et le serrage a lieu avec toute l'énergie d'action que le mécanisme mû par la machine comporte; pour le sens opposé du courant, le frein est au contraire desserré.

En résumé, la transformation de travail en électricité est un problème qui paraît aujourd'hui résolu (voy. ÉQUIVALENT DE L'ÉLECTRICITÉ). Le passage instantané des courants d'une grande intensité, sans altération des fils conducteurs d'une section un peu notable, est un fait acquis; reste donc à attaquer le problème inverse par une autre voie que celles tentées jusqu'ici, à perfectionner les systèmes de transformation de l'électricité en travail, et on aura résolu un problème capital pour l'avenir de l'humanité.

TRAVAIL MÉCANIQUE (DES SOURCES DE) — DE L'ÉPUISEMENT DES MINES DE HOUILLE. On répète depuis quelque temps que la houille sera bientôt épuisée. C'est d'Angleterre que nous sont venues les déclarations d'ingénieurs anglais, cherchant à établir par des calculs que, dans deux siècles, les riches mines de la Grande-Bretagne seraient abandonnées. On comprend tout l'intérêt qui doit s'attacher à cette question, la houille étant devenue la base de tout l'édifice de l'industrie moderne, lui fournissant notamment le travail moteur en alimentant la machine à vapeur. Elle mérite donc d'être analysée avec quelque soin, et il ne suffit pas de dire qu'il n'y a pas à se préoccuper d'un événement qui ne doit arriver que dans deux siècles; nous ne sommes pas des êtres intelligents pour ne nous préoccuper que des besoins du moment présent, comme le ferait un sauvage, un individu étranger aux ressources et aux réserves de la civilisation.

Résumons d'abord l'argumentation des ingénieurs anglais. Sir W. Armstrong a cherché à indiquer ce qui devait arriver dans un avenir qui n'est pas très-éloigné, en se fondant sur des calculs dont il n'y a guère à discuter que le mode de leur établissement; les chiffres sur lesquels ils reposent ne peuvent être que de grossières approximations; au reste, il ne s'agit pas d'un terme à définir avec une précision bien rigoureuse.

La quantité de houille annuellement extraite est aujourd'hui en Angleterre de 600,000,000 de quintaux métriques environ, double de ce qu'elle était il y a trente ans. En admettant que cette progression continue (point contestable comme nous le dirons ci-après), l'extraction atteindra bientôt la fin des richesses minérales de la Grande-Bretagne; il a cru pouvoir fixer à deux siècles cette fatale échéance.

En admettant l'exactitude des chiffres principaux, la conclusion ci-dessus est erronée comme le principe de la régularité de la progression de l'extraction sur lequel elle repose. Les chemins de fer ont dans ces dernières années, tant pour leur création que pour leur exploitation, accru la consommation de la houille dans une proportion tout à fait anormale, qui ne permet pas de déduire de l'accroissement de consommation de ces dernières années la raison de la progression due au développement régulier de l'industrie. Il sera, sans aucun doute, beaucoup moins rapide, et ce n'est pas exagérer que de dire que l'on doit reporter à quatre ou cinq siècles la fâcheuse échéance qui avait été fixée à deux siècles.

Si pratiquement le danger déjà bien éloigné de nous se trouve considérablement reculé, cependant théoriquement la question demeure la même, et est toujours un intéressant sujet de recherches spéculatives sur lesquelles nous ne craindrons pas d'insister.

On n'a pas assez remarqué que les ingénieurs anglais ne parlaient que de l'Angletere, et on a, par une étrange confusion, généralisé les conclusions que leur suggérait l'étude de leur pays. Il n'y a pas lieu, par exemple, de rien dire de semblable pour l'Amérique du Nord, dont le terrain houiller couvre une superficie au moins quintuple de celle de l'Angleterre, et dont on n'extrait encore que des quantités relativement faibles.

De telle sorte que, toutes choses étant égales d'ailleurs, si l'Angleterre en a encore de la houille pour cinq siècles, l'Amérique en a pour trente ou quarante siècles, et sera un jour, sans doute, la pourvoyeuse de l'Europe.

On voit que bien des générations d'hommes peuvent se succéder avant que la question ne se pose d'une manière impérieuse, et peut-être même peut-on aller plus loin et se demander si le travail des hommes, quelque développé qu'il soit, est de taille à lutter avec les grands faits constitutifs de notre globe, s'il n'est pas avec ceux-ci dans un rapport d'infiniment petit. Ainsi il est bien évident que si l'humanité se proposait d'épuiser la Méditerranée ou de raser les Alpes, elle se consommerait en efforts superflus en entreprenant une œuvre qui est au-dessus de sa sphère d'action. Il en serait de même s'il s'agissait d'épuiser une formation géologique, la pierre calcaire, par exemple, qui constitue le sol de tant de contrées.

Ce que nous disons d'une formation géologique doit s'appliquer, en grande partie au moins, aux formations houillères. C'est pendant des nombres de siècles dont nous n'avons nulle idée, presque impossibles à évaluer, car nous rencontrons des effets d'alluvion auprès desquels ceux constatés pendant les temps historiques sont insignifiants, que la végétation qui couvrait la terre s'est accumulée, en même temps que les dépôts des formations, dans les vastes étendues qui forment aujourd'hui les houillères exploitées et à exploiter.

Ce n'est sûrement pas en quelques centaines d'années que la houille déposée pendant bien des milliers d'années, résultant de la végétation qui a existé pendant ce temps sur la surface du globe terrestre, sera épuisée; peut-être devrait-on poser la question pour des centaines de siècles, au lieu de centaines d'années!

Ce serait, toutefois, tirer de ce que nous disons une conséquence exagérée que de considérer comme sans valeur les observations des ingénieurs anglais, qui, si elles sont peu applicables à la terre entière, ont une grande importance pour leur pays. En admettant qu'ils aient exagéré le danger quant à l'échéance, il est logique d'admettre que l'extraction si considérable et sans cesse croissante de la houille en Angleterre, s'exerçant sur des formations d'une étendue limitée, finira par les épuiser ou au moins arriver à des profondeurs où l'exploitation deviendra très-difficile et par suite très-coûteuse. Il semble donc qu'il arrivera un jour où toute l'industrie de ce pays, essentiellement fondée sur la houille, s'arrêtera comme frappée à mort. C'est, à notre avis, une conséquence fausse, comme toutes celles que l'on tire de faits purement matériels pour les appliquer aux hommes. On répète sans cesse que l'Angleterre doit sa fortune industrielle à ses mines de houille, et l'on a raison si l'on veut dire qu'elle a trouvé en elles un puissant moyen de succès; mais si l'on prend cette expression trop à la lettre, on commet une grossière erreur. On doit chercher la véritable cause de leur prospérité dans l'énergie laborieuse, l'esprit d'ordre et d'économie des Anglais, le génie de leurs chefs dans la paix et dans la guerre, de leurs savants et de leurs ingénieurs, qui les a conduits aux grands résultats qui en ont fait l'admiration du monde entier, qui s'est efforcé de les suivre dans la voie qu'ils avaient ouverte. Avant d'employer la houille, ils avaient su devenir les premiers marins du monde et créer une agriculture prospère, et, s'ils ne perdent pas les qualités qui les ont amenés à leur prospérité actuelle, ils sauront se passer de la production intégrale de la houille sur leur sol, et aller la chercher à l'étranger, comme nous les voyons y aller acheter aujourd'hui une partie importante des céréales qui leur sont nécessaires. Cet exemple nous paraît particulièrement intéressant, car, pour l'existence d'un atelier, les céréales nécessaires à la nourriture des ouvriers sont encore plus nécessaires que la houille qui sort à chauffer la chaudière de la machine à vapeur.

Sans doute, les fabrications qui reposent presque exclusivement sur la consommation de quantités de houille considérables, celle du fer, par exemple, grandiront toujours dans les pays où le charbon sera à bas prix, et s'amoindriront dans les contrées où le prix s'en élèvera; mais pour une industrie variée, abondamment fournie de machines de tout genre, où les capitaux sont considérables et l'habileté des producteurs très-grande, il se rencontrera sans cesse des fabrications qui progresseront, combleront les vides des premières, créeront des produits qui se vendront à des prix assez rémunérateurs pour permettre de payer le prix plus ou moins élevé de la houille importée par navires, ce qui se voit aujourd'hui pour tant de contrées qui reçoivent de l'étranger la houille qui alimente des industries prospères.

Si l'éventualité, dont nous avons cru devoir traiter, ne se présente à aucun titre comme conduisant dans un délai assez peu éloigné à un arrêt du travail industriel sur le globe, ce n'en est pas moins une intéressante question d'étude, de technologie, que de se demander comment l'humanité parvenue à un grand développement industriel pourrait faire face à un événement aussi désastreux que celui de l'épuisement des mines de houille, qui, finalement, avec l'accroissement incessant de l'industrie et la durée indéfinie de l'humanité, doit être considérée comme n'étant pas impossible. C'est surtout au point de vue de la création du travail moteur que l'on doit s'en occuper; car c'est principalement pour l'alimentation des machines à vapeur que la consommation de la houille, se produisant sur une échelle énorme, a trouvé un emploi tout nouveau, et on peut considérer le combustible végétal comme à peu près suffisant pour effectuer les réactions chimiques pour lesquelles l'intervention de la chaleur et du carbone est nécessaire. C'est donc d'un moyen d'engendrer du travail mécanique autrement que par la combustion de la houille qu'il s'agit.

Rappelons d'abord la célèbre observation de G. Stephenson, l'ouvrier mineur de génie, qui sut comprendre ce que deviendraient les chemins de fer des mines, lorsqu'on y opérerait la traction à l'aide d'une machine à vapeur portée sur un chariot, par une locomotive. Voyant circuler un train de wagons traîné par une locomotive, il disait que c'était du soleil que provenait la chaleur qui déterminait le mouvement du train. C'est bien le soleil en effet, qui, aux époques géologiques comme nous le voyons aujourd'hui, a permis aux végétaux de croître en s'assimilant le carbone de l'air, de décomposer les produits carbonés résultant de combustions antérieures. L'action réductive de décomposition, inverse de la combustion, de l'oxydation qui engendre de la chaleur et par suite du travail, est donc due au soleil, et c'est la puissance de celui-ci qui se trouve emmagasinée dans la houille, résidu des végétaux qui ont couvert la terre aux époques géologiques.

La synthèse de la transformation de la chaleur en travail, à laquelle la science est si heureusement arrivée, démontre d'un autre côté clairement que toutes les sources de travail que nous possédons, en dehors de la précédente, sont dues à la chaleur solaire actuelle. Ce sont en effet, en plus du combustible végétal : les vents, dus aux variations de température qui se produisent dans les diverses parties de l'atmosphère par l'effet de l'échauffement solaire; les cours d'eau, dus à la descente des eaux tombées à l'état de pluie ou de neige sur les parties élevées du sol, par la condensation des nuages aqueux formés sur les eaux, sur les Océans, par l'action du soleil qui vaporise l'eau; ce sont enfin les moteurs animés, dont le travail est l'équivalent de la chaleur dégagée par la combustion de la nourriture qu'ils prennent, c'est-à-dire finalement de végétaux qui ont servi à leur alimentation, c'est-à-dire encore à de la chaleur solaire.

En résumé donc, la question de se passer de la puissance motrice de la houille revient à employer seulement la chaleur actuelle du soleil et à se passer de la chaleur solaire des époques géologiques, qui nous a fourni une source de travail si commode, si facile à transporter, à appliquer partout. C'est vraiment à ce point que la question se réduit. Or, la chaleur solaire actuelle est parfaitement suffisante pour faire face à toutes les opérations industrielles dont l'humanité peut avoir besoin; il suffit, pour s'en convaincre, de considérer un instant les apparences sous lesquelles elle se manifeste. Sans parler de machines à air chauffé par le rayonnement direct du soleil, dont les premiers essais remontent aux Grecs et dont l'ingénieur Ericson a repris l'étude, aidé des ressources de l'industrie moderne, sans compter le vent qui, agissant sur toute la surface de la terre, permet de multiplier indéfiniment les appareils, malheureusement irréguliers, intermittents et peu commodes, à l'aide desquels on peut utiliser sa puissance, les cours d'eau offrent des ressources immenses dont une faible partie a été utilisée jusqu'ici. Les pays de montagnes conservent disponibles des quantités presque indéfinies de travail mécanique, par suite de la hauteur des chutes; il en est de même de l'utilisation des chutes des grands fleuves, obtenues à l'aide de barrages, à cause de leur grand volume d'eau. A Lowell, à Lawrence, aux États-Unis, on a obtenu ainsi des puissances de 3 à 4000 chevaux-vapeur, et on a calculé que les chutes du Niagara pourraient produire, dit-on, une quantité de travail égale à celle de la presque totalité des machines à vapeur fixes qui existent. Enfin le phénomène de la marée qui, sur toutes les côtes de l'Océan, abaisse et élève successivement de plusieurs mètres les eaux de la mer, met à la disposition de l'industrie des quantités de travail indéfinies, pouvant être en raison des travaux propres à l'utiliser.

Pour la production du travail mécanique, on peut donc résoudre le problème par des constructions convenables, mais pour le transport du travail mécanique en des lieux convenables, la science industrielle n'offre pas actuellement des ressources suffisantes, et il faut de nouvelles inventions pour que le problème reçoive une solution complète. Nous pouvons déjà indiquer quelques solutions partielles qui ne laissent pas de doute sur une solution définitive dans l'avenir, lorsqu'on disposera de nouveaux moyens d'action et de transmission des forces, puisque le problème se réduit surtout à une question de TRANSMISSION; nous avons vu que les courants électriques en faisaient entrevoir une solution radicale.

Nous ne reviendrons pas ici sur une question traitée dans d'autres articles; nous dirons seulement que les courroies métalliques de M. Hirn, les liquides incompressibles, et surtout l'air comprimé, fournissent des solutions du plus haut intérêt. La restitution du travail moteur, qui offre déjà quelques difficultés avec l'air comprimé, en offre de bien plus grandes avec les gaz coërcibles, les gaz se liquéfiant par la pression qui ont été souvent proposés comme réservoirs de travail mécanique; en effet, la quantité de travail emmagasinée sous un faible volume paraît être très-considérable pour les gaz qui exigent une pression élevée pour leur LIQUÉFACTION (voir ce mot). Mais en réalité on a laissé dégager sous forme de chaleur la majeure partie de ce travail, de telle sorte que l'emploi de ces gaz offre l'inconvénient de produire un froid considérable par leur détente, qui exige la dépense de mouvements d'eau, par exemple, propres à empêcher l'abaissement de température qui annulerait la pression (voy. l'article GAZ LIQUÉFIÉS).

Nous en resterons là de ces spéculations; il n'y a pas à insister sur une question qui ne trouvera son application intégrale que dans bien des siècles, lorsque la science aura sûrement donné le moyen de résoudre le problème sûrement soluble auquel elle se réduit, de transmettre facilement des forces à des distances quelconques, bien probablement à l'aide de l'électricité (voy. TRANSMISSION DES FORCES); jusque-là un morceau de houille sera un réservoir de travail tellement économique, que toute recherche de ce genre est à peu près inutile pratiquement, si ce n'est pour des circonstances particulières.

TULLE. Le haut prix de la dentelle, résultant de la lenteur du travail qu'exige sa fabrication pour former chaque boucle en entourant à l'aide de fils enroulés sur de petites bobines, l'épingle fichée dans un coussin qui indique la place de cette boucle, devait faire rechercher à la fabriquer à l'aide de machines.

La première tentative pour y parvenir paraît avoir été faite vers l'année 1768 par un fabricant de bas de Nottingham, nommé Hamond. L'idée lui vint, étant inoccupé, en regardant la dentelle du bonnet de sa femme, qu'un semblable article pourrait être fait au moyen des métiers à bas. Il paraît qu'il réussit à produire une machine, qu'on appela *machine à épingles*, produisant un réseau simple imitant la fabrication de Bruxelles. Cette machine ne fut pas longtemps employée en Angleterre, mais elle fut appliquée en France. Le succès d'Hamond engagea d'autres inventeurs à chercher à faire de la dentelle avec le métier à bas, et à tenter de nouvelles combinaisons pour produire une maille ayant la forme de l'hexagone régulier, ce qui n'avait pas encore été fait. Le *métier à chaîne* pour produire de la *dentelle* fut créé en 1782, et de 1799 date le premier essai pour fabriquer le *tulle* par moyens entièrement mécaniques. A l'aide de ces premières inventions, les ouvriers en bas produisirent une espèce inférieure de dentelle avec une grande facilité et à bas prix; la demande s'en accrut et Nottingham devint le centre d'un nouveau et fructueux commerce.

Relativement à cette époque, le rapport du jury (classe XIX) de l'exposition de Londres fait remarquer avec raison : que « c'est un sujet d'étonnement de voir avec quelle rapidité un inventeur a succédé à un autre, et en simplifiant ou modifiant ces machines, a rendu inutiles celles de son prédécesseur. » On peut établir qu'aucune fabrication de tissu n'a employé autant de combinaisons mécaniques pour atteindre le but que celle de la fabrication de la *dentelle*, commençant par le métier à bas auquel s'ajouta la machine de Tickler; puis vint la machine à point de filet, celle à chaîne, la machine pour la maline et beaucoup d'autres. Toutes (sauf celle à chaîne) disparurent quand la machine à tulle actuelle fut introduite, en présence des ressources qu'elle offre pour fabriquer le tulle uni et brodé. Cette machine est dite en anglais *bobbine-net machine* (*machine à filet au moyen de bobines*), parce que les fils qui forment le réseau sont fournis partie par des bobines et partie par la chaîne.

Il n'existe pas d'essai suivi de succès pour produire mécaniquement le tulle avant 1809, quant M. Heatcoat fit breveter un métier dont l'idée première lui fut suggérée par un ouvrier qui avait travaillé à des machines propres à fabriquer les filets de pêche; il vit la possibilité de fabriquer de la dentelle au moyen de fils de chaîne et de trame, en disposant ceux de chaîne en lignes parallèles et ceux de trame qui doivent prendre une direction diagonale sur de petites bobines séparées, arrangées pour passer autour des fils tendus de la chaîne. Cette machine eut assez de succès et inquiéta tellement les ouvriers en dentelles qu'ils formèrent une coalition connue sous le nom de *luddites*, dans le but de détruire son invention. M. Heatcoat transporta en Devonshire la construction de ses machines. En 1823 la patente étant expirée, la fabrication reprit à Nottingham dont la dentelle au métier rivalisa, et bientôt fut supérieure aux vraies dentelles de France et des Pays-Bas. La machine reçut encore diverses améliorations, et enfin en l'année 1816 elle put être mue à la vapeur. La dentelle unie ou tulle devint un article de grande consommation; ce qui avait été payé 6 guinées le yard fut acheté pour 1 sh. 6 pc. Au lieu d'importer de ce produit de France en Angleterre, on l'exporta d'Angleterre en France, jusqu'à ce que les fabricants du continent eussent appelé à leur secours les mêmes machines.

Une pièce de tulle sur le métier est représentée fig. 3751 : elle consiste dans une série de fils de chaîne parallèles entre eux; la trame tourne une fois autour de chaque fil de chaîne et deux fois près des bords; c'est ainsi que la lisière est formée. Une série de fils de trame

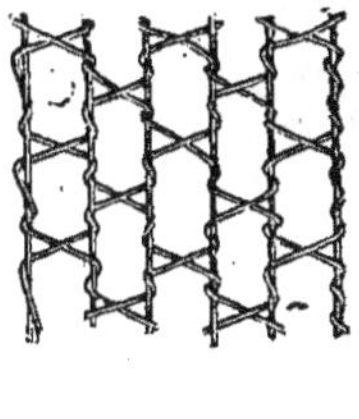

Fig. 3751.

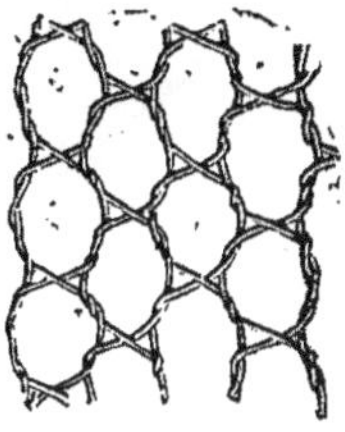

Fig. 3752.

marchant dans un sens, et l'autre dans une direction opposée, symétrique avec la première, l'enroulement et l'enlacement des fils autour de la chaîne forment des mailles régulières de six côtés, comme le montre la figure 3752 qui représente le produit obtenu par les trois séries de fils, lorsque la chaîne cesse d'être tendue sur le métier; une série de fils de trame tire les fils de chaîne à droite et l'autre série à gauche.

Les fils employés sur le métier à tulle sont enroulés sur des cylindres pour la chaîne, et sur de petites bobines extrêmement plates pour la trame. Celles-ci sont formées de deux disques de laiton percés d'un trou au milieu, rivés ensemble, de manière à former une rainure circulaire pour recevoir le fil (fig. 3753 et 3754). Le trou du centre est carré, pour recevoir une tringle qui empêche la bobine de tourner quand on

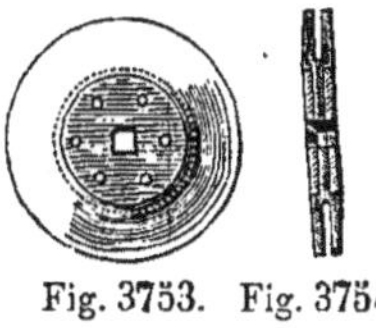

Fig. 3753. Fig. 3754.

enroule le fil lors de l'ourdissage qui se fait à la fois pour 100 ou 200 bobines semblables embrochées sur une même barre et le fil provenant de grosses bobines passant à travers les fentes d'une règle de laiton. Quand on fait tourner l'axe qui porte les bobines plates, les autres tournent et les fils se déroulent; la surface de la table sur laquelle passent ces fils est peinte en noir, ce qui permet de voir aussitôt un fil cassé.

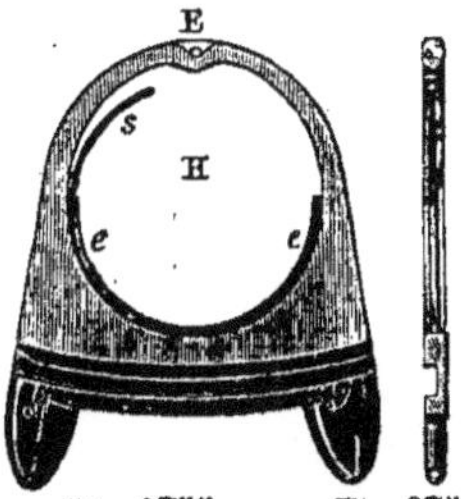

Fig. 3755. Fig. 3756.

Il faut plus de 1200 bobines pour une machine, et chacune d'elles porte environ 100 mètres; un cadran indique quand cette longueur est enroulée.

Chaque bobine est insérée dans un cadre en fer. Les figures 3755 et 3756 en sont une élévation et une coupe. Le trou H est destiné à recevoir la bobine, les bords *ee* sont dressés et un ressort empêche la bobine de tomber, mais lui permet de tourner et de fournir du fil quand celui-ci est doucement tiré. Le fil passe par un œil percé au haut de ce chariot.

Les parties capitales d'un métier à tulle sont vues en coupe verticale (fig. 3757). D est le cylindre ensouple

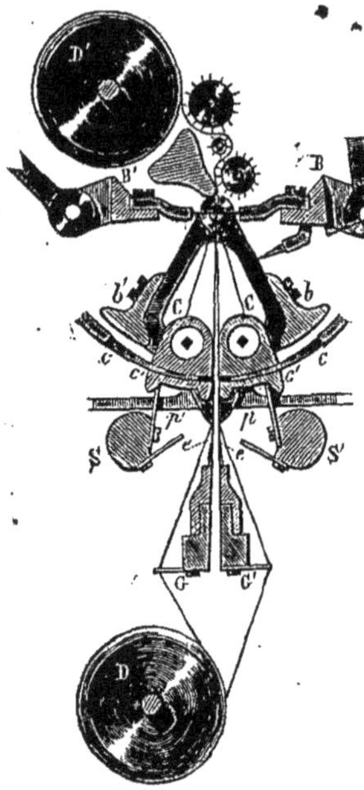

Fig. 3757.

portant la chaîne; le haut du bâti porte un cylindre semblable autour duquel s'enroule le tulle fabriqué. Les fils de chaîne sont tendus verticalement entre ces deux rouleaux. GG sont des barres-guides s'étendant sur toute la longueur de la machine, et divisant en deux séries les fils de chaîne.

Le nombre des bobines, avec leurs chariots, est égal à celui des fils de trame, et comme elles doivent passer par les petits intervalles qui séparent les fils de chaîne, ils sont disposés sur deux rangs parallèles comme C et C', de chaque côté de la chaîne.

Les bobines sont portées par des espèces de peignes *c*, *c'* dont on voit une partie séparément, fig. 3758. Les

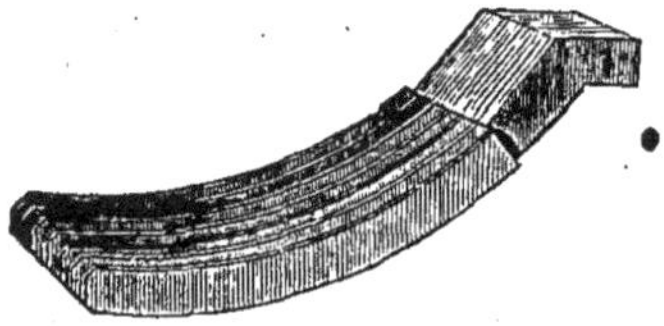

Fig. 3758.

chariots de bobines portent tous une rainure *g g* pour embrasser une dent du peigne. Ces peignes sont placés de chaque côté de la chaîne, et leurs extrémités sont rapprochées de manière à ne laisser entre eux que l'espace nécessaire pour les mouvements de la chaîne ; de sorte que les chariots porte-bobines passent facilement sur l'un en quittant l'autre. Ceux-ci sont poussés, pour effectuer ce mouvement, par les deux barres *b*, *b'*, et quand une des lignes de chariots est passée à travers les intervalles de la chaîne, la saillie inférieure du châssis porte-bobine est entraînée par des barrettes mues par les axes S, S', lesquels tournent. La barre à laquelle le peigne est attaché se déplace latéralement, un peu à droite ou un peu à gauche; par ce mouvement, la position relative des deux peignes opposés change d'un intervalle de dent, c'est-à-dire que les chariots passent sur la dent voisine. Par ces moyens, toute la série des chariots fait une succession de mouvements latéraux, à droite pour un peigne, à gauche pour l'autre; forme une espèce de contre-marche pendant laquelle les fils se croisant tournent autour des fils verticaux de la chaîne et forment des mailles de filet. Après que les bobines ont tourné autour des fils de chaîne et les ont entourés de leurs fils, deux barres B, B', portant chacune une rangée d'aiguilles pointues qui entrent dans les mailles, entraînent le tulle et l'élèvent d'une hauteur de maille, pour permettre de former une nouvelle ligne. Elle reste en repos, jusqu'à ce que celle-ci ait été exécutée. Tout le travail de la machine est une répétition de mouvements semblables. Le tulle fabriqué est enroulé sur le cylindre D'.

On est arrivé dans ces dernières années à appliquer la Jacquard au métier à tulle, de manière à obtenir au moins pour des dessins assez simples, pouvant s'effectuer avec un nombre limité de fils supplémentaires, un tulle brodé qui vient faire concurrence à la dentelle. Appliqué à nombre de produits légers, ce métier tient aujourd'hui une place importante dans l'industrie, avec cette condition que sa complication n'en permet l'emploi que par des populations ouvrières très-habiles.

TUYAUX DE PLOMB. La presse hydraulique est appliquée aujourd'hui avec grand succès à la fabrication de tuyaux de plomb de longueur indéfinie. La fig. 3759 montre la disposition employée. Une tige so-

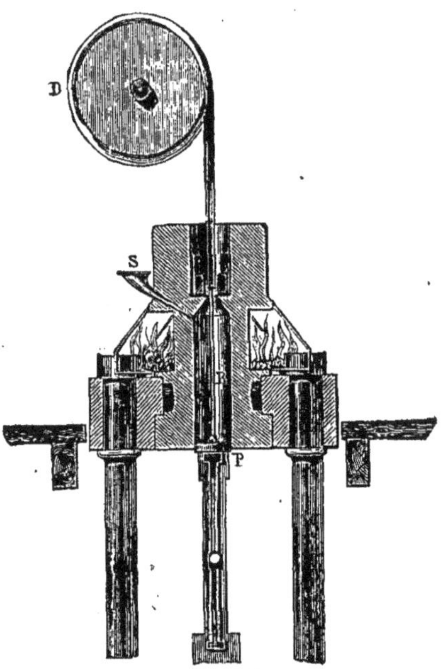

Fig. 3759.

lidaire avec le piston d'une puissante presse hydraulique peut pénétrer dans un réservoir R dans lequel on verse du plomb fondu. La chaleur est entretenue à l'aide d'un foyer dont la fumée est enlevée par un tuyau.

A l'extrémité du réservoir R est fixée une filière en acier, du diamètre que doit avoir l'extérieur du tuyau, dont le centre est formé par un mandrin du diamètre voulu. Le réservoir R est rempli à l'aide d'un entonnoir S qui est enlevé à volonté, et le conduit est fermé par une broche de fer.

Tout étant préparé, si l'on fait mouvoir la presse hydraulique, le piston P chasse le métal et le force à passer entre la filière et le mandrin, en formant un tuyau continu que l'on fait enrouler sur le cylindre D.

En répétant cette opération, on peut obtenir des tuyaux d'une longueur illimitée.

L'emploi de la presse hydraulique que nous venons de décrire est une application curieuse des propriétés de plasticité qui appartiennent aux corps malléables et qui donnent la raison des curieux phénomènes d'écoulement, sous pressions convenables, dont il a été parlé à RÉSISTANCE DES MATÉRIAUX.

La fabrication des tuyaux de plomb n'est pas la seule qui puisse reposer sur ce mode de fabrication; il doit pouvoir s'appliquer à quelques autres cas où l'objet fabriqué a une section constante, celle de la filière, de l'orifice de sortie, et bien des fabrications d'objets en cuivre, et même en fer, par emboutissage, peuvent être rapprochées de celle-ci. Il importe de remarquer que ce mode de fabrication, et aussi la chaleur qui résulte de la compression de la matière refoulée, produisent nécessairement des objets très-malléables, mous, ce qui, dans quelques cas, est un inconvénient.

Tubes en étain.— Une application, plus directe encore que les précédentes des principes de l'écoulement des corps plastiques est la fabrication des petits tubes en étain dans lesquels on renferme les couleurs pour la peinture à l'huile; tubes qui remplacent avec avantage les vessies autrefois employées, et qui, à la longue, devenaient cassantes. Il faut, pour cet emploi, que les parois du tube soient très-flexibles pour pouvoir fermer l'orifice par la seule pression des doigts; l'étain, sur une faible épaisseur, satisfait à toutes les conditions.

C'est le balancier que l'on emploie pour cette fabrication. La rondelle de métal placée au fond d'une matrice, frappée par un poinçon bien concentrique, fournit d'un coup de balancier un tube de 30 centimètres, qui vient envelopper le poinçon.

Cette fabrication, aussi simple qu'élégante, montre bien le métal se comportant exactement comme un liquide, renvoyant la matière dans une direction opposée à celle du mouvement initial pour remplir l'espace vide, par l'effet de la pression qui naît dans le corps comprimé.

V

VASES CLOS (MÉTHODE DES). — La méthode des vases clos ou scellés à la lampe a pour objet essentiel d'effectuer les réactions chimiques dans un milieu artificiel, complétement isolé et assujetti à des conditions spéciales. Elle a donné lieu, depuis vingt ans, aux applications les plus nombreuses et les plus intéressantes, spécialement en chimie organique, et dans les expériences de synthèse; elle commence à prendre, dans l'industrie même, une certaine importance.

Entrons d'abord dans quelques détails historiques.

Dès les temps les plus reculés de l'alchimie, on rencontre la mention des vases scellés du sceau d'Hermès: le mot même de clôture *hermétique* est resté dans la langue. Alors, comme aujourd'hui, il s'agissait d'ordinaire de vases de verre fermés à la lampe, par la fusion de leur orifice. On ne saurait douter, en lisant les vieux auteurs, qu'ils n'aient employé plus d'une fois de tels vases pour produire des effets analogues à ceux que nous réalisons aujourd'hui par la méthode des vases clos. Les expériences de Spallanzani, au XVIIIe siècle, sur la génération spontanée et sur l'obstacle qu'elle éprouve par le fait de l'échauffement de l'eau; celles de M. de Sénarmont, sur la reproduction artificielle des minéraux, en vertu de réactions effectuées dans des bouteilles, par les chaleurs perdues des fourneaux de certaines usines, ont montré tout l'intérêt qui s'attache à cette catégorie d'essais.

Cependant les tentatives des alchimistes étaient dirigées au hasard, parce que les principes qui président à la méthode des vases clos demeuraient ignorés au moyen âge: ces principes, en effet, sont la conséquence des lois de l'ébullition des liquides et de la tension des gaz et des vapeurs, lesquelles ne commencèrent à être connues que vers la fin du XVIIe siècle.

Papin, le premier, s'appuya sur la connaissance de ces lois pour construire la marmite qui porte son nom: l'eau s'y trouve maintenue liquide jusqu'à une température supérieure à son point d'ébullition normal, température déterminée par la pression nécessaire pour soulever une soupape chargée d'un certain poids. Dans cette marmite Papin effectuait la coction rapide de la viande, la dissolution de la gélatine des os, etc. La marmite de Papin et d'autres appareils équivalents ont été usités jusqu'à nos jours.

Toutefois ce genre d'appareils a dû être abandonné successivement dans les laboratoires et dans l'industrie, en raison des incommodités et des dangers mêmes que son emploi présente. En effet, la marmite de Papin n'est pas un appareil à température constante, c'est seulement un appareil dans lequel la température ne peut pas dépasser une certaine limite. Quand cette limite est atteinte, le vase s'ouvre et laisse échapper brusquement une partie de son contenu: la température ne pourrait donc être maintenue constante qu'à la condition d'une déperdition continue. Non-seulement cette perte est fâcheuse quand il s'agit de liquides plus précieux que l'eau; mais la plupart des liquides organiques étant inflammables, la projection de leurs vapeurs en dehors de la marmite expose aux risques les plus graves d'accidents et d'incendie. Avec les liqueurs acides, les accidents se compliquent encore parce que les parois métalliques de la marmite se trouvent attaquées.

C'est pourquoi l'on a dû recourir à des appareils fondés sur des principes différents. Il a fallu d'abord séparer les vases qui renferment les corps mis en réaction de ceux qui règlent la température. D'une part, on a produit une température constante à l'aide des bains d'eau, d'huile, d'alliage métallique, de plomb fondu, etc., voire même à l'aide d'un simple bain d'air. D'autre part, les corps mis en réaction ont été renfermés dans des vases spéciaux: dans les laboratoires, on emploie des tubes de verre scellés à la lampe; dans l'industrie, des vases de fer ou de cuivre forgé. On observe, en outre, diverses précautions qui seront signalées tout à l'heure avec plus de détail.

Les dispositions générales de ces appareils ont été surtout étudiées depuis une vingtaine d'années. Pour donner une idée des applications fécondes qui en ont été tirées, il suffira de citer, dans l'ordre scientifique, les travaux de M. Berthelot sur la synthèse des corps gras neutres et d'une multitude de substances organiques; la découverte du zinc-éthyle, par M. Frankland; celle des alcalis éthyliques, par M. Hoffmann; les expériences de M. Daubrée et de M. H. Sainte-Claire Deville sur la reproduction artificielle des minéraux, etc. Presque tous les chimistes contemporains ont continuellement recours à la méthode des vases clos, qui était demeurée jusqu'à présent à l'état de procédé négligé et exceptionnel.

La pratique industrielle a dû se préoccuper de cette méthode et, par suite, s'approprier, en les modifiant à son usage, les procédés de la science pure. C'est ainsi que l'on a proposé de saponifier les corps gras par l'eau pure à une température voisine de 200°. Si la pression énorme qui se produit dans ces circonstances a fait renoncer à la réaction de l'eau sur les corps gras employée dans toute sa simplicité, cependant on a réussi à faire concourir cette réaction à la saponification des corps gras neutres, en employant en même temps que l'eau une petite quantité de chaux, laquelle permet d'opérer à une température plus basse et sous une pression moindre, mais toujours avec le concours des vases clos.

MM. Poirrier et Chappat ont été plus hardis, lorsqu'ils ont appliqué la méthode des vases clos à la préparation de la méthylaniline, par la réaction de l'alcool méthylique sur le chlorhydrate d'aniline, et conformément à un procédé scientifique signalé par M. Berthelot pour la production des alcalis organiques.

Ces premières tentatives peuvent être regardées comme le prélude des découvertes qui attendent l'industrie dans une voie nouvelle et féconde. Dans l'intention de servir de guide à ces essais, nous croyons utile de signaler les principes scientifiques qui président à l'emploi de la méthode des vases clos, et de décrire quelques-uns des appareils auxquels elle a donné lieu dans les laboratoires :

Exposons d'abord les conditions auxquelles les appareils doivent satisfaire. Elles sont au nombre de quatre :

1° Condition de température. — On doit chauffer les corps à une température déterminée.

2° Condition de temps. — On doit prolonger l'expérience pendant un temps plus ou moins long.

3° Condition de volatilité. — Il faut se mettre en garde contre les inconvénients divers que peut entraîner la volatilisation des substances mises en présence.

4° Condition de tension gazeuse. — Certaines vapeurs et certains gaz permanents étant produits pendant les réactions, on cherche à se mettre à l'abri des accidents qu'ils pourraient occasionner par leur pression; en même temps on se place dans les conditions les plus favorables pour l'étude ultérieure de ces substances.

Nous allons discuter successivement ces quatre conditions générales et nous chercherons comment elles peuvent être satisfaites.

1° *Condition de température.* — C'est un fait général : la plupart des corps de la chimie organique n'exercent point leurs affinités à la température ordinaire, si ce n'est en ce qui concerne les oxydations ou les réductions; il est donc nécessaire d'opérer à une température élevée.

Il ne faut pas cependant que cette élévation de température soit trop considérable; elle ne doit presque jamais dépasser 400°, les substances organiques étant détruites pour la plupart sous l'influence d'une chaleur aussi intense. Parfois même on ne peut dépasser 100 ou 150 degrés sans décomposer certains produits, les principes de l'organisme animal et les sucres, par exemple. Mais, en général, les matières organiques, surtout celles qui sont volatiles sans décomposition, telles que les carbures, les alcools, les acides, les éthers, etc., peuvent être chauffées sans inconvénient entre 200 et 300°. Ces températures activent leurs affinités au plus haut degré, sans amener des destructions profondes.

2° *Condition de temps.* — La température élevée doit être maintenue pendant un certain temps, pour que la réaction s'opère complétement. En effet, les réactions organiques, en général, ne s'effectuent que peu à peu et presque jamais instantanément. Par exemple, les acides gras et la glycérine mis en présence, reproduisent les corps gras neutres; mais la combinaison, même à 200°, exige quinze à vingt heures pour devenir complète.

Ce rôle du temps dans les réactions de la chimie organique est tout à fait analogue au rôle que le temps exerce dans les formations qui ont lieu au sein des êtres vivants eux-mêmes. Les substances douées de réactions brusques ne seraient guère compatibles avec la vie.

La nécessité de remplir les deux conditions de temps et de température, telles qu'elles viennent d'être définies, conduit à l'usage de milieux artificiels dont on puisse élever et maintenir la température à un degré voulu. Ces milieux sont en général des bains d'huile.

Voici les dispositions imaginées par M. Berthelot, il y a dix-huit ans, et qui commencent à être adoptées dans la plupart des laboratoires, soit en France, soit à l'étranger. — M. Wiessnegg, fabricant d'instruments pour les laboratoires, les établit avec succès.

On emploie une marmite de fonte très-profonde, entourée d'un massif de briques qui la protége contre un refroidissement rapide : elle est à demi remplie d'huile et recouverte d'une plaque de tôle solidement assujettie au massif. La marmite peut être chauffée à sa partie inférieure, à l'aide d'une lampe à gaz, à becs multiples et proportionnés au volume du vase. Un thermomètre, renfermé dans un long tube de cuivre fermé à son extrémité inférieure et qui traverse la plaque de tôle supérieure, permet de connaître à chaque instant la température du bain. Pour maintenir cette température constante, il faut employer certains artifices. En effet, le robinet des appareils à gaz convenablement ouvert ne suffit pas pour régler la dépense du gaz et par suite la quantité de chaleur produite lors de sa combustion; malgré la constance de son ouverture, il se produit dans la dépense des variations dues principalement à ce que la pression dans les gazomètres des usines à gaz varie pendant le cours de la journée. Pour maintenir cette pression constante, le moyen le plus assuré consisterait à se servir d'un gazomètre établi dans le laboratoire et dont on réglerait à son gré la pression. Mais dans les villes, et notamment à Paris, ces gazomètres particuliers sont interdits. Il est alors nécessaire de recourir à divers appareils régulateurs.

Un très-bon instrument de ce genre a été construit par M. Cavallié-Coll. C'est un petit soufflet d'orgue fabriqué avec de la baudruche, afin que ses mouvements soient plus faciles et que sa sensibilité soit plus grande. Le gaz traverse ce soufflet et peut en soulever la plaque mobile. Celle-ci est chargée d'un poids dont les positions, variables à volonté, déterminent la pression du gaz à son arrivée dans la lampe.

Quoi qu'il en soit, que l'on fasse usage de cet appareil ou de tout autre, il est utile de vérifier, à l'aide d'un petit manomètre à eau, si la pression se maintient réellement constante. Cet instrument accessoire offre encore un autre avantage. Il permet d'étudier à l'avance, pour un même bain d'huile et pour une lampe déterminée, les températures fixes qui correspondent aux différentes pressions du gaz employé comme combustible. En résumé, on constitue un milieu artificiel, et ce milieu satisfait aux deux premières conditions posées précédemment : condition de temps, condition de température. Voyons maintenant comment nous pourrons remplir les deux autres.

3° *Condition de volatilité.* — Il est nécessaire de maintenir réunis des corps inégalement volatils, et cela à une température souvent supérieure à celle de leur point d'ébullition. De là la nécessité d'appareils spéciaux.

Dans les laboratoires, ces appareils sont des tubes en verre vert très-résistants et que l'on ferme à la lampe après y avoir introduit les réactifs. Dans l'industrie, on a commencé à employer, pour les mêmes usages, des vases de fer forgé capables de résister à des pressions de 20, 30 atmosphères et même davantage. Dans ces vases, le contact permanent des corps est forcé, qu'ils soient solides, liquides ou gazeux; mais de là naît une nouvelle condition dont il est nécessaire de tenir compte.

4° *Condition de tensions gazeuses.* — Il se forme souvent des gaz permanents dans les réactions; d'ailleurs, les liquides employés, s'ils sont chauffés à des températures supérieures à leur point d'ébullition, peuvent exercer des pressions plus ou moins considérables.

Il en résulte deux difficultés, ou plus exactement deux dangers : l'un existe pendant que les appareils sont soumis à l'action de la chaleur; l'autre au moment où l'on examine les produits de la réaction.

Pendant l'expérience, la pression exercée par les vapeurs, pression qui s'accroît sous l'influence de toute élévation de température, peut briser les appareils et occasionner de graves accidents, tels que la projection des débris des vases et des substances qu'ils renferment, la dispersion de l'huile bouillante, parfois même l'inflammation de ce liquide, etc.

Trois précautions permettent d'éviter ces inconvénients.

Il convient d'abord de régler la quantité des substances introduites dans les tubes d'après la résistance-limite des vases et le volume des gaz qui pourront s'y produire, ce volume étant calculé à l'avance de façon à rendre impossibles les explosions. On reviendra tout à l'heure sur la limite qu'il est opportun de ne pas dépasser.

Une seconde précaution, usitée dans les laboratoires, consiste à enfermer les tubes de verre scellés dans des tubes de fer forgé, très-résistants, fermés au marteau à l'une de leurs extrémités, et à l'autre par un écrou. Ces tubes de fer sont eux-mêmes introduits verticalement dans le bain d'huile. En raison de la dernière disposition, on est forcé de donner aux marmites de fonte une grande profondeur.

Une dernière précaution est dirigée contre la rupture des tubes de fer et l'inflammation de l'huile : elle consiste à recouvrir la marmite avec une plaque de tôle maintenue à quelque distance de l'orifice supérieur de la marmite et fixée sur le massif de briques qui la renferme au moyen d'une barre de fer et d'une agrafe. Cette plaque est d'ailleurs percée d'un trou par lequel on peut introduire un long tube de laiton renfermant le thermomètre et plongeant jusqu'au fond de la marmite. L'emploi de la plaque offre un autre avantage qui n'est pas à dédaigner; car elle permet, à l'aide d'un tirage convenablement disposé, d'entraîner dans la cheminée, sans aucune diffusion dans le laboratoire, les vapeurs que fournit l'huile et lesquelles sont fort abondantes, lorsque la température est élevée. A l'aide de cet ensemble de dispositions, on se trouve à l'abri des accidents qui peuvent arriver dans la première partie de l'opération.

Il reste à éviter ceux qui peuvent survenir après que les tubes de verre ont été retirés de l'appareil. En effet, ces tubes font aisément explosion, sous l'influence des chocs, pour peu qu'ils renferment des gaz permanents à la température qu'ils possèdent au moment où ils sont retirés du bain d'huile ou même après complet refroidissement. Cette faculté explosive se manifeste dans les tubes, encore qu'ils aient résisté durant l'échauffement à des pressions bien plus considérables. Il est des tubes qui peuvent supporter une pression de 200 atmosphères sans se briser, pourvu que cette pression soit graduellement produite, mais qui font explosion au moindre choc, sous des pressions quatre ou cinq fois plus faibles. Toutes les fois que l'on vient à casser la pointe d'un tube de verre qui supporte une pression actuelle supérieure à 40 atmosphères, il se réduit en miettes, à la façon d'une larme batavique. Les accidents que peut causer ce genre d'explosions sont d'autant plus graves que l'opérateur se trouve au voisinage immédiat des débris de verre et des substances projetées.

Mais il est facile d'éviter ces accidents. Il suffit de calculer au préalable le volume des gaz que pourront produire, en toute hypothèse, les substances mises en expérience. On a soin, d'ailleurs, de faire le vide dans le tube avant de le fermer, ce qui diminue d'une atmosphère la pression finale. On s'arrange en général pour limiter cette pression finale, telle qu'elle subsistera après refroidissement, à 12 ou 15 atmosphères tout au plus. Pour y réussir, on peut peser à l'avance les substances que l'on veut introduire dans les tubes. Les liquides volatils, en particulier, seront placés dans de petites ampoules, afin d'éviter qu'ils ne disparaissent par l'action du vide; ces ampoules une fois placées dans le tube, le vide fait et le tube scellé, il faudra les briser par des secousses ménagées. On chauffe alors. Quand l'expérience est terminée, on peut recueillir les gaz produits, en brisant la pointe des tubes contre le dôme d'une éprouvette, placée sur la cuve et remplie de mercure.

Telles sont les principales précautions à l'aide desquelles on peut mettre en œuvre, sans danger et d'une manière générale, la méthode des vases clos en chimie.

M. BERTHELOT.

VÉLOCIPÈDE. On a souvent inventé sous ce nom, ou sous des noms différents, des appareils propres à transporter une personne seule ou chargée d'un fardeau peu considérable, au moyen des efforts musculaires qu'elle développe en faisant tourner les roues d'une petite voiture dans laquelle elle est placée. En simplifiant ce genre d'appareils, en le réduisant à deux roues d'un assez grand diamètre, dont les essieux sont portés par une ferrure à laquelle est assemblée une lame de ressort, dans le milieu de laquelle est un petit siége, on a fait un vélocipède très-léger et qui permet à des gens adroits (pour ne pas perdre l'équilibre), et énergiques, de faire des trajets assez remarquables. La figure 3760 montre ce petit appareil bien connu, mais

Fig. 3760.

qui est loin d'être le seul employé. Des colporteurs ont souvent construit de petits chariots mus à bras, et sur les chemins de fer on les a adoptés avec succès. Bon nombre de semblables dispositions sont illusoires; mais dans quelles limites, dans quelles conditions peut-on espérer des résultats favorables? C'est un point parfaitement traité dans un excellent rapport fait par M. Callon à la Société d'encouragement, et nous ne saurions mieux faire que de le reproduire ici.

Lorsqu'un homme chemine sur un plan horizontal, il n'y a point de travail mécanique apparent, en ce sens que le centre de gravité de l'homme se retrouve, à la fin de la marche à la même hauteur qu'au commencement.

Néanmoins on conçoit qu'à chaque pas, le centre de gravité s'élève d'une petite quantité. Le travail résistant qui en résulte n'est point compensé par le travail moteur développé lorsque le centre de gravité redescend, et, au moment où le pied porté en avant vient poser sur le sol, il se perd, par une destruction brusque de la vitesse acquise, malgré l'élasticité des membres inférieurs, une certaine quantité de force vive. On peut donc penser que le système de locomotion dont la nature nous a doués, quelque admirablement qu'il soit disposé pour s'adapter à des circonstances variées de nature de terrain, de pente, etc., puisse être remplacé avec avantage, sur un sol convenablement nivelé et approprié, par un moyen mécanique dans lequel la force de l'homme sera employée en évitant l'inconvénient qui vient d'être signalé, surtout s'il s'agit de vitesses supérieures à celles de la marche ordinaire, de celles qui ne sauraient être longtemps soutenues sans fatiguer les organes respiratoires.

Cette considération peut être soumise au calcul d'une manière très-simple. Nous ne nous occuperons d'abord que des transports en terrain horizontal.

Soit T la quantité d'action journalière qu'un homme pourra produire en agissant sur le récepteur dont le véhicule sera muni;

t la durée de cette action;
P le poids de l'homme;
P' la charge qu'il transporte avec lui;
Q le poids du véhicule ou poids mort;
f le rapport de l'effort de traction ou du *tirage* à la charge transportée, rapport essentiellement dépendant de la nature et de l'état d'entretien de la voie parcourue;
l l'espace journalier parcouru;
V la vitesse de translation obtenue.

On a évidemment :

$$l = V \times t$$
$$T = f(P + P' + Q)\, l = f(P + P' + Q)\, V\, t.$$

Supposons qu'on emploie le travail de l'homme le plus avantageusement possible, c'est-à-dire en faisant travailler les muscles des jambes à peu près de la même manière que lorsqu'un homme monte un escalier, en agissant sur une roue à marches ou à chevilles; résultat qui peut être obtenu au moyen d'un double système de pédale ou de quelqu'autre mécanisme équivalent; alors le travail journalier s'élève, sans fatigue exagérée, à 280,000 kilogrammètres environ, qui seront produits en 8 heures ou en 28,800".

La valeur de f, qui est l'élément essentiel à considérer, peut être évaluée comme suit :

Sur un chemin de fer à grande section avec une voie et un matériel bien entretenus. 0,005
Sur un chemin de fer analogue aux chemins de mines ordinaires. 0,01
Sur une chaussée empierrée entretenue. . . 0,02
Idem en état ordinaire d'entretien. 0,03
Idem en médiocre état d'entretien. 0,07
Sur une chaussée empierrée nouvellement chargée. 0,12

Le poids de l'homme peut être évalué à 65 kilog.; celui du véhicule pourra être difficilement inférieur à 100 ou 150 kilog., s'il s'agit de transporter quelques fardeaux, ou plus d'une personne, s'il a quatre roues; le vélocipède à deux roues, indiqué plus haut, ne pèse que 30 kilog.

Au moyen de ces données, en supposant que l'homme n'ait d'abord à transporter que son propre poids, puis, qu'il ait à transporter avec lui des charges de 40 et 100 kilog., on formera les trois tableaux ci-contre : le premier se rapportant au vélocipède d'amateur, et n'indiquant que des résultats normaux, répondant au travail qui pourrait être répété tous les jours et non à celui qui peut être produit extraordinairement, qui est un tour de force.

RAPPORT DU TIRAGE au poids total transporté. Valeur de f.	ESPACE PARCOURU dans la journée.	VITESSE du transport V.	TRANSPORT utile effectué P' × l.
I. Soit P' = 0, Q = 30 kil.			
	m.	m.	
0,02	147,368	5,12	0
0,03	97,561	3,38	0
0,07	57,732	2,00	0
0,12	26,923	0,93	0
II. Soit P' = 40 kil. Q = 150 kil.			
0,005	203,922	7,08	8156880
0,01	101,861	3,54	4078440
0,02	50,930	1,77	2039220
0,03	33,987	1,18	1359280
0,07	14,566	0,51	582640
0,12	8,496	0,29	339880
III. Soit P' = 100 kil. Q = 150 kil.			
0,005	165,079	5,70	16507900
0,01	82,540	2,85	8254000
0,02	41,270	1,43	4127000
0,03	27,513	0,96	2751000
0,07	11,791	0,41	1179100
0,12	6,896	0,24	689600

D'un autre côté, on peut admettre qu'un homme cheminant sans charge, sur une route bonne ou passable, peut faire dans une journée de marche environ 40 à 50 kilomètres, et qu'avec un fardeau de 40 kilogrammes, charge ordinaire des porte-balles, il peut faire environ 20 kilomètres. La charge de 40 kilog. peut, d'ailleurs, être difficilement dépassée quand il s'agit d'une distance un peu grande. C'est le double de la charge du soldat en marche.

De l'ensemble des chiffres ci-dessus résultent immédiatement les conséquences suivantes :

1° Malgré l'influence du poids mort du véhicule, le système dont nous nous occupons présente un avantage énorme pour le transport d'un homme sans charge sur un chemin de fer (cela peut se déduire aisément du tableau II), et l'expérience est d'accord sur ce point avec la théorie. De petits appareils mus avec des manivelles sont employés avec succès sur plusieurs chemins de fer pour le transport d'une ou deux personnes. Cet avantage est encore très-notable sur une route très-bien entretenue, abstraction faite, toutefois, de la question des pentes que présente souvent la circulation sur des routes ordinaires. Il se réduit à peu de chose sur une route en état médiocre d'entretien. Enfin, il est nul et même *négatif* sur une chaussée nouvellement rechargée.

2° Les mêmes circonstances à peu près se reproduisent lorsque l'homme doit transporter avec lui une charge d'une quarantaine de kilogrammes.

3° Enfin le système dont il s'agit permet le transport d'une charge notablement supérieure à 40 kilog., nombre qui est à peu près la limite lorsqu'il s'agit de transport à dos à une distance notable.

Tout ce qui précède se rapporte au mouvement en terrain horizontal.

Si nous nous occupons maintenant des pentes, nous

reconnaîtrons facilement que les systèmes dont nous parlons, fort avantageux pour les descentes puisqu'ils permettent d'utiliser, sans fatigue, de grandes vitesses, sont au contraire si inférieurs, pour les montées, à l'appareil de la marche, qu'ils deviennent le plus souvent inapplicables. Nous le prouverons en faisant le calcul pour une pente déterminée, calcul qu'il serait facile de répéter pour toutes les pentes qui peuvent se présenter, puisqu'il se réduit à calculer la composante P sin. a de la gravité parallèle au plan incliné de l'angle a, qu'il s'agit de gravir.

Soit une pente de 0,01 (un centimètre par mètre), ou 5° 42', adoptée sur quelques chemins de fer, et très-inférieure à celles qui se rencontrent sur toutes les routes. Il faudra ajouter à la résistance du tirage, calculée comme il a été dit ci-dessus, pour les diverses voies, la valeur de P sin. a, la résistance opposée par la gravité surmontée.

Pour 5° 42', sin. $a = 0,09$ à très-peu près; par suite, au lieu d'être P 0,02, par exemple, la résistance serait P 0,11, c'est-à-dire que, dans les cas les plus avantageux, les premiers nombres des tableaux doivent être remplacés par les derniers, qui répondent aux cas où les vélocipèdes ne sont d'aucune utilité, sont nuisibles. Dès avant ce point, et à plus forte raison pour des pentes plus fortes, ils constituent des fardeaux à traîner, et ils ne peuvent plus rendre aucun service. Ils doivent nécessairement être abandonnés lorsque de semblables conditions répondent à une partie quelque peu importante du trajet.

VENT. Nous extrayons le résumé de l'état actuel des connaissances sur cette question de l'excellent *Guide du marin*, où elle a été traitée par le savant marin M. de Kerhalet.

Une expérience très-simple, due à Franklin, démontre que deux masses fluides de densités diverses, en contact l'une avec l'autre, ne peuvent pas rester en équilibre quand la surface de séparation n'est pas horizontale. Si dans un appartement on chauffe très-différemment deux pièces séparées par une porte, qu'on place à la partie supérieure et à la partie inférieure de cette porte une bougie allumée, et qu'on ouvre ensuite la porte, on voit par la direction que prend la flamme de chacune des bougies un courant d'air chaud passer à la partie supérieure, dirigée de la pièce chaude dans la pièce froide, et un courant d'air froid dirigé en sens opposé passer à la partie inférieure de l'ouverture.

De ce principe explicatif des mouvements qui se produisent dans une masse d'air, dès que la température varie en un de ses points, on tire l'explication des vents généraux, périodiques ou variables, et la théorie suivante du mouvement général des molécules d'air d'un pôle à l'autre.

La température diminuant à mesure que la latitude augmente, et décroissant surtout rapidement vers les parallèles de 40°, les masses d'air situées entre les tropiques sont plus échauffées que celles des hautes latitudes. De là il résulte à la surface du globe un afflux constant d'air froid du pôle vers l'équateur, et dans les régions élevées de l'atmosphère des courants d'air chaud dirigés en sens inverse qui ramènent celui-ci de l'équateur vers les pôles.

Si la terre était immobile, dans une certaine étendue au N. et au S. de l'équateur, on ne ressentirait par conséquent que des vents de N. et des vents de S. Mais il n'en est pas ainsi, et le mouvement de rotation de la terre sur son axe fait subir à ces directions des modifications dont nous allons parler.

L'atmosphère participe au mouvement diurne de la terre; ses différentes parties sont donc animées suivant leur position de vitesses très-inégales. Celles qui sont situées sur l'équateur parcourent ce grand cercle dans le même temps que celles qui sont près du pôle décrivent un cercle très-petit. Aussi lorsque, par suite de l'inégal échauffement de la surface du globe, les molécules d'air sont entraînées des pôles vers l'équateur et qu'elles pénètrent dans une zone dont les molécules ont une vitesse de rotation plus grande que celle dont elles sont animées, elles paraissent se mouvoir en sens inverse du mouvement de rotation de la terre, et il se produit alors le même effet que s'il existait un courant d'air dirigé de l'E. vers l'O. Comme ces molécules ont déjà une certaine vitesse dans le sens des méridiens, elles suivent la résultante des deux vitesses; on reçoit donc au N. de l'équateur l'impression d'un courant constant inférieur dirigé du N.-E. au S.-O., et au S. de l'équateur d'un courant constant inférieur, dirigé du S.-E. vers le N.-O., tous deux allant vers l'équateur. Là où ces deux courants se rencontrent, il se produit un vent de l'E. à l'O., et l'air commence à prendre un mouvement ascensionnel. Ce sont ces courants qui prennent le nom de vents alizés.

Toutefois il faut remarquer que ces effets ne sont bien tranchés que loin des continents et en pleine mer; car, près des continents, des actions locales peuvent donner lieu à des courants d'air précisément dirigés en sens inverse de ceux que nous venons d'indiquer. En outre, sous l'équateur comme sous les tropiques, il existe de larges bandes de calmes; elles séparent les vents alizés entre eux, jusqu'à une certaine distance à l'O. des grands continents, comme elles séparent ces mêmes vents des vents variables des zones tempérées. Ces bandes de calmes sont en quelque sorte des barrières interposées entre ces vents, et nous verrons plus loin quel est leur rôle probable dans le système général de la circulation aérienne.

Les colonnes d'air qui ont été aspirées vers l'équateur, après qu'elles ont été enlevées dans la zone tropicale, passent au-dessus des vents alizés ou généraux dont nous venons d'expliquer l'origine; puis elles retombent à la surface de la terre dans les latitudes élevées, vers les parallèles de 40°. Elles ont, en quittant l'équateur, un excès de vitesse de rotation de l'E. à l'O., produit par leur séjour près de ce grand cercle, d'où il résulte dans ces régions une tendance des vents à souffler de l'O. vers l'E.; et comme dans les régions supérieures de l'atmosphère, l'air est porté de l'équateur vers les pôles, la résultante de ces deux actions produit un vent de S.-O. supérieur dans l'hémisphère nord, et de N.-O. dans l'hémisphère sud, lequel descend à la surface du globe dans les zones tempérées, à peu près vers les parallèles de 40° de latitude.

Hypothèse de Maury sur la circulation atmosphérique. — C'est d'après les considérations qui précèdent que Maury, en utilisant les travaux de ses devanciers, a pu formuler une hypothèse complète relativement à la circulation générale dans l'atmosphère. Nous donnons ici cette hypothèse, et nous dirons comme lui, que des irrégularités dans les vents, observées à la surface de la terre, ne doivent pas conduire à infirmer la loi des grands courants atmosphériques, ni causer dans les esprits une impression hostile au système d'ensemble qui présente le plus de chances probables d'être la vérité.

Admettons que dans l'atmosphère qui nous entoure une molécule devienne visible, et qu'il soit permis de la suivre à l'œil pendant qu'elle se trouve entraînée dans le courant général : si on l'observe au moment où elle est au pôle N. P (fig. 3761), prenant sa course vers l'équateur, on la verra se diriger en A vers le S.-O. dans la partie supérieure de l'atmosphère; lorsqu'elle arrive près du tropique du Cancer, où règnent toujours des calmes, elle rencontre un courant contraire, est arrêtée par ce courant et descend vers la surface de la terre pour se mêler en B aux vents alizés du N.-E. C'est la rencontre de ces deux courants contraires qui produit les calmes tropicaux. Dans le voisinage de l'équateur, la molécule que nous suivons trouve une nouvelle zone de calmes, et là elle s'élève de nouveau dans la région supérieure. Sa course s'infléchit alors vers le S.-O., et

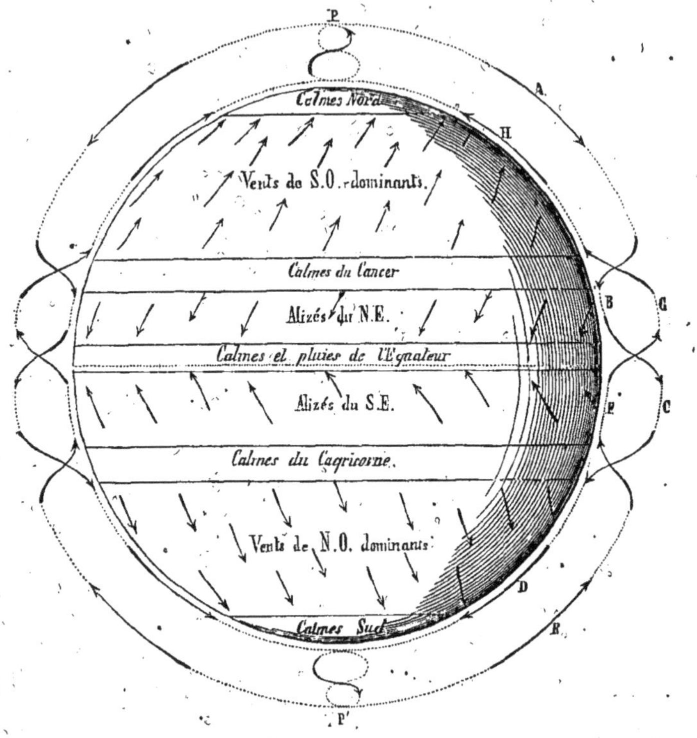

Fig. 3761.

elle franchit des vents alizés du S.-E. en passant au-dessus d'eux en C. Au tropique du Capricorne, mêmes phénomènes, même évolution qui ramène la molécule à la surface de la terre, près de laquelle elle fait route en D jusqu'à la région polaire antarctique. Aux approches de cette région, sa marche s'incline de plus en plus vers l'E. Enfin, aux environs du pôle S. P', la molécule est entraînée dans une sorte de tourbillon dont le sens giratoire est celui des aiguilles d'une montre, c'est-à-dire de gauche à droite, et au centre duquel règne le calme. Là notre molécule regagne les zones supérieures de l'atmosphère, renverse sa course et se dirige du pôle S. à l'équateur vers le N.-O., en suivant les routes E, F, G, H, c'est-à-dire en accomplissant aux mêmes endroits des évolutions analogues à celles que nous venons d'indiquer pour sa marche du N. au S. Au pôle N. elle trouve un tourbillon semblable à celui du pôle S., mais ayant un sens giratoire inverse, c'est-à-dire de droite à gauche.

Tel est le système de circulation générale de l'atmosphère donné par Maury. Il faut admettre, d'après ce système, que les molécules d'air voyagent continuellement d'un pôle à l'autre en faisant le tour de la terre. Cette idée, qui plaît au premier abord pour son originalité et sa simplicité, peut cependant donner lieu à quelques critiques. On se demande, par exemple, pourquoi les molécules qui arrivent vers l'équateur dans des sens différents se pénètrent pour passer d'un hémisphère dans l'autre à travers la région des calmes équatoriaux; cette hypothèse n'est pas nécessaire pour expliquer la circulation atmosphérique. Quelle que soit la valeur de cette objection, l'ingénieux système de Maury a le mérite de coordonner les faits et de les présenter sous un aspect saisissant. C'est un pas dans la voie de la constitution d'une théorie qui peut permettre de classer avec quelques chances de résultats la masse, si effrayante et croissante chaque jour, des observations météorologiques.

Le principe posé par Halley permet également d'expliquer très-facilement les moussons (nom tiré d'un mot arabe qui signifie saison) et les vents périodiques. En effet, lorsqu'un grand continent s'échauffe, il peut donner lieu sur une moindre échelle à des effets semblables à ceux qui ont lieu pour la zone équatoriale. Telle est la cause probable des moussons de l'océan Indien, de ceux qui règnent dans le grand Océan, dans la mer de Chine, le golfe du Mexique, une partie de la Mediterranée, etc., etc. Ces vents réguliers sont produits par des masses d'air qui s'élèvent par suite de l'échauffement de l'Indostan, du nord de l'Inde, de la Chine, des terres du golfe du Mexique, de l'Amérique centrale, de l'Afrique, etc. Ces masses d'air donnent naissance sur la surface de la terre à des vents dirigés vers les parties les plus échauffées.

Ainsi, par exemple, dans l'océan Indien, lorsque, pendant l'été (ou plutôt d'avril en octobre), le soleil est dans l'hémisphère N., la température des continents de l'Inde est plus élevée que celle de la mer. L'air équatorial à rotation rapide est donc attiré vers les parties échauffées, et il produit un vent constant de S.-O. Lorsque le soleil passe dans l'hémisphère S., d'octobre en avril, les parties les plus échauffées sont celles de la mer des Indes, et alors la mousson N. E. prend naissance. Pendant les équinoxes, la température de la mer et de la terre tendent à s'équilibrer, il n'y a plus de vents constants, mais bien des vents variables alternant avec des calmes et avec des tempêtes.

De même encore, l'action du soleil sur les grands déserts de l'Afrique du N. amène, pendant les mois d'été et d'automne, une perturbation à peu près générale dans la zone voisine des vents alizés de l'Atlantique, celle qui s'étend de l'équateur au parallèle de 13° de latitude N. Entre ce parallèle et l'équateur, les vents de N.-E., pendant les saisons que nous venons d'indiquer, sont arrêtés dans leur marche par l'effet de l'échauffement des sables dans l'intérieur de l'Afrique, et au lieu de continuer à faire route vers l'équateur, ils s'élèvent au-dessus de ce sol brûlant. Alors les vents de S.-E. ne trouvant plus, au moment où ils arrivent sur l'équateur, les courants opposés qui les forcent d'ordinaire à gagner les couches supérieures de l'atmosphère, poursuivent leur route dans la couche où ils se trouvent, et arrivent aux déserts sous le nom de mousson de S.-O. Là se produit l'évolution des courants qui avait lieu précédemment dans la zone équatoriale. De nombreuses observations prouvent que, pendant les mois d'avril à octobre, les vents de S.-E. de l'Atlantique tournent vers le S. de plus en plus, à mesure qu'ils s'approchent de l'équateur.

DES VENTS GÉNÉRAUX ET PÉRIODIQUES. — Nous venons de donner quelques considérations sur l'origine des mouvements généraux de l'atmosphère; nous allons maintenant entrer dans quelques détails sur les diverses espèces de vents qui règnent à la surface du globe.

Vents alizés. — Entre les parallèles de 30° de latitude N. et de 30° de latitude S., on trouve autour de la terre, sauf quelques perturbations locales ou partielles, deux zones distinctes où règnent constamment, sous le nom d'alizés du N.-E. et du S.-E., des vents réguliers et constants soufflant toujours dans la même direction moyenne. Toutefois ces vents sont influencés par les continents et peuvent se faire sentir même en sens inverse de la direction signalée ci-dessus; ils ne se régularisent qu'à une certaine distance des côtes.

Les vents alizés des deux hémisphères sont séparés par une zone de calmes qui forme entre eux, dans le voisinage de l'équateur, une espèce de barrière, ainsi que nous l'avons déjà indiqué; ils sont également, dans chaque hémisphère, séparés des vents variables par une zone de calme. Il y a toutefois une grande différence entre les zones de calme des tropiques et celle de l'équateur sous le rapport des pluies et des chaleurs. La zone équatoriale est bien plus redoutable que les zones tropicales de calme; le baromètre y est beaucoup plus bas que dans les vents alizés, tandis qu'au contraire dans les calmes tropicaux il est plus haut que dans les régions voisines, où se font sentir, soit les vents de l'équateur, soit les vents polaires.

Il est reconnu que les vents alizés de S.-E. s'étendent sur une surface plus grande que les vents alizés de N.-E. Ce fait est surtout remarquable dans l'Atlantique. Dans l'Atlantique, comme dans le grand Océan, les vents alizés de S.-E. atteignent et dépassent l'équateur, tandis que ceux de N.-E. n'arrivent à la zone de calmes qu'aux environs du parallèle de 90° de latitude N.

De plus, les alizés de S.-E. sont presque toujours plus forts que les alizés de N.-E., et leur direction moyenne est le S. 56° E., tandis que celle des vents alizés de N.-E. est le S. 68° E. La prépondérance des vents de S.-E. est donc un fait positivement reconnu, principalement pour l'océan Atlantique et l'océan Pacifique. M. de Humboldt attribue cette prépondérance à la configuration du bassin de ces deux grandes mers.

Les vents alizés sont les vents d'évaporation par excellence; au contraire, les vents allant de l'équateur vers les pôles, vents qu'on nomme tropicaux, sont les agents de la précipitation. En effet, les premiers s'avancent des régions froides vers les régions chaudes; leur capacité pour la vapeur d'eau va sans cesse en s'accroissant, et ils absorbent de plus en plus l'humidité en s'approchant de l'équateur. Les seconds, au contraire, passent du chaud au froid, et par suite de la diminution progressive de la température les masses d'air en mouvement abandonnent sous forme de nuages et de pluie la vapeur d'eau qu'elles contiennent.

Calmes équatoriaux. — La largeur de la bande des calmes équatoriaux est en moyenne de 6° environ. Cette bande se déplace et suit les mouvements des zones où règnent les vents alizés, zones qui se portent tantôt au N., tantôt au S., suivant que le soleil est dans l'hémisphère N. ou dans l'hémisphère S.; elle occupe l'espace compris entre 5° de latitude S. et 15° de latitude N. Quand les vents alizés arrivent à cette bande de calme ils sont saturés de vapeur d'eau, et la plus légère cause amène la précipitation. On rencontre, en effet, dans la bande des calmes équatoriaux, des pluies violentes, prolongées; l'on y ressent des vents variables, des orages, parfois des coups de vent, et en général de fort mauvais temps. Il faut donc, autant que possible, éviter de la traverser dans sa partie la plus large, qui est celle située à l'O. des grands continents et dans leur voisinage.

Lorsque les courants d'air chaud qui forment les alizés arrivent saturés d'humidité dans la région des calmes équatoriaux, ils prennent, comme nous l'avons dit, un mouvement ascensionnel et trouvent en montant une température de moins en moins élevée. La vapeur d'eau qu'ils renferment se précipite alors sous forme de nuages, qui, pendant le jour, interceptent dans ces régions les rayons d'un soleil brûlant, et qui, en arrêtant pendant la nuit le rayonnement nocturne des parties de la terre sur lesquelles ils s'étendent, les empêchent de se refroidir. Aussi le climat de ces contrées est-il à peu près également chaud et humide en tout temps. Ces nuages, qui dans la zone des calmes deviennent en quelque sorte des parasols, sont en partie volatilisés par l'action du soleil et entraînés dans les courants supérieurs de l'atmosphère jusqu'à ce qu'ils se forment de nouveau pour se résoudre en pluie. La zone occupée par les nuages près de l'équateur est toutefois plus large que la zone des calmes, ce qui est constaté par les observations des marins, et la hauteur de ces nuages varie entre 900 et 1,400 mètres.

Dans les vents alizés, on remarque peu de nuages, et ceux particuliers à ces vents paraissent être le résultat d'un travail qui se produit entre les deux courants d'air superposés. Les vapeurs condensées dans le courant humide supérieur sont absorbées probablement aussitôt qu'elles sont en contact avec le courant d'air sec inférieur. Il en résulte que les pluies sont rares; elles n'ont lieu qu'accidentellement et sous forme de grains.

Calmes tropicaux. — Les zones ou bandes des calmes tropicaux ont une largeur moyenne de 10° à 12°; leur parallèle central oscille avec les saisons aux environs du parallèle de 30° dans chaque hémisphère, c'est-à-dire suivant que le soleil est dans l'hémisphère N. ou dans l'hémisphère S. Ces zones sont moins dangereuses que celle des calmes équatoriaux. Toutefois, nous poserons comme un principe de navigation générale, qu'il est toujours important de les traverser le plus rapidement possible.

Nous croyons devoir nous borner, pour les vents alizés, aux caractères généraux que nous venons d'indiquer, et nous renverrons pour une étude plus complète aux ouvrages spéciaux.

Moussons. — Lorsque les moussons s'établissent, elles ne se font pas sentir partout au même moment. Ainsi, dans l'océan Indien, où ce phénomène est surtout remarquable, on observe que la mousson se propage de la côte vers l'équateur, c'est-à-dire dans le S., comme les ondulations s'étendent sur l'eau en formant des cercles successifs autour d'un point central troublé. Maury, d'après 11,800 observations faites entre les zones qui s'étendent de la côte jusque sur le parallèle de 5° de latitude N., évalue pour cet océan à 15 ou 20 milles par jour la vitesse de propagation de la mousson S.-O. vers le S. Voici comment elle s'établit entre les méridiens de 85° et de 90° de longitude E. depuis Calcutta jusqu'à l'équateur, espace que nous diviserons en bandes de 5° en 5° du N. au S., comme l'a fait Maury.

Dans la première bande, celle située le plus au N.,

c'est-à-dire entre la côte et le parallèle de 20°, les vents de N.-E. commencent à rencontrer les vents de S.-O. vers la fin de janvier. En février, la lutte est fortement établie, et vers le commencement de mars la mousson S.-O. domine et règne pendant un peu plus de six mois. En septembre, les vents de N.-E. recommencent la lutte jusqu'à la dernière moitié de novembre, et alors la mousson N.-E. s'établit régulièrement pendant un espace de temps qui dure un peu plus de deux mois.

Dans la seconde bande, entre 15° et 20°, la mousson N.-E. est troublée en février, la lutte commence et dure jusqu'au milieu de mars, moment où la mousson S.-O. s'établit pour durer jusqu'à la fin de septembre. En octobre, nouveau combat après lequel règne la mousson N.-E.

Dans la troisième bande, entre 10° et 15°, la mousson S.-O. commence plus tôt et finit plus tard que dans les bandes précédentes. Elle est en lutte avec la mousson N.-E. à la fin de mars, et elle s'établit en mai. Elle dure jusqu'au mois d'octobre, c'est-à-dire cinq mois environ, et après une nouvelle lutte de peu de durée elle cède la place à la mousson N.-E., qui règne sans interruption de la fin d'octobre à la fin de mars ou au commencement d'avril.

Dans la quatrième bande, entre 5° et 10°, la mousson N.-E. cesse en avril, et la mousson S.-O. commence presque aussitôt. En octobre, la lutte s'engage faiblement d'abord, puis elle devient plus tranchée en novembre; mais toutefois la mousson N.-E. ne l'emporte décidément qu'à la fin de décembre. Dans la bande dont nous parlons, on commence à ressentir les vents de S.-E. qui se produisent tantôt avec une des moussons, tantôt avec l'autre, et qui prolongent la lutte.

Dans la cinquième et dernière bande, entre 0° et 5°, la mousson S.-O. n'est bien marquée que pendant un court intervalle de temps, entre la première lutte qui finit en mai et la seconde qui commence en août. La mousson N.-E. n'est véritablement établie que de janvier à mars; ainsi, dans cette dernière bande, chaque mousson ne règne en réalité que durant trois mois, et les luttes durent pendant les six autres mois.

Dans l'archipel Indien et dans la mer de Java, dès que le soleil entre dans l'hémisphère N., les vents de N.-O. sont remplacés par les alizés du S.-E. On donne aux premiers le nom de mousson O., et aux derniers le nom de mousson E. Ces moussons, les seules qui existent dans l'hémisphère S. de cet océan, s'établissent à contre de celles qui règnent dans l'hémisphère N. La mousson O., dans l'archipel Indien et dans la mer de Java, correspond à la mousson N.-E. de la mer de Chine et de l'océan Indien; la mousson E. à la mousson S.-O.

Les moussons des mers de Chine ont avec celles de la mer des Indes quelques différences; elles présentent trois périodes :

1° Mousson N.-E. En octobre, novembre, décembre et janvier; changement en février;

2° Mousson E. En mars et avril; changement en mai;

3° Mousson S.-O. En juin, juillet et août; changement en septembre.

Les mers de Chine sont célèbres par les tempêtes à type rotatoire, nommés typhons (grand vent en chinois), qu'on y rencontre fréquemment pendant le changement des moussons.

Dans les régions où règnent les moussons, on distingue en général deux saisons bien tranchées, la saison sèche et la saison pluvieuse; la première correspond à la mousson qui souffle des continents vers la mer, et la seconde à celle qui souffle de la mer vers les continents.

Nous nous bornerons pour les moussons à ces explications générales, suffisantes toutefois pour donner une idée de ces vents.

Vents étésiens. — Nous ne dirons qu'un mot des vents étésiens; ce sont les vents périodiques ou les moussons de la Méditerranée. Ils soufflent de la partie du N. et sont dans toute leur force en été; alors ils se font sentir sur toute l'étendue de cette mer.

En principe général, on peut établir que les moussons ou vents qui changent avec les saisons sont dirigés vers les continents échauffés dans l'été et en sens inverse dans l'hiver.

Brises de mer et brises de terre. — Les moussons ne sont pas les seuls vents alternatifs; dans le voisinage des côtes, il en existe encore qui sont désignés sous le nom de brises de terre et brises de mer; la périodicité de ces vents est déterminée par le mouvement diurne, et ils se manifestent ainsi qu'il suit. Lorsque l'air est calme auprès d'une côte, vers 8, 9 ou 10 heures du matin, suivant les parages, on voit s'élever un vent soufflant de la mer vers la côte, c'est la brise de mer ou du large. Son intensité augmente jusque vers 2 ou 3 heures de l'après-midi, moment où il atteint son maximum de force; il diminue ensuite pour cesser vers le coucher du soleil, ou un peu après cet instant. Il y a alors un intervalle de calme, et quelques heures après le coucher du soleil le vent souffle de la terre jusqu'au jour, moment où il y a un nouvel intervalle de calme, auquel succède la brise du large, comme précédemment. S'il ne fait pas calme près de la côte et qu'il règne un vent d'une direction quelconque, alors les brises de terre et de mer se combinent avec ce vent, et la direction devient celle de la résultante des deux courants d'air.

Les brises de terre et de mer, qui sont des vents de beau temps, ne s'étendent qu'à une faible distance des côtes. C'est avec l'aide des brises du large que les navires à voile entrent dans certains ports et ils profitent, pour en sortir, des brises de terre ou de la nuit.

Les brises alternatives dont nous venons de parler ont avec les moussons une origine commune; elles sont comme elles dirigées vers les terres pendant le jour, et dans le sens opposé durant la nuit. Dans nos climats ces brises varient suivant le cours des saisons, car leur durée dépend de la longueur des jours et des nuits; elles sont plus régulières dans les régions intertropicales.

Vents périodiques des montagnes. — Il existe également des courants d'air alternatifs dans les contrées de montagnes; les uns descendants des montagnes vers les vallées pendant la nuit, les autres ascendants pendant le jour. Ces courants d'air sont extrêmement variables, et dépendent de la forme ainsi que de l'orientation des montagnes. Ils sont connus dans certaines localités sous les noms de Thalwind, Pontias, Vesine, Solore, Vauderon, Ribas, vent du mont Blanc, Aloup de vent; ils se manifestent principalement avec intensité dans les profondeurs des vallées, mais sans pour cela leur être propres; en effet, ils se font sentir le long de toutes les rampes, et le courant des vallées n'est que la résultante des cascades latérales et partielles. Ces courants d'air sont violents dans les gorges étroites, aboutissant par un court trajet à de hauts sommets; ils sont plus lents à se faire sentir dans les bassins généraux, où le vent ascendant ne commence qu'à 10 heures du matin, et le vent descendant que vers 9 heures du soir. Les saisons et des circonstances météorologiques accidentelles font varier les heures où s'établissent ces courants d'air. La configuration supérieure des vallées exerce encore une grande influence sur ces vents, qui sont tantôt plus tranchés le jour que la nuit, comme le vent de Maurienne, tantôt plus prononcés la nuit que le jour, comme le Pontias, l'Aloup de vent de Chessy. Quelquefois, c'est l'hiver et les neiges qui sont le plus favorables à la formation des vents nocturnes (Maurienne, Pontias); d'autres fois, c'est l'été pour les vents de jour (vent de Maurienne). Souvent les variations de température produites par ces vents sont très-brusques :

ainsi dans la vallée de Joux elles ont atteint jusqu'à 20° centigrades.

Les vents généraux supérieurs peuvent, dans certains cas, altérer, compliquer et même anéantir les vents périodiques des montagnes; et, par suite, les pronostics du temps, déduits de la régularité ou de la marche des brises, sont souvent contredits par l'expérience (Fournet, *Annales de physique*, t. LXXIV).

Action mécanique du vent. — Nous avons indiqué, à l'art. RÉSISTANCE DE L'AIR, les principes qui permettent de calculer approximativement le travail de propulsion du vent agissant sur les voiles des navires. Nous compléterons ces renseignements en donnant les vitesses approchées des vents dont nous distinguons assez bien les divers degrés par les sensations qu'il nous font éprouver.

DÉSIGNATION.	VITESSE par seconde en mètres.	VITESSE par heure en kilomètres.	PRESSION exercée sur 1 mètre carré.
			kil.
Vent seulement sensible..	1	3,60	0,20
Vent modéré (légère brise).	2	7,2	0,54
Vent frais ou brise (tend bien les voiles)........	6	21,6	4,87
Vent le plus convenable aux moulins (jolie brise)....	7	25,2	6,64
Bon frais, très-bon pour la marche en mer......	9	32,4	10,94
Grand frais, fait serrer les hautes voiles..........	12	43,2	19,50
Vent très-fort..........	15	54,0	30,47
Vent impétueux.........	20	72,0	54,16
Tempête..............	27	97,0	98,17
Ouragan..............	36	129,6	176,96
Ouragan qui renverse les édifices..............	45	163,0	277,87

VIDANGES. Il est bien démontré qu'il est de la plus grande importance de restituer au sol, pour le féconder, les déjections humaines qui s'accumulent dans les villes, et en font des centres malsains, des milieux propres au développement des maladies contagieuses.

Dès qu'on est convaincu que la fécondité du sol n'est pas inépuisable, et qu'il est indispensable de lui restituer ce qui en a été enlevé par les récoltes exportées du domaine, pour ne pas faire, ce que Liebig appelle avec grande raison de l'*agriculture-vampire*, qui conduit nécessairement à la stérilité, il est naturel d'en conclure que toute matière fertilisante, qui sort des villes sous forme solide ou liquide, doit être restituée à la terre, puisque c'est là que se trouve tout ce qui a été enlevé à l'agriculture au profit des cités. Les eaux d'égouts, les immondices des rues, les vidanges, sont donc des matières dont les villes doivent compte à la terre et qu'elles n'ont pas droit de laisser se perdre dans les airs et dans les eaux, ni pour l'hygiène publique, ni au point de vue de la reproduction agricole.

Emploi des vidanges. — Si l'utilisation des vidanges est une ressource susceptible d'offrir, en tout temps, d'importants compléments aux ressources naturelles du sol, malheureusement cet emploi est subordonné à certaines conditions qui en restreignent la portée; les vidanges ne peuvent être appliquées indifféremment à tous les sols et à toutes les cultures, et surtout elles ne supportent pas de gros frais de transport, et, en l'état actuel, tout tend à exagérer cette dépense. Les règlements de police, qui devraient être intelligemment révisés, ne permettent pas aux administrations de chemins de fer d'exécuter librement le transport des vidanges. Les Compagnies doivent avoir des dépotoirs spéciaux dans leurs gares pour y entreposer, au départ comme à l'arrivée, les matières qu'ils ont à transporter; ces dépotoirs doivent être éloignés des habitations; les vidanges ne peuvent circuler que la nuit au dehors de la gare; il faut, pour ces transports, des wagons spéciaux, dont l'entretien exige soins et dépenses; la manipulation des vidanges, enfin, inspire aux ouvriers une répugnance qui ne peut être vaincue qu'à prix d'argent.

Toutes ces circonstances tendent à augmenter la valeur vénale des vidanges qui, dans l'état actuel de la réglementation spéciale et de l'organisation du matériel roulant sur nos voies ferrées, ne peuvent être utilisées avec profit autour des lieux de production que dans un rayon circonscrit.

D'autres obstacles s'opposent encore à une fructueuse application des vidanges.

Ces matières se reproduisent tous les jours, tandis que leur emploi au profit de l'agriculture est restreint à quelques époques déterminées. Ces circonstances forcent le cultivateur ou le marchand à conserver les vidanges dans des citernes, dépotoirs ou lieux de dépôts quelconques. Mais la loi qui régit les établissements insalubres détermine une distance, autour des habitations, en deçà de laquelle les matières fécales ne peuvent séjourner. Il résulte de là que, dans un grand nombre de circonstances, les cultivateurs ne pourraient ouvrir des citernes, même sur leurs propres terrains, pour y déposer les vidanges dont ils auraient à disposer.

La manipulation des vidanges rencontre souvent, d'ailleurs, de la part des ouvriers agricoles comme de celle des ouvriers de chemins de fer, une répugnance avec laquelle il faut compter.

Cependant, si l'emploi des vidanges dans la culture parvenait à se généraliser, il présenterait des ressources considérables à l'agriculture.

Il ressort de la déclaration d'un entrepreneur de vidanges, à Paris, et de calculs basés sur des faits pratiques, que les matières recueillies dans la capitale suffisent pour la fumure de 50,000 hectares, à raison de 20 mètres cubes par hectare. Comme le blé nécessaire à la nourriture du quart de la population de Paris pourrait être fourni par cette surface de terrain maintenue en bon état de production, il n'est pas besoin d'insister sur l'importance d'une ressource agricole qui demeurera toujours de l'ordre le plus élevé, quelques atténuations qu'on lui fasse subir.

Si, dans tous les centres de population, les vidanges étaient recueillies avec le même soin qu'à Lille; si, dans chaque ville, chaque village même, des fosses spéciales ou communes étaient établies, comme le sont dans le Nord les fosses à purin, on obtiendrait ainsi une masse de substances fertilisantes qui suffirait, sur la base ci-dessus indiquée, pour féconder 1,100 ou 1,200,000 hectares de terres de labour ou de prairies.

Il serait désirable, en conséquence, que l'emploi des vidanges déjà vulgarisé dans plusieurs de nos départements, le Nord, le Rhône, l'Isère, le Var, les Alpes-Maritimes, surtout, et qui, depuis quelques années, ouvre à la Champagne une vie agricole nouvelle, se répandît dans toute la France; pour cela il faudrait aider au succès du transport dans des caisses en tôle bien fermées, comme les a établies M. Gargan. Ces matières permettraient de passer, dans bien des contrées, de la culture pauvre à la culture intensive, en fournissant le supplément qui manque aux fumiers de ferme. Ce serait un guano susceptible de reproduction, le plus souvent récolté et utilisé sur place. Son emploi universel réaliserait pour chaque centre de population et à son profit, l'application de la loi qui, pour l'ensemble de la création et plus en grand, règle les rapports des végétaux et des animaux, le merveilleux *circulus* qu'ils forment.

L'importance de l'utilisation directe des vidanges, au double point de vue de leur emploi comme engrais et de la salubrité des villes, a été bien démontrée, non-seulement par la pratique de l'agriculture flamande (voy. AGRICULTURE et ENGRAIS), mais encore par des expériences dues à des hommes intelligents qui comprennent bien la gravité de la question. Parmi eux on doit citer au premier rang M. Moll, qui a courageusement fait fonctionner une exploitation agricole en employant directement les produits extraits des fosses et a obtenu quelques cultures remarquables au prix de bien des dégoûts.

Désinfection. — Il serait bien préférable que la science fît connaître un procédé de conservation, de désinfection et de concentration, qui ferait de ces matières répugnantes une marchandise comme toute autre, susceptible, sans plus d'inconvénient, de manipulation, de transport et d'emmagasinement. La science a accompli la moitié de sa tâche, en montrant par une analyse irréprochable comment la dispersion des produits laissés par les animaux se lie au maintien permanent de la force génératrice du sol. Il lui reste à exonérer la dignité humaine de tout rapport direct avec des restes pour lesquels l'homme éprouve une répugnance qu'il faut respecter.

La perfection ne consiste pas à recueillir ces restes infects et à les utiliser en surmontant le dégoût qu'ils inspirent, comme on le pratique en Chine. Non! elle consiste à les dénaturer, à les transformer et à en rendre les dérivés maniables, en leur conservant toute leur valeur, mais en leur enlevant tout ce qui provoque un légitime dégoût. Ce qui est surtout réclamé par l'agriculture dans les déjections des villes se réduit, en définitive, à quelques substances qui n'ont rien de plus repoussant que la craie ou le plâtre, à quelques sels incolores et inodores, les phosphates, les sels de potasse et les sels ammoniacaux; réunir ceux-ci et détruire les autres ingrédients, dangereux ou stériles, ce n'est pas un problème au-dessus des forces de la science.

L'administration de la ville de Paris a fait essayer, à ce point de vue, avec persévérance, tous les procédés qui ont été proposés. Nous parlerons plus loin des plus remarquables. Elle n'admet pas que les matières des déjections puissent être soustraites à l'agriculture, ni que l'industrie des vidanges doive renoncer, pour toujours, à une solution favorable et complète, dont chaque étude nouvelle nous rapproche.

Parmi ces procédés, on doit citer avec l'emploi des boues et argiles calcinées, tenté jadis avec un certain succès par M. Buran (voy. DÉSINFECTION), qui constituait un engrais bien précieux pour les terres calcaires, l'emploi d'un autre absorbant des liquides pour obtenir un admirable engrais pour les terres sablonneuses, le pralinage des vidanges avec de la chaux, créé par M. Moselmann, très-propre à faire disparaître tout ce que l'engrais humain a de repoussant. Mettant à profit la propriété de la chaux vive d'absorber une grande quantité d'eau pour s'éteindre, opération qui doit être faite avec de l'urine fraîche pour éviter le dégagement d'ammoniaque déjà formée dans l'urine putréfiée, il s'est servi de cette substance pour enrouler les matières solides, les amener à l'état sec, et par suite arrêter les fermentations du produit des vidanges, qui devient immédiatement transportable. Il forme ainsi un engrais composé de 1/4 chaux et 3/4 matières, qui ne coûte en réalité que le quart de son poids de chaux. Or, cette substance étant elle-même un élément utile de l'agriculture dans quelques pays, indispensable dans plusieurs, la Bretagne, la Sologne, par exemple, cette fabrication n'est donc grevée que de ce qu'a coûté la cuisson de la chaux.

Un troisième procédé a été proposé qui est fondé sur la réaction chimique la plus propre à précipiter l'ammoniaque, sur la conversion en phosphate ammoniaco-magnésien, de la partie utile des vidanges. Il résulte des expériences de M. Boussingault que ce sel est le plus efficace de tous les engrais connus, et sa préparation économique et abondante dans les fosses même paraît aujourd'hui facile à réaliser. En faisant intervenir dans la fosse l'acide phosphorique, la magnésie et l'oxyde de fer, on peut obtenir, ainsi que l'ont fait MM. Blanchard et Château, une désinfection durable. Après la dessiccation des produits à l'air libre, il reste pour résidu un engrais pulvérulent, sans odeur, qui a fixé toute la richesse de la vidange en lui ajoutant la sienne, et qui jouit, par conséquent, d'une grande valeur agricole. L'hygiène des villes et la prospérité des campagnes trouveraient donc un profit égal à l'adoption d'un procédé de ce genre.

On le voit, les progrès dans les modes d'opérer sont assez grands pour qu'on puisse songer à débarrasser les villes d'affreuses fabrications, telles que celle de la poudrette de Paris par l'évaporation à l'air libre, source d'infection qui n'aurait pas lieu à basse température, en employant l'appareil Carré, d'un emploi assez peu coûteux pour enlever l'eau, en consommant seulement la chaleur de fusion de la glace; et faire faire de grands progrès à la salubrité des grandes villes, qui, grâce au grand nombre de fosses, ont été justement assimilées à d'immenses tas de fumier en fermentation, fermentation qui prend, surtout en été, une intensité redoutable que l'on dissimule dans le lieu de production avec des tuyaux élevés, qui, tout au plus, rejettent à une grande hauteur les gaz qui n'en infectent pas moins la ville. Le vrai remède est dans une demande énergique des engrais plus ou moins transformés qui pourraient permettre de rendre, sans trop de frais pour les propriétaires, les enlèvements plus fréquents, et surtout d'effectuer une désinfection permanente; ce qui, combiné avec un puissant lavage, amènerait les grandes villes au degré de salubrité dont elles sont encore bien éloignées dans nos pays. Nul doute qu'avec quelques subventions pendant quelques années, des entreprises de désinfection ne se chargeassent de débarrasser les villes de causes permanentes d'insalubrité. Les sacrifices que la municipalité pourra faire pour faire prendre ces matières par des fabricants, pour établir peut-être d'abord une fabrication en régie, seraient bientôt compensés par la demande des agriculteurs qui y trouveraient une cause de richesses, pouvant donner à un sol pauvre les éléments qui lui manquent.

Ainsi, près de Paris, la Sologne, qui a besoin de marne et d'engrais, et pour laquelle la fabrication Moselmann s'appliquerait admirablement, la Champagne pouilleuse et plus loin les landes de Bretagne, manquent d'engrais. Que les chemins de fer d'Orléans, de l'Est et de l'Ouest, qui traversent ces contrées, versent toutes les nuits 150 ou 200 tonnes des vidanges (ce que des caisses en tôle bien établies, passant à volonté du chemin de fer sur un train de roues ordinaires, rendent facile quand même la désinfection serait nulle ou imparfaite) chez les divers dépositaires établis sur tout le parcours à travers ces pays infertiles, et bientôt la culture se développerait en raison de cette cause de fécondité, comme cela a eu lieu autour du camp de Châlons à cause des fumiers du camp.

Le chemin de fer du Nord transporte la houille à 0,03 la tonne par kilom. Une tonne d'engrais peut donc être transportée à 150 kilom. pour 4 fr. 50; mettons 6 fr., avec les chargements et les déchargements. Vendu 7 fr., l'engrais humain serait au prix de l'engrais de ferme, et nul doute cependant que sa valeur ne soit bien supérieure, et qu'il ne se vende bientôt 10 ou 15 fr.

En résumé, on peut aujourd'hui assurer la salubrité des villes, en faisant retourner à la terre, pour la fertiliser, des éléments qui lui ont été enlevés pour l'alimentation des habitants, et faire croître la production en même temps que la consommation, que la richesse.

Envoi à l'égout, emploi des eaux. — L'infection inhérente au système des fosses, rend évidemment bien supérieur, au point de vue de la salubrité et de la propreté, l'envoi immédiat des matières à l'égout, en les noyant dans des masses d'eau. C'est la seule solution digne de la civilisation moderne, de la luxueuse capitale d'une grande nation. Mais il faut encore trouver le moyen de reprendre à l'eau les matières fertilisantes que l'on ne saurait perdre sans dommage énorme pour le bien-être de tous.

L'agriculture fournit une admirable solution. C'est surtout en employant les déjections, noyées dans une grande quantité d'eau, à l'arrosement de prairies situées sur un sol sablonneux, ou fortement drainé, qu'on arrive pour de grandes villes, Édimbourg et Londres notamment, à leur utilisation. La solution paraît très-heureuse au point de vue hygiénique, en employant la terre comme filtre chimique pour épuiser les eaux, et la puissance d'assimilation de certaines plantes fourragères, comme le ray-grass, pour décomposer et assimiler les produits animaux. Toutefois au point de vue de l'utilisation agricole, le résultat n'est pas complet, puisque ce genre d'engrais ne profite qu'à des prairies qui seules peuvent être irriguées toute l'année, et non à des cultures industrielles auxquelles il s'appliquerait fort bien. Il est bien naturel que les administrations des grandes villes comme Paris et Londres, soient avant tout préoccupées de la salubrité de ces immenses agglomérations, et d'ailleurs, en retournant à la terre, le résultat agricole sera toujours obtenu, au moins pour la majeure partie, et la production du sol augmentera de toute la valeur de substances autrefois perdues.

M. Dumas, qui s'est associé aux divers essais tentés par les ingénieurs de la ville de Paris, a ainsi résumé à la Société d'Encouragement les résultats remarquables qu'on a obtenus pour la purification et le bon emploi des eaux des égouts de la ville de Paris.

Le problème à résoudre était de trouver un moyen pour débarrasser la ville des inconvénients qu'entraînent avec elles les eaux troubles et sales contenues dans les égouts. Le volume de ces eaux est, en ce moment, de 100,000 mètres cubes par jour. Il sera bientôt de 200,000 mètres cubes, et l'augmentation toujours croissante de l'étendue de la ville fait prévoir que, dans cinq ou six ans, il faudra compter sur 5 à 600,000 mètres cubes par jour. Sans doute ils recevront alors grande partie des déjections, car on cherchera à limiter, sinon à faire disparaître les fosses, foyers permanents d'infection.

Il n'y a, pour ce problème, que trois solutions :

La première est de jeter les eaux des égouts dans la Seine, près d'Asnières. Si elle a peu d'inconvénients en hiver et au moment des fortes crues, cette solution est inadmissible pour l'été : les eaux sales des égouts vicient l'eau du fleuve, font périr le poisson et sont la cause d'incommodités graves pour les populations riveraines. Cet état de choses, légué par le passé, est absolument intolérable.

La deuxième solution consiste en un système de machines élévatoires et de canaux, par lesquels les eaux impures sont transportées sur les hauteurs et employées à l'irrigation des prairies. Quand elle peut être réalisée, comme à Edimbourg, elle procure au sol une fertilité extraordinaire. Elle a été adoptée au prix de grandes dépenses pour la ville de Londres, et de vastes canaux en construction sont destinés à aller sur le bord de la mer, à une grande distance, colmater et rendre fertiles des sables sans valeur, qui seront bientôt transformés, et à fournir, dans le parcours, des eaux d'irrigation aux cultures qui pourront en profiter. L'organisation de ce système près de Paris, pour envoyer les eaux sales à une distance assez grande pour éviter tout inconvénient dans la saison chaude offre d'assez grandes difficultés; la configuration du sol s'y prête assez mal.

On a fait des études pratiques très-précises pour une troisième solution, qui consiste dans la clarification chimique des eaux d'égouts. Ces eaux, reçues dans de vastes bassins, y sont mélangées avec une dose de sulfate d'alumine, dont la valeur est de 1 centime environ par mètre cube, 3 kilogrammes environ d'engrais solide. L'alumine, si abondante dans la nature et dont il est facile de produire les sels à bas prix, se trouve avoir une partie des propriétés de la colle de poisson pour clarifier les eaux troubles. On connaissait cette propriété de l'alun et on l'a appliqué dès l'antiquité aux eaux du Nil. (Voy. FILTRATION.)

L'eau décantée, dite *eau blonde*, est assez claire pour être jetée dans la Seine sans aucun inconvénient, mais il est bien préférable de l'employer à l'irrigation des terres, sur lesquelles elle a une action très-fertilisante. Elle contient, en effet, des quantités minimes de matières minérales en suspension, un peu de matières azotées et organiques, et la totalité des sels alcalins que renfermaient les eaux impures.

Le dépôt abondant de la clarification, qui est compacte, contient la totalité de l'acide phosphorique, les neuf dixièmes des matières azotées et organiques et les matières minérales dissoutes ou en suspension; il constitue un excellent engrais, très-fertilisant et facilement transportable.

Ce partage fournit donc une solution heureuse et très-profitable du grand problème de l'utilisation des eaux d'égouts. En combinant les divers moyens qu'on peut employer suivant les saisons, on arrivera ainsi à un assainissement complet de ces résidus impurs de la vie de nos cités. Les résultats en seront une brillante culture maraîchère employant des quantités considérables d'un engrais précieux perdu jusqu'ici, et l'arrosage abondant des campagnes voisines par une eau fertilisante et sans inconvénient au point de vue de l'hygiène publique. La valeur créée est si importante, qu'on pourra considérer des villes comme des fabriques productives d'engrais, en supposant, ce qui est très-admissible, que les *eaux blondes*, très-fertilisantes, soient vendues à un prix supérieur aux frais d'épuration et à l'intérêt des sommes dépensées pour la construction des canaux qui les amènent sur les lieux de consommation.

VOLANT. Un volant a pour but d'assurer une vitesse normale aux pièces d'une machine en emmagasinant une quantité de travail, lors des accélérations, pour la restituer quand le travail moteur est moindre que le travail résistant.

Un volant se compose d'une *jante* circulaire en fonte d'un poids déterminé, reliée par des bras à un moyeu fixé invariablement à un centre de rotation. Il convient, en général, de reporter le poids du volant sur la jante, afin qu'avec un poids modéré il accumule une grande quantité de puissance vive.

Ainsi, M étant la masse de la jante et V la vitesse, $\frac{MV^2}{2}$ représentera la puissance vive de la masse M. Or, dans le produit MV^2, on peut faire varier M ou V; l'on voit donc qu'il convient de faire V *le plus grand possible*, afin de diminuer la masse M, dont l'effet serait de charger les axes, d'user promptement les tourillons et d'augmenter les résistances passives.

Lors donc que l'on voudra établir un volant, on aura à calculer la vitesse d'un point de sa circonférence, de la jante, ou le nombre de révolutions du volant.

Le volant doit être placé sur l'arbre moteur ou sur un axe relié à l'arbre moteur par des engrenages ; dans tous les cas il doit être le plus près possible du mécanisme dont il doit régulariser l'action.

On comprend facilement qu'un volant ne peut anéantir toutes les causes d'irrégularité ; mais on peut toujours poser des limites aux variations de vitesse en dessus ou en dessous de la *vitesse moyenne* qui aurait lieu si le mouvement de la machine était uniforme.

Le poids et la vitesse d'un volant doivent être déterminés d'après l'effet à produire, et de manière à restreindre les variations de vitesse dans des limites convenables, déterminées à l'avance d'après la nature du travail à effectuer. Les principes de la mécanique appliqués aux divers cas qui se présentent dans la pratique donnent des formules qui servent à déterminer le poids à donner aux volants.

Volants de machines à vapeur. Nous avons vu précédemment que les machines à vapeur à simple ou à double effet avaient besoin d'un volant. Si la machine est à simple effet, le poids de la jante du volant est donné par la formule suivante : $P = 24{,}300 \frac{nN}{mW^2}$ dans laquelle P est le poids de la jante, m le nombre de tours de la manivelle par minute, N le nombre de chevaux, W la vitesse moyenne, n le dénominateur de la fraction $\frac{1}{n}$ indiquant que la différence entre la vitesse maximum et la vitesse minimum soit au plus $\frac{1}{n}$ de W, vitesse moyenne.

Si la machine est à double effet, le poids du volant sera donné par la formule suivante : $P = 4.645 \frac{nN}{mW^2}$ dans laquelle les mêmes lettres ont les mêmes significations.

Ces formules supposent que la machine n'est pas à détente, car dans ce cas l'effort moteur est variable ; les poids que l'on obtiendrait par ces formules seraient trop faibles. Il faudrait alors déterminer le poids P en fonction de la pression moyenne qui a lieu dans la machine.

Si le travail à produire n'exige pas une grande régularité, comme dans les machines soufflantes et les machines d'épuisement, la valeur de n peut être prise entre 15 et 20. Pour conduire des machines-outils, on peut prendre n égal à 30. Enfin, pour les filatures et les tissages, on prend n égal à 40.

Volants de marteaux. Lorsqu'une machine à vapeur fait mouvoir un marteau, elle donne le mouvement à un arbre portant des cames qui doivent le soulever. Au moment où la came vient toucher le marteau il y a choc et, par suite, perte de puissance vive. A partir de l'instant du choc, les points de contact marchent avec la même vitesse ; de là encore perte de puissance vive, produite par la vitesse communiquée au marteau. Enfin le marteau, pour être élevé *à la hauteur de levée*, absorbe encore de la puissance vive. On voit donc que le volant doit récupérer toute cette puissance vive perdue dans le temps qui s'écoule entre *l'instant* où la came quitte le marteau et celui où une autre came vient le choquer.

Si le marteau est mis en mouvement par une roue hydraulique, on pourra ne pas mettre de volant, en construisant la roue de manière à ce qu'elle en remplisse les fonctions. Pour cela elle devrait être à grande vitesse et très-lourde à sa circonférence. Mais une roue ainsi construite utiliserait mal la force dépensée, et si l'on n'a pas la force en excès il faut revenir à l'emploi d'un volant.

Dans l'*Aide-mémoire* de M. Morin on trouve les formules suivantes, qui s'appliquent aux différents cas de la pratique :

1° *Marteaux frontaux.* — Les marteaux frontaux frappent de 70 à 80 tours par minute ; leur poids (y compris celui du manche) varie de 3,000 à 4,000 kil. Si R est le rayon de la jante et P son poids, on prend $P = \frac{20{,}000}{R^2}$, en supposant le poids du moteur compris entre 3,000 et 3,500 kil., et $P = \frac{30{,}000}{R^2}$ si le poids du marteau est compris entre 4,000 et 4,500 kilog.

2° *Marteaux mus par un engrenage.* — Ils pèsent de 600 à 800 kil., toujours y compris le manche. Ils frappent de 100 à 110 coups par minute. On a $P = \frac{15{,}000}{R^2}$, P étant le poids de la jante et R son rayon.

3° *Martinets.* — Les martinets frappent de 150 à 200 tours par minute. Si le marteau pèse 500 kil., on a $P = \frac{5{,}000}{R^2}$; s'il pèse 360 kil., on a $P = \frac{6{,}000}{R^2}$.

Lorsque les marteaux doivent être mis en mouvement par une roue hydraulique, il est convenable de la calculer sans tenir compte de l'effet du volant, afin de pouvoir marcher dès le commencement sans être forcé de lever le marteau pour la mise en train ; quitte ensuite à réduire la force motrice à ce qui est utile pour la marche du marteau.

Volants de laminoirs. — Quand une machine à vapeur fait marcher des laminoirs, on a encore besoin d'un volant. En effet, la vitesse est au maximum au moment où l'on va introduire le métal entre les cylindres, et elle va en diminuant jusqu'à ce que le métal soit complétement dégagé ; il en sera de même pour la puissance motrice, qui au commencement sera à son maximum et à la fin à son minimum.

La puissance vive absorbée sera donc égale à la différence qui existe entre la puissance vive initiale et la puissance vive finale. Si donc on connaissait le temps pendant lequel cette absorption a eu lieu, il serait facile de déterminer le poids à donner au volant. Mais il n'en est pas ainsi : jusqu'à ce jour on n'a aucune expérience qui donne la puissance vive absorbée pour le laminage des métaux à différentes températures. On ne peut donc trouver rigoureusement le poids à donner au volant ; on ne peut y arriver que par des essais successifs.

Dans son *Aide-mémoire*, M. Morin donne la formule suivante pour trouver le poids à donner aux volants des laminoirs :

$$P = \frac{130000\ NK}{m\ V^2}$$

dans laquelle N représente la force transmise, V la vitesse du volant, m le nombre de tours des cylindres par 1', K un coefficient numérique ayant différentes valeurs suivant le travail à effectuer. On prend :

K = 20 pour des machines d'une force de 80 à 100 chevaux, menant de 6 à 8 équipages pour le laminage de la tôle ;

K = 25 pour des machines de 60 chevaux, conduisant de 4 à 6 équipages de cylindres étirant le fer ;

K = 80 pour des machines de 30 à 40 chevaux, conduisant un seul équipage.

VOLUME. VOLUMÉNOMÈTRE. Lorsque les corps ont des formes qui peuvent se décomposer en prismes, pyramides, sphères, ellipsoïdes, etc., dont on peut mesurer les dimensions, rien n'est plus facile que de déterminer leur volume. On ramène à ce cas tous les cubages des constructions, avec une approximation bien suffisante pour la pratique, en substituant aux surfaces courbes une série de surfaces planes ou de surfaces sphériques, convenablement déterminées.

Lorsqu'il s'agit de trouver le volume exact d'un corps homogène et de faibles dimensions, quelle que soit l'irrégularité de sa forme, il suffit de le peser dans l'air et sous l'eau ; la différence des poids en kilogrammes donne le nombre de décimètres cubes d'eau qu'il déplace et par conséquent son volume. Si l'on veut une plus grande exactitude, il faut tenir compte du volume d'air déplacé et de la température, corrections peu importantes et que le lecteur fera aisément dans chaque cas à l'aide des données indiquées aux articles AIR, DENSITÉ et EAU.

Comme certains corps sont poreux, ou solubles dans l'eau, la poudre de guerre par exemple, ce qui oblige à recourir à un autre intermédiaire, on a proposé de déterminer le volume des corps, par une méthode semblable, en mesurant le volume d'air qu'ils déplacent au moyen d'instruments qui ont reçu le nom de *voluménomètres*.

Le procédé a été imaginé par M. Say; son appareil a été disposé d'une manière plus commode par M. Regnault. C'est celle que nous représentons fig. 3772.

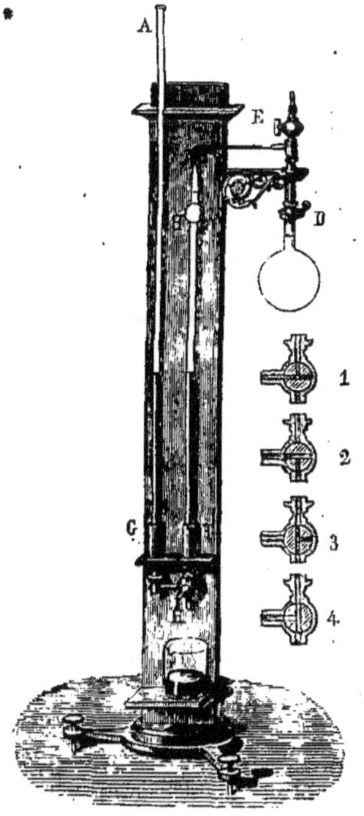

3772.

Deux tubes manométriques, contenant du mercure, sont mastiqués dans une pièce en fonte FG qui les réunit par l'intermédiaire d'un robinet à trois voies H. Suivant que l'on tourne celui-ci dans une des positions 1, 2, 3, 4, on peut, 1° établir la communication entre ces tubes ; 2° laisser écouler le mercure de A et de B ; 3° de B seulement ; 4° de A seulement. Le premier tube A est ouvert par le haut ; le second tube B porte un renflement, et l'on a marqué deux traits B et K au-dessus et au-dessous de ce renflement. Si l'on amène d'abord le mercure en B, qu'on le laisse écouler ensuite jusqu'à ce que son niveau arrive en K, et qu'on pèse la quantité sortie, on aura le volume V compris entre B et K.

Le tube B se continue par un autre tube plus fin qui se recourbe horizontalement et vient se mettre en rapport avec un ballon que l'on peut enlever à volonté ou joindre à l'appareil par un collier à gorge D. Il faut d'abord trouver le volume V de ce ballon et du tube jusqu'en B. A cet effet on remplit les tubes de mercure sous la pression atmosphérique jusqu'en K, puis on ferme le robinet E et l'on ajoute du mercure en A jusqu'au moment où le niveau arrive en B ; la pression augmente d'une quantité h que l'on mesure, et le volume de l'air, qui était $V + v$, se réduit à V. On a dès lors :

$$(V + v) H = V (H + h) \text{ ; d'où l'on tire } V = v \frac{H}{h}.$$

L'appareil est alors gradué, puisque l'on connaît V et v. Si l'on veut s'en servir pour mesurer le volume x d'un corps (qui n'absorbe pas sensiblement de gaz), on place celui-ci dans le ballon, ce qui diminue la capacité totale de ce ballon du volume x introduit; alors on répète l'opération ci-dessus décrite, on trouve deux pressions H et $H + h'$ correspondantes aux volumes $V + v - x$ et $V - x$, et l'on a :

$$(V + v - x) H = (V - x) (H + h') \text{ et enfin } x = \frac{Vh' - vH}{h'}$$

A cause de l'inconvénient indiqué de l'absorption du gaz par les corps pulvérents, le colonel Mallet a établi, avec le concours du constructeur Bianchi, un voluménomètre un peu différent du précédent, pour mesurer les densités de la poudre de guerre.

Cet appareil se compose d'un vase ovoïde en cristal et d'un tube barométrique, divisé en millimètres ; le vase porte deux robinets en fer : l'un supérieur, pour intercepter la communication entre ce vase et le tube ; l'autre inférieur et muni d'un tube effilé qui plonge dans une cuvette pleine de mercure ; enfin, l'extrémité supérieure du tube barométrique peut être mise en communication avec une machine pneumatique. On comprend facilement qu'à l'aide de cet appareil on détermine le volume d'un corps solide, ou d'une poudre, avec beaucoup de précision : on fait le vide, puis on ouvre le robinet inférieur, et le mercure, après avoir rempli le petit ballon, monte dans le tube jusqu'à une hauteur sensiblement égale à la hauteur barométrique; ensuite on ferme le robinet inférieur et on laisse rentrer l'air par le sommet du tube. Deux pesées du ballon faites, l'une après une opération à blanc, et l'autre après que le corps a été placé dans le ballon, jointes aux éléments connus, qui sont la densité du mercure et le poids du corps, suffisent pour la détermination du volume et, par conséquent aussi, du poids spécifique de ce corps. Il est inutile de dire, sans doute, qu'une toile métallique, placée dans la douille supérieure du ballon, empêche les poudres de monter jusqu'à la surface libre du mercure. L'avantage de ce procédé consiste en ce que le corps solide, débarrassé de la plus grande partie de l'air adhérent, est réellement *mouillé* par le mercure, et l'appareil a été adopté par l'État pour toutes les épreuves réglementaires de la poudre ; mais, pour certains corps très-compressibles, il faudra tenir compte de la diminution de volume qu'ils peuvent avoir éprouvée sous cette pression de deux atmosphères.

Paris. — Imprimerie VIÉVILLE et CAPIOMONT, rue des Poitevins, 6.

ART INDUSTRIEL

DE L'ART INDUSTRIEL — SON IMPORTANCE
SA CLASSIFICATION — DU BEAU — SON ÉTUDE HISTORIQUE

I. — ARCHITECTURE

STYLES SUCCESSIFS : ÉGYPTIEN, GREC, ROMAIN, BYZANTIN, OGIVAL
RENAISSANCE, LOUIS XIV — INDOU, MAURESQUE — ÉPOQUE ACTUELLE
ANNEXES DE L'ARCHITECTURE : CÉRAMIQUE — VERRERIE — MOBILIER

II. — SCULPTURE

STATUAIRE — BRONZES — ARTS VESTIAIRES — ORFÉVRERIE — BIJOUTERIE
STYLES SUCCESSIFS — ÉPOQUE MODERNE

III. — PEINTURE

1. DESSIN : GRAVURE — TYPOGRAPHIE — LITHOGRAPHIE
2. COLORATION : EMPLOI DES COULEURS DANS L'ARCHITECTURE, LA CÉRAMIQUE ET LE MOBILIER — PAPIERS PEINTS — TOILES PEINTES
3. RÉUNION D'ÉLÉMENTS COLORÉS : VITRAUX — TISSUS — CACHEMIRES

ART INDUSTRIEL

On s'est généralement accordé, depuis quelques années, à désigner sous le nom d'art industriel les diverses manifestations de l'art dans l'industrie, les applications des beaux-arts aux œuvres industrielles, et inversement la multiplication des œuvres d'art par les procédés industriels.

Nous réunirons ici, dans un seul travail, tout ce qui se rapporte à une question dont la grande importance est aujourd'hui pleinement démontrée, et qui autrefois était, bien à tort, complétement négligée dans les études industrielles, était notamment toujours oubliée dans les ouvrages relatifs à l'industrie.

DÉFINITION DE L'ART INDUSTRIEL — IMPORTANCE — CLASSIFICATION

La vue de tout produit créé par le travail industriel éveille nécessairement en nous deux idées, l'idée d'utilité et celle de beauté.

L'utilité se rapporte aux besoins qu'un produit peut satisfaire, aux propriétés naturelles des matières premières employées, aux qualités que le travail leur a fait acquérir. Cette dernière considération nous conduit à l'étude des procédés de la fabrication qui, indépendamment de ses applications, offre tant d'intérêt dès qu'on vient à reconnaître que les transformations opérées par l'industrie résultent de l'emploi bien entendu des lois naturelles. L'intelligence de celles-ci fait naître tous les grands progrès, fournit les merveilleux moyens d'action sur la nature, qui sont la gloire de notre siècle; en un mot, le travail industriel est l'utilisation des connaissances scientifiques.

La beauté n'éveille pas en nous la même curiosité quant aux procédés d'exécution; nous admirons dans un produit l'élégance de la forme, la beauté des décorations, sans trop penser aux difficultés que sa création a pu rencontrer. Or, ces questions d'élégance de forme, d'harmonie des proportions et des couleurs, ne sont autres que celles qui appartiennent au domaine des beaux-arts, qui ont pour objet de créer des œuvres par lesquelles on se propose, en général, d'atteindre non l'utilité, non la satisfaction d'un besoin matériel, mais exclusivement la beauté, source d'une jouissance tout intellectuelle. C'est donc dans l'art pur que l'industrie doit aller chercher ses modèles, ses principes de beauté, là où tout est subordonné à charmer l'œil, absolument comme c'est dans la science pure que se trouve le point de départ des procédés techniques, de l'action de l'homme sur la nature.

Tels sont les deux pôles de toute production industrielle : « la science et l'art ; » en tout produit se réalise leur liaison intime; il faut emprunter à l'un et à l'autre ce qui est nécessaire pour qu'un produit remplisse les conditions d'utilité et de beauté auxquelles il doit satisfaire en même temps.

L'art entre donc pour une grande part dans la production industrielle, et c'est souvent la plus importante. En général, c'est en cherchant à satisfaire aux besoins de chaque jour, que l'industrie se propose de créer des objets non-seulement utiles, mais encore pour lesquels la forme, l'harmonie des proportions et des couleurs sont éminemment précieuses, et qu'elle rencontre l'art. Tandis que la question de convenance domine surtout pour nombre de productions placées à certaine distance de la consommation directe, comme dans l'agriculture, l'extraction des métaux, la construction des machines, etc., celle-ci est subordonnée à l'art et disparaît presque, bien qu'elle ne doive jamais être oubliée, sous le besoin d'élégance, quand il s'agit de la multitude d'objets qui servent à la satisfaction de nos besoins journaliers, avec lesquels nous vivons en quelque sorte, et dans lesquels se manifeste le goût de chacun de nous, comme les habitations, les vases, les vêtements, les meubles, etc.

Pour ces produits, créés par une industrie prospère, dans un état de civilisation avancée, la bonté de la fabrication ne suffit pas; il faut y joindre l'élégance, le charme, surtout pour ceux qui s'adressent aux classes riches, dont le prix de revient peut être élevé. C'est une condition essentielle de succès pour les nations qui cherchent à exporter certains produits de leur industrie, qui prétendent leur donner une supériorité sur ceux des autres nations, et il leur faut pour cela utiliser tous les éléments que l'étude des arts peut fournir. La science qui préside aux métamorphoses de la matière, qui pèse et mesure, donne des méthodes infaillibles, rapides et économiques pour transformer les produits bruts et les rendre immédiatement utilisables, mais est incapable de donner à ces produits la forme agréable, l'éclat qu'une civilisation avancée exige de tout ce qu'elle emploie. L'art doit ici intervenir, l'œuvre appartient à l'artiste[1].

Mais peut-on trouver par des études sur les arts des notions qui s'appliquent directement à l'industrie pour guider le producteur?

Pour bien répondre à cette question, il faut se reporter à l'autre base de l'industrie,

1. L'artiste peut se rencontrer partout, dit M. E. Trélat, dans son remarquable discours d'inauguration de l'École d'architecture; il n'est nécessairement nulle part. Bien que certaines professions semblent ne comporter que des artistes, ceux-ci sont souvent aussi rares en elles qu'ailleurs.

Voulez-vous une preuve de cette diffusion de l'artiste dans la société ? Voyez ce qu'il en est de ses œuvres. On les rencontre à tout instant là où on ne les eût pas intentionnellement été chercher, et c'est ce qui explique la bonne fortune de ces heureux créateurs de collections, si pleines d'intérêt pour les amateurs et qui sont des trésors pour l'art. Allez à un de ces musées rétrospectifs que les cabinets privés constituent de temps en temps; ne le voyez-vous pas ? ces collections, ingénieusement conçues, chaque jour grandissent, se développent, se ramifient en tous sens; et si, partant de nos beaux musées publics, où sont réunis les types dominants de nos œuvres d'art, nous descendons vers la mince étagère longuement garnie par les passionnés chercheurs d'armes, de meubles, d'étoffes, de poteries, de verrerie, de coutellerie, etc.; nous heurtons la preuve palpable de l'universalité de l'œuvre d'art incessamment produite en tout.

Mais, après avoir considéré l'œuvre, envisageons l'ouvrier. Souvent on tend à définir la nature d'un homme par cette simple appellation : *C'est un artiste !* Je ne prends pas ce mot dans le sens professionnel; je l'entends appliquer à l'individu, et il peut être aussi bien question ici de l'homme qui dresse une semelle de soulier que de celui qui tient habituellement une palette et des brosses en ses mains. *C'est un artiste*, dit-on. Qu'est-ce que cela veut dire vulgairement ? Cela veut dire que celui de nos semblables que nous

aux sciences pures. Les mathématiques, la mécanique rationnelle, etc., sciences n'ayant que le vrai pour but, déductions logiques d'éléments purement intellectuels, seuls ou mélangés avec quelques données fondamentales fournies par l'expérience, ne peuvent s'appliquer directement à la pratique; elles servent à créer, à cet effet, des sciences intermédiaires, des sciences appliquées. Nous citerons comme exemple, parmi celles-ci, la mécanique physique, qui procède de la mécanique rationnelle, mais dans laquelle on tient compte des propriétés physiques des corps, considérés non plus comme nous les concevons abstraitement, mais analysés d'après les résultats d'expériences nombreuses.

La théorie des arts industriels, qui peut être directement utilisée, doit se concevoir de la même manière que celle des sciences appliquées. Elle procède de celle des beaux-arts qui ont pour objet le beau en lui-même, où l'on en cherche la manifestation dans des œuvres qui le rendent nettement perceptible, sans se proposer aucun autre but; mais ceux-ci ne se confondent pas avec l'art industriel, qui ne fait en général qu'une application partielle des résultats des travaux des maîtres qui ouvrent des voies nouvelles, dans des limites spéciales à chaque cas particulier, en raison de la convenance à laquelle le produit industriel doit satisfaire. Sans beauté dans les objets communs, le produit du travail industriel devient souvent un véritable objet d'art, dans la partie supérieure de l'échelle que l'on peut construire pour chaque genre d'utilités. Le costume à bon marché de l'ouvrier, bien que pouvant être fait avec plus ou moins de goût, occupera difficilement sa place dans le monde de l'art, mais la toilette d'une reine de beauté, sa coiffure, sa robe, ses bijoux, etc., peuvent être des chefs-d'œuvre, avoir une véritable valeur artistique.

Il résulte de ceci que les arts industriels différeront d'autant plus des beaux-arts proprement dits, que par leur nature les œuvres que produisent ces derniers seront moins susceptibles d'un emploi utile, pourront moins servir à la satisfaction de nos besoins. C'est pour cela que la musique ne peut en faire partie; que la peinture n'y occupe qu'une place peu en rapport avec celle si considérable qu'elle tient dans les beaux-arts, parce que la condition d'utilité fait disparaître la recherche de l'idéal, les aspirations d'un ordre supérieur. Jamais en déposant quelques couleurs sur une étoffe on ne pourra se proposer de faire un véritable tableau, mais Raphaël, en traçant les cartons de tapisserie d'Hampton-Court, dont le dessin est d'une élégance, d'une pureté incomparables, a fourni la véritable route, et montré comment les grands artistes peuvent dominer l'industrie. Pour la sculpture, au contraire, le produit industriel viendra souvent se confondre avec celui de l'art pur : ainsi, par exemple la pièce d'orfévrerie sur laquelle on fera naître des formes qui devront plaire à l'œil pourra bientôt devenir une véritable œuvre d'art; il n'y a de différence essentielle (en laissant de côté les conditions commerciales de prix de revient) que dans la nécessité d'employer certains éléments commandés par l'utilité, ou des proportions trop réduites, ce qui trace souvent une ligne de démarcation entre le produit industriel et celui purement artistique. Enfin, l'architecture traitant essentiellement d'une utilité, d'une construction, est, par sa nature intime, un art industriel.

dénommons ainsi ne fait pas nécessairement comme tout le monde; que, toutes fois qu'il entreprend une chose, il ne se dit pas : *Comment fait mon voisin ?* mais bien : *Comment se doit faire cette chose pour être vraiment faite ?* — Cela veut dire que le monde pour lui est incessamment peuplé de questions toujours vierges et qu'il est toujours naïvement prêt à les aborder dans leur virginité. — Cela veut dire que, s'il construit une maison ou confectionne un habit, il projette l'une ou taille l'autre en vue de l'habitant ou de l'habillé, et non pour utiliser une fois de plus le patron d'une forme consacrée par la convention.

ART INDUSTRIEL.

C'est l'accord du beau et de l'utile, de l'art et de la convenance, qui forme la base de tout l'édifice de l'art industriel. Embellir les demeures, spiritualiser en quelque sorte les besoins les plus naturels de la vie, par la recherche et l'application du beau, est son but; l'ornementation, la décoration, son genre de manifestation le plus fréquent.

Il est facile d'apprécier la haute portée intellectuelle des questions que nous avons à étudier dans ce travail; mais ne fût-elle pas comprise, que, dans l'ordre des faits, traduction toujours fidèle des phénomènes de l'esprit humain, la vaste étendue du champ de l'art industriel, des applications des beaux-arts à l'industrie, qui comprend presque tous les produits qui nous entourent, suffirait pour faire apprécier à quel degré il est nécessaire de s'y arrêter. Cet élément de succès pour les nations comme pour les individus est le plus souvent négligé dans les meilleurs ouvrages sur la production, où le côté technique, celui du tour de main ou tout au plus de l'application des sciences à l'industrie est en général surtout mis en lumière; et cependant si, se plaçant, par exemple, au point de vue de la France, on peut dire que la diffusion des sciences dans leurs applications à l'industrie est une base fondamentale de notre prospérité, on doit affirmer, comme également capitale tout au moins, l'étude des beaux-arts; car les plus grands succès des produits de notre industrie sont évidemment dus à la diffusion du goût dans la nation, au talent de nos artistes, si bien secondés par l'habileté de nos fabricants et de nos ouvriers.

Les expositions universelles ont démontré à plusieurs reprises le mérite principal de plusieurs de nos industries, à savoir un cachet tout particulier de bon goût qui donne souvent aux produits les moins importants une véritable valeur artistique. Qui ne sait que presque toujours Paris crée la mode, c'est-à-dire invente et juge souverainement en fait d'articles de goût employés pour les vêtements, l'ameublement, etc.? Si l'on remontait à l'origine de la création de bien des objets élégants de cette industrie française si estimée dans le monde entier, l'on verrait que leur valeur est souvent due à l'imagination d'une simple ouvrière, qui a eu le goût assez pur pour créer heureusement une forme nouvelle.

L'étude des beaux-arts, qui est, dans ses manifestations les plus élevées, le grand moyen de vulgariser le bon goût, de faire naître des artistes éminents, capables de former des écoles, de donner une heureuse impulsion, est donc d'une extrême importance pour la France, afin de ne pas la voir déchoir de sa position et s'amoindrir en présence des efforts intelligents des nations rivales, qui ne négligent rien pour améliorer le goût de leurs producteurs, par le développement de l'enseignement du dessin et l'exposition publique des chefs-d'œuvre des arts. Cette étude doit d'autant plus être encouragée que ce qui nous fait le plus défaut aujourd'hui, malgré tous nos progrès techniques, c'est la tradition du beau qui se transmettait jadis de génération en génération, dans des ateliers passant des pères aux fils, le sentiment de l'harmonie et de la perfection qui est l'âme de nombre d'objets conçus et fabriqués par nos aïeux, et qui possèdent un cachet inimitable de noblesse et d'élégance. Si l'on cherchait la cause de notre infériorité en ce point, on la trouverait, sans aucun doute, dans la scission violente et systématique avec le passé qui date de la Révolution.

L'Angleterre, avec son éminent bon sens, ayant vu clairement à l'Exposition de Londres de 1851 tout ce qu'elle avait à faire dans cette voie, a fondé aussitôt les musées de Sydenham, de South-Kensington, ainsi qu'un très-grand nombre d'écoles de dessin. Elle a parfaitement compris que c'était là une condition vitale de succès pour sa puissante industrie, si admirable au point de vue technique, mais qui était dépassée par des nations rivales au point de vue du goût. Elle a senti que l'avenir de son immense commerce d'exportation dépendait des progrès artistiques de ses producteurs. Aussi a-t-elle été récompensée de ses efforts par des progrès considérables accomplis en peu d'années.

La précieuse qualité qu'on nomme le bon goût, qui distingue les produits similaires des nations parvenues à un haut degré d'avancement dans l'art industriel, est sans contredit l'élément qui s'assimile le plus difficilement. Copier une machine inventée dans un pays voisin est chose facile dans l'état actuel de la mécanique; donner du goût aux ouvriers qui manient les diverses pièces d'un bijou pour qu'ils les assemblent avec un sentiment net du résultat à obtenir, c'est à peine si l'étude et la culture permettront d'y arriver après plusieurs générations. L'imitation des produits dus à une population d'artistes est difficile, vu son immense variété; elle constitue une supériorité presque inattaquable chez une nation qui, la possédant, ne s'abandonne pas elle-même. C'est ce qui explique la permanence de supériorité, sur d'intelligents rivaux, de quelques-unes de nos industries, telles que la fabrique de soieries de Lyon, celle des articles de Paris dans la capitale, etc. On peut, croyons-nous, établir que c'est par l'étude des objets mobiliers les plus usuels, de ceux surtout qui, par leur destination, sont d'un usage journalier et servent aux fonctions les plus communes, que l'on arrive à apprécier le plus sûrement la valeur des productions artistiques d'un peuple; quand, loin de considérer l'art comme un passe-temps, il le fait entrer dans ses mœurs, qu'il devient pour lui un véritable besoin, on est forcé de lui reconnaître les aptitudes supérieures qui font les peuples véritablement artistes [1].

La première chose que nous ayons à faire, avant d'entrer dans l'étude que nous nous proposons, c'est de délimiter nettement l'étendue du champ que nous avons à parcourir. On peut classer les travaux de l'art industriel au point de vue des emplois des objets auxquels il s'applique, c'est-à-dire des vêtements, des ustensiles d'économie domestique, de l'ameublement, de la décoration des maisons, etc. Mais comme c'est au point de vue de l'application des beaux-arts que nous devons ici considérer les travaux de l'industrie, notre but étant d'analyser, dans les étroites limites où cela est possible,

1. L'ART EST UN; il est la source de tous les progrès. (Extrait de l'ouvrage de M. De Laborde sur l'application des beaux-arts à l'industrie.)

L'étude, en vue d'une spécialité, dessèche et atrophie le talent; l'art dans ses données supérieures rend apte à toutes les spécialités. Qui dit spécialité dans l'art ne dit pas un art différent, et si l'on peut distinguer des genres distincts, suivant des aptitudes particulières, comme l'histoire et le paysage dans la peinture, comme l'art monumental et l'art appliqué à l'industrie, cela ne constitue pas des divisions dans l'art. Je sais que, suivant l'opinion vulgaire, le grand mur de la Chine élevé entre l'art et l'industrie est l'utilité, l'emploi, la destination pratique des œuvres. Ce qui n'est d'aucun usage, ce qui n'a aucune application possible, en peu de mots, ce qu'on range dans les inutilités, est de l'art, et comme tel devrait prendre le premier rang dans l'estime publique; tout au contraire, ce qui a sa destination, son but, son emploi, sa raison d'être, est de l'industrie et, à ce compte, placé vis-à-vis de l'art à un rang inférieur: ainsi la cime des monts, qui plane dans le pur azur du ciel, domine le fond bourbeux de la vallée où s'agitent nos misères. C'est là une erreur, un contre-sens, qu'il faut combattre et détruire à tout prix.

Cette distinction de l'art et de l'industrie n'a de force et d'autorité que parce qu'elle est maintenue par les artistes supérieurs, parce qu'elle a pour appui les hommes de lettres. Ils ont dit : vous n'avez d'autre préoccupation que de gagner de l'argent, vous n'êtes pas des nôtres. Nous sommes des hommes d'imagination, vous êtes des gens d'affaires; nous sommes des artistes, vous êtes des marchands. Ce désintéressement est-il bien vrai? N'ai-je pas entendu parler d'une loi de la propriété intellectuelle qui tarife les opéras: tant pour siffler un de vos airs; qui taxe les produits de l'imagination: tant pour reproduire une page de votre prose et vos vers au bas d'un journal; qui défend vos tableaux: tant pour les copier et les

les éléments de leur beauté et nullement de traiter de leur utilité ou des procédés techniques, nous sommes conduit à rapprocher des beaux-arts les arts industriels qui en procèdent. Par suite, nous établirons les meilleures divisions en distinguant ce qui se rapporte au dessin, à la forme, à la construction; en partant des divisions admises des beaux-arts, ce qui nous permettra de tracer le tableau ci-après, qui renferme l'indication des principales industries artistiques, et de leurs relations avec les beaux-arts.

Dans ce tableau nous faisons passer l'architecture avant la sculpture et la peinture, par la nécessité, que nous ferons apprécier plus loin, d'établir d'abord les types les plus complets de l'art aux diverses époques, à l'aide de l'architecture, c'est-à-dire des œuvres complexes qui le résument le plus complétement.

1. ARTS DE CONSTRUCTION A L'AIDE DE CORPS AMENÉS A DES FORMES GÉOMÉTRIQUES.

ARCHITECTURE... { I. Architecture proprement dite. *Grandes constructions.*
II. Céramique.
III. Meubles. } *Petites constructions annexes de l'Architecture.*

2. ARTS DE LA FORME, EMPLOYANT EN OUTRE L'IMITATION DES CORPS VIVANTS.

SCULPTURE....... IV. Statuaire. — Arts vestiaires. — Orfévrerie. — Bijouterie.

3. ARTS DU DESSIN ET DE LA COULEUR, REPRODUISANT LES APPARENCES DES OBJETS NATURELS.

PEINTURE........ { V. *Par tracé de lignes.* — Dessin.
VI. *Par application de couleurs.* — Impressions sur papier et sur étoffes.
VII. *Par juxtaposition d'éléments colorés.* — Mosaïques. — Tissus divers.

Nous allons entrer dans quelques détails sur les subdivisions établies ci-dessus, avant de chercher à démontrer l'utilité des principes qu'il est possible de formuler pour guider dans les travaux qui relèvent de l'art.

graver? Vous tenez boutique d'œuvres de génie, et vous dédaignez Fourdinois, parce qu'il vend son dressoir; Morel, parce qu'il vend ses bijoux. Ah! j'admets, jusqu'à un certain point, la fierté de l'artiste de l'antiquité et du moyen âge qui, pauvre et désintéressé, portait la tête haute en voyant les métiers exploiter ses compositions, s'enrichir de ses idées. Il se disait avec un juste orgueil: Ce qui me distingue de cette foule, ce n'est pas l'art, nous sommes tous artistes, moi en tableaux et en statues, eux en bahuts sculptés et en orfévrerie ciselée; ce qui me distingue, c'est le désintéressement, c'est la préoccupation unique de ma création et, quand elle est parfaite, son abandon à la grâce de Dieu et au profit de tous sans réserve de droits et arrière-pensée de lucre.

Reléguons donc ces classifications puériles dans l'antre des vieux préjugés; mais il est une distinction qui subsistera toujours, en dépit de la vulgarisation générale de la science et des arts que je prêche, en dépit de ces lois fiscales de la propriété artistique et littéraire que je réprouve, la distinction du génie et du talent élevé.

En résumé: 1° L'art a sa vie propre en dehors de la nécessité de ses applications; mais en s'appliquant à l'industrie humaine, loin de rabaisser sa mission, il l'agrandit. La théorie du beau, que Platon a développée dans son *Hippias*, paraît convenir mieux à l'industrie qu'à l'art, et cela seul prouverait combien l'un et l'autre se confondaient dans l'antiquité. Platon définissait le beau : *la complète convenance des moyens relativement à leur fin.* La fin, le but, devraient donc rester toujours présents à l'esprit de l'artiste, comme nous le conseillons à l'industriel, afin qu'une parfaite harmonie se voie, se sente même, entre les matières qu'il a employées, la forme qu'il a donnée, le genre de travail qu'il a adopté, et l'usage auquel il destine son œuvre. 2° L'objet d'art n'ayant pas de destination, sa mission étant d'éveiller des sentiments; c'est l'art dans sa pureté, et non pas l'art appliqué, qu'un gouvernement sage doit enseigner et encourager, parce que c'est à la source qu'une bonne ménagère va chercher l'eau dans toute sa limpidité. 3° Il n'y a que deux modèles: la nature et l'art grec; l'un et l'autre se prêtant à l'interprétation de tous les sentiments, l'un et l'autre se pliant à toutes les conditions de nos besoins: la nature, image de la perfection; les œuvres grecques, interprètes inappréciables de la nature, modèles à suivre pour l'imiter.

ÉLÉMENTS DE L'ART INDUSTRIEL

Précisons l'indication des principaux éléments matériels des productions de l'industrie, admise dans le tableau ci-contre de la division de l'art industriel.

I. — FORMES GÉOMÉTRIQUES

Les éléments de l'art industriel, au point de vue des formes qu'on doit distinguer lorsqu'on cherche à établir (pour faciliter l'étude) des divisions entre des éléments qui sont le plus souvent réunis, sont d'abord les formes régulières que nous appellerons géométriques, c'est-à-dire celles dont la géométrie se propose l'étude. Nous distinguerons :

1° Les formes rectilignes de l'architecture qui, par suite de la nécessité de remplir les conditions de stabilité, donne toujours aux monuments, dans le sens vertical, des formes rectilignes, et emploie nombre d'accessoires de la forme de cubes, prismes, etc.

2° Les formes cylindriques, coniques, etc., qui rencontrent plusieurs applications dans l'architecture, dans les colonnes notamment, et constituent essentiellement les produits de la Céramique obtenus de tout temps à l'aide du tour du potier (le tour étant essentiellement propre à former des surfaces de révolution); enfin la combinaison des formes rectilignes et de celles obtenues par le tour dans le travail du bois pour la fabrication des Meubles.

3° La forme sphérique qui se rencontre dans les dômes de l'architecture, et qui, dans un art usuel, est obtenue pour ainsi dire naturellement, dans la fabrication des ustensiles en verre, par insufflation, et qui, plus ou moins altérée, constitue toutes les formes qu'ils conservent.

C'est par les proportions harmonieuses de ces formes purement géométriques multipliées à l'infini, souvent sur une échelle colossale dans les grands édifices, que s'obtient le charme des constructions qui n'emploient pas, ou plutôt n'emploient que comme accessoires les autres formes dont nous allons parler.

En dehors des formes principales que je viens de rappeler, dont l'œil saisit facilement la régularité, sont les formes irrégulières que le goût peut engendrer, toutes les variations à l'infini de surfaces courbes. Après les voûtes, le plus souvent de forme sphérique ou cylindrique, quelquefois ogivales, on doit citer l'emploi dans la décoration des petits éléments multipliés, tels que les rosaces, les oves, etc., les entrelacements de lignes en relief peu saillantes. Ces accessoires se rapportent aux arts de la forme, à la sculpture qui crée les lignes, les reliefs dont la multiplication ou le groupement rappelle presque forcément quelque objet pris dans la nature dont elles semblent bientôt la caricature, si elles n'en sont pas l'imitation. Là est en effet la seconde et importante série d'éléments à considérer.

II. — IMITATION DES FORMES DES CORPS VIVANTS.

L'imitation des formes les plus gracieuses que nous présente la nature, des proportions divines des plus belles créations, fournit à la décoration ses éléments les plus nombreux; source bien féconde, variée à l'infini, dont l'emploi charme les yeux à coup sûr. C'est dans la Sculpture proprement dite, que les ressources qui dérivent de l'imitation des formes naturelles sont pleinement utilisées. Dans les applications industrielles les plus générales qui s'y rattachent, les conditions d'emploi, comme les ressources qui dérivent des moyens d'exécution, et permettent quelquefois la multiplication des œuvres d'art, souvent ne conduisent pas à une imitation complète; rarement elles suffisent pour faire autre chose que de rappeler des motifs gracieux. Bien souvent même l'imitation n'est que partielle; l'ornement dérive d'une imitation, mais n'emprunte à la nature que l'harmonie générale. On peut poser en principe que, dans le plus grand nombre de cas, l'art industriel doit limiter à une imitation de la nature, à la reproduction, la sphère qui lui est propre, et abandonner aux beaux-arts proprement dits (qui se manifestent cependant assez souvent sous le manteau de l'industrie) l'emploi de l'imitation complète pour révéler un idéal, faire comprendre les sentiments et les pensées des personnages.

C'est dans l'étude des plantes, des fleurs, des animaux, des jeunes enfants, du corps humain, que se rencontrent une foule d'éléments que le goût créateur de l'artiste combine à l'infini; ce sont ces éléments, exemples les plus parfaits de rapports harmonieux, dont l'imitation plaît toujours à nos yeux, qui satisfont le sens moral et éveillent en nous les idées de grâce. Dans la plupart des applications des beaux-arts à l'industrie, ils doivent être considérés comme étant la base fondamentale de presque toutes les formes gracieuses, de la plupart des harmonies qui produisent la décoration, de l'ornementation.

Ainsi nous distinguerons parmi les objets qui fournissent les principaux sujets d'imitation :

1° Les plantes, feuilles (où se distinguent, suivant M. Owen Jones, dans les meilleures écoles, la proportionnalité des aires, la tangence des rayons à la tige centrale), boutons, fleurs, entrelacements divers, guirlandes, bouquets, etc.;

2° Les animaux de tout genre, oiseaux, chiens, chevaux, reptiles, etc.;

3° La figure humaine, enfants, femmes, hommes.

III. — DESSIN ET COLORATION

La décoration des surfaces, tant par des dessins produits par des tracés de lignes qu'à l'aide de la coloration, atteint sa plus haute expression dans la peinture, qui reproduit les apparences des corps, et à l'aide de leur imitation vient peindre aux yeux les sentiments de la vie elle-même.

Les ressources que la peinture fournit à l'art industriel forment une importante partie de celui-ci; mais sans qu'elle se confonde, à beaucoup près, avec lui. L'industrie et les beaux-arts se rapprochent beaucoup quand il s'agit de formes, mais jamais l'emploi fait par le travail industriel des lignes et des couleurs n'atteindra l'art qui traduit le mieux les sentiments à l'aide de l'imitation, si ce n'est dans les cas où l'œuvre d'art vient s'appliquer sur un produit industriel, juxtaposition qui n'infirme pas notre observation. Aussi n'avons-nous pas à traiter de l'art de la peinture ; nous rappellerons toutefois que c'est cet art, que ce sont les travaux des artistes qui inspirent les producteurs, qui fournissent les principes de dessin et de décoration qui doivent guider les fabricants, et que, d'un autre côté, les modèles que l'industrie se propose d'imiter, dus aux artistes industriels, méritent souvent d'occuper une place honorable, sinon parmi les produits d'art de premier ordre, au moins après eux.

Les moyens d'ornementation industrielle s'offrent donc à nous sous deux aspects différents, analogues à ceux que nous avons rencontrés déjà en traitant de la forme :

1° La première division se rapporte au point de vue du dessin, à l'emploi de lignes, dont l'enlacement ne rappelle aucun objet déterminé, qui ont par leurs formes une grâce propre. Les Orientaux, qui n'acceptent pas la représentation de la figure humaine, ont surtout multiplié ce genre de décoration. Au point de vue de la coloration, cette division comprend la polychromie, c'est-à-dire l'emploi d'un nombre limité de couleurs appliquées en teintes plates et offrant à la vue des tons, des couleurs dont l'aspect, la proportion la réjouit. Nous ferons rentrer dans cette division la coloration des frises des temples par les anciens, au moyen âge la décoration des voûtes des cathédrales.

2° La seconde division se rapporte à des imitations de la nature, à la représentation d'objets gracieux, et, relativement aux couleurs, à l'emploi de teintes diverses, rarement dégradées, afin de reproduire l'aspect des objets colorés, sans que les conditions techniques permettent le plus souvent (quand on n'a pas recours à la peinture proprement dite pour rehausser le produit industriel) de les montrer tels qu'ils sont dans la nature et que la peinture les reproduit, c'est-à-dire éclairés par une lumière qui fait sentir leurs reliefs, portant des ombres qui indiquent leurs positions relatives. Dans la décoration industrielle on n'emploie en général que des couleurs franches, juxtaposées ou superposées, et on parvient, par les procédés de décoration, à imiter, à rappeler des objets gracieux, mais bien rarement à éveiller des sentiments comme dans la peinture proprement dite. Les procédés vont, sans doute, en s'améliorant chaque jour, mais la perfection du travail est nécessairement limitée par les conditions économiques de la production et la valeur du travail du producteur habile qui l'exécute, quelque procédé qu'il emploie.

DU BEAU

Nous devons dire, en commençant, quelques mots du but de ce travail, du beau, dont nous allons étudier les manifestations dans l'industrie, en suivant les principes reconnus dans la pratique des beaux-arts.

Et d'abord, qu'est-ce que le beau? C'est là une de ces questions auxquelles il n'est pas possible de faire une réponse satisfaisante ; le beau étant une idée première, essentielle, de l'esprit humain, n'est pas susceptible de définition mathématique. Pour faire apprécier le beau, que chacun sent s'il ne peut le définir, pour développer un sentiment dont le germe existe en nous, il n'est guère possible, comme toutes les fois qu'il s'agit d'idées fondamentales, que de répéter sous des formes, équivalentes au fond, l'énoncé de sentiments propres à notre nature. Ce qui est possible toutefois, c'est de faire sentir, en analysant ses éléments, ce que nous appelons le beau; de déterminer les conditions principales auxquelles satisfont les productions acclamées par tous comme des types évidents de beauté.

La première observation que l'on doive faire relativement au beau sensible, c'est qu'il consiste dans une harmonie qui n'est pas une propriété de la matière dont se composent les éléments à l'aide desquels il se matérialise en quelque sorte. Voilà bien des siècles que Socrate établissait, avec sa méthode si pleine de bon sens, cette vérité. Il démontrait aux différents artistes, à l'armurier Pistias comme au peintre Parrhasius, comme au philosophe Aristippe, que la beauté d'une femme accomplie, la beauté d'une coupe, la beauté d'un casque, étaient une même chose, et que les formes de ces différents objets étaient assujetties aux mêmes lois générales.

Le beau, suivant Platon, est « la splendeur du vrai. » Belle formule, qui s'applique admirablement au beau intellectuel et moral plutôt qu'à celui révélé par des formes matérielles, ou au moins ne s'y applique que si l'on se place à un point de vue très-élevé, si l'on sent que le beau dans l'art est la perfection idéale, divine, des formes, réalisée par une admirable imitation des objets naturels. Raphaël disait : « Le peintre est dans l'obligation de faire les choses, non comme les fait la nature, mais comme elle devrait les faire, » et il a appuyé ce grand précepte d'admirables exemples. C'est la même notion de la traduction de l'idéal à l'aide de réalités matérielles qui a été parfaitement sentie dans les beaux travaux sur l'Esthétique des philosophes allemands, et répond à leur définition de l'art: l'accord de l'idéal et du réel, du fini et de l'infini.

Le beau ne saurait être compris par le raisonnement, qui n'en saisit jamais qu'un côté; celui-ci reste dans le fini, l'exclusif; l'autre est de sa nature infini.

La matière devient belle pour nous, dit excellemment Channing, quand elle semble perdre son apparence matérielle, son inertie, ses limites et sa grossièreté; quand, par la légèreté éthérée de ses formes et de ses mouvements, elle semble se « spiritualiser. » D'où il tire d'admirables conséquences morales sur l'importance de la culture de l'individu pour le rendre capable de voir et sentir le beau, qui sont d'une profonde vérité[1].

Par l'industrie, quelque merveilleuse qu'elle soit, l'homme ne fait que diriger les forces de la nature, une vie qui n'est pas en lui; mais l'art est l'expression de sa propre vie, ou mieux encore, sa vie elle-même se réalisant, se communiquant aux autres hommes, et faisant effort pour s'éterniser.

Aucune œuvre d'art ne saurait donc être créée par les seules forces mécaniques.

Pour rester dans des considérations d'un ordre moins élevé, plus voisines des applications, demandons-nous quelles sont ces lois dont parlait Socrate, en quoi consiste cette complète convenance des moyens relativement à leur fin, qu'indique Platon, et recherchons quelles sont les conditions principales auxquelles satisfont les types du beau.

Dans chaque ordre de production on peut énoncer des règles spéciales; mais il est une règle principale qui domine toutes les autres et qui s'applique aux produits de l'esprit

1. *De la théorie de l'art ou de l'esthétique.* — Pour qu'une étude raisonnée sur les applications des beaux-arts soit possible, il faut qu'il existe une science du beau, une philosophie des beaux-arts, formée des principes supérieurs dont découlent les règles secondaires que peut faire reconnaître l'étude expérimentale. Cette partie de la philosophie, à laquelle on a donné le nom d'*esthétique*, a été l'objet des travaux de la plupart des grands philosophes, mais c'est l'œuvre des grands penseurs allemands de l'avoir constituée en corps de doctrine philosophique, en l'étudiant surtout dans l'esprit humain, étude d'où ne peuvent sortir des règles pour les applications.

Nous ne saurions entrer dans des études de cet ordre, mais nous croyons qu'on nous saura gré d'une indication de la nature de ces puissantes conceptions. Nous l'empruntons à l'excellent article *Esthétique*, du Dictionnaire des sciences philosophiques :

« L'esthétique ne prit son véritable essor, et l'art la conscience de lui-même, qu'avec Schelling et la révolution qu'il opéra dans le monde philosophique.

« Voici comment ce philosophe est arrivé à la conception de l'art. La base de son système, c'est l'identité des deux points de vue séparés par Kant et ses successeurs, le sujet et l'objet. Ici l'idéal et le réel, le fini et l'infini, rentrent dans une unité supérieure au sein de laquelle les différences s'effacent et l'harmonie s'établit. Quoique cette unité fondamentale soit partout dans l'univers physique et moral, elle n'est pas cependant manifeste dans la nature, qui est le monde du réel, du fini, le règne du destin. Dans le monde moral, ce qui apparaît, c'est l'idéal, l'esprit, la liberté. Or cette opposition de l'idéal et du réel, de la fatalité et de la liberté, disparaît dans l'art qui opère leur conciliation et leur fusion. Le beau, c'est l'accord, l'unité du fini et de l'infini, de l'existence fatale et de l'activité libre, de la vie et de la matière, de la nature et de l'esprit, et l'art dans ses œuvres nous fait contempler cette harmonieuse unité. Elle existe déjà dans l'artiste; car le génie, c'est le résultat de la combinaison de ces deux principes. Dans l'enthousiasme et l'inspiration, il y a deux éléments : l'un qui appartient à la nature, l'autre à la liberté; l'un instinctif, spontané, *inconscient*, l'autre qui a conscience de lui-même. Ainsi se trouvent réunis dans l'art les deux termes de l'existence: leur unité constitue la vérité, la beauté, l'absolu, le divin; l'art qui la manifeste et la révèle est donc essentiellement religieux. Il y a plus, il est *l'organe* de la religion, qui lui emprunte ses symboles et ses emblèmes. En un mot, l'art est la plus haute manifestation de l'esprit.

« C'est à la philosophie de Schelling que l'on doit tous les travaux qui ont eu pour but, en Allemagne, la connaissance de l'art sous toutes ses formes et dans tous ses grands mouvements, et en particulier la réhabilitation de l'art chrétien. Mais l'écueil n'était pas loin; savoir: la confusion des sphères différentes de la pensée, l'identification de la philosophie, de l'art, de la religion et des formes qui leur sont propres. La religion est devenue une espèce de poésie; de ce moment date la dévotion à l'art. Le sentimentalisme, le mysticisme et le symbolisme ont fait irruption partout dans la science et dans l'histoire. Nous ne sommes pas restés en France étrangers à cette influence.

« Après Schelling est venu Hegel, qui, adoptant la conception de Schelling, la rectifie et la développe. D'abord il fixe à l'art sa véritable place parmi les formes fondamentales de la pensée humaine; il lui conserve, comme manifestation de la vérité, son rang élev à côté de la religion et de la philosophie; mais il le place au-dessous de l'une et de l'autre comme représentant le vrai sous une forme sensible, et ne s'adressant à l'esprit que par l'intermédiaire des sens et de l'imagination. En même temps, il maintient leurs limites respectives et leur rôle propre. D'un autre côté,

aussi bien qu'à la plupart de ceux des arts, condition qui a été définie « l'unité dans la variété, l'unité de l'ensemble et la convenance des parties. » Nous empruntons à saint Augustin un passage, célèbre à bien juste titre, où il formule admirablement ce grand principe.

« Si je demande à un architecte, dit-il, pourquoi, ayant construit une arcade à l'une des ailes de son édifice, il en fait autant à l'autre, il me répondra sans doute que c'est afin que les membres de son architecture symétrisent bien ensemble. Mais pourquoi cette symétrie vous paraît-elle nécessaire? Par la raison que cela plaît? Mais qui êtes-vous, pour vous ériger en arbitre de ce qui doit plaire ou ne doit pas plaire aux hommes? et d'où savez-vous que la symétrie nous plaît? J'en suis sûr, parce que les choses ainsi disposées ont de la décence, de la justesse, de la grâce; en un mot, parce que cela est beau. Fort bien. Mais, dites-moi, cela est-il beau parce qu'il plaît, ou cela plaît-il parce qu'il est beau? Sans difficulté, cela plaît parce qu'il est beau. Je le crois comme vous. Mais je vous demande encore : pourquoi cela est-il beau? et si ma question vous embarrasse, parce qu'en effet les maîtres de votre art ne vont guère jusque-là, vous conviendrez du moins sans peine que la similitude, l'égalité, la convenance des parties de votre bâtiment réduit tout à une espèce d'unité qui contente la raison? C'est ce que je voulais dire. Oui; mais prenez-y garde. Il n'y a point de vraie unité dans les corps, puisqu'ils sont tous composés d'un nombre innombrable de parties, dont chacune est

il s'empare de la pensée de Schelling, la développe et l'applique; de ce germe il fait éclore un vaste système enchaîné dans toutes ses parties avec un art admirable. Il embrasse la science dans son ensemble et toutes ses divisions; après avoir étudié l'idée du beau en elle-même, dans la nature et dans l'art, il s'attache à suivre son développement dans ses formes fondamentales à travers les époques de l'histoire; enfin il donne une classification et une théorie des arts particuliers, de l'architecture, de la sculpture, de la peinture, de la musique et de la poésie, caractérisant chacun d'eux, déterminant ses principes, ses formes essentielles et ses règles générales. Hegel est le premier qui ait conçu l'esthétique dans son ensemble et ait tenté de réaliser ce vaste plan. Son ouvrage est le premier monument complet élevé à la philosophie des beaux-arts, et il a déployé dans l'exécution les caractères de son génie, la profondeur et la puissance systématiques, jointes à une finesse d'analyse qui poursuit les principes jusque dans leurs dernières applications. Il a semé dans son livre une foule de vues originales et vraies, de critiques pleines de sens et de justesse. Il a même révélé dans cette partie de son système des qualités que l'on n'attendait guère d'un métaphysicien et d'un esprit aussi sévère : non-seulement il fait preuve de connaissances positives en ce qui concerne les principaux monuments de l'art et de la poésie; mais il déploie dans son style une véritable richesse d'imagination, malgré les défauts qui tiennent à sa manière et à sa terminologie. Sans doute l'œuvre est imparfaite, elle laisse de grandes lacunes et des irrégularités; mais c'est un monument plein de grandeur, digne de son objet et de celui qui l'a élevé; il n'a pas été dépassé. Tout ce qui s'est écrit depuis en Allemagne, sur le beau et l'art, a été inspiré par Schelling ou Hegel. »

M. Pictet, dans un intéressant ouvrage sur le beau, a résumé et précisé la science allemande. Il a bien établi que le beau n'existait pas seulement dans l'imagination de celui qui le perçoit, qu'il ne saurait dépendre des variations et des inconséquences du goût individuel. Néanmoins, il est certain qu'on ne saurait faire du beau l'objet d'une démonstration mathématique. Le beau est au nombre des vérités d'intuition qui ne sont pas explicables par le raisonnement. Suivant M. Pictet, l'intuition est *une vue à la fois matérielle et intellectuelle* par laquelle nous pénétrons dans le monde des existences réelles, et entrons en communication avec la nature. Relativement au beau, l'intuition est une opération unique et complexe par laquelle nous saisissons l'objet beau à la fois dans son apparence et dans son essence, dans la forme et dans l'idée. Il faut que, chez le spectateur, *l'intuition de la réalité et la perception de l'idée se confondent dans un acte commun.* « L'œil, dit Plotin, ne verrait pas le soleil s'il n'était d'une nature analogue à la lumière solaire. De même *si l'âme* ne se fait belle, elle n'aperçoit pas la beauté. » Il y a donc une double opération dont l'analogie établit entre le beau extérieur et son correspondant psychologique la mystérieuse relation dont on s'étonne. « Ce ne sont pas, dit M. Pictet, des éléments ennemis, et s'excluant mutuellement, qui se rencontrent dans le phénomène intuitif du beau. C'est l'esprit qui parle à l'esprit, c'est l'idée à l'intérieur qui saisit l'idée à l'extérieur, c'est l'élément divin en nous qui reconnaît l'élément divin hors de nous. Dans cette opération, tout est accord, tout est harmonie. L'identification complète de l'idée et de la forme à l'extérieur entraîne nécessairement la fusion non moins intime de notre nature intellectuelle et de notre nature sensible dans un même acte d'intuition.

Ainsi le *jugement* du beau ne se distingue pas du *sentiment* du beau; mais, pour employer une expression de Cousin : ils sont *enveloppés l'un dans l'autre.*

encore composée d'une infinité d'autres. Où est-ce donc que vous la voyez cette unité qui vous dirige dans la construction de votre dessin, cette unité que vous regardez dans votre art comme une loi inviolable, cette unité que votre édifice doit imiter pour être beau, mais que rien sur la terre ne peut imiter parfaitement, puisque rien sur la terre ne peut être parfaitement un? Or, de là, que s'ensuit-il? Ne faut-il pas reconnaître qu'il y a donc au-dessus de nos esprits une certaine unité originale, souveraine, éternelle, parfaite, qui est la règle essentielle du beau que vous cherchez dans la pratique de votre art? »

La nette perception de l'unité dans toute œuvre est une loi fondamentale; mais si elle domine toutes les autres, elle est loin d'être la seule, ou plutôt, comme nous le verrons bientôt, ces lois ne sauraient être absolument générales, ou plutôt jamais complétement formulées de manière à en rendre l'application certaine. Mais au moins peut-on encore en indiquer quelques-unes des plus importantes, en faire entrevoir l'existence.

Nous avons dit que le beau est une harmonie, un rhythme (c'est la définition d'Aristote, l'ordre et l'harmonie des parties), prenant ainsi notre définition ou plutôt cherchant à nous faire comprendre par un exemple pris dans la musique, celui des beaux-arts où cette observation est la plus facile à faire.

Quels sont les éléments de la musique? Des notes formées par des vibrations dont les nombres sont entre eux dans un rapport mathématique simple et tellement déterminé, que tout son intermédiaire, toute fausse note produit sur une oreille exercée une impression désagréable. Ce résultat certain fait bien comprendre, ce qui paraît bien moins évident à priori, comment les rapports de hauteur et de largeur d'une colonne, les espacements des colonnes, etc., tous les faits de ce genre admis par les architectes, incompris par les personnes étrangères à l'art, peuvent se trouver rigoureusement déterminés, et comment l'œil qui transmet l'harmonie, comme l'oreille dans le cas précédent, doit se trouver choqué, si l'on s'écarte de la loi mathématique que l'on trouve appliquée par les artistes les plus éminents.

Suivons notre comparaison :

On sait que dans la musique l'oreille est favorablement impressionnée par certaines successions de notes, dites accords, tandis que d'autres forment des dissonances désagréables à l'oreille. De même, certains groupements d'objets plairont à l'œil, tandis que d'autres lui seront désagréables. Dans quelques cas de l'architecture et de la céramique notamment, la loi de répétition et de symétrie répond surtout à cette condition. Comme une tierce est agréable à l'oreille, une division par trois de certains éléments, dans une construction par exemple, peut être préférable à toute autre et devenir une règle avantageuse à observer.

Enfin, dans la musique comme dans les autres arts, les éléments ne constituent pas le beau, bien qu'ils soient nécessaires pour le produire; le groupement dû au goût de l'artiste en est le principe essentiel. La musique fait encore bien comprendre par la variété de ses compositions tantôt graves, tantôt légères, comment on peut produire un nombre infini de combinaisons distinctes avec un nombre limité d'éléments, et combien est erroné le système des gens, peu nombreux aujourd'hui, qui croient que la simple reproduction des belles œuvres est la seule voie ouverte au génie des modernes, que le beau a été incarné dans des types dont il est impossible de s'écarter; sans comprendre que l'imitation absolue est impossible à des générations qui n'ont plus foi dans les idées auxquelles l'art a fourni jadis une certaine forme extérieure. Bien que cette croyance tende de jour en jour à perdre de son crédit, elle sera difficilement abandonnée par certains esprits médiocres qui s'obstineront toujours à copier, n'étant pas capables de produire par leurs propres forces.

Entrons dans les détails qui permettront d'apprécier les œuvres d'art, pour le plus grand profit de tous, et surtout de l'artiste lui-même, dont la plus grande récompense est de voir son travail compris; malheureusement, comme le fait observer Diderot, combien de compositions où il est contraint d'employer plus de rapports que le plus grand nombre n'en peut saisir!

C'est le bon emploi de ces rapports dont parle Diderot, de ces éléments multiples qui produit la beauté d'une œuvre quelconque. Ce sont eux surtout qui permettent de traduire, d'une manière compréhensible pour tous, la pensée créatrice de l'artiste rendue, dans les circonstances les plus diverses, à l'aide de formes qui lui donnent une expression matérielle.

C'est parce que la compréhension de beau se réduit à celle de rapports qu'elle est saisissable pour tous les esprits. En effet, l'exercice immédiat de nos facultés nous donne des idées d'ordre, d'arrangement, d'harmonie, qui se rencontrent dans ce qui est beau. Sans doute ces idées acquièrent une plus grande netteté quand on fixe sur elles son attention, quand on considère les cas les plus saillants de leurs applications, comme nous venons de tenter de le faire avec des comparaisons tirées d'un cas dans lequel les appréciations sont le plus faciles. Mais si ces idées n'acquièrent toute leur précision que dans les esprits cultivés, elles ne peuvent être absolument étrangères à aucun; elles se confondent en effet avec les notions de nombre, de grandeur, et autres, qui s'éveillent les premières dans l'intelligence humaine.

CONDITIONS FONDAMENTALES DU BEAU

Les conditions du beau dans les œuvres de l'industrie forment l'objet de tout ce travail; nous allons bientôt dire comment c'est par l'étude des œuvres les plus célèbres, que l'on parvient à sentir quelques-unes des règles que suit l'imagination de l'artiste. Auparavant, essayons de compléter, autant qu'on peut le faire, à priori, les lois fondamentales que nous avons déjà tenté plus haut d'indiquer, de formuler les principes, de définir les rapports dont nous avons fait sentir l'existence. Malheureusement il nous faudra bientôt reconnaître qu'il est difficile d'aller bien loin dans cette voie.

DE LA CONVENANCE.

La première condition à laquelle doit satisfaire un produit est celle de la convenance : un bâtiment inhabitable, un vase qui ne saurait contenir de liquide, révoltent le bon sens du spectateur et le laissent froid devant les décorations les plus multipliées. Nul besoin d'insister à cet égard, quand il s'agit de produits industriels dont le caractère d'utilité doit dominer, souvent d'une manière absolue, tous les autres caractères.

Négligée quelquefois par les architectes du commencement de ce siècle, préoccupés avant tout de l'imitation des monuments grecs, la convenance était devenue, par réaction, le caractère fondamental, essentiel, qu'un célèbre professeur (M. Durand) assignait à l'architecture. Les élèves de ses cours à l'École polytechnique, officiers du génie ou d'artillerie, ont élevé des magasins, des halles d'une belle simplicité, qui, dans bien des endroits, écrasent, par leur bel aspect, de mauvaises églises ou mairies de villages affublées de colonnes mal à propos employées. Cependant si la convenance détermine les grandes lignes d'un ensemble, on doit avouer que, dans le cas général, il est des parties facultatives; ce sont celles-là qui peuvent être déterminées en vue de la décoration, mais sans jamais empiéter sur la convenance.

UNITÉ.

Nous pouvons considérer comme établie, par le beau passage de saint Augustin que nous avons rapporté, la nécessité de l'unité si évidente par elle-même, c'est-à-dire du concours de toutes les parties pour produire un effet déterminé et ne pas amoindrir l'effet de l'ensemble par des parties de l'œuvre qui détournent l'attention. Toutefois, si, dans le domaine de la pratique, le principe s'applique directement à l'architecture, il est loin d'en être aussi clairement de même dans d'autres manifestations de l'art, où l'unité peut être sentie mais non démontrée[1].

DES PROPORTIONS.

La condition fondamentale, qui comprend en quelque sorte toutes les autres, consiste à donner aux diverses parties, tant lignes que formes, des proportions constituant l'harmonie; proportions, rapports, que découvre quelquefois le sentiment de l'artiste, que l'on recueille souvent par des observations faites sur la nature animée.

Nous suivrons M. Ziégler (ÉTUDES CÉRAMIQUES) pour l'indication de cette loi fondamentale, à laquelle on donne le nom d'EURHYTHMIE.

« Vitruve nous a transmis cette expression (qu'il définit comme synonyme de proportions), par laquelle les Grecs désignaient une des conditions du beau en architecture.

« L'Eurhythmie ne s'applique qu'à la partie pittoresque de l'édifice, qu'aux reliefs de tout genre susceptibles d'accord, de répétition. Ainsi, d'un certain point de vue général et lointain, la colonnade représente un vaste ornement; c'est une série cadencée, rhythmique, qui s'accorde avec d'autres séries.

« Si j'examine l'ordre dorique grec, qui est le beau simple par excellence, je vois que le rhythme contribue puissamment à la beauté.

« Au-dessus de notes graves, sonores, gigantesques de la colonnade, je suis frappé des divisions rhythmiques de l'entablement, où les triglyphes se succèdent comme les mesures d'une mélodie. J'admire la belle ordonnance des métopes consécutives, la régularité de leurs mouvements périodiques, la proportion des intervalles, la justesse des temps, le parfait accord des parties concertantes, je dis concertantes, car l'Eurhythmie a pour objet « de lier en un concert général les membres et les ornements variés de l'édifice..... »

« De tels effets ne sont pas dus au caprice de l'imagination; ils procèdent d'une science, d'une loi, qui est l'Eurhythmie. Ils expliquent pourquoi la musique entrait dans l'éducation d'un architecte athénien, possesseur des secrètes formules de Pythagore. »

La détermination de ces proportions harmonieuses dans la colonne grecque, dans le groupement de ses éléments, constitue l'ordre dont nous parlerons bientôt.

1. Je comprends, dit Topfer (dans son charmant ouvrage *Réflexions et menus propos d'un peintre Genevois*), que dans un poëme, dans une peinture d'histoire, dans un groupe de statuaire, dans un bas-relief, partout, en un mot, où il y a une action ou une sorte d'action, l'unité puisse se saisir partiellement sous une forme purement rationnelle; mais dans une simple statue, dans l'Antinoüs, par exemple, ou dans la Vénus de Médicis, si l'on préfère, mais dans un simple paysage de Karl du Jardin ou de Potter, mais surtout dans toute composition musicale de Haydn, de Mozart ou de Beethoven, il n'y a nul moyen d'y saisir rationnellement quoi que ce soit qui puisse en expliquer l'unité.

Affirmera-t-on pour cela que, dans ces ouvrages, il n'y a pas et il ne peut pas y avoir d'unité? Ce serait nier la lumière; ce serait plus encore, car ce serait admettre que de débris incohérents il peut naître un ensemble, que de fragments assemblés au hasard il peut résulter une expression, que de pensées sans lien, sans analogie, sans unité en un mot, il peut éclore un poëme! Si donc l'unité éclate dans une composition de Beethoven aussi bien que dans un poëme épique de Virgile ou du Tasse, et que cette unité n'y soit pas pour une obole rationnelle, qu'est-ce à dire, sinon que c'est ailleurs que dans quoi que ce soit de rationnel qu'on doit la chercher, et que c'est dans le moi seulement qu'on peut en trouver le principe? Le moi seul a pu, indépendamment du raisonnement et par voie d'expansion, en s'infusant dans l'œuvre tout entière, lui imprimer sa propre individualité, c'est-à-dire un mode d'ordre et de relation trop éclatant pour ne pas frapper d'emblée, mais en même temps trop intime et trop mystérieux pour pouvoir être aperçu par l'analyse rationnelle.

DE LA RÉPÉTITION ET DE LA SYMÉTRIE.

Un fait capital, d'une application de chaque instant dans la pratique de l'Architecture, est la répétition, que l'on peut ériger, à juste titre, en principe d'ornementation. Un objet indifférent, comme un petit cube, étant répété et formant une série, produit un effet agréable dans une moulure : tels sont les denticules. Une cannelure, une feuille, une perle étant répétées, deviennent pour l'architecte des ornements qui tirent toute leur valeur de la répétition.

La répétition est alterne lorsque les parties répétées varient en volume et en étendue, aussi bien par la forme que par le dessin.

Le sentiment, dit M. Garnier, ne peut se manifester librement (pleinement) que lorsqu'il est sollicité par la loi de la répétition. Rien de plus aisé que de trouver de nombreux exemples de la généralité de cette loi. Ainsi, au théâtre, la répétition d'un mot, précisément parce qu'il est attendu, qu'il ne saisit pas à l'improviste le spectateur, le conduit à l'apogée de la gaieté ou de la terreur. Un effet analogue est produit par la vue d'objets matériels.

La loi de symétrie rentre dans la répétition, presque toujours nécessairement symétrique des éléments, qui seule satisfait à l'unité. C'est ainsi que la répétition de deux ailes semblables aux deux extrémités d'un édifice, en attirant également l'œil de l'observateur, le force à embrasser l'ensemble de la construction qui ne lui paraît en équilibre que terminée par deux parties symétriques.

Bien que s'appliquant plus spécialement à l'architecture par leurs indications, ces lois sont vraies pour toute espèce de décoration industrielle, pour les tracés, les lignes de tout genre, aussi bien que pour les formes, et sont les plus importantes parmi les nombreuses lois que l'artiste doit respecter. L'artiste dont nous avons cité plus haut les observations sur les rapports des grandeurs, a voulu indiquer également quelques principes fondamentaux relatifs à l'emploi des couleurs; nous allons encore le suivre sur ce terrain.

LOIS DE LA COLORATION

LOIS DE PROPORTION

Nous avons dit que « les belles proportions, quant aux formes architecturales et céramiques, résultent d'un ensemble où toutes les parties, étant symétriques, doivent en quantités diverses dépendre d'une masse à laquelle elles se rattachent et qui les domine par son volume et son importance. » Il n'y a rien à modifier à ce principe dans son application à la coloration. Les proportions relatives entre les différentes étendues colorées seront d'autant plus nécessaires à observer, que le ton sera plus pur et plus voisin du maximum d'éclat de la couleur. Citant un exemple, il fait observer que la vigueur des tons, des couleurs, y est en raison inverse de l'étendue qu'elles occupent.

« Examinons, dit-il, les productions si variées de l'industrie des étoffes et des papiers peints : nous voyons d'abord un fond dominant; puis, sans considérer aucunement le mérite du dessin, ni la perfection de l'exécution, nous pouvons remarquer qu'il existe des proportions relatives entre les couleurs qui ornent les fonds; qu'elles sont réparties en quantités subordonnées, que l'aspect de ces œuvres plaît d'autant plus que les règles précitées ont été mieux observeés. »

LOI D'ASSIMILATION.

La loi d'assimilation est une loi qui permet, indépendamment du dessin et des proportions, de produire un effet harmonieux avec diverses couleurs.

« Un vase, je suppose, doit recevoir des ornements bleus : que le fond en soit d'un gris fin et bleuâtre, que les rouges soient mêlés de bleu comme dans la fleur du glaïeul, que les blancs eux-mêmes, quoique vifs, soient faiblement azurés; la teinte dominante assimilatrice qui est le bleu, pénétrant le fond et les tons superposés, il en résultera la variété, l'unité, l'harmonie. »

LOI DE JUXTAPOSITION.

« L'harmonie peut encore résulter de l'ordre dans lequel les couleurs sont juxtaposées. Il existe donc un ordre naturel, une loi suivant laquelle un certain nombre de pièces colorées, de teintes plates même à leur maximum d'éclat, peuvent produire un accord harmonieux sans recours ni à la hiérarchie des proportions, ni à l'influence d'une couleur assimilatrice, par le seul ordre dans lequel les couleurs seront juxtaposées.

« Cet ordre se révèle dans l'arc-en-ciel, les spectres lumineux qui charment la vue par la disposition des couleurs mixtes; car dans ces deux exemples le jaune est mêlé au vert, le rouge à l'orangé, et le bleu au violet. »

Nous traiterons plus loin, en parlant des applications de la peinture, des effets de contraste et d'éclat des couleurs dont M. Chevreul a formulé les lois dans un travail justement célèbre. Nous dirons seulement qu'un filet noir, placé entre les couleurs, offre un moyen, souvent employé, d'atténuer les effets de la juxtaposition.

DES RAPPORTS EN GÉNÉRAL

Les principes que je viens d'énoncer, pouvant se résumer sous forme de rapports simples, trouvent leur application dans une foule de cas, et on a cherché à les réunir dans des formules comme le faisait Pythagore. Un curieux dessin de Michel-Ange nous initie aux recherches de cet illustre artiste essayant de déterminer les RAPPORTS de longueur existant entre les diverses parties du corps humain : la simplicité de ces rapports est remarquable. Léonard de Vinci a fait un travail analogue; seulement, au lieu d'exprimer les longueurs par des nombres abstraits, il les exprimait par des LONGUEURS DE TÊTE. Dans le type de beauté qu'il avait adopté, l'homme a une hauteur égale à huit fois celle de la tête et se subdivise ainsi : du sol au genou, deux têtes; — du genou à la partie inférieure du tronc, deux têtes; — du bas du tronc aux bouts des seins, deux têtes; — des bouts des seins au sommet de la tête, deux têtes.

Des rapports numériques de même ordre existent dans les produits types de toutes les branches des beaux-arts.

Puisqu'on reconnaît dans toutes les BELLES CHOSES l'existence de RAPPORTS SIMPLES, il est logique de se demander si, au moyen d'une formule générale, on pourrait représenter tous les cas possibles de manifestation du beau.

Cette question, M. Lagout se l'est posée, et l'étude des chefs-d'œuvre l'a conduit à ce théorème d'esthétique : DANS LES BEAUX-ARTS (MUSIQUE COMPRISE), LES RAPPORTS LES PLUS SIMPLES PRODUISENT LES SENSATIONS LES PLUS AGRÉABLES.

« L'oreille et l'œil, dit-il, tomberaient en confusion sous l'influence d'une série de notes ou de longueurs qui n'auraient entre elles que des rapports compliqués et dès lors insaisissables par le moyen de nos sens. »

Il n'est pas besoin d'une longue étude pour voir que les facteurs 2, 3 et 5, qui expriment des rapports très-simples, sont ceux que l'on rencontre le plus fréquemment.

Il a tenté par suite de représenter ce résultat par une formule qui comprend ces rapports simples; elle résumerait à peu près tout ce qu'on peut établir dans une voie analogue à celle des sciences, ce qui ne peut évidemment conduire bien loin. C'est, sous un appareil scientifique exagéré, l'énoncé de principes bien simples, que l'homme de goût a toujours présents à l'esprit, qu'il applique, pour ainsi dire, instinctivement.

Un mot sur l'expression des créations artistiques en langage vulgaire, qu'exigerait l'établissement de ces formules. Serait-il rien de plus incompréhensible, de plus fastidieux, de plus inutile? Nous voyons des tentatives de ce genre dans les écrits des critiques, mais ont-ils jamais donné une idée nette d'une œuvre d'art? Cela est impossible. Essayez une analyse en langage ordinaire de l'ouverture de Guillaume Tell et demandez-vous si le lecteur aura la moindre notion de ce chef-d'œuvre? Le lecteur le plus perspicace en saura moins que le plus ignorant qui l'aura entendu et même le plus mauvais musicien qui aura jeté un coup d'œil sur la partition. En un mot la vue de l'œuvre d'art, ou, à son défaut, de sa représentation, est la condition expresse de la possibilité d'une analyse et celle-ci est bien peu de chose en face de cette vue, n'est que la constatation le plus souvent de ce qui saute aux yeux. Ceci était nécessaire à établir pour montrer une des faces de l'utilité du présent travail.

ÉTUDE HISTORIQUE DES ARTS

DES STYLES

D'après la marche que nous venons de suivre, si toutes les lois du beau pouvaient être définies, nous n'aurions plus qu'à étudier l'application de ces lois mathématiques, de ces formules, de ces proportions dans chaque branche particulière de l'art; en un mot, il serait possible de constituer une science positive de l'art dont les limites seraient faciles à déterminer d'une manière absolue. Mais il n'en est nullement ainsi, comme on peut le prévoir d'après le petit nombre de lois générales que nous sommes parvenu à indiquer et qui ne peuvent d'ailleurs, comme on le sent facilement, avoir aucune influence sur le développement des facultés artistiques, de l'esprit inventif, ce qui doit être l'objet principal de l'étude que nous entreprenons ici. Comme il vient d'être dit, la définition des harmonies d'une œuvre d'art ne pourrait être que son insupportable description en langage vulgaire; sa vue, son étude, en apprend bien plus sur son essence propre.

Si l'on remarque que les œuvres qui éveillent en nous le sentiment de ce que nous appelons le beau, étant des créations de notre esprit, ont une relation directe avec la civilisation, les idées qui agitent l'esprit humain à chaque époque, on voit qu'il y a à faire une étude longue et profitable pour comprendre les élégances particulières, les harmonies diverses, mais toutes remarquables, mises en lumière par les maîtres appréciés en chaque siècle. En un mot, il y a une succession historique qui doit être étudiée, qui nous révèle une foule d'harmonies découvertes avant nous; moyen puissant de développer le goût par des comparaisons et des études convenables, qui permet d'arriver à la production d'harmonies nouvelles, quand on a compris et senti d'abord celles si nombreuses et si variées qui ont été découvertes dans la succession des travaux des hommes de génie de toutes les époques et de tous les pays. Ce n'est pas à l'imitation littérale du passé que l'on parvient ainsi, mais à l'intelligence des harmonies que les artistes ont su trouver.

La production du beau étant due surtout à l'initiative, au sentiment de l'art de chaque grand artiste, écho de son époque sans cesser d'être lui-même, sa conception se transforme avec les générations; elle n'est pas progressive, et l'on ne peut, comme dans les sciences, profiter de tous les progrès en ne conservant que les théorèmes nouveaux découverts par nos prédécesseurs. Tandis que les succès de nos études scientifiques, qui augmentent les éléments dont on dispose, nous font pénétrer chaque jour davantage dans la connaissance plus complète des lois de la nature, que chaque recherche forme un échelon solide qui permet à tous les travailleurs de s'élever plus haut, et que, plus ou moins rapide, la marche en avant est néanmoins certaine, les arts ont au contraire des allures tout à fait irrégulières, les travaux ne s'ajoutent plus les uns aux autres, les décadences sont fréquentes; une période féconde en talents est parfois suivie d'une autre complétement stérile.

En un mot, il s'agit ici de connaissances de l'ordre des sciences morales, et l'étude historique, en attirant notre attention sur des œuvres que nous apprécions avec ce que nous appelons le sentiment du beau, doit donner des résultats aussi nets que ceux que, dans d'autres voies, l'histoire par exemple, nous étudions à l'aide du sentiment du juste.

Insistons un peu sur ce point de vue d'une grande importance et qui donne la vraie raison d'être d'un travail de la nature de celui-ci.

On sait que l'école historique, si justement célèbre en Allemagne, qui a rendu illustres les noms de Savigny, de Niebuhr, etc., et révolutionné les études juridiques, a prouvé surabondamment que l'étude abstraite du droit, en employant une méthode de déduction semblable à celle de la géométrie, ne mène qu'à des résultats de peu de valeur; que chaque cerveau, prenant une vue incomplète du juste pour le juste absolu, arrive bientôt, par des déductions parfaitement logiques, à l'absurde le moins contestable.

Au contraire (et les travaux de l'école historique l'ont également démontré), l'étude historique des institutions, en permettant de comparer, d'étudier les effets des lois les plus diverses chez tous les peuples et dans tous les temps, en forçant de tenir compte de tous les éléments qu'il est impossible de comprendre entièrement dans une analyse, en étudiant des réalités au lieu de suivre des conceptions formées à priori, permet d'entrevoir une image bien plus complète, bien plus nette, de ce juste absolu, divin, que l'intelligence humaine ne saurait jamais parfaitement définir.

C'est de la même manière que les monuments, les œuvres remarquables des diverses époques, forment la véritable école du beau, et que leur étude attentive peut seule permettre d'entrevoir, de développer le sentiment de ce beau divin, qui ne peut se formuler en quelques phrases, résulter de quelques déductions plus ou moins logiques. C'est l'étude intelligente des chefs-d'œuvre, l'analyse raisonnée de chacun, qui devient le but de tout bon ouvrage sur les arts, et nous venons de prouver que c'est la seule méthode qui puisse le rendre utile.

Le résultat principal de l'étude historique des arts, c'est de nous faire concevoir nettement ce qu'on appelle les styles, c'est-à-dire les éléments, les proportions employées à chaque période de civilisation, les harmonies qui ont un rapport intime avec les idées régnantes à chaque époque, exprimées avec les éléments dont on dispose, et dont les variations peu sensibles quand on ne regarde que les transformations successives qui s'opèrent lentement, deviennent très-saillantes dans des œuvres produites à des époques très-éloignées. C'est ce qui va devenir clair par les développements qui vont suivre, et surtout par la vue des dessins des chefs-d'œuvre justement célèbres. C'est ainsi, pour nous borner à deux exemples bien tranchés, qu'on retrouvera facilement dans le Parthénon et la colonne corinthienne quelques relations avec la grâce, l'élégance de la philosophie et du paganisme grec; et dans la cathédrale gothique, l'aspiration vers le ciel, le grandiose du catholicisme du moyen âge.

Pour suivre un semblable développement historique, pour rappeler en quelques mots les grandes époques de l'histoire où la civilisation jetant un grand éclat a dû laisser des œuvres considérables, c'est toujours de la Grèce qu'il faut partir; c'est là que nous trouvons les origines de nos arts, de nos sciences : de la géométrie comme du sentiment de l'harmonie des lignes. C'est en Grèce que les applications industrielles des beaux-arts ont pris naissance en même temps que ceux-ci. L'imagination des Grecs avait ennobli jusqu'aux ustensiles les moins précieux; Athènes fut, pour les fabrications de tout genre comme pour les arts, la maîtresse et la reine du goût. Il suffit de penser un instant au degré si élevé de perfection qu'atteignirent la poésie, l'éloquence, la philosophie aux beaux jours de la Grèce, pour apprécier, quand les chefs-d'œuvre ne seraient pas sous nos yeux, qu'il a dû se produire, à une époque de civilisation si brillante, un admirable développement de l'art. Les produits en durent varier à l'infini dans une société libre, où l'action des citoyens pouvait prendre tout son essor. Ce sont les travaux de tout un peuple d'artistes qui ont engendré les chefs-d'œuvre si variés de l'art grec. On comprend comment la petite ville d'Athènes joua un rôle que son importance semblait lui refuser, lorsque, possédant les plus grands artistes, elle devint par suite la première ville manufacturière de la Grèce.

Il faut observer, toutefois, que, puisque c'est en Égypte que les Grecs avaient puisé la plupart des éléments de leurs arts, l'étude de l'art égyptien doit précéder celle de l'art grec.

Les Égyptiens nous ont laissé des monuments dont les proportions colossales manifestent clairement une étonnante et bien ancienne civilisation, et qui, grâce à leur solidité, nous ont révélé une foule de renseignements sur l'état des arts à cette époque si reculée. A l'opposé de l'art grec, où l'imitation de la nature tint une si grande place, le caractère dominant du style égyptien lui fut imprimé par une théocratie toute-puissante qui rendit immobile cet art grandiose, en assujettissant tout à des règles fixes, immuables.

Après la splendeur de la Grèce vint celle des Romains, qui ne cultivèrent les beaux-arts que lorsqu'ils eurent conquis la Grèce; nation guerrière, ils furent transformés par l'art grec, qui poursuivit son œuvre en initiant ses vainqueurs au goût des arts. Enrichie des dépouilles du monde entier, Rome penchait déjà vers sa ruine, qu'Athènes, Argos, Thèbes, Corinthe, pillées, saccagées, mais toujours peuplées d'artistes, acquéraient, par leurs manufactures, une nouvelle célébrité. Il est juste de dire que si les Romains ont emprunté aux Grecs les principes de l'art et souvent les artistes eux-mêmes, cependant leurs œuvres ont quelquefois un grandiose que n'avaient pas les productions grecques, et qui semblent refléter quelque chose de l'immensité de l'empire romain.

Rome, souveraine du monde, vit concentrer entre les mains de sa puissante aristocratie les richesses du monde entier. Les manifestations les plus éclatantes de l'esprit et de l'art, l'éloquence, la poésie, vinrent s'y donner rendez-vous, comme les beaux-arts cultivés plus souvent par l'esclave grec que par le citoyen romain, et, après avoir jeté un éclat qui fera toujours de cette époque une des plus célèbres dans les fastes de l'humanité, déchurent sous les empereurs par les excès d'une civilisation raffinée, s'épuisant elle-même.

Le déplacement de la capitale de l'empire, la fondation de Byzance, fut le signal d'une transformation des arts; le goût s'altéra en même temps que le luxe des décorations brillantes, propres à l'Orient, se propagea. Sous Constantin ceint du diadème, vêtu de la robe éclatante des souverains de l'Asie, ce fut l'élément oriental, asiatique, qui triompha de l'élément romain, et créa une industrie dont le rôle fut très-considérable, au milieu de l'effondrement universel. Ainsi l'industrie fut anéantie à tel point en Occident par l'invasion des barbares, que les Mérovingiens, et après eux les princes de la race Carlovingienne, durent longtemps recevoir de l'Orient les meubles précieux, les étoffes et tous les objets de luxe. On allait aussi en Égypte chercher les soieries de l'Asie, qui furent longtemps apportées par les marchands arabes trafiquant avec la Perse, l'Inde et même la Chine.

Le mouvement de transport des arts d'Orient en Occident se prononce d'une manière bien évidente sous le règne de Charlemagne. Ce prince fait venir d'Orient des manuscrits, des objets de toute nature, des armes, des étoffes, et ce n'est véritablement qu'à partir de son règne que l'on voit percer les premiers germes des arts industriels de l'Occident.

Bientôt, sous l'influence de la tradition propre à chaque peuple, combinée avec celle du christianisme, cause de la plus grande révolution morale que la terre ait jamais vue, tandis que se développait le style byzantin à l'Orient, celui-ci, en Occident, devint le style roman. Ce fut par les produits de ce style que les nations qui avaient envahi et détruit l'empire romain commencèrent à faire sentir, sous la tutelle de l'Église, leur tendance à sortir de la barbarie.

Plus tard ces nations abandonnent complétement les traditions de l'antiquité; les grandes cathédrales gothiques sortent de terre et les arts tendent à renaître pour décorer ces gigantesques constructions. On a classé ces productions dans un style qu'on a appelé ogival, du nom de l'ogive, élément spécial à son architecture. A cette époque, où la féodalité était subordonnée à la papauté, pendant la durée de cette puissante théocratie, il devait s'accomplir de grandes œuvres dans cette Europe animée d'une même foi religieuse symbolisée dans de gigantesques constructions, chez ces grandes nations occidentales qui s'éveillaient à une vie nationale ou au moins provinciale.

Lorsqu'au XVe siècle les nations chrétiennes, et surtout les républiques d'Italie, arrivant à un haut degré de richesse, cherchèrent à faire refleurir les arts, elles retrouvèrent la tradition de l'antiquité. Lorsque les Croisés s'étaient précipités sur l'Orient et avaient détruit les restes de l'empire grec, ils avaient rapporté dans leur pays le goût des arts qui s'y étaient maintenus. Les barons normands, qui avaient fondé le royaume de Sicile, prirent à la Grèce l'industrie de la soie qui s'y était conservée, en enlevant des ouvriers et installant de force une colonie en Sicile. Enfin, les Vénitiens, devenus plus tard maîtres d'une partie de l'Archipel, transplantèrent dans leur patrie ce qui existait encore d'art et d'industrie chez les Grecs, éléments qui ont donné à Venise son caractère oriental. C'est avec ces éléments, arrachés à la Grèce, que l'Italie prépara cette grande époque de la Renaissance qui remit tous les arts en honneur.

Les méthodes des artistes grecs se répandirent dans toute l'Italie; ce fut le point de départ de ces écoles illustres qui se formèrent successivement. Vers le milieu du XVe siècle, en 1453, un événement important, la prise de Constantinople par Mahomet II, donna une nouvelle impulsion aux arts renaissants, en forçant les derniers artistes byzantins à s'expatrier. Grâce à tous ces éléments, grâce à l'enrichissement de la société moderne, le progrès se fit sentir en Italie d'abord, où Venise, Florence surtout, la véritable Athènes des temps modernes, Gênes, etc., étaient arrivées à un degré inconnu jusque-là de richesse et de liberté, puis bientôt dans le reste de l'Europe. La noble protection, le goût éclairé des Médicis, des Sforce, des d'Est, des Maximilien, des Charles-Quint, véritables souverains de leur siècle, et dignes de comprendre les merveilles de l'art, firent bientôt surgir les Masaccio, les Buonarotti, les Raphaël, les Vinci, les Titien, les Benvenuto Cellini.

On sait comment, grâce aux encouragements de François Ier, les arts passèrent de l'Italie en France avec Léonard de Vinci, le Primatice, Benvenuto Cellini, etc., et retrouvant des éléments importants d'une école nationale, dans un pays affolé à son tour par la Renaissance, s'y élevèrent à une grande hauteur; combien fut brillante cette époque pour tous les arts.

Après le xve siècle, il nous faut arriver jusqu'à Louis XIV pour trouver un mouvement, une ère comparable de splendeur dans toute l'Europe, et surtout chez la nation française, qui se sentit appelée à accomplir des œuvres considérables. Les créations de ce règne, héritier de toutes les grandes conceptions de Richelieu, où les hommes éminents semblaient se multiplier, ont un cachet de grandeur qui les fait reconnaître et qui ont donné un type à l'art. On sait toutes les grandes choses qui furent alors créées en France, et comment la profusion des œuvres d'art, la recherche de l'élégance, le raffinement dans la décoration arriva enfin, au siècle de Louis XV, à créer un style, maniéré quelquefois, mais empreint de richesse et d'originalité, qui s'est appliqué heureusement à une foule de produits industriels.

Depuis cette époque, l'Empire, en France, livré à une imitation médiocrement entendue de l'art grec, adopté par une société qui, au sortir d'une longue révolution, ne savait plus où retrouver de traditions, n'a rien laissé de notable dans le champ de l'art; la Restauration elle-même, pendant laquelle le gothique a été surtout glorifié par l'école romantique, n'engendra guère de productions originales que dans le champ de la fantaisie, dans des œuvres secondaires.

Nous arrivons ainsi à l'époque actuelle, à ces cinquante dernières années. Des éléments nouveaux, les progrès de la richesse générale, la multiplication du nombre des propriétaires, la diffusion des lumières, en un mot des besoins nouveaux et des idées nouvelles, ont conduit et conduisent chaque jour à des créations de types inconnus jusqu'ici, qui doivent couronner dignement le riche développement industriel qui caractérise notre siècle, correspondre à la puissance inouïe et nouvelle de nos moyens d'action sur la matière, fournir satisfaction aux besoins d'élégance de millions de familles parvenues à la richesse, qui jadis bornaient leurs efforts à subvenir à leur existence. Il y a pour la France à reproduire, à son profit, le siècle de Périclès, si elle veut se livrer au travail et se placer en tête des aspirations de la civilisation moderne.

Dans cette énumération rapide des époques pendant lesquelles l'art a jeté le plus vif éclat, nous n'avons suivi que les évolutions de la civilisation gréco-romaine dont nous procédons directement. Certes, c'est dans les œuvres produites par cette civilisation que se rencontrent les principaux types des harmonies qui plaisent le plus à notre goût; mais ce ne sont pas les seules. Les autres civilisations, dans leur plus grand éclat, ont créé aussi d'élégants modèles que l'art industriel s'est empressé d'adopter.

Ainsi nous citerons l'Inde, qui précède peut-être comme antiquité cette Égypte, dont la tradition remonte au delà des plus anciens temps bibliques, et qui a fourni tant de ressources à l'industrie de la Grèce; nous ne devons pas oublier les œuvres de la race arabe, qui, un moment, a menacé d'envahir l'Europe et s'est étendue sur une grande partie du monde, pour y constituer de puissants empires. Les éléments orientaux, qu'elle s'est assimilés, avaient déjà pris une place importante dans l'art de l'empire byzantin; elles les a développés tandis que l'Europe les repoussait. Enfin nous aurons à parler de la Chine, pays si étendu, couvert d'une population compacte, possédant bien longtemps avant nous de puissants éléments de civilisation, l'imprimerie notamment, et qui a cultivé d'une manière bien remarquable certains arts industriels.

Nous aurons donc à étudier, pour chacune des divisions établies plus haut :

L'ART ÉGYPTIEN,
L'ART GREC,
L'ART ROMAIN,
L'ART BYZANTIN, — ROMAN,
L'ART GOTHIQUE,
L'ART DE LA RENAISSANCE,
L'ART SOUS LOUIS XIV ET SOUS LOUIS XV.

Et les manifestations des civilisations orientales et asiatiques, savoir :

L'ART INDOU,
L'ART ARABE, PERSAN, MAURESQUE,
L'ART CHINOIS.

Nous terminerons enfin dans chaque cas par l'ART MODERNE.

Chaque époque de civilisation s'incarne en certains types; c'est ce que nous fera bien sentir l'étude des produits les plus complets de chacune d'elles : nous voulons parler des grands monuments, des créations de l'architecture. Nous y trouverons la traduction des aspirations de chaque siècle, l'indication des éléments adoptés par l'art industriel à chaque époque dans ses diverses manifestations, les mêmes besoins engendrant toujours des manifestations analogues, enfin les caractères particuliers qui constituent ce que nous appelons les styles. C'est ce que nous ferons apprécier dans le chapitre suivant, consacré à l'architecture, à la première des divisions établies plus haut dans l'art industriel; toutefois, dans quelques cas, l'intelligence des styles s'obtiendra plus facilement par la vue d'œuvres moins importantes, où le caractère de l'art à une époque est exagéré. Remarquons que, dans tous les temps, et surtout lorsqu'il s'agit d'ornementation industrielle, presque toujours les artistes croient obéir aux règles de l'art pur, se livrer à l'imitation de la nature, et non obéir à des conventions qui nous paraissent le cachet particulier de chaque style; c'est en général l'avis des contemporains qui voient avec les mêmes yeux que les artistes de leur époque. Ce n'est que plus tard que le style se révèle : c'est lorsque les artistes se sont mis à suivre des idées différentes de celles qui guidaient leurs prédécesseurs, que le système auquel obéissaient ceux-ci, sans en avoir conscience, devient sensible.

En nous bornant à l'étude sommaire des styles, nous ne prétendons pas qu'elle seule suffise à l'étude historique du beau, et que d'autres recherches soient inutiles. Pour rendre cette étude complète, indépendamment du récit des événements et des idées régnantes en chaque siècle et en chaque contrée, il faudrait définir les idées dominantes dans les diverses écoles, c'est-à-dire chez les groupes d'artistes qui ont préféré certaines formes à d'autres, telles ou telles combinaisons de lignes et de couleurs, telles ou telles manières de faire, aussi bien que décrire l'œuvre individuelle des artistes éminents qui, inspirés par leur époque, ont eu une grande influence personnelle sur les œuvres, le goût de leur siècle, et dont l'histoire se confond presque avec celle du développement de l'art. En effet, c'est l'artiste éminent qui découvre le beau et le fait admirer; il ne dit pas ce que tout le monde sait, mais ce que tout le monde est susceptible de comprendre à l'époque où il vit; ce que chacun croyait savoir déjà une fois qu'il l'a dit[1]. Or cette œuvre complète, encyclopédique, nous paraît immense et à peu près irréalisable : son extrême étendue ferait d'ailleurs perdre de vue l'ensemble et les rapports des diverses parties; aussi l'esquisse seule nous paraît abordable, et c'est à elle que nous bornons nos efforts, supposant connu du lecteur ce que nous serons obligés d'emprunter à l'histoire de chaque époque et de chaque artiste éminent.

1. Dans son rapport sur les applications de l'art à l'industrie (classe 8, Exposition de 1867), M. E. Taigny a fort bien traité la question de l'influence des artistes sur l'industrie, dans un passage que nous rapporterons ici :

« A toutes les époques, l'industrie a été tributaire de l'art, mais l'influence des artistes a été plus ou moins directe selon les temps et la constitution civile des sociétés. On peut dire qu'autrefois la ligne de démarcation entre l'art et l'industrie était plus fictive que réelle, en ce sens que les artistes qui, par goût ou par nécessité, se livraient à l'étude de l'ornementation et des arts du mobilier, ne formaient pas, comme aujourd'hui, une classe absolument distincte et ne se plaçaient pas, dans la composition de leurs œuvres, au point de vue de la reproduction industrielle. On pourrait cependant suivre, pendant toute la période du moyen âge, la trace des corporations qui gardèrent des traditions précieuses et furent de véritables écoles d'art industriel.

« Il ne faut pas oublier aussi que les plus grands peintres et sculpteurs de la Renaissance ne dédaignaient pas de mettre leur talent au service de l'industrie ; mais, outre qu'ils exécutaient la plupart du temps leurs modèles eux-mêmes (tant étaient complètes et variées les ressources de leur génie), leurs œuvres ne s'adressaient qu'à un public d'élite. Il est incontestable également que l'influence des maîtres tels que Raphaël, Michel-Ange, Léonard de Vinci, Benvenuto, Albert Durer et tant d'autres, a régné d'une manière heureuse sur les imitations sorties des mains des praticiens d'un ordre secondaire.

« Sous les Valois et leurs successeurs, l'art français marqua une tendance plus prononcée à se dédoubler, et c'est alors qu'on vit naître quelques écoles qui eurent en vue spécialement l'application du dessin aux arts du mobilier et de la décoration. Ces écoles, qui se succédèrent jusqu'à la fin du règne de Louis XIV, furent l'honneur de nos industries; elles leur donnèrent ces formes variées qui les font reconnaître et imiter. Ducerceau, Marot, Lepautre, Bérain, Gillot, Germain; puis, plus tard, Blondel, Meissonnier, Roubo, Salembier, de la Fosse, Riesner, Gouttières, ont imprimé à leurs œuvres un admirable cachet de grandeur et d'élégance, qui laisse à leurs successeurs peu de chance d'être originaux.

« Aussi cet héritage est-il lourd à porter. Nos yeux, accoutumés à se fixer sur les modèles d'une civilisation de luxe où la grande délicatesse de la main s'alliait à l'emploi judicieux de la matière, sont devenus difficiles à contenter. Il n'est pas étonnant que les artistes eux-mêmes, charmés par des œuvres qui laissent peu de prise à la critique, aient cherché à se renfermer dans l'imitation du passé plutôt que d'innover. Mais cette imitation peut-elle suffire à l'industrie moderne qui a d'autres besoins à satisfaire que ceux d'une société aristocratique? Les longs loisirs, la certitude d'une vie modeste mais assurée, à l'ombre de quelque protection royale, ne sont plus possibles; le temps presse, il faut produire beaucoup et vite, donner un caractère artistique à des objets souvent grossiers par la matière employée, d'une faible valeur intrinsèque, s'étendant à des besoins sans cesse renaissants, et dont la condition première est d'assurer, par la production, une rémunération suffisante au fabricant ; de là la nécessité et l'accroissement d'une classe spéciale d'artistes, se rattachant à l'art par les principes et les règles de la composition, mais ayant fait une étude spéciale des conditions d'application exigées par la fabrication moderne. »

Nous terminerons chaque division par une revue détaillée des œuvres de l'époque moderne. Les Expositions universelles, en mettant à notre disposition une quantité suffisante de matériaux, nous fourniront le moyen de donner une grande utilité pratique à cet ouvrage, et nous permettront d'indiquer la voie véritable de l'avenir, celle dans laquelle les efforts doivent être dirigés.

Dans l'étude détaillée des produits de l'industrie des diverses nations on doit tenir grand compte des efforts des artistes placés dans des milieux différents, ce qui influe sur les modifications d'un style lorsqu'il se transforme à une époque, parallèlement chez les divers peuples, avec un cachet particulier chez chacun. C'est ce qu'on voit facilement quand on considère les produits si nombreux des grandes industries de puissantes nations, comme celles qui rivalisent avec nous, dont le développement industriel et artistique est considérable. Sous ce rapport, l'Allemagne, où les arts ont pris un grand développement, mérite un place importante, et l'école allemande, le style allemand doit être étudié avec soin. Nous n'avons pas besoin de parler de l'Angleterre, si longtemps en avance sur nous dans la voie industrielle, que la gloire de la France est d'atteindre et de dépasser quelquefois, et qui, dans nombre de produits, a su élever à la hauteur de l'art cette convenance élégante pour laquelle elle a inventé le mot de « confortable; » ni enfin les produits d'autres pays, de l'Italie, notamment, de la terre classique de l'art. Citons encore les pays orientaux, dont certains produits nous surprennent par leur supériorité incontestable, et qui nous offriront dans certaines industries des indications très-précieuses. Tous ces éléments nous permettront d'établir bien nettement l'intéressant tableau de l'état actuel de l'art industriel chez les nations qui excellent dans l'exécution d'un produit quelconque, qui sont supérieures en un point aux autres nations.

SECTION I

ARCHITECTURE

Nous avons dit que l'étude de l'Architecture est particulièrement convenable pour faire apprécier, pour bien définir l'esprit des conceptions de chaque époque, le style qui se révèle clairement à la vue des productions du plus grandiose de tous les arts, de celui qui, en raison de l'importance de ses créations, du grand nombre d'éléments qu'elles nécessitent, réagit le plus sur tous les autres et les transforme sous l'influence de l'inspiration régnante. On le comprend facilement, si l'on réfléchit que le système d'Architecture d'une époque, qui donne la physionomie des édifices destinés à répondre aux aspirations d'une nation, se modifie avec les progrès de la science, les ressources qu'elle offre aux constructeurs, les coutumes régnantes, avec le goût enfin, le sentiment du beau de chaque génération. S'adressant en quelque sorte à toutes les facultés de l'homme, à tous les désirs de la société, pour laquelle il a été construit, le monument traduit fidèlement ses idées, ses aspirations.

L'Architecture est l'expression matérielle des besoins, des facultés et des sentiments du temps où elle est créée. Le style est la forme particulière que prend cette expression sous l'influence du climat, des mœurs et des matériaux dont elle dispose, comme de la science qu'elle peut consacrer à sa traduction en monuments.

Pour montrer quelle netteté les divisions fondamentales par styles acquièrent dans l'Architecture, nour reprendrons notre citation de deux éléments essentiels, bien caractérisés, de deux styles différents, la colonne grecque et l'ogive du moyen âge. Certes, personne ne pourra voir ces deux éléments accolés sans se sentir, grâce à un sentiment instinctif, blessé par une semblable réunion. Or c'est l'intelligence nette des styles difficiles à définir et qu'on est réduit souvent à faire apprécier par le dessin plus que par des analyses, qui peut être le résultat le plus certain de l'étude des monuments de l'art: et ce n'est pas un minime résultat que de les faire apprécier dans une application importante, même par les personnes qui, par la nature de leurs travaux, la trouveraient un peu éloignée des cas spéciaux de décoration industrielle qui les intéressent plus particulièrement. Cette étude suffira pour empêcher des réunions d'éléments de styles différents qui, parfois, déshonorent certains produits dont la création a coûté beaucoup de travail. C'est donc en traitant de l'Architecture que nous essayerons de faire sentir, d'indiquer les principes généraux des divers styles, de manière à n'avoir pas à y revenir longuement en parlant des autres produits de l'art industriel.

Les lois de la pesanteur et de la stabilité rendent indispensable en Architecture l'emploi de lignes verticales et horizontales; l'ordonnance des divisions intérieures, comme le travail à l'aide de la règle, exige généralement des surfaces planes, réglées (sur lesquelles s'appliquent des lignes droites), et qui se coupent à angles droits. Des conditions toutes spéciales de la construction résulte le caractère spécial et le plus saillant de l'art architectural, qui, nous l'avons dit, n'est nullement un art d'imitation de formes naturelles, mais un art dont le caractère dominant est géométrique, et qui tire son charme de l'harmonie, des proportions des éléments qui lui sont propres. Sous ce rapport, elle ne donnerait peut-être pas une idée des styles aussi complète que nous l'avons annoncé, si nous ne comprenions ici, sous la même division, la sculpture décorative, annexe si importante de l'Architecture, qui arrive à une imitation, particulière et le plus souvent incomplète, de modèles pris dans la nature vivante.

Si nous avions à traiter ici spécialement de l'Architecture, et non pas plus particulièrement de l'aspect des édifices, nous aurions à tenir compte, dans chaque cas, des éléments qui entrent dans les constructions, de la nature des matériaux qui se trouvaient à la portée des divers peuples et qui ont une relation directe avec les formes qu'il leur fut possible de donner à leurs temples : le granit en Égypte, les marbres en Grèce, etc. Il y aurait aussi à étudier les progrès de la science, des procédés de construction, tels que l'invention de l'arcade, des ciments chez les Romains, l'emploi du fer de nos jours; progrès qui se traduisent par un rapport croissant du vide au plein dans les édifices. Mais tout ceci se rapporte surtout à l'art des constructions, et nous n'avons nulle prétention de faire ici un traité d'Architecture, ni de traiter des questions de convenance dans les divers cas qui doivent tout primer dans cet art industriel.

D'ailleurs, il ne faut pas confondre les aspirations de l'art avec les moyens matériels qui en ont rendu la traduction complète plus ou moins possible. Ces aspirations ont leur cause dans les idées, les désirs de chaque époque, de chaque civilisation, qui agitent l'humanité et inspirent les artistes dont le génie a pû être le plus grand aux époques où l'exécution était la moins facile. Ce serait, en effet, une grave erreur d'appliquer aux œuvres d'art les idées modernes, si souvent exagérées, sur le progrès de l'humanité; c'est seulement dans la puissance de traduire, de matérialiser les idées par des moyens de travail, à l'aide des richesses accumulées, et surtout grâce aux progrès essentiellement continus des sciences mathématiques et physiques, que les nations modernes ont une supériorité incontestable sur celles qui les ont précédées.

Au delà de ce qui préoccupe le génie du constructeur, et sous peine de se destituer, l'Architecture, dit M. Trélat, conduit les formes déduites des lois de la stabilité jusqu'à l'expression harmonique, qui rend accessibles à tous le sens et la valeur propre de ses œuvres. Pour cela, elle fait appel à des ressources ignorées ou négligées de l'ingénieur : les rapports accentués des parties des ouvrages; les relations mesurées des masses, des pleins, des vides; les jeux de la lumière sur les surfaces; les valeurs de tons; les couleurs; la peinture; la sculpture; puis mille ressources complémentaires qu'elle crée selon les clartés d'expression auxquelles elle veut aboutir. Par un procédé qui lui est commun avec tous les arts, mais qui la distingue essentiellement des sciences appliquées, par un long et persistant tâtonnement de ces moyens, elle cherche, elle trouve, elle fixe les valeurs des parties de son œuvre, valeurs qu'elle compense, pondère, accuse, fait dominer ou éteint, selon le sentiment juste qu'elle veut exciter ou faire prévaloir. La difficile habitude de manier librement ce procédé et ces ressources, la pensée incessante d'en tirer parti pour constituer l'édifice architectural, voilà la condition de l'artiste qui prend le nom d'architecte.

Nous préciserons encore le rôle de l'architecture en donnant un instant la parole, sur cette question, à une voix autorisée, au savant M. L. Reynaud.

« L'architecture, dit-il, est un art sur lequel la science et l'industrie exercent immédiatement une grande influence, puisqu'il leur doit ses moyens d'existence et une partie de son expression; et c'est précisément dans cette dépendance de la matière et des lois qui la régissent, dans cette triple empreinte d'art, de science et d'industrie, qu'elle puise son caractère particulier; et c'est pour cela que ses productions ont eu, à différentes époques, une prédominance réelle sur celles de tous les autres arts. Il existe, en effet, une certaine relation entre les usages, les connaissances et les sentiments de l'humanité aux diverses périodes de son développement. Cette relation constitue une sublime et mystérieuse harmonie, qui est marquée sur tous les travaux de la main de l'homme; mais bien que nous en ayons conscience, nous ne pouvons la lire sur chacun d'eux, tandis que l'architecture a le pouvoir de la résumer et de l'exposer nettement. Les sentiments, les connaissances et les usages se traduisent dans nos édifices par la décoration et les proportions, par la nature et l'emploi des matériaux, par le nombre et la distribution des pièces; la richesse et la grandeur des monuments représentent d'ailleurs la puissance et l'industrie de la nation qui les a élevés. Ainsi, que la distribution soit conforme aux exigences des coutumes, que les procédés de construction soient tels qu'ils sont indiqués par la science, que les proportions et le mode de décoration découlent naturellement des sentiments et du goût de l'époque, et le système d'architecture qui en résultera aura le privilége et la puissance de représenter la société sous toutes ses faces. Il s'adressera à toutes les facultés de l'homme; ce sera, en quelque sorte, une admirable encyclopédie; ce sera l'harmonieux résumé de toute une synthèse.

« Mais il est évident que les hommes ne peuvent ainsi créer la représentation d'une grande synthèse, qu'autant qu'ils ont eux-mêmes conscience de cette synthèse; en un mot, qu'une science générale est nécessaire pour l'établissement d'un système complet d'architecture. Aussi l'architecture n'a-t-elle eu son grand caractère de vérité et d'harmonie générale que dans les époques religieuses. A chaque système religieux on a constamment vu correspondre un système d'architecture qui en a été le symbole et la réalisation matérielle; et l'on a vu constamment aussi ces systèmes se développer ensemble, et périr ensemble; les ruines de l'un semblent ne subsister que pour attester la puissance passée et la chute irrévocable de l'autre. A de pareilles époques c'est dans les monuments religieux que l'architecture atteint son plus haut degré de perfection, c'est pour eux qu'elle semble avoir été créée, et c'est d'eux qu'elle descend aux autres édifices. Alors, en effet, toute science et toute poésie viennent d'un Dieu connu, et tendent à remonter vers lui; et les nations consacrent avec bonheur les richesses et les forces dont elles peuvent disposer, pour honorer un principe ou vulgariser une idée morale dans lesquels elles ont foi et amour. Les monuments consacrés à la Divinité sont d'éclatantes expressions des sentiments des peuples; ils répondent à des besoins impérieux, ils sont indispensables; car si on ne peut concevoir de religion sociale sans culte, on n'en peut concevoir non plus sans architecture. Sans doute, des préceptes de morale peuvent être formulés et répandus par la poésie parlée; la peinture et la sculpture peuvent présenter le bien sous des formes séduisantes, se plaire à retracer les actions conformes aux nécessités de l'association. Mais il est nécessaire de bien montrer que toutes ces manifestations de sentiments tendent vers un but unique; il faut un lieu de réunion pour tous ces hommes convoqués à la même pensée; il faut un vaisseau dans lequel retentira la voix de l'orateur ou du poëte, et dans lequel viendront s'encadrer harmonieusement les œuvres du peintre et du sculpteur. C'est à l'architecture qu'il appartient de créer cet édifice; et cette création est tellement grande alors, qu'elle comprend implicitement toutes les autres, qu'elle les inspire et les dirige toutes. Il s'ensuit que l'architecture d'une nation peut atteindre à une très-grande perfection, alors que la peinture et la sculpture de cette nation sont encore dans l'enfance. Ainsi dans l'Inde et l'Égypte antique, ainsi chez les Arabes, au moyen âge. Mais en revanche on peut citer telle époque, où les tableaux et les statues sont des œuvres d'art, tandis que les monuments ne sont plus que des amas de pierres, ne parlent plus à l'imagination des hommes, et ne peuvent plus satisfaire qu'à des besoins matériels. Ce n'est pas que l'architecture, par le développement qu'elle requiert, étouffe ou comprime l'essor des autres arts et les empêche de se produire, ainsi qu'on l'a prétendu. En Grèce, par exemple, tous les arts ont marché parallèlement, et tous sont arrivés en même temps à leur plus haut degré de perfection. Mais c'est que les peintres, les poëtes, les sculpteurs peuvent se révéler et se faire comprendre en tout temps, tandis qu'il faut une ardente croyance pour qu'un architecte puisse manifester la puissance de son art. Les œuvres des premiers se prêtent à des expressions plus diverses et plus spéciales, elles sont plus individuelles; celles du second ne peuvent rendre que des idées ou des sentiments généraux, et appartiennent plus à son époque qu'à lui-même; celles-ci sont en grande partie déterminées par les procédés employés pour les mettre en lumière, celles-là sont complétement indépendantes de ces procédés; en d'autres termes, les unes appartiennent exclusivement à l'art, les autres relèvent à la fois de l'art et de la science. »

Nous compléterons plus loin ce qui se rapporte à la décoration des édifices. La sculpture et la coloration fournissent en effet de grandes ressources pour orner les monuments, à la condition d'être employées convenablement. Nous dirons seulement ici que la grande loi de la décoration, dans l'Architecture, est qu'elle soit en rapport parfait de proportions, d'esprit, avec l'édifice qu'elle doit compléter.

La silhouette, le contour, dit M. Garnier, doit primer les autres qualités du sculpteur dans la décoration sculpturale.

La coloration, la tonalité, la tache doit primer les autres qualités du peintre dans la décoration picturale.

Passons à l'étude des divers styles; nous y trouverons l'application de ces principes, et nous reconnaîtrons l'utilité des divisions que nous avons établies ci-dessus pour l'étude des monuments les plus célèbres, remplissant les conditions de convenance, possédant des harmonies spéciales de proportions que nous avons indiquées comme conditions fondamentales du beau.

Nous ne pouvons nous flatter d'indiquer dans chaque cas les rapports d'où résultent les harmonies des diverses parties des édifices; c'est dans les ouvrages spéciaux d'architecture qu'ils peuvent se trouver définis, et encore est-il bien rare que l'analyse en soit complète. C'est surtout par la vue des édifices, c'est en montrant les éléments eux-mêmes qu'on procède le plus souvent; et c'est ce que nous ferons dans le plus grand nombre de cas possibles.

A plus forte raison, comme nous l'avons déjà dit, nous éviterons de développer, dans des digressions historiques, les considérations relatives à chaque monument; nous ne donnerons pas dans ce travail l'histoire de la nation et de l'époque qui les a vus s'élever, de l'artiste qui leur a consacré son talent. Nous n'avons pas cru devoir nous livrer à cette étude curieuse et importante sans doute, mais qui, par ses grands développements, eût rendu difficiles les comparaisons qui doivent faire l'utilité de ce travail.

STYLE ÉGYPTIEN

Les colossales constructions de l'Égypte ont précédé celles de la Grèce et ont eu sur l'architecture grecque une influence incontestable. Elles ont de plus une relation plus ou moins directe avec celles de l'antique Orient qui remontent aux premiers âges de l'humanité. Nous devons donc les examiner en premier lieu, d'autant plus que la solidité incroyable de ces constructions édifiées à l'aide de blocs de granit, souvent d'un volume énorme, leur a permis de résister à l'œuvre des siècles, suffisamment au moins pour nous permettre d'apprécier les conditions auxquelles se conformaient les architectes.

« L'art égyptien, dit Raoul-Rochette, essentiellement symbolique dans le fond comme dans la forme des images qu'il employa, ne fut jamais figuratif qu'autant qu'il eut besoin de représenter des corps pour exprimer des idées. » Dans l'architecture, comme dans la statuaire, des formules consacrées, des principes conventionnels, faisant partie de la religion même, empêchaient l'essor des architectes, auxquels toute espèce d'innovation était interdite, et qui devaient se borner à l'imitation des chefs-d'œuvre les plus remarquables de leurs prédécesseurs. Chose bien inouïe, dans cette civilisation si ancienne, ce sont les œuvres de l'antiquité la plus reculée qui sont les plus colossales, qui exigeaient pour l'exécution le plus de savoir chez les architectes, des moyens plus puissants d'exécution chez les constructeurs.

Le caractère dominant de l'architecture égyptienne, le moyen qu'elle emploie pour satisfaire le sentiment de l'éternelle immobilité, du gigantesque (que l'on sent si bien dans les pyramides), qu'inspirent naturellement les grandes lignes du désert de l'Égypte, consiste dans le placement horizontal de grosses pièces de granit, d'immenses monolithes, sur des supports verticaux. De là résultèrent la plate-bande et bientôt la colonne, quelquefois voisine de la colonne dorique grecque, souvent couverte d'une décoration qui ne manque pas d'élégance.

Nous donnons ici deux de ces colonnes qui sont fort remarquables par l'ornementation des chapiteaux et même par leurs proportions, bien qu'un peu lourdes peut-être par comparaison avec les colonnes grecques. La colonne étant par essence l'unité du rhythme, c'est en partant de son diamètre comme unité servant à évaluer les autres parties d'un édifice, qu'habituellement on cherche à calculer les proportions, à reconnaître l'harmonie mathématiquement. On peut trouver dans les planches du grand ouvrage de l'expédition d'Égypte les dessins complets des principaux temples, à l'aide

1. Chapiteau égyptien.

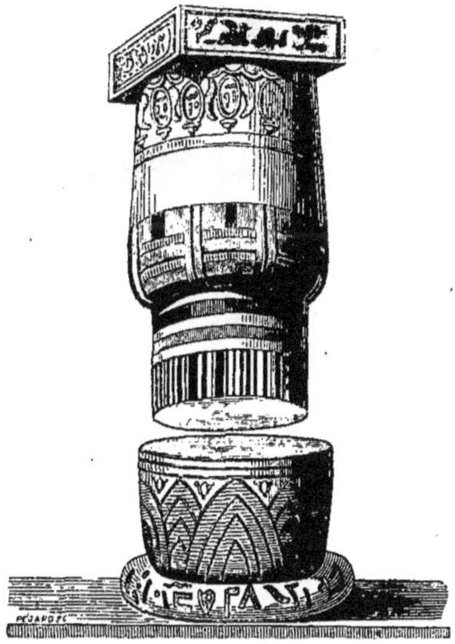

2. Chapiteau égyptien.

desquels pourraient s'obtenir les éléments de semblables rapports. Nous allons voir bientôt, en traitant du style grec, comment ces éléments sont liés entre eux dans les constructions grecques; ce qui explique l'importance attachée habituellement à la colonne dans les études d'architecture[1].

Pour donner idée de l'aspect extérieur des temples[2] (les colonnes ne figurant en général que dans les intérieurs), nous donnons la vue du temple de Karnac, une des

1. En architecture, dit Donaldson, on doit entendre par ordre, non pas tant la colonne et l'entablement qu'elle porte, qu'un principe reconnu de décoration, un arrangement systématique, une certaine proportion caractéristique qui embrasse non-seulement la colonne et l'entablement, mais aussi tous les autres accessoires d'un édifice et tous les moindres détails de chaque partie.

L'architecte anglais se place à un point de vue qui nous semble être le véritable; c'est par suite de la grande part donnée à l'art grec dans l'enseignement de l'architecture, que la colonne qui y tient une grande place, étant devenue le type de l'ordre, s'est même à tort confondue avec lui.

2. Les monuments les plus remarquables qui subsistent encore en partie, dans l'ancienne Égypte, sont: les Pyramides; — le Sphinx gigantesque; — le Temple de Karnac; — le Rhamnesséum, tombeau de la dynastie de Rhamsès; — Ipsamboul, en Nubie, taillé dans le granit; — Medinet-Habou; — le Temple de Philæ (de l'époque des Ptolémées), dont on a vu une reproduction à l'Exposition de 1867, etc.

merveilles de l'Égypte, qui, avec les divers exemples du produit de l'art industriel que

3. Temple de Karnac.

nous rencontrerons plus loin, pourra donner une idée assez nette du style caractéristique de l'art dans cette antique et curieuse civilisation.

STYLE GREC

Les Grecs furent les premiers architectes de l'antiquité. Bien que ne disposant que des ressources des Égyptiens, c'est-à-dire ne sachant construire qu'avec des pierres horizontales placées sur des supports verticaux (en employant toutefois de plus, dans les intérieurs, des pièces de bois qui, par leur longueur, leur ont permis d'obtenir des résultats tout différents), ils couvrirent leur pays de chefs-d'œuvre qui sont restés des types immortels du beau, qui ont conservé la même supériorité que les chefs-d'œuvre de leur sculpture et de leur poésie; et plus tard ce furent des architectes grecs qui construisirent la majeure partie des monuments de Rome.

Ce qui fit la supériorité de l'art grec dans les édifices construits pour un polythéisme qui était la déification de toutes les nobles aspirations, ce fut un sentiment admirable des proportions les plus heureuses des divers éléments de l'architecture, la juste appréciation de l'harmonie des grandes lignes de constructions, qui formaient une base d'une grande élégance pour supporter les sculptures, les bas-reliefs qui venaient les décorer.

La couverture des édifices grecs a une inclinaison modérée, les détails sont fins et nettement accusés, les oppositions nombreuses. Jamais on n'a mieux compris la loi et l'harmonie des contrastes. En un mot, l'élégance d'éléments de dimensions assez restreintes, en rapport avec la grandeur des végétaux de la Grèce, les lentisques et les orangers, une décoration d'un goût et d'une exécution admirable, tels sont les principaux caractères de cette belle architecture.

Nous donnons ici le chef-d'œuvre de l'art grec, le Parthénon[1], ce temple de Minerve,

4. Parthénon.

construit sous Périclès, dont les débris mutilés excitent encore l'enthousiasme des voyageurs. C'est le plus beau type qui puisse être offert de l'architecture qui nous rappelle la plus brillante civilisation, ce siècle de Périclès, de Socrate, de Phidias, d'Alcibiade, etc., qui, à la fois, dans l'art et l'industrie, l'éloquence, la philosophie, a pu être égalé, mais jamais surpassé.

Les colonnes de ce temple appartiennent à l'ordre dorique, qui a un caractère spécial de noblesse et de sévérité. Ces colonnes sont dépourvues de base, leur fût est orné de cannelures larges et peu profondes, le chapiteau est composé d'une grande moulure en forme de coupe, reposant sur deux ou trois petits filets, et surmontée d'un tailloir en

1. Les monuments les plus précieux des beaux temps de la Grèce dont il nous soit parvenu des débris un peu considérables, sont : le Parthénon, dont Ictinus et Callicrates furent les architectes ; les Propylées ; — le Monument choragique ; — le Temple d'Égine.

Le Temple de Pæstum dans la grande Grèce, dont les ruines sont si belles, est tout à fait d'architecture grecque.

forme de table carrée. Les triglyphes, ornements cannelés simulant des extrémités de solives, que l'on voit dans la frise de l'entablement, appartiennent exclusivement à cet ordre. Nous donnons ici le détail de la colonne et de l'entablement de l'ordre dorique, sur une échelle assez grande, pour en faire bien apprécier les détails.

L'importance des proportions de la colonne, des dimensions de ses diverses parties calculées en fractions de son diamètre, calcul à l'aide duquel on a cherché à surprendre la science des architectes grecs, en déterminant par le même procédé toutes les parties avoisinantes, et par suite de proche en proche, presque toutes les proportions des édifices, a fait donner le nom d'ordre aux colonnes. Nous donnons ci-dessous un exemple

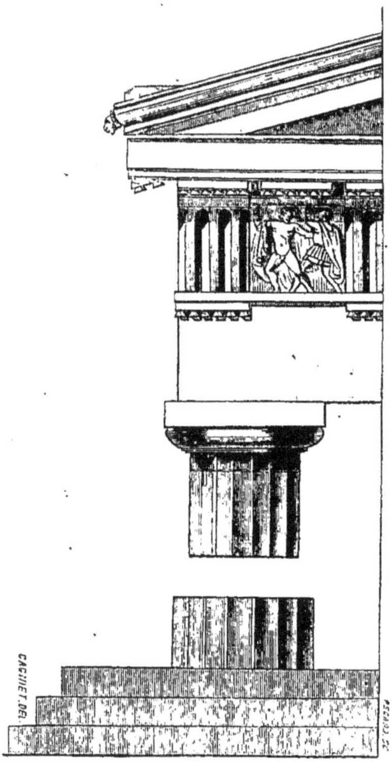

5. Colonne dorique.

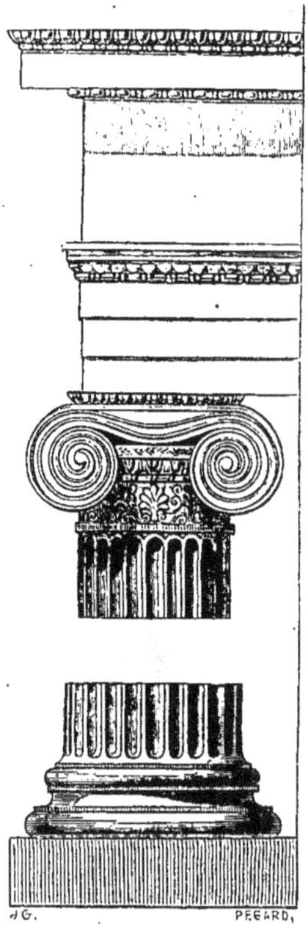

6. Colonne ionique.

de ce mode de détermination. Mais nous pensons qu'il vaut mieux s'en tenir à la définition de l'ordre que nous avons donnée plus haut; c'est la seule applicable à tous les cas. Quoi qu'il en soit, il importe de parler ici des deux autres genres de colonnes des temples grecs, des deux autres ordres qui ont été si souvent imités.

L'un est l'ordre ionique, différent du dorique par ses proportions plus légères, par des détails plus fins, par l'emploi des bases, par la forme de son chapiteau, qui est beaucoup plus allongé et orné à ses angles de grandes volutes; dans la frise de cet ordre commencent à paraître les sujets continus qu'on ne rencontre que par exception dans l'ordre précédent.

Enfin le corinthien, dû, dit-on, à Callimaque, forme le troisième ordre. La colonne s'allonge davantage, le chapiteau est plus élévé que dans l'ordre ionique et s'épanouit en forme de corbeille; la végétation la plus riche et la plus légère vient se mêler aux formes de ce dernier pour les décorer par des courbes gracieuses. Le tailloir du chapiteau cesse d'être carré pour prendre une forme curviligne, la frise est ordinairement ornée de feuillages enroulés et les ornements se multiplient[1].

Pour faire apprécier comment les Grecs savaient employer à propos cette colonne,

7. Colonne corinthienne.

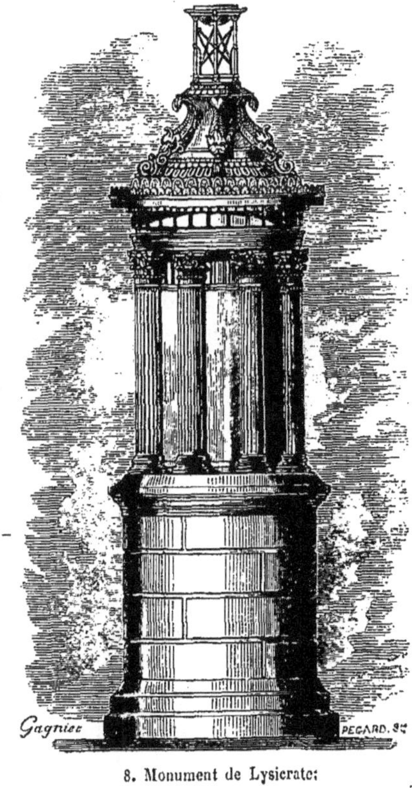

8. Monument de Lysicrate.

nous reproduisons ici le monument choragique (du chef des chœurs) de Lysicrate que l'on voit encore à Athènes, et dont l'élégance et la légèreté sont vraiment admirables.

1. Une jeune fille de Corinthe, dit Vitruve, étant morte au moment où elle allait se marier, sa nourrice recueillit dans une corbeille plusieurs petits objets auxquels elle avait été attachée pendant sa vie. Pour les mettre à l'abri des injures du temps et les conserver, cette femme couvrit la corbeille d'une tuile et la posa ainsi sur le tombeau. Dans ce lieu se trouvait, par hasard, la racine d'une plante d'Acanthe; au printemps, elle poussa des feuilles et des tiges qui entourèrent la corbeille. La rencontre des coins de la tuile força leurs extrémités à se recourber, ce qui forma le commencement des volutes. Le sculpteur Callimaque, passant près de ce tombeau, vit le panier, et remarqua la grâce avec laquelle ces fleurs naissantes le couronnaient. Cette forme nouvelle lui plut; il l'imita dans les colonnes qu'il fit par la suite à Corinthe, et il établit, d'après ce modèle, les proportions et les règles de l'ordre corinthien.

Sa hauteur est de deux diamètres, prise sous la cymaise de la corniche; la hauteur de la base est de trois demi-diamètres.

Il nous resterait à donner les nombres qui fixent les rapports de la hauteur et du diamètre des colonnes des divers ordres. Bien que reproduits imperturbablement dans tous les traités d'architecture, les rapports donnés par Vignole entre le diamètre de la base et les diverses parties de la colonne sont contestés aujourd'hui, comme ayant été obtenus en arrondissant les chiffres. Ziégler, après Vignole, pense avoir trouvé dans le diamètre moyen (moyenne entre le diamètre du haut et celui du bas de la colonne, toujours de forme plus ou moins conique) la véritable unité. Ainsi, sur une colonne dorique, il a trouvé, en divisant en douze parties ce diamètre moyen :

Diamètre supérieur, 10. — Diamètre moyen, 12. — Diamètre inférieur, 14 — Et pour les autres dimensions qui s'en déduisent : Hauteur du fronton, 28 douzièmes. — Entre-colonnes, 16 douzièmes. — Frise, 12 douzièmes. — Architrave, 8 douzièmes. — Larmier, 3 douzièmes. — Cymaise, 3 douzièmes. — Chapiteau, 6 douzièmes.

Nous ne parlerons pas ici des imitations si nombreuses du style grec qui ont été tentées dans les temps modernes et dans divers pays. Nous dirons seulement qu'en général, le plus grand défaut de ces imitations est d'avoir exagéré les proportions des monuments, de telle sorte que les effets se sont trouvés tout différents, et que, par exemple, l'église de la Madeleine, à Paris, peut être à peu près semblable au Parthénon, mais tellement grossi qu'il est devenu méconnaissable.

Nous compléterons, à ce propos, nos observations sur la question de l'imitation des styles qui n'est pas toujours à repousser comme on le pourrait conclure de ce que nous avons dit précédemment.

L'époque à laquelle chaque monument d'un style déterminé a été construit permet, en général, de déterminer facilement les idées qu'il était destiné à traduire, et, par suite, les circonstances où les études de ce style peuvent trouver une application convenable. Lors donc qu'une œuvre est à réaliser sous l'inspiration d'idées qui ont eu toute leur glorification à des époques antérieures à la nôtre, l'imitation bien comprise peut devenir parfaitement convenable; c'est ainsi, pour prendre le premier exemple qui se présente à notre esprit, qu'en orfévrerie il serait absurde de faire un reliquaire autrement qu'en style gothique, rappelant ceux qui, pendant tout le moyen âge, pendant la plus grande splendeur du catholicisme, ont orné les cathédrales.

Pour le style grec, outre que fondé sur les principes géométriques de la construction, il forme naturellement une grande partie de la plupart des styles des époques postérieures, on pourrait de même trouver des exemples où sa reproduction absolue serait convenable pour un monument destiné à rappeler l'élégance, le goût des arts de la Grèce. Nous citerons comme excellente application la Glyptothèque de Munich, charmant monument grec destiné à contenir les chefs-d'œuvre de la statuaire, et où se trouve l'admirable bas-relief qui décorait le fronton du temple d'Égine.

STYLE ROMAIN

Rome reçut des Étrusques, qui étaient eux-mêmes, tout porte à le croire, une colonie grecque, les premiers principes de l'art; toutefois la voûte qui apparaît dans les édifices est l'élément d'un art arrivé, sans secours étranger, à un assez haut degré de perfection. La voûte, en permettant d'espacer les points d'appui et d'employer de petits matériaux, a été un très-grand perfectionnement technique qui a été apporté à l'art des constructions, et c'est dans l'architecture romaine qu'elle fut employée pour la première fois pour de grands édifices.

Dès le temps de Sylla, les Romains commencèrent à imiter les Grecs, à se parer des

9. Maison Carrée de Nîmes.

dépouilles de la Grèce; ce fut aux architectes grecs que Rome eut recours pour élever des monuments qui eurent, par-dessus tout, le cachet de cette origine. Toutefois, il faut observer que les constructions tendirent à grandir; les monuments perdirent un peu de la finesse et de l'élégance de ceux de la Grèce qui les avaient inspirés, comme les traditions de ce pays avaient complété, embelli la religion des Romains; mais, comme dans la plupart des emprunts faits par le peuple conquérant, les édifices, en prenant de plus grandes proportions, eurent chez les Romains un caractère plus grandiose.

Nous donnons ici le dessin d'un monument romain vraiment éclairé d'un reflet de l'art grec, la Maison Carrée de Nîmes, un des édifices les plus élégants construits par les Romains dans les Gaules, et qui, par ses dimensions, rappelle tout à fait un temple de la Grèce. Les détails des ornements du chapiteau et de la frise sont bien peu différents du corinthien-grec. Nous les représentons dans la figure ci-jointe, qui montre ces

10. Colonne et chapiteau de la Maison Carrée.

différences et aussi la fermeté, la pureté de la sculpture décorative de ce charmant reste de l'antiquité.

Nous ne dirons rien de l'ordre composite attribué aux Romains, qui n'était qu'une modification du corinthien, ni du toscan, si lourd et si écrasé. Au point de vue de la décoration, l'art romain ne se sépare guère de l'art grec que par l'emploi fréquent de feuillages enroulés.

Les moyens de construction des Romains ne furent pas limités à ceux que possédaient les Grecs : comme nous l'avons déjà dit, les Étrusques leurs fournirent un nouvel élément, la voûte, qui leur permit d'exécuter des travaux admirables au point de vue de l'ingénieur, des ponts complétant ces admirables voies romaines qui étaient leur grand moyen de domination du monde entier, des aqueducs pour amener de l'eau dans les villes. Au point de vue de l'aspect des constructions, ce nouvel élément fournit des effets très-heureux, surtout au point de vue de la grandeur, effets qui se retrouvent dans la plupart des édifices postérieurs où l'on a utilisé ce progrès de la science. On trouve à Rome plusieurs monuments qui empruntent à cet élément un caractère tout particulier. Nous citerons le Colisée, immense amphithéâtre pouvant contenir

11. Colisée.

cent mille spectateurs; les piliers des arcades y sont accompagnés de colonnes des trois ordres grecs, employés en raison de la hauteur de chaque partie de l'édifice. Ce genre de décoration rappelle bien l'empire romain, c'est-à-dire une époque de richesse où l'on savait réunir les moyens d'ornementation déjà trouvés, mais où l'esprit créateur faisait défaut.

Les admirables débris qui subsistent encore de nos jours de grandes constructions des Romains[1] montrent les progrès qu'ils avaient faits dans la découverte de ciments d'une admirable solidité, et qui leur permettaient de réussir dans des travaux dont la grandeur excite une juste admiration. Le plus extraordinaire sans contredit, sous ce rapport, est le Panthéon d'Agrippa, recouvert d'une coupole qui, grâce à l'excellence de ces matériaux, ne forme qu'un seul bloc qui a résisté aux ravages du temps. Bien probablement cette coupole, dernier degré de la science de la construction des voûtes, a été le modèle

1. Les monuments remarquables qui nous restent des Romains sont nombreux. Outre les exemples ci-dessus, nous citerons :

La Cloaca Maxima, ou grand égout formé de trois étages de voûtes et construit par Tarquin l'Ancien; — le Panthéon d'Agrippa; — la Colonne Trajane; — le Colisée; — le Tombeau d'Adrien, aujourd'hui château Saint-Ange; — les arcs de Constantin, de Titus, de Sévère.

En France. — A Nîmes : Maison-Carrée; — Arènes; — Pont du Gard. — Les arcs de Triomphe d'Orange, Arles, Nîmes, etc.

originel des dômes qui, comme nous allons le voir, ont joué un grand rôle dans les belles constructions inspirées par le catholicisme, lorsque les architectes voulurent ne pas s'éloigner de la tradition classique.

12. Arc de Triomphe de Constantin.

L'arc de triomphe de Constantin, un des mieux conservés, nous montrera encore une des heureuses applications des constructions voûtées à des monuments d'une grande élégance.

STYLE BYZANTIN, ROMAN

L'altération du style romain, lorsqu'il fallut construire les églises que réclamait le culte chrétien, satisfaire à ses tendances mystiques, conduisit à deux styles d'architecture, par l'effet de deux influences réagissant l'une sur l'autre, celle de l'empire d'Orient, celle des nations du Nord.

L'abandon presque absolu de l'architrave, l'emploi constant de l'arc reposant sur des colonnes, celui du dôme placé au centre des édifices religieux, sont, avec la profusion de la dorure, de la mosaïque, des peintures sur fond d'or, les caractères distinctifs du style byzantin, où se rencontrent bien des éléments orientaux que l'on retrouve dans le style arabe. C'est au style byzantin oriental que se rattachent les monuments qui donnent à Venise un cachet si extraordinaire de richesse et de splendeur.

« L'arcade, dit Vaudoyer, qui était devenue l'élément dominant de l'architecture romaine, était cependant restée assujettie aux proportions des ordres grecs, dont l'entablement lui servait d'accompagnement obligé, et de ce mélange d'ornements si divers était né le style mixte, qui caractérise l'architecture gréco-romaine. Or les chrétiens en dégageant l'arcade, en abandonnant l'emploi des ordres antiques et en faisant de la colonne le support réel de l'arc, ont posé les bases d'un nouveau style, qui conduisit à l'emploi exclusif des arcs et des voûtes dans les monuments chrétiens. C'est l'église de Sainte-Sophie, à Constantinople, bâtie par Justinien, au milieu du sixième siècle, qui

13. Sainte-Sophie.

nous offre le plus ancien exemple de ce système de construction en arcs et en voûtes, dans une église de grande proportion. »

Le tympan de Sainte-Sophie, représenté figure 13, peut donner une idée du genre de colonnes et de la riche décoration de ce monument, qui est sans contredit le chef-d'œuvre du style byzantin.

L'élément asiatique qui s'introduisit complétement dans les constructions de Byzance tendait déjà à se faire place sous l'empire romain. « Ce n'est pas d'aujourd'hui, disait Quintilien, qu'existe la distinction entre le style « asiatique » et le style « attique : » celui-ci serré, pur et sain, celui-là enflé et vide; l'un n'admettant rien de superflu, l'autre manquant surtout de goût et de mesure. »

A l'Occident, ce fut dans le style latin adopté par l'Église latine, et qui ne consistait guère qu'en une application imparfaite de la tradition romaine, que vers le dixième siècle, et sous l'influence de l'admiration des raffinements de l'empire d'Orient, les nations occidentales tendirent à manifester quelque peu leur individualité par l'architecture. Elles y réussirent, autant que le permit l'Église, par la constitution du style roman, qui a toujours conservé l'arc en plein cintre et a produit plusieurs édifices remarquables, qui se sont en général bien conservés, grâce en grande partie à l'excès de solidité des murs et au diamètre généralement exagéré des colonnes.

14. Colonne romane.

15. Chapiteaux romans. 16.

Ces colonnes, en général massives, reçurent des ornements variés, en zigzag, en forme de câbles, de torsades, de pointes de diamant, d'étoiles, et prirent un caractère spécial par la variété des combinaisons géométriques, la répétition multiple des petits ornements. Des animaux, des feuillages vinrent quelquefois figurer dans les chapiteaux. Les figures de celles que nous reproduisons ici donneront une idée de leur décoration.

Comme type du genre roman, dans son alliance avec la tradition, c'est-à-dire à bien

17. Façade de Saint-Trophime.

peu près byzantin, nous avons représenté une construction du midi de la France, où

18. Intérieur du cloître de Saint-Trophime.

les traditions de l'art gréco-romain ont toujours subsisté : le cloître de Saint-Trophime, d'Arles, dont la première figure représente la porte, et la seconde la cour intérieure.

Comme s'éloignant bien davantage de la tradition gréco-romaine, nous donnerons la façade de Notre-Dame de Poitiers, célèbre à bien juste titre. C'est assurément le monu-

19. Notre-Dame de Poitiers.

ment de notre pays qui convient le mieux à tous égards comme modèle, car il comprend tous les éléments de décoration des façades romanes du douzième siècle : une porte en plein cintre reposant sur de fortes colonnes, une rosace centrale avec des meneaux figurant les raies d'une roue; des arcatures formées par la rencontre de deux arcades non percées; une façade décorée de petites arcades en plein cintre ornées de statues de saints.

Les travaux du style roman furent soumis aux autorités et aux traditions de l'Église, et, par suite, s'ils s'exécutèrent d'une manière d'abord très-remarquable pour l'époque, ils progressèrent lentement; les artistes ne purent donner aucun essor à leur génie. L'intervention de l'Église se fit jour, par l'action des couvents et de la franc-maçonnerie, qui, partant de la Lombardie et de Rome, devait naturellement faire construire des édifices qui se rattachaient à la tradition romaine, dont le style était le style romain altéré.

L'art chrétien, combiné avec les tendances des races germaniques, se fit cependant place dans ce style, surtout en cherchant à intéresser le sens moral bien plus qu'à flatter le sens physique. La grandeur, l'élévation qu'on donna aux églises pour diriger les idées vers le Ciel (tendance que l'état de la science des constructions ne permettait pas de contenter à l'époque des constructions romanes, et qui a engendré le gothique ogival dont nous parlons ci-après), la reproduction des légendes des propagateurs de la foi, les images de pieux solitaires exténués par le jeûne et les macérations, couronnés de saintes auréoles; tels sont les points de départ, les éléments traduits par les architectes à cette époque. Le symbolisme s'introduisit de toutes parts dans la décoration et y occupa une place considérable. Dans l'ornementation de ce style, il faut tenir compte de la peinture qui couvrait les voûtes, des mosaïques, des vitraux de couleur prescrits par Charlemagne pour les églises de son vaste empire.

D'après ce qui précède, on voit que, sous le nom de byzantin roman, nous comprenons plusieurs styles voisins qui ont inspiré les architectes pendant plusieurs siècles :

1° Le byzantin[1];

2° Le latin, très-voisin du style romain de la fin de l'Empire;

3° Le roman[2];

4° Le roman de transition, qui tend au style ogival.

STYLE GOTHIQUE OGIVAL

Le style ogival fut définitivement constitué sous saint Louis, à cette époque de splendeur de l'Église catholique; dès lors toute tradition de l'antiquité fut oubliée, et un nouveau style d'architecture fut créé, qui se caractérisa par l'abandon du plein cintre et l'adoption de l'ogive comme élément essentiel; ogive qui, comme les flèches nombreuses dont on orna les parties supérieures des édifices, paraît provenir de l'Orient, du Sarrasin.

L'aspiration vers le grandiose, le désir de donner aux monuments une élévation extraordinaire, aux voûtes une hauteur qui excitât l'étonnement, l'admiration universelle, élévation où quelques personnes veulent retrouver un sentiment inspiré par les grandes forêts du Nord; le soin de munir les clochers élevés de ces flèches élancées qui se perdent dans la nue; de faire contraster leur élévation avec la légèreté des découpures qui les décorent : tel est l'esprit dominant du gothique. Nos belles cathédrales sont comme des symboles complets de la religion, le résumé des croyances, de la foi vive, des aspirations mystiques de l'époque, c'est le temple du fidèle qui, aspirant à la vie future, se trouve exilé ici-bas; l'aspiration du croyant aux splendeurs du ciel. On sacrifia tout au désir de produire une profonde impression religieuse en rapport avec les idées régnantes, même les conditions architecturales; et on reproche avec raison, à ce point de vue, aux églises gothiques les nombreux contre-forts nécessaires à leur solidité.

1. Nous citerons comme types du byzantin : Sainte-Sophie, construite à Constantinople sous Justinien ; Isidore et Anthemius, architectes. On y employa le dôme, pour la première fois, dans les grandes églises ; — Saint-Marc, à Venise, et sa place.

2. Parmi les principaux monuments romans, nous citerons : Notre-Dame-du-Puy ; — Saint-Germain-des-Prés ; — Saint-Zeno, à Vérone ; — Notre-Dame de Poitiers ; — Saint-Loup, à Bayeux ; — Saint-Front, à Périgueux ; — Jumiéges, près Rouen ; — Notre-Dame-du-Port, à Clermont ; — Saint-Menoux, près Moulins ; — le Dôme d'Aix-la-Chapelle ; — Saint-Gédéon, à Cologne, etc.

Le style ogival prêtait beaucoup à la réalisation des plans les plus audacieux des architectes laïques qui se substituèrent peu à peu aux moines, et à la traduction de l'influence des nations occidentales, vivant d'une vie propre, qui n'était plus la barbarie

20. Notre-Dame de Paris.

de l'époque précédente, et qui n'attendaient plus de Rome l'inspiration en fait de goût. Aussi bientôt ce style devint national : il est français, anglais, teutonique; et surtout dans sa dernière période, lorsqu'il s'achemine vers la Renaissance, il cesse d'être exotique et sacerdotal, comme l'avait été celui de l'Égypte; de sortir des règles et du dogme, non du sol et des mœurs; d'être enfin assujetti aux canons de l'Église.

Les ornements naturels à nos pays, propres à symboliser la foi religieuse du moyen âge, furent variés à l'infini par de véritables inventeurs qui ne copiaient pas, et dont l'œuvre est originale si elle n'est toujours d'un goût parfait. La peinture, la dorure étaient prodiguées à l'intérieur; les voûtes étaient couvertes d'azur parsemé d'étoiles d'or et d'argent. Les feuilles de la vigne vierge, du lierre, la rose, la pomme de pin se rencontrent souvent dans la sculpture décorative; comme aussi la croix, l'auréole, le serpent, le trèfle représentant la Trinité; le trèfle à quatre feuilles figurant les quatre Évangélistes, aussi rappelés par l'ange, le lion, le bœuf, l'aigle; la vigne enfin, qui rappelle le vin de l'Eucharistie.

21. Cathédrale de Chartres.

Un caractère de l'architecture ogivale qu'il importe de noter, c'est que les voûtes à nervures des églises reposaient, comme des voûtes d'arête, sur des piliers très-élevés qu'il fallut soutenir par des contre-forts extérieurs. Ce système de construction se prêta fort heureusement à l'emploi d'un admirable élément de décoration qui fut fourni à l'église gothique par la peinture sur verre : les fenêtres, auxquelles ce mode de construction permit de donner de très-grandes dimensions, et qui, comme les roses de la façade, furent garnies de vitraux de couleur tamisant la lumière et lui donnant un éclat admirable. Rien de semblable n'avait été obtenu dans les styles antérieurs, sauf dans le style roman, où ce genre de décoration ne pouvait avoir le même éclat par suite des dimensions bien moindres des fenêtres; on n'avait pas pensé plus tôt à combiner les effets vraiment magiques de mosaïques transparentes, que l'industrie n'était pas au reste en mesure de fabriquer avant cette époque.

Le soin pris de dissimuler les grands diamètres des colonnes, de leur donner de la légèreté en leur donnant la forme de piliers fasciculés, est le dernier terme du désir du gothique d'élever les esprits vers le ciel par l'audace des lignes verticales non interrompues, rejoignant des voûtes d'une grande élévation.

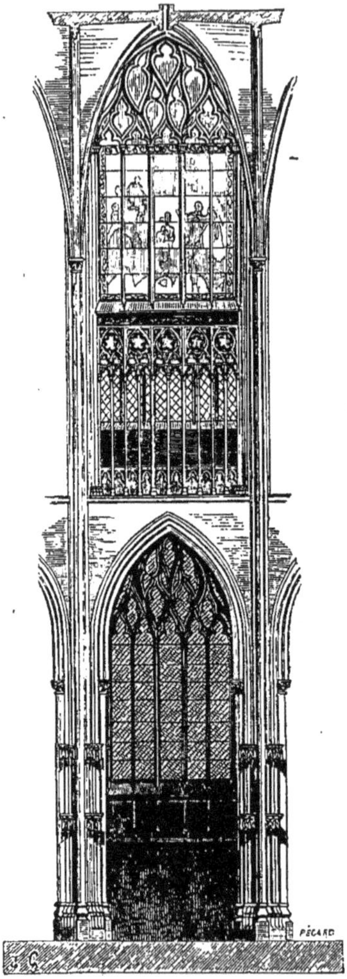

22. Travée de Saint-Ouen.

Nous donnons comme type du style ogival la façade de Notre-Dame de Paris, un des plus admirables monuments du moyen âge. Nous ne chercherons pas ici à en faire valoir toutes les harmonies; nous renverrons aux pages de Victor Hugo. Là, au milieu des exagérations du romancier, se révèlent les sentiments qu'éveillaient dans les âmes de nos pères ces édifices merveilleux sous tous les rapports. Ils y trouvaient leurs aspirations traduites par des œuvres bien peu nombreuses, avant que la découverte de l'imprimerie permît de le faire plus facilement, tant par la majesté de l'ensemble que par la richesse des détails, la multiplicité des bas-reliefs où venaient se retracer toutes les légendes qui constituaient leur foi, mélange de naïveté et d'aspirations mystiques.

Comme modèle des décorations souvent placées en avant des portes, nous donnons ici l'élégant portail latéral de la cathédrale de Chartres, ajouté au monument après sa construction, et qui est un exemple curieux de l'emploi de la sculpture décorative. Enfin, comme type de la dernière période du gothique, à l'époque où la Renaissance se faisait sentir, nous représentons (fig. 22) une travée de Saint-Ouen de Rouen qui réalise la tendance à allonger les lignes verticales.

L'arc ogival, élément caractéristique de cette architecture, a eu plusieurs formes; l'une des plus employées fut l'ogive équilatérale, qui a ses centres placés à ses deux extrémités inférieures, de façon que les arcs forment un triangle équilatéral par leur intersection. Les Anglais, qui ont gardé le mieux la tradition du style gothique, tout à fait national chez eux, ont employé, depuis le quinzième siècle, l'arc Tudor, ou gothique surbaissé, dans lequel les arcs deviennent presque horizontaux, et dont le point d'intersection est à peine apparent; il se rapproche beaucoup de l'anse de panier de la Renaissance.

En Angleterre, au reste, la Renaissance n'a pas cessé d'être gothique, et a constitué ce que les Anglais appellent le style Élisabeth.

23. Arc Tudor.

C'est à l'Allemagne ancienne que M. Th. Hope (HISTOIRE DE L'ARCHITECTURE) attribue l'invention du style ogival. Ce qui est certain, c'est qu'elle l'adopta avec une ardeur toute particulière qu'explique assez bien l'absence des traditions romaines dans ce pays comparé à l'Italie, au midi de la France, etc. L'Allemagne, dès le moment où le style ogival apparut dans l'architecture, l'employa également dans les autres productions des beaux-arts, dans la sculpture, la ciselure, la peinture, l'écriture même; elle prodigua partout de longues lignes perpendiculaires, des angles aigus, des ornements de toutes sortes analogues à ceux des édifices gothiques; ce qui montre amplement que ce style n'était pas une mode importée de l'étranger, mais que dans tous les arts il procédait de la même source, c'est-à-dire du goût national des artistes allemands.

On voit, par ce qui précède, comment on peut établir plusieurs subdivisions dans le style ogival[1], et distinguer :

1° Le style ogival primaire ou à lancettes, voisin du roman : douzième et treizième siècles;

2° Le style ogival secondaire, ou rayonnant, ainsi nommé de la forme rayonnante des roses, des quatre-feuilles qui ornent les fenêtres : ce style règne aux treizième et quatorzième siècles.

Enfin 3° le gothique tertiaire ou flamboyant, aux quatorzième et quinzième siècles, employant des décorations en forme de flammes ou de langues, variant à l'infini des

1. Les plus célèbres constructions du style gothique ogival sont:

En France : La Sainte-Chapelle, par Pierre de Montereau, sous saint Louis; — Notre-Dame de Paris (XIIe et XIIIe siècles); — les cathédrales de Reims, Bourges, Évreux, Laon, Amiens, Noyon, Strasbourg, (par Jehan de Steinbach), Soissons (XIIIe et XIVe siècles); — Saint-Ouen, Saint-Maclou, les églises de Tours, Brest (XIVe et XVe siècles).

En Allemagne : la cathédrale de Cologne.

En Angleterre : Westminster, la cathédrale de Salisbury.

ornements qui, par leur perfection, annoncent la Renaissance, et qui a produit des œuvres charmantes qui peuvent être classées également dans ces styles voisins, tel est par exemple l'hôtel Bourgtheroulde (que nous donnons plus loin).

STYLE RENAISSANCE

L'Italie, couverte des monuments de l'antiquité, n'avait jamais voulu adopter le style ogival. Elle donna le signal du retour aux traditions de l'antiquité, lorsque la richesse des nations modernes rendit possible un état nouveau de la société, lorsque la découverte de l'imprimerie vint rendre irrésistible l'impulsion due aux idées nouvelles.

24. Saint-Pierre de Rome.

Bien que le retour au classique, à l'antiquité, fût le drapeau des artistes qui se sont immortalisés à cette belle époque de la Renaissance, leur génie propre, consacré à la splendeur du culte catholique qui adoptait tous les arts pour atteindre le maximum d'éclat, vint donner à leurs œuvres un caractère nouveau correspondant aux éléments des temps modernes, et surtout aux idées chrétiennes, si différentes des idées païennes. C'est dans la peinture que l'on peut surtout le reconnaître, et Raphaël doit être cité comme le type immortel de cette alliance de l'art chrétien avec l'art grec. Pour ne pas sortir de notre sujet, de l'architecture, nous dirons qu'elle brilla par le sentiment de la pureté des lignes et des proportions; on vit reparaître, en quelque sorte, les lignes horizontales; les arcs surbaissés presque rectilignes, reposant sur des colonnes, remplacèrent les voûtes ogivales de forme aiguë.

Pour passer en revue les principaux types de construction de la Renaissance, les œuvres des architectes devenus des artistes libres et indépendants et non plus les ouvriers du clergé, nous devons d'abord citer des églises. La plus colossale de toutes est Saint-Pierre, formée de la coupole du Panthéon d'Agrippa « suspendue dans les airs, » grande conception du génie universel de Michel-Ange, qui sut imprimer à cette œuvre le sentiment de la domination universelle de la papauté en employant les éléments fournis surtout par la tradition romaine classique, mais agrandis dans des proportions jusque-là inconnues. Nous donnons ici la vue de l'extérieur de ce temple, digne d'être le premier temple du monde chrétien, par son immensité et la splendeur de ses décorations, malheureusement exagérées au dix-septième siècle par le Bernin qui y fit des additions qui ne sont pas toutes heureuses.

25. Façade du château de Gaillon.

Toutefois, sauf dans le cas qui précède et dans un petit nombre d'autres, ce n'est pas par l'immensité des édifices, c'est plutôt par la modération de la grandeur de l'élément architectural que la Renaissance se distingue, revenant ainsi plutôt à l'art grec qu'à l'art romain, avec un admirable sentiment du caractère élégant du premier.

Ce qui y a beaucoup contribué, c'est que l'architecture de la Renaissance ne fut plus seulement religieuse comme celle du moyen âge; elle fut pour le moins autant laïque. Les châteaux, les belles maisons se multipliant avec l'accroissement des richesses, réclamèrent tous les ornements de l'architecture et de la statuaire, et fournirent un vaste champ aux œuvres qu'engendrait l'imagination d'une multitude d'artistes créateurs.

On ne saurait trop remarquer, dans les créations de l'architecture de la Renaissance, avec quelle confiance les artistes se livraient à leur imagination, pour combiner les détails de l'architecture sans se traîner dans des voies déjà tracées; avec quel sentiment net des proportions les plus harmonieuses, avec quelle fécondité, quelle grâce, à l'aide

26. Hôtel Bourgtheroulde, à Rouen.

de quel large emploi de la sculpture décorative ils savaient remplir les conditions d'élégance qui caractérisent les créations de cette époque, où les arts ont joué un si grand rôle. Nous allons en donner quelques exemples célèbres.

Le château de Gaillon, construit par le cardinal d'Amboise, et dont nous reproduisons l'élégante façade, telle qu'on la voit aujourd'hui dans la cour du palais des Beaux-Arts, conserve encore quelques traces du gothique; mais on y trouve une élégance, une pureté de lignes qui rappelle heureusement l'art grec. Les colonnes, de peu de hauteur, comme dans la plupart des constructions de la Renaissance, se trouvent de dimensions convenables pour l'encadrement des fenêtres, des portes formées d'arcs surbaissés, et ne paraissent jamais des hors-d'œuvre.

A côté de cette élégante construction, due surtout au goût italien, nous citerons l'hôtel Bourgtheroulde, de Rouen, qui nous fournit un exemple de charmante habitation privée, et montre combien les architectes de cette époque savaient, comme ils l'ont fait dans cette construction moitié gothique, moitié renaissance, modifier le gothique pour en conserver des parties élégantes, les aigrettes, les dentelles de pierre, etc., et les mélanger avec les arcs surbaissés et les bas-reliefs multipliés du nouveau style.

Enfin, nous terminerons par le chef-d'œuvre des constructions de la Renaissance en France, le Louvre, élevé par Pierre Lescot, architecte français. On ne saurait trop

27. Cour du Louvre.

admirer les heureuses dispositions de cette construction, la symétrie des avant-corps, l'élégance des colonnes, la richesse, l'habile profusion des décorations sculptées. Dans ce monument, dit M. Vaudoyer, aucune influence étrangère ne se fait sentir; c'est une production vraiment nationale qui l'emporte de beaucoup sur ce qui l'a précédée, et qui n'a pas été surpassée depuis[1].

1. Parmi les chefs-d'œuvre de la Renaissance nous citerons:

En Italie : Saint-Pierre à Rome, la Basilique de Vicence, San Pietro in Montorio ; — à Florence : la Cathédrale, le palais Pitti, le palais Médicis ; — à Pise : le Campo-Santo.

L'époque de Henri IV et celle du commencement du règne de Louis XIII ont produit quelques jolies constructions d'un genre particulier, dans lesquelles la brique rouge alterne avec la pierre de taille et qui se signalent par l'élévation de leurs toits pointus. Le livre L'ARCHITECTURE par le maître strasbourgeois Ditterlin, publié à Nuremberg, en 1598, est le résumé de tout ce qui a été produit en ce genre, dans les divers arts.

STYLES LOUIS XIV ET LOUIS XV

Sous le règne de Louis XIV, on chercha en tout le grandiose. Pour l'architecture, tout en reprenant les traditions de l'antiquité romaine, lors d'un retour à la puissante administration de l'époque des Césars, on accrut les dimensions des édifices sans rien garder des souvenirs de la Renaissance, dont les œuvres n'étaient plus jugées assez imposantes. Les détails de ce style sont robustes, les moulures lourdes, mais fermes et accentuées.

Si la plupart des édifices construits alors peuvent être considérés comme des imitations de l'art romain auquel ils se rattachent plus directement qu'à l'art grec, quelques-uns cependant, franchement inspirés par les idées de l'époque et dus à des artistes distingués, ont un caractère de grandeur, de largeur, qui leur est tout à fait

28. Colonnade du Louvre.

propre, et sont restés à une belle place dans l'opinion publique. Nous citerons dans le nombre, et au premier rang, la colonnade du Louvre, œuvre de Perrault.

En France, appartiennent à la Renaissance : Fontainebleau, la maison de Moret, le palais du cardinal d'Amboise, le Louvre, le château d'Anet, les Tuileries.

Les plus grands architectes de cette époque furent : Brunelleschi, Michel-Ange Buonarotti, le Bramante, Raphaël, Palladio, Pierre Lescot, Philibert Delorme.

Ce monument, dans lequel on doit remarquer un premier emploi de colonnes accolées, excita l'admiration des contemporains, et causa un enthousiasme dû surtout au mérite de la nouveauté de cette disposition.

L'amour du grandiose, appliqué mal à propos aux édifices privés, donna dans ce cas des résultats mauvais ; des pilastres ou des colonnes gigantesques encadrant plusieurs étages dans leurs lignes monotones donnent l'idée d'un édifice trop grand pour notre usage, qu'il faut gâter en quelque sorte pour y loger de simples humains. Comme exemple de construction à laquelle s'applique cette observation, et comme type des constructions du règne de Louis XIV, nous citerons le château de Versailles, construit sur les plans de Mansard. Dans cet édifice, un rez-de-chaussée sévère avec arcades supporte des colonnes de la hauteur de deux étages que surmonte un architrave.

Nous ne parlons ici que des monuments du siècle de Louis XIV qui se distinguent

29. Porte Saint-Denis.

d'une imitation de l'antiquité ou des constructions élevées en Italie. Nous donnerons maintenant, comme interprétation du style romain dans le goût de l'époque, la porte

Saint-Denis (construite par Blondel), inspirée par l'arc de triomphe romain, mais singulièrement agrandi, et qui possède un caractère propre de grandeur.

On peut dire de l'époque du règne de Louis XV qu'elle n'a eu qu'une médiocre importance pour l'architecture proprement dite, malgré quelques belles œuvres, telles que les bâtiments de la place Louis XV, construits par Gabriel, qui sont une imitation excellente de Perrault.

Le goût italien des Bernin, des Borromini, qui commença à réussir sous la vieillesse de Louis XIV, vint exagérer la multiplication déjà admise de trophées et ornements analogues, et mettre à la mode une profusion d'ornementations qui méritent surtout de fixer l'attention, car elles ont constitué le style Louis XV, qui occupe une grande place dans la décoration industrielle, comme nous le reconnaîtrons bientôt en étudiant ses applications nombreuses dans le mobilier, l'orfèvrerie, etc. Là, il est fin et élégant; la ligne droite y fait place aux lignes courbes, brisées. Ce style est désigné sous le nom de style italien chez la plupart des auteurs étrangers.

On ne peut guère citer d'exemples plus complets du style Louis XV que les hôtels du faubourg Saint-Germain. Leur inspection montre bientôt que les architectes de l'époque étaient bien plus préoccupés de l'intérieur que de l'extérieur. Ces constructions consistent en général en grandes masses rectangulaires, offrant un vaste espace pour des pièces de grande dimension; l'ensemble n'est en général remarquable qu'au point de vue des bonnes dispositions intérieures, et, comme nous le disons plus haut, de la décoration. Un genre purement propre à ce style doit être cité : nous voulons parler de la volute qui accompagne à l'étage le plus élevé les parties latérales des fenêtres, dont la partie supérieure est courbe.

Avant de passer à l'époque actuelle, nous passerons en revue les produits des civilisations orientales et asiatiques, dont l'étude est assez peu importante au point de vue de l'Architecture. Les Orientaux n'ont eu d'influence que sur le style byzantin adopté pour un petit nombre de monuments d'Europe, Saint-Marc de Venise notamment.

CIVILISATIONS ASIATIQUES ET ORIENTALES

STYLE INDOU

Les anciens temples de l'Inde, aussi bien que les ruines assyriennes de Ninive, rappellent les monuments religieux, les nécropoles de l'ancienne Égypte. L'étude de ces monuments, de ces styles, les plus anciens que nous connaissions, mériterait qu'on s'y arrêtât longuement, car c'est dans les types anciens qu'il faut surtout étudier les éléments qui se répètent en se transformant à l'infini dans les divers styles; ce qui est vrai pour les éléments de la décoration industrielle comme pour les monuments. Malheureusement les documents sont rares, les restes peu nombreux. Parmi les œuvres de l'Inde les plus remarquables, nous citerons un de ces temples taillés dans le roc et qui sont d'une étendue immense, le temple d'Ellora, dont nous donnons ici le dessin. On y remarque des colonnes basses, dont le fût est orné de sculptures, et dont le chapiteau

30. Temple d'Ellora.

est de forme renflée d'une façon toute particulière; on la retrouve dans nombre de décorations de produits de l'Inde.

« Les religions de l'Inde, dit Lamennais, renferment toutes une idée panthéistique, unie à un sentiment profond des énergies de la nature. Le temple dut porter l'empreinte de cette idée et de ce sentiment. Or, le panthéisme est à la fois quelque chose d'immense et de vague. Que le temple s'agrandisse indéfiniment, qu'au lieu d'offrir un tout régulier, saisissable à l'œil, il force, par ce qu'il a d'inachevé, l'imagination à l'étendre encore, à l'étendre toujours, sans qu'elle arrive jamais à se le représenter tout ensemble comme un et comme circonscrit en des limites déterminées, l'idée panthéistique aura son expression. Mais pour que le sentiment relatif à la nature ait aussi la sienne, il faudra que ce même temple naisse en quelque manière dans son sein, s'y développe, qu'elle en soit la mère, pour ainsi parler. C'est là, dans ses ténébreuses entrailles, que l'artiste descendra, qu'il accomplira son œuvre, qu'il fera circuler la vie, une vie qui commence à peine à s'individualiser en des productions à l'état de simple ébauche : symbole d'un monde en germe, d'un monde qu'anime et qu'organise, dans la masse homogène de la substance primordiale, le souffle puissant de l'être universel. »

D'autres temples célèbres de l'Inde sont de construction moderne; au style indien sont venus se mélanger le dôme et les coupoles, parce qu'ils sont dus aux conquérants mahométans. Ils rentrent dans la division suivante, tout en ayant en partie conservé un caractère spécial.

STYLE ARABE, MAURESQUE

La civilisation arabe qui a jeté tant d'éclat en Égypte, à Bagdad, nous est révélée par des monuments qui reflètent admirablement la richesse d'imagination des Orientaux, aussi bien que leur goût pour les couleurs éclatantes.

Les formes de ces édifices procèdent directement de l'art byzantin, qui avait déjà donné satisfaction aux tendances de l'Orient, et qui a eu sur l'art arabe une influence incontestable; celui-ci a conservé les éléments que les nations occidentales ont aban-

31. Alhambra.

donnés, et a exagéré les différences qui séparent le byzantin du romain. Ainsi, les arcs toujours reposant sur colonnes ont un type particulier; ils sont rentrants à la base, et comprennent plus d'une demi-circonférence. Cette architecture emploie aussi souvent des pendentifs d'une extrême légèreté qui rappellent les stalactites, et le dôme s'enfle tellement qu'on le voit fréquemment prendre la forme d'un bulbe.

La Perse a exercé sur l'art arabe une grande influence, qui augmenta encore lorsque les deux pays eurent embrassé la foi de Mahomet. La Perse avait des traditions propres, comme l'ont montré les ruines de Persépolis.

C'est naturellement en Orient, à Constantinople, au Caire, à Bagdad, que doivent se rencontrer les principaux exemples des constructions de style arabe. On en trouve aussi en Europe; les relations intimes de Venise et de la Russie avec Constantinople ont fait imiter l'architecture des Orientaux dans ces deux pays.

Mais c'est en Espagne surtout, dans le beau pays de Grenade et de Cordoue, que l'art mauresque, la branche la plus brillante de l'art arabe, a créé ses chefs-d'œuvre; l'arc en fer à cheval constitue la forme favorite et caractéristique de ces constructions. L'Alhambra, dont nous donnons ici la cour intérieure ornée d'une fontaine, luxe si précieux dans les pays chauds, a toujours excité l'enthousiasme des voyageurs. Il est de proportions très-petites, comparé à nos grandes constructions.

Les décorations mauresques dont ce ravissant palais offre un si bel exemple sont restées le type d'un genre d'ornementation d'une grande élégance, qui a trouvé une multitude d'applications industrielles. La loi musulmane interdisant la représentation d'êtres animés, c'est vers la combinaison des lignes, des couleurs éclatantes, du bleu, du rouge, de l'or, que se porta le goût des artistes. Ces treillis formés de courbes s'entrelaçant à l'infini, qui seront mieux définis par les exemples que nous multiplions plus loin, et auxquels on a donné le nom d'arabesques, forment les principaux éléments de décoration de ces édifices, dont l'éclat se comprend mieux quand on sait que ces décorations étaient produites sur les murailles à l'aide de moulages colorés[1]. Leur netteté comme leur éclat est incomparable et tout à fait en rapport avec la richesse des rêveries orientales.

32. Porte de la mosquée de Cordoue.

Nous donnons encore la porte de la mosquée de Cordoue, qui permettra d'apprécier ce genre de décoration, reproduit dans cette figure sur une plus grande échelle que celle du dessin qui représente la cour de l'Alhambra.

1. Principaux monuments des Maures d'Espagne : la Tour de la Giralda, l'Alcazar, à Séville ; — l'Alhambra, à Grenade ; — la Mosquée de Cordoue.

On voit par ce qui précède que le style dont nous traitons comprend trois subdivisions principales :

Le style sarrasin ou arabe pur; — le style mauresque; — le style persan.

STYLE CHINOIS

Les Chinois, si industrieux dans les petites choses, dans les détails de l'industrie, ne paraissent pas s'être élevés jusqu'à la conception et l'organisation des grands travaux de construction. Aussi ne connaît-on de ce pays aucun édifice comparable à nos grands

33. Ville chinoise.

monuments. Au reste, les règles immuables qui, dans cette société, règlent la construction de tout édifice en raison de l'importance du personnage qui doit l'habiter, rendent tout progrès bien difficile.

Comme caractères principaux de cette architecture, on doit signaler l'apparence de tentes qu'offrent les maisons, l'emploi de piliers de bois très-élevés pour former des galeries, les toits retroussés à leurs extrémités ornées de pendentifs, qui donnent aux constructions un aspect tout particulier. Nous avons cherché à reproduire dans la figure ci-contre l'effet des divers éléments de cette architecture.

Il est curieux de retrouver aussi nettement dans l'Architecture les traditions d'une race; de voir les conquérants tartares de la Chine, dont les ancêtres ont toujours vécu sous la tente, conserver le même type d'habitation au milieu d'une population industrieuse.

L'emploi de la porcelaine, produite si abondamment en Chine, est assez fréquent dans les légers édifices de ce pays. Nous représentons ici un monument de ce genre

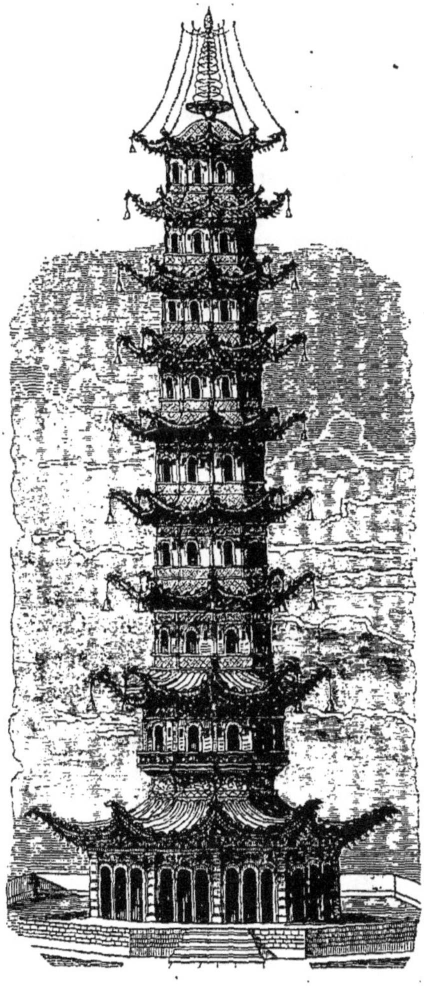

34. Tour de porcelaine.

bien connu, dit la Tour de porcelaine, parce qu'elle est entièrement incrustée en cette substance. Commencée en 1303, elle fut achevée en 1432.

Depuis que les Européens ont pu pénétrer plus facilement en Chine, la vérité des observations précédentes a été pleinement confirmée, et on a été bien étonné de ne rencontrer, dans une immense capitale comme Pékin, aucune construction satisfaisant aux conditions de stabilité, de durée, que nous sommes habitués à rencontrer dans les grands édifices.

STYLE ACTUEL

Les agitations de l'Europe pendant la République, le Consulat et l'Empire, laissèrent trop peu de calme aux esprits, à cette époque, pour traduire les aspirations du siècle à l'aide de nombreuses créations d'architecture, d'autant plus que l'admiration exagérée de l'art antique conduisait les architectes à copier servilement, de toutes pièces, les monuments de l'antiquité, et leur faisait élever des édifices souvent défectueux, surtout parce qu'ils ne sentaient pas assez que le charme disparaît le plus souvent quand on modifie l'échelle d'une construction. Ce système donna cependant quelquefois de beaux résultats : la colonne de la place Vendôme fut une heureuse imitation de la colonne Trajane, et l'arc de triomphe de l'Étoile est plus grandiose que l'arc de triomphe romain, dont il est une imitation. Toutefois, l'originalité manque, et, sauf quelques exceptions peu nombreuses et insuffisantes pour constituer un style, l'on doit considérer cette époque comme n'occupant que bien peu de place parmi celles qui ont vu les arts constituer un type nouveau.

Sous la Restauration et après 1830, l'étude des monuments gothiques, le retour aux anciennes traditions inspiré par l'école romantique, après avoir passionné un moment les esprits, n'a surtout conduit qu'à des restaurations et à des reproductions, ce qui a eu lieu également en Angleterre et en Allemagne. Ce n'est guère que dans une application voisine de l'Architecture que le Romantisme a triomphé, je veux parler de l'art de tracer des jardins.

Sous Louis XIV, Le Nôtre avait su, par l'emploi des grandes allées droites, des longues perspectives, admirablement encadrer les grandes constructions de palais splendides; Versailles est resté le type d'un genre d'une grandeur incomparable.

Ce genre a cédé la place aux jardins anglais, d'où les allées droites, les arbres taillés ont été exclus, où les effets admirés dans la nature, les valonnements, les pelouses verdoyantes, les roches, etc., sont imités. Il se prête mieux à l'exiguïté de la plupart des propriétés de campagne qui sont créées de nos jours, et paraît être en rapport avec le goût actuel.

Définir le caractère de l'architecture d'une époque, un style qui n'est compris le plus souvent qu'après avoir duré un ou deux siècles, est une œuvre presque impossible pour des contemporains; toutefois, on peut dire que les travaux de nombre d'artistes de talent ont avancé l'œuvre qui consiste à préciser la formule de l'art du dix-neuvième siècle. S'il n'est pas constitué, quelques éléments se dégagent chaque jour au milieu d'un admirable progrès dans les moyens de production, d'une rapidité incroyable d'exécution, progrès qui se rapporte au métier plus qu'à l'art dont nous nous occupons ici. Le confortable et l'élégance de nombreuses habitations, aussi belles que des palais, sont incontestables; peut-on y reconnaître le style actuel?

On peut dire que l'Architecture est remarquable, de nos jours, par la facilité et la perfection avec laquelle on crée aujourd'hui des imitations des styles des diverses époques, et qu'on préfère le plus souvent reprendre des traditions de la Renaissance, avec un emploi de la sculpture décorative semblable à celui qui en fut fait alors, c'est-à-dire que, par sa délicatesse, elle se confond tout à fait avec la statuaire. L'écueil trop souvent rencontré est que cette sculpture cesse d'être seulement décorative, devient individuelle, cesse d'être un accessoire de la construction qu'elle doit compléter. Sui-

35. Gare du chemin de fer de l'Est, à Paris.

vant M. Garnier, un des maîtres les plus autorisés, le style actuel se caractérise par une grande tendance à la vérité. Les extérieurs des édifices sont en harmonie parfaite avec les intérieurs, et la raison, ainsi que l'aspect, y trouvent leur compte. Les détails d'ornementation procèdent directement du grec de la plus belle époque, mais ils gardent néanmoins le caractère individuel de l'artiste, en même temps que le caractère de notre temps.

Ajoutons que, dans quelques cas, on est arrivé à des effets nouveaux et qui surprennent l'admiration, à l'aide des ressources offertes par les progrès de l'art de la construction.

Le plus éminent progrès de cet ordre réside dans l'emploi du fer dans les édifices, qui permet d'obtenir des portées horizontales autrefois impossibles, et, par suite, de réaliser des constructions spécialement convenables pour notre société démocratique; il doit faire disparaître les bâtiments étroits, les petites voûtes à de grandes hauteurs, mais il paraissait d'une extrême difficulté d'en tirer un effet heureux. On y est parvenu dans quelques cas. Nous citerons en premier lieu la gare du chemin de fer de l'Est, à Paris, due à M. Duquesnay, architecte, qui a su manier également le fer et la pierre, profiter de l'étendue de la toiture pour placer sur la façade une rosace digne du moyen âge, harmonieusement encadrée. C'est là une belle œuvre, non imitée, bien de son époque, remplissant toutes les conditions de convenance, d'unité, d'élégance ; une de ces œuvres qui méritent de tout point d'être signalées.

36. Transept du Palais de Cristal.

Les Halles de Paris, entièrement en fer, sont justement appréciées comme un type parfait de constructions en fer ; elles sont bien supérieures aux marchés qu'on avait construits jusque-là en pierre et en bois.

Le Palais de Cristal, construit à Londres pour l'Exposition Universelle de 1851,

37. Exposition universelle de Londres, en 1851. — Perspective du Cristal-Palace.

était certainement une des plus belles choses que l'on ait vues : abondance de lumière si convenable pour faire briller les œuvres exposées, ampleur du vaisseau recouvrant un arbre superbe de Hyde-Park, tout saisissait vivement le spectateur qui venait visiter le grand spectacle de l'Exposition universelle de 1851. C'était la première et la plus grandiose application du fer à la construction, l'œuvre la plus remarquable et la plus nouvelle qui eût été exécutée jusqu'alors. Elle a donné le type le plus convenable incontestablement pour les constructions de serres, de bâtiments d'expositions, etc. C'est à juste titre qu'elle a illustré Sir J. Paxton, qui l'a conçue. Sauvé de la destruction par son succès, le Cristal-Palace a été transporté à Sydenham pour y abriter un nouveau genre de Musée qui manque encore à la France. (Voir l'article MUSÉE D'ART INDUSTRIEL.) Nous donnons ici la perspective du vaste édifice (figure 37) et la vue du transept (figure 36) qui était vraiment féerique. L'insuccès du bâtiment à lignes courbes, qui a été élevé pour l'Exposition de 1867, comme de tous ceux édifiés depuis 1851 pour des expositions, a pleinement démontré la supériorité de la construction de 1851.

Nous ne parlons pas des autres grandes constructions de Londres, parce que la plupart sont des imitations d'œuvres anciennes. Certes, le nouveau palais du Parlement à Westminster est une belle œuvre qui rappelle bien le caractère traditionnel de la civilisation anglaise; mais ce n'est pas une œuvre nouvelle, c'est une étude de gothique anglais.

Dans ces dernières années, les Allemands, et surtout la brillante école de Munich, ont produit, avec bien des imitations d'édifices des temps antérieurs, qui font ressembler notamment cette dernière ville à un véritable musée de monuments, de belles œuvres d'un caractère particulier. Elles se distinguent par l'emploi de la coloration; en effet, non-seulement les peintures murales y sont fréquentes, mais encore la brique et la pierre blanche y sont souvent mêlées et donnent à ces monuments un caractère quelque peu oriental.

Nous terminerons cette analyse sommaire des grandes œuvres de l'architecture actuelle par la représentation d'un grand édifice qui, mieux peut-être que tout autre, peut donner idée des aspirations de nos architectes les plus distingués, interprètes des aspirations de notre société. Nous voulons parler de l'Opéra de Paris, orné de nombreuses sculptures, de colonnes de marbre de couleur, qui rappelle les œuvres les plus riches de la Renaissance; dans lequel, au moyen de charpentes en fer, est résolu le problème de recouvrir, sans points d'appui intermédiaires, de très-grands espaces. L'emploi du métal dans la façade a été critiqué avec quelque raison, croyons-nous, malgré la liberté que permettait l'usage spécial de l'édifice qui n'exigeait pas trop de gravité et appelait une décoration éclatante. Avec ses imperfections, ce monument restera un des plus riches et des plus caractéristiques de notre société française actuelle, de ses qualités comme de ses défauts.

38. Opéra de Paris.

SECTION II

CÉRAMIQUE

L'art céramique, dont le nom provient de κεραμις, nom grec de la poterie, ou, suivant quelques auteurs, d'un quartier d'Athènes où travaillaient les potiers devenus de véritables artistes, est peut-être celui où les styles se sont révélés le plus nettement. Toutes les nations, dès leur origine, ont eu des vases de terre; et la moindre tendance à l'élégance a dû se révéler dans ces ustensiles vulgaires. Les Égyptiens, les Grecs, les Arabes, ont excellé également dans l'architecture et la céramique, deux arts primitifs dont la liaison est intime, et dont les produits tirent leur charme non de l'imitation d'objets naturels, mais de l'harmonie de leurs proportions géométriques[1].

Il importe de remarquer, avant tout, que les moyens de fabrication des poteries ayant une valeur artistique n'ont pas toujours permis facilement, aux diverses époques, de

1. Un de nos plus spirituels écrivains, Théophile Gautier, qui était excellent juge en matière d'art, fit sur une exposition quelques feuilletons où l'appréciation des caractères propres à chaque création industrielle était parfaite, tout en étant présentée sous une forme légère; où était bien sentie la relation intime entre les mœurs, les idées d'une nation et les produits de son industrie, idée que cet ouvrage a surtout pour but de faire bien comprendre. Nous leur empruntons quelques lignes relatives aux poteries.

« Les potiches chinoises, dit-il, n'ont-elles pas l'air d'honnêtes mandarins bénignement pansus. . . , le Céleste Empire n'est-il pas tout entier dans une théière? L'Égypte, avec ses Anubis à tête de chien, ses éperviers sacrés, ses scarabées mystiques, ses pylônes, se résume tout entière dans une urne. Ce pot au goulot court, aux épaules embarrassées, aux bras pris dans les flancs, ne vous rappelle-t-il pas un sphinx de Karnac engagé dans son piédestal, une momie emmaillottée dans ses bandelettes? Ces patères étrusques aux contours harmonieux et sveltes, aux peintures sur fond rouge ou fond noir, ne font-elles pas penser, par la beauté et la jeunesse de leurs formes, aux dieux de l'Olympe, aux athlètes frottés d'huile et luttant dans le cirque? L'Espagne ne trahit-elle pas l'invasion moresque par ses tinajas, ses cantaros, ses jarras et ses alcarazzas en terre poreuse où se trouve inscrit le trèfle arabe? N'y a-t-il pas tout le désordre spirituel, tout le papillotage amusant et facile du dix-huitième siècle, dans les lignes tourmentées et pourtant coulantes de ces porcelaines contemporaines de Voltaire et de Mme Pompadour? »

traduire leurs aspirations par des œuvres dignes d'attirer l'attention publique; qu'on n'a pas toujours disposé comme aujourd'hui de belles glaçures, de riches colorations, de brillantes dorures. Les progrès techniques ont eu, dans la céramique, une grande influence sur l'éclat, la richesse des pièces, comme on le reconnaît facilement par la beauté, en tant que fabrication, des productions modernes.

Fabriqués à l'aide du tour, qui assure leur symétrie par rapport à un axe central, condition de stabilité, les produits de la céramique ont toujours (sauf les cas peu nombreux de fabrication spéciale ou d'empiétements de la céramique sur la statuaire) la forme plaisante à l'œil de solides de révolution, de cylindres, de cônes à génératrice rectiligne ou curviligne. Quant aux proportions les plus agréables, Ziégler, dans ses Études sur les Arts céramiques, pose plusieurs principes, que nous rapporterons d'après lui.

Il décrit les formes de la céramique, qui, par la nature de leur fabrication, sont, comme je viens de le dire, des surfaces de révolution, des dérivations de la forme cylindrique; celle-ci, dans sa pureté, ou dans ses combinaisons avec des parties circulaires, donne les formes de la ligne supérieure de la figure 39. Les formes ayant deux

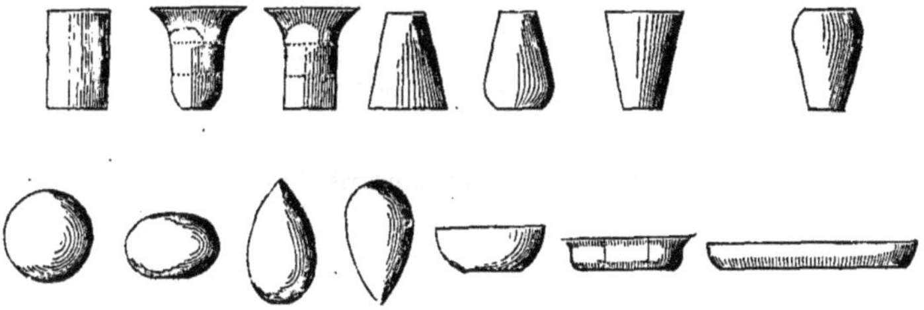

39.

ordres de génératrices circulaires, sont avec la sphère, qui n'appartient pas à la céramique, mais à une industrie bien voisine, à la verrerie, les formes de tore, d'œuf, les formes cratéroïdes, discoïdes, représentées sur la seconde ligne de la figure.

Quant aux proportions de ces diverses formes, il établit: que pour un vase cylindrique, conique, etc., la hauteur doit être au moins trois fois le rayon, et six fois au plus pour ceux dont la hauteur excède la largeur. Si, au contraire, la largeur excède la hauteur, comme dans les cratéroïdes et les discoïdes, cette largeur doit être de deux fois au moins et de cinq fois au plus la hauteur; enfin, un vase en forme de cône renversé ne doit pas avoir en hauteur plus de deux fois son diamètre moyen.

La forme ovoïde, formée par un cône de révolution à génératrice curviligne, est une des formes purement céramiques les plus gracieuses. Elle a donné l'idée de l'ove, ornement d'architecture souvent employé dans les entablements.

La forme sphéroïde aplatie, la forme cratéroïde et les formes ovoïdes sont, après les formes cylindriques, celles que l'on rencontre le plus souvent. Nous allons le voir en étudiant les produits des arts céramiques chez les nations dont les créations ont mérité de prendre place dans l'histoire de l'art, ce qui n'est arrivé qu'à quelques-unes, bien que toutes aient nécessairement, dès leur origine, créé en abondance des vases de terre, vases d'une nécessité presque absolue.

STYLE ÉGYPTIEN

Les poteries des anciens Égyptiens étaient formées d'une pâte grisâtre ou jaunâtre; elles étaient recouvertes d'une glaçure bleue ou verte et décorées d'ornements noirs, généralement disposés en zigzag. La forme générale de ces vases est celle dite canopienne, nom provenant de Canope, ville d'Égypte, où des vases de ce genre étaient employés à filtrer l'eau du Nil. Leur forme dérive du conoïde renversé; des têtes venaient souvent former la partie supérieure du vase, comme dans celui représenté sur la figure ci-contre (figure 40).

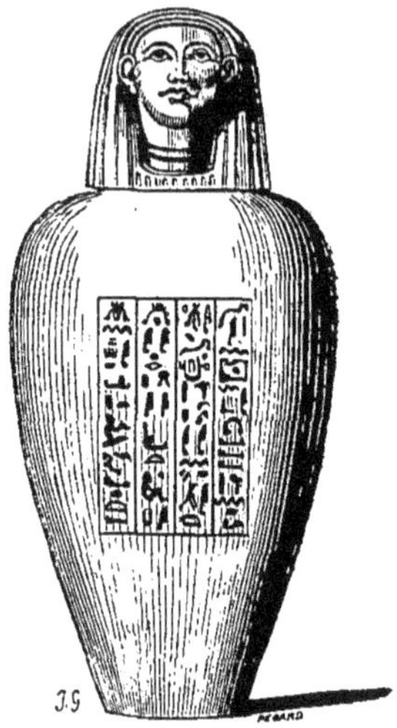

40. Vase égyptien.

Les vases égyptiens sont généralement d'aspect sévère, et en rapport avec la sculpture de granit de cette nation. Ce n'était pas chez ce peuple que l'élégance des formes céramiques, des décorations variées à l'infini, devait prendre naissance. Il faut remarquer toutefois certaines pièces, comme exécution et comme caractère spécial, résultant de formes qui appartiennent exclusivement au style des contemporains de Sésostris.

STYLE GREC

Les affinités de la céramique et de l'architecture, au point de vue de l'esthétique, font bien comprendre que les Grecs ont dû y exceller. Ziégler admet comme incontestable que c'est la céramique qui a fait progresser l'architecture en Grèce par ses essais de chaque jour; quoi qu'il en soit, l'influence réciproque de ces deux arts également prospères ne saurait être douteuse, et, par suite, le développement de l'art céramique n'aura sûrement pas été inutile à celui de l'architecture.

41. Lecythus athénien.

La poterie des Grecs est rougeâtre ou d'un brun jaunâtre, les formes en sont simples, les contours purs et les ornements formés de palmettes et de méandres : les figures en général sont roides, mais d'un dessin ayant de la noblesse.

Les petits vases cylindroïdes du genre de celui représenté par la figure ci-contre, dont le nom était LECYTHUS, viennent principalement d'Athènes; la partie cylindrique du corps du vase est blanche. Cette couleur est caractéristique des vases qui viennent de la Grèce proprement dite.

Nous donnons ici (fig. 42 et 43) un beau modèle de la fabrication grecque, un de ces vases qu'on donnait en prix aux vainqueurs dans les fêtes publiques ; à savoir la coupe d'Arcésilas, que les antiquaires rapportent au temps de Pindare (500 ans avant

42. Coupe d'Arcésilas.

J.-C.)[1]. Elle est décorée avec du noir et du rouge de brique fait avec du peroxyde de fer étendu d'argile, et du blanc, par application d'une terre blanche. L'élégance de la forme et de la décoration de cette coupe frappe les yeux les moins exercés. Le sujet dessiné à l'intérieur représente un payement des tributs, et, bien que le dessin ait une

43. Coupe intérieure d'Arcésilas.

certaine roideur conventionnelle, cependant les formes n'ont rien d'irrégulier. Tout révèle chez le peuple qui produisait de semblables vases un beau sentiment de la forme, la popularité du dessin et de la plastique.

1. Cette coupe, trouvée à Vulci, est à la Bibliothèque nationale de Paris. Le dessin dont elle est ornée représente Arcésilas, roi de Cyrène, assis sur le pont d'un vaisseau dont l'équipage est occupé à peser des corbeilles d'assa-fœtida et à les déposer dans la cale.

C'est surtout dans la Campanie, dans la Grande-Grèce, que l'on a trouvé le plus grand nombre de poteries de fabrication grecque. Sur un fond rougeâtre est placée la couleur noire caractéristique des vases campaniens, poterie faite par les peuples de la Grande-Grèce, et dont nous allons parler plus loin sous le nom d'Étrusques, par lequel ils sont vulgairement désignés.

STYLE DE L'ÉPOQUE ROMAINE, VASES ÉTRUSQUES

La description que nous avons donnée plus haut d'une coupe grecque et sa décoration rappellent les poteries étrusques. C'est qu'en effet la similitude des deux fabri-

44. Vase étrusque de la collection du Louvre.

cations est assez grande pour qu'il soit incontestable que les Étrusques (presque sûrement issus d'une colonie grecque) ont reçu leurs modèles, leurs traditions de la Grèce.

Cependant certaines poteries étrusques, d'une pâte noire enfumée, paraissent être antérieures à celles trouvées surtout dans la Grande-Grèce, et qui seules sont célèbres par des décorations qui appartiennent à l'art grec, secondé par les ressources que le climat avait mises à la disposition des artistes de cette contrée, c'est-à-dire par des vernis, probablement d'origine volcanique, que le sol leur présenta tout formés. Nous ne nous étendrons pas sur cette question, et nous passerons aussi sous silence les véritables poteries romaines à pâte rouge avec des ornements en relief, très-différentes des poteries grecques, et qui appartiennent à une fabrication bien moins avancée que celle des poteries campaniennes. Cette poterie à pâte rouge, dont on découvre assez souvent des fragments, était la poterie commune; c'était aux potiers grecs et aux étrusques que les Romains demandaient les vases d'art.

Le musée Campana, en nous faisant connaître une collection de vases antiques d'une incroyable richesse, a permis d'établir le caractère propre des divers centres de fabrication. Les vases noirs de Vulci et de Velletri, destinés à la consommation, sont loin d'être sans mérite, surtout au point de vue de l'élégance des formes. Les vases à ornements noirs, légers, sur fond rouge, montrent l'habileté des dessinateurs, qui relevaient les silhouettes des personnages en continuant les lignes d'attache des membres des figures représentées, par des entailles d'une grande fermeté, indiquant un profond sentiment de la forme, et donnant aux figures une élégance remarquable.

Mais les produits les plus intéressants, qui arrivent vraiment à l'art, sont les grands vases auxquels on a donné plus spécialement le nom de vases étrusques. Nous donnons (fig. 44) le dessin du plus beau de la collection du Louvre, justement célèbre : la pureté du dessin qui le recouvre permet, comme dans toutes les œuvres de cette belle fabrication, de bien apprécier la valeur artistique de ces admirables produits qui peuvent rivaliser avec ce qu'on a fait de plus beau dans les temps modernes. C'est pour orner nos collections de ces beaux vases, qu'on fouille encore aujourd'hui avec succès les tombeaux anciens. On sait que dans ces tombeaux on déposait, à côté des corps, des lampadaires, des urnes funéraires, des bijoux non moins remarquables que les vases, etc.

Les produits de la céramique, par suite de leur inaltérabilité, qui est leur caractère essentiel, le plus remarquable peut-être, nous sont parvenus en nombre considérable, et dans un état de conservation qui permet d'en orner nos musées.

ARTS CÉRAMIQUES PENDANT LE MOYEN AGE

La céramique était peu en honneur au moyen âge, et il ne paraît pas qu'il ait été fait beaucoup de tentatives pour en élever les produits à la hauteur de l'art, pour sortir de la fabrication la plus commune. On avait même perdu les procédés employés par les Grecs, les Étrusques et les Romains pour décorer les poteries. C'était en orfévrerie qu'on fabriquait les aiguières, les plats, la vaisselle, en employant ainsi des matériaux précieux pour rehausser le travail de l'artiste. Nous n'avons pas d'exemple saillant de la fabrication de cette époque à rapporter ici, ni à en faire valoir de caractères importants au point de vue de l'art. Ce n'est guère qu'à l'état de carreaux décorés, et pour lutter avec la mosaïque byzantine, qu'il reste des œuvres assez remarquables. On connaît des laves peintes qui remontent au douzième siècle.

Nous donnons ici un carrelage encaustique du treizième siècle (fig. 45) et un modèle du même genre, composé dans le goût des carreaux de l'époque, par Pugin,

45. Carreaux encaustiques.

architecte anglais, justement célèbre par ses études sur le moyen âge. Cette intéressante application de la céramique a été restaurée dans ces dernières années par l'éminent fabricant anglais, H. Minton, en incrustant, les unes dans les autres, des terres

46. Carreaux émaillés.

de diverses couleurs, ce qui permet l'usure du carreau sans que le dessin disparaisse, et produit des décorations variées sans recourir au poli de l'émail, évidemment peu convenable pour un carrelage. On a décrit en détail, à l'article POTERIE, cette intéressante fabrication.

C'est vers la fin de cette période que la faïence commença à paraître (nous verrons que sa fabrication existait depuis longtemps chez les Arabes); mais, comme c'est à la Renaissance que cette fabrication jeta tout son éclat, nous allons en traiter sous cette division.

47. Grès flamand.

Citons toutefois ici les grès-cérames de Flandre, de Hollande et d'Allemagne, qui eurent de bonne heure un cachet artistique assez remarquable, mais qui n'arrivèrent que plus tard à la perfection qui les rendit célèbres au dix-septième siècle. Nous en donnons pour exemple une étude faite d'après leurs formes traditionnelles par Ziégler, qui avait relevé à Voisinlieu, près de Beauvais, une fabrique qui avait eu quelque célébrité au quinzième siècle.

STYLE RENAISSANCE

Vers le commencement du quinzième siècle, on vit apparaître une poterie toute différente de celles qui avaient été faites jusque-là, et à laquelle on donna le nom de MAJOLICA, qui dérive, suivant Scaliger, de MAJORICA, Mayorque, transformé par coquetterie de langage. Les procédés de sa fabrication, inconnus aux époques antérieures, ont pu parvenir par cette voie en Italie, de l'Espagne, où les Arabes les avaient apportés, comme nous le dirons bientôt. Cette faïence, dont le nom vient de celui de la ville de Faenza, tirait surtout son éclat d'un émail blanc opaque dont elle était recouverte, et qui cachait la couleur plus ou moins sale de la pâte. Lucca della Robbia, sculpteur de Florence, élève de Ghiberti, s'illustra surtout dans ce genre de production, donna de la solidité à ses figures et à ses bas-reliefs d'argile en les cuisant, puis les recouvrant de colorations brillantes qu'il sut varier, et qui comprenaient surtout le blanc, le jaune, le bleu et le vert.

Cette nouvelle statuaire, révélée par des émaux de diverses couleurs, fut très-admirée, et sembla devoir donner naissance à une nouvelle branche de l'art, à cette époque où les beaux-arts se créaient et se développaient à l'envi les uns des autres.

Les Italiens s'efforcèrent d'imprimer aux productions de leurs ateliers un cachet d'art assez élevé, en confiant à des artistes le soin de décorer leurs poteries, ou tout au moins en empruntant aux maîtres de la peinture les sujets dont ils ornaient la terraille. Ainsi Timoteo della Vite, peintre distingué d'Urbino, Battista Franco, Raphaël dal Colle, Zucchero et beaucoup d'autres peintres célèbres, parmi lesquels on peut citer Raphaël lui-même, fournirent de nombreux cartons aux fabriques de faïence. Les gravures de Marc-Antoine, les œuvres des petits maîtres furent aussi répandues dans les ateliers, et servirent fréquemment de modèle pour la décoration des majoliques. A cette école se formèrent bientôt quelques bons peintres céramistes, dont les noms sont parvenus jusqu'à nous. Giorgio Andreoli, souvent désigné sous le nom de maëstro Giorgio, qu'il prenait lui-même en signant ses œuvres; F. Xanto Rovigiese, Orazzio et Flaminio Fontana d'Urbino, Guido Salvaggio, Girolamo Lanfranco, etc., élevèrent la peinture des majoliques à un haut point de perfection durant tout le cours du seizième siècle.

Nous donnons une idée de ce genre de travail par un dessin qui représente une pièce de l'œuvre de Lucca della Robbia ou plutôt peut-être de Giovanni della Robbia (fig. 48), un sujet de piété composé par cet artiste, et rendu inattaquable et brillant

48. Faïence de Lucca della Robbia.

par la cuisson et l'émaillage. Elle fait partie de la collection Sauvageot; le fond est bleu d'azur, les figures sont blanches, le calice des fruits est jaune d'or, et les guirlandes vertes. L'épaisseur de la faïence est d'un pouce et demi.

L'effet de l'émail blanc, qui caractérise surtout ces productions, est bien rendu dans la figure 49, qui représente une faïence aujourd'hui à Londres, datant de 1500, probablement des fils ou élèves de Lucca della Robbia. Les figures se détachent en blanc sur fond bleu, les feuilles du lis sont vertes. Le sujet a $0^{m},66$ de hauteur sur $0^{m},46$ de largeur.

Si l'avenir n'a pas réalisé les espérances qu'on avait pu concevoir, s'il n'est pas resté de ces tentatives un procédé propre à rivaliser avec la statuaire, à produire un moulage coloré qui soit devenu un genre adopté par l'art, il n'en est pas moins vrai qu'en rendant certaines poteries des objets précieux, ce progrès fit reprendre à la céramique le rang élevé qu'elle avait en Grèce [1].

Ce fut principalement à Casteldurante, sous la conduite d'Orazzio Fontana d'Urbin, et à Florence, sous celle de son frère Flaminio, qu'on fit de grandes plaques de faïence, sur lesquelles ils peignirent des sujets historiques, cette industrie faisant ainsi des excursions dans le domaine de la peinture aussi bien que dans celui de la plastique, excursions peu heureuses, et secondées par une fabrication assez imparfaite.

49.

Les progrès accomplis en Italie ne se firent sentir que plus tard en France. Girolamo della Robbia, petit-neveu de Lucca, vint en France décorer par ses procédés, pour François Ier, le château de Madrid, près Paris.

Les procédés de Lucca della Robbia et de ses successeurs immédiats dans l'art de fabriquer les majoliques furent peu connus en dehors de l'Italie. Toutefois un mouvement artistique analogue à celui de ce pays se développa en Allemagne et en Hollande. A Nuremberg [2], et surtout à Delft, on produisit, dès le commencement du seizième siècle, des pièces en faïence qui rivalisent aujourd'hui dans les collections des amateurs avec les majoliques d'Italie.

En laissant de côté quelques objets d'une date contestable, sortant de la fabrique de Rouen, qui fit de remarquables produits en faïence surtout à partir du milieu du seizième siècle, rien n'indique que les contrées qui forment la France d'aujourd'hui se

1. Lucca della Robbia fut protégé par cette grande famille des Médicis, qui fit tant pour la splendeur des arts à l'époque de la Renaissance. Ses travaux n'eurent pas une influence directe sur l'industrie proprement dite; la production de ce genre de fabrication disparut quand cessa l'encouragement des souverains.

2. Quelques antiquaires rapportent à la fabrication de Nuremberg la coupe dont il est parlé ci-après, qui servit de modèle à Bernard de Palissy.

soient associées dès l'origine aux progrès accomplis en Italie. Les essais opiniâtres de Bernard de Palissy, le grand artiste dont nous rencontrons ici les travaux, eurent pour but d'imiter une coupe émaillée, d'origine italienne, qu'il vit en 1530. Tous ses essais, tous ses travaux pour retrouver les émaux blancs et colorés le conduisirent à devenir maître de ses effets; les musées renferment les pièces curieuses de tout genre qu'il exécuta, et surtout des plats destinés aux dressoirs renfermant des poissons, coquilles, etc. Nous en reproduisons (fig. 50) un des plus remarquables que l'on voit au musée de

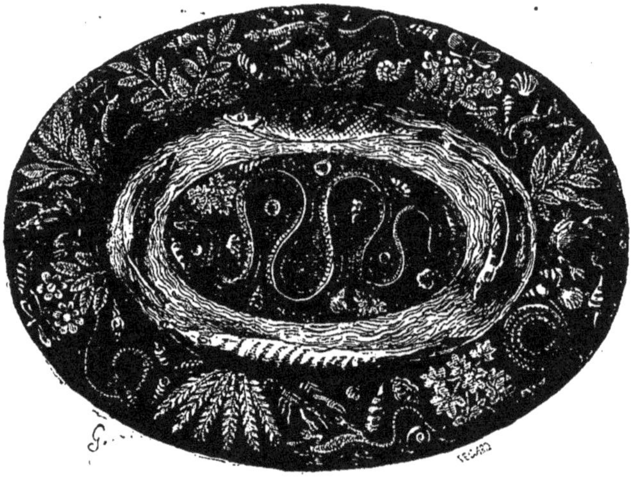

50. Plat de Palissy.

Cluny. Certes, il y a dans ce genre de production un mérite réel; cependant, malgré toute l'admiration due à la science et au talent nécessaire pour surmonter les difficultés d'exécution, nous n'attachons pas une très-grande importance à ces œuvres.

L'art céramique nous paraît faire fausse route quand il entre dans ces voies d'imi-

51.

tation et qu'il se propose de reproduire des fleurs, des animaux, etc. La faïence (et à plus forte raison la porcelaine et les poteries modernes faites avec des substances modérément plastiques, donnant en général des contours plus durs) a son véritable emploi dans la confection d'objets de formes géométriques bien proportionnées, rehaussés par des colorations brillantes, des émaux qui réfléchissent la lumière comme des pierres précieuses, et se marient parfaitement avec le blanc glacé du fond. Au moins est-il que l'espèce de sculpture colorée et brillante que nous rappelons n'a pas eu un succès durable dans les temps modernes; l'industrie se borne en général dans ce genre à des imitations des œuvres de Palissy.

Un mérite plus réel, à nos yeux, de Bernard de Palissy, c'est que, par ses productions variées, il peut, à juste titre, être regardé comme l'inventeur des faïences à glaçures plombifères qui se répandirent sous le nom de terre de pipe, et qui, dans notre siècle, ont été si brillamment améliorées par Wedgwood, le célèbre potier anglais.

Nous donnons comme échantillon des œuvres de Palissy, dans la voie d'une orne-

52. Coupe de Palissy.

mentation plus en rapport avec la nature et la destination de la poterie, une belle coupe dont le dessin nous est fourni par Brongniart. La forme des enroulements vermicellés

53. Coupe de Palissy. Intérieur.

qui en constituent la décoration est tout à fait heureuse et fait valoir l'éclat de l'émail par la multiplicité des points brillants [1].

La figure 51 représente un très-grand vase de Palissy (78 centimètres sur 43, hauteur 34 centimètres); les figures sont blanches, le fond vert, marron et bleu, les franges jaunes.

A partir de l'époque de Palissy, on peut dire que les procédés techniques, au point

1. Bernard de Palissy est resté le héros des potiers et un grand exemple de ce que peuvent produire un travail opiniâtre et une énergique volonté. Sa devise, qui indique bien les efforts qu'il dut faire, était : « Povreté empêche les bons esprits de parvenir. » Il créa, comme nous l'avons dit, par ses efforts et son génie, une industrie complète dont les produits sont recherchés pour être l'ornement des collections publiques. Les travaux des habiles émailleurs de Limoges lui furent certainement très-utiles, mais ce furent surtout sa persévérance et son génie qui lui firent atteindre le but qu'il s'était fixé.

de vue des colorations, eurent atteint le degré de perfection qui rend l'art facilement abordable, point important à considérer dans toute fabrication. Nous voulons parler du moment où les ressources sont suffisantes, les résultats assez assurés, pour que l'industrie puisse devenir artistique, pour que la personnalité, l'imagination du producteur puisse se traduire aisément en œuvres d'art, sans être sans cesse trahie par la pauvreté des moyens d'exécution.

A une époque très-peu postérieure à celle des travaux de Bernard de Palissy, il a été produit en France des œuvres en faïence fine extrêmement remarquables et peu nombreuses. Nous ne connaissons rien de plus élégant que la coupe en faïence émaillée dite coupe de Henri II, dont nous reproduisons le dessin, et qui peut être considérée comme un des plus charmants produits de la Renaissance. La forme en est d'une rare élégance,

54. Coupe de Henri II.

55. Biberon.

aussi bien que les ornements qui la décorent; remarquable au point de vue du goût, elle peut passer encore aujourd'hui comme un chef-d'œuvre en tant que difficulté de fabrication [1].

Le biberon (fig. 55) est encore un échantillon célèbre de cette belle poterie.

1. M. Benjamin Fillon est parvenu de nos jours à éclaircir le mystère de cette céramique, le lieu où ces pièces avaient été fabriquées; mis sur la voie par la vue du calendrier d'un livre d'heures exécuté pour Claude Gouffier, grand écuyer de France, ami personnel de Henri II, portant des ornements qui rappelaient ceux des vases dits de Henri II. Nous empruntons l'analyse de sa découverte à M. Burty. (*Chefs-d'œuvre des arts industriels.*)

Guillaume Gouffier reçut en 1450, par la protection d'Agnès Sorel, divers domaines, entre autres celui d'Oiron. Un de ses fils, Artus, fut emmené en Italie par Louis XII, et fut nommé par lui gouverneur de ce jeune duc de Valois qui devait être bientôt François Ier. C'était un homme de goût et de lecture. Sa femme, Hélène de Haugest, était aussi une femme remarquablement intelligente. Elle devint veuve en 1549, et cette année même François Ier lui confia l'éducation du second de ses fils, qui fut Henri II. A partir de 1524, Hélène résida souvent dans son château d'Oiron qu'elle avait réédifié avec le concours de l'aîné de ses enfants, Claude Gouffier. Elle mourut en l'année 1567.

C'est dans ce château qu'Hélène, pour distraire ses

C'est à Nevers que se conserva ensuite la fabrication de la faïence émaillée, introduite par les encouragements des ducs de Nivernais; on y créa quelques produits remarquables qui entrèrent dans les ameublements riches de l'époque, la vaisselle de terre venant y remplacer en partie l'orfévrerie.

STYLE LOUIS XV

La fabrication caractéristique de cette époque, qui eut un grand éclat sous le règne de Louis XV, fut celle de la porcelaine tendre, exclusivement fabriquée à Sèvres de 1753 à 1761, espèce de verre opaque très-différent de la porcelaine dure telle que celle fabriquée en Chine, bien qu'obtenue en cherchant à imiter la porcelaine chinoise. Elle prit une place importante dans le style qui a gardé le nom de cette époque, et qu'on appelle quelquefois rocaille, Pompadour, régence, etc. L'ameublement alors à la mode se maria très-bien avec les vases décorés en bleu tendre, harmonieux, du vieux sèvres, vases ornés en général de peintures. Des figurines, des moulages de formes diverses, des médaillons couverts de peintures représentant toujours des bergers, des Amours, etc., vinrent même se placer merveilleusement dans diverses pièces de l'élégant mobilier de cette époque.

Nous en donnons ici pour exemple une pièce de ce genre (fig. 56), fort bien imitée, remarquée avec raison à l'Exposition de 1855, c'est-à-dire qui, par le goût de la peinture, l'agrément du fond bleu, possède le cachet traditionnel[1].

dix-huit années de veuvage, avait dirigé ou présidé les travaux de céramique « de son potyer François « Cherpentier et de son segrettaire et gardyen de li- « brairie Jehan Bernart. »

On peut aujourd'hui diviser en trois groupes la série des cinquante-quatre pièces connues de la faïencerie d'Oiron, qui eut peut-être pour premier objectif l'imitation d'une coupe de porcelaine orientale. Dans la première période, les ornements incrustés sont d'une seule couleur ou tout au plus incrustés en brun noir, en brun plus clair, en rouge d'œillet. Les pièces sont aux armes des seigneurs de Bressuire, de Gilles de Laval, des la Trémouille. Elles avaient été très-évidemment faites en vue de cadeaux et non d'une fabrication courante, et c'est encore là un argument en faveur de leur rareté. « Bernart y mit son talent « d'ornementiste, Cherpentier son habileté à façonner « la terre; Hélène, son goût très-fin mais un peu mi- « nutieux et chargé de tristesse. »

Puis la mort vient rompre l'association de l'ouvrier, du lettré et de la noble femme, et chaque fois que l'un deux tomba, il y eut amoindrissement dans la valeur des produits. Dans la seconde période, celle qui s'étend de 1537 à 1550, et où Bernart ne figure plus dans les états de la maison, on regrette « l'inter- « vention d'un homme aimant les livres, les minia- « tures, et connaissant bien les pratiques de leur exé- « cution matérielle. »

Une fabrication aussi exceptionnelle, ayant pour but unique de meubler les dressoirs ou les pharmacies des membres d'une famille ou de ses amis, ne pouvait se maintenir dans les conditions ordinaires de l'industrie. Les événements vinrent lui porter le dernier coup. Le grand écuyer fut obligé d'abandonner son château menacé par les protestants, au moment de la prise d'armes de 1562, et dévasté en 1568. C'est dans cet intervalle que M. Fillon place la fabrication des dernières pièces qui n'ont point été jusqu'à présent cataloguées et sont naturellement d'un prix beaucoup moindre que les autres. Elles ont probablement été faites par quelques industriels à qui on aura abandonné le matériel de la fabrique, puisqu'on y voit des estampages tirés des anciens moules...

1. Plusieurs couleurs, mais surtout le bleu, acquièrent sur la porcelaine tendre un glacé, une demi-transparence, qui font, avec raison, rechercher le vieux sèvres. Les effets sont beaucoup moins agréables sur la porcelaine dure chinoise.

Le vase de Sèvres (fig. 57) bleu de roi est encore une élégante imitation des beaux produits de cette époque.

56. Vase Louis XV (vieux Sèvres).

57.

Nous retrouverons les motifs de décoration qui y figurent, lorsque nous étudierons plus loin les lignes des ornements de ce style en elles-mêmes, en dehors des applications.

58. Pendule Louis XV de M. Jacob Petit.

Nous représenterons encore ici une pendule rocaille en style Louis XV, qui pourra donner quelque idée de ce style tel qu'on l'interprète de nos jours pour le genre de produits qui nous occupe, mais en général il ne s'applique qu'à la décoration d'autres objets, à celle des meubles, par exemple.

La fabrication de la porcelaine chinoise fut pour la première fois réussie en Allemagne, et notamment en Saxe, à Meissen, dont la fabrication de porcelaine dure jeta un grand éclat, après que Bœttger y eut créé cette industrie et découvert que le kaolin était la matière première de la porcelaine dure [1]; mais cette fabrication ne prit, comme industrie, un très-grand développement que dans la seconde moitié du dix-huitième siècle. Nous revenons plus loin sur les produits de cette fabrique.

Sous Louis XVI, le mélange du bronze doré et de la porcelaine fut à la mode, et se retrouve dans quelques pièces assez caractéristiques du style qu'on nomme Louis XVI, qui s'imite encore quelquefois dans l'ornementation, et qui fut une réaction sur le style Louis XV, dont il était loin d'avoir la richesse.

FABRICATION DES PAYS ORIENTAUX

STYLE MAURESQUE

La pâte des poteries mauresques, qui constituent une véritable faïence recouverte d'un émail stannifère, à lustre chatoyant, est grise ou jaune sale; c'est la même faïence que la majolica et la faïence à vernis plombeux, qui nous est très-probablement venue des Arabes. Cette similitude est complète, par exemple, pour les carreaux dits AZULEJOS, obtenus par moulage, dont sont couverts les murs de l'Alhambra, et dans lesquels la netteté des contours, l'éclat des couleurs sont incomparables. Leur fabrication remonte à l'année 1280, et montre combien était avancée à cette époque l'industrie arabe, aussi bien que la civilisation de cette nation, dont le savoir brillait dans les célèbres écoles de Cordoue et de Grenade.

1. La découverte du kaolin, matière première de la porcelaine chinoise, est assez curieuse pour que nous devions la raconter ici, et montrer comment Bœttger, qui était passé de ses recherches d'alchimie à la fabrication d'une poterie rouge, dite porcelaine rouge, soi-disant très-utile pour la préparation de la « teinture d'or, » à cause de sa résistance à de hautes températures, fut amené à l'importante fabrication de la porcelaine dure identique avec celle fabriquée en Chine.

« En 1731, dit M. Klemm, Jean Schnow, un des plus riches maîtres de forges de l'Erzgebirge, passant à cheval près d'Aue, remarqua que les pieds de son cheval s'enfonçaient dans une terre blanche et molle dont il avait peine à se tirer. L'usage général de la poudre à poudrer en faisait alors un objet de commerce considérable. Schnow, négociant calculateur, vit dans cette terre un moyen de remplacer la farine de froment pour cet emploi : il en emporta donc un échantillon à Carlsfeld et en fit préparer de la poudre à poudrer qu'il vendit en grande quantité à Dresde, à Leipzig, Zittau, etc. Bœttger, en ayant, comme les autres, fait poudrer sa perruque, remarqua que cette poussière blanche avait un poids inaccoutumé ; il interrogea son valet de chambre sur l'origine de sa poudre; ayant appris qu'elle était terreuse, il l'essaya, et à sa grande joie il s'aperçut qu'il avait enfin trouvé la matière longtemps cherchée qui sert de base à la porcelaine blanche. »

Les formes des vases mauresques, tant des parties principales que des accessoires, sont simples ; elles proviennent du cylindre et du cône ; quelques parties concaves à l'extérieur sont caractéristiques. Les ornements sont toujours des espèces de rubans

59. Vase de l'Alhambra.

enlacés, le plus souvent en relief, de la nature de ceux dont nous avons déjà parlé, et qui ont le nom caractéristique d'ARABESQUES. La forme des anses plates et larges est d'un genre tout particulier. On en jugera par le dessin du célèbre vase de l'Alhambra, extrêmement remarquable par son originalité, et que nous reproduisons (fig. 59). La glaçure du fond est assez blanche; les ornements qui la recouvrent sont en bleu de deux tons, l'un plus foncé que l'autre, et d'une sorte d'or ou plutôt de ce lustre d'or souvent employé en Espagne et en Italie, et qui paraît venir des Arabes.

C'est chez les Persans que l'on peut retrouver l'héritage de cette belle fabrication, surtout au point de vue de l'emploi des couleurs franches, en teintes plates, dont les Orientaux comprennent si bien l'harmonie.

STYLE CHINOIS

C'est des Chinois que nous viennent la porcelaine dure et les grès, c'est leur admirable fabrication qui a fourni à l'Europe ses plus précieux modèles. Les formes des vases chinois sont ovoïdes, allongées, étranglées. Les ornements dessinent des méandres, des réseaux, des fleurs et des animaux fantastiques. Les couleurs sont très-variées. Jamais on ne trouve de perspective, presque jamais de teintes dégradées dans toutes les

60. Grand vase chinois.

61. Vase japonais.

peintures décoratives des Chinois; ce sont leurs caractères distinctifs; la décoration est toujours produite par des teintes plates et des silhouettes auxquelles se marient avec éclat des couleurs brillantes, épaisses et formant relief, employées de manière à produire le maximum d'éclat.

La fabrication si parfaite de la porcelaine est très-ancienne en Chine; elle y existe depuis plusieurs centaines d'années avant Jésus-Christ. Elle occupe aujourd'hui près d'un million d'ouvriers et de peintres, et cependant sa splendeur est bien déchue; les Chinois eux-mêmes collectionnent avec ardeur le vieux chine. On trouve, surtout en pièces anciennes, des modèles admirables par la grandeur des vases, tels que celui que nous représentons ici, pour lesquels les difficultés de cuisson, de moulage, etc., sont habilement surmontées[1]. Nous donnerons encore ici un vase ayant une de ces formes PANSUES qu'affectionnent les Japonais, qui ont emprunté aux Chinois leurs procédés, et dont la porcelaine, introduite en Europe avec quelque abondance par les Hollandais, a toujours été justement estimée. Il est curieux de remarquer que le plus souvent les formes de cette fabrication, tendantes au sphéroïdal, se rapprochent de celles que la fabrication du verre produit avec une grande facilité. C'est même sur cette propriété qu'est fondé un amusement moderne par lequel on parvient à imiter très-passablement

1. M. Beulé a fait une lumineuse comparaison entre l'art céramique en Grèce et en Chine, dans laquelle il montre bien comment on peut sûrement remonter d'un produit industriel à l'esprit de la nation chez laquelle il a été créé. Nous reproduisons le début de cet intéressant travail.

Les Grecs ont fabriqué des vases peints avant les Chinois; ils en ont fabriqué pour tous les usages; leur commerce les portait jusque dans les colonies les plus reculées. Déposés dans les tombeaux, ces vases se retrouvent aujourd'hui par milliers; les musées de l'Europe en sont remplis; les particuliers se les disputent au poids de l'or. Cependant ils n'offrent ni la belle pâte, ni les couleurs éclatantes, ni l'émail transparent de la porcelaine chinoise: un peu d'argile rougie par la cuisson, quelques lignes pour tracer les figures et les ornements, un vernis noir sur les fonds, rien de plus simple que les procédés de l'industrie hellénique. Seulement cette industrie se rattachait à l'art par ses compositions et son style; elle était exercée quelquefois par de véritables artistes, qui signaient leurs œuvres. Les figures sont belles, savamment dessinées, d'une proportion noble. Les dieux, les prêtres, les vieillards appuyés sur leur bâton, les guerriers mourants, les jeunes gens dans le gymnase, les vierges à la fontaine, les enfants poussant leur balle ou leur cerceau, les personnages des scènes familières aussi bien que ceux des tableaux héroïques, — tous révèlent, malgré la rapidité du pinceau, je ne sais quel instinct de l'idéal ou quelle science des modèles déjà créés, qui reproduit, sur les vases les plus simples, des types admirables, de sorte que, si les antiques des musées venaient à périr, si Pompéi et ses dépouilles recueillies à Naples étaient ensevelies de nouveau par le Vésuve, si nos petits-fils retournaient à la barbarie, ces vases suffiraient pour assurer à la nation grecque l'honneur immortel de sa beauté.. . . . .

Quelles que soient la fécondité et la souplesse de l'esprit chinois, il manque d'élévation; il ne ressemble en rien à l'intelligence supérieure qui anime les sociétés fondées par la race indo-européenne. Un peuple qui ignore les inspirations fières du spiritualisme, le sentiment de l'infini, l'amour de la beauté qui se poursuit toujours, ne saurait atteindre à une grandeur véritable ni dans les lettres, ni dans les arts. Uniquement appliqués à la pratique de la vie, les Chinois ne sortent point du cercle étroit de l'expérience: leur âme n'a pour horizon que l'utile, les jouissances matérielles, les caprices stériles de la fantaisie, de même que le maintien du passé fait toute leur sagesse, et le culte des ancêtres toute leur religion. Aussi l'art n'est-il pour eux qu'un enchaînement d'inventions techniques et de routine: son but est de satisfaire les besoins, d'ajouter le luxe au bien-être, de contribuer aux splendeurs du commerce; mais la recherche désintéressée des principes, l'étude dans le secret de l'atelier, les douceurs généreuses du génie, le feu sacré que le Prométhée des Grecs dérobait au ciel, il n'y a point de cases pour ces instincts sublimes dans le cerveau d'une peau jaune.

Il n'y a en Chine, à proprement parler, que des industries, c'est-à-dire des applications professionnelles de l'art; seulement ces industries brillent d'un éclat très-vif, parce que l'art, qu'elles ont absorbé, leur communique à leur insu la délicatesse, l'élégance, le goût de la richesse, et surtout de la décoration. On a remarqué chez les Grecs l'irrésistible rayonnement des arts, qui s'est étendu jusqu'aux fabrications les plus viles. Tous les meubles de Pompéi dénotent un sentiment exquis de la proportion, de la ligne, de la forme; les détails d'ornementation sont empruntés directement aux plus beaux motifs de l'architecture ou de la sculpture. Les ustensiles de ménage participent à ce noble caractère. Les Chinois peuvent être comparés aux Grecs par ce côté, bien que les deux effets aient eu dans les deux pays des causes opposées. Tout ce qu'ils fabriquent porte un cachet d'art, superficiel, mais incontestable; leurs métiers les illustrent, et les œuvres de leurs artisans ressemblent parfois à des œuvres d'artiste. Aussi la porcelaine, leur titre principal à notre admiration, donne-t-elle la mesure la plus juste de leur talent naturel pour la peinture. Dans les petites choses, il faut un peu d'instinct et beaucoup de routine: leur habileté à décorer la pâte de kaolin durcie au feu n'a jamais été surpassée par les fabriques célèbres que leur exemple a suscitées sur notre continent. C'est pourquoi je ne crois point faire un honneur trop grand aux Chinois, ni un affront aux Grecs en rapprochant les produits céramiques de l'un et de l'autre peuple, produits qui demeurent inimitables.....

ces vases de porcelaine, avec des vases de verre dans l'intérieur desquels on colle du papier convenablement colorié.

STYLE INDOU

Les Indous ont une fabrication en pâte noire, avec des dessins clairs, des ornements et des palmes d'un genre tout particulier, relevés quelquefois par un pastillage blanc,

62. Vase indou.

fort élégant. Leurs poteries ont un lustre qui leur donne l'apparence de pièces métalliques. Nous donnons un spécimen de ce style curieux, qui emploie fréquemment les formes dérivées de la forme sphérique. On y voit un emploi, dans la décoration, de rameaux retombants qui se retrouvent souvent dans les objets d'art de l'Inde.

ÉPOQUE MODERNE

Depuis un siècle, les progrès des arts céramiques ont été merveilleux, tant par le développement de la fabrication de la porcelaine blanche, la plus parfaite de toutes les poteries, que par suite des travaux des potiers anglais, de Wedgwood[1] notamment, le plus célèbre d'entre eux.

Les Anglais ont su les premiers varier, en raison du but à atteindre, les éléments constitutifs des pâtes céramiques, ce qui leur a permis de faire les grès-cérames, les faïences de dureté diverse, les imitations étrusques, etc., en un mot, d'employer la pâte la plus convenable pour chaque nature de produits. De plus, Wedgwood, en prenant ses modèles dans les vases grecs apportés de Naples en Angleterre, et secondé par le célèbre sculpteur Flaxmann, donna, dès l'origine du grand développement de cette industrie, à la majeure partie des poteries usuelles d'Angleterre, une grande élégance empruntée à l'art antique et surtout à l'art grec. Aussi s'efforça-t-on longtemps sur le continent d'imiter ses modèles, et doit-on reconnaître son influence sur les progrès accomplis dans les arts céramiques depuis le commencement du siècle.

La fabrication de la porcelaine dure, à l'imitation de l'admirable industrie qui existait en Chine depuis si longtemps, et dont la matière première a été si heureusement découverte en France dans divers endroits et surtout à Saint-Yrieix, dans le Limousin, a été un immense progrès. Son éclat, sa résistance aux acides, au frottement, aux rayures, en font la première de toutes les poteries, et le développement de sa production, surtout en France, ne saurait trop être rappelé. Toutefois, si l'éclat de son émail, d'une admirable blancheur, est incomparable, on sent dans les formes obtenues par les procédés habituellement employés, que la pâte n'a pas la plasticité de celle qui sert pour la faïence ; elle se prête mal à la confection de pièces devant avoir quelque moelleux, quand on s'écarte d'un style un peu sévère, de la correction géométrique. Il faut souvent employer tous les artifices de la fabrication, abandonner fréquemment l'outil principal de la céramique, le tour, pour recourir au moulage. Également dans son mode de recevoir des couleurs, elle est quelquefois imparfaite, inférieure notamment au composé improprement appelé porcelaine à pâte tendre de Sèvres, pour les bleus.

Au reste, l'art des fabricants n'est plus arrêté aujourd'hui par la difficulté des procédés techniques, pas plus dans l'exécution des formes les plus compliquées que dans la composition, pour tous les cas possibles, de pâtes particulières qui jouissent des propriétés cherchées, en modifiant avec de grands frais, il est vrai le plus souvent, leurs procédés de fabrication.

Il suffit, pour le prouver, de voir quelques pièces hors ligne : ainsi nous rappellerons quelques-uns des grands vases ayant les formes les plus élégantes de la statuaire, et

1. Wedgwood, né en 1730 à Burslem, a donné une immense impulsion à la fabrication des poteries en Angleterre, et son nom est, à juste titre, associé à celui des grands hommes qui, à la fin du siècle dernier, ont tant contribué à la prospérité de ce grand pays: Watt, Arkwright, etc.

décorés de tout l'éclat des couleurs par des émaux (qui font la raison pour ces pièces d'être en procelaine plutôt qu'en marbre) que fabrique la manufacture de Sèvres[1].

Nous reviendrons sur les formes des vases en traitant plus loin de la sculpture. Mais nous dirons tout de suite que nous ne croyons pas en principe qu'une matière qui ne

63. Vase en terre cuite de M. Follet.

peut pas se ciseler, qui se déforme toujours quelque peu au feu, puisse être considérée comme comparable pour la statuaire au marbre et au bronze ; aussi ne sommes-nous pas partisans des pièces qui, par leurs formes et leur ressemblance avec les produits de la sculpture, n'ont pour mérite principal que la difficulté vaincue. Il en est de même pour les tableaux sur porcelaine qui veulent lutter avec la peinture à l'huile. Faire de l'art

1. Sèvres, dont nous rencontrons le nom, a singulièrement contribué à maintenir, presque au rang des beaux-arts, la céramique, en permettant, sous l'influence de ses savants directeurs, Brongniart, Ebelmen et Regnault, la fabrication de produits qui n'eût pu être tentée au point de vue de l'exploitation commerciale ; les tableaux sur porcelaine notamment, exécutés avec une perfection comparable à celle de la peinture à l'huile, ont fait la réputation de l'établissement et des artistes, MM. Jaccotot et Ducluzeau, MM. Jacobbet, Schitt, J.-T. Robert, Froment. La fabrication de la poterie de luxe est trop complexe, exige des moyens de fabrication trop coûteux pour qu'un artiste isolé puisse se livrer, à l'aide de ses propres ressources, à la production d'un objet d'art. C'est là la véritable utilité de la fabrique de Sèvres, qui doit être considérée surtout comme l'atelier par excellence des artistes en art céramique.

en employant des procédés qui multiplient les difficultés et rendent des effets artistiques nécessairement incomplets, c'est faire des tours de force souvent dignes d'admiration, mais qui ne doivent pas être multipliés.

Revenons maintenant à l'indication des types les plus heureux admirés aux Expositions de Londres et de Paris.

1° Les terres cuites sans émail sont devenues, surtout entre les mains de M. Follet de Paris, de charmantes productions, notamment pour contenir des fleurs, pour les suspendre dans les appartements, les serres. La figure 63 offre un échantillon de ces élégants lustres à fleurs.

Un emploi curieux de la terre cuite, depuis longtemps apprécié dans les pays méridionaux, où la gelée ne vient pas l'hiver exercer son action destructive, est celui qui est fait notamment par MM. Virebent de Toulouse pour remplacer dans les bâtiments la sculpture décorative par des terres cuites. La cathédrale d'Alby a été réparée par ce procédé avec une économie très-grande et d'une manière très-satisfaisante. Ces messieurs ont exposé en 1855 une façade d'entrée, en terre cuite, d'une chapelle style roman (si propre aux constructions de dimensions restreintes, telles que chapelles funéraires, etc.), ornée d'un grand nombre de statues, d'une excellente exécution.

2° Faïence. — La réhabilitation de la faïence, longtemps considérée comme un produit d'ordre inférieur, en présence de la porcelaine dure, est peut-être le fait le plus notable qui se soit produit de nos jours dans les arts céramiques. La facilité d'obéir au goût de l'artiste, d'une matière éminemment plastique, la beauté toute particulière que prennent certaines couleurs, concourent à donner aux œuvres de quelques artistes un charme, une valeur artistique plus grande que celle de bien des pièces en porcelaine très-soignées, mais souvent dures et roides. Minton en Angleterre, MM. Deck et Collinot en France, ont notamment créé, dans ces dernières années, des ouvrages en faïence tout à fait remarquables, qui ont un emploi tout spécial dans la décoration des édifices et l'ameublement. Nous parlerons plus loin de cet emploi de la coloration.

A l'Exposition de 1862, on comprenait en voyant les belles pièces de MM. Wedgwood, les dignes successeurs du grand potier anglais, combien la faïence se prête mieux que la porcelaine à la reproduction de certains maîtres. Sans doute la pureté de Raphaël ou des maîtres primitifs peut s'accommoder de la netteté de la porcelaine; le style simple, le faire serré de ces artistes pourra y être rendu, peut-être, avec un peu de sécheresse, mais avec la précision nécessaire. Il n'en sera plus de même toutefois pour les peintures plus fougueuses du Titien, pour la richesse de Véronèse, pour l'abondance de Rubens ou la profondeur de Rembrandt; avec les couleurs toujours un peu sèches, un peu dures de la porcelaine, il faut renoncer à les reproduire. La faïence, au contraire, a quelque chose de plus gras dans les contours, de plus puissant dans le ton; elle semble pouvoir être empâtée comme une toile de Rembrandt, la peinture fait corps avec elle; bien traitée, elle est certainement supérieure à la porcelaine. Les succès des compositions de nos artistes sont incontestables. En outre, la faïence est redevenue un objet de décoration inaltérable; l'imitation des décorations persanes surtout a été faite avec un grand succès.

3° Grès-cérames. — Les grès ont formé une des bases de la magnifique fabrication de Wedgwood. Rien de plus élégant que les formes qu'il sut leur donner, et qui leur ont valu une renommée parfaitement méritée. Aussi a-t-on cherché à les imiter dans toute l'Europe.

Nous donnons (fig. 64), comme exemple de cette fabrication, une pièce avec orne-

64. Grès de M. Wedgwood.

67. Grès de Voisinlieu de Ziégler.

ments en terre blanche sur fond bleu, qui, comme les vases jaspés (fig. 65), est un type des productions remarquables de ce grand potier.

65.

66.

Nous donnerons encore comme échantillon une des œuvres de Wedgwood, un camée (fig. 66), pâte bleue grisâtre, ornements blancs, dessiné par Flaxmann, qui appartient à une série charmante dont on a su tirer un excellent parti en Angleterre pour une foule de décorations du mobilier.

M. Ziégler a essayé en France une fabrication artistique des grès bruns qui a joui un instant d'une certaine célébrité, grâce aux formes élégantes qu'il a su leur donner. Nous représentons (fig. 67) un de ces produits inspiré évidemment par le style mauresque heureusement employé.

4° Parian. — Nous avons dit que les applications de la céramique à la statuaire ne nous paraissaient pas, en général, très-désirables. C'est surtout la dureté résultant des matières peu plastiques qui nous cause cette impression, qui ne saurait s'appliquer aux compositions en terre cuite de quelques artistes, et surtout de Clodion, qui a fait au siècle dernier de charmantes créations en ce genre, très-appréciées des amateurs, et qui, moulées en bronze, ont aujourd'hui un grand succès à cause du sentiment exquis avec lequel cet artiste savait faire valoir des sujets de petite dimension.

Bien que tous les sculpteurs exécutent en argile leurs premiers modèles, bien peu les finissent avec soin, y attachent assez d'importance pour en assurer la durée à l'aide de la cuisson. Ce qui existe surtout de remarquable dans ce genre, ce sont les œuvres en biscuit, c'est-à-dire en porcelaine sans couverte, qui, malgré le mérite de plusieurs de ces productions, et leur popularité sous Louis XV et Louis XVI, nous paraissent avoir les inconvénients que nous avons signalés.

Les fabricants anglais, et surtout MM. Copeland et Minton, ont remédié à l'aspect un peu dur du biscuit blanc de porcelaine en composant une pâte phosphatique dite Parian ou de Paros, qui convient admirablement pour les statuettes. Cette pâte, dans laquelle entre du phosphate de chaux, base principale des os, a quelque chose du reflet jaune, de l'aspect gras de l'ivoire, de l'os. Elle est plus artistique que le biscuit de porcelaine, dont le reflet blanc et dur sent la pierre, et ne convient pas si bien pour représenter le corps humain.

5° Fleurs en porcelaine et figurines colorées. — Les figurines colorées ont fait longtemps la réputation de la fabrique de Meissen en Saxe, la première qui ait fait de la porcelaine dure, grâce aux travaux de Tchirnaüs et de Bœttger, qui en furent les fondateurs. Nous donnerons à ce sujet le passage que Brongniart a consacré à ces produits dans son Traité des Arts céramiques, note curieuse qui montre la conscience que ce savant apportait dans ses jugements en matière d'art, et est l'expression naïve de la difficulté qui se rencontre à ne pas se tromper sur ces questions.

« Il me paraît difficile, dit-il, pour ne pas dire impossible, d'établir maintenant ce qui est de bon ou de mauvais goût, car j'ai vu appliquer, suivant les temps, chacune de ces épithètes au même objet, par la majorité non-seulement des personnes dont l'opinion sur ces matières mérite une grande considération, mais aussi par des artistes reconnus pour des hommes de talent; je suis donc réduit à ne pouvoir apprécier les productions des arts d'ornement, qu'en émettant ma propre opinion ou l'opinion dominante d'une époque, c'est-à-dire celle de la mode. Or, suivant mon opinion, les figures isolées ou groupées de la manufacture de Saxe sont d'un mauvais goût, d'un mauvais style..., etc. »

Brongniart ne parle ici que de Meissen, mais il est clair que tous les produits du même genre étaient peu goûtés par lui. Le biscuit blanc de Sèvres était le seul qu'il admît pour les figurines. Comme lui, nous estimons peu ces colorations, ces imitations toujours imparfaites, sans nier toutefois l'élégance de quelques pièces de vieux saxe dont le modelage est de la plus grande finesse.

6° Pièces en porcelaine. — Il nous reste à traiter la question la plus importante : quelles formes tend-on à donner aux pièces les plus dignes d'être remarquées que produit la céramique à notre époque? (Nous reviendrons plus tard spécialement sur les questions de coloration.)

Nous laisserons de côté toutes les imitations des styles anciens ou étrangers que les progrès techniques permettent d'obtenir; les imitations des pièces étrusques, mauresques, chinoises surtout, dont la fabrication forme une industrie importante, à cause du mérite justement apprécié des productions du Céleste Empire; c'est le cachet propre de la puissance de l'industrie moderne que de reproduire tous les styles antérieurs. Nous ne parlerons pas non plus des produits curieux dus directement aux progrès des procédés de fabrication : telles sont les tasses d'une extrême légèreté obtenues grâce au procédé de moulage à l'aide du plâtre. Les pièces dites coquilles d'œuf, qu'il est possible d'obtenir ainsi, n'ont qu'une épaisseur tellement minime, qu'il serait complétement impossible de les fabriquer sur le tour.

Les genres les plus appréciés des pièces modernes peuvent se ramener à deux principaux.

68. Porcelaine de M. Honoré.

Le premier se rattache plutôt au mauresque qu'à tout autre style ; ses caractères essentiels consistent dans l'emploi des couleurs à tons francs, des dorures, des enlacements découpés à jour. Les couleurs à grand feu, telles que celles justement célèbres de M. Discry et Talmours, constituent un progrès important accompli dans cette voie quant à la décoration. Nous donnons ici la pièce du milieu d'un beau service de table mis à l'Exposition de 1849 par M. Honoré, qui nous paraît bien indiquer le genre dont nous parlons.

Les formes employées par les Allemands dans la céramique, et surtout dans la verrerie, procèdent également du style oriental, plus encore que celles adoptées par les Français et les Anglais.

Le second est celui que nous appellerons de Sèvres, parce qu'il rappelle les plus belles pièces sorties de cet établissement. Les formes sont le plus souvent ovoïdes, les couleurs sont quelquefois des couleurs au grand feu rehaussées d'émaux; mais le plus souvent le fond reste blanc éclatant pour être couvert de couleurs dégradées, de peintures fines d'une grande délicatesse représentant des fleurs, des oiseaux, etc., plus voisines de la nature, plus sévères que les décorations du vieux sèvres. Ces produits sont reconnus par tous comme les plus riches, les plus élégants, et l'exagération de ce système, qui fait de chaque assiette de Sèvres un objet d'art de valeur, en empêche la propagation, mais n'en amoindrit pas le mérite.

Parmi les pièces remarquables que la fabrique de Sèvres a mises aux Expositions de Londres et de Paris, nous citerons :

Un élégant vase de la fabrique de Sèvres (fig. 69), de forme ovoïde allongée, garni d'anses en bronze (mélange qui conduit à des pièces d'un grand éclat) et recouvert de peintures délicates d'un grand charme.

Une potiche forme chinoise (fig. 70), heureusement modifiée, rendue plus légère par l'allongement de la partie supérieure.

69. Vase de Sèvres.

70. Potiche de Sèvres.

La coupe du travail, composition de Diéterle, sculpture de Jean Feuchère (hauteur $0^m,87$, diamètre $1^m,14$) (fig. 71).

Des fonts baptismaux, style byzantin, pièce remarquable par ses dimensions et la variété de ses décorations (fig. 72).

Un nouveau genre, dont on tire aujourd'hui à Sèvres d'excellents résultats, est celui qui consiste dans l'emploi de pâtes colorées au moyen d'oxydes métalliques, en teintes claires, vertes, grises, etc., décorées à l'aide de pâtes blanches, en relief plus ou moins saillant.

Nous donnerons quelques détails sur l'exécution de ces élégants produits. Sur une pièce colorée soit au pinceau, soit par le trempage, on pose les pâtes blanches au pinceau par couches successives, en ébauchant une forme que l'on parfait avec des outils tran-

71. Coupe du travail.

chants ou une petite râpe lorsque l'épaisseur voulue est atteinte. Ce bas-relief terminé, il subit une première cuisson appelée le dégourdi, ce qui lui donne assez de consistance

72. Fonts baptismaux, style byzantin.

pour pouvoir être trempé dans une eau tenant de l'émail pulvérisé en suspension. Enfin, vient la dernière cuisson. Les parties épaisses conservent un relief qui modèle la forme; au contraire, les parties les plus minces laissent apparaître le fond, donnent quelque chose d'indécis à la réunion du bas-relief et du fond.

VERRERIE

Dû aux Phéniciens, suivant la tradition rapportée par Pline, l'art de fabriquer le verre fut cultivé avec succès dans l'ancienne Égypte. Les poteries qu'on a retrouvées montrent, autant que les verres, que les Égyptiens avaient porté assez loin la science des émaux, de la vitrification.

On voit dans le Musée de Londres une belle coupe retirée par le capitaine Layard des fouilles faites sur l'emplacement de Ninive. Un nom est gravé sur ce verre ; d'après les caractères employés et la localité où il a été trouvé, on doit penser que sa fabrication ne remonte pas à moins de sept siècles avant l'ère chrétienne.

Les Romains ne connurent guère l'art de la verrerie que lors de leurs conquêtes en Asie, peu avant l'Empire. Le développement du luxe prit alors un tel essor, que la production des verreries égyptiennes fut activée pour satisfaire les goûts raffinés des maîtres du monde. Elles produisirent de véritables chefs-d'œuvre, sans doute, car Pline, en parlant des vases de verre, dit : « On prend maintenant si grand plaisir à boire dans de beaux verres, qu'ils se sont substitués dans les buffets à l'or et à l'argent. » On comprend, dès lors, combien les verriers d'Alexandrie furent attirés à Rome (sous le règne d'Auguste), ainsi qu'une foule d'ouvriers de tout genre d'industries; ils affluèrent à Rome, venant les uns d'Égypte, les autres de la Grèce ; ils apportèrent avec eux les secrets des arts de luxe, peu connus des Romains de la République. Dès ce moment on sut, à Rome, dorer, ciseler, colorer le verre. Néron encouragea beaucoup cet art, et paya de sommes considérables de belles coupes de verre.

Pline (l'an 70 de l'ère chrétienne) donne de curieux détails sur les verreries de son temps :

« ... Les fourneaux de verre, dit-il, sont à bois comme ceux où on fond le bronze. La
« première fonte est tirant sur le noir. On la recuit encore une autre fois en un autre
« fourneau, et on lui donne telle couleur que l'on veut. Les verriers de Sidon, ville d'où
« l'on apportait jadis toute la belle verrerie que nous avons, faisaient leurs verres en
« soufflant, ou bien ils les polissaient au tour et y faisaient des ouvrages de plat et de

« relief comme on ferait sur des vases d'or et d'argent. Même l'invention d'en faire « des miroirs y fut trouvée. Maintenant, on fait le verre, en Italie, d'un certain sable « blanc qu'on trouve au bord du fleuve Volturno; on en use quasi partout ainsi, et « notamment en Gaule et en Espagne. »

Je reproduirai ici les figures des deux plus curieuses pièces de verre de l'antiquité que l'on connaisse.

73.

74.

La première a été trouvée, en 1839, dans un sépulcre de Pompéia. Connue sous le nom de VASE DE NAPLES (fig. 73), elle est exposée dans le Musée de cette ville. Sa hauteur est de 30 centimètres. Les figures en relief, en émail blanc, d'un dessin et d'un fini très-remarquables, paraissent avoir été ciselées dans une couche de verre blanc qui recouvrait la masse, qui est transparente, et d'une couleur bleu foncé. Le pied de ce vase a été cassé. Quelques auteurs pensent que ce vase a été fait pour être monté sur un socle en métal. On fait remonter sa fabrication au règne de Trajan.

L'autre vase (fig. 74) a été pendant plus de deux siècles le principal ornement du palais des princes Barberini à Rome; il est maintenant connu sous le nom de VASE DE PORTLAND, ayant été adjugé, dans une vente, à la duchesse de Portland pour le prix de 1800 guinées (46,800 fr.). Déposé au Musée de Londres, il y a été brisé en mille morceaux par la canne d'un fou; mais il a été rétabli avec une incroyable habileté.

Ce vase a été trouvé, vers le milieu du seizième siècle, aux environs de Rome, dans un sarcophage en marbre. Il est orné, comme le vase de Naples, de figures blanches opaques, en relief, qui se détachent sur un fond bleu foncé. Le dessous du pied de ce vase est également gravé.

L'art de la verrerie fleurit de bonne heure dans l'Italie moderne et paraît s'être fixé à Venise, dont les anciens ouvrages en verre ont beaucoup d'analogie avec ce qui a été retrouvé des produits des verreries antiques. On connaît la célébrité des glaces de Venise, ainsi que des verres d'apparence diverse qui y étaient fabriqués. Murano était le lieu de cette fabrication, qui fournissait à Venise de précieux moyens d'échange pour son commerce avec l'Asie, source de ses richesses. Aussi, jaloux de conserver le monopole de cette industrie, le gouvernement de la République soumit-il les verriers à des règles sévères, mais en même temps il leur donna de nombreux priviléges pour encourager leur profession.

Lorsqu'après plusieurs siècles de prospérité, Venise vit décroître son commerce par suite des nouvelles routes ouvertes vers la Chine et l'Inde par le cap de Bonne-Espérance, et que l'esprit de commerce pénétra les nations rivales, les procédés de l'art de la verrerie passèrent de l'Italie dans le reste de l'Europe et surtout en Bohême, où il s'est en quelque sorte nationalisé, et où les progrès se sont succédé sans interruption. Assez longtemps ce pays sut, grâce à l'habileté de ses ouvriers, reconstituer en quelque sorte à son bénéfice le monopole dont avait joui Venise.

La fabrication des glaces, introduite en France grâce aux efforts de Colbert et à l'aide d'ouvriers vénitiens, y a réalisé un grand progrès qui a transformé les décorations intérieures des habitations. Nous voulons parler des glaces coulées par le procédé dû à Abraham Thévart, et qui, obtenues en très-grandes dimensions, ont pu jouer un tout autre rôle dans la décoration des appartements, pour multiplier les lumières, que les petits miroirs de Venise.

Fabriqué à l'aide de l'insufflation, le verre prend naturellement la forme sphérique; c'est par des artifices de fabrication, des déformations par allongements cylindriques de cette forme sphérique, que s'obtiennent les figures variées des verres qui, à cause de la similitude de leur nature, doivent être étudiés en même temps que les produits céramiques.

La découverte du cristal, c'est-à-dire de la modification qu'éprouve le verre de Bohême, quand on fait entrer dans sa composition du minium pour en augmenter la fusibilité, fournit la base d'une fabrication d'abord prospère en Angleterre, puis introduite avec succès en France, où la verrerie avait toujours été considérée comme un art, où les gentilshommes verriers avaient toujours joui de grands priviléges; les procédés particuliers employés pour travailler le cristal, le moulage et la taille à l'aide des meules de grès, ont permis d'obtenir des produits de la plus grande richesse, des formes élégantes auxquelles les jeux de lumière donnent un éclat admirable. C'est la transparence si brillante du cristal, qui est la cause principale de sa recherche si générale dans la décoration, dans les services de table notamment. Ajoutons qu'un nouveau progrès, à savoir l'emploi de la gravure par l'acide fluorhydrique, est venu augmenter le charme des objets en cristal, en permettant de produire des dessins complexes, à peu de frais, qu'on ne pourrait produire à l'aide du tour.

La coloration des cristaux accroît encore le nombre des effets qu'il est possible d'obtenir. Ainsi, au moyen de verres convenablement colorés par des oxydes métalliques de cobalt, de manganèse, l'or divisé, etc., on a pu obtenir non-seulement des pièces d'un aspect agréable, mais reproduire, en en imitant aussi les formes, des fac-simile de poteries égyptiennes et étrusques, imiter parfaitement la malachite, l'agate et les terres antiques. Si, au lieu de colorer le verre tout entier, on enduit le cristal blanc de verre coloré, on obtiendra par la taille, qui enlèvera par places cet autre verre de peu d'épaisseur, des effets curieux. C'est un procédé fréquemment employé aujourd'hui.

Les cristaux opaques ou opalins jouent un grand rôle dans la fabrication artistique. Ils s'obtiennent, en France, par l'addition de phosphate de chaux; en Bohême, en ajoutant à la masse fondue du verre pulvérisé et travaillant le mélange à basse température. Le verre opalin coloré en vert a été fort à la mode il y a quelques années; on lui avait donné le nom de chrysoprace.

Parmi les produits anciens, dont on imite la plupart de nos jours, on doit citer parmi les plus intéressants :

Les verres de Venise; nous représenterons ici (fig. 75) les plus beaux de la riche collection du Musée de Cluny.

Les pièces en cristal de roche taillé et incrusté produites surtout par les Indous, et qui sont d'une grande élégance. La fabrication européenne les reproduirait à bien moins de frais en cristal, qui seul est travaillé dans nos ateliers, à l'exclusion du cristal de roche plus dur, et complétement abandonné aujourd'hui.

75. Verres de Venise.

Nous traiterons plus loin, en parlant des colorations, de l'emploi des verres colorés pour vitraux, qui ont formé un élément de décoration si important des cathédrales, au moyen âge.

Quant aux produits modernes, nous distinguerons :

1° La verrerie, la gobeletterie de luxe, remarquable par sa légèreté, par ses formes capricieuses, l'élégance des formes obtenues par le moulage et la taille, et qui résulte en général d'oppositions entre les parties larges qui contiennent les liquides et les supports minces; ce genre de produits a évidemment sa tradition dans les verres de Venise. Les verres mousseline d'une extrême légèreté, trop délicats pour être taillés à facettes, gravés à l'acide et ornés seulement de dessins mats, sont de charmants produits.

2° Les cristaux colorés en couleurs que la transparence rend éclatantes, souvent rehaussés d'or, et qui ont par suite une tendance au style oriental, qui affectionne les couleurs franches.

Nous donnerons ici un verre à fleurs, coloré en rouge, de forme orientale, fabrication de Bohême[1] (fig. 76) et un magnifique hanap (fig. 77) en verre jaune, recouvert d'ar-

1. Nous dirons ici un mot de cette industrie de la Bohême, que nous ne saurions mieux comparer qu'à notre industrie lyonnaise de la soie. Là, comme à Lyon, une nombreuse population est livrée exclusivement à une seule industrie; tout le monde s'en occupe, coopère à des progrès qui se répandent avec la rapidité de l'éclair. La division du travail y est poussée très-loin, et chaque ouvrier y trouve la spécialité qui convient à son intelligence. Aussi, si la valeur artistique des produits ne s'élève peut-être pas très-haut, le nombre des pièces curieuses est infini, et certaines fabrications, la lustrerie, par exemple, s'y font à un bon marché incroyable, auquel les grandes fabriques ne peuvent atteindre.

moiries, imitation parfaite d'un chef-d'œuvre de l'ancienne fabrication. Les verreries de Bohême ont encore su créer un genre curieux; je veux parler des verres craquelés, arrêtés en quelque sorte dans leur cristallisation.

Nous citerons pour mémoire les colorations à la moufle sur verre, analogues à la peinture sur porcelaine, dont l'exécution offre beaucoup de difficultés et qui donnent, avec la transparence particulière au verre, des effets analogues à ceux qu'on obtient sur les poteries. Les déchets de fabrication sont assez considérables et les difficultés trop grandes pour que ce procédé prenne un bien grand développement.

76. Verre de Bohême.

77. Hanap.

3° Enfin la fabrication en cristal blanc, dont l'éclat est si grand aux lumières, ne se borne pas aux petites pièces dont nous avons parlé plus haut. Toutefois ce beau produit de l'industrie moderne se prête mal aux décorations par imitation de formes naturelles. Les figures humaines deviennent inadmissibles en devenant transparentes; les Amours, à travers lesquels on voit le jour, semblent des glaçons prêts à se fondre.

Il doit toute sa valeur à l'harmonie des lignes, à la proportion, à l'élégance des courbes, et surtout aux jeux de la lumière au milieu de mille facettes. C'est surtout par là que le cristal blanc brille; les POINTES DE DIAMANT multipliées ont créé le genre longtemps à la mode. Une décoration à côtes brillantes, dérivation du précédent, est plus appréciée aujourd'hui, et se marie bien avec les formes élancées qui remplacent les formes sphériques plus anciennes.

On produit avec le cristal des effets artistiques d'un ordre élevé et tout particulier; car, comme les pierres précieuses, il offre la condition spéciale de décomposer et de multiplier la lumière au lieu de la réfléchir simplement. Les lustres en bronze et petits cristaux, dont les facettes multiplient la lumière à l'infini, constituent le mode d'éclairage le plus riche et le plus brillant que l'on ait pu inventer. Nous donnons ici un beau spécimen de ce genre d'application, le candélabre de Baccarat, de 5^{m},25 de hauteur, qui, comme goût, nous semble une des plus heureuses œuvres exécutées en cette belle substance, et être même supérieur aux très-grands lustres exécutés depuis dans les mêmes conditions. Dans ce candélabre, le cristal qui reflète et décompose la lumière s'élève et s'épanouit avec une richesse et une élégance incomparables. Cette pièce restera, croyons-nous, comme une des plus remarquables qui soient sorties de cette célèbre fabrique.

18. Candélabre de Baccarat.

SECTION III

MEUBLES, ÉBÉNISTERIE

L'étude des meubles, du mobilier, doit suivre immédiatement celle de l'architecture, non-seulement parce que les divers objets qui le composent sont destinés à prendre place dans les salles que produit l'architecture, et par suite doivent nécessairement être en rapport avec la forme, la disposition des édifices, des pièces pour lesquelles ils sont créés; mais encore parce que les meubles sont de véritables constructions obtenues à l'aide d'assemblages qui donnent à leur charpente une forme rectangulaire; que leur élégance, le charme de leurs lignes est surtout le résultat d'harmonies de même nature que celles qui charment dans les monuments. Il existe entre ces deux genres de construction une harmonie intime que l'histoire démontre avec une netteté parfaite. Les formes des meubles sont inspirées par le même goût qui, à une époque déterminée, fait construire les édifices; ils naissent dans chaque style sous l'influence des mêmes mœurs; la convenance à laquelle ils doivent satisfaire est de même ordre. Servant immédiatement à notre usage, ils sont en contact avec nous et portent l'empreinte de notre personnalité; l'ornementation y est à l'aise et trouve à s'appliquer largement.

Le bois est, par excellence, la matière convenable pour la fabrication des meubles, et les métaux, souvent employés pour des meubles de peu de prix, ne peuvent le remplacer; le froid du métal contraste désagréablement avec le toucher agréable du bois poli.

Indépendamment de la beauté des teintes et des veinures des bois employés par l'ébénisterie, de l'éclat qu'ils acquièrent étant polis, et dont l'industrie vulgarise l'usage en en abaissant les prix de revient par le placage, le grand mérite du bois pour la fabrication des meubles résulte de la facilité avec laquelle on peut le travailler, de l'élégance des formes qu'on peut lui donner par un travail modéré.

Les différentes manières de façonner le bois suivant des formes voulues, les moyens de production ont nécessairement une relation intime avec les formes décoratives qui sont le plus employées. Nous distinguerons :

Le travail à l'aide de la scie et du rabot, qui permet d'obtenir toutes les surfaces à génératrices rectilignes, toutes les moulures analogues à celles de l'architecture;

Le tour, qui sert à obtenir toutes les formes cylindriques, coniques, ovoïdes;

Enfin le ciseau qui, dans les mains du sculpteur, crée toutes les formes inspirées par la fantaisie de l'artiste, vient ajouter souvent, pour les meubles de luxe, les ressources de la sculpture décorative, de l'imitation des formes de la nature animée, à celles déjà obtenues naturellement en quelque sorte, en satisfaisant aux conditions générales de la construction.

Les ressources de la sculpture sur bois sont trop grandes pour qu'on puisse appliquer à la fabrication des meubles les observations que nous avons faites à propos de la céramique, sur le peu de convenance des imitations de sujets animés; et, sous ce rapport, l'étude que nous poursuivons ici devra trouver son complément dans le chapitre suivant, consacré à la sculpture qui tient une si grande place dans l'ébénisterie.

Nous établirons tout de suite le principe de l'emploi de la sculpture, c'est-à-dire de l'application d'une des branches des beaux-arts à la fabrication des meubles. Nous dirons donc que, quelque convenable que soit la sculpture appliquée à la décoration des meubles, elle ne doit pas être prodiguée mal à propos, c'est-à-dire placée de manière à faire disparaître les lignes gracieuses d'un meuble, le profil harmonieux qui doit former le caractère principal, essentiel, de ces petites constructions. Surtout la sculpture ne doit jamais gêner la convenance, qui exige que le meuble se prête facilement à l'usage auquel il doit servir.

Ce que nous disons de la sculpture est également vrai du mélange du bois avec le bronze, la porcelaine, la mosaïque, etc., et en général de tous les moyens de décoration étrangers à la construction du meuble proprement dit.

Ces principes vont trouver leur application dans l'étude des produits des diverses époques que nous allons esquisser. Malheureusement, les produits de cet art, plus périssables que ceux des sections précédentes, nous sont parvenus des époques reculées en bien moindre nombre, outre qu'ils étaient bien peu variés avant le seizième siècle, ce qui diminue l'intérêt de l'étude des temps anciens. Ce n'est, en général, pour les siècles passés, que par les bas-reliefs, les sculptures, que nous pouvons reconnaître les formes des meubles employés dans les civilisations antiques.

STYLE ÉGYPTIEN

Les monuments égyptiens portent gravés sur les murailles une foule de scènes, et, par suite, différentes formes de meubles. Des enveloppes de momies, diverses boîtes parvenues jusqu'à nous nous montrent que les œuvres en bois de l'ancienne Égypte méritent un intérêt réel.

La figure 79 montre un tabouret dont la décoration est de bon goût; la figure 81 reproduit le fauteuil de Rhamsès.

Enfin la figure 80 montre la décoration vraiment très-élégante d'une boîte à compar-

79. Tabouret égyptien.

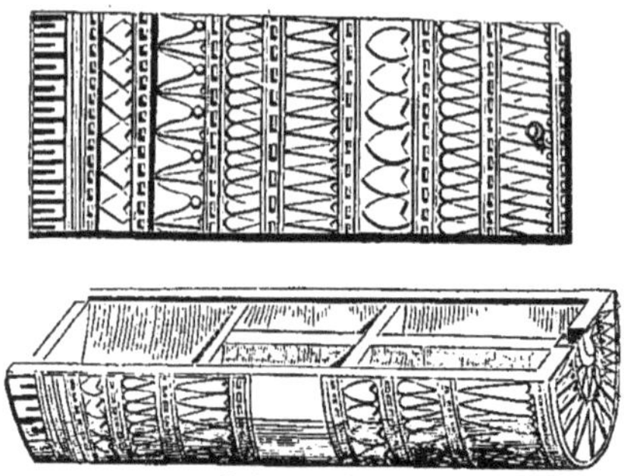

80. Boîte égyptienne.

timents dont le dessin est, comme les précédents, emprunté à l'ouvrage de Wilk nson sur

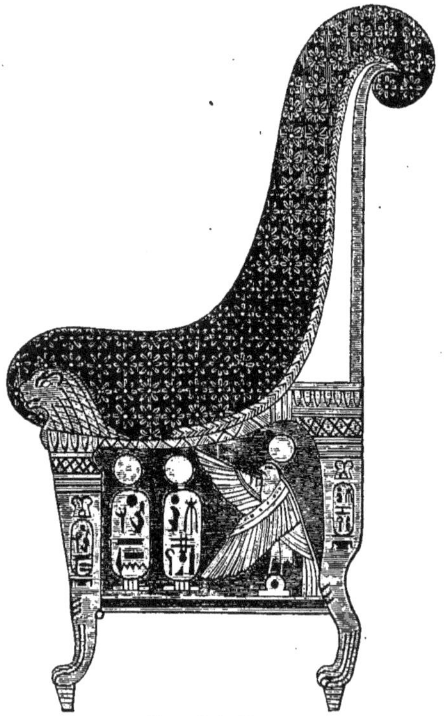

81. Fauteuil de Rhamsès.

les antiquités de l'Égypte. Elle rappelle assez le style grec pour qu'on puisse supposer, avec toute apparence de raison, qu'elle provient de l'époque des Ptolémées.

STYLE GREC, ROMAIN

Les anciens ne connaissaient qu'un petit nombre de meubles, et les bas-reliefs nous fournissent seulement des indications de formes d'objets qui se rapportent plus souvent aux représentations publiques qu'à la vie privée. Les Grecs avaient reçu quelques traditions de l'Asie, et les transmirent aux Romains après leur avoir sûrement imprimé ce cachet d'élégance qui appartenait à toutes leurs productions.

Nous donnons ici un dessin du siége du préteur (en bronze), qui se retrouve dans

82. Siége de préteur romain.

beaucoup de sculptures romaines. Il appartient bien plus à la Rome ancienne que le lit, évidemment d'origine asiatique, qu'adoptèrent les Romains de la décadence dans leurs fêtes et leurs orgies.

STYLE BYZANTIN ET ROMAN

Nous avons quelques pièces de mobilier, ou plutôt quelques dessins de l'époque où se construisaient les églises de style roman. Les meubles se sentent du goût dominant, et du peu de luxe qui régnait à l'intérieur des habitations.

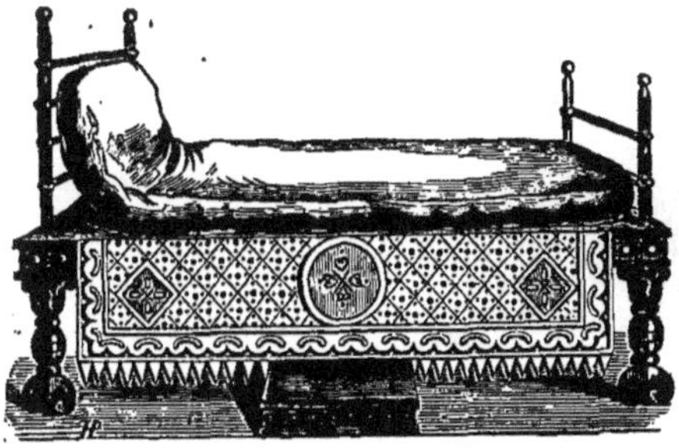

83. Lit roman.

84. Trône byzantin.

Nous donnerons un dessin de lit tiré d'un manuscrit intitulé HORTUS DELICIARUM, de Herrade de Lansberg, abbesse de Sainte-Odile, qui était conservé à Strasbourg, et a été détruit dans l'incendie de sa bibliothèque lors du bombardement de cette ville par les Prussiens, et l'autre imité d'une miniature d'un manuscrit du dixième siècle (dû à un moine de l'abbaye de Saint-Martial à Limoges), le trône byzantin de Théodose le Grand représenté présidant un synode à Constantinople.

Les vignettes des manuscrits des dixième et onzième siècles nous représentent des trônes entourés de draperies formant fond derrière les siéges, ou bien appendues à des sortes de coupoles qui les surmontent en guise de dais; ces accessoires dominent le tout, car l'industrie, à Byzance, avait absorbé l'art. Ce sont tantôt des pliants en métal ou en bois, tantôt de larges chaires à dossier comme le siége de Dagobert qui rappelle le siége romain. Les bois de ces trônes étaient ornés d'incrustations de métal, d'ivoire et de pierres dures; dans la période gothique qui suivit, la sculpture l'emporta sur la marqueterie.

STYLE GOTHIQUE OGIVAL

Lorsque la sculpture sur pierre prit l'essor que nous manifestent les travaux si variés des cathédrales, elle entraîna, dans son mouvement de progrès, la sculpture sur bois chargée de la décoration des intérieurs, de l'exécution des stalles des chœurs, etc. Il est resté, dans nombre d'anciennes églises, des sculptures, des chaires à prêcher qui

85. Chaire gothique.

sont admirables; car, comme la sculpture sur pierre, la sculpture sur bois ne produisait guère que pour l'ornement des églises, ne se détachait pas plus qu'elle de l'architecture. Nous aurons à étudier cette question en traitant plus spécialement de la sculpture dans la section suivante. Nous nous contenterons de dire, dès à présent, que les créations de la sculpture sur bois, à cette époque, ne sont en général que des réductions de constructions de l'architecture; elles rappellent presque toujours les clochers, les flèches des églises, et par la profusion, la répétition de ces éléments, se sont traduites en des œuvres d'une grande légèreté et d'une grande richesse.

Le même empressement se fit bientôt sentir dans toutes les directions du travail.

Jusque vers le milieu du douzième siècle, dit M. Viollet Leduc, l'ornementation sculptée ou peinte est toute conventionnelle; on reconnaît parfaitement qu'elle subit une influence dont elle ne se rend pas compte. Elle ne consiste même souvent qu'en un travail mécanique dans lequel la main, guidée par les traditions, suit certaines lois importées; tandis qu'à dater de la fin du douzième siècle, dans l'architecture comme dans les meubles, la décoration peinte ou sculptée commence à rechercher l'imitation des végétaux de la contrée. Alors les dernières traces des arts byzantins sont complétement effacées, et si, dans l'ornementation, l'imitation des végétaux et animaux se fait sentir, dans la composition des meubles les traditions font place à l'observation des besoins auxquels il faut satisfaire et des propriétés particulières à la matière employée.

Aux treizième, quatorzième et quinzième siècles, la « hucherie » était tenue en grand honneur. Les corporations des huchiers étaient nombreuses, et d'importants travaux leur étaient confiés. Les imitations de ces anciennes œuvres forment l'objet de travaux assez importants de nos jours, quelquefois pour des mobiliers de particuliers, mais surtout pour garnir les églises gothiques, pour les chaires à prêcher, etc.

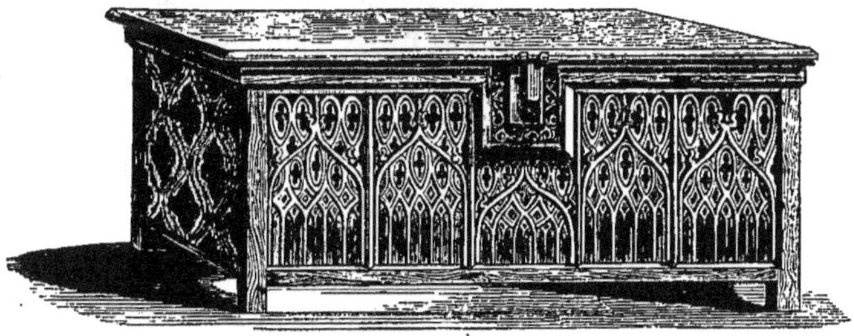

86. Bahut gothique.

Nous donnons ici comme exemples un fauteuil à dais fréquemment usité, dit chaire, et un bahut, empruntés tous deux au musée de Cluny.

STYLE RENAISSANCE

C'est à l'époque de la Renaissance, lorsque l'architecture cessa d'être exclusivement religieuse, lorsque l'art vint s'épanouir dans toutes les directions, que la construction des meubles devint vraiment œuvre de goût. Avant cette époque, il y avait peu de meubles d'appartement proprement dits. Des boiseries, des stalles, des bancs, des lits, des armoires et des tabourets, c'était à peu près tout le mobilier. Lors de la Renaissance, au contraire, toute la fantaisie de l'artiste vint se concentrer sur de gracieuses combinaisons dans lesquelles bien des éléments de l'architecture de l'époque trouvèrent souvent à s'appliquer, mais variés à l'infini avec un sentiment parfait de la différence qui existe entre le travail du bois et celui de la pierre. C'est ce qu'on voit dans quelques curieux recueils de modèles de figures décoratives, d'ornements, dus à de véritables artistes de cette époque, Ducerceau, Philibert Delorme, Albert Durer, Holbein, etc., recueils qui sont utilisés souvent par les artistes de nos jours, où, par exemple, les motifs des colonnes employées par l'ébénisterie sont indiqués comme des variations de celles de l'architecture, variations exécutées avec une fécondité d'imagination vraiment admirable.

La sculpture sur bois appliquée aux meubles se tint au niveau de la sculpture sur pierre et, comme l'orfévrerie, le bronze, fit partie des beaux-arts; la division entre ceux-ci et l'industrie n'existait pas pour les artistes qui créaient pour l'usage journalier les chefs-d'œuvre qui ornent nos musées; aussi trouve-t-on souvent dans les meubles de cette époque des statuettes, véritables œuvres d'art qui démontrent l'intervention d'artistes distingués. C'est dans de semblables conditions que Jean Goujon créa le meuble français pour Diane de Poitiers. La Renaissance montra bien, dans le mobilier comme dans toutes autres productions, comment l'art peut se fondre avec l'industrie aux époques de grands accroissements de richesse; effet sensible surtout lorsqu'une population artiste très-nombreuse se livre à un genre de production qu'un travail intelligent peut créer rapidement, tel que la sculpture sur bois. Nous verrons qu'heureusement il tend à en être ainsi en France à notre époque.

Nous dirons, au sujet de la sculpture sur bois, dont l'emploi forme le caractère essentiel des produits de la Renaissance, que, pouvant être prise dans les éléments mêmes du meuble, elle a quelque chose de plus logique que les émaux incrustés, les pièces rapportées, en bronze par exemple, que nous trouverons employés plus fréquemment dans les styles suivants, et qui ne se rattachent pas aussi directement au meuble. Remarquons toutefois que les fonds de la sculpture ne pouvant être polis comme les parties plates des meubles, étant toujours mats, les pièces trop garnies de scupltures n'ont jamais un très-grand éclat.

L'ébène était le bois préféré pour les plus belles pièces de la Renaissance; le chêne, moins coûteux, se rencontre le plus souvent. On donnait avec raison, pour le genre de décoration adopté, la préférence à un bois uni sur celui figurant des dessins, des nœuds qui distraient du sentiment des lignes.

87. Cabinet de Henri III.

Nous prendrons pour exemples, parmi tant d'œuvres du style Renaissance qui pourraient être utilement reproduites ici, le meuble dit cabinet, du temps de Henri II, qui se voit au Louvre, magnifique ouvrage en ébène, et un charmant meuble, dit coffret de mariage, du musée de Cluny.

Si l'on cherche à analyser les principaux caractères des éléments que permet de préciser la vue des beaux meubles de la Renaissance, et d'autres de l'époque actuelle

88. Coffret de mariage.

que nous reproduisons plus loin et qui sont évidemment inspirés par les œuvres de cette époque, on distinguera : l'emploi fréquent de colonnes torses, cannelées, sculptées ou seulement gravées de manière à représenter d'élégants ornements. Dans les lignes générales, souvent chargées de parties tourmentées qui n'en détruisent pas l'harmonie, on sent l'influence de l'architecture de ce siècle, notamment dans les frontons arrondis et coupés, placés fréquemment à la partie supérieure des meubles; enfin celle de la sculpture, si avancée alors, se trouve dans la profusion des statuettes de formes gracieuses dont l'exécution n'effrayait pas les artistes. L'ornementation capricieuse, abondante et tout individuelle, n'appartient plus à un goût qui se transmet, mais on sent qu'elle procède d'une interprétation de la nature et de la tradition antique, transformées librement par le sentiment de l'artiste.

Le mélange d'émaux brillants, de lapis, employés pour la décoration, se rencontre dans des meubles d'un goût un peu particulier, faits à Venise et qui sont dits de style vénitien, dont nous donnerons plus loin une reproduction moderne. Dans l'orfèvrerie il seproduisit une division du même genre, due surtout aux éléments orientaux qui se sont infiltrés dans toutes les créations de son industrie, résultat de son commerce actif avec l'Orient.

STYLE LOUIS XIV

Sous Louis XIV, le mobilier s'éleva à un haut degré de perfection et de richesse. La pompe et le faste affichés partout durent apparaître dans l'ameublement. Les siéges, vastes et recouverts de riches tapisseries, se placèrent dans les salles dont les murailles étaient garnies de meubles à surfaces enrichies d'incrustations en cuivre jaune ou en ivoire, qui appartiennent tout particulièrement à ce style et sont d'une richesse de dessin admirable. Celui-ci rappelle les arabesques les plus variées, multiplie les combinaisons de lignes les plus diverses.

Le créateur de ce genre de meubles en rapport avec le luxe du grand roi fut un grand maître, Boule[1], qui était logé au Louvre et avait les titres suivants : directeur des meubles à la manufacture des Gobelins, architecte, peintre et sculpteur en mosaïque, graveur, ciseleur, marqueteur ordinaire du roi et premier ébéniste de sa maison.

Le premier, et nul ne l'a surpassé, il sut réunir, par un mariage grandiose, la richesse du bois orné et la splendeur du métal sculpté, car la ciselure, alors, était une véritable sculpture.

En outre de ce qu'il avait reçu de son temps et qu'il a si admirablement transformé, Boule nous a laissé le raffinement imaginé par lui, d'un placage ou d'une marqueterie d'écaille de tortue, en feuilles jointes ensemble au moyen de la soudure ou autrement, dans lequel se promène un dessin ou motif en cuivre incrusté et gravé. Tel est le boule proprement dit. Le placage, au lieu d'être en écaille, peut être en corne, en nacre, en ivoire ou en bois ; le motif, au lieu d'être en cuivre, peut être en étain, en argent ou en or : ce sera toujours le travail de Boule. Des encadrements et des ornements en métal fortifient et enrichissent cette construction brillante, autour de laquelle se groupent de nos jours, pour ce genre de travail, douze corps d'état : l'ébéniste, le dessinateur, le préparateur d'écaille, le lamineur de cuivre, le découpeur, le fondeur en bronze, le monteur, le tourneur, le ciseleur, le doreur, le graveur et le marbrier.

Les pièces de ce maître et celles de son successeur Berain sont des modèles précieux pour le mobilier de grande richesse. Ses œuvres ont fait, pendant un siècle, l'ornement du palais de Versailles et des habitations des premiers personnages de l'Europe.

89. Meuble de Boule.

1. Boule fut l'ébéniste par excellence de cette époque. Les Gobelins furent consacrés par Louis XIV à l'exécution complète des mobiliers, tant ébénisterie que tapisserie, et mis sous la haute direction du célèbre peintre Lebrun, dont les tableaux indiquent bien le genre d'impulsion qu'il dut donner à ces produits, ses idées de grandeur fastueuse. Les meubles des palais furent exécutés de toutes pièces dans cette manufacture royale, qui remplissait le rôle que Sèvres remplit aujourd'hui pour la céramique. Les chefs-d'œuvre mis aux expositions par l'ébénisterie française montrent qu'elle n'a plus nul besoin, pour aider à ses progrès, d'une semblable concurrence, si peu conforme aux idées de notre siècle.

Dans ce style toutes les fantaisies, toutes les arabesques les plus capricieuses, furent reproduites avec éclat au moyen des brillantes incrustations dont il vient d'être parlé. On peut trouver que la forme de ces meubles est peut-être un peu lourde quelquefois, mais on ne peut contester qu'ils ont beaucoup d'ampleur et sont d'une grande richesse.

La marqueterie en bois, bois clair sur bois foncé, était surtout usitée avant Louis XIV, et a fourni quelques belles œuvres.

Nous donnons ici un meuble de Boule recouvert d'incrustations et orné de bronzes

90. Coffret imitation de Boule.

dorés, les deux caractères principaux de ce style, et aussi un coffret qui n'est qu'une imitation de Boule, mis par M. Vervelle de Paris à une exposition, et qui nous paraît avoir été exécuté avec un sentiment parfait du genre.

STYLES LOUIS XV ET LOUIS XVI

Riche, mais un peu froid, sous Louis XIV, le mobilier prit sous Louis XV des formes en harmonie avec l'élégance des toilettes des femmes, et à la recherche de la majesté et de l'apparat succéda celle de la grâce et de la commodité personnelles. Les créations de cette époque ont atteint, dans l'ameublement, un degré d'élégance qu'il importe de noter; les enroulements prodigués à l'infini se prêtant à toutes les combinaisons de la fantaisie, les feuilles, les fleurs sculptées, les coquilles vinrent en accroître les ressources. Elles constituent une des plus heureuses applications de ce style Louis XV, ou Pompadour, genre d'une coquetterie charmante, d'une grâce de formes toute féminine, et qui convient parfaitement pour des meubles destinés à trouver place dans le boudoir de la femme à la mode.

Nous donnons ici un canapé qui nous paraît un excellent modèle de ce genre d'ameublement si riche. Les pieds tourmentés, les moulures sculptées, les formes arrondies, la richesse du damas de soie à ramages, tout concourt à l'éclat de ces meubles, en rapport parfait de goût avec les toilettes, les fêtes de nuit de la cour, etc.

91. Canapé Louis XV.

Les petits meubles, tels que coffrets, secrétaires, etc., devinrent encore plus recherchés, d'un travail plus délicat que les grands meubles, par l'emploi des bois de couleurs variées, des incrustations nombreuses, et le mélange de la porcelaine peinte avec des couleurs tendres, agréables à l'œil, éléments heureux qui accroissent beaucoup l'étendue des combinaisons possibles, et qui, réunis, charment l'œil et satisfont à tous les caprices de la fantaisie[1].

En fait d'ameublement, on admet généralement un style Louis XVI, que nous avons déjà indiqué en parlant de la porcelaine, et qui prend ici un caractère assez déterminé. L'emploi du bois de rose, des plaques de porcelaine, des médaillons, des galeries et

1. Ce fut au commencement du siècle dernier que commença la fabrication des meubles d'acajou, devenue depuis si commune, par les ébénistes, dont le nom rappelle l'emploi, autrefois fréquent, de l'ébène dans les meubles de luxe.

« En 1720, dit M. Wolowski dans son intéressant rapport sur l'ébénisterie de l'Exposition de 1851, un médecin célèbre de Londres, nommé Gibsons, reçut de son frère, capitaine de vaisseau, plusieurs billes d'acajou qu'il avait rapportées des Indes orientales. Il voulut les employer dans une construction qu'il faisait élever dans King-Street, Covent-Garden; mais les charpentiers se plaignirent que le bois était trop dur, et il fut laissé de côté. Peu de temps après, Gibsons fit appeler son ébéniste, Wollaston, et lui demanda d'utiliser ces matériaux qui gisaient dans le jardin. La réponse fut la même : la matière était trop dure pour l'employer; mais le docteur ne se tint pas pour battu : il dit qu'on pouvait se servir d'instruments plus puissants, et après quelques essais sur de petits objets, Wollaston réussit à fabriquer un bureau qui émerveilla tellement le docteur Gibsons par la couleur, le poli et l'aspect général, qu'il invita ses amis à venir voir ce meuble, unique en ce moment. Dans le nombre était la duchesse de Buckingham, qui demanda un bureau pareil. Wollaston fut encore chargé de le fabriquer, et sa réputation grandit à mesure que l'usage de l'acajou se multiplia. Bientôt il fut à la mode comme objet de luxe, et plus tard le placage en rendit l'usage à peu près universel. »

trophées en bronze doré, est fréquent dans ces meubles; on y rencontre souvent aussi des colonnes cannelées. Il se distingue du style Louis XV par une plus grande modération dans les enroulements, par l'emploi de formes moins tourmentées. Nous offrons plus loin des œuvres modernes conçues dans ce style qui en donnent une idée assez précise.

Cette époque eut un grand artiste, Riesener, surnommé l'ébéniste de Marie-Antoinette, en qui tous les habiles ouvriers de son temps se sont absorbés. Louis XVI ou Riesener sont devenus synonymes quand on parle de meubles.

Riesener refit droits les pieds des meubles que la rocaille et le pompadour avaient faits tordus. Il leur rendit l'aplomb, la grâce. Il poussa aux limites extrêmes l'art de la marqueterie en bois : lignes, arabesques, oiseaux, emblèmes. Il emprunta au métal ciselé des ornements adorables, fouillés par des burins habiles, comme celui de Gouthières, pour réaliser ses charmantes créations.

STYLES ÉTRANGERS

Orientaux. — Les Orientaux n'ont pas de meubles; toujours étendus sur des tapis, des coussins, ils n'ont pas l'emploi de cette multitude de tables, de chaises, etc., qui forment la majeure partie du travail courant de l'ébénisterie.

Le style mauresque, oriental, est essayé assez fréquemment aujourd'hui pour la décoration du mobilier. On en retrouve des éléments dans le style vénitien, qui possède un cachet oriental dû, comme nous l'avons déjà dit, aux relations de Venise avec l'Orient. Dans ce style, qui mérite d'être cité, l'emploi du lapis, des émaux est fréquent; il donne des œuvres d'une richesse toute particulière, dont on verra plus loin un exemple.

Chinois. — Les Chinois et surtout les Japonais nous ont fourni le type d'un genre de meubles qu'ils excellent à fabriquer; nous voulons parler des meubles en laque, dans lesquels des ornements dorés sur fond noir et brillant ont un grand éclat. Ce genre a eu un grand succès à une certaine époque, et fournit des effets encore fort estimés aujourd'hui dans nombre de cas. Birmingham a monté en papier mâché (voir ce mot) une très-curieuse et prospère fabrication de meubles en laque avec incrustations de nacre, qui est une imitation assez imparfaite de la fabrication chinoise et japonaise. En France on est parvenu à fabriquer avec assez de succès ce genre de meubles.

Indous. — La fabrication de l'Inde a été représentée aux Expositions par quelques pièces assez curieuses, remarquables par un mode de sculpture particulier. Nous voulons parler de découpures à jour, d'ornements vermicellés de formes variées, de palmes analogues à celles figurées sur le vase que nous avons donné à l'article Céramique. Ce genre ne manque pas d'élégance, et porte ce cachet d'originalité d'une nation que nous imitons souvent, mais qui ne nous imite jamais. Parmi nombre de meubles mis à l'Exposition de 1855 par la Compagnie des Indes, on remarquait d'admirables pièces en ivoire, un échiquier notamment, dont le pied était formé par des palmes d'une grande richesse.

92. Boites indoues.

La figure 92 montre des boîtes incrustées qui, avec des vases en jade émaillé, brillaient parmi les produits mis à l'Exposition de Londres en 1862.

ÉPOQUE MODERNE

Au commencement du siècle, les artistes et à leur tête le peintre David, sous l'influence des idées révolutionnaires, voulaient tout faire rétrograder vers l'antiquité; aussi le style grec fut-il proclamé le type du beau et s'efforça-t-on de faire des meubles dans ce style, que la découverte de Pompéi contribua encore à mettre à la mode. Paris fut tout à coup poussé vers le plus antique de l'antique, le dorique sans base. On l'appliqua partout, à des corps de garde, à des boutiques, à des commodes. Le savant architecte Percier essaya de déterminer les formes de meubles soumises aux lois de l'art grec, et Jacob fut l'habile metteur en œuvre de ces idées. En dépit de tout le talent de Percier et de Fontaine, de leurs vastes connaissances, le succès de leurs créations fut de courte durée. Ils n'obtinrent, en cherchant, en quelque sorte, les meubles qu'eussent voulu construire les Grecs vivant de notre vie, que des formes roides, des espèces de petits monuments ornés de petites colonnes surmontées de petits chapiteaux dorés, qui, tout à fait en désaccord avec nos mœurs, ne sont plus goûtés de nos jours, et n'ont pas laissé de traces sérieuses dans les progrès de l'art.

La Restauration sortit timidement de cette voie, sans créer un type bien défini. Toutefois, sous l'influence des idées qui régnèrent à cette époque, Chenavard, peu après 1830, voulant réagir contre les formes grecques adoptées depuis trente ans, et ramener les belles formes de la Renaissance, en cherchant à reproduire industriellement de beaux modèles, essaya de produire en fabrication courante ce qui était un produit d'art à l'époque de la Renaissance. Il fit des meubles très-élégants en noyer ou autre bois teint en noir, ornés en général de colonnes torses, recouverts de tapisseries, d'étoffes, dont les dessins correspondaient parfaitement au style qu'il voulait imiter. Nous donnons ici un fauteuil (fig. 93) appartenant au mobilier qu'il chercha ainsi à créer.

93. Fauteuil de Chenavard.

Cette tentative, sans réussir complétement, eut une très-heureuse influence sur les progrès de notre industrie; elle vint exciter les dessinateurs en meubles à chercher leurs modèles dans les productions de la Renaissance, et fit entrer dans la pratique un grand nombre d'éléments de décoration nouveaux. Les bois indigènes vinrent de nouveau faire partie des ressources du constructeur de meubles, et s'ajouter à l'acajou, à l'ébène, et surtout au palissandre qui est venu le dernier occuper une grande place dans l'ébénisterie.

Si l'acheminement du mobilier vers les formes et surtout les décorations de la Renaissance tendait à se manifester pour les meubles usuels, le désir de faire des objets élégants pour nécessaires, corbeilles de mariage, etc., etc., tous ces objets de goût auxquels on donne, dans le commerce, le nom de petits meubles, ramena de son côté au mélange du bronze doré, des porcelaines, des émaux, etc., avec le bois, et par suite aux styles de Louis XV et Louis XVI. On peut dire que le style Louis XIV nous est revenu par le désir de les couvrir d'incrustations, ce qui a formé des ouvriers capables d'attaquer l'exécution des mobiliers les plus complets, des plus grandes pièces, des marqueteries de bois les plus compliquées. Les incrustations, réduites souvent à quelques filets seulement, ont été fréquemment adoptées pour la décoration de meubles assez simples. Ces divers styles ont produit des formes, des décorations de mobilier toutes spéciales, qui ne sont plus, comme nous l'avons vu pour des époques reculées, des imitations en bois des créations de l'architecture.

Si nous parlons maintenant de l'ébénisterie d'art, ce qui comprend indirectement les meubles du commerce, qui sont toujours un reflet des œuvres les plus soignées, en laissant également de côté l'étude de tous les styles employés dans des cas particuliers pour des ameublements spéciaux, nous dirons qu'en général, depuis plusieurs années, c'est entre l'imitation du style Louis XIV et celui de la Renaissance que le goût oscille. La perfection avec laquelle nos ouvriers exécutent le travail d'incrustation permet d'établir d'admirables imitations de Boule, de vulgariser ces meubles si riches. Cependant, en ce moment, on peut dire que ce sont les œuvres inspirées par les traditions de la Renaissance qui occupent le premier rang ; le public est entraîné par le talent de nombreux ouvriers et artistes et surtout des sculpteurs, dont les produits sont de véritables œuvres d'art, et auxquels ils donnent un cachet propre à notre temps, qui semble se dégager du milieu d'une imitation partielle du passé, sans qu'il soit facile de le formuler d'une manière bien nette.

Avant de passer à la description des œuvres les plus remarquables de notre industrie, disons quelques mots de celles des nations rivales de la France.

Tant que l'ébénisterie anglaise se bornait au confortable, source d'un style bien en rapport avec les mœurs anglaises, mais assez éloigné des données artistiques, elle a fort bien rempli les conditions de durée et de solidité, sans manquer d'élégance : aussi il y a vingt ans elle nous fournissait souvent des modèles ; mais dès qu'elle visait au grand luxe et à l'imitation des formes de la nature, elle cessait d'être satisfaisante.

Les progrès accomplis dans ces dernières années par l'Angleterre dans la fabrication de la belle ébénisterie sont tout à fait remarquables, et nous avons aujourd'hui en elle une rivale digne de nous. Nous le montrerons par la description de quelques-unes des œuvres les plus remarquables des Expositions.

MM. Wright et Mansfield avaient exposé en 1862 une bibliothèque basse, à hauteur d'appui, dessinée dans le style qui florissait au dix-huitième siècle en Angleterre; elle était d'un bon aspect, les cuivres de bon goût, une série de médaillons encastrés dans l'attique donnaient à l'ensemble un nouvel intérêt. Ce meuble, heureusement combiné, surmonté d'œuvres d'art d'une véritable valeur garnirait fort heureusement les murailles du cabinet d'un riche amateur. C'est une œuvre élégante, d'un caractère original et vrai (fig. 94).

MM. Wright et Mansfield exposaient encore une console dorée, ornée de médaillons de Wedgwood, à figures blanches sur fond bleu clair, le tout d'un effet nouveau et harmonieux. Ces fabricants nous paraissent mériter d'autant plus d'être placés au premier rang, que leurs œuvres ont, nous le répétons, un caractère propre, qu'elles ne sont pas l'imitation de ce qui est conventionnellement reçu comme beau aujourd'hui.

94. Bibliothèque de Wright et Mansfield.

L'œuvre la plus remarquée de l'Exposition anglaise de 1862 était un buffet de chêne destiné à une salle à manger de château, dû à MM. Jackson et Graham. Ce meuble est un de ceux qui devaient plaire davantage à un Français, car la main d'artistes français y était évidente.

Deux cariatides, la chasse et la pêche, sont placées de chaque côté de la glace du milieu; ce sont deux statues en bois de demi-grandeur, qui, fort bien traitées, ont exigé l'intervention d'un véritable artiste sculpteur. La chasse est peut-être d'un mouvement plus heureux, plus indépendant que sa sœur. Les panneaux du bas, très-ornés, portent au centre des ovales renfermant des amours : l'un symbolise la moisson, et l'autre, cueillant des grappes à un cep, rappelle cette fête inconnue à l'Angleterre, mais si chère à la France, la joyeuse vendange. L'ensemble, toutefois, serait un peu triste s'il n'était réveillé par trois grandes glaces dans lesquelles se refléteront les lumières du festin ou les gerbes de fleurs qu'on aime à accumuler dans les riches résidences d'été.

La marqueterie des meubles anglais est en général très-bien réussie ; la grande armoire en ébène avec incrustations en ivoire, mise par MM. Jackson et Graham à l'Exposition de 1867, était une œuvre splendide.

En Allemagne, l'ébénisterie de Vienne jouit d'une grande réputation. Plus lourde que celle de Paris, elle a cependant un véritable mérite. On reconnaît dans ses produits, avec une malheureuse propension à la lourdeur, une excellente exécution de formes compliquées, résultat de cette vulgarisation de la science du dessin qui est une base si importante des progrès de l'industrie allemande. Nous en donnons pour exemple un fauteuil de Leisler, de Vienne, dessiné par l'architecte Bernardo de Bernardis, qui possède un caractère incontestable de richesse.

Les Italiens, chez lesquels la sculpture est demeurée un art national, extrêmement répandu et apprécié par tous, doivent, par le progrès de leur développement industriel, exceller quelque jour dans l'exécution des meubles d'art.

95. Fauteuil de Leisler.

L'imagination incontestable des architectes, des sculpteurs, des peintres, des artistes italiens, en général, se révèle aussi chez les fabricants de meubles ornés souvent de sculptures sur bois excellentes, qui ne sont pas de perpétuelles copies de ce que nous connaissons déjà. L'exagération de l'ornementation est l'écueil qu'ils rencontrent trop souvent.

Arrivons aux œuvres de la fabrication française.

A l'Exposition de Londres de 1851, l'ébénisterie française brilla d'un grand éclat, et nous ne saurions mieux faire pour permettre d'apprécier le style des belles pièces françaises, que de donner le buffet sculpté par Liénard (fig. 96), mis à cette Exposition par M. Fourdinois de Paris, que l'opinion publique a justement sacré comme un chef-d'œuvre. Les chiens qui le supportent, les produits de la chasse, les animaux morts qui le décorent sont sculptés avec une fidélité, une délicatesse d'exécution toute moderne. Les statues qui représentent les quatre parties du monde sont : l'Europe qui a le vin, l'Asie le thé, l'Afrique le café, l'Amérique la canne à sucre. A la partie supérieure, les enfants qui représentent les Vendanges et la Moisson ; au milieu, l'Abondance; enfin, la Chasse et la Pêche qui ornent les deux côtés mieux encore que le fronton brisé, rappellent avantageusement les plus belles œuvres de la Renaissance.

C'est là une de ces œuvres qui, par leur perfection, le parfait rapport des ornements avec la destination de l'objet, la beauté des sculptures sur bois, doivent être classées comme de véritables œuvres d'art dont un pays se glorifie à juste titre.

96. Buffet de Fourdinois.

Un des caractères les plus saillants de la fabrication française, et qui a été le plus incontestablement reconnu à l'Exposition universelle de Londres, c'est la fécondité de ressources, l'habileté de nos fabricants à disposer les pièces et les ornements, à grouper gracieusement les détails en raison de l'usage auquel les meubles sont destinés. Mais si la fertilité d'invention de nos fabricants artistes brille surtout dans cette industrie, empressons-nous d'ajouter que, nulle part, les conceptions ne sont mieux senties par l'ouvrier qui exécute. C'est sur la diffusion des capacités artistiques, sur l'habileté proverbiale de toute notre population du faubourg Saint-Antoine, où le travail de la fabrication du meuble se divise à l'infini, que repose la supériorité de cette belle industrie de la France[1].

Au reste, afin de n'être pas soupçonné de prévention dans l'opinion favorable que nous émettons sur l'exposition des meubles de la France et pour préciser le style qui prévaut aujourd'hui, nous reproduirons l'appréciation générale d'un juge compétent et impartial, M. Œchelæuser, le rapporteur de l'Association douanière, qui s'exprime ainsi dans le travail officiel publié au nom de la commission du ZOLLVEREIN :

97. Meuble style vénitien de MM. Grohé.

« Si l'on ne saurait soutenir que dans tous les genres de meubles, sans exception, « la France a fourni ce qu'il y avait de plus remarquable à l'Exposition du Palais de « Cristal, l'avis de tous les connaisseurs n'en a pas moins été unanime et formel pour « reconnaître que, dans ce concours, la victoire appartient aux Français. La pureté « du style, l'harmonie de la construction et de l'ornementation, le choix des maté- « riaux qui répondaient toujours aux exigences du dessin, de la couleur et des qualités « particulières du meuble aussi bien qu'aux convenances du style adopté et de la desti- « nation, une habileté incomparable dans le travail de menuiserie et de sculpture, une

1. On ne travaille nulle part le bois sur une aussi grande échelle qu'au faubourg Saint-Antoine, à Paris. Ce quartier constitue un de ces grands centres industriels d'une immense puissance productive, où toute une population rivalise et excelle dans un genre de création. La division du travail y est poussée, avec un grand avantage, jusqu'aux dernières limites. Il existe, au faubourg Saint-Antoine, des usines où l'on se borne à scier le bois de placage ; d'autres qui débitent les bois de couleur en petites lanières pour les filets et l'incrustation. Il y a des ouvriers qui travaillent le bois comme la dentelle ; des ouvriers qui posent des basanes, des vernisseurs, des colleurs, des sculpteurs de fauteuils, des mouleurs, etc., etc., qui tous « ne font qu'un article, » pour employer le terme consacré, et en vivent très-honorablement. Cette division extrême, en concentrant l'habileté des ouvriers sur un seul objet constamment demandé, les a conduits à une finesse d'exécution incomparable.

« heureuse distribution des ornements, qui empêche de surcharger même les dispositions les plus riches; toutes ces qualités réunies faisaient de la division des meubles français une des plus belles parties de l'Exposition universelle. Il faut leur reconnaître le mérite de l'inspiration originale, car on doit envisager les produits français comme les véritables modèles dans cette branche de l'industrie; beaucoup de meubles d'autres pays n'étaient qu'une imitation.

« Le style nouveau adopté en France obéit à une direction qui s'éloigne des nombreuses déviations du goût qui déparaient les siècles de Louis XIV, Louis XV et Louis XVI, et des prétentieuses recherches du « rococo. » Les produits mis au jour à Londres relèvent du style de la Renaissance dans toute sa pureté, et encore a-t-il été affranchi des éléments qui ne répondent plus au sentiment du beau dont s'inspire l'époque actuelle. Nous signalerons, par exemple, la substitution de la figure vivante aux cariatides, et surtout la tendance à emprunter à la nature elle-même les sujets de l'ornementation. »

98. Bibliothèque Renaissance de MM. Grohé.

On voit que le succès de la France est ici complet, et qu'à cette industrie encore s'applique bien le mot de Necker : « Le goût est, pour la France, le plus adroit de tous les commerces. »

L'Exposition de 1855 nous offrait peut-être un trop grand nombre de pièces inspirées par le beau meuble de M. Fourdinois; aussi leur multiplicité faisait-elle désirer des meubles dont l'harmonie résultât de lignes gracieuses qui, on l'oublie trop souvent, ont une importance plus grande encore que les sculptures et doivent dominer tous les ornements. MM. Grohé ont eu sous ce rapport une admirable exposition, qui a été justement appréciée par tous les connaisseurs. Elle est surtout bien précieuse au point de vue de notre travail en ce qu'elle offre des pièces bien étudiées de styles anciens.

Nous avons reproduit ci-dessus : 1° leur meuble vénitien (fig. 97), appartenant à ce style dont nous avons parlé plus haut, charmant petit meuble de dame, qui avec ses pierres en saillie a un éclat très-grand, sans les tons criards que donne l'emploi de poteries, bien souvent tenté sans succès. En second lieu, nous donnons leur armoire Renaissance (fin de cette époque, seizième siècle) (fig. 98), meuble en ébène dont les lignes sont d'une pureté parfaite, où les rencontres de parties circulaires et rectilignes se combinent harmonieusement. Le bronze que, de nos jours, l'on cherche trop, croyons-nous, à mélanger au bois pour en faire partie intégrante du meuble, trouve, comme accessoire, une excellente application dans cette bibliothèque destinée à renfermer des objets d'art.

Enfin nous reproduisons leur armoire Louis XVI (fig. 99), qui est une excellente

99. Armoire Louis XVI.

étude de ce style et montre tout l'effet que l'on peut retirer de l'emploi du bois de rose rehaussé par des ornements en bronze doré.

M. Tahan avait exposé une bibliothèque étagère du même style (fig. 100), qui est un beau et sérieux travail. Il est important de dire qu'elle a été établie dans des conditions un peu spéciales, à savoir de manière à s'allier passablement avec les meubles style empire qui se trouvaient dans la pièce où elle devait être placée. Nous reproduisons aussi la volière du même exposant (fig. 101), ornée de sculptures, de feuilles et de fleurs en relief, genre d'ornement qui a été fort goûté du public pour des meubles de petite dimension. Cette pièce fait honneur à M. Cornu, l'habile dessinateur qui l'a conçue, et elle a été une des œuvres populaires de l'Exposition de 1855; néanmoins pour les grands meubles, et en dehors d'une application heureuse telle que celle de cette volière, nous sommes peu partisan des feuilles et des fleurs en bois. Ce genre d'ornements a peu d'éclat et fait penser à la couleur absente.

100. Bibliothèque-étagère Louis XVI.

La décoration des meubles en fer, à l'aide de plaques de fonte fournissant des bas-reliefs, tentée sur une grande échelle, ne nous paraît admissible, « artistiquement parlant, » que dans des cas très-limités. Le fer donne toujours des formes maigres, ne peut fournir des surfaces agréables à l'œil.

Il en est de même des meubles entièrement couverts d'étoffes, dans lesquels il n'y a pas de bois apparent; ces meubles ont un mérite réel de confortable, mais, malgré l'emploi du velours, des franges, etc., ils n'ont jamais grand caractère artistique et même en général ils ont peu de charme. Nous devons toutefois faire exception pour quelques cas où l'emploi en est fait avec goût et où ils viennent se combiner avec de

101. Volière de M. Tahan.

riches tentures. Leur fabrication est tout naturellement dévolue au tapissier et sort du domaine de l'ébéniste.

Tout le monde a été d'accord pour considérer le cabinet de M. Fourdinois fils comme le plus beau meuble de l'Exposition de 1862.

102. Cabinet de H. Fourdinois.

Il est en ébène, à deux corps; le bas est d'ordre ionique. Les colonnes un peu fluettes, comme on les aimait sous la Renaissance, sont cannelées; entre elles se trouve un panneau finement sculpté représentant l'enlèvement de Proserpine. Le corps supérieur est d'ordre corinthien et très-délicatement incrusté de lapis-lazuli et de jaspe sanguin; sur les panneaux de la porte du milieu sont figurés Diane et Apollon, d'après Jean Goujon; les panneaux latéraux s'ouvrent pour laisser voir des tiroirs fort joliment incrustés d'ivoire.

Tout cela est d'un goût sobre, sévère, d'un sentiment parfait. C'est une imitation faite avec tant de soin, tous les détails sont si parfaitement traités, qu'il est douteux qu'on ait jamais fait mieux. Trois jours après l'ouverture de l'Exposition, ce meuble était vendu à un orfévre de Londres au prix de 30,000 francs.

Nous donnons ici (fig. 102) le dessin de ce véritable chef-d'œuvre, début d'un artiste qui aurait pu aspirer à la grande sculpture, si la réputation justement acquise par son père dans l'ébénisterie d'art ne l'avait retenu sur un théâtre plus modeste, où les victoires cependant ne sont pas sans gloire.

Il a cherché et réussi à faire aussi bien en 1867; son grand meuble était une œuvre magistrale, mais qui nous paraît avoir moins de charme que la précédente. Achetée par les Anglais, elle figure comme un modèle, aujourd'hui, au musée de Kensington; elle paraît être une réminiscence italienne. Elle emprunte son éclat au mariage des bois de teintes différentes, de sculptures logées avec une extrême précision dans les montants de couleur plus foncée.

La carrosserie est une industrie que nous devons au moins indiquer ici, car il s'y fait, au point de vue du goût, de magnifiques choses. Les carrosses pompeux de Louis XIV, les voitures de gala couvertes de sculptures sont rarement demandés; mais la légèreté et l'élégance ont atteint des limites extraordinaires. Les lourdes maisons mobiles d'autrefois ont fait place à des voitures fines, légères, propres à de grandes vitesses sur de bons chemins.

Nous ne saurions mieux terminer cette étude sur notre belle industrie de l'ébénisterie qu'en empruntant à l'intéressant rapport de M. Wolowski, sur l'Exposition de 1851, des considérations élevées sur les causes d'une supériorité dont notre pays peut être fier à juste titre, sur les relations nécessaires entre le développement de la vie morale, intellectuelle des peuples, et leur supériorité dans les œuvres d'art industriel. Ce passage de son rapport mérite à tous égards d'être médité. « Le sceptre du goût, dit-il, appartient incontestablement à la France : nous devons cette prééminence non-seulement à l'intelligente application des leçons puisées dans le spectacle des œuvres d'art, car les chefs-d'œuvre de toute nature abondent ailleurs; non-seulement à d'excellentes écoles de dessin, on en a fondé beaucoup en Angleterre, en Belgique, en Allemagne, etc.; non-seulement à l'habileté du « tour de main, » car nous comptons nombre d'excellents ouvriers qui nous viennent de l'autre côté du Rhin; mais au sentiment du beau et du vrai, de l'unité et de l'harmonie, qui laisse son empreinte sur les productions de l'esprit français. C'est le fruit de ce sens à la fois pratique et exquis que donne une culture supérieure (aux acheteurs comme aux producteurs) et que l'habileté mécanique ne saurait remplacer. Il n'importe pas moins pour l'avancement matériel que pour le progrès moral des peuples d'élever l'âme, d'orner l'intelligence, d'étendre l'horizon de la pensée et de fortifier notre esprit. »

SECTION IV

SCULPTURE

ARTS QUI RELÈVENT DE LA SCULPTURE : STATUAIRE, ARTS VESTIAIRES, ORFÉVRERIE, BIJOUTERIE.

Les modifications de style, que nous avons étudiées dans l'architecture, se distinguent avec une grande netteté dans la sculpture, qui ne cesse d'être autre chose qu'un moyen de décoration de l'architecture et ne se détache de celle-ci qu'aux époques où le goût des arts se développe. Tant qu'elle reste un annexe de l'architecture, elle ne s'élève généralement pas jusqu'à l'imitation complète des modèles fournis par la nature.

Nous avons à l'étudier ici non-seulement en elle-même, par rapport aux styles qui se manifestent dans les œuvres d'art pur, mais aussi dans les produits des arts que nous allons considérer, qui sont de véritables sculptures obtenues par des procédés ou avec des matériaux particuliers. De plus, ce sont les artistes qui indiquent les types et les formes suivis de loin par l'industrie; souvent même ils créent les types que les fabricants se bornent à surmouler et à réduire. Les sculpteurs éminents posent les règles, forment le goût, et bien souvent exécutent les modèles les plus parfaits; ils remplissent tout à fait, par rapport à l'art industriel, le rôle des savants relativement à la technique de l'industrie[1].

1. Nous empruntons au rapport de l'Exposition de 1867 la désignation des artistes industriels qui ont figuré dans la classe qui leur était consacrée, ce qui montrera la variété des professions qui ont pour but les applications de l'art à l'industrie. On verra combien se sont spécialisés de nos jours les travaux des personnes que l'on gratifie du nom d'artistes industriels, dont les œuvres relèvent de la sculpture et de la peinture proprement dites. Nous citerons, parmi beaucoup d'autres, Liénard, Klagmann, Diéterle, Carrier-Beleuze, comme des artistes ayant atteint, dans cette voie, une belle réputation.

1° Dessinateurs pour tapis, tapisseries, impressions, étoffes d'ameublement, ornements d'église, châles,

Nous diviserons en quatre parties les arts industriels qui entrent dans cette division :

1° La sculpture proprement dite, comprenant, outre la statuaire, les œuvres d'art employées comme moyen d'ornement, la sculpture décorative sur bois et sur pierre, et aussi les moulages et réductions en plâtre, en carton-pierre, etc., les bronzes, la reproduction de la statuaire en métal par la voie de la fonte ou de la galvanoplastie;

2° Les arts vestiaires, comprenant l'ornementation des vêtements, de la toilette, qui relèvent évidemment de la même conception que la statuaire, ayant comme elle pour point de départ l'intelligence des formes humaines ;

3° L'orfévrerie, employant, outre la fonte et la galvanoplastie, le procédé spécial du repoussé;

4° La bijouterie, employant surtout pour les ornements servant à la toilette des femmes, bagues, bracelets, chaînes, etc., les métaux précieux; et la joaillerie, qui réunit à ces métaux les diamants et les pierres précieuses.

Avant de parler des styles, des variations du goût dans ces divers cas, disons quelques mots des procédés des industries qui correspondent à ces diverses divisions.

1° STATUAIRE

D'après la nature de cette étude, nous ne pouvons traiter qu'accidentellement de l'art pur, dont l'étude approfondie exige la vie entière du plus grand artiste, et seulement parce que c'est son développement qui domine tous les arts de la forme, les modifications du goût dans les œuvres d'art ayant toujours une traduction directe dans les applications industrielles qui relèvent de l'art. Nous ne donnerons, dans ce qui va suivre, que l'énoncé des variations du goût généralement admises; nous prendrons notre point de départ dans les résultats incontestés de l'étude des œuvres célèbres.

Dans la reproduction des statues, en général réduites à de petites dimensions pour faire l'objet de l'industrie, pour cesser d'appartenir aux beaux-arts proprement dits qui ont pour objet la production originale, tandis que l'industrie n'a pour but le plus souvent que leur multiplication (on voit, d'après cela, le secours qu'elle reçoit de l'art, combien elle se mêle fréquemment avec lui), on ne se propose, en général, que de conserver les poses gracieuses, l'aspect agréable du modèle; presque toujours on perd de vue l'idéal; le sentiment élevé de la sculpture est méconnu. Cela résulte presque forcé-

dentelles, papier peint, bijoux, décorations d'appartement.

2° Dessinateurs, graveurs et peintres sur verre, porcelaine (décorateurs), tôle, etc.

3° Graveurs pour armoiries, cachets, médailles, coins de monnaies, poinçons de typographie.

4° Graveurs en taille-douce, à l'eau-forte, damasquin.

5° Dessinateurs et graveurs de machines, voitures.

6° Graveurs sur bois.

7° Graveurs en pierres fines, camées, coquilles.

8° Dessinateurs et graveurs sur métaux, ivoire, nacre; reliefs obtenus par les procédés chimiques, la galvanoplastie, etc.

9° Lithographes, calligraphes, chromo-lithographes.

10° Objets de plastique, bois sculptés, cuirs, reproduction par le moulage, terres cuites, carton-pierre, objet en cire.

11° Modèles pour bronze, émaux.

12° Briques émaillées, application de la céramique à la décoration.

ment de l'exiguïté des dimensions qui amoindrit l'effet des statues, suite nécessaire de leur emploi tant comme décorations isolées que comme ornements de produits industriels. Cette reproduction constitue en elle-même une spécialité qui tient une place importante dans les arts d'imitation.

Quant aux procédés multiplicateurs, ils consistent essentiellement dans le moulage appliqué à des matières plastiques, au plâtre, au carton-pierre, au stuc, etc. Comme dans le cas étudié ci-après, c'est par les procédés qui rendent le moule composé du moins grand nombre possible de pièces, et diminuent par suite les chances d'altération des formes, que se trouvent les moyens les plus certains de conserver les qualités artistiques du modèle.

Le moulage en plâtre, moyen le plus facile et le plus exact de reproduction, fut mis à la mode à l'époque de la Renaissance par Verrochio, peintre et sculpteur habile, et ce procédé devint d'un grand secours pour la vulgarisation des œuvres de l'antiquité.

Nous ne devons pas passer sous silence les divers procédés mécaniques, et surtout le procédé Collas, procédé tout moderne, employé avec succès pour la réduction des statues, et qui a contribué puissamment, dans ces dernières années, à vulgariser les réductions des chefs-d'œuvre de la statuaire. Son grand mérite est de conserver parfaitement les grandes lignes artistiques, les lignes de grande courbure du modèle, parce que son mode d'opérer repose sur la reproduction de celles-ci. Nous montrerons plus loin les avantages inhérents à ce mode d'opérer, en parlant de la représentation des objets à l'aide du dessin.

En même temps que de la statuaire, nous aurons à parler de la sculpture décorative, qui absorbe tout l'art aux époques où l'architecture seule jette un grand éclat, et n'en est que plus brillante aux époques de splendeur où ces deux arts existent séparément. Nous aurons aussi à dire quelques mots de la sculpture la plus industrielle de toutes, à cause de la rapidité de sa production, de la sculpture sur bois, dont nous avons été contraints de parler déjà dans son emploi pour l'ornementation des meubles.

BRONZES

Nous avons laissé de côté, dans ce qui précède, la reproduction en métal et surtout en bronze, parce qu'elle constitue une industrie spéciale d'une grande importance. La belle couleur du bronze, la facilité avec laquelle il peut être moulé avec une grande pureté, et toute imperfection être corrigée par la ciselure, en ont toujours fait la matière par excellence pour la reproduction des œuvres de la sculpture.

L'art du fondeur en bronze s'est élevé, chez les anciens, à la hauteur de la sculpture. La quantité immense de statues et de vases de bronze qu'ils ont produits dépasse toutes les limites qu'on peut imaginer. Ce fut par milliers que les Romains enlevèrent à la Grèce ses œuvres d'art de tout genre, tous ces objets auxquels la perfection du travail donnait tant de prix. La masse de ces richesses semblerait vraiment fabuleuse, si la découverte de Pompéi n'était venue confirmer l'authenticité des récits du passé. L'âge de la barbarie vit disparaître l'art du fondeur en bronze; mais, à l'époque de la

Renaissance, il se releva en Italie, comme nous le verrons bientôt, pour s'amoindrir encore une fois et enfin renaître en France sous Louis XIV avec un grand éclat.

De nos jours, les objets que comprend cette industrie, comme les besoins du luxe auquel elle doit satisfaire, sont extrêmement nombreux. Indépendamment des bronzes proprement dits, d'objets d'art destinés à la décoration de nos demeures, nous citerons, après l'importante fabrication des pendules, les bronzes dorés, les mélanges de ceux-ci avec la porcelaine, le marbre, etc., celle des candélabres, lustres, et toute cette série d'appareils servant à l'éclairage, notamment à l'aide du gaz.

Sous le rapport technique, le grand progrès dans la fabrication des bronzes repose sur les procédés de fonte à bon creux (voir l'article Bronze), c'est-à-dire en obtenant, à l'aide de la cire, un moule qui, vidé par l'effet de la chaleur, permet d'obtenir la pièce bien fondue d'un coup, et non couturée par ces jonctions de moules partiels, trop souvent employés, qui défigurent le plus souvent la pensée de l'artiste. C'est pour achever l'œuvre qu'intervient le ciseleur, véritable sculpteur sur bronze, dont le travail est lent, cher, et exige une extrême habileté. On emploie encore la galvanoplastie, qui permet de faire déposer le cuivre par voie humide dans un creux obtenu à l'aide d'une substance rendue conductrice; elle est adoptée fréquemment aujourd'hui pour diminuer le travail de réparation de ciselure, surtout pour les petites pièces, les bas-reliefs de peu d'épaisseur, dont l'orfévrerie, l'ébénisterie tirent très-bon parti, après qu'on a rendu le métal résistant en en augmentant l'épaisseur à l'aide de soudure forte coulée dans son intérieur.

FONTE DE FER, ZINC

La fonte de fer, si importante pour l'industrie en général, n'a pu remplacer le bronze dans la production artistique. L'extrême dureté de la croûte extérieure des pièces fondues en fonte de fer empêche le travail de la ciselure, qui, avec le bronze, permet de réparer les imperfections du moulage, de faire disparaître les coutures des moules, etc.

Ce n'est que dans la décoration monumentale, comme pour les fontaines qui ornent les places publiques et d'autres monuments analogues, que la fonte de fer a été adoptée à cause de son bon marché, et les grands progrès du moulage ont permis d'obtenir ainsi des produits d'une véritable valeur artistique. Toutefois leur pureté ne saurait être comparée à celle du bronze, et, au point de vue du bas prix, aujourd'hui elle cède souvent le pas au zinc, plus léger que la fonte et qui se moule convenablement entre les mains d'habiles fondeurs. On a exécuté, avec succès, en Allemagne, plusieurs frontons en zinc pour de grands édifices, celui du théâtre de Hambourg par exemple.

Le bas prix du zinc, la possibilité de le couler dans des moules métalliques, c'est-à-dire pouvant servir indéfiniment, à cause du peu d'élévation de son point de fusion et du peu de chaleur communiquée au modèle dans le procédé dit « au renversé » (voyez Fonderie en zinc), en permettant de réduire considérablement les prix, font adopter ce métal pour une foule d'objets imparfaits, mais à bas prix, auxquels la galvanoplastie permet de donner l'apparence du bronze par le dépôt d'une couche très-mince de cuivre.

2° ARTS VESTIAIRES

Le goût des personnes qui exercent les professions qui ont pour objet la confection des vêtements doit se rapprocher, au sommet de la série, de celui du sculpteur. Il s'agit dans les deux cas d'orner le corps humain, par la belle disposition des cheveux, de la coiffure, les formes des vêtements et leurs transformations successives, qui sont la préoccupation constante de tant de personnes, des femmes surtout, et offrent peut-être la traduction la plus complète des aspirations du goût dominant à chaque époque. La mode qui se formule dans les grandes capitales, et surtout à Paris, est le point de départ, le moyen capital de succès des plus grandes industries. Les éléments employés qui sont l'objet du travail des plus importantes manufactures seront étudiés ailleurs; il ne s'agit ici que de leur mise en œuvre, de leur adaptation au corps humain. Les procédés de fabrication par découpage et assemblage sont très-simples, mais la forme des vêtements, leur adaptation, exigent, dans certains cas, beaucoup d'habileté et de goût.

3° ORFÉVRERIE

L'orfévrerie, c'est-à-dire, d'après l'étymologie, le travail de l'or, est un des arts les plus anciens. On le trouve florissant aux époques de splendeur des différents peuples. Les beaux-arts, dit le duc de Luynes, exercent une influence constante sur l'orfévrerie parce que, malgré les usages domestiques auxquels cette industrie est le plus souvent affectée, les matières précieuses sur lesquelles elle s'exerce lui ont toujours imposé une recherche de formes particulière; aussi la voyons-nous toujours s'élever ou déchoir avec la peinture et la sculpture. Cette industrie essentiellement de luxe et toute décorative est, en réalité, dans ses œuvres capitales, un art véritable (elle était considérée ainsi par les anciens), employant le plus souvent un procédé tout particulier de fabrication, la retreinte, le repoussé au marteau, qui permet d'utiliser la grande malléabilité de l'or et de l'argent pour créer une œuvre unique, originale, en un mot une œuvre d'art. Le repoussé exige un talent réel et une grande connaissance du modelé. L'œuvre originale exécutée par ces procédés se distingue, à la simple vue, d'un morceau fondu et ciselé, et porte toujours une empreinte de vie et d'originalité qui lui donne une grande valeur.

Ce n'est que pour des produits dont la consommation est étendue, qu'on arrive à la multiplication économique des pièces par l'estampage, par le repoussé obtenu au moyen de creux et de reliefs de la forme même qu'il s'agit d'obtenir. Les ornements estampés, soudés ou vissés sur la pièce principale, servent, comme des ornements fondus ou obtenus aujourd'hui par la galvanoplastie, à décorer des pièces qui tirent leur charme de formes géométriques, dont les surfaces sont continues et brillantes. Mais il n'y a pas à tenir compte ici des modes de travail, des procédés différents employés pour obtenir des produits de même nature, de même qu'on doit, au point de vue de l'art, étudier à la fois les pièces qui tirent leur harmonie de la proportion des lignes, qui ne rappellent aucune production naturelle, et celles remarquables par l'imitation des êtres animés.

Ces circonstances viennent se présenter souvent en même temps dans les pièces d'orfévrerie.

L'application industrielle de l'estampage a engendré plusieurs fabrications économiques : telle est celle des cuivres estampés, pour laquelle on n'a besoin que de creux fondus, dans lesquels la feuille mince du métal est repoussée par des blocs en plomb.

A propos de l'estampage, nous devons rappeler la plus ancienne et la plus importante fabrication de ce genre, le monnayage qui fixe les dates de l'histoire, par la fabrication des monnaies, médailles, etc.

Plus facilement peut-être que la statuaire, l'orfévrerie permet, tant par son éclat que par le peu de grandeur des personnages, par les colorations diverses dont elle dispose, etc., d'atteindre des effets que la statuaire se propose rarement d'obtenir. Elles sortent d'ailleurs de la sphère qui lui est propre, de la représentation du sentiment individuel. Disons, comme le prouve l'exemple des plus grands orfévres, que la figure humaine convient bien moins à l'orfévrerie que la production des formes géométriques, les enroulements de fantaisie qui réjouissent les yeux, sans appeler la critique sur des œuvres que les moyens d'exécution rendent, pour ainsi dire, impossibles à obtenir avec le degré élevé de perfection auquel la statuaire nous a habitués.

On ne doit pas oublier que l'orfévrerie n'arrive à l'art qu'en cherchant des moyens de décoration, et ce serait une erreur que de juger les plus belles pièces d'orfévrerie comme œuvres d'art pur. Le but à atteindre est de charmer l'œil par un ensemble, de communiquer le sentiment de la richesse par l'éclat, mais jamais les plus parfaites de ces œuvres n'atteindront à la valeur artistique d'une belle statue grecque; c'est assez de dire que, comme industrie, l'orfévrerie, par la valeur de la matière première, la splendeur de ses œuvres et le haut prix qui y a été toujours attaché, a tenu de tout temps la première place, et qu'on retrouve dans les pièces justement célèbres de nombreuses et brillantes manifestations des grandes époques de l'art.

4° BIJOUTERIE, JOAILLERIE

La bijouterie procède de l'orfévrerie, à laquelle elle emprunte la majeure partie de ses procédés; c'est la division de cette industrie qui s'applique à la fabrication de parures destinées surtout à la toilette des femmes. Elle emprunte à la joaillerie ses ornements les plus riches, les pierres fines, qui n'entrent dans la bijouterie que comme accessoires. S'il est un champ ouvert pour la fantaisie, c'est sûrement celui de la bijouterie, et l'extrême variété des créations modernes le prouve surabondamment; toutefois, les œuvres les plus remarquables sont celles où l'on parvient à donner une signification à l'œuvre créée, sans toutefois considérer l'imitation, toujours imparfaite des formes de la nature, comme une condition nécessaire.

C'est essentiellement avec l'or que se fait la bijouterie; toutefois les formes des bijoux d'or s'exploitent souvent en fausse bijouterie, c'est-à-dire en cuivre doré. A certaines époques, le bijou d'argent, celui même exécuté en acier, sont adoptés par la mode et sont fabriqués en grande quantité; mais en tout temps il s'en fait quelques-uns de fort convenables en ces diverses matières, pour des genres particuliers.

Dans la joaillerie, les pierres fines et les perles jouent le rôle principal; dans la bijouterie, les métaux précieux travaillés, gravés, guillochés, incrustés, les émaux, les nielles, les filigranes, les camées, le corail, les pierres dures, les coraux, les mosaïques sont employés sous toutes les formes inspirées pour les caprices de la fantaisie. Il ne faut pas, malgré leurs nombreuses affinités, confondre la bijouterie et la joaillerie, c'est-à-dire l'industrie qui emploie surtout l'or et l'argent pour les décorations et la toilette, avec celle qui a pour objet le sertissage et le montage des pierres précieuses et des diamants.

Revenons maintenant à l'étude de ces diverses industries, de leur histoire et de leurs progrès.

STYLES SUCCESSIFS DANS LES ARTS RELEVANT DE LA SCULPTURE

STYLE ÉGYPTIEN

La statuaire égyptienne représente un point du développement de l'art, auquel une nation s'est volontairement arrêtée; elle est caractérisée par l'emploi de formes conventionnelles préférées à celles qu'eût pu fournir l'imitation fidèle de la nature. En effet, les colonnes des temples égyptiens déjà données, les sphinx, les statues colossales

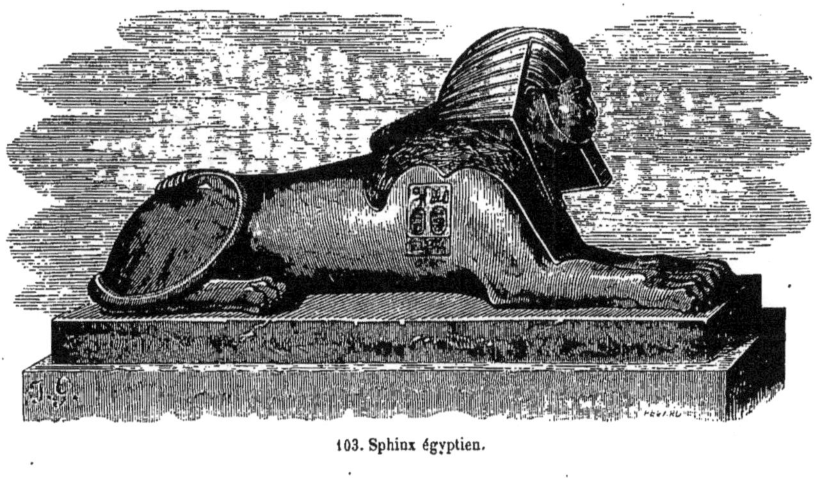

103. Sphinx égyptien.

taillés dans le granit ne sont pas des œuvres barbares, mais des œuvres exécutées à l'aide de puissants moyens d'action, pour obtenir une forme traditionnelle. Le siècle de Sésostris paraît avoir été l'époque la plus brillante de la statuaire égyptienne. On connaît une admirable statue de ce roi taillée dans le granit noir.

Pour ce qui est de l'orfévrerie, les recueils d'antiquités égyptiennes nous décrivent des vases de métal, dont quelques-uns rappellent les formes et les décorations de la Grèce. Nous en donnons ici un, d'un genre tout particulier, qui nous paraît curieux. La splendide exposition des antiquités égyptiennes que l'on a admirée à Paris, en 1867, contenait des pièces bien précieuses, notamment une petite nacelle en or repoussé, qui prouvait que les procédés du travail de l'orfévrerie étaient connus des Égyptiens plusieurs milliers d'années avant J.-C.

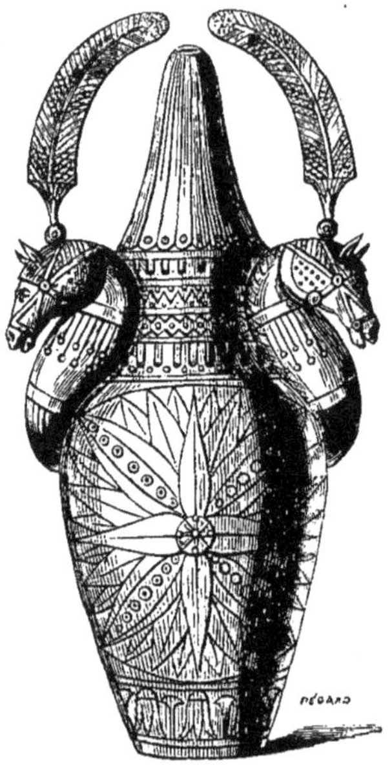

104. Vase égyptien.

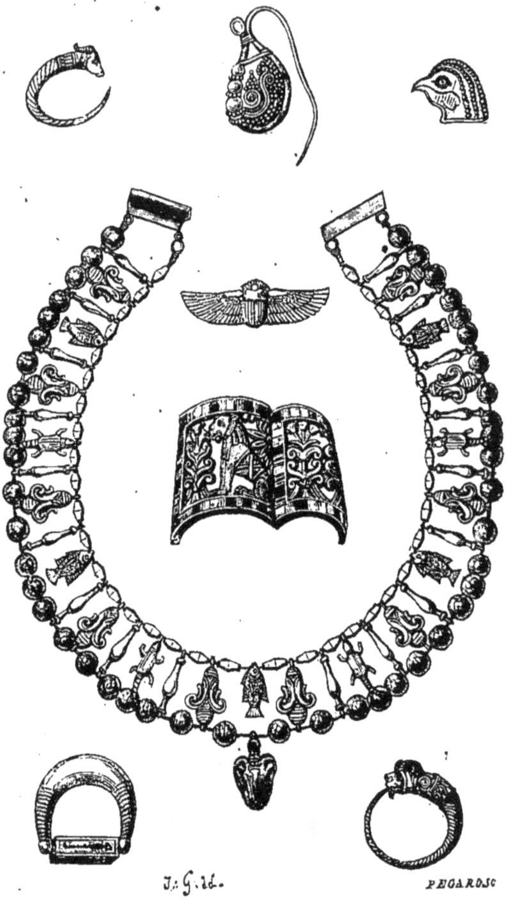

105. Bijoux égyptiens.

Enfin, les bijoux trouvés dans les tombeaux sont loin d'être sans charme. Nous donnons pour preuve un collier, un bracelet, des bagues, une boucle d'oreille en or, objets dessinés au Louvre, d'après les belles collections du musée de Charles X.

STYLE GREC, STYLE ROMAIN

Sans vouloir nous étendre sur l'histoire des beaux-arts, nous devons nous arrêter sur la statuaire grecque. Passionnés pour la beauté physique, les Grecs en ont reproduit par la sculpture d'inimitables modèles; et, tout en employant admirablement la sculpture décorative comme annexe de l'architecture, pour l'ornementation des colonnes, la décoration des façades, ils ont su créer en outre un art complet qui réussit parfaitement à représenter tous les types de la beauté.

Voici avec quel enthousiasme parle de la sculpture grecque un écrivain distingué, M. Taine : « Regardez la statuaire grecque. Toute la science, toute la philosophie de ce petit peuple, un des mieux organisés qui fût jamais, y est décrite en caractères ineffaçables. Vous pouvez y lire, aussi clairement que dans ses poëmes, ses histoires et ses tragédies, la conception qu'il avait du monde et de lui-même. Les idées qu'il glorifiait et par lesquelles il affirmait son autonomie en face des barbares sont là devant vous condensées et exprimées dans une forme qui les rend accessibles à toutes les intelligences. Les orateurs parlent, les gladiateurs luttent, les dieux veillent. On dirait une société de marbre, image qui survit, blanche et immaculée, à une société de chair depuis longtemps dissoute. Il n'est point de force dans la nature ou dans la vie qui n'ait alors trouvé son enveloppe charnelle pour se fixer dans les yeux en même temps qu'elle se fixait dans les esprits. La toute-puissance, c'est Jupiter; la toute-sagesse, c'est Minerve; la toute-beauté, c'est Vénus. Et à l'entour de ces généralisations incarnées rendues visibles et palpables, c'est la jeunesse, c'est le courage, c'est le génie, c'est la gloire, c'est le plaisir, c'est l'amour, c'est l'éloquence; ce sont toutes les énergies et toutes les vertus d'un peuple héroïque et fort qui sont debout et font cortége. »

106. Vénus de Milo.

Il nous faudrait reproduire ici le musée des Antiques, si nous voulions faire apprécier le mérite de la statuaire grecque; il y aurait à entrer dans une longue suite de considérations pour faire comprendre la pensée recouverte par chaque forme, l'idéal révélé par chaque chef-d'œuvre. Dans l'impossibilité de le faire, nous nous bornerons à reproduire un des chefs-d'œuvre le plus récemment découverts et des plus admirables, la Vénus de Milo; une de ces œuvres qui réfléchissent la beauté même, c'est-à-dire bien plus que le gracieux, le joli, sentiments de second ordre qui se transforment avec chaque époque [1].

La sculpture en ivoire, la toreutique, fut très-goûtée des Grecs. Déjà elle avait été en honneur chez les Égyptiens, les Assyriens et les Perses, dès les premiers âges de la civilisation. Cette matière si brillante, unie à l'or, fut surtout employée pour les statues des dieux. Dans son fameux Jupiter d'Olympie, Phidias exécuta tous les nus en ivoire; il employa également cette belle matière pour l'exécution de la Minerve du Parthénon, que le duc de Luynes a fait si curieusement reproduire par un sculpteur de talent, M. Simart.

Depuis les grands progrès de la peinture, c'est-à-dire de l'art qui permet d'exprimer

1. Grands sculpteurs grecs. — Première époque. Phidias, auteur des célèbres statues de Pallas et du Jupiter Olympien, en or et en ivoire, — Polyclète, Scopas, etc.
Œuvres : Bas-reliefs du Parthénon. — Le canon, statue modèle des plus belles formes de l'homme, — Jupiter, — Vénus, — Cupidon, — Faunes, etc., etc.
Deuxième époque, après Périclès. — Praxitèle, — Lysippe, sculpteur d'Alexandre, etc.
Œuvres : La Niobée, — Laocoon, — Le Gladiateur, — l'Apollon du Belvédère, etc.

les sentiments les plus variés, on a quelquefois reproché à la sculpture grecque d'être souvent trop froide, de reproduire rarement des sentiments. Aujourd'hui, malgré, et nous dirons presque à cause des admirables travaux de tant d'artistes modernes, on admet que la statuaire ne convient pas pour des scènes mouvementées et que son domaine est vraiment celui que les Grecs lui avaient reconnu.

Il n'y a pas de statuaire romaine; c'était le talent des artistes grecs qui, à Rome, décorée des dépouilles de la Grèce, produisait presque toujours les plus belles statues. Toutefois, elles tendaient à exprimer des sentiments plus forts, à posséder peut-être une expression moins idéale que celles de la Grèce. Nous donnerons pour type le GLADIA-

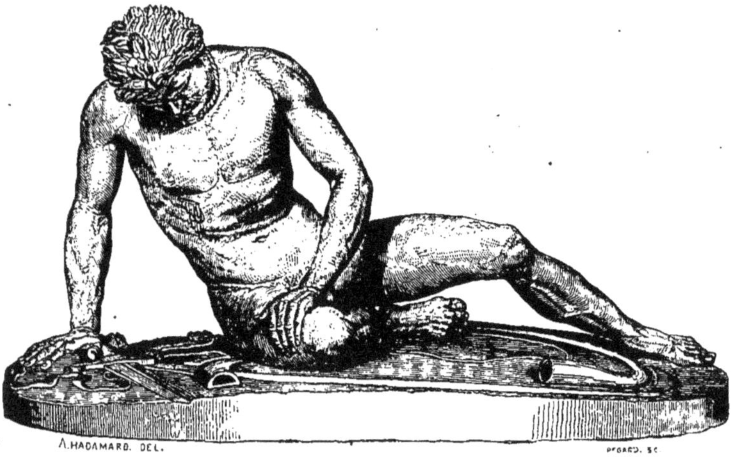

107. Le Gladiateur mourant.

TEUR MOURANT. Byron a décrit dans des vers célèbres tout ce qu'inspire la vue de cette statue, cette mort du Gladiateur, de l'esclave slave mourant loin de sa patrie, pour servir de jouet aux Romains. C'est sous Adrien que le style que l'on peut considérer comme propre aux Romains se montra le plus élevé et le plus pur. Nous citerons l'ANTINOUS comme le plus beau produit de cette espèce de renaissance. Comme exemple de sculpture décorative, nous reproduisons un vase en marbre qui se trouve au musée Capitolin de Rome.

Les Romains firent grand cas des travaux en ivoire; ils les appliquèrent à la sculpture décorative plus qu'à la grande sculpture. Ils exécutèrent en ivoire non-seulement des statuettes et des bas-reliefs, mais aussi des siéges, des lits, des meubles de toute espèce. La matière première était devenue moins rare et les richesses des particuliers bien plus grandes qu'en Grèce.

Une des applications les plus fréquentes de la sculpture en ivoire dans l'antiquité romaine et dans les premiers temps du moyen âge fut la décoration des diptyques. On sait que dans l'origine les diptyques étaient formés de deux petites tablettes de bois ou d'ivoire se repliant l'une sur l'autre, comme nos portefeuilles modernes. L'intérieur sur lequel on écrivait était enduit de cire qui conservait la trace du stylet. Ces tablettes, qui d'abord ne servaient qu'à écrire et à envoyer des missives secrètes, reçurent bientôt une autre destination. Sous l'empire, les consuls et les principaux magistrats envoyaient à leurs amis, pour consacrer le souvenir de leur élévation, des diptyques d'ivoire dont les parties extérieures étaient sculptées en bas-reliefs.

108. Vase romain.

Bronzes gréco-romains. — La reproduction en bronze des statues fut extrêmement multipliée en Grèce. C'est par milliers que les Romains enlevèrent les statues en bronze aux villes grecques, à Corinthe notamment. Nous donnerons ici, comme échantillons de bronzes romains, la louve qui, avec l'aigle, était portée en tête des armées, et comme objet d'ameublement un trépied trouvé à Herculanum, dans cette ville où, comme à Pompéi, tout respire l'art grec.

109. Louve romaine.

110. Trépied d'Herculanum.

Arts vestiaires. — Les statues nous montrent les costumes de l'antiquité; la toge, le manteau, drapé et non collé au corps, était la partie principale du costume d'apparat des Grecs, pour lesquels le nu offrait la vraie beauté, et n'éveillait pas les idées d'indécence que le christianisme a fait passer dans nos mœurs en les rendant plus pures. Bien entendu qu'il s'agit des peuples méridionaux; les Barbares du Nord étaient couverts de peaux de bêtes.

Orfévrerie. — Il nous est parvenu de l'antiquité un assez grand nombre de vases d'argent et d'or, de formes très-belles. Chacun connaît la description du bouclier d'Achille tracée par Homère; c'est à peine si les œuvres de repoussé des plus habiles artistes de nos jours peuvent donner idée de quelque chose d'analogue.

Rome, maîtresse du monde, fut la ville de l'orfévrerie par excellence. On retrouve dans l'orfévrerie romaine la simplicité de composition, les lignes pures de la sculpture antique. Cet art industriel resta presque entièrement grec; nous en montrons un échantillon dans un vase en argent au sixième de sa grandeur naturelle, emprunté au célèbre trésor d'orfévrerie romaine, trouvé près de Hildesheim en Allemagne.

111. Vase en argent, grec romain.

Bijouterie. — Nous donnons ici un collier grec et des ornements de toilette déposés dans nos musées, qui sont fort élégants. Les dames romaines avaient de nombreux bijoux, comme l'ont montré les fouilles de Pompéi; leur luxe encourageait les travaux des artistes venus de Grèce, et qui savaient, depuis Phidias, graver les pierres dures. Les camées antiques et les anneaux abondent dans les collections publiques.

Les bijoux étrusques de la collection Campana sont venus passionner vivement les véritables amateurs, en leur faisant connaître une admirable série de créations inconnues, que M. Castellani de Rome s'est attaché avec succès à reproduire, en leur conservant cette physionomie artistique qu'ils possèdent à un haut degré, à laquelle ne nuisent

112. Bijoux antiques.

pas de légères imperfections qui montrent que le travail de la main n'a pas fait place au procédé mécanique, comme dans bien des bijoux modernes.

STYLE BYZANTIN ET ROMAN

Du sixième au treizième siècle, les arts de la forme jetèrent peu d'éclat: la plastique eut quelque chose de barbare, et ne se sépara pas de l'architecture; dans les œuvres de cette époque, la beauté naturelle ne fut pas mêlée à l'esprit, à l'aspiration de l'artiste dans une proportion suffisante. L'asservissement de l'art à des règles invariables ôtait aux productions tout mouvement et toute variété.

Au onzième siècle, dit M. Bourquelot, la statuaire se présente sous deux formes bien distinctes: l'une courte et ronde, sans noblesse et sans grâce, grossier souvenir de l'art dégénéré; la seconde, plus raffinée, apportée de Constantinople et dont les caractères sont: l'allongement des figures, le parallélisme des plis dans les draperies, l'absence de perspective dans les pieds et les genoux, la courbure des sourcils, la disposition des yeux saillants, fendus et relevés aux extrémités. Ces deux formes se maintinrent presque simultanément jusqu'au treizième siècle qui fut, pour la statuaire comme pour les autres arts, une époque de renaissance.

Émeric David fait observer avec raison que les artistes du temps de Constantin (et à plus forte raison les sculpteurs de l'Occident) crurent pouvoir se dispenser d'étudier l'antique et l'homme nu, par la raison que dans des images, la plupart religieuses, ils n'avaient à représenter que des toges. Aussi bientôt ne surent-ils plus poser une figure d'aplomb sur ses pieds, et ils arrivèrent enfin à ne dessiner que des pygmées presque dénués de toute forme humaine.

Remarquons que la statuaire pouvait difficilement ne pas dégénérer lorsque le christianisme vint faire disparaître le paganisme, et qu'avant d'avoir conçu la pensée de constituer un art propre à leurs croyances, les premiers chrétiens considéraient les chefs-d'œuvre de l'art païen comme propres essentiellement à une religion méprisée; aussi, par haine de l'idolâtrie, proscrivirent-ils les arts et les artistes.

Durant les persécutions des empereurs iconoclastes, dit M. J. Labarthe, les artistes grecs produisirent un grand nombre de sculptures portatives; ils multiplièrent dans les diptyques et dans les tableaux à volets de petite proportion toutes les représentations odieuses à Constantinople, qui pouvaient ainsi échapper à la proscription. Lorsque la persécution cessa, l'usage en était universel; il se perpétua dans les siècles suivants. Le croisé, le voyageur, le pèlerin le plus pauvre enferma dans des diptyques et des triptyques de bois ou d'ivoire les saintes images qu'il transportait dévotement avec lui, et devant lesquelles il s'agenouillait plusieurs fois par jour, pour offrir sa prière à Dieu. On en faisait aussi d'une plus grande proportion, qu'on plaçait au-dessus du prie-Dieu dans l'intérieur des appartements, qui étaient ornés de bas-reliefs représentant des scènes tirées de l'Évangile.

Ces grands diptyques amenèrent plus tard l'usage des retables portatifs qui, à partir du quatorzième siècle, furent posés sur l'autel pendant la messe.

Nous ne parlerons pas ici de la sculpture décorative du style roman ; nous compléterons plus loin les exemples que nous avons donnés des zigzags, des pointes de diamant et autres ornements propres à ce style.

Bronzes. — On connaît, de cette époque, des bas-reliefs en bronze obtenus presque entièrement à l'aide de la ciselure. C'était une sculpture en métal, évidemment inspirée par la vue des œuvres nombreuses d'orfévrerie dont nous allons parler, et par le désir de produire des œuvres plus durables, plus résistantes que celles en pierre.

Arts vestiaires. — Le luxe asiatique vint envahir la civilisation occidentale lors du transport du siége de l'Empire à Byzance. Les étoffes d'or et d'argent des robes des empereurs étaient d'une grande richesse, que du reste nous connaissons bien, car les costumes des cérémonies de l'Église catholique sont à peu près la reproduction de ceux des empereurs et des grands dignitaires de cette époque. Le manteau de Charlemagne est la chasuble des évêques.

Orfévrerie. — L'orfévrerie, dit M. Petit dans une analyse du bel ouvrage de M. Labarthe, est l'art qui a été le plus goûté depuis l'empire romain jusqu'à la Renaissance. Aussi l'histoire de l'orfévrerie est-elle la mieux connue, malgré toutes les causes de destruction qui semblaient devoir faire disparaître les précieux monuments de cet art.

Très-cultivé dans l'antiquité, l'art de travailler les métaux précieux dut au triomphe de la religion chrétienne de recevoir un nouvel essor. Constantin, avant de transporter en Orient le siége de l'empire romain, fit aux églises de Rome des présents magnifiques. Croix, couronnes, patènes, calices, burettes, lampes, lustres, fonts baptismaux, autels, encensoirs, pièces de toute espèce exécutées en or et en argent, souvent rehaussées de pierres fines, s'entassèrent dans les églises, où s'accumulèrent ainsi de magnifiques monuments de l'art des orfévres au quatrième siècle. Pour n'en citer qu'un exemple, il suffit de rappeler les libéralités dont fut l'objet, de la part de Constantin, la basilique constantinienne (qui, reconstruite, porte aujourd'hui le nom de Saint-Jean de Latran). « L'abside en forme de demi-coupole, dit M. Labarthe, était entièrement recouverte de minces lames d'or. Comme dans toutes les basiliques primitives, un CIBORIUM, sorte de dôme porté par des colonnes, s'élevait au-dessus de l'autel; il était d'argent, et ne pesait pas moins de 2,025 livres. Dans le fronton principal, tourné du côté de la porte du temple, on avait placé la figure du Christ assis sur un trône, et celles des douze apôtres. Ces figures étaient exécutées en feuilles d'argent repoussées au marteau, et pesaient, celle du Christ 120 livres, et celle de chacun des apôtres 90 livres. Dans le fronton opposé, qui regardait le fond de l'abside, on voyait le Sauveur accompagné de quatre anges portant des lampes surmontées de croix. Ces figures, également de 5 pieds de hauteur, pesaient, celle du Christ 160 livres, et celles des anges chacune 105 livres. Les yeux des anges étaient en pierres fines. Un lampadaire de l'or le plus pur et quatre couronnes, également d'or, pendaient sous le dôme du CIBORIUM, attachés à des chaînes de même métal. Devant l'autel était placée une lampe d'or qui supportait une coupe dans laquelle brûlait de l'huile parfumée; elle était enrichie de 80 figures de dauphins. » Qu'il y a loin de ces magnificences aux mesquins ornements de nos cathédrales! Il y avait bien dans ces temples de quoi tenter la cupidité des barbares, qui lancèrent bientôt sur l'Italie leurs hordes innombrables. Chose étrange! ils épargnèrent en partie les églises. D'après le récit d'Orose, les vases sacrés de la basilique de Saint-Pierre, trouvés par les soldats d'Alaric dans la maison d'une femme à qui on les avait confiés, furent remis en place par les barbares eux-mêmes.

Tandis que les barbares exploitaient Rome et bouleversaient l'Occident, les empereurs d'Orient continuaient à Constantinople les traditions de luxe de l'empereur Constantin. La peinture, la sculpture et surtout l'orfévrerie y étaient en grand honneur, et les reproductions de l'art ornèrent bientôt les palais des grands autant que les églises. « Toute notre admiration est maintenant réservée pour les tisserands et les orfévres, » s'écriait alors, du haut de la chaire de Constantinople, saint Jean Chrysostome, auquel ces censures intempestives coûtèrent la vie. Malgré le blâme du saint, les arts de luxe prospérèrent durant de longues années dans l'empire d'Orient. Depuis Constantin jusqu'à la chute de l'empire grec, au quinzième siècle, l'art byzantin traversa successivement toutes les phases du progrès, puis de la décadence, jusqu'au jour où les derniers artistes de Constantinople s'enfuirent en Occident devant l'invasion des Turcs.

L'histoire de l'art byzantin, durant cette période qui s'étend depuis le milieu du quatrième siècle jusqu'au milieu du quinzième, offre un grand intérêt, car c'est de l'Orient que les arts du moyen âge, en Occident, reçurent quelque impulsion. L'obscurité qui si longtemps a enveloppé ces curieuses relations commence à se dissiper.

Pendant les cinquième, sixième et septième siècles, l'Italie fut si fortement agitée par les guerres des Théodoric, de Bélisaire et de Narsès, et par les invasions des Francs, des Alamans et des Lombards, que les arts ne furent guère cultivés. Au milieu de ces désordres, la décadence artistique suivit bientôt la décadence politique. Cependant, lorsque les Lombards, las de piller et de bouleverser l'Italie, eurent pris le parti d'établir sur tout le pays une domination plus pacifique, l'art vit luire encore quelques beaux jours. C'est durant cette période de calme relatif au sixième et au septième siècle, que Théodelinde, reine des Lombards, après avoir fait élever une cathédrale à Monza, près de Milan, enrichit le trésor de cette église d'une foule de dons, précieux monuments d'orfévrerie, dont une partie est parvenue jusqu'à nous.

Au court intervalle de paix qui signala en Italie le règne de Théodelinde, et durant lequel les arts se relevèrent un peu, succéda une anarchie complète. Ce fut la cause d'une nouvelle décadence.

Un siècle plus tard, un événement qui se passa dans l'empire d'Orient vint changer les destinées de l'art en Occident. Un grand nombre d'artistes grecs, chassés de l'Orient par les édits de l'empereur Léon III l'Iconoclaste, qui interdisaient la fabrication des images saintes, émigrèrent en Italie. Lorsque, cinquante ans après, la grande figure historique de Charlemagne apparaît en Italie, les Lombards disparaissent de Rome, l'ordre se rétablit un peu dans la capitale du monde chrétien. C'est, au huitième siècle, le signal d'une véritable renaissance de l'art, renaissance préparée déjà depuis quelques années par la présence des artistes grecs qui avaient apporté d'Orient leurs traditions, leur style et leurs procédés.

Ce réveil du goût des arts, qui se manifesta au huitième siècle en Italie, fut sensible aussi de l'autre côté des Alpes. A l'époque romaine, la sculpture et l'orfévrerie avaient été fort goûtées dans les Gaules. Les invasions du cinquième siècle portèrent là comme en Italie un coup funeste aux arts de luxe; mais les mœurs des barbares s'adoucirent peu à peu sous l'influence chaque jour plus puissante du christianisme.

A l'orfévrerie franque du septième siècle se rattache le nom du grand saint Éloi, le patron des orfévres, qui fut tout à la fois l'ami, le ministre et l'orfévre du bon roi Dagobert. Non-seulement saint Éloi s'adonna lui-même aux arts, mais il encouragea l'orfévrerie à Paris, à Limoges, à Metz, etc., et il fonda dans le Limousin, son pays, un monastère où les moines formèrent une école d'orfévrerie. A Paris, il édifia, sur l'emplacement où s'élève aujourd'hui le Palais de Justice, un couvent de femmes où, dit-on, les religieuses brodaient avec du fil d'or les étoffes destinées au service du culte. Il ne nous est rien resté des œuvres du saint orfévre. Les pièces d'orfévrerie travaillées par saint Éloi étaient cependant regardées comme des chefs-d'œuvre par les artistes des époques postérieures, si l'on en croit certain chroniqueur du neuvième siècle. « Et même les artistes de notre temps ont coutume d'assurer que c'est à peine si maintenant on pourrait trouver quelque ouvrier, si adroit qu'il fût dans toute sorte d'ouvrage, qu'on pût égaler ou même comparer à Éloi pour cette délicatesse du travail de lapidaire et d'enchâsseur de pierres précieuses. C'est en vain que l'on cherchera pendant un grand nombre d'années un tel artiste, et l'expérience le démontre clairement, car on ne connaît plus cet art et l'on ne s'en sert plus parce qu'il est perdu. » (Gesta Dagoberti, chronique anonyme du milieu du neuvième siècle.) Saint Éloi est resté longtemps populaire parmi les orfévres, qui célébraient sa fête avec grande pompe, le 1er octobre. A cette cérémonie on chantait, dans de belles hymnes en vers latins rimés, la louange du saint artisan. Ce sont ces hymnes qui, travesties une première fois au seizième siècle par le poëte burlesque Sébastien Rouillard, ont inspiré la chanson populaire que tout le monde connaît.

De la Gaule le goût des arts s'étendit promptement au delà des Pyrénées, dans la Péninsule où les Visigoths avaient fondé un empire. L'orfévrerie y était en honneur au septième siècle, et la découverte récente du trésor de la Fuente de Guarrazar atteste bien que les artistes de ce pays s'inspiraient des productions de l'art byzantin. Nous représentons ici l'une des pièces les plus curieuses de ce trésor (fig. 113): c'est une

113. Couronne des rois Wisigoths.

couronne d'or rehaussée de perles et de saphirs. Au cercle de la couronne sont fixées vingt-quatre chaînettes d'or qui garnissent tout le tour; à chaque chaînette est suspendue une lettre également en or. L'ensemble de ces lettres donne l'inscription suivante: Reccesvinthus rex offeret.

Mais il est temps maintenant de quitter les Gaules pour jeter un regard sur l'Italie, que nous avons laissée au huitième siècle, au moment où, l'ordre une fois rétabli par Charlemagne, les artistes grecs s'efforçaient de relever l'art tombé si bas pendant la période des guerres et des invasions.

Lorsque, débarrassée des Lombards grâce à l'intervention de Charlemagne, Rome put jouir enfin d'un peu de repos et de paix, le premier soin des papes fut d'élever de nouveaux édifices religieux, et ils consacrèrent des sommes immenses tant à leur construction qu'à leur ornementation intérieure. Léon III (796-816), entre autres, sous lequel la basilique de Saint-Pierre fut achevée, se montra d'une grande munificence dans les dons d'orfévrerie qu'il fit aux églises. D'après le relevé du LIBER PONTIFICALIS, la valeur pondérable de ces dons ne s'éleva pas à moins de 1,470 livres d'or et 24,843 livres d'argent. La basilique de Saint-Pierre, construite et décorée avec un luxe inouï, absorba à elle seule une grande partie de ces richesses. Portes, ciborium, colonnes, autels, instruments du culte, etc., tout y était en métaux précieux, merveilleusement travaillés par les meilleurs artistes du temps.

Les successeurs de Léon III ne se montrèrent pas moins généreux pour les églises. D'autre part, les évêques et les abbés suivirent l'exemple de Rome. Dans les temples et dans les monastères, les arts étaient donc en grand honneur. Ce fut vers cette époque (835) que fut exécuté à Milan, par l'ordre de l'archevêque Angilbert, le magnifique autel d'or ou paliotto de la basilique de Saint-Ambroise. Ce précieux monument a pu traverser les siècles malgré sa valeur; on l'admire encore à Milan.

L'invasion des Sarrasins, en 847, interrompit à peine cette brillante période. « Au neuvième siècle, dit M. Labarthe, l'orfévrerie domina tous les autres arts. » Ce fut en effet à cette époque que l'art des orfévres atteignit son apogée: « Les meilleurs artistes se faisaient orfévres, afin d'assimiler leur talent au goût de l'époque; » aucun procédé de fabrication et d'ornementation ne leur était étranger; l'émaillerie, la ciselure, la fonte, la niellure, étaient employées avec une égale habileté et concouraient à la décoration des pièces dont malheureusement un trop petit nombre est parvenu jusqu'à nous.

Charlemagne et ses successeurs donnèrent aux arts en France une vigoureuse impulsion. Sous Louis le Débonnaire, les artistes, et surtout les orfévres français, faisaient concurrence aux artistes de l'Orient. L'abbaye de Saint-Denis possédait alors une école d'orfévrerie dont la réputation devint bientôt universelle, et d'où il sortit plusieurs artistes d'un grand mérite.

L'Allemagne suivit le mouvement général, et l'orfévrerie y devint bientôt florissante. Les moines des abbayes de Saint-Gall, de Fulde, de Richenaw, se faisaient eux-mêmes ouvriers et artistes pour décorer leurs monastères et leurs églises.

C'est, comme nous l'avons dit, dans les Trésors des cathédrales que vinrent se réunir les plus beaux travaux. Les châsses, les tabernacles, les reliquaires reproduisent le plus souvent les formes des églises, et suivent, par conséquent, les évolutions de l'art type, l'architecture. Jusqu'au milieu du douzième siècle, et quelquefois plus tard encore, les arcatures et les baies sont en plein cintre, les figures sont très-allongées, avec peu de hanches; les plis des draperies sont verticaux, roides, parallèles et serrés; les poils et les cheveux finement indiqués; les costumes ornés d'une étonnante profusion de bijoux.

Nous donnerons pour type de cette orfévrerie (fig. 114) le morceau bien curieux dont s'est, il y a quelques années, enrichi le musée de Cluny. Nous voulons parler du retable en or donné par Henri II, empereur d'Allemagne, à la cathédrale de Bâle, et qui est un spécimen bien complet de l'art roman au onzième siècle. L'inscription du « QUIS SICUT HET MEDICUS SOTER » (qui pourrait être médecin sauveur comme le

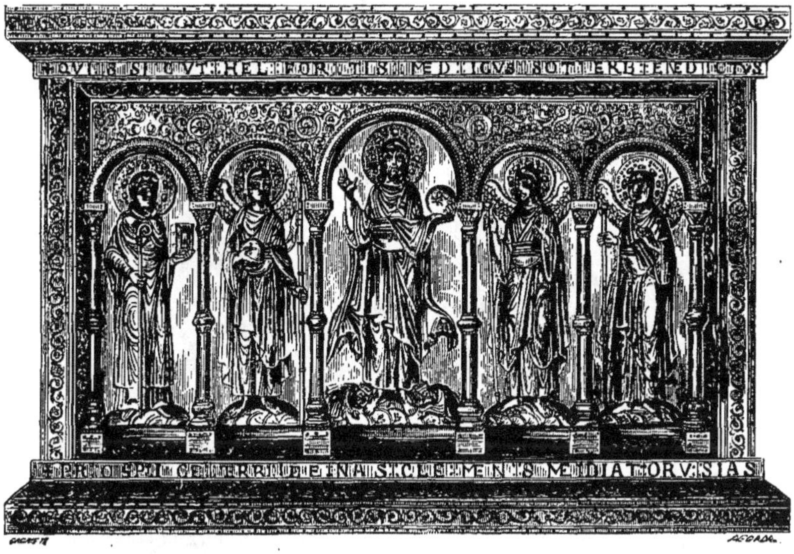

114. Retable de la cathédrale de Bâle.

Très-Haut [Het]), dit par saint Benoît, indique que cette pièce était donnée par l'empereur après sa guérison d'une maladie. On le voit prosterné avec sa femme aux pieds du Seigneur. On retrouve dans cette œuvre le plein cintre du style roman, et tout y respire le sentiment religieux de l'artiste. C'est un exemple curieux de bas-relief exécuté en métal au marteau, par le procédé du repoussé. Comme dans les œuvres importantes de cette époque, le symbolisme respire dans chacun des éléments de cette composition: Raphaël représente la force, un autre ange la grâce. La croix grecque et la croix latine se trouvent réunies dans ce morceau contemporain de la séparation des églises grecque et latine.

BIJOUTERIE-JOAILLERIE. — L'orfévrerie ne se sépare pas à cette époque de la joaillerie, ou plutôt toutes deux sont consacrées à la décoration des églises, au luxe du culte catholique[1].

Saint Éloi[2] fit grand nombre de châsses; celle de saint Grégoire de Tours fut la plus célèbre.

1. Un ouvrage bien curieux (*Diversarum artium scedula*), écrit au onzième siècle par le moine Théophile, qui était à la fois enlumineur de manuscrits, peintre-verrier et orfévre-émailleur, renferme la description de tous les procédés employés dans les différents arts qu'il pratiquait. On y trouve l'état des connaissances techniques alors mises à la disposition des artistes, et surtout les instructions les plus détaillées pour la confection des pièces d'orfévrerie religieuse qui s'exécutaient le plus fréquemment, étant nécessaires au service divin dans chaque église, à savoir : le grand et le petit calice, la burette, l'encensoir.

2. Saint Éloi, né vers 588 à Catalac en Limousin, fit son apprentissage à Limoges, où existait une tradition de travaux d'orfévrerie qui remontait au temps de la domination romaine. Devenu le favori de Dagobert, il fonda plusieurs couvents, notamment celui de Solignac en Limousin, dont les moines durent se consacrer à des travaux d'orfévrerie religieuse.

Nous donnons encore la couronne de Charlemagne (fig. 115), qui a des ornements émaillés, comme curieux échantillon de joaillerie. Les émaux jouaient un si grand rôle

115. Couronne de Charlemagne

dans la bijouterie de cette époque, qu'on en couvre aujourd'hui les pièces que l'on fait en imitation de ce style, pris souvent comme rappelant le mieux la tradition catholique, tels que les vases d'église, les autels, etc., etc.

STYLE GOTHIQUE

La sculpture joua un grand rôle au treizième siècle comme annexe de l'architecture qui jetait tant d'éclat par la construction des cathédrales; ses progrès procédèrent de la même foi religieuse qui élevait ces monuments. Elle prit une plus grande importance qu'à l'époque précédente: elle eut à couvrir de statues ces admirables cathédrales, et par une suite naturelle du développement de l'art, l'œuvre du sculpteur se détacha quelque peu du monument et devint souvent une œuvre remarquable par le sentiment qui y respire. Les figures du « style gothique, » au treizième siècle, ont des draperies très-amples, des plis peu nombreux, mais affectant toujours le mouvement vertical. Toutefois elles sont bien plus voisines des proportions humaines que celles du style byzantin, et l'exécution en est bien plus large.

C'est de cette statuaire qu'un savant archéologue a pu dire avec raison: « La statuaire grecque produit en nous un sentiment très-pur: le sentiment du beau, mais du beau physique; la statuaire chrétienne développe le sentiment du beau physique et du beau moral, et plutôt le dernier que le premier. » Dans quelques cas, en effet, le sculpteur s'éleva à une grande puissance d'expression, en créant ces sveltes figures d'une tournure si chaste et si ample, telles que celles de la cathédrale de Strasbourg, dues au ciseau des Steinbach.

Évidemment, pour produire de telles œuvres, il fallut que l'étude de la nature reprît sa place dans l'art, que l'initiative de l'artiste devînt plus grande. Nous reproduisons ici une Vierge du quatorzième siècle (fig. 116), qui a bien le cachet religieux et chaste de l'art de cette époque.

116. Vierge, sculpture du XIVe siècle.

Vers le quatorzième siècle, par suite des progrès de l'art, la sculpture tendit à se matérialiser. A mesure que s'effaçait le goût des compositions symboliques, héritage du style roman, le grotesque commença à s'introduire dans la décoration.

La sculpture sur bois prit aussi une grande place dans l'art et produisit des œuvres admirables destinées surtout à orner les chœurs des églises; les parties principales de ces œuvres rappellent en général les décorations et surtout les flèches des façades des édifices.

Orfévrerie. — Avant le treizième siècle, l'orfévrerie était rarement sortie des monastères; cependant la corporation des orfévres existait déjà sous saint Louis.

A l'époque du style ogival, l'orfévrerie suivit les transformations de l'architecture, et, abandonnant le plein cintre, elle adopta l'ogive, les flèches, les colonnettes, toutes les merveilles d'ornementation empruntées à l'art sarrasin. Ainsi dans les châsses, dans les petites constructions dont nous parlions ci-dessus, l'ogive remplace le plein cintre comme dans l'architecture; elles sont presque toujours des imitations, sur une petite échelle, de la Sainte-Chapelle de saint Louis.

Dans les derniers temps de la période dont nous parlons, les aiguières, les vases à boire se répandirent dans tous les châteaux; la diffusion de l'art commençait.

La gravure en taille-douce, dont l'invention découla de la niellure, et qui est due à Maso Finiguerra, orfévre de Florence, qui la fit en 1440, permit de multiplier les dessins, et l'œuvre des graveurs vint offrir une foule de motifs à l'étude. Elle reproduisait naturellement les œuvres de l'époque précédente, qui étaient encore sous les yeux de tous les artistes.

117. Ostensoir d'Israël de Mecken.

118. Coupe style gothique allemand.

On doit citer, parmi ceux qui ont laissé de ces riches études d'orfévrerie, Israël de Mecken. Nous donnons ici la reproduction, d'après un de ses dessins, d'un ostensoir de style flamboyant bien caractérisé (fig. 117). Nous y joignons une coupe de style gothique allemand, qui est une excellente étude faite par un artiste allemand, M. Halbig de Munich (Exposition de Londres, 1851) (fig. 118).

STYLE RENAISSANCE

La Renaissance fut une brillante époque pour la sculpture. Son éclat fut incomparable en Italie; en France, une élégance toute particulière s'attacha aux œuvres de Jean Goujon, de Germain Pilon, des artistes qui obéissaient à l'impulsion donnée par les grands artistes de l'Italie, et notamment par le plus éminent des sculpteurs, Michel-Ange.

A l'imitation de l'antiquité, à la réhabilitation de la beauté physique, à la recherche des formes plastiques, à l'étude des forces musculaires, pour laquelle il rivalisait avec

119. Les Trois Grâces de Germain Pilon.

l'antiquité, l'art nouveau joignit des tendances méditatives propres à la civilisation chrétienne, et souvent aussi, il faut le dire, la satisfaction d'idées sensuelles. La beauté, qui était un culte pour l'antiquité, prit trop souvent à la Renaissance l'apparence de la volupté.

Nous donnons ici les Trois Grâces de Germain Pilon (fig. 119), une des plus charmantes œuvres de la statuaire moderne, qui, bien que rappelant l'antique, s'en sépare néanmoins par une recherche quelque peu sensuelle particulière à la Renaissance.

Les vues de quelques monuments de cette époque nous ont déjà montré la profusion de sculptures décoratives, et notamment de bas-reliefs qu'employait l'architecture. Exécutés par les grands artistes, le plus souvent, ces travaux ont toute la grâce, toute l'élégance de leur statuaire.

La sculpture sur bois fut utilisée de la même manière pour les décorations intérieures. Les lambris de la salle Henri II, au Louvre, sont justement célèbres et souvent cités, avec raison, comme des modèles de sculpture décorative.

120. Persée de Benvenuto Cellini.

Le caractère spécial de ce style réside dans la surabondance de compositions ayant une véritable valeur artistique, appliquées à de véritables œuvres d'art faisant partie d'objets ouvrés que nous traitons aujourd'hui comme des produits purement industriels.

Les artistes de la Renaissance reproduisirent à l'infini, et avec une profusion caractéristique de ce style, non-seulement les rameaux, lés feuillages, mais encore les formes du. corps humain, les enroulements de création fantastique, de sirènes, et cela avec autant de facilité que de pureté, car ils étaient excellents statuaires.

BRONZE. — L'art du fondeur en bronze, à la Renaissance, se releva en Italie avec le plus grand éclat, surtout à Florence. Il suffirait, pour le prouver, de rappeler les noms de quelques-uns de ses plus grands artistes en ce genre, notamment de Benvenuto Cellini, dont les belles coupes ciselées sont si recherchées, et celui de Lorenzo Ghiberti, l'auteur de ces admirables portes du baptistère de Florence, que Michel-Ange déclarait dignes de former les portes du paradis, et qui, figurant des scènes encadrées dans des contours géométriques, sont restées le modèle de l'emploi du bronze dans ce genre de décoration.

Doué d'une grande facilité, mais possédé par une vanité telle que le moindre objet sorti de ses mains lui paraissait devoir attirer l'admiration de tous, Benvenuto Cellini fond enfin, en 1548, une statue, son PERSÉE (fig. 120). C'est l'œuvre à laquelle il appliqua tous ses soins, toute son énergie.

Ce PERSÉE, dit un critique, n'est pas une œuvre de force; il tomberait en avant si le

121. Vase florentin de Cluny.

bronze se changeait en chair et en os; ses jambes sont communes et ses mains mal dessinées; les membres de la Méduse sont pliés en quatre d'une manière disgracieuse. Mais l'ensemble est svelte, la silhouette imprévue, le mouvement fier et modeste: c'est le geste d'un jeune garçon, nerveux et courageux, qui vient d'accomplir un exploit extraordinaire; son front plissé, ses narines frémissantes, sa main qui serre la poignée du glaive en le maintenant menaçant, tout cela est bien trouvé, bien exprimé. Quant aux détails, au casque surtout et aux statuettes qui forment les angles du piédestal, c'est là que l'orfévre habile se révèle tout entier.

Nous donnons encore ici un vase florentin en bronze, du musée de Cluny (fig. 121), qui nous paraît excellent de forme et de proportions, où l'on reconnaît la richesse de composition, la facilité de production de petites statues, qui caractérise les artistes de cette brillante période de l'art.

L'Allemagne a possédé, à la même époque, de grands artistes dans les œuvres desquels on sent le sérieux de l'art allemand. La châsse de saint Sébald de Pierre Fischer, de Nuremberg, que nous reproduisons (fig. 122), est un chef-d'œuvre de goût d'une

122. Châsse de saint Sébald.

rare perfection. On y sent le mélange de la foi du moyen âge et de l'ardeur artistique de la Renaissance. Les Apôtres qui entourent la châsse ont toute la perfection des meilleures statuettes de nos jours; les animaux qui la supportent, les feuillages sont étudiés sur la nature, moulés, ciselés avec un soin incroyable.

Arts vestiaires. — Le vêtement prit, à la Renaissance, une élégance qui reflète bien l'état florissant des arts à cette époque. Les fraises et dentelles, les pourpoints à parties bouffantes, les chapeaux à plumes, constituaient peut-être le plus élégant costume que jamais l'on eût porté. Celui des femmes prit une ampleur inconnue auparavant, pendant que, par l'emploi des plumes, des bijoux, les coiffures devenaient d'une grande élégance, comme les corsages enrichis de dentelles.

Orfévrerie. — Les artistes de l'Itàlie et de la Flandre avaient déjà créé, avant cette époque, des œuvres bien remarquables: les premiers pour les riches seigneurs d'Italie; les seconds, tant pour les puissants ducs de Bourgogne que pour garnir les dressoirs des riches marchands des Flandres. Les grands artistes de la Renaissance, en Italie, furent aussi bien orfévres que sculpteurs. Ghiberti était orfévre. Ghirlandajo, le maître de Michel-Ange, un des plus féconds et des plus grands maîtres de l'Italie, dut son surnom à une parure en forme de guirlande dont il était l'inventeur. La France, ruinée par les guerres, resta longtemps en retard; ce n'est que bien plus tard qu'elle entra dans une voie où ses artistes devaient exceller.

123. Aiguière de Briot.

Le caractère spécial du style de la Renaissance, dans l'orfévrerie comme dans les bronzes d'art, consiste en une surabondance de compositions, de créations qui donnent une singulière valeur à des objets qui, comme nous l'avons dit, étaient alors du domaine de l'art plutôt que de celui de l'industrie.

Nous emprunterons encore au musée de Cluny une œuvre excellente de cette époque : c'est l'aiguière de Briot, orfèvre français, qui peut être citée comme un modèle de

124. Aiguière de Briot (plateau).

décoration, par le grand nombre de personnages, le bel agencement des détails, et une certaine retenue que ne possède pas l'école florentine.

Après Benvenuto Cellini, la décadence de l'art, déjà sensible en Italie, envahit l'orfèvrerie. Après le goût si élevé de l'école de Raphaël, l'amour des fioritures, du flamboyant, se répandit partout, depuis le Rosso jusqu'au chevalier de Bernin, qui peut être considéré comme le précurseur du style Louis XV [1].

L'art qui s'en allait de Florence et de Rome, dit M. Dufresne, s'était réfugié à Venise, où les rapports fréquents avec l'Orient firent naître un goût particulier très-reconnaissable dans la vieille orfèvrerie : ce sont des entrelacements, des ornements

1. Sculpteurs et orfèvres célèbres en Italie : — Michel-Ange. — Benvenuto Cellini. — Ghiberti. En France : — Jean Goujon. — Germain Pilon. — Pierre Bontemps. — Jean Cousin. — Jean de Bologne. — Ducerceau. — Léonard, dit le Limousin, l'émailleur le plus célèbre du règne de François Ier.

solides qui courent sur des fonds vermiculés ; les formes d'aiguières, de bracelets, de bagues, de chaînes, les damasquinages, les filigranes de toutes sortes, les formes des coffrets même sont empruntées aux infidèles. C'est par Venise que sont venus les éléments arabes qui se sont mêlés à ceux de la Renaissance dans l'art industriel. Les relations de Venise avec l'Allemagne, au temps d'Hammeling, d'Albert Durer, d'Aldegrave et de tous les graveurs germaniques qui multipliaient les modèles d'œuvres excellentes, firent aussi faire de grands progrès à ses artistes.

Bijouterie-Joaillerie. — Le seizième siècle nous a laissé une multitude de travaux de bijouterie, vases en cristal, coupes en sardoine, en lapis, en jaspe, accompagnés de figures admirablement ciselées et émaillées; de camées richement montés sur des vases, etc., etc., œuvres d'une telle beauté, d'un travail si difficile, qu'on ne peut comprendre comment l'habileté humaine a suffi pour les créer. Il faut lire les mémoires de Benvenuto Cellini [1], si l'on veut juger des passions qui étaient souvent en jeu à l'occasion d'un bijou qui devait sortir des mains d'un artiste célèbre. Les têtes couronnées se préoccupaient des formes; les rapières et le poignard étaient en jeu pour vider les querelles engendrées par des rivalités d'artistes. On connaît l'histoire caractéristique de la duchesse d'Étampes, qui allait tous les jours à l'hôtel de Nesle, chez Cellini, pour voir travailler à loisir le bel Ascanio, à un lis en diamant resté célèbre dans les fastes de la bijouterie. On comprend facilement tous les efforts qui furent faits pour créer des œuvres remarquables dans une société où les œuvres d'art étaient si appréciées, où les artistes occupaient une si grande place.

125. Pendeloque d'après Benvenuto.

Nous reproduisons ici une pendeloque d'après Cellini, du Musée des Antiques.

1. « Cellini, citoyen florentin, aujourd'hui sculpteur, dit Vasari, son contemporain, n'eut point d'égal dans l'orfévrerie, quand il s'y appliqua dans sa jeunesse, et fut peut-être maintes années sans en avoir, de même

STYLE LOUIS XIV

L'œuvre de la sculpture sous Louis XIV fut considérable: Puget[1], Coysevoix, Coustou, furent, entre autres artistes, des hommes d'un talent supérieur. La fertilité des sculpteurs est bien prouvée par le grand nombre d'œuvres produites à cette époque; on sait l'immense quantité de statues, de groupes et de vases qu'exigea, par exemple, la décoration de Versailles, l'élégance, la richesse de ces créations si multipliées.

Le style de ces artistes n'a pas un cachet différent de celui de l'architecture de cette époque; plus de recherches du grandiose que de souplesse, si ce n'est chez quelques artistes qui paraissent pressentir la recherche du gracieux qui caractérise l'époque suivante.

La statuaire décorative employa à profusion les trophées, comme on peut le voir aux Invalides. La sculpture sur bois les prodigua dans les intérieurs, au milieu de moulures variées; on peut en voir un bel exemple dans la célèbre galerie d'Apollon au Louvre.

La sculpture sur ivoire fut en honneur, surtout en Italie, dans les Flandres et en Allemagne, pendant le cours du dix-septième et du dix-huitième siècle. L'ivoirier le plus habile du dix-septième siècle fut François Flamand. L'étude de l'antiquité, la fréquentation et les conseils de Nicolas Poussin, ont donné au talent de ce sculpteur un rare cachet de pureté et d'élévation. Il s'adonna presque exclusivement à l'étude des enfants. On a de lui quelques œuvres de grandes proportions qui montrent à quel point de perfection il arriva dans ce genre. A Rome, par exemple, dans l'église Santa-Maria dell' Anima, et à Naples dans l'église des Saints-Apôtres, il existe de lui des sculptures à sujets d'enfants, qui sont traitées avec une légèreté de ciseau incroyable et une merveilleuse élégance de formes et d'expression.

Bronze. — La reproduction en bronze de l'œuvre des statuaires ne fut à aucune époque plus remarquable qu'à celle dont nous parlons. Cet art fut restauré et amené à un point d'éclat incomparable par les frères Keller, qui surent suffire à la production la plus considérable sans que leurs œuvres eussent jamais rien de défectueux; aussi sont-elles restées des modèles de l'art du fondeur.

que pour exécuter les petites figures en ronde-bosse et en bas-relief et tous les ouvrages de cette profession. Il monta si bien les pierres fines, et les orna de chatons si merveilleux, de figurines si parfaites, et quelquefois si originales et d'un goût si capricieux, que l'on ne saurait imaginer rien de mieux; on ne peut assez louer les médailles d'or et d'argent qu'il grava, étant jeune, avec un soin incroyable. Il fit à Rome, pour le pape Clément VII, un bouton de chape, dans lequel il représenta un Père Éternel, d'un travail admirable. Il y monta un diamant taillé en pointe, entouré de plusieurs petits enfants ciselés en or, avec un rare talent. Clément VII lui ayant commandé un calice d'or dont la coupe devait être supportée par les Vertus théologales, Benvenuto exécuta cet ouvrage, qui est vraiment surprenant...

« Après la mort de Clément VII, Benvenuto retourna à Florence, où il grava la tête du duc Alexandre sur les coins de la monnaie, qui sont d'une telle beauté que l'on en conserve aujourd'hui plusieurs empreintes comme de précieuses médailles antiques, et c'est à bon droit, car Benvenuto s'y surpassa lui-même.

« Enfin il s'adonna à la sculpture et à l'art de fondre les statues. Il exécuta, en France, où il fut au service du roi François Ier, quantité d'ouvrages en bronze, en argent et en or. De retour dans sa patrie, il travailla pour le duc Cosme, qui lui commanda d'abord plusieurs pièces d'orfévrerie et ensuite quelques sculptures. »

1. Puget, l'un des plus grands sculpteurs des temps modernes, doit être placé immédiatement après Michel-Ange, pour l'ampleur de ses figures et l'énergique entente de ses beaux groupes.

Le bronze doré fut employé par Boule pour rehausser l'éclat de ses beaux meubles.

Arts vestiaires. — Le costume prit, sous Louis XIV, un degré d'ampleur, de richesse théâtrale, qui est resté célèbre. La perruque adoptée pour donner de la noblesse à la tête, le frac à boutons brillants, les jabots et manchettes de dentelles, étaient les principaux éléments du costume d'une nation de grands seigneurs.

Les femmes, grâce aux paniers, à l'emploi de magnifiques étoffes de soie, de riches dentelles, arrivaient à mettre leur toilette en rapport avec celle des hommes.

Orfévrerie. — L'orfévrerie suivit le mouvement général; les mêmes influences amenèrent les mêmes résultats que dans les autres arts, tout fut sacrifié à la poursuite du faste et de la grandeur; ce fut le but constant des efforts des principaux artistes. Ainsi un chef-d'œuvre d'orfévrerie qui se voit au Louvre, le coffret d'Anne d'Autriche, fut dû aux talents de Lebrun et de Puget, alliés à celui d'habiles ciseleurs.

Le style Louis XIV ne se trouve nulle part mieux caractérisé que dans les nombreux dessins que nous possédons des artistes chargés de fournir des modèles aux orfévres. Nous donnons ici le dessin d'un vase d'après J. Lepautre (fig. 126), qui respire au plus haut degré cet air de splendeur opulente qui semble appartenir spécialement aux créations artistiques de cette célèbre époque. Lepautre avait vu l'Italie lorsque l'école de Raphaël avait cessé de régner dans la décoration, lorsque le Bernin régnait à Rome, et surtout que venait de briller avec grand éclat l'école que les Carrache avaient fondée à Bologne. C'est d'elle surtout qu'il reçut ses inspirations.

Nous avons le témoignage des contemporains sur la beauté des œuvres de Claude Ballin[1] exécutées en métaux précieux, ce qui les fit malheureusement porter à la Monnaie dans les jours de détresse de la fin du règne de Louis XIV. « Il y avait, dit Perrault, des tables d'une sculpture et d'une ciselure si admirables, que la matière, toute d'argent et toute pesante qu'elle estoit, faisait à peine la dixième partie de leur valeur. C'estoient des torchères ou de grands guéridons de 8 à 9 pieds de hauteur pour porter des flambeaux et des girandoles; de grands vases pour mettre des orangers; des cuvettes, des chandeliers, des miroirs, tous ouvrages dont la magnificence, l'élégance et le bon goust étaient peut-être une des choses du royaume qui donnaient une plus juste idée de la grandeur du prince qui les avait fait faire. »

C'était Le Brun qui donnait aux orfévres les dessins de toutes ces grandes pièces.

Joaillerie. — Ce ne fut guère que sous Louis XIV que la joaillerie acquit une grande perfection dans l'exécution d'œuvres analogues à celles qu'elle crée de nos jours. Il n'y avait pas très-longtemps que les pierres et notamment les diamants (dont la taille fut perfectionnée vers 1745) entraient dans la toilette des femmes, qu'on faisait d'autres

1. Claude Ballin fut le grand orfévre du règne de Louis XIV; orfévre et sculpteur, il s'inspira de l'étude de Poussin, et les vases de bronze de la terrasse de Versailles montrent quelle heureuse application il sut en faire. Pierre Germain, également célèbre, reçut directement l'impulsion de Lebrun. J. Lepautre, dont nous donnons un vase, fut le plus habile dessinateur d'ornements de l'époque.

œuvres que des bagues d'évêques, ou des objets servant au culte. Le célèbre et déjà

126. Vase de J. Lepautre.

légendaire Cardillac, notamment, produisit de très-beaux ouvrages, dont les portraits et les peintures de l'époque peuvent nous donner une idée.

STYLE LOUIS XV

La sculpture, sous Louis XV, recherchant avant tout l'élégance, tomba dans la mignardise et l'afféterie; ce furent surtout les œuvres les plus propres à orner les boudoirs qui furent recherchées et préférées de beaucoup à des œuvres d'un caractère plus élevé, mais moins séduisantes. On ne peut toutefois contester aux artistes de ce temps une souplesse extraordinaire de main, une grande habileté d'exécution, une grâce singulière dans l'entente du sujet.

La sculpture décorative employa surtout les enroulements, les rocailles spéciales à ce style. Nous en donnons ici quelques exemples (fig. 127 à 131), qui en rappellent quelques types choisis parmi des variétés nombreuses.

127.

128.

129.

En parlant des décorations peintes, nous rappellerons l'emploi fréquent des tableaux

130.

131.

de Bouché notamment, qui étaient encadrés dans les moulures des panneaux de la boiserie des appartements.

Bronze. Le bronze doré vint sous Louis XV occuper une bien plus grande place dans l'ameublement que le bronze statuaire, dont l'aspect paraissait trop sévère. Aux pendules en marqueterie succédèrent les groupes en figures dorées, accompagnant le cadran, et les foyers se décorèrent de chenets, de garnitures très-riches.

Nous donnons ici un lustre d'après Oppenord (fig. 132), le grand décorateur de l'époque.

Les architectes Oppenord et Meissonnier furent les principaux initiateurs du style Louis XV, enchérissant encore sur les surcharges d'enrichissement dont on était déjà épris sous Louis XIV, et influencés par le succès des conceptions de Francesco Borromini, architecte et sculpteur, qui travailla à Saint-Pierre sous la direction du Bernin, et mourut en 1667 après avoir excité une vive admiration par les lignes rompues de ses œuvres, exécutées avec une puissance d'invention des plus remarquables.

Arts vestiaires. — La toilette des femmes acquit à cette époque un degré d'éclat qui n'a jamais été dépassé, et c'est toujours le genre Pompadour, Watteau, etc., qui inspire le mieux les merveilleuses de notre époque. Les progrès modernes du luxe, l'éclat des fêtes de nuit splendidement éclairées, ont trouvé, on peut dire, leur véri-

132. Lustre d'Oppenord.

table complément dans les toilettes que nous reproduisent les tableaux de Watteau, Chardin, etc. Les accessoires, les éventails, par exemple, sont toujours très-recherchés et sont des modèles de goût et d'élégance féminine.

Orfévrerie. — L'orfévrerie a montré durant cette époque les ressources multipliées que pouvaient offrir ses moyens d'exécution, en se prêtant à tous les caprices de la fantaisie; le style riche, grandiose, mais peut-être un peu froid, en honneur sous Louis XIV, disparut, et la tradition des travaux de Ballin fut oubliée. Le genre adopté puisait ses inspirations dans les constructions en rocailles qui avaient commencé à figurer dans quelques jardins du seizième siècle. L'Allemagne comme la France, Augsbourg et Nuremberg comme Paris, voulurent du rocaille, recherchèrent en tout la capricieuse ornementation de ce style. Rien de régulier; des lignes ou des surfaces ondulées, contournées, insaisissables, indescriptibles.

Ce fut surtout l'influence exercée par l'école de Borromini qui imprima aux arts cette fâcheuse impulsion, qui fit rechercher avec exagération les courbes prétentieuses qui caractérisent le genre ROCAILLE, le BORROMINESCO, comme disent les Italiens. Les formes perdirent leur pureté, sinon leur harmonie. On rechercha les effets heurtés, les complications de toute sorte dans le contour, les enchevêtrements capricieux, les enroulements bizarres. Bientôt, par excès d'élégance, le genre Louis XV devint mignard et tomba dans une afféterie de mauvais aloi, en rapport du reste avec les mœurs efféminées et corrompues de l'époque. Toutefois ce style de boudoirs eut cela de bon qu'il laissa le champ libre à l'imagination des artistes. Cette liberté, ce mépris des traditions amena sans doute de fâcheux écarts de goût et des excentricités choquantes, mais il engendra aussi de brillantes fantaisies, d'ingénieuses créations et une véritable originalité dans les idées et les compositions. Certaines pièces du temps de Louis XV sont ravissantes de fantaisie et de caprice. En outre, ce que l'orfévrerie perdit en style, elle le gagna en exécution. Les productions de Germain, de Meissonnier, de Jacques Rœttiers, etc., furent travaillées avec un soin et un fini inconnus jusqu'alors.

Nous donnons ici un vase de ce style (fig. 133).

133. Vase Louis XV.

BIJOUTERIE, JOAILLERIE. — Ce fut surtout la bijouterie qui créa des merveilles à l'époque dont nous parlons; elle fit d'admirables progrès pour seconder le luxe des toilettes des femmes. Originalité, délicatesse, variété, tels sont les mérites de ces produits. A la fin du règne de Louis XV les orfévres étaient avant tout des bijoutiers et, sous le nom de « metteurs en œuvre », jouirent de certains priviléges accordés spécialement aux artistes.

Thomas Germain, dit le duc de Luynes, fut le chef d'une école dont les ouvrages délicats, étudiés et d'un grand mérite d'ajustement, ressuscitèrent la bijouterie, en flattant avec grâce le goût frivole d'un temps de plaisir et de luxe. On vit alors des bijoux d'une extrême richesse, composés dans le seul style qui fût admis alors, avec toutes ses bizarreries, il est vrai, mais avec toute sa nouveauté et sa hardiesse: les montres, les châtelaines, les tabatières étaient couvertes de sculptures repoussées, émaillées, brillantes de pierreries; ce n'étaient que guirlandes, amours, coquilles et rocailles contournées, ciselées en relief ou gravées, ouvrages peu classiques assurément, mais d'une composition aussi animée qu'elle fut diverse, et parfaitement combinée pour déployer toutes les ressources du talent d'artistes maintenant inimitables. Le piqué sur écaille, formé de petits clous d'or réunis en dessins, fut emprunté à la Chine, dont l'art européen ne dépassa jamais les prodiges d'adresse et de patience.

Jamais société ne rencontra une semblable réunion d'artistes de goût, de praticiens habiles pour donner satisfaction aux désirs des membres d'une noblesse aussi élégante.

STYLE LOUIS XVI

Sous Louis XVI, on revint à des formes moins contournées, plus simples, tout en conservant une certaine richesse d'ornementation. La découverte d'Herculanum, faite en 1706, tendait à ramener au classique, et occupait les esprits avant que la réaction ne se manifestât, ce qui n'eut guère lieu que vers 1750, sous l'influence de l'architecte Servandoni et de son élève de Vailly. Les arts industriels, et particulièrement la ciselure des bronzes, l'orfévrerie, la joaillerie, adoptèrent un style nouveau. On peut s'en faire une idée par les bronzes dont il nous est parvenu des spécimens si fort recherchés aujourd'hui.

Comme indication du style Louis XVI, nous représentons un brûle-parfums (fig. 134)

134. Brûle-parfums Louis XVI.

qui indique assez bien les formes préférées de ce style. Le célèbre fondeur Gouttières produisit alors des œuvres justement célèbres ; ce fut l'inspirateur et le guide de la sculpture d'ornement sous Louis XVI, avant l'époque révolutionnaire, quand on revint, par une transition brusque, dans les mœurs comme dans les arts, à une simplicité qui dut paraître étrange quand elle détrôna les principes de l'école précédente.

En ce qui touche l'orfévrerie, le creuset travailla si bien durant la Révolution, qu'il nous reste peu de chose des belles pièces qui furent exécutées pendant les dernières années de la monarchie. Prieur, Delarche, Hauré, et enfin Gouttières élevèrent très-haut l'art de la ciselure.

Enfin, la bijouterie, moins productive, devint froide et avare d'ornements. Comme dans les autres arts, l'exagération que l'on répudiait fut abandonnée pour suivre une voie tout opposée. Les plus beaux bijoux étaient ornés d'émaux unis et transparents, bleus, gris de fer, opalins; les boîtes en écaille noire, doublées d'or, étaient ornées de portraits ou de miniatures sur vélin. La bijouterie courante se composait de médaillons en losange avec des gouaches sous verre, entourés de perles, ou bien de colliers à plaques réunies par des chaînons polis.

STYLES ÉTRANGERS

Les Orientaux ne représentant jamais en relief le corps humain, les animaux, car cela leur est interdit par la religion de Mahomet, n'ont pas de statuaire; mais ils recherchent avec passion le luxe de l'orfévrerie et des pierres précieuses, qui semble tout à fait convenir à l'éclat des décorations de l'Orient.

C'est sous la forme de bijoux, d'aigrettes, etc., que s'affirme surtout le luxe personnel du souverain de l'Orient; c'est là que la pierre précieuse excite surtout l'admiration, représente la forme incontestée de la richesse.

Parmi les produits remarquables de ce genre, nous citerons l'ornementation des armes, luxe principal de ces nations belliqueuses au temps de leur splendeur. Nous en

135. Armes de Mamelucks.

donnons un exemple curieux dans la représentation d'armes des Mamelucks, ces souverains de l'Égypte. Nous reviendrons plus loin sur cette question en parlant des procédés employés pour damasquiner les armes qui nous viennent de l'Orient et de l'Inde.

La statuaire paraît peu développée chez les Chinois et les Indous; nous ne connaissons leur art que par d'affreuses pagodes, ou des figures de faible valeur; les Japonais ont toutefois poussé assez loin l'exécution en bronze d'animaux vrais ou symboliques. On doit citer l'orfévrerie des Indous; l'Exposition de 1855 nous en présenta des échantillons remarquables; ils prouvaient que s'ils ne possèdent que des moyens d'exécution assez imparfaits, leur goût d'ornementation est extrêmement remarquable.

On doit surtout remarquer les filigranes, genre de bijouterie exécuté avec des fils d'or ou d'argent, qui est né dans l'Inde et s'est propagé dans l'Orient. Ainsi on a vu aux expositions des boîtes, des paniers, des bijoux en filigrane, couverts d'étoiles, de rosaces, d'ornements de tout genre. C'est le bijou fabriqué à profusion par les industrieux ouvriers chinois, qui savent le fabriquer depuis bien des siècles avec une rare perfection. Le travail matériel ne laisse rien à désirer; les soudures sont parfaites, et ce n'est pas un petit mérite, car le bijou en filigrane présente beaucoup de difficultés sous ce rapport; la légèreté de ces produits est si extraordinaire que c'est à peine si de nos jours on peut en approcher. Malheureusement tous les bijoux chinois pèchent essentiellement par la forme, par l'ornementation, par le goût. Les Génois exécutent aussi depuis longtemps d'une manière remarquable, sous le rapport du travail matériel, les bijoux en filigrane, mais on doit leur adresser le même reproche qu'aux Chinois: ils manquent de goût et de variété.

Le filigrane proprement dit est un bijou dont l'ornementation est exécutée au moyen de deux fils d'argent ou d'or, très-fins, tordus ensemble de manière à imiter une corde d'une grande ténüité. A quelque distance, cette corde semble être un fil gravé. On contourne le fil à l'aide de tenailles de diverses formes, et de différents autres outils que l'ouvrier invente à chaque instant, et l'on parvient à former ce travail merveilleux par sa délicatesse, dont nous plaçons un dessin sous les yeux de nos lecteurs.

136. Bijoux en filigrane.

En France, au lieu de laisser le « filigrane » proprement dit faire tous les frais de l'ornementation, aussi bien que de la charpente du bijou, les artistes français ont appelé à leur aide les ornements brunis, les émaux, les ors de couleur, le guilloché, la gravure, les dessins de toute nature; aussi ils sont arrivés à embellir, à varier de tant de manières ce bijou, que partout on le préfère maintenant à tous autres, quoiqu'il soit encore un peu moins léger que celui des Génois et des Chinois.

ÉPOQUE ACTUELLE

SCULPTURE

L'époque actuelle s'est reprise pour la sculpture d'une passion justifiée par les œuvres remarquables qu'elle a vues naître. Thorswaldsen en Danemark, Schwantaler, Rauch en Allemagne, Canova, Pradier en France, ont, entre autres artistes, produit depuis le commencement du siècle des œuvres d'un grand mérite, et ont, à bon droit, passionné leurs concitoyens[1].

Nous ne pouvons nous arrêter à une étude de l'art de la sculpture, qui offrirait un bien grand intérêt, mais qui sort du cadre de ce travail et qui, relevant de l'esthétique, serait, dans les limites où elle est possible, une œuvre immense. Ce serait déjà un travail considérable que d'énumérer seulement les œuvres les plus remarquables des

137. Sapho de Pradier.

sculpteurs modernes, soit celles qui se distinguent par un beau sentiment de calme et de grandeur, comme la MADELEINE de Canova, ou le LION DE LUCERNE de Thorswaldsen, cette image de la dignité dans la mort; soit celles qui représentent la joie ou

1. Pour ce qui va suivre, nous ferons de nombreux emprunts au beau rapport du duc de Luynes sur l'Exposition de 1851. Aussi bon juge qu'amateur éclairé et savant, le duc de Luynes a renfermé dans ce travail toute l'histoire de l'orfévrerie, de la bijouterie, des bronzes dorés depuis le commencement de ce siècle. Il a paru d'une manière brillante à l'Exposition de 1855, comme promoteur et collaborateur de plusieurs des plus belles œuvres que ces industries aient produites: l'épée ciselée par les frères Fannière, la *Minerve* en ivoire et or de M. Simart; à celle de 1867, on a admiré le bouclier en fer repoussé inspiré par lui à M. Fannière.

Une industrie serait heureuse et fière d'avoir toujours des juges de cette distinction: et l'orfévrerie se rappellera longtemps ce juge éminent, si ardent promoteur du progrès.

la force: telles que le DANSEUR NAPOLITAIN de Duret, ou le TUEUR D'AIGLES de Bell, que nous montra l'Exposition de 1855. Il nous est impossible d'aborder cette grande œuvre, qui appartient à l'étude des Beaux-Arts; nous donnerons ici seulement un bel échantillon de sculpture moderne, la SAPHO, la dernière œuvre justement célèbre de Pradier (fig. 137).

Si nous passons maintenant à la sculpture décorative, nous dirons qu'à l'époque actuelle on en est revenu à l'emploi presque exclusif des moulures, bandeaux, genre en rapport avec le mobilier. Ce n'est que dans des cas rares que la sculpture est appelée à orner les murailles à l'aide de sculptures, et encore est-ce le plus souvent à l'aide de dressoirs ou meubles plaqués sur celles-ci. Toutefois le carton-pierre vient quelquefois favoriser l'emploi de hauts-reliefs pour l'ornementation de grand luxe et réussit merveilleusement à reproduire les riches décorations des divers styles.

En général aujourd'hui, c'est le luxe des glaces, des tentures, des tapis qui brille dans les intérieurs, genre de décoration qui répond au grand nombre de fortunes de second ordre, et au petit nombre de fortunes princières de notre société; au reste, cette question de décoration rentre en grande partie dans l'emploi des couleurs dont nous parlerons plus loin.

Enfin nous devons parler ici des imitations d'objets naturels, des fruits, par exemple, à l'aide de la cire et du carton-pierre, mais surtout des fleurs à l'aide des étoffes et du papier. La fabrication des fleurs artificielles, qui fournit un élément si gracieux de la toilette des dames, est une importante industrie parisienne[1].

BRONZES[2]

L'industrie du bronze a pris en France une très-grande extension, qui s'explique par le développement de l'art statuaire, le goût de nos ouvriers pour ajuster les diverses parties fondues séparément, pour ciseler et réparer les imperfections de la fonte. Tous les chefs-d'œuvre de la statuaire ont été réduits pour fournir des ornements d'un goût pur; une foule de sujets de petite dimension ont été modelés par nos artistes. Dans ce genre de créations le gracieux, le motif agréable est surtout recherché, avec juste raison; la statuaire de si petite dimension ne peut guère, comme nous l'avons dit, se proposer un but plus élevé.

C'est dans ce siècle, et surtout à partir de 1840, grâce aux travaux antérieurs qui ont valu une juste réputation à Ravrio, Thomire, Denière, que s'améliora surtout la fabrication des petits bronzes. Les artistes, devenus beaucoup plus nombreux, trou-

1. C'est de l'Italie que vinrent les premières fleurs artificielles employées à la toilette des dames et à la décoration des appartements. Il y a environ un siècle, s'établit à Paris, Seguin, natif de Mende en Gévaudan, véritable artiste qui avait étudié la botanique et qui s'appliqua le premier à copier scrupuleusement la nature dans l'imitation des fleurs. Ce fut vraiment lui qui dota Paris d'une industrie qui a pris tant de développement.

2. Destinée à satisfaire les velléités de luxe de bien des modestes fortunes (la division des fortunes est le caractère principal de notre société, celui qui réagit le plus puissamment sur l'art industriel à notre époque), l'industrie des bronzes, se ramifiant dans une infinité de petits ateliers, produit souvent des pièces d'un goût douteux. Le véritable progrès, celui qui, au reste, se réalise chaque jour, grâce à l'épuration incessante du goût, consiste à faire entrer de plus en plus l'art dans la fabrication, sans trop renchérir les produits.

vèrent dans leur imagination et leur talent les ressources nécessaires pour tenir en éveil la curiosité et l'intérêt des acheteurs. Une foule de petites pièces de décoration et d'ameublement furent mises par leur bon marché à la portée des fortunes moyennes.

L'invention du procédé Collas a fait faire un grand pas à la fabrication des bronzes, en faisant intervenir les antiques, avec tout leur charme, dans les décorations de petite dimension, et en faisant l'éducation du public et des fabricants. Quand on fut devenu capable de comprendre l'art antique, qu'on eut abandonné l'odalisque, et le troubadour de l'empire, types curieux de mauvais goût, les vaillants promoteurs de l'art industriel élargirent la donnée du beau en nous rendant et nous appropriant par le même procédé Michel-Ange, Jean Goujon, Germain Pilon et aussi Puget, Coustou, Clodion, Canova, etc. Bientôt de jeunes artistes se sont élevés, dont les productions ont pu aller avec ces types admirables. MM. Constant Sévin, Piat, Carrier-Beleuze sont en tête aujourd'hui. M. Barbedienne a été le promoteur, l'organisateur au point de vue commercial de ce beau mouvement qui a été un magnifique progrès.

Une autre influence, très-grande aussi, dans un genre spécial, a été celle de Barye, qui, par une étude exquise de la nature, a fait faire un pas immense à la reproduction des animaux. A l'Exposition de 1862, la palme échut de droit à la collection de ses œuvres. Personne n'avait compris comme cet artiste la sauvage beauté, l'élégance des animaux. Quelques-uns de ses combats sont terribles; le lion qui déchire un crocodile

138. Amazone de Kiss.

est admirable: c'est le calme de la force impassible devant les tortures du vaincu; personne n'a su comme lui aplatir le crâne d'un tigre, allonger son torse maigre pendant qu'il se glisse, les membres rassemblés et prêt à bondir. M. Barye n'est pas seulement un sculpteur d'animaux, il est digne à tous égards de traiter des sujets antiques: quelle puissance dans le COMBAT DU CENTAURE ET DU LAPITHE! Celui-ci serre de ses jambes nerveuses la croupe de son adversaire; sa main, crispée sur l'épaule du Centaure, amène la tête effarée sous sa massue brandie, prête à frapper. Si audacieux que soit le mouvement, il n'en reste pas moins un modèle de style.

Dans ce qui précède nous parlons surtout du bronze d'art qui conserve la couleur du métal; disons quelques mots du bronze doré, dont la fabrication moins artistique est, et surtout était plus spécialement il y a encore peu de temps l'objet de l'industrie des bronzes.

Parmi les fabricants qui ont créé de belles œuvres dans ce genre, on doit citer M. V. Paillard qui a exposé avec éclat une grande pendule avec candelabres dorés, style de la fin du règne de Louis XIV, et des flambeaux Louis XV à fût tordu et pied orné d'écussons.

On peut dire qu'aujourd'hui le bronze doré cède la place au bronze d'art placé sur un socle qui semble dissimuler le cadran de la pendule. C'est un résultat que les dernières Expositions ont démontré clairement. Tandis qu'elles offraient quantité de magnifiques bronzes, il y avait peu d'œuvres vraiment remarquables en bronze doré pour les garnitures de cheminée; il y avait au contraire de beaux produits de ce genre pour

139.

décorer des meubles style Louis XVI, pour orner des cheminées du même style, pour décorer de riches coupes ou de beaux vases de porcelaine; enfin il sert à établir de magnifiques lustres de grandes dimensions.

L'industrie des bronzes est toute française et toute parisienne: rien de comparable ne se fait à l'étranger comme importance industrielle et comme goût; aussi la fonderie de bronze est devenue une des plus belles industries de la France; elle n'a pris dans aucun autre pays un développement comparable, et aux Expositions universelles on a pu compter vingt fabricants français pour un fabricant étranger.

FONTE ET ZINC. — La fonte de fer, le zinc sont venus récemment prendre place dans la décoration. De magnifiques fontaines en fonte de fer ornent aujourd'hui nos places publiques de produits qui ont toujours quelque chose de la lourdeur de la fonte, ce que rend assez bien le dessin ci-contre (fig. 139) d'une fontaine en fonte de M. Durenne gravé par le procédé Dulos. A titre de spécimen d'un travail digne d'être considéré comme un des beaux produits de la statuaire allemande, nous représentons l'AMAZONE de Kiss, fondue en zinc par Geis, de Berlin, et justement admirée à Londres en 1851 (fig. 138).

Nous citerons encore un genre de produit très-estimé chez les Anglais: ce sont leurs belles cheminées de Sheffield, en fonte et acier poli (fig. 140), destinées à recevoir de

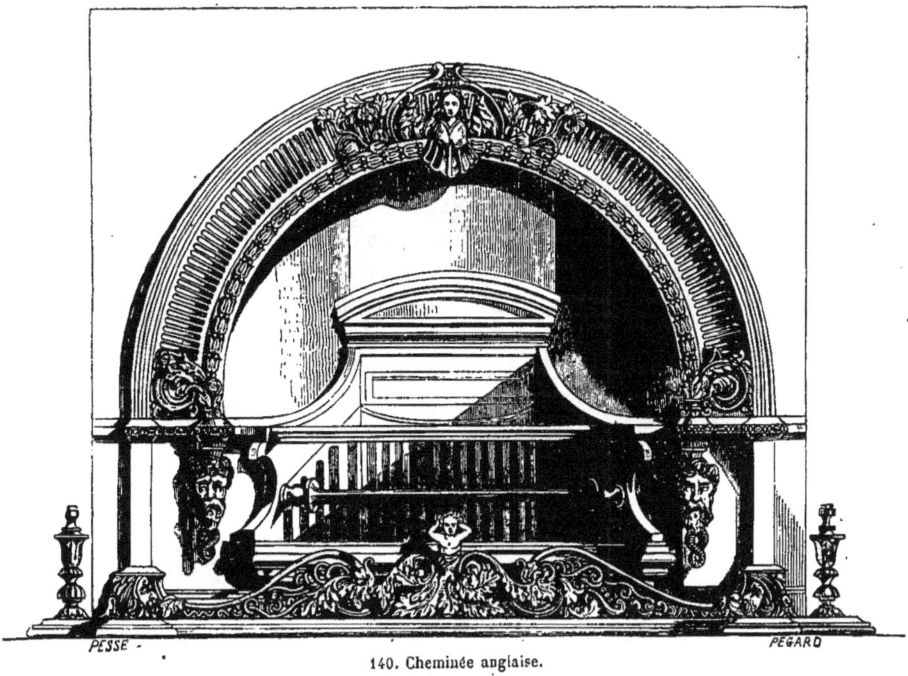

PESSE. PEGARD

140. Cheminée anglaise.

grands feux de charbon de terre, et auxquelles ils donnent des formes souvent très-heureuses.

La restauration de l'industrie des repousseurs en fer, qui était oubliée, a permis d'orner, par des procédés de retreinte semblables à ceux de l'orfévrerie, des grilles d'une grande richesse, analogues à celles faites sous Louis XV, que les produits plus lourds en fer fondu n'avaient pu faire oublier.

ARTS VESTIAIRES. — Le costume des hommes depuis la Révolution, qui avait anéanti les industries de luxe, est resté sévère; l'habit noir a toujours été le vêtement de cérémonie. Sans doute, une certaine élégance, une adaptation parfaite d'un vêtement est l'objet des efforts de la grande industrie de la confection des vêtements, la plus importante après celle de l'alimentation; mais elle s'interdit les caprices de formes très-variées, l'emploi des étoffes éclatantes.

C'est sur la toilette des femmes que se concentrent tous les efforts de l'art. La mode transforme d'année en année presque tous les éléments des costumes, et, dans ses caprices variés, qui en apparence ne sont soumis à aucune règle, traduit toutes les fantaisies, tous les désirs d'une société qui va en se transformant elle-même chaque jour. Rien peut-être ne donne mieux un aperçu de la différence des idées à deux époques, que la comparaison des modes qui étaient adoptées dans chacune d'elles; mais la mobilité même de ces transformations rend peu utile la définition des éléments du goût dominant à un moment donné. C'est toujours à faire valoir l'élégance de la taille, la beauté de la chevelure, etc., que s'appliquent les artistes spéciaux; mais les moyens d'atteindre le but varient singulièrement dans les détails. On peut dire, seulement, que ce sont les traditions de l'époque de Louis XV qui occupent la plus grande place dans les combinaisons modernes.

ORFÉVRERIE

La Révolution fit disparaître les belles œuvres d'orfévrerie; elles retournèrent à la Monnaie dans un temps où personne ne pouvait ni n'osait afficher de luxe, lorsque toutes les grandes familles étaient proscrites. Aussi, lorsque sous l'Empire on voulut de grandes pièces d'orfévrerie, la France avait oublié ses propres traditions, et si elle parut en retrouver quelques débris, c'est parce qu'elle avait inspiré autrefois les modèles des produits demeurés à la mode en Angleterre. Nos orfévres eurent aussi à imiter les procédés perfectionnés d'estampage que leur entente de la mécanique et la prospérité de leur fabrication avaient fait adopter à nos voisins. A leur exemple, la fabrication française consista surtout dans l'application d'ornements estampés sur des pièces à contours gracieux.

Au commencement de l'Empire, Auguste, l'ancien orfévre de Louis XVI, Odiot, Biennais, furent les orfévres en réputation. Odiot surtout, nommé orfévre de l'empereur, fut chargé de travaux considérables. Nous citerons comme exemple de ses compositions le berceau du roi de Rome, pour lequel il fut aidé par Thomire, et dont les dessins furent fournis par Prudhon. Une élégante Victoire, à demi agenouillée sur un globe, dominait l'arcade du berceau et soutenait sur la tête de l'enfant impérial une couronne d'étoiles, d'où partait la draperie de dentelles qui servait de rideaux. Les génies de la Force et de la Justice étaient debout devant les pieds antérieurs et postérieurs du berceau, formés par des cornes d'abondance croisées.

Cette description permet d'apprécier le style de l'Empire dans les œuvres d'art; on cherchait l'imitation de l'antique avec quelque chose de l'inexpérience d'une génération qui avait conservé peu de traditions de procédés techniques; dans laquelle les artistes spéciaux, les ouvriers très-habiles, étaient peu nombreux.

Sous la Restauration, la transformation qui tendait à se produire dans tous les arts se fit sentir immédiatement dans l'orfévrerie. On ne faisait plus des imitations de l'antique, mais on conservait toujours les souvenirs classiques en cherchant plus de liberté et d'originalité. Fauconnier se distingua surtout à cette époque; non-seulement il produisit quelques belles œuvres dans le style classique, mais encore ce fut lui qui tenta les premières pièces d'orfévrerie dans le style de la Renaissance. Ce fut dans son atelier que M. Barye fit ses premières études d'animaux, genre auquel il a su faire une si grande place; il forma ses neveux, MM. Fannière, dont nous allons rencontrer les beaux travaux de ciselure.

Dans ces dernières années, les orfévres français les plus célèbres furent d'abord: M. Odiot fils, fidèle en général au goût anglais, à la riche orfévrerie; M. Lebrun, qui se distingua par un grand talent de ciseleur; M. Durand, et enfin Wagner qui vint, en 1830, remettre en honneur le repoussé, le procédé par excellence de l'orfévrerie d'art, celui qui lui est tout spécial, et qui avait cédé la place aux procédés plus industriels de la fonte et de l'estampage. Au lieu de se borner à l'exécution de pièces utiles, Wagner accusa franchement la tendance des orfévres de premier ordre à constituer un art complet, à créer des pièces ayant seulement une valeur artistique. Disons tout de suite que cette voie est périlleuse et que les orfévres ne doivent jamais oublier les conditions toutes spéciales qui font de l'orfévrerie un art industriel, ce qui ne veut pas dire qu'ils ne puissent produire des chefs-d'œuvre, mais seulement que ceux-ci sont d'une nature particulière, d'un autre ordre que ceux de la statuaire.

141. Vase de Froment-Meurice.

En 1839, parut pour la première fois à l'Exposition un artiste distingué, Froment-Meurice. A une grande valeur personnelle, à un goût sûr qui le portait à trouver autre chose que l'imitation des siècles passés, c'est-à-dire à l'originalité et à un caractère propre à notre temps, il joignait les qualités organisatrices qui permettent la production rapide et excellente exigée aujourd'hui, et qui ne peut s'obtenir que par la réunion des efforts des collaborateurs les plus distingués. En effet, aujourd'hui, pour les œuvres de premier ordre, le concours des premiers artistes ciseleurs, émailleurs, est réclamé par les divers fabricants. Nous donnons ici un vase mis par lui à l'Exposition de 1844, offert par la ville de Paris à un célèbre ingénieur (fig. 141), et son chef-d'œuvre, l'admirable toilette de la duchesse de Parme qui recueillit tous les suffrages à l'Exposition de 1851 (fig. 142), et lui valut la grande médaille.

. 142. Toilette de la duchesse de Parme.

Ce morceau capital consiste en une table à pieds d'argent richement décorés; la surface de la table est en argent niellé de fleurs de lis, encadrée d'une bordure en acier gravé. Le miroir richement garni d'argent est flanqué de deux candélabres en forme de lis, soutenus par des anges portant les armoiries de la princesse. Des coffrets de forme gothique ornés de figures émaillées et polies, une aiguière et un plateau complètent ce bel ensemble, où les lis, les formes gothiques rappellent avec la plus exquise délicatesse à la fille de nos rois les vieilles traditions françaises, et où la brillante décoration des émaux des décorations de tout genre brille d'un éclat moderne.

Nous compléterons nos emprunts au duc de Luynes, en citant parmi les artistes les plus éminents de notre époque, comme un maître complétement digne d'être mis en parallèle avec les maîtres de la Renaissance, Vechte qui exposa en 1847 au Louvre un admirable vase, exécuté au repoussé (procédé qu'il a amélioré par l'emploi de creux en bronze, obtenus par la fonte, au moyen du moulage du modèle à exécuter, pour préparer et avancer le travail), dont l'ornement représentait le combat des Dieux contre les Géants. Au sommet de cette amphore, et sur le couvercle, Jupiter, assis sur son aigle et tenant les foudres, va frapper ses adversaires; les Géants, armés de troncs d'arbres et de rochers, escaladent l'Olympe, se groupent en bas-reliefs sur la panse du vase, en ronde-bosse sous les anses; au pied, les passions, la Haine et la Discorde se débattent, déjà renversées et frappées par les traits de Jupiter. Ce vase admirable a figuré à Londres en 1851, dans la vitrine de MM. Hunt et Roskell.

Ce qui précède montre assez clairement, ce nous semble, que l'orfévrerie française tend, dans ses œuvres d'art, à se rapprocher de la Renaissance par la richesse des compositions, tout en leur donnant un cachet propre à notre époque. Dans la décoration pure de l'orfévrerie de table, le style Louis XV tient cependant encore une assez grande place. Nous allons compléter cette revue en disant quelques mots des œuvres de nos orfévres que nous offrent les dernières Expositions, après un rapide examen des œuvres principales de l'orfévrerie étrangère.

Angleterre. — L'Exposition de Londres, en 1851, a bien montré ce que nous avons déjà nommé le « goût anglais. » Son ornementation parut en général mal conçue, confuse et peu raisonnée, mais la forme même des pièces de vaisselle de table était commode pour l'usage, bien appropriée aux différents besoins du service; elle possédait cette perfection de forme des articles usuels, pour laquelle les Anglais, qui ont presque inventé la chose, ont inventé le mot « confortable. »

Les grandes compositions, dues à MM. Hunt et Roskell, les successeurs de Mortimer, qui possèdent la plus importante fabrique d'orfévrerie et bijouterie du monde entier, offraient à Londres, au dire de l'excellent juge que nous continuons à suivre, avec de nombreux défauts de compositions trop chargées, l'indication d'efforts évidents pour sortir d'une mauvaise voie; comme chez plusieurs de leurs rivaux, l'épuration du style se faisait sentir et devait mener à une régénération assez prochaine du goût qui était l'aspiration de toute l'industrie anglaise. Ils tendaient à transformer ces grandes pièces d'orfévrerie avec force personnages en argent mat, qui sont tout à fait antipathiques aux ressources et à l'esprit de la bonne orfévrerie, et qui sont cependant très-goûtées des Anglais pour leurs « testimonials. » Il faut dire que ces figures, ces arbres, ces végétaux et animaux distribués sans pondération, sans beauté dans leur symétrie, sans grâce dans leur irrégularité, avaient souvent plutôt l'aspect de jouets d'enfants que d'objets d'art.

Si on remarque avec le duc de Luynes que, dans tous les pays et dans tous les temps, l'orfévrerie et la fabrication des vases en terre cuite et en porcelaine suivent une marche à peu près identique et adoptent les mêmes formes avec une décoration du même genre, les beaux produits de céramique du Straffordshire, notamment ceux de Minton, si remarqués en 1855, étaient d'un heureux présage pour l'industrie anglaise.

En effet, l'Exposition à Paris des produits de l'orfévrerie anglaise en 1855 confirmait ces prévisions, et elle montrait, en dehors de malheureuses représentations de chasses, paysages, etc., plusieurs créations de bon goût.

En 1862, les critiques anglais ont donné eux-mêmes la palme de l'orfévrerie à notre compatriote A. Vechte, qui avait exposé chez MM. Hunt et Roskell deux forts beaux vases; un troisième, extrêmement remarquable également, était placé dans le compartiment français de l'Exposition des beaux-arts.

Les œuvres de Vechte ont de très-grandes qualités; elles sont bien composées, leur silhouette est très-agréable. De loin on est saisi par l'heureuse disposition, de près on jouit mieux de l'imagination, de la verve de l'auteur. Peut-être pourra-t-on lui reprocher les défauts de ses qualités, quelques contours un peu heurtés, un modelé un peu exagéré, mais il faut songer que les pièces d'orfévrerie sont souvent vues à quelque distance et qu'elles doivent être dès lors traitées un peu à l'effet, en outrant même les contours.

La vitrine de M. Phillips renfermait un fort joli vase, l'anse était surtout très-ingénieusement travaillée. Une bacchante toute pâmée se cambre, se renverse; ses cheveux, ses bras rejetés en arrière vont rejoindre la partie supérieure du vase. Ici encore se trouve une réduction de la statue de la touchante Godiva, qui parcourt à cheval, voilée seulement de ses longs cheveux, la ville qu'elle exempte, par sa charitable effronterie, d'un impôt écrasant.

L'Exposition de M. Elkington, distribuée avec un goût tout parisien, renfermait plusieurs pièces dignes d'attention, un joli vase en argent oxydé d'une forme un peu écrasée et un excellent pot à bière, en ivoire et en argent. Quatre Muses délicatement ciselées occupent le centre de quatre médaillons d'ivoire distribués sur le corps du vase; ces figures antiques rappellent un peu le faire séduisant de Prudhon. On trouvait encore, chez M. Elkington, une table en argent damasquiné, bien composée; les figures en haut-relief qui s'accoudent au pied sont très-bien modelées.

Ces exemples suffisent pour faire comprendre quelle importante révolution s'est faite dans le goût anglais, sans qu'il nous soit nécessaire de passer en revue d'autres pièces moins importantes que celles rassemblées dans le compartiment anglais à Kensington. Les jolies fontaines à thé, cafetières, théières, tasses, couverts, etc., en argent ou en imitation, montraient que le désir d'améliorer les modèles était descendu des objets de luxe à ceux qui sont d'un usage journalier; ceux-ci ont, au reste, souvent ce caractère de solidité qui distingue les objets anglais et qui dans certains cas les font rechercher à l'étranger.

Allemagne. — En Allemagne, après Dinglinger, mort en 1731, l'orfévrerie d'art cessa d'exister; le goût public s'attacha seulement à des ouvrages brillants, lustrés, très-finis dans leurs détails. Toutefois, la fabrication devint beaucoup plus considérable vers la fin du dix-huitième siècle, lorsque l'introduction de l'estampage rendit accessibles et à bon marché les produits de l'orfévrerie.

L'imitation des procédés anglais fit adopter les formes anglaises, et encore aujourd'hui la mode s'attache en Allemagne à ce qu'on appelle le « genre baroque anglais. » Toutefois, de grands artistes dominent maintenant le goût public en produisant des œuvres qui ont un cachet artistique qui leur est propre et qui sont dignes du rang si élevé que la statuaire et la peinture allemandes occupent dans le monde des arts. On a beaucoup admiré à Londres, en 1851, une grande création de cet ordre due à M. Albert Wagner, qui formait la pièce principale d'un surtout de table.

Nous ne suivrons pas plus loin notre étude par pays. Nous dirons seulement que la

Russie, où l'industrie des tissus d'or a été introduite par les Byzantins en même temps que le christianisme, l'Italie, l'Espagne avaient exposé quelques pièces remarquables aux Expositions universelles. Ces grands spectacles, ces éclatantes manifestations du mouvement qui tend à la fusion des nations, ont montré chez la plupart d'entre elles d'assez belles œuvres, pour prouver que les grands artistes ne sont le privilége d'aucun pays.

ORFÉVRERIE FRANÇAISE. — Nous parlerons d'abord de l'orfévrerie d'église, exécutée ordinairement à bas prix, mais avec une perfection médiocre. L'Exposition de 1855, entre plusieurs pièces remarquables de cette fabrication, en offrait une tout à fait hors ligne : à savoir, l'autel de style gothique exécuté par M. Bachelet sur les dessins de M. Viollet-le-Duc, le savant architecte de Notre-Dame. Il était impossible de voir une étude plus satisfaisante du style de cette époque, de mieux faire valoir la richesse des fonds métalliques de grande étendue, parsemés d'émaux de couleur, d'où se détachent si bien des personnages exécutés en bas-relief. Il n'est pas d'ornement plus satisfaisant pour une cathédrale gothique, rappelant mieux la splendeur du catholicisme au moyen âge.

Comme chef-d'œuvre de ciselure, tout le monde admira la tasse de M. Lebrun. Cette tasse en argent épais, fondu et ciselé, avait la forme d'un tronc de cône dont la petite section formait la base : sur la panse étaient les armoiries du propriétaire, M. le baron de Mecklembourg, accompagnées de deux figures d'une charmante exécution et d'un travail exquis.

Comme œuvre d'orfévrerie remarquable et bien étudiée, nous représenterons un thé

143. Thé de M. Lecointe.

dit (tête-à-tête) en argent poli incrusté d'or, dessiné et exécuté par M. Lecointe. Nous profiterons de ce qu'il nous a été donné de le dessiner en détail pour le reproduire intégralement et faire apprécier tout le travail, tout le goût nécessaire pour mener à bien un travail sérieux d'orfévrerie.

Parmi les plus grandes œuvres d'orfévrerie moderne, on doit citer le grand travail de M. Cristofle, le beau surtout de la ville de Paris, qui est, sans contredit, une des plus

144. Théière, sucrier.

grandes pièces d'orfévrerie qu'on ait jusqu'à ce jour exécutées; la composition en est due à M. Baltard.

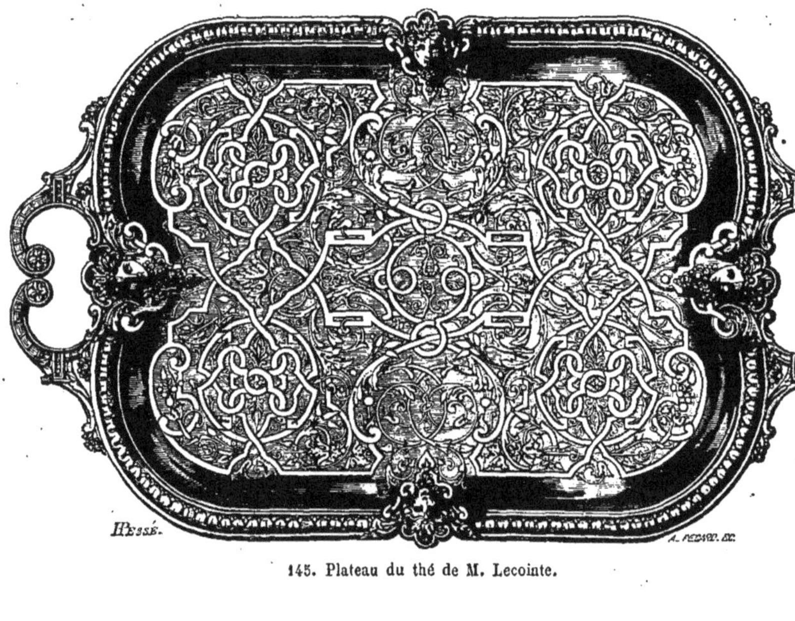

145. Plateau du thé de M. Lecointe.

Sur un esquif qui rappelle les armoiries de Paris, quatre figures délicatement ciselées: la Science, l'Art, l'Industrie et le Commerce, soutiennent sur le pavois la ville de Paris, symbolisée par une belle jeune femme, le front couronné d'un diadème de tours. A la proue de la nacelle, le Génie du Progrès éclaire la marche en agitant son flambeau; la Prudence siége sur l'arrière, et tient le gouvernail. Les deux extrémités de la glace, qui simule l'eau sur laquelle vogue le bâtiment, sont occupées par des chars que traînent quatre chevaux piaffant au milieu de l'écume qu'ils soulèvent autour d'eux; enfin, sur la galerie extérieure s'espacent de riches flambeaux dont les chaudes lumières, éclairant le groupe central, donneront la nuit, à cette pièce importante, un éclat encore plus vif qu'à la blanche lumière du jour.

Une aussi grosse masse de métal brillant eût sans doute présenté un peu de monotonie si les artistes n'en eussent nuancé le métal de quelques tons jaunâtres, très-clairs, mais suffisants pour rompre un blanc trop uniforme.

Les détails de cette composition sont bien traités, on les examine les uns après les autres avec plaisir, et cependant l'ensemble est peu émouvant. Ces grands sujets mythologiques ont peut-être besoin d'être traités avec plus d'entrain que n'en a dépensé M. Baltard; on y voudrait sans doute plus de fantaisie, plus d'ardeur, un peu de cette verve intarissable avec laquelle Rubens sait grouper ses Naïades, ses Tritons, les êtres fantastiques empruntés au ciel ou à la terre, qu'il répand avec une prodigalité toute royale dans ses œuvres allégoriques. Le surtout de M. Baltard est une œuvre agréable, ce n'est pas une œuvre puissante.

Parmi la multitude d'œuvres intéressantes que M. Cristofle et Cie exposaient en 1867 autour de ce grand travail, nous citerons les objets style Pompéi, dessinés par M. Rossigneux, dont nous reproduisons un surtout très-élégant (fig. 146).

146. Surtou Pompéien.

147.

Le bouclier de Fannière aîné, la Chute des anges, était la pièce capitale de son exposition (1867). Il est en acier repoussé; c'est une œuvre de ciselure bien audacieuse, qui, à cause de ses hauts-reliefs extraordinaires, renferme bien des difficultés vaincues, et est peut-être le plus beau morceau qui soit jamais sorti de la main d'un ciseleur. Nous donnerons encore ici (fig. 147) un charmant ouvrage dû à cet artiste, un verre en argent d'une grande élégance.

Nous offrirons enfin le dessin d'une œuvre remarquable due à la collaboration d'artistes d'un grand talent, le sabre du duc de Luynes (fig. 148), dont la composition est

148. Sabre du duc de Luynes.

due à cet appréciateur si éminent de l'art ; les figures, notamment la Victoire élancée placée sur la garde, ont été modelées par Klagmann, un des artistes qui ont le plus contribué à donner aux produits de notre industrie un caractère particulier d'élégance; enfin le travail d'orfévrerie est de MM. Fannière, artistes distingués, qui ont travaillé à un grand nombre des pièces principales d'orfévrerie d'art, admirées dans ces dernières années.

BIJOUTERIE

La bijouterie, disparue à l'époque de la Révolution, se ranima lentement sous l'Empire: on voulut d'abord imiter l'antique qu'on connaissait mal, on visait à une simplicité qu'on croyait classique. Des anneaux, des colliers de corail, des serpents, des scarabées, des camées constituaient les principaux bijoux.

A la fin de l'Empire, vers 1815, on commença à orner les bijoux en or mat de petits grains d'or soudés les uns à côté des autres, qu'on appelait le GRAINTI. Sous la Restauration, les gros cachets, les chaînes à grosses mailles, les breloques, les chaînes de montre pour les hommes; pour les femmes des bandeaux, des coiffures, des colliers, etc., en or estampé, furent l'objet du travail des bijoutiers.

Ch. Wagner vint, en 1830, faire sortir la bijouterie française de la voie uniquement commerciale, pour lui donner une direction plus artistique. Il importa en France les nielles qui, accompagnées de ciselures, de dorures et d'émaux, donnèrent des effets extrêmement heureux. Il fit aussi des sculptures et gravures sur pierres dures très-remarquables, et ramena le goût public vers ces beaux et difficiles travaux.

Froment-Meurice vint, après Wagner, prendre dans la bijouterie une aussi belle place que celle qu'il occupa dans l'orfévrerie. Parmi nombre d'œuvres remarquables nous citerons le calice d'or du pape, qui figurait à l'Exposition de 1851. La coupe était soutenue par des lis, des épis émaillés et des grappes de raisin en perles noires; sur le fût, l'ECCE HOMO; saint Joseph et la sainte Vierge Marie en relief, séparés par des émaux représentant la Naissance de Jésus-Christ, la Présentation au temple et le Crucifiement; au pied, les trois Vertus théologales, ciselées en argent et en ronde bosse, Abraham et Isaac, la manne et la Pâque.

MM. Marel, M. Morel, M. Rudolphi, élève de Wagner, ont fait admirer des œuvres remarquables aux dernières Expositions. Nous parlerons de quelques-unes de ces œuvres, qui montreront combien peut obtenir de beaux résultats l'artiste de goût capable d'aborder ces riches créations, qui suit l'exemple de prédécesseurs qui ont obtenu de beaux succès en réalisant les fantaisies qui conviennent tout spécialement à la bijouterie.

M. Morel, qui s'est beaucoup distingué dans la bijouterie d'art, dans ces dernières années, avait mis à l'Exposition de 1851 une riche série de coupes et de calices en matières précieuses ornées d'émaux. On remarqua notamment une coupe en agate orientale, dont la garniture en or se composait d'ornements émaillés et d'oiseaux de paradis; le balustre était orné de Chimères émaillées en relief, entourant l'écusson. Le même artiste a mis à l'Exposition de Paris une magnifique coupe en jaspe, portant des figures émaillées, PERSÉE délivrant ANDROMÈDE.

On comprend aisément toutes les difficultés d'une œuvre semblable et surtout de l'exécution des personnages en émail, qui rappellent Benvenuto Cellini. Mais, malgré le mérite de bien grandes difficultés vaincues, nous croyons qu'un semblable travail dépasse bien souvent le but lorsqu'il se propose l'exécution des personnages, tandis qu'il donne des effets ravissants quand il vient mélanger l'éclat des émaux colorés à celui de l'or, et que ceux-ci viennent se ramifier suivant tous les caprices de la fantaisie. Nous en prendrons pour exemple deux pièces émaillées que nous emprunterons à l'exposition de M. Lecointe, l'un de nos plus habiles bijoutiers de Paris, savoir: une broche renaissance et une pendeloque qui rappelle le moyen âge, qui a quelque chose du style roman.

Nous donnerons encore un bracelet émail et pierres (fig. 149) mis également à l'Exposition de 1855, par M. Lecointe, et qui représente l'heureux mélange, très-goûté de nos jours, des ressources de la bijouterie et de celles de la joaillerie.

La tendance remarquée à l'Exposition de 1867, disent très-bien les rapporteurs, MM. Fossin et Beaugrand, est une disposition générale à l'étude des bonnes époques de l'art, sans éclectisme. La société, en effet, à force de voir, ne se laisse plus autant

149. Bijoux Lecointe.

tyranniser par la mode; le goût s'individualise. Les uns osent aimer le style grec, romain, l'antique en un mot; d'autres le byzantin; d'autres le roman et le gothique; un grand nombre admirent la Renaissance; le dix-huitième siècle a ses fanatiques; en somme, partout on étudie, les idées s'étendent, s'élargissent, l'éducation se fait et le niveau du goût ne peut manquer de s'élever, bien que, dans la période de transition où nous nous trouvons, cette diversité semble produire un peu de confusion.

On peut prouver combien cette observation est fondée, en rappelant combien la reproduction, par Castellani de Rome, des plus beaux bijoux étrusques de la collection Campana, a eu de succès.

JOAILLERIE

L'industrie qui a pour objet le montage et le sertissage des pierres précieuses a aujourd'hui un grand nombre d'éléments à sa disposition, parmi lesquels on doit distinguer, après les diamants : les corindons jaunes, verts ou blancs, les rubis, saphirs, émeraudes, bérils ou aigues-marines et topazes, enfin les améthystes, les opales et les perles fines.

Depuis la moitié du quinzième siècle, les pierres précieuses ont été employées avec beaucoup de profusion. Les parures de diamants se transmettaient jadis dans les familles riches, et furent comme un apanage de la noblesse sous Louis XV et Louis XVI.

Après la Révolution, la joaillerie reprit un rôle important dans l'industrie; toutefois le goût des ornements laissait à désirer; toutes les montures étaient plates, c'est-à-dire sans pièces rapportées ou superposées. Sous l'Empire, ce n'étaient que losanges, zigzags peu gracieux, grecques, etc. Ce n'est qu'à partir du temps de la Restauration que, les fortunes privées commençant à se reconstituer, on profita de nouvelles relations commerciales pour se procurer des cargaisons de topazes naturelles ou brûlées, d'améthystes et d'aigues-marines; toutes ces pierres de peu de prix furent montées en grandes parures, dont le travail surpassait beaucoup la valeur.

Ce fut après 1830 que l'on adopta l'imitation des fleurs en diamants, et que les sertisseurs, employant beaucoup plus d'argent autour des diamants, en augmentèrent ainsi l'effet et la grosseur. La joaillerie gagna, sous le rapport de l'art et de la composition, une légèreté et une grâce qu'elle ne semblait pas devoir atteindre. La légèreté des montures dépassa toutes les limites et exigea chez les artistes une habileté de main incroyable. Les pierres étant souvent montées à l'extrémité de tiges métalliques, de parties mobiles toujours agitées, ces parures acquirent une extrême légèreté.

150. Parure Lemonnier.

A l'Exposition de 1851, M. Morel a fait admirer un bouquet composé de rubis et de diamants, et représentant une rose, une tulipe et un volubilis, dont les fleurs avaient une forme naturelle et élégante. Mais ce qui excita surtout l'admiration, ce fut l'exposition de M. Lemonnier, formée des parures de la reine d'Espagne. Le mélange de diamants, d'émeraudes et de perles pour représenter des fleurs et des feuilles étaient parfaitement entendu, et l'éclat de ces parures excitait l'admiration de la foule. Nous donnons ici la gravure d'une des pièces, composée de brillants à cœur de saphir, ornée de pendeloques, qui permettra de se représenter la légèreté et l'élégance de ce beau travail.

L'Exposition de Paris, en 1855, a montré que c'était dans la même voie que s'exécutaient les plus beaux travaux. Ainsi une rose exécutée en diamants par M. Froment-Meurice a été jugée une des plus belles œuvres que l'on pût admirer.

Si les joailliers français savent parfaitement atteindre le but que l'on doit se proposer dans l'exécution d'une parure, plaire ou frapper les yeux et l'imagination, on ne doit pas passer sous silence les œuvres, également très-brillantes, des fabricants étrangers.

Au premier rang, il faut citer les joailliers allemands et anglais, et parmi ces derniers, MM. Hunt et Roskell, qui avaient mis à l'Exposition de Londres des pièces d'un éclat et d'une richesse extraordinaires. Un bouquet de diamants représentant une rose, une anémone et un œillet, était d'un éclat admirable. A Paris, ils ont exposé une parure en diamants et corail rose qui a enlevé tous les suffrages.

En 1862, l'Angleterre avait une fort riche exposition; la reine n'avait pas cependant montré toutes ses richesses, comme nous avions fait en 1855, où les bijoux de la couronne étaient réunis dans le Panorama. Cependant Sa Majesté Britannique avait autorisé MM. Garrard et Cie à placer dans leur brillante vitrine plusieurs de ses joyaux les plus précieux, notamment le fameux diamant appelé KOH-I-NOOR, qui, plus lourd que notre RÉGENT, n'a pas cependant sa pureté de forme; et trois admirables rubis provenant du trésor de Lahore, montés sur or émaillé et formant avec les pendeloques de diamant qui y sont ajustées, un merveilleux ensemble.

L'ÉTOILE DU SUD, de MM. Halphen, était exposée par la Hollande. Cette belle pierre, que nous avons vue isolée en 1855, forme actuellement le centre d'une admirable étoile dont les cinq branches sont couvertes de diamants plus petits, satellites de cette pierre merveilleuse, la plus belle qu'ait encore produite le Brésil.

Dans l'exposition de M. Harry, on remarquait une belle coupe en or émaillé, tout enrichie de pierreries : si charmante qu'elle fût, on ne pouvait cependant la comparer à une coupe attribuée à Benvenuto Cellini, que nous avons pu voir au muséum de Kensington et qui ne dément pas son origine, tant elle est admirable de grâce, de hardiesse, tant elle est parfaite d'exécution.

Nos joailliers avaient une exposition assez brillante pour attirer les regards de la foule. MM. Marret et Beaugrand avaient exposé une admirable collection de perles : un collier surtout représentant une valeur de 18,500 livres, tout près de 500,000 francs. Les belles perles sont rares, en effet; mais elles ont tant de charme, leur doux éclat se marie si bien à celui d'une peau blanche et fine, qu'il semble que ce soit le bijou par excellence. Il n'a ni l'éclat éblouissant, ni la dureté du diamant, mais un charme plus tendre et plus pénétrant.

L'Exposition de 1867 a fait admirer un grand nombre de pièces, valant surtout par la légèreté de la monture, la simplicité apparente de celle-ci faisant bien valoir la richesse des pierreries.

ANNEXES DES INDUSTRIES PRÉCÉDENTES

Reliefs peu saillants. — Nous mentionnerons ici, comme étant du même ordre que les industries qui précèdent, et comme soumises aux mêmes lois, les sculptures peu saillantes, les gravures employées comme moyen de décoration; par exemple, le travail des camées, sculptures de petites dimensions faites sur coquilles; les cachets, médailles, pierres gravées, etc., les gaufrages et les estampages des cuirs pour reliure.

Nous dirons d'abord quelques mots de cette dernière application, objet d'un véritable culte chez de nombreux amateurs.

Reliure. — Aussitôt, dit le bibliophile Jacob, que les anciens eurent fait des livres carrés, plus commodes à lire que les rouleaux, la reliure, c'est-à-dire l'art de réunir les feuillets entre deux planches de bois, d'ivoire, de métal ou de cuir, fut inventée. On ne tarda pas à couvrir les enveloppes de précieux manuscrits, d'ornements en rapport avec le luxe de la civilisation grecque et romaine.

Dès le cinquième siècle, les orfévres et les lapidaires ornaient richement les reliures; on peut en juger par celle que porte encore l'Évangéliaire grec, donné à la basilique de Monza par Théodolinde, reine des Lombards, vers l'an 600.

La plupart des riches évangéliaires dont l'histoire fait mention remontent à l'époque de Charlemagne, et, parmi ceux-ci, il faut citer surtout l'Évangéliaire donné par le grand empereur à l'abbaye de Saint-Riquier, « couvert de plaques d'argent, et orné d'or et de gemmes. » On doit aussi signaler, au nombre des plus belles reliures des onzième et douzième siècles, des couvertures de livres en cuivre émaillé.

Mais ce n'étaient là que des travaux d'émailleurs, d'orfévres, d'imagiers et de fermailleurs. Les relieurs proprement dits (lieurs de livres) liaient ensemble les feuillets des livres et les endossaient entre deux planches, qu'ils revêtaient ensuite de cuir, de peau, d'étoffe ou de parchemin. On y ajoutait tantôt des courroies, tantôt des fermaux de métal, tantôt des agrafes pour tenir le volume hermétiquement clos, et presque toujours des clous dont la tête saillante et arrondie préservait du frottement le plat de la reliure.

Ce système de lourde reliure ne pouvait persister après l'invention de l'imprimerie, qui, tout en multipliant les livres, réduisit leur format et diminua tant leur valeur vénale. On remplaça les ais de bois par du carton battu; on supprima peu à peu les clous et les fermoirs; on abandonna les étoffes, et l'on n'employa plus que la peau, le cuir et le parchemin.

Dès la fin du quinzième siècle, certains amateurs exigeaient pour leurs livres des dehors riches. L'Italie nous donna l'exemple de belles reliures en maroquin gaufré et doré, imitées, d'ailleurs, de celles du Koran et autres manuscrits arabes, que les navigateurs vénitiens rapportaient fréquemment d'Orient. L'expédition de Charles VIII et les guerres de Louis XII firent venir en France non-seulement des reliures italiennes, mais encore des relieurs italiens avec lesquels nos relieurs rivalisèrent bientôt.

Jean Grollier, de Lyon, trésorier des guerres et intendant du Milanais avant la bataille de Pavie, avait, pendant son séjour à Milan, commencé la création d'une bibliothèque qu'il transporta en France, et ne cessa d'accroître et d'enrichir jusqu'à sa mort, en 1565. Ses livres étaient reliés en maroquin du Levant, avec un soin et un goût tels que, sous l'inspiration de cet amateur délicat, la reliure semble avoir atteint déjà toute sa perfection. Une incroyable variété de dessins dans les gaufrures, une entente supérieure de l'agencement des mosaïques en cuir de couleur, un fini d'ensemble admirable, font de chacune de ces reliures autant de petites merveilles.

Les princes, les dames de la cour, firent profession d'aimer, de rechercher les livres, créèrent des bibliothèques et encouragèrent les travaux et INVENTIONS des bons relieurs, qui accomplirent des chefs-d'œuvre de patience et d'habileté en décorant les couvertures des livres, soit en émaux peints, soit en mosaïques faites de pièces rapportées, soit en dorures pleines à petits fers. Il serait impossible d'énumérer les reliures d'apparat en tout genre que nous a laissées le seizième siècle français, et qui n'ont pas été dépassées depuis.

Les plus beaux effets de la reliure sont obtenus par deux procédés qui ne sont que des moyens mécaniques d'obtenir des gravures : les gaufrages par grandes plaques gravées formant de grands cadres, et les dorures par petits fers, résultat de la composition de petites vignettes, analogues à celles dont nous parlerons en traitant de l'imprimerie typographique. C'est rarement par estampage produisant un relief que les relieurs procèdent, c'est en général par une simple impression en or qu'ils agissent; cette question rentre donc dans l'étude des procédés de cette nature dont il sera traité plus loin.

CAMÉES. — « Les anciens, dit Héricart de Thury, dont les chefs-d'œuvre en tous genres prouvent avec quelle perfection ils exerçaient et cultivaient la statuaire et la sculpture, nous ont laissé en agates, sardoines, onyx, jaspes, et autres pierres précieuses, des témoignages irrécusables de la haute supériorité à laquelle, dès les temps les plus reculés, était parvenue la lithoglyptique, l'art de graver les pierres dures en creux ou en relief, pour en faire ces précieux camées dans lesquels l'habileté des artistes savait profiter des accidents et des couleurs des pierres, pour produire les délicieux et charmants effets qui donnent une si haute valeur aux sujets, têtes, figures ou groupes représentés sur ces pierres, dont on voit de riches collections dans les musées de Rome, de Naples, de Paris, de Vienne, etc.

« Le prix élevé des camées, la rareté des agates onyx ou rubannées, leur dureté, la difficulté de répondre aux demandes des amateurs et des joailliers-bijoutiers, ont fait chercher, il y a déjà longtemps, les moyens d'imiter artificiellement les camées, et, après bien des tentatives, on a reconnu que la coquille marine, « le grand casque des Indes orientales, » dont le test présente des couleurs blanches, roses, jaunes, brunes, etc., était la matière la plus favorable pour la confection des camées artificiels, cette belle substance étant par sa nature assez dure pour résister au frottement.

« Cette industrie a longtemps été exploitée avec succès à Rome, qui en fournissait les collections d'amateurs et tous les bijoutiers de France, d'Angleterre et d'Allemagne.

« D'après le succès des camées de Rome, quelques essais ont été tentés en France. Les plus remarquables furent ceux présentés aux concours ouverts par l'Académie des beaux-arts de l'Institut, sous l'Empire; mais bientôt les essais de nos artistes furent abandonnés, et les ateliers de Rome, de Florence, de Venise et de Naples continuèrent seuls à prospérer et à répandre partout les camées. Dans ces dernières années cependant, à la demande de quelques-uns de nos premiers bijoutiers, plusieurs jeunes graveurs ont tenté de nouveaux essais, en prenant pour modèles les plus beaux camées antiques, et les succès de quelques-uns d'entre eux ayant outre-passé leurs espérances, ils ont formé des ateliers de lithoglyptique. Ainsi, grâce aux efforts de MM. Michellini, Weiss-Muller, Lalondre, Salmsonn, Morel, etc., nous voyons l'art de la gravure en pierres fines et en pierres dures se relever parmi nous.

« Quant à la gravure des camées de coquilles, elle est aujourd'hui exercée en France avec le plus grand succès, et nous dirons même avec autant de talent et de perfection qu'en Italie. Ainsi les camées de MM. Albite-Titus, Reynaud, Lamant, Blanchet, de Grégory, Bertoux de Marseille, etc., soutiennent la comparaison avec ceux des plus habiles caméistes de Rome. »

Les camées français ont, du reste, dès ce moment, un avantage marqué sur les camées romains; ils sont sensiblement moins chers. Cette modicité de prix tient à l'introduction du tour à portrait dans cette fabrication; il permet de pousser rapidement, et à peu de frais, les ébauches jusqu'à un point extrêmement avancé; l'artiste n'a plus que le dernier fini à donner.

Monnaies et médailles. — La gravure des monnaies et médailles, comme celle des coins et poinçons qui servent à obtenir par estampage des ornements en métal destinés à la décoration des pièces d'orfévrerie, consiste en une véritable sculpture sur métal, qui ne diffère de la sculpture ordinaire que par les procédés techniques, dont nous n'avons pas à parler ici. Il faut tout le talent d'artistes fort distingués pour donner du charme à de petites compositions (modelées de grandes dimensions, puis mises sur acier à l'aide du tour à portrait) n'ayant qu'un faible relief, et qui sont d'une extrême importance, tant parce qu'elles sont destinées à rappeler à la postérité de grands événements sous forme de médailles, qu'à assurer, sous forme de monnaies, la loyauté dans les transactions. Le modelage sur grandes dimensions et l'emploi d'un moulage en bronze ciselé avec soin permettent aujourd'hui, grâce au tour à portrait, d'opérer avec plus de facilité qu'autrefois et d'obtenir des résultats bien plus complets.

Gravures en creux et en relief. — Nous devons dire ici quelques mots des moyens de décoration qui se rapportent à l'orfévrerie et à la bijouterie, et se rapprochent des procédés sur lesquels nous aurons à revenir plus loin.

La gravure est le moyen de décoration le plus général pour les métaux et les matières qui se travaillent avec les outils tranchants. Le guillochage et la gravure pour les métaux précieux, les incrustations pour les métaux comme pour le bois, c'est-à-dire l'insertion dans des entailles convenables d'une substance différente de celle qui forme le fond, sont les moyens de décoration les plus importants obtenus par des procédés qui consistent essentiellement en des gravures creusées dans la surface à décorer, en raison des dessins à obtenir. La question d'art, celle des lignes formées par ces gravures diverses, rentre dans la question de dessin dont nous allons bientôt traiter en détail; nous ne nous y arrêterons donc pas ici. Il en est de même de la plupart des moyens de décoration dont il nous reste à parler.

Les nielles, formées par une incrustation de matière noire qui remplit une gravure en creux, donnant par suite des dessins noirs bien apparents, produisent des effets très-heureux sur l'argent. Comme elles ont autant de charme comme moyen de coloration que comme gravure, nous en traiterons en parlant des colorations et des émaux, qui jouent un si grand rôle dans la bijouterie.

Décoration des armes. — Les hommes de tous les pays et de tous les temps, dit le duc de Luynes, ont aimé les armes richement ornées; ce goût a été poussé plus loin en Orient que partout ailleurs. Les garnitures d'or et d'argent, les émaux, les pierres précieuses et de second ordre, les nielles et les filigranes, le repoussé, la ciselure, la dorure et l'argenture en feuilles, ont été prodigués sur les armes de luxe, et dans cette belle industrie, les Indiens, les Birmans, les Malais, les Persans, les Japonais, les Chinois, même les Géorgiens et les habitants de la Boukharie, héritiers du faste de l'antiquité asiatique, ont été et sont restés nos maîtres.

Plusieurs de ces moyens de décoration qui emploient d'une manière particulière la gravure et la ciselure comme procédés, sont restés spéciaux à la décoration des armes; ce sont: la damasquine, l'incrustation rasée et l'incrustation en relief. Nous parlerons ici des effets obtenus par ces mélanges de l'or et de l'acier.

Damasquine. — Le métal à damasquiner est haché finement dans les parties à décorer, et l'or refoulé sur ces parties chauffées y adhère très-fortement. C'est de Damas et surtout de l'Inde que nous viennent les pièces les plus remarquables. Cet art a été importé en Europe vers le XVIe siècle.

Incrustation rasée. — L'incrustation rasée est analogue à celle pratiquée dans l'ébénisterie. Le dessin profondément gravé en creux est rempli d'un fil d'or, qu'on y comprime fortement, puis la surface est polie. L'incrustation des métaux précieux était, dans l'antiquité, une industrie appliquée non-seulement aux armes, mais encore à la statuaire et à l'ameublement. On peut voir au musée du Louvre de petites statues égyptiennes en bronze incrustées d'or; au musée de Naples, des statues et un candélabre en bronze incrustés d'argent; au musée d'Artillerie de Paris, un glaive de bronze avec des filets incrustés de même métal. Ce genre de travail est fort bien exécuté par les Indous, et, à leur exemple, par les meilleurs armuriers français. Il donne en général aux armes un caractère oriental.

La fonderie royale de Berlin a tenté un curieux essai de rénovation de cet art antique; elle a montré des candélabres de fer à filets d'argent, puis une statue ainsi décorée, qui possédaient un cachet tout particulier qui rappelait les productions de l'antiquité.

Incrustation en relief. — L'incrustation en relief est une variété de celle qui précède. Au lieu d'araser l'or avec la surface, on le laisse en relief pour le modeler et le ciseler ensuite. Cet art est admirablement appliqué aux armes et à la bijouterie par les Japonais; il fleurit en Europe vers le temps de Henri IV. Après avoir été abandonné, il est porté aujourd'hui aussi loin que possible, et les dernières Expositions ont montré de curieux produits de ce genre dus à nos artistes armuriers.

PEINTURE

ARTS INDUSTRIELS QUI RELÈVENT DE LA PEINTURE

DE LA PEINTURE

Après avoir parlé de l'Architecture et de la Sculpture, il nous reste à traiter de l'application à l'industrie de la partie des beaux-arts qui utilise le dessin et la couleur; de celle qui, dans sa plus complète expression, éveille en nous des sentiments variés, et nous conduit jusqu'à l'idéal à l'aide de l'imitation; en un mot de la peinture.

Nous avons déjà dit qu'il y avait, comparativement à l'autre art d'imitation, à la sculpture, une observation importante à faire. Tandis que l'industrie emploie, dans le cas des applications de la sculpture, toutes les ressources de l'art, que la liaison de l'industrie avec celle-ci est intime, puisque le moulage, en multipliant toutes ses productions, en fait des objets de commerce; que les besoins des arts industriels, de l'orfèvrerie par exemple, exigent fréquemment des créations nouvelles et tout à fait artistiques; dans la peinture, au contraire, il existe une profonde séparation entre l'art et l'industrie. Sans doute, la peinture elle-même est employée avec toutes ses ressources pour la décoration, comme lorsqu'un appartement est orné des tableaux des grands maîtres, lorsque sur un vase de porcelaine un peintre habile peint une scène; mais il y a là emploi direct de la peinture, encadrement d'un produit artistique par un objet utile; il n'y a pas là d'industrie proprement dite. C'est lorsqu'on imprime du papier, des étoffes, suivant certains dessins et en certaines couleurs, avec un nombre de teintes limité, qu'il existe vraiment une industrie employant directement les ressources élémentaires de la peinture, pouvant atteindre l'agréable, mais sans s'élever jusqu'au sublime. Sans doute, il n'y aurait nul inconvénient à étudier en même temps les beaux-arts et les arts industriels; il serait même, sans contredit, fort utile d'enseigner d'abord la science complète du peintre pour en prendre ce qui serait applicable à l'art industriel; mais, outre l'insuffisance de nos connaissances qui ne nous permettait pas de l'entreprendre, ce serait sortir de notre cadre. Nous croyons inutile de partir de l'étude complète des procédés de l'art pour apprécier ceux de l'industrie.

Insistons un peu sur une considération que nous croyons importante, et demandons-nous sur quoi repose la séparation dont nous venons de parler.

La peinture se fait, comme chacun sait, à l'aide de couleurs que le peintre mélange sur sa palette et qu'il dépose sur la toile avec son pinceau. Le résultat de toutes ces teintes combinées, de leurs superpositions et juxtapositions qui en changent l'effet, constitue le coloris qui donne des résultats, si justement admirés, sous la main des grands maîtres. Il résulte de la multitude d'éléments qui concourent à une œuvre si complexe, si difficile à analyser, qu'elle n'est évidemment imitable (même imparfaitement) que par un très-habile artiste, qui appréciera tout le travail du maître, sentira tous les contrastes des couleurs, et pourra, par un travail opiniâtre et seulement en employant les mêmes procédés, tenter de repasser par le même chemin. Mais un semblable résultat peut-il être obtenu industriellement? Peut-il exister pour la peinture un procédé qui, comme le moulage, l'estampage pour la sculpture, permette de reproduire et de multiplier l'œuvre de l'artiste? On peut répondre non, à coup sûr. Il est évident qu'il y a, dans chaque coup de pinceau, dans l'effet résultant de la superposition des couleurs, quelque chose d'inimitable, que les procédés industriels ne peuvent donner, si parfaits, si ingénieux, si compliqués qu'on les suppose, et qu'il est impossible d'admettre qu'ils atteignent à la combinaison indéfinie de teintes que le peintre emploie. Bien des essais tentés dans cette voie ont fait apprécier combien la solution complète du problème est impossible, comment on ne peut dépasser une imitation assez grossière, dès qu'on cherche à atteindre des résultats pour lesquels un certain nombre de teintes plates est insuffisant. En effet, c'est essentiellement par superpositions de teintes uniformes, successives, qu'opère l'industrie, même pour obtenir des dégradations; ce n'est qu'en opérant ainsi que le travail d'application de la couleur peut cesser d'être artistique pour devenir mécanique; mais alors ce n'est qu'avec bien des efforts et par la répétition à l'infini des opérations, que l'on parvient à des résultats quelque peu comparables avec ceux de la peinture proprement dite. Ce n'est pas pour décourager les inventeurs que nous faisons ces observations; nous voudrions plutôt qu'on vît le mérite qu'il y a à créer des décorations variées et splendides et à surmonter, même incomplétement, les grandes difficultés qui s'opposent à la reproduction industrielle des œuvres d'art.

Cette condition, qui fait du produit de la peinture dans ses sphères élevées une œuvre unique, non susceptible de reproduction par un procédé du domaine de l'industrie, ne permet pas de considérer l'œuvre du peintre comme rentrant dans l'art industriel; c'est un produit des beaux-arts, et il n'y a pas à en traiter ici autrement que comme d'un objet d'étude, comme d'un modèle placé dans une sphère plus haute que le produit d'art industriel d'un genre analogue, comme fournissant les lois fondamentales des harmonies des lignes et des couleurs qui ne doivent pas moins guider la main du plus obscur ouvrier que celle du grand artiste, du maître le plus éminent qui se livre à des travaux d'un ordre plus élevé, d'une difficulté plus grande.

Ceci montre comment la direction des maîtres est très-désirable pour créer de belles œuvres, précisément parce qu'ils peuvent enseigner à exécuter des œuvres remarquables à l'aide de procédés techniques déterminés.

L'association des grands artistes à un travail industriel n'a jamais été mieux comprise qu'au seizième siècle, dit Mérimée (Rapport de l'Exposition de 1862), et les admirables cartons de Hampton-Court en offrent aujourd'hui l'exemple le plus intéressant à étudier. Lorsque Raphaël dessina pour les tapissiers des Flandres, il se borna à arrêter sa composition par des lignes fermes et magistrales, à indiquer par quelques tons l'harmonie générale du coloris. Il ne croyait pas que des étoffes destinées à couvrir les parois d'un appartement dussent recevoir un travail aussi fin que des tableaux à l'huile ou même que des fresques. Ses dessins, qui devaient être reproduits sur des faïences, n'étaient que des croquis que le peintre fabricant devait interpréter avec les ressources de son industrie. De même, les peintres grecs qui dessinaient sur des vases de terre ces compositions simples et savantes, si admirées aujourd'hui, ne prétendaient pas obtenir avec deux tons des effets qui auraient exigé toutes les ressources de la plus riche palette. A ces grandes époques de l'art, le discernement le plus fin variait le travail selon l'importance et la destination des objets. A un objet usuel, vulgaire, on n'eût pas consacré le temps et les soins dus à une œuvre d'art. Aujourd'hui cette distinction n'est que trop fréquemment méconnue; on apporte plus de soins à l'exécution qu'à la composition, et souvent on prodigue un talent réel pour le seul mérite de la difficulté vaincue.

C'est surtout comme ornementation, comme décoration, que le peintre intervient dans l'industrie. « L'ornement, rappelons-le, d'après M. Guillaume, directeur de l'École des beaux-arts, ne doit pas déformer les surfaces qu'il décore : il est sur ces surfaces, il fait corps avec elles ou s'y trouve appliqué; il ne doit pas paraître soit y pénétrer, soit pouvoir en être aisément détaché... Bien plus encore que le peintre et le sculpteur de figures, l'ornemaniste conçoit l'art du dessin comme devant servir à la représentation non d'êtres réels, mais d'un organisme à la fois supérieur et dépendant. »

On doit distinguer, dans les ressources utilisées par l'art industriel, d'abord l'emploi de toute la première partie de l'art du peintre, du tracé, du dessin en tout genre; en second lieu, l'emploi des couleurs multiples, et, pour cet emploi, utiliser les connaissances acquises par l'étude, les recherches faites par les maîtres de l'art dans les conditions les plus complexes, relativement à l'harmonie des couleurs, aux proportions en raison des teintes.

Nous distinguerons deux catégories, en raison de la différence essentielle des moyens de fabrication, dans les produits dont nous aurons à traiter au point de vue de l'emploi des colorations, produits dont l'importance industrielle est considérable :

1° Ceux qui sont obtenus par l'application de matières colorantes, au moyen de procédés de même nature que ceux qu'emploie la peinture, c'est-à-dire en déposant des couleurs sur des surfaces convenablement préparées ;

2° Ceux qui sont dus à l'assemblage d'éléments de couleurs et de formes diverses, de telle sorte que leur ensemble constitue un tableau composé d'un plus ou moins grand nombre d'éléments différemment colorés. Ce procédé est tout spécial à l'art industriel et fournit le moyen de décoration des étoffes, tissus brochés, tapis, etc. Il fournit dans quelques cas les produits d'une valeur artistique incontestable, qu'à priori on ne croirait pas possible d'atteindre par de semblables moyens.

SECTION V

DESSIN

Les procédés du dessin, de la représentation des objets à l'aide d'une seule couleur, se divisent en deux genres bien distincts, que nous retrouverons dans les divers procédés de gravure, qui ne sont que des manières spéciales de dessiner, offrant l'avantage de fournir des moyens de reproduction à l'aide de l'impression.

Le premier consiste à représenter les corps par la seule imitation des effets de la lumière qui éclaire ces corps et nous les rend perceptibles à la vue. Le dessin à l'estompe, le lavis sont les types de ce genre de dessin qui s'attache à une production de teintes dégradées, à rendre les oppositions de parties brillantes et de parties obscures; en un mot, à reproduire l'apparence du corps éclairé par la lumière qui permet de le voir.

Le second procédé doit être considéré comme supérieur au précédent. Au lieu de représenter simplement, par une quantité convenable de noir déposé d'une manière continue, le ton de la lumière qui éclaire la surface d'un corps, on cherche à figurer par le tracé des lignes les plus propres à donner, en même temps que l'effet de la lumière sur le corps, l'idée la plus exacte de la forme, le sentiment des lignes de courbure auxquels les artistes attachent avec raison tant de valeur. C'est ainsi que s'emploient les hachures dans les gravures au burin.

Monge, dans son TRAITÉ DE GÉOMÉTRIE DESCRIPTIVE, explique l'intérêt de ses belles recherches sur les lignes de courbure des surfaces, par l'utilité de leur emploi pour le dessin. Il a prouvé que les lignes de plus grande courbure, passant par un point d'une surface, étaient toujours au nombre de deux et à angle droit entre elles. Par conséquent, pour chaque objet, et pour chaque partie de la surface d'un objet, il y a des contours de lignes, de hachures (formées sur la surface du dessin par la projection d'un système de lignes de grande courbure) plus propres que toutes les autres à donner une idée de la courbure de la surface, et ces lignes tracées plus ou moins larges, plus ou moins rapprochées, produisent en même temps les teintes voulues pour représenter les effets de lumière. Les dessinateurs emploient ces deux systèmes de lignes, préférables à toutes les autres, lorsque, pour forcer plus facilement leurs teintes, ils croisent les hachures.

Après avoir établi les principes des modes de représentation des objets par le dessin, et avant d'arriver à leurs applications dans les industries qui ont pour but la multiplication de ces représentations, nous allons étudier les lignes, les contours destinés à l'ornementation et qui offrent un grand intérêt au point de vue de cet ouvrage.

L'histoire du dessin en général, des enlacements des lignes, est impossible à présenter sous une forme systématique satisfaisante. Rien n'est plus capricieux, plus facile à varier que le tracé de quelques lignes; toutefois il ne peut être douteux qu'aux diverses époques de l'art, les dessins qui plaisaient le plus aux yeux étaient d'un genre déterminé. C'est surtout pour l'ornementation qu'il en est ainsi; les éléments en varient moins, en effet, que la manière de représenter les objets et le mode de leur groupement; c'est là ce que nous allons chercher à indiquer en étudiant les contours de quelques motifs d'ornementation en eux-mêmes, c'est-à-dire tels que les reproduit l'industrie par l'impression en noir.

Nous passerons successivement en revue :

1° Les tracés et combinaisons de lignes droites, essentiellement immuables dans leurs éléments constitutifs, dont l'emploi ou l'exclusion peut seulement varier dans les divers styles.

2° Les dessins qui, sans être formés géométriquement et sans rappeler cependant directement les formes des objets naturels, sont créés par les artistes et par suite varient suivant les styles. On les rencontre employés pour la décoration des produits industriels, notamment des édifices, aux diverses époques de l'art. On en a vu un grand nombre dans les exemples donnés surtout en traitant de l'architecture, dont quelques parties sont reproduites à une échelle suffisante pour qu'on puisse apprécier les détails de l'ornementation. Ces tracés sont soumis entièrement aux principes que nous avons indiqués en parlant du cas plus complexe des formes : c'est l'harmonie de leurs proportions qui en fait le charme. Bien que souvent créés par le caprice, plus souvent encore ils proviennent d'imitations altérées de formes naturelles dont on n'a gardé que l'esprit du contour, les harmonies linéaires. Ils ne représentent plus les objets, mais ils en ont conservé les proportions et le caractère : souvent, d'ailleurs, ils viennent se mélanger avec ces imitations dont il nous reste à parler.

3° Les dessins d'imitation d'objets pris dans la nature, de feuilles, de fleurs, etc., différemment groupés par la fantaisie, rentrent dans l'art de la peinture; tout au plus peut-on les en séparer dans quelques cas où ils sont décoratifs plutôt que destinés à éveiller des sentiments. Cette partie est presque inséparable des couleurs; nous en traiterons brièvement ici pour y revenir en parlant des applications des couleurs.

Ce qui distingue essentiellement les deux premières divisions de la troisième, c'est que les éléments qui y sont compris sont nécessairement soumis à la répétition; de simples entrelacements de lignes qui ne tendent pas à l'imitation ne peuvent être remarqués qu'en se répétant; ne peuvent conduire à l'harmonie ou permettre d'éviter la confusion qu'en satisfaisant à cette condition.

1° LIGNES GÉOMÉTRIQUES

Nous avons à traiter ici des figures obtenues par des lignes droites et des combinaisons diverses de lignes droites. On doit y joindre les lignes circulaires, le cercle, courbe régulière par excellence, devant, comme nous l'avons vu en parlant de l'architecture, être considéré comme ayant la même régularité absolue que la ligne droite.

Les lignes droites de largeur plus ou moins grande constituent un élément souvent employé isolément. Des réunions de lignes droites parallèles, d'écart régulier ou variable, de même largeur ou de largeur différente, se rencontrent fréquemment dans l'application. Des coins circulaires viennent souvent compléter ce genre de décoration simple, mais presque toujours les lignes se reploient en équerre; quelquefois de petits entrelacements rectangulaires viennent en faire partie, comme on en voit de nombreux exemples dans les produits de la typographie.

Une des dispositions le plus fréquemment employées est celle de lignes de largeur progressive allant successivement en se dégradant, comme dans la figure ci-contre.

Lorsque les lignes forment deux systèmes de lignes parallèles entre elles, elles for-

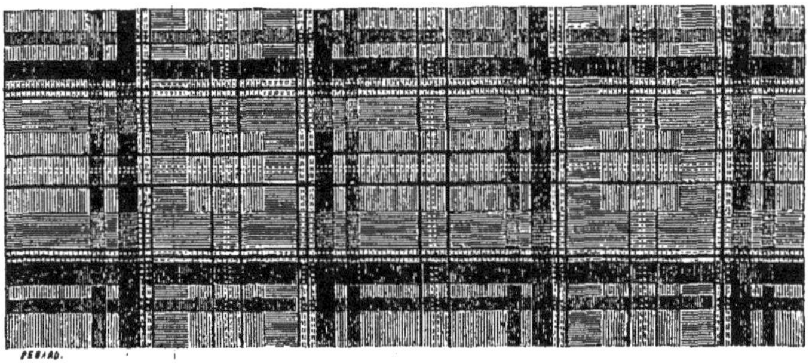

151.

ment deux ou plusieurs systèmes de losanges, de rectangles d'étendue variable. La figure représente une des dispositions les plus employées, un genre d'ornementation formée par des lignes de largeur et écartement variable se coupant à angle droit et qui, en couleurs brillantes sur étoffe, porte le nom d'écossais.

Lorsque les lignes ne sont pas réductibles à des systèmes de lignes droites parallèles, elles n'engendrent plus qu'un assemblage confus, si on les prodigue indéfiniment. Si on les suppose limitées à des polygones, la répétition d'éléments semblables, de petits carrés ou polygones divers, cercles, etc., forme un genre de décoration fréquemment employé en architecture, et qui entre pour une part importante dans le genre de dessins que nous allons étudier ci-après; nous reviendrons aussi plus loin sur cette question, en étudiant, à propos du parquet et de la mosaïque, les moyens de couvrir une surface donnée avec des éléments répétés.

Lorsque les éléments ne sont pas nécessairement semblables, les formes irrégulières peuvent être variées à l'infini; mais les zigzags ont peu de charme, et ce n'est guère qu'en lignes courbes qu'on les applique à l'ornementation. Toutefois les décorations

par parties de lignes droites réussissent parfaitement dans la grecque, dont le nom indique assez l'origine, et qui est formée par des parties se joignant à angle droit. Ce système de décoration se marie très-heureusement avec les lignes rectangulaires de l'architecture grecque.

2° DESSINS VARIANT PAR STYLES

La seconde série de lignes est celle qui, tantôt issue de la famille des lignes droites et circulaires, le plus souvent comprenant l'infinie variété des lignes courbes, en modifie l'emploi, les proportions en raison de tous les caprices de la fantaisie, ne reproduit pas les objets naturels qui les inspirent presque toujours, et se borne à emprunter seulement quelquefois à ceux-ci des contours généraux pour y puiser, en la faisant valoir, l'harmonie qui leur est propre.

C'est surtout dans l'architecture que nous trouverons un grand nombre de modèles de ce genre, qu'une foule de rosaces, de palmettes, d'ovales, fournissent des décorations nombreuses. Ces diverses combinaisons, ces éléments variés dont nous avons déjà produit bien des exemples dans les figures qui précèdent, se transforment et s'associent de différentes façons suivant les époques et les styles. Au reste, ayant à les étudier en eux-mêmes, nous n'avons rien de mieux à faire que de les suivre dans un cas où elles sont reproduites à l'infini comme ornements; nous voulons parler de l'imprimerie et surtout de l'imprimerie typographique, qui, par la nature des procédés employés, produit avec facilité la multiplication identique des mêmes éléments et leur combinaison indéfinie.

VIGNETTES

La typographie, en fixant d'une manière en quelque sorte indestructible chaque vignette une fois gravée, en en rendant la reproduction indéfinie,la vulgarisation certaine, grâce aux procédés de la fonderie, permet de les comparer, de les classer. Comme on a prouvé que les fables d'Ésope, et par suite celles de Phèdre et de La Fontaine, découlaient de fables indiennes, de telle sorte que ce qui paraissait inventé nouvellement n'était bien souvent qu'un écho d'inventions qui dataient pour ainsi dire des premiers jours du monde; de même on peut prouver que mille sujets de décoration qui semblent naître chaque jour sous les doigts de nos artistes et se répètent dans une multitude d'industries différentes, ne sont que des variations de types très-anciens, et que bien souvent les mêmes motifs diversement interprétés se retrouvent dans les diverses décorations. C'est pour cela que l'enseignement du dessin donne de si grands résultats, au point de vue de son application à l'ornementation; il grave dans la tête de l'élève des éléments qui lui permettent, même avec des dispositions médiocres, de produire, par une sage interprétation, des compositions assez convenables dans un style déterminé.

Il y aurait là une série de recherches fort intéressantes à faire sur les éléments primitifs de l'ornementation; on éviterait ainsi bien des mélanges hétérogènes qui déplaisent à l'œil exercé sans qu'on puisse s'en rendre compte. C'est que souvent deux vignettes qui viennent se placer à côté l'une de l'autre ont leurs types dans des styles tout différents, par exemple l'une dans l'art grec, l'autre dans l'art arabe.

Dans l'impossibilité de suivre tous les motifs d'ornements, d'entrelacements dans les diverses applications où ils se répètent : dans les colonnes, les moulures de l'architecture, de l'ébénisterie, sur les vases de la céramique, dans les ciselures de l'orfévrerie et de la bijouterie, nous les étudierons mieux dans quelques échantillons empruntés à l'application spéciale, où le dessin seul est en jeu, qui en est faite dans la typographie. Nous en formerons une collection où l'on pourrait venir puiser, si elle était suffisamment complète, des motifs pour tous les cas et toutes les applications particulières.

Nous n'avons pas besoin d'insister pour faire apprécier toute l'importance, pour l'ornementation de tout genre de produits de l'industrie, de l'œuvre consistant à créer une importante collection de vignettes par styles et par époques, à l'aide des procédés définitifs en quelque sorte de la gravure en relief sur acier, de la fonderie en caractères et de l'imprimerie, dans laquelle on pourrait toujours trouver les éléments de décoration les plus convenables pour un style déterminé. Il faut d'ailleurs remarquer que c'est surtout à la typographie que peut s'appliquer le plus complétement l'observation que nous avons faite en commençant, sur l'utilité, fréquente dans l'industrie, de l'imitation des modèles fournis par les anciens styles, pour des œuvres relatives à des idées qui ont passionné les siècles passés. La typographie, reproduisant souvent les chefs-d'œuvre des anciens, ne peut employer pour les décorer convenablement que des ornements appartenant à l'époque de leur production, afin que les ornements soient toujours en rapport avec le texte de l'ouvrage.

Il est douteux que l'opération consistant à graver sur acier ce vaste ensemble ait des résultats avantageux au point de vue du profit, et que ce soit une œuvre qui puisse se faire rapidement avec les ressources de la seule exploitation commerciale; mais son intérêt n'en est pas moins considérable, tant parce qu'elle fournit la seule base logique de la belle ornementation de la typographie, que parce qu'elle permet surtout de vulgariser à l'infini les éléments essentiels de tout genre d'ornementation propres à être utilisés également dans toutes les branches du travail industriel. Ce serait là une entreprise digne de tenter un véritable artiste.

Nous rencontrons dans ces dessins, caractérisant d'une manière toute spéciale les principaux styles, les éléments principaux de la décoration, qui, soit par la sculpture, soit à l'aide du dessin et de la coloration, vient s'appliquer sur les surfaces de tous les objets dont les formes donnent déjà satisfaction aux aspirations d'élégance et de beauté. Elles sont en nombre infini puisqu'elles varient avec chaque artiste, mais se rapprochent à chaque époque d'un nombre limité de types, dont la connaissance est infiniment précieuse, tant pour la reproduction de pièces d'anciens styles, que pour en déduire des principes précieux pour réaliser des combinaisons nouvelles, utiliser des résultats acquis pour obtenir à coup sûr des effets plaisants à la vue.

Un habile architecte anglais, Owen Jones, après avoir présidé à la si curieuse création de Sydenham et notamment à la si belle reproduction de l'Alhambra, a publié, depuis la première édition du présent ouvrage, un magnifique livre imprimé splendidement en chromo-lithographie, dans lequel il a développé les idées indiquées ci-dessus. Dans sa GRAMMAR OF ORNAMENT, il a cherché à contribuer puissamment, par l'étude de ce genre de décoration, à la vulgarisation de l'art industriel; nous lui avons fait quelques emprunts intéressants pour le style indou, dont les plus beaux produits sont naturellement bien connus en Angleterre.

Il s'agit surtout ici, comme nous l'avons déjà dit, des vignettes ne rappelant pas, en général, d'objet déterminé, dont l'élégance est facilement sentie grâce à la répétition, condition presque constante de l'ornementation industrielle, et rarement de quelques motifs fournis par des imitations de formes naturelles très-simples, qui, dans certains styles, constituent toute l'ornementation. Ainsi, dans la décoration du style ogival, la sculpture reproduit les végétaux de nos pays, et surtout le lierre, la vigne vierge; de nos jours, l'emploi des rameaux, des fougères, des fleurs et des fruits a été souvent multiplié comme se prêtant à de gracieux motifs. Au point de vue spécial de la typographie, pour les encadrements, aussi bien que pour l'architecture, ils conviennent en général moins bien que ceux formés par des lignes combinées avec des éléments, moins concrets en quelque sorte, qui tirent leur charme de l'harmonie de leurs proportions. Dans toutes les grandes périodes de l'art, les représentations sont conventionnelles; l'artiste rend l'harmonie des formes des objets naturels, s'en empare sans les copier servilement. C'est le contraire qui a lieu aux époques de naissance de l'art.

Pour ce qui est des sources où l'on peut trouver des types suffisamment authentiques, c'est surtout dans les œuvres des graveurs que l'on doit les chercher, lorsqu'il s'agit d'époques qui ne sont pas très-éloignées de nous. Pour les époques antérieures, c'est dans les décorations de l'architecture, dans les produits d'art du temps qu'il faut les chercher, comme dans les vases étrusques pour le style grec, dans les ornements peints des enveloppes des momies égyptiennes, pour le style égyptien.

STYLE ÉGYPTIEN

Nous avons donné déjà les ornements des colonnes les plus riches que ce style ait

152.

153.

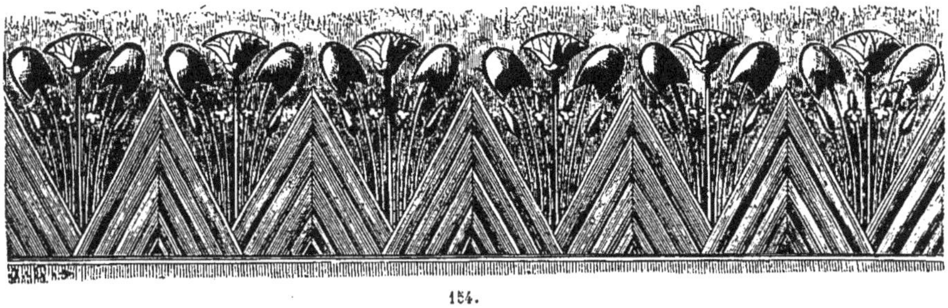

154.

155.

produits. Nous ajoutons ici des exemples de répétitions de palmes, de feuilles et de fleurs de lotus, de triangles, qui étaient les principaux ornements artistiques de ce style.

Nous rappellerons ici que toutes les façades des temples égyptiens étaient couvertes d'hiéroglyphes qui parlaient à l'esprit plutôt qu'aux yeux.

156.

Avec le lotus et le papyrus qui croissent aux bords du Nil, c'étaient le rameau du palmier et la colonne imitant sa tige, qui constituaient encore les types peu nombreux qui forment la base de la décoration des Égyptiens, des monuments et des objets de tout genre servant aux usages journaliers.

Jamais l'imitation n'est servile, la représentation est toujours conventionnelle.

STYLE GREC, ROMAIN, ÉTRUSQUE

Les ornements de l'architecture grecque sont surtout les oves, les palmes, les

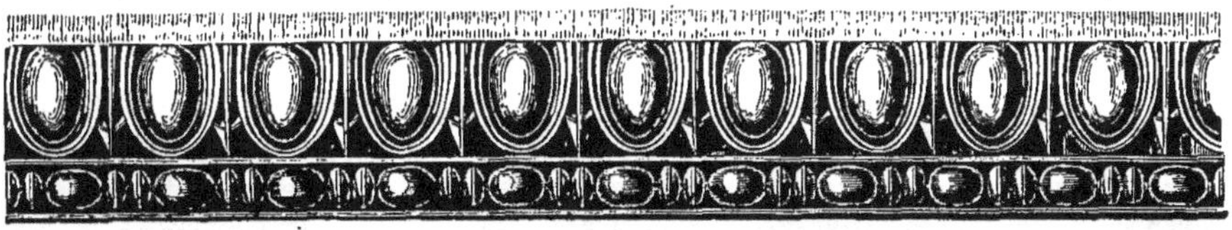

157.

158.

feuilles d'acanthe qui, depuis Callimaque, ont été reproduites dans le monde entier.

La palme du troisième ornement est empruntée à Herculanum comme la quatrième vignette; cette dernière se rapproche de l'arabesque.

159.

160.

161.

162.

Il est une source plus féconde encore que l'architecture pour fournir à profusion des ornements grecs : ce sont les vases étrusques, campaniens, qu'appréciaient tant les

Romains. Ils y trouvaient le genre d'ornements se détachant sur fond coloré, qu'ils préféraient à tout autre et qu'ils employaient fréquemment, notamment dans les mo-

163.

saïques. Les quelques exemples que nous rapportons ici montrent avec quelle profusion les artistes décorateurs employaient (aidés sans doute par des procédés de poncif) des méandres, des oves, des palmes, des feuilles, etc., etc.

164.

La dernière vignette est un exemple du genre de décoration que l'on rencontre dans les édifices de l'époque la plus brillante de l'empire romain.

STYLE ROMAN ET BYZANTIN

L'ornementation du style byzantin-roman a pour cachet spécial la profusion de menus ornements tels que petits carrés, pointes de diamant, besans, étoiles, zigzags entrelacés. Cette décoration prend un éclat très-grand dans certains cas: tels que la mosaïque, les vitraux, dont nous parlerons plus loin, lorsque tous ces éléments multiples prennent des couleurs éclatantes. La première vignette appartient à Sainte-Sophie, et

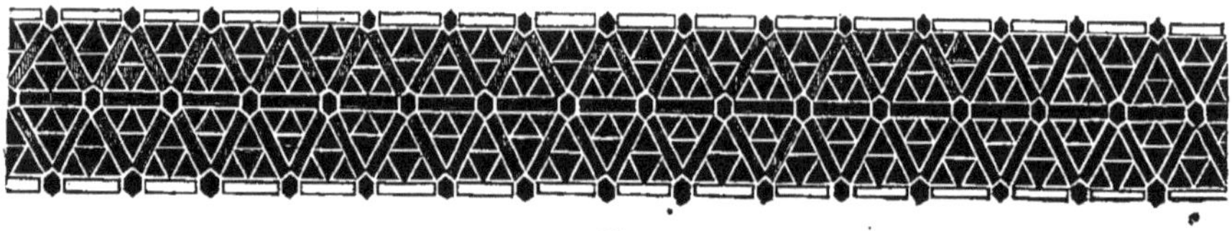

165.

166.

167.

168.

169.

comme la troisième est purement byzantine; la seconde comprend la plupart des éléments du style roman. Toutefois, ce serait une erreur de considérer le style roman comme borné à ce genre presque entièrement géométrique. Bien souvent les orne-

170

171.

172.

ments tendant à représenter des feuillages, des rubans, etc., prennent un autre caractère; les dernières vignettes en donnent une idée.

STYLE GOTHIQUE

Nous avons déjà dit quelques mots, à propos de l'architecture gothique, des orne-

173.

ments propres à ce style. La vigne vierge, le trèfle, le chardon sont souvent employés comme décoration, par une simple imitation de la nature, sans que l'art décoratif inter-

174.

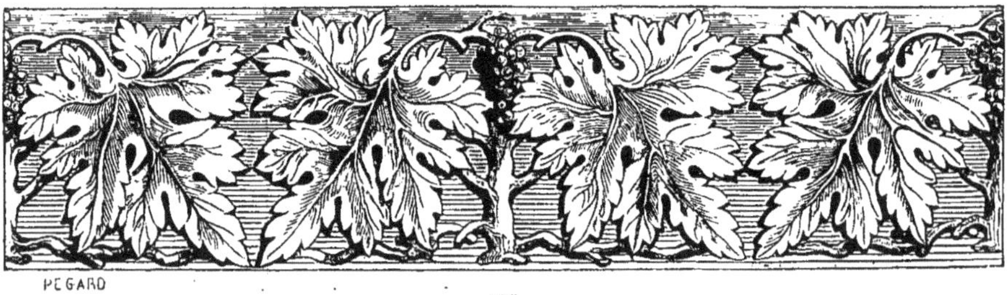

175.

176.

177.

178.

vienne; ils se mélangent aux roses, aux flèches élancées, aux découpures semblables à de la dentelle, qui se répètent dans les moindres produits comme dans les grandes constructions de ce style.

179.

180.

STYLE RENAISSANCE

Les ornements de cette époque sont extrêmement variés, comme tous les produits de l'art dans cette brillante période de création artistique d'une admirable fécondité. On

181.

182.

en trouve à profusion dans les œuvres des graveurs du temps. On doit remarquer spécialement des enroulements de tout genre, des ornements gris, ou blancs sur fond noir, qui ont surtout été fréquemment répétés dans l'École allemande; des formes rappelant les enroulements des branches, du serpent; d'autres rappelant les panneaux, les fron-

183.

184.

185.

186.

187.

tons coupés des constructions de l'époque. Les types sont ici variés à tel point qu'ils défient l'analyse, même en laissant de côté l'imitation des objets animés, qui ont été admirablement employés à cette époque comme moyen de décoration. Aussi les collections des graveurs de la Renaissance sont-elles aujourd'hui les plus précieuses que

188.

l'artiste industriel puisse consulter. Grâce à l'invention de la gravure en taille-douce, au quinzième siècle, elles sont heureusement en nombre considérable.

STYLE LOUIS XIV

Les ornements du style Louis XIV consistent surtout en grands enroulements, en

189.

190.

palmes d'un grand développement, seules ou mélangées avec des éléments d'ordre architectural, des médaillons, des trophées, etc. Nulle part plus que dans la décoration

191.

192.

193.

variée de ce style, on ne retrouve la pompe, le grandiose de cette époque. Nous en rencontrerons plus loin encore plusieurs exemples.

STYLE LOUIS XV

Nous avons déjà donné nombre d'exemples de la décoration de ce style. On peut établir comme son cachet caractéristique l'emploi tout nouveau des coquilles. Ainsi fréquemment, dans les rinceaux, les extrémités des feuillages contournés à l'extrême vers la fin de Louis XIV y furent réunies par des coquilles ou des rocailles, et autres lignes inspirées par des contours de même genre.

194.

STYLES ORIENTAUX — MAURESQUE — ARABE

Les Orientaux, qui repoussent par religion la représentation de la figure humaine, ont multiplié les entrelacements de lignes dites arabesques, dont nous avons déjà donné

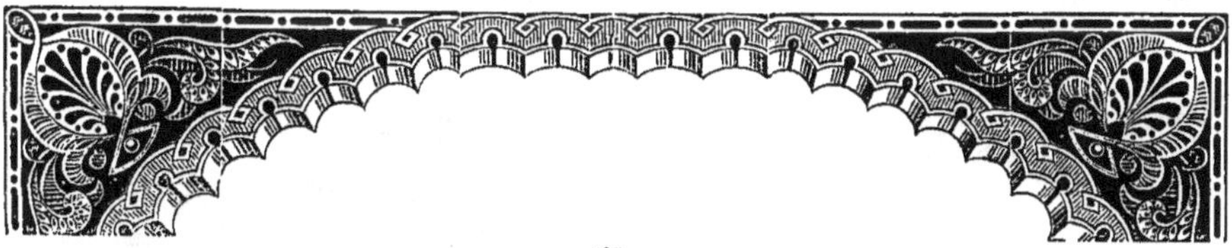

195.

196.

197.

198.

des exemples très-brillants. Ces arabesques sont formées de lignes irrégulières qui s'enlacent sans autre loi que la fantaisie, en produisant des harmonies toutes spéciales d'une variété infinie. A ces lignes, produit direct du caprice et du goût de l'artiste, se mêlent des fleurs de l'Orient, imitées plutôt des tissus que de la nature même, et enfin des inscriptions arabes en caractères qui, ayant des formes de même nature, s'y marient parfaitement.

Les arabesques furent apportées d'Égypte et introduites à Rome dès le temps d'Auguste et de Mécène, comme nous l'apprennent Vitruve, Apulée et Claudien. Vitruve s'éleva vivement, mais infructueusement, contre ce genre nouveau qui lui paraissait contraire aux principes de l'art, autant qu'au but moral qu'il doit se proposer, les arabesques offrant des dessins de fantaisie, et non des imitations de créations de la nature.

PERSAN

Les Persans occupent une très-grande place dans l'ornementation orientale, soit à cause de leurs traditions propres, soit à cause de leurs relations avec l'Inde. Les

199.

200.

201.

vignettes que nous donnons ici sont empruntées à des modèles originaires de la Perse et nous paraissent bien montrer la richesse de ce style.

INDOU

Les Indous ont plusieurs genres d'ornement qui leur sont propres et sont tout à fait remarquables. Le premier, qui se voit surtout sur leurs cachemires, se rapporte à une excellente interprétation de la fleur, dont toutes les nervures tangentes à un axe cen-

202.

203.

204.

205.

tral s'élancent en gerbes harmonieuses. Le second se rapporte à des mouvements serpentants particuliers. Enfin, sans parler ici des couleurs, nous dirons qu'ils emploient admirablement les points brillants, comme on le voit par la figure 205 empruntée à une selle brodée en rouge et or, fort admirée, à juste titre, à l'Exposition de 1851.

CHINOIS

Sauf quelques combinaisons auxquelles les conduit l'emploi du bambou dans l'ornementation des accessoires extérieurs des habitations, les Chinois ne possèdent guère de

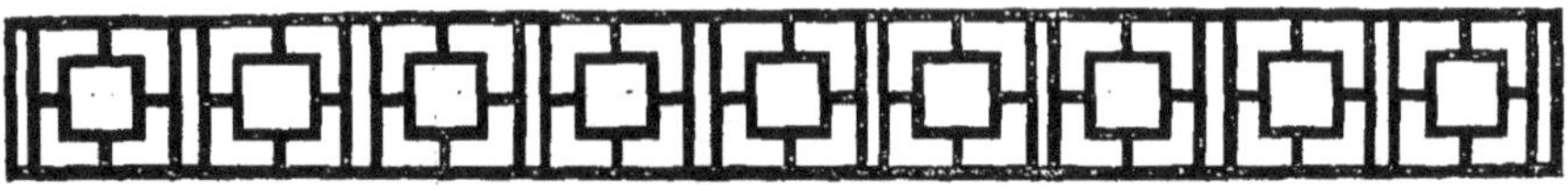

206.

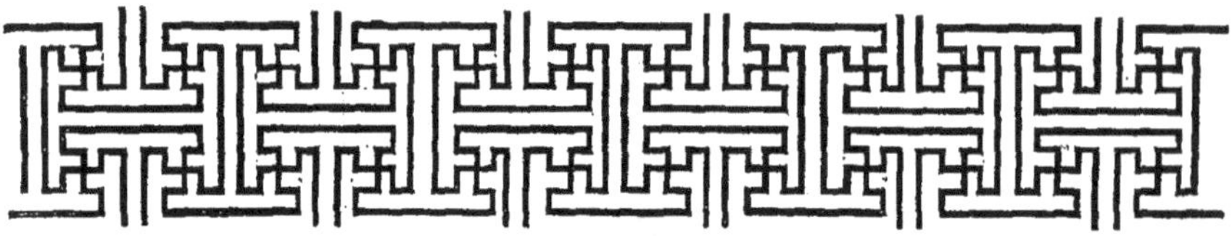

207.

208.

formes purement ornementales ou conventionnelles. Ils emploient presque constamment les représentations littérales des fleurs.

ÉPOQUE MODERNE

La décoration de l'époque moderne puise ses éléments dans tous les styles antérieurs, comme l'industrie y cherche ses modèles pour les diverses fabrications. Il serait

209.

difficile de préciser les voies que suit la fantaisie par quelques échantillons peu nombreux; toutefois, on peut dire que le souvenir de bien des décorations de la Renaissance se retrouve fréquemment dans l'ornementation moderne, mais avec une interprétation différente. On peut faire rentrer dans cette division assez bon nombre des exemples qui suivent.

210.

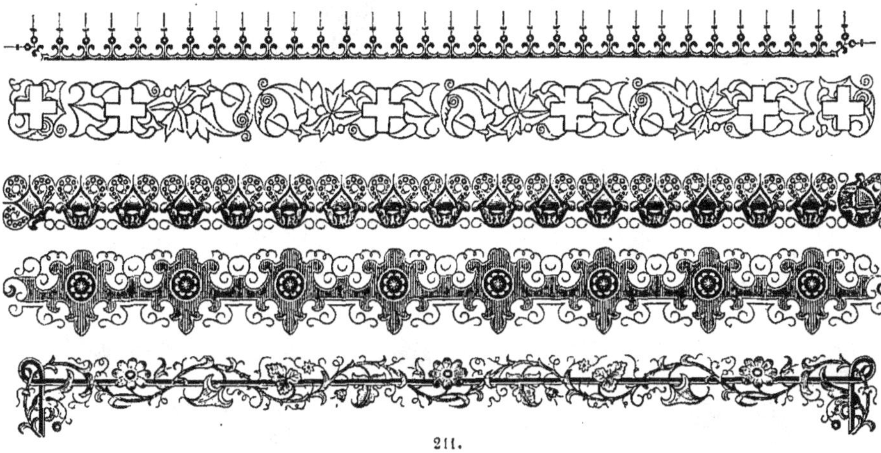

211.

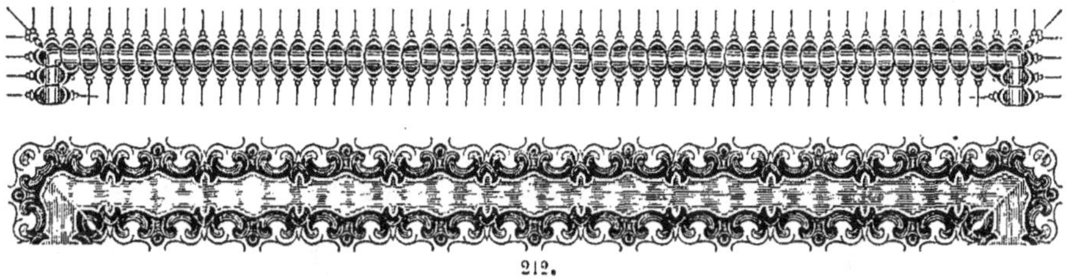

212.

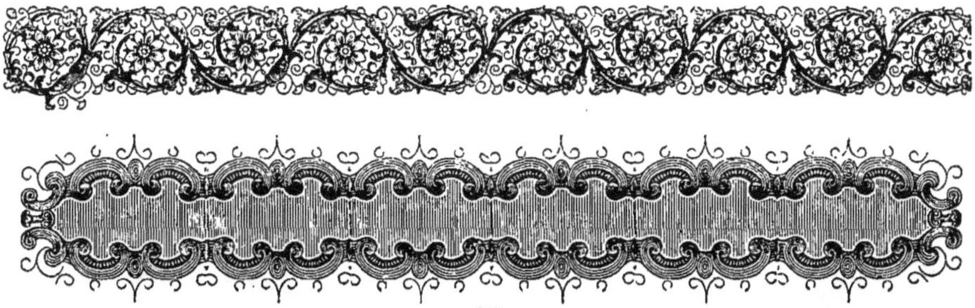

213.

214.

Nous empruntons à l'habile artiste, qui a conquis à la France une véritable supériorité pour la vignette typographique, à M. Derriey, le plus grand nombre des exem-

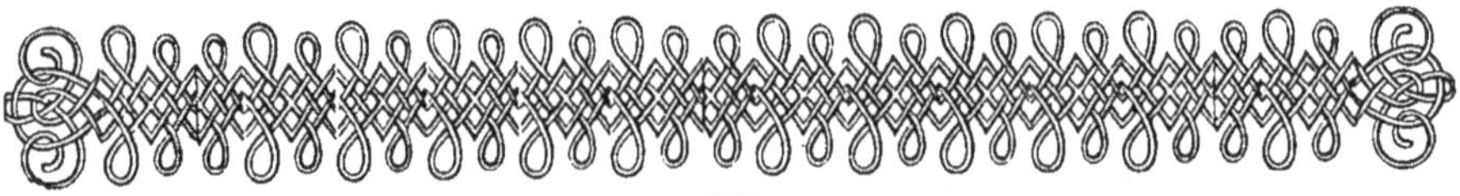

215.

216.

217.

218.

219.

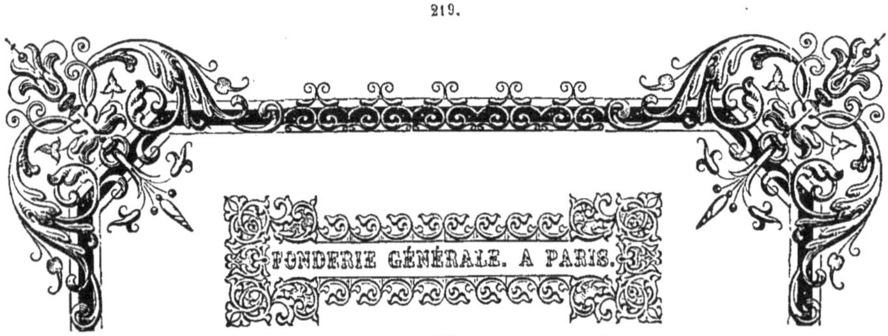

220.

ples ci-joints propres à faire apprécier l'état actuel de l'art dans cette direction. On comprendra en les voyant combien étaient complètes les victoires qu'il a remportées aux dernières Expositions. Rien d'approchant de son œuvre ne pouvait être mis en regard d'elle, par aucun artiste d'aucun pays, dans cette spécialité.

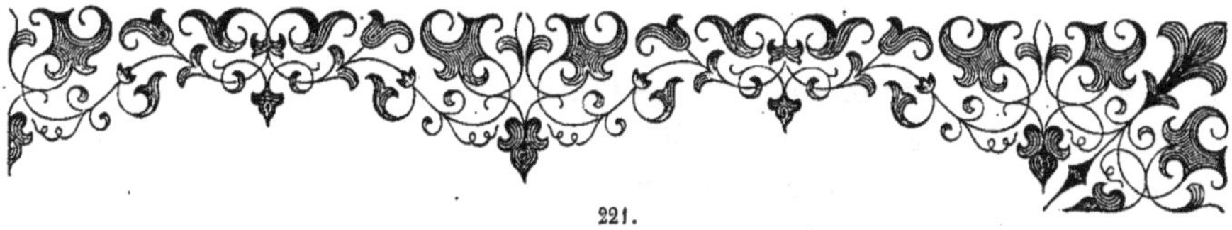

221.

222.

223.

224.

225.

On doit aussi noter l'imitation des fleurs, rameaux, etc., dont nous donnons ci-dessus plusieurs exemples, genre qui, comme nous l'avons déjà dit, convient moins au cas plus particulièrement considéré ici, à la typographie, que de riches combinaisons de lignes, imaginées par la seule fantaisie de l'artiste.

3° CARTOUCHES, FLEURONS.

Les dessins formant un tout plus complet, ayant une signification plus précise que les vignettes précédentes, qui ne se multiplient pas par des juxtapositions, au moins le plus souvent, portent bien le cachet d'un style et d'une époque en ce sens que la manière d'employer les éléments de décoration obéit à une loi déterminée; mais ces travaux varient complétement en raison du goût de l'artiste et des objets à représenter. Nous n'avons pas à nous y arrêter longuement, car nous arrivons aux limites que nous avons dû nous poser, et la question, dans toute sa généralité, rentre dans l'histoire de la peinture, dont toutes les ressources sont souvent employées pour produire l'ornementation.

Cependant, à plusieurs époques, de petites compositions souvent répétées méritent une mention spéciale, car elles occupent une part importante dans la décoration. Ainsi

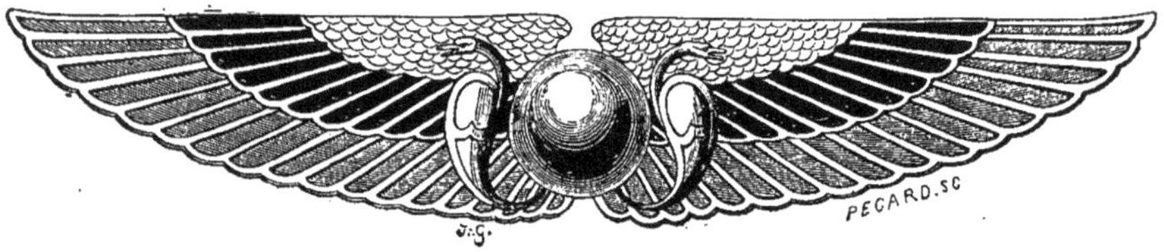

226. Scarabée égyptien.

le Scarabée sacré, figure emblématique des Égyptiens, se retrouve constamment sur les enveloppes des momies, comme il fait partie de la décoration des temples.

Les Grecs et les Romains nous offrent une foule de sujets analogues à l'espèce de trophée de vendanges que nous donnons ici.

227.

A l'époque byzantine, des saints, les têtes de saints garnies d'auréoles, se rencontrent fréquemment.

A la Renaissance, les sirènes, les animaux fantastiques de tout genre, les nymphes, les naïades forment la base de décorations élégantes dont nous donnons un exemple.

C'est principalement dans l'œuvre de décoration si magnifique et si célèbre à juste titre des accessoires dits arabesques du Vatican (nous en donnerons plus loin un échantillon), que le génie de Raphaël, inspiré avec tant de bonheur par les riches

228. Saint Pierre.

matériaux, les débris de fresques antiques trouvés dans les fouilles de Rome, réussit à réaliser tout un système de combinaisons aussi audacieuses qu'élégantes.

229. Chimère.

Ce curieux assemblage de figures, d'animaux chimériques, d'enroulements; ce dévergondage raisonné de l'imagination produit, grâce à un harmonieux enchaînement, des effets tellement bien cadencés, que l'œil ne peut se lasser de les étudier, l'artiste d'y puiser d'excellents modèles. C'est l'exemple du développement le plus complet de la fantaisie. Nous donnerons, comme rappelant quelques ornementations de cette époque,

230. Cadre renaissance.

deux dessins : l'un qui représente un cartouche, l'autre une frise, qui rappelle les décorations du Primatice.

Les premiers cartouches du seizième siècle ont l'apparence de copeaux de bois enroulés. Dans la seconde manière, les combinaisons sont plus étendues; l'enroulement et l'enchevêtrement de deux plans superposés en sont le caractère dominant.

231. Frise renaissance.

Dans le style de Louis XIV, les trophées de tout genre se répètent à l'infini, trophées d'armes en général, qui, sous Louis XV, deviennent des trophées de houlettes, de tambourins, etc.

Quant à l'époque actuelle, il est impossible, au milieu de la multitude indéfinie de décorations qui sont engendrées par nos artistes, de tous les croquis auxquels leurs crayons donnent naissance, d'indiquer le genre des petites créations que le goût moderne sait multiplier. La profusion de fleurs est un des caractères les plus communs, et nous donnons ici un brûle-parfums sur fond de fleurs qui représente bien ce genre élégant d'ornementation moderne.

232. Brûle-parfums.

En dehors de ces petits sujets, les représentations de scènes animées, les ensembles plus complets, l'éveil des sentiments à l'aide de l'imitation, objet du travail de nombreux décorateurs, appartiennent au domaine de la peinture, de l'art; ce n'est plus de l'industrie.

C'est surtout combinées avec des couleurs, que l'industrie emploie fréquemment les ressources de l'art, les créations pour la décoration ; nous y reviendrons en traitant des colorations. Toutefois il est une application fort intéressante pour laquelle l'industrie atteint à une reproduction parfaite : c'est quand on se propose seulement la reproduction du dessin par plusieurs procédés que nous allons passer en revue, en commençant par nous placer au point de vue de ce qu'on est convenu d'appeler l'illustration. Cette question doit intéresser le lecteur, à qui ce livre offre un exemple de toutes les ressources que fournit la gravure en relief pour multiplier à l'infini le nombre des épreuves d'un dessin.

GRAVURE EN RELIEF

Dans la gravure en relief, on creuse, par un moyen quelconque, toutes les parties qui ne sont pas recouvertes par un dessin tracé sur une substance convenable. Cette substance est l'acier pour la typographie, le bois pour les illustrations, le cuivre dans quelques cas où une finesse et une résistance intermédiaire entre celle du bois et celle de l'acier est convenable, et enfin le zinc, la pierre, etc., pour quelques procédés dans lesquels on a cherché à remplacer, plus ou moins imparfaitement, le travail du graveur par l'action des acides, pour produire des reliefs.

Le rôle de chacune des gravures en relief est bien distinct : la gravure sur acier, plus lente et permettant des retouches multipliées, convient bien pour la gravure des lettres, des vignettes, des traits d'écriture ayant des parties d'une grande finesse, quand même l'obligation de frapper des matrices en cuivre ne ferait pas une nécessité de la gravure sur acier. En effet, la résistance de la matière sur laquelle on grave fixe la limite de la ténuité des fins; et il est bien évident qu'on pourra amener les traits d'une partie saillante d'acier à un degré de finesse auquel on ne pourrait amener un bois sans risquer de l'égrener. De son côté, la gravure sur bois bien plus hardie, bien plus rapide, a permis de faire entrer dans l'impression des ouvrages de luxe des figures qui, tirées en même temps que le texte, en facilitent singulièrement l'intelligence, sans en augmenter démesurément la valeur. Le présent ouvrage en est un exemple.

La gravure sur bois fut inventée ou introduite en Europe vers le commencement du quinzième siècle (1390-1430) : il y eut à son apparition un grand cri de douleur et de scandale parmi les amis exclusifs de l'art. On était arrivé, à cette époque, au plus haut degré de perfection dans la miniature et dans l'écriture. Les Bibles étaient ornées de petites peintures fines, où resplendissaient les plus riches couleurs; les lettres, les mots, les lignes élégamment dessinés, sur la chair délicate du parchemin, semblaient vraiment vivre et parler aux yeux. Les cartes inventées près d'un siècle avant, sous le règne de Charles VI, n'étaient pas moins admirables; mais les livres de dévotion et les cartes étaient rares, hors de prix, et seulement à l'usage des communautés religieuses, des châteaux et de quelques riches habitants des villes. Tout à coup on vit se répandre avec profusion, dans la bourgeoisie et parmi le peuple, de grossières images de saints rudement esquissées, aux figures contournées et barbares; des rois, des reines de cartes grotesquement croqués et dépouillés de leurs éclatantes robes; c'était la gravure sur bois qui faisait descendre l'art à la portée du plus grand nombre.

La plus ancienne épreuve connue d'une planche gravée sur bois, avec date, paraît être un SAINT CHRISTOPHE, sans marque et sans nom d'auteur, portant une inscription latine et le millésime de 1423. Cette pièce est si grossièrement gravée, elle est d'un dessin si défectueux, qu'il est naturel de penser qu'elle est un des premiers essais de la gravure sur bois. Une feuille de cartes à jouer qui figure à la Bibliothèque, à Paris, semble remonter à la même époque.

Bientôt des légendes imprimées à l'aide de lettres taillées en relief, comme les figures sur les blocs de bois, accompagnèrent les gravures pour les expliquer, et de là le besoin de la lecture, se propageant peu à peu, mena insensiblement à l'invention des caractères mobiles, et, enfin, à l'imprimerie perfectionnée, qui commença, pour la popularité de la science, la révolution que la gravure sur bois avait commencée pour la popularité de l'art.

233. Vierge (gravure en fac-simile).

La gravure sur bois, consacrée jusqu'alors à des représentations grossières, devint cependant un art sous l'influence d'Albert Durer, né en 1471 à Nuremberg. Ce grand artiste, ami de Raphaël, dessina des planches d'une admirable beauté : son estampe de la « Mélancolie, » ses « Vierges » font toujours l'admiration des artistes.

La France a possédé quelques artistes distingués qui se sont livrés avec succès à ce genre de gravure : tels furent Joliet le Suisse, l'Allemand Businck, Boutemont, les Lesueur, et en dernier lieu les deux Papillon. Depuis 1760, époque à laquelle vivait le dernier de ces artistes, la gravure sur bois, pratiquée par des artistes de peu de mérite, fut peu estimée. Elle se faisait sur bois de fil, à l'aide de pointes tranchantes, procédé

234. Résurrection (gravure classique).

qui se prêtait mal à l'exécution de gravures très-fines, comme doivent être celles à intercaler dans les livres pour les éditions illustrées. Son emploi diminuait chaque jour, lorsque Thompson introduisit en France, vers 1815, la nouvelle gravure sur bois inventée par Bervick en Angleterre, et montra tout le parti qu'on pouvait tirer de son emploi pour obtenir les sujets les plus délicats. Ce procédé consistait à graver le bois non plus parallèlement aux fibres, avec des canifs, des lames coupantes, mais à creuser avec le burin le bois en coupant les fibres, en l'employant debout, par des procédés tout à fait analogues à ceux de la gravure en taille-douce sur cuivre, en profitant de la résistance des fibres dans le sens de leur longueur pour obtenir des traits fins, résistants[1].

Deux procédés de gravure sur bois correspondent aux deux genres de dessin dont nous avons parlé plus haut.

Le premier consiste à imiter le dessin exactement en enlevant, à l'aide de burins, les parties blanches. Ce travail, dit « fac-simile, » s'appliquant le plus souvent à des dessins très-chargés, rentre dans la première classe, c'est-à-dire que le burin produit surtout des teintes, que les lignes sont souvent confuses.

Le second, dit « classique, » dans lequel le graveur a souvent à interpréter des parties lavées ou estompées, se fait avec des outils à faces presque parallèles et en déterminant des lignes de courbure continues, de largeur variable (on n'emploie en général qu'une seule série de lignes de courbure, la plus caractéristique) pour les surfaces convexes ; des teintes formées par des lignes parallèles, pour les surfaces plates, les ciels, etc.

Nous donnons, figure 233 et figure 234, deux exemples de cette gravure employée pour des représentations de personnages, afin de montrer toute l'étendue du procédé; le présent ouvrage étant d'ailleurs un spécimen, qui, nous l'espérons, sera jugé satisfaisant de tout point, du second genre de travail appliqué à la représentation des œuvres d'art.

IMPRIMERIE TYPOGRAPHIQUE

Nous allons compléter maintenant ce qui a rapport au plus important procédé de reproduction du dessin, à l'imprimerie typographique, dont nous avons étudié en partie les productions dans ce qui précède.

L'imprimerie typographique n'a, dans le cas général, à sa disposition qu'une couleur, le noir; mais elle offre l'avantage, au point de vue artistique, de pouvoir, par la nature de l'encre qu'elle emploie, rendre des gravures extrêmement délicates et fines, et en même temps de donner des tons noirs très-vigoureux. De plus, les ressources de la fonderie permettent de multiplier, et le principe de la mobilité des types dû au génie de Guttemberg conduit naturellement à juxtaposer, à varier à l'infini les combinaisons des vignettes et éléments divers dont l'imprimerie dispose. Cet avantage n'existe qu'à un moindre degré dans l'impression des étoffes et des papiers peints, où le dessin élémentaire, le cachet, n'est reproduit que par des moyens trop imparfaits pour que sa grande multiplication n'engendre pas de nombreux défauts, ce qui force à le faire d'une certaine grandeur, en rapport avec la largeur de l'étoffe ou du papier.

1. On doit citer, parmi les graveurs sur bois les plus estimés de nos jours, Thompson, Jackson, Orren Smith, Godard, Quartley, Hébert, Brevière, Pisan, Charlot, Laplante, Pégard, etc.

L'étude artistique des caractères typographiques, comme celle déjà indiquée ci-dessus des vignettes que peut employer la typographie, est très-intéressante, et n'a jamais, malgré cela, que nous sachions, été essayée.

DES CARACTÈRES TYPOGRAPHIQUES

Nous nous garderons d'entrer ici dans des développements relatifs à la découverte de l'imprimerie, et, nous bornant à ce qui rentre dans notre cadre, nous dirons seulement quelques mots sur les modifications successives qui ont été apportées à la forme des caractères, afin de mieux faire comprendre l'évolution historique qui s'est produite dans tous les éléments d'une industrie que l'on est peu habitué à considérer au point de vue de l'art.

Nous venons de dire comment la gravure sur bois, l'imprimerie tabellaire appliquée aux cartes, aux légendes, a conduit de la reproduction des textes gravés joints aux figures à l'idée de rendre les caractères mobiles, découverte immense par ses résultats, que sut réaliser le génie de Guttemberg.

Au moment de la découverte de l'imprimerie, le type fut fixé d'une manière définitive, ou au moins les modifications devinrent plus lentes, plus difficiles qu'aux époques où les manuscrits régnaient sans partage, où l'action d'un artiste écrivain, pour modifier le goût régnant, pouvait être très-grande. Malgré cela, si on passe en revue quelques monuments des diverses époques célèbres, après comme avant la découverte de l'imprimerie, on voit reparaître d'une manière très-tranchée, bien que non remarquée jusqu'ici, les modifications du goût, les divers styles, qui, en effet, doivent être aussi sensibles dans l'écriture que dans toutes les autres manifestations de l'activité laborieuse.

La moindre inspection fait reconnaître qu'au point de vue de l'art le caractère des inscriptions grecques, tout géométrique, composé seulement de parties rectilignes et de parties circulaires, répond au style grec; celui des manuscrits romans, d'abord altération simple des inscriptions grecques, prend bientôt un aspect tout particulier correspondant non-seulement au moyen spécial de production, à la calligraphie, mais encore au goût régnant; on sent quelque chose au plein-cintre de l'architecture de l'époque. Plus tard on voit l'écriture se transformer et, suivant les changements du goût, prendre les formes du caractère gothique, genre d'écriture adopté généralement au moment de la découverte de l'imprimerie, rappelant évidemment, par la recherche des pointes, les flèches des constructions adoptées partout, et qui répond tout à fait au style gothique, si naturel à l'Allemagne qui a conservé ce genre de types.

Montrons par quelques exemples la vérité palpable de ces propositions :

ΧΡΗΤΗΙ ΑΔΕΛΦΗΣ ЄΜΝΗCΘΗ ΟΝΗCΙΜΑ

Inscription grecque.

VI NTRIS MEANDROS

Écriture capitale au IVe siècle.

Ce dernier type provient évidemment de l'altération des caractères des inscriptions.

Dans l'exemple ci-après, la forme des lettres s'arrondit dans le goût dominant dans le style roman.

Psautier de Saint-Germain des Prés (VIe siècle).

Écriture minuscule de 819.

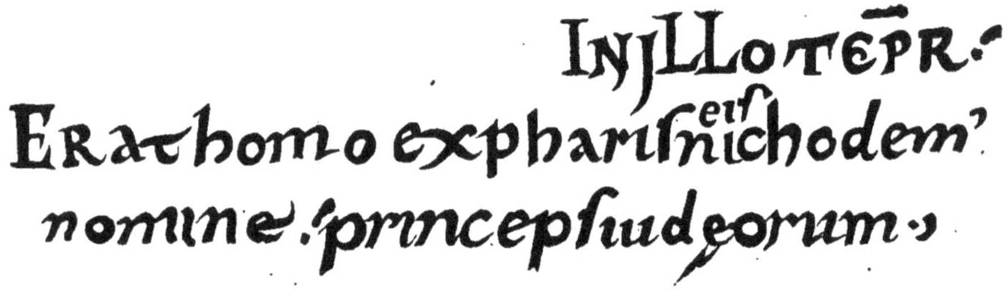

Bible latine du IXe siècle.

La calligraphie modifie de plus en plus les formes et donne naissance aux lettres dites BAS DE CASSE, entièrement différentes des capitales. (Voir plus loin CALLIGRAPHIE.)

Écriture en minuscules de 1373.

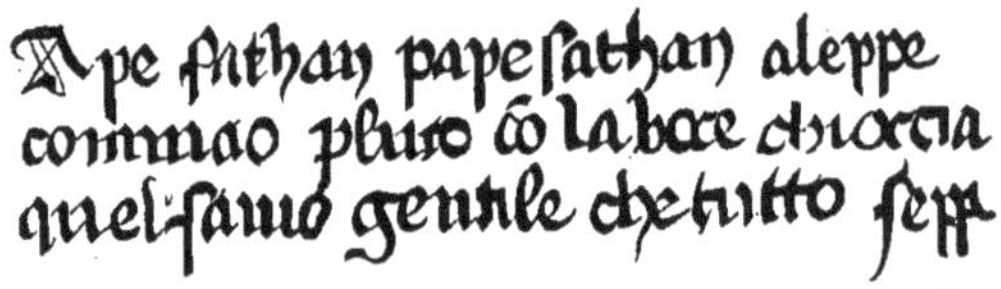

Écriture italienne du XIVe siècle.

Les formes aiguës sont recherchées pour donner de l'élégance aux lettres sous l'influence du style gothique. Nous touchons au moment de l'apparition de l'imprimerie.

Grammaire latine de Donat (édition xylographique attribuée à Faust et Gutemberg).

Les lignes ci-dessus sont une copie du type gothique le plus estimé de l'époque qui vit la découverte de l'imprimerie, et que l'on chercha à reproduire.

Enfin nous donnerons un exemple de la forme la plus élégante du type gothique, conservée par les premiers graveurs sur acier.

Les Publicains et les pecheurs vindrent a Jesus affin quilz oyssent sa parole et sa predication/

Gothique du XVIe siècle en typographie.

Le caractère gothique, naturellement adopté pour les premiers monuments de la typographie, subit bientôt une radicale transformation pour donner nos types actuels, à l'époque de la Renaissance : ce fut l'œuvre de Jenson, graveur de la Monnaie de France, envoyé en 1462 à Mayence, par Louis XI, pour apprendre les secrets de l'imprimerie, et qui, retiré à Venise, grava les beaux types de caractères romains que Garamond prit ensuite pour modèles au siècle de François Ier. Il y réintroduisit les éléments classiques des inscriptions romaines, et cette réforme, cette renaissance est bien de même ordre que toutes les transformations qui ont été alors produites dans toutes les directions de l'art aussi bien que dans l'écriture. Le type romain fut créé à l'aide de la réunion, dans un même alphabet, des minuscules des manuscrits et des capitales romaines, en modifiant en outre quelques formes traditionnelles pour obtenir une facile lecture, une grande régularité, débarrasser les lettres d'accessoires inutiles et les réduire à la combinaison la plus simple possible de parties droites et de parties circulaires. Ce fut Alde Manuce, imprimeur de Venise, qui, bientôt après, grava le caractère italique dit quelquefois « lettres aldines, » complétant ainsi le mouvement de la Renaissance.

Au seizième siècle, Garamond perfectionna la gravure et donna aux lettres des formes qui font encore l'admiration des amateurs de vieux livres, à tel point qu'aujourd'hui ils en arrivent à nier, à tort suivant nous, tous progrès accomplis depuis cette époque. Il est certain, toutefois, qu'on s'est éloigné d'une manière fâcheuse de plusieurs des règles qu'il avait posées, comme nous allons le montrer.

Passons maintenant à l'étude des types des époques plus rapprochées de la nôtre, aux conditions de leur perfection pour notre goût.

Pour beaucoup de personnes, tous les caractères typographiques de même grandeur se ressemblent; ce sont toujours, dit-on, des *a*, des *b*, etc. Si toutefois on met sous les yeux de ces personnes un volume sortant des presses d'Elzévir, ou de quelque autre imprimeur justement célèbre, elles sont frappées de la netteté, de l'élégance des types, à ce point que beaucoup en font collection, non pour les lire, mais comme d'estampes, d'objets d'art. Il y a donc un certain charme, une certaine harmonie dans l'ensemble d'un caractère, dans une page, indépendamment même de l'élégance qui peut appartenir à chaque lettre, car c'est l'ensemble de la page qui paraît admirable aux amateurs. C'est la considération plus spéciale de chacun de ces éléments qui a fait la réputation des deux principales écoles qui ont acquis une juste célébrité en typographie : celle des Elzévirs, dont les types ont été imités en grande partie dans les caractères anglais les mieux réussis dans ces dernières années; celle des Didot et de Bodoni, dernier terme des progrès accomplis en typographie à la fin du dernier siècle, et qui a été célèbre au commencement de celui-ci; aussi ces types ont-ils d'abord servi de guides à la majorité des graveurs français modernes.

Le principe des caractères Didot était de faire les fins des lettres, comme les traits horizontaux qu'elles portent pour la plupart, extrêmement minces, ce que permet la gravure sur acier; de rendre continu le passage des fins aux pleins, en en arrondissant les formes, en donnant ainsi à la lettre typographique, autant que possible, l'élégance de l'écriture.

Les Elzévirs, qui employaient les types de Garamond, et à leur imitation les Anglais, notamment Baskerville qui, au siècle dernier, améliora les types et indiqua la voie qui a été suivie depuis avec succès, ont sacrifié la forme de la lettre, quand il était nécessaire, à la netteté de la ligne, tenant surtout très-fortes les parties horizontales des lettres, soutenant les empâtements qui donnent le sentiment net de leur alignement.

Nous prions le lecteur de se reporter à quelque belle édition des Didot pour juger le premier système; le caractère de ces pages, fourni par Caslon (de Londres), lui permet d'apprécier le second.

Le problème à résoudre aujourd'hui consiste à donner les avantages de ces deux systèmes aux nouveaux caractères, en faisant dominer toutefois tout ce qui peut contribuer à la netteté de la typographie, à l'éclat de l'impression, car cette condition doit passer avant toute autre. C'est ce qui a été tenté dans les caractères les mieux réussis en Angleterre et en France, trop incomplétement à notre avis dans notre pays, où cependant les types Didot sont abandonnés, et le mérite des anciens types bien apprécié aujourd'hui.

C'est ainsi qu'on a vu à l'Exposition de 1862 M. Claye, imprimeur distingué, qui, voulant donner à ses impressions un cachet de supériorité au point de vue de la composition semblable à celui qu'il avait su leur donner comme tirage, a exposé de vieux types pareils à ceux du dix-septième siècle. Un imprimeur de Lyon, L. Perrin, a fait encore plus radicalement la même révolution et avec un égal succès. Il a fait graver une série très-complète de ces vieux caractères. Voici ce que nous écrivions à ce sujet comme rapporteur du Jury :

« On a pu différer d'opinion sur le mérite de cette tentative, mais ce qu'il faut constater, c'est qu'elle a été couronnée de succès, et que nombre de publications importantes ont été dirigées sur Lyon, pour y être exécutées avec les types de M. Perrin.

« Si nous cherchons à apprécier l'importance de ce mouvement, en apparence rétrograde, nous remarquerons d'abord que, dans tous les cas où il s'agit de réimpressions d'ouvrages anciens, de publications archéologiques, les vieux caractères s'harmonisent évidemment mieux avec les vieux textes que nos types modernes; que Rabelais, par exemple, sera certainement très-convenablement reproduit avec des caractères anciens, un peu rustiques, comme cet auteur.

« Pour les impressions de livres modernes, nous ne saurions admettre que la gravure des anciens caractères ait atteint la perfection absolue de l'art, et nous pourrions signaler bien des imperfections évidentes. Nous pensons cependant que l'on doit applaudir à une tentative de retour vers la fermeté typographique que nous admirons dans les éditions des Elzévirs, que les Anglais ont su conserver dans leurs meilleurs types, et dont nous nous sommes à tort écartés, surtout depuis le commencement du siècle, pour poursuivre l'élégance de chaque lettre en en exagérant la finesse. Cette voie peut conduire à de bons résultats lorsqu'il s'agit d'écriture à la plume, mais non en typographie.

« On voit d'après cela que ce n'est nullement par une prévention favorable aux produits étrangers que nous avons dit que nous avions d'utiles emprunts à faire aux types anglais; c'est uniquement parce qu'ils représentent les types anciens améliorés, parce qu'ils ne sont pas sortis de la tradition consacrée par de nombreux chefs-d'œuvre.

« La confirmation que nous avons trouvée pour la thèse que nous soutenons ici, dans le succès des vieux types imités avec tous leurs défauts, n'est pas la seule; il en est une autre que manifestaient d'une manière incontestable les expositions des premiers éditeurs de l'Allemagne. Leurs publications faites il y a quelques années avec des types français, fondus au moyen de matrices que nos graveurs vendent à bon marché, étaient en général assez médiocres. Un progrès très-notable s'est accompli dans ces dernières années, et la fabrication allemande est devenue, en général, très-satisfaisante. Mais, chose bien remarquable, le point de départ de ce progrès a été l'abandon complet des types français et leur remplacement par des types du genre anglais. On trouverait difficilement aujourd'hui en Allemagne un ouvrage, nouvellement imprimé avec quelque luxe, qui le soit avec d'autres caractères.

« Le jugement de l'Allemagne, parfaitement désintéressée dans la question, ne cherchant que la netteté, la beauté typographique, nous paraît sans appel, et nous semble indiquer la voie du véritable progrès, que l'habitude peut seule nous empêcher de reconnaître.

« Il prouve que, pour les gens non prévenus, la lettre anglaise, taillée, pour ainsi dire, à la hache, ayant des fins de peu de longueur, des empâtements forts et soutenus, donne plus facilement de bonnes impressions que nos types dans lesquels nous cherchons à prolonger le passage des fins aux pleins; elle procure plus sûrement cet éclat de la page imprimée, qui se compose à première vue de lignes plutôt que de lettres, cette netteté enfin que l'on recherche avec grande raison. »

Les questions dont nous venons de parler ne sont pas les seules qu'on puisse traiter au point de vue de la gravure des caractères, mais ce sont les plus importantes. Nous dirons seulement quelques mots des autres déjà indiquées à l'article GRAVURE.

La fabrication des journaux, des éditions à bon marché, a fait naître, en France, les caractères compactes, c'est-à-dire dans lesquels les courtes *m*, *o*, etc., ont grandi relativement aux longues *b*, *d*, etc. Après avoir exagéré ce résultat, qui permettait d'employer pour une page un caractère plus gros à l'œil sans changer le nombre de lignes, on s'est arrêté à un accroissement réel des lettres courtes, à la limite qu'on ne peut dépasser sans amener la confusion, lorsque le blanc devient insuffisant entre les lignes.

La nécessité de faire tenir des vers dans une ligne avait fait créer depuis longtemps des caractères dits poétiques, dans lesquels l'*o* et les rondeurs étaient allongées, contrairement au principe paraissant inviolable autrefois, par on ne sait trop quelle prétention à une détermination mathématique des formes des lettres, que l'*o* d'un caractère devait être un cercle parfait. L'œil s'est habitué à cette forme, plus gracieuse que la circulaire, et on a pu ainsi obtenir des formes inscrites dans un rectangle sûrement plus élégantes.

Enfin, l'adoption des poétiques compactes eût rendu la page trop noire, si on n'eût en même temps amaigri toutes les lettres des caractères.

Nous ne parlons pas ici des caractères allemands. Par amour de la tradition, le type de style gothique a été conservé jusqu'à ce jour en Allemagne; nous croyons que c'est un tort; c'est, par un patriotisme exagéré, nier le progrès accompli depuis le quinzième siècle dans tous les arts, et nous faisons des vœux pour que les essais tentés par divers savants, et notamment par les frères Grimm, pour faire adopter à l'Allemagne les types du reste de l'Europe, soient couronnés de succès.

Quant aux Orientaux, qui possèdent d'admirables manuscrits, la forme de leurs caractères, toute différente de celle des nôtres, ne nous permet pas de les apprécier sûrement; toutefois on sent en eux le style oriental, la similitude avec l'arabesque et l'ornementation orientale avec laquelle ils se mélangent si bien.

Ce résumé montre combien de questions d'art et de goût se rattachent à la gravure des caractères; c'est ainsi que, dans cette industrie comme dans toutes les autres, dans une de celles qui doit paraître la plus simple aux personnes qui y sont étrangères, le goût de chaque époque vient se faire sentir, et qu'il y a toujours de nouveaux progrès à effectuer.

INITIALES ET LETTRES DE FANTAISIE

Pour compléter ce qui est relatif à la typographie, nous devons dire quelques mots des initiales qui servent pour les titres, et quelquefois sont placées au commencement des chapitres, comme les majuscules qui ornaient les manuscrits. Ces initiales, prove-

MONTAUBAN
BOURGUIGNONS

nant directement de la tradition des inscriptions romaines, ont été variées à l'infini quant aux proportions de graisse, de largeur relative des lettres, pour disposer les titres suivant des formes convenables, car ils plaisent en raison de l'espacement, de la grandeur relative des caractères, de la longueur des lignes, etc. Nous donnons ici deux des types les plus justement appréciés.

Les types ci-dessus appartiennent à la pure tradition classique, c'est-à-dire qu'on n'a pas sacrifié, dans leur gravure, à la fantaisie qui règne pour la création des lettres employées pour des œuvres de goût, des actions, des factures, etc. On a, pour ces cas divers, créé nombre de types, qui ne sont pas tous de bon goût, il s'en faut, mais qui, lorsqu'on sait les employer, donnent une grande variété et un grand charme aux produits de la typographie.

Ne relevant que de la fantaisie, les créations de ce genre ne peuvent pas être considérées comme assujetties à des règles quelconques. Pourtant il est une série assez notable qui peut être classée à part, à savoir celle des caractères dont on rend l'épaisseur des pleins très-grande, pour les employer à faire des lignes de titre extrêmement saillantes à l'œil. Telles sont les Normandes (dont nous donnons ici deux lignes), où

Normandes.

Les monuments égyptiens portent gravés sur les murailles une foule de scènes, et, par suite, différentes formes de meubles.

l'épaisseur des pleins est grandement augmentée, les Égyptiennes, dans lesquelles les parties habituellement fines sont également rendues épaisses. Inversement, des lettres

Égyptiennes.

Les magnifiques soubassements des monuments de la capitale

AVENTURIERS DE L'ESTRAMADURE

très-maigres tranchent sur les caractères ordinaires, telles sont les Capillaires, dont ci-joint un échantillon.

Capillaires.

La Belgique est une partie de l'ancienne Gaule. Les Belges, Germains pour la plupart, étaient fiers, accoutumés à braver les fatigues et les périls; ils furent les derniers qui purent être soumis à leurs vainqueurs

Parmi les lettres de fantaisie proprement dites, nous donnerons un certain nombre

Lettres blanches.

HISTOIRE DE LA FRANCE MARITIME MILITAIRE ET COMMERCIALE

DISCOURS SUR LE CHRISTIANISME

HISTOIRE DU NOUVEAU MONDE. LA JÉRUSALEM

Antiques ornées.

EMBARCADÈRE DU CHEMIN DE FER DE ROUEN

Antiques larges.

PARIS, ROME, FLORENCE

Allongées ornées.

REVUE MUSICALE ET ARTISTIQUE

d'exemples pour faire apprécier, par un choix suffisant, les variétés nombreuses que nos graveurs ont créées. Nous montrons des lettres blanches, ombrées, antiques ornées, etc., etc.

Ottomanes.

LES MONARCHIES
LE CHEMIN DE

Prismatiques.

HONORABLE

Le champ de ces créations est celui de la fantaisie, c'est-à-dire évidemment indéfini.

CALLIGRAPHIE

L'écriture est de la nature du dessin, et constitue un produit artistique qui a subi des transformations multiples bien plus nombreuses qu'on ne peut l'imaginer, telles enfin que les connaissances nécessaires pour la lecture des chartes et anciens manuscrits constituent une science spéciale dite « paléographie [1]. »

1. Toutes nos écritures européennes dérivent de celles des Romains, dit M. Merlin dans son savant rapport sur l'Exposition de 1855 (qui nous paraît un travail très-remarquable, dont nous reproduisons ici les considérations générales), qui avaient reçu eux-mêmes leurs lettres des Grecs, lorsque ceux-ci étaient déjà arrivés à un haut degré de civilisation. Il ne nous est parvenu aucun vestige de l'écriture cursive des Romains, antérieurement à la chute de la République; mais la pierre et l'airain, la brique et l'argile, nous ont conservé sur les monuments, sur les médailles, sur les armes et sur divers ustensiles de la vie privée, la forme des lettres tracées à main posée. Ce n'est guère que du troisième au quatrième siècle de l'ère chrétienne, que le temps a épargné quelques livres manuscrits et quelques rescrits impériaux, qui nous permettent de juger de l'écriture latine; on y reconnaît que les Romains avaient quatre sortes d'écritures: celle des monuments, celle des livres, celle des actes émanés de l'autorité et celle de la vie privée. Les caractères qu'on trouve sur les monuments sont généralement des capitales; les livres étaient écrits soit en lettres capitales,

Il serait oiseux de nous étendre beaucoup sur les œuvres de nos calligraphes modernes; il faudrait étudier bien des fantaisies calligraphiques prétentieuses qui n'ont aucune valeur artistique. Nous ne nous occuperons ici que de l'écriture courante, que depuis les derniers progrès on appelle « anglaise » dans notre pays. C'est dans la régularité de la pente, dans le passage graduel du plein au fin, que s'obtient la grâce de cette écriture. Nous en donnerons un exemple par une ligne d'anglaise Firmin Didot,

Ministère d'état des Affaires

chef-d'œuvre de la typographie moderne, tant par l'élégance de sa gravure que par l'heureux système de sa composition.

Depuis quelques années on a essayé quelques caractères plus droits ou plus penchés

Nouveaux Caractères d'Écriture

qui ne manquent pas de grâce. Nous donnerons ici un exemple d'un des plus élégants.

soit en lettres onciales, qui ne différaient, en réalité, des premières que par des formes plus arrondies et par de légers changements destinés à en rendre le tracé plus facile et moins lent. Quant aux écritures des rescrits et autres actes publics, les caractères en étaient tellement liés et entrelacés, ils présentaient des formes si différentes de celles des lettres employées dans les livres, qu'ils semblent, au premier coup d'œil, ne point appartenir à l'alphabet latin. Pour l'écriture de la vie privée, nous manquons de monuments, mais il est vraisemblable qu'elle était celle des livres, sauf les altérations que pouvait y produire la rapidité et l'inapplication habituelles dans les écritures cursives. Cette opinion semble d'autant plus probable, que Quintilien conseille, pour l'enseignement de l'écriture aux enfants, l'usage de tablettes de cuivre où des lettres modèles étaient gravées en creux, pour que la main des enfants en suivant, avec la pointe du style, les contours de ces lettres, prît l'habitude de bien former les caractères.

La forme des capitales et des onciales, telle qu'elle était au quatrième siècle, époque des plus anciens manuscrits latins qui soient parvenus jusqu'à nous, se maintint assez pure jusqu'au septième; c'est d'elle que dériva la minuscule latine. Quant aux diplômes, ils avaient fini par devenir tellement indéchiffrables, que Charlemagne crut devoir ordonner, pour toutes les écritures, le retour aux formes pures des types romains. C'est cette réforme qui donna lieu à l'écriture désignée en diplomatique sous le nom de *caroline*.

Nous ne suivrons pas la forme des lettres latines dans les altérations successives introduites par le goût des différents peuples qui ont adopté cet alphabet depuis le démembrement de l'empire romain; nous ne parlerons pas des écritures mérovingiennes, anglo-saxonnes, lombardes, carolines et capétiennes, dont les noms rappellent les époques où elles furent en usage; mais nous donnerons un moment d'attention aux écritures improprement nommées gothiques, dont la mode semble reprendre aujourd'hui avec le goût du moyen âge.

Lorsque, au milieu du seizième siècle, parurent les premières productions de l'admirable invention de Guttemberg, toute l'Europe occidentale faisait usage, déjà depuis longtemps, pour les monuments et pour les livres, de cette forme de caractères allongés, dont les jambages, terminés à leurs extrémités par des brisures angulaires, ne se liaient entre eux que par les pointes de ces angles. Cette écriture, qui, bien exécutée, ne manque pas de grâce, n'était pas née tout d'un coup; ses caractères distinctifs, la brisure et les angles, avaient des précédents, et l'écriture lombarde brisée du dixième siècle en offrait des exemples. La gothique, en les adoptant, en avait régularisé les formes et les proportions. C'était surtout en Allemagne et dans le nord de l'Europe que la longueur des jambages et la forme anguleuse des brisures étaient plus exagérées, comme on le voit par les inscriptions tombales et par les impressions de Guttemberg, qui furent la copie fidèle des manuscrits que cet inventeur voulait reproduire.

TRAITS D'ÉCRITURE. — Les calligraphes, en prenant l'habitude de créer des lignes agréables à l'œil, ont tenté de les encadrer de petites compositions à la plume, dites traits d'écriture. La typographie, qui a fixé les premiers types en les soumettant à des procédés de reproduction indéfinie, a rendu le même service aux traits d'écriture, en surmontant de grandes difficultés de fabrication toutes spéciales, pour permettre le mélange des caractères et des traits. Il y a là quelque intérêt à voir ainsi fixer des com-

Mais, dans le Midi, les caractères étaient moins longs, plus carrés et les angles plus adoucis. Une troisième gothique, principalement usitée en France, était issue de cette deuxième; moins large qu'elle, mais moins aiguë et moins longue que la première, elle n'avait pas la lettre a à double panse que nous avons adoptée; cette lettre y avait à peu près la forme de notre *a* italique; le *f* et le *s* descendaient au-dessous de la ligne, et l'ensemble de l'écriture se rapprochait beaucoup de l'ancienne minuscule romaine. Les jolies Heures du seizième siècle, écrites en Italie et en France, sont généralement de ce caractère.

Il importe donc aux calligraphes qui veulent employer dans leurs ouvrages les écritures gothiques de se rendre compte de ces différences, pour ne pas commettre de ces mélanges monstrueux dont les imitateurs vulgaires des anciennes écritures ne se rendent que trop souvent coupables, et qui n'offensent pas moins le bon sens que le bon goût.

Les trois espèces de gothique dont nous venons de parler n'étaient que des écritures à main posée, des caractères pour les monuments ou les livres, mais la cursive, qui a besoin de rapidité, ne leur ressemblait en nulle façon. En France c'était une écriture vermiculaire, une espèce de réseau de ligatures, rendues encore plus difficiles à déchiffrer par des abréviations fréquentes et souvent arbitraires. On peut en avoir quelque idée par les anciens caractères dits *de civilité*, ainsi que la cursive actuelle des Allemands. La ronde du dix-septième siècle, qui en dérive, présentait encore dans les ligatures de nombreuses traces de son origine.

A la même époque, l'Italie, qui s'était préservée des brisures anguleuses de la gothique septentrionale, avait plusieurs cursives d'un tout autre goût que les nôtres, et qu'on peut distinguer en deux classes principales, les écritures de chancellerie et les écritures de commerce.

Les caractères de chancellerie avaient des formes assez allongées, les liaisons généralement un peu aiguës, et les queues supérieures ou hastes des lettres *b*, *d*, *f*, *h*, *l*, très-longues et courbées vers le haut comme une palme, avec un renflement qui les terminait. Quant aux écritures de commerce (*lettera merchantile*), le principe en était tout contraire. Les lettres en étaient aussi larges que longues, les formes arrondies, les hastes courtes et bouclées, et le corps de l'écriture vertical et sans pente, à peu près comme notre ronde d'aujourd'hui. Ces dispositions les rendaient plus rapides à tracer. Palatino donne un assez grand nombre de spécimens de ces écritures commerciales, la *romaine*, la *milanaise*, la *vénitienne*, la *florentine*, la *siennoise*, la *génoise*, la *bergamasque*, l'*antique;* mais les différences entre elles sont légères; le caractère distinctif en est toujours l'absence de pente, la rondeur des formes et la liaison par des boucles.

Les formes des écritures de chancellerie se réduisent à quatre principales: la *chancelleresque commune*, l'*écriture des brefs* (lettera di brevi), la *chancelleresque bâtarde* et la *chancelleresque de forme* (cancellaresca formata). La chancelleresque commune est celle dont nous avons décrit plus haut les caractères distinctifs; l'écriture des brefs n'en différait guère que par moins de longueur dans les hastes; elle était aussi moins anguleuse; la chancelleresque bâtarde avait les hastes courtes comme l'écriture des brefs, mais sans courbure supérieure, et le renflement arrondi du haut des hastes était remplacé par un léger trait initial à gauche; enfin la *cancellaresca formata* ressemblait à la *cancellaresca bastarda*, mais le haut des hastes n'avait pas de trait, les pleins commençaient à plume pleine et les liaisons étaient très-arrondies.

La beauté de ces diverses écritures, que l'absence presque totale de ligatures abréviatives, ainsi que la forme très-distincte des lettres, rendraient faciles à lire, les fit bientôt adopter par toutes les nations, qui, après la chute du gothique, revinrent à l'alphabet latin; mais chaque pays les accommoda à son goût. Ce furent d'abord les Français et les Espagnols qui les imitèrent et les Anglais n'y revinrent que très-longtemps après. Quant aux Allemands, ils restèrent, pour les livres, fidèles aux formes gothiques en les modifiant aussi à leur fantaisie, et ils firent adopter ce gothique nouveau aux Danois, aux Suédois, aux Bohêmes, et à quelques autres peuples, leurs voisins. Pour leur cursive, ils ont continué jusqu'à ce jour à se servir de l'écriture courte et bizarre qui ressemble à notre caractère de civilité.

C'est la *cancellaresca bastarda* qu'Alde Manuce semble avoir prise comme modèle pour sa jolie italique gravée par François de Bologne et qui fit sa première apparition dans le monde typographique par le Virgile in-8° de 1501. La chancelleresque de forme (*cancellaresca formata*) est évidemment l'écriture que les Français ont imitée pour créer cette belle bâtarde du dix-septième siècle, devenue, depuis, notre deuxième écriture nationale, et que le célèbre Barbedor, dans les beaux modèles qu'il en donne, nomme *italienne bâtarde*.

Nous devons donc à l'Italie notre bâtarde, mais elle ne paraît point avoir figuré parmi les écritures françaises avant le dix-septième siècle, car le Gangneur ne la mentionne pas dans son Traité de l'écriture française (*Technographie*, 1599), et l'exemple qu'il en donne se trouve à la page 28 de ses Éléments de l'écriture italienne (*Rizographie*, 1599). Selon lui les Italiens appelaient cette lettre *formata*, et il ajoute: *On s'en sert fort rarement si ce n'est à écrire livres.* Avant

positions passagères, dont il est juste de dire, toutefois, que la gravure en taille-douce a beaucoup multiplié les modèles. Nous en donnons un exemple emprunté aux travaux d'un artiste mort bien jeune, E. Pradelle, groupés autour des initiales d'un type célèbre connu sous le nom de GOTHIQUE ORNÉE, gravé par Firmin Didot.

lui Palatino avait dit: *Questa lettera tondetta non serve se non per scrivere qualche librettino.*

La calligraphie française ne fut pas cependant complétement soustraite au joug gothique; l'écriture vermiculaire des siècles précédents avait servi surtout dans les actes publics, dans les contrats et dans les mémoires de justice. L'usage en resta encore dans tout le dix-septième siècle. Aussi, comme la lecture en était nécessaire à presque toutes les conditions de la société, l'enseignement de cette lecture entrait dans l'éducation des enfants, et, jusqu'au commencement du dix-neuvième siècle, on la leur montrait en les faisant lire dans un volume intitulé *Civilité puérile et honnête*, dont la première édition, imprimée en 1556 avec ce même caractère d'écriture gravé par le célèbre Granjon, se réimprimait chaque année dans les mêmes types. Chacun apprenait ainsi, dès l'enfance, ses devoirs envers ses parents et envers la société, et en même temps la lecture d'un caractère difficile qu'il avait encore besoin de connaître.

Cette ancienne cursive fut l'origine d'une autre écriture nommée, au dix-septième siècle, *française* et *financière*, et que nous connaissons aujourd'hui sous le nom de *ronde*. La ronde a pris de la cursive gothique ses liaisons qu'elle a arrondies davantage, une partie de ses ligatures, sa direction verticale et la forme de presque toutes ses lettres. Les maîtres français lui ont donné des pleins proportionnés avec une longueur égale à sa hauteur, et l'ont soumise à une régularité géométrique. Non moins belle que la bâtarde, bien que d'un aspect tout différent, cette écriture, véritablement nationale par son origine, est d'un brillant effet, surtout dans la composition d'un titre. Elle fut fixée, dans ses proportions et dans ses formes, par arrêt du parlement en date du 26 février 1633, d'après les modèles écrits par Barbedor, comme la bâtarde le fut également, par le même arrêt, sur les modèles tracés par Le Bé.

Si la bâtarde française est née de l'écriture italienne, l'anglaise d'aujourd'hui en descend également. Ce fut, dans l'origine, notre bâtarde écrite avec une plume très-fine et très-fendue qui donnait à la main le moyen d'obtenir, par une simple pression, sans mouvement des doigts, des déliés très-délicats et des pleins très-nourris, d'où résultait une vive opposition, semblable à celle qui, dans le domaine de la gravure, a fait la vogue des vignettes anglaises. Brillante quand elle est posément tracée par une main habile, l'anglaise devient maigre et disgracieuse lorsque la plume court rapidement sur le papier; sa pente et ses liaisons lui permettent, il est vrai, une exécution rapide, mais elles lui donnent aussi une extrême facilité à se déformer.

La pente de l'anglaise et la finesse de ses déliés ont séduit les Allemands eux-mêmes; tout en conservant la forme primitive de leurs lettres cursives, ils leur donnent aujourd'hui une pente contraire à celle qu'elles avaient autrefois, et l'extrême ténuité des déliés ajoute encore à la difficulté de la lecture.

Il n'y a pas jusqu'à l'écriture nationale des Russes qui ne se soit laissé envahir par cette anglomanie. Verticale et carrée sous son réformateur Pierre le Grand, elle a, plus tard, adopté la pente et les angles arrondis de notre bâtarde, avec laquelle elle a, en effet, de grands rapports; et aujourd'hui elle perd son caractère grave et sa grâce sévère, en imitant la coquetterie des déliés de l'anglaise.

L'exagération dans la finesse des déliés a gagné aussi les caractères typographiques, au grand regret des vues faibles et au détriment des imprimeurs, dont les fontes seront plus rapidement hors de service. Cette affectation d'élégance a été portée à un tel excès, que les hommes de l'art eux-mêmes s'en sont alarmés. Depuis plusieurs années ils demandent le retour à des types plus graves et plus en harmonie avec le bon goût et avec la véritable destination des livres qui, avant tout, sont faits pour être lus et pour être lus sans fatigue.

Tous les perfectionnements, changements ou altérations de l'écriture, depuis le quinzième siècle, ne sont pas dus à la main seule des calligraphes. Trois inventions célèbres, qui datent de ce même siècle, y ont également une grande part; ce sont la gravure en bois, l'impression en taille-douce et la typographie. En multipliant les bons modèles et les répandant partout, la gravure en bois d'abord, et la taille-douce plus tard, ont donné le goût et facilité l'étude des belles écritures. Quant à l'imprimerie, fille de la calligraphie, qui lui prêta d'abord les plus belles formes, elle ne tarda pas à payer envers sa mère la dette de la reconnaissance en contribuant à ses progrès ultérieurs, et, si la calligraphie moderne aime à inscrire, à côté des noms de ses grands maîtres, ceux des graveurs dont l'échoppe ou le burin ont reproduit, sur le bois ou le cuivre, les beaux modèles de ses plus habiles mains, elle ne pourrait sans ingratitude méconnaître ce qu'elle doit aux artistes qui perfectionnèrent le type d'imprimerie, depuis Guttemberg jusqu'à nos jours. Ce n'est pas seulement, en effet, par les beaux caractères d'écriture que gravèrent successivement Granjon, Senault, Moreau, Le Bé, Fournier et les Didot, que la typographie a bien mérité de la calligraphie, c'est surtout en la dégageant du mauvais goût gothique et des ornements superflus qui la défiguraient, et dont les procédés de la fonderie n'admettaient pas, du reste, l'exécution. Reconnaissons aussi que ces obligations furent réciproques, car souvent les meilleurs graveurs de poinçons furent eux-mêmes d'habiles écrivains, à commencer par Schœffer, qui exerçait à Paris, en 1449, l'art de la calligraphie.

Les difficultés de l'entrelacement des traits et des types de forme rectangulaire

TRAITS D'ÉCRITURE
DE LA
Fonderie Générale
DES
Caractères Français et Étrangers
PRADELLE, GRAVEUR
Paris

ont été, on le voit, habilement levées grâce aux derniers progrès de la fonderie typographique.

INITIALES D'ANCIENS MANUSCRITS

Les manuscrits anciens et même les premiers livres imprimés étaient illustrés à l'aide d'initiales dessinées en général sur un fond bleu ou un fond d'or, quelquefois avec des compositions formant de petits tableaux, des miniatures dont nous parlerons plus loin, en traitant de la peinture aux diverses époques, car ces compositions très-étudiées étaient les véritables tableaux du moyen âge.

235.

236.

237.

238.

239.

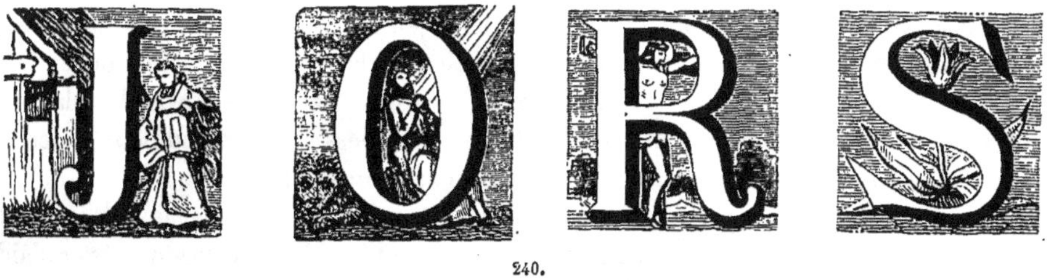

240.

Nous ne reproduisons ici que quelques lettres choisies parmi les plus simples qui ornent des têtes de chapitres, tant des manuscrits que des premiers livres où l'on essaya de remplacer les miniatures par des gravures. Elles ont tellement varié aux diverses époques qu'on pourrait classer les manuscrits par les types principaux des initiales placées en tête des chapitres. Sans doute les artistes calligraphes dans ces créations obéissaient à leur fantaisie, mais toujours sous l'influence du goût, du style de l'époque où ils vivaient.

De nos jours on emploie rarement des initiales ainsi ornées ; ce n'est que pour quelques ouvrages illustrés qu'on en voit quelquefois. Elles se détachent alors en général sur un petit dessin qui est une véritable composition ayant plus ou moins de rapports

241.

avec le texte de l'ouvrage. Quelquefois elles empruntent leurs ornements soit à des fleurs, soit à des personnages de fantaisie, comme dans les exemples ci-dessus.

GRAVURE EN TAILLE-DOUCE

ET LITHOGRAPHIE

Nous parlerons bientôt, en traitant des nielles employées dans la décoration de la bijouterie, comment elles ont conduit à l'invention de la gravure en taille-douce ; laissant de côté la question historique de l'invention, nous dirons que le travail des planches de cuivre ou d'acier, pour y creuser les lignes d'un dessin, comprend deux procédés correspondant aux deux genres de dessin dont nous avons parlé.

Le premier est la gravure à l'eau-forte, dans lequel on fait creuser le métal par la morsure d'un acide qui attaque les parties du métal, préalablement découvertes à l'aide d'une pointe qui a tracé le dessin sur une planche recouverte d'un vernis adhérent. Cette action de l'acide, toujours quelque peu irrégulière, formant un trait de largeur constante, n'est évidemment pas convenable pour créer des lignes nettes et fortement accusées par des largeurs variables.

Le second constitue la gravure au burin conduit directement par la main de l'artiste : c'est ainsi qu'ont été produites les œuvres des maîtres; c'est dans leurs travaux que peut se reconnaître l'avantage de l'emploi bien entendu des lignes de grande courbure pour reproduire de la manière la plus satisfaisante des corps de toute forme, par un mode de représentation mieux saisissable que tout autre et qui assurera toujours la supériorité des grandes œuvres sur les plus admirables résultats de la photographie et autres procédés qui ne peuvent fournir que des teintes[1].

Les moyens d'obtenir des gravures rentrant dans l'une ou l'autre des séries ci-dessus indiquées sont nombreux; nous n'avons pas à nous y arrêter longuement. Nous citerons dans la première catégorie la gravure à la manière noire, et dans la seconde la gravure numismatique, qui offre de si curieux résultats par la projection des lignes courbes successives de la surface à représenter, coupée par des plans parallèles, mode de représentation moins parfait que celui que peut donner l'emploi des lignes de grande courbure, mais cependant bien remarquable. (Voy. GRAVURE.)

La lithographie fournit un moyen simple et facile de multiplication des dessins, en offrant cet avantage que c'est l'original même, le travail de l'artiste qui est déposé sur la pierre, et que l'impression rend directement, sans passer par l'intermédiaire d'un traducteur souvent peu fidèle.

Disons toutefois que la lithographie, dont les dessins ne peuvent être tracés sur pierre qu'avec un crayon gras et mou, dont les noirs sont d'une apparence grenue, ne convient pas pour les travaux qui demandent une grande netteté, une grande précision, et ne peut présenter que des effets de la nature de l'estompe. La gravure en creux sur pierre est venue, sous ce rapport, au secours de la lithographie.

On peut dire que l'extrême facilité de la reproduction du dessin sur pierre a fait remplacer par celle-ci, pour les travaux courants, la gravure au burin réservée aujourd'hui aux œuvres d'art, pour lesquelles on recherche la pureté des lignes. La lithographie est devenue un moyen puissant de vulgarisation des œuvres d'art sur une échelle très-étendue et doit avoir une bien heureuse influence sur l'éducation générale du public en fait d'art. Malheureusement cette action ne peut être qu'élémentaire, ne peut dépasser des sphères assez peu élevées, à cause de la difficulté d'exécution, par les procédés de la lithographie, d'œuvres artistiques d'une grande valeur.

La lithographie à deux teintes appliquée à des sujets de genre, à des études de fantaisie, produit des effets séduisants, en rehaussant singulièrement l'éclat de la lumière. Nous verrons bientôt ces effets considérablement accrus par l'emploi des couleurs, et le grand rôle que la lithographie est appelée à jouer dans une voie qui lui est propre.

1. A la Renaissance, Albert Durer, Lucas Kilian, en Allemagne, publièrent des gravures admirables. L'Italie offre l'œuvre de Marc-Antoine Raimondi, qui, guidé par Raphaël, produisit des chefs-d'œuvre. Van Dyck, Claude Lorrain, Rembrandt furent presque aussi remarquables comme graveurs que comme peintres. Si la France entra plus tard dans la lice, elle produisit beaucoup de célèbres graveurs en taille-douce : Callot, Audran, Bervic, qui, par la grandeur de ses lignes, rappelle bien le siècle de Louis XIV auquel il appartient; Nanteuil, Cochin, Duret, etc., et, de nos jours, Desnoyers, Forster, Calamatta, Henriquel Dupont, etc. En Angleterre, Finden et Lekeux ont dans ces dernières années brillé par l'exécution de vignettes d'une grande finesse, caractère principal et justement estimé de la gravure anglaise.

PHOTOGRAPHIE

Un merveilleux procédé, la photographie, fournit aujourd'hui le moyen de représenter des objets de tout genre, par la seule action de la lumière, sans nécessiter en rien l'intervention de l'artiste et constitue un véritable progrès de la civilisation en vulgarisant, sur une échelle inconnue, les dessins, œuvres d'art de tout genre; en conservant des portraits aisément obtenus. Tout le monde connaît le principe de cette admirable découverte, qui repose sur les changements de composition de certains corps exposés à la lumière et par suite de réactions différentes en divers endroits d'une surface sur lesquels les parties obscures ou les parties éclairées d'une image de la chambre noire sont venues se produire.

Les images photographiques dues à l'action de la lumière ne peuvent donner la représentation des objets que par des teintes, ne sauraient indiquer des lignes de courbure; elles rentrent donc dans la première classe de dessins, la moins parfaite au point de vue artistique. Mais la facilité de leur production, l'avantage de pouvoir les créer après un court apprentissage, ce qui permet aux voyageurs de rapporter des vues d'une exactitude incontestable des monuments des pays étrangers, font que cette belle découverte est un progrès immense pour la vulgarisation des éléments indispensables aux progrès des arts et de l'industrie. Mettre à la portée de tout le monde la représentation de tout objet intéressant, sans crainte de fausse interprétation sous l'influence d'idées préconçues, obtenir de suite, sous forme de dessin, le résultat d'un groupement de sujets, c'est un bien important résultat. Disons qu'il importe surtout d'éviter les déformations qui se produisent fréquemment, bien souvent à cause de l'imperfection des lentilles et des appareils.

Nous devions d'autant plus citer ici la photographie que sa pratique n'est pas purement technique. En effet, l'expérience a démontré que la pratique industrielle est insuffisante pour obtenir de bons résultats dans tous les cas, et des personnes initiées aux beaux-arts ont pu seules se faire une belle réputation par l'exécution d'œuvres difficiles. C'est que la disposition des objets, le choix du point de vue, le sentiment de l'intensité des teintes, etc., tout cela est de l'art, et tout cela est indispensable pour créer des œuvres remarquables en photographie.

Nous devons citer, parmi les compléments d'une découverte qui fait si grand honneur à notre siècle, la phototypie, qui permet la multiplication à bon marché des épreuves photographiques (voy. Photographie), et la gravure directe des images photographiques, qui peut, dans beaucoup de cas, servir de point de départ pour le travail de l'artiste.

SECTION VI

APPLICATION DES COULEURS

DES COULEURS.

On sait que les couleurs fondamentales, indépendamment du noir et du blanc, qui correspondent à l'absence de lumière et à la lumière complète, sont au nombre de trois, le JAUNE, le ROUGE et le BLEU. Avec ces trois couleurs, en y ajoutant du noir et du blanc, les peintres reproduisent tous les contrastes de tons et d'effets lumineux, toutes les teintes possibles, toutes les NOTES enfin des GAMMES que l'on peut former avec des couleurs.

On doit remarquer que parmi ces couleurs, à égalité de teintes, en les prenant dans un même spectre solaire, le jaune est le plus lumineux (après le blanc, bien entendu), puis vient le rouge, et enfin le bleu, qui est en partie sombre comme le noir ; ainsi en allant de la lumière à l'obscurité, on suit l'ordre : blanc—jaune—rouge—bleu—noir. C'est en raison de cette loi fondamentale, fidèlement observée par les grands peintres, que les parties qui dans leurs travaux retiennent l'œil sont : en première ligne celles où le jaune prédomine, ensuite les rouges appliqués d'ordinaire aux draperies, enfin les bleus et le gris qui déterminent les dégradations de la perspective aérienne. Les noirs servent de repoussoirs; les blancs sont toujours rompus de jaune et parfois, dans les dessous, de préparations rougeâtres qui en soutiennent l'effet. (Voir les Titien, les Rembrandt, les Corrége, etc.) C'est ce qu'explique, dans son style brillant, Stendahl, dans son Histoire de la peinture en Italie :

« Le jaune et le vert, dit-il, sont des couleurs gaies, le bleu est triste; le rouge fait « venir les objets en avant, le jaune attire et retient les rayons de la lumière; l'azur

« est sombre et va bien pour faire les grands obscurs. — Toutes les « gloires » des « grands peintres, et entre autres du Corrége, sont jaunes. »

En résumé, les couleurs à vibrations rapides font paraître saillantes les surfaces qui les portent, par rapport à celles décorées avec les autres couleurs. Les couleurs saillantes sont: le rouge, l'orangé et le jaune; les couleurs rentrantes appartiennent aux diverses catégories du bleu; le vert est saillant par rapport au bleu, et notamment au bleu d'outre-mer; il est rentrant par rapport au rouge, à l'orangé et au jaune. Ainsi si l'on donne au relief la couleur saillante et au fond la couleur rentrante, on augmente l'effet d'illusion; dans le cas contraire, on le diminue.

Nous reviendrons plus loin sur ce point, en traitant de l'emploi des couleurs dans la décoration.

Avant de parler des applications des couleurs, il importe de passer en revue les principes qui président à leur emploi; à cet effet, nous dirons quelques mots des gammes des couleurs, des moyens de les définir, puis nous indiquerons une belle théorie due au savant M. Chevreul; elle offre un beau modèle d'analyse scientifique appliquée aux phénomènes les plus insaisissables en apparence pour les méthodes scientifiques.

DES GAMMES DES COULEURS

C'est à M. Chevreul que l'on doit la détermination la plus satisfaisante des gammes des couleurs, c'est-à-dire l'indication de méthodes pratiques permettant d'obtenir les teintes de couleurs équidistantes, soit franches, soit rabattues par des proportions égales de noir, de manière à pouvoir définir nettement les éléments à l'aide desquels on peut établir les harmonies des couleurs comme on calcule les harmonies des sons dans la musique.

« Supposons, dit-il, 72 couleurs simples ou binaires disposées circulairement sur une table ronde, de manière qu'il y ait 23 couleurs entre le rouge et le jaune, 23 entre le jaune et le bleu, 23 entre le bleu et le rouge; supposons en outre que chaque couleur soit à égale distance de ses deux voisines, vous aurez 72 types. Si vous supposez la couleur de chaque type allant du blanc, qui occupe le centre du cercle, au noir qui occupe la circonférence, par gradation équidistante, vous formerez 20 tons, je suppose, d'une même couleur, dont l'ensemble est ce que je nomme la gamme de cette couleur, dont des points correspondront à des points déterminés du spectre solaire, et par suite n'auront rien d'arbitraire.

« Supposons maintenant que l'on intercale entre chaque type du premier cercle et le gris normal, c'est-à-dire le gris du noir qui représente une ombre dépourvue de couleur, 9 types formés par la couleur de ce type terni par $\frac{1}{10}$, $\frac{2}{10}$, $\frac{3}{10}$, ... $\frac{9}{10}$ de noir; qu'on réunisse ensuite, dans un même cercle, toutes les couleurs ternies par la même fraction de noir de manière à avoir :

Un second cercle dont les gammes sont ternies par $\frac{1}{10}$ de noir;
Un troisième — — $\frac{2}{10}$ —
. . . .
Un dixième — — $\frac{9}{10}$ —

on obtiendra ainsi 720 types, lesquels, divisés chacun en 20 tons, donneront 14,400 tons.

En y ajoutant 20 tons de gris normaux, nous aurons 14,420 tons pour l'ensemble de la construction chromatique hémisphérique.

« Au moyen de ces 10 cercles, on peut se représenter toutes les couleurs, car on définit la gamme, le ton ou l'intensité, et le noir qui peut ternir la couleur. Ainsi l'expression 3 rouge 12 $\frac{3}{10}$ signifie la couleur correspondant à la gamme 3 rouge, 12 ton, terni par $\frac{3}{10}$ de noir, c'est la couleur garance des uniformes français. »

CONTRASTE SIMULTANÉ DES COULEURS

Les effets, savamment analysés par M. Chevreul, et qui résultent de ce qu'il appelle le contraste simultané des couleurs, se résument surtout en ceci :

Le contraste simultané des couleurs est un phénomène qui se manifeste en nous toutes les fois que nous regardons en même temps deux objets différemment colorés placés à côté l'un de l'autre. La différence de ton et de couleur qui peut exister entre les deux objets est augmentée de telle sorte :

1° Que si l'un des objets est au point de jonction plus foncé que l'autre, celui-ci nous paraît plus clair, et le premier plus foncé qu'ils ne le sont réellement; c'est ce que rend sensible une juxtaposition de teintes plates, comme la représente l'exemple ci-joint, et prouve bien l'impossibilité d'obtenir des successions parfaites de tons, sans

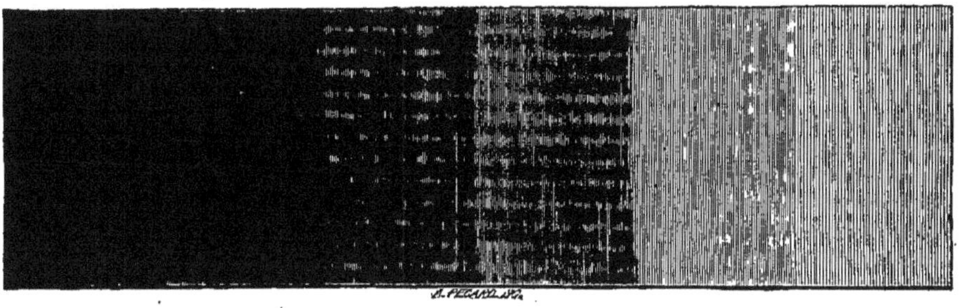

242.

un très-grand nombre de tons intermédiaires; comment l'emploi de teintes plates successives en nombre très-limité, ce qui est le procédé employé par l'industrie, ne peut jamais qu'approcher du but. C'est ce qui se sent bien en regardant la figure formée de teintes parfaitement régulières;

2° Que les couleurs de deux objets juxtaposés sont elles-mêmes modifiées, pour l'œil de l'observateur, dans leur nature optique, chacune d'elles éveillant pour les parties voisines de celles colorées, le sentiment de la couleur complémentaire, celle qui, dans le spectre solaire, résulterait de la réunion des rayons autres que ceux qui produisent la couleur considérée, et qui, dans les cercles de M. Chevreul, se trouvent à l'extrémité opposée du diamètre passant par la couleur considérée. C'est ainsi qu'une tache verte sur un papier blanc, par une vive lumière, éveille un sentiment de rose sur son contour. Ainsi encore, si on place une feuille de papier bleu à côté d'une feuille de papier jaune, ces deux feuilles, loin de nous paraître tirer sur le vert, comme on pourrait le présumer d'après ce qu'on sait de la reproduction du vert par le mélange du bleu et du jaune, semblent prendre du rouge, de telle sorte que le bleu paraît violet et le jaune orangé.

Des caractères noirs imprimés sur papier rose, paraissent verts, et, au contraire, roses sur fond vert.

Nous avons donné nombre d'exemples d'applications de cette théorie à l'article CONTRASTE; nous n'y reviendrons pas ici. Nous ajouterons seulement une observation qui résulte de la nature des couleurs complémentaires : c'est que le mélange de celles-ci forme du gris, qu'en ajoutant à une couleur sa complémentaire, on la noircit, on la « rabat. »

Comme application vraiment curieuse de la loi du contraste des couleurs, je citerai l'emploi du manganèse dans la cristallerie. Le manganèse communique au cristal une teinte violette qui est complémentaire de sa couleur verte; celui-ci se décolore, ou plutôt il conserve une teinte blanche, très-légèrement rosée, qui est très-belle.

Des lignes de séparation en noir ou couleur foncée fournissent le moyen usité d'annuler les effets de contraste au contact des couleurs, quand ils sont nuisibles.

M. Chevreul a également analysé les variations d'éclat des couleurs selon la manière dont sont placées, relativement à l'œil de l'observateur et à la direction des rayons lumineux, des parties convexes colorées. Nous donnerons une idée de ses travaux en parlant des étoffes, objet spécial de ses recherches, mais nous noterons seulement ici que, dans tous les cas de la pratique, on doit tenir compte, en même temps que de la couleur, de l'éclat et de la forme de la partie sur laquelle elle est appliquée; qu'il faut avoir soin de considérer, par exemple, si elle est déposée sur une partie rentrante et obscure, ou sur des surfaces planes ou convexes, où se trouvent des points brillants plus ou moins multipliés, suivant la forme et la position de ces surfaces[1].

1. Un auteur anglais, M. Field, a essayé, en utilisant les propositions précédentes, de formuler les principes de l'emploi simultané des couleurs. Nous les rapporterons ici pour attirer l'attention des artistes, dont les yeux ont acquis la sensibilité qui fait défaut au grand nombre, qui peuvent se rendre compte pourquoi une couleur plaît ou ne plaît pas, comme un musicien reconnaît une note juste ou une note fausse.

I. — Les couleurs primaires (jaune, rouge ou bleu du prisme) s'harmoniseront ou se neutraliseront l'une l'autre, dans les proportions de 3 de jaune, 5 de rouge et 8 de bleu (en tout 16).

II. — Les couleurs secondaires (composées de deux primaires) dans les proportions de 8 d'orangé, 13 de pourpre et 11 de vert (en tout 32).

Les tertiaires dans les proportions de citrin (composé d'orangé et de vert), 19; de brun roussâtre (orangé et pourpre), 21; d'olivâtre (vert et pourpre), 24 (en tout 64).

III. — Il s'en suit que:

Chaque couleur secondaire, étant composée de deux primaires, se trouve neutralisée par la primaire qui forme son complément, d'après ces mêmes proportions; ainsi 8 d'orangé (rouge et jaune) seront neutralisées par 8 de bleu (complément de l'orangé); 11 de vert par 5 de rouge, 13 de pourpre par 3 de jaune.

Chaque couleur tertiaire étant un composé binaire de deux secondaires, est neutralisée par la secondaire qui reste: comme 24 d'olivâtre par 8 d'orangé, 21 de brun roussâtre par 11 de vert, 19 de citrin par 13 de pourpre.

Dans les vérifications pratiques que l'on peut faire de ces lois, il faut tenir compte des observations faites à l'article CONTRASTE DES COULEURS sur la quantité variable de noir que renferme chaque substance naturelle qui nous fournit la couleur.

DE LA PEINTURE

Avant de passer en revue l'emploi multiple des colorations dans l'industrie par application des couleurs sur des surfaces, il nous faut dire quelques mots de la peinture, de l'art qui emploie toutes les ressources du dessin et de la couleur, bien qu'en tant qu'art pur il ne rentre pas dans notre cadre. Ce sont surtout les tableaux dans lesquels la beauté morale, l'expression des sentiments vient tracer une ligne de démarcation entre l'art pur et l'art industriel qui n'a pas à aborder ce domaine, qui ont été, à juste titre, l'objet de nombreux et savants ouvrages; nous n'avons pas à les résumer ici, néanmoins il n'est pas sans intérêt de rappeler que, dans les lignes générales de son histoire, la peinture, qui domine de haut toutes les applications industrielles qui en relèvent, se prête parfaitement aux divisions que nous avons établies d'après les manifestations des idées régnantes dans chaque siècle, à l'aide des produits industriels et de leur décoration; qu'elle a subi les mêmes influences; que les époques de splendeur et de décadence sont les mêmes, par une solidarité nécessaire entre les Beaux-Arts et l'Art industriel. C'est ce qu'il nous sera facile d'établir brièvement et sans trop nous écarter du cadre de cet ouvrage.

Grecs. — Il ne nous est rien resté de la peinture des Grecs (exécutée, pense-t-on, à la cire); mais le caractère de cette peinture ne saurait être douteux d'après les décorations céramiques que nous possédons et surtout d'après le goût de cette nation. Le peuple qui admirait avec tant d'enthousiasme la sculpture grecque n'aurait pu accepter des peintures chargées, confuses. Zeuxis, Apelles ne devaient pas se borner à des œuvres décoratives; les récits des auteurs contemporains nous rappellent l'admiration qu'excitait leur reproduction excellente d'objets animés. Nous ne saurions nous représenter la peinture grecque comme très-différente de celle des Byzantins dont nous allons parler, peinture qui conservait les traditions grecques, mais non le sentiment si parfait de la beauté.

Romains. — Leurs peintures à la cire nous sont connues par des restes trouvés à Pompéi et à Herculanum, qui, d'après la tradition, se rapprochent des peintures grecques. Toutefois l'art chez les Romains avait perdu cette finesse, cette élégance de l'art grec; il était devenu, comme la religion, plus grossier. Gênés dans la reproduction des effets de lumière, les artistes se bornaient à représenter des personnages isolés, d'un ton mat et égal. Leurs œuvres se rapprochaient de la décoration des vases campaniens. C'est surtout aux mosaïques que les Romains demandaient des représentations qui leur paraissaient parfaitement suffisantes (remarquons que la perspective est toute moderne) et les séduisaient par leur éclat.

Byzantin-roman. — Le christianisme, en créant un mouvement d'exaltation religieuse qui vint se mêler aux traditions affaiblies de l'art grec, inspira, après que la fureur des iconoclastes qui associèrent l'art grec et le paganisme fut passée, les peintures byzantines. Des fonds d'or, de couleurs franches, parsemés d'étoiles; des profils très-purs, des auréoles d'or, peu d'étude de la nature, un assemblage de disproportions monstrueuses entre les figures du Christ et celles des saints personnages, mais avec cela une heureuse alliance de tons : tels sont les caractères principaux de ce style.

Des catacombes de Rome sortit un art chrétien qui, empruntant beaucoup au byzantin, chercha à rendre l'idée, l'aspiration chrétienne. Celle-ci devait, quelques siècles plus tard, trouver dans le bienheureux Fra Angelico de Fiesole son dernier et plus pur interprète, au seuil de la renaissance païenne.

A l'Occident, les décorations des églises, bien qu'inspirées par les préceptes de l'Église d'Orient, ne produisirent pas d'œuvres remarquables; elles se bornaient le plus souvent à des fonds avec semis et ornements à contours spéciaux. C'est moins là qu'il faut aller chercher les monuments de la peinture au moyen âge que dans les miniatures qui ornent les manuscrits. En effet, presque toujours ceux-ci étaient illustrés à l'aide d'initiales dessinées sur un fond bleu ou un fond d'or; bien souvent des compositions formant de petits tableaux exécutés avec des couleurs à l'eau en général, et fixées sur le parchemin du volume à l'aide de recettes assez compliquées, acquéraient sur la peau un éclat fort apprécié. Ces miniatures ou enluminures étaient souvent le produit du travail de véritables artistes, de moines qui étaient les gens les plus instruits de leur époque, et qui, usant leur vie à de semblables ouvrages, eussent mérité parfois une véritable célébrité, si la postérité se fût intéressée à ce genre de travaux comme elle s'est passionnée pour la peinture à l'huile. On possède des Heures de Charlemagne qui renferment des dessins remarquables. Dans la maigreur des plis, dans l'emploi du vermillon et du bleu non rompu, dans les hachures d'or des draperies, on ne peut méconnaître l'influence byzantine sur ces œuvres de l'Occident. Il faut aussi citer comme très-remarquables deux Bibles de Charles le Chauve, où se trouvent des compositions d'un grand intérêt, dues à un artiste nommé Ingobert. Ces compositions, étudiées avec le plus grand soin, sont les œuvres d'art, les tableaux d'histoire de l'époque. Le goût s'en maintint jusqu'à la découverte de l'imprimerie.

En général, les enluminures du huitième, du neuvième et du dixième siècle, sont, pour le dessin, inférieures à celles des siècles précédents, mais elles les surpassent pour la vivacité des couleurs et l'originalité de la composition. Les fonds bleu et or sont prodigués et les détails exécutés avec une fidélité minutieuse.

Il suffit d'examiner des manuscrits précieux de diverses époques pour reconnaître l'influence des styles qui sont manifestes pour tous les yeux dans les grandes modifications de la peinture et de la sculpture.

Gothique. — On peut suivre bien facilement dans les manuscrits la transformation du roman en gothique. Le genre de ce premier style n'est plus du tout celui de Jean Fouquet (de Tours), qui vécut sous Louis XI et laissa de véritables chefs-d'œuvre.

La perspective va poindre; elle se rencontre dans les œuvres de Fouquet avec un emploi du clair-obscur inconnu jusqu'à lui. Les Antiphonaires de la Libreria (sacristie) de Sienne forment une série de volumes in-folio remplis de lettres initiales d'une rare beauté d'exécution. Le plus célèbre miniaturiste de l'époque était le chanoine don

Giulio Clovio, qui vivait au quinzième siècle; ses petits ouvrages ornés de fleurons élégants sont de véritables tableaux.

En France, l'art italien vint sous Louis XII lutter contre les anciennes traditions gothiques. Ce progrès semble avoir atteint son apogée dans l'exécution d'un manuscrit célèbre connu sous le nom d'HEURES D'ANNE DE BRETAGNE. Parmi les nombreux tableaux qui décorent ce livre de prières, plusieurs ne seraient pas indignes du pinceau de Raphaël.

Ce chef-d'œuvre marque en quelque sorte le terme glorieux d'un art qui allait se perdre, alors que l'invention de l'imprimerie allait faire disparaître la classe nombreuse des scribes et des enlumineurs.

A partir de ce moment, en effet, par cette cause et aussi bientôt après par suite de la découverte de la peinture à l'huile, les enluminures sur peau vélin devinrent plus rares, et les artistes se livrèrent surtout à la peinture des portraits à l'aide des nouveaux procédés.

RENAISSANCE. — Nous nous garderons bien de vouloir esquisser l'histoire de la peinture à cette époque de merveilles. Nous rappellerons seulement que Cimabué reçut ses leçons des mosaïstes byzantins; que l'école du Pérugin, d'où sortit Raphaël, procédait directement de la tradition byzantine modifiée et singulièrement agrandie par Giotto et ses nombreux élèves, dans les belles fresques dont ils couvraient les murailles et les voûtes des églises, et que Lucas Cranach en Allemagne, qui le premier s'illustra dans la peinture à l'huile, tout nouvellement découverte, s'inspirait évidemment du style gothique, que la renaissance allemande et Albert Durer allaient transformer.

La peinture à l'huile, trouvée de 1420 à 1430, par Jean Van Eyck, dit Jean de Bruges, en facilitant les procédés matériels de l'art, vint aider aux progrès qui tendaient à se faire jour de toute part. Jusqu'à Masaccio, on n'employa, en Italie, que les procédés de la peinture byzantine. On sait quelle place la fresque occupa dans l'art de la Renaissance, combien les fresques de Raphaël notamment rappellent, avec une grande supériorité toutefois, les peintures d'Herculanum; et que c'est en visitant les Thermes de Titus qu'on venait de découvrir, qu'il conçut la décoration des loges du Vatican.

Toute l'œuvre de Raphaël personnifia avec éclat la restauration des lignes de l'art grec dans leur pureté, en même temps qu'il y mêla cette grâce merveilleuse qui lui a valu le nom de DIVIN. Michel-Ange fut le représentant le plus hardi des tendances nouvelles des artistes de la Renaissance; il résuma dans ses puissantes fresques toutes les données modernes. Titien, le Vinci, le Corrége, trois beaux génies encore, concoururent avec le Véronèse et André del Sarto à développer avec une glorieuse activité les progrès rapides de l'art de la peinture, qu'à leur suite et plus tard le Dominiquin, les Carraches, Guido Reni, etc., eurent la tâche de continuer.

Il serait inutile de compléter l'énumération de la pléiade d'artistes éminents qui ont fait, à cette époque, de la peinture le premier des beaux-arts; contentons-nous de citer ici, après les illustres maîtres, un artiste que François Ier ramena d'Italie, et qui peut être pris pour type de l'emploi de la peinture dans la décoration industrielle; nous voulons parler du Primatice. Les fresques de Fontainebleau, dues à la main facile de ce fécond artiste, ainsi que ses peintures à l'huile que possèdent le Louvre et le musée de Cluny, montrent bien le style élégant de cette époque, mieux que les tableaux des grands maîtres préoccupés d'exprimer des sentiments profonds plutôt que de produire des images gracieuses et séduisantes.

ÉCOLE FLAMANDE. — Avant de parler de la peinture sous Louis XIV, nous ne pouvons nous dispenser de faire une exception à toutes nos omissions de noms d'artistes, en faveur de Rubens et de l'école flamande; ce qui nous fournit une vérification du fait déjà signalé par nous, de la relation intime qui existe entre l'art et l'industrie, et fait toujours concorder leurs grands développements à cause de la grande influence qu'ils exercent l'un sur l'autre. Les germes d'art qui existaient nécessairement dans un pays que l'on a vu exceller si longtemps dans les tapisseries, l'orfévrerie, la sculpture sur bois, etc., devaient produire une école de peinture puissante : ce fut l'école flamande.

LOUIS XIV. — Chacun sait que Lebrun fut le peintre de Louis XIV; tout le monde a vu ses batailles d'Alexandre, sous les traits duquel il s'attachait sans cesse à représenter le grand roi. Chef suprême de la direction artistique, superintendant des manufactures royales, Lebrun ne pouvait donner aux travaux d'industrie que nous avons étudiés d'autre caractère que celui que l'on reconnaît dans ses tableaux, qui sont la véritable expression du style Louis XIV en peinture. Grandeur théâtrale, noblesse un peu guindée, couleurs éclatantes, etc. : telles sont les tendances de toutes ses œuvres, qui étaient bien plus estimées à la cour que celles du Poussin, ayant une bien autre portée philosophique, mais sévères de style et de ton; d'ailleurs Poussin vécut presque constamment à Rome. Les autres peintres, leurs contemporains, sans même en excepter Lesueur, ne paraissent pas avoir eu d'influence sérieuse sur le mouvement industriel de l'époque.

LOUIS XV. — Sous Louis XV, la peinture change tout à fait de caractère et se modifie aussi profondément que les mœurs. Vanloo, Boucher, Watteau, etc., avec leurs petites scènes familières ou imaginaires et leurs bergeries, furent les complices d'une époque qui ne connaissait plus ni l'idéal, ni le grandiose, mais concevait seulement la grâce et la volupté. L'industrie par l'élégance de ses produits s'associa à ce mouvement dans toutes les directions. Un peu plus tard se fit jour un commencement de réaction favorable au côté moral de la peinture. Chardin et Greuze préparèrent le développement du genre intime dans sa plus saine acception.

XIXe SIÈCLE. — Au commencement du siècle, David, avec une grande force de volonté et un talent supérieur, mit à néant les restes de la tradition de l'époque de Louis XV et Louis XVI, et remit en honneur la pureté classique en soumettant la peinture aux exigences de formes et de style de la plastique antique. Il est constant aujourd'hui qu'il outra un mouvement heureux en soi. Dominé exclusivement par l'absolutisme de ses principes révolutionnaires (qu'il avait conservés seulement en peinture), laissant de côté toute tradition nationale, il exagéra l'étude du nu jusqu'à vouloir faire de la sculpture avec le pinceau, sans laisser une part suffisante au charme du coloris.

Enfin, parmi les grands peintres vivants ou dont le souvenir est encore trop présent à toutes les mémoires, après les célébrités de la génération précédente, Prudhon,

Géricault, Gros, etc., on doit citer parmi les maîtres disparus depuis peu, dont l'influence se fait encore puissamment sentir, et parmi ceux encore vivants :

En France : — MM. Ingres, le maître illustre qui rappelle dans ses œuvres la beauté, la précision raphaélesques ; — Ary Scheffer, le peintre de l'idée, de l'aspiration rêveuse et doucement mélancolique ; — Vernet, Delaroche, etc., dont les œuvres sont appréciées par le public à des titres bien différents : le premier pour sa verve et l'élan de son pinceau, le second pour un goût exquis d'arrangement ; — Delacroix, coloriste puissant, qui semble négliger systématiquement le dessin ; — Decamps, dont la palette est si étonnante d'accent et de vigueur ; — H. Flandrin, l'artiste religieux.

Rappelons ici les noms de Meissonnier, l'intelligent traducteur de la peinture hollandaise, Duval, Baudry, Gérôme, Hamon, etc., parmi nombre d'artistes d'un grand talent dont nous admirons les créations de chaque jour.

En Allemagne : — Overbeek, le restaurateur de la peinture catholique, qui rappelle les pieux archaïstes de la Renaissance par la pureté naïve des contours et la pensée religieuse à laquelle tout est sacrifié dans ses mystiques compositions; l'école de Munich, et celle de Dusseldorf, représentées par MM. Cornélius et Kaulbach, etc., écoles qui ne sacrifient pas autant à l'effet des couleurs que les maîtres italiens, et peut-être pas assez, en ce qu'elles semblent mettre trop de recherche de pensée dans leurs œuvres.

En Angleterre : — Depuis Reynolds et Lawrence, deux admirables peintres de portraits qui rappelaient Van Dyck et son éclatant coloris, les œuvres les plus remarquables chez cette nation sont celles des peintres réalistes, qui, donnant une place très-grande aux représentations des détails de la nature, n'ont pas créé une puissante école dans le pays de l'individualisme; on doit surtout citer Landseer comme un artiste d'un grand mérite. En fait, il y a en Angleterre, sinon une école, au moins assez de talents incontestables pour guider les productions peintes de l'industrie anglaise vers un haut degré de perfection.

DE L'EMPLOI DES COULEURS

Passons en revue les diverses natures de produits du travail humain pour apprécier l'importance des colorations dans chacun d'eux. Nous y retrouverons le rôle rempli par les Orientaux, nuls dans l'art proprement dit, mais puissants dans l'art industriel.

Les peuples de l'Orient, dit un juge bien compétent, n'ont point une perception complète du beau telle qu'elle a été donnée à la haute intelligence des Grecs et de certains peuples de l'Europe. Ce qui les distingue, c'est un sens exquis de la coloration, un point de départ sensé dans toutes les applications de la forme à la matière et à l'usage; c'est la tradition suivie avec une sorte d'innocence qui, sous beaucoup de rapports, les rend encore nos maîtres actuellement, dans la coloration des tapis notamment.

ARCHITECTURE

COULEURS EMPLOYÉES A L'EXTÉRIEUR DES MONUMENTS

Dans l'architecture moderne, on n'emploie ordinairement les matériaux de construction qu'avec leurs couleurs naturelles; il n'en a pas toujours été ainsi. On sait que les Grecs appliquaient des couleurs vives en teintes plates sur leurs monuments, principalement sur les fonds pour faire valoir la saillie des moulures. C'était sous l'influence des mêmes idées, qu'ils essayèrent de colorer leurs statues.

Comme les législateurs de la Grèce, en fait de politique aussi bien qu'en fait d'art, dit Ziégler, avaient coutume de visiter l'Égypte, la vue des monuments colorés de Thèbes et de Memphis ne pouvait manquer d'exercer une influence sérieuse sur l'art grec. Les peintures de l'enveloppe sculptée des momies préparaient la vue aux cheveux d'or et aux chairs de cinabre dont les chefs-d'œuvre de la statuaire grecque furent rehaussés. D'autre part, les murailles entaillées d'hiéroglyphes peints inspiraient le sentiment de la couleur dans l'architecture religieuse; sur les murailles grises, les teintes « rouge, jaune, bleue et verte » indiquaient les chairs et les draperies.

Nous ne donnerons pas ici de détails sur l'emploi de la couleur dans l'architecture grecque, question sur laquelle il reste un certain doute à cause du petit nombre d'éléments qui sont parvenus jusqu'à nous. Comme accessoire tout au moins, la coloration de certains fonds ornés de vignettes a produit un effet excellent dans quelques monuments, notamment dans plusieurs de ceux dont le roi Louis de Bavière a décoré la ville de Munich.

Sous Arcadius et Honorius, on commença dans l'empire d'Orient à revêtir les églises de fresques, de mosaïques, de dorures.

Charlemagne fit, par une loi, une obligation de revêtir de peintures les murs des églises. Cet usage dura jusqu'à la fin du dixième siècle. Mais ceci rentre dans la décoration des intérieurs, dont nous allons traiter ci-après.

On doit faire rentrer dans cette section l'emploi de colonnes en porphyre rouge et en marbre qui décorent plusieurs basiliques célèbres, et dont la belle couleur et le poli font surtout le prix.

La décoration architecturale par coloration la plus remarquable est sans contredit celle des monuments mauresques, telle que celle de l'Alhambra, obtenue à l'aide de poteries colorées et qui avait été imitée à la Renaissance, notamment au château de Madrid. Ceci rentre dans la coloration des poteries dont nous allons parler, mais nous devions rappeler ici l'éclat, la durée de ces colorations vitrifiées, formant des surfaces brillantes et réfléchissant la lumière. L'emploi des couleurs vives dans la décoration rappelle toujours le style oriental qui seul les a conservées, car, à l'Occident, les décorations peintes le sont toujours en couleurs peu éclatantes.

En dehors de ces cas, et presque exclusivement depuis l'époque romaine, c'est pour décorer l'intérieur des appartements que la peinture a été employée. Toutefois elle le fut assez souvent à l'extérieur par les Romains; et l'usage s'en est conservé sous le beau ciel de l'Italie. L'emploi de la faïence semble sur le point de fournir les plus heureux résultats en architecture, et est indiqué par l'éclat et l'inaltérabilité de ce genre de produit.

DÉCORATION DES INTÉRIEURS

Les décorations des intérieurs ont une relation intime avec l'architecture et varient nécessairement avec les divers styles. Elles se produisaient :

1° Chez les Romains : par l'emploi de stucs, de marbres de tout genre, de mosaïques, de fresques, de peintures à la cire.

243.

Nous donnerons quelque idée de ce genre de décorations chez les Romains par les

244.

gravures ci-jointes : le dessin était en général clair sur fond noir ou coloré. Les mosaïques, destinées tant aux planchers qu'à orner les murs des appartements, seront étudiées dans la section suivante, dans laquelle nous traitons des juxtapositions d'éléments colorés.

2° Dans le style byzantin-roman la répétition des petits ornements de couleurs diverses était, avec les fonds bleu d'azur et d'or et les carreaux émaillés, le grand moyen de décoration. La peinture à la fresque y tenait aussi une place importante.

Le goût d'un autre genre de décoration se mêla, au huitième siècle, à celui de la peinture qui, jusque-là, couvrait les voûtes. Entre les années 628 et 638, Dagobert, ayant ordonné la reconstruction de l'église de Saint-Denis, s'abstint de faire peindre l'intérieur de cet édifice; on couvrit les murailles et même les colonnes de draperies tissées d'or et brodées de perles, et ce genre de décoration devint de plus en plus commun dans les églises de France, au grand préjudice de la peinture.

3° Le style gothique ogival avait gardé, du style roman, la coloration d'azur des voûtes des églises et y ajouta les richesses des vitraux, en même temps que le sculpteur sur bois décorait les chœurs.

4° A la Renaissance, la peinture à la fresque vint se multiplier sur les murs des églises, et tous les grands noms de cette brillante époque ont produit des chefs-d'œuvre plus directement liés à la décoration des édifices que ne peut l'être la peinture à l'huile, de dimensions généralement restreintes. Il nous suffira, pour le rappeler, de citer le Jugement dernier peint par Michel-Ange dans la chapelle Sixtine.

Dans un ordre plus voisin de la tendance laïque de l'art moderne, nous rappellerons les célèbres décorations du Vatican citées plus haut, dues à Raphaël, qui sont restées le type harmonieux du genre de décorations toujours usité dans les habitations riches de l'Italie. Cette ornementation fut inspirée par celle des anciens dont le modèle venait d'être donné par la découverte des Thermes de Titus, que devait confirmer plus tard l'exhumation de Pompéi et d'Herculanum, pressentie en quelque sorte par le génie de Raphaël.

L'étude de l'application directe du travail d'un artiste plus ou moins éminent excéderait les limites de notre cadre: nous dirons seulement qu'à l'exemple du maître, la décoration doit le plus souvent se borner à de simples arabesques. Dans les décorations de grand luxe, ce sont des sujets gracieux, tracés légèrement, rehaussés de peu de couleur, qui doivent en former la base. Nous donnons un panneau du Vatican, modèle de ce genre raphaélesque.

5° Sous Louis XIV, on fit un fréquent emploi des trophées, des marbres plaqués sur les murailles, encadrés par des moulures: toutefois les peintures et les dorures jouent un grand rôle dans les riches décorations intérieures. Nous en donnons pour exemple un panneau de la célèbre galerie d'Apollon au Louvre.

Les moulures prirent sous Louis XV plus de relief et un caractère spécial dont nous avons déjà dit quelques mots à propos de la sculpture.

6° De nos jours, le plus souvent, ce sont des moulures rappelant celles de l'architecture, des boiseries plus ou moins sculptées encadrant des tableaux, et dans les habitations des particuliers, des panneaux de bois, le tout peint en couleurs unies souvent rehaussées par des filets d'or, qui sont la base de la décoration de la plupart des habitations élégantes.

Citons les glaces étamées comme moyen de décoration, grâce à l'éclat et à la lumière qu'elles répandent dans les appartements, genre de luxe si apprécié à notre époque.

Ce n'est guère que dans les palais, les musées que se voient dans nos pays (bien plus

245. Panneau du Vatican.

fréquemment en Italie, où la décoration par fresques est restée en grand honneur) les riches décorations peintes. On emploie alors en général des arabesques, des repré-

246. Salon d'Apollon.

sentations de plantes et de fleurs qui encadrent des médaillons portant la représentation de sujets ayant quelque rapport avec la destination des salles à orner, devenues aujourd'hui l'œuvre spéciale d'artistes d'un vrai talent.

Les étoffes drapées fournissant une décoration en rapport avec le CONFORTABLE seront étudiées en traitant de la décoration des tissus, sauf l'emploi de l'art du tapissier pour les disposer d'une manière plaisant à la vue, pour faire jouer la lumière dans les plis harmonieusement distribués. Les tapisseries richement tissées sont, pour cet usage, employées avec succès dans les palais; les étoffes de soie chez les particuliers riches; enfin, dans la masse des habitations de nos contrées, c'est un genre de produits dont nous allons parler bientôt qui est devenu le moyen essentiel de la décoration. Nous voulons parler de ceux fournis par l'industrie des papiers peints, presque née de nos jours, et qui est venue offrir un procédé de décoration économique, pouvant devenir riche et élégant.

COULEURS DANS LA CÉRAMIQUE

Les vases grecs, dit Ziégler, se divisent en trois classes, selon les époques de leur fabrication. La couleur rouge pâle, avec figures noires et blanches, indique ceux de la première époque; ils remontent à 700 ans avant l'ère chrétienne. Les vases moins anciens sont de deux couleurs seulement, figures jaunes et fond noir; la perfection des peintures et leur extrême légèreté les distinguent particulièrement.

On voit que les décorations étaient déjà bien connues dans l'antiquité; toutefois ce n'est en général que par des superpositions de deux terres que les couleurs étaient produites. Ce n'est que depuis la Renaissance, depuis la découverte de la faïence, que la palette du peintre en poteries a été créée, et qu'on a pu produire tous ces tableaux émaillés extrêmement remarquables, malgré toutes les difficultés que présente leur exécution. On peut juger des ressources dont on disposait par la richesse des couleurs des majoliques italiennes et celle des plats de Palissy. Toutefois ce n'est que depuis les grands progrès de la chimie que la palette du peintre en porcelaine a acquis une richesse suffisante pour rivaliser avec celle de la peinture à l'huile et que les représentations élégantes de fleurs, d'oiseaux, etc., ont pu être multipliées à l'infini.

Nous répéterons ce que nous avons déjà dit pour les compositions complexes : sauf pour les médaillons, ornant des pièces de grande distinction, analogues à celles en porcelaine tendre style Louis XV faites pour orner les boudoirs, et décorées de scènes de bergeries ou autres de même genre, les tableaux ne nous semblent pas en général le mode de décoration propre aux poteries, au moins quand on n'emploie pas seulement celles-ci à porter de véritables tableaux, comme c'était autrefois le cachet de la fabrication de Sèvres. C'est l'effet de la coloration vue à distance qui importe surtout, comme les Chinois l'ont bien compris, pour la décoration des vases notamment, dont les lignes convexes, déformant toute composition déterminée, détruiraient la perspective.

C'est ce qui se voit encore dans le genre oriental dans lequel sont employés en proportions convenables, avec la couleur du fond, les couleurs des décorations et l'or, qui, placé sur des parties saillantes, acquiert beaucoup d'éclat. Nous avons été contraint à traiter ces questions au chapitre III (Céramique); nous n'y reviendrons ici que brièvement.

Nous dirons d'abord que l'étude séparée des décorations et des formes est tellement naturelle; qu'elle correspond à une division fréquente dans l'industrie. Ainsi, il existe à Paris un nombre considérable d'ateliers de décoration pour lesquels on achète les pièces de forme convenable en porcelaine blanche et où on les revêt de brillantes décorations. Il y a là une division du travail parfaitement naturelle et très-favorable à sa perfection, vu la différence profonde qui existe entre ces deux natures de travaux et l'indépendance naturelle à l'artiste qui perd l'esprit d'initiative quand il est enrégimenté. Toutefois il ne faut pas que le consommateur néglige de faire la différence de valeur et de solidité qui existe entre les couleurs au grand feu cuites avec la porcelaine et les couleurs de moufles, formées avec des émaux quelquefois trop fusibles et pas assez résistants. Nous donnerons, pour preuve de l'excellence de cette division, celle semblable pour la taille des cristaux à Londres, pays des grands ateliers.

Les Expositions universelles ont fait apprécier l'élégance du style de Sèvres dont nous avons parlé en traitant de la Céramique, dont les artistes, par une réaction sur les anciennes méthodes, ne décorent plus sa belle porcelaine blanche que d'ornements légers, peu serrés, ne détruisant pas l'éclat du fond.

Un genre de décoration qui n'est pas entièrement nouveau a été employé avec un grand succès par M. Copeland, habile fabricant anglais, célèbre à juste titre par la beauté de ses statuettes en parian; nous voulons parler de la décoration de la porcelaine par des pastilles, des perles en émail qui ont beaucoup d'éclat. Ses buires de

247.

forme et décoration style indou ont été admirées aux Expositions par tous les connaisseurs. Une pièce semblable fond bleu et parsemée de pastilles blanches est ravissante, et fait comprendre, par son éclat, le nom de porcelaine-bijou qu'on a donné à ces produits.

L'Exposition de 1855 a aussi fait connaître quelques teintes grand feu, à tons rouges et verts, obtenues à Sèvres, en faisant naître à volonté une atmosphère réductrice ou oxydante.

248.

Enfin, nous rappellerons l'emploi de fonds vermicellés, pointillés, formés par une dorure très-fine, qui donnent sur porcelaine et surtout sur cristal des effets très-heureux.

La faïence, dont le développement répond au plus grand progrès récent des arts céramiques, en permettant de faciles décorations par de véritables coloristes, a ouvert une voie toute nouvelle; le charme de couleurs mieux fondues que celles sur porcelaine les fait aujourd'hui rechercher, et toute une série d'applications architecturales, comme l'emploi des vases dans la décoration des façades des maisons de campagne, paraît devoir se propager. Les figures 247 et 248, faisant partie d'une série de carreaux émaillés habilement agencés, montrent tout le parti que savent tirer de cette matière nos artistes modernes, pour décorer de grandes surfaces.

COULEURS EMPLOYÉES DANS LES MEUBLES

Les couleurs qui servent à la décoration des meubles sont principalement celles mêmes des bois employés dans leur construction. Le poli du bois fait ressortir ces couleurs et donne aux œuvres de l'ébénisterie leur plus grand charme.

Le chêne était le bois exclusivement usité jadis pour la confection des meubles; et on sait que le chêne ciré est encore fort estimé aujourd'hui pour les antichambres, les salles à manger, etc. Son ton frais l'a remis à la mode et le fait préférer au noyer, qui, malgré la richesse de ses veinures, n'est guère admis aujourd'hui que pour les mobiliers des personnes peu fortunées, si ce n'est toutefois pour de grandes pièces sculptées.

L'ébène, qui prend un si beau poli, était le bois de luxe par excellence de nos pères. Sa couleur noire fait ressortir admirablement l'éclat des pièces riches déposées dans des armoires construites avec ce bois. On peut admirer, au Louvre, de superbes armoires de ce genre qui renferment les émaux, les faïences précieuses. Construites par M. Fourdinois, elles ne portent que des moulures en bois et les glaces sont encadrées dans un simple filet d'acier. La rareté de l'ébène la fait souvent remplacer par le poirier noirci qui se travaille plus facilement.

Nous avons rapporté plus haut comment l'introduction de l'acajou était venue transformer le mobilier et fournir des ressources bien précieuses à l'ébénisterie. Le procédé du placage a permis de donner aux meubles de prix très-modéré les belles teintes rouges de l'acajou ; d'utiliser, pour une production immense, les belles variétés de dessin formé par diverses espèces, telles que l'acajou moucheté, les loupes, etc.

Sous Louis XV et Louis XVI, les beaux laques de la Chine décorés d'or, et les meubles en bois de rose de couleur claire, furent fort à la mode. Ces deux genres ne s'emploient guère aujourd'hui que pour articles de fantaisie ; le dernier surtout est apprécié pour d'élégantes tables à ouvrage pour dames et de petits meubles.

Depuis trente ans, un nouveau bois est venu fournir de précieuses ressources à l'ébénisterie; nous voulons parler du palissandre, que l'on peut considérer comme intermédiaire entre l'acajou et l'ébène : plus foncé que le premier et de ton rouge-noir, il est moins foncé que le second.

Enfin, l'Exposition de 1855 nous a révélé une ressource fournie à l'ébénisterie par l'Algérie, le bois de thuya, connu des Romains, dont les loupes sont d'une vigueur de ton admirable, et qui est d'une grande richesse.

Nous avons déjà parlé de la plupart des substances qui se mélangent souvent au bois pour rehausser l'éclat des meubles ; nous ne ferons guère que rappeler ici, en parlant de la décoration des meubles au point de vue de la couleur, après avoir cité d'abord l'emploi des glaces, des marbres, etc., nécessaires pour beaucoup de meubles :

1° L'incrustation en cuivre, élément de décoration essentiel du genre Boule, du style Louis XIV, mélangé avec des figures en bronze doré qui, conservées seules dans le style Louis XVI, viennent s'appliquer sur les faces des meubles.

2° Le bronze, avec sa couleur propre, mélangé avec l'ébène et le chêne. Les essais de M. Barbedienne, pour employer ses plus beaux bronzes, en les encadrant dans des panneaux de meubles remarquables par la beauté des lignes, n'ont pas eu tout le succès qu'on eût pu espérer. Le chêne sculpté formant le corps des meubles a paru terne et sans éclat à côté du bronze.

3° Les émaux, les surfaces métalliques gravées, les pierres, la porcelaine peinte incrustée dans le bois, doivent être employés avec une grande modération et en évitant avec soin des tons criards, ce qui est difficile, impossible même pour la porcelaine à fond blanc brillant.

4° Enfin, nous devons citer les peintures, qui ne sont pas, à proprement parler, des décorations de meubles, mais des réunions de tableaux avec ceux-ci, qui, en général, ne sont pas heureuses, la peinture à l'huile n'ayant pas assez de brillant pour bien se mélanger avec le poli du bois. Les fonds d'or, pour des ornements de style byzantin, ont été employés dans quelques œuvres d'art, mais rarement avec succès.

COULEURS EMPLOYÉES DANS LA DÉCORATION DES PIÈCES D'ORFÉVRERIE ET LA BIJOUTERIE.

ARGENTURE. — DORURE.

L'art de couvrir d'or ou d'argent les surfaces de cuivre, de laiton, etc., est une des grandes ressources des industries que nous avons étudiées section IV, pour donner à ces substances l'apparence et l'éclat de l'or et de l'argent.

On distingue deux dorures, l'une mate et l'autre brillante; la seconde, réfléchissant la lumière, possède un éclat que n'a pas la première.

Le bronzage ou procédé pour donner au laiton fondu l'apparence de bronze antique, ou celle du bronze florentin d'une riche teinte rougeâtre, est un procédé analogue.

ÉMAUX.

Les émaux sont de véritables verres colorés, formés par la fusion de plusieurs oxydes colorants, mêlés en général avec l'oxyde d'étain, qui rend cette vitrification opaque. Ils sont de couleurs diverses en raison de la nature des oxydes employés; ils adhèrent au métal relativement infusible sur lequel ils sont appliqués, et forment une des ressources les plus utiles de la décoration de la bijouterie; l'éclat de ces vitrifications, se mariant parfaitement avec celui de l'or et de l'argent, est seul assez brillant pour fournir des colorations convenables.

Nous donnerons, d'après M. A. Petit, quelques détails sur l'histoire et les procédés de l'émaillerie.

Le plus ancien document écrit qui fasse allusion à l'art des émailleurs établit que cet art était cultivé dans les Gaules alors que les Romains et les Grecs en ignoraient encore les secrets; c'est un passage de Philostrate, rhéteur grec qui vivait à la cour de l'impératrice Julie, femme de Septime Sévère, au commencement du troisième siècle de notre ère. Après avoir parlé de différents objets enrichis de métaux précieux, de pierres fines et rehaussées de peintures, Philostrate ajoute : « On dit que les barbares qui habitent près de l'Océan étendent ces couleurs sur l'airain ardent, qu'elles y adhèrent, deviennent aussi dures que la pierre, et que le dessin qu'elles représentent se conserve. » Durant les guerres qui bouleversèrent l'Occident du quatrième au onzième siècle, l'émaillerie fut presque complétement abandonnée dans les Gaules; mais, pendant la même période, cet art prit un grand développement en Italie, et surtout à Constantinople, où les Byzantins l'avaient appris des peuples de l'Asie, qui de temps immémorial exécutaient avec une grande perfection des travaux en émail.

Au onzième siècle, l'émaillerie revint en faveur en Allemagne, et au douzième siècle cet art s'était répandu en Aquitaine. Limoges, ancienne colonie romaine, qui déjà depuis des siècles avait acquis une grande réputation par les travaux d'orfévrerie qu'on y exécutait, devint le principal centre de fabrication.

Les différentes pièces de cette époque sont exécutées sur cuivre par le procédé du CHAMPLEVÉ. Ce terme nous amène à dire quelques mots sur la technique de l'émaillerie.

D'après les différentes manières dont l'émail est appliqué sur le métal, les émaux peuvent se diviser en trois classes distinctes : les émaux incrustés, les émaux translucides sur relief, et les émaux peints.

Jusqu'à la fin du treizième siècle, on fabriqua seulement des émaux incrustés ; ils étaient exécutés soit par le moyen du cloisonnage, soit par le procédé du champlevé. Les émaux cloisonnés, fort en honneur jusqu'au quatorzième siècle, et fabriqués surtout en Orient, étaient d'une exécution difficile et coûteuse, puisqu'elle nécessitait presque toujours l'emploi de l'or. Le moine Théophile, qui écrivait au douzième siècle, donne sur la technique des émaux cloisonnés des détails minutieux dans sa DIVERSARUM ARTIUM SCHEDULA. Sur la plaque de métal destinée à servir de fond, l'artiste disposait de petites lames d'or très-minces qui, posées sur champ et diversement contournées, devaient former les traits du dessin en affleurant à la surface de l'émail. Ces petits morceaux de métal étaient fixés sur la plaque de fond ; puis les différents émaux, réduits en poudre impalpable, étaient introduits dans les interstices que les lames laissaient entre elles. La pièce à émailler était alors portée au feu jusqu'à la complète fusion des matières vitrifiables. Il ne restait plus ensuite qu'à égaliser et à polir la surface en la frottant. L'émaillerie cloisonnée fut surtout employée en Orient ; le goût s'en répandit pourtant en Italie vers le dixième siècle. Indépendamment des émaux cloisonnés fabriqués en Italie même, un grand nombre de pièces émaillées furent apportées de Constantinople en Occident, et quelques monuments importants d'émaillerie cloisonnée furent commandés aux artistes grecs par les princes et les grands seigneurs de l'Occident. C'est ainsi qu'à la fin du dixième siècle, le doge de Venise, Orseolo Ier, fit exécuter par des émailleurs grecs le splendide parement d'autel qui forme la pièce principale de la PALA D'ORO à l'église Saint-Marc. Cette œuvre considérable est le plus beau monument connu de l'émaillerie byzantine.

En France, les procédés du cloisonnage furent peu pratiqués. La plupart des pièces émaillées sorties des ateliers de Limoges jusqu'au quatorzième siècle sont traitées, à de rares exceptions près, par le procédé du champlevé. Dans les émaux champlevés, comme dans les émaux cloisonnés, les contours et les linéaments du dessin sont exprimés par un trait de métal ; souvent même les personnages, en tout ou en partie, sont rendus par le métal : mais ce métal, au lieu d'être rapporté sur la plaque du fond, comme dans le cloisonnage mobile, est pris dans cette plaque même. L'émail est déposé, non pas dans des interstices ménagés entre les bandelettes posées sur champ, mais dans des intailles que l'artiste creuse sur la plaque servant d'excipient, et qui, souvent aujourd'hui dans l'industrie, est obtenue par la fonte en bronze.

Ce procédé n'était pas en usage seulement à Limoges. Ainsi que nous le disions plus haut, les Allemands l'employèrent avec beaucoup de succès dans le onzième siècle, avant même la fondation de l'école limousine. Et en effet on trouve dans les provinces du Rhin un grand nombre de châsses, de crosses, de calices et d'instruments divers consacrés au culte, exécutés en cuivre rehaussé d'émaux champlevés et qui révèlent un sentiment de l'art très-développé.

Au treizième siècle, la vogue des ŒUVRES DE LIMOGES était à son comble. Les ateliers limousins produisirent alors une multitude de pièces de toutes sortes, qui furent répandues non-seulement en France, mais en Allemagne, en Italie, en Angleterre, dans tous les pays où le goût des arts s'était développé ou maintenu. Encore aujourd'hui, dans les anciennes provinces du Poitou, du Limousin et de la Marche, dans la Vienne, la Haute-Vienne, la Corrèze et la Creuse, il est peu d'églises un tant soit peu importantes qui ne possèdent quelque châsse ou quelque reliquaire remontant à l'émaillerie limousine des douzième et treizième siècles.

Vers la fin du quatorzième siècle, les émaux champlevés subirent le sort commun à la plupart des productions de l'industrie artistique de toutes les époques ; ils passèrent de mode. La fabrication s'arrêta alors, les traditions se perdirent peu à peu ; on finit par oublier l'existence des anciens ateliers de Limoges, si bien qu'au commencement de ce siècle on attribuait généralement aux artistes de Constantinople les nombreuses pièces émaillées qui avaient été fabriquées à Limoges, du onzième au quatorzième siècle. Cette opinion, réduite au néant depuis que des recherches sérieuses ont été faites sur l'histoire et la technique de l'émaillerie, avait en apparence quelque raison d'être. En effet, le style adopté à une certaine époque par les émailleurs de Limoges se rapprocha un peu du style byzantin ; mais cette analogie (fort exagérée par quelques archéologues) peut s'expliquer historiquement d'une façon fort naturelle. A la fin du dixième siècle, un grand nombre de Vénitiens vinrent se fixer à Limoges, où ils bâtirent même tout un quartier nouveau. Il y avait autrefois à Limoges une rue nommée Vénitienne, et cette rue et son faubourg étaient habités par des marchands vénitiens, dès l'an 979. Ce qui engagea les Vénitiens à bâtir ce faubourg et à se loger à Limoges fut le commerce des épiceries et étoffes du Levant qu'ils faisaient venir sur leurs navires par voie d'Égypte à Marseille et de là par voiture à Limoges, où ils avaient établi de grands magasins d'où une bonne partie du royaume tirait ce qui lui faisait besoin. Le doge Orseolo lui-même vint finir ses jours dans un couvent de camaldules à Limoges. Or, au dixième siècle, Venise était en rapports suivis avec Constantinople ; des artistes grecs étaient venus s'établir sur les bords de l'Adriatique, chassés de l'Orient par les persécutions des empereurs iconoclastes ; en un mot, l'art grec s'était implanté à Venise. Il doit donc paraître parfaitement naturel que les Vénitiens en aient introduit à Limoges le style et les traditions. Cela ne semble-t-il pas expliquer suffisamment le cachet byzantin dont se ressentent quelques-unes des productions de l'émaillerie limousine du moyen âge?

Ainsi que nous le disions tout à l'heure, les émaux champlevés passèrent de mode au quatorzième siècle; ils furent détrônés par les émaux translucides sur reliefs (ou émaux de basse taille), qui dans le principe furent surtout exécutés en Italie, mais dont le goût se répandit promptement en France et dans les Flandres. Ces émaux étaient fabriqués par des procédés fort simples en apparence, qui demandaient néanmoins le concours d'artistes très-habiles. Sur une plaque de métal plus ou moins épaisse on creusait une intaille occupant toute la partie à émailler. Ensuite, avec des outils très-fins, on gravait dans l'intaille primitive le sujet qu'on voulait reproduire, en donnant un léger relief aux parties les plus saillantes des carnations et des vêtements. Enfin un émail translucide était introduit dans le creux qu'il devait remplir entièrement et la pièce était mise au feu, fondue et polie. Benvenuto Cellini, dans son traité d'orfévrerie, donne des détails très-complets sur la technique de ce genre d'émaillerie, dont les procédés subirent plusieurs modifications et que Vasari définissait fort bien en l'appelant une sorte de sculpture alliée à la peinture : E SPECIE DI PITTURA MESCOLATA CON LA SCULTURA. Beaucoup d'artistes célèbres employèrent ce procédé. Jean de Pise, Ghiberti, Pallajuolo, Francesco Francia, y excellèrent, si l'on en croit Vasari, et Benvenuto lui-même émailla un grand nombre de pièces d'orfévrerie de cette façon.

Au commencement du quinzième siècle, les émaux de basse taille furent abandonnés à leur tour. Les émailleurs limousins, longtemps délaissés, relevèrent alors la fabrication française en inventant un nouveau moyen d'employer l'émail pour reproduire des sujets de toute espèce. Ils découvrirent la véritable peinture en émail, art nouveau que devait bientôt féconder le génie des maîtres de la Renaissance, et dont les procédés permettaient à l'artiste émailleur d'employer toutes les ressources dont dispose la peinture ordinaire.

En trouvant la peinture en émail, les Limousins ouvrirent des voies nouvelles à l'émaillerie et l'amenèrent presque à rivaliser avec la peinture à l'huile, découverte, elle aussi, depuis peu de temps. L'émailleur ne se servit plus de métal pour exprimer les contours et les traits du dessin, et il fut affranchi du travail de ciselure nécessité par l'emploi des émaux incrustés. L'émail, manié au pinceau, rendit tout à la fois le trait et le coloris, et le métal resta seulement la matière subjective de l'émail, comme la toile ou le bois sont celles des couleurs à l'huile, dans la peinture.

Au seizième siècle, les émaux peints étaient arrivés au plus haut point de perfection. Après de longs tâtonnements, après de nombreux essais, les émailleurs avaient adopté un procédé que chaque artiste modifiait plus ou moins dans la pratique, mais dont la base était toujours la même. La plaque de fond était recouverte d'une couche épaisse d'émail noir ou de teinte sombre. Sur ce fond, le dessin était exécuté avec un émail blanc opaque, de façon à produire une grisaille dont on obtenait les ombres, soit en ménageant plus ou moins l'émail noir, soit en le faisant reparaître par le grattage de l'émail blanc avant la cuisson. Si l'émailleur voulait colorer sa pièce, diverses couleurs d'émail translucides étaient appliquées sur la grisaille.

L'œuvre des Pénicaud, Jean l'aîné, Jean Pénicaud junior et Pierre Pénicaud, tient la plus grande place à cette époque, mais leur œuvre s'efface devant celle de Léonard Limousin, le maître entre tous de la peinture sur émail.

Depuis 1530 jusqu'en 1574, Léonard Limousin ne cessa pas de travailler, et, durant ces quarante-quatre années de labeur, il peignit une incroyable quantité d'émaux. François Ier le prit en affection et lui donna, à ce que l'on prétend, le surnom de Limousin ou Limosin, pour le distinguer de Léonard de Vinci. Ce fait est fort contestable ; mais ce qui est certain, c'est que Léonard Limousin dut à la faveur de François Ier d'être nommé valet de chambre du roi et directeur de la manufacture royale des émaux de Limoges. Si Léonard Limousin n'inventa pas la peinture en émail, on peut dire qu'il lui a donné une impulsion vivifiante et un caractère tout nouveau, en un mot qu'il l'a élevée à la hauteur d'un art véritable.

Le grand nombre d'émaux signés et datés que l'on possède de Léonard Limousin permet de suivre en quelque sorte sans interruption les différentes phases de progrès et de décadence que subit le talent de cet artiste. Durant sa longue carrière, Léonard

Limousin changea plusieurs fois de manière et modifia souvent ses procédés. Dans ses premières œuvres, il s'inspira des maîtres allemands, qu'il copia souvent. Son dessin était lourd et parfois peu correct, son coloris manquait d'éclat et de vigueur. Plus tard, Léonard Limousin subit, comme les artistes de son temps, l'influence exercée à la cour de France par les maîtres italiens qu'avait attirés François Ier. Alors il délaissa l'école allemande, vieillie et passée de mode, pour adopter franchement le style italien. Il copia Raphaël, Jules Romain, le Rosso. Il parvint à identifier son talent avec celui de ces grands artistes ; peintre lui-même, il comprenait leurs beautés, et il savait merveilleusement s'approprier leurs brillantes qualités. Son dessin devint alors plus correct et plus expressif, les sujets de ses compositions furent mieux choisis, le ton de ses émaux acquit une énergie et une puissance nouvelles ; il apprit à nuancer ses couleurs avec une harmonie charmante ; ses peintures prirent un cachet d'inspiration poétique dont il trouva le secret en copiant les dessins de Raphaël.

Léonard Limousin arriva à l'apogée de son talent entre 1550 et 1560. Ce fut en 1553 qu'il exécuta pour Henri II les deux admirables tableaux votifs de la Sainte-Chapelle actuellement conservés au musée du Louvre. Au dire des juges les plus savants, cette œuvre « réunit tous ses mérites et tous les progrès que lui doit l'émaillerie. » Sur la fin de sa vie, Léonard Limousin perdit beaucoup de ses brillantes qualités. Ses dernières œuvres ne sont plus à la hauteur de son talent.

Un juge excellent, M. Léon de Laborde, a ainsi caractérisé la manière de Léonard Limousin, à l'apogée de son talent, vers 1550. « L'effet général est éclatant, clair, harmonieux ; il est égayé par des bleus de ciel vifs, par des bleus turquoise, chatoyant sur paillons (feuilles minces d'or placées sous l'émail). Un ton jaune serin employé dans les cheveux lui est particulier, et des carnations rosées, limpides, ajoutent à la surprise séduisante causée par ces émaux qui ont quelque chose du brillant d'un satin changeant. Nul n'a su comme lui se servir de rehauts d'or pour agrémenter ses médaillons ou ses ornements sur fond noir. »

Léonard Limousin s'efforça d'ouvrir des voies nouvelles à la peinture d'émail, en l'appliquant à la décoration des meubles de la vie privée, tels que coupes, aiguières, bassins, vaisselle de toute espèce. Ces applications industrielles eurent le résultat de répandre en Europe l'émaillerie de Limoges. Les grandes familles françaises, anglaises, allemandes, hollandaises, voulurent toutes orner les dressoirs de leurs châteaux et de leurs hôtels avec la vaisselle émaillée de Limoges. Mais l'extension de la peinture d'émail à la décoration des objets industriels entraîna, au bout de quelque temps, une certaine dégénérescence dans cet art qui se faisait industrie. Déjà dans certaines productions de Pierre Raymond, célèbre émailleur contemporain de Léonard, on peut constater les fâcheux écarts de goût et de style qu'amena, dans les ateliers de Limoges, la nécessité de produire vite et beaucoup pour répondre aux besoins de l'industrie.

Pierre Raymond excellait à peindre, sur le revers de ses plats et de ses bassins, des arabesques fantastiques et légères. Il savait à merveille faire courir en frises élégantes de gracieux rinceaux, des enroulements capricieux de feuillages et de fleurs, des animaux chimériques bizarrement profilés. Il rendait mieux que tout autre ces fantaisies si fort goûtées au temps de la Renaissance, et dans lesquelles l'esprit et l'imagination prennent souvent une part plus grande que le talent du peintre.

Dans les émaux de Jean Court, dit Vigier, et des Courtois, on trouve un singulier mélange d'art et d'industrie, de peintures de premier ordre et d'émaux de pacotille.

La collection Rothschild possède entre autres un médaillon d'émaux colorés, signé J. Curtius (Jean Courtois), qui est une œuvre vraiment belle et bien digne d'un des meilleurs artistes de Limoges[1].

Peu à peu cependant le côté artistique s'amoindrit, et insensiblement l'école limousine arriva à la décadence. Jean Limousin, qui passe pour le fils de Léonard, et qui ouvre la liste des émailleurs du dix-septième siècle, n'est plus pour ainsi dire qu'un habile ouvrier. On peut en dire autant des Poncet, des Noualhier, des Landin, et de la plupart des émailleurs du dix-septième siècle.

Au commencement du dix-huitième siècle, la vieille réputation des ateliers de Limoges était perdue, oubliée. Les nouveaux procédés de peinture sur émail, découverts ou plutôt remis en usage par Toutin, firent complétement abandonner l'émaillerie limousine. Avec les couleurs opaques employées par Toutin, l'émailleur peignait sur fond d'émail, comme un miniaturiste peint sur vélin ou sur ivoire, sans qu'il fût besoin de recourir à l'enduit d'émail noir pour obtenir les ombres. Un siècle auparavant, Léonard Limousin avait découvert ce procédé, mais il l'avait abandonné après quelques essais, en voyant qu'il ne pouvait suffire aux exigences de la grande peinture d'émail. Une nouvelle école se forma; mais les artistes qui se groupèrent autour de Jean Toutin furent des ornemanistes ou des MINIATURISTES plutôt que de véritables émailleurs. Si cette nouvelle école fut illustrée par le nom célèbre de Petitot, elle ne fournit pas une longue carrière. Vers le milieu du dernier siècle, la peinture sur émail était presque abandonnée.

Petitot fut un artiste d'un admirable talent, qui fit d'excellents portraits sur émail. Nous donnerons idée de son habileté en rappelant que quelques-uns des portraits peints par Petitot ne sont guère plus grands qu'une pièce d'argent de cinquante centimes. Et cependant la science du dessin et la précision de la touche sont telles, la physionomie du modèle est si bien conservée, que ni l'œil ni l'esprit ne sont blessés de cette extrême réduction. On oublie le tour de force pour ne chercher que le caractère intime du personnage et son tempérament. C'est la miniature élevée à la hauteur de la peinture d'histoire. Le Louvre en possède une série intéressante.

C'est la légèreté de la feuille de métal sur laquelle s'appliquent les émaux, la facilité de lui donner des formes élancées qu'il serait presque impossible d'obtenir avec d'autres substances, qui, avec l'éclat des émaux rappelant celui des pierres précieuses, rendent les ouvrages en émail extrêmement séduisants et font des émaux un accompagnement excellent de l'orfévrerie. C'est surtout au point de vue des formes qu'ils diffèrent des poteries émaillées qui ont fait la gloire de Lucca della Robbia et de Bernard de Palissy. Nous en donnerons pour échantillon une élégante buire faite à Sèvres sur les dessins de M. Diéterle (fig. 249).

1. Noms de quelques émailleurs principaux de Limoges, d'après M. de Laborde et l'abbé Texier:

Abbo, orfévre, maître de saint Éloi, vivant aux sixième et septième siècles.

Saint Éloi — septième siècle.

Wilhelmus (frère Guillaume), vivant de 940 à 960.

Vitalis, orfévre à Limoges — 1087.

Chatard — 1209.

Vital, Pierre de Julien, Ayanba — 1389.

Penicaud — 1503.

Léonard Limousin — 1530 à 1575.

Pierre Courteys — 1545 à 1568.

Poncet — 1552 à 1625.

Jean Limousin — 1597 à 1625.

Martial Raymond — 1590 à 1608.

Bernard Limousin — seizième et dix-septième siècles.

Landin, Noualhier, etc., dix-septième siècle.

Toutin, Petitot, etc., dix-huitième siècle.

Les émaux cloisonnés sont restés une des gloires de l'industrie chinoise qui exécute ainsi des vases de grande dimension, d'une richesse incomparable.

249. Buire émaillée de M. Diéterle.

L'emploi des émaux est la ressource la plus précieuse de la bijouterie, celle qui permet, par le mélange de couleurs aussi éclatantes que l'or qui les entoure, de produire une multitude d'effets charmants. C'est surtout pour former des feuilles avec des émaux verts que cette ressource est utilisée dans les produits les plus ordinaires.

Pour montrer leur talent et lutter avec les plus grandes difficultés, les artistes les plus distingués font quelquefois des « chefs-d'œuvre » représentant des personnages colorés par des émaux, des scènes exécutées en émail ; ils exigent beaucoup de travail et sont d'un prix élevé, mais aussi ils font la joie des amateurs. Nous doutons toutefois qu'on les appréciât autant, si la difficulté d'exécution, plutôt qu'une véritable beauté, n'en faisait pas le principal mérite.

Nielles. — L'art de nieller, dit Vitet, fort en usage durant le moyen âge, consiste à étendre, dans les tailles d'une gravure exécutée sur l'or et sur l'argent, une composition métallique, espèce d'émail noirâtre (un sulfure métallique), appelé en latin, à cause de sa couleur, « nigellum, » et en italien « niello ; » cet émail, qu'on fixait en le mettant en fusion, était ensuite poli avec le reste du métal. L'argent et l'or devenaient brillants dans toutes les parties que le burin n'avait pas entamées; partout, au contraire, où il avait tracé le moindre sillon, la nielle en remplissait le creux, et par sa couleur noire faisait ressortir vivement le dessin de la gravure.

Inventée par les Égyptiens, dit le duc de Luynes, peut-être avant l'ère chrétienne, la nielle devint un art de prédilection dans l'Orient; elle paraît avoir été importée par les Byzantins en Russie, à l'époque où les Barbares qui habitaient ce pays se convertirent au christianisme, et il est probable que ce fut aussi de Byzance que les artistes occidentaux du moyen âge reçurent les premières leçons sur l'art de nieller l'argent.

L'usage des nielles, continué en Europe depuis le septième siècle jusqu'au douzième, fut ensuite négligé pendant un long espace de temps; il fut repris dans le quinzième siècle et presque complétement abandonné de nouveau. Ce procédé, que Wagner rapporta en 1825 de la Russie, a été souvent appliqué de nos jours à de menus objets de bijouterie courante, plutôt qu'à des œuvres d'un ordre très-élevé.

C'est la nielle qui a mené directement à l'impression en taille-douce; il n'y avait qu'à tirer des épreuves des gravures faites pour nieller, après en avoir rempli les tailles de noir, et presser sur un papier pour créer ce mode d'impression; or c'est ce qui a été fait souvent pour tirer épreuve de la nielle et en juger le travail. C'est une épreuve de nielle considérée comme une estampe, et dont on a retrouvé la gravure sur une pièce d'orfévrerie existant à Florence, qui a servi à établir exactement la date de la découverte de l'imprimerie en taille-douce, en 1452, par Tomaso Finiguera, orfévre de cette ville.

Passons maintenant aux colorations considérées en quelque sorte comme but, c'est-à-dire aux industries dans lesquelles les couleurs ne sont pas employées, comme dans les cas précédents, pour décorer des objets déterminés, mais dont les produits ne sont que des moyens de supporter et d'utiliser les colorations. Tels sont les papiers et les étoffes.

COLORATION DES PAPIERS ET ÉTOFFES

CHROMO-TYPOGRAPHIE. — CHROMO-LITHOGRAPHIE.

Chromo-typographie. — Au lieu d'encre noire, on peut employer pour l'impression typographique des encres de couleur, préparées également avec de l'huile cuite, dans laquelle on incorpore des poudres colorées, du vermillon, de l'outremer, etc., au lieu de noir de fumée. En imprimant sur la même feuille, et faisant en sorte que les contours obtenus par plusieurs gravures diverses soient disposés de façon à se juxtaposer, ce que les pointures de la presse permettent d'obtenir avec une grande précision, on a tous les effets qui peuvent être obtenus à l'aide de teintes plates. Le plus souvent on se limite à des impressions en couleur de vignettes, de teintes de fond, pour rehausser l'impression des types en noir, mais on peut obtenir des productions plus complètes, à grands frais malheureusement, chaque couleur exigeant la gravure très-précise d'un bois pour l'imprimer. C'est cette condition coûteuse qui a fait l'infériorité de la chromo-typographie relativement à la chromo-lithographie, dont les développements sont si remarquables de nos jours.

Chromo-lithographie. — La facilité avec laquelle on dessine sur diverses pierres les parties qui doivent donner des couleurs différentes (après avoir reporté les principaux contours de l'ensemble de la composition tracé sur une première pierre), a rendu l'emploi de la lithographie bien plus fréquent que celui de tous les autres procédés, pour obtenir des impressions en couleur. La rapide et peu coûteuse exécution des dessins sur pierre nécessaires pour obtenir un dessin colorié en 10, 20 couleurs différentes, a fait tenter en lithographie des œuvres remarquables, à des prix assez modérés pour les grands tirages, grâce à l'emploi de la presse mécanique lithographique, et fait naître de nombreuses tentatives d'imitation des œuvres d'art. Nous avons fait apprécier au commencement de ce chapitre pourquoi de semblables tentatives ne pouvaient réussir complétement; mais la chromo-lithographie permet d'approcher du but et a un rôle très-important à remplir dans l'industrie en vulgarisant des œuvres où l'emploi des couleurs habitue l'œil à en sentir l'harmonie; c'est un procédé à ressources bien moindres que celles de la peinture à l'huile, mais qui, entre les mains d'un artiste, peut produire de très-heureux effets.

Des imitations de décoration orientale, des reproductions de vitraux, etc., ont été surtout multipliées par nos artistes. La reproduction des miniatures qui décoraient les anciens manuscrits est une des plus précieuses applications de cet art. La multiplicité des planches et des teintes, et surtout l'emploi du pointillé, fournit des ressources presque égales à celles dont disposaient les peintres sur vélin et permet de reproduire leurs œuvres avec succès.

En Angleterre les travaux de chromo-lithographie ont suivi une direction autre qu'en France; la popularité de l'aquarelle dans ce pays a fait le succès des imitations que l'on a pu en produire. L'aquarelle exécutée par les procédés de la chromo-lithographie y est très-goûtée. Nous ne devons pas négliger cette voie sous le prétexte, que j'ai entendu répéter, que les aquarelles n'étaient pas très-recherchées en France, et que les travaux qui se rapprochent de l'enluminure des manuscrits se vendaient seuls. C'est à nos artistes à faire comprendre un genre trop peu apprécié, et à faire l'éducation du public; ce qui a lieu, de plus en plus, chaque jour.

En Allemagne, ce ne sont pas les aquarelles que l'on s'est proposé d'imiter, mais bien de véritables tableaux, et ce genre, secondé par le goût généralement répandu à Munich et à Berlin pour tout ce qui rappelle les œuvres d'art, a pris des développements très-intéressants; toutefois il exige une très-grande quantité de planches, une dépense très-considérable pour conduire à des résultats incomplets.

La chromo-lithographie produit à bas prix une foule de petits sujets fort élégants, traités avec esprit et simplicité, qui peuvent procurer des jouissances artistiques aux classes peu fortunées, où il est à souhaiter que le goût des arts se développe davantage chaque jour.

Nous préférons cette voie de l'utilisation intelligente du procédé spécial de la chromo-lithographie, de sa palette particulière, à sa rivalité avec la peinture à l'huile, car c'est même en imprimant directement sur une toile préparée à peu près comme pour la peinture à l'huile, employée au lieu de papier, que s'obtiennent les paysages de Hartinger, de Vienne, qui, vernis, rappellent assez passablement les modèles, et sont comme eux résistants à l'air, par suite assurés d'une grande durée, les couleurs étant préparées au vernis gras. C'est vouloir sortir de la sphère propre du procédé et ressembler un peu à la grenouille de la fable.

TAILLE-DOUCE.— Dans ces derniers temps on est parvenu à obtenir, à l'aide de l'impression en taille-douce, des impressions en couleurs légères, de petits tableaux très-agréables à l'œil, infiniment supérieurs à ce qui avait été tenté antérieurement. La gravure en creux qui permet de varier les épaisseurs des couleurs et qui a sous ce rapport une supériorité réelle sur les deux procédés ci-dessus, qui ne peuvent employer dans tous les cas qu'une même épaisseur de couleur, paraît tout à fait propre aux effets de modification des couleurs par épaisseur ou transparence des couleurs, par superposition des teintes, comme aussi pour permettre l'imitation du grain du papier, de la toile, dans des imitations curieuses de peinture à l'huile, par une dernière impression d'une surface grenue.

Le procédé dû à M. Desjardins, perfectionnement de tous les essais analogues tentés à l'aide de la taille-douce, repose sur une donnée logique et extrêmement remarquable. Il n'obtient pas ses impressions à l'aide d'un nombre infini de planches, ce qui ferait de la difficulté vaincue une œuvre de patience seulement; il n'emploie en général que quatre planches pour déposer les couleurs primitives et former les couleurs composées par transparence, c'est-à-dire dans l'ordre suivant:

1° Le jaune pour toutes les parties qui doivent rester jaunes, et celles composées de jaune et d'une autre couleur, les verts, les orangés;

2° Le bleu qui donne les bleus, les verts par superposition sur le jaune, et cela dans des tons variables en raison de l'épaisseur du bleu;

3° Le brun qui donne les ombres, les contours;

4° Enfin, le rouge qui donne les rouges, les violets, et par lequel on finit, parce que cette couleur possède l'éclat qui donne une apparence artistique à une œuvre.

Ces couleurs sont en général suffisantes pour lutter avec la belle enluminure à la main, et on arrive avec six planches seulement (deux rouges et deux bruns par exemple), ou tout au plus avec sept ou huit, à des effets très-remarquables. Toutefois il faut bien dire que, pour atteindre ces résultats, l'intervention d'un graveur et d'un imprimeur habile, dont le travail ait quelque chose d'artistique, bien distinct de l'exécution mécanique, est indispensable. Toutefois les principes posés relativement à l'emploi des couleurs sont excellents et fort utilisés pour la chromo-lithographie qui, grâce au bon marché et à la facilité de la production des types et des moyens de tirage, envahit et agrandit chaque jour le domaine de la fabrication des dessins colorés.

IMPRESSION DES PAPIERS PEINTS

L'industrie du papier peint, qui nous vient de Chine, d'où nous recevons encore des produits peints à la main qui paraissent toujours curieux, se propose la décoration des habitations, et y parvient en se substituant, soit aux tentures d'étoffes qu'elle a souvent pour objet d'imiter, soit aux peintures. Rarement elle se propose des reproductions d'objets d'art, ou bien ce n'est que comme tour de force, pour ainsi dire, pour montrer l'étendue possible des ressources du procédé technique (toujours celui de la juxtaposition des couleurs, comme en lithographie, mais ici les couleurs sont à l'eau, et par suite les contours sans finesse), plutôt que comme fabrication d'un produit commercial.

Quelques œuvres bien remarquables de ce genre ont paru aux Expositions; toutefois nous ne citerons que les paysages sur papier peint. Leur impression rapide sur papier humide, permettant d'adoucir les contours à l'aide de la brosse ronde, amène par un travail modéré à un effet excellent. Le paysage supporte mieux que tout autre genre la lutte avec les produits d'art, par les moyens à la portée de l'exécution industrielle; une petite variation de position d'une planche n'a pas la même gravité sur un détail de paysage que sur la figure humaine.

Les couleurs étant déposées sur le papier préparé, à l'aide de planches de bois gravées, on voit que, théoriquement, toutes les reproductions de dessins sont possibles. Cela est vrai notamment pour les ressources que peut offrir l'architecture, qui fournit beaucoup de motifs, la décoration des appartements ayant de sa nature quelque chose de monumental.

Tous les styles se traduisent dans les papiers peints et se matérialisent par l'exécution facile des planches propres à reproduire le dessin-modèle de l'artiste. La facilité du travail donne l'audace de tenter des effets souvent heureux, mais est aussi la cause de bien des produits de mauvais goût, dans lesquels tous les genres sont confondus, ce qui, plus encore que chez nous, a lieu dans les pays étrangers qui ont essayé de lutter avec la France pour cette fabrication, et qui n'ont pas une école d'artistes-peintres aussi distinguée que la nôtre pour donner l'impulsion au goût[1].

Dans les derniers progrès de la fabrication, il faut citer les superpositions de couleurs qui font varier la dernière posée en raison de celle déposée la première. C'est le bon emploi de cette ressource qui a donné à nos papiers peints un aspect plus artistique dans ces dernières années. Elle est venue s'ajouter heureusement au procédé employé dès l'origine de cette industrie pour obtenir les dégradations de teintes, et qui consiste à superposer partiellement la même teinte un certain nombre de fois.

Nous avons parlé du contraste et de l'harmonie des couleurs qui fait le charme des papiers peints; nous voudrions en pouvoir donner quelques exemples, ce que les progrès de la chromo-lithographie rendent possible. On peut déjà consulter quelques belles publications de ce genre, ce qui est très-utile, comme l'étude des collections de produits fabriqués, après, bien entendu, la première de toutes les études, celle des chefs-d'œuvre de la peinture.

Revenons à la nature des dessins qui se répètent le plus souvent dans ce genre d'industrie.

La fabrication des papiers peints ayant pour objet de mettre en manufacture l'ornementation des appartements, au lieu de la créer sur place, de l'appliquer par un simple collage, il va sans dire que la plupart des grandes décorations se font par une série de panneaux qui forment un ensemble.

1. La fabrication du papier peint est fixée, à Paris, au faubourg Saint-Antoine, et y occupe une nombreuse population qui enfante avec une rapidité merveilleuse de nouveaux modèles, de telle sorte que la production par procédés mécaniques, pour lesquels les moyens de fabrication sont longs à créer, est rapidement dépassée par des créations nouvelles; toutefois le bon marché donne chaque jour plus d'avantage à la première, pour les produits de grande consommation. Il se fait en papiers peints bien des produits de faible valeur artistique parmi ceux créés à bas prix et pour satisfaire tous les goûts, mais il se fait également des œuvres remarquables, qui dépassent en quelque sorte la sphère où doit se tenir l'industrie du papier peint. Nous citerons M. Delicourt et M. Desfossé, le successeur de l'ancienne maison Mader, comme chefs des principales maisons où se fabriquent ces produits hors ligne. La maison Zuber, de Mulhouse, a aussi su se maintenir au premier rang, mais sans pouvoir, vu son éloignement de la capitale, attaquer aussi facilement tous les genres à la mode, que les fabricants du faubourg Saint-Antoine.

En fabrique, au point de vue des dessins et en laissant de côté les procédés de fabrication qui donnent les trois classes de papier, ordinaires, satinés et veloutés, les deux derniers produisant des effets d'éclat et de richesse tout particuliers, les veloutés notamment rappelant les velours, la sculpture par leur relief, on distingue:

Les papiers à raies, écossais, coutils, dont la décoration résulte de combinaisons de lignes droites;

Les papiers à ornements classiques, grandes lignes de cadres, panneaux à sujets, genre antique, retraçant les harmonies architecturales;

Les papiers à arabesques, à enroulements de fantaisie, qui ne rappellent que vaguement des sujets déterminés, genre dont le papier représenté dans la figure ci-contre

250. Papier à arabesques.

251. Papier à fleurs.

peut donner une idée: c'est, avec les papiers rayés, la fabrication la plus courante, celle qui s'obtient en général par des gris de plusieurs tons, sans arriver aux couleurs;

Les papiers imitant les bois, les marbres, etc.;

Les papiers à fleurs et bouquets, les uns tels que celui représenté dans la figure 251, employant le rose et le vert principalement, l'association de couleurs qui plaît le plus à l'œil; les autres absolument semblables aux étoffes perses dont nous donnons plus loin un dessin et qui s'impriment avec les mêmes planches: ce genre est le plus brillant par l'harmonie des couleurs;

Les papiers dorés satinés, qui réfléchissent la lumière; les papiers gaufrés reproduisant les anciens cuirs de Cordoue;

Les papiers genre régence, dont les ornements sont formés de lignes ondulées rappelant le style Louis XV.

Parmi les progrès les plus remarquables de ces dernières années, après la superposition des couleurs dont nous avons parlé plus haut et dans un autre ordre d'idées, nous devons citer les riches bordures ou galeries découpées qui sont d'un excellent effet.

IMPRESSION SUR ÉTOFFES

Le tissage, comme nous allons bientôt le dire, produit des étoffes dont la surface est ornée de dessins colorés variés à l'infini, du moins quand on emploie toutes les ressources qu'offrent les méthodes les plus perfectionnées. Ces dessins sont, par la nature de leur exécution, parfaitement distincts du fond et des dessins voisins, et se trouvent en saillie rendue bien sensible par la courbure du fil qui s'infléchit sur leurs contours, et qui vient en ces points s'insérer dans les fils de la chaîne.

Le défaut des étoffes obtenues par tissage est d'être d'un prix élevé, leur fabrication exigeant nécessairement un travail considérable. Il n'en est plus de même de celles ornées de dessins colorés par simple impression, c'est-à-dire par application de couleurs à l'aide de surfaces gravées, qui, si elles n'ont pas les qualités des étoffes tissées que nous venons de rappeler, peuvent posséder la même richesse de coloration, et causer quelquefois une illusion complète, être une imitation très-satisfaisante de produits chers par des produits à bon marché, ce qui explique le développement à l'époque actuelle de la belle industrie de l'impression sur étoffes. Elle est même parvenue, dans

252.

quelques cas, à obtenir des résultats que ne fournirait pas le tissage, notamment l'impression de fleurs très-légères sur étoffes très-fines, transparentes ; des teintes fondues, dégradées, etc., faisant remarquer que l'effet de l'impression, pour une même gravure, est en raison de la finesse de l'étoffe, du nombre et de la force des fils contenus dans l'unité de surface. C'est ce que la figure 252 fera facilement comprendre;

elle permet aussi d'apprécier la légèreté ainsi obtenue sur les étoffes à fils peu serrés, transparentes.

La peinture des étoffes paraît très-ancienne dans l'Inde; elle l'enseigna sans doute à l'Égypte, qui, sous les Ptolémées, posséda de grandes manufactures de toiles peintes et fournit Rome sous l'empire, comme on le voit dans Pline. Au siècle dernier, les indiennes provenant de l'Inde tenaient encore une grande place dans la consommation.

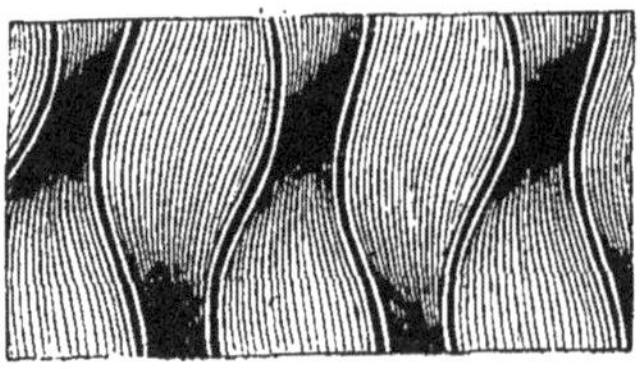

253.

Elles ont disparu entièrement aujourd'hui devant les admirables progrès mécaniques et chimiques accomplis dans cette belle industrie de l'impression sur étoffes que l'on doit considérer, dans son état actuel d'avancement, comme entièrement moderne[1].

Ainsi qu'il a été expliqué en traitant des procédés techniques, une petite gravure en relief, dite CACHET, forme en général le point de départ de toute impression; multipliée et disposée en rectangles, pentagones, elle forme la planche ou (et

254. Impression genre Cachemire.

255. Toile perse.

alors elle est exécutée d'abord en relief sur une petite molette d'acier afin de produire et de répéter à l'infini un dessin en creux) le rouleau cylindrique en métal servant à

1. Ce sont les progrès modernes de la chimie qui ont surtout permis le développement des manufactures d'étoffes imprimées, en améliorant les procédés, en multipliant les couleurs et en lui fournissant les matériaux, les produits chimiques à bon marché. Mulhouse est le centre de la fabrication la plus avancée; Rouen, Glascow, Manchester, les lieux de fabrication les plus considérables. Grâce aux machines, la puissance de production de ces centres est, pour ainsi dire, illimitée.

l'impression de chaque couleur. Nous ne reviendrons pas ici sur ce qui a été dit dans le travail si complet consacré dans le présent ouvrage à l'impression sur étoffes, auquel nous renverrons le lecteur curieux d'étudier une magnifique industrie. Quant à l'article sur la GRAVURE des rouleaux, véritable industrie d'art, née et développée par suite des progrès de l'impression, on ne saurait la séparer du présent travail. Nous rappellerons seulement, parmi les procédés de répétition qui sont employés dans ce travail, l'emploi du tour à guillocher, qui donne des résultats curieux, surtout pour fond en une première couleur, et dont la figure 253 peut donner une idée. Le pantographe à branches multiples, pour préparer les dessins pour la morsure à l'eau-forte, n'offre pas moins d'intérêt que la machine à graver à la molette, mais nous n'avons pas à en parler longuement ici, le lecteur ayant entre les mains l'article précité.

On parvient par impression à reproduire la plupart des effets obtenus par tissage; toutefois, ce genre de fabrication ne cherche pas en général à lutter contre les produits riches. Nous pouvons établir comme divisions principales dans les objets de cette fabrication:

1° Les petits dessins au rouleau, tant fleurs que pointillés de tout genre pour étoffes légères, peu chargés en couleur.

2° Les impressions communes réclamant de grandes masses de couleurs et exécutées fréquemment soit avec la perrotine, soit avec le métier à surface. La première gravure ci-contre (fig. 254) se rapporte à ce genre, qui imite souvent aujourd'hui les fleurs si brillantes du cachemire de l'Inde. Le fond est en général obtenu par teinture, les rentrures étant faites dans des places où la teinture n'arrive pas, l'étoffe étant protégée par des réserves.

3° Les perses, dessins à fleurs et feuillages, étoffes qu'on recouvre d'un apprêt extrêmement brillant; très-convenables pour tentures et meubles d'été. Nous en donnons un échantillon dans la figure 255.

4° Les fondus, obtenus soit par des gravures où les traits sont d'épaisseur décroissante, soit par procédé mécanique servant à étaler la couleur;

5° Enfin les imitations des brochés et des étoffes tissées en général, les écossais, les châles imprimés, etc.

La question d'art est ici la même que pour les papiers peints, sauf la différence d'emploi des produits destinés à l'habillement, et non à la tenture des appartements.

SECTION VII

ÉLÉMENTS COLORÉS

Les procédés dont nous venons de parler dans la division précédente, et qui permettent de colorer les diverses matières par l'application de substances colorantes, par des moyens semblables à ceux de la peinture, ne sont pas les seuls employés dans l'industrie. Il est une série très-nombreuse de fabrications qui tirent leur charme de la réunion, soit d'éléments ornés de leurs couleurs naturelles, soit d'éléments préalablement teints complétement en couleurs diverses. On va voir combien de procédés industriels, résultant de la nature du travail à effectuer pour obtenir un produit utile, permettent, à l'aide des ressources dont nous parlons ici, d'obtenir des produits ayant une élégance qui lui donne quelquefois une véritable valeur artistique.

Avant tout, nous étudierons en elles-mêmes les combinaisons auxquelles peuvent donner naissance les réunions d'éléments colorés employés pour les décorations.

COMBINAISONS

Toutes les figures encadrées entre des séries de lignes parallèles équidistantes peuvent servir à couvrir une surface déterminée, avec un seul élément ou avec des éléments de forme semblable, mais diversement colorés ; ce qui peut fournir des décorations très-variées, comme nous allons le voir bientôt.

Les figures 1 et 2 représentent les tracés obtenus par des lignes parallèles équidistantes, ce qui donne soit une réunion de carrés (fig. 2), soit des triangles équilatéraux, qu'on peut supposer alternativement blancs et colorés, ou réunis deux à deux par une même face, ce qui donne des losanges (fig. 3).

Les figures formées par deux séries de lignes parallèles, équidistantes pour chaque série seulement, sont encore souvent employées dans l'industrie du parquet pour couvrir une surface avec un seul ou un petit nombre d'éléments. (Voir la figure 4, et plus loin PARQUET.)

1.

2.

3.

4.

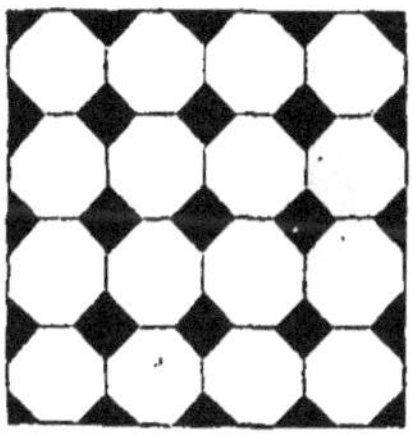

5.

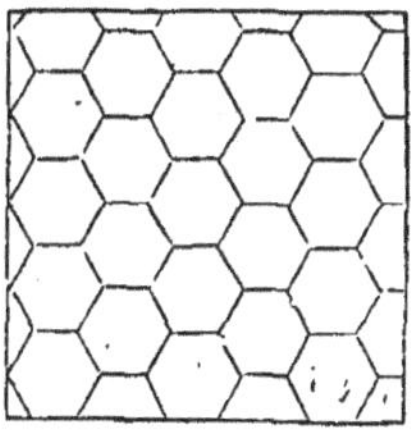

6.

Si au lieu de deux séries de lignes parallèles on en emploie trois, on rencontre une solution du problème de couvrir une surface avec un seul élément; c'est l'hexagone régulier (fig. 6). On peut, avec deux pièces différentes, employer de même un octogone mêlé avec un carré (fig. 5) de même longueur de côté.

Ce n'est que par des figures régulières ayant les formes dont nous venons de parler qu'on peut couvrir une surface avec un ou deux éléments seulement, ce qui est fort à considérer pour plusieurs industries, notamment celle du parquet. Il n'en est plus ainsi des autres figures simples, des pentagones, par exemple, entre lesquels subsisteraient des vides.

La forme rectiligne des côtés n'est évidemment pas indispensable; des triangles équilatéraux à courbes symétriques autour du contour rectiligne comme axe, des arcs de cercle, par exemple, peuvent permettre de couvrir une surface avec des pièces d'une seule forme et de couleurs différentes.

La condition de couvrir toute la surface sans vides, essentielle pour le parquetage, le carrelage, n'est plus à considérer lorsque les éléments employés s'appliquent sur un fond général; ils peuvent prendre alors des formes variables, les formes des incrustations étant déterminées par les vides que les premières laissent entre elles.

La coloration partielle d'éléments de même forme qui servent à couvrir une surface peut donner des combinaisons assez curieuses. Nous choisirons celle très-remarquable de carrés, ombrés, colorés dans une moitié divisée par une diagonale; les combinaisons peuvent être très-nombreuses, plusieurs même sont assez agréables. Elles ont fait l'objet d'un traité publié par le P. Dorat, en 1772, et leur étude montre bien tout le parti que l'on peut tirer d'éléments analogues couverts de dessins, de la combinaison des vignettes, qui constitue une des ressources importantes de la décoration industrielle, surtout pour obtenir des produits dont le prix de revient soit modéré.

On voit d'abord (fig. *a, b, c, d*) que, suivant la situation qu'il peut prendre, un seul carreau forme quatre dessins différents.

De la combinaison de ces quatre figures deux à deux, il résultera soixante-quatre arrangements différents; car, sur chacun des quatre côtés des carreaux représentés dans les fig. *a, b, c, d,* on peut placer un autre carreau dans quatre positions; on a donc en tout 4 × 4 × 4 ou 64 arrangements.

Mais de ces 64 il y a une moitié qui ne fait que répéter l'autre dans le même sens, ce qui les réduit à 32; on les réduirait à 10 si on n'avait pas égard à la situation.

On pourrait semblablement combiner 3, 4, 5 carreaux les uns avec les autres; on trouverait que 3 carreaux peuvent former entre eux 128 dessins, que quatre en forment 156, etc.

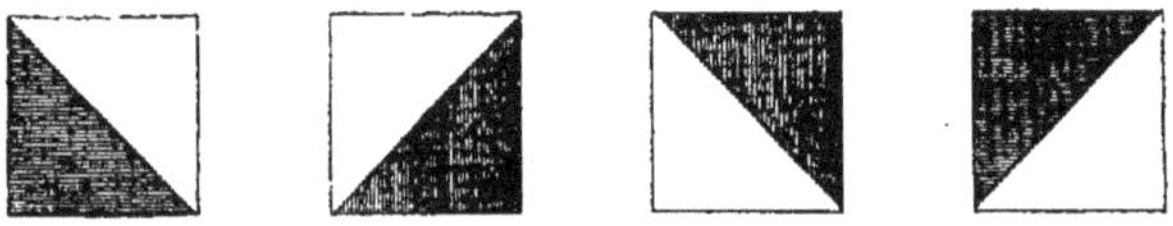

a *b* *c* *d*

256.

Nous donnons ici quelques-unes des figures les plus remarquables qui naissent des combinaisons possibles d'un seul élément. Dès qu'ils sont un peu nombreux, la grande multiplicité des combinaisons possibles fait bien comprendre comment on peut songer à exécuter une foule de dessins géométriques par la réunion d'un nombre assez restreint d'éléments colorés semblables.

SURFACES PLATES FORMÉES D'ÉLÉMENTS JUXTAPOSÉS

CARRELAGE. — Le carrelage formé d'éléments nécessairement égaux dans la pratique commune (en général on n'en emploie qu'un seul, l'hexagone) utilise pour la décoration les diverses combinaisons dont nous avons parlé plus haut. Les formes en sont donc peu nombreuses; ce qui varie à l'infini, bien que l'emploi en soit rare, c'est la décoration, la nature des dessins appliqués sur les carreaux peints ou autres substances employées, de telle sorte que toute la surface soit couverte de dessins répétés dont les contours deviennent plus apparents que les lignes géométriques formées par les joints. Il en est ainsi des carreaux colorés employés dans les monuments romans, dont nous avons donné plus haut un échantillon, et aussi dans l'architecture arabe; on sait qu'ils constituent l'élément essentiel des décorations de l'Alhambra et qu'ils se retrouvent dans tous les monuments arabes.

Minton, en Angleterre, en créant la fabrication des carreaux incrustés en céramique, a obtenu les plus précieux résultats pour dallage des monuments, d'églises, décorations de murailles, jardinières, etc. Rien de plus gracieux et de plus frais que ces brillantes et élégantes décorations. Elles rappellent, avec bien moins de frais, les mosaïques.

PARQUET. — Le parquet est composé en général de pièces plus longues que larges, et forme par suite, le plus souvent, deux séries de lignes parallèles, comme dans les figures 1 et 2. Dans la pratique ordinaire on se borne aux systèmes dont nous venons

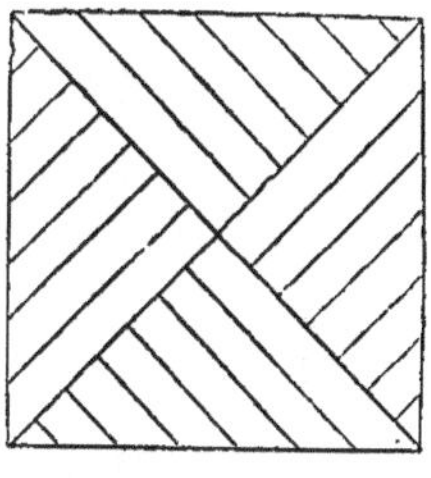
1

2

3

de parler; quelquefois on emploie quelques décompositions de carrés qui constituent un élément nouveau formé à l'aide de pièces diverses telles que celles représentées figure 3, ou ci-dessus en traitant des combinaisons. Ce n'est que pour des parquets très-riches qu'on y ajoute les ressources de quelques dispositions simples de filets, par exemple de grecques pour bordures, obtenues en bois de diverses couleurs.

Le procédé artistique par excellence, au point de vue architectural, c'est la mosaïque, qui n'est plus limitée par la forme des éléments, celle-ci variant au contraire en raison du dessin à exécuter. Elle peut être exécutée en bois pour quelques cas d'ornementation de meubles; ce fut l'imitation de la mosaïque qui, à la Renaissance, fit naître la marqueterie en bois, qui jeta tant d'éclat à Florence et à Venise.

L'incrustation en cuivre, si fréquemment employée en ébénisterie de nos jours à l'imitation des beaux produits de l'époque de Louis XIV, et qui donne de si beaux résultats, rentre tout à fait dans le cas qui nous occupe. Nous aurions à étudier les styles des dessins formés par ce travail, s'ils ne rentraient pas naturellement dans le cas considéré ci-dessus des vignettes et compositions variant par styles ; ce n'est qu'un mode particulier d'obtenir des dessins avec des filets de métal, d'ivoire, etc.

MOSAIQUE

La mosaïque antique s'obtenait par la juxtaposition de petits cubes de pierres naturelles ou de compositions de diverses couleurs, fixées dans un ciment et polies pour en faire valoir les nuances et les teintes. Les Romains en faisaient un emploi très-considérable ; c'était une décoration qui s'alliait parfaitement avec leur architecture et que faisait rechercher la chaleur de leur climat. Son éclat incomparable la faisait multiplier. Elle constituait chez eux un mode usuel de représentation des objets à l'aide d'éléments colorés. La figure 257 d'une mosaïque pompéienne (marbre blanc et noir) représente bien cette belle décoration.

257.

La mosaïque fut acceptée par l'Église, au moyen âge, comme moyen de décoration par excellence. Non-seulement on l'employa pour les carrelages, les dallages, et, dans ce cas simple, on employa surtout des combinaisons de formes géométriques qui acquéraient souvent une grande élégance, comme dans le pavé de la cathédrale de Palerme que nous reproduisons (fig. 258), mais encore pour la représentation de sujets de sainteté. Les travaux des mosaïstes byzantins eurent une grande influence sur la peinture à l'époque de la Renaissance, et l'on ne saurait faire un plus grand éloge de la perfection des résultats obtenus que de dire que des artistes éminents acceptaient comme de véritables peintures ces compositions obtenues par la juxtaposition de petits

258.

éléments colorés, de teintes plates, de petites dimensions. Ghirlandajo proclamait la mosaïque la véritable peinture pour l'éternité.

C'est Rome qui est aujourd'hui la patrie des plus beaux travaux en ce genre; non-seulement on y prépare de très-belles collections de petites baguettes d'émaux colorés qui fournissent les éléments de la mosaïque, et ont beaucoup accru la richesse de la palette de l'artiste, mais on y accomplit des travaux qui exigent un travail et une habileté incroyables. On a pu voir à l'Exposition de 1855 un admirable travail de M. Galland, représentant le Forum romain, dont les dimensions atteignent 1^m,50 sur 75 centimètres.

La Russie a fait admirer de splendides mosaïques religieuses, des images de saints recouverts d'habits sacerdotaux, sur fond d'or le plus souvent, qui constituent les plus splendides peintures murales qu'il soit possible d'imaginer. Son saint Nicolas était admirable pour parer le fond d'une basilique.

Les mosaïques florentines des quinzième et seizième siècles se composent de plaques ou panneaux de marbre blanc, noir, vert, etc., ou de pierres dures de diverses couleurs découpées suivant les dessins qu'on veut produire.

Enfin, nous devons citer la mosaïque de bijouterie, qui est composée avec des pierres précieuses et des pierres dures, les agates, le malachite, le lapis-lazuli, l'aventurine, etc. Ce genre particulier de mosaïque a été longtemps exploité avec succès à Rome et à Florence, d'où l'on nous apportait tous ces charmants sujets d'épingles, de plaques, de colliers, de broches, de boîtes, de tabatières, etc. Elle est aujourd'hui très-bien réussie en France.

VITRAUX PEINTS.

Les verres colorés paraissent avoir été employés dès le quatrième siècle dans les basiliques chrétiennes, surtout dans l'empire d'Orient; mais alors seulement à l'état de coloration d'une seule teinte, formant de simples mosaïques dont les éléments étaient réunis par des plombs. L'emploi de quelques hachures en émail noir, pour indiquer des contours et des ombres, donna lieu, vers le dixième siècle, à un progrès qui conduisit aux riches vitraux qui décorent les beaux édifices religieux que nos ancêtres nous ont laissés.

C'est vers la fin du douzième siècle que la peinture sur verre atteignit peut-être son plus haut degré de perfection. L'effet général, l'harmonie des couleurs lumineuses qui leur donnent tant d'éclat, y sont admirables. Le vitrail était alors combiné par l'architecte, qui savait mettre cette éclatante décoration en rapport avec le monument, qui déterminait les lignes principales des plombs qui réunissaient les pièces de verre, et traçait les dessins géométriques du genre byzantin qui les entouraient.

Au quatorzième et surtout au quinzième siècle, l'architecte n'est plus l'auteur des vitraux; la roideur des figures disparaît, le genre des ornements change; l'artiste cherche des ombres, une perspective inconnue à ses prédécesseurs, opère par application de couleurs diverses sur le verre coloré; mais, malgré ses qualités de détail, malgré le mérite du travail, son œuvre est presque toujours sans effet à distance, et perd le caractère monumental qui doit être le mérite principal des vitraux colorés.

Le moyen principal de la fabrication plus perfectionnée dans ses procédés était l'emploi du verre double, c'est-à-dire coloré seulement d'un côté et sur une épaisseur minime. L'enlevage de la petite couche de verre coloré, combiné avec l'application des couleurs d'émail, permit de faire des pièces merveilleuses quant à la beauté des détails, mais qui n'avaient plus l'harmonie, l'éclat des anciens vitraux.

On doit donc distinguer trois époques:

1° La première (âge byzantin) commence vers 1150 et finit vers le commencement du quatorzième siècle. Les fonds byzantins à petits ornements y tiennent une grande place.

2° La deuxième (âge ogival de l'art) s'étend depuis le commencement du quatorzième jusqu'au seizième siècle.

3° La troisième (âge de transition) comprend le seizième siècle, la Renaissance.

Dans les vitraux du treizième siècle, les champs des mosaïques sont formés de petits morceaux de verre teints dans la pâte et assemblés par des plombs multipliés. C'est une imitation des mosaïques orientales de cette époque. Ces ornements sont caractéristiques de ces premiers et magnifiques produits de la peinture sur verre. Les vitraux du quatorzième siècle se reconnaissent par l'emploi du jaune, obtenu avec l'argent.

MM. Bœswilwad et Bontemps résument ainsi qu'il suit (rapport de 1867) les conditions spéciales à l'art de la peinture sur verre. Ces conditions tiennent à la nature du verre, dont la qualité essentielle est la translucidité. Un vitrail ne doit pas être confondu avec un tableau sur toile. Dans ce dernier, l'artiste laisse généralement dans l'ombre une partie de sa toile pour porter la lumière sur le sujet principal; il y a nécessairement dans un tableau sur toile de grandes parties, telles que des ciels, des figures, dans lesquelles la traversée d'épaisses lignes noires ferait un bien mauvais effet. Le seul moyen de faire un tableau sur verre serait de le peindre sur une grande glace. C'est ce qu'avait fait M. Dihl, au commencement de ce siècle; mais on ne pouvait obtenir ainsi, que difficilement et d'une manière coûteuse, un très-mauvais vitrail. On dut revenir à la peinture sur verre dont nos pères nous ont laissé de si précieux modèles, et refaire des vitraux comme aux treizième et quatorzième siècles, ou comme aux quinzième et seizième siècles.

On crut d'abord que pour les vitraux des premiers siècles il ne s'agissait que de faire des figures ou des médaillons grossièrement dessinés, mais entourés de bordures éclatantes, et que, pour imiter les Jean Cousin, les Pinaigrier, il ne s'agissait que d'avoir des cartons dessinés par des Ingres, des Paul Delaroche : on se trompa étrangement dans l'un et l'autre cas. La peinture sur verre, sorte de mosaïque ou plutôt d'émail cloisonné, est un art décoratif assujetti à des règles spéciales résultant de la position qu'occupent les vitraux, des qualités essentielles du verre et de la nécessité du raccordement des fragments. Il faut sans doute amortir partiellement la transparence du verre, mais toutefois sans l'obscurcir. Il ne faudrait pas, en effet, qu'on pût voir les objets au travers du vitrail; mais la lumière doit être, pour ainsi dire, tamisée sur toute sa surface, et atténuée seulement par des ombres relatives. On ne doit employer que des fragments de verre de petite dimension, car autrement le vitrail est trop fragile; il faut d'ailleurs couper les couleurs de manière à ne pas avoir un trop grand espace occupé par une seule nuance, parce que, à une certaine distance, cette couleur ferait un placard, et il ne faut pas perdre de vue que le but principal à atteindre consiste dans une harmonie d'ensemble qui doit plaire à l'œil avant même qu'on ait étudié le détail de l'œuvre.

259.

Enfin un vitrail, tout en représentant un sujet ou simplement un personnage, est destiné à éclairer un édifice; il doit être conçu et étudié de manière à atteindre ce but auquel vous ne pouvez parvenir si vous vous renfermez dans les conditions d'un tableau, car alors vous devez éteindre tellement la transparence de vos verres, que vous ne pourrez plus placer ce vitrail que dans une espèce de chambre obscure, n'ayant d'autre destination que de faire voir et valoir ce vitrail, et dont l'éclairage par de tels vitraux serait tout à fait insuffisant. Posez d'ailleurs de tels vitraux à une assez grande distance, et ils perdront la plus grande partie de leurs qualités.

La figure 259 représente un vitrail dont M. Bontemps décrit, dans son excellent Guide du Verrier, tous les détails d'exécution; notamment la mise en plomb, la manière dont les verres des diverses couleurs sont réunis entre eux, puis le tout relié aux barres de fer horizontales et verticales qui lui donnent une solidité suffisante.

Les vitraux de couleur des anciens styles ont été imités avec assez de succès dans ces dernières années. Les procédés techniques ont été facilement retrouvés; on a appris à monter en plomb les formes irrégulières dont l'ensemble forme la surface à décorer, et on a pu réparer heureusement les produits d'un art né aux douzième et treizième siècles pour la décoration des églises et dont les œuvres ont conservé les tendances naïves, la forme symbolique de l'architec-

260. Vitrail de la Sainte-Chapelle.

ture du moyen âge. Toutefois les effets des vitraux modernes ont longtemps été inférieurs à ceux des anciens; des teintes bien dégradées, une trop grande propension à imiter la peinture à l'huile, n'ont donné que des résultats très-peu satisfaisants. Un singulier obstacle fut quelque temps le manque d'imperfection du verre moderne, qu'on n'avait pas sû remplacer par un travail convenable. « Tous les vitraux exposés, disait en 1844 M. Lassus, l'architecte de Notre-Dame, pèchent par un défaut commun. La coloration de tous ces vitraux manque de puissance et d'éclat; ils sont incapables d'opposer la moindre résistance à l'action des rayons lumineux, qui les traversent d'outre en outre sans éprouver le moindre obstacle... Dans les anciens vitraux, au contraire, la lumière ne peut pas traverser directement les surfaces courbes, inégales des verres; elle est forcée de se briser, de se réfracter... De là cet effet chatoyant des vitraux, cet éclat et ce scintillement si remarquables des couleurs. »

Par une étude plus approfondie des conditions à remplir, les artistes sont arrivés à satisfaire aux conditions que M. Lassus signalait dans le passage précédent, et cela en faisant des stries sur les carreaux qui, remplaçant les irrégulières imperfections du verre, permettent de produire à volonté les jeux de lumière.

On peut poser comme principe fondamental qu'il faut, dans les verrières, dont tous les éléments doivent concourir à rappeler un style déterminé, choisir des tons éclatants, tracer des contours fermes, bien nettement encadrés par les plombs; toujours se rappeler qu'à distance les détails disparaissent, deviennent aisément confus. Les têtes des personnages doivent toujours être lumineuses pour être distinguées de loin. Il y a pour l'artiste une étude toute particulière à faire, celle de l'emploi de couleurs qui doivent être vues par transparence, tandis que dans tous les autres cas on ne les voit que par réflexion.

Les couleurs ternes ne sont pas admissibles; on doit employer, en fait de couleurs, l'azur, le vert, le rouge, le jaune et le violet poussés à la puissance du saphir, de l'émeraude, du rubis, de la topaze. Un vitrail ne doit jamais perdre entièrement son caractère primitif, celui d'une mosaïque transparente et doit être avant tout monumental.

Nous donnons ici comme spécimen un vitrail célèbre de la Sainte-Chapelle de Paris, représentant Jésus et les apôtres, où respire bien la foi des artistes du moyen âge; il a quelque chose de l'inspiration qui faisait élever l'élégant monument resté un des plus beaux types de l'art gothique.

TISSUS

La grande industrie qui a pour objet la fabrication des tissus de tout genre, la plus considérable de toutes les industries manufacturières, doit aussi être appréciée au point de vue de l'art. Sans doute une grande partie de l'immense production qu'elle comprend ne se rapporte qu'à des tissus simples qui ne valent que par leur utilité, comme les toiles, les calicots, les draps communs, etc.; mais l'art apparaît brillamment dans une partie importante qui comprend les étoffes brochées, les broderies, les dentelles, les impressions en tout genre, les châles, etc. C'est par le goût, l'élégance du dessin, l'harmonie des couleurs, que valent surtout ces produits, et chacun sait quelles ressources nos fabricants trouvent dans l'ardeur et l'imagination de nos nombreux dessinateurs, de Paris principalement, toujours empressés à multiplier et à varier leurs créations. Ils entrent pour une bonne part dans la constitution de cette royauté que l'on appelle la mode qui fait rechercher à Paris, tous les ans, la disposition nouvelle des toilettes des dames, qui s'exécute ensuite dans le monde entier.

Au point de vue industriel, cet élément est d'une importance majeure, et il est bien difficile à des fabricants placés en dehors du centre parisien de créer des nouveautés que la mode doive presque sûrement adopter; c'est le plus souvent en venant chercher des modèles chez nos dessinateurs de Paris qu'ils y parviennent. Il importe donc beaucoup à nos industries que le goût ne faiblisse pas chez nos artistes, que leurs travaux soient dignement appréciés, comme ceux de leurs collaborateurs si nombreux qui concourent dans tant de directions diverses à ce qui fait l'élégance des toilettes; et il faut espérer qu'il en sera toujours ainsi, car la capitale de la France est, pour ainsi dire nécessairement, un centre puissant de mouvement intellectuel et d'activité artistique.

Au point de vue des combinaisons, les éléments étant assemblés rectangulairement par suite de la nature même des procédés de tissage, il semble d'abord qu'il ne s'agit que d'un cas simple, que la finesse et le rapprochement variable des fils fournissent seulement quelques ressources pour obtenir des effets peu variés. Mais l'emploi convenable des entrelacements d'un nombre variable à l'infini de fils, ayant des aspects différents, de toutes les couleurs possibles, apparaissant sur la surface en des points variables à volonté, ce qui produit le même effet de dessin que si on pouvait diriger le fil coloré suivant toutes les directions possibles, fournit des moyens d'ornementation infinis, bien autrement nombreux que ceux qui semblent, à première vue, pouvoir résulter d'entrelacements à angle droit.

Ce qui est tout particulier à la fabrication de tissus ornementés du fait du tissage, au point de vue artistique, c'est l'éclat de certaines étoffes, le brillant qui résulte du recourbement des fils vers les contours du dessin, effet qui ne saurait être obtenu par l'impression sur un tissu. Il en est de même de la résistance, de la roideur des étoffes, en raison de la nature des fils et des modes de tissage, qui leur donne la propriété de draper, de former des plis soutenus, propriété que les dames savent apprécier au point de vue de la richesse, de l'élégance de la toilette, de leur emploi pour les formes changeantes des vêtements.

Il est juste, en effet, de rapporter aux dames une part importante qui leur revient dans l'application des arts à l'industrie dont nous traitons. Les dessinateurs ne doivent pas oublier, qu'à leur insu, les femmes seules forment leur goût; elles constituent le public de ces artistes, leur critique et leur conseil; ils n'ont d'autre souci que de pressentir leur fantaisie.

EFFETS OPTIQUES DES ÉTOFFES.

Le savant M. Chevreul s'est proposé d'analyser les causes de l'éclat de certaines étoffes de soie, et avec sa perspicacité habituelle il y est parfaitement parvenu. Remarquant que les étoffes sont formées à leur surface de petits fils cylindriques, soit très-courts dans un tissu semblable à la toile, où le fil de la trame recouvrant un seul fil de la chaîne vient passer ensuite sous les deux fils contigus de celle-ci, soit assez longs et recouvrant plusieurs fils contigus de la chaîne, comme dans l'étoffe connue sous le nom de satin, la plus brillante de toutes, il en a conclu que, dans ce second cas, la lumière se réfléchit comme sur une série de petits cylindres parallèles et polis, et dans le premier sur des cylindres sur lesquels on aurait produit un grand nombre de rayures, de cannelures transversales répétées, correspondant aux courbures répétées du fil. Or les résultats des expériences fondamentales qu'il a faites avec de semblables cylindres métalliques prouvent que, dans les mêmes positions, les effets d'éclats sont complétement inverses dans les deux cas, ce qui explique les effets optiques d'une foule d'étoffes[1]. Ainsi les cylindres étant placés parallèlement à la direction de la lumière, le spectateur placé après les cylindres et faisant face à la lumière voit bien moins de lumière réfléchie avec les cylindres cannelés qu'avec les cylindres unis.

DESSINS PRODUITS SUR LES ÉTOFFES PAR LE TISSAGE

Entrons maintenant dans l'étude de ce qui est du domaine de l'art dans la fabrication des étoffes, des modes d'ornementation des éléments du vêtement, des tentures, etc.

La décoration des étoffes, résultat des dessins produits à leur surface, colorés le plus souvent, s'obtient par deux procédés différents : l'un consiste dans l'impression dont nous avons déjà parlé ; l'autre dans le tissage de fils, en général colorés avant l'opération du tissage (l'impression sur chaîne est une espèce de réunion des deux procédés pour fabriquer à bon marché). Le dessin toujours mieux délimité dans ce second cas par la courbure du fil qui le produit, en s'enfonçant à travers l'étoffe, fournit des effets de lumière qui le détachent nettement du fond du tissu ; ceci fait bien comprendre les ressources des procédés à l'aide desquels on fabrique les étoffes très-riches.

1. Nous rapporterons ici les résultats des expériences de M. Chevreul, parce qu'ils peuvent servir fréquemment dans la pratique pour analyser des phénomènes très-délicats.

Première position des cylindres unis. — Ils reposent sur un plan horizontal, et leur axe est compris dans le plan de la lumière incidente.

1re *circonstance.* Le spectateur, placé en face du jour, voit les cylindres très-éclairés, parce qu'il reçoit beaucoup de lumière réfléchie régulièrement.

2e *circonstance.* Le spectateur, tournant le dos au jour, voit les cylindres obscurs, parce qu'il ne lui arrive que peu de lumière encore réfléchie irrégulièrement.

Deuxième position des cylindres unis. — Leur axe est perpendiculaire au plan de la lumière incidente.

3e *circonstance.* Le spectateur, placé en face du jour, voit les cylindres moins éclairés que dans la première circonstance, parce qu'il n'y a que la lumière réfléchie par une zone étroite de la partie la plus élevée de chaque cylindre qui lui parvienne.

4e *circonstance.* Le spectateur, tournant le dos au jour, voit les cylindres extrêmement éclairés, parce que chacun d'eux lui apparaît avec une large zone réfléchissant spéculairement la lumière.

Passons à la réflexion de la lumière par des cylindres à cannelures transversales.

Première position des cylindres cannelés. — Ils reposent sur un plan horizontal, et leur axe est compris dans le plan de la lumière incidente.

1re *circonstance.* Le spectateur, placé en face du jour, voit moins de lumière réfléchie qu'avec les cylindres unis, puisqu'il y a eu, par l'effet des cannelures, diminution de l'étendue de la surface qui, dans les cylindres unis, lui envoyait de la lumière spéculaire.

2e *circonstance.* Pour le spectateur tournant le dos au jour, la réflexion de la lumière est très-forte, parce que ses yeux sont en rapport avec la face de chaque cannelure sur laquelle tombe la lumière. Ce résultat est inverse de celui des cylindres unis.

Deuxième position des cylindres cannelés. — Leur plan est perpendiculaire au plan de la lumière incidente.

3e *circonstance.* Le spectateur, placé en face du jour, voit les cylindres plus brillants que dans la première circonstance ; le résultat est donc encore inverse de celui des cylindres unis.

4e *circonstance.* Le spectateur, tournant le dos au jour, voit les cylindres moins brillants que dans la deuxième circonstance, et bien moins brillants encore que ne le seraient des cylindres unis.

ÉTOFFES D'ASPECT DIFFÉRENT EN RAISON DES ARMURES.

1° FILS D'UNE SEULE COULEUR. — Nous avons rapporté les observations dues à M. Chevreul, qui permettent de préciser nettement les effets bien connus de l'éclat des fils des étoffes, en raison du mode d'entrelacement de ces fils. C'est sur ces propriétés que reposent toutes les fabrications d'étoffes en fils d'une même couleur pour en varier l'apparence, aussi bien que leur souplesse et leurs autres propriétés physiques.

On a donné, à l'article TISSAGE, la description des divers modes d'entrelacement, des armures, dites armure toile, croisée, satin, etc. L'armure toile est celle qui produit toujours le passage alternatif de chaque fil de la trame dessus et dessous chaque fil de la chaîne. L'armure serge ou croisée fait paraître comme des rayures suivant la diagonale des rectangles formés par les fils. L'armure satin est celle qui permet de faire passer le fil de la trame sur plusieurs fils de la chaîne; c'est le moyen de réaliser l'effet brillant obtenu par des cylindres parallèles. Dans les étoffes de lin et de chanvre, la disposition décorative la plus fréquemment employée, obtenue par un mélange d'armure satin et d'armure croisée, est celle du linge dit damassé, dont la surface est formée de carreaux de dimension un peu grande, dans lesquels le grain et l'éclat du tissu varient.

On comprend combien de semblables combinaisons peuvent varier l'apparence des étoffes sur lesquelles elles font apparaître des lignes à angle droit, des lignes obliques, des côtes cannelées, des surfaces veloutées, etc.

L'industrie du tissage dispose encore de bien d'autres ressources. Non-seulement les modes d'entrelacement des fils font varier l'aspect des étoffes, leur manière de draper, de faire des plis plus ou moins riches; mais encore le mélange des diverses natures de fils permet d'obtenir des étoffes d'un aspect particulier et jouissant de toutes les propriétés désirables, comme éclat, élasticité, etc. Ainsi la laine peignée servant à faire des mérinos, des damas de laine, etc.; la soie des taffetas, des satins; le mélange de fils de ces deux substances sert à obtenir des orléans, des damas, etc. C'est dans ces mélanges de substances, comme dans les modes variés de les employer, que réside la science des fabricants si habiles qui s'appliquent à la grande industrie du tissage, dont les produits s'élèvent parfois à un degré inouï de délicatesse, dont il devient bien difficile de donner une idée.

Au premier rang des plus belles étoffes, nous devons citer les velours, les peluches, étoffes à poils dans lesquelles la lumière se joue de manière à donner des effets d'une grande richesse.

2° FILS DE PLUSIEURS COULEURS. — Passons maintenant au cas où l'on emploie concurremment des fils de plusieurs couleurs, tant pour la chaîne que pour la trame. Il résultera évidemment, de leur entrecroisement, des combinaisons rectangulaires multipliées, des séries de carreaux, d'éléments espacés suivant diverses lois, et de couleurs variables en raison de celles des fils.

Ce genre de fabrication fournit un mode de décoration simple que l'on emploie souvent pour rendre agréables à l'œil des étoffes qui doivent avant tout être produites à bon marché. Un des types les plus brillants de ce genre de fabrication est le tartan écossais, bien connu pour la richesse et la vivacité des couleurs, et produit par le croisement à angle droit de lignes de fils de couleurs différentes. L'inspection d'un semblable tissu fait reconnaître comment se succèdent les fils colorés de la chaîne et de la trame, pour obtenir l'éclat qui résulte surtout de la rencontre de fils de même couleur.

Il est impossible d'indiquer le nombre de variations de fils de diverses couleurs, de combinaisons de toutes natures qu'on rencontre dans les tissus, dispositions dont les effets sont encore modifiés par le foulage, les apprêts spéciaux à chaque substance. Ces combinaisons, n'accroissant pas très-sensiblement le prix des étoffes, sont par suite variées à l'infini par les fabricants. Après les rayures, les étoffes à carreaux de tout genre, nous citerons les chinés, qui par des armures convenables donnent des éléments qui, se succédant par intervalles, cessent d'avoir une apparence rectangulaire; les étoffes transparentes, celles à côtes, l'article dit nouveauté, etc., etc.

Toutes les combinaisons que nous avons énumérées sommairement en parlant des fils d'une seule couleur, notamment le mélange de fils de natures différentes, s'appliquent, à plus forte raison, au cas où l'on emploie des fils de diverses couleurs pour accroître le charme des tissus.

Les effets résultant de la juxtaposition des couleurs exigent, pour être prévus par le fabricant, une très-grande habileté. Une des fabrications les plus curieuses à ce point de vue est celle des étoffes de soie dites changeantes, en ce que la couleur en est différente suivant la position des plis qui reçoivent la lumière. Nous donnerons l'analyse des effets d'une étoffe glacée de cette nature, d'après le savant M. Chevreul :

« Une étoffe de gros de Naples dont la chaîne est bleue et la trame rouge, vue par un spectateur dont la face est tournée au jour, paraît violette; seulement, si la chaîne est comprise dans le plan de la lumière, le violet est plus rouge que dans le cas ordinaire : ceci est conforme aux principes de la réflexion de la lumière par des cylindres métalliques, et au principe du mélange des couleurs. La même étoffe, vue par un spectateur dont le dos est tourné à la lumière, paraît rouge si la chaîne bleue est dans le plan de la lumière incidente, et bleue si la chaîne est perpendiculaire à ce plan, conformément aux principes de la réflexion par un système de cylindres métalliques. »

BROCHÉS

Lorsqu'on veut obtenir sur étoffes des dessins plus compliqués que ceux dont nous venons de parler, fournissant des figures, des dessins déterminés, il faut entrer dans une fabrication toute spéciale partant de l'imitation d'un dessin déterminé, de l'œuvre d'un artiste; il devient nécessaire alors d'employer le procédé de fabrication, au perfectionnement duquel Vaucanson et Jacquard ont si remarquablement contribué, en rendant tout mécanique un travail qui ne pouvait jusque-là être produit que par l'imitation directe, et fil à fil, d'un dessin modèle.

Le passage du dessin primitif à la fabrication mécanique se fait à l'aide de l'opération intermédiaire dite « mise en carte. » La mise en carte [1] est étudiée par des

1. La mise en carte remonte à 1770; elle est attribuée à Revel, peintre d'histoire assez médiocre, qui eut le premier l'idée de reproduire des fleurs sur les étoffes, et qui, après quelques essais, arriva aux moyens pratiqués aujourd'hui, quant au dessin. L'idée de colorier la mise en carte se présenta bientôt. On en fit usage dès 1774, et on la doit à Philippe de la Salbe.

artistes qui, en se livrant à l'étude des étoffes au point de vue du goût, ont fait singulièrement avancer la fabrication en parvenant à réaliser, à des prix modérés par suite de la facilité de la multiplication, des étoffes de grande valeur artistique.

Nous n'avons pas à parler ici du procédé technique, mais seulement de la reproduction de dessins plus ou moins compliqués à l'aide des ressources qu'offrent les procédés d'exécution les plus parfaits, et qui s'accroissent chaque jour. Dans leur degré le plus avancé, elles permettent au besoin de contourner, autour de chaque point de la chaîne, un fil de la trame d'une nuance déterminée. Elles offrent donc le moyen de réaliser un dessin quelconque, et l'on n'est limité dans ces travaux que par l'élévation du prix de revient, lorsque la complication des nuances dépasse toutes limites.

Les étoffes de soie, les plus brillantes par leur nature même, et celles par suite sur lesquelles se concentrent principalement les efforts du tissage, sont fréquemment ornées d'imitations de fleurs naturelles qui, par leur éclat, charment les yeux. Lorsqu'on n'emploie qu'une seule couleur, c'est à l'aide de modes d'entrelacements variés en divers points qu'on obtient des contrastes d'éclat qui différencient parfaitement les divers contours et forment ces magnifiques damas de soie, produits si beaux et si juste-

261. Étoffe de soie noire.

ment appréciés. Nous avons offert ci-dessus pour exemple une belle étoffe de soie noire dont la surface est ornée d'un dessin figurant des plumes (fig. 261).

Nous reproduirons encore un autre exemple d'étoffe moderne, brochée en couleur sur fond blanc (fig. 262), qui donne idée du style et des moyens de production les plus perfectionnés.

C'est surtout pour les étoffes de soie qu'il existe une tradition historique; on les recevait d'Orient pendant le moyen âge, et c'est en grande partie le commerce des

262. Étoffe brochée.

beaux produits fabriqués dans l'Inde et la Chine, et que nous admirons encore, qui a fait alors la richesse de Venise. C'est par suite, jusqu'à une époque assez récente, le goût oriental qui a dominé dans la fabrication des soieries; il y tient encore, avec raison, une grande place. Pour quelques cas spéciaux, tels que les étoffes pour ornements d'église, on rencontre beaucoup de décorations qui rappellent l'art byzantin.

La fabrication européenne a une origine assez ancienne; on sait que, dès le quatrième siècle, sous Justinien, deux moines rapportèrent le ver à soie et le mûrier, et que l'industrie de la soie commença en Orient, mais sans pénétrer en Occident. Nous avons déjà dit que c'étaient les Normands qui, au douzième siècle, avaient introduit en Sicile et ravi à la Grèce l'industrie de la soie, qui s'y était conservée depuis l'introduction du ver à soie. Cette industrie se répandit en Italie, et fut introduite dans le midi de la France vers 1260[1], par des familles guelfes chassées de Florence par les Gibelins. Toutefois cette industrie ne fit que peu de progrès.

Louis XI établit des manufactures à Tours et fit venir des ouvriers de Grèce et d'Italie; mais les principaux fondateurs de cette fabrication en France furent Charles VIII, et principalement François Ier, qui avaient admiré l'industrie de la soie durant les guerres d'Italie. Enfin c'est le grand Colbert qui, au milieu des triomphes des beaux-arts du siècle de Louis XIV, l'achemina vers le degré de splendeur et d'étendue où nous la voyons. Toutefois, c'est à l'industrieuse activité des maîtresouvriers de Lyon qu'on doit faire remonter, avant tout, l'honneur du développement immense de cette belle industrie, aux travaux de Vaucanson et de ses émules, enfin à la grande invention de Jacquart, grâce à laquelle la production et la vulgarisation des beaux tissus de soie ont atteint des limites extrêmement reculées [1].

CHALES CACHEMIRES

Le châle de l'Inde appartient essentiellement au « style oriental » par sa nature même, par l'imitation des fleurs de l'Inde étalées à plat comme dans un herbier, sans essai de perspective, de dégradation de teintes. C'est l'éclat de ces couleurs juxtaposées pour produire un maximum d'effet, avec une entente traditionnelle, vraiment parfaite, du contraste des couleurs, plutôt que la bizarrerie des formes, qui, avec la finesse du tissu, a fait le succès du châle de l'Inde.

Oven Jones établit les règles suivantes d'après l'étude des tissus de l'Inde; elles doivent se rapprocher des traditions suivies par les habiles ouvriers qui les produisent.

1° Quand on fait usage d'un ornement d'or sur fond coloré, le fond doit être d'autant plus foncé que l'on emploiera l'or en plus grandes quantités.

2° Quand les ornements d'une seule couleur sont placés sur un fond d'une couleur contrastante, on doit détacher les ornements du fond par des contours d'une couleur plus claire.

3° Quand les ornements d'une couleur claire sont placés sur un fond d'or, on doit détacher les ornements du fond d'or par des contours d'une couleur plus foncée, pour empêcher que l'effet des ornements ne soit affaibli.

4° Lorsqu'on fait usage de plusieurs couleurs sur un fond coloré, des contours d'or ou d'argent, ou bien de soie blanche ou jaune, doivent détacher les ornements du fond. Dans les tapis et les combinaisons de couleurs de tons foncés, on emploie des fils de couleur noire pour ces contours.

Ces principes sont les mêmes que ceux qui règlent la décoration des surfaces dans tous les ouvrages des Orientaux.

Longtemps les artistes français se sont exclusivement proposés de copier plus ou moins fidèlement le châle de l'Inde. La nécessité de varier les dessins pour plaire au goût des consommateurs a fait tenter d'en modifier le dessin; le genre Renaissance a d'abord été tenté avec quelque succès. Il consistait dans un mélange de l'ornement et de la fleur de fantaisie, le tout modifié dans le style châle, c'est-à-dire oriental, à teintes plates et à couleurs vives.

1. C'est à Lyon que se sont accomplis presque tous les grands progrès dans l'industrie du tissage des soies, et ils ont été nombreux et importants depuis un siècle. Elle est aujourd'hui la métropole de cette magnifique industrie, qui n'est pas une source de richesse seulement, mais encore d'honneur pour notre pays. Elle l'était déjà lorsque les fabricants protestants, chassés par la révocation de l'Édit de Nantes, créèrent les centres, rivaux aujourd'hui, de Crefeld, Spitalfields, etc. Grâce aux perfectionnements de chaque jour, la fabrication des étoffes de soie brochées exécute des chefs-d'œuvre, qui sont peut-être l'expression la plus élevée de la partie des arts industriels qui procèdent de la peinture. On ne saurait croire à quelle sûreté de goût parviennent les habiles fabricants et contre-maîtres de Lyon qui font le succès de cette belle industrie. Nous ne les citons pas ici, parce qu'ils forment une trop nombreuse phalange, mais nous devions faire remarquer la puissance de ce grand centre de production.

Nous en donnons pour exemple (fig. 263) un magnifique châle dit « Ispahan, » dessiné par Couder, un des plus habiles dessinateurs industriels qui se soient livrés à ce genre de créations.

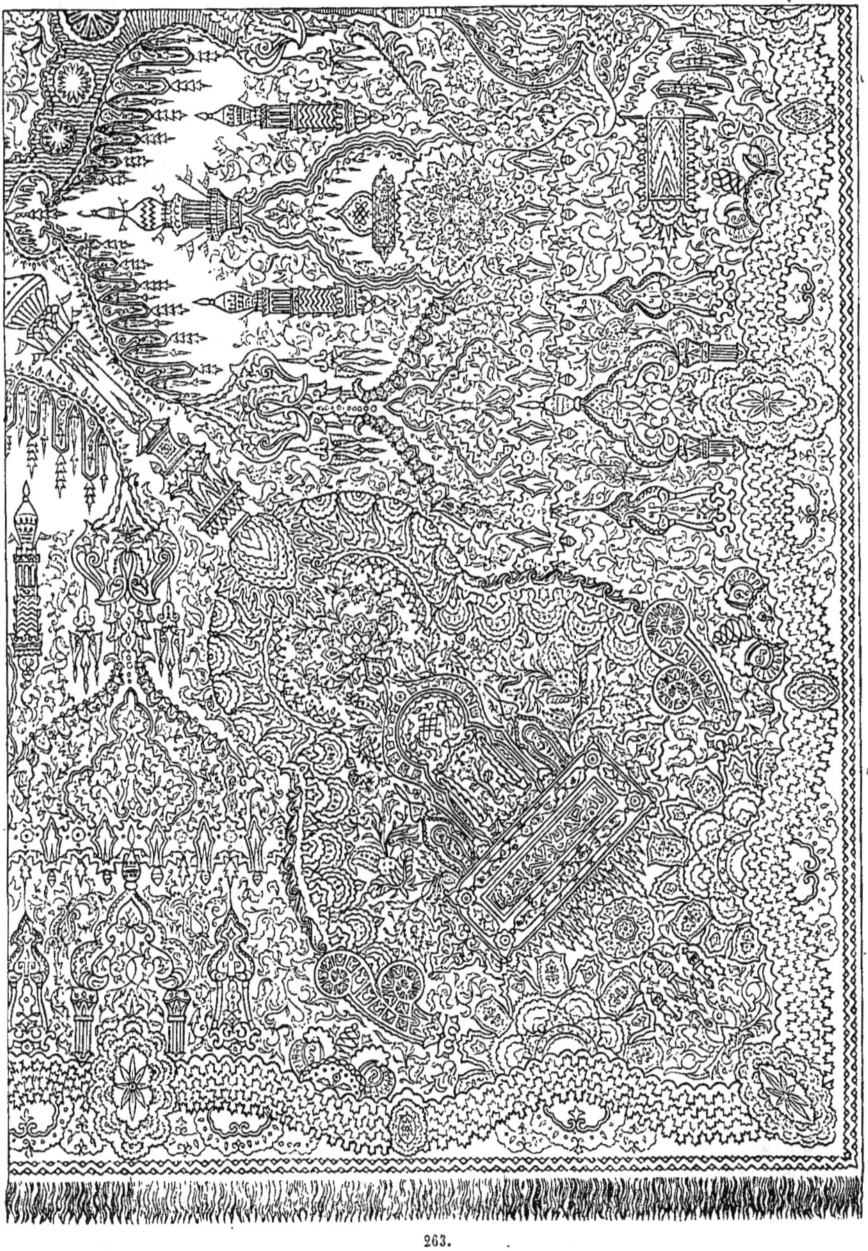

263.

Le genre Renaissance usé, le goût français, enhardi par cet essai, dans lequel on avait introduit des vues de bâtiments, des essais de perspective, erreur que le goût public avait bientôt reconnue, n'a pas craint de modifier le type primitif sous le triple point de vue de la hardiesse des lignes, de la richesse et de la multiplicité des détails; peut-être même il est d'abord allé jusqu'à l'excès sous ce dernier rapport; aussi a-t-il été ramené à se rapprocher beaucoup du style de l'Inde.

Les fabricants de châles de Paris, créateurs d'une industrie qui, en utilisant les ressources les plus perfectionnées du tissage, a pris un admirable développement, sont vraiment, au point de vue de l'art, à la tête d'une école de dessin industriel appliqué à toute espèce d'étoffes, dessin d'un genre spécial ayant de très-heureuses applications.

On peut difficilement se rendre compte de l'immense travail de composition, tant sous le rapport du dessin que de la coloration, qu'exige l'œuvre du dessinateur en châles. C'est sûrement un des plus grands ouvrages qui puisse être l'objet des efforts d'un artiste industriel doué d'une imagination fertile.

Ce que nous avons dit de l'éclat des couleurs fait bien comprendre la brillante apparence des châles tissés avec des fils teints en couleurs vives, dont les extrémités viennent s'engager dans le tissu; des points brillants se multiplient ainsi à l'infini. L'impression ne saurait donner des étoffes ayant un éclat comparable à celui des étoffes brochées, surtout quand, comme dans celles dont nous parlons ici, on n'emploie pour les dessins que des couleurs franches qui ont le plus d'éclat, le rouge, le jaune, le bleu brillant, et jamais les teintes obscures, telles que le brun[1].

TAPIS

La fabrication des tapis emploie souvent, comme celles des produits précédents, toutes les ressources du tissage; aussi a-t-on pu, avec nos belles tapisseries de haute lisse des Gobelins, reproduire avec une fidélité admirable les tableaux les plus importants de nos artistes, en dépassant, il est vrai, le but qu'on doit se proposer d'atteindre avec ce genre de produit.

« La tapisserie, dit M. de Chevreul, ne pouvant triompher de la peinture, ne doit pas lutter avec elle en cherchant à reproduire des détails et des effets pour lesquels elle n'est pas faite.

« Rappelons que sa structure cannelée, que la forme filamenteuse de ses couleurs s'y oppose; rappelons que ses ombres ne peuvent avoir la vigueur des ombres d'une peinture à l'huile, ni ses clairs l'éclat des blancs de celle-ci. Les extrêmes de contraste de ton se trouvent donc plus éloignés dans la peinture à l'huile que dans la tapisserie. »

Ajoutons que les couleurs ne sauraient, même dans la tapisserie au plus petit point, être dégradées, fondues avec la continuité que la peinture permet d'obtenir.

1. Un procédé curieux, imaginé dans ces dernières années, consiste à mélanger des fils pour diminuer le nombre des couleurs employées et simplifier le travail. Donnons un exemple de cette fabrication, qui repose sur le principe du mélange des couleurs.

Supposons que l'on veuille obtenir un ton vert clair et que l'on n'ait que des fils vert foncé et des blancs. Au lieu de se servir d'une navette, on en emploiera deux qu'on chassera successivement, de façon à ce que les deux trames, la verte et la blanche, n'en forment qu'une juxtaposée, qui ne sera ni verte ni blanche, mais, vue à quelque distance, d'un vert clair. On peut faire ces applications pour toutes les nuances par des trames doubles ou triples agissant comme une seule; il faut seulement que la finesse de chacune d'elles augmente dans la même proportion. Ce stratagème, résultant de la combinaison de la science et de l'art, donne la clef de la richesse extraordinaire et du fondu parfait qu'offrent la plupart des châles sortis des mains de nos premiers fabricants.

A l'Exposition de 1867, les efforts tentés pour arriver à la solution complète de la fabrication mécanique des châles de l'Inde ont paru couronnés de succès. MM. Hébert et Voisin, et M. Fabart notamment, par le perfectionnement du battant-brocheur, sont parvenus à une fabrication très-remarquable, qui permet difficilement de reconnaître le modèle de l'Inde du châle reproduit mécaniquement et fabriqué en France.

Fabriqués au moyen du passage, fil à fil autour de la chaîne, d'un nombre infini de fils parfaitement nuancés et assortis, les tapis de haute lisse ne peuvent fournir, par chaque fil paraissant à leur surface, que la couleur renfermée dans un petit carré du modèle colorié et divisé en petits carrés élémentaires.

En laissant de côté les traditions obscures relatives aux frères Gobelins, on doit dire que les Gobelins et Beauvais remontent à Colbert, en même temps que la réorganisation des vieilles fabriques sarrasinoises d'Aubusson et de Felletin. Ce fut lui qui fit venir d'Oudenarde (des Flandres) le grand maître Janssens, dont nous avons fait Jans, avec une colonie de vrais tapissiers, aimant leur art et y croyant, nourris des admirables modèles de Lucas de Leyde et d'Albert Durer. En effet, la belle tapisserie à personnages est flamande, et quand aujourd'hui nous copions, à s'y méprendre, les Louis XIV de Rigaud et les madones du Titien, nous sommes encore loin des batailles de Scipion d'après Jules Romain, achetées par François Ier vingt-deux mille écus aux tapissiers de la Flandre. On demandait alors, à ces grands artistes, des cartons pour faire de la tapisserie; on n'avait pas la prétention de reproduire leurs tableaux.

Quand on cherche à reproduire avec de la laine un tableau du Titien, on peut faire un travail très-remarquable sans doute, mais d'un prix excessif et toujours inférieur à l'œuvre primitive; mais quand la tapisserie renonçant à lutter avec la peinture reprend son véritable rôle de tissu destiné à l'ornementation, elle arrive à créer d'admirables produits.

Ainsi, les natures mortes, les bouquets de fleurs des tapis fabriqués par les manufactures de l'État, sont des chefs-d'œuvre d'ornementation. La peinture même n'aura jamais cette douceur, ce moelleux d'aspect qu'offre la tapisserie, et, si nous descendons un peu encore, qui égalera jamais, pour couvrir un fauteuil ou un canapé, ces délicieuses fleurs fabriquées par Beauvais et par Aubusson? Quoi de plus gracieux que ces fonds vert clair sur lesquels se détachent des guirlandes de fleurs d'une fraîcheur adorable? Notre ébénisterie est admirablement secondée par les merveilles de nos tapisseries ou de nos soieries de Lyon. Les meubles dorés couverts de tapisseries sortant d'Aubusson et de Neuilly, sont des merveilles. Jamais le luxe n'a rien inventé de plus riche et en même temps de plus beau.

L'emploi des tapis est, dans les pays froids, le grand moyen d'orner le parquet des appartements; ils servent plus rarement à décorer les édifices publics comme on le fit à des époques reculées, car, dès le septième siècle, on employa les tapisseries à la décoration des églises. La fabrication des tapis fut importée d'Orient par les croisés; elle fut exercée d'abord par des prisonniers ou des ouvriers « sarrasins », ou plutôt « sarrasinois », comme les appellent les vieilles légendes.

Les moquettes, obtenues à l'aide des métiers à la Jacquart, sont ornées en général de fleurs, d'imitations d'objets naturels. Les tapis d'Aubusson et des Gobelins, fabriqués sur de grandes dimensions, représentent le plus souvent des fleurs. Nous devons citer comme d'une grande richesse un des produits les plus recherchés de l'Orient, le tapis turc à longs poils, les tapis veloutés, les tapis de Smyrne aux brillantes couleurs. Enfin les tapis anglais tissés avec une chaîne imprimée, fabriqués à un prix modéré, sont souvent d'un bel effet.

Les procédés de fabrication des tapis permettent d'exécuter la plupart des genres de décoration, variables en raison de l'usage lui-même multiple des produits; c'est ainsi qu'on les emploie pour portières, pour meubles aussi bien que pour tapis de pied.

Nous donnons ci-dessus le dessin d'un tapis (fig. 264) reproduisant un motif de

264. Tapis style mauresque.

décoration de l'Alhambra; le genre mauresque avec ses riches couleurs est éminemment propre à fournir des sujets d'ornementation pour ce genre de produits. En France, cependant, la représentation des fleurs et des fruits vient disputer le terrain aux arabesques et aux contours variés qui, ne représentant aucun objet déterminé, semblent mieux convenir à cette industrie qui se propose la décoration des intérieurs.

TISSUS A MAILLES — DENTELLES — TULLES

Les étoffes à mailles constituent, grâce à leur transparence, un des accessoires les plus élégants de la toilette. Transparentes, elles font jouer la coloration, l'éclat de l'étoffe de dessous, découverte en partie. La plus remarquable, sans contredit, est la dentelle formée d'un tissu à jour obtenu par des entrelacements polygonaux de fils plus ou moins rapprochés en certaines parties, de manière à donner des dessins opaques en quelques endroits, ce qui permet d'obtenir des variétés nombreuses de dessins. Ceux-ci rappellent en général aujourd'hui des rameaux, des fleurs, des arabesques. Ces dessins ont varié aux diverses époques, comme les dessins des divers styles : c'est ainsi que sous l'Empire on ne connaissait que de grands dessins peu gracieux. La fig. 265 représente un volant de la dentelle noire qui produit un si bel effet sur les étoffes de soie brillantes. La fig. 266 représente le quart d'un mouchoir en dentelle de fil de lin, en valencienne, la plus solide des dentelles.

265. Dentelle noire.

A toutes les époques de richesse et de prospérité, la délicatesse et la transparence du

266.

tissu, qui donne des effets très-gracieux par la superposition (partielle le plus souvent) de ce réseau si léger sur d'autres étoffes, ont assuré le succès des dentelles pour la toilette des dames, bien que la valeur des dessins qu'elles reproduisent ait été assez minime, au moins jusqu'en ces dernières années. Il y a là des études curieuses à faire, en ayant soin toutefois de ne pas oublier que la légèreté, la délicatesse doivent être le caractère essentiel de ces petites compositions.

Les tulles, les blondes de soie sont des variantes de ce genre de tissus; les gazes et autres étoffes transparentes donnent des effets de même ordre, mais moins complets.

On donne le nom de guipures à des dentelles fort usitées sous Louis XIV, dont le fond disparaît presque entièrement pour ne laisser que les ornements mats réunis par un petit nombre de fils. Le point de Venise, imitation des dentelles que nous voyons sur les beaux tableaux des maîtres de l'école vénitienne, est fort estimé.

La fabrication du tulle à la mécanique, en réduisant à un prix minime le réseau même de la dentelle, a vulgarisé l'emploi d'une décoration charmante, l'application de Bruxelles, obtenue avec des ornements tissés à l'aiguille, d'une grande délicatesse, appliqués sur le tulle. La fabrication française n'est pas sortie de la véritable dentelle, mais elle en a varié à l'infini les éléments, les dessins et les matériaux, la soie blanche et noire, le fil de lin, etc.

TISSUS AVEC RELIEFS — BRODERIES

Dans plusieurs procédés de fabrication, on donne au dessin blanc ou coloré, destiné à orner un tissu, un relief qui a toujours un éclat supérieur à celui d'un ornement qui ne s'élève pas au-dessus de sa surface. Nous citerons notamment les velours sur étoffes de soie.

Quel que soit le procédé de fabrication, l'effet se rapproche en général tout à fait de celui qui est créé par le procédé le plus ancien et qui donne encore la plus grande quantité de produits de cette nature, celui de la broderie.

La broderie s'obtient par le passage de fils, guidés par une aiguille, en des points d'un tissu peu serré. La répétition et la juxtaposition des fils, la différence de longueur entre les points d'entrée et de sortie du fil sur la surface de l'étoffe permettent d'obtenir des dessins en relief de tout genre. L'opposition de parties mates et de parties découpées à jour, l'élévation plus ou moins grande de parties saillantes sur la surface de l'étoffe, fournissent encore des ressources de la broderie.

La broderie est très-ancienne; ses procédés ont été appliqués de tout temps et en tous lieux. On en parle dans la Bible, dans Homère; on ne trouve pas une peuplade sauvage qui ne produise quelques broderies avec les éléments qu'elle a à sa disposition. Nous citerons au premier rang les mousselines brodées de l'Inde, qui ont fourni de tout temps des modèles d'une grande élégance.

Quant au goût du dessin, nous n'avons rien à ajouter à ce que nous avons dit à propos de la dentelle, en faisant remarquer toutefois qu'il existe de grandes différences dans les effets des fils dans les deux cas, dans la transparence et le relief du tissu.

Chez les nations européennes, le goût de chacune se reconnaît dans leurs broderies; le style allemand est tout entier dans certaines broderies suisses, comme le style français dans quelques-unes de nos broderies.

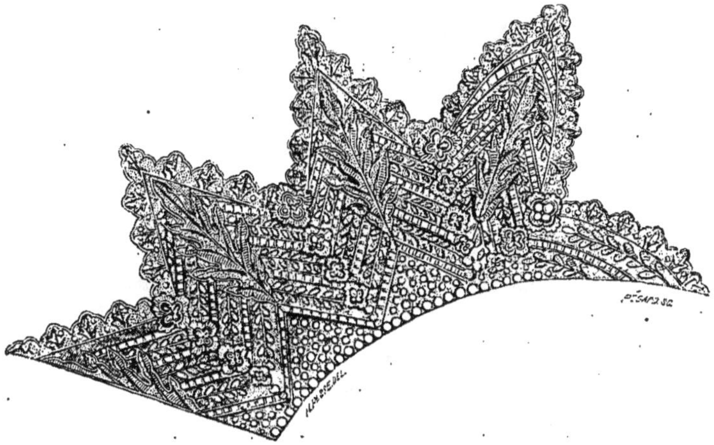

267. Col brodé.

La broderie ne se fait pas seulement en variant les points, mais encore en employant les fils de couleur, les perles, les fils d'or pour la passementerie militaire, en introduisant des grains d'acier ou toute autre substance dans chaque fil; mais tous ces emplois sont de faible valeur artistique et sont d'une importance commerciale moindre que celle de la broderie blanche en Europe. Les Chinois varient à l'infini la broderie en couleur sur soie, et la Compagnie des Indes nous a montré aux Expositions des broderies en fil d'or, des selles décorées en passementerie, d'un éclat extraordinaire. Enfin la broderie en or trouve une grande application dans les pays catholiques, dans la fabrication des ornements d'église, des chasubles.

Le relief, en détachant les couleurs, donne en général de la dureté au dessin qu'il figure; c'est pour cela que, sauf un petit nombre de cas, il est de la couleur du fond, ou d'un ton peu différent, la modification dans l'aspect étant produite par la disposition des fils, différente sur la broderie et sur le tissu.

Les tapisseries sur canevas et certaines tapisseries anciennes rentrent dans cette section : c'étaient de véritables broderies. Elles ont été l'objet de travaux très-considérables, parmi lesquels nous citerons la tapisserie de Bayeux, due à la reine Mathilde et représentant la conquête de l'Angleterre. Ce genre de tapisserie était l'œuvre d'art par excellence des femmes des vaillants barons, le travail des Pénélopes du moyen âge.

CONCLUSION

De l'examen attentif de tous les objets d'art réunis à Kensington, disait fort justement M. Dehérain, dans une belle étude sur les industries d'art écrite à propos de l'Exposition de Londres, il ressort nettement que si plusieurs pays différents ont exposé des œuvres dignes d'attention, la lutte sérieuse n'existe qu'entre l'Angleterre et la France. Sans doute l'Orient est sans rival dans quelques productions; ses tapis, ses vases émaillés, ses coffrets d'ivoire sont admirables, et les nations plus avancées de l'Occident pourraient souvent les prendre pour modèles; mais la production est organisée dans ces contrées lointaines dans des conditions tellement différentes des nôtres, qu'il est difficile de tirer des chefs-d'œuvre chinois autre chose que des motifs à reproduire. Sans doute encore, l'Allemagne fabrique de fort belles porcelaines, bien qu'elles n'approchent plus de celles qui ont fait autrefois à la Saxe une si haute réputation; l'Autriche expose toujours avec un légitime orgueil ses verres de Bohême, l'Italie avec ses mosaïques et les travaux de ses nombreux artistes montre que tout sentiment d'art industriel n'est pas éteint chez elle; mais la France et l'Angleterre sont surtout à considérer quand on étudie l'ensemble de l'industrie où l'art est souverain.

Pour que l'art progresse dans une contrée, il faut, en effet, que le peuple soit riche, qu'il ait des loisirs qui lui permettent au delà des premières nécessités matérielles de la vie, que de grandes fortunes sollicitent à des productions hors ligne. S'il est misérable, si tous ses efforts se portent sur son existence matérielle, ou si une mauvaise constitution politique cause un malaise incessant, l'art est délaissé. Or la riche Angleterre peut, mieux que toute autre nation aujourd'hui, accorder à l'art une sérieuse attention. Les richesses créées par l'industrie, fécondées par le commerce, permettent en même temps une rémunération assez considérable pour attirer vers cette carrière, devenue lucrative, une fraction importante de la population.

Il importe, pour la prospérité de notre pays, que nous restions les maîtres dans ces travaux, il importe que nous ne laissions pas l'Angleterre, qui nous devance habituellement pour tous les objets de grande fabrication, nous primer encore pour ce qui touche au luxe, et l'Exposition de 1862 peut être pour nous un enseignement très-fécond, si nous savons y voir ce qu'elle renferme; c'est donc surtout de la France et de l'Angleterre que nous allons nous occuper, en cherchant à résumer notre impression et à en tirer des indications sur la voie dans laquelle doit marcher notre pays pour conserver la suprématie qu'il possède depuis plusieurs années.

Si, comme il est certain, l'Allemagne arrive bientôt aussi au premier rang dans quelques industries artistiques, tout ce que nous dirons ici trouvera doublement son application.

CONCLUSION.

Les orfèvres et les bijoutiers anglais sont bien supérieurs à ce qu'ils étaient autrefois; le goût de nos voisins s'est heureusement modifié. Les meubles anglais ont également beaucoup gagné: la tendance à l'imitation française est évidente; sans avoir la perfection de l'ébénisterie française, les meubles anglais, fabriqués avec grand soin, sont même conçus souvent sur de bons types, et s'ils ne s'étaient pas trouvés à côté de leurs puissants rivaux, on aurait peut-être eu grand'peine à découvrir les petites fautes de détail qui les empêchent de prendre le premier rang. Bien que dans cette industrie les Anglais marchent à notre suite, la distance qui autrefois les séparait de nous est tellement diminuée, qu'il y a lieu encore de se préoccuper de leurs progrès.

Les produits céramiques de Minton et Copeland sont restés dignes du rang élevé où les avait placés l'opinion publique en 1855.

La France conserve sa supériorité incontestée dans les tapisseries, dans les soieries très-riches, dans les bronzes d'art; mais, en somme, dans beaucoup d'industries d'art le combat a pris les proportions les plus sérieuses.

Risquons-nous d'être complétement vaincus?

La réponse pour nous se trouve dans les galeries de peinture de Kensington.

Il nous paraît impossible, en effet, de ne pas considérer l'art industriel comme une manifestation particulière de l'art proprement dit; il en dérive, il en naît; si à certaines époques l'un progresse, l'autre avance en même temps; dans d'autres périodes, au contraire, la même décadence les entraîne, l'histoire le démontre. Si l'antiquité nous fournit des modèles de grâce, si les vases grecs sont toujours d'un galbe pur, si la silhouette des coupes, la ciselure des bijoux antiques est délicate, si l'ensemble que nous a offert la collection Campana est d'un travail exquis, n'est-ce pas que les auteurs inconnus de ces œuvres d'élite s'étaient inspirés à l'école des maîtres de l'art, qu'ils étaient les élèves des plus grands statuaires du monde, de Phidias, de Lysippe, de Polyclète, etc.?

Si, dix-huit cents ans plus tard, les meubles, les bijoux, les vases de la Renaissance sont si remarquables, si nous revenons avec tant de constance à leur imitation, si nous les considérons comme des modèles de grâce et de goût, n'est-ce pas encore que l'art proprement dit brillait alors de l'éclat le plus vif, que Léonard de Vinci, Raphaël, Michel-Ange, le Titien, le Véronèse, le Corrége, jetaient un éclat qui n'a jamais été surpassé, et que l'art, s'éveillant en France sous leur souffle puissant, nous donnait ce maître dans l'ornementation, Jean Goujon, qu'on recopie si souvent aujourd'hui?

Ces deux exemples ne font-ils pas foi que l'art industriel dérive de l'art proprement dit, et que si une nation veut conquérir le monopole lucratif des œuvres de goût, elle ne doit pas s'efforcer de faire naître ces œuvres directement, mais cultiver d'abord les arts, pour en obtenir, comme d'une semence féconde, les résultats qu'elle recherche spécialement? Vouloir qu'une nation inhabile à manier le pinceau ou l'ébauchoir puisse faire de la céramique, de l'ébénisterie, de l'orfévrerie, c'est vouloir élever le couronnement d'un édifice dont les étages inférieurs n'existent pas, c'est bâtir dans le vide.

C'est au même et important résultat qu'est arrivé Mérimée, rapporteur de la classe XXX du jury international à l'Exposition de 1862:

« Il ne peut être douteux, pour quiconque a étudié l'histoire des beaux-arts, qu'à toutes les époques où de grands maîtres ont fleuri et fondé des écoles illustres, l'industrie n'ait pris en même temps un essor nouveau et considérable. L'influence la plus heureuse s'est étendue à tous les produits manufacturés susceptibles de recevoir une ornementation. En Grèce, la fabrication des vases, des meubles et des tissus a été portée au plus haut point de perfection, précisément à l'époque où l'architecture, la peinture et la sculpture brillaient du plus vif éclat. Au moyen âge, du treizième au quatorzième siècle, la céramique, la serrurerie, l'ébénisterie ont été traitées avec le plus grand succès, en même temps que s'élevaient nos splendides cathédrales gothiques. Le même phénomène s'est renouvelé à l'époque de la Renaissance: les faïences de Gubbio et de Faenza, les meubles sculptés ou incrustés, les armures damasquinées, les reliures gaufrées ou dorées, tant de choses belles et ingénieuses qu'on admire et qu'on prend aujourd'hui pour modèles, se sont produites alors que Léonard de Vinci, Raphaël et tant de maîtres illustres faisaient fleurir les branches les plus élevées de l'art.

« En rapprochant ces trois exemples, tirés d'époques si différentes, à ne considérer que l'état des mœurs et la constitution de la société, on en déduira cette loi générale: QU'IL EXISTE UNE RELATION INTIME ENTRE TOUTES LES PARTIES DE L'ART, ET QUE PARTOUT OU SURGIT UN GRAND ARTISTE SE FORMENT DES OUVRIERS HABILES ET INTELLIGENTS. Là, en effet, où coule un grand fleuve il est facile de creuser des canaux d'irrigation, et le courant majestueux qui porte à la mer les vaisseaux de haut bord alimente sans peine une infinité de rigoles répandant partout la fécondité. De Raphaël et de Michel-Ange procède Benvenuto Cellini: le grand peintre, le grand sculpteur ont produit le grand orfévre. Le génie qui peignit les loges du Vatican se reflète dans les arabesques tracées sur les plats de Faenza ou les reliures de Florence et de Venise. »

L'art n'est pas démocratique, ce sont les artistes éminents, issus de bonnes races, qui ouvrent les avenirs féconds, fondent les écoles longtemps incomprises des races peu douées sous le rapport du sentiment de l'art.

Pour reconnaître donc si, dans la lutte qu'elle entreprend contre nous, l'Angleterre peut nous surpasser, il faut se transporter aux galeries de peinture, et les passer rapidement en revue.

Les plus nombreuses sont les collections des aquarellistes anglais; on sait combien nos voisins d'outre-mer affectionnent ce procédé, non pas pour en tirer des indications rapides, pour rehausser un croquis enlevé, mais pour en faire des œuvres complètes et terminées. Les aquarellistes anglais arrivent certainement à faire preuve d'une grande habileté manuelle; ils font des peintures roses et blanches, dignes des keepsakes ou des albums, mais n'atteignent presque jamais à de puissants résultats. Ils ont eu, en ce genre cependant, Bonington; mais ses œuvres forment au milieu de toutes celles qui sont exposées un tel effet, qu'elles semblent bien prouver que leur auteur n'est qu'une brillante exception.

Les jeunes miss aiment beaucoup à s'essayer à la peinture, les aquarelles que nous avons vues exposées semblent être précisément destinées à leur servir de modèles. C'est à peine si on peut citer, au milieu de ces teintes d'une fraîcheur exagérée, quelques dessins un peu vigoureux, mais si nous comparons à ces peintures décolorées les vigueurs de Decamps, l'élégance de M. Eugène Lami, ou le sentiment si profond que M. Bida apporte dans ses œuvres orientales, nous ne pouvons avoir l'idée de méconnaître notre supériorité.

Sans doute, dans la peinture à l'huile, les Anglais prennent une sorte de revanche, du moins ils amènent en ligne des lutteurs avec lesquels le combat est possible; mais dans combien de siècles sont-ils distribués? Hogarth et Wilkie, comme peintres de genres; Reynolds, Gainsborough et Lawrence comme portraitistes, ont une valeur incontestable. Mais quand aujourd'hui on a cité M. Landseer, on est fort empêché pour trouver un nom à ajouter à ceux que nous venons de prononcer.

Si enfin, au lieu de s'en tenir à ces sommités, on considère la masse des peintres anglais, on reconnaît facilement que leurs œuvres sont extraordinairement faibles, et s'il n'est pas douteux que l'Angleterre a donné le jour à des peintres de grand mérite, il paraît certain également qu'il n'y a pas d'école britannique. Reynolds, Gainsborough, Lawrence ont laissé des œuvres, ils n'ont pas fait d'élèves.

Il n'en est pas ainsi chez nous. Decamps, Delaroche, Scheffer, Marilhat, Ingres, Delacroix, Flandrin, etc., représentés par des œuvres très-récentes, dénotent une supériorité incontestable sur l'école anglaise actuelle. En dehors même de ces maîtres, on trouverait très-facilement dans les jeunes artistes, MM. Gérôme, Pils, Bouguereau, Baudry, des peintres extrêmement distingués. Il est impossible de ne pas reconnaître que l'ensemble de la peinture française est infiniment supérieur à ce qu'ont exposé les peintres anglais. Les Belges seuls, héritiers des Flamands, pourraient lutter; on rend justice à la peinture d'un grand style due à M. Gallait et à M. Leys; à la peinture très-agréable signée de M. Willems et de M. Stevens.

Si nous continuons notre comparaison entre la France et l'Angleterre, nous avons donc lieu d'être rassurés. La Grande-Bretagne, étant très-inférieure à la France dans l'art proprement dit, ne saurait la dépasser dans l'art industriel. Il est impossible que des artistes faibles en moyenne puissent conduire des industriels là où eux-mêmes ne sauraient aller. Non-seulement enfin nous possédons plus d'artistes éminents que l'Angleterre, mais nous en avons un bien plus grand nombre d'un talent moindre, dont le concours est de la plus grande valeur pour l'industrie, qui profite le plus souvent de leurs travaux quand il leur faut renoncer à cultiver les beaux-arts.

Ce que nous venons de dire de la peinture est également vrai de la sculpture qui a des applications plus multipliées, plus directes à l'industrie. On compte en Angleterre des sculpteurs distingués, Gibson notamment; mais sans doute par le défaut de l'esprit d'individualisme qui, en politique, a fait la grandeur de l'Angleterre, ce ne sont pas des chefs d'école, et on ne pourrait citer de nos jours un sculpteur qui ait eu sur l'industrie anglaise l'heureuse action que nous avons vu Pradier exercer en France sur l'industrie des bronzes. Il faudrait remonter jusqu'à Flaxmann, qui inspira à Wedgwood les formes des vases de tout genre, qui ont valu cent ans de célébrité aux poteries anglaises.

Actuellement réduite à ses propres forces, l'Angleterre serait impuissante pour accomplir en peu de temps la transformation artistique de son industrie dont elle apprécie fort bien l'utilité; elle l'a bien senti, et c'est en attirant chez elle des artistes étrangers, notamment des artistes français, qu'elle arrive au point où nous la voyons. Si elle continuait cette méthode, elle se condamnerait évidemment, toujours, à une infériorité relative; car, en admettant même qu'elle sache parfaitement choisir, elle ne pourra jamais transporter en Angleterre le nombre considérable d'hommes spéciaux nécessaire pour conduire à bonne fin toutes les œuvres qu'elle voudra exécuter.

Ce ne sont pas seulement quelques sculpteurs sur bois qui peuvent amener l'ébénisterie anglaise au point où elle se trouve chez nous, il lui faut encore le concours d'une série d'artistes éminents pour les diriger : des architectes pour dessiner le meuble, lui donner un caractère précis, harmoniser toutes ses parties, choisir les étoffes qui le doivent couvrir; il faut encore le concours des manufacturiers habiles qui tissent, teignent les étoffes, qui brodent les admirables tapisseries françaises. De même il faudra non-seulement des ciseleurs habiles pour faire de belle orfévrerie, il faut encore que leur œuvre soit inspirée par des maîtres; le souffle premier appartient encore à l'art proprement dit. Les riches industriels anglais pourront bien à prix d'or embaucher les soldats ou même les sous-officiers de l'art industriel, mais les généraux nous resteront.

Il n'est pas certain, au reste, que les expatriés conservent tout le talent qu'ils ont dans leur pays; les Français ont une nature essentiellement impressionnable, ils sont éminemment sociaux et n'aiment point l'isolement, ils ne prennent toute leur valeur qu'excités, soutenus par un milieu sympathique; transportés au milieu d'une nation étrangère, abandonnés, n'ayant plus ces conversations favorables au progrès, au feu desquelles les hommes de la même profession échauffent leur génie, le goût local qu'ils sont venus pour combattre finit par réagir sur eux, ils déclinent et ne conservent plus la supériorité qui les avait fait rechercher d'abord.

Tant que nous reconnaîtrons à l'Angleterre une infériorité manifeste dans l'art proprement dit, nous n'aurons pas lieu d'être très-inquiets; si elle veut aller plus loin, il faut qu'elle ait une école de peinture et de sculpture britanniques. En fournissant à ses jeunes artistes des maîtres étrangers, dignes de les conduire, elle pourra hâter ce résultat, car on connaît de nombreux exemples de l'heureuse influence d'un homme de génie séjournant au milieu d'un pays encore en arrière dans l'étude des arts. On peut en citer en Angleterre même, car ce n'est qu'après que Holbein et Van Dyck, avant tout admirables portraitistes, eurent passé une partie du seizième et du dix-septième siècle à Londres, que les portraitistes Reynolds et Gainsborough trouvèrent leur véritable vocation. Jusqu'à présent, l'Angleterre néglige cette puissante source de progrès; au lieu de gagner des maîtres de premier ordre, elle s'est contentée de séduire quelques praticiens; mais, à cette exception près, elle ne néglige rien pour organiser l'enseignement artistique et développer le goût de la nation.

Son palais de Sydenham est, sans doute, la tentative la plus gigantesque en ce genre qu'ait jamais faite une nation. En quelques années, construire un vaisseau énorme et y accumuler avec une profusion extraordinaire tous les modèles d'architecture et de sculpture les plus remarquables qui existent au monde, dépenser des sommes énormes pour mettre ainsi sous les yeux de tous ce qui a été produit de plus remarquable dans l'art de la construction, c'est là une preuve évidente de l'intérêt qu'on apporte à l'instruction générale. Sans doute, on n'a pas montré un discernement suffisant dans le choix des œuvres exposées; ce n'est pas une collection faite avec intérêt, avec amour, elle se ressent un peu de la précipitation qu'on a mise à la rassembler. Mais s'il est aisé de critiquer les copies et les reproductions de Sydenham, il faut reconnaître que le British Museum renferme des chefs-d'œuvre, notamment les marbres mutilés du Parthénon, et l'admirable cariatide qui trône dans son isolement, la perle du British Museum, comme la Vénus de Milo est l'œuvre capitale de notre Louvre. La National Gallery, malgré l'accumulation exagérée des œuvres si discutables de Turner, Hampton-Court enfin et ses admirables Raphaël, constituent une série de modèles suffisante pour exciter les artistes à s'élever jusqu'aux sommets les plus élevés de l'art, si le goût général les soutient, à réagir même heureusement sur lui, à l'épurer, à l'élever par l'influence toute-puissante des chefs-d'œuvre.

L'Angleterre semble vouloir, et on sait qu'elle veut avec persévérance, trouver chez elle des peintres, des sculpteurs, des architectes; elle suit là la seule marche logique, la seule qui puisse un jour, peut-être, lui permettre d'arriver à une supériorité réelle dans les arts industriels, si toutefois le génie de la race anglo-saxonne est susceptible d'arriver, dans la culture des arts, au point où nous la voyons dans tant d'autres entreprises qu'elle a menées à bonne fin.

Le grand moyen d'action que l'esprit pratique des Anglais leur ait suggéré pour donner aux produits de leur industrie, au point de vue du goût, les qualités qui lui manquaient, a été d'organiser sur une échelle immense l'enseignement du dessin. Aujourd'hui 80,000 enfants suivent des cours dont la haute direction est confiée aux habiles promoteurs de cette grande mesure. Il n'est pas possible de douter qu'en quelques années le goût général de la nation ne soit heureusement modifié par de pareilles mesures, résultat qu'on peut déjà considérer comme obtenu par le seul fait d'avoir passionné la nation pour ces questions, d'avoir éveillé son attention sur ce sujet. Mais de plus, un enseignement aussi étendu doit nécessairement faire naître des vocations, révéler des natures privilégiées, dont les facultés fussent sans cela restées ensevelies dans des travaux d'un ordre inférieur. C'est ainsi qu'en France, dans un pays célèbre par ses facultés peu musicales, on a fait apparaître des artistes distingués avec un Conservatoire de musique. C'est avec des fondations comme celle de Sydenham et surtout du musée de Kensington, que l'on espère développer complétement les artistes industriels qui pourraient ainsi se révéler.

Si la France, comparée aux autres nations, peut se considérer comme la première pour l'ensemble des industries dans lesquelles l'art intervient pour une grande part, il n'en est pas moins vrai qu'on découvre bien facilement dans son industrie des parties faibles. L'invention y paraît insuffisante. Or, nous nous sommes placés à la tête des arts décoratifs de l'Europe, grâce aux œuvres des Lepaute, des Berain et des Boulle, et nous ne pourrons nous y maintenir qu'en créant des rivaux à ces maîtres, et non pas seulement des imitateurs. Qu'est-ce qu'un art indéfiniment reproducteur, si ce n'est le honteux aveu de l'impuissance, le dernier effort d'une fécondité qui s'épuise? Cela soit dit sans partager le découragement auquel tendent les personnes qui comparent trop les accumulations des œuvres d'art d'un siècle avec les travaux journaliers de notre époque, et se trompent par une illusion de perspective.

Quelles sont les mesures propres à nous perfectionner? Avant tout de nous garder d'une confiance exagérée dans une soi-disant supériorité naturelle qui n'existait sûrement pas à l'époque où nous allions chercher des maîtres en Italie, et qui est évidemment le résultat de travaux, d'efforts bien dirigés pour l'éducation de la nation, qui en réclame de nouveaux aujourd'hui.

Après le développement des écoles de dessin, dont l'utilité est admise par tout le monde, nous recommanderons un commerce plus assidu de nos fabricants avec les chefs-d'œuvre des siècles passés. Si notre école de peinture est aujourd'hui la première du monde, le musée du Louvre n'y a pas peu contribué; ses immenses richesses ouvertes à tout venant, ses sculptures, ses tableaux s'offrant sans difficultés à tous ceux qui veulent étudier, s'inspirer par la vue des chefs-d'œuvre ou simplement passer utilement un jour de repos, ont eu la plus heureuse influence sur le goût public.

Il serait bien à désirer que nos ouvriers pussent voir de même les œuvres d'art les plus remarquables que nous possédons en ébénisterie, joaillerie, orfèvrerie, etc. (voy. MUSÉE D'ART INDUSTRIEL). Nous avons bien déjà des ébauches de collections : la galerie d'Apollon au Louvre, a été consacrée à l'exposition de bijoux précieux; le musée de Cluny renferme des chefs-d'œuvre. Tout cela est cependant encore insuffisant, et il serait à désirer qu'une grande collection d'objets d'art industriel fût créée, qui pût servir aux études de nos ouvriers, comme la grande Galerie de tableaux du Louvre, ou le Musée des antiques, inspirent nos artistes.

C'est précisément à une création analogue à celle dont nous rappelons l'utilité, qu'ont abouti les principaux efforts faits en Angleterre pour faire progresser l'art industriel. Les résultats obtenus démontrent qu'il serait important de la reproduire chez nous. Je veux parler de l'Exposition de Kensington, où se trouvent réunis des objets d'art de la plus haute valeur appartenant soit à l'État, soit à des particuliers, qui veulent bien s'en priver pendant quelque temps pour en faire jouir le public; sans nul doute on pourrait, en France, arriver à des résultats semblables.

En vulgarisant l'art de manière à élever le sentiment de l'art par en bas, en multipliant les adeptes et les vocations, en contribuant à la fois à l'éducation du public et à celle des artistes, on aiderait puissamment le progrès. Le public, éclairé sur la valeur des chefs-d'œuvre de tous les temps, refuserait les objets de mauvais goût qu'on lui offre, tandis que les fabricants et les ouvriers, frappés des ressources qu'on peut trouver dans les œuvres anciennes, rivaliseraient avec elles.

En résumé, les grands peuples d'Europe deviennent des rivaux redoutables. Faut-il nous plaindre? Non pas, mais retrouver dans cette lutte une nouvelle vigueur pour aller plus avant. Il nous faut comprendre que notre marche ne peut se ralentir sans grand danger, et sans entrer dans le domaine politique qui n'est pas de notre ressort, en disant seulement qu'il faut avant tout guérir le désordre intellectuel qui est la conséquence de l'instabilité politique, il nous faut redoubler d'ardeur sous peine de ne plus occuper, dans les industries d'art, le premier rang qu'il importe tant de garder, pour la prospérité et la grandeur de la France.

On voit que l'étude des grandes expositions amène les bons esprits à reconnaître à posteriori la vérité que nous avons établie à priori au début de ce travail, que de l'éclat des beaux-arts dans un pays dépendait celui de l'art industriel, le succès des industries qui doivent leur prospérité à son développement; et pour résumer en peu de mots les principes qui nous ont guidé pour écrire l'ouvrage que nous achevons : QUE LA SCIENCE ET L'ART SONT LES DEUX BASES DE L'INDUSTRIE.

FIN

PARIS. — IMPRIMERIE VIÉVILLE ET CAPIOMONT, 6, RUE DES POITEVINS.

www.ingramcontent.com/pod-product-compliance
Lightning Source LLC
Chambersburg PA
CBHW060707220326
41598CB00020B/2010
9782012649521